Bergmann · Schaefer
Lehrbuch der Experimentalphysik
Band 5   Gase, Nanosysteme, Flüssigkeiten

Bergmann · Schaefer

Lehrbuch der Experimentalphysik

Band 5

Walter de Gruyter
Berlin · New York 2006

Gase, Nanosysteme, Flüssigkeiten

Herausgeber Karl Kleinermanns

Autoren

Thomas Dorfmüller, Manfred Faubel, Peter Fischer
Helmut Grubmüller, Hellmut Haberland, Gerd Hauck
Gerd Heppke, Siegfried Hess, Karl Kleinermanns
Martin Kröger, Klaus Lüders, Uwe Riedel, Christof Schulz
Stephan Seeger, Hans-Henning Strehblow, Frank Träger
Harald Tschesche, Jürgen Uhlenbusch, Jürgen Warnatz
Jürgen Wolfrum

2., überarbeitete Auflage

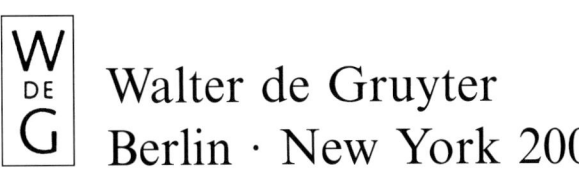

Walter de Gruyter
Berlin · New York 2006

Herausgeber

Prof. Dr. Karl Kleinermanns
Institut für Physikalische Chemie, Gebäude 26.43.02
Heinrich-Heine Universität Düsseldorf
Universitätsstr. 1
40225 Düsseldorf
kleinermanns@uni-duesseldorf.de

Das Buch enthält 624, teils mehrfarbige Abbildungen und 51 Tabellen.

1. Auflage 1992 Herausgeber Wilhelm Raith (Buchtitel: Vielteilchen-Systeme)
2. Auflage 2006 Herausgeber Karl Kleinermanns

Einbandabbildung
Links: TEM-Aufnahme von Nanoteilchen mit kugelförmigem Goldkern und Tetraederschale aus Polyanilin, die durch direkte Oxidation von Anilin mit $HAuCl_4$ in Anwesenheit des Micellenbildners SDS in angesäuertem Wasser gewonnen wurden und hohes Anwendungspotenzial als leitfähige Kunststoffe haben. *Rechts*: hochauflösende TEM-Aufnahme eines Nanoteilchens aus einer Gold-Silber-2:1-Legierung, die durch selektives Schmelzen von Goldnanoteilchen in einer Mischung von reinen Gold- und Silberteilchen nach Anregung mit einem intensiven Pulslaser (532 nm) synthetisiert wurde. Zu sehen sind die verschiedenen Kristallgitterebenen der Nanolegierung in atomarer Auflösung (Anwendungen: Sensorik von Biomolekülen, Katalyse chemischer Reaktionen). *Unterer Balken*: Farben von Goldnanoteilchen verschiedener Größe und Aggregation, die von carboxylatfunktionalisierten, abhängig vom pH-Wert der Lösung negativ geladenen oder neutralen Thiol-Liganden bedeckt sind. Neutralisierung der abstoßenden Ladung führt zu Aggregation und Rotverschiebung der Oberflächenplasmonenabsorption. Gezeigt sind die Komplementärfarben der optischen Absorption: pH 12 (rot), 8.7 (violett) und 6.5 (blau). (Nach Z. Peng, K. Kleinermanns, Institut für Physikalische Chemie, Universität Düsseldorf; B. Tesche, B. Spliethoff, MPI für Kohlenforschung, Mülheim a.d. Ruhr, 2005; Zhonghua Zhang, Institute of Material Science and Engineering, Ocean University of China, Yushan)

ISBN-13: 978-3-11-017484-7
ISBN-10: 3-11-017484-7

Bibliografische Information Der Deutschen Bibliothek

Die Deutsche Bibliothek verzeichnet diese Publikation in der Deutschen Nationalbibliografie; detaillierte bibliografische Daten sind im Internet über ⟨http://dnb.ddb.de⟩ abrufbar.

♾ Gedruckt auf säurefreiem Papier, das die US-ANSI-Norm über Haltbarkeit erfüllt.

Geleitwort

Mit großer Freude sehe ich die neue Auflage von Band 5 der Lehrbuchreihe Bergmann-Schaefer. Nicht nur in der Physik soll man Traditionen sowohl bewahren als auch weiterentwickeln. Der „Bergmann-Schaefer" hat eine lange Tradition. Als ich 1978 mein Physikstudium begonnen hatte, benutzte ich oft den Bergmann-Schaefer als Lehrbuch und Nachschlagewerk.

Die neue Auflage beinhaltet ein neues Forschungsgebiet, zu dem ich selber beigetragen habe. Wer hätte gedacht, dass man mit einem so einfachen System wie verdünnten Gasen neue Entdeckungen machen kann? Wenn diese Gase extrem kalt werden, zeigen sie neuartige Quanteneigenschaften. Bose-Einstein-Kondensation, Phasenübergänge im Nanokelvin-Temperaturbereich, entartete Fermionen und Superfluidität bei Gasen sind Themen, die mich und viele andere Wissenschaftler seit Jahren faszinieren.

Kapitel 1 des vorliegenden Buches behandelt Gase und Molekülstrahlen und schließt den ultrakalten Temperaturbereich ein. Diese und andere Aktualisierungen machen den „Bergmann-Schaefer" nicht nur zu einem Lehrbuch für Studenten, sondern auch zu einem Nachschlagewerk für Forscher. Viel Spaß beim Lesen!

Dezember 2005

Wolfgang Ketterle
Nobelpreisträger Physik 2001
Massachusetts Institute of Technology
Cambridge, MA U.S.A.

Vorwort

Dreizehn Jahre nach Erscheinen der 1. Auflage des fünften Bandes „Vielteilchen-systeme" der inzwischen achtbändigen Reihe „Lehrbuch der Experimentalphysik", begründet von Ludwig Bergmann und Clemens Schaefer, erscheint nun die 2. Auflage mit dem neuen Titel „Gase, Nanosysteme, Flüssigkeiten".

Neu hinzugenommen wurden Kapitel zu „Niedertemperaturplasmen", „Verbrennung" und „Elektroden, Elektrodenprozesse und Elektrochemie" sowie die Themenbereiche Molekularstrahlen in Kapitel 1, disperse Flüssigkeiten in Kapitel 4, molekulare Cluster und Nanoteilchen in Kapitel 9 sowie Laseranalytik, Kraftmikroskopie und Dynamik von Biomolekülen in Kapitel 10. Mit diesen weitreichenden Erweiterungen wurde den aktuellen Entwicklungen der Forschung Rechnung getragen. Insbesondere die Untersuchung von Nanosystemen anorganischer, organischer und biologischer Natur in der Gasphase, in Flüssigkeiten und auf Oberflächen hat in den letzten Jahren einen beträchtlichen Aufschwung erfahren. Die Zahl der Publikationen, Fördermittel und neu gegründeten Arbeitskreise und Institute auf diesen Gebieten ist überproportional angestiegen. Entsprechend musste das Volumen dieses Bandes gegenüber der alten Auflage erheblich erweitert werden.

Band 5 hat mit Gasen, Nanosystemen und Flüssigkeiten alle Formen der Materie zum Inhalt, die zwischen den *Bestandteilen der Materie* (Band 4) und den *Festkörpern* (Band 6) einzuordnen sind. Diese Gebiete haben auch für Chemiker, Physikochemiker und Biophysiker große Bedeutung. Es zeichnet sich ab, dass sich nach Einführung des Bachelor- und Master-Systems an den deutschen Universitäten ganze Studiengänge auf komplexe molekulare Systeme, supramolekulare Aggregate und „weiche" Materie spezialisieren werden. Für Studenten und Wissenschaftler aus diesen Bereichen ist dieser Band als Lehrbuch und Nachschlagewerk konzipiert.

Düsseldorf, Dezember 2005   *Karl Kleinermanns*

Autoren

Prof. em. Dr. Thomas Dorfmüller
Grewenbrinck 38
33619 Bielefeld
dorf@chep118.uni-bielefeld.de

Dr. Manfred Faubel
Max-Planck-Institut für Dynamik und
Selbstorganisation
Bunsenstr. 10
37018 Göttingen
mfaubel@gwdg.de

Dr. Peter Fischer
ETH-Zentrum, LFO E 20
Schmelzbergstr. 9
8092 Zürich
Schweiz
fischer@ar.ethz.ch

Dr. Helmut Grubmüller
Arbeitsgruppe für theoretische moleku-
lare Biophysik
Max-Plack-Institut für biophysikalische
Chemie
Am Faßberg 11
37077 Göttingen
eheinem@mpibpc.gwdg.de

Prof. Dr. Hellmut Haberland
Fakultät für Physik und FMF
Universität Freiburg
Stefan-Meier-Str. 19
79104 Freiburg
haberland@physik.uni-freiburg.de

Dr. Gerd Hauck
Institut für Chemie
Iwan-N.-Stranski-Laboratorium für
Physikalische und Theoretische Chemie,
Sekr. ER 11

Technische Universität Berlin
Straße des 17. Juni 135
10623 Berlin
hauc0533@mailbox.tu-berlin.de

Prof. Dr. Gerd Heppke
Iwan-N.-Stranski-Institut für Physikali-
sche und Theoretische Chemie,
Sekr. ER 11
Technische Universität Berlin
Straße des 17. Juni 135
10623 Berlin
heppke@tu-Berlin.de

Prof. Dr. Siegfried Hess
Institut für Theoretische Physik,
Sekr. PN 7-1
Technische Universität Berlin
Hardenbergstr. 36
10623 Berlin
s.hess@physik.tu-berlin.de

Prof. Dr. Karl Kleinermanns
Institut für Physikalische Chemie
Heinrich-Heine-Universität Düsseldorf
Universitätsstr. 1
40225 Düsseldorf
kleinermanns@uni-duesseldorf.de

PD Dr. Martin Kröger
Polymer Physics
ETH Zürich
Wolfgang-Pauli-Str. 10
8092 Zürich
Schweiz
mk@math.ethz.ch

Prof. Dr. Klaus Lüders
Institut für Experimentalphysik (WE 1)
Freie Universität Berlin
Arnimallee 14
14195 Berlin
klaus.lueders@physik.fu-berlin.de

PD Dr. Uwe Riedel
Interdisziplinäres Zentrum für Wissen-
schaftliches Rechnen (IWR)
Universität Heidelberg
Im Neuenheimer Feld 368
69120 Heidelberg
riedel@iwr.uni-heidelberg.de

Dr. Christof Schulz
Institut für Verbrennung und Gas-
dynamik
Universität Duisburg-Essen
Lotharstr. 1
47057 Duisburg
christof.schulz@uni-duisburg.de

Prof. Dr. Stephan Seeger
Physikalisch-Chemisches Institut
Universität Zürich
Winterthurer Str. 190
8057 Zürich
Schweiz
sseeger@pci-unizh.ch

Prof. Dr. Hans-Henning Strehblow
Institut für Physikalische Chemie und
Elektrochemie II
Heinrich-Heine-Universität Düsseldorf
Universitätsstr. 1
40225 Düsseldorf
henning@uni-duesseldorf.de

Prof. Dr. Frank Träger
Experimentalphysik I
Universität Kassel
Heinrich-Plett-Str. 40
34132 Kassel
traeger@physik.uni-kassel.de

Prof. Dr. Harald Tschesche
Fakultät für Chemie, Fe-143
Universität Bielefeld
Universitätsstr. 25
33615 Bielefeld
harald.tschesche@uni-bielefeld.de

Prof. em. Dr. Jürgen Uhlenbusch
Institut für Laser- und Plasmaphysik,
Heinrich-Heine-Universität Düsseldorf
Universitätsstr. 1
40225 Düsseldorf
uhlenb@uni-duesseldorf.de

Prof. Dr. Jürgen Warnatz
Interdisziplinäres Zentrum für Wissen-
schaftliches Rechnen (IWR)
Universität Heidelberg
Im Neuenheimer Feld 368
69120 Heidelberg
warnatz@iwr.uni-heidelberg.de

Prof. Dr. Jürgen Wolfrum
Physikalisch-Chemisches Institut
Universität Heidelberg
Im Neuenheimer Feld 253
69120 Heidelberg
wolfrum@urz.uni-heidelberg.de

Inhalt

5 Superflüssigkeiten
Klaus Lüders

6 Elektroden, Elektrodenprozesse und Elektrochemie
Hans-Henning Strehblow

7 Flüssigkristalle
Gerd Hauck, Gerd Heppke

8 Makromolekulare und supramolekulare Systeme
Thomas Dorfmüller

9 Cluster
Hellmut Haberland, Karl Kleinermanns, Frank Träger

10 Aufbau, Funktion und Diagnostik biogener Moleküle
Helmut Grubmüller, Stephan Seeger, Harald Tschesche

1 Gase und Molekularstrahlen

Siegfried Hess, Manfred Faubel

1.1 Einleitung, Begriffsbestimmungen

Die Physik der Gase steht zwischen der Physik der Einzelteilchen, d. h. der Atom- und Molekülphysik, und der Physik der „kondensierten Materie". Einerseits sind viele „mikroskopische" Eigenschaften der einzelnen Atome oder Moleküle in der Gasphase messbar, andererseits treten dort auch physikalische Phänomene wie Schallausbreitung, Wärmeleitung und Viskosität auf, die in „makroskopischer Materie", z. B. in Flüssigkeiten, beobachtbar sind. Über einen großen Bereich der Dichte bzw. des Drucks lassen sich die Vielteilcheneigenschaften von Gasen mittels der Methoden der Statistischen Physik [1–6], insbesondere der Kinetischen Theorie [7–18], leichter auf die Eigenschaften der Einzelteilchen sowie der Wechselwirkung und den Stoßprozessen zwischen Paaren dieser Teilchen zurückführen, als dies etwa in Flüssigkeiten der Fall ist.

Die experimentelle und theoretische Physik der Gase war und ist wesentlich für das Erkennen des atomaren beziehungsweise molekularen Aufbaus der Materie. Bereits im 19. Jahrhundert wurden hier Grundlagen gelegt und Konzepte entwickelt, die wesentlich wurden für die Physik des 20. Jahrhunderts, insbesondere auch für die Quantentheorie. So schrieb L. Boltzmann 1897, zu einer Zeit, als zum Teil noch bezweifelt wurde, ob es notwendig oder nützlich sei, Eigenschaften der makroskopischen Materie mikroskopisch zu erklären: „Die Gastheorie, sowie überhaupt die Theorie, dass die Wärme auf einer steten Bewegung kleinster Einzelwesen beruht, ist, wie jede Theorie, sicher nur ein Bild der Erscheinungen. Doch stimmt diese Theorie in so vielen, in so disparaten Einzelheiten mit der Erfahrung überein, gestattet schon so viele Vorhersagen und ergibt noch so viele Fingerzeige zu neuen Experimenten und Spekulationen, dass ich wohl glaube, dass ihre Grundlinien nie aus der Naturwissenschaft verschwinden werden."

Das physikalische Verständnis für die Eigenschaften der Gase ist heute wichtig für viele Anwendungen, z. B. für chemische Reaktionen in der Gasphase, für Verbrennungsprozesse und für die Abgasreinigung. Das große technische Interesse spiegelt sich wider in den mit großem Aufwand in den letzten Jahren erstellten (aber noch keineswegs vollständigen) Sammlungen für Daten über die Materialeigenschaften von Gasen, also in Tabellen zu Gleichgewichtseigenschaften wie der thermischen Zustandsgleichung für den Druck und der spezifischen Wärmekapazität, sowie zu Transporteigenschaften wie Wärmeleitfähigkeit, Viskosität, Diffusion und Thermodiffusion für eine große Anzahl von Gasen und Gasgemischen [19, 20].

Nach Einführung einiger Begriffe und Erläuterungen zur zwischenmolekularen Wechselwirkung sowie zur klassischen und quantenmechanischen Beschreibung werden Gleichgewichtseigenschaften und Transportphänomene in den Abschn. 1.2 und 1.3 behandelt.

Die oben zitierten prophetischen Worte von Boltzmann treffen auf die in den letzten Jahrzehnten in verstärktem Umfang durchgeführten Grundlagenforschungen in der Physik der Gase zu. So ist es inzwischen gelungen, zwei vor über einem Jahrhundert von Maxwell vorhergesagte Effekte in verdünnten Gasen experimentell nachzuweisen. Die seit langem im Prinzip bekannte, bei Transportprozessen auftretende Abweichung der Geschwindigkeitsverteilung von der Maxwell-Verteilung ist für die Wärmeleitung gemessen worden; für die Viskosität liegen Nicht-Gleichgewichts-Moleculardynamik-Computer-Simulationen vor (Abschn. 1.3.3). Seit etwa 1980 ist es möglich geworden, atomaren Wasserstoff in der Gasphase im Labor stabil zu halten, d. h. die Rekombination zu molekularem Wasserstoff hinreichend lange zu verhindern. Dies gab Anstoß zu zahlreichen Untersuchungen in „Quantengasen" bei tiefen Temperaturen; der experimentelle Nachweis der vor über 50 Jahren vorhergesagten Bose-Einstein-Kondensation eines Gases ist nun sowohl für Wasserstoff als auch für einige andere Gase erbracht worden (s. Abschn. 1.5.5). Die weitaus umfangreichsten experimentellen und theoretischen Studien beschäftigen sich mit *Nicht-Gleichgewichts-Ausrichtungseffekten* in molekularen Gasen. Es handelt sich dabei um Effekte, die entscheidend von der Nichtsphärizität der Moleküle abhängen und deshalb bei Edelgasen nicht auftreten. Den Anstoß für die intensive Beschäftigung mit diesen Phänomenen gab der 1962 und danach erbrachte experimentelle Nachweis, dass die Viskosität und Wärmeleitfähigkeit praktisch jedes Gases aus (elektrisch neutralen) rotierenden Molekülen und nicht nur, wie vorher bekannt, der paramagnetischen Gase O_2 und NO durch ein Magnetfeld beeinflusst wird (*Senftleben-Beenakker-Effekte*). Es war ein glücklicher Umstand, dass eine verallgemeinerte Boltzmann-Gleichung mit der quantenmechanischen Behandlung der Rotationszustände der Moleküle kurz davor abgeleitet worden war und somit die Grundlage zur kinetischen Theorie der Nicht-Gleichgewichts-Ausrichtungseffekte zur Verfügung stand. Neben der Behandlung der zahlreichen neuen experimentellen Ergebnisse konnte die kinetische Theorie – ganz im Sinne Boltzmanns – auch einige neue Effekte voraussagen und berechnen, die danach experimentell gefunden wurden. Hier sind insbesondere die Strömungsdoppelbrechung in Gasen aus rotierenden Molekülen und die Wärmeströmungsdoppelbrechung zu nennen. Ein enger Zusammenhang zwischen Transportphänomenen, optischen Eigenschaften im Nichtgleichgewicht und Relaxationsvorgängen sowie der Verbreiterung von Spektrallinien wurde aufgezeigt. Die Nicht-Gleichgewichts-Ausrichtungsphänomene werden in Abschn. 1.4 behandelt. Abschn. 1.5 ist der Erzeugung und Anwendung von Molekularstrahlen gewidmet.

1.1.1 Ideale und reale Gase, verdünnte und dichte Gase

Ein Gas bestehend aus N gleichen Teilchen mit Masse m (Atome oder Moleküle) befinde sich in einem Volumen V.

Die *Teilchendichte n* ist

$$n = \frac{N}{V},\tag{1.1}$$

T sei die Temperatur des Gases.

Für die folgenden Überlegungen wird zunächst das Modell der harten Kugeln benutzt, d. h. die Atome oder Moleküle werden als starre Kugeln mit dem Durchmesser d betrachtet. Für reale Teilchen kann in einfacher Näherung d als der kleinste Abstand genommen werden, auf den sich zwei Teilchen bei einem zentralen Stoß nähern, wenn sie sich mit einer Relativgeschwindigkeit aufeinander zubewegen, die gleich der mittleren Geschwindigkeit $C_{\text{th}} = (kT/m)^{\frac{1}{2}}$ ist. Beim Abstand d ist also die potentielle Energie gleich der thermischen Energie kT. Dies entspricht der Festsetzung

$$\Phi(d) = kT,\tag{1.2}$$

wobei $\Phi = \Phi(r)$ die vom Abstand r abhängige Wechselwirkungsenergie zweier Teilchen ist; k ist die Boltzmann-Konstante. In Abb. 1.1 ist qualitativ der Potentialverlauf $\Phi(r)$ gezeigt und die Relation (1.2) angedeutet. Wie ersichtlich hängt der so bestimmte effektive Durchmesser i. a. von der Temperatur T ab.

Die für Moleküle mögliche Abhängigkeit der Wechselwirkung von der Orientierung der Teilchen ist für die folgenden qualitativen Überlegungen nicht wesentlich. Es wird angenommen, dass bei der betrachteten Temperatur die Teilchen des Gases ihre Identität nicht ändern, also bei Stößen weder Dissoziationen noch Ionisationen auftreten und keine chemischen Reaktionen stattfinden. Ferner wird die Translation der Teilchen in klassischer Näherung behandelt.

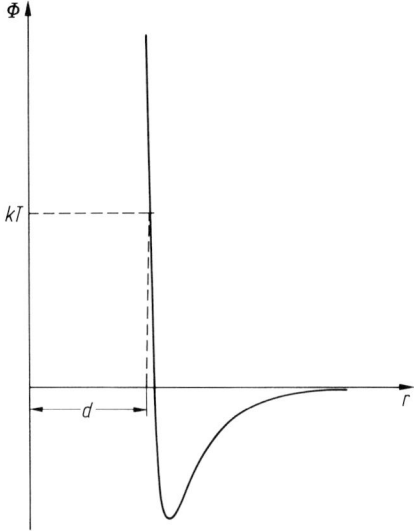

Abb. 1.1 Typisches Potential $\Phi = \Phi(r)$ der Wechselwirkung zweier Atome oder Moleküle als Funktion des Abstandes r. Der effektive Durchmesser d bei der Temperatur T ergibt sich aus der in der Abbildung angedeuteten Konstruktion.

Aus dem Durchmesser d und der Teilchendichte n können nun einige physikalische Größen abgeleitet werden: *mittlerer Teilchenabstand*

$$a = n^{-\frac{1}{3}}, \tag{1.3}$$

Packungsdichte oder Bruchteil des von den Teilchen erfüllten Volumens

$$y = \frac{4\pi}{3}\left(\frac{d}{2}\right)^3 n = \frac{\pi}{6}d^3 n, \tag{1.4}$$

(totaler) *Wirkungsquerschnitt*

$$\sigma_{\mathrm{t}} = \pi d^2, \tag{1.5}$$

freie Weglänge

$$l = \frac{1}{n\sigma_{\mathrm{t}}}. \tag{1.6}$$

Wie in Abb. 1.2 angedeutet, ist σ_{t} die Trefferfläche einer Kugel mit Durchmesser d, die auf eine gleichartige Kugel zufliegt. Die freie Weglänge l in Gl. (1.6), d. h. die mittlere Strecke, die ein Teilchen im freien Flug zurücklegt, bevor es mit einem anderen zusammenstößt, ist festgelegt durch die Bedingung

$$n l \sigma_{\mathrm{t}} = 1. \tag{1.7}$$

Dies besagt: Im Zylinder mit Querschnittsfläche σ_{t} und der Länge l befindet sich 1 Teilchen. In Abb. 1.3 ist die Bedeutung der Längen d, a und l gezeigt. Man beachte: Wegen $l/a = (1/\pi)(a/d)^2$ kann l größer sein als a; im Wald kann man ja auch weiter sehen als bis zum nächsten Baum! Der Abstand zwischen den Gefäßwänden ist mit L bezeichnet.

Als **ideales Gas** bezeichnet man den Grenzfall kleiner Dichte, bei der die *Gleichgewichtseigenschaften* wie Druck und innere Energie des Gases durch die Eigenschaften der einzelnen Atome oder Moleküle bestimmt werden. Dies bedeutet

$$n d^3 \ll 1 \quad \text{oder} \quad y = \frac{\pi}{6} n d^3 \ll 1. \tag{1.8}$$

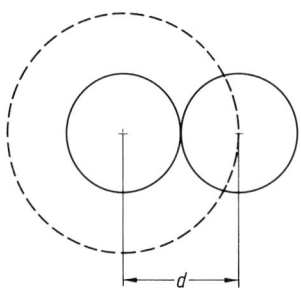

Abb. 1.2 Der totale Wirkungsquerschnitt σ_{t} als Trefferfläche für zwei Kugeln mit Durchmesser d.

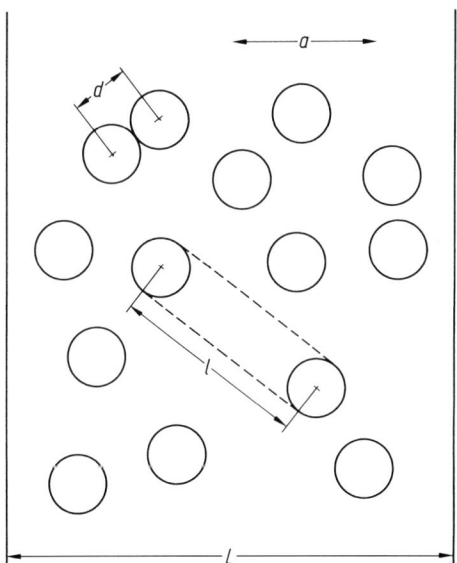

Abb. 1.3 Qualitativer Vergleich des mittleren Teilchenabstandes $a = n^{-1/3}$, der freien Weglänge l und des Durchmessers d der Teilchen in einem Gas der Dichte n.

Stillschweigend wird jedoch $L \gg a$ und $L > l$ angenommen, d. h. die Teilchendichte ist zwar klein, aber endlich, derart, dass die Abstände zwischen den Teilchen noch merklich kleiner sind als die Lineardimension des Gefäßes, in dem sich das Gas befindet.

Das **reale Gas** zeigt Abweichungen von den Gesetzen des idealen Gases, die bei Dichten merklich werden, wo das Eigenvolumen der Teilchen, allgemeiner ihre Wechselwirkung untereinander die thermischen Eigenschaften wesentlich beeinflussen.

Im Zusammenhang mit *Transporteigenschaften* wie Viskosität und Wärmeleitfähigkeit ist die freie Weglänge l mit der makroskopischen Länge L zu vergleichen. Unter den Bedingungen

$$l \ll L \quad \text{und} \quad l \gg d \tag{1.9}$$

spricht man von einem **Gas von mittlerem Druck** (dilute gas) [18], bei dem die Nicht-Gleichgewichtseigenschaften durch Zweierstöße der Teilchen untereinander bestimmt werden. Die zweite Bedingung in Gl. (1.9) entspricht Gl. (1.8). Bei festem L kann durch Verkleinerung der Teilchendichte n wegen $l \sim n^{-1}$, siehe Gl. (1.6),

$$l \approx L \tag{1.10}$$

erreicht werden. In diesem **verdünnten Gas** (rarefied gas) sind auch Stöße der Teilchen mit der Wand zu berücksichtigen. Der Grenzfall

$$l \gg L, \tag{1.11}$$

bei dem praktisch nur noch Wandstöße auftreten wird als **Knudsen-Gas** bezeichnet.

Die zweite Ungleichung von Gl. (1.9) ist in den Fällen Gl. (1.10) und Gl. (1.11) natürlich noch besser erfüllt.

Im **dichten Gas** (dense gas) beeinflussen auch Stöße von mehr als zwei Teilchen miteinander und die Korrelation zwischen aufeinander folgenden Zweierstößen die Abhängigkeit der Transporteigenschaften von der Teilchendichte n über die dimensionslose Größe y (Gl. (1.4)).

In einem Gas bei Zimmertemperatur ($T \approx 290\,\text{K}$) und einem Druck von ungefähr $0.1\,\text{MPa}$ (ungefähr 1 atm) beträgt die Teilchendichte $n \approx 2.5 \cdot 10^{25}\,\text{m}^{-3}$, der mittlere Teilchenabstand ist $a \approx 0.34 \cdot 10^{-8}\,\text{m} = 3.4\,\text{nm}$. Für Argon gilt $d \approx 3.4 \cdot 10^{-10}\,\text{m}$ $= 0.34\,\text{nm}$ (für N_2 oder O_2 ist der effektive Durchmesser d nur geringfügig größer) und $\sigma_t \approx 36 \cdot 10^{-20}\,\text{m}^2$. Hieraus ergibt sich $l \approx 10^{-7}\,\text{m} \approx 30a \approx 300d$ und $y \approx 5 \cdot 10^{-4}$. Bedingung Gl. (1.8) ist in diesem Fall recht gut erfüllt. Durch Verringerung der Teilchendichte um drei Größenordnungen (dies entspricht einem Druck von etwa $0.1\,\text{kPa}$ (etwa 1 Torr)) erreicht die freie Weglänge l mit $0.1\,\text{mm}$ durchaus makroskopische Dimensionen. Der Übergang von einem Gas von mittlerem Druck zum verdünnten Gas bzw. zum Knudsen-Gas ist durch Verminderung des Druckes relativ leicht zu erreichen. Andererseits führt eine Erhöhung der Teilchendichte um drei Größenordnungen auf die theoretischen Werte $l \approx 10^{-10}\,\text{m} \approx 3.4d$, $a \approx d$ und $y \approx 0.5$. Dies entspricht einem sehr dichten Gas mit einer Dichte vergleichbar der einer Flüssigkeit. Typische Effekte für reale Gase und dichte Gase werden bereits bei kleineren, experimentell leichter zugänglichen Dichten beobachtet.

Mittels der thermischen Geschwindigkeit

$$C_{th} = \left(\frac{kT}{m}\right)^{\frac{1}{2}} \tag{1.12}$$

können den oben diskutierten charakteristischen Längen entsprechende Zeiten zugeordnet werden. Von besonderer Bedeutung ist die *freie Flugzeit*

$$\tau = \frac{l}{C_{th}}, \tag{1.13}$$

welche die mittlere Zeit zwischen zwei Stößen angibt. Unter „Normalbedingungen" ist $\tau \approx 0.3 \cdot 10^{-9}\,\text{s}$ für ein Gas wie Ar, N_2 oder O_2. Häufig wird die Zeit τ auch als *Stoßzeit* bezeichnet; sie ist zu unterscheiden von der Dauer eines Stoßes $\approx d/C_{th}$. Die zweite Bedingung in Gl. (1.9) entspricht also der Forderung, dass die Zeit des freien Fluges eines Teilchens zwischen zwei Stößen viel länger sein möge als die Dauer des Stoßes.

1.1.2 Edelgase und mehratomige Gase

> Noble gases are monatomic,
> Common gases are polyatomic.
>
> *L. Waldmann, 1963*

Die Modellvorstellung eines Gases aus sphärischen (kugelsymmetrischen) Teilchen ohne innere Freiheitsgrade trifft auf die einatomigen Edelgase He, Ne, Ar, Kr, Xe recht gut zu. Die meisten Gase jedoch sind mehratomig. Die bekannten Gase wie H_2, N_2, O_2, CO sind zweiatomig; CO_2 und H_2O sind dreiatomig; als Beispiel für Gase aus Molekülen mit 4 bis 7 Atomen seien NH_3, CH_4, CH_3Cl, CH_3OH, SF_6 genannt. Für die molekularen Gase sind zwei Erweiterungen des bisher betrachteten einfachen Modells nötig.

1. Die inneren Freiheitsgrade wie Rotation und Vibration sind i.a. angeregt und bei der inneren Energie und spezifischen Wärmekapazität der Gase zu berücksichtigen.
2. Die Wechselwirkung zwischen zwei nichtsphärischen Teilchen hängt nicht nur vom Abstand der Teilchen ab, sondern auch von deren relativer Orientierung zueinander und zum Verbindungsvektor ihrer Schwerpunkte. Für einige physikalische Eigenschaften genügt es, die tatsächliche Wechselwirkung durch eine über die Orientierungen gemittelte, effektiv sphärische Wechselwirkung zu approximieren. Die im Abschn. 1.4 zu behandelnden Nicht-Gleichgewichtsausrichtungseffekte werden andererseits entscheidend vom nicht sphärischen Anteil der Wechselwirkung bestimmt.

1.1.3 Zwischenmolekulare Wechselwirkung

Die Wechselwirkung zwischen zwei Molekülen ist repulsiv bei kleinen Abständen; darin spiegeln sich die Größe und Form der Moleküle wider. Bei größeren Abständen liegt häufig eine anziehende Wechselwirkung vor, z. B. verursacht durch die induzierte Dipol-Dipol-Wechselwirkung (van-der-Waals-Wechselwirkung) oder elektrische Multipol-Multipol-Wechselwirkungen.

1.1.3.1 Sphärische Teilchen

Für (effektiv) sphärische Teilchen ist ein solcher Potentialverlauf in Abb. 1.1 qualitativ gezeigt. Einfache Potentialmodelle, die nur den repulsiven Anteil der sphärischen Wechselwirkung berücksichtigen, sind die *harten Kugeln* (hard spheres) und die *Potenzkraftzentren* (soft spheres). Das Potential $\Phi = \Phi(r)$ ist im ersten Fall gegeben durch

$$\Phi = \begin{cases} \infty \\ 0 \end{cases} \text{für} \quad \begin{matrix} r < d \\ r > d \end{matrix} \tag{1.14}$$

wobei d der Durchmesser der harten Kugeln ist; im zweiten Fall setzt man

$$\Phi = \Phi_0 \left(\frac{r_0}{r} \right)^{\nu} \tag{1.15}$$

wobei Φ_0 eine Referenzenergie ist, r_0 eine Referenzlänge und ν ein charakteristischer Exponent, der die Steilheit der Abstoßung festlegt. Abb. 1.4 zeigt Φ (in Einheiten von Φ_0) als Funktion von r/r_0 für $\nu = 4$ und $\nu = 12$. Für sehr große ν wird das Potential durch Gl. (2.14) approximiert mit $d = r_0$.

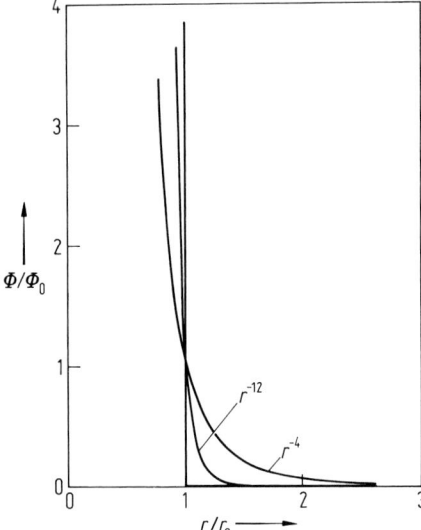

Abb. 1.4   Vergleich des Potentials für Potenzkraftzentren $\Phi \sim r^{-\nu}$ (soft spheres) für $\nu = 4$ und $\nu = 12$ mit dem für harte Kugeln (hard spheres).

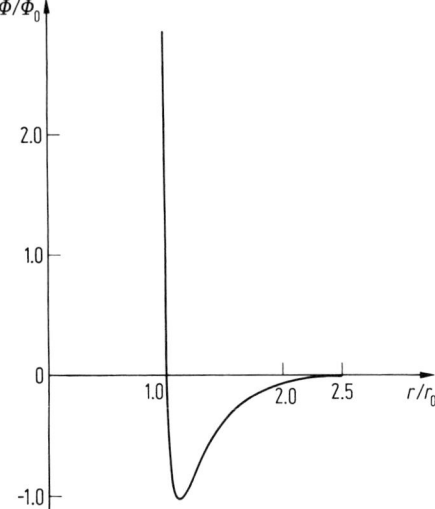

Abb. 1.5   Das Lennard-Jones-Wechselwirkungspotential Φ (in Einheiten von Φ_0, der Tiefe des Potentialminimums) als Funktion von r/r_0 (wobei r_0 den Nulldurchgang des Potentials festlegt).

Ein häufig verwendetes Modellpotential, das auch die „van-der-Waals"-Anziehung berücksichtigt, ist das **Lennard-Jones-Potential**

$$\Phi = 4\Phi_0 \left(\left(\frac{r_0}{r} \right)^{12} - \left(\frac{r_0}{r} \right)^{6} \right). \tag{1.16}$$

Der Potentialverlauf ist in Abb. 1.5 gezeigt. Es bedeutet in Gl. (1.16) die Größe Φ_0 die Tiefe des Potentialminimums; bei $r = r_0$ ist der Nulldurchgang von Φ. Neben den bereits genannten Potentialen ist eine Vielzahl anderer Modellpotentiale für die Wechselwirkung vorgeschlagen worden [13, 14, 21]. Die Absicht ist dabei, gewisse einfache, charakteristische Züge der molekularen Wechselwirkung zumindest in guter Näherung zu erfassen und die vorkommenden Modellparameter (wie z. B. Φ_0 und r_0 in Gl. (1.16)) durch einige wenige Messgrößen festzulegen. Die Hoffnung ist dann, mittels theoretischer Überlegungen andere unabhängige Messgrößen berechnen zu können. Dies gelingt auch zu einem gewissen Grade. Gute Potentiale können in wenigen Fällen aus quantenmechanischen Rechnungen gewonnen werden. Sie sind qualitativ ähnlich, haben aber eine kompliziertere analytische Form als die hier betrachteten Modellpotentiale.

1.1.3.2 Nichtsphärische Teilchen

Die Wechselwirkung zwischen zwei nichtsphärischen Teilchen hängt auch von deren Orientierung ab. Für den Fall von Teilchen mit Rotationssymmetrie wie z. B. bei linearen Molekülen (H_2, N_2, CO, CO_2) oder bei symmetrischen Kreisel-Molekülen (CH_3Cl, $CHCl_3$) kann die Orientierung durch die Angabe eines Einheitsvektors längs der Figurenachse (Symmetrieachse) festgelegt werden. Für die beiden wechselwirkenden Moleküle werden diese Einheitsvektoren mit $\boldsymbol{u}_1$ und $\boldsymbol{u}_2$ bezeichnet, $\boldsymbol{r}$ sei der Verbindungsvektor zwischen ihren Schwerpunkten, siehe Abb. 1.6. Die Wechselwirkung Φ ist dann eine Funktion von $\boldsymbol{r}$, $\boldsymbol{u}_1$, $\boldsymbol{u}_2$; da Φ ein Skalar ist, ist auch Φ „nur" Funktion des Abstandes $r = |\boldsymbol{r}|$ der Schwerpunkte und der durch die Skalarprodukte $\boldsymbol{u}_1 \cdot \boldsymbol{u}_2$, $\hat{\boldsymbol{r}} \cdot \boldsymbol{u}_1$, $\hat{\boldsymbol{r}} \cdot \boldsymbol{u}_2$ bestimmten drei Winkel. Dabei ist $\hat{\boldsymbol{r}} = r^{-1}\boldsymbol{r}$ der Einheitsvektor parallel zu $\boldsymbol{r}$. Die Winkelabhängigkeit einer solchen Funktion kann explizit in einer Entwicklung nach Produkten von Kugelflächenfunktionen Y_{lm} berücksichtigt werden, die Entwicklungskoeffizienten sind dann Funktionen des Abstandes r:

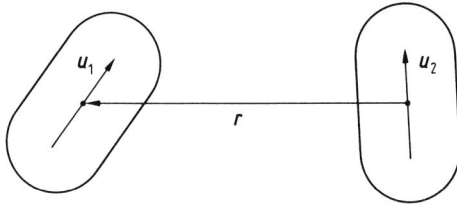

Abb. 1.6 Bedeutung der die Orientierung von zwei nichtsphärischen Molekülen festlegenden Einheitsvektoren $\boldsymbol{u}_1$ und $\boldsymbol{u}_2$, sowie des die Schwerpunkte verbindenden Relativvektors $\boldsymbol{r}$.

$$\Phi = \Phi(\mathbf{r}, \mathbf{u}_1, \mathbf{u}_2)$$
$$= \sum_{l_1 l_2 l} \Phi_{l_1 l_2 l}(r) \sum_{m_1 m_2 m} (l_1 m_1 l_2 m_2 | lm) \; Y_{l_1 m_1}(\mathbf{u}_1) Y_{l_2 m_2}(\mathbf{u}_2) Y^*_{lm}(\hat{\mathbf{r}}). \qquad (1.17)$$

Die Clebsch-Gordan-Koeffizienten $(l_1 m_1 l_2 m_2 | lm)$ sorgen dafür, dass die verschiedenen Kugelflächenfunktionen Y in Gl. (1.17) zu einem Skalar verkoppelt werden. Das erste Glied in der Entwicklung, $\Phi_{000}(r)$ beschreibt den sphärischen, über alle Richtungen gemittelten Anteil der Wechselwirkung; alle anderen Terme in Gl. (1.17) charakterisieren den nicht sphärischen, d. h. winkelabhängigen Anteil. Bei homonuklearen Molekülen, wie z. B. bei H_2, kann das Potential nicht vom Vorzeichen von $\mathbf{u}_1$ bzw. $\mathbf{u}_2$ abhängen, und wegen der Vertauschbarkeit der beiden Moleküle auch nicht vom Vorzeichen von $\mathbf{r}$. In diesem Fall kommen in Gl. (1.17) nur gerade Werte für l_1, l_2 und l vor. Die ersten Terme der Entwicklung (1.17) können dann auch in der Form

$$\Phi = \Phi_{000} + \ldots \cdot \Phi_{202}(P_2(\mathbf{u}_1 \cdot \hat{\mathbf{r}}) + P_2(\mathbf{u}_2 \cdot \hat{\mathbf{r}})) +$$
$$+ \ldots \cdot \Phi_{220}(P_2(\mathbf{u}_1 \cdot \mathbf{u}_2) + \ldots \qquad (1.18)$$

geschrieben werden, wobei $P_2(x) = \frac{3}{2}(x^2 - \frac{1}{3})$ das 2. Legendre-Polynom ist und $\Phi_{202} = \Phi_{022}$ berücksichtigt wurde. Die Punkte stehen für numerische Faktoren. Als

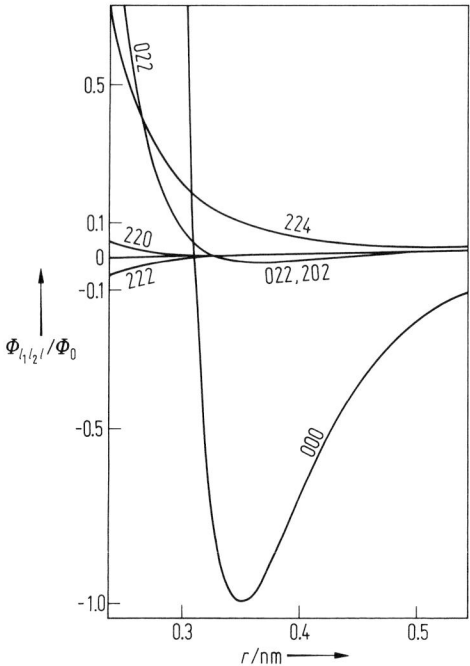

Abb. 1.7 Vergleich der Potentialfunktionen Φ_{220}, $\Phi_{202} = \Phi_{022}$ und Φ_{224} mit dem sphärischen Anteil Φ_{000} des Wechselwirkungspotentials zwischen zwei Wasserstoffmolekülen. Die Kurven sind aus einer Abbildung in [22] entnommen.

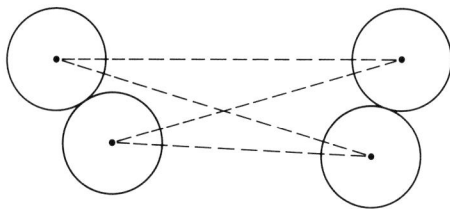

Abb. 1.8   Zur Wechselwirkung zwischen zwei zweiatomigen Molekülen als Summe der Atom-Atom-Wechselwirkungen.

ein Beispiel sind in Abb. 1.7 die Funktionen Φ_{000}, Φ_{202}, Φ_{022}, Φ_{224} gezeigt für H_2 [22] (in Einheiten der Energie Φ_0 des Minimums von Φ_{000}). Für große Abstände wird der „224"-Term durch die Quadrupol-Quadrupol-Wechselwirkung bestimmt.

Eine Alternative zur Beschreibung der Wechselwirkung zwischen Molekülen ist in Abb. 1.8 angedeutet: Man setzt die Wechselwirkung zweier (starrer) Moleküle aus der zwischen den sie aufbauenden Atomen zusammen; die Atom-Atom-Wechselwirkung hängt nur von deren Abständen ab.

1.1.4 Klassische und quantenmechanische Beschreibung

Während die Existenz stabiler Atome und Moleküle nur quantentheoretisch erklärbar ist, können Gase und Flüssigkeiten in großen Temperaturintervallen, wie bisher in diesem Kapitel stillschweigend geschehen, mit Konzepten der klassischen Physik behandelt werden. Die Grenzen der Anwendbarkeit sind für die Translationsbewegung und die Stöße der Teilchen untereinander bzw. für die Behandlung von inneren Freiheitsgraden der Teilchen getrennt zu diskutieren. Auf das erst für höhere Dichten wichtige Problem der Gasentartung wird im Abschn. 1.2.6 eingegangen.

1.1.4.1 Translationsbewegung, Stoßprozesse

Die thermische de-Broglie-Wellenlänge λ_{th} wird durch

$$\lambda_{th} = \frac{h}{m C_{th}} \tag{1.19}$$

definiert. Dabei ist m die Masse eines Teilchens, C_{th} ist die mittlere thermische Geschwindigkeit (s. Gl. (1.12)) und h ist die Planck-Konstante. Unter der Voraussetzung, dass λ_{th} klein ist im Vergleich zu einer makroskopischen Länge L bzw. zur freien Weglänge l, können Quanteneffekte bei der freien Translationsbewegung vernachlässigt werden. Ist λ_{th} auch noch klein im Vergleich zur Reichweite der molekularen Wechselwirkung, etwa einem effektiven Teilchendurchmesser d oder der Lennard-Jones-Länge r_0, so kann auch die Streuung von Teilchen, insbesondere die Berechnung des (differentiellen) Wirkungsquerschnittes klassisch behandelt werden. Für Argon z. B. hat man $\lambda_{th} \approx 0.04$ nm bei $T = 300$ K. Diese Länge ist sowohl sehr klein im Vergleich zur freien Weglänge ($l = 100\,\text{nm}$ bei Normaldruck) als auch im Vergleich zum effektiven Durchmesser $d \approx 0.34\,\text{nm}$. Die klassische Beschreibung ist also durchaus adäquat. Bei leichteren Teilchen und tiefen Temperaturen sind aber, wegen $\lambda_{\text{th}} \sim (mT)^{-\frac{1}{2}}$, Quanteneffekte bei der Translationsbewegung und bei der Streuung zu berücksichtigen. Für ^{4}He bei $T = 20\,\text{K}$ hat man eine thermische de-Broglie-Wellenlänge $\lambda_{\text{th}} \approx 0.5\,\text{nm}$, die größer ist als der effektive Durchmesser $d \approx 0.26\,\text{nm}$.

1.1.4.2 Innere Freiheitsgrade: Rotation linearer Moleküle

Der mit der molekularen Rotation verknüpfte Hamilton-Operator H^{rot} eines linearen Moleküls mit dem Trägheitsmoment I ist

$$H^{\text{rot}} = \frac{\hbar^2}{2I} J^2, \tag{1.20}$$

wobei J der Drehimpulsoperator in Einheiten von $\hbar$ ist. Seien $|jm\rangle$ die Rotationszustände mit den Rotationsquantenzahlen $j = 0, 1, 2 \ldots$ und den magnetischen Quantenzahlen m mit $m = -j, -j+1, \ldots j-1, j$, dann gilt

$$J^2 |jm\rangle = j(j+1)|jm\rangle, \quad J_z |jm\rangle = m|jm\rangle. \tag{1.21}$$

Als Referenzachse zur Festlegung von m ist die raumfeste z-Achse gewählt, deren Richtung aber willkürlich gewählt werden kann.

Im j-ten Rotationszustand ist die Rotationsenergie also

$$E_j^{\text{rot}} = \frac{\hbar^2}{2I} j(j+1). \tag{1.22}$$

Wegen der „magnetischen" Unterzustände ist dieser Energiewert $(2j+1)$-fach entartet.

Für homonukleare zweiatomige Moleküle kommen entweder nur die geraden oder nur die ungeraden Zahlen für j vor; z. B. hat man für para-H_2 (p-H_2, gesamter Kernspin 0) $j = 0, 2, 4, \ldots$ und für ortho-H_2 (o-H_2, Kernspin 1) $j = 1, 3, 5, \ldots$. Das normale H_2-Gas (n-H_2) ist ein Gemisch aus o-H_2 und p-H_2 im Verhältnis $3:1$. Für das heteronukleare Molekül HD (D: Deuterium) sind Rotationszustände $j = 0, 1, 2, 3, \ldots$ erlaubt.

In Analogie zur thermischen Geschwindigkeit C_{th} kann eine thermische Rotationszahl j_{th} durch

$$\hbar j_{\text{th}} = (I k T)^{\frac{1}{2}} \tag{1.23}$$

definiert werden. Bei $T = 290\,\text{K}$ erhält man z. B. $j_{\text{th}} \approx 1.3$, $j_{\text{th}} \approx 1.5$ für H_2 bzw. HD und $j_{\text{th}} \approx 7.0$ für N_2. Nur für $j_{\text{th}} \gg 1$ kann die Rotationsbewegung näherungsweise klassisch behandelt werden.

1.2 Gase im thermischen Gleichgewicht

Ein Teil der hier unter der Überschrift „Gase" aufgeführten physikalischen Eigenschaften gelten nicht nur für Gase, sondern auch für Flüssigkeiten. Als Oberbegriff für beide wird deshalb von „Fluiden" gesprochen. Der Phasenübergang gasförmig – flüssig wird im Kapitel 4 behandelt.

1.2.1 Druck

1.2.1.1 Thermodynamische Relationen

Der *Druck p* eines Fluids (bestehend aus N Teilchen) ist im thermischen Gleichgewicht durch das zur Verfügung stehende Volumen V und die Temperatur T festgelegt:

$$p = p(V, T).\tag{1.24}$$

Die Relation Gl. (1.24) heißt *thermische Zustandsgleichung*. Mit der freien Energie $F = F(V, T)$ ist p verknüpft gemäß

$$p = -\left(\frac{\partial F}{\partial V}\right)_T.\tag{1.25}$$

Die relative Änderung des Drucks p bei einer Volumenänderung ist durch den (isothermen) *Kompressionsmodul*

$$K = -V\left(\frac{\partial p}{\partial V}\right)_T\tag{1.26}$$

bestimmt. Die Größe $1/K$ wird *Kompressibilität* genannt. Das thermodynamische Stabilitätskriterium

$$K > 0\tag{1.27}$$

besagt, dass bei Verkleinerung des Volumens der Druck nicht abnehmen bzw. bei Erhöhung des Drucks das Volumen des Fluids nicht größer werden kann.

Bei gleichzeitiger Verdoppelung der Teilchenzahl N und des Volumens V ändert sich der Druck p nicht. Die für die physikalischen Eigenschaften eines Fluids relevante Variable ist also nicht das Volumen an sich, sondern die Teilchendichte $n = N/V$. Es ist deshalb physikalisch sinnvoller, die thermische Zustandsgleichung in der Form

$$p = p(n, T)\tag{1.28}$$

anzugeben. Wegen

$$\frac{\partial}{\partial V} = \frac{\partial n}{\partial V}\frac{\partial}{\partial n} = -\frac{n}{V}\frac{\partial}{\partial n}$$

sind die Bezeichnungen (1.25) und (1.26) äquivalent zu

$$pV = n\left(\frac{\partial F}{\partial n}\right)_T \quad \text{oder} \quad p = n^2\left(\frac{\partial (F/N)}{\partial n}\right)_T\tag{1.29}$$

und

$$K = n \left(\frac{\partial p}{\partial n} \right)_T.$$

(1.30)

Dabei ist F/N in Gl. (1.29) ebenso wie p in Gl. (1.30) als Funktion von n und T aufzufassen.

Der *Volumenausdehnungskoeffizient* α sowie der *Spannungskoeffizient* β sind durch

$$\alpha = \frac{1}{V} \left(\frac{\partial V}{\partial T} \right)_p = -\frac{1}{n} \left(\frac{\partial n}{\partial T} \right)_p$$

(1.31)

und

$$\beta = \frac{1}{p} \left(\frac{\partial p}{\partial T} \right)_n$$

(1.32)

definiert. Allgemein gilt wegen $(\partial V/\partial p)_T \partial T/\partial V)_p \partial p/\partial T)_V = -1$

$$\alpha K = \beta p;$$

(1.33)

d. h. nur zwei der drei Materialkoeffizienten α, β, K sind unabhängig voneinander.

1.2.1.2 Ideale Gase

Ideale Gase, bei denen der mittlere Teilchenabstand groß ist im Vergleich zur Reichweite der Wechselwirkung der Teilchen untereinander, genügen der einfachen Zustandsgleichung (ideale Gasgleichung)

$$p = p^{\mathrm{id}} \equiv nkT,$$

(1.34)

wobei k die Boltzmann-Konstante ist. Die molare Gaskonstante R ist das Produkt von k mit der Zahl N_A (Avogadro-Konstante) der Teilchen pro Mol. Die Beziehung (1.34), die für 1 mol auch in der Form $pV = RT$ geschrieben werden kann, enthält das Boyle-Mariott-Gesetz $pV = $ const. für konstantes N und T sowie $p \sim T$ für $n = $ const. (im Wesentlichen das Gay-Lussac-Gesetz) als Spezialfälle. Gemäß Gl. (1.30) und Gl. (1.31) ist beim idealen Gas $K = nkT$, d. h. die Kompressibilität $1/K$ ist gleich dem Kehrwert des Druckes. Ausdehnungs- und Spannungskoeffizienten sind beim idealen Gas gleich, und zwar gilt für $\alpha = \beta = 1/T$. Gl. (1.33) wird offensichtlich erfüllt.

1.2.1.3 Reale Gase, Realgasfaktor

Der Druck einer realen Gases weicht vom idealen Gasgesetz Gl. (1.34) ab. Die relative Abweichung wird durch den *Realgasfaktor* (*Kompressibilitätsfaktor*)

$$Z = \frac{p}{nkT}$$

(1.35)

beschrieben. Die dimensionslose Größe Z ist eine Funktion der Teilchendichte n und der Temperatur T, die von diesen Variablen auch nur über dimensionslose Größen z. B. $r_0^3 n$ und kT/Φ_0 abhängen kann. Dabei sind r_0 und Φ_0 die für das molekulare Wechselwirkungspotential charakteristische Länge und Energie, siehe etwa Gl. (1.15). Anstelle der molekularen Größen können auch die für jede Substanz charakteristische Dichte n_c und die Temperatur T_c des *kritischen Punktes* (s. Kap. 3, Abschn. 3.2) zur Skalierung von Dichte und Temperatur benutzt werden, d. h. Z wird als Funktion von $n/n_c = V_c/V$ und T/T_c aufgefasst:

$$Z = Z\left(\frac{n}{n_c}, \frac{T}{T_c}\right).$$

Falls die Wechselwirkung zwischen den Teilchen in verschiedenen Gasen von gleicher funktionaler Form ist und sich nur durch die charakteristischen Längen- und Energieparameter r_0 und Φ_0 unterscheidet, sind auch die Funktion $Z(n/n_c, T/T_c)$ und folglich das Verhältnis p/p_c gleich für verschiedene Gase; hier ist p_c der Druck am kritischen Punkt. Dieses *Gesetz der korrespondierenden Zustände* gilt näherungsweise für die Edelgase und Gase aus Teilchen ohne (starkes) elektrisches Dipolmoment. In Abb. 1.9 ist Z als Funktion von n/n_c für verschiedene Werte von T/T_c für Edelgase gezeigt. Das Zweiphasengebiet ist unterhalb der niedrigsten Kurve.

Für nicht zu hohe Temperaturen nimmt Z und damit der Druck im Vergleich zum idealen Gasdruck mit wachsender Dichte n wegen der Anziehung der Teilchen untereinander zunächst ab. Bei hohen Dichten jedoch macht sich die Repulsion (und damit das Eigenvolumen) der Teilchen im Druckanstieg bemerkbar. Dazwi-

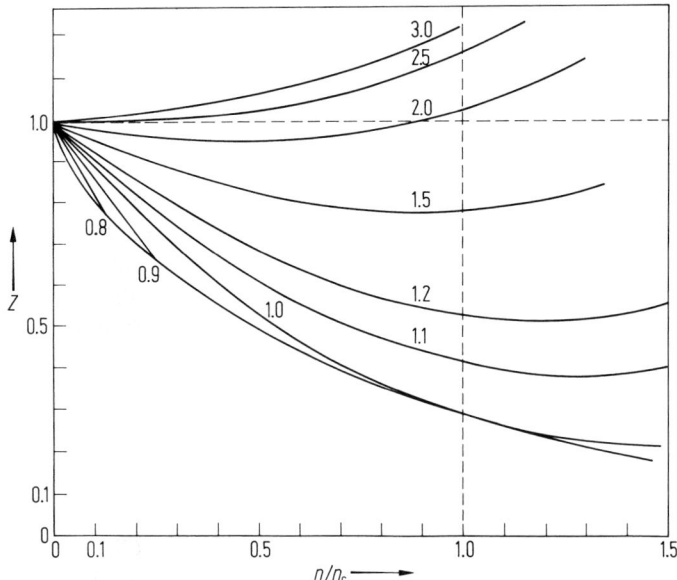

Abb. 1.9 Der Realgasfaktor $Z = p/nkT$ der Edelgase als Funktion der Teilchendichte n (in Einheiten der kritischen Dichte n_c) für verschiedene Werte der Temperatur T. Die Ziffern an den Kurven weisen auf das Verhältnis T/T_c hin; T_c ist die kritische Temperatur. Das Zweiphasengebiet ist unterhalb der untersten Kurve. Die Daten sind aus einem Diagramm in [17] entnommen.

schen gibt es, bei festem T, eine Dichte, bei der $Z = 1$ ist, also ein quasi ideales Gas vorliegt.

Der gleiche Sachverhalt ist auch aus Tab. 1.1 abzulesen, wo für Argon bei $T = 300\,\mathrm{K}$ neben dem Realgasfaktor Z auch die Massendichte $\varrho = mn$, die Teilchendichte n und der mittlere Teilchenabstand $a = n^{-\frac{1}{3}}$ für einige Werte des Drucks von $0.1\,\mathrm{MPa}$ ($\approx 1\,\mathrm{atm}$) bis $100\,\mathrm{MPa}$ ($\approx 10^3\,\mathrm{atm}$) angegeben wird. Die kritische Temperatur T_c und die kritische Dichte n_c, die in Abb. 1.9 zum Skalieren der Temperaturen und Dichten benutzt wurden, haben für Argon die Werte $T_c = 150.86\,\mathrm{K}$ und $n_c = 8.08 \cdot 10^{27}\,\mathrm{m}^{-3}$ [19].

Tab. 1.1 Druck p, Massendichte $\varrho = mn$, Dichte n, mittlerer Teilchenabstand $a = n^{-1/3}$ und Realgasfaktor Z für Argon bei der Temperatur $T = 300\,\mathrm{K}$. Die Dichte n ist sowohl in $10^{27}\,\mathrm{m}^{-3}$ als auch in der in Anwendungen häufig benützten Einheit $\mathrm{mol\,l}^{-1}$ aufgeführt. Die in vier signifikanten Ziffern aufgeführten Daten sind Tabellen in [19] entnommen.

Druck p/MPa	Massendichte $\varrho/(\mathrm{kg} \cdot \mathrm{m}^{-3})$	Dichte $n/10^{27}\,\mathrm{m}^{-3}$	Dichte $n/(\mathrm{mol} \cdot \mathrm{l}^{-1})$	Teilchenabstand a/nm	Realgasfaktor Z
0.1	1.603	0.0242	0.04012	3.45	0.998
1.0	16.11	0.243	0.4033	1.60	0.994
10	167.6	2.53	4.195	0.74	0.954
20	335.8	5.06	8.405	0.58	0.954
40	600.3	9.05	15.03	0.48	1.07
100	964.5	14.5	24.14	0.41	1.66

1.2.1.4 Reale Gase, Virialentwicklung

Zur Beschreibung der Abhängigkeit des Drucks p vom Volumen V hat Kamerlingh Onnes eine Entwicklung nach Potenzen von $1/V$ oder der Dichte n vorgeschlagen, die als Virialentwicklung bezeichnet wird. Der erste Koeffizient ist durch das ideale Gasgesetz festgelegt; die erste Abweichung davon wird durch den *zweiten Virialkoeffizienten* B beschrieben. Die Virialentwicklung kann in der Form

$$p = nkT(1 + Bn + Cn^2 + \ldots) \tag{1.36}$$

geschrieben werden, wobei die Virialkoeffizienten $B, C, \ldots$ Funktionen der Temperatur sind. Die Summe in der Klammer in Gl. (1.36) ist der Kompressibilitätsfaktor Z, d. h. die Koeffizienten $B, C, \ldots$ können z. B. aus den in Abb. 1.9 gezeigten Kurven bestimmt werden.

Die Virialkoeffizienten können statistisch interpretiert und berechnet werden [1–6]. Insbesondere gilt für sphärische Teilchen

$$B = \frac{1}{2}\int(1 - \mathrm{e}^{-\Phi/(kT)})\,\mathrm{d}^3r = 2\pi\int_0^\infty r^2(1 - \mathrm{e}^{-\Phi/(kT)})\,\mathrm{d}r, \tag{1.37}$$

wobei $\Phi = \Phi(r)$ das Zweiteilchen-Wechselwirkungspotential ist. Speziell für harte Kugeln mit Durchmesser d erhält man $B = B_\infty \equiv \dfrac{2\pi}{3} d^3 = 4\,V_K$, wobei $V_K = \dfrac{4\pi}{3}\left(\dfrac{d}{2}\right)^3$ das Volumen einer Kugel ist. Existiert zusätzlich eine im Vergleich zu kT schwach anziehende Wechselwirkung $\Phi_a < 0$, so erhält man

$$B = B_\infty \left(1 - \frac{T_B}{T}\right). \tag{1.38}$$

Die *Boyle-Temperatur* T_B ist bestimmt durch

$$B_\infty \cdot k\,T_B = -2\pi \int\limits_d^\infty r^2 \Phi_a \, \mathrm{d}r. \tag{1.39}$$

Diese Überlegungen machen den Verlauf der Kurven in Abb. 1.9 für kleine Dichten, insbesondere das verschiedene Vorzeichen der Anfangssteigung für niedrige ($T < T_B$) und höhere ($T > T_B$) Temperaturen verständlich.

Ferner kann der zweite Virialkoeffizient B benutzt werden, um für hohe Temperaturen einen effektiven Teilchendurchmesser zu bestimmen.

In Abb. 1.10 ist $B = B(T)$ für einige Gase gezeigt. Der in der Literatur häufig (in cm^3/mol^{-1}) angegebene 2. Virialkoeffizient ergibt sich aus den hier benutzten „molekularen" Koeffizienten B durch Multiplikation mit der Avogadro-Konstanten $N_A \approx 6.023 \cdot 10^{23}\,\mathrm{mol}^{-1}$.

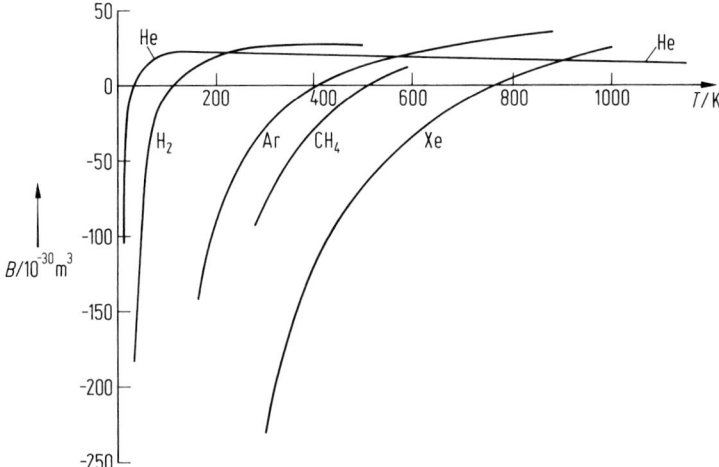

Abb. 1.10   Der zweite Virialkoeffizient B als Funktion der Temperatur T in K für die Gase He, H$_2$, A, CH$_4$ und Xe. Die Daten sind aus einem Diagramm in [17] entnommen.

Die *Inversionstemperatur* T_I ist durch $B = T(\mathrm{d}B/\mathrm{d}T)$ festgelegt. Aus der Schemazeichnung Abb. 1.11 für eine typische Kurve $B = B(T)$ ist die Bedeutung von T_I und T_B ersichtlich, es ist $T_I > T_B$. Für $T < T_I$ kann der Joule-Thomson-Effekt (s. Band I), d. h. eine Expansion, zur Abkühlung eines Gases benutzt werden.

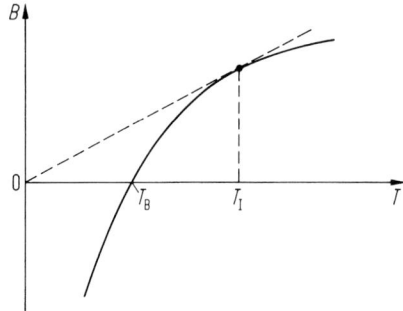

Abb. 1.11   Die aus dem Verlauf von $B = B(T)$ ersichtliche Bedeutung der Boyle-Temperatur T_B und der Inversionstemperatur T_I.

1.2.2 Geschwindigkeitsverteilung

1.2.2.1 Der kinetische Druck

Der Druck p eines Fluids kann innerhalb der klassischen Statistischen Mechanik als Summe des durch die Translationsbewegung der Teilchen erzeugten kinetischen Drucks

$$p^{\text{kin}} = \frac{1}{3} m n \langle c^2 \rangle \tag{1.40}$$

und des mit der Wechselwirkung der Teilchen untereinander verknüpften Potentialanteils p^{pot} dargestellt werden. In Gl. (1.40) ist n die Teilchendichte, m die Masse eines Teilchens, c seine Geschwindigkeit und $\langle ... \rangle$ deutet eine Mittelwertbildung an, die im Folgenden näher diskutiert werden soll. Wegen des Äquipartitionstheorems ist die mittlere kinetische Energie pro Teilchen $(1/2) m \langle c^2 \rangle$ gleich $(3/2) k T$ und man erhält den Druck des idealen Gases.

$$p^{\text{kin}} = n k T. \tag{1.41}$$

Dieses Ergebnis gilt allgemein für ein klassisches Fluid im thermischen Gleichgewicht. Beim realen Gas und in einer Flüssigkeit unterscheidet sich der messbare Druck $p = p^{\text{kin}} + p^{\text{pot}}$ von Gl. (1.41) durch den nichtverschwindenden Potentialbeitrag p^{pot}.

1.2.2.2 Verteilungsfunktion, Mittelwerte

Die Geschwindigkeitsverteilungsfunktion $f(c)$ gibt an, wie viele Teilchen dN in einem Volumenelement d^3r an der Stelle r und im Geschwindigkeitsbereich d^3c bei der Geschwindigkeit c zu finden sind:

$$dN = f(c) \, d^3r \, d^3c. \tag{1.42}$$

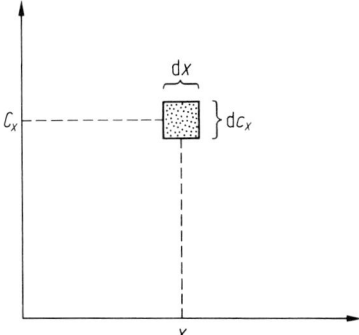

Abb. 1.12 „Volumenelement" $dx \cdot dc_x$ im Orts-Geschwindigkeits-Raum.

In Abb. 1.12 ist dies für den eindimensionalen Fall angedeutet. In Gl. (1.42) steht d^3r für $dr_x dr_y dr_z$ und analog d^3c für $dc_x dc_y dc_z$. Die Normierung von $f(c)$ ist wegen Gl. (1.42) auf

$$f(c)d^3c = n = N/V \qquad (1.43)$$

festgelegt; V ist das Volumen, in dem sich das Fluid befindet. Der Mittelwert $\langle \Psi \rangle$ einer von c abhängigen Größe $\Psi = \Psi(c)$ ist dann durch

$$n\langle \Psi \rangle = \int \Psi(c) f(c) d^3c \qquad (1.44)$$

definiert. In Gl. (1.40) z. B. ist $\Psi = c^2$.

Im thermischen Gleichgewicht ist $f(c) \sim e^{-E_{kin}/(kT)}$, wobei $E_{kin} = \frac{1}{2}mc^2$ die kinetische Energie eines Teilchens ist. Mit den durch Gl. (1.43) festgelegten Normierungskoeffizienten lautet diese Maxwell-Verteilung:

$$f(c) = f_M \equiv n \left(\frac{m}{2\pi kT} \right)^{\frac{3}{2}} e^{-\frac{mc^2}{2kT}} . \qquad (1.45)$$

Die Verteilung (1.45) ist isotrop, d. h. es ist keine Geschwindigkeitsrichtung ausgezeichnet. Somit verschwinden Mittelwerte von ungeraden Potenzen der kartesischen Komponenten der Geschwindigkeit, insbesondere ist $\langle c \rangle = 0$. Ferner gilt

$$\langle c_x^2 \rangle = \langle c_y^2 \rangle = \langle c_z^2 \rangle = \frac{1}{3}\langle c^2 \rangle = C_{th}^2 . \qquad (1.46)$$

Hier ist C_{th} die bereits in Gl. (1.11) definierte mittlere thermische Geschwindigkeit.

Wird der Mittelwert einer Größe Ψ berechnet, die nur vom Betrag c der Geschwindigkeit c abhängt, so kann nach Umformung von d^3c in Polarkoordinaten im Geschwindigkeitsraum die Integration über die Winkel ausgeführt werden, und man erhält

$$\langle \Psi \rangle = \left(\frac{m}{2\pi kT} \right)^{\frac{3}{2}} 4\pi \int_0^\infty \Psi(c) c^2 e^{-\frac{mc^2}{2kT}} dc . \qquad (1.47)$$

Für den mittleren Betrag der Geschwindigkeit $\langle c \rangle$ ergibt sich aus Gl. (1.47)

$$\langle c \rangle = 2 \left(\frac{2}{\pi} \right)^{\frac{1}{2}} C_{\text{th}} \approx 1.60 \, C_{\text{th}}. \tag{1.48}$$

Die Wurzel $\langle c^2 \rangle^{\frac{1}{2}}$ aus dem Quadrat der Geschwindigkeit ist $\sqrt{3} \, C_{\text{th}} \approx 1.73 \, C_{\text{th}}$. Der häufigste Betrag c_{h} der Geschwindigkeit, wie er sich aus dem Maximum der Kurve $c^2 \exp(-mc^2/2kT)$ ergibt, siehe Abb. 1.13, ist $\sqrt{2} \, C_{\text{th}} \approx 1.41 \, C_{\text{th}}$. In Abb. 1.13 sind die reduzierte Maxwell-Funktion

$$F_{\text{M}} = \frac{f_{\text{M}}}{n} \left(\frac{2kT}{m} \right)^{\frac{3}{2}} = \pi^{-\frac{3}{2}} \, \mathrm{e}^{-V^2} \quad \text{und} \quad F_{\text{M}} \frac{\pi m c^2}{2kT} = \pi^{-\frac{1}{2}} V^2 \mathrm{e}^{-V^2}$$

als Funktion der dimensionslosen Variablen $V = c(m/2kT)^{\frac{1}{2}}$ dargestellt.

Wird die Geschwindigkeitsverteilung als Funktion der Geschwindigkeit c selbst und nicht wie in Abb. 1.13 in Einheiten von $\sqrt{2\,kT/m}$ angegeben, so verschiebt sich das Maximum von $c^2 F_{\text{M}}$ mit wachsender Temperatur zu höheren Werten, und die Kurven werden breiter. Ein Beispiel ist in Abb. 1.18 zu finden. Zur direkten Messung der Geschwindigkeitsverteilung siehe [23]; indirekte Messungen sind über die Doppler-Verbreiterung einer Spektrallinie möglich.

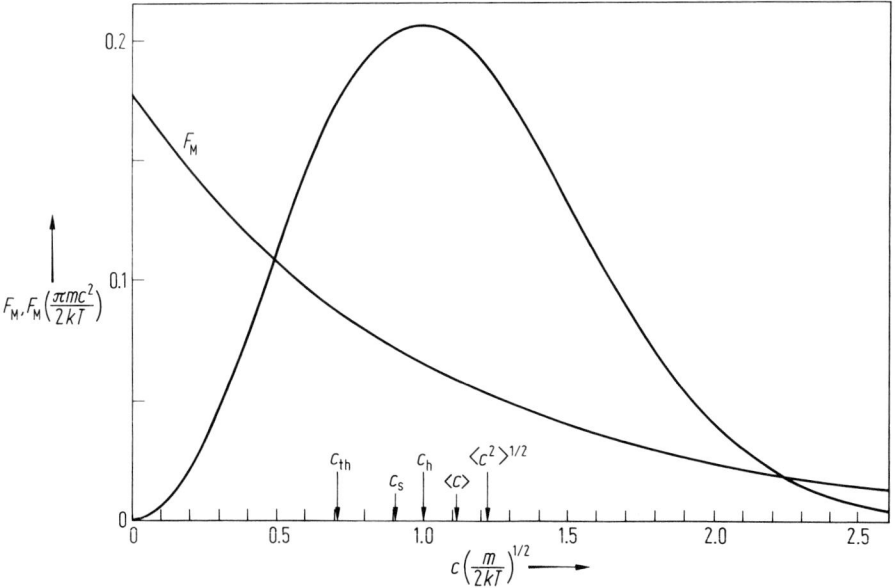

Abb. 1.13 Die reduzierte Maxwell-Funktion $F_{\text{M}} \sim \mathrm{e}^{-V^2}$ und $V^2 \mathrm{e}^{-V^2}$ in Abhängigkeit von der dimensionslosen Geschwindigkeit $V = c(\sqrt{2}\,C_{\text{th}})^{-1}$. Die Pfeile marken die Werte von C_{th}, $\langle c \rangle$, $\langle c^2 \rangle^{\frac{1}{2}}$ sowie die häufigste Geschwindigkeit c_{h} und die (adiabatische) Schallgeschwindigkeit c_{s}.

1.2.3 Innere Energie, spezifische Wärmekapazität

1.2.3.1 Thermodynamische Relationen und statistische Interpretation

Die innere Energie U eines Fluids aus N Teilchen ist im thermischen Gleichgewicht, ebenso wie der Druck p, durch das Volumen V und die Temperatur T festgelegt. Eine Relation der Form $U = U(V, T)$ wird als *kalorische Zustandsgleichung* bezeichnet. Die spezifische Wärmekapazität c_V ist durch

$$M c_V = \left(\frac{\partial U}{\partial T}\right)_V \tag{1.49}$$

definiert, wobei $M = N m$ die gesamte Masse des Fluids ist; m ist die Masse eines Teilchens. Die molare Wärmekapazität c_{mV} bei konstantem Volumen ist das Produkt $m N_A c_V$; N_A ist die Avogadro-Konstante. Aufgrund thermodynamischer Relationen gilt [1, 3–6]

$$\left(\frac{\partial U}{\partial V}\right)_T = T \left(\frac{\partial p}{\partial T}\right)_V - p. \tag{1.50}$$

Hängt der Realgasfaktor Z nicht von der Temperatur ab, so folgt aus Gl. (1.50)

$$\left(\frac{\partial U}{\partial V}\right)_T = 0, \tag{1.51}$$

d. h. die innere Energie und damit auch die spezifische Wärmekapazität sind unabhängig von der Teilchendichte n. Dieser Spezialfall liegt bei einem idealen Gas, aber auch bei einem (dichten) Modell-Fluid aus harten Kugeln vor.

Die innere Energie U kann in einfacher Weise als Mittelwert der gesamten (nicht mit einer makroskopischen Bewegung verknüpften) Energie eines N-Teilchen-Systems ausgedrückt werden. Sei $E^{(1)} = E^{kin} + E^{rot} + E^{vib}$, die mit der Translationsbewegung, der Rotation und der Vibration eines Moleküls verknüpfte Energie, und Φ_g die gesamte Wechselwirkungsenergie eines N-Teilchensystems, dann gilt

$$U = N\langle E^{(1)}\rangle + U^{pot},$$
$$U^{pot} = \langle\Phi_g\rangle, \tag{1.52}$$

wobei die Klammern $\langle\ldots\rangle$ Mittelwertbildungen bedeuten. Unter der Voraussetzung, dass die Reichweite der Wechselwirkung klein ist im Vergleich zur Gefäßdimension, ist auch U^{pot} und damit die gesamte innere Energie U proportional zu N bzw. M. Für die spezifische Wärmekapazität ergibt sich gemäß der Aufteilung (1.52)

$$c_V = c_V^{(1)}(T) + c_V^{pot}(n, T) \tag{1.53}$$

wobei $c_V^{(1)}$ der mit der Temperaturabhängigkeit der mittleren Einteilchen-Energie $\langle E\rangle$ verknüpfte Beitrag und c_V^{pot} der Potentialbeitrag zu c_V ist. Letzterer verschwindet für kleine Dichten n, d. h. im Fall des idealen Gases.

Aufgrund thermodynamischer Relationen gilt für die Differenz der spezifischen Wärmekapazitäten bei konstantem Druck (c_p) und konstantem Volumen (c_V)

$$c_p - c_V = \frac{T}{mn}\alpha^2 K = \frac{T}{mn}\frac{p^2\beta^2}{K} > 0, \tag{1.54}$$

Tab. 1.2 Die spezifische Wärmekapazitäten c_V, c_p und die Differenz $c_p - c_V$ dividiert durch k/m (k: Boltzmann-Konstante, m: Teilchenmasse) sowie das Verhältnis $\kappa = c_p/c_V$ für Argon bei $T = 300\,K$ und Drücke von 0.1 bis 100 MPa nach den in [19] aufgelisteten Daten.

Druck p/MPa	Dichte $n/10^{27}\,m^{-3}$	$\dfrac{m}{k}c_V$	$\dfrac{m}{k}c_p$	$\dfrac{m}{k}(c_V - c_V)$	$\kappa = \dfrac{c_p}{c_V}$
0.1	0.0242	1.50	2.51	1.01	1.67
1.0	0.243	1.51	2.56	1.06	1.70
10	2.53	1.58	3.11	1.53	1.97
20	5.06	1.62	3.55	1.93	2.19
40	9.05	1.71	3.96	2.25	2.32
100	14.5	1.86	3.72	1.84	2.00

wobei K, α, β die isotherme Kompressibilität, der Ausdehnungs- und der Spannungskoeffizient sind. Für ein ideales Gas erhält man wegen $K = p = nkT$, $\alpha = \beta = 1/T$,

$$c_p - c_V = \frac{k}{m}. \tag{1.55}$$

In Tab. 1.2 sind die spezifischen Wärmekapazitäten c_p, c_V und die Differenz $c_p - c_V$ dividiert durch k/m für Argon bei $T = 300\,K$ bei einigen Werten des Drucks aufgeführt. Für den kleinsten Druck 0.1 MPa (≈ 1 atm) werden die für ein ideales Gas geltenden Werte gefunden; bei höheren treten, wie erwartet, Abweichungen auf.

1.2.3.2 Spezifische Wärmekapazität idealer Gase

In klassischer Näherung ist, gemäß dem Äquipartitionstheorem, die mittlere Energie pro Teilchen gleich $\frac{1}{2}kT$ pro „angeregtem" Freiheitsgrad. Somit erhält man für ein ideales Gas aus Teilchen mit f Freiheitsgraden die temperaturunabhängige spezifische Wärmekapazität

$$c_V = \frac{f}{2}\frac{k}{m} \tag{1.56}$$

und für das Verhältnis

$$\kappa = \frac{c_p}{c_V} = 1 + \frac{2}{f}. \tag{1.57}$$

Für sphärische Teilchen, die nur die 3 Freiheitsgrade der Translation besitzen, erwartet man also $\kappa \approx 1.67$, für lineare Moleküle mit 2 zusätzlichen Freiheitsgraden für die Rotation erwartet man $\kappa = 1.4$. Für Moleküle mit 3 Freiheitsgraden für die Rotation bzw. zusätzlich angeregten Molekülschwingungen ergibt sich $\kappa \leqslant 1.33$. Siehe dazu Tab. 1.3, wo die spezifischen Wärmekapazitäten c_V und c_p dividiert durch

Tab. 1.3 Die spezifischen Wärmekapazitäten c_V und c_p dividiert durch k/m (k: Boltzmann-Konstante, m: Teilchenmasse) sowie das Verhältnis $\kappa = c_p/c_V$ bei $p = 0.1$ MPa, $T = 300$ K für die Gase Argon, para-Wasserstoff, Stickstoff, Sauerstoff, Methan, Ethylen, Ethan, Stickstofftrifluorid und Propan.

	Ar	p-H_2	N_2	O_2	CH_4	C_2H_4	C_2H_6	NF_3	C_3H_8
$\dfrac{m}{k} c_V$	1.50	2.60	2.50	2.55	3.31	4.19	5.35	5.45	7.97
$\dfrac{m}{k} c_p$	2.51	3.60	3.50	3.54	4.31	5.44	6.38	6.46	9.04
$\kappa = \dfrac{c_p}{c_V}$	1.67	1.38	1.40	1.39	1.30	1.30	1.19	1.19	1.13

k/m sowie das Verhältnis κ für einige Gase beim Druck p = 0.1 MPa und der Temperatur $T = 300$ K aufgeführt sind.

Die spezifische Wärmekapazität idealer Gase ist nur innerhalb gewisser Temperaturintervalle konstant und durch Gl. (1.55) gegeben. In Abb. 1.14 ist der mit der Rotationsbewegung verknüpfte Anteil c_V^{rot} der spezifischen Wärmekapazität c_V als Funktion von T für H_2 (und zwar für p-H_2, o-H_2 und n-H_2) dargestellt. Es ist deutlich ein Anstieg von 0 auf k/m mit wachsender Temperatur festzustellen. Bei Temperaturen $T < 80$ K genügt die (mittlere) kinetische Energie zweier Teilchen i.a. eben

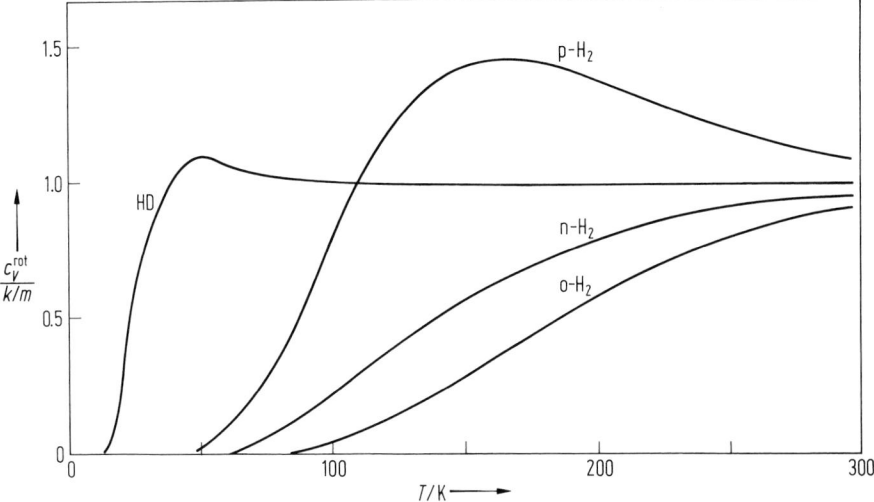

Abb. 1.14 Der Rotationsbeitrag c_V^{rot} zur spezifischen Wärmekapazität c_V dividiert durch k/m (k: Boltzmann-Konstante, m: Masse eines Teilchens) als Funktion der Temperatur T für die Wasserstoffgase p-H_2, o-H_2 und HD.

nicht, um in einem Stoßprozess wenigstens eines der beiden vom niedrigsten in den nächst höheren Rotationszustand anzuheben: $\langle E^{\text{rot}} \rangle = 0$ und $c_V^{\text{rot}} = 0$ (die Rotationen sind „eingefroren"). Bei höheren Temperaturen können die Rotationen angeregt werden: $\langle E^{\text{rot}} \rangle \neq 0$ und folglich ist $c_V^{\text{rot}} \neq 0$. Zum Vergleich ist in Abb. 1.14 auch die spezifische Wärmekapazität des (heteronuklearen) HD gezeigt (D steht für Deuterium). Da hier die Rotationszustände mit $j = 0, 1, 2, \ldots$ erlaubt sind, ist die Anregung der Rotation schon bei niedrigeren Temperaturen möglich.

1.2.4 Verteilung der Rotationszustände linearer Moleküle

In einem Gas aus N Molekülen, die die möglichen Rotationsenergien E_j mit $j = 0$, $1, 2, \ldots$ (bzw. $j = 0, 2, 4$ oder $j = 1, 3, 5$ s. Abschn. 1.1.4.2) besitzen, ist im thermischen Gleichgewicht die Zahl der Teilchen N_j im j-ten Rotationszustand proportional zu $(2j + 1)e^{-E_j/kT}$. Die relative Häufigkeit $v_j = N_j/N$ ist durch

$$v_j = (2j + 1)e^{-E_j/kT}(Q^{\text{rot}})^{-1} \tag{1.58}$$

gegeben, wobei

$$Q^{\text{rot}} = \sum_j (2j + 1)e^{-E_j/kT} \tag{1.59}$$

die „rotatorische" Zustandssumme ist. Der Mittelwert der Rotationsenergie ist

$$\langle E^{\text{rot}} \rangle = \sum E_j v_j. \tag{1.60}$$

Daraus kann der rotatorische Beitrag zur spezifischen Wärme berechnet werden, wie in Abb. 1.14 dargestellt.

Als Beispiele für die Besetzung der Rotationszustände seien hier die Wasserstoffisotope H_2 und HD vorgestellt; Abb. 1.15 gibt die Rotationsenergien dividiert durch k in Kelvin für p-H_2, o-H_2 und HD an. Die gemäß Gl. (1.58) daraus resultierenden

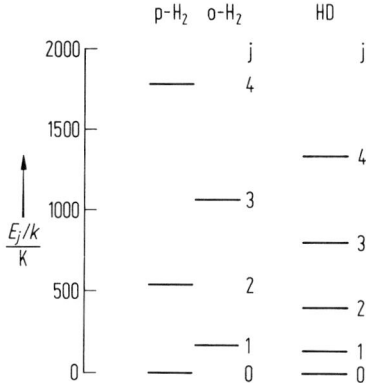

Abb. 1.15 Die Rotationsenergien E_j dividiert durch die Boltzmann-Konstante k für $j = 1, 2, 3, 4$ der Wasserstoffgase p-H_2, o-H_2 und HD.

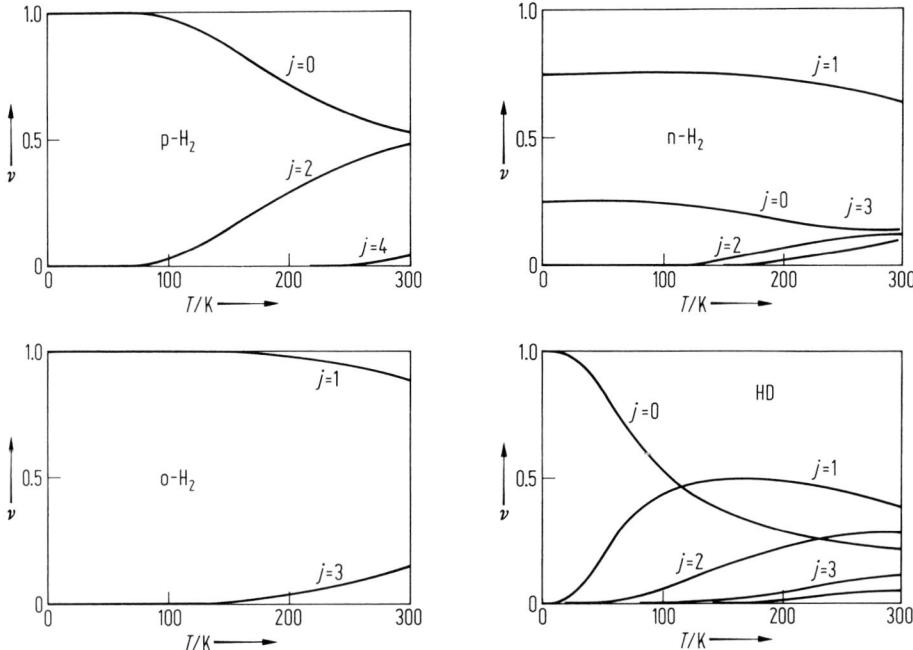

Abb. 1.16 Die relativen Besetzungszahlen v_j der niedrigsten Rotationsniveaus als Funktionen der Temperatur für p-H$_2$, o-H$_2$, n-H$_2$ und HD.

relativen Besetzungszahlen der einzelnen Rotationszustände für p-H$_2$, o-H$_2$, n-H$_2$ und HD sind in Abb. 1.16 gezeigt.

Die Besetzungen der Rotationsniveaus können experimentell z. B. durch Lichtstreuung festgestellt werden, und zwar aus der Intensität der Rotations-Raman-Linien.

1.2.5 Schallgeschwindigkeit

Die Schallgeschwindigkeit c_s eines Fluids ist über die Relation

$$c_s^2 = \kappa \frac{K}{nm} \tag{1.61}$$

mit dem in Gl. (1.30) definierten (isothermen) Kompressionsmodul K verknüpft; der Faktor $\kappa = c_p/c_V$ berücksichtigt, dass bei der Schallausbreitung die Kompression (in guter Näherung) nicht isotherm, sondern adiabatisch erfolgt.

Für ideale Gase erhält man wegen $K = nkT$

$$c_s = \kappa^{\frac{1}{2}} C_{th}, \tag{1.62}$$

wobei C_{th} die thermische Geschwindigkeit Gl. (1.11) ist.

Tab. 1.4 Die Schallgeschwindigkeit c_s von Argon bei $T = 300\,\mathrm{K}$ für Drücke von 0.1 MPa bis 100 MPa entnommen aus thermodynamischen Daten in [19].

p/MPa	0.1	1.0	10	20	40	100
c_s/ms^{-1}	322.7	323.5	338.8	372.3	474.4	733.6

In Tab. 1.4 sind die aus thermodynamischen Daten gemäß Gl. (1.61) in [19] ermittelte Schallgeschwindigkeit für Argon bei $T = 300\,\mathrm{K}$ für einige Drücke von 0.1 MPa bis 100 MPa angegeben. Im vorliegenden Fall ist $C_{\mathrm{th}} = 249.9\,\mathrm{ms}^{-1}$, und wegen $\kappa = 5/3$ gilt für das ideale Gas $c_s = 322.6\,\mathrm{ms}^{-1}$. Für kleine Drücke liegt c_s nahe bei diesem Wert. Für hohe Drücke ($\geqslant 10\,\mathrm{MPa}$) wächst c_s beträchtlich an, da das stark komprimierte Gas wesentlich weniger kompressibel ist als ein ideales Gas.

1.2.6 Entartete Gase

1.2.6.1 Theoretisches zur Quantenstatistik und zur Bose-Einstein-Kondensation

Teilchen, deren Spin (innerer Drehimpuls) ein ganzzahliges Vielfaches von $\hbar$ ist, nennt man **Bosonen**, solche mit halbzahligen Vielfachen heißen **Fermionen**, da diese Teilchen der Bose- bzw. der Fermi-Statistik genügen, die berücksichtigen, dass die Teilchen ununterscheidbar sind. Die Boltzmann-Statistik, die der Maxwellschen Geschwindigkeitsverteilung Gl. (1.45) zugrunde liegt, ergibt sich als „klassischer Grenzfall" sowohl für Fermionen als auch für Bosonen. Dieser klassische Grenzfall liegt vor, wenn die mittlere Zahl der Teilchen in einem Würfel mit der Kantenlänge der thermischen de-Broglie-Wellenlänge λ_{th} (Gl. (1.19)) sehr klein ist, genauer, wenn gilt

$$\alpha_{\mathrm{E}} = n\left(\frac{\lambda_{\mathrm{th}}}{2\pi}\right)^3 \ll 1. \tag{1.63}$$

In diesem Fall ist der mittlere Abstand $a = n^{-\frac{1}{3}}$ zwischen zwei Teilchen sehr groß im Vergleich zu λ_{th}. Wegen $\lambda_{\mathrm{th}} \sim (mC_{\mathrm{th}})^{-1} \sim (mT)^{-\frac{1}{2}}$ ist die Bedingung (1.63) umso besser erfüllt, je kleiner die Dichte n, je höher die Temperatur T und je größer die Masse m eines Teilchens ist. Wenn die Ungleichung (1.63) nicht mehr erfüllt ist, aber immer noch ein Gas vorliegt, spricht man von einem *entarteten Gas*.

Der in Gl. (1.63) definierte *Entartungsparameter* α_{E} kann in der Form

$$\alpha_{\mathrm{E}} = n/n_0, \; n_0 = (mkT)^{\frac{3}{2}}\hbar^{-3} \tag{1.64}$$

geschrieben werden, wobei n_0 eine von T abhängige Referenzdichte ist. Bei $T = 1\,\mathrm{K}$ ist z. B. $n_0 \approx 3 \cdot 10^{27}\,\mathrm{m}^{-3}$ für atomaren Wasserstoff, $8 \cdot 10^{27}\,\mathrm{m}^{-3}$ für Helium und $760 \cdot 10^{27}\,\mathrm{m}^{-3}$ für Argon; bei $T = 100\,\mathrm{K}$ bzw. 0.01 K sind diese Werte mit den Faktoren 10^3 bzw. 10^{-3} zu multiplizieren. Die Dichte von He und von Ar am kritischen Punkt ist $n_c \approx 10.42 \cdot 10^{27}\,\mathrm{m}^{-3}$ bzw. $n_c \approx 8.08 \cdot 10^{27}\,\mathrm{m}^{-3}$. Für praktisch alle üblichen

Gase sind die Effekte der Quantenstatistik zu vernachlässigen, da diese erst bei Temperaturen und Dichten bedeutsam werden, wo diese Substanzen flüssig oder gar fest sind. Eine Ausnahme ist der atomare Wasserstoff; s. Abschn. 1.2.6.2.

Als theoretisches Konzept finden die Quantengase vielfältige Anwendung zur Beschreibung von (schwachwechselwirkenden) Vielteilchensystemen. So können z. B. die Leitungselektronen in Metallen oder die Neutronen in Neutronensternen als Fermi-Gas behandelt werden. Die Cooper-Paare in Supraleitern, die Excitonen in Halbleitern, die Photonen einer Hohlraumstrahlung und die Phononen eines Festkörpers sind Beispiele für Bose-Gase. Bei diesen Bosonen bleibt aber – im Gegensatz zu einem echten Gas – die Zahl der (Pseudo-)Teilchen i.a. nicht erhalten.

Welches sind die typischen Effekte der Quantenstatistik? Für ein ideales, „schwach entartetes" Gas ist die thermische Zustandsgleichung [4]

$$p = nkT \left(1 \pm \frac{\pi^{\frac{3}{2}}}{2g} \alpha_{\mathrm{E}} \right) \tag{1.65}$$

gegeben, wobei α_{E} gemäß Gl. (1.63) beziehungsweise Gl. (1.64) bestimmt ist. Die Größe $g = 2S + 1$ ist die Zahl der magnetischen Unterzustände eines Teilchens mit Spin $\hbar S$. Das Pluszeichen in Gl. (1.65) gilt für Fermionen ($S = 1/2, 3/2, \ldots$), das Minuszeichen für Bosonen ($S = 0, 1, \ldots$). Wegen $\alpha_{\mathrm{E}} \sim n$ kann die Quantenkorrektur durch den quantenstatistischen Virialkoeffizienten

$$B = \pm \pi^{\frac{3}{2}} (2g n_0)^{-1} \tag{1.66}$$

charakterisiert werden. Die Fermionen verhalten sich also so, als würden sie eine repulsive Wechselwirkung aufeinander ausüben; wegen $B \geq 0$ ist der Druck erhöht im Vergleich zum idealen Gasdruck. Die Bosonen dagegen verhalten sich so, als würden sie eine effektive attraktive Wechselwirkung besitzen ($B < 0$).

Für eine stärkere Entartung erwartet man für das ideale Bose-Gas, genauer bei Temperaturen $T < T_{\mathrm{BE}}$, das Auftreten der *Bose-Einstein-Kondensation*, bei der die Teilchen in den Zustand mit kinetischer Energie gleich Null „kondensieren". Die charakteristische Temperatur T_{BE} ist durch

$$k T_{\mathrm{BE}} = 3.31 \frac{h^2}{m} \left(\frac{n}{g} \right)^{\frac{2}{3}} \tag{1.67}$$

festgelegt. Der Bruchteil v der Teilchen in diesem Zustand ist $v = 1 - (T/T_{\mathrm{BE}})^{\frac{3}{2}}$. Für $T < T_{\mathrm{BE}}$ ist der Druck p proportional zu $T^{\frac{5}{2}}$ und hängt nicht mehr von der Dichte n ab. Die Teilchen im Zustand mit Energie Null besitzen keinen Impuls und geben keinen Beitrag zum Druck. Da für He (hier ist $g = 1$) die Temperatur T_{BE} nur geringfügig höher ist als die Temperatur, bei der Superfluidität auftritt (s. Kap. 4), ist es naheliegend, diesen Phasenübergang mit der Bose-Einstein-Kondensation zu identifizieren. Tatsächlich sind die hier erwähnten Ergebnisse der Theorie aber nicht ohne weiteres auf das flüssige Helium anwendbar, da dort ja zusätzlich die Wechselwirkung der Atome untereinander zu berücksichtigen ist.

Bei dem in den letzten Jahren intensiv experimentell untersuchten (spin-)polarisierten atomaren Wasserstoff jedoch ist die Wechselwirkung so schwach, dass keine Verflüssigung auftritt bevor die Temperatur T_{BE} erreicht werden kann.

1.2.6.2 Atomarer Wasserstoff

Unter üblichen Laborbedingungen kommt Wasserstoff nur in molekularer Form als H_2 (beziehungsweise HD oder D_2) vor. Atomarer Wasserstoff reagiert gemäß $H + H + A \rightarrow H_2 + A$, wobei eine beträchtliche Bindungsenergie ε frei wird ($\varepsilon/k \approx 52\,000\,K$). Um sowohl Energie- als auch Impulserhaltung erfüllen zu können, ist zum Ablauf der Reaktion ein dritter Stoßpartner „A" notwendig; dies kann irgendein Atom oder Molekül des Gases oder auch die Wand eines Gefäßes sein. In interstellaren Wolken ist H „stabil", da dort praktisch nur Zweierstöße stattfinden.

Wie in Abb. 1.17 gezeigt, ist die H-H-Wechselwirkung stark abhängig von den Spins der Elektronen, die entweder zu Null oder Eins (in Einheiten von $\hbar$) gepaart werden können. Man spricht in diesen Fällen vom Singulett- bzw. vom Triplettzustand und benutzt die Symbole $\uparrow\downarrow$ bzw. $\uparrow\uparrow$ (oder $\downarrow\downarrow$), um die beiden Zustände zu unterscheiden. Das Potentialminimum im Singulettzustand entspricht ungefähr 55100 K, die Bindung zu H_2 ist nur in diesem Zustand möglich. Im Triplettzustand gibt es zwar ein sehr schwaches Energieminimum (entspricht ungefähr 6.5 K); wegen der starken Nullpunktsbewegung existiert hier aber kein gebundener Zustand. Dieser Umstand kann ausgenutzt werden, um atomaren Wasserstoff im Labor zu „stabilisieren" [23], d. h. so lange (typisch sind einige Minuten) im metastabilen atomaren Zustand zu halten, um damit sinnvoll experimentieren zu können.

Dazu erzeugt man in einer Molekularstrahlapparatur *spinpolarisierten Wasserstoff*, d. h. H-Atome mit parallelem Spin, hält die Orientierung durch ein starkes

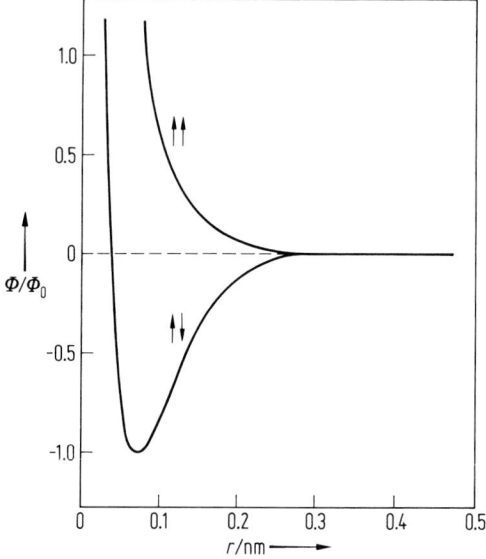

Abb. 1.17 Qualitativer Verlauf der Potentiale Φ (dividiert durch die Potentialtiefe Φ_0 des bindenden Zustandes) für die H-H-Wechselwirkung mit parallelen ($\uparrow\uparrow$) und antiparallelen ($\uparrow\downarrow$) Spins der Elektronen.

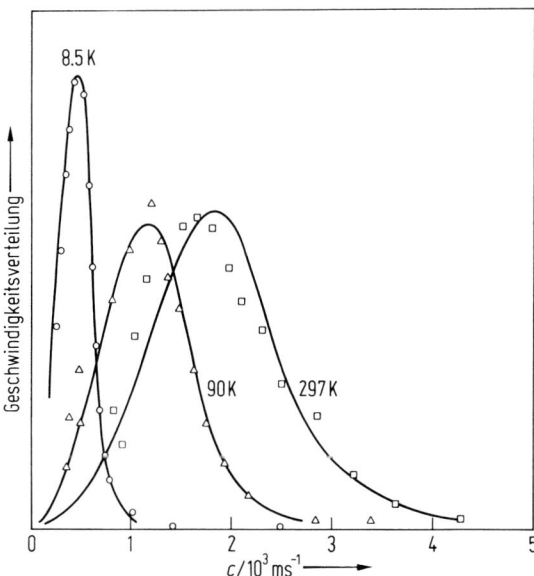

Abb. 1.18 Die für ein Gas aus atomarem Wasserstoff gemessene Geschwindigkeitsverteilung bei den Temperaturen 8.5 K; 90 K und 297 K. Die ausgezogenen Kurven entsprechen der Maxwell-Verteilung unter Berücksichtigung der apparativen Auflösung [23].

Magnetfeld fest und „füllt" diese in ein Gefäß, dessen Wände mit flüssigem H_2 oder He bedeckt sind. In den ersten erfolgreichen Experimenten wurden Dichten von etwa $3 \cdot 10^{19}\,m^{-3}$ erreicht. Die Messung der Geschwindigkeitsverteilung zeigte, dass die H-Atome die Temperatur der Wand annehmen (Abb. 1.18). Die bei der (allmählichen) Rekombination freiwerdende Bindungswärme kann zum Nachweis dafür herangezogen werden, dass tatsächlich H-Atome vorlagen.

Bei der genaueren Analyse der Experimente ist auch der Kernspin zu berücksichtigen. Zum einen bewirkt der Kernspin, dass H ein Boson ist. Bei hinreichend niedrigen Temperaturen und hohen Dichten ist also Bose-Einstein-Kondensation zu erwarten. Das atomare D (Deuterium), welches mit ähnlichen Methoden in der Gasphase stabilisiert werden kann, ist dagegen ein Fermion. Zum anderen ist wegen der Hyperfeinwechselwirkung auch die Kopplung zwischen Kern- und Elektronenspin zu berücksichtigen. Am stabilsten, d. h. am langsamsten rekombinierend, ist das *doppeltpolarisierte* H-Atom, bei dem Kern- und Elektronenspins parallel zueinander sind [24].

Es ist gelungen, bei Temperaturen von etwas unterhalb 1 K doppeltpolarisiertes H als Gasblase (mit Abmessungen im Bereich von einigen mm) in Helium einzuschließen und bis Dichten von etwa $5 \cdot 10^{24}\,m^{-3}$ zu komprimieren [25]. Dieser Wert liegt schon nahe bei der für die Bose-Einstein-Kondensation bei 0.1 K erforderlichen Dichte von etwa $1.6 \cdot 10^{25}\,m^{-3}$. Da der molekulare Wasserstoff bei diesen Temperaturen flüssig wird, ist aus der Abnahme des Volumens der Blase aus atomarem Wasserstoff die Rekombinationsrate abzulesen. Daraus können Informationen über die der Rekombination vorausgehenden Spinumklappprozesse gewonnen werden [26].

Die Experimente zur Bose-Einstein-Kondensation sind in Abschn. 1.5 dargestellt.

1.3 Transportphänomene

Die Transportkoeffizienten wie Viskosität und Wärmeleitfähigkeit bestimmen wesentlich das Verhalten eines Fluids im Nicht-Gleichgewicht. Diese Materialkoeffizienten werden in phänomenologischen Ansätzen für den Reibungsdruck und den Wärmestrom eingeführt, welche wiederum in den „lokalen Erhaltungssätzen" für Impuls und Energie auftreten. Die Erhaltungsgleichungen, ergänzt durch die erwähnten phänomenologischen Ansätze, führen auf die Navier-Stokes-Gleichungen und ähnliche weitere Gleichungen, die die Grundlage der Thermo-Hydrodynamik sind. Hier sollen nicht die Anwendungen jener Gleichungen studiert werden, sondern die dort vorkommenden Materialeigenschaften, nämlich die Transportkoeffizienten, speziell für Gase, behandelt werden. Die Formulierung der lokalen Erhaltungssätze ist aber trotzdem angezeigt, um die den üblichen hydrodynamischen Ansätzen zu Grunde liegenden Näherungen würdigen zu können.

1.3.1 Lokale Erhaltungssätze und phänomenologische Ansätze

1.3.1.1 Lokale Variable, Kontinuitätsgleichung

Zur Beschreibung eines (einfachen) Fluids, d. h. eines Gases oder einer Flüssigkeit bestehend aus sphärischen Teilchen im Nicht-Gleichgewicht, werden die Teilchendichte n, die Strömungsgeschwindigkeit v_μ, die spezifische Energie u, der Drucktensor $p_{\mu\nu}$ und der Wärmestrom q_μ verwendet. Die Indizes $\mu, \nu, \ldots$ (z. B. $\mu = 1, 2, 3$) weisen auf kartesische Komponenten von Vektoren und Tensoren [27] hin (Abb. 1.19). Die

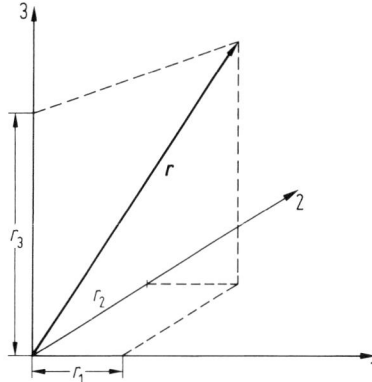

Abb. 1.19   Kartesisches Koordinatensystem, Komponenten des Ortsvektors r.

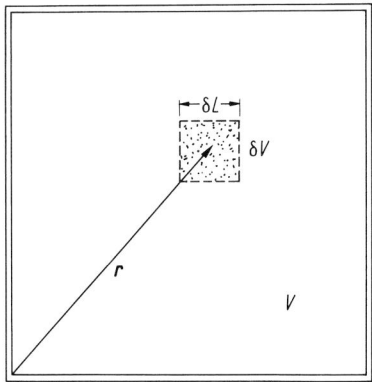

Abb. 1.20   Offenes Volumenelement $\delta V = (\delta L)^3$ am Ort r im Volumen V.

genannten *makroskopischen Variablen* sind Funktionen der Zeit t und hängen von der Position r des betrachteten Volumenelementes ab. Es wird (häufig stillschweigend) angenommen, dass die Position r nicht genauer festgelegt wird als eine minimale Länge δL und dass sich im Volumen $\delta V = (\delta L)^3$ noch sehr viele Teilchen befinden. Wie in Abb. 1.20 angedeutet, stellt man sich ein Fluid in einem Volumen V als in (offene) Teilvolumina δV unterteilt vor. Die Dichte am Ort r ist dann $n = \delta N/\delta V$, wobei δN die Zahl der Teilchen in jedem Teilvolumen ist, dessen Mitte die Ortskoordinate r hat.

Die *Strömungsgeschwindigkeit* $v = v(t,r)$ ist der Mittelwert der Geschwindigkeiten c der Teilchen im Volumen δV:

$$v = \langle c \rangle. \tag{1.68}$$

Die Größe v kann auch über die Kontinuitätsgleichung eingeführt werden, die die lokale Erhaltung der Teilchenzahl ausdrückt:

$$\frac{\partial n}{\partial t} + \frac{\partial}{\partial r_\mu}(nv_\mu) = 0. \tag{1.69}$$

Hier und im Folgenden ist über doppelt vorkommende griechische Indizes stets zu summieren (d. h. $a_\mu b_\mu$ entspricht $a_1 b_1 + a_2 b_2 + a_3 b_3$, wobei a_μ und b_μ die Komponenten der Vektoren a und b sind). Gl. (1.69) besagt: In einem Volumenelement ändert sich die Zahl der Teilchen nur durch Ein- oder Ausströmen; eine Vernichtung oder Erzeugung von Teilchen findet nicht statt. Das in der „Divergenz" vorkommende Produkt nv ist die *Stromdichte*.

Anstelle der Teilchendichte n wird auch häufig die Massendichte

$$\varrho = mn \tag{1.70}$$

als Variable verwendet; m ist die Masse eines Teilchens. Mithilfe der „substantiellen Ableitung"

$$\frac{\mathrm{d}}{\mathrm{d}t} = \frac{\partial}{\partial t} + v_\mu \frac{\partial}{\partial r_\mu}, \tag{1.71}$$

die die zeitliche Veränderung für einen mit der Geschwindigkeit v „mitschwimmenden" Beobachter ausdrückt, lautet die Kontinuitätsgleichung

$$\frac{dn}{dt} + n\frac{\partial}{\partial r_\mu}v_\mu = 0. \tag{1.72}$$

Bei einer inkompressiblen Strömung ist $dn/dt = 0$; wegen Gl. (1.72) verschwindet in diesem Fall die Divergenz der Geschwindigkeit.

Eine lokale Temperatur $T = T(t,r)$ kann in Analogie zum thermischen Gleichgewicht über die mittlere kinetische Energie (pro Teilchen) innerhalb des Volumens δV definiert werden. Dabei ist jedoch zu berücksichtigen, dass nur die Differenz

$$C_\mu = c_\mu - v_\mu \tag{1.73}$$

zwischen der Teilchengeschwindigkeit c und der (lokalen) Strömungsgeschwindigkeit v als thermische Bewegung aufzufassen ist:

$$\frac{3}{2}kT(t,r) = \frac{1}{2}m\langle C_\mu C_\mu \rangle = \frac{1}{2}m(\langle c_\mu c_\mu \rangle - \langle c_\mu \rangle \langle c_\mu \rangle). \tag{1.74}$$

Die lokale innere Energie wird (häufig) durch die *spezifische innere Energie u*, d. h. durch die auf die Masse bezogene innere Energie beschrieben. Die innere Energie U eines Fluids im Volumen V ergibt sich aus u gemäß $U = \int \varrho u\, d^3r$ durch Integration über das Volumen. Die „lokale" Funktion $u = u(t,r)$ kann festgelegt werden, indem man die gleiche kalorische Zustandsgleichung wie im Gleichgewicht benutzt, dort aber die lokale Dichte und die Temperatur einsetzt.

1.3.1.2 Bewegungsgleichung

Die Bewegungsgleichung, d. h. die lokale Erhaltungsgleichung für den Impuls eines Fluids lautet

$$\frac{\partial}{\partial t}(\varrho v_\mu) + \frac{\partial}{\partial r_\nu}(\varrho v_\nu v_\mu) + \frac{\partial}{\partial r_\nu}p_{\nu\mu} = \varrho b_\mu. \tag{1.75}$$

Die Größe ϱv_μ ist die Dichte der μ-Komponente ($\mu = 1, 2, 3$) des Impulses; b_μ ist die Komponente einer Beschleunigung, erzeugt durch ein äußeres Kraftfeld. Die beiden unter dem Differential $\partial/\partial r_\nu$ auftretenden Terme beschreiben den Strom in ν-Richtung ($\nu = 1, 2, 3$), und zwar ist $v_\nu \varrho v_\mu$ der konvektive Anteil und der verbleibende Rest in Gl. (1.75) definiert den Drucktensor $p_{\nu\mu}$. Die auf eine Fläche mit der Normalen e_ν wirkende Kraft ist proportional zu $e_\nu p_{\nu\mu}$; i.a. existiert sowohl eine Normal- als auch eine Tangentialkomponente dieser Kraft (Kraft parallel bzw. senkrecht zur Normalen e, Abb. 1.21).

Für Teilchen ohne inneren Drehimpuls (Spin, Drehimpuls rotierender Teilchen) folgt aus der lokalen Drehimpulserhaltung $p_{\nu\mu} = p_{\mu\nu}$, d. h. der Drucktensor ist symmetrisch.

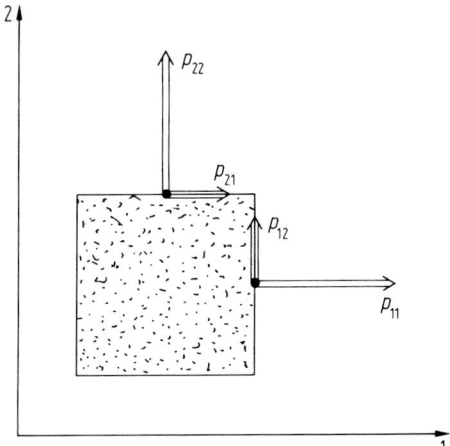

Abb. 1.21 Die Richtungen der durch die Komponenten p_{11} und p_{22} bzw. p_{12} und p_{21} von einem Fluid auf Wandflächen (mit Normalenrichtungen parallel zu den 1- und 2-Richtungen) ausgeübten Normal- bzw. Tangentialkräfte.

Mithilfe der Relationen (1.71), (1.72) kann die Bewegungsgleichung (1.75) auch in der Form

$$\varrho \frac{d}{dt} v_\mu + \frac{\partial}{\partial r_\nu} p_{\nu\mu} = \varrho b_\mu \tag{1.76}$$

geschrieben werden.

Im (lokalen) thermischen Gleichgewicht gilt

$$p_{\nu\mu} = p\delta_{\mu\nu}, \tag{1.77}$$

wobei $p = p(n, T)$ der durch die thermische Zustandsgleichung festgelegte (hydrostatische) Gleichgewichtsdruck ist. Der Einheitstensor $\delta_{\mu\nu}$ ($\delta_{\mu\nu} = 1$, wenn $\mu = \nu$; sonst $\delta_{\mu\nu} = 0$) drückt aus, dass nur Druckkräfte auftreten, die senkrecht auf eine Fläche wirken und keine Raumrichtung ausgezeichnet ist (Isotropie).

Im stationären Fall, d. h. für $(d/dt)v_\mu = 0$, reduziert sich im lokalen thermischen Gleichgewicht Gl. (1.76) auf $\partial p / \partial r_\mu = \varrho b_\mu$. Für das isotherme ideale Gas ($p = nkT$, $T =$ const.) erhält man daraus die *barometrische Höhenformel*

$$n(\mathbf{r}) = n(0)e^{-\frac{\phi(\mathbf{r})}{kT}}, \tag{1.78}$$

wobei ϕ das mit der äußeren Kraft gemäß $mb_\mu = -\partial\phi/\partial r_\mu$ verknüpfte Potential ist und $\phi(\mathbf{r} = 0) = 0$ angenommen wurde.

Für eine kleine Abweichung $\delta n = \delta n(t, \mathbf{r})$ von der konstanten mittleren Teilchendichte führen bei Abwesenheit eines äußeren Feldes ($b_\mu = 0$) die Gleichungen (1.72) und (1.76) mit (1.77) auf eine Wellengleichung für δn. Daraus kann die Geschwindigkeit c_s der (ungedämpften) Schallwelle abgelesen werden; c_s^2 wird durch die Änderung des Drucks mit der Dichte, also durch den Kompressionsmodul bestimmt und man erhält Gl. (1.61) für adiabatische Dichteänderungen.

Im Nicht-Gleichgewicht enthält der volle Drucktensor auch einen bisher noch nicht festgelegten Reibungsanteil $\pi_{\mu\nu} = p_{\mu\nu} - p\delta_{\mu\nu}$. In „hydrodynamischer Näherung" (deren Gültigkeitsgrenzen später noch diskutiert werden) macht man den Ansatz

$$\pi_{\mu\nu} = p_{\mu\nu} - p\delta_{\mu\nu} = -\eta_V \frac{\partial v_\lambda}{\partial r_\lambda} \delta_{\mu\nu} - 2\eta \overleftrightarrow{\frac{\partial v_\mu}{\partial r_\nu}} \tag{1.79}$$

mit zwei Materialkoeffizienten (*Transportkoeffizienten*): der *Volumenviskosität* η_V und der *Scherviskosität* η. Wenn von der Viskosität schlechthin gesprochen wird, meint man meistens die letztere. Das Symbol $\leftrightarrow$ weist auf den symmetrischen und spurlosen Anteil eines Tensors hin [27], z. B.

$$\overleftrightarrow{a_\mu b_\nu} = \frac{1}{2}(a_\mu b_\nu + a_\nu b_\mu) - \frac{1}{3} a_\lambda b_\lambda \delta_{\mu\nu} \tag{1.80}$$

für den aus den Komponenten zweier Vektoren a und b gebildeten Tensor 2. Stufe. Der symmetrisch spurlose Anteil des Tensors 2. Stufe charakterisiert die Abweichung vom „isotropen Anteil" $\sim \delta_{\mu\nu}$ bei dem keine Richtung ausgezeichnet ist. Bei einer allseitig isotropen Expansion mit $v \sim r$ verschwindet wegen $\overleftrightarrow{\partial v_\mu/\partial r_\nu} = 0$ in Gl. (1.79) das Glied mit der Scherviskosität η. Bei einer reinen Scherströmung ohne Volumenänderung andererseits gilt $\partial v_\lambda/\partial r_\lambda = 0$, und das Glied mit η_V verschwindet in Gl. (1.79). Die Zerlegung des (symmetrischen Tensors) $\pi_{\mu\nu}$ in einem isotropen Anteil $\delta_{\mu\nu}$ und einen anisotropen (symmetrisch spurlosen) Anteil $\overleftrightarrow{\pi_{\mu\nu}}$, wie in Gl. (1.79) geschehen, ist also nicht nur aus mathematischen Überlegungen heraus geboten, sondern durchaus physikalisch bedeutsam; es treten in Gl. (1.79) ja auch zwei verschiedene Materialkoeffizienten, nämlich η_V und η auf.

Einsetzen von Gl. (1.79) in die Bewegungsgleichung (1.76) (mit $b_\mu = 0$) führt auf die **Navier-Stokes-Gleichungen**

$$\varrho \frac{\delta v_\mu}{\mathrm{d}t} + \frac{\partial p}{\partial r_\mu} = \eta \Delta v_\mu + \left(\eta_V + \frac{1}{3}\eta\right) \frac{\partial}{\partial r_\mu} \frac{\partial v_\nu}{\partial r_\nu} \tag{1.81}$$

mit dem Laplace-Operator

$$\Delta = \frac{\partial^2}{\partial r_\nu \partial r_\nu}.$$

Die Größe $\eta/\varrho = \eta/(mn)$ heißt *kinematische Zähigkeit*.

Das Abklingen einer Strömung in einem Gefäß mit der linearen Abmessung (quer zur Strömungsrichtung) L ist größenordnungsmäßig von der Dauer

$$t_L = \varrho L^2/\eta.$$

Der übliche **Newton'sche Reibungsansatz**

$$p_{21} = -\eta \frac{\partial v_1}{\partial r_2} \quad \text{oder} \quad p_{yx} = -\eta \frac{\partial v_x}{\partial y} \tag{1.82}$$

folgt aus Gl. (1.79), wenn die Geschwindigkeit v in 1-Richtung (x-Achse) nur von der 2-Richtung (y-Achse) abhängt. Der negative Tangentialdruck $-p_{21}$ wird auch *Schubspannung* genannt.

1.3.1.3 Energieerhaltung, Entropiebilanz

Der lokale Energieerhaltungssatz besagt, dass die Änderung der Energie pro Zeit und pro Volumen $\varrho \left(\frac{1}{2} v^2 + u \right)$ durch die Divergenz eines Energiestromes dargestellt werden kann. Dieser Strom enthält einen konvektiven Anteil $\varrho \left(\frac{1}{2} v^2 + u \right) v_\mu$, einen Anteil hervorgerufen durch die Leistung des Drucks am Volumen $p_{\mu\nu} v_\nu$ und einen Rest, den Wärmestrom q_μ. Mittels der Kontinuitätsgleichung und der Bewegungsgleichung erhält man so eine Änderungsgleichung für die spezifische innere Energie u:

$$\varrho \frac{du}{dt} + \frac{\partial}{\partial r_\mu} q_\mu = - p_{\mu\nu} \frac{\partial v_\nu}{\partial r_\mu}. \tag{1.83}$$

Wird die *spezifische Enthalpie h* gemäß

$$h = u + p\varrho^{-1}$$

eingeführt und

$$\frac{dh}{dt} = c_p \frac{dT}{dt}$$

mit der spezifischen Wärmekapazität c_p bei konstantem Druck berücksichtigt, so erhält man folgende Änderungsgleichung für die Temperatur:

$$c_p \frac{dT}{dt} - \frac{dp}{dt} + \frac{\partial}{\partial r_\mu} q_\mu = - \pi_{\mu\nu} \frac{\partial v_\mu}{\partial r_\nu}. \tag{1.84}$$

Auf der rechten Seite von Gl. (1.84) tritt nur noch der Reibungsdruck $\pi_{\mu\nu}$ auf. Gemäß dem Ansatz Gl. (1.79) ist die erzeugte Reibungswärme positiv (d. h. führt zu einer Temperaturerhöhung), wenn die Viskositätskoeffizienten η_V und η positiv sind.

   Für den bis jetzt noch unbestimmten Wärmestrom wird in hydrodynamischer Näherung der (Fourier'sche) Ansatz

$$q_\mu = - \lambda \frac{\partial T}{\partial r_\mu} \tag{1.85}$$

gemacht; λ ist die *Wärmeleitfähigkeit*. Der Transportkoeffizient λ ist (ebenso wie η und η_V) positiv; dies impliziert, dass die Wärme von der höheren zur niedrigeren Temperatur fließt.

   Einsetzen von Gl. (1.85) in Gl. (1.84) führt bei konstantem λ, konstantem Druck p und bei Abwesenheit einer Strömung ($v = 0$) auf

$$\varrho c_p \frac{\partial T}{\partial t} = \lambda \Delta T. \tag{1.86}$$

Die Größe $\lambda/\varrho c_p$ heißt *Temperaturleitfähigkeit*. Ein Temperaturunterschied über eine Länge L klingt größenordnungsmäßig während der Zeit $\varrho c_p L^2/\lambda$ ab.

   Nimmt man an, dass im Nichtgleichgewicht noch der aus der Gleichgewichtsthermodynamik bekannte Zusammenhang $ds = T^{-1}(du - pd\varrho^{-1})$ zwischen den Änderungen der spezifischen Entropie s und der spezifischen inneren Energie u bzw. dem spezifischen Volumen ϱ^{-1} gilt, so kann aus den Gl. (1.83), (1.76), (1.77), (1.75) die Bilanzgleichung

$$\varrho \frac{ds}{dt} + \frac{\partial s_\mu}{\partial r_\mu} = \varrho \left(\frac{\delta s}{\delta t}\right)_{irr} \tag{1.87}$$

abgeleitet werden. Die *Entropiestromdichte* s und die *Entropieproduktion* $\left(\frac{\delta s}{\delta t}\right)_{irr}$ (verursacht durch irreversible Vorgänge) sind gegeben durch

$$s_\mu = T^{-1} q_\mu, \quad \varrho \left(\frac{\delta s}{\delta t}\right)_{irr} = - T^{-2} q_\mu \nabla_\mu T - \pi_{\mu\nu} \frac{\partial v_\mu}{\partial r_\nu}. \tag{1.88}$$

Dabei ist q_μ der Wärmestrom und $\pi_{\mu\nu}$ der Reibungsdrucktensor (Gl. (1.79)). Werden die Ansätze (1.79) und (1.85) in Gl. (1.88) eingesetzt, so liefert die Bedingung $\left(\frac{\delta s}{\delta t}\right)_{irr} > 0$ (positive Entropieerzeugung) die bereits genannten Ungleichungen $\eta > 0$, $\eta_V > 0$ und $\lambda > 0$.

Es muss betont werden, dass die phänomenologischen Ansätze (1.79), (1.85) und die Ausdrücke (1.88) für den Entropiestrom und die Entropieproduktion nur für „einfache" Fluide und nur im Rahmen der „hydrodynamischen Näherung" gelten; im Allgemeinen sind noch zusätzliche Terme zu berücksichtigen [28, 29].

Aus den Gleichungen der Thermo-Hydrodynamik (1.76) mit (1.79) und (1.84) mit (1.85) folgt im stationären Fall (verschwindende Zeitableitungen) und bei Abwesenheit eines äußeren Kraftfeldes, dass in einem wärmeleitenden Fluid in einem ruhenden Gefäß kein Druckgefälle und keine Strömung vorhanden ist. Dies gilt nicht mehr in stark verdünnten Gasen, wo Temperaturunterschiede im Allgemeinen mit Strömungen verbunden sind: *Radiometer-Effekte*. Dort sind auch die hydrodynamischen Ansätze (1.79) und (1.85) nicht mehr gültig.

1.3.1.4 Grundsätzliches zur Messung der Transportkoeffizienten

Die Verfahren zur Messung der Viskosität und der Wärmeleitfähigkeit können in *stationäre* und in *nichtstationäre* Methoden unterteilt werden. Im ersteren Fall benützt man ein offenes System mit vorgegebenen Eingabegrößen und wartet ab, bis sich ein stationärer, d. h. zeitunabhängiger Zustand eingestellt hat [18]. Als einfaches Beispiel sei die Wärmeleitung durch ein Fluid zwischen zwei Platten (mit der Fläche A) im Abstand L betrachtet, die auf den Temperaturen T_I und T_{II} gehalten werden (s. Abb. 1.22). Im stationären Zustand geht die gleiche Wärmemenge $\dot{Q}$ pro Zeiteinheit auf der einen Seite in das Fluid, die auf der anderen Seite wieder austritt. Wenn die Länge und Breite der Platten sehr groß sind im Vergleich zu deren Abstand L, hängt die Temperatur nur, wie in Abb. 1.22 angedeutet, von der x-Koordinate ab und der Wärmestrom q hat nur eine x-Komponente. Die durch die Fläche A mit Flächenelement dA_μ hindurchtretende Leistung $\dot{Q} = \int q_\mu dA_\mu$ ist in diesem Fall durch $\dot{Q} = A q_x$ gegeben. Aus Gl. (1.86) folgt im stationären Fall $T = \alpha + \beta x$. Die Konstanten α und β sind durch die Randbedingungen $T(0) = T_I$, $T(L) = T_{II}$ festzulegen.

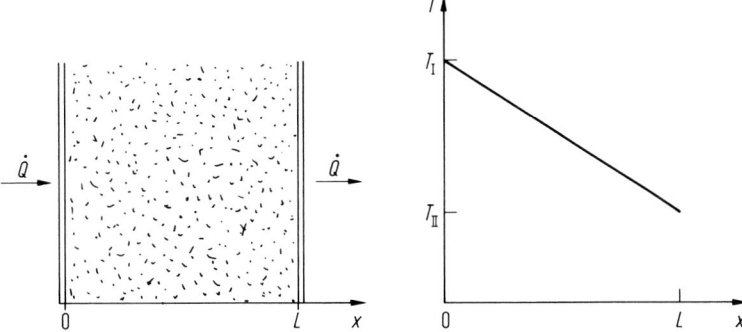

Abb. 1.22 Schematische experimentelle Anordnung und Temperaturverlauf bei der Wärmeleitung zwischen zwei ebenen Platten auf Temperaturen T_I und T_{II}.

Es ergibt sich $T(x) = T_I + (T_{II} - T_I)x/L$. Andererseits folgt aus dem Fourier-Ansatz
(1.87)

$$q_x = -\lambda \frac{T_{II} - T_I}{L}$$

und somit

$$\dot{Q} = \lambda(T_I - T_{II})A/L.$$

Die Größen A und L sind durch die Geometrie der Messanordnung festgelegt. Aus
dieser Relation kann nun der Koeffizient λ bestimmt werden, wenn entweder $\dot{Q}$
vorgegeben und die Temperaturdifferenz $T_I - T_{II}$ gemessen bzw. $T_I - T_{II}$ vorgegeben
und dann $\dot{Q}$ gemessen wird. Bei praktischen Messverfahren werden jedoch auch
andere Geometrien benutzt.

In einem *abgeschlossenen System* können die Transportkoeffizienten auch aus dem
zeitlichen Verlauf der Einstellung des thermischen Gleichgewichts (nichtstationärer
Vorgang) entnommen werden. Im Fall des Temperaturausgleiches ist das zeit- und
ortsabhängige Temperaturfeld aus der Lösung von Gl. (1.86) zu ermitteln. Für den
Fall, wo T nur von einer Koordinate abhängt, ist in Abb. 1.23 das Verhalten schematisch angedeutet.

Zur Bestimmung der Scherviskosität sind zahlreiche stationäre Messmethoden
entwickelt worden, deren genauere Analyse die Anwendung der (stationären) Navier-Stokes-Gleichungen auf spezielle Geometrien erfordert. Anstelle der beim Wärmeleitproblem auftretenden Größen $\dot{Q}$ und $T_I - T_{II}$ treten beim Strömungsproblem
nun von außen vorgegebene Druckdifferenzen bzw. Tangentialdrucke (Schubspannungen) und Durchflussmenge bzw. Geschwindigkeiten in Wandnähe auf. Ferner
kann die Viskosität auch aus der Reibung ermittelt werden, die ein in einem Fluid
bewegter fester Körper erfährt.

Die Messung der Volumenviskosität η_V erfordert Volumenänderungen, d.h. Ex-
pansionen oder Kompressionen. Diese treten insbesondere bei der Schallausbreitung
auf.

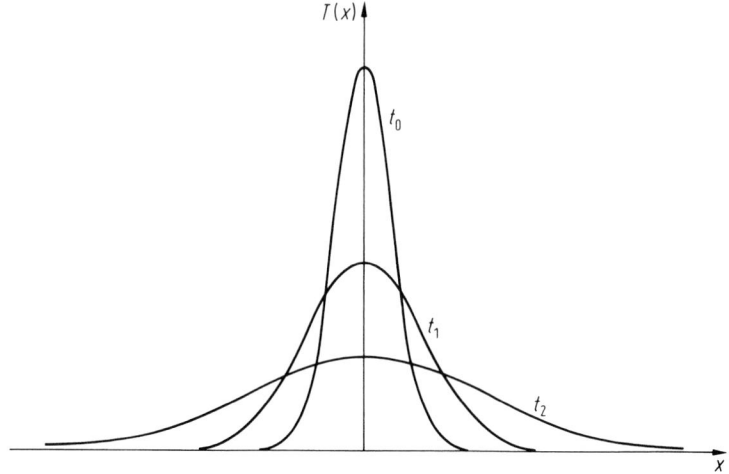

Abb. 1.23   Schematische Entwicklung eines Temperaturprofils für $t_0 < t_1 < t_2$.

Zur Dämpfung von Schallwellen trägt neben η_V aber auch die Scherviskosität η bei, und es gibt „thermische Verluste", die durch λ charakterisiert werden. Ähnliches gilt für die Linienverbreiterung bei der Rayleigh- und Brillouin-(Licht-)Streuung [30].

1.3.2 Viskosität und Wärmeleitfähigkeit

1.3.2.1 Dimensionsbetrachtungen, Dichte- und Druckabhängigkeit

In einem Fluid aus harten Kugeln mit dem Durchmesser d und der Masse m können Längen und Massen als Vielfache dieser Einheiten angegeben werden. Zur Skalierung der Zeit werde d/C_{th} benutzt, wobei C_{th} die durch Gl. (1.11) definierte thermische Geschwindigkeit bei der Temperatur T ist. Der Druck wird demgemäß in Einheiten von $mC_{th}^2 d^{-3}$ angegeben, der Geschwindigkeitsgradient (*Scherrate*) in C_{th}/d. Aus dem Newton'schen Reibungsansatz (1.79) bzw. (1.82) liest man dann ab, dass η in Einheiten von $mC_{th}d^{-2}$ ausgedrückt werden kann. Es ist also möglich, die Viskosität η in der Form

$$\eta = \eta^* \frac{mC_{th}}{d^2} = \eta^* nmC_{th}l = \eta^* nkT\tau \tag{1.89}$$

zu schreiben, wobei l die freie Weglänge ist und $\tau = l/C_{th}$ die freie Flugzeit zwischen zwei Stößen; siehe Gl. (1.6, 1.12). Die dimensionslose Größe η^* ist eine Funktion der dimensionslosen Variablen nd^3 oder der zu ihr proportionalen Packungsdichte, siehe Gl. (1.4).

Da der Wärmestrom in Einheiten von $mC_{th}^3 d^{-3}$ und die Temperatur in Einheiten von $mC_{th}^2 k^{-1}$ angegeben wird, erhält man aus dem Fourier'schen Ansatz (1.85), in Analogie zu Gl. (1.89),

$$\lambda = \lambda^* \frac{kC_{th}}{d^2} = \lambda^* nkC_{th}l. \qquad (1.90)$$

Die dimensionslose Größe λ^* ist wiederum eine Funktion von nd^3 bzw. von der Packungsdichte. Wegen $c_V \sim k$ gilt $\lambda \sim c_V\eta$. Das Verhältnis $\eta c_p/\lambda$ wird als *Prandtl-Zahl Pr* bezeichnet, das Verhältnis

$$f_{Eu} = \lambda/\eta c_V \qquad (1.91)$$

als *Eucken-Faktor*; c_V und c_p sind die spezifischen Wärmekapazitäten bei konstantem Volumen bzw. konstantem Druck.

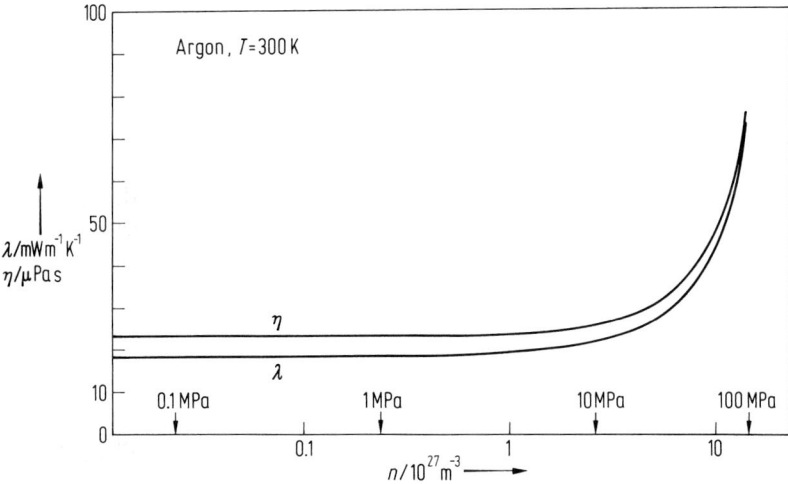

Abb. 1.24   Die Viskosität η und die Wärmeleitfähigkeit λ für Argon bei $T = 300\,\mathrm{K}$ als Funktionen der Teilchendichte n. Die Daten sind aus Tabellen in [19] entnommen. Die Pfeile markieren die Dichten, bei denen der Druck die dort angegebenen Werte hat.

Tab. 1.5   Die Viskosität η von Argon (in μPa s) für verschiedene Drücke und Temperaturen (Daten aus [19]).

T \ P	0.1 MPa	1.0 MPa	10 MPa	100 MPa
200 K	16.0	16.3	23.3	118.0
200 K	22.9	23.1	25.7	75.3
400 K	28.9	29.0	30.8	62.1

Tab. 1.6 Die Wärmeleitfähigkeit λ von Argon (in $\mathrm{mW\,m^{-1}\,K^{-1}}$) für verschiedene Drücke und Temperaturen (Daten aus [19]).

T \ P	0.1 MPa	1.0 MPa	10 MPa	100 MPa
200 K	12.5	13.2	23.6	98.0
200 K	17.9	18.3	22.3	72.5
400 K	22.6	22.9	25.6	60.6

In Gasen von mittlerem Druck, d. h. für kleine Dichten n ($n \to 0$; aber unter der Nebenbedingung, dass die freie Weglänge l noch sehr klein ist im Vergleich zu den relevanten makroskopischen Längen, z. B. Gefäßabmessungen) streben die Koeffizienten η^* und λ^* gegen konstante Werte (die in Abschn. 1.3.2.2 angegeben werden). Die Viskosität η und die Wärmeleitfähigkeit sind in diesem Bereich also unabhängig von n und damit auch unabhängig vom Druck p. Bei hohen Dichten jedoch beobachtet man einen Anstieg der Transportkoeffizienten η und λ, siehe Abb. 1.24 sowie die Tab. 1.5 und Tab. 1.6. Bei kleinen Drücken werden sowohl η als auch λ mit wachsender Temperatur größer, bei sehr hohen Drücken dagegen nehmen diese Transportkoeffizienten (wie in einer Flüssigkeit!) mit wachsender Temperatur ab.

1.3.2.2 Boltzmann-Gas

Die Geschwindigkeitsverteilungsfunktion eines Gases aus sphärischen Teilchen (Edelgase) in einem Druckbereich, bei dem nur Zweierstöße zu berücksichtigen sind, genügt einer von Boltzmann 1872 aufgestellten Gleichung. Diese **Boltzmann-Gleichung** für $f = f(t, \boldsymbol{r}, \boldsymbol{c})$ lautet [18]:

$$\frac{\partial f}{\partial t} + c_\mu \frac{\partial}{\partial r_\mu} f + \frac{\partial}{\partial c_\mu}(b_\mu f) = \left(\frac{\delta f}{\delta t}\right)_{\text{coll}}. \tag{1.92}$$

Das zweite Glied auf der linken Seite, der *Strömungsterm*, beschreibt die zeitliche Änderung von f durch den freien Flug der Teilchen, das dritte Glied berücksichtigt die Wirkung der durch eine äußere Kraft verursachten Beschleunigung $\boldsymbol{b}$. Auf der rechten Seite der Gl. (1.92) steht der *Stoßterm*, der die durch Zweierstöße bewirkte Veränderung von f angibt. Dieser Term enthält den differentiellen Wirkungsquerschnitt $\sigma = \sigma(\chi, c_{12})$, der vom Ablenkwinkel χ bei der Streuung und vom Betrag c_{12} der Relativgeschwindigkeit der stoßenden Teilchen abhängt.

Der Stoßterm verschwindet für eine Maxwell-Geschwindigkeitsverteilung (siehe Gl. (1.44)), bei der die Geschwindigkeit $\boldsymbol{c}$ durch die *Pekuliargeschwindigkeit* $\boldsymbol{C} = \boldsymbol{c} - \boldsymbol{v} = \boldsymbol{c} - \langle \boldsymbol{c} \rangle$ ersetzt wird (Gl. (1.73)). Die Teilchendichte n die Temperatur T und die mittlere Strömungsgeschwindigkeit $\boldsymbol{v}$ dürfen auch Funktionen von t und $\boldsymbol{r}$ sein.

Die zeitliche Änderung des Mittelwertes $\langle \Psi \rangle$ einer Größe $\Psi(\boldsymbol{c})$ kann durch Multiplikation von Gl. (1.92) mit Ψ und anschließende Integration über die Geschwindigkeit erhalten werden. Wegen $\int \Psi f d^3 c = n\langle \Psi \rangle$ (Gl. (1.43)) erhält man die **Maxwell-Transportgleichung**

$$\frac{\partial}{\partial t} n\langle \Psi \rangle + \frac{\partial}{\partial r_\mu} n\langle c_\mu \Psi \rangle - \langle \frac{\partial \Psi}{\partial c_\mu} b_\mu \rangle = n\left(\frac{\delta\langle \Psi \rangle}{\delta t}\right)_{coll}. \tag{1.93}$$

Die im zweiten Glied der linken Seite auftretende Größe $\langle c_\mu \Psi \rangle$ ist die μ-Komponente des „Ψ-Stromes"; beim dritten Glied wurde eine partielle Integration vorgenommen. Die auf der rechten Seite von Gl. (1.93) stehende stoßinduzierte Änderung von $\langle \Psi \rangle$,

$$n\left(\frac{\delta\langle \Psi \rangle}{\delta t}\right)_{coll} = \int \Psi \left(\frac{\delta f}{\delta t}\right)_{coll} d^3 c \tag{1.94}$$

verschwindet für die „Stoßinvarianten" $\Psi = 1, c, c^2$. Für diese speziellen Größen Ψ reduziert sich Gl. (1.93) auf die lokalen Erhaltungsgleichungen für die Teilchenzahl, Gl. (1.69), für den Impuls, Gl. (1.75) und die (kinetische) Energie, im Wesentlichen Gl. (1.83). Aus den auftretenden Stromtermen kann man, nach der Zerlegung der Geschwindigkeit c in die mittlere Strömungsgeschwindigkeit $v = \langle c \rangle$ und die Pekuliargeschwindigkeit $C = c - v$, die mikroskopische Bedeutung des Wärmestromes q_μ und des Drucktensors $p_{\mu\nu}$ ablesen:

$$q_\mu = n\frac{1}{2}m\langle C^2 C_\mu \rangle, \quad p_{\mu\nu} = nm\langle C_\mu C_\nu \rangle. \tag{1.95}$$

Der hydrostatische Druck p ist ein Drittel der Spur $p_{\lambda\lambda}$ des Drucktensors; wegen $\frac{1}{2}m\langle C^2 \rangle = \frac{3}{2}kT$ (Gl. (1.45)) ergibt sich hier der ideale Gasdruck $p = nkT$. Der Reibungstensor $\pi_{\mu\nu}$ (Gl. (1.79)) ist dann der symmetrisch spurlose Anteil von $p_{\mu\nu}$:

$$\pi_{\mu\nu} = nm\langle \overleftrightarrow{C_\mu C_\nu} \rangle \tag{1.96}$$

mit

$$\overleftrightarrow{C_\mu C_\nu} = C_\mu C_\nu - \frac{1}{3}C^2 \delta_{\mu\nu}. \tag{1.97}$$

Für die Größen q_μ und $\pi_{\mu\nu}$ können nun aus Gl. (1.93) unter Verwendung von $\Psi \sim C^2 C_\mu$ und $\Psi \sim \overleftrightarrow{C_\mu C_\nu}$ ebenfalls Änderungsgleichungen gewonnen werden, bei denen nun aber der Stoßterm einen Beitrag liefert. Unter der Annahme, dass die Abweichung der Geschwindigkeitsverteilungsfunktion f von der Maxwell-Verteilung f_M im Wesentlichen durch q_μ und $\pi_{\mu\nu}$ und durch keine anderen „Momente" der Verteilung charakterisiert wird, erhält man ein geschlossenes Gleichungssystem. In linearisierter Form, d. h. unter Vernachlässigung von Termen, die nicht linear sind in Größen, welche die Abweichung vom thermischen Gleichgewicht charakterisierten, lauten diese **Transport-Relaxationsgleichungen** bei Abwesenheit eines äußeren Feldes ($b = 0$):

$$\frac{\partial}{\partial t}\pi_{\mu\nu} + 2nkT\overleftrightarrow{\frac{\partial v_\mu}{\partial r_\nu}} + \frac{4}{5}\overleftrightarrow{\frac{\partial q_\mu}{\partial r_\nu}} + \omega_p \pi_{\mu\nu} = 0, \tag{1.98}$$

$$\frac{\partial}{\partial t}q_\mu + \frac{5}{2}\frac{k}{m}nkT\frac{\partial T}{\partial r_\mu} + \frac{kT}{m}\frac{\partial \pi_{\nu\mu}}{\partial r_\nu} + \omega_q q_\mu = 0. \tag{1.99}$$

Die Ortsableitungen stammen aus dem Strömungsterm, die *Relaxationsfrequenzen* ω_p und ω_q aus dem Stoßterm. Die Auswertung des Boltzmann-Stoßterms liefert

$$\omega_p = \frac{8}{5} n\Omega^{(2,2)}, \; \omega_q = \frac{16}{15} n\Omega^{(2,2)} \tag{1.100}$$

mit dem *Chapman-Cowling-Stoßintegral* $\Omega^{(l,r)}$ definiert durch

$$\Omega^{(l,r)} = \pi^{-\frac{1}{2}} C_{\mathrm{th}} \int_0^\infty \mathrm{e}^{-\gamma^2} \gamma^{2r+3} Q^{(l)} \mathrm{d}\gamma,$$

$$Q^{(l)} = 2\pi \int_0^\pi (1-\cos^l\chi)\sigma(\chi, c_{12}) \sin\chi \, \mathrm{d}\chi, \tag{1.101}$$

wobei γ der Betrag der Relativgeschwindigkeit c_{12} in Einheiten von $\sqrt{2}C_{\mathrm{th}}$ ist; χ ist der Ablenkwinkel bei Streuung.

Für harte Kugeln mit Radius d ist der differentielle Wirkungsquerschnitt $(1/4)d^2$, unabhängig von χ und γ. In diesem Fall ergibt sich $\Omega^{(l,r)} = f^{(l,r)}\pi^{-\frac{1}{2}}C_{\mathrm{th}}\sigma_{\mathrm{t}}$, wobei hier $\sigma_{\mathrm{t}} = \pi d^2$ der totale Wirkungsquerschnitt ist (Gl. (1.5));

$$f^{(l,r)} = \frac{1}{2}(r+1)! \left(1 - \frac{1}{2}\frac{1+(-1)^l}{1+l}\right)$$

ist ein Zahlenfaktor, der für $l = 2$, $r = 2$ den Wert 2 hat. Für den Fall der „Maxwell-Moleküle" (Wechselwirkungspotential $\phi \sim r^{-4}$) waren die Gl. (1.98) und (1.99) bereits Maxwell bekannt. Die lokalen Erhaltungssätze und Gl. (1.98) und (1.99) werden oft als **13-Momenten-Gleichungen** bezeichnet [18, 31]. Die Zahl 13 ergibt sich aus der Abzählung der unabhängigen Komponenten in diesen Gleichungen. Dabei ist zu beachten, dass der in Gl. (1.98) vorkommende symmetrisch spurlose Reibungsdrucktensor 5 unabhängige Komponenten besitzt, in den Gl. (1.98) und (1.99) treten also insgesamt 8 „Momente" auf, die zusätzlich zu den 5 Erhaltungsgrößen (Teilchendichte, Energie- und Impulsdichte) zur Beschreibung des Nicht-Gleichgewichtszustandes benützt werden.

Für ein räumlich homogenes System bei dem die Ortsableitungen in Gl. (1.98) und Gl. (1.99) verschwinden, entnimmt man aus diesen Gleichungen, dass der Reibungsdrucktensor $\pi_{\mu\nu}$ und der Wärmestrom q_μ mit den Relaxationszeiten $\tau_p = \omega_p^{-1}$ bzw. $\tau_q = \omega_q^{-1}$ exponentiell auf Null abklingen: Nichterhaltungsgrößen verschwinden im thermischen Gleichgewicht. Größenordnungsmäßig sind diese Relaxationszeiten von der Dauer τ des freien Fluges eines Teilchens zwischen zwei Stößen (Gl. (1.12)). Für ein typisches Gas wie Ar oder N_2 bei Normalbedingungen ist τ von der Größenordnung 10^{-10} bis 10^{-9} s. Wird, bei Abwesenheit eines Wärmestromes, ein Geschwindigkeitsgradient „eingeschaltet", so besagt Gl. (1.98), dass sich der Reibungsdruck erst nach einer Zeit t, die groß ist im Vergleich zu τ_p, auf einen stationären Wert einstellt. Die Viskoelastizität ist eng mit diesem Einstellvorgang verknüpft. Bei Abwesenheit einer Strömung besagt Gl. (1.99), dass sich der Wärmestrom auf einen plötzlich eingeschalteten Temperaturgradienten erst nach einer Zeit groß im Vergleich zu τ_q auf einen stationären Wert einstellt. Die erwähnten stationären Werte für den Reibungsdruck und den Wärmestrom entsprechen den „hydrodynamischen" Ansätzen.

In der „hydrodynamischen Approximation", wo in Gl. (1.98) und (1.99) die Zeitableitungen und die Ortsableitungen der Nichterhaltungsgrößen $\pi_{\mu v}$ und q_μ vernachlässigt werden, reduzieren sich diese Gleichungen auf die Newton'schen und Fourierschen Ansätze; siehe Gl. (1.79) und (1.87),

$$\pi_{\mu v} = -2\eta \frac{\overleftrightarrow{\partial v_\mu}}{\partial r_v}, \; q_\mu = -\lambda \frac{\partial T}{\partial r_\mu}. \tag{1.102}$$

Dabei sind nun die Transportkoeffizienten über die Relaxationsfrequenzen Gl. (1.100) mit dem Stoßintegral $\Omega^{(2,2)}$ verknüpft:

$$\eta = nkT\omega_p^{-1}, \; \lambda = \frac{5}{2}\frac{k}{m}nkT\omega_q^{-1}. \tag{1.103}$$

Man beachte, dass sowohl η als auch λ unabhängig von der Teilchendichte n sind wegen $\omega_p \sim n$, $\omega_q \sim n$. Die in Gl. (1.79) ebenfalls eingeführte Volumenviskosität η_V taucht hier nicht auf, $\eta_V = 0$ für das Boltzmann-Gas. Wegen Gl. (1.100) gilt $\omega_q = \frac{2}{3}\omega_p$, und mit $c_V = \frac{3}{2}\frac{k}{m}$ folgt hieraus für den Eucken-Faktor Gl. (1.91)

$$f_{\text{Eu}} = \frac{\lambda}{\eta c_V} = \frac{5}{2}. \tag{1.104}$$

Experimentell findet man für die Edelgase Ne und Ar von $T = 273\,\text{K}$ bis $T = 373\,\text{K}$ (und 0.1 MPa Druck) $f_{\text{Eu}} = 2.48$ bzw. 2.51 [18]. In Tab. 1.7 sind der Eucken-Faktor und die Prandtl-Zahl für Argon bei $T = 300\,\text{K}$ für verschiedene Drücke angegeben.

Für harte Kugeln können nun aus Gl. (1.103) mit Gl. (1.100), (1.101) die in Gl. (1.89) bzw. (Gl. 1.99) vorkommenden Faktoren η^* und λ^* für $n \to 0$ entnommen werden, nämlich

$$\eta^* = \frac{5}{16\sqrt{\pi}} \approx 0.18, \quad \lambda^* = \frac{75}{64\sqrt{\pi}} \approx 0.66. \tag{1.105}$$

Aus Gl. (1.89), (1.90) und (1.105) folgt wegen $C_{\text{th}} \sim m^{-\frac{1}{2}}$ für gleiche Temperatur T und gleichen Durchmesser d, wie er bei Isotopen vorliegt, $\eta \sim m^{\frac{1}{2}}$, $\lambda \sim m^{-\frac{1}{2}}$. Analog ergibt sich wegen $C_{\text{th}} \sim \sqrt{T}$

$$\eta \sim T^{\frac{1}{2}} \quad \text{und} \quad \lambda \sim T^{\frac{1}{2}} \tag{1.106}$$

Tab. 1.7 Der Eucken-Faktor $\lambda/(\eta c_V)$ und die Prandtl-Zahl $c_p\eta/\lambda$ für Argon bei $T = 300\,\text{K}$ für verschiedene Drücke, berechnet aus den Daten in [19].

p/MPa	0.1	1.0	10	100
$f_{\text{EU}} = \lambda/(\eta c_V)$	2.51	2.52	2.64	2.49
$Pr = c_p\eta/\lambda$	0.667	0.674	0.746	0.804

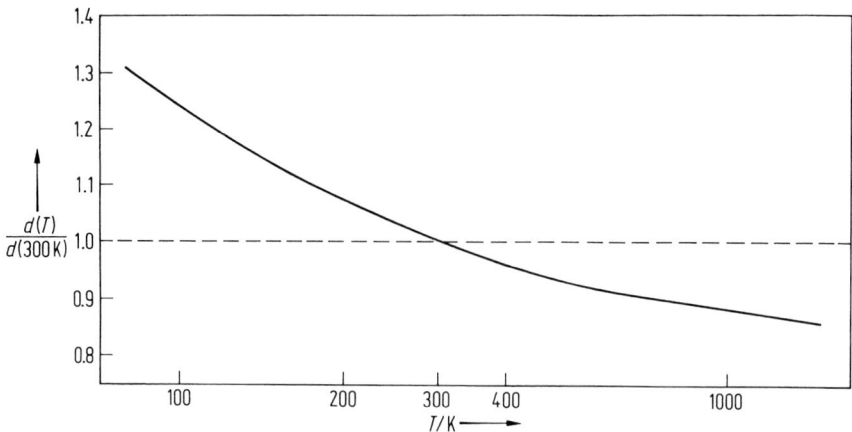

Abb. 1.25   Der aus der Viskosität von Argon bei $p = 0.1\,\mathrm{MPa}$ und der Temperatur T entnommene effektive harte Kugeldurchmesser $d(T)$ dividiert durch diese Größe bei $T = 300\,\mathrm{K}$.

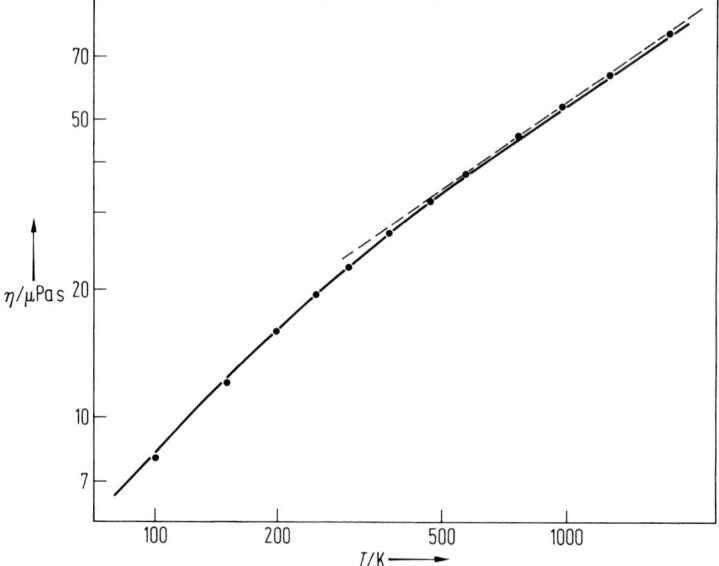

Abb. 1.26   Vergleich der in Argon beim Druck $p = 0.1\,\mathrm{MPa}$ und für verschiedene Temperaturen gemessenen Viskosität mit der für das Lennard-Jones-Potential berechneten Kurve. Es ist eine doppeltlogarithmische Auftragung benutzt; die bei hohen Temperaturen eingezeichnete gestrichelte Linie entspricht $\eta \sim T^{\frac{2}{3}}$.

für harte Kugeln. Experimentell findet man eine stärkere Temperaturabhängigkeit: Reale Atome sind eben keine harten Kugeln mit konstantem Durchmesser. Das Modell der harten Kugeln ist für qualitative Überlegungen nützlich, quantitativ ist es nur zu verwenden, wenn ein von der Temperatur T abhängiger effektiver Durchmesser verwendet wird. So findet man z. B. für Argon bei 100 und 200 K einen um die Faktoren 1.25 und 1.08 größeren effektiven Durchmesser als bei 300 K; bei 800 und 1500 K dagegen ist er um die Faktoren 0.90 bzw. 0.87 kleiner (Abb. 1.25).

Für ein realistisches Wechselwirkungspotential hängt der differentielle Wirkungsquerschnitt in Gl. (1.101) von der Relativgeschwindigkeit der stoßenden Teilchen ab. Die Stoßintegrale sind dann nicht mehr einfach proportional zu $\sqrt{T}$, sondern besitzen eine kompliziertere Temperaturabhängigkeit. In Abb. 1.26 ist die theoretische Kurve für η als Funktion von T, wie sie sich unter Verwendung eines Lennard-Jones-Potentials ($r_0 = 0.342$ nm, $\Phi_0/k = 124$ K) ergibt, mit den experimentellen Werten nach [19] für Argon verglichen; es wurde eine doppeltlogarithmische Auftragung benutzt. Die Übereinstimmung ist für 100 K $< T <$ 500 K recht gut, für höhere Temperaturen liegen die experimentellen Werte geringfügig höher als die theoretische Kurve. Die gestrichelte Gerade entspricht einem Verlauf $\eta = T^{\frac{2}{3}}$. Ein Potenzkraftgesetz $\Phi \sim r^{-\nu}$ für das Wechselwirkungspotential führt auf $\eta \sim T^{\frac{1}{2}+\frac{2}{\nu}}$. Die beobachtete Abhängigkeit $T^{\frac{2}{3}}$ bedeutet also $\nu = 12$; dies ist die Potenz, die im repulsiven Anteil des Lennard-Jones-Potentials benutzt wird.

1.3.2.3 Mehratomige Gase

Zur Charakterisierung des Zustandes mehratomiger Gase im Nicht-Gleichgewicht ist eine verallgemeinerte Verteilungsfunktion (Dichteoperator) zu benutzen, die nicht nur von der Geschwindigkeit c der Teilchen abhängt, sondern auch von deren Rotationsdrehimpuls J. Dementsprechend ist auch die Boltzmann-Gleichung durch eine verallgemeinerte kinetische Gleichung (*Waldmann-Snider-Gleichung* [18, 32, 33]) zu ersetzen. Bei der Berechnung von lokalen Mittelwerten ist nicht nur über die Geschwindigkeit der Teilchen zu integrieren, sondern auch über die die Orientierung von J festlegenden magnetischen Quantenzahlen sowie über die Rotationsquantenzahlen j zu summieren.

Zur Behandlung der Transportkoeffizienten η, λ und η_V können die in Abschn. 1.4 zu diskutierenden Nicht-Gleichgewichtsausrichtungseffekte in guter Näherung (zunächst) vernachlässigt werden. Die Waldmann-Snider-Gleichung reduziert sich in diesem Fall auf eine vorher von Wang Chang und Uhlenbeck aufgestellte verallgemeinerte (quantenmechanische) Boltzmann-Gleichung, die auf Transportprozesse in molekularen Gasen angewandt wurde [18, 34]. Die *Viskosität* molekularer Gase kann analog zu der einatomiger Gase behandelt werden, wobei allerdings ein über die Orientierungen der Moleküle gemittelter Wirkungsquerschnitt verwendet wird. Die Temperaturabhängigkeit von η lässt sich z. B. für N_2, O_2, CO, CO_2, CH_4, ebenso wie bei den Edelgasen, recht gut durch die der auf dem Lennard-Jones-Wechselwirkungspotential beruhenden Stoßintegrale wiedergeben [13, 18]. Dies gelingt jedoch nicht für polare Gase, d. h. Gase aus Teilchen mit (starken) Dipolmomenten wie z. B. H_2O, NH_3, HCN, da dort die elektrische Dipol-Dipol-Wechselwirkung zusätzlich zu berücksichtigen ist.

Der *Wärmestrom* eines mehratomigen Gases ist die Summe aus dem Strom der kinetischen Energie (Gl. (1.95)) und dem Strom der Rotations- (oder Vibrations-) Energie. Dementsprechend ist das Verhältnis von Wärmeleitfähigkeit λ und der Viskosität η nicht mehr durch Gl. (1.104) gegeben. Eucken (1913) schlug als empirische Relation vor

$$\frac{\lambda}{\eta} = 2.5\, c_V^{\text{kin}} + c_V^{\text{intra}},$$

wobei c_V^{kin} und c_V^{intra} die mit der kinetischen Energie der Translation und der intramolekularen (Rotations- oder Vibrations-)Energie verknüpften Betrages zur spezifischen Wärmekapazität c_V sind. Anstelle von Gl. (1.104) tritt nun der *Eucken-Faktor*

$$f_{\text{Eu}} = \frac{\lambda}{\eta c_V} \approx 1 + \frac{9}{4}\frac{k}{m c_V}. \tag{1.107}$$

Wegen $c_V = \frac{1}{2}\frac{k}{m} f$, wobei f die Anzahl der (angeregten) Freiheitsgrade eines Moleküls ist, reduziert sich Gl. (1.107) für $f = 3$ auf Gl. (1.104). Für $f = 5$ hat man $f_{\text{Eu}} = 1.90$. Näherungsweise wird dieser Wert z. B. für N_2, O_2, CO bei $T = 273\,K$ auch beobachtet [18]; für H_2 liegt der experimentelle Wert für f_{Eu} bei 2.1 und ist damit etwas größer als nach Gl. (1.107) erwartet. In Tab. 1.8 sind die aus [19] entnommenen Werte der Viskosität η und der Wärmeleitfähigkeit λ für einige mehratomige Gase beim Druck $p = 0.1\,MPa$ und der Temperatur $T = 300\,K$ aufgelistet und die Verhältnisse $\lambda/(\eta \cdot c_V)$ bzw. $\eta \cdot c_p/\lambda$ angegeben. Der von Eucken vorgeschlagene Wert Gl. (1.107) für den Eucken-Faktor stimmt für Stickstoff und Sauerstoff mit den experimentellen Werten noch fast so gut überein wie bei Edelgasen. Für Methan, Ethan und Propan beobachtet man Abweichungen. Bemerkenswert ist die im Vergleich zum Eucken-Faktor deutlich geringere Variation der Prandtl-Zahl bei den verschiedenen Gasen.

Tab. 1.8 Die Viskosität η, die Wärmeleitfähigkeit λ, der Eucken-Faktor $\lambda/(\eta c_V)$ und die Prandtl-Zahl $c_p\eta/\lambda$ für verschiedene Gase bei $p = 0.1\,Pa$ und $T = 300\,K$. Der von Eucken vorgeschlagene Wert $1 + \frac{9}{4}k/(mc_V)$ für den Eucken-Faktor ist ebenfalls aufgeführt (Daten nach [19]).

	N_2	O_2	CH_4	C_2H_6	C_3H_8
$\eta/\mu Pa\,s$	18.0	20.6	11.2	9.48	8.29
$\lambda/mW\,m^{-1}\,K^{-1}$	26.0	26.3	34.1	21.3	18.0
$f_{\text{EU}} = \lambda/(\eta c_V)$	1.94	1.93	1.78	1.52	1.44
$1 + \frac{9}{4}k/(mc_V)$	1.90	1.89	1.53	1.42	1.28
$Pr = \eta c_p/\lambda$	0.72	0.72	0.73	0.78	0.78

Im Gegensatz zum einatomigen Gas bei mittlerem Druck verschwindet die *Volumenviskosität* η_V bei mehratomigen Gasen nicht. Dies ist eng mit dem Energieaustausch zwischen der Translationsbewegung und den intermolekularen, d. h. den Rotations- oder Vibrationsbewegungen verknüpft. Partielle Temperaturen T^{kin} und T^{intra}, verknüpft mit diesen Energietypen, können über

$$u^{\text{kin}} = c_V^{\text{kin}} T^{\text{kin}}, \ u^{\text{intra}} = c_V^{\text{intra}} T^{\text{intra}} \tag{1.108}$$

eingeführt werden, wobei u und c_V die zugehörigen (spezifischen) inneren Energien und spezifischen Wärmekapazitäten sind. Die mittlere Temperatur T ist durch

$$c_V T = c_V^{\text{kin}} T^{\text{kin}} + c_V^{\text{intra}} T^{\text{intra}} \tag{1.109}$$

mit $c_V = c_V^{\text{kin}} + c_V^{\text{intra}}$ gegeben. Im thermischen Gleichgewicht verschwindet die Temperaturdifferenz

$$\delta T = T^{\text{kin}} - T^{\text{intra}}. \tag{1.110}$$

Im Nicht-Gleichgewicht kann aus einer kinetischen Gleichung (Waldmann-Snider-Gleichung [18, 32]) die *Temperaturrelaxationsgleichung*

$$\frac{\text{d}}{\text{d}t} \delta T + \omega_{\text{intra}} \delta T = - \frac{2}{3} T \frac{\partial v_\mu}{\partial r_\mu} \tag{1.111}$$

hergeleitet werden. Die *Stoßfrequenz* ω_{intra} bestimmt die Relaxationsrate der Temperaturdifferenz. In Analogie zu den in Gl. (1.98) und (1.99) auftretenden Stoßfrequenzen ist ω_{intra} durch ein verallgemeinertes „Stoßintegral" darstellbar, bei dem allerdings nur inelastische Stöße beitragen. Die auf der rechten Seite von Gl. (1.111) auftretende Divergenz der Strömungsgeschwindigkeit v ist über die Kontinuitätsgleichung (1.69) mit der zeitlichen Änderung der Dichte verknüpft. Der Druck, d. h. ein Drittel der Spur $p_{\lambda\lambda}$ des Drucktensors eines idealen Gases ist gemäß $\frac{1}{3} p_{\lambda\lambda} = nkT^{\text{kin}}$ durch die kinetische Temperatur bestimmt. Wegen $T^{\text{kin}} = T + (c_V^{\text{intra}}/c_V)\,\delta T$ hat man also

$$p_{\lambda\lambda} = nkT + \frac{c_V^{\text{intra}}}{c_V} nk\delta T = nkT + \pi; \tag{1.112}$$

π ist der Nicht-Gleichgewichtsanteil. Für Vorgänge, die langsam ablaufen verglichen mit der *Temperaturrelaxationszeit*

$$\tau_{\text{intra}} = (\omega_{\text{intra}})^{-1}, \tag{1.113}$$

kann die Zeitableitung in Gl. (1.111) vernachlässigt werden. Einsetzen von δT in Gl. (1.112) führt dann auf

$$\pi = - \eta_V \frac{\partial v_\mu}{\partial r_\mu} \tag{1.114}$$

mit der Volumenviskosität

$$\eta_V = \frac{2}{3} \frac{c_V^{\text{intra}}}{c_V} nkT \tau_{\text{intra}}. \tag{1.115}$$

Wegen $\omega_{\text{intra}} \sim n$ ist die durch Gl. (1.115) gegebene Größe η_V für Gase von mittlerem Druck ebenso wie η und λ unabhängig von der Teilchendichte und damit vom Druck des Gases. Für einatomige Gase verschwindet Gl. (1.115) wegen $c_V^{\text{intra}} = 0$. Bei endlichen c_V^{intra} ist η_V umso größer, je größer τ^{intra} ist, d. h. je seltener bei Stößen ein Austausch zwischen Translations- und intramolekularer Energie stattfinden kann. Aus diesem Grund ist das Verhältnis η_V/η für H_2 größer als für N_2 [18].

1.3.2.4 Dichte Gase

In dichten Gasen hängen die Transportkoeffizienten λ, η und η_V von der Teilchendichte ab (Abb. 1.27). Für Temperaturen T, die nicht zu nahe bei der kritischen Temperatur T_c liegen, lässt sich diese Dichteabhängigkeit im Rahmen des Modells der harten Kugeln erklären. Der effektive Durchmesser d ist, wie bereits früher diskutiert, abhängig von der Temperatur T. Eine erfolgreiche Erweiterung der kinetischen Theorie auf dichte Gase ist von Enskog (1922) durch zwei Modifikationen der Boltzmann-Gleichung vorgenommen worden [8, 13]. Zum einen wird die Stoßfrequenz mit einem Faktor χ multipliziert, der berücksichtigt, dass (wegen des Eigenvolumens) zwei Teilchen im Stoßabstand d bei endlicher Dichte n mit größerer Wahrscheinlichkeit zu finden sind als für $n \to 0$, wo $\chi = 1$ gilt. Der Druck p ist mit diesem Faktor verknüpft gemäß

$$p = nkT(1 + 4y\chi), \tag{1.116}$$

wobei $y = (\pi/6)d^3n$ die bereits in Gl. (1.4) eingeführte Packungsdichte ist; χ ist noch eine Funktion von y, die später diskutiert werden soll.

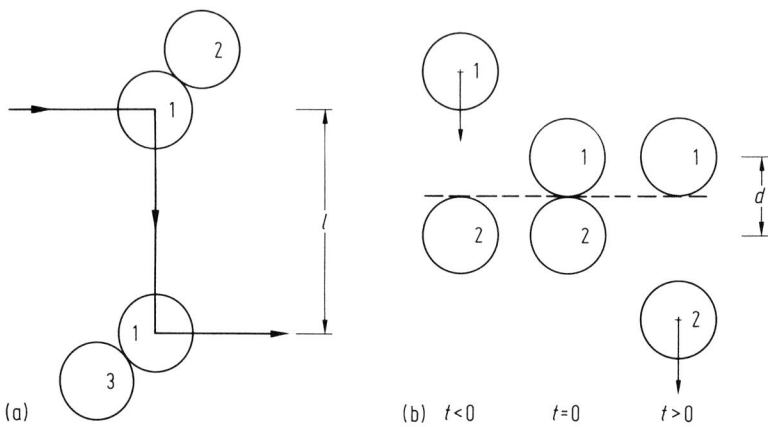

Abb. 1.27 (a) Schematische Zeichnung zweier Stoßprozesse, bei denen eine harte Kugel 1 Impuls und kinetische Energie über die freie Weglänge transportieren kann.
(b) Stoß zweier Kugeln 1 und 2; schematisch gezeigt ist der Zustand vor ($t < 0$), beim ($t = 0$) und nach ($t > 0$) dem Stoß. Dabei können Energie und Impuls über die Distanz d quasi augenblicklich „weitergereicht" werden ("collisional transfer").

Die zweite Modifikation berücksichtigt bei dem im Stoßterm der Boltzmann-Gleichung vorkommenden Produkt zweier Verteilungsfunktionen, dass die beiden stoßenden Teilchen den endlichen Abstand d voneinander haben. Dies führt u. a. auf einen zusätzlichen Transportmechanismus, der mit *Stoßtransfer* (collisional transfer, ct) bezeichnet wird. Im Gas von mittlerem Druck werden Energie und Impuls durch den freien Flug des Teilchens über eine freie Weglänge l transportiert (Abb. 1.27). Wie dort ebenfalls angedeutet, kann aber ein Teilchen auf ein anderes treffen und dabei quasi instantan einen Teil seines Impulses und seiner Energie durch Stoßtransfer auf das andere Teilchen über die Distanz d weitergeben. Beim Boltzmann-Gas ist wegen $d \ll l$ der zweite Mechanismus zu vernachlässigen, beim dichten Gas wird er aber bedeutsam. Gemäß der auf der Enskog-Boltzmann-Gleichung beruhenden kinetischen Theorie sind die Wärmeleitfähigkeit λ und die Viskosität η Summen von kinetischen Beiträgen (kin) und von Stoßtransferbeiträgen (ct von collisional transfer):

$$\lambda = \lambda^{\mathrm{kin}} + \lambda^{\mathrm{ct}}, \quad \eta = \eta^{\mathrm{kin}} + \eta^{\mathrm{ct}}, \tag{1.117}$$

mit

$$\lambda^{\mathrm{kin}} = \lambda_{\mathrm{B}} \chi^{-1} (1 + \frac{12}{5} y\chi)^2,$$

$$\eta^{\mathrm{kin}} = \eta_{\mathrm{B}} \chi^{-1} (1 + \frac{8}{5} y\chi)^2,$$

$$\lambda^{\mathrm{ct}} = \frac{1}{6} kn\chi\omega_0 d^2, \quad \eta^{\mathrm{ct}} = \frac{1}{15} nm\chi\omega_0 d^2. \tag{1.118}$$

In Gl. (1.18) sind λ_{B} und η_{B} die Boltzmann'schen Werte von λ und η für harte Kugeln, die durch Gl. (1.104) mit

$$\omega_q = \frac{8}{15}\omega_0, \quad \omega_p = \frac{4}{5}\omega_0 \tag{1.119}$$

gegeben sind; ω_0 ist die *Referenzstoßfrequenz*

$$\omega_0 = 4\sqrt{\pi} n\, C_{\mathrm{th}} d^2, \tag{1.120}$$

C_{th} ist die in Gl. (1.12) definierte thermische Geschwindigkeit. Wegen $\chi \to 1$, $y \sim n$ und $\omega \sim n$ reduzieren sich λ_0^{kin} und η^{kin} auf λ_{B} und η_{B} für $n \to 0$. Ferner gilt für kleine Dichten $\lambda^{\mathrm{ct}} \sim n^2$, $\eta^{\mathrm{ct}} \sim n^2$. Im dichten Gas aus harten Kugeln ist die Volumenviskosität η_V endlich:

$$\eta_{\mathrm{V}} = \frac{5}{3}\eta^{\mathrm{ct}}. \tag{1.121}$$

Für kleine Dichten n gilt $\eta_V \sim n^2$. Die in Gl. (1.89) und (1.90) eingeführten Faktoren λ^* und η^* sind nun durch

$$\lambda^* = \lambda_{\mathrm{B}}^* \chi^{-1} \left((1 + \frac{12}{5} y\chi)^2 + \frac{512}{25\pi} y^2\chi^2 \right),$$

$$\eta^* = \eta_{\mathrm{B}}^* \chi^{-1} \left((1 + \frac{8}{5} y\chi)^2 + \frac{768}{25\pi} y^2\chi^2 \right) \tag{1.122}$$

gegeben, wobei λ_B^* und η_B^* die in Gl. (1.106) angegebenen Boltzmann'schen Werte für harte Kugeln sind. Für die explizite Dichteabhängigkeit von λ^* und η^* muss noch χ bekannt sein. Mit

$$\chi = \left(1 + \frac{1}{2}y\right)(1-y)^{-2}, \quad y = \frac{\pi}{6}d^3n \qquad (1.123)$$

wird der Druck p (Gl. (1.116), eines Fluids aus harten Kugeln bis $y = 0.3$ gut wiedergegeben.

Zum Vergleich mit einer realen Substanz hat Enskog vorgeschlagen, den Druck p in Gl. (1.116) durch den *thermischen Druck* $T\left(\dfrac{\partial p}{\partial T}\right)_n$ zu ersetzen, d. h. χ über

$$4y\chi = (nk)^{-1}\left(\frac{\partial p}{\partial T}\right)_n - 1 \qquad (1.124)$$

zu bestimmen; für harte Kugeln führt Gl. (1.124) auf Gl. (1.116). Aus Gl. (1.117) bis (1.119) bzw. Gl. (1.122) folgt, dass η/y und λ/y als Funktion von $y\chi$ ein Minimum durchlaufen. Da y proportional zur Massendichte ϱ ist, sollten demnach (unter der Voraussetzung, dass $y\chi$ eine mit $y \sim \varrho$ monoton steigende Funktion ist) die kinematische Viskosität η/ϱ und das Verhältnis λ/ϱ als Funktion von ϱ ein Minimum durchlaufen. Dies wird tatsächlich experimentell gefunden. In Abb. 1.28 ist η/ϱ für Argon bei der Temperatur $T = 200$ K als Funktion von ϱ gezeigt.

Es erscheint naheliegend, die Transportkoeffizienten η und λ in eine Potenzreihe nach der Dichte n (also in eine *Virialreihe* analog zum Druck) zu entwickeln [9]. Die Boltzmann-Gleichung, bei der nur (unkorrelierte) Zweierstöße berücksichtigt werden, liefert den ersten Koeffizienten einer solchen Entwicklung. Der Koeffizient vor dem nächsten Term proportional zu n (mäßig dichtes Gas) wird durch Dreier-

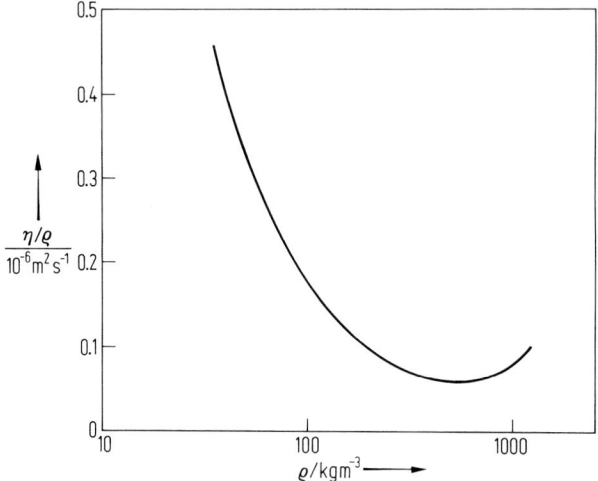

Abb. 1.28 Die kinematische Viskosität η/ϱ für Argon bei $T = 200$ K als Funktion der Massendichte ϱ. Der Druck bei der Dichte des Minimums ist ungefähr 18 MPa. Die Daten wurden aus Tabellen in [19] entnommen.

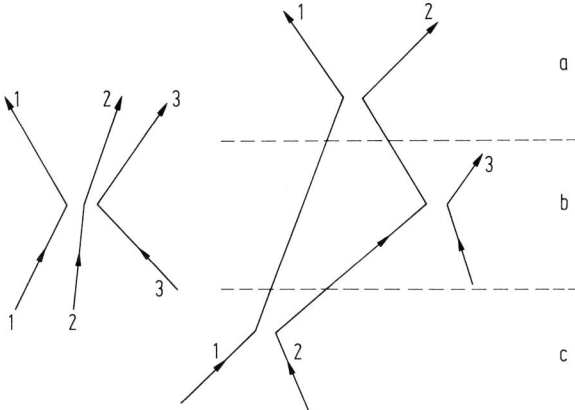

Abb. 1.29 Schematische Darstellung eines Dreierstoßprozesses und einer Folge von Zwei-erstößen zwischen drei Teilchen. Wird der Stoß zwischen 1 und 2 von a nach b zurückverfolgt, so erkennt man, dass 2 nur mit 1 stoßen konnte, weil vorher ein Stoß mit 3 erfolgte. Zu-rückverfolgung nach c zeigt, dass 1 und 2 bereits vorher gestoßen haben und im Bereich a somit einen „Wiederholungsstoß" ausführen.

stöße und durch korrelierte Zweierstoßfolgen bestimmt. In Abb. 1.29 sind ein Drei-erstoßprozess und daneben eine Folge von Zweierstößen zwischen drei Teilchen schematisch angedeutet. In der Boltzmann-Gleichung werden die in den Bereichen a, b und c auftretenden Stöße als statistisch unabhängig behandelt, dies entspricht der Annahme des „molekularen Chaos"; die Berücksichtigung der Korrelation zwi-schen Stößen in den Bereichen b, a bzw. c, b führt, wie bereits erwähnt, ebenso wie die Dreierstöße, auf Beiträge zu η und λ, die proportional zur Dichte n sind. Bei der Berücksichtigung von Stoßfolgen zwischen vier Teilchen treten (insbesondere bei den „Wiederholungsstößen" wie in Abb. 1.29 zwischen Teilchen 1 und 2 von c nach a gezeigt) bei der Berechnung der Transportkoeffizienten nicht nur Terme pro-portional zu n^2, sondern auch zu $n^2 \ln n$ auf [9], d. h. im mathematischen Sinne existiert die Virialentwicklung der Transportkoeffizienten nicht. Der experimentelle Nachweis der logarithmisch von der Dichte abhängenden Terme ist schwierig. Die für viele Gase gemessene Abhängigkeit der Transportkoeffizienten von der Dichte kann (für eine feste Temperatur und etwa bis zur kritischen Dichte) mit der im Rahmen der Enskog-Theorie abgeleiteten Dichteabhängigkeit (in der ja keine log-arithmischen Terme auftreten) gut beschrieben werden [35].

1.3.3 Geschwindigkeitsverteilung im Nicht-Gleichgewicht

Im Nicht-Gleichgewicht, insbesondere bei einem Transportprozess, weicht die Ge-schwindigkeitsverteilung $f(c)$ von der Maxwell-Gleichgewichtsverteilung $f_M(c)$ ab; die durch

$$f(c) = f_M(c)(1 + \phi) \qquad (1.125)$$

definierte Größe ϕ ist ein Maß für diese Abweichung. Indirekt belegen die Transportkoeffizienten λ und η, dass ϕ ungleich Null ist, denn die in Gl. (1.95) und (1.96) angegebenen Ausdrücke für den Wärmestrom und den Reibungsdrucktensor verschwinden für $\phi = 0$. Ein direkter experimenteller Nachweis der Abweichung der Geschwindigkeitsverteilung von der Maxwell-Verteilung ist über die Doppler-Verbreiterung einer Spektrallinie möglich. Die bei einem Emissions-, Absorptions- oder Streuprozess an einem Molekül auftretende Doppler-Verschiebung ist proportional

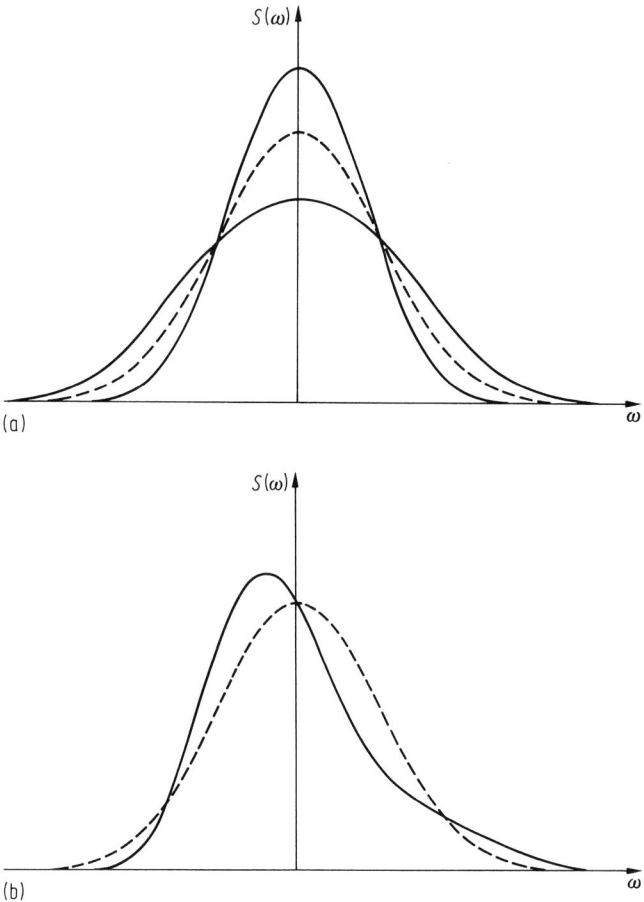

Abb. 1.30 Schematische Veränderung des Doppler-Profils $S(\omega)$ einer Spektrallinie durch eine viskose Strömung bzw. durch einen Wärmestrom; die Frequenz $\omega = 0$ entspricht der ungestörten Linie. Im ersten Fall (a) tritt eine von der Beobachtungsrichtung abhängige, bezüglich der ungestörten frequenzsymmetrischen Veränderung auf, und zwar entsprechen die untere und die obere Kurve einer Beobachtungsrichtung, die die Winkel 45° bzw. 135° mit der Strömungsrichtung bilden. Im zweiten Fall (b) findet man bei Beobachtung in Richtung des negativen Temperaturgradienten eine Linienverschiebung. Die Linienform im Gleichgewicht ist gestrichelt gezeichnet.

zu seiner Geschwindigkeit. Die durch die Mittelung über viele Moleküle entstehende Linienform ist somit ein Abbild der Geschwindigkeitsverteilung. Voraussetzung ist dabei allerdings, dass die Stöße der Moleküle untereinander die mit der entsprechenden Spektrallinie verknüpften angeregten (inneren) Zustände eines Moleküls nur wenig stören, sonst kann wegen der „Stoßverbreiterung" die Doppler-Verbreitung nicht gemessen werden. In Abb. 1.30 ist schematisch angedeutet, wie ein Doppler-Profil bei einer viskosen Strömung oder bei der Wärmeleitung verändert wird [36]. Im ersten Fall wird die Linie, je nach Beobachtungsrichtung, entweder breiter oder schmaler als im Gleichgewicht. Die größten Effekte treten in der Scherebene auf, wenn der Winkel zwischen der Beobachtungsrichtung und der Strömungsgeschwindigkeit entweder 45° oder 135° beträgt. Im zweiten Fall tritt Asymmetrie auf; das Maximum der Linie wird durch den Wärmestrom verschoben. Für ein *wärmeleitendes Gas* (NH_2D) ist es gelungen, über die durch den Wärmestrom verursachte Asymmetrie der Doppler-Verbreiterung einer Spektrallinie die Störung der Geschwindigkeitsverteilung zu messen [37]. In Abb. 1.31 sind Messergebnisse für die Größe $\phi \left(V_z \dfrac{\partial T}{\partial z} \right)^{-1}$ als Funktion von V_z^2 dargestellt. Dabei ist $\partial T / \partial z$ der in z-Richtung gelegte Temperaturgradient und V ist die Pekuliargeschwindigkeit C in Einheiten von $\sqrt{2}\, C_{th}$. Im Rahmen der Näherung, die auf die Transportrelaxationsgleichungen (1.100, 1.101) geführt hat, wäre für das einatomige wärmeleitende Gas

$$\phi = \frac{2}{5}\sqrt{2}(nkTC_{th})^{-1} g_\mu V_\mu \left(V^2 - \frac{5}{2} \right) \tag{1.126}$$

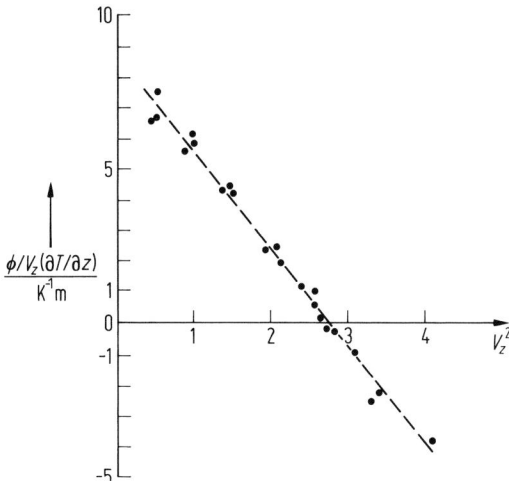

Abb. 1.31 Die bei Gegenwart eines Temperaturgradienten $\partial T / \partial z$ gemessene Abweichung ϕ der Geschwindigkeitsverteilung dividiert durch $V_z (\partial T / \partial z)$ als Funktion von V_z^2 für verschiedene Werte von $\partial T / \partial z$ (275 K m^{-1}, 375 LK m^{-1}, 600 K m^{-1}), nach [37].

und mit $g_z = -\lambda \dfrac{\partial T}{\partial z}$ für die vorliegende Geometrie

$$\phi \left(V_z \frac{\partial T}{\partial z} \right)^{-1} = -\frac{2}{5}\sqrt{2}\lambda (nkTC_{\mathrm{th}})^{-1}\left(V_z^2 - \frac{3}{2} \right) \tag{1.127}$$

zu erwarten; bei einem mehratomigen Gas ist $V_z^2 - \dfrac{3}{2}$ durch $V_z^2 - V_0^2$ zu ersetzen.

Der Beitrag der intramolekularen (Rotations- und Vibrations-)Energie führt auf $V_0^2 > 3/2$. Die experimentellen Beobachtungen ergeben, wie aufgrund der obigen Überlegungen erwartet, einen linearen Zusammenhang zwischen $\phi \left(V_z \dfrac{\partial T}{\partial z} \right)^{-1}$ und V_z^2 und man findet $V_0^2 \approx 2.8$.

Bemerkenswert ist, dass $\phi \sim n^{-1}$ gilt für ein Gas von mittlerem Druck, wo λ und η unabhängig von der Teilchendichte n sind. Dies trifft auch für ein strömendes Gas zu. Die Störung der Geschwindigkeitsverteilungsfunktion bei einer ebenen Couette-Strömung (in x-Richtung mit dem Geschwindigkeitsgradienten $\gamma = \partial v_x / \partial y$) ist in einer Nicht-Gleichgewichts-Moleklulardynamik(NEMD)-Computersimulation nachgewiesen worden [12, 38]. In einer zur oben angegebenen analogen Näherung erwartet man beim strömenden Gas

$$\phi = (nkT)^{-1}\pi_{\mu\nu}\overleftrightarrow{V_\mu V_\nu} \tag{1.128}$$

und, wegen $\pi_{\mu\nu} = -2\eta \dfrac{\overleftrightarrow{\partial v_\mu}}{\partial r_\nu}$, für die vorliegende Geometrie

$$\phi = -\eta (nkT)^{-1}\gamma V^2 2\hat{V}_x\hat{V}_y, \tag{1.129}$$

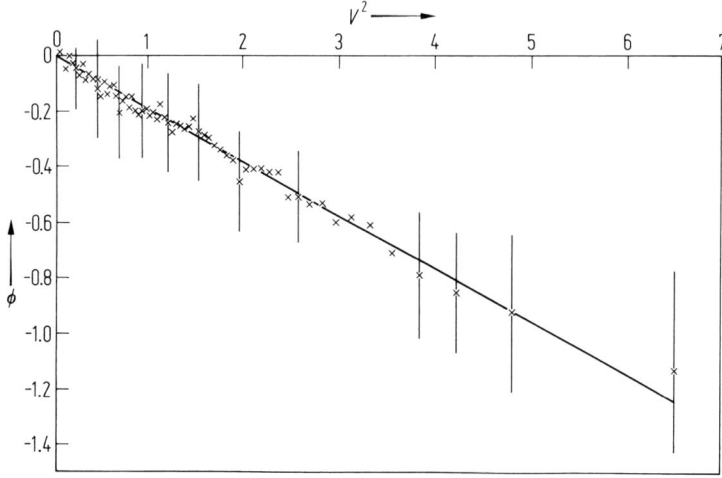

Abb. 1.32 Die durch eine viskose Strömung (speziell eine Couette-Strömung) verursachte Abweichung ϕ der Geschwindigkeitsverteilung als Funktion von V^2 für eine feste Scherrate γ. Die Daten stammen aus einer Nicht-Gleichgewichts-Molekulardynamik-Computer-Simulation [38].

wobei $\hat{V}_x$, $\hat{V}_y$ die Komponenten des zu V parallelen Einheitsvektors bezüglich der x- und y-Achsen sind. In Abb. 1.32 ist ϕ für $\hat{V}_x = \hat{V}_y = \sqrt{2}/2$ (d. h. $\hat{V}$ ist die Winkelhalbierende zwischen der x- und der y-Richtung) als Funktion von V^2 aufgetragen, wie aus der Simulation eines Lennard-Jones-Gases entnommen. Die ausgezeichnete Gerade ist die Vorhersage der kinetischen Theorie, die keinen anpassbaren Parameter enthält, da die Viskosität η über die Gl. (1.103) und (1.101) durch ein Stoßintegral festgelegt ist. Die aus Gl. (1.128) und (1.129) und der Abb. 1.32 folgende Anisotropie der Geschwindigkeitsverteilung bewirkt, dass das Maximum der Verteilung V^2F für Geschwindigkeiten in der Strömungsebene (x,y-Ebene) nicht mehr, wie im ungestörten Fall auf einem Kreis liegt, sondern auf einer um 135° zur Strömungsrichtung gedrehten Ellipse. In Abb. 1.33 ist dies schematisch angedeutet.

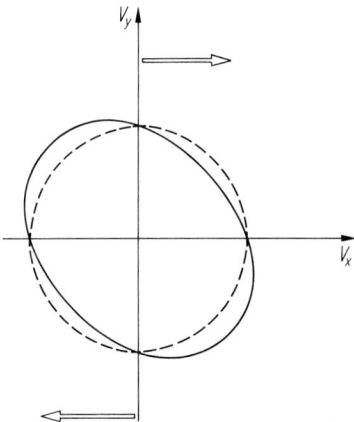

Abb. 1.33 Lage des Maximums der Geschwindigkeitsverteilung V^2F bei einer Strömung in x-Richtung und dem Gradienten in y-Richtung für Geschwindigkeiten in der Scherebene (xy-Ebene). Der gestrichelte Kreis entspricht dem Gleichgewichtsfall ohne Strömung. Die Pfeile deuten die von der y-Koordinate abhängige mittlere Strömungsgeschwindigkeit an.

1.3.4 Gasgemische, Diffusion, Thermodiffusions- und Diffusionsthermoeffekt

1.3.4.1 Phänomenologische Beschreibung und Ansätze

Im Folgenden werde ein binäres Gasgemisch mit den (partiellen) Teilchendichten n_i und den Massendichten $\varrho_i = m_i n_i$, $i = 1, 2$ betrachtet; m_1 und m_2 seien die Massen der beiden Teilchensorten. Die mittleren Teilchengeschwindigkeiten der beiden Komponenten werden mit v_i, $i = 1, 2$ bezeichnet. Die Gesamt-Teilchen- und Massendichten des Gemisches sind

$$n = n_1 + n_2, \quad \varrho = \varrho_1 + \varrho_2. \tag{1.130}$$

Die im Zusammenhang mit der Impulserhaltung auftretende *mittlere Massenge-schwindigkeit v* ist durch

$$\varrho v = \varrho_1 v_1 + \varrho_2 v_2 \tag{1.131}$$

definiert. Sie ist i.A. verschieden von der *mittleren Teilchengeschwindigkeit w*, die durch

$$n w = n_1 v_1 + n_2 v_2 \tag{1.132}$$

festgelegt ist. Die Geschwindigkeit v_i einer einzelnen Komponente bezogen auf v oder w wird als Massen- bzw. Teilchen-Diffusionsgeschwindigkeit bezeichnet. Bei der Wärmeleitung ist auch zwischen den Wärmeströmen q und $q^{(w)}$ in beiden Bezugssystemen zu unterscheiden.

Die (lokale) Zusammensetzung des Gasgemisches kann durch einen der Molenbrüche

$$x_1 = \frac{n_1}{n} = x, \quad x_2 = \frac{n_2}{n} = 1 - x \tag{1.133}$$

beschrieben werden. Aus der Erhaltung der Teilchen beider Komponenten folgt, in Analogie zu Gl. (1.72),

$$n \left(\frac{dx}{dt} \right)_w + \frac{\partial}{\partial r_\mu} j_\mu = 0 \tag{1.134}$$

mit dem Diffusionsstrom

$$j = n_1 (v_1 - w) = \frac{n_1 n_2}{n} (v_1 - v_2); \tag{1.135}$$

$$\left(\frac{d}{dt} \right)_w = \frac{\partial}{\partial t} + w_v \frac{\partial}{\partial r_v} \tag{1.136}$$

ist die substantielle Zeitableitung im System der mittleren Teilchengeschwindigkeit. Griechische Indizes weisen auf kartesische Komponenten von Vektoren hin; es gilt die Summenkonvention.

Bei Abwesenheit äußerer Felder lautet für den hydrodynamischen Bereich der phänomenologische Ansatz für den Diffusionsstrom [18]

$$j_\mu = -nD \left(\frac{\partial x}{\partial r_\mu} + k_T \frac{1}{T} \frac{\partial T}{\partial r_\mu} \right) \tag{1.137}$$

Dabei sind der *Diffusionskoeffizient* D und das *Thermodiffusionsverhältnis* k_T zwei phänomenologische Koeffizienten. Offensichtlich besteht der Diffusionsstrom aus zwei Anteilen, die durch Konzentrations- bzw. Temperaturgradienten verursacht werden; letzteren Anteil nennt man den *Thermodiffusionsstrom*. Dieser Effekt führt zu einer partiellen Entmischung. Er kann zur Trennung von Isotopen eingesetzt werden. Anstelle von k_T benützt man oft den *Thermodiffusionsfaktor* α, der durch

$$k_T = x(1-x)\alpha \tag{1.138}$$

eingeführt wird.

Einsetzen von Gl. (1.137) in Gl. (1.131) liefert für konstantes T, n, D die **Diffusionsgleichung**

$$\left(\frac{dx}{dt}\right)_w \approx D\Delta x, \tag{1.139}$$

wobei $\Delta = \dfrac{\partial^2}{\partial r_\mu \partial r_\mu}$ der Laplace-Operator ist. Eine charakteristische Einstellzeit eines Konzentrationsgleichgewichtes über eine lineare Abmessung L ist durch L^2/D gegeben. Man beachte, dass D die gleiche Dimension hat wie die kinematische Viskosität η/ϱ; das Verhältnis $\varrho D/\eta$ ist also eine Zahl. Für Gase liegt diese in der Größenordnung 1. In Analogie zu Gl. (1.87) lautet beim Gasgemisch die Temperaturgleichung, bei konstantem Druck sowie ohne Reibung,

$$\varrho\, c_p \left(\frac{dT}{dt}\right)_w + \frac{\partial}{\partial r_\mu} q_\mu^{(w)} = 0. \tag{1.140}$$

Der Ansatz für den Wärmestrom $\boldsymbol{q}^{(w)}$ (im Bezugssystem der mittleren Teilchengeschwindigkeit) enthält nicht nur den Temperaturgradienten, sondern auch den Konzentrationsgradienten. Es ist jedoch bequemer, stattdessen den *Diffusionsstrom* $\boldsymbol{j}$ zu verwenden. Der Ansatz lautet dann [18]

$$q_\mu^{(w)} = -\lambda\frac{\partial T}{\partial r_\mu} + \alpha k T j_\mu, \tag{1.141}$$

wobei λ die Wärmeleitfähigkeit ist und der Thermodiffusionsfaktor α über k_T schon in Gl. (1.137) vorkam. Der erste Anteil von Gl. (1.141) kann bei der stationären Wärmeleitung in einem ruhenden Gas gemessen werden ($j = 0$). Der zweite Anteil ist der Diffusionswärmestrom, der auch ohne Temperaturgefälle auftritt. Er ist die Ursache des *Diffusionsthermoeffektes*: Während der Diffusion von zwei Gasen ineinander bilden sich Temperaturdifferenzen aus, die wieder abklingen, wenn der Diffusionsprozess abgeschlossen ist.

Bei der Thermodiffusion und beim Diffusionsthermoeffekt tritt der gleiche phänomenologische Koeffizient α auf. Dies ist die Konsequenz einer auf der Zeitumkehrinvarianz der mikroskopischen Wechselwirkung zwischen Teilchen beruhenden *Onsager-Symmetrierelation*. Die auf die Boltzmann-Gleichung für Gemische aufbauende kinetische Theorie bestätigt nicht nur diese Relation, sondern liefert auch eine Begründung für die Ansätze Gl. (1.137) und (1.141) sowie Zusammenhänge zwischen D, λ, α und Stoßintegralen.

1.3.4.2 Diffusions- und Selbstdiffusionskoeffizient

Der aus der kinetischen Theorie ableitbare, exakte aber komplizierte Ausdruck für den binären Diffusionskoeffizienten D lässt sich in einer Näherung, die experimentell innerhalb von etwa 10 % Abweichung erfüllt wird, auf eine einfache Form bringen:

$$D = \frac{kT}{2m_{12}\omega_D}. \tag{1.142}$$

Dabei ist $m_{12} = \dfrac{m_1 \cdot m_2}{m_1 + m_2}$ die reduzierte Masse. Die Stoßfrequenz ω_D ist durch ein Stoßintegral gegeben:

$$\omega_D = \frac{8}{3} n \Omega_{12}^{(1,1)}. \tag{1.143}$$

Aufgrund der Definition von $\Omega^{(l,r)}$ (Gl. (1.101)) tragen für $l = 1$ Rückwärtsstöße mit größtem Gewicht im Stoßintegral bei. Für den im Gemisch auftretenden analogen Ausdruck $\Omega_{12}^{(l,r)}$ ist C_{th} durch $\sqrt{kT/(2m_{12})}$ zu ersetzen und in Gl. (1.101) der für die Streuung von Teilchen 1 an Teilchen 2 maßgebende differentielle Wirkungsquerschnitt σ_{12} einzusetzen. Für harte Kugeln mit Durchmessern d_1 und d_2 ist d beispielsweise in Gl. (1.5) durch $d = (d_2 + d_2)/2$ zu ersetzen; für den differentiellen Wirkungsquerschnitt gilt dann $\sigma_{12} = \dfrac{1}{4} d_{12}^2 = \dfrac{1}{16} (d_1 + d_2)^2$. Man beachte: In der Näherung (1.142) ist der Diffusionskoeffizient umgekehrt proportional zur gesamten Teilchendichte n, aber unabhängig von der Konzentration (Mischungsverhältnis) der beiden Komponenten des Gases. Experimentell ist dies in guter Näherung, aber nicht exakt erfüllt. Wenige leichte Moleküle (z. B. H_2) diffundieren in vielen schweren (z. B. N_2) etwa 10 % schneller als wenige schwere in vielen leichten [18].

Von **Selbstdiffusion** spricht man, wenn die Diffusion eines „markierten" Teilchens in einem reinen Gas betrachtet wird. Experimentell ist die Markierung durch den Kernspin (Spindiffusion) oder durch Isotope in guter Näherung zu realisieren. Wegen $m_{12} = m/2$ reduziert sich dann Gl. (1.142) auf

$$D = \frac{kT}{m\omega_D}, \quad \omega_D = \frac{8}{3} n \Omega^{(1,1)}. \tag{1.143a}$$

Ein Vergleich mit den analogen Ausdrücken (1.104) und (1.101) für die Viskosität η führt auf

$$\frac{\varrho D}{\eta} = \frac{\omega_p}{\omega_D} = \frac{3}{5} \frac{\Omega^{(2,2)}}{\Omega^{(1,1)}}. \tag{1.144}$$

Bei harten Kugeln gilt $\Omega^{(2,2)} = 2\Omega^{(1,1)}$ und somit $\varrho D/\eta = 6/5 = 1.2$. Für Lennard-Jones-Wechselwirkung findet man den etwas größeren (und schwach temperatur-

Tab. 1.9   Die Viskosität η, der Diffusionskoeffizient D und das Verhältnis $\varrho D/\eta$ für Argon beim Druck $p = 0.1\,\text{MPa}$. Die Daten für η und D sind aus [20] entnommen.

T/K	100	200	300	573	973	1273	1773	2273
$\eta/\mu\text{Pa s}$	7.97	15.9	22.8	37.8	54.7	65.4	81.3	95.8
$D/10^{-6}\,\text{m}^2\,\text{s}^{-1}$	2.21	8.56	18.4	59.0	146	230	400	608
$\varrho D/\eta$	1.33	1.30	1.32	1.31	1.32	1.33	1.34	1.34

abhängigen) Wert $\varrho D/\eta \approx 1.3$, der die experimentellen Daten recht gut wiedergibt [18]. In Tab. 1.9 sind für Argon beim Druck $p = 0.1\,\text{MPa}$ die Werte der Viskosität η, von $T = 100\,\text{K}$ bis $T = 2273\,\text{K}$ aufgelistet.

1.3.4.3 Thermodiffusionsfaktor

Der in Gl. (1.138) und (1.141) vorkommende Thermodiffusionsfaktor α kann sowohl positiv als auch negativ sein; $\alpha > 0$ bedeutet, die (erstgenannte) Komponente 1 reichert sich bei der niedrigeren Temperatur an. In diesem Sinne findet man für die Gaspaare Ar/Ne, Xe/Kr, Kr/Ar positive Werte von α, die aber stark von der Temperatur abhängen und Werte von etwa 0.02 bis 0.2 annehmen. In zahlreichen Gaspaaren, bei denen wenigstens eine Komponente mehratomig ist, wird eine Vorzeichenumkehr beobachtet; z. B. für Ar/N_2 ist $\alpha > 0$ für $T > 115\,\text{K}$ und $\alpha < 0$ für $T < 115\,\text{K}$; für CO_2/N_2 ist die Umkehrtemperatur $\approx 205\,\text{K}$, wobei die Gase etwa im Verhältnis 1 : 1 gemischt sind. Bei fester Temperatur kann auch Vorzeichenumkehr von α als Funktion des Molenbruches auftreten; zum Beispiel beim Neon/Ammoniak-Gemisch bei $T = 383\,\text{K}$ [18]. Die im Rahmen der kinetischen Theorie für den Thermodiffusionsfaktor α (in verschiedenen Näherungen) abgeleiteten Ausdrücke sind recht kompliziert. Hier soll nur der Spezialfall $m_1 \approx m_2$ (mit $m_1 > m_2$) und gleiche Wechselwirkung der Teilchen untereinander betrachtet werden, wie er bei Isotopengemischen vorliegt. Dann gilt

$$\alpha = \alpha_{\text{HK}} R_T \qquad (1.145)$$

mit dem Wert für harte Kugeln

$$\alpha_{\text{HK}} = \frac{105}{118} \frac{m_1 - m_2}{m_1 + m_2} \qquad (1.146)$$

und einem temperaturabhängigen Korrekturfaktor R_T ($R_T = 1$ für harte Kugeln). Für ein Potenzkraftmodell mit der Wechselwirkung ϕ proportional zu $r^{-\nu}$

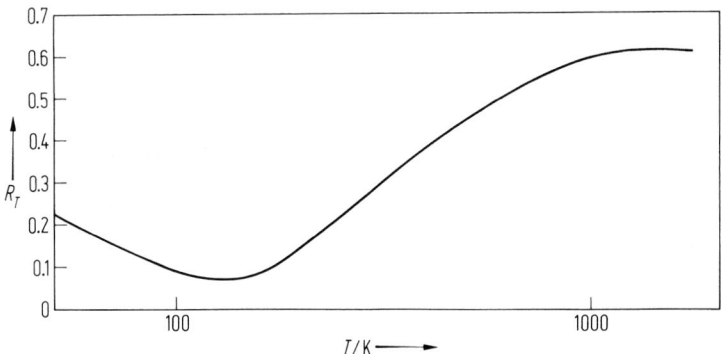

Abb. 1.34 Der Thermodiffusionsfaktor R_T für Argon als Funktion der Temperatur T. Die Daten wurden aus [20] entnommen.

(Gl. (1.15)), ergibt sich $R_T \sim (v-4)/v$, d. h. α verschwindet für Maxwell-Moleküle mit $v = 4$. Für das Lennard-Jones-Potential Gl. (1.16) hat R_T ein Minimum bei einer reduzierten Temperatur $T^* = kT/\phi_0$, die kleiner als 1 ist, für $T^* \gg 1$ wird $R_T = 0.6$. Das in Abb. 1.34 gezeigte experimentelle Verhalten von R_T für Argon entspricht in etwa dem erwarteten Verhalten. Verfahren zur Messung von α sowohl über die Thermodiffusion als auch den Diffusionsthermoeffekt sind im Handbucharktikel von L. Waldmann [18] erläutert.

1.3.5 Verdünnte Gase

In mäßig verdünnten Gasen (rarefied gases), wo die freie Weglänge l vergleichbar, aber doch noch kleiner ist als eine charakteristische makroskopische Länge L (z. B. kleinster Abstand der Wände eines Gefäßes voneinander), sind zum einen die „konstitutiven" Gleichungen (1.79) und (1.85) für den Reibungsdruck und den Wärmestrom zu ergänzen, zum anderen sind Randbedingungen für das Temperaturfeld und die Strömungsgeschwindigkeit zu modifizieren. Die in linearer Ordnung in l/L auftretenden physikalischen Phänomene werden in den Abschn. 1.3.5.1 und 1.3.5.2 behandelt; Anmerkungen zum Knudsen-Gas, in dem $l/L \gg 1$ gilt, werden in Abschn. 1.3.5.3 gemacht.

1.3.5.1 Thermischer Druck und viskoser Wärmestrom

Im stationären Fall (verschwindende Zeitableitungen) können die Gl. (1.98) und (1.99) unter Verwendung der Beziehung (1.103) mit $\tau_p = \omega_p^{-1}$, $\tau_q = \omega_p^{-1}$ umgeschrieben werden als

$$\pi_{\mu v} = -2\eta \overleftrightarrow{\frac{\partial v_\mu}{\partial r_v}} + \frac{4}{5}\tau_{\mathrm{p}} \overleftrightarrow{\frac{\partial q_\mu}{\partial r_v}} \qquad (1.147)$$

$$q_\mu = -\lambda \frac{\partial T}{\partial r_\mu} + \frac{kT}{m}\tau_{\mathrm{q}} \frac{\partial}{\partial r_v}\pi_{v\mu}. \qquad (1.148)$$

Die im Vergleich zu den hydrodynamischen Ansätzen (1.102) neu hinzugekommenen Terme sind von der Ordnung l/L, denn die Relaxationszeiten τ_p und τ_q sind proportional zur freien Weglänge l; L ist eine charakteristische Länge für die räumliche Änderung von q_μ und $\pi_{\mu v}$.

Falls keine Strömungsgeschwindigkeit vorliegt ($v = 0$) und der Wärmestrom in niedrigster Ordnung durch Gl. (1.102) gegeben ist, erhält man aus (1.147) den *Maxwell'schen thermischen Drucktensor*

$$\pi_{\mu v} = \frac{4}{5}\lambda\tau_p \overleftrightarrow{\frac{\partial^2 T}{\partial r_\mu \partial r_v}} = \frac{4}{5}\frac{\lambda\eta}{nkT}\overleftrightarrow{\frac{\partial^2 T}{\partial r_\mu \partial r_v}}. \qquad (1.149)$$

Da λ und η im Boltzmann-Gas unabhängig von der Teilchendichte sind, ist der Maxwell'sche thermische Drucktensor, verursacht durch die zweite Ortsableitung des Temperaturfeldes, umgekehrt proportional zum Gasdruck $p = nkT$. Wegen $\Delta T = 0$ für die stationäre Wärmeströmung verschwindet die Ortsableitung in

Gl. (1.149) für ein homogenes Temperaturfeld. Es ist also zum Nachweis des Maxwell'schen thermischen Drucks eine z. B. zylindrische Geometrie zu benützen, bei der die Linien konstanter Temperatur nicht parallel sind. Der 1967 gefundene „thermomagnetische Dreh" (*Scott-Effekt*) (s. Abschn. 1.4) ist ein experimenteller Nachweis für die Existenz des Maxwell'schen thermischen Drucks. Gleiches gilt für die „Licht-induzierte Druckdifferenz", verursacht durch „geschwindigkeitsselektive" Erwärmung oder Kühlung eines Gases [79].

Liegt in einem Gas kein Temperaturgradient vor, so führt Gl. (1.148) unter Verwendung von Gl. (1.102) für $\pi_{\mu\nu}$ und von $\partial v_\nu / \partial r_\nu = 0$ auf

$$q_\mu = -\eta \frac{kT}{m} \tau_q \Delta v_\mu. \tag{1.150}$$

Nach Gl. (1.150) führt also ein Geschwindigkeitsfeld, das – wie z. B. bei der Poiseuille-Strömung – eine nichtverschwindende 2. Ortsableitung besitzt, auf einen „viskosen Wärmestrom". Da nach Gl. (1.150) der Wärmestrom q_μ parallel zur Strömungsgeschwindigkeit v_μ ist, erscheint ein experimenteller Nachweis des viskosen Wärmestroms zunächst nicht möglich. In mehratomigen Gasen aus rotierenden Molekülen treten bei Gegenwart eines Magnetfeldes jedoch „Querkomponenten" auf, d. h. der Wärmestrom besitzt auch eine Komponente senkrecht zur Strömungsgeschwindigkeit, die experimentell nachgewiesen wurde [39].

1.3.5.2 Randeffekte in mäßig verdünnten Gasen

Die aus der Boltzmann-Gleichung über Gl. (1.98) und (1.99) abgeleiteten hydrodynamischen Ansätze (1.102) bzw. deren Erweiterungen (Gl. (1.147) und (1.148)) gelten für das Gasinnere, wo die Atome oder Moleküle miteinander stoßen, aber nicht direkt auf eine Wand treffen. Stöße mit einer Wand sind in der Boltzmann-Gleichung nicht berücksichtigt. Demzufolge wird auch innerhalb einer Randschicht von der Dicke einiger freien Weglängen l das tatsächlich vorliegende Temperatur- oder Geschwindigkeitsfeld von dem aufgrund der Lösungen der Gleichungen der Thermohydrodynamik erwarteten Verlauf abweichen. In Abb. 1.35 ist dies für die Temperatur $T(y)$ des Gases in der Nähe einer Wand mit $T = T_w$ veranschaulicht. Der vom Inneren des Gases linear zur Wand extrapolierte Wert ist mit $T_G = T(y = 0)$ bezeichnet; die Temperaturdifferenz ist $\delta T = T_G - T_w$.

Da man sich für den genauen Verlauf von $T(y)$ in der Nähe der Wand nicht interessiert, trägt man den Randeffekten durch die Randbedingung

$$T_G = T_w + \delta T, \quad \delta T = l_T \left(\frac{\partial T}{\partial y} \right)_G \tag{1.151}$$

Rechnung, wobei die y-Richtung senkrecht zur Wand ist und der phänomenologische *Temperatursprungkoeffizient* $l_T > 0$ eingeführt wurde, der von der Größenordnung einer freien Weglänge ist. Gemäß Gl. (1.151) wird der Temperatursprung um so größer, je größer der Temperaturgradient $(\partial T / \partial y)_G$ im Inneren des Gases ist. Wie aus Abb. 1.35 ersichtlich, könnte die einfache Randbedingung $T_G = T_w$ verwendet werden, wenn statt des tatsächlichen Abstandes L zwischen zwei Wänden mit $L + 2l_T$

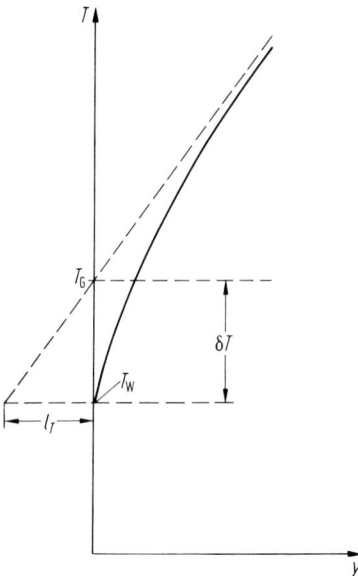

Abb. 1.35 Schematischer Verlauf der Temperatur in der Nähe einer Wand mit Temperatur T_W; Darstellung der Bedeutung der Temperaturen T_G; $\delta T = T_G - T_W$ und der Temperatursprunglänge l_T.

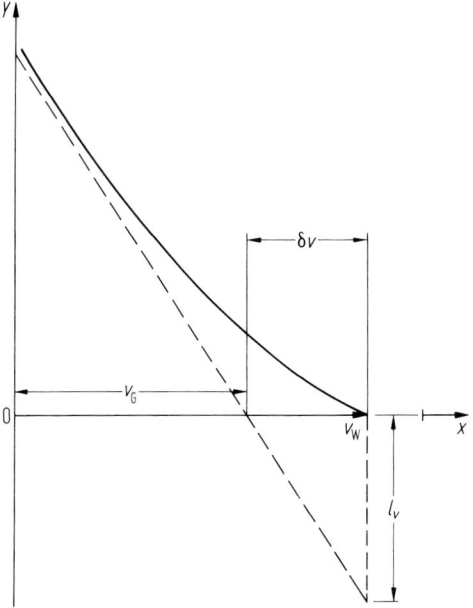

Abb. 1.36 Schematischer Verlauf des Geschwindigkeitsprofils in der Nähe einer mit der Geschwindigkeit v_W bewegten Wand; Erläuterung der Bedeutung der Geschwindigkeiten v_G, $\delta v = v_W - v_G$ und der Schlupflänge l_v.

gerechnet würde. Wegen $l_T \approx l$ ersieht man hieraus, dass Randeffekte dieser Art für $l/L \ll 1$ vernachlässigt werden können; im verdünnten Gas, wo l nicht mehr sehr klein im Vergleich zu L ist, werden sie aber bedeutsam.

Ähnlich sind die Verhältnisse für die Strömung. Seien $v(y)$ die x-Komponente der Geschwindigkeit eines Gases, $v_G = v(y = 0)$ und $(\partial v / \partial y)_G$ die (lineare) Extrapolation des Geschwindigkeitsgradienten vom Inneren auf die Wand (Abb. 1.36). Die Geschwindigkeit der Wand in x-Richtung sei v_w. Der zu Gl. (1.151) analoge Ansatz ist

$$v_G = v_w - \delta v, \quad \delta v = l_v \left(\frac{\partial v}{\partial y} \right)_G .$$

(1.152)

Der phänomenologische Koeffizient $l_v \geqslant 0$ für den Schlupf δv der Geschwindigkeit ist ebenfalls von der Größenordnung einer freien Weglänge l.

In der Randschicht eines Gases treten noch zwei weitere Effekte auf, nämlich die *thermische Gleitung* bei einer ungleichmäßig erwärmten Oberfläche und ein zusätzlicher Wärmestrom bei einer Variation der Geschwindigkeit senkrecht zur Oberfläche. Für die in Abb. 1.35 und Abb. 1.36 benützte ebene Geometrie werden diese Phänomene durch die Ansätze

$$v_G = l_{vT} \frac{C_{th}}{T} \frac{\partial T}{\partial x}$$

(1.153)

und

$$q_G = l_{Tv} C_{th} \eta \frac{\partial v}{\partial y}$$

(1.154)

mit zwei phänomenologischen Koeffizienten l_{vT} und l_{Tv} beschrieben, die ebenfalls zur freien Weglänge proportional sind. Im Gegensatz zur Gl. (1.151) steht in Gl. (1.153) die Ortsableitung von T parallel zur Oberfläche; v_G ist parallel zur Wand, q_G ist ein zusätzlicher Wärmestrom senkrecht zur Oberfläche. Die thermische Gleitung ist wesentlich verantwortlich für den Radiometer-Effekt und die Thermophorese, solange die freie Weglänge nicht zu groß ist (s. Abschn. 1.3.5.4). Die beiden Koeffizienten l_{vT} und l_{Tv} sind (ähnlich wie bei der Thermodiffusion und beim Diffusionsthermoeffekt) über eine *Onsager-Symmetrierelation* miteinander verknüpft [15, 40]. Es gilt $l_{vT} = l_{Tv}$. Im Gegensatz zu l_T und l_v ist das Vorzeichen von l_{Tv} (analog zu dem des Thermodiffusionsfaktors α) durch die Forderung positiver Entropieproduktion nicht festgelegt.

1.3.5.3 Stark verdünnte Gase

Im stark verdünnten Gas, das auch **Knudsen-Gas** genannt wird, gilt $l \gg L$; d. h. die Atome und Moleküle stoßen überwiegend mit den Wänden und nur selten miteinander.

Eine im Vergleich zum „normalen Gas" zunächst überraschende Erscheinung ist der *Knudsen-Effekt*, der beobachtet wird, wenn sich ein Gas in zwei kommunizierenden Gefäßen mit Temperaturen T_I und T_{II} befindet und die Dicke L der verbundenen (dünnen) Röhre klein im Vergleich zu l ist ($l \gg L$). Es gilt dann nämlich für die Drücke p_{I} und p_{II} in beiden Gefäßen

$$\frac{p_{\mathrm{II}}}{p_{\mathrm{II}}} = \left(\frac{T_{\mathrm{I}}}{T_{\mathrm{II}}}\right)^{\frac{1}{2}}. \tag{1.155}$$

Im „Normalfall" mit $l \ll L$ dagegen ist im mechanischen Gleichgewicht $p_{\mathrm{I}} = p_{\mathrm{II}}$ unabhängig von den Temperaturen T_{I} und T_{II}. Die Erklärung für Gl. (1.155) folgt aus der Tatsache, dass im stationären Fall gleich viele Teilchen von rechts nach links wie von links nach rechts fliegen und die Zahl der ein Gefäß verlassenden Teilchen, welche die Öffnung im Gefäß treffen, proportional zum Produkt aus der Teilchendichte n und der thermischen Geschwindigkeit $C_{\mathrm{th}} \sim \sqrt{T}$ ist. Also gilt $(n\sqrt{T})_{\mathrm{I}} = (n\sqrt{T})_{\mathrm{II}}$, und wegen $p = nkT$ folgt hieraus Gl. (1.155).

Zur Charakterisierung des Transportes von Energie und Impuls durch die Moleküle eines stark verdünnten Gases können *effektive Transportkoeffizienten* λ_{eff} und η_{eff} benutzt werden, auch wenn die lokalen Ansätze (1.80) und (1.85) nicht mehr zu verwenden sind. Für den Wärmetransport zwischen zwei ebenen Platten (senkrecht zur y-Richtung) auf Temperaturen T_{I} und T_{II} ($T_{\mathrm{T}} > T_{\mathrm{II}}$), die den Abstand L besitzen, kann die y-Komponente des Wärmestroms in der Form

$$q_y = \lambda_{\mathrm{eff}} \frac{T_{\mathrm{I}} - T_{\mathrm{II}}}{L} \tag{1.156}$$

geschrieben werden. Die Beziehung (1.156) definiert den Koeffizienten λ_{eff}. Werden die beiden Platten (auf gleicher Temperatur) mit den (verschiedenen) Geschwindigkeiten v_{I} und v_{II} ($v_{\mathrm{I}} > v_{\mathrm{II}}$) in x-Richtung bewegt, so kann über die yx-Komponente des Drucktensors der Koeffizient η_{eff} gemäß

$$p_{yx} = -\eta_{\mathrm{eff}} \frac{v_{\mathrm{I}} - v_{\mathrm{II}}}{L} \tag{1.157}$$

eingeführt werden. Die Größen λ_{eff} und η_{eff} sind in stark verdünntem Gas proportional zur Teilchendichte n und hängen ab von der Geometrie der Messanordnung. Qualitativ wird dieses Verhalten verständlich, wenn man z. B. in der Formel (1.103) für die Viskosität die Stoßfrequenz ω_p durch $\omega_p + C_{\mathrm{th}}/L$ ersetzt, um den im verdünnten Gas wichtigen Stößen der Moleküle mit der Wand Rechnung zu tragen. Die so erhaltene *effektive Viskosität*

$$\eta_{\mathrm{eff}} = \eta_{\mathrm{B}}(1 + l/L)^{-1} \tag{1.158}$$

mit der freien Weglänge $l = C_{\mathrm{th}}\omega_p^{-1}$ geht für $l \ll L$ in den Boltzmann'schen Wert η_{B} (gegeben durch Gl. (1.103)) über. Für den entgegengesetzten Grenzfall $l \gg L$ erhält man

$$\eta_{\mathrm{eff}} = nmC_{\mathrm{th}}L. \tag{1.159}$$

Wie erwartet, ist $\eta_{\mathrm{eff}} \sim n$ und wegen des Faktors L abhängig von der Geometrie der Messanordnung. Im Allgemeinen tritt aber in Gl. (1.159) ein zusätzlicher Faktor auf, der durch die Wechselwirkung der Moleküle mit der Festkörperoberfläche bestimmt wird.

Die einfachste Modellannahme hierfür ist die Einführung eines *Akkomodations-koeffizienten* α, der den Bruchteil der Moleküle angibt, die nach dem Stoß mit der Wand ihre vorherige Geschwindigkeit „vergessen" haben, d. h. bei der Reemission ins Gas nehmen sie im Mittel die Geschwindigkeit der Wand an und ihre thermische Energie ist durch die Temperatur der Wand bestimmt. Der Bruchteil $1 - \alpha$ der Moleküle wird an der Wand spiegelnd reflektiert. Im Rahmen der kinetischen Theorie können die Oberflächenparameter wie l_T und l_v in Gl. (1.151) und (1.152) mit α verknüpft werden. Aus experimentellen Daten können somit Werte für α abgeleitet werden, die nahe bei 1 liegen. Die tatsächlich vorliegenden Details der Gas-Oberflächen-Wechselwirkung werden in einem solchen Modell natürlich nicht erfasst.

1.3.5.4 Thermophorese

Bei Gegenwart eines Temperaturgradienten bewegen sich kleine Staubteilchen (Aerosole) oder auch Tröpfchen mit konstanter Geschwindigkeit in Richtung der niedrigeren Temperatur. Bei dieser „Thermophorese" liegt ein Gleichgewicht zwischen der die Teilchen antreibenden *thermischen Kraft* F^{therm} und der sie abbremsenden (Stokeschen) Reibung vor. Obwohl diese Erscheinung unter Normalbedingungen (und sogar in dichten Gasen) beobachtet wird, ist sie ein für verdünnte Gase typischer Effekt, da hier die lineare Abmessung des Aerosolteilchens mit der freien Weglänge l verglichen werden muss. Für die folgende Diskussion wird ein kugelförmiges Aerosolteilchen mit Radius R angenommen. Wie in Abb. 1.37 schematisch angedeutet, soll der Wärmestrom im Gas durch zwei Wände mit den Temperaturen $T_I > T_{II}$ erzeugt werden, deren Abstand sehr groß sein soll im Vergleich zu l. Der Temperaturgradient (in x-Richtung, weit weg vom Aerosolteilchen) ist

$$\left(\frac{\partial T}{\partial x}\right)_{\infty} = \frac{T_I - T_{II}}{L}.$$

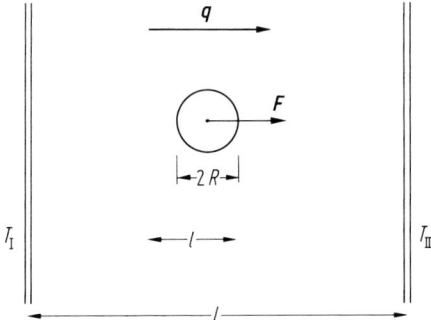

Abb. 1.37   Schematische Darstellung zur thermischen Kraft F, die auf ein Aerosolteilchen (Kugel mit Radius R) wirkt; q gibt die Richtung des Wärmestroms an; l ist die freie Weglänge. Der Abstand zwischen den Wänden mit den Temperaturen T_I und T_{II} ($T_I > T_{II}$) ist mit L bezeichnet.

Für den Fall, wo R größer, aber vergleichbar mit l ist, wird die thermische Kraft durch die thermische Gleitung an der Kugeloberfläche erzeugt, da diese bei der gezeigten Anordnung keine einheitliche Temperatur hat. Die resultierende Kraft ist proportional zu $-Rl_{vT}(\partial T/\partial x)_\infty$ und damit proportional zu n^{-1}. Da für $R > l$ die Stokesche Reibungskraft ebenfalls proportional zu R ist, erhält man einen von R unabhängigen Ausdruck für die *thermophoretische Geschwindigkeit* v (in x-Richtung):

$$v \sim -l_{vT} C_{th} T^{-1} \left(\frac{\partial T}{\partial x} \right)_\infty .$$ (1.160)

Dabei ist T die Temperatur, die das Gas am Orte des Aerosolteilchens ohne dessen Anwesenheit hätte. Der Proportionalitätsfaktor hängt noch vom Verhältnis der Wärmeleitfähigkeiten des Gases und des Aerosolteilchens ab [41, 42]. Wegen $l_{vT} \sim n^{-1}$ ist auch die Geschwindigkeit Gl. (1.160) für $R > l$ proportional zu n^{-1}.

Im Grenzfall $R \ll l$ (es soll aber immer noch $l \ll L$ gelten) wird die thermische Kraft durch den Impulsübertrag der das Aerosolteilchen treffenden Moleküle bestimmt und somit proportional zu R^2 (Trefferfläche) und zur Teilchendichte des Gases. Bei der Mittelung über die Geschwindigkeiten ist die durch Gl. (1.126) gegebene Abweichung der Verteilung von der Maxwell-Verteilung zu berücksichtigen, die proportional zu n^{-1} ist. Die Kraft in x-Richtung ist proportional zu $-R^2 C_{th}^{-1} \lambda (\partial T/\partial x)_\infty$. Die Reibungskraft auf ein Aerosolteilchen ist für $R \ll l$ ebenfalls proportional zu R^2, aber auch zu n. In diesem Fall wird die resultierende thermophoretische Geschwindigkeit

$$v \sim -\lambda (nkT)^{-1} \left(\frac{\partial T}{\partial x} \right)_\infty$$ (1.161)

wiederum proportional zu n^{-1} und unabhängig von R. Beides trifft im Übergangsbereich $R \approx l$ nicht mehr zu.

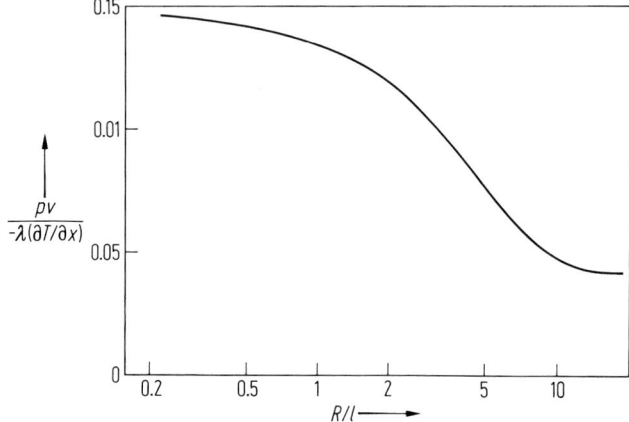

Abb. 1.38 Das Produkt aus der thermophoretischen Geschwindigkeit v und dem Druck p dividiert durch den Wärmestrom $-\lambda(\partial T/\partial x)$ für Silikonöltröpfchen in Argon. Die Daten wurden aus [41] entnommen.

In Abb. 1.38 ist das aus Messungen der thermophoretischen Geschwindigkeit von Silikonöltröpfchen in Argon bestimmte Verhältnis $pv/[-\lambda(\partial T/\partial x)]$ als Funktion von R/l aufgetragen. Die freie Weglänge l wurde dabei über die Viskosität gemäß $\eta = 1.25\,\text{nm}\ C_{\text{th}}l$ ermittelt. Die Ausdrücke Gl. (1.160) und (1.161) beschreiben die für $R/l \gg 1$ bzw. $l \ll 1$ auftretenden Werte.

Bei der *Photophorese*, der Bewegung beleuchteter Staubteilchen in einem Gas, werden Temperaturunterschiede nicht durch einen Wärmestrom von außen, sondern durch unterschiedliche Erwärmung des Aerosolteilchens und des umgebenden Gases erzeugt.

Im isothermen Gasgemisch kann durch einen Diffusionsstrom ebenfalls eine Kraft auf Aerosolteilchen ausgeübt werden [41], man spricht dann von *Diffusiophorese*.

1.4 Nicht-Gleichgewichtsausrichtungseffekte

Im Nicht-Gleichgewicht sind die Rotationsdrehimpulse der Moleküle i.A. nicht mehr isotrop, d. h. mit gleicher Wahrscheinlichkeit in alle Richtungen verteilt. Während dies, wie bereits früher erwähnt, für den Absolutwert der Wärmeleitfähigkeit und der Viskosität nur eine geringe Rolle spielt, gibt es eine Reihe von physikalischen Effekten, die die partielle Ausrichtung der Rotationsdrehimpulse direkt oder indirekt widerspiegeln. Hierzu gehören der Einfluss magnetischer und elektrischer Felder auf die Transporteigenschaften (Senftleben-Beenakker-Effekt), der durch empfindliche Relativmessungen festgestellt werden kann, ebenso wie die Strömungsdoppelbrechung und einige verwandte Erscheinungen in verdünnten Gasen. Diese in den letzten Jahrzehnten experimentell und theoretisch gut untersuchten Phänomene hängen entscheidend von dem (für Edelgase verschwindenden) nichtsphärischen (d. h. winkelabhängigen) Anteil der molekularen Wechselwirkung ab und können somit zur Untersuchung der Abhängigkeit der molekularen Wechselwirkung von den Rotationsdrehimpulsen und deren Orientierung eingesetzt werden.

1.4.1 Einfluss äußerer magnetischer und elektrischer Felder auf die Transporteigenschaften (Senftleben-Beenakker-Effekt)

1.4.1.1 Vorbemerkungen und qualitative Erklärung des Effektes

Im Jahre 1930 bemerkte Senftleben [43], dass ein äußeres magnetisches Feld zu einer Abnahme der Wärmeleitfähigkeit von Luft führte; die genauere Untersuchung ergab zunächst, dass der Effekt allein von O_2 (und nicht vom N_2) verursacht wurde. Kurz danach wurde ein ähnlicher Effekt für die Viskosität [44] von O_2 entdeckt. In beiden Fällen war die maximal erreichbare Änderung der Transportkoeffizienten etwa 1 %. Dies erscheint zunächst gering, da aber der Unterschied der Transporteigenschaften für eine Situation mit und ohne angelegtes äußeres Feld in einer Relativmessung nachgewiesen werden kann, sind noch wesentlich kleinere Änderungen gut messbar.

Lange Zeit wurde der „Senftleben-Effekt" für eine Kuriosität paramagnetischer Gase gehalten, da er nur für O_2 und NO beobachtet wurde [45]. Beenakker und Mitarbeiter [46] konnten jedoch 1962 experimentell nachweisen, dass ein Feldeinfluss auf die Viskosität von gleicher Größenordnung auch für das diamagnetische Gas N_2 auftritt. Die Feldeffekte bei Transportprozessen sind eine universelle Erscheinung, die in allen Gasen aus rotierenden Molekülen beobachtbar ist [47] und in der Literatur als *Senftleben-Beenakker-Effekt* bezeichnet wird.

Bevor Details der Experimente und der kinetischen Theorie erläutert werden, sind einige Anmerkungen zu den experimentellen Beobachtungen und eine qualitative Interpretation angebracht. Seien $\eta(B)$ bzw. $\lambda(B)$ die in einer bestimmten experimentellen Anordnung bei Gegenwart eines Magnetfeldes B (mit der Stärke $B = |\mathbf{B}|$) messbaren Viskositäts- bzw. Wärmeleitkoeffizienten. Als *Feldeffekt* wird die relative Änderung

$$\varepsilon = \frac{\eta(B) - \eta}{\eta} \qquad (1.162)$$

bzw.

$$\varepsilon = \frac{\lambda(B) - \lambda}{\lambda} \qquad (1.163)$$

bezeichnet, wobei $\eta = \eta(0)$ und $\lambda = \lambda(0)$ die entsprechenden Werte im feldfreien Fall sind. In Abb. 1.39 ist $-\varepsilon$ als Funktion des Verhältnisses der Feldstärke B und des Drucks p schematisch aufgetragen, wie es sowohl für die Viskosität als auch die Wärmeleitfähigkeit beobachtet wird. Dabei wurden folgende experimentelle Fakten berücksichtigt:

1. Die Transportkoeffizienten nehmen bei Gegenwart des Feldes ab;
2. die bei verschiedenen Feldstärken B und verschiedenen Drücken p (aber konstanter Temperatur) gemessenen Werte lassen sich durch eine „Masterkurve" wiedergeben, bei der nur das Verhältnis B/p eingeht;

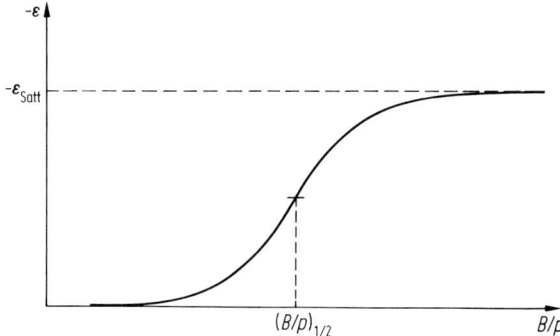

Abb. 1.39 Schematischer Verlauf der relativen feldinduzierten Änderung ε der Viskosität oder der Wärmeleitfähigkeit als Funktion des Verhältnisses von Magnetfeld B und Druck p. Bei $(B/p)_{\frac{1}{2}}$ ist ε gleich dem halben Sättigungswert $\varepsilon_{\mathrm{Satt}}$.

3. bei hohen Werten von B/p strebt $-\varepsilon$ gegen einen Sättigungswert $-\varepsilon_{\mathrm{Satt}}$ (der für die meisten Gase zwischen 10^{-3} und 10^{-2} liegt und von der Temperatur abhängt);
4. der halbe Sättigungswert wird bei einem für jedes Gas charakteristischen Wert $(B/p)_{\frac{1}{2}}$ erreicht, der ebenfalls von der Temperatur abhängig ist.

Die wesentlichen Charakteristika des Feldeffektes sind durch die folgenden Vorstellungen qualitativ zu erklären:

1. Während eines Transportprozesses ist die Orientierung der Moleküle, insbesondere ihrer Rotationsdrehimpulse anisotrop, d. h. nicht gleichförmig verteilt wie im Gleichgewicht;
2. diese Nicht-Gleichgewichtsausrichtung koppelt auf den Transportvorgang zurück. Der Impuls oder die Energie können effektiver transportiert werden; Viskosität und Wärmeleitfähigkeit sind somit größer als sie bei einer gleichförmigen Orientierung der Rotationsdrehimpulse wären.
3. Die Moleküle besitzen ein magnetisches Moment $\boldsymbol{\mu}$ proportional zu $\boldsymbol{J}$. Bei Gegenwart eines Magnetfeldes führen sie eine Präzessionsbewegung um die Feldrichtung aus, die zu einer teilweisen „Zerstörung" der Nicht-Gleichgewichtsausrichtung führt; dies wiederum beeinflusst den Transportvorgang: $\eta(B)$ und $\lambda(B)$ nähern sich dem Wert, der ohne Ausrichtung vorläge; sie werden kleiner.

Hierdurch wird zum einen das Auftreten einer Sättigung des Effektes erklärt. Wenn die Vorzugsausrichtung praktisch vollständig zerstört ist, bewirkt eine weitere Erhöhung des Feldes keine Änderung der Transportkoeffizienten mehr. Zum anderen erfolgt die Präzession zwischen zwei Stößen, wird also durch das Produkt $\omega_B \tau$ bestimmt sein, wobei $\omega_B = \hbar^{-1} \mu B$ die Präzessionsfrequenz eines Teilchens mit magnetischem Moment μ bei der Feldstärke B ist; τ ist die freie Flugzeit. Wegen $\tau \sim n^{-1} \sim p^{-1}$ (Gl. (1.13)) wird somit die Abhängigkeit von B/p erklärt. Ebenso wird verständlich, wieso für O_2, wo das magnetische Moment von der Größenordnung

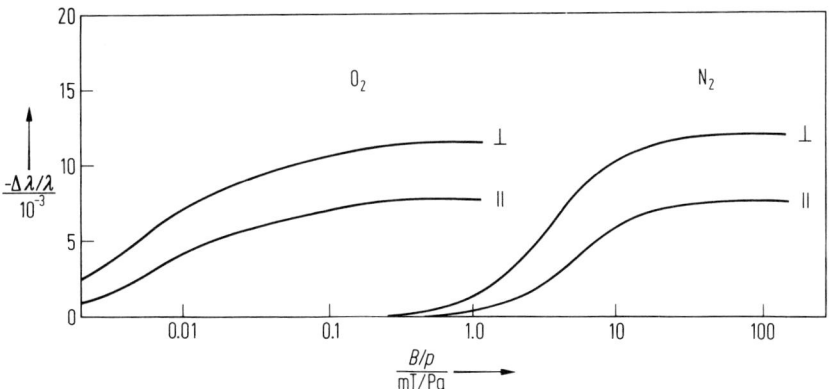

Abb. 1.40 Die relative Änderung $\Delta\lambda/\lambda$ der Wärmeleitfähigkeiten für das Feld parallel ($\parallel$) und senkrecht ($\perp$) zum Temperaturgradienten für die Gase O_2 und N_2 als Funktion von B/p. Für das paramagnetische Gas O_2 wird nicht nur der Sättigungswert früher erreicht, sondern es liegt auch eine etwas andere Kurvenform vor.

des Bohr-Magnetons ist, der Effekt leichter zu finden war als bei den diamagnetischen Gasen. Dort ist nämlich das durch die Rotation der Moleküle verursachte magnetische Moment (von der Größenordnung des Kernmagnetons) etwa um den Faktor 10^{-3} bis 10^{-2} kleiner. Demnach werden um den Faktor 10^2 bis 10^3 größere Werte für B/p benötigt, um eine bemerkbare feldinduzierte Änderung der Transportkoeffizienten zu erreichen. In Abb. 1.40 sind die relativen Änderungen $-\varepsilon$ der Wärmeleitfähigkeit von O_2 und N_2 als Funktion von B/p gezeigt.

Die sehr geringe thermische Ausrichtung der Drehimpulse sowie ein direkter Einfluss des Feldes auf den Stoßvorgang spielen praktisch keine Rolle beim Senftleben-Beenakker-Effekt.

Eine einfache Modellvorstellung zur Entstehung der Nicht-Gleichgewichtsausrichtung ist in Abb. 1.41 skizziert. Der Transport von Impuls oder kinetischer Energie durch den freien Flug (z. B. von oben nach unten) über die freie Weglänge l wird am effektivsten durch Teilchen bewerkstelligt, die zwei aufeinanderfolgende $90°$-Stöße ausführen. Für lineare Moleküle (z. B. N_2, CO_2), deren Achse in der zum Rotationsdrehimpuls $\mathbf{J}$ senkrechten Ebene liegt, wird – wie aus Abb. 1.41 a, b ersichtlich – nach dem ersten Stoß die in Abb. 1.42c gezeigte Orientierung (wobei $\mathbf{J}$ und $-\mathbf{J}$ äquivalent sind) etwas häufiger als andere Orientierungen vorkommen, wenn der repulsive Anteil der Wechselwirkung den Stoßvorgang bestimmt. Für die Teilchen mit dieser Orientierung wiederum ist die Wahrscheinlichkeit für einen $90°$-Stoß, wie gezeigt, größer als bei einer gleichförmigen Verteilung. Eine mögliche Vorzugsorientierung des Stoßpartners wird in dem einfachen Modell ignoriert. Wohl aber ist bei diesen Überlegungen zu beachten, dass gleich viele Teilchen von unten

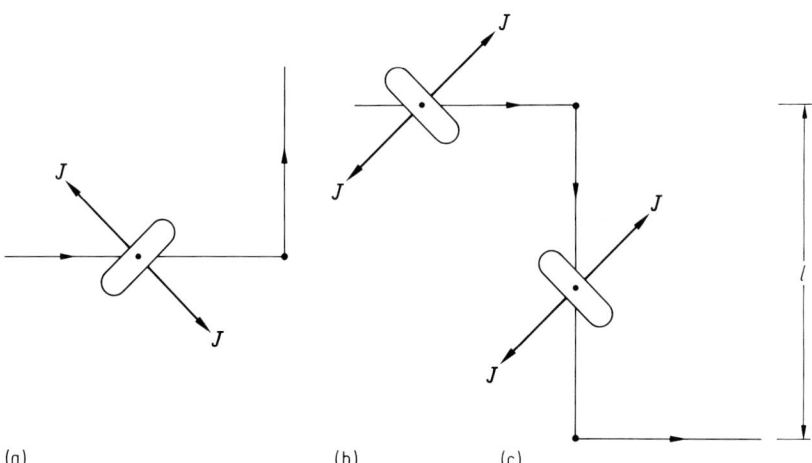

(a)   (b)   (c)

Abb. 1.41 Einfaches Modell zur Erklärung der stoßinduzierten Ausrichtung der Drehimpulse $\mathbf{J}$. Gezeigt ist eine „tensorielle" Ausrichtung, bei der $\mathbf{J}$ und $-\mathbf{J}$ äquivalent sind; die Molekülachse liegt innerhalb der angedeuteten, zu $\mathbf{J}$ senkrechten Scheibe. Bei einem repulsiven Stoß einer Scheibe mit einem sphärischen Streuer wird bei der im Fall (a) bzw. (b) dargestellten Orientierung eine Streuung nach oben bzw. unten häufiger sein als in die entgegengesetzte Richtung. In (c) ist eine Folge von zwei $90°$-Stößen betrachtet. Für die gezeigte Orientierung ist beim zweiten Stoß häufiger die angedeutete Streuung nach rechts zu erwarten als nach links.

nach oben fliegen wie von oben nach unten, wenn im Mittel, wie angenommen, keine Strömung in diese Richtung erfolgen soll. Die von unten nach oben gestreuten Teilchen besitzen vorzugsweise eine zur gezeigten Anordnung senkrechte Orientierung, die im Gleichgewicht zu einer Gleichverteilung der Richtungen der Drehimpulse führt. Beim Transportvorgang, wo ein Gradient (in y-Richtung) der Strömungsgeschwindigkeit oder der Temperatur vorliegt, wird eine der Orientierungen, z. B. die gezeigte, überwiegen. Der Betrag der resultierenden Nicht-Gleichgewichtsausrichtung ist dann proportional zu $\partial v_x/\partial y$ bzw. $\partial T/\partial y$.

Bei Gegenwart eines Magnetfeldes $\boldsymbol{B}$ führt der Drehimpuls $\boldsymbol{J}$ eines Teilchens eine Präzessionsbewegung um die Feldrichtung aus, die Wahrscheinlichkeit für eine Streuung um $90°$ beim zweiten Stoß wird dadurch verkleinert. Wie bereits aus Abb. 1.41 zu ersehen ist, kommt es dabei auch auf die Orientierung des Feldes relativ zu den durch den Transportvorgang vorgegebenen Richtungen an. Für $\boldsymbol{B}$ parallel zur y-Richtung bzw. zur z-Richtung führen Drehungen von $\boldsymbol{J}$ um $360°$ bzw. um $180°$ zur Ausgangsorientierung zurück; für ein Feld parallel zu $\boldsymbol{J}$ tritt keine Präzession auf. Dies veranschaulicht, dass die Transportkoeffizienten bei Gegenwart äußerer Felder anisotrop (richtungsabhängig) sind. Die Wärmeleitfähigkeit und die Viskosität werden durch Tensoren charakterisiert. Phänomenologische Überlegungen zur Anisotropie der Transportvorgänge in einem Fluid bei Anwesenheit eines Magnetfeldes bzw. eines elektrischen Feldes und zur Messung der verschiedenen Transportkoeffizienten werden im nächsten Abschnitt erläutert.

1.4.1.2 Anisotropie der Transportkoeffizienten, Messanordnungen

Die folgenden Symmetrieüberlegungen sind unabhängig von den im vorausgegangenen Abschnitt diskutierten Modellvorstellungen.

Für ein anisotropes Medium lautet der Fouriersche Ansatz für den Wärmestrom

$$q_\mu = -\lambda_{\mu\nu}\frac{\partial T}{\partial r_\nu}, \tag{1.164}$$

wobei der Wärmeleitfähigkeitstensor $\lambda_{\mu\nu}$ i. A. 9 Komponenten enthält. Für ein Gas in Gegenwart eines Magnetfeldes treten – aus Symmetriegründen – nur 3 unabhängige Koeffizienten auf, die $\lambda^{\parallel}$, $\lambda^{\perp}$ und λ^{tr} genannt werden. Die hochgestellten Indizes stehen für „parallel", „senkrecht" und „transversal". In diesem Fall kann $\lambda_{\mu\nu}$ in der Form

$$\begin{pmatrix} \lambda^{\perp} & -\lambda^{\mathrm{tr}} & 0 \\ +\lambda^{\mathrm{tr}} & \lambda^{\perp} & 0 \\ 0 & 0 & \lambda^{\parallel} \end{pmatrix} \tag{1.165}$$

geschrieben werden, wenn $\boldsymbol{B}$ parallel zur 3-Richtung (z-Achse) gewählt wird. Die Koeffizienten $\lambda^{\parallel}$ und $\lambda^{\perp}$ sind die Wärmeleitkoeffizienten für $\boldsymbol{B}$ parallel bzw. senkrecht zum Temperaturgradienten wie in Abb. 1.42 angedeutet; λ^{tr} charakterisiert den transversalen *Querwärmestrom*

$$q^{\mathrm{tr}} = -\lambda^{\mathrm{tr}}\hat{\boldsymbol{B}} \times \frac{\partial T}{\partial \boldsymbol{r}}, \tag{1.166}$$

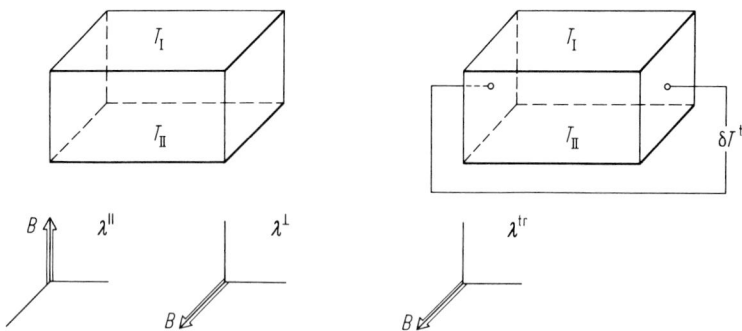

Abb. 1.42   Geometrie der Messanordnungen zur Bestimmung der Koeffizienten $\lambda^{\|}$, $\lambda^{\perp}$ und λ^{tr} bei Wärmeleitung zwischen zwei ebenen Platten auf den Temperaturen T_I und T_{II}.

der eine messbare transversale Temperaturdifferenz δT^{tr} verursacht; $\hat{\boldsymbol{B}} = B^{-1}\boldsymbol{B}$ ist der Einheitsvektor parallel zum Feld. Die drei Koeffizienten $\lambda^{\|}$, $\lambda^{\perp}$, λ^{tr} hängen von der Feldstärke B ab. Für $B = 0$ verschwindet λ^{tr} und sowohl $\lambda^{\|}$ als auch $\lambda^{\perp}$ werden gleich dem feldfreien Wärmeleitkoeffizienten λ. In diesem Fall reduziert sich $\lambda_{\mu\nu}$ auf $\lambda\delta_{\mu\nu}$, d. h. Gl. (1.165) wird proportional zum Einheitstensor $\delta_{\mu\nu}$.

Wegen positiver Entropieerzeugung gilt $\lambda^{\|} > 0$ und $\lambda^{\perp} = 0$; λ^{tr} kann entweder positiv oder negativ sein. Der Ansatz (1.165) erfüllt die Symmetrierelation

$$\lambda_{\mu\nu}(\boldsymbol{B}) = \lambda_{\nu\mu}(-\boldsymbol{B}).$$

Dies bedeutet, bei Umkehr der Feldrichtung ändert sich die Richtung des transversalen Wärmestromes; $\lambda^{\|}$ und $\lambda^{\perp}$ werden davon nicht beeinflusst.

In Tab. 1.10 sind für O_2 und für die diamagnetischen Gase N_2, CO, HD, n-H_2, CH_4 und SF_6 (bei $T = 300$ K) die Sättigungswerte der relativen Änderungen von

Tab. 1.10   Die Sättigungswerte der relativen Änderung der Wärmeleitfähigkeiten $\lambda^{\|}$ und $\lambda^{\perp}$ (für Magnetfelder parallel und senkrecht zum Temperaturgradienten) und die Werte von B/p, bei denen die Änderung die Hälfte des Sättigungswertes beträgt für das paramagnetische Gas O_2 und die diamagnetischen Gase N_2, CO, HD, n-H_2, CH_4 und SF_6 bei der Temperatur $T = 300$ K (Daten nach Hermans et al. [73]).

	O_2	N_2	CO	HD	n-H_2	CH_4	SF_6
$-10^3(\Delta\lambda^{\|}/\lambda)_{Satt}$	8.3	7.8	8.1	1.3	0.06	1.7	1.4
$-10^3(\Delta\lambda^{\perp}/\lambda)_{Satt}$	12.6	12.2	12.3	1.9	0.09	2.7	2.1
$(B/p)\|_{1/2}$ in mT/Pa	0.010	5.3	5.8	2.2	2.5	7.9	48
$(B/p)^{\perp}_{1/2}$ in mT/Pa	0.007	3.6	3.8	1.4	1.6	5.1	32

$\lambda^{\parallel}$ und $\lambda^{\perp}$ sowie die Werte $(B/p)_{\frac{1}{2}}$ angegeben, bei denen die Änderung die Hälfte des Sättigungswertes erreicht.

Der Diffusionskoeffizient und der Thermodiffusionskoeffizient sind bei Gegenwart eines B-Feldes ebenfalls durch Tensoren 2. Stufe zu ersetzen, die in Analogie zu Gl. (1.165) auch durch jeweils 3 verschiedene Koeffizienten charakterisiert werden.

Die (Scher-)Viskosität tritt in einer Gleichung auf (Gl. (1.79)), in der zwei symmetrisch spurlose Tensoren, nämlich der Reibungsdrucktensor $\tau_{\mu\nu}$ und der Geschwindigkeitsgradiententensor

$$\gamma_{\mu\nu} = \overleftrightarrow{\frac{\partial v_{\mu}}{\partial r_{\nu}}} = \frac{1}{2}\left(\frac{\partial v_{\mu}}{\partial r_{\nu}} + \frac{\partial v_{\nu}}{\partial r_{\mu}}\right) - \frac{1}{3}\frac{\partial v_{\lambda}}{\partial r_{\lambda}}\delta_{\mu\nu} \tag{1.167}$$

miteinander verknüpft werden. Diese Tensoren besitzen jeweils 5 unabhängige Komponenten. Zwei solche Tensoren sind durch einen Viskositätstensor 4. Stufe linear verknüpft, der im allgemeinen Fall 25 unabhängige Komponenten besitzt. Aus Symmetriegründen treten in einem Gas bei Anwesenheit eines B Feldes nur 5 verschiedene Scherviskositätskoeffizienten auf, die mit $\eta_0, \eta_1^+, \eta_1^-, \eta_2^+, \eta_2^-$ bezeichnet werden. Der Zusammenhang kann für ein B-Feld in z-Richtung in der Form

$$\begin{pmatrix} \frac{1}{2}(\pi_{xx}-\pi_{yy}) \\[4pt] \pi_{xy} \\[4pt] \pi_{xz} \\[4pt] \pi_{yz} \\[4pt] \pi_{zz} \end{pmatrix} \equiv -2 \begin{pmatrix} \eta_2^+ & -\eta_2^- & 0 & 0 & 0 \\ \eta_2^- & \eta_2^+ & 0 & 0 & 0 \\ 0 & 0 & \eta_1^+ & -\eta_1^- & 0 \\ 0 & 0 & \eta_1^- & \eta_1^+ & 0 \\ 0 & 0 & 0 & 0 & \eta_0 \end{pmatrix} \begin{pmatrix} \frac{1}{2}(\gamma_{xx}-\gamma_{yy}) \\[4pt] \gamma_{xy} \\[4pt] \gamma_{xz} \\[4pt] \gamma_{yx} \\[4pt] \gamma_{zz} \end{pmatrix} \tag{1.168}$$

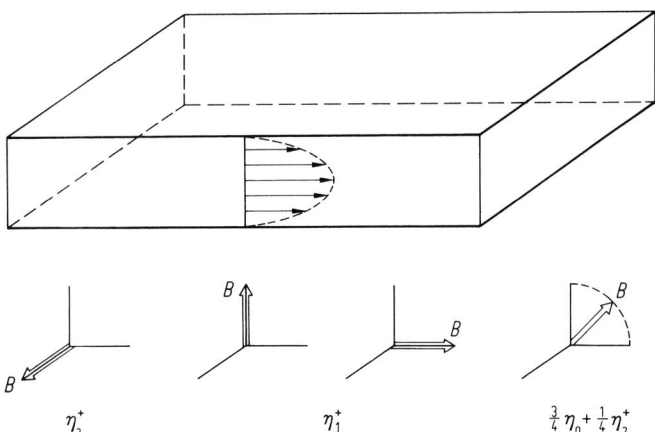

Abb. 1.43 Geometrie der Messanordnung zur Bestimmung der Viskositätskoeffizienten η_2^+, η_1^+ und $\frac{3}{4}\eta_0 + \frac{1}{4}\eta_2^+$ bei einer ebenen Poiseuille-Strömung, die näherungsweise bei der Strömung durch eine rechteckige Kapillare realisiert ist.

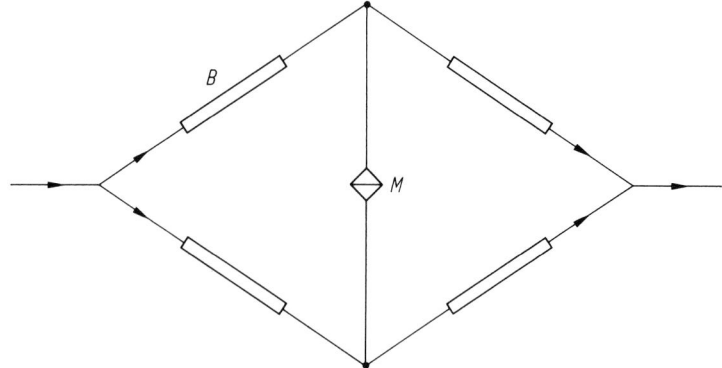

Abb. 1.44 Strömungs-Wheatstone-Brücke zur Messung kleiner feldinduzierter Änderungen der Viskosität.

geschrieben werden. Die beiden Koeffizienten η_1^- und η_2^- werden in Analogie zu λ^{tr} als *transversale Koeffizienten* bezeichnet; sie können entweder positiv oder negativ sein und verschwinden im feldfreien Fall. Die Koeffizienten η_0, η_1^+ und η_2^+ sind positiv; für B → 0 werden sie gleich der feldfreien Viskosität η.

In Abb. 1.43 ist angedeutet, welcher Koeffizient für bestimmte Richtungen von **B** bei der Strömung durch eine rechteckige Kapillare gemessen werden kann. Zur Bestimmung kleiner feldinduzierter Änderungen der Viskosität ist eine Anordnung analog zur Wheatstone'schen Brücke, wie in Abb. 1.44 gezeigt, eine sehr empfindliche Methode. Dabei wird durch das Feld der Strömungswiderstand der Rechteckskapillaren in einem Arm der Brücke geändert und durch die resultierende, mit einem Manometer feststellbare Druckdifferenz nachgewiesen.

Der gemessene Sättigungswert der relativen Änderung von η_1^+ und der zugehörige Wert von $(B/p)_{\frac{1}{2}}$ ist in Tab. 1.11 für einige Gase (bei $T = 300\,\mathrm{K}$) angegeben.

Eine Querkomponente des Drucks, senkrecht sowohl zur Richtung der Geschwindigkeit als auch zum Geschwindigkeitsgradienten, kann als Druckdifferenz, wie in Abb. 1.45 angedeutet, gemessen werden. Dabei treten für verschiedene Richtungen von **B** die *Transversalkoeffizienten* η_1^- und η_2^-, aber auch die Differenz $\eta_1^+ - \eta_2^+$ zwi-

Tab. 1.11 Sättigungswerte der relativen Änderung des Viskositätskoeffizienten η_1^+ und die zugehörigen Werte von B/p, bei denen die Hälfte des Sättigungswertes erreicht wird für die Gase N_2, CO, CO_2, OCS, HD, n-H_2, CH_4 und PF_3, jeweils bei $T = 300\,\mathrm{K}$ (Daten nach Hulsman et al. [74] und Mazur [75]).

	N_2	CO	CO_2	OCS	HD	n-H_2	CH_4	PF_3
$-10^3(\Delta\eta_1^+/\eta)_{\mathrm{Satt}}$	2.8	3.6	4.2	3.9	1.9	0.02	0.8	2.3
$(B/p)_{1/2}$ in mT/Pa	2.6	4.1	34	65	0.35	0.07	4.4	24

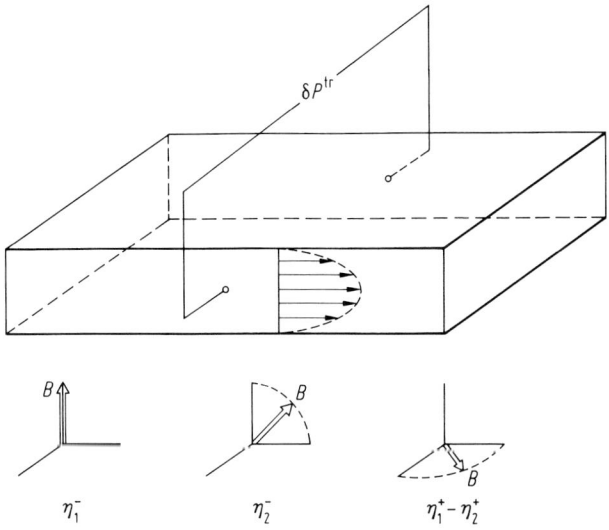

Abb. 1.45 Geometrische Anordnung zur Messung der transversalen Druckdifferenz δp^{tr}, die je nach Richtung des B-Feldes die Bestimmung der transversalen Viskositätskoeffizienten η_1^- und η_2^- bzw. der Differenz $\eta_1^+ - \eta_2^+$ der longitudinalen Koeffizienten gestattet.

schen den *Longitudinalkoeffizienten* η_1^+ und η_2^+ auf. Beispiele von Messungen der verschiedenen Transportkoeffizienten bei Gegenwart eines B-Feldes werden im nächsten Abschnitt mit der kinetischen Theorie der Feldeffekte verglichen.

Der Einfluss eines elektrischen Feldes E auf Gase aus Teilchen mit einem elektrischen Dipolmoment wird im Rahmen einer phänomenologischen Theorie durch einen äquivalenten Satz von Transportkoeffizienten beschrieben, wobei die transversalen Koeffizienten wie λ^{tr} und η_1^-, η_2^- allerdings identisch verschwinden, wenn die Moleküle nicht gleichzeitig auch chiral (und somit optisch aktiv) sind.

1.4.1.3 Vergleich der Magnetfeldabhängigkeit der Viskositätskoeffizienten mit der kinetischen Theorie

Die Verteilungsfunktion (Dichteoperator) $f = f(t, \boldsymbol{r}, \boldsymbol{c}, \boldsymbol{J})$ eines Gases aus Teilchen mit einem inneren Rotationsdrehimpuls $\hbar\boldsymbol{J}$ genügt der Waldmann-Snider-Gleichung [32]

$$\frac{\partial f}{\partial t} + \boldsymbol{c} \cdot \frac{\partial}{\partial \boldsymbol{r}} f + \frac{i}{\hbar}[H, f] = \left(\frac{\partial f}{\partial t}\right)_{coll}, \qquad (1.169)$$

die die Verallgemeinerung der Boltzmann-Gleichung (1.92) für rotierende Teilchen darstellt, bei der die Rotationsbewegung quantenmechanisch behandelt wird. Der Stoßterm auf der rechten Seite von Gl. (1.169), der hier nicht explizit angegeben wird, enthält die den Stoßprozess charakterisierende Streuamplitude (Streumatrix) in bilinearer Weise; für den Spezialfall von Teilchen ohne innere Struktur reduziert sich der Waldmann-Snider-Stoßterm auf jenen der Boltzmann-Gleichung, in der nur das Absolutquadrat der Streuamplitude, nämlich der differentielle Wirkungsquerschnitt vorkommt.

Das zweite Glied auf der linken Seite von Gl. (1.169) ist der bereits in Gl. (1.92) auftretende Strömungsterm, im dritten Glied steht $[A, B] = AB - BA$ für den quantenmechanischen Kommutator; H ist der Hamilton-Operator für die Wechselwirkung eines Teilchens mit einem äußeren Feld. Für Teilchen mit magnetischem Moment $\mathbf{\mu}$ in Gegenwart eines magnetischen Feldes $\mathbf{B}$ ist $H = - \mathbf{\mu} \cdot \mathbf{B}$. Das magnetische Moment wiederum ist proportional zu $\mathbf{J}$. Speziell für lineare diamagnetische Moleküle gilt

$$\mathbf{\mu} = g\mu_N \mathbf{J}, \tag{1.170}$$

wobei μ_N das Kernmagneton ist. Der gyromagnetische Faktor g (der entweder positiv oder negativ sein kann) ist mittels Mikrowellenspektroskopie oder mit Molekularstrahlmethoden messbar. Für H_2 und HD z. B. findet man g = 0.88 bzw. g = 0.68; für N_2 ist g = − 0.28. Für Stickstoff bei Raumtemperatur ist der mittlere Rotationsdrehimpuls etwa $8\,\hbar$; der Betrag des magnetischen Momentes ist dann etwa $3\,\mu_N$.

Im Fall von symmetrischen Kreiselmolekülen wie z. B. CH_3Cl sind zwei verschiedene Werte $g^{\parallel}$ und $g^{\perp}$ des g-Faktors zu berücksichtigen, die für sphärische Kreiselmoleküle wie z. B. CH_4 gleich sind.

Die oben angesprochene Präzessionsbewegung des Rotationsdrehimpulses $\mathbf{J}$ um die Feldrichtung wird durch den Kommutatorterm in Gl. (1.169) bechrieben. Die Präzessionsfrequenz ist

$$\omega_B = (g\mu_N B)/\hbar. \tag{1.171}$$

Kräfte, verursacht durch äußere Felder, treten für elektrisch neutrale Teilchen in einem homogenen $\mathbf{B}$-Feld nicht auf und sind in Gl. (1.169) deshalb auch nicht berücksichtigt.

Zur Behandlung des Viskositätsproblems ist in einer Entwicklung der Verteilungsfunktion im Nicht-Gleichgewicht neben dem Reibungsdrucktensor $\pi_{\mu\nu}$ (Gl. (1.96)) mindestens ein tensorielles Moment zu berücksichtigen, das die stoßinduzierte Orientierung der Rotationsdrehimpulse beschreibt. Das einfachste und, wie sich ergeben wird, auch wichtigste Moment dieser Art ist die *Tensorpolarisation*

$$a_{\mu\nu} = \zeta \langle R(J^2)\overleftrightarrow{J_\mu J_\nu} \rangle, \tag{1.172}$$

wobei R eine skalare Funktion von J^2 ist; ζ ist ein Normierungskoeffizient. Experimentell beobachtbare Größen dürfen natürlich nicht von der Wahl von ζ abhängen. Die Tensorpolarisation Gl. (1.172), auch *Ausrichtungstensor* (alignment tensor) genannt, beschreibt gerade eine in Abb. 1.41 schematisch angedeutete Ausrichtung von Rotationsdrehimpulsen, bei der $\mathbf{J}$ und $-\mathbf{J}$ äquivalent sind. Für $R = J^{-2}$ ist diese Ausrichtung nicht vom Betrag von $\mathbf{J}$ abhängig; für $R = 1$ z. B. ist die Ausrichtung stärker für höhere Drehimpulse.

Werden nur die beiden genannten tensoriellen Momente in der Verteilungsfunktion mitgenommen, so führt die kinetische Gleichung (1.169) auf die gekoppelten Gleichungen (*Transport-Relaxationsgleichungen*) [48–50]

$$\frac{\partial}{\partial t}\pi_{\mu\nu} + 2nkT\gamma_{\mu\nu} + \ldots + \omega_p\pi_{\mu\nu} + \omega_{pa}\sqrt{2\,nkT}\,a_{\mu\nu} = 0 \tag{1.173}$$

$$\frac{\partial}{\partial t}a_{\mu\nu} + \ldots - 2\omega_B(\hat{\boldsymbol{B}}\times\boldsymbol{a})_{\mu\nu} + \frac{\omega_{ap}}{\sqrt{2\,nkT}}\pi_{\mu\nu} + \omega_a a_{\mu\nu} = 0. \tag{1.174}$$

Die Punkte … in den Gl. (1.173) und (1.174) stehen für die aus dem Strömungsterm von Gl. (1.179) stammenden Glieder, in denen Ortsableitungen von Vektoren (z. B. $\boldsymbol{q}$ wie in Gl. (1.98)) und Tensoren 3. Stufe auftreten, die hier nicht berücksichtigt werden. Der zweite Term in Gl. (1.174), der ein *verallgemeinertes* Kreuzprodukt zwischen dem Einheitsvektor $\hat{\boldsymbol{B}} = B^{-1}\boldsymbol{B}$ mit dem Tensor $\boldsymbol{a}$ enthält, berücksichtigt die Präzession der Drehimpulse.

Die Relaxationskoeffizienten ω_p, ω_{pa}, ω_{ap} und ω_a sind, analog zu Gl. (1.100), durch verallgemeinerte Stoßintegrale des linearisierten Waldmann-Snider-Stoßterms darstellbar. Dabei ist nicht nur über den Ablenkwinkel und die Relativenergie zu integrieren, sondern auch die Spur über magnetische Unterzustände und die Summe über Rotationszustände der Moleküle zu berechnen. Aus der Zeitumkehrinvarianz der mikroskopischen Wechselwirkung folgt für die Kopplungskoeffizienten die (Onsager-)Symmetrie-Relation.

$$\omega_{ap} = \omega_{pa}. \tag{1.175}$$

Ferner gelten die Ungleichungen

$$\omega_p > 0, \quad \omega_a > 0, \quad \omega_p\omega_a > \omega_{ap}\omega_{pa}. \tag{1.176}$$

Bei rein sphärischer Wechselwirkung ist $\omega_{ap} = \omega_{pa} = 0$, $\omega_a = 0$, ω_p reduziert sich auf Gl. (1.100), und Gl. (1.173) wird äquivalent zu Gl. (1.98) mit $\boldsymbol{q} = 0$. Allgemein sind die Koeffizienten ω_p, ω_a mit $\omega_{ap} = \omega_{pa}$ proportional zur Teilchendichte n und damit zum Druck $p = nkT$.

Im stationären Fall, d. h. bei verschwindenden Zeitableitungen und ohne Feld ($\omega_B = 0$) kann $a_{\mu\nu}$ aus Gl. (1.174) eingesetzt und $\pi_{\mu\nu}$ durch $\gamma_{\mu\nu} = \overleftrightarrow{\partial v_\mu/\partial r_\nu}$ ausgedrückt werden. Man erhält den üblichen Zusammenhang

$$\pi_{\mu\nu} = -2\eta\gamma_{\mu\nu} \tag{1.177}$$

zwischen Reibungsdrucktensor und dem Gradienten des Geschwindigkeitsfeldes (s. Gl. (1.102)), wobei die (feldfreie) Viskosität η nun durch

$$\eta = \eta_{\text{iso}}(1 - A_{pa})^{-1} > \eta_{\text{iso}} \tag{1.178}$$

gegeben ist;

$$\eta_{\text{iso}} = \frac{nkT}{\omega_p} \tag{1.179}$$

ist der Wert der Viskosität für den „isotropen" Fall, d. h. wenn keine durch das Strömungsfeld induzierte Ausrichtung auftreten würde. Die positive Größe

$$A_{pa} = \frac{\omega_{pa}\omega_{ap}}{\omega_p\omega_a} < 1 \tag{1.180}$$

ist ein Maß für die Kopplung zwischen der Ausrichtung und dem Reibungsdruck.

Bei Gegenwart eines **B**-Feldes ist die Auflösung der Gl. (1.173) und (1.174), ebenfalls im stationären Fall, durch die Benutzung der „sphärischen" Komponenten
der Tensoren $\pi_{\mu\nu}$ und $a_{\mu\nu}$ möglich, da der vom Feld herrührende Term dann einfach
auf einen Faktor $-\mathrm{i}m\omega_B$ führt mit $m = 0, \pm 1, \pm 2$. Die **B**-Feldrichtung wurde
dabei als Referenzachse (z-Richtung) gewählt. Anstelle von Gl. (1.177) erhält man
dann einen Zusammenhang zwischen Reibungsdruck und Geschwindigkeitsgradiententensor wie in Gl. (1.168), wobei nun die feldabhängigen Viskositätskoeffizienten
durch

$$\Delta\eta_m^+ = \eta_m^+ - \eta = -\eta A_{pa}\frac{(m\phi_a)^2}{1+(m\phi_a)^2}, \quad m = 0, 1, 2 \qquad (1.181)$$

$$\eta_m^- = -\eta A_{pa}\frac{m\phi_a}{1+(m\phi_a)^2}, \quad m = 1, 2 \qquad (1.182)$$

gegeben sind. Die Größe

$$\phi_a = \frac{\omega_B}{\omega_a} \sim \frac{B}{p} \qquad (1.183)$$

ist der Winkel, um den der Drehimpuls **J** während der Zeit ω_a^{-1} um die Feldrichtung
präzediert. Diese Zeit ω^{-1} bestimmt die Relaxation einer Vorzugsausrichtung. Für
schwach anisotrope Moleküle wie H$_2$ kann diese Zeit erheblich länger sein als die
für die (feldfreie) Viskosität maßgebende Relaxationszeit ω_p^{-1}.

Gemäß Gl. (1.181) und (1.182) ist der Sättigungswert des Feldeffektes für η_1^+ und
η_2^+ durch A_{pa} gegeben. Der halbe Sättigungswert wird für $m\phi = 1$, d.h. für $\phi = \frac{1}{2}$
bzw. $\phi = 1$ erreicht; dies bestimmt den im vorigen Abschnitt diskutierten Wert $(B/p)_{\frac{1}{2}}$.

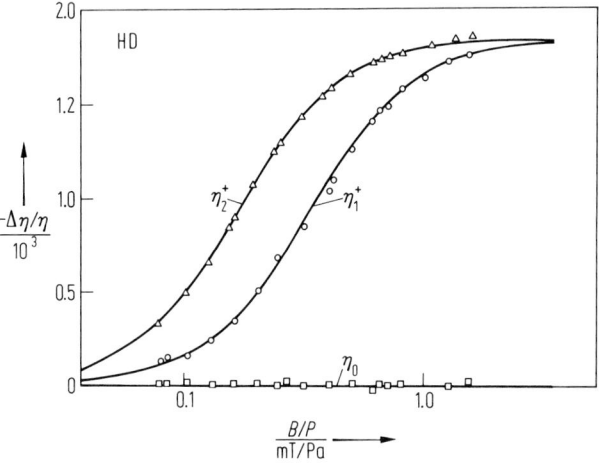

Abb. 1.46 Vergleich der magnetfeldinduzierten Änderung $-\Delta\eta/\eta$ der Viskositätskoeffizienten η_0, η_1^+ und η_2^+ für HD (bei $T = 293\,\mathrm{K}$) als Funktionen von B/p (Messwerte nach Hulsman
et al. [77]) mit dem gemäß Gl. (1.181) erwarteten theoretischen Verlauf durchgezogener Kur-
ven.

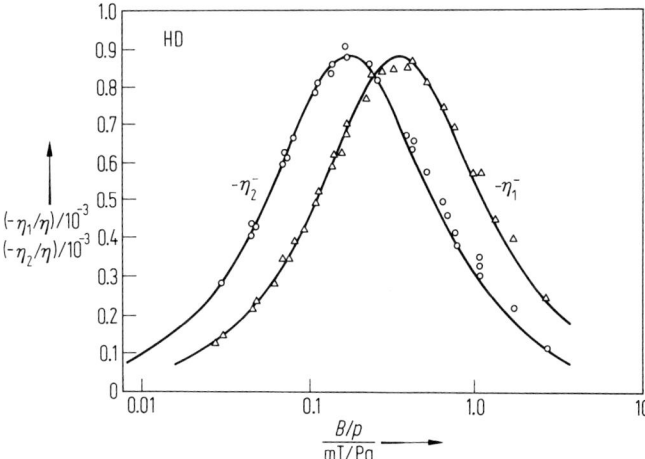

Abb. 1.47 Vergleich der Viskositätskoeffizienten $-\eta_1^-$ und $-\eta_2^-$ in Einheiten der feldfreien Viskosität η für HD (bei $T = 293\,\mathrm{K}$) als Funktionen von B/p (Messwerte nach Hulsman et al. [74]) mit den aus Gl. (1.182) folgenden theoretischen Kurven.

Der Koeffizient η_0^+ wird durch das Feld nicht beeinflusst. In Abb. 1.46 sind die experimentellen Daten [51] für HD bei $T = 293\,\mathrm{K}$ mit den sich aus Gl. (1.181) ergebenden theoretischen Kurven verglichen. Für die Transversalkoeffizienten η_1^- und η_2^- ist in Abb. 1.47 ein Vergleich zwischen den Messwerten für HD bei $T = 293\,\mathrm{K}$ mit dem theoretischen Kurvenverlauf nach Gl. (1.182) gezeigt. Auch hier ist die Übereinstimmung recht gut. Die Transversalkoeffizienten, die sowohl für $B/p \to 0$ als auch für $B/p \to \infty$ verschwinden, waren zuerst in theoretischen Untersuchungen zum Einfluss eines B-Feldes auf die Viskosität und die Wärmeleitfähigkeit von Gasen aus Teilchen mit innerem Drehimpuls gefunden [77], aber zunächst nicht publiziert worden, da diese Effekte als nicht messbar erachtet wurden. Kurze Zeit darauf wurde aber die Existenz dieser Transversalkoeffizienten experimentell nachgewiesen [52].

Die Koeffizienten η_1^- und η_2^- sind negativ für HD und CH_4; für N_2 und CO sind sie positiv. Dies spiegelt das unterschiedliche Vorzeichen des gyromagnetischen Verhältnisses g wider, welches das Vorzeichen von ϕ_a in Gl. (1.83) bestimmt.

Ausgehend von Gl. (1.173) und (1.174) sind auch der Einfluss von kollinearen, statischen und oszillierenden Magnetfeldern auf die Viskosität berechnet worden [49]. Das erwartete resonanzähnliche Verhalten ist für die Wärmeleitung experimentell gefunden worden [53].

Im paramagnetischen Gas O_2 ist wegen der Kopplung des Elektronenspins mit dem Rotationsdrehimpuls das magnetische Moment nicht einfach durch Gl. (1.170) gegeben. Die resultierende Feldabhängigkeit der Transportkoeffizienten ist deshalb etwas komplizierter als bei den diamagnetischen Gasen und auch nur in erster Näherung als Funktion von B/p darstellbar.

Ein detaillierter Vergleich zwischen Theorie und Experiment für viele diamagnetische Gase ergibt, dass andere Typen von Ausrichtungen, die eine Korrelation zwischen der molekularen Geschwindigkeit c und dem Drehimpuls J beschreiben, wie

z. B. $\langle c_\mu (c \times J)_\nu \rangle$ oder $\langle \overleftrightarrow{c_\mu c_\lambda} \overleftrightarrow{J_\lambda J_\nu} \rangle$ zwar prinzipiell vorkommen können, aber praktisch nicht an den Reibungsdruck ankoppeln. Eine Ausnahme hiervon bilden die Gase NH_3 und ND_3, bei denen die Viskosität im Feld nicht abnimmt, sondern zunimmt; es scheint eine dominierende Kopplung des Reibungsdrucks mit $\langle c\,(c \times J) \rangle$ vorzuliegen [54].

1.4.1.4 Magnetfeldabhängigkeit der Wärmeleitfähigkeit

Zur theoretischen Behandlung des Magnetfeldeinflusses auf die Wärmeleitung sind neben dem translatorischen (kinetischen) und rotatorischen Wärmestrom vektorielle Momente der Verteilungsfunktion zu berücksichtigen, die die stoßinduzierte Ausrichtung der Drehimpulse J bzw. deren Korrelation mit der molekularen Geschwindigkeit c beschreiben. Die einfachsten Größen dieser Art sind der *Waldmann-Vektor*

$$\langle (c \times J)_\mu \rangle \tag{1.184}$$

und der *Kagan-Vektor*

$$\langle R(J^2) \overleftrightarrow{J_\mu J_\nu} c_\nu \rangle, \tag{1.185}$$

der ein Teil des „Stromes" der Tensorpolarisation Gl. (1.172) ist. In Analogie zu Gl. (1.173) und (1.174) können aus der kinetischen Gleichung (1.169) die für das Wärmeleitungsproblem relevanten gekoppelten Gleichungen für die Wärmeströme und die Vektoren Gl. (1.184) und (1.185) abgeleitet werden, wobei in letzteren Terme vorkommen, die von der Präzession der Drehimpulse um die Magnetfeldrichtung stammen. Auflösung dieser Gleichungen für den stationären Fall führt auf den gesuchten Zusammenhang zwischen dem gesamten Wärmestrom und dem Temperaturgradienten, aus dem die in Abschn. 1.4.1.2 eingeführten Wärmeleitfähigkeitskoeffizienten $\lambda^\perp$, $\lambda^\parallel$ und λ^{tr} entnommen werden können. Mit den Abkürzungen

$$\phi_W = \omega_B \omega_W^{-1}, \quad \phi_K = \omega_B \omega_K^{-1}, \tag{1.186}$$

wobei ω_B die in Gl. (1.171) definierte Präzessionsfrequenz ist und ω_W bzw. ω_K die (durch verallgemeinerte Stoßintegrale darstellbaren) Relaxationsfrequenzen der Vektoren Gl. (1.184) und (1.185) sind, lauten diese Ergebnisse

$$\begin{aligned}
\Delta\lambda^\perp = \lambda^\perp - \lambda &= \lambda A_{qW} f(\phi_W) - \lambda A_{qK}(f(\phi_K) + 2f(2\phi_K)) \\
\Delta\lambda^\parallel = \lambda^\parallel - \lambda &= \lambda A_{qW} 2f(\phi_W) - \lambda A_{qK} 2f(\phi_K) \\
\lambda^{tr} &= \lambda A_{qW} g(\phi_W) - \lambda A_{qK}(g(\phi_K) + 2g(2\phi_K)).
\end{aligned} \tag{1.187}$$

Dabei ist $f(x) = x^2(1+x^2)^{-1}$ und $g(x) = x(1+x^2)^{-1}$, λ bezeichnet die feldfreie Wärmeleitfähigkeit. Die positiven Größen A_{qW} und A_{qK} sind ein Maß für die Kopplung der Waldmann- und Kagan-Vektoren mit dem Wärmestrom; sie sind durch verallgemeinerte Stoßintegrale des Waldmann-Snider-Stoßtermes darstellbar. Für eine rein sphärische Wechselwirkung verschwinden A_{qW} und A_{qK}, nicht aber die Relaxationsfrequenzen ω_W und ω_K. Letzteres erklärt auch den für HD erheblich größeren Wert von $(B/q)_{\frac{1}{2}}$ für die Wärmeleitfähigkeit im Vergleich mit der entsprechenden

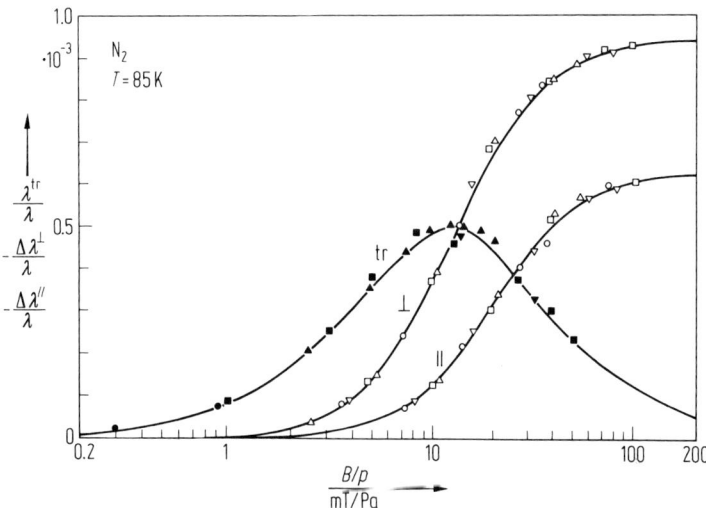

Abb. 1.48 Vergleich der magnetfeldinduzierten Änderungen von $\lambda^{\|}$, $\lambda^{\perp}$ und des Transversal-koeffizienten λ^{tr} für N_2 (bei $T = 85\,K$) als Funktionen von B/p mit dem aus Gl. (1.187) (für $A_{qW} = 0$) folgenden Kurvenverlauf nach [55].

Größe für die Viskosität (s. Tab. 1.10 und 1.11). Bei HD ist ω_a etwa um den Faktor 10 kleiner als ω_K, da nur bei etwa jedem zehnten Stoß auch die Richtung des Dreh-impulses geändert wird.

In Abb. 1.48 sind die experimentellen Daten von $\Delta\lambda^{\perp}$, $\Delta\lambda^{\|}$ und λ^{tr} für N_2 bei $T = 85\,K$ als Funktion von B/p gezeigt [55]. Die ausgezogenen Kurven entsprechen Gl. (1.187) mit $A_{qW} = 0$, d. h. die Kopplung des Wärmestroms mit dem Kagan-Vek-tor Gl. (1.185) ist wesentlich stärker als mit dem Waldmann-Vektor Gl. (1.184). Dies gilt auch in guter Näherung für andere Gase wie HD und CO, jedoch nicht für

Tab. 1.12 Die Verhältnisse der Sättigungswerte der relativen Änderung von $\lambda^{\|}$ und $\lambda^{\perp}$ sowie die Verhältnisse der Kopplungskoeffizienten A_{qW} und A_{qK} für die Gase HD, N_2, CO und CH_4 bei den Temperaturen $T = 85\,K$ und $T = 300\,K$, sowie für die Gase HCN, CH_3F und CH_3CN bei $T = 300\,K$ (Daten nach Hermans et al. [73] und Thijsse et al. [76]).

	HD 85 K	HD 300 K	N_2 85 K	N_2 300 K	CO 85 K	CO 300 K	CH_4 85 K	CH_4 300 K	HCN 300 K	CH_3F 300 K	CH_3CN 300 K
$(\Delta\lambda^{\perp}/\Delta\lambda^{\|})_{Satt}$	1.49 ± 0.03	1.51 ± 0.01	1.50 ± 0.03	1.57 ± 0.01	1.49 ± 0.03	1.52 ± 0.01	1.53 ± 0.03	1.65 ± 0.02	4.1	1.9	4.5
A_{qW}/A_{qK}	0	0	0	0.07 ± 0.01	0	0.02 ± 0.01	0.03 ± 0.03	0.13 ± 0.03	0.72	0.28	0.75

starke polare Gase wie HCN und CH_3CN. Im Fall der Sättigung ($\phi_W \gg 1$, $\phi_K \gg 1$) führt Gl. (1.187) auf

$$\left(\frac{\Delta\lambda^\perp}{\Delta\lambda^\parallel}\right)_\infty = \frac{3A_{qK} - A_{qW}}{2A_{qK} - 2A_{qW}} \tag{1.188}$$

für das Verhältnis der Änderungen senkrecht und parallel zum **B**-Feld. Die Abweichung dieses Verhältnisses vom Wert 3/2 kann benützt werden, um die relative Größe A_{qW}/A_{qK} zu bestimmen. In Tab. 1.12 sind Daten für einige Gase angegeben.

Der Einfluss eines Magnetfeldes auf die Diffusion, die Thermodiffusion und den Diffusionsthermoeffekt (s. Abschn. 1.3.4) in Gasgemischen ist gemessen worden [55] und kann analog zum Wärmeleitproblem theoretisch behandelt und verstanden werden.

1.4.1.5 Magnetfeldeinfluss auf Transportvorgänge in verdünnten Gasen; thermomagnetisches Drehmoment und thermomagnetische Kraft

In einem verdünnten Gas sind auch die in Gl. (1.173) und (1.174) vom Strömungsterm herrührenden und durch Punkte angedeuteten Glieder wichtig. In Gl. (1.173) ist es die räumliche Ableitung des translatorischen (kinetischen) Anteils des Wärmestroms, in Gl. (1.174) tritt die Ableitung des Stromes der Tensorpolarisation, nämlich der Kagan-Vektor Gl. (1.185) auf, der mit dem Wärmestrom verknüpft ist. Der thermische Druck, hervorgerufen durch die zweite Ortsableitung eines Temperaturfeldes (stationärer Fall, keine Strömung, s. Abschn. 1.3.5.1) wird somit ebenfalls von einem angelegten Magnetfeld beeinflusst, und es treten transversale Komponenten auf.

Dies erklärt im Wesentlichen das zufällig von Scott [56] entdeckte thermomagnetische Drehmoment [57]. Die experimentelle Anordnung ist in Abb. 1.49 schematisch angedeutet. Für einen genauen quantitativen Vergleich des *Scott-Effekts* mit dem Senftleben-Beenakker-Effekt sind jedoch auch Randbedingungen zu berücksichtigen [58]. Der Effekt ist maximal für einen charakteristischen Wert von B/p. Er verschwindet für $B/p \rightarrow 0$ und $B/p \rightarrow \infty$. Das für kollineare statische und oszillierende Magnetfelder beobachtete Verhalten des thermomagnetischen Drehmoments [59] wird durch die auf die Waldmann-Snider-Gleichung aufbauende kinetische Theorie [49, 60] gut beschrieben. Dies gilt auch für den *viskomagnetischen Wärmestrom*, eine Transversalkomponente des Wärmestroms verursacht durch die zweite Ortsableitung des Strömungsfeldes bei Gegenwart eines Magnetfeldes [39] (s. Abschn. 1.3.5.1).

Die thermische Kraft (s. Abschn. 1.3.5.4), die in einem molekularen Gas auf ein Aerosolteilchen oder einen Probekörper wirkt, wird ebenfalls durch die Anwesenheit eines Magnetfeldes beeinflusst [61]. Die magnetfeldinduzierte Änderung dieser Kraft wird als *thermomagnetische Kraft* bezeichnet. Für die beiden bereits in Abschn. 1.3.5.4 diskutierten Grenzfälle, wo der Körper, auf den die Kraft wirkt, entweder viel kleiner oder viel größer ist als die freie Weglänge, lässt sich die thermomagnetische Kraft auf einfache Weise [62] mit dem Senftleben-Beenakker-Effekt der Wärmeleitfähigkeit und der Viskosität verknüpfen.

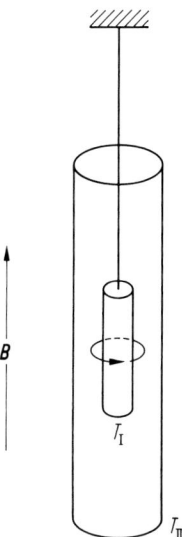

Abb. 1.49 Experimentelle Anordnung zur Messung des thermomagnetischen Drehmoments (Scott-Effekt). Zwischen dem inneren Zylinder (auf Temperatur T_I) und dem äußeren Zylinder (mit Temperatur $T_{II} < T_I$) befindet sich ein verdünntes molekulares Gas. Bei Gegenwart eines Magnetfeldes parallel zur Zylinderachse wird auf den inneren Zylinder ein Drehmoment ausgeübt, das für $T_I = T_{II}$ verschwindet.

Bei Transportvorgängen in verdünnten molekularen Gasen (bei Anwesenheit eines Magnetfeldes) sind die in Abschn. 1.3.5.2 diskutierten Randbedingungen zu erweitern [58]. Der Einfluss eines Magnetfeldes auf die thermische Gleitung ist über die thermomagnetische Druckdifferenz experimentell messbar [63]. Ferner sind auch Randwerte für die Tensorpolarisation Gl. (1.172) und andere, die molekulare Ausrichtung charakterisierende Größen zu berücksichtigen. Aus dem im extremen Knudsen-Fall (praktisch erleiden die Moleküle nur Wandstöße) gemessenen Einfluss eines Magnetfeldes auf den Transport von Wärme und Impuls [64] können Informationen über die Abhängigkeit der Wandstöße vom Drehimpuls der Moleküle gewonnen werden.

1.4.1.6 Einfluss eines elektrischen Feldes auf die Transportvorgänge

Für Gase aus (elektrisch neutralen) Teilchen mit einem elektrischen Dipolmoment $\boldsymbol{\mu}^e$ kann die Nicht-Gleichgewichtsausrichtung der Rotationsdrehimpulse auch durch ein elektrisches Feld $\boldsymbol{E}$ (teilweise) zerstört werden. Dadurch ändern sich die Wärmeleitfähigkeit und die Viskosität bei Anwesenheit eines $\boldsymbol{E}$-Feldes. Zur theoretischen Behandlung des Effektes kann von der kinetischen Gleichung (1.169) ausgegangen werden, wobei der Hamilton-Operator H durch $-\boldsymbol{\mu}^e \cdot \boldsymbol{E}$ gegeben ist. Bei symmetrischen Kreiselmolekülen spielt nur die Komponente von $\boldsymbol{\mu}^e$ parallel zum Drehimpuls $\boldsymbol{J}$, nämlich $\mu^e J_\| J^{-2} \boldsymbol{J}$, eine Rolle. Dabei ist μ^e der Betrag des elektrischen Dipolmo-

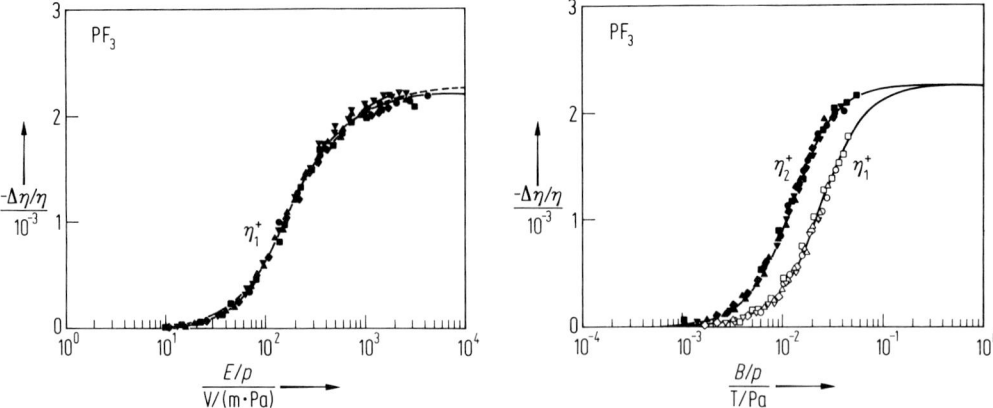

Abb. 1.50 Vergleich der durch ein elektrisches Feld erzeugten relativen Änderung des Viskositätskoeffizienten η_1^+ mit der durch ein magnetisches Feld verursachten Änderung. Die durchgezogenen Kurven entsprechen dem gemäß Gl. (1.181) erwarteten theoretischen Verlauf (nach Mazur et al. [78]).

mentes und $J_\parallel$ die Projektion von $\boldsymbol{J}$ auf die Figurenachse (Symmetrieachse) des Moleküls.

Für die longitudinalen Koeffizienten η_0^+, η_1^+, η_2^+ und $\lambda^\perp$, $\lambda^\parallel$ führt die Theorie auf Ausdrücke, die analog zu den Gl. (1.181) und (1.187) sind, wobei allerdings die in ϕ_α, ϕ_W und ϕ_K vorkommende Präzessionsfrequenz ω_B nun durch

$$\omega_E = \frac{\mu^e J_\parallel J^{-2}}{\hbar} E \tag{1.189}$$

zu ersetzen ist. Anschließend sind diese Ausdrücke noch über die thermische Verteilung von $J_\parallel$ zu mitteln. Die resultierende Feldabhängigkeit ist dann eine Funktion von E/p analog zur B/p-Abhängigkeit im magnetischen Fall. Die erreichbaren Sättigungswerte sollten für E- und B-Felder gleich sein. In Abb. 1.50 ist ein solcher Vergleich für die Viskosität von PF_3 bei $T = 300\,K$ gezeigt.

Für lineare Moleküle, wo $J_\parallel$ in Gl. (1.189) verschwindet (da $\boldsymbol{J}$ senkrecht zur Molekülachse ist), ist ein Einfluss des elektrischen Feldes auf die Transportvorgänge nur über den Stark-Effekt 2. Ordnung zu erwarten. Diese noch nicht experimentell nachgewiesene Feldabhängigkeit ist dann eine Funktion von E^2/p statt der obigen E/p-Abhängigkeit.

1.4.2 Strömungsdoppelbrechung und verwandte Nicht-Gleichgewichts-ausrichtungseffekte

1.4.2.1 Doppelbrechung und molekulare Ausrichtung

Der in Abschn. 1.4.1 behandelte Einfluss äußerer Felder auf die Transportvorgänge ist ein indirekter Nachweis der Nicht-Gleichgewichtsausrichtung. Speziell die Tensorpolarisation kann auch direkt optisch über die Doppelbrechung nachgewiesen werden. Dabei ist zu beachten, dass bei Gasen aus rotierenden Molekülen – im Gegensatz zu Flüssigkeiten und kolloidalen Lösungen aus nichtsphärischen Teilchen – nicht die molekularen Achsen selbst, sondern die Drehimpulse der Moleküle ausgerichtet werden können. Dementsprechend ist der die optische Anisotropie eines Mediums bestimmende (symmetrisch) spurlose Anteil $\overleftrightarrow{\varepsilon}_{\mu\nu}$ des dielektrischen Tensors mit dem Mittelwert des symmetrisch spurlosen Anteils des elektrischen Polarisierbarkeitstensors $\alpha_{\mu\nu}$ verknüpft gemäß [50]

$$\overleftrightarrow{\varepsilon}_{\mu\nu} = \varepsilon_0^{-1} n \langle (\overleftrightarrow{\alpha}_{\mu\nu})_{\mathrm{nr}} \rangle; \tag{1.190}$$

n ist die Teilchendichte, ε_0 ist die elektrische Feldkonstante. In Gl. (1.190) weist der Index nr (für nicht resonant) darauf, dass nur jener Anteil von $\alpha_{\mu\nu}$ zu berücksichtigen ist, der bei einer freien Rotation des Moleküls (mit festem $\boldsymbol{J}$) konstant bleibt; dieser Anteil ist proportional zum Tensor $\overrightarrow{J_\mu J_\nu}$. Speziell für lineare Moleküle erhält man

$$\overleftrightarrow{\varepsilon}_{\mu\nu} = \varepsilon_a a_{\mu\nu}, \tag{1.191}$$

wobei $a_{\mu\nu}$ die in Gl. (1.172) eingeführte Tensorpolarisation mit dem nun eindeutig festgelegten Faktor $R = (J^2 - 3/4)^{-1}$ (ungefähr gleich J^{-2} für große Drehimpulse) ist. Der Koeffizient ε_a ist mit der Differenz $\alpha_\parallel - \alpha_\perp$ der Polarisierbarkeiten für ein elektriches Feld parallel und senkrecht zur Molekülachse verknüpft gemäß

$$\varepsilon_a = -\frac{1}{2} n (\alpha_\parallel - \alpha_\perp)(\varepsilon_0 \zeta)^{-1}; \tag{1.192}$$

ζ ist der in Gl. (1.172) benützte Normierungskoeffizient; in Gl. (1.191) kürzt er sich heraus.

Die aus Gl. (1.191) folgende Doppelbrechung, d. h. die Differenz δv zwischen den Brechzahlen v_1 und v_2 für zu zwei Hauptachsenrichtungen linear polarisiertes Licht ist durch

$$2 v_0 \delta v = \varepsilon_a (e_\mu^{(1)} \alpha_{\mu\nu} e_\nu^{(1)} - e_\mu^{(2)} a_{\mu\nu} e_\nu^{(2)}) \tag{1.193}$$

gegeben. Dabei sind $\boldsymbol{e}^{(1)}$ und $\boldsymbol{e}^{(2)}$ Einheitsvektoren parallel zu den Hauptachsenrichtungen und v_0 ist die (mittlere) isotrope Brechzahl des Gases für $a_{\mu\nu} = 0$.

Die Theorie und die experimentellen Nachweise der durch eine viskose Strömung bzw. durch einen Wärmestrom erzeugten Ausrichtung und Doppelbrechung werden in Abschn. 1.4.2.2 und 1.4.2.3 behandelt. In Abschn. 1.4.2.4 wird auf andere Verfahren wie Fluoreszenz zur experimentellen Bestimmung der molekularen Ausrichtung hingewiesen.

1.4.2.2 Strömungsdoppelbrechung

Phänomenologisch kann die Strömungsdoppelbrechung (flow birefringence, streaming double refraction) durch den zu Gl. (1.79) bzw. Gl. (1.177) analogen linearen Zusammenhang

$$\overleftrightarrow{\varepsilon}_{\mu\nu} = -2\beta\gamma_{\mu\nu} = -2\beta\frac{\overleftrightarrow{\partial v_\mu}}{\partial r_\nu} \tag{1.194}$$

zwischen $\overleftrightarrow{\varepsilon}_{\mu\nu}$ und dem Geschwindigkeitsgradententensor $\gamma_{\mu\nu} = \overleftarrow{\partial v_\mu/\partial r_\nu}$ beschrieben werden, mit dem die Strömungsdoppelbrechung charakterisierenden Koeffizienten β. Der in der Literatur für Flüssigkeiten verwendete „Maxwell-Koeffizient" M ist mit β verknüpft gemäß: $\beta = -M\varepsilon_0\eta$. Im Gegensatz zur Viskosität η ist das Vorzeichen von β nicht generell festgelegt.

Speziell für eine Strömung in x-Richtung und den Gradienten in y-Richtung liegen zwei der Hauptachsen von Gl. (1.194) in der xy-Ebene und bilden die Winkel 45° bzw. 135° mit der Strömungsrichtung (Abb. 1.51). Die Differenz $\delta v = v_1 - v_2$ der Brechzahlen zwischen beiden Hauptrichtungen ist durch

$$v_0\delta v = -\beta\gamma \tag{1.195}$$

gegeben, wobei $\gamma = \partial v_x/\partial y$ der Geschwindigkeitsgradient ist.

Ein mikroskopischer Ausdruck für β kann im Rahmen der kinetischen Theorie und mittels der Relation (1.191) gewonnen werden, und zwar ergibt sich im stationären Fall und ohne Anwesenheit eines Magnetfeldes aus Gl. (1.174)

$$a_{\mu\nu} = -(\sqrt{2nkT})^{-1}\omega_a^{-1}\omega_{ap}\pi_{\mu\nu}. \tag{1.196}$$

Verwendung von Gl. (1.177) und (1.191) führt auf einen Ausdruck der Form Gl. (1.194) mit [50]

$$\beta = -\varepsilon_a(\sqrt{2nkT})^{-1}\eta\,\omega_{ap}\,\omega_a^{-1}. \tag{1.197}$$

Wie bereits oben diskutiert, sind die Relaxationsfrequenzen ω_{ap} und ω_a durch verallgemeinerte Stoßintegrale darstellbar; sie verschwinden für eine rein sphärische Wechselwirkung. Diese Relaxationskoeffizienten kommen bereits in den Gl. (1.180) und (1.183) vor. Im Gas von mittlerem Druck, wo der Reibungsdrucktensor $\pi_{\mu\nu}$ und die Viskosität η unabhängig von der Teilchendichte n sind, ist die durch

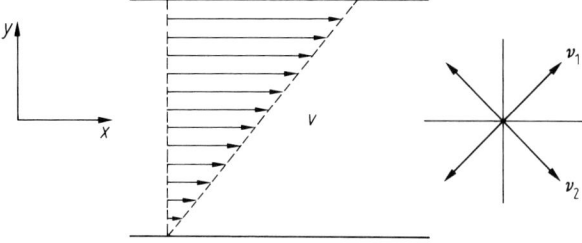

Abb. 1.51 Richtungen der Hauptbrechzahlen v_1 und v_2 in der Scherebene bei einer ebenen Couette-Strömung.

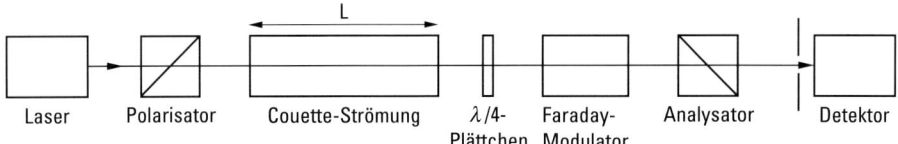

| Laser | Polarisator | Couette-Strömung | $\lambda/4$-Plättchen | Faraday-Modulator | Analysator | Detektor |

Abb. 1.52 Schematische Versuchsanordnung zur Messung der Strömungsdoppelbrechung. Die Linearpolarisation des in die Couette-Strömungszelle eintretenden Lichtes wird längs einer Winkelhalbierenden zwischen den beiden Hauptbrechungsrichtungen gewählt.

Gl. (1.195) gegebene Ausrichtung $a_{\mu\nu}$ proportional zu n^{-1}, wegen $\varepsilon_a \sim n$ ist der Koeffizient β aber in diesem Druckbereich unabhängig von n. Bereits kurz nach der theoretischen Ableitung von Gl. (1.196) und dem Aufzeigen des Zusammenhangs mit dem Senftleben-Beenakker-Effekt der Viskosität (Iicss, 1969, [50]) wurde die Strömungsdoppelbrechung in Gasen experimentell nachgewiesen (Baas, 1971, siehe [65]). Dies ist bemerkenswert, da β nur von der Größenordnung 10^{-16} bis 10^{-15} s ist und für $\gamma \approx 10^2$ bis 10^4 s^{-1} nur Brechzahldifferenzen $\delta\nu$ von 10^{-14} bis 10^{-12} auftreten. Das Prinzip der hochempfindlichen Messanordnung ist aus Abb. 1.52 zu entnehmen. Linear polarisiertes Licht (mit dem **E**-Feldvektor in radialer Richtung) wird aufgrund der Doppelbrechung in der Couette-Strömungsanordnung elliptisch polarisiert; durch ein $\lambda/4$-Plättchen wird es in linear polarisiertes Licht verwandelt, dessen Polarisationsrichtung um den Winkel $\delta_1 = \dfrac{2\pi L}{\lambda}\delta\nu$ gegenüber der ursprünglichen Richtung gedreht ist; L ist die Länge der Couette-Zelle, λ ist die Wellenlänge des benutzten Lichtes. Danach wird in einem Faraday-Modulator zusätzlich eine oszillierende Rotation $\delta_2 \cos \omega t$ der Schwingungsebene erzeugt, bevor hinter einem (zur ursprünglichen Polarisationsrichtung senkrechten) Analysator die Intensität I der durchgelassenen Strahlung gemessen wird. Für kleine Phasenverschiebung $\delta = \delta_1 + \delta_2 \cos \omega t$ ist diese proportional zu $\delta^2 = \delta_1^2 + 2\delta_1\delta_2 \cos \omega t + \delta_2^2 \cos^2 \omega t$. Durch eine Frequenzfilterung kann aus der Intensität der zu $\cos \omega t$ proportionale Anteil $2\delta_1\delta_2$ bestimmt und bei bekanntem δ_2 die Phasenverschiebung δ_1 und damit die gesuchte Brechzahldifferenz $\delta\nu$ gemessen werden. Die Nachweisgrenze für $\delta\nu$ liegt bei 10^{-15}.

Die aufgrund von Gl. (1.197) und (1.192) erwartete Unabhängigkeit des Koeffizienten β von n wird z. B. für N$_2$ bei $T = 293$ K für Drücke von ungefähr 10^2 bis 10^4 Pa beobachtet. Bei kleineren Drücken führen Knudsen-Effekte (Wandstöße) zu einer Verringerung des Effektes. Abb. 1.53 zeigt die Brechzahldifferenz $\delta\nu$ als Funktion des Geschwindigkeitsgradienten $\gamma = \partial v_x/\partial y$ für die Gase N$_2$, CO und HD. In Tab. 1.13 sind die gemessenen Werte von β und das daraus folgende Verhältnis ω_{ap}/ω_a für einige Gase angegeben. Das Vorzeichen des Koeffizienten β ist bei allen untersuchten Gasen positiv. Aus Gl. (1.197) mit Gl. (1.192) folgt hieraus, dass die nichtdiagonale Stoßfrequenz ω_{ap} positiv für Moleküle mit $\alpha_\parallel > \alpha_\perp$ (z. B. H$_2$, HD, N$_2$, O$_2$, CO, CO$_2$, CH$_3$Cl) ist, aber negativ für Moleküle mit $\alpha_\parallel < \alpha_\perp$ (z. B. CHCl$_3$, NF$_3$, PF$_3$). Im Fall der linearen Moleküle ist daraus zu entnehmen, dass die Rotationsdrehimpulse tatsächlich die in Abb. 1.41 angedeutete Vorzugsorientierung besitzen.

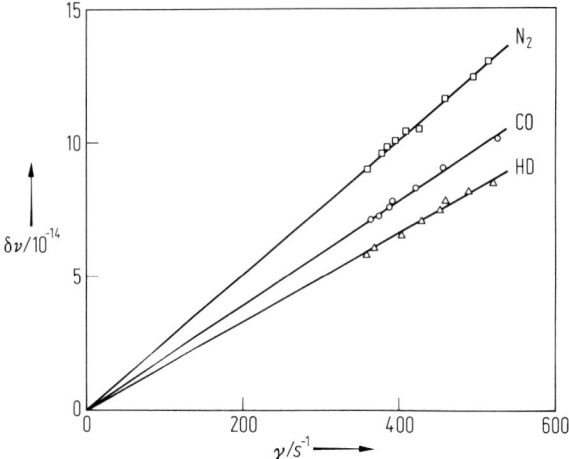

Abb. 1.53 Die Differenz δv der Brechzahlen als Funktion des Geschwindigkeitsgradienten (Scherrate) γ für die Gase N_2, CO und HD. Für n-H_2 ist der Effekt etwa um den Faktor 10 kleiner als bei HD, aber immer noch messbar (nach [65]).

Tab. 1.13 Der Strömungsdoppelbrechungskoeffizient β und das daraus folgende Verhältnis der Relaxationsfrequenzen ω_{ap} und ω_a für einige Gase bei $T = 300\,K$ (Daten nach [65]).

	N_2	O_2	CO	CO_2	OCS	CS_2	HD	n-H_2	C_2H_6
$\beta/10^{-16}\,s$	2.6	5.8	2.1	5.8	9.0	14.3	1.6	0.2	0.65
$10^2\,\omega_{ap}/\omega_a$	5.5	6.5	5.7	4.6	4.3	4.0	11.6	1.6	4.7

Die Untersuchung möglicher störender Einflüsse auf die Linearpolarisation eines zur Nachrichtenübertragung benutzten Lichtstrahles führte zur Messung der Strömungsdoppelbrechung in der laminaren Randschicht eines Windkanals und im Windgradienten über einem (sehr ebenen) Flugfeld [66]. Die dort in staubiger Luft gefundenen Messwerte für β sind etwa um den Faktor 10 größer als für reines N_2- oder O_2-Gas beobachtet wird.

1.4.2.3 Wärmeströmungsdoppelbrechung

Bei Gegenwart eines durch Temperaturunterschiede verursachten Wärmestroms $\boldsymbol{q}$ (und gleichzeitiger Abwesenheit einer viskosen Strömung) kann, in Analogie zu Gl. (1.194), der Ansatz

$$\overleftrightarrow{\varepsilon_{\mu v}} = -2\beta_\lambda \frac{\overleftrightarrow{\partial q_\mu}}{\partial r_v} = 2\lambda\beta_\lambda \frac{\overleftrightarrow{\partial^2 T}}{\partial r_\mu \partial r_v} \tag{1.198}$$

für den anisotropen Anteil des dielektrischen Tensors gemacht werden. Der Koeffizient β_λ charakterisiert dabei die durch einen Wärmestrom verursachte Doppelbrechung, λ ist die Wärmeleitfähigkeit. Dieser im Rahmen der kinetischen Theorie vorhergesagte (Hess, 1969) und berechnete Effekt [67] ist inzwischen gemessen worden [68]. Zur Erzeugung des benötigten nichtlinearen Temperaturfeldes kann z. B. die in Abb. 1.54 gezeigte Anordnung benutzt werden. Ein Gas befindet sich innerhalb eines Zylinders, dessen Wände auf der Temperatur T_1 gehalten werden, zwei Drähte (im Abstand $2d$) werden auf die Temperatur $T_2 > T_1$ gebracht. Das Temperaturfeld und die Richtung des Wärmestromes sind in Abb. 1.54 angedeutet. In der Mitte ist ein Bereich, in dem die erste Ableitung des Temperaturfeldes verschwindet, aber

$$\frac{\partial^2}{\partial x^2} T = -\frac{\partial^2}{\partial y^2} T \neq 0$$

gilt. Durch einen parallel zur Achse verlaufenden Lichtstrahl wird die in diesem Raumbereich erzeugte Ausrichtung der Moleküle über die Doppelbrechung nachgewiesen.

Die kinetische Theorie dieses Effektes geht wiederum von den aus der Waldmann-Snider-Gleichung abgeleiteten Transport-Relaxationsgleichungen (1.173) und (1.174) aus, wobei jetzt die dort nur durch Punkte angedeuteten Glieder zu berücksichtigen sind, die zusätzlich aus dem Strömungsterm stammen. In Gl. (1.173) tritt wie in Gl. (1.98) eine Ortsableitung des (translatorischen Anteils) des Wärmestromes auf. In Gl. (1.174) ist die Ortsableitung des Stromes der Tensorpolarisation zu berücksichtigen, die den für den Senftleben-Beenakker-Effekt der Wärmeleitfähigkeit wichtigen Kagan-Vektor enthält. Für einen stationären Wärmestrom und für $v = 0$ (keine Strömung) können die entsprechenden Gleichungen nach $a_{\mu\nu} \sim \overleftrightarrow{\partial q_\mu / \partial r_\nu}$ aufgelöst werden und mit Gl. (1.191) und (1.192) auf die Form von Gl. (1.198) gebracht

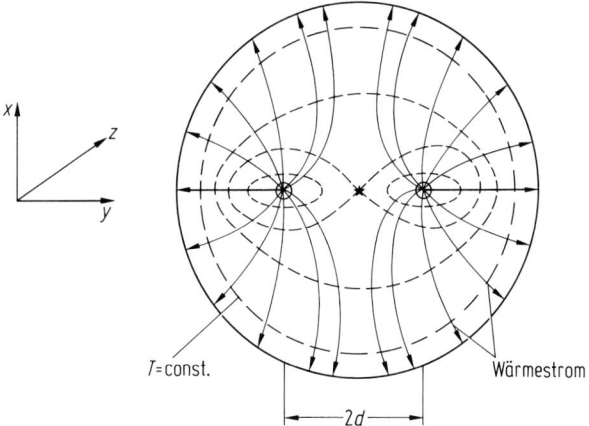

Abb. 1.54 Temperaturfeld und Wärmestrom in der zur Messung der Wärmeströmungsdoppelbrechung verwendeten Anordnung. Zwei Drähte im Abstand $2d$ befinden sich auf einer höheren Temperatur als der Zylindermantel. Das parallel zur Zylinderachse einfallende Licht zum Nachweis der Doppelbrechung geht durch die Mitte.

werden, wobei nun der Koeffizient β_λ durch verallgemeinerte Stoßintegrale ausgedrückt ist, die bereits in der Theorie der Strömungsdoppelbrechung und der Senftleben-Beenakker-Effekte der Viskosität und der Wärmeleitfähigkeit vorkommen.

Im Gegensatz zu β, das unabhängig vom Druck p bzw. von der Teilchendichte n ist, ist β_λ (für den Fall, wo die freie Weglänge noch klein im Vergleich zu den Gefäßabmessungen ist) proportional zu n^{-1} bzw. p^{-1}. Das Produkt $p\beta_\lambda$ hat nicht nur die gleiche Dimension wie β, sondern ist auch positiv und von vergleichbarer Größe (s. Tab. 1.13 und 1.14). Die grundsätzliche Bedeutung der Wärmeströmungsdoppelbrechung liegt in der Möglichkeit, hier die kinetische Theorie jenseits des hydrodynamischen Bereiches in verdünnten Gasen testen zu können, ohne dass gleichzeitig Randeffekte berücksichtigt werden müssen (s. Abschn. 1.3.5). Tatsächlich stimmen Theorie und Experiment für die bisher untersuchten Gase, wie aus Tab. 1.14 ersichtlich, innerhalb der Messgenauigkeit überein.

Tab. 1.14   Vergleich der berechneten und der gemessenen Werte des Produkts des Drucks p und des Wärmeströmungsdoppelbrechungskoeffizienten β_λ für einige Gase bei $T = 300\,\mathrm{K}$ (nach [68]).

		N_2	CO	O_2	HD
$p\beta_\lambda/10^{-16}\,\mathrm{s}$	berechnet	2.2	1.3	3.7	1.9
	experimentell	2.4 ± 0.2	1.2 ± 0.1	3.8 ± 0.2	–

Bei der Wärmeleitung in einem verdünnten, mehratomigen Gas ist auch zu erwarten, dass Wandstöße zu einer Vorzugsausrichtung der Rotationsdrehimpulse führen [69]. Die daraus resultierende Doppelbrechung in der Randschicht eines wärmeleitenden Gases ist ebenfalls experimentell gesucht worden [69].

1.4.2.4 Weitere Methoden zum Nachweis der molekularen Ausrichtung

Neben der Doppelbrechung können weitere Methoden zum direkten Nachweis der in einer Nichtgleichgewichtssituation vorliegenden Ausrichtung der Rotationsdrehimpulse der Moleküle verwendet werden. Hier ist an erste Stelle die *Polarisationsanalyse der Fluoreszenzstrahlung* zu nennen. Damit wurde die Ausrichtung von Na_2-Molekülen in einer Düsenströmung [70] nachgewiesen und die Kagan-Polarisation bei der Wärmeleitung in einem I_2-Gas gemessen [71].

In einem Gas aus symmetrischen Kreiselmolekülen mit elektrischem Dipolmoment (z. B. CH_3Cl, $CHCl_3$) kann im Prinzip bei der Wärmeleitung eine Ausrichtung der Dipole erzeugt werden, die zu einer elektrischen Polarisation proportional zum Temperaturgradienten führt [72]. Der experimentelle Nachweis dieser thermoelektrischen Polarisation in Gasen ist bisher nicht gelungen.

1.4.3 Effektive Wirkungsquerschnitte, Vergleich zwischen Theorie und Experiment

Im Rahmen der kinetischen Theorie der molekularen Gase sind die Transportkoeffizienten, wie λ und η, deren Beeinflussung durch äußere Felder, sowie Nicht-Gleichgewichtsausrichtungseffekte durch Relaxationskoeffizienten ausgedrückt worden (z. B. Gl. (1.103), (1.181), (1.183), (1.187), (1.197), die wiederum durch verallgemeinerte Stoßintegrale gegeben sind). Für einen quantitativen Vergleich zwischen Theorie und Experiment ist es zweckmäßiger, die gemäß

$$\omega.. = n c_0 \sigma.. \tag{1.199}$$

definierten effektiven Wirkungsquerschnitte $\sigma..$ statt der Relaxationskoeffizienten $\omega..$ zu benutzen. Hier ist $c_0 = 4 C_{th}/\sqrt{\pi}$ eine mittlere Geschwindigkeit und n ist die Teilchendichte. In Tab. 1.15 sind für einige molekulare Gase, die mit den Relaxationsfrequenzen ω_p, ω_a, ω_{ap} und ω_K verknüpften effektiven Querschnitte σ_p, σ_a, σ_{ap} und σ_K aufgelistet. Sie sind aus Messungen der feldfreien Viskosität und des Senftleben-Beenakker-Effektes der Viskosität und der Wärmeleitfähigkeit (bei $T = 300$ K) mithilfe der im Rahmen der kinetischen Theorie abgeleiteten Formeln entnommen. Die ab-initio-Berechnung dieser effektiven Streuquerschnitte (bei denen Mitteilungen über Ablenkwinkel, Relativgeschwindigkeit, den mit den Drehimpulsen verknüpften magnetischen Quantenzahlen und den Rotationszuständen auszuführen sind) setzt voraus, dass die molekulare Wechselwirkung gut genug bekannt und vor allem das (quantenmechanische) Streuproblem gelöst ist. Die quantitativ zufriedenstellende Durchführung des Programmes der statistischen Physik, eine Brücke zu schlagen von den Eigenschaften der Moleküle und ihrer Wechselwirkung untereinander zu den makroskopisch messbaren Eigenschaften der Gase, ist für H_2 und für HD/He-Gemische gelungen [22]. Ausgehend von einem nichtsphärischen Potential der Form Gl. (1.17) bzw. Gl. (1.18) werden – ohne anpassbaren Parameter – die effektiven Wirkungsquerschnitte, die aus der Messung von Transportkoeffizienten, des Magnetfeldeinflusses auf diese, der Strömungsdoppelbrechung (sowie aus der Stoßverbreiterung der depolarisierten Rayleigh- und Raman-Streuung) entnommen werden, für alle untersuchten Temperaturen richtig wiedergegeben.

Es sollte nochmals auf das sehr fruchtbare Zusammenwirken von Experiment und Theorie hingewiesen werden. Die kinetische Theorie hat die grundsätzliche Erklärung der großen Fülle der physikalischen Eigenschaften molekularer Gase (neben

Tab. 1.15 Die effektiven Wirkungsquerschnitte σ_p, σ_a, σ_{ap} und σ_K für einige Gase bei $T = 300$ K (Daten nach Thijsse et al. [76]).

	p-H_2	HD	N_2	CO	CO_2	OCS	CS_2	CH_3F	CHF_3
$\sigma_p/10^{-20}$ m^2	19	19	35	35	52	73	108	57	65
$\sigma_a/10^{-20}$ m^2	0.5	2.2	24	33	69	80	117	68	98
$\sigma_{ap}/10^{-20}$ m^2	0.02	0.3	1.5	2.0	3.9	4.8	4.7	1.8	3.5
$\sigma_K/10^{-20}$ m^2	17	14	44	48	85	99	–	106	110

den hier behandelten Phänomenen gilt dies z. B. auch für die Kernspinrelaxation und die Linienverbreiterung bei der depolarisierten Rayleigh-Streuung [50]) geliefert, und den Experimentatoren ist es gelungen, einige der subtilen, von der Theorie vorhergesagten neuen Effekte nachzuweisen.

1.5 Molekularstrahlen

1.5.1 Molekularstrahlquellen

Gerichtete Molekularstrahlen können sich in verdünnten Gasen und im Vakuum ausbreiten, wenn der mittlere räumliche Abstand zwischen einzelnen Molekularstößen Λ größer wird als die während der Strahlbeobachtung vom Strahl durchquerte Strecke. Es wurde bereits früh erkannt, dass Moleküle, die aus einer gasgefüllten Kammer mit einer dem Kammerdruck p_0 entsprechenden freien Weglänge Λ_0 durch eine vergleichsweise enge Öffnung mit Durchmesser D_0 in eine Vakuumkammer austreten, sich nach dem Austritt durch die Trennwandöffnung völlig stoßfrei in das Vakuum ausbreiten, wenn die Knudsen-Bedingung $\Lambda_0 > D_0$ erfüllt ist (*Knudsen*, um 1905). Kollimiert man diesen breit austretenden Molekülstrom, wie in Abbildung 1.55 skizziert, im Abstand X_1 am Ende der ersten Vakuumkammer durch eine schmale Blende mit Durchmesser D_2, so entsteht in der zweiten Vakuumkammer ein gut ausgerichteter Molekularstrahl mit einem maximalen Divergenzwinkel $\Delta\theta \approx (D_2 + D_0)/X_1$. Das in Kammer 1 verbleibende Gas muss durch eine Vakuumpumpe beseitigt werden. Da die Saugleistung S_1 von Vakuumpumpen beschränkt ist (typisch sind Werte zwischen 50 und 5000 $1 s^{-1}$), baut sich aufgrund des Quell-

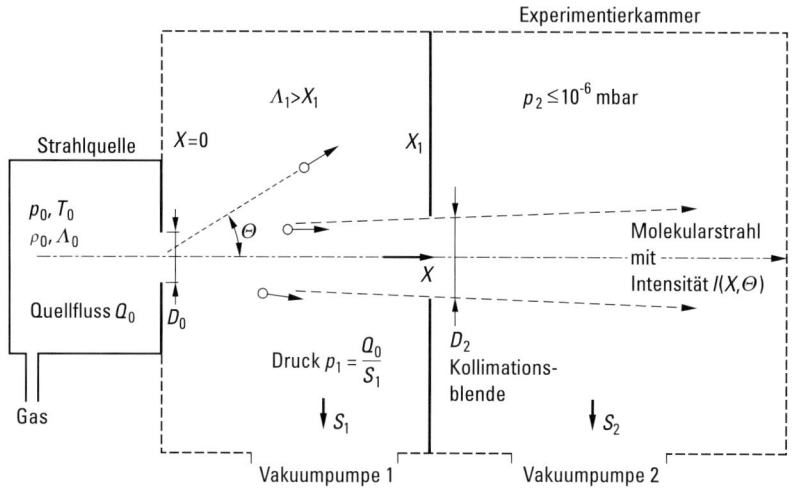

Abb. 1.55 Molekularstrahlquelle mit differentieller Pumpstufe und Vakuumexperimentierkammer.

gasflusses Q_0 ein Kammerdruck $p_1 = Q_0/S_1$ auf, der die freie Weglänge aus Gl. (1.200) in Kammer 1 beschränkt. Der Kammerdruck ist selbst wieder Ausgangspunkt für einen sekundären diffusen Molekularstrom durch die Blendenöffnung D_2 in die Experimentierkammer und stört dort möglicherweise, wenn die Pumpsaugleistungen zu gering sind. Die maximal erreichbare experimentelle Molekularstrahlintensität ist daher vor allem durch die Vakuumpumpengröße beschränkt.

1.5.1.1 Effusive Molekularstrahlen

Zur Kennzeichnung des Grades der Stoßfreiheit im Molekularstrahl wird vielfach die „Knudsen-Zahl" $Kz = \Lambda/D$ verwendet. In der kinetischen Gastheorie wird für das einfachste Gasmodell mit kugelförmigen, elastisch stoßenden Gasmolekülen vom Radius R_{gas} ein „kinetischer" molekularer Gesamtstreuquerschnitt (s. Gl. (1.5))

$$\sigma_t = 4\pi R_{\text{gas}}^2$$

angegeben und damit eine „mittlere freie Weglänge"

$$\Lambda = \frac{1}{\sqrt{2} n \sigma_t} \tag{1.200}$$

für ein Gas mit gleichförmiger Teilchenzahldichte n berechnet. Diese gilt für Moleküle mit der im thermodynamischen Gleichgewicht gültigen Boltzmann-Verteilung für die molekularen Geschwindigkeiten

$$f(\boldsymbol{v})\,\mathrm{d}\boldsymbol{v} = \left(\frac{m}{2\pi kT}\right)^{\frac{3}{2}} \mathrm{e}^{-\frac{mv^2}{2kT}}\,\mathrm{d}\boldsymbol{v} \tag{1.201}$$

(in kartesischen Koordinaten), die in Radialkoordinatendarstellung mit der radialen Geschwindigkeit v zur Maxwell'schen Geschwindigkeitsverteilung wird:

$$f(v) = 4\pi \left(\frac{m}{2\pi kT}\right)^{\frac{3}{2}} v^2 \mathrm{e}^{-\frac{mv^2}{2kT}} \tag{1.202}$$

(s. [80] und Abschn. 1.2.2.2). Sie ist durch die Boltzmann-Konstante k, die Masse m der Gasatome und die Gas-Gleichgewichtstemperatur T bestimmt. Ihre mittlere Molekülgeschwindigkeit Gl. (1.48) beträgt

$$\langle v \rangle = \sqrt{\frac{8kT}{\pi m}}. \tag{1.203}$$

Für Luft (N_2 mit $m = 28$ amu; die atomare Masseneinheit wird gelegentlich auch mit Dalton bezeichnet: 1 amu $= 1.66057 \cdot 10^{-27}$ kg $= 1$ Da) bei Normaltemperatur (T $= 298$ K) ist $\langle v \rangle \approx 470$ m s^{-1}.

Bemerkenswerterweise ist für das Harte-Kugeln-Gasmodell die mittlere freie Weglänge temperaturunabhängig. Jedoch zeigen realistischere zwischenmolekulare Wechselwirkungspotentiale von der Stoßenergie abhängige Gesamtwirkungsquerschnitte σ_t und damit temperaturabhängige freie Weglängen Λ.

Aus der Maxwell-Geschwindigkeitsverteilung berechnet sich bei stoßfreiem Gasaustritt durch eine Öffnung der Fläche A in einer ausgedehnten dünnen Trennwand ein molekularer Fluss

$$\frac{dN(\Theta)}{dt}\, d\boldsymbol{\Omega} = \frac{1}{4\pi}\, n\, \langle v \rangle\, A \cos\Theta \, d\boldsymbol{\Omega} \qquad (1.204)$$

in ein Raumwinkelelement $d\boldsymbol{\Omega}$, für den Winkel Θ bezüglich der Flächennormale der Austrittsöffnung [80, 5]. Auf der Hauptachse ist damit die Strahlintensität effusiver Molekularstrahlquellen

$$I_0 \equiv \frac{dN(\Theta = 0)}{dt} \approx 0.84 \cdot 10^{22}\, \frac{P_{mbar}\, A_{cm^2}}{\sqrt{m_{amu}\, T_K}}\, \frac{\text{Moleküle}}{\text{s sr}}. \qquad (1.205)$$

Der Gesamtfluss durch eine idealisierte Öffnung mit Fläche A in einer dünnen ebenen Wand ist

$$\frac{dN}{dt} = \frac{1}{4}\, n\, \langle v \rangle\, A. \qquad (1.206)$$

Das Produkt aus Querschnittsfläche und Molekülgeschwindigkeit bezeichnet man als den molekularen Leitwert oder die (maximale) Saugleistung einer Vakuumblende

$$S_A = \frac{1}{4}\, \langle v \rangle\, A. \qquad (1.207)$$

Bei stoßfreier Molekularströmung im Hochvakuumbereich ist die Saugleistung einer Komponente unabhängig von der anliegenden Druckdifferenz $p_1 - p_2$.

Anstelle des Teilchenflusses durch eine Öffnung dN/dt (Gl. (1.206)) gibt man häufig den molekularen Gesamtfluss

$$Q = S_A(p_1 - p_2) \qquad (1.208)$$

(üblicherweise in mbar l s^{-1}) für ein Gas bei der Normaltemperatur 298 K an. Über die Beziehung 1 mbar l s^{-1} = 1 bar cm^3 s^{-1} = 0.0446 mmol s^{-1} = $2.67 \cdot 10^{19}$ Moleküle s^{-1} lassen sich beide Maßeinheiten ineinander umrechnen.

Für das Beispiel N$_2$ bei 298 K ist $S_A/A \approx 11.8$ l cm^{-2} s^{-1}. Angewendet auf die in Abb. 1.55 skizzierte Molekularstrahlanordnung schätzt man damit Folgendes ab: Eine Vakuumpumpe mit 100 cm^2 Ansaugöffnung liefert maximal $S_1 \approx 1000$ l s^{-1} Saugleistung. Der (N$_2$-)Gasdurchfluss einer Molekularstrahlquelle mit Arbeitsdruck $p_0 = 1$ mbar und $D_0 = 0.2$ mm ist $Q_0 = 0.0037$ mbar l s^{-1}. Dadurch steigt der Druck auf $p_1 = 3.7 \cdot 10^{-6}$ mbar in der ersten Vakuumkammer in Abb. 1.55. Die freie molekulare Weglänge in N$_2$ beträgt bei 1 mbar ($T_0 = 298$ K) $\Lambda \approx 0.1$ mm, so dass diese Molekularstrahlöffnung gerade an der Knudsen-Grenze $D \approx \Lambda$ arbeitet. Der erzeugte effusive Molekularstrahl hat eine Intensität $I_0 = 2.9 \cdot 10^{16}$ Moleküle s^{-1} sr^{-1}.

1.5.1.2 Düsenstrahlen

Beim Erhöhen des Betriebsdrucks einer Molekularstrahlquelle treten molekulare Stöße auch nach dem Austritt durch die Quellöffnung auf, so dass sich in das Um-

gebungsvakuum hinein eine hydrodynamische Kontinuumsströmung entwickelt
[81]. Ähnlich wie in Triebwerksdüsen führt die rasche Expansion zu einer Umwandlung der inneren Gasenergie in Strömungsbewegung, bei der gleichzeitig die innere
Temperatur des strömenden Gases adiabatisch abkühlt [82, 83]. Entlang einer Strom-
linie dieser Düsenströmung fällt die Gastemperatur vom Ausgangswert T_0 auf einen
Wert T ab, wobei sich ein Teil der Enthalpie $h(T) = c_p T$ des Gases (hier bezogen
auf das Einzelmolekül mit Masse m) in Strömungsenergie $\frac{1}{2} m u^2$ umwandelt.

$$h_0(T_0) = \frac{1}{2} m u^2 + h(T). \tag{1.209}$$

Bei Einsetzen der spezifischen Wärme $c_p = \frac{1}{2}(2+f)k$ von hier betrachteten idealen
Gasen und perfekten Gasen mit f aktiven inneren Molekülfreiheitsgraden ($f = 3$
bei einatomaren Edelgasen, $f = 5$ für die Rotation von zweiatomigen oder linearen
Molekülen und $f = 6$ z. B. für höhere Temperatur mit Anregung der Vibration bei
N_2, CO oder H_2) erhält man für die maximale Ausströmgeschwindigkeit

$$u_\infty = \sqrt{(2+f)\,kT/m}. \tag{1.210}$$

Bei der Verwendung des Adiabatenexponenten $\gamma = c_p/c_v = (2+f)/f$ (mit $\gamma = 5/3$
für einatomige 7/5 für zweiatomige Moleküle, siehe Tab. 1.3) zeigt ein Vergleich mit
der Schallgeschwindigkeit $c = \sqrt{\gamma\,kT/m}$

$$u_\infty = c_0 \sqrt{\frac{2}{\gamma - 1}} = \langle v \rangle \sqrt{\frac{1}{4}\frac{\pi\gamma}{\gamma - 1}} \tag{1.211}$$

für das Verhältnis der Grenzgeschwindigkeit u_∞ zur Schallgeschwindigkeit c_0 und
zur bereits eingeführten mittleren Molekulargeschwindigkeit $\langle v \rangle$ der Maxwell-Verteilung bei der Quelltemperatur T_0.

Da für die lokale Strömungsgeschwindigkeit bei lokaler Strömungstemperatur T

$$u = \sqrt{2\frac{h_0}{m}\left(1 - \frac{T}{T_0}\right)} \tag{1.212}$$

gilt, lässt sich die lokale Mach-Zahl $M = u/c$ und das dazu proportionale (auch
„speed ratio" genannte) Geschwindigkeitsverhältnis $S = (\gamma/2)^{1/2} M$ als

$$S = \sqrt{\left(\frac{T_0}{T} - 1\right)\frac{\gamma}{\gamma - 1}} \tag{1.213}$$

ausdrücken.

Damit kann man die molekulare Geschwindigkeitsverteilung in Düsenexpan-
sionsströmungen mit Geschwindigkeit u und lokaler Ensembletemperatur T als eine
um die mittlere Strömungsgeschwindigkeit verschobene, „gleitende Maxwell-Verteilung" (engl. „floating Maxwellian") darstellen:

$$f(v)\mathrm{d}v = C_{\mathrm{Norm}}v^2 \mathrm{e}^{-\frac{m(v-u)^2}{2kT}}\,\mathrm{d}v. \tag{1.214}$$

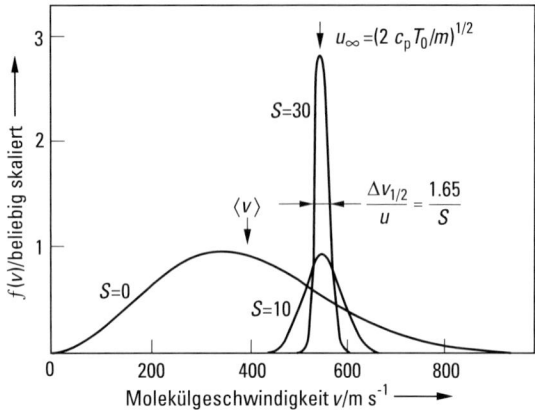

Abb. 1.56 Molekulare Geschwindigkeitsverteilungen von Überschallstrahlen mit Geschwindigkeitsverhältnis $S = 10$ und $S = 30$, gezeigt für Ar bei einer Düsentemperatur $T_0 = 298$ K. Bei niedrigem Geschwindigkeitsverhältnis geht die Überschallverteilung mit $S \to 0$ asymptotisch in die Maxwell-Verteilung einer effusiven Molekularstrahlquelle mit niedrigem Quellendruck p_0 über.

Diese Verteilung lautet mit dem für das Anpassen an experimentell bestimmte Geschwindigkeitsverteilungen besser geeigneten (in Strahlausbreitungsrichtung gemessenen) „parallelen Geschwindigkeitsverhältnis" $S_{\parallel} = \sqrt{\frac{1}{2} m\, u^2 / (kT_{\parallel})}$)

$$f(v) = C v^2 \mathrm{e}^{-S_{\parallel}^2 \left(1 - \frac{v}{u}\right)^2} \tag{1.215}$$

Ein Beispiel für die Entwicklung einer Maxwell'schen Geschwindigkeitsverteilung (mit $S = 0$) zu Überschall-Geschwindigkeitsverteilungen mit $S = 10$ und $S = 30$ ist in Abb. 1.56 für ein Gas mit Masse 40 amu (Argon) $\gamma = 1.67$ (einatomig) und die Quelltemperatur $T_0 = 298$ K dargestellt. Die dem gezeigten Geschwindigkeitsverhältnis von $S = 30$ entsprechende Mach-Zahl ist $M = (2/\gamma)^{1/2}\, S = 32.8$. Überschall-Molekularstrahlquellen ohne bewegte Teile oder Geschwindigkeitsfilter erzeugen nahezu „monochromatische" Molekularstrahlen, die zudem bei sehr niedriger Molekültemperatur auch wesentlich vereinfachte Rotations- und Vibrationszustandsbesetzungen besitzen.

Die relative Halbwertsbreite der Überschallstrahl-Geschwindigkeitsverteilung ist

$$\frac{\Delta v_{\frac{1}{2}}}{u} = 1.65\, S. \tag{1.216}$$

Gegenüber der Verwendung der Mach-Zahl, dem Standard der Aero-Hydrodynamik, hat die Angabe des Gechwindigkeitsverhältnisses S den Vorzug der Eindeutigkeit bei Molekularstrahlen mit mehratomigen Molekülen. Eine Kenntnis über das Einfrieren einzelner innerer Freiheitsgrade f, die über γ auch die Schallgeschwindigkeit beeinflussen könnten, ist nämlich nicht notwendig. Wenn einzelne innere Molekülzustände nicht weiter gekühlt werden, verliert auch die Gesamttemperatur T ihre Bedeutung. Darum werden für die Beschreibung hochexpandierter Düsenstrahlen einzelnen Molekularfreiheitsgraden häufig separate Temperaturen zugewiesen. Man verwendet dann bei der Auswertung gemessener Geschwindigkeitsverteilungen das „parallele" Geschwindigkeitsverhältnis $S_{\parallel}$ und die Translationstemperatur $T_{\parallel}$, um damit zu bezeichnen, dass nur eine Verteilung in Richtung der Ausbreitungsachse bestimmt wurde. Aussagen über den „eingefrorenen" Anteil der Gesamtenergie erhält man bei Vergleich der aus gemessenen Werten u und T bestimmten scheinbaren Quellenthalpie mit den bekannten thermochemischen Enthalpiewerten $h_0 = c_p T_0$.

Zur realistischen Approximation von idealisierten Überschall-Molekularstrahlenquellen genügt bereits ein einfaches Zweibereich-Strömungsmodell, das in Abb. 1.57 illustriert wird. Im Anfangsbereich (I) erreicht beim Durchströmen der Düsenöffnung die hier noch hydrodynamisch verlaufende Kontinuumsgasströmung an der engsten Stelle der Düsenöffnung Schallgeschwindigkeit mit lokaler Mach-Zahl $M = 1$ und expandiert dann als Überschallströmung entlang radial divergenten Stromlinien weiter in das Umgebungsvakuum. Schließlich wird dabei die Gasteilchendichte so gering, dass keine weiteren Stöße mehr stattfinden. Das Gas strömt von da an als freie Molekularströmung im Außenbereich (II). Im Molekularbereich nimmt, bei unverändert bleibender Geschwindigkeitsverteilung, nur noch die zur Ausbreitungsrichtung „senkrechte Strahltemperatur" $T_{\perp}$ ab, da stärker divergierende Einzelmoleküle stoßlos in benachbarte Stromlinienbereiche übertreten. In Region (i) bleibt der Massenfluss $\varrho \cdot u \cdot A$ entlang jeder Stromröhre konstant. Da

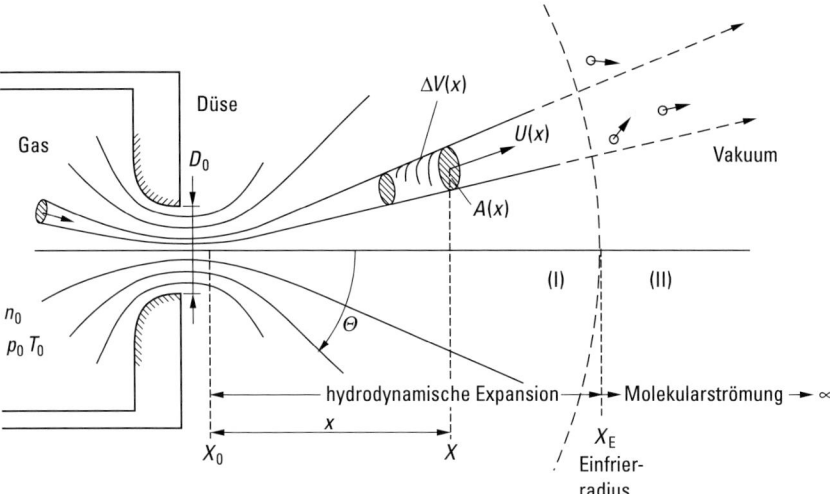

Abb. 1.57 Düsenstrahlquelle mit (I) hydrodynamischem Gasexpansionsbereich und (II) Übergang zur freien Molekularströmung für große Düsenabstände. Das Geschwindigkeitsverhältnis S steigt mit zunehmendem Abstand in der durch Molekularstöße relaxierenden Gasströmung bis zum „Einfrieren" der Stöße beim Radius X_E. Der Einfrierabstand X_E wächst mit dem Produkt $p_0 D_0$ (der inversen Knudsen-Zahl Kn der Düsenströmung) an und bestimmt das im freien Molekularstrahlbereich erreichte Geschwindigkeitsverhältnis S_∞ eines „Düsenstrahls".

die Strömungsgeschwindigkeit in größerem Düsenabstand ihrem Grenzwert $u_\infty = \sqrt{2/(\gamma - 1)}c_0$ zustrebt, wird die Expansion eines Kontrollvolumenelements $\Delta V(x)$ hier ausschließlich durch die Zunahme des Stromröhrenquerschnitts $A(x)$ bestimmt, der im asymptotischen Radialexpansionsbereich proportional zu $(x/D_0)^2$ anwächst. Bei adiabatischer (isentroper) Expansion des Gasflusses folgt für die mit der Volumenzunahme auftretende Temperaturabnahme

$$\frac{T(x)}{T_0} = \left(\frac{\Delta V_0}{\Delta V}\right)^{\gamma - 1} = \left(\frac{n}{n_0}\right)^{\gamma - 1} = K_{\text{Düse}}^{\gamma - 1}\left(\frac{x}{D_0}\right)^{-2(\gamma - 1)} \tag{1.217}$$

mit einem Wert von $K_{\text{Düse}} \approx 0.150(\gamma - 1)^{1/2}$ für die am häufigsten in Molekularstrahlquellen als Düsen verwendeten, kreisrunden Lochblenden mit sehr kurzer Kanallänge.

In einer Düsenexpansion kühlt daher aufgrund der unterschiedlichen γ-Werte ein zweiatomiges Gas mit $x^{-4/5}$ Abstandsabhängigkeit deutlich langsamer ab als ein einatomiges Gas, bei dem $T \sim x^{-4/3}$ abfällt.

Analog erweiterte Betrachtungen der Bernoulli-Gleichung für kompressible Fluide in konvergent-divergent geformten Düsen ergeben für den Gesamtgasfluss durch eine Düse, mit $M = 1$ am engsten Öffnungsquerschnitt mit einer Fläche $A_0 = 1/4 \pi D_0^2$, den Massenfluss

$$Q_0 = \varrho_0 c_0 A_0 \left(\frac{2}{\gamma - 1}\right)^{\frac{\gamma + 1}{2(\gamma - 1)}} = \frac{p_0}{\sqrt{RT_0}} A_0 \sqrt{\gamma} \left(\frac{2}{\gamma - 1}\right)^{\frac{\gamma + 1}{2(\gamma - 1)}}. \tag{1.218}$$

Für eine Lochdüse ist nach Ashkenas und Sherman [84] die Winkelverteilung des austretenden Überschall-Gasstroms annähernd proportional zu $\cos^2\Theta$, also geringfügig schmaler als die $\cos\Theta$-Verteilung der Effusionsquellen. Für die Strahlintensität in eine ausgewählte Richtung Θ gilt angenähert

$$I(\theta)\mathrm{d}\boldsymbol{\Omega} = \tfrac{2}{3}\pi\cos^2\Theta \cdot Q_0\mathrm{d}\boldsymbol{\Omega}. \tag{1.219}$$

Numerisch explizit gilt für Edelgase und für Luft auf der Strahlachse bei $\theta = 0$

$$I(\theta = 0) = 0.269\,\varrho_0\,c_0\,(\pi D_0^2/4) \quad \text{für } \gamma = 5/3, \tag{1.220a}$$

$$I(\theta = 0) = 0.276\,\varrho_0\,c_0\,(\pi D_0^2/4) \quad \text{für } \gamma = 7/5. \tag{1.220b}$$

Für die Strahldichte im Abstand x von der Düse erhält man damit, bezogen auf Quellbedingungen, für die Teilchenzahlendichte n oder für Massendichten ϱ

$$\frac{n}{n_0} = \frac{\varrho}{\varrho_0} = \frac{I_0}{x^2 u_\infty} \approx 0.150\sqrt{\gamma - 1}\left(\frac{D_0}{x}\right)^2. \tag{1.221}$$

Die Lage X_{E} des Übergangs der isentropen Gasexpansion vom Bereich (i) in Abb. 1.57 in die freie Molekularströmungsregion (ii) bestimmt schließlich die maximal erreichbare innere Abkühlung des Molekularstrahls.

Der Einfrierabstand X_{E}, bei dem formal der letzte Stoß stattfindet, ergibt sich aus einer Betrachtung der mittleren freien Weglänge in Gasen mit inhomogener, ortsabhängiger Dichte $n(x)$. Die Stoßwahrscheinlichkeit auf dem Weg von X_1 nach X_2 ist entsprechend zur eingangs verwendeten Notation für die freie Weglänge Λ

$$W_{12} = \int_{X_1}^{X_2 = \infty} \sqrt{2}\,n(x)\sigma_0 \mathrm{d}x = 0.150 \cdot \sqrt{2}\sigma_0 n_0 \sqrt{\gamma - 1}\, \frac{D_0^2}{X_1}, \qquad (1.222)$$

wobei für $n(x)$ die vorangehende Beziehung für n/n_0 beim Lochblendendüsenstrahl eingesetzt wird. Damit gilt bei Stoßwahrscheinlichkeit $W_{12} = 1$ für den letzten Stoß bei $X_1 = X_E$

$$\frac{X_E}{D_0} = 0.212\sqrt{\gamma - 1}\,\sigma_0 n_0 D_0 = K_{\mathrm{Düse}}(\gamma)\,\frac{D_0}{\Lambda_0} \qquad (1.223)$$

mit $K_{\mathrm{Düse}}(\gamma) = 0.150\,(\gamma - 1)^{1/2}$ für Lochblendendüsen (≈ 0.12 für $\gamma = 5/3$ und ≈ 0.095 für $\gamma = 7/5$).

Der reduzierte Einfrierabstand der Expansion (X_E/D_0) wächst proportional zum Düsendurchmesser und zur Anfangsgasdichte. Alternativ kann man diesen Skalierungsquotienten auch als die inverse Knudsen-Zahl der Düse $Kz_0^{-1} = D_0/\Lambda_0$ interpretieren. Im Grenzfall $\Lambda_0/D_0 > 1$ kommt man daher auf die für effusive, stoßfreie Molekularstrahlexpansion geltende Knudsen-Bedingung zurück.

Einsetzen von X_E in die Adiabatengleichen (1.217) liefert für die in der Düsenstrahlexpansion erreichbare Grenztemperatur

$$\frac{T}{T_0} = \left(K_{\mathrm{Düse}}(\sqrt{2}\sigma_0 n_0 D_0)^2 \right)^{1-\gamma}, \qquad (1.224)$$

und das Endgeschwindigkeitsverhältnis des Molekularstrahls Gl. (1.213) wird für $T_0 \gg T$

$$S_{\parallel} = \sqrt{\frac{\gamma}{\gamma - 1}}\,K_{\mathrm{Düse}}^{\gamma-1}(\sqrt{2}\sigma_0 n_0 D_0)^{\gamma-1} = A(\gamma)(\sqrt{2}\sigma_0)^{1-\gamma}\left(\frac{p_0 D_0}{RT_0}\right)^{\gamma-1}. \qquad (1.225)$$

Der Zahlenfaktor $A(\gamma)$ liegt in der Größenordnung 0.5.

Als Zahlenbeispiel seien die Gase Argon und Stickstoff betrachtet, deren harte Kugeln (Viskositäts-)Durchmesser bei $\sigma_0 = 0.29\,\mathrm{nm}$ für Ar und bei $0.31\,\mathrm{nm}$ für N_2 liegen (sowie $0.19\,\mathrm{nm}$ für He, $0.24\,\mathrm{nm}$ für H_2) [85]. Für einen Düsendruck $p_0 = 1\,\mathrm{bar}$ ist bei $T_0 = 298\,\mathrm{K}$ die Teilchendichte $n_0 = 2.69 \cdot 10^{19}\,\mathrm{cm}^{-3}$. Daher sind bei diesen Standardbedingungen die freien Weglängen $\Lambda_0(\mathrm{Ar}) = 1/(2^{1/2}n_0\sigma_2) = 1.0 \cdot 10^{-5}\,\mathrm{cm}$ und $\Lambda_0(N_2) = 0.88 \cdot 10^{-5}\,\mathrm{cm}$ (für He $\Lambda_0 = 2.32 \cdot 10^{-5}\,\mathrm{cm}$ und für H_2 $\Lambda_0 = 1.45 \cdot 10^{-5}\,\mathrm{cm}$). Wird die Expansion aus einer Düse mit $D_0 = 100\,\mu\mathrm{m}$ erzeugt, so ist die inverse Knudsen-Zahl $D_0/\Lambda_0 = 1.0 \cdot 10^3$ für Ar bzw. $1.14 \cdot 10^3$ für N_2. Daraus ergibt sich nach Gl. (1.223) ein Einfrierradius $X_E \approx 1.2\,\mathrm{cm}$ für einen Argondüsenstrahl bei $T_0 = 298\,\mathrm{K}$, $p_0 = 1\,\mathrm{bar}$ und $D_0 = 0.01\,\mathrm{cm}$. Das Argon erreicht ein Geschwindigkeitsverhältnis $S_{\parallel} \approx 80$ nach Gl. (1.225).

Für den N_2-Strahl bei 1 bar, 298 K und $D_0 = 0.01\,\mathrm{cm}$ wird nach diesem Modell der Einfrierradius $X_E \approx 1.1\,\mathrm{cm}$ und $S_{\parallel} \approx 20$, da die adiabatische Kühlung bei zweiatomigen Molekülen sehr viel langsamer abläuft.

Auch das Einfrierverhalten der Rotationsfreiheitsgrade kann leicht abgeschätzt werden. Für N_2 ist die Stoßzahl $Z_{\mathrm{Rot}} \approx 2.5$. Stoßzahlen Z werden in Temperatursprungexperimenten zur Beschreibung der langsameren Relaxationszeit innerer Molekülfreiheitsgrade im Vergleich zur gaskinetischen Stoßrate verwendet. Der integrale Streuquerschnitt für die Rotationskühlung ist damit

$$\sigma_{\mathrm{Rot}} = \frac{\sigma_0}{Z_{\mathrm{Rot}}} \qquad (1.226)$$

($\sigma_{\mathrm{Rot}} = \sigma_0(N_2)/2.5$ für N_2). Einsetzen dieses Wirkungsquerschnitts in Gl. (1.223) zeigt daher beim betrachteten Beispiel einen um den Faktor Z_{Rot} geringeren Einfrierradius von $X_{\mathrm{E,Rot}} \approx 0.45\,\mathrm{cm}$ für die Rotation des N_2-Moleküls. Die Anwendung von σ_{Rot} in Gl. (1.224) zur Bestimmung der Endrotationstemperatur des N_2-Düsenstrahls ergibt für dieses Beispiel einen Modellwert von $T_{\mathrm{Rot}} \approx 6\,\mathrm{K}$, bei dem nur noch zwei bis drei der niedrigsten Rotationsniveaus des Stickstoffmoleküls besetzt sind.

Jenseits des Einfrierabstandes für die Rotationsfreiheitsgrade des zweiatomigen Gases muss die Translationskühlung wie bei einem einatomigen Gas weiter verlaufen, also mit einer erhöhten Kompressibilität von $\gamma = 5/3$. Die zunächst angegebene Abschätzung für den Kühlverlauf in einer Düsenstrahlexpansion mehratomiger Gase muss daher streng gesehen in mehreren Stufen mit sukzessive verschiedenen γ-Werten modelliert und ausgewertet werden. Hierzu und für vollständigere Modelle der Überschallstrahlkühlung bei Berücksichtigung des korrekten stark temperaturabhängigen Verlaufs der in die Kühlvorgänge eingehenden Stoßquerschnitte und Transportgrößenintegrale existiert umfangreiche Spezialliteratur. (Übersichtsartikel und Lehrtexte dazu sind [81, 80, 86].)

Der theoretisch ermittelte oder experimentell gefundene Verlauf von Geschwindigkeitsauflösung und Geschwindigkeitsverhältnissen von Düsenstrahlen wird empirisch in einer zu Gl. (1.225) homologen Form als

$$S_{\parallel \infty} = A[Kz^{-1}]^B \qquad (1.227)$$

wiedergegeben. Dabei wird $Kz^{-1} = 2^{1/2}n_0 D_0(53\,C_6/(k\,T_0))^{1/3}$ mit Hilfe der C_6-Konstante des Lennard-Jones-Potentials für Molekülwechselwirkungen angegeben ($C_6 = 6.8 \cdot 10^{-6}\,\mathrm{eV\,nm^6}$ für Argon). A und B werden empirisch bestimmt. Hierbei wurden Werte für $B = 0.545$ und $A = 0.57$ (für $\gamma = 5/3$) sowie $B = 0.353$ und $A = 0.783$ (für $\gamma = 7/5$) ermittelt [81].

1.5.1.3 Stoßwellen in der Düsenstrahlumgebung

Bei der Ausbreitung der Düsenstrahlüberschallströmung in das ruhende Restgas des Vakuumsystems bilden sich räumlich feststehende Schock- oder Stoßfronten aus, in denen das Gas aus der Überschallströmung in eine die Gleichgewichtsbedingungen sowie Energieerhaltung und Impulssatz erfüllende Strömung mit geringerer Mach-Zahl übergeht. Hierbei ändern sich sprungartig die Geschwindigkeit, die Gasdichte, die Temperatur, die Entropie und im Allgemeinen auch die Gasströmungsrichtung innerhalb weniger freier molekularer Weglängen. Nur die Enthalpie Gl. (1.209) bleibt in dem adiabatischen Vorgang erhalten [82, 83, 86]. Die hervorragenden Molekularstrahleigenschaften der Überschallexpansionsquelle werden beim Durchgang durch eine Schockfront wieder zerstört. Dieser sehr komplexe aerodynamische Vorgang folgt näherungsweise räumlichen Konturflächen, an denen der

Druck der expandierenden Überschallströmung gerade bis auf den Druck des ruhenden Umgebungsgases abgesunken ist. Die prinzipiellen Schockstrukturen eines Überschallfreistrahls illustriert Abb. 1.58a. Ein intakter Kernbereich des Überschallfreistrahls ist glockenartig durch einen seitlichen Randschock begrenzt, und auf der Strahlachse im Abstand x_M von der Düsenöffnung bildet sich ein als Mach-Scheibe bezeichnete Stoßfront aus. Für einfache Lochdüsen wächst der Abstand X_M der Mach-Scheibe mit zunehmendem Düsenarbeitsdruck p_0 und mit abnehmenden Druck p_1 des stationären Umgebungsgases im Verhältnis

$$\frac{X_M}{D_0} = 0.67 \sqrt{\frac{p_0}{p_1}}. \tag{1.228}$$

Der Durchmesser der Mach-Scheibe bis zum Beginn des Randbegrenzungsschocks beträgt

$$\frac{D_M}{X_M} \approx 0.45 \tag{1.229}$$

für Druckverhältnisse p_0/p_1 im Bereich 20 bis 1000 [84, 80].

Um Zerstörungen der Strahleigenschaften zu vermeiden, sollte die Strahlkollimationsblende bei einem Abstand $X_1 < X_M$ angebracht sein. Häufig liegt bei der Molekularstrahlerzeugung das Umgebungsvakuum in einem Bereich unterhalb 10^{-3} mbar mit dementsprechend freien Weglängen größer als 10 cm. Da die räumliche Durchgangsdicke der Stoßfront, die ja nicht kürzer als eine Weglänge sein kann, dann praktisch die Abmessungen der Vakuumapparatur immer überschreitet, wird die Lage der Mach-Scheibe für eine Molekularstrahlextraktion meistens bedeutungslos.

Eine weitere, in Abb. 1.58b gezeigte Stoßfront bildet sich jedoch immer aus, wenn die Überschallströmung auf ein Hindernis auftritt. Daher muss die zuvor in Abb. 1.55 besprochene Strahlkollimationsblende bei Düsenstrahlen eine nach Überschallströmungskriterien, ähnlich wie die Spitze von Überschallflugzeugen konstruierte Form besitzen, um die Auswirkung wandreflektierter und wandvorgelagerter Stoßwellen auf den extrahierten Molekularstrahl gering zu halten.

Eine Überschallströmung, die senkrecht auf eine Begrenzungswand auftrifft, führt zu einem wandabgelösten Schock vor der Aufprallwand, dessen Dichte durch den seitlich über die Wand wegströmenden Gasstrom der Düse bestimmt ist und daher weitgehend unabhängig vom Restgasdruck des Expansionsraums bleibt. Der Wandabstand X_W dieser Schockfrontart beträgt bei den hier betrachteten, üblichen Laboratoriumsdüsenstrahlen ungefähr $1 - 2$ cm und wird mit wachsender Gasstromdichte kleiner [87, 86]. Wandabgelöste Stoßfronten entstehen auch vor stumpfen Kegeln mit großen Apexwinkeln, doch diese beginnen sich bei Konuswinkeln kleiner als ungefähr $\pm 30°$ auf die Spitze anzulegen, wie in der Abb. 1.58c schematisch dargestellt ist [82]. Als Kollimationsblenden verwendet man daher konisch geformte Hohlkegel mit einer Länge von $20 - 30$ mm, die an der Spitze in sehr scharfkantige, mit 1 µm Präzision gearbeitete Durchgangsöffnungen übergehen. Die leicht wie eine Zwiebelturmspitze nach innen gekrümmte und daher am Eintritt besonders schlanke Gentry-Form arbeitet meist etwas besser bei sehr hohen Gasflüssen [88]. Man kann hier den Skimmer näher an die Düse heranbringen und einen höheren Molekular-

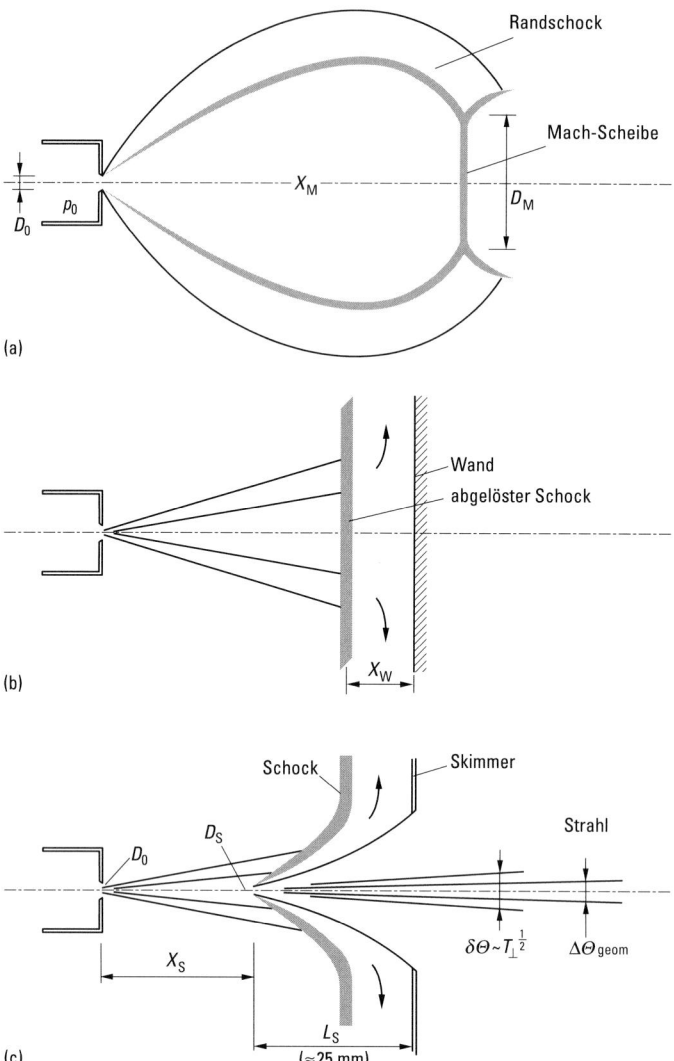

Abb. 1.58 Stoßfronten in der Umgebung von Düsenstrahlen. (a) Beim Eindringen in das Restgas der Strahlexpansionskammer bilden sich um den Überschallströmungsbereich stationäre Stoßwellen aus, in denen unter Entropiezunahme die Überschallströmung wieder in das lokale thermodynamische Gasgleichgewicht zurückkehrt. (b) Beim Auftreten auf eine feste Wand entsteht über der sich aufstauenden Gasströmung eine „wandabgelöste" Schockfront, in der die Überschallgeschwindigkeitsverteilung ebenfalls zerstört wird. (c) Spitz ausgebildete Strahlkollimatoren („Skimmer") überführen die Überschallmolekularströmung weitgehend ungestört durch die Stoßzonen in den freien Molekularströmungsbereich. Zur Strahldivergenz des extrahierten Molekularstrahls trägt zusätzlich zum rein geometrischen Kollimationswinkel $\Delta\Theta$ auch die innere Strahldivergenz der Düsenströmung $\delta\Theta$ bei, die durch die transversale Temperaturkomponente $T_\perp(X_S)$ der Überschallströmung am Skimmereintritt bestimmt wird.

strahldurchfluss erreichen, bevor schließlich auch an der optimierten Skimmereintrittsöffnung durch Molekülaufstau ein strahlzerstörender Schock auftritt. Bei korrekter Konstruktion und Betriebsweise ist der Skimmer die ausschlaggebende und zugleich kritischste Komponente für das Erreichen maximaler Strahlqualität von Überschallmolekularstrahlen.

1.5.1.4 Regeln für die Molekularstrahlerzeugung

Zur Expansionscharakterisierung von Düsenstrahlen mit fest vorgegebener Quelltemperatur T_0 wird üblicherweise das Produkt $p_0 D_0$ aus Düsendruck und Düsenquerschnitt verwendet. Beim Optimieren dieser zwei Größen kommt man zu drei wichtigen Schlussfolgerungen für die Erzeugung von monochromatischen Düsenstrahlen.

1. Die Geschwindigkeitsauflösung und die innere Kühlung steigen mit dem Produkt $p_0 D_0$ an.
2. Da der Düsenfluss mit $p_0 D_0^2$ wächst, werden bei einem durch die Pumpenkapazität beschränktem Maximalfluss die höchsten Geschwindigkeitsverhältnisse mit möglichst kleinen Düsendurchmessern D_0 und entsprechend höherem Druck p_0 erzeugt.
3. Einsetzende Clusterbildung in der Düsenstrahlexpansion kann die maximal mögliche Expansion beschränken. Sie ist durch Dreikörperstöße bestimmt und skaliert näherungsweise proportional zu $p_0^2 D_0$. Ist ein geeigneter Arbeitspunkt für die Vermeidung oder Bildung von Clustern experimentell gefunden, so kann der Fluss durch Anpassen der Düsengröße bei konstantem $p_0^2 D_0$-Wert für die verfügbare Pumpengröße optimiert werden.

Für im Laboratorium erzeugbare Düsenstrahlen stehen üblicherweise Vakuumpumpkapazitäten mit Saugleistungen S_v zwischen $1000\,\mathrm{l\,s^{-1}}$ und maximal etwa $50\,000\,\mathrm{l\,s^{-1}}$ zur Verfügung. Damit können maximale Düsengasflüsse $F_D = S_v p$ zwischen 0.1 und $1\,\mathrm{mmol\,s^{-1}}$ gefördert werden ($1\,\mathrm{mmol} = 22.4\,\mathrm{mbar\,l}$ bei Normaltemperatur). Bei $S \approx 10\,000\,\mathrm{l\,s^{-1}}$ und einem Düsenfluss von $10\,\mathrm{mbar\,l\,s^{-1}}$ stellt sich ein Arbeitsdruck $p = 10^{-3}\,\mathrm{mbar}$ in der Düsenexpansionskammer ein. Kurzzeitig können in Vakuumkammern mit großem Volumen bedeutend höhere Flüsse mit gepulsten Düsen bei $0.1 - 0.5\,\mathrm{ms}$ Pulsdauer und niedriger Wiederholrate erreicht werden. Das kann insbesondere für Laserexperimente mit wenigen Hz Pulsrate sinnvoll sein. Die Molekularstrahlenergie lässt sich mit der Düsentemperatur einstellen. Der Bereich thermischer Arbeitstemperaturen erlaubt, abhängig von Gasart- und Düsenmaterialverträglichkeit, $10\,\mathrm{K} < T_0 < 3000\,\mathrm{K}$. Dies entspricht mittleren Strahlenergien von nur wenig mehr als $1\,\mathrm{meV}$ bei Helium-Tieftemperaturdüsen bis hin zu $E_{\mathrm{kin}} \approx 7/2\,k\,T_0 \leq 1\,\mathrm{eV}$. Es können auch höhere Düsenstrahlenergien durch Bechleunigung einer in geringer Menge vorhandenen Komponente mit hohem Molekulargewicht M_S in einem Treibergas mit geringem Molekulargewicht M_L bis zum Energieverhältnis M_S/M_L über den für reine Gase möglichen Wert gesteigert werden. Gelegentlich werden auch durch Plasmaentladungen beheizte Quellen zur Erzeugung von Molekularstrahlen freier Radikale und atomar dissoziierter Moleküle eingesetzt. Zunehmend wichtiger wird auch die Laserpulsablation schwer verdampfbarer Komponenten, wie z. B. die Verdampfung von C-Atomen von langsam rotierenden Kohlenstoffwalzen. Zumeist werden die solchermaßen erzeugten freien Radikale in einen gepulsten Trägergasstrom eingebracht und nachfolgend durch eine Düsenexpansion mit dem Trägergas ins Vakuumexperiment transferiert.

Bei einer Vielzahl der Düsenstrahlanwendungen werden Geschwindigkeitsverhältnisse $S_{\|}$ zwischen 10 und 30 erreicht. Die innere Translationstemperatur des expandierenden Gases kühlt dabei bis auf 1 K. Molekulare Rotationstemperaturen werden auf wenige Kelvin reduziert, so dass unaufwändige Molekularstrahlexperimente mit Selektion des Grundzustands bei einfacheren zweiatomigen Molekülen möglich sind. Auch die Spektroskopie größerer Moleküle vereinfacht sich durch das Kühlen im Trägergas beträchtlich, da bei dieser „Seeded-Beam"-Technik die den elektronischen Molekülniveaus überlagerte Rotationsbandenstruktur reduziert wird. Zu einer sehr bedeutenden, eigenständigen Anwendung von Molekularstrahlen hat sich auch die in Kap. 9 behandelte Erzeugung und Analyse molekularer Cluster entwickelt.

1.5.1.5 Düsenstrahlen mit Helium und ihre Quantenmechanik

Eine extrem hohe kondensationsfreie Expansion weit über Werte von $S_{\|} \geq 100$ hinaus wird bei Heliumdüsenstrahlen beobachtet und macht dieses Gas zu einem besonders wichtigen Medium für Molekularstrahlstudien. Hierzu sind in Abb. 1.59 durch präzise Flugzeitmessungen an Heliumdüsenstrahlen gemessene Geschwindigkeitsverhältnisse $S_{\|}$ als Funktion des Expansionsparameters $p_0 D_0$ gezeigt [89, 90]. Der Bereich zwischen $100 \leq p_0 D_0 \leq 500$ mbar cm ist mit realisierbaren Düsenöffnungen D_0 von $5 - 10\,\mu$m und bei Arbeitsdrücken p_0 von bis zu 1000 bar erschließbar. Geschwindigkeitsverhältnisse bis nahezu $S = 1200$ wurden mit weit überdurchschnittlich großen (gepulsten) Düsen und Skimmerarbeitsabständen von bis zu 80 cm beobachtet [91]. Während einschließlich Wasserstoff alle anderen bekannten Gase bis zum Einsetzen der Strahlkondensation ein mit $(p_0 D)^{\alpha}$ ansteigendes Geschwindigkeitsverhältnis (entsprechend Gl. (1.225) und (1.227)) zeigen, das in der doppelt logarithmischen Darstellung von Abb. 1.59 als eine ansteigende Gerade erscheint, zeigt Helium die Besonderheit eines erneuten verstärkten Anstiegs der Geschwindigkeitsverhältnisse um nahezu eine ganze Größenordnung bei hohem $p_0 D$. Exakte, von der Boltzmann-Gleichung ausgehende Düsenexpansionsberechnungen mit Einschluss der exakten, quantenmechanischen Stoßquerschnitte und der über Streuwinkel gewichteten Transportintegrale für das ^{4}He reproduzieren diesen Verlauf der Geschwindigkeitsverhältnisse genau und führen die Anomalie auf den extrem starken Anstieg des Heliumstoßquerschnitts bei sehr niedrigen Streuenergien zurück. Das He-He-Wechselwirkungspotential besitzt ein Potentialminimum von $\varepsilon \approx 10.5$ K (11.6 K $\cong 1$ meV) beim Atomabstand $R = 0.26$ nm. Wegen der Nullpunktschwingung existiert in diesem Potentialtopf nur ein gebundener Zustand für das Heliumisotop $(^4$He$)_2$ bei einer sehr kleinen Bindungsenergie zwischen -0.43 und -1.4 mK. Dieser führt zu einem steilen Resonanzanstieg des Heliumstreuquerschnitts bei niedrigen Temperaturen, in dessen Folge der oben vereinfachend betrachtete Einfrierradius für die Expansion plötzlich ansteigt und die Expansionskühlung sich noch um eine Größenordnung weiter fortsetzt, wenn die innere Strahltemperatur $T_{\|}$ den notwendigen Bereich erst einmal erreicht hat. Der quantenmechanische totale Stoß-querschnitt ist formal in Partialwellenentwicklung als

$$\sigma_t^{QM} = \frac{4\pi}{k_{deB}^2} \sum_l (2l+1)\sin^2 \delta_l \tag{1.230}$$

gegeben, wobei die Streuphasen δ_l für die Partialwellendrehimpulse l die eigentliche Streudynamik wiedergeben [92]. Die Gesamtgröße des Stoßquerschnitts kann durch den Vorfaktor $1/k_{deB}^2$ proportional zum Quadrat der de-Broglie-Wellenlänge $\lambda_{deB} = 2\pi/k_{deB}$ anwachsen, die bei niedriger Stoßenergie weit größer als der klassische Reichweitenradius R des Atom-Atom-Potentials wird. Die de-Broglie-Wellenlänge ist

$$\lambda_{deB} = \frac{h}{\sqrt{2mE}} \approx 3.095 \sqrt{\frac{1}{F_K m_{amu}}} \; nm . \tag{1.231}$$

Sie erreicht beim Helium mit Atomgewicht $m = 4$ amu und einer Translationsenergie, die 10 K entspricht, bereits einen Wert von $\lambda_{deB} = 0.49$ nm. In diesem Temperatur-bereich tritt nur noch s-Wellen-Streuung mit $l = 0$ auf. Der beobachtete steilere Anstieg beim Geschwindigkeitsverhältnis von Heliumdüsenstrahlen erfolgt verstärkt unterhalb 0.5 K, mit Steigerungen auf Werte von $S > 50$.

Bei Streuung mit extrem niedriger Energie an einem System sehr kleiner Bindungs-energie E_B vereinfacht sich der totale Streuquerschnitt auf

$$\sigma_t^{QM} = 4\pi a^2. \tag{1.232}$$

Die „Streulänge" a strebt mit abnehmender Wellenzahl $k_{deB} \to 0$ einem konstanten Wert zu. Der Zahlenwert der Streulänge a beschreibt die mittlere räumliche Aus-dehnung der Wellenfunktion während des Stoßes und kann beträchtlich über den Potentialradius R hinausreichen. Bei der ^{4}He-^{4}He-Streuung ergibt die Anpassung

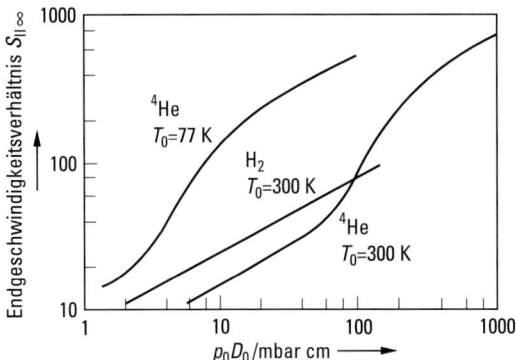

Abb. 1.59 Experimentelle Geschwindigkeitsverhältnisse für Heliumdüsenstrahlen erreichen mit zunehmendem Produkt $p_0 D_0$ Werte bis zu $S_\infty \approx 1000$. Verantwortlich für den extremen Anstieg ist ein quantenmechanischer Resonanzeffekt im ^{4}He-^{4}He-Stoßquerschnitt. Das eben-falls gezeigte Geschwindigkeitsverhältnis von Wasserstoffdüsenstrahlen verläuft dagegen „klassisch" wie bei allen anderen Gasen.

des Potentials an das in Düsenstrahlexpansionen gemessenen Geschwindigkeitsverhältnis den bisher genauesten Experimentalwert von $a \approx 9 - 10$ nm [91, 93]. Nach Wigner gilt für schwach gebundene Zustände mit positiver Streulänge bei $R \ll a$ die näherungsweise Beziehung [92]

$$- E_{\mathrm{B}} = \frac{\hbar^2}{2ma^2}, \tag{1.233}$$

so dass sich aus a die Bindungsenergie für ^{4}He zu $E_{\mathrm{B}} \approx 1.9$ mK abschätzen lässt, die also qualitativ mit den bereits oben angegebenen, direkt berechneten Werten übereinstimmt.

Expansionsrechnungen und Messungen am ^{3}He-Isotop, für das kein gebundener (oder auch antibindender Resonanz-)Zustand existiert, zeigen dagegen erwartungsgemäß keinen ausgeprägten Anstieg des Geschwindigkeitsverhältnisses bei großen $p_0 D$-Werten. Auch die zum Vergleich gezeigte Geschwindigkeitsverhältniskurve von H_2 verhält sich trotz größerer de-Broglie-Wellenlänge völlig klassisch, da auch hier keine Dimerenbindungszustände bei Nullenergie auftreten.

Bei $S \approx 1000$ mit $T \approx 0.7$ mK wird die de-Broglie-Wellenlänge im Helium-Düsenstrahl bereits $\lambda \approx 56$ nm. Daher ist es auch nahe liegend zu fragen, ob hier eine Bose-Einstein-Kondensation des gasförmigen kalten Heliums einsetzen kann.

Die kritische Bedingung für das Einsetzen der Bose-Einstein-Kondensation ist erreicht, wenn der durch die Teilchendichte n bestimmte, atomare Abstand kleiner als die de-Broglie-Wellenlänge wird, und liegt bei (s. [94], vgl. Gl. (1.63))

$$n \lambda^3 > 2.612. \tag{1.234}$$

Da bei der isotropen Expansion gemäß Gl. (1.217) die Gastemperatur $T \sim n^{2/3}$ abfällt, steigt hierbei $\lambda \sim n^{-1/3}$ und die Phasenraumdichte $n \lambda^3$ bleibt im Expansionsverlauf unverändert, so dass in He-Düsenstrahlen kein Übergang zur Superflüssigkeit eintritt.

1.5.2 Molekularstrahlstreuexperimente

Streuexperimente mit gekreuzten Molekularstrahlen erlauben sehr detaillierte Untersuchungen von molekularen Stößen, bei denen elastische Streuung, inelastische Stöße mit Rotationsanregung und Vibrationsanregung, elektronische Übergänge und chemische Reaktionen mit Verteilung der freigesetzten Reaktionsenergie auf Translationsenergie und innere Molekülzustände auftreten können. Da die Theorie dieser Vorgänge auch bei großer verfügbarer Rechenkapazität vorläufig schon bei einfachen Stößen von Atomen mit zweiatomigen Molekülen an ihre Grenzen stößt, lassen sich mit der Messung genauer differentieller, winkelaufgelöster Streuquerschnitte Testsysteme für die Berechnung molekularer Stoßdynamik und der ihnen zugrunde liegenden Born-Oppenheimer-Potentiale aufstellen.

Bei molekularen Stößen

$$A + BC(v_{\mathrm{i}}, j_{\mathrm{i}}) \ \rightarrow \ A + BC(v_{\mathrm{f}}, j_{\mathrm{f}}) \tag{1.235}$$

oder der Austauschreaktion

$$A + BC(v_i, j_i) \rightarrow AB(v_f, j_f) + C$$

bleiben der Gesamtimpuls

$$\boldsymbol{p}_1 + \boldsymbol{p}_2 = \boldsymbol{p}_3 + \boldsymbol{p}_4 \qquad (1.236)$$

und die Gesamtenergie

$$\frac{p_1^2}{2m_1} + \frac{p_2^2}{2m_2} = \frac{p_3^2}{2m_3} + \frac{p_4^2}{2m_4} + \Delta\varepsilon_{int}(v_f, j_f, Q) \qquad (1.237)$$

vor und nach dem Stoß erhalten. $\Delta\varepsilon_{int}(v_f, j_f, Q)$ bezeichnet den Energieanteil, der mit inneren Molekülzuständen ausgetauscht wird oder als Reaktionswärme Q freigesetzt wird. Auch die Schwerpunktgeschwindigkeit

$$\boldsymbol{v}_{cm} = (\boldsymbol{p}_1 + \boldsymbol{p}_2)/(m_1 + m_2) \qquad (1.238)$$

(cm, centre of mass) bleibt erhalten, und die Geschwindigkeiten für auslaufende Moleküle mit verschiedenen inneren Endzuständen $\varepsilon_{int}(v_f, j_f, Q)$ liegen auf unterschiedlichen Kugeln um den Mittelpunkt $\boldsymbol{v}_{cm}$ im Geschwindigkeitsraum, den „Newton-Kugeln". Das experimentell zugängliche Laborsystem kann mit Kenntnis von $\boldsymbol{v}_{cm}$ in das Schwerpunktsystem transformiert werden. Die kinetische (Anfangs-)Stoßenergie E des Streuprozesses ist durch die Relativgeschwindigkeit

$$v_{rel} = |\boldsymbol{v}_1 - \boldsymbol{v}_2| \qquad (1.239)$$

zwischen den beiden Molekülstrahlen bestimmt, und nimmt mit der reduzierten Masse

$$\mu = \frac{m_1 m_2}{m_1 + m_2} \qquad (1.240)$$

beider Stoßpartner den Wert

$$E = \frac{1}{2} \mu v_{rel}^2 \qquad (1.241)$$

an.

1.5.2.1 Eine Molekularstrahlstreuapparatur

Bei einem in Abb. 1.60 dargestellten typischen Streuexperiment kreuzt man zwei gut kollimierte Molekularstrahlen mit enger Geschwindigkeitsverteilung und misst die Intensität und die Geschwindigkeit der bei verschiedenen Streuwinkeln θ gestreuten Teilchen. In den Düsenkammern P1 und T1 werden mit Vakuumpumpen mit jeweils 20000 und 500000 l s^{-1} Saugleistung sehr intensive Molekularstrahlen erzeugt. Diese werden durch zweistufige Kollimationskammern (P2, P3 und T2, T3) auf 1° und 3° Winkeldivergenz reduziert und treffen in der Hauptkammer (H1) in einem Umgebungsvakuum von 10^{-6} mbar aufeinander. Der Molekülnachweis erfolgt nach drei weiteren Pumpstufen (D1 − D3) im Ultrahochvakuum bei $1 \cdot 10^{-11}$ mbar mit

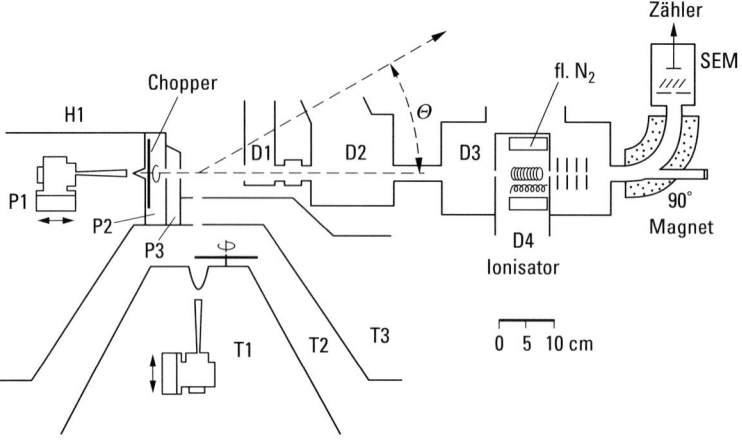

Abb. 1.60 Molekularstrahlapparatur zur Messung differentieller inelastischer und reaktiver Streuquerschnitte.

einem Massenspektrometer mit Elektronenstrahlionisator bei einer Nachweiswahrscheinlichkeit von 10^{-4} bis 10^{-5} (pro Molekül). Zur Flugzeitanalyse der Molekülgeschwindigkeit werden in den Primärstrahl oder den Targetstrahl schnell rotierende Zerhacker-Scheiben („Chopper") eingefahren, die bei Schlitzbreiten von 1 mm und Umlauffrequenzen von $500 - 1000$ Hz die Messung von Molekülflugzeitspektren mit einer Geschwindigkeitsauflösung besser als 1 % erlauben (s. [95]).

1.5.2.2 Integraler und differentieller Streuquerschnitt bie Atomstreuung

Beispielhafte Messergebnisse verschiedener Molekularstrahlgruppen sind in den Abb. 1.61 bis Abb. 1.63 dargestellt [96]. Der durch Atomstrahlabschwächung messbare totale Querschnitt für Atom-Atom-Streuung in Abb. 1.61a zeigt bei Auftragung gegen eine „reduzierte Stoßgeschwindigkeit" $g = \hbar v_{\mathrm{rel}}/(\varepsilon R_{\mathrm{m}})$ verschiedene Steigungsverläufe für den Bereich niedriger und hoher Stoßenergien, die vorzugsweise Streuung im anziehenden Teil des Potentials und im abstoßenden Potentialteil widerspiegeln. Der reale molekulare Stoßquerschnitt σ_{t} ist keineswegs von der Stoßgeschwindigkeit unabhängig, wie mit der eingangs verwendeten Annahme von Harte-Kugeln-Querschnitten unterstellt wird. Im niederenergetischen Bereich ist der Querschnittsverlauf durch quantenmechanische Interferenzerscheinungen überlagert, die als „Glorien-" und als „Orbiting-Resonanzen" auftreten. Bei ganz niedrigen Energien tritt ein Ramsauer-Townsend-Minimum auf, bei dem die de-Broglie-Wellenlänge mit dem Moleküldurchmesser vergleichbar groß ist.

Im differentiellen Streuquerschnitt von Na-Hg in Abb. 1.61b erscheinen diese Interferenzphänomene als einzelne Maxima in der Winkelverteilung bis zu einem Maximalwinkel θ_{R}, der als Regenbogenwinkel bezeichnet wird, da er bei $\theta_{\mathrm{R}} \approx 2\varepsilon/E$ erscheint und wie das meteorologische Phänomen proportional zur Topftiefe ε des

anziehenden Potentialteils und umgekehrt proportional mit der Streuenergie E ansteigt [97]. Die Abhängigkeit des Streuwinkels θ vom Stoßparameter b der in
Abb. 1.61c für das van-der-Waals-Potential skizzierten Ablenktrajektorien zeigt die
Umkehr der Ablenkfunktion $\theta(b)$ beim Durchgang von großen b-Werten mit negativer Ablenkung zu kleinen Stoßparametern mit positiven Ablenkwinkeln am repulsiven Kernbereich des Moleküls. Am Umkehrpunkt wird der differentielle Streuquerschnitt sehr groß und zeigt hier die Regenbogenstruktur. Bei kleineren Ablenkwinkeln als θ_R tragen Trajektorien mit drei verschiedenen Stoßparameter b_1, b_2, b_3
zur Streuung in denselben Streuwinkel bei und führen durch quantenmechanische
Überlagerung zu langsamen und schnellen Interferenzoszillationen im differentiellen
Streuquerschnitt im Streuwinkelbereich der Mehrfachtrajektorien.

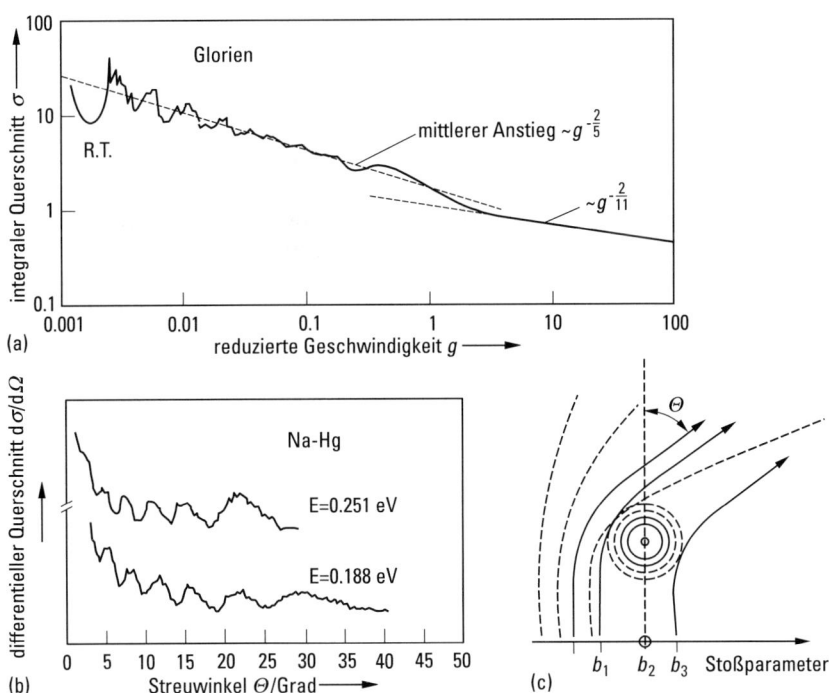

Abb. 1.61 Molekulare Streuquerschnitte: (a) Integrale Stoßquerschnitte für van-der-Waals-
Moleküle, aufgetragen als Funktion der reduzierten Stoßgeschwindigkeit $g = h/(2\pi) \, v_{rel}/(\varepsilon R_m)$,
erlauben eine experimentelle Bestimmung der Exponenten des anziehenden und des absto-
ßenden Teils des van-der-Waals-Potentials $V(r) = C_{12}/r^{12} - C_6/r^6$. Der Bereichsübergang bei
$g = 1$ wird bestimmt durch die Tiefe ε und Lage R_m des Potentialminimums. (b) Differentielle
Streuquerschnitte zeigen charakteristische „Regenbogen"-Strukturen mit dem durch Stoßenergie und Potentialtiefe bestimmten Regenbogenstreuwinkel $\theta_R \sim 2\varepsilon/E$. (c) Halbklassisch
betrachtet entstehen diese durch Interferenz mehrerer zum gleichen Ablenkwinkel führender
Streutrajektorienpfade in anziehenden und abstoßenden Potentialbereichen.

1.5.2.3 Messung inelastischer Rotationsanregung bei He-N$_2$-Stößen

Ein Beispiel für inelastische Streumessungen zeigt Abb. 1.62a mit einem Flugzeitspektrum für die Rotationsanregung von Stickstoff-Molekülen durch Stöße mit Helium [98]. Es wurde bei 39.5° Laborstreuwinkel in der zum N$_2$-Targetstrahl senkrechten Streuebene gemessen, in der die höchste inelastische Auflösung erreicht wird.
Die Stoßenergie beträgt $E = 27.3$ meV, nahe der wahrscheinlichsten Stoßenergie $k T$
bei Normaltemperatur. Der Stickstoff-Molekularstrahl wurde in einer Düsenstrahlexpansion präpariert und ist zu mehr als 85 % in seine Rotationsgrundzustände
gekühlt. Das homonukleare N$_2$-Molekül tritt in zwei durch die ^{14}N-Kernspinstatistik
bedingten Modifikationen als para-Stickstoff (33 %) mit nur ungeradzahligen Rotationszuständen und als ortho-Stickstoff (67 %) mit Rotationszuständen $j = 0, 2, 4$,
... auf, die aus Paritätsgründen durch Molekülstöße nicht ineinander übergehen
können. In der spektroskopischen Notation wird der Paritätszustand mit der größeren Besetzungswahrscheinlichkeit immer als der „ortho"-, der mit der geringeren
Intensität auftretende als der „para"-Zustand bezeichnet.

Der Energieabstand der proportional zu $j(j + 1)$ ansteigenden Rotationsenergie-
niveaus beträgt $\Delta\varepsilon_{0-2} = 1.5$ meV für den ortho-Übergang $j_i \rightarrow j_f = 0 \rightarrow 2$ und steigt
auf $\Delta\varepsilon_{1-3} = 2.5$ meV beim $1 \rightarrow 3$-Rotationsübergang beim para-Stickstoff an. Das
Flugzeitspektrum in Abb. 1.62a zeigt bei 0.75 meV Auflösung den elastischen Streu-
peak vollständig getrennt vom Heliumflugzeitpeak für die $0 \rightarrow 2$-Rotationsanregung
bei $\Delta E = 1.5$ meV Energieverlust, gefolgt von zwei weiteren Peakstrukturen für die
$1 \rightarrow 3$-Rotationsanregung des para-N$_2$-Anteils im Stickstoffstrahl und einem sehr
kleinen $2 \rightarrow 4$-Anregungspeak. Das bei Rotationstemperaturen von einigen Kelvin
noch mit 15 % Wahrscheinlichkeit besetzte $j = 2$-Niveau des Stickstoffs führt außerdem auch zu dem im Flugzeitspektrum links vom elastischen Peak noch sichtbaren,
kleineren $2 \rightarrow 0$-Rotationsabregungspeak. Aus vielen Einzelmessungen ausgewerte-

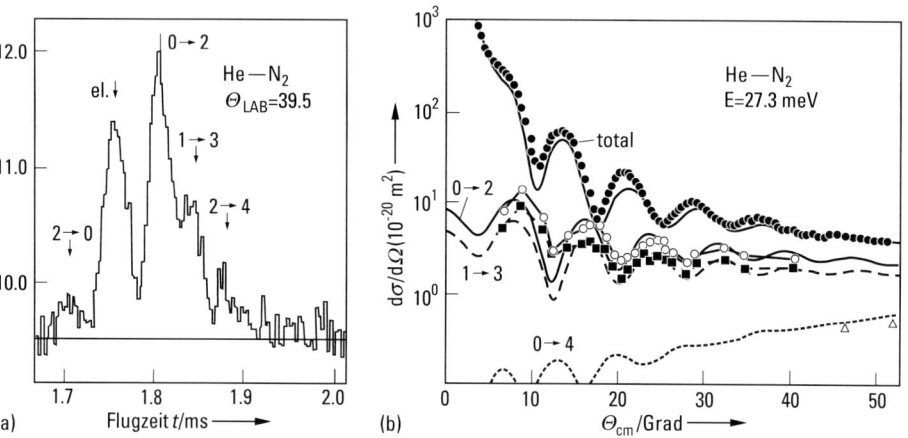

Abb. 1.62   (a) Flugzeitspektrum mit aufgelösten Rotationsübergängen für die He-N$_2$-Streu-
ung ($\Delta E_{0 \rightarrow 2} = 1.5$ meV). (b) Differentielle Rotationsanregungsquerschnitte für He-N$_2$ bei der
(kinetischen) Stoßenergie $E = 27.3$ meV. Experimentalwerte (●○■△), berechnete Werte
(—, − −, ---).

te, differentielle Streuquerschnitte für die Rotationsanregung bei N_2-He-Stößen sind in Abb. 1.62b gezeigt. Wie der totale Streuquerschnitt (das ist die Summe von $0 \to 0$, $1 \to 1$ und allen inelastischen Kanälen) sind auch der $0 \to 2$- und der $1 \to 3$-Rotationsübergang durch starke Quantenoszillationen geprägt, die in grober Näherung der Fraunhofer-Beugung der Heliumwelle an einer Kugel mit Atomradius entsprechen. Das beobachtete Phänomen der Phasenverschiebung zwischen den elastischen und den $0 \to 2$-rotationsinelastischen Beugungsmaxima lässt sich auf die Lokalisierung der Rotationsübergänge auf einen sehr schmalen Randbereich am abstoßenden Kern des He-N_2-Wechselwirkungspotentials zurückführen. Die geringfügige Richtungsasymmetrie des Potentialrepulsivteils vom Betrag der halben Bindungslänge des N_2-Moleküls bestimmt nahezu quantitativ den Absolutbetrag der Rotationsanregungsquerschnitte in diesem einfachen Modell. Die durchgehenden Linien in Abb. 1.62b zeigen die besten verfügbaren, exakten theoretischen Wirkungsquerschnitte für die rotationsinelastische He-N_2-Streuung.

1.5.2.4 Die Reaktion $F + H_2 \to HF + H$

Eine der sowohl theoretisch als auch mit Molekularstrahlmethoden bestuntersuchten chemischen Reaktionen ist das System $F + H_2 \to HF + H$. Die Reaktion läuft mit

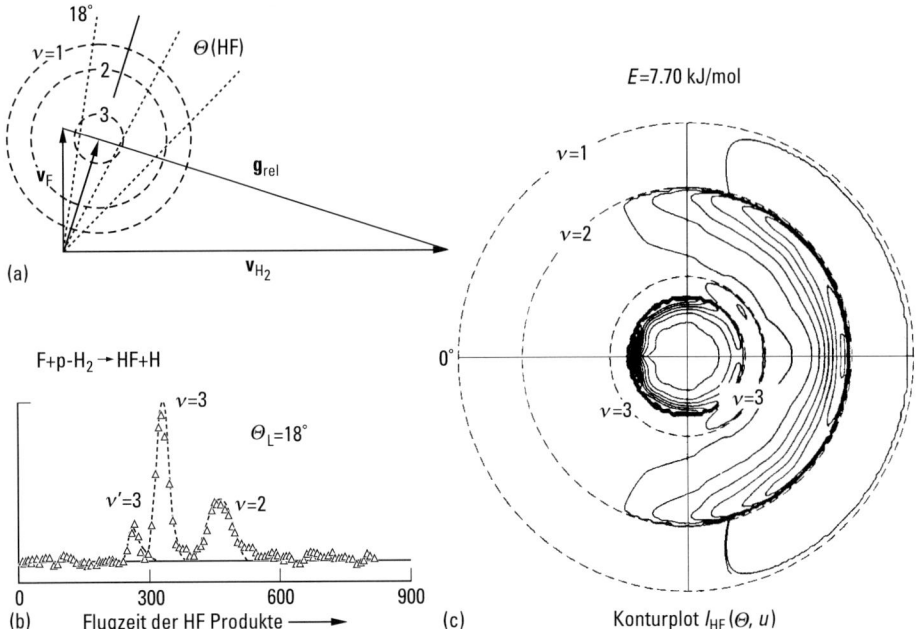

Abb. 1.63 Die F-H_2-Reaktion. (a) Geschwindigkeitsdiagramm mit den Geschwindigkeiten des F-Strahls und des (para-)H_2-Strahls und den Newton-Kugeln für die HF-Reaktionsprodukte in den Vibrationszuständen $v_f = 1$, 2 und 3. (b) Flugzeitspektrum des HF-Produkts, für den Laborstreuwinkel $\Theta_L = 18°$. (c) Konturendiagrammdarstellung der inelastisch differentiellen Reaktionsquerschnittsverteilung im Geschwindigkeitsraum der HF-Produkte.

einer niedrigen Aktivierungsbarriere exotherm ab. Der überwiegende Teil der Reaktionsenthalpie wird zunächst als Schwingungsenergie des HF-Produktes freigesetzt. Eine Molekularstrahlstudie dieser Elementarreaktion (s. [99]) belegt dies für
eine hier in Abb. 1.63 gezeigte Produktgeschwindigkeitsverteilung bei einer F-H$_2$-
Stoßenergie von $E = 7.70$ kJ/mol (≈ 80 meV). Auflösungstechnisch ist das Experiment sehr viel ungünstiger als das zuvor gezeigte Heliumstreuexperiment, da der
verwendete Fluoratomstrahl durch thermische Zersetzung von Fluor erzeugt wurde
und eine sehr viel breitere Molekularstrahlgeschwindigkeitsverteilung besitzt. Zudem konnte aus detektortechnischen Gründen nur die Flugzeitverteilung des schwereren und daher kinematisch ungünstigeren HF-Produktmoleküls untersucht werden. Abb. 1.63a illustriert die Kinematik des Experimentes (Gl. (1.236)–(1.239)) mit
der (mittleren) Geschwindigkeit des F-Atomstrahls und des H$_2$-Targetstrahls, $\mathbf{v}_F$ und
$\mathbf{v}_{H_2}$, zusammen mit den Newton-Kugeln für die Endgeschwindigkeiten des HF-Produktes in den Vibrationszuständen $v = 0, 1, 2$ und 3. Das Flugzeitspektrum des HF
beim Laborwinkel $\theta_L = 18°$ (Abb. 1.63b) zeigt sehr klar ausgeprägte Peakstrukturen
für die Vibrationszustände $v = 2$ und $v = 3$ und völlige Abwesenheit von Molekülen
im Schwingungsgrundzustand $v = 0$. Der als $v' = 3$ markierte Übergang ist die bei
diesem Laborwinkel ebenfalls noch sichtbare rückwärts gestreute Komponente der
Newton-Kugel für $v = 3$, wie aus Abb. 1.63a ersichtlich. Einzelne Rotationsübergänge sind nicht aufgelöst. Die Streuergebnisse sind daher in einem Konturendia-
gramm in Abb. 1.63c als Landkarte der HF-Winkelverteilung im Schwerpunktsystem zusammengestellt. Vibrationsangeregtes HF erscheint vorrangig bei Rückwärts-
streuwinkeln im Schwerpunktsystem.

1.5.2.5 Streuquerschnittsmessung mit Laserionisation und Ionenabbildung

Mit der fortschreitenden Entwicklung und Verfügbarkeit intensiver Laserstrahlung
zum Nachweis der Streuprodukte in Molekularstrahlexperimenten können Experimente zur Ausmessung der Winkelverteilung von Reaktionsprodukten bedeutend
schneller und eleganter durchgeführt werden. Als ein Beispiel wird in Abb. 1.64 eine
Ionenabbildungs-Molekularstrahlapparatur diskutiert [100]. Untersucht wird hier
die Produktverteilung von Molekülfragmenten nach der Photodissoziation des deuterierten Methyliodids CH$_3$I. Das CD$_3$I wird mit Trägergas als gepulster Düsenstrahl
in die Molekularstrahlapparatur expandiert. Im Streuzentrum wird das Methyliodid
durch einen (gepulsten) Photolyselaser bei einer Wellenlänge von 266 nm dissoziiert.
Die Dissoziationsprodukte CD$_3$ und I$_{1/2}$ oder I$_{3/2}$ breiten sich dann auf ihren, den
jeweiligen inneren Energiebesetzungen entsprechenden Geschwindigkeits-Newton-
Kugeln vom Dissoziationspunkt ausgehend aus. Wenige Nanosekungen später wird
mit einem abstimmbaren Laser (≈ 364 nm) das CD$_3$-Photofragment zustandsselektiv resonanzionisiert. Die dabei erzeugten Ionen werden durch ein elektrisches Feld
in Richtung der Molekularstrahlachse abgezogen. Sie breiten sich dabei noch weiter
mit der beim anfänglichen Photodissoziationsprozess aufgeprägten Geschwindigkeitsverteilung aus. Die nach dem Durchfliegen einer Laufstrecke auf ungefähr 1 cm
räumliche Ausdehnung angewachsene Teilchenwolke trifft auf einen großflächigen
Kanalplatten-Sekundärelektronenvervielfacher auf, der ein verstärktes Signal der
Ionenwolkenverteilung erzeugt, das über einen Leuchtschirm von einer CCD-Ka-

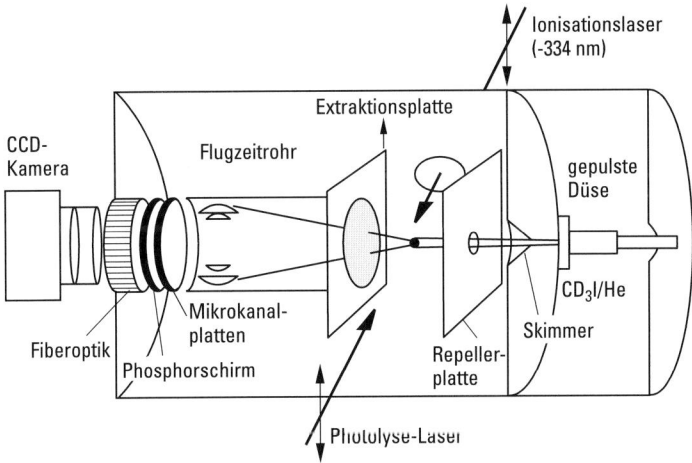

Abb. 1.64 Ionenabbildungsapparatur zur simultanen Zustands- und Winkelverteilungsmessung von Reaktionsprodukten aus einem Photolyseprozess. Die CD_3-Photofragmente werden durch einen zweiten Laserpuls zustandsselektiv ionisiert. Das Ionenabbildungssystem zeichnet die Ausgangsgeschwindigkeitsverteilung dieser Photoionen räumlich und zeitlich dispergiert über eine Sekundärelektronenbildwandlerplatte auf.

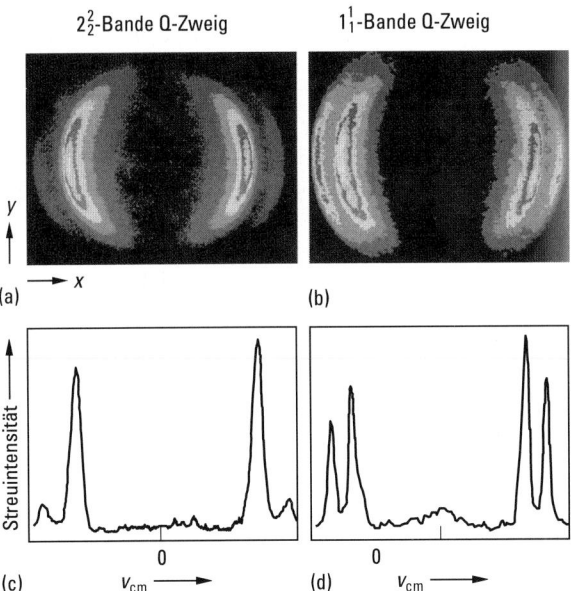

Abb. 1.65 Räumliche Intensitätsverteilungskonturen am Bildwandlerausgang (obere Reihe) und zurückgerechnete Geschwindigkeitsverteilung des CD_3-Produktmoleküls im Schwerpunktsystem (untere Reihe). Die Abbildungen in der linken Spalte sind für die Photodissoziation des Methyliodids in den Iodgrundzustand $I_{3/2}$ gemessen. Die rechte Seite zeigt die CD_3-Produktverteilung bei zusätzlicher Anregung des metastabilen Iodzustandes $I_{1/2}$ mit einer inneren Energie von 1 eV.

mera aufgenommen wird. Als Beispiel hierfür werden in Abb. 1.65 zwei bei verschiedenen Probelaserwellenlängen gemessene experimentelle Ionenverteilungen für zustandsselektierte CD_3-Dissoziationsprodukte gezeigt. Darunter ist der nach einer numerisch aufwändigen dreidimensionalen Auswertung erhaltene Intensitätsquerschnitt in der (vertikalen) Polarisationsrichtung des Photodissoziationslasers aufgetragen. Die beiden prominenten Peaks der CD_3-Geschwindigkeitsverteilung entsprechen der Photodissoziation von Methyliodid in den Iodgrundzustand $I_{3/2}$ und in den metastabilen $I_{1/2}$-Zustand mit 1 eV innerer Anregungsenergie. Die gemessenen CD_3-Fragmentgeschwindigkeitsverteilungen zeigen eine sehr starke Abhängigkeit des Iod-Verzweigungsverhältnisses von dem Vibrations-Rotations-Zustand des komplementär erzeugten CD_3-Radikalfragmentes.

1.5.3 Diagnostik mit Molekularstrahlmethoden

Basierend auf Molekularstrahlmethoden haben sich Anwendungen entwickelt, die benachbarte Forschungsgebiete bedeutend voranbringen.

1.5.3.1 Höchstauflösende Molekülspektroskopie durch Einbettung in kalte Heliumtröpfchen

Als ein Beispiel hierfür ist in Abb. 1.66 eine Heliumtröpfchen-Molekularstrahlapparatur skizziert, die es erlaubt einzelne Moleküle in sehr kaltes, flüssiges (superflüssiges) Helium bei ca. 0.38 Kelvin einzubetten und daran hoch auflösende optische Spektroskopie zu betreiben. Heliumtröpfchen mit einer Größe zwischen 5000 und 20000 Heliumatomen werden als sehr eng kollimiert austretender Strahl in einer auf 10–20 K gekühlten 5 μm Düse bei 20 bar Heliumdruck erzeugt [101, 102]. Die

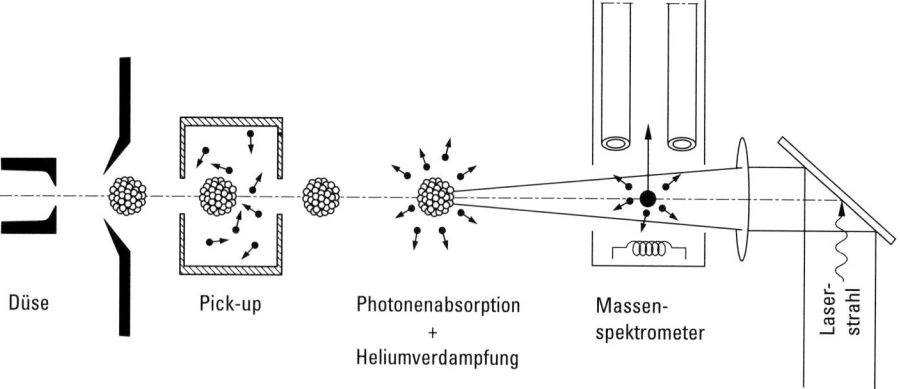

Düse   Pick-up   Photonenabsorption   Massen-   Laser-
                                         +   spektrometer   strahl
                                 Heliumverdampfung

Abb. 1.66 Heliumtröpfchenapparatur mit Pickup-Zelle zur Einlagerung von Molekülen aus der Gasphase und massenspektrometrischem Nachweis für den durch Photonenabsorption induzierten Heliumverdampfungsprozess.

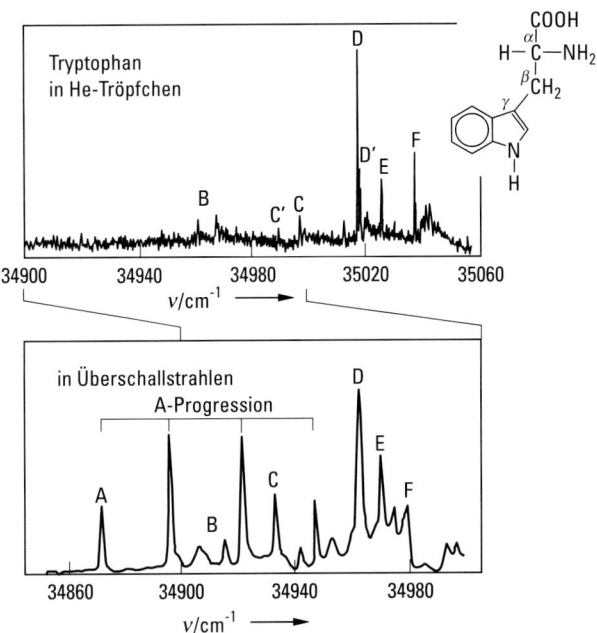

Abb. 1.67 (a) Ausschnitt aus dem Absorptionsspektrum von eingelagerten Tryptophanmolekülen in Heliumtröpfchen. (b) Zum Vergleich wird ein mit der „Seeded-Beam"-Technik in Düsenstrahlen gekühltes Referenzspektrum gezeigt, dessen Rotationsbanden noch wesentlich stärker Doppler-verbreitert sind („Wellenzahl"-Energieeinheit: 8065 cm^{-1} entspricht 1 eV).

zu untersuchenden Moleküle werden beim Durchflug der Heliumtröpfchen durch eine mit molekularem Dampf des Probenmoleküls gefüllte Streukammer, der Pick-Up-Zelle, eingelagert. Der gerichtete Tröpfchenstrahl durchfliegt nach dem Austritt eine Laserwechselwirkungsregion und tritt in ein Massenspektrometer mit Elektronenstrahlionisator ein, das den Ionisationsprozess überlebende Heliumclusterfragmente und auch die eingeschlossenen Chromophormoleküle selektiv nachweist. Wird nun der Laser durchgestimmt, so geben eingelagerte Moleküle ihre aufgenommene Photoenergie an das Heliumtröpfchen ab, von dem mehrere hundert Atome (pro Photon) verdampfen, da die sehr geringe Verdampfungswärme von Helium nur 7.2 K pro ^{4}He-Atom beträgt. Die Absorption eines Photons erscheint danach im Cluster-Massenspektrum als Signaländerung in der Größenordnung von 10 %. Das ergibt eine sehr empfindliche, sehr schonende und sehr kalte Variante der Matrix-Isolationsspektroskopie.

Als Beispiel für eine spektroskopische Anwendung wird in Abb. 1.67 ein Spektrum von in Heliumtröpfchen eingelagertem Tryptophan gezeigt. Die Frequenzverschiebung durch die He-Einlagerung ist vergleichsweise gering. Molekülabhängig werden Verschiebungen von wenigen cm^{-1} bis zu − 30 cm^{-1} und 60 cm^{-1} bei größeren Molekülen beobachtet [101]. Hier ist die Rotationsbandenverbreiterung der elektronischen Spektren um gut eine Größenordnung gegenüber einem zum Vergleich gezeigten Düsenstrahlspektrum reduziert, so dass spektroskopische Strukturanalysen organischer Moleküle noch weiter vereinfacht werden.

Mit einfacheren, kleinen Probemolekülen erlaubt das Verfahren auch sehr detaillierte Untersuchungen zur Natur des superflüssigen Zustands in kleinen Heliumtröpfchen und in ^{3}He/^{4}He-Mischaggregaten. Die Tropfentemperatur kann aus dem Rotationsspektrum der eingelagerten Moleküle bestimmt werden. Aus den Flügeln der Absorptionsbanden lassen sich für den superflüssigen Zustand charakteristische Zustandsdichten von Excitonen im umgebenden Heliumtropfen bestimmen [101].

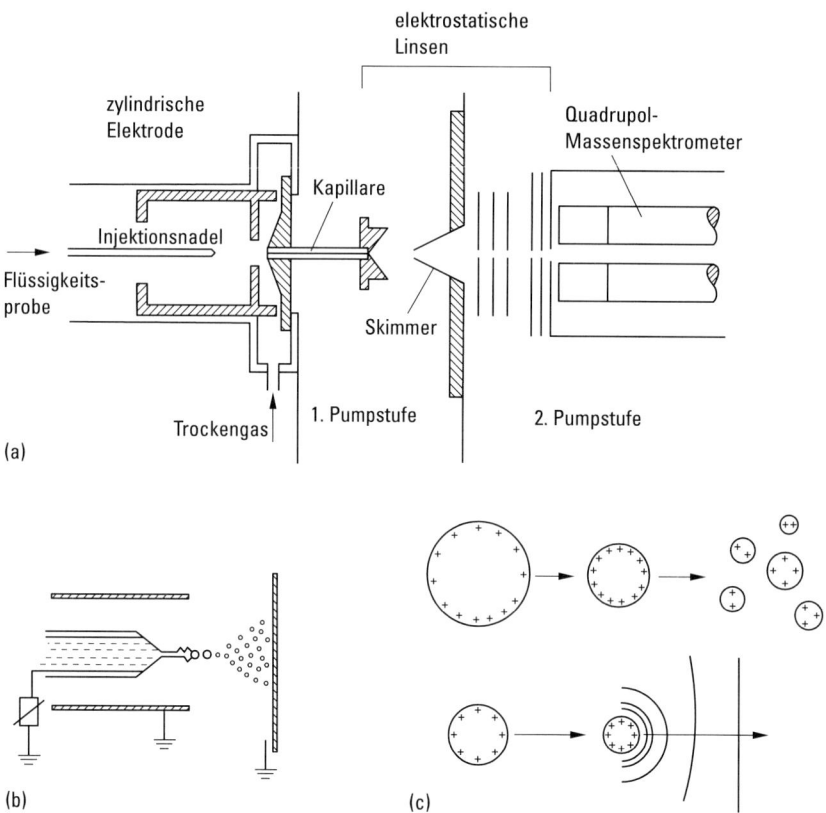

Abb. 1.68   Die Elektrosprayionenquelle für nicht verdampfbare große Biomoleküle. (a) Die Probenflüssigkeit wird in elektrisch aufgeladene Tropfen zerstäubt, im Trockengasstrom desolvatisiert und mehrfach geladene Proteinionen werden von atmosphärischen Bedingungen ins Vakuum zum Massenspektrometer transferiert. (b) Im Elektrosprayprozess wird Flüssigkeit aus einer Kapillare über einen sich ausbildenden „Taylor-Kegel" zu einem noch dünneren Faden (im nm-Bereich) ausgezogen und zerfällt in feinste Tropfen. (c) Zerfall geladener Tropfen durch Zersprengung oder durch verstärkte Verdampfung bei Überwiegen der Coulomb-Kräfte über die Oberflächenspannung.

1.5.3.2 Elektrospray-Massenspektrometriequellen für die Proteomik

Zu einer der wichtigsten technologischen Neuerungen auf Molekularstrahlbasis gehört die Entwicklung von Elektrospray-Massenspektrometerquellen für sehr große Moleküle durch Fenn [103]. Das Molekulargewicht großer Proteinmoleküle, die nicht in die Gasphase verdampft werden können ohne zu pyrolysieren, soll mit Massenspektrometern möglichst genau bestimmt werden. Da solche Enzyme in Flüssigkeiten wie Wasser meist gut löslich sind, wird beim Elektrosprayverfahren versucht, sie als geladene Ionen aus der Flüssigkeit zu desolvatisieren und in die Gasphase zu bringen, um sie schließlich in einem Trägergasstrom als „Seed"-Teilchen in das Vakuumsystem eines Massenspektrometers zu injizieren. Eine Elektrospray-Molekularstrahlapparatur ist in Abb. 1.68a dargestellt [104]. Die zu untersuchende Flüssigkeitsprobe wird an der Spitze einer Injektionsnadel in einem starken elektrischen Feld zerstäubt. Gelöste Proteinmoleküle desolvatisieren aus den geladenen Tropfen und lagern dabei Ladungen an, ohne im Ionisationsprozess beschädigt zu werden. Gas und „trockene" Ionen werden durch eine Transferkapillare als Düsenstrahl ins Vakuum gebracht. Die Ionen werden durch einen Skimmer fokussiert, der einen großen Anteil des Trägergasstroms zurückhält. Schließlich erreichen die Ionen das Quadrupol-Massenspektrometer und werden analysiert. Der Tropfenaufladungsprozess an der Flüssigkeitsinjektionsnadel ist in Abb. 1.68b genauer dargestellt. Durch das starke elektrische Feld wird die Flüssigkeit aus dem Nadelkanal herausgezogen und bildet einen Faden aus, der beträchtlich dünner als der Nadelinnendurchmesser wird. Die Flüssigkeit wurde z. B. durch Säurezugabe leitfähig gemacht, so dass die Spitze des Flüssigkeitsfadens als eine Kondensatorelektrode im

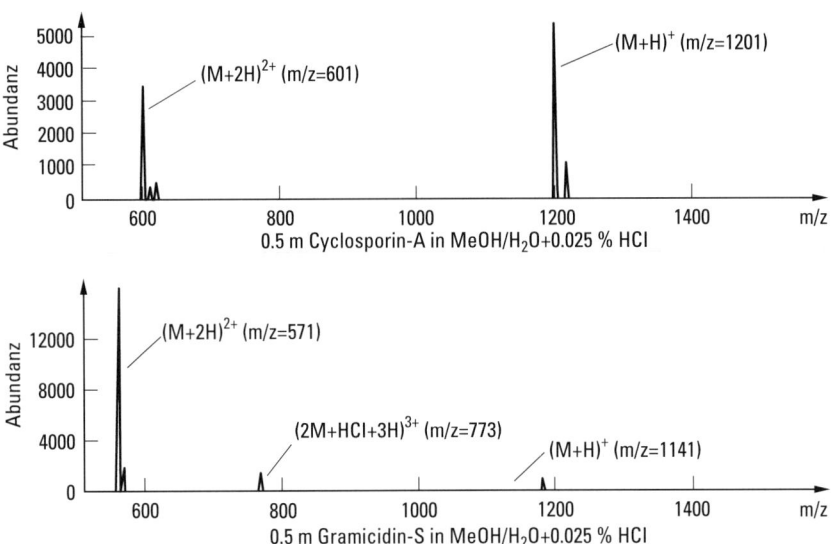

Abb. 1.69 Die Elektrospraymassenspektren für Cyclosporin-A (1200 amu, oberes Spektrum) und für Gramizidin-S (unten) als zwei typischen Repräsentanten größerer, biologisch aktiver Moleküle.

umgebenden Feld wirkt und sich sehr stark mit Protonen aus dem Elektrolyten auflädt. Die beim Strahlzerfallspunkt entstehenden Tropfen verdampfen zunächst, bis die Coulomb-Abstoßung der nicht mit verdampfenden Ionenladung der Flüssigkeit bei einem kritischen Tropfenradius die Oberflächenspannung überwiegt und der Tropfen in geladene Teiltropfen fragmentiert (Abb. 1.68c). Bei Feldstärken größer als 10^9 V/m zerlegen sich kleinere geladene Trofen vollständig und es bleibt das unsolvatisierte Molekül mit einem oder mehreren angelagerten Protonen zurück. Feld und Gasstrom bewirken den Transport zur Transferkapillaren und in das Vakuumsystem des Massenspektrometers. In Abb. 1.69 illustrieren Beispiele von Massenspektren für Cyclosporin- und Gramicidin-Lösungen diese neue Möglichkeit bei unfraktionierten Molekülen sehr klare, einfache Massenspektren riesiger Moleküle zu erzeugen. Weitere analytische Anwendungen der Elektrospray-Massenspektrometrie werden in Kap. 9 behandelt.

1.5.4 Flüssige Wasserstrahlen in Molekularstrahlumgebung

Die Handhabung von flüssigem Wasser bei Vakuumexperimenten ist problematisch, denn auch bei der niedrigsten Temperatur, am Gefrierpunkt bzw. am Tripelpunkt, beträgt der Wasserdampfdruck bereits 6.1 mbar [85]. Dem entsprechend liegt die freie Weglänge im Dampf über flüssigem Wasser in der Größenordnung von nur noch $A_{\mathrm{Dampf}} \approx 10$ μm. Direkte Molekularstrahluntersuchungen an chemischen oder an biologischen Wasserlösungen galten daher lange Zeit als ausgeschlossen. Zudem verdampft eine Wasseroberfläche im Vakuum sehr stark. Dies führt zu einer zusätzlichen Gasbelastung durch die Ablation von mehr als 10^6 Flüssigkeitsmonolagen pro Sekunde und zur fast augenblicklichen Vereisung der Wasserprobe.

1.5.4.1 Überschall- und freie Molekularverdampfung an der Vakuumoberfläche von Wasser

Eine Verkleinerung einer vollständigen Molekularstrahlapparatur auf Abmessungen unterhalb von 10 μm zur Erreichung eines Knudsen-Vakuums mit $D < A_{\mathrm{Dampf}}$ ist derzeit noch ausgeschlossen. Analog zu den anfangs betrachteten freien Molekularstrahlquellen bleibt jedoch zur Darstellung der freien Vakuumoberfläche noch die zweite Möglichkeit der Verringerung der räumlichen Ausdehnung der flüssigen Wasseroberfläche auf Abmessungen unterhalb der freien Weglänge des jeweiligen Flüssigkeitsdampfes. Eine praktikable Realisierung einer Vakuumoberfläche des flüssigen Wassers erhält man mit einem ins Vakuum strömenden zylinderförmigen Mikroflüssigkeitsstrahl, wie in Abb. 1.70 gezeigt [105]. Dieser behält auch bei starker Verdampfungskühlung ein zeitlich und räumlich stationäres Temperaturprofil. Bei Durchmessern von weniger als 10 μm wird die fadenförmige Flüssigkeitsoberfläche zum Äquivalent einer freien Molekularstrahlquelle, aus der Wassermoleküle ohne nachfolgende Stöße ins Vakuum austreten. Dagegen treten bei größeren Abmessungen der Wasserfläche bei unverändertem Dampfdruck zunehmend Stöße in der Gasphase und eine nachfolgende hydrodynamische Expansion des Dampfes auf. Wie bereits bei den in Abb. 1.56 und 1.57 ausführlich erläuterten Düsenstrahlquellen entwickelt sich mit zunehmendem Flüssigstrahldurchmesser D eine ausgeprägte Düsenstrahlexpansion und der von der Wasserfläche ausgehende Dampfstrahl wird zu einem Überschallmolekularstrahl mit ansteigendem Geschwindigkeitsverhältnis S. Gleichzeitig wird dabei die für Molekularstrahlbeobachtungen der Wasseroberfläche benötigte ungestörte Strahlausbreitung zunehmend behindert. Dieser Zusammenhang wird in einem, ebenfalls in Abb. 1.70 skizzierten Molekularstrahl-Flugzeitexperiment am senkrecht zur Flüssigkeitsstrahlachse austretenden Wasserdampf bestätigt. Durch eine in 5 mm Abstand seitwärts vom Flüssigkeitstrahl angebrachte Skimmeröffnung tritt von einem vorgegebenen schmalen Abschnitt des Flüssigkeits-

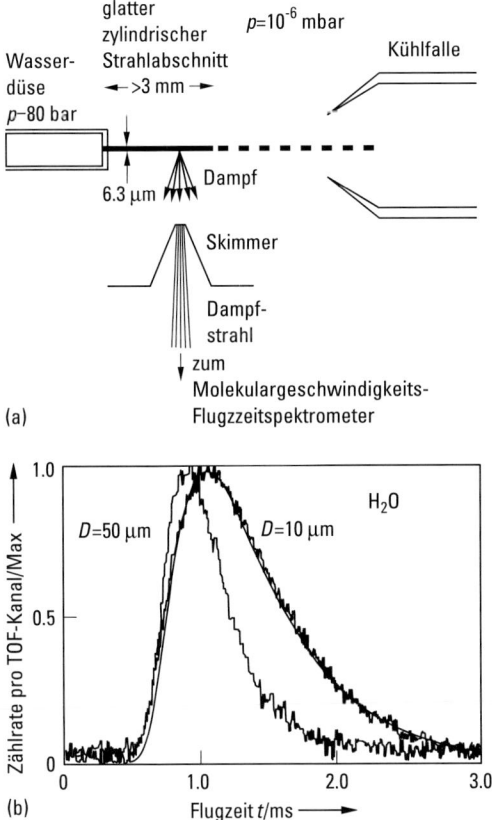

Abb. 1.70 Nachweis der freien Vakuumoberfläche von flüssigem Wasser an einem Mikrostrahl: (a) Apparaturskizze mit Wasserstrahldüse, Kühlfalle zum Auffangen des Wasserstrahls im Vakuum und mit Molekularstrahlanalyse des von Flüssigkeit ausgehenden Wasserdampfes. (b) Molekularstrahlflugzeitspektren zeigen eine Maxwell-Verteilung für die stoßfrei ablaufende, freie Molekularverdampfung bei einem 10 μm dicken Wasserstrahl, der kleiner als die freie Weglänge ($\Lambda \sim 10\,\mu\text{m}$) im Wasserdampf ist. Eine verengte Überschallgeschwindigkeitsverteilung für den von einem Wasserstrahl mit 50 μm Durchmesser ausgehenden Dampf belegt das Auftreten von molekularen Stößen und hydrodynamischer Expansion bei Wasserflächen mit größeren Abmessungen.

fadens ausgehender Wasserdampf in einen Molekularstrahldetektor zur Analyse des Flugzeitspektrums des Dampfes. Für einen ungefähr 6.3 μm dicken Flüssigkeitsstrahl einer 10 μm Düse zeigt das Flugzeitspektrum in Abb. 1.70b eine nahezu perfekte Übereinstimmung mit einer theoretischen Maxwell-Verteilung, die als glatte Linie dargestellt ist [106]. Im Gegensatz dazu ist die zweite dort gezeigte Geschwindigkeitsverteilung für den von einem Wasserstrahl mit $D = 50$ μm ausgehenden Dampfstrahl beträchtlich schmaler. Sie entspricht einem Überschallstrahl mit einem Geschwindigkeitsverhältnis von $S \approx 2$ und belegt damit das Auftreten von Vielfachstößen in der Dampfphase, während beim kleineren Strahldurchmesser von weniger als 10 μm stoßfreie Verdampfung mit der ungestörten nativen Maxwell-Verteilung auftritt. Dies ist die direkte, experimentelle Bestätigung für die Präparation einer freien Vakuumoberfläche des flüssigen Wassers.

Bei der Anpassung der Molekularstrahltemperatur der Maxwell-Verteilung wird zusätzlich die Strahltemperatur am jeweiligen Beobachtungspunkt auf der Oberfläche des Flüssigkeitsfadens berührungslos ermittelt. Für den gezeigten 6.3 μm Wasserstrahl bei 120 m s^{-1} Strömungsgeschwindigkeit ist dies eine Temperaturabsenkung von ungefähr 5–10 °C im Abstand von 1.5 mm strahlabwärts vom Düsenaustrittspunkt, die annäherungsweise mit der für freie Verdampfungskühlung abgeschätzten Rate von 10^5 K s^{-1} übereinstimmt.

Zu einem einfachen Kühlmodell führt folgende Betrachtung der stoßfreien Vakuumverdampfung des Flüssigkeitsfadens: Von einem Strahlsegment der Länge dl und der Oberfläche d$A = \pi D$ dl verdampft bei der Oberflächentemperatur T eine Wassermenge dM/d$t \sim$ d$A \frac{1}{4} \langle v_{H_2O} \rangle n_0$ mit der mittleren Molekulargeschwindigkeit $\langle v_{H_2O} \rangle = (8\,k\,T/(\pi\,m))^{1/2}$ frei ins Vakuum. Bei einem Flüssigkeitsdampfdruck von $\approx$ 10 mbar ergibt das eine Wasserverdampfung von 150 mbar l s^{-1} cm^{-2} und entsprechend die Größenordnung von 0.1–0.3 mbar l s^{-1} für die Abdampfrate von der Oberfläche eines 6 μm Mikrostrahls mit knapp 10 mm Strahllänge bis zum Eintritt in die kryogekühlte Strahlfängersektion der in Abb. 1.70 dargestellten Wasserstrahlapparatur. Durch Multiplikation mit der Verdampfungswärme W_{fl-g} (von 44 kJ mol^{-1} für H$_2$O) ergibt sich die Kühlleistung der Vakuumverdampfung. Dies führt zu einer Abkühlung dT der im Flüssigkeitsstrahl verbliebenen Wassermasse $\frac{\pi}{4} \varrho_{H_2O} D^2$ dl mit Wärmekapazität c_{fl}. Bei Vernachlässigung der geringfügigen Strahlquerschnittsveränderung durch die Verdampfung und unter der Annahme eines schnellen Temperaturausgleichs durch Wärmeleitung zwischen der Strahloberfläche und dem Zentrum des Mikrostrahls erhält man damit die vereinfachte Differentialgleichung

$$c_{fl} D\, dT = -\langle v_{H_2O}(T)\rangle\, W_{fl-g}\, n_{Dampf}(T)\, dt \tag{1.242}$$

für die freie Vakuumverdampfungskühlung des Flüssigkeitsstrahls. Diese kann nach Einsetzen einer Dampfdruckfunktion, z. B. nach der Clausius-Clapeyron-Formel $p_{Dampf} \sim A_{cc} \exp(-W_{fl-g}/R\,T)$, numerisch oder analytisch gelöst werden. Nach Umrechnen der exponentiell abklingenden zeitlichen Temperaturverlaufsfunktion mit der bekannten Flüssigstrahlgeschwindigkeit u auf den Strahlort, ergibt sich der Temperaturabfall entlang der Strömungsrichtung mit typischen Kühlraten von 10 K mm^{-1} bei repräsentativen Wasserstrahlen.

Die Strahlaustrittsgeschwindigkeit u wird bei sehr kurzen Düsenkanälen oder bei konvergenten, kegelförmigen Flüssigkeitsdüsen durch den Grenzfall für die Bernoulli-Strömung beschrieben:

$$u = \sqrt{\frac{2p}{\varrho}}. \tag{1.243}$$

Sie ist unabhängig von der Flüssigkeitsviskosität und wird nur vom Eingangsdruck p der Düse und durch die Flüssigkeitsdichte ϱ bestimmt.

Bei Wasser ($\varrho = 1000\,\mathrm{kg\,m^{-3}}$) mit einem Druck von 8 MPa ist die Flüssigkeitsaustrittsgeschwindigkeit $u = 126\,\mathrm{m/s}$. Bei 10-μm-Strahlen liegen solche Strömungsgeschwindigkeiten noch im laminaren, turbulenzfrei „schleichenden" Strömungsbereich niedriger Reynolds-Zahlen. Der aus der kreisförmigen Düse ins Freie ausströmende Flüssigkeitsstrahl schnürt sich in Düsennähe um etwa $10 - 30\%$ des Düsenöffnungsdurchmessers ein. Danach verläuft er über eine längere Strecke als glatter zylindrischer Strahl, der sich schließlich anwachsend wellenförmig einschnürt und in Tropfen zerfällt, die das kürzer als $0.1\,\mu\mathrm{s}$ belichtete Foto eines Strahls in Abb. 1.71c ganz unten zeigt. Eine lineare Näherung (für Flüssigkeiten im laminaren Strömungsbereich) zeigt, dass ein spontaner Tropfenzerfall innerhalb einer durch Oberflächenspannung und Viskosität bedingten, festen Zeitspanne erfolgt, die nur noch vom Düsendurchmesser mitbestimmt wird. (Lord Rayleigh, Weber, siehe Lehrbücher der Strömungslehre und [107, 108]). Daher zerfällt ein Strahl nach einer gewissen Strecke, wobei der Zerfallsabstand linear mit der Strahlgeschwindigkeit u ansteigt. Bei 10-μm-Wasserstrahlen ist die Tropfenfolgefrequenz bereits höher als 2 MHz, die Strahlzerfallslänge kann 3–5 mm erreichen. Dickere Strahlen haben wesentlich größere Zerfallslängen. Flüssigkeiten mit großer Viskosität zerfallen besonders langsam und bilden daher sehr lange und stabile Strahlen. Bei sehr hohen Austrittsgeschwindigkeiten wird schließlich der Flüssigkeitsstrahl schon im Düsenaustrittsbereich turbulent oder zerstäubt völlig infolge der hier auftretenden Scherkräfte. Der Beginn dieses turbulenten Strömungsbereichs setzt eine Obergrenze für die maximal durch Düsendruckerhöhung erreichbare Länge des kontinuierlichen Teils eines Flüssigkeitsstrahls.

1.5.4.2 Laserdesorption und Massenanalyse von protonierten Biomolekülen in Flüssigkeitslösungen

Eine viel versprechende massenanalytische Anwendung der Vakuumoberfläche von Flüssigwasser wurde mit der Entdeckung der Laserdesorption von Ionen großer organischer Moleküle aus ihrer natürlichen wässrigen Lösungsumgebung erschlossen (Brutschy et al. [109]). Durch Bestrahlung mit einem infraroten Nanosekundenlaser mit Leistungsdichten um $10^8\,\mathrm{W\,cm^{-2}}$ werden im Wasserstrahl gelöste molekulare Aggregate und Ionen weitgehend unzerstört ins Vakuum freigesetzt. Das ermöglicht unmittelbare Untersuchungen an Biomolekülen in natürlicher, physiologischer Lösung und ergänzt das schon diskutierte Elektrospray oder das Festkörperdesorptionsverfahren MALDI.

In der in Abb. 1.71 dargestellten Laser-Ionendesorptionsapparatur für Flüssigkeitsstrahlen wird zur Massenanalyse der durch den Infrarotlaser freigesetzten Ionen ein „Reflektron"-Ionenspiegel-Flugzeitmassenspektrometer an eine Vakuumapparatur zur Flüssigkeitsstrahlerzeugung angekoppelt, das bei vergleichsweise geringem Aufwand eine Massenauflösung von 5000 bis 50000 erreichen kann. Der 10-μm-

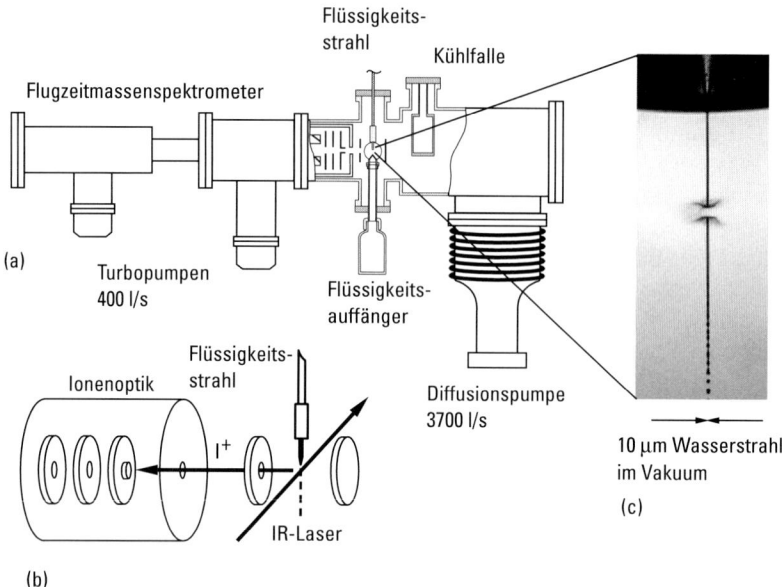

Abb. 1.71 Laserdesorptionsapparatur (a) zur Ionenverdampfung und Massenspektroskopie von in Flüssigkeit protoniert vorliegenden großen Eiweißmolekülen (LILBID). (b) Der Mikrostrahl wird im Hochvakuum durch einen Infrarotlaserpuls beim Absorptionsmaximum des flüssigen Wassers bei 2.8 μm Wellenlänge innerhalb weniger Nanosekunden verdampft. (c) Solvatisierte Biomoleküle mit angelagerter Elektrolytladung gelangen dabei unzerstört ins Vakuum und weiter zur Analyse in ein Reflektronflugzeitspektrometer hoher Massenauflösung.

Flüssigkeitsstrahl wird durch eine kegelförmig ausgezogene Quarzdüse bei 40 bar Düsendruck mit $0.5\,\mathrm{cm}^3\,\mathrm{min}^{-1}$ Durchsatz in die Vakuumkammer injiziert. Das Arbeitsvakuum von $5 \cdot 10^{-3}\,\mathrm{Pa}$ wird durch Pumpen und durch Kryokühlfallen für den anfallenden Wasserdampf aufrechterhalten. Nach dem Durchflug durch die Vakuumkammer wird der flüssige Wasserstrahl durch eine für Knudsen-Strömung optimierte Flüssigkeits- und Gasschleuse in einen externen Flüssigkeitsbehälter beim Eigendampfdruck ($\approx 2\,\mathrm{kPa}$) zurückgeführt [110]. Die Interaktionsregion zwischen Laser und Mikrostrahl zeigt die Teilabbildung 1.71b in vergrößertem Maßstab. Abb. 1.71c zeigt eine Hochgeschwindigkeitsaufnahme des lokal explodierenden Wasserstrahls 2 μs nach dem Aufheizen durch den Infrarotlaserpuls.

Der Ionendesorptionsprozess wird mit einem 10-ns-Laserpuls bei 2.650 μm Wellenlänge, nahe dem Absorptionsmaximum der antisymmetrischen OH-Streckschwingungsbande des flüssigen Wassers, ausgelöst. Bei dieser Wellenlänge beträgt die Absorptionstiefe im flüssigen Wasser nur wenige Mikrometer. Daher wird ein großer Teil der 0.1–0.7 mJ Laserpulsenergie im Wasserstrahl absorbiert und heizt den Wasserstrahl auf 500–1000 °C auf. Aus der entstehenden überkritischen Flüssigkeit werden durch Mitverdampfung auch schwer verdampfbare Moleküle und in der Flüssigkeit bereits existierende Ionen in sehr kurzer Zeit ins Vakuum gestoßen, und bleiben dabei offenbar weitgehend unzerstört. Die Ionen durchfliegen im gezeigten Tandem-Flugzeitexperiment zunächst eine feldfreie Region von 10 cm, bevor sie über in eine gepulst geschaltete Ionenoptik in das Massenspektrometer eintreten. Durch die Verzögerungszeitwahl zwischen beiden Pulsen können individuelle Ionenanfangsgeschwindigkeiten ermittelt werden. Sie liegen bei sehr großen Molekülen mit $2-5 \, \text{km s}^{-1}$ unerwartet hoch. Dies weist auf Seeding-Beam-Düsenstrahlexpansionseffekte im Wasserdampf und möglicherweise auch auf Schockwellenbeteiligung beim noch weitgehend ungeklärten Molekülausstoßprozess hin. Die hohe Anfangsenergie der Ionen beschränkt derzeit die Massenauflösung auf 900–1500.

Zwei mit diesem Verfahren erhaltene Spektren großer organischer Moleküle zeigt Abb. 1.72 für wässrige Lösungen von Insulin (a) mit einer Masse von angenähert 5700, und für Cytochrom c (b) mit 12000 amu. Es tritt vorwiegend ein einziger Massenpeak für die unfraktionierte Ionenmasse des Proteins mit einem einzelnen aus der Flüssigkeit angelagerten Proton auf. Bei sehr großen Proteinmolekülen steigt mit zunehmender Anzahl von Carboxylgruppen auch die Anlagerungswahrscheinlichkeit für weitere Protonen, wie beim doppelt geladenen Cytochrom c in Abb. 1.72b sichtbar wird. Die Verteilung anhängender Wasserrestcluster um den Hauptmassenpeak wird mit ansteigender Laserintensität schmaler.

Relative Peakhöhen und weitere durch Molekülanlagerungen mit nichtkovalenter Bindung entstehende zusätzliche Massenpeaks verändern sich mit dem pH-Wert, mit der Temperatur und mit der Zusammensetzung der Lösung, so dass man von einer sehr sanften, zerstörungsarmen direkten Nachweismethode für Makroionen und deren supramolekulare Komplexe und Chelate in der flüssigen Phase ausgehen kann [111].

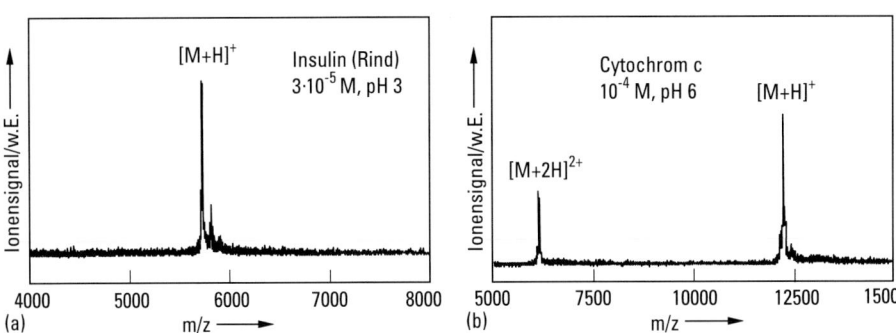

Abb. 1.72 Flüssigstrahl-Laserdesorptionsmassenspektren von (a) Insulin aus einer $5 \cdot 10^{-5}$ molaren wässrigen Lösung bei pH 3 und von (b) Cytochrom c. Cytochrom c hat mehr Anlagerungsmöglichkeiten für Protonen und erscheint daher sowohl als einfach als auch als doppelt protoniertes Ion im Massenspektrum. In Übereinstimmung mit makrochemischen Assoziationsdaten wird dabei das Peakverhältnis durch den pH-Wert der Ausgangslösung verändert.

1.5.5 Ultrakalte Atome

Durch Laserkühlung gelingt es die Temperatur von Molekularstrahlen weit unter den in Düsenexpansionen erreichbaren mK-Bereich bis auf wenige μK zu verringern, die Atome im Strahl abzubremsen und den Strahl zu komprimieren und schließlich in Magnetfeld- oder auch Laserfeld-Speicherfallen für kalte Atome über Zeitspannen bis mehrere hundert Sekunden für nachfolgende Experimente aufzubewahren. Für gespeicherte Atomensembles lässt sich durch weitere Verdampfungskühlung im Bereich um 100 nK schließlich auch die Bose-Einstein-Kondensationsgrenze mit Atomabständen kleiner als die de-Broglie-Wellenlänge unterschreiten. Es gelang Bose-Einstein-Kondensation (BEK) an Atom-Ensembles mit typischer Größe von 10^6 Atomen nachzuweisen, daraus phasenkohärente Atomstrahlen von Bose-Atomen, das Materiewellen-Gegenstück zum Laser, zu erzeugen und eine völlig neuartige makroskopische Atomstrahlinterferenztechnologie für Grundlagenforschung und meteorologische Anwendungen zu entwickeln. Zudem erscheinen auch Atominterferenz ausnutzende und durch direkte Atomablagerung Nanostrukturen erzeugende technische Entwicklungen in näherer Zukunft ebenso vorstellbar wie die direkte Herstellung materieller Strukturen als Atomhologramme [112, 113].

1.5.5.1 Laserabbremsung und Kompression von Atomstrahlen

Experimentell sind zur BEK stoßfreie Bedingungen bei Restgasstoßzeiten

$$\tau_{\text{Stoß}} \sim \frac{\Lambda}{\langle v \rangle} > 1000\,\text{s}$$

in Ultrahochvakuumumgebung ($p < 10^{-10}\,\text{mbar}$) notwendig.

Die Laserabbremsung von Atomen beginnt zunächst mit einer Abbremsung des Atomstrahls durch Photonenimpulsübertrag. Bei der Lichtabsorption oder Emission durch ein Atom wird der gerichtete Photonenimpuls

$$p_{\text{Phot}} = \frac{h\nu}{c} \qquad\qquad (1.244)$$

eines Laserstrahlphotons von einem Strahlatom absorbiert. Doch da die spontane Emission des angeregten Atoms ohne mittlere räumliche Vorzugsrichtung erfolgt, wird beim N-fach-Photonenabsorptionsprozess das Einzelatom um $N \cdot p_{\text{Phot}}$ in Gegenrichtung des Laserstrahls abgebremst oder beschleunigt. Die atomare Geschwindigkeitsänderung durch einzelne Photonen mit der Energie $h\nu$ beträgt

$$\delta v_{\text{m/s}} = 0.322 \frac{(h\nu)_{\text{eV}}}{m_{\text{amu}}}. \qquad\qquad (1.245)$$

Um ein Cs-Atom um $100\,\text{m}\,\text{s}^{-1}$ zu verlangsamen, müssen $5 \cdot 10^4$ Photonen von 1 eV Energie absorbiert werden. Wegen der Doppler-Verschiebung der Absorptionslinien um die Frequenzdifferenz $\Delta v = v_0\,v_Z/c$ bei mit Geschwindigkeitskomponente v_Z bezüglich der Laserlichtrichtung fliegenden Atomen kommt die Photonenabbremsung zum Erliegen, sobald die Geschwindigkeitsänderung durch Abbremsung eines ge-

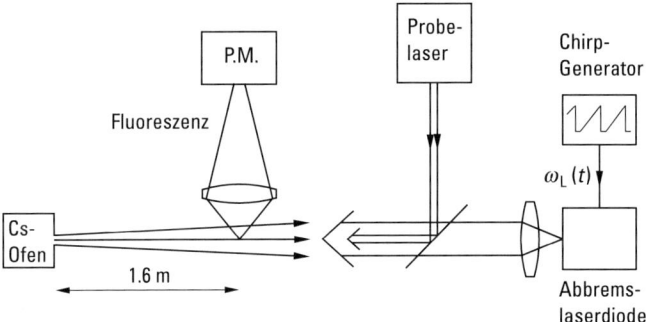

Abb. 1.73 Abbremsung und Kompression eines Cs-Atomstrahls durch den Photonenrück-
stoß bei Laserabsorption. Zur Kompensation des veränderten Doppler-Absorptionsprofil des
sich verlangsamenden Atomstrahls wird die Frequenz der Abbremslaserdiode bis zum Atom-
stillstand nachgeführt („Chirp"). Die Abkühlung des Atomstrahls auf etwa 1 μK wird durch
Fluoreszenzanalyse des Doppler-Profils nachgewiesen.

rade vielfach absorbierenden Atoms groß genug wird, dass die Doppler-verschobene
Atomresonanzfrequenz aus der Absorptionsbandbreite des Lasers herauswandert.
Um danach weiter zu kühlen, wird die Laserfrequenz beim Kühlprozess über ein
Zeitrampensignal nachgeführt, bis die Laserfrequenz die Resonanzfrequenz v_0 des
ruhenden Atoms erreicht hat und daher alle Atome im Alkaliatomstrahl zum Stillstand gekommen sind. Die verbleibende Impulsunschärfe bei diesem Prozess ist
durch den Betrag des Einzelphotonenimpulses beschränkt. Dieses Kühlverfahren
ist in Abb. 1.73 für einen Alkaliatomstrahl (hier Caesium) aus einer geheizten Molekularstrahlquelle illustriert, der durch einen gegenläufigen Diodenlaserstrahl abgebremst wird. Die Laserfrequenz wird dabei sehr einfach durch Veränderung des
Diodenstroms über den erforderlichen Doppler-Frequenzbereich linear und innerhalb von ungefähr 100 μs hochgefahren („chirp"). Zur Kontrolle des Kühlergeb-
nisses wird danach mit einem zweiten Probelaserstrahl und Beobachtung der Re-
sonanzfluoreszenz das verbleibende Doppler-Geschwindigkeitsprofil der kalten Cs-
Atome nachgemessen [114].

In einem weiteren, in Abb. 1.74a dargestellten Schritt wird das kalte atomare Gas
durch gegenläufige Laserstrahlen in allen drei Raumrichtungen komprimiert und
einem magnetischen Quadrupolfallenfeld ausgesetzt. Im Laserkompressionsschritt
wirkt auf die bereits sehr langsamen Atome das durch die gegenläufigen Laserstrahlen gebildete, stehende oder sich kontrolliert langsam bewegende, räumlich periodische elektromagnetische Feld. Darin werden die Atome wie in einer zähen (Zu-
cker-)Masse mitgeschleppt, weshalb man diesen Atom-Licht-Zustand als optische
Molasse (optical molasses) bezeichnet. In diesem Zustand werden die Atome durch
eine komplizierte, die Hyperfeinstrukturbesetzungen umwälzenden „Sisyphus-Küh-
lung" bei einer Art vielfacher Raman-Streuung unter die Photonrückstoßgrenze
weiter gekühlt und erreichen Temperaturen bis zu $\approx 1\,\mu K$ bei Cs.

1.5.5.2 Bose-Einstein-Kondensation in magnetischen Fallen

In einer Quadrupol-Magnetfalle, bestehend aus zwei axial zueinander verschobenen Kreisspulen mit gegenläufigen, gleich großen Strömen, bewirkt die Zeeman-Aufspaltung der atomaren m-Zustände ein trichterförmiges, mit dem Abstand vom Spulenmittelpunkt linear ansteigendes Bindungspotential für den $m = 1$-Spinzustand (z. B. von Alkaliatomen die bei ungeradem Kernspin Bosonen sind) und einen nicht gebundenen abstoßenden Zustand für $m = -1$ (Abb. 1.74b). Daher können sehr kalte Atome in dieser Falle für eine gewisse Zeit eingefüllt und gespeichert werden. Doch im nahezu feldfreien Raum in der Mitte der Quadrupol-Spulen wird der Energieabstand des $m = +1$-Zustandes zum nicht gebundenen $m = -1$-Zustand verschwindend gering. Daher können die Spins der hierher geratenen Atome des gespeicherten Ensembles umkippen und die Falle an der Trichterspitze verlassen [116, 117].

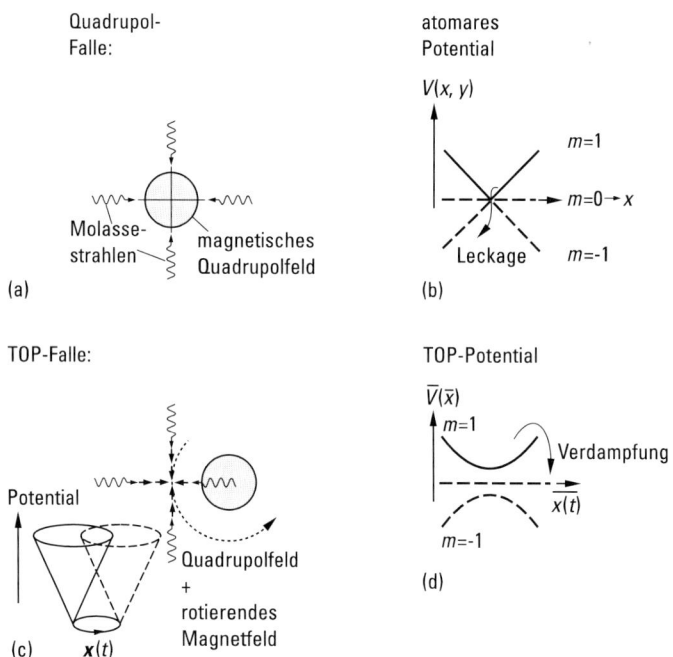

Abb. 1.74   (a) Magnetische Falle zum zeitweisen Einschluss lasergekühlter ultrakalter Atome. (b) Da das Speicherpotential für $m = +1$ Atomzustände im magnetischen Quadrupolfeld im Mittelpunkt der Falle verschwindet, treten hier Spin-Flips und Atomleckage auf. (c) Durch zusätzliche Überlagerung eines langsam rotierenden homogenen Magnetfeldes bewegt sich dieser Leckagepunkt schneller, als einzelne Atome des Ensembles das Mimimum erreichen. (d) Es entsteht eine für längere Zeit effektive TOP-Falle („time-averaged orbiting potential"), in der durch Atomverdampfung nochmals höhere Dichte im Phasenraum bis hin zur Bose-Einstein-Kondensation erreicht werden kann. Typische Parameter solcher Bose-Einstein-Kondensate sind $10 - 100$ nK bei $10^4 - 10^8$ Alkaliatomen und Atomdichten von bis zu 10^{14} pro cm³.

Dieses „Leck" am Boden der einfachen Quadrupol-Falle kann aber nur erreicht werden, wenn eingeschlossenen Atomen genügend Zeit zur Verfügung steht. Durch die einfache Überlagerung eines (zur Quadrupol-Feldachse senkrechten) langsam rotierenden Magnetfelds kann man erreichen, dass die Trichterfalle auf einer Kreisbahn rotiert (Abb. 1.74c). Dies hat zur Folge, dass den in der sich wegdrehenden Trichterfalle eingefangenen Molekülen nicht mehr die für das Spinumklappen notwendige Zeit zur Verfügung steht, um in den gefährdeten Bereich an der Kegelspitze zu geraten. Das effektive atomare $m = 1$-Potential der sich drehenden TOP (engl.: time-averaged orbiting potential trap), gezeigt in Abb. 1.74d, ist ein harmonischer Oszillator, aus dem Atome nicht mehr durch Versickern, sondern nur noch durch verdampfungsartiges Ausbrechen der energiereichsten Atome entweichen können. Diese Verdampfung kann man durch kurzzeitiges Anschalten eines schwachen Hochfrequenzfeldes beschleunigen, das gerade zum Entweichen der Atome in den höchsten Energiezuständen ausreicht. Beim Zurückschalten (dieser „HF scissors") ther-

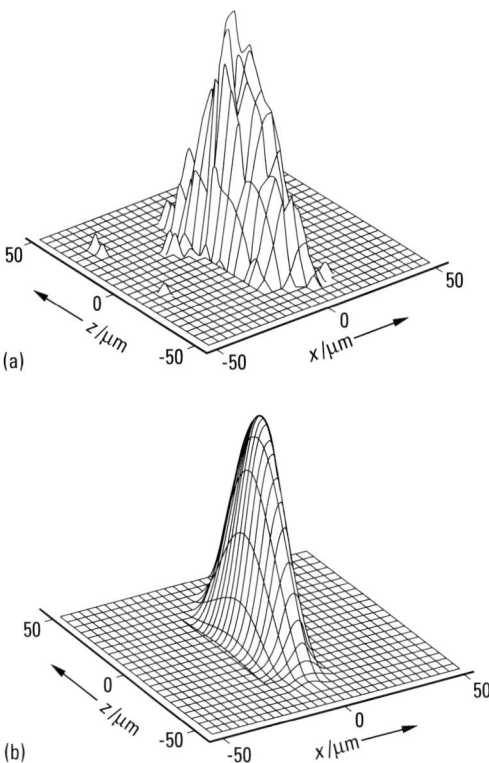

(a)

(b)

Abb. 1.75 (a) Experimentelle Ermittlung der Impulsverteilung eines gekühlten Kondensats (^{87}Rb) durch Messung der Dichteverteilung der Kondensatwolke mit Laser-Absorption und Bildwandler nach 60 ms Ausdehnung. Die Messgenauigkeit der Atomgeschwindigkeiten beträgt ca. 10 µm/s. (b) Eine theoretische Verteilung wurde als Lösung der Schrödinger-Gleichung für ein Bose-Einstein-Kondensat in der TOP-Falle berechnet und zeigt hervorragende Übereinstimmung.

malisiert dann die gekappte Verteilung. Wiemann und Cornell beobachteten erstmals 1995 die Bose-Einstein-Kondensation von bis zu 2000 ^{87}Rb-Atomen in diesem Versuchsaufbau bei Temperaturen zwischen 170 und 20 nK [117]. 2001 wurde der Physik-Nobelpreis an Ketterle, Wiemann und Cornell für ihre Arbeiten an Bose-Einstein-Kondensaten verliehen.

1.5.5.3 Impulsverteilung in einer kalten BEK-Atomwolke

Zum Nachweis der Bose-Einstein-Impulsverteilung des gekühlten Kondensats schaltet man die TOP-Falle ab und lässt die frei fallende Atomwolke ballistisch expandieren bis die Wolke groß genug ist, um leicht durch Schattenwurf abgebildet zu werden. Eine experimentelle Dichteverteilung eines Kondensats nach 60 ms Expansion ist in Abb. 1.75a wiedergegeben. Während vor dem Einsetzen der Bose-Einstein-Kondensation kalte Atomwolken thermisch expandieren, haben Bose-Einstein-Kondensate Geschwindigkeiten nahe Null. Im gezeigten Beispiel liegt die Messgrenze unterhalb von 10 μm s^{-1}. Die Verteilung ist elliptisch, wie es für im Grundzustand der harmonischen TOP-Falle kondensierte Atome zu erwarten ist. Zum Vergleich wird in Abb. 1.57b die nahezu exakt mit dem Experiment übereinstimmende, theoretisch berechnete Verteilung gezeigt, bei der auch die spezifische Atomwechselwirkung mit Streulänge a über die Gross-Pitaevski-Form der Schrödinger-Gleichung für das Kondensat in einer Falle berücksichtigt ist [94].

Eine bis 2004 aktualisierte Übersicht über die sehr vielfältigen und schnellen Entwicklungen auf diesem Arbeitsgebiet findet man zum Beispiel auf der NIST-Webpage (http://www.bec.nist.gov). Zurzeit ist BEK bei H, He*, Li, Na, K, Rb und Cs, Yb, Cr bei Kondensatgrößen von 10^5 bis 10^8 Atomen beobachtet worden. Die Atomdichten liegen bereits oberhalb 10^{14} cm^{-3} [118].

Literatur

Allgemeines zur Statistischen Physik

[1] Becker, R., Theorie der Wärme, Springer, Berlin 1966
[2] de Groot, S. R., Mazur, P., Grundlagen der Thermodynamik irreversibler Prozesse, Bibliogr. Institut, Mannheim, 1969
[3] Kestin, J., J. R. Dorfman, A Course in Statistical Thermodynamics, Academic Press, New York, 1969
[4] Landau, P. L., Lifschitz, E. M., Statistische Physik (Theoretische Physik, Bd. V), Akademie-Verlag, Berlin 1979
[5] Reif, F., Statistische Physik und Theorie der Wärme, 3. Auflage, de Gruyter, Berlin, 1987
[6] Sommerfeld, A., Thermodynamik und Statistik, Akademische Verlagsgesellschaft, Leipzig, 1962

Allgemeines zur Kinetischen Theorie

[7] Cercignani, C., Theory and Application of the Boltzmann Equation, Scotish Academic Press, Edinburgh, 1975

[8] Chapman, S., Cowling, T.G., The Mathematical Theory of Non-Uniform Gases, 3. Auflage, University Press, Cambridge, 1970

[9] Cohen, E.G.D., Thirring, W., The Boltzmann Equation, Theory and Applications, Springer, Wien, 1973

[10] Ferziger, J.H., Kaper, H.G., Mathematical Theory of Transport Processes in Gases, North Holland, Amsterdam, 1972

[11] Hanley, H.J.M., Transport Phenomena in Fluids, Dekker, New York, 1969

[12] Hess, S., Nicht-Gleichgewichts-Molekulardynamik, Computer-Simulationen von Transportprozessen und Analyse der Struktur von einfachen Fluiden, Physikalische Blätter, 1988

[13] Hirschfeler, J.O., C.F. Curtis, Bird, R.B., Molecular Theory of Gases and Liquids, Wiley, New York, 1954

[14] Maitland, G., Rigby, M., Smith, E.B., Wakeham, W.A., Intermolecular Forces, Clarendon Press, Oxford, 1981
Rigby, M., Smith, E.B., Wakeham, W.A., Maitland, G.C., The Forces Between Molecules, Clarendon Press, Oxford, 1986

[15] Lifschitz, E.M., Pitajewki, L.P., Physikalische Kinetik (Landau-Lifschitz, Theoreitsche Physik, Bd. X), Akademie-Verlag, Berlin 1983

[16] Present, R.D., Introduction to the Kinetic Theory of Gases, McGraw-Hill, New York, 1958

[17] Rowlinson, J.S., The Properties of Real Gases, in: Handbuch der Physik (Flügge, S., Hrsg.), Springer, Berlin, 1958, S.1

[18] Waldmann, L., Transporterscheinungen in Gasen von mittlerem Druck, in Handbuch der Physik (Flügge, S., Hrsg.), Bd. 12, Springer, Berlin, 1958, S. 295

Datensammlungen und Tabellen

[19] Jounglove, B.A., Thermophysical Properties of Fluids I, J. Phys. Chem. Ref. Data, **11**, Supplement 1, 1982
Jounglove, B.A., Ely, J.F., Thermophysical Properties of Fluids II, J. Phys. Chem. Ref. Data **16**, 577, 1987

[20] Kestin, J., Knierim, K., Mason, E.A., Najafi, B., Ro, S.R., Waldmann, M., Euililbrium and Transport Properties of Noble Gases and Their Mixtures at Low Density, J. Phys. Chem. Ref. Data **13**, 229, 1984
Bonshehri, A., Bzowski, J., Kestin, J., Mason, E.A., Equilibrium and Transport Properties of Eleven Polyatomic Gases at Low Density, J. Phys. Ref. Data **16**, 445, 1987
Herman, P.W., Hermans, L.J.F., Beenakker, J.J.M., A Survey of Experimental Data Related of the Non-spherical Interaction for the Hydrogen Isotopes and their Mixture with Noble Gases, Physica **122A**, **173**, 1983

Spezielle Literatur zu den einzelnen Abschnitten

Abschnitt 1.1

[21] Scoles, G., Two-Body. Spherical Atom-Atom and Atom-Molecule Interaction Energies, Ann. Rev. Phys. Chem. **31**, 81, 1980

[22] Köhler, W.E., Schaefer, J., Theoretical Studies of H_2-H_2 Collisions Iv. Ab Initio Calculations of Anisotropic Transport Phenomena in Parahydrogen Gas, J. Chem. Phys. **78**, 4862, 1983

Abschnitt 1.2

[23] Silvera, I.F., Spin-Polarized Hydrogen and Deuterium: Quantum Gases, Physica **109**; **110B**, 1499 1982
Silvera, I.F., Walraven, J.T.M., Direct Determination of the Temperature and Density of Gaseous Atomic Hydrogen at Low by Atomic Beam Techniques, Phys. Lett. **74S**, 193, 1979
[24] Sprik, R., Walraven, J.T.M., van Yperen, G.H., Silvera, I.F., Experiments With Doubly Spin-Polarized Atomic Hydrogen, Phys. Rev. **34B**, 6175, 1986
[25] Sprik, R., Walraven, J.T., Silvera, I.F., Compression Experiments With Spin-Polarized Atomic Hydrogen, Phys. Rev. **32B**, 5668, 1985
[26] Hess, H.F., Bell, D.A., Kochanski, G.P., Kleppner, D., Greytak, T.J., Temperature and Magnetic Field Dependence of Three-Body Recombination in Spin-Polarized Hydrogen, Phys. Rev. Lett. **52**, 1520, 1984

Abschnitt 1.3

[27] Hess, S., Vektor- und Tensor-Rechnung, Palm und Enke, Erlangen, 1982
Hess, S., Köhler, W.E., Formeln zur Tensor-Rechnung, Palm und Enke, Erlangen 1980
[28] Müller, I., Thermodynamics, Pittman, Boston, 1985
[29] Hess, S., Transport Phenomena in Anisotropic Fluids and Liquid Crystals, J. Non-Equilib. Thermodyn. **11**, 175, 1986
[30] Berne, B.J., Pecora, R., Dynamic Light Scattering, Wiley, New York, 1976
[31] Grad, H., Principles of the Kinetic Theory of Gases, in: Handbuch der Physik (Flügge, S., Hrsg.), Bd. 12, Springer, Berlin, 1958, S. 205
[32] Waldmann, L., Die Boltzmann-Gleichung für Gase mit rotierenden Molekülen, Z. Naturforsch. **12a**, 660, 1957
Waldmann, L., Die Boltzmann-Gleichung für Gase aus Spin-Teilchen, Z. Naturforsch. **13a**, 609, 1958
Snider, R.F., Quantum-Mechanical Modified Boltzmann Equation for Degenerate Internal States, J. chem. Phys. **32**, 1051, 1960
[33] Hess, S., Verallgemeinerte Boltzmann-Gleichung für mehratomige Gase, Z. Naturforsch. **22a**, 1871, 1967
[34] Masoon, E.A., Monchick, L., Heat Conductivity of Polyatomic and Polar Gases, J. Chem. Phys. **36**, 1622, 1962
[35] Dymond, J.H., Interpretation of Transport Coefficients on the Basis of the Van der Waals Model, Physica **75**, 100, 1974
van Loef, J.J., Atomic and Electronic Transport Properties and the Molar Volume of Monatomic Liquids, Physica **75**, 115, 1974
[36] Hess, S., Mörtel, A., Doppler Broadened Spectral Funktions and Time Correlation Functions for a Gas in Non-Equilibrium, Z. Naturforsch. **32a**, 1239, 1977
[37] Baas, F., Ouderman, P., Knaap, H.F.P., Beenakker, J.J.M., Experimental Investigation of the Nonequilibrium Velocity Distribution Function in a Heat Conducting Gas, Physica **89A**, 73, 1977
Douma, B.S., Knaap, H.F.P., Beenakker, J.J.M., Experimental Determination of the Velocity Distribution in a dilute Heat-Conducting Gas, Chem. Phys. Lett. **74**, 421, 1980
[38] Loose, W., Hess, S., Velocity Distribution Function of a Streaming Gas via Nonequilibrium Molecular Dynamics, Phys. Rev. Lett. **58**, 2443, 1987
[39] Hermans, L.J.F., Eggermont, G.E.J., Knaap, H.F.P., Beenakker, J.J.M., The Use of a Magnetic Field in an Experimental Verification of Transport Theory for Rarefield Gases, in Rarefield Gas Dynamics, (Campargue, R., Ed.) Vol. II, CEA, Paris, 1979, p. 799

[40] Waldmann, L., Non-Equilibrium Thermodynamics of Boundary Conditions, Z. Natur-forsch. **22a**, 1269, 1967
[41] Waldmann, L., Schmitt, K.H., Thermophoresis and Diffusiophoresis of Aerosols, in Aerosol Science, (Davies, C.N., Ed.) Academic Press, New York, 1966, p. 149
[42] Brock, J.R., The Kinetics of Ultrafine Particles, in Aerosol Microphysis I, Marlow, W.H., Springer, Berlin, 1980, p. 15

Abschnitt 1.4

[43] Senftleben, H., Magnetische Beeinflussung des Wärmeleitvermögens paramagnetischer Gase, Phys. Z. **31**, 822, 961, 1930
    Senftleben, H., Pietzner, J., Die Einwirkung magnetischer Felder auf das Wärmeleitvermögen von Gasen, Ann. Physik. **16**, 907, 1933; **27**, 108, 1936
[44] Engelhardt, H., Sack, H., Beeinflussung der inneren Reibung von O_2 durch ein Magnetfeld, Phys. Z. **33**, 724, 1932
    Trautz, M., Fröschel, E., Notiz zur Beeinflussung der inneren Reibung von O_2 durch ein Magnetfeld, Phys. Z. **33**, 947, 1933
[45] Herzfeld, K.F., Freie Weglänge und Transporterscheinungen in Gasen, in: Hand- und Jahrbuch der chem. Phys. 3/2, IV, 222, 1939
[46] Beenakker, J.J.M., Scoles, G., Knaap, H.F.P., Jonkman, R.M., The Influence of a Magnetic Field on the Transport Properties of Diatomic Molecules in the Gaseous State, Phys. Lett. **2**, 5, 1962
[47] Beenakker, J.J.M., McCourt, F.R., Magnetic and Electric Effects on Transport Properties, Ann. Rev. Phys. Chem. **31**, 47, 1970
    McCourt, F.R.W., Beenakker, J.J.M., Köhler, W.E., Kuščer, I., Nonequilibrium Phenomena in Polyatomic Gases, Clarendon Press, Oxford, 1990
[48] Hess, S., Waldmann, L., Kinetic Theory for Particles with Spin, Z. Naturforsch. **21a**, 1529, 1966
    II. Relaxation Coefficients, Z. Naturforsch. **23a**, 1893, 1968
[49] Hess, S., Waldmann, L., Kinetic Theory for Particles with Spin III. The Influence of Collinear Static and Oscillating Magnetic Fields on the Viscosity, Z. Naturforsch. **26a**, 1057, 1971
[50] Hess, S., Depolarisierte Rayleigh-Streuung und Strömungsdoppelbrechung in Gasen, Springer Tracts in Mod. Phys. **54**, 136, 1970
[51] Beenakker, J.J.M., Nonequilibrium Angular Momentum Polarizations, Acta Physica Austriaca, Suppl. X, Springer, Wien, 1973, p. 267
[52] Korving, J., Hulsman, H., Knaap, H.F.P., Beenakker, J.J.M., Transverse Momentum Transport in Viscous Flow of Diatomic Gases in a Magnetic Field, Phys. Lett. **21**, 5, 1966
    Gorelik, L.L., Nikolaevskii, V.G., Sinitsyn, V.V., Transverse Heat Transfer in a Molecular-Thermal Stream produced in a Gas of Nonspherical Molecules in the Presence of a Magnetic Field, JETP Lett. 4, 307, 1966
[53] Borman, V.D., Lazko, V.S. Nikolaev, B.I., Ryabov, V.A., Troyan, V.I., Resonant Singularities of the Dispersion of the Coefficient of Thermal Conductivity in Parallel Constant and Alternating Magnetic Fields, JETP Lett. **15**, 123, 1972
[54] van Ditzhuyzen, P.G., Thijsse, B.J., van der Meij, L.K., Hermans, L.J.F., Knaap, H.F.P., The Viscomagnetic Effect in Polar Gases, Physica **88A**, 53, 1977
[55] Knaap, H.F.P., 't Hooft, G.W., Mazur, E., Hermans, L.J.F., Senftleben-Beenakker Effects in Diffusing and Heat Conducting Gas Mixtures, in Rarefield Gas Dynamics (Campargue, R., Ed.) Vol. II, CEA, Paris, 1979, p. 777
[56] Scott, G.G., Sturner, H.W., Williamson, R.M., Gas Torque Anomaly in Weak Magnetic Fields, Phys., Rev. **158**, 177, 1967

[57] Levi, A.C., Beenakker, J.J.M., Thermomagnetic Torques in Dilute Gases, Phys. Lett. **25A**, 350, 1967

[58] Vestner, H., Differential Equations and Boundary Conditions for Rarefield Polyatomic Gases, Z. Naturforsch. **28a**, 1554, 1973

[59] Smith, G.W., Scott, G.G., Measurement of Dynamic Behavior of the Thermomagnetic Gas Torque Effect, Phys. Rev. Lett. **20**, 1469, 1968

[60] Hess S., Waldmann, L., On the Thermomagnetic Gas Torque for Collinear Static and Alternating Magnetic Fields, Z. Naturforsch. **25a**, 1367, 1970

[61] Larchez, M.L., Adair, T.W., Thermomagnetic Force in Oxygen, Phys. Rev. Lett. **25**, 21, 1970

[62] Hess, S., Kinetic Theory of the Thermomagnetic Force, Z. Naturforsch. **27a**, 366, 1972; Phys. Rev. **A11**, 1086 (1975)

[63] Eggermont, G.E.J., Oudeman, P., Hermans, L.J.F., Beenakker, J.J.M., Experiments on the Angular Dependence of the Thermomagnetic Pressure Difference, Physica **91A**, 345, 1978

[64] Borman, V.D., Lazko, V.S., Nikolaev, B.I., Effect of a Magnetic Field on Heat Transport in Tenuous Molecular Gases, JETP **39**, 657, 1974
van der Tol, J.J.G.M., Hermans, L.J.F., Krylov, S. Yui., Beenakker, J.J.M., Experimental Determination of Angular Momentum Polarizations Produced in a Knudsen Gas, Phys. Lett. **99A**, 51, 1983

[65] Baas, F., Breunese, J.N., Knaap, H.F.P., Beenakker, J.J.M., Flow Birefringence in Gases of Linear and Symmetric Top Molecules, Physica **88A**, 1, 1977
Oudeman, P., Baas, F., Knaap, H.F.P., Beenakker, J.J.M., Flow Birefringence in Gases of Linear Chain Molecules, Physica **116A**, 289, 1982

[66] Boyer, G.R., Lamouroux, B.F., Prade, B.S., Air-Flow-Birefringence Measurements, J. Opt. Soc. Ann. **65**, 1319, 1975

[67] Hess, S., Nonequilibrium Birefringence Phenomena in Dilute and Rarefield Polyatomic Gases, Rarefield Gas Dynamics (Dini, D., Ed.) Editrice Tecnico Scientifica, Pisa 1971; Heat-Flow Birefringence, Z. Naturforsch. **28a**, 861, 1973

[68] Baas, F., Oudeman, P., Knaap, H.F.P., Beenakker, J.J.M., Heat-Flow Birefringence in Gaseous O_2, Physica **88A**, 44, 1977
Oudeman, P., A New Method to Measure Heat Flow Birefringence in Gases, Phys. Lett. **74A**, 33, 1979

[69] Oudeman, P., Korving, J., Knaap, H.F.P., Beenakker, J.J.M., Birefringence in the Boundary Layer of a Rarefied Heat Conducting Gas, Z. Naturforsch. **36a**, 579, 1981
van Houten, H., von Marinelli, W.A., Beenakker, J.J.M., Z. Naturforsch. **40a**, 164, 1985
Vestner, H., Beenakker, J.J.M., Birefringence in the Boundary Layer of a Rarefied Heat Conducting Gas, Z. Naturforsch. **32a**, 801, 1977

[70] Sinka, M.P., Caldwell, C.D., Zare, R.N., Alignment of Molecules in Gaseous Transport: Alkali Dimers in Supersonic Nozzle Beams, J. Chem. Phys. **61**, 491, 1974

[71] van den Oord, R.J., de Lgnie, M.C., Beenakker, J.J.M., Korving, J., Optical Observation of Angular Momentum Alignment in a Heat Conducting Gas, Phys. Rev. Lett. **59**, 2907, 1987

[72] Waldmann, L., Hess, S., Electric Polarization Caused by a Temperature Gradient in a Polar Gas, Z. Naturforsch. **24a**, 2010, 1969

[73] Hermans, L.J.F., Koks, J.M., Hengeveld, A.F., Knaap, H.F.P., The Heat Conductivity of Polyatomic Gases in Magnetic Fields, Physica **50**, 410, 1070

[74] Hulsman, H., van Waasdijk, E.J., Burgmans, A.L.J., Knaap, H.F.P., Beenakker, J.J.M., Transverse Momentum Transport in Polyatomic Gases Under the Influence of a Magnetic Field, Physica **50**, 53, 1970

[75] Mazur, E., The Structure on Non-Equilibrium Angular Momentum Polarizations in Polyatomic Gases, Ph.D. Thesis, University of Leiden, 1981

[76] Thijsse, B.J., Denissen, W.A.P., Hermans, L.J.F., Knaap, H.F.P., Beenakker, J.J.M., The Thermal Conductivity of Polar Gases in a Magnetic Field, Physica A **97**, 467, 1979

[77] Hess, S., Raum, H., Waldmann, L., Erlangen, 1964, unveröffentlicht
McCourt, F.R., Snider, R.F., Vancouver, 1965, unveröffentlicht

[78] Mazur, E., Viswat, E., Hermans, L.J.F., Beenakker, J.J.M., Experiments on the Viscosity of Some Symmetric Top Molecules in the Presence of Magnetic and Electric Fields, Physica A **121**, 457, 1983

[79] Hoogeveen, R.W.M., Hermans, L.J.F., Evidence for Light-Induced Kinetic Effects Due to Velocity-Selective Heating or Cooling Phys. Rev. Lett. **65**, 1563, 1990
Hess, S., Hermans, L.J.F., Evidence for Maxwell's Thermal Pressure Via Light-Induced Velocity-Selective Heating or Cooling, Phys. Rev. A **45**, 829, 1992

Abschnitt 1.5

[80] Pauly, H., Atom, Molecule, and Cluster Beams I, Springer, Berlin, 2000

[81] Miller, D.R., Free Jet Sources, in Scoles, G. (Ed.), Atomic and Molecular Beam Methods, Vol. I, Chapter 2, Oxford University Press, New York, 1988, p. 14

[82] Thompson, P.A., Compressible Fluid Dynamics, McGraw-Hill, New York, 1972

[83] Hill, P.G., Peterson, C.R., Mechanics and Thermodynamics of Propulsion, Addison-Wesley, Reading, 1992

[84] Ashkenas, H., Sherman, F.S., The Structure and Utilization of Supersonic Free Jets in Low Density Wind Tunnels, in Rarefied Gas Dynamics, Vol. II, 84, Academic Press, New York, 1966

[85] Lide, D.R. (Ed.), CRC Handbook of Physics and Chemistry, CRC Press, Boca Raton, 1991

[86] Bird, G.A., Molecular Gas Dynamics and the Direct Simulation of Gas Flows, Clarendon Press, Oxford, 1995

[87] Vick, A.R., Andrews, E.H., Investigation of Exhaust Plumes Impinging upon a Perpendicular Flat Surface, Technical Note TN D-3269, National Aeronautics and Space Administration, Washington, D.C., 1966

[88] Gentry, W.R., Low-Energy Pulsed Beams, in Scoles, G. (Ed.), Atomic and Molecular Beam Methods, Vol. I, 54, Oxford University Press, New York, 1988, p. 54

[89] Toennies, J.P., and Winkelmann, K., Theoretical Studies in Highly Expanded Free Jets, J. Chem. Phys. **66**, 3965, 1977.

[90] Campargue, R., Progress in Overexpanded Supersonic Jets and Skimmered Molecular Beams in Free Jet Zones of Silence, J. Phys. Chem. **88**, 4466, 1984.

[91] Wang, J., Shamamian, V., Thomas, B.R., Wilkinson, J.M., Riley, J., Giese, C.F., and Gentry, W.R., Speed Ratios Greater than 1000 and Temperatures Less than 1mK in a Pulsed He Beam, Phys. Rev. Lett. **60**, 696, 1988.

[92] Sakurai, J.J., Modern Quantum Mechanics, Revised Edition, Addison-Wesley Publishing Company, Reading, Massachusetts, 1994.

[93] Bruch, L.W., and Abanov, A., Asymptotic Speed Ratio in a Free Helium Jet, J. Chem. Phys. **115**, 10261, 2001.

[94] Burnett, K., Edwards, M., and Clark, C.W., The Theory of Bose-Einstein Condensation of Dilute Gases, Physics Today, **37**, December 1999.

[95] Faubel, M., Crossed Beam Studies, in Wakeham, W.A. et al. (Eds.), Stuatus and Future Developments in Transport Properties, 73, Kluwer Academic, Dordrecht, 1992

[96] van den Biesen, J.J.H., Integral Cross Sections, in Scoles, G. (Ed.), Atomic and Molecular Beam Methods, Vol. I, 472, Oxford University Press, New York, 1988

[97] Buck, U., Differential Cross Sections, in Scoles, G. (Ed.), Atomic and Molecular Beam Methods, Vol. I, 499, Oxford University Press, New York, 1988

[98] Faubel, M., Vibrational and Rotational Excitation in Molecular Collisions, Adv. At. Mol. Phys. **19**, 345, 1983

[99] Lee, Y.T., Reactive Cross Sections, in Scoles, G. (Ed.), Atomic and Molecular Beam Methods, Vol. I, 553, Oxford University Press, New York, 1988

[100] Chandler, D.W., Janssen, M.H.M., Stolte, S., Strickland, R.N., Thoman, J.W., Parker, D.H., Photofragment Imaging: The 266-nm Photolysis of CD_3I, J. Phys. Chem. **94**, 4839, 1990.

[101] Toennies, J.P., Vilesov, A.F., Whaley, K.B., Superfluid Helium Droplets: An Ultracold Nanolaboratory, Physics Today, February 2001.

[102] Callegari, C., Lehmann, K.K., Schmied, R., Scoles, G., Helium Nanodroplet Isolation Rovibrational Spectroscopy, J. Chem. Phys. **115**, 10090, 2001.

[103] Fenn, J.B., Mann, M., Meng, C.K., Wong, S.F., Whitehouse, C.M., Electrospray Ionization for Mass Spectrometry of Large Biomolecules, Science **246**, 64, 1989.

[104] Fenn, J.B., Electrospray Wings for Molecular Elephants, Nobel Lecture, December 8, 2002

[105] Faubel, M., Schlemmer, S., Toennies, J.P., A Molecular Beam Study of the Evaporation of Water from a Liquid Jet, Z. Phys. D: At., Mol. Clusters **10**, 269, 1988.

[106] Faubel, M., Kisters, T., Non-Equilibrium Molecular Evaporation of Carboxylic Acid Dimers, Nature **339**, 527, 1989.

[107] Middleman, S., Modeling Axisymmetric Flows, Academic Press, New York, 1995

[108] Faubel, M., Photoelectron Spectroscopy at Liquid Surfaces, in Ng, C.Y. (Ed.), Photoionization and Photodetachment, 634, World Scientific, Singapore, 2000.

[109] Kleinekofort, W., Avdiev, J., Brutschy, B., A New Method of Laser Desorption Mass Spectrometry for the Study of Biological Macromolecules, Int. J. Mass Spectrom. Ion Processes **152**, 135, 1996.

[110] Charvat, A., Lugovoj, E., Faubel, M., Abel, B., Design for a Time-of-Flight Mass Spectrometer with a Liquid Beam Laser Desorption Ion Source for the Analysis of Biomolecules, Rev. Sci. Instr. **75**, 1209, 2004.

[111] Wattenberg, A., Sobott, F., Barth, H.-D., Brutschy, B., Studying Non-Covalent Protein Complexes in Aqueous Solution with Laser Desorption Mass Spectrometry, Int. J. Mass Spectrom. Ion Processes **203**, 49, 2000.

[112] Fujita, J., Morinaga, M., Kishimoto, T., Yasuda, M., Matsui, S., Shimizu F., Manipulation of an Atomic Beam by a Computer-Generated Hologram, Nature **380**, 691, 1996.

[113] Bernstein, G.H., Goodson, H.V., Snider, G.L., Fabrication Technologies for Nanoelectromechanical Systems, in Gad-el-Hak, M., (Ed.), The MEMS Handbook, CRC Press, Boca Raton, 2001

[114] Salomon, Ch., Dalibard, J., La temperature limite d'un jet atomique de cesium ralenti par diode laser/ Limiting Temperature of a Cesium Atomic Beam Decelerated by a Laser Diode, C. R. Acad. Sci. Paris, **306**, Serie II, 1319, 1988.

[115] Foot, C., Colder, yet Colder Atoms, Nature **375**, 447, 1995.

[116] Mesher, D., Magnetic traps hit a new low, Physics World, July 1995.

[117] Anderson, M.H., Ensher, J.R., Matthews, M.R., Wiemann, C.E., Cornell, E.A., Observation of Bose-Einstein Condensation in a Dilute Atomic Vapor, Science, **269**, 198 1995.

[118] Ott, H., Fortagh, J., Schlotterbeck, G., Grossmann, A., and Zimmermann, C., Bose-Einstein Condensation in a Surface Microtrap, Phys. Rev. Lett. **87**, 230401, 2001

2 Niedertemperaturplasmen

Jürgen Uhlenbusch

2.1 Allgemeine Beschreibung des Plasmazustands

2.1.1 Definition

Unter einem **Plasma**[1] versteht man eine makroskopische Ansammlung von geladenen und ungeladenen Teilchen, die nach außen hin elektrisch neutral ist und den elektrischen Strom leitet. In Teilbereichen des Plasmas können Überschussladungen auftreten, die kollektiv miteinander wechselwirken.

2.1.2 Vorkommen

Mehr als 90 % der baryonischen Materie im Weltall befindet sich im Plasmazustand. Daher ist die Astrophysik ganz besonders an der Plasmaphysik interessiert und hat der Plasmaforschung immer wieder wesentliche Impulse gegeben. Vorgänge in der Atmosphäre wie Blitz, Nordlicht etc. wurden nach der Entwicklung geeigneter Spannungsquellen im Laboratorium simuliert. Der Durchbruch zur wissenschaftlichen Forschung gelang allerdings erst im 19. Jahrhundert, als verbesserte Mess- und Vakuumtechnik reproduzierbare Plasmaexperimente bei Unterdruck möglich machten. Diese frühen Versuche führten zur Entdeckung von Elektronen, Ionen und Röntgenstrahlung. Sorgfältige Analyse der bei diesen Experimenten emittierten Strahlung bereitete den Weg zu den ersten erfolgreichen Atommodellen und zur Quantenmechanik. Parallel zu dieser Grundlagenforschung kamen Plasmen auch in der Anwendung zum Einsatz: zur Erzeugung von Ozon und Stickstoffverbindungen, zum Schalten hoher Ströme, zu Beleuchtungszwecken und ab 1950 zur Erzeugung von Laserlicht sowie zum Trennen, Fügen und Härten von Materialien. Seit etwa 1975 werden Plasmaverfahren großtechnisch zur Modifizierung (Reinigen, Ätzen, Beschichten etc.) und Funktionalisierung (Härten, Fähigkeit, Wasser anzulagern bzw. abzustoßen, Polymerisieren etc.) eingesetzt und sind ein unverzichtbares Mittel zur Erzeugung mikroelektronischer Schaltkreise.

Im Folgenden wird schwerpunktmäßig das Verhalten von Plasmen beschrieben, die im plasmachemischen und plasmatechnologischen Bereich eine Rolle spielen.

---

[1] Die etwas ungewöhnliche Bezeichnung *Plasma* stammt von dem Physiker und Chemiker Irving Langmuir (Chemie-Nobelpreis 1932). Sie ist aus dem Griechischen übernommen und meint in dieser Sprache *das Gebilde, das Geformte*.

Sie werden oft als **Niedertemperaturplasmen** bezeichnet. In ihnen werden Elektronen durch sehr unterschiedliche Entladungsformen aufgeheizt und sind dann in der Lage, durch Volumenprozesse ein Füllgas in andere aktive oder reaktive chemische Produkte oder laseraktive Spezies umzuwandeln. Die Atome, Moleküle und Ionen können dabei vergleichsweise niedrige Temperatur besitzen. In der Entladung erzeugte aktive bzw. reaktive Teilchensorten oder in Wandnähe erzeugte Ionen bewirken Oberflächenänderungen auf Substraten. Plasmen mit nahezu gleicher Temperatur aller Teilchen werden zum Aufschmelzen von ausgedehnten Oberflächen oder von in das Plasma eingebrachten Partikeln zur Beschichtung herangezogen.

Nicht behandelt werden **Hochtemperaturplasmen**, die, magnetisch eingeschlossen, zur kontrollierten Kernfusion eingesetzt werden. Auch das Studium von Plasmen, die mit sehr kurzen, leistungsstarken Laserpulsen erzeugt werden, ist nicht Gegenstand dieses Kapitels.

2.1.3 Klassifizierung

Das Arbeitsgebiet Plasmaphysik zeichnet eine inhärente Vielfalt und Breite aus. Diese äußert sich auffällig in den großen Unterschieden von Plasmaabmessungen (Mikroentladungen von 100 μm Durchmesser bis zu intergalaktischen Wolken) und den erforderlichen Energien zum Unterhalt der Entladung. Dichten und Temperaturen überstreichen Bereiche von vielen Zehnerpotenzen. Sehr unterschiedlich verhalten sich je nach Zusammensetzung, Dichte, Temperatur und äußeren Kräften (Gravitation, elektrische und magnetische Felder) die Reaktionsabläufe, die Transportvorgänge und die Plasmadynamik. Zur theroetischen Behandlung von Plasmen gibt es in den unterschiedlichen Dichte- und Temperaturbereichen je nach Wirkung der inneratomaren und äußeren Kräfte eine Vielzahl von Ansätzen.

Um eine gewisse Einordnung und Verdeutlichung von Ähnlichkeiten und Bezügen vornehmen zu können, werden als typisch für ein aus einer Atomsorte bestehendes Plasma seine *Abmessung* L, die *Zahl* der Neutralteilchen N_0, die Zahl der Ionen N_+, die Zahl der Elektronen N_e und die zugeordneten *Temperaturen* T_0, T_+ und T_e gewählt. Wegen der Quasineutralität gilt $N_+ = N_e$. Potenzprodukte dieser Parameter liefern weitere charakteristische Kenngrößen wie die *numerische Dichte* $n_{0,+,e} = N_{0,+,e}/L^3$ und den *mittleren Abstand* z. B. der Ladungsträger

$$\lambda_m = n_e^{-\frac{1}{3}} \tag{2.1}$$

und die *wahrscheinlichste thermische Geschwindigkeit* (s. Abschn. 2)

$$v_{w;0,+,e} = \sqrt{\frac{2kT_{0,+,e}}{m_{0,+,e}}}, \tag{2.2}$$

mit der Boltzmann-Konstante k und der zugeordneten *Teilchenmasse* $m_{0,+,e}$.

Die den Elektronen zugeordnete *Debye-Länge* gibt an, über welche Distanz ein Plasma elektrisch neutral ist, oder anders ausgedrückt, die Ladung e eines sich langsam bewegenden Ions durch die Elektronen in seiner Umgebung abgeschirmt wird, wobei

$$\lambda_{D,e} = \sqrt{\frac{\varepsilon_0 k T_e}{e^2 n_e}}; \tag{2.3}$$

ε_0 ist die dielektrische Feldkonstante.

Damit die elektrische Neutralität des Plasmas gewahrt ist, muss die Bedingung $L \gg \lambda_{D,e}$ gelten. Eine Betrachtung kleiner Bereiche im Plasma macht deutlich, dass die thermische Bewegung der Elektronen Abweichungen von der Neutralität bewirkt, wodurch Coulomb-Felder entstehen. Die von diesen Feldern herrührende elektrische Energie pro Elektron muss viel kleiner sein als seine thermische Energie $\frac{3}{2} k T_e$ [1], woraus die Bedingung $\lambda_m \ll \lambda_{D,e}$ oder

$$N_{D,e} = \frac{4\pi}{3} n_e \lambda_{D,e}^3 \gg 1 \tag{2.4}$$

folgt: Die Zahl $N_{D,e}$ der Elektronen in der „Debye-Kugel" ist in einem so genannten *idealen Plasma* sehr groß. Gl. (2.4) heißt auch *Plasmabedingung* und grenzt ein Plasma gegenüber einem kalten Gas mit wenigen Ladungsträgern pro Volumen ab.

In der Gastheorie verwendet man die Begriffe des *idealen* und *nichtidealen Gases*. Im Falle des idealen Gases bewegen sich die Teilchen praktisch stoßfrei, oder anders ausgedrückt: Ihre mittlere kinetische Energie ist sehr viel größer als die potentielle Energie, die von anderen Teilchen im Abstand λ_m am Ort der Teilchen erzeugt wird. Für eine potentielle Energie $E_{pot}(r) = c/r^\alpha$ gilt also die Idealitätsbedingung

$$\frac{3}{2} k T \gg \frac{c}{\lambda_m^\alpha} = c\, n^{\frac{\alpha}{3}}.$$

Wegen $\alpha > 0$ ist diese Bedingung mit wachsender Dichte n immer schwieriger zu erfüllen: Das *Gas* wird dann *nichtideal*.

Im Plasma wirkt das Coulomb-Feld mit $c = e^2/(4\pi\varepsilon_0)$, $\alpha = 1$. Das Plasma verhält sich demnach ideal, wenn die Bedingung

$$T_e/K \gg 1.1 \cdot 10^{-5} (n_e/m^{-3})^{\frac{1}{3}} \tag{2.5}$$

erfüllt wird. Sie ist mit Ungleichung (2.4) bis auf einen Zahlenfaktor identisch. Diese Idealitätsbedingung ist z. B. in Hochdruckentladungen mit leicht ionisierbaren Stoffen wie Cs und daher hohem n_e ($> 10^{25}\,m^{-3}$) und niedrigem T_e (5000 K) nicht zu erfüllen, das erzeugte *Plasma* ist nichtideal.

Bis jetzt wurde die Abschirmwirkung der Ionen vernachlässigt. Eine genauere Betrachtung liefert eine etwas andere Bestimmungsgleichung für die Debye-Länge [2] der Form

$$\lambda_D = \frac{\lambda_{D,e}}{\sqrt{1 + T_e/T_+}}. \tag{2.6}$$

Eine weitere charakteristische Länge des Plasmas ist die *thermische de-Broglie-Länge* der Elektronen

$$\lambda_{dB} = \frac{h}{m_e v_{w,e}} \sim \frac{1}{\sqrt{T_e}}, \tag{2.7}$$

wobei h das Planck-Wirkungsquantum ist. Die aus der Quantenmechanik (Fermi-Statistik) resultierende Gasentartung der Elektronen spielt keine Rolle, wenn die Bedingung $\lambda_m \gg \lambda_{dB}$ oder

$$T_e/K \gg 1.75 \cdot 10^{-14} (n_e/m^{-3})^{\frac{2}{3}} \tag{2.8}$$

gilt. In den hier diskutierten Laborplasmen wird die Ungleichung (2.8) immer erfüllt.

Häufig werden Plasmen auch nach ihrem *Ionisationsgrad*

$$\alpha_I = \frac{n_+}{n_0 + n_+} \tag{2.9}$$

unterschieden. Man spricht von *schwach ionisierten* ($\alpha_I \ll 1$) und *vollständig ionisierten* ($\alpha_I \approx 1$) Plasmen, wobei vollständige Ionisation mit vergleichsweise hoher Temperatur verbunden ist.

Eine wenn auch etwas willkürliche Einteilung unterscheidet *Niedertemperatur-* und *Hochtemperaturplasmen*, wobei die Grenze bei einigen 10^4 K (entspricht einigen eV) liegt.

Die hier vorgestellte *Klassifizierung* von Plasmen wird üblicherweise in einem doppelt logarithmischen T_e-n_e-Diagramm visualisiert. In dieser Darstellung erscheinen die in diesem Kapitel besonders interessierenden Niedertemperaturplasmen jedoch nur in einem kleinen Bereich um $T_e \approx 10^4$ K. Nach [3] ist eine doppeltlogarithmische Auftragung n_e/n_0 über n_e viel aussagekräftiger, da n_e sich in diesen Niedertemperaturplasmen um mehrere Größenordnungen ändern kann. Alle wichtigen Entladungen **ohne Magnetfeld** ordnen sich dabei bezüglich ihrer n_e- und n_0-Werte nahezu auf einer Geraden an, die bei der hier gewählten doppeltlogarithmischen Auftragung für das Arbeitsgas Argon einen Zusammenhang der Form

$$\frac{n_e}{n_0} \approx K\sqrt{n_e} \approx 10^{-12} \cdot \sqrt{n_e/m^{-3}} \tag{2.10}$$

widerspiegelt (Abb. 2.1). Der physikalische Hintergrund von Gl. (2.10) hängt mit der Aufrechterhaltung der Neutralität des Plasmas zusammen. Nach der Theorie der Zufallsbewegung legen die ambipolar diffundierenden Elektronen und Ionen in einer Zeit τ die Strecke $d_D = \sqrt{2 D_a \tau}$ zurück. Nach Abschn. 2.3.3.1 und 2.4.7 sind D_a der ambipolare Diffusionskoeffizient mit $D_a = D_+(1 + T_e/T_+)$ und

$$D_+ = \frac{kT_+}{M_+ v_{m,+}} = \sqrt{\frac{\varepsilon_0}{2\pi a_0^3 \alpha_R e^2 M_+}} \frac{kT_+}{n_0}$$

der Ionendiffusionskoeffizient mit der Stoßfrequenz $v_{m,+}$ nach Gl. (2.60) und Gl. (2.75), mit dem Bohr-Radius $a_0 = 0.529 \cdot 10^{-10}$ m und α_R der relativen Polarisation ($\alpha_R = 11.1$ für Argon, weitere Werte in [4]). Zur Abschätzung der Zeit τ muss man berücksichtigen, dass Störungen in der Ladungsträgerdichteverteilung sich nach Abschn. 2.3.4.4 durch oszillatorische Vorgänge ausgleichen, deren Frequenzen die Bedingung $\omega \leq \omega_{cut-off}$ erfüllen müssen. Als kürzeste Zeit τ wählt man daher nach Gl. (2.79) im nichtmagnetisierten Fall

$$\tau = \frac{2\pi}{\omega_{cut-off}} = \frac{2\pi}{\omega_{p,e}} = 2\pi \sqrt{\frac{\varepsilon_0 m_e}{e^2 n_e}}.$$

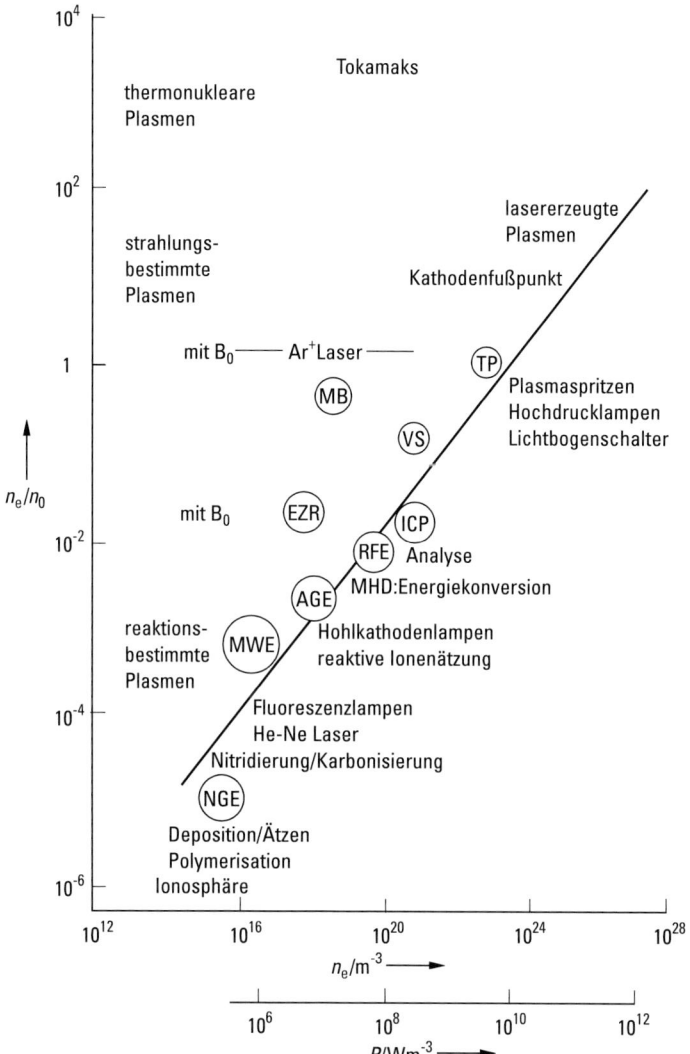

Abb. 2.1   Klassifizierung verschiedener Entladungsplasmen und Plasmaanwendungen in einem Diagramm, in dem n_e/n_0 über n_e bzw. der Leistungsdichte P doppeltlogarithmisch aufgetragen ist. TP, thermisches Plasma; MB, magnetisierter Bogen; VS, Vakuumschalter; EZR, Elektron-Zyklotron-Resonanzentladung; ICP, induktiv gekoppeltes Plasma; RFE, Radiofrequenzentladung; AGE, anomale Glimmentladung; MWE, Mikrowellenentladung; NGE, normale Glimmentladung (nach [3]).

In dieser Zeit diffundieren die Ladungsträger über eine Strecke mit der Abmessung d_D, über die Ladungsneutralität gewährleistet ist. Für diese Strecke liefert ein Vergleich der Coulomb-Energie mit der kinetischen Energie der Elektronen einen Wert von annähernd $\xi \lambda_{D,e} (\lambda_{D,e}$, s. Gl. (2.3)), wobei $\xi = 1-10$ [1]. Nach leichter Umformung folgt die Relation

$$\frac{n_e}{n_0} = \frac{\xi^2}{4\pi} \sqrt{2\pi \, a_0^3 \alpha_R n_e \frac{M_+}{m_e}}, \qquad (2.11)$$

die für Argon mit $\xi = 3.8$ auf den Zahlenwert in Gl. (2.10) führt. Die Beziehung (2.11) ist in einem weiten Temperatur- und Dichtebereich anwendbar und liefert eine Einordnungsvorschrift zahlreicher Experimente unabhängig von den globalen Plasmaabmessungen und der Art der Plasmaerzeugung. Diese Abschätzung bleibt auch richtig, wenn man die Stöße zwischen den geladenen Teilchen bei der Berechnung des Diffusionskoeffizienten berücksichtigen muss.

Die Abschätzung nach Gl. (2.11) gilt nicht mehr in **magnetisierten Plasmen**, da man in τ statt der „cut-off"-Frequenz $\omega_{p,e}$ die entsprechende Frequenz für magnetisierte Plasmen nach Gl. (2.94) einzusetzen hat. Gl. (2.11) wird dann zu

$$\frac{n_e}{n_0} = \frac{\xi^2}{4\pi} \sqrt{2\pi \, a_0^3 \alpha_R n_e \frac{M_+}{m_e}} \left(\sqrt{1 + \frac{B^2 \varepsilon_0}{4 m_e n_e}} + \sqrt{\frac{B^2 \varepsilon_0}{4 m_e n_e}} \right). \qquad (2.12)$$

Diese Gleichung geht für verschwindende Magnetfelder in Gl. (2.11) über, für $\omega_{z,e}/\omega_{p,e} \gg 2$ resultiert $n_e/n_0 \sim B$, wobei $\omega_{z,e} = e\,B/m_e$ die Zyklotronfrequenz der Elektronen ist (s. Abschn. 2.3.4.4). Durch Magnetisierung einer Entladung gelingt es also, ein großes n_e/n_0-Verhältnis bereits für vergleichbar niedrige n_e-Werte zu erzielen.

2.2 Plasma im vollständigen, lokalen und partiellen lokalen thermodynamischen Gleichgewicht

2.2.1 Das Plasma im vollständigen thermodynamischen Gleichgewicht

2.2.1.1 Kanonische Verteilung und Zustandssumme

Die Beschreibung des Plasmazustands im vollständigen thermodynamischen Gleichgewicht (VTG) setzt methodisch die Verfahren der statistischen Mechanik und Thermodynamik ein, die sich zur Behandlung materieller Systeme und Strahlungsfelder bei niedrigen Temperaturen bewährt haben. In einem so genannten *kanonischen Ensemble* von N gleichen Teilchen mit den *kanonischen Variablen* Impuls und Ort $\boldsymbol{p}_1$, $\boldsymbol{q}_1, \ldots, \boldsymbol{p}_N, \boldsymbol{q}_N$ führt die Betrachtung der Gleichgewichtszustände und ihrer Wahrscheinlichkeitsverteilungsdichte ϱ auf die Formel [5]

$$\varrho(\boldsymbol{p}_1, \boldsymbol{q}_1, \ldots, \boldsymbol{p}_N, \boldsymbol{q}_N) = \frac{1}{h^{3N} N! Z_N} \exp\left(-\frac{H(\boldsymbol{p}_1, \boldsymbol{q}_1, \ldots, \boldsymbol{p}_N, \boldsymbol{q}_N)}{kT} \right) \qquad (2.13)$$

mit der *Hamilton-Funktion H* und der zusammengesetzten *Zustandssumme*

$$Z_N = \frac{1}{h^{3N} N!} \int \ldots \int e^{-\frac{H}{kT}} d\boldsymbol{p}_1 d\boldsymbol{q}_1, \ldots, d\boldsymbol{p}_N d\boldsymbol{q}_N,$$

wobei

$$\int \ldots \int \varrho \mathrm{d}\boldsymbol{p}_1 \mathrm{d}\boldsymbol{q}_1, \ldots, \mathrm{d}\boldsymbol{p}_N \mathrm{d}\boldsymbol{q}_N = 1 \tag{2.14}$$

gilt. Die so genannten *thermodynamischen Relationen* erlauben es, bei Kenntnis dieser Zustandssumme kalorische (z. B. innere Energie) und thermische *Zustandsgrößen* (z. B. Druck) zu ermitteln. Damit besitzt die Berechnung von Z_N eine zentrale Bedeutung zur Ermittlung der Plasmakenngrößen in einem Gleichgewichtsplasma.

Eine Berechnung der Zustandssumme Z_N ist jedoch nur dann einfach, wenn sich H in eine Summe von Einzelbeiträgen aus kinetischer E_{kin} und potentieller (innerer) Anregungsenergie E_r der Einzelteilchen im Quantenzustand r zerlegen lässt und die Wechselwirkungsenergie der Teilchen untereinander vernachlässigt werden kann. Mit $H_1 = E_{kin} + E_r$ und $N = 1$ folgt dann aus Gl. (2.14)

$$Z_{N=1} = \int \mathrm{d}g_1 \exp\left(-\frac{E_{kin}}{kT}\right) \sum_r g_r \exp\left(-\frac{E_r}{kT}\right) = Z_{1,kin} Z_{1,r}, \tag{2.15}$$

wobei das statistische Gewicht $\mathrm{d}g_1$ kontinuierlicher Energiezustände nach dem Übergang auf Kugelkoordinaten p, θ, φ mit $E_{kin} = p^2/(2m)$ als

$$\mathrm{d}g_1 = \frac{\mathrm{d}^3\boldsymbol{p}_1 \mathrm{d}^3\boldsymbol{q}_1}{h^3} = \frac{p^2 \mathrm{d}p}{h^3} \sin\theta \, \mathrm{d}\theta \, \mathrm{d}\varphi \, \mathrm{d}^3\boldsymbol{q}_1$$

$$= \frac{1}{2} \left(\frac{\sqrt{2m}}{h}\right)^3 \sqrt{E_{kin}} \, \mathrm{d}E_{kin} \sin\theta \, \mathrm{d}\theta \, \mathrm{d}\varphi \, \mathrm{d}^3\boldsymbol{p}_1 \tag{2.16}$$

geschrieben werden kann und diskrete Energieniveaus E_r das statistische Gewicht g_r besitzen. Im einfachsten Fall setzt sich E_r additiv aus der elektronischen Anregungsenergie E_n, der vibratorischen E_v, der rotatorischen E_J und der Ionisationsenergie E_I zusammen:

$$E_r = E_n + E_v + E_J + E_I.$$

Nach Ausführung der Integrationen und Summationen in Gl. (2.15) erhält man schließlich mit dem Plasmavolumen V

$$Z_1 = V Z_n Z_v Z_J \left(\frac{\sqrt{2\pi mkT}}{h}\right)^3 \exp\left(-\frac{E_I}{kT}\right). \tag{2.17}$$

Unter Verwendung der Stirling-Formel

$$N! = \sqrt{2\pi N} \, N^N \exp\left(-N + \tfrac{1}{12N} + \ldots\right)$$

lautet dann Gl. (2.14)

$$Z_N = \frac{Z_1^N}{N!} \approx \left[\mathrm{e} \frac{V}{N} Z_n Z_v Z_J \left(\frac{\sqrt{2\pi mkT}}{h}\right)^3 \exp\left(-\frac{E_I}{kT}\right)\right]^N \tag{2.18}$$

für große N, wobei $\mathrm{e} \approx 2.71$ die Euler-Zahl ist.

Im Plasma liegen s verschiedene Sorten mit der Anzahl N_1, N_2, ..., N_s und zugeordneten Zustandssummen Z_{N_1}, Z_{N_2}, ..., Z_{N_s} vor. Die Gesamtzustandssumme nimmt dann bei gleicher Temperatur T aller Spezies die Form

$$Z_G = \prod_{i=1}^{i=s} \left(\frac{e\, Z_{N_i}}{N_i} \right)^{N_i} \tag{2.19}$$

an. Mithilfe der oben erwähnten thermodynamischen Relationen kann man jetzt kalorische und thermische Zustandsgrößen sofort ausrechnen. Die *innere Energie pro Volumeneinheit* lautet z. B.

$$u = \frac{kT^2}{V} \frac{\partial}{\partial T} \ln Z_G = \sum_{i=1}^{i=s} n_i u_i = \sum_{i=1}^{i=s} n_i \left(\frac{3}{2} kT + E_{I,N_i} + kT^2 \frac{\partial}{\partial T} \ln(Z_{n,N_i}\, Z_{v,N_i}\, Z_{J,N_i}) \right), \tag{2.20}$$

und der *Plasmadruck* ergibt sich zu

$$p = kT \frac{\partial}{\partial V} \ln Z_G = kT \sum_{i=1}^{i=s} n_i. \tag{2.21}$$

2.2.1.2 Kinetisches Gleichgewicht

Die Wahrscheinlichkeitsdichte ϱ nach Gl. (2.13) beantwortet auch die wichtige Frage, mit welcher Wahrscheinlichkeit man ein Teilchen mit dem Impuls $\boldsymbol{p}$ bzw. der Geschwindigkeit $\boldsymbol{v}$ findet, ohne Rücksicht auf seinen inneren Anregungszustand. Nach Integration über $\boldsymbol{p}_i$, $\boldsymbol{q}_i$ außer $\boldsymbol{p}_1$ und über θ und φ unter Zuhilfenahme von Gl. (2.16) sowie Summation über alle inneren Energiezustände E_r folgt aus Gl. (2.13) die so genannte *Maxwell-Boltzmann-Verteilung* $f_0(\boldsymbol{v})$ mit $\int f_0(\boldsymbol{v})\,\mathrm{d}^3\boldsymbol{v} = n$ zu

$$f_0(\boldsymbol{v}) = n \left(\frac{m}{2\pi kT} \right)^{\frac{3}{2}} \exp \left(-\frac{mv^2}{2kT} \right). \tag{2.22}$$

Daraus resultiert für den Geschwindigkeitsbetrag die so genannte *Maxwell-Geschwindigkeitsverteilung* $F(v)$ mit $\int F\,\mathrm{d}v = 1$ zu

$$\frac{\mathrm{d}n}{n} = F(v)\,\mathrm{d}v = 4\pi \left(\frac{m}{2\pi kT} \right)^{\frac{3}{2}} \exp \left(-\frac{mv^2}{2kT} \right) v^2\,\mathrm{d}v. \tag{2.23}$$

Es ist dies die Wahrscheinlichkeit, ein Teilchen mit dem Geschwindigkeitsbetrag zwischen v und $v + \mathrm{d}v$ anzutreffen. Die Kurve $F(v)$ besitzt einen Maximalwert bei der in Gl. (2.2) eingeführten *wahrscheinlichsten thermischen Geschwindigkeit* $v_w = \sqrt{(2kT)/m}$, häufig verwendet werden auch noch die *mittlere thermische Geschwindigkeit*

$$\langle v \rangle = \int v F(v)\,\mathrm{d}v = \sqrt{\frac{8kT}{\pi m}}, \tag{2.24}$$

die *mittlere kinetische Energie*

$$\langle E_{kin} \rangle = \frac{m}{2} \int v^2 F(v)\,\mathrm{d}v = \frac{3}{2} kT \tag{2.25}$$

und die durch die thermische Bewegung hervorgerufene *statistische Teilchenfluss-dichte* in eine bestimmte Richtung (z. B. die z-Richtung)

$$\Gamma_z = \int\limits_{v_x=-\infty}^{v_x=\infty} \int\limits_{v_y=-\infty}^{v_y=\infty} \int\limits_{v_z=0}^{v_z=\infty} f_0 v_z \mathrm{d}^3 v = n \left(\frac{m}{2\pi kT}\right)^{\frac{1}{2}} \int\limits_0^\infty \exp\left(\frac{-mv_z^2}{2kT}\right) v_z \mathrm{d}v_z = \left(\frac{n\langle v\rangle}{4}\right)_z, \quad (2.26)$$

Entsprechende Formeln erhält man für die *statistische Impuls-* bzw. *Energiefluss-dichte.*

Fragt man nach der Wahrscheinlichkeit, ein Teilchen in einem Quantenzustand r ohne Rücksicht auf seine Lage im Raum oder seinen Impuls zu finden, so liefert Gl. (2.13) nach Integration über alle p_i, q_i

$$\frac{n(r)}{n} = \frac{g_r\exp\left(-\dfrac{E_r}{kT}\right)}{\sum\limits_r g_r\exp\left(-\dfrac{E_r}{kT}\right)} = \frac{g_r}{Z_r}\exp\left(-\frac{E_r}{kT}\right), \quad (2.27)$$

$\exp(-\frac{E_r}{kT})$ heißt *Boltzmann-Faktor*, Z_r ist die Zustandssumme über alle Zustände r.

2.2.1.3 Chemisches Gleichgewicht

Bei vorgegebenem Gesamtdruck p und vorgegebener Temperatur T laufen im Plasma chemische Reaktionen nach folgender Reaktionsgleichung ab:

$$\sum_i v_i A_i \leftrightarrow \sum_f v_f A_f, \quad (2.28)$$

dabei sind $v_i(<0)$ *stöchiometrische Koeffizienten* für die Reaktanden vor der Reaktion, $v_f(>0)$ für die Produkte nach der Reaktion, A_i bzw. A_f die chemischen Symbole der beteiligten Sorten. Dann schreibt sich Gl. (2.28) bei geeigneter Nummerierung in der Form

$$\sum_k v_k A_k = 0. \quad (2.29)$$

Für die *chemischen Potentiale* μ_i gilt im Gleichgewicht die Bedingung

$$\sum_k \mu_k v_k = 0. \quad (2.30)$$

Im Plasma liegt die Sorte k als ideales Gas vor und das chemische Potential, auf ein Mol gerechnet, lautet

$$\mu_k(T,p_k) = \mu_k(T,p_0) + RT \ln\frac{p_k}{p_0}, \quad (2.31)$$

wobei p_0 der Standarddruck von $1.013 \cdot 10^5$ Pa, p_k der *Partialdruck der Sorte* k und R die universelle Gaskonstante sind.

Die Kombination der Gl. (2.30) und (2.31) führt zur Beziehung

$$\ln K_{\mathrm{p}} = \ln \prod_k \left(\frac{p_k}{p_0} \right)^{v_k} = -\frac{1}{RT} \sum_k v_k \mu_k(T, p_0) = -\frac{1}{RT} \Delta G_{\mathrm{r}}^0(T) \qquad (2.32)$$

mit der *molaren freien Standardreaktionsenthalpie* ΔG_{r}^0 nach Gibbs. K_{p} heißt *Gleichgewichtskonstante* der Reaktion und Gl. (2.32) nennt man *Massenwirkungsgesetz*. Die Reaktionsenthalpien $\Delta G_{\mathrm{r}}^0(T)$ können Tabellenwerken entnommen werden [6].

2.2.1.4 Ionisationsgleichgewicht

Die hier betrachtete einfache Ionisation läuft nach dem Reaktionsschema $A \rightarrow A^+ + e^-$, d. h. Atom $\rightarrow$ Ion + Elektron ab, und die Partialdrücke bzw. -dichten der einzelnen Sorten lassen sich mit Gl. (2.32) ausrechnen. In der Literatur findet sich jedoch eine andere Darstellungsweise, die hier kurz vorgestellt werden soll. Nach Gl. (2.27) lässt sich die Atomdichte im Zustand r mit der Energie $E_{\mathrm{r},0}$ durch

$$n_0(r) = \frac{n_0}{Z_0} g_{\mathrm{r},0} \exp\left(-\frac{E_{\mathrm{r},0}}{kT} \right)$$

ausdrücken. Zur Bildung eines freien Elektrons mit der kinetischen Energie E_{kin} aus dem atomaren Zustand r und eines Ions im Zustand s mit der Anregungsenergie $E_{\mathrm{s},+}$ benötigt man die Energie $E_{\mathrm{kin}} + E_{\mathrm{I}} - E_{\mathrm{r},0} + E_{\mathrm{s},+}$. Dabei ist E_{I} die Ionisierungsenergie. Die Spezialisierung des Boltzmann-Faktors Gl. (2.27) auf Elektronen, die aus dem Zustand r freigesetzt werden, dann im Energieintervall E_{kin}, $E_{\mathrm{kin}} + \mathrm{d}E_{\mathrm{kin}}$ liegen und dabei ein Ion im Zustand s entstehen lassen, lautet mit Gl. (2.16)

$$\frac{g_{\mathrm{r},0}}{n_0(r)} \, \mathrm{d}n_{\mathrm{e}} = \frac{\mathrm{d}^3\boldsymbol{p}_{\mathrm{e}}\mathrm{d}^3\boldsymbol{q}}{h^3} \exp\left(-\frac{E_{\mathrm{kin}} + E_{\mathrm{I}} - E_{\mathrm{r},0} + E_{\mathrm{s},+}}{kT} \right). \qquad (2.33)$$

Nach Gl. (2.16) gilt für Elektronen nach der Integration über $\mathrm{d}\Omega = \sin\theta\,\mathrm{d}\theta\,\mathrm{d}\varphi$ die Formel

$$\mathrm{d}^3\boldsymbol{p}_{\mathrm{e}} = 4\pi \left(\frac{\sqrt{2m_{\mathrm{e}}}}{h} \right)^3 \sqrt{E_{\mathrm{kin}}}\,\mathrm{d}E_{\mathrm{kin}}.$$

Das statistische Gewicht kontinuierlicher Zustände wurde wegen der zwei möglichen Spineinstellungen des Elektrons noch mit dem Faktor 2 multipliziert. Den Übergang zur gesamten Elektronendichte n_{e} vollzieht man durch Integration über $E_{\mathrm{kin}}(0 \leq E_{\mathrm{kin}} \leq \infty)$ und über das Volumen $\mathrm{d}^3\boldsymbol{q}$. Die Integration über E_{kin} liefert $((2\pi m_{\mathrm{e}}kT)^{1/2}/h)^3$, die Volumenintegration $\int\mathrm{d}^3\boldsymbol{q}_{\mathrm{e}} = V = g_{\mathrm{s},+}/(n_+(s))$ wird so ausgeführt, dass der durch das Elektron gebildete Ionenzustand genau in dieses Volumen fällt. Drückt man $n_+(s)$ und $n_0(r)$ nach Aufsummation über s bzw. r durch die Gesamtdichten n_+ und n_0 aus, so resultiert die so genannte *Saha-Gleichung*, das Massenwirkungsgesetz der Plasmaphysik:

$$\frac{n_+ n_{\mathrm{e}}}{n_0} = 2 \left(\frac{\sqrt{2\pi m_{\mathrm{e}}kT}}{h} \right)^3 \frac{Z_+}{Z_0} \exp\left(-\frac{E_{\mathrm{I}}}{kT} \right). \qquad (2.34)$$

Die Bestimmung von n_+, n_e und n_0 aus dieser Gleichung bei vorgegebenem p und T wird möglich, wenn man neben der Quasineutralitätsbedingung $n_+ = n_e$ die ideale Gasgleichung $p = (n_e + n_+ + n_0)kT$ heranzieht.

In Abschn. 2.1 wurde auf die Abweichung von der Neutralität in Bereichen von der Größenordnung der Debye-Länge λ_D hingewiesen, wodurch elektrische Felder entstehen. Diese Felder sind so gerichtet, dass sie die Freisetzung eines Elektrons aus dem gebundenen Zustand im Atom erleichtern, die Ionisierungsenergie E_I wird dadurch um ΔE_I herabgesetzt. Daher hat man in Gl. (2.34) statt E_I den Wert $E_I^* = E_I - \Delta E_I$ einzusetzen. Nach [7] gilt in nicht zu dichten Plasmen

$$\Delta E_I = \frac{e^2}{4\pi\varepsilon_0\lambda_D} \sim \sqrt{\frac{n_e}{T}}. \tag{2.35}$$

Die Saha-Gleichung kann unter bestimmten Umständen in Lichtbogenplasmen zur Berechnung der Ladungsträgerdichten herangezogen werden, wie die experimentelle Überprüfung in Abb. 2.28a zeigt.

2.2.1.5 Strahlungsgleichgewicht

Die Gl. (2.13) lässt sich auch auf die Eigenschwingungen der Frequenz v von N_{Ph} Photonen in einem Hohlraum anwenden, deren Energie $E_{v,Ph} = N_{Ph}hv$ ist. Die Nullpunktsenergie $(hv)/2$ wird im Folgenden nicht berücksichtigt. Ein Photon, das sich in e-Richtung ausbreitet ($e^2 = 1$), besitzt den Impuls $\boldsymbol{p} = (hv/c)\boldsymbol{e}$, daher ist $d^3\boldsymbol{p} = 4\pi p^2\,dp = 4\pi(h/c)^3 v^2 dv$. Zwei Spineinstellungen sind möglich, die harmonische Schwingung ist nicht entartet, die statistischen Gewichte sind daher 1. Die Wahrscheinlichkeit dafür, dass eine Eigenschwingung mit der Energie $E_{v,Ph}$ auftritt, lautet mit Gl. (2.27) nach Aufsummierung der geometrischen Reihe

$$\varrho_{v,N_{Ph}} = \exp\left(-\frac{N_{Ph}hv}{kT}\right) \cdot \left[1 - \exp\left(-\frac{hv}{kT}\right)\right]. \tag{2.36}$$

Mit dieser Wahrscheinlichkeit lässt sich die *spektrale Energiedichte* eines Hohlraums vom Volumen V ausrechnen:

$$u_V(T) = \frac{2d^3\boldsymbol{p}\int d^3\boldsymbol{q}}{Vh^3\,dv} \sum_{N_{Ph}=0}^{\infty} \varrho_{v,N_{Ph}} N_{Ph}hv = \frac{8\pi v^3 h}{c^3}\left(\exp\frac{hv}{kT} - 1\right)^{-1} = \frac{4\pi}{c}B_v. \tag{2.37}$$

Dies ist das *Planck-Gesetz der Hohlraumstrahlung*. Die Größe B_v kennzeichnet die *spektrale Intensität* des Strahlungsfeldes im Hohlraum.

2.2.1.6 Zusammenstellung der Bedingungen für VTG

Die aus der Sicht der Gleichgewichtsstatistik resultierenden Bedingungen für VTG lassen sich wie folgt zusammenfassen:

1. Nettoflüsse von Teilchen, Energie, Impuls etc. verschwinden an jedem Ort zu jeder Zeit.

2. Räumliche und zeitliche Gradienten von Temperatur und Dichte verschwinden (wenn keine äußeren Kräfte wirken).
3. Es gilt das Prinzip des *detaillierten Gleichgewichts*, d. h.
   a) die Raten für die Hin- und Rückprozesse elastischer Stöße sind gleich: Es folgt die Maxwell-Verteilung der Geschwindigkeit,
   b) die Raten für inelastische Hin- und Rückprozesse von Stoß- und Strahlungsprozessen sind gleich: Es folgt der Boltzmann-Faktor zur Temperatur T,
   c) die Bildung und Vernichtung einer neuen Teilchensorte erfolgt nach Maßgabe des Massenwirkungsgesetzes: Der Ionisationsprozess gehorcht der Saha-Gleichung.
4. Die Anwendung von 3b auf das Strahlungsfeld (spontane + induzierte Emissionsrate = Absorptionsrate) führt zum Planck-Gesetz der Hohlraumstrahlung.
5. Zwischen Emissionskoeffizient ε_ν und Absorptionskoeffizient κ_ν besteht das Kirchhoff-Gesetz:

$$\varepsilon_\nu = \frac{\kappa_\nu c \, u_\nu}{4\pi} = \kappa_\nu B_\nu. \tag{2.38}$$

2.2.2 Das Plasma im lokalen thermodynamischen Gleichgewicht

In einem realen Plasma lassen sich die in Abschn. 2.2.1.6 vorgestellten Kriterien nicht alle gleichzeitig erfüllen. Da in zwei Untervolumina im Plasma oder zu unterschiedlichen Zeitpunkten die Produktion bzw. Vernichtung von Teilchensorten, Aufheizung oder Abkühlung unterschiedlich sein kann, bilden sich räumliche und zeitliche Gradienten der Dichten und der Temperatur aus, die auch stationär aufrechterhalten werden können. Wenn diese Gradienten jedoch nicht zu groß sind, stellt sich in hinreichend kleinen Untervolumina bzw. Zeitintervallen eine Situation ein, die so viele Teilchen betrifft, dass die zur Herleitung der Gleichgewichtsverteilung Gl. (2.13) erforderlichen statistischen Voraussetzungen lokal mit einer über das Untervolumen bzw. das Zeitintervall gemittelten Temperatur erfüllt sind. Man spricht dann von einem *lokalen thermodynamischen Gleichgewicht* (*LTG*). Eine von der Nicht-Gleichgewichtssituation ausgehende kinetische Behandlung insbesondere der elastischen Stöße (s. Abschn. 2.4) zeigt, dass die Abmessung des erforderlichen Untervolumens sich an der freien Weglänge λ_{FW} (s. Abschn. 2.3.2) und das Zeitintervall sich an einer Relaxationszeit τ_R orientieren. Abweichungen vom Gleichgewicht sind gering, wenn die beiden Bedingungen

$$\frac{\Delta T}{T} = \frac{T(x + \lambda_{FW}) - T(x)}{T} \approx \frac{\lambda_{FW}}{T}\frac{\partial T}{\partial x} \ll 1,$$

$$\frac{\Delta T}{T} = \frac{T(t + \tau_R) - T(t)}{T} \approx \frac{\tau_R}{T}\frac{\partial T}{\partial t} \ll 1 \tag{2.39}$$

erfüllt sind. Die Abschätzungen in Gl. (2.39) lösen die im VTG (Kriterium 2, Abschn. 2.2.1.6) gültigen Bedingungen $\partial T/\partial t = 0$ und $\partial T/\partial x = 0$ ab. Wegen λ_{FW}, $\tau_R \sim 1/p$, lassen sich die LTG-Bedingungen bei hohem Druck (Lichtbögen, lasererzeugtes Plasma) besser als in Niederdruckentladungen erfüllen.

2.2.2.1 Abweichungen vom kinetischen Gleichgewicht

Das so genannte kinetische Gleichgewicht nach Kriterium 3a (s. Abschn. 2.2.1.6) mit einer gemeinsamen kinetischen Temperatur und Maxwell-Verteilung **aller** Teilchensorten ist näherungsweise nur in Hochdruckentladungen gegeben. In vielen Entladungen besitzen die Elektronen und schweren Teilchen zwar eine Maxwell-Verteilung, ihre *„kinetischen" Temperaturen* sind jedoch unterschiedlich. Äußere elektrische Felder E beschleunigen vornehmlich die Elektronen. Die im Feld aufgenommene Energie geben die Elektronen durch elastische Stöße hauptsächlich wieder an Elektronen ab, wegen des ungünstigen Massenverhältnisses weniger an die schweren Teilchen (s. Abschn. 2.3.2). Die Temperatur T_e der Elektronen ist daher höher als die Temperatur T_s der schweren Teilchen. Nach [8] gilt für die relative Temperaturdifferenz

$$\frac{T_e - T_s}{T_e} = \frac{m_s}{m_e}\left(\lambda_{FW,e}\,\frac{c\,|E|}{3kT_e}\right)^2, \tag{2.40}$$

wobei $\lambda_{FW,e}$ die freie Weglänge der Elektronen, m_s, m_e die Masse der schweren Teilchen bzw. Elektronen ist.

Wenn die Elektronen im elektrostatischen Feld E zwischen zwei Stößen mehr Energie aufnehmen als sie durch Stöße abgeben und gleichzeitig der Wirkungsquerschnitt für Stöße mit wachsender Geschwindigkeit v stärker als $v^{-3/2}$ abnimmt, so werden die Elektronen von Stoß zu Stoß immer schneller und bilden schließlich einen Elektronenstrahl. Man spricht auch von *Run-away-Elektronen*. Nach [9] treten in einer N$_2$-Entladung Run-away-Elektronen auf, wenn die *reduzierte Feldstärke* Werte $|E|/n_0 > 1.1 \cdot 10^{-18}\,\mathrm{V\,m^2}$ annimmt, für He gilt $|E|/n_0 \geq 1.9 \cdot 10^{-19}\,\mathrm{V\,m^2}$; n_0 ist die Gasdichte.

Inelastische Prozesse, z. B. Stöße von Elektronen mit schweren Teilchen, führen zu einem vergleichsweise großen Energieverlust der Elektronen im Falle anregender Stöße und zu einem Energiegewinn bei abregenden (superelastischen) Stößen. Sind diese beiden Hin- und Rückprozesse nicht detailliert bilanziert und im Vergleich mit elastischen Stößen relativ häufig, so weist die Verteilungsfunktion f_e der Elektronen erhebliche Abweichungen von der Maxwell-Verteilung auf. Diese Abweichungen sind besonders groß in Niederdruckentladungen ($p = 0.1 - 10\,\mathrm{kPa}$), die in Molekülgasen betrieben werden. Durch Lösen der Boltzmann-Gleichung (siehe Abschn. 2.4.5 und 2.4.6) lässt sich f_e ermitteln. Statt einer Temperatur ordnet man den Teilchen eine mittlere Energie zu, die von $|E|/n_0$ abhängt.

Durch *Wechselwirkungsprozesse mit der Wand* wird die Geschwindigkeitsverteilung aller Teilchen modifiziert. In Schichten (s. Abschn. 2.7) sind es hauptsächlich die Ionen, deren Verteilungsfunktion der eines auf die Wand gerichteten monoenergetischen Teilchenstrahls nahe kommt. Neutralteilchen thermalisieren an der Wand und fliegen dann mit Wandtemperatur in das Plasma zurück. Wenn ihre freie Weglänge in der Größenordnung der Entladungsabmessung liegt ($p \leq 1\,\mathrm{Pa}$), weist die Verteilungsfunktion in der Entladungsmitte eine „kalte" und „heiße" Komponente auf, ist also in guter Näherung als Überlagerung von zwei Maxwell-Verteilungen anzusetzen. Genauere Rechnungen arbeiten mit einer bei $v_\perp = 0$ unstetigen *Bimodal-Verteilung*, d. h. einer Gauß-Verteilung für $v_\perp < 0$ mit Temperatur T_- und

Dichte n_- und einer Gauß-Verteilung für $v_\perp > 0$ mit T_+ und n_+ [76]. Dabei bedeutet $v_\perp$ die Geschwindigkeit senkrecht zur Wand.

2.2.2.2 Abweichungen vom Anregungs- und Ionisationsgleichgewicht

In den meisten Plasmen ist Kriterium 3b (Abschn. 2.2.1.6) nicht voll erfüllt. Lokal stellen sich zwar nahezu gleiche Stoßraten der Elektronen für Hin- und Rückprozesse ein, aber das gilt nicht für die Strahlungsraten, da die emittierten Lichtquanten fern von ihrem Emissionsort entweder in einem anderen Untervolumen im Plasma oder meistens im Plasma überhaupt nicht mehr absorbiert werden und an die Entladungswand oder in die Umgebung gelangen. Trotz des Fehlens eines detaillierten Gleichgewichts für alle Prozesse stellt sich bei Dominanz an- und abregender Elektronenstöße ein Stoßgleichgewicht ein, und lokal bleibt der Boltzmann-Faktor zur Berechnung von Besetzungsdichten gültig, wobei dann als lokale Temperatur die Elektronentemperatur einzusetzen ist. Dabei wird allerdings vorausgesetzt, dass Diffusionsverluste gering sind. Nach [7] lautet eine Bedingung an n_e dafür, dass die Elektronenstoßrate die Strahlung um den Faktor 10 übertrifft und die Stoßraten für Hin- und Rückprozesse gleich sind,

$$n_e \geq 10^{18} \sqrt{\frac{T_e}{\mathrm{K}}} \left(\frac{E_\mathrm{k} - E_\mathrm{j}}{\mathrm{eV}}\right)^3, \quad [n_e] = \mathrm{m}^{-3} \tag{2.41}$$

wobei E_j, E_k die Energie des unteren bzw. oberen Zustands bedeuten. Mit $T_e = 10^4\,\mathrm{K}$, $E_\mathrm{k} - E_\mathrm{j} = 10\,\mathrm{eV}$ ist also eine Elektronendichte größer als $10^{23}\,\mathrm{m}^{-3}$ erforderlich, um auch bei einer Energielücke zwischen Grundzustand und erstem angeregten Zustand von 10 eV eine Gleichgewichtsbesetzung aller Quantenzustände und damit LTG zur Temperatur T_e zu gewährleisten.

Wenn die Elektronenstoßprozesse überwiegen und *alle* Niveaus nach Boltzmann besetzt sind, ist auch im LTG die Saha-Gleichung anwendbar, wobei $T = T_e$ einzusetzen ist. Dabei kann T_e von der Temperatur der schweren Teilchen T_s abweichen, was in der thermischen Zustandsgleichung zu berücksichtigen ist. In der Literatur [10] findet man für $T_e \neq T_s$ eine modifizierte Saha-Gleichung, in der der Quotient n_+/n_0 (s. Gl. (2.34)) durch $(n_+/n_0)^{T_e/T_s}$ ersetzt wird. In [11] wird dagegen auch für den Fall $T_e \neq T_s$ die Anwendung von Gl. (2.34) mit $T = T_e$ empfohlen.

2.2.2.3 Abweichungen vom Strahlungsgleichgewicht

Eine Planck-Verteilung des Strahlungsfeldes nach Kriterium 4 (s. Abschn. 2.2.1.6) ist im LTG nicht erforderlich. Die Strahlung entkoppelt von den materiellen Teilchen. Einzelne, sehr intensive Spektrallinien, häufig im UV gelegen, zeigen bei Intensitätsmessungen außerhalb des Plasmas mit zunehmendem Absorptionsverhalten eine Sättigung ihrer spektralen Intensität. Eine spektral verbreiterte, **nichtresonante** Emissionslinie erreicht mit zunehmender optischer Dicke (s. Abschn. 2.10.4) zuerst in der Linienmitte eine Sättigung, sie stößt an der Planck-Kurve an. **Resonanzlinien** erfahren häufig Reabsorption im Wandbereich, wodurch ihre Intensität in der Linienmitte (auch schon bei geringer Absorption) im Vergleich zu den Linienflügeln einbricht. Das Kirchhoff-Gesetz Gl. (2.38) behält im LTG seine Gültigkeit, da ε_ν und κ_ν der Besetzungsdichte im oberen bzw. unteren Niveau proportional sind und sich daher durch Boltzmann-Faktor und T_e ausdrücken lassen. Dabei wird allerdings vorausgesetzt, dass die spektralen Profile für Emission und Absorption gleich sind und Streuprozesse keine Rolle spielen.

2.2.3 Das Plasma im partiellen lokalen thermodynamischen Gleichgewicht

Die in Abschn. 2.2.2 diskutierte LTG-Situation beruht auf der Dominanz der Elektronenstöße bei der Besetzung der Energiezustände von Atomen, Molekülen und Ionen und dadurch bedingt die Anwendbarkeit des Boltzmann-Faktors auf *alle* Zustände. Andere Prozesse, die zur Be- und Entvölkerung von Zuständen beitragen, nämlich Strahlung und Diffusion, fallen nicht ins Gewicht. Wird jedoch eine kritische Elektronendichte unterschritten, so erhält man insbesondere für den Grundzustand Abweichungen von der Boltzmann-Besetzung. Energetisch tief liegende Zustände zeichnen sich durch vergleichsweise kleine Querschnitte für Stoßanregung aus (s. Abb. 2.4), dafür sind Strahlungs- und Diffusionsprozesse besonders effizient. Daher gibt es Plasmen, in denen das *Verhältnis der Besetzungsdichten* **hochangeregter** Niveaus nach Boltzmann mit T_e berechnet werden kann. Das gilt aber nicht für **tiefliegende** Niveaus. In einem solchen Fall spricht man von *partiellem lokalen thermodynamischen Gleichgewicht* (PLTG). Die absolute Besetzungsdichte hoch angeregter Niveaus im Zustand s ergibt sich nach einfacher Umformung von Gl. (2.34) für Quantenzahlen $s \geq s_{\min}$ und mit $n_e = n_+$ zu

$$n_{0,\mathrm{G}} = \frac{g_{s,0} n_e^2}{2 g_{1,+}} \left(\frac{h}{\sqrt{2\pi m_e k T_e}} \right)^3 \exp\left(\frac{E_{\mathrm{I}} - E_{s,0}}{k T_e} \right). \tag{2.42}$$

Die Besetzungsdichte von Zuständen $s \leq s_{\min}$ schreibt man häufig in der Form $n_0(s) = b_s n_{0,\mathrm{G}}(s)$ an. b_s heißt *Saha-Dekrement*. Zur Berechnung dieser Dekremente muss man die kompletten Stoß-Strahlungs-Gleichungen (s. Abschn. 2.5.2.1) lösen.

2.3 Stoßprozesse und individuelle Teilchendynamik

2.3.1 Grundlagen

Ein verdünntes, kaltes Gas lässt sich in guter Näherung als Ansammlung *starrer Kugeln* von atomarem Radius verstehen. Diese Kugeln bewegen sich ein Wegstück völlig frei und führen dann vornehmlich im *Zweierstoß* eine Wechselwirkung mit einer anderen Kugel aus (*Billardkugelmodell*). Eine differenziertere Betrachtung berücksichtigt, dass neutrale und geladene Teilchen bereits bei ihrer Annäherung Kräfte aufeinander ausüben. Die Reichweite der Kräfte zwischen **Neutralteilchen** ist auf die atomaren Abmessungen beschränkt, daher ist für neutrale Teilchen das Modell starrer Kugeln erfolgreich. **Ladungsträger** im Plasma wirken dagegen über eine Distanz von der Größenordnung der Debye-Länge aufeinander (s. Gl. (2.3)), die sich als eine Eigenschaft eines Kollektivs von Ladungsträgern ergibt.

Die Wechselwirkung zweier Teilchen im Stoß führt zu einer Änderung von Teilcheneigenschaften wie Impuls, Drehimpuls, Spin, kinetischer Energie, Anregungsenergie und führt bei zusammengesetzten atomaren Systemen zu Dissoziation, Ionisation, Rekombination, Austausch und Anlagerung von Ladung etc.

Man spricht von *elastischen* Zweierstößen, wenn neben Gesamtimpuls und Gesamtdrehimpuls die gesamte kinetische Energie der beiden Stoßpartner sowie der Anregungszustand erhalten bleiben. *Inelastische* Stöße erhalten zwar Gesamtimpuls und Gesamtdrehimpuls, nicht aber die gesamte kinetische Energie, da ein Teil dieser Energie in Anregungsenergie übergeht. Ladungen bleiben erhalten, können aber zwischen den Stoßpartnern ausgetauscht werden (Umladung).

2.3.2 Wirkungsquerschnitte, mittlere freie Weglänge, Stoßfrequenz

Betrachtet werde der Stoß sehr kleiner starrer Kugeln der Sorte K_1 vom Radius R_1 und Masse M_1 mit Kugeln der Sorte K_2 vom Radius R_2 und Masse M_2. Alle mit der Geschwindigkeit v im schraffierten Zylinder sich bewegenden Kugeln K_1 treffen auf die einzelne Kugel K_2, außerhalb des Zylinders fliegende Kugeln K_1 verfehlen das Ziel (s. Abb. 2.2a). Der sog. *totale Wirkungsquerschnitt* des Prozesses ist daher $\sigma = \pi R_2^2$, $R_1 \ll R_2$ vorausgesetzt. Geht man zu vielen Kugeln der numerischen Dichte n_{K_1} bzw. n_{K_2} über, so treffen $\dot{Z}_{K_1} = A n_{K_1} \mathrm{d}z/\mathrm{d}t = A n_{K_1} v$ Kugeln der Sorte K_1 pro Zeiteinheit auf $Z_{K_2} = n_{K_2} A \mathrm{d}z$ Kugeln der Sorte K_2 im Volumen $A\mathrm{d}z$ (s. Abb. 2.2b), deren totaler Wirkungsquerschnitt also $Z_{K_2}\sigma = n_{K_2} A \mathrm{d}z \sigma$ ist. Der relative Verlust an Kugeln der Sorte K_1, die über die Distanz $\mathrm{d}z$ zwischen z und $z + \mathrm{d}z$ wechselwirken und dem einfallenden Teilchenstrahl verloren gehen, ist

$$\frac{\mathrm{d}\dot{Z}_{K_1}}{\dot{Z}_{K_1}} = \frac{\mathrm{d}\Gamma}{\Gamma} = -n_{K_2} A \sigma \frac{\mathrm{d}z}{A} \tag{2.43}$$

oder integriert

$$\Gamma(z) = \Gamma(0)\exp(-n_{K_2}\sigma \cdot z), \tag{2.44}$$

wenn Γ die Flussdichte von Kugeln der Sorte K_1 ist. $p(z) = \Gamma(z)/\Gamma(0)$ ist die Wahrscheinlichkeit, dass ein Teilchen die Strecke z **ohne** Wechselwirkung durchläuft, $\bar{p}(z) = 1 - p$ die Wahrscheinlichkeit, dass **mindestens ein** Prozess stattfindet.

Die *mittlere freie Weglänge* λ_{FW} der stoßenden Kugeln K_1 folgt damit zu

$$\lambda_{\mathrm{FW}} = \frac{\int_0^\infty z\, p(z)\, \mathrm{d}z}{\int_0^\infty p(z)\, \mathrm{d}z} = \frac{\int_0^\infty z \exp(-n_{K_2}\sigma z)\, \mathrm{d}z}{\int_0^\infty \exp(-n_{K_2}\sigma z)\, \mathrm{d}z} = \frac{1}{n_{K_2}\sigma}. \tag{2.45}$$

Als *mittlere Zeit* zwischen zwei Stößen definiert man $\tau = \lambda_{\mathrm{FW}}/v$, woraus sich eine *Stoßfrequenz*

$$v = \frac{1}{\tau} = n_{K_2}\sigma v \tag{2.46}$$

herleiten lässt.

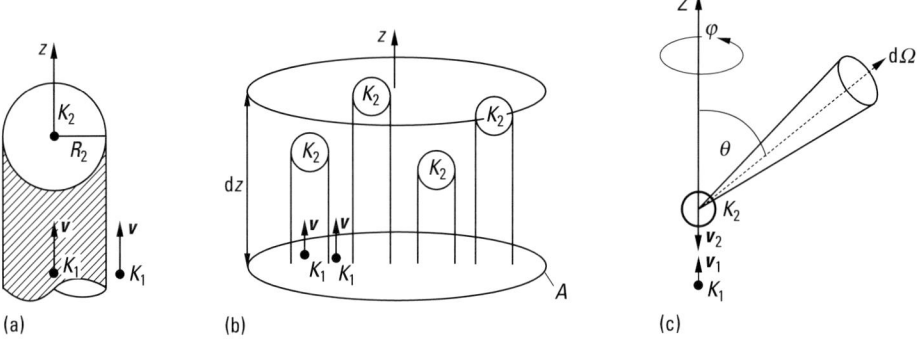

Abb. 2.2 Herleitung des Wirkungsquerschnitts: (a) Wechselwirkung eines Teilchens mit einem Stoßpartner, (b) Wechselwirkung vieler Stoßpartner, (c) differentieller Wirkungsquerschnitt und räumliche Anordnung des Raumwinkelelements $d\Omega$.

Spezifischer ist die Fragestellung, wie viele Kugeln K_1 nach dem Stoß in Richtung θ, φ in den Raumwinkel $d\Omega$ fliegen (s. Abb. 2.2c). Dazu hat man den totalen Wirkungsquerschnitt σ durch den *differentiellen Wirkungsquerschnitt* $\sigma_{\mathrm{diff}} = d\sigma/d\Omega$ zu ersetzen, wobei

$$\sigma = \int \sigma_{\mathrm{diff}} d\Omega = \int\limits_{\theta=0}^{\pi} \int\limits_{\varphi=0}^{2\pi} \sigma_{\mathrm{diff}} \sin\theta\, d\theta\, d\varphi. \tag{2.47}$$

In *Streuapparaturen* misst man z. B. an einem auf einen kalten Gashintergrund der Dichte n_0 auftreffenden Elektronenstrahl der Geschwindigkeit $\boldsymbol{v}_{\mathrm{e}}$ und der Flussdichte Γ_{e}, wie viele Elektronen in alle Richtungen bzw. in den Raumwinkel $d\Omega$ gestreut werden. Mit Gl. (2.43) errechnet man aus diesen Messdaten σ bzw. σ_{Diff}. Diese Wirkungsquerschnitte hängen von der Relativgeschwindigkeit

$$|\boldsymbol{g}_{12}| = |\boldsymbol{v}_1 - \boldsymbol{v}_2| \tag{2.48}$$

der beiden Stoßpartner ab, was man aber auch in ihre kinetische Energie bezogen auf den Massenschwerpunkt umrechnen kann (siehe z. B. [12] und [13])

$$\mathscr{E} = \frac{\mu_{12}}{2} |\boldsymbol{v}_1 - \boldsymbol{v}_2|^2 = \frac{\mu_{12}}{2} \boldsymbol{g}_{12}^2, \tag{2.49}$$

mit der reduzierten Masse μ_{12}, die $\mu_{12}^{-1} = M_1^{-1} + M_2^{-1}$ genügt. Bei einem elastischen Stoß ändert $\mathscr{E}$ seinen Wert nicht, d. h. $\mathscr{E} = \mathscr{E}'$, und $|\boldsymbol{g}_{12}| = |\boldsymbol{g}_{12}'|$, wobei die gestrichene Größe den Wert nach dem Stoß bedeutet. Das in z-Richtung fliegende Teilchen 1 erfährt beim Stoß eine *Impulsänderung*

$$\frac{\Delta I_1}{I_1} = \frac{\mu_{12}}{M_1}(1-\cos\theta) = \begin{cases} (1-\cos\theta) & \Leftrightarrow \quad M_2 \gg M_1 \\[2mm] \dfrac{1}{2}(1-\cos\theta) & \Leftrightarrow \quad M_2 = M_1 \\[2mm] \dfrac{M_2}{M_1}(1-\cos\theta) & \Leftrightarrow \quad M_2 \ll M_1 \end{cases} \tag{2.50}$$

und die *Energieänderung*

$$\frac{\Delta \mathscr{E}_1}{\mathscr{E}_1} = \frac{2\mu_{12}^2}{M_1 M_2}(1-\cos\theta) = \begin{cases} \dfrac{2M_1}{M_2} & (1-\cos\theta) \quad \Leftrightarrow \quad M_2 \gg M_1 \\ \dfrac{1}{2} & (1-\cos\theta) \quad \Leftrightarrow \quad M_2 = M_1 \,. \\ \dfrac{2M_2}{M_1} & (1-\cos\theta) \quad \Leftrightarrow \quad M_2 \ll M_1 \end{cases} \quad (2.51)$$

Während die oben definierten Wirkungsquerschnitte den Verlust von **Teilchen** aus einem monoenergetischen Teilchenstrahl durch Zweierstöße erfassen, kann man entsprechende Betrachtungen für den **Impuls**, die **Energie** oder ein **höheres Moment** der Geschwindigkeit anstellen und erhält *verallgemeinerte Transferquerschnitte* der Form

$$\sigma^{(l)} = \int \sigma_{\text{diff}}(1-\cos^l\theta)\,\mathrm{d}\Omega = 2\pi \int\limits_{\theta=0}^{\pi} \sigma_{\text{diff}}(1-\cos^l\theta)\sin\theta\,\mathrm{d}\theta. \quad (2.52)$$

Der Transferquerschnitt für Impulsaustausch mit $l = 1 : \sigma_{\text{m}} = \sigma^{(1)}$ ist besonders wichtig. Hiermit hängen verallgemeinerte Stoßfrequenzen für die Wechselwirkung mit einem Teilchenhintergrund der Dichte n_0 eng zusammen

$$v^{(l)} = n_0 g \, \sigma^{(l)}. \quad (2.53)$$

Eine besondere Rolle spielt die Stoßfrequenz für Impulsaustausch $v_{\text{m}} = v^{(1)}$.

Da Wirkungsquerschnitte von der Energie der stoßenden Teilchen im Massenschwerpunkt abhängen, ist für viele Anwendungen, z. B. zur Berechnung von λ_{FW} oder v_{m}, eine Mittelung über die Energieverteilung nach Art der Gl. (2.68) erforderlich.

2.3.3 Berechnung einiger ausgewählter Wirkungsquerschnitte

Die Verfahren zur klassischen und quantenmechanischen Berechnung von Wirkungsquerschnitten sind in zahlreichen Büchern ausführlich beschrieben, z. B. in [14, 15]. Daten zur Plasmamodellierung findet man in den Internetdatenbanken [16, 17]. Im Folgenden werden die für Niedertemperaturplasmen wichtigsten Stoßprozesse in der klassischen Näherung diskutiert sowie einige Ratenkoeffizienten angegeben.

2.3.3.1 Wirkungsquerschnitte elastischer Stöße

Wechselwirkung starrer Kugeln. In der Näherung wechselwirkender starrer Kugeln wählt man für R_1 bzw. R_2 (s. Abschn. 2.3.2) die den Teilchen zugeordneten Atomradien und erhält durch eine einfache Erweiterung der oben angestellten Betrachtung die *gaskinetischen Wirkungsquerschnitte* für elastische Stöße

$$\sigma = \pi(R_1 + R_2)^2 = \sigma_{\text{m}}; \quad \sigma_{\text{Diff}} = \frac{1}{4}(R_1 + R_2)^2. \quad (2.54)$$

σ ist von der Größenordnung $10^{-19} - 10^{-20}\,\text{m}^2$ und unabhängig von der Schwerpunktsenergie $\mathscr{E}$. Dieses starre Kugelmodell setzt einen idealisierten Potentialverlauf, bei dem das Potential überall Null ist und nur im Bereich der Kugel auf unendlich ansteigt, voraus. Realistischere Potentialverläufe nehmen **punktförmige Stoßzentren** an, denen man Potentiale der Form $\varphi(r) \sim \pm\, r^{-n}$ zuordnet und deren Querschnitt sich zu $\sigma \sim \mathscr{E}^{-2/n}$ errechnet. Der Fall $n = 1$ beschreibt *Coulomb-Wechselwirkung*, der Fall $n = 4$ und positives Vorzeichen abstoßende *Maxwell-Teilchen*. Letztere besitzen in der kinetischen Theorie eine besondere Bedeutung, da für dieses Potential $\sigma^{(l)} \sim 1/g$, und damit für alle l die Frequenzen $\nu^{(l)}$ nicht von g oder der Energie abhängen (s. Gl. (2.53)).

Dynamische Polarisierung. Die so genannte dynamische Polarisierung zwischen zwei sich annähernden Atomen oder Molekülen lässt sich durch ein anziehendes $-r^{-6}$-van-der-Waals-Potential erfassen. Für kleine Abstände wählt man aus rechenpraktischen Gründen ein abstoßendes r^{-12}-Potential, sodass insgesamt für die Wechselwirkung das Lennard-Jones-Potential $\varphi(r) = 4\mathscr{E}_{\mathrm{LJ}}[(r_0/r)^{12} - (r_0/r)^6)]$ resultiert. r_0 ist ein Maß für den Minimalabstand der Stoßpartner und $\mathscr{E}_{\mathrm{LJ}}$ ein Maß für die maximale Anziehungsenergie. Die zugehörigen Wirkungsquerschnitte sind numerisch zu berechnen [18].

Coulomb-Wechselwirkung zwischen zwei Ladungen. Die auch als *Rutherford-Streuung* bekannte *Coulomb-Wechselwirkung* zwischen zwei Ladungen (Ion-Ion, Ion-Elektron, Elektron-Elektron) besitzt den differentiellen Wirkungsquerschnitt

$$\sigma_{\mathrm{diff}} = \frac{p_{90°}^2}{4\sin^4(\theta/2)} \tag{2.55}$$

mit dem *Stoßparameter für 90°-Ablenkung*

$$p_{90°} = \frac{e_1 e_2}{8\pi\,\varepsilon_0\mathscr{E}}\,;\quad \mathscr{E} = \frac{\mu}{2}\,g^2. \tag{2.56}$$

Typisch ist der $1/\mathscr{E}^2$-Abfall des Querschnitts. Er divergiert für Stöße mit kleinem Ablenkwinkel θ, diese Vorwärtsstöße sind nach Gl. (2.50) und (2.51) ($\theta \to 0$, $\cos\theta \to 1$) allerdings nicht mit einem großen Impuls- oder Energieverlust verbunden. Große Verluste treten nur für $\theta \geq \pi/2$ auf. Große Streuwinkel kommen durch einzelne *Nahstöße* oder viele aufeinanderfolgende *Fernstöße* zustande. Nahstöße bewirken einen mit der mittleren kinetischen Energie $\langle \mathscr{E} \rangle = \frac{3}{2}kT_{\mathrm{e}}$ berechneten Wirkungsquerschnitt

$$\sigma_{90°,\mathrm{N}} = 2\pi \int_{\pi/2}^{\pi} \sigma_{\mathrm{diff}}\sin\theta\,\mathrm{d}\theta = \pi\langle p_{90°}^2 \rangle \approx 10^{-10}\,T_{\mathrm{e}}^{-2}. \tag{2.57}$$

Fernstöße liefern dagegen den Wirkungsquerschnitt für Impulsaustausch

$$\sigma^{(l)} = \sigma_{\mathrm{m}} = 2\pi\,p_{90°}^2 \int_{\theta_{\mathrm{min}}}^{\pi} \frac{(1-\cos\theta)\sin\theta\,\mathrm{d}\theta}{4\sin^4(\theta/2)}$$

wobei θ_{min} der kleinste Streuwinkel ist, der durch einen Stoßparameter von der Größenordnung $p = \lambda_{\mathrm{D,e}}$ bestimmt ist. Da bei der Coulomb-Streuung zwischen Stoßparameter p und Streuwinkel θ der Zusammenhang $\tan\theta/2 = p_{90°}/p$ besteht, gilt für kleine θ und $p \approx \lambda_{\mathrm{D,e}}$ die Relation $\theta_{\mathrm{min}} \cong 2p_{90°}/\lambda_{\mathrm{D,e}}$. Mit bekanntem Winkel θ_{min} lässt

sich die Gleichung für σ_m sofort integrieren und liefert nach Mittelung über die
Energie

$$\sigma_m = 4\pi \langle p_{90°}^2 \rangle \ln \frac{1}{\sin(\theta_{min}/2)} = 4\pi \langle p_{90°}^2 \rangle \ln \frac{\lambda_{D,e}}{\langle p_{90°} \rangle} = 4\sigma_{90°} \ln \Lambda \qquad (2.58)$$

mit

$$\Lambda = \frac{\lambda_{D,e}}{\langle p_{90°} \rangle} = 9N_{De} = 12\pi \left(\frac{\varepsilon_0 k T_e}{e^2} \right)^{\frac{3}{2}} n_e^{-\frac{1}{2}} = 1.23 \cdot 10^7 T_e^{\frac{3}{2}} n_e^{-\frac{1}{2}} \qquad (2.59)$$

$\ln \Lambda$ ist von der Größenordnung 10. Fernstöße übertragen daher insgesamt viel mehr
Impuls als Nahstöße.

Wechselwirkung zwischen Atom und Ladungsträgern. Zu den einfachen klassisch zu
behandelnden Beispielen gehört auch die *Wechselwirkung* zwischen *Atom und Ladungsträgern*. Im elektrischen Feld eines sich langsam nähernden Elektrons oder
Ions erfährt ein Neutralteilchen eine Verschiebung seiner positiven Kernladung gegenüber der Elektronenwolke, es bildet sich ein *Dipol*. Dieser Dipol ist jedoch nur
wirksam, wenn sich die einfallenden Ladungsträger langsamer als die Elektronen
in der Elektronenwolke des Atoms bewegen. Das anziehende Potential zwischen
Ladung und Dipol gehorcht

$$\varphi(r) = -\frac{e\,a_0^3 \alpha_R}{8\pi\varepsilon_0 r^4},$$

wobei für den *Bohr-Radius* $a_0 = 0.529 \cdot 10^{-10}$ m und die *relative Polarisierbarkeit*
$\alpha_R = \alpha_p/a_0^3$ gilt (z. B. ist $\alpha_R = 4.5$ für H, 11.1 für Ar, und 69 für CCl_4). Die Bahn
eines Elektrons während des Vorbeiflugs ist normalerweise hyperbelartig und das
Elektron wird vom streuenden Teilchen angezogen. Unterschreitet der Stoßparameter nach *Langevin* jedoch einen kritischen Wert

$$p_L = \left(\frac{\alpha_p e^2}{\pi\varepsilon_0 \mu} \right)^{\frac{1}{4}} \frac{1}{\sqrt{g}},$$

so wird das geladene Teilchen eingefangen. Der Wirkungsquerschnitt lautet

$$\sigma_{+0} = \pi p_L^2 = \frac{1}{g} \sqrt{\frac{\pi \alpha_p e^2}{\varepsilon_0 \mu}} \sim \frac{1}{\sqrt{\mathscr{E}}}. \qquad (2.60)$$

Die Stoßfrequenz ist daher nach Gl. (2.53) unabhängig von g oder $\mathscr{E}$.

Ramsauer-Effekt. Die klassische Behandlung des Streuproblems nach Langevin versagt, wenn die Geschwindigkeit der Elektronen so gering ist, dass geringe Vielfache
ihrer de-Broglie-Wellenlänge in den Potentialtopf des Atoms passen. Die Wellenfunktionen des freien gestreuten und des im Atom gebundenen Elektrons können
dann in Phase schwingen und diese Kohärenz bewirkt, dass das gestreute Elektron
nicht abgelenkt wird. Bei Elektronenenergien um 1 eV zeigen die Edelgase mit hohem
Z (Ar, Kr, Xe) einen tiefen Einbruch im energieabhängigen Wirkungsquerschnitt,
wie Abb. 2.3 zeigt. Man nennt diese Erscheinung *Ramsauer-Effekt*. Er wirkt sich

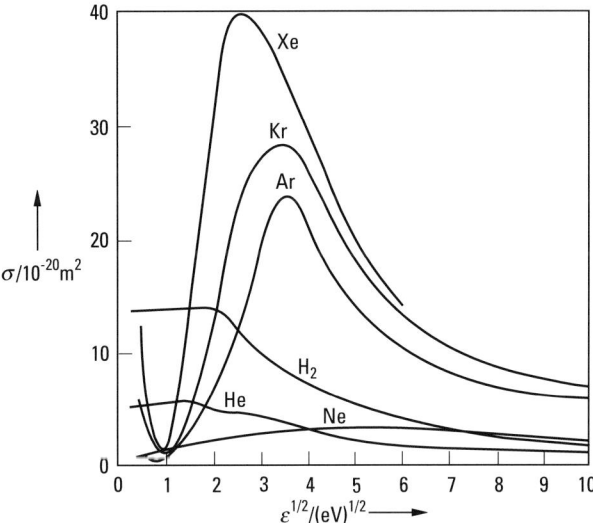

Abb. 2.3   Elastische Elektron-Atom-Stöße für einige Gase und Ramsauer-Effekt [9]. Für höhere Energien gehorchen alle Wirkungsquerschnitte nach Gl. (2.60) einem $\frac{1}{\sqrt{\mathscr{E}}}$-Gesetz.

besonders auf die Form des isotropen Anteils der Verteilungsfunktion der Elektronen aus (Abschn. 2.4.5).

In Niedertemperaturplasmen wird der kleine Wert des Wirkungsquerschnitts am Ramsauer-Minimum (bei ca. 1 eV) ausgenutzt, um die freie Weglänge der Elektronen wegen $\lambda_{FW,e} \approx 1/(n_0\sigma)$ groß zu machen. Im elektrischen Feld E nehmen sie dann zwischen zwei Stößen viel Energie ($= e\lambda_{FW,e}E$) auf, wodurch sie in die Lage versetzt werden, die Zahl der Ladungsträger durch Ionisation zu erhöhen und damit die Zündung zu erleichtern. In einer anderen Anwendung (CO_2-, CO-Laser) wirkt die Zugabe z. B. von Xe zum Lasergas wie ein Energiefilter. Die Zahl von Elektronen mit Energien $> 4\,eV$ wird bei Xe-Zugabe (im %-Bereich) wegen des großen Querschnitts im Energieintervall um $3-5\,eV$ reduziert, wodurch die Besetzung angeregter Vibrationsniveaus und damit die Laserausgangsleistung erhöht werden.

2.3.3.2 Wirkungsquerschnitte inelastischer Stöße

Ionisationsprozess. Die klassische Behandlung des *Ionisationsprozesses* durch Elektronenstoß studiert die Wechselwirkung eines freien Elektrons der Energie $\mathscr{E}_L$ im Laborsystem mit einem gebundenen Elektron (in Ruhe) bei einem Kleinwinkelstoß, d. h. $\theta_S \to 0$. Nach Gl. (2.55) und (2.56) besitzt dieser Prozess den Wirkungsquerschnitt im Schwerpunkts- bzw. Laborsystem mit $\sin(\theta/2) \approx \theta/2$

$$\mathrm{d}\sigma_s = \int_{\varphi=0}^{2\pi} \sigma_{\mathrm{diff}}\mathrm{d}\Omega_s = 2\pi\left(\frac{e^2}{4\pi\varepsilon_0}\right)^2\frac{\mathrm{d}\theta_S}{\mathscr{E}_S^2\theta_S^3} = 2\pi\left(\frac{e^2}{4\pi\varepsilon_0}\right)^2\frac{\mathrm{d}\theta_L}{\mathscr{E}_L^2\theta_L^3} = \mathrm{d}\sigma_L, \qquad (2.61)$$

wobei bei der Umrechnung vom Schwerpunkts- ins Laborsystem die Beziehungen $\mathscr{E}_S = \mathscr{E}_L/2$, $\theta_S = 2\,\theta_L$ benutzt wurden [12, 13]. Nach Gl. (2.51) verliert das einfallende Elektron die Energie $\Delta\mathscr{E}_S = \mathscr{E}_S(1-\cos\theta_S)/2 \approx \mathscr{E}_S\,\theta_S^2/4 = \mathscr{E}_L\,\theta_L^2$, woraus $\mathrm{d}\Delta\mathscr{E}_S = 2\mathscr{E}_L\,\theta_L\,\mathrm{d}\theta_L$ folgt. Damit schreibt man Gl. (2.61) in der Form

$$\mathrm{d}\sigma_L = \frac{\pi e^4}{(4\pi\varepsilon_0\Delta\varepsilon_S)^2}\frac{\mathrm{d}\Delta\mathscr{E}_S}{\mathscr{E}_L}.$$

Der totale Wirkungsquerschnitt für Ionisation wird mit der quantenmechanischen Vorstellungen entnommenen Nebenbedingung $\sigma_{L,\mathrm{ion}} = 0$ für $\Delta\mathscr{E}_S \leq E_I$ berechnet:

$$\sigma_{L,\mathrm{ion}}(\mathscr{E}_L) = \pi\left(\frac{e^2}{4\pi\varepsilon_0}\right)^2\frac{1}{\mathscr{E}_L}\int_{E_I}^{\mathscr{E}_L}(\Delta\varepsilon_S)^{-2}\mathrm{d}\Delta\mathscr{E}_S = 4\pi a_0^2\frac{E_I}{\mathscr{E}_L}\left(1-\frac{E_I}{\mathscr{E}_L}\right),$$

$$\Delta\mathscr{E}_S \geq E_I, \tag{2.62}$$

da für Wasserstoff die Beziehung $(e^2/4\pi\varepsilon_0) = 2\,a_0\,E_I$ gilt. $E_I = 13.6\,\mathrm{eV}$ ist die Ionisierungsenergie von H. Der Querschnitt $\sigma_{L,\mathrm{ion}}$ ist von der Größenordnung $10^{-20}\,\mathrm{m}^2$.

Dissoziationsprozess. In ähnlicher Weise werden auch *Dissoziationsprozesse* durch Elektronenstoß behandelt.

Anregungsprozess. Für *Anregungsprozesse* durch Elektronenstoß ist ebenfalls eine klassische Behandlung möglich, wobei Anregungsenergien $E_{1,\mathrm{anreg}}$ und $E_{2,\mathrm{anreg}}$ ins Spiel kommen. Die Integration über $\mathrm{d}\sigma_L$ (s. „Ionisationsprozess") liefert jetzt mit $\sigma_{\mathrm{anreg}} = 0$ für $\mathscr{E}_L \leq E_{1,\mathrm{anreg}}$

$$\sigma_{anreg}(\mathscr{E}_L) = \begin{cases} 0 & \mathscr{E}_L \leq E_{1,anreg} \\[2ex] 4\pi a_0^2\,\dfrac{E_I}{\mathscr{E}_L}\left(\dfrac{E_I}{E_{1,anreg}}-\dfrac{E_I}{\mathscr{E}_L}\right) & E_{1,anreg} \leq \mathscr{E}_L \leq E_{2,anreg} \\[2ex] 4\pi a_0^2\,\dfrac{E_I}{\mathscr{E}_L}\left(\dfrac{E_I}{E_{1,anreg}}-\dfrac{E_I}{E_{2,anreg}}\right) & E_{2,anreg} \leq \mathscr{E}_L \end{cases} \tag{2.63}$$

Messungen von Wirkungsquerschnitten bestätigen qualitativ die durch Gl. (2.62) bzw. (2.63) vorgegebene Energieabhängigkeit (s. Abb. 2.4). Für eine akkurate Plasmamodellierung sollte man jedoch auf die Ergebnisse der quantenmechanischen Rechnungen und Messungen [16, 17] zurückgreifen.

Unter Verwendung der *Born-Näherung* lässt sich für den Bereich $\mathscr{E}_L \gg E_{\mathrm{anreg}}$ der Querschnitt quantenmechanisch ausrechnen und in die analytische Form bringen

$$\sigma_{\mathrm{anreg}} \approx 4\pi a_0^2\,\frac{E_I^2 f_{12}}{E_{12}\mathscr{E}_L}\ln\frac{c\mathscr{E}_L}{E_{12}} \tag{2.64}$$

mit $E_{12} = E_{2,\mathrm{anreg}} - E_{1,\mathrm{anreg}}$ und $f_{12} = 2\,m_e\,E_{12}|d_{12}|^2/e^2\hbar^2$ Oszillatorenstärke, $|d_{12}|$ Dipolmoment des Übergangs $2 \to 1$ und c eine Konstante von der Größenordnung 1. Die Formeln (2.63) und (2.64) sind nicht anwendbar, wenn der Übergang $2 \to 1$ optisch verboten ist. Der Abfall des Querschnitts mit der Energie ist dann stärker, als Gl. (2.64) vorhersagt. Einen Vergleich elastischer und inelastischer Querschnitte für Elektronenstoß mit He-Atomen zeigt ebenfalls Abb. 2.4, nach [68].

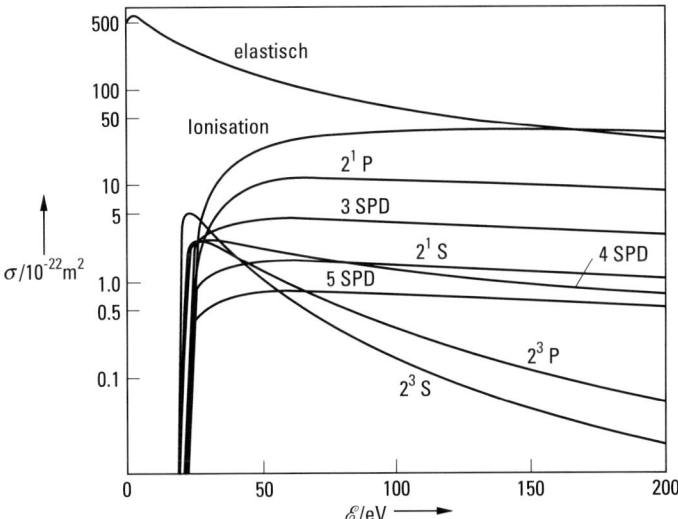

Abb. 2.4 Elastische und inelastische Wirkungsquerschnitte für Elektron-Helium-Stöße (nach [68]).

Stoßionisation durch schwere Teilchen. Die Stoßionisation durch Stöße mit schweren Teilchen erfordert kinetische Energien, die nach Gl. (2.51) wegen der ungünstigen Energieübertragung vom einlaufenden Teilchen der Masse M_S auf das gebundene Elektron um den Faktor $M_S/(2\,m_e)$ über der Ionisierungsenergie liegen müssen ($> 10\,\mathrm{keV}$). Diese Prozesse sind daher für die Niedertemperaturplasmaphysik höchstens im Schichtbereich von Interesse.

Chemoionisierungsprozess. Dagegen sind *Chemoionisierungsprozesse* äußerst wichtig. Sie laufen bei Anwesenheit einer angeregten Spezies M* nach den Reaktionen

$$M^* + AB \rightarrow M + AB^+ + e \rightarrow M + A^+ + B + e \quad (\textit{Penning-Ionisierung}),$$
$$M^* + AB \rightarrow MA^+ + B + e \qquad\qquad (\textit{Umordnungsionisierung}),$$
$$M^* + AB \rightarrow MAB^+ + e \qquad\qquad (\textit{assoziative Ionisierung}), \quad (2.65)$$

ab. So ionisieren z. B. metastabile He-Atome He (2^1s) und He (2^3s) niedriger Temperatur nahezu alle Moleküle, ebenfalls Argon. Diese Prozesse besitzen einen Wirkungsquerschnitt von $10^{-19}\,\mathrm{m}^2$. Zur Deutung dieser Ionisierungsvorgänge nimmt man an, dass ein Übergang zwischen dem intermolekularen Potential der an den Prozessen beteiligten Stoßpartner M* und AB vor der Wechselwirkung in das intermolekulare Potential der Partner nach dem Stoß erfolgt. Der Übergang besitzt eine große Wahrscheinlichkeit, weil die Potentialkurven sich kreuzen oder sehr nahe kommen.

2.3.3.3 Wirkungsquerschnitte chemischer Stoßprozesse

Exotherme *chemische Stoßprozesse* nach dem Reaktionsschema $A + BC \rightarrow AB + C$ oder $AB + CD \rightarrow AC + BD$ besitzen Wirkungsquerschnitte, die den elastischen (gas-kinetischen) Querschnitten sehr nahe kommen [13]. Es wird dabei allerdings vo-rausgesetzt, dass die mittlere Geschwindigkeit (Temperatur) der reagierenden Teil-chen niedrig ist (typisch 300 K).

2.3.3.4 Wirkungsquerschnitt für Umladung

Atomare Umladungsprozesse laufen nach dem Reaktionsschema $A^+ + A \rightarrow A + A^+$ (*symmetrische Umladung*) bzw. $A^+ + B \rightarrow A + B^+$ (*asymmetrische Umladung*) ab. Bei beiden Prozessen gibt das gestoßene Teilchen ein Elektron ab und wird dabei positiv geladen, das stoßende Teilchen wird neutralisiert. Wenn das an der symmetrischen Umladung beteiligte Elektron vor und nach dem Stoß im gleichen Quantenzustand ist, spricht man von *resonanter symmetrischer Umladung*. Impuls und Energie werden bei dieser Reaktion kaum geändert, der Prozess läuft ohne Schwellenenergie ab. Daher **wächst** der zugeordnete Wirkungsquerschnitt mit **abnehmender** kinetischer Energie der Stoßpartner im Schwerpunktsystem an. Nach [19] lässt sich die Ener-gieabhängigkeit des Umladungsquerschnitts durch

$$\sigma_U = a^2 \left(1 - \frac{b}{a} \ln \frac{\mathscr{E}}{eV} \right)^2 \tag{2.66}$$

errechnen. Für die resonante Umladungsreaktion $H^+ + H \rightarrow H + H^+$ ist $a = 7.6 \cdot 10^{-10}\,m$, $b = 1.06 \cdot 10^{-10}\,m$, d. h. σ_U hat den typischen Wert $5 \cdot 10^{-19}\,m^2$.

Wenn sich das Elektron vor und nach dem Stoß in unterschiedlichen Energiezu-ständen befindet, nennt man den Umladungsprozess *nichtresonant symmetrisch*.

Auch bei verschiedenen Stoßpartnern A und B mit asymmetrischer Umladung kann angenähert die Schwellenenergie verschwinden, also Resonanz vorliegen, ins-besondere wenn man die Umladung angeregter Spezies zulässt. Normalerweise be-findet sich das Elektron jedoch vor dem Stoß in einem energetisch anderen Zustand als nach dem Stoß. Die Wirkungsquerschnitte für diese *nichtresonanten asymmet-rischen Umladungsstöße* besitzen eine Schwellenenergie E_S (einige eV), die Maxima dieser Querschnitte liegen nicht bei $\mathscr{E} \approx 0$, sondern bei $\mathscr{E} \approx \mu(4\pi a_0 E_S/h)^2 \approx 10\,keV$ [13], μ ist dabei die reduzierte Masse.

Man beachte, dass der *molekulare Umladungsprozess* $A^+ + A_2 \rightarrow A + A_2^+$ je nach rotatorischem oder vibratorischem Zustand des Moleküls und seiner Ionisierungs-energie resonant oder nichtresonant sein kann. Das gilt auch für den Umkehrprozess. Da sich bei Umladungsstößen von Molekülen auch die energetisch sehr dicht lie-genden Rotations-Vibrations-Zustände ändern, sind die Umladungsvorgänge meis-tens nahresonant.

Auch negative Ionen können an Umladungsprozessen wie $A^- + A \rightarrow A + A^-$ oder $A^- + A_2 \rightarrow A + A_2^-$ beteiligt sein. Durch asymmetrische Umladung lässt sich aus einem hochenergetischen negativen Ionenstrahl ein hochenergetischer Neutralstrahl erzeugen.

Durch Umladung entstehen in einem in ein Plasma geleiteten Neutralstrahl angeregte Teilchen, die mithilfe der *Umladungsspektroskopie* raumauflösend nachgewiesen werden können.

Elastische Stöße und Umladung reduzieren die *Beweglichkeit und Diffusion* von Ionen in ihrem eigenen Hintergrundgas. Nach den Regeln der Quantenmechanik kann im Bereich niedriger Energie ($< 1\,\mathrm{eV}$) jedoch nicht zwischen einem langsam auf ein Targetatom auftreffenden **elastisch** wechselwirkenden Ion A^+ und einem durch **Umladung** entstandenen Ion unterschieden werden. Erst bei höheren Energien ($> 1\,\mathrm{eV}$) wird der Unterschied zwischen elastisch gestreuten und umgeladenen Teilchen deutlich: Der differentielle Wirkungsquerschnitt für elastische Streuung ist dann in Vorwärtsrichtung $\theta = 0$ groß, der für Umladung erreicht dagegen in Rückwärtsrichtung $\theta = \pi$ sein Maximum. Daher trägt die Umladung zum für Diffusionsvorgänge wichtigen Transferquerschnitt $\sigma^{(1)}$ nach Gl. (2.52) besonders viel bei. Nach [118] sollte man im gesamten Energiebereich die quantenmechanische Formel für den differentiellen Querschnitt zur Berechnung von $\sigma^{(1)}$ in Ansatz bringen, da dann der elastische Beitrag und die Umladung automatisch erfasst sind.

2.3.3.5 Beziehung zwischen Wirkungsquerschnitten für Hin- und Rückprozesse

Nach *Fermis „Goldener Regel"* lautet die Übergangswahrscheinlichkeit W_{if} eines Systems vom Anfangszustand i in den Endzustand f: $h\,W_{if} = \varrho_f |\langle f|H|i\rangle|^2$, wobei ϱ_f die Dichte der Endzustände pro Energieintervall, $\langle f|H|i\rangle$ das Übergangsmatrixelement für einen Wechselwirkungsprozess mit der Hamiltonfunktion H ist. Wegen $|\langle f|H|i\rangle|^2 = |\langle i|H|f\rangle|^2$, lässt sich zwischen den *Wirkungsquerschnitten von Hin- und Rückprozessen* einer Reaktion $A + B \leftrightarrow C + D$ mit der Schwellenenergie E_S die Beziehung

$$\mu_{AB}^2 g_A g_B v_{AB}^2 \sigma_{A,B\to C,D}(v_{AB}) = \mu_{CD}^2 g_C g_D v_{CD}^2 \sigma_{C,D\to A,B}(v_{CD}) \qquad (2.67)$$

herleiten, wobei μ_{AB}, μ_{CD} die reduzierten Massen von A, B bzw. C, D, v_{AB}, v_{CD} die Relativgeschwindigkeiten und g_A, g_B, g_C, g_D die statistischen Gewichte der Energieniveaus der entsprechenden Teilchen sind. Der Energiesatz liefert zusätzlich im Schwerpunktsystem die Verknüpfung

$$\frac{\mu_{AB} v_{AB}^2}{2} = \frac{\mu_{CD} v_{CD}^2}{2} + E_S .$$

2.3.3.6 Gemittelte Stoßfrequenzen, Raten für Teilchen- und Energieverlust

Die über Gl. (2.53) definierten Stoßfrequenzen hängen noch von der Relativgeschwindigkeit der Teilchen ab. In den makroskopischen Gleichungen und Transportbeziehungen (s. Abschn. 2.4) kommen jedoch nur über die Teilchengeschwindigkeiten gemittelte Größen vor. Mit den in Abschn. 2.4 eingeführten Verteilungsfunktionen lauten die gemittelten Stoßfrequenzen für einen Wechselwirkungsprozess zwischen Teilchen der Sorte 1 und 2

$$v_{12} = \frac{1}{n_1} \int f_1(\boldsymbol{v}_1) f_2(\boldsymbol{v}_2) \frac{\mathrm{d}\sigma_{12}}{\mathrm{d}\Omega} |\boldsymbol{v}_1 - \boldsymbol{v}_2| \mathrm{d}\boldsymbol{\Omega} \mathrm{d}^3\boldsymbol{v}_1 \mathrm{d}^3\boldsymbol{v}_2, \quad [v_{12}] = \frac{1}{\mathrm{s}}, \tag{2.68}$$

und die zugehörigen Raten

$$R_{12} = \int f_1(\boldsymbol{v}_1) f_2(\boldsymbol{v}_2) \frac{\mathrm{d}\sigma_{12}}{\mathrm{d}\Omega} |\boldsymbol{v}_1 - \boldsymbol{v}_2| \mathrm{d}\boldsymbol{\Omega} \mathrm{d}^3\boldsymbol{v}_1 \mathrm{d}^3\boldsymbol{v}_2, \quad [R_{12}] = \frac{1}{\mathrm{m}^3\mathrm{s}}. \tag{2.69}$$

Integration über Ω und Übergang zum Schwerpunktsystem liefert für eine *Maxwell-Verteilung* der Geschwindigkeit der beiden Sorten die Raten

$$R_{12} = n_1 n_2 \left(\frac{2\pi kT}{\mu}\right)^{-\frac{3}{2}} \int_0^\infty \exp\left(-\frac{\mu g^2}{2kT}\right) g\sigma_{12}(g) 4\pi g^2 \mathrm{d}g, \tag{2.70}$$

wenn μ die reduzierte Masse der beiden Stoßpartner ist. Für Teilchen der gleichen Sorte ist der Faktor 1/2 an den Raten anzubringen. Beim Elektron-Schwerteilchen-Stoß vereinfacht sich Gl. (2.69) mit $\mu \approx m_e$, $g \approx v_e$ zu

$$R_{ea} = n_a \int_0^\infty f_e(v_e) v_e \sigma_{ea}(v_e) 4\pi v_e^2 \mathrm{d}v_e = n_e n_0 \langle \sigma_{ea} v_e \rangle, \tag{2.71}$$

wobei f_e aus der Lösung der Boltzmann-Gleichung resultiert (Abschn. 2.4).

Auch der *mittlere Energieverlust pro Zeiteinheit* eines Elektrons durch elastische und inelastische Prozesse lässt sich mithilfe von Gl. (2.51) und den entsprechenden Stoßfrequenzen v_m, v_{anreg} und v_{ion} zu

$$\Theta_e = \frac{2m_e}{M} \langle v_m \mathscr{E} \rangle + \sum_i \langle v_{anreg}^i(\mathscr{E}) \rangle E_i + \langle v_{ion}(\mathscr{E}) \rangle E_I$$

berechnen.

Einige **Beispiele für Raten bzw. Stoßfrequenzen** sollen mithilfe der oben hergeleiteten Querschnitte unter der Annahme einer **Maxwell-Verteilung** zusammengestellt werden:

Elastische Wechselwirkung starrer Kugeln, chemische Prozesse. Mit $\sigma = \pi(R_1 + R_2)^2$ gilt:

$$R_{12} = n_1 n_2 \pi(R_1 + R_2)^2 \sqrt{\frac{8kT}{\pi\mu}} \sim \sqrt{T}. \tag{2.72}$$

Reaktion mit Energieschwelle. Der Wirkungsquerschnitt wird

$$\sigma = \begin{cases} 0 & \Leftrightarrow \quad 0 \le \frac{\mu g^2}{2} \le E_S \\[2mm] \left(\frac{\mu g^2}{2E_S} - 1\right)\sigma_0 & \Leftrightarrow \quad E_S \le \frac{\mu g^2}{2} \le \infty \end{cases}$$

und führt zu

$$R_{12} = n_1 n_2 \sigma_0 \sqrt{\frac{8kT}{\pi \mu}} \left(1 + \frac{2kT}{E_S}\right) \exp\left(-\frac{E_S}{kT}\right) \tag{2.73}$$

Für $kT \ll E_S$ erhält man eine $\sqrt{T}\exp(-E_S/(kT))$-Proportionalität, auch *Arrhenius-Form* genannt.

Elastische Stöße von Ionen mit Atomen. Mit Gl. (2.60) folgt

$$\sigma = \frac{1}{g}\sqrt{\frac{\pi a_0^3 \alpha_R e^2}{\varepsilon_0 \mu}} = \frac{\sigma_{+0}}{g}$$

$$R_{12} = n_1 n_2 \sqrt{\frac{\pi a_0^3 \alpha_R e^2}{\varepsilon_0 \mu}} = n_1 n_2 \sigma_{+0} \quad \text{(unabhängig von } T\text{)}. \tag{2.74}$$

Elektron- bzw. Ion-Atom-Stoßfrequenz für Impulsaustausch. Zur Berechnung der Beweglichkeit, Diffusion etc. benötigt man die nach Gl. (2.52) mit $\sigma^{(l)}$ gebildeten mittleren Stoßfrequenzen für Impulsaustausch von Elektronen bzw. Ionen mit dem kalten Hintergrundgas. Bei Verwendung theoretischer oder experimenteller Querschnitte in einem größeren Energieintervall ist eine Lösung von Gl. (2.71) nur numerisch zu bewerkstelligen. In einem vergleichsweise engen E/n_0-Intervall und einer Schwerteilchentemperatur von 300 K bewährt sich jedoch der mit Gl. (2.60) kompatible Ansatz

$$v_{\mathrm{m;e,+}} = n_0 \langle \sigma v \rangle_\mathrm{m} = C_{\mathrm{e,+}} n_0, \tag{2.75}$$

wobei z. B. für die e-Neon-Wechselwirkung $C_\mathrm{e} = 3.7 \cdot 10^{-14}\,\mathrm{m^3\,s^{-1}}$ und die $\mathrm{Ne^+}$-Ne-Wechselwirkung $C_+ = 4.8 \cdot 10^{-16}\,\mathrm{m^3\,s^{-1}}$ angesetzt wird, gültig für den E-n_0-Bereich 10^{-21} bis $6 \cdot 10^{-21}\,\mathrm{V\,m^2}$ [9].

Coulomb-Stöße. Mit steigendem Ionisationsgrad α_I sind auch Stöße der Ladungsträger untereinander zu berücksichtigen. Nach Gl. (2.57) und (2.58) lautet die gemittelte Stoßfrequenz für Coulomb-Stöße mit $e^2/(4\pi\varepsilon_0) = 2a_0 E_I$ (wasserstoffähnlich)

$$v_{\mathrm{m,C}} = n_\mathrm{e}\langle \sigma v \rangle_\mathrm{C} \approx n_\mathrm{e} 16\pi a_0^2 \sqrt{\frac{E_I}{\mu}}\left(\frac{E_I}{3kT_\mathrm{e}}\right)^{\frac{3}{2}} \ln \Lambda. \tag{2.76}$$

Wegen $\mu \approx m_\mathrm{e}$ bzw. $m_\mathrm{e}/2$ für Elektron-Ion- bzw. Elektron-Elektron-Stöße und $\mu \approx M_+/2$ für Ion-Ion-Stöße sowie wegen $C_\mathrm{e} \gg C_+$ (s. Gl. (2.75)) lässt sich Gleichheit der Stoßfrequenz für die elastische Wechselwirkung Ladungsträger-Atom und Ladungsträger-Ladungsträger, d. h. die Bedingung $v_{\mathrm{m;e,+}} \approx v_{\mathrm{m,C}}$, am leichtesten für Elektron-Elektron-Stöße erfüllen, und zwar bereits bei einem vergleichsweise niedrigen Ionisationsgrad von $\alpha_I = 10^{-3}$ (bei $T_\mathrm{e} \approx 10^4\,\mathrm{K}$, $n_\mathrm{e} = 10^{19}\,\mathrm{m^{-3}}$, $n_0 = 10^{23}\,\mathrm{m^{-3}}$).

Chemische Reaktionen. Nach Abschn. 2.3.3.3 sind die Querschnitte für chemische Reaktionen für niedrige T-Werte den gaskinetischen gleichzusetzen, d. h. die Stoßraten wachsen mit $\sqrt{T}$ an. Wenn T größere Bereiche überstreicht, lassen sich die Raten besser durch Ansätze $\sim T^{\alpha}$ bzw. $\sim T^{\alpha} \exp\frac{C}{T}$ beschreiben; sehr viele Daten für Ratenkoeffizienten findet man z. B. in [4].

2.3.4 Individuelle Teilchenbewegung

2.3.4.1 Übersicht

Ein sehr einfaches Plasmamodell geht von der klassischen Bewegungsgleichung für Elektronen aus. Die Elektronen bewegen sich frei in den lokalen E- und B-Feldern vor einem (ruhenden) Hintergrund von Ionen und Neutralteilchen. Stöße mit dem Hintergrund ändern die Flugrichtung der Teilchen in einer zufälligen Weise. Die Elektronen führen also eine Bewegungsform aus, die man von der *Brown-Bewegung* her kennt. Nach Langevin lässt sich die Elektronendynamik mit der Bewegungsgleichung erfassen, in der neben den äußeren Kräften eine Reibungskraft und eine zufällige Kraft auftreten, die im Mittel verschwindet. Durch Mittelung über viele Teilchen und Stöße gelangt man zur *Langevin-Gleichung*, einer Bewegungsgleichung, die eine Reibungskraft proportional zur Geschwindigkeit enthält. Bei der Herleitung dieser Gleichung sind an die zufällige Kraft und ihr statistisches Verhalten bestimmte Anforderungen zu stellen. Analytische Lösungen der Langevin-Gleichung, die im Mittel alle Elektronen repräsentieren, führen zu Ausdrücken für die Driftgeschwindigkeit, Teilchendiffusion, Beweglichkeit, elektrische Leitfähigkeit, Polarisierung der Materie, Dielektrizitätszahl etc. Daher erhält man in Verbindung mit den Maxwell-Gleichungen auch Aussagen über die Wellenausbreitung im Plasma.

Eine andere Methode, das so genannte „Monte-Carlo-Verfahren", löst numerisch simultan die Bewegungsgleichung vieler ($< 10^9$) Teilchen. Dabei wird „erwürfelt", an welcher Stelle im Entladungsvolumen oder auf den Wänden unter welcher Richtung und mit welcher Geschwindigkeit ein Teilchen startet, welche Strecke es dann stoßfrei zurücklegt und welche Reaktionen es im Volumen und an den Wänden ausführt. Mittelung über viele Teilchen liefert schließlich die einschlägigen Plasmaparameter wie Dichteverteilung, mittlere Energie, Transportkoeffizienten etc., aber auch Adsorptions-, Desorptions-, Sputter- und Beschichtungsraten.

2.3.4.2 Einteilchenbewegung von Ladungsträgern in E- und B-Feldern

Ausgangspunkt ist die Bewegungsgleichung einzelner Ladungsträger ($m = m_e$, M_+; $q = -e$, e) mit Lorentz-Kraft und Reibungskraft proportional zur Geschwindigkeit:

$$m \frac{\mathrm{d}\boldsymbol{v}}{\mathrm{d}t} = q(\boldsymbol{E} + \boldsymbol{v} \times \boldsymbol{B}) - \nu_m m \boldsymbol{v}. \tag{2.77}$$

In Hochtemperaturplasmen wird der ν_m-Term wegen der $T_e^{-3/2}$-Abhängigkeit (s. Gl. (2.76)) meistens vernachlässigt, er ist jedoch wichtig in Niedertemperaturentladungen. Gl. (2.77) liefert für den **stoßfreien Fall** mit E, $B = $ const. in Raum und Zeit die folgenden vektoriell zu überlagernden Bewegungsabläufe:

a) konstante Beschleunigung $(q/m)\,E_\parallel$ parallel zum $\boldsymbol{B}$-Feld,
b) konstante Driftgeschwindigkeit $\boldsymbol{v}_E = (\boldsymbol{E}_\perp \times \boldsymbol{B})/B^2$ senkrecht zum $\boldsymbol{B}$-Feld gerichtet, die so genannte $(\boldsymbol{E} \times \boldsymbol{B})$-Drift,
c) Gyration in einer Ebene senkrecht zum $\boldsymbol{B}$-Feld um einen sich mit $\boldsymbol{v}_E$ bewegenden Mittelpunkt mit der Zyklotronfrequenz $\omega_z = |q|\,B/m$ und der Geschwindigkeit $\boldsymbol{v}_z = q(\boldsymbol{r}_z \times \boldsymbol{B})/m$, mit $|\boldsymbol{r}_z| = m v_{0\perp}/(|q|\,B) = \text{const.}$ und $(\boldsymbol{r}_z \boldsymbol{B}) = 0$. Dabei ist $\boldsymbol{r}_z$ der Orstvektor vom Gyrationsmittelpunkt zum Teilchenort, und es gilt
$$\left(\frac{\mathrm{d}\boldsymbol{r}_z}{\mathrm{d}t}\right) \times \boldsymbol{B} = -\frac{qB^2 \boldsymbol{r}_z}{m}.$$

Nach vektorieller Überlagerung aller Geschwindigkeiten lautet die Lösung von Gl. (2.77) im **stoßfreien Fall**

$$\boldsymbol{v}(t) = \boldsymbol{v}_{0\parallel} + \frac{q}{m}\,\boldsymbol{E}_\parallel\, t + \frac{\boldsymbol{E}_\perp \times \boldsymbol{B}}{B^2} + q\,\frac{\boldsymbol{r}_z \times \boldsymbol{B}}{m}. \tag{2.78}$$

Wenn dagegen **Stöße häufig** sind, erhält man eine Lösung der Gl. (2.77), die sich im Falle $B = 0$ mit der Beweglichkeit $\mu_q = |q|/(m\,v_m)$ in der Form $\boldsymbol{v}_D = \frac{q}{|q|}\mu_q \boldsymbol{E}$ als Driftgeschwindigkeit schreiben lässt (s. Gl. (2.147)).

Weitere Driften entstehen, wenn sich der Betrag von $\boldsymbol{E}$ langsam mit der Zeit ändert oder das $\boldsymbol{B}$-Feld einen Gradienten oder eine Krümmung mit dem Krümmungsradius R_K besitzt. Dann beobachtet man

a) die Polarisationsdrift $\boldsymbol{v}_p = \dfrac{m}{qB^2}\dfrac{\partial \boldsymbol{E}}{\partial t}$,

b) die Gradient-B-Drift $\boldsymbol{v}_{\mathrm{Grad}} = \dfrac{m v_{0\perp}^2}{2qB^3}(\boldsymbol{B} \times \nabla \mathbf{B})$,

c) die Krümmungsdrift $\boldsymbol{v}_K = \dfrac{m v_{0\parallel}^2}{q R_K^2 B^2}(\boldsymbol{R}_K \times \boldsymbol{B})$.

Beachte: Nur die Richtung der Geschwindigkeit $\boldsymbol{v}_E$ hängt *nicht* vom Vorzeichen der Ladung q ab.

2.3.4.3 Einteilchenbewegung in einem periodisch sich ändernden E-Feld

Ein periodisch mit der Zeit sich änderndes elektrisches Feld kann im Plasma durch freie Schwingungen der Elektronen gegenüber dem als statisch angesehenen Ionenhintergrund entstehen oder aber von außen als erzwungene Schwingung aufgeprägt werden.

Freie Schwingung. Betrachtet werde in einem unendlich ausgedehnten, homogenen, elektrisch neutralen Plasma $n_{e,0} = n_{+,0} = n$ eine Situation, bei der vor einem festen Ionenhintergrund alle Elektronen im Bereich $-\frac{l}{2} \leq x \leq \frac{l}{2}$ um die Strecke ξ in positive x-Richtung verschoben werden. Im Bereich $-\frac{l}{2} \leq x \leq -\frac{l}{2}+\xi$ hat man dann nur die Raumladungsdichte ne, im Bereich $-\frac{l}{2}+\xi < x \leq \frac{l}{2}$ ist die Raumladung Null, für $\frac{l}{2} < x \le \frac{l}{2} + \xi$ ist die Raumladung $-ne$. In dieser Kondensatorkonfiguration mit der Fläche A entsteht bei $x = -\frac{l}{2}$ ein **E**-Feld, das sich aus

$$\oint \boldsymbol{E} \mathrm{d}\boldsymbol{A} \approx E_x A = \frac{Q}{\varepsilon_0} = \frac{e\,n\,A\,\xi}{\varepsilon_0}$$

zu $E_x = en\xi/\varepsilon_0$ errechnet. Unter der Annahme, dass die thermische Bewegung der Elektronen keine Rolle spielt (*kalte Plasmanäherung*) und die Bewegung eines Elektrons alle anderen repräsentiert, lautet die Bewegungsgleichung für die *Plasmaschwingung* mit $v_{x,e} = \mathrm{d}\xi/\mathrm{d}t$:

$$m_e \frac{\mathrm{d}^2\xi}{\mathrm{d}t^2} = -eE_x = -e^2 n \frac{\xi}{\varepsilon_0}.$$

Diese Schwingungsgleichung besitzt die oszillatorische Lösung $\xi = \xi_0 \sin(\omega_{p,e} t + \varphi_0)$, wobei

$$\omega_{p,e} = \sqrt{\frac{e^2 n_e}{m_e \varepsilon_0}} = 56.4\sqrt{n_e/m^{-3}} \tag{2.79}$$

die *Plasmakreisfrequenz* ist. Die Zeit $2\pi/\omega_{p,e}$ ist eine charakteristische Zeitkonstante eines Plasmas. Stöße und „stoßfreie" Effekte (Landau-Dämpfung) dämpfen die Plasmaschwingungen, so dass die Amplitude ξ_0, wenn keine gezielte Anfachung von außen vorliegt, eine Höhe erreicht, die durch thermische Schwankungen limitiert ist.

Erzwungene Schwingung. Jetzt werde die *Schwingung* der Elektronen gegenüber dem statischen Ionenhintergrund durch ein äußeres periodisches Feld $E_x(t) = \hat{E}_x e^{i\omega t}$ angefacht. Durch Impulsaustausch der Elektronen mit dem kalten Hintergrund wird die Schwingung gedämpft.

Aus der Langevin-Gleichung $m_e(\mathrm{d}v_{x,e}/\mathrm{d}t) = -e\hat{E}_x e^{i\omega t} - v_m m_e v_{x,e}$ erhält man als eingeschwungene Lösung $v_{x,e}(t) = \hat{v}_{x,e} e^{i\omega t}$ mit der *Geschwindigkeitsamplitude*

$$\hat{v}_{x,e} = -\frac{e\hat{E}_x}{m_e} \frac{v_m - i\omega}{\omega^2 + v_m^2}. \tag{2.80}$$

Eine weitere Integration liefert die *Elongation* $x(t) = \hat{x} e^{i\omega t}$ mit $\hat{x} = -i\hat{v}_{x,e}/\omega$. Damit lautet das Dipolmoment pro Volumen aller Elektronen $P = -en_e\hat{x}$. Da nach den Maxwell'schen Gleichungen der Elektrodynamik $\boldsymbol{D} = \varepsilon_0 \boldsymbol{E} + \boldsymbol{P} = \tilde{\varepsilon}\varepsilon_0 \boldsymbol{E}$ gilt, folgt sofort die *komplexe Dielektrizitätszahl* des Elektronengases mit Gl. (2.80) zu

$$\tilde{\varepsilon} = 1 - \omega_{p,e}^2 \frac{\omega + iv_m}{\omega(\omega^2 + v_m^2)}. \tag{2.81}$$

Für die elektrische Stromdichte erhält man (s. Abschn. 2.4.1) $\boldsymbol{j} = -en_e\boldsymbol{v}_e$. Diese Gleichung ist dem Ohm-Gesetz $\boldsymbol{j} = \sigma\boldsymbol{E}$ äquivalent. Durch Einsetzen von Gl. (2.80) folgt nach Vergleich die *komplexe elektrische Leitfähigkeit* des Elektronengases

$$\tilde{\sigma} = \varepsilon_0 \omega_{p,e}^2 \frac{v_m - i\omega}{\omega^2 + v_m^2}. \tag{2.82}$$

In den Gleichungen für $\omega_{p,e}$, $\tilde{\varepsilon}$ und $\tilde{\sigma}$ berücksichtigt eine genauere Rechnung die *effektiven Dichten* n_{eff} und *Stoßfrequenzen* $v_{m,eff}$ (s. Abschn. 2.4.6). Nach [20] hängen n_{eff} und $v_{m,eff}$ von der mittleren Elektronenenergie ab, der Einfluss auf n_{eff}/n_e ist im Edelgas (Argon) schwächer als in einem Molekülgas (Sauerstoff) (s. Abb. 2.8).

Im oszillierenden elektrischen Feld nimmt ein Elektron im Zeitmittel, das für zwei komplexe Funktionen $A(t) = \hat{A}e^{i\omega t}$ und $B(t) = \hat{B}e^{i\omega t}$ über

$$\langle \operatorname{Re} A(t) \operatorname{Re} B(t) \rangle = \frac{\langle A(t)B^*(t)\rangle + \langle A^*(t)B(t)\rangle}{4} = \frac{\hat{A}\hat{B}^* + \hat{A}^*\hat{B}}{4}$$

definiert sei, die Energie

$$\langle \mathscr{E} \rangle_{osz} = \left\langle \frac{m_e v_{x,e}(t) v_{x,e}^*(t)}{4} \right\rangle = \frac{m_e \hat{v}_{x,e} \hat{v}_{x,e}^*}{4} = \frac{e^2 \hat{E}_x \hat{E}_x^*}{4m_e(\omega^2 + v_m^2)} \qquad (2.83)$$

auf, wobei der letzte Schritt aus Gl. (2.80) folgt.

Dagegen lautet die pro Zeiteinheit dem Feld entnommene Energie

$$\frac{d\langle \Delta\mathscr{E} \rangle}{dt} = \left\langle -e\frac{E_x(t)v_{x,e}^*(t) + E_x^*(t)v_{x,e}(t)}{4} \right\rangle = \frac{v_m e^2 \hat{E}_x \hat{E}_x^*}{2m_e(\omega^2 + v_m^2)} = 2v_m \langle \mathscr{E} \rangle_{osz}. \qquad (2.84)$$

Man beachte, dass bei Vernachlässigung von Stößen ($v_m \to 0$) die Elektronen beim Einschalten des Feldes die Energie $\langle \mathscr{E} \rangle_{osz}$ annehmen, dann aber keine weitere Energiezunahme erfolgt. Die Stöße der Elektronen sind also wichtig, um die Feldenergie zu dissipieren. Im Fall sehr hoher Lichtfrequenzen $\omega \gg v_m$ hängt $\langle \mathscr{E} \rangle_{osz}$ von $\hat{E}_x/\omega$ ab, d. h. die Zündung und Aufrechterhaltung von Plasmen mit Lasern benötigt hohe elektrische Feldstärken im Laserstrahl und daher fokussiertes Laserlicht.

2.3.4.4 Wellenausbreitung im Plasma

Ausbreitung ohne Magnetfeld. Die unter Abschn. 2.3.4.3 errechnete Polarisierung eines Plasmas durch Elektronen (entsprechende Beiträge gibt es auch durch Ionen) hat einen starken Einfluss auf das Eindringverhalten und die Ausbreitung elektromagnetischer Wellen im Plasma, will meinen auf das Reflexionsverhalten, die Ausbreitungsgeschwindigkeit und die Wellenamplitude, wie im Folgenden gezeigt. Für das elektrische bzw. magnetische Feld einer in $\boldsymbol{k}$-Richtung laufenden ebenen Welle setzt man den Phasenfaktor $\exp[i(\omega t - \boldsymbol{k}\boldsymbol{r})]$ an. Wenn die Wellenausbreitung in z-Richtung erfolgt, gilt $\boldsymbol{k} = k\,\boldsymbol{e}_z$. Dann ist die Umformung der Phase in der Form

$$\omega t - \boldsymbol{k}\boldsymbol{r} = \omega\left(t - \frac{k}{\omega}z\right) = \omega\left(t - \frac{z}{c}\right)$$

möglich, wenn c die Ausbreitungsgeschwindigkeit im Plasma ist. Zur Berechnung von c ist es sinnvoll, einen *komplexen Brechungsindex* $\tilde{n} = n_r - in_i = \sqrt{\tilde{\varepsilon}}$ einzuführen, mit $\mu = 1$. $n_r > 0$ heißt *reeller Brechungsindex* und n_i *Abschwächungsindex*, wobei wegen

$$n_r^2 - n_i^2 = \frac{(\tilde{\varepsilon} + \tilde{\varepsilon}^*)}{2}, \quad n_r^2 + n_i^2 = \sqrt{\tilde{\varepsilon}\tilde{\varepsilon}^*}$$

$$n_r = \frac{1}{2}\sqrt{2(\tilde{\varepsilon}\tilde{\varepsilon}^*)^{1/2} + (\tilde{\varepsilon} + \tilde{\varepsilon}^*)}; \quad n_i = \frac{1}{2}\sqrt{2(\tilde{\varepsilon}\tilde{\varepsilon}^*)^{1/2} - (\tilde{\varepsilon} + \tilde{\varepsilon}^*)} \tag{2.85}$$

gilt. Damit erhält man nach Umformung den Phasenfaktor $\exp[i\,\omega(t - z\,n_r/c_0) - \omega n_i z/c_0]$.

Die Welle besitzt also die *Ausbreitungsgeschwindigkeit* $c = c_0/n_r$ und über der *Abfalllänge* $\delta = c_0/(\omega n_i)$ wird ihre Feldstärke auf $1/e$ abgesenkt. Als *Abschwächungskoeffizient* wird auch die Größe $\alpha = \omega n_i/c_0 = 1/\delta$ bezeichnet. Aus dem Poynting-Vektor $\boldsymbol{S} = \boldsymbol{E} \times \boldsymbol{H}$ errechnet man dann die *Intensität der Welle* zu

$$\boldsymbol{S} = \frac{1}{4}|\langle \boldsymbol{E} \times \boldsymbol{H}^* + \boldsymbol{E}^* \times \boldsymbol{H}\rangle| = |\hat{\boldsymbol{S}}|\exp\left(-\frac{2z}{\delta}\right). \tag{2.86}$$

Mit Gl. (2.85) und (2.81) leitet man leicht folgende Grenzfälle für δ ab:

a) $\omega \ll \nu_m$, $\omega_{p,e}$ (so genannter DC-Fall), $\tilde{\sigma} \to \sigma_{DC} = \varepsilon_0\omega_{p,e}^2/\nu_m = e^2 n_e/(m_e\nu_m)$:

$$\delta = c_0\sqrt{\frac{2\nu_m}{\omega_{p,e}^2\omega}} = \sqrt{\frac{2}{\mu_0\sigma_{DC}\omega}} \quad \text{heißt „Eindringtiefe".} \tag{2.87}$$

b) $\omega \gg \nu_m$, $\omega_{p,e}$ gültig für ein „verlustfreies Dielektrikum":

$$\delta = 2c_0\left(\frac{\omega}{\omega_{p,e}}\right)^2\frac{1}{\nu_m} \to \infty. \tag{2.88}$$

c) $\nu_m \ll \omega \ll \omega_{p,e}$ gültig in einer „RF-Niederdruckentladung":

$$\delta \approx \frac{c_0}{\omega_{p,e}} = \sqrt{\frac{m_e}{\mu_0 e^2 n_e}}. \tag{2.89}$$

Im stoßfreien Fall $\nu_m \to 0$ folgen die Werte $n_r = \sqrt{1 - \omega_{p,e}^2/\omega^2}$ und $n_i = 0$. Die aus einem Gebiet mit $n_r = 1$ in das Plasma eintretende Welle wird nach Fresnel wegen des *Reflexionskoeffizienten*

$$R = \frac{(n_r - 1)^2 + n_i^2}{(n_r + 1)^2 + n_i^2}$$

für senkrechten Einfall vollständig reflektiert, d. h. $R \to 1$, wenn $n_r \to 0$, d. h. $\omega \to \omega_{p,e}$. Dies ist der Fall, wenn nach Gl. (2.79) die Elektronendichte den kritischen Wert

$$n_{e,c} = m_e\varepsilon_0\omega^2\frac{1}{e^2} = 1.24 \cdot 10^{-2} \cdot f^2\,\frac{\text{s}^2}{\text{m}^3} \tag{2.90}$$

erreicht. $n_{e,c}$ heißt „cut-off"-*Dichte*, die zu $n_{e,c}$ gehörende Plasmakreisfrequenz heißt „cut-off"-*Frequenz* $\omega_{\text{cut-off}}$.

Wenn die Elektronenstoßfrequenz nicht vernachlässigbar ist, wird der Wert $n_r = 0$, d. h. ein Reflexionsvermögen $R = 1$ nach Gl. (2.81) für $\omega_{p,e}^2 = \omega^2 + v_m^2$ erreicht. Die kritische Dichte lautet dann

$$n_{e,c} = \frac{m_e \varepsilon_0 \omega^2}{e^2}\left(1 + \left(\frac{v_m}{\omega}\right)^2\right) = 1.24 \cdot 10^{-2} f^2 \left(1 + \left(\frac{v_m}{\omega}\right)^2\right) \cdot \left[\frac{s^2}{m^3}\right] \quad (2.91)$$

und erreicht einen gegenüber dem stoßfreien Fall um $1 + (v_m/\omega)^2$ erhöhten Wert.

Ausbreitung parallel zum B_0-Feld. Führt man in die Bewegungsgleichungen der Elektronen bzw. Ionen zusätzlich den Kraftterm $\mp e(\boldsymbol{v} \times \boldsymbol{B}_0)$ ein, so gelingt in der kalten Plasmanäherung die Beschreibung der Wellenausbreitung auch im *magnetisierten Plasma*. Das homogene $\boldsymbol{B}_0$-Feld zeichnet jetzt eine Richtung aus, und man muss zwischen einer Wellenausbreitung parallel und senkrecht zu $\boldsymbol{B}_0$ unterscheiden. Die oben eingeführte komplexe Dielektrizitätszahl wird jetzt zu einem *komplexen Dielektrizitätstensor*, d. h. $\boldsymbol{E}$ und $\boldsymbol{D}$ besitzen nicht mehr die gleiche Richtung.

Neben den Frequenzen ω, $v_{m,e}$ und $\omega_{p,e}$ tritt die Zyklotronfrequenz der Elektronen, $\omega_{z,e} = e\,B_0/m_e$, auf. Im niederfrequenten Fall ist auch die Ionendynamik zu berücksichtigen, d. h. Terme mit $v_{m,i}$, $\omega_{p,i}$ und $\omega_{z,i}$ gehen zusätzlich ein. Die Lösung der Bewegungsgleichung der Elektronen führt auf den Dielektrizitätstensor [21]

$$\varepsilon = \begin{pmatrix} \varepsilon_\perp & -i\varepsilon_x & 0 \\ i\varepsilon_x & \varepsilon_\perp & 0 \\ 0 & 0 & \varepsilon_\parallel \end{pmatrix}, \quad (2.92)$$

wobei

$$\varepsilon_\parallel = 1 - \frac{\omega_{p,e}^2}{\omega(\omega - iv_{m,e})}, \quad \varepsilon_\perp = 1 - \frac{(\omega - iv_{m,e})\omega_{p,e}^2}{\omega((\omega - iv_{m,e})^2 - \omega_{z,e}^2)},$$

$$\varepsilon_x = \omega_{z,e}\frac{\omega_{p,e}^2}{\omega((\omega - iv_{m,e})^2 - \omega_{z,e}^2)}.$$

Entsprechende Beiträge der Ionen mit $\omega_{z,i} = -m_e\omega_{z,e}/M_+$, $\omega_{p,i}$ und $v_{m,+}$ statt $\omega_{z,e}$, $\omega_{p,e}$ und $v_{m,e}$ sind als Tensorkomponenten additiv hinzuzufügen (genauer muss man $\varepsilon_{\parallel,i} - 1$, $\varepsilon_{\perp,i} - 1$ addieren).

Die Maxwell-Gleichungen geben Auskunft über die Ausbreitung einer ebenen Welle mit einem Phasenfaktor $\exp[i(\omega t - \boldsymbol{k}\,\boldsymbol{r})]$ in einem Medium mit ε und $\mu = 1$. Aus den leicht ableitbaren Relationen $\boldsymbol{k} \times \hat{\boldsymbol{H}} = -\omega\varepsilon_0\varepsilon \cdot \hat{\boldsymbol{E}}$, $\boldsymbol{k} \times \hat{\boldsymbol{E}} = \omega\mu_0\hat{\boldsymbol{H}}$ folgt eine homogene Gleichung für $\hat{\boldsymbol{E}}$:

$$\boldsymbol{k} \times (\boldsymbol{k} \times \hat{\boldsymbol{E}}) = -\frac{\omega^2\varepsilon \cdot \hat{\boldsymbol{E}}}{c_0^2}.$$

Sie besitzt nur dann eine nicht triviale Lösung $\hat{\boldsymbol{E}} \neq 0$, wenn die Determinante $\varDelta$ des linearen Gleichungssystems verschwindet. Die Bedingung $\varDelta = 0$ führt auf eine Relation $k(\omega)$ oder $\lambda(\omega)$, auch *Dispersionsbeziehung* genannt. Die Determinante lässt sich für die Wellenausbreitung in $\boldsymbol{B}_0$-Richtung ($\boldsymbol{k} = \boldsymbol{k}_\parallel$) leicht angeben. Sie zerfällt in ein Produkt aus drei Faktoren, deren Verschwinden die folgenden Wellentypen liefert:

a) $\varepsilon_\parallel = 0$. Diese Lösung beschreibt die unter Abschn. 2.3.4.3 behandelte Plasmaschwingung.

b) $\varepsilon_\perp + \varepsilon_x = \dfrac{k_{\parallel L}^2 c_0^2}{\omega^2}$ (L-Welle), $\varepsilon_\perp - \varepsilon_x = \dfrac{k_{\parallel R}^2 c_0^2}{\omega^2}$ (R-Welle).   (2.93)

Zu diesen Dispersionsrelationen gehören elektromagnetische Transversalwellen, die links (L)- bzw. rechts (R)-zirkular polarisiert sind. Die *L-Welle* dreht ihren *E*-Vektor im Sinn der Ionenrotation, die *R-Welle* im Sinne der Elektronenrotation bei der Ausbreitung in B_0-Richtung. Daher weist die L-Welle eine *Resonanz* ($k_{\parallel L} \rightarrow \infty$) für $\omega \rightarrow \omega_{z,i}$ auf, die R-Welle für $\omega \rightarrow \omega_{z,e}$. Man spricht von einem „*cut-off*", wenn $k_\parallel$ gegen Null geht. Für die Elektronen tritt ein solcher „cut-off" an folgenden Frequenzstellen auf:

$$\omega_R = \frac{1}{2}\left(\omega_{z,e} + \sqrt{\omega_{z,e}^2 + 4\omega_{p,e}^2}\right) \quad \text{(R-Welle)},$$

$$\omega_L = \frac{1}{2}\left(-\omega_{z,e} + \sqrt{\omega_{z,e}^2 + 4\omega_{p,e}^2}\right) \text{ (L-Welle)}.$$ (2.94)

Die R-Welle der Elektronen wird im Frequenzintervall $\omega_{UH} \ll \omega \ll \omega_{z,e}$ auch *Whistler-Welle* genannt. Die *untere Hybridkreisfrequenz* ω_{UH} ist in Gl. (2.95) definiert.

Ausbreitung senkrecht zum B_0-Feld. Lösungen der Bewegungsgleichungen der Elektronen führen mit der Determinantenbedingung $\Delta = 0$ zu folgenden Dispersionsbeziehungen:

a) $\varepsilon_\parallel = k_\perp^2 c_0^2/\omega^2$. Diese Dispersionsbeziehung gilt für eine in B_0-Richtung linear polarisierte elektromagnetische Transversalwelle, auch *ordentliche (O)-Welle* genannt. Sie besitzt einen „cut-off" bei $\omega = \omega_{p,e} (v_{m,e} = 0$ angenommen).
b) $(\varepsilon_\perp^2 - \varepsilon_x^2)/\varepsilon_\perp = k_\perp^2 c_0^2/\omega^2$. Die zugeordnete Welle besitzt ein *E*-Feld senkrecht zu B_0 mit Komponenten parallel und senkrecht zu $k_\perp$. Sie besitzen einen „cut-off" bei ω_R und ω_L wie die oben beschriebenen R- und L-Wellen. *Resonanz* wird bei der *oberen Hybridkreisfrequenz* $\omega_{OH} = \sqrt{\omega_{p,e}^2 + \omega_{z,e}^2}$ beobachtet. Man nennt diese Wellen *außerordentliche (X)-Wellen*. Betrachtet man zusätzlich den Polarisationsbeitrag der Ionen, so sind die Ergebnisse folgendermaßen zu modifizieren:
c) Die (O)-Welle verschiebt ihren „cut-off" an die Frequenzstelle $\omega = \omega_p = \sqrt{\omega_{p,e}^2 + \omega_{p,i}^2}$.
d) Die (X)-Welle besitzt jetzt eine Resonanz bei $\omega = \omega_{OH}$, eine weitere bei $\omega = \omega_{UH}$, letztere ergibt sich zu

$$\frac{1}{\omega_{UH}^2} \approx \frac{1}{\omega_{p,i}^2} + \frac{1}{\omega_{z,e}\omega_{z,i}}.$$ (2.95)

Helikonwellen. Bis jetzt wurde nur Wellenausbreitung im **unendlich ausgedehnten** Plasmahintergrund diskutiert. In der Praxis sind auch Ausbreitungsvorgänge wichtig, bei denen die **endliche Ausdehnung** des Plasmas und des Wellenfeldes durch geeignete Randbedingungen berücksichtigt werden muss. Im Falle einer zylindrischen Plasmasäule mit überlagertem axialen B_0-Feld beobachtet man propagierende *Whistler-Wellenmoden*, oft auch *Helikonwellen* genannt [22]. Die den Moden zugeordneten elektrischen Felder (E_r, E_θ, E_z) und magnetischen Felder(B_r, B_θ, B_z) erfüllen mit dem Produktansatz $F(r)\exp[i(\omega t - k_\parallel z - m\theta)]$ die Maxwell-Gleichungen, wobei die

Felder von der Radialkoordinate r abhängen und die ganze Zahl m den Azimutalmode kennzeichnet.

Die Feldverteilungen bilden Muster, die für $m > 0$ im Uhrzeigersinn und für $m < 0$ im Gegenuhrzeigersinn um die z-Achse an einer vorgegebenen z-Stelle rotieren (s. auch Abschn. 2.9.3.3 und Abb. 2.35b). Durch geeignete Wahl der Einkoppelantennen lassen sich gezielt die Moden $m = 0$ und $m = 1$ anregen, die im Zeitmittel zu axialsymmetrischen Feldintensitäten führen. Die Anregung der $m = 1$-Mode erfolgt z. B. durch die in Abb. 2.35a dargestellte Antenne. Das B_z-Feld der Welle folgt aus der Wellengleichung $\Delta \hat{B}_z + k^2 \hat{B}_z = 0$ mit der Lösung $\hat{B}_z(r) = \text{const.} \cdot J_m(k_\perp r)$, wobei J_m die Bessel-Funktion der Ordnung m ist. Weiter gilt $E_z = 0$. Zwischen k, $k_\parallel$ und $k_\perp$ besteht der Zusammenhang

$$k = \sqrt{k_\perp^2 + k_\parallel^2} = \frac{\omega \omega_{p,e}^2}{k_\parallel \omega_{z,e} c_0^2}. \qquad (2.96)$$

Wenn die zylindrische Plasmasäule von einer isolierenden bzw. metallischen Wand bei $r = R_E$ eingeschlossen wird, gelten für die elektrische Stromdichte die Randbedingung $j_r(R_E) = 0$ und für das elektrische Feld $E_\theta(R_E) = 0$, die für den Mode $m = 0$ zu der Dispersionsbeziehung $J_1(R_E k_\perp) = 0$ oder $R_E k_\perp = 3.83$ führt, für den Mode $m = 1$ zu $J_1(R_E k_\perp) \approx 0$ für lange dünne Entladungsrohre, d. h. $R_E k_\perp \approx 3.83$ für $k_\parallel \ll k_\perp$. Für den Fall $k_\parallel \gg k_\perp$ gilt dagegen $R_E k_\perp = 2.41$ [21]. Drückt man in der Dispersionsrelation Gl. (2.96) $\omega_{p,e}$ bzw. $\omega_{z,e}$ durch n_e und B_0 aus, so folgt die Beziehung

$$\frac{B_0}{n_e} = \frac{e \mu_0 \omega R_E}{R_E k_\perp k_\parallel \sqrt{1 + (k_\parallel/k_\perp)^2}}. \qquad (2.97)$$

Im wichtigen Grenzfall $k_\parallel \ll k_\perp$ gilt also für die $m = 1$-Mode $B_0/n_e = e \mu_0 \omega R_E/(3.83\, k_\parallel)$ und für $k_\parallel \gg k_\perp$ erhält man für $m = 1$ $B_0/n_e = e \mu_0 \omega/k_\parallel^2$. Aus der ersten Beziehung folgt die für kleine n_e häufig benutzte Formel zur Abschätzung von n_e (s. Abschn. 2.9.3.3)

$$\lambda_\parallel = \frac{2\pi}{k_\parallel} = \frac{2\pi \cdot 3.83\, B_0}{R_E e \mu_0 \omega n_e}. \qquad (2.98)$$

$\lambda_\parallel$ skaliert mit der Linearabmessung der verwendeten Antennenanordnung.

2.3.4.5 Ponderomotorische Kraft

Wenn die Amplitude des E- und B-Feldes einer Welle der Kreisfrequenz ω ortsabhängig ist, erfahren die Ladungsträger eine Kraftwirkung, die man *ponderomotorische Kraft* nennt. Sie wirkt zuerst einmal auf die Elektronen und hat pro Elektron unter Berücksichtigung impulsaustauschender Stöße die Größe [23]

$$\boldsymbol{F}_{\text{pond,e}} = - \frac{e^2}{4m_e(\omega^2 + v_{m,e}^2)} \nabla \cdot |\hat{E}^2|. \qquad (2.99)$$

Die entsprechende Herleitung für die Ionen liefert einen Ausdruck, in dem m_e durch M_+ ersetzt ist, daher gilt $|\boldsymbol{F}_{\text{pond,e}}| \gg |\boldsymbol{F}_{\text{pond,+}}|$. Die Kraft $\boldsymbol{F}_{\text{pond,e}}$ bewirkt lokal eine Verschiebung der Elektronen gegenüber den Ionen. Diese Ladungstrennung führt zu einem elektrischen Feld E_L, welches sofort eine Kraft $F_+ = e\,E_L$ auf die Ionen erzeugt und die Kraft auf die Elektronen in $F_e = -e\,E_L + F_{pond,e}$ abändert. Die resultierende Kraft auf das Plasma ist daher $F_p = F_e + F_+ = F_{pond,e}$ und beeinflusst also auch die Ionen.

Die ponderomotorische Kraft treibt in einem fokussierten Laserstrahl das Plasma aus dem Hochfeldbereich in radiale und axiale Richtung und führt zur *Selbstfokussierung* des Laserstrahls, da das veränderte Dichteprofil den räumlichen Verlauf des Brechungsindex so beeinflusst, dass das Plasma wie eine Sammellinse wirkt. Die ponderomotorische Kraft kann dabei so groß werden, dass man hochenergetische *Teilchenstrahlbildung* beobachtet.

In Entladungen, die mit Oberflächenwellen geheizt werden, beschleunigt die ponderomotorische Kraft die Ionen vor einem Substrat und verbessert die Qualität der erzeugten Filme. Dieser Effekt ist auch dann noch effektiv, wenn die Ionen in der Schicht Stöße ausführen.

2.3.4.6 Monte-Carlo-Verfahren

Die in Abschn. 2.3.4.2 behandelte Methode, das Plasma mit einer Einteilchengleichung zu erfassen, berücksichtigt nicht, dass sowohl die Ladungsträger als auch der neutrale Hintergrund eine Geschwindigkeitsverteilung besitzen. Sie ist auch nur bei geometrisch einfachen Systemen anwendbar und wird auch nicht der unterschiedlichen Natur und Vielzahl der Wechselwirkungskräfte zwischen den Teilchen gerecht. Dennoch sind die Ergebnisse nicht wertlos, da sie handliche Formeln bereitstellen, die nach geeigneter Mittelung mit den Resultaten einer kinetischen Theorie übereinstimmen (s. Abschn. 2.4.6).

Mithilfe von Computern lassen sich die Bewegungsgleichungen vieler (zur Zeit $N < 10^9$) Teilchen in beliebiger dreidimensionaler Geometrie unter Einschluss von Wand- und Volumenprozessen unter der Wirkung von außen aufgeprägter und der zwischen allen Teilchen wirkenden weitreichenden inneren Kräfte numerisch lösen. Dabei darf N nicht zu klein sein, da der relative Fehler der nach Mittelung hergeleiteten makroskopischen Größen durch die statistische Schwankungen nur mit $N^{-1/2}$ abnimmt. Die als *Monte-Carlo-Verfahren* bezeichnete Methode berücksichtigt dabei die Dynamik von Zweierstößen und die Transformation von Zufallsvariabeln. Als Beispiel seien Elektronen vor einem neutralen Hintergrund betrachtet. Ein herausgegriffenes Elektron durchläuft unter dem Einfluss einer äußeren Kraft eine gekrümmte Bahn mit der Linienkoordinate s. Nach der Strecke s findet ein Wechselwirkungsprozess mit einem anderen Teilchen im Zweierstoß statt, der seine Geschwindigkeit unstetig ändert (im Falle eines schweren Teilchens ändert sich evtl. auch der Anregungszustand oder die Sorte). Die Stoßfrequenz für einen Prozess i ($i = 1$ elastischer, $i = 2$ anregender, $i = 3$ ionisierender, $i = 4$ rekombinierender Stoß) sei ν_i. Die Strecke s folgt aus einer statistischen Betrachtung. Nach Abschn. 2.3.2 unter Verwendung von Gl. (2.44) und (2.46) lautet die Wahrscheinlichkeit $p(s)$ dafür, dass ein bei $s = s_0$ startendes Elektron der Geschwindigkeit v den Punkt s *ohne* Wechselwirkung erreicht,

$$Z_p = p(s) = \frac{\Gamma(s)}{\Gamma(s_0)} = \exp\left(-\int_{s_0}^{s} \frac{\nu_i}{v}\,\mathrm{d}s\right).$$

Aufgelöst nach s ist diese Beziehung die oben erwähnte Transformation der Zufallsvariablen. Zur Erzeugung zufälliger freier Flugstrecken s werden Wahrscheinlichkeiten $p(s)$ im Intervall $0 \leq p(s) \leq 1$ mit einem Zufallsgenerator, der gleichverteilte Zufallszahlen Z_p im Intervall $0 \leq Z_p \leq 1$ liefert, „ausgewürfelt". Auch die Art des sich ereignenden Streuprozesses wird so ermittelt, z. B. durch die Wahl einer Zufallszahl im Intervall $0 \leq Z_{st} \leq 1$ nach dem Schema $0 \leq Z_{st} \leq v_1/v$ für elastische Stöße, $v_1/v \leq Z_{st} \leq (v_1 + v_2)/v$ für inelastische Stöße, $(v_1 + v_2)/v \leq Z_{st} \leq (v_1 + v_2 + v_3)/v$ für Ionisation und $Z_{st} \leq (v_1 + v_2 + v_3)/v \leq Z_{st} \leq 1$ für Rekombination. Hierbei gilt $v = \Sigma_{i=1}^{4} v_i$. Die sich nach dem Stoß einstellenden Streuwinkel θ und φ werden ebenfalls durch Zufallszahlen nach Maßgabe der den unterschiedlichen Prozessen zugeordneten Wirkungsquerschnitte erwürfelt, wobei die gleichverteilten Zufallszahlen

$$Z_\theta = \frac{\int\limits_{\theta'=0}^{\theta} \sin\theta' \, d\theta' \int\limits_{\varphi=0}^{2\pi} d\varphi \, \frac{d\sigma}{d\Omega}}{\int\limits_{\theta'=0}^{\pi} \sin\theta' \, d\theta' \int\limits_{\varphi=0}^{2\pi} d\varphi \, \frac{d\sigma}{d\Omega}} \quad \text{bzw.} \quad Z_\varphi = \frac{\int\limits_{\varphi'=0}^{\varphi} d\varphi' \int\limits_{\theta=0}^{\pi} \sin\theta \, d\theta \, \frac{d\sigma}{d\Omega}}{\int\limits_{\varphi'=0}^{2\pi} d\psi' \int\limits_{\theta=0}^{\pi} \sin\theta \, d\theta \, \frac{d\sigma}{d\Omega}}$$

zur Ermittlung von θ bzw. φ dienen. Mit den vier Zufallszahlen Z_p, Z_{st}, Z_θ und Z_φ, die nach jedem Stoß neu generiert werden müssen, lässt sich die Bewegung eines Elektrons bis zum nächsten Stoß simulieren.

Für die praktische Rechnung unterteilt man das Entladungsgefäß in hinreichend kleine, durchnummerierte Zellen. Dann erwürfelt man die durch s_0 gekennzeichnete Startzelle und eine Geschwindigkeit nach Betrag und Richtung. Der Startpunkt s_0 kann auch auf den Wänden oder den Elektroden liegen. Trifft im Verlauf der Rechnung eine Teilchentrajektorie die Wand, dann sind die möglichen Wandprozesse in einer analogen Form wie die oben erläuterten Volumenprozesse auszuwürfeln. Die Aufenthaltswahrscheinlichkeit eines Teilchens in einer Zelle ist proportional zu seiner Aufenthaltszeit, die sich aus den Zellengrößen und der Teilchengeschwindigkeit ergibt. Mit der für alle Testteilchen ermittelten mittleren Aufenthaltswahrscheinlichkeit kann man schließlich alle interessierenden Plasmagrößen wie die lokale Teilchendichte, Teilchenfluss, mittlere Energie etc. oder auch Adsorptions-, Desorptions-, Sputter- und Beschichtungsraten ermitteln. Weitergehende Informationen zum Verfahren findet man in [24].

In einem Plasma wirken auf ein geladenes Testteilchen die weitreichenden Coulomb-Kräfte, deren Einfluss als Wechselwirkung des Teilchens mit einem Raumladungsfeld angenähert werden kann. Beim *Particle-in-cell-Verfahren* (*PIC*) werden die Bewegungsgleichungen vieler Teilchen unter dem Einfluss eines lokalen Feldes, das sich aus einer lokalen Interpolation innerhalb einer Zelle eines mathematischen Gitters ergibt, simultan gelöst. Im nächsten Rechenschritt wird die sich ergebende Zahl von $+$- und $-$-Ladungen in der Zelle mit der Raumladung in Verbindung gebracht, aus der mithilfe der Poisson-Gleichung das elektrische Feld berechnet werden kann, in dem sich die Testteilchen bewegen. PIC-Berechnungen benötigen etwa 20 Teilchen pro Debye-Kugel und Dimension, also ca. 8000 Teilchen im dreidimensionalen Fall.

2.4 Kinetische Theorie des Plasmas

Die in Abschn. 2.2 dargestellte *thermodynamische Betrachtung* eines Plasmas stellt den wichtigen Zusammenhang zwischen den Zustandsgrößen Dichte und Temperatur in einem Gleichgewichtsplasma her. Diese Zustandsgrößen sind zur Diagnostik und Charakterisierung von Lichtbögen in der Lichttechnik, in Schaltern, beim Schweißen und Schneiden (mit Elektrodenanordnungen oder Lasern), in der Plasmachemie besonders unter hohen Drücken, etc. unverzichtbar. Zur Erfassung der *Transportvorgänge* in diesen Entladungen muss man jedoch die vergleichsweise kleinen Abweichungen der Geschwindigkeitsverteilung von der Gleichgewichtsverteilung kennen. Die *kinetische Gleichung* für die Verteilungsfunktion erlaubt die Berechnung einer Nicht-Gleichgewichtsverteilungsfunktion.

Besonders große Abweichungen der Geschwindigkeitsverteilung von der Gleichgewichtsverteilung treten in *Niederdruck-Prozessplasmen* auf. Die E/n_0-Werte in diesen Entladungen sind oft sehr hoch und ändern sich in HF-Entladungen sehr schnell, daneben treten nicht detailliert bilanzierte elastische und inelastische Prozesse neben Diffusionsverlusten auf. Alle Effekte beeinflussen die Verteilungsfunktion der Elektronen und führen zu Abweichungen von der Gleichgewichtsverteilung.

Im Folgenden werden zwei Methoden vorgestellt: Die eine (Abschn. 2.4.2) dient zur gleichgewichtsnahen Beschreibung von Plasmen bei **hohem Druck** (Lichtbogenplasma) sowie zur Behandlung der Plasmakomponenten, die untereinander nahezu im kinetischen Gleichgewicht sind. Die andere (Abschn. 2.4.3) ist zur gleichgewichtsfernen Behandlung alleine der Elektronen in DC-, HF- oder Mikrowellenentladungen bei **niedrigem Druck** geeignet.

Ausgangspunkt für beide Anwendungsbeispiele ist die *Boltzmann-Gleichung*. Sie wurde ursprünglich für neutrale Gase formuliert, in denen die Reichweite des Wechselwirkungspotentials der stoßenden Teilchen viel kleiner als ihr mittlerer Abstand λ_m ist und die Wechselwirkung der stoßenden Teilchen nur als *Zweierstoß* mit großen Winkeländerungen abläuft. Daher ist die Anwendung der BG auch auf die Wechselwirkung von Neutralteilchen in einem Plasma gerechtfertigt.

Zweierstöße zwischen Elektronen und dem neutralen Hintergrund dominieren häufig die Stoßraten in einem Niedertemperaturplasma mit niedrigem Ionisationsgrad und die BG ist ebenfalls anwendbar.

Die Situation ist jedoch anders in stark ionisierten Plasmen, z. B. einem Lichtbogenplasma bei hohen Stromstärken. Die Reichweite der Coulomb-Kräfte geladener Plasmateilchen skaliert nach Abschn. 2.1.3 mit der Debye-Länge und es gilt $\lambda_D \gg \lambda_m$ im Gegensatz zur obigen Annahme. Daher erfährt ein geladenes Teilchen beim Durchgang durch einen Bereich von der Abmessung λ_D (Debye-Kugel) eine langsame Änderung der Richtung seiner Bahn. Für die theoretische Behandlung ist es hilfreich, dass man die Wechselwirkung als *zeitliche Aufeinanderfolge von Zweierstößen mit kleiner Winkelablenkung* interpretieren kann und unter dieser Annahme der *Stoßterm* in der Boltzmann-Gleichung eine Auswertung zulässt [25].

2.4.1 Verteilungsfunktion, Momente, Mittelwerte, Boltzmann-Gleichung

Durch die Angabe von Ort r_i und Geschwindigkeit v_i wird der Bewegungszustand eines Teilchens der Sorte i in einem bestimmten Quantenzustand zum Zeitpunkt t festgelegt. Die Zahl der Teilchen im so genannten *Ortsraum* r_i in einem Volumenelement $d^3 r_i = dx_i\, dy_i\, dz_i$ und im *Geschwindigkeitsraum* v_i in einem Volumenelement $d^3 v_i = dv_{x,i}\, dv_{y,i}\, dv_{z,i}$ sei $dN_i = f_i(r_i, v_i, t)\, d^3 r_i\, d^3 v_i$. Die Vektoren r_i und v_i spannen gemeinsam den so genannten *Phasenraum* auf. Die *Verteilungsfunktion* f_i hat also die Bedeutung einer Dichte in diesem Phasenraum. Mithilfe von f_i lassen sich Momente und makroskopische *Mittelwerte* berechnen, so z. B. als einfachstes Moment die *numerische Dichte* der Sorte $i = 1, 2, \ldots, i_m$ an der Stelle r

$$n_i(r,t) = \iint f_i(r_i, v_i, t)\, \delta\,(r - r_i) d^3 r_i d^3 v_i = \int f_i(r, v_i, t) d^3 v_i. \tag{2.100}$$

Hiermit direkt zusammen hängt die Definition der sortenspezifischen *Massendichten* und elektrischen *Raumladungsdichten*

$$\varrho_{m,i}(r,t) = m_i n_i(r,t); \quad \varrho_{el,i} = e_i n_i(r,t). \tag{2.101}$$

Allgemein lautet der über die Geschwindigkeit gemittelte Wert einer skalaren, vektoriellen oder tensoriellen Eigenschaft $\Psi_i(v_i)$ eines Teilchens der Sorte i

$$\langle \Psi_i \rangle = \frac{\int f_i \Psi_i d^3 v_i}{\int f_i d^3 v_i} = \frac{1}{n_i} \int f_i \Psi_i d^3 v_i. \tag{2.102}$$

Eine weitere Mittelung über alle i_m Sorten mit einem nicht von v_i abhängigen Gewicht G_i führt zu

$$\langle \Psi \rangle = \frac{\sum\limits_{i=1}^{i_m} G_i n_i \langle \Psi_i \rangle}{\sum\limits_{i=1}^{i_m} G_i n_i}. \tag{2.103}$$

Beispiele für häufig benutzte Mittelwerte sind Tab. 2.1 zu entnehmen.

Die Verteilungsfunktion f_i lässt sich aus der Boltzmann-Gleichung ermitteln, einer Bilanz von Teilchen der Sorte i im Phasenraum. Sie hat die Form [5] (über zwei gleiche griechische Indizes in Produkten wird summiert):

$$\frac{df_i}{dt} = \frac{\partial f_i}{\partial t} + v_{\beta,i} \frac{\partial f_i}{\partial x_\beta} + \frac{F_{\beta,i}}{m_i} \frac{\partial f_i}{\partial v_{\beta,i}} = \left(\frac{\partial f_i}{\partial t}\right)_{\text{Stöße}} = \sum_{j=1}^{i_m} \int (f_i' f_j' - f_i f_j) g_{ij} \frac{d\sigma_{ij}}{d\Omega}\, d\Omega\, d^3 v_j, \tag{2.104}$$

wobei F_i die Kraft auf das Teilchen der Sorte i, $g_{ij} = |v_i - v_j|$, $d\sigma_{ij}/d\Omega$ differentieller Wirkungsquerschnitt für die Zweierstoßreaktionen des Teilchens i mit einem Teilchen der Sorte j, f_i', f_j' Verteilungsfunktionen von Teilchen i bzw. j mit den Geschwindigkeiten v_i' bzw. v_j' nach dem Stoß und f_i, f_j und v_i, v_j die entsprechenden Größen vor dem Stoß sind. Die Geschwindigkeiten vor und nach dem Stoß sind über die klassischen Erhaltungssätze für Zweierstöße miteinander verknüpft.

In der Praxis ist man auf Näherungslösungen der nichtlinearen Integro-Differentialgleichung (2.104) angewiesen, wobei im Falle der Stöße von Ladungsträgern mit weitreichenden Coulomb-Kräften (s. o.) der Stoßterm zu modifizieren ist [25] und die Boltzmann-Gleichung die Form einer *Fokker-Planck-Gleichung* annimmt. Wird

Tab. 2.1 Mittelwerte und Momente.

Gesamtdichte	$n = \sum\limits_{i=1}^{i=i_m} n_i$
Gesamtmassendichte	$\varrho_m = \sum\limits_{i=1}^{i=i_m} m_i n_i$
Gesamtladungsdichte	$\varrho_{el} = \sum\limits_{i=1}^{i=i_m} e_i n_i$
mittlere Geschwindigkeit der Sorte i	$\langle v_i \rangle$
Teilchenflussdichte der Sorte i	$\Gamma_i = n_i \langle v_i \rangle$
Strömungsgeschwindigkeit	$\langle v \rangle_m = \sum\limits_{i=1}^{i=i_m} \varrho_{m,i} \langle v_i \rangle / \sum\limits_{i=1}^{i=i_m} \varrho_{m,i}$
Teilchenflussdichte	$\Gamma = \sum\limits_{i=1}^{i=i_m} n_i \langle v_i \rangle$
Massenflussdichte	$\Gamma_m = \sum\limits_{i=1}^{i=i_m} \varrho_{m,i} \langle v_i \rangle$
elektrische Stromdichte	$j = \sum\limits_{i=1}^{i=i_m} \varrho_{el,i} \langle v_i \rangle$
Eigen-(Pekuliar-)Geschwindigkeit der Sorte i	$V_i = v_i - \langle v_m \rangle, \quad \text{mit} \quad \sum\limits_{i=1}^{i=i_m} \varrho_{m,i} V_i = 0$
Diffusionsgeschwindigkeit der Sorte i	$V_i' = v_i - \langle v_i \rangle, \quad \text{mit} \quad \sum\limits_{i=1}^{i=i_m} V_i' = 0$
kinetische Energiedichte der Sorte i	$\langle \mathscr{E}_i \rangle = \frac{n_i m_i}{2} \langle v_i^2 \rangle = \int \frac{m_i}{2} v_i^2 f_i \, d^3 v_i$
T_i „Temperatur" der Sorte i	$\frac{3}{2} k T_i = \frac{m_i}{2} \langle V_i^2 \rangle$
Partialdrucktensor der Sorte $i*$	$P_{\alpha\beta,i} = m_i = \int V_{\alpha,i} V_{\beta,i} f_i \, d^3 v_i$
Wärmestromdichte der Sorte $i*$	$q_i = \frac{1}{n_i} \int \mathscr{E}_i V_i f_i \, d^3 v_i$
Gesamtwerte*	$\frac{3}{2} n k T = \frac{3}{2} \sum\limits_{i=1}^{i=i_m} n_i k T_i, \quad q = \sum\limits_{i=1}^{i=i_m} q_i, \quad P_{\alpha\beta} = \sum\limits_{i=1}^{i=i_m} P_{\alpha\beta,i}$

* Diese Größen werden statt mit $V_{\alpha,i}$, $V_{\beta,i}$ auch mit $V_{\alpha,i}'$, $V_{\beta,i}'$ gebildet und heißen dann q_i', $P_{\alpha\beta,i}'$ bzw. q', $P_{\alpha\beta}'$.

zur Lösung der Boltzmann-Gleichung vorausgesetzt, dass der Schwerteilchenhintergrund während der Stoßprozesse (z. B. mit leichten Elektronen) stationär verbleibt, so spricht man von der *Lorentz-Näherung*. Der häufig benutzte *Krook-Ansatz* nähert (und linearisiert) den Stoßterm bei Anwesenheit einer einzigen Sorte durch den Ansatz $(\partial f_i/\partial t)_{\text{Stöße}} = (f_i^0 - f_i)/\tau_{\text{R,i}}$, wobei f_i^0 eine lokale Maxwell-Verteilung und $\tau_{\text{R,i}}$ eine Relaxationszeit ist, ein Maß für die Zeit, in der sich nach einer Störung die Gleichgewichtsverteilung f_i^0 wieder einstellt.

2.4.2 Gleichgewichtsnahe Lösung der Boltzmann-Gleichung

Zur Berechnung des Transports von Teilchen, Ladungen, Impuls und Energie von vergleichsweise stark ionisierten, dichten Niedertemperaturplasmen wurden die für kalte Gase entwickelten Lösungsmethoden der Boltzmann-Gleichung nach Chapman und Enskog [18] modifiziert. In der ersten Näherung wird dabei um eine *lokale Maxwell-Verteilung* (s. auch Gl. (2.22))

$$f_i^0 = n_i \left(\frac{m_i}{2\pi kT} \right)^{\frac{3}{2}} \exp\left(-\frac{m_i}{2kT} (\boldsymbol{v}_i - \langle \boldsymbol{v} \rangle_{\text{m}})^2 \right) \tag{2.105}$$

in der Form $f_i = f_i^0 + \varepsilon f_i^1 = f_i^0(1 + \Phi_i)$ entwickelt. Die Orts- und Zeitabhängigkeit von f_i wird dabei über die „fünf Momente" n, $\langle \boldsymbol{v} \rangle_{\text{m}}$ und T (Tab. 2.1) geregelt. Φ_i besitzt die Größenordnung λ_{FW}/L (λ_{FW}, s. Gl. (2.45), L ist die Plasmaabmessung) und ist daher bei hohen Drücken klein gegen Eins. Die Funktion Φ_i wird nach Einsetzen in die Boltzmann-Gleichung als Lösung einer *linearen Integralgleichung* der Form

$$\frac{\partial f_i^0}{\partial t} + v_{\beta,i} \frac{\partial f_i^0}{\partial x_\beta} + \frac{F_{\beta,i}}{m_i} \frac{\partial f_i^0}{\partial v_{\beta,i}} = \sum_{j \neq i = 1}^{i_{\text{m}}} \iint f_i^0 f_j^0 [\Phi_i(\boldsymbol{v}_i') + \Phi_j(\boldsymbol{v}_j')$$

$$- \Phi_i(\boldsymbol{v}_i) - \Phi_j(\boldsymbol{v}_j)] |\boldsymbol{v}_i - \boldsymbol{v}_j| \frac{d\sigma_{ij}}{d\Omega} d\Omega \, d^3\boldsymbol{v}_j + \iint f_i^0(\boldsymbol{v}_{1,i}) f_i^0(\boldsymbol{v}_i) [\Phi_i(\boldsymbol{v}_{1,i}')$$

$$+ \Phi_i(\boldsymbol{v}_i') - \Phi_i(\boldsymbol{v}_{1,i}) - \Phi_i(\boldsymbol{v}_i)] |\boldsymbol{v}_{1,i} - \boldsymbol{v}_i| \frac{\partial \sigma_{ij}}{\partial \Omega} d\Omega \, d^3\boldsymbol{v}_{1,i} \tag{2.106}$$

ermittelt, deren Lösung nach [18] lautet

$$\Phi_i = -A_{\beta,i} \frac{\partial \ln T}{\partial x_\beta} - \left(B_{\alpha\beta,i} \frac{\partial}{\partial x_\beta} \langle v_\alpha \rangle_{\text{m}} + n \sum_{j=1}^{i_{\text{m}}} C_{ji} \boldsymbol{d}_j \right). \tag{2.107}$$

Die *Diffusionskraft* $\boldsymbol{d}_j$ ist in Gl. (2.111) formuliert. Damit die „fünf Momente" n, $\langle \boldsymbol{v} \rangle_{\text{m}}$ und T auch im Gleichgewicht gültig sind, müssen die von $\boldsymbol{v}_i$ abhängigen Koeffizienten $A_{\beta,i}$, $B_{\alpha\beta,i}$ und C_{ji} so gewählt werden, dass folgende Nebenbedingungen gelten:

$$\int f_i^1 d^3\boldsymbol{v}_i = \int f_i^0 \Phi_i d^3\boldsymbol{v}_i = 0;$$

$$\frac{1}{\varrho_{\text{m}}} \sum_{i=1}^{i_{\text{m}}} m_i \int \boldsymbol{v}_i f_i^0 \Phi_i d^3\boldsymbol{v}_i = 0;$$

$$\frac{1}{2} \sum_{i=1}^{i_{\text{m}}} m_i \int (\boldsymbol{v}_i - \langle \boldsymbol{v} \rangle_{\text{m}})^2 f_i^0 \Phi_i d^3\boldsymbol{v}_i = 0. \tag{2.108}$$

Mit den dimensionslosen *Pekuliargeschwindigkeiten* (s. Tab. 2.1) $w_i = \sqrt{\dfrac{m_i}{2\,kT}}\,V_i$ lassen sich die Vektoren A_i und C_{ji} sowie der Tensor $B_{\alpha\beta,i}$ auf skalare Größen mit der Abhängigkeit von $|w_i| = w_i$ zurückführen

$$A_i = w_i\,A_i(w_i), \quad C_{ji} = w_i\,C_{ji}(w_i), \quad B_{\alpha\beta,i} = \left(w_{\alpha,i}\,w_{\beta,i} - \frac{1}{3}\,w_i^2\,\delta_{\alpha\beta}\right)B_i(w_i). \ (2.109)$$

Der Theorie linearer Integralgleichungen entnimmt man die Entwicklung der skalaren Funktionen A_i, B_i und C_{ji} nach *Sonine-Polynomen* [12, 67] $S_{3/2}^{(m)}$ und $S_{5/2}^{(m)}$

$$A_i(w_i) = \sum_{m=0}^{m_{max}} a_{im}\,S_{3/2}^{(m)}(w_i^2), \quad B_i(w_i) = \sum_{m=0}^{m_{max}} b_{im}\,S_{5/2}^{(m)}(w_i^2),$$

$$C_{ji}(w_i) = \sum_{m=0}^{m_{max}} c_{im}^{(j,i)}\,S_{3/2}^{(m)}(w_i^2). \tag{2.110}$$

Die Koeffizienten a_{im}, b_{im} und $c_{im}^{(j,i)}$ ergeben sich schließlich als Lösungen eines linearen, algebraischen Gleichungssystems. Dazu hat man den Ansatz (2.107) in die linearisierte Gl. (2.106) und die Nebenbedingungen nach Gl. (2.108) einzusetzen [18]. Die *Sonine-Funktionen* [12] bilden den von w_i^2 abhängigen Anteil der Eigenfunktionen des linearisierten Stoßterms, wenn die Wirkungsquerschnitte für ein **r^{-4}-Potential** (so genannte Maxwell-Teilchen, s. Abschn. 2.3.3.1) zu Grunde gelegt werden. Im Falle **anderer Wechselwirkungskräfte** zwischen den Teilchen werden die Eigenfunktionen nach einer *vollständigen, orthonormierten Basis* entwickelt. Als Basis wählt man ein Produkt aus Sonine-Polynomen und allgemeinen *Kugelflächenfunktionen* [12]. Die Entwicklung erfolgt bis zu einem $m = m_{max}$, wobei m_{max} die Ordnung der Näherung angibt. Wenn sich die Querschnitte stark mit der Geschwindigkeit der Teilchen ändern, sind Rechnungen in höherer Ordnung, d. h. $m_{max} > 1$, erforderlich.

Schließlich lautet der von w_i unabhängige Vektor d_j, eine Diffusionskraft

$$d_j = \nabla \cdot \frac{n_j}{n} + \left(\frac{n_j}{n} - \frac{\varrho_{m,j}}{\varrho_m}\right)\nabla \cdot \ln p - \frac{\varrho_{m,j}}{p\varrho_m}\left(\frac{\varrho_m}{\varrho_{m,j}}\,n_j F_j - \sum_{i=1}^{i_m} n_i F_i\right). \tag{2.111}$$

Damit sind zumindest im Prinzip alle Hilfsfunktionen bekannt, um die Verteilungsfunktionen $f_i = f_i^0(1 + \Phi_i)$ zu berechnen.

2.4.3 Transportkoeffizienten

Hat man mit bekannten Wirkungsquerschnitten $d\sigma_{ij}/d\Omega$ die Koeffizienten a_{im}, b_{im} und $c_{im}^{(j,i)}$ ermittelt, so gelingt auch die Bestimmung der A_i, B_i, C_i nach Gl. (2.110) und mithilfe von Gl. (2.107) die Berechnung von Φ_i und damit auch der Verteilungsfunktion f_i. Mit f_i lassen sich durch Integration die wichtigen Mittelwerte und Momente aus Tab. 2.1 ableiten. Die *Teilchenflussdichte* lautet z. B.

$$\Gamma_i = \frac{n^2}{\varrho_m}\sum_{j=1}^{i_m} m_j D_{ij}\,d_j - \frac{D_i^T\,\nabla \ln T}{m_i}, \quad [\Gamma_i] = \frac{1}{m^2 s}, \tag{2.112}$$

mit dem *Diffusionskoeffizienten* der Sorte i,

$$D_{ij} = \frac{\varrho_m n_i}{2nm_j}\sqrt{\frac{2kT}{m_i}}\, c_{10}^{(j,i)}, \quad [D_{ij}] = \frac{\text{m}^2}{\text{s}}, \tag{2.113}$$

und dem *Thermodiffusionskoeffizienten*

$$D_{i,T} = \varrho_{m,i}\sqrt{\frac{2kT}{m_i}}\,\frac{a_{i0}}{2}, \quad [D_{i,T}] = \frac{\text{kg}}{\text{m s}}. \tag{2.114}$$

Als äußere Kräfte treten im Lichtbogenplasma die Schwerkraft (ihr Anteil fällt in Gl. (2.111) heraus) und die Lorentzkraft auf. Über die z. B. im Lichtbogen sich einstellenden Temperatur- und Dichteunterschiede und den sich daraus ergebenden Auftrieb hat die Schwerkraft dennoch Einfluss auf die Bogenform.

Das äußere elektrische Feld E führt zu einer Driftbewegung und damit zu einer elektrischen Stromdichte (s. Tab. 2.1), die mit der Neutralitätsbedingung $\sum_{i=1}^{i_m} e_i n_i = 0$ lautet

$$j = \sum_{i=1}^{i_m} e_i \boldsymbol{\Gamma}_i^* = -\frac{n}{\varrho_m kT}\sum_{i=1}^{i_m}\sum_{j=1}^{i_m} e_i e_j \varrho_{m,j} D_{ij} E = \sigma E, \quad [j] = \frac{\text{A}}{\text{m}^2}, \tag{2.115}$$

wobei die Flussdichte $\boldsymbol{\Gamma}_i^*$ nur den Anteil von $\boldsymbol{\Gamma}_i$ nach Gl. (2.111) und (2.112) erfasst, der die Kraft $F_j = e_j E$ enthält. In der Näherung $m_e \ll m_s$, d. h. Vernachlässigung des Ionenstroms, resultiert mit $i = 1$ für Elektronen die *elektrische Leitfähigkeit* σ

$$\sigma = \frac{en}{\varrho_m kT}\sum_{j=1}^{i_m} \varrho_{m,j} e_j D_{1j}, \quad [\sigma] = \frac{1}{\Omega\,\text{m}}. \tag{2.116}$$

In einem **vollständig ionisierten** Plasma, in dem nur Elektron-Ion- und Elektron-Elektron-Stöße auftreten, folgt die elektrische Leitfähigkeit aus einer von Spitzer [26] angegebenen Gleichung der Form $\sigma_{Sp} = 1.52 \cdot 10^{-2}(T_e)^{3/2}/\ln\Lambda$, ($\ln\Lambda$, s. Gl. (2.59)). Der *totale Wärmestrom* q (s. Tab. 2.1) nimmt die Form

$$q = -(\lambda_{\text{kont}} + \lambda_{\text{reakt}})\nabla T + \frac{kT}{n}\sum_{i=1}^{i_m}\sum_{j=1}^{i_m}\frac{n_j D_{i,T}}{m_i \tilde{D}_{ij}}(\langle V_i\rangle - \langle V_j\rangle), \quad [q] = \frac{\text{J}}{\text{m}^2\text{s}}, \tag{2.117}$$

an, mit dem so genannten *Kontaktwärmeleitungskoeffizienten* λ_{kont},

$$\lambda_{\text{kont}} = -\frac{5k}{4}\sum_{i}^{i_m} n_i\sqrt{\frac{2kT}{m_i}}\,a_{i1} - \frac{k}{2n}\sum_{i}^{i_m}\sum_{j}^{i_m}\frac{n_i n_j}{\tilde{D}_{ij}}\left(\frac{D_{i,T}}{n_i m_i} - \frac{D_{j,T}}{n_j m_j}\right)^2, \quad [\lambda_{\text{kont}}] = \frac{\text{W}}{\text{m K}}. \tag{2.118}$$

$\tilde{D}_{ij}$ heißt *binärer Diffusionskoeffizient* [18], und λ_{reakt} ist der *Reaktionswärmeleitungskoeffizient*. Er beinhaltet den Transport von Anregungs-, Dissoziations- und Ionisierungsenergie. λ_{reakt} folgt aus

$$-\lambda_{\text{reakt}}\nabla T = \frac{p}{nRT}\sum_{i=1}^{i_m} H_{i,\text{mol}} n_i\langle V_i\rangle = \frac{pn}{\varrho_m RT}\sum_{i=1}^{i_m}\sum_{j=1}^{i_m} H_{i,\text{mol}} m_j D_{ij} d_j. \tag{2.119}$$

Zur Auswertung von Gl. (2.119) muss man die molare Enthalpie einer Komponente i bei Standardbedingungen, $H_{i,\text{mol}}$, einführen und neben $p = $ const. die Bedingung $F_i = 0$ berücksichtigen. Um den Zusammenhang zwischen n_j und T herzuleiten, wird wegen der Gleichgewichtsnähe zur Vereinfachung auf das Massenwirkungsgesetz Gl. (2.32) zurückgegriffen. In den meisten gleichgewichtsnahen Plasmen spielt nur der *Gesamtwärmeleitungskoeffizient* $\lambda = \lambda_{\text{kont}} + \lambda_{\text{reakt}}$ ($[\lambda] = \text{J m}^{-1}\,\text{K}^{-1}\,\text{s}^{-1}$) eine Rolle, der zweite Term in Gl. (2.117) kann vernachlässigt werden.

Auch die **Photonen** tragen, insbesondere im Bereich hoher Temperatur, erheblich zum Wärmestrom bei. In der sog. *Diffusionsnäherung* [27] lautet ihr Anteil

$$q_{\text{ph}} = \iint n\,I_v(\boldsymbol{n})\,\mathrm{d}v\,\mathrm{d}\Omega \approx -\lambda_{\text{ph}}\nabla T \tag{2.120}$$

und ist dem Wärmestrom der materiellen Teilchen additiv hinzuzufügen. Hierbei bedeutet $I_v(\boldsymbol{n})$ die lokale spektrale Intensität des Strahlungsfeldes, die ein Flächenelement mit der Normalenrichtung $\boldsymbol{n}$ durchsetzt. Mit B_v nach Gl. (2.25) und dem Absorptionskoeffizienten κ_v ergibt sich

$$\lambda_{\text{ph}} = \frac{4\pi}{3}\int_0^\infty \frac{\mathrm{d}B_v}{\mathrm{d}T}\frac{1}{\kappa_v}\,\mathrm{d}v. \tag{2.121}$$

Berechnete und gemessene Werte von σ und λ sind in den Abb. 2.29 und Abb. 2.30a, b zusammengestellt. Zur experimentellen Bestimmung von σ und λ siehe Abschn. 2.8.2.2.

2.4.4 Stoßintegrale

Setzt man die Gl. (2.107) in die lineare Integralgleichung (2.106) für Φ_i ein, so treten im Stoßterm die so genannten (temperaturabhängigen) *Stoßintegrale* auf

$$\bar{Q}_{ij}^{(l,s)}(T) = \frac{4(l+1)}{(s+1)!(2l+1-(-1)^l)}\int_{\gamma_{ij}=0}^\infty \mathrm{e}^{\gamma_{ij}^2}\gamma_{ij}^{2s+3}\sigma_{ij}^{(l)}(E_{ij})\,\mathrm{d}\gamma_{ij} \tag{2.122}$$

mit

$$\gamma_{ij} = (\mu_{ij}/(2\,k\,T))^{1/2}\,g_{ij}, \quad \mu_{ij} = (m_i m_j)/(m_i + m_j), \quad E_{ij} = \tfrac{1}{2}\mu_{ij}g_{ij}^2$$

und

$$\sigma_{ij}^{(l)}(E_{ij}) = 2\pi\int(1-\cos^l\theta)\frac{\mathrm{d}\sigma_{ij}(E_{ij},\theta)}{\mathrm{d}\Omega}\sin\theta\,\mathrm{d}\theta. \tag{2.123}$$

Die $\sigma_{ij}^{(l)}$ heißen *verallgemeinerte Transferquerschnitte* (siehe hierzu auch Gl. (2.52)). Für harte Kugeln ist nach Abschn. 2.3.3.1 $\mathrm{d}\sigma/\mathrm{d}\Omega = a_{ij}^2/4$, d. h.

$$\sigma_{ij}^{(l)} = \frac{\pi}{2}\frac{a_{ij}^2}{l+1}[2l+1-(-1)^l],$$

und man erhält die $\bar{Q}_{ij}^{(l,s)} = \pi a_{ij}^2$ unabhängig von der Temperatur.

In der Praxis wird man auf berechnete oder gemessene Wirkungsquerschnitte zurückgreifen und die Integration in Gl. (2.122) bzw. (2.123) numerisch ausführen. Den recht verwickelten und länglichen Zusammenhang zwischen den Transportkoeffizienten und den $\bar{Q}_{ij}^{(l,s)}$ findet man in [18, 28–30], insbesondere auch die Stoßintegrale für die Wechselwirkung zwischen den Ladungsträgern.

Die in Abschn. 2.4.1–2.4.4 in den Grundzügen vorgestellte Transporttheorie gleichgewichtsnaher Plasmen wurde auch auf den Fall erweitert, dass Elektronen und schwere Teilchen unterschiedliche Temperaturen besitzen [29, 30].

2.4.5 Die kinetische Gleichung für Elektronen

In Niederdruckentladungen mit hohem Neutralgasanteil überwiegen die Stöße von Elektronen mit den schweren Teilchen, die eine Maxwell-Verteilung zur Gastemperatur T_0 besitzen. Man beachte jedoch, dass, wie in Abschn. 2.3.3.6 diskutiert, schon bei vergleichsweise niedrigem Ionisationsgrad ($\alpha_\mathrm{I} \approx 10^{-3}$) auch Stöße mit Ladungsträgern (e-Ion **und** e-e) wichtig sein können. Die Boltzmann-Gleichung (2.104) für Elektronen nimmt bei Dominanz der Elektron-Atom-Stöße und ohne Magnetfeld die folgende Form an, $\boldsymbol{v}_\mathrm{e} = \boldsymbol{v}$ gesetzt:

$$\frac{\partial f_\mathrm{e}}{\partial t} + v_\beta \frac{\partial f_\mathrm{e}}{\partial x_\beta} - \frac{e}{m_\mathrm{e}} E_\beta \frac{\partial f_\mathrm{e}}{\partial v_\beta} = \int\!\!\int (f_\mathrm{e}' f_0' - f_\mathrm{e} f_0)\,|\boldsymbol{v} - \boldsymbol{v}_0|\, \frac{\partial \sigma_{\mathrm{e}0}}{\mathrm{d}\Omega}\, \mathrm{d}\Omega\, \mathrm{d}^3 \boldsymbol{v}_0. \qquad (2.124)$$

Zur weiteren Bearbeitung der Boltzmann-Gleichung der Elektronen nach Gl. (2.124) werden folgende Voraussetzungen gemacht: $\boldsymbol{E} = E\boldsymbol{e}_z$, $\partial n_\mathrm{e}/\partial z \neq 0$, also inhomogene Elektronendichteverteilung, elastische und inelastische Stöße der Elektronen mit dem Hintergrund. Mithilfe von Kugelkoordinaten im Geschwindigkeitsraum v, φ, θ nimmt die Gl. (2.124) unter den obigen Voraussetzungen die Form an

$$\frac{\partial f_\mathrm{e}}{\partial t} + v \cos\theta\, \frac{\partial f_\mathrm{e}}{\partial z} - e\frac{E}{m_\mathrm{e}} \left(\cos\theta\, \frac{\partial f_\mathrm{e}}{\partial v} - \frac{\sin\theta}{v}\, \frac{\partial f_\mathrm{e}}{\partial \theta} \right)$$

$$= \left(\frac{\partial f_\mathrm{e}}{\partial t} \right)_{\mathrm{elast}} + \left(\frac{\partial f_\mathrm{e}}{\partial t} \right)_{\mathrm{inelast}} + \left(\frac{\partial f_\mathrm{e}}{\partial t} \right)_{\mathrm{ion}}. \qquad (2.125)$$

Zur Berechnung des *elastischen Stoßterms* $(\partial f_\mathrm{e}/\partial t)_{\mathrm{elast}}$ setzt man einen ruhenden neutralen Hintergrund mit der Dichte $n_0 = \int f_0 \mathrm{d}^3 \boldsymbol{v}_0$ (Lorentz-Näherung) an. Wegen $m_\mathrm{e}/M_0 \ll 1$ verändert sich beim elastischen Stoß nur die Richtung der Elektronengeschwindigkeit $\boldsymbol{v}$, nicht der Geschwindigkeitsbetrag, daher gilt $|\boldsymbol{v}'| = |\boldsymbol{v}|$, und das Neutralteilchen behält seine Geschwindigkeit bei, $\boldsymbol{v}_0' \approx \boldsymbol{v}_0$ und es gilt $|\boldsymbol{v} - \boldsymbol{v}_0| \approx |\boldsymbol{v}|$. Da die $\boldsymbol{E}$-Richtung die z-Achse auszeichnet und $\boldsymbol{B} = 0$ gesetzt wird, hängt f_e nicht von φ ab. Zur Lösung der Gl. (2.125) bewährt sich eine Entwicklung nach *Legendre-Polynomen* $P_\mathrm{k}(\cos\theta)$ [67]

$$f_\mathrm{e}(t, v, \theta) = \sum_{k=0}^{\infty} P_\mathrm{k}(\cos\theta) f_\mathrm{e}^k(v, t) \approx f_\mathrm{e}^0(v, t) + \cos\theta\, f_\mathrm{e}^1(v, t) + \ldots \qquad (2.126)$$

Eingesetzt in den Stoßterm nach Gl. (2.124) folgt sofort mit den oben angegebenen Näherungen

$$f_\mathrm{e}^0(v') f_0(\boldsymbol{v}_0') - f_\mathrm{e}^0(v) f_0(\boldsymbol{v}_0) = f_\mathrm{e}^0(v') f_0(\boldsymbol{v}_0) - f_\mathrm{e}^0(v') f_0(\boldsymbol{v}_0) \equiv 0$$

und

$$\cos\theta' f_\mathrm{e}^1(v', t) f_0(\boldsymbol{v}_0') - \cos\theta\, f_\mathrm{e}^1(v, t) f_0(\boldsymbol{v}_0) \approx f_\mathrm{e}^1(\boldsymbol{v}, t) f_0(\boldsymbol{v}_0)$$
$$\left[\cos\theta\, (\cos\tilde{\theta} - 1) + \sin\theta\, \sin\theta\, \cos\varphi' \right]$$

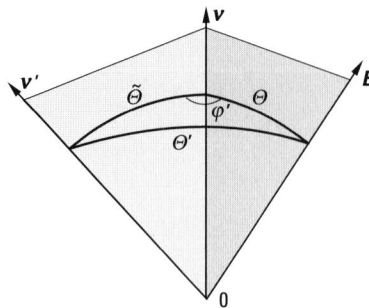

Abb. 2.5 Richtungen des elektrischen Feldes und der Geschwindigkeiten vor und nach dem Stoß. Die auftretenden Winkel sind nach dem Kosinussatz der sphärischen Geometrie, $\cos\theta' = \cos\tilde{\theta}\cos\theta + \sin\tilde{\theta}\sin\theta\cos\varphi'$, miteinander verknüpft.

(Abb. 2.5), wobei wir uns auf die ersten beiden Terme der Entwicklung nach Gl. (2.126) beschränken.

Bei der Integration über den Raumwinkel $d\tilde{\Omega} = \sin\tilde{\theta}\,d\tilde{\theta}d\tilde{\varphi}$ verschwindet der Term mit $\cos\varphi'$, daher resultiert

$$\left(\frac{\partial f_e}{\partial t}\right)_{\text{elast}} = -vf_e^1\int d^3\boldsymbol{v}_0 f_0(\boldsymbol{v}_0)\int d\tilde{\Omega}\frac{d\sigma_{e0}}{d\tilde{\Omega}}(1-\cos\tilde{\theta})\cos\theta = -v_m(v)f_e^1\cos\theta \qquad (2.127)$$

mit der Stoßfrequenz für Impulsaustausch zwischen Elektron und Atom (s. Gl. (2.53))

$$v_m(v) = n_0\,v\int d\tilde{\Omega}\frac{d\sigma_{ea}}{d\tilde{\Omega}}(1-\cos\tilde{\theta}). \qquad (2.128)$$

Die Bestimmungsgleichungen für $f_e^0(v,t)$ und $f_e^1(v,t)$ erhält man nach Multiplikation der Gl. (2.125) mit $\frac{\pi}{4}\sin\theta\,d\theta\,d\varphi$ bzw. mit $(\frac{3}{4})\cos\theta\,\sin\theta\,d\theta\,d\varphi$ und anschließender Integration über φ ($0 \le \varphi \le 2\pi$) und θ ($0 \le \theta \le \pi$) zu

$$\frac{\partial f_e^0}{\partial t} + \frac{v}{3}\frac{\partial f_e^0}{\partial z} - e\frac{E}{3m_e}\frac{\partial}{\partial v}(v^2 f_e^1) = \frac{1}{4\pi}\int\left(\frac{\partial f_e}{\partial t}\right)_{\text{inelast}}\sin\theta\,d\theta d\varphi \qquad (2.129)$$

$$\frac{\partial f_e^1}{\partial t} + v_m(v)f_e^1 = e\frac{E}{m_e}\frac{\partial f_e^0}{\partial v} - v\frac{\partial f_e^0}{\partial z}. \qquad (2.130)$$

Der *inelastische Stoßterm* ist leichter zu formulieren, wenn man die Gl. (2.129) und (2.130) von der Geschwindigkeit v auf die Variable kinetische Energie $\mathscr{E} = \frac{1}{2}m_e v^2$ umschreibt. Statt der Verteilungsfunktion $f_e(\boldsymbol{v})$ betrachtet man die Verteilungsfunktion $f_{\mathscr{E}}(\mathscr{E})$ mit

$$f_{\mathscr{E}}\,d\mathscr{E} = \int_{\Omega} f_e(\boldsymbol{v})d^3\boldsymbol{v} = v^2 dv\int_{\varphi=0}^{2\pi}\int_{\Theta=0}^{\pi} f_e\sin\theta\,d\theta\,d\varphi = 4\pi v^2\,dv f_e^0(v),$$

für die sich nach Einsetzen von Gl. (2.130) in Gl. (2.129) im stationären ($\partial/\partial t = 0$) und homogenen ($\partial/\partial z = 0$) Fall die BG herleiten lässt

$$-\frac{2e^2E^2}{3m_\mathrm{e}}\frac{\partial}{\partial\mathscr{E}}\left(\frac{\mathscr{E}^{3/2}}{v_\mathrm{m}(\mathscr{E})}\frac{\partial}{\partial\mathscr{E}}f_\mathscr{E}\,\mathscr{E}^{-\frac{1}{2}}\right)=\frac{1}{4\pi}\int\left(\frac{\partial f_\mathrm{e}}{\partial t}\right)_\mathrm{inelast}\mathrm{d}\Omega\,. \tag{2.131}$$

Der inelastische Stoßterm erfasst alle Beiträge zum Energieverlust bzw. -gewinn bei Elektron-Atom-Stößen. Sie sind in Abb. 2.6 anschaulich in einem Diagramm durch-nummeriert dargestellt.

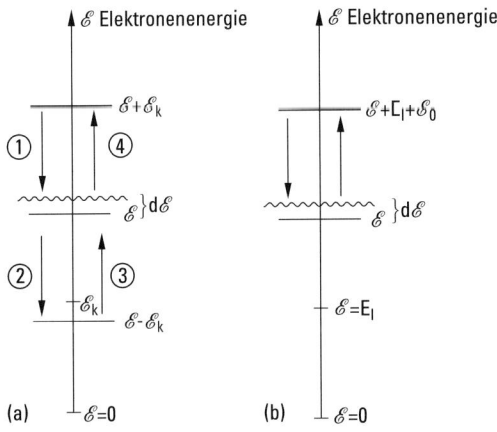

Abb. 2.6 Energieschema (a) an- und abregender Stöße, (b) ionisierender Stöße von Elektronen mit Atomen (Molekülen).

Stoßprozess 1. Elektronen der Energie $\mathscr{E}+\mathscr{E}_\mathrm{k}$ stoßen mit Atomen (Molekülen) im Grundzustand der Dichte $n_0(0)$ zusammen, die Atome gehen in den Anregungs-zustand mit der Energie $\mathscr{E}_\mathrm{k}$ über, das einzelne Elektron verliert die Energie $\mathscr{E}_\mathrm{k}$ und erhöht die Dichte der Elektronen im Energieintervall $[\mathscr{E},\mathscr{E}+\mathrm{d}\mathscr{E}]$ mit der Rate $\sum_k f_\mathscr{E}(\mathscr{E}+\mathscr{E}_\mathrm{k})\,v_\mathrm{k}(\mathscr{E}+\mathscr{E}_\mathrm{k})$, wobei nach Gl. (2.46)

$$v_\mathrm{k}\left(\mathscr{E}+\mathscr{E}_\mathrm{k}\right)=n_0(0)\sqrt{\frac{2}{m_\mathrm{e}}(\mathscr{E}+\mathscr{E}_\mathrm{k})}\,\sigma_{0\mathrm{k}}\left(\mathscr{E}+\mathscr{E}_\mathrm{k}\right).$$

$\sigma_{0\mathrm{k}}(\mathscr{E})$ ist der Anregungsquerschnitt für Elektronenstoß aus dem Grundzustand in den Zustand k.

Stoßprozess 2. Elektronen der Energie $\mathscr{E}$ regen Atome an und verlieren die Energie $\mathscr{E}_\mathrm{k}$, dadurch wird ihre Dichte im Energieintervall $\mathscr{E},\mathscr{E}+\mathrm{d}\mathscr{E}$ um $-\sum_k f_\mathscr{E}(\mathscr{E})\,v_\mathrm{k}(\mathscr{E})$ reduziert und es gilt

$$v_\mathrm{k}(\mathscr{E})=n_0(0)\sqrt{\frac{2\mathscr{E}}{m_\mathrm{e}}}\,\sigma_{0\mathrm{k}}(\mathscr{E}).$$

Stoßprozess 3. Durch superelastische Stöße mit einem Atom (Molekül) der Energie $\mathscr{E}_k$ und der Dichte $n_0(k)$ erhöht sich die Dichte der Elektronen im Energieintervall $[\mathscr{E}, \mathscr{E} + d\mathscr{E}]$ mit der Rate $\sum\limits_k f_{\mathscr{E}} (\mathscr{E} - \mathscr{E}_k) v_k^* (\mathscr{E} - \mathscr{E}_k)$, wobei

$$v_k^* (\mathscr{E} - \mathscr{E}_k) = n_0(k) \sqrt{\frac{2}{m_e} (\mathscr{E} - \mathscr{E}_k)} \, \sigma_{0k}^* (\mathscr{E} - \mathscr{E}_k)$$

und σ^*_{0k} der Querschnitt für superelastische Stöße ist.

Stoßprozess 4. Durch superelastische Stöße zwischen Elektronen der Energie $\mathscr{E}$ mit Atomen (Molekülen) der Energie $\mathscr{E}_k$ reduziert sich die Dichte der Elektronen im Energieintervall $[\mathscr{E}, \mathscr{E} + d\mathscr{E}]$ mit der Rate $-\sum\limits_k f_{\mathscr{E}} (\mathscr{E}) v_k^* (\mathscr{E})$, wobei

$$v_k^* (\mathscr{E}) = n_0(k) \sqrt{\frac{2\mathscr{E}}{m_e}} \, \sigma_{0k}^* (\mathscr{E}).$$

Nach Gl. (2.67) lautet die Beziehung zwischen den Querschnitten für Hin- und Rückprozess

$$\mathscr{E} \, \sigma_{0k}^* (\mathscr{E}) g_k = (\mathscr{E} + \mathscr{E}_k) \, \sigma_{0k} (\mathscr{E} + \mathscr{E}_k) g_0,$$

wobei g_0 und g_k statistische Gewichte der Zustände 0 und k sind.

Bei der **Ionisation** werden neue Elektronen gebildet, die einen Teil der Energie aufnehmen. Nach [9] lautet dieser Beitrag

$$\frac{1}{4\pi} \int \left(\frac{\partial f_e}{\partial t} \right)_{ion} d\Omega = -f_{\mathscr{E}}(\mathscr{E}) v_{ion}(\mathscr{E}) + f_{\mathscr{E}}(\mathscr{E} + E_I + \mathscr{E}_0) v_{ion} \cdot (\mathscr{E} + E_I + \mathscr{E}_0)$$

$$+ \delta(\mathscr{E} - \mathscr{E}_0) \int\limits_{\mathscr{E}_0 + E_I}^{\infty} f_{\mathscr{E}}(\mathscr{E}') v_{ion}(\mathscr{E}') d\mathscr{E}', \qquad (2.132)$$

wobei $\mathscr{E}_0$ die Energie des nach dem Ionisationsprozess entstandenen Elektrons ist und $\delta(\mathscr{E} - \mathscr{E}_0)$ die *Dirac-Distribution* bedeutet. Eine verbesserte Beschreibung berücksichtigt statt der δ-Distribution eine *Energieverteilung* [31] der entstandenen Elektronen.

Weitere Gewinn- und Verlustprozesse (z. B. chemische Prozesse) können in Gl. (2.131) berücksichtigt werden. Diffusionsvorgänge sind durch die räumlichen und zeitlichen Gradienten in den Gl. (2.129) und (2.130) erfasst. Zur Erleichterung der Rechnungen wird jedoch in den meisten Publikationen eine Diffusionsfrequenz

$$\frac{D_e}{\Lambda_D^2} = v_D \approx \frac{2}{3} \frac{\mathscr{E}}{v_m m_e \Lambda_D^2}$$

(s. Gl. (2.140)) und durch die Vorschrift $\partial/\partial z \to 1/\Lambda_D$ eine charakteristische Abfalllänge Λ_D eingeführt. Damit taucht in Gl. (2.131) der Zusatzterm $-[(2\mathscr{E} f_{\mathscr{E}}(\mathscr{E}))/(3 v_m(\mathscr{E}) m_e)] \cdot 1/\Lambda_D^2$ auf. Schließlich findet man in der Literatur Lösungen, in denen die Eigenbewegung des Hintergrundgases durch seine Temperatur T_0 berücksichtigt wird [2]. Elektron-Elektron-Stöße erfordern einen weiteren Term in Gl. (2.131) [2]. Elektron-Ion-Stöße werden unter Berücksichtigung der Fernstöße mit einem Querschnitt nach Gl. (2.58) erfasst.

Für einige Sonderfälle gibt es **analytische Lösungen** der Gl. (2.131), wenn man inelastische Prozesse und den Diffusionsterm vernachlässigt. Setzt man $v_m(\mathscr{E}) = v_{m,0} = \text{const.}$, so liefert die Boltzmann-Gleichung eine Maxwell-Verteilung zur Temperatur

$$T_e = T_0 + \frac{e^2 E^2 M_0}{3k m_e^2 v_{m,0}^2}, \quad \text{d. h.} \quad f_{M,e} = const. \sqrt{\mathscr{E}} \exp\left(-\frac{\mathscr{E}}{kT_e}\right)$$

Ist dagegen $v_m(\mathscr{E}) = K\sqrt{\mathscr{E}}$, die freie Weglänge also unabhängig von der Elektronenenergie, so folgt für große E-Felder mit der Abkürzung $\bar{\mathscr{E}}^2 = \frac{1}{3}(e^2 E^2 M_0)/(m_e^2 K^2)$ die sog. *Druyvesteyn-Verteilung*

$$f_{D,e} = const. \sqrt{\mathscr{E}} \exp\left(-\frac{\mathscr{E}^2}{2\,\overline{\mathscr{E}}^2}\right).$$

Für die praktische Anwendung ist es wichtig, dass nach Gl. (2.131) die Lösung f_e und damit auch die Transportgrößen in Abschn. 2.4.6 dann von der reduzierten Feldstärke E/n_0 abhängen, wenn die Frequenz $v_m(\mathscr{E})$ und der inelastische Stoßterm n_0 proportional sind.

Numerische Verfahren zur Lösung der partiellen Differentialgleichung (2.131) benutzen ein Differenzenschema [31] oder im stationären Fall die Galerkin-Methode [32]. Die Beschränkung auf die Terme f_e^0 und f_e^1 im Reihenansatz (2.126) ist nur erlaubt, wenn $f_e^1/f_e^0 \ll 1$ oder die Driftgeschwindigkeit der Elektronen im E-Feld sehr viel kleiner als ihre thermische Geschwindigkeit ist (s. Abschn. 2.4.6). Abweichungen von dieser Bedingung können bereits bei moderaten E/n_0-Werten auftreten. Die Beschränkung auf f_e^0 und f_e^1 reicht auch nicht aus, wenn das Verhältnis der inelastischen zu den elastischen Stoßprozessen zu groß wird. Das ist in Molekülgasen mit niedrigen Anregungsenergien für Rotation und Vibration der Fall. Um die experimentelle Genauigkeit gemessener Drift- und Diffusionsgeschwindigkeiten in N_2 im Bereich $4 \cdot 10^{-20}\,V\,m^2 < E/n_0 \leq 20 \cdot 10^{-20}\,V\,m^2$ auch in den numerischen Rechnungen zu erreichen, empfiehlt [32] daher, statt der beiden Funktionen f_e^0 und f_e^1 eine Reihenentwicklung mit sechs Funktionen f_e^k anzusetzen.

Die hier vorgestellte kinetische Gleichung der Elektronen bewährt sich gut nicht nur in DC-Entladungen, sondern Gl. (2.129) und (2.130) wurden auch zur Beschreibung von Nieder- und Hochfrequenzentladungen bis zu Mikrowellenentladungen hin verwendet (s. u.). Dann sind jedoch numerische Lösungen erforderlich, um die zeitliche Variation der Verteilungen f_e^0 und f_e^1 während einer Periode ermitteln zu können. Häufig wird folgende Näherungslösung benutzt: Unter dem Einfluss eines elektrischen Feldes $E(t) = E_0 e^{i\omega t}$ wird sich nach Gl. (2.130) die Funktion f_e^1 ebenfalls nahezu streng periodisch mit der Frequenz ω ändern, wie man sieht, wenn man $\partial f_e^0/\partial v$ durch einen zeitlichen Mittelwert ersetzt. Dann gilt

$$f_e^1 \approx eE_0 \frac{\overline{\partial f_e^0}}{\partial v} \frac{v_m \sin \omega t - \omega \cos \omega t}{m_e(\omega^2 + v_m^2)}. \tag{2.133}$$

Für die Funktion $f_e^0(v,t)$ folgt nach zeitlicher Mittelung die Differentialgleichung

$$\frac{\overline{\partial f_e^0}}{\partial t} - \frac{e^2 E_0^2}{6 m_e^2} \frac{1}{v^2} \frac{\partial}{\partial v}\left[v^2 v_m(v) \frac{\overline{\partial f_e^0}}{\partial v} \frac{1}{\omega^2 + v_m^2(v)}\right] = \frac{1}{4\pi} \int \overline{\left(\frac{\partial f_e}{\partial t}\right)}_{inelast} d\Omega. \tag{2.134}$$

Die Verteilungsfunktion f_e^0 ändert sich dann nicht mit der Frequenz des anliegenden Feldes, sondern folgt nur langsamen zeitlichen Änderungen der *effektiven Feldamplitude*

$$E_{\mathrm{eff}} = \frac{E_0(t)\,v_{\mathrm{m}}}{\sqrt{2(\omega^2 + v_{\mathrm{m}}^2)}}\;.$$

Man spricht daher auch von der *Effektivfeldnäherung*.

Eine Anwendung von Gl. (2.134) ist erlaubt, wenn die periodischen Veränderungen des E-Feldes schneller erfolgen als sich die über die Zeit gemittelte Energieverteilung der Elektronen einstellt, d. h. $1/\omega \ll \tau_{\mathscr{E}} = 1/v_{\mathscr{E}}$, $\tau_{\mathscr{E}}$ Energierelaxationszeit. Wegen $v_{\mathscr{E}} \approx \mathrm{const}.\,p$ besagt die Ungleichung, dass Gl. (2.134) nur unterhalb eines kritischen Drucks in der Entladung verwendet werden kann. Nach [9] hat man für N_2 die Beziehung $v_{\mathscr{E}} = 8.25 \cdot 10^4 p$, d. h. Gl. (2.134) gilt nur für HF-Entladungen in N_2, deren Druck die Bedingung $p \ll 1.2 \cdot 10^{-5}\,\omega$ [Pa] erfüllt. Im Bereich höherer Drücke muss das komplette zeitabhängige und nicht gemittelte Gleichungssystem gelöst werden. Die Verteilungsfunktion „atmet" dann mit der Frequenz des Feldes.

Als Ergebnis einer numerischen Lösung der **zeitunabhängigen** Gl. (2.125) sind in Abb. 2.7 Energieverteilungsfunktionen der Elektronen für unterschiedliche E/n_0- und ω/v_{m}-Werte der Hintergrundgase N_2 und Ar gezeigt. Die zu Grunde liegenden Reaktionen sind [4, 116] zu entnehmen. Aufgetragen ist jedoch nicht $f_{\mathscr{E}}$, sondern die Funktion F_e, wobei $[F_{\mathscr{E}}] = (\mathrm{eV})^{-3/2}$. Die Funktion F_e gehorcht der Bedingung $\int_0^{\infty} F_{\mathscr{E}}\sqrt{\mathscr{E}}\,d\mathscr{E} = 1$ und ist mit f_e über die Relation $f_{\mathscr{E}} = 7.62 \cdot 10^{-19} \cdot n_e \cdot F_{\mathscr{E}}$ verknüpft,

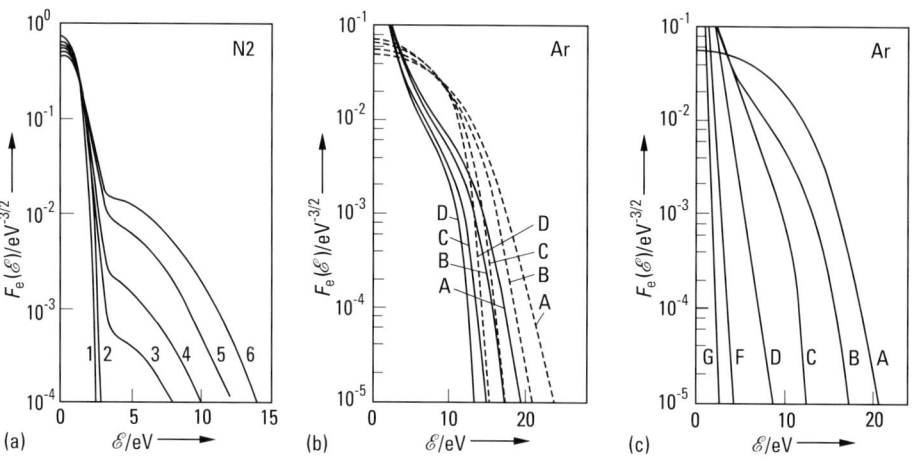

Abb. 2.7 Energieverteilungsfunktionen der Elektronen (a) in einer DC-Entladung in N_2 (nach [4]). Die Kurven 1–6 wurden für die Werte $E/n_0 = 2, 3, 5, 6, 8, 10 \cdot 10^{-20}\,\mathrm{V\,m}^2$ berechnet. (b) in einer DC- und HF-Entladung in Argon (nach [116]). Gestrichelte Kurven: $\omega/v_{\mathrm{m}} = 0$, durchgezogene Kurven $\omega/v_{\mathrm{m}} = 1.25$. Die Kurven D, C, B, A wurden für die Werte $E/n_0 = 1.5, 3, 6.5, 10 \cdot 10^{-20}\,\mathrm{V\,m}^2$ berechnet. (c) in einer DC- und HF-Entladung in Argon (nach [116]). $E/n_0 = 6.5 \cdot 10^{-20}\,\mathrm{V\,m}^2$. Die Kurven A–D, F, G wurden für die Werte $\omega/v_{\mathrm{m}} = 0$ (DC-Fall), 1.25, 9.35, 15.6, 23.4, 31.2 berechnet.

wobei $[f_\mathscr{E}] = s^3/m^6$. Bei hohen Elektronendichten konvergieren alle Verteilungen wegen der Dominanz der Coulomb-Stöße gegen die Gleichgewichtsverteilung, die bei der hier gewählten Auftragung eine Gerade ist. In DC- oder HF-Niederdruckentladungen in N_2 weicht F_e jedoch noch erheblich von einer Geraden ab, wie Abb. 2.7a belegt. Energiearme Elektronen sind vergleichsweise häufig. Elektronen mit einer Energie größer als 1.8–3.5 eV fehlen dagegen, weil Elektronen in diesem Energiebereich N_2 im elektronischen Grundzustand vibratorisch anregen und dadurch ihre Energie verlieren. Dieser Anregungsmechanismus stellt also eine Barriere dar, die die Elektronen zuerst überwinden müssen, um die Vibration elektronisch angeregter Moleküle anfachen und Ionisationsvorgänge einleiten zu können.

Im Falle von Edelgasen entfällt diese Barriere, was sich im Falle Ar gegenüber N_2 in einer abgeänderten Verteilung widerspiegelt (Abb. 2.7b und c). Der Abfall der Verteilungsfunktion setzt erst bei höheren Energien als bei Molekülgasen ein, genauer erst merklich jenseits des Ramsauer-Minimums, wo der Enegieverlust der Elektronen ein Maximum besitzt (typischerweise 10 eV, s. Abb. 2.3). Man beachte, dass eine Steigerung der E/n_0-Werte, wie in Abb. 2.7b zu sehen, wie erwartet zu einer Zunahme der Anzahl der höherenergetischen Elektronen führt.

Bezüglich der Frequenzabhängigkeit von $F_\mathscr{E}$ in Hochfrequenzentladungen (siehe Abb. 2.7c) ist festzuhalten, dass die Zahl der höherenergetischen Elektronen mit wachsendem ω/v_m zunimmt. Diese Aussage kann man nicht direkt Abb. 2.7c entnehmen, vielmehr muss man Verteilungen mit **gleicher mittlerer Energie** $\langle \mathscr{E} \rangle$ der Elektronen vergleichen. Mit steigender Frequenz hat man dann mehr Ionisationsvorgänge, eine erhöhte Elektronendichte und damit ein reaktionsfreundlicheres Plasma, oft ein Vorteil der HF-Entladung gegenüber der DC-Entladung.

2.4.6 Transportvorgänge im freien Elektronengas. Drift und Diffusion

2.4.6.1 Transportprozesse der Elektronen

Ist die Verteilungsfunktion der Elektronen durch Lösen der in Abschn. 2.4.5 vorgestellten Boltzmann-Gleichung bekannt, so folgen mithilfe von Tab. 2.1 durch Integration Mittelwerte und Momente. So gilt für die elektrische Stromdichte

$$j_z = -en_e\langle v_z \rangle = -e \int v_z f_e d^3 \mathbf{v}$$

$$= -2e\pi \int\limits_{v=0}^{\infty} \int\limits_{\Theta=0}^{\pi} v\cos\theta(f_e^0 + f_e^1 \cos\theta)v^2 dv \sin\theta \, d\theta = -e\frac{4\pi}{3}\int\limits_0^\infty f_e^1 v^3 dv.$$

Wählt man aus der Näherungslösung nach Gl. (2.133) den zu $\sin(\omega t)$ proportionalen Anteil aus, so resultiert mit $E_z(t) = E_0 \sin(\omega t)$

$$j_z = -\frac{4\pi e^2 E_0}{3m_e} \int\limits_0^\infty \frac{v_m(v)v^3}{\omega^2 + v_m^2(v)} \frac{\overline{\partial f_e^0}}{\partial v} dv \sin(\omega t) = \sigma E_z(t)$$

mit der reellen *elektrischen Leitfähigkeit* des Plasmas

$$\sigma = -\frac{4\pi e^2}{3m_e} \int\limits_0^\infty \frac{v_m(v)v^3}{\omega^2 + v_m^2(v)} \frac{\overline{\partial f_e^0}}{\partial v} dv. \qquad (2.135)$$

Der in Gl. (2.133) auftretende Term $\cos(\omega t)$ ist $\partial E/\partial t$ proportional, hängt also nicht mit der Leitungsstromdichte, sondern mit der Verschiebungsstromdichte und damit mit der Dielektrizitätszahl des Plasmas zusammen (s. Gl. (2.81)).

Für $v_m = $ const. lässt sich Gl. (2.135) sofort für **beliebige** f_e^0 integrieren und es folgt die bekannte Formel für die reelle elektrische Leitfähigkeit (s. auch Gl. (2.82))

$$\sigma = \frac{n_e e^2}{m_e} \frac{v_m}{\omega^2 + v_m^2} = \frac{\varepsilon_0 \omega_{p,e}^2 v_m}{\omega^2 + v_m^2}, \quad [\sigma] = \frac{1}{\Omega m}. \tag{2.136}$$

Im Fall $v_m = v_m(v)$ führt man die effektiven Größen

$$v_{m,eff} = \frac{\int\limits_0^\infty \dfrac{v_m(v)}{\omega^2 + v_m^2(v)} v^3 \overline{\dfrac{\partial f_e^0}{\partial v}} \, dv}{\int\limits_0^\infty \dfrac{1}{\omega^2 + v_m^2(v)} v^3 \overline{\dfrac{\partial f_e^0}{\partial v}} \, dv} \tag{2.137}$$

und

$$n_{eff} = -\frac{4\pi}{3}(\omega^2 + v_{m,eff}^2) \int\limits_0^\infty \frac{1}{\omega^2 + v_m^2(v)} v^3 \overline{\frac{\partial f_e^0}{\partial v}} \, dv \tag{2.138}$$

ein. Die aus der Einteilchenbewegung hergeleiteten Relationen Gl. (2.79)–(2.84) behalten ihre Gültigkeit, wenn man in ihnen n_e und v_m durch n_{eff} und $v_{m,eff}$ ersetzt. Zur Bestimmung von n_{eff} und $v_{m,eff}$ hat man die Boltzmann-Gleichung der Elektronen zu lösen und die Integrationen in den Gl. (2.137) und (2.138) durchzuführen. Es gilt natürlich wie oben

$$n_e = 4\pi \int\limits_0^\infty \overline{f_e^0} v^2 dv .$$

Letztere Gleichung wird häufig über den Plasmaquerschnitt gemittelt. In Abb. 2.8 sind berechnete Werte von n_{eff}/n_e und $v_{m,eff}/\omega$ als Funktion der mittleren Elektronenenergie dargestellt. Man beachte, dass n_{eff} ganz erheblich von n_e abweichen kann.

Zur Ermittlung der stationären Teilchenstromdichte durch **freie Diffusion** setzt man in Gl. (2.130) $E = 0$ und $\partial f_e^1/\partial t = 0$ und erhält mit $f_e^1 = -v/v_m(v) \cdot \partial f_e^0/\partial z$ und der Definition der Teilchenflussdichte aus Tab. 2.1.

$$\Gamma_{e,z} = \int v_z f_e d^3 \mathbf{v} = 2\pi \int\limits_{\theta=0}^{\pi} \int\limits_{v=0}^{\infty} v\cos^2\theta f_e^1 \sin\theta \, d\theta v^2 dv$$

$$= -\frac{4\pi}{3} \frac{\partial}{\partial z} \int\limits_0^\infty \frac{v^2}{v_m(v)} f_e^0 v^2 dv = -\frac{\partial(D_e n_e)}{\partial z} \tag{2.139}$$

mit dem *Diffusionskoeffizienten für freie Diffusion*

$$D_e = \frac{4\pi}{3n_e} \int\limits_0^\infty \frac{v^2}{v_m(v)} f_e^0 v^2 dv = \left\langle \frac{v^2}{3 v_m(v)} \right\rangle, \quad [D_e] = \frac{m^2}{s}. \tag{2.140}$$

Wie oben gelingt die Berechnung von D_e durch Integration der Gl. (2.140) für **beliebige** f_e^0 für den Fall $v_m = $ const. Die Integration liefert $D_e = \langle v^2 \rangle/(3 v_m)$. Ist f_e^0 eine Maxwell-Verteilung, so folgt für $v_m = $ const:

$$D_e = \frac{kT_e}{m_e v_m} . \tag{2.141}$$

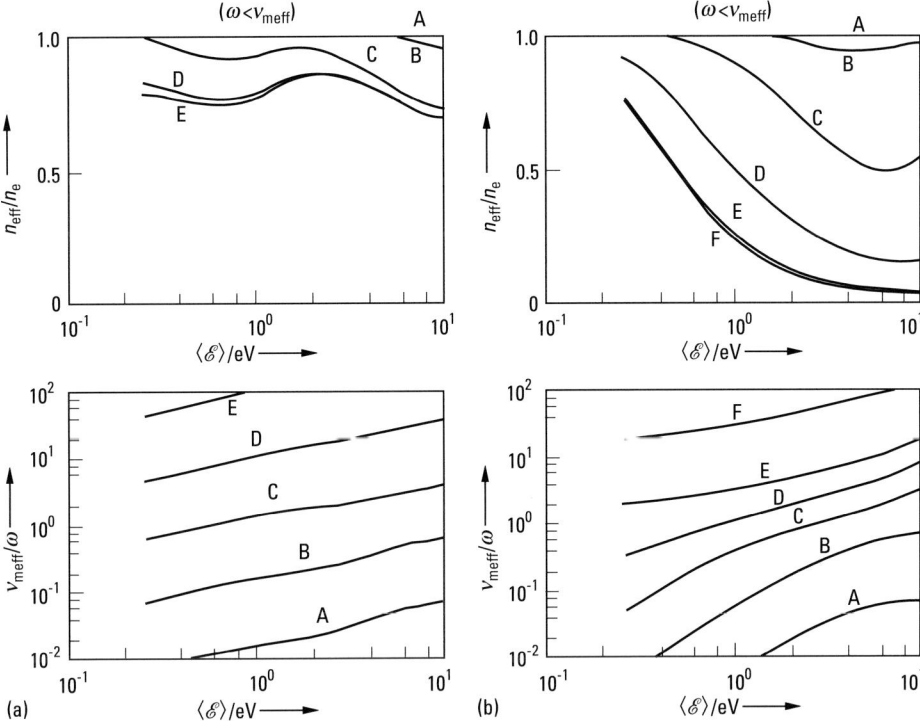

Abb. 2.8 Normierte effektive Elektronendichte n_{eff}/n_e und effektive Stoßfrequenz $v_{m,\text{eff}}/\omega$ als Funktion der mittleren Elektronenenergie $\langle \mathscr{E} \rangle$ in einer (a) Ar- bzw. (b) O_2-Entladung. Die Kurven A–F wurden für die Werte $\omega/n_0 = 3.1 \cdot 10^{-12}$, $3.1 \cdot 10^{-13}$, $3.1 \cdot 10^{-14}$, $3.1 \cdot 10^{-15}$, $3.1 \cdot 10^{-16}$, $3.1 \cdot 10^{-17}\,\text{s}^{-1}\,\text{m}^3$ berechnet (nach [20]).

Andere Näherungen benutzen zur Berechnung von D_e statt v_m die mittlere freie Weglänge $\lambda_{\text{FW,e}}$ und erhalten wegen $v_m = v/\lambda_{\text{FW,e}}$ eingesetzt in Gl. (2.140) die Beziehung $D_e = (\lambda_{\text{FW,e}} \langle v \rangle)/3$. Stoßen die Elektronen mit einem aus starren Kugeln bestehenden Hintergrundgas zusammen, setzt man $v_m = \langle v \rangle/\lambda_{\text{FW,e}}$ und der Diffusionskoeffizient lautet $D_e = (\pi/8)\,\lambda_{\text{FW,e}}^2\,v_m$.

Berücksichtigt man schließlich **E**-Feld *und* Ortsableitung in Gl. (2.130), so enthält die berechnete elektrische Stromdichte Beiträge durch **Drift und Diffusion**, d.h.

$$j_{e,z} = \sigma\,E_z + e\,\frac{\partial}{\partial z}(D_e\,n_e).$$

Gewöhnlich verwendet man statt der elektrischen Leitfähigkeit die *Beweglichkeit*, die für Elektronen im Gleichstromfall folgendermaßen definiert ist:

$$\mu_e = -\frac{4\pi e}{3 m_e n_e}\int_0^\infty \frac{v^3}{v_m(v)}\,\frac{\partial f_e^0}{\partial v}\,\mathrm{d}v = \frac{\sigma}{n_e e} \approx \frac{e}{m_e}\frac{1}{v_m}, \quad [\mu_e] = \frac{\text{m}^2}{\text{Vs}}. \tag{2.142}$$

In Vektorschreibweise lautet daher die elektrische Stromdichte der Elektronen, wenn D_e nicht vom Ort abhängt

$$\boldsymbol{j}_e = e\mu_e n_e \boldsymbol{E} + eD_e \nabla n_e = -e\boldsymbol{\Gamma}_e, \quad [\boldsymbol{j}_e] = \frac{\text{A}}{\text{m}^2}, \tag{2.143}$$

mit der Teilchenflussdichte

$$\boldsymbol{\Gamma}_e = -n_e \mu_e \boldsymbol{E} - D_e \nabla n_e, \quad [\boldsymbol{\Gamma}_e] = \frac{1}{\text{m}^2\text{s}}. \tag{2.144}$$

Im Falle einer **Maxwell-Verteilung** von f_e^0 leitet man für **beliebige** $v_m(v)$ als Zusammenhang zwischen D_e und μ_e die berühmte *Einstein-Relation*

$$\frac{D_e}{\mu_e} = \frac{kT_e}{e} \tag{2.145}$$

ab. Für $v_m = \text{const.}$ gilt dagegen bei **beliebiger Verteilungsfunktion** f_e^0

$$\frac{D_e}{\mu_e} = \frac{2}{3}\frac{\langle \mathscr{E} \rangle}{e}. \tag{2.146}$$

Die *charakteristische Energie* $\langle \mathscr{E} \rangle$ ist ein Maß für die Energie der Elektronen und folgt aus *Schwarmexperimenten*, bei denen die Aufweitung eines Elektronenschwarms durch Drift und Diffusion vermessen wird.

Als *Driftgeschwindigkeit der Elektronen* bezeichnet man die Größe (siehe auch Abschn. 2.3.4.2)

$$\boldsymbol{v}_{D,e} = -\mu_e \boldsymbol{E}. \tag{2.147}$$

Ein Elektronenschwarm, der in z-Richtung mit der Geschwindigkeit $v_{D,e}$ driftet, legt eine Strecke z_0 in der Zeit $t = z_0/v_{D,e}$ zurück. In dieser Zeit erfolgt senkrecht zur Driftbewegung eine Schwarmaufweitung durch Diffusion um die Strecke

$$s = \sqrt{2D_e t} = \sqrt{\frac{2D_e z_0}{\mu_e E}}.$$

Da s, z_0 und E gemessen werden können, ist dies eine Bestimmungsgleichung für $D_e/\mu_e \sim \langle \mathscr{E} \rangle$ und damit für die charakteristische Energie der Elektronen.

2.4.6.2 Transportprozesse der Ionen

Die hier für die Elektronen hergeleiteten Formeln werden auch in modifizierter Weise auf **positiv und negativ geladene Ionen** übertragen. Man definiert eine *Beweglichkeit* $\mu_\pm$ dieser *Ionen*, indem man in Gl. (2.142) den Index e durch den Index $\pm$ ersetzt, entsprechend verfährt man mit dem Diffusionskoeffizienten nach Gl. (2.140). Damit erhält man ihren Beitrag zur elektrischen Ionenstromdichte

$$\boldsymbol{j}_\pm = e\mu_\pm n_\pm \boldsymbol{E} \mp eD_\pm \nabla n_\pm = \pm e\boldsymbol{\Gamma}_\pm, \quad [\boldsymbol{j}_\pm] = \frac{\text{A}}{\text{m}^2}, \tag{2.148}$$

und die Teilchenflussdichte lautet nach Einführung der zu Gl. (2.147) adäquaten Driftgeschwindigkeiten

$$\boldsymbol{\Gamma}_\pm = \pm\mu_\pm n_\pm \boldsymbol{E} - D_\pm \nabla n_\pm = n_\pm \boldsymbol{v}_{D,\pm} - D_\pm \nabla n_\pm, \quad [\boldsymbol{\Gamma}_\pm] = \frac{1}{m^2 s}. \tag{2.149}$$

Die hier berechneten elektrischen Stromdichten spielen eine zentrale Rolle zur Interpretation der Vorgänge bei der Zündung (Abschn. 2.7.3.3), in Elektrodenfällen (Abschn. 2.7.3.5) und Schichten (Abschn. 2.7.1 und 2.7.2). In einer Schicht stellt sich für Elektronen (und negative Ionen) häufig die Bedingung ein, dass die sog. statistische Teilchenflussdichte (Gl. (2.26)) sehr viel größer als der lokale Wert von Γ_e ist. Mit $E_z = -\partial\Phi/\partial z$ gilt nach Gl. (2.144) und (2.145) dann die Ungleichung

$$\left| n_e \mu_e \frac{\partial\Phi}{\partial z} - D_e \frac{\partial n_e}{\partial z} \right| = D_e n_e \left| \frac{\mu_e}{D_e} \frac{\partial\Phi}{\partial z} - \frac{\partial \ln n_e}{\partial z} \right| = D_e n_e \left| \frac{\partial}{\partial z} \left(\frac{e\Phi}{kT_e} - \ln n_e \right) \right| \ll \frac{n_e \langle v_{z,e} \rangle}{4}.$$

Setzt man $D_e = (\lambda_{FW,e} \langle v_e \rangle)/3$ (s. o.) ein, so folgt daraus die Beziehung

$$\lambda_{FW,e} \frac{\partial}{\partial z} \ln \left[n_e \exp\left(-\frac{e\Phi}{kT_e} \right) \right] \ll \frac{3}{4}.$$

Über eine Strecke von der Ausdehnung $\lambda_{FW,e}$ ändert sich der Ausdruck in der eckigen Klammer kaum, d. h. es gilt in einer Schicht lokal die Gleichgewichtsbeziehung ($n_{e,s}$ steht für die Elektronendichte an der Schichtkante)

$$n_e = n_{e,s} \exp\left(\frac{e\Phi}{kT_e} \right). \tag{2.150}$$

2.4.6.3 Transportprozesse im Magnetfeld

Der Vollständigkeit halber seien auch die Ergebnisse für Drift und Diffusion bei **Anwesenheit eines Magnetfeldes** ohne Beweis vorgestellt. Ersetzt man in der Boltzmann-Gleichung das elektrische Feld $\boldsymbol{E}$ durch $\boldsymbol{E} + (\boldsymbol{v} \times \boldsymbol{B})$, so erhält man für Diffusion und Beweglichkeit **senkrecht** zu $\boldsymbol{B}$

$$D_{e\perp} = \frac{D_e}{1 + (\mu_e B)^2}, \quad \mu_{e\perp} = \frac{\mu_e}{1 + (\mu_e B)^2}. \tag{2.151}$$

und **parallel** zu $\boldsymbol{B}$ die nach Gl. (2.140) und (2.142) oben bereits hergeleiteten Werte von D_e und μ_e.

Der Ausdruck $\mu_e B$ lässt sich mithilfe der Zyklotronfrequenz $\omega_{z,e} = eB/m_e$ nach Gl. (2.142) auch in der Form $\omega_{z,e}/v_{m,e}$ schreiben. Man nennt $\omega_{z,e}/v_{m,e}$ den *Hall-Parameter*.

Die Gl. (2.151) gelten ebenfalls für **positive Ionen**, dann ist $\mu_e B$ durch $\omega_{z,+}/v_{m,+}$ zu ersetzen. Während die Bedingung $\omega_{z,e}/v_{m,e} \gg 1$ leicht zu erreichen ist, d. h. $D_{e\perp} \ll D_e$ und $\mu_{e\perp} \ll \mu_e$ realisierbar sind, ist wegen der unterschiedlichen Massen m_e und M_+ ein Wert $\omega_{z,+}/v_{m,+} \approx 1$ nur in starken $\boldsymbol{B}$-Feldern erzielbar.

Drift und Beweglichkeit der Elektronen senkrecht zum $\boldsymbol{B}$-Feld werden also besonders beeinflusst. Die nach Gl. (2.151) für große B zu erwartende $1/B^2$-Reduktion von μ_e und D_e wird jedoch in der Praxis nur in Sonderfällen beobachtet. So ist in EZR-Entladungen (s. Abschn. 2.9.3.2) der Ionisationsgrad so hoch, dass die Teilchenverlustmechanismen *anomal* sind und nach *Bohm* der Diffusionskoeffizient der Elektronen den Wert $D_e = k\,T_e/(16\,e\,B) \sim 1/B$ annimmt.

2.4.7 Ambipolare und monopolare Diffusion

Eine Inspektion der Diffusionskoeffizienten für Elektronen und positive Ionen (s. Abschn. 2.4.6) führt zum Ergebnis $D_e/D_+ = (M_+/m_e)(\nu_{m,+}/\nu_{m,e}) \gg 1$, d. h. die Elektronen diffundieren in einer Entladung stärker nach außen als die Ionen. Daraus resultieren eine negative Überschussladung im Wandbereich und eine positive Überschussladung im Zentralbereich einer Entladung. Zwischen den beiden Raumladungswolken bildet sich ein nach außen gerichtetes elektrisches Feld, das eine Teilchendrift bewirkt. Unter dem Einfluss von Diffusion und Drift wandern die im Zentralbereich in gleicher Anzahl durch Ionisationsvorgänge gebildeten Ladungsträger nach außen und rekombinieren vornehmlich an der Oberfläche der Entladungswand. Die Gesamtstromdichte nach außen verschwindet, wenn kein Strom gezogen wird, d. h. $\boldsymbol{j} = \boldsymbol{j}_e + \boldsymbol{j}_+ = 0$, oder nach Gl. (2.143) und (2.148):

$$e\,\mu_e\,n_e\,\boldsymbol{E} + e\,D_e\nabla n_e = -\,e\,\mu_+\,n_+\,\boldsymbol{E} + e\,D_+\nabla n_+\,.$$

Da das Entladungsplasma seine Quasineutralität beibehält, ist $n_e \approx n_+ = n$ und die Bedingung $\boldsymbol{j} = 0$ ist nur für eine bestimmte Feldstärke $E = E_a$, die *ambipolare Feldstärke*, erfüllt:

$$\boldsymbol{E}_a = -\frac{D_e - D_+}{\mu_e + \mu_+}\frac{\nabla n}{n}\,. \tag{2.152}$$

Mit dieser Feldstärke $\boldsymbol{E}_a$ errechnet sich die elektrische Ionenstromdichte $\boldsymbol{j}_+ = -\boldsymbol{j}_e$ zu

$$\boldsymbol{j}_+ = -\,e\,\frac{D_+\,\mu_e + D_e\,\mu_+}{\mu_e + \mu_+}\nabla n = -\,e\,D_a\nabla n\,. \tag{2.153}$$

D_a heißt *ambipolarer Diffusionskoeffizient*. Mit der Einstein-Relation Gl. (2.145) und der Bedingung $(\mu_+/\mu_e) = (m_e\,\nu_{m,e})/(M_+\,\nu_{m,+}) \ll 1$ resultiert

$$D_a = \frac{(D_+/\mu_+) + (D_e/\mu_e)}{(1/\mu_+) + (1/\mu_e)} \approx \frac{k(T_+ + T_e)\mu_+}{e} = \left(1 + \frac{T_e}{T_+}\right)D_+ = \begin{cases} 2\,D_+ & \text{für } T_e = T_+ \\ \dfrac{T_e}{T_+}\,D_+ & \text{für } T_e \gg T_+ \end{cases}.$$

$$\tag{2.154}$$

Man nennt den Vorgang ambipolar, da die normalerweise getrennt ablaufenden Drift- und Diffusionsvorgänge von Elektron und Ion mit **unterschiedlichem Vorzeichen der Ladung** auf einen gemeinsamen Diffusionsvorgang in die **gleiche Richtung** zurückgeführt werden.

Der **Übergang** von der **freien zur ambipolaren Diffusion** erfolgt, wenn der Entladungsradius R_E die Bedingung $R_E \geq 10\,\lambda_{D,e}$ erfüllt. Mit $R_E = 10^{-2}\,\mathrm{m}$, $T_e = 10^4\,\mathrm{K}$ liegt daher ambipolare Diffusion bereits für $n_e \geq 5 \cdot 10^{13}\,\mathrm{m}^{-3}$ vor.

Enthält die Entladung **positive und negative Ionen**, so ist folgende Modifizierung der Theorie erforderlich: Die Gesamtstromdichte lautet jetzt $\mathbf{j} = \mathbf{j}_e + \mathbf{j}_+ + \mathbf{j}_- = 0$, die Quasineutralität verlangt $n_+ = n_e + n_-$. Unter Verwendung der Gl. (2.143) und (2.148) sowie des Boltzmann-Faktors (siehe die Herleitung zu Gl. (2.150)) mit T_e und $T_- = T_+$ lautet in der Näherung $\mu_{\pm}/\mu_e \ll 1$ mit den Abkürzungen $\gamma_- = T_e/T_-$ und $\alpha_- = n_-/n_e$ der ambipolare Diffusionskoeffizient

$$D_a = D_+ \frac{1 + \gamma_- + 2\gamma_-\,\alpha_-}{1 + \gamma_-\,\alpha_-}, \quad \text{wobei} \quad \mathbf{j}_+ = -\,e D_a \nabla n_+. \tag{2.155}$$

Ein bekanntes diagnostisches Verfahren (*optical tagging* [33, 34]) zum Nachweis negativer Ionen besteht darin, mithilfe kurzer, hinreichend intensiver Laserpulse durch den Prozess der *Photoneutralisierung* den negativen Ionen die Elektronen zu entreißen. In dem vom Laserstrahl getroffenen Volumen nimmt für einen kurzen Zeitraum die Elektronendichte einen überhöhten Wert, genauer die Dichte der positiven Ionen, an, da alle negativen Ionen durch Photoneutralisierung entfernt sind. Aus diesem Bereich mit erhöhter Elektronendichte entfernen sich jetzt Elektronen mit einer Geschwindigkeit, die zwischen ihrer thermischen Geschwindigkeit und der thermischen Geschwindigkeit der Ionen liegt, während die negativen Ionen aus der Umgebung dieses Volumens mit nahezu thermischer Geschwindigkeit das Volumen wieder auffüllen. Man nennt diesen Vorgang, bei dem Ladungsträger mit **gleichem Vorzeichen in entgegengesetzte Richtung** diffundieren, auch *monopolare* Diffusion.

2.5 Makroskopische Beschreibung des Plasmas. Flüssigkeitengleichungen

2.5.1 Flüssigkeitengleichungen

Die in Tab. 2.1 zusammengestellten raum- und zeitabhängigen Mittelwerte und Momente sind durch die Erhaltungsgleichungen für Masse, Impuls und Energie miteinander verknüpft. Die klassische Methode zur Herleitung dieser Gleichungen besteht darin, die Boltzmann-Gleichung (2.104) mit einer Größe $\Psi_i(\mathbf{r}, \mathbf{v}_i, t)$ zu multiplizieren und über die Geschwindigkeiten $\mathbf{v}_i$ zu integrieren. Mit der Mittelungsvorschrift Gl. (2.102) erhält man dann die *Transportgleichungen* für die *Sorte i*, eine weitere Mittelung nach Gl. (2.103) führt zu den *Transportgleichungen* für das *gesamte Plasma*. Das Plasma wird wie ein „flüssiges" Kontinuum behandelt, wobei eine differenzierte Betrachtung das Plasma als ein Gemisch aus i Flüssigkeiten (gebildet aus Elektronen, neutralen Teilchen und den verschiedenen Ionensorten) ansieht, die durch weitere Mittelung auf eine einzige Flüssigkeit zurückgeführt werden können. Mit der auch in Abschn. 2.4 verwendeten Schreibweise folgt, ohne den Stoßterm in der kinetischen Gleichung zu spezifizieren,

$$\frac{\partial f_i}{\partial t} + \frac{\partial}{\partial x_\beta}(v_{\beta,i} f_i) + \frac{F_{\beta,i}}{m_i} \frac{\partial}{\partial v_{\beta,i}} f_i = C_{ii} + \sum_{j \neq i}^{i_m} C_{ij} = C_i. \tag{2.156}$$

Die Stoßterme in Gl. (2.156) beinhalten elastische, inelastische und chemische Wechselwirkungsprozesse. Multiplikation der Boltzmann-Gleichung mit Ψ_i und Integration über $\boldsymbol{v}_i$ liefert die *Maxwell-Transportgleichungen*

$$\frac{\partial}{\partial t} n_i \langle \Psi_i \rangle - n_i \left\langle \frac{\partial \Psi_i}{\partial t} \right\rangle + \frac{\partial}{\partial x_\beta} n_i \langle v_{\beta,i} \Psi_i \rangle - n_i \left\langle v_{\beta,i} \frac{\partial \Psi_i}{\partial x_\beta} \right\rangle - \frac{n_i}{m_i} \left\langle F_{\beta,i} \frac{\partial \Psi_i}{\partial v_{\beta,i}} \right\rangle$$
$$= \int C_i \Psi_i \mathrm{d}^3 \boldsymbol{v}_i. \tag{2.157}$$

Für den wichtigen Sonderfall $\Psi_i = \Psi_i(\boldsymbol{v}_i)$ erkennt man sofort die Bedeutung der Gl. (2.157): Sie beschreibt die Bilanzierung der zeitlichen Änderung des Mittelwertes $\langle \Psi_i \rangle$ durch Transport, äußere Kräfte und Teilchenstöße zwischen Teilchen der eigenen Sorte und allen Teilchen von anderer Sorte.

In [12] werden für den in Gl. (2.156) verwendeten Stoßterm die Relationen

$$\int C_{ii} \Psi_i \mathrm{d}^3 \boldsymbol{v}_i = \frac{1}{4} \int [\Psi_i(\boldsymbol{v}_i) + \Psi_i(\boldsymbol{v}_{1,i}) - \Psi_i(\boldsymbol{v}_i') - \Psi_i(\boldsymbol{v}_{1,i}')] C_{ii} \mathrm{d}^3 \boldsymbol{v}_i \tag{2.158}$$

$$\sum_i^{i_m} \sum_{j \neq i}^{i_m} \int C_{ij} \Psi_i \mathrm{d}^3 \boldsymbol{v}_i = \sum_i^{i_m} \sum_{j \neq i}^{i_m} \frac{1}{4} \int [\Psi_i(\boldsymbol{v}_i) + \Psi_i(\boldsymbol{v}_j) - \Psi_i(\boldsymbol{v}_i') - \Psi_i(\boldsymbol{v}_j')] C_{ij} \mathrm{d}^3 \boldsymbol{v}_i \tag{2.159}$$

hergeleitet, wobei wie in Abschn. 2.4 die gestrichenen Größen die Geschwindigkeit nach dem Stoß, die ungestrichenen vor dem Stoß bedeuten. Für bestimmte Funktionen $\Psi_i(\boldsymbol{v}_i)$ verschwinden die Integrale oder die Summen. Diese speziellen Größen Ψ_i nennt man *Stoßinvarianten*.

Wenn die Teilchen untereinander nur **elastische** Stöße ausführen und keine neuen Teilchensorten beim Stoß entstehen, gilt für $\Psi_i = 1$ oder m_i, $m_i \boldsymbol{v}_i$ und $\frac{1}{2} m_i \boldsymbol{v}_i^2$ wegen der Erhaltung von Teilchenzahl oder Masse, Gesamtimpuls $m_i \boldsymbol{v}_i + m_i \boldsymbol{v}_{i,1}$ und Gesamtenergie $\frac{1}{2} m_i \boldsymbol{v}_i^2 + \frac{1}{2} m_i \boldsymbol{v}_{i,1}^2$ eingesetzt in Gl. (2.158) und (2.159)

$$\int C_{ii} \Psi_i \mathrm{d}^3 \boldsymbol{v}_i = 0, \quad \int C_{ij} \Psi_i \mathrm{d}^3 \boldsymbol{v}_i = 0, \quad \sum_i^{i_m} \sum_{j \neq i}^{i_m} \int C_{ij} \Psi_i \mathrm{d}^3 \boldsymbol{v}_i = 0. \tag{2.160}$$

Setzt man $\Psi_i = 1$, $m_i \boldsymbol{v}_i$, $\frac{1}{2} m_i \boldsymbol{v}_i^2$ nacheinander in Gl. (2.157) ein, so folgt der Gleichungssatz

$$\frac{\partial n_i}{\partial t} + \frac{\partial (n_i \langle v_{\beta,i} \rangle)}{\partial x_\beta} = 0, \tag{2.161}$$

$$\frac{\partial (\varrho_{m,i} \langle v_{\gamma,i} \rangle)}{\partial t} + \frac{\partial (\varrho_{m,i} \langle v_{\beta,i} v_{\gamma,i} \rangle)}{\partial x_\beta} - n_i \langle F_{\gamma,i} \rangle = \sum_{j \neq i}^{i_m} \int C_{ij} m_i v_{\gamma,i} \mathrm{d}^3 \boldsymbol{v}_i, \tag{2.162}$$

$$\frac{\partial}{\partial t} \left(\frac{\varrho_{m,i}}{2} \langle v_i^2 \rangle \right) + \frac{\partial}{\partial x_\beta} \left(\frac{\varrho_{m,i}}{2} \langle v_{\beta,i} v_i^2 \rangle \right) - n_i \langle F_{\beta,i} v_{\beta,i} \rangle = \sum_{j \neq i}^{i_m} \int C_{ij} \frac{m_i}{2} v_i^2 \mathrm{d}^3 \boldsymbol{v}_i, \tag{2.163}$$

In dieser Form sind die Gl. (2.161)–(2.163) noch nicht geeignet, um Mittelwerte $\langle \Psi_i \rangle$ zu berechnen, da sie neben $\langle \Psi_i \rangle$ auch höhere Momente, z. B. $\langle v_{\beta,i} \Psi_i \rangle$, enthalten. Es gibt in der Literatur zahlreiche Ansätze, die sich zum Ziel setzen, den Satz von Gl. (2.161)–(2.163) für die Berechnung der Momente n_i, $\langle v_{\beta,i} \rangle$ und $\frac{1}{2} m_i \langle v_i^2 \rangle$ vollständig zu machen. Im Folgenden werden zwei Verfahren vorgestellt.

2.5.1.1 Gleichgewichtsnahe Niedertemperaturplasmen (Lichtbogenplasmen)

Hier ist eine Mehrflüssigkeitenbetrachtung nicht erforderlich und man summiert über alle Sorten i. Nach Multiplikation mit m_i und Summation über i erhält man dann aus Gl. (2.161) die **Kontinuitätsgleichung**

$$\frac{\partial \varrho_m}{\partial t} + \frac{\partial}{\partial x_\beta}(\varrho_m \langle v_\beta \rangle_m) = 0. \tag{2.164}$$

Nach Einführung von

$$\sum_i \varrho_{m,i} \langle v_{\beta,i} v_{\gamma,i} \rangle = \varrho_m \langle v_\beta \rangle_m \langle v_\gamma \rangle_m + P_{\beta\gamma} \quad \text{und} \quad \sum_i n_i \langle F_{i,\gamma} \rangle = \varrho_{el} E_\gamma + (j \times B)_\gamma$$

(s. Tab. 2.1) lautet Gl. (2.162) unter Verwendung der Beziehung (2.160)

$$\varrho_m \frac{d}{dt} \langle v_\gamma \rangle_m - \varrho_{el} E_\gamma + (j \times B)_\gamma - \frac{\partial P_{\beta\gamma}}{\partial x_\beta} - \varrho_{el} E_\gamma + (j \times B)_\gamma - \frac{\partial p}{\partial x_\gamma} + \frac{\partial \tau_{\beta\gamma}}{\partial x_\beta}. \tag{2.165}$$

In dieser **Impulsbilanz** wird der Drucktensor $P_{\beta\gamma}$ mit der Verteilungsfunktion $f_i = f_i^0(1 + \Phi_i)$ nach Gl. (2.107) ausgerechnet. Mit dem isotropen Gesamtdruck p und dem Kronecker-Symbol $\delta_{\beta\gamma}$ lässt sich der Drucktensor dann folgendermaßen schreiben:

$$P_{\beta\gamma} = p\delta_{\beta\gamma} - 2\eta \left\{ \frac{1}{2}\left(\frac{\partial}{\partial x_\beta} \langle v_\gamma \rangle_m + \frac{\partial}{\partial x_\gamma} \langle v_\beta \rangle_m \right) - \frac{1}{3}\delta_{\beta\gamma} \frac{\partial}{\partial x_\delta} \langle v_\delta \rangle_m \right\} = p\delta_{\beta\gamma} - \tau_{\beta\gamma}, \tag{2.166}$$

wobei η die *dynamische Viskosität* bedeutet und $d/dt = \partial/\partial t + \langle v_\beta \rangle_m \partial/\partial x_\beta$ die substanzielle Ableitung ist. Der Transportkoeffizient η lässt sich mit der in Abschn. 2.4.3 behandelten Methode berechnen, siehe z. B. [38].

Die **Energiebilanz** lässt sich sowohl mit den Größen $P_{\beta\gamma}$, q_β als auch $P'_{\beta\gamma}$, q'_β (s. Tab. 2.1) formulieren. In den ungestrichenen Größen nimmt sie nach einiger Rechnung die Form

$$\frac{3}{2}nk\frac{dT}{dt} = \frac{3}{2}kT\frac{\partial}{\partial x_\beta}\sum_i n_i \langle V_{\beta,i} \rangle + j \cdot (E + [\langle v \rangle_m \times B])$$

$$- \frac{\partial q_\beta}{\partial x_\beta} - P_{\beta\gamma}\frac{\partial}{\partial x_\beta} \langle v_\gamma \rangle_m - u \tag{2.167}$$

an. Der Wärmestrom q_β ist aus Gl. (2.117) unter Berücksichtigung der Strahlungsbeiträge zu übernehmen. u [W/m³] erfasst die aus *optisch dünner Schicht* emittierte Strahlung. Schließlich ist $j = \sigma(E + \langle v \rangle_m \times B)$ mit σ nach Gl. (2.116) einzusetzen. Berücksichtigt man die bis jetzt vernachlässigten Anregungsvorgänge und vernachlässigt die Energieproduktion durch innere Reibung, so erhält man die häufig benutzte Form der Energiebilanz (mit $B = 0$)

$$\varrho_m c_p \frac{dT}{dt} = -\frac{\partial q_\beta}{\partial x_\beta} + j \cdot E - u \tag{2.168}$$

wobei c_p die spezifische Wärmekapazität bei konstantem Druck pro Masseneinheit ist, die den energetischen Beitrag der Anregung von Atomen, Molekülen und Ionen berücksichtigt.

Die Gl. (2.165)–(2.168) sind vollständig und erlauben die Berechnung von $n(\boldsymbol{r},t)$, $T(\boldsymbol{r},t)$ und $\langle \boldsymbol{v} \rangle_m(\boldsymbol{r},t)$ bei vorgegebenen Feldern $\boldsymbol{E}$ und $\boldsymbol{B}$ und bekannten *Material-funktionen* $\sigma, \eta, \lambda, \lambda_{Ph}$ und u. Zur Lösung des *inversen Problems* wird der Gleichungs-satz, formuliert für stationäre Lichtbogenentladungen mit Zylindergeometrie, häufig benutzt, um aus gemessenen Temperaturverteilungen sowie Strom-, Spannungs- und Strahlungscharakteristiken die Materialfunktionen zu ermitteln [35–38] (s. auch Abschn. 2.8.2.2).

2.5.1.2 Magnetisierte Niederdruckentladungen

Zum quantitativen Verständnis magnetisierter Entladungen bei Unterdruck, z. B Hohlkathodenentladungen (siehe Abschn. 2.8.1.3), EZR-Entladungen (siehe Ab-schnitt 2.9.3.2) oder Ähnlichem greift man häufig auf einen Mehrflüssigkeitsansatz zurück. Der zuständige Gleichungssatz lautet mit $i = e, +, 0$ für die Elektronen, Ionen und Neutralteilchen, wobei in der **Kontinuitätsgleichung** Produktions- und Vernichtungsterme abweichend vom Ansatz in Gl. (2.160) berücksichtigt werden,

$$\frac{\partial n_i}{\partial t} + \frac{\partial}{\partial x_\beta} n_i \langle v_{\beta,i} \rangle = \sum_{j=1}^{i_m} P_{ji} - \sum_{j=1}^{i_m} V_{ji}. \tag{2.169}$$

$\sum P_{ji}$ (analog $\sum V_{ji}$) enthält Beiträge der Form $\int C_{ii} \, d^3 \boldsymbol{v}_i$ und $\sum\limits_{j \neq 1}^{i_m} \int C_{ij} \, d^3 \boldsymbol{v}_i$. Für die Pro-duktionsrate von Teilchen der Sorte i durch Stöße mit Teilchen der Sorte j gilt mit $f_i \approx f_i^0, f_j \approx f_j^0$ nach Gl. (2.69)

$$\sum_{j \neq i}^{i_m} \int C_{ij} \, d^3 \boldsymbol{v}_i = \sum_{j \neq i}^{i_m} P_{ji} = n_i \sum_{j \neq i} n_j \langle \sigma_{ij} g_{ij} \rangle \tag{2.170}$$

mit der Relativgeschwindigkeit $\boldsymbol{g}_{ij} = \boldsymbol{v}_i - \boldsymbol{v}_j$. Beachte: Für die Produktionsrate von Teilchen der Sorte i durch Stöße mit **gleichartigen Teilchen** gilt wegen der Unun-terscheidbarkeit der beiden Stoßpartner

$$\int C_{ij} \, d^3 \boldsymbol{v}_i = P_{ji} = \tfrac{1}{2} n_i^2 \langle \sigma_{ii} g \rangle. \tag{2.171}$$

Im Falle von Stößen zwischen Elektronen und schweren Teilchen i vereinfacht sich Gl. (2.170) wegen der Bedingung für die reduzierte Masse $\mu_{i,e} \approx m_e$ und $\boldsymbol{g}_{ij} \approx \boldsymbol{v}_e$ zu (s. auch Abschn. 2.3.3.6)

$$P_{ei} = n_i \int f_e \, v_e \, \sigma_{ei} \, 4\pi \, v_e^2 \, dv_e = n_i \, n_e \langle \sigma_{ei} v_e \rangle. \tag{2.172}$$

In der **Impulsbilanz** Gl. (2.162) sind die Reibungsterme $\sum \int C_{ij} \, m_i \, v_{\gamma,i} \, d^3 \boldsymbol{v}_i$ zu spezifi-zie-ren. Nach [39] gilt für ein **vollständig ionisiertes Plasma**, also $i = e, +$ für große Werte von $\omega_{c,e}/\nu_{m,e}$

$$\int C_{e+} \, m_e v_{\gamma,e} \, d^3 \boldsymbol{v}_e = -m_e n_e \nu_{m,e} [0.51 \, (\langle v_e \rangle_\gamma - \langle v_+ \rangle_\gamma)_\parallel + (\langle v_e \rangle_\gamma - \langle v_+ \rangle_\gamma)_\perp] + R_{\gamma T}, \tag{2.173}$$

$$R_{\gamma T} = -0.71 \, n_e \left(\frac{\partial}{\partial x_\gamma} k T_e \right)_\parallel - 1.5 \frac{n_e \nu_{m,e}}{\omega_{z,e}} [\boldsymbol{b}_0 \times \nabla T_e]_\gamma, \tag{2.174}$$

b_0 ist der Einheitsvektor in B-Richtung, $v_{m,e}$ die Stoßfrequenz der Elektronen für Impulsaustausch, $\omega_{z,e}$ die Zyklotronfrequenz, $\|$ bedeutet parallel und $\perp$ senkrecht zum äußeren B-Feld. Der erste Term in Gl. (2.173) erfasst die Reibung zwischen Elektronen und Ionenflüssigkeit, die auf die unterschiedliche Geschwindigkeit der beiden Sorten zurückzuführen ist. Der zweite Term, spezifiziert in Gl. (2.174), ist eine Thermokraft durch Elektronentemperaturgradienten $\|$ und $\perp$ zum B-Feld. Der anisotrope Anteil zum Drucktensor $\tau_{\beta\gamma}$ ist im Gegensatz zu Gl. (2.166) eine komplizierte Funktion von Dichten, Temperaturen und Geschwindigkeit und kann [39] entnommen werden. In guter Näherung wird in vielen Arbeiten $\tau_{\beta\gamma} > 0$ gesetzt. In dieser Näherung lautet die **Impulsbilanz** für Elektronen und Ionen nach Umformung von Gl. (2.162) mit $(d_{e,+}/dt) = \partial/\partial t + v_{\beta;e,+}\, \partial/\partial x_\beta$ und Gl. (2.173) sowie Gl. (2.174)

$$\varrho_{m,e}\frac{d_e}{dt}\langle v_e\rangle_\gamma = -\frac{\partial p_e}{\partial x_\gamma} - \frac{\partial \tau^\tau_{\beta\gamma,e}}{\partial x_\beta} - e\,n_e(E_\gamma + (v_e \times B)_\gamma) + \int C_{e+}\,m_e\,v_{\gamma,e}\,d^3v_e,$$

$$\varrho_{m,+}\frac{d_+}{dt}\langle v_+\rangle_\gamma = -\frac{\partial p_+}{\partial x_\gamma} - \frac{\partial \tau^\tau_{\beta\gamma,+}}{\partial x_\beta} + e\,n_e(E_\gamma + (v_e \times B)_\gamma) - \int C_{e+}\,m_e\,v_{\gamma,e}\,d^3v_e. \qquad (2.175)$$

Schließlich schreiben sich die **Energiebilanzen**

$$\frac{3}{2}n_e\frac{d_e}{dt}kT_e = -p_e\frac{\partial\langle v_e\rangle_\beta}{\partial x_\beta} - \frac{\partial q_{\beta,e}}{\partial x_\beta} - \tau_{\beta,\gamma,e}\frac{\partial\langle v_e\rangle_\beta}{\partial x_\gamma} + \frac{j_\gamma R_{\gamma T}}{e n_e} + j\cdot E - 3m_e n_e v_{m,e}\frac{k(T_e - T_+)}{m_+},$$

$$\frac{3}{2}n_+\frac{d_+}{dt}kT_+ = -p_+\frac{\partial\langle v_+\rangle_\beta}{\partial x_\beta} - \frac{\partial q_{\beta,+}}{\partial x_\beta} - \tau_{\beta\gamma,+}\frac{\partial\langle v_+\rangle_\beta}{\partial x_\gamma} + 3m_e n_e v_{m,e}\frac{k(T_e - T_+)}{m_+}, \qquad (2.176)$$

mit $j = e(n_+\langle v_+\rangle - n_e\langle v_e\rangle)$ und den Wärmeströmen $q_{\beta,e}$ und $q_{\beta,+}$ nach [39].

Lösungen der Gl. (2.169)–(2.176) mit Anwendung auf eine magnetisierte Niederdruck-Hohlkathodenentladung findet man in [3]. Hier wird auch der Fall behandelt, dass das Entladungsplasma nicht, wie hier angenommen, vollständig ionisiert ist.

2.5.2 Berechnung von Besetzungsdichten

Zur quantitativen Beurteilung von Anregungs- und chemischen Nichtgleichgewichtszuständen in Entladungen mit atomaren, molekularen, dissoziierten und ionisierten Teilchen misst man raum- und zeitaufgelöst die Besetzungsdichten angeregter Zustände in Atomen, Ionen und Molekülen mithilfe linearer und nichtlinearer spektroskopischer Verfahren. Zur Auswertung dieser Messungen ist die Kenntnis des Zusammenhangs zwischen wichtigen Plasmaparametern wie Druck und Temperatur und den Besetzungsdichten erforderlich, die aus einem sog. *Stoß-Strahlungs-Modell* folgen. Diese Rechnungen geben auch Auskunft über die Zeit, die zur Einstellung eines stationären Zustands benötigt wird. Im Folgenden sollen die Verfahren diskutiert werden, wie man die Besetzungsdichten elektronisch angeregter Atome und Ionen und rotatorisch sowie vibratorisch angeregter Moleküle ermitteln kann.

2.5.2.1 Berechnung der Besetzungsdichten elektronisch angeregter Atome und Ionen

In einem Untervolumen eines Plasmas der Größe ΔV ändert sich die Zahl der Teilchen in einem bestimmten Quantenzustand q durch Stoß- und Strahlungsprozesse sowie durch Diffusionsvorgänge. Den Diffusionsfluss Γ haben wir in Abschn. 2.4.3 für dichte Plasmen kennen gelernt, für Plasmen bei niedrigem Druck sind zur Berechnung der Teilchengeschwindigkeiten die Erhaltungsgleichungen (2.169)–(2.176) zu lösen. Zur Bilanzierung der Teilchenzahl im Zustand q muss man sich zuerst überlegen, welche Stoß- und Strahlungsübergänge in einen oder aus einem Zustand möglich sind (s. Abb. 2.9). Dabei sind für Zustände mit $q > 0$ das Niveau q auffül-

Tab. 2.2   Relevante Stoß- und Strahlungsprozesse.

Nr.	Übergang	Bezeichnung	Rate [$m^{-3} S^{-1}$]
1	$q \to i$	Elektronenstoßanregung $i > q$ Elektronenstoßabregung $i < q$	$n_e\, n(q)\, K(q,i)$
2	$i \to q$	Elektronenstoßanregung $i < q$ Elektronenstoßabregung $i > q$	$n_e\, n(i)\, K(i,q)$
3	$q \to$ Kont.	Elektronenstoßionisation	$n_e\, n(q)\, S_+(q)$
4	Kont. $\to q$	Dreierstoßrekombination	$n_e^2\, n_+\, K_+(q)$
5	$q \to i$	spontane + induzierte Emission aus q nach $i < q$	$n(q)[A(q,i) + B(q,i)u_v]$
6	$i \to q$	spontane + induzierte Emission aus $i > q$ nach q	$n(i)[A(i,q) + B(i,q)u_v]$
7	$i \to q$	Absorption aus $i < q$ nach q	$n(i)\, B(i,q)u_v$
8	$q \to i$	Photoanregung aus q nach $i > q$	$n(q)\, B(q,i)u_v$
9	$q \to$ Kont.	Photoionisation	$n(q)\, B(q,+)u_v$
10	Kont. $\to q$	Strahlungsrekombination	$n_e\, n_+\, (\alpha(q) + \beta(q)u_v)$

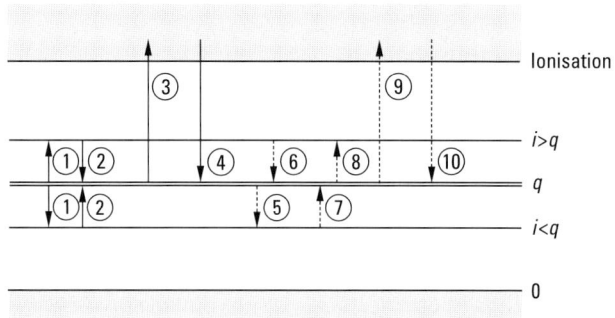

Abb. 2.9   Be- und Entvölkerungsschema des Niveaus q durch Stoß- und Strahlungsprozesse: Stöße, Absorption, Emission. Die Raten der mit 1–10 nummerierten Prozesse sind in Tab. 2.2 zusammengestellt.

lende und entleerende Übergänge in energetisch höher ($i > q$) und tiefer ($i < q$) liegende Niveaus erlaubt. Für das Grundniveau $q = 0$ sind nur Übergänge aus oder nach $i > q$ möglich. Der Einfachheit halber wird im Folgenden nur eine Teilchensorte X betrachtet, von der sich ein Teil mit der Dichte $n(q)$ im Zustand q befindet. Daneben gibt es noch Ionen X^+ der Dichte n_+, Elektronen der Dichte n_e und ein Strahlungsfeld mit der spektralen Energiedichte u_ν (diese muss keine Planck-Verteilung sein). Tab. 2.2 benennt die möglichen Stoß-Strahlungs-Übergänge nach Abb. 2.9 noch einmal genauer.

Bilanziert man die Prozesse 1–10 aus Tab. 2.2, so erhält man das Gleichungssystem

$$
\frac{\partial n(q)}{\partial t} + \frac{\partial \Gamma_{\beta,q}}{\partial x_\beta} = \left\{ \sum_{i \neq q} n_e n(i) K(i,q) - n(q) n_e \sum_{i \neq q} K(q,i) \right\}
$$

$$
+ \left\{ n_e^2 n_+ K_+(q) - n_e n(q) S_+(q) \right\}
$$

$$
+ \left\{ \sum_{i > q} n(i)[A(i,q) + B(i,q)u_\nu] - n(q) \sum_{i > q} B(q,i)u_\nu \right\}
$$

$$
+ \left\{ \sum_{i < q} n(i) B(i,q)u_\nu - n(q) \sum_{i < q} [A(q,i) + B(q,i)u_\nu] \right\}
$$

$$
+ \left\{ n_e n_+ [\alpha(q) + \beta(q)u_\nu] - n(q) B(q,+)u_\nu \right\}. \tag{2.177}
$$

Die in Gl. (2.177) auftretenden Stoßkoeffizienten $K(q,i)$ bzw. $K(i,q)$ sind identisch mit den Raten aus Gl. (2.71), wobei die Querschnitte für Hin- und Rückprozesse σ_{qi} und σ_{iq} über Gl. (2.67) miteinander verknüpft sind. Die Einstein-Koeffizienten B gehorchen der Beziehung $g_i B(i,q) = g_q B(q,i)$, g_{iq} statistische Gewichte. A sind Übergangswahrscheinlichkeiten, α bzw. β Photorekombinationskoeffizienten und $B(q,+)$ heißt Photoionisationskoeffizient.

Eine komplette Lösung der Gl. (2.177) ist sehr schwierig, da das Strahlungsfeld u_ν sich erst aus einer simultanen Lösung der *Strahlungstransportgleichung* ergibt und über alle Frequenzen ν noch zu integrieren ist. Diese Lösung hängt aber von der gesamten Verteilung der $n(q)$ im Plasma und damit von den lokalen Plasmakenngrößen ab, insbesondere auch von der Form der Linienprofile. In den meisten Rechnungen wird $u_\nu = 0$ gesetzt und die Übergangswahrscheinlichkeiten von Resonanzlinien werden mit einem so genannten Verdünnungsfaktor multipliziert [37]. Damit entfällt die Integration über ν in Gl. (2.177) und die Gleichung geht von einer Integro-Differentialgleichung in eine Differentialgleichung über. Der Diffusionsfluss Γ_q kann insbesondere für $q > 0$ häufig vernachlässigt werden. Der Term $\partial \Gamma_{\beta,q}/\partial x_\beta$ wird in vielen Arbeiten „algebraisiert" mit der Diffusionslänge Λ_D. Die Gl. (2.177) führt auch auf die in Abschn. 2.1 diskutierten VTG-Beziehungen, wenn man die geschweiften Klammern sowie die Zeitableitung Null setzt und die Diffusion vernachlässigt.

In vielen Plasmen erfolgt die Anregung aus dem Grundzustand durch Elektronenstöße und Abregung angeregter Niveaus durch Strahlungsprozesse: Man spricht dann von einem *Koronagleichgewicht*.

Lösungen des Stoß-Strahlungs-Modells für $n(q)$ werden mit dem Saha-Dekrement b_q (Abschn. 2.2.3) auf die Gleichgewichtsdichte bezogen.

2.5.2.2 Berechnung von Besetzungsdichten rotatorisch angeregter Moleküle

Unter dem Einfluss von Stoßprozessen mit anderen Molekülen ändert sich die Besetzungsdichte $n(J)$ von Rotationszuständen. Strahlungsübergänge durch *spontane Emission* spielen dabei eine untergeordnete Rolle, jedoch werden erhebliche Besetzungsdichteänderungen durch *induzierte Emission* im starken Strahlungsfeld von Gaslasern gefunden. Bei Vernachlässigung der Diffusion und der induzierten Emission lautet die zugehörige *Mastergleichung* für die Besetzungsdichte $n(J)$ rotatorischer Zustände mit den Rotationsquantenzahlen J, J':

$$\frac{dn(J)}{dt} = \sum_{J'} [n(J')K(J',J) - n(J)K(J,J')] \tag{2.178}$$

Die $K(J',J)$ und $K(J,J')$ sind nicht sehr gut bekannt [4, 38]. Gl. (2.178) vereinfacht sich erheblich durch die Annahme, dass die Relaxation aus einem Niveau J_1' genauso wahrscheinlich ist wie aus einem Niveau J_2', d. h. $K(J',J) = K(J)$ unabhängig von J' und $K(J,J') = K(J')$ unabhängig von J. Damit lautet Gl. (2.178) einfacher

$$\frac{dn(J)}{dt} = K(J)\sum_{J'} n(J') - n(J)\sum_{J'} K(J')]. \tag{2.179}$$

Im Gleichgewicht ist $dn_G(J)/dt = 0$ und nach Gl. (2.27) (Boltzmann-Faktor) lautet die Besetzungsdichte mit der Rotationsenergie im Schwingungszustand v, $E_v(J) = h\,c\,B_v\,J(J+1)$, dem statistischen Gewicht des Rotators $g_J = 2J+1$, der Zustandssumme

$$Z_{\text{rot},v} = \sum_{J} (2J+1)\exp\left(-\frac{E_v(J)}{kT_0}\right)$$

und

$$n_{G,v} = \sum_{J} n_G(J) = \sum_{J} n(J),$$

der Gesamtzahl der Moleküle im Schwingungszustand v:

$$\frac{n_G(J)}{n_{G,v}} = \frac{g_J}{Z_{\text{rot},v}}\exp\left(-\frac{E_v(J)}{kT_0}\right) = \frac{K(J)}{\sum_{J'} K(J')} = P(J). \tag{2.180}$$

Weiter führt man die Relaxationszeit $\tau_R = [\sum_{J'} K(J')]^{-1}$ ein. Dann wird die zeitabhängige Besetzungsdichte im Zustand J durch die folgende im Vergleich zu Gl. (2.178) vereinfachte Mastergleichung geregelt:

$$\frac{dn(J)}{dt} = \frac{P(J)n_{G,v} - n(J)}{\tau_R}. \tag{2.181}$$

Im Gasgemisch eines CO_2-Lasers (CO_2:N_2:He = 4.5:13.5:82) bei einem Gesamtdruck von 2.5 kPa hat τ_R den Wert 7 ns. Die Besetzungsdichten anfänglich vom Gleichgewicht abweichender Rotationszustände relaxieren daher sehr schnell in einen Gleichgewichtszustand, der durch $T_{\text{rot}} \approx T_0 (T_0 = $ Gastemperatur) gekennzeichnet ist.

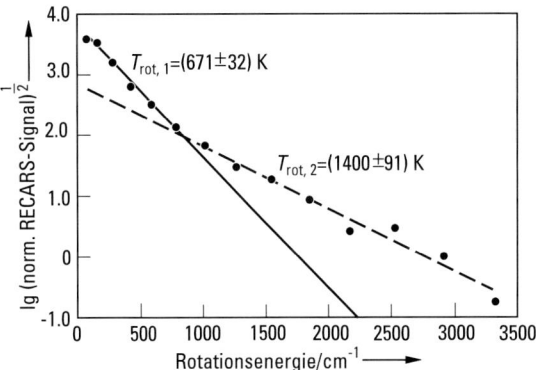

Abb. 2.10 Mit RECARS (s. Abschn. 2.10.5.4) gemessene Besetzungsdichten rotatorischer Niveaus von CH($X_2\Pi_r$, $v - 1$) und Bestimmung von T_{rot} (nach [43]). (Der Wellenzahl 8067 cm^{-1} entspricht eine Energie von 1 eV).

In einem starken Strahlungsfeld wird die Besetzungsdichte im oberen Laserniveau durch induzierte Emission abgebaut. Dann tritt in Gl. (2.181) ein negativer Zusatzterm auf, der der Intensität des Laserfeldes proportional ist [40].

Stöße des rotierenden Moleküls mit metastabilen Atomen [41] führen zur Anfachung der Rotation und T_{rot} weicht dann erheblich von T_0, der Gastemperatur, ab. Auch Überbesetzung hoch angeregter Rotationszustände und damit Abweichung von einer Boltzmann-Besetzung wird an CH beobachtet [42]. Als Ursache werden unterschiedliche Bildungsprozesse für eine kalte und heiße CH-Komponente angegeben. Die kalte Komponente resultiert aus CH-Molekülen, die aus der chemischen Reaktion $CH_2 + H \rightarrow CH + H_2$ entstanden sind, die heiße Komponente wird durch Elektronenstoßprozesse gebildet, die nach der Reaktion $CH_2 + e \rightarrow CH + H + e$ ablaufen. Abb. 2.10 zeigt RECARS-Messungen rotatorischer Besetzungsdichten des CH [43], die die Existenz von zwei Besetzungstemperaturen bestätigen.

2.5.2.3 Berechnung von Besetzungsdichten vibratorisch angeregter Moleküle

Stört man die Verteilung der kinetischen (translatorischen) Energie der Schwerteilchen in der Entladung, so kann man nach Gl. (2.53) die Zeit für Relaxation in eine Maxwell-Geschwindigkeitsverteilung abschätzen zu

$$\frac{1}{\tau_{kin}} \approx n_0 \sigma g \approx \sqrt{\frac{8}{\pi k T_0 \mu}} p\sigma,$$

d. h. $\tau_{kin} \approx 5$ ns für $T_0 = 300$ K, $p = 2.5$ kPa, N_2-Molekül, $\sigma = 5 \cdot 10^{-19}$ m^2. Die Besetzungsdichte rotatorischer Zustände (s. Abschn. 2.5.2.2) relaxiert in vergleichbarer Zeit mit $\tau_R \approx \tau_{kin}$ in eine Gleichgewichtsbesetzung nach Boltzmann zur Temperatur $T_{rot} = T_0$. Vibratorische Zustände verwandeln dagegen durch *Vibrations-Translations-Stöße (V-T-Stöße)* ihre Vibrationsenergie nur langsam in Translationsenergie, wie unten nachgewiesen. Daher speichern die Schwingungsmoden von Molekülen, insbesondere wenn viele Moden in kompliziert aufgebauten Molekülen vorliegen, sehr viel Energie, was sich üblicherweise in einer hohen Vibrationstemperatur $T_\mathrm{v} \gg T_\mathrm{rot} \approx T_0$ äußert. Dieses Verhalten erklärt die Wirkungsweise und den hohen Wirkungsgrad von CO_2- und CO-Lasern, man macht von diesem Energiespeicher aber auch in vielen plasmachemischen Experimenten zur Gas- und Oberflächenreinigung Gebrauch.

Besetzungsdichten nach dem Harmonischen-Oszillator-Modell. Die oben erwähnten *intermolekularen V-T-Stöße* laufen in der Weise ab, dass das Molekül A beim Stoß mit Molekül B ein Schwingungsquant aufnimmt oder ein Quant abgibt, was man durch die Reaktion

$$A(v) + M \leftrightarrow A(v \pm 1) + M \qquad (2.182)$$

ausdrücken kann. In der Näherung des *harmonischen Oszillators* (das interatomare Potential wird in der Nähe seines Minimums durch eine Parabel angenähert) liefert die Quantenmechanik nichtentartete Vibrationszustände mit dem statistischen Gewicht $g_v = 1$, der Energie $E_{v,\mathrm{A}} = E_{0,\mathrm{A}}(v + \frac{1}{2})$, und die Übergangswahrscheinlichkeiten aus dem Zustand v in die Zustände $v+1$ bzw. $v-1$ durch Stoß mit M gehorchen den Gleichungen

$$K_\mathrm{M}(v, v+1) = (v+1)K_\mathrm{M}(0,1), \quad K_\mathrm{M}(v, v-1) = v\,K_\mathrm{M}(1,0). \qquad (2.183)$$

Übergänge $v \rightarrow v \pm n$, $n \neq 1$ sind nicht erlaubt. Die Gesamtdichte an Molekülen A resultiert aus $n_\mathrm{A} = \sum\limits_{v=0}^{\infty} n_\mathrm{A}(v)$, die in der gesamten Schwingungsmode gespeicherte Energiedichte lautet (ohne Nullpunktsenergie)

$$E_\mathrm{A} = \sum\limits_{v=0}^{\infty} E_{v,\mathrm{A}}\, n_\mathrm{A}(v) = E_{0,\mathrm{A}} \sum\limits_{v=0}^{\infty} n_\mathrm{A}(v)v.$$

Es ist üblich, die *Quantendichte* pro Volumen Q_A und ihre zeitliche Änderung wie folgt einzuführen:

$$Q_\mathrm{A} = \frac{E_\mathrm{A}}{E_{0,\mathrm{A}}} = \sum\limits_{v=0}^{\infty} n_\mathrm{A}(v)v, \quad \text{mit} \quad \frac{dQ_\mathrm{A}}{dt} = \sum\limits_{v=0}^{\infty} \frac{dn_\mathrm{A}(v)}{dt}v, \qquad (2.184)$$

wobei im Falle des harmonischen Oszillators die Summen in Gl. (2.184) als geometrische Reihen aufsummiert werden können. Die *Mastergleichung der Schwingungsprozesse* ergibt sich aus den zeitlichen Änderungen der Dichten $n_\mathrm{A}(v)$. Zum Reaktionsablauf nach Gl. (2.182) lautet die bilanzierte Ratengleichung

$$\left(\frac{dn_\mathrm{A}(v)}{dt}\right)_{\mathrm{V\text{-}T}} = n_\mathrm{A}(v-1)n_\mathrm{M} K_\mathrm{M}(v-1,v) + n_\mathrm{A}(v+1)n_\mathrm{M} K_\mathrm{M}(v+1,v)$$
$$- n_\mathrm{A}(v)n_\mathrm{M}[K_\mathrm{M}(v,v+1) + K^M(v,v-1)]. \qquad (2.185)$$

Einsetzen in Gl. (2.184) führt unter Verwendung von Gl. (2.183) nach Ausführung der Summation über v zur Bilanz der Quantendichte Q_A

$$\left(\frac{dQ_\mathrm{A}}{dt}\right)_{\mathrm{V\text{-}T}} = n_\mathrm{M} K_\mathrm{M}(0,1)(n_\mathrm{A} + Q_\mathrm{A}) - n_\mathrm{M} K_\mathrm{M}(1,0)Q_\mathrm{A}. \qquad (2.186)$$

In Gl. (2.186) ist noch über M zu summieren, wenn neben V-T-Stößen mit der eigenen Sorte noch Stöße mit anderen Sorten (inkl. Elektronen mit $n_M = n_e$) im Plasma ablaufen.

Neben dem **intermolekularen** Energieaustausch durch V-T-Stöße ist zusätzlich noch ein **intramolekularer** Austausch von Vibrationsenergie durch *Vibrations-Vibrations (V-V)-Stöße* mit der eigenen Sorte oder als intermolekulare *Vibrations-Vibrations (V-V')-Stöße* mit einer **anderen** Sorte möglich. V-V'-Stöße lassen sich durch die Reaktionsgleichung

$$A(v) + B(v') \leftrightarrow A(v \pm 1) + B(v' \mp 1) \tag{2.187}$$

beschreiben, mit den für den harmonischen Oszillator berechneten Übergangswahrscheinlichkeiten

$$K(v,v+1;v',v'-1) = (v+1)v' K_{AB}(0,1;1,0),$$

$$K(v,v-1;v',v'+1) = v(v' | 1) K_{AB}(1,0;0,1). \tag{2.188}$$

Die Teilchenbilanz z. B. für $n_A(v)$ lautet jetzt unter Verwendung der Reaktionsgleichung (2.187)

$$\left(\frac{dn_A(v)}{dt}\right)_{V\text{-}V'} = - \sum_{v'=1}^{\infty} n_A(v) n_B(v') K(v,v+1;v',v'-1)$$

$$+ \sum_{v'=1}^{\infty} n_A(v+1) n_B(v'-1) K(v+1,v;v'-1,v')$$

$$- \sum_{v'=0}^{\infty} n_A(v) n_B(v') K(v,v-1;v',v'+1)$$

$$+ \sum_{v'=0}^{\infty} n_A(v-1) n_B(v'+1) K(v-1,v;v'+1,v'). \tag{2.189}$$

Die Summen können ebenfalls in der Näherung des harmonischen Oszillators ausgerechnet werden und es resultiert mit $n_B = \sum_{v'=0}^{\infty} n_B(v')$:

$$\left(\frac{dn_A(v)}{dt}\right)_{V\text{-}V'} = K_{AB}(0,1;1,0)[n_A(v-1)v - n_A(v)(v+1)]Q_B$$

$$+ K_{AB}(1,0;0,1)[n_A(v+1)(v+1) - n_A(v)v](n_B + Q_B). \tag{2.190}$$

Setzt man dieses Ergebnis in Gl. (2.184) ein, so folgt für die zeitliche Änderung der Quantendichte Q_A:

$$\left(\frac{dQ_A}{dt}\right)_{V\text{-}V'} = K_{AB}(0,1;1,0)(n_A + Q_A)Q_B - K_{AB}(1,0;0,1)(n_B + Q_B)Q_A. \tag{2.191}$$

Die endgültige Bilanz der Quantendichte erfasst in erster Näherung additiv die verschiedenen Prozessbeiträge, wobei neben den V-T- und V-V'-Prozessen gegebenenfalls Diffusion, Konvektion und in laseraktiven Medien induzierte Strahlungsübergänge berücksichtigt werden müssen. Über den Index B ist bei Anwesenheit mehrerer Teilchensorten zu summieren. V-V-Stöße sind nahezu detailliert im Gleichgewicht und tragen daher zur Gesamtbilanz nicht bei. Die totale zeitliche Änderung der Quantendichte und Bestimmungsgleichung für Q_A lautet ohne den nahezu verschwindenden V-V-Beitrag

$$\frac{\mathrm{d}Q_A}{\mathrm{d}t} = \left(\frac{\mathrm{d}Q_A}{\mathrm{d}t}\right)_{V\text{-}T} + \left(\frac{\mathrm{d}Q_A}{\mathrm{d}t}\right)_{V\text{-}V'} + \left(\frac{\mathrm{d}Q_A}{\mathrm{d}t}\right)_{\text{Diffusion}} + \left(\frac{\mathrm{d}Q_A}{\mathrm{d}t}\right)_{\text{Strahlung}}. \qquad (2.192)$$

Beziehungen zwischen Hin- und Rückprozessen. Im VTG zur Gastemperatur T_0 müssen, wie in Abschn. 2.2.1 erörtert, alle Zeitableitungen verschwinden, die Hin- und Rückprozesse detailliert im Gleichgewicht und die Schwingungsniveaus nach Boltzmann besetzt sein.

Für den V-T-Prozess fordert man also mit $n_{G,A}(v) = n_{G,A}(0)\exp[-(E_{0,A}v)/(k\,T_0)]$ nach Gl. (2.183), (2.184) und (2.186)

$$\frac{K_M(0,1)}{K_M(1,0)} = \exp\left(-\frac{E_{0,A}}{kT_0}\right) \qquad (2.193)$$

und für den V-V-Prozess nach Gl. (2.188)

$$\frac{K_{AB}(0,1;1,0)}{K_{AB}(1,0;0,1)} = \exp\left(-\frac{E_{0,A} - E_{0,B}}{kT_0}\right). \qquad (2.194)$$

Die Anwendung auf die Stoßpartner Elektronen, $M = e$, ist komplizierter. Hier berechnet man nach Gl. (2.71)

$$K_e(0,1) = \int \sigma_{0,1}(v)\,v f_e(v)\,4\pi\,v^2\,\mathrm{d}v$$

und mit dem Querschnitt $\sigma = \sigma_{1,0}$ ist entsprechend $K_e(1,0)$ anzusetzen. Zwischen $\sigma_{0,1}$ und $\sigma_{1,0}$ ist die Beziehung nach Gl. (2.67) zu verwenden, $f_e(v)$ folgt aus der Lösung der Boltzmann-Gleichung für Elektronen nach Gl. (2.124).

Relaxationszeiten für V-T-, V-V- und V-V'-Prozesse. Der Gl. (2.186) in Verbindung mit Gl. (2.193) entnimmt man sofort die Relaxationszeit für V-T-Stöße

$$\tau_{V\text{-}T} = \left[n_M K_M(1,0)\left(1 - \exp\left(-\frac{E_{0,A}}{kT_0}\right)\right)\right]^{-1}. \qquad (2.195)$$

Nach [44] bewährt sich für N_2 der folgende Ansatz für den Ratenkoeffizienten

$$K_{N_2}(1,0) = 1.363 \cdot 10^{-28}\,T\exp[27.45 - 328.9\,T^{-1/3} + 993.34\,T^{-2/3}]\,[\mathrm{m}^3/\mathrm{s}].$$

Damit resultiert für $T_0 = 300\,\mathrm{K}$, $p = 2.5\,\mathrm{kPa}$, $n_{N_2} = 6.04 \cdot 10^{23}\,\mathrm{m}^{-3}$, $\exp[-E_{0,N_2}/(kT_0)] \ll 1$ eine sehr lange Relaxationszeit $\tau_{V\text{-}T} \approx 25\,\mathrm{s}$.

Für die V-V-Stöße hat man entsprechend anzusetzen

$$\tau_{V\text{-}V} \approx [n_A K_{AA}(1,0;0,1)]^{-1}, \qquad (2.196)$$

wobei nach [4] für $A = N_2$ die Formel

$$K_{AA}(1,0;0,1) = C(T_0/300)^{3/2} \quad \text{mit} \quad C = (0.9 - 10.9) \cdot 10^{-20}\,\mathrm{m}^3/\mathrm{s}$$

gilt. Daraus ergibt sich ein Wert $\tau_{V\text{-}V} \approx (1.7 - 18.4) \cdot 10^{-5}\,\mathrm{s}$ für $T_0 = 300\,\mathrm{K}$ und $p = 2.5\,\mathrm{kPa}$. Für Quantenzahlen $v > 1$ sind die Zeiten $\tau_{V\text{-}V}$ noch kürzer anzusetzen.

V-V'-Stöße klingen besonders schnell ab, wenn die Schwingungsniveaus der beiden Stoßpartner nahezu die gleiche Energie besitzen, also Resonanz vorliegt. Die Relaxationszeiten sind jedoch üblicherweise ein bis zwei Zehnerpotenzen größer als die für V-V-Stöße.

Gleichgewichtsnahe Lösung. Die sehr kurze Relaxationszeit für V-V-Stöße bewirkt, dass die Ungleichung $\tau_{V\text{-}V}(dQ_A/dt)_{V\text{-}V} \ll 1$ für alle v erfüllt ist. Nach Gl. (2.189) wird man dieser Bedingung gerecht, wenn

$$n_A(v-1)v - n_A(v)(v+1) \approx 0, \quad n_A(v+1)(v+1) - n_A(v)v \approx 0,$$

oder auch $n_A(v)/n_A(v-1) = n_A(v+1)/n_A(v) = \text{const}$. Letztere Gleichung erfüllt der Ansatz

$$n_{G,A}(v) = n_A(0)\exp\left(-\frac{vE_{0,A}}{kT_{v,A}}\right), \tag{2.197}$$

d. h. die Schwingungsniveaus sind nach Boltzmann besetzt. Eine ähnliche Argumentation für einen anderen Schwingungsmodus der gleichen oder einer anderen Sorte führt zur Einführung weiterer *Modentemperaturen* $T_{v,B}$, $T_{v,C}$, ... Allerdings müssen die den Schwingungsmoden zugeordneten Temperaturen $T_{v,A}$, $T_{v,B}$, ... noch aus Gl. (2.192) ermittelt werden. Mit Gl. (2.184) lässt sich nämlich nach Ausführung der Summation z. B. über $n_{G,A}(v)$ mit Gl. (2.197) der folgende Zusammenhang zwischen Q_A und $T_{v,A}$ herstellen:

$$Q_A = n_A\left(\exp\frac{E_{0,A}}{kT_{v,A}} - 1\right)^{-1}; \tag{2.198}$$

Q_A und damit $T_{v,A}$ und entsprechend Q_B resp. $T_{v,B}$ werden schließlich durch Lösen der Bilanzgleichung (2.192) erhalten, wobei die Raten der Hin- und Rückprozesse

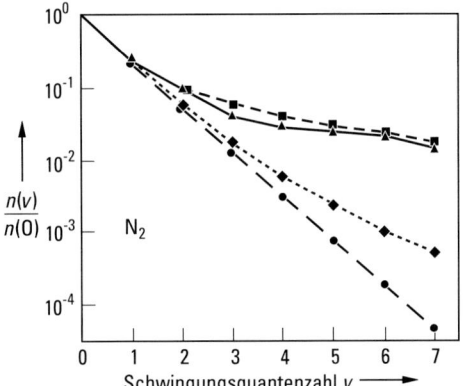

Abb. 2.11 Vergleich berechneter und gemessener vibratorischer Besetzungsdichten von N_2 in einer CO_2-Laser-Entladung: $n_e = 7.5 \cdot 10^{16}\,\text{m}^{-3}$, $T_e = 1.3\,\text{eV}$, $p = 4.4\,\text{kPa}$, Laser-Gas-Gemisch $CO_2{:}N_2{:}He = 4.5{:}13.5{:}81.2$. $-\bullet-$ Verwendung von Gl. (2.192) und (2.198) (Boltzmann); $-\blacklozenge-$ Verwendung von Gl. (2.199) (Treanor-Teare); $-\blacktriangle-$ vollständige Lösung von Gl. (2.200); $-\blacksquare-$ experimentelle Werte, erzielt mit CARS.

nach Gl. (2.193) und (2.194) durch die **Gastemperatur** T_0 verknüpft sind. Ein Vergleich gemessener vibratorischer Besetzungsdichten des N_2 in einer CO_2-Laserentladungen mit berechneten Werten ist in Abb. 2.11 wiedergegeben [45].

Besetzungsdichten nach dem Anharmonischen-Oszillator-Modell. Die bis jetzt berechneten Ergebnisse benutzen die Näherung des harmonischen Oszillators mit $E_{v,A}(v+1) - E_{v,A}(v) = E_{0,A} = \text{const.}$ für alle v. Die Annäherung der Ortsabhängigkeit des Wechselwirkungspotentials durch eine Parabel, die zu einer harmonischen Schwingung führt, ist jedoch nur für kleine Abweichungen vom Potentialminimum, d. h. kleine Schwingungsamplituden, richtig. Für größere Amplituden, also größere v-Werte, sind die Abweichungen des Potentials von einer Parabel erheblich, die Schwingung wird *anharmonisch*. Dann nimmt der Abstand aufeinanderfolgender Energieniveaus mit zunehmendem v immer mehr ab, was in einem verbesserten Ansatz für die Energieeigenwerte

$$E_{v,A} = E_{0,A}(v + \tfrac{1}{2} - x_e(v + \tfrac{1}{2})^2) \quad \text{(für } J = 0\text{)}$$

oder

$$E_{v,A}(v+1) - E_{v,A}(v) = E_{0,A}(1 - 2x_e(v+1))$$

zum Ausdruck kommt. Für das N_2-Molekül gilt $x_e \approx 6 \cdot 10^{-3}$, und der verbesserte Ansatz für $E_{v,A}$ zeigt, dass es ein maximales v_{max} (statt divergent gegen Unendlich) gibt und für $v > v_{max}$ das Molekül dissoziiert. Auch die Ratenkoeffizienten nach Gl. (2.183) bzw. Gl. (2.188) sind abzuändern. Genauere Berechnungen der Ratenkoeffizienten nach der *Schwarz-Slawsky-Herzfeld-(SSH-)Theorie* [46] liefern für den anharmonischen Fall eine von Null verschiedene Wahrscheinlichkeit für den Austausch von zwei oder mehr Vibrationsquanten, was für V-T-Übergänge bei hohen Temperaturen in der Mastergleichung berücksichtigt werden muss.

Von *Treanor* und *Teare* [47, 48] wurde gezeigt, dass die beiden Terme für intramolekulare V-V-Stöße in Gl. (2.189) verschwinden, wenn $n_A(v)$ der Verteilung

$$n_{TT,A}(v) = n_{TT,A}(0)\exp\left(-\frac{vE_{0,A}}{k\Theta_{1,A}} + \frac{vE_{0,A} - E_{v,A}}{kT_0}\right) \tag{2.199}$$

gehorcht, unabhängig von der Wahl der Ratenkoeffizienten K. Hier ist für $E_{v,A}$ der oben gegebene Wert für den anharmonischen Oszillator einzusetzen. Man beachte, dass dieser Ansatz in eine Boltzmann-Besetzung übergeht, wenn $E_{v,A} = vE_{0,A}$. Die Treanor-Teare-Verteilung liefert für $\Theta_{1,A} > T_0$ eine Überbesetzung, für $\Theta_{1,A} < T_0$ eine Unterbesetzung der Vibrationsniveaus im Vergleich zu den Boltzmann-Werten für höhere v-Werte. Sie kann also die für die Gaslaseranwendung wichtige Überbesetzung (Inversion) von hochangeregten Vibrationsniveaus vorhersagen.

Eine genauere Beschreibung der Vorgänge, auch unter Einschluss des Austauschs von zwei oder mehr Vibrationsquanten, erfordert eine numerische Lösung des Gleichungssystems

$$\frac{dn_A(v)}{dt} = \left(\frac{dn_A(v)}{dt}\right)_{V\text{-}T} + \left(\frac{dn_A(v)}{dt}\right)_{V\text{-}V} + \left(\frac{dn_A(v)}{dt}\right)_{V\text{-}V'} + \left(\frac{dn_A}{dt}\right)_{\text{Diffusion}} + \dots \tag{2.200}$$

mit den V-T- und V-V- bzw. V-V′-Beiträgen nach Gl. (2.185) bzw. (2.189). Zahlreiche Beispiele findet man in [4] und [115].

2.6 Oberflächenprozesse

Die Wechselwirkung von Teilchen in einer Entladung mit festen oder flüssigen Entladungswänden, Elektroden und gegebenenfalls eingebrachten Partikeln ist von grundlegender Bedeutung für die stoffliche Zusammensetzung, das Strömungsverhalten, den thermischen Aufbau und die elektrischen Eigenschaften eines Plasmas, einschließlich Lichtemission. Das Verständnis dieser Vorgänge bildet die Grundlage zur Modellierung der Plasmaeigenschaften und der Plasmaprozesse, die zu Oberflächenmodifikationen führen. Viele Wechselwirkungsvorgänge lassen sich durch klassische **Zweierstöße** mit Energie- und Impulsübertragung auf ein Oberflächenatom quantitativ deuten. Im *Molekulardynamikmodell* wird die Orts- und Geschwindigkeitsänderung **vieler Oberflächenatome** unter der Wirkung **eines** auftreffenden Teilchens berechnet. Die im Folgenden behandelten Wechselwirkungsprozesse wurden unter dem Gesichtspunkt ausgewählt, dass sie für das grundlegende Verständnis von Niedertemperaturplasmen, aber auch für plasmatechnologische Fragestellungen relevant sind.

2.6.1 Wechselwirkung neutraler Teilchen mit Oberflächen

2.6.1.1 Reflexion

Im Bereich niedriger Temperatur in Wandnähe mit vielen Teilchen im Grundzustand ist die *Reflexion* ein sehr wahrscheinlicher Prozess. Wegen der Oberflächenrauhigkeit läuft er nicht als *Spiegelreflexion* ab, d. h. der Einfallwinkel ist gleich dem Ausfallwinkel, sondern als *diffuse Reflexion*. Die neutralen Teilchen haften nicht und verweilen daher nur sehr kurz an der Oberfläche. Dabei setzen sie sich nicht ins Gleichgewicht mit den Oberflächenatomen. Im Allgemeinen ändern diffus reflektierte Teilchen durch die Wechselwirkung Impuls und Energie, d. h. auch ihre Temperatur. Die Temperaturänderung wird mithilfe des *Temperaturakkomodationskoeffizienten*

$$\alpha_T = \frac{T_{vor} - T_{nach}}{T_{vor} - T_w} \tag{2.201}$$

erfasst, wobei T_w die Wandtemperatur, T_{vor} die Teilchentemperatur vor und T_{nach} diejenige nach der Wechselwirkung ist. Entsprechende Koeffizienten werden auch für die Impulsänderung definiert und gemessen. Diese Koeffizienten sind Eingangsgrößen in Impuls- und Energiebilanz eines Gases oder Plasmas vor einer Wand.

2.6.1.2 Adsorption und Desorption

Im niederenergetischen Bereich laufen auch Wechselwirkungen von neutralen Teilchen mit Oberflächen ab, die zur *Adsorption* der Teilchen und damit einer längeren Verweilzeit als bei direkter Reflexion an der Oberfläche führen. Dort diffundieren sie entweder längs der Oberfläche oder in den Festkörper, sie können Reaktionen mit Oberflächenatomen ausführen und eine neue Verbindung bilden, nach einer Weile wieder in Richtung Plasma *desorbieren*, oder eine wachsende Schicht erzeugen. Je nach Bindungstyp zwischen Teilchen und reaktiver Oberfläche wird zwischen *Physisorption* und *Chemisorption* unterschieden. Zur Quantifizierung führt man die Dichte der reaktiven Oberflächenplätze ein, d. h. die maximale Anzahl möglicher Bindungen (physikalisch oder chemisch) zwischen adsorbierten Teilchen der Sorte A und Festkörper pro Flächeneinheit. Diese maximale Dichte setzt sich additiv aus der Dichte unbesetzter [O] und besetzter Plätze [AO] zusammen. Oberflächendichten werden in m^{-2} angegeben.

Im Falle der *Physisorption* mit der Flächendichte $[P] = [AO_p] + [O_p]$ besteht zwischen den sich nähernden Teilchen und der Oberfläche eine van-der-Waals-Kraft, die ihre Ursache in der Wechselwirkung entweder zweier permanenter Dipole, oder einem permanenten Dipol und einem virtuellen, gespiegelten Dipol im Festkörper oder aber zwischen transienten, induzierten Dipolmomenten hat. Der sich ausbildende Potentialtopf hat eine Tiefe von $< 0.5\,eV$, sein Minimum hat einen Abstand von der Oberfläche von typischerweise $4 \cdot 10^{-10}\,m$. Dieser Potentialtopf hält zwar die Teilchen an der Oberfläche fest, erlaubt ihnen aber auch eine Diffusion längs der Oberfläche.

Daneben kann aber auch an *aktiven Plätzen* mit der Flächendichte $[C] = [AO_c] + [O_c]$ durch eine chemische Bindung das anfliegende Atom oder Molekül festgehalten werden. Ist die Bindung homöopolar, spricht man von *schwacher Chemisorption*, z. B. Wasserstoff an Metalloberflächen, ist sie heteropolar, nennt man den Vorgang *starke Chemisorption*. Der Verlauf der potentiellen Energie besitzt dabei einen tiefen Potentialtopf ($> 0.9\,eV$) und das Minimum liegt mit $10^{-10}\,m$ näher an der Oberfläche als bei der Physisorption. Chemisorbierte Teilchen werden an den aktiven Plätzen festgehalten und diffundieren nicht. Es gibt eine Vielzahl von Oberflächenprozessen, an denen Chemisorption beteiligt ist. So geht z. B. die *Dreifachbindung* eines Moleküls $A > B$ bei der Adsorption in eine *Zweifachbindung* über, darstellbar durch die Reaktion $A > B + O_c \rightarrow A = B - O_c$. Wichtig sind auch Prozesse der Art $AB + 2O_c \rightarrow AO_c + BO_c$, die *dissoziative Chemisorption* genannt werden, oder auch $AO_p + BO_c \rightarrow AB + O_c + O_p$ bzw. $A + BO_c \rightarrow AB + O_c$. Bei letzteren Reaktionen rekombiniert ein ortsfestes, chemisorbiertes Teilchen BO_C entweder (a) mit einem physisorbierten, diffundierenden Teilchen AO_P oder (b) mit einem freien, auftreffenden Teilchen A. (a) heißt *Langmuir-Hinshelwood-Mechanismus*, (b) nennt man auch *Eley-Rideal-Mechanismus*. Das Produkt AB desorbiert dann von der Oberfläche in das Entladungsvolumen.

Eine genaue Analyse der Vorgänge muss die auf die Wand zufliegenden oder von ihr freigesetzten Moleküle nach ihrem Vibrationszustand unterscheiden. Die Rekombination z. B. von H-Atomen (oder H^+) an der Wand nach Eley und Rideal führt zu vibratorisch angeregten H_2-Molekülen, die vornehmlich die vibratorischen Zustände $v = 4$ und $v = 5$ besetzen.

2.6.1.3 Thermodynamik der Adsorptions- und Desorptionsprozesse

Thermodynamisch kontrollierte Adsorptionsexperimente in der Vakuumphysik streben an, für ausgewählte Teilchen-Festkörperoberflächen-Kombinationen bei charakteristischen Drücken und Temperaturen die Prozessabläufe Adsorption-Desorption ins Gleichgewicht zu bringen. Zur Quantifizierung der Hin- und Rückraten der Reaktion $A + O \leftrightarrow AO$ führt man die **Volumendichte** der Teilchen A im Gasraum ein, im Folgenden mit [A] in m^{-3} bezeichnet. Die **Flächendichte** unbesetzter Plätze auf der Oberfläche sei [O] in m^{-2}, die besetzten Plätze [AO] in m^{-2}, daher ist [GO] = [O] + [AO] in m^{-2} die Gesamtoberflächendichte aller Plätze. Der Bruchteil besetzter Plätze, auch *Bedeckungsgrad* genannt, ist Θ = [AO]/[GO], die der unbesetzten [O]/[GO] = $1 - \Theta$. Im VTG gilt nach leichter Umformung des Massenwirkungsgesetzes Gl. (2.32) mit der Gleichgewichtskonstanten K_{Des} für Desorption

$$\frac{[AO]}{[A][O]} = \frac{\Theta}{(1-\Theta)[A]} = K_{\mathrm{Des}}(T) = \frac{1}{[A]^0} \exp\left(-\frac{G^0_{\mathrm{Des}}}{RT}\right), \qquad (2.202)$$

mit der Temperatur des Gases und der Oberfläche T, der Gasdichte bei Standardbedingungen $[A]^0 = 2.69 \cdot 10^{25}\,\mathrm{m}^{-3}$, der molaren freien Reaktionsenthalpie des Reaktionsablaufs nach Gibbs bei Standardbedingungen $G^0_{\mathrm{Des}} = -G^0_{\mathrm{Ads}} > 0$ und der Gaskonstanten R. Durch Auflösen nach $\Theta(T)$ folgt die *Langmuir-Isotherme* zur Berechnung des Bedeckungsgrades:

$$\Theta(T) = \frac{K_{\mathrm{Des}}(T)[A]}{1 + K_{\mathrm{Des}}(T)[A]} \qquad (2.203)$$

Alle möglichen Oberflächenplätze sind besetzt, wenn $\Theta \to 1$. Diese Situation stellt sich für $K_{\mathrm{Des}}[A] \gg 1$ ein. Bei vorgegebenem Druck $p = [A]\,kT$ im Vakuumgefäß besitzt die Kurve $\Theta(T)$ ein Maximum für die Temperatur $T_{\max} = G^0_{\mathrm{Des}}/R$, d. h. durch Temperaturerhöhung lässt sich oberhalb von $T_{\max}$ wegen der Abnahme von [A] der Grad der Bedeckung reduzieren.

Man erreicht typischerweise eine Monolage in der Physisorptionsschicht, wenn der Kammerdruck 1/10 des Dampfdrucks der adsorbierten Teilchen ausmacht. Die hier vorgestellte einfache Behandlung ist häufig nicht anwendbar, da ein anfliegendes Teilchen auf sehr unterschiedliche Weise mit der gleichen Oberfläche reagieren kann und die relativen Anteile dieser verschiedenen Wechselwirkungen wiederum von Druck und Temperatur abhängen. Bedeckungsgrade hängen auch von der Vorgeschichte der Oberflächen ab und die für die hier beschriebene thermodynamische Behandlung erforderliche reversible Prozessführung ist nicht gegeben.

2.6.1.4 Nicht-Gleichgewichtsbehandlung von Adsorptions- und Desorptionsprozessen

Definitionen und Reaktionen. Die in Abschn. 2.6.1.3 angeführten Gründe gegen eine thermodynamische Behandlung von Adsorptions- und Desorptionsprozessen gelten auch, wenn ein Entladungsplasma der Wand vorgelagert ist. Die mit der Oberfläche reagierenden Teilchen werden in der Entladung gebildet, diffundieren zur Wand, physisorbieren dort und diffundieren zu einem aktiven Platz, wo sie chemisorbieren oder sie diffundieren in den Festkörper. Durch dissoziative Chemisorption werden neue Produkte gebildet, die die Oberfläche verlassen, im Plasma wieder dissoziieren und erneut zur Wand gelangen. Diese Prozesse müssen summarisch erfasst und dürfen nicht einzeln bilanziert werden.

In der Literatur [49–51] werden Nicht-Gleichgewichtsmodelle zur Beschreibung der Plasma-Wand-Wechselwirkung am Hitzeschild eines Raumgleiters oder in einer Glimmentladung vorgestellt. Diese Modelle unterscheiden zwischen den aktiven Oberflächenplätzen, an denen Chemisorption stattfindet und Plätzen, an denen die Teilchen A physisorbieren (s. Abschn. 2.6.1.2). Dabei bedeuten wie oben erwähnt $[O_c]$ in m^{-2} die Oberflächendichte für unbesetzte und $[AO_c]$ in m^{-2} die für besetzte chemisorbierende Plätze mit einer Gesamtdichte $[C] = [O_c] + [AO_c]$. Entsprechend führt man für die physisorbierenden Plätze die Oberflächendichte $[O_p]$ in m^{-2} für die unbesetzten und $[AO_p]$ in m^{-2} für die besetzten Plätze mit der Gesamtdichte $[P] = [O_p] + [AO_p]$ ein. Sei a der Abstand der physisorbierenden Oberflächenatome, dann gilt $[P]a^2 = 1$ (s. Abb. 2.12a, b).

Folgende Reaktionen werden zugelassen:

Reaktion $j = 1$: Chemisorption eines Plasmateilchens A als Hinreaktion und Desorption als Rückreaktion $A + O_c \leftrightarrow AO_c$.

Reaktion $j = 2$: Physisorption eines Plasmateilchens als Hinreaktion und Desorption als Rückreaktion $A + O_p \leftrightarrow AO_p$.

Reaktion $j = 3$: Ein physisorbiertes Teilchen AO_p diffundiert an einen leeren aktiven Platz O_c und wird dort gebunden, dabei entsteht ein freier beweglicher Platz. Die Umkehrreaktion ist unwahrscheinlich. Der Prozess lässt sich durch die Reaktion $AO_p + O_c \rightarrow AO_c + O_p$ beschreiben.

Reaktion $j = 4$: Ein physisorbiertes Teilchen AO_p trifft nach einem Diffusionsprozess auf einen besetzten aktiven Platz AO_c. Dabei kommt es zur unter Abschn. 2.6.1.2 erwähnten *Langmuir-Hinshelwood-Rekombination* nach dem Schema $AO_p + AO_c \rightarrow A_2 + O_p + O_c$.

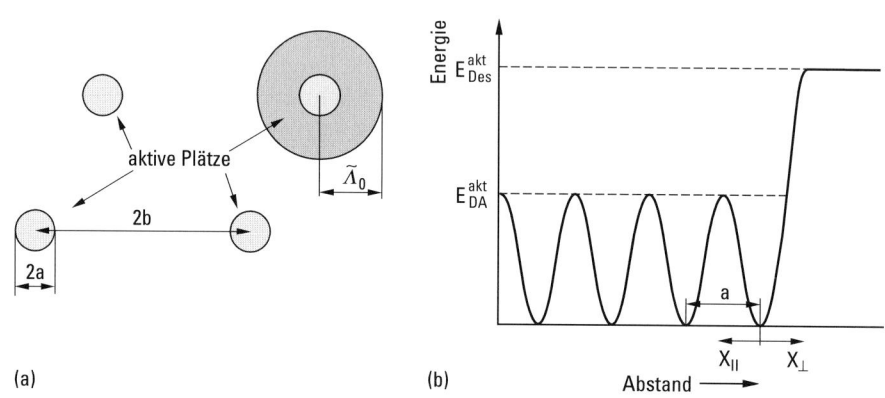

Abb. 2.12 (a) Schematische Darstellung der Anordnung der Oberflächenatome (mit mittlerem Abstand a) und aktiver Plätze (Abstand $2b$) sowie der Diffusionslänge $\tilde{\Lambda}_0$, ein Maß für die Größe der Einsammelzone. (b) Potentialverteilung für adsorbierte Atome als Funktion von $x_\parallel$, der Koordinate parallel zur Oberfläche, und für Desorption als Funktion von $x_\perp$, Koordinate senkrecht zur Oberfläche. E_{DA}^{akt}, Aktivierungsenergie für Oberflächendiffusion; E_{des}^{akt}, Aktivierungsenergie für Desorption (nach [49]).

Reaktion $j = 5$: Ein Teilchen A kann auch direkt mit einem besetzten Platz AO_c reagieren und zu einem **vibratorisch angeregten** Molekül A_2^* rekombinieren. Diese *Eley-Rideal-Rekombination* gehorcht der Reaktion $A + AO_c \rightarrow A_2^* + O_c$.

Weitere Reaktionen zwischen AO_p und AO_p, AO_c und AO_c und die dissoziative Chemisorption (siehe Abschn. 2.6.1.2) sind bei niedrigen Wandtemperaturen $T_w = 300\,K$ zu vernachlässigen.

Das Diffusionsverhalten von AO_p ist durch den *intrinsischen Diffusionskoeffizienten D_0* und die Verweilzeit der Atome auf der Oberfläche τ_A bestimmt. Nach Frenkel lautet die mittlere Verweilzeit an der Oberfläche bis zur Desorption

$$\tau_A = \frac{1}{\nu_{Des}} \exp \frac{E_{Des}^{akt}}{RT_w}, \tag{2.204}$$

wobei ν_{Des} die Größenordnung der Frequenz von Gitterschwingungen besitzt (10^{12}–$10^{13}\,s^{-1}$) und E_{Des}^{akt} die Aktivierungsenergie für Desorption bedeutet (Abb. 2.12b). Die Gl. (2.204) erklärt den Effekt, dass das Ausheizen einer Vakuumapparatur (hohes T_w) die Verweilzeit der Teilchen an der Oberfläche stark reduziert und durch Abpumpen der freigesetzten Teilchen die Oberfläche gereinigt und das Vakuum verbessert werden kann. Eine zu Gl. (2.204) analoge Diffusionszeit auf der Oberfläche lautet

$$\tau_{DA} = \frac{1}{\nu_{DA}} \exp \frac{E_{DA}^{akt}}{RT_w}, \tag{2.205}$$

mit der Frequenz für Oberflächendiffusion ν_{DA} und der Aktivierungsenergie für Diffusion E_{DA}^{akt} (Abb. 2.12b). Gl. (2.205) liegt die Annahme zugrunde, dass die Diffusion durch Sprünge von einem Platz zum nächsten über eine Strecke a erfolgt und dabei eine Aktivierungsenergie E_{DA}^{akt} zu überwinden ist. Aus der Theorie der Zufallsbewegung errechnet sich der Diffusionskoeffizient bei *zweidimensionaler Oberflächendiffusion* (bewirkt den Faktor $\frac{1}{4}$) über die vorgegebene mittlere Länge a zu

$$D_0 = \frac{a^2}{4\tau_{DA}} = \frac{1}{4}\nu_{DA}a^2 \exp\left(-\frac{E_{DA}^{akt}}{RT_w}\right). \tag{2.206}$$

Während seiner Verweilzeit τ_A auf der Oberfläche legt daher ein Teilchen A_p nach der Theorie der Zufallsbewegung die Strecke

$$\tilde{\Lambda}_0 = 2\sqrt{D_0\tau_A} = a\sqrt{\frac{\nu_{DA}}{\nu_{Des}}} \exp\left(\frac{E_{Des}^{akt} - E_{DA}^{akt}}{2RT_w}\right) \tag{2.207}$$

zurück. Wegen $E_{Des}^{akt} - E_{DA}^{akt} > 0$ nimmt $\tilde{\Lambda}_0$ mit wachsender Temperatur T_w stark ab.

Zahlenbeispiel. Für $A = N$ (atomarer Stickstoff) auf einer SiO_2-Oberfläche gilt $\nu_{DA}/\nu_{Des} = 10^{-2}$, $E_{Des}^{akt} = 6200\,K$, $E_{DA}^{akt} = 3100\,K$, also mit Gleichung (2.207) $\tilde{\Lambda}_0 = (a/10)\exp(1550/T_w)$. Im Bereich niedriger Temperatur $T_w \leq 100\,K$ (flüssige Luft) erhält man $\tilde{\Lambda}_0 > 2b$, wobei nach Abb. 2.12a die Länge $2b$ der mittlere Abstand aktiver Plätze ist und $b/a = 10$. Der in Abb. 2.12a eingezeichnete schraffierte Bereich mit Radius $\tilde{\Lambda}_0$ ist so groß, dass er mit dem der Nachbaratome überlappt. Jedes auftreffende N-Atom hat dann genug Zeit, an einen aktiven Platz zu gelangen. Im

Temperaturbereich $T_\mathrm{w} = 300\text{--}700\,\mathrm{K}$ ist das nicht der Fall, da $\tilde{A}_0 < 2\,b$ gilt. Die Bedingung $\tilde{A}_0 = a$ wird für $T_\mathrm{w} = 673\,\mathrm{K}$ erreicht. Für $T > 673\,\mathrm{K}$ mit $\tilde{A}_0 < a$ kann daher der Beitrag der Diffusion zur Rekombination vernachlässigt werden. Eley-Rideal-Rekombination an aktiven Plätzen erfolgt dann nur bei **direktem Auftreffen** von A auf Plätze AO_c.

Formulierung der Ratengleichungen. Die im Folgenden vorgestellten Überlegungen geben einen Weg vor, wie man den Verlust einer Entladung an Teilchen der Sorte A bei Vorliegen der Reaktionen $j = 1, \ldots 5$ berechnen kann. Bei einer typischen Anwendung erzeugt eine Entladung in einem Rohr ein Edukt A (z. B. N aus N_2), das durch Konvektion und Diffusion das Rohr ausfüllt und durch Reaktionen an der Wand und durch Volumenprozesse teilweise wieder verloren geht. Der Dichteabfall von A längs der Rohrachse ist einer Messung zugänglich und daraus lässt sich ein *Wandverlustfaktor* γ_A (s. u.) ermitteln. Der Faktor γ_A kann auch durch Modellierung erhalten werden; die entsprechenden Gleichungen werden im Folgenden hergeleitet. Hier soll nur eine Teilchensorte A behandelt werden, in der neueren Literatur [4, 50, 56] werden auch Gemische untersucht.

Seien K_j die Ratenkoeffizienten für die Hinreaktionen und K_{-j} für die Rückreaktionen der oben aufgelisteten Wandreaktionen $j = 1, \ldots, 5$. Dann lauten die stationären Bilanzgleichungen für die **Bildung und Vernichtung von** AO_p

$$\frac{\mathrm{d}[AO_\mathrm{p}]}{\mathrm{d}t} = 0 = -K_{-2}[AO_\mathrm{p}] - K_3[AO_\mathrm{p}][O_\mathrm{c}] - K_4[AO_\mathrm{p}][AO_\mathrm{c}] + K_2[A][O_\mathrm{p}]. \qquad (2.208)$$

Aufgelöst nach $[AO_\mathrm{p}]$ erhält man die Konzentration

$$[AO_\mathrm{p}] = \frac{K_2[A][O_\mathrm{p}]}{K_{-2} + K_3[O_\mathrm{c}] + K_4[AO_\mathrm{c}]} = K_2[A][O_\mathrm{p}]\tau_\mathrm{A} = P_\mathrm{A}[O_\mathrm{p}], \qquad (2.209)$$

wobei

$$\tau_\mathrm{A} = (K_{-2} + K_3[O_\mathrm{c}] + K_4[AO_\mathrm{c}])^{-1} \qquad (2.210)$$

die unter Gl. (2.204) bereits angegebene Verweilzeit der Teilchen auf der Oberfläche, und

$$P_\mathrm{A} = \frac{K_2[A]}{K_{-2} + K_3[O_\mathrm{c}] + K_4[AO_\mathrm{c}]}. \qquad (2.211)$$

Wenn die physisorbierten Teilchen AO_p vornehmlich durch Desorption (Rückreaktion $j = 2$) abgebaut werden, was für $T_\mathrm{w} > 300\,\mathrm{K}$ realistisch ist, gilt die Ungleichung $K_{-2} \gg K_3[O_\mathrm{c}] + K_4[AO_\mathrm{c}]$ und daher

$$\tau_\mathrm{A} \approx \frac{1}{K_{-2}} \quad \text{und} \quad P_\mathrm{A} \approx \frac{K_2[A]}{K_{-2}}. \qquad (2.212)$$

Mit der Gesamtflächendichte für besetzte und unbesetzte physisorbierte Plätze $[P] = [AO_\mathrm{p}] + [O_\mathrm{p}] = 1/a^2$ (Abb. 2.12a) folgen näherungsweise mit Gl. (2.209)

$$[O_\mathrm{p}] = \frac{[P]}{1 + P_\mathrm{A}} \approx [P] \quad \text{und} \quad [AO_\mathrm{p}] = \frac{[P]P_\mathrm{A}}{1 + P_\mathrm{A}} \approx [P]P_\mathrm{A} \ll [O_\mathrm{p}], \qquad (2.213)$$

da nach [47] über einen weiten Dichtebereich mit der Nebenbedingung $[A] < 10^{21}\,\text{m}^{-3}$ sowohl für atomaren Sauerstoff als auch für atomaren Stickstoff im Arbeitsbereich $T_w > 300\,\text{K}$ die Bedingung $[A]\,K_2 \ll K_{-2}$, d. h. $P_A \ll 1$ gilt. Als erstes Ergebnis sei festgehalten, dass die Belegung der Wand mit physisorbierten Teilchen wegen der hohen Desorptionsrate für atomaren Stickstoff gering ist.

Eine analoge Behandlung der **Bildung und Vernichtung von Teilchen** AO_c liefert die stationäre Bilanz

$$\frac{d[AO_c]}{dt} = 0 = - K_{-1}[AO_c] - K_4[AO_p][AO_c] - K_5[A][AO_c] + K_1[A][O_c]$$
$$+ K_3[AO_p][O_c], \tag{2.214}$$

die zur Besetzungsdichte

$$[AO_c] = [A][O_c]\,\frac{K_1 + K_3[AO_p]/[A]}{K_{-1} + K_4[AO_p] + K_5[A]} - C_A[O_c] \tag{2.215}$$

führt, wobei

$$C_A = [A]\,\frac{K_1 + K_3[AO_p]/[A]}{K_{-1} + K_4[AO_p] + K_5[A]}. \tag{2.216}$$

Da $K_{-1} + K_4[AO_p] \ll K_5[A]$ für $[A] \geq 10^{17}\,\text{m}^{-3}$ im hier interessierenden Temperaturbereich $T_w > 300\,\text{K}$ (siehe die Abschätzung weiter unten, Abschnitt „Einige Zahlenbeispiele"), hat man

$$C_A \approx \frac{K_1 + K_3 P_A[P]/[A]}{K_5} \gg 1. \tag{2.217}$$

Führt man die Gesamtflächendichte besetzter und unbesetzter chemisorbierter Plätze $[C] = [AO_c] + [O_c]$ ein, so resultieren aus Gl. (2.215) mit $C_A \gg 1$

$$[O_c] = \frac{[C]}{1 + C_A} \approx \frac{[C]}{C_A} \quad \text{und} \quad [AO_c] = \frac{[C]C_A}{1 + C_A} \approx [C], \tag{2.218}$$

d. h. im Gegensatz zur oben diskutierten Physisorption sind bei Chemisorption alle aktiven Plätze praktisch besetzt.

Teilchen der Sorte A werden durch **Prozesse im Entladungsvolumen** einer zylindrisch angenommenen Entladung vom Radius R_E und der Länge L_E durch Stoß- und Strahlungsprozesse gebildet und vernichtet, durch Diffusion und Konvektion aus dem Volumen entfernt bzw. ihm zugeführt und an der Wand erzeugt bzw. vernichtet. Für die Gesamtzahl Z_A der Teilchen der Sorte A erhält man in einem vereinfachten Globalmodell mit $Z_A = \int[A]\,dV \approx \pi R_E^2 L_E[A]$ für die zeitliche Änderung von Z_A

$$\frac{dZ_A}{dt} = \pi R_E^2 L_E\,\frac{d[A]}{dt}. \tag{2.219}$$

Berechnet man die mittlere Wandbelegung von $[AO_p]$ bzw. $[AO_c]$ und $[O_p]$ bzw. $[O_c]$, dann muss man die reale, **raue Oberfläche** A_{real} statt der geometrischen Rohroberfläche $A = 2\pi R_E L_E$ ansetzen. Mit dem *Rauigkeitsfaktor*

$$F = \frac{A_{real}}{A} = \frac{A_{real}}{2\pi R_E L_E} \geq 1 \tag{2.220}$$

lautet die Anzahl der sich auf der Oberfläche befindlichen unbesetzten bzw. besetzten Plätze $A_{real}[O_{p,c}]$ bzw. $A_{real}[AO_{p,c}]$, und die Änderung der Konzentration $[A]$ durch Wandprozesse ergibt sich aus dem Reaktionsschema zu

$$\left(\frac{dZ_A}{dt}\right)_{Wand} = \pi R_E^2 L_E \frac{d[A]}{dt} = A_{real}(-K_1[A][O_c] - K_2[A][O_p]$$
$$- K_5[A][AO_c] + K_{-1}[AO_c] + K_{-2}[AO_p]), \tag{2.221}$$

was sich nach Addition von Gl. (2.208) und (2.214) und nach Einsetzen in Gl. (2.221) auch als

$$\frac{d[A]}{dt} = -\frac{4FC_A}{R_E(1+C_A)}[C][A]\left(\frac{K_4 K_2[P]}{K_{-2}} + K_5\right) = -v_W[A] \tag{2.222}$$

schreiben lässt. v_W heißt *Wandverlustfrequenz*.

Man kann diese Größe auch ausrechnen, indem man die Kontinuitätsgleichung für Teilchen der Sorte A und der Dichte $[A] = n_A$ im Plasma betrachtet. Diese lautet in Zylinderkoordinaten, wenn man keine Konvektion, sondern nur Diffusion zulässt,

$$\frac{\partial n_A}{\partial t} + \nabla \boldsymbol{\Gamma}_A = \frac{\partial n_A}{\partial t} - D\Delta n_A = \frac{\partial n_A}{\partial t} - \frac{D}{r}\frac{\partial}{\partial r}\frac{r\partial n_A}{\partial r} = -v_V n_A, \tag{2.223}$$

wobei $\boldsymbol{\Gamma}_A$ der Diffusionsfluss, D der Diffusionskoeffizient im Plasma und v_V die Volumenverlustfrequenz sind.

Zur Lösung der Kontinuitätsgleichung (2.223) benötigt man Anfangs- und Randbedingungen. Betrachtet werde zur Formulierung dieser Bedingungen der Teilchenfluss, der durch Teilchen bewirkt wird, die aus einem Volumen im Abstand z vor der Wand kommen, und auf ihrem Weg zu einer Kontrollfläche noch einen Stoß erfahren können. Nach [52] lautet der gewichtete Fluss durch die Kontrollfläche in $-z$- bzw. $+z$-Richtung in 1. Ordnung (mit $\langle v \rangle$ nach Gl. (2.12))

$$\Gamma_{-z} = \frac{n_{A,z=0}\langle v \rangle}{4} + \frac{D}{2}\left(\frac{\partial n_A}{\partial z}\right)_{z=0} \pm \cdots \quad \text{bzw.} \quad \Gamma_{+z} = \frac{n_{A,z=0}\langle v \rangle}{4} - \frac{D}{2}\left(\frac{\partial n_A}{\partial z}\right)_{z=0} \pm \cdots$$

(wobei die $+z$-Richtung von der Wand fortweist). Mit dem *Wandverlustfaktor* γ_A schreibt sich dann die Teilchenbilanz an der Wand

$$(\Gamma_{+z})_{z=0} = (\Gamma_{-z})_{z=0} - \gamma_A(\Gamma_{-z})_{z=0} \tag{2.224}$$

oder eingesetzt mit $z = R_E - r$ nach leichter Umformung

$$D\left(\frac{\partial n_A}{\partial r}\right)_{r=R_E} = \frac{2\gamma_A}{2 - \gamma_A}\frac{n_{A,R=R_E}\langle v \rangle}{4}. \tag{2.225}$$

Ein Produktansatz $n_A(r,t) = f(t)g(r)$ ist hilfreich, um eine geeignete Lösung von Gl. (2.223) zu finden. Mit der *Modendiffusionslänge* $\Lambda_0 = \sqrt{D/v_W}$ lautet die bei $r = 0$ reguläre Lösung der Grundmode

$$n_A(r,t) = n_A(0,0)\exp[-(v_W + v_V)t]J_0(r/\Lambda_0),$$

wobei J_0 die Besselfunktion nullter Ordnung ist. Eingesetzt in Gl. (2.225) erhält man eine Beziehung zur Ermittlung von R_E/Λ_0 bzw. v_W der Form

$$\frac{R_E J_1(R_E/\Lambda_0)}{\Lambda_0 J_0(R_E/\Lambda_0)} = \frac{2\gamma_A R_E \langle v \rangle}{4D(2 - \gamma_A)}. \tag{2.226}$$

Wegen $J_0(x) = 1 - (x^2/4) + \ldots$ und $J_1(x) = (x/2) - x^3/16 + \ldots$ gilt für $x \ll 1$, d. h. $\gamma_A \ll 1$ und $\gamma_A R_E \langle v \rangle \ll 4D$, angenähert $R_E/\Lambda_0 \approx \sqrt{\gamma_A R_E \langle v \rangle}/\sqrt{(2 - \gamma_A)D}$ oder

$$v_W = \frac{D}{\Lambda_0^2} \approx \frac{\gamma_A \langle v \rangle}{2R_E}. \tag{2.227}$$

Oft ist auch der andere Grenzfall $2\gamma_A R_E \langle v \rangle/[(2 - \gamma_A)4D] \to \infty$ wichtig, was mit $J_0(R_E/\Lambda_0) \to 0$ oder $R_E/\Lambda_0 = \lambda_0 = 2.4048$, λ_0 gleich der ersten Nullstelle von J_0, verträglich ist. Damit wird für diesen Grenzfall

$$v_W = 5.78 \cdot \frac{D}{R_E^2}. \tag{2.228}$$

Für den Zwischenbereich findet man die Resultate in [53]. In guter Näherung interpoliert man häufig

$$\frac{1}{v_W} = \frac{2R_E}{\gamma_A \langle v \rangle} + \frac{R_E^2}{5.78D} = \frac{2R_E}{\gamma_A \langle v \rangle}\left(1 + \frac{\gamma_A R_E}{4.54\lambda_{FW}}\right), \tag{2.229}$$

wobei der Diffusionskoeffizient $D = (\pi/8)\lambda_{FW}\langle v \rangle$ (s. Abschn. 2.4.6.1) eingesetzt wurde. In vielen für die Anwendung wichtigen Plasmen gilt

$$\frac{\gamma_A}{4.54} < 10^{-4} < \frac{\lambda_{FW}}{R_W} < 10^{-2} \quad \text{oder} \quad v_W \approx \frac{\gamma_A \langle v \rangle}{2R_E}$$

nach Gl. (2.227). Damit folgt in der Näherung $C_A \gg 1$ die gesuchte Relation zur Berechnung von Wandverlustfaktoren mit Gl. (2.222)

$$\gamma_A = \frac{8F[C]}{\langle v \rangle}\left[\frac{K_4 K_2[P]}{K_{-2}} + K_5\right]. \tag{2.230}$$

Statt der zur Herleitung benutzten Randbedingung Gl. (2.225) wird häufig die Bedingung $n_{A,r=R_E} = 0$ zur Lösung der Differentialgleichung (2.223) gewählt, die formal einem verschwindenden Teilchenfluss in Richtung Wand entspricht. Die Bedingung $n_{A,r=R_E} = 0$ ist jedoch nur näherungsweise unter der Voraussetzung anwendbar, dass

$$D\left[\frac{\partial n_A/\partial r}{n_A}\right]_{r=R_E} \sim \frac{\lambda_{FW}}{R_E} \ll 1$$

gilt und die Teilchen auf der Oberfläche in einer Senke verschwinden.

Berechnung der Ratenkoeffizienten. In der Literatur [4, 49, 50] findet man die Ratenkoeffizienten $K_{\pm j}$ in der Arrhenius-Form (s. Gl. (2.73)). Hin- und Rückprozessen werden Aktivierungsenergien $E_{\pm j}^{\text{akt}}$ zugeordnet. Diese werden in J/mol oder häufig als E^{akt}/R, R Gaskonstante, in Kelvin angegeben. Die *sterischen Faktoren* $K_{\pm j}^0 \leq 1$ gewichten, ob die reagierenden Teilchen vor dem Stoß die richtige gegenseitige Orientierung besitzen, damit es überhaupt zu einem Reaktionsablauf kommen kann. Meistens wird $K_{\pm j}^0 = 1$ gesetzt. Als Reaktionstemperatur wird die Wandtemperatur T_{w} gewählt, die gleich der Gastemperatur vor der Wand sein soll. In Anordnungen mit schneller Strömung, großen Gradienten der Zustandsgrößen vor der Wand oder wenn viele reflektierende Teilchen vorhanden sind (s. Abschn. 2.6.1.1), ist diese Näherung kritisch zu überprüfen. Die mittlere Geschwindigkeit $\langle v \rangle$ der auftreffenden Teilchen soll ebenfalls mit der Wandtemperatur T_{w} berechnet werden.

Hinreaktionen: $j = 1, 2, 5$. An diesen Reaktionen sind Teilchen A des Plasmas beteiligt. Mit $a^2 = 1/[\text{P}]$ gilt

$$K_{\text{j}} = \frac{\langle v \rangle K_{\text{j}}^0 a^2}{4} \exp\left(-\frac{T_{\text{j}}^{\text{akt}}}{T_{\text{w}}}\right), \quad [K_{\text{j}}] = \frac{\text{m}^3}{\text{s}}. \tag{2.231}$$

Hinreaktionen: $j = 3, 4$. Sie beschreiben intrinsische Diffusionsvorgänge an der Oberfläche (s. Gl. (2.206) und (2.207)) mit den Ratenkoeffizienten

$$K_{\text{j}} = D_0 K_{\text{j}}^0 \exp\left(-\frac{T_{\text{j}}^{\text{akt}}}{T_{\text{w}}}\right) = \frac{v_{\text{DA}}}{4[\text{P}]} \exp\left(-\frac{T_{\text{j}}^{\text{akt}} + T_{\text{DA}}^{\text{akt}}}{T_{\text{w}}}\right), \quad [K_{\text{j}}] = \frac{\text{m}^2}{\text{s}}. \tag{2.232}$$

Rückreaktionen: $j = 1, 2$. Desorption aus besetzten chemi- bzw. physisorbierten Plätzen (s. Gl. (2.204)).

$$K_{-\text{j}} = \frac{1}{\tau_{-\text{j}}} = v_{\text{Des},-\text{j}} \exp\left(-\frac{T_{\text{Des},-\text{j}}^{\text{akt}}}{T_{\text{w}}}\right), \quad [K_{-\text{j}}] = \frac{1}{\text{s}}. \tag{2.233}$$

Einige Zahlenbeispiele. Konzentrationsmessungen an Driftröhren aus Quarzglas [49] und Glimmentladungen in N_2 [50] führen zu folgenden Zahlenwerten:

$$\text{Atomdichte } [\text{N}] = 10^{17} - 10^{21}\,\text{m}^{-3}, \; v_{\text{DN}} = 10^{13}\,\text{s}^{-1}, \; v_{\text{Des},-2} = 10^{15}\,\text{s}^{-1},$$
$$a/b \approx 1/10, \; [\text{C}]/[\text{P}] \approx 2.5 \cdot 10^{-3}, \; a = 10^{-10}\,\text{m}, \; b = 10^{-9}\,\text{m}, \; F = 2.4,$$
$$K_1^0 \approx 1, \; T_1^{\text{akt}} \approx 0, \; T_2^{\text{akt}} \approx 0, \; T_3^{\text{akt}} \approx 900\,\text{K}, \; T_4^{\text{akt}} \approx T_5^{\text{akt}} = 2500\,\text{K},$$
$$T_{\text{DN}} = 3100\,\text{K}, \; T_{\text{Des},-2}^{\text{akt}} = 6200\,\text{K}, \; T_{\text{Des},-1}^{\text{akt}} \gg T_{\text{Des},-2}^{\text{akt}}.$$

Aus diesen Zahlenwerten und den entsprechenden Ratenkoeffizienten errechnet man mit Gl. (2.230) die Werte $\gamma_{\text{N}}(300\,\text{K}) = 2.2 \cdot 10^{-4}$, $\gamma_{\text{N}}(420\,\text{K}) = 1.56 \cdot 10^{-4}$ (Minimum), $\gamma_{\text{N}}(1000\,\text{K}) = 1.04 \cdot 10^{-3}$.

Die Teilchenverweilzeit an der Oberfläche beträgt nach Gl. (2.212) und (2.233) $\tau_{\text{N}}(300\,\text{K}) = 1\,\mu\text{s}$, $\tau_{\text{N}}(420\,\text{K}) = 2.6\,\text{ns}$, $\tau_{\text{N}}(1000\,\text{K}) = 0.5\,\text{ps}$. Weiter schätzt man ab: Nach Gl. (2.213) und (2.217) für $[\text{N}] = 10^{20}\,\text{m}^{-2}$, $T_{\text{w}} = 300\,\text{K}$, $[\text{C}]/[\text{P}] = 2.5 \cdot 10^{-3}$ erhält man die Werte $P_{\text{N}} = 1.58 \cdot 10^{-4} \ll 1$ und $C_{\text{N}} = 3.2 \cdot 10^5 \gg 1$, woraus die Oberflächendichten $[\text{O}_{\text{p}}] = 10^{20}\,\text{m}^{-2}$, $[\text{AO}_{\text{p}}] = 1.6 \cdot 10^{16}\,\text{m}^{-2}$, $[\text{O}_{\text{c}}] = 7.8 \cdot 10^{11}\,\text{m}^{-2}$, $[\text{AO}_{\text{c}}] = 2.5 \cdot 10^{17}\,\text{m}^{-2}$ folgen.

Die oben genannten γ_N-Werte sind in ihrer Größenordnung auch für atomaren Sauerstoff O typisch, wenn auch das Temperaturverhalten sich merklich unterscheiden kann.

So empfiehlt [41] für O-Atome den Arrhenius-Ansatz $\gamma_0 = 0.94 \exp(-1780/T_w)$, der im Gegensatz zur Funktion $\gamma_N(T_w)$ kein Minimum aufweist. Die Wandverlustwahrscheinlichkeit metastabiler Moleküle wie $N_2(A^3\Sigma_u^+)$ und $N_2(a'^1\Sigma_u^-)$ liegen mit $\gamma \approx 1$ bzw. 10^{-2} bis $2 \cdot 10^{-2}$ merklich höher [41, 54]. Dies gilt auch für elektronisch angeregte Zustände, z. B. $N(^2P)$ und $N(^2d)$. Wenn γ große Werte annimmt, ist die Interpolationsformel Gl. (2.229) statt (2.227) zur Auswertung heranzuziehen.

Merklich größere γ-Werte werden auch für H-Atome angegeben, insbesondere bei der Wechselwirkung mit Metalloberflächen [55].

Gasgemische. In Gasgemischen, häufig untersucht wurden N_2-O_2-Systeme, hängen die γ_0 und γ_N nicht nur von der Wandtemperatur, sondern auch von den N_2-O_2-Verhältnissen ab. γ_N wächst um etwa den Faktor 100 an, wenn mehr als 20 % O_2 zugesetzt wird. Geringe Zusätze von O_2 ($< 1\%$) zu N_2 führen dagegen im Druckbereich 0.1 kPa zur Absenkung von γ_N oder im umgekehrten Fall von Zusätzen von N_2 ($< 1\%$) zu O_2 zur Absenkung von γ_0 [4].

Die theoretische Behandlung der Plasma-Wand-Wechselwirkung in Gemischen ergänzt das Reaktionsschema $j = 1, \ldots, 5$ um weitere Prozesse und führt neben A, AO_p und AO_c weitere Teilchen B, C, $\ldots$, ihre besetzten physisorbierten Plätze BO_p, CO_p, $\ldots$ sowie chemisorbierte Plätze BO_c, CO_c, $\ldots$ ein. Daneben erweist es sich als wichtig, auch Reaktionsprodukte wie AB, $(ABO)_p$, $(ACO)_c$ im Reaktionsschema zu berücksichtigen. Alle Produkte können mit O_p, O_c, $\ldots$ reagieren. Kompliziertere Reaktionsschemata, die zwei Systeme aktiver Plätze O_{1c} und O_{2c} einführen, sollen gemessene O- und NO-Dichten am N_2-O_2-System besser erklären [4]. Die Existenz zusätzlicher andersartiger aktiver Plätze wird durch O^--Ionen an der Oberfläche plausibel gemacht.

Die hier geschilderten Wandprozesse des N-Atoms können die Ergebnisse von N-*Absolutmessungen* im Volumen durch *Titration* erheblich verfälschen. Dieses Verfahren beruht darauf, dass man in einer Entladung N-Atome erzeugt und diese durch eine bekannte Menge NO nach der Reaktion $N + NO \rightarrow N_2 + O$ vernichtet. Das bei der Reaktion auftretende *Chemilumineszenzleuchten* wird als Funktion der NO-Zugabe vermessen. Bei minimaler Emission sollte genau soviel NO zugegeben werden, wie N-Atome vorhanden sind. Durch die Wandprozesse entsteht jedoch bei NO-Zugabe in erheblichem Maße N, sodass die übliche Titrationsmethode mit Endpunktermittlung mit einem systematischen Fehler behaftet ist [56].

2.6.2 Physikalische Zerstäubung (Sputtern)

In den Fallräumen und Schichten von Entladungen, die für die Prozesstechnik relevant sind, nimmt die Energie von Ionen (und durch Umladung auch von Neutralen) so hohe Werte an, dass diese durch den Prozess der *physikalischen Zerstäubung* (*Sputtern*) Elektroden, Wand- und Substratmaterial freisetzen können. Zerstäubung setzt erst ab einer bestimmten Schwellenenergie E_S ein, die von dem Massenverhältnis zwischen Targetatom und Projektil abhängt und der Bindungsenergie der Targetatome proportional ist. Die Ergiebigkeit des Prozesses ist zur Erzielung einer optimalen Impuls- und Energieübertragung (s. Gl. (2.50) und (2.51)) dann besonders günstig, wenn die Massen von Projektil und Target nahezu gleich sind. *Selbstzerstäubung* ist daher besonders effektiv. Zum Verständnis des Zerstäubungsprozesses betrachtet man ein hinreichend energiereiches Projektil, das in einen Festkörper eindringt. Das Projektil verliert dabei seine kinetische Energie in einer Abfolge von elastischen und inelastischen Streuprozessen. Kommt das Projektil nach einem Zufallsweg durch den Festkörper an die Oberfläche zurück und verlässt es diese, so spricht man von *Rückstreuung*. Kommt es im Festkörper zur Ruhe, ist es *implantiert*. Es kann im Targetmaterial *Gitterversetzungen* bewirken. Wenn das Projektil auf ein Oberflächenatom beim Aufprall eine Energie überträgt, die größer als die Bindungsenergie des Atoms an der Oberfläche ist, wird das getroffene Atom von der Oberfläche freigesetzt. Diesen Vorgang nennt man *Zerstäubung* oder *Sputtern*. Die *Zerstäubungsausbeute* Y (gleich dem Verhältnis der Zahl von zerstäubten Atomen zur Zahl der Projektile) nimmt für das Projektil Deuteriumion auf leichte Targetmaterialien (Be, C) bei der kinetischen Energie von 100 eV Werte von $(2-3) \cdot 10^{-2}$ an, bei mittelschwerem Targetmaterial (Cu) liegt der Wert für 1 keV Deuteriumprojektile bei $5 \cdot 10^{-2}$. *Selbstzerstäubung* führt zu merklich größeren Ausbeuten (> 1 möglich), insbesondere bei schrägem Einfall der Projektile. Die Flussdichte zerstäubter Teilchen von einer Oberfläche Γ_{zerst} errechnet sich aus der energie- und richtungsabhängigen Ausbeute Y und der einfallenden Ionenflussdichte Γ_{+} nach Mittelung über Energie und Richtung zu

$$\Gamma_{\text{zerst}} = \langle Y\Gamma_{+} \rangle. \tag{2.234}$$

Neben der Zerstäubung atomarer Spezies werden auch kleinere *Atomagglomerate* (*Cluster*) freigesetzt, deren Zahl mit wachsender Größe der Cluster stark abnimmt. Sie führen u. a. zur Bildung staubiger Plasmen (s. Abschn. 2.7.3.7).

2.6.3 Chemische Zerstäubung und chemische Erosion

Wenn die auf die Oberfläche auftreffenden Projektile mit dem Oberflächenmaterial leicht flüchtige chemische Verbindungen eingehen, also die chemische Bindung von Oberflächenatomen mit Nachbaratomen aufbrechen, spricht man von *chemischer Zerstäubung*. Chemische Zerstäubung setzt die Anwesenheit wenigstens eines **energiereichen Projektils** voraus, das direkt mit einem Oberflächenatom wechselwirkt. Dagegen ist der Begriff *chemische Erosion* weiter gefasst und schließt auch Reaktionen mit thermischen Projektilen ein, wie die unter Abschn. 2.6.1 diskutierten Oberflächenschichtreaktionen nach *Langmuir* und *Hinshelwood* bzw. *Eley* und *Rideal*. Gut untersuchte Beispiele, neben den in Abschn. 2.6.1 erwähnten, findet man in [57], z. B. die Wechselwirkung von H- oder H^{+}-Projektilen mit Kohlenstoff C, wobei CH_3, CH_4, allgemein C_xH_y entstehen, oder von O_2 oder O^{-}, O^{+}-Projektilen mit C, wobei CO und CO_2 gebildet werden. Wie unter Abschn. 2.6.1 diskutiert, hängen die Ausbeuten im Gegensatz zur physikalischen Zerstäubung stark von der **Targettemperatur** ab. Ein weiteres wichtiges Beispiel ist das *Ätzen* von Silizium durch chlor- oder fluorhaltige Plasmen (s. Abschn. 2.9.5).

2.6.4 Elektronenemission

In einer Gleichstrom- oder Niederfrequenzentladung bedarf es zur Aufrechterhaltung des Entladungsstromes einer Emission von Elektronen aus einer festen oder flüssigen Oberfläche (Kathode). Zur Freisetzung eines Elektrons muss die *Austrittsarbeit* E_A aufgebracht werden. E_A hängt vom Material, aber auch von den Oberflächeneigenschaften (Rauigkeit und Gasbelag) und dem kristallinen Zustand (Einkristall oder polykristallin) ab und beträgt typisch (2–5 eV) pro Elektron. Ein elektrisches Feld E in Richtung Oberflächennormale reduziert E_A um

$$\Delta E_A = \sqrt{e^3 \frac{|E|}{4\pi\varepsilon_0}} = 3.78 \cdot 10^{-5} \sqrt{|E| \frac{m}{V}} \quad [\Delta E_A] = eV \quad (\textit{Schottky-Effekt}).$$

Unter dem Begriff **Primäremission** fasst man diejenigen Elektronenemissionsvorgänge zusammen, die auch ohne Beteiligung von Teilchen- oder Strahlung aus der Entladung ablaufen. Aufheizung der Kathode erhöht die *thermische Elektronenemission*, da die Besetzung von Zuständen über dem Fermi-Niveau ansteigt und deshalb der Sättigungsstrom beim Anlegen einer Saugspannung zunimmt. Wenn alle austretenden Elektronen abgesaugt werden, fließt ein Elektronenstrom, der sich mithilfe der *Richardson-Dushman-Gleichung* berechnen lässt. Thermische Elektronenemission dominiert den Stromfluss an Lichtbogenkathoden, das elektrische Feld in der Größenordnung 10^3 V/m reduziert E_A dabei nur wenig.

Hohe elektrische Felder vor der Kathode (10^8 V/m) deformieren bei richtiger Polung den an der Oberfläche befindlichen Potentialtopf so, dass eine Potentialbarriere endlicher Breite entsteht, die von Elektronen durch den *Tunneleffekt* jedoch überwunden werden kann. Der durch diesen auch *Feldemission* (oder *Kaltemission*) genannten Effekt hervorgerufene Elektronenstrom lässt sich mit der *Fowler-Nordheim-Gleichung* ausrechnen. Die erforderlichen hohen elektrischen Felder treten an mikroskopischen Spitzen an der Elektrodenoberfläche auf und ermöglichen einen Stromfluss in *Vakuumschaltern*.

Elektronen, die eine durch die thermische Bewegung im Kathodenmaterial erhöhte Anfangsenergie besitzen **und** eine durch ein äußeres Feld reduzierte Potentialbarriere sehen, werden durch den Effekt der *Thermo-Feldemission* emittiert.

Positive Ionen, Elektronen, angeregte neutrale Teilchen und Photonen können bei Annäherung an eine feste oder flüssige Oberfläche Elektronen aus der Oberfläche durch **Sekundäremissionsprozesse** extrahieren. Werden diese Teilchen in einem vor der Oberfläche sich befindenden Gasentladungsplasma erzeugt und tragen die gebildeten Elektronen zum Unterhalt der Entladung bei, spricht man von *Rückwirkungsprozessen* (s. Abschn. 2.7.3.2). Ein sehr wichtiger Prozess ist die Wechselwirkung eines Ions mit einer Oberfläche bei gleichzeitiger Emission eines Elektrons (*Ion-Elektron-Emission*). Man unterscheidet die *kinetische* (bei Projektilenergien > 500 eV) und die *Potential*emission (niedrige Energien < 10 eV). Bei ersterer werden Impuls und Energie des Projektils auf das Elektron übertragen, das dann die Oberfläche verlässt. Bei letzterer wird das Ion zu einem angeregten Atom neutralisiert, das dann abgeregt wird oder durch Resonanzionisation ein Elektron bereitstellt. Auch andere Prozesse sind möglich [58]. Quantitativ beschreibt man die Sekundäremissionsprozesse durch Angabe der mittleren Elektronenzahl γ, die pro auffallendes Ion emittiert wird.

Zahlenbeispiel. Wenn N^+- oder N_2^+-Ionen auf eine Pt-Oberfläche mit Energien im Bereich $0-10\,eV$ auftreffen, gilt für die Zahl der pro auftreffendem Ion freigesetzten Elektronen $\gamma_i = 5 \cdot 10^{-3}$. Metastabile Atome bewirken größere Emissionskoeffizienten γ_i. Besonders große γ_i-Koeffizienten weisen Nichtleiter (Metalloxide) auf, z. B. MgO mit $\gamma \approx 0.4$ für Ne^+-Ionen. In analoger Weise definiert man eine Quantenausbeute γ_v, um die Wirkung des äußeren *Photoeffekts* zu quantifizieren. Im tiefen UV erreicht γ_v Werte von $0.01-0.1$, fällt jedoch auf $\gamma_v = 10^{-3}$ im Sichtbaren ab. Sekundäremission durch *Elektronenbeschuss* wird im Bereich vergleichsweise hoher Energie mit einem Maximalwert $\gamma_e = 3.5$ bei $400\,eV$ (Aluminium), $\gamma_e = 1.5$ bei $600\,eV$ (Zinn) beobachtet [59]. Diese Daten hängen jedoch stark von der Vorgeschichte und Vorbehandlung der Oberflächen ab.

2.7 Schichten und Fallräume

Den Bereich zwischen einem heißen, quasineutralen Plasma und der festen, flüssigen oder auch gasförmigen (meistens kalten) Umgebung, z. B. Oberflächen wie leitende und isolierende Wände, Sonden, Elektroden, Substrate, vom Plasma eingeschlossene Partikel, Tröpfchen etc., bezeichnet man mit dem Sammelbegriff *Schicht*. In der Schicht erfolgt ein Austausch von Teilchen, Impuls und Energie zwischen Plasma und Umgebung. In diesem Abschnitt sollen für einige geometrisch einfache Anordnungen dieser Austausch und die Wechselwirkung zwischen Plasma und Umgebung studiert werden. Da die Schichtabmessung merklich kleiner als die makroskopische Strukturierung der Oberfläche gewählt werden kann, lassen sich die in der Schicht beschleunigten Teilchen auch bei komplizierter Form der Oberflächen zur sehr genauen Oberflächenbearbeitung einsetzen, ein großer Vorteil von Plasmaverfahren. Das zur Durchführung von Plasmaprozessen im Volumen dem Reaktor zugeführte Material wird häufig in Tropfenform, als Aerosol oder als fester Prekursor eingebracht, an deren Oberfläche ebenfalls Schichtbildung auftritt.

Eine besondere Rolle im Schichtbereich spielen die Ladungsträger, da ihre räumliche Anordnung auf den Oberflächen und im Schichtvolumen zu makroskopischen Raumladungen und damit zu elektrischen Feldern führt, die wiederum die raumzeitliche Anordnung der Ladungsträger und ihre Energie beeinflussen. Typisch für eine Schicht sind neben der Abweichung von der Quasineutralität das kinetische Nicht-Gleichgewicht mindestens einer Teilchensorte und die geringe Abmessung im Vergleich zur Plasmaausdehnung. Diese Aussage gilt jedoch nur, wenn die Summe der elektrischen Stromdichten aller beteiligten Teilchensorten Null ist, wie das vor einer nichtleitenden oder nicht geerdeten, metallischen Wand in DC-Entladungen der Fall ist.

Im stromlosen Fall, besonders im Druckbereich $p < 100\,Pa$ heben sich die Schichtbereiche deutlich vom leuchtenden Plasma ab. Diese Bereiche weisen, wie unten erklärt, im Vergleich zum Plasma eine reduzierte Elektronendichte auf, die Zahl der anregenden Elektronenstöße mit anschließendem Emissionsvorgang von Strahlung ist gering: Sie erscheinen dunkel. Erhöhung der **negativen Vorspannung** einer Wand führt zu einem wachsenden Ionenstrom und zu wachsender Schichtdicke. In Sonderfällen können Elektrodenfälle auch ohne Anwesenheit eines quasineutralen Plasmas aufrechterhalten werden. Besitzt die Wand ein **positives Potential** gegenüber dem Plasma, fließt praktisch nur der Elektronenstrom.

Die im Folgenden mitgeteilten Schichttheorien sind zu modifizieren, wenn Magnetfelder wirksam werden.

2.7.1 Die stoßfreie Schicht

Nach der Ladungsträgerbildung während der Zündung einer Entladung erreichen die im Vergleich zu den Ionen sehr schnellen Elektronen als erste die (hier nicht geerdete) Wand und laden sie negativ auf, das Entladungsplasma bleibt dagegen positiv geladen zurück. Mit zunehmender negativer Aufladung der Wand treffen wegen der Abbremsung der Elektronen immer weniger Elektronen die Oberfläche, während die Ionen von der negativen Wand angezogen werden und auf diese als nahezu monoenergetischer Ionenstrahl, ohne Stöße in der Schicht zu erfahren, zufliegen und dort neutralisiert werden. Im Endzustand treffen gleich viel Elektronen wie Ionen die Wand (wenn man keinen Strom über die Wand abfließen lässt) und es liegt eine Gleichgewichtsverteilung der **Elektronen** im Potential $\Phi(z)$ vor, das sich im Schichtbereich aufbaut. Die sich einstellende Gleichgewichtsverteilung $n_e(z)$ kann, wie in Abschn. 2.4.6 diskutiert, falls die Bedingung $\lambda_{FW,e}/n_e(\partial n_e/\partial z) \ll 1$ erfüllt ist, nach Gl. (2.150) berechnet werden. Mit der von der Wand ($z = 0$) ins Plasma negativ zählenden Koordinate z und der Festsetzung $\Phi(-z_s) = 0$ an der *Schichtkante* $z = -z_s$ lautet die Elektronendichteverteilung in der Schicht also:

$$n_e(z) = n_e(-z_s) \exp\left(\frac{e\Phi(z)}{kT_e}\right). \tag{2.235}$$

n_e nimmt zur Wand hin ab, da $\Phi(z)$ zur Wand hin immer negativer wird.

Da die Bildungs- und Vernichtungsraten von **Ionen** in der Schicht klein sind und die Schicht als eben angenommen wird, folgt aus der stationären Kontinuitätsgleichung $\partial/\partial z[n_+(z)v_+(z)] = 0$ die Beziehung $n_+(z)v_+(z) = n_+(-z_s)v_+(-z_s)$ und die Energieerhaltung fordert

$$\tfrac{1}{2}M_+v_+^2(z) + e\Phi(z) = \tfrac{1}{2}M_+v_+^2(-z_s) + e\Phi(-z_s).$$

Damit erhält man den Verlauf der Ionendichte in der Schicht ($-z_s \leq z \leq 0$) zu

$$n_+(z) = \frac{n_+(z_s)}{\sqrt{1 - \dfrac{2e\Phi(z)}{v_+^2(-z_s)}}}. \tag{2.236}$$

Die Poisson-Gleichung $\mathrm{div}\, \boldsymbol{E} = -\Delta\Phi = e(n_+ - n_e)/\varepsilon_0$ erlaubt jetzt mit Gl. (2.235) und (2.236) die Berechnung des Potentialverlaufs in der Schicht aus der Gleichung

$$\frac{\mathrm{d}^2\Psi}{\mathrm{d}\zeta^2} = -\left(1 - \frac{\Psi}{\mu^2}\right)^{-\frac{1}{2}} + e^\Psi \approx \Psi\left(1 - \frac{1}{2\mu^2}\right) + \mathcal{O}(\Psi^2), \tag{2.237}$$

wobei die Abkürzungen

$$\psi(z) = \frac{e\phi(z)}{kT_e}, \quad \zeta = -\frac{z}{\lambda_{D,e}(-z_s)} = -z\sqrt{\frac{n_s e^2}{\varepsilon_0 kT_e}}, \quad \mu^2 = \frac{M_+ v_+^2(-z_s)}{2kT_e},$$

$$n_e(-z_s) \approx n_+(-z_s) = n_s \tag{2.238}$$

eingeführt wurden.

Numerische Lösungen von Gl. (2.237) mit den Randbedingungen $d\Psi/d\zeta = 0$ für $\zeta = \zeta_s = -z_s/\lambda_{D,e}(-z_s)$ und $\Psi = \Psi_w = e\Phi_w/(kT_e)$ an der Stelle $\zeta = 0$ sind in Abb. 2.13 als Funktion von ζ für verschiedene μ^2 aufgetragen. Nur Lösungen mit $\mu^2 \geq \frac{1}{2}$ besitzen in der Nähe von $\Psi = 0$ einen für $\zeta \to -\infty$, d. h. zum Plasma hin, abfallenden Verlauf und eine niedrige Feldstärke ($d\Psi/d\zeta \to 0$), wie gefordert. Diesen Sachverhalt erkennt man auch aus der linearisierten Gl. (2.237). Für $\mu^2 \leq \frac{1}{2}$ ist in der Nähe von $\Psi \approx 0$, d. h. an der Schichtkante, die Lösung für Ψ eine cos- oder sin-Funktion, sie oszilliert also, für $\mu^2 \geq \frac{1}{2}$ ist die Lösung wie gewünscht exponentiell gedämpft. Die an der Schichtkante zu erfüllende Bedingung $\mu^2 \geq \frac{1}{2}$ oder

$$v_+(-z_s) \geq \sqrt{\frac{kT_e}{M_+}} \tag{2.239}$$

nennt man *Bohm-Kriterium*. Um die Kontinuität des Ionenflusses an der Schichtkante zu gewährleisten, reicht die statistische Teilchenflussdichte der Ionen

$$\Gamma_+ = \frac{n_s}{4}\langle v_+ \rangle = \frac{n_s}{4}\sqrt{\frac{8kT_+}{\pi M_+}}$$

(s. Gl. (2.26)) offensichtlich nicht aus. Die Ionen müssen daher in einem Bereich $-z_{vs} \leq z \leq -z_s$ zwischen dem eigentlichen Plasma und der Schicht, *Vorschicht* genannt, von ihrer mittleren thermischen Geschwindigkeit $[(8kT_+)/(\pi M_+)]^{1/2}$ mit einer gerichteten Geschwindigkeit nahezu gleich Null im Plasma mindestens auf die gerichtete Geschwindigkeit $[(kT_e)/M_+]^{1/2}$ beschleunigt werden. Beachte, dass $T_e/T_+ \gg 1$ gilt. Diese Beschleunigung erfolgt durch den Druckgradienten und ein schwaches elektrisches Feld in der *Vorschicht*, wo also $d\Phi/dz \neq 0$ sein muss. Wegen des schwachen elektrischen Feldes behält die Neutralitätsbedingung $n_+ \approx n_e$ in der Vorschicht jedoch ihre Gültigkeit, auch die oben benutzte Bedingung $d\Phi/dz \approx 0$ für $z = -z_s$.

Eine genaue Untersuchung [60] der Schicht und der Vorschicht zeigt, dass im Bohm-Kriterium Gl. (2.239) (unter zusätzlich zu fordernden Bedingungen) das Gleichheitszeichen zu wählen ist, die Ionen also genau mit der *Bohm-Geschwindigkeit* (oft auch ionenakustische Geschwindigkeit genannt)

$$v_+(-z_s) = v_B = \sqrt{\frac{kT_e}{M_+}} \tag{2.240}$$

in die Schicht eindringen und daher nach Gl. (2.238) $\mu = 1/\sqrt{2}$ beträgt. Die oben angegebene Energiebilanz der Ionen liefert mit $\Phi(-z_s) = 0$, $\Phi(-\infty) = \Phi_{Plasma}$, $v_+(-\infty) \ll v_B$:

$$e\Phi_{Plasma} = \frac{M_+ v_+^2(-z_s)}{2} = \frac{M_+ v_B^2}{2} = \frac{kT_e}{2} \tag{2.241}$$

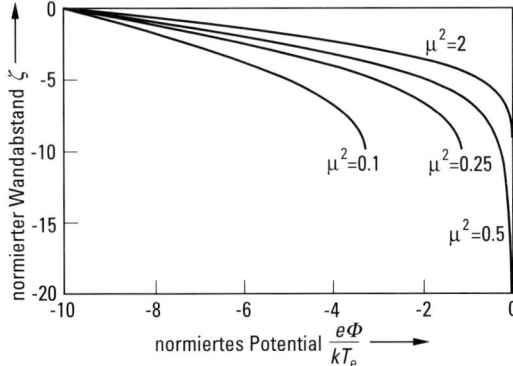

Abb. 2.13 Verlauf des normierten Potentials in einer stoßfreien Schicht als Funktion des normierten Abstands von der Wand. An der Wand ($\zeta = 0$) wird das Potential $\Phi_{w,0} - -10\,kT_e/e$ angenommen, Parameter μ^2 nach Gl. (2.238).

und mit Gl. (2.235) $n_e(-\infty) = n_{e,0} = n_e(-z_s)\exp[e\,\Phi_{\text{Plasma}}/(kT_e)] = n_s\exp\tfrac{1}{2}$ folgt

$$n_s = n_{e,0}\exp(-\tfrac{1}{2}) \approx 0.61\,n_{e,0}, \tag{2.242}$$

wenn $n_{e,0}$ die Elektronendichte im Plasma ist. Schließlich sind im stromlosen Fall mit dem Wandpotential Φ_W die elektrischen Stromdichten von Ionen und Elektronen an der Wand ($z = 0$) gleich, oder

$$\frac{1}{4}en_e(0)\langle v_e\rangle = \frac{1}{4}en_e(-z_s)\langle v_e\rangle\exp\frac{e\Phi_W}{kT_e} = en_+(-z_s)v_B.$$

Wegen $n_+(-z_s) = n_e(-z_s)$ folgt daraus sofort mit Gl. (2.24) und Gl. (2.240)

$$\Phi_W = -\frac{kT_e}{2e}\ln\frac{M_+}{2\pi m_e}. \tag{2.243}$$

Ionen, die im Plasma die sehr niedrige Energie $3/2\,kT_+$ haben, fallen nach dem Durchgang durch die Vorschicht und die Schicht mit der Energie

$$e(\Phi_{\text{Plasma}} - \Phi_W) = -e\Phi_{\text{Float}} = \frac{kT_e}{2}\left(1 + \ln\frac{M_+}{2\pi m_e}\right) \tag{2.244}$$

auf eine elektrisch nicht vorgespannte Wand. Φ_{Float} heißt ,,*Floating*''-Potential.

Zahlenbeispiel. Argonionen mit $M_+/m_e = 7.3\cdot10^4$ besitzen nach Gl. (2.244) eine Energie an der Wand von $5.2\,kT_e$. Die Ionenstromdichte erreicht bei einer Plasmadichte $n_{e+0} = 10^{16}\,\text{m}^{-3}$ für $T_e = 20000\,\text{K}$ den Wert $j_+(0) = e\,n_s v_+(-z_s)$ $\approx e\cdot0.61\,n_{e+0}v_B \approx 2\,\text{A/m}^2$. Damit wird die Leistungsdichte $(\Phi_{\text{Plasma}} - \Phi_W)j^+(0)$ $= 9\,\text{W/m}^2$ in der Wand deponiert. Nach Abb. 2.13 hat die Schicht eine Dicke von

$$z_s \approx 10\lambda_{\text{D,e}} = 10\sqrt{\frac{\varepsilon_0 kT_e}{e^2 0.61\,n_{e,0}}} = 1.2\,\text{mm}.$$

Diese Schichtdicke ist im Normalfall viel kleiner als die Entladungsabmessung, $|z_s| \ll R_E$, daher kann man die Schicht, wie hier geschehen, als eben behandeln.

Für viele technisch relevante Fragestellungen ist die Energie der auf die Wand zufliegenden Ionen nach Gl. (2.244) zu niedrig, um z. B. Zerstäubung oder Ionenimplantation einzuleiten (s. Abschn. 2.6.2). Durch eine starke negative Vorspannung der Wand, auch *Biasspannung* genannt, lässt sich die Ionenenergie jedoch erheblich erhöhen. In Wandnähe nimmt dann Φ (und damit auch Ψ) hohe negative Werte an und Gl. (2.237) vereinfacht sich nach einer Integration zu $\frac{1}{2}(d\Psi/d\zeta)^2 \approx 2\mu(-\Psi)^{1/2}$ mit der Lösung

$$\Psi(\zeta) \approx -\left(\frac{9}{4}\mu\right)^{\frac{2}{3}}(\zeta + \zeta_s)^{\frac{4}{3}}. \tag{2.245}$$

Direkt an der Wand ($\zeta = 0$) liefern die Gl. (2.243) und (2.245) mit $\mu = 1/\sqrt{2}$ den Zusammenhang

$$\Psi_W = \frac{e\Phi_W}{kT_e} = -\left(\frac{9}{4\sqrt{2}}\right)^{\frac{2}{3}}\left(\frac{z_s}{\lambda_{D,e}(-z_s)}\right)^{\frac{4}{3}},$$

d. h. die normierte Schichtdicke

$$\frac{z_s}{\lambda_{D,e}(-z_s)} = \sqrt{\frac{2}{9}}\left(-\frac{2e\Phi_W}{kT_e}\right)^{\frac{3}{4}}. \tag{2.246}$$

Und nach leichter Umformung von Gl. (2.243) lautet die Ionenstromdichte $j_+(0) = en_s v_+$

$$j_+(0) = \frac{4}{9}\varepsilon_0\sqrt{\frac{2e}{M_+}}(-\Phi_W)^{\frac{3}{2}}z_s^{-2}. \tag{2.247}$$

Dies ist das *Child-Langmuir-3/2-Gesetz*.

Zahlenbeispiel. Wählt man für Argon $\Phi_W = -1000$ V, $T_e = 20000$ K, $n_{e,0} = 10^{16}$ m^{-3}, so ist nach Gl. (2.246) $z_s/\lambda_{D,e} = 94$, also wegen $\lambda_{D,e} = 1.2 \cdot 10^{-4}$ m beträgt die Schichtdicke 1.1 cm. $j_+(0)$ erreicht nach Gl. (2.247) 2.2 A/m^2, wodurch die deponierte Leistungsdichte verglichen mit obigem Beispiel auf 2.2 kW/m^2 ansteigt.

Eine **vereinfachte Schichttheorie** setzt in der Schicht $n_e(z) = 0$ und $n_+(z) = $ const. In dieser sogenannten *Matrixschicht* liefert eine Lösung der Poisson-Gleichung den Potentialverlauf $\Phi(z) = -en_+(z + z_s)^2/(2\varepsilon_0)$, da $\Phi(-z_s) = (\partial\Phi/\partial z)|_{-z_s} = 0$. An der Wand $z = 0$ stellt sich das Potential $\Phi_W = (-en_+z_s^2)/(2\varepsilon_0)$ ein, woraus mit $n_+ = n_s$ die Schichtdicke

$$\frac{z_s}{\lambda_{D,e}} = \sqrt{-\frac{2e\Phi_W}{kT_e}} \tag{2.248}$$

resultiert. Die Schichtdicken nach Gl. (2.248) und (2.246) stimmen im stromlosen Fall ungefähr überein. Das Matrixschichtmodell wird häufig erfolgreich verwendet, wenn $\Phi_{W,0}$ eine sich mit der Zeit ändernde Spannung ist. Schicht und Vorschicht ändern dann mit $\Phi_W(t)$ ihre Abmessung und der Ionenstrom lautet $j_+(0)$

$= e \cdot 0.61 \cdot n_{e,0}(v_B + dz_s/dt)$. Mithilfe gepulster Vorspannungen lässt sich daher die mittlere Oberflächenbelastung eines Substrates durch Pulsfolgefrequenz und Pulslänge kontrollieren.

2.7.2 Die stoßbestimmte Schicht und der Einfluss negativer Ionen

In Abschn. 2.7.1 wurde vorausgesetzt, dass die Ionen die Schicht stoßfrei durchqueren, für die freie Weglänge der Ionen also die Bedingung $\lambda_{FW,+} \gg z_s$ gilt. Im Druckbereich > 1 kPa oder auch bei hohen Wandspannungen ist diese Bedingung verletzt, die Ionen **fliegen nicht frei**, sondern wechselwirken mit dem neutralen Hintergrund der Dichte n_0 und **driften** im **starken Schichtfeld** zur Wand (der Diffusionsanteil ist dabei gering). Zwischen zwei Stößen nehmen sie eine kinetische Energie $e\lambda_{FW,+}|\boldsymbol{E}|$ auf, d. h. mit $\lambda_{FW,+} = 1/(n_0\,\sigma_+)$ (s. Gl. (2.45)) gilt für ihre mikroskopische Geschwindigkeit $v \sim (|\boldsymbol{E}|/(n_0\,\sigma_+))^{1/2}$.

Daher lautet die Stoßfrequenz der Ionen $v_{m,+} = v/\lambda_{FW,+} \sim (|\boldsymbol{E}|/n_0)^{1/2}$ und ihre Beweglichkeit ist $\mu_+ = e\,M_+/v_{m,+} \sim (|\boldsymbol{E}|/n_0)^{-1/2}$ (s. Abschn. 2.4.6).

Im Gegensatz dazu hat man für ein **niedriges E-Feld** $v \sim (kT_+)^{1/2}$, d. h. $v_{m,+}$ und μ_+ hängen nicht von $|\boldsymbol{E}|/n_0$ ab. Zusammenfassend schreiben wir daher

$$v_{D,+} = \begin{cases} \mu_+|\boldsymbol{E}| = K\dfrac{|\boldsymbol{E}|}{n_0} & \Leftrightarrow \quad \dfrac{|\boldsymbol{E}|}{n_0} < \left(\dfrac{|\boldsymbol{E}|}{n_0}\right)_c \\[3mm] K'\sqrt{\dfrac{|\boldsymbol{E}|}{n_0}} & \Leftrightarrow \quad \dfrac{|\boldsymbol{E}|}{n_0} > \left(\dfrac{|\boldsymbol{E}|}{n_0}\right)_c \end{cases}. \tag{2.249}$$

Für Argon ist dabei $(|\boldsymbol{E}|/n_0)_c \approx 2 \cdot 10^{-19}\,\mathrm{V\,m^2}$, $K \approx 3.47 \cdot 10^{21}\,\mathrm{V^{-1}\,m^{-1}\,s^{-1}}$ und $K' \approx 1.44 \cdot 10^{12}\,\mathrm{s^{-1}\,V^{-1/2}}$ [9]. Die Kontinuitätsgleichung führt zur Ionendichteverteilung $n_+(z) = j^+(0)/(e\,v_{D+})$, und daraus folgt im Fall einer **hohen Feldstärke** mithilfe von $\mathrm{div}\boldsymbol{E} \approx en_+(z)/\varepsilon_0$ wegen $n_e \ll n_+$ und der Bedingung an der Schichtkante, $E(-z_s) \approx 0$, das Ergebnis

$$\frac{E(z)}{n_0} = \left(\frac{3j_+(0)(z+z_s)}{2\varepsilon_0 K' n_0}\right)^{\frac{2}{3}}.$$

Eine weitere Integration führt wegen $E(z) = -\partial\Phi/\partial z$ zur Potentialverteilung

$$\Phi(z) = -\frac{3}{5}n_0\left(\frac{3j_+(0)}{2\varepsilon_0 K' n_0}\right)^{\frac{2}{3}}(z+z_s)^{\frac{5}{3}},$$

und daraus an der Wand für $z = 0$, aufgelöst nach der Ionenstromdichte,

$$j_+(0) = \frac{2}{3}\left(\frac{5}{3}\right)^{\frac{3}{2}}\frac{\varepsilon_0 K'}{\sqrt{n_0}}\frac{(-\Phi_W)^{\frac{3}{2}}}{z_s^{5/2}}. \tag{2.250}$$

Hätte man dagegen $v_{D,+} = KE/n_0$ gewählt, so würde man für **kleine E-Felder** das Ergebnis

$$j_+(0) = \frac{9}{8}\frac{\varepsilon_0 K}{n_0}\frac{(-\Phi_W)^2}{z_s^3} \tag{2.251}$$

erhalten. Nach [61] treten die Ionen im stoßbestimmten Fall mit der gegenüber dem stoßfreien Fall reduzierten Geschwindigkeit

$$v_+(-z_s) = v_{s,+} = v_B \sqrt{\frac{2\lambda_{FW,+}}{\pi\lambda_{D,e}}} \quad (\lambda_{FW,+} \ll \lambda_{D,e} \text{ vorausgesetzt})$$

in die Schicht ein. Daher folgt mit $j_+(-z_s) = e\,n_{+,s}\,v_{s,+} \approx j_+(0)$ unter Verwendung der Beziehung für $\lambda_{FW,+}$, $\lambda_{D,e}$, $n_{+,s} \approx n_s$ und Gl. (2.249) und (2.240) die Schichtdicke

$$\frac{z_s}{\lambda_{D,e}} \approx \left(\frac{2}{3}\left(\frac{5}{3}\right)^{\frac{3}{2}} K'\sqrt{\frac{\pi\sigma_+ M_+}{2e}}\right)^{\frac{2}{5}}\left(-\frac{e\Phi_W}{kT_e}\right)^{\frac{3}{5}}. \tag{2.252}$$

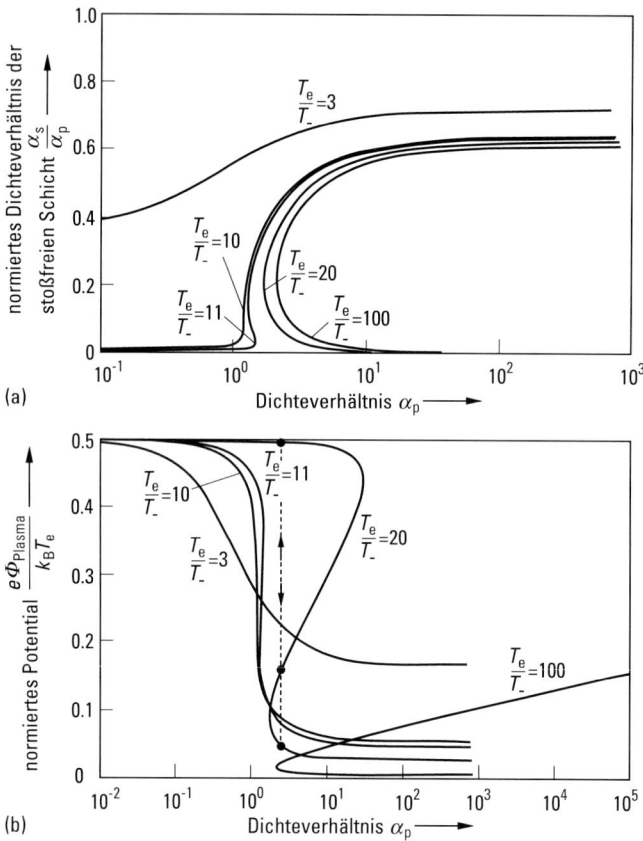

(a)

(b)

Abb. 2.14 (a) Verhältnis der mit der Elektronendichte an der Schichtkante normierten negativen Ionendichte an der Schichtkante, $\alpha_s = n_{-s}/n_{es}$, zur mit der Elektronendichte im Plasma normierten negativen Ionendichte im Plasma, $\alpha_p = n_{-0}/n_{e0}$, als Funktion von α_p; Parameter ist das Temperaturverhälnis T_e/T_-. (b) Normiertes Plasmapotential als Funktion des Dichteverhältnisses $\alpha_p = n_{-0}/n_{e0}$; Parameter ist das Temperaturverhältnis T_e/T_-. Zur Mehrdeutigkeit und physikalischen Relevanz der Lösung s. Abschn. 2.7.2.

Zahlenbeispiel. Wählt man wiederum eine Argonentladung mit $T_{\mathrm{e}} = 20000\,\mathrm{K}$, $\sigma_{+} = 10^{-19}\,\mathrm{m}^2$, $\Phi_{\mathrm{W}} = -1000\,\mathrm{V}$, $\lambda_{\mathrm{D,e}} \approx 1.2 \cdot 10^{-4}\,\mathrm{m}$, $n_0 \gg 10^{23}\,\mathrm{m}^{-3}$, so folgt $z_{\mathrm{s}}/\lambda_{\mathrm{D,e}}$ ≈ 35, d. h. $z_{\mathrm{s}} \approx 4\,\mathrm{mm}$. Die Schichtdicke ist kleiner als im oben behandelten stoßfreien Fall.

Bei Anwesenheit **elektronegativer Ionen** und *stoßfreier* Schicht bedarf es einer eigenen Behandlung [62]. Seien $n_{-,\mathrm{s}}$ negative Ionen der Temperatur T_{-} an der Schichtkante. Dann strömen positive Ionen nach dem modifizierten Bohm-Kriterium mit einer Geschwindigkeit $v_{\mathrm{B}} \leq \sqrt{kT_{\mathrm{e}}/M_{+}}\,\sqrt{(1+\alpha_{\mathrm{s}})/(1+\alpha_{\mathrm{s}}T_{\mathrm{e}}/T_{-})}$ in die Schicht ein, wobei $\alpha_{\mathrm{s}} = n_{-,\mathrm{s}}/n_{\mathrm{e,s}}$ ist. Die Größe von α_{s} und des Plasmapotentials $e\Phi_{\mathrm{Plasma}}/(kT_{\mathrm{e}})$ können Abb. 2.14 entnommen werden, wobei $\alpha_{\mathrm{p}} = n_{-,0}/n_{\mathrm{e,0}}$ das Verhältnis von negativer Ionendichte und Elektronendichte im Plasma ist.

Aus der Quasineutralität folgt schließlich $n_{+,\mathrm{s}}/n_{+,0} = n_{\mathrm{e,s}}/n_{\mathrm{e,0}}[(1+\alpha_{\mathrm{s}})/(1+\alpha_{\mathrm{p}})]$. In [63] wird darauf hingewiesen, dass nur Lösungen mit $T_{\mathrm{e}}/T_{-} \geq 9.9$ physikalisch relevant sind. Dann besitzen die Kurven $e\Phi_{\mathrm{Plasma}}/(kT_{\mathrm{e}})$ für ein vorgegebenes α_{p} wie in Abb. 2.14b markiert jedoch drei mögliche Lösungen. Nur die Lösung mit dem kleinsten Potential ist physikalisch sinnvoll und führt zu einer Schichtausbildung. Drei Lösungen existieren auch für $\alpha_{\mathrm{s}}/\alpha_{\mathrm{p}}$ in Abb. 2.14a. Hier ist dagegen der größte Wert von $\alpha_{\mathrm{s}}/\alpha_{\mathrm{p}}$ zu wählen.

2.7.3 Kathoden- und Anodenfall. Zündung

Schichtbildung ist ein Vorgang, der von der *unselbständigen* Entladung über die *Zündung* bis hin zur *selbständigen Entladung* eine große Rolle spielt. Die einfachste Methode zur Erzeugung einer Gleichstrom-(DC-)Entladung besteht darin, an eine Gasstrecke mithilfe eines Plattenpaares (*Elektroden*) ein elektrisches Feld anzulegen (Abb. 2.15). Um ein möglichst homogenes Feld ohne Feldüberhöhung am Plattenrand zu erzielen, werden die der Gasstrecke zugewandten Plattenoberflächen häufig als *Rogowski-Profil* (siehe z. B. [64]) ausgelegt.

Erst durch Bestrahlung der Gasstrecke oder der Kathode mit energiereicher Strahlung (UV, Röntgen-Strahlung, Elektronenstrahlen) entstehen durch Photo- bzw. Stoßionisation im Volumen Ladungsträger. Dadurch wird die Gasstrecke leitend. Die Freisetzung von Ladungsträgern im Volumen oder an der Oberfläche mit diesen oder ähnlichen Hilfsmitteln (s. Abschn. 2.7.3.1) fasst man unter dem Begriff *Fremdionisation* zusammen.

Die Entladung ist Teil eines elektrischen Kreises, dessen Generator als Strom- oder Spannungsquelle betrieben werden kann (Abb. 2.15). Trägt man die Spannung an der Entladung U_{E} über dem Entladungsstrom I auf, so erhält man die *Kennlinie* $U_{\mathrm{E}}(I)$ (Abb. 2.16). Der Strom I muss durch die Wahl der Generatorspannung U_{G} und der Summe aus Innenwiderstand des Generators R_{i} und des variablen äußeren Widerstandes R_{a} wegen $U_{\mathrm{AG}} = U_{\mathrm{G}} - (R_{\mathrm{i}} + R_{\mathrm{a}})\,I$ so eingestellt werden, dass $U_{\mathrm{E}}(I)$ nur einen Schnittpunkt $U_{\mathrm{E}}(I) = U_{\mathrm{AG}}$ (*Arbeitspunkt*) mit der Kennlinie beim Strom I besitzt. $U_{\mathrm{AG}}(I)$ heißt *Arbeitsgerade*. Sind mehrere Schnittpunkte möglich, empfiehlt sich der Einsatz einer Konstantstromquelle. Die $U_{\mathrm{E}}(I)$-Kennlinie lässt sich in **acht Strombereiche** unterteilen, in denen jeweils völlig unterschiedliche Entladungsformen mit unterschiedlichen *Fällen*, *Dunkelräumen*, *Glimmzonen* und *Säulen* entstehen, wie im Folgenden diskutiert.

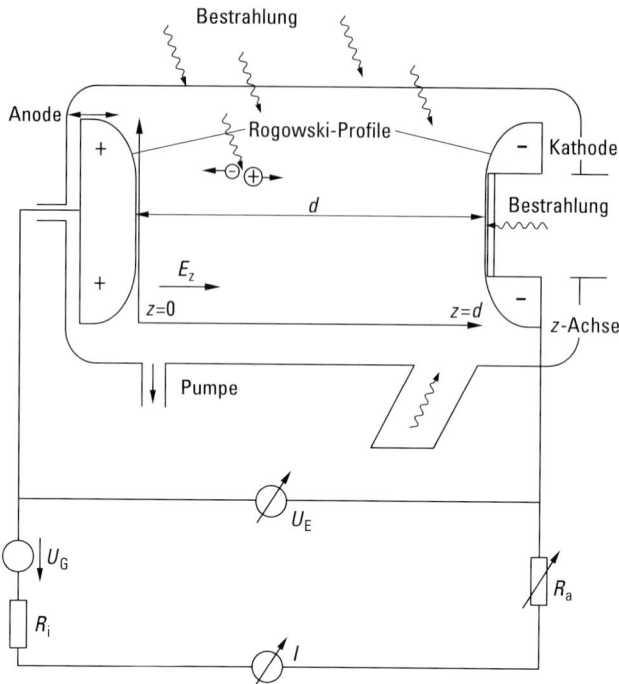

Abb. 2.15 Prinzipieller Aufbau einer DC-Entladung (Elektrodenabstand d) mit Fremddionisierungsvorrichtung zur Bestrahlung des Volumens. Die Entladung ist Teil eines elektrischen Kreises, der zur Spannungsversorgung und Aufnahme der $U_E(I)$-Kennlinie dient.

2.7.3.1 Unselbständige Entladung

Im Bereich 1 (in Abb. 2.16), der *unselbständigen Entladung* zugeordnet, driften die z. B. durch *Bestrahlung der Kathode* mit der Elektronenflussdichte Γ_e freigesetzten Elektronen nach Thermalisierung im Hintergrundgas zur Anode und es fließt im äußeren Kreis der Sättigungsstrom $I_{\text{satt}} = e\,\Gamma_e\,A_K$, wenn A_K die Kathodenfläche ist. Durch *Bestrahlung der Gasstrecke* entstehen $n_0\,v_{\text{ion}}$ Elektron-Ion-Paare pro Volumen- und Zeiteinheit, wobei v_{ion} die Ionisationsfrequenz ist. Hier soll nur der Fall der homogenen Fremddionisation im Volumen behandelt werden. Trotz der vorausgesetzten gleichmäßigen Produktion von Trägerpaaren über das Entladungsvolumen stellt sich keine homogene Verteilung der Ladungsträger ein, und die Annahme einer konstanten Feldstärke ist wegen der dadurch entstehenden Raumladungen nicht gegeben. Eine simultane Lösung der stationären Kontinuitätsgleichungen Gl. (2.169) der Ladungsträger und der Gleichung $\text{div}\,\boldsymbol{E} = e(n_+ - n_-)/\varepsilon_0$ unter Verwendung der Teilchenflüsse ohne Diffusion nach Gl. (2.144) bzw. Gl. (2.149) liefert

$$\frac{d^2}{dz^2}\frac{\varepsilon_0}{2}E_z^2 = en_0 v_{\text{ion}}\frac{\mu_e + \mu_+}{\mu_e \mu_+} = \frac{j_{\text{satt}}}{d}\left(\frac{\mu_e + \mu_+}{\mu_e \mu_+}\right) \tag{2.253}$$

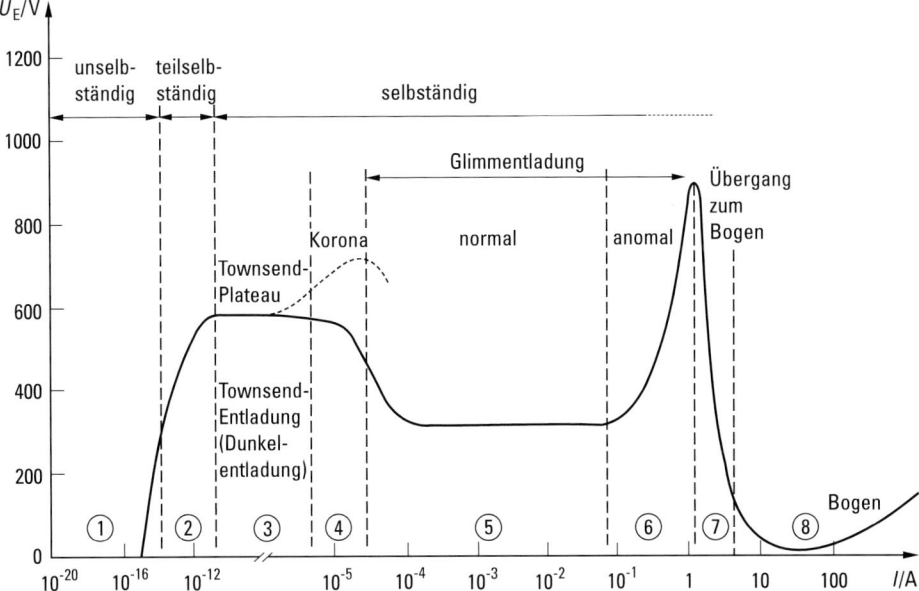

Abb. 2.16 U_E-I-Kennlinie von Gleichstromentladungen (Ne, Entladungslänge 0.5 m, Cu-Elektroden der Fläche $10^{-3}\,\mathrm{m}^2$, $p = 133\,\mathrm{Pa}$, nach [65]). Die nummerierten, nach der Stromstärke angeordneten Bereiche kennzeichnen die sich einstellenden Entladungsformen, siehe Abschn. 2.7. und 2.8.

mit der elektrischen Sättigungsstromdichte $j_{\mathrm{satt}} = e\,n_0\,v_{\mathrm{ion}}\,V/A_{\mathrm K} = e\,n_0\,v_{\mathrm{ion}}\,d$ (V Volumen, d Länge der Gasstrecke). Gl. (2.253) und die folgenden sind nur für kleine E-Felder anwendbar, d.h. wenn nach Gl. (2.249) $E/n_0 < (E/n_0)_{\mathrm c}$ erfüllt ist. Wählt man die $+z$-Richtung wie in Abb. 2.15, so lauten die Verteilungen der Ladungsträgerdichten

$$n_+(z) = \frac{j_{\mathrm{satt}}\,z}{e\,\mu_+\,E(z)\,d} \quad \text{und} \quad n_{\mathrm e}(z) = j_{\mathrm{satt}}\,\frac{1 - z/d}{e\,\mu_+\,E(z)} \tag{2.254}$$

mit dem elektrischen Feldstärkeverlauf

$$E(z) = \sqrt{\frac{j_{\mathrm{satt}}\,d}{\varepsilon_0\,\bar\mu}}\,\sqrt{\left(\frac{z}{d} - \frac{\bar\mu}{\mu_{\mathrm e}}\right)^2 + C'}. \tag{2.255}$$

Dabei ist $\bar\mu = \mu_+\mu_{\mathrm e}/(\mu_+ + \mu_{\mathrm e})$ und C' eine Konstante, die über $U_{\mathrm E} = \int\limits_0^d E(z, C')\,\mathrm dz$ durch die Streckenspannung $U_{\mathrm E}$ ausgedrückt werden kann. Die Abb. 2.17a und b stellen berechnete Dichte- und Feldverläufe für die beiden Fälle $\mu_+/\mu_{\mathrm e} \ll 1$, d.h. $\bar\mu \approx \mu_{\mathrm e}$ und $\mu_+ = \mu_-$, also $\bar\mu = \mu_+/2$, dar. Letzterer Fall ist gültig, wenn die Elektronen durch *Anlagerung* an Atome verloren gehen und die positiven und entstandenen negativen Ionen allein den Stromtransport übernehmen. Man beachte, dass die Absolutwerte von $n_{\mathrm e}$ in Abb. 2.17a um den Faktor $\mu_+/\mu_{\mathrm e} \ll 1$ kleiner als n_+ sind. Vor

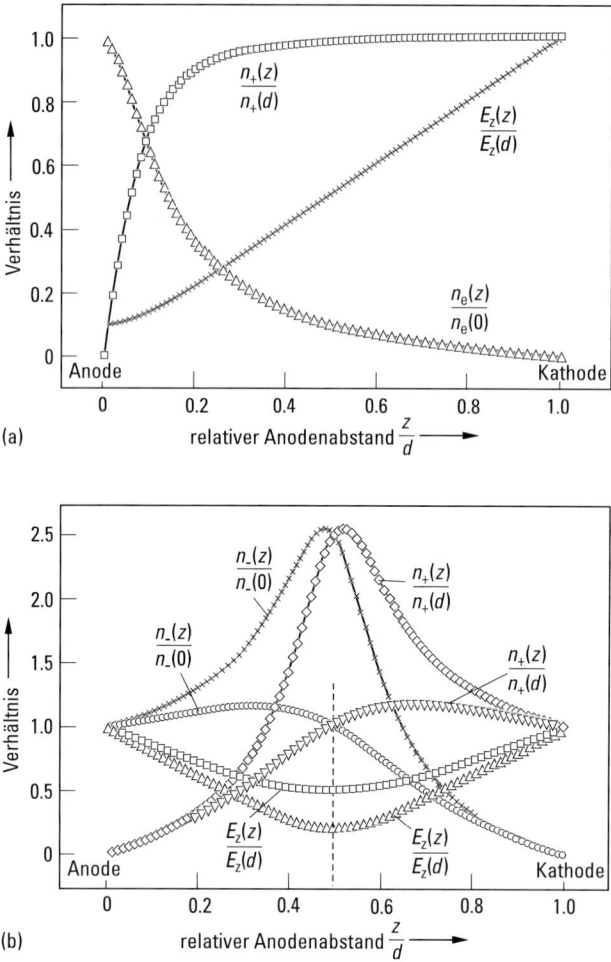

Abb. 2.17   (a) Verteilung der relativen Dichte der Elektronen, $n_e(z)/n_e(0)$, und Ionen, $n^+(z)/n^+(d)$, sowie der relativen elektrischen Feldstärke $E_Z(z)/E_Z(d)$ für das Beispiel $E_Z(0)/E_Z(d) = 0.1$. (b) Verteilung der relativen Dichte von positiven $n_+(z)/n_+(d)$ und negativen $n_-(z)/n_-(0)$ Ionen und der relativen elektrischen Feldstärke $E(z)/E(d)$ für zwei unterschiedliche Verhältnisse $E_{z,\mathrm{min}}/E_Z(d)$.

der Kathode ($z = d$) bildet sich ein Bereich hoher Feldstärke aus, ein sog. *Kathodenfallraum*, der die Ionen auf die Kathode zu beschleunigt und die Elektronen abbremst. Es gibt auch einen (sehr schwach) ausgebildeten *Anodenfallraum*, da die Kurve $E(z)$ an der Stelle $z/d = \mu_+/\mu_e \ll 1$ ein Minimum besitzt (in Abb. 2.17a wegen des Maßstabs nicht zu erkennen).

Sind nur positive und negative Ionen vorhanden (Abb. 2.17b), beobachtet man einen ausgeprägten Kathoden- **und** Anodenfall. In der Entladungsmitte geht dagegen das Feld zurück und die Ladungsträgerdichten gleichen sich an, die **Vorstufe zur**

Bildung eines quasineutralen Plasmas. Auch wenn man ein zeitlich veränderliches elektrisches Feld anlegt konzentriert sich das Feld wie im DC-Fall auf den Schichtbereich und dringt nur zum Teil in den Plasmabereich ein, wo die Elektronen geheizt werden (Abschn. 2.9.2.2). Schaltet man die äußere Quelle für Fremdionisation ab, so geht $j_{\text{satt}} \to 0$ und die Entladung erlischt. Entladungsformen der hier geschilderten Art nennt man daher *unselbständig*.

2.7.3.2 Teilselbständige Entladung

Zur Herleitung von Gl. (2.253) wurde einmal gefordert, dass die Elektronen nach dem Freisetzungsprozess an der Kathode schnell durch Stöße mit dem Gashintergrund thermalisieren (s. die Diskussion zur Herleitung von Gl. (2.249)), was für $E/n_0 < (E/n_0)_c$ sicher der Fall ist. Mit wachsender reduzierter Feldstärke E/n_0 nehmen die Elektronen jedoch im elektrischen Feld zwischen zwei Stößen soviel Energie auf, dass sie nach ihrer Freisetzung an der Kathode im Entladungsvolumen durch Elektronenstoß ein **weiteres Ladungsträgerpaar** erzeugen können. Diese durch *Primärionisation* (statt durch Fremdionisation) gebildeten Elektronen werden ebenfalls beschleunigt, sie können abermals ionisieren und so fort. Es bildet sich schließlich eine *Elektronenlawine* aus, verbunden mit einem Anstieg des Stromes im äußeren Kreis. Elektronenstoßionisation findet statt, wenn ein Elektron im E-Feld über die freie Weglänge $\lambda_{\text{Fw,e}}$ mindestens die Ionisationsenergie E_{ion} des Hintergrundgases aufnimmt, d. h.

$$e\lambda_{\text{FW,e}}E = \frac{e}{\sigma_{e,0}}\frac{E}{n_0} \geq E_{\text{ion}} \quad \text{oder} \quad \frac{E}{n_0} \geq E_{\text{ion}}\frac{\sigma_{e,0}}{e} \approx 3 \cdot 10^{-19}\,\text{V}\,\text{m}^2$$

($E_{\text{ion}} = 10\,\text{eV}$, $\sigma_{e,0} = 3 \cdot 10^{-20}\,\text{m}^2$). Wichtig für die Lawinenbildung ist außerdem die Frage, wie häufig innerhalb des Entladungsvolumens mit dem Elektrodenabstand d Elektronenstöße stattfinden. Viele Stöße bedeuten $d/\lambda_{\text{FW,e}} \gg 1$, oder $dn_0 \gg 1/\sigma_{e,0} \approx 3 \cdot 10^{19}\,\text{m}^{-2}$: Eine Lawine kann sich nur bei hinreichend hoher Gasdichte und Entladungslänge d entwickeln (wenn Verluste vernachlässigt werden).

Eine quantitative Betrachtung führt nach Gl. (2.71) die Ionisationsrate

$$R_{\text{ion}} = n_0 \int f_e \sigma_{\text{ion}}(v_e) v_e \, \text{d}^3 v_e = n_e n_0 \langle \sigma_{\text{ion}} v_e \rangle = n_e v_{\text{ion}} = \alpha n_e v_{\text{D,e}}$$

ein. Die damit definierte Größe α, $[\alpha] = \text{m}^{-1}$, heißt *1. Townsend-Ionisationskoeffizient*. Die Bilanz der von der Kathode ($z = d$) zur Anode ($z = 0$) mit der Geschwindigkeit $v_{\text{D,e}}$ driftenden Elektronen lautet

$$-\frac{\text{d}}{\text{d}z}n_e v_{\text{D,e}} \approx -v_{\text{D,e}}\frac{\text{d}n_e}{\text{d}z} = n_e v_{\text{ion}} = \alpha n_e v_{\text{D,e}},$$

wenn man Diffusions-, Rekombinations- und Anlagerungsverluste vernachlässigt und auch im Gegensatz zum oben behandelten Fall ohne Primärionisation $E = \text{const.}$ und damit $v_{\text{D,e}} = \text{const.}$ setzt. Diese Kontinuitätsgleichung hat, ausgehend von der Elektronendichte $n_e(d)$ an der Kathode, die exponentielle Lösung

$$n_e(z) = n_e(d)\,e^{\alpha(d-z)}, \quad j_e(z) = e\,n_e(d)v_{\text{D,e}}e^{\alpha(d-z)}, \tag{2.256}$$

während die Kontinuitätsgleichung der Ionen $d/dz\,(n_+\,v_{D,+}) = \alpha\,n_e\,v_{D,e}$ mit $n_+(0) = 0$ vor der Anode die Lösung

$$n_+(z) = \frac{v_{D,e}}{v_{D,+}}\,n_e(d)\,e^{ad}(1 - e^{-az}), \quad j_+(z) = e\,n_e(d)\,v_{D,e}\,e^{ad}(1 - e^{-az}) \quad (2.257)$$

besitzt. Die im Gasvolumen (Länge d, Querschnitt A_k) insgesamt durch Primärionisation erzeugten Elektronen,

$$N_e = A_k \int_0^d n_e(z)\,(dz) = A_k\,n_e(d)\,\frac{e^{ad} - 1}{\alpha},$$

werden in der Zeit $\Delta t_e = d/v_{D,e}$ über die Anode aus dem Volumen abgeführt. Daher lautet der gesamte Elektronenstrom mit $I_0 = e\,A_K\,v_{D,e}\,n_e(d)$

$$I_e = e\,\frac{N_e}{\Delta t_e} = e\,A_k\,v_{D,e}\,n_e(d)\,\frac{e^{ad} - 1}{\alpha d} = I_0\,\frac{e^{ad} - 1}{\alpha d}. \quad (2.258)$$

Entsprechend lautet der Ionenstrom

$$I_+ = e\,\frac{N_+}{\Delta t_+} = e\,A_k\,\frac{v_{D,+}}{d}\int_0^d n_+(z)\,dz = I_0\,\frac{e^{ad}(\alpha d - 1) + 1}{\alpha d}. \quad (2.259)$$

Aus einem an der Kathode durch Fremdionisation herbeigeführten Gesamtstrom $I_0 = I_{0F} = e\,A_K\,v_{D,e}\,n_e(d)$ wird mit Gl. (2.258) und (2.259) wegen

$$I(d) = I_e + I_+ = I_{0,F}\,e^{ad} \quad (2.260)$$

ein an der Anode um den Faktor e^{ad} verstärkter Strom. Der Ausdruck e^{ad} heißt daher auch *Gasverstärkung (oder Primärverstärkung)*. Bis auf Bereiche um die Anode dominiert die positive Raumladung, die das angelegte homogene elektrische Feld verzerrt. Die Feldverzerrung ist jedoch, wie hier angenommen, gering, wenn für die Entladungsstromdichte die Bedingung $j(d) \ll 2\,U_E\,v_{D,+}\,\varepsilon_0/d^2$ eingehalten wird. Diese Abschätzung resultiert aus einer Diskussion von Gl. (2.266).

Die im Gasvolumen durch Fremdionisation und Primärionisation gebildeten Ladungsträger und Lichtquanten setzen durch *Sekundärionisation (Rückwirkung)* an den Elektroden, Wänden und im Volumen weitere Teilchen frei. Ionen, kurzwelliges Licht und angeregte Teilchen lösen Elektronen aus der Kathode, im Kathodenfall beschleunigte Ionen zerstäuben Kathodenmaterial, das im Volumen ionisiert wird. Auch an der Anode und den Wänden können beschleunigte Elektronen Elektroden-, Wandmaterial und Gasbeläge freisetzen (s. Abschn. 2.6.4). Im Volumen entstehen Ionen auch aus der Wechselwirkung von Atomen, Molekülen und elektronisch angeregten Spezies durch *Chemoionisierung* nach den Reaktionsgleichungen (2.65).

Wir betrachten hier nur den Fall, bei dem durch auf die Kathode auftreffende Ionen mit der elektrischen Stromstärke $I_+(d) = A_K\,j_+(d) = e\,n_e(d)\,v_{D,e}(e^{ad} - 1)\,A_K$ (nach Gl. (2.257)) durch den in Abschn. 2.6.4 beschriebenen Prozess der Ion-Elektron-Emission $\gamma\,I_+(d)$ Elektronen in den Gasraum gelangen. γ heißt *Rückwirkungs- oder 2. Townsend-Ionisations-Koeffizient*. Der die Kathode verlassende Elektronenstrom lautet dann mit dem zusätzlich durch Fremdionisation erzielten Beitrag I_{0F}:

$$I_0 = I_{0,F} + \gamma\,I_+(d) = I_{0,F} + \gamma\,I_0(e^{ad} - 1).$$

Damit ist mit Rückwirkung der Gesamtstrom in der Gasstrecke nach Gl. (2.260)

$$I = I_0 \, e^{\alpha d} = I_{0,\mathrm{F}} \, e^{\alpha d} [1 - \gamma(e^{\alpha d} - 1)]^{-1}. \tag{2.261}$$

Den Ausdruck $[1 - \gamma(e^{\alpha d} - 1)]^{-1}$ nennt man *Sekundärverstärkung.*

Wenn neben der Ion-Elektron-Emission noch weitere Elektronenemissionsprozesse der oben geschilderten Art mit Rückwirkungskoeffizienten γ_i ablaufen, ist γ in guter Näherung durch $\Sigma_i \gamma_i$ zu ersetzen. γ-Werte hängen sowohl von E/n_0 als auch von der Wandbeschaffenheit ab. Im Bereich $E/n_0 \approx (3-6) \cdot 10^{-19}\,\mathrm{V\,m^2}$ und $n_0 d \approx (2.4-24) \cdot 10^{20}\,\mathrm{m^{-2}}$ überwiegt der Prozess der Ion-Elektron-Emission mit $\gamma \approx 0.1-0.001$. Bestimmte Oxide (MgO) weisen große γ-Werte auf, z. B. $\gamma \approx 0.4$ für $\mathrm{Ne^+}$-Ionen, was für einige Anwendungen zur Reduzierung der Zündspannung (z. B. in Plasmabildschirmen) von Bedeutung ist.

Entladungen, in denen neben der Fremdionisation ein Rückwirkungsmechanismus abläuft, nennt man *teilselbständige Entladungen* (s. Bereich 2 in Abb. 2.16).

2.7.3.3 Selbständige Entladung, Zündbedingung, Zündspannung

Townsend-Zündung und Townsend-Entladung. Durch Erhöhung des Produktes αd in einer Entladung bei Vergrößerung der Feldstärke wachsen sowohl die Gasverstärkung als auch die Sekundärverstärkung (s. Abschn. 2.7.3.2) stark an. Wenn

$$\gamma(e^{\alpha d} - 1) = 1; \quad \alpha d = \ln(1 + 1/\gamma) \quad \textit{(Zündbedingung)}, \tag{2.262}$$

steigt in Gl. (2.261) für $I_{0,\mathrm{F}} \neq 0$ der Strom formal über alle Grenzen. Anschaulich bedeutet Gl. (2.262), dass die durch Lawinenbildung von einem einzelnen an der Kathode startenden Elektron (*Einzellawine* genannt) im gesamten Gasvolumen erzeugten $e^{\alpha d} - 1$ Ionen durch Sekundärionisation genau ein Elektron wieder freisetzen. Dann kann die Entladung auch ohne Fremdionisation überleben, sie ist gezündet und zur *selbständigen Entladung* geworden. Gl. (2.262) heißt daher auch *Zündbedingung*. Den Übergang von einer teilselbständigen zur selbständigen Entladung sollte man nicht mit dem Argument begründen, dass in Gl. (2.261) alleine der Nenner zu Null wird, da bei dem Übergang der Strom I endlich bleibt. Daher muss man in Gl. (2.261) den Grenzübergang gegen Null im Zähler *und* Nenner durchführen. Obwohl die Fremdionisation abgeschaltet wird ($I_{0,\mathrm{F}} \to 0$), bleibt die Entladung erhalten. Wegen $\gamma = 10^{-1} - 10^{-3}$ lässt sich die Zündung nach Gl. (2.261) bereits erreichen, wenn $\alpha d \approx 2-7$ Primärionisationsvorgänge in der Gasstrecke stattfinden.

Eine genauere Betrachtung des Zündvorganges berücksichtigt, dass erstens die Entladung Teil eines äußeren elektrischen Kreises ist und Stromänderungen durch die atomistischen Vorgänge in der Entladung *und* Zeitkonstanten des äußeren Kreises beeinflusst werden. Der Zündvorgang selbst ist zweitens ein statistisches Ereignis. Startpunkt und Beginn einer Einzellawine unterliegen dem Zufall, die Einzellawinen besitzen unterschiedliche α- und β-Werte. Sekundärprozesse erzeugen eine Generation von nachfolgenden Einzellawinen. Diese vielen Lawinengenerationen führen zu einem Stromanstieg und einem Spannungsabfall an der Entladungsstrecke (daher die Bezeichnung „breakdown"). Das hier dargestellte Zündszenario nennt man auch *Townsend-Zündung*. Bei dieser Art Zündung füllt die Entladung die ganze Entladungsstrecke aus und die **Stromanstiege** liegen bei schneller Beschaltung des äußeren Kreises bei $t_+ \approx d/v_{D,+} = 10^{-3}\text{–}10^{-5}\,\text{s}$, der Verweilzeit der Ionen in der Gasstrecke.

Um die Zündung zuverlässig in einem kurzen, wohldefinierten Zeitpunkt realisieren zu können, sollte die angelegte Spannung die unten berechnete Zündspannung U_z erheblich überschreiten und (oder) der Fremdstrom durch Kurzzeitbestrahlung der Kathode oder des Volumens (z. B. mit einem gepulsten Laser) in die Höhe getrieben werden. Welche selbständige Entladung sich schließlich einstellt, hängt vom Schnittpunkt der Arbeitsgeraden mit der Kennlinie (dem Arbeitspunkt) ab. Liegt der Schnittpunkt im Bereich 3 der Kennlinie (Stromdichte $10^{-8}\text{–}10^{-3}\,\text{A\,m}^{-2}$), bildet sich die sog. selbständige *Townsend- oder Dunkelentladung* aus. Die räumliche Verteilung der Ladungsträgerdichte und der elektrischen Stromdichte folgt aus Gl. (2.256) bzw. (2.257). Der Rückwirkungsmechanismus verlangt $j_e(d) = \gamma j_+(d)$, was mit der Zündbedingung Gl. (2.262) identisch ist.

Diese Zündbedingung ist gleichzeitig auch eine Bestimmungsgleichung für die *Zündspannung*. Zwischen dem 1. Townsend-Ionisations-Koeffizient α und der Spannung $U_E \approx Ed$ an der Strecke lässt sich in guter Näherung der Zusammenhang (z. B. [9])

$$\alpha d = \tilde{A} n_0 d \exp\left(-\frac{\tilde{B} n_0 d}{U_E}\right) \tag{2.263}$$

begründen, wobei die vom Füllgas abhängigen Konstanten $\tilde{A}$ und $\tilde{B}$ ebenfalls in [9] zu finden sind. Setzt man diesen Ansatz in die Zündbedingung Gl. (2.262) ein und löst nach U_E auf, so erhält man die Zündspannung $U_z = E_z d$ als Funktion von $n_0 d$

$$U_z = \frac{\tilde{B} n_0 d}{\ln(\tilde{A} n_0 d) - \ln\ln(1 + 1/\gamma)}. \tag{2.264}$$

Die Abhängigkeit der Zündspannung vom Produkt $n_0 d$ wurde von Paschen experimentell gefunden und heißt daher *Paschen-Gesetz der Zündung*. Da $n_0 d \sim d/\lambda_{FW,e}$, verhalten sich alle Entladungen mit gleichem $d/\lambda_{FW,e}$ ähnlich. Experimentelle Zündkurven einiger Gase sind in Abb. 2.18 gezeichnet. Für große $n_0 d$ oder $p d$ (rechter Ast rechts vom Minimum, Bereich des *Weitdurchschlags*) benötigt man eine hohe

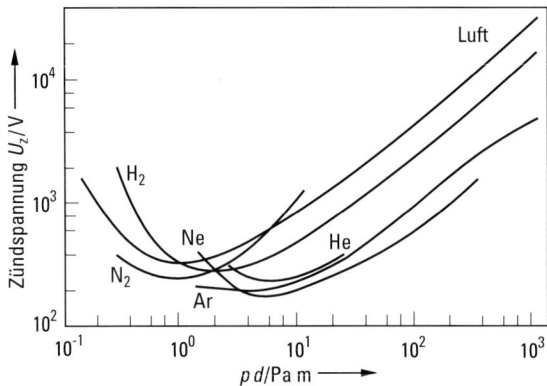

Abb. 2.18 Zündspannung in verschiedenen Gasen als Funktion von $p d$ (nach [9]).

Zündspannung, da viele Ionisationsvorgänge auf der Strecke d zu bewerkstelligen sind. Aber auch für kleine Werte $p\,d$ (linker Ast, Bereich des *Nahdurchschlags*) ist U_z hoch, weil ein hohes α/p benötigt wird, um die erforderliche Gasverstärkung zu erzielen. Unterhalb eines kritischen $p\,d$-Produktes ist Zündung nicht möglich.

Gasart (Konstanten $\tilde{A}$ und $\tilde{B}$), Elektrodenmaterial γ, Elektrodenabstand d und Gasdichte n_0 bzw. Druck p legen nach Gl. (2.264) die Zündspannung fest, die Feldstärke in der Gasstrecke folgt dann aus $E = U_z/d$. In der Townsend-Entladung ist die Zündspannung gleich der Streckenspannung, d. h. letztere hängt wegen der Beziehung (2.264) nicht vom Entladungsstrom ab. Die Kennlinie verläuft daher (s. Abb. 2.16) im Bereich 3 sehr flach, man spricht vom *Townsend-Plateau*.

Mit zunehmender Stromdichte wächst jedoch auch die Ladungsträgerdichte in der Strecke und Raumladungen verformen das E-Feld. Vor der Kathode tragen praktisch nur Ionen zum Strom bei, was zu einer Ionendichte

$$n_+(z) \approx \frac{j}{e v_{\mathrm{D},+}} = \frac{j}{e \mu_+ E} \gg n_{\mathrm{e}}$$

führt und mithilfe der Gleichung $\mathrm{div}E \approx e\,n_+/\varepsilon_0$ nach Integration zu $E^2(z) = 2jz/(\varepsilon_0\mu_+) + \mathrm{const.}$ und nach Festlegung der Konstanten direkt zur Feldstärke

$$E(z) = E(d)\sqrt{\frac{1 - 2jd(1 - z/d)}{\varepsilon_0\mu_+\,E^2(d)}}. \tag{2.265}$$

Das E-Feld steigt also unter Berücksichtigung der Raumladung von der Anode mit $E(0)$ zur Kathode mit $E(d)$ gemäß Gl. (2.265) an. Der Anstieg ist vernachlässigbar, wenn $E(d) \approx E(0)$ oder $j \ll \varepsilon_0\mu_+\,E^2(d)/(2\,d) = 10^{-6}\,\mathrm{A/m^2}$ für typische Entladungsbedingungen (siehe auch die Abschätzung für die Feldverzerrung in Abschn. 2.7.3.2).

Die Brennspannung an der Strecke $U_{\mathrm{E}} = \int\limits_0^d E\mathrm{d}z$ nimmt mit Gl. (2.265) den Wert

$$U_E = E(d)\,d\left(1 - \frac{jd}{2\varepsilon_0\mu_+\,E^2(d)}\right) \tag{2.266}$$

an, d. h. die U-I-Kennlinie der Townsend-Entladung, das Townsend-Plateau, fällt in Wirklichkeit mit zunehmendem Strom etwas ab, wie in Abb. 2.16 angedeutet.

Der hier vorgestellte Zündmechanismus nach Townsend ist gültig bis zu einem Produkt $\alpha d \le 6$ oder $n_0 d \le 7 \cdot 10^{22}\,\mathrm{m^{-2}}$ [9]. Er bestimmt das Zündverhalten sogar bei Normaldruck, wenn $d \le 3 \cdot 10^{-3}\,\mathrm{m}$ eingehalten wird.

Streamer-Zündung. Erreicht das Produkt $n_0 d$ Werte $> 1.4 \cdot 10^{24}\,[\mathrm{m^{-2}}]$ und gilt $\alpha d \ge 20$, so setzt ein anderer Zündmechanismus ein, der durch einen schnellen **Stromanstieg**, $t_{\mathrm{e}} = d/v_{\mathrm{D,e}} \approx 10^{-8}\,\mathrm{s}$, und das Auftreten eines hell leuchtenden Kanals charakterisiert werden kann. Der Zündvorgang ist so schnell, dass Sekundärionisation durch Ionen und sogar Photonen und daher die Entwicklung vieler Lawinen keine Rolle spielt, wie man an der Unabhängigkeit der Zündspannung vom Elektrodenmaterial (von γ) erkennt. Kurzzeitaufnahmen legen in ihrer zeitlichen Abfolge und Form vielmehr nahe, dass die Zündung durch eine *Einzellawine* bewirkt wird, in der sich wegen $\alpha d > 20$ nach Gl. (2.260) $\mathrm{e}^{\alpha d} \ge 5 \cdot 10^8$ Elektronen bilden. Diese Elektronen laufen den Ionen mit der Driftgeschwindigkeit $v_{\mathrm{D,e}}$ davon und reichern

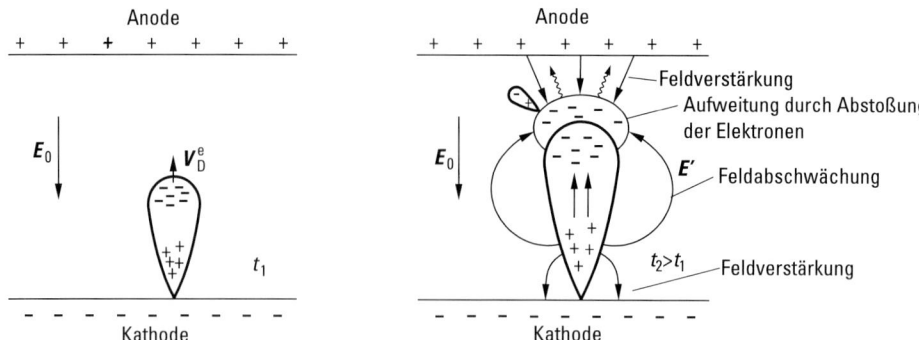

Abb. 2.19   Form und Ladungsverteilung einer Elektronenlawine zu zwei aufeinander folgenden Zeitpunkten t_1 und $t_2 > t_1$. Der Lawinenkopf bewegt sich mit der Elektronendriftgeschwin-
digkeit $v_{\mathrm{D,e}}$. Das sich zwischen den positiven und negativen Ladungswolken aufbauende Feld
E' schwächt das äußere Feld E_0 und kompensiert es sogar, wenn $\alpha\,d \gg 20$. Dagegen wird das
Feld zwischen positiven und negativen Ladungswolken und Kathode bzw. Anode verstärkt,
dort bilden sich weitere Lawinen aus und das Lawinenvorland wird durch Strahlung photo-
ionisiert.

sich daher im Lawinenkopf an (Abb. 2.19). Die dadurch entstehenden Raumladungen verzerren wegen der hohen Trägerdichten die Felder zwischen den positiven
und negativen Ladungswolken und den Elektroden so stark, dass das Lawineninnere
praktisch feldfrei wird, jedoch zwischen Lawine und Elektroden Feldüberhöhung
auftritt. Daher sinkt innerhalb der Lawine α und damit die Ionisierungsrate ab.
Am Lawinenkopf wachsen dagegen durch Elektronenstoß, unterstützt durch *Photoionisation von Strahlungsvorläufern* (auch Prekursoren genannt), das E-Feld und
damit die Ionisation an. Wenn der Kopf der Lawine die Anode erreicht, verschwinden die Elektronen und nur die Ionenschleppe verbleibt in der Gasstrecke. Vor der
Anode treten jetzt, unterstützt durch die virtuellen Spiegelladungen in der Anode,
auch radial gerichtete Felder auf, die Elektronen aus der Umgebung der Schleppe,
entstanden durch weitere Lawinen und Photoionisation, in die Ionenwolke saugen.
Es bildet sich so ein dünner Kanal aus, der sich von der Anode in Richtung Kathode
mit einer Geschwindigkeit von 10^6 m/s vorarbeitet. Dieser Kanal, auch (*positiver*)
Streamer genannt, hat einen Durchmesser von 0.1 mm bei 10^5 Pa und wird aus einem
quasineutralen Plasma der Dichte $n_e \approx 10^{18}$–10^{19} m^{-3} gebildet, das schließlich (nach
10 ns) Anode und Kathode durch einen leitfähigen Kanal verbindet. Auch andere
Szenarien werden beschrieben, die zur Streamerpropagation von der Kathode zur
Anode (*negative Streamer*) führen, oder bereits Streamerbildung, bevor die Lawine
die Anode erreicht. Je nach Beschaltung des äußeren Kreises entwickelt sich nach
dem Zündvorgang ein Funke oder eine stationäre Entladung.

Zündung in Hochfrequenzentladungen. In einem sich mit der Kreisfrequenz ω (zugeordnete Wellenlänge λ) ändernden E-Feld der Amplitude E_0 führen die Elektronen
neben ihrer translatorischen Bewegung eine periodische Bewegung mit einer Ge-

schwindigkeitsamplitude $v_0 = |\hat{v}_{\mathrm{x,e}}|$ nach Gl. (2.80) und daher einer Schwingungsamplitude

$$A_0 = \frac{v_0}{\omega} = \frac{e E_0}{m_e \omega^2 \sqrt{1 + (v_{\mathrm{m,e}}/\omega)^2}}$$

aus. Im Bereich **hohen Entladungsdrucks**, $\omega \ll v_{\mathrm{m,e}} = C_e n_0$ (Gl. (2.75)), gilt daher für das Verhältnis

$$\frac{A_0}{\lambda} = \frac{e E_0/n_0}{2\pi c_0 m_e C_e} = 5 \cdot 10^{-4} \ll 1$$

mit $E_0/n_0 = 2 \cdot 10^{-19}\,\mathrm{V\,m^2}$, $C_e = 3.7 \cdot 10^{-14}\,\mathrm{m^3\,s^{-1}}$ für Neon. Da Mikrowellenentladungen eine Abmessung von der Größenordnung der zugeordneten Wellenlänge haben, kann der Zündprozess wegen $A_0 \ll \lambda$ als lokaler Vorgang verstanden werden, ohne dass der durch die Oszillation entstehende Wandkontakt zu Wandverlusten führt. Während seiner oszillatorischen Bewegung nimmt ein Elektron nach Gl. (2.84) die mittlere Energie pro Zeiteinheit

$$\frac{\mathrm{d}\langle \Delta \mathscr{E}\rangle}{\mathrm{d}t} = \frac{v_{m,e} e^2 E_0^2}{2m_e(\omega^2 + v_{m,e}^2)}$$

im Feld auf. Wenn E_0 hinreichend groß ist, erreichen einige Elektronen die Ionisierungsenergie und erzeugen weitere Elektronen durch Primärionisation mit der Frequenz v_i. Mit der Diffusionsfrequenz $v_\mathrm{D} = D_e/\Lambda^2$ (siehe Abschn. 2.4.5) und einer Frequenz v_a für den Prozess der *Anlagerung* lautet die Nettobilanz der Elektronen $\partial n_e/\partial t = (v_i - v_\mathrm{D} - v_\mathrm{a})n_e$ mit der Lösung $n_e(t) = n_{e0}\exp[(v_i - v_\mathrm{D} - v_\mathrm{a})t]$. Die Elektronendichte wächst also lawinenartig an, wenn $v_i \geq v_\mathrm{D} + v_\mathrm{a}$. Die Bedingung

$$v_i(E_z) = v_\mathrm{D} + v_\mathrm{a}(E_z)$$

heißt **Zündbedingung der HF-Entladung**. Sie legt die Zündfeldstärke E_z fest. Die Frequenzen $v_i(E_z)$ und $v_\mathrm{a}(E_z)$ folgen aus den energieabhängigen Wirkungsquerschnitten für Ionisation bzw. Anlagerung und Lösungen der Boltzmann-Gleichung nach Abschn. 2.4.5 unter Verwendung von Gl. (2.71).

Im Grenzfall **niedrigen Entladungsdrucks**, $\omega \gg v_{\mathrm{m,e}}$, wird die im *E*-Feld aufgenommene Leistung

$$\Theta_e = \frac{\mathrm{d}\langle \Delta \mathscr{E}\rangle}{\mathrm{d}t} \approx \frac{e^2 E_0^2 v_{\mathrm{m,e}}}{2m_e \omega^2}$$

zur Ionisierung aufgebracht, also gilt $v_i(E_0)E_\mathrm{I} \approx \mathrm{d}\langle \Delta\mathscr{E}\rangle/\mathrm{d}t$. Daraus folgt sofort mit der Zündbedingung (ohne Anlagerung) und $D_e \approx (\pi/8)\lambda_{\mathrm{FW,e}}^2 v_{\mathrm{m,e}}$ (s. Abschn. 2.4.6) die wichtige Beziehung für die Zündfeldstärke

$$E_{0,z} = \sqrt{\frac{m_e \pi E_{ion}}{4e}}\,\frac{\lambda_{FW,e}\,\omega}{\Lambda} \sim \frac{\omega}{n_0 \Lambda} \sim \frac{\omega}{p}.$$

Bei **hohem Entladungsdruck**, $\omega \ll v_{\mathrm{m,e}}$, verhält sich der Diffusionskoeffizient wie $1/n_0$ und die eingekoppelte Mikrowellenenergie wird über (elastische) Stöße zwischen Elektronen und kaltem Hintergrundplasma dissipiert. Besitzen die Elektronen die mittlere Energie $\langle \mathscr{E} \rangle$, so erfahren sie durch elastische Stöße nach Abschn. 2.3.3.6 den Energieverlust $\Delta \mathscr{E} = \langle \mathscr{E} \rangle 2\, m_e/M$, der durch das Mikrowellenfeld in der Zeit $1/v_{m,e}$ wieder ersetzt werden muss, d. h.

$$\Theta_e = v_{m,e} \frac{2\langle \mathscr{E} \rangle m_e}{M} \approx \frac{e^2 E_0^2}{2 m_e v_{m,e}}$$

oder

$$E_0 = E_{0,z} = v_{m,e} \sqrt{\frac{4 m_e^2 \langle \mathscr{E} \rangle}{e^2 M}} \sim n_0 \sim p.$$

Zur Abschätzung von E_0 setzt man $\langle \mathscr{E} \rangle = E_{ion}$.

Die Zündfeldstärke steigt also mit *abnehmendem Druck* wie ω/p, mit *zunehmendem Druck* wie p an. Bei $\omega_{min} \approx v_{m,e} = C_e n_0$ lässt sich eine Mikrowellenentladung am leichtesten zünden, d. h. mit $C^e = 3.7 \cdot 10^{-14}\, m^3\, s^{-1}$ (für Ne) im Bereich $f = 1-10\,GHz$ und im Druckbereich von $0.7-7\,hPa$.

Diese Zündtheorie ist auch auf merklich höhere Frequenzen anwendbar. Das Minimum der Zündfeldstärke liegt wegen $\omega_{min} \sim n_0 \sim p$ für einen CO_2-Laserstrahl ($f = 3 \cdot 10^{13}\, s^{-1}$) bei $p = 10^6 - 10^7\,Pa$, in guter Übereinstimmung mit den Experimenten.

Niedriger Druck und **niedrige Frequenz**, wobei $\omega \ll v_{m,e}$ gelten soll, führen zu einer hohen Amplitude $A_0 \approx e E_0/(m_e \omega v_{m,e})$ der Elektronenoszillation (s. o.). Wenn die elektrischen Feldlinien auf einer Wand enden, gehen Elektronen verloren und die Zündfeldstärke steigt. Dies ist bei kapazitiver Einkopplung (s. Abschn. 2.9.2.2) sowohl bei freiliegenden als auch isolierten Elektroden vom Abstand d dann der Fall, wenn $A_0 \approx e E_{0,z}/(m_e \omega v_{m,e}) \approx d/2$. Die Zündkurve $E_{0,z}(p)$ besitzt jetzt zwei Minima, das von den Minima eingeschlossene Maximum ist der erhöhten Zündfeldstärke zuzuschreiben, bedingt durch die Wandverluste.

Abweichungen von dem bis jetzt beschriebenen Zündverhalten treten nach [66] im Druckbereich $> 10^4\,Pa$ auf. Statt eines homogenen Zündverhaltens über dem Entladungsquerschnitt beobachtet man dünne, stark leuchtende, in Richtung des **E**-Feldes verlaufende Filamente (*Mikrowellen-Streamer*) eingebettet in einen diffus leuchtenden Hintergrund. Nach [66] entwickelt sich ein ursprünglich kugelförmiges *Plasmoid*, in dem unter Einfluss eines Mikrowellenfeldes Ionisations-, Rekombinations- und Diffusionsprozesse ablaufen, in seinem Raum-Zeit-Verhalten so, dass die Entladung in Feldrichtung schneller wächst als quer dazu. Als Ursache wird die Änderung der Dielektrizitätszahl $\tilde{\varepsilon}$ mit n_e nach Gl. (2.81) in Verbindung mit Gl. (2.91) angegeben. Eine Umformung liefert

$$\tilde{\varepsilon} = 1 - \frac{n_e}{n_{e,c}} + \frac{j(n_e v_m)}{\omega n_{e,c}} \quad \text{mit} \quad n_{e,c} = \frac{n_e}{\omega_{p,e}^2}(\omega^2 + v_m^2).$$

Ein Plasmabereich mit dieser Dielektrizitätszahl verdrängt die Feldlinien nach außen und bewirkt ein Anwachsen des elektrischen Feldes vor und hinter dem Plasmoid, in Richtung des elektrischen Feldes der Mikrowelle gesehen, während im Inneren der dielektrischen Kugel, sich fortsetzend in die Querrichtung zum Feld, das **E**-Feld abnimmt. Das verstärkte Feld vor und hinter dem Plasmoid erhöht dort die Ionisationsrate und lässt das Plasma in diese Richtung wachsen; es bildet sich ein Streamer aus.

2.7.3.4 Koronaentladung

In den beiden vorausgehenden Abschnitten zur Zündung wurde der Zündvorgang zwischen ebenen Platten mit homogener Ausgangsfeldverteilung studiert. Von einem Koronaaufbau spricht man, wenn das durch die Elektrodenanordnung vorgegebene elektrostatische Feld den Primärionisationsvorgang auf ein enges Gebiet vor der Hochfeldelektrode beschränkt (oder im gepulsten Fall auch vor einem Isolator, s. Abschn. 2.9.4). Dies ist z. B. der Fall bei Entladungen zwischen einer Spitze und einer ebenen Platte oder zwischen einem dünnen Draht und einem ihn umgebenden Zylinder. Eine solche Anordnung kann unter der Wirkung einer Fremdionisierung als teilselbständige Entladung betrieben werden. Wenn die Zündbedingung erfüllt ist, geht sie in eine selbständige *Koronaentladung* über, deren Kennlinie im Gegensatz zur Townsend-Entladung in einem bestimmten Bereich steigend ist (gestrichelter Bereich 4 in Abb. 2.16). Ist die Spitze **negativ vorgespannt**, lässt sich die Zündung mit dem Townsend-Mechanismus verstehen. Die inhomogene Feldverteilung hat Auswirkung auf die Zündbedingung. Letztere ist jetzt wegen der Ortsabhängigkeit von E im Vergleich zu Gl. (2.262) zu modifizieren und lautet

$$\int_0^{x_\infty} \alpha \, \mathrm{d}x = \ln\left(1 + \frac{1}{\gamma}\right),$$

wobei die Integration von der Kathode ($x = 0$) bis zu derjenigen Stelle x_∞ zu erstrecken ist, an welcher $\alpha(E/n_0)$ sehr klein wird. Die bei Erfüllung der Zündbedingung sich ausbildende selbständige (negative) Koronaentladung erscheint dem Auge als nahezu homogene Glimmentladung.

Ist die Spitze **positiv vorgespannt** (*positive Korona*), übernehmen in der Gasstrecke ablaufende Sekundärprozesse (Photoionisation) den Rückwirkungsmechanismus. Zur Deutung des Zündvorganges ist die Streamertheorie erforderlich. Nach dem unter Abschn. 2.7.3.3 Gesagten weist die Entladung filamentartige Strukturen auf, die sich von der Spitze fortbewegen.

2.7.3.5 Kathoden- und Anodenfall einer Glimmentladung

Betreibt man die Strecke als *Glimmentladung* in einem Strombereich, der in Abb. 2.16 mit 5 gekennzeichnet ist, so treten überhöhte elektrische Felder vor Kathode und Anode auf, wie Abb. 2.22b deutlich macht. Im *Kathodenfallraum* der Dicke d_K und dem Spannungsabfall Φ_K übernehmen praktisch die positiven Ionen (Dichte $n_{+,K}$) die Stromleitung. Sie entstehen durch *Primärionisation*, die die im Kathodenfall beschleunigten Elektronen bewirken. Man beachte, dass unmittelbar vor der Kathode die Elektronen erst nach Durchlaufen einer Beschleunigungsstrecke durch Stoßanregung Leuchterscheinungen herbeiführen, im größeren Abstand dann aber auch wieder Dunkelräume auftreten, weil die Elektronen ihre Energie bei der Stoßanregung verloren haben und erst nach erneuter Beschleunigung wieder anregen können (s. Abb. 2.22a).

Der hier nicht behandelte *Anodenfall* ist dagegen nur schwach ausgebildet, $\Phi_A \gg \Phi_K$, und die Stromleitung erfolgt vornehmlich durch die Elektronen.

Sonden- und laserspektroskopische Messungen im Kathodenfallraum belegen einen nahezu linearen Abfall des E-Feldes. Diesen Feldverlauf errechnet man unter Annahme einer konstanten Ionendichte (siehe Hinweis zur Matrixschicht in Abschn. 2.7.1) aus $\mathrm{d}E/\mathrm{d}z = e\,n_{+,\mathrm{K}}/\varepsilon_0$ zu

$$E(z) = e n_{+,\mathrm{K}} \frac{z - d + d_{\mathrm{K}}}{\varepsilon_0}, \quad \text{also} \quad E(d) = E_{\mathrm{K}} = e n_{+,\mathrm{K}} \frac{d_{\mathrm{K}}}{\varepsilon_0}. \tag{2.267}$$

Diese Feldverteilung erzeugt den Kathodenfall

$$\Phi_{\mathrm{K}} = \int\limits_{z=d-d_{\mathrm{K}}}^{z=d} E(z)\,\mathrm{d}z = \frac{E_{\mathrm{K}} d_{\mathrm{K}}}{2}. \tag{2.268}$$

Die durch Rückwirkung an der Kathode freigesetzte elektrische Stromdichte ist dann $j_{\mathrm{e}}(d) = \gamma j_+(d)$. Diese Gleichung ist, wie unter Abschn. 2.7.3.3 diskutiert, identisch mit der Zündbedingung Gl. (2.262). Allerdings muss noch die Ortsabhängigkeit des E-Feldes und von $\alpha(E)d$ (s. Gl. (2.263)) berücksichtigt werden. Damit gilt

$$\gamma \left[\exp\left(\int\limits_{d-d_{\mathrm{K}}}^{d} \alpha(E)\,\mathrm{d}z \right) - 1 \right] = 1$$

oder

$$\ln\left(1 + \frac{1}{\gamma}\right) = \int\limits_{0}^{E_{\mathrm{K}}} \frac{\alpha(E)}{\mathrm{d}E/\mathrm{d}z}\,\mathrm{d}E = \tilde{A} n_0 d_{\mathrm{K}}\,\mathrm{E}(2,x), \tag{2.269}$$

mit dem Exponentialintegral $\mathrm{E}(n,x) = \int\limits_{1}^{\infty} t^{-n} \exp(-xt)\,\mathrm{d}t$, $n = 0, 1, 2, \ldots$ (definiert in [67]) und der Abkürzung $x = \tilde{B} n_0 d_{\mathrm{K}}/(2\,\Phi_{\mathrm{K}})$; $\tilde{A}$ und $\tilde{B}$ wie in Gl. (2.263). Aus der Definition von x und der Gl. (2.169) erhält man die Parameterdarstellung

$$n_0 d_{\mathrm{K}}(x) = \frac{\ln(1 + 1/\gamma)}{\tilde{A}\,\mathrm{E}(2,x)}; \quad \Phi_{\mathrm{K}}(x) = \tilde{B}\,\frac{\ln(1 + 1/\gamma)}{2\,\tilde{A} x\,\mathrm{E}(2,x)}. \tag{2.270}$$

Die Funktion $\Phi_{\mathrm{K}}(x)$ weist ein Minimum für $x_{\min} = \mathrm{E}(2,x_{\min})/\mathrm{E}(1,x_{\min}) = 0.61$ auf und hat dort den Wert $\Phi_{\mathrm{K,min}} \approx 3\,\tilde{B}/\tilde{A} \ln(1 + 1/\gamma)$. Weiter gilt $(n_0 d_{\mathrm{K}})_{\min} = 3.68 \ln(1 + 1/\gamma)/\tilde{A}$. Die Stromdichte an der Kathode errechnet sich aus

$$\begin{aligned} j_{\mathrm{K}} &= j_{\mathrm{e}}(d) + j_+(d) = (1+\gamma) j_+(d) = (1+\gamma) e n_{+,\mathrm{K}} \mu_{+,\mathrm{K}} E_{\mathrm{K}} \\ &= (1+\gamma) \varepsilon_0 \mu_{+,\mathrm{K}} n_0^3 \tilde{A}\,\tilde{B}^2\,\mathrm{E}(2,x)/x^2 \end{aligned} \tag{2.271}$$

mit dem Minimalwert $j_{\mathrm{K,min}} = 0.73(1+\gamma)\varepsilon_0 \mu_{+,\mathrm{K}} n_0^3 \tilde{A}\,\tilde{B}^2$.

Die Funktion $\Phi_{\mathrm{K}}/\Phi_{\mathrm{K,min}}$ gegen $j_{\mathrm{K}}/j_{\mathrm{K,min}}$ ist in Abb. 2.20 aufgetragen. Der gestrichelte Ast der Kennlinie gehört zu einer instabilen Brennform, der Stromdichtewert $j_{\mathrm{K,min}}$ wird also nicht unterschritten. Im Bereich kleiner Ströme setzt die Entladung nicht auf der ganzen Kathodenfläche an, sondern nur auf der Teilfläche A, sodass $I = A j_{\mathrm{K,min}}$ (s. Abb. 2.21a). Mit steigender Stromstärke wächst A an, wobei $j_{\mathrm{K}} = j_{\mathrm{K,min}}$ und $\Phi_{\mathrm{K}} = \Phi_{\mathrm{K,min}}$ konstant bleiben. Wenn die positive Säule diffusionsbestimmt ist, hängt auch die Säulenspannung nach Gl. (2.284) nicht vom Strom ab, daher weist die Gesamtspannung an einer Glimmentladung, siehe die Kennlinie im Bereich 5 der Abb. 2.16, ein Plateau auf.

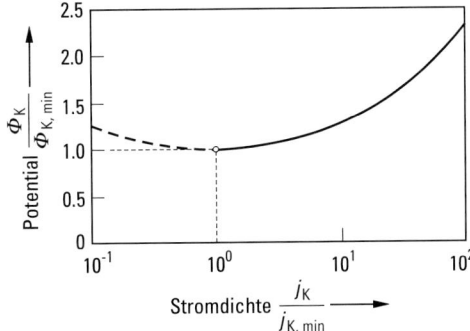

Abb. 2.20 Spannungsabfall über den Kathodenfall einer Glimmentladung als Funktion der elektrischen Stromdichte an der Kathode. Alle Größen sind mit den am Minimum vorliegenden Werten normiert. Im gestrichelten Bereich ist die Entladung instabil.

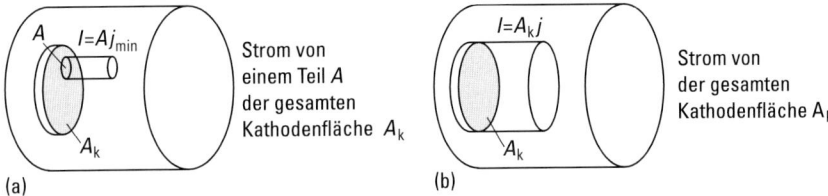

Abb. 2.21 Ansatz der Glimmentladung an der Kathode für die Situationen (a) normaler Kathodenfall und (b) anomaler Kathodenfall.

Steigt die Stromstärke allerdings soweit an, dass die ganze Kathodenfläche A_K von der Entladung genutzt wird (s. Abb. 2.21b), so kann der Strom nur unter Zunahme der Stromdichte j anwachsen, und es gilt $I = A_K j$. Auf der Kennlinie in Abb. 2.16 bewegt man sich vom Plateaubereich 5 nach rechts in den Bereich 6 mit ansteigendem U_E und *anomalem Kathodenfall*. Dieser Bereich wird von der *anomalen Glimmentladung* besetzt. Der Spannungsanstieg an der Strecke, insbesondere am Kathodenfall, erhöht die Energie der auf die Kathode auftreffenden Ionen, γ wird größer und damit auch der Elektronenstrom. Die an der Kathode freigesetzten Elektronen unterliegen ebenfalls einem erhöhten Spannungsabfall und sind als *gerichteter Elektronenstrahl* noch weit vor der Kathode feststellbar. Kurzzeitig lokalisierter Durchbruch der Kathodenschicht und Bildung eines Kathodenflecks (s. Abschn. 2.7.3.6) zu Beginn der Entladung, häufig bei verunreinigten Kathoden, werden ebenfalls beobachtet. Der Elektronentransport im Gebiet zwischen Kathode und negativem Glimmlicht lässt sich nicht mit lokal vom elektrischen Feld abhängenden Transportkoeffizienten beschreiben, man ist auf Monte-Carlo-Rechnungen (s. Abschn. 2.3.4.6) angewiesen. Abb. 2.23 zeigt mit dieser Methode ermittelte Verteilungsfunktionen der Elektronen im Kathodenfallraum [68].

Zahlenbeispiel. Für Ne gilt $\tilde{A} = 1.1 \cdot 10^{-20}\,\text{m}^2$, $\tilde{B} = 2.8 \cdot 10^{-19}\,\text{V m}^2$ und es seien $\gamma = 0.05$ sowie $\mu_{+,\text{K}} = 0.14\,\text{m}^2/(\text{V s})$ bei einem Druck von 133 Pa. Mit den oben angegebenen Formeln erhält man $\Phi_{\text{K,min}} = 232\,\text{V}$, $d_{\text{K,min}} = 0.032\,\text{m}$, $j_{\text{K,min}} = 2.7 \cdot 10^{-2}$ A/m^2 und $n_{\text{K},+} = 3.5 \cdot 10^{13}\,\text{m}^{-3}$ bei $E_{\text{K}} = 1.4 \cdot 10^4\,\text{V/m}$.

2.7.3.6 Kathoden- und Anodenfall im Lichtbogen

Wie in Abschn. 2.7.3.5 geschildert, steigt die Belastung der Kathode durch γ-Prozesse beim Übergang zur anomalen Glimmentladung stark an und sie erwärmt sich. Die heiße Kathode emittiert schließlich (Bereiche 7 und 8 der Abb. (2.16) die Elektronen durch Thermo-Feldemission (s. Abschn. 2.6.4). Dieser sehr effektive Emissionsmechanismus sorgt dafür, dass die Elektronen von der Gesamtstromdichte j den Anteil fj übernehmen ($f = 0.7\text{–}0.9$), wobei j Werte von $10^6\text{–}10^{11}\,\text{A/m}^2$ erreichen kann. Den restlichen Strom leiten Ionen, die in einer sehr dünnen Schicht ($d_{\text{K}} < \lambda_{\text{FW,e}}$) durch Sekundärionisation gebildet werden. Die Ionen erzeugen ein hohes Raumladungsfeld vor der Kathode. Dieses Feld erhöht die Thermofeldemission, es steigert den Ionenstrom und fördert damit die erwünschte Aufheizung der Kathode. Der Kathodenfall nimmt mit typischerweise 10 V gerade einen so hohen Wert an, dass die beschleunigten Elektronen ionisieren können. Der Kathodenfall ist somit merklich niedriger als in der Glimmentladung mit Werten von einigen 100 V. Die Berechnung des Kathodenfalls macht von den Gleichungen $1/2\,m_e v_e^2 = e\,\Phi$ und $1/2\,M_+ v_+^2 = e(\Phi_{\text{K}} - \Phi)$ sowie den Dichten

$$n_e = \frac{j_e}{e v_e} = \frac{fj}{e\sqrt{2e\Phi/m_e}} \quad \text{und} \quad n_+ = \frac{(1-f)j}{e\sqrt{2e(\Phi_{\text{K}} - \Phi)/M_+}}$$

Gebrauch, wobei $n_e \ll n_+$ gelten soll. Setzt man diese Werte in die Gleichung $\text{div}\,\boldsymbol{E} = e(n_+ + n_e)/\varepsilon_0 \approx e n_+/\varepsilon_0$ mit $E = -\partial\Phi/\partial z$ ein, so lässt sich die Differentialgleichung integrieren und liefert mit der Randbedingung $\Phi(d) = 0$ an der Kathode

$$E_{\text{K}}^2 \approx \frac{4j(1-f)}{\varepsilon_0} \sqrt{\frac{\Phi_{\text{K}} M_+}{2e}} \tag{2.272}$$

und die Abmessung des Kathodenfalls $\Phi(d_{\text{K}}) = \Phi_{\text{K}}$ folgt aus

$$d_{\text{K}} = \frac{4\Phi_{\text{K}}}{3E_{\text{K}}}. \tag{2.273}$$

Zahlenbeispiel. Sei $j = 10^8\,\text{A/m}^2$, $f = 0.85$, $\Phi_{\text{K}} = 10\,\text{V}$, $M_+ = 20\,M_{\text{p}}$ (Ne), so erhält man für die Feldstärke $E_{\text{K}} \cong 8.35 \cdot 10^7\,\text{V/m}$ und die Falldicke $d_{\text{K}} = 1.6 \cdot 10^{-7}\,\text{m}$. Diese hohe Feldstärke erhöht erheblich die Thermo-Feldemission. Die aufprallenden Ionen führen zur deponierten Leistungsdichte $j(1-f)\Phi_{\text{K}} = 1.5 \cdot 10^8\,\text{W/m}^2$ an der Kathode.

Hochschmelzende Kathoden (Wolfram, Tantal) werden so stark aufgeheizt, dass sie gleichmäßig auf der Oberfläche durch Thermo-Feldemission Elektronen freisetzen und daher einen häufig gewünschten stationären und diffusen Bogenansatz gewährleisten. Reduziert man jedoch den Entladungsdruck auf Werte $< 100\,\text{Pa}$ bis zum Hochvakuum oder verwendet man Elektrodenmaterial mit so niedrigen

Schmelz- und Verdampfungstemperaturen, dass Thermo-Feldemission nicht auftreten kann, dann wählt der Lichtbogen einen anderen Weg, um das Verlöschen zu verhindern. Während des Zündvorgangs entsteht an mikroskopischen Spitzen der Kathodenoberfläche mit Feldüberhöhung und Feldemission (s. Abschn. 2.6.4) eine Entladung, die in typischerweise 1 ns Kathodenmaterial aufschmilzt. Dieses Material wird in Form eines gerichteten Jets oder einer Explosionswolke mit einer Geschwindigkeit von ca. $(1-2) \cdot 10^4$ m/s weggeschleudert. Nach etwa 20 ns hat sich daher auf der Kathode ein Krater ausgebildet, der als stark leuchtender *Kathodenfleck* (Spot) beobachtet werden kann. Die Fleckabmessungen hängen von der Stromstärke ab. Der Krater verweilt ca. 100 μs an einer Stelle, wobei sich auf dem spitzen Kraterrand durch Feldemission an einer zufälligen Stelle ein neuer Fleck ausbildet. Die zeitaufgelöste Beobachtung registriert Flecken, die auf der Oberfläche einen Zufallsweg zurücklegen, wobei ihre Geschwindigkeit bei $I = 100$ A bei ungefähr 1 m/s liegt. In den Spots herrschen mit $n_e \approx 10^{23}-10^{25}$ m^{-3}, $T_e \approx 20000$ K und $j = 10^{12}$ A/m^2 extreme Bedingungen. Die Abdampf- und Emissionsraten betragen etwa 10^{-7} kg, wenn 1 C Ladung transportiert wird.

Auch an der Anode kann der Lichtbogen diffus ($j = 10^6$ A/m^2) oder als *Anodenfleck* ($j = 10^8 - 10^9$ A/m^2) ansetzen. Flecke treten auf, wenn die Abmessung der Anode merklich kleiner als der Durchmesser der Bogensäule ist. Mehrere Flecken können gleichzeitig ein regelmäßiges Muster bilden, das sich auch als Ganzes bewegen kann.

2.7.3.7 Staubige Plasmen

Durch Zerstäubungs- und Verdampfungsprozesse an Elektroden, Wänden und Targets, (s. Abschn. 2.6.2 und 2.7.3.6), durch reaktives Ätzen (s. Abschn. 2.6.3), durch Injektion von Pulver, Spray sowie gasförmigen Edukten, die im Plasmavolumen durch Ausflockung Cluster bilden, entstehen *staubige Plasmen*. Bei vielen *Plasmaprozessen* ist die Staubbildung unerwünscht, z. B. bei der Abscheidung dünner Schichten. Daher wurden Verfahren entwickelt, die Staubteilchen in situ zu identifizieren und sie durch Felder oder Gasströmungen so zu führen, dass sie nicht auf der zu behandelnden Oberfläche landen. Eine weitere wichtige Anwendung synthetisiert *Nanoteilchen* (Durchmesser < 1 μm) durch Plasmaverfahren oder baut entstandene unerwünschte Partikel ab. So werden z. B. Feinstpulver hochschmelzender Materialien (Bornitrid, Zirkoniumoxid) durch Plasmaverfahren erzeugt, aber z. B. Ruß vernichtet [69].

Wichtige *grundlagenorientierte* Vorhaben studieren das kollektive Verhalten vieler durch das Plasma aufgeladener Staubteilchen. Diese ordnen sich in einem Plasma regelmäßig in einem *makroskopischen Gitter* an und bilden je nach Wirksamkeit der Debye-Abschirmung zwischen den Staubteilchen eine *Coulomb-Flüssigkeit* oder einen *Coulomb-Festkörper*. An diesen *makroskopischen Coulomb-* oder *Plasmakristallen* kann man Wellenausbreitung und Phasenübergänge durch die Beobachtung der Bewegung einzelner Staubteilchen studieren. Unter der Wirkung der Gewichtskraft im irdischen Labor gelingt wegen der Sedimentation zuverlässig nur die Bildung senkrecht angeordneter *zweidimensionaler Kristalle* in der Plasmarandschicht. Unter $g = 0$-Bedingungen ist auch die Erzeugung großer, *dreidimensionaler Kristalle* möglich [70, 71].

Wird ein einzelnes Staubteilchen vom Radius r_p in ein Plasma eingebettet, so wird es von einer **Schicht** umgeben, auf die die Methoden aus Abschn. 2.7.1 und 2.7.2 angewandt werden können. Die Schicht ist als **dünn** und **eben** zu betrachten, wenn die Bedingung $r_p/\lambda_D \gg 1$ erfüllt ist.

Für den anderen Grenzfall einer **dicken** Schicht, $r_p/\lambda_D \ll 1$, wurde ebenfalls eine Theorie entwickelt, die *OML-(Orbital Motion Limited)-Theorie*. Ihre Ergebnisse sollen kurz zusammengestellt werden (siehe z. B. [74]). Das Staubteilchen sammelt solange negative Ladungen auf, bis sich zwischen Teilchenoberfläche und Plasma das Floating-Potential Φ_{Float} (s. auch Gl. (2.244)) aufgebaut hat. Dieses Potential folgt nach der OML-Theorie aus einer transzendenten Gleichung [72–74] mit $x = e\,\Phi_{\text{Float}}/(k\,T_e)$:

$$\mathrm{e}^x = \sqrt{\frac{T_+ m_e}{T_e M_+}}\left(1 - x\frac{T_e}{T_+}\right) \approx -x\sqrt{\frac{T_e m_e}{T_+ M_+}}. \tag{2.274}$$

Die Aufladung des Staubteilchens errechnet sich aus der Spannung Φ_{Float} mit $\lambda_D = \lambda_{D,e}(1 + T_e/T_+)^{-1/2}$ nach Gl. (2.6) zu

$$Q_s = 4\pi\varepsilon_0 r_p\left(1 + \frac{r_p}{\lambda_D}\right)\Phi_{\text{Float}}. \tag{2.275}$$

Mehrere **Kräfte** wirken auf das einzelne Staubteilchen im Plasma:

Die *Gewichtskraft* erzeugt den Beitrag

$$F_g = \frac{4}{3}\pi r_p^3 \varrho_{m,s}\, g \sim r_p^3, \tag{2.276}$$

mit $\varrho_{m,s}$ als der Massendichte des Staubteilchens und g als der Fallbeschleunigung. Da $F_g \sim r_p^3$, wirkt die Gewichtskraft nur schwach auf kleine Teilchen. Sie treibt die Teilchen zur Wand, insbesondere nach Abschalten der Entladung.

Im homogenen **E**-Feld erfährt das Staubteilchen die *elektrische Kraft*

$$F_e = Q_s E \sim r_p, \tag{2.277}$$

mit Q_s nach Gl. (2.275) ($r_p/\lambda_D \ll 1$ vorausgesetzt). Diese Kraft treibt die negativ geladenen Staubteilchen zur positiv geladenen Entladungsmitte, sie werden also vom Plasma eingeschlossen.

In Plasmabereichen mit stark gerichteten Ionenflüssen, z. B. in einer Schicht, übertragen die Ionen einen Impuls auf die Staubteilchen. Dieser *Ionenwind* erzeugt eine Kraft in Flussrichtung, die einmal durch Ionen entsteht, die direkt auf die Teilchenoberfläche aufprallen und dabei Impuls übertragen und zweitens durch Ionen, deren Flugbahn durch die negative Ladung der Staubteilchen abgelenkt wird. An der Schichtkante einer Entladung erzeugt dieser Ionenwind nach [73] die Kraft (x aus Gl. (2.274)):

$$F_{IW} = r_p^2 n_e k T_e\left(x^2 \ln\left(1 + \frac{61.32\lambda_D^2}{r_p^2 x^2}\right) + 1 + |x|\right), \tag{2.278}$$

wobei der Term mit $1 + |x|$ den Beitrag der auf die Oberfläche aufprallenden Ionen erfasst. Er wird mit abnehmendem r_p immer unbedeutender. Im Gegensatz zu F_e weist F_{IW} nach außen und Teilcheneinschluss ist nur gewährleistet, wenn $|F_e| \geq |F_{IW}|$.

Falls die neutralen Teilchen und die Staubteilchen mit unterschiedlicher Geschwindigkeit v_0 bzw. v_{st} strömen, üben auch die neutralen Teilchen eine *Knudsen-Reibungskraft* auf das Staubteilchen aus. Die *Knudsen-Zahl* $Kn = \lambda_{FW,0}/r_p$ entscheidet, welcher Reibungsansatz zu wählen ist:

Für $Kn \ll 1$, also im Bereich von Entladungen mit $p \approx 10^5$ Pa, gilt die *Stokes-Formel* $F_R = -6\pi\eta\, r_p(v_{st}-v_0)$, wobei η der Viskositätskoeffizient des Plasmas ist.

Für $Kn \gg 1$ und $v_{st}, v_0 \ll \langle v_0 \rangle = (8\,k\,T_0/(\pi M_0))^{1/2}$ gilt in guter Näherung

$$F_R = -\frac{4}{3}\pi r_p^2 M_0 n_0 \langle v_0 \rangle\, (v_{st} - v_0)\left(1 + \frac{\pi\alpha}{8}\right), \tag{2.279}$$

mit dem *Akkomodationskoeffizienten* α, wobei für Spiegelreflexion $\alpha = 0$ und für diffuse Reflexion $\alpha = 1$ einzusetzen ist.

In einem Temperaturgradienten der neutralen Komponente im Plasma erfährt das Staubteilchen auf der „heißen" Seite einen höheren Impulsübertrag als auf der „kalten". Daraus resultiert eine *Thermokraft* der Größe

$$F_{th} = -\frac{32}{15\langle v_0 \rangle} r_p^2 \lambda_{kont} |\nabla \cdot T_0| \tag{2.280}$$

mit den Kontaktwärmeleitungskoeffizienten λ_{kont} (s. Abschn. 2.4.3). Diese Kraft weist in Richtung abnehmender Gastemperatur.

Zahlenbeispiel. Staubpartikel von 10 µm, 1 µm bzw. 0.1 µm Radius, der Dichte $\varrho_{m,s} = 2 \cdot 10^3$ kg/m^3 in einem Argonplasma ($n_e = 5 \cdot 10^{15}$ m^{-3}, $n_0 = 1.9 \cdot 10^{21}$ m^{-3}, $T_e = 3$ eV, $T_0 = T_+ = 500$ K, $v_0 = 0.3$ m/s, $v_{st} = 0$, $E = 3 \cdot 10^3$ V/m, $|\nabla \cdot T_0| = 10^3$ K/m, $\lambda_{kont}(500\,\text{K}) = 0.021$ W m^{-1} K^{-1}, $\alpha = 1$, $\Phi_{Float} = -7.6$ V, $\lambda_D = 2.2 \cdot 10^{-5}$ m) erfahren folgende Kräfte:

r_p/µm	F_g/N	F_e/N	F_{IW}/N	F_R/N	F_{th}/N
10	$8.2 \cdot 10^{-11}$	$3.7 \cdot 10^{-11}$	$6.8 \cdot 10^{-12}$	$1.1 \cdot 10^{-11}$	$8.7 \cdot 10^{-12}$
1	$8.2 \cdot 10^{-14}$	$2.6 \cdot 10^{-12}$	$1.4 \cdot 10^{-13}$	$1.1 \cdot 10^{-13}$	$8.7 \cdot 10^{-14}$
0.1	$8.2 \cdot 10^{-17}$	$2.5 \cdot 10^{-13}$	$2.1 \cdot 10^{-15}$	$1.1 \cdot 10^{-15}$	$8.7 \cdot 10^{-16}$

Die 10 µm-Teilchen werden hauptsächlich durch die Gewichtskraft beeinflusst. Bei einer Größe der Staubteilchen von 1 µm bzw. 0.1 µm wirkt vornehmlich eine elektrische Kraft, die die Teilchen in den Bereich positiven Potentials treibt. Sie werden also im Plasma eingeschlossen.

Die Staubteilchen in einem Plasma erhöhen im Vergleich zum staubfreien Fall die Verluste an Ladungsträgern, da Ionen und Elektronen an der Teilchenoberfläche rekombinieren und der Entladung entzogen werden. Diesen Effekt kann man durch Erhöhung der Zahl der Staubteilchen und durch Vergrößerung von r_p steigern. Die Zunahme der Ladungsträgerverluste bewirkt nach den Überlegungen in Abschn. 2.8.1.4, dass T_e höher ist als im staubfreien Plasma, da die größeren Verluste durch eine erhöhte Ionisationsrate wieder ausgeglichen werden müssen. Ein höheres T_e bedeutet aber auch eine gesteigerte chemische Aktivität der Entladung und eine Erhöhung z. B. von Depositionsraten durch die zusätzlich gebildeten Edukte und

Produkte. In Edelgasen nimmt daher der Anteil der metastabilen Atome im Vergleich zum reinen Plasma bei Anwesenheit von Staubteilchen zu. Die Abmessung und Anzahl der Staubteilchen hat auch Einfluss auf die Einkopplung der RF-Leistung und die Biasspannung in HF-Plasmaexperimenten.

Staubpartikel werden in einem Niederdruckprozessplasma durch Elektron-Ion-Rekombination an ihrer Oberfläche, Stöße mit den durch Φ_{Float} beschleunigten Ionen und gegebenenfalls chemische Reaktionen aufgeheizt. Durch Knudsen-Wärmeübertragung und Schwarzkörperstrahlung verliert das Staubteilchen Energie. Eine Bilanz liefert die sich einstellende Oberflächentemperatur. Nach [74] führt die Teilchenaufheizung in einer Entladung mit kapazitiver Einkopplung ($p = 60\,\text{Pa}$, $n_+ = 5 \cdot 10^{15}\,\text{m}^{-3}$) dazu, dass die Teilchen $\Delta T = 75\,\text{K}$ heißer als das Gas sind. In Entladungen mit hoher Ionendichte ($p = 0.6\,\text{Pa}$, $n_+ = 5 \cdot 10^{17}\,\text{m}^{-3}$) steigt ΔT bereits bei einer Teilchenverweilzeit von einigen $100\,\mu\text{s}$ auf $1000\,\text{K}$.

Zur Aufheizung von Partikeln und der Berechnung ihrer Trajektorien in Entladungen von $p = 10^5\,\text{Pa}$ siehe [78, 117]. Diese Partikel schmelzen oder werden teilweise oder ganz verdampft. Geschmolzene Partikel werden zur Oberflächenbeschichtung (Plasmaspritzen) eingesetzt, völlig verdampfte Teilchen bilden nach plötzlicher Abkühlung (Quenchen) des Plasmas durch Kaltgaszugabe Nanopartikel, siehe auch Abschn. 2.9.2.1.

Führt man dem Plasma eines Lichtbogens, der in He brennt und Kohleelektroden besitzt, Kohlenstoffpartikel zu, so entstehen nach Verdampfen bei $T > 4500$ und Quenchen *Fullerene*.

2.8 Gleichstrom-Entladungsplasmen

In diesem Abschnitt sollen die Bereiche einer Gleichstromentladung studiert werden, in denen die Bedingung der Ladungsneutralität $n_+ = n_e$ erfüllt ist, also nach unserer Definition ein Plasma vorliegt. Typische Beispiele sind die positive Säule einer Glimmentladung oder das Lichtbogenplasma. Es gibt *quasineutrale Übergangsbereiche* zwischen den Elektrodenfällen, Schichten und den eigentlichen Plasmabereichen, auf die im Folgenden ebenfalls eingegangen werden soll (s. Abb. 2.22a).

2.8.1 Glimmentladungsplasma

2.8.1.1 Überblick

Im vorangehenden Abschnitt wurde diskutiert, wie sich nach Zündung in einer Gasstrecke, wenn der äußere Stromkreis ausreichend Ladungsträger nachliefert, eine selbständige Entladung ausbildet. Im elektrischen Stromdichtebereich von $10^{-1}-10^3\,\text{A/m}^2$, Drücken von $1-10^4\,\text{Pa}$, Elektrodenabständen von $L \approx 0.1-1\,\text{m}$, Spannungen von $10^2-5 \cdot 10^3\,\text{V}$ und Strömen von $10^{-4}-10^{-1}\,\text{A}$ in einem Entladungsrohr von typischerweise $R_E \approx 10^{-2}\,\text{m}$ Radius beobachtet man in der Gasstrecke die *normale Glimmentladung* (Bereich 5 in Abb. 2.16).

Die genauen Kenndaten hängen empfindlich von diesen Parametern und dem verwendeten Arbeitsgas ab. In der Praxis wird das zum Betrieb erforderliche elektrische Feld durch sehr unterschiedliche *Elektrodenanordnungen* erzeugt. Glimmlampen, Leuchtstoffröhren und Gaslaser für niedrige Leistungen (HeNe-, CO-, CO_2-, HCN-Laser) verwenden Entladungsrohre mit großem L-R_E-Verhältnis mit ebenen bzw. ring- oder zylinderförmigen Elektroden an den Enden. In Hochleistungslasern und für plasmagestützte Verfahren strebt man oft großvolumige Entladungen an, die mit *segmentierten Elektroden* und individuellen Vorwiderständen arbeiten.

Die Elektronenemission aus der Kathode erfolgt vornehmlich durch Sekundäremission, s. Abschn. 2.7.3.2. Häufig ist im Bereich hoher elektrischer Stromdichten Elektrodenkühlung erforderlich.

Die Form der Entladungsgefäße muss nicht an das durch die Elektrodenanordnung vorgegebene äußere elektrische Feld angepasst werden, wie die Leuchtreklame deutlich macht. Die in Abschn. 2.7.1 beschriebene Aufladung der Entladungswand erzeugt zusammen mit dem äußeren Feld auch bei gekrümmten Entladungsrohren eine Feldkomponente in Entladungsrichtung, die zum Unterhalt der Entladung ausreicht.

2.8.1.2 Dunkelräume und Glimmlichtzonen

Bereits mit bloßem Auge erkennt man in einem Fülldruckbereich von $10-100$ Pa das in Abb. 2.22a schematisch dargestellte Erscheinungsbild einer Glimmentladung mit *Dunkelräumen*, *Glimmlichtzonen* und *positiver Säule*. Als instabile Brennform beobachtet man häufig eine sich periodisch wiederholende ruhende oder sich bewegende *Schichtung* (engl. *striations*) der positiven Säule, deren Erscheinungsbild sich mit dem Entladungsdruck und der angelegten Spannung ändert. **Verkleinerung des Elektrodenabstands** verkürzt zuerst einmal nur die Länge der positiven Säule, nach ihrem Verschwinden werden die Abmessungen des *Faraday-Dunkelraums* und schließlich des *negativen Glimmlichts* immer kleiner. Wenn man bei weiterer Abstandsverkürzung nicht gleichzeitig die Spannung erhöht, erlischt die Entladung. **Druckerhöhung** reduziert die Abmessungen der vor Kathode und Anode liegenden *Dunkelräume* und *Glimmlichtzonen*, Faraday-Dunkelraum und positive Säule wachsen dagegen. Während die positive Säule bei niedrigem Druck den Querschnitt der Entladung homogen ausfüllt, können sich für $p > 10^4$ Pa und hoher elektrischer Stromdichte auch filamentartige Strukturen bilden.

Elektrische Sondenmessungen und laserspektroskopische Verfahren (s. Abschn. 2.10) geben Auskunft über elektrische Felder, Potentiale, Dichten und elektrische Stromdichten in den in Abb. 2.22 skizzierten diversen Entladungszonen. Deutlich lässt der E-Feldverlauf den Kathodenfall (Abschn. 2.7.3) der Dicke d_K erkennen, an dem der größte Teil der Spannung Φ_K abfällt. Im Bereich des negativen Glimmlichts mit einer (sehr geringen) negativen Überschussladung ist das E-Feld homogen und niedrig, manchmal ändert das Feld sogar die Richtung (durchgezogene Kurve). Das negative Glimmlicht ist ein Plasma, das durch die von der Kathode kommenden Elektronen erzeugt wird. Die Feldumkehr bewirkt, dass Ionen ambipolar entgegen der positiven Stromrichtung zur Anode diffundieren, der Elektronenstrom ist dann höher als der Gesamtstrom.

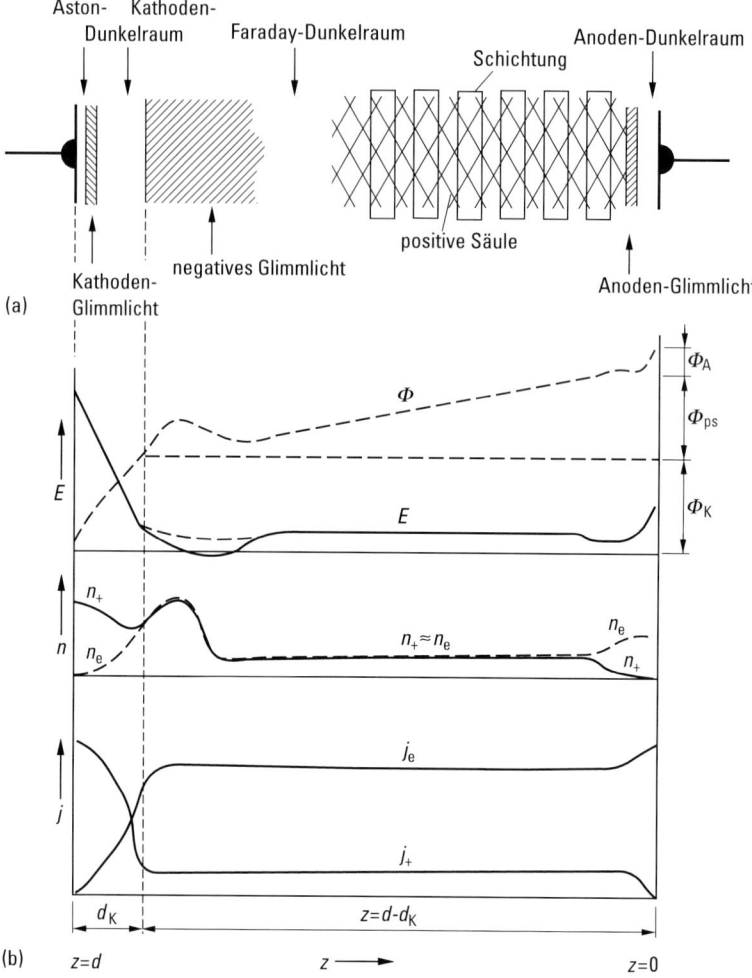

Abb. 2.22 (a) Erscheinungsbild einer Glimmentladung in einem geraden Rohr. (b) Axialer Verlauf der Spannung Φ, Feldstärke E, Trägerdichten $n_{+,e}$ und elektrischer Stromdichten $j_{+,e}$ von Ionen und Elektronen.

Das Feld steigt im Faraday-Dunkelraum wieder etwas bis auf den konstanten Wert in der positiven Säule an. Das Plasma in diesem Dunkelraum wird durch Diffusionsvorgänge der Ladungsträger aus dem negativen Glimmlicht und der positiven Säule unterhalten. Vor der Anode bildet sich ein schwach negativ aufgeladener Anodenfallraum aus. Vom Kathodenfallraum bis zur Anode übernehmen praktisch nur die Elektronen die Stromleitung.

Frequenzbereich und Intensität der emittierten Linienstrahlung geben erste Hinweise auf die kinetische Energie der anregenden Elektronen. Die Energie der aus der Kathode freigesetzten Elektronen liegt an der Kathodenoberfläche bei ungefähr

1 eV. Sie reicht daher erst nach Beschleunigung im Kathodenfall und Zurücklegung einer bestimmten Laufstrecke aus, um anregende Stöße mit anschließender Lichtemission ausführen zu können. Dieses Verhalten erklärt einmal den *Aston-Dunkelraum* und das sich anschließende *Kathodenglimmlicht*. Die nach der Stoßanregung in der katodischen Glimmlichtzone wieder abgebremsten Elektronen erhalten nach Durchlaufen des *Kathodendunkelraumes* so viel Energie, dass sie Primärionisation des Füllgases ausführen können. Dabei wächst n_e exponentiell an, die sichtbare Strahlung tritt zurück. Da die Elektronen durch Ionisationsprozesse einen Teil ihrer Energie verlieren, überwiegt schließlich wieder die atomare Anregung, das negative Glimmlicht wird sichtbar. Dieser erneute Energieverlust durch Anregungsprozesse verbunden mit einem niedrigen elektrischen Feld bewirkt schließlich die Ausbildung eines weiteren Dunkelraumes, des Faraday-Dunkelraumes. Im wieder ansteigenden elektrischen Feld nehmen die sich bis dahin eher als Teilchenstrahl in einem engen Energieintervall bewegenden Elektronen (Diskussion Abschn. 2.7.3) durch Zunahme der elastischen und inelastischen Stöße eine mittlere Energie von einigen eV an, die typisch für das quasineutrale Plasma der positiven Säule ist. Die jetzt (bis auf die Drift) ungerichtete Bewegung der Elektronen reicht aus, um Anregungs- und damit auch Leuchtprozesse zu bewirken. Im Gegensatz zum kathodennahen Bereich wird der gesamte zur Verfügung stehende Entladungsraum ausgefüllt. Monte-Carlo-Rechnungen [68] liefern die Energieverteilung der Elektronen in verschiedenen Abständen von der Kathode (Abb. 2.23). Besonders deutlich wird die Thermalisierung in dem Bereich, wo die positive Säule betrieben wird, aber man erkennt auch die

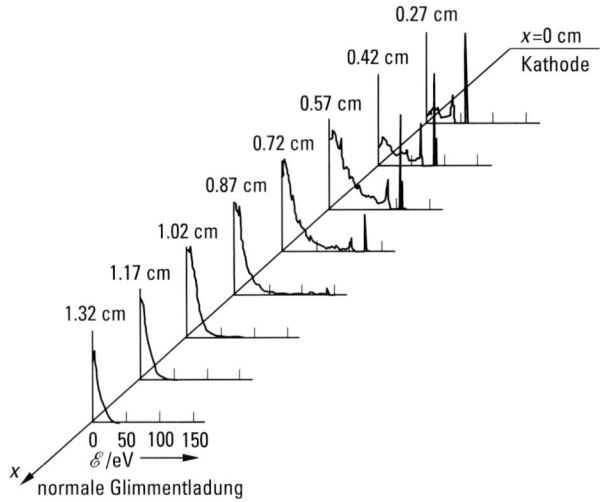

Abb. 2.23 Energieverteilung der Elektronen für verschiedene Abstände x von einer Eisenkathode unter der Annahme eines Feldstärkeverlaufs im Kathodenfallbereich $0 < x < d_K$ = 1.3 cm der Form $E(x) = (23(1 - x/(1.3\,\text{cm})) + 0.1)\,\text{kV/m}$ bzw. $0.1\,\text{kV/m}$ für $x > d_K = 1.3\,\text{cm}$ in der positiven Säule. Bei der Kathodenspannung von $\Phi_K = 150\,\text{V}$ stellt sich eine normale Glimmentladung ein. Reduktion der Fallraumabmessung auf $d_K = 0.8\,\text{cm}$ und Erhöhung der Kathodenspannung auf $\Phi_K = 300\,\text{V}$ führt zu einer anomalen Glimmentladung (nach [68]).

fast monoenergetischen Elektronenstrahlen, die durch Beschleunigung im Kathodenfall entstehen.

Beim Übergang in den Anodenbereich sind zur Wahrung der Stromkontinuität
häufig eine Abbremsung der Elektronen und damit ein schwacher Abfall der *E*-
Felder erforderlich. Das dann wieder ansteigende *E*-Feld im *Anodenfall* erklärt das
Anodenglimmlicht und den *Anodendunkelraum*.

2.8.1.3 Hohlkathoden, Betrieb bei Drücken $p < 10^{-2}$ Pa

Hohlkathodenbetrieb. Verwendet man statt einer ebenen Kathode, der eine ebene
Anode gegenübersteht, zwei ebene Kathoden und eine Anode nach Abb. 2.24a, oder
eine zylindrische *Hohlkathode* nach Abb. 2.24b, so lässt sich der Entladungsstrom
ohne allzu große Spannungserhöhung um Größenordnungen steigern. Voraussetzung ist dabei, dass der Plattenabstand bzw. der Innendurchmesser des Hohlzylin-
ders so gewählt werden, dass die Bereiche des negativen Glimmlichts, die den beiden
Kathoden oder den gegenüberliegenden Kathodenoberflächen vorgelagert sind,
überlappen. Zwei Gründe sind für den Stromanstieg verantwortlich:

a) Es gibt Elektronen, die zwischen den beiden sie abstoßenden Kathodenfällen
   (s. Abb. 2.24a) hin- und herpendeln, also eingefangen sind und daher im Volumen
   viele Anregungs- und Ionisationsprozesse ausführen.
b) Die Zunahme der Ionendichte, aber auch auftretende metastabile neutrale Teilchen und UV-Strahlung führen zu einer starken Erhöhung der Rückwirkungs-
   prozesse und damit zur Steigerung der Elektronenemission an der Kathodenoberfläche.

In *magnetisierten Hohlkathodenbögen* unter niedrigem Druck verwendet man zylindrische, vom Arbeitsgas durchströmte Hohlkathoden aus Wolfram oder Tantal, die
so heiß werden, dass thermische Elektronenemission Stromstärken von 100 A ermöglicht (s. Abb. 2.24b). Mit wachsendem Druck reduziert sich die Ausdehnung
des negativen Glimmlichts. Im Druckbereich um 10^5 Pa und höher setzt man daher
Mikrohohlkathoden ein, die sich besonders für *modulare Aufbauten* eignen.

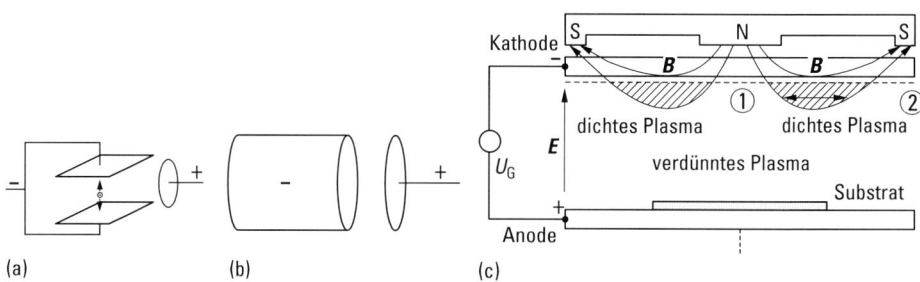

Abb. 2.24   (a) Ebene und (b) zylindrische Hohlkathodenentladung. (c) Magnetronentladung.

Pseudofunke. Als *Pseudofunke* bezeichnet man eine Entladung, die auf dem linken Zweig der Paschen-Kurve (s. Abb. 2.18) gezündet wird ($p = 0.1$ Pa, Stromanstiegszeit 10^{-10} s, Spannung einige kV, Ströme 10 kA) und eine Kalthohlkathode besitzt. Das Entladungsplasma steht mit dem Innern der Hohlkathode über eine kleine Öffnung in Verbindung. Die Zündung der Entladung kann mit einem zeitlichen Verzug (Jitter) im ns-Bereich realisiert werden. Pseudofunken werden daher als schnelle Hochstrom- und Hochspannungsschalter eingesetzt. Sie erzeugen auch intensive Licht- und Teilchenstrahlen.

Magnetronentladung. Eine Steigerung der Anzahl der Ionisationsvorgänge bei gleichzeitiger Erhöhung der Stromdichte im Vergleich zur Glimmentladung lässt sich in der *planaren* oder *zylindrischen Magnetronentladung* durch eine andere Maßnahme erzielen. Abb. 2.24c zeigt den Aufbau. Die unter Abschn. 2.3.4.2 diskutierten Driftbewegungen im *E*- und *B*-Feld bewirken insbesondere bei niedrigem Druck mit $\omega_{z,e}/\nu \gg 1$, dass die Elektronen zwischen den Punkten 1 und 2 (in Abb. 2.24c) sehr häufig hin- und herlaufen. Ihre Reflexion erfolgt durch die Schichtpotentiale an der Kathode und die Wirkung der „*magnetischen Spiegel*". Sie bilden dabei einen Ring von der Dicke des Larmor-Radius der Elektronen. Durch die lange Verweilzeit in dem Ring nimmt die Zahl der ionisierenden Stöße zu, und damit auch die Ladungsträgerdichte. Magnetronentladungen werden zur effektiven Zerstäubung von Kathodenmaterial, das sich dann auf dem in Abb. 2.24c eingezeichneten Substrat niederschlägt, häufig eingesetzt.

Multipolanordnung. Im Druckbereich $p < 10^{-2}$ Pa ist die freie Weglänge der Elektronen so groß, dass im Volumen erzeugte Ladungsträger stoßfrei zur Wand gelangen und rekombinieren. Mit Magnetfeldern in *Multipolanordnung* gelingt es, den Elektronenverlust zu reduzieren und unselbständige Entladungen, in denen die Elektronen durch Glühemission erzeugt werden, bis zu Drücken von 10^{-3} Pa zu betreiben.

2.8.1.4 Die positive Säule

Während in den unter Abschn. 2.8.1.2 beschriebenen Glimmzonen und Dunkelräumen die Elektronenschwärme sich in eine kalte ($0.1-0.2$ eV), heiße ($1-10$ eV) und sehr heiße (> 100 eV) Komponente aufteilen (in Abb. 2.23 deutlich zu erkennen), sind die Elektronen in der positiven Säule thermalisiert mit einer Temperatur von $10000-50000$ K, die über den Entladungsquerschnitt nahezu konstant ist. Dagegen besitzen die Dichten $n_e \approx n_+$ ein ausgeprägtes Radialprofil. Die durch Stoßionisation im Volumen erzeugten Ladungsträger diffundieren ambipolar an die Entladungswand, wo sie rekombinieren und als neutrale Teilchen wieder zurück ins Plasma strömen.

Ladungsträgerbilanz. Eine einfache Bilanzierung der Ladungsträger in der positiven Säule macht von der Kontinuitätsgleichung (2.169) und der Stromdichte nach Gl. (2.153) Gebrauch. Wenn die von der Wand kommenden neutralen Teilchen in der Entladung nur ionisiert werden und nicht rekombinieren, lautet die Teilchenbilanz mit ambipolaren Diffusionsverlusten und der Stoßrate für Ionisation nach Gl. (2.71) in Zylinderkoordinaten

$$\text{div}(-D_a \,\text{grad}\, n_e) = -D_a \left(\frac{\partial^2 n_e}{\partial r^2} + \frac{1}{r} \frac{\partial n_e}{\partial r} \right) = n_0 n_e \langle \sigma v_e \rangle_{\text{ion}} = v_{\text{ion}} n_e \qquad (2.281)$$

mit der Lösung

$$n_e(r) = n(0) \, J_0 \left(\sqrt{\frac{v_{\text{ion}}}{D_a}} \, r \right), \qquad (2.282)$$

wobei J_0 die Besselfunktion nullter Ordnung ist. In Wandnähe wird n_e sehr klein und die Bedingung $n_e(R_E) = 0$ führt mit der ersten Nullstelle $\lambda_0 = (v_{\text{ion}}/D_a)^{1/2}$ $R_E = 2.405$ der Besselfunktion J_0 auf eine Bestimmungsgleichung für die sich in der Säule einstellende Elektronentemperatur T_e:

$$v_{\text{ion}} = n_0 \langle \sigma v_e \rangle_{\text{ion}} (T_e) = \frac{\lambda_0^2 D_a}{R_E^2} = \frac{\lambda_0^2 D_+}{R_E^2} \left(1 + \frac{T_e}{T_+} \right) \qquad (2.283)$$

(zur Randbedingung $n_e(R_E) = 0$ s. Gl. (2.225) und Abschn. 2.6.1.4). Gl. (2.283) erlaubt folgende Interpretation: In der stationären positiven Säule nehmen die Elektronen eine so hohe Temperatur an, dass die Elektronenstoßionisation gerade so viele Ladungsträgerpaare erzeugt, wie nach außen wegdiffundieren und damit verloren gehen.

Energiebilanz. Eine Energiebilanz liefert das nahezu homogen angenommene axiale elektrische Feld. Die pro Längeneinheit aufgenommene elektrische Leistung lautet mit Gl. (2.282)

$$P_e = 2\pi \int_0^{R_E} jE r \, dr = 2\pi e \mu_e E^2 \int_0^{R_E} n_e(r) r \, dr = 2\pi e \mu_e E^2 R_E^2 n_e(0) \frac{J_1(\lambda_0)}{\lambda_0},$$

wobei $j = e n_e \mu_e E$ nach Gl. (2.143) benutzt wurde, da es wegen $\partial n_e/\partial z = 0$ keinen Beitrag der Diffusion gibt und die Stromdichte der Ionen vernachlässigt werden kann. $J_1(\lambda_0) = 0.519$ ist der Wert der Besselfunktion 1. Ordnung an der Stelle λ_0, wobei die zwischen $J_0(x)$ und $J_1(x)$ gültige Beziehung $d(x J_1)/dx = J_0(x) x$ herangezogen wurde.

Mit der Gesamtzahl N_e der Elektronen pro Längeneinheit,

$$N_e = 2\pi \int_0^{R_E} n_e(r) r \, dr = 2\pi R_E^2 n_e(0) \frac{J_1(\lambda_0)}{\lambda_0},$$

lautet die *pro Elektron* aufgenommene *Leistung*

$$\Delta P_e = P_e/N_e = e \, \mu_e E^2 .$$

Diese verliert das Elektron durch elastische und inelastische Stöße. Der elastische Energieverlust errechnet sich aus der Mittelung über $\Delta \mathscr{E}_1$ nach Gl. (2.51). Genauere Rechnungen berücksichtigen auch die inelastischen Prozesse (Abschn. 2.3.3.6). Als Ergebnis notiert man

$$\Delta P_{\text{Verlust}} = \Theta_e = \delta \left\langle \frac{v_{m,e} m_e v_e^2}{2} \right\rangle \approx \frac{3}{2} \delta v_{m,e} k T_e ,$$

wobei der genaue Wert des Energieverlustfaktors δ über eine Lösung der Boltzmann-Geichung der Elektronen und Mittelung über f_e (Abschn. 2.4.5) erhalten wird. Der Faktor δ hat für die rein elastische Wechselwirkung der Elektronen mit den schweren Teilchen den Wert $2\,m_e/M$, d. h. $2 \cdot 10^{-5}$ für N_2. Durch inelastische Stöße kann der Wert von δ jedoch je nach Größe von E/n_0 mehrere Größenordnungen darüber liegen. Geringe Verunreinigungskonzentrationen treiben den Wert zusätzlich in die Höhe. Daher ist zur Erzielung reproduzierbarer Bedingungen in einer Glimmentladung neben der hohen Reinheit des Füllgases eine **Wandkonditionierung** dringend erforderlich.

Der Energieverlustfaktor der Ionen für Stöße mit dem neutralen Hintergrund hat dagegen den sehr großen Wert 0.5, daher nehmen die Ionen praktisch die Gastemperatur an.

Die Bilanz $\Delta P_e = \Delta P_{\text{Verlust}}$ liefert mit Gl. (2.142) die elektrische Feldstärke

$$E = \frac{v_{m,e}}{e}\sqrt{\frac{3}{2}\delta\, m_e k T_e}\,.$$ (2.284)

Die Feldstärke und daher auch der Spannungsabfall in der positiven Säule hängen also nicht vom Strom ab. Damit ist das Plateau in der Kennlinie einer Glimmentladung (Bereich 5 in Abb. 2.16) erklärt.

Ähnlichkeitsgesetze. Der Entladungsstrom

$$I = 2\pi\int_0^{R_E} jr\,\mathrm{d}r = 2\pi e\mu_e E n_e(0)R_E^2\,\frac{\mathrm{J}_1(\lambda_0)}{\lambda_0}$$

bestimmt die Elektronendichte in der Entladungsmitte zu

$$n_e(0) = \frac{I\lambda_0 m_e v_{m,e}}{\mathrm{J}_1(\lambda_0)\,2\pi e^2\,E R_E^2}\,.$$ (2.285)

Mit $T_e \gg T_+$ und

$$D_a \approx D_+\frac{T_e}{T_+} = \frac{\mu_+}{e}k\,T_e = \frac{kT_e}{M_+ v_{m,+}}$$

sowie $v_{m,e,+} = n_0\langle\sigma v\rangle_{m;e,+}(T_e) = C_{e,+}n_0$ (s. Gl. (2.154) und (2.75)) resultieren die *Ähnlichkeitsgesetze* der positiven Säule:

$$R_E n_0 = \lambda_0\sqrt{\frac{kT_e}{M_+\langle\sigma v\rangle_{\text{ion}}\,\langle\sigma v\rangle_{m,+}}}$$ (2.286)

$$\frac{E}{n_0} = \frac{\langle\sigma v\rangle_{m,e}}{e}\sqrt{\frac{3}{2}\delta m_e k T_e}\,.$$ (2.287)

Wendet man zur Berechnung von $\langle\sigma v\rangle_{\text{ion}}$ Gl. (2.73) auf den Ionisationsprozess mit der Schwellenenergie $E_s = E_I$ an und führt man die Abkürzung $y = k\,T_e/E_I \ll 1$ ein, so nimmt Gl. (2.286) die Form

$$C\,n_0\,R_E = y^{\frac{1}{4}}\mathrm{e}^{\frac{1}{2y}},\quad C^2 = \frac{M_+ C_+\sigma_0}{\lambda_0^2\sqrt{\pi m_e E_I/8}}\,,$$ (2.288)

mit gasabhängigem C^2 an. Dies ist eine Bestimmungsgleichung für y. Die Gültigkeit der Gl. (2.288) für Neon- und Argonentladungen wird in [52] experimentell überprüft.

Zahlenbeispiel. Stickstoffentladung $R_E = 10^{-2}$ m, $p = 27$ Pa, $I = 20$ mA, $T_0 = 300$ K, $n_0 = 6.5 \cdot 10^{21}$ m^{-3}, $\sigma_0 = 1.33 \cdot 10^{-20}$ m^2, $E_I = 15.58$ eV, $\delta = 4 \cdot 10^{-2}$ [75], $\langle \sigma v \rangle_{m,e} = C_e = 1.31 \cdot 10^{-13}$ m^3 s^{-1}, $\langle \sigma v \rangle_{m,+} = 7.11 \cdot 10^{-16}$ m^3 s^{-1} [9]. Nach Gleichung (2.284) erhält man $E = 0.76$ kV/m, $C = 2.84 \cdot 10^{-19}$ m^2, $y = 0.147$, $T_e = 26600$ K $\rightarrow$ 2.3 eV, $n_e(0) = 0.59 \cdot 10^{16}$ m^{-3}.

Diese sehr einfache Theorie beschreibt zumindest die funktionalen Abhängigkeiten und die Größenordnung der Entladungsparameter richtig. So nehmen mit zunehmendem Druck, d. h. wachsendem n_0 nach Gl. (2.288) y oder auch T_e ab, $n_e(0)$ wächst mit zunehmendem Strom an. Allerdings besitzen Glimmentladungen statt des aus der einfachen Theorie folgenden Plateaus in der Kennlinie häufig eine fallende E-I-Kennlinie, wie in Abb. 2.25 zu erkennen.

Eine komplette Theorie der positiven Säule muss auch folgende Prozesse, Teilchensorten und -zustände sowie Entladungseigenschaften berücksichtigen: Volumenrekombination, gegebenenfalls Anlagerung und Stoßneutralisation, metastabile atomare und molekulare Zustände, negative Ionen, Ionisation in mehreren Schritten (aus angeregten Niveaus), Anregung rotatorischer, vibratorischer und elektronischer Zustände, unterschiedliche Ionensorten (z. B. N_4^+ statt N_2^+), Abweichungen der Verteilungsfunktion des Elektronengases von der Maxwell-Verteilung, Temperaturprofile aller Spezies, Wandprozesse mit Abhängigkeiten der Wandtemperatur von E und I. Die komplette numerische Behandlung löst simultan die Boltzmann-Gleichung für Elektronen nach Abschn. 2.4.5, berechnet Besetzungsdichten nach Abschn. 2.5.2 unter Einschluss der Wandprozesse nach Abschn. 2.6.1.4 und löst die

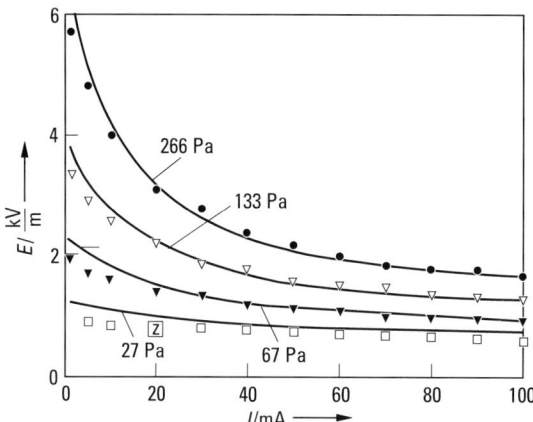

Abb. 2.25 Elektrische Feldstärke als Funktion des Entladungsstroms in der positiven Säule einer DC-N$_2$-Entladung mit $R_E = 10^{-2}$ m für verschiedene Entladungsdrücke. Vergleich zwischen Ergebnissen der Modellierung (durchgezogene Kurven) und Messung (nach [4]) sowie Zahlenbeispiel $\boxed{Z}$ in Abschn. 2.8.1.4.

Energiebilanzen, um die Temperaturprofile zu erhalten. Für eine N_2-Entladung wurden solche Rechnungen durchgeführt. Die Ergebnisse sind in Abb. 2.25 eingetragen und sind in sehr guter Übereinstimmung mit dem experimentellen Befund [4].

2.8.1.5 Anomale Glimmentladung

Im Bereich 6 (s. Abb. 2.16) erreicht die elektrische Stromdichte bereits so hohe Werte, dass wie erwähnt (Abschn. 2.7.3.5) die Kathode aufgeheizt wird und ihren Emissionsmechanismus ändert. Die Steigerung des Stromes führt auch zu einer merklichen Heizung des Füllgases und damit zu einem Temperaturprofil der schweren Teilchen. Als Folge davon stellt sich bei vorgegebenem Druck ein zum Zentrum hin abnehmendes Gasdichteprofil $n_0(r)$ ein. Übersteigt die elektrische Stromdichte einen kritischen Wert, so wächst die Elektronendichte in der Entladung um etwa zwei Größenordnungen (von $10^{17}\,\mathrm{m}^{-3}$ auf $5\cdot10^{18}\,\mathrm{m}^{-3}$), wobei die radiale Ausdehnung der Entladung um eine Größenordnung zurückgeht: Die Entladung kontrahiert. Diese Kontraktion (auch *Arcing* genannt) tritt nur auf, wenn $n_e > 10^{17}\,\mathrm{m}^{-3}$ und in der Nähe der Entladungsachse Mehrstufenionisation ($\sim n_e^2$) und Rekombination nahezu bilanziert sind sowie diffusive Verluste keine Rolle spielen. Arcing wird in CO_2- und CO-Lasern beobachtet, wenn man die elektrische Leistungsdichte erhöht, um die Laserausgangsleistung zu steigern. Durch die Wahl eines geeigneten Gasgemischs, besonders aber durch Gasumwälzung mit Turbulenz der Strömung und Kühlung, lässt sich unerwünschtes Arcing vermeiden. Die kontrahierte Glimmentladung ordnet sich zwischen normaler Glimmentladung und Bogenentladung ein: Sie besitzt eine vergleichsweise hohe Feldstärke und hohe Elektronentemperatur, wobei jedoch $T_0, T_+ \ll T_e$ weiterhin gilt. Die Elektronendichte kann Werte um 10^{19}–$10^{20}\,\mathrm{m}^{-3}$ erreichen [9].

2.8.2 Lichtbogenplasma

2.8.2.1 Überblick

Erreichen die Stromdichten in der Entladung 10^6–$10^{11}\,\mathrm{A/m^2}$ bei Stromstärken von 1–$10^6\,\mathrm{A}$, so bildet sich ein *Lichtbogen* aus. Er besitzt im unteren Strombereich wegen der starken Zunahme der elektrischen Leitfähigkeit mit dem Strom (Bereich 7, Abb. 2.16) eine fallende *E-I*-Kennlinie, welche für höhere Stromstärken (Bereich 8, Abb. 2.16) wegen der Zunahme der Abstrahlung und damit erforderlich werdender überproportionaler Erhöhung der Leistungseinkopplung wieder ansteigt. Die Elektrodenfälle (s. Abschn. 2.7.3.6) nehmen im Vergleich zur Bogensäule nur einen kleinen Bereich des Entladungsraumes in Anspruch mit Spannungsabfällen $< 10\,\mathrm{V}$.

Zur **Klassifizierung** der in vielen Erscheinungsformen auftretenden Bogenentladungen werden sehr unterschiedliche Kriterien benutzt: Nach der Art der Kathodenvorgänge werden thermoionische, selbständige und fremdbeheizte, unselbständige Bögen und Bögen mit Feldemission unterschieden. Eine wichtige Kennzeichnung berücksichtigt, ob sich ein ruhender oder bewegter Kathodenfleck mit großer (10^{11}

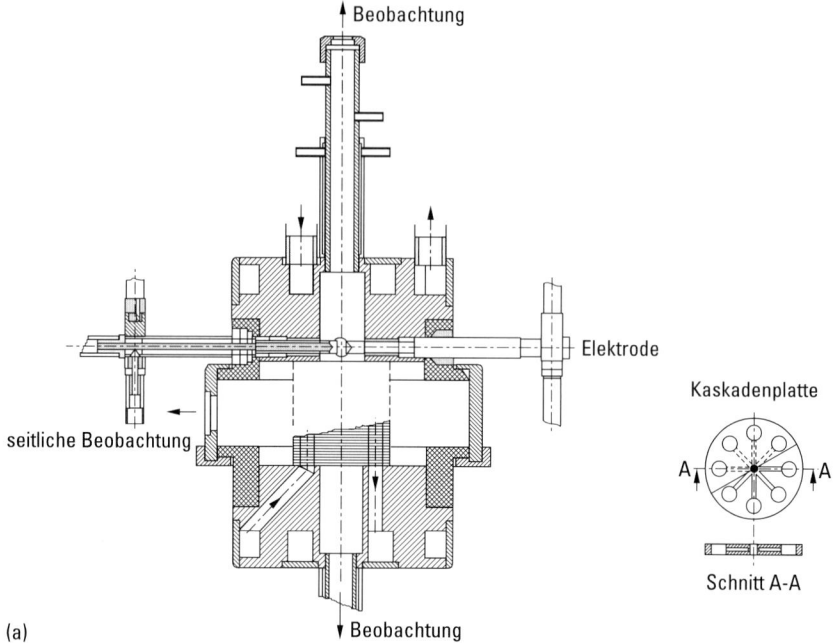

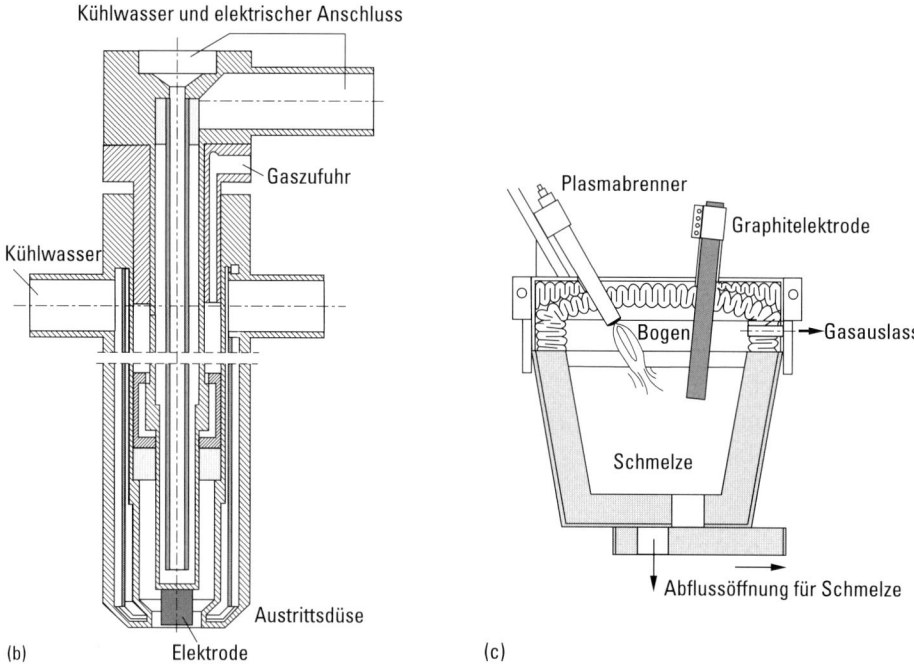

Abb. 2.26 Versuchsaufbauten für (a) Kaskadenbogen, (b) Plasmajet für AC-Betrieb (nach [38]), (c) Lichtbogen für die Anwendung in der Metallurgie (nach [38]).

A/m^2) oder kleiner (10^8 A/m^2) elektrischer Stromdichte ausbildet. Weiter unterscheidet man Vakuumbögen, Niederdruckbögen (10^{-1}–10^3 Pa) mit einer positiven Säule, in der $T_e \gg T_0, T_+$ gilt und der Ionisationsgrad hoch ist, Hochdruckbögen (10^3–10^6 Pa) mit $T_e \approx T_0 \approx T_+$ (thermisches Plasma) und Entladungen bei sehr hohem ($> 10^7$ Pa) Druck, vergleichsweise niedriger Temperatur und niedrigem Ionisationsgrad im LTG und mit hoher Abstrahlungsleistung. Je nach der Art, wie und wohin die zugeführte elektrische Energie zu- oder abgeführt wird, charakterisiert man wandstabilisierte, elektrodenstabilisierte, wirbelstabilisierte und freibrennende Lichtbögen. Die durch Auftrieb bedingte bogenförmige Erscheinungsform letzterer hat der Entladung ihren Namen gegeben. Einige für die Grundlagenforschung und die großtechnische Anwendung wichtige Bauformen sind in den Abb. 2.26a–c zusammengestellt. In der Lichtbogenforschung hat der wandstabilisierte Kaskadenbogen nach Maecker (Abb. 2.26a) besondere Bedeutung erlangt.

Einschnürungen des Lichtbogens mit lokal überhöhter elektrischer Stromdichte j führen z. B. an der Kathode zu einer magnetischen Kraftwirkung und damit zu einem *Pumpeffekt*, der einen *Kathodenjet* mit Geschwindigkeiten von ca. 100 m/s induziert. In einem äußeren Magnetfeld $\boldsymbol{B}_0$ bewegt sich ein Bogen häufig in $-(\boldsymbol{j} \times \boldsymbol{B}_0)$-Richtung, man spricht von *retrograder Bewegung*. Sie kommt zustande, weil die Pumpwirkung durch die inneren Magnetfelder die des äußeren $\boldsymbol{B}_0$-Feldes übertrifft.

2.8.2.2 Die Bogensäule

Dieser im Wesentlichen durch die geometrische Anordnung der Elektroden und die gekühlte Umgebung definierte Bereich zeichnet sich durch einen hohen Leistungs-

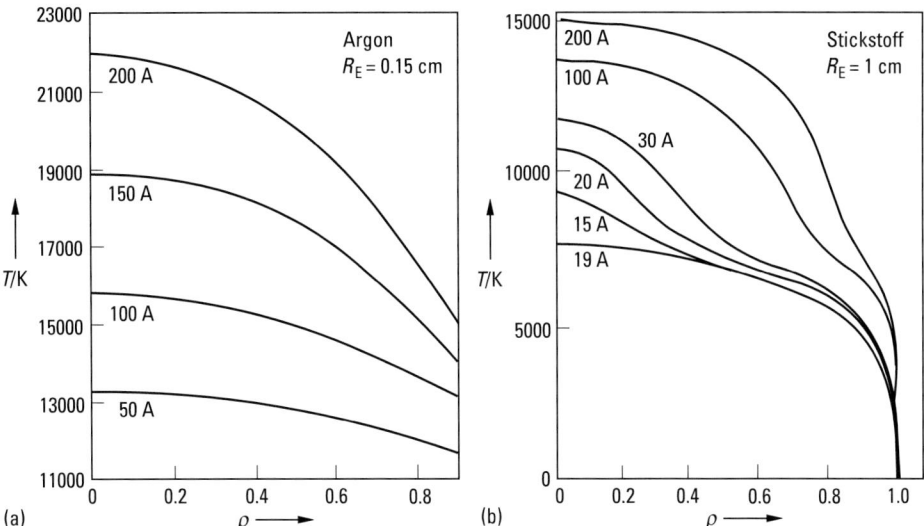

Abb. 2.27 Radiale Temperaturprofile in (a) einem Argon-Kaskadenbogen (mit $R_E = 0.15$ cm normiert), (b) einem N$_2$-Kaskadenbogen (mit $R_E = 1$ cm normiert) bei Normaldruck für verschiedene Achstemperaturen (Stromstärken in A), nach [35].

umsatz aus. Legt man z. B. bei Normaldruck eine Feldstärke von $E = 10^4\,\text{V/m}$ und eine Stromstärke $I = 200\,\text{A}$ zugrunde, so beträgt die pro Längeneinheit eines zylindrischen Bogenplasmas umgesetzte elektrische Leistung $P_{\text{el}} = 2 \cdot 10^6\,\text{W/m}$, was Wärmeströmen von $3 \cdot 10^8\,\text{W/m}^2$ am Bogenrand bei einem Säulenradius von $R_{\text{E}} = 10^{-3}\,\text{m}$ entspricht.

Im Vergleich zur positiven Säule einer Glimmentladung bewirkt die hohe Elektronendichte in der Bogensäule von $n_{\text{e}} = 10^{23} - 10^{24}\,\text{m}^{-3}$ bei $10^5\,\text{Pa}$ einen erhöhten Energie- und Impulsaustausch zwischen Elektronen, Ionen und neutralen Teilchen. Als Konsequenz gleichen sich für $n_{\text{e}} > 10^{22}\,\text{m}^{-3}$ die kinetische Temperaturen aller Sorten an und die für die Existenz von LTG (s. Abschn. 2.2.2) geforderten Bedingungen sind im Bogenplasma häufig erfüllt. Der relative Temperaturunterschied zwischen Elektronen und schweren Teilchen wird mit Gl. (2.40) abgeschätzt.

Mit den typischen Bogenkenngrößen $T_{\text{e}} = 24000\,\text{K}$ und $n_0 \approx n_{\text{e}} = 1.5 \cdot 10^{23}\,\text{m}^{-3}$ erhält man für die freie Weglänge der Elektronen wegen $\lambda_{\text{FW,e}} \approx 1/(n_{\text{e}}\,\sigma_{\text{Coul}})$ mit $\sigma_{\text{Coul}} = 4 \cdot 10^{-10}\,T_{\text{e}}^{-2}\ln\Lambda = 3.5 \cdot 10^{-18}\,\text{m}^2$ (s. Gl. (2.57) und (2.58), $\ln\Lambda = 5$) den Wert $\lambda_{\text{FW,e}} = 1.9 \cdot 10^{-6}\,\text{m}$. Nimmt man eine Säulenfeldstärke von $5 \cdot 10^3\,\text{V/m}$ an, so resultiert für einen Wasserstoffbogen mit Gl. (2.40) der Wert $(T_{\text{e}} - T_{0,+})/T_{\text{e}} = 0.4\%$.

Die Vermessung absoluter Linienintensitäten liefert nach *tomographischer Auswertung* seitlich vermessener Intensitäten (*Abel-Inversion*) radiale Temperaturverteilungen als Funktion des Bogenstroms. Solche Verteilungen für ein Edelgas (Ar) und ein molekulares Gas (N$_2$) zeigt Abb. 2.27.

Auffallend ist die Einschnürung des Temperaturprofils im Stickstoffbogen im Bereich um $T = 7000\,\text{K}$. Sie ist auf die hohe Wärmeleitfähigkeit des Plasmas bei $T = 7000\,\text{K}$ durch Transport von Reaktionsenergie (hier Dissoziationsenergie, s. Abschn. 2.4.3 und Abb. 2.30b) zurückzuführen.

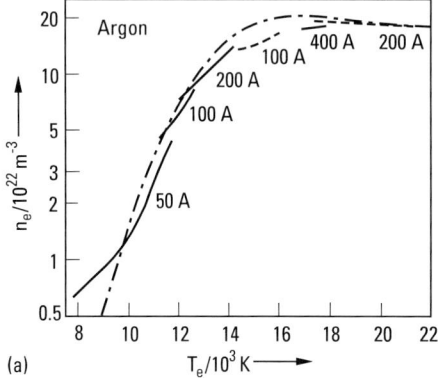 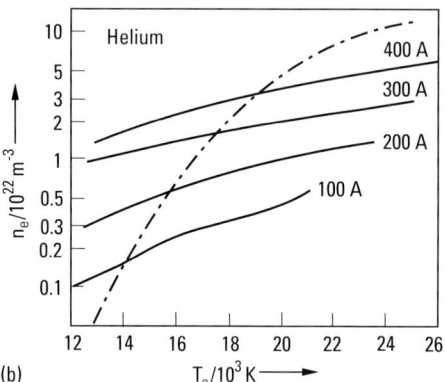

Abb. 2.28 (a) Gemessene Elektronendichten als Funktion der Elektronentemperatur in einem Argon-Kaskadenbogen von $R_{\text{E}} = 0.15\,\text{cm}$ (gestrichelte Linien) bzw. $R_{\text{E}} = 0.3\,\text{cm}$ (durchgezogene Linien) bei Normaldruck für verschiedene Stromstärken in A. Strichpunktierte Kurve: $n_{\text{e}}(T_{\text{e}})$ nach der Saha-Gleichung (2.34). (b) Gemessene Elektronendichten als Funktion der Elektronentemperatur in einem Helium-Kaskadenbogen von $R_{\text{E}} = 0.3\,\text{cm}$ bei Normaldruck für verschiedene Stromstärken. Strichpunktierte Kurve: $n_{\text{e}}(T_{\text{e}})$ nach der Saha-Gleichung (2.34), nach [76].

Über die Saha-Gleichung lassen sich aus den Temperaturprofilen Elektronendichteprofile berechnen. Mithilfe der Linienverbreiterung, Interferometrie oder auch durch Thomson-Streuung können diese Dichteverteilungen überprüft werden (s. Abschn. 2.10). Einen Eindruck dieser Verteilung und den Vergleich von experimentellen und theoretischen Kurven geben die Abb. 2.28a (Argon) und 2.28b (He). In He-Bögen führen die starken Diffusionsverluste der Ladungsträger in radiale Richtung zu Abweichungen vom Ionisationsgleichgewicht nach Saha. Dieser Effekt spielt nur dann keine Rolle, wenn sehr viel mehr Ladungsträger lokal im Bogen durch Ionisation gebildet und durch Rekombination vernichtet werden, als durch Diffusion verloren gehen [76].

Auch die chemische Zusammensetzung eines Lichtbogenplasmas wird durch Diffusionsvorgänge, bedingt durch Konzentrations- und Temperaturgradienten in r- und z-Richtung, beeinflusst und Rechnungen der Plasmazusammensetzung nach dem Massenwirkungsgesetz sind dann fragwürdig. Dieser auch *Entmischung* genannte Effekt führt dazu, dass das Konzentrationsverhältnis von zwei in den Bogen zugefüllten Gassorten in der Entladung erheblich von den in das Gefäß eingefüllten Kaltgaskonzentrationen abweicht [77].

Der thermische Aufbau der Bogensäule nach Abb. 2.27 folgt in guter Näherung aus Einflüssigkeiten-Bilanzgleichungen für Masse, Impuls und Energie (Gl. (2.164)–(2.168)). Wenn Strömungsvorgänge, die beim freibrennenden oder angeblasenen Bogen besonders wichtig sind, nicht betrachtet werden, dann beschreibt die *Energiebilanz* allein den thermischen Aufbau. In einem **zylindrischen, stationären Bogen** mit E = const. lautet sie mit dem Fourier-Ansatz für die Wärmeleitung und dem Ohm-Gesetz (s. Abschn. 2.4.3)

$$jE = \sigma(T,p)E^2 = -\frac{1}{r}\frac{\mathrm{d}}{\mathrm{d}r}r\lambda(T,p)\frac{\mathrm{d}T}{\mathrm{d}r} + u(T,p)$$

(Elenbaas-Heller-Gleichung);   (2.289)

σ elektrische Leitfähigkeit, λ Wärmeleitfähigkeit, u abgestrahlte optisch dünne Leistung pro Volumeneinheit. Die integralen Bogendaten, Stromstärke I und abgestrahlte Leistung pro Längeneinheit L_u, resultieren aus

$$I = 2\pi E \int_0^{R_E} \sigma\, r\, \mathrm{d}r \quad \text{und} \quad L_u = 2\pi \int_0^{R_E} u\, r\, \mathrm{d}r.$$

(2.290)

Mit den Gl. (2.289) und (2.290) und entsprechenden Randbedingungen lassen sich bei bekannten „Materialfunktionen" σ, λ und u die Temperaturverteilung, das elektrische Feld und die Abstrahlung des Bogens bei vorgegebenem Strom berechnen. Umgekehrt liefern Messungen von Temperaturverteilungen an Lichtbögen mit unterschiedlicher Stromstärke bei bekannter elektrischer Kennlinie $E(I)$ und Gesamtabstrahlung $L_u(I)$ (letztere mit geeichter Thermosäule gemessen) nach einem Inversionsverfahren (in [37] ausführlich diskutiert) experimentelle Werte für $\sigma(T)$, $\lambda(T)$ und $u(T)$. Beispiele für $\sigma(T)$ (Argon) sind in Abb. 2.29 und für $\lambda(T)$ (Argon, Stickstoff) in Abb. 2.30 gezeigt.

Die **numerische Behandlung** der Energiebilanz Gl. (2.289) vereinfacht sich erheblich durch Einführung der *Wärmestromfunktion*

$$S(T) = \int_{T_w}^{T} \lambda(T)\,\mathrm{d}T.$$

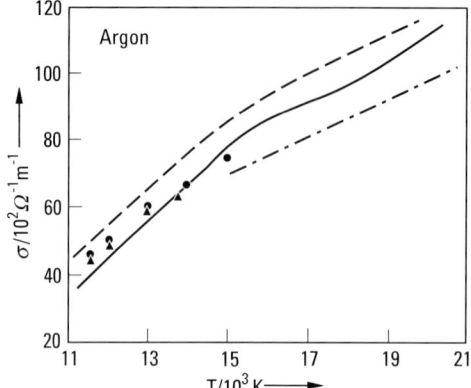

Abb. 2.29 Elektrische Leitfähigkeit σ von Argon bei 10^5 Pa über der Temperatur nach dem Experiment (durchgezogene Kurve und Messpunkte) und der Theorie [28] (gestrichelte Kurve) sowie nach der für ein vollständig ionisiertes Plasma gültigen Spitzer-Formel (strichpunktierte Kurve) [26], siehe Abschn. 2.4.3.

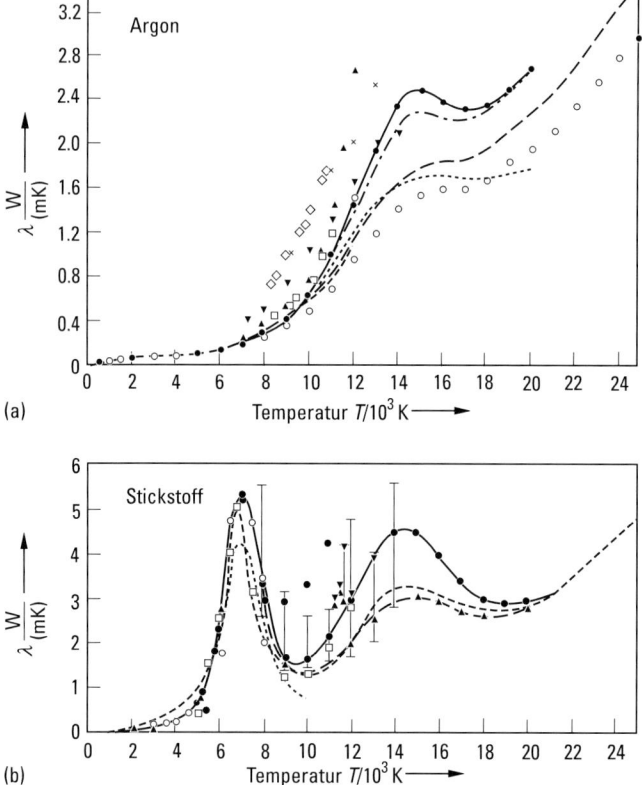

Abb. 2.30 Wärmeleitfähigkeit λ bei 10^5 Pa als Funktion der Temperatur nach Experiment und Theorie von (a) Argon und (b) N_2. Genauere Angaben zu den einzelnen Kurven und Messpunkten in [38].

Eine simple **analytische Behandlung** ist in der Näherung $\sigma = \sigma(S_0) = $ const. über den ganzen Bogenbereich mit $u = 0$ möglich. Die Funktion $S(r)$ ist dann eine Parabel der Form $S(r) = S_0(1 - (r/R_E)^2)$ mit dem Achsenwert S_0. In parametrischer Abhängigkeit lautet die Bogencharakteristik $IE = 4\pi S_0$ und $I/E = \pi R_E^2 \ \sigma(S_0)$. Mit dem Ansatz $\sigma(S_0) \sim (S_0)^m$ nimmt die Bogencharakteristik die Form an: $E \sim I^{-(m-1)/(m+1)}$. Sie ist mit I abfallend für $m > 1$, Bereich 7 in Abb. (2.16). Eine bessere Beschreibung liefert das *Kanalmodell* eines Bogens, bei dem $\sigma \neq 0$ nur im heißen Bogenbereich gilt, im kälteren Außenbereich wird dagegen $\sigma = 0$ gesetzt.

Stationäre Lichtbogenplasmen in Kaskadenbögen (s. Abb. 2.26a) sind wegen ihrer guten Zylindersymmetrie, Reproduzierbarkeit, Zugänglichkeit und der Möglichkeit, durch Verlängerung der Bogensäule sehr genaue Feldmessungen vornehmen zu können, besonders geeignet, Transportkoeffizienten, aber auch die Eigenschaften emittierter Linien- und Kontinuumstrahlung wie Übergangswahrscheinlichkeiten und Linienbreiten experimentell zu ermitteln. In H_2 und He lassen sich unter Normaldruck leicht Temperaturen bis 30000 K erreichen, in schwereren Arbeitsgasen begrenzt die Abstrahlung die Temperaturwerte auf typisch 20000 K. In diesen Entladungen ist der Strahlungstransport ganz wesentlich und der Term $u(T,p)$ ist in der Elenbaas-Heller-Gleichung (2.289) durch

$$\text{div} \boldsymbol{j}_{\text{Strahl}} = \int\limits_{v=0}^{\infty} \int\limits_{\Omega} \kappa_v (B_v(T) - I_v(s)) \mathrm{d}v \, \mathrm{d}\Omega \tag{2.291}$$

zu ersetzen, wobei κ_v den frequenzabhängigen Absorptionskoeffizienten, B_v die Planck-Funktion und I_v die Intensität des Strahlungsfeldes für die Frequenz v bezeichnen. Letztere muss aus der Strahlungstransportgleichung berechnet werden.

Freibrennende Lichtbögen neigen wegen der durch die hohen elektrischen Stromdichten entstehenden internen Magnetfelder zu *instabilen Brennformen*. Sie nehmen dabei die Form einer rotierenden oder stehenden Helix an, deren Steigung z. B. durch den Bogenstrom eingestellt werden kann. Kaskadenbögen mit zu großem Entladungsradius oder zu hoher Stromstärke weichen ebenfalls von der Zylindersymmetrie ab und gehen in die Helixform über. In [108] werden Stabilitätskriterien mitgeteilt, mit denen der Einsatzpunkt der Instabilität abgeschätzt werden kann.

2.9 Zeitabhängige Entladungsplasmen und ihre Anwendungen

2.9.1 Überblick

In den Abschnitten 2.6–2.8 wurden die Vorgänge im Volumen, in Schichten und Fallräumen sowie an Oberflächen von **DC-Entladungen** von sehr niedrigen bis zu sehr hohen elektrischen Stromstärken diskutiert und die grundlegenden Aspekte zur Entstehung eines Plasmas erörtert. Sie bilden die Grundlagen auch zum Verständnis der in diesem Abschnitt behandelten Entladungen in **zeitabhängigen** elektrischen Feldern, wobei jedoch zahlreiche neue Gesichtspunkte zu beachten sind.

Für die industrielle Praxis (Beleuchtungsindustrie, Schalterbau, Metallurgie etc.) sind besonders *50- bzw. 60-Hz-Entladungen* wichtig. Zahlreiche plasmatechnologisch interessante Entladungen arbeiten repetierend mit gepulsten Feldern, zur Plasmaheizung werden aber auch Sender mit Radiofrequenzen (*RF-Generatoren*, z. B. 13.56 MHz), *Mikrowellengeneratoren* (0.915 GHz, 2.2–3 GHz) oder *Laser* (CO$_2$-Laser bei $2.83 \cdot 10^{13}$ Hz) eingesetzt.

Die so erzeugten zeitabhängigen Plasmen verhalten sich bezüglich ihrer Geometrie, des Leistungsbedarfs, der räumlichen Verteilung der Plasmakenngrößen, ihres Gleichgewichtszustands, ihrer Stabilität, Reproduzierbarkeit usw. von der DC-Entladung abweichend. Aber auch untereinander weisen sie Unterschiede auf. Typische im Plasma ablaufende Vorgänge wie Wellenausbreitung und Fluktuationen, Transport, Abstrahlung, Schichtbildung, Wandprozesse, chemische Reaktionen etc. sind in den diversen Entladungsformen sehr verschieden ausgeprägt.

Die Auswahl und Auslegung eines Plasmaexperiments richtet sich nach den speziellen physikalischen, chemischen oder technischen Fragestellungen und hat viele Facetten. Bezüglich der **räumlichen Abmessung** sind Skalierungsgesetze zu beachten, hier sind häufig *modulare Lösungen* der Erstellung einer großen Anlage vorzuziehen. Die **Zeitskalen** der durch die einzelnen Plasmakomponenten bewirkten Prozesse weichen sehr stark voneinander ab und liegen für Vorgänge, an denen Elektronen beteiligt sind, bei Normaldruck im Bereich ps bis ns, Ionenprozesse bei 10 ns bis 10 µs, und Prozesse zwischen neutralen Teilchen bei 10 µs bis 10 ms. Durch die Dauer gepulster Entladungen und ihre Wiederholfrequenz, aber auch durch die Frequenz der angelegten Felder ist also eine **Steuerung der Prozessabläufe** möglich, natürlich auch durch die Dichte und Energie der beteiligten Prozesspartner. Im Hinblick auf den technischen Einsatz sind **Optimierungen** bezüglich Energieaufwand, Wirkungsgrad, Gasverbrauch, Qualität der Produkte, Standzeiten und Sicherheit der Anlage, Vakuumbedingungen, Umweltverträglichkeit, Kosten und Folgekosten etc. vorzunehmen. Wenn auch in den letzten Jahren die Plasmamodellierung erhebliche Fortschritte gemacht hat, ist man zur Erzielung optimaler Ergebnisse immer noch auf Experimente mit angemessener diagnostischer Ausstattung angewiesen, die nach einem „trial-and-error"-Verfahren durchgeführt werden.

2.9.2 Radiofrequenz-(RF-)Entladungen

2.9.2.1 Induktive Einkopplung

Hoher Druck. Bei diesem RF-Entladungstyp (schematischer Aufbau in Abb. 2.31a) wird ein Plasma bei hohem Druck ($p \approx 10^5$ Pa) durch *induktiv* eingekoppelte elektromagnetische Felder nach dem Transformatorprinzip vornehmlich im äußeren Entladungsbereich aufgeheizt. RF-Generatoren für Radiofrequenzen ($f = 1-100$ MHz, $P_{el} \leq 1$ MW) stellen die erforderliche Leistung zur Verfügung. Vorteilhaft sind die Industriefrequenzen $f = 2.65$ MHz oder $f = 13.56$ MHz. Der optimale Entladungsradius R_E bei induktiver Einkoppelung skaliert nach Gl. (2.87) für $\omega \ll \nu_m$, $\omega_{p,e}$ mit der Eindringtiefe δ, genauer gilt $R_E = (2.1-2.8)\,\delta = (2.1-2.8)\,(\pi\,\sigma\,\mu_0\,f)^{-1/2}$.

Zahlenbeispiel. Argon mit $p = 10^5$ Pa, $\sigma = 1800\,\Omega^{-1}\mathrm{m}^{-1}$, $T \approx 9000$ K, $f = 3.5$ MHz ergibt $R_E = (1.3-1.8) \cdot 10^{-2}$ m als optimalen Entladungsradius.

Die zum Unterhalt der Entladung erforderliche Minimalleistung der RF-Quelle fällt mit dem Druck und mit steigender Frequenz ab. Sie ist besonders niedrig für das häufig eingesetzte Arbeitsgas Argon.

Anwendungen. Im Vergleich zu einem Lichtbogen besitzt die RF-Entladung einen großen Durchmesser, d. h. auch bei hohem Gasdurchsatz ist die Verweilzeit von Teilchen im Entladungsraum groß. Diese gleichgewichtsnahen Entladungen sind daher zur Einleitung chemischer Reaktionen, zum Aufschmelzen, Verdampfen und Beschichten nach Injektion von festen, flüssigen oder gasförmigen Prekursoren sehr geeignet, besonders auch weil sie keine Elektroden besitzen.

Beispielhaft seien die *Dissoziation von NH₃* und *Synthese von N₂H₄*, die Erzeugung von Si_3N_4-*Schichten* in NH_3-SiH_4-Gasgemischen, Erzeugung von *C- und BN-Verschleißschichten*, Erzeugung feinkörniger *Nanopulver* (ZrO_2, Cu/SiC-Cermets) und die Herstellung hochtemperatursupraleitender *YBCO-Schichten* [38, 78, 79] erwähnt.

RF-Entladungen in Glasröhren dienen wegen der „side-on" Beobachtungsmöglichkeit durch die transparenten Wände, der Reinheit des Plasmas, der stabilen Brennform auch bei Atmosphärendruck, der möglichen großen optischen Dicke bei Absorptionsexperimenten und wegen der vergleichsweise großen Ausdehnung der Strecke, auf der Emission aus optisch dünner Schicht erfolgt, zum *empfindlichen Nachweis chemischer Edukte und Produkte* mithilfe der *Spektralanalyse*.

Modellierung. Die Entladungen bei 10^5 Pa sind gleichgewichtsnah und Gl. (2.164)–(2.168) werden in Zylinderkoordinaten (r, z) simultan mit einer Gleichung für das Vektorpotential A,

$$\Delta A = j\,\mu_0\,\sigma\,\omega\,A$$

und den gleichgewichtsnahen Transportkoeffizienten nach Abschn. 2.4.3 gelöst. Die Besetzungsdichten folgen aus einem Stoß-Strahlungs-Modell (s. Abschn. 2.5.2.1), da in den meisten Entladungen nur PLTG vorausgesetzt werden kann. Vorgegeben werden der Strom in der Spule oder die gesamte im Plasma dissipierte Leistung. Im Druckbereich $p \ll 10^5$ Pa müssen Mehrflüssigkeitengleichungen zur Modellierung herangezogen werden (Beispiele in [3]).

Die Abb. 2.31 b zeigt die Modellierung der Temperaturverteilung und Abb. 2.31c des Strömungsfeldes in einer RF-Entladung mit den im Bild spezifizierten Eigenschaften. Charakteristisch sind das Temperaturhohlprofil und der Einlaufwirbel. Das Hohlprofil im Bereich $0 < x < 2.5$ mm entsteht durch den kalten Trägergasstrom (Abb. 2.31a). Diese störenden Effekte behindern den Einsatz der Entladung zum Verdampfen hochschmelzender Materialien. Typische Werte der Zustandsgrößen sind $T_e \approx T_0 \le 10^4$ K, $n_e \approx 10^{21} - 10^{22}$ m^{-3}, ähnlich denen von DC-Lichtbogenplasmen niedriger Leistungsdichte.

Niedriger Druck. RF-Entladungen haben auch im Niederdruckbereich (Abb. 2.32) für spezielle Anwendungen große Verbreitung gefunden.

In diesen Entladungen entsteht vor Substraten im Vergleich zur kapazitiven RF-Entladung (beschrieben in Abschn. 2.9.2.2) nur eine niedrige Schichtspannung. Die Energie der auf ein Target auffallenden Ionen beträgt nach Gl. (2.244) höchstens 10–20 eV, dieser Entladungstyp erzeugt also ein „*mildes Plasma*".

Durch Vorspannung des Substrates (*Biasspannung*) lässt sich die Energie der Ionen in der Schicht vor dem Substrat unabhängig von der RF-Leistung gezielt beeinflussen. Ein weiterer Vorteil ist die vergleichsweise hohe Elektronendichte (10^{18} m^{-3}) und damit verbunden eine hohe Aktivität und Reaktivität des Plasmas. Die induktive

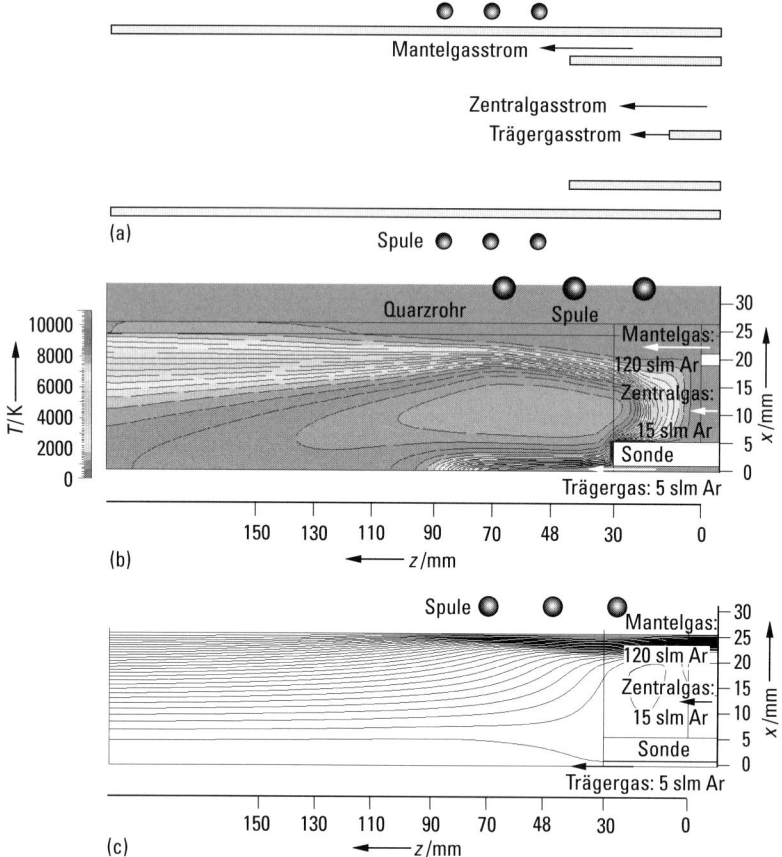

Abb. 2.31 RF-Entladung. (a) Schema der Gasströmung, (b) Isothermenfeld, (c) Stromlinienfeld bei einem Druck von p = 500 hPa und einer eingekoppelten HF-Leistung von 12 kW.

Kopplung ermöglicht nämlich einen elektrischen Feldverlauf, der ringförmig in sich geschlossen ist und die Wand nicht schneidet. Die den Feldlinien mehr oder weniger folgenden Elektronen gehen daher nicht an der Wand verloren. Zusätzlich setzt man auch magnetische Multipolfelder zur Reduktion der Ladungsträgerverluste ein.

Zwischen zwei Windungen der Heizspule baut sich auch ein *kapazitives elektrisches Feld* auf, das insbesondere bei niedrigem Druck wirksam wird. Der störende Einfluss dieses Feldes kann durch Wahl weniger, weit gewickelter Windungen und durch geschlitzte, metallische Abschirmung reduziert werden.

Bei der planaren RF-Entladung (s. Abb. 2.32b) wird das RF-Feld über eine ebene, spiralförmige Spule eingekoppelt. Sie lässt sich mit Vorteil zur gleichmäßigen Beschichtung eines großen Substrates verwenden.

Zahlenbeispiel. Entladungen bei $p = 1-10$ Pa besitzen n_e-Werte $\leq 10^{18}$ m^{-3}. T_e liegt bei $10000-50000$ K, während $T_0 \approx 300$ K typisch ist. Die Elektronendichte kann

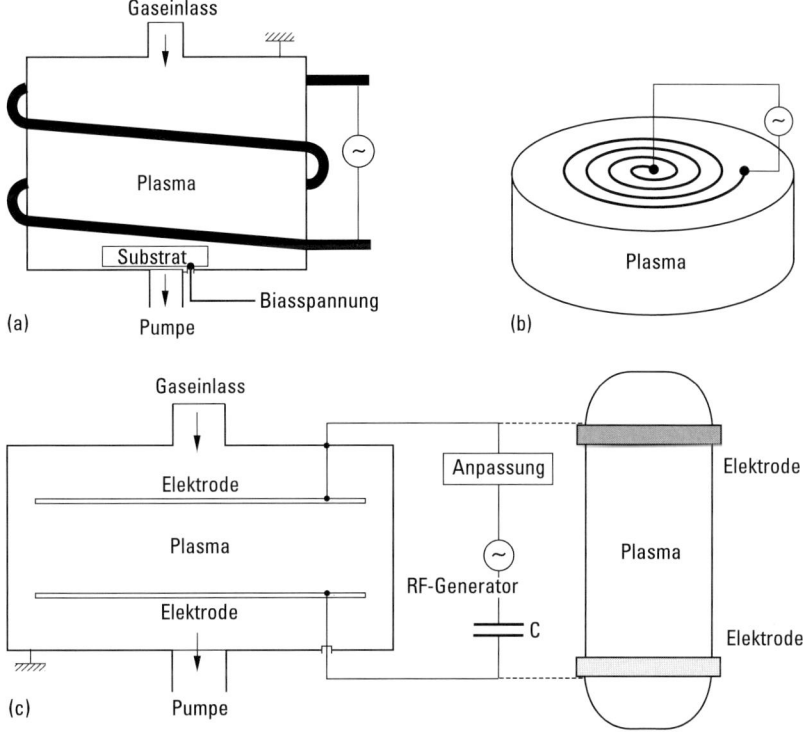

Abb. 2.32 (a) Induktiv gekoppelte Niederdruckentladung. (b) Planare, induktiv gekoppelte Niederdruckentladung. (c) Kapazitiv gekoppelte Niederdruckentladung mit innen liegenden (links) bzw. außen liegenden Elektroden (rechts).

nicht beliebig zunehmen, da sonst die Abmessung δ der Aufheizzone mit der Abschätzung nach Gl. (2.87) oder Gl. (2.89) wegen $\delta \sim 1/n_e$ zu klein wird.

2.9.2.2 Kapazitive Einkopplung

Diese mit RF betriebene Entladung im Druckbereich $1-10^3$ Pa bildet sich zwischen Elektroden (Kondensatorplatten) mit großer, oft unterschiedlicher Fläche und kleinem Abstand aus (s. Abb. 2.32c). Die eingezeichneten metallischen Elektroden können in direktem Kontakt mit dem Plasma stehen (linker Aufbau) oder aber durch ein Dielektrikum vom Plasma isoliert angebracht sein (rechter Aufbau), also auch außerhalb des Entladungsgefäßes liegen. Dieser Entladungstyp besitzt Ähnlichkeit mit der in Abschn. 2.9.4 behandelten DBE. Optimale Einkopplung der RF in das Plasma lässt sich durch *Impedanzanpassung* erzielen, wobei häufig Generatoren mit einem Innenwiderstand 50 Ω der Frequenz 13.56 MHz verwendet werden.

γ-Mode. Bis hinunter zu Drücken von 10 Pa gilt bei einer Frequenz von 13.56 MHz $v_m \gg \omega$, d. h. nach Gl. (2.80) führen die **Elektronen** unter dem Einfluss des RF-Feldes eine oszillierende Bewegung der Amplitude

$$|\hat{x}| \approx \frac{e|\hat{E}_x|}{m_e v_{m,e} \omega} = \frac{e(|\hat{E}_x|/n_0)}{m_e C_e \omega}$$

aus (C_e s. Gl. (2.75)). Mit dem typischen Wert $|\hat{E}_x|/n_0 = 3 \cdot 10^{-20}\,\mathrm{Vm}^2$ und $C_e = 3.7 \cdot 10^{-14}\,\mathrm{m}^3\mathrm{s}^{-1}$ folgt die Amplitude $|\hat{x}| \approx 1.7 \cdot 10^{-3}\,\mathrm{m}$, was sehr klein gegen den Elektrodenabstand ist. Die Amplitude der **Ionen** im RF-Feld ist dagegen noch um den Faktor $10^2 - 10^3$ kleiner. Sie werden aber im elektrischen Feld in den Schichten vor den Elektroden (s. Abschn. 2.7) beschleunigt und setzen durch γ-Prozesse (s. Abschn. 2.7.3.2) Elektronen aus derjenigen Elektrode frei, die gerade als Kathode gepolt ist. Die freigesetzten Elektronen werden im hohen Schichtfeld wiederum so stark beschleunigt, dass sie im vorgelagerten Niedrigfeldbereich Volumenionisationsprozesse ausführen können und die RF-Glimmentladung durch die so erzeugten Ladungsträger unterhalten wird. Dieser Vorgang ist dem in der DC-Entladung (s. Abschn. 2.8.1.2) ablaufenden Prozess sehr ähnlich. Auch ein negatives Glimmlicht und ein Faraday-Dunkelraum treten auf. Nach Umpolung des RF-Feldes läuft der Prozess der Ladungsträgerbildung entsprechend an der gegenüberliegenden Elektrode ab. Dieser Entladungstyp arbeitet wegen der Dominanz der Sekundärionisationsprozesse im *γ-Mode*.

α-Mode. Neben diesem für den γ-Mode zuständigen Szenario gibt es noch einen weiteren Mechanismus, der im Frequenzbereich größer als 1 MHz bei vergleichsweise niedriger RF-Spannung und kleiner Oszillationsamplitude $\hat{x}$ beobachtet wird. Nur Elektronen, deren Gleichgewichtsabstand von der positiven Elektrode kleiner als $\hat{x}$ ist, berühren die Wand und gehen verloren. Das gilt sowohl bei metallischen als auch bei nichtleitenden Elektrodenoberflächen. Die Schichtdicke variiert periodisch wie die angelegte RF-Spannung um einen DC-Wert. Dabei expandiert die Schicht besonders bei hohem ω sehr schnell, sodass Elektronen, die in der „anodischen" Phase in den Elektrodenbereich gedriftet sind, in der sich anschließenden „kathodischen" Phase in Richtung Entladungsmitte beschleunigt werden und dabei soviel Energie gewinnen, dass neue Ladungsträger durch Volumenprozesse (α-Prozesse) erzeugt werden. Diesen Bewegungsablauf der Elektronen bezeichnet man in der Literatur auch als *Wellenreiten*. Weil die kleine Oszillationsamplitude geringe Elektronenverluste mit sich bringt und ladungsträgererzeugende Volumenprozesse ablaufen, ist eine Entladung möglich. Diese Entladungsform wird wegen der α-Prozesse auch *α-Mode* genannt.

Die Schichtausdehnung ist beim α-Mode größer als beim γ-Mode. Dadurch ist auch die Expansionsgeschwindigkeit der Schicht beim α-Typ größer, was die Ladungsträgerbildung im Volumen steigert. Die kleine Schichtabmessung beim γ-Mode erhöht das Feld vor der Elektrode und verstärkt die Ionisation im negativen Glimmlicht. Die γ-Entladung besitzt daher eine höhere Elektronendichte (etwa $10^{16}\,\mathrm{m}^{-3}$) und höhere Stromdichte als die α-Entladung (nur einige $10^{15}\,\mathrm{m}^{-3}$). Entsprechend leuchtet die α-Entladung kaum, maximale Intensität tritt vor den Elektroden auf, wobei die Bereiche mit erhöhter Intensität sich mit abnehmendem Druck verbreitern.

Dagegen beobachtet man beim γ-Mode wie erwähnt negatives Glimmlicht und einen Faraday-Dunkelraum zwischen Elektrode und der leuchtenden Entladungsmitte. Monte-Carlo-Rechnungen belegen, dass die Elektronenenergieverteilung beim γ-Mode sehr viel mehr hochenergetische Elektronen ($> 100\,\text{eV}$) aufweist als beim α-Mode [20].

Ein wichtiges Bauelement der Plasmaanlage in Abb. 2.32c ist der Koppelkondensator C, der ein Abfließen der Ladung auf die dem Plasma zugewandten Elektroden verhindert. Damit bewirkt er, dass der negative Gleichspannungsabfall zwischen Elektrode und Plasma, das „Floating"-Potential nach Gl. (2.244), erhalten bleibt und die Ionen zur Wand beschleunigt werden. Wählt man statt gleich großer Elektroden wie in Abb. 2.32c Elektroden mit unterschiedlich großer Fläche, dann lässt sich der Spannungsabfall an der kleinen Elektrode und damit die Ionenenergie erhöhen. Über beide Elektroden muss nämlich der gleiche RF-Strom fließen, d. h. die Stromdichte an der kleinen Elektrode ist höher als an der großen. Sowohl nach dem Child-Langmuir-Gesetz (2.247) als auch nach der Beziehung für die stoßbestimmte Schicht Gl. (2.250) oder (2.251) steigt aber das Wandpotential mit steigender Stromdichte an. Wenn man zusätzlich noch die Abhängigkeit der Stromdichte von der Schichtdicke berücksichtigt, folgt für das Verhältnis der Spannungsabfälle Φ_1/Φ_2 über die Schichten vor Elektrode 1 bzw. 2 der Fläche A_1 bzw. A_2: $\Phi_1/\Phi_2 = (A_2/A_1)^q$, wobei $q \approx 2\text{--}4$ (je nach Modell).

Anwendungen. Systeme mit kapazitiver Einkopplung werden wegen der vergleichsweise hohen, aber sehr gut kontrollierbaren Biasspannung zum Ätzen, Zerstäuben und zur präzisen Deposition dünner Schichten, auch auf nichtleitenden Substraten, eingesetzt. Sie sind ein unverzichtbares Hilfsmittel zur Modifikation der Oberflächen von Polymeren. RF-Entladungen im Bereich bis $10^4\,\text{Pa}$ werden auch mit Erfolg zur Anregung von CO- und CO_2-Lasern benutzt.

Referenzentladung. Von der „Gaseous Electronics Conference" (GEC) wurde die *GEC-Referenzentladungszelle* entwickelt, die bei der Frequenz 13.56 MHz mit standardisierter Spule und Abmessungen (Durchmesser 16.5 cm, Dicke des Entladungsvolumens 4 cm) induktiv bzw. kapazitiv betrieben werden kann, (Leistungseinkopplung $< 1\,\text{kW}$, Druckbereich $1\text{--}20\,\text{Pa}$, bzw. $10\text{--}500\,\text{Pa}$, Ladungsträgerdichten $10^{16}\text{--}10^{18}\,\text{m}^{-3}$ bzw. $10^{15}\text{--}10^{17}\,\text{m}^{-3}$, $T_e = 5000\text{--}50000\,\text{K}$, Ionisationsgrad $< 1\,\%$). Zahlreiche Publikationen berichten über Experimente und Modellierarbeit an dieser Entladung.

2.9.3 Entladungen mit Wellenheizung

Die in Abschn. 2.3.4.4 diskutierte Wellenreflexion in der Nähe des „cut-off" bei Erreichen der kritischen Elektronendichte behindert ein Eindringen der Welle in das Plasma und eine Steigerung der Heizleistung sowohl in der induktiven als auch kapazitiven Entladung. Werden jedoch Wellen an der Oberfläche von Plasmen angeregt, so propagieren sie längs der sie unterhaltenden Plasmasäule und dem die Säule einschließenden Dielektrikum und können von dort aus in das Plasma trotz einer hohen Ladungsträgerdichte vordringen. Da bei den meisten Anordnungen dieser Art die Ströme nicht, wie bei der kapazitiven Entladung, senkrecht zur Oberfläche fließen, erreicht der Spannungsabfall über die Wandschicht nur den Wert des „Floating"-Potentials, man erzeugt also ein „mildes" Plasma.

Nach [80] unterscheidet man je nach der Art, wie die Energie der elektromagnetischen Welle dem Plasma zugeführt wird, Anordnungen mit metallischen oder dielektrischen, das Plasma umgebenden Wellenleitern mit Einkopplung der Welle am Anfang des Wellenleiters (*Typ I*) und Anordnungen mit Antennen (*Typ II*). Beim Typ I ist das Plasma ein Teil des Wellenleiters, beim Typ II wird das Plasma durch das elektromagnetische Feld unterhalten, das von Antennen (Aperturen, Schlitzen, hervortretende Antennenstrukturen etc.) abgestrahlt wird.

Beide Typen werden mit *fortschreitenden* oder *stehenden Wellen* ohne und mit äußerem Magnetfeld betrieben. Die am Anfang einer Plasmasäule eingekoppelten fortschreitenden Wellen verlieren in dem Maße, wie sie in das Plasma eindringen, ihre Energie.

Stehende Wellenfelder, durch Abstimmung in resonanten, geschlossenen Wellenleitern erzeugt, werden ebenfalls zur Heizung herangezogen. Dabei kommt eine Vielzahl von Wellenleitermoden zum Einsatz. Im Bereich hoher Drücke arbeitet man zur *Feldüberhöhung*, die man zur Zündung benötigt, mit sorgfältig abgestimmten, *längenstabilisierten Resonatoren* hoher Güte ($> 10^4$) und *frequenzstabilisierten Generatoren* [119]. Die Frequenzstabilisierung ist wesentlich, da ohne sie die erwünschte Feldüberhöhung nicht aufrechterhalten werden kann.

In magnetisierten Plasmen ist eine Anpassung der Generatorfrequenz und der Polarisation der eingekoppelten Welle an die durch das Magnetfeld vorgegebene Zyklotronfrequenz und den Drehsinn der rotierenden Elektronen erforderlich, z. B. im Falle der Elektron-Zyklotron-Resonanz-(EZR-)Entladung.

2.9.3.1 Durch Oberflächenwellen erzeugte Plasmen ohne Magnetfeld

Die zur Plasmaerzeugung und -erhaltung eingesetzten *Oberflächenwellen* sind elektromagnetische Wellen, die sich an der Grenzfläche zwischen zwei unterschiedlichen Medien, z. B. einem zylindrischen Plasma der Länge L vom Querschnitt A und einem das Plasma umgebenden dielektrischen Rohr ausbreiten. Die Art der Anregung der Welle und die momentane elektrische Feldverteilung bei dieser Anordnung vom Typ I sind Abb. 2.33 zu entnehmen.

Die Wellenenergie P_W ist auf den Bereich zwischen dielektrischem Rohr (Innenradius R_E) und Plasma konzentriert. Sie ist an der Stelle der Einkopplung am größten und fällt dann längs der Plasmaachse (z-Achse) in dem Maße ab, wie der Welle Energie vom Plasma entzogen wird und die Elektronendichte abnimmt. Bei vorgegebener Leistungseinkopplung endet die Plasmasäule, wenn eine bestimmte Minimaldichte der Elektronen erreicht ist. Erhöhung der Leistung verlängert die Säule, wobei der Dichtegradient in z-Richtung beibehalten wird. In der Literatur [20, 81] findet man Lösungen der Maxwell-Gleichungen für die oben beschriebene Geometrie. Dabei sind unterschiedliche Moden möglich, die sich im Falle einer zylindrischen Anordnung im Phasenfaktor $\exp(i m \Theta)$ unterscheiden, $m = 0, 1, \ldots$ Wenn die Bedingung $\omega R_E < 1.3 \cdot 10^8$ m/s eingehalten wird, wird nur der $m = 0$-Mode beobachtet. Mit wachsendem Produkt ωR_E schwingen auch die höheren Moden $m = 1, 2, \ldots$ an.

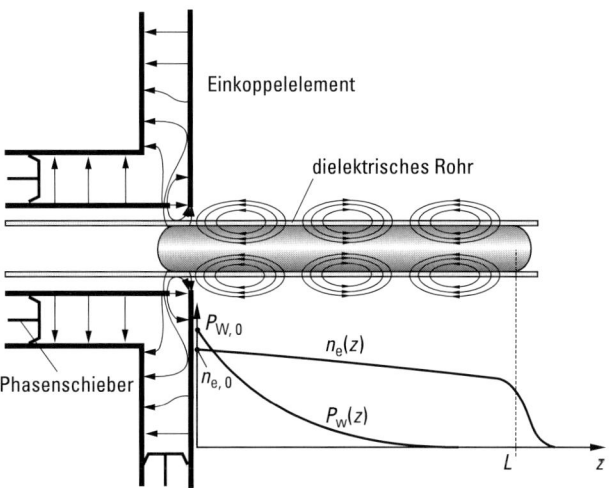

Abb. 2.33 Durch Anregung von Oberflächenwellen erzeugtes Plasma in einem Surfatron.

Hier soll nur eine einfache energetische Betrachtung zum Verständnis der Vorgänge durchgeführt werden. Nach Gl. (2.86) gilt für die Änderung der Intensität der in z-Richtung propagierenden Welle die Beziehung $d\,|\boldsymbol{S}|/dz = -2\,|\boldsymbol{S}|/\delta$. In der Literatur [80] werden die Größen $P_{\mathrm{W}}(z) = A\,|\boldsymbol{S}|$, der Leistungsfluss der Welle, $L_{\mathrm{P}}(z)$, die im Plasma absorbierte Leistung pro Längeneinheit, $\alpha = 1/\delta$ der Abschwächungskoeffizient der Welle (s. Abschn. 2.3.4.4) eingeführt. α hängt vom lokalen Wert der Größe L_{P} ab. Die lokale Leistungsbilanz lautet daher

$$L_{\mathrm{P}}(z) = -\frac{dP_{\mathrm{W}}}{dz} = 2\,\alpha(L_{\mathrm{P}})\,P_{\mathrm{W}}(z), \tag{2.292}$$

wobei $L_{\mathrm{P}}(z)$ nach Mittelung über den Plasmaquerschnitt durch

$$L_{\mathrm{P}}(z) = A\bar{n}_{\mathrm{e}}(z)\Theta_{\mathrm{e}}, \tag{2.293}$$

ausgedrückt werden kann, also durch die über den Entladungsquerschnitt gemittelte Elektronendichte $\bar{n}_{\mathrm{e}}(z)$ und durch Θ_{e}, den Energieverlust pro Elektron und Zeiteinheit durch elastische und inelastische Stöße sowie Ionisation (siehe die Diskussion in Abschn. 2.3.3.6). Mit den Randbedingungen $z = 0$, $L_{\mathrm{P}}(0) = L_{\mathrm{P,0}}$, $P_{\mathrm{W}}(0) = P_{\mathrm{W,0}}$ und $\alpha(L_{\mathrm{P,0}}) = \alpha_0$ am Einkoppelelement folgt zwischen $P_{\mathrm{W}}(z)$, $L_{\mathrm{P}}(z)$ und $\alpha(L_{\mathrm{P}})$ aus Gl. (2.292) der Zusammenhang

$$\frac{P_{\mathrm{W}}(z)}{P_{\mathrm{W,0}}} = \alpha_0\,\frac{L_{\mathrm{P}}(z)}{\alpha(L_{\mathrm{P}})L_{\mathrm{P,0}}}. \tag{2.294}$$

Eliminiert man $P_{\mathrm{W}}(z)$ mithilfe von Gl. (2.292), so folgt nach Differentiation

$$\frac{1}{L_{\mathrm{P}}}\frac{dL_{\mathrm{P}}}{dz} = -2\alpha(L_{\mathrm{P}})\left(1 - L_{\mathrm{P}}(z)\frac{1}{\alpha(L_{\mathrm{P}})}\frac{d\alpha}{dL_{\mathrm{P}}}\right)^{-1}. \tag{2.295}$$

Dies ist eine Bestimmungsgleichung für $L_p(z)$, wenn $\alpha(L_p)$ für den Wellentyp bekannt ist. Gl. (2.295) liefert nur dann einen Abfall von L_p mit Fortschreiten in z-Richtung, wenn $L_p(z)\,(\mathrm{d}\alpha/\mathrm{d}L_p)/\alpha(L_p) < 1$, oder mit Gl. (2.293) und der Annahme, dass Θ_e nicht von $\bar{n}_e$ abhängt [80]:

$$\frac{\mathrm{d}L_p}{L_p} \approx \frac{\mathrm{d}\bar{n}_e}{\bar{n}_e} > \frac{\mathrm{d}\alpha}{\alpha}. \tag{2.296}$$

Dieses Kriterium legt als Bedingung für α die möglichen Oberflächenwellen zum stabilen Betrieb der Entladung fest und bestimmt gleichzeitig den erlaubten $\bar{n}_e$-Bereich.

Messungen belegen einen nahezu linearen Dichteabfall vom Einkopplungselement ausgehend in Richtung Plasma, wobei nach [82] angenähert anzusetzen ist (n_0, Dichte der neutralen Teilchen)

$$\frac{\mathrm{d}\bar{n}_e}{\mathrm{d}z} \sim -\,n_0\,\frac{\omega}{R_E}. \tag{2.297}$$

Durch Oberflächenwellen angeregte Plasmen können im Unterschied zu resonanten Anordnungen, die empfindlich auf Frequenzverstimmung und Änderung der Abmessung durch Druck- und thermische Effekte reagieren, reproduzierbar und stabil in allen Gasen in einem weiten Bereich von Frequenz und Druck und der geometrischen Abmessung ohne und mit überlagertem B_0-Feld betrieben werden.

In [82] wird ein möglicher Frequenzbereich der häufig auch „Surfatron" genannten Entladung von $0.1\,\mathrm{MHz} - 40\,\mathrm{GHz}$ angegeben. Damit lässt sich durch Wahl einer geeigneten Frequenz ω die in Abschn. 2.4.5 diskutierte Bedingung $\omega \ll v_{m,e}$ oder $p \ll \mathrm{const.}$ ω für die Einstellung einer nicht mit der Zeit „atmenden" Verteilungsfunktion der Elektronen erfüllen. Da der Skineffekt von ω abhängt, lassen sich durch die Wahl von ω unterschiedliche Eindringtiefen in radiale Richtung einstellen. Damit können am Rande sich aufsteilende, sehr breite oder in der Mitte ansteigende n_e-Profile generiert werden. Wenn die Bedingung $v_{m,e}/\omega \ll 1$ erfüllt ist, muss in der Entladung mindestens die Elektronendichte

$$n_{e,min} \approx n_{e,c}\,(1 + \varepsilon) \tag{2.298}$$

vorliegen, wobei ε die Dielektrizitätszahl des Entladungsrohres ist. Da die „cut-off"-Dichte $n_{ec} \sim \omega^2$, kann die Elektronendichte durch Frequenzänderung in einem weiten Bereich variiert werden.

Der minimale Betriebsdruck hängt von der Entladungsgeometrie, der Frequenz und dem Arbeitsgas ab, je größer der Durchmesser, umso kleiner der Druck. Entladungen von 1 mm Durchmesser können dagegen sogar unter Atmosphärendruck betrieben werden.

Über durch Oberflächenwellen geheizte Entladungen mit Durchmessern von 0.5 mm bis zu 0.6 m wird in der Literatur berichtet [82]. Dabei kann sich das Entladungsrohr in Laufrichtung der Welle auch aufweiten oder einen rechteckigen Querschnitt besitzen. In Richtung der Wellenausbreitung sind diese Entladungen sehr variabel, da sie, wie bereits erwähnt, mit steigender eingekoppelter Leistung ihre Länge vergrößern.

Anwendungen. Als Einsatzgebiete dieses Entladungstyps findet man Teilchenquellen (Ionen, H, N, O-Atome, metastabile Edelgase), Lichtquellen, Laser, Abgasreinigung, Beschichten, Ätzen, Materialtest, Oberflächenreinigen, Spektralanalyse, um nur einige zu nennen, zahlreiche Beispiele in [80, 82].

Modellierung. Selbstkonsistente Lösungen der Maxwell-Gleichungen und der Erhaltungsgleichungen für das Plasma liegen vor. Nach [82] gehören oberflächenwellenbeheizte Plasmen zu den wahrscheinlich am besten modellierten HF-Entladungen, dort findet man auch zahlreiche Hinweise auf Plasmamodelle.

2.9.3.2 Elektron-Zyklotron-Resonanz-(EZR-)Entladungen

Überlagert man den in Abschn. 2.9.3.1 geschilderten Anordnungen zur Heizung von Plasmasäulen mit Oberflächenwellen ein statisches, ortsabhängiges Magnetfeld $\boldsymbol{B}_0$ in axialer Richtung, so sind folgende neue Gesichtspunkte zu beachten:

a) die Wellenausbreitung gehorcht nach Abschn. 2.3.4.4 veränderten Dispersionsbeziehungen,

b) nach Abschn. 2.4.6 hat das Magnetfeld Einfluss auf die Diffusion der Elektronen senkrecht zum $\boldsymbol{B}_0$-Feld und damit auch auf ihr Dichte- und Temperaturprofil,

c) ein Frequenzabgleich $\omega \approx \omega_{z,e}$ sowie eine rechtsdrehende Zirkularpolarisation der einlaufenden Welle bewirkt eine sehr effektive, durch den räumlichen Verlauf von $\boldsymbol{B}_0$ lokalisierbare Absorption der Welle.

Nach Gl. (2.93) ist für $\nu_{m,e} = 0$ wegen

$$\varepsilon_\perp - \varepsilon_x = 1 - \frac{\omega_{p,e}^2}{\omega(\omega - \omega_{z,e})} = \frac{k_{\|R}^2 c_0^2}{\omega^2}$$

eine Ausbreitung parallel zu $\boldsymbol{B}_0$ unter folgenden Bedingungen möglich, d. h. $k_{\|R}^2$ reell, wenn

a) $\omega \leq \omega_{z,e}$ bei beliebigem $\omega_{p,e}^2 \sim n_e$ oder

b) $\omega \geq \omega_{z,e}\,(1 - \omega_{p,e}^2/\omega^2)^{-1}$ im Bereich $\omega > \omega_{p,e}$.

Die Resonanzstelle $\omega \approx \omega_{z,e}$ kann man mit einer Welle nach a) dadurch erreichen, dass man sie an einer Stelle mit hohem B_0, wo sicher $\omega \leq \omega_{z,e}$ ist, einkoppelt, und sie dann in ein Gebiet laufen lässt, wo dem B_0-Wert ein $\omega \approx \omega_{z,e}$ entspricht. Diese Art der Welleneinkopplung nennt man den *Hochfeldzugang*.

Im Falle b) koppelt man an einer Stelle mit niedrigem B_0 ein, daher *Niedrigfeldzugang*, sodass die Abschätzung b) erfüllt ist. Die propagierende Welle gelangt dann aber in einen Bereich mit wachsendem $\omega_{z,e}$ und $\omega_{p,e}$ und verletzt Bedingung b), d. h. sie wird teilweise reflektiert. Sie dringt aber als gedämpfte Welle weiter in das Plasma ein und erreicht schließlich, wenn auch abgeschwächt, die Resonanzstelle $\omega = \omega_{z,e}$.

Durch ein in axialer Richtung mit vorgegebenem räumlichen Gradienten abnehmendes $\boldsymbol{B}_0$-Feld kann die Resonanzstelle $\omega \approx \omega_{z,e}$ an eine bestimmte Position innerhalb des Gefäßes weit genug entfernt vom Einkoppelfenster gelegt werden. Dieses

Resonanzverhalten hat der Entladung ihren Namen gegeben: *Elektron-Zyklotron-Resonanz-(EZR-)Entladung*. Man arbeitet entweder mit **divergierenden** B_0-Feldern, die meistens das Substrat fast senkrecht durchsetzen (Abb. 2.34a) oder mit einer **Spiegelanordnung** (Abb. 2.34b).

Eine typische magnetische Induktion in der Nähe der Resonanzstelle für $f = 2.45\,\text{GHz}$ ist $B_0 = 87.5\,\text{mT}$.

Die Resonanzheizung bei $\omega \approx \omega_{z,e}$ ist so effektiv, weil die Elektronengyration in Phase mit der R-Welle (s. Abschn. 2.3.4.4) erfolgt, das vergleichsweise schwache **E**-Feld der Welle das Elektron über viele Gyrationszyklen treibt und dabei seine Rotationsenergie $\mathscr{E}_\perp$ erhöht. Analog zur Ableitung von Gl. (2.84) leitet man aus der Bewegungsgleichung die dem Feld entnommene Energie pro Zeiteinheit in der Form

$$\frac{\mathrm{d}\langle\Delta\mathscr{E}\rangle}{\mathrm{d}t} = \frac{v_{\mathrm{m,e}}e^2\hat{E}_x\hat{E}_x^*}{4m_e}\left(\frac{1}{(\omega - \omega_{z,e})^2 + v_{\mathrm{m,e}}^2} + \frac{1}{(\omega + \omega_{z,e})^2 + v_{\mathrm{m,e}}^2}\right) \qquad (2.299)$$

her, wobei der erste Term im Nenner den Beitrag der R-Welle zur Absorption darstellt. Die Absorption ist also besonders groß im Frequenzbereich $\omega = \omega_{z,e} \pm v_{\mathrm{m,e}}$ mit Maximum bei $\omega = \omega_{z,e}$. Der Energiegewinn wird dann durch Stoßprozesse (auch Elektron-Elektron-Stöße) wieder abgegeben.

Komplizierter ist die Situation bei niedrigem Druck in der Spiegelanordnung. Elektronen, die die Bedingung $\mathscr{E}_\perp/\mathscr{E}_\parallel > (B_{\max}/B_{\min}-1)^{-1}$ erfüllen, besitzen eine so niedrige kinetische Energie $\mathscr{E}_\parallel$ in Richtung von **B_0**, dass sie im Spiegelfeld längs der **B_0**-Linien hin- und herpendeln, sie werden also eingeschlossen. Dabei wird vorausgesetzt, dass die Oszillationsamplitude kleiner als $\lambda_{\mathrm{FW,e}}$ ist. Ein typischer Wert ist $\lambda_{\mathrm{FW,e}} \approx 1\,\text{m}$ bei $p \approx 2 \cdot 10^{-2}\,\text{Pa}$. Wenn die Elektronen dabei die Resonanzstelle passieren, wird ihr $\mathscr{E}_\perp$ vergrößert. Ein Elektron, das sich auf die einlaufende Welle antiparallel zu **B_0** mit der Geschwindigkeit $v_\parallel$ zubewegt, ordnet der Welle die nach Doppler verschobene Frequenz $\omega \approx \omega_0 + k_{\parallel\mathrm{R}} \cdot v_\parallel$ zu, wobei $k_{\parallel\mathrm{R}}$ aus Gl. (2.93) folgt. Daher liegt die Resonanzstelle nicht genau bei $\omega = \omega_{z,e}$, sondern ist in den Bereich eines stärkeren **B_0**-Feldes mehr oder weniger verschoben, je nach Größe von $v_\parallel$. Da die Elektronen eine Geschwindigkeitsverteilung besitzen, ist es daher besser, von einem Resonanzbereich zu sprechen, in dem Energie aufgenommen wird. Schnelle, pendelnde Elektronen passieren dabei häufiger die Resonanzstelle als langsame, weil ihre Oszillationsamplitude nur wenig von $E_\parallel$ abhängt. Schnelle Elektronen werden daher besonders effektiv geheizt, was sich in Abweichungen ihrer Verteilungsfunktion von der Maxwell-Verteilung besonders in den Flanken der Verteilung äußert [83].

Anwendungen. ECR-Entladungen zeichnen sich vor den anderen bis jetzt diskutierten Entladungen durch Betriebsmöglichkeit auch bei **sehr niedrigem Druck ($10^{-3}-10\,\text{Pa}$)** mit hohen Elektronendichten ($10^{19}\,\text{m}^{-3}$) und -temperaturen ($50000-100000\,\text{K}$) aus. Damit besitzt das Plasma hohe Reaktionsraten für die Bildung von atomaren Teilchen und Ionen aus Molekülen, die zur Bildung von Schichten (z. B. Kohlenstoff-Wasserstoff-Schichten) und zur Behandlung von Wafern geeignet sind. Überhöhte Biasspannungen vor den Substraten können vermieden werden, was für die Funktionalisierung empfindlicher Schichten (Polymere) unerlässlich ist. Durch die Wahl einer geeigneten magnetischen Feldkonfiguration und Vorspannung lassen sich aber

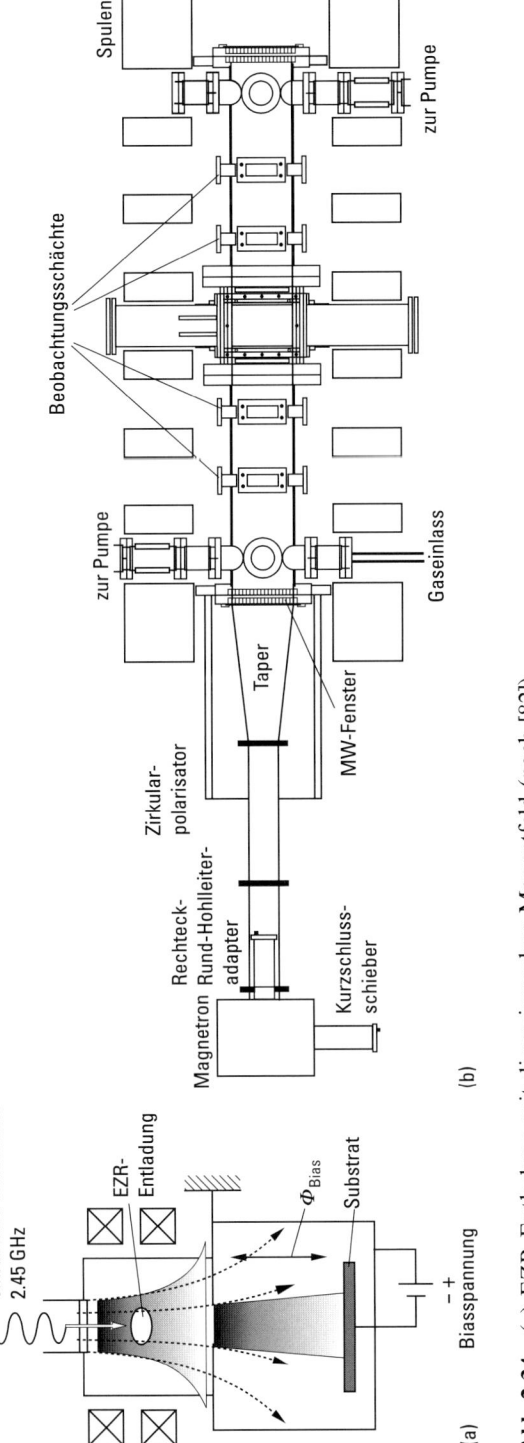

Abb. 2.34 (a) EZR-Entladung mit divergierendem Magnetfeld (nach [82]).
(b) EZR-Entladung mit magnetischer Spiegelanordnung und Einkoppelvorrichtung der Mikrowelle.

auch höherenergetische Ionen erzeugen. Substrate mit großer Ausdehnung werden in modularen ECR-Anordnungen gleichmäßig beschichtet [82].

Modellierung. Neben einfachen Globalmodellen [21] gibt es selbstkonsistente dreidimensionale Lösungen der Erhaltungsgleichungen für die Teilchen und der Maxwell-Gleichungen [84]. Einfache Fluidmodelle können gemessene Dichte- und Temperaturverläufe gut simulieren [83]. Dabei wird die Diffusion in $\boldsymbol{B}_0$-Richtung ambipolar angesetzt, senkrecht zu $\boldsymbol{B}_0$ erfolgt die Diffusion nach Bohm (s. Abschn. 2.4.6). Die Rechnungen liefern ein Hohlprofil für die Elektronentemperatur, d. h. die EZR-Heizung erfolgt an der Plasmaoberfläche. Dagegen besitzt n_e nach den experimentellen Ergebnissen ein Maximum auf der Entladungsachse. Ein Hohlprofil in n_e würde zu einer räumlichen Verteilung des Brechungsindex führen, der die R-Welle auf die Entladungsachse hin fokussiert. Daher besteht die Tendenz, ein Hohlprofil in n_e aufzufüllen.

2.9.3.3 Helikonentladungen

Die Einkopplung von Helikonwellen (s. Abschn. 2.3.4.4) in ein zylindrisches Plasma gelingt in einem bestimmten Bereich der Frequenz f, der Plasmaabmessung R_E und des Magnetfelds $\boldsymbol{B}_0$ im Gegensatz zur EZR-Entladung weitgehend ohne feste Beziehung zwischen diesen Größen, was sich für zahlreiche Experimente als vorteilhaft erweist. Nach Gl. (2.98) erhält man folgende typische Kenngrößen einer *Helikonentladung:*

Zahlenbeispiel. $B_0 = 0.1\,\mathrm{T}$, $R_E = 10^{-2}\,\mathrm{m}$, $f = 13.56\,\mathrm{MHz}$, $n_e = 1.4 \cdot 10^{19}\,\mathrm{m}^{-3}$, $\lambda_\parallel = 1\,\mathrm{m}$. Dieses Beispiel ist charakteristisch für ein Experiment mit vergleichsweise hoher Elektronendichte. Experimente mit niedrigerem n_e ($10^{17}\,\mathrm{m}^{-3} - 10^{18}\,\mathrm{m}^{-3}$) werden bei gleichem $\lambda_\parallel$ mit niedrigerem B_0 ($5 - 50\,\mathrm{mT}$) und größerem R_E ($0.1\,\mathrm{m}$) betrieben. Über die eingekoppelte Leistung (typischerweise $0.1 - 1\,\mathrm{kW}$) kann man Einfluss auf die Elektronendichte nehmen. Sehr hohe Dichten werden auch in Anlagen erzielt, in denen $\lambda_\parallel \ll L_{ant}$ gilt, wobei L_{ant} die Länge der Einkoppelantenne ist.

Unterschiedliche Antennensysteme werden eingesetzt, um bestimmte Moden zu erzeugen. Abb. 2.35a zeigt eine Anordnung, die die $m = 1$-Mode anregt. Das sich

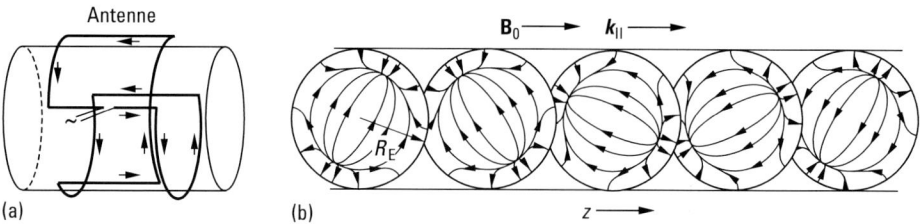

Abb. 2.35 (a) Antennenanordnung einer Helikonentladung zur Anregung der $m = 1$-Mode. (b) Elektrische Feldlinienverteilung der $m = 1$-Mode in einer Helikonentladung für den Fall $k_\parallel/k = 1/3$ (nach [22, 85]).

gegenüberstehende Spulenpaar generiert ein $\boldsymbol{B}_\perp$, das an das Transversalfeld der Helikonwelle ankoppelt, dargestellt in Abb. 2.35b.

Das individuelle elektrische Feldlinienbild in Abb. 2.35b bleibt in seiner Form erhalten, wenn man in $\boldsymbol{B}_0$-Richtung fortschreitet. Es rotiert aber beim $m = 1$-Mode mit der Zeit im Uhrzeigersinn, wobei die Phasenlage an aufeinander folgenden Stellen unterschiedlich ist. Das E-Feld bleibt am Rand linear polarisiert, in der Entladungsmitte ist es zirkular polarisiert und rechtsdrehend, dazwischen existiert ein Bereich, in dem das Feld elliptisch polarisiert linksdrehend ist [22, 85].

Anwendungen. Helikonentladungen werden in einem Bereich $n_e \approx 10^{17} - 10^{20}\,\mathrm{m}^{-3}$ bei $T_e \approx 10000 - 50000\,\mathrm{K}$ betrieben und sind daher zur Erzeugung eines Prozessplasmas geeignet. Dieser Entladungstyp besitzt eine besonders hohe Ionisierungseffizienz, daher liegen die erzielbaren Elektronendichten um etwa eine Größenordnung über denen in anderen Entladungen bei vergleichbaren Drücken und eingekoppelten Leistungen. Das „Floating"-Potential liegt bei $4-20\,\mathrm{V}$ wie bei EZR-Entladungen, die $\boldsymbol{B}_0$-Felder sind vergleichsweise niedrig und daher nicht kostenintensiv ($5-50\,\mathrm{mT}$). Helikonanordnungen sind sehr vielseitig, da je nach Leistungseinkopplung, d. h. je nach Größe von n_e, die gleiche Anordnung als kapazitive, induktive oder Helikonentladung betrieben werden kann.

Helikonentladungen eignen sich zum Studium von *niederfrequenten Plasmawellen* (Whistler-, Alfvén-, Driftwellen) und von Instabilitäten und Prozessabläufen bei der *Plasma-Wand-Wechselwirkung*. Sie werden als *Plasmaantriebe* in der Raumfahrt eingesetzt und dienen zur Simulation erdnaher Plasmen.

Modellierung. Helikonentladungen werden häufig in einem Druckbereich sehr viel kleiner als 1 Pa betrieben, so dass die für die Absorption von Wellenenergie erforderliche Stoßdämpfung nach Gl. (2.84) nicht mehr ausreicht, um die dennoch vorhandene Absorption zu erklären. Anstelle der Stoßdämpfung wird Landau-Dämpfung beobachtet. Zur Simulation der komplexen, dreidimensionalen Vorgänge werden Monte-Carlo- und Particle-in-Cell-Verfahren, Fluid-Modelle und kinetische Rechnungen herangezogen [86].

2.9.4 Dielektrische-Barrieren-Entladungen (DBE)

Die *Dielektrische-Barrieren-Entladung* (DBE) wurde bereits 1857 von W. Siemens zur *Ozonerzeugung* eingeführt. Erst in den letzten zwanzig Jahren wurde das grundsätzliche Verständnis der Prozesse in der DBE weiterentwickelt und es konnten zahlreiche neue, innovative Anwendungsbereiche gefunden werden.

In ihrem grundsätzlichen Aufbau Abb. 2.36a ist die DBE mit der kapazitiven Entladung (Abschn. 2.9.2.2) verwandt. Die während der Entladung auftretenden Feldverzerrungen durch Oberflächenladungen rückt die DBE aber auch in die Nähe der Korona-Entladung (Abschn. 2.7.3.4) mit räumlich eingeschränkten Bereichen hoher Primärionisation. Wie Abb. 2.36a erkennen lässt, ist das Dielektrikum, die dielektrische Barriere zwischen den Elektroden, ein wesentliches Element dieser Entladungsform. Als Dielektrikum wählt man Glas, Quarzglas, Keramik, Porzellan, Teflon, Silikongummi, Elektrete und andere. Die Abmessung des freien Entladungs-

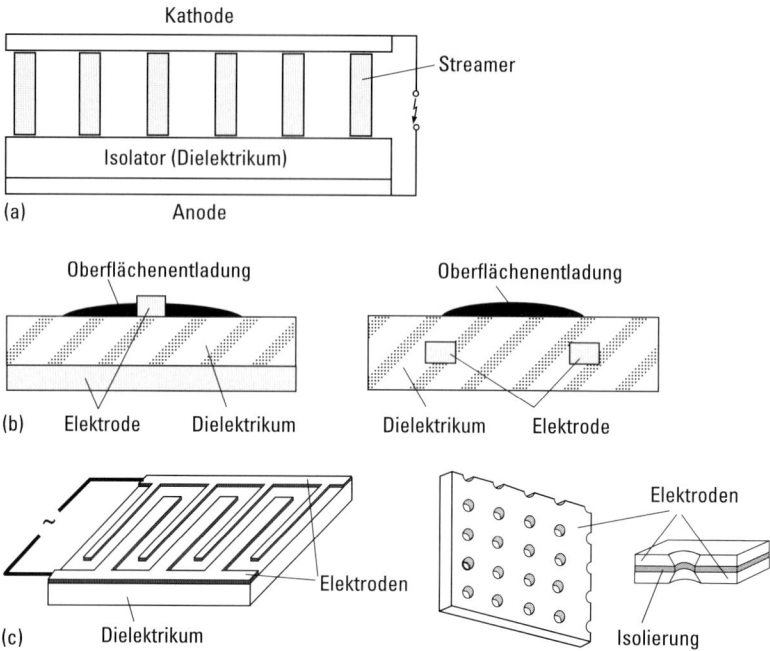

Abb. 2.36   (a) Prinzipskizze einer dielektrisch behinderten Entladung (DBE). (b) Zwei mögliche Ausführungsformen dielektrisch behinderter Entladungen zur Erzeugung von Oberflächenentladungen. (c) Zwei mögliche Ausführungsformen für Mikroentladungen: (links) planares Elektrodensystem mit Ausbildung einer Oberflächenentladung, (rechts) modulare Ausführungsform mit Lochmatrix. Typische Abmessung der Strukturen: 100 μm.

bereichs und die Dicke des Dielektrikums bestimmen bei vorgegebener Spannung an den Elektroden die Feldstärke, die zur Zündung zur Verfügung steht. Nach Abschn. 2.7.3.2 und 2.7.3.3 ist zur Zündung ein Wert $E/n_0 \approx 10^{-19}\,\mathrm{V\,m^2}$ erforderlich. An der Gasstrecke ($p = 10^5\,\mathrm{Pa}$) müssen bei $d = 2 \cdot 10^{-3}\,\mathrm{m}$ daher etwa 6 kV anliegen, d. h. die DBE benötigt Gesamtspannungen von 10 kV und höher. In den frühen Experimenten verwendete man vornehmlich 50 oder 60 Hz *Wechselstrom* zum Betrieb der Entladung, heute werden auch *unipolare* oder *bipolare* repetierende *Rechteckpulse* mit schnellem Spannungsanstieg eingesetzt.

Unter Normaldruck besteht eine DBE aus vielen *filamentartigen Mikroentladungen* (Flächendichte $\approx 2 \cdot 10^5\,\mathrm{m^{-2}}$), die statistisch verteilt die Gasstrecke füllen. Sehr kleine Elektrodenkonfigurationen erlauben die Erzeugung von Einzelstreamern. Unter bestimmten Bedingungen gelingt auch die Zündung homogener Glimmentladungen [87]. Verfolgt man die Entwicklung eines einzelnen Filaments in einem Spalt der Höhe $h = 0.35\,\mathrm{mm}$ für den Fall, dass das Dielektrikum ($\varepsilon = 3.3$, $d = 0.35\,\mathrm{mm}$) vor der Anode liegt, so erkennt man folgende fünf Entladungsphasen [88] für einen ebenen Aufbau nach Abb. 2.36a:

1. Wie in Abschn. 2.7.3.2 beschrieben, bildet sich eine Einzellawine im homogenen *E*-Feld ($E = 8 \cdot 10^6\,\mathrm{V/m}$) aus (*Townsend-Phase*).

2. Mit wachsender Zahl von Ladungsträgern entstehen nach $t = 0.5\,\text{ns}$ Raumladungen (s. Abschn. 2.7.3.3), die das homogene E-Feld verzerren.
3. Elektronen der Einzellawine erreichen nach $t = 0.7\,\text{ns}$ das Dielektrikum und führen zu einer ungleichmäßigen Aufladung. Dadurch entstehen radiale Felder, die die Elektronen nach außen treiben. Da die Ionen nicht folgen können, baut sich ein hohes elektrisches Feld auf, wodurch mehr Ladungsträger gebildet werden als durch Drift verloren gehen. Damit beginnt die *Streamerphase*.
4. Ein Plasmakanal, der in Richtung Kathode fortschreitet (*positiver Streamer*), bildet sich nach $t = 0.9\,\text{ns}$ aus.
5. Nach $t = 1.1\,\text{ns}$ erreicht der positive Streamer die Kathode; es bildet sich eine (*Glimm-*)*Entladung* mit einem Kathodenfall von 300 V über eine Strecke von $d_{\mathrm{K}} \approx 7\,\mu\text{m}$ entsprechend $E_{\mathrm{K}} \approx 10^8\,\text{V/m}$ aus (s. Abschn. 2.7.3.5). Die radiale Ausdehnung der Entladung hat bei $t = 1.1\,\text{ns}$ etwa $30\,\mu\text{m}$ erreicht und wächst bis zum Ende der Entladung bei $t = 2.5\,\text{ns}$ auf etwa $50\,\mu\text{m}$. Ein Lichtbogen oder Funke mit hoher Gastemperatur entsteht jedoch nicht.

Die auf das Dielektrikum geflossene negative Ladung kompensiert schließlich das elektrische Feld in der Gasstrecke und die Entladung erlischt. Dann muss dem System Zeit gelassen werden, damit die Ladungen vom Dielektrikum abfließen können und die Zündspannung beim unipolaren Betrieb wieder erreicht wird. Wasserschichten auf dem Dielektrikum können dabei den Ladungsabtransport beschleunigen. Polt man jedoch aufeinanderfolgende Pulse um (bipolarer Betrieb), so erzwingt man die Kompensation der Ladung auf der Oberfläche und Wiederzünden ist kurze Zeit nach Umpolung wieder möglich.

Verlegt man das *Dielektrikum vor die Kathode*, erfolgt eine positive Aufladung des Dielektrikums durch Ionen. Dann wird im Laufe der Zeit das von diesen positiven Ladungen erzeugte elektrische Feld das Feld in der Gasstrecke kompensieren und die Mikroentladungen verlöschen ebenfalls. Mit abnehmender äußerer Spannung kann in dem durch die positiven Oberflächenladungen aufrecht erhaltenen internen Feld sogar eine Zündung mit umgekehrter Polarität erfolgen.

Wie in Abschn. 2.7.3.3 diskutiert, muss man davon ausgehen, dass sich in der Gasstrecke *viele Lawinen* mit individuellem Startort und Startzeitpunkt bilden, die alle die Phasen 1–5 durchlaufen. Sehr früh entstandene Streamer laden einen größeren Bereich auf dem Dielektrikum auf als sich später entwickelnde. Nicht nur die **Einzellawine** führt zu einer lokalen, ungleichmäßigen Aufladung des Dielektrikums, sondern auch die **Vielzahl der Lawinen** zu einer über die ganze Fläche sich erstreckenden inhomogenen Flächenladungsdichte. Die von Ort zu Ort unterschiedliche Aufladung der Oberfläche führt zur Zündung von *Oberflächen-Gleitentladungen*, die als *Lichtenberg-Figuren* sichtbar gemacht werden können.

Die durch Elektronenstoß angeregten und dissoziierten Atome und Moleküle in der Gasstrecke reagieren in einer sich anschließenden *chemischen Phase* miteinander. Sie dauert einige ms. Für die Plasmaprozesstechnik ist es dabei wichtig, dass während der nur Nanosekunden dauernden Entladung die schweren Teilchen nur sehr wenig aufgeheizt werden und z. B. chemische Produkte erzeugt werden können, die bei höheren Gastemperaturen zerfallen würden. Es ist einleuchtend, dass die Repetitionsfrequenz der uni- bzw. bipolaren Spannungspulse an die Zeitkonstanten der chemischen Prozesse (1 ms) angepasst werden muss. Daher sind Pulswiederholraten von 1 kHz typisch.

Zahlenbeispiel. Die maximale Stromstärke in einem Einzelstreamer mit $R_E = 50\,\mu m$ beträgt etwa $50\,mA$, die elektrische Stromdichte $j = e\,n_e\,v_{D,e} \approx 5 \cdot 10^6\,A/m^2$, $n_e \approx 1.6 \cdot 10^{20}\,m^{-3}$ und $v_{D,e} \approx 2 \cdot 10^5\,m/s$ vorausgesetzt. Insgesamt entstehen $2 \cdot 10^5$ Filamente pro m^2.

Anwendungen. Der „klassische" Einsatzbereich der DBE ist die Ozonsynthese für die Wasseraufbereitung. Elektronen dissoziieren über die angeregten Zwischenzustände O_2 ($A^3\Sigma_u^+$) bzw. O_2 ($B^1\Sigma_u^-$) sehr effektiv aus dem Grundzustand. Die O-Atome reagieren dann mit O_2 bei Anwesenheit eines dritten Stoßpartners zu O_3. Unerwünschte Rückreaktionen von O mit O, O_3^* und O_3 treten bei zu hoher O-Konzentration ebenfalls auf. Daher sollte die O-Konzentration durch Begrenzung der eingekoppelten Leistung nicht zu hoch getrieben werden. Auch die in der Entladung gebildeten positiven und negativen Ionen haben einen nachteiligen Einfluss auf die Ozonbildung. In kleinen Anlagen wird Ozon auch aus Luft hergestellt. Die Bildung von N und N_2^* hilft, atomaren Sauerstoff zu produzieren, der die Ozonbildung fördert [89].

Erhebliche Anstrengungen wurden in den letzten Jahren unternommen, um mit der DBE umweltgefährdende Stoffe wie NO_x und SO_x sowie flüchtige organische Verbindungen aus Abgasen von Verbrennungsvorgängen oder Produktionsprozessen zu entfernen, d. h. in N_2, O_2. CO_2 und H_2O sowie feste Sulfate umzuwandeln [69]. Insbesondere wenn Autoabgase Sauerstoff enthalten (Magermotor!), sind Katalysatoren nur begrenzt einsetzbar. Eine erfolgreiche Reduktion der NO_x-Konzentration im Bereich $10-10^4$ ppm kann mit der DBE unter diesen Bedingungen durch Zugabe von Ammoniak oder Harnstoff erzielt werden [90].

Der DBE kommt eine wachsende Bedeutung als intensive, großflächige UV- oder VUV-Quelle zu. In bestimmten Arbeitsgasen wie schweren Edelgasen, Halogenen und Gemischen aus diesen Gasen bilden sich Excimere (Xe_2^*) und Exiplexe ($ArCl^*$), die bei 172 bzw. 175 nm abstrahlen. Etwa $5-15\%$ der eingekoppelten elektrischen Leistung wird in UV- bzw. VUV-Strahlung umgewandelt [91]. Wichtige Anwendungen sind neben diversen Oberflächen-Prozess-Techniken die Entkeimung.

Auch zur Anregung von *CO_2-Lasern* wird die DBE eingesetzt. Das Arbeitsgas ist ein $CO_2:N_2:He$-(1 : 8 : 4-)Gemisch. Wegen des niedrigen Drucks ($5-20$ hPa) kann man mit Elektrodenabständen von $2 \cdot 10^{-2}-5 \cdot 10^{-2}$ m arbeiten, wodurch eine gute Strahlqualität des Lasers garantiert ist. Zur Erzielung einer hohen Laserverstärkung muss die Gastemperatur durch einen schnellen Gasaustausch ($50-80$ m/s) niedrig gehalten werden. Die gepulste Leistungszufuhr erfolgt mit RF-Sendern im $100-300$ kHz Bereich. Diese sehr preiswerten Laser (5 kW Ausgangsleistung) werden zur Materialbearbeitung eingesetzt [92]. *Plasma-Bildschirme* [93] basieren ebenfalls auf dem Prinzip der DBE, s. Abb. 2.37.

Die Einzelentladung mit einer Ausdehnung von ca. 100 μm brennt in einem Ne/Xe- oder He/Xe-Gemisch bei Unterdruck (50 kPa) und wird durch eine Spannung von $150-250$ V erzeugt. Ein kompliziertes System von Elektroden sorgt bei dem in Abb. 2.37 gezeigten *Matrixtyp* dafür, dass an einer bestimmten Stelle der Matrix (Pixel) zu einem bestimmten Zeitpunkt eine DBE zündet. Eine Besonderheit bildet die für sichtbares Licht durchlässige Indium-Zinn-Oxid-(ITO-) Elektrode, mit der die Entladung unterhalten und abgetastet wird. Weiter verlaufen parallel zur ITO-Elektrode auf der Oberseite zwei metallische Sammelleiter (Bus-Elektroden). Senk-

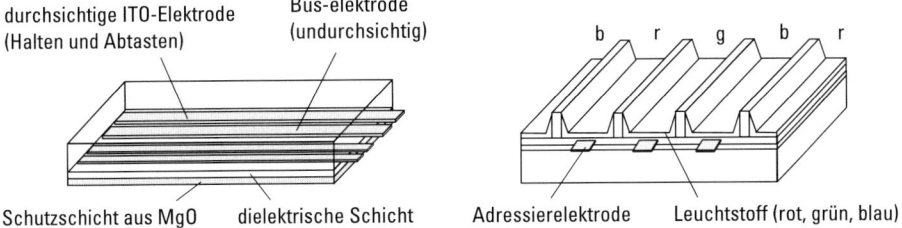

durchsichtige ITO-Elektrode (Halten und Abtasten)   Bus-elektrode (undurchsichtig)

b   r   g   b   r

Schutzschicht aus MgO   dielektrische Schicht   Adressierelektrode   Leuchtstoff (rot, grün, blau)

Abb. 2.37   Einzelentladung eines Plasmabildschirms vom Matrixtyp (nach [93]).

recht zu diesem Elektrodensystem gibt es auf der gegenüber liegenden Seite die Adressierelektrode. Das Dielektrikum (Abb. 2.37) ist mit einer MgO-Schutzschicht versehen, die gleichzeitig ein hohes γ besitzt (s. Abschn. 2.7.3.2), daher zur Sekundärionisation beiträgt und einen Betrieb bei vergleichsweise niedriger Spannung ermöglicht. Die zu den einzelnen Adressierelektroden gehörenden Entladungen sind durch Barrieren voneinander getrennt. Auf der Unterseite sind diese Barrieren und das Dielektrikum mit Leuchtstoffen beschichtet, die bei Bestrahlung mit VUV-Licht (Resonanzlinie des Xe bei 147 nm) emittiert von der DBE je nach Zusammensetzung rot, grün oder blau aufleuchten. Die DBE brennt dabei meist an der Oberseite, dadurch wird die Materialabtragung an den Phosphoren minimiert. Die Umsetzung elektrischer Leistung in sichtbares Licht ist z. Zt. noch sehr unbefriedigend, da insgesamt nur 0.5 % für die Erzeugung des sichtbaren Lichts zur Verfügung stehen.

Schließlich wurden in den letzten Jahren für zahlreiche Anwendungen in der Physik, Chemie und Medizin *Mikroentladungen* vorgeschlagen. Sie entstehen im elektrischen Feld zwischen einer sehr kleinen und einer großen Elektrode bzw. zwischen zwei kleinen Elektroden (Abb. 2.36b). Andere miniaturisierte Entladungen verzichten auf die dielektrische Behinderung (Abb. 2.36c) nach [94]. Im Gegensatz zur oben diskutierten DBE entsteht bei diesen Entladungstypen eine *Oberflächenentladung*.

Modellierung. Zur Modellierung der im Volumen und an der Oberfläche ablaufenden Prozesse ist eine zeitabhängige, zweidimensionale Lösung der Erhaltungsgleichungen unter Einschluss der Poisson-Gleichung erforderlich [88, 95].

2.9.5 Anwendungsbeispiel Ätzen

Die in Abschn. 2.8 und 2.9 diskutierten Entladungen besitzen ein hohes Anwendungspotential in der Plasmatechnik. Diese gehört heute zu den Schlüsseltechnologien mit Einsatzmöglichkeiten in nahezu allen industriellen Bereichen. Plasmaverfahren werden dort eingesetzt, wo hohe Qualität und Präzision gefordert sind, sie sind energiesparend und umweltfreundlich und leicht automatisierbar. Als wichtige Einsatzgebiete seien genannt: Deposition ultraharter Schichten auf Werkzeugen, Härten, Veredeln von Kunststoffen, Holz und Textilien, Reinigung und Entkeimung von Oberflächen, Synthese chemischer Verbindungen, Entsorgung von Schadstoffen, Ätzen und Deposition bei der Chipherstellung (Tab. 2.3).

Tab. 2.3 Anwendungsgebiete von Niedertemperaturplasmen.

Physikalisch-chemischer Prozess	Anwendung
Volumenprozesse	
Anregung von Atomen, Molekülen und Ionen mit nachfolgendem Strahlungsprozess	Hochdrucklampen → [Metallhalogenid-, Na-, Hg-, Xe-Exzimerlichtquellen] Niederdrucklampen → [Leuchtstoffröhren, Na-, Hg-, Edelgaslampen] Plasmabildschirme Gaslaser empfindliche Analytik
Anregung, Dissoziation und Ionisation	Teilchenquellen (Elektronen, Ionen, Atome) Ionen für Teilchenbeschleuniger Ionentriebwerke aktive Plasmen (Anregung durch Elektronen) reaktive Plasmen (Reaktionen mit Metastabilen und Radikalen) → [Gasreinigung, Ozonherstellung, Fullerenherstellung, Umwandlung in spezifische chemische Produkte]
Abregung, Abkühlung, Rekombination durch Kaltgaszufuhr, Volumen- und Wandprozesse	Hochstromschalter Vakuumschalter Elektrofilter
Oberflächenprozesse Wärmeübertragung	Schweißen, Schneiden, Metallurgie Erzeugung von Nanopulver durch Aufschmelzen, Quenchen und Beschichten Verdampfung von Gewebe Kathodische Erosion
Impulsübertragung	Nierensteinzertrümmerung (Funkenentladung)
Stoffübertragung	Dickfilmtechnik → [Plasmaspritzen] Dünnfilmtechnik (amorpher Kohlenstoff-, Diamant-, Bornitridschichten...) → [Korrosionsschutz, Antireflexschicht, Wärmedämmung, Verschleißschutz, Reduktion der Reibung] Strukturierung → [Mikroelektronik, -mechanik, Dünnschichttransistoren] Ätzen → [Mikroelektronik, Mikromechanik, Veredelung von optischen Oberflächen] Funktionalisierung → [Hydrophobie, -philie, Haftfähigkeit, Klebefähigkeit; Bedruckbarkeit, Steigerung der Kompatibilität mit Oberflächenprozessen und des Zellwachstums] Oberflächenreinigung Sterilisation, Entkeimung von Packstoffen
Zwischengitterprozesse Einlagerung an Zwischengitterplätzen	Härten (Implantation), Verschleißschutz Steigerung der Haft- und Klebefähigkeit

Die Leistungsfähigkeit von Plasmaverfahren soll am Beispiel des *Ätzens von Strukturen* in der Größenordnung von $\leq 100\,\text{nm}$ in Metallschichten vorgestellt werden. Nach (a) Beschichten eines Substrats mit einem dünnen Metallfilm (AlCu) wird dieser Film (b) mit einer organischen Fotolackschicht versehen. Nach (c) Belichten des Fotolacks über eine Maske wird (d) der Fotolack nach Entwicklung dort entfernt, wo Strukturen in die Metallschicht geätzt werden sollen. Schließlich wird (e) die Metallschicht an den nicht bedeckten Stellen weggeätzt und (f) der Fotolack entfernt. Während Nassätzverfahren in alle Richtungen gleich stark (isotrop) ätzen und daher auch Material unter dem Fotolack entfernen, kann man durch das Plasmaätzen zuverlässig die durch die Maske vorgegebene Struktur mit hoher Richtwirkung auf den Metallfilm übertragen.

Dabei nutzt man beim *physikalischen Ätzen* aus, dass die in der Plasmaschicht (s. Abschn. 2.7) genau senkrecht zur Oberfläche beschleunigten Ionen Material durch Zerstäubung (s. Abschn. 2.6.2) vornehmlich senkrecht, also anisotrop, abtragen. Nachteile dieser Methode sind zu kleine Abtragungsraten, Schäden am Oberflächenmaterial durch zu hohe Energie der Ionen und gleichzeitiges Ätzen von Maske und Material. Physikalisches Ätzen ist allerdings zur Oberflächenreinigung geeignet.

Beim *chemischen Ätzen* werden im Entladungsvolumen chemisch aktive Spezies erzeugt, die dann durch den Prozess der chemischen Erosion (s. Abschn. 2.6.3) Material freisetzen. Der Ätzvorgang ist isotrop und daher zur Entfernung unerwünschter Schmutzschichten mit hohen Raten geeignet, jedoch nicht zum zuverlässigen Ätzen von Strukturen.

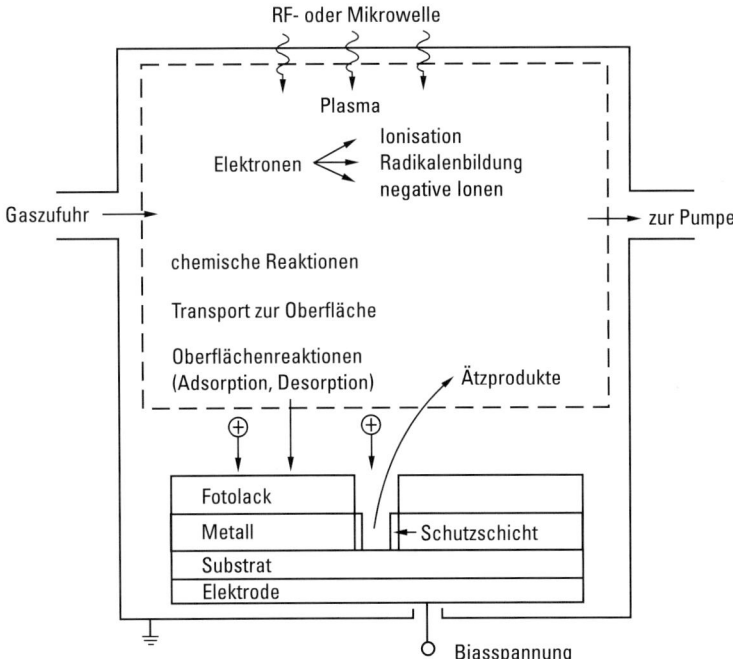

Abb. 2.38 Schematischer Aufbau eines Plasmareaktors zum Ätzen von Oberflächen und Darstellung der zugehörigen Plasmaprozesse.

Mit einer Kombination von *physikalischem und chemischem Ätzen* hat man die besten Erfolge erzielt. Durch geeignete Zusammensetzung des Füllgases in der Entladung lässt es sich erreichen, dass Spezies entstehen, sog. *Inhibitoren*, die die Oberfläche vor dem isotropen chemischen Ätzen schützen, das physikalische Ätzen allerdings nicht verhindern können. Daher bleiben die seitlichen Wände vor dem Zugriff des chemischen Ätzens geschützt, sie sind passiviert. Die Abtragung senkrecht zur Oberfläche durch physikalisches Ätzen kann der Inhibitor jedoch nicht stoppen. Die obigen Schritte (a), (d), (e) und (f) lassen sich mit Plasmaverfahren realisieren, wobei je nach Behandlungsschritt unterschiedliche Füllgase zum Einsatz kommen. Der Fotolack lässt sich z. B. mit O_2- oder CF_4-Füllungen entfernen, Metallschichten (AlCu) werden durch Chlor- oder Bromverbindungen geätzt. Der Ätzvorgang selber wird dabei durch vorgebbare Entladungseigenschaften (Leistungsdichte, Gasart, Druck etc.) und Substrattemperatur gesteuert.

Die Prozessabläufe in einem Plasmareaktor sind in Abb. 2.38 schematisch dargestellt. Ihre Bilanzierung gibt Auskunft über die Abtragungs- oder Auftragungsraten, Gleichmäßigkeit der Behandlung und die Bildung unerwünschter Nebenprodukte. Die eingekoppelte Leistung (typischerweise 1 MW/m^3) bestimmt die Elektronendichte, damit die Dichte der Radikale und Ionen und damit auch die Ätzrate. In [112] werden 59 Gasphasenreaktionen und 18 Plasma-Oberflächenreaktionen in einem $BCl_3/Cl_2/Ar$-Gemisch zum Ätzen einer Al-Oberfläche mit einem Globalmodell und einem zweidimensionalen Plasmamodell bilanziert. Die Ergebnisse der Rechnung sind in guter Übereinstimmung mit Messungen an einer GEC-Referenzzelle (s. Abschn. 2.9.2.2).

2.9.6 Auflistung plasmatechnologischer Verfahren

In Tab. 2.3 sind die wichtigsten Plasmaverfahren, bei denen die in den Abschn. 2.7–2.9 beschriebenen Entladungsformen zum Einsatz kommen, zusammengestellt. Eine ausführlichere Darstellung findet sich in [93].

2.10 Diagnostik des Niedertemperaturplasmas

2.10.1 Zielsetzung

Das Verständnis der physikalischen und chemischen Prozesse in den in Abschn. 2.8 und 2.9 vorgestellten Entladungsplasmen sowie die Prozessoptimierung wurde durch die **verbesserte Modellierung** und durch die Entwicklung **neuartiger diagnostischer Verfahren** in der letzten Dekade erheblich gefördert. Der Aufgabenkatalog eines gut abgestimmten diagnostischen Programms kann sehr umfangreich und vielseitig sein. **Globalmessungen** von Entladungsdruck, -spannung, -strom, Gaszufuhr, eingekoppelter elektrischer Leistung, spontaner und induzierter Abstrahlung, Nachweis von chemischen Produkten in gasförmiger oder fester Form sind unerlässlich zur Plasmacharakterisierung. Einen erheblich differenzierteren Einblick geben Diagnoseverfahren mit hoher **räumlicher und zeitlicher Auflösung** zum Nachweis **lokaler**

Dichten, Temperaturen, Verteilungsfunktionen etc. bestimmter Teilchensorten in ausgewählten Anregungszuständen, aber auch zur lokalen Messung der elektrischen und magnetischen Felder, Geschwindigkeiten einzelner Sorten etc. Dabei sind Messgrößen häufig stark fluktuierend, was zur Interpretation der Messdaten die Registrierung von **Leistungsspektren** dieser Messgrößen erforderlich macht.

Im Hinblick auf grundlegende Untersuchungen und zahlreiche Anwendungen sind sowohl der raum- und zeitaufgelöste Nachweis von **Staubteilchen** im Plasma, als auch die Messung ihrer Lage, Geschwindigkeit, Größe, Dichte, Temperatur, Zusammensetzung und Morphologie wichtig geworden. Auch der **Zustand der Wände** bedarf häufig einer in-situ- oder post-mortem-Diagnose mit den einschlägigen Oberflächenanalysemethoden, die hier nicht behandelt werden.

Einige **(invasive) diagnostische Verfahren** stören den Plasmazustand, weil Körper mit endlicher Abmessung in das Plasma eintauchen, z. B. elektrische und magnetische Sonden, Thermoelemente, Hitzdrähte, Schnüffelsonden etc. Anderen **(nichtinvasiven) Verfahren** ist daher häufig der Vorzug zu geben. Hier seien die Absorptions- und Emissionsspektroskopie, Streuverfahren (Thomson, Rayleigh, LIF, TALIF, CARS, Anemometrie etc.), Photoneutralisierung und interferometrische Methoden erwähnt.

2.10.2 Zusammenstellung der wichtigsten diagnostischen Verfahren

Die Auswahl eines geeigneten diagnostischen Verfahrens bedarf sorgfältiger Überlegungen. Neben der Festlegung auf eine sich aus der physikalischen, chemischen oder technischen Fragestellung ergebenden Messgröße sind apparative Anforderungen zu berücksichtigen: Zugänglichkeit der Entladung, Möglichkeit der räumlichen Auflösung der Messgrößen durch Verschiebung der Apparatur oder des Detektors, Ausheizmöglichkeit des Entladungsgefäßes und Wandkonditionierung zur Erzielung guter Vakuumbedingungen, Standzeiten von Elektroden, störende Wirkung elektrischer und magnetischer Felder etc. Neben der Auslegung angepasster Lichtwege mit optimierten optischen Komponenten sind geeignete Detektoren einschließlich Datenerfassungssystemen auszuwählen und Nachweisempfindlichkeit, Störanfälligkeit der Diagnostik und der Apparatur, Sicherheitanforderungen, Thermostatisierung, etc., aber auch Justieraufwand, Kosten und Folgekosten etc. im Vorfeld zu überprüfen. Direkten diagnostischen Verfahren mit einfachem Zusammenhang zwischen Messsignal und Plasmakenngröße sollte Vorrang gegeben werden. Tab. 2.4 stellt die wichtigsten Messmethoden zusammen.

2.10.3 Emissionsspektroskopie, Aktinometrie

Niedertemperaturplasmen strahlen vom Vakuum-UV bis in das far infra red (FIR) Linien- und Kontinuumstrahlung ab. Zur Absolut- oder Relativmessung dieser Strahlung mit *emissionsspektroskopischen Methoden* stehen heute *Spektrographen* zur Verfügung, die eine spektrale Auflösung bis in den Bereich $\Delta\lambda \approx 10^{-12}$ m besitzen und je nach Detektorwahl den Nachweis von Einzelphotonen und zeitliche Auflösung der Signale bis unter 1 ns ermöglichen. Durch den Einsatz von abbildenden

Tab. 2.4 Auflistung wichtiger diagnostischer Verfahren für Niedertemperaturplasmen.

Messgröße	Experimentelle Nachweismethode	Abschn./Lit.
Elektronendichte, -temperatur, -energieverteilung	Thomson-Streuung	2.10.5.1
	elektrische Sondenmessung	2.10.8
	Emissionsspektroskopie	2.10.3
	Interferometrie	2.10.7
	Verstimmung von Mikrowellenresonatoren	2.10.7
	CARS	2.10.5.4
Ionendichte, -temperatur, -energieverteilung	Thomson-Streuung	2.10.5.1
	Rayleigh-Streuung	2.10.5.3
	LIF	2.10.5.2
	elektrische Sondenmessung	2.10.8
	Massenspektrometrie	[37, 41, 93]
	Emissionsspektroskopie	2.10.3
	Photoneutralisierung	2.10.6
Dichte, Temperatur, Energie-verteilung von neutralen Teilchen, Dichte angeregter Zustände	Rayleigh-Streuung	2.10.5.3
	LIF	2.10.5.2
	TALIF	2.10.5.2
	Raman-Streuung, CARS	2.10.5.4
	Thermoelemente	[49]
	Hitzdraht	[49]
	Chromatographie	–
	Massenspektrometrie	[37, 41, 93]
	elektronisch-paramagnetische Resonanz (EPR)	[113]
	Emissionsspektroskopie, Aktinometrie	2.10.3
	Absorptionsspektroskopie	2.10.4
	Interferometrie	2.10.7
	Cavity-ring-down-Spektroskopie	2.10.4
gerichtete Geschwindigkeit	Mie-Streuung, Leuchtspurtechnik,	2.10.5.5
	Laseranemometrie LIF	2.10.5.2
	Emissionsspektroskopie	2.10.3
elektrisches Feld	elektrische Sonden	2.10.8
	Fluoreszenzabfallspektroskopie	2.10.5.2
Fluktuationen	extreme Vorwärtsstreuung	2.10.5.1
	elektrische Sonden	2.10.8
	Emissionsspektroskopie	2.10.3

Spektrographen in Verbindung mit *Vielkanalanalysatoren* kann eine simultane Raum-, Zeit- und Frequenzauflösung realisiert werden. Besondere Maßnahmen sind im Vakuum-UV erforderlich. Der Einsatz eines *Fabry-Pérot-Interferometers* verbessert die spektrale Auflösung um einen Faktor 10–100. Raman-Streuung

Die von einem Plasma durch Abregung der Spezies lokal emittierte Strahlung wird in vielen Entladungen im Plasma nicht mehr merklich absorbiert, sie wird aus *optisch dünner Schicht* emittiert. Da der lokale Emissionskoeffizient dieser Strahlung der Dichte im oberen angeregten Niveau proportional ist, ist eine Bestimmung der Dichte **angeregter Atome, Moleküle und ihrer Ionen** durch eine Intensitätsmessung möglich. *Absolutmessungen* erfordern eine *Absolutkalibrierung* mit einer Wolfram-bandlampe, Kohlebogen, Glimmlampen oder Ähnlichen. Weil die in den Spektro-graphen gelangende Strahlung fast immer aus unterschiedlichen Gebieten des Plas-mas emittiert wird und nur Strahlung längs einer Sichtlinie aufgesammelt wird, müs-sen Intensitätsmessungen mit dem Ziel einer räumlichen Auflösung über viele Sicht-linien erfolgen und dann einer *tomographischen Auswertung* unterworfen werden. Die Absolutmessung von Linien- und Kontinuumsintensitäten an **LTG Plasmen** (Lichtbögen) erlaubt nach einer tomographischen Auswertung mithilfe der **Abel-Inversion** eine einfache lokale Bestimmung von T_e und mithilfe der Saha-Gleichung eine Bestimmung aller Teilchendichten. Eine Überprüfung der LTG-Situation durch Vermessung mehrerer Linienintensitäten und Erstellung eines *Boltzmann-Plot* ist zu empfehlen. Zu seiner Erstellung trägt man logarithmisch die absolut gemessene In-tensität möglichst vieler Linien einer Atomsorte (multipliziert mit der Wellenlänge der einzelnen Linie und dividiert durch ihre Übergangswahrscheinlichkeit und das statistische Gewicht des oberen Niveaus) über der Anregungsenergie auf und be-stimmt aus der Steigung der im LTG resultierenden Geraden die Elektronentem-peratur. Die Intensitäten von Molekülbanden werden in ähnlicher Weise ausgewer-tet, um die Vibrationstemperatur zu bestimmen. Auch Rotationstemperaturen lassen sich so mit hochauflösenden Spektrometern ermitteln [41].

Im einfachen Falle eines **Koronagleichgewichts** (s. Abschn. 2.5.2.1) liefert das In-tensitätsverhältnis von zwei Linien aus den **oberen Zuständen** i und j bei den Wel-lenlängen λ_i bzw. λ_j,

$$\frac{I(\lambda_i)}{I(\lambda_j)} = K \frac{\langle \sigma_{0,i} v_e \rangle}{\langle \sigma_{0,i} v_e \rangle} = K f(T_e), \tag{2.300}$$

die Möglichkeit, bei bekannter Funktion $f(T_e)$ die *Temperatur* T_e zu bestimmen. $\sigma_{0,i}$ und $\sigma_{0,j}$ sind die Anregungsquerschnitte durch Elektronenstoß aus dem Grundzu-stand in die Zustände i, j.

Mithilfe der **Aktinometrie** ist auch eine Vermessung der **Grundzustandsdichte** durch ein Emissionsexperiment möglich. Dazu mischt man eine kleine Menge Verunrei-nigungsgas (meistens ein Edelgas im %-Bereich) zum Arbeitsgas und beobachtet Strahlung aus angeregten Niveaus der Verunreinigung und des zu untersuchenden Arbeitsgases. Wenn die oberen Niveaus der beiden beobachteten Linien nahezu die gleiche Anregungsenergie besitzen, ihre Besetzung im Wesentlichen durch Elektro-nenstoß aus dem Grundzustand und ihre Entleerung durch spontane Emission er-folgt, so gilt für das Verhältnis der Grundzustandsdichten von Arbeitsgas und Ver-unreinigung

$$\frac{n(0)}{n(0)^v} = K \frac{I(\lambda_n)}{I(\lambda_m^v)} \frac{\langle \sigma_{0,m}^v v_e \rangle}{\langle \sigma_{0,n} v_e \rangle} \tag{2.301}$$

mit den Elektronenstoßanregungsraten $\langle \sigma_{0,m}^v v_e \rangle$ des Verunreinigungsgases bzw. $\langle \sigma_{0,n} v_e \rangle$ des zu untersuchenden Atoms aus dem Grundzustand 0 nach m bzw. n.

Die Aktinometrie kann mit Vorteil eingesetzt werden, wenn das Verhältnis $\langle\sigma^v_{0,m}v_e\rangle/$ $\langle\sigma_{0,n}v_e\rangle$ in guter Näherung konstant ist, was selbst dann der Fall sein kann, wenn die Elektronenenergie-Verteilungsfunktion von der Maxwell-Verteilung abweicht. Die sehr einfache, klassisch hergeleitete Form des Anregungswirkungsquerschnitts nach Gl. (2.63) legt ein konstantes Verhältnis nahe, wenn die Anregungsenergien der betrachteten oberen Niveaus der beiden Atomsorten gleich sind. In der Praxis ist die Situation meistens komplizierter, da die Entleerung der oberen Niveaus nicht nur durch spontane Emission, sondern auch durch Stöße erfolgt. Dieser Vorgang wird Löschung (Quenchen) genannt und die in der Konstanten K enthaltenen Übergangswahrscheinlichkeiten A_n bzw. A^v_m sind dann additiv durch Quenchfrequenzen zu ergänzen. Die Aktinometrie wurde auch angewandt, um aus dem Verhältnis von Linienintensitäten von Molekül- bzw. Molekülionenbanden und der Intensität von Edelgaslinien Vibrationstemperaturen herzuleiten. Zahlreiche Experimente dieser Art werden in [41] diskutiert.

Neben den Gesamtintensitäten gibt das **Spektralprofil** von Linien wichtige Informationen über die *gerichtete Geschwindigkeit*, *Verteilungsfunktion* und *Gastemperatur*, wenn die Linien im Bereich niedrigen Drucks (typisch < 1 kPa) hauptsächlich nach *Doppler* verbreitert sind. In Lichtbögen ist *Stark-Verbreiterung* der Linien dominant, aus den Linienprofilen (Verbreiterung und eventuell Verschiebung) erhält man n_e [7, 37]. Linienstrahlung aus Hochdrucklampen ist durch Resonanzstöße symmetrisch und durch *van-der-Waals-Stöße* unsymmetrisch verbreitert.

2.10.4 Absorptionsspektroskopie

Absorptionsexperimente werden im gleichen Spektralbereich (tiefes UV bis FIR) wie Emissionsexperimente durchgeführt. Man gibt ihnen gegenüber Emissionsmessungen dann den Vorzug, wenn Dichten sehr **kurzlebiger Molekülzustände** und **Grundzustandsdichten** quantitativ nachgewiesen werden müssen. Man unterscheidet bei Absorptionsmessungen zwei Verfahren:

a) spektral aufgelöste Detektion von Spektrallinien, die innerhalb des Plasmas emittiert, dort teilweise absorbiert und außerhalb des Plasmas nachgewiesen werden,
b) spektral aufgelöste Detektion der Intensität eines Lichtstrahls, der von außen einmal (oder mehrmals) durch das Plasma geschickt wird und dabei im Plasma mehr oder weniger stark absorbiert wird.

Im Fall (a) registriert man längs einer in x-Richtung laufenden Sichtlinie der Länge l durch das Plasma in LTG-Nähe eine Linienintensität $I_v(l) = B_v(1 - \exp(-\tau'_v))$ mit $\tau'_v = \int_0^l \kappa'_v \mathrm{d}x$ und

$$\kappa'_v = \frac{hv}{c_0} n(n) B_{ij} P(v) \left(1 - \exp\left(-\frac{hv}{k T_e}\right)\right). \tag{2.302}$$

Dabei ist κ'_v der effektive Absorptionskoeffizient, B_{ij} der Einsteinkoeffizient, i das obere Niveau, j das untere Niveau, $P(v)$ das Linienprofil, $n(i)$ die Dichte im unteren Niveau und B_v ist durch Gl. (2.37) definiert. Der komplizierte Zusammenhang zwischen der „optischen Dicke" τ'_v und $n(i)$ wird zur Messung der Besetzungsdichte des unteren Niveaus (einschließlich Grundzustand), aber auch zur Temperaturmessung (aus der Dopplerverbreiterung der Absorptionslinie) verwendet [37, 96].

Im Fall (b) detektiert man gleichzeitig die Intensität eines Lichtstrahls, der von einer äußeren Lichtquelle der einstellbaren Intensität $I^L_v(0)$ ausgehend beim Durchgang durch das Plasma auf die Intensität $I^L_v(l) = I^L_v(0)\exp(-\tau'_v)$ abgeschwächt wird **und** das vom Plasma emittierte Signal $I_v(l) = B_v(1 - \exp(-\tau'_v))$. Für kleine $I^L_v(0)$ stellt sich das Summensignal als Emissionsprofil dar. Das Profil verschwindet für $I^L_v(0) = B_v$. Für $I^L_v(0) \gg B_v$ beobachtet man ein Absorptionsprofil des Summensignals mit der Möglichkeit, aus τ'_v den Wert von $n(i)$ zu bestimmen. Die leicht zu identifizierende Übergangssituation $I^L_v(0) = B_v$ kann dazu dienen, aus der Planck-Verteilung B_v die Temperatur T zu ermitteln.

Wenn der Bruchteil des absorbierten Lichts wegen zu geringer Absorberdichte $n(i)$ oder zu geringer Absorberlänge l zu klein ist (typischerweise 10^{-4}) sind stabilisierte Aufbauten mit Referenzstrahl und Vielkanaldetektoren zur Verbesserung des Signal- zu Rauschverhältnisses erforderlich [97].

Sehr weit entwickelt und kommerziell erhältlich sind Fast-Fourier-Absorptionsspektrometer, die nach dem Prinzip des Michelson-Interferometers aufgebaut sind. Zur Vergrößerung der Absorptionsstrecke l ist ein mehrmaliger Durchgang des Absorptionsstrahls durch das Plasma sinnvoll, was durch ein äußeres Plan- oder besser Konkavspiegelpaar in Verbindung mit einer frequenzabstimmbaren **kontinuierlichen Laserlichtquelle** geleistet werden kann [98].

Der Einsatz **gepulster Laser** ermöglicht eine hochempfindliche Messung des Absorptionskoeffizienten mithilfe der „Cavity-ring-down"-Absorptionsspektroskopie [99]. Wenn die beiden Spiegel eines optischen Resonators vom Abstand L eine sehr hohe Reflektivität ($R \approx 99.93\%$) besitzen, kann ein eingekoppelter Laserpuls in einem Resonator mehrere tausend Umläufe machen und sich dabei im Zeitintervall $\tau_0 = L/[c_0(1-R)]$, entsprechend einigen µs, im Resonator aufhalten. Mit Plasma im Resonator verkürzt sich die Verweildauer auf

$$\tau_p = \tau_0\left(1 + \frac{\kappa_v L}{1-R}\right)^{-1} \approx \tau_0\left(1 - \frac{\kappa_v L}{1-R}\right).$$

Die Zeiten τ_0 und τ_p sind einer genauen Messung zugänglich. $\kappa_v \approx 10^{-7} - 10^{-8}\,\mathrm{cm}^{-1}$ und Dichten von CH_3 im Bereich $3 \cdot 10^{16}\,\mathrm{m}^{-3}$ auf $1\,\mathrm{m}$ Absorptionslänge können noch mit Lichtquellen der Wellenlänge $\lambda = 216\,\mathrm{nm}$ nachgewiesen werden [100]. Wegen der hohen Nachweisempfindlichkeit wird diese Methode z. Zt. in Richtung des UV- und IR-Spektralbereichs ausgebaut. Dabei finden auch sehr **schmalbandige kontinuierliche Laser** Verwendung, deren Strahlung in einen mit Plasma gefüllten Resonator eingekoppelt wird. Ein **akustooptischer Modulator** unterbricht periodisch die Lichtzufuhr zum Resonator und erzeugt so gepulste Laserstrahlung. Der zeitliche Verlauf des Photonenverlusts aus dem Resonator korreliert mit den Absorptionsverlusten.

2.10.5 Streuexperimente

Im Vergleich mit den unter Abschn. 2.10.3 und 2.10.4 geschilderten spektroskopischen Verfahren besitzen *Streulichtmessungen* eine hohe **räumliche Auflösung** und erlauben eine **direkte Messung** von Zustandsgrößen ohne Rücksicht auf den Gleichgewichtszustand des Plasmas. Man arbeitet heute im Bereich der Niedertemperatur-Plasmen praktisch nur noch mit Lasern als Streulichtquelle, wobei je nach physikalischer Fragestellung die Laser im Bezug auf ihre Energie, Leistung, Frequenz, Frequenzbreite, Abstimmbarkeit, Stabilität, Modenreinheit, Repetitionsrate, etc. ausgewählt werden müssen. Auf der Detektionsseite hat zur spektral aufgelösten Registrierung der Einsatz von **Vielkanaldetektoren** in den letzten Jahren erhebliche Fortschritte gebracht.

2.10.5.1 Inkohärente und kollektive Thomson-Streuung

Thomson-Streuung beschreibt die Wechselwirkung niederenergetischer Photonen ($h\nu \ll m_e c^2$) mit **freien Elektronen** in einem Plasma. Plasmaelektronen sind jedoch nicht wirklich frei, sondern alle Elektronen in der Debye-Kugel vom Radius λ_D sind kohärent aneinander gekoppelt und führen neben ihrer gerichteten eine oszillatorische Bewegung aus, (zu λ_D s. Abschn. 2.1.3).

Der Streuvorgang lässt sich als Wechselwirkung einer einfallenden Welle (Wellenlänge $\lambda_e = \lambda_L$ des Lasers, Kreisfrequenz $\omega_e = \omega_L$, Wellenzahlvektor $\boldsymbol{k}_e$) mit einer ganz bestimmten, aus dem breiten **thermischen Fluktuationsspektrum** ausgewählten Fluktuation der Elektronendichte (mit λ_F, ω_F, $\boldsymbol{k}_F$) verstehen. Diese ausgezeichnete Fluktuation wirkt wie ein *Sinusgitter* und generiert Streulicht, das in $\boldsymbol{k}_S$-Richtung unter einem Winkel θ_S gegen die Einfallsrichtung mit λ_S und ω_S gestreut wird. Nach Energie- und Impulserhaltungssatz der Photonen gilt $\omega_e = \omega_S + \boldsymbol{k}_F \boldsymbol{v}_e$, $\boldsymbol{k}_e = \boldsymbol{k}_S + \boldsymbol{k}_F$, wobei $\boldsymbol{v}_e$ die Relativgeschwindigkeit der Elektronen in Bezug auf Lichtquelle und Detektor ist. Da im Gegensatz zur *Compton-Streuung* wegen $h\nu \ll m_e c^2$ kaum Impuls von der einfallenden Welle auf die Elektronen übertragen wird, gilt $h|\boldsymbol{k}_e| \approx h|\boldsymbol{k}_S|$, d. h. $2\sin(\Theta_S/2) = |\boldsymbol{k}_F|/|\boldsymbol{k}_e|$ oder $\lambda_F = \lambda_L/(2\sin(\theta_S/2))$. Die Streutheorie enthält als wichtige Größe den *Streuparameter*

$$\alpha = \frac{\lambda_F}{2\pi\lambda_D} = \frac{\lambda_L}{4\pi\lambda_D \sin(\theta_S/2)}. \tag{2.303}$$

Wenn $\lambda_F \ll \lambda_D$ oder $\alpha \ll 1$, nennt man den Streuvorgang an den Dichtefluktuationen *inkohärent*, wenn $\lambda_F \geq 2\pi\lambda_D$ oder $\alpha \geq 1$ spricht man von *kohärenter oder kollektiver Streuung*.

Die **klassische Theorie der Thomson-Streuung** untersucht die Beschleunigung und Abstrahlung eines einzelnen Elektrons im $\boldsymbol{E}$-Feld der einfallenden polarisierten Welle. Eine **plasmakinetische Behandlung** berücksichtigt Fluktuationen, die thermische Eigenbewegung, Drift und Diffusion, den Einfluss äußerer magnetischer Felder und die Zusammensetzung des Ionengases. Diese Einflüsse werden im *dynamischen Formfaktor* $S(\boldsymbol{k}_F, \omega_F)$ zusammengefasst. Nach dieser Theorie [37] lautet die aus dem Streuvolumen $\Delta V_S = L_S A$, (L_S Länge des Streuvolumens, A Querschnitt des Laserstrahls) am Detektor ankommende Streuleistung ΔP_S in den Raumwinkel $\Delta \Omega$

$$\Delta P_S = T\, P_L\, n_e\, L_S\, \Delta\Omega\, r_e^2 \sin^2\chi\, S(k_F, \omega_F); \qquad (2.304)$$

χ ist der Winkel zwischen der Polarisationsrichtung des Lasers und der Richtung des Wellenvektors $\boldsymbol{k}_S$ des gestreuten Lichts, r_e ist der *klassische Elektronenradius* $= 2.82 \cdot 10^{-15}$ m, T die Transmission des Streuaufbaus. Zur Erzielung eines starken Sreusignals sollten $\Delta\Omega$, L_S und P_L möglichst groß sein. $\Delta\Omega$ ist jedoch durch den optischen Aufbau und Forderungen an das Falschlicht nach oben begrenzt, L_S muss wegen der erforderlichen räumlichen Auflösung typischerweise die Bedingung $L_S/R_E < 1/20$ erfüllen und P_L darf höchstens so groß sein, dass die Elektronen nicht aufgeheizt werden. Messungen von ΔP_S erlauben mit Gl. (2.304) die Bestimmung von n_e im Streuvolumen und aus dem spektralen Verhalten von S für $\alpha \ll 1$ die Ermittlung der Verteilungsfunktion der Elektronen (bzw. T_e). Wenn $\alpha \geq 1$ lässt sich auch die Größe T_e/T_+ bestimmen.

Da die Geometriefaktoren L_S und $\Delta\Omega$ sowie die optische und elektrische Transmission T des Nachweissystems nicht gut bekannt sind, ist eine Kalibrierung des Messsignals erforderlich. Dazu misst man mit dem gleichen Streuaufbau Rayleigh- oder Raman-Streusignale (s. Abschn. 2.10.5.3 und 2.10.5.4) an einem in das Entladungsgefäß eingefüllten Kaltgas bei bekanntem Druck und bekannten Streuquerschnitten und setzt die gemessenen Signale in ein Verhältnis zu den Thomson-Signalen. Wegen der Kleinheit von r_e (oder des Thomson-Streuquerschnitts $\sigma_{Th} = \int r_e^2 \sin^2\chi\, d\Omega = 8\,\pi/3\, r_e^2 = 6.65 \cdot 10^{-29}$ m^2) ist die Zahl der gestreuten Photonen vergleichsweise niedrig. Die nicht unerheblichen Transmissionsverluste und die zur spektralen Auflösung erforderliche Aufteilung auf mehrere Kanäle setzen diese Zahl noch weiter herab. Nach der *Poisson-Statistik* sind $N_{Ph}^T = \sqrt{N_{Ph}^U}$ Photonen noch nachweisbar, wenn N_{Ph}^U die Zahl der *Untergrundphotonen* ist [101]. Das Untergrundleuchten bestimmt also die untere Grenze für den Nachweis von Thomson-Streulicht und legt die Messunsicherheit des Einzelkanals fest. Um die Zahl der gestreuten Photonen zu erhöhen, setzt man periodisch repetierende, gepulste oder mit Chopper unterbrochene, kontinuierliche Laser als Streulichtquelle ein und mittelt über die Beiträge vieler Pulse. Das registrierte Streusignal enthält neben der breitbandigen Untergrundstrahlung des Plasmas das je nach Temperatur der Elektronen im Vergleich mit der spektralen Laserbreite $\Delta\lambda_L$ mehr oder weniger breite Thomson-Signal der spektralen Breite $\Delta\lambda_{TH} \sim \sqrt{T_e}$ sowie Falschlicht und Rayleigh-Streulichtsignale der spektralen Breite $\Delta\lambda_L$ um die Laserwellenlänge. Das Falschlicht ist durch eine Streulichtmessung an der evakuierten Apparatur ohne Entladungsbetrieb zu erfassen und vom eigentlichen Messsignal abzuziehen. Aus dem spektralen Verlauf des so bereinigten Streusignals lassen sich Thomson- *und* Rayleigh-Signal sowie die Geschwindigkeitsverteilung der Elektronen getrennt nachweisen [102]. Das Rayleigh-Signal liefert Informationen über Atom- und Ionendichte, das Thomson-Signal über die Elektronendichte und -energieverteilung. Empfindliche Streuaufbauten können noch $10^7 - 10^8$ Elektronen im Streuvolumen detektieren, was bei einem Streuvolumen von 10^{-9} m^3 einer Elektronendichte von $n_e \approx 10^{17}$ m^{-3} entspricht. Eine natürliche Grenze dieser Elektronennachweismethode setzt neben der Rayleigh-Streuung der kontinuierliche Hintergrund durch *Bremsstrahlung*, die von Elektron-Atom- oder Elektron-Molekül-Stößen herrührt.

In Plasmen mit $\boldsymbol{E}$- und $\boldsymbol{B}$-Feldern sowie Gradienten der Zustandsgrößen entstehen spontan oder durch Anfachung Plasmawellen und Instabilitäten, die mit **überthermischen Fluktuationen** verbunden sind. Die Fluktuationswellenlängen λ_F liegen bei $\lambda_F = 10^{-5}\text{--}10^{-1}\,\text{m}$ und die zugeordneten Frequenzen bei $\omega_F/2\pi = 10^3\text{--}10^9\,\text{Hz}$. Um die unter dem Einfluss der Dichtefluktuation kollektiv sich bewegenden Elektronen in einem Streuexperiment nachweisen zu können, muss für den hier zuständigen Fall der kohärenten Streuung α nach Gl. (2.303) sehr groß gewählt werden. Aus praktischen Gründen ist $\alpha \gg 1$ nur für große λ_L (Infrarot-Laser) und einen kleinen Streuwinkel θ_S zu realisieren. Überthermische Fluktuationen erfordern also einen Vorwärtsstreuaufbau ($\theta_S \to 0$), wobei die Laserstrahldivergenz bei extremer Vorwärtsstreuung den Streuwinkel übertreffen kann. *Homodyn-* und *Heterodynverfahren* werden eingesetzt, um das im IR liegende schwache Streusignal nachzuweisen, das durch einen stabilisierten kontinuierlichen IR-Laser niedriger Leistung (5–10 W) erzeugt wird. Die minimale spektrale Leistungsdichte, die noch detektiert werden kann, ist $\Delta P_\omega = (2\,c_0\,h)/(\eta\,\lambda_{L,0})$, wenn $\lambda_{L,0}$ die Wellenlänge des Lokaloszillators und η die Quantenausbeute des Detektors ist. Diese Formel ergibt sich aus einem Vergleich des quadrierten und zeitgemittelten Detektorwechselsignals mit dem *Schrotrauschen* des Lokaloszillators. Werte von $\Delta P_\omega = 6 \cdot 10^{-20}\,\text{W/Hz}$ sind theoretisch möglich, erreicht werden $\Delta P_\omega = 4 \cdot 10^{-19}\,\text{W/Hz}$. Die Wahl eines Lasers mit großem λ_L (bei hohem η des Detektors) ist wünschenswert, dadurch wird aber die räumliche Auflösung des Streuexperiments *senkrecht* zum einfallenden Strahl verschlechtert, quantifizierbar durch die Abmessung der Lasertaille $w_0 = 2\,\lambda_L\,f/(\pi D)$ (D Strahldurchmesser des Lasers auf der Fokussierlinse mit Brennweite f). In Strahlrichtung besitzt ein Experiment zur extremen Vorwärtsstreuung daher nur eine geringe räumliche Auflösung. Das Studium überthermischer Fluktuationen ist ein wichtiges Forschungsgebiet, da letztere ganz entscheidend die Transporteigenschaften eines Plasmas (z. B. in einer EZR-Entladung, s. Abschn. 2.9.3.2) durch *anomalen Transport* beeinflussen.

2.10.5.2 Laserinduzierte Fluoreszenz

Einsatzbereich. Der theoretische Hintergrund des Diagnostikverfahrens *laserinduzierte Fluoreszenz* (*LIF*) ist ausführlich in [96] erörtert. Sowohl *lineare LIF* als auch *Sättigungs-LIF* werden in der Plasmaphysik eingesetzt, wobei die Frequenz eines kontinuierlichen oder gepulsten Laserstrahls auf einen erlaubten Übergang eines Atoms, Moleküls oder Ions abgestimmt wird. Die Messung des LIF-Signals liefert die Besetzungsdichte n_u des *unteren Niveaus* des involvierten Übergangs. Aus dem Besetzungsdichteverhältnis von LIF-Messungen an mehreren Übergängen lässt sich nach Boltzmann im PLTG-Fall eine Anregungstemperatur T_e ermitteln. Kommen schmalbandige, verstimmbare Laser zum Einsatz, kann man auch die Temperatur aus dem Spektralverhalten Doppler-verbreiterter Linien erhalten. Gerichtete Teilchengeschwindigkeiten (Doppler-Verschiebung), lokale Magnetfelder (Zeeman-Effekt) und elektrische Felder lassen sich aus spektral verschobenen Linien bestimmen. Die LIF-Methode ist nicht zu empfehlen, wenn neben dem interessierenden Strahlungsübergang aus dem oberen Niveau weitere starke Verlustkanäle durch Quenchen, Prädissoziation, Photoionisation und z. B. in Lichtbögen durch Elektronenstoßprozesse auftreten, die das obere Niveau mit der Besetzungsdichte n_0 entleeren bzw. auffüllen.

Neben dem aus dem Streuvolumen mit der Abmessung L_S emittierten LIF-Signal registriert der Detektor spontan emittierte Strahlung über die Sichtlinie L mit $L \gg L_S$. Selbst bei Sättigung des LIF-Signals I_{LIF} verbleibt ein starker spontaner Untergrund I_{spont}, da $I_{LIF}/I_{spont} \sim L_S n_u/(L n_0)$ gilt und daher das LIF-Signal bei kleinem L_S/L-Verhältnis erheblich verrauscht ist.

Messung der elektrischen Feldstärke. Mithilfe frequenzvervielfachter und abstimmbarer Strahlung eines Farbstofflasers ($\lambda_L = 320$ nm, $\Delta t_L = 3$ ns, $\Delta \nu_L = 3$ GHz) werden zur Messung *lokaler elektrischer Felder* metastabile He-Atome im $2s^1$-S_0-Zustand, die in Niederdruck-He-Entladungen zahlreich durch Elektronenstöße gebildet werden, in Rydberg-Zustände ($n = 11$) des Singulettsystems angeregt. Durch Stöße werden auch die energetisch benachbarten Triplettzustände besetzt, die sehr schnell durch Strahlung (die zwischen 420 und 520 nm emittiert und detektiert wird), aber auch durch (störendes) Quenchen abgeregt werden. Die elektrischen Felder im Streuvolumen bewirken eine effektive *Stark-Aufspaltung* der Rydberg-Zustände. Wird der Laser bei 320 nm kontinuierlich in Schritten von 3 GHz verstimmt, so wird im Bereich zwischen 420 und 520 nm nur dann Strahlung beobachtet, wenn die Laserfrequenz mit einem der Stark-verschobenen Übergänge in Resonanz ist. Das aufgenommene Spektrum wird schließlich mit einem aus der Theorie des Stark-Effekts folgenden, wasserstoffähnlichen Spektrum verglichen. Die so lokal noch messbare elektrische Feldstärke wird in [103] mit $(10^4 - 2 \cdot 10^4)$ V/m angegeben. Neben den oben erwähnten Quenchstößen begrenzt auch die Doppler-Verbreiterung das Messverfahren.

Elektrische Feldstärken bis zu 500 V/m lassen sich mit einer *dopplerfreien Zweistrahl-Technik* am Wasserstoffatom nachweisen [103]. Die Methode verwendet zum Pumpen in den $n = 3$-Zustand zwei entgegengerichtet laufende Laserstrahlen bei $\lambda = 205$ nm, dazu einen IR-Laser, der sehr empfindlich auf E-Felder reagierende Rydberg-Zustände (bis $n = 55$) aus $n = 3$ besetzt. Die Frequenz des IR-Lasers wird dabei kontinuierlich verstimmt. Ist er in Resonanz mit einem Stark-verschobenen Rydberg-Übergang, dann zeigt die Fluoreszenz bei der Balmer-α-Linie ($n = 3 \to n = 2$ bei $\lambda = 656$ nm) einen Einbruch. Daher nennt man das Verfahren auch *Fluoreszenzabfallspektroskopie*. Das spektrale Verhalten der Stark-Aufspaltung des Rydberg-Zustands äußert sich durch eine Anzahl von Einsenkungen auf der Balmer-α-Linie bei Frequenzverstimmung des IR-Lasers.

Messungen des E-Feldes mit diesem Verfahren vor einer Kathode [45, 103] bestätigen den linearen Feldabfall nach Gl. (2.267) und die dort mitgeteilten Abmessungen des Kathodenfallraumes d_K.

TALIF. Zum lokalen, zeitaufgelösten Nachweis atomarer Spezies (H, N, O etc.) mit sehr kurzwelligen Resonanzübergängen wird die Methode der *zweiphotonenerlaubten, laserinduzierten Fluoreszenz* (*TALIF*) eingesetzt. Bei TALIF absorbiert das Atom *zwei Photonen* und geht vom Grundzustand 1 in einen angeregten Zustand 2 über, der dann durch Strahlungsabregung im Zustand 3 endet. Die dem Übergang $2 \to 3$ zugeordnete Fluoreszenzintensität ist der Dichte im Grundzustand und dem Quadrat der Laserintensität proportional. Zu hohe Laserintensitäten führen zu Sättigungseffekten durch Photoionisation, zur Zunahme der Besetzung im Niveau 2 bis zur Inversion und schließlich zum Rückgang des Fluoreszenzsignals. Daher ist ein *Sättigungstest* unerlässlich. Zur Absolutbestimmung der Grundzustandsdichten ist eine Absolutkalibrierung durch Streuung an einem Volumen mit bekannter Atomdichte erforderlich. Wegen der Nichtlinearität von TALIF ist die bei linearen Streuverfahren übliche Kalibrierung unter Verwendung der Rayleigh- oder Raman-Streuung an Kaltgas nicht möglich. Ein übliches Verfahren zur Herstellung einer bekannten Atomdichte bedient sich eines Strömungsreaktors, an dem die Atomdichte durch Titration absolut ermittelt wird [41, 56] (siehe jedoch die Bemerkung in Abschn. 2.6.1.4, Unterpunkt „Gasgemische").

2.10.5.3 Rayleigh-Streuung

Rayleigh-Streuung ist in [96] beschrieben und daher sollen hier nur die plasmadiagnostischen Besonderheiten diskutiert werden. Dieses lineare Streuverfahren an gebundenen Elektronen ($\sigma_{Rayleigh} \approx 10^{-32}\,\mathrm{m}^2$ für H_2) wird zur Messung der Dichte von neutralen Teilchen und Ionen eingesetzt. Rayleigh-Streuung erfolgt im Prinzip an *allen* gebundenen Elektronen und daher gibt es Beiträge von den unterschiedlichen Anregungszuständen der Atome, Moleküle und Ionen, die sich zu einem effektiven Streuquerschnitt zusammensetzen. Eine sortenspezifische Dichtebestimmung ist nur möglich, wenn eine Sorte einen besonders großen Rayleigh-Streuquerschnitt besitzt und sie gleichzeitig dominant ist. In reinen Edelgasplasmen liefert der Aufbau für ein Thomson-Streuexperiment die *Ionendichte* (bei einfacher Ionisierung) aus dem Thomson-Signal und simultan ein Rayleigh-Signal von *Ionen* und *neutralen Teilchen* (s. Abschn. 2.10.5.1). D. h. der allein von den neutralen Teilchen herrührende Streuanteil kann nach Abzug des Ionenanteils bestimmt werden, und damit die Dichte der Neutralteilchen (vornehmlich im Grundzustand). Im einfachen Molekülplasma entnimmt man die Moleküldichten CARS-Experimenten (s. Abschn. 2.10.5.4) und korrigiert dann die Rayleigh-Signale, um alleine die atomaren Beiträge zu erhalten. Die Nachweisgrenzen liegen bei $n_0 \approx 10^{19}\,\mathrm{m}^{-3}$.

Eine direkte Bestimmung der Dichte von Atomen und Molekülen nutzt das unterschiedliche *Polarisationsverhalten* des Rayleigh-Streulichts von Atomen und nicht kugelsymmetrischen Molekülen aus [104]. Letztere depolarisieren das Rayleigh-Streulicht, und ihr Anteil am Streusignal kann getrennt von den atomaren Anteilen bestimmt werden.

Rayleigh-Streuung am Kaltgas bekannter Dichte ist ein wichtiges Verfahren zur Kalibrierung von Thomson-Streuexperimenten (s. Abschn. 2.10.5.1).

2.10.5.4 Raman-Streuung

Sowohl lineare *spontane Raman-Streuung* als auch nichtlineare Mehrphotonenstreuung [96] (z. B. *kohärente Anti-Stokes-Raman-Streuung* (*CARS*)) finden Anwendung in der Plasmadiagnostik. Obwohl die spontane Raman-Streuung noch etwa 10^4-mal weniger Signal bereitstellt als die Rayleigh-Streuung ($\sigma_{Raman} = 4 \cdot 10^{-36}\,\mathrm{m}^2$), benutzt man Rotations-Raman-Streuung z. B. an H_2 zur Kalibrierung von Thomson-

Streuaufbauten. Dabei entfallen Probleme mit dem Falschlicht im Messkanal, da Streusignal und Sreulichtquelle unterschiedliche Wellenlänge besitzen, z. B. das Streusignal bei $\lambda_{RS} = 685$ nm liegt, wenn die Streulichtquelle ein Rubinlaser mit $\lambda_L = 694$ nm ist.

CARS. Zum Standardmessverfahren an Prozessplasmen hat sich *CARS* entwickelt. Mit seiner Hilfe lassen sich die Besetzungsdichtendifferenzen zweier durch den Raman-Prozess gekoppelter Rotations-Vibrationszustände messen und daraus Rotations- und Vibrationstemperaturen herleiten bzw. Nicht-Gleichgewichtsbesetzungen erkennen. CARS ist ein *kohärenter Vierwellenmischprozess*, der durch Überlappen von zwei Pumpstrahlen der Frequenz $\omega_{P,1}$ und $\omega_{P,2}$ und eines Stokes-Strahls der Frequenz ω_S im zu untersuchenden Plasmavolumen abläuft. Durch eine nichtlineare Wechselwirkung mit den Molekülen wird ein vierter, kohärenter Strahl der Anti-Stokes-Frequenz

$$\omega_{AS} = \omega_{P,1} - \omega_S + \omega_{P,2} \tag{2.305}$$

erzeugt, wenn die Differenzfrequenz $\omega_{P1} - \omega_S$ mit einer Raman-Übergangsfrequenz $\omega_{\alpha\beta}$ des Moleküls übereinstimmt.

Wenn zusätzlich eine der Pumpfrequenzen auf eine elektronische Resonanzfrequenz abgestimmt ist, erhält man eine elektronische Resonanzverstärkung des CARS-Signals und damit eine höhere Nachweisempfindlichkeit als bei normalem CARS. Man nennt diese Methode *RECARS*.

Entartetes CARS erzeugt die beiden Pumpstrahlen mit dem gleichen Laser, daher gilt $\omega_P = \omega_S$. Die *entartete Vierwellenmischung* (DFWM) arbeitet nur noch mit einer Frequenz.

Neben der in Gl. (2.305) formulierten Bedingung für ω_{AS} müssen die Wellenzahlvektoren der beteiligten CARS-Strahlen und damit ihre Richtungen so eingestellt werden, dass der Impulssatz nicht verletzt ist:

$$\boldsymbol{k}_{P,1} + \boldsymbol{k}'_{P,2} = \boldsymbol{k}_S + \boldsymbol{k}_{AS}. \tag{2.306}$$

Beim *kollinearen CARS* erfüllt man diese Bedingung, indem man alle Strahlen parallel zueinander durch das zu untersuchende Medium führt unter Verzicht auf eine mögliche Raumauflösung in Strahlrichtung, aber Erzielung einer hohen Nachweisempfindlichkeit. Eine hohe Raumauflösung, und daher zur Plasmadiagnostik besser geeignet, strebt man mit der *BoxCARS*-Anordnung an. Dabei werden die beiden Pumpstrahlen und der Stokes-Strahl in das Plasma unter Berücksichtigung einer räumlichen Strahlanordnung, die Bedingung Gl. (2.306) berücksichtigt, fokussiert.

Zur Aufnahme des CARS-Spektrums arbeitet man entweder mit einem breitbandigen Stokes-Laser bei ω_S mit einer spektralen Breite von $100\,\text{cm}^{-1}$ und nimmt das ganze CARS-Spektrum mithilfe eines Monochromators und einer Vielkanalregistrierung auf (*Breitband-CARS*) oder man arbeitet mit einem verstimmbaren, gepulsten, schmalbandigen Laser ($< 0.1\,\text{cm}^{-1}$) und tastet das CARS-Spektrum langsam ab (*Abtast-CARS*). Letzteres Verfahren wird zur Diagnose von stabilen, auch zeitabhängigen, reproduzierbaren Plasmen wegen der hohen Nachweisempfindlichkeit häufig eingesetzt.

Die energetische Lage und die Besetzungsdichten des oberen und unteren Raman-Zustands können durch konkurrierende Prozesse (wie *stimulierte Raman-Streuung*

(SRS) und *optischer Stark-Effekt*) gestört werden. Unter dem Einfluss der Laser-lichtfelder spaltet SRS die CARS-Linie in zwei verbreiterte Satelliten auf, der Stark-Effekt beeinflusst die Niveaus nach Maßgabe ihrer magnetischen Quantenzahl und verursacht Linienverschiebung und -verbreiterung. Relaxierende Stoßprozesse be-heben teilweise die durch die beiden Effekte bewirkten Umverteilungen der Beset-zungsdichten. In Niederdruckplasmen sind die Relaxationszeiten τ_R lang gegenüber dem Laserpuls der Dauer $\tau_L (\tau_L = 10$ ns, $\tau_R = 200$ ns bei $p = 100$ Pa), daher ist *Sig-nalsättigung* durch die o. a. Effekte sehr wahrscheinlich. Diese Sättigungseffekte än-dern die Abhängigkeit des CARS-Signals von den Intensitäten $I_{P,1}$ des Pumplasers bzw. I_S des Stokes-Lasers von $I_{AS} \sim I_{P,1}^2 I_S$ in $I_{AS} \sim I_{P,1}\sqrt{I_S}$ für schwache Sättigung und in $I_{AS} \sim I_P$ für starke Sättigung [105,106].

Raumaufgelöste CARS-Messungen z. B. an H_2 lassen sich bis zu $n_{H_2} \approx 10^{18}$ m^{-3} durchführen. Die oben erwähnte RECARS-Technik erlaubt den Nachweis von Dich-ten $< 10^{16}$ m^{-3}. Mit Methoden der Vierwellenmischung an Atomen lassen sich nach [107] noch Dichten von 10^{15} m^{-3} detektieren.

Wenn Elektronenstöße in erheblichem Maße die Besetzung der Vibrationsniveaus beeinflussen, lässt sich ein Zusammenhang zwischen mit CARS gemessenem T_{vib} und n_e herstellen [45], eine unabhängige Methode zur n_e-Bestimmung.

2.10.5.5 Mie-Streuung

Zum Nachweis von makroskopischen Teilchen sowie zur Beurteilung ihrer Form und Geschwindigkeit wird die *Mie-Streuung* eingesetzt. Diese Streuung ist linear, d. h. die vom Einzelteilchen gestreute Leistung ist der einfallenden Laserleistung proportional, die Streuung von vielen Teilchen setzt sich additiv aus der Einzel-streuung zusammen. Daher lässt sich die Teilchendichte aus der Höhe des Streu-signals ermitteln, vorausgesetzt ihre Größenverteilung ist bekannt.

Im Falle kugelsymmetrischer Streuteilchen sind auffallendes Laserlicht und Streu-licht in gleicher Weise polarisiert. Wie im Falle der Rayleigh-Streuung (s. Abschn. 2.10.5.3) wird *Depolarisation* beobachtet, wenn Abweichungen von der Kugelsym-metrie auftreten oder kugelsymmetrische Teilchen Cluster bilden. Das Streusignal eines Einzelteilchens ist r_P^6/λ_L^4 proportional, wenn für den Partikelradius $r_P \ll \lambda_L/(2\pi n_B)$ gilt (n_B Brechungsindex der Partikel, λ_L Wellenlänge des Lasers). Die Win-kelverteilung des Streulichts entspricht der einer Dipolstrahlung. Mit zunehmendem Radius der Streuteilchen treten konstruktive und destruktive Interferenzen auf, die, wenn man das Streulicht unter einem festen Winkel beobachtet, das Streusignal um mehrere Zehnerpotenzen schon bei kleinen Radiusänderungen schwanken lassen. Im Falle $r_P \geq \lambda_L/(2\pi n)$ sind die Gesetze der Vorwärtsstreuung, für $r_P \gg \lambda_L$ die der geometrischen Optik anzuwenden. Durch Messung der Depolarisation des Streu-lichts (*Mie-Ellipsometrie*), Variation von λ_L und Beobachtung unter verschiedenen Winkeln gelingt eine lokale Bestimmung der *Teilchengrößenverteilung* [74].

In einem Silan-Plasma bilden sich aus molekularen Vorläufern schrittweise durch Agglomeration größere Teilchen, die sich aufladen (s. Abschn. 2.7.3.7) und dann we-gen ihrer elektrischen Abstoßung nicht weiter wachsen. Die Teilchen haben relativ einheitlich den Radius $r_P = 25$ nm bei einer Dichte von 10^{14} m^{-3}. Der Nachweis der

Teilchen mit Mie-Streuung gelingt mit einem kontinuierlichen Argon-Ionen-Laser, $\lambda_L = 488\,nm$, $P_L = 20\,mW$ [74].

Eine weitere Anwendung der Mie-Streuung stellt die *Laseranemometrie* dar. Dabei erzeugt man mithilfe von zwei gekreuzten Laserstrahlen ein im Raum ausgerichtetes Interferenzfeld mit regelmäßig aufeinanderfolgenden Intensitätsminima und -maxima. Bewegt sich ein makroskopisches Teilchen durch dieses Interferenzfeld, so ändert sich das Mie-Streusignal periodisch mit der Zeit. Aus einer Frequenzanalyse des Signals folgt sofort die Teilchengeschwindigkeit, die mit der Plasmageschwindigkeit in Zusammenhang gebracht wird. In der Praxis mittelt man über viele Teilchen.

Bei der *Leuchtspurmethode* beleuchtet man die Teilchen eine kurze Zeit τ und verfolgt mit einer CCD-Kamera die Länge der Leuchtspur. Auch diese Diagnostik führt auf die Teilchengeschwindigkeit.

2.10.6 Photoneutralisierung, Photoanregung und Photoionisation

Im Strahlungsfeld eines Lasers kann ein negatives Ion das Elektron durch den Prozess der *Photoneutralisierung* verlieren, wenn die Energie der Laserphotonen eine bestimmte ionenspezifische Schwelle überschreitet. Solche Versuche wurden an H^-, O^-, O_2^- durchgeführt [108–110, 33, 34]. Weist man die freigesetzten Elektronen der Dichte n_e mithilfe einer elektrischen Sonde, interferometrisch oder durch Verstimmen eines Mikrowellenresonators nach, so gelingt eine Bestimmung der negativen Ionendichte n_-. Der Laserpuls besitze bei der Frequenz v_L die Energie E_L und werde über eine Strecke z mit dem Strahlquerschnitt A_L in ein Plasma fokussiert. Die Zahl der Laserphotonen pro Volumen lautet dann $n_{Ph} = E_L/(h\,v_L\,z\,A_L)$. Nach Abschn. 2.3.2 ist die Wahrscheinlichkeit, dass auf der Strecke z eine Photoneutralisierung stattfindet, durch

$$\bar{p}(z) = \frac{n_e(z)}{n_-} = 1 - \exp(-n_{Ph}\sigma_{Ph}z) = 1 - \exp\left(-\frac{\lambda_L E_L \sigma_{Ph}(\lambda_L)}{A_L h c_0}\right) \qquad (2.307)$$

gegeben. Der Querschnitt für Photoneutralisierung σ_{Ph} hängt von λ_L und der negativen Ionensorte ab, z. B. gilt $\sigma_{Ph}^{O^-}(\lambda_L = 0.532\,\mu m) = 6.2 \cdot 10^{-22}\,m^2$; $\sigma_{Ph}^{O^-}(\lambda_L = 1.064\,\mu m)$ $= 0$; $\sigma_{Ph}^{O_2^-}(\lambda_L = 0.532\,\mu m) = 1.6 \cdot 10^{-22}\,m^2$; $\sigma_{Ph}^{O_2^-}(\lambda_L = 1.064\,\mu m) = 0.36 \cdot 10^{-22}\,m^2$. Photoneutralisierungsmessungen bei zwei Wellenlängen erlauben es daher, die Dichten von zwei negativen Ionensorten zu ermitteln.

Diese Methode ist wegen des exponentiellen Zusammenhangs zwischen Laserenergiedichte und negativer Ionendichte ein nichtlineares Streuverfahren. Man nennt es in der Literatur „optical tagging".

Auch die *Photoanregung oder -Ionisation* lässt sich zum Nachweis von Teilchen einsetzen (*optogalvanischer Effekt*). Nach Gl. (2.250) oder (2.251) ist der Ionenstrom vor einer Wand oder nach Abschn. 2.7.3.3 vor einer Kathode der Ionenbeweglichkeit proportional. Diese Beweglichkeit setzt sich aus Beiträgen verschiedener Ionensorten zusammen. Regt man gezielt eine Ionensorte im Kathodenbereich durch Bestrahlung an, so ändern sich ihre Beweglichkeit und damit der Strom im gesamten Entladungskreis, was sehr empfindlich nachgewiesen werden kann. So besitzen z. B. die Grundzustandsionen $N_2^+(X)$ eine höhere Beweglichkeit als die durch den Laser angeregten N_2^+ (B)-Ionen. Während der Bestrahlung geht der Entladungsstrom also zurück.

Ändert man durch resonante Einstrahlung die Besetzungsdichten zweier Zustände in einem Atom, so hat das nach Gl. (2.177) Einfluss auf alle Zustände, auch auf n_e. Daher führt die Bestrahlung einer Glimmentladung mit einer spektral abstimmbaren Laserquelle immer dann zu Änderungen der elektrischen Leitfähigkeit und daher zu Stromänderungen, wenn der Laser auf einen möglichen Übergang resonant abgestimmt ist. In einer Hochdruckentladung bewirkt die Strahlungsabsorption eine Erhöhung von T_e. Die dadurch bedingte Änderung des Entladungswiderstandes gibt Auskunft über Relaxationszeiten durch Elektron-Atom-Stöße und Wärmeleitung.

2.10.7 Interferometrische Verfahren

Emissions- und Absorptionsvorgänge im Plasma verändern die Zahl der Photonen und erlauben eine Plasmadiagnose aus *Intensitätsmessungen*. Die Wechselwirkung von Licht und Materie führt aber auch zu einer *Änderung der Ausbreitungsgeschwindigkeit* und damit der Phase einer Lichtwelle. Gl. (2.81) quantifiziert, wenn man vereinfacht $v_m \ll \omega$ annimmt, den Einfluss der Elektronen auf die Welle. Die Dielektrizitätszahl des Vakuums, $\varepsilon = 1$, fällt im Plasma auf

$$\varepsilon(\lambda) = 1 - \frac{\omega_{P,e}^2}{\omega^2} = 1 - 8.95 \cdot 10^{-16} n_e \lambda^2 \cdot \text{m}. \tag{2.308}$$

Atome, Moleküle und deren Ionen führen zu additiven, von der Wellenlänge abhängigen Termen in Gl. (2.308), die n_0 und n_+ proportional sind. Durch den Einsatz von Lichtquellen mit zwei unterschiedlichen Wellenlängen kann man n_0 und $n_+ = n_e$ getrennt ermitteln.

Mithilfe der *Haken-Methode* erhält man die Wellenlängenänderung des Brechungsindex in Resonanz und Resonanznähe von Atomen und Ionen und ermittelt daraus Dichten und Temperaturen.

In Interferometeraufbauten (nach *Michelson* oder *Mach-Zehnder*) schickt man einen Lichtstrahl durch das Plasma und einen zweiten Vergleichsstrahl am Plasma vorbei. Dann wird aus dem nach Überlagerung der beiden kohärenten Strahlen entstehenden Interferenzbild die Phasenverschiebung der beiden Strahlen vor und nach Zündung des Plasmas bestimmt. Durchsetzt der Plasmastrahl das der Einfachheit halber homogen angenommene Plasma über eine Strecke L_P, so lautet die Phasenverschiebung allein durch ein längs der Sichtlinie gemitteltes $\bar{n}_e$ wegen $n_r = \sqrt{\varepsilon}$ für reelles ε nach Gl. (2.85) und wegen Gl. (2.308)

$$\frac{\Delta\varphi}{2\pi} = \frac{(1 - \sqrt{\varepsilon})}{\lambda} L_P \approx 4.48 \cdot 10^{-16} \bar{n}_e \lambda L_P. \tag{2.309}$$

Eine korrekte Auswertung in inhomogenen Plasmen ersetzt $L_P \bar{n}_e$ durch $\int n_e \, dx$ längs der Sichtlinie und wendet tomographische Methoden an. Setzt man als untere Nachweisgrenze $\Delta\varphi/2\pi \approx 2 \cdot 10^{-2}$ bei einer Plasmadicke $L_P \approx 10^{-1}$ m an, so lässt sich ein Produkt $n_e \lambda \approx 4 \cdot 10^{14}$ m^{-2} noch ermitteln. In *Glimmentladungsplasmen* mit $\bar{n}_e = 10^{17}$ m^{-3} gelingt daher der Nachweis von $\bar{n}_e$ nur mit einem Mikrowelleninterferometer (z. B. der Wellenlänge $\lambda = 4 \cdot 10^{-3}$ m), in *magnetisierten Niederdruckentladungen* ist $\bar{n}_{\mathrm{e}} = 10^{18}$ m^{-3} und ein Interferometer mit einer FIR-Laserlichtquelle ist sinnvoll. Ein *Lichtbogenplasma* mit $\bar{n}_{\mathrm{e}} \geq 10^{21}$ m^{-3} kann dagegen interferometrisch mit einer Lichtquelle im Sichtbaren untersucht werden. Bei der Auslegung des Interferometers ist zu berücksichtigen, dass die Frequenz von Vergleichs- und Teststrahl merklich größer als die Plasmafrequenz ist.

Auch *holographische Verfahren* zur Dichtemessung werden eingesetzt. Sie erlauben die Messung der lokalen Verteilung des Brechungsindex in asymmetrischen Plasmen nach tomographischer Rekonstruktion [111].

Zum Nachweis von niedrigen Elektronendichten im Bereich $\bar{n}_{\mathrm{e}} \approx 10^{12} - 10^{16}$ m^{-3} und zur Diagnostik von Staubteilchen im Plasma wird die gesamte Entladung in einem *resonanten Mikrowellenhohlleiter* betrieben. Eine mit der elektrischen Feldverteilung des Mikrowellenhohlleiters gemittelte Elektronendichte führt zu einer Frequenzverstimmung

$$\Delta\omega = \mathrm{const.}\,\omega_0\,\bar{n}_{\mathrm{e}}, \tag{2.310}$$

und so zu Signaländerungen an Detektordioden, die das elektrische Feld im Resonator messen. Auch zeitabhängige Systeme mit einer Zeitkonstanten $\tau \gg 2Q/\omega_0$, mit Q Güte der resonanten Hohlleiteranordnung, können mit dieser Methode untersucht werden.

Eine Verstimmung *optischer Resonatoren* durch ein Plasma wird in *Laserinterferometern* zur empfindlichen Dichtemessung verwendet.

2.10.8 Elektrische Sonden

Die in Abschn. 2.7 behandelte Schichttheorie kann auch auf elektrische Sonden angewandt werden. Diese Sondentechnik besteht darin, zwei oder mehr elektrische Leiter in direkten Kontakt mit dem Plasma zu bringen und den Zusammenhang zwischen Sondenstrom I_{S} und Sondenspannung Θ_{S} zu messen, d. h. eine Sondenkennlinie $\Phi_{\mathrm{S}}(I_{\mathrm{S}})$, aufzunehmen. Häufig ist einer der Leiter eine raumfeste, großflächige Elektrode (man wählt wegen der geringen elektrischen Fluktuationen gerne die Anode der Entladung), der andere, bewegliche Leiter besitzt eine Abmessung, die viel kleiner als das Plasma ist. Man spricht dann von einer *Einzelsonde*. Aber es werden auch räumlich eng benachbarte Sonden mit kleinen Oberflächen eingesetzt, sog. *Doppelsonden*. Die mit isolierten Leitungszuführungen dem Plasma ausgesetzten metallischen Oberflächen A_{S} sind eben, zylinderförmig oder kugelförmig mit der Linearabmessung r_{S}. Wie in Abschn. 2.7 diskutiert, liegt zwischen Sondenoberfläche und der die Sonde umgebenden Vorschicht eine stoßfreie Schicht von der Dicke einiger Debye-Längen λ_{D}, wobei für die im Folgenden gültige Situation die Ungleichung $\lambda_{\mathrm{FW;e,+}} \gg r_{\mathrm{S}} \gg \lambda_{\mathrm{D}}$ gelten soll. Nach Gl. (2.243) nimmt im stromlosen Fall die Sonde ein negatives Potential $\Phi_{\mathrm{W,0}}$ an. Wenn man das Sondenpotential Φ_{S} größer oder kleiner als Φ_{W} einstellt, fließt ein Strom. Die Kennlinie $\Phi_{\mathrm{S}}(I_{\mathrm{S}})$ lässt drei Bereiche erkennen:

1. $\Phi_{\mathrm{S}} \leq 2\,\Phi_{\mathrm{W}}$, es fließen nur Ionen zur negativ vorgespannten Sonde,
2. $\Phi_{\mathrm{W}} \approx \Phi_{\mathrm{S}}$, Ionen- und Elektronenstrom sind nahezu gleich,
3. $0 \leq \Phi_{\mathrm{S}}$, der Elektronenstrom überwiegt.

Dabei wird wie in Abschn. 2.7.1 das Potential an der **Schichtkante** auf Null gesetzt. Bei den meisten Sondenmessungen wird allerdings durch eine geeignete Vorspannung das Potential am Messort **im Plasma** auf den Wert Null gebracht.

Eine gemessene Kennlinie lässt sich folgendermaßen auswerten: Im Bereich 1 beträgt nach Gl. (2.240) und (2.242) der gesamte Sondenstrom bedingt durch Ionen

$$I_S \approx I_+ = A_S\, e\, n_S\, v_B = 0.61\, A_S\, e\, n_{e,0} \sqrt{\frac{kT_e}{M_+}}.$$

Er liefert bei bekanntem T_e und M_+ die Elektronendichte $n_{e,0}$ im Plasma. Im Bereich 2 erhält man nach Subtraktion des Ionenstroms vom Sondenstrom den reinen Elektronenstromanteil an der Sondenoberfläche mit $z = 0$ und $n_e(0)$ zu

$$I_e = \frac{1}{4}\, e A_S\, n_e(0) \langle v_e \rangle = \frac{1}{4}\, e A_S\, n_e(-z_S) \langle v_e \rangle \exp \frac{e\,\Phi(0)}{kT_e}$$

$$= \frac{0.61}{4}\, e A_S\, n_{e,0} \langle v_e \rangle \exp \frac{e(\Phi_S - \Phi_{\mathrm{Plasma}})}{kT_e}$$

unter Verwendung von Gl. (2.235). Der Zusammenhang $I_S(\Phi_S)$ erlaubt es daher, T_e zu bestimmen. Bei der Herleitung von Gl. (2.235) wurde eine Maxwell-Verteilung der Geschwindigkeit angenommen. Es lässt sich zeigen [20], dass die zweite Ableitung $\partial^2 I_S/\partial(\Phi_{\mathrm{Plasma}} - \Phi_S)^2$ der Verteilungsfunktion der Elektronen proportional ist, deren Herleitung also aus einer gemessenen Kennlinie möglich ist.

In der Literatur findet man je nach Geometrie der Sonde, Größenverhältnisse der charakteristischen Längen λ_{FW}, λ_D und r_S, Anwesenheit eines Magnetfeldes etc. weitere Auswertungsformeln zu Sondencharakteristiken (s. z. B. [93]).

Literatur

[1] Hübner, K., Einführung in die Plasmaphysik, Wissenschaftliche Buchgesellschaft, Darmstadt, 1982

[2] Cherrington, B.E., Gaseous Electronics and Gas Lasers, Pergamon Press Ltd., Oxford, 1979

[3] Lelevkin, V.M., Otarbaev, O.K., Schram, D.C., Physics of Non-Equilibrium Plasmas, North Holland, Amsterdam, 1992

[4] Capitelli, M., Ferreira, C.M., Gordiets, B.F., Osipov, A.I., Plasma Kinetics in Atmospheric Gases, Springer, Berlin, 2000

[5] Spatschek, K.H., Theoretische Plasmaphysik. Eine Einführung, Teubner Studienbücher: Physik, Teubner, Stuttgart, 1990

[6] Chase Jr., M.W. et al., JANAF, Thermodynamic Tables, J. Phys. Chem. Ref. Data **14** Suppl. 1 (2 parts), 1985

[7] Griem, H.R., Plasma Spectroscopy, McGraw-Hill, New York, 1964

[8] Finkelnburg, W., Maecker, H., Handbuch der Physik, XXII, Springer, Berlin, 1956

[9] Raizer, Yu. P., Gas Discharge Physics, Springer, Berlin, 1997

[10] Wood, S.E., Thermodynamics of Chemical Systems, Cambridge University Press, Melbourne, 1990

[11] Chen, X., Han, P.J., J. Phys. D: Appl. Phys. **32**, 1711, 1999

[12] Jancel, R., Kahan, Th., Electrodynamics of Plasmas, Wiley, London, 1966
[13] Bond, J.W., Watson, H.M., Welch, J.A., Atomic Theory of Gas Dynamics, Addison-Wesley, Reading, 1965
[14] Joachain, C.J., Quantum Collision Theory, North Holland, Amsterdam, 1975
[15] Dapor, M., Electron-Atom Scattering. An Introduction, Nova Science, Huntington, 1999
[16] http://physics.nist.gov/PhysRefData, Atomic and Molecular Data, Y.-K. Kim et al., April 2005
[17] http://dpc.nifs.ac.jp/amarc/index.html, 21. April 2004
[18] Hirschfelder, J.O., Curtiss, C.F., Bird, R.B., Molecular Theory of Gases and Liquids, Wiley, New York, 1964
[19] Mc Dowell, M.R.C., Proc. Phys. Soc. (London) A 72, 1087, 1958
[20] Ferreira, C.M., Moisan, M. (Eds.), Microwave Discharges Fundamentals and Applications, Nato ASI Series: Series B, Physics, Vol. 302, 1993
[21] Liebermann, M.A., Lichtenberg, A.J., Principles of Plasma Discharges and Materials Processing, Wiley, New York, 1994
[22] Chen, F.F., Plasma Physics Contr. Fusion 33, 339, 1991
[23] Chen, F.F., Introduction to Plasma Physics and Controlled Fusion, Vol. 1, Plenum Press, New York, 1984
[24] Birdsall, C.K., Langdon, A.B., Plasma Physics via Computer Simulation, McGraw-Hill, New York, 1958
[25] Rosenbluth, M.N., Sagdeev, R.Z. (Eds.), Handbook of Plasma Physics, Vol. 1, North Holland, Amsterdam, 1983
[26] Spitzer, L., Physics of Fully Ionized Gases, Interscience, New York, 1956
[27] Sampson, D.H., Radiative Contributions to Energy and Momentum Transport in a Gas, Wiley, New York, 1965
[28] Devoto, R.S., Li, C.P., J. Plasma Phys. 2, 17, 1968
[29] Devoto, R.S., The Transport Properties of A Partially Ionized Monoatomic Gas, Ph.D. Thesis, Stanford University, 1965
[30] Devoto, R.S., Phys. Fluids 10, 354, 1967
[31] http://www.kinema.com, 14. April 2004
[32] Pitchford, L. et al., Phys. Rev. A 23, 249, 1981
[33] Stern, R.A. et al., Phys. Rev. A 41(6), 3307, 1990
[34] Schiffer, C., Uhlenbusch, J., Plasma Sources, Sci. Technol. 4, 345, 1995
[35] Maecker, H., Z. Physik 157, 1, 1959
[36] Uhlenbusch, J., Z. Physik 179, 347, 1965
[37] Lochte-Holtgreven, W. (Ed.), Plasma Diagnostics, North Holland, Amsterdam, 1968
[38] Boulos, H., Fauchais, P., Pfender, E., Thermal Plasmas – Fundamentals and Applications. Vol. 1, Plenum Press, New York, 1994
[39] Leontovich, M.A. (Ed.), Reviews of Plasma Physics 1, Consultants Bureau, New York, 1965
[40] Smith, K., Thomson, J.K., Computer Modelling of the Gas Lasers, Plenum Press, 1978
[41] Ricard, A., Reactive Plasmas, Société Française du Vide, 1996
[42] Ochkin, Y.N., Savinov, S. Yu., Sobolev, N.N., Electron Excited Molecules in Nonequilibrium Plasma, 7–119, Nova Science, New York, 1989
[43] Doerk, T. et al., Opt. Commun. 118, 637, 1995
[44] Achasov, O.V., Ragozin, D.S., Bericht Nr. 16 AN BSSR, Institut teplo-i massoohmena im. Luikova, A.V., Minsk, 1980
[45] Ochkin, V.N. (Ed.), Spectroscopy of Nonequilibrium Plasma at Elevated Pressures, SPIE, 4460, 2002
[46] Herzfeld, K.F., Litowitz, T.A., Absorption and Dispersion of Ultrasonic Waves, Academic Press, New York, 1959
[47] Treanor, C.E. et al., J. Chem. Phys. 48, 1798, 1969

[48] Teare, J.D. et al. Nature **225**, 240, 1970

[49] Kim, Y.C., Boudart, M., 2999 Langmuir **7**, 1991

[50] Gordiets, B., Ferreira, C.M., AIAA Paper **97**, 2504, 1997

[51] Gordiets, B., Ferreira, C.M., AIAA Journal **36**, 1643, 1998

[52] Brown, S.C., Introduction to Electrical Discharges in Gases, Wiley, New York, 1966

[53] Chantry, P.J., Appl. Phys. **62**, 1141, 1987

[54] Gordiets, B. et al., Plasma Sources, Sci. Techn. **7**, 363, 1998; **7**, 379, 1998

[55] Matveyev, A.A., Silakov, V.P., Plasma Sources, Sci. Techn. **4**, 606, 1995

[56] Repsilber, T., Uhlenbusch, J., Plasma Chem. Plasma Process. **24**(3), 373, 2004

[57] Hofer, W.O., Roth, J. (Eds.), Physical Processes of the Interaction of Fusion Plasmas with Solids, Academic Press, San Diego, 1996

[58] Kaminsky, M., Atomic and Ionic Impact Phenomena on Metal Surfaces, Springer, Berlin, 1965

[59] Baglin, V. et al., Proc. EPAC 2000, Vienna

[60] Riemann, K.U., J. Phys. D: Appl. Phys. **24**, 493, 1991

[61] Godyak, V.A., Steinberg, N., IEEE Trans. Plasma Sci. **18**, 159, 1990

[62] Boyd, R.L.F., Thompson, J.B., Proc. Roy. Soc. **A 252**, 102, 1959

[63] Braithwaite, N.St. J., Allen, J.E., J. Phys. D: Appl. Phys. **21**, 1733, 1988

[64] Wittemann, W.J., The CO_2 Laser, Springer, Berlin, 1987

[65] Francis, G., The Glow Discharge at Low Pressure, in Flügge, S. (Ed.), Handbuch der Physik, XXII, Springer, Berlin, 1956

[66] Gil'denburg, V.B., Gushchin, I.S., Dvinin, S.A., JETP **70**(4), 645, 1990

[67] Mathematica 2.0, Wolfram Research, Inc., 2004; http://www.wolfram.com, 2004

[68] Boeuf, J.P., Marode, E.J., Phys. D **15**, 2169, 1982

[69] Penetrante, B.M., Schultheis, S., Non-Thermal Plasma Techniques for Pollution Control, Springer, Berlin, 1993

[70] Samsonov, D. et al., Phys. Rev. Lett. **83**(18), 3649, 1999

[71] Morfill, G.E. et al., Physics of Plasmas **6**(5) Part 2, 1769, 1999

[72] Daugherty, J.E. et al., J. Appl. Phys. **72**, 3934, 1992

[73] Daugherty, J.E., Graves, D, B., J. Appl. Phys. **78**, 2279, 1995

[74] Bouchoule, A. (Ed.), Dusty Plasmas Physics, Chemistry and Technological Impacts in Plasma Processing, Wiley, Chichester, 1999

[75] Wiesemann, K., Einführung in die Gaselektronik, Teubner Studienbücher Physik, B.G. Teubner, Stuttgart, 1976

[76] McGowan, J.Wm., John, P.K., Gaseous Electronics – Some Applications, North Holland, Amsterdam, 1974

[77] Mastrup, F., Wiese, W., Z. Astrophys. **44**, 259, 1958

[78] Buchner, P. et al., Plasma Sources, Sci. Techn. **6**, 450, 1997

[79] Terashima, K., Komaki, H., Yoshida, T., IEEE Trans. Plasma Sci. **18**, 980, 1990

[80] Zakrzewski, Z., Moisan, M., Plasma Sources, Sci. Techn. **4**, 379, 1995

[81] Sá, A.B. et al., J. Appl. Phys. **70**, 4147, 1991

[82] Schlüter, H., Shivarova, A. (Eds.), Advanced Technologies Based on Wave and Beam Generated Plasmas, Nato Science Series 3. High Technology, Vol. 67, 1998

[83] Hemmers, D., Kempkens, H., Uhlenbusch, J., J. Phys. D: Appl. Phys. **34**, 2315, 2001

[84] Gopinath, V.P., Grotjohn, T.A., IEEE Trans. Plasma Sci. **23**, 602, 1995

[85] Chen, F.F., Plasma Sources, Sci. Technol. **6**, 394, 1997

[86] Miljak, D.G., Chen, F.F., Plasma Sources, Sci. Technol. **7**, 537, 1998

[87] Tepper, J., Lindmayer, M., Salge, J., Proc. Hakone VI Int. Symp. On High Pressure, Low Temperature Plasma Chemistry, Cork, Ireland, 123, 1998

[88] Steinle, G. et al., J. Phys. D: Appl. Phys. **32**, 1350, 1999

[89] Eliasson, B., Kogelschatz, U., Baessler, P., J. Phys. B: At. Mol. Phys. **17**, 797, 1984

[90] Hammer, T., Contr. to Plasma Physics **39**, 441, 1999

[91] Volkova, G.A., et al, J. Appl. Spectrosc. **41**, 1194, 1984
[92] Yasui, K. et al., IEEE J. Quant. Electr. **25**, 836, 1989
[93] Hippler, R., Pfau, S., Schmidt, M., Schoenbach, K.H. (Eds.), Low Temperature Plasma Physics, Wiley-VCH, Berlin, 2001
[94] El-Habachi, A. et al., J. Appl. Phys. **88**(6), 3220, 2000
[95] Rauf, S., Kushner, M.J., J. Appl. Phys. **85**, 3460, 1990
[96] Kleinermanns, K. (Ed.), Bergmann/Schaefer, Lehrbuch der Experimentalphysik, Bd. 5, 2. Auflage, Walter de Gruyter, Berlin, New York 2005, Abschn. 3.3.1.1
[97] Childs, M.A. et al., Phys. Lett. A **171**, 8784, 1992
[98] Davies, P.B., Martineau, P.M., J. Appl. Phys. **71**, 6125, 1992
[99] O'Keefe, A., Deacon, D.A.G., Rev. Sci. Instr. **59**, 2544, 1988
[100] Zalicki, P. et al., Chem. Phys. Lett. **234**, 269, 1995
[101] Bowden, M.D. et al., Jpn. J. Appl. Phys. **38**, 3723, 1999
[102] Jauernik, P., Kempkens, H., Uhlenbusch, J., Plasma Physics Contr. Fusion **11**, 1615, 1987
[103] Czarnetzki, U., Luggenhölscher, D., Döbele, H.F., Appl. Phys. A **72**, 509, 2001
[104] Meulenbroeks, R.F.G. et al., Phys. Rev. Lett. **69**, 1379, 1992
[105] Bombach, R., Hemmerling, B., Hubschmid, W., Chem. Phys. **144/2**, 265, 1990
[106] Pealat, M. et al., J. Chem. Phys. **82**, 4943, 1985
[107] Czarnetzki, U., Döbele, H.F., 7th International Symposium on Laser-Aided Plasma Diagnostics, 1995
[108] Bacal, M. et al., Rev. Sci. Instr. **50**(6), 719, 1979
[109] Gottscho, R.A., Gaebe, C.E., IEEE Trans. Plasma Sci. **14**, 92, 1986
[110] Baeva, M. et al., Plasma Sources, Sci. Techn. **9**, 128, 2000
[111] Pretzler, G., Meas. Sci. Technol. **6**, 1476, 1995
[112] Meeks, E. et al., Vac. Sci. Technol. A **16**(4), 2227, 1998
[113] Miller, T.A., Plasma Chemistry and Plasma Processing **1**(1), 3, 1981
[114] Mentel, J., Z. Naturforschg. **26a**, 526, 1971
[115] Capitelli, M. (Ed.), Topics in Current Physics, Nonequelibrium Vibrational Kinetics, Springer, Berlin, 1986
[116] Ferreira, C.M., Loureiro, J.J., Phys. D: Appl. Phys **16**, 2471, 1983; **17**, 1175, 1984
[117] Boulos, M.I., IEEE Transactions on Plasma Sciences, PS-6, **2**, 93, 1978
[118] Krstic', P.S., Schultz, D.R., Atomic and Plasma-Material Interaction Data for Fusion, 8, 1999
[119] Baeva, M. et al., Plasma Sources Sci. Technol. **11**, 1, 2002

3 Verbrennung

Uwe Riedel, Christof Schulz, Jürgen Warnatz, Jürgen Wolfrum

3.1 Einleitung

Die Nutzung von Verbrennungsprozessen ist eine der erfolgreichsten Techniken, deren sich der Mensch bedient. Die ersten derzeit belegten Spuren der Feuernutzung als Licht- und Wärmequelle (und Schutz vor Raubtieren) befinden sich in Koobi Fora in Kenia (Ostafrika) und sind bereits 1.6 Millionen Jahre alt [1]. Trotz aller Bemühungen um alternative Energiequellen beruhen zurzeit immer noch über 80 % der Weltenergieversorgung auf der Nutzung von Verbrennungsprozessen. Aufgrund ihres breiten Anwendungsspektrums (Heizung, Stromerzeugung, Verkehr, Chemie und Metallurgie) werden gegenwärtig jährlich weltweit fossile Energievorräte verbraucht, die sich in etwa einer Million Jahren der Erdgeschichte gebildet haben. Die hierbei entstehenden Schadstoffe führen zu unerwünschten Veränderungen in der Atmosphäre und Biosphäre der Erde. Auch das frei werdende CO_2 wird nur relativ langsam wieder aus der Atmosphäre entfernt. Damit öffnet sich offenbar die Büchse der Pandora, die Zeus der griechischen Mythologie nach auf die Erde schickte, aus Zorn über Prometheus, der der Menschheit das Feuer gebracht hatte.

Verbrennungsprozesse sind bestimmt durch eine komplexe mehrdimensionale und zeitabhängige Wechselwirkung zwischen einer großen Zahl von chemischen Elementarreaktionen und Transportvorgängen für Masse, Impuls und Energie sowie Phasengrenzeffekten. Empirische Verfahren zur Entwicklung umweltfreundlicher und effizienter neuer Verbrennungsverfahren sind weitgehend ausgeschöpft. Es ist vielmehr ein neuer Ansatz notwendig. Dieser Ansatz besteht darin, Verbrennungsvorgänge nicht mehr summarisch zu beschreiben, sondern aus den mikroskopischen Prozessen zusammenzusetzen und daraus die sichtbaren makroskopischen Wirkungen abzuleiten. Auf diese Weise ist es möglich, die Bildung von Schadstoffen, den unvollständigen Ablauf der Verbrennung oder die Wirkungsweise von Katalysatoren von den Ursachen her zu erkennen und aufgrund dieser Kenntnisse mithilfe mathematischer Modelle rationale Wege zu optimalen Lösungen zu finden.

Dabei spielt die berührungsfreie Analyse von Verbrennungsprozessen mithilfe der *optischen Spektroskopie* eine zentrale Rolle. Grundlage ist die von dem Physiker Gustav Robert Kirchhoff gemeinsam mit dem Chemiker Robert Wilhelm Bunsen 1859 in Heidelberg entwickelte Spektralanalyse (s. Bd. 3, Abschn. 2.10). Noch ganz unter dem Eindruck dieser neuen Entdeckung schrieb Bunsen am 15. November 1859 an seinen Freund und ehemaligen Mitarbeiter Henry Roscoe in England: „Im Augenblicke bin ich und Kirchhoff mit einer gemeinsamen Arbeit beschäftigt, die uns nicht schlafen lässt. Kirchhoff hat nämlich eine wunderschöne, ganz unerwartete

Entdeckung gemacht, indem er die Ursache der dunklen Linien im Sonnenspektrum aufgefunden und diese Linien künstlich im Sonnenspektrum verstärkt und im linienlosen Spektrum hervorgebracht hat, und zwar der Lage nach mit den Fraunhofer'schen identischen Linien. Hierdurch ist der Weg gegeben, die stoffliche Zusammensetzung der Sonne und der Fixsterne mit derselben Sicherheit nachzuweisen, mit welcher wir Schwefelsäure, Chlor usw. durch unsere Reagenzien bestimmen" [2]. Eine wichtige Voraussetzung für den Erfolg der Forschungsarbeiten war dabei der Einsatz der nichtleuchtenden Gasflamme des Bunsenbrenners und die Beobachtung von Kirchhoff, dass 60 der *Fraunhofer*'schen Linien im Sonnenspektrum exakt mit der Lage der Emissionslinien von im Bunsenbrenner erhitztem Eisen übereinstimmten. Durch die stürmische Entwicklung der Lasertechnik ist es nun möglich geworden, in einer Bunsenbrennerflamme nicht nur das Eigenleuchten zugesetzter chemischer Substanzen zu beobachten, sondern auch die während der Verbrennung oft nur sehr kurzzeitig auftretenden chemisch instabilen Teilchen mit Laserlicht quantitativ zu erfassen und damit Einblick in den mikroskopischen Reaktionsablauf in der Flamme zu erhalten [3, 4].

Wie in Abb. 3.1 schematisch dargestellt, erlaubt der Einsatz der Laserspektroskopie sowohl einen direkten Einblick in den Ablauf technischer Verbrennungsprozesse und damit eine Überprüfung der Vorhersagen von Modellrechnungen, als auch eine Untersuchung der Kinetik und molekularen Dynamik der für die Verbrennung wichtigen chemischen Elementarreaktionen.

Das zunehmende Interesse an einer mathematischen Beschreibung von Verbrennungsprozessen (*Modellierung*) und Lösung der entwickelten Modellgleichungen auf dem Computer (*Simulation*) hat mehrere Ursachen: Simulationen verringern den Aufwand experimenteller Untersuchungen durch Hinweise auf möglicherweise vorteilhafte Bedingungen und erlauben so die gezielte Konzeption und Durchführung von Experimenten. Auf der Basis zuverlässiger Simulationen lassen sich dann Systeme optimieren, in denen Experimente sehr aufwändig oder unmöglich wären. Simulationen erlauben darüber hinaus auch die Erkennung systematischer Fehler und die Auswertung von indirekten Messergebnissen (Parameteridentifikation). Model-

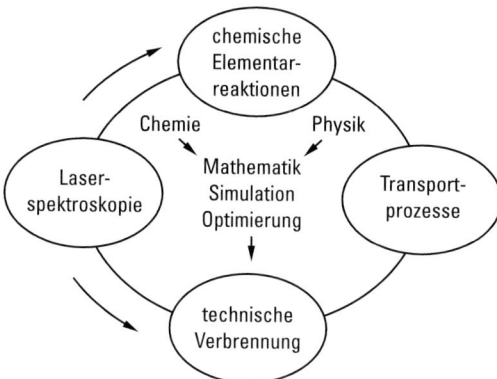

Abb. 3.1 Zusammenwirken von Laserspektroskopie und mathematischer Modellbildung bei der Analyse von Verbrennungsprozessen.

lierung und Simulation leisten einen detaillierten Einblick in die der Verbrennung zu Grunde liegenden physikalisch-chemischen Prozesse. In der Simulation erhält man räumlich und zeitlich aufgelöste Verteilungen *aller* Systemgrößen wie zum Beispiel Temperatur und Konzentrationen der am Verbrennungsablauf beteiligten Spezies. Zusätzlich lässt sich durch den Vergleich detaillierter und vereinfachter Modelle der Einfluss von bestimmten Vereinfachungen durch das „Ein- und Ausschalten" physikalisch-chemischer Effekte erfassen. Die Modelle werden mithilfe der Erhaltungsgleichungen entwickelt, die die zeitliche Änderung einer Systemgröße mit den Änderungen durch Stromdichten, Quellterme oder Fernwirkungen (wie Strahlung oder Gravitation) in Beziehung setzen. Man leitet so Bilanzgleichungen für die Gesamtmasse und den Massenanteil jeder chemischen Spezies im System und für Impuls und Energie ab. Immer detailliertere Modelle der chemischen Kinetik führen bei der mathematischen Modellierung von Verbrennungsprozessen zu mehreren hundert partiellen Differentialgleichungen (entsprechend einigen 100 chemischen Spezies im Reaktionssystem), die es zu lösen gilt. Dies ist nur unter Verwendung spezieller numerischer Verfahren möglich, da sowohl die Orts- als auch Zeitskalen mehrere Größenordnungen umfassen. Die Komplexität der chemischen Vorgänge führt zu starken Nichtlinearitäten und (wegen der stark verschiedenen Zeitskalen) zur Steifheit der zu lösenden Gleichungen. Erschwerend kommt hinzu, dass oft, wie z. B. bei der Verbrennung von Tröpfchen, Randschichten an den Phasengrenzen aufgelöst werden müssen.

Auf dem Gebiet der *Simulation* eindimensionaler Gasflammen ist inzwischen ein Kenntnisstand erreicht, der eine zuverlässige Beschreibung von Flammenstrukturen unter Verwendung detaillierter Reaktions- und Transportmodelle erlaubt [5]. Schon die Simulation zweidimensionaler Systeme [6–8] aber führt bei für die Praxis relevanten Geometrien zu einem Rechenzeitbedarf, der nur bei einfachen Reaktionssystemen zu bewältigen ist. Für komplexe Geometrien sind vereinfachte Reaktionsmodelle notwendig. Dies gilt in noch größerem Maße für die in der Praxis wichtigen turbulenten Verbrennungsprozesse. Obwohl schon recht weit entwickelte Modelle zur Beschreibung turbulenter (inerter) Strömungen verfügbar sind, bereitet für Verbrennungsvorgänge die Kopplung von Strömungs- und Transportvorgängen mit chemischen Reaktionen erhebliche Schwierigkeiten [9]. Die Komplexität turbulenter Verbrennungsprozesse bringt einen so hohen rechnerischen Aufwand mit sich, dass meist nur stark vereinfachte Reaktionsmodelle verwendet werden können. Gegenwärtig benutzte Programmpakete zur Berechnung der Verbrennung in Motoren oder Brennkammern (insbesondere im kommerziellen Bereich) beschränken sich deshalb weitgehend auf die Beschreibung der ablaufenden chemischen Vorgänge mithilfe von einem oder wenigen globalen Reaktionsschritten; sie müssen daher auf eine physikalisch fundierte Beschreibung der Verbrennung verzichten und können die Schadstoffbildung nur mit starken Einschränkungen beschreiben. Gemäß Abb. 3.1 ist es in solchen Situationen wiederum erforderlich, die Simulationsergebnisse kritisch mit experimentellen Ergebnissen zu vergleichen und gegebenenfalls die vereinfachenden Modellannahmen anzupassen.

3.2 Grundlagen der Verbrennung

3.2.1 Flammentypen

In Verbrennungsprozessen werden Brennstoff und Oxidationsmittel (normalerweise Luft) gemischt und verbrannt. Es ist dabei nützlich, zwischen einigen grundlegenden Flammentypen zu unterscheiden, von denen im nächsten Abschnitt die Bunsenbrennerflamme genauer behandelt wird. Die Klassifizierung der Flammentypen hängt davon ab, ob man zuerst mischt und später verbrennt (*vorgemischte Verbrennung*) oder ob Mischung und Verbrennung gleichzeitig ablaufen (*nicht-vorgemischte Verbrennung*); jeder dieser Verbrennungstypen kann weiter unterteilt werden, je nachdem, ob es sich um eine laminare oder eine turbulente Strömung handelt.

Bei *laminaren Vormischflammen* sind Brennstoff und Oxidationsmittel vorgemischt und die Strömung verhält sich laminar. Laminare Vormischflammen führen zu einer weit weniger intensiven Wärmefreisetzung als entsprechende turbulente Flammen. Angewandt wird die laminare Vormisch-Verbrennung z. B. in Haushaltsbrennern. Bei *laminaren nicht-vorgemischten Flammen* (veraltete Bezeichnung: *Diffusionsflammen*) werden Brennstoff und Oxidationsmittel erst während der Verbrennung gemischt. Die Strömung ist laminar. Die Flammenfronten von nicht-vorgemischten Flammen sind komplexer als die von Vormischflammen, da das Mischungsverhältnis von Brennstoff zu Oxidationsmittel räumlich und zeitlich stark variiert (*fette Verbrennung*, d. h. *Brennstoffüberschuss* auf der Brennstoffseite und *magere Verbrennung*, d. h. *Luftüberschuss* auf der Seite des Oxidationsmittels). Die eigentliche Flammenfront, die sich oft durch intensives Leuchten anzeigt, ist in der Nähe der stöchiometrischen Zusammensetzung zu erwarten. Unter der stöchiometrischen Zusammensetzung versteht man in der Chemie das Verhältnis an Ausgangsstoffen, das rechnerisch einen vollständigen Umsatz zu Produkten erlaubt. Bei *turbulenten nicht-vorgemischten Flammen* erfolgt nicht-vorgemischte Verbrennung in einem turbulenten Strömungsfeld.

Aus Sicherheitsgründen werden in industriellen Feuerungen und Brennern überwiegend nicht-vorgemischte Flammen eingesetzt. Wenn nicht sehr aufwändige Mischtechniken verwendet werden, leuchten nicht-vorgemischte Flammen wegen der thermischen Strahlung von glühenden Rußteilchen, die in den brennstoffreichen Bereichen gebildet werden, gelb.

Ein weiterer Flammentyp sind *teilweise vorgemischte (laminare oder turbulente) nicht-vorgemischte Flammen*: Diese Flammenform liegt im Übergangsbereich zwischen ideal vorgemischten und nicht-vorgemischten Flammen. Praktische Beispiele sind die (laminaren) Flammen in Gasherden oder die Bunsenbrennerflamme bei Zugabe von wenig Primärluft. Turbulente, teilweise vorgemischte Verbrennung findet man z. B. in Dieselmotoren.

3.2.2 Bunsenbrennerflamme

Die Abb. 3.2 zeigt schematisch die Anordnung bei einer einfachen Bunsenflamme. Aus einer Düse strömt Brennstoff in ruhende Luft. Durch molekularen Transport (Diffusion) vermischen sich Brennstoff und Luft und verbrennen in der Reaktions-

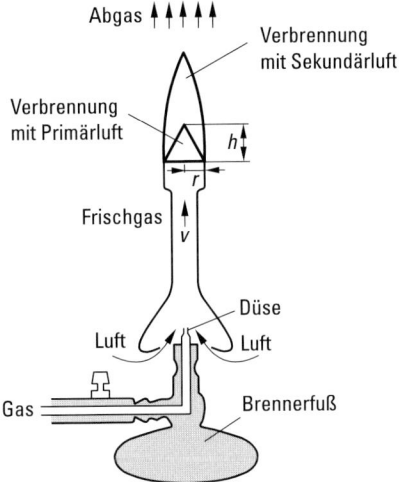

Abb. 3.2 Bunsenbrennerflamme (schematisch). Im Bunsenbrenner strömt der Brennstoff durch eine kleine Öffnung mit hoher Geschwindigkeit in das Brennerrohr. Dies führt zu einer schnellen Vermischung von Luft und Brenngas und verhindert gleichzeitig – aufgrund des kleinen Lochdurchmessers – einen Flammenrückschlag in die Gasleitung.

zone. Die genaue Beschreibung (mathematisches Modell) dieses Flammentyps erfordert eine mindestens zweidimensionale Behandlung (Lösung der Navier-Stokes-Gleichungen, s. Abschn. 3.2.3). Zunächst sollen hier aber schon einige Ergebnisse vorweggenommen und exemplarisch dargestellt werden.

Die Höhe einer Strahlflamme lässt sich näherungsweise mittels einer vereinfachenden Betrachtung abschätzen [10]. Der Strahlradius sei r, die Flammenhöhe z und die Geschwindigkeit in Strahlrichtung v (s. Abb. 3.2). Im Zentrum des Zylinders lässt sich die Zeit, die der Brennstoff benötigt, um bis zur Strahlspitze zu gelangen, aus der Höhe der nicht-vorgemischten Flamme und der Einströmgeschwindigkeit berechnen, $t = z/v$. Die Zeit t entspricht der Zeit, die für die Vermischung von Brennstoff und Luft benötigt wird. Sie lässt sich aus dem *Einstein*'schen Verschiebungssatz für die Eindringtiefe durch Diffusion mit dem Diffusionskoeffizienten D zu $r^2 = 2\,D\,t$ bestimmen, woraus $z = r^2 v/(2\,D)$ folgt. Durch Einsetzen des Volumenflusses $\Phi = \pi\,r^2\,v$ erhält man $z = \Phi/(2\,\pi\,D)$ bzw. $z = \theta\,\Phi/(\pi\,D)$, unter Berücksichtigung der Zylindergeometrie durch einen Korrekturfaktor θ.

Aus dieser Betrachtung folgt, dass die Flammenhöhe z nur vom Volumenfluss Φ abhängt, nicht jedoch vom Düsendurchmesser r. Weiterhin ist die Höhe umgekehrt proportional zum Diffusionskoeffizienten, weshalb z. B. eine Wasserstoffflamme etwa 2.5-mal niedriger ist als eine Kohlenmonoxidflamme.

3.2.3 Mathematische Modellierung: Erhaltungsgleichungen

Grundlage für eine mathematische Beschreibung laminarer reaktiver Strömungen – und damit auch der Bunsenbrennerflamme und anderer Flammen – sind die Navier-Stokes-Gleichungen (Erhaltungsgleichungen für Masse, Impuls, Energie und Speziesmassen). An dieser Stelle wird auf die Herleitung dieser Gleichungen verzichtet (für Details siehe z. B. [11, 12]) und nur das Ergebnis angegeben:

$$\frac{\partial \varrho}{\partial t} + \nabla \cdot (\varrho \, \boldsymbol{v}) = 0 \,, \tag{3.1}$$

$$\frac{\partial \varrho_i}{\partial t} + \nabla \cdot (\varrho_i \, \boldsymbol{v}) + \nabla \cdot \boldsymbol{j}_i = M_i \, \omega_i \,, \tag{3.2}$$

$$\frac{\partial (\varrho \boldsymbol{v})}{\partial t} + \nabla \cdot (\varrho \, \boldsymbol{v} \boldsymbol{v}) + \nabla \cdot \boldsymbol{p} = 0 \,, \tag{3.3}$$

$$\frac{\partial (\varrho h)}{\partial t} - \frac{\partial p}{\partial t} + \nabla \cdot (\varrho \, \boldsymbol{v} h + \boldsymbol{j}_q) + \sum_{i,j} p_{ij} \partial_i v_j - \nabla \cdot (p \, \boldsymbol{v}) = 0 \,. \tag{3.4}$$

In diesen Gleichungen bezeichnet ϱ die Dichte, ϱ_i die Partialdichte der Spezies i, $\boldsymbol{v}$ den Geschwindigkeitsvektor (wobei $\boldsymbol{v}\boldsymbol{v}$ in Gl. (3.3) *keinen* Skalar, sondern einen Tensor mit Komponenten $v_i v_j$ meint), p den Druck, h die spezifische Enthalpie der Mischung, M_i die Molmasse der Spezies i und ω_i die lokale Änderung der Speziationzentrationen aufgrund chemischer Reaktionen (s. Abschn. 3.2.4.1). Diese Gleichungen sind erst dann in sich geschlossen, wenn man zusätzlich Gesetze formuliert, die die Stromdichten $\boldsymbol{j}_q$ (Wärmefluss) und $\boldsymbol{j}_i$ (Diffusionsfluss) sowie den Drucktensor $\boldsymbol{p}$ (Komponenten p_{ij}) als Funktion bekannter Größen im System beschreiben. Man verwendet hierzu *empirische* Gesetze, die sich jedoch auch aus der kinetischen Theorie verdünnter Gase oder der irreversiblen Thermodynamik ableiten lassen [12]. Durch Lösung des Gleichungssystems (3.1)–(3.4) ist der Zustand eines chemisch reagierenden Gasgemisches vollständig beschrieben. Als Lösung der Gleichungen erhält man die Geschwindigkeit $\boldsymbol{v}$, die Temperatur T, den Druck p, die Dichte ϱ und die Gaszusammensetzung (Molenbrüche x_i bzw. Massenbrüche w_i) in jedem Punkt des Verbrennungssystems.

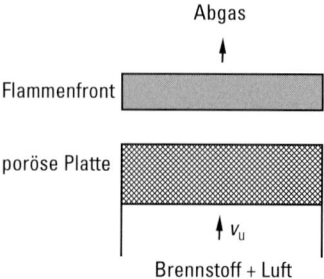

Abb. 3.3 Schematische Darstellung einer laminaren flachen Vormischflamme.

Anschaulicher als der obige allgemeine Fall ist jedoch das Beispiel einer laminaren flachen Vormischflamme (Abb. 3.3). Hier ist durch die Symmetrie des Problems eine räumlich eindimensionale Behandlung möglich.

Aus Gl. (3.1) wird

$$\frac{\partial \varrho}{\partial t} + \frac{\partial(\varrho v)}{\partial z} = 0 \tag{3.5}$$

und die Speziesgleichungen werden damit zu

$$\varrho \frac{\partial w_i}{\partial t} + \varrho v \frac{\partial w_i}{\partial z} + \varrho \frac{\partial j_i}{\partial z} = \omega_i . \tag{3.6}$$

Die Enthalpiegleichung (3.4) lässt sich in eine Bilanzgleichung der Temperatur umformen und es ergibt sich für diesen eindimensionalen Fall

$$\varrho c_p \frac{\partial T}{\partial t} = \frac{\partial}{\partial z}\left(\lambda \frac{\partial T}{\partial z}\right) - \left(\varrho v c_p + \sum_j J_j c_{p,j}\right)\frac{\partial T}{\partial z} - \sum_j h_j \omega_j . \tag{3.7}$$

Dabei ist $c_p = \Sigma\, w_j c_{p,j}$ die spezifische Wärmekapazität der Mischung (in $J\,kg^{-1}\,K^{-1}$). Die beiden Größen j_i und j_q (Diffusionsfluss und Wärmefluss) müssen noch in Abhängigkeit von den Eigenschaften der Mischung (Druck, Temperatur und Zusammensetzung) bestimmt werden. Der Wärmefluss j_q wird mithilfe der Newton'schen Gleichung durch

$$j_q = -\lambda \frac{\partial T}{\partial z}, \tag{3.8}$$

beschrieben, wobei λ die *Wärmeleitfähigkeit* des betrachteten Gemisches (beispielsweise in $J\,K^{-1}\,m^{-1}\,s^{-1}$) ist. Für den Diffusionsfluss j_i erhält man

$$j_i = \frac{c^2}{\varrho} M_i \sum_j M_j D_{ij} \frac{\partial x_j}{\partial z}, \tag{3.9}$$

wobei c die molare Konzentration ist; die D_{ij} (z. B. in $m^2\,s^{-1}$) sind dabei *Multikomponenten-Diffusionskoeffizienten* und die x_j Molenbrüche. Bei praktischen Anwendungen ist für den Diffusionsfluss j_i der vereinfachte Ansatz

$$j_i = -D_{iM}\varrho \frac{w_i}{x_i}\frac{\partial x_i}{\partial z} \tag{3.10}$$

meist hinreichend genau. Hier bezeichnet D_{iM} den Diffusionskoeffizient der Teilchensorte i in der Mischung der restlichen Teilchen. Die vereinfachte Formulierung Gl. (3.10) ist für binäre Mischungen und für Stoffe, die nur in Spuren vorliegen ($w_i \to 0$), äquivalent zu Gl. (3.9). Die Annahme einer starken Verdünnung in einer Überschusskomponente ist z. B. in Flammen mit dem Oxidationsmittel Luft, wo Stickstoff in großem Überschuss vorhanden ist, gut erfüllt. Ist man nur an stationären Flammen interessiert, können die Erhaltungsgleichungen weiter vereinfacht werden. Gl. (3.5) wird zu

$$\frac{\partial(\varrho v)}{\partial z} = 0 \text{ bzw. } \varrho v = \text{const.}$$

Der Druck kann bei Flammen als konstant angenommen werden, da räumliche Druckschwankungen oder gar Stoßwellen nicht auftreten und die Dichte ϱ aus dem idealen Gasgesetz berechnet werden kann. Damit kann die Geschwindigkeit v in jedem Punkt der Flamme bei vorgegebenem Massenfluss $(\varrho v)_u$ des unverbrannten Gases errechnet werden aus $(\varrho v)_u = (\varrho v)$, so dass die Impulsgleichung (3.3) entfällt.

Die in Gl. (3.6) und (3.7) vorkommenden Terme sollen nun näher erklärt werden. Die Terme der Form $\partial/\partial t$ bezeichnen die jeweilige zeitliche Änderung der verschiedenen Größen am Ort z, die zweiten Ableitungen nach dem Ort beschreiben den Transport (Diffusion, Wärmeleitung) und die ersten Ableitungen nach dem Ort die Strömung (in Gl. (3.7) ist $\sum_j j_j\, c_{p,j}$ noch ein Korrekturterm, der Transport von Wärme durch Diffusion von Teilchen berücksichtigt). Die ableitungsfreien Terme beschreiben die lokale Änderung durch die chemische Reaktion. Der Einfluss der verschiedenen Terme lässt sich am besten erkennen, wenn man vereinfachte Systeme betrachtet, bei denen man einzelne Prozesse vernachlässigen kann.

Betrachtet man ein *ruhendes, chemisch nicht reagierendes (inertes) Gemisch*, dann verschwinden sowohl die Strömungs- als auch die Quellterme. Nimmt man an, dass λ und $D_{iM}\,\varrho$ nicht vom Ort z abhängen, so erhält man als vereinfachte Gleichungen das *2. Fick*'sche und das *2. Fourier*'sche *Gesetz*:

$$\frac{\partial w_i}{\partial t} = D_{iM}\frac{\partial^2 w_i}{\partial z^2} \text{ und } \frac{\partial T}{\partial t} = \frac{\lambda}{\varrho c_p}\frac{\partial^2 T}{\partial z^2}. \tag{3.11}$$

Beide Gesetze beschreiben das Auseinanderlaufen von Profilen durch diffusive Prozesse, wobei die zeitliche Änderung proportional zur Krümmung (zweite Ableitung) der Profile ist und letztlich zu einer Gleichverteilung führt. Gleichungen der Form (3.11) lassen sich leicht analytisch lösen. Eine spezielle Lösung der Diffusionsgleichung, die das Auseinanderlaufen der Profile verdeutlicht, ist in Abb. 3.4a dargestellt.

Als zweites Beispiel soll nun ein Gemisch betrachtet werden, in dem keine chemische Reaktion und keine Transportvorgänge stattfinden. Man erhält aus den Gl. (3.6) oder (3.7)

$$\frac{\partial Y}{\partial t} = -v\frac{\partial Y}{\partial z} \qquad (Y = w_i,\ T). \tag{3.12}$$

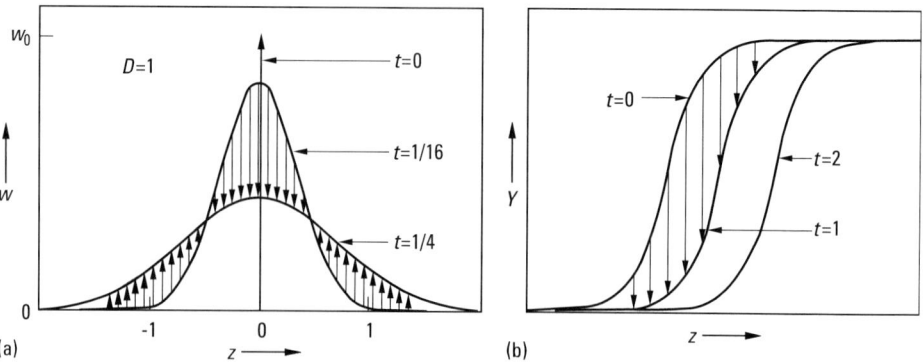

Abb. 3.4 (a) Typischer Verlauf eines diffusiven Prozesses (in dimensionslosen Einheiten). Bei $t = 0$ liegt eine δ-Funktion vor. (b) Schematische Darstellung eines Konvektionsprozesses.

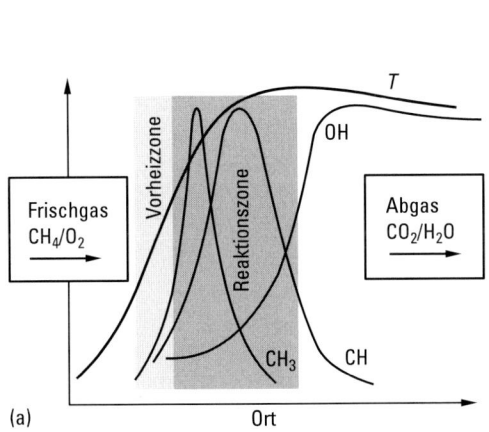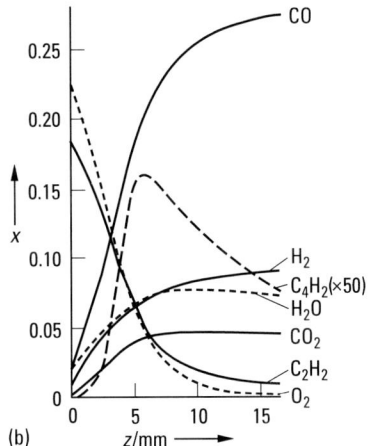

Abb. 3.5 Typische Struktur der Flammenfront. (a) schematische Darstellung. Durch die Chemilumineszenz hochangeregter CH-Radikale tritt in der Reaktionszone blaues Flammenleuchten auf. Das ebenfalls auftretende OH-Leuchten im Ultravioletten ist unsichtbar. (b) Simulierte Molenbrüche der Hauptkomponenten in einer flachen Ethin (Acetylen)/Sauerstoff-Flamme (verdünnt mit Argon, Unterdruck [13]).

Die Gleichung beschreibt Konvektion mit der Geschwindigkeit v. Die zeitliche Änderung ist jeweils proportional zur Steigung (erste Ableitung) des Profils. Auch diese Gleichung lässt sich exakt lösen, wobei die Lösung durch $Y(z,t) = Y((z - v\,t),0)$ gegeben ist. Während der Zeit t findet also eine Verschiebung des Profils um den Weg $v\,t$ statt. Die Form des Profils ändert sich hierbei nicht (Abb. 3.4, rechts). Die oben dargestellten Erhaltungsgleichungen ermöglichen unter Verwendung der notwendigen Daten (Transportkoeffizienten, chemische Reaktionsdaten, thermodynamische Daten) eine vollständige Berechnung der Temperatur und der Konzentrationsprofile in laminaren flachen Flammen in Abhängigkeit vom Abstand z zum Brenner. Solche berechneten Profile lassen sich mit experimentellen Ergebnissen vergleichen. Ein typisches Beispiel für eine Ethin (C_2H_2)/Sauerstoff-Flamme bei Unterdruck ist in Abb. 3.5 dargestellt.

3.2.4 Grundlagen der Kinetik

Der chemische Umsatz bei Verbrennungsreaktionen beruht auf einer komplizierten Abfolge von so genannten chemischen Elementarreaktionen. Die Gesamtgeschwindigkeit der Reaktion hängt dann einerseits von den druck- und temperaturabhängigen Reaktionsgeschwindigkeiten der einzelnen Reaktionsschritte und andererseits vom Ineinandergreifen der verschiedenen Folge- und Parallelreaktionen ab.

3.2.4.1 Zeitgesetze

Unter dem *Zeitgesetz für eine chemische Reaktion*

$$A + B + C + \ldots \quad \xrightarrow{\ k^{(f)}\ } \quad D + E + F + \ldots \tag{3.13}$$

versteht man einen empirischen Ansatz für die *Reaktionsgeschwindigkeit*, d. h. die Geschwindigkeit, mit der ein an der Reaktion beteiligter Stoff gebildet oder verbraucht wird. Dabei sind A, B, C … verschiedene an der Reaktion beteiligte Stoffe. Betrachtet man z. B. den Stoff A, so lässt sich die Reaktionsgeschwindigkeit in der Form

$$\frac{d[A]}{dt} = - k^{(f)}[A]^{a}\,[B]^{b}\,[C]^{c} \cdot \ldots \tag{3.14}$$

darstellen. a, b, c…sind die *Reaktionsordnungen* bezüglich der Stoffe A, B, C… und $k^{(f)}$ ist der *Geschwindigkeitskoeffizient* der chemischen Reaktion. Die Summe aller Exponenten a, b, c… ist die *Gesamtreaktionsordnung* der Reaktion. [A], [B], … beschreiben die Konzentrationen der Stoffe A, B, …

Oft liegen einige Stoffe im Überschuss vor. In diesem Fall ändern sich ihre Konzentrationen nur unmerklich. Bleiben z. B. [B], [C]… während der Reaktion annähernd konstant, so lässt sich aus dem Geschwindigkeitskoeffizienten und den Konzentrationen der Stoffe im Überschuss ein neuer Geschwindigkeitskoeffizient definieren, und man erhält z. B. mit $k_{R} = k^{(f)}[B]^{b}[C]^{c} \cdot \ldots$

$$\frac{d[A]}{dt} = - k_{R}[A]^{a} \,. \tag{3.15}$$

Aus diesem Zeitgesetz lässt sich durch Integration (Lösung der Differentialgleichung) leicht der zeitliche Verlauf der Konzentration des Stoffes A bestimmen.

Für *Reaktionen 1. Ordnung* ($a = 1$) ergibt sich durch Integration aus Gl. (3.15) das Zeitgesetz 1. Ordnung (durch Einsetzen von Gl. (3.16) in (3.15) leicht nachzuprüfen)

$$\ln \frac{[A]_{t}}{[A]_{0}} = - k_{R}\,(t - t_{0})\,, \tag{3.16}$$

wobei $[A]_{0}$ und $[A]_{t}$ die Konzentrationen des Stoffes A zur Zeit t_{0} bzw. t bezeichnen.

Auf ganz entsprechende Weise ergibt sich für *Reaktionen 2. Ordnung* ($a = 2$) das Zeitgesetz

$$\frac{1}{[A]_{t}} - \frac{1}{[A]_{0}} = k_{R}\,(t - t_{0})\,. \tag{3.17}$$

Wird der zeitliche Verlauf der Konzentration während einer chemischen Reaktion experimentell bestimmt, so kann man daraus die Reaktionsordnung ermitteln: Eine logarithmische Auftragung der Konzentration gegen die Zeit für Reaktionen 1. Ordnung bzw. eine Auftragung von $1/[A]_{t}$ gegen die Zeit für Reaktionen 2. Ordnung ergeben lineare Verläufe (Abb. 3.6).

Für die Rückreaktion von Reaktion (3.13) gilt analog zu Gl. (3.14) das Zeitgesetz

$$\frac{d[A]}{dt} = k^{(r)}[D]^{d}\,[E]^{e}\,[F]^{f} \cdot \ldots \tag{3.18}$$

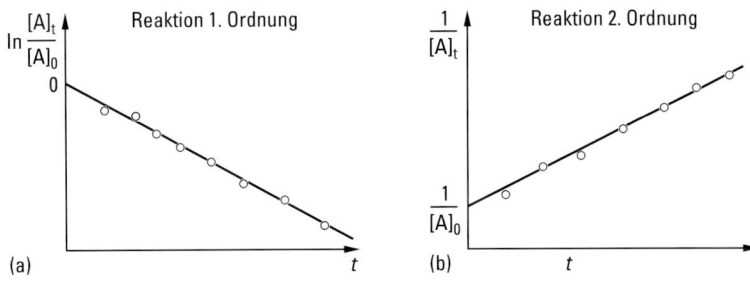

Abb. 3.6 Zeitliche Verläufe der Konzentrationen bei Reaktionen 1. und 2. Ordnung.

Im chemischen Gleichgewicht laufen mikroskopisch Hin- und Rückreaktion gleich schnell ab (die Hinreaktion wird durch das Superskript (f), die Rückreaktion durch das Superskript (r) gekennzeichnet), so dass makroskopisch kein Umsatz mehr zu beobachten ist.

$$k^{(f)} [A]^a [B]^b [C]^c \cdot \ldots = k^{(r)} [D]^d [E]^e [F]^f \cdot \ldots \tag{3.19}$$

bzw.

$$\frac{[D]^d [E]^e [F]^f \cdot \ldots}{[A]^a [B]^b [C]^c \cdot \ldots} = \frac{k^{(f)}}{k^{(r)}} \tag{3.20}$$

Der Ausdruck entspricht der Gleichgewichtskonstanten der Reaktion, die sich aus thermodynamischen Daten bestimmen lässt, so dass für die Beziehung zwischen den Geschwindigkeitskoeffizienten von Hin- und Rückreaktion in Abhängigkeit von der freien Reaktionsenergie $\Delta_R A^0$ gilt

$$K_c = \frac{k^{(f)}}{k^{(r)}} = e^{-\frac{\Delta_R A^0}{RT}}. \tag{3.21}$$

3.2.4.2 Elementarreaktionen und Reaktionsmolekularität

Eine *Elementarreaktion* ist eine Reaktion, die auf molekularer Ebene genau so abläuft, wie es die Reaktionsgleichung beschreibt. Die an der Wasserstoffverbrennung wesentlich beteiligte Reaktion

$$OH + H_2 \rightarrow H_2O + H \tag{3.22}$$

ist zum Beispiel eine solche Elementarreaktion. Durch die Bewegung der Moleküle im Gas treffen Hydroxyl-Radikale mit Wasserstoffmolekülen zusammen. Bei nicht-reaktiven Stößen kollidieren die Moleküle und fliegen wieder auseinander. Bei reaktiven Stößen jedoch reagieren die Moleküle und die Produkte H_2O und H werden gebildet. Die Reaktionsgleichung

$$2\,H_2 + O_2 \rightarrow 2\,H_2O \tag{3.23}$$

beschreibt dagegen keine Elementarreaktion, denn bei ihrer detaillierten Untersuchung bemerkt man, dass als Zwischenprodukte die reaktiven Teilchen H, O und OH auftreten und auch Spuren von stabilen Endprodukten (H_2O_2) auftreten. Man spricht dann von *zusammengesetzten Reaktionen, komplexen Reaktionen* oder *Bruttoreaktionen*. Diese zusammengesetzten Reaktionen haben meistens recht komplizierte Zeitgesetze der Form (3.14) oder noch komplexer; die Reaktionsordnungen *a, b, c...* sind im Allgemeinen nicht ganzzahlig, können auch negative Werte annehmen (*Inhibierung*), hängen von der Zeit und von den Versuchsbedingungen ab. Eine Extrapolation auf Bereiche, in denen keine Messungen vorliegen, ist deshalb äußerst unzuverlässig (oder sogar unsinnig); eine reaktionskinetische Interpretation dieser Zeitgesetze ist normalerweise nicht möglich. Zusammengesetzte Reaktionen lassen sich jedoch in allen Fällen (zumindest im Prinzip) in eine Vielzahl von Elementarreaktionen zerlegen. Dies ist jedoch meist sehr mühsam und aufwändig. Die Wasserbildung gemäß Gl. (3.23) lässt sich z. B. durch 37 Elementarreaktionen beschreiben. Das Konzept, Elementarreaktionen zu benutzen, ist äußerst vorteilhaft: Die Reaktionsordnung von Elementarreaktionen ist immer gleich (unabhängig von den Versuchsbedingungen) und leicht zu ermitteln. Dazu betrachtet man die *Molekularität* einer Reaktion als Zahl der zum Reaktionskomplex führenden Teilchen. Die beiden in der Praxis wichtigsten Fälle sind uni- und bimolekulare Reaktionen.

Unimolekulare Reaktionen beschreiben den Zerfall oder die Umlagerung eines Moleküls:

$$A \rightarrow \text{Produkte.}$$

Sie folgen einem Zeitgesetz erster Ordnung. Bei Verdopplung der Ausgangskonzentration verdoppelt sich auch die Reaktionsgeschwindigkeit.

Bimolekulare Reaktionen sind der am häufigsten vorkommende Reaktionstyp. Sie erfolgen gemäß den Reaktionsgleichungen

$$A + B \rightarrow \text{Produkte bzw.}$$
$$A + A \rightarrow \text{Produkte.}$$

Bimolekulare Reaktionen folgen immer einem Zeitgesetz zweiter Ordnung. Die Verdopplung der Konzentration jedes einzelnen Partners trägt jeweils zur Verdopplung der Reaktionsgeschwindigkeit bei.

Trimolekulare Reaktionen sind meist Rekombinationsreaktionen. Sie befolgen grundsätzlich ein Zeitgesetz dritter Ordnung:

$$A + B + C \rightarrow \text{Produkte bzw.}$$
$$A + A + C \rightarrow \text{Produkte oder}$$
$$A + A + A \rightarrow \text{Produkte.}$$

Allgemein gilt für Elementarreaktionen, dass die Reaktionsordnung der Reaktionsmolekularität entspricht. Daraus lassen sich leicht die Zeitgesetze ableiten. Wenn die Gleichung einer Elementarreaktion *r* durch

$$\sum_{s=1}^{S} v_{rs}^{(a)} A_s \xrightarrow{k_r} \sum_{s=1}^{S} v_{rs}^{(p)} A_s \,, \tag{3.24}$$

gegeben ist, dann folgt für das Zeitgesetz der Bildung der Spezies i in der Reaktion r, dass

$$\left(\frac{\partial [A_i]}{\partial t}\right)_{\text{chem, r}} = k_r \left(v_{ri}^{(p)} - v_{ri}^{(a)}\right) \prod_{s=1}^{S} [A_s]^{v_{rs}^{(a)}} . \tag{3.25}$$

Dabei sind $v_{rs}^{(a)}$ und $v_{rs}^{(p)}$ die stöchiometrischen Koeffizienten für Ausgangsstoffe bzw. Produkte und $[A_s]$ die Konzentrationen der S verschiedenen Stoffe A_s.

Betrachtet man z. B. die Elementarreaktion $H + O_2 \rightarrow OH + O$, so erhält man auf diese Weise die Geschwindigkeitsgesetze

$$\frac{d[H]}{dt} = -k_R [H][O_2] \quad \frac{d[O_2]}{dt} = -k_R [H][O_2]$$

und

$$\frac{d[OH]}{dt} = k_R [H][O_2] \quad \frac{d[O]}{dt} = k_R [H][O_2] . \tag{3.26}$$

Für *Reaktionsmechanismen*, die aus Sätzen von Elementarreaktionen bestehen, lassen sich demnach immer die Zeitgesetze in einfacher Weise bestimmen. Umfasst der Mechanismus alle möglichen Elementarreaktionen des Systems, so gilt er für alle möglichen Bedingungen, d. h. für alle Temperaturen und Zusammensetzungen!

3.2.4.3 Temperatur- und Druckabhängigkeit von Geschwindigkeits-koeffizienten

Geschwindigkeitskoeffizienten chemischer Reaktionen hängen extrem stark und nichtlinear von der Temperatur ab, was oft zu einem abrupten Ablauf von Verbrennungsvorgängen führt. Nach Arrhenius (1889) kann man diese Temperaturabhängigkeit durch den Ansatz

$$k_R = A \cdot e^{-\frac{E_a}{RT}} \quad (\textit{Arrhenius-Gleichung}) \tag{3.27}$$

beschreiben. Bei genauen Messungen bemerkt man oft auch noch eine (im Vergleich zur exponentiellen Abhängigkeit geringe) Temperaturabhängigkeit des *präexponentiellen Faktors* A:

$$k_R = A' T^b \cdot e^{-\frac{E'_a}{RT}} . \tag{3.28}$$

Die *Aktivierungsenergie* E_a entsteht durch eine Energieschwelle, die beim Ablauf der Reaktion überwunden werden muss. Sie entspricht maximal den beteiligten Bindungsenergien (z. B. ist die Aktivierungsenergie bei Dissoziationsreaktionen etwa gleich der Bindungsenergie der betroffenen chemischen Bindung), kann aber auch wesentlich kleiner sein (bis herunter zu Null), wenn simultan zum Bindungsbruch auch neue Bindungen geknüpft werden. Einblick in die mikroskopischen Vorgänge, die sich bei Bruch und Neubildung von chemischen Bindungen in einer Reaktion abspielen, erhält man über die Betrachtung der Kräfte, die während der Reaktion zwischen den Reaktionspartnern wirken. Diese Kräfte lassen sich durch eine oder

– falls während der Reaktion ein Wechsel des Elektronenzustandes eintritt – mehrere Potentialhyperflächen (engl. *potential energy hyper-surface*, PES) darstellen. Diese PES geben die potentielle Energie des Moleküls in Abhängigkeit von der Lage aller Atome für einen bestimmten Elektronenzustand an. Bei einer Reaktion fasst man alle Teilchen zu einem „Molekül" zusammen. Einen Eindruck vom Übergang der potentiellen Energie von den Reaktanten zu den Produkten erhält man, wenn man den Weg der jeweils geringsten potentiellen Energie folgt. Längs dieser „Reaktionskoordinate", d. h. der Weglänge über die Potentialfläche im Minimum der potentiellen Energie, ergibt sich für die einfachste Atom-Molekül-Reaktion $H + D_2$ → HD + D der in Abb. 3.7a gezeigte Verlauf. Für diese Reaktion ist eine genaue quantenmechanische Berechnung des Reaktionsweges möglich. Abb. 3.7 zeigt, dass man bei der Betrachtung des „Energieberges" einer chemischen Reaktion zwischen einer statischen, einer dynamischen und einer statistisch definierten Energieschwelle unterscheiden muss. Die Höhe der statischen Potentialbarriere (E_C) ergibt sich aus der Höhe des „Passes" auf der PES ohne Berücksichtigung der Nullpunktsenergie. Dabei muss man beachten, dass der gezeigte Reaktionsweg nur ein möglicher Weg, nämlich derjenige mit minimaler potentieller Energie ist. Dies entspricht einem Stoß des H-Atoms in Richtung der Kernverbindungsachse des D_2-Moleküls. Andere Wege haben höhere Potentialschwellen. Der von Kupperman und Mitarbeitern berechnete Wert ist die derzeit am genauesten bekannte Potentialschwelle einer chemischen Reaktion [14]. Die dynamische Schwellenenergie E_0 der Reaktion ist die minimale relative Translationsenergie für einen reaktiven Stoß zwischen H und D_2 im Rotations- und Schwingungsgrundzustand. Nach dem einfachen adiabatischen Modell des Übergangszustandes [15] sollte E_0 dem Abstand zwischen der Nullpunktsenergie des D_2-Moleküls und der Nullpunktsenergie des HD_2-Komplexes entsprechen. Quantenmechanische Berechnungen der H_3-PES (im Rahmen der Born-Oppenheimer-Näherung spielen Isotopeneffekte bei der Berechnung der PES keine Rolle) geben keinen Hinweis auf die Existenz eines bindenden H_3-Zwischenzustandes. Dieser als „aktivierter Komplex" bezeichnete Übergangszustand ist bei dieser direkten Reaktion eine formale Bezeichnung für den Tatbestand, dass im Wärmebad die Gesamtheit der Stoßprozesse zu einer Gleichgewichtsbesetzung der Energiefreiheitsgrade des hypothetischen Zwischenzustandes auf dem Sattelpunkt der PES führt. Bei der Frage nach dem „wirklichen" Wert der Energieschwelle E_0 ist zu bedenken, dass streng genommen für thermoneutrale und exotherme Reaktionen in Folge des quantenmechanischen Tunneleffektes für jede von Null verschiedene relative kinetische Energie die Reaktion eintreten kann. Man wählt daher für E_0 einen bestimmten Energiewert, bei dem z. B. 1 % des maximalen Reaktionsquerschnittes erreicht wird.

Das Diagramm in Abb. 3.7b zeigt einen Vergleich des experimentell bestimmten und theoretisch berechneten Reaktionsquerschnittes $\sigma(E)$ für die Reaktion $D + H_2$. Durch schrittweise Integration der klassischen Bewegungsgleichungen für die drei Atome auf der PES lassen sich „Wegzeitkurven" (Trajektorien) des Systems berechnen, wobei die Ausgangszustände des D_2-Moleküls die quantenmechanisch erlaubten Zustände sind. Man spricht daher von „quasiklassischen" Trajektorien (QCT). Quantenmechanische Berechnungen erhält man aus der Lösung der zeitabhängigen Schrödinger-Gleichung für die PES. Überraschend ist die sehr gute Übereinstimmung der experimentellen Ergebnisse sowohl mit klassischen wie mit quantenmechanischen Rechnungen. Ein Grund hierfür ist wahrscheinlich die zufällige Kom-

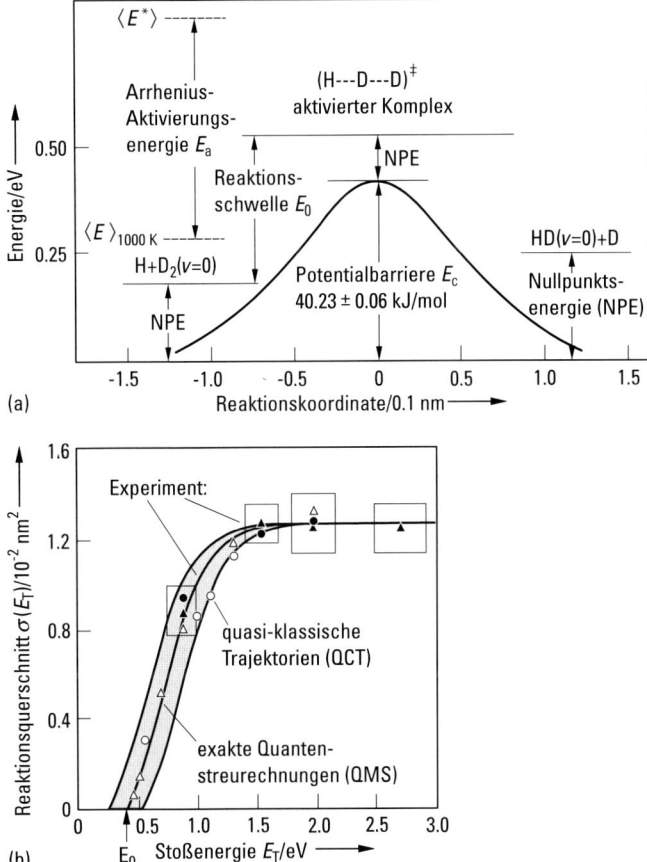

Abb. 3.7 (a) Zusammenhang von Arrhenius-Aktivierungsenergie E_a, Reaktionsschwelle E_0 und Potentialbarriere E_c am Beispiel der Reaktion $H + D_2$. E_0 ist die Differenz der Nullpunkts-energien in Grund- und Übergangszustand. E_a ist dagegen die Differenz der mittleren Energie der tatsächlich pro Zeiteinheit reagierenden Moleküle und $\langle E^* \rangle$ und der mittleren Energie aller Moleküle $\langle E \rangle$. (b) Abhängigkeit des Reaktionsquerschnitts der Reaktion $H + D_2$ von der Translationsenergie der Stoßpartner.

pensation von Fehlern, die sich bei den klassischen Rechnungen aus der Vernachlässigung des Tunneleffektes und der Beschränkungen durch die Nullpunktsenergie ergeben. Aus dem Verlauf des Reaktionsquerschnittes $\sigma(E_T)$ in Abhängigkeit von der Translationsenergie lässt sich der Geschwindigkeitskoeffizient $k_R(T)$ mithilfe der Laplace-Transformation des Produktes aus $\sigma(E_T)$ und der relativen Translationsenergie E_T der reagierenden Teilchen bestimmen.

$$k_R(T) = \left(\frac{8}{\mu_{red}\pi(kT)^3} \right)^{\frac{1}{2}} \int_0^\infty E_T \sigma(E_T) \, e^{-\frac{E_T}{kT}} dE_T . \tag{3.29}$$

Dabei ist k die Boltzmann-Konstante und μ_{red} die reduzierte Masse der Reaktanten. Die direkte Berechnung von $k_{\mathrm{R}}(T)$ ermöglicht eine Deutung der Arrhenius-Aktivierungsenergie E_{a}^{*} im mikroskopischen Bild.

$$E_{\mathrm{a}}^{*} = -k \frac{\mathrm{d}\ln k_{\mathrm{R}}(T)}{\mathrm{d}(1/T)}. \tag{3.30}$$

Führt man diese Differentiation mit dem Ausdruck für $k_{\mathrm{R}}(T)$ nach Gl. (3.29) aus, so erhält man für E_{a}^{*}

$$E_{\mathrm{a}}^{*} = \frac{\int\limits_{0}^{\infty} E_{\mathrm{T}} \cdot E_{\mathrm{T}}\sigma(E_{\mathrm{T}})\,\mathrm{e}^{-\frac{E_{\mathrm{T}}}{kT}}\mathrm{d}E_{\mathrm{T}}}{\int\limits_{0}^{\infty} E_{\mathrm{T}}\sigma(E_{\mathrm{T}})\,\mathrm{e}^{-\frac{E_{\mathrm{T}}}{kT}}\mathrm{d}E_{\mathrm{T}}} - \frac{3}{2}kT. \tag{3.31}$$

Die makroskopische Aktivierungsenergie E_{a} (in Gl. (3.27)) ergibt sich durch Multiplikation mit der Avogadro-Zahl N_{A} gemäß $E_{\mathrm{a}} = N_{\mathrm{A}}\,E_{\mathrm{a}}^{*}$. Das Verhältnis der Integrale in Gl. (3.31) kann man als mittlere Translationsenergie aller Teilchen interpretieren, die wirklich pro Zeiteinheit reagieren. Ein entsprechendes Ergebnis erhält man auch bei Einschluss der inneren Energiezustände. Diese statistische Deutung der Arrhenius-Aktivierungsenergie als Differenz der mittleren Energie der tatsächlich pro Zeiteinheit reagierenden Moleküle $\langle E^{*}\rangle$ und der mittleren Energie aller Moleküle $\langle E\rangle$ wurde erstmals von Tolman gegeben [16]. Die in Abb. 3.7 angegebenen Werte zeigen, dass E_{a}, E_{0} und E_{c} sich deutlich unterscheiden können.

Die Abb. 3.8 zeigt exemplarisch die Temperaturabhängigkeit einiger Elementarreaktionen im H_2/O_2-System. Aufgetragen sind die Logarithmen der Geschwindigkeitskoeffizienten k_{R} gegen den Kehrwert der Temperatur. Gemäß Gl. (3.27) ergibt sich eine lineare Abhängigkeit ($\ln k_{\mathrm{R}} = \ln A - \mathrm{const.}/T$) in einem weiten Temperaturbereich. Abweichungen vom Arrhenius-Verhalten können verschiedene Ursachen haben. Entsprechend der Definition der Arrhenius-Aktivierungsenergie nach Tolman $E_{\mathrm{a}} = \langle E^{*}\rangle - \langle E\rangle$ variiert E_{a} mit der Temperatur, wenn $\langle E^{*}\rangle$ und $\langle E\rangle$ eine

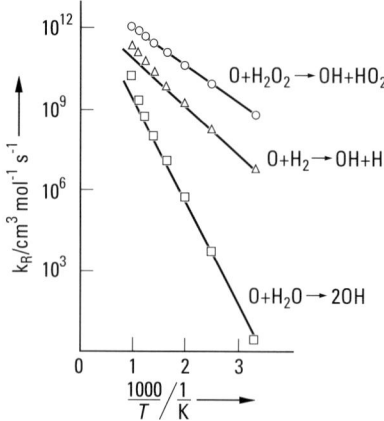

Abb. 3.8   Temperaturabhängigkeit $k_{\mathrm{R}} = k_{\mathrm{R}}(T)$ für Elementarreaktionen im H_2/O_2-System [17].

unterschiedliche Temperaturabhängigkeit haben. Darüber hinaus muss der Einfluss der inneren Energie der Reaktanten auf die Reaktionsgeschwindigkeit betrachtet werden: Ist z. B. eine Anregung der Schwingung in den Reaktanten bei der Überwindung der Potentialbarriere effektiver als eine Translationsanregung gleicher Energie, dann führt die zunehmende Schwingungsanregung mit steigender Temperatur zu einer Zunahme der Reaktionsgeschwindigkeit, die stärker ist, als durch das einfache Arrhenius-Gesetz vorhergesagt wird. Ähnliches gilt für tiefliegende elektronische Zustände der Reaktanten. Ein noch komplizierteres Verhalten ergibt sich für bimolekulare Elementarreaktionen, bei denen die Edukte zunächst einen Additionskomplex bilden, der dann in Abhängigkeit von Temperatur und Druck zu unterschiedlichen Produkten oder zurück zu den Ausgangsstoffen zerfallen kann (z. B. bei der Reaktion $CO + OH \rightarrow HOCO \rightarrow CO_2 + H$ [3]).

Bei verschwindender Aktivierungsenergie oder sehr hohen Temperaturen nähert sich der Exponentialterm in Gl. (3.27) dem Wert 1. Die Reaktionsgeschwindigkeit wird dann allein vom präexponentiellen Faktor A bzw. $A'\, T^b$ bestimmt. Dieser Faktor hat bei uni- und bimolekularen Reaktionen verschiedene physikalische Bedeutungen. Für unimolekulare Reaktionen entspricht der Kehrwert von A einer mittleren Lebensdauer eines reaktiven (aktivierten) Moleküls. Bei Dissoziationsreaktionen wird diese Lebensdauer bestimmt durch die Frequenz, mit der die an der Molekülbindung beteiligten Atome schwingen. Der präexponentielle Faktor ist danach annähernd durch die doppelte Schwingungsfrequenz der betroffenen Bindung gegeben. Aus den üblichen Schwingungsfrequenzen in Molekülen ergibt sich $A \approx 10^{14}$–$10^{15}\,s^{-1}$. Bei bimolekularen Reaktionen entspricht der präexponentielle Faktor A einer *Stoßzahl*, d. h. der Anzahl von Stößen zwischen zwei Molekülen pro Zeiteinheit, denn durch die Stoßzahl wird die Reaktionsgeschwindigkeit bei fehlender Aktivierungsschwelle oder sehr großer Temperatur nach oben begrenzt. Die kinetische Gastheorie liefert Zahlenwerte für A zwischen 10^{13} und $10^{14}\,cm^3\,mol^{-1}\,s^{-1}$.

Die Reaktionsgeschwindigkeitskoeffizienten von Dissoziations- und Rekombinationsreaktionen sind druckabhängig. Im einfachsten Fall lassen sich die Verhältnisse anhand des *Lindemann-Modells* (1922) verstehen. Ein unimolekularer Zerfall eines Moleküls ist nur dann möglich, wenn das Molekül eine zur Spaltung einer Bindung ausreichende Energie besitzt. Aus diesem Grund ist es notwendig, dass vor der eigentlichen Bindungsspaltung dem Molekül durch Stöße mit einem anderen Teilchen Energie zugeführt wird, welche z. B. zur Anregung der inneren Molekülschwingungen dient. Das so angeregte Molekül kann dann in die Reaktionsprodukte zerfallen:

$$A + M \xrightarrow{k_a} A^* + M \text{ (Aktivierung)},$$
$$A^* + M \xrightarrow{k_{-a}} A + M \text{ (Deaktivierung)},$$
$$A^* \xrightarrow{k_u} P\text{(rodukte) (unimolekulare Reaktion)}.$$

Für diesen Reaktionsmechanismus ergeben sich gemäß Abschn. 3.2.4.1 die Geschwindigkeitsgleichungen

$$\frac{d[P]}{dt} = k_u\,[A^*] \tag{3.32}$$

und

$$\frac{d[A^*]}{dt} = k_a\,[A][M] - k_{-a}[A^*][M] - k_u[A^*]\,. \tag{3.33}$$

Nimmt man an, dass die Konzentration des reaktiven Zwischenproduktes A* quasistationär ist, kann man zwei Extremfälle, nämlich Reaktionen bei sehr niedrigem und bei sehr hohem Druck, unterscheiden.

Für den *Niederdruckbereich* ist die Konzentration des Stoßpartners M sehr gering und es folgt daraus ein vereinfachtes Geschwindigkeitsgesetz 2. Ordnung:

$$\frac{d[P]}{dt} = k_a [A][M].$$
(3.34)

Die Reaktionsgeschwindigkeit ist danach proportional zu den Konzentrationen des Stoffes A und des Stoßpartners M, da bei niedrigem Druck die Aktivierung des Moleküls langsam und somit geschwindigkeitsbestimmend ist.

Für den *Hochdruckbereich* ist die Konzentration der Stoßpartner M sehr hoch und man erhält ein vereinfachtes Geschwindigkeitsgesetz 1. Ordnung:

$$\frac{d[P]}{dt} = \frac{k_u k_a}{k_{-a}} [A] = k_\infty [A] .$$
(3.35)

Die Reaktionsgeschwindigkeit ist hier unabhängig von der Konzentration der Stoßpartner, da bei hohem Druck sehr oft Stöße stattfinden und deshalb nicht die Aktivierung, sondern der Zerfall des aktivierten Teilchens A* der geschwindigkeitsbestimmende Schritt ist.

Der Lindemann-Mechanismus ist ein einfaches Beispiel dafür, dass die Reaktionsordnung bei einer komplexen Reaktion von den jeweiligen Reaktionsbedingungen abhängt. Allerdings ist der Lindemann-Mechanismus selbst ein vereinfachtes Modell. Genaue Ergebnisse für die Druckabhängigkeit unimolekularer Reaktionen lassen sich mittels einer detaillierten quantenmechanischen *Theorie der unimolekularen Reaktionen* erhalten [18].

Schreibt man das Geschwindigkeitsgesetz einer unimolekularen Reaktion gemäß $d[P]/dt = k_R [A]$, so ist der Geschwindigkeitskoeffizient k_R von Druck und Temperatur abhängig. Aus der *Theorie der unimolekularen Reaktionen* erhält man so genannte *Fall-off-Kurven*, die die Abhängigkeit des Geschwindigkeitskoeffizienten k_R vom Druck p für verschiedene Temperaturen beschreiben. Aufgetragen ist meist der Logarithmus von k_R gegen den Logarithmus von p. Typische Fall-off-Kurven sind in Abb. 3.9 dargestellt. Für $p \to \infty$ nähert sich k_R dem Grenzwert k_∞, d. h. der

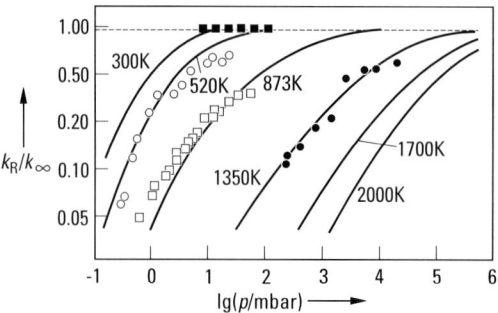

Abb. 3.9 Fall-off-Kurven für den unimolekularen Zerfall $C_2H_6 \to CH_3 + CH_3$ [17].

Geschwindigkeitskoeffizient wird unabhängig vom Druck (Gl. (3.35)). Für niedrigen Druck ist der Geschwindigkeitskoeffizient k_R proportional zum Druck (Gl. (3.34)), und es ergibt sich eine lineare Abhängigkeit. Wie Abb. 3.9 zeigt, sind die Fall-off-Kurven stark temperaturabhängig.

3.2.5 Sensitivitätsanalyse

Bereits bei der Verbrennung von relativ kleinen Kohlenwasserstoffmolekülen müssen umfangreiche *Reaktionsmechanismen* betrachtet werden. Bei der Selbstzündung von Dieselkraftstoff mit der typischen Komponente Cetan $C_{16}H_{34}$ sind mehrere tausend Elementarreaktionen am Gesamtgeschehen beteiligt. Das Wechselspiel dieser Elementarreaktionen beeinflusst den gesamten Verbrennungsvorgang. Andererseits ergibt sich, dass selbst bei umfangreichen Reaktionsmechanismen nur wenige Elementarreaktionen die Gesamtumsatzgeschwindigkeit signifikant beeinflussen. Die Sensitivitätsanalyse ist ein Werkzeug, um die geschwindigkeitsbestimmenden Reaktionen in einem Mechanismus zu identifizieren und so die Grundlage für eine vereinfachte Beschreibung von Reaktionsmechanismen zu legen. Dies ist von besonderem Interesse, da die Verwendung detaillierter Reaktionsmechanismen mit mehr als 1000 verschiedenen chemischen Spezies heute zwar bei der Simulation räumlich homogener (ideal durchmischter) Reaktionssysteme leicht möglich ist, für reale Systeme (wie z. B. Motoren, Feuerungen oder Gasturbinen), in denen dreidimensionale turbulente Strömungen mit starken Temperatur- und Konzentrationsfluktuationen vorliegen, aber zu einem nicht zu bewältigenden Rechenzeitaufwand führen würde.

Die mathematische Modellierung baut auf folgenden Überlegungen auf: Die Zeitgesetze für einen Reaktionsmechanismus von $\bar{R}$ Reaktionen mit S beteiligten Stoffen lassen sich in Form eines Systems von gewöhnlichen Differentialgleichungen schreiben:

$$\frac{d[A_i]}{dt} = F_i([A_1], \ldots, [A_s]; k_1, \ldots, k_{\bar{R}}) \quad \text{mit} \quad [A_i](t = t_0) = [A_i]^0$$
$$i = 1, 2, 3, \ldots, S. \tag{3.36}$$

Dabei ist die Zeit t die *unabhängige Variable*, die Konzentrationen $[A_i]$ von Substanz A_i sind die *abhängigen Variablen*, die k_r sind die *Parameter* des Systems, die $[A_i]^0$ bezeichnen schließlich die *Anfangsbedingungen*. Es sollen hier nur die Geschwindigkeitskoeffizienten der chemischen Reaktionen als Parameter des Systems betrachtet werden; vollkommen analog lassen sich aber bei Bedarf auch die Anfangsbedingungen, der Druck usw. als Systemparameter definieren. Die Lösung des Differentialgleichungssystems (3.36) hängt sowohl von den Anfangsbedingungen als auch von den Parametern ab.

Interessant ist nun die Frage: Wie ändert sich die Lösung (d. h. die abhängigen Variablen, hier die Konzentrationen zur Zeit t), wenn die Systemparameter (d. h. die Geschwindigkeitskoeffizienten der chemischem Reaktionen) verändert werden? Für viele der Elementarreaktionen hat eine Veränderung des Geschwindigkeitskoeffizienten kaum einen Einfluss auf die Lösung (als ein Hinweis darauf, dass sich partielle Gleichgewichte einstellen oder dass sich Spezies in quasistationären Zuständen befinden). Auf der anderen Seite gibt es Elementarreaktionen, bei denen eine Änderung des Geschwindigkeitskoeffizienten einen sehr großen Einfluss auf das Verhalten des Systems hat. Diese Reaktionen sind *geschwindigkeitsbestimmend* und ihre Geschwindigkeitskoeffizienten müssen dementsprechend sehr gut experimentell untersucht sein. Als *Empfindlichkeiten* oder *Sensitivitäten* bezeichnet man die Abhängigkeit der Lösung $[A_i]$ von den Parametern k_r. Man unterscheidet hier absolute und relative (normierte) Sensitivitäten:

$$E_{i,r} = \frac{\partial [A_i]}{\partial k_r} \quad \text{bzw.} \quad E_{i,r}^{(\text{rel})} = \frac{k_r}{c_i}\frac{\partial [A_i]}{\partial k_r} = \frac{\partial \ln [A_i]}{\partial \ln k_r}. \tag{3.37}$$

In Abb. 3.10 ist als Beispiel eine Sensitivitätsanalyse für die Flammengeschwindigkeit v_l in laminaren vorgemischten stöchiometrischen CH_4- und C_2H_6-Luft-Flammen dargestellt [19] (schwarze Balken: CH_4, helle Balken: C_2H_6).

Aufgetragen ist die Flammengeschwindigkeit dividiert durch die Flammengeschwindigkeit, die man erhält, wenn der Geschwindigkeitskoeffizient der betrachteten Elementarreaktion in der Simulation um einen Faktor fünf reduziert wird. Diejenigen Elementarreaktionen, die nicht in dem Diagramm dargestellt sind, haben eine vernachlässigbar geringe Sensitivität (d. h. die Sensitivität liegt innerhalb des schmalen schraffierten Bereichs bei 1.0). Man erkennt, dass nur wenige Elementar-

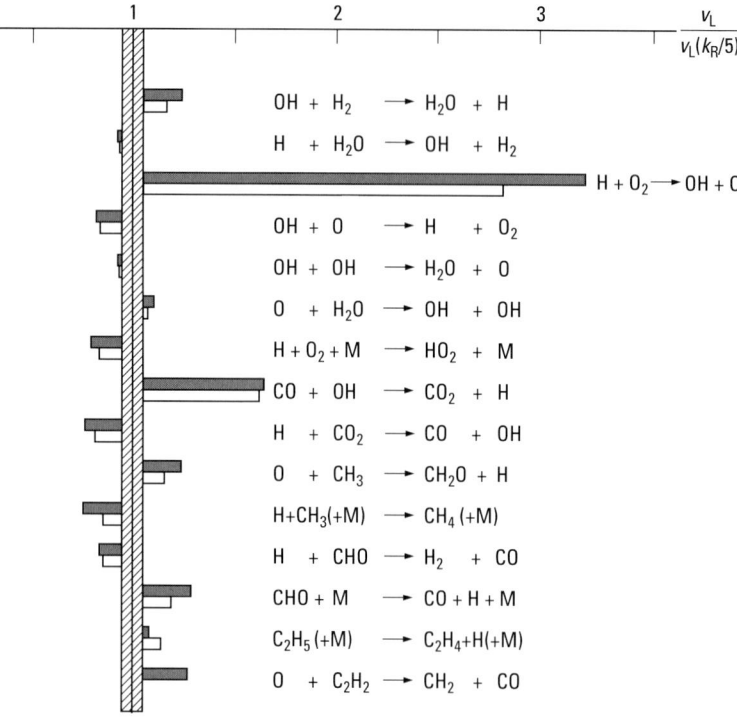

Abb. 3.10 Sensitivitätsanalyse bezüglich der Flammengeschwindigkeit in stöchiometrischen Methan- und Ethan/Luft-Flammen (schwarze Balken: Methan (CH_4), helle Balken: Ethan (C_2H_6)). Es sind nur die Reaktionen gezeigt, für die der Betrag der Sensitivität größer als 0.1 ist.

reaktionen sensitiv sind. Außerdem ergibt sich für die verschiedenen Systeme (CH$_4$ und C$_2$H$_6$) das gleiche qualitative Bild, was darauf hindeutet, dass bei Verbrennungsprozessen unabhängig von dem betrachteten Brennstoff einige Elementarreaktionen aus dem H$_2$/O$_2$/CO-System eine zentrale Rolle spielen.

Allgemein lässt sich feststellen, dass die Geschwindigkeiten der zugrunde liegenden Elementarreaktionen sehr unterschiedlich und nur wenige Elementarreaktionen geschwindigkeitsbestimmend sind. Andere Reaktionen sind so schnell, dass die genauen Werte ihrer Geschwindigkeitskoeffizienten nur von untergeordneter Bedeutung sind. Für die Praxis hat das bedeutende Konsequenzen: Die Geschwindigkeitskoeffizienten von Elementarreaktionen mit großer Sensitivität müssen sehr genau bekannt sein, da sie die Ergebnisse der Modellierung stark beeinflussen. Bei Reaktionen geringer Sensitivität reichen grobe Werte für die Geschwindigkeitskoeffizienten. Sensitivitätsanalysen geben somit Hinweise darauf, welche Elementarreaktionen besonders genau untersucht werden müssen.

3.2.6 Wärmefreisetzung und adiabatische Flammentemperaturen

In einem geschlossenen adiabatischen Verbrennungssystem ($\delta Q = 0$) folgt bei konstantem Druck aus dem 1. Hauptsatz der Thermodynamik, dass d$h = 0$ ist. Daher sind die spezifischen Enthalpien für unverbranntes Frischgas $h^{(u)}$ und verbranntes Abgas $h^{(b)}$ gleich.

$$h^{(u)} = \sum_{j=1}^{S} w_j^{(u)} h_j^{(u)} = \sum_{j=1}^{S} w_j^{(b)} h_j^{(b)} = h^{(b)} . \tag{3.38}$$

Da sich während der Reaktion die Teilchenzahlen der beteiligten Spezies j sowie die Temperatur ändern, unterscheiden sich die spezifischen Enthalpien in Frisch- und Abgas. Die Temperaturabhängigkeit der Enthalpie bei konstantem Druck hängt von der Wärmekapazität $c_{p,j}$ ab und wird durch Gl. (3.39) beschrieben.

$$h_j^{(b)} = h_j^{(u)} + \int_{T_u}^{T_b} c_{p,j} \, dT . \tag{3.39}$$

Mit dieser Gleichung lässt sich die *adiabatische Flammentemperatur* T_b bestimmen. Darunter wird die Temperatur verstanden, die bei der gegebenen Wärmekapazität des Systems erreicht wird, wenn alle bei der chemischen Reaktion freigewordene Energie zur Temperaturerhöhung zur Verfügung steht, also keine Wärmeverluste an die Umgebung auftreten.

Da die Spezieskonzentrationen im Gleichgewicht von der Temperatur abhängen und die Temperatur vom chemischen Umsatz bestimmt wird, lässt sich T_b nicht direkt berechnen. Es lässt sich jedoch mittels einer Intervallschachtelung recht leicht bestimmen: Zunächst berechnet man die Gleichgewichtszusammensetzungen und die spezifischen Enthalpien $h^{(1)}$, $h^{(2)}$ bei zwei Temperaturen, die kleiner bzw. größer als die vermutete Flammentemperatur sind ($T_1 < T_b$ und $T_2 > T_b$). Danach werden Zusammensetzung und spezifische Enthalpie $h^{(m)}$ bei der mittleren Temperatur $T_m = \frac{1}{2}(T_1 + T_2)$ bestimmt. Liegt die spezifische Enthalpie $h^{(u)}$ nun zwischen $h^{(1)}$ und $h^{(m)}$, so setzt man $T_2 = T_m$, anderenfalls $T_1 = T_m$ (die Enthalpie eines Gases steigt monoton mit der Temperatur). Dieses Verfahren wird fortgesetzt, bis das Ergebnis die gewünschte Genauigkeit erreicht hat.

Für eine stöchiometrische Methan/Luft-Mischung erhält man so eine adiabatische Flammentemperatur T_b von 2222 K. Für Wasserstoff/Luft-Flammen beträgt sie 2380 K, für Ethin/Luft-Flammen 2523 K.

3.3 Laserspektroskopie von Verbrennungsprozessen

Trotz interessanter Ergebnisse konnten mit herkömmlichen Lichtquellen arbeitende spektroskopische Verfahren viele wichtige Fragen der Verbrennungsforschung nicht beantworten. Erst die Umsetzung des erstmals von Einstein formulierten Prinzips der stimulierten Emission in die Praxis brachte 1960 im sichtbaren Spektralbereich mit dem Laser (s. Bd. 3, Kap. 8) einen entscheidenden Fortschritt für die berührungsfreie Diagnostik von Verbrennungsprozessen. Insbesondere der Einsatz abstimmbarer Laserlichtquellen wie z. B. der Farbstoff- und Halbleiterdiodenlaser sowie die Entwicklung neuer linearer und nichtlinearer spektroskopischer Techniken [21] erlauben die unmittelbare Beobachtung von Transportprozessen und chemischen Reaktionen in Verbrennungsvorgängen mit hoher räumlicher, zeitlicher und spektraler Auflösung.

3.3.1 Lineare laserspektroskopische Verfahren

Eine spektroskopische Technik wird linear genannt, wenn eine lineare Beziehung zwischen der Zahl der Signalphotonen und der zur Messung eingesetzten Laserphotonen ω_L existiert (Abb. 3.11).

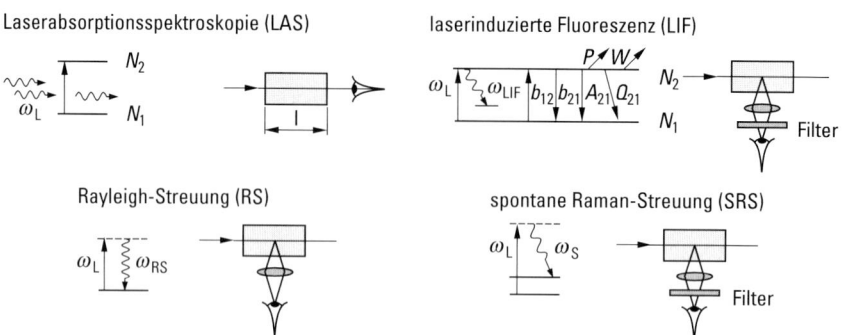

Laserabsorptionsspektroskopie (LAS)

laserinduzierte Fluoreszenz (LIF)

Rayleigh-Streuung (RS)

spontane Raman-Streuung (SRS)

Abb. 3.11   Schematische Darstellung linearer laserspektroskopischer Verfahren.

3.3.1.1 Absorptionsspektroskopie

Bei der Absorption von Photonen können Teilchen entsprechend den quantenmechanischen Auswahlregeln in energetisch höhere Zustände angeregt werden. Nach dem Lambert-Beer'schen Gesetz (s. Bd. 3, Abschn. 2.6) ergibt sich mit dem substanzspezifischen und wellenlängenabhängigen Absorptionskoeffizienten $\alpha(v)$:

$$I(v, l) = I_0 (v)\, e^{-\alpha(v)l}, \tag{3.40}$$

wobei $I_0(v)$ die emittierte, $I(v,l)$ die detektierte Lichtleistung und l die Absorptionsstrecke darstellt. Unter der Annahme, dass die Teilchendichte der absorbierenden Spezies N_1 über die Absorptionsstrecke homogen verteilt ist, hängt $\alpha(v)$ gemäß $\alpha(v) = N_1\,\sigma_{12}(v)$ vom molekülbezogenen Absorptionsquerschnitt σ ab. Der spektrale Verlauf einer isolierten Absorptionslinie wird meist als ein Produkt aus der Linienstärke S_{12} (dem integrierten linearen Absorptionskoeffizienten) und einer normierten Formfunktion $\Phi(v - v_0)$ dargestellt:

$$\sigma_{12}(v) = S_{12}\,\Phi(v - v_0);\quad \frac{1}{\Delta v}\int_{-\infty}^{\infty}\Phi(v - v_0)\,dv = 1 \text{ mit}$$

$$S_{12} = \frac{1}{\Delta v}\int_{-\infty}^{\infty}\sigma_{12}(v)\,dv. \tag{3.41}$$

Der Faktor $1/\Delta v$ sorgt für die Normierung auf die verwendete Frequenzeinheit. Betrachtet man den Begriff der Linienstärke S_{12} in einem mikroskopischen Modell, so lässt sich die Stärke eines Übergangs zwischen den Teilchenzuständen 1 und 2 aus verschiedenen Größen berechnen. Diese sind das aus der Quantenmechanik bekannte Dipol-Matrix-Element $|R_{12}|^2$, der aus der klassischen Elektrodynamik

Tab. 3.1 Analytische (rechts oben) und numerische (links unten) Umrechnungsfaktoren zur Ermittlung der Linienstärke [20, 21]. Für die numerischen Ausdrücke müssen die Werte in den angegebenen Einheiten eingesetzt werden. Bei Übertragung auf das CGS-Einheitensystem müssen die ε_0 durch $\frac{1}{4}\pi$ ersetzt werden. Dabei gilt: In Formeln, in denen die Kreisfrequenz ω anstelle der Frequenz v eingesetzt wird, muss B_{21}^v durch $B_{21}^\omega = 2\pi B_{21}^v$ ersetzt werden. $g_1 B_{12}^v = g_2 B_{21}^v$.

	$S_{12}\cdot\Delta v\ [\mathrm{m^2\,Hz}]$	$f_{12}\ [1]$	$A_{21}\ [\mathrm{s^{-1}}]$	$B_{21}^v\ [\mathrm{m^3\,J^{-1}\,s^{-2}}]$	$|R_{12}|^2\ [\mathrm{m^2\,C^2}]$
$S_{12}\cdot\Delta v$	1	$\dfrac{e^2}{4\varepsilon_0 m_e c}$	$\dfrac{g_2}{g_1}\cdot\dfrac{c^2}{8\pi}\dfrac{1}{v^2}$	$\dfrac{g_2}{g_1}\cdot\dfrac{h}{c}v$	$\dfrac{1}{g_1}\cdot\dfrac{2\pi^2}{3\varepsilon_0 h c}v$
f_{12}	$3.768\cdot10^5$	1	$\dfrac{g_2}{g_1}\cdot\dfrac{m_e\varepsilon_0 c^3}{2\pi e^2}\dfrac{1}{v^2}$	$\dfrac{g_2}{g_1}\cdot\dfrac{4\varepsilon_0 m h}{e^2}v$	$\dfrac{1}{g_1}\cdot\dfrac{8\pi^2 m_e}{3e^2 h}v$
A_{21}	$2.796\cdot10^{-16}\dfrac{g_1}{g_2}v^2$	$7.422\cdot10^{-22}\dfrac{g_1}{g_2}v^2$	1	$\dfrac{8\pi h}{c^3}v^3$	$\dfrac{1}{g_2}\cdot\dfrac{16\pi^3}{3\varepsilon_0 h c^3}v^3$
B_{21}^v	$4.524\cdot10^{41}\dfrac{g_1}{g_2}\dfrac{1}{v}$	$1.201\cdot10^{36}\dfrac{g_1}{g_2}\dfrac{1}{v}$	$1.618\cdot10^{57}\dfrac{1}{v^3}$	1	$\dfrac{1}{g_2}\cdot\dfrac{2\pi^2}{3\varepsilon_0 h^2}$
$|R_{12}|^2$	$2.673\cdot10^{-37}g_1\dfrac{1}{v}$	$7.094\cdot10^{-43}g_1\dfrac{1}{v}$	$9.559\cdot10^{-22}g_2\dfrac{1}{v^3}$	$5.908\cdot10^{-79}g_2$	1

stammende Begriff der Oszillatorenstärke f_{12} und der Einstein-Koeffizient für spontane Emission A_{21}. Tab. 3.1 gibt eine Übersicht über Umrechnungen dieser Größen. Hierbei sind g_1 und g_2 die Entartungsfaktoren des Grundzustandes und des angeregten Zustandes und v die Frequenz des Übergangs (in Hz). Die Tabelle ist immer von links zu lesen, z. B.

$$S_{12}\Delta v = \frac{g_2}{g_1} \cdot \frac{c^2}{8\pi} \frac{1}{v^2} A_{21}.$$

Die Formfunktion $\Phi(v - v_0)$ setzt sich aus mehreren Anteilen zusammen. Die *spontane Emission* eines Photons beim Übergang des Teilchens vom Zustand 2 in den Zustand 1 wird durch die Nullpunktsenergie des umgebenden Wellenfeldes induziert (s. Bd. 3, Abschn. 8.1). Aufgrund der Heisenberg'schen Unschärferelation führt der Zustand mit einer endlichen mittleren Lebensdauer $\tau = 1/A_{21}$ zur natürlichen Linienbreite $\gamma_N = 1/\tau$. Die Fourier-Analyse des exponentiell gedämpften emittierten Wellenzuges führt zu einem *Lorentz-Profil* (Abb. 3.12, Tab. 3.2). Die besondere Eigenschaft der Lorentz-Funktion ist ihr relativ langsames Abklingen mit zunehmendem Abstand von der Linienmitte. Erst nach zehn Halbwertsbreiten γ_N sinkt sie auf 1 % des Maximalwertes. Dabei ist γ_N die halbe Halbwertsbreite bei der Hälfte des Maximalwertes (engl. *half width at half maximum*, HWHM) in den Einheiten „Wellenzahl" $\tilde{v} = 1/\lambda = v/c$, wobei λ die Wellenlänge bedeutet:

$$\gamma_N = \frac{A_{21}}{2\pi c}. \tag{3.42}$$

Tab. 3.2 Übersicht der analytischen Ausdrücke für die Formfunktion, die Linienbreite und den Maximalwert für Lorentz-, Doppler- und Voigt-Profil. Für die Linienbreite und den Maximalwert des Voigt-Profils sind Näherungswerte angegeben.

Linienver- breiterung	Form- funktion	$\phi(v - v_0)$	Linienbreite γ_i (HWHM) [cm^{-1}]	Maximalabsorption $\alpha(v_0)$
natürliche Lebensdauer	Lorentz	$\dfrac{\gamma_N}{\pi}\left[(v - v_0)^2 + (\gamma_N)^2\right]^{-1}$	$\dfrac{16\pi^3}{3}\dfrac{g_n}{\varepsilon_0 h g_m}\lvert R_{nm}\rvert^2 v_{nm}^3$	$\dfrac{S}{\gamma_N \pi}$
Doppler- Effekt	Gauß	$\dfrac{\sqrt{\ln 2}}{\gamma_D \sqrt{\pi}}\exp\left[\dfrac{-\ln 2(v - v_0)^2}{\gamma_D^2}\right]$	$\dfrac{v_0}{c}\sqrt{\dfrac{2kT\ln 2}{m}}$	$\dfrac{S}{\gamma_D}\sqrt{\dfrac{\ln 2}{\pi}}$
Stoßver- breiterung	Lorentz	$\dfrac{\gamma_L}{\pi}\left[(v - v_0)^2 + (\gamma_L)^2\right]^{-1}$	$\gamma_L^0 p\sqrt{\dfrac{T_0}{T}}$	$\dfrac{S}{\gamma_L \pi}$
	Voigt	$\dfrac{1}{\gamma_{ED}\sqrt{\pi^3}}\int\limits_{-\infty}^{\infty}\left[\dfrac{y\exp(-t^2)}{y^2 + (x-t)^2}\right]\partial t$ $x = \dfrac{v - v_0}{\gamma_{ED}},\; y = \dfrac{\gamma_L}{\gamma_{ED}}$	$\approx 0.5346\,\gamma_L$ $+\sqrt{0.2166\,\gamma_L^2 + \gamma_D^2}$	$S\left[\dfrac{\beta}{\gamma_{ED}\sqrt{\pi}} + \dfrac{1 - \beta}{\pi\gamma_L}\right]$ $\gamma_{ED} = \dfrac{\gamma_D}{\sqrt{\ln 2}},$ $\beta = \dfrac{\gamma_{ED}}{\gamma_L + \gamma_{ED}}$

Befindet sich ein Gas bei der Temperatur T im thermischen Gleichgewicht, so wird die thermische Bewegung der Absorber der Masse m durch die *Maxwell-Boltzmann-Verteilung* beschrieben. Die häufigste Teilchengeschwindigkeit bei Zimmertemperatur $v_h = (2\,k\,T/m)^{1/2}$ liegt bei etwa $400\,\mathrm{m\,s}^{-1}$ für ein Teilchen mit $M = 30$. Gemäß dem *Doppler-Effekt* zeigt ein sich relativ zur Lichtquelle bewegender Absorber eine geschwindigkeitsabhängige Verschiebung der Übergangsfrequenz. Aus der statistischen Geschwindigkeitsverteilung folgt eine *Gauß*-förmige Übergangsfrequenzverteilung mit der Doppler-Halbwertsbreite

$$\gamma_D = \left(\frac{v_0}{c}\right)\sqrt{\frac{2\,kT\ln 2}{m}} = 3.581 \cdot 10^{-7} v_0 \sqrt{\frac{T}{M}}. \tag{3.43}$$

Wie in Abb. 3.12 zu sehen, klingt das *Gauß-Profil* rascher ab und erreicht das 1-%-Niveau bereits nach 2.6 Halbwertsbreiten. Aufgrund der kubischen Abhängigkeit der natürlichen Linienbreite von der Übergangsfrequenz verändert sich das Verhältnis von γ_D zu γ_N drastisch, zum Beispiel von 10^{-5} bei einer Lichtwellenlänge von $\lambda = 10\,\mu\mathrm{m}$ auf 0.1 bei $\lambda = 100\,\mathrm{nm}$ und $T = 300\,\mathrm{K}$, $M = 30$.

Erfährt das Teilchen im Verlauf des Absorptionsprozesses Störungen, z. B. durch Stöße mit anderen Teilchen, so können diese eine weitere Verkürzung der Strahlungslebensdauer und damit eine zusätzliche Verbreiterung der Absorptionslinie bewirken. Dieser Mechanismus wird auf komplexe Weise von der Stärke und Art der Wechselwirkung beim Stoß beeinflusst. Neben der Reichweite der Wechselwirkung hängt die Wirkung der Stöße vom quantenmechanischen Zustand des Absorbers und des Stoßpartners vor dem Stoß ab. Eine komplette analytische Beschreibung dieser Effekte mithilfe einer einzigen Linienformfunktion ist daher nicht möglich. In der einfachsten und am häufigsten benutzten Form wird die Stoßverbreiterung, wie die natürliche Linienverbreiterung, mit einem Lorentz-Profil beschrieben (siehe Tab. 3.2). Die Temperatur- und Druckabhängigkeit kann meist durch den Ausdruck

$$\gamma_L = \gamma_{0L}\left(\frac{p}{p_0}\right)\left(\frac{T_0}{T}\right)^{\frac{1}{2}} = \gamma_L^0 \, p \left(\frac{T_0}{T}\right)^{\frac{1}{2}} \tag{3.44}$$

dargestellt werden, wobei p_0 und T_0 die Referenzwerte und p und T die tatsächlichen Werte für Druck und Temperatur sind. γ_{0L} bezeichnet die Breite bei Atmosphären-

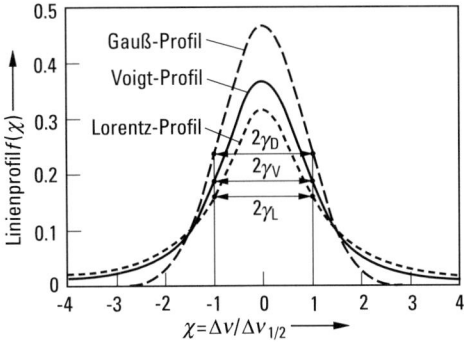

Abb. 3.12 Vergleich von Gauß-, Lorentz- und Voigt-Profil einer Spektrallinie.

druck und wird oft mit p_0 zum Druckverbreitungskoeffizienten γ_L^0 zusammengezogen. Die Temperaturabhängigkeit von γ_L reflektiert die mit steigender Temperatur geringer werdende Dichte des Gases unter isobaren Bedingungen und die daher abnehmende Stoßhäufigkeit. Werden getrennte Verbreitungskoeffizienten für die Selbstverbreiterung (γ_S^0) und Fremdgasverbreiterung (γ_F^0) für Stöße zwischen einem Absorber und einem Puffergasmolekül eingeführt, so erhält man

$$\gamma_L = (\gamma_S^0 p_0 + \gamma_F^0 p_F)\left(\frac{T_0}{T}\right)^{\frac{1}{2}}. \tag{3.45}$$

Bei stark polaren Molekülen wie z. B. NH_3 ist der Selbstverbreiterungskoeffizient sehr viel größer als z. B. die Fremdverbreiterung durch N_2.

In vielen Fällen dominiert keiner der oben beschriebenen Verbreiterungsmechanismen, so dass man ein Linienprofil durch Faltung eines Gauß- und eines Lorentz-Profils erhält, die so genannte *Voigt-Funktion*. Aufgrund ihrer komplexen analytischen Form wird zu ihrer Berechnung meist auf Näherungsfunktionen oder Tabellen zurückgegriffen. Für eine schnelle Abschätzung der Linienbreite γ_V und des maximalen Absorptionskoeffizienten $\alpha(v_0)$ können Näherungsformeln benutzt werden:

$$\alpha(v_0) \approx S\left[\left(\frac{\beta}{\gamma_{ED}\sqrt{\pi}}\right) + \left(\frac{1-\beta}{\pi\gamma_L}\right)\right]$$

mit

$$\gamma_{ED} = \frac{\gamma_D}{\sqrt{\ln 2}} \quad \text{und} \quad \beta = \frac{\gamma_{ED}}{\gamma_L + \gamma_{ED}}, \tag{3.46}$$

$$\gamma_V \approx 0.5346 \cdot \gamma_L \sqrt{0.2166\gamma_L^2 + \gamma_D^2}. \tag{3.47}$$

Während für die meisten Anforderungen das Voigt-Profil eine ausreichende Beschreibung der Linienform darstellt, zeigen hochauflösende Absorptionsmessungen, z. B. mit Diodenlasern, Abweichungen der Linienbreite im Bereich von 1 % und des Maximalwertes von fast 10 %. Eine Erhöhung der Präzision in der Beschreibung der Linienprofile gelingt mit Modellen, die neben den bisher betrachteten zustandsändernden Stößen zusätzlich auch elastische, nur den Geschwindigkeitsvektor des Absorbers verändernde Kollisionen berücksichtigen, wie z. B. das *Galatry-Profil* [22].

Die Besetzungswahrscheinlichkeit $f_B(i, T)$ des für die Absorptionsmessung benutzten Zustands i (mit der Energie E_i) lässt sich im thermischen Gleichgewicht mithilfe der Boltzmann-Gleichung beschreiben:

$$f_B(i, T) = \frac{N_i}{N} = \frac{g_i}{Q(T)} e^{-\frac{E_i}{kT}}. \tag{3.48}$$

Hierbei ist N die Gesamtteilchendichte, g_i das statistische Gewicht des Zustandes i, T die Temperatur, k die Boltzmann-Konstante und $Q(T)$ die Zustandssumme, die sich als Produkt $Q(T) = Q_{el} \cdot Q_{vib} \cdot Q_{rot}$ darstellen lässt, wobei Q_{el} wegen des vergleichsweise hohen Energieabstandes der elektronischen Zustände meist nicht berücksichtigt werden muss. Für die Normalschwingungen eines Moleküls erhält man

$$Q_{vib} = \prod_{j=1}^{3N-6} \sum_n \exp\left(-\frac{nhcv_j}{kT}\right) = \prod_{j=1}^{3N-6} \frac{1}{1 - \exp\left(-\frac{hcv_j}{kT}\right)}. \tag{3.49}$$

Für die Rotation eines zweiatomigen Moleküls gilt

$$Q_{\text{rot}} = \prod_j (2J + 1)\, e^{-\frac{E_j}{kT}} = \frac{2IkT}{h^2\sigma} = \frac{kT}{B\sigma}. \tag{3.50}$$

Für die Rotation eines mehratomiges Molekül mit den Trägheitsmomenten I_{a}, I_{b}, I_{c} bzw. Rotationskonstanten A, B, $C = \frac{1}{2}\, h^2/I_{\text{a,b,c}}$ und dem Symmetriefaktor σ lässt sich

$$Q_{\text{rot}} = \frac{1}{\sigma} \sqrt{\frac{\pi (kT)^3}{A\,B\,C}} \tag{3.51}$$

ableiten.

3.3.1.2 Laserinduzierte Fluoreszenz

Nach der Absorption eines oder mehrerer Laserphotonen kann aus dem angeregten Atom- oder Molekülzustand spontane Fluoreszenz auftreten. In der Verbrennungsdiagnostik findet die laserinduzierte Fluoreszenz (LIF) aufgrund ihrer hohen Sensitivität und der Möglichkeit zur selektiven Detektion von Minoritätenspezies (z. B. freie Radikale wie OH, C_2, CH, CN, NH oder Schadstoffen wie NO, HCHO) in reaktiven Umgebungen häufig Anwendung. Insbesondere OH-LIF wird oft als Indikator für die reaktiven Zonen innerhalb einer Flamme eingesetzt, da die OH-Konzentrationen vergleichsweise hoch sind und OH-LIF starke Signalintensitäten liefert. Die hohe Selektivität der LIF-Techniken lässt sich durch die gezielte Anregung ausgewählter Spezies mit abstimmbaren, schmalbandigen Laserlichtquellen und durch die Diskriminierung des emittierten Fluoreszenzlichts mit geeigneten Detektionsfiltern erreichen. Die geringe Divergenz der eingesetzten Laserstrahlung ermöglicht dabei eine hohe Ortsauflösung (einige Mikrometer). Die kurzen Laserpulsdauern (10^{-12}–10^{-8} s) gewährleisten eine hohe zeitliche Auflösung. Daher sind auch in schnell reagierenden oder strömenden Prozessen zeitlich „eingefrorene" Momentaufnahmen möglich.

Die Wahrscheinlichkeit für spontane Emission (beschrieben durch den Einstein-Koeffizienten A) steigt mit der dritten Potenz der Übergangsfrequenz (vgl. Tab. 3.1). Daher werden in der Regel elektronische Übergänge mit sichtbarer und ultravioletter Anregung verwendet [3, 23], in Einzelfällen kann LIF auch auf der Basis von Schwingungsanregung (mit Anregung im Infraroten) genutzt werden [24]. Die hohen Signalintensitäten erlauben zwei- und in manchen Fällen auch dreidimensional ortsauflösende Momentanmessungen. Dabei werden die Analytmoleküle innerhalb einer Ebene durch einen mit Zylinderoptiken zu einem „Lichtband" geformten Laserstrahl angeregt und die Fluoreszenz über zweidimensionale Detektorarrays (CCD-Kameras) detektiert.

Lineare LIF. Nach Absorption eines Photons aus einem isolierten Grundzustand 1 in ein energiereicheres Niveau 2 kann – nach einer Lebensdauer τ_{eff} – das System durch unterschiedliche, konkurrierende Prozesse entweder wieder in den Grundzustand zurückkehren oder zerfallen (Abb. 3.11). Hierbei sind b_{12} und b_{21} die Geschwindigkeitskonstanten der induzierten Absorption und induzierten Emission. Sie hängen sowohl vom jeweiligen Einstein-Koeffizienten der induzierten Absorption B_{ij}, von der Laserintensität I_v^0 und von der Überlappung Γ_v von Absorptions- und Laseremissionsspektrum ab. A_{21} ist die Geschwindigkeitskonstante (Einstein-Koeffizient) der spontanen Emission. Q_{21} ist die Geschwindigkeitskonstante eines strahlungslosen Depopulationsprozesses des angeregten Zustands, der als Stoßlöschung (engl. *collisional quenching*) bezeichnet wird. Diese ist von der Art und Konzentration der umgebenden Teilchen sowie von der Temperatur abhängig und eine wichtige, bei der Quantifizierung von Signalintensitäten zu berücksichtigende Größe. Weitere Depopulationsprozesse des angeregten Zustands sind die Prädissoziation und die Photoionisation, deren Geschwindigkeiten mit P und W bezeichnet sind. Ist die Laseranregung so schwach, dass sie nur eine vernachlässigbar kleine Störung der Besetzung der unterschiedlichen Zustände des Systems verursacht, ist die resultierende LIF-Intensität $I_{\mathrm{LIF}}^{\mathrm{det}}$ proportional zur Laserintensität und der eigentlich zeitabhängige Prozess kann über die Laserpulsdauer integriert werden. Die LIF-Intensität ist dann nach Gl. (3.52) von zahlreichen Faktoren abhängig, die sich, je nachdem, ob sie die Effizienz der Anregung (Absorption, analog zu Abschn. 3.3.1.1), die Effizienz der Fluoreszenzemissionen (häufig als Fluoreszenzquantenausbeute ϕ_{fl} beschrieben) bzw. die Effizienz der Detektion der Fluoreszenz (also experimentelle Faktoren) beeinflussen, klassifizieren lassen.

$$I_{\mathrm{LIF}}^{\mathrm{det}} \sim \underbrace{N\,B_{ik}\,I_v^0\,f_{\mathrm{B}}\,(i,T)\,\Gamma_v\,(x_i,p,T)}_{\text{Absorption}} \underbrace{\left[\sum_{k,j}\frac{f(\lambda)\,A_{kj}}{A_{kj}+Q_k\,(x_i,p,T)+P_k+W_k}\right]}_{\text{Emission}} \underbrace{V\,\frac{\Omega}{4\pi}\,\varepsilon\,\eta(\lambda)}_{\text{Detektion}}.$$

(3.52)

Hier sind

$I_{\mathrm{LIF}}^{\mathrm{det}}$	detektierbare laserinduzierte Fluoreszenzintensität,
N	Teilchendichte der untersuchten Moleküle im Messvolumen,
B_{ik}	Einsteinkoeffizient der induzierten Absorption für den Übergang von Zustand i nach k,
I_v^0	normalisierte spektrale Laserintensität im Messvolumen,
$f_{\mathrm{B}}(i,T)$	Population des Grundzustands (Boltzmann-Faktor),
$\Gamma_v(x_i,p,T)$	Überlappungsintegral der spektralen Absorptions- und Laserlinienprofile,
A_{kj}	Einsteinkoeffizient der spontanen Emission von Zustand k nach j,
Q_k	Geschwindigkeitskoeffizient der Stoßlöschung des angeregten Zustands k,
P_k	Geschwindigkeitskoeffizient der Prädissoziation des angeregten Zustands k,
W_k	Geschwindigkeitskoeffizient der Photoionisation des angeregten Zustands k,
Ω	von der Detektionsoptik erfasster Raumwinkel,
ε	wellenlängenabhängige Detektionseffizienz des Photodetektors,
$f(\lambda)$	wellenlängenabhängige Transmissionsfunktion der Detektionsfilter,
$\eta(\lambda)$	wellenlängenabhängige Transmissionsfunktion des Messobjektes,
x_i, p, T, V	Gaszusammensetzung, Druck, Temperatur und Detektionsvolumen.

Für die quantitative Auswertung von LIF-Signalen im linearen Bereich ist eine detaillierte Betrachtung des Einflusses der verschiedenen Faktoren auf die Fluoreszenzquantenausbeute ϕ_{fl} unumgänglich.

$$\phi_{\mathrm{fl}} = \frac{A_{\mathrm{kj}}}{A_{\mathrm{kj}} + Q_{\mathrm{k}}(x_i, p, T) + P_{\mathrm{k}} + W_{\mathrm{k}}} = \frac{\tau_{\mathrm{eff}}}{\tau_{\mathrm{N}}}. \tag{3.53}$$

Im einfachen Zwei-Niveau-Bild wird ϕ_{fl} durch das Verhältnis von spontaner Emission A_{kj} zur Geschwindigkeit der gesamten Depopulation des angeregten Niveaus bestimmt. Außer durch spontane Emission A_{kj} und Stoßlöschung Q_{k} kann die Depopulation in bestimmten Fällen auch durch Prädissoziation P_{k} und Photoionisation W_{k} erfolgen. ϕ_{fl} kann als das Verhältnis von effektiver τ_{eff} und natürlicher Fluoreszenzlebensdauer τ_{N} verstanden werden.

Gegenüber den anderen Depopulationsprozessen ist bei der Anwendung von LIF in technischen Verbrennungsprozessen die spontane Emission A_{kj} gewöhnlich vernachlässigbar langsam. Für den ersten elektronisch angeregten Zustand von Stickoxid beträgt die mittlere Strahlungslebensdauer τ_{N} etwa 220 ns [25], was einer Fluoreszenzrate von $A = 1/\tau_{\mathrm{N}} = 4.5 \cdot 10^6 \, \mathrm{s}^{-1}$ entspricht. Typische Werte für Q_{k} sind dagegen 10^8–$10^9 \, \mathrm{s}^{-1}$ für Flammenbedingungen unter Atmosphärendruck, d. h. unter diesen Bedingungen vereinfacht sich die Fluoreszenzquantenausbeute zu $\phi_{\mathrm{fl}} = A_{\mathrm{ki}}/Q_{\mathrm{k}}(x_i, p, T)$, da für NO auch P_{k} und W_{k} vernachlässigt werden können. τ_{eff} kann beim Einsatz von Pikosekunden-Laserpulsen und schneller Detektion auch bei Atmosphärendruck direkt gemessen werden [26]. Abweichend vom vereinfachten Zwei-Niveau-Schema (Abb. 3.11) spielt bei realen Prozessen der Energietransfer eine wichtige Rolle (Rotationsenergietransfer RET, Schwingungsenergietransfer VET und der in der Regel mit Q_{k} synonyme elektronische Energietransfer EET). Diese Prozesse führen zu einem „Nachfüllen" des durch den Laserübergang „entvölkerten" Grundzustands und ebenso zu einer Besetzung von Niveaus in angeregten Zuständen, die dem lasergekoppelten Niveau benachbart sind, so dass Emissionen aus zahlreichen Zuständen simultan auftreten. In Gl. (3.52) wird dieser Tatsache durch Summation über mehrere Übergänge A_{kj} entsprochen. Eine detaillierte Beschreibung der ebenfalls stark zeitabhängigen Phänomene findet sich z. B. bei Daily [27].

Sättigungs-LIF. Mit zunehmender Laserintensität ist der Prozess der induzierten Emission nicht länger zu vernachlässigen. Bei vollständiger Sättigung hängt die Besetzung des angeregten Niveaus nur noch vom Verhältnis der Wahrscheinlichkeiten der induzierten Absorption und Emission B_{12}/B_{21} ab. Die Fluoreszenzintensität ist dann von stoßinduzierten Entvölkerungsprozessen des angeregten Zustandes (und damit von der Zusammensetzung des Gasgemisches) unabhängig. Unter diesen Bedingungen erhält man für die LIF-Intensität

$$I_{\mathrm{Lif}} = N_1 f_{\mathrm{B}}(i, T) \frac{B_{\mathrm{ik}} A_{\mathrm{ki}}}{B_{\mathrm{ik}} + B_{\mathrm{ki}}} V \frac{\Omega}{4\pi} \varepsilon \eta. \tag{3.54}$$

Die Sättigungsintensität kann im Zwei-Niveau-System über Gl. (3.55) berechnet werden; c ist die Lichtgeschwindigkeit.

$$I_{\mathrm{sat}} = \frac{(A_{21} + Q_{21}) c}{B_{12} + B_{21}}. \tag{3.55}$$

Typische Werte für I_{sat} sind z. B. für den Übergang aus dem ersten elektronisch angeregten Zustand in den Grundzustand für OH $1.3 \cdot 10^6 \, \text{W cm}^{-3}$ und für NO $1.2 \cdot 10^7 \, \text{W cm}^{-3}$. Da die Geschwindigkeit der stoßinduzierten Konkurrenzprozesse mit dem Druck ansteigt, werden insbesondere für räumlich ausgedehnte Messungen in Hochdruckumgebungen Laserintensitäten benötigt, wie sie mit kommerziellen Lasersystemen normalerweise nicht erreichbar sind. Abgesehen davon ergeben sich experimentell Schwierigkeiten, eine vollständige Sättigung zu erreichen, insbesondere in den zeitlichen und räumlichen Flanken der Laserpulse sowie durch das Erreichen der Zerstörschwelle von optischen Komponenten. Nicht zuletzt muss bei der Anwendung sehr hoher Energiedichten die Frage geklärt werden, ob das untersuchte Objekt bezüglich seiner chemischen Zusammensetzung ungestört bleibt oder ob photoinduzierte Reaktionen berücksichtigt werden müssen.

Prädissoziations-LIF. Eine weitere Möglichkeit, von Stoßprozessen unabhängige Fluoreszenzquantenausbeuten zu erreichen, ist gegeben, wenn ein Verlustpfad auftritt, der viel schneller als die stoßinduzierten Prozesse ist und dessen Beitrag somit in Gl. (3.53) den Nenner dominiert. Dies kann durch Anregung in kurzlebige, prädissoziative Zustände (LIPF) [28] oder durch gezielte Photodissoziation des angeregten Zustands (PICLS) [23] erfolgen.

Detektion. Die experimentellen Einflussgrößen auf die gemessene Signalintensität sind schließlich im mit „Detektion" bezeichneten Term der Gl. (3.52) angegeben. Sie schließen Einflüsse des von der Optik beobachteten Raumwinkels Ω und die Effizienz ε des Detektors ein. Die wellenlängenabhängige Detektionseffizienz wird zunächst durch die experimentell festgelegte Filterfunktion $f(\lambda)$ bestimmt. Der detektierte Wellenlängenbereich wird in der Regel bewusst eingeschränkt, um die Selektivität des Messverfahrens zu erhöhen und unerwünschte Signalbeiträge, beispielsweise von elastisch gestreutem Licht oder von Fluoreszenzprozessen an anderen Spezies, zu unterdrücken. Neben der frei wählbaren Transmissionsfunktion eines Filters oder Spektrometers kommt noch die vom Experiment gegebene Transmissionsfunktion $\eta(\lambda)$ hinzu. Sie wird nicht nur durch die Transmissionseigenschaften der optischen Elemente, sondern – gerade im Bereich kurzer Wellenlängen – auch durch die im Detektionsweg befindlichen Gase beschränkt. In vielen Fällen erweist es sich als einfacher, die gemessenen Signalintensitäten zu kalibrieren anstatt die unterschiedlichen experimentellen Einflussgrößen im Detail zu quantifizieren. Die verschiedenen Geräteparameter werden dann in einer Kalibrationskonstante zusammengefasst. Anstelle des Messobjektes werden daher Prozesse bekannter Strahlungsintensität (z. B. Raman- oder Rayleigh-Streuung) mit demselben Messaufbau beobachtet [29] oder Standardproben bekannter Analytkonzentration ins Beobachtungsvolumen eingesetzt. Bei stabilen Spezies (z. B. NO [30]) kann ebenfalls mit einem Additionsverfahren gearbeitet werden, bei dem die gesuchte Substanz in unterschiedlichen Konzentrationen dem Messobjekt zugegeben wird und aus der Signalzunahme dann die Kalibrierinformation gewonnen wird.

Temperaturmessung mit LIF. Nach Gleichung (3.52) ist die LIF-Intensität abhängig von der durch die Temperatur bestimmten Besetzung der jeweiligen Grundzustandsniveaus. Eine vergleichende Beobachtung zweier oder mehrerer Zustände mit unterschiedlicher Grundzustandsenergie ermöglicht daher die Temperaturmessung über LIF. Nach Auswahl zweier Niveaus mit der Grundzustands-Energiedifferenz $E_2 - E_1$ kann durch Anregung mit zwei unterschiedlichen Wellenlängen über Gl. (3.56) aus den jeweiligen Fluoreszenzintensitäten $I_{LIF,i}$ die Temperatur T bestimmt werden.

$$T = \frac{E_2 - E_1}{k \left(\ln \dfrac{I_{LIF,1}}{I_{LIF,2}} + c \right)} \, . \tag{3.56}$$

Dabei ist k die Boltzmann-Konstante und c eine Kalibrierkonstante, die die eventuell unterschiedlichen Anregungs- und Detektionsbedingungen bei beiden Anregungswellenlängen berücksichtigt und durch Vergleich mit einem Temperaturstandard (z. B. einer Kalibrierflamme) gewonnen wird. Die Messung ist unabhängig von der lokalen Konzentration der Analytsubstanz. Die Genauigkeit der Messung steigt mit der Anzahl unterschiedlicher Anregungswellenlängen. Für Momentanmessungen ist aber in den meisten Fällen der simultane Einsatz von mehr als zwei Wellenlängen unpraktikabel. Eine Zwei-Linien-Messung ist daher in vielen Fällen ein Kompromiss zur Temperaturmessung in turbulenten und somit zeitlich variablen Messobjekten. Zur LIF-Temperaturmessung wird häufig OH eingesetzt. Hierbei ist man jedoch auf Regionen beschränkt, in denen OH mit ausreichender Konzentration in der

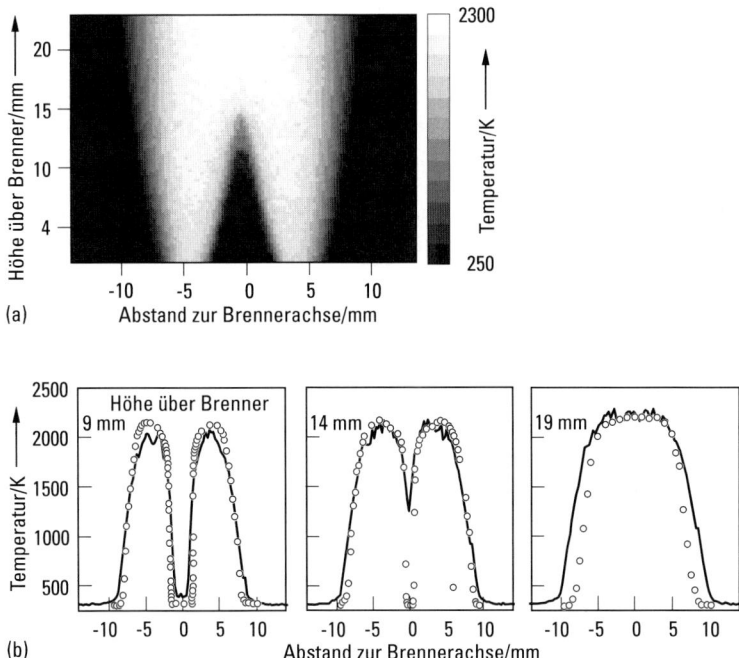

Abb. 3.13 Temperaturmessung mit LIF an Stickoxid in einer laminaren Bunsenbrennerflamme. Rechts: Vergleich von aus den zweidimensionalen Bildern extrahierten Profilen mit CARS-Punktmessungen (s. Abschn. 3.3.2.1) [31, 32].

Flamme auftritt. Durch Zugabe von NO und Beobachtung der NO-LIF kann man diese Einschränkung umgehen. In Abb. 3.13 ist eine zweidimensionale Temperatur-messung mit Hilfe von NO-LIF im Vergleich mit CARS-Punktmessungen (vgl. Ab-schn. 3.3.2.1) dargestellt.

3.3.1.3 Rayleigh-Streuung

In den vorangegangen Abschnitten war die Voraussetzung für die Wechselwirkung zwischen Licht und Materie die Erfüllung der Resonanzbedingungen $\Delta E = h\nu$. Da-neben können aber auch nichtresonante Streuprozesse auftreten, die sich in der Verbrennungsdiagnostik erfolgreich einsetzen lassen. Nach der klassischen Interpre-tation induziert die einfallende Lichtwelle aufgrund der Polarisierbarkeit α eines Moleküls oder Atoms (oder allgemein eines Teilchens mit einem Durchmesser d kleiner der Lichtwellenlänge $d \ll \lambda$) ein oszillierendes Dipolmoment $\boldsymbol{p}_{ind} = \alpha\boldsymbol{E}$. Dieses zeitlich veränderliche Dipolmoment $\boldsymbol{p}_{ind}$ stellt wiederum eine Quelle für elektromag-netische Strahlung der Frequenz ν_0 dar. Man kann den Prozess als Abstrahlung eines *Hertz*'schen Dipols auffassen, der durch das oszillierende elektrische Feld der einlaufenden Lichtwelle zu Schwingungen angeregt wird. Das emittierte Licht ist daher polarisiert und weist eine stark anisotrope Winkelverteilung auf. Im Fall der elastischen Streuung hat das einfallende und emittierte Photon dieselbe Wellenlänge. Dieser Prozess wird als Rayleigh-Streuung bezeichnet. Aus der quantenmechani-schen Ableitung ergibt sich die Zunahme des Streuquerschnitts mit der vierten Potenz der Anregungsfrequenz $\sigma_{Rayleigh} \sim \nu^4$. Für die praktische Anwendung muss berück-sichtigt werden, dass die Rayleigh-Streuquerschnitte zwischen unterschiedlichen Spezies i stark variieren können. Für ein Gasgemisch mit den Volumenanteilen x_i muss daher der effektive Streuquerschnitt $\sigma_{Rayleigh, eff} = \sum_i x_i \, \sigma_{Rayleigh, i}$ verwendet wer-den.

$$I_{Rayleigh} = I^0_{Laser} \, N_{ges} \, V \, \Omega \, \varepsilon \, \frac{\partial \sigma_{Rayleigh, eff}}{\partial \Omega}. \tag{3.57}$$

Die Signalintensität $I_{Rayleigh}$ ist nach Gl. (3.57) proportional zur Gesamtteilchendichte N_{ges}, dem beobachteten Volumen V, der Laserintensität I^0_{Laser}, dem vom Detektor erfassten Raumwinkel Ω sowie zur Detektionseffizienz ε und dem winkelabhängigen Streuquerschnitt bei der gegebenen Gasmischung $\partial\sigma_{Rayleigh, eff}/\partial\Omega$. Die Abhängigkeit der Signalintensität von der Gesamtteilchendichte erlaubt bei bekanntem Druck die Bestimmung der lokalen Temperatur nach dem idealen Gasgesetz. Dies kann im Einzelpulsverfahren eindimensional (kollimierter Laserstrahl) oder zweidimensional (Laserlichtschnitt) erfolgen.

3.3.1.4 Spontane Raman-Streuung

Bei der Raman-Streuung findet während des Streuprozesses eine An- oder Abregung interner Freiheitsgrade des streuenden Moleküls statt. Die inelastisch gestreute Strahlung erscheint daher zu längeren („Stokes") oder kürzeren („Anti-Stokes") Wellenlängen verschoben. Die Verschiebung ist speziesspezifisch und ihr Betrag ist der eines oder mehrerer Schwingungs- oder Rotationsquanten. Die Intensität der Raman-Streuung lässt sich analog der der Rayleigh-Streuung durch

$$I_{\text{Raman, i}} = I_{\text{Laser}}^0 \, N_i \, f_B(T) \, V\Omega\,\varepsilon \, \frac{\partial\sigma_{\text{Raman, i}}}{\partial\Omega} \tag{3.58}$$

darstellen. Hier ist N_i die Teilchendichte der beobachteten Spezies i; $f_B(T)$ die Boltzmann-Verteilung. Der Raman-Streuquerschnitt σ_{Raman} nimmt ebenfalls mit der vierten Potenz der Wellenlänge des Streulichts zu. Da die Streubeiträge der verschiedenen Spezies bei unterschiedlichen Frequenzen auftreten, kann bei spektraler Trennung des emittierten Lichts unmittelbar (mit einem einzelnen Laserpuls) die Zusammensetzung der lokalen Gasmischung bestimmt werden. Dies ist besonders wichtig für verbrennungsrelevante Teilchen wie N_2 und H_2, die mithilfe von Absorptions- und Fluoreszenzverfahren nur bei sehr kurzen Wellenlängen erfasst werden können, die unter den bei Verbrennungsprozessen herrschenden Bedingungen jedoch nicht mehr transmittiert werden. Obwohl der Prozess sehr lichtschwach ist (das Verhältnis $I_{\text{Raman}}/I_{\text{Laser}}^0$ beträgt etwa 10^{-14}, Rayleigh-Streuung ist um etwa vier Größenordnungen effektiver), erweist er sich als hilfreich zur Bestimmung von Konzentrationen von Majoritätenspezies in der Verbrennung (N_2, O_2, H_2O, CO_2, Brennstoff) und von Temperaturen (z. B. durch den Vergleich der Intensitäten von Stokes- und Anti-Stokes-Emission von N_2).

3.3.1.5 Laserinduzierte Inkandeszenz (LII)

Ruß spielt in zahlreichen Verbrennungsprozessen eine große Rolle. Er ist für das typische gelbe Leuchten von Flammen und damit für den Energieübertrag durch Strahlung verantwortlich. Freigesetzter (nicht vollständig verbrannter) Ruß gilt jedoch als ein wesentlicher, von Verbrennungsprozessen generierter Schadstoff. Die „Rußkonzentration" wird in der Regel durch den Rußvolumenbruch f_V beschrieben, der das Verhältnis des von Ruß eingenommenen Volumens zum Gesamtvolumen der Probe darstellt. In Situationen, in denen sich die Rußverteilung zeitlich nicht verändert und eine bekannte Symmetrie aufweist (z. B. in Laborflammen), kann die durch den Ruß verursachte Extinktion (die sich aus einem Absorptions- und einem Streu-Anteil zusammensetzt) zur Bestimmung von f_V eingesetzt werden. Die Absorption ist dabei proportional zum Rußvolumen, die Streuung für kleine Partikel (im Rayleigh-Regime mit Teilchengrößen d kleiner als die Wellenlänge λ des gestreuten Lichts) proportional zur sechsten Potenz der Partikeldurchmesser. Aufgrund der unterschiedlichen Abhängigkeiten vom Partikeldurchmesser kann durch das Verhältnis von Streulichtintensität und Extinktion auf mittlere lokale Durchmesser geschlossen werden. Sie werden aufgrund der Art der Mittelung in Gl. (3.59) als D_{63}-Durchmesser bezeichnet. Die Partikelgrößenverteilung wird dabei durch die durchmesserabhängige Häufigkeitsverteilung $P(r)$ beschrieben.

$$D_{63} = 2\left(\frac{\langle r^6\rangle}{\langle r^3\rangle}\right)^{\frac{1}{3}} \sim \frac{\text{Streuung}}{\text{Extinktion}} \;\text{mit}\; \langle r^6\rangle = \int\limits_0^\infty P(r)r^6\mathrm{d}r \;\text{ und }\; \langle r^3\rangle = \int\limits_0^\infty P(r)r^3\mathrm{d}r \tag{3.59}$$

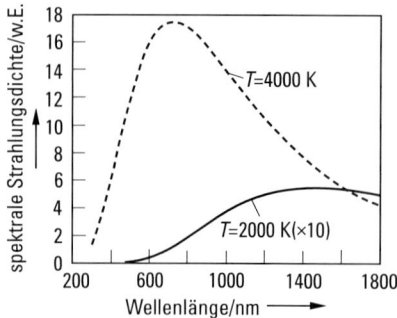

Abb. 3.14 Spektrale Strahlungsdichte eines schwarzen Strahlers für $T = 2000\,\mathrm{K}$ (verstärkt mit Faktor 10) und $T = 4000\,\mathrm{K}$.

Da die Extinktionsmessung nur integral über die durchlaufene Wegstrecke des Lasers beobachtet werden kann, ist eine ortsaufgelöste Messung des Rußvolumenbruchs oder der mittleren Partikelgröße in turbulenten Flammen (z. B. im Verbrennungsmotor) nicht möglich. Aufgrund der Größe der Partikel können für den laserspektroskopischen Nachweis jedoch deren Festkörpereigenschaften genutzt werden. In der Flamme sind die Partikel in der Regel auf Temperaturen von 1500–2000 K aufgeheizt. Die emittierte Strahlung hat ein flaches Maximum im nah-infraroten Spektralbereich (um 1660 nm). Wird der Ruß dagegen mit einem Laserstrahl kurzfristig bis zur Verdampfungsgrenze aufgeheizt (um 4000 K), verschiebt sich nach dem Planck-Gesetz (s. Bd. 3, Kap. 5.2) das Emissionsmaximum nicht nur deutlich zu kürzeren Wellenlängen (zu ca. 700 nm), aufgrund des Stefan-Boltzmann-Gesetzes nimmt auch die gesamte Abstrahlung $R \sim T^4$ stark zu s. (Abb. 3.14).

Während der Laserbestrahlung nimmt die Emission bei Wellenlängen um 400–500 nm um mehrere Größenordnungen zu, so dass das LII-Signal der Rußmenge – unabhängig von der lokalen natürlichen Flammenemission – zugeordnet werden kann. Die zeitabhängige Temperaturveränderung und die daraus resultierende LII-Signalintensität können auf der Basis einer Energiebilanzierung modelliert werden, in der gemäß Abb. 3.15 der Energieeintrag durch Lichtabsorption den unterschiedlichen Verlustpfaden gegenübergestellt wird.

Aus der Bilanzierung der in Abb. 3.15 genannten Prozesse geht hervor, dass unterhalb von 3300 K die Wärmeleitung der dominante Prozess bei der Energieabgabe ist, oberhalb von 3700 K überwiegt die Verdampfung. Erst im Falle von Temperaturen oberhalb 10 000 K würde die Strahlung den Hauptanteil ausmachen. Die Bilanzierung führt ebenfalls zu einer komplizierten Abhängigkeit des zeitabhängigen LII-Signals von der Laserenergiedichte und den Umgebungsbedingungen. Aufgrund der zunehmenden Aufheizung der Partikel steigt bei geringen Laserenergiedichten die Signalintensität zunächst mit I_{Laser} an. Erreichen die aufgeheizten Partikel allerdings die Verdampfungstemperatur, führt eine weitere Steigerung der Laserenergie nicht zur weiteren Temperatur- und somit LII-Intensitätssteigerung. Es wird eine „Plateauzone" durchlaufen. Weiteres Aufheizen senkt dagegen die Signalintensität, weil bereits während der Laserpulsdauer ein nennenswerter Anteil der Partikelmasse

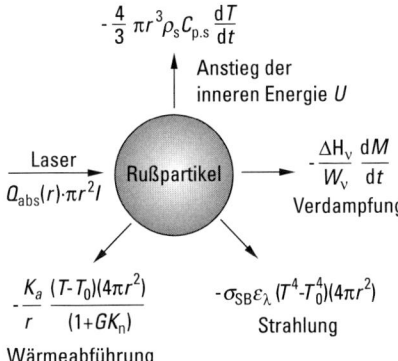

Abb. 3.15 Energiebilanz bei der Laseraufheizung von Ruß. Q_{abs}: Wirkungsquerschnitt für die Absorption; I: Intensität der Laserstrahlung [W/m²]; r: Partikelradius; K_a: Wärmeleitfähigkeit [W/(m K)]; T: Partikeltemperatur [K]; T_0: Flammentemperatur [K]; G: geometrieabhängiger Wärmeleitfähigkeitsfaktor; K_n: Knudsen-Zahl; ΔH_v: Verdampfungsenthalpie von Kohlenstoff [J/mol]; W_v: Molekulargewicht von dampfförmigem Kohlenstoff [kg/mol]; M: Partikelmasse [kg]; σ_{SB}: Stefan-Boltzmann-Konstante; ε_λ: Emissivität von Kohlenstoff; ϱ_s: Dichte von Kohlenstoff [kg/m³]; $C_{p,s}$: spezifische Wärmekapazität von Kohlenstoff [J/(kg K)]. Die Einheiten in Klammern werden üblicherweise für die angegebenen Größen verwendet.

verdampft. Für viele technische Anwendungen werden daher Laserenergien eingesetzt, die das Erreichen der Plateauzone erlauben. Die Messung ist damit weitgehend unabhängig von der lokalen Laserintensität und der Fehler durch Abschwächung des Laserstrahls durch Extinktion ist minimiert.

Für kleine Partikel ergibt sich die in Gl. (3.60) beschriebene Abhängigkeit der LII-Intensität von der Rußteilchengröße. Der Exponent ist nahe 3. Daher kann die LII-Intensität als Maß für den Rußvolumenbruch f_V interpretiert werden.

$$I_{LII} \sim \int_0^\infty N\,P(r)\,r^x\,dr \approx f_V \quad \text{mit} \quad x = 3 + \frac{0.154}{\lambda_{det}}. \tag{3.60}$$

Da die LII-Intensität von zahlreichen experimentellen Parametern abhängt, ist zur Quantifizierung der Messung eine Kalibration erforderlich. Hierzu werden Kalibrationsflammen eingesetzt, in denen der Rußvolumenbruch vorab durch Extinktionsmessungen ermittelt wurde und in denen die LII-Intensität zur Ermittlung der Kalibrationskonstante c_{calib} unter möglichst identischen Bedingungen wie in der nachfolgenden Messung (bzgl. Anregungs- und Detektionswellenlängen, Laserenergiedichte, zeitlicher Signalintegration und Beobachtungsgeometrie) bestimmt wird. Unter diesen Randbedingungen kann ein einfacher Zusammenhang für die LII-Intensität

$$I_{LII} = c_{calib}\,f_v \tag{3.61}$$

angenommen werden. Der LII-Prozess ist vergleichsweise lichtstark. Zweidimensional aufgelöste, bildgebende Messungen der Rußvolumenbrüche z. B. in Flammen sind daher möglich. Durch Kombination mit ebenfalls abbildenden Streulichtmes-

sungen kann analog der oben genannten Partikelgrößenmessungen mit Extinktions-
und Streulichtmessung ebenfalls über LII und Streulicht ein mittlerer D_{63}-Durch-
messer ermittelt werden. Neue Messungen zur Bestimmung von Partikelgrößen nutzen das Zeitverhalten der LII-Intensität. Sie beruhen darauf, dass größere Partikel
nach dem Aufheizen durch Laserstrahlung langsamer abkühlen als kleine.

3.3.2 Nichtlineare laserspektroskopische Verfahren

Bei den mit Lasern erreichbaren hohen Lichtintensitäten kann sich ein nichtlinearer
Zusammenhang zwischen Bestrahlungsintensität und Messgröße einstellen, der
erstmalig für die Zweiphotonenabsorption vorhergesagt wurde [33]. Wie in Abb. 3.16
schematisch dargestellt, kehrt das untersuchte Molekülensemble nach einer gleichzeitigen Wechselwirkung mit mehreren Photonen durch Aussendung eines Signalphotons wieder in den Ausgangszustand zurück. Dabei wird über die höheren Ordnungen des spezifischen Suszeptibilitätstensors (s. Bd. 3, Kap. 9.2) eine nichtlineare
Polarisation des Mediums erzeugt, die zur Emission des Signalphotons führt. Ein
kohärentes Signal – und damit eine um Größenordnungen erhöhte Signalintensität
– entsteht jedoch nur dann, wenn eine Phasenanpassung aller Strahlen (der einfallenden als auch der im Medium erzeugten) erreicht wird, so dass eine konstruktive
Addition der mikroskopischen Streubeiträge eintritt und die Impulserhaltung gewährleistet wird:

$$k_{sig} = \sum_j k_j, \quad \text{wobei} \quad |k_j| = \frac{\omega_i}{c} = \frac{2\pi}{\lambda_j} \tag{3.62}$$

der Wellenvektor des entsprechenden Pumplaserstrahls ist. Durch die Fokussierung
der Pumpstrahlen kann eine hohe Ortsauflösung im μm-Bereich senkrecht zur Pump-
strahlausbreitungsrichtung ohne wesentliche Verluste an Signalintensität erreicht
werden.

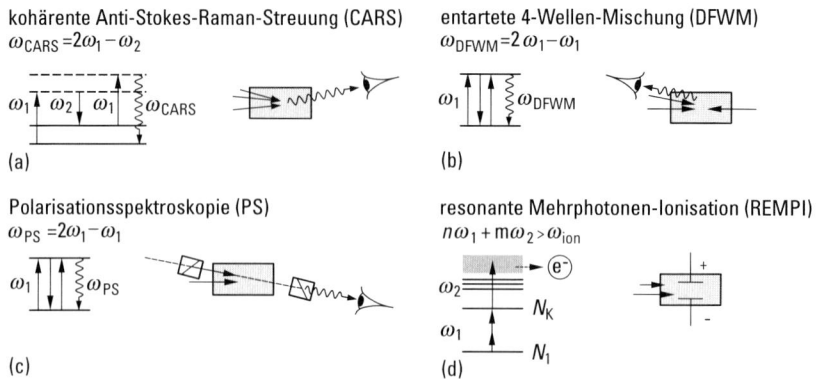

Abb. 3.16 Schematische Darstellung einiger nichtlinearer laserspektroskopischer Verfahren.

3.3.2.1 Kohärente Anti-Stokes-Raman-Streuung

Kohärente Anti-Stokes-Raman-Streuung (CARS) liefert im Vergleich zur spontanen Raman-Streuung um bis zu fünf Größenordnungen intensivere Signale. Aufgrund des kohärenten Signalstrahls benötigt CARS außerdem wesentlich kleinere optische Zugangsöffnungen und ist weitgehend unempfindlich gegenüber Fluoreszenzstrahlung und Eigenlumineszenzen des untersuchten Messobjekts. CARS-Streuprozesse entstehen in einer Vierwellenwechselwirkung, wobei drei intensive Laserstrahlen im sichtbaren Spektralbereich mit den Frequenzen ω_1 (1. und 2. Pumpstrahl) und ω_2 (*Stokes*-Strahl) überlagert werden, deren Frequenzkombination $\omega_{\text{CARS}} = \omega_3 = 2\omega_1 - \omega_2$ der Wellenlänge eines Raman-erlaubten Anti-Stokes-Übergangs entspricht. Daher ist der Signalstrahl spektral und aufgrund der notwendigen Phasenanpassung auch räumlich von den erzeugenden Strahlen getrennt und wird in einem Monochromator analysiert.

$$I_{\text{CARS}} = \frac{\omega_3^2}{n_1^2 n_2 n_3 c^4 \varepsilon_0^2} (l\, N\, \Delta_{\text{j}})^2\, I_1^2 I_2\, |\chi_{\text{CARS}}^{(3)}|^2 \tag{3.63}$$

$$\chi_{\text{CARS}}^{(3)} = K_{\text{j}} \frac{\Gamma_{\text{j}}}{2\Delta\omega_{\text{j}} - i\Gamma_{\text{j}}} + \chi_{\text{nr}} \quad \text{mit} \quad K_{\text{j}} = \frac{\omega_3^2 (4\pi)^2 n_1 \varepsilon_0 c^4}{n_2 \hbar \omega_2^4 \Gamma_{\text{j}}} \left(\frac{\partial\sigma}{\partial\Omega}\right)_{\text{j}}. \tag{3.64}$$

Für einen isolierten Raman-Übergang hängt die CARS-Signalintensität gemäß Gl. (3.63) vom Produkt der eingestrahlten Laserintensitäten I_i (es werden daher meist gepulste und fokussierte Laserstrahlen hoher Intensität mit einer Pulsdauer von etwa 10^{-8} s verwendet), dem Quadrat der Wechselwirkungslänge l, der Teilchendichte der beobachteten Spezies N und der relativen Besetzungsdifferenz Δ_j der beiden durch den Raman-Prozess gekoppelten Zustände ab. Es sind n_i die Brechungsindizes bei den beteiligten Wellenlängen, Γ_j der Verbreiterungskoeffizient (proportional zur Linienbreite der spontanen Raman-Streuung), $\Delta\omega_j$ die spektrale Abweichung von der Resonanzfrequenz und $d\sigma/d\Omega$ der differentielle Raman-Streuquerschnitt. Von zentraler Bedeutung in Gl. (3.63) ist die Suszeptibilität 3. Ordnung $\chi^{(3)}$, die von der Temperatur und der Zusammensetzung des untersuchten Mediums abhängt. Wesentliche Merkmale von $\chi^{(3)}$ können bereits im klassischen Bild des gedämpften Oszillators unter Einfluss einer treibenden elektromagnetischen Kraft abgeleitet werden. Die zunächst 3^4 voneinander unabhängigen Komponenten des Tensors $\chi^{(3)}$ werden durch die Symmetrieeigenschaften des Mediums sowie durch die zweifache Verwendung der Pumplaserstrahlung ω_1 weitgehend reduziert. Eine umfassende Beschreibung erfordert eine quantenmechanische Berechung von $\chi^{(3)}$ durch Lösung der zeitabhängigen Schrödinger-Gleichung für ein Ensemble von N Molekülen [34].

Die Abb. 3.17 zeigt den optischen Aufbau eines typischen Spektrometers zur Aufnahme von CARS-Spektren in Flammen. Als Pumplichtquelle des Systems dient ein schmalbandiger Nd:YAG-Festkörperlaser. Nach Frequenzverdopplung pumpt ein Teil des Strahles einen Breitbandfarbstofflaser, der die Aufnahme des gesamten Raman-Spektrums ($\Delta\lambda \approx 100-200\,\text{cm}^{-1}$) mit einem einzelnen Laserimpuls ermöglicht. Das emittierte CARS-Signal wird in einem Spektrometer dispergiert und mit einem Photomultiplier oder einer CCD-Kamera detektiert. Die resultierenden CARS-Spektren hängen stark von der Temperatur (Abb. 3.17) und dem Druck ab.

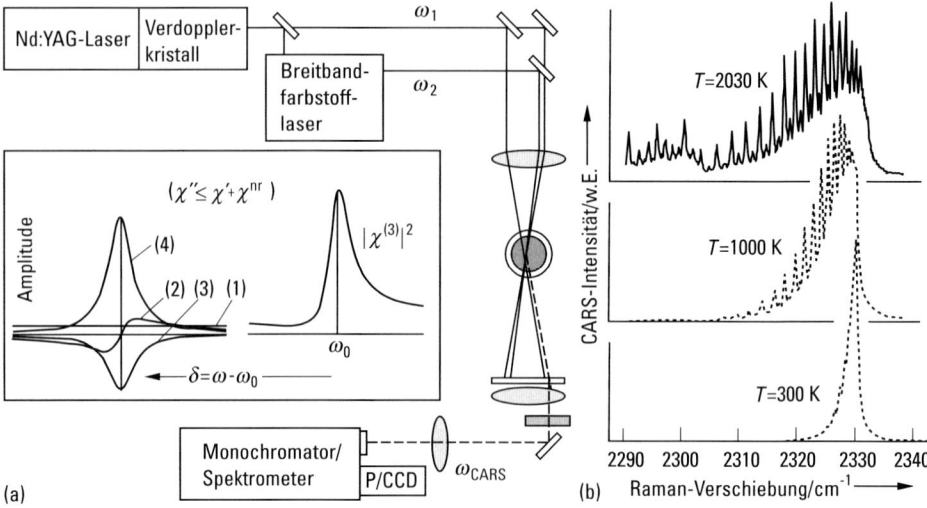

Abb. 3.17 (a) Schematischer Aufbau eines CARS-Experiments. Das Diagramm zeigt eine typische CARS-Linienform für einen isolierten Übergang bei geringen Konzentrationen der nachzuweisenden Spezies. Das Signal setzt sich aus einem konstanten nichtresonanten Hintergrund (1), den Interferenzbeiträgen mit χ_{nr} (2, 3) und dem Lorentz-förmigen resonanten Teil (4) der Suszeptibilität 3. Ordnung $\chi^{(3)}$ zusammen. (b) Berechnete ($\cdots$) und gemessene (—) CARS-Spektren von molekularem Stickstoff für verschiedene Temperaturen.

Zur Temperatur- und Konzentrationsbestimmung werden die CARS-Spektren simuliert. Dabei wird die begrenzte spektrale Auflösung der Nachweisapparatur durch Faltung des theoretischen CARS-Spektrums mit einer Apparatefunktion in Form eines Voigt-Profils berücksichtigt. Die Parameter der Voigt-Funktion werden über die bestmögliche Übereinstimmung zwischen einem experimentellen und berechneten Spektrum ermittelt. Bei geringen Konzentrationen begrenzt der nichtresonante Anteil χ_{nr} (Gl. (3.64)) die erreichbare Nachweisempfindlichkeit.

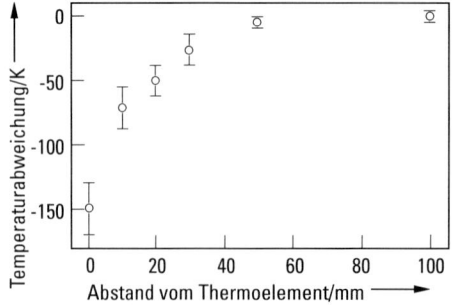

Abb. 3.18 Einfluss der Temperaturmessung mit Thermoelementen auf die lokale Flammentemperatur, die berührungsfrei mit CARS gemessen wurde [35].

Im Gegensatz zu den laseroptischen Temperaturmessungen stören Sonden (z. B. Thermoelemente) die empfindliche reaktive Strömung in einer Flamme. Sie verändern nicht nur die lokalen Strömungsgeschwindigkeiten, sondern verursachen auch Energietransfer durch Strahlung und Wärmeleitung sowie katalytische Reaktionen. Abb. 3.18 illustriert den Vorteil der berührungsfreien Temperaturmessung in Flammen durch CARS-Spektroskopie [35].

3.3.2.2 Entartete Vierwellenmischung

Bei der entarteten Vierwellenmischung (engl. *degenerate four wave mixing*, DFWM) werden drei Laserstrahlen (zwei Pumpstrahlen und ein Probestrahl) gleicher Frequenz ω_1 überlagert und führen über *resonante* Wechselwirkung mit den untersuchten Teilchen zu einem Signalstrahl gleicher Frequenz. Dieser nichtlineare Wechselwirkungsprozess wird daher als entartet bezeichnet und lässt sich in einem anschaulichen Bild als *Beugung des Lesestrahls an einem durch die Interferenz der beiden Schreibstrahlen induzierten optischen Gitter* erklären (Abb. 3.19). Der Abstand der Gitterlinien (bzw. Gitterebenen) $\Lambda = \lambda/(2\sin\theta)$ ergibt sich aus der Wellenlänge λ und dem Winkel 2θ, den die Pumpstrahlen bilden. Insgesamt kann man drei Gittertypen unterscheiden: Besetzungsgitter, thermische Gitter und Polarisationsgitter. Das Besetzungsgitter (Amplitudengitter) ergibt sich durch die räumliche Variation der Molekülanregung aufgrund der resonanten Absorption der interferierenden Pumpstrahlen. Dies ermöglicht eine lokale Konzentrationsmessung auch von Teilchen, die keine Fluoreszenz zeigen. Thermische Gitter kommen zustande, wenn die ursprünglich gepumpten Quantenzustände durch Stöße gelöscht werden und damit eine lokale Erhöhung der Temperatur bzw. eine Verringerung der Dichte erzeugt wird. Die daraus resultierende, ortsabhängige Modulation des realen Brechungsindex führt zu einer stehenden akustischen Welle. Ein Probestrahl der Wellenlänge λ wird dann unter dem Bragg-Winkel Θ_B (mit $\sin\Theta_B = \lambda/(2\Lambda)$) gestreut. Für den Zerfall der Temperaturmodulation sind Diffusion und Wärmeleitung, für die Dämpfung der akustischen Welle die Viskosität des Mediums verantwortlich. Bei Verwendung unterschiedlicher Wellenlängen für Pump- und Probestrahlen spricht man von laserinduzierter thermischer Gitterspektroskopie (LITGS). Dies erlaubt z. B. die Detektion von nichtfluoreszierenden Kohlenwasserstoffen durch molekülspezifische Anregung mit abstimmbaren Infrarotlasern und den Nachweis im experimentell einfacheren sichtbaren oder nah-infraroten Spektralbereich [36]. Im Gegensatz zu LIF

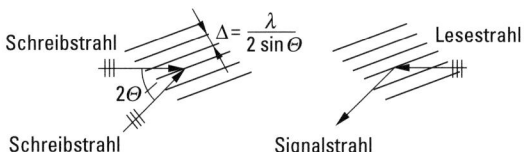

Abb. 3.19 Interpretation der Signalentstehung bei DFWM in einer so genannten phasenkonjugierten Anordnung (s. Abb. 3.16) durch Beugung des Lesestrahls an dem durch die Interferenz der beiden Schreibstrahlen induzierten optischen Gitter.

ist bei LITGS die rasche Löschung der angeregten Zustände von Vorteil; LITGS ist daher insbesondere für Messungen bei hohem Druck geeignet. Schließlich können Polarisationsgitter entstehen, wenn die beiden Pumpstrahlen gekreuzte Polarisationsrichtungen aufweisen.

Die spektral integrierte DFWM-Signalintensität kann für ein Zwei-Niveau-System berechnet werden:

$$I_{\text{DFWM}} = \frac{3\pi}{2T_2}(k_{12}l)^2 \frac{4\left(\frac{l}{I^0_{\text{sat}}}\right)^2}{\left[1 + 4\left(\frac{l}{I^0_{\text{sat}}}\right)^2\right]^{\frac{5}{2}}} \tag{3.65}$$

mit

$$k_{12} = \left(\frac{\omega T_2}{2hc\varepsilon_0}\right)|\mu_{12}|^2 N_1 \quad \text{und} \quad I^0_{\text{sat}} = \frac{\hbar c\varepsilon_0}{2\tau_1\tau_2|\mu_{12}|^2}, \tag{3.66}$$

wobei N_1 die Teilchendichte des unteren Zustandes, l die Wechselwirkungslänge der Pumpstrahlen, μ_{12} das elektrische Dipolmatrixelement des betrachteten Übergangs, τ_1 und τ_2 die Besetzungs- und Phasenrelaxationszeit des angeregten Zustandes und I_{pr} die Intensität des Probestrahls sind. Die starke Druck- und Laserintensitätsabhängigkeit des DFWM-Signals kann durch ein Arbeiten im gesättigten Bereich $I_{\text{pr}} \approx 2\,I_{\text{sat}}$ reduziert werden. Bei Verwendung einer phasenkonjugierenden Strahlgeometrie (s. Abb. 3.16), bei der Vorwärts- und Rückwärtspumpstrahl in entgegengesetzter Richtung laufen, kann die Dopplerverbreiterung im DFWM-Signal vermieden werden (Abb. 3.20).

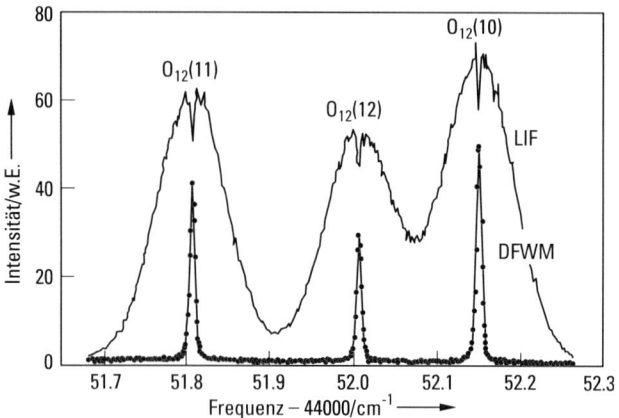

Abb. 3.20 Dopplerfreie Spektroskopie mit DFWM: Vergleich der LIF- und DFWM-Spektren im $A^2\,\Sigma - X^2\,\Pi(0,0)$ Übergang von NO.

3.3.2.3 Polarisationsspektroskopie

Bei der resonanten Wechselwirkung eines zirkular polarisierten kohärenten Pump-strahls kann in einem Molekülensemble eine anisotrope Verteilung (Orientierung) induziert werden, d. h. die Zustände der entarteten magnetischen Quantenzahlen des Grund- bzw. angeregten Zustandes werden nicht gleichmäßig „entvölkert", so dass die Projektionen der Drehimpulsvektoren in eine ausgezeichnete Richtung zeigen und die Rotationsbewegungen der Moleküle eine feste Phasenbeziehung aufweisen. Durch elastische Stöße kann diese Anisotropie wieder relaxieren (Reorientierung). Die Anisotropie wird mithilfe eines Probestrahls niedriger Intensität detektiert, indem das Messvolumen zwischen zwei gekreuzten Polarisatoren positioniert wird. In einer theoretischen Beschreibung kann man zeigen, dass die Polarisationsspektroskopie ebenso wie DFWM ein Vierwellenmischprozess ist, bei dem jedoch die Polarisationsrichtungen von Probe- und Signalstrahl immer senkrecht zueinander stehen [37]. Für die Intensität des transmittierten Probestrahls gilt:

$$I_{PS} = I_0 \left[\xi + \theta^2 + b^2 + \frac{\Delta k_{12} l}{2} \frac{\theta + bx}{1+x^2} + \frac{(\Delta k_{12} l)^2}{16} \frac{1}{1+x^2} \right]. \tag{3.67}$$

Die ersten drei Terme sind frequenzunabhängig und ergeben sich aus der Resttransmission der Polarisatoren ξ, den Abweichungen von der exakten 90°-Polarisation θ und dem Dichroismus b der verwendeten Optik. Der differentielle Absorptionskoeffizient Δk_{12} für rechts und links zirkular polarisiertes Probelicht ergibt sich unter Resonanzbedingungen ($x = \omega_{12} - \omega_1 = 0$) aus

$$\Delta k_{12}(x=0) = \Delta k_{12}^0 = k^+ - k^- = k_{12}^0 S_0 C_{jji}^*, \tag{3.68}$$

wobei S_0 ein Sättigungsparameter und C_{jji}^* die Clebsch-Gordon-Koeffizienten der gewählten Übergänge und Kopplungsfälle sind. Die Polarisationsspektroskopie besitzt neben hoher Selektivität auch eine hohe Empfindlichkeit, da auf einem „Null-Untergrund" gearbeitet werden kann. Sie lässt sich auch für zweidimensional abbildende Messungen einsetzen. Bei der Untersuchung von Verbrennungsprozessen ergeben sich die besten Bedingungen in offenen Flammen, wobei keine zusätzlich depolarisierenden optischen Komponenten (wie z. B. Fenster) im Strahlengang erforderlich sind.

3.3.2.4 Mehrphotonenabsorption und -ionisation

Der optische Nachweis verschiedener in Verbrennungsprozessen wichtiger Spezies (Wasserstoff- und Sauerstoffatome, Kohlenmonoxid u. a.) gelingt nicht durch Einphotonenanregung, da die hierfür notwendigen Wellenlängen im Vakuum-UV ($\lambda < 200$ nm) liegen und in Flammen vollständig absorbiert werden. Dieses Problem kann man mithilfe der Mehrphotonenabsorption (MPA) umgehen, bei der Photonen längerer Wellenlängen zur Anregung eingesetzt werden können. Die Übergangswahrscheinlichkeit $W^{(N)}$ für einen N-Photonenübergang mit dem Absorptionsquerschnitt $\sigma^{(n)}$ und den Laserintensitäten $I_i(\omega_i)$ ist

$$W^{(n)} = \frac{\sigma^{(n)} I_1(\omega_1) \dots I_n(\omega_n)}{\hbar^n \omega_1 \dots \omega_n}. \tag{3.69}$$

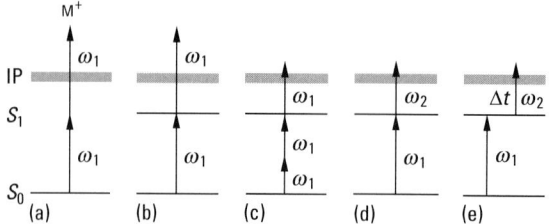

Abb. 3.21   Verschiedene Arten der Multiphotonenionisation: (a) Einfarben-Zweiphotonenionisation über einen virtuellen Zwischenzustand, (b) Einfarben-Zweiphotonenionisation über einen realen Zwischenzustand, (c) Einfarben-Zweiphotonenanregung eines resonanten Zwischenzustandes mit nachfolgender Ionisation, (d) Zweifarben-Zweiphotonenionisation, (e) Zweifarben-Zweiphotonenionisation mit Verzögerung des zweiten Photons.

Da $\sigma^{(n)}$ bereits für eine Zweiphotonenabsorption zum Beispiel im OH-Radikal nur einen Wert von $10^{-50}\,cm^4\,s$ hat und für Dreiphotonenübergänge nur ein Wert von $10^{-81}\,cm^6\,s^2$ erreicht wird, müssen sehr hohe Laserintensitäten eingesetzt werden. Dies kann zu Störungen des Nachweises durch photochemisch erzeugte Teilchen, Gasdurchbrüche und spektrale Verbreiterungen führen.

Sind jedoch reale Molekülzustände als Zwischenzustände an der Mehrphotonenabsorption beteiligt (Abb. 3.21), so steigt aufgrund der Resonanzverstärkung die Übergangswahrscheinlichkeit an. Die resonanzverstärkte Multiphotonenionisation (REMPI) in Verbindung mit der Massenspektroskopie erlaubt einen empfindlichen Nachweis von stabilen und instabilen Teilchen in Verbrennungsprozessen. Da bei der Mehrphotonenionisation (MPI) die Ionen innerhalb der kurzen Laserpulsdauer in einem kleinen Volumen gebildet werden und die Ausgangmoleküle in einem durch Überschallexpansion erzeugten Molekularstrahl eine sehr enge Geschwindigkeitsverteilung besitzen, kann eine Massenbestimmung der Teilchen über die Messung der Ionenflugzeit erfolgen. Die durch eine Ionenoptik mit einer Spannung U beschleunigten Ionen der Masse m mit der Ladung q besitzen dann eine Geschwindigkeit v von

$$v = \sqrt{\frac{2\,q\,U}{m}}.\tag{3.70}$$

Die Auflösung $m/\Delta m$ eines linearen Flugzeitmassenspektrometers liegt bei etwa 200–300. Durch Reflexion der Ionen in einem Reflektorfeld kann eine Korrektur der Unschärfe der kinetischen Energie der Ionen aufgrund der endlichen Ausdehnung des Laserfokus erfolgen. Die schnellen Ionen tauchen tiefer in das Reflektorfeld ein und werden damit in ihrer Ankunft auf dem Detektor verzögert. Durch Optimierung von Ionenquelle und Reflektor sind Massenauflösungen von $5 \cdot 10^4$ erreichbar. Mit der REMPI-Flugzeitmassenspektrometrie erhält man neben der Masseninformation auch ein optisches Spektrum der untersuchten Teilchen. Dieser spektrale „Fingerabdruck" erlaubt z. B. eine Trennung von isomeren Molekülen gleicher Masse.

3.4 Laminare vorgemischte Flammen

3.4.1 Massenspektrometrische Messungen: Majoritätenspezies

Flache laminare Flammen sind ein wichtiges Werkzeug zur Entwicklung und Überprüfung von Verbrennungsmodellen mit detaillierter Beschreibung chemischer Reaktionsmechanismen. Über einer gesinterten Metallplatte, durch die über einen Querschnitt von mehreren Zentimetern ein gleichmäßiger Strom eines Brennstoff/Luft-Gemisches mit konstantem Mischungsverhältnis ausströmt, bildet sich eine scheibenförmige Flammenfront aus. Ist der Durchmesser dieser Flamme groß genug, können in der Mitte Einflüsse der Randbereiche ausgeschlossen werden. Die Konzentrationsprofile entlang der zentralen Achse lassen sich dann direkt mit den Zeitprofilen einer eindimensionalen Simulationsrechnung korrelieren. Bei genügendem Abstand von der Flammenfront stellt sich die für die jeweilige Flammentemperatur und Brenngaszusammensetzung typische Gleichgewichtszusammensetzung ein. Aufgrund dieser einfachen Geometrie können für die Simulation vollständige chemische Mechanismen eingesetzt werden (die sich in mehrdimensionalen Rechnungen wegen der auch auf Hochleistungsrechnern zu langen Rechenzeiten verbieten). In einer solchen Flamme ist die Dicke der Reaktionszone bei gegebener Brennstoff/Luft-Mischung stark von der Zahl reaktiver Stöße pro Zeit abhängig. Sie variiert daher stark (aber in einfach vorhersagbarer Weise) mit dem Druck. Detaillierte Studien über die Variation der Gaszusammensetzung als Funktion des Abstands vom Brenneraustritt werden daher häufig bei Niederdruck (einige 10^3 bis 10^4 Pa) durchgeführt. Unter diesen Bedingungen erstrecken sich die Gradienten der wesentlichen reaktiven Spezies über einen Bereich von einigen Millimetern und sind daher mit modernen experimentellen Techniken gut messbar.

Die Konzentration der Hauptspezies der Verbrennung kann massenspektroskopisch untersucht werden. Wie bei allen Probennahmetechniken muss hier in der Simulation aber die Veränderung der Umgebungsbedingungen durch die Anwesenheit der Probensonde berücksichtigt werden. Die Ergebnisse einer solchen Messung in einer mit Argon verdünnten Propan/Sauerstoff-Flamme ($p = 10^4$ Pa) sind in Abb. 3.22a dargestellt (Symbole) und mit den Ergebnissen einer Simulationsrechnung (Linien) verglichen. Die OH-Konzentrationsverteilung wurde über absorptionsspektroskopische Messungen ermittelt (s. Abschn. 3.3.1.1). Man erkennt, dass der Brennstoff Propan innerhalb der ersten zwei Millimeter fast vollständig verschwindet und sich gleichzeitig (bei zunehmender Temperatur) kleinere Kohlenwasserstoff-Fragmente und Wasserstoff bilden, während die Konzentration der Oxidationsprodukte (zunächst CO und H_2O) steil ansteigt. Während die H_2O-Konzentration rasch ihren Gleichgewichtswert erreicht, benötigt die vollständige Oxidation von CO zu CO_2 mehr Zeit. Erst nach etwa 10 mm haben sich die hier untersuchten Spezies den Gleichgewichtskonzentrationen angenähert. Änderungen der Gaszusammensetzung bei größerem Abstand zur Flammenzone gehen auf das langsame Abkühlen des Abgasgemischs zurück.

Neben den hier aufgeführten Spezies können mit einer Anlage, wie sie in Abb. 3.22b skizziert ist, eine Vielzahl unterschiedlicher Moleküle, wie sie beispielsweise als Rußvorläufer in brennstoffreichen Flammen auftreten, quantitativ bestimmt werden [4]. In dem über die Sonde aus der Flamme extrahierten Gasgemisch

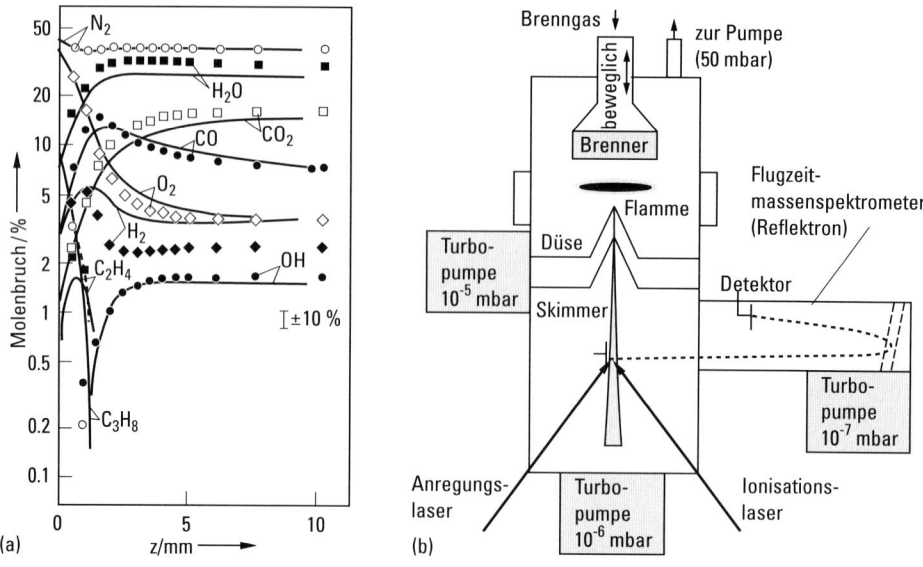

Abb. 3.22   (a) Struktur einer laminaren vorgemischten Propan/Sauerstoff-Flamme (verdünnt mit Argon) in Abhängigkeit vom Abstand zur Brenneroberfläche (bei $p = 10^4$ Pa). (b) REMPI-Aufbau zur massenspektrometrischen Untersuchung der Gaszusammensetzung in der Flamme (Atakan [4]).

werden über resonante Multiphotonenionisation (REMPI) einzelne Molekülklassen gezielt ionisiert und im nachgeschalteten Flugzeitmassenspektrometer nach ihrer Masse getrennt detektiert. Im REMPI-Prozess wird dabei Laserstrahlung eingesetzt, die die gewünschten Moleküle zunächst durch resonante Absorption in einen angeregten elektronischen Zustand versetzt, aus dem heraus durch Absorption weiterer Photonen Ionisation stattfindet (s. Abschn. 3.3.2.4). Die doppelte Selektivität (Anregungswellenlänge und Molekülmasse) erlaubt die selektive Detektion „ähnlicher", aber für die Aufklärung beispielsweise der Reaktionsmechanismen in der Rußbildung entscheidender Moleküle (z. B. Isomere) mit großer Trennschärfe.

3.4.2 Laseroptische Messungen: Minoritätenspezies und Radikale

Zahlreiche Spezies entziehen sich wegen ihrer geringen Konzentration (Minoritätenspezies) oder ihrer hohen Reaktivität (Radikale) den oben genannten Messverfahren. Zudem ist in vielen Situationen eine berührungslose Messung wünschenswert, da in das Strömungsfeld eingebrachte Sonden die Geometrie des Problems in unübersichtlicher Weise verändern und die Sondenoberfläche durch Wärmeübertrag und katalytische Aktivität die Reaktion stört. In solchen Fällen kommen laseroptische Verfahren zum Einsatz (s. Abschn. 3.3). Die Wechselwirkung von Stickstoff mit der Flammenchemie ist von besonderem Interesse, da NO (Stickstoffoxid) ein wesentlicher durch Verbrennungsprozesse freigesetzter Schadstoff ist. Sowohl für die Bildung als auch für dessen Zerstörung („NO-reburn") innerhalb der Flamme sind Reaktionen mit CH₃-, CH- und CN-Radikalen von großer Bedeutung. Die Untersuchung dieser Spezies in Niederdruckflammen (hier $CH_4/NO/O_2/N_2$-Flammen) ist ein typisches Anwendungsbeispiel für die quantitative Bestimmung reaktiver Minoritätenspezies.

Die in Abb. 3.23 dargestellten CH₃-, OH- und NO-Konzentrationsprofile sind über absorptionsspektroskopische Messungen bestimmt worden. Die relative Absorption der Anregungswellenlänge ist aufgrund der geringen Größe der Flamme (wenige cm) gering. Zur Verstärkung des Messsignals wird daher über Spiegel der Laserstrahl mehrere Male durch die Flamme geleitet, bevor er auf den Detektor fällt. Der Vergleich der Transmission der Flammengase bei Abstimmung der Laserwellenlänge auf bzw. abseits der resonanten Absorption erlaubt – unter Berücksichtigung der lokalen Temperatur – die quantitative Bestimmung der Konzentration. Anstelle der Verlängerung der Absorptionsstrecke lässt sich zur Messung geringer Absorptionen eine Variante anwenden, die so genannte *Cavity-ring-down-Methode* (CRD). Hier befindet sich das absorbierende Volumen (also in unserem Fall die Flamme) innerhalb eines durch zwei hochreflektierende Spiegel (mit einem

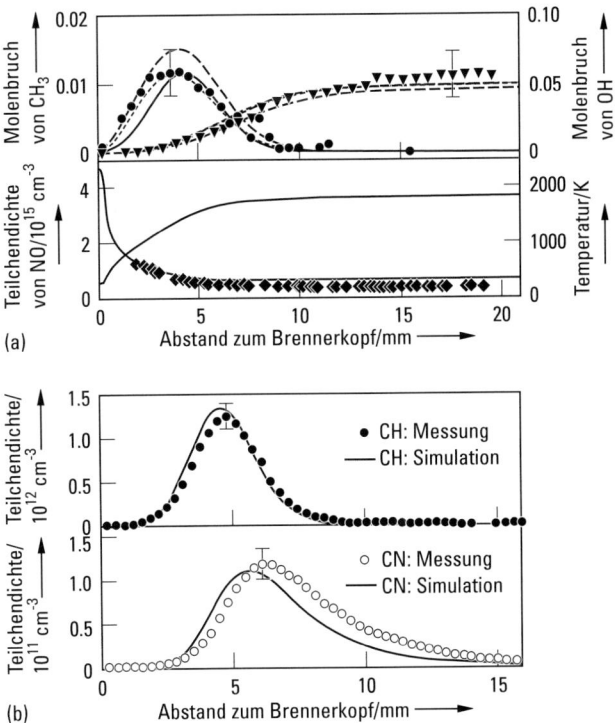

Abb. 3.23 Konzentrationsprofile von Minoritäten-Spezies in $CH_4/O_2/NO/N_2$-Niederdruckflammen. CH₃, OH, NO und die Temperatur sind absorptionsspektroskopisch gemessen [3]. Die Verteilung von CH und CN ist über LIF bestimmt und mit CRD kalibriert (s. Abb. 3.24 [38]).

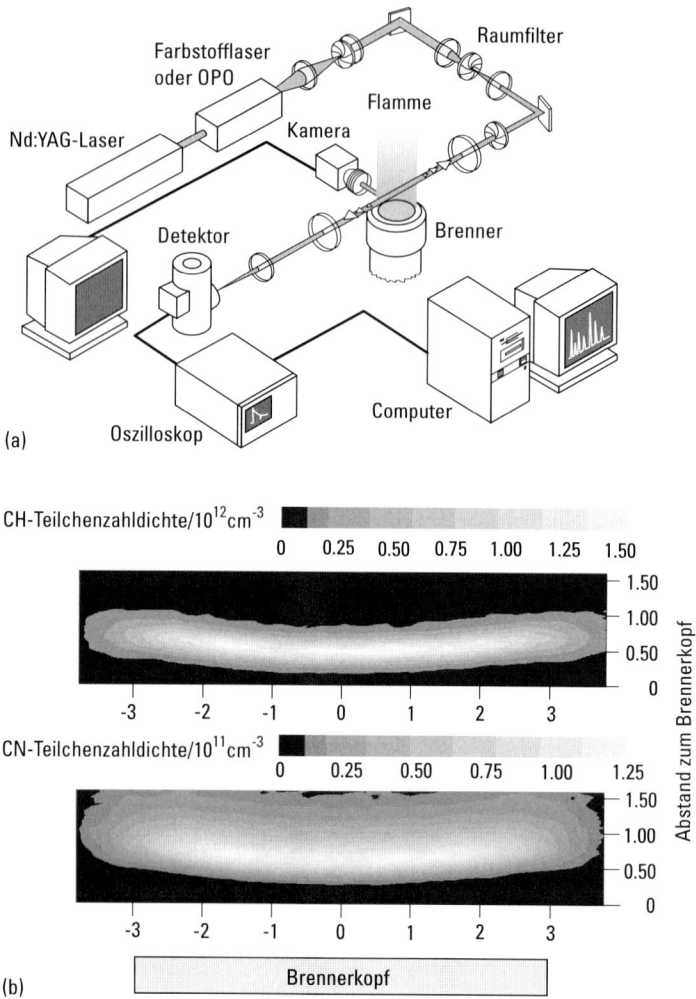

Abb. 3.24 (a) Schematischer Aufbau der simultanen Messung von Minoritätenspezies-Konzentrationsverteilungen mit LIF und CRD [38]. Die beiden Spiegel vor und hinter der Flamme bilden den Resonator, die Zeitabhängigkeit des durch den vorderen Spiegel austretenden Lichts trägt die (absolute) Konzentrationsinformation. Aus der simultanen LIF-Messung wird die relative Konzentrationsverteilung entlang des Laserstrahls bestimmt und das Absorptionssignal auf Abweichungen von der Annahme einer „flachen" Flamme korrigiert. (b) Zweidimensionale CH- und CN-LIF-Konzentrationsverteilung.

Reflexionsgrad von typischerweise 99.999 %) aufgebauten Resonators. Die Güte dieses Resonators wird – ohne weitere Absorptionseffekte – nur durch die Qualität der Spiegel bestimmt; der eingekoppelte Laserimpuls klingt also nur langsam ab. Absorbiert das Medium innerhalb des Reflektors durch Abstimmen der Strahlung auf eine Molekülresonanz, nimmt dagegen die Güte des Resonators stark ab. Eine

Konzentrationsmessung ist daher möglich, wenn man die Zeitabhängigkeit der (sehr geringen) Lichtintensität beobachtet, die den Resonator durch einen der Spiegel verlässt.

Dieses Verfahren wurde bei den CH- und CN-Messungen, die in Abb. 3.23b dargestellt sind, eingesetzt, um die LIF-Messungen (s. Abschn. 3.3.1.2) zu kalibrieren. Die entlang des im Resonator „eingefangenen" Laserstrahls emittierte LIF-Intensität wurde durch eine Kamera mit eindimensionaler Ortsauflösung detektiert. Die Ergebnisse aus unterschiedlichen Messpositionen oberhalb des Brennerkopfes wurden dann zu den in Abb. 3.24b gezeigten zweidimensionalen Bildern zusammengefügt. Es zeigt sich, dass die Annahme einer „flachen" Flamme nicht gerechtfertigt ist. Aufgrund von Randeffekten ergibt sich eine schwache Wölbung, die wiederum bei der Analyse der Absorptionsmessungen (die einen integralen Wert über eine horizontale Linie liefern) berücksichtigt werden muss. Die Kombination von eindimensionaler LIF-Messung und CRD liefert daher in einer laminaren Flamme quantitative Konzentrationsverteilungen reaktiver Minoritätenspezies im sub-ppm-Bereich.

3.4.3 Spektroskopische Untersuchungen in Hochdruckflammen

Mit zunehmendem Druck nimmt die Dicke der Flammenfront ab. Eine detailliert aufgelöste Messung der Konzentrationsverteilungen innerhalb der Flammenfront ist daher nicht mehr möglich. In laminaren Flammen beschränken sich die Messungen unter Hochdruckbedingungen auf die Abgaszone. Dennoch sind Messungen unter diesen Bedingungen interessant, da ein großer Teil technischer Verbrennungs-

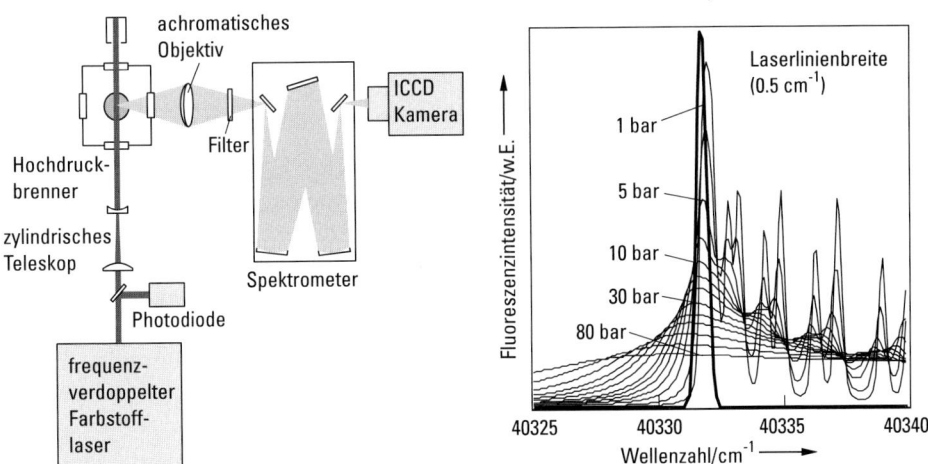

Abb. 3.25 Spektroskopische Untersuchung in Hochdruckflammen. (a) Schema des experimentellen Aufbaus. (b) Linienverbreiterung und Verlust der Rotationsfeinstruktur mit zunehmendem Druck am Beispiel von NO.

prozesse (z. B. in Motoren und Flugzeugtriebwerken) unter erhöhtem Druck abläuft, wobei die Wahrscheinlichkeit von Dreierstoßreaktionen steigt, die in Niederdruckflammen nur eine untergeordnete Rolle spielen. Zum anderen ermöglichen derartige Flammen die Entwicklung und Charakterisierung von spektroskopischen Methoden, die anschließend geeignet sind, auch in technischen Prozessen quantitative Konzentrationsinformationen zu liefern.

Diese spektroskopischen Anforderungen sollen am folgenden Beispiel kurz geschildert werden. Mit zunehmendem Druck nimmt die Breite der Absorptionslinien der Spezies durch Druckverbreiterung stark zu (siehe Abschn. 3.3.1.1). Dies ist in Abb. 3.25b anhand von NO-LIF im Druckbereich von 1–80 bar dargestellt. Diese Linienverbreiterung tritt nicht nur bei der Molekülsorte auf, die untersucht werden soll, sondern auch bei anderen Molekülen, die bei ähnlichen Energien elektronische Übergänge aufweisen. Die Absorptionsspektren beginnen sich daher zu überlappen. Dadurch nimmt die Trennschärfe der Anregung ab, und es muss nach geeigneten spektralen Schemata (bezüglich Anregungswellenlänge und Detektionsbereich) gesucht werden, die auch unter Hochdruckbedingungen eine hohe Selektivität gewährleisten und somit auch in technischen Hochdrucksystemen (s. Abschn. 3.8) zuverlässige Ergebnisse liefern.

3.4.4 Zündprozesse

Die Frage, ob eine Brennstoff/Sauerstoff-Mischung unter bestimmten Temperatur- und Druckbedingungen spontan zündet oder aber in der Lage ist, eine Verbrennung zu unterhalten, bzw. welcher Energieeintrag für eine Zündung eines metastabilen Gemisches erforderlich ist, ist sowohl für die technische Nutzung der Verbrennung als auch für die Sicherheitstechnik von zentraler Bedeutung. Zwei unterschiedliche Prozesse sind dafür entscheidend. Zum einen muss die Radikalreaktion in Gang gehalten werden, d. h. es müssen mindestens so viele Radikale über Kettenverzweigungsreaktionen neu gebildet werden wie durch Wandeffekte bzw. Kettenabbruch-Reaktionsschritte vernichtet werden. Zum anderen muss sichergestellt sein, dass die Verbrennung mindestens so viel Wärme freisetzt, wie durch Wärmetransport nach außen abgeführt wird.

Diese beiden Grundbedingungen führen zu den in Abb. 3.26 am Beispiel der Knallgasreaktion (H_2/O_2) dargestellten Zündgrenzen. Der untere Kurventeil (erste Zündgrenze) wird durch den Radikalhaushalt dominiert. Bei geringem Druck ist die freie Weglänge der Moleküle so groß, dass die Wahrscheinlichkeit der Radikallöschung durch Wandstöße größer als die der Kettenverzweigung ist. Eine Reaktion ist daher nur bei Temperaturen möglich, bei denen durch die Verzweigungsreaktion (3.71) ausreichend Radikale (das ungepaarte Elektron des Radikals ist durch den Punkt $^{\cdot}$ symbolisiert) neu gebildet werden:

$$H^{\cdot} + O_2 \rightarrow {}^{\cdot}OH + O^{\cdot}. \tag{3.71}$$

Die zweite Zündgrenze (mittlerer Teil in Abb. 3.26) wird dagegen durch das Auftreten von Kettenabbruchreaktionen (3.72) mit zunehmendem Druck bestimmt. Kettenabbruchreaktionen erfordern die Anwesenheit eines dritten Stoßpartners, der die bei der Radikalrekombination frei werdende Energie in Form kinetischer Energie aufnehmen kann (ansonsten wäre das neu gebildete Molekül so energiereich, dass es spontan wieder zerfallen würde). Die Wahrscheinlichkeit für Dreierstöße nimmt mit dem Druck stark zu, weswegen sich die Zündgrenze in diesem Druckbereich wieder zu höheren Temperaturen verschiebt.

$$H^{\bullet} + O_2 + M \rightarrow HO_2^{\bullet} + M, \quad HO_2^{\bullet} \xrightarrow{\text{Wand}} \text{stabile Produkte}. \quad (3.72)$$

Im oberen Kurventeil (dritte oder thermische Zündgrenze), in dem sich wiederum das Verhalten der (T, p)-Abhängigkeit umkehrt, dominiert der oben genannte thermische Aspekt. Bei sehr hohem Druck wird die volumenbezogene Energiefreisetzung so hoch, dass die Wärme nicht mehr mit der erforderlichen Geschwindigkeit an die Umgebung abgeführt werden kann. Es kommt zur thermischen Explosion. Ist die dadurch entstehende Reaktion so heftig, dass die temperatur- und reaktionsbedingte Volumenzunahme nicht durch Teilchentransport kompensiert werden kann, treten lokale Druckgradienten auf. Bildet sich eine Stoßwelle, die während ihrer Ausbreitung durch adiabatische Kompression aufgeheiztes Gasgemisch zur Zündung bringt, verursacht diese den Übergang zur Detonation. Im Gegensatz zur langsamen, durch die Radikalchemie gesteuerten Flammenfrontausbreitung (Deflagration) mit Geschwindigkeiten in der Größenordnung von $0.1-10\,\text{m/s}$ (die größere Ausbreitungsgeschwindigkeit gilt für turbulente Flammen), wird bei der Detonation die Flammenausbreitung durch die Fortpflanzungsgeschwindigkeit der Druckwelle bestimmt. Aufgrund der hohen Schallgeschwindigkeit in heißen Gasen kann dies mit Geschwindigkeiten bis über $1000\,\text{m/s}$ erfolgen.

Während die thermische Explosion unmittelbar einsetzt, wenn die dazu erforderlichen Voraussetzungen gemäß Abb. 3.26 erreicht werden, tritt die Reaktion im von der Radikalchemie dominierten Bereich mit einer gewissen Verzögerung, der so genannten Zündverzugszeit τ, ein. Während dieser Zeit laufen für die Verbrennung entscheidende, die Zahl der freien Radikale vergrößernde Reaktionen ab, die aber die Temperatur der Reaktionsmischung nur gering beeinflussen. Die Abnahme von τ mit steigender Temperatur (Gl. (3.73)) reflektiert die Temperaturabhängigkeit (ge-

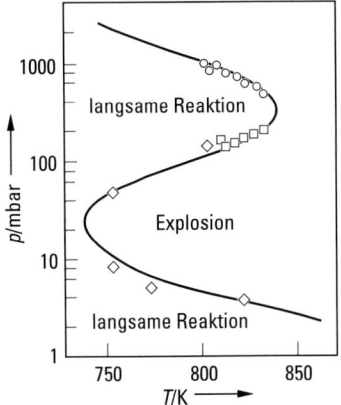

Abb. 3.26 Zündgrenzen im H_2/O_2-System; p-T-Zünddiagramm.

mäß dem Arrhenius-Gesetz, s. Gl. (3.27)) der zugrunde liegenden Elementarreaktionen.

$$\tau \approx A \, e^{\frac{B}{T}}. \tag{3.73}$$

Bei Kohlenwasserstoffen tritt im Bereich der dritten Zündgrenze das Feld der so genannten „kalten Flammen" auf. Mit zunehmender Temperatur verschiebt sich das Gleichgewicht einer für die Kettenverzweigung (und somit für den Unterhalt der Verbrennung) verantwortlichen Reaktion (3.74b) zu den Edukten. Zunehmende Wärmefreisetzung „bremst" also zunächst die Reaktion.

$$
\begin{array}{llll}
C_2H_6 & + O_2 & \rightarrow {}^{\cdot}C_2H_5 & + HO_2 & (a) \\
{}^{\cdot}C_2H_5 & + O_2 & \leftrightarrows C_2H_5O_2^{\cdot} & & (b) \\
C_2H_5O_2^{\cdot} & + C_2H_6 & \rightarrow C_2H_5OOH + {}^{\cdot}C_2H_5 & & (c) \\
C_2H_5OOH & & \rightarrow C_2H_5O^{\cdot} & + {}^{\cdot}OH & (d)
\end{array}
\tag{3.74}
$$

Laserexperimente gestatten eine detaillierte Untersuchung von Zündprozessen. Hierbei kann die Temperaturverteilung und die Verteilung reaktiver Spezies (z. B. des OH-Radikals) mit laserdiagnostischen Verfahren mit hoher räumlicher und zeitlicher Auflösung untersucht und die für die Zündung notwendige Zündenergie über Absorption von Laserstrahlung definiert in das System eingebracht werden. Abb. 3.27 zeigt den experimentellen Aufbau für ein solches Laserzündexperiment. Die Überlappung einer Emissionslinie eines CO_2-Lasers (9P12-Linie im (001)–(020)-Band) bei 9.48 µm ist geeignet, CO-Streckschwingungen (R(12), $v = 0 \rightarrow v = 1$-Übergang) im Brennstoff-Molekül (Methanol) anzuregen. Das sich während der Zündung bildende OH kann mit hoher zeitlicher und räumlicher Auflösung über LIF beobachtet werden. Die simultane Anregung des OH-Radikals mit zwei Wellenlängen ermög-

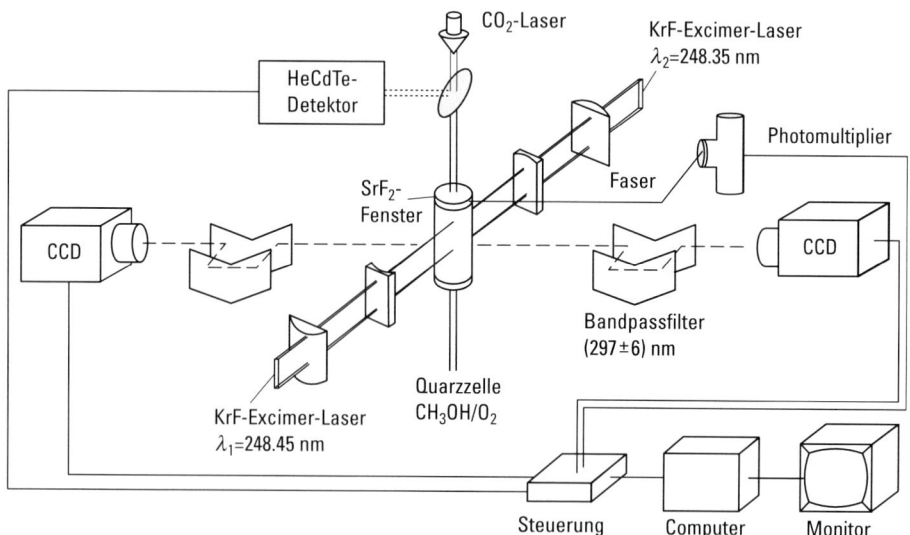

Abb. 3.27 Experiment zur Untersuchung der thermischen Zündung in Methanol/Sauerstoff-Mischungen.

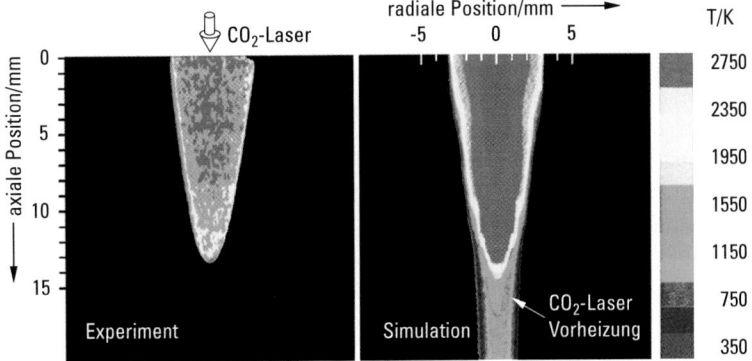

Abb. 3.28 Zweidimensionale Temperaturverteilung in der zündenden Methanol/Sauerstoff-Mischung (Äquivalenzverhältnis $\phi = 0.9$, Druck $p = 3 \cdot 10^4$ Pa). (a) Experimentelle Bestimmung durch OH-LIF-Thermometrie. (b) Direkte numerische Simulation [36].

licht die Bestimmung der Temperaturverteilung (s. Abschn. 3.3.1.2). In Abb. 3.28 ist das Ergebnis einer solchen Messung der direkten numerischen Simulation (siehe Abschn. 3.5.2) des Prozesses gegenübergestellt. Die konische Form der Flammenfront, die sich sowohl im Experiment als auch in der Simulation mit sehr guter Übereinstimmung findet, geht auf die Vorheizung des Gasgemisches im Bereich des Laserstrahls zurück. Die geringen Temperaturunterschiede aufgrund der Absorption des Zündlaserstrahls führen durch die starke T-Abhängigkeit der Zündprozesse zur Ausbildung der bevorzugten Flammenausbreitungsrichtung.

Neben dem intermolekularen H-Abstraktionsschritt analog der Formeln (3.74c) und (3.74d) bzw. (3.75a) und (3.75b)

$$\begin{align}
\text{(a)} \quad & \text{R-}^\alpha\text{CH}_2\text{-CH}_2\text{O}_2^\bullet + \text{RH} \quad \rightarrow \quad \text{R-}^\alpha\text{CH}_2\text{-CH}_2\text{OOH} + {}^\bullet\text{R} \\
\text{(b)} \quad & \text{R-}^\alpha\text{CH}_2\text{-CH}_2\text{OOH} \quad \rightarrow \quad \text{R-}^\alpha\text{CH}_2\text{-CH}_2\text{O}^\bullet + {}^\bullet\text{OH} \qquad (3.75)
\end{align}$$

kann es bei auch zu intramolekularen H-Abstraktionsschritten gemäß Gl. (3.76a) kommen. Diese Reaktion ist jedoch nur möglich, wenn das Kohlenstoffatom in α-Position (siehe Markierung α in den Formeln) nicht durch Seitenketten blockiert ist.

$$\begin{align}
\text{(a)} \quad & \text{R-}^\alpha\text{CH}_2\text{-CH}_2\text{O}_2^\bullet \qquad\qquad \rightarrow \quad \text{R-}^\alpha\text{C}^\bullet\text{H-CH}_2\text{OOH} \\
\text{(b)} \quad & \text{R-}^\alpha\text{C}^\bullet\text{H-CH}_2\text{OOH} + \text{O}_2 \quad \rightarrow \quad \text{R-}^\alpha\text{C(OO}^\bullet)\text{H-CH}_2\text{OOH} \qquad (3.76) \\
\text{(c)} \quad & \qquad\qquad\qquad\qquad\qquad \rightarrow\rightarrow \quad \text{R}^{\bullet\bullet} + 2\,\text{HO}_2^\bullet \quad \rightarrow\rightarrow \quad \text{H}_2\text{O}_2
\end{align}$$

In diesem Fall tritt anstelle des unmittelbaren Kettenverzweigungsschritts Gl. (3.75a) die Bildung von H_2O_2 auf, das erst bei Temperaturen über 1000 K sehr rasch durch Erzeugung weiterer freier Radikale zerfällt und damit die zweite Stufe des als „Zweistufenzündung" bekannten Prozesses einleitet. Bei Erreichen dieser Stabilitätsgrenze nimmt dann der Reaktionsumsatz schlagartig zu. In Motoren führt dies zum so genannten „Klopfen". Die Energie zur Freisetzung der Radikale wird durch die von der Verbrennung verursachte Druckwelle (durch adiabatische Kompression) geliefert, der Prozess ist also eine Detonation, die sich mit Überschallgeschwindigkeit fortpflanzt und Stoßwellen mit sehr steilem Druckanstieg induziert. Diese Druckwellen können im Motor zerstörerische Wirkung entfalten. Das Klopfen selbst kann durch kleine Temperaturfluktuationen von 20–30 K (so genannte „hot spots", s. Abschn. 3.8.4) initiiert werden. Die Selbstzündungsneigung eines Kraftstoffs wird durch die „Oktanzahl" angegeben. Sie ist das prozentuale Mischungsverhältnis von iso-Oktan und n-Heptan in einem Zweikomponentenvergleichskraftstoff. Das n-Heptan als unverzweigter Kohlenwasserstoff neigt analog zur oben dargestellten Diskussion stark zur Zweistufenzündung, während in iso-Oktan (2,2,4-Trimethylpentan) die α-Kohlenwasserstoffatome durch Methyl-Seitenketten blockiert sind, so dass die intramolekularen Prozesse nach Gl. (3.76) stark behindert werden.

3.5 Turbulente vorgemischte Flammen

3.5.1 Grundphänomene

Zur Erhöhung der Geschwindigkeit des chemischen Umsatzes werden in technischen Verbrennungsprozessen meist turbulente Strömungen eingesetzt. Während in laminaren Flammen Geschwindigkeit und Skalare (Dichte, Temperatur und Konzentrationen) wohldefinierte Werte annehmen, sind turbulente Flammen durch kontinuierliche *Fluktuationen* der Geschwindigkeit charakterisiert, die ihrerseits zu Fluktuationen der skalaren Größen führen können. Diese Fluktuationen werden durch Wirbel bedingt, die durch Scherkräfte in der Strömung entstehen. Der Umschlag einer *laminaren* in eine *turbulente* Strömung erfolgt bei einer charakteristischen *Reynolds-Zahl* $Re = \varrho\,v\,l/\mu = v\,l/\nu$, die die Konkurrenz zwischen der destabilisierenden Trägheitskraft und einer stabilisierenden (oder dämpfenden) Viskositätskraft widerspiegelt. Dabei sind ϱ die Dichte, v die Geschwindigkeit, μ die Zähigkeit des betrachteten Fluids ($\nu = \mu/\varrho$) und l eine charakteristische Länge des Systems, die von der Art und Geometrie des Systems abhängt. Überwiegen die destabilisierenden Prozesse, so führen selbst minimale Störungen zu drastischen Änderungen der Strömung und können so einen Übergang zur Turbulenz bewirken. Die Wirbel unterliegen dabei der Konkurrenz ihrer (nichtlinearen) Erzeugung und ihrer Zerstörung durch Dissipation, bei der letztendlich die Energie der turbulenten Strömung in Wärme überführt wird.

3.5.2 Direkte numerische Simulation

Turbulente reaktive Strömungen lassen sich in Analogie zum laminaren Fall durch Lösung der Erhaltungsgleichungen für Masse, Impuls, Energie und Teilchenmassen mithilfe der Erhaltungsgleichungen simulieren (s. Abschn. 3.2.3). Der Rechenaufwand dieser *direkten numerischen Simulation* (DNS) ist allerdings außerordentlich hoch. Zunächst müssen die kleinsten Längenskalen bei der Ortsdiskretisierung aufgelöst werden. Die turbulente Strömung kann durch ein Spektrum von Wirbeln beschrieben werden, deren Dimensionen sich typischerweise über die Größenordnungen von der Gefäßdimension bis hin zur Größe der kleinsten auftretenden Wirbel

(Kolmogorov-Länge η) erstrecken. Zur Erfassung aller Ortsskalen werden daher in jeder Raumdimension typischerweise 10^3 Gitterpunkte benötigt, für dreidimensionale Probleme also mindestens 10^9. Gleichzeitig müssen bei einer vollständigen Beschreibung der chemischen Reaktionen in komplexen Systemen (z. B. Verbrennung von Benzin im Otto-Motor) 10^3–10^4 Reaktionsgleichungen berücksichtigt werden. Zur Beschreibung des Ablaufs der chemischen Reaktionen müssen Zeitschritte von 10^{-7} s und Integrationszeiten von 10^{-3}–10^{-2} s benutzt werden. Damit kommt man insgesamt auf 10^{15}–10^{18} Integrationsschritte mit 10^{17}–10^{20} Rechenoperationen, wobei auch die leistungsfähigsten Parallelrechner derzeit nur etwa 10^{13} Rechenoperationen pro Sekunde erlauben. Hinzu kommt, dass man in der Regel nicht an detaillierten, momentanen Strukturen, sondern an globalen Ergebnissen interessiert ist, so dass zahlreiche Simulationen mit geringfügig variierten Eingangsbedingungen ausgeführt und gemittelt werden müssten.

Die DNS ist daher bisher auf kleine Ortsbereiche begrenzt. Abb. 3.29 zeigt die mittels DNS berechnete Konzentrationsverteilung von OH- und CO-Radikalen so-

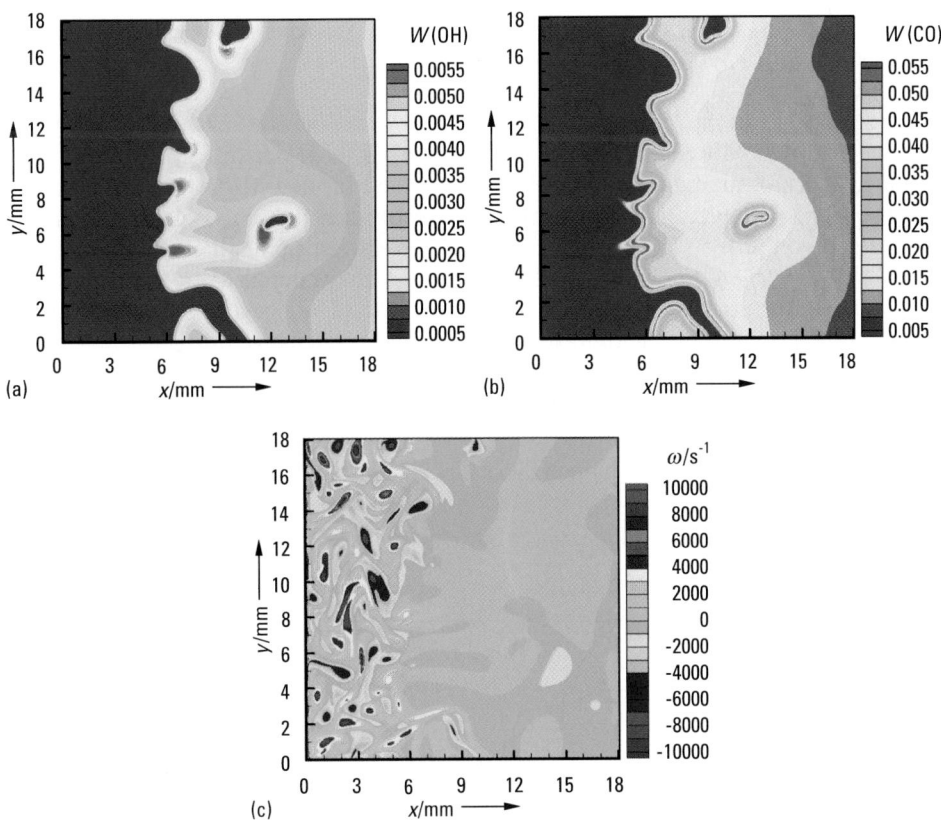

Abb. 3.29 Direkte numerische Simulation des Massenbruchs w von OH (a), CO (b) und der Wirbelstärke (c) in einer turbulenten vorgemischten Methanflamme.

wie die Wirbelstärke in einer turbulenten Methanvormischflamme. Analoge experimentelle Ergebnisse werden beispielhaft für nicht-vorgemischte Flammen in Abschn. 3.7.1.1 vorgestellt.

Zusammenfassend lässt sich feststellen, dass in den nächsten zwanzig Jahren eine praktikable mathematische Beschreibung technischer Verbrennungsprozesse nur dann möglich ist, wenn sowohl die Turbulenz als auch die chemische Reaktion durch vereinfachte, jedoch in ihrem Gültigkeitsbereichen klar beurteilbare Modelle beschrieben werden können.

3.5.3 Gemittelte Erhaltungsgleichungen

In der Praxis ist man meist nicht an lokalen und momentanen Strukturen interessiert, sondern an globalen, zeitlich gemittelten Ergebnissen. Hierfür lassen sich *zeitlich gemittelte Erhaltungsgleichungen* herleiten.

Zeitliche Mittelwerte in nichtstationären Systemen lassen sich festlegen, wenn die zeitlichen Fluktuationen sehr schnell gegenüber der zeitlichen Änderung des Mittelwertes sind (Abb. 3.30). Es ist zweckmäßig, gemäß Gl. (3.77) den aktuellen Wert einer Funktion q in ihren Mittelwert $\langle q \rangle$ und die *Schwankung* oder *Fluktuation* q' aufzuspalten.

$$q(\mathbf{r}, t) = \langle q \rangle(\mathbf{r}, t) + q'(\mathbf{r}, t). \tag{3.77}$$

Bildet man den Mittelwert sowohl der rechten als auch der linken Seite der Gleichung, so erhält man die wichtige Bedingung, dass für den Mittelwert der Schwankungen $\langle q' \rangle = 0$ gilt. Eine bei Verbrennungsprozessen typische Eigenschaft ist das Auftreten von großen Dichteschwankungen. Es erweist sich daher als zweckmäßig, die *Favre-Mittelung* (*dichtegewichtete Mittelung*) als weiteren Mittelwert einzuführen. Sie ist für eine beliebige Größe q durch Gl. (3.78) gegeben und ermöglicht häufig eine kompaktere Schreibweise der Erhaltungsgleichungen.

$$\tilde{q} = \frac{\langle \varrho q \rangle}{\langle q \rangle} \quad \text{bzw.} \quad \langle \varrho \rangle \tilde{q} = \langle \varrho q \rangle. \tag{3.78}$$

Analog zu Gl. (3.77) lässt sich auch diese Größe in ihren Mittelwert und die Schwankung aufspalten:

$$q(\mathbf{r}, t) = \tilde{q}(\mathbf{r}, t) + q''(\mathbf{r}, t), \tag{3.79}$$

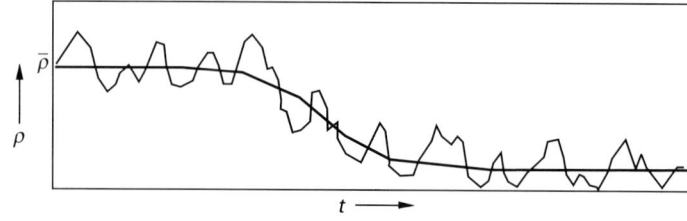

Abb. 3.30 Zeitliche Fluktuationen und zeitliche Mittelwerte bei einem statistisch nichtstationären Prozess.

wobei sich für den Mittelwert der *Favre-Fluktuation* q'' ebenfalls ergibt, dass

$$\langle \varrho q'' \rangle = 0. \tag{3.80}$$

Setzt man in die Definition für die Favre-Mittelung Gl. (3.78) in Gl. (3.77) ein, so lässt sich eine Beziehung (3.81) ableiten, die eine Umrechnung des Mittelwertes einer Variablen q in den Favre-Mittelwert erlaubt. Hierfür muss jedoch die *Korrelation* $\langle \varrho' q' \rangle$ der Schwankungen der Dichte und der Größe q bekannt sein.

$$
\begin{aligned}
\tilde{q} &= \frac{\langle \varrho q \rangle}{\langle q \rangle} = \frac{\langle (\langle \varrho \rangle + \varrho')(\langle q \rangle + q') \rangle}{\langle \varrho \rangle} \\
&= \frac{\langle \langle \varrho \rangle \langle q \rangle \rangle + \langle \langle \varrho \rangle q' \rangle + \langle \varrho' \langle q \rangle \rangle + \langle \varrho' q' \rangle}{\langle \varrho \rangle} = \langle q \rangle + \frac{\langle \varrho' q' \rangle}{\langle \varrho \rangle}.
\end{aligned} \tag{3.81}
$$

Nach Anwendung der Favre-Mittelung auf die in Abschn. 3.2.3 vorgestellten Navier-Stokes-Gleichungen ergeben sich die folgenden gemittelten Erhaltungsgleichungen [39, 40].

Für die Erhaltung der Gesamtmasse gilt

$$\frac{\partial \langle \varrho \rangle}{\partial t} + \nabla \cdot (\langle \varrho \rangle \tilde{v}) = 0. \tag{3.82}$$

Entsprechend ergibt sich für die Erhaltung der Masse der Teilchen i aus Gl. (3.1) unter Verwendung der Näherung für den Diffusionsfluss $j_i = -D_i\,\varrho\,\mathrm{grad}\,w_i$, Gl. (3.78) und der Beziehung $\langle \varrho u v \rangle = \langle \varrho \rangle \tilde{u} \tilde{v} + \langle \varrho u'' v'' \rangle$ für die Korrelation zweier Größen u und v

$$\frac{\partial (\langle \varrho \rangle \tilde{w}_i)}{\partial t} + \nabla \cdot (\langle \varrho \rangle\, \tilde{v}\,\tilde{w}_i) + \nabla \cdot (-\langle \varrho\, D_i \nabla w_i \rangle + \langle \varrho\, v''\, w_i'' \rangle) = \langle M_i \omega_i \rangle. \tag{3.83}$$

Dabei ist w_i der Massenbruch, d. h. der Anteil der Spezies i an der Gesamt*masse* (der Molenbruch x_i ist dagegen der Anteil der Spezies i bezogen auf die Gesamt*zahl* der Teilchen). Für die Impulserhaltungsgleichung (3.2) ergibt die Mittelung weiterhin den Zusammenhang

$$\frac{\partial (\langle \varrho \rangle \tilde{v}_i)}{\partial t} + \nabla \cdot (\langle \varrho \rangle\, \tilde{v}\tilde{v}) + \nabla \cdot (\langle p \rangle + \langle \varrho v'' v'' \rangle) = 0 \tag{3.84}$$

mit $\langle p \rangle$ als dem gemittelten Schubspannungstensor p (und $\tilde{v}\tilde{v}$ als Tensorprodukt mit den Komponenten $v_i v_j$). Für die Energieerhaltung (3.3) folgt schließlich mit der Näherung für den Wärmefluss $j_q = -\lambda\,\mathrm{grad}\,T$

$$\frac{\partial (\langle \varrho \rangle \tilde{h}_i)}{\partial t} - \frac{\partial \langle p \rangle}{\partial t} + \nabla \cdot (\langle \varrho \rangle\, \tilde{v}\tilde{h}) + \nabla \cdot (-\langle \lambda\,\mathrm{grad}\,T \rangle + \langle \varrho\, v'' h'' \rangle) = 0. \tag{3.85}$$

Dabei sind die Terme $\sum \langle p \rangle_{ij} \partial_i v_j$ und $\mathrm{div}(p)$ nicht berücksichtigt, da sie nur beim Auftreten von Stoßwellen oder Detonationen, d. h. bei extremen Druckgradienten wesentlich sind. Analog zu den ungemittelten Gleichungen benötigt man eine Zustandsgleichung, im einfachsten Fall die *ideale Gasgleichung*. Wenn die molaren Massen ähnlich sind, kann näherungsweise angenommen werden, dass die mittlere molare Masse $\langle M \rangle$ des Gemisches kaum fluktuiert. Dann erhält man für den mittleren Druck näherungsweise

$$\langle p \rangle = \frac{\langle \varrho \rangle R \tilde{T}}{\langle M \rangle}.$$ (3.86)

Da die Formulierung der Teilchenerhaltungsgleichungen durch das Auftreten von Quelltermen kompliziert wird, ist es zweckmäßig, stattdessen *Elementerhaltungsgleichungen* zu betrachten. Die chemischen Elemente werden bei Reaktionen weder gebildet noch zerstört, und damit verschwinden in diesen Gleichungen die Quellterme. Man führt den *Elementmassenbruch* Z_i [41] mit

$$Z_i = \sum_{j=1}^{S} m_{ij} w_j \quad \text{für } i = 1, \ldots, E$$ (3.87)

ein, wobei S die Stoffzahl (Zahl der Spezies im System) und E die Zahl der Elemente im betrachteten Gemisch sind. Der Massenanteil des Elementes i im Stoff j mit dem Molenbruch w_j wird durch μ_{ij} bezeichnet. Nimmt man näherungsweise an, dass alle Diffusionskoeffizienten D_i in Gl. (3.83) gleich sind, so lassen sich die mit μ_{ij} multiplizierten Erhaltungsgleichungen (3.4) für die Teilchenmassen summieren, und man erhält die Beziehung

$$\frac{\partial(\varrho Z_i)}{\partial t} + \operatorname{div}(\varrho \boldsymbol{v} Z_i) - \operatorname{div}(\varrho D \operatorname{grad} Z_i) = 0.$$ (3.88)

Diese Gleichung enthält wegen der Elementerhaltung $\Sigma \mu_{ij} M_i \omega_j = 0$ keinen Reaktionsterm mehr. Durch Zeitmittelung ergibt sich dann die quelltermfreie Gleichung

$$\frac{\partial(\langle \varrho \rangle \tilde{Z}_i)}{\partial t} + \operatorname{div}(\langle \varrho \rangle \tilde{\boldsymbol{v}} \tilde{Z}_i) - \operatorname{div}(\langle \varrho \boldsymbol{v}'' Z_i'' \rangle - \langle \varrho D \operatorname{grad} Z_i \rangle) = 0.$$ (3.89)

3.5.4 Flamelet-Modelle

Erste Modellvorstellungen über die Struktur turbulenter Flammen stammen von Damköhler [42]. Mithilfe der Damköhler-Zahl $Da = \tau_t / \tau_c$ lässt sich das Verhältnis einer charakteristischen turbulenten Zeit τ_t (Umdrehungszeit des größten Turbulenzelements) zu einer charakteristischen chemisch-kinetischen Zeit τ_c (Kehrwert des globalen Geschwindigkeitskoeffizienten) beschreiben. Für schnelle Reaktionen ($Da \gg 1$) findet die Verbrennung dann in dünnen Flammenfronten statt, die jede für sich laminaren Flammenfronten (Abb. 3.5) ähneln. Wirbel, die größer als die Flammenfrontdicke sind, können die Flammenzone verwinkeln und auffalten, so dass eine Vergrößerung der reaktiven Zone und eine Beschleunigung des Gesamtumsatzes erreicht werden. Mit steigender Reynolds-Zahl erwartet man eine zunehmende Zerklüftung der Flammenfront, wobei die kleinsten Wirbel, deren Abmessungen η kleiner sind als die laminare Flammenfrontdicke δ_l, in die Flammenfront eindringen und zu einer Störung der laminaren Verbrennung führen. Der Übergang zwischen diesen beiden Bereichen wird durch die Karlovitz-Zahl $Ka = (\delta_l / \eta)^2$ beschrieben. Der Bereich mit $Ka < 1$ wird als *Flamelet-Bereich* bezeichnet, in dem die

Abb. 3.31 Momentanbild der reaktiven Zone (dargestellt anhand der OH-LIF-Verteilung) in einer turbulenten Flamme (thermische Leistung 150 kW, Größe des Bildausschnitts 15 × 11 cm).

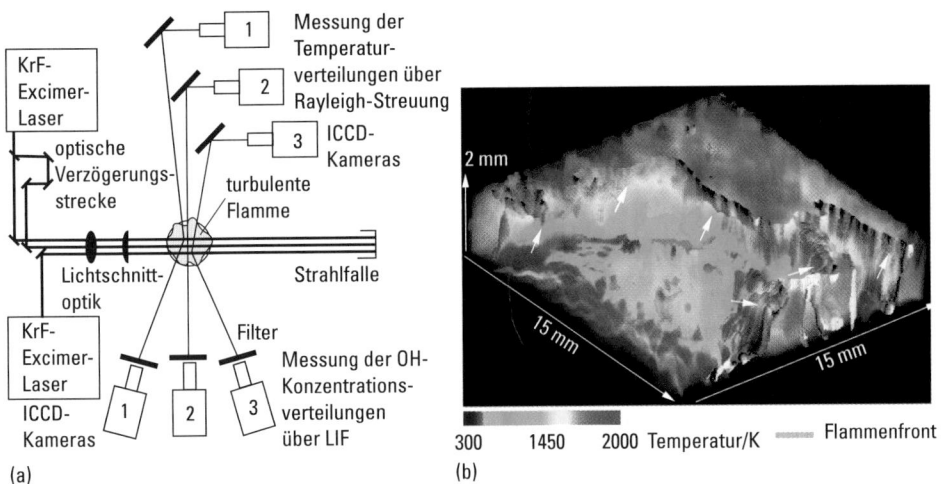

(a)

(b)

Abb. 3.32 Dreidimensionale Visualisierung der Reaktionszone in einer turbulenten Drall-flamme. Durch simultane Bestimmung von Temperatur- und OH-LIF-Verteilung in drei parallelen Ebenen. (a) Schema des Experiments mit drei Laserstrahlen und sechs Kameras. (b) Volumenvisualisierung der Temperaturverteilung. Die Position der Flammenfront ist als graue Ebene eingezeichnet (mit Pfeilen markiert) [43].

turbulente Flammenfront durch ein Ensemble gewinkelter und gestreckter Flämm-chen (engl. *flamelets*) repräsentiert wird. Auf diese Weise können die über laminare Flammen verfügbaren Informationen zur Modellierung von turbulenten Flammen genutzt und ein Ausdruck für die mittleren Reaktionsgeschwindigkeiten gewonnen werden.

Eine Überprüfung dieser Modellvorstellung ist durch Momentaufnahmen der Flammenfrontstruktur mithilfe von Laserlichtschnitt-Messungen möglich. Abbildung 3.31 zeigt die fraktale Struktur eines Querschnitts durch die Flammenfront anhand der OH-LIF-Verteilung in einer vorgemischten turbulenten Flamme. Abbildung 3.32 zeigt die dreidimensionale Temperaturverteilung in einer turbulenten Flamme. Zusätzlich zur Temperatur ist die Position der Flammenfront (als Ort der steilsten Gradienten in der OH-LIF-Verteilung) eingetragen. Unter diesen Bedingungen zeigt sich eine wohldefinierte verwinkelte Flammenfront, die kalte unverbrannte und heiße verbrannte Gase voneinander trennt.

Bei sehr hoher Turbulenz, wie sie z. B. bei der Verbrennung in Turbinen vorliegt, werden jedoch die laminaren Flammenfronten durch die Wirbel aufgerissen, so dass die Annahme des Flamelet-Modells nicht mehr gerechtfertigt ist.

3.5.5 Turbulenzmodelle

Das gängige Vorgehen, Erhaltungsgleichungen für die Zeitmittelwerte der den Verbrennungsprozess charakterisierenden Größen abzuleiten (s. Abschn. 3.5.4), bringt neue Terme (so genannte ungeschlossene Terme) in die gemittelten Erhaltungsgleichungen, für die es keine Entsprechung in den laminaren Gleichungen gibt. In diesen Zusatztermen spiegelt sich der Informationsverlust wider, der durch die Mittelung über das Produkt zweier unabhängig fluktuierender Größen entsteht. Das Problem, diese neuen Terme zu nähern oder zu berechnen, wird als *Schließungsproblem der Turbulenz* bezeichnet.

Es treten so genannte *Reynolds-Spannungsterme* der Form $\langle \varrho v'' q'' \rangle$ auf, die nicht explizit als Funktionen der Mittelwerte ($\langle v'' \rangle$ und $\langle q'' \rangle$) bekannt sind. q steht dabei als Platzhalter für eine der Größen w_i, v'', h oder Z_i in den Gl. (3.83)–(3.85) und (3.89). Es liegen also mehr Unbekannte als Bestimmungsgleichungen vor. Es müssen Modelle abgeleitet werden, die $\langle \varrho v'' q'' \rangle$ in Abhängigkeit von den Mittelwerten beschreiben.

Die heute üblichen Turbulenzmodelle (siehe z. B. Launder und Spalding [44], Jones und Whitelaw [45]) interpretieren den Term $\langle \varrho v'' q'' \rangle$ als *turbulenten Transport* und modellieren ihn deshalb in Analogie zum laminaren Fall mithilfe eines *Gradientenansatzes*, nach dem der Term proportional zum Gradienten der betrachteten Größe ist:

$$\langle \varrho v'' q'' \rangle = - \langle \varrho \rangle v_{\mathrm{T}} \, \mathrm{grad}\, \tilde{q}_i \,. \tag{3.90}$$

Dabei beschreibt v_{T} die Proportionalität und wird als *turbulenter Austauschkoeffizient* bezeichnet. Dieser Ansatz ist Quelle vieler Kontroversen. In der Tat zeigen Experimente, dass auch ein turbulenter Transport entgegen dem Gradienten stattfinden kann [46].

Der turbulente Transport ist im Allgemeinen viel schneller als laminare Transportprozesse. Aus diesem Grund lassen sich die gemittelten laminaren Transportterme in den Gl. (3.83)–(3.85) und (3.89) in vielen Fällen vernachlässigen. Für die gemittelten Erhaltungsgleichungen ergibt sich dann

$$\frac{\partial \langle \varrho \rangle}{\partial t} + \mathrm{div}(\langle \varrho \rangle \tilde{\boldsymbol{v}}) = 0$$

$$\frac{\partial \langle \varrho \tilde{w}_i \rangle}{\partial t} + \mathrm{div}(\langle \varrho \rangle \tilde{\boldsymbol{v}} \tilde{w}_i) - \mathrm{div}(\langle \varrho \rangle v_T\, \mathrm{grad}\, \tilde{w}_i) = \langle M_i \omega_i \rangle$$

$$\frac{\partial \langle \varrho \tilde{\boldsymbol{v}} \rangle}{\partial t} + \nabla \cdot (\langle \varrho \rangle \tilde{\boldsymbol{v}} \tilde{\boldsymbol{v}}) - \nabla \cdot (\langle \varrho \rangle v_T\, \mathrm{grad}\, \tilde{\boldsymbol{v}}) = 0 \qquad (3.91)$$

$$\frac{\partial \langle \varrho \tilde{h} \rangle}{\partial t} + \mathrm{div}(\langle \varrho \rangle \tilde{\boldsymbol{v}} \tilde{h}) - \mathrm{div}(\langle \varrho \rangle v_T\, \mathrm{grad}\, \tilde{h}) = 0$$

$$\frac{\partial \langle \varrho \tilde{Z}_i \rangle}{\partial t} + \mathrm{div}(\langle \varrho \rangle \tilde{\boldsymbol{v}} \tilde{Z}_i) - \mathrm{div}(\langle \varrho \rangle v_T\, \mathrm{grad}\, \tilde{Z}_i) = 0 \,.$$

Diese Gleichungen lassen sich nun numerisch lösen, wenn der turbulente Austauschkoeffizient v_T (von dem anzunehmen ist, dass er für die verschiedenen Gleichungen unterschiedliche Werte annimmt) bekannt ist. Zur Bestimmung dieses Austauschkoeffizienten existieren zahlreiche Modelle. Am häufigsten wird das E_{kin}-ε-*Turbulenzmodell* (in der Literatur in der Regel als *k-ε-Modell* bezeichnet $\tilde{k} = \tilde{E}_{kin}$) [44, 45] verwendet, das eine Gleichung für die turbulente kinetische Energie $\tilde{E}_{kin}$ (3.92) und die Variable $\tilde{\varepsilon}$ löst, die, wie Gl. (3.93) zeigt, als Dissipation der turbulenten kinetischen Energie interpretiert werden kann.

$$\tilde{E}_{kin} = \frac{1}{2} \frac{\langle \varrho \sum v_i''^2 \rangle}{\langle \varrho \rangle} \qquad (3.92)$$

$$\tilde{\varepsilon} = \frac{\tilde{E}_{kin}^{\frac{3}{2}}}{l} \left(= \frac{\text{Energie}}{\text{Zeit}} \right). \qquad (3.93)$$

Diese zwei zu lösenden Differentialgleichungen sind nach [47] durch

$$\frac{\partial (\langle \varrho \rangle \tilde{E}_{kin})}{\partial t} + \mathrm{div}(\langle \varrho \rangle \boldsymbol{v} \tilde{E}_{kin}) - \mathrm{div}(\langle \varrho \rangle v_T\, \mathrm{grad}\, \tilde{E}_{kin}) = G_k - \langle \varrho \rangle \tilde{\varepsilon}, \qquad (3.94)$$

$$\frac{\partial (\langle \varrho \rangle \tilde{\varepsilon})}{\partial t} + \mathrm{div}(\langle \varrho \rangle \boldsymbol{v} \tilde{\varepsilon}) - \mathrm{div}(\langle \varrho \rangle v_T\, \mathrm{grad}\, \tilde{\varepsilon}) = (C_1 G_k - C_2 \langle \varrho \rangle \tilde{\varepsilon}) \frac{\tilde{\varepsilon}}{\tilde{E}_{kin}} \qquad (3.95)$$

gegeben. Der turbulente Austauschkoeffizient v_T lässt sich dann bei bekanntem $\tilde{E}_{kin}$ und $\tilde{\varepsilon}$ als

$$v_T = C_v \frac{\tilde{E}_{kin}^2}{\tilde{\varepsilon}} \qquad (3.96)$$

berechnen. Hierbei ist $C_v = 0.09$ eine empirisch bestimmte Konstante; C_1 und C_2 sind weitere empirisch zu bestimmende Konstanten des Modells. Der Term G_k ist eine komplizierte Funktion, die sich bei der Ableitung von Gl. (3.95) ergibt:

$$G_k = -\sum_{i,j} \langle \varrho v_i'' v_j'' \rangle \partial_i \tilde{v}_j \,. \qquad (3.97)$$

Die Konstanten des $\tilde{E}_{kin}$-ε-Modells sind von Art und Geometrie des betrachteten Problems abhängig und können daher nicht von einem System auf andere übertragen werden. Das Modell leidet außerdem unter den weiter oben schon erwähnten Unzulänglichkeiten des Gradientenflussansatzes (3.90). Trotzdem wird es häufig in Programmpaketen zur Simulation turbulenter Strömungen wie z. B. PHOENICS™, FIRE™, FLUENT™, STAR-CD™, NUMECA™ und KIVA™ benutzt, da bessere Modelle derzeit erst nach und nach verfügbar werden.

3.5.6 Mittlere Reaktionsgeschwindigkeiten

Einer Lösung der gemittelten Erhaltungsgleichungen (3.91) steht jetzt nur noch die Bestimmung der mittleren Reaktionsgeschwindigkeiten im Wege. Zur Demonstration der dabei auftretenden Probleme seien zwei einfache Beispiele behandelt [40]. Als erstes Beispiel sei eine Reaktion A + B → Produkte bei konstanter Temperatur, aber variablen Konzentrationen betrachtet. Es soll ein hypothetischer (aber doch den Charakter turbulenter Verbrennung beschreibender) zeitlicher Konzentrationsverlauf entsprechend Abb. 3.33 angenommen werden, bei dem c_A und c_B nie gleichzeitig von Null verschieden sind. Es ist danach die Bildungsgeschwindigkeit ω_A durch

$$\omega_A = -k_R c_A c_B = 0 \quad \text{und} \quad \langle \omega_A \rangle = 0 \,, \tag{3.98}$$

$$\frac{d[A]}{dt} = -k_R[A][B] = 0$$

gegeben (mit dem Geschwindigkeitskoeffizienten k_R), d. h. die mittlere Reaktionsgeschwindigkeit lässt sich nicht, wie man bei naiver Betrachtung denken könnte, direkt aus den Mittelwerten der Konzentrationen berechnen. Vielmehr gilt für die Mittelwerte

$$\langle \omega_A \rangle = -k_R \langle c_A c_B \rangle = -k_R \langle c_A \rangle \langle c_B \rangle - k_R \langle c_A' c_B' \rangle \,. \tag{3.99}$$

Es ist also keinesfalls erlaubt, die mittleren Reaktionsgeschwindigkeiten einfach (auch nur angenähert) dadurch zu berechnen, dass man die aktuellen Konzentrationen durch die gemittelten Konzentrationen ersetzt.

Als zweites Beispiel soll eine Reaktion bei variabler Temperatur (aber konstanten Konzentrationen) betrachtet werden, wobei ein sinusförmiger zeitlicher Temperaturverlauf angenommen werden soll (Abb. 3.34).

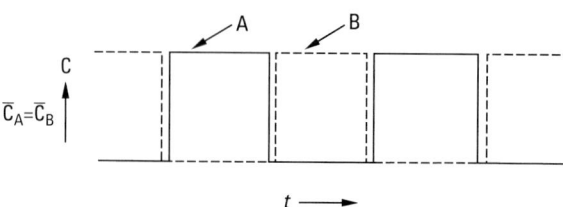

Abb. 3.33 Hypothetischer zeitlicher Konzentrationsverlauf in einer Reaktion A + B → Produkte.

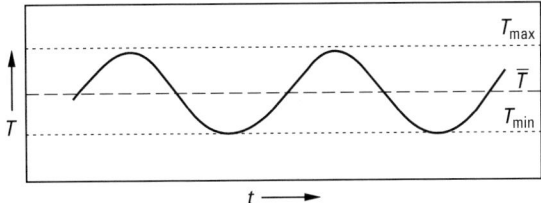

Abb. 3.34 Hypothetischer zeitlicher Temperaturverlauf bei einer Reaktion A + B → Produkte.

Als Ergebnis der starken Nichtlinearität der Geschwindigkeitskoeffizienten $k_R = A \exp(-T_a/T)$ mit $T_a = E_a/R$ ist der zeitliche Mittelwert $\langle k_R \rangle$ um Größenordnungen verschieden von $k_R(\langle T \rangle)$. Das soll anhand eines einfachen Zahlenbeispiels verdeutlicht werden. Für $T_{min} = 500\,K$ und $T_{max} = 2000\,K$ ergibt sich $\langle T \rangle = 1250\,K$. Berechnet man die Reaktionsgeschwindigkeit für eine Aktivierungstemperatur von $T_a = 50\,000\,K$, so erhält man aufgrund der Variation des Exponentialterms mit dem Arrhenius-Faktor A

$$k_R(T_{max}) = 1.4 \cdot 10^{-11}\,A,$$
$$k_R(T_{min}) = 3.7 \cdot 10^{-44}\,A,$$
$$k_R(\langle T \rangle) = 4.3 \cdot 10^{-18}\,A,$$

und nach Berechnung des Zeitmittels (z. B. durch numerische Integration)

$$\langle k_R \rangle = 7.0 \cdot 10^{-12}\,A.$$

Von besonderem Interesse ist diese Tatsache z. B. bei der Behandlung der Stickoxidbildung während der Verbrennung mit Luft, die wegen der hohen Aktivierungstemperatur ($T_a = 38\,000\,K$) stark temperaturabhängig ist. NO wird daher hauptsächlich bei den Temperaturspitzenwerten gebildet. Eine Ermittlung der NO-Bildungsgeschwindigkeit beim Temperaturmittelwert ist sinnlos; Temperaturfluktuationen müssen in die Betrachtung einbezogen werden!

Einen Ausweg aus dieser Problematik bietet die statistische Behandlung mithilfe von Wahrscheinlichkeitsdichtefunktionen (engl. *probability density function*, PDF). Die Wahrscheinlichkeit, dass das Fluid am Ort r eine Dichte zwischen ϱ und $\varrho + d\varrho$ besitzt, die Geschwindigkeit in α-Richtung zwischen v_α und $v_\alpha + dv_\alpha$ liegt ($\alpha = x, y, z$), die Temperatur sich im Bereich zwischen T und $T + dT$ befindet und die lokale Zusammensetzung durch Massenbrüche w_i zwischen w_i und $w_i + dw_i$ beschrieben wird, ist gegeben durch $P(\varrho, T, v_x, v_y, v_z, w_1, \ldots, \omega_S, r)$. Kennt man diese Funktion, so lässt sich der mittlere Reaktionsterm durch Integration bestimmen. Für das Beispiel A + B → Produkte ergibt sich [39]

$$\langle \omega \rangle = -\int_0^1 \ldots \int_0^1 \int_0^\infty \int_0^\infty k_R\, c_A\, c_B\, P(\varrho, T, w_1, \ldots, w_{s-1}; r)\, d\varrho dT\, dw_1 \ldots dw_{S-1}$$
$$= -\frac{1}{M_A\, M_A} \int_0^1 \ldots \int_0^1 \int_0^\infty \int_0^\infty k_R(T)\, \varrho^2\, w_A\, w_B\, P(\varrho, T, w_1, \ldots, w_{s-1}; r)\, d\varrho dT\, dw_1 \ldots dw_{S-1}.$$

$$(3.100)$$

Zur Bestimmung von P gibt es verschiedene Verfahren, die je nach den speziellen Anforderungen des bearbeiteten Falles verwendet werden können. Den wohl allgemeinsten Weg stellt die *Lösung von PDF-Transportgleichungen* dar [48, 49]. Aus den Erhaltungsgleichungen für die Teilchenmassen lassen sich Transportgleichungen für die zeitliche Entwicklung von P ableiten. Der große Vorteil dieses Verfahrens ist, dass die chemische Reaktion exakt behandelt wird (während der molekulare Transport empirisch modelliert werden muss). Diese Methode ist sehr aufwändig und gegenwärtig auf kleine chemische Systeme mit maximal vier Stoffen beschränkt, so dass man im Allgemeinen mit vereinfachten Reaktionsmechanismen arbeitet.

Einfacher ist die *empirische Konstruktion von PDFs*: Dabei wird konsequent die Tatsache ausgenutzt, dass Ergebnisse der Simulation turbulenter Flammen meist nur wenig von der genauen Form der PDFs abhängen. Eine einfache Art, eine multidimensionale PDF zu konstruieren, besteht darin, statistische Unabhängigkeit bezüglich der einzelnen Variablen anzunehmen. In diesem Fall lässt sich die PDF in ein Produkt eindimensionaler PDFs mittels

$$P(\varrho, T, w_1, \dots, w_{S-1})_r = P(\varrho) \cdot P(T) \cdot P(w_1) \cdot \dots \cdot P(w_{S-1}) \qquad (3.101)$$

zerlegen [50]. Diese Separation ist natürlich nicht korrekt, da ϱ, T, w_1, w_2, ..., w_{S-1} nicht unabhängig voneinander sind. Aus diesem Grund müssen zusätzliche Korrelationen zwischen den einzelnen Variablen berücksichtigt werden. Eindimensionale PDFs können aus Experimenten empirisch bestimmt werden.

In Abb. 3.35 sind PDFs für den Massenbruch des Brennstoffs schematisch für verschiedene Punkte einer turbulenten Mischungsschicht dargestellt. Am Rand der Mischungsschicht ist die Wahrscheinlichkeit, reinen Brennstoff oder reine Luft anzutreffen, sehr groß (angedeutet durch Pfeile), während eine Mischung von Brennstoff und Luft nur mit einer geringen Wahrscheinlichkeit vorliegt. Im Inneren der Mischungsschicht jedoch ist die Wahrscheinlichkeit groß, weder reinen Brennstoff noch reine Luft, sondern eine Mischung anzutreffen. Die PDF besitzt für einen bestimmten Mischungsbruch ein Maximum. Trotzdem liegen auch hier mit großer

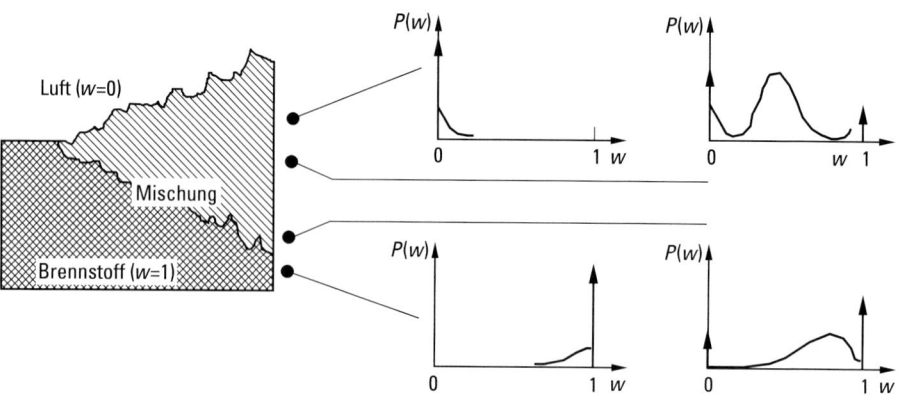

Abb. 3.35 Schematische Darstellung von Wahrscheinlichkeitsdichtefunktionen für den Massenbruch w des Brennstoffs in einer turbulenten Mischungsschicht.

Wahrscheinlichkeit (angedeutet wieder durch die Pfeile) reine Ausgangsstoffe vor. Der Grund hierfür ist *Intermittenz*, ein Phänomen, das dadurch bedingt ist, dass durch turbulente Fluktuationen sich die örtlichen Grenzen zwischen Brennstoff, Mischung und Luft dauernd verschieben. Zu bestimmten Zeitpunkten befindet sich ein Punkt im reinen Brennstoffstrom oder im reinen Luftstrom.

3.6 Nicht-vorgemischte Verbrennung

Turbulente nicht-vorgemischte Flammen sind von großem Interesse in praktischen Anwendungen. Man findet sie zum Beispiel in Düsentriebwerken, Dieselmotoren, Dampferzeugern, Öfen und Wasserstoff-Sauerstoff-Raketentriebwerken. Durch die Vermischung von Brennstoff und Oxidationsmittel im Verbrennungsraum wird die Handhabung vorgemischter und somit explosiver Gasmischungen vermieden. Dies wird aus Sicherheitsgründen in technischen Anlagen vorgezogen. Diese praktische Bedeutung ist ein Grund dafür, dass zahlreiche mathematische Modelle zur Simulation dieser Verbrennungsprozesse entwickelt wurden.

3.6.1 Laminare nicht-vorgemischte Verbrennung: Gegenstromflammen

In praktischen Anordnungen werden Brennstoff und Luft durch Konvektion zusammengebracht und vermischen sich dann als Resultat eines Diffusionsprozesses. Um ein detailliertes Verständnis dieses Prozesses zu erhalten, wird das im Allgemeinen dreidimensionale Problem durch geschickte experimentelle Anordnung auf eine Raumdimension reduziert. Beispiele für geeignete einfache Brennergeometrien sind der *Tsuji*-Brenner [51], der aus einem porösen Zylinder in einem anströmenden Gas besteht (Abb. 3.36a), und die aus zwei Brennern bestehende *Gegenstromanord-*

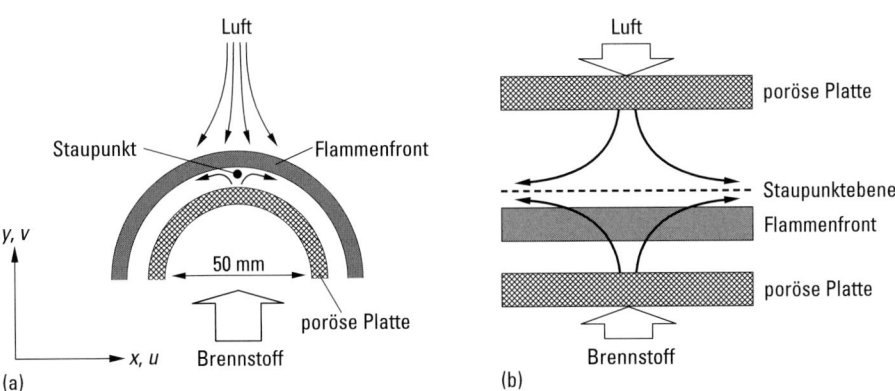

Abb. 3.36 Schematische Darstellung von nicht-vorgemischten Gegenstromkonfigurationen. (a) Tsuji-Brenner, (b) Gegenstrom-Zweibrenner-Anordnung.

nung [52], in der ein gerichteter laminarer Brennstoffstrom auf einen entgegengesetzt gerichteten laminaren Gegenstrom des Oxidationsmittels trifft (Abb. 3.36b).

In beiden Brennerkonfigurationen kann die mathematische Behandlung dadurch erheblich vereinfacht werden, dass man sich auf die Strömungseigenschaften entlang der Staupunktsstromlinie bzw. der Staupunktsebene (Abb. 3.36) beschränkt. Unter Benutzung der *Grenzschichtnäherung* von Prandtl (um 1904) (d. h. Vernachlässigung der Diffusion in der Richtung senkrecht zur Anströmung, s. Abb. 3.36 in x-Richtung), wird das Problem auf eine räumliche Koordinate, nämlich die Entfernung vom Staupunkt bzw. der Staupunktsstromlinie, reduziert. Auf diese Weise können die tangentialen Gradienten der Temperatur und der Massenbrüche und die Geschwindigkeitskomponenten v_x eliminiert werden.

Mit den Annahmen, dass

– die Temperatur und die Massenbrüche aller Spezies Funktionen allein der Koordinate y senkrecht zur Flamme sind,
– die Geschwindigkeitskomponente v eine Funktion nur von y ist,
– die Tangentialgeschwindigkeit u proportional zur Entfernung in x-Richtung von der Stagnationslinie bzw. dem Stagnationspunkt ist (das ist ein Resultat der Grenzschichtnäherung) und
– die Lösung nur entlang der y-Achse betrachtet wird,

ergibt sich ein Gleichungssystem, das nur von der Zeit t und der Raumkoordinate y als unabhängigen Variablen abhängt [11]. Durch Lösung dieses Gleichungssystems lassen sich die Profile von Temperatur, Konzentrationen und Geschwindigkeit in laminaren nicht-vorgemischten Gegenstromflammen berechnen und mit experimentellen Ergebnissen vergleichen, die durch spektroskopische Methoden (siehe Ab-

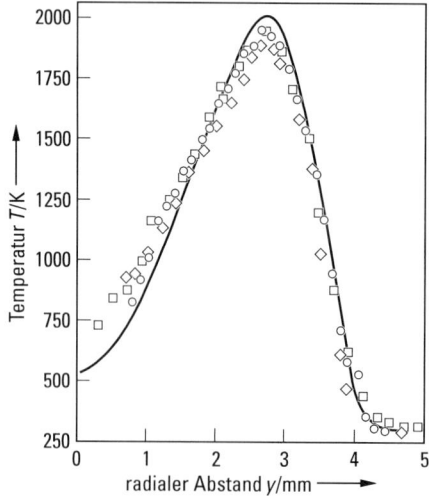

Abb. 3.37 Berechnetes (Linie) und experimentell bestimmtes (Symbole) Temperaturprofil in einer nicht-vorgemischten Methan/Luft-Gegenstromflamme bei einem Druck von $p = 10^5$ Pa. y bezeichnet den Abstand zum Brenner [53].

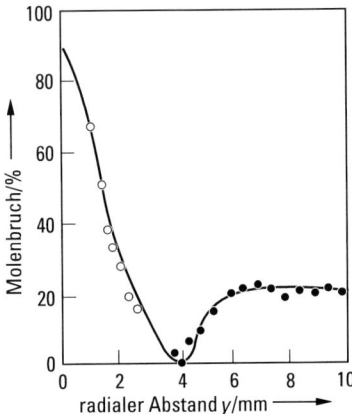

Abb. 3.38 Berechnete und experimentell bestimmte Molenbruchprofile von Methan (offene Kreise) und Sauerstoff (gefüllte Kreise) in einer nicht-vorgemischten Methan/Luft-Gegenstromflamme ($p = 10^5$ Pa). y bezeichnet den Abstand zum Brenner [54].

schn. 3.3) gewonnen werden. Abb. 3.37 zeigt exemplarisch berechnete und experimentell bestimmte Temperaturprofile in einer nicht-vorgemischten Methan/Luft-Gegenstromflamme bei einem Druck von $p = 1$ bar. Im Experiment wird die Temperatur durch CARS-Spektroskopie bestimmt (Abschn. 3.3.2.1). Die Temperatur der anströmenden Luft (im Bild rechts) beträgt 300 K. Man erkennt deutlich die hohe Temperatur von ca. 1950 K, die in der Verbrennungszone erreicht wird.

Die Abb. 3.38 zeigt berechnete und mittels CARS-Spektroskopie experimentell bestimmte Konzentrationsprofile von Methan und Sauerstoff in einer nicht-vorgemischten Methan/Luft-Gegenstromflamme. Sowohl der Brennstoff als auch der Sauerstoff nehmen, bedingt durch den gegenseitigen Verbrauch, zur Reaktionszone hin ab. Man beachte auch, dass der Molenbruch des Brennstoffs an der Zylinderoberfläche ($y = 0$) nicht 100 % beträgt, sondern durch Diffusion von Verbrennungsprodukten zur Zylinderoberfläche hin vermindert wird.

3.7 Turbulente nicht-vorgemischte Verbrennung

Das Verständnis laminarer nicht-vorgemischter Flammen bildet die Grundlage für das Verständnis turbulenter nicht-vorgemischter Flammen. Früher wurden solche Flammen als *Diffusionsflammen* bezeichnet, da die Diffusion von Brennstoff und Oxidationsmittel zur Flammenzone langsam (und damit geschwindigkeitsbestimmend) gegenüber der chemischen Reaktion ist. Das Fortschreiten vorgemischter Flammen ist aber auch ein Resultat diffusiver Prozesse, die durch Gradienten von Konzentrationen und Temperatur bedingt werden. Diese Gradienten werden durch die chemische Reaktion aufrechterhalten. Da die Diffusion also auch bei vorgemischten Flammen eine Voraussetzung für die Verbrennung ist, sollen zur Unterscheidung die exakteren Begriffe „*vorgemischte*" und „*nicht-vorgemischte*" Flammen verwendet werden.

Einen guten Einblick in den Charakter nicht-vorgemischter turbulenter Flammen erhält man schon, wenn man vereinfachend annimmt, dass Brennstoff und Oxidationsmittel unendlich schnell reagieren, sobald sie sich gemischt haben. Verwendet man diese Annahme, so muss lediglich bestimmt werden, wie schnell die Mischung stattfindet. Eine Momentaufnahme eines solchen *turbulenten Mischungsprozesses* ist in Abb. 3.39 dargestellt. Brennstoff strömt in das Oxidationsmittel (Sauerstoff, Luft). Zwischen den Bereichen, in denen der Brennstoff überwiegt (fette Mischung), und Bereichen, in denen Oxidationsmittel im Überschuss vorhanden ist (magere Mischung), existiert eine Fläche, entlang derer eine stöchiometrische Mischung vorliegt. Unter der oben genannten Annahme der unendlich schnellen Reaktion tritt dort eine Flammenfront auf, die sich durch intensive Leuchterscheinungen identifizieren lässt.

Die Beschreibung der Mischungsprozesse in nichtreagierenden turbulenten Freistrahlen ist bereits eine schwierige Aufgabe. Bei reagierenden Strömungen, wie sie Verbrennungsprozesse darstellen, kommt das Problem variabler Dichte erschwerend hinzu. Das Mischungsproblem lässt sich erheblich vereinfachen, wenn man gleiche Diffusionskoeffizienten für alle Skalare annimmt, so dass der Mischungsprozess

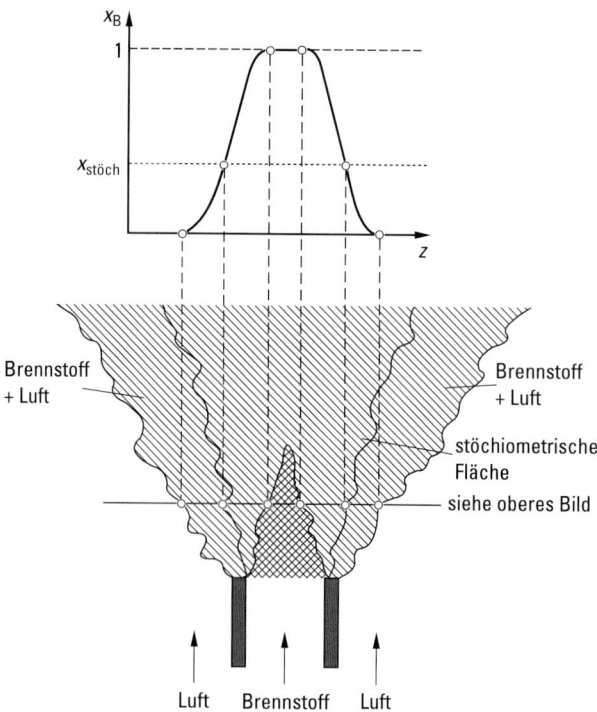

Abb. 3.39   Schematische Darstellung einer Momentaufnahme einer turbulenten nicht-vorgemischten Freistrahlflamme.

durch eine einzige Variable beschrieben werden kann. Da bei Betrachtung von chemischen Spezies deren Bildung und Vernichtung durch die chemischen Reaktionen berücksichtigt werden müsste, ist es einfacher, den Mischungsprozess anhand der Elementmassenbrüche Z_i (Gl. (3.102)) zu verfolgen. Hierzu führt man den *Mischungsbruch* ξ als

$$\xi = \frac{Z_i - Z_{i2}}{Z_{i1} - Z_{i2}} \tag{3.102}$$

ein. In einem Zweistromproblem mit den Elementmassenbrüchen Z_{i1} und Z_{i2} in den beiden Strömen (z. B. in einer Strahlflamme) ist $\xi = 1$ in Strom 1 und $\xi = 0$ in Strom 2. Der Mischungsbruch ξ kann dann als der Massenbruch des Materials gedeutet werden, das aus Strom 1 stammt und $1 - \xi$ als der Massenbruch des Materials, das aus Strom 2 stammt. Bei gleichen Diffusivitäten ist ξ unabhängig von der Wahl des betrachteten Elementes i ($i = 1 \dots, M$). Da ξ wegen Gl. (3.102) und $Z_i = \Sigma \mu_{ij} w_j$ linear mit den Speziesmassenbrüchen w_j verknüpft ist, lässt sich mit Gl. (3.83) die folgende Erhaltungsgleichung ableiten:

$$\frac{\partial(\varrho\xi)}{\partial t} + \mathrm{div}(\varrho\,\boldsymbol{v}\,\xi) - \mathrm{div}(\varrho D \mathrm{grad}\xi) = 0\,. \tag{3.103}$$

Bemerkenswert ist, dass in der Erhaltungsgleichung für ξ kein Quellterm auftritt. Man nennt ξ deswegen auch oft *skalare Erhaltungsgröße*. Nimmt man zusätzlich an, dass die *Lewis*-Zahl $Le = \lambda/(D\varrho c_p) = 1$ ist (Wärme- und Stofftransport sind gleich schnell) und dass keine Wärmeverluste auftreten, so kann auch das Enthalpie- bzw. Temperaturfeld durch ξ beschrieben werden (die kinetische Energie der Strömung ist vernachlässigbar und damit der Druck konstant),

$$\xi = \frac{h - h_2}{h_1 - h_2}\,, \tag{3.104}$$

mit der Enthalpie h_1 und h_2 in den Strömen 1 und 2.

Bei Annahme von unendlich schneller Reaktion (Gleichgewichtschemie), gleichen Diffusivitäten und $Le = 1$ sowie fehlenden Wärmeverlusten sind alle skalaren Variablen (Temperatur, Massenbrüche und Dichte) eindeutige Funktionen des Mischungsbruches. Diese Funktionen sind direkt durch die Gleichgewichtszusammensetzung gegeben. Das Problem turbulenter nicht-vorgemischter Flammen hat sich damit auf die Beschreibung des turbulenten Mischungsprozesses für den Mischungsbruch ξ reduziert. Dafür gibt es zahlreiche Ansätze, wie z. B. DNS (direkte numerische Simulation, Abschn. 3.5.2 [55]), LES (engl. *large eddy simulation*; hier werden Längenskalen bis herunter zu einer Mindestgröße aufgelöst, kleinere Skalen jedoch weiterhin modelliert) [56] und die PDF-Methode (Abschn. 3.5.6 [9]).

Nach Mittelwertbildung und unter Verwendung des Gradientenansatzes (3.90) mit dem turbulenten Austauschkoeffizienten v_T ergibt sich für den stationären Fall (vgl. Gl. (3.91))

$$\mathrm{div}(\langle\varrho\rangle\,\tilde{\boldsymbol{v}}\,\tilde{\xi}) - \mathrm{div}(\langle\varrho\rangle v_T \mathrm{grad}\tilde{\xi}) = 0\,. \tag{3.105}$$

Kennt man die PDF des Mischungsbruches, so lassen sich die Mittelwerte der skalaren Größen berechnen. Da in Gl. (3.91) die mittlere Dichte des Gemisches eingeht, lässt sich auf diese Weise das System der gemittelten Erhaltungsgleichungen erschließen. Im Idealfall sollte die PDF über ihre Transportgleichung berechnet werden. Eine einfachere Methode, die PDF des Mischungsbruches zu bestimmen, besteht darin, dass man eine bestimmte Form der Verteilungsfunktion annimmt (z. B. eine Gauß-Funktion) und durch Mittelwert und Varianz von ξ charakterisiert. Anstelle der Transportgleichung für die PDF müssen dann nur Bilanzgleichungen für Mittelwert und Varianz von ξ gelöst werden. Mit den aus solchen Modellierungsansätzen abgeleiteten Gleichungen lassen sich Flammenlängen, Temperaturfelder und die Konzentrationsfelder von Hauptkomponenten (Brennstoff, Sauerstoff, Wasser, Kohlendioxid) berechnen.

3.7.1 Experimente in nicht-vorgemischten turbulenten Flammen

Gegenwärtig stützen sich die meisten Modelle zur Beschreibung der turbulenten Verbrennung auf Einzelpunktkorrelationen der skalaren Größen. Daher spielen auch Multispeziespunktmessungen eine große Rolle und dienen zum Test der Simulationsverfahren (Abb. 3.40). Multiskalarmessungen liefern die Temperatur sowie die Konzentrationen der Hauptspezies der Verbrennung (Brennstoff, CO, CO_2, O_2, N_2, H_2O, und H_2). OH liefert darüber hinaus Informationen über die lokale Radikalkonzentration und zeigt beispielsweise lokale Flammenlöschung an. NO spielt als einer der Hauptschadstoffe der Verbrennung für die Modellierung eine besondere Rolle.

Wie oben beschrieben ist in der nicht-vorgemischten Verbrennung der Mischungsbruch die entscheidende Größe zur Klassifizierung einzelner Volumenelemente. Daher werden die Korrelationen der unterschiedlichen Spezies mit dem Mischungsbruch vorrangig untersucht. Der Mischungsbruch lässt sich experimentell aus einer Kombination verschiedener Größen ermitteln, die insgesamt in sich abgeschlossen sind. Solche Kombinationen sind beispielsweise die Elementmassenbrüche von C, H und O. Es müssen experimentell also alle Hauptspezies erfasst werden, die diese Elemente enthalten. Nach einer Definition von Bilger [57] wird die folgende Beschreibung für den Massenbruch verwendet:

$$\xi = \left(2\frac{Z_{C,1}}{M_C} + \frac{1}{2}\frac{Z_H}{M_H} + \frac{Z_{O,2}}{M_O} \right)^{-1} \left(2\frac{Z_C}{M_C} + \frac{1}{2}\frac{Z_H}{M_H} + \frac{Z_{O,2} - Z_O}{M_O} \right), \qquad (3.106)$$

mit Z_i als Elementmassenbruch (vgl. Gl. (3.87)) der atomaren Spezies i mit den Massen M_i im Brennstoff (1) bzw. Mantelstrom (2).

In der turbulenten Verbrennung ist die Verbrennungsreaktion in komplizierter Weise mit dem Strömungsfeld gekoppelt. Daher ist über die statistische Analyse der Korrelation skalarer Größen hinaus ebenfalls die Verknüpfung mit den vektoriellen Eigenschaften des Strömungsfeldes von Interesse. Experimentelle Untersuchungen, die die momentanen Strukturen der Flammenfront mit dem Strömungsfeld korrelieren, sind erst in jüngster Zeit möglich. OH- oder CH-Verteilungen als typische, mit der Flammenfront assoziierte Moleküle werden dabei simultan (mittels LIF) zum Strömungsfeld gemessen, welches über die so genannte *particle imaging velocimetry* (PIV) bestimmt wird. Es werden der Strömung feine Partikel (mit einem

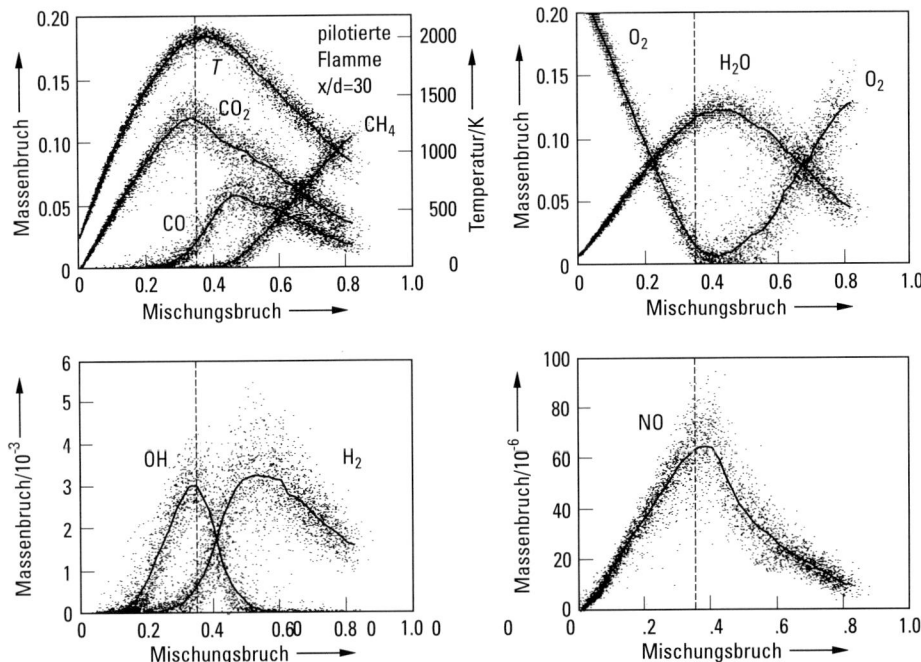

Abb. 3.40 Multispezies-Punktmessung durch kombinierte Raman- (CH_4, CO_2, H_2O, H_2 und O_2) und LIF-Messung (NO, CO und OH). Es sind die Korrelationen der gemessenen Spezies mit dem Mischungsbruch für eine Methan/Luft-Flamme aufgetragen. Die gestrichelte Linie markiert den Bereich der stöchiometrischen Brenngaszusammensetzung (Barlow [4]).

Durchmesser im µm-Bereich) zugesetzt und innerhalb weniger µs zwei Bilder der Laserstreulichtintensitätsverteilung aufgenommen. Durch eine Korrelationsanalyse können dann die lokalen Verschiebungsvektoren der Partikelverteilungen und somit die lokalen Strömungsvektoren bestimmt werden. Aus dem Strömungsfeld U können weitere für die Turbulenz wichtige skalare Größen, wie die Wirbelstärke rot$U$ und die zweidimensionale Dilatation (Volumenveränderung eines infinitesimalen Volumenelements, div$U$), und vektorielle Messgrößen, wie die Hauptwerte des Schubspannungstensors des Strömungsfelds, s. Abschn. 3.5.3, gewonnen werden.

Die in Abb. 3.41 dargestellten Messergebnisse einer nicht-vorgemischten Methan/ Sauerstoff-Strahlflamme zeigen die Positionen der Flammenradikale CH und OH relativ zu den die Turbulenz beschreibenden Größen. CH als intermediär gebildetes Kohlenwasserstofffragment wird nur in räumlich eng begrenzten Zonen beobachtet, während OH im Bereich der heißen Abgase (aufgrund der Temperaturabhängigkeit des Gleichgewichts mit Wasser) in ausgedehnteren Regionen auftritt. Eine Korrelationsanalyse liefert Hinweise auf die Ausrichtung reaktiver Zonen relativ zur Ausrichtung der lokalen Schubspannung sowie über die unterschiedliche Wahrscheinlichkeit des Auftretens hoher OH- bzw. CH-Konzentrationen (vgl. Abb. 3.3) in Zonen bestimmter Wirbelstärke und Dilatation.

CH-LIF   OH-LIF   Wirbelstärke

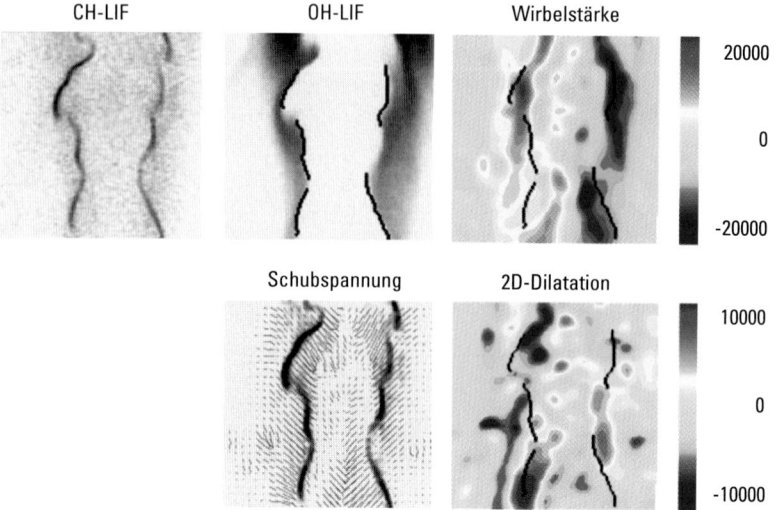

Schubspannung   2D-Dilatation

Abb. 3.41 Simultane Messung von Strömungsparametern und OH- und CH-Verteilung in einer nicht-vorgemischten Methan/Sauerstoff-Strahlflamme. Die Position der CH-Strukturen ist durch schwarze Linien markiert [58] (Zahlenwerte für Wirbelstärke und Dilation in s^{-1}, die Vorzeicheninformation geht in der Schwarz-Weiß-Darstellung verloren).

Die Kopplung zwischen Strömungsfeld und Reaktion findet überwiegend über die Region der größten Wärmefreisetzung statt. Deren direkte experimentelle Bestimmung ist nicht möglich. Rechnungen zeigen jedoch, dass der Bereich der maximalen Wärmefreisetzung mit dem Auftreten des HCO-Radikals korreliert ist. Da dieses jedoch nur schwer messbar ist, wird an seiner Stelle eine Messung der Vorläufermoleküle OH und HCHO (Formaldehyd) durchgeführt (OH + HCHO → HCO + H_2O) und der Überlappungsbereich des Auftretens beider Moleküle als Region der höchsten Wärmefreisetzung interpretiert. Das Ergebnis eines solchen Experiments ist in Abb. 3.42 dargestellt. Die simultane Messung mehrerer skalarer

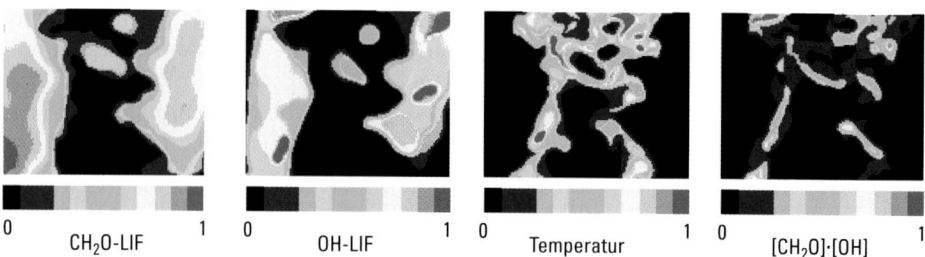

0   CH_2O-LIF   1   0   OH-LIF   1   0   Temperatur   1   0 $[CH_2O]\cdot[OH]$ 1

Abb. 3.42 Multispeziesmessung in einer turbulenten Flamme. Durch simultane Messung der Temperatur (über Rayleigh-Streuung) und OH- und HCHO-LIF wird die Position der Flammenfront (als Zone höchster Wärmefreisetzung) aus dem Produkt der OH- und HCO-LIF-Intensitätsverteilungen bestimmt (rechts außen) [59].

und vektorieller Größen mit hoher Zeitauflösung und in gegebenenfalls drei Raum-
dimensionen wird für zukünftige Forschung im Bereich der turbulenten reaktiven
Strömungen von großem Interesse sein.

3.7.2 Tröpfchenverbrennung

Bei der Beschreibung der technisch wichtigen Sprayverbrennung geht man davon
aus, dass man sie als ein Ensemble von Verbrennungsprozessen einzelner Tröpfchen
betrachten kann. Ein Verständnis der Verbrennung von Einzeltröpfchen ist deshalb
eine Grundvoraussetzung für die Beschreibung des weitaus komplexeren Sprayver-
brennungsprozesses.

Um die Behandlung der Tröpfchenverbrennung zu vereinfachen, nimmt man meist
an, dass das Tröpfchen eine ideale sphärische Geometrie besitzt und deshalb durch
ein eindimensionales Modell beschrieben werden kann. Ein erster Schritt bei der
Modellierung der Tröpfchenverbrennung ist die Modellierung des reinen Verdampfungsprozesses. Diese Modelle lassen sich leicht zur Beschreibung der Tröpfchenverbrennung erweitern, wenn man zusätzlich berücksichtigt, dass das Tröpfchen von
einer sphärischen, nicht-vorgemischten Flamme umgeben wird. Diese analytischen
Modelle beinhalten jedoch zahlreiche Vereinfachungen, wie z. B. die Annahme eines
stationären, schnellen Verbrennungsprozesses, gleicher Diffusivitäten für alle chemischen Spezies und der Wärme (Lewis-Zahl 1) sowie konstanter und von der Temperatur unabhängiger Stoffeigenschaften (Wärmeleitfähigkeit, spezifische Wärme,
Produkt ϱD aus Dichte und Diffusionskoeffizient). Die Modelle liefern die Verdampfungsgeschwindigkeit $\dot{m}_\mathrm{f}$ (verdampfende Masse pro Zeiteinheit):

$$\dot{m}_\mathrm{f} = \frac{2\pi\lambda_\mathrm{g} d(t)}{c_\mathrm{p,g}} \cdot \ln(1+B) \ \ \text{mit} \ \ B = \frac{\Delta h_\mathrm{comb} \cdot v_\mathrm{st}^{-1} + c_\mathrm{p,g}(T_\infty - T_\mathrm{S})}{h_\mathrm{f,g}}. \tag{3.107}$$

Hierbei bezeichnen d den Tröpfchendurchmesser, λ_g die Wärmeleitfähigkeit in der
Gasphase, $c_\mathrm{p,g}$ die spezifische Wärmekapazität in der Gasphase, $\Delta h_\mathrm{comb}/v_\mathrm{st}$ das Verhältnis von Verbrennungsenthalpie zum stöchiometrischen Massenverhältnis von
Oxidationsmittel und Brennstoff $(T_\infty - T_\mathrm{S})$, die Differenz zwischen der Temperatur
in der Gasphase weit weg vom Tröpfchen und der Temperatur an der Tröpfchen-
oberfläche und $h_\mathrm{f,g}$ die Verdampfungsenthalpie. B ist die sog. *Spalding-Transferzahl*.
Berücksichtigt man, dass die Verdampfungsgeschwindigkeit gegeben ist durch

$$\dot{m}_\mathrm{f} = \varrho_\mathrm{L} \frac{\pi}{2} d^2 \frac{\mathrm{d}d(t)}{\mathrm{d}t} = \varrho_\mathrm{L} \frac{\pi}{4} d(t) \frac{\mathrm{d}d^2(t)}{\mathrm{d}t}, \tag{3.108}$$

so erhält man

$$\frac{\mathrm{d}d^2(t)}{\mathrm{d}t} = \frac{8\lambda_\mathrm{g}}{\varrho_\mathrm{L} c_\mathrm{p,g}} \cdot \ln(1+B). \tag{3.109}$$

Integration liefert das bekannte d^2-Gesetz für die Abnahme des Tröpfchendurchmessers während der Verbrennung:

$$d^2(t) = d_0^2 - Kt \ \ \text{mit} \ \ K \equiv \frac{8\lambda_\mathrm{g}}{\varrho_\mathrm{L} c_\mathrm{p,g}} \cdot \ln(1+B). \tag{3.110}$$

Man sieht, dass die Verbrennungsgeschwindigkeit nur schwach (logarithmisch) von den Brennstoffeigenschaften (spezifische Reaktionswärme $\Delta h_{comb}/\nu_{st}$, Verdampfungsenthalpie $h_{f,g}$) abhängt und direkt von den Eigenschaften der Gasphase und dem Tröpfchenradius bestimmt wird. Eine Verdopplung des Tröpfchendurchmessers vervierfacht z. B. die Zeit zur vollständigen Verbrennung. Für den Grenzfall $\Delta h_{comb} = 0$ erhält man reine Verdampfung.

Solche grundlegenden Einblicke erhält man unter Verwendung analytischer Modelle. Auf der anderen Seite erlauben numerische Simulationen die Vermeidung der oben beschriebenen Vereinfachungen. Die Simulation geschieht dann durch Lösen der Erhaltungsgleichungen im Tröpfchen, in der Gasphase und an der Grenzschicht [60]. Experimentell lässt sich dieses System in einer Verbrennungskammer mit fein verteilten Tröpfchen untersuchen. Da Gravitation den Auftrieb heißer Gase und somit eine Störung der sphärischen Symmetrie verursacht, werden derartige Experimente idealerweise in Schwerelosigkeit (Fallturm oder Weltraumexperimente) ausgeführt. Eine Berücksichtigung der Auftriebseffekte ist auch bei der Simulation möglich, die verringerte Symmetrie verursacht jedoch aufwändige numerische Rechnungen.

Üblicherweise beobachtet man bei der Verbrennung von Tröpfchen drei verschiedene Phasen, die im Allgemeinen parallel zueinander ablaufen und miteinander wechselwirken:

– *Aufheizphase*: Wärme wird von der Gasphase auf das Tröpfchen übertragen und das Tröpfchen wird aufgeheizt. Wärmetransport im Tröpfchen führt dazu, dass die Temperatur sich erhöht und der Siedetemperatur nähert, bis eine nahezu homogene Temperaturverteilung im Tröpfchen vorliegt und rasche Verdampfung einsetzt.
– *Verdampfungsphase*: Der Brennstoffdampf wandert – bedingt durch Diffusion – in die Gasphase, und es bildet sich ein brennbares Gemisch. Das Quadrat des Tröpfchendurchmessers nimmt linear mit der Zeit ab (d^2-*Gesetz*).
– *Verbrennungsphase*: Das Gemisch zündet schließlich; anschließend erfolgt Verbrennung um das Tröpfchen herum in Form einer nicht-vorgemischten Flamme. Der Tröpfchendurchmesser ändert sich zeitlich weiter gemäß dem d^2-Gesetz, jetzt jedoch mit einem anderen Proportionalitätsfaktor K in Gl. (3.110), da sich Temperatur und damit die Stoffeigenschaften geändert haben.

Charakteristische Größen bei der Aufheizphase, der Verdampfung und der Verbrennung eines Methanoltröpfchens, das von heißer Luft umgeben ist, sind in Abb. 3.43 dargestellt. Sobald das Tröpfchen der heißen Umgebung ausgesetzt wird, findet Wärmeübergang von der heißen Gasphase an das Tröpfchen statt und die Temperatur T_l am Tröpfchenrand steigt rasch an, bis sich ein Phasengleichgewicht ausbildet. Auch im Inneren des Tröpfchens findet Wärmeleitung statt, was dazu führt, dass auch die Temperatur T_c im Mittelpunkt des Tröpfchens ansteigt. Nach der Einstellung des Phasengleichgewichtes beginnt die Verdampfung des Tröpfchens, die in Abb. 3.43 an der Abnahme des Durchmessers zu erkennen ist. Die Simulation zeigt, dass die Annahme eines quasistationären Zustandes (notwendig für eine analytische Lösung der Erhaltungsgleichungen) eine zu starke Vereinfachung darstellt, die die Lebensdauer des Tröpfchens um etwa 50 % unterschätzt. Würde man die analytische Lösung zur Auslegung des Brennraums verwenden, wäre dieser dann zu kurz. Basierend auf einer vereinfachten Betrachtung des Verdampfungsprozesses kann man

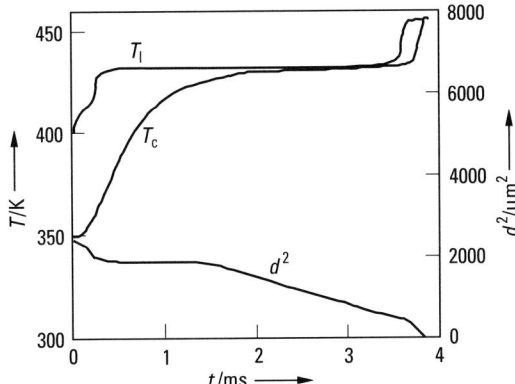

Abb. 3.43 Charakteristische Größen bei der Zündung und Verbrennung eines Methanoltröpfchens (Temperatur 350 K, Durchmesser 50 μm) in Luft ($T = 1100$ K, $p = 3 \cdot 10^6$ Pa). Dargestellt sind die Temperatur im Tröpfchenmittelpunkt (T_c) und an der Phasengrenze (T_l) sowie der Tröpfchendurchmesser d [60].

ableiten, dass das Quadrat des Tröpfchendurchmessers bei der Verdampfung linear mit der Zeit abnimmt, $\mathrm{d}(d^2)/\mathrm{d}t = \text{const.}$, wobei die Konstante von zahlreichen Eigenschaften des Tröpfchens und der umgebenden Gasphase abhängt. Wie die linearen Bereiche für d^2 in Abb. 3.43 zeigen, ist das d^2-*Gesetz* in weiten Bereichen der Tröpfchenlebensdauer gültig. Zündung in der Gasphase findet nach einer Induktionszeit (bei $t = 3.5$ ms in Abb. 3.43) statt. Die nicht-vorgemischte Flamme, die das Tröpfchen umgibt, führt zu einer gesteigerten Aufheizung des Tröpfchens und damit zu einer Beschleunigung der Verdampfung. Dies lässt sich deutlich an der größeren negativen Steigung der Linie von d^2 bei $t = 3.5$ ms erkennen.

Bedingt durch die Vielzahl parallel ablaufender physikalisch-chemischer Prozesse wird die Zündung von Tröpfchen durch zahlreiche Faktoren beeinflusst. Für praktische Anwendungen ist oft eine Kenntnis der Zündverzugszeiten wichtig. Da eine zündfähige Mischung erst nach Verdampfung des Brennstoffs und Diffusion in die Gasphase vorliegt, werden Ort der Zündung und Zündverzugszeit sowohl durch die Temperatur der Gasphase als auch durch die lokale Zusammensetzung der Gasphase bestimmt. Nur wenn gleichzeitig eine ausreichend hohe Temperatur und eine zündfähige Gemischzusammensetzung vorliegen, kann eine Zündung erfolgen. Aus diesem Grund hängt die Zündverzugszeit bei Tröpfchen stark von den Eigenschaften (Temperatur, Durchmesser) des Tröpfchens ab. Da die Zündverzugszeit empfindlich durch die chemische Kinetik beeinflusst wird, sind analytische Modelle mit einfachen Globalreaktionen nicht in der Lage, den Zündprozess zufrieden stellend zu beschreiben.

Die genannten Beispiele betrachteten die Tröpfchenverbrennung in einer ruhenden Umgebung. In praktischen Anwendungen bewegen sich die Tröpfchen üblicherweise mit einer Geschwindigkeit relativ zum umgebenden Gas, bedingt z. B. durch die Einspritzung des Kraftstoffstrahls oder durch das turbulente Strömungsfeld. Deswegen ist es wichtig, den Einfluss des Strömungsfeldes auf den Verbrennungsprozess zu kennen. Dies wird im Folgenden für die Reaktion von flüssigen Sauerstofftröpfchen in Wasserstoff, einer typischen Fragestellung bei Raketentriebwerken, veran-

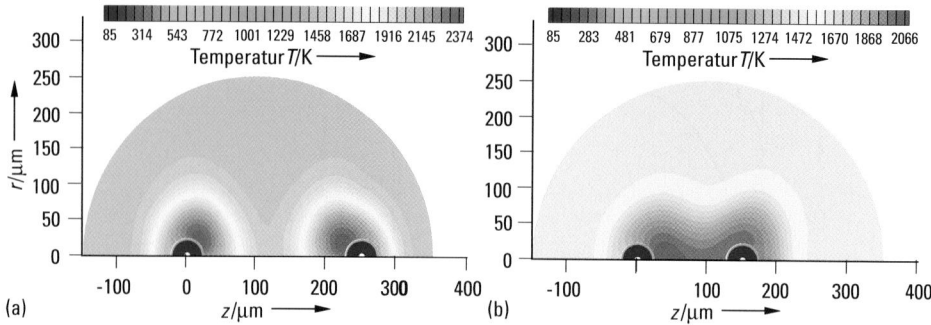

Abb. 3.44 Temperaturfelder bei der Reaktion zweier Sauerstofftröpfchen bei einem Druck von 10^6 Pa, die in z-Richtung von heißem Wasserstoff mit einer Geschwindigkeit von 25 m/s angeströmt werden [7].

schaulicht. In Abb. 3.44 ist die Verbrennung zweier Sauerstofftröpfchen bei 10^6 Pa gezeigt. Zwei Tropfen mit einer anfänglichen Größe von 50 µm und einer anfänglich homogenen Temperatur von 85 K werden von links mit Wasserstoff von 1500 K und einer Geschwindigkeit von 25 m/s angeströmt. Die Relativbewegung der Tröpfchen wird vernachlässigt. In Abb. 3.44a ist der Abstand der Tröpfchen 250 µm, was dem fünffachen Anfangsdurchmesser entspricht; in Abb. 3.44b ist der Abstand nur 150 µm (dreifacher Anfangsdurchmesser). Dargestellt ist die Temperaturverteilung (in (a) nach 1.5 µs, in (b) nach 2.2 µs).

Das stromauf gelegene Tröpfchen zündet an der Rückseite, wie man es auch im Fall eines Einzeltröpfchens beobachten würde: Ein Tröpfchen zündet dort, wo die Reaktanten hinreichend durchmischt sind und die Temperatur hoch genug ist. Die letztere Bedingung ist überall um das Tröpfchen herum in einiger Entfernung erfüllt, während die erste Bedingung durch den Einfluss von Konvektion und Diffusion den genauen Ort der Zündung festlegt. Das stromab gelegene Tröpfchen erzeugt ein Strömungsfeld, das den Transport von Sauerstoffdampf weg vom stromauf gelegenen Tröpfchen verringert. Deshalb zündet das stromab gelegene Tröpfchen auf der Vorderseite. Nach etwa 1.5 µs sind beide Tröpfchen jeweils für sich von einer Flamme umgeben (Abb. 3.44a). Beim geringeren Tröpfchenabstand von 150 µm ergibt sich zunächst bezüglich der Zündung ein sehr ähnliches Bild. Das stromauf gelegene Tröpfchen zündet an der Rückseite, während das stromab gelegene Tröpfchen an der Vorderseite zündet. Jedoch bilden sich nach der Zündung keine einzelnen Flammen um die Tröpfchen. Nach 2.2 µs (Abb. 3.44b) sind beide Tröpfchen von *einer gemeinsamen* Flamme umgeben.

Die meisten flüssigen Kraftstoffe anderer praktischer Anwendungen werden durch Destillation aus Erdöl gewonnen und bestehen aus Hunderten verschiedener Komponenten mit einem breiten Siedebereich. Wenn das Tröpfchen erwärmt wird, verdampft die flüchtigste Komponente bevorzugt, gefolgt von den Komponenten mit mittleren und hohen Siedepunkten. Es ist deshalb ein glücklicher Umstand, dass die Selbstzündung früh einsetzt und daher die Verdampfung der schwer flüchtigen Komponenten durch die Ausbildung der Flamme und den damit einhergehenden Wärmeübergang an das Tröpfchen erleichtert.

3.8 Motorische Verbrennung

Technische Verbrennungssysteme müssen je nach Einsatzgebiet sehr unterschiedlichen Zielen folgen. Stationäre Einrichtungen, wie beispielsweise Kraftwerke, stellen konstante Anforderungen an den technischen Prozess. Das System kann in der Nähe seines optimalen Wirkungsgrades ohne Variationen des Betriebszustands eingesetzt werden. Für die Schadstoffreduktion können mitunter sehr aufwändige nachgeschaltete Techniken angewendet werden, die sowohl Partikel als auch gasförmige Schadstoffe aus dem Rauchgas entfernen. In jüngster Zeit ist sogar in Diskussion, ob es sich im Hinblick auf den CO_2-induzierten Treibhauseffekt lohnt, unter Verminderung des Gesamtwirkungsgrades von Kraftwerken CO_2 aus dem Rauchgas zu entfernen und beispielsweise in unterirdischen Hohlräumen oder im Meer zu deponieren. Auf der anderen Seite müssen mobile Verbrennungskraftmaschinen, wie Hubkolbenmotoren und Gasturbinen, für variable und schnell wechselnde Anforderungen (schneller Start, schnelle Variation der Leistung) ausgelegt werden. Für eine Abgasreinigung kommen in der Regel nur passive Systeme zum Einsatz; der Verbrennungsprozess muss daher u. U. dem Abgasreinigungssystem angepasst werden (z. B. durch die Regelung des Kraftstoff/Luftverhältnisses beim Einsatz des Dreiwege-Katalysators oder durch zyklische Veränderungen der Verbrennungsbedingungen zur Regenerierung von Partikelfiltern und Katalysatoren für die Magerverbrennung).

Seit mehr als hundert Jahren wird der Hubkolbenmotor zum Antrieb von Fahrzeugen eingesetzt. Er beruht auf einem zyklischen Wechsel von Gemischbildung, Kompression des Frischgases sowie Verbrennung und Ausstoß der Abgase. Es liegt daher ein nichtstationärer Verbrennungsprozess vor, der mit der Gemischbildung, häufig ebenfalls mit der Verdampfung von Flüssigkraftstoffen, gekoppelt ist. Insbesondere zwei Prozesse, der so genannte Otto- und der Diesel-Motor, haben sich für den praktischen Einsatz durchgesetzt. Der klassische Otto-Motor arbeitet dabei mit weitgehend homogener Mischung von Kraftstoff und Luft, die gezielt durch einen Zündfunken gezündet wird. Eine Selbstzündung ist unerwünscht, sie kann wegen hoher Druckspitzen zu Schäden führen („Motorklopfen", siehe Abschn. 3.4.4). Die Motorleistung wird durch die Menge des Kraftstoff/Luft-Gemisches bestimmt, das in den Motor eingelassen ist. Im Teillastbereich erzeugt der Kolben in der Ansaugphase einen Unterdruck im Brennraum, der Wirkungsgrad wird daher durch so genannte „Drosselverluste" reduziert. Im Gegensatz dazu beruht der Diesel-Prozess auf der Selbstzündung des Kraftstoffes, der in heiße komprimierte Luft eingespritzt wird und – nach einer Zündverzugszeit von bis zu zwei Millisekunden – spontan zündet. Die Leistung wird durch die Kraftstoffmenge und nicht durch eine Drosselung gesteuert, was neben dem höheren Verbrennungsdruck dazu beiträgt, dass der Dieselmotor gegenüber dem Ottomotor verbesserte Wirkungsgrade aufweist. Der klassische Otto-Prozess kann als vorgemischte Flamme, der Dieselprozess (zumindest in Teilen seines Verbrennungsverlaufs) als nicht-vorgemischter, transportlimitierter Verbrennungsprozess verstanden werden. Die während der Verbrennung auftretenden Maximaldrücke sind sehr unterschiedlich. Sie betragen ca. 30–40 bar im Otto- und bis zu 200 bar im Diesel-Motor. Die neuesten Entwicklungen weichen jedoch die klare Unterscheidbarkeit der beiden Konzepte auf. Zum einen werden Otto-Motoren zunehmend mit inhomogener Gemischverteilung betrieben (direkteinspritzende Benzinmotoren, Magermotoren), zum anderen werden so ge-

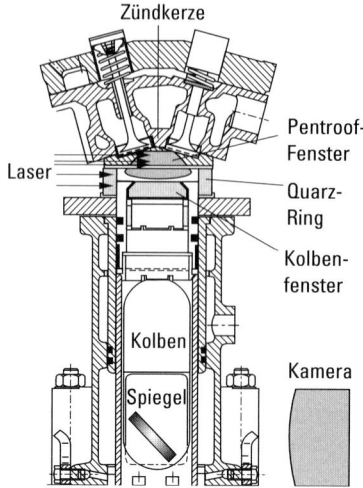
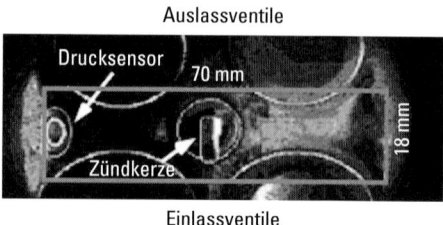

Abb. 3.45   Optisch zugänglicher Motor.

nannte HCCI-Motoren (engl. *homogeneous charge compression ignition*) entwickelt, die auf der spontanen Selbstzündung einer (weitgehend) homogen gemischten Brennstoff/Luft-Mischung durch die Kompression im Zylinder beruhen. Es kann hier kein vollständiger Überblick über die Motorentechnik gegeben werden. Hierzu sei auf weiterführende Literatur verwiesen [61, 62]. Im Folgenden sollen daher nur einige Aspekte der verschiedenen Konzepte beleuchtet werden.

Die großen Fortschritte der Motorenentwicklung der letzten Jahre beruhen nicht zuletzt auf dem Einsatz laseroptischer Untersuchungsverfahren. In Abb. 3.45 ist ein für optische Untersuchungen modifizierter Motor schematisch dargestellt. Quarzfenster erlauben im Bereich des Brennraums die Einkopplung von Laserstrahlen, durch ein Fenster im Kolbenboden kann dann das laserinduzierte Signallicht über einen Spiegel von einer Kamera detektiert werden. Das rechte Bild zeigt die Sicht der Kamera und die z. B. über laserinduzierte Fluoreszenz beobachtbare Sektion (s. Abschn. 3.3.1.2).

3.8.1 Otto-Motor mit Saugrohreinspritzung

Beim konventionellen Otto-Motor wird ein bereits weitgehend homogenes Kraftstoff/Luft-Gemisch in den Brennraum eingesaugt. Das Gemisch, das traditionell über den Vergaser bereitgestellt wurde, wird bei modernen Motoren durch Einspritzung in die Ansaugrohre erzeugt. Die Strömungsbedingungen im Zylinder sind für den Motorbetrieb von großer Bedeutung. Eine gezielte Strömungsführung beschleunigt die Homogenisierung der Mischung, verhindert Überhitzung von Wandpartien (die dann zu unerwünschten Zündquellen führen können) und bestimmt die Turbulenzintensität der Strömung. Die instationäre motorische Verbrennung ist auf große Flammenausbreitungsgeschwindigkeiten angewiesen, um innerhalb der verfügbaren Zeit auch bei hohen Motordrehzahlen eine komplette Verbrennung des Kraftstoffs zu gewährleisten. Aus thermodynamischen Gründen ist darüber hinaus eine Energiefreisetzung in möglichst kurzer Zeit wünschenswert. Die hierfür erforderlichen Flammengeschwindigkeiten lassen sich nur unter turbulenten Bedingungen erreichen (s. Abschn. 3.5.1). Eine Beobachtung des innermotorischen Strömungsfeldes ist durch PIV (engl. *particle imaging velocimetry*, s. Abschn. 3.7.1.1) möglich. In Abb. 3.46 sind Messungen des mittleren Strömungsfeldes, der Turbulenzintensität und der NO-Konzentrationsverteilung einer Simulationsrechnung der NO-Konzentrationsverteilung gegenübergestellt. Aufgrund der komplizierten Strömungsbedin-

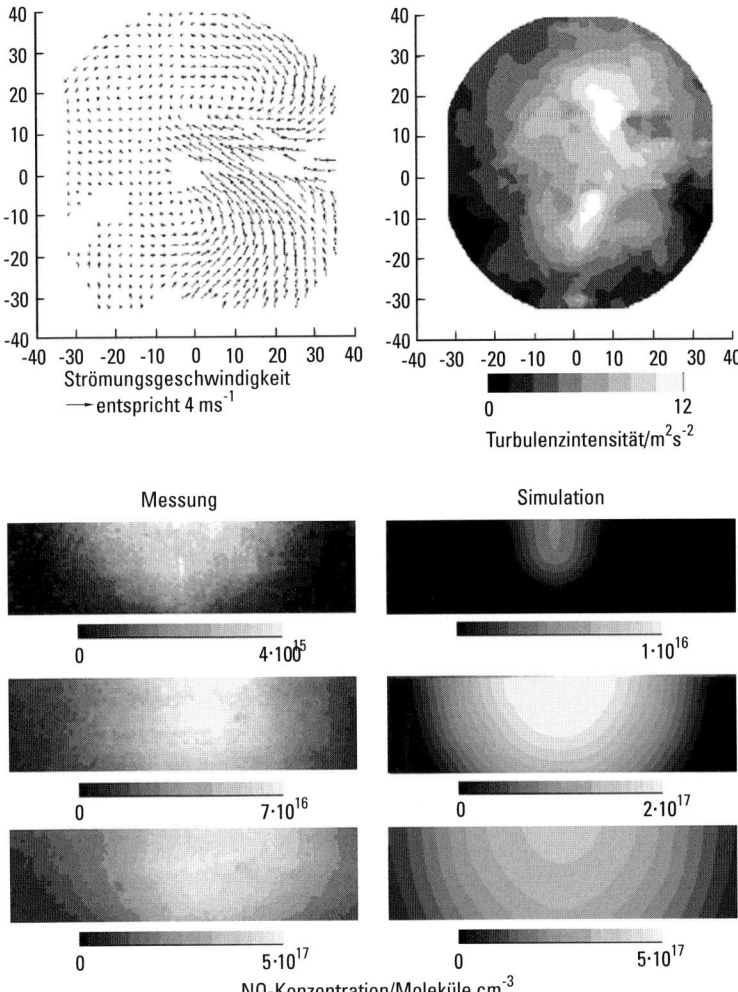

Abb. 3.46 Strömungsmessungen und NO-Messungen im Otto-Motor (s. Abb. 3.45). Vergleich der experimentellen Ergebnisse mit Simulationsrechnungen der NO-Konzentrationsverteilung [63].

gungen der motorischen Verbrennung bei gleichzeitig variierender Brennraumgeometrie und Druck erfordert die Simulation vereinfachte Modelle. In diesem Fall wird mit einer auf wenige Schritte reduzierten Beschreibung der chemischen Reaktion gearbeitet. Trotz dieser Vereinfachung wird die innermotorische Bildung des Schadstoffs NO in diesem Beispiel gut wiedergegeben.

3.8.2 Benzinmotor mit Direkteinspritzung

In jüngster Zeit sind Benzinmotoren mit direkter Einspritzung (DI) kommerziell verstärkt verfügbar. Der Kraftstoff wird bei diesem Verfahren direkt in den Brennraum eingespritzt. Der Vorteil gegenüber dem homogenen Otto-Motor ist, dass nunmehr im Teillastbereich die Motorleistung nicht durch Drosselung vermindert werden muss, sondern durch die Kraftstoffmenge geregelt wird. Das Gemisch wird somit bei geringer Leistungsanforderung immer magerer (kraftstoffärmer). Allerdings muss dabei berücksichtigt werden, dass ein Kraftstoff/Luft-Gemisch nur innerhalb gewisser Grenzen, die durch das Äquivalenzverhältnis ϕ beschrieben werden, zündfähig ist. Im Fall von Benzin ist dieser Bereich ca. $0.8 < \phi < 1.25$. ($\phi = 1.0$ ist das Mischungsverhältnis von Kraftstoff und Luft, das rechnerisch zum vollständigen Umsatz zu H_2O und CO_2 führt. Bei $\phi > 1.0$ ist Kraftstoff im Überschuss vorhanden.) Um zu vermeiden, dass bei Verringerung der Kraftstoffmenge der Bereich der Zündfähigkeit verlassen wird, wird eine gezielte, inhomogene Gemischverteilung angestrebt. Im Bereich der Zündkerze muss immer ein zündfähiges Gemisch vorhanden sein. Nach dessen Zündung kann sich dann die Verbrennung (bei nunmehr erhöhter Temperatur und erhöhtem Druck) im mageren Gemisch im verbleibenden Brennraumvolumen ausbreiten. Um diese inhomogene „geschichtete" Kraftstoffverteilung zu erzielen, erfolgt die Einspritzung spät im Zyklus, wobei Verdampfung und Strömung so aufeinander abgestimmt sein müssen, dass zum Zündzeitpunkt das zündfähige Gemisch am Ort der Zündkerze vorliegt. Diese Anforderung wird über unterschiedliche Konzepte angestrebt, die alle eine sehr hohe Zuverlässigkeit und Reproduzierbarkeit erfordern (Fehlzündungen führen zu unerwünschten Emissionen von unverbranntem Kraftstoff). Die Visualisierung der Verteilung des flüssigen und gasförmigen Kraftstoffs ist für die Entwicklung der unterschiedlichen Gemischbildungsverfahren im DI-Motor von zentraler Bedeutung. Entscheidend ist dabei, dass die Mischung in jedem einzelnen Motorzyklus die gewünschte Zündfähigkeit aufweist; die Ermittlung von zeit- oder zyklusgemittelten Konzentrationsinformationen ist nicht ausreichend. In Abb. 3.47 ist eine qualitative LIF-Messung dargestellt, die mithilfe so genannter Exciplex-Tracer (dem Kraftstoff zugesetzte Farbstoffe, die in der flüssigen Phase angeregte Dimere bilden und daher ein gegenüber der Gasphase verschiedenes Emissionsspektrum aufweisen) die Unterscheidung zwischen flüssigem und verdampftem Kraftstoff ermöglichen. Die momentanen Aufnahmen in der oberen Zeile zeigen zufällige Fluktuationen, die bei Mittelung über viele Zyklen verschwinden. Trotz dieser kleinen Fluktuationen tritt im vorliegenden Fall in der Nähe der Zündkerze die gewünschte zündfähige Kraftstoff-Luft-Mischung zuverlässig auf.

Für den praktischen Einsatz des Magermotors muss jedoch berücksichtigt werden, dass der im Otto-Motor erfolgreich eingesetzte Drei-Wege-Katalysator, der gleichzeitig für eine Verminderung der Emission von unverbrannten Kohlenwasserstoffen,

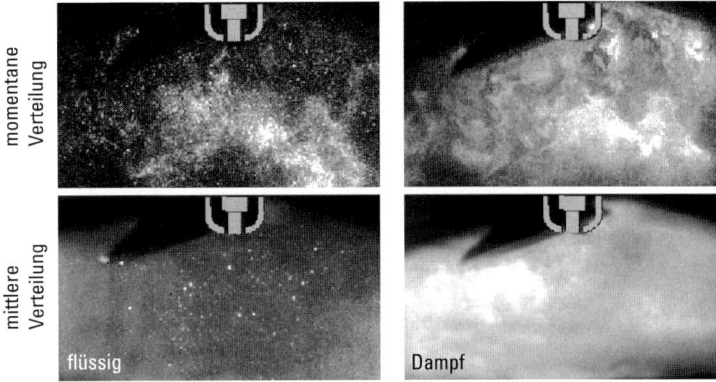

Abb. 3.47 Verteilung von Kraftstoff in der Flüssig- und in der Dampfphase im direkteinspritzenden Otto-Motor. Oberes Bildpaar: simultane Momentaufnahme, unteres Bildpaar: mittlere Verteilung (Hentschel [4]).

CO und NO sorgt, nicht einsetzbar ist. Aufgrund des Sauerstoffüberschusses tritt eine vollständige Reduktion des NO nicht auf. Daher sind spezielle Speicherkatalysatoren in Entwicklung, die in Zukunft eine Abgasreinigung auch bei Abweichung vom „stöchiometrischen" Arbeitspunkt (Äquivalenzverhältnis $\phi = 1.0$) ermöglichen sollen.

3.8.3 Diesel-Motor

Beim Diesel-Motor wird der Kraftstoff direkt in die hoch komprimierte Luft eingespritzt. Bei modernen Motoren erfolgt diese Einspritzung direkt in den Zylinder, bei älteren Modellen in eine mit dem Zylinder verbundene Vorkammer. Spraybildung, Verdampfung und Verbrennung treten dabei gleichzeitig auf. Die Verbrennung kann in mehrere Phasen unterteilt werden. In der ersten Phase bildet sich um das sehr dichte Spray eine Kraftstoffwolke, die durch turbulente Vermischung mit der umgebenden Luft eine vorgemischte Zone ausbildet. In diesem Bereich tritt nach einer Zündverzugszeit von bis zu zwei Millisekunden spontane Selbstzündung auf. Dieser erste Verbrennungsschritt ist aufgrund der hohen Drücke und Temperaturen sehr schnell und führt zu einem rapiden Druckanstieg im Motor, der für das laute Verbrennungsgeräusch des Dieselmotors verantwortlich ist. Gerade bei modernen Einspritzsystemen, bei denen Einspritzdrücke von bis zu 2000 bar zu sehr feinem und damit schnell verdampfendem Spray führen, ist die „vorgemischte" Verbrennungsphase sehr ausgeprägt. Um Druckspitzen zu vermeiden und einen „weicheren" Verbrennungsverlauf zu erzielen, wird daher häufig eine kleine Kraftstoffmenge vorab eingespritzt. In der zweiten Verbrennungsphase bildet sich eine quasistationäre, nicht-vorgemischte Flamme, bei der die Verbrennungsgeschwindigkeit durch den Transport von Kraftstoff und Sauerstoff zur Verbrennungszone limitiert ist. In der dritten Phase dagegen sinkt die Verbrennungstemperatur (auch durch die Expansion des Volumens im Arbeitstakt) so weit ab, dass die chemischen Prozesse wiederum geschwindigkeitsbestimmend werden. In dieser Phase besteht die Gefahr, dass die Reaktion vor Abschluss der kompletten Oxidation des Brennstoffs zum Erliegen kommt und Ruß emittiert wird. Durch diesen Reaktionsablauf kommt es zu einem Wechselspiel der beiden in der Verbrennung im Diesel-Motor auftretenden wesentlichen Schadstoffe Ruß und NO. Bei ausgeprägter vorgemischter Verbrennung (z. B. durch sehr effektive Brennstoffzerstäubung, kleine Tropfengrößen, frühe Einspritzung) treten sehr hohe Spitzentemperaturen auf, die aufgrund der stark nichtlinearen Temperaturabhängigkeit der NO-Bildung zu überproportional hohen NO-Konzentrationen führen. Bei größeren Tropfendurchmessern und später Einspritzung bildet sich eine geringere Maximaltemperatur aus, dafür wird zu Ende der Reaktion der Ruß nicht vollständig verbrannt und emittiert. Die Rußoxidation in der späten Verbrennungsphase ist entscheidend davon abhängig, ob Zonen hoher Rußkonzentration mit Regionen in Kontakt kommen, in denen die Radikal-Konzentrationen (OH)

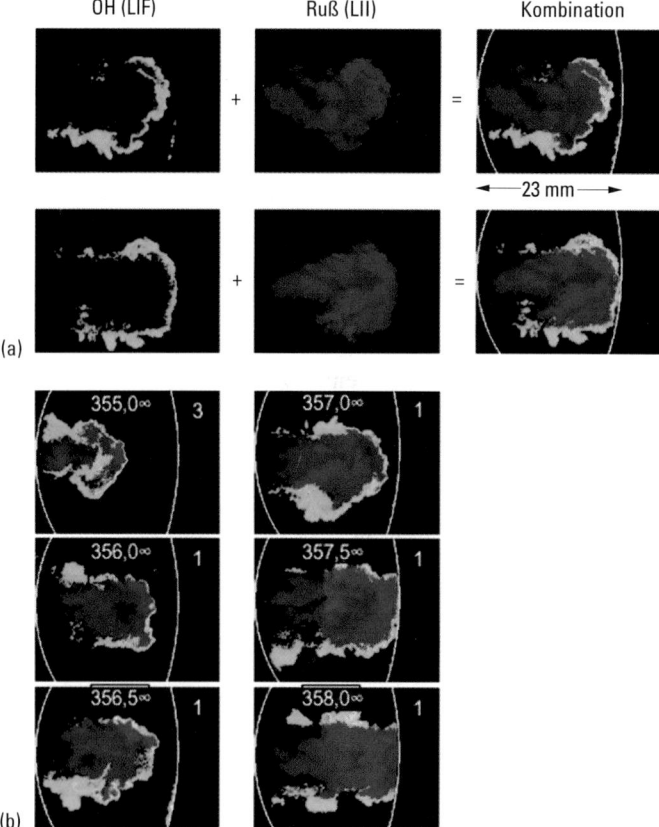

Abb. 3.48 Simultane Messung von OH- und Rußkonzentrationsverteilung im Diesel-Motor [66]. (a) In Regionen, in denen OH detektiert wird (linke Spalte), wird Ruß (mittlere Spalte) oxidiert. (b) Die die Rußwolke umgebende Oxidationszone bricht auf, wenn die brennende Rußwolke auf die Wand des Verbrennungsraums trifft und Ruß bleibt unverbrannt zurück.

zu weiteren Reaktionen führen. Die simultane Beobachtung der Rußverteilung durch LII (s. Abschn. 3.3.1.5) und der OH-Konzentration durch LIF im Dieselmotor, die in Abb. 3.48 dargestellt ist, liefert über diese Verbrennungsphase wichtige Aufschlüsse. Diese Messungen zeigen, dass nach Auftreffen des brennenden Sprays auf die Wand des Verbrennungsraums nach kurzer Zeit (durch Verarmung an Sauerstoff) die Flamme erlischt und Ruß auf der Wand deponiert und dann gegebenenfalls mit dem Abgas emittiert wird.

Eine simultane Verminderung beider Schadstoffe ist ein Hauptziel der Entwicklung von Dieselmotoren. Neben innermotorischen Optimierungen werden hierzu auch Abgasreinigungssysteme entwickelt, die gezielt einen der beiden Schadstoffe beseitigen (Rußfilter auf der einen Seite oder NO-Reduktion über Harnstoffeinspritzung (gemäß der Summenformel $6\,NO + 2\,CO(NH_2)_2 \rightarrow 5\,N_2 + 2\,CO_2 + 4\,H_2O$) z. B. in LKW-Anwendungen auf der anderen Seite). Andere Ansätze verfolgen plasmakatalytische Prozesse, bei denen NO zunächst in einem durch eine elektrische Entladung generiertem Plasma zu NO_2 oxidiert [64] und anschließend an speziellen Katalysatoren in Anwesenheit von (teiloxidierten) Kohlenwasserstoffen zu N_2 reduziert wird [65].

3.8.4 HCCI-Motor

Ein neues Verbrennungskonzept, das bisher nur in Einzelfällen kommerziell eingesetzt wurde, ist der so genannte HCCI-Motor (engl. *homogeneous charge compression ignition*). Dieses Verfahren beruht auf der spontanen Selbstzündung eines benzinähnlichen Kraftstoffs. Beim Otto-Motor ist die Selbstzündung unerwünscht. Die auftretenden Druckspitzen, die als Motorklopfen bekannt sind, können zu Schäden am Motor führen. Dort tritt die Selbstzündung in der Regel auf, wenn das unverbrannte Restgas infolge der sich ausbreitenden funkengezündeten Flamme weiter komprimiert und erhitzt wird und die Grenzen der Selbstzündung erreicht. Um dies zu vermeiden, kommen Kraftstoffe mit geringerer Tendenz zur Selbstzündung zum Einsatz (s. Abschn. 3.4.4). Im HCCI-Prozess wird dagegen diese Selbstzündung gezielt durch hohe Frischgastemperaturen (durch hohe Anteile von in den Brennraum zurückgeführten heißen Abgasen) und hohe Kompression des Gasgemisches herbeigeführt. Die Selbstzündung findet dann im gesamten Brennraumvolumen quasi simultan statt; die Verbrennung ähnelt daher nicht der vom Otto-Motor bekannten Flammenausbreitung, sondern ist ein Volumenprozess. Die hohen Temperaturen werden vor allem durch einen großen rückgeführten Abgasanteil gewährleistet. Dadurch ist die Brennstoff/Luft-Mischung durch einen großen Anteil inerter Gase verdünnt. Diesem Umstand ist zu verdanken, dass die unerwünschten Druckspitzen ausbleiben und dass die Spitzentemperaturen der Verbrennung so gering sind, dass die resultierende NO-Konzentration um bis zu zwei Größenordnungen verringert ist. Heute geltende Abgasgrenzwerte für die NO-Freisetzung können daher bereits ohne katalytische Abgasnachbehandlung unterschritten werden. Durch die Selbstzündung geht allerdings eine wichtige Kontrollgröße, der Zündzeitpunkt, für die Verbrennungsführung verloren. Um einen solchen Motor dennoch in einem großen, variablen Leistungsbereich einsetzen zu können, der z. B. dem Fahrzyklus eines PKWs entspricht, werden beispielsweise gezielt regelbare Ventilsteuerungen oder

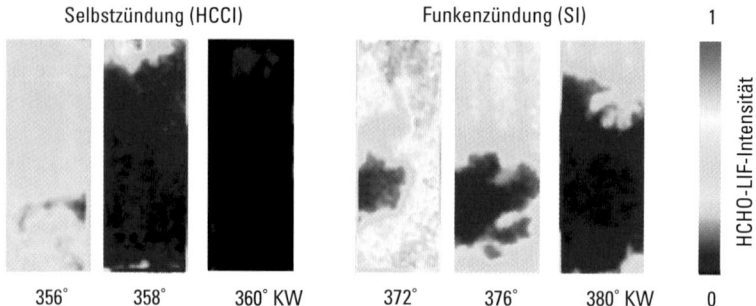

Abb. 3.49 Vergleich des Verbrennungsfortschritts im HCCI- und Otto-Motor anhand der Formaldehydverteilung. Formaldehyd wird während der Zündungsphase in der so genannten „kalten Flamme" gebildet und verschwindet in der heißen Verbrennungszone. Es ist somit ein Indikator für den Zündprozess. °KW bezeichnet den Beobachtungszeitpunkt in Abhängigkeit vom Drehwinkel der Kurbelwelle. 360 °KW ist der Zeitpunkt der maximalen Kolbenauslenkung zwischen Kompressions- und Arbeitstakt [67].

variable Kompressionsverhältnisse benötigt, die bisher für den kommerziellen Einsatz nicht zur Verfügung stehen. Für stationäre Anwendungen (z. B. in Wärmekraftanlagen oder Hybridkonzepten), bei denen der Motor konstant nahe seines Optimums betrieben werden kann, ist dieses Konzept bereits heute sehr interessant. In Abb. 3.49 ist der Verbrennungsverlauf im HCCI-Motor (a) dem eines funkengezündeten Otto-Motors (b) gegenübergestellt. Im Gegensatz zu der sich langsam und weitgehend reproduzierbar von der Zündkerze ausbreitenden Flammenfront im Otto-Prozess findet die Reaktion bei HCCI ausgehend von wenigen, statistisch verteilten bevorzugten Orten (vermutlich durch geringe Temperaturinhomogenitäten induziert) über das ganze Volumen hinweg in sehr kurzer Zeit statt. Die unverbrannten Regionen wurden hier anhand von HCHO-LIF visualisiert. Formaldehyd (HCHO) bildet sich in der der Verbrennung vorgelagerten kalten Verbrennungsphase in hohen Konzentrationen und verschwindet dann nach Start der heißen Verbrennung schnell (s. Abschn. 3.4.4).

Literatur

[1] Bellomo, R., J. Human Evol. **27**, 173, 1994
[2] Ostwald, W., Bunsen, R., Sammlung Meister, Bd. 3, Feuer Verlag, Leipzig, 1910
[3] Wolfrum, J., Proc. Combust. Inst. **27**, 1, 1998
[4] Kohse-Höinghaus, K., Jeffries, J. B. (Eds.), Applied Combustion Diagnostics, Taylor and Francis, New York, 2002
[5] Maas, U., Warnatz, J., Combust. Flame **74**, 53, 1988
[6] Riedel, U., Maas, U., Warnatz, J., Impact of Computing in Science and Engineering **5**, 20, 1993
[7] Aouina, Y., Gutheil, E., Maas, U., Riedel, U., Warnatz, J., Combust. Sci. and Tech. **173**, 1, 2002

[8] Riedel, U., Combust. Sci. Tech. **135**, 99, 1998

[9] Pope, S.B., Proc. Combust. Inst. **23**, 591, 1990

[10] Burke, S.P., Schumann, T.E.W., Ind. Eng. Chem. **20**, 998, 1928

[11] Warnatz, J., Maas, U., Dibble, R.W., Verbrennung, Springer, Heidelberg, 2001

[12] Hirschfelder, J.O., Curtiss, C.F., Bird, R.B., Molecular Theory of Gases and Liquids, Wiley, New York, 1964

[13] Warnatz, J., Combust. Sci. and Tech. **34**, 177, 1983

[14] Wu, Y.-S.M., Kuppermann, A., Anderson, J.B., Phys. Chem. Chem. Phys. **1**, 929, 1999

[15] Marcus, R., J. Chem. Phys. **46**, 959, 1967

[16] Tolman, R., J. Am. Chem. Soc. **42**, 2506, 1920

[17] Warnatz, J., Rate Coefficients in the C/H/O System, in Gardiner, W.C. (Ed.), Combustion Chemistry, Springer, New York, 1984

[18] Baer, T., Hase, W., Unimolecular Reaction Dynamics, Oxford University Press, Oxford, 1996

[19] Warnatz, J., Proc. Combust. Inst. **18**, 369, 1980

[20] Thorne, A., Litzén, U., Johannson, S., Spectrophysics, Springer, Heidelberg, 1999

[21] Demtröder, W., Laserspektroskopie. Grundlagen und Techniken, Springer, Berlin, 2000

[22] Galatry, L., Phys. Rev. **122**, 1218, 1961

[23] Eckbreth, A.C., Laser Diagnostics for Combustion Temperature and Species, Gordon and Breach, Amsterdam, 1996

[24] Kirby, B.J., Hanson, R.K., Appl. Phys. B **69**, 505, 1999

[25] Zacharias, H., Halpern, J.B., Welge, K.H., Chem. Phys. Lett. **43**, 41, 1976

[26] Dreizler, A., Tadday, R., Monkhouse, P., Wolfrum, J., Appl. Phys. B **57**, 85, 1993

[27] Daily, J.W., Prog. Energy Combust. Sci. **23**, 133, 1997

[28] Andresen, P., Bath, A., Groger, W., Lulf, H.W., Meijer, G., ter Meulen, J.J., Appl. Opt. **27**, 365, 1988

[29] Salmon, J.T., Laurendeau, N.M., Appl. Opt. **24**, 65, 1985

[30] Schulz, C., Sick, V., Meier, U.E., Heinze, J., Stricker, W., Appl. Opt. **38**, 434, 1999

[31] Arnold, A., Lange, B., Bouché, T., Heitzmann, Z., Schiff, G., Ketterle, W., Monkhouse, P., Wolfrum, J., Ber. Bunsenges. Phys. Chem. **96**, 1388, 1992

[32] Bessler, W.G., Hildenbrand, F., Schulz, C., Appl. Opt. **40**, 748, 2001

[33] Göppert-Mayer, M., Ann. Physik **9**, 273, 1931

[34] Greenhalgh, D.A., Hall, R.J., Opt. Comm. **57**, 125, 1986

[35] Lückerath, R., Woyde, M., Meier, W., Stricker, W., Schnell, U., Magel, H.-C., Görres, J., Spliethoff, H., Appl. Opt. **34**, 3303, 1995

[36] Dreizler, A., Sick, V., Wolfrum, J., Ber. Bunsenges. Phys. Chem. **101**, 771, 1997

[37] Suvernev, A.A., Dreizler, A., Dreier, T., Wolfrum, J., Appl. Phys. B **61**, 421, 1995

[38] Luque, J., Jeffries, J.B., Smith, G.P., Crosley, D.R., Scherer, J.J., Combust. Flame **126**, 1725, 2001

[39] Libby, P.A., Williams, F.A., Fundamental Aspects of Turbulent Reacting Flows, in Libby, P.A., Williams, F.A. (Eds.), Turbulent Reacting Flows, Springer, New York, 1980

[40] Libby, P.A., Williams, F.A., Turbulent Reacting Flows, Academic Press, New York, 1994

[41] Williams, F.A., Combustion Theory, Benjamin/Cummings, Menlo Park, 1984

[42] Damköhler, G., Z. Elektrochem. **46**, 601, 1940

[43] Landenfeld, T., Kremer, A., Hassel, E.P., Janicka, J., Schäfer, T., Kazenwadel, J., Schulz, C., Wolfrum, J., Proc. Combust. Inst. **27**, 1023, 1998

[44] Launder, B.E., Spalding, D.B., Mathematical Models of Turbulence, Academic Press, London, 1972

[45] Jones, W.P., Whitelaw, J.H., Proc. Combust. Inst. **20**, 233, 1984

[46] Moss, J.B., Combust. Sci. and Tech. **22**, 115, 1979

[47] Kent, J.H., Bilger, R.W., Proc. Combust. Inst. **16**, 1643, 1976

[48] Dopazo, C., O'Brien, E.E., Acta Astron. **1**, 1239, 1974

[49] Pope, S.B., Prog. Energy Combust. Sci. **11**, 119, 1986

[50] Gutheil, E., Bockhorn, H., Physicochem. Hydrodyn. **9**, 525, 1987

[51] Tsuji, H., Yamoka, I., Proc. Combust. Inst. **13**, 723, 1971

[52] Du, D., Axelbaum, R., Law, C., Proc. Combust. Inst. **22**, 387, 1988

[53] Sick, V., Arnold, A., Dießel, E., Dreier, T., Ketterle, W., Lange, B., Wolfrum, J., Thiele, K.U., Behrendt, F., Warnatz, J., Proc. Combust. Inst. **23**, 495, 1990

[54] Dreier, T., Lange, B., Wolfrum, J., Zahn, M., Behrendt, F., Warnatz, J., Proc. Combust. Inst. **21**, 1729, 1986

[55] Reynolds, W.C., The Potential and Limitations of Direct and Large Eddy Simulation, in Ruelle, D. et al. (Eds.), Whither Turbulence? Turbulence at Crossroads, Springer, Ithaka, 1989, p. 313

[56] McMurtry, P., Menon, S., Kerstein, A., Proc. Combust. Inst. **24**, 271, 1992

[57] Bilger, R.W., Proc. Combust. Inst. **22**, 475, 1988

[58] Kothnur, P.S., Tsurikov, M.S., Clemens, N.T., Donbar, J.M., Carter, C.D., Proc. Combust. Inst. **29**, 1921, 2002

[59] Böckle, S., Kazenwadel, J., Kunzelmann, T., Shin, D.-I., Schulz, C., Wolfrum, J., Proc. Combust. Inst. **28**, 279, 2000

[60] Stapf, P., Maas, U., Warnatz, J., Detaillierte mathematische Modellierung der Tröpfchenverbrennung, in 7. TECFLAM-Seminar „Partikel in Verbrennungsvorgängen", 125, 1992

[61] v. Basshuysen, R., Schäfer, F. (Eds.), Handbuch Verbrennungsmotor, Vieweg, Braunschweig, 2002

[62] Heywood, J.B., Internal Combustion Engine Fundamentals, McGraw-Hill, New York, 1988

[63] Josefsson, G., Magnusson, I., Hildenbrand, F., Schulz, C., Sick, V., Proc. Combust. Inst. **27**, 2085, 1998

[64] Orlandini, I., Riedel, U., Combust. Theory Model. **5**, 447, 2001

[65] Fisher, G., DiMaggio, C., Sommers, J., SAE Technical Paper Series No. 1999-01-3685, 1999

[66] Dec, J.E., Tree, D.R., SAE Technical Paper Series No. 2001-01-1295, 2001

[67] Graf, N., Gronki, J., Schulz, C., Baritaud, T., Cherel, J., Duret, P., Lavy, J., SAE Technical Paper Series No. 2001-01-1924, 2001

4 Einfache und disperse Flüssigkeiten

Siegfried Hess, Martin Kröger, Peter Fischer

4.1 Einleitung, Abgrenzung

In diesem Kapitel werden die Eigenschaften von Flüssigkeiten vorgestellt und Ähnlichkeiten und Unterschiede zum Verhalten von Gasen bzw. Festkörpern beschrieben. Der Fortschritt im physikalischen Verständnis der „Struktur" und der „Dynamik" von Flüssigkeiten, der sich aus dem Zusammenwirken von Experiment, Theorie und Computersimulation während der letzten vier Jahrzehnte ergab, ist in den Monographien [1–4] dokumentiert. Die Grundlagen der Thermodynamik und Statistik der Flüssigkeiten und Kolloidwissenschaften sowie der experimentellen Methoden sind in Standardlehrbüchern dargestellt [5–12]. Im Wesentlichen werden hier die „einfachen" und einfachen „dispersen" Flüssigkeiten behandelt, die Abgrenzung zu „komplexen" Flüssigkeiten wird in den folgenden Abschnitten ausführlich diskutiert. Kolloidale Dispersionen, die im konzentrierten Bereich durchaus zu den „komplexen Flüssigkeiten" zählen, werden als „Makrofluide" in diesem Kapitel diskutiert, um die Brücke zwischen den atomaren und niedermolekularen und makroskopischen Flüssigkeiten zu schlagen. Durch ihre Größe und „Trägheit" sind sie eindeutig Kandidaten der makroskopischen Welt, können aber durch ihre Behäbigkeit viel schnellere, auf atomarer und molekularer Skala ablaufende Prozesse für uns als Beobachter zugänglich machen. Deswegen werden Makrofluide gerne als Modellsysteme herangezogen (Abschn. 4.2.4). Die Existenz der Atome und Moleküle kann nur quantenmechanisch verstanden werden, aber mit obigem Ansatz können die thermophysikalischen Eigenschaften der meisten Flüssigkeiten in guter Näherung im Rahmen einer klassischen Beschreibung behandelt werden (siehe hierzu auch Kap. 1, Abschn. 1.1.4 und 1.2.6). Hierbei machen wir uns die relativ einfachen Wechselwirkungen und, wie gesagt, deren Analogon in Makrofluiden zu Nutze. Typische Quanteneffekte treten zum Beispiel bei tiefen Temperaturen und besonders ausgeprägt für leichte Teilchen, wie z. B. He oder H_2, auf. Das vorliegende Kapitel geht in den Abschnitten 4.1 bis 4.3 zunächst auf eine nähere Definition einer Flüssigkeit und die Phasen einfacher Flüssigkeiten ein. Wechselwirkungen, Struktur und Dynamik werden in Abschn. 4.4 im Rahmen einer statistischen Beschreibung vorgestellt. Computersimulationen der strukturellen und dynamischen Eigenschaften werden in Abschn. 4.5 behandelt. Der Abschnitt 4.6 befasst sich mit einfachen Transportvorgängen und spannt den Bogen von der theoretischen Betrachtung zu den Experimenten. Mit vorwiegend experimentellen Arbeiten über molekulardisperse Fluide und Makrofluide befasst sich Abschn. 4.7, während Abschn. 4.8 aus Gründen der Vollständigkeit einige Eigenschaften von Wasser dokumentiert. In Abschn. 4.9 wird das Kapitel mit einem Ausblick zusammengefasst.

4.1.1 Was ist „flüssig"?

Die Begriffe *fest*, *flüssig* und *gasförmig* sind aus der täglichen Erfahrung wohlbekannt. Ebenso wissen wir, dass eine Substanz wie z. B. Wasser in jeder dieser drei Phasen vorkommen kann, je nachdem, ob die Temperatur unterhalb des Schmelzpunktes, zwischen Schmelz- und Siedepunkt oder oberhalb des Siedepunktes liegt. Trotzdem wird immer wieder die Frage „Was ist flüssig?" gestellt, da beim Vergleich der Eigenschaften von Flüssigkeiten mit denen von Festkörpern und Gasen nicht nur Unterschiede, sondern auch Ähnlichkeiten festgestellt werden. Gerade deshalb ist es aber auch müßig, eine allgemeingültige Definition des Begriffes „flüssig" zu suchen.

Einen Überblick über die Existenzbereiche der verschiedenen Phasen gibt ein Phasendiagramm. In Abb. 4.1 ist das Phasen-Diagramm einer „einfachen" Substanz (wie z. B. Argon) schematisch gezeigt. Die Kurven geben die Teilchendichten n und den zugehörigen Druck p an, bei denen, für vorgegebene Temperatur T, Gas (Dampf) und Flüssigkeit bzw. Flüssigkeit und Festkörper oder Gas und Festkörper im Phasen-Gleichgewicht koexistieren (d. h. in einem Gefäß mit konstanten Werten von T und p zwei Phasen mit verschiedenen Teilchendichten n nebeneinander vorliegen). Am **Tripelpunkt** (mit Temperatur T_t, Dichte n_t und Druck p_t koexistieren die drei Phasen. Für Temperaturen T mit $T < T_t$ können nur Gas und Festkörper nebeneinander vorliegen. Für $T > T_c$, wobei T_c die Temperatur des **kritischen Punktes** (mit Dichte n_c und beim Druck p_c ist, sind „gasförmig" und „flüssig" nicht mehr zu unterscheiden. Eine Flüssigkeit im strengen Sinne existiert also nur im Temperaturintervall $T_t \leq T \leq T_c$. Es ist jedoch manchmal zweckmäßig, den Begriff Flüssigkeit nicht so eng auszulegen. Ende des 19. Jahrhunderts bezeichnete man die eigentlichen Flüssigkeiten als „tropfbare Flüssigkeiten" und die Gase als „expansible Flüssig-

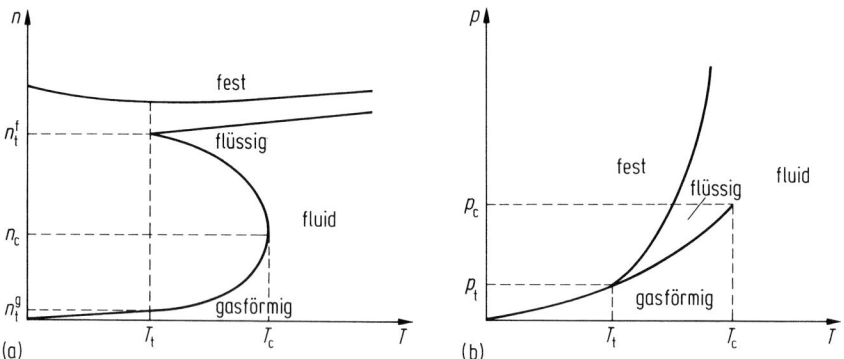

Abb. 4.1 Schematische Darstellung des Phasendiagramms einer einfachen Substanz. In (a) bzw. (b) sind die Dichte n bzw. der Druck gezeigt als Funktionen der Temperatur T, bei denen Gas und Flüssigkeit, Flüssigkeit und Festkörper oder Gas und Festkörper koexistieren. Dichte, Temperatur und Druck am kritischen Punkt sind mit n_c, T_c und p_c bezeichnet. Der Index t weist auf den Tripelpunkt hin, wo bei der Temperatur T_t und dem Druck p_t die drei Phasen mit den Dichten n_t^g (Gas), n_t^f (Flüssigkeit) und n_t^s (Festkörper) gleichzeitig vorliegen.

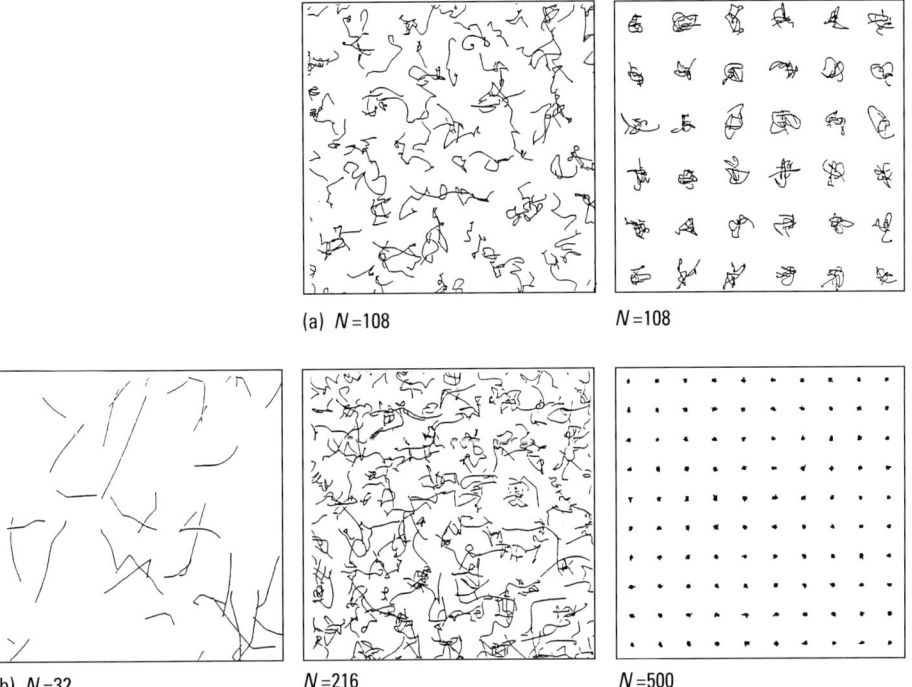

(a) N =108 N =108

(b) N =32 N =216 N =500

Abb. 4.2 Projektionen der Bahnen von Teilchen in einem Volumen V auf eine Ebene. In (a) sind jeweils 108 Teilchen gezeigt, einmal bei einer höheren Temperatur T, bei der das System flüssig ist, zum anderen bei einer tieferen Temperatur, bei der die Teilchen in der Nähe von Gitterplätzen bleiben. In (b) wird bei gleichbleibender Temperatur T die Zahl der Teilchen (32 bzw. 216 und 500) und damit die Dichte variiert, um einen Eindruck von der Teilchenbewegung in den gasförmigen, flüssigen und kristallinen Zuständen zu geben. Die Bilder sind aus einer Molekulardynamik-Computersimulation für Teilchen mit Lennard-Jones-Wechselwirkung gewonnen (T. Weider, Institut für Theoretische Physik, TU Berlin).

keiten". Als Oberbegriff für die Gase und die eigentlichen Flüssigkeiten wird hier (wie im Kap. 1) von der *fluiden Phase* bzw. von einem *Fluid* gesprochen.

Ein anschauliches Bild vom Mikrozustand eines Gases, einer Flüssigkeit und eines kristallinen Festkörpers geben die aus einer Computersimulation entnommenen Bilder der Abb. 4.2. Dort sind die „Spuren" der sphärischen Teilchen (die sich im dreidimensionalen Raum bewegen) über die jeweils gleiche Zeitdauer auf eine Ebene projiziert. Da in der Simulation periodische Randbedingungen verwendet werden, entsprechen die Begrenzungen in den Abbildungen keinen Wänden, sondern geben nur die Basisfläche des kubischen Periodizitätsvolumens an. In Abb. 4.2a sind 108 Teilchen im gleichen Volumen V und damit bei gleicher Dichte n, aber bei verschiedenen Temperaturen gezeigt, bei denen das System flüssig bzw. kristallin (kubisch-flächenzentriert) geordnet ist. In Abb. 4.2b sind bei gleicher Temperatur die Projektionen der Bahnkurven bei verschiedenen Dichten (32, 216 bzw. 500 Teilchen im gleichen Volumen) gezeigt, bei denen das Modellsystem gasförmig, flüssig und fest ist. Im Festkörper sind die Teilchen auf ihren Gitterplätzen mehr oder weniger gut lokalisiert. Ein qualitativer Unterschied zur Flüssigkeit ist die langreichweitige Ordnung in der festen Phase und die Existenz von Vorzugsrichtungen: Die kristalline Struktur ist anisotrop. Im Gas und in der Flüssigkeit können sich die Teilchen durch das zur Verfügung stehende Volumen bewegen; wegen der geringeren Dichte treten im Gas längere, gerade Strecken in den Bahnkurven auf. In der Flüssigkeit gibt es eine *Nahordnung*, d. h. eine räumliche Struktur in der Umgebung jedes herausgegriffenen Referenzteilchens, die für sphärische Teilchen im Mittel und im thermischen Gleichgewicht isotrop ist. Diese lokale Struktur und die damit zusammenhängenden Eigenschaften werden in Abschn. 4.4 besprochen. In Gläsern (Abschn. 8.7) ist die Struktur der Flüssigkeit eingefroren. Das für ein Fluid wesentliche Fließverhalten und die Viskosität werden in den Abschnitten 4.2 und 4.6.1 behandelt.

4.1.2 Einfache, disperse und komplexe Flüssigkeiten

Unter einem „einfachen" Fluid versteht man eine Substanz in der fluiden Phase (gasförmig oder flüssig), die aus kugelsymmetrischen atomaren, molekularen oder molekular-dispersen Teilchen bestehen. Die Wechselwirkung zweier solcher „einfacher" Teilchen hängt dann nur von deren Abstand ab. Bei molekularen Fluiden wie z. B. N_2 oder CO_2 liegt eine orientierangsabhängige Wechselwirkung vor; bei der Behandlung vieler physikalischer Eigenschaften kann diese jedoch in guter Näherung durch eine orientierungsgemittelte Wechselwirkung ersetzt werden. In diesem Sinne werden auch niedermolekulare Fluide und verdünnte Dispersionen (molekular-disperse Systeme) näherungsweise als einfache Fluide betrachtet. Mit dieser Ähnlichkeit beschäftigten sich Einstein [13] und Smoluchowski [14], die die Viskosität verdünnter Dispersionen und die Stabilität allgemein disperser Systeme mit einfachen, abstrakten, Flüssigkeiten verknüpften. Analogien existieren auch zu den flüssigen Metallen, sofern die Wechselwirkung der Ionen durch ein effektives Potential beschrieben wird und die Leitungselektronen nicht explizit berücksichtigt werden.
  Was sind nun „nicht-einfache" oder „komplexe" Flüssigkeiten? Das sind Flüssigkeiten, die aus komplizierten, in der Regel großen, häufig asphärischen Molekülen bestehen, oder aus Mischungen verschiedener Teilchen, die komplizierte (räumliche) Strukturen aufbauen. Zur ersten Klasse gehören Polymerlösungen und Polymerschmelzen (Kap. 8), zur zweiten Klasse gehören z. B. Seifenlösungen (Tenside), die Mizellen oder komplexe dreidimensionale Phasen bilden, Emulsionen (Öl in Wasser oder Wasser in Öl) oder Dispersionen (Feststoffpartikel in Lösung). Für die meisten der genannten Makrofluide ist der Übergang von einer einfachen Flüssigkeit (molekular-dispers) zu einer komplexen Flüssigkeit (kolloidal-dispers oder makromolekular) nicht eindeutig auszumachen. Als einfache Regel mag gelten, dass ausgeprägte nichtlineare rheologische Phänomene (vgl. Abschn. 4.2) eindeutig auf komplexe Strukturen zurückzuführen sind. Die Strukturen einfacher Flüssigkeiten bzw. diejenigen ihrer mesoskopischen „Schwestern" werden mit Streuexperimenten wie der Neutronen-, Röntgen- oder auch der Lichtstreuung untersucht. Die geeignete Strahlung hängt dabei von ihrer Wellenlänge und der zu untersuchenden Struktur ab. Grundsätzlich sollte die Wellenlänge wesentlich größer als die zu untersuchende

Strukturlänge sein, so dass man mit Lichstreuexperimenten ($\lambda \approx 500\,\text{nm}$) üblicherweise molekuar-disperse Systeme und mit kürzeren Wellenlängen atomare oder molekulare Strukturen untersucht (vgl. Abschn. 4.4.1).

Das Fließen einfacher wie auch komplexer Fluide ist Gegenstand der Rheologie. Durch die gegenseitige Verzahnung von rheologischen und strukturellen Eigenschaften ist die Rheologie nur für verdünnte Systeme von nichtkolloidalen und molekulardispersen Systemen ein überschaubares Fachgebiet. Sobald anisotrope Strukturen, Makromoleküle oder auch kolloidal-disperse Systeme in entsprechender Konzentration vorliegen, ist die Rheologie ein Forschungsgegenstand, der den Rahmen dieses Buches bei Weitem sprengen würde. In Abschn. 4.2 werden die Grundzüge der Rheologie einfacher und komplexer Systemen anhand der beobachteten Fließeigenschaften klassifiziert. In Kap. 7 und 8 wird auf weitere rheologische Aspekte eingegangen.

Bevor wir uns mit der einfachen Rheologie in Abschn. 4.2 beschäftigen, sei eine kurze Bemerkung zu der wichtigsten Flüssigkeit auf unserem Planeten, nämlich Wasser, vorangestellt. Wasser verhält sich bezüglich einiger physikalischer Eigenschaften qualitativ wie eine einfache Flüssigkeit, besitzt aber aufgrund des starken Dipolmoments der H_2O-Moleküle und der Wasserstoffbrückenbindungen eine komplexe Struktur, die auch manche Besonderheiten des Wassers bedingt (s. Abschn. 4.8). Wasser gehört zu den assoziierten Flüssigkeiten, die temporäre Supermoleküle oder auch Netzwerke ausbilden. Deswegen ist es manchmal nicht ganz treffend, die Eigenschaften einfacher Flüssigkeiten anhand von Wasser zu erläutern.

4.1.3 Makrofluide und kolloidal-disperse Flüssigkeiten

Die Teilchen einer kolloidalen Lösung können sich abhängig von ihrer Konzentration in ihrer räumlichen Anordnung gas- und flüssigkeitsähnlich (fluid) verhalten oder sich kristallin anordnen (*kolloidale Kristalle*). Im Zusammenhang mit dem Studium der Struktur fluider Phasen kolloidaler Systeme spricht man auch von einem **Makrofluid**.

Wie bereits erwähnt, können solche Substanzen als Modellsysteme für einfache Flüssigkeiten herhalten, da sich viele der theoretischen und experimentellen Methoden auf Makrofluide übertragen lassen. Insofern können bei der theoretischen Beschreibung und bei der Analyse experimenteller Daten die kolloidalen Teilchen die Rolle übernehmen, die in einfachen Flüssigkeiten die Atome spielen. Wegen der Größe der Teilchen kann zur Untersuchung der Struktur eines Makrofluids z. B. Lichtstreuung eingesetzt werden, während bei einer einfachen Flüssigkeit eine Strahlung mit erheblich kürzerer Wellenlänge (Röntgen- oder Neutronenstrahlung) erforderlich ist. Ein wesentlicher experimenteller Vorteil ist die im Vergleich zu einer realen Flüssigkeit langsamer ablaufende Dynamik. Die charakteristischen Relaxationszeiten sind länger und Phänomene, die aufgrund theoretischer Überlegungen auch bei den eigentlichen Flüssigkeiten auftreten, aber in der Praxis dort nicht messbar sind, werden leichter beobachtbar. Als ein Beispiel sei hier die mit der Viskosität eng verknüpfte scherinduzierte Störung der Nahordnung genannt, auf die in Abschn. 4.6.2 eingegangen wird.

In Abb. 4.3 ist schematisch die Einteilung der Dispersphasensysteme anhand des Aggregatdurchmessers gezeigt. Für Durchmesser unterhalb von einigen Nanometern

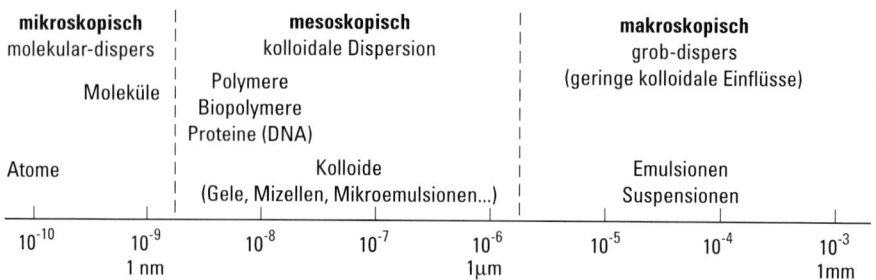

Abb. 4.3 Einteilung der Makrofluide in molekular-, kolloidal- und grob-disperse Systeme.

(< 20–30 nm) spricht man von molekulardispersen Systemen bzw. echten Lösungen. Der angrenzende mesoskopische Bereich bis 1 μm wird durch die klassischen kolloidal-dispersen Systeme abgedeckt. Grobdisperse Systeme zeichnen sich durch Teilchengrößen im Supermikrometerbereich (> 1 μm) aus. Im letzteren Fall wird auch von nichtkolloidalen Dispersionen gesprochen, da hier die kolloidale Wechselwirkung aufgrund der Aggregatgröße physikalisch in den Hintergrund tritt.

Sprichwörtlich „auf den Leim gegangen" ist der britische Chemiker Thomas Graham (1805–1869) den Kolloiden bei ihrer Benennung. Eine Fehlinterpretation von Filtrationsversuchen mit durchsichtigem, leimartigem Material ließ den Begriff „Kolloid" nach dem griechischen Wort „κωλλα" (gespr.: kolla, deutsch: Leim) entstehen. Kolloide sind eine von vielen physiko-chemischen Parametern kontrollierte Erscheinungsform der Materie, jedoch kein weiterer Aggregatzustand. Ihre Bezeichnung und ihr Erscheinungsbild muten zunächst etwas willkürlich an, wodurch allerdings nur die mannigfaltigen Eigenschaften dieser mesoskopischen Aggregate reflektiert werden. So bedingt die Größe der Partikel, dass Effekte auftreten, wie sie für den atomaren Bereich typisch sind. Auf der anderen Seite haben Kolloide eine enorme spezifische Oberfläche und bieten somit reichlich Platz für Aggregation und chemische Reaktion. Schließlich sind Kolloide in ihrer Eigenschaft als Nanopartikel für die Ernährungswissenschaft (funktionale Lebensmittel), Medizin und Pharmazie (Mikrokapseln) von großem Interesse als Transport- und „Release"-Vehikel. Die Eigenschaften isolierter, nicht mit einem Lösungsmittel in Wechselwirkung tretender Nanopartikel werden in Kap. 9 beschrieben.

Kolloidale Systeme werden im Allgemeinen in zweiphasige Dispersionen und Assoziationskolloide unterteilt. Assoziationskolloide entstehen durch Zusammenlagerung von Tensiden oder niedermolekularen Makromolekülen zu Gebilden kolloidaler Dimension wie zum Beispiel Mizellen oder Vesikeln. Dies können kugel-, scheiben- oder röhrenförmige Aggregate mit großen Abmessungen (im Mikrometer-Bereich) oder auch „zweidimensionale" Filme sein. Suspensionen, Dispersionen, Emulsionen und Schäume gehören in die Klasse der Zweiphasensysteme. Bei einer Suspension werden Feststoffpartikel in eine suspendierende Matrixflüssigkeit gegeben, während bei Emulsionen und Schäumen eine Flüssigkeit in eine andere Flüssigkeit bzw. in ein Gas eingetragen wird. Wichtiger Aspekt bei Emulsion und Schäumen ist die Nichtmischbarkeit bzw. Nichtlösbarkeit dieses Zweiphasensystems. In technischen Anwendungen werden sowohl Dispersionen (Farbe, Tinte, Zement etc.) als auch Emulsionen (Milch, Mayonnaise, Polymermischungen etc.) durch Stabilisatoren und Tenside in ihren Eigenschaften gezielt beeinflusst. Lösungen makromolekularer Stoffe (Polymere, Proteine) stellen einphasige kolloidale Dispersionen dar. Obwohl solche molekular-dispersen Systeme thermodynamisch echte Lösungen sind, werden sie wegen ihrer Abmessungen und ihren Wechselwirkungen mit dem Lösungsmittel der Klasse der Kolloide zugeordnet. Solche Makromoleküle in Lösungen bilden dann keine dichten, sondern eher lockere, knäuelförmige Gebilde aus jeweils einem in sich verschlungenen Moleküle. Die Dichte des lösungsmittelfrei gedachten Knäuels ist dabei sehr gering. Die Größe des Knäuels wird durch die Wechselwirkung mit dem Lösungsmittel bestimmt. Knäuelauffaltung durch Änderung des pH-Wertes, der Ionenstärke und anderer physiko-chemischer Parameter sind eindeutig kolloidaler Natur. Neben Streuexperimenten werden hier vor allem rheologische Untersuchungen zur Charakterisierung herangezogen [4, 15, 16].

Zur Beschreibung von kolloidalen, verdünnten Dispersionen, auf die in diesem Kapitel eingegangen wird, werden meist Modelle für weiche und harte Kugeln herangezogen. Die Abschnitte 4.4.1 befassen sich mit Modellen der molekularen Wechselwirkungen, die sowohl für einfache Flüssigkeiten als auch für Makrofluide verwendet werden können. In den Abschnitten 4.4.3 und 4.4.4 werden die Paarkorrelationsfunktionen sowie der Strukturfaktor eingeführt, auf die im experimentellen Teil von Abschn. 4.7.2 Bezug genommen wird. Computersimulationsmethoden, die es erlauben, die Dynamik, Rheologie und Struktur einfacher Fluide sowohl im Gleichgewicht als auch im Nichtgleichgewicht zu berechnen, werden in Abschn. 4.5 ausführlich beschrieben. Eigenschaften wie Viskosität, Wärmeleitfähigkeit und Strukturen im Nichtgleichgewicht werden in Abschn. 4.6 näher behandelt und in Abschn. 4.7 mit experimentelle Ergebnissen verglichen. Insbesondere werden dort die rheologischen Eigenschaften von Makrofluiden diskutiert, wobei beachtet werden muss, dass ein Makrofluid nicht ungedingt eine rheologisch einfache Flüssigkeit ist. Die Rheologie von konzentrierten Dispersphasensystemen, makromolekularen Polymerlösungen und -schmelzen, Emulsionen und Polymermischungen (Blends) wird in Kap. 8 beschrieben. Im europäischen Raum werden kolloidale Systeme auch häufig als weiche Materie (engl. *soft (condensed) matter*) bezeichnet, während sich im amerikanischen Sprachraum der Begriff komplexe Flüssigkeit („*complex fluid*") durchgesetzt hat.

4.2 Rheologie

Rheologie ist die Wissenschaft der Deformation und Strömung von Substanzen. Rheologische Eigenschaften werden durch Viskositäten (innere Strömungswiderstände), Elastizitäten (Speicherung von Energie in Strukturen) und viskoelastische Eigenschaften charakterisiert. Solche makroskopisch beobachtbaren Eigenschaften sind ein Resultat der Mikrostruktur des untersuchten Materials. Zu ihrem Verständnis werden Aspekte der Chemie, Thermodynamik, Physik, Kolloidwissenschaft, Strömungsdynamik und der Ingenieurwissenschaften interdisziplinär zusammengeführt. Der Ausspruch „παντα ρει" (gespr.: panta rei, deutsch: alles fließt), welcher dem griechischen Philosophen Heraklit von Ephesus (550–480 v. Chr.) oder einem seiner Schüler zugesprochen wird, prägte diese Definition.

Die rheologische Charakterisierung von Flüssigkeiten in Abhängigkeit von Konzentration, Temperatur und molekularem Aufbau ist eine klassische Untersuchungsmethode. Die rheologischen Eigenschaften einer Probe werden makroskopisch (integral) gemessen und durch viskose, elastische und viskoelastischen Eigenschaften beschrieben. Die Verknüpfung des makroskopisch beobachteten Fließ- und Deformationsverhaltens der Materie bei mechanischer Belastung mit mikroskopischen Materialstrukturen erfolgt durch Zustandsgleichungen [5, 10].

4.2.1 Spannungs- und Scherratentensor

Zur rheologischen Beschreibung einfacher und disperser Flüssigkeiten muss man sich zunächst mit den Strömungs- und Deformationsverhältnissen und den herrschenden Kräften beschäftigen. Dies geschieht durch die strömungsmechanische Beschreibung (Kontinuitäts- und Navier-Stokes-Gleichungen) für inkompressible Fluide in einer laminaren Strömung. In diesem Abschnitt werden daher die Beschreibung des allgemeinen Spannungszustandes einer Flüssigkeit sowie die ihr Deformationsverhalten beschreibenden Zustandsgleichungen vorgestellt. Strömungsmechanische Vorgänge werden im Wesentlichen sowohl durch viskose Reibungseffekte als auch Druck- und Beschleunigungskräfte, wie sie in zeitlich veränderlichen Strömungen auftreten, beschrieben. Die an einem infinitesimal kleinen Fluidelement auftretenden Spannungen sind in Abb. 4.4 dargestellt.

Damit lässt sich der allgemeine Spannungszustand durch den Spannungstensor $\boldsymbol{\pi}$ darstellen. Der Spannungstensor besteht aus Normalspannungen π_{ii} ($i = x, y, z$) und Tangentialspannungen (oder Schubspannungen) π_{ij} ($i \neq j$). Der erste Index beschreibt die Richtung der Flächennormalen, der zweite Index die Richtung der angelegten Spannung. Häufig wird der Spannungstensor $\boldsymbol{\pi}$ in den spurlosen Extra-

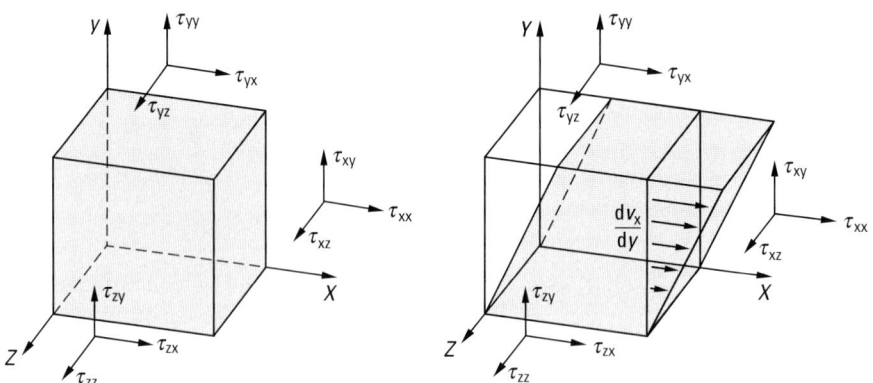

Abb. 4.4 Definition der Spannungen an einem infinitesimal kleinen Fluidelement. Geschwindigkeitsfeld v_x einer rheometrischen Strömung in x-Richtung. Die Scherrate wird als $\dot{\gamma} = \partial v_x / \partial y$ definiert.

spannungstensor τ und einen isotropen Drucktensor $p\delta$ zerlegt, wobei δ die Einheitsmatrix bezeichnet, und p den isotropen Druck,

$$\tau = \begin{pmatrix} \tau_{xx} & \tau_{xy} & \tau_{xz} \\ \tau_{yx} & \tau_{yy} & \tau_{yz} \\ \tau_{zx} & \tau_{zy} & \tau_{zz} \end{pmatrix} = \pi + p\delta. \tag{4.1}$$

Für inkompressible Materialien beeinflusst eine isotrope Druckänderung das Materialverhalten nicht. Der Extraspannungstensor (oder auch „deviatorischer" Spannungstensor) enthält alle strömungsbedingten Deformationseffekte des Materials. Rheologische Zustandsgleichungen werden in der Regel unter Verwendung des Extraspannungstensors formuliert.

Nachdem man den Spannungszustand in jedem beliebigen infinitesimalen Volumenelement in einem Material durch den Spannungstensor ausdrücken kann, benötigt man eine adäquate Beschreibung für die Deformation. Zwischen Spannung und Deformation besteht ein physikalischer Zusammenhang, welcher das Spannungs-Deformations-Verhalten des Materials eindeutig beschreibt. Deformations- und Scherratentensor können analog zu dem Extraspannungstensor aufgestellt werden [5]. Das vorliegende Kapitel behandelt ausschließlich inkompressible Fluide, die einen symmetrischen Spannungstensor aufweisen. Entsprechend wird der symmetrisch spurlose Geschwindigkeitsgradiententensor oder Scherratentensor $\dot{\gamma}$,

$$\dot{\gamma} = \frac{1}{2}\left[\begin{pmatrix} \partial_x v_x & \partial_x v_y & \partial_x v_z \\ \partial_y v_x & \partial_y v_y & \partial_y v_z \\ \partial_z v_x & \partial_z v_y & \partial_z v_z \end{pmatrix} + \begin{pmatrix} \partial_x v_x & \partial_y v_x & \partial_z v_x \\ \partial_x v_y & \partial_y v_y & \partial_z v_y \\ \partial_x v_z & \partial_y v_z & \partial_z v_z \end{pmatrix} \right] - \frac{1}{3}(\partial_x v_x + \partial_y v_y + \partial_z v_z)\delta, \tag{4.2}$$

benötigt, wobei $\partial_y v_x = \partial v_x / \partial y$ beispielsweise die Änderung der x-Komponente des Geschwindigkeitsfeldes in Richtung der y-Achse beschreibt. Gl. (4.2) lässt sich unter Verwendung des Nabla-Operators etwas kompakter schreiben als

$$\dot{\gamma} = \frac{1}{2}\left((\nabla v) + (\nabla v)^T\right) - \frac{1}{3}(\nabla \cdot v)\delta, \tag{4.3}$$

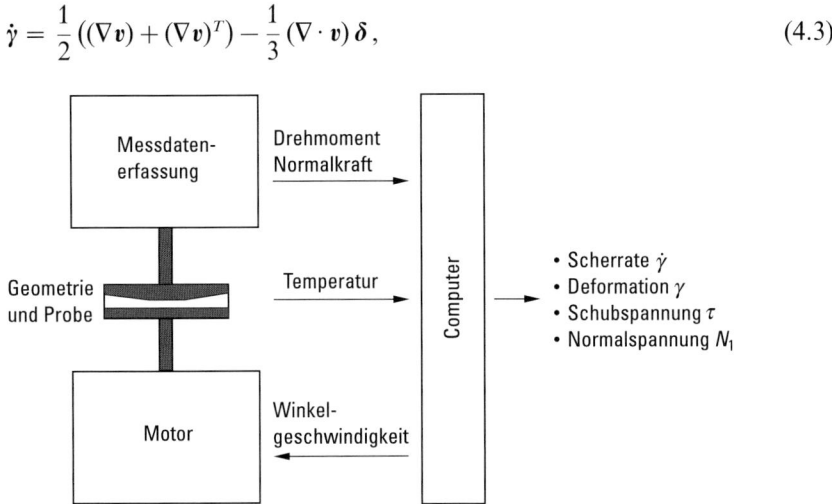

Abb. 4.5 Schematischer Aufbau eines Rheometers sowie die Rohdatenerfassung und deren Konvertierung in rheologische Größen.

wobei ∇v das Tensorprodukt zwischen ∇ und v (einen Tensor 2. Stufe, kurz „Matrix") darstellt, während $\nabla \cdot v$ ein Skalarprodukt ist, vgl. Gl. (4.2) mit Gl. (4.3).

Rheologischen Eigenschaften, d. h. Deformation oder Scherung und die korrespondierenden Spannungen werden mit Viskosimetern und Rheometern gemessen. In Abb. 4.5 ist ein Rheometer und die Datenerfassung schematisch dargestellt. Die Scherung oder Deformation wird durch Messung der Längen- oder Winkeländerung erfasst, während die Spannung durch ein Drehmoment vorgegeben wird. Diese Rohdaten werden je nach verwendeter Geometrie (Platte-Platte-, Couette-Scherzelle...) in die entsprechenden rheologischen Größen umgewandelt und dann anhand von rheologischen Zustandsgleichungen in Bezug gesetzt, wie im nächsten Abschnitt näher erläutert.

4.2.2 Scherviskosität und Normalspannungsdifferenzen

Die aus Gl. (4.1) bekannten Schub- und Normalspannungen des Extraspannungstensors τ werden häufig durch rheologische Zustandsgleichungen, welche stoffspezifische Eigenschaften enthalten, mit den oben definierten kinematischen Größen, d. h. mit dem Deformations- oder Scherratenzustand verknüpft. Bei einer Flüssigkeit, deren Fließverhalten als „einfach" oder „normal" empfunden wird, d. h. bei einer Newton'schen, inkompressiblen Flüssigkeit, gilt ein linearer Zusammenhang, der durch folgende rheologische Zustandsgleichung definiert ist:

$$\tau = 2\eta\dot{\gamma}, \tag{4.4}$$

wobei η die Scherviskosität bezeichnet. Im Falle einer ebenen rheometrischen Strömung (Abb. 4.4) mit einer Strömungsgeschwindigkeit v in x-Richtung und deren Gradienten in y-Richtung wird häufig auch eine skalare Schreibweise gewählt. Die *Schubspannung* τ_{xy} wird in diesem Fall durch die Scherrate $\dot{\gamma} = \partial_y v_x$ hervorgerufen. Die *Viskosität* η ist dann gemäß dem *Newton'schen Schubspannungsansatz* bzw. der Zustandsgleichung

$$\tau_{xy} = 2\eta\dot{\gamma}_{xy} = \eta\dot{\gamma} \tag{4.5}$$

als das Verhältnis $\tau_{xy}/\dot{\gamma}$ definiert.

Im Idealfall einer **Newton'schen Flüssigkeit** ist η unabhängig von $\dot{\gamma}$. In Abb. 4.6 entspricht dies der horizontalen Geraden. Im Allgemeinen wird aber die Schubspannung eine nicht-lineare Funktion der Scherrate $\dot{\gamma}$ sein, die Viskosität hängt dann von $\dot{\gamma}$ ab: Man spricht von einer *nicht-Newton'schen Viskosität* [17]. In diesem Fall ist zu beachten, dass die Scherviskosität $\eta = f(|\dot{\gamma}|)$ selbst eine Funktion des Scherrate $\dot{\gamma}$ ist. Im *verallgemeinerten Newton'schen Schubspannungsansatz* wird dies wie folgt ausgedrückt:

$$\tau_{xy} = \eta(|\dot{\gamma}|)\dot{\gamma}. \tag{4.6}$$

In Polymeren und konzentrierten kolloidalen Dispersionen ist nicht-Newton'sches Verhalten in der Regel zu beobachten. In Abb. 4.6 ist ein Viskositätsverlauf gezeigt, wie er typisch beim Auftreten der *Scherverdünnung* ist, bei der die Viskosität mit wachsender Scherrate $\dot{\gamma}$ abnimmt. Polymer-, Tensid- und Biopolymerlösungen (z. B. Proteine) sowie Polymerschmelzen zeigen im Allgemeinen scherverdünnende Eigen-

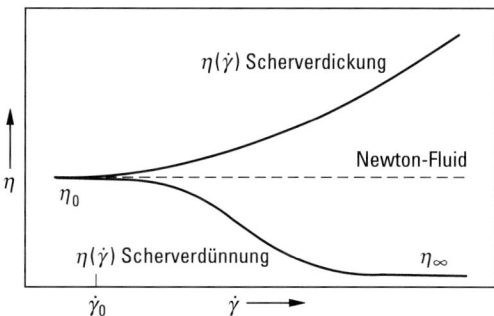

Abb. 4.6 Viskosität η als Funktion der Scherrate $\dot{\gamma}$ für eine Newton'sche, eine scherverdünnende sowie eine scherverdickende Substanz. Für kleine Scherraten verhalten sich die nicht-Newton'schen wie Newton'sche Substanzen.

schaften. Dispersionen und Emulsionen sind bei niedrigem und moderatem Dispersphasenanteil (Emulsionströpfchen bzw. Feststoffanteil) ebenfalls scherverdünnend. Ab einer gewissen Konzentration kann jedoch auch der umgekehrte Fall beobachtet werden: Bei einer Zunahme der Viskosität mit wachsendem $\dot{\gamma}$ spricht man daher von *Scherverdickung* oder *Scherdilatanz*. Beispiele für scherverdickende Systeme sind konzentrierte Dispersionen (Stärke, Sand . . .). In Abschn. 4.7 werden einige Eigenschaften von kolloidalen Dispersphasensystemen näher beschrieben.

Eng verknüpft mit dem nicht-Newton'schen Verhalten ist das Auftreten von Normalspannungsdifferenzen. Im Gegensatz zu einer ruhenden Flüssigkeit, in der alle Normalspannungen gleich dem negativem hydrostatischen Druck und identisch sind ($\pi_{xx} = \pi_{yy} = \pi_{zz} = -p$ bzw. $\boldsymbol{\tau} = \mathbf{0}$), können die elastischen Eigenschaften von Fluiden in Bewegung Extranormalspannungen erzeugen. Am einfachsten kann man sich die Normalspannungseffekte bei einem entropieelastischen Polymermolekül vorstellen, d. h. bei einem langen Molekül, das deshalb – statistisch gesehen – gerne geknäuelt vorliegt, weil der gestreckte Zustand vergleichsweise unwahrscheinlich und weniger „entartet" ist. Durch die angelegte Scherung wird das Molekül aus seiner entropisch günstigen Knäuelkonformation heraus gestreckt. Die Orientierung der gestreckten Moleküle in der Scherung lässt nun ein anisotropes System entstehen, welches durch Relaxation in den Knäuelzustand Kräfte senkrecht zur Strömungsrichtung aufbaut. Diese Relaxationsvorgänge sind somit eng mit der Fähigkeit verbunden, anisotrope Strukturen in Strömungen aufzubauen, sowie Energie elastisch zu speichern und wieder abzugeben. Normalspannungseffekte werden daher unter anderem bei Kettenmolekülen (Polymerlösungen) und bei grenzflächenelastischen Tröpfchen (Emulsionen) beobachtet. Im letzteren Fall wirkt die Grenzflächenspannung als rückstellende, formerhaltende Kraft gegen die Deformationskräfte des Strömungsfeldes [5, 10, 18].

Definiert werden die erste Normalspannungsdifferenz $N_1 = \tau_{xx} - \tau_{yy}$ und die zweite Normalspannungsdifferenz $N_2 = \tau_{yy} - \tau_{zz}$, die im Newton'schen Grenzfall kleiner Scherraten verschwinden bzw. für Newton'sche Flüssigkeiten nicht existent sind. Ferner kann auch der hydrostatische Druck p von der Scherrate abhängen bzw. bei konstantem Druck das Volumen verändert werden. Nimmt bei der Scherung das Volumen zu, so spricht man von *Volumendilatanz*.

Wie aus Abb. 4.6 ersichtlich, verhält sich auch die **nicht-Newton'sche Flüssigkeit** wie eine Newton'sche Flüssigkeit, wenn nur die Scherraten $\dot\gamma$ sehr klein sind im Vergleich zu einer *charakteristischen Scherrate* $\dot\gamma_0$. Wie aus theoretischen Überlegungen und aus Computersimulationsexperimenten bekannt [19, 20], zeigen auch einfache Fluide, d. h. Gase und einfache Flüssigkeiten, die als Musterbeispiel für Newton'sche Flüssigkeiten gelten, ein nicht-Newton'sches Fließverhalten. Im Unterschied zu den typischen nicht-Newton'schen Flüssigkeiten sind dort aber die relevanten Relaxationszeiten so kurz (z. B. kleiner als 10^{-8} s), dass sich für experimentell erreichbare Scherraten von 10^4 s^{-1} das nicht-Newton'sche Verhalten nicht bemerkbar machen kann. Der Übergang zwischen Newton'schem und dem allgemeinen nicht-Newton'schen Verhalten ist fließend und hängt neben der Volumenkonzentration auch von kolloidalen Größen wie pH-Wert, Lösungsmittel und Wechselwirkungspotential ab. Die Klassifizierung von Flüssigkeiten als Newton'sche bzw. nicht-Newton'sche Flüssigkeiten kann nützlich sein, enthält aber einige Willkür.

4.2.3 Viskoelastizität und Fließgrenze

Wie bei den Normalspannungseffekten schon angesprochen, finden sich in Flüssigkeiten auch elastische Eigenschaften, was zunächst erstaunen mag, da man Elastizität meist mit Festkörpern oder amorphen Gläsern in Verbindung bringt, aber nicht mit Flüssigkeiten, die primär als viskos angesehen wird. Beide Eigenschaften werden jedoch häufig auch bei Flüssigkeiten gefunden, und daher ist der Begriff „viskoelastische Flüssigkeit" in der Rheologie weit verbreitet. Auch hier sind die Übergänge fließend; alle viskosen Fluide sind auch „elastisch", selbst wenn diese Elastizität nicht immer ohne weiteres experimentell nachgewiesen werden kann. Eine klassischen Zustandsgleichung eines viskoelastischen Fluids ist die *Maxwell-Gleichung*

$$\lambda \frac{\partial \tau_{xy}}{\partial t} + \tau_{xy} = \eta \dot\gamma. \tag{4.7}$$

Hier ist τ_{xy} wiederum das xy-Element des Extraspannungstensors, η die Viskosität, λ die *Maxwell'sche Relaxationszeit* und $\dot\gamma$ die Scherrate in einer rheometrischen Strömung. Eine Gleichung der Form Gl. (4.7) erhält man z. B. durch Vereinfachung der in Abschnitt 1.3.2 aus der Boltzmann-Gleichung für Gase hergeleiteten Transport-Relaxationsgleichung für den Reibungsdruck- bzw. Extraspannungstensor. Es muss aber betont werden, dass die phänomenologische Gl. (4.7) für Substanzen gilt, bei denen die Boltzmann-Gleichung zur mikroskopischen Begründung nicht mehr anwendbar ist. Im stationären Fall ($\partial_t \tau_{xy} = 0$) reduziert sich Gl. (4.7) auf den Newton'schen Schubspannungsansatz $\tau_{xy} = \eta \dot\gamma$. Für schnell veränderliche Vorgänge ergibt sich andererseits als Grenzfall für $|\lambda \partial_t \tau_{xy}| \gg \tau_{xy}$,

$$\frac{\partial \tau_{xy}}{\partial t} = \frac{\eta}{\lambda} \dot\gamma. \tag{4.8}$$

Berücksichtigt man, dass die Scherrate $\dot\gamma$, die zeitliche Ableitung der Deformation $\gamma = \partial_y u_x$ ist (der Verschiebungsvektor $\boldsymbol{u}$ ist verknüpft mit $\boldsymbol{v}$ gemäß $\boldsymbol{v} = \partial_t \boldsymbol{u}$), so kann Gl. (4.8) in der Form

$$\tau_{xy} = G \gamma \tag{4.9}$$

mit dem *Schermodul*

$$G = \eta\,\lambda^{-1} \tag{4.10}$$

geschrieben werden. Die Gl. (4.9) entspricht dem üblichen Hooke'schen Ansatz, wie er für einen elastischen Festkörper gemacht wird. Die Berücksichtigung der Relaxationzeit in Gl. (4.7), die bedeutet, dass der Spannungstensor eine endliche Relaxationszeit benötigt, um sich auf eine „plötzlich eingeschaltete" Scherrate $\dot\gamma$ einzustellen, impliziert also auch elastisches Verhalten. Experimentell kann sich dieses nur bemerkbar machen für zeitlich veränderliche Vorgänge, deren Frequenz ω mindestens mit der reziproken Relaxationszeit λ^{-1} vergleichbar wird. Bei typischen viskoelastischen Flüssigkeiten, die ihr elastisches Verhalten beim Schütteln zeigen, hat man Relaxationszeiten $\lambda \geq 10^{-2}$ s. In einfachen Fluiden, bei denen häufig $\lambda \sim 10^{-9}$ s gilt, macht sich viskoelastisches Verhalten erst bei hohen Frequenzen mit $\omega \geq 10^{9}\,\mathrm{s}^{-1}$ bemerkbar, die bei der Brillouin-Lichtstreuung und bei der inelastischen Neutronenstreuung erreicht werden können.

Festkörperelastizität findet man auch in ruhenden konzentrierten Emulsionen und Suspensionen wo sich ein temporäres Netzwerk ausbilden kann. Im Bereich kleiner Kräfte treten hier wie bei Festkörpern lineare Deformationen auf. Materialzerstörung, Bruch oder eben auch Fließen treten dann bei höheren Belastungen auf. Eine wesentliche Eigenschaft, die dieses „Nicht-Fluid" von einem Fluid unterscheidet, ist die Existenz einer **Fließgrenze** bzw. einer *Grenzschubspannung* (engl.: *yield stress*) oberhalb derer erst das Fließen bzw. die Zerstörung der Ruhestruktur einsetzt. In Abb. 4.7 ist eine Fließkurve τ_{xy} als Funktion der Scherrate $\dot\gamma$, eines (nicht-Newton'schen) Fluids mit derjenigen eines Materials mit Fließgrenze verglichen (Bingham-Flüssigkeit). In der Rheologischen Begriffsmannigfaltigkeit werden solche Stoffsysteme auch häufig als „plastisch" beschrieben. Gläser, aber auch Zahnpasta und Butter, bei denen man zögert, sie als „Festkörper" zu bezeichnen, haben ein solches Verhalten (natürlich mit deutlich verschiedenen Grenzschubspannungen). Die Fließgrenze ist in der Rheologie nicht unumstritten, da sich auch für Festkörper, wenn man nur geduldig genug ist, ein Fließen beobachten lässt [21].

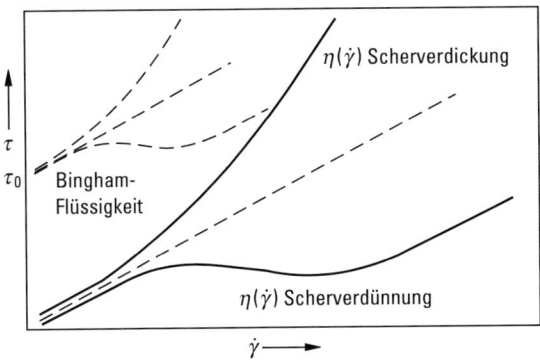

Abb. 4.7 Schematische Darstellung der Schubspannung $\tau = \tau_{xy}$ über der Scherrate $\dot\gamma$ für gewöhnliche, scherverdünnende sowie -verdickende Flüssigkeiten. Flüssigkeiten, die eine endliche „Grenzschubspannung" τ_0 bei kleinen Scherraten aufweisen, werden als Bingham-Flüssigkeiten bezeichnet [17].

4.2.4 Anisotrope Teilchen und anisotrope Viskosität

In den bisherigen Betrachtungen sind wir von idealisierten Massenpunkten oder kugelförmigen Aggregaten ausgegangen. Allerdings haben schon die Normalspannungseffekte gezeigt, dass solch eine Vereinfachung nicht oder nicht in vollem Umfang die Fließeigenschaften von Makrofluiden bzw. verdünnten und komplexen Flüssigkeiten erklären kann. In einer Flüssigkeit aus asphärischen Teilchen bzw. Monomeren (z. B. N_2, CO_2) sind im thermischen Gleichgewicht (und bei Abwesenheit orientierender Felder) die Richtungen der Molekülachsen gleichverteilt. Die Flüssigkeit ist *isotrop* und makroskopisch unterscheidet sie sich nicht von einer Flüssigkeit aus sphärischen Teilchen. Die Materialeigenschaften dieser Flüssigkeit können aber auch *anisotrop*, d. h. richtungsabhängig werden (wie bei einem kristallinen Festkörper), wenn die Richtungen der Achsen der Moleküle nicht mehr gleich verteilt sind. Man spricht dann von einem *anisotropen Fluid*. Die Vorzugsrichtung im anisotropen Fluid kann durch äußere Einwirkung (elektrische und magnetische Felder, Einfluss einer Wand, Strömungsfeld . . .) induziert sein oder spontan entstehen, wie bei den Flüssigkristallen. Da die flüssigkristallinen Phasen (nematisch bzw. cholesterisch, smektisch A, B, C . . .) in einem Temperaturbereich (bzw. Konzentrationsbereich) vorkommen, der zwischen der kristallin-festen Phase und der isotropen Flüssigkeit liegt, spricht man von *Mesophasen*. Die Flüssigkristalle und deren Eigenschaften werden in Kap. 7 behandelt.

Zwei Phänomene, bei denen die Rheologie eng mit der anisotropen Struktur verknüpft ist, sind die Abhängigkeit der Viskosität von der Richtung eines angelegten äußeren magnetischen oder elektrischen Feldes und die Strömungsdoppelbrechung. Eine klassische Methode zum Studium der Orientierung anisotroper Moleküle bietet die *Strömungsdoppelbrechung*, bzw. die *Rheooptik*. Man geht dabei von der Tatsache aus, dass räumlich anisotrope Moleküle auch eine Anisotropie im Brechungsindextensor besitzen. Durch strömungsinduzierte räumliche Orientierung wird somit der Brechungsindex auch makroskopisch anisotrop, und man beobachtet eine *Doppelbrechung* des gescherten Systems [22, 58]. Diese Erscheinungen können in molekularen Gasen (siehe Abschn. 1.4), molekularen Flüssigkeiten, Flüssigkristallen (siehe Kap. 7) sowie kolloidalen Dispersionen (siehe Kap. 8) beobachtet werden.

4.3 Phasen einfacher Fluide

4.3.1 Phasendiagramm, Zustandsgleichung

Das Phasendiagramm eines einfachen Fluids ist in Abb. 4.1 schematisch dargestellt. In Abb. 4.8a sind für Argon der Druck auf den Koexistenzlinien Gas-Flüssigkeit und Flüssigkeit-Festkörper als Funktion der Temperatur und in Abb. 4.8b die zugehörigen Teilchendichten von Gas und Flüssigkeit für Temperaturen oberhalb des Tripelpunktes gezeigt. In Tab. 4.1 sind die Temperaturen, die Drücke und die Teilchendichten am Tripelpunkt und am kritischen Punkt für Argon und einige weitere Substanzen (H_2, N_2 und C_2H_4) aufgeführt. Das Verhältnis T_c/T_t ist ein Maß für die Größe des Temperaturintervalls, in dem eine Substanz flüssig ist. Für flüssige Metalle

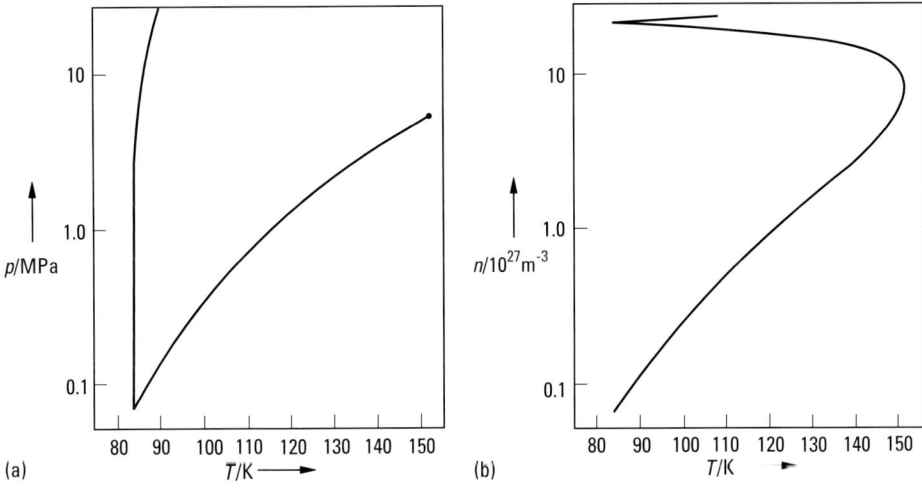

Abb. 4.8 (a) Der Druck p als Funktion der Temperatur T für Argon bei koexistierenden gasförmigen und flüssigen bzw. flüssigen (fluiden) und festen Phasen. Die beiden Kurven treffen sich am Tripelpunkt. Die Gas-Flüssigkeits-Trennlinie endet am kritischen Punkt. Für p ist eine logarithmische Skala verwendet (nach [23]). (b) Die Dichten n_g und n_f von Argon in den koexistierenden gasförmigen und flüssigen Zuständen. Die am Tripelpunkt (links oben) beginnende weitere Kurve gibt die Dichte der Flüssigkeit an, die mit der festen Phase koexistiert. Die Dichten sind in einer logarithmischen Skala angegeben (nach [23]).

Tab. 4.1 Temperatur, Druck und Teilchendichten von Argon, Wasserstoff, Stickstoff und Ethylen am Tripelpunkt und am kritischen Punkt; n_t^f und n_t^g sind die Dichten von Flüssigkeit und Gas am Tripelpunkt. Das Verhältnis T_c/T_t ist ein Maß für die relative Größe des Temperaturintervalls $T_t < T < T_c$, in dem Gas und Flüssigkeit koexistieren; n_c/n_t^f ist das Verhältnis der Dichten am kritischen Punkt und der Flüssigkeit am Tripelpunkt (nach [23]).

| | Tripelpunkt | | | | kritischer Punkt | | | | |
	T_t/K	p_t/MPa	$n_t^f/$ $10^{27} m^{-3}$	$n_t^g/$ $10^{27} m^{-3}$	T_c/K	p_c/MPa	$n_c/$ $10^{27} m^{-3}$	T_c/T_t	n_c/n_t^f
Ar	83.80	0.06891	21.32	0.0620	150.86	4.906	8.077	1.8	0.38
H_2	13.8	0.00704	23.02	0.0381	32.94	1.284	11.176	2.4	0.49
N_2	63.15	0.01246	18.66	0.0146	126.26	3.399	6.752	2.0	0.36
C_2H_4	103.99	0.00012	19.48	0.0001	282.34	5.040	4.608	2.7	0.24

ist dieses Intervall i. A. wesentlich größer [24] als für die in Tab. 4.1 aufgeführten Stoffe.

Die Existenz zweier koexistierender Phasen wird auch in der thermischen Zustandsgleichung (s. Abschn. 4.3) $p = p(n, T)$ deutlich (Abb. 4.9). Hier wird für Argon der Druck p als Funktion der Teilchendichte n für einige Temperaturen T (als Parameter) gezeigt. Für $T < T_c$ sind die Isothermen im Zweiphasengebiet unterbrochen.

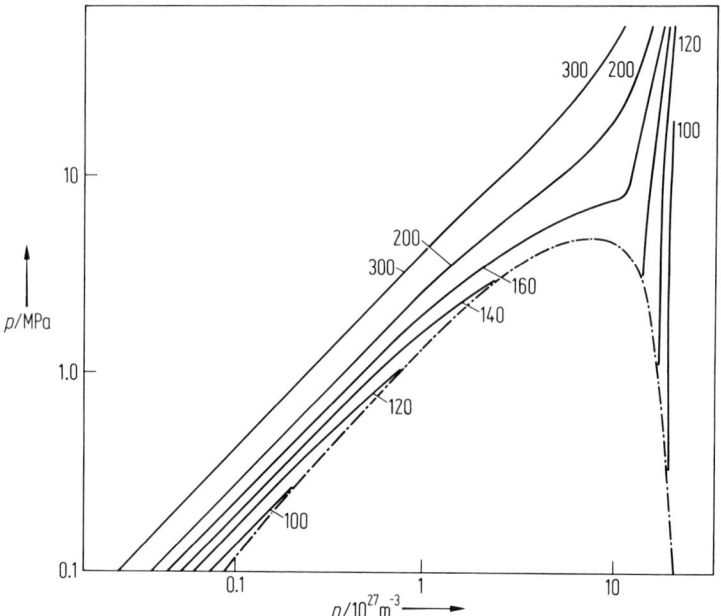

Abb. 4.9 Der Druck p von Argon als Funktion der Teilchendichte n (in doppelt logarithmischer Auftragung) für die Temperaturen $T = 300$ K, 200 K, 160 K, die größer als $T_c \approx 150.86$ K sind, und für die kleineren Temperaturen $T = 140$ K, 120 K und 100 K, wo ein Zweiphasengebiet auftritt. Die strichpunktierte Kurve markiert die Dichten von Gas und Flüssigkeit längs der Koexistenzlinie (nach [23]).

Die Koexistenzkurve ist strich-punktiert eingezeichnet. Eine doppelt logarithmische Auftragung wurde verwendet. Die Steigung von 1 bei kleinen Dichten spiegelt das ideale Gasgesetz $p = nkT$ wider, denn daraus folgt $\ln(p/p_0) = \ln(n/n_0) + \ln(T/T_0)$, wobei p_0, n_0, T_0 beliebige Referenzwerte für Druck, Dichte und Temperatur sind. Der steile Anstieg des Drucks bei kleinen Temperaturen und hohen Dichten resultiert aus der Tatsache, dass in der Flüssigkeit ($T < T_c$) oder auch in einem dichten Fluid ($T > T_c$) die Teilchen sehr dicht gepackt sind und nur durch Aufwendung hoher Drücke eine weitere Kompression (Dichteerhöhung) möglich ist. Einige Zahlenwerte sollen dies verdeutlichen. Eine Teilchendichte von $8 \cdot 10^{27}$ m^{-3} ($27 \cdot 10^{27}$ m^{-3}) entspricht einem mittleren Teilchenabstand $a = n^{-1/3}$ von 0.5 nm (0.33 nm); der effektive Durchmesser d eines Argon-Atoms ist etwa 0.34 nm (Kap. 1). Die Packungsdichte $y = (\pi/6)nd^3$ ist in diesen Fällen gleich 0.17 (0.57). Am kritischen Punkt bzw. am Tripelpunkt (Tab. 4.1) ist die Packungsdichte für Argon 0.17 bzw. 0.45. Die Packungsdichte für die dichteste Kugelpackung ist $(\pi/6)\sqrt{2} \approx 0.74$. Bezüglich des Druckes sei daran erinnert, dass 0.1 MPa ungefähr 1 atm (Normaldruck) entspricht.

4.3.2 Der Phasenübergang gasförmig-flüssig

4.3.2.1 Zweiphasenverhalten

Wird ein Fluid, das aus N Teilchen besteht und in einem festen Volumen V eingeschlossen ist, von der Temperatur $T_1 > T_c$ auf eine Temperatur $T_2 < T_c$ abgekühlt,
so findet eine Phasentrennung statt. Im Schwerefeld der Erde sammelt sich die schwerere Flüssigkeit am Boden des Gefäßes, das leichtere Gas nimmt den oberen Teil
ein. Dazwischen befindet sich die Phasentrennschicht, für die die Teilchendichte vom
Wert n_f (flüssig) auf den Wert n_g (gasförmig) abfällt. Die in engen Röhren aufgrund
der Oberflächenspannung gekrümmte Flüssigkeitsoberfläche wird als *Meniskus* bezeichnet. Die Werte der Teilchendichten n_f und n_g bei der Endtemperatur T_2 sind
z. B. aus Abb. 4.9 abzulesen; der Druck ist in beiden Phasen gleich. In Abb. 4.8 b
sind diese Teilchendichten n_f und n_g der koexistierenden flüssigen und gasförmigen
Phasen als Funktion der Temperatur für Argon gezeigt. Aus der Konstanz der gesamten Teilchenzahl N und des Gesamtvolumens V folgen die Werte

$$V_f = \frac{n - n_g}{n_f - n_g} V, \quad V_g = \frac{n_f - n}{n_f - n_g} V \tag{4.11}$$

der Teilvolumina V_f und V_g, die die Flüssigkeit bzw. das Gas einnehmen. Die Dichte
$n = N/V$ muss dabei zwischen den Werten von n_f und n_g am Tripelpunkt liegen. Die
Zahl der Teilchen N_f und N_g in beiden Phasen ist durch $N_f = n_f V_f$ bzw. $N_g = n_g V_g$
bestimmt. Die Teilchendichten n_f und n_g auf der Koexistenzkurve $T \leq T_c$ sind in
guter Näherung durch

$$\frac{n_f}{n_c} = 1 + A\left(1 - \frac{T}{T_c}\right)^a + B\left(1 - \frac{T}{T_c}\right)^b,$$

$$\frac{n_g}{n_c} = 1 + A\left(1 - \frac{T}{T_c}\right)^a - B\left(1 - \frac{T}{T_c}\right)^b \tag{4.12}$$

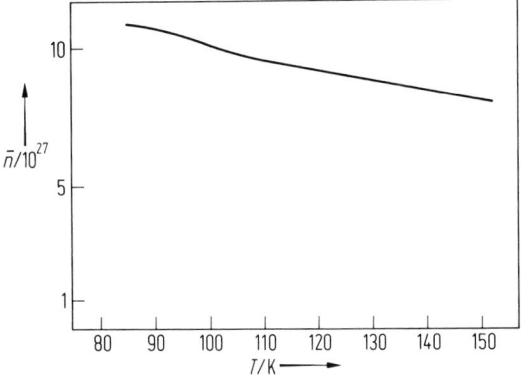

Abb. 4.10 Der Mittelwert der Dichten $\bar{n} = \frac{1}{2}(n_f + n_g)$ der koexistierenden gasförmigen und
flüssigen Phasen von Argon als Funktion der Temperatur.

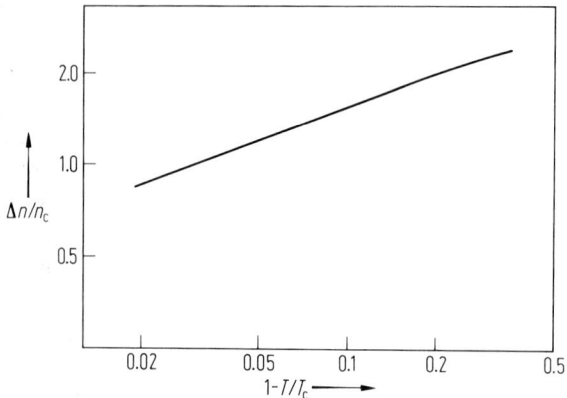

Abb. 4.11   Die relative Dichtedifferenz $\Delta n/n_\mathrm{c} = (n_\mathrm{f} - n_\mathrm{g})/n_\mathrm{c}$ von Argon als Funktion der relativen Temperaturdifferenz $1 - T/T_\mathrm{c}$ in doppelt logarithmischer Auftragung; n_f und n_g sind die Dichten im koexistierenden flüssigen und gasförmigen Zustand.

gegeben. Aus Abb. 4.10, in der für Argon der Mittelwert $n = \frac{1}{2}(n_\mathrm{f} + n_\mathrm{g})$ der Teilchendichten als Funktion der Temperatur aufgetragen ist, entnimmt man $A \approx 0.68$ und $a \approx 1$ (für $T \geq 100\,\mathrm{K}$). In Abb. 4.11 ist die Differenz $\Delta n = n_\mathrm{f} - n_\mathrm{g}$ gegen $1 - T/T_\mathrm{c}$ doppelt logarithmisch aufgetragen; daraus erhält man (für $T \geq 100\,\mathrm{K}$) $B \approx 1.86$ und $b \approx 0.37$.

4.3.2.2 Thermodynamische Funktionen koexistierender Phasen

Für die bei bestimmten Werten der Temperatur und des Druckes koexistierenden gasförmigen und flüssigen Phasen sind nicht nur die Teilchendichten, sondern praktisch auch alle anderen thermodynamischen Größen verschieden. In Abb. 4.12 und 4.13 sind, wiederum für Argon, die innere Energie U und die Entropie S pro Mol, genauer $U/RT = u/kT$ bzw. $S/R = s/k$, von Gas und Flüssigkeit längs der Koexistenzkurve als Funktionen der Temperatur T gezeigt. Die Größen u und s sind die innere Energie und die Entropie pro Teilchen. $R = N_\mathrm{A}k$ ist die Gaskonstante, N_A die Zahl der Teilchen pro Mol (Avogadro-Konstante). Die Unterschiede $\Delta U = U_\mathrm{g} - U_\mathrm{f} = N_\mathrm{A}\Delta u$ und $\Delta S = S_\mathrm{g} - S_\mathrm{f} = N_\mathrm{A}\Delta s$ zwischen der inneren Energie und der Entropie im gasförmigen (g) und im flüssigen (f) Zustand, die aus Abb. 4.12a bzw. 4.13a abgelesen werden können, sind in Abb. 4.12b bzw. 4.13b gezeigt. Aus der Gleichheit der chemischen Potentiale zweier koexistierender Phasen folgt die Clausius-Clapeyron-Relation

$$\frac{\mathrm{d}p}{\mathrm{d}T} = \frac{s_\mathrm{f} - s_\mathrm{g}}{n_\mathrm{f}^{-1} - n_\mathrm{g}^{-1}} = n_\mathrm{f}n_\mathrm{g}\frac{s_\mathrm{f} - s_\mathrm{g}}{n_\mathrm{g} - n_\mathrm{f}} \tag{4.13}$$

für die Änderung des Drucks p mit der Temperatur T längs der Koexistenzkurve. In Gl. (4.13) sind s_f und s_g die Entropie pro Teilchen im flüssigen beziehungsweise

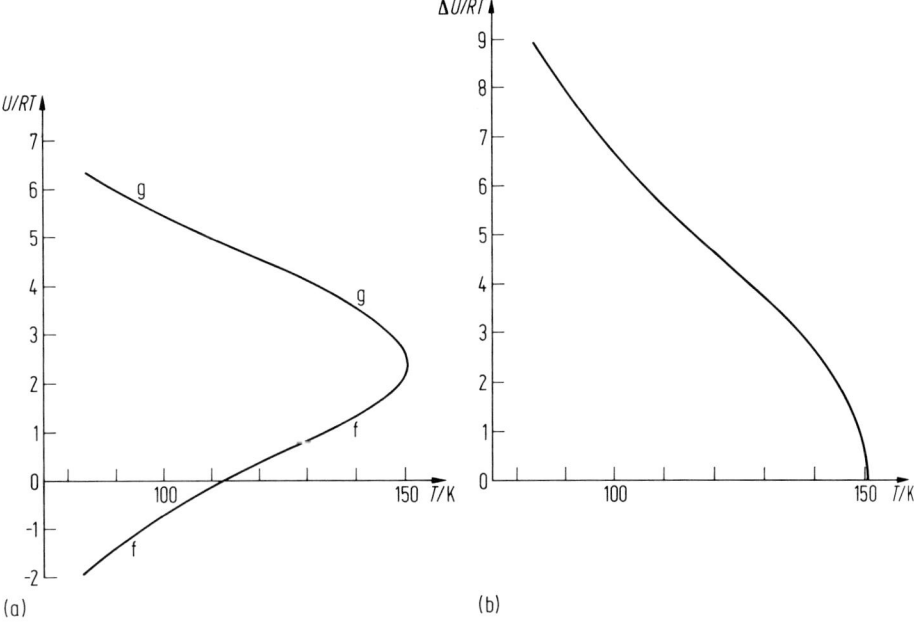

Abb. 4.12 Die innere Energie U (pro Mol) bzw. u (pro Teilchen) in Einheiten von RT bzw. kT für Argon als Funktion der Temperatur T. In (a) sind die Werte von $U/RT = u/kT$ gezeigt für die koexistierenden gasförmigen (g) und flüssigen (f) Phasen; die Differenz $\Delta U/(RT) = \Delta u/(kT)$ zwischen beiden Zuständen ist in (b) aufgetragen; ΔU verschwindet am kritischen Punkt (nach [23]).

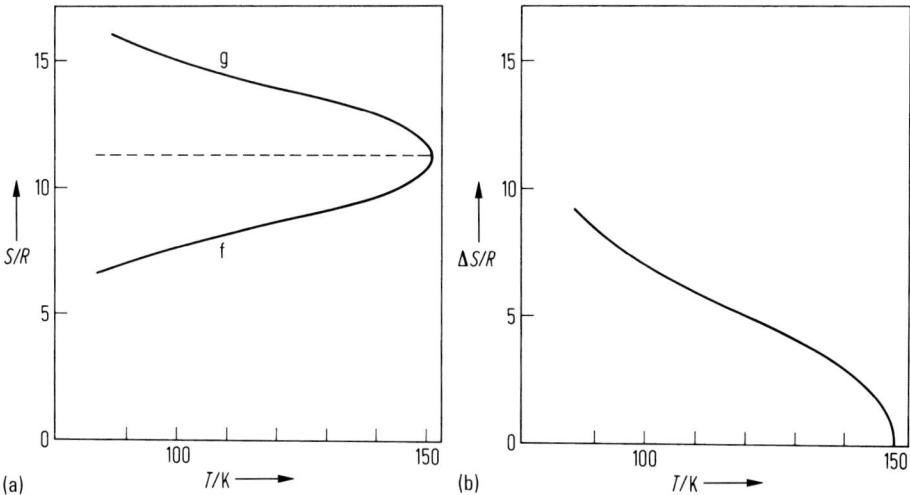

Abb. 4.13 Die Entropie S (pro Mol) bzw. s (pro Teilchen) in Einheiten von R bzw. k für Argon als Funktion der Temperatur T. Analog zu Abb. 4.12a sind in (a) die Werte von $S/R = s/k$ in den koexistierenden gasförmigen (g) und flüssigen (f) Phasen, in (b) die Differenz zwischen diesen Werten, $\Delta S/R = \Delta s/k$ dargestellt (nach [23]).

gasförmigen Zustand, n_f und n_g sind die entsprechenden Teilchendichten. Die pro Teilchen zur Verdampfung benötigte Wärme ist $q = T(s_g - s_f) = T\Delta s$. Das Verhältnis $q/(kT) = \Delta s/k$ als Funktion der Temperatur ist in Abb. 4.13b dargestellt.

Die Wärmekapazitäten c_V und c_p (in Einheiten von k/m) von Argon in den koexistierenden gasförmigen und flüssigen Phasen sind in Abb. 4.14 und 4.15 als Funktionen von T dargestellt. Für $T \to T_c$ streben die Werte von v_v in beiden Phasen nicht auf die gleichen Werte hin. Beachtenswert ist das starke Anwachsen von c_p in beiden Phasen für $T \to T_c$.

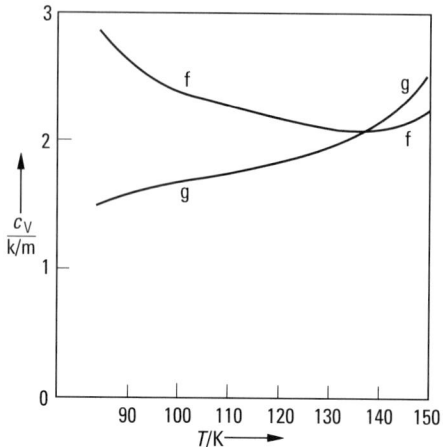

Abb. 4.14 Die Wärmekapazität c_V in Einheiten von k/m von Argon als Funktion der Temperatur T für die koexistierenden gasförmigen (g) und flüssigen (f) Zustände (nach [23]).

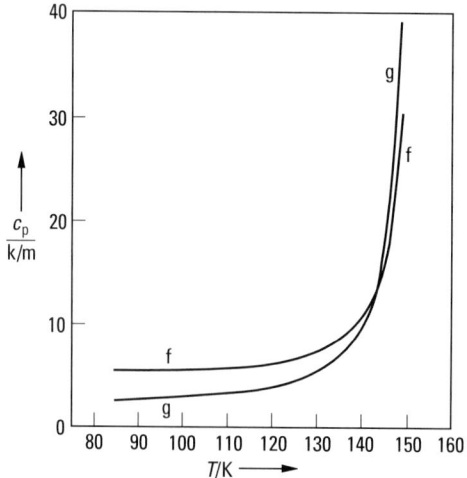

Abb. 4.15 Die Wärmekapazität c_p in Einheiten von k/m für Argon als Funktion von T analog zu Abb. 4.14; man beachte aber die unterschiedliche Skala (Daten aus [23]).

4.3.2.3 Van-der-Waals-Modell

Eine einfache Modellvorstellung zum qualitativen Verständnis des Phasenübergangs gasförmig-flüssig beruht auf der bekannten **van-der-Waals-Gleichung**

$$p = \frac{n\,kT}{1 - v_0 n} - \varepsilon v_0 n^2 \tag{4.14}$$

für den Druck p. Dabei berücksichtigt der Korrekturfaktor $(1 - v_0 n)^{-1}$ beim ersten Term in Gl. (4.14), dass das den Atomen bzw. Molekülen eines Fluids zur Verfügung stehende Volumen durch die endliche Ausdehnung der Moleküle verringert ist. Die Größe v_0 kann über den 2. Virialkoeffizienten (Abschn. 1.2.1.4) mit dem vierfachen Eigenvolumen eines Teilchens identifiziert werden. Der aufgrund der anziehenden Wechselwirkung der Teilchen untereinander entstehende negative Beitrag zum Druck ist durch den Energieparameter ε charakterisiert. Die Parameter v_0 und ε sind mit der Dichte n und der Temperatur T_c des kritischen Punktes gemäß

$$v_0 n_c = \frac{1}{3}, \quad kT_c = \frac{8}{27}\varepsilon \tag{4.15}$$

verknüpft. Der kritische Punkt ist festgelegt durch $\partial p/\partial n = 0$ und $\partial^2 p/\partial n^2 = 0$, bzw. durch die höchste Temperatur, für die $\partial p/\partial n = 0$ gilt. Mithilfe der reduzierten Variablen

$$n^* = \frac{n}{n_c}, \quad T^* = \frac{T}{T_c} \tag{4.16}$$

und

$$p^* = \frac{p}{p_c} \quad \text{mit} \quad p_c = \frac{3}{8}n_c kT_c \tag{4.17}$$

kann die Zustandsgleichung (4.14) in der Form

$$p^* = \frac{3}{8}\frac{n^* T^*}{1 - \frac{1}{3}n^*} - 3\,n^{*2} \tag{4.18}$$

geschrieben werden. Aus

$$\frac{\partial p^*}{\partial n^*} = \frac{8}{3}T^*\left(1 - \frac{1}{3}n^*\right)^{-2} - 6n^*, \quad \frac{\partial^2 p^*}{\partial n^{*2}} = \frac{16}{9}T^*\left(1 - \frac{1}{3}n^*\right)^{-3} - 6 \tag{4.19}$$

entnimmt man

$$T_{\text{ext}}^* = \frac{9}{4}n^*\left(1 - \frac{1}{3}n^*\right)^2, \quad T_{\text{wp}}^* = \frac{27}{8}\left(1 - \frac{1}{3}n^*\right)^3 \tag{4.20}$$

für die reduzierten Temperaturen T_{ext}^* bzw. T_{wp}^*, bei denen p^* als Funktion von n^* ein Extremum ($\partial p^*/\partial n^* = 0$) bzw. einen Wendepunkt ($\partial^2 p^*/\partial n^{*2} = 0$) besitzt. In Abbildung 4.16 ist p^* als Funktion von n^* mit der Temperatur T^* als Parameter dargestellt. Die Strich-punktierte Kurve (*Spinodale* genannt) gibt die Lage der Extrema der Kurven $p^* = p^*(n, T)$ an; der dazwischenliegende gestrichelte Teil der van-der-Waals-Kurven entspricht wegen $\partial p^*/\partial n^* < 0$ einem instabilen Zustand. Die

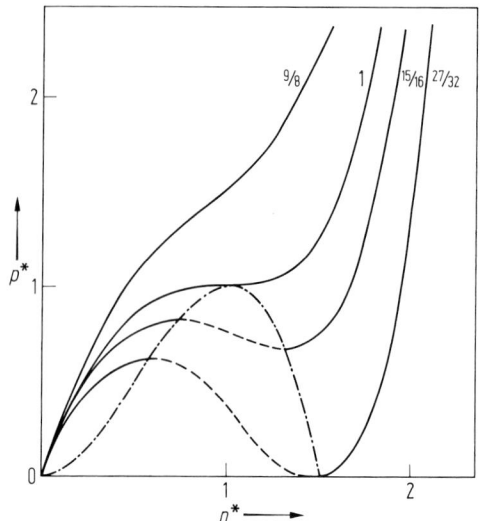

Abb. 4.16 Der reduzierte Druck p^* als Funktion der reduzierten Dichten n^* für das van-der-Waals-Modell (4.18). Die gezeigten Kurven gehören zu den Werten $9/8 \approx 1.13$; 1.0; $15/16 \approx 0.94$, $27/32 \approx 0.84$ und $3/4 = 0.75$ der reduzierten Temperatur T^*. Die strichpunktierte Kurve (Spinodale) markiert die Extrema der van-der-Waals-Kurven.

Dichten n_g und n_f des koexistierenden Gases und der Flüssigkeit sind aus Abb. 4.14 nicht unmittelbar abzulesen. Man benötigt dazu die bekannte *Maxwell-Konstruktion*, die zweckmäßigerweise in einem Diagramm durchgeführt wird, bei dem p^* gegen $(n^*)^{-1}$ aufgetragen ist. Die Maxwell-Konstruktion folgt aus der Tatsache, dass das chemische Potential (Gibb'sche freie Energie pro Teilchen) für beide Phasen gleich ist für vorgegebene Werte von T und p. Für bestimmte Temperaturen führt die van-der-Waals-Zustandsgleichung auch auf metastabile Zustände, bei denen ein Gas im Dichteintervall $n_g > n > n_g^{ext}$ unterkühlt bzw. eine Flüssigkeit mit $n_{fl} > n > n_{fl}^{ext}$ überhitzt sein kann. Dabei sind n_g^{ext} bzw. n_{fl}^{ext} die Dichten des Gases bzw. der Flüssigkeit am Maximum bzw. Minimum der Kurve $p^* = p^*(n)$ (strichpunktierte Kurve in Abb. 4.16). Die Phänomene der *Überhitzung* und *Unterkühlung* werden tatsächlich in realen Flüssigkeiten beobachtet.

4.3.2.4 Gesetz der korrespondierenden Zustände

Wie beim van-der-Waals-Modell in Gl. (4.16) und (4.17) können auch bei realen Substanzen die Werte der Dichte n_c, der Temperatur T_c und des Druckes p_c zur Skalierung der Messwerte dieser Variablen verwendet werden. Die in der Form

$$\frac{p}{p_c} = f\left(\frac{n}{n_c}, \frac{T}{T_c}\right) \tag{4.21}$$

geschriebene Zustandsgleichung kann dann für verschiedene Substanzen verglichen werden. Für eine Reihe von einfachen Fluiden, insbesondere für die Edelgase, ist die in Gl. (4.21) auftretende empirische Funktion f in guter Näherung gleich. Dieser Sachverhalt wird als **Gesetz der korrespondierenden Zustände** bezeichnet. Zur Diskussion der Gültigkeit dieses Gesetzes sei auf Abschn. 1.2.1.3 verwiesen. Für Fluide, die dem Gesetz der korrespondierenden Zustände genügen, muss insbesondere auch der Realgasfaktor $Z = p/(nkT)$ am kritischen Punkt, also $Z_c = p/(n_c kT_c)$ gleich sein. Wie aus Tab. 4.2 ersichtlich, ist dies für die Edelgase der Fall (nämlich $Z_c \approx 0.31$). Für eine Reihe von (nieder-)molekularen Gasen (bestehend aus Teilchen ohne Dipolmoment) findet man ähnliche Werte; Wasser hingegen zeigt eine größere Abweichung. Aus der van-der-Waals Gleichung folgt der deutlich größere Wert $Z_c = 3/8$ $= 0.375$.

Tab. 4.2   Der Realgasfaktor $Z_c = p_c/(n_c kT_c)$ am kritischen Punkt für verschiedene Gase.

	He	Ne	Ar	H_2	N_2	CO_2	C_2H_4	H_2O
Z_c	0.31	0.31	0.31	0.31	0.29	0.28	0.28	0.23

4.3.3 Kritische Phänomene

Am kritischen Punkt, der durch $\partial p/\partial n = 0$ und $\partial^2 p/\partial n^2 = 0$ festgelegt ist, wird der Übergang gasförmig-flüssig „kontinuierlich", d. h. die Dichten von Gas und Flüssigkeit sind gleich. Deshalb treten in der Nähe des kritischen Punktes besonders ausgeprägte Schwankungserscheinungen auf. Die *kritische Opaleszenz* beruht auf den Dichteschwankungen, die lokale Schwankungen der Brechzahl und damit eine starke Lichtstreuung mit milchiger Trübung, bei einer sonst klaren Flüssigkeit, erzeugen. Die starken Schwankungen beeinflussen auch die thermodynamischen Funktionen in der Nähe des kritischen Punktes, insbesondere jene Größen, die am kritischen Punkt verschwinden, wie die Differenz der Dichten, der inneren Energie und der Entropie im gasförmigen und flüssigen Zustand (s. Abb. 4.8, 4.11, 4.13) bzw. divergieren, wie die (isotherme) Kompressibilität $1/K_T = n^{-1}(\partial n/\partial p)_T$ oder c_p (Abb. 4.15). Es ist üblich, dieses „kritische Verhalten" durch *kritische Exponenten* $\alpha, \beta, \gamma, \delta, \dots$ zu charakterisieren [25, 26]. Diese sind definiert durch:

$$c_V \sim \left(\frac{T}{T_c} - 1\right)^{-\alpha} \quad \text{für } T > T_c,$$

$$c_V \sim \left(1 - \frac{T}{T_c}\right)^{-\alpha'} \quad \text{für } T < T_c \tag{4.22}$$

mit $p = p_c$, $n = n_c$ in beiden Fällen;

$$n_f - n_g \sim \left(1 - \frac{T}{T_c}\right)^{\beta} \quad \text{für } T < T_c \tag{4.23}$$

mit $p = p_c$ bzw. längs der Koexistenzkurve;

$$K_T \sim \left(\frac{T}{T_c} - 1\right)^{\gamma} \quad \text{für } T > T_c$$

$$K_T \sim \left(1 - \frac{T}{T_c}\right)^{\gamma'} \quad \text{für } T < T_c$$

(4.24)

mit $p = p_c$ in beiden Fällen;

$$p - p_c \sim |n_f - n_g|^{\delta} \, \text{sgn}\,(n_f - n_g)$$

(4.25)

für $T = T_c$. In Gl. (4.24) ist $K_T = n\,(\partial p/\partial n)_T$ der isotherme Kompressionsmodul.

Die van-der-Waals-Gleichung (4.14) bzw. (4.18) führt auf die „klassischen" Werte $\alpha = \alpha' = 0$ (entspricht einem Sprung der Wärmekapazität beim Übergang gasförmig-flüssig), $\beta = 1/2$, $\gamma = \gamma' = 1$ und $\delta = 3$. Die tatsächlich beobachteten Werte, nämlich $\alpha \approx \alpha' \approx 0.1$, $\beta \approx 0.35$, $\gamma \approx 1.3$, $\gamma' \approx 1.2$, $\delta \approx 4.3$, weichen davon (zum Teil) deutlich ab.

Da die kritischen Exponenten in erster Linie durch die Schwankungen und nicht durch die spezielle Form der Wechselwirkung der Teilchen untereinander bestimmt sind, erwartet man, dass diese Koeffizienten universell sind für den kritischen Punkt beim Phasenübergang gasförmig-flüssig und analog zu dem Verhalten anderer Systeme (z. B. Ferromagnete) bei Phasenübergängen 2. Art [25, 26].

4.4 Struktur und statistische Beschreibung

Bei der mikroskopischen Theorie zur Erklärung der (makroskopischen) Eigenschaften von Flüssigkeiten spielen Modelle der molekularen Wechselwirkung und die *Nahordnung* oder *lokale Struktur* der Fluide eine wesentliche Rolle. Im Folgenden werden diese und andere im Rahmen einer (klassischen) statistischen Beschreibung der Flüssigkeiten auftretenden Begriffe erläutert und ihr Zusammenhang mit Messgrößen diskutiert. Quanteneffekte, die für tiefe Temperaturen und für Fluide aus leichten Teilchen (z. B. H_2 und He) auftreten, sind in Abschn. 1.2.6 angesprochen worden und werden in Kap. 5 behandelt.

4.4.1 Modelle der molekularen Wechselwirkung

Grundsätzliche Ausführungen über die Wechselwirkungen zwischen den Teilchen eines Fluids sind im Kapitel über Gase (Abschn. 1.1.3) zu finden. Hier sollen einige Modellpotentiale zur Beschreibung der Paarwechselwirkung zwischen identischen, sphärischen Teilchen angegeben werden. Solche Modellpotentiale stellen in der Regel Approximationen für Resultate quantenmechanischer Rechnungen dar. Dabei ist r der Verbindungsvektor zwischen den Schwerpunkten der beiden Teilchen, $r = |r|$ bezeichnet ihren Abstand. Für die Modellierung makromolekularer und komplexer Fluide werden Potentiale zwischen nicht identischen Teilchen benötigt, die beispielsweise gewährleisten, dass sich Ketten aus (sphärischen) Teilchen bilden [27].

4.4.1.1 Lennard-Jones-Wechselwirkung

Das Lennard-Jones(LJ)-Potential

$$\phi = 4\phi_0\left[\left(\frac{r_0}{r}\right)^{12} - \left(\frac{r_0}{r}\right)^{6}\right] \tag{4.26}$$

ist durch den Energieparameter ϕ_0 und die Länge r_0 charakterisiert (Abb. 4.18). Der Term proportional zu r^{-6} beschreibt die (langreichweitige) van-der-Waals-Anziehung, der Term proportional zu r^{-12} berücksichtigt die bei kurzen Abständen auftretende Repulsion zwischen den Teilchen. Das LJ-Potential (Gl. (4.26)) ist Null für $r = r_0$ und besitzt ein Minimum bei $r = 2^{1/6}r_0 \approx 1.1225\,r_0$, bei dem ϕ den Minimalwert $-\phi_0$ annimmt (Abb. 1.5). Die Modellparameter ϕ_0 und r_0 können z. B. über

Tab. 4.3 Der Lennard-Jones-Längenparameter r_0 und die mit dem Energieparameter ϕ_0 durch $\phi_0 = kT_0$ verknüpfte charakteristische Temperatur T_0 für einige Gase (nach McDonald und Singer [28]).

	Ar	Kr	Xe	CH$_4$
r_0/nm	0.34	0.36	0.41	0.38
T_0/K	120	170	220	150

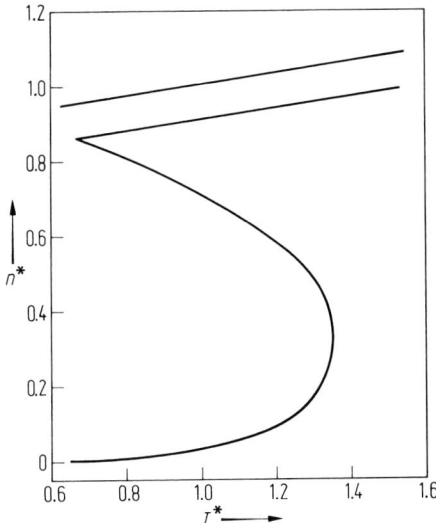

Abb. 4.17 Das Phasendiagramm eines Systems von Teilchen mit Lennard-Jones (LJ)-Wechselwirkung. In Analogie zu Abb. 4.8b sind die Dichten $n^* = nr_0^3$, des koexistierenden Gases und der Flüssigkeit, bzw. des koexistierenden Fluids und des Festkörpers als Funktionen der Temperatur $T^* = T/T_{\text{ref}}$ gezeigt. Die Größen r_0 und kT_{ref} sind der LJ-Durchmesser eines Teilchens bzw. ein Maß für die Tiefe des LJ-Potentials. Die Daten stammen aus einer Computer-Simulation [1].

den 2. Virialkoeffizienten (oder die Viskosität) in der Gasphase festgelegt werden (s. Abschn. 1.2.1 und 1.3.2). In Tab. 4.3 sind diese Werte für einige Substanzen aufgeführt, wobei anstelle von ϕ_0 die durch

$$\phi_0 = kT_0 \tag{4.27}$$

definierte charakteristische Temperatur T_0 angegeben ist. Das aus einer Computersimulation bestimmte Phasendiagramm der LJ-Flüssigkeit ist in Abb. 4.17 gezeigt. Die wesentlichen Eigenschaften einer einfachen Flüssigkeit, wie z. B. Argon, werden durch das LJ -Modell zufriedenstellend wiedergegeben.

4.4.1.2 WCA-Wechselwirkung

Der rein repulsive Anteil des LJ-Potentials (bis zum Minimum bei $r = 2^{1/6}r_0$) wurde von Weeks, Chandler, und Anderson [29] zur Berechnung der Eigenschaften von dichten einfachen Systemen erfolgreich verwendet, indem der rein attraktive Anteil störungstheoretisch behandelt wurde. Dieses Potential wird dementsprechend als WCA-Potential bezeichnet und ersetzt das volle LJ-Potential in modernen Berechnungen für dichte Fluide bei der Behandlung jener Phänomene, bei denen dem langreichweitigen attraktiven Anteil für ungeladene Teilchen bei hohen Dichten keine wesentliche physikalische Bedeutung zukommt.

4.4.1.3 SHRAT-Wechselwirkung

Das kurzreichweitige „short-ranged attractive" (SHRAT)-Potential [30] bietet eine geeignete Alternative zum vollen LJ-Potential für verdünnte Systeme, bei denen in Computersimulationen (vgl. Kap. 4.5) die Reichweite der Wechselwirkung endlich gehalten werden muss. Während das LJ-Potential häufig bei $r = 5/2$ abgeschnitten und auf Null gesetzt wird, weist das SHRAT-Potential

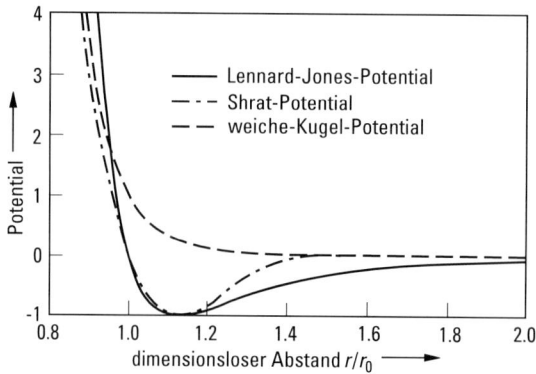

Abb. 4.18 Modellpotentiale: Lennard-Jones-Potential Gl. (4.26), SHRAT-Potential Gl. (4.28) und Weiche-Kugel-Potential mit Exponent $v = 12$ Gl. (4.29).

$$\phi \propto [3\,(h-r)^4 - 4\,(h-r_{\min})\,(h-r)^3] \tag{4.28}$$

für $r \le h$ (andernfalls $\phi = 0$) keine Unstetigkeit in der resultierenden Kraft für Teilchen auf, die diese Reichweite überschreiten (Abb. 4.18). Dieses Potential hat ein Minimum bei $r = r_{\min}$. Für $h = (3/2)\,r_0$ und $r_{\min} = (9/8)\,r_0$ approximiert das SHRAT-Potential das LJ-Potential in für praktische Zwecke ausreichender Weise (dabei ist die Amplitude allerdings so zu wählen, dass sich das Potentialminimum bei $\phi = -1$ befindet). Die Endlichkeit des SHRAT-Potentials für $r = 0$ stellt dabei in der Praxis keinen Nachteil dar.

4.4.1.4 Harte- und Weiche-Kugel-Wechselwirkung

Ein einfaches, für qualitative Diskussionen häufig benutztes Modell zur Beschreibung der Repulsion der Teilchen eines Fluids sind die *harten Kugeln* mit einem charakteristischen Durchmesser r_0. Potenzkraftzentren mit dem (repulsiven) Potential

$$\phi \sim \left(\frac{r_0}{r}\right)^{\nu} \tag{4.29}$$

und dem charakteristischen Exponenten ν bezeichnet man auch als weiche Kugeln. Für $\nu = 12$ (Abb. 4.18) entspricht Gl. (4.29) dem repulsiven Anteil des LJ-Potentials Gl. (4.26); für $\nu \to \infty$ erhält man die harten Kugeln als Grenzfall (s. Abb. 1.4). Für eine nur repulsive Wechselwirkung gibt es keine flüssige Phase im engeren Sinne und natürlich auch keinen kritischen Punkt, wohl aber kann ein Phasenübergang flüssig-fest auftreten.

4.4.2 Verteilungsfunktionen und Mittelwerte

4.4.2.1 Allgemeines, N-Teilchen-Mittelwerte

Grundlage der (klassischen) statistischen Beschreibung eines Fluids, bestehend aus N Teilchen mit Koordinaten r_i und Impulsen p_i ($i = 1, 2, \dots N$), ist eine Wahrscheinlichkeitsdichte $\varrho = \varrho(\Gamma)$, wobei die Variable Γ für die $6N$ Variablen $r_1, r_2, \dots, r_N$, $p_1, p_2, \dots, p_N$ steht. Die Größe ϱ ist ein Maß für die Wahrscheinlichkeit, ein Teilchen am Ort r_1 mit Impuls p_1, ein anderes am Ort r_2 mit Impuls p_2 usw. innerhalb der Intervalle $d^3 r_1\, d^3 p_1$ bzw. $d^3 r_2\, d^3 p_2$ usw. zu finden. Ein Beispiel für ϱ, anwendbar im thermischen Gleichgewicht, ist die *kanonische Verteilung* $\varrho \sim \exp\left(-\frac{H}{kT}\right)$. Dabei ist H die Hamilton-Funktion, d. h. die Summe der gesamten kinetischen und potentiellen Energie des N-Teilchensystems. Der Mittelwert $\langle \Psi \rangle$ einer Größe $\Psi = \Psi(\Gamma)$ ist dann durch

$$\langle \Psi \rangle = \int \Psi(\Gamma)\, \varrho(\Gamma)\, d\Gamma \tag{4.30}$$

gegeben, wobei die Normierung $\int \varrho(\Gamma)\, d\Gamma = 1$ benutzt wurde. Beispiele für Ψ sind die kinetische Energie

$$E_{\text{kin}} = \sum_{i=1}^{N} \frac{1}{2\,m}\, p_i \cdot p_i \tag{4.31}$$

und die potentielle Energie

$$E_{\text{pot}} = \frac{1}{2} \sum_{\substack{i,j \\ i \neq j}} \phi\left(r_{ij}\right),$$

(4.32)

wobei m die Masse eines Teilchens und $r_{ij} = r_i - r_j$ die Differenz der Ortsvektoren der Teilchen i und j sind. In Gl. (4.32) wurde angenommen, dass sich die Wechselwirkung im N-Teilchensystem durch die Summe aus Zweiteilchenwechselwirkungen mit dem Potential ϕ darstellen lässt. Die Temperatur T ist verknüpft mit dem Mittelwert der kinetischen Energie gemäß

$$\frac{3}{2} NkT = \langle E_{\text{kin}} \rangle .$$

(4.33)

Die innere Energie U ist

$$U = \frac{3}{2} NkT + U_{\text{pot}}$$

(4.34)

mit $U_{\text{pot}} = \langle E_{\text{pot}} \rangle$.

4.4.2.2 Einteilchenmittelwerte und -verteilungsfunktionen

Lässt sich speziell, wie z. B. in Gl. (4.31), die zu mittelnde Größe Ψ gemäß

$$\Psi = \sum_i \psi\left(r_i, p_i\right)$$

(4.35)

als Summe von *Einteilchenfunktionen* $\psi(r, p)$ schreiben, so kann der entsprechende Mittelwert auch als ein Integral über die *Einteilchenverteilungsfunktion* $f(r, p)$ dargestellt werden:

$$\langle \Psi \rangle = \int \psi(r, p) f(r, p) \, d^3r \, d^3p .$$

(4.36)

Die Funktion $f(r, p)$ ist formal mithilfe der δ-Funktion durch

$$f(r, p) = \left\langle \sum_i \delta\left(r - r_i\right) \delta\left(p - p_i\right) \right\rangle$$

(4.37)

definiert. Die Normierung ist so gewählt, dass

$$\int f(r, p) \, d^3p = n(r)$$

(4.38)

gilt, wobei $n(r)$ die lokale Teilchendichte ist; die weitere Integration $\int n(r) \, d^3r$ ergibt die Teilchenzahl N im Volumen V. Wird anstelle des Impulses p die Geschwindigkeit c verwendet, so entspricht f der in Abschn. 1.2.2 diskutierten Geschwindigkeitsverteilungsfunktion.

Die Bedeutung der Gl. (4.37) kann man sich veranschaulichen, wenn die δ-Funktionen, wie in allen praktischen Rechnungen, durch charakteristische Funktionen mit endlicher Breite und Höhe ersetzt werden. Die in Gl. (4.37) unter der Summe auftretende Größe gibt jeweils den Beitrag für den Fall an, in dem eines der Teilchen im Intervall $d^3r = (\delta L)^3$ um die Stelle r im Ortsraum zu finden ist und innerhalb des Intervalls $d^3p = (\delta p)^3$ den Impuls p annimmt; sonst ist der Beitrag zur Summe Null.

4.4.2.3 Zweiteilchenmittelwerte, -verteilungsfunktion und -dichte

Ist die in Gl. (4.30) zu mittelnde Größe, wie z. B. in Gl. (4.32), als die (Doppel-) Summe von *Zweiteilchenfunktionen* $\psi(r_1, r_2, p_1, p_2)$ gemäß

$$\Psi = \sum_{\substack{i,j \\ i \neq j}} \psi(r_i, r_j, p_i, p_j) \tag{4.39}$$

darstellbar, so reduziert sich die Berechnung des Mittelwerts auf Integrationen über die Zweiteilchenverteilungsfunktion $f^{(2)}(r_1, r_2, p_1, p_2)$:

$$\langle \Psi \rangle = \int \psi(r_1, r_2, p_1, p_2)\, f^{(2)}(r_1, r_2, p_1, p_2)\, d^3r_1 \ldots d^3p_2 . \tag{4.40}$$

Analog zu Gl. (4.37) ist die Funktion $f^{(2)}$ definiert gemäß:

$$f^{(2)}(r_a, r_b, p_a, p_b) = \left\langle \sum_{\substack{i,j \\ i \neq j}} \delta(r_a - r_i)\, \delta(r_b - r_j)\, \delta(p_a - p_i)\, \delta(p_b - p_j) \right\rangle \tag{4.41}$$

In Gl. (4.39) und (4.41) sind in den Summationen die Werte $i = j$ ausgeschlossen, da dies den Einteilchenfunktionen in Gl. (4.35) und (4.37) entspräche. Die Einteilchenverteilungsfunktion $f(r_1, p_1)$ ergibt sich aus $f^{(2)}(r_1, r_2, p_1, p_2)$ durch Integration über die Koordinaten und Impulse r_2 und p_2 des zweiten Teilchens. Integration über die beiden Impulse führt andererseits auf die *Zweiteilchendichte* $n^{(2)}(r_1, r_2)$:

$$n^{(2)}(r_1, r_2) = \int f^{(2)}(r_1, r_2, p_1, p_2)\, d^3p_1\, d^3p_2 . \tag{4.42}$$

Gemäß Gl. (4.41) gilt

$$n^{(2)}(r_a, r_b) = \left\langle \sum_{\substack{i,j \\ i \neq j}} \delta(r_a - r_i)\, \delta(r_b - r_j) \right\rangle . \tag{4.43}$$

Die anschauliche Bedeutung von Gl. (4.43) kann man sich wiederum klar machen, wenn die δ-Funktionen durch charakteristische Funktionen mit endlicher Breite und Höhe ersetzt werden. Zu der in Gl. (4.43) auftretenden Summe erhält man jeweils den Beitrag 1, wenn eines der Teilchen des Fluids sich innerhalb des Volumenbereiches $\delta V = (\delta L)^3$ am Ort r_a befindet und irgendein anderes Teilchen innerhalb dieses Volumens gleicher Größe δV am Ort r_b anzutreffen ist; ansonsten ist der Beitrag zur Summe in Gl. (4.43) Null. Für gleichartige Teilchen (kein Gemisch) gilt $n^{(2)}(r_1, r_2) = n^{(2)}(r_2, r_1)$. Hängt die in Gl. (4.38) auftretende Größe ψ nicht von den Impulsen p_1 und p_2 ab, so reduziert sich Gl. (4.39) nach Ausführung der Integration über die Impulse auf

$$\langle \Psi \rangle = \int \psi(r_1, r_2)\, n^{(2)}(r_1, r_2)\, d^3r_1\, d^3r_2 . \tag{4.44}$$

Ist nun noch spezieller, wie in Gl. (4.32), die Größe ψ nur von der Differenz $r = r_1 - r_2$ der Ortsvektoren abhängig, so reduziert sich Gl. (4.44) weiter auf

$$\langle \Psi \rangle = \frac{N^2}{V} \int \psi(r) \, g(r) \, d^3 r \,, \tag{4.45}$$

wobei die Paarkorrelationsfunktion $g(r)$ gemäß

$$g(r) = \frac{V}{N^2} \int n^{(2)}(r_2 + r, r_2) \, d^3 r_2 \tag{4.46}$$

eingeführt wurde. Analog zu Gl. (4.43) ist $g(r)$ gegeben durch

$$\frac{N}{V} g(r) = \frac{1}{N} \left\langle \sum_{\substack{i,j \\ i \neq j}} \delta(r - r_{ij}) \right\rangle \tag{4.47}$$

mit $r_{ij} = r_i - r_j$. Aus der Definition von $g(r)$ folgt $g(r) \geq 0$. Für ein Fluid aus gleichen Teilchen ist $g(r) = g(-r)$.

4.4.2.4 Potentialbeiträge zur inneren Energie und zum Druck

Der in Gl. (4.34) mit (4.32) angegebene Potentialbeitrag U_{pot} zur inneren Energie kann nun in der Form

$$U_{\mathrm{pot}} = \frac{N}{2} n \int \phi(r) \, g(r) \, d^3 r \tag{4.48}$$

dargestellt werden, wobei n für N/V steht. Analog zu Gl. (4.33) und (4.34) kann auch der Druck p (ein Drittel der Spur des Drucktensors) in einen kinetischen und einen potentiellen Anteil zerlegt werden:

$$p = p_{\mathrm{kin}} + p_{\mathrm{pot}} \,. \tag{4.49}$$

Im thermischen Gleichgewicht ist der kinetische Beitrag gleich dem idealen Gasdruck: $p_{\mathrm{kin}} = nkT$ (s. Abschn. 1.2.1). Der Beitrag p_{pot} ist entweder als N-Teilchen-Mittelwert

$$p_{\mathrm{pot}} = \frac{1}{V} \frac{1}{6} \left\langle \sum_{\substack{i,j \\ i \neq j}} r_{ij} \cdot F_{ij} \right\rangle \tag{4.50}$$

oder als Integral über $g(r)$ gemäß

$$p_{\mathrm{pot}} = \frac{1}{6} n^2 \int r \cdot F \, g(r) \, d^3 r \tag{4.51}$$

gegeben. In Gl. (4.50) ist r_{ij} der Relativvektor und F_{ij} ist die Kraft zwischen den Teilchen i und j; in Gl. (4.51) ist $F = -\partial \phi / \partial r$ die aus dem Zweiteilchenpotential $\phi(r)$ folgende Kraft zwischen einem Paar von Teilchen. Die Ausdrücke (Gl. (4.50)) und (4.51) für den Druck können aus dem „Virialsatz" oder aus der lokalen Formulierung des Impulserhaltungssatzes [1, 3] hergeleitet werden. Für repulsive bzw.

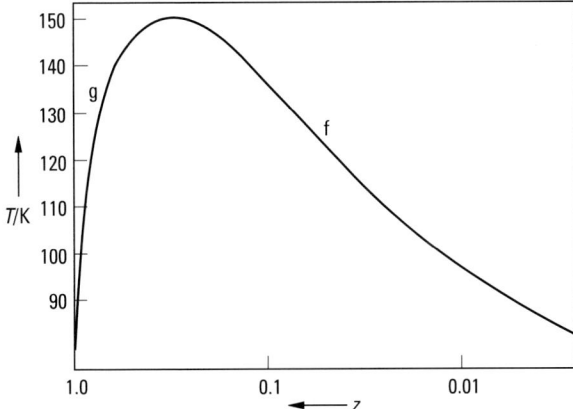

Abb. 4.19 Der Realgasfaktor $Z = p/(nkT)$ von Argon in den koexistierenden gasförmigen und flüssigen Phasen in Abhängigkeit von der Temperatur T. Der relative Potentialbeitrag p_{pot}/p ist durch $1 - Z^{-1}$ gegeben.

attraktive Kräfte ist $r \cdot F > 0$ bzw. $r \cdot F < 0$. In der flüssigen Phase überwiegen in Gl. (4.5 1) die Beiträge, bei denen $r \cdot F < 0$ gilt, und p_{pot} ist negativ.

In Abb. 4.19 ist der Realgasfaktor $Z = p/(nkT)$ als Funktion der Temperatur T für flüssiges und gasförmiges Argon längs der Koexistenzkurve gezeigt. Wegen $Z < 1$ ist $p_{pot} = nkT(Z - 1) < 0$. Man beachte, wenn die Dichte n der Flüssigkeit um den Faktor 100 höher ist als die des koexistierenden Gases, gilt $Z \approx 0.01$. Damit ist der kinetische Druck $p_{kin} = nkT$ einhundertmal, der Betrag von p_{pot} 99-mal größer als der messbare Druck p. Bei hohen Temperaturen und hohen Dichten, bei denen die abstoßende Wechselwirkung überwiegt, ist p_{pot} positiv.

Wie aus Gl. (4.48) und (4.51) ersichtlich, bestimmt die Paarkorrelationsfunktion $g(r)$ die aus der Wechselwirkung der Teilchen untereinander resultierenden Beiträge zu den thermodynamischen Funktionen in realen Gasen und Flüssigkeiten. Hängt, wie im thermischen Gleichgewicht, $g(r)$ nur von $r = |r|$ ab, so kann in Gl. (4.48) und (4.51) die Integration über die Richtung von r ausgeführt werden und diese Gleichungen reduzieren sich auf

$$U_{pot} = 2 \pi N n \int_{0}^{\infty} \phi g r^2 \, dr \tag{4.52}$$

und

$$p_{pot} = -\frac{2}{3} \pi n^2 \int_{0}^{\infty} r \, \phi' g r^2 \, dr \, . \tag{4.53}$$

Hier bezeichnet ϕ' die Ableitung von ϕ nach r. Die Größe $g(r)$ charakterisiert auch die lokale Struktur oder die Nahordnung in (dichten) Fluiden. Darauf wird im nächsten Abschnitt eingegangen.

4.4.3 Paarkorrelationsfunktion und Nahordnung

Die in Gl.(4.46) bzw. (4.47) definierte Paarkorrelationsfunktion $g(r)$ ist ein Maß für die Wahrscheinlichkeit, irgendein anderes Teilchen am Ort r zu finden, wenn ein willkürlich herausgegriffenes Referenzteilchen am Ort $r = 0$ ist; (Abb. 4.20). Für ein räumlich homogenes System ist die Teilchendichte n unabhängig vom Ort und $n^{(2)}(r_1, r_2)$ kann nur von der Differenz $r = r_1 - r_2$ abhängen.

In diesem Fall gilt

$$n^{(2)}(r) = n^2 g(r). \tag{4.54}$$

Für ein Fluid aus gleichartigen Teilchen (wie hier immer stillschweigend angenommen wird) sind r und $-r$ äquivalent, d.h. es ist

$$g(r) = g(-r).$$

Da für große Abstände die Teilchen eines Fluids unkorreliert sind und $n^{(2)}$ gegen n^2 strebt, ergibt sich

$$g(r) \rightarrow 1 \quad \text{für } |r| \rightarrow \infty. \tag{4.55}$$

Dieses asymptotische Verhalten gilt nicht mehr bei kristallinen, langreichweitig geordneten Substanzen. Für kleine Abstände verschwindet $g(r)$, da sich die Teilchen nicht gegenseitig durchdringen können.

Im thermischen Gleichgewicht hängt $g(r)$ eines Fluids aus sphärischen Teilchen nur vom Betrag $r = |r|$ und nicht von der durch $\hat{r} = r^{-1}r$ festgelegten Richtung von r ab. In diesem Fall spricht man auch von der *radialen Verteilungsfunktion* $g(r)$.

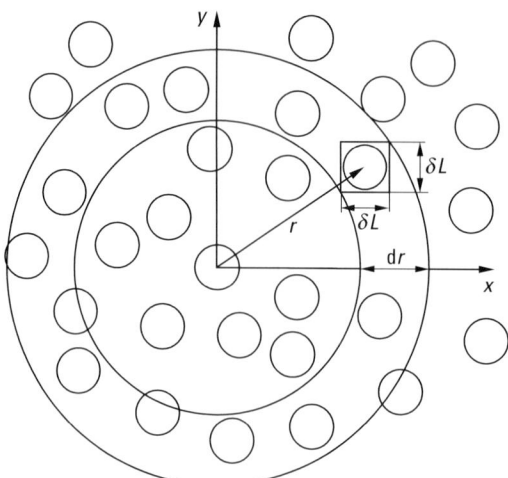

Abb. 4.20 Schematische Erläuterung der Bedeutung der Paarkorrelationsfunktion $g(r)$. Für ein (im Mittel) isotropes System ist $4\pi n g r^2$ die Zahl der in der angedeuteten Kugelschale mit Radius r und Dicke dr zu findenden Teilchen; δL gibt die Größe des benützten Längenintervalls bei des Auswertung einer diskreten Paarkorrelationsfunktion im Rahmen einer Computersimulation an (vgl. Abb. 4.21).

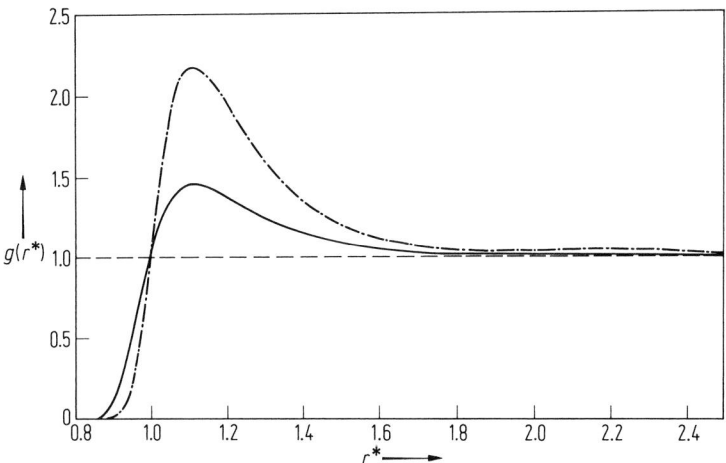

Abb. 4.21 Paarkorrelationsfunktionen $g(r)$ eines (dichten) Lennard-Jones-Gases für die reduzierte Teilchendichte $n^* = n r_0^3 = 0.1$ und die reduzierten Temperaturen $T^* = T/T_{\mathrm{ref}} = 1.2$ (strichpunktiert) und $T^* = 2.75$ (ausgezogene Kurve) als Funktionen des reduzierten Relativabstandes $r^* = r/r_0$. Man beachte, wegen $g(r) = 0$ für $r^* < 0.8$ ist dieser Bereich der Kurven nicht gezeigt. (Daten aus einer Molekulardynamik-Computersimulation, W. Loose, Institut für Theoretische Physik, TU Berlin).

Innerhalb einer Kugelschale mit einer Dicke von dr sind $4\pi n g(r) r^2\,dr$ Teilchen zu finden. Typische Beispiele für $g(r)$, wie sie aus einer Computersimulation für ein Lennard-Jones-Modellfluid gewonnen wurden, sind in Abb. 4.21 und 4.22a dargestellt. Ein Vergleich zwischen Simulationsdaten und experimentell gemessenen Streudaten (an einer elektrostatisch stabilisierten Suspension) ist in den Abb. 4.50 und 4.51 dargestellt.

Bei einem Gas mit geringer Dichte n ist g durch

$$g(r) = \mathrm{e}^{-\frac{\phi}{kT}} \qquad (4.56)$$

gegeben, wobei ϕ das Zweiteilchenpotential ist. Gleichung (4.56) ist anwendbar, wenn $n d^3 \ll 1$ gilt, wobei d ein (effektiver) Teilchendurchmesser ist. In dichten Fluiden, insbesondere in Flüssigkeiten, hängt g von der Dichte ab. Methoden zur Berechnung von $g(r)$ für dichte Fluide im Rahmen der Statistischen Physik sind z. B. in [1] und [3] diskutiert. Im allgemeinen Fall kann $g(r)$ ein effektives Potential ϕ_{eff} gemäß

$$\phi_{\mathrm{eff}}(r) = -kT \ln g(r) \qquad (4.57)$$

zugeordnet werden. Die Ableitung von ϕ_{eff} führt auf eine „mittlere Kraft", die ein Teilchen unter der gleichzeitigen Einwirkung vieler anderer Teilchen spürt. Für kleine Dichten reduziert sich ϕ_{eff} auf das Zweierpotential ϕ.

Experimentell kann $g(r)$ durch eine Fourier-Transformation des in einem Streuvorgang messbaren statischen Strukturfaktors gewonnen werden. In Abb. 4.22a ist für flüssiges Argon in der Nähe des Tripelpunktes die so gewonnene radiale Verteilungsfunktion $g(r)$ gezeigt.

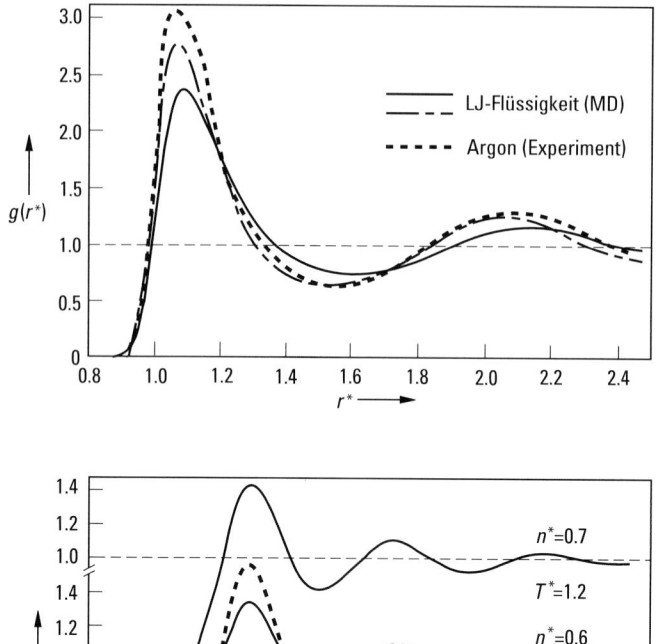

Abb. 4.22 (a) Vergleich der Paarkorrelationsfunktionen $g(r)$ einer Lennard-Jones-Flüssigkeit bei der reduzierten Temperatur $T^* = 1$ und den reduzierten Dichten $n^* = 0.7$ (ausgezogene Kurve) und $n^* = 0.84$ (strichpunktierte Kurve) sowie für flüssiges Argon in der Nähe des Tripelpunktes ($T = 85$ K, gestrichelte Kurve), gewonnen durch Fourier-Transformation des gemesssenen statischen Strukturfaktors als Funktion der reduzierten Länge $r^* = r/r_0$ (experimentelle Daten nach Yarnell et al. [31], theoretische Daten aus einer Molekulardynamik-Computersimulation, W. Loose, Institut für Theoretische Physik, TU Berlin). (b) Der statische Strukturfaktor $S(q)$ als Funktion des reduzierten Streuvektors $q^* = qr_0$ für eine Lennard-Jones-Flüssigkeit bei der reduzierten Temperatur $T^* = 1.2$ und den reduzierten Dichten $n^* = 0.6$ und $n^* = 0.7$ sowie für Argon bei $T = 143$ K nahe an der Koexistenzkurve (experimentelle Daten nach Nikolaj und Pings [51], theoretische Daten aus einer Molekulardynamik-Computersimulation, O. Hess, Institut für Theoretische Physik, TU Berlin). Der Wert $q^* \approx 6.5$ beim ersten Maximum entspricht mit $r_0 = 0.34$ nm einem q-Wert von ungefähr $19\,(\mathrm{nm})^{-1}$, bei dem für Argon das erste Maximum von S auftritt.

4.4.4 Streuung, statischer Strukturfaktor

4.4.4.1 Prinzipielles zu Streuexperimenten

Das Prinzip der Streuung elektromagnetischer Strahlung (Licht, Röntgenstrahlung) oder von Teilchenstrahlen (Elektronen, Neutronen) zur Untersuchung der „Struktur" der Materie ist in Abb. 4.23 erläutert. In Kap. 8 werden Streumethoden und ihre Anwendungen zur Aufklärung von Struktur und Dynamik von Makromolekülen ausführlich dargestellt. In diesem Kapitel liegt der Schwerpunkt auf der Anwendung der Streuung zur Strukturaufklärung von einfachen Flüssigkeiten. Neutronen, um sich auf ein Beispiel zu beschränken, zeichnen sich durch eine Masse von $1.675 \cdot 10^{-27}$ kg, Ladungsneutralität, Spin 1/2 und magnetisches Moment $0.001 \mu_B$ aus. Sie lassen sich im Labor durch die Reaktion von Beryllium mit hochenergetischen α-Teilchen unter Aussendung von Kohlenstoff erzeugen: $^9\text{Be} + \alpha \rightarrow ^{12}\text{C} + \text{n}$. Dabei erreicht der Neutronenfluss eine Stärke von etwa $1\,\text{cm}^{-2}\text{s}^{-1}$. Wesentlich größere Flüsse (ca. $10^7\,\text{cm}^{-2}\text{s}^{-1}$ am Probentisch) lassen sich beispielsweise am Institute Laue-Langevin durch den moderierten (schweres Wasser) und gekühlten Prozess: $^{235}\text{U} + n \rightarrow \text{Kr} + \text{Ba} + \approx 2.5\,\text{n}$ erhalten. Das Design dieser Neutronenquelle ist so ausgelegt, dass die Erzeugung von Prozesswärme auf einem Minimum gehalten werden kann, während der Neutronenfluss maximiert wird. Neutronen mit Wellenlänge $\lambda = 0.18\,\text{nm}$ besitzen eine kinetische Energie $E = p^2/(2\,m) = 25\,\text{meV}$ mit $p = \hbar q = h/\lambda$ (de Broglie). Neutronen lassen sich detektieren, indem geladene Teilchen nachgewiesen werden, die in Sekundärprozessen nach einem Stoß eines Neu-

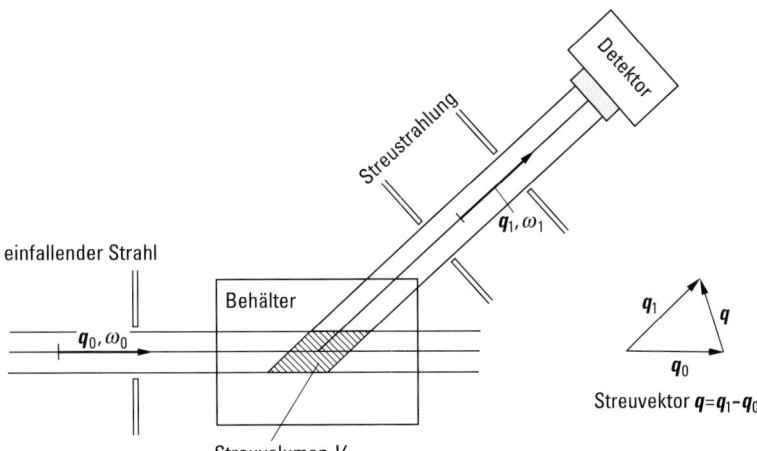

Abb. 4.23 Schematische Darstellung der experimentellen Anordnung bei einem Streuexperiment. Die Wellenvektoren und Frequenzen des einfallenden Strahls und der nachgewiesenen Streustrahlung sind q_0, ω_0 bzw. q_1, ω_1, der Streuvektor q ist gleich der Differenz $q_1 - q_0$. Das Streuvolumen V innerhalb des Behälters, der das Fluid einschließt, ist durch die Strahlbreite und die Geometrie der Anordnung bestimmt. Im Gegensatz zur inelastischen Streuung bleiben bei elastischer Streuung sowohl der Betrag des Wellenvektors als auch die Frequenz der Strahlung unverändert ($q_1 = q_0$ und $\omega_0 = \omega_1$).

trons (z. B. an ^{3}He unter Aussendung eines Protons: ^{3}He + n $\rightarrow$ ^{3}H + p) erzeugt werden.

Ein Strahl mit Intensität I_0 und Wellenvektor $\boldsymbol{q}_0$ (Energie $\hbar\omega_0$, Frequenz ω_0) trifft auf die zu untersuchende Materie; dort entsteht eine Streustrahlung, die i. A. nach allen Richtungen ausgesandt wird. Durch Blenden (und gegebenenfalls Energie- oder Frequenzselektoren) wird speziell die Streustrahlung mit dem Wellenvektor $\boldsymbol{q}_1$ (Energie $\hbar\omega_1$, Frequenz ω_1) am Detektor nachgewiesen; ihre Intensität sei I. Die Differenz

$$\boldsymbol{q} = \boldsymbol{q}_1 - \boldsymbol{q}_0 \qquad (4.58)$$

der Wellenvektoren der gestreuten und der einfallenden Strahlung heißt *Streuvektor*. Speziell bei elastischer Streuung (mit $\omega_1 = \omega_0$) sind die Beträge q_0 und q_1 der Wellenvektoren gleich. Der Betrag q des Streuvektors ist dann gegeben durch

$$q = 2\,q_0 \sin\frac{\vartheta}{2}, \qquad (4.59)$$

wobei ϑ der Streuwinkel zwischen $\boldsymbol{q}_0$ und $\boldsymbol{q}_1$ ist. Ferner gilt $q_0 = 2\,\pi/\lambda_0$; λ_0 ist die Wellenlänge der einfallenden Strahlung.

Der Beitrag eines Teilchens am Ort $\boldsymbol{r}_i$ zur Amplitude der Streustrahlung ist proportional zu $a_i \exp(-\mathrm{i}\,\boldsymbol{q}\cdot\boldsymbol{r}_i)$; a_i ist die Wechselwirkung der Strahlung mit einem Teilchen charakterisierende Streuamplitude. Die zum Detektor gelangende Streuintensität I gilt

$$I \sim \left\langle \left(\sum_i a_i \mathrm{e}^{-\mathrm{i}\,\boldsymbol{q}\cdot\boldsymbol{r}_i}\right) \left(\sum_j a_j^* \mathrm{e}^{-\mathrm{i}\,\boldsymbol{q}\cdot\boldsymbol{r}_j}\right) \right\rangle I_0\,.$$

Die spitze Klammer deutet eine Zeitmittelung an. Die Summationen über i und j sind über alle $\mathcal{N}$ Teilchen auszuführen, die innerhalb des Streuvolumens V liegen. Für gleichartige Teilchen ($a_i = a_j = a$; kohärente Streuung) erhält man

$$I(\boldsymbol{q}) \sim I_0 |a|^2 N\,S(\boldsymbol{q})\,; \qquad (4.60)$$

dabei ist

$$S(\boldsymbol{q}) = \frac{1}{N}\left\langle \left(\sum_{i=1}^{\mathcal{N}} \mathrm{e}^{-\mathrm{i}\,\boldsymbol{q}\cdot\boldsymbol{r}_i}\right) \left(\sum_{j=1}^{\mathcal{N}} \mathrm{e}^{-\mathrm{i}\,\boldsymbol{q}\cdot\boldsymbol{r}_j}\right) \right\rangle \qquad (4.61)$$

der statische Strukturfaktor; $N = \langle\mathcal{N}\rangle$ ist das zeitliche Mittel der Teilchen im Streuvolumen. Sind die betrachteten Teilchen wiederum aus „Streuern" zusammengesetzt, so tritt in Gl. (4.60) ein zusätzlicher Faktor $|F(\boldsymbol{q})|^2$ auf. Die Größe $F(\boldsymbol{q})$ ist der *Formfaktor*, der die räumliche Verteilung der „Streuer" innerhalb eines (komplexen) Teilchens berücksichtigt. Dies ist z. B. bei der Röntgenstreuung an Flüssigkeiten zu beachten. Die „elementaren" Streuer sind nämlich die Elektronen der Atome. Bei Neutronen andererseits ist $F = 1$, da die Streuung an dem im Vergleich zur Ausdehnung des Atoms praktisch punktförmigen Atomkern erfolgt. Beispiele für in Gasen und Flüssigkeiten gemessene und aus Computersimulationen für Modellfluide erhaltene Kurven für $S(\boldsymbol{q})$ sind in Abb. 4.22 und 4.24 gezeigt. Einige analytische Ausdrücke für Formfaktoren einfacher Geometrien (Kugeln, Zylinder) werden in Abschn. 4.4.4.4 angegeben, Formfaktoren für flexible Makromoleküle finden sich in Kap. 8.

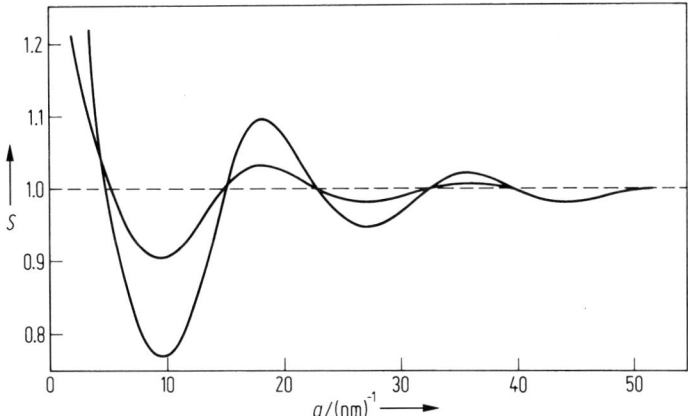

Abb. 4.24 Der statische Strukturfaktor S als Funktion des Streuvektors q für gasförmiges Argon bei $T = 140\,\mathrm{K}$ und den Teilchendichten $n = 0.9 \cdot 10^{27}\,\mathrm{m}^3$ bzw. $n = 2.4 \cdot 10^{27}\,\mathrm{m}^3$ (Daten nach Fredrikze et al. [52]).

4.4.4.2 Zusammenhang zwischen Strukturfaktor und Paarkorrelationsfunktion

Der Ausdruck (4.61) für den Strukturfaktor kann als

$$S(q) = 1 + \frac{1}{N} \left\langle \sum_{\substack{i,j \\ i \neq j}} e^{-i q \cdot r_{ij}} \right\rangle \tag{4.62}$$

umgeschrieben werden, wobei nun in der Doppelsumme der Fall $i = j$ ausgeschlossen ist. Da in Gl. (4.62) nur der Differenzvektor $r_{ij} \equiv r_i - r_j$ zwischen den Positionen der Teilchen i und j vorkommt, ist die Mittelung gemäß Gl. (4.45) auch als ein Integral über die Paarkorrelationsfunktion $g(r)$ darstellbar:

$$S(q) = 1 + n \int e^{-i q \cdot r} g(r)\, d^3 r. \tag{4.63}$$

Der dazu äquivalente Ausdruck

$$S(q) = 1 + (2\pi)^3 n\, \delta(q) + n \int e^{-i q \cdot r}(g - 1)\, d^3 r \tag{4.64}$$

hat den Vorteil, dass $g - 1$ für ein Fluid (wegen $g \to 1$ für $r \to \infty$) im Gegensatz zu g Fourier-integrierbar ist. Die δ-Funktion in Gl. (4.64) (hier als Näherung für $V \delta_{q,0}$ gedacht mit $\delta_{0,0} = 1$, $\delta_{q,0} = 0$ für $q \neq 0$) trägt nur zur Vorwärtsstreuung für $q = 0$ bei. Für $q \neq 0$ gilt

$$S(q) = 1 + n \int e^{-i q \cdot r}(g(r) - 1)\, d^3 r. \tag{4.65}$$

Dies ist der gewünschte Zusammenhang zwischen $S(q)$ und $g(r)$. Die Umkehrung der in Gl. (4.65) auftretenden Fourier-Transformation ergibt

$$g(r) = 1 + \frac{1}{8\pi^3 n} \int e^{i q \cdot r}(S(q) - 1)\, d^3 q. \tag{4.66}$$

Wenn $g(r)$ bzw. $S(q)$ nur von den Beträgen r und q abhängen, kann in Gl. (4.65) bzw. (4.66) die Integration über die Richtungen von r bzw. q ausgeführt werden und diese Gleichungen reduzieren sich auf

$$S(q) = 1 + \frac{4\pi n}{q} \int\limits_0^\infty r \sin(qr)(g(r) - 1)\, \mathrm{d}r \qquad (4.67)$$

und

$$g(r) = 1 + \frac{1}{2\pi^2 nr} \int\limits_0^\infty q \sin(qr)(S(q) - 1)\, \mathrm{d}q. \qquad (4.68)$$

Letztere Formel wird benutzt, um aus gemessenem $S(q)$ die Funktion $g(r)$ zu berechnen. Da $S(q)$ nur für q innerhalb eines endlichen Intervalls ($q_{min} \le q \le q_{max}$) bestimmbar ist, ist die Berechnung von $g(r)$ gemäß Gl. (4.68) nur näherungsweise möglich; insbesondere kann $g(r)$ auch nur für r im endlichen Intervall $r_{min} < r < r_{max}$, mit $r_{min} \approx 2\pi(q_{max})^{-1}$ und $r_{max} \approx 2\pi(q_{min})^{-1}$ angegeben werden. Um die sich über einige Teilchendurchmesser d erstreckende Nahordnung in einer Flüssigkeit messen zu können, müssen im Streuexperiment die q-Werte in der Größenordnung $2\pi/d$ zur Verfügung stehen. Der Wert q_1 des ersten Maximums von $S(q)$ ist mit dem Wert r_1 des ersten Maximums von $g(r)$ über $q_1 \approx 2\pi/r_1$ verknüpft. Die Untersuchung von langreichweitigen Inhomogenitäten, wie die Bildung von Clustern und Tröpfchen, z. B. im Zweiphasengebiet, erfordert kleinere q-Werte.

4.4.4.3 Verhalten des Strukturfaktors für kleine Streuwinkel

Für die im Experiment nicht direkt zugängliche Streustrahlung in Vorwärtsrichtung ($q = 0$) gilt nach Gl. (4.61):

$$S(0) = \frac{1}{N}\langle \mathcal{N}^2 \rangle = N + \frac{1}{N}\langle \delta N^2 \rangle, \qquad (4.69)$$

wobei $\delta N = \mathcal{N} - N$ die Schwankung der Teilchenzahl $\mathcal{N}$ im Streuvolumen ist; $N = \langle \mathcal{N} \rangle$ ist die zeitlich gemittelte Teilchenzahl. Der singuläre Beitrag proportional zur δ-Funktion in Gl. (4.64) entspricht gerade dem Wert N, der i. A. sehr groß im Vergleich zu 1 ist. Die Extrapolation des für $q \neq 0$ gültigen Ausdruck Gl. (4.65) führt für $q \to 0$ auf den i. A. nicht singulären, mit der Teilchenzahlschwankung verknüpften Anteil $N^{-1}\langle \delta N^2 \rangle$. Dieser wiederum ist durch den isothermen Kompressionsmodul $K = n(\partial p/\partial n)_T$ bestimmt. In diesem Sinne ergibt sich als Grenzwert von Gl. (4.65)

$$S(0) = 1 + n\int (g(r) - 1)\, \mathrm{d}^3 r = \frac{nkT}{K}. \qquad (4.70)$$

Für ein reales Gas, bei dem die Zustandsgleichung durch $p = nkT(1 + nB)$ mit dem zweiten Virialkoeffizienten $B = B(T)$ (s. Abschn. 1.2.) gegeben ist, führt Gl. (4.70) auf $S(0) = (1 + 2nB)^{-1}$. Dies bedeutet insbesondere $S(0) > 1$ bzw. $S(0) < 1$ für $B < 0$ bzw. $B > 0$. Der erste Fall liegt offensichtlich bei Abb. 4.24 und 4.25 vor. Da eine Flüssigkeit i. A. wenig kompressibel ist, d. h. $(\partial p/\partial n)_T$ sehr viel größer als bei einem Gas ist, findet man dort i. A. $S(0) \ll 1$ (s. z. B. Abb. 4.22b). In der Nähe

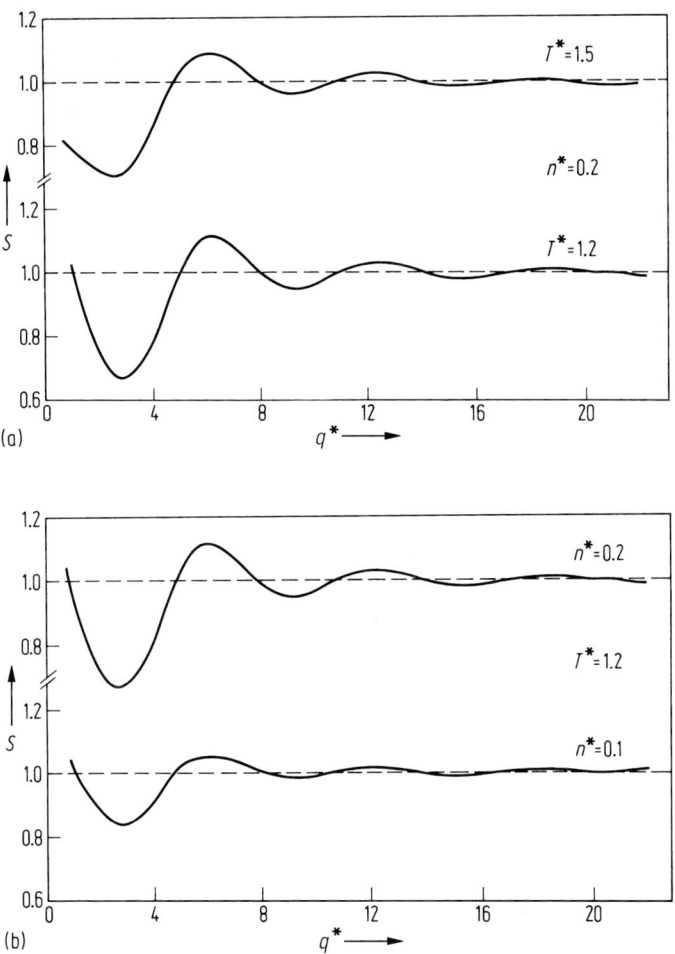

Abb. 4.25 Der statische Strukturfaktor $S(q)$ für ein Lennard-Jones-Modellfluid im gasförmigen Zustand als Funktion des dimensionslosen Streuvektors $q^* = qr_0$, r_0 ist die charakteristische Länge des Lennard-Jones-Potentials. In (a) sind für die reduzierte Teilchendichte $n^* = 0.2$ die Kurven für die reduzierten Temperaturen $T^* = 1.5$ (oben) und $T^* = 1.2$ (unten) verglichen. In (b) sind für $T^* = 1.2$ die Werten $n^* = 0.2$ (oben) und $n^* = 0.1$ (unten) für die Teilchendichte gewählt worden (nach einer Molekulardynamik-Computersimulation, O. Hess, Institut für Theoretische Physik, TU Berlin).

des kritischen Punktes jedoch divergiert $S(0)$ wegen $(\partial p/\partial n)_T = 0$, und die Streuung für kleine q-Werte steigt stark an (*kritische Opaleszenz*).

4.4.4.4 Formfaktoren für sphärische und uniaxiale Teilchen

Findet die Streuung an ausgedehnten, d. h. aus vielen Streuzentren zusammengesetzten Teilchen statt, so ist in der Gleichung (4.60) für die Streuintensität ein Faktor F zu berücksichtigen, der die Streuung an dem einzelnen Teilchen beschreibt. Diese Größe wird Formfaktor genannt. Der Formfaktor komplexer Teilchen lässt sich einfach bestimmen, wenn die Teilchen in der Probe monodispers vorliegen und nicht wechselwirken. Die Wechselwirkungsfreiheit ist häufig bei kleiner Konzentration gegeben. Sobald die Teilchendichte zunimmt, spielen Korrelationen zwischen den Teilchensorten eine wesentliche Rolle für die Berechnung des Strukturfaktors und der Streuintensität, wobei die relative Anordnung der Teilchen den Strukturfaktor bestimmt.

Formfaktoren wurden für viele einfache Geometrien analytisch abgeleitet. Insbesondere erhält man Ausdrücke für Kugeln, Zylinder und Ellipsoide. Der isotrope Formfaktor $F(q)_{\text{Kugel}}$ für eine Kugel mit Radius R wurde von Lord Rayleigh berechnet und wird häufig mit $F(qR)$ bezeichnet:

$$F(q)_{\text{Kugel}} = F(qR) = 3\,\frac{\sin(qR) - (qR)\cos(qR)}{(qR)^3}\,. \tag{4.71}$$

Für einen Zylinder mit Radius R und Länge L, dessen Orientierung durch einen Einheitsvektor $\boldsymbol{u}$ in Richtung der Längsachse festgelegt sei, ergibt sich der (anisotrope) Formfaktor zu

$$F(\boldsymbol{q}) = \frac{2\,J_1(R|\boldsymbol{q}\times\boldsymbol{u}|)}{R|\boldsymbol{q}\times\boldsymbol{u}|}\,\frac{2\sin(\frac{L}{2}\boldsymbol{q}\cdot\boldsymbol{u})}{L\,\boldsymbol{q}\cdot\boldsymbol{u}}\,, \tag{4.72}$$

wobei die Bessel-Funktion J_1 verwendet wurde. Für den Fall, dass der Zylinder in Richtung der Strahlrichtung orientiert ist, vereinfacht sich Gl. (4.72) wegen $\boldsymbol{u}\cdot\boldsymbol{q} = q$ und $\boldsymbol{u}\times\boldsymbol{q} = \boldsymbol{0}$ (der erste Bruch in Gl. (4.72) wird in diesem Grenzfall zu Eins). Für eine Ansammlung isotrop orientierter Zylinder bzw. auch für den zeitgemittelten Formfaktor für einen Zylinder, der aufgrund thermischer Zufallsbewegung keine Vorzugsrichtung aufweist, ist Gl. (4.72) noch über die Einheitskugel ($\int \ldots \mathrm{d}^2\boldsymbol{u}$) zu integrieren.

Für ein Rotationsellipsoid mit den Halbachsen der Länge a und b, wobei die zu a gehörige Hauptachse mit $\boldsymbol{u}$ bezeichnet sei, ist der Formfaktor mit demjenigen für eine Kugel Gl. (4.71) identisch, wobei für die Ellipse der Kugelradius R durch den Ausdruck

$$R = \frac{1}{q}\sqrt{a^2(\boldsymbol{q}\times\boldsymbol{u})^2 + b^2(\boldsymbol{q}\cdot\boldsymbol{u})^2} \tag{4.73}$$

ersetzt werden muss.

Die Debye-Gleichung gibt einen Ausdruck für die Streuintensität $I(q)$ eines Vielteilchensystems bestehend aus N verschiedenen Teilchen, deren Schwerpunkte an den Orten $\boldsymbol{r}_j$ lokalisiert seien:

$$I(\boldsymbol{q}) \sim \sum_{i=1}^{N}\sum_{j\geq i}^{N} F_i(\boldsymbol{q})\,F_j(\boldsymbol{q})\cos(\boldsymbol{q}\cdot(\boldsymbol{r}_i - \boldsymbol{r}_j))\,. \tag{4.74}$$

Dieser Ausdruck lässt sich unter Annahmen über die Korrelation zwischen Streuern, die Teilchensorten und Polydispersität approximativ auswerten. Er vereinfacht sich zu dem Ausdruck (4.60) für den Fall eines monodispersen Systems, für das der Formfaktor F_i nicht von dem Index i abhängt. Um das zu zeigen, macht man von der Darstellung $2\cos x = \mathrm{e}^{\mathrm{i}\,x} - \mathrm{e}^{-\mathrm{i}\,x}$ Gebrauch.

4.4.4.5 Ornstein-Zernike-Gleichung

Nicht nur für neutrale harte Kugeln, sondern auch für attraktive, weiche und harte sowie geladene Kugeln (abgeschirmtes Coulomb-Potential, Yukawa-Potential) wurden bisher analytische Lösungen der Ornstein-Zernike-Gleichung (4.76) erhalten. Die allgemeine Form der Lösung für die direkte Korrelationsfunktion als Funktion des Abstandsvektors $\boldsymbol{r}$ zwischen gleichen Teilchen wird häufig mit

$$c\,(r) = \sum_{n=1}^{N} \sum_{l=-1}^{L} K^{(n,\,l)}\,\zeta_n^{l+1}\,r^l\,\mathrm{e}^{-\zeta_n r} \qquad (4.75)$$

angegeben mit $K^{(n,\,l)}$ und ζ_n als Koeffizienten (gültig für $r >$ Kontaktabstand). Dabei ist die direkte Korrelationsfunktion c selbst implizit durch die Paarkorrelationsfunktion und Ornstein-Zernike-Gleichung:

$$g\,(r) - 1 = c\,(r) + \int \mathrm{d}^3 r'\, c\,(r')\, n\,[g\,(|\boldsymbol{r} - \boldsymbol{r}'|) - 1] \qquad (4.76)$$

definiert. Zwischen dem Strukturfaktor und der Fourier-Transformierten $\hat{c}$ von c besteht wegen $\hat{h}\,(q) = \hat{c}\,(q) + n\,\hat{c}\,(q)\,\hat{h}\,(q)$ der einfache Zusammenhang

$$S\,(\boldsymbol{q}) = 1 + \varrho\,\hat{h}\,(\boldsymbol{q}) = \frac{1}{1 - n\,\hat{c}\,(\boldsymbol{q})}. \qquad (4.77)$$

Mit der Darstellung $g\,(r) = \mathrm{e}^{-\beta \phi (r)}\,y\,(r)$ für die Paarkorrelationsfunktion einer Dispersion, wobei $y\,(r)$ die Abweichung von der verdünnten Lösung und ϕ das Wechselwirkungspotential sind, lassen sich die sogenannten „Percus-Yevick"- und „Hypernetted Chain"-Theorien ausdrücken als $y\,(r) = g\,(r) - c\,(r)$ bzw. $y\,(r) = \exp(g\,(r) - c\,(r) - 1)$. Mit diesen Approximationen lässt sich Gl. (4.76) lösen. Häufig werden Monte-Carlo-Methoden (vgl. Abschn. 4.5.1) verwendet, um das Integral in Gl. (4.76) für ein Vielteilchensystem zu erhalten. Für harte Kugeln mit Durchmesser d und einem Wechselwirkungspotential $\phi\,(r) = \infty$ für $r < d$ und $\phi\,(r) = 0$ für $r \geq d$ lässt sich Gl. (4.76) unter der Percus-Yevick-Annahme sofort exakt lösen. Für ein Yukawa-Potential ergibt sich eine Lösung der Form (4.75) mit $L = -1$, $N = 1$. Für ein radialsymmetrisches Lennard-Jones-Potential $\phi\,(r)$ entspricht die direkte Korrelationsfunktion der Mayer-Funktion

$$c\,(r) = \mathrm{e}^{-\frac{\phi\,(r)}{kT}} - 1\,. \qquad (4.78)$$

4.5 Computersimulationen

Während der letzten Jahrzehnte sind die konventionellen Methoden der experimentellen und der theoretischen Physik durch Computersimulationen ergänzt worden. Diese neuen Methoden sind einerseits „theoretisch", da numerische Modellrechnungen durchgeführt werden, andererseits sind sie aber in mancher Hinsicht ähnlich zu realen Experimenten, so dass das Schlagwort „Computerexperiment" durchaus seine Berechtigung hat. Insbesondere für die Physik der Flüssigkeiten haben *Monte-Carlo* (MC)- [1, 32] und *Molekulardynamik* (MD)- [1, 20, 32, 33] *Computersimulationen* wesentliche Einsichten in die Struktur und Dynamik von Modellfluiden gebracht. In Abschn. 4.5.2 wird auf das konzeptionell einfachere und auch allgemeiner anwendbare MD-Verfahren eingegangen, welches sich zur detaillierten Untersuchung zeitlich veränderlicher Vorgänge eignet. Bei einem MC-Verfahren wird nicht die tatsächliche Dynamik verfolgt (es gibt in der MC keine physikalische Zeit), sondern es werden die Teilchenpositionen „fast zufällig" mit dem Ziel, statische Eigenschaften des Modellsystems in – gegenüber der MD – effizienter Weise zu ermitteln, verschoben. Darüber hinaus werden MC- und MD-Methoden in so genannten Hybrid-Verfahren so kombiniert, dass die jeweiligen Vorteile der beiden Verfahren innerhalb einer einzigen Simulation ausgenutzt werden können. Diese Verfahren erfordern häufig den Einsatz symplektischer Integrationsalgorithmen. In einer „Brown'schen" MD werden im Unterschied zu einer gewöhnlichen MD nicht nur die exakten Bewegungsgleichungen des Modellfluids, die sich aus der Hamilton-Funktion ergeben, gelöst, sondern es wirken außerdem „Brown'sche" Zufallskräfte, die z. B. den Einfluss eines Lösungsmittels auf die Bewegung kolloidaler Teilchen effizient beschreiben. Diese Kräfte imitieren einen ungerichteten Beitrag zu den Geschwindigkeiten der Modellteilchen, die bei endlichen Temperaturen immer vorhanden ist. MD-Verfahren sind allgemeiner als MC-Verfahren. Sie können sowohl zur Analyse der Gleichgewichtseigenschaften als auch zur Untersuchung von Nicht-Gleichgewichtsvorgängen und der Dynamik eingesetzt werden.

4.5.1 Monte-Carlo-Verfahren

4.5.1.1 Zufallszahlen und Markov-Ketten

In Monte-Carlo-Verfahren werden Zufallszahlen und Zufallsprozesse verwendet, um auf den ersten Blick vielleicht überraschend effizient diverse physikalische und auch mathematische Probleme zu lösen und insbesondere Eigenschaften von Flüssigkeitsmodellen zu erhalten. Zu den interessierenden Anwendungsgebieten zählen die Berechnung von hochdimensionalen Integralen, darunter insbesondere Zustandssummen [6–9], aus denen sich thermodynamische Größen ableiten lassen. Weiterhin lassen sich Mittelwerte für Systeme berechnen, die durch eine vorgegebene Verteilungsfunktion – wie etwa eine kanonische Verteilung – charakterisiert werden. Eine MC-Simulation lässt sich in der Regel in die folgenden vier Grundschritte einteilen: (i) Aufbau eines dem vorliegenden Problem adäquaten stochastischen Modells, (ii) Durchführung einer großen Zahl von Zufallsexperimenten, (iii) Auswertung der Zufallsexperimente mit Methoden der mathematischen Statistik, sowie (iv) Interpretation der erhaltenen Schätzwerte. Eine besondere Rolle bei der Begründung dieser Methode, insbesondere des Konvergenzverhaltens der Ergebnisse einer Kette von Zufallsexperimenten, spielt das Gesetz der großen Zahlen und der zentrale Grenzwertsatz der Wahrscheinlichkeitstheorie.

4.5.1.2 Berechnung von Ensemblemittelwerten und Zustandssummen

Das Ziel der MC-Simulation wechselwirkender Vielteilchensysteme besteht in der Ermittlung der so genannten Ensemblemittelwerte. Derartige Mittelwerte lassen sich in der Regel als vieldimensionale Integrale $\int \Psi(\Gamma, t)\varrho(\Gamma, t)\,d\Gamma$ (Abschn. 4.4.2) darstellen, wobei ϱ eine Wahrscheinlichkeitsdichte im Phasenraum (Phasendichte) bezeichnet. Zum Beispiel ist im mikrokanonischen Ensemble die Phasendichte eine δ-Verteilung. MC-Methoden, die gleichverteilte Zufallszahlen zur Berechnung solcher Integrale benutzen, sind genauso ineffizient wie die Auswertung des Integranden auf einem äquidistanten Raster von Stützstellen im Phasenraum und praktisch nicht durchführbar für einen unendlich ausgedehnten (prinzipiell zugänglichen) Phasenraum. Die effiziente Berechnung von Phasenmittelwerten erfordert die Einführung von Techniken, die mit Verteilungen speziell gewichteter Zufallszahlen arbeiten, so dass die Gebiete des Phasenraums, die die größten Beiträge zu den Mittelwerten liefern, am häufigsten überstrichen werden. In einer Mittelung analog Gl. (4.81) werden die verschiedenen Realisierungen Γ_m (für den Fall eines „Metropolis"-Schemas) mit einem durch den Faktor $\exp(-\Phi(\Gamma_m)/(kT))$ bestimmten Gewicht berücksichtigt, wobei $\Phi(\Gamma)$ für die gesamte (potentielle) Energie steht. Bei der Sequenz aufeinanderfolgender Ziehungen von Positionsverschiebungen wird bei ungünstigem Ausgang die Ziehung verworfen. Genauer wird eine Markov-Kette von Zuständen des Systems erzeugt, die so konstruiert wird, dass ihre asymptotische Verteilung gerade der gewünschten Verteilung (z. B. kanonischer Verteilung) entspricht. Jeweils zwei Zustände hängen über eine Übergangswahrscheinlichkeit zwischen ihnen zusammen. Die entsprechende Übergangsmatrix muss eine ergodische (bzw. irreduzible) Markov-Kette liefern, damit jeder Zustand von jedem anderen Zustand aus erreicht werden kann. Das Metropolis-Schema und andere wichtige Schemata (z. B. auch das „Barker"-Schema) zeichnen sich darüber hinaus dadurch aus, dass sie nicht eine Kenntnis der vollen Ensemble-Verteilungsfunktion voraussetzen, sondern nur Verhältnisse zwischen Verteilungsfunktionen eingehen, bei denen die (noch unbekannte) Zustandssumme aus den Ausdrücken eliminiert und in der Berechnung nicht benötigt wird. Die MC-Methode ist gut anzuwenden zur Bestimmung von Gleichgewichtseigenschaften. Als weiterführende Literatur werden die Monographien [32, 34] empfohlen.

4.5.2 Molekulardynamik-Computersimulation

4.5.2.1 Allgemeine Bemerkungen

In einer Molekulardynamik (MD)-Computersimulation werden die Newton'schen Bewegungsgleichungen

$$m_i \ddot{\boldsymbol{r}}_i = \boldsymbol{F}_i, \quad i = 1, 2, \ldots, N \tag{4.79}$$

von N Teilchen mit Massen m_i, die sich in einem Volumen V befinden und die Kräfte F_i spüren, numerisch integriert. Bei Abwesenheit äußerer Kräfte gilt $\Sigma F_i = 0$. In der Regel wird die Wechselwirkung der Teilchen untereinander als paarweise additiv angenommen, dann ist die Kraft F_i gemäß

$$F_i = \sum_{\substack{i,j \\ i \neq j}} F_{ij} \tag{4.80}$$

als Summe der Kräfte F_{ij} zwischen den Teilchen i und j gegeben. Diese Kräfte wiederum sind bei vorgegebenem Kraftgesetz (z. B. LJ-Wechselwirkung) durch den Relativvektor $r_{ij} = r_i - r_j$ bestimmt. Nach der Vorgabe von Startwerten für die Positionen r_i und die Geschwindigkeiten $\dot{r}_i$ für einen Anfangszustand (Zeit t_0) können die Positionen r_i und die Impulse p_i zu späteren Zeiten t durch schrittweise Integration der Gl. (4.79) berechnet werden. In Analogie zum realen Experiment ist aber nicht diese detaillierte Information von Interesse, sondern das Verhalten von physikalischen Größen wie etwa der inneren Energie U, des Drucks p, aber auch der Geschwindigkeitsverteilung oder der Paarkorrelationsfunktion. Diese können gemäß den Regeln der Statistischen Physik, wie in Abschn. 4.4 erläutert, aus den in der Simulation bestimmten Werten von r_i und p_i als Mittelwerte berechnet werden. Dabei ist nun die früher mit dem Symbol $\langle \ldots \rangle$ bezeichnete Mittelung als ein Zeitmittel aufzufassen. Es sei, wie in Abschn. 4.4.2.1, die Größe $\psi = \psi(\Gamma)$ zu mitteln, wobei Γ als Abkürzung für die $6N$ Variablen r_i, p_i, $i = 1, \ldots, N$ steht, und es seien Γ_m, $m = 1, \ldots, M$ diese Werte für die (äquidistanten) Zeiten t_m. Dann gilt

$$\langle \psi \rangle = \frac{1}{M} \sum_m \psi(\Gamma_m). \tag{4.81}$$

Formal kann Gl. (4.81) auch in der Form (4.30) geschrieben werden, wenn dort $\varrho(\Gamma) = \frac{1}{M} \Sigma_m \delta(\Gamma - \Gamma_m)$ gesetzt wird. Bei den molekulardynamischen Berechnungen muss also die eigentliche Teilchendynamik ergänzt werden durch Quasimessapparaturen, die die gewünschten Daten aus der Simulation extrahieren; ferner sind diese Daten zu verwalten und auszuwerten. Insofern sind Computersimulationen realen Experimenten recht ähnlich. In „Schnappschussaufnahmen" können natürlich auch momentane Konfigurationen und Geschwindigkeiten veranschaulicht werden (s. Abb. 4.2).

4.5.2.2 Methodische Details

Reduzierte Variable. Numerische Berechnungen werden mit dimensionslosen Variablen durchgeführt. Zur Skalierung dieser „reduzierten" Variablen werden als Längen und Zeiteinheiten die Referenzwerte

$$r_{\text{ref}} = r_0, \quad t_{\text{ref}} = r_0 \sqrt{\frac{m}{\phi_0}} \tag{4.82}$$

gewählt. Dabei sind r_0 und ϕ_0 die im Wechselwirkungspotential (s. z. B. das LJ-Potential Gl. (4.26)) vorkommende charakteristische Länge und Energie, m ist die Masse eines Teilchens. Allgemein wird eine physikalische Größe A in der Form

$$A = A^* A_{\text{ref}} \tag{4.83}$$

geschrieben, wobei A^* die entsprechende reduzierte (dimensionslose) Variable ist und A_{ref} der entsprechende Referenzwert. Für die Teilchendichte n, die Temperatur T und den Druck p sind die Referenzwerte

$$n_{\text{ref}} = \frac{1}{r_0^3}, \quad kT_{\text{ref}} = \phi_0, \quad p_{\text{ref}} = \frac{1}{r_0^3}\phi_0. \tag{4.84}$$

Für Argon ergaben sich zum Beispiel mit $r_0 \approx 0.34\,\text{nm}$ und $T_{\text{ref}} \approx 120\,\text{K}$ die Werte $t_{\text{ref}} \approx 2.2\,\text{ps}$, $n_{\text{ref}} \approx 25 \cdot 10^{27}\,\text{m}^{-3}$, $p_{\text{ref}} \approx 42\,\text{MPa}$.

Periodische Randbedingungen. Um auch bei verhältnismäßig kleinen Teilchenzahlen N – typisch sind Werte von 10^3 bis 10^5 – von Rand- und Wandeffekten unbeeinflusste Daten aus der Simulation extrahieren zu können, benutzt man periodische Randbedingungen. Ferner wird vereinbart, dass ein Teilchen i entweder mit dem Teilchen j wechselwirkt oder mit einem der „Bild-Teilchen" von j, je nachdem, welches am nächsten liegt (Abb. 4.26).

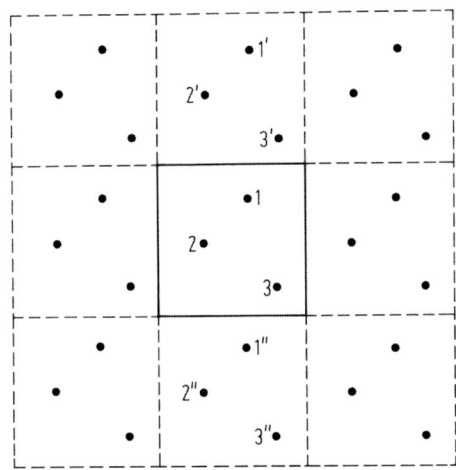

Abb. 4.26 Darstellung der Positionen der Teilchen 1, 2, 3 im Grundvolumen V und deren (periodische) Bildteilchen $1'$, $1''$ bzw. $2'$, $2''$ usw. Gemäß der getroffenen Vereinbarung „spürt" Teilchen 1 in der gezeigten Konfiguration nur die von Teilchen 2 und $3'$ verursachten Kräfte. Die Grenzen des gezeigten Grundvolumens und seiner periodischen Wiederholungen haben keine physikalische Bedeutung und könnten beliebig verschoben werden.

Die Größe des Grundvolumens V^* wird durch die Teilchenzahl N und die gewählte Teilchendichte n^* gemäß $V^* = N/n^*$ festgelegt. Bei einem kubischen Volumen ist die Kantenlänge $L^* = (V^*)^{1/3} = N^{1/3}(n^*)^{-1/3}$. Die oben angesprochene Konvention der Wechselwirkung mit dem am nächsten gelegenen Bildteilchen setzt voraus, dass die Kraft in einem Abstand $r_c^* \leq L^*/2$ abgeschnitten wird. Für Gase und Flüssigkeiten stellt dies keine Einschränkung dar. Bei Plasmen muss aber die langreichweitige Coulomb-Wechselwirkung auf andere Weise berücksichtigt werden [1].

Temperaturkontrolle. Die Temperatur T ist über die mittlere kinetische Energie festgelegt, d. h.

$$T^* = \frac{1}{3} \sum_i c_i^* \cdot c_i^*, \tag{4.85}$$

wobei c_i^* die Geschwindigkeit des Teilchens i in Einheiten der Referenzgeschwindigkeit $r_{\text{ref}}/t_{\text{ref}}$ ist. Ohne eine besondere Vorkehrung läuft eine Simulation „adiabatisch" ab. Bei einer Nicht-Gleichgewichtssituation ist zu berücksichtigen, dass c_i^* gleich der Differenz der Teilchengeschwindigkeit v_i und der mittleren Strömungsgeschwindigkeit ist (Pekuliargeschwindigkeit). Um für eine isotherme Simulation die Temperatur T^* auf einen bestimmten Wert einzustellen und konstant zu halten, muss die Temperatur kontrolliert werden. Dies kann z. B. durch Multiplizieren der Beträge der Pekuliargeschwindigkeiten c_i^* mit dem Faktor $(T_{\text{soll}}^*/T^*)^{1/2}$ geschehen, wenn T^* die vorher gemäß Gl. (4.85) berechnete Temperatur ist und T_{soll}^* die gewünschte Soll-Temperatur ist. Im Wesentlichen äquivalente Alternativen zu der bei jedem Zeitschritt benötigten Reskalierung der Geschwindigkeiten bieten geschwindigkeitsabhängige Zwangskräfte, die $T^* = $ const. garantieren, oder Kräfte, die Ankopplung an ein Wärmebad simulieren [35]. Als Beispiele geben wir im Folgenden den „Gauß-Thermostaten" und den „Nosé-Hoover-Thermostaten" an [34]. Beiden Thermostaten ist gemeinsam, dass sie die Newton'schen Bewegungsgleichungen (4.79) für die Orte und Impulse aller $i = 1, 2, \ldots, N$ Teilchen um einen Reibungsterm erweitern:

$$\dot{\boldsymbol{r}}_i = \frac{\boldsymbol{p}_i}{m}, \quad \dot{\boldsymbol{p}}_i = \boldsymbol{F}_i - \zeta \boldsymbol{p}_i. \tag{4.86}$$

Der Koeffizient ζ ist im Allgemeinen eine Funktion aller Teilchenorte und -impulse. Im Fall des Gauß-Thermostats wird der Reibungskoeffizient ζ durch die Bedingung bestimmt, dass sich die Trajektorien für die Fälle mit ($\zeta \neq 0$) und ohne ($\zeta = 0$) Nebenbedingung konstanter Temperatur, $dT/dt \sim \Sigma_i \dot{\boldsymbol{p}}_i \cdot \boldsymbol{p}_i = 0$ möglichst wenig unterscheiden. Diese Anwendung des Gauß'schen „Prinzip des kleinsten Zwanges" führt auf

$$\zeta = \frac{\Sigma_i \boldsymbol{p}_i \cdot \boldsymbol{F}_i}{\Sigma_i \boldsymbol{p}_i \cdot \boldsymbol{p}_i}. \tag{4.87}$$

Die Impulsverteilungsfunktion ist für diesen Thermostat kanonisch und die Bewegungsgleichungen Gl. (4.87) generieren Trajektorien, die ein NVT-Ensemble realisieren. Ein kanonisches Ensemble wird auch durch den reversiblen Nosé-Hoover-Thermostaten erzeugt, der sich durch die geeignete Einführung einer Zeitskalierung für die Impulse ergibt. In diesem Fall ergibt sich der Reibungskoeffizient als Lösung der Differentialgleichung

$$\dot{\zeta} \sim (T^* - T_{\text{soll}}^*), \tag{4.88}$$

wobei der Vorfaktor mit der relativen Masse des betrachteten Teilchensystems im Verhältnis zu der (a priori unbekannten) Masse des „Wärmebads" in Verbindung gebracht wird. Eine weitere Möglichkeit der Temperaturkontrolle ergibt sich durch zusätzliche stochastische Kräfte im Rahmen der „Brown'schen Molekulardynamik", die in Abschn. 4.5.4 eingeführt wird.

Integrationsverfahren. Das konzeptionell einfachste Verfahren zur schrittweisen Integration einer Bewegungsgleichung der Form

$$m\ddot{r} = F \tag{4.89}$$

ergibt sich durch Taylor-Entwicklung der Orte und Geschwindigkeiten in der Zeit t,

$$r(t + \Delta t) = r(t) + v(t)\Delta t + \frac{1}{2m} F(r(t))(\Delta t)^2 + \dots$$

$$v(t + \Delta t) = v(t) + \frac{1}{m} F(r(t))\Delta t + \dots \tag{4.90}$$

Die Schrittweite Δt ist dabei geeignet zu wählen. In MD-Simulationen, wo r und v einer der kartesischen Komponenten von r_i und $\dot{r}_i$ entsprechen, werden häufig *„Predictor-corrector“-Methoden* eingesetzt. Dabei werden unter Verwendung der ersten bis zur k-ten Ableitung der Ortsvariablen (Verfahren k-ter Ordnung) die Bahnkurven extrapoliert, die Kräfte an den extrapolierten Positionen berechnet und dann benutzt, um die extrapolierten Positionen zu „korrigieren“. Neben den Predictor-corrector-Verfahren hoher Ordnung haben sich einfache, wenig speicheraufwendige, zeitreversible und numerisch stabile Verfahren niedriger Ordnung etabliert, die Verfahren hoher Ordnung in der Praxis ersetzen. Neben dem „Verlet“-Algorithmus

$$r(t + \Delta t) = 2r(t) - r(t - \Delta t) + \frac{(\Delta t)^2}{m} F, \tag{4.91}$$

in dem die Geschwindigkeit nicht explizit benötigt wird, kommt dabei häufig der „Geschwindigkeits-Verlet“-Algorithmus

$$r(t + \Delta t) = r(t) + \Delta t\, v + \frac{1}{2} \frac{(\Delta t)^2}{m} F,$$

$$v(t + \Delta t) = v(t) + \frac{\Delta t}{2m} (F(t) + F(t + \Delta t)) \tag{4.92}$$

zum Einsatz. Der Verlet-Algorithmus weist im Gegensatz zum Geschwindigkeits-Verlet numerische Instabilitäten auf, da kleine Differenzen zwischen großen Zahlen auftreten. Der Algorithmus Gl. (4.92) lässt sich problemlos so implementieren, dass Orte, Geschwindigkeiten und Kräfte nur jeweils zu einem Zeitpunkt im Speicher gehalten werden müssen.

Die gewünschten Daten extrahiert man aus der Simulation nach etwa jedem l-ten Zeitschritt ($l > 10$), damit die dafür benötigte Rechenzeit gegenüber der Rechenzeit für die Kraftberechnung irrelevant ist. Es muss betont werden, dass die in der MD verwendeten Integrationsverfahren nicht in der Lage sind, exakte Werte der Endpositionen von N Teilchen mit $N = 10^3$ bis 10^5 über 10^4 bis 10^6 Zeitschritte zu liefern. Für die Berechnung der gewünschten Mittelwerte ist dies aber auch nicht nötig. Abb. 4.27 soll diesen Punkt noch etwas erläutern. Die exakte Lösung der Newton'schen Bewegungsgleichungen mit vorgegebenen Anfangsbedingungen ist eine Trajektorie im $6N$-dimensionalen Phasenraum. Trajektorien, die von verschiedenen Anfangspunkten ausgehen, schneiden sich nicht; dies ist in Abb. 4.27 angedeutet. Aufgrund von Ungenauigkeiten in der Integrationsroutine und aufgrund von Run-

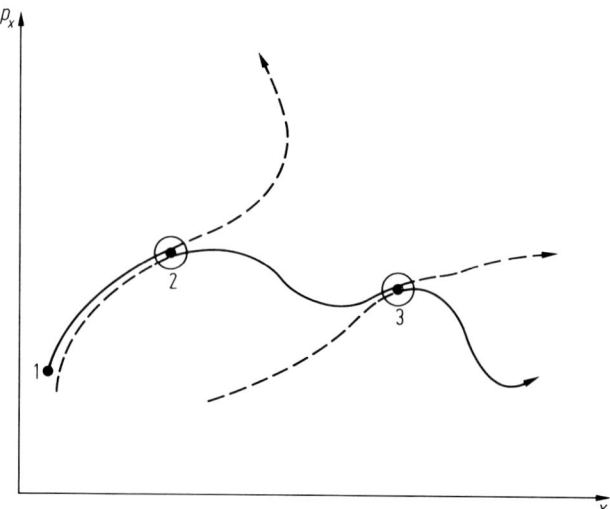

Abb. 4.27 Schematische Darstellung von drei Trajektorien im Phasenraum. Innerhalb der gezeigten Kreise findet ein durch numerische Ungenauigkeiten bedingtes „Übersteigen" der molekulardynamischen Trajektorie von den exakten Trajektorien 1 nach 2 bzw. von 2 nach 3 statt.

dungsfehlern kann die Lösung der MD, die auf der Trajektorie 1 startet, im durch Kreise markierten Bereich auf die Trajektorie 2, später auf die Trajektorie 3 umsteigen. Die Zeitmittelung der MD kann als ein Ensemblemittel von Zeitmittelungen über „exakte" (relativ kurze) Teiltrajektorien aufgefasst werden, die von verschiedenen Anfangskonfigurationen (markiert durch Punkte in Abb. 4.27) starten. Die MD „tastet" einen größeren Teil des Phasenraumes ab, als die exakte Trajektorie dies tun würde.

Wahl der Startkonfiguration. Bei einem „Urstart" setzt man die Teilchen auf Gitterplätze im Volumen V und gibt ihnen zufällig verteilte Geschwindigkeiten gemäß einer Maxwell-Verteilung mit der gewünschten Temperatur. Wurden die Teilchendichte n und T so gewählt, dass das System im Gleichgewicht fluid ist, so wird dieser Zustand bald (nach einigen hundert bis einigen tausend Zeitschritten) erreicht (Abschn. 4.5.3). Daten werden dann entnommen, wenn der Gleichgewichtszustand sich eingestellt hat. Am Ende eines Simulationslaufes speichert man nicht nur die extrahierten Daten, sondern auch die Endwerte der Positionen und Geschwindigkeiten ab. Diese Werte können dann als Startwerte für weitere Simulationsläufe benutzt werden. Dichte und Temperaturänderungen können durch Reskalieren der Längen bzw. der Geschwindigkeiten vorgenommen werden.

4.5.2.3 Thermodynamische Funktionen

Thermodynamische Funktionen wie die innere Energie U oder der Druck p können gemäß den in Abschn. 4.4 angegebenen Formeln (4.32), (4.34) und (4.50) als Zeitmittel von N-Teilchen-Mittelwerten berechnet werden. Bei einer isothermen Simulation sind die kinetischen Beiträge zu diesen Funktionen durch $3/2\,NkT$ bzw. nkT gegeben; hier sind die durch die Wechselwirkung der Teilchen untereinander verursachten Potentialbeiträge U_{pot} und p_{pot} zu diesen Funktionen sowie der Realgasfaktor $Z = p\,(nkT)^{-1}$ von besonderem Interesse. Beim Vergleich mit einer realen Substanz (z. B. Argon) ist die Wechselwirkung auch jenseits der in der MD verwendeten Reichweite zu berücksichtigen. Für $r_{\mathrm{c}} \geq 2.5\,r_0$ kann man die benötigten Korrekturen zu U_{pot} und p_{pot} aus Gl. (4.52) berechnen, wobei für $r > r_{\mathrm{c}}$ die Paarkorrelationsfunktion g durch 1 approximiert wird. Als Ergebnis erhält man für ein LJ-Fluid die folgenden Korrekturterme: $\Delta_{(r_c)} U_{\mathrm{pot}} = \frac{8}{9}\pi N n r_{\mathrm{c}}^{-9}(1 - 3\,r_{\mathrm{c}}^6)$ und $\Delta_{(r_c)} p_{\mathrm{pot}} = \frac{32}{9}\pi n^2 r_{\mathrm{c}}^{-9}(1 - \frac{3}{2}\,r_{\mathrm{c}}^6)$.

4.5.2.4 Verteilungsfunktionen, Strukturfaktor

Die Geschwindigkeitsverteilungsfunktion und die Paarkorrelationsfunktion $g(r)$ können gemäß Gl. (4.37) bzw. (4.47) berechnet werden, wobei die δ-Funktionen durch charakteristische Funktionen mit endlicher Breite und Höhe zu ersetzen sind. Beispiele für $g(r)$ sind in Abb. 4.21 und 4.22 gezeigt. Der gemäß Gl. (4.65) bzw.

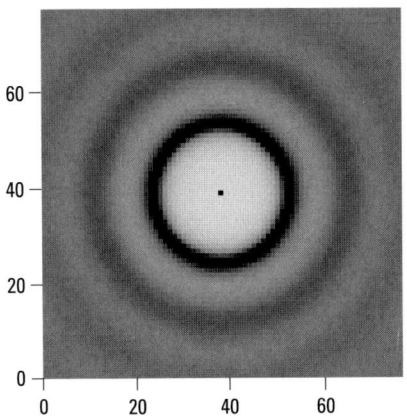

Abb. 4.28 Debye-Scherrer-Streubild einer Lennard-Jones-Flüssigkeit mit der Reichweite $r_{\mathrm{c}} = 2.5\,r_0$ mit den skalierten Werten $T^* = 1.2$ und $n^* = 0.6$ für Temperatur und Teilchendichte. Der statische Strukturfaktor $S(q)$ ist gezeigt für 38×38 in einer Ebene liegenden Wellenvektoren q analog zu einem (38×38)-Multi-Detektorfeld ($\Delta q = 0.467$ LJ-Einheiten). Der Schwärzungsgrad ist ein Maß für die Größe von S und damit für die Streuintensität (weiß: $S = 0$, schwarz: $S \geq 2$). Die Molekulardynamik wurde für 2048 Teilchen ausgeführt. Die Simulation lief 200000 Zeitschritte mit $\Delta t = 0.005\,t_{\mathrm{ref}}$ und die Rohdaten wurden bei jedem 100. Zeitschritt extrahiert (M. Kröger, ETH Zürich).

(4.67) über eine Fourier-Transformation mit $g(r)$ verknüpfte statische Strukturfaktor $S(q)$ kann auch direkt aus der Simulation entnommen werden, indem man Gl. (4.61) oder (4.62) benutzt. Dabei ist zu beachten, dass diese Berechnung nur für Wellenvektoren $q \neq 0$ sinnvoll ausgeführt werden kann, die mit dem endlichen Periodizitätsvolumen verträglich sind, d. h. für die eine räumliche Gleichverteilung keinen Beitrag zu $S(q)$ liefert. Bei einem Kleinwinkel-Streuexperiment mit einem in z-Richtung einfallenden Strahl ist die in einer dazu senkrechten Ebene messbare Streustrahlung durch $S(q)$ mit q in der xy-Ebene bestimmt. In Analogie zum realen Experiment wählt man in der MD für die Komponenten des Wellenvektors $q_x = K_x q_0$, $q_y = K_y q_0$, $q_z = 0$ mit $K_x = 0, \pm 1, \pm 2, \ldots$; $K_y = 0, \pm 1, \pm 2, \ldots$, und $q_0 = 2\pi/L$, wobei L eine Länge kleiner oder gleich der Kantenlänge des Periodizitätsvolumens ist. Bei der Mittelung gemäß Gl. (4.61) werden nur die Teilchen berücksichtigt, die im „Streuvolumen" mit der Kantenlänge L liegen. Ein so erhaltenes Debye-Scherrer-Streubild einer Lennard-Jones-Flüssigkeit ($T^* = 1.2, n^* = 0.6, r_c = 2.5\,r_0$) ist in Abb. 4.28 dargestellt; der Schwärzungsgrad ist ein Maß für die Größe von $S(q)$. Die in Abb. 4.25 und 4.22b gezeigten Kurven für den Strukturfaktor $S(q)$ sind durch radiale Mittelung solcher Streubilder gewonnen worden.

4.5.2.5 Bestimmung dynamischer Eigenschaften aus Fluktuationen

Wie bei einem realen Experiment schwanken die aus einer MD-Computersimulation entnommenen Daten um ihren (Langzeit-)Mittelwert. Aus der Korrelation der Fluktuationen um das thermische Gleichgewicht können Informationen über dynamische Eigenschaften gewonnen und Transportkoeffizienten bestimmt werden. Als Beispiel sei hier der (Selbst-)Diffusionskoeffizient D betrachtet (s. Abschn. 1.3.4).

Für das gemäß

$$R^2 = \frac{1}{N} \sum_i r_i(0) \cdot r_i(t) \tag{4.93}$$

berechnete Verschiebungsquadrat R^2 gilt in Fluiden für Zeiten t, die groß sind im Vergleich zu einer charakteristischen Stoßzeit (Zeit zwischen zwei Stößen):

$$R^2 = 6\,\Delta t\,. \tag{4.94}$$

In Gl. (4.93) sind $r_i(0)$ und $r_i(t)$ die Positionen der Teilchen zu einem Anfangszeitpunkt $t_0 = 0$ und zu einer späteren Zeit t; i. A. ist die Größe R^2 noch über verschiedene Anfangspositionen zu mitteln. In Abb. 4.29a ist $1/3\,R^2$ als Funktion von t (in reduzierten Einheiten) für ein Modellfluid aufgetragen (Potenzkraftzentren mit $\phi \sim r^{-12}$ entsprechend dem repulsiven Anteil der LJ-Wechselwirkung) nahe an der Phasengrenze flüssig-fest. Kurve 1 gibt das Verschiebungsquadrat in einem kristallin (kubisch-raumzentriert) geordneten Zustand wieder; R^2 bleibt endlich, die Teilchen sind lokalisiert. Kurve 2 entspricht einem (amorphen) fluiden Zustand, der ohne Änderung der Dichte oder der Temperatur durch Scherung aus dem ersten erzeugt wurde. Aus der Steigung von Kurve 2 kann $2D$ abgelesen und damit der Diffusionskoeffizient D bestimmt werden. Bei einem normalen Gas oder einer Flüssigkeit erhält man natürlich für R^2 nur Kurven vom Typ 2.

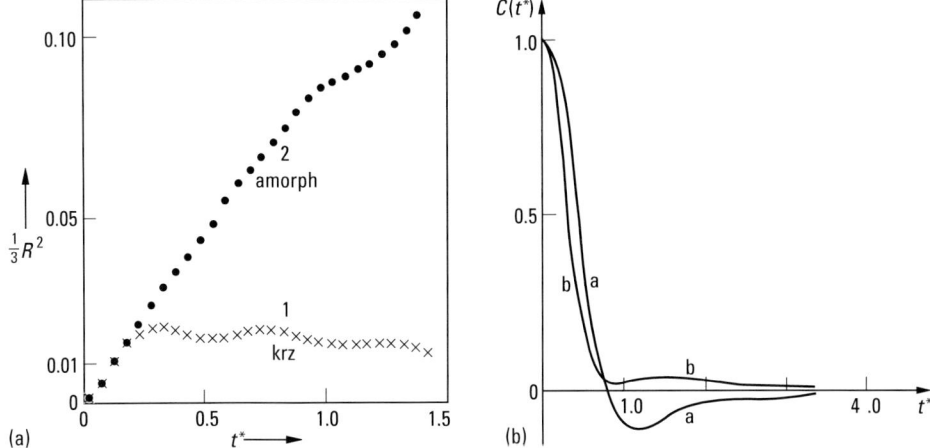

Abb. 4.29 (a) Ein Drittel des mittleren Verschiebungsquadrates $(1/3)\,R^2$ als Funktion der skalierten Zeit t^* für ein System von Teilchen mit r^{-12}-Potential („weiche Kugel", Lennard-Jones-Wechselwirkung ohne den attraktiven r^{-6}-Anteil) für $n^* = 0.84$ und $T^* = 1.0$ (LJ-Skalierung). Die Daten für Kurve 1 wurden bei einem kubisch-raumzentrierten kristallinen Zustand gewonnen, die der Kurve 2 nach Zerstörung der kristallinen Ordnung durch eine (wieder abgeschaltete) Scherströmung (nach S. Hess [36]). (b) Geschwindigkeitskorrelationsfunktion $C(t)$ für ein Lennard-Jones-Fluid bei der Dichte $n^* = 0.85$ und den Temperaturen $T^* = 0.72$ (Kurve a) und $T^* = 4.7$ (Kurve b) (nach Levesque und Verlet [37].

Der (Selbst-)Diffusionskoeffizient kann auch gemäß

$$D = \int\limits_0^\infty Z(t)\,\mathrm{d}t \qquad (4.95)$$

oder als Integral über die gemäß

$$Z(t) = \frac{1}{3\,N} \sum_i \boldsymbol{c}_i(0) \cdot \boldsymbol{c}_i(t) \qquad (4.96)$$

berechenbare Geschwindigkeits-Zeit-Korrelationsfunktion $Z(t)$ gewonnen werden. In Gl. (4.96) sind $\boldsymbol{c}_i(0)$ und $\boldsymbol{c}_i(t)$ die Geschwindigkeiten der Teilchen zu der Anfangszeit $t_0 = 0$ und der späteren Zeit t; $Z(t)$ ist i. A. noch über verschiedene Anfangszeiten zu mitteln. Es gilt $Z(0) = kT/m$.

Die genauere Analyse von Zeitkorrelationsfunktionen gibt Einblick in den (im Mittel) in einem Fluid ablaufenden dynamischen Prozess. In Abb. 4.29 b ist die normierte Geschwindigkeitskorrelationsfunktion $C(t) = Z(t)/Z(0)$ verglichen für eine Lennard-Jones-Flüssigkeit bei der reduzierten Teilchendichte $n^* = 0.85$ und den Temperaturen $T^* = 4.7$ bzw. 0.76. Der zweite Zustand liegt nahe am Tripelpunkt. Dort wird die Funktion $C(t)$ negativ, bevor sie auf Null abklingt. Bei hoher Dichte und niedriger Temperatur sind die Teilchen für einige Zeit in einem Käfig der sie umgebenden Teilchen eingefangen und führen dort eine (stark) gedämpfte Schwingung aus.

Für die Viskosität und die Wärmeleitfähigkeit (siehe Abschn. 1.3) können zu Gl. (4.94) bzw. (4.95) und (4.96) analoge Beziehungen angegeben werden, die die Berechnung dieser Transportkoeffizienten aus der Analyse der Fluktuationen um das thermische Gleichgewicht gestatten [1].

Nicht-Gleichgewichtseigenschaften können aber auch, in Analogie zu realen Experimenten, aus Nicht-Gleichgewichts-Molekulardynamik-Computersimulationen (engl.: *non-equilibrium molecular dynamics*, NEMD) entnommen werden. Darauf geht der folgende Abschnitt ein.

4.5.3 Nicht-Gleichgewichts-Molekulardynamik

Wie im realen Experiment können auch in der Molekulardynamiksimulation Nicht-Gleichgewichtseigenschaften in stationären Transportprozessen oder in Relaxationsvorgängen studiert werden. Eine ebene Couette-Strömung soll hier als ein Beispiel für einen Transportprozess betrachtet werden; Beispiele für Relaxationsphänomene werden in Abschn. 4.5.3.2 angegeben.

4.5.3.1 Ebene Couette-Strömung

Das in Abb. 4.4 gezeigte Strömungsfeld mit einer Geschwindigkeit $\boldsymbol{v}$ in x-Richtung und deren Gradienten in y-Richtung kann in der NEMD durch die Bewegung der Bildteilchen erzeugt werden, wie in Abb. 4.30 angedeutet. Wird die Scherung mit der Scherrate $\dot{\gamma} = \partial_y v_x$ zur Zeit $t = 0$ eingeschaltet, so beträgt die Verschiebung der oberhalb bzw. unterhalb gelegenen Bildteilchen im Vergleich zu den Teilchen im Grundvolumen $\dot{\gamma}tL$ bzw. $-\dot{\gamma}tL$, wobei L die Kantenlänge von V ist. Im Volumen V stellt sich ein lineares Geschwindigkeitsprofil ein. Die ohne Scherung verschwindende xy-Komponente des Spannungstensors τ wird ungleich Null. Gemäß $\tau_{xy} = \eta\dot{\gamma}$ (s. Abschn. 4.2) kann hieraus die Viskosität η entnommen werden. Analog zum (hydrostatischen) Druck p besteht auch die Scherspannung τ_{xy} aus einem kinetischen und einem potentiellen Anteil, die durch

$$V\tau_{xy}^{\text{kin}} = -m\left\langle \sum_i c_{ix}c_{iy} \right\rangle, \tag{4.97}$$

bzw.

$$V\tau_{xy}^{\text{pot}} = -\frac{1}{2}\left\langle \sum_{\substack{i,j \\ i \neq j}} r_{ijx}F_{ijy} \right\rangle \tag{4.98}$$

gegeben sind. In Gl. (4.97) ist c_{ix} (c_{iy}) die x-(y-)Komponente der Geschwindigkeit relativ zur mittleren Strömungsgeschwindigkeit $\boldsymbol{v}(\boldsymbol{r}_i)$; in Gl. (4.98) stehen die x- bzw. die y-Komponente des Differenzvektors $\boldsymbol{r}_{ij} = \boldsymbol{r}_i - \boldsymbol{r}_j$ der Positionen der Teilchen i und j bzw. der Kraft $\boldsymbol{F}_{ij}$ zwischen diesen beiden Teilchen. Die Viskosität besteht auch aus einem kinetischen Anteil η_{kin} und einem potentiellen Anteil η_{pot}, die über Gl. (4.97) bzw. (4.98) aus der Simulation entnommen werden. In einem realen Experiment ist nur die Summe $\eta = \eta_{\text{kin}} + \eta_{\text{pot}}$ messbar; in der NEMD können beide Anteile getrennt erhalten werden. Dies ist nützlich für theoretische Untersuchungen.

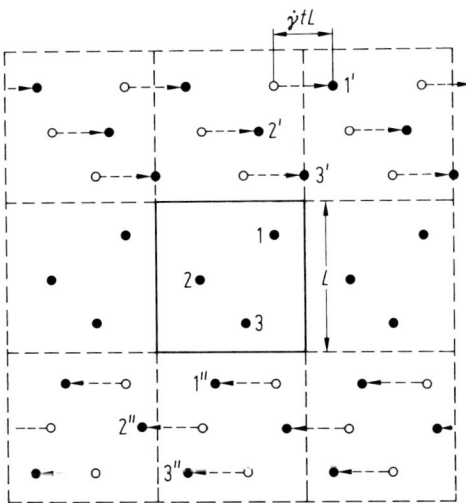

Abb. 4.30 Schematische Darstellung zur Erzeugung der Scherströmung. Aufgrund der zur Zeit $t = 0$ eingeschalteten Scherbewegung mit der Scherrate $\dot{\gamma}$ sind die oberhalb bzw. unterhalb des Grundvolumens gelegenen Bildpunkte bezüglich des ungescherten Zustandes um $\dot{\gamma}tL$ nach rechts bzw. links verschoben.

Tab. 4.4 Die kinetischen und die potentiellen Beiträge zur Scherviskosität η für ein LJ-Fluid im gasförmigen und im flüssigen Zustand. Für η sind ebenso wie für die Temperatur T und die Dichte n reduzierte Variable benutzt.

	T^*	n^*	η_{kin}^*	η_{pot}^*
Gas	2.75	0.1	0.28 ± 0.05	0.03 ± 0.01
	1.2	0.07	0.13 ± 0.02	< 0.01
Flüssigkeit	1.0	0.70	0.16 ± 0.06	1.1 ± 0.1
	1.0	0.84	0.10 ± 0.03	2.5 ± 0.1

In Tab. 4.4 sind η_{kin} und η_{pot} für ein Lennard-Jones-Fluid im gasförmigen und im flüssigen Zustand angegeben; im ersten ist η_{kin}, im zweiten η_{pot} der dominierende Beitrag zur Viskosität η. Dabei sind die Viskositätskoeffizienten in Einheiten der Referenzviskosität (Abschn. 4.5.2.2 und 4.7.2)

$$\eta_{\text{ref}} = \frac{\sqrt{m\,\phi_0}}{r_0^2} = p_{\text{ref}}\,t_{\text{ref}} \tag{4.99}$$

angegeben. Für Argon erhält man z. B. $\eta_{\text{ref}} \approx 92 \cdot 10^{-6}\,\text{Pa} \cdot \text{s}$ mit $r_0 \approx 0.34\,\text{nm}$ und $\phi_0/k \approx 120\,\text{K}$. Mit diesen Referenzwerten für Argon stimmen die aus Tab. 4.4 entnehmbaren NEMD Werte der gesamten Viskosität mit den Messwerten innerhalb

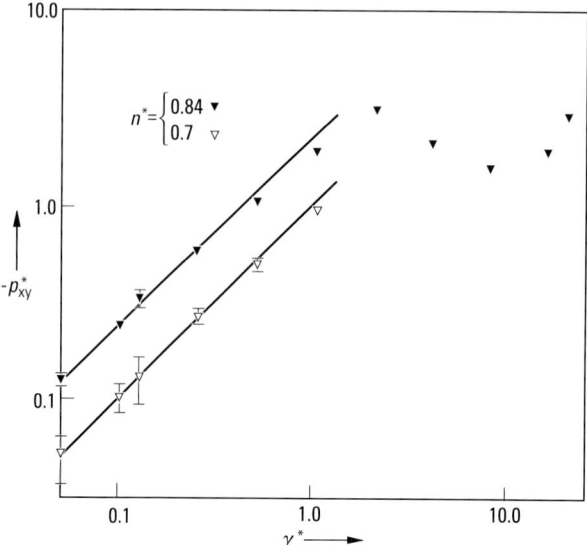

Abb. 4.31   Der Potentialbeitrag zur Schubspannung $\tau_{xy} = -p_{xy}$ (in reduzierten Einheiten) als Funktion der skalierten Scherrate $\dot{\gamma}^*$ für eine Lennard-Jones-Flüssigkeit (mit Reichweite $r_c = 2.5\,r_0$ der Wechselwirkung) bei der Temperatur $T^* = 1.0$ und den Teilchendichten $n^* = 0.70$ bzw. $n^* = 0.84$. Es ist eine doppelt logarithmische Auftragung benutzt. Die für kleine Werte von $\dot{\gamma}^*$ eingezeichneten Geraden entsprechen dem Newton'schen Verhalten $-p_{xy} \sim \dot{\gamma}$. Daten aus einer Molekulardynamik-Computersimulation mit 512 Teilchen und Mittelungen über 20 000 bis 100 000 Zeitschritte pro Scherrate (S. Hess, TU Berlin).

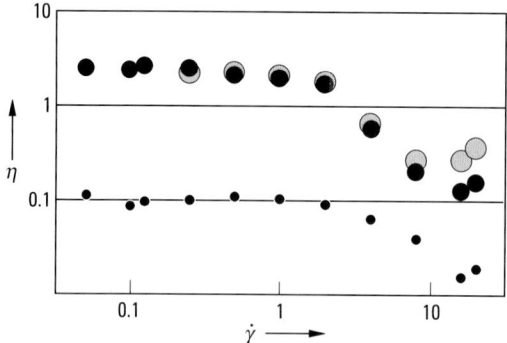

Abb. 4.32   Die aus der xy-Komponente des Drucktensors entnommenen potentiellen (oben) und kinetischen (unten) Beiträge zur Viskosität (in reduzierten Einheiten) η^* einer Lennard-Jones-Flüssigkeit bei $T^* = 1.0$ und $n^* = 0.84$ als Funktionen der Scherrate $\dot{\gamma}$. Es ist eine doppelt logarithmische Auftragung benutzt; man beachte die verschiedenen Skalen für η^*. Oben ist auch die aus der Entropieproduktion entnommene gesamte Viskosität gezeigt (graue Kreise); für $\dot{\gamma}^* \leq 4$ ist diese gleich der Summe der gezeigten kinetischen und potentiellen Beiträge. Die Daten stammen aus den gleichen Simulationen wie jene von Abb. 4.31.

von 5 % überein. In Abb. 4.31 ist der aus der NEMD entnommene Potentialbeitrag zur xy-Komponente des Drucks als Funktion der Scherrate $\dot{\gamma}$ (in reduzierten Einheiten) für eine LJ-Flüssigkeit nahe an der Koexistenzkurve und für eine Flüssigkeit unter Druck gezeigt. Aus $\tau_{xy}/\dot{\gamma}$ entnimmt man die zugehörige Viskosität, die in Abb. 4.32 für den zweiten Zustandspunkt dargestellt ist. Die potentiellen bzw. kinetischen Beiträge zu η sind in Abb. 4.32 getrennt dargestellt. In der Simulation kann die gesamte Viskosität auch aus der Entropieproduktion entnommen werden (s. Abschn. 1.3), die sich wiederum aus der zur Thermostatisierung abgeführten Wärmemenge ergibt. Die auf diese Weise erhaltenen Werte von η sind in Abb. 4.32 ebenfalls gezeigt. Die in einfachen Fluiden messbare Newton'sche Viskosität, wie in Tab. 4.4 angeführt, erhält man für den Grenzfall kleiner Scherraten $\dot{\gamma}$. Für große Scherraten $\dot{\gamma}$ findet man in der NEMD eine von $\dot{\gamma}$ abhängige Viskosität, wie sie experimentell z. B. in dichten Dispersionen aus sphärischen Teilchen gefunden wird (s. Abschn. 4.2).

4.5.3.2 Relaxationsvorgänge

Ebenso wie in einem realen Experiment ist es auch in der NEMD möglich, dynamische Vorgänge durch die „Beobachtung" von Relaxationsvorgängen zu studieren. Dazu präpariert man einen Anfangszustand, in dem das Modellsystem nicht im thermischen Gleichgewicht ist, und verfolgt dann die Annäherung an das Gleichgewicht. Als erstes Beispiel sei hier auf die Simulation einer „Spannungsrelaxation" verwiesen [38]. Dazu werden zu einem festen Zeitpunkt t_0 die x- bzw. y-Komponenten der Koordinaten aller Teilchen mit den Faktoren λ bzw. λ^{-1} multipliziert und das ursprünglich kubische Periodizitätsvolumen (mit Kantenlänge L) wird in einen Quader mit den Kantenlängen λL, $\lambda^{-1}L$ und L deformiert. In diesem anisotropen Anfangszustand ist die Differenz $\tau_{xx} - \tau_{yy}$ der Diagonalelemente des Spannungstensors ungleich Null, da im Mittel die Teilchenabstände in den x- und y-Richtungen verschieden sind. Für Zeiten $t > t_0$ werden die Teilchen sich jedoch rearrangieren; im Mittel wird schließlich jedes Teilchen eine isotrope Umgebung sehen; $\tau_{xx} - \tau_{yy}$ wird auf Null abklingen (bis auf Schwankungen). Die so zu erhaltende Abklingkurve spiegelt das viskoelastische Verhalten (s. Abschn. 4.2) wider.

4.5.4 Brown'sche Molekulardynamik

4.5.4.1 Langevin- und Fokker-Planck-Gleichung

In einfachen Fluiden, in denen mindestens zwei Teilchensorten miteinander gemischt sind (z. B. besteht eine kolloidale Suspension aus „großen" kolloidalen Teilchen und „kleinen" Lösungsmittelteilchen), lässt sich die interessierende Bewegung der großen Teilchen in der Praxis nur schwer dadurch erhalten, dass man die Newton'schen Bewegungsgleichungen des Gesamtsystems löst. Stattdessen macht man sich die Separation der auftretenden Zeitskalen zu Nutze, um den Einfluss der hochfrequenten Stöße der kleinen Teilchen im Sinne einer stochastischen Zufallskraft zu berücksichtigen. Diese Ideen sind mit den Namen der Physiker Fokker, Planck und Langevin eng verknüpft. Eine Langevin-Gleichung für eine Zufallsvariable (Vektor X) wird üblicherweise in der folgenden Weise geschrieben

$$\dot{X} = A(X, t) + B(X) \cdot W(t). \tag{4.100}$$

Hier repräsentiert A einen vektorwertigen (als bekannt anzunehmenden) deterministischen Term in der Bewegungsgleichung für X, und die Größe W steht für einen normierten „Rauschterm", der im Fall eines einfachen „weißen Rauschens" durch seine Zeitkorrelation $\langle W(t) \cdot W^T(0) = \delta(t)\delta$ sowie erste und zweite Momente $\langle W(t) \rangle = 0$ und $\langle W^2(t) \rangle = 1$ vollständig charakterisiert ist. Die Matrix B bestimmt die Stärke des irreversiblen Teils der Bewegungsgleichung. Diese Gleichung kann in diskretisierter Form numerisch im Rahmen einer Brown'schen MD-Computer-simulation wie folgt gelöst werden [34]:

$$dX_t = A(X, t)\,dt + B(X) \cdot W(t)\sqrt{dt}. \tag{4.101}$$

Hier bezeichnet dX_t das Inkrement der Variablen X während des Zeitschritts dt, und die Größe des Zeitschritts ist ein wichtiger Simulationsparameter. Die Wurzel $\sqrt{dt}$ in Gl. (4.101) ergibt sich aufgrund eines stochastischen Integrals, um den oben genannten speziellen Eigenschaften des Rauschterms Rechnung zu tragen. Insbesondere erhält man in Abwesenheit eines deterministischen Feldes (Schwerkraft, Strömungsfeld, etc.) aufgrund von Gl. (4.100) ein bekanntes Ergebnis: $\langle dX^2 \rangle = \Sigma_{\mu\nu} B_{\mu\nu} B_{\mu\nu}\,dt = D\,dt$ mit dem skalaren Diffusionkoeffizienten D.

Makroskopisch messbare Größen sind Momente der sich aus Gl. (4.100) ergebenden Verteilungsfunktion $f(X)$, wie etwa der Spannungstensor. Die Momente werden als Mittelwert über die Realisierungen für die Zufallsvariable direkt erhalten und erfordern in der Regel ein großes Ensemble von Realisierungen. Die numerische Lösung ist prinzipiell einfach, aber numerisch zeitaufwendig. Näherungslösungen und gekoppelte Gleichungen für die Momente der Verteilungsfunktion lassen sich andererseits erhalten, indem eine der Langevin-Gleichung „äquivalente" Gleichung für die Verteilungsfunktion $f(x)$ verwendet wird. Diese Gleichung wird häufig als Fokker-Planck-Gleichung oder Smoluchowski-Gleichung in der Literatur bezeichnet und lautet

$$\frac{\partial f}{\partial t} = -\nabla \cdot (A(x, t)f) + \frac{1}{2}\sum_{\mu\nu} \partial_\mu \partial_\nu (B(x) \cdot B^T(x)f)_{\mu\nu}. \tag{4.102}$$

Die Schreibweise in Gl. (4.102) geht auf die so genannte Itô-Interpretation zurück. Die stationäre Lösung für die Verteilungsfunktion ist aus Gl. (4.102) häufig in einfacher Weise erhältlich. Eine Gleichung für das n-te Moment $\langle x^n \rangle$ von f erhält man durch Multiplikation von Gl. (4.102) mit x^n und anschließender Integration über x. Das unendliche System gekoppelter Gleichungen für die Momente wird in der Praxis geeignet „abgeschlossen", und damit lösbar gemacht, indem Annahmen über den Zusammenhang zwischen höheren Momenten in Termen niedriger Momente getroffen werden. Insbesondere werden höhere Momente (bzw. anisotrope Momente für den Fall anisotroper Fluide) in erster Näherung häufig vernachlässigt.

4.5.4.2 Simulation uniaxialer Teilchen im Strömungsfeld

Als Beispiel seien die Langevin- und Fokker-Planck-Gleichung für die Molekülorientierungen in einer inkompressiblen verdünnten Suspension bestehend aus gleichartigen, uniaxialen (ellipsoidalen) Teilchen hier angegeben. Die Symmetrieachse eines suspendierten Teilchens wird dabei mit einem Einheitsvektor U (einer Realisierung im obigen Sinn) bezeichnet. Der deterministische Teil der Bewegung eines Ellipsoids in einem homogenen Strömungsfeld $v(r, t) = \kappa \cdot r$ (wobei $\kappa(t)$ eine ortsunabhängige Matrix sei, d. h. $\kappa \equiv (V v)^T$) ergibt sich aus der Lösung hydrodynamischer Gleichungen zu

$$A(U, t) = \frac{1}{2}(\kappa - \kappa^T) \cdot U + \frac{1}{2} Q(\kappa + \kappa^T) \cdot (\delta - UU^T) \cdot U, \qquad (4.103)$$

wobei δ die Einheitsmatrix bezeichnet. Dieselbe Gleichung ergibt sich aufgrund der Überlegung, dass U dem Geschwindigkeitsfeld folgt und dabei seine Länge $U^2 = U \cdot U$ beibehält. Das Fehlen des Geometriefaktors $Q \in [-1, 1]$ (Kugel $Q = 0$, Stäbchen $Q = 1$, Scheibe $Q = -1$) vor dem ersten Term (Vortizität) auf der rechten Seite in Gl. (4.103) folgt aus dem Prinzip der materiellen Objektivität. Zusammen mit der Annahme, dass diese Teilchen aufgrund der Stöße mit den Lösungsmittelteilchen ungerichtet diffundieren, ergeben sich durch Einsetzen von Gl. (4.103) in (4.100) und (4.102) sofort die Langevin- und Fokker-Planck-Gleichungen für eine Suspension aus ellipsoidalen Teilchen. Die Diffusionsmatrix kann bei Abwesenheit begrenzender Wände u. Ä. als isotrop angenommen werden, d. h. $B = \sqrt{6 D \delta}$, also $B \cdot B^T = 6 D \delta$ mit einem konstanten (Rotations-)Diffusionskoeffizienten D. Der zweite Term der Fokker-Planck-Gleichung lautet dann einfach $D \Delta f$, so dass der für eine Diffusionsgleichung geläufige Laplace-Operator (hier auf der Einheitskugel da $|U| = 1$) auftritt. Die numerische Lösung der Langevin- oder Fokker-Planck-Gleichung liefert die Orientierungs-Verteilungsfunktion $f(u)$ der suspendierten Teilchen (Ellipsoide). Der Spannungstensor und die Rheologischen Eigenschaften sind damit direkt erhältlich, da sich der Spannungstensor aus der Verteilungsfunktion direkt berechnen lässt [5].

4.6 Transportvorgänge

Die Viskosität η und die Wärmeleitfähigkeit λ charakterisieren den Transport von Impuls und Energie. Die damit verknüpften lokalen Erhaltungssätze und die zugehörigen phänomenologischen Ansätze für den Reibungsdruck- bzw. den Extraspannungstensor und den Wärmestrom sind in Abschn. 1.3.1 und 1.3.2 allgemein für Fluide diskutiert worden. Hier soll auf einige für Flüssigkeiten typische Eigenschaften eingegangen werden (Abschn. 4.6.1). Die den Transportprozessen zugrundeliegenden mikroskopischen Mechanismen, insbesondere die Modifikation der lokalen Struktur einer Flüssigkeit, werden speziell für einen einfachen Strömungsvorgang erläutert (Abschn. 4.6.2).

4.6.1 Viskosität und Wärmeleitfähigkeit

4.6.1.1 Temperatur und Dichteabhängigkeit

Die Viskosität η und die Wärmeleitfähigkeit λ für flüssiges und gasförmiges Argon sind in Abb. 4.33 als Funktion der Temperatur T (längs der Koexistenzkurve) gezeigt. Im Gas nehmen beide Transportkoeffizienten mit wachsendem T zu; in der Nähe des kritischen Punktes steigt λ wesentlich stärker an als η. In der Flüssigkeit nehmen sowohl η als auch λ mit wachsender Temperatur ab. Diese Temperaturabhängigkeit kann z. B. für die Viskosität näherungsweise durch

$$\eta \sim \exp\left(\frac{a_T}{kT}\right)$$

beschrieben werden, wobei a_T als „Aktivierungsenergie" interpretiert wird. Es ist jedoch zu beachten, dass sich die Teilchendichte sowohl längs der Koexistenzlinie als auch für konstanten Druck ändert (Abb. 4.8 a und die Transportkoeffizienten in der Flüssigkeit recht empfindlich von der Dichte abhängen. In Abb. 4.34 a ist dies für die Viskosität von flüssigem Argon längs der Koexistenzlinie gasförmig-flüssig und für einige Isothermen dargestellt. Man beachte den starken Anstieg von η für große Dichten in der Nähe des Phasenübergangs flüssig-fest. Eine Auftragung von η^{-1} (der sog. *Fluidität*) gegen n^{-1}, wie in Abb. 4.34 a für flüssiges Argon längs der Koexistenzlinie gezeigt, suggeriert den Ansatz

$$\eta = \eta_0 \left(\frac{n_0}{n} - 1\right)^{-1} \tag{4.104}$$

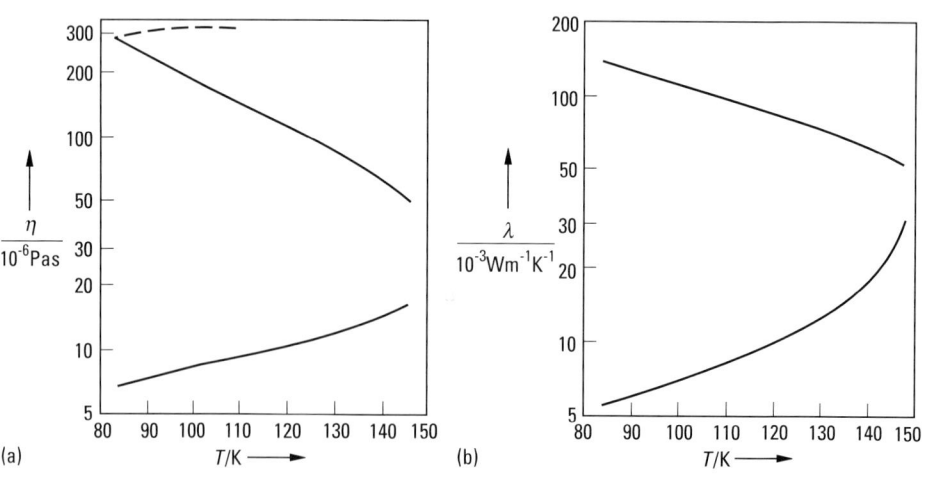

Abb. 4.33 (a) Die Viskosität η von „koexistierenden" gasförmigem und flüssigem Argon als Funktion der Temperatur T. Die Viskosität von flüssigem Argon längs der Koexistenzlinie flüssig-fest ist gestrichelt eingezeichnet, (b) Die Wärmeleitfähigkeit λ von Argon als Funktion der Temperatur T längs der Koexistenzlinie gasförmig-flüssig. (Die Skala für η und λ ist logarithmisch, nach [23].)

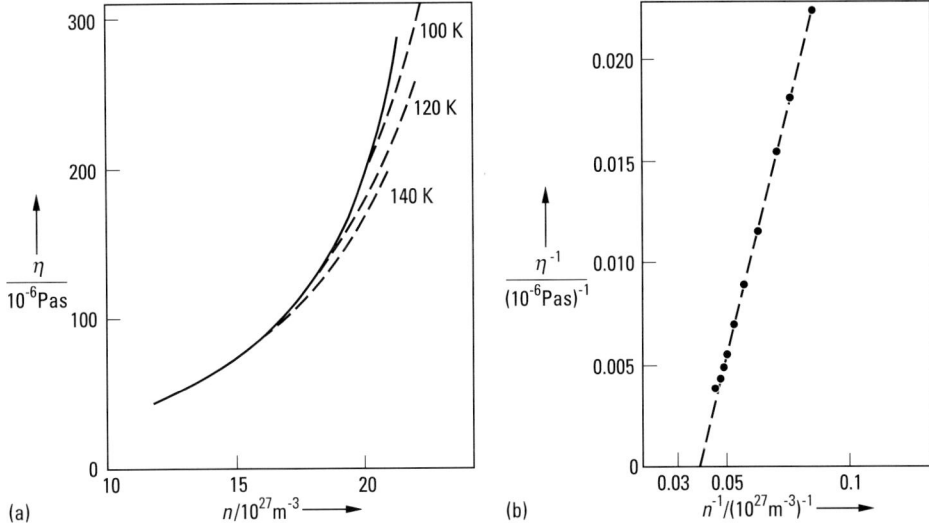

Abb. 4.34 (a) Die Viskosität η von flüssigem Argon längs der Koexistenzlinie gasförmig-flüssig und für einige Isothermen (gestrichelt) als Funktion der Teilchendichte n. Im Gegensatz zu Abb. 4.33 a ist für η eine lineare Skala verwendet (nach [23]). (b) Der Kehrwert der Viskosität (Fluidität) von flüssigem Argon als Funktion der reziproken Teilchendichte. Die lineare Extrapolation der Messpunkte (nach [23]) für $\eta^{-1} \to 0$ ergibt $n_0^{-1} \approx 0.04 \cdot 10^{-27}\,\mathrm{m^3}$ für den Referenzwert des Volumens pro Teilchen.

mit den Referenzwerten η_0 und n_0 für die Viskosität und die Dichte. Aus der linearen Extrapolation der in Abbildung 4.34b gezeigten Messwerte entnimmt man $\eta_0 \approx 26 \cdot 10^{21}\,\mathrm{m^{-3}} \approx (0.34\,\mathrm{nm})^{-3}$ für die Dichte, bei der η scheinbar divergiert. Nur für Teilchendichten $n < n_0$, bei denen der mittlere Teilchenabstand größer als ihr effektiver Durchmesser ist, steht den Teilchen ein „freies Volumen" zur Verfügung, das ein viskoses Fließen ermöglicht [23].

Der Anstieg der Viskosität bei Annäherung an den Phasenübergang flüssig-fest ist bei molekularen Flüssigkeiten noch ausgeprägter als bei einfachen Flüssigkeiten. So steigt z. B. bei flüssigem Isobutan die Viskosität längs der Koexistenzlinie flüssig-gasförmig etwa um den Faktor 45 an, während die Dichte sich nur um den Faktor 1.3 erhöht [40].

4.6.1.2 Kinetische Theorie

In einer Flüssigkeit sind die potentiellen, d. h. durch die Wechselwirkung der Teilchen untereinander vermittelten Beiträge zur Viskosität und Wärmeleitfähigkeit größer als die kinetischen Beiträge, die bereits im Gas auftreten (s. Abschn. 4.5.3.1 und 4.4). Die zugehörigen potentiellen Beiträge zum Reibungsdruck bzw. zum Wärmestrom sind als Integrale über die Paarkorrelationsfunktion bzw. die Paarverteilungsfunktion darstellbar. Zur theoretischen Behandlung dieser Transportvorgänge benötigt man kinetische Gleichungen für diese Funktionen. Als Beispiel soll hier das Viskositätsproblem speziell für die ebene Couette-Strömung betrachtet werden.

Der in Gl. (4.98) als N-Teilchen-Mittelwert angegebene potentielle Beitrag zum Spannungstensor kann auch analog zu Gl. (4.45) als Integral über die Paarkorrelationsfunktion $g(r)$ berechnet werden:

$$\tau_{xy,\,\text{pot}} = -\frac{1}{2} \int r_x \, F_y \, g(r) \, \text{d}^3 r$$

$$= \frac{1}{2} n^2 \int r_x \, r_y \, r^{-1} \, \Phi' \, g(r) \, \text{d}^3 r \, . \tag{4.105}$$

Dabei ist F_y die y-Komponente der Kraft zweier sphärischer Teilchen und Φ ist das zugehörige Paarpotential; der Strich deutet die Ableitung nach $r = |\boldsymbol{r}|$ an. Für ein Fluid aus sphärischen Teilchen hängt im thermischen Gleichgewicht die Paarkorrelationsfunktion g_{eq} nur von r ab. Die Integration über die zu $\boldsymbol{r}$ gehörigen Winkel in Gl. (4.105) ergibt Null wegen der Winkelabhängigkeit von $r_x \, r_y$ für $g = g_{\text{eq}}$. Wie zu erwarten, ist $\tau_{xy} \neq 0$ nur, wenn $g \neq g_{\text{eq}}$ gilt. Eine viskose Strömung bewirkt z. B. eine Abweichung von $g(r)$ vom zugehörigen Gleichgewichtswert. Zur Berechnung von $g(r)$ im Nicht-Gleichgewicht benötigt man eine kinetische Gleichung analog zur Boltzmann-Gleichung für die Geschwindigkeitsverteilungsfunktion für Gase. Eine solche Gleichung für $g(r)$ ist wesentlich komplizierter als die Boltzmann-Gleichung [41]. Hier soll nur eine Näherung betrachtet werden: Der Term, welcher die Annäherung an das thermische Gleichgewicht beschreibt, wird durch einen Relaxationszeitansatz approximiert. Speziell für eine Strömungsgeschwindigkeit $\boldsymbol{v}$ in x-Richtung mit dem Gradienten in y-Richtung lautet diese Gleichung

$$\frac{\partial g}{\partial t} + \dot{\gamma} r_x \frac{\partial g}{\partial r_y} + \frac{g - g_{\text{eq}}}{\lambda} = 0 \, . \tag{4.106}$$

Der Term mit der Scherrate $\dot{\gamma}$ stammt aus dem Strömungsterm, wobei berücksichtigt wurde, dass die Differenz der Geschwindigkeiten für zwei Teilchen an den Orten $\boldsymbol{r}$ und $\boldsymbol{r}_2 = \boldsymbol{r}_1 - \boldsymbol{r}$ linear in $\boldsymbol{r}$ und proportional zu $\dot{\gamma}$ ist. Der Relaxationskoeffizient λ charakterisiert die Relaxation der durch $g(r)$ beschriebenen lokalen Struktur (Nahordnung) auf ihren Gleichgewichtswert g_{eq}.

Multiplikation von Gl. (4.105) mit $\frac{1}{2} n^2 r_x F_y$ und anschließende Integration über $\text{d}^3 r$ führt bei Vernachlässigung von Beiträgen, die nicht linear in der Scherrate $\dot{\gamma}$ sind, auf

$$\frac{\partial \tau_{xy}^{\text{pot}}}{\partial t} + \frac{1}{\lambda} \tau_{xy}^{\text{pot}} = G \dot{\gamma} \, . \tag{4.107}$$

Dabei ist der Schermodul

$$G = \frac{1}{30} n^2 \int \frac{(r^4 \Phi')'}{r^2} g_{\text{eq}}(r) \, \text{d}^3 r$$

$$= \frac{2\pi}{15} n^2 \int_0^{\infty} (r^4 \Phi')' \, g_{\text{eq}} \, \text{d}r \tag{4.108}$$

durch ein Integral über g_{eq} gegeben, der Strich bedeutet wieder die Ableitung nach r. Die Größe G die gleiche Dimension wie der Druck p [42]. Zum gesamten Schermodul trägt noch der kinetische Beitrag nkT bei; in Gl. (4.107) tritt aber nur der potentielle Beitrag aus Gl. (4.108) auf.

Die Gl. (4.107) entspricht der Maxwell'schen Relaxationsgleichung (4.7). Im stationären Fall erhält man aus 4.107 $p_{pot_{xy}} = -\eta_{pot}\,\dot{\gamma}$ mit dem Viskositätskoeffizienten

$$\eta_{pot} = G\lambda \tag{4.109}$$

analog zu Gl. (4.10). Hier ist also die Maxwell'sche Relaxationszeit gleich der in Gl. (4.106) auftretenden Strukturrelaxationszeit λ. Wegen $\eta = \eta_{kin} + \eta_{pot}$ und $\eta_{kin} \ll \eta_{pot}$ in Flüssigkeiten kann λ aus der gemessenen Viskosität gewonnen werden, wenn G bekannt ist. Für ein Lennard-Jones-Fluid folgt aus Gl. (4.108)

$$G = \frac{21}{5}nkT + 3p - \frac{24}{5}nu$$

$$= 3p_{pot} - \frac{24}{5}nu_{pot}, \tag{4.110}$$

wobei u die innere Energie pro Teilchen ist [43]. In diesem speziellen Fall ist G mit den messbaren Größen p und u verknüpft. Verwendet man die für Argon sicherlich nur näherungsweise gültige Relation 4.110, so findet man für λ Werte in der Größenordnung von 10^{-12} s.

In der NEMD (Abschn. 4.5) ist G direkt als N-Teilchen-Mittelwert berechenbar. In reduzierten LJ-Einheiten findet man für die beiden in Tab. 4.4 angegebenen Zustandspunkte $T^* = 1$ und $n^* = 0.7$ bzw. $n^* = 0.84$ die Werte $G^* \approx 14$ und $G^* \approx 26$. Daraus erhält man mit den dort angegebenen Werten der Viskosität $\lambda^* \approx 0.08$ bzw. 0.1. Für Argon entspricht dies einer Relaxationszeit $\lambda \approx 0.2 \cdot 10^{-12}$. Da diese Zeit sehr kurz ist, ist der Schermodul G in einfachen Flüssigkeiten praktisch nicht direkt messbar. In kolloidalen und hochmolekularen Flüssigkeiten hingegen treten um viele Größenordnungen längere Relaxationszeiten auf, so dass G aus dem viskoelastischen Verhalten bestimmt werden kann (Abschn. 4.2).

4.6.2 Struktur im Nicht-Gleichgewicht

In einer Nicht-Gleichgewichtssituation weicht die lokale Struktur einer Flüssigkeit von der Gleichgewichtsstruktur ab, die Paarkorrelationsfunktion $g(r)$ und der statische Strukturfaktor $S(q)$ (Abschn. 4.4.4) unterscheiden sich von ihren zugehörigen Gleichgewichtswerten $g_{eq}(r)$ und $S_{eq}(q)$. Für eine viskose Strömung mit der Scherrate $\dot{\gamma}$ ergibt sich bereits aus Gl. (4.105), dass $p_{pot_{xy}} = \eta_{pot}\,\dot{\gamma}$ ungleich Null und damit $\eta_{pot} \neq 0$ nur, wenn $g(r) \neq g_{eq}$ gilt. Die scherinduzierte Störung der Struktur wird im Folgenden ebenfalls für eine ebene Couette-Strömung diskutiert.

4.6.2.1 Scherinduzierte Störung der Nahordnung

Die Abhängigkeit der Paarkorrelationsfunktion $g(r)$ von den durch $\mathbf{r} = r^{-1}\hat{\mathbf{r}}$ festgelegten Winkeln kann durch eine Entwicklung nach Kugelflächenfunktionen $Y_{lm}(\hat{\mathbf{r}})$ mit $l = 0, 2, 4 \dots$ explizit berücksichtigt werden. Die Entwicklungskoeffizienten sind Funktionen von $r = |\mathbf{r}|$. Anstelle der Y_{lm} können auch die dazu äquivalenten kartesischen Tensoren verwendet werden, die aus den Komponenten $\hat{r}_x$, $\hat{r}_y$, $\hat{r}_z$ des Vektors $\hat{\mathbf{r}}$ gebildet sind. Speziell für die ebene Couette-Geometrie (Abb. 4.4) sind die ersten Terme dieser Entwicklung bis $l = 2$:

$$g(\mathbf{r}) = g_{\mathrm{s}} + g_{+}\,\hat{r}_x\hat{r}_y + g_{-}\,\frac{1}{2}(\hat{r}_x^2 - \hat{r}_y^2) + g_0\left(\hat{r}_z^2 - \frac{1}{3}\right) + \dots . \tag{4.111}$$

Im Gleichgewicht reduziert sich der sphärische, d. h. über alle Richtungen gemittelte Anteil g_{s} von $g(\mathbf{r})$ auf g_{eq}, und die Funktionen g_{+}, g_{-}, g_0 sowie die durch Punkte in Gl. (4.111) angedeuteten Terme (die Tensoren der Stufen $l \geq 4$ enthalten) verschwinden. In der Scherebene $\hat{r}_z = \mathbf{0}$ folgt aus Gl. (4.111) $g = g_{\mathrm{s}} \pm g_{+} - \frac{1}{3}g_0$, wenn $\hat{\mathbf{r}}$ die Winkel $45°$ und $135°$ mit der Strömungsrichtung (x-Achse) bildet. Analog ist $g = g_{\mathrm{s}} \pm \frac{1}{2}g_{-} - \frac{1}{3}g_0$, wenn dieser Winkel gleich $0°$ und $90°$ ist. Für $\hat{\mathbf{r}}$ parallel zur z-Richtung ($\hat{r}_x = \hat{r}_y = 0$) findet man $g = g_{\mathrm{s}} + \frac{2}{3}g_0$. Im Integral Gl. (4.105) für die xy-Komponente τ_{xy} des Spannungstensors trägt nur die Funktion g_{+} aus Gl. (4.111) bei; ähnliche Integrale über g_{-} und g_0 führen auf die Normalspannungsdifferenzen $\tau_{xx} - \tau_{yy}$ und $\tau_{zz} - \frac{1}{2}(\tau_{xx} + \tau_{yy})$. Aus der Existenz des Potentialbeitrags η_{pot} zur Viskosität folgt also bereits indirekt, dass $g_{+} \neq 0$ gilt, wenn die Scherrate $\dot{\gamma} \neq 0$ ist. Direkt sind die Funktionen g_{s}, $g_{+}, \dots$ aus der NEMD-Simulation zu entnehmen, (Abb. 4.35). Für eine stationäre Strömung führt Gl. (4.106) im Grenzfall kleiner Scherraten ($\dot{\gamma}\lambda \ll 1$) auf

$$g - g_{\mathrm{eq}} \approx -\dot{\gamma}\lambda r_x \frac{\partial}{\partial r_y} g_{\mathrm{eq}}, \tag{4.112}$$

also $g_{\mathrm{s}} \approx g_{\mathrm{eq}}$ und $g_{+} \approx -\dot{\gamma}\lambda r g'_{\mathrm{eq}}$; der Strich bedeutet die Ableitung nach r. Die Funktion g_{-} und g_0 sowie die Differenz $g_{\mathrm{s}} - g_{\mathrm{eq}}$ hängen nicht linear von $\dot{\gamma}\lambda$ ab und machen sich deshalb erst bei höheren Scherraten ($\dot{\gamma}\lambda \geq 1$) bemerkbar.

Stokes und Maxwell haben vorgeschlagen, dass man die Struktur einer strömenden Flüssigkeit aus der einer ruhenden erhalten kann, wenn man sich diese eingefroren denkt und dann einer Deformation unterwirft, die gleich der Deformationsrate $\dot{\gamma}$ mal der Relaxationszeit λ ist. Diese Überlegung führt ebenfalls auf Gl. (4.112); deshalb spricht man auch von der Stokes-Maxwell-Relation. In der NEMD-Simulation wurde Gl. (4.112) und die aus Gl. (4.106) folgende verallgemeinerte Relationen getestet [44]. Ein Beispiel ist in Abb. 4.36 gezeigt. Der in Gl. (4.106) verwendete Relaxationszeitansatz scheint eine gute erste Näherung zu sein.

Experimentell kann die Störung der Nahordnung aus der mit $g(r)$ verknüpften (s. Gl. (4.63)) statischen Strukturfunktion $S(q)$ entnommen werden. Analog zu Gl. (4.111) hat man

$$S(\mathbf{q}) = S_{\mathrm{s}} + S_{+}\,\hat{q}_x\hat{q}_y + S_{-}\,\frac{1}{2}(\hat{q}_x^2 - \hat{q}_y^2) + S_0\left(\hat{q}_z^2 - \frac{1}{3}\right) + \dots, \tag{4.113}$$

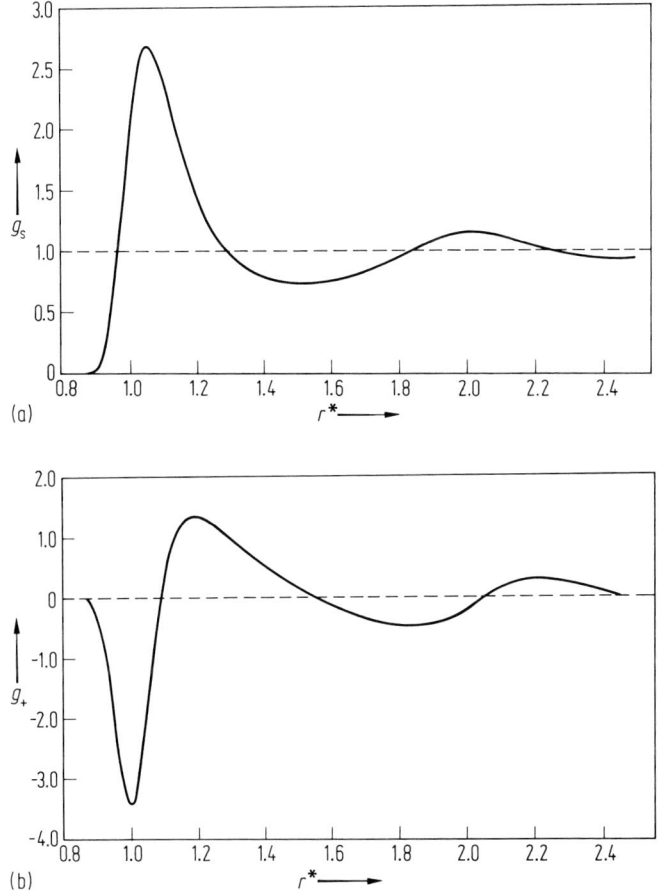

Abb. 4.35 Die partiellen Paarkorrelationsfunktionen g_s (a) und g_+ (unten) als Funktionen des dimensionslosen Abstandes $r^* = r/r_0$ einer Lennard-Jones-Flüssigkeit bei $T^* = 1.0$ und $n^* = 0.84$ für die (dimensionslose) Scherrate $\dot\gamma = 2.0$. Die Skala für r^* beginnt erst bei 0.8; die Skalen für g_s und g_+ sind unterschiedlich. Die Daten stammen aus einer Simulation für 512 Teilchen (S. Hess, TU Berlin).

wobei $\hat q_{x,y,z}$ die kartesischen Komponenten des Einheitsvektors $\hat q = q^{-1}q$ sind. Die Größen S_s, $S_+, \ldots$ sind Funktionen von $q = |q|$. Für $\dot\gamma = 0$ ist $S_s = S_{eq}$ und S_+, S_-, S_0 sowie alle in Gl. (4.113) durch Punkte angedeutete Terme (die Tensoren höherer Stufe enthalten) verschwinden. Aus der Stokes-Maxwell-Relation (4.112) folgt

$$S - S_{eq} = \dot\gamma \lambda q_y \frac{\partial S_{eq}}{\partial q_z};\qquad (4.114)$$

somit ist $S_s \approx S_{eq}$ und $S_+ = \dot\gamma \lambda q \partial_q S_{eq}$. Die Funktionen S_-, S_0 und die Differenz $S_s - S_{eq}$ sind nichtlineare Funktionen von $\dot\gamma \lambda$. In niedrigster Ordnung in $\dot\gamma \lambda$ führt

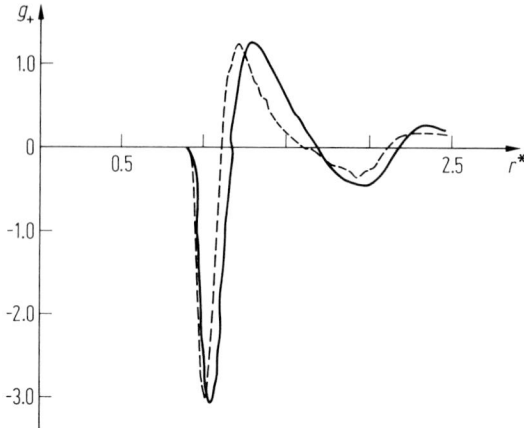

Abb. 4.36 Test der Stokes-Maxwell-Relation für ein Modellfluid mit rein repulsivem r^{-12}-Wechselwirkungspotential. Die direkt aus der Simulation entnommene Funktion g_- ist verglichen mit der (gestrichelt gezeichneten) Kurve, die man für g_- aus Gl. (4.112) erhält. Durch die Anpassung der Tiefe des ersten Minimums wird die Relaxationszeit λ festgelegt ([45]).

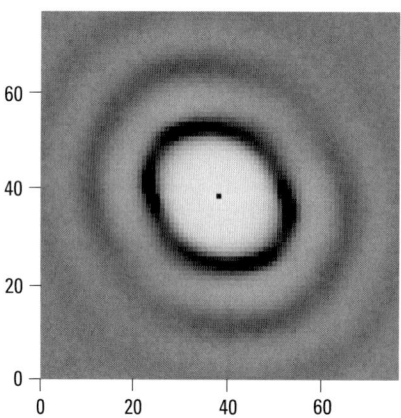

Abb. 4.37 Streubild analog zu Abb. 4.28 für den statischen Strukturfaktor $S(\boldsymbol{q})$ mit $\boldsymbol{q}$ in der Scherebene für eine strömende Flüssigkeit. Die Daten stammen aus einer Molekulardynamik-Simulation für ein Modellfluid aus 2048 Teilchen mit rein repulsiver Wechselwirkung (M. Kröger, ETH Zürich).

Gl. (4.113) mit Gl. (4.114) auf eine Anisotropie von $S(\boldsymbol{q})$ in der Scherebene ($q_z = 0$); insbesondere ist $S = S_{\mathrm{eq}} \pm \frac{1}{2}\dot{\gamma}\lambda q \partial_q S_{\mathrm{eq}}$, wenn $\boldsymbol{q}$ die Winkel $45°$ und $135°$ mit der Strömungsrichtung einschließt. Für eine Flüssigkeit wie Argon ist selbst für Scherraten $\dot{\gamma} \approx 10^6\,\mathrm{s}^{-1}$ die scherinduzierte Störung der Struktur experimentell praktisch nicht nachweisbar, da wegen der kurzen Relaxationszeit $\lambda \approx 10^{-12}\,\mathrm{s}$ für das Produkt $\dot{\gamma}\lambda \leq 10^{-6}$ gilt.

Anders sind die Verhältnisse für unterkühlte Flüssigkeiten und insbesondere für Makrofluide, bei denen wesentlich längere Relaxationszeiten auftreten. In kolloidalen Dispersionen aus sphärischen Teilchen wurde mittels Lichtstreuung die scherinduzierte Störung von $S(q)$ in der Scherebene nachgewiesen [11, 46].

Qualitativ sind die experimentellen Streubilder ähnlich dem in Abb. 4.37 gezeigten, das aus einer NEMD-Simulation direkt (ohne Verwendung der Entwicklung (4.113) gewonnen wurde. Die im Gleichgewicht rotationssymmetrischen Debye-Scherrer-Ringe (Abb. 4.28) sind bei Scherung elliptisch deformiert. Für kleine Scherraten, bei denen S_- in Gl. (4.113) im Vergleich zu S_+ noch vernachlässigbar ist, bilden die Hauptachsen die Winkel 45° und 135° mit der Strömungsrichtung. In dichten Dispersionen ist mittels Kleinwinkel-Neutronenstreuung auch die scherinduzierte Anisotropie in der xz-Ebene (einfallender Strahl parallel zur Richtung des Geschwindigkeitsgradienten) nachgewiesen worden [47]. Gemäß Gl. (4.113) ist in diesem Fall die Anisotropie durch die Funktionen S_- und S_0 charakterisiert, welche nichtlinear in $\dot{\gamma}\lambda$ sind. Für hohe Scherraten ($\dot{\gamma}\lambda \gtrsim 0.5$) beobachtet man in der NEMD die Ausbildung einer langreichweitigen Ordnung, da Gl. (4.106) in diesem Bereich nicht mehr anwendbar ist.

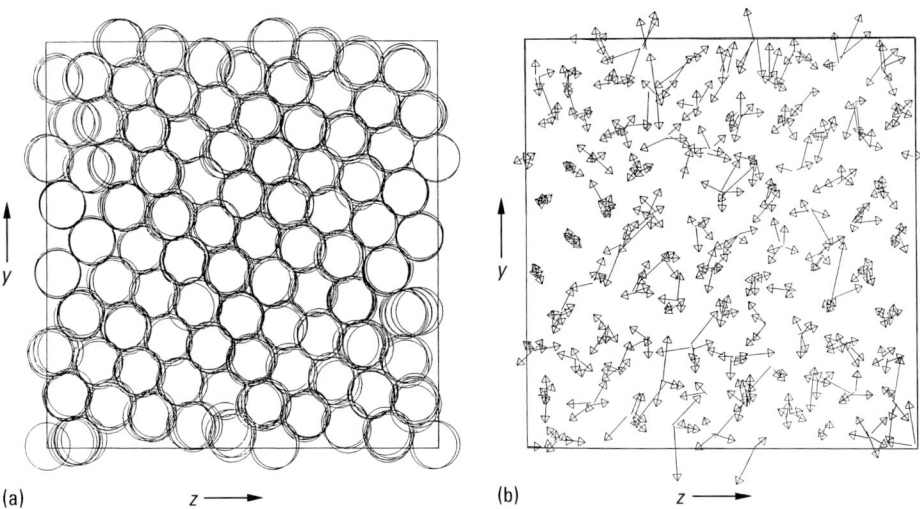

(a) $z \longrightarrow$ (b) $z \longrightarrow$

Abb. 4.38 Projektion der Teilchen (a) und ihrer Geschwindigkeiten (b) auf die zur Strömungsrichtung senkrechte yz-Ebene für eine Lennard-Jones-Flüssigkeit ($T^* = 1.0$, $n^* = 0.84$, $\dot{\gamma}^* = 20$) in einem Zustand mit langreichweitiger, partieller Positionsordnung, (a) Der Durchmesser der Kreise ist gleich der Referenzlänge r_0 des Lennard-Jones-Potentials. In Strömungsrichtung ist Platz für acht bis neun Teilchen, in manchen „Röhren" sind deutlich weniger Teilchen zu finden, (b) Die langen Geschwindigkeitsprofile gehören zu Teilchen, die von einer Röhre in eine andere „umsteigen" (Daten aus einer Molekulardynamik-Computersimulation für 512 Teilchen; S. Hess und W. Loose, TU Berlin).

4.6.2.2 Scherinduzierte langreichweitige Ordnung

Die in der NEMD gefundene drastische Abnahme der Viskosität bei hohen Scherraten (Abb. 4.32) wird durch die Ausbildung einer langreichweitigen, partiellen, d. h. zweidimensionalen Positionsordnung in der Flüssigkeit verursacht. Oberhalb einer kritischen Scherrate bewegen sich die Teilchen bevorzugt hintereinander in Röhren, die voneinander maximale Abstände einzunehmen versuchen. Die Projektion der Teilchen auf eine zur Strömungsrichtung senkrechte (yz-)Ebene ist in Abb. 4.38 a dargestellt. In Strömungsrichtung sind die Teilchen nicht dicht gepackt. Beim Impulstransport müssen Teilchen aus schnelleren in langsamere „Züge" (und umgekehrt) „umsteigen". Die Komponenten der zugehörigen Teilchengeschwindigkeiten in der yz-Ebene sind in Abb. 4.38 b gezeigt. Bei etwas kleineren Scherraten treten auch teilweise räumlich geordnete und ungeordnete Bereiche nebeneinander auf. Wird in der Simulation nicht, wie bei Abb. 4.38, die Einhaltung eines linearen Geschwindigkeitsprofils erzwungen, sondern nur ein mittlerer Geschwindigkeitsgradient $\dot{\gamma}$ vorgegeben, so treten bei hohen Werten von $\dot{\gamma}$ pfropfenartige Strömungen auf. Blöcke von praktisch kristallin geordneten Bereichen bewegen sich gemeinsam,

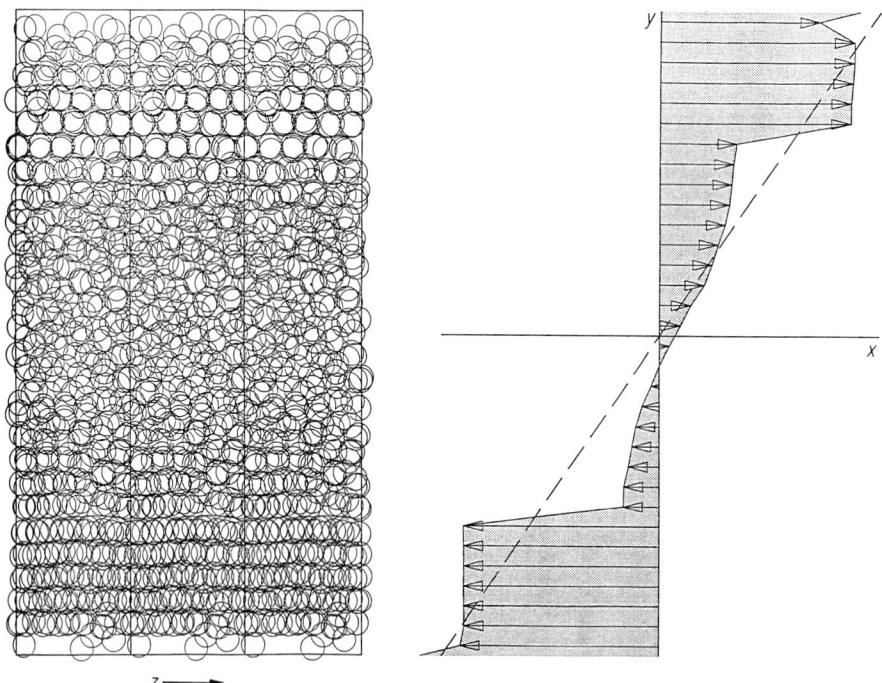

Abb. 4.39 Projektionen der Positionen der Teilchen auf eine Ebene senkrecht zur Strömungsrichtung und Geschwindigkeitsprofil für eine pfropfenartige Strömung. Das Grundvolumen ist quaderförmig; die Positionen in zwei benachbarten periodischen Zellen sind ebenfalls gezeigt. Die gestrichelte Linie gibt den aufgeprägten, mittleren Geschwindigkeitsgradienten an (Daten aus einer Molekulardynamik-Simulation für 512 Teilchen mit rein repulsiver Wechselwirkung; W. Loose, TU Berlin).

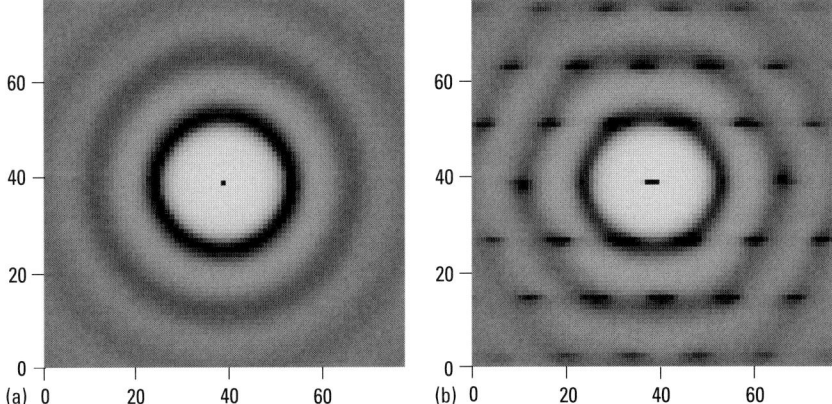

Abb. 4.40 Streubild für den q-Vektor in der xz-Ebene (senkrecht zur Richtung des Gradienten der Geschwindigkeit) für ein geschertes Modellfluid mit rein repulsiver Wechselwirkung bei einer Scherrate unterhalb (a) und oberhalb (b) des kritischen Wertes, bei dem eine langreichweitige Ordnung einsetzt [48].

unter Umständen treten Gleitebenen auf. Daneben existieren amorphe Bereiche. In Abb. 4.39 sind das Geschwindigkeitsprofil und die Projektion der Teilchen auf die yz-Ebene für eine solche Situation dargestellt.

Der aus der Moleküldynamik direkt extrahierte Strukturfaktor $S(q)$ mit q in der xz-Ebene (einfallender Strahl in der y-Richtung) ist in Abb. 4.40 bei zwei Scherraten unterhalb und oberhalb des Übergangs in den langreichweitig geordneten Zustand gezeigt. Für diese Geometrie sind mittels Kleinwinkel-Neutronenstreuung an Dispersionen analoge Streubilder erhalten worden (Abschn. 4.7.2.4).

4.6.3 Dynamischer Strukturfaktor

Neben der direkten Messung von Transportkoeffizienten können Nicht-Gleichgewichtseigenschaften auch aus dem dynamischen Verhalten von Dichteschwankungen entnommen werden. Dazu ist in Streuexperimenten die Frequenzverschiebung bzw. der Energiegewinn oder Energieverlust der (inelastischen) Streustrahlung im Vergleich zur einfallenden Strahlung zu analysieren. Seien q_0 und ω_0 der Wellenvektor und die (Kreis-)Frequenz der einfallenden Strahlung (Abb. 4.23), q_1 und ω_1 die entsprechenden Größen der nachgewiesenen Streustrahlung und

$$q = q_1 - q_0, \quad \omega = \omega_1 - \omega_0. \tag{4.115}$$

Die im Frequenzintervall zwischen ω_1 und $\omega_1 + d\omega$ gemessene Intensität ist proportional zu $S(q, \omega)\,d\omega$. Die Größe $S(q, \omega)$ heißt *dynamischer Strukturfaktor*. Der in einer Streuung ohne Frequenzselektionen messbare *statische Strukturfaktor* (Abschn. 4.4) ist das Integral von $S(q, \omega)$ über alle Frequenzen:

$$S(q) = \int_{-\infty}^{\infty} S(q, \omega)\,d\omega. \tag{4.116}$$

Die Größe $S(q, \omega)$ kann als Fourier-Transformierte bezüglich der Zeit der *intermediären Streufunktion* $F(q, t)$ geschrieben werden:

$$S(q, \omega) = \frac{1}{2\pi} \int_{-\infty}^{\infty} F(q, t)\, e^{i\omega t}\, dt. \tag{4.117}$$

Die Umkehrtransformation ist

$$F(q, t) = \int S(q, \omega)\, e^{-i\omega t}\, dt. \tag{4.118}$$

Aus dem Vergleich von Gl. (4.116) und (4.118) folgt $F(q, 0) = S(q)$. Die Funktion $F(q, t)$ wiederum ist die Fourier-Transformierte bezüglich des Ortes der *van-Hove-Korrelationsfunktion* $G(r, t)$:

$$F(q, t) = \int G(r, t)\, e^{-iq \cdot r}\, d^3 r, \tag{4.119}$$

welche analog zu $g(r)$ (s. Gl. (4.58)) als N-Teilchen-Mittelwert definiert ist:

$$G(r, t) = \frac{1}{N} \left\langle \sum_i \sum_j \delta(r + r_j(t_0 + t) - r_i(t_0)) \right\rangle, \tag{4.120}$$

wobei $r_j(t_0 + t)$ und $r_i(t_0)$ die Positionen der Teilchen j und i zu den Zeiten $t_0 + t$ und t_0 sind. Im Gleichgewicht hängt $G(r, t)$ nicht von t_0 ab. Für $t = 0$ reduziert sich Gl. (4.120) wegen Gl. (4.58) zu

$$G(r, 0) = \delta(r) + n\, g(r). \tag{4.121}$$

Für den hydrodynamischen Bereich, d. h. für kleine Streuvektoren q und Frequenzverschiebungen ω (s. Abschn. 1.1 und 1.3), wie sie z. B. bei der Lichtstreuung an Fluiden vorliegen, ist $S(q, \omega)$ in Abb. 4.41 schematisch dargestellt. Als Funktion von ω treten drei Maxima auf, die bei $\omega = 0$ (*Rayleigh-Streuung*) und $\omega = \pm c_s q$ (*Brillouin-Streuung*) liegen, wobei c_s die adiabatische Schallgeschwindigkeit ist. Das Spektrum kann aus den Gleichungen der Thermo-Hydrodynamik berechnet werden (Abschnitt 1.3). Die Halbwertsbreite (halbe Breite bei halber Höhe) der Rayleigh-

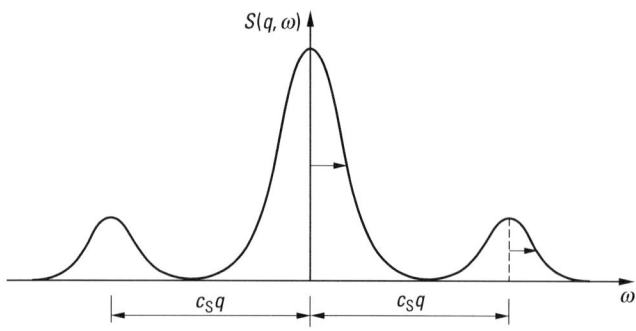

Abb. 4.41   Der dynamische Strukturfaktor $S(q, \omega)$ im hydrodynamischen Bereich als Funktion von ω. Die Intensitätsmaxima der Brillouin-Streuung sind gegenüber der zentralen Rayleigh-Linie um $c_s q$ verschoben, wobei c_s die adiabatische Schallgeschwindigkeit ist.

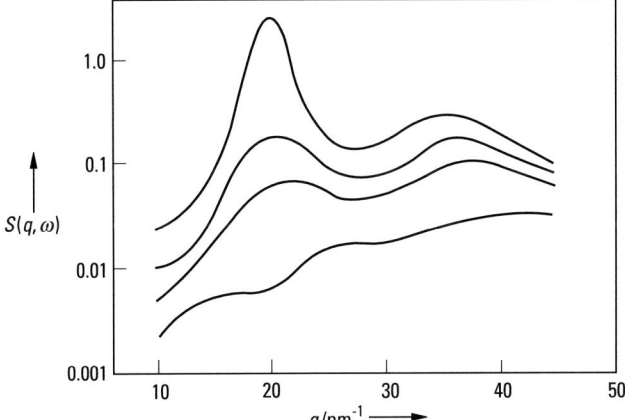

Abb. 4.42 Der dynamische Strukturfaktor $S(\boldsymbol{q}, \omega)$ für flüssiges Argon (Daten nach K. Sköld et al. [49]). Die Kurven zeigen in logarithmischer Skala $S(\boldsymbol{q}, \omega)$ als Funktionen des Wellenvektors $\boldsymbol{q}$; die Frequenz ω hat (von oben nach unten) die Werte 0, $1.82 \cdot 10^{12}\,\mathrm{s}^{-1}$, $3.34 \cdot 10^{12}\,\mathrm{s}^{-1}$ bzw. $7.60 \cdot 10^{12}\,\mathrm{s}^{-1}$.

Streuung ist durch $\lambda\,(nmc_{\mathrm{p}})^{-1}\,q^2$, diejenige der Brillouin-Streuung durch die Dämpfung der (longitudinalen) Schallwellen, nämlich durch

$$\left(\frac{\tfrac{4}{3}\eta + \eta_{\mathrm{V}}}{nm} + \frac{\lambda}{nm}\,\frac{c_{\mathrm{p}} - c_{\mathrm{V}}}{c_{\mathrm{V}}\,c_{\mathrm{p}}} \right) q^2$$

bestimmt. Dabei sind λ, η und η_{V} die Wärmeleitfähigkeit, die (Scher-)Viskosität und die Volumenviskosität; c_{p} und c_{V} sind die Wärmekapazitäten bei konstantem Druck und konstantem Volumen. Der hydrodynamische Bereich ist durch $ql \ll 1$ und $qd \ll 1$ charakterisiert, wobei l die freie Weglänge und d der effektive Durchmesser eines Teilchens sind. Die Lichtstreuung „tastet" also die Dynamik relativ langwelliger Dichteschwankungen ab. Zur Analyse der Nahordnung in Flüssigkeiten benötigt man Streuvektoren $\boldsymbol{q}$ mit $qd \approx 2\pi$ (Abschn. 4.4). In diesem Fall ist man also weit außerhalb des hydrodynamischen Bereiches. In Abb. 4.42 sind für Argon einige typische experimentelle Ergebnisse gezeigt, wie sie mittels Neutronenstreuung erhalten wurden. Vergleicht man $S(\boldsymbol{q}, \omega)$ für die Werte q_1 und q_2, bei denen $S(\boldsymbol{q}, 0)$ (bzw. der statische Strukturfaktor $S(q)$) das erste und das zweite Maximum annehmen, so fällt bei $q \approx q_1$ die Funktion $S(\boldsymbol{q}, \omega)$ mit wachsendem ω wesentlich schneller ab als bei $q \approx q_2$. Dies bedeutet, dass die mit $q \approx q_1$ verknüpften Dichteschwankungen zeitlich langsamer abklingen als jene mit $q \approx q_2$. Methoden zur Berechnung des Spektrums in diesem Bereich, in dem sich longitudinale Schallwellen nicht mehr fortpflanzen können, aber unter Umständen Transversalwellen auftreten (z. B. mittels der *Modenkopplungstheorie*), sind entwickelt worden [1].

4.7 Rheologie von Dispersphasensystemen

Verdünnte Dispersphasensysteme können als Makrofluide zur rheologischen und strukturellen Untersuchung von einfachen Flüssigkeiten wie Argon herangezogen werden. In Abschn. 4.7.1 werden zunächst solche molekular-disperse Systeme (Einphasensysteme) diskutiert, um dann in Abschn. 4.7.2 die komplexeren kolloidalen Dispersionen (Zweiphasensysteme) vorzustellen. Wie in Abschn. 4.2 diskutiert, lässt sich eine grobe Einteilung für kolloidale Dispersionen anhand der Größenordnung von 1 nm bis zu 1 μm (Abb. 4.3) sowie den meist komplexeren Rheologischen Eigenschaften (Scherverdünnung) vornehmen. Die Wahl solcher Systeme als Makrofluid ist jedoch insofern gerechtfertigt, da dynamische und strukturelle Beobachtungen analog zu den einfachen Flüssigkeiten gemacht werden können. Da allerdings der Übergang zu komplexen konzentrierten Systemen fließend ist, sollte man bei der Wahl des Makrofluids, wie im folgenden Abschnitt erläutert, vorsichtig sein.

4.7.1 Lösungen von Makrofluiden

Einfache Lösungen von Makrofluiden bestehen aus einem Lösungsmittel, in dem niedermolekulare Stoffe (Salze, Zucker, Tenside etc.) aber auch Makromoleküle oder Dispersstoffe (Polymere, Proteine, Feststoffe etc.) gelöst sind. Als Lösungsmittel kommen besonders Wasser, organische Lösungsmittel und organische wie synthetische Öle in Betracht. Lösungen oder auch Dispersphasensysteme mit niedrigem Anteil von gelösten oder dispergierten Molekülen oder Teilchen kommen als Makrofluide den einfachen Flüssigkeiten am nächsten (Moleküldispersion). Die Rheologie solcher Stoffsysteme ist im Allgemeinen Newton'sch, d. h. die Viskosität hängt nicht von der mechanischen Belastung (Scherrate $\dot{\gamma}$) ab. Als einzige Einflussgrößen ändern die Konzentration des gelösten Stoffes und die Temperatur die Viskosität (Abb. 4.43).

Bei kolloidal gelösten Stoffen kann die Wahl des Lösungsmittels die Struktur jedoch stark beeinflussen, so dass z. B. bei unterschiedlichen pH-Werten oder lo-

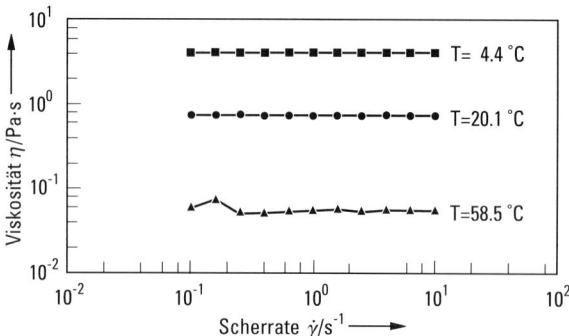

Abb. 4.43 Viskosität η als Funktion der Scherrate $\dot{\gamma}$ für verschiedene Temperaturen einer einfachen Lösung (Glukosesirup).

nenstärken die Kolloide und Makromoleküle knäuelförmig (kugelförmig) oder gestreckt (zylinderförmig) vorliegen (vgl. Abschn. 4.4.4.4) bzw. Ladungen die Wechselwirkungen von dispersen Teilchen beeinflussen (Solvatisierung). Für solche Flüssigkeiten können dann die rheologischen und strukturellen Eigenschaften sehr verschieden sein [4, 5, 10, 12, 16].

4.7.1.1 Intrinsische Viskosität und Staudinger-Index

Der Einfluss eines einzelnen gelösten Moleküls auf die Viskosität der Matrixflüssigkeit wird mit der intrinsischen Viskosität $[\eta]$ (mit der Dimension Viskosität/Konzentration) beschrieben. Für gelöste Polymere findet sich in der Literatur auch die Bezeichnung „Staudinger-Index". Die intrinsische Viskosität ist ein wichtiger Parameter, um die strukturellen und rheologischen Eigenschaften von höher konzentrierten Lösungen und auch Polymerschmelzen zu beschreiben [5]:

$$\eta_R \equiv \frac{\eta}{\eta_s}, \quad \eta_{sp} \equiv \eta_R - 1, \quad \eta_{red} \equiv \frac{\eta_{sp}}{c}, \quad [\eta] \equiv \lim_{c,\dot{\gamma} \to 0} \eta_{red} \tag{4.122}$$

mit c als Konzentration, η_s als Lösungsmittelviskosität, η_{sp} als spezifische, η_{red} als reduzierte und η als gemessene Viskosität. Die relative Viskosität η_R beschreibt die Erhöhung der Viskosität gegenüber dem reinen Lösungsmittel durch das dispergierte Molekül oder den dispergierten Feststoff. Der Zusammenhang zwischen spezifischer und intrinsischer Viskosität wird nach Huggins wie folgt ausgedrückt [50]:

$$\frac{\eta_{sp}}{c} = [\eta] + K_H [\eta]^2 c \tag{4.123}$$

mit K_H als empirische Konstante. Wie in Abb. 4.44 für Xanthan und Milchproteinlösung gezeigt, wird die intrinsische Viskosität durch Extrapolation auf die y-Achse bestimmt.

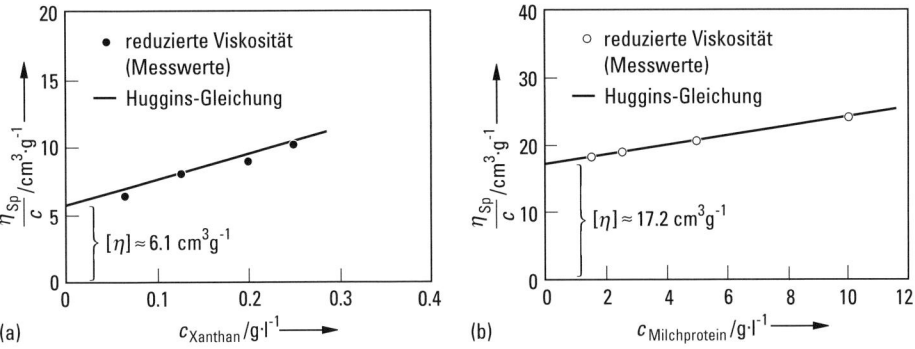

Abb. 4.44 Reduzierte Viskosität η_{red} als Funktion der Konzentration c. Bestimmung der intrinsischen Viskosität $[\eta]$ für eine wässrige Xanthanlösung (a) und eine Milchproteinlösung (b) nach Gleichungen 4.123 (I. Marti, ETH Zürich).

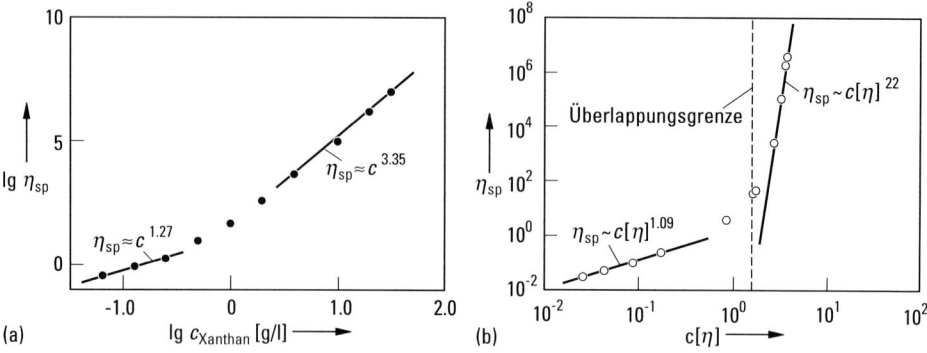

(a)   (b)

Abb. 4.45 Spezifische Viskosität η_{sp} als Funktion der Konzentration c für eine wässrige Xanthanlösung (a) und eine Milchproteinlösung (b), (I. Marti, ETH Zürich).

In Abb. 4.45 ist die spezifische Viskosität η_{sp} in einem größeren Konzentrationsbereich für Xanthan und Milchproteine dargestellt. Es ist gut ersichtlich, dass die Konzentration des gelösten Stoffes einen starken Einfluss auf die Viskosität des Makrofluids hat. Wenn die spezifische Viskosität η_{sp} als Funktion der Konzentration c doppelt logarithmisch aufgetragen wird, ergibt sich für intrinsische, stark verdünnte Lösungen eine Steigung von ungefähr 1.1–1.3 (entspricht dem Potenzgesetz-Exponenten). Wechselwirkungen der dispergierten Stoffe finden kaum oder nicht statt, das Stoffsystem kann als Modellsystem (Makrofluid) für eine einfache Flüssigkeit betrachtet werden. Die Viskosität ist Newton'sch. Durch weitere Erhöhung der Konzentration wird aber auch die Wechselwirkung verändert, und somit besteht ab einer gewissen Konzentration kein linearer Zusammenhang mehr zwischen $\Delta\eta$ und Δc. Ein Übergangsbereich mit schlecht zu definierender Steigung ist die Folge. Für verdünnte Lösungen wird dann eine Steigung von 3.3–3.4 beobachtet. In diesem Fall wechselwirken die dispergierten Makromoleküle oder Teilchen miteinander. Die Rheologie wird nun nichtlineare Eigenschaften zeigen, wie z. B. Scherverdünnung bei makromolekularen Lösungen oder Scherverdickung bei Dispersionen. Die vorgestellten Skalierungsgesetze gelten zunächst einmal für einfache Lösungen. In der Nähe von Phasenübergängen, in kolloid-dispersen Systemen und Biomolekülen (Abb. 4.45 b) können zum Teil signifikant andere Werte auftreten.

4.7.2 Dispersphasensysteme

4.7.2.1 Kolloidale Dispersionen

Die wohl entscheidende Fragestellung bei kolloidalen Dispersionen ist das Verhältnis der kolloidalen zur hydrodynamischen Wechselwirkung. Abhängig von der Größenordnung (Abb. 4.3) und den physiko-chemischen Eigenschaften der Partikel tritt entweder der kolloidale Charakter in den Vordergrund oder aber die hydrodynamischen Bedingungen der umgebenden Matrixflüssigkeit. Die Konzentrationsabhängigkeit sowie das Zusammenspiel der Kräfte sind in Abb. 4.46 schematisiert. In grob-dispersen Systemen sind die hydrodynamischen Kräfte dominierend; diese Systeme werden in diesem Abschnitt nicht behandelt.

Wichtige kolloidale Wechselwirkungen sind die attraktiven van-der-Waals-Kräfte und die sterischen Wechselwirkung nichtgeladener Teilchen. Die Wechselwirkung zwischen einem Paar von kolloidalen Partikeln ist wichtig, da die Art und Stärke der Wechselwirkung, kolloidal oder hydrodynamisch, die Bewegung des Partikelpaars bestimmt und somit die Rheologie und Struktur der Dispersion. Diese Eigenschaften können durch die Derjaguin-Landau-Verwey-Overbeek (DLVO)-Theorie [4] beschrieben werden, die zudem die Stabilität von Kolloiden beschreibt. In Abb. 4.47 zeigt die duchgezogene Linie das DLVO-Potential, welches die elektro-

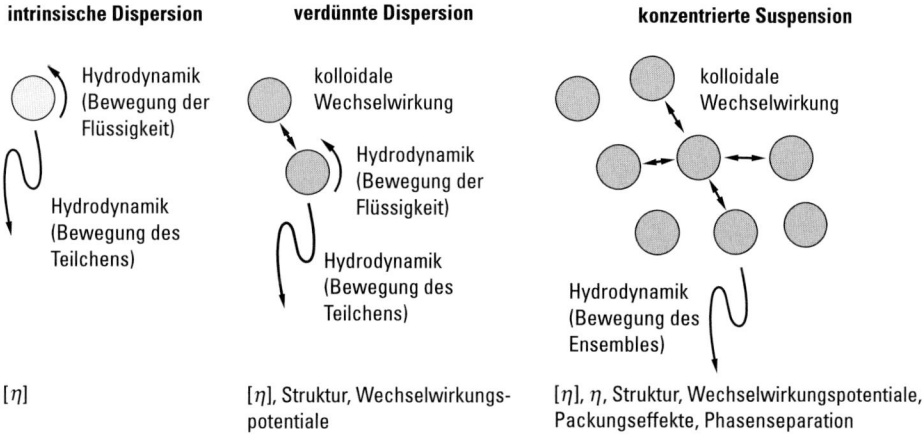

Abb. 4.46 Wechselwirkungen in intrinsischen, verdünnten und konzentrierten Dispersphasensystemen.

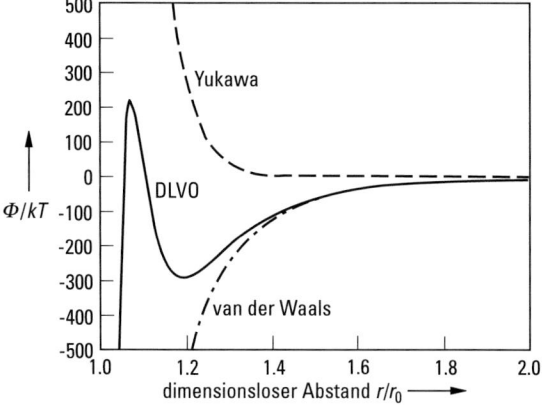

Abb. 4.47 Darstellung eines typischen DLVO-, Yukawa- und van-der-Waals-Potentials.

statische Abstoßung, die Born-Abstoßung und die van-der-Waals-Anziehung berücksichtigt. Der rechte Teil des Potentials (für $r \to \infty$) zeigt, dass die Wechselwirkung zwischen den Teilchen weitreichend ist, d. h. eine eher „weiche" Wechselwirkung zeigt. Sobald das Potential der Paarwechselwirkung bekannt ist, lässt sich das Verhalten von verdünnten und konzentrierten Suspensionen über die Zeit gemittelt beschreiben. Weiter lassen sich vom Potential der Paarwechselwirkung der Strukturfaktor, der osmotische Druck, oder aber rheologische Eigenschaften bestimmen (Abb. 4.48, Abschn. 4.4. und 4.6).

Das Paarwechselwirkungsopotential lässt sich am einfachsten für harte und weiche Kugeln herleiten (Abb. 4.49, Abschnitt 4.4). Hier findet kein Kontakt zwischen den Kugeln statt, bis entweder eine Kollision bzw. eine enge Annäherung stattgefunden hat. Dies trifft auf Partikel mit einer kompakten Schale bzw. durch Tenside oder durch sterische Wechselwirkungen stabilisierte Dispersionen zu.

Wie schon in der Einleitung erwähnt, zeigen kolloidale Suspensionen Analogien zu atomaren und molekularen Flüssigkeiten. Durch längere Zeitkonstanten können die dynamischen Vorgänge in solchen System einfacher untersucht, aber auch sta-

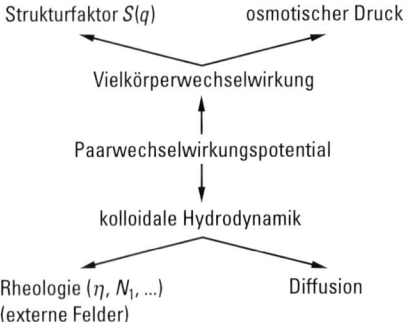

Abb. 4.48 Auswirkung des Paar-Wechselwirkungspotential auf die Vielkörperwechselwirkung (Struktur der Dispersion) und die hydrodynamischen Eigenschaften (Rheologie).

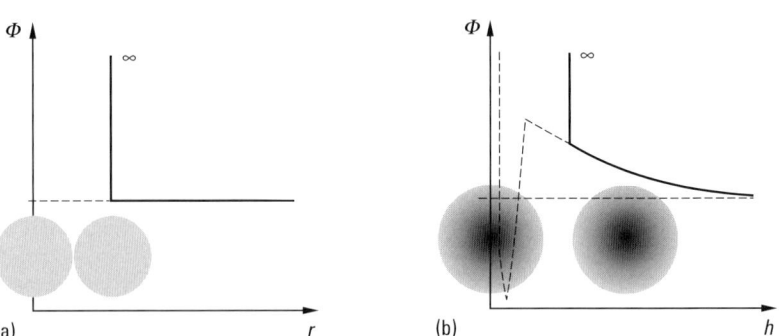

Abb. 4.49 Verläufe harter (a) und weicher Potentiale (b) als Funktion des Abstands zwischen wechselwirkenden Schwerpunkten r bzw. Oberflächen h.

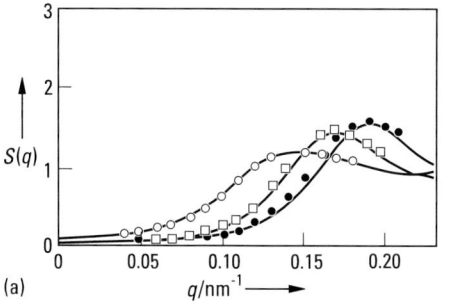
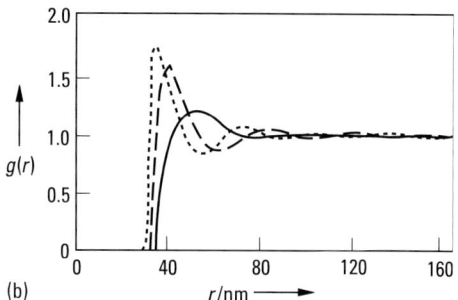

Abb. 4.50 Strukturfaktor $S(q)$ (a) und Paarwechselwirkungfunktion $g(r)$ (b) für verschiedene Volumenkonzentrationen einer Harte-Kugel-Dispersion (PMMA-PHS). Mit zunehmender Konzentration steigt das Maximum an. Symbole kennzeichnen die experimentellen Daten [53].

tistische Methoden zur Beschreibung von Flüssigkeiten auf Kolloide übertragen werden.

Als Modellsystem für Makrofluide haben sich in der Vergangenheit harte Kugeln, die zur Stabilisierung der Partikel in Lösung beschichtet sind, etabliert. Zur Strukturanalyse solcher Systeme werden vor allem Streumethoden wie die Licht-, Neutronen- oder Röntgenstreuung verwendet. Hierbei wird die Streuintensität $I(q)$ als Funktion des Streuvektors gemessen, wobei $I(q)$ die Streuintensität eines einzelnen, nichtwechselwirkenden Teilchens ist und der Strukturfaktor $S(q)$ die zeitlich gemittelte räumliche Korrelation zwischen den Partikeln beschreibt (Interferenzeffekte aufgrund von interpartikulären Streuungen). Der Strukturfaktor ist in Gl. (4.67), die Paarkorrelationsfunktion $g(r)$ in Gl. (4.68) eingeführt worden. Für ein Modellsystem ist der Strukturfaktor als Funktion des Streuwinkels in Abb. 4.50 für verschiedene Konzentrationen gezeigt. Ein Vergleich zeigt, dass diese Ergebnisse für „richtige" Flüssigkeiten wie Argon (Abb. 4.22) und für Makrofluide (Abb. 4.50) sehr ähnlich sind.

Die dazu gehörende Paarkorrelationskurve als Funktion des Abstands ist ebenfalls in Abb. 4.50 gezeigt. Mit der Zunahme der Konzentration beobachtet man ebenfalls eine Zunahme des Korrelationsmaximums, welches auf die Zunahme räumlicher Korrelationen und somit zunehmender Wechselwirkung von umgebenden Partikeln mit dem Referenzpartikel zurückzuführen ist. Der steile Anstieg der Paarkorrelationsfunktion bei ca. 35 nm ist auf den harten Charakter der untersuchten Kugeln zurückzuführen. Für weiche Kugeln würde dieser Anstieg flacher ausfallen (Abb. 4.51 und Abschn. 4.4.4.5).

Der Strukturfaktor kann wie in Abb. 4.48 gezeigt auch direkt zur Bestimmung des osmotischen Druckes herangezogen werden. Wie aus Abschn. 4.4.4.3 bekannt, kann $S(q = 0)$ direkt mit der osmotischen Kompressibilität in Zusammenhang gebracht werden, $(\partial P/\partial n)_T = kT/S(0)$. Der Zusammenhang zwischen Paarkorrelationsfunktion und dem Wechselwirkungspotential (Virialkoeffizienten) wurde bereits in Abschnitt 1.2 diskutiert. Andererseits beeinflusst die Paarkorrelationsfunktion die rheologischen Eigenschaften (Abb. 4.48). Das Verhältnis zwischen dynamischen und zeitlich gemittelten Eigenschaften verändert sich, wenn die Probe einer Scher-

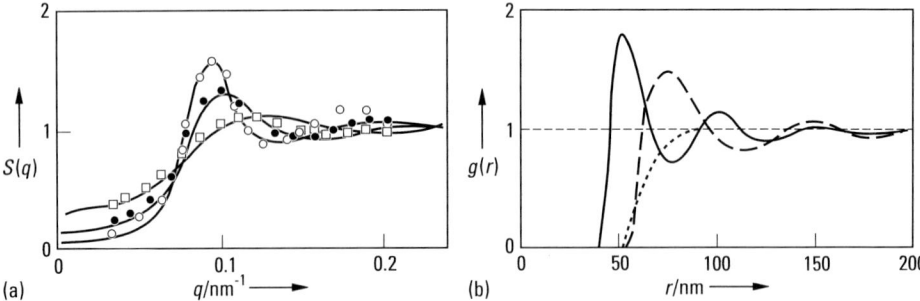

Abb. 4.51 Strukturfaktor $S(q)$ (a) und Paarwechselwirkungfunktion $g(r)$ (b) für verschiedene Volumenkonzentrationen einer Weiche-Kugel-Dispersion. Das Maximum bildet sich mit zunehmender Volumenkonzentration aus (durchgezogene Linie: höchste Konzentration). Die Symbole repräsentieren experimentell gemessene Daten aus [53].

belastung ausgesetzt ist. Für Partikel, die kleiner als 50 nm sind, wird eine geringe Strukturänderung für Scherraten bis zu $10^4\,\mathrm{s}^{-1}$ gefunden, da die Brown'sche Molekularbewegung dieser Strukturänderung bzw. Orientierung entgegenwirkt. Ab einem Partikeldurchmesser von ca. 200 nm und einer moderaten bis hohen Partikelkonzentration beobachtet man in Kleinwinkel-Neutronenstreuung Änderungen in der Struktur, die in der makroskopischen rheologischen Antwortfunktion (z. B. Viskosität) noch nicht detektiert werden. Die Höhen des Maximums in den Streuintensitäten sowohl parallel als auch senkrecht zur Scherung in einer Couette-Strömung zeigen, dass die Stärke der Strukturausbildung in Strömungsrichtung ab-, und senkrecht dazu zunimmt. Dies wird im Allgemeinen mit einer scherinduzierten Aggregatformation (Cluster, Ketten, etc.) beschrieben. Bei hohen Konzentrationen und Scherraten werden solche dispersen Systeme dilatant, bzw. scherverdickend. Die Verknüpfung zwischen Struktur und Eigenschaften von konzentrierten Dispersionen wie zum Beispiel deren Rheologie wird in Kap. 7 und 8 behandelt.

Der Übergang von einem Harte-Kugel- zu einem Weiche-Kugel-Potential kann für Suspensionen durch Addition von in hydrophober Umgebung leicht dissoziierenden Substanzen und somit durch Veränderung der elektrischen Doppelschicht erreicht werden. In Abb. 4.49b ist der „weiche" Fall dargestellt. Das Verhalten der geladenen Partikel in einer wässrigen Umgebung, in der die elektrostatische Repulsion die Stabilität der Dispersion kontrolliert, kann durch das klassische DLVO-Paarpotential beschrieben werden [4]. In einem Streuexperiment analog demjenigen für harte Kugeln können nun der Strukturfaktor und auch die Paarkorrelationsfunktion, beispielsweise für Polystyrolkügelchen, bestimmt werden. In Abb. 4.51 die Paarkorrelationsfunktion über den Partikelabstand aufgetragen. Hier wurde die Salzkonzentration konstant gehalten und die Partikelkonzentration erhöht. Die Kurve für die niedrigste Volumenkonzentration zeigt Ähnlichkeiten mit einem gasförmigen, weichen System auf. Mit Erhöhung der Konzentration geht die Korrelationsfunktion zunächst in eine flüssigkeitsähnliche, dann in ein System mit ausgeprägter Struktur und starken Wechselwirkungen über. Der Einfluss der Ionenstärke (NaCl) auf das Wechselwirkungspotential ist in Abb. 4.52 für Zirkoniumoxid-

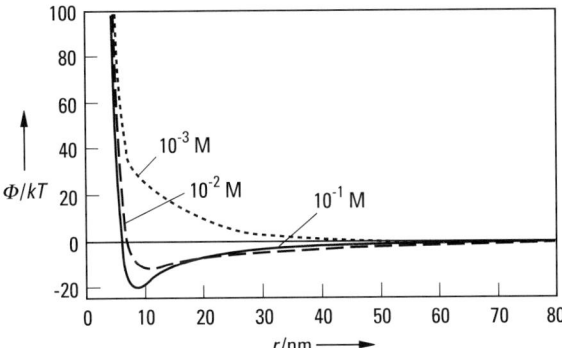

Abb. 4.52 Einfluss der Ionenstärke auf das Wechselwirkungspotential von Zirkoniumoxid in Wasser (David Megias-Alguacil, ETH Zürich).

teilchen mit einem Radius (150 ± 25) nm in Wasser gezeigt. Der Parameter h bezeichnet hier den Abstand zwischen den Partikeloberflächen.

Das Verhalten von konzentrierten Dispersionen geladener Teilchen ist weit komplexer als dasjenige für die vorstellten Weiche- und Harte-Kugel-Modelle. Hier spielen vor allem zeitliche Korrelationen und dynamische Einflüsse für eine realistische Beschreibung eine Rolle.

4.7.2.2 Rheologie kolloid-disperser Systeme

Die rheologischen Eigenschaften einer einfachen Suspension aus harten Kugeln sind, wie in Abb. 4.53 gezeigt, stark von der Volumenkonzentration abhängig. Die Vis-

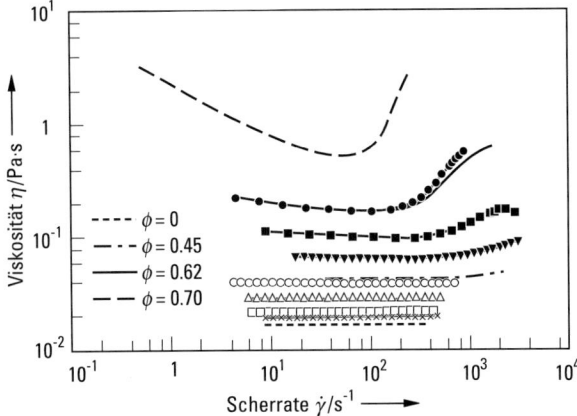

Abb. 4.53 Viskosität als Funktion der Scherrate für unterschiedliche Dispersphasenanteile (Titandioxid in Polyethylenglykol, $T = 20\,°C$).

kosität bei sehr niedriger Volumenkonzentration ($\phi < 0.03$) wird durch die Einstein'sche Relation [13]

$$\eta = \eta_s \left(1 + \frac{5}{2}\,\phi\right) \tag{4.124}$$

beschrieben, wobei η_s die Lösungsmittelviskosität ist. Diese Gleichung ist nur dann gültig, wenn das Strömungsfeld um die dispergierte Kugel nicht von anderen Kugeln gestört wird. Wenn sich zwei Kugeln jedoch nahe genug kommen, so dass jede den Strömungswiderstand der anderen spürt, spricht man von hydrodynamischer Wechselwirkung. In diesem Fall kann Gl. (4.124) in erster Näherung um einem quadratischen Term ϕ^2 erweitert werden,

$$\eta = \eta_s \left(1 + \frac{5}{2}\,\phi + 6.2\,\phi^2\right). \tag{4.125}$$

Die Zunahme der Viskosität $\eta\,(\phi)$ als Funktion der Volumenkonzentration von Kugeln kann daher näherungsweise durch

$$\eta = \eta_s\, e^{\frac{5\phi}{2}} \quad \text{bzw. durch} \quad \eta = \eta_s\, e^{[\eta]\phi} \tag{4.126}$$

für beliebig geformte Teilchen ausgedrückt werden. Hier ist $[\eta]$ die intrinsische Viskosität (s. Abschn. 4.7.1.1). Die intrinsische Viskosität für Kugeln ist $[\eta]_{\text{Kugel}} = 5/2$, womit sich der Kreis zu Gl. (4.124) schließt. Für hoch konzentrierte Suspensionen bricht der einfache Zusammenhang Gl. (4.126) zusammen. Die Aufenthaltsorte der Partikel sind nicht mehr unkorreliert. Durch Einführung von

$$\Delta\eta = \frac{[\eta]\,\eta_s}{1 - \dfrac{\phi}{\phi_m}}\,\Delta\phi \tag{4.127}$$

wird die Viskositätserhöhung $\Delta\eta$ mit der maximalen Packungsdichte ϕ_m des Systems verknüpft. Wenn ϕ sich ϕ_m nähert, wird $\Delta\eta$ divergieren. Die Krieger-Dougherty-Gleichung, welche als empirische Zustandsgleichung die Rheologie von Partikelsuspensionen beschreibt, erhält man durch Integration von Gl. (4.127):

$$\eta = \eta_s \left(1 - \frac{\phi}{\phi_m}\right) - [\eta]\,\phi_m. \tag{4.128}$$

Die Krieger-Dougherty-Gleichung berücksichtigt die Struktur und die kolloidale Wechselwirkung nur durch die Packungsdichte und intrinsische Viskosität des entsprechenden Partikels. Durch diesen Ansatz werden, ähnlich wie bei der Bestimmung des hydrodynamischen Radius in Lichtstreuexperimenten, alle kolloidalen Aspekte in einem „Geometriefaktor" versteckt (Abschn. 4.4.4.4).

Im Bereich hoher Volumenkonzentrationen hängt die Viskosität sehr stark von der Konzentration ϕ ab: Kleine Bestimmungsfehler für ϕ führen zu großen Ungenauigkeiten in η, wenn dabei Gl. (4.128) zugrunde gelegt wird. Oberflächenrauhigkeit, Größe und Größenverteilung und somit auch Änderungen in der physikochemischen Umgebung (d. h. der Paarwechselwirkung) haben bei hohen Beladungen" (Konzentrationen) ebenfalls einen starken Einfluss auf die makroskopisch beobachtete Viskosität. Beispielsweise ist die Viskosität einer bimodalen Dispersion (zwei Größenklassen suspendierter Teilchen) bei gleicher Volumenkonzentration bedeutend niedriger als die Viskosität einer monodispersen Dispersion. Hier wirkt das reine Dispergiermittel und die Partikel der kleineren Größenklasse als Dispergiermittel für die größeren Partikel. Die großen Partikel spüren die kleineren nicht individuell, sondern nehmen sie nur in Form eines Lösungsmittels mit einer erhöhten Viskosität η_s wahr. Konsequenterweise lassen sich Suspensionen mit bimodalen (oder multimodalen) Partikelverteilungen wesentlich höher beladen als monomodale Suspensionen. Auf diese Weise können zum Beispiel Dichteunterschiede bei Polymermischungen und Kompositmaterialien ausgeglichen werden.

Zusammenfassend beobachtet man für dispergierte Feststoffpartikel Newton'sches Fließverhalten für kleine Konzentrationen ϕ, das sich durch Gl. (4.124) beschreiben lässt, während für höhere Konzentrationen entweder Gl. (4.125), (4.126) oder auch die Krieger-Dougherty-Gleichung (4.128) Verwendung findet.

4.8 Wasser

Am Ende dieses Kapitels wollen wir noch einige wenige zusätzliche Anmerkungen zu reinem Wasser, einer nichteinfachen Flüssigkeit, anbringen, da Wasser aufgrund der fehlenden makromolekularen Bestandteile oft als einfache Flüssigkeit bezeichnet wird und dementsprechend im vorliegenden Abschnitt erwähnt werden soll. Wasser ist die Verbindung von einem Sauerstoffatom mit zwei Wasserstoffatomen zu H_2O. Wasser macht etwa 70 % des menschlichen Zellgewichtes aus. Die meisten biochemischen Reaktionen finden in einem wässrigen Milieu statt. Das Sauerstoffatom zieht die Elektronendichte teilweise von den Kernen der Wasserstoffatome weg. Dadurch entsteht ein leicht positiver Bereich bei den Wasserstoffatomen und ein schwach negativer Bereich beim Sauerstoffatom. Durch diese asymmetrische Verteilung der Elektronen wird das Wassermolekül polar (die Nettoladung ist jedoch weiterhin neutral). Aufgrund ihrer Polarisation können zwei benachbarte Wassermoleküle eine Bindung ausbilden, die als Wasserstoffbindung bezeichnet wird. Eine Wasserstoff-(Brücken-)Bindung liegt vor, wenn ein kovalent gebundenes H-Atom eine zweite Bindung, die „Wasserstoffbindung", zu einem anderen (elektronegativen) Atom ausbildet. Die Stärke ist am besten korreliert mit der Acidität des H-Atoms und der Basizität des wasserstoffgebundenen Atoms, wobei eine H-Bindung im Vergleich zu einer normalen chemischen Bindung schwach ist. Wassermoleküle verbinden sich daher zu einem Wasserstoffbrücken-Netzwerk, das für viele ungewöhnliche Eigenschaften des Wassers verantwortlich ist. Experimentelle Beweise für Wasserstoffbrückenbindungen sind abnormale Schmelz- und Siedepunkte, hohe Oberflächenspannung, hohe Viskositäten, geringe Löslichkeit und signifikante Frequenz- und Intensitätsänderungen in Infrarot (IR)- und Raman-Spektren. Wasserstoffbindungen sind charakterisiert durch eine typische Bindungslänge von ca. 0.18 nm, typische Bindungswinkel ca. $180° \pm 20°$ (lineare und nichtlineare H-Bindungen sind möglich, meistens sind sie linear), typische Bindungsenergie ca. 20 kJ/mol. Solche Bindungen sind wichtig bei Wasser, aber auch bei Proteinen und Nukleinsäuren. Netzwerke aus H-Bindungen bilden sich, wenn die Elektronendichte freier Elektronenpaare groß genug ist, um eine Bindung mit elektropositiven Wasserstoffatomen eines anderen Moleküls auszubilden. In großen Molekülen liegen sowohl intramolekulare als auch intermolekulare Wasserstoffbrückenbindungen vor. In reinem Wasser bilden sich intermolekulare Bindungen aus. Wegen ihrer polaren Natur sammeln sich Wassermoleküle um Ionen und andere polare Moleküle. Diese Substanzen sind daher in Wasser gut löslich und werden als hydrophil („wasserliebend") bezeichnet. Nichtpolare Moleküle dagegen unterbrechen die Wasserstoffbrückenstruktur des Wassers, sind daher in Wasser schlecht löslich und werden lipophil (oder hydrophob) genannt.

Drei Dekaden von Computersimulationsstudien an Wasser und wässrigen Lösungen haben das Verständnis über die ungewöhnliche Flüssigkeit Wasser signifkant erhöht. Es ist möglich, in Molekulardynamik-Simulationen einen weiten Bereich der messbaren thermodynamischen und strukturellen Eigenschaften von Wasser zu reproduzieren. Aufgrund der Simulationen ist bekannt, dass Wasser ein vollständig verbundenes, zufälliges Netzwerk aus Wasserstoffbindungen ist. Die Stärke einer typischen Wasserstoffbindung ist mit 20 kJ/mol wesentlich größer als kT. Man sollte daher annehmen, dass sich Wasser wie ein stabiles Netzwerk verhält. Im Gegensatz dazu ist bekannt, dass sich Wasser auf der Skala von Pikosekunden selbst restrukturiert (experimenteller Nachweis über Kurzpulsspektroskopie). Wassermoleküle besitzen eine hohe Mobilität, vergleichbar mit derjenigen von Molekülen in nicht-Wasserstoff-gebundenen Flüssigkeiten.

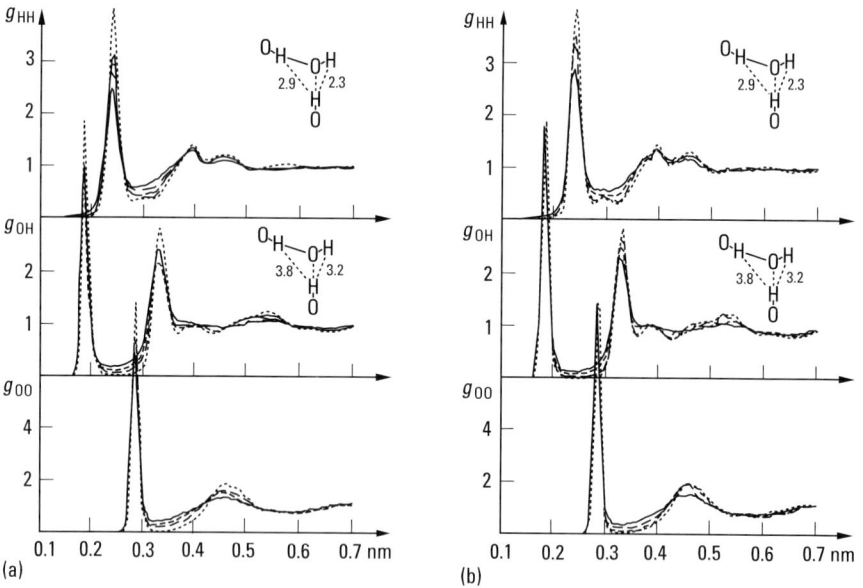

Abb. 4.54 Radiale Verteilungsfunktionen für reines Wasser, g_{HH}, g_{OH} und g_{OO} (a) Bei der Temperatur $T = 273$ K, während die Dichte schrittweise von $\varrho = 1.0$ g/cm^3: $\varrho = 1$ (durchgezogene Linie), 0.95 (klein-schraffiert), 0.9 (grob-schraffiert), 0.85 (gestrichelt), 0.8 (punktiert) erniedrigt wird, (b) Analoge Ergebnisse für die Temperatur $T = 235$ K. (Daten reproduziert nach [59].)

Viele Experimente legen nahe, dass das zufällige tetrahedrale Netzwerk nicht „perfekt" sein kann, und einige strukturelle Defekte aufweist, die sich durch eine lokal erhöhte Dichte ausweisen. Tatsächlich zeigt sich am Integral über das erste Maximum der Wasserstoffverteilungsfunktion, die durch Röntgenstrahlung erhalten wurde, dass sich im Mittel mehr als vier Wassermoleküle in der ersten Koordinationsschale befinden. Die Koordinationszahl ist 4.5. Daten aus Raman-Streuung zeigen, dass neben den linearen Bindungen auch verzweigte Bindungen existieren. Die entsprechenden lokalen Netzwerkdefekte wurden in Molekulardynamik-Simulationen eingehend untersucht [59]. Dabei wurde das so genannte „ST2"-Potential verwendet. Die Abb. 4.54 zeigt radiale Paarkorrelationsfunktionen g_{HH}, g_{OH} und g_{OO} für eingefrorene Wasserkonfigurationen bei zwei Temperaturen. Es wird sichtbar, dass das Maß der Ordnung (Amplitude des ersten Maximums der Paarkorrelationsfunktion) mit abnehmender Dichte zunimmt und damit Wasser als ungewöhnliche Flüssigkeit ausweist. Grund für diesen Effekt ist die Abnahme der mittleren Zahl benachbarter Moleküle von fünf auf vier, da vier Moleküle für die ideale tetrahedrische Struktur benötigt werden.

4.9 Abschließende Bemerkungen und Ausblick

In Gemischen von Flüssigkeiten treten neben den bisher diskutierten physikalischen Erscheinungen eine Reihe von Phänomenen auf, die in reinen Flüssigkeiten nicht existieren. Hierzu gehören die mit der Mischung bzw. Trennung der einzelnen Komponenten verknüpften Phasenübergänge ebenso wie die bereits in Abschn. 1.3.4 allgemein für Fluide diskutierte Diffusion, die Thermodiffusion und der Diffusionsthermoeffekt.

Niedermolekulare Flüssigkeiten verhalten sich bezüglich vieler Eigenschaften ähnlich wie einfache, atomare Flüssigkeiten. Zusätzlich gibt es jedoch neue Phänomene, die mit der (partiellen) Orientierung der molekularen Achsen verknüpft sind, wie z. B. die Strömungsdoppelbrechung und die depolarisierte Rayleigh-Streuung. Die phänomenologische Beschreibung dieser Ausrichtungseffekte ist analog der in Abschn. 1.4.2 für molekulare Gase gegebenen. Die zugrundeliegenden mikroskopischen Prozesse sind in Flüssigkeiten jedoch verschieden, da dort die Moleküle keine freie, sondern nur eine durch die anderen Moleküle stark behinderte Rotation ausführen können.

Von den niedermolekularen Flüssigkeiten (molekular-dispersen Systemen) gibt es einen kontinuierlichen Übergang einerseits zu den hochmolekularen und Polymerflüssigkeiten, andererseits zu den Flüssigkristallen, die in Kap. 7 behandelt werden. Die Übertragung von Methoden, die für einfache Flüssigkeiten entwickelt wurden, auf Makrofluide, z. B. kolloidale Dispersionen aus sphärischen Teilchen, ist in Abschn. 4.5 und 4.6 diskutiert worden.

In kolloid-dispersen Systemen ist das Wechselspiel zwischen kolloidalen und hydrodynamischen Kräften weiterhin Forschungsgegenstand. Makrofluide dienen nicht nur als Modelle für einfache Fluiden; wichtig sind Analogien, die für beide nützlich sind. Bei der Untersuchung von Makrofluiden kann auf die für einfache Fluide entwickelten Konzepte zurückgegriffen werden. Phänomene, die bei einfachen Fluiden prinzipiell existieren, aber wegen der kurzen Relaxationszeiten praktisch nicht beobachtbar sind, können in Makrofluiden bei experimentell zugänglichen Frequenzen und Scherraten gemessen werden. Makrofluide werden seit einigen Jahren auch zur Untersuchung von Glasübergängen, Phasenübergängen und spinodaler Entmischung herangezogen [57]. Der Einsatz von strukturierter Materie in der Anwendung macht diese zur Selbstaggregation, d. h. zum Aufbau von komplexen Strukturen neigenden Materialien sehr attraktiv.

Für die Physik der Flüssigkeiten wird weiterhin die enge Zusammenarbeit von Theorie, Computersimulation und Experiment wesentlich sein. In den Anwendungen werden das Verhalten von Flüssigkeiten in der Nähe von Grenzflächen und die Eigenschaften komplexer Flüssigkeiten (s. Abschn. 4.1.2) eine wachsende Bedeutung gewinnen. Für das grundsätzliche Verständnis der Physik der Flüssigkeiten wird das (keineswegs immer einfache) Studium der „einfachen" Flüssigkeiten dennoch unerlässlich bleiben.

Literatur

[1] Hansen, J.P., McDonald, I.R., Theory of Simple Liquids, Academic Press, London, 1986
[2] Murell, J.N., Boucher, E.A., Properties of Liquids and Solutions, Wiley, New York, 1982
[3] Kohler, F., Findenegg, G.H., Fischer, J., Posch, H., Weissenböck, F., The Liquid State, Verlag Chemie, Weinheim, 1972
[4] Evans, D.F., Wennerström, H., The Colloidal Domain, VCH Publishers, New York, 1994
[5] Larson, R.G., Structure and Rheology of Complex Fluids, Oxford University Press, Oxford, 1999
[6] Landau, P.L., Lifschitz, E.M., Statistische Physik, in Theoretische Physik, Bd. 5, Akademie Verlag, Berlin, 1979
[7] Reif, F., Statistische Physik und Theorie der Wärme, Walter de Gruyter, Berlin, 1987
[8] Sommerfeld, A., Thermodynamik und Statistik, Akademische Verlagsgesellschaft, Leipzig, 1962
[9] Becker, R., Theorie der Wärme, Springer, Berlin, 1966
[10] Morrison, F.A., Understanding Rheology, Oxford University Press, New York, 2001
[11] Schmilz, K.S., Introduction to Dynamic Light Scattering by Macromolecules, Academic Press, Boston, 1990
[12] Dörfler, H.-D., Grenzflächen und kolloid-disperse Systeme, Springer, Berlin, 2002
[13] Einstein, A., Annalen der Physik **19**, 289, 1906
[14] Smoluchowski, M., Z. Phys. Chem **92**, 129, 1917
[15] Gelbart, W.M., Ben-Shaul, A., Roux, D., Micelles, Membranes, Microemulsions and Monolayers, Springer, New York, 1994
[16] Hiemenz, P C., Rajagopalan, R., Principles of Colloid and Surface Chemistry, Marcel Dekker, New York, 1997
[17] Hess, S., Kroger, M., Nicht-Newton'sche Effekte in Fluiden, Struktur-Effekte in Flüssigkeiten, in: von Ardenne, M., Musiol, G., Reball, S. (Eds.), Effekte der Physik und ihre Anwendungen, Harri Deutsch Verlag, Frankfurt, 2005
[18] Bibette, J., Leal-Calderon, F., Schmitt, V, Poulin, P, Emulsion Science, Springer, Berlin, 2002
[19] Evans, D.J., Hanley, H.J.M., Hess, S., Non Newtonian Phenomena in Simple Fluids, Physics Today **37**, 27, 1984
[20] Hess, S., Nicht-Gleichgewichts-Molekulardynamik: Computersimulationen von Transportprozessen und Analyse der Struktur von einfachen Fluiden, Physikal. Blätter **44**, 325, 1988

[21] Barnes, H., J. Non-Newtonian Fluid Mech. **81**, 133, 1999
[22] Fuller, G.G., Optical Rheometry in Complex Fluids, Oxford University Press, New York, 1995
[23] Jounglove, B.A., Thermophysical Properties of Fluids, J. Phys. Chem. Ref. Data **11**, Suppl. 1, 1982
[24] Iida, T., Guthrie, R.I.L., The Physical Properties of Liquid Metals, Clarendon Press, Oxford, 1988
[25] Stanley, H.E., Introduction to Phase Transitions and Critical Phenomena, Clarendon Press, Oxford, 1989
[26] Gebhardt, W., Krey, U., Phasenübergänge und kritische Phänomene, Vieweg, Braunschweig, 1980
[27] Kröger, M., Phys. Rep. **390**, 453, 2004
[28] McDonald, J.R., Singer, K., Mol. Phys. **23**, 29, 1972
[29] Weeks, J.D., Chandler, D., Andersen, H.C., J. Chem. Phys. **54**, 5237, 1971
[30] Hess, S., Constraints in Molecular Dynamics, Nonequilibrium Processes in Fluids via Computer Simulations, in: Hoffmann, K.H., Schreiber, M. (Eds.), Computational Physics, Springer, Berlin, 1996, pp. 268–293
[31] Yarnell, J.L., Katz, M.J., Wenzel, R.G., Koenig, S.H., Phys. Rev. A**7**, 2130, 1973
[32] Heermann, D.W., Computer Simulation Methods, Springer, Berlin, 1986
     Binder, K., Phys. J. **3**, 25, 2004
[33] Hess, S., Loose, W., Molecular Dynamics: Test of Microscopic Models for the Material Properties of Matter, in: Axelrad, D.R., Muschik, W. (Eds.), Constitutive Laws and Microstructure, Springer, Berlin, 1988, pp. 93–114
[34] Allen, M.P., Tildesley, D.J., Computer Simulations of Liquids, Oxford Science, Oxford, 1990
[35] Hoover, W.G., Molecular Dynamics, Springer, Berlin, 1986
[36] Hess, S., Int. J. Thermophys. **6**, 657, 1985
[37] Levesque, D., Verlet, L., Phys. Rev. A**2**, 2514,1970
[38] Hess, S., Phys. Lett. A**105**, 113, 1984
[39] Hess, S., Physica A**127**, 509, 1984
[40] Diller, D.F., van Poolen, L.J., Int. J. Thermophys. **6**, 43, 1985
[41] Hess, S., Physica A**118**, 79, 1983
[42] Green, H.S., Handbuch der Physik, Bd. 10, Springer, Berlin, 1960
[43] Zwanzig, R., Mountain, R.D., J. Chem. Phys. **43**, 4464, 1965
[44] Hanley, H.J.M., Rainwater, J.C., Hess, S., Phys. Rev. A**36**, 1795, 1987
[45] Hess, S., Hanley, H.J.M., Phys. Lett. A**98**, 35, 1983
[46] Ackerson, B.J., Clark, N.A., Physica A**118**, 221, 1983
[47] Lindner, P., Markovic, I., Oberthür, R.C., Ottewill, R.H., Rennie, A.R., Progr. Colloid Polym. Sci. **76**, 47, 1988
[48] Hess, O., Loose, W., Weider, T, Hess, S., Physica B**156/157**, 512, 1989
[49] Sköld, K., Rowe, J.M., Ostrowski, G., Randolph, P.D., Phys. Rev. A**6**, 1107, 1972
[50] Flory, P.J., Statistical mechanics of chain molecules, Wiley-Interscience, New York, 1969
[51] Nikolaj, P.G., Pings, C.J., J. Chem. Phys. **46**, 1401,1967
[52] Frederikze, H. et al., Annual Report, Institute Laue-Langevin (ILL), Grenoble, 1987
[53] Markovic, L, Ottwill, R.H., Underwood, S.M., Tadros, T.F., Langmuir **2**, 625, 1986
[54] Bergenholtz, J., Curr. Opin. Coll. & Interf. Sci. **6**, 484, 2001
[55] Bartsch, E., Curr. Opin. Coll. & Interf. Sci. **3**, 577, 1998
[56] Laun, H.M., Rung, R., Hess, S., Loose, W., Hess, O., Hahn, K., Hädicke, E., Hingmann, R., Schmidt, F., Lindner, P., J. Rheol. **36**, 743, 1992
[57] Binder, K., J. Non-Equil. Thermodyn. **23**, 1, 1998
[58] Wheeler, E.K., Fischer, P., Fuller, G.G., J. Non-Newtonian Fluid Mech. **75**, 193, 1998
[59] Sciortino, F., Geiger, A., Stanley, H.E., J. Chem. Phys. **96**, 3857, 1992

5 Superflüssigkeiten

Klaus Lüders

5.1 Einleitung

5.1.1 Historische Bemerkungen

Flüssiges Helium besitzt bei tiefen Temperaturen eine Fülle faszinierender Eigenschaften, die im Vergleich zum Verhalten normaler Flüssigkeiten ganz ungewöhnlich sind. Die historische Entwicklung mit ihren vielen überraschenden Entdeckungen verlief dementsprechend aufregend. Es zeigte sich, dass die Erscheinungsvielfalt der Superfluidität wesentlich durch **makroskopische Quantenphänomene** gekennzeichnet ist. In mancher Hinsicht existieren Ähnlichkeiten mit der Supraleitung in metallischen Systemen. *Erscheinungen der Superfluidität wurden bei beiden Isotopen ^4He und ^3He gefunden.*

Im Gegensatz zur Entdeckung der Supraleitung 1911 durch Onnes ist die Entdeckung der Superfluidität von ^{4}He nicht so eindeutig zu datieren. Schon Onnes, dem 1908 in Leiden als erstem die Verflüssigung von Helium gelungen war, hatte festgestellt, dass die Dichte bei etwa 2.2 K ein Maximum durchläuft und die spezifische Wärmekapazität in der Nähe dieser Temperatur sehr große Werte annimmt. Sein Nachfolger Keesom veröffentlichte 1932 mit Clusius genauere Messungen der spezifischen Wärmekapazität, die bei der Temperatur des Dichtemaximums eine große Anomalie zeigten. Wegen der Ähnlichkeit dieser Kurven mit dem griechischen Buchstaben λ spricht vom vom λ-*Punkt*. Keesom bezeichnete die beiden flüssigen Phasen oberhalb und unterhalb des λ-Punktes mit *He I* und *He II*. Ein erster Hinweis auf die ungewöhnlichen Eigenschaften von He II waren seine Messungen der Wärmeleitfähigkeit, deren extrem große Werte die Messmöglichkeiten der vorhandenen Apparatur überschritten. Die meisten der erstaunlichen Eigenschaften von He II wurden dann in einer hektischen Forschungsperiode zwischen 1936 und 1939 entdeckt. Neben Leiden waren jetzt auch Cambridge, Oxford, Toronto und Moskau Zentren des Geschehens. Genauen Messungen der Wärmeleitfähigkeit folgten die Entdeckungen des thermomechanischen Effektes, des Filmflusses und schließlich der extrem kleinen Viskosität. Der Begriff „Superflüssigkeit" für dieses neue Phänomen geht auf Kapitza zurück, der 1938 gleichzeitig mit Allen und Misener Viskositätsexperimente in der Zeitschrift Nature veröffentlichte.

Zur gleichen Zeit formulierte Tisza sein *Zweiflüssigkeitenmodell*, angeregt durch Londons Überlegungen, die *Bose-Einstein-Kondensation* (s. Abschn. 1.5.5) mit dem λ-Übergang in Zusammenhang zu bringen. Nach diesem Modell besteht He II aus der Mischung einer normalfluiden Komponente und einer „kondensierten" superfluiden Komponente. Später (1941) hat Landau dieses Modell entscheidend weiterentwickelt. Auch das später durch Neutronenstreuexperimente bestätigte He II-Anregungsspektrum wurde von Landau vorgeschlagen (1947). Er erhielt 1962 für seine Arbeiten zur Theorie des He II den Nobelpreis. Mithilfe des Zweiflüssigkeitenmodells lassen sich viele Eigenschaften von He II verstehen, und es ist bis heute Ausgangspunkt für theoretische Überlegungen.

Die Entdeckung der Superfluidität von ^{3}He erfolgte viel später. Erst seit 1949 stand genügend ^{3}He zur Verfügung, um Experimente zu beginnen. In den 60er Jahren wurden zunächst die Eigenschaften von flüssigem ^{3}He in der normalen Phase untersucht. Unterhalb von 1 K zeigt ^{3}He nämlich bereits ein ungewöhnliches Verhalten, das weitgehend dem einer *Fermi-Flüssigkeit* entspricht. Mit der Entwicklung von Kühlmethoden für den mK-Bereich waren schließlich die Voraussetzungen zur Entdeckung der Superfluidität vorhanden. Osheroff, Richardson und Lee fanden 1972 (Nobelpreis 1996) zwei Phasenübergänge bei etwa 2.7 und 1.8 mK. Ein Jahr später zeigten Viskositätsmessungen, dass es sich auch hier um superfluide Phasen handelt. Inzwischen spiegeln sich die vielen neuen und interessanten Eigenschaften dieser Phasen in einer großen Zahl experimenteller und theoretischer Veröffentlichungen wider.

5.1.2 Heliumverflüssigung

Aufgrund der vielfältigen Anwendungen der Tieftemperaturphysik wird Helium heute in technischem Maßstab verflüssigt. Heliumkälteanlagen verschiedener Bauart gehören praktisch zur Grundausrüstung von Universitäts- und Industrielaboratorien. Allein in Deutschland werden jährlich etwa $8 \cdot 10^6$ l flüssiges Helium (1 l entspricht 125 g) für Kühlzwecke eingesetzt, weltweit mehr als $2 \cdot 10^8$ l. Das Helium stammt durchweg aus Erdgasquellen und steht in ausreichender Menge zur Verfügung.

Die Abb. 5.1 zeigt das Schema der auf Collins zurückgehenden Heliumverflüssiger. Das von Kompressoren auf erhöhten Druck (typischer Wert: $30 \cdot 10^5$ Pa) komprimierte Helium wird nach Durchströmen einer Reihe von Gegenstromwärmetauschern vorgekühlt, um sich dann in einem Joule-Thomson-Ventil zu entspannen. Dabei kühlt es so weit ab, dass es zum Teil flüssig wird. Der nicht verflüssigte, aber kalte Gasanteil wird in den Gegenstrom geleitet. Um beim Joule-Thomson-Effekt

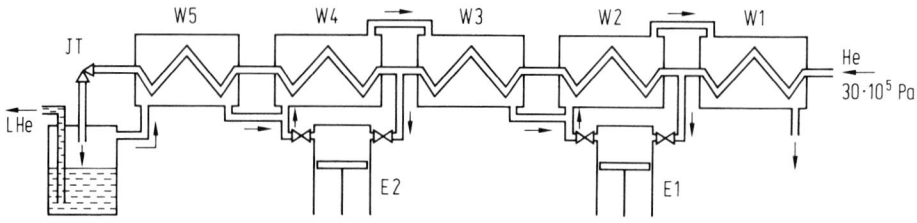

Abb. 5.1 Schema der Heliumverflüssiger nach Collins. LHe = flüssiges Helium, JT = Joule-Thomson-Ventil, W = Gegenstromwärmetauscher, E = Expansionsmaschinen.

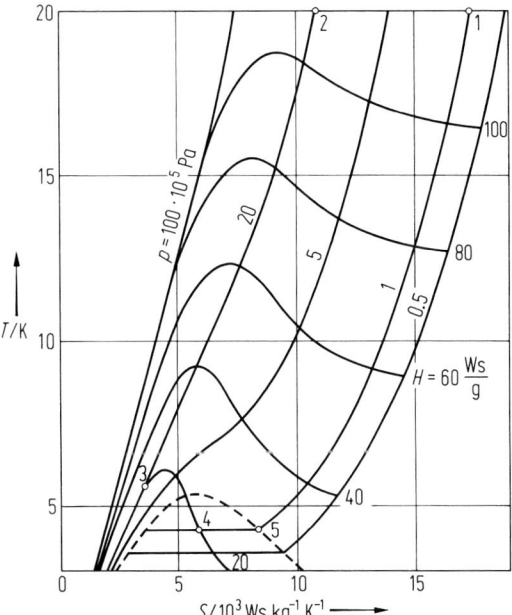

Abb. 5.2 Temperatur-Entropie-Diagramm von Helium. Eingezeichnet sind Isobaren ($p =$ konst.) und Isenthalpen ($H =$ konst.). Unterhalb der gestrichelten Kurve können Gas und Flüssigkeit im Gleichgewicht nebeneinander existieren. Die Zahlen 1 bis 5 markieren den zu einer Heliumverflüssigung gehörenden Kreisprozess, wobei die Kompression $1 \rightarrow 2$ in der Praxis bei Zimmertemperatur stattfindet.

Abkühlung zu erreichen, muss bei der Vorkühlung die Inversionstemperatur von etwa 30 K unterschritten werden. Dazu benutzt man das Prinzip der adiabatischen Expansion unter Abgabe äußerer Arbeit. Dies geschieht in Expansionsmaschinen (entweder Kolbenmaschinen oder in größeren Verflüssigerturbinen), in denen ein abgezweigter Teil des Hochdruckgases abgekühlt und als kaltes Niederdruckgas in den Gegenstrom geleitet wird. Beim Collins-Verflüssiger arbeiten zwei Expansionsmaschinen in verschiedenen Temperaturbereichen. Durch zusätzliche Kühlung mit flüssigem Stickstoff kann die Verflüssigerkapazität noch erheblich vergrößert werden. Sie beträgt typischerweise 20–80 l/h. Mehrstufige Großanlagen, z. B. in Großforschungseinrichtungen, erreichen bis zu mehrere Tausend l/h.

Der zu dem beschriebenen Verfahren gehörende Kreisprozess lässt sich im T-S-Diagramm für Helium verfolgen (Abb. 5.2). Hierin sind Adiabaten ($S =$ konst.) und Isothermen vertikale bzw. horizontale Geraden. Zusätzlich sind Isobaren und Isenthalpen eingezeichnet. Der Koexistenzbereich von flüssiger und gasförmiger Phase liegt unterhalb der gestrichelten Linie. Die einzelnen Schritte sind nun: $1 \rightarrow 2$ Kompression, die Kompressionswärme wird durch Kühlung abgeführt, $2 \rightarrow 3$ isobare Abkühlung im Gegenströmer, $3 \rightarrow 4$ isenthalpe Joule-Thomson-Entspannung, wobei ein Teil des Heliums verflüssigt wird, $4 \rightarrow 5$ Entnahme des flüssigen Heliums, $5 \rightarrow 1$ isobare Aufwärmung des kalten Niederdruckgases im Gegenströmer.

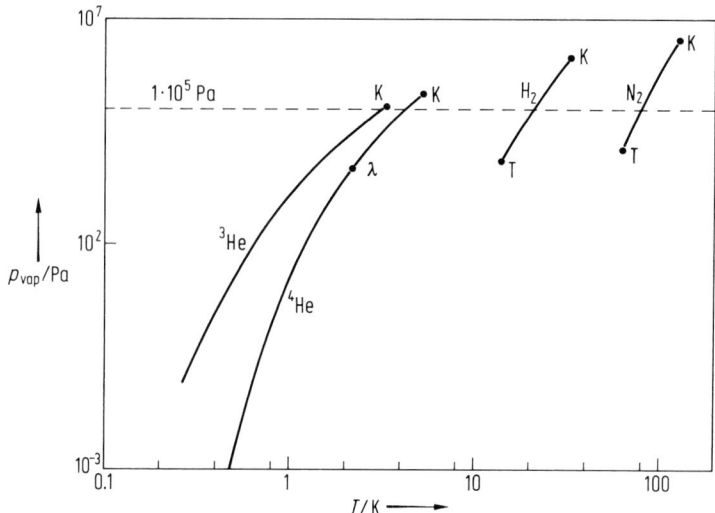

Abb. 5.3 Dampfdruckkurven von ^{3}He und ^{4}He. K = kritischer Punkt, λ = λ-Punkt. Zum Vergleich sind die Dampfdruckkurven von H$_2$ und N$_2$ zwischen dem kritischen Punkt und dem Tripelpunkt (T) mit eingezeichnet. Die Schnittpunkte mit der gestrichelten Geraden ergeben die jeweiligen Siedepunkte bei Atmosphärendruck.

Flüssiges Helium hat bei Atmosphärendruck eine Temperatur von 4.2 K. Die Übergangstemperatur zur Superfluidität (λ-Temperatur) lässt sich durch Druckerniedrigung entsprechend dem Verlauf der Dampfdruckkurve (Abb. 5.3) leicht erreichen. Für Experimente im mK-Bereich, insbesondere mit superfluidem ^{3}He, sind weitere Kühlmethoden notwendig, wie ^{3}He-^{4}He-Entmischung (s. Abschn. 5.4.2), adiabatische Entmagnetisierung und Pomerantchuk-Kühlung.

5.2 Superfluides ^{4}He (Helium II)

5.2.1 Superfluidität und der λ-Übergang

Die Abb. 5.4 zeigt das Phasendiagramm von ^{4}He. Im Gegensatz zu anderen Flüssigkeiten existiert hier kein Tripelpunkt, ^{4}He bleibt bei Drücken unterhalb von etwa $25 \cdot 10^5$ Pa bis zum absoluten Nullpunkt flüssig. Die superfluide Phase (He II) ist von der normalfluiden Phase (He I) durch einen Phasenübergang zweiter Ordnung (λ-Linie) getrennt. Erfolgt die Abkühlung von He I durch Druckerniedrigung entlang der Dampfdruckkurve, so tritt dieser Übergang bei dem Druck $p = 49$ hPa und der Temperatur $T = 2.17$ K (λ-Punkt) auf.

Die markanteste Eigenschaft von He II ist zweifellos die *völlige Reibungslosigkeit*, mit der es sogar durch engste Kapillaren strömen kann. Strömungsmessungen durch Kapillaren mit Durchmessern zwischen 0.1 und 4 µm ergaben, dass die Viskosität

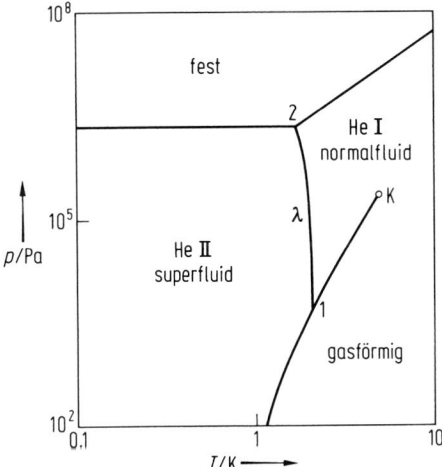

Abb. 5.4 Phasendiagramm von ⁴He. K = kritischer Punkt (5.2 K, $2.3 \cdot 10^5$ Pa), $\lambda = \lambda$-Linie, 1: 2.17 K, 49 hPa, 2: 1.77 K, $30 \cdot 10^5$ Pa.

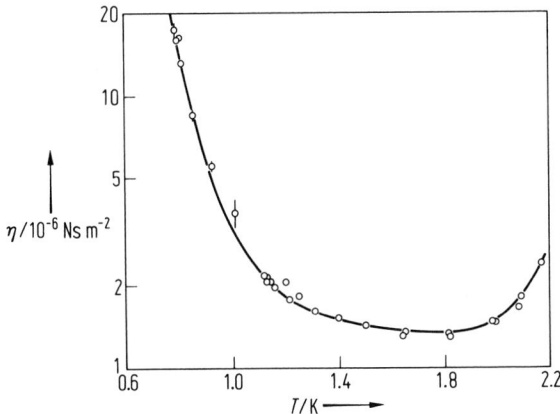

Abb. 5.5 Temperaturabhängigkeit der Viskosität η von He II, wie sie sich aus Messungen mit einem Rotationsviskosimeter ergibt (nach Woods und Hollis-Hallett [1]).

in He II mindestens um den Faktor 10^{11} kleiner ist als in He I. Auch in Dauerstrom-experimenten konnte gezeigt werden, dass He II praktisch reibungsfrei strömen kann. Der Nachweis von ringförmigen He II-Dauerströmen gelang dabei mit großer Empfindlichkeit gyroskopisch, d. h. über deren Kreiselpräzession.

Eine Besonderheit tritt allerdings auf, wenn andere Methoden zur Viskositäts-bestimmung benutzt werden, wie z. B. Torsionsschwingungen, schwingende Drähte oder Rotationsviskosimetrie. In Abb. 5.5 ist ein mit der letzten Methode gewonnenes Ergebnis eingetragen. Es zeigt endliche Viskositätswerte, die mit denen von ⁴He-Gas vergleichbar sind. He II kann offenbar beides, viskos und nicht-viskos reagieren, je nach Experiment. Dieser scheinbare Widerspruch lässt sich aber im Rahmen des Zweiflüssigkeitenmodells (s. Abschn. 5.2.2) zwanglos deuten.

Eine Reihe weiterer physikalischer Größen zeigt beim λ-Übergang ein charakteristisches Verhalten. So nimmt z. B. die Wärmeleitfähigkeit extrem hohe Werte an (s. Abschn. 5.2.5). In den Abb. 5.6 und 5.7 sind weitere experimentelle Befunde dargestellt.

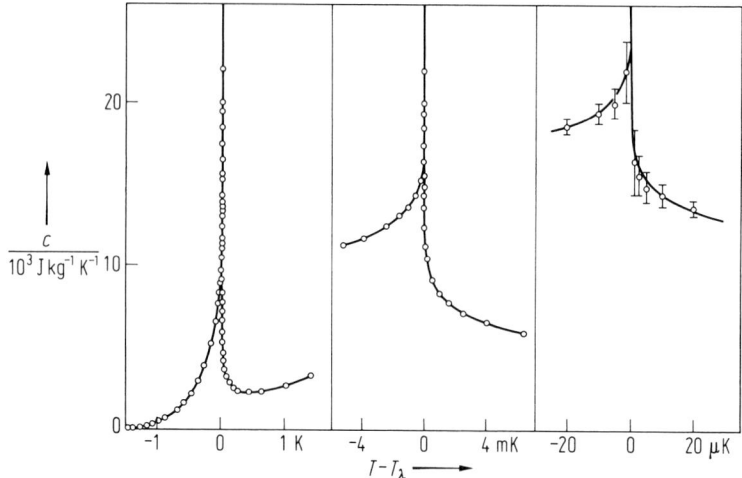

Abb. 5.6 Temperaturabhängigkeit der spezifischen Wärmekapazität c von He II in der Umgebung der λ-Temperatur (nach Buckingham und Fairbank [2]).

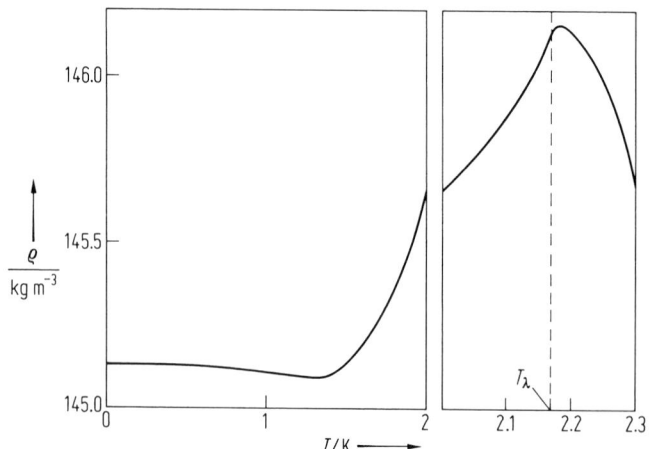

Abb. 5.7 Temperaturabhängigkeit der Dichte ϱ von He II. Das rechte Teilbild zeigt den Verlauf von ϱ in der Umgebung der λ-Temperatur (gestreckte Temperaturskala).

5.2.2 Das Zweiflüssigkeitenmodell

He II besteht nach dem Zweiflüssigkeitenmodell in seiner einfachsten Formulierung aus einer Mischung zweier nicht miteinander wechselwirkenden Flüssigkeiten, wovon sich die eine wie eine ideale, reibungsfreie Flüssigkeit (superfluide Komponente) und die andere wie eine normale, viskose Flüssigkeit (normalfluide Komponente) verhält. Außerdem wird postuliert, dass die superfluide Komponente keine Entropie trägt, während die normalfluide Komponente die gesamte Entropie der Flüssigkeit enthält. Die beiden Komponenten werden danach durch folgende Größen charakterisiert: superfluide Komponente mit Dichte ϱ_s, Entropie $S = 0$, Geschwindigkeit $\boldsymbol{v}_\mathrm{s}$ und Viskosität $\eta = 0$; normalfluide Komponente mit Dichte ϱ_n, Entropie $S > 0$, Geschwindigkeit $\boldsymbol{v}_\mathrm{n}$ und Viskosität $\eta > 0$. Die Gesamtdichte ist

$$\varrho = \varrho_\mathrm{s} + \varrho_\mathrm{n}.$$

Die Temperaturabhängigkeit von ϱ_n (und damit auch von ϱ_s) ergibt sich experimentell, z. B. aus Messungen der Schallgeschwindigkeit des zweiten Schalls (s. Abschnitt 5.2.9) oder direkter aus dem grundlegenden Experiment von Andronikashvili (Abb. 5.8). Mit abnehmender Temperatur nimmt ϱ_s zu und ϱ_n ab. Bei $T \lesssim 1$ K geht ϱ_n gegen Null, während am λ-Punkt ($T = T_\lambda$) die superfluide Dichte ϱ_s verschwindet. Die Massenflussdichte $\boldsymbol{j}$ setzt sich ebenfalls aus zwei Anteilen zusammen:

$$\boldsymbol{j} = \varrho_\mathrm{s}\,\boldsymbol{v}_\mathrm{s} + \varrho_\mathrm{n}\,\boldsymbol{v}_\mathrm{n}.$$

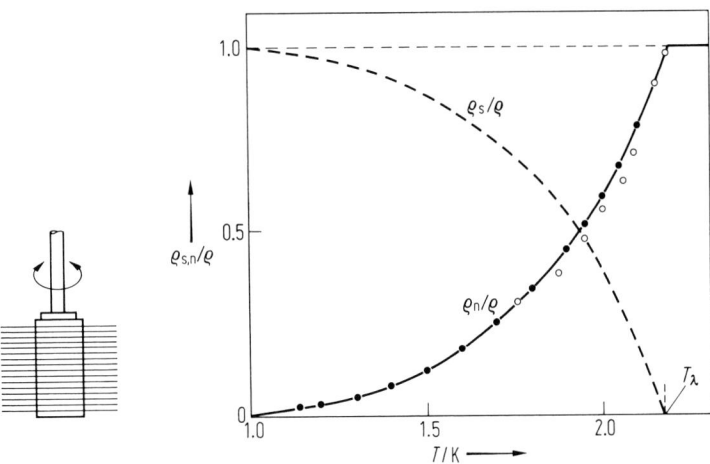

Abb. 5.8 *Links:* Schema des Experiments von Andronikashvili. Ein Satz von 50 parallelen und starr miteinander verbundenen Metallplatten (Durchmesser 35 mm, Dicke 0.013 mm, Abstand 0.21 mm) taucht als Torsionspendel (Schwingungsdauer $\approx$ 30 s) in flüssiges Helium ein. Entsprechend dem Zweiflüssigkeitenmodell nimmt die normalfluide Komponente an der Drehbewegung teil und verändert je nach Konzentration das Trägheitsmoment. *Rechts:* Ergebnis dieses Experiments. ϱ_n = Dichte der normalfluiden Komponente, ϱ_s = Dichte der superfluiden Komponente, ϱ = Gesamtdichte. Die vollen Punkte stammen aus Geschwindigkeitsmessungen des 2. Schalls (nach Andronikashvili und Peshkov [3]).

Das Zweiflüssigkeitenmodell ist sehr anschaulich. Es muss aber erwähnt werden, dass es nur als Modell verstanden werden darf. He II lässt sich nicht wirklich in die beiden Komponenten zerlegen. Es gibt nur eine Sorte von ^{4}He-Atomen, die alle identisch sind und zum Verhalten beider Komponenten beitragen.

Die verschiedenen Ergebnisse der Viskositätsmessungen (s. Abschn. 5.2.1) werden mit dem Zweiflüssigkeitenmodell verständlich: In den Kapillaren bewegt sich nur die superfluide Komponente, während bei den anderen Experimenten die innere Reibung in der normalfluiden Komponente gemessen wird. Ebenso zwanglos lassen sich neben dem schon erwähnten zweiten Schall der thermomechanische Effekt (siehe Abschn. 5.2.3) und die Wärmeleitfähigkeit (s. Abschn. 5.2.5) deuten.

Die beiden Komponenten können strömungstechnisch entsprechend den Formalismen für ideale bzw. viskose Flüssigkeiten behandelt werden. Die Strömungsgleichungen enthalten allerdings einen Term, der von der Relativgeschwindigkeit $v_n - v_s$ abhängt. Wird diese Differenz zu groß, tritt eine gegenseitige Reibung zwischen beiden Komponenten ein, die nach Gorter und Mellink durch Einfügen einer Reibungskraft berücksichtigt werden kann. Mikroskopisch wird diese gegenseitige Reibung mit dem Auftreten von Wirbelfäden in der superfluiden Komponente in Zusammenhang gebracht (s. Abschn. 5.2.7).

Nach Überlegungen von London sollte die superfluide Komponente dem kondensierten Anteil der Bose-Einstein-Kondensation entsprechen. Es gibt tatsächlich experimentelle Hinweise auf einen solchen kondensierten Anteil (Abb. 5.9). Der sich dabei ergebende Wert von weniger als 15% bei $T = 0$ ist allerdings sehr gering. Dies ist offenbar auf die Wechselwirkung der He-Atome untereinander zurückzuführen, die beim idealen Bose-Einstein-Gas nicht vorhanden ist.

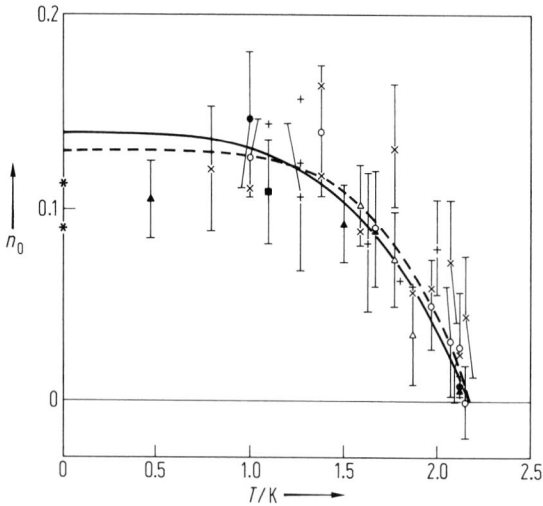

Abb. 5.9 Temperaturabhängigkeit des Anteils n_0 kondensierter He-Atome in He II, wie sie sich u. a. aus Neutronenstreuexperimenten ergibt. Die Punkte bei $T = 0$ sind theoretische Werte. Die gestrichelte Kurve wurde aus Messungen der Oberflächenspannung berechnet (nach Svensson und Sears [4]).

5.2.3 Der thermomechanische Effekt

Zwei mit He II gefüllte Behälter seien durch ein sehr feines Kapillarensystem miteinander verbunden (Abb. 5.10a). In der Praxis verwendet man Schlitze zwischen
glatten Oberflächen oder poröse Filter aus Sintermaterial oder gepressten Pulvern
(z. B. Aluminiumoxid oder Polierrot). Solche Anordnungen sind für He II durchlässig, nicht aber für He I. Man bezeichnet sie auch als „Superleck". Wird nun in
einem der beiden Gefäße die Temperatur um ΔT erhöht, z. B. durch eine elektrische
Heizung oder durch Wärmestrahlung, so stellt man ein Überströmen in das wärmere
Gefäß bis zu einem Gleichgewichtsdruck $p + \Delta p$ fest. Quantitativ wird Δp durch
den auf London zurückgehenden Ausdruck

$$\Delta p = \int_{T_1}^{T_2} \varrho\, s\, dT \quad \text{bzw.} \quad \Delta p = \varrho\, s\, \Delta T \text{ (für kleine } \Delta T)$$

beschrieben, wobei $s - S/m$ die spezifische Entropie ist. Diese Gleichungen folgen
aus dem Zweiflüssigkeitenmodell, wenn man die chemischen Potentiale auf beiden
Seiten des Kapillarensystems gleichsetzt. Anschaulich wirkt das Kapillarensystem
wie eine semipermeable, nur für die superfluide Komponente durchlässige Wand.
Der Druckaufbau erfolgt dann analog zum osmotischen Druck.

Die Druckänderung Δp kann beachtliche Werte erreichen, die sich in Schauex-
perimenten durch eindrucksvolle Fontänen demonstrieren lassen (daher auch die
Namen *Fontäneneffekt* und „Fontänendruck") (Abb. 5.10b). Für $T_1 = 0.2$ K und
$T_2 = 0.95$ K beispielsweise ist $\Delta p \approx 2.7$ hPa. In weniger feinen Kapillarensystemen
(„nichtideale Superlecks") sind die experimentellen Werte für Δp reduziert, weil jetzt

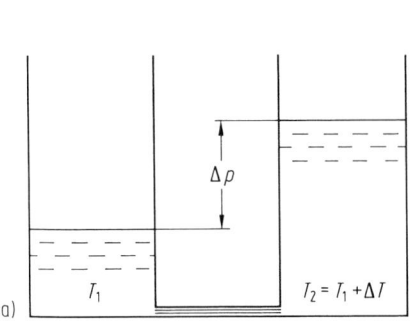

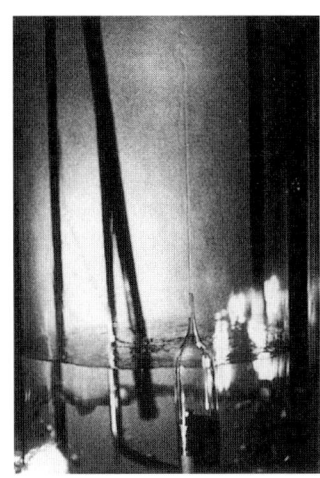

Abb. 5.10 Der thermomechanische Effekt. (a) Schematisch: In zwei durch ein Kapillarensystem verbundenen He II-Gefäßen stellt sich bei einer Temperaturdifferenz ΔT eine Druckdifferenz Δp ein. (b) Demonstrationsexperiment: Der Überdruck auf der wärmeren Seite, erzeugt
durch eine im Glasrohr montierte elektrische Heizung, führt zu einer He-Fontäne. Sie lässt
sich bei etwas höherer Heizleistung leicht bis zum Kryostatendeckel erhöhen (Foto: Szücs,
Tieftemperaturlabor der Freien Universität Berlin).

auch die normalfluide Komponente strömen kann, und zwar in entgegengesetzter Richtung entsprechend dem Hagen-Poiseuille-Gesetz.

Eine direkte Anwendung des thermomechanischen Effektes beruht auf der Pumpwirkung (s. Abb. 5.19). Der Vorteil solcher Fontäneneffektpumpen liegt darin, dass sie keinerlei bewegliche Teile benötigen.

5.2.4 Phononen und Rotonen – die Dispersionskurve

Zu den wichtigsten Methoden, Aussagen über die Eigenschaften von He II zu erhalten, gehören Neutronenstreuexperimente. Abb. 5.11 zeigt Ergebnisse für den Bereich inelastischer Streuung. Man verwendet einen monochromatischen Neutronenstrahl und beobachtet in Abhängigkeit vom Winkel die Energie der gestreuten Neutronen. Daraus ergibt sich direkt der Energie-Impuls-Zusammenhang $E(p)$ der Stoßpartner (s. Band VI, Abschn. 1.2.24). $E(p)$ besitzt für He II eine ganz charakteristische Form: E steigt zunächst linear mit p an, wie man es auch von Festkörpern kennt, wobei die Steigung die Schallgeschwindigkeit c ergibt:

$$E = c\,p\,.$$

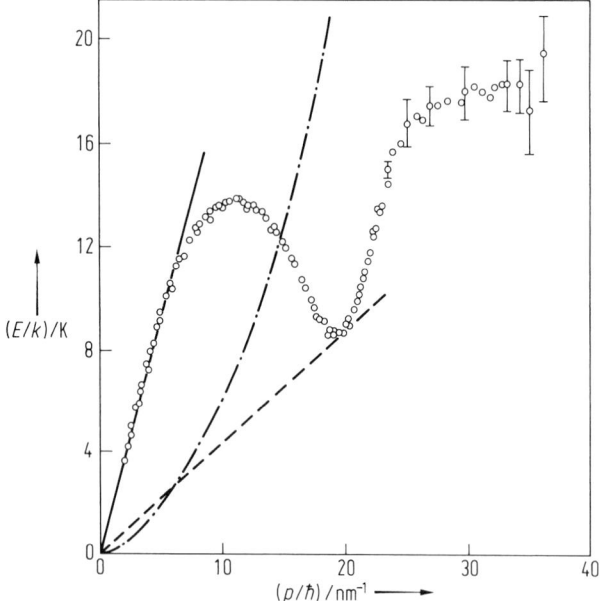

Abb. 5.11 Die Dispersionskurve der thermischen Anregungen in He II, wie sie sich aus Experimenten inelastischer Neutronenstreuung ergibt (k = Boltzmann-Konstante, $\hbar = h/2\,\pi$, h = Planck-Konstante). Strichpunktiert: der Zusammenhang von E und p für freie ^{4}He-Atome (Anregungsenergie $E = p^2/2\,m_4$). Gestrichelt: Ermittlung der Landau'schen kritischen Geschwindigkeit $v_{\mathrm{L}} = \Delta/p_0$ (nach Cowley und Woods [5]).

Die Kurve durchläuft dann ein Maximum und ein Minimum. Der Verlauf in der Umgebung des Minimums lässt sich durch

$$E = \Delta + \frac{(p - p_0)^2}{2m^*}$$

beschreiben, mit der effektiven Masse m^*. Zum Vergleich ist die Parabel, die man für freie ^{4}He-Atome erwarten würde, mit eingezeichnet. Die Messungen ergeben folgende Zahlenwerte:

$$c = 239\,\text{m/s}, \quad \Delta/k = 8.7\,\text{K}, \quad p_0/\hbar = 19.1\,\text{nm}^{-1}, \quad m^* = 0.16\,m_4.$$

Dabei ist $m_4 = 6.65 \cdot 10^{-27}\,\text{kg}$ die Masse des ^{4}He-Atoms.

Die Dispersionskurve (Abb. 5.11) spiegelt thermische Anregungen im He II wider. Sie wurde von Landau bereits in der charakteristischen Form vorhergesagt. Neben den zum linearen Teil gehörenden Phononen führte er für die zum Minimum gehörenden Anregungen den Namen *Rotonen* ein. Im Bild des Zweiflüssigkeitenmodells sind die Phononen und Rotonen die normalfluide Komponente. Aus dem Verlauf der Dispersionskurve können weitere wichtige He II-Parameter quantitativ berechnet werden, wie z. B. die normalfluide Dichte ϱ_n, die Entropie S und die spezifische Wärmekapazität c. Ferner lässt sich zeigen, dass die Form der Dispersionskurve überhaupt die Voraussetzung für das Auftreten von Superfluidität ist. Danach kann nämlich, wie Landau gezeigt hat, ein durch He II bewegter Körper erst von einer endlichen Mindestgeschwindigkeit v_L an Impuls übertragen:

$$v_L \approx \frac{\Delta}{p_0} = (60 - 46)\,\text{m s}^{-1} \quad (\text{für } p = 0\text{-}25 \cdot 10^5\,\text{Pa}).$$

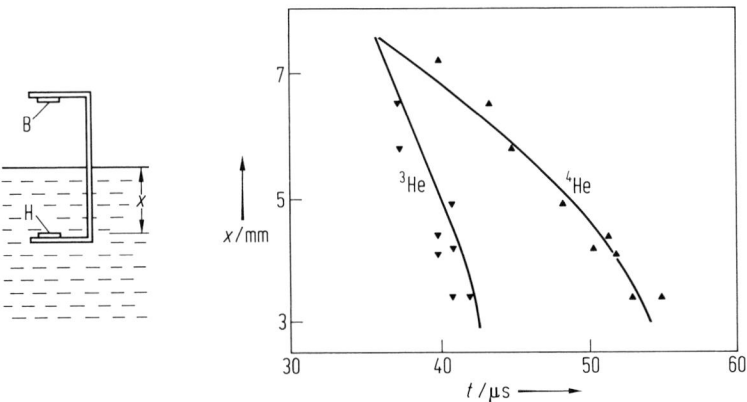

Abb. 5.12 Schema und Ergebnis des Experiments zum Nachweis der quantisierten He-Verdampfung. H = Heizer, B = Bolometer. Für einen festen Abstand von Heizer und Bolometer wurde für verschiedene Eintauchtiefen x die für einen Phonon-Atom-Stoß aus dem Energiesatz folgende Zeit t zwischen Heizimpuls und Bolometersignal berechnet (ausgezogene Kurven). Die dafür notwendige Phononen-Gruppengeschwindigkeit $dE(p)/dp$ ergibt sich aus der Dispersionskurve (Abb. 5.11). Die Messpunkte stimmen sowohl für ^{4}He- als auch für ^{3}He-Atome gut mit der Rechnung überein (nach Baird et al. [6]).

Experimente mit negativen Ionen als bewegte Körper im He II bestätigten diese
Werte sehr genau. Für freie Teilchen ($E \sim p^2$) wäre $v_{\mathrm{L}} = 0$.

Außer der besprochenen Dispersionskurve existiert heute eine Vielfalt von Ergebnissen aus Neutronenstreuexperimenten, insbesondere auch bei höheren Energien. Ein Beispiel wurde bereits in Abb. 5.9 erwähnt. Wie bei anderen Flüssigkeiten
sind die He II-Strukturfaktoren ausführlich vermessen worden, wobei zusätzlich
Röntgen- und Laserstrahluntersuchungen eingesetzt wurden.

Ein besonderes Phononenexperiment sei noch herausgegriffen, nämlich der Nachweis der quantisierten Verdampfung von He-Atomen. Dieser Vorgang ist analog
zum Photon-Elektron-Stoß beim Photoeffekt. Mit Heizimpulsen wurden Phononen
erzeugt und mit einem Bolometer die abgedampften Atome nachgewiesen
(Abb. 5.12). Die freie Weglänge der Phononen beträgt oberhalb einer kritischen
Energie ($E/k \geq 9.5$ K) einige cm. Sie können daher die Flüssigkeitsoberfläche leicht
erreichen und He-Atome (Bindungsenergie für ein ^{4}He-Atom: $E_{\mathrm{B}}/k = 7.15$ K) he-
rausschlagen.

5.2.5 Wärmeleitfähigkeit

Zu den bemerkenswertesten Eigenschaften von He II gehört auch die äußerst große
Wärmeleitfähigkeit. Sie ist etwa um den Faktor 10^6 bis 10^7 größer als die von He I
und übertrifft sogar die Wärmeleitfähigkeit von Kupfer um Faktoren in der Größenordnung von 100. Aufgrund dieser Eigenschaft lässt sich in einem He II-Bad
praktisch kein Temperaturgradient aufrechterhalten. Als Folge davon tritt auch das
für normale Flüssigkeiten wohlbekannte Blasensieden nicht auf. Zugeführte Wärme
verteilt sich augenblicklich im gesamten He-Bad und Verdampfung findet nur noch
an der Oberfläche statt. Es ist sehr eindrucksvoll, in einem Glaskryostat bei Abkühlung unter die λ-Temperatur den abrupten Übergang von dem bewegten, normal
siedenden He I zu dem vollkommen ruhigen und blasenfreien He II zu beobachten
(Abb. 5.13).

Abb. 5.13 Flüssiges Helium in einem Glaskryostat. *Links:* Normal siedendes He I ($T > T_\lambda$).
Rechts: In He II findet wegen der großen Wärmeleitfähigkeit keine Blasenbildung mehr statt
(Fotos: Szücs, Tieftemperaturlabor der Freien Universität Berlin).

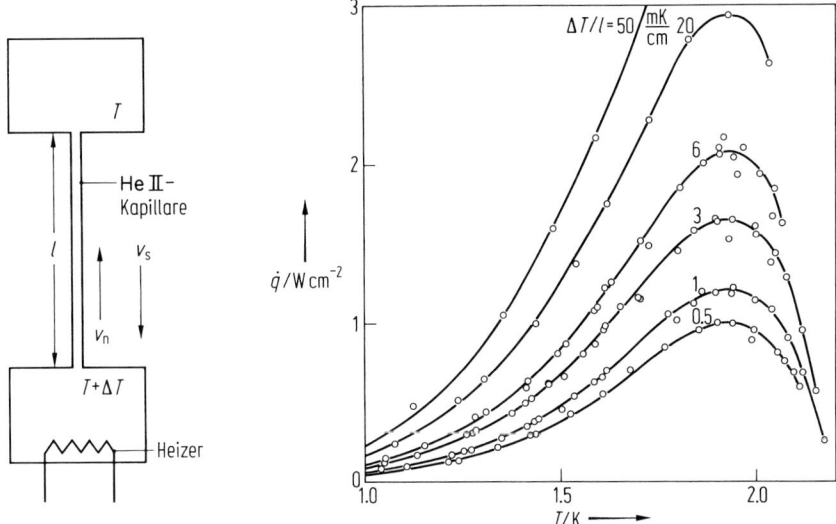

Abb. 5.14 Temperaturabhängigkeit der Wärmestromdichte $\dot{q}$ in einer Kapillare (Durchmesser $\approx 1\,\text{mm}$) für verschiedene Temperaturgradienten. Die Maximalwerte liegen bei etwa 1.9 K. *Links:* Das Schema der Messanordnung. Superfluide und normalfluide Komponenten bewegen sich in der Kapillare im Gegenstrom (nach Keesom et al. [7]).

Quantitative Angaben lassen sich aus Experimenten mit He II-gefüllten Glaskapillaren erhalten, die die Einstellung messbarer Temperaturgradienten erlauben. Abb. 5.14 zeigt Ergebnisse für Kapillaren von etwa 1 mm Durchmesser. Die erzielbare Wärmestromdichte besitzt eine charakteristische Temperaturabhängigkeit, die dadurch gekennzeichnet ist, dass für alle Temperaturgradienten Maximalwerte bei etwa 1.9 K auftreten. Die zugehörigen Wärmeleitfähigkeiten erreichen Werte bis $\lambda = 2 \cdot 10^5\,\text{W/m} \cdot \text{K}$ (unterste Kurve in Abb. 5.14).

Die große Wärmeleitfähigkeit von He II ist entsprechend dem Zweiflüssigkeitenmodell auf einen speziellen Konvektionsmechanismus zurückzuführen, nämlich auf den Gegenstrom von normal- und superfluider Komponente, der für nicht zu große Geschwindigkeiten reibungsfrei stattfinden kann. Der Wärmetransport erfolgt durch die normalfluide Komponente, wobei der Wärmestrom $\dot{Q}$ mit dem Massenstrom $\dot{m}_\text{n}$ dieser Komponente durch die Beziehung

$$\dot{Q} = s\,T\,\dot{m}_\text{n}$$

verknüpft ist. In einer Kapillare ist diese Strömung lediglich durch die Hagen-Poiseuille-Reibung der normalfluiden Komponente begrenzt. Es gilt:

$$\dot{m}_\text{n} = Z\,\frac{\varrho\,s\,\Delta p}{\eta\,l}.$$

Dabei ist Z ein Geometriefaktor, der z. B. für einen kreisförmigen Querschnitt mit Radius R den Wert $Z = \pi R^4/8$ annimmt. Damit ergibt sich für den mitgeführten

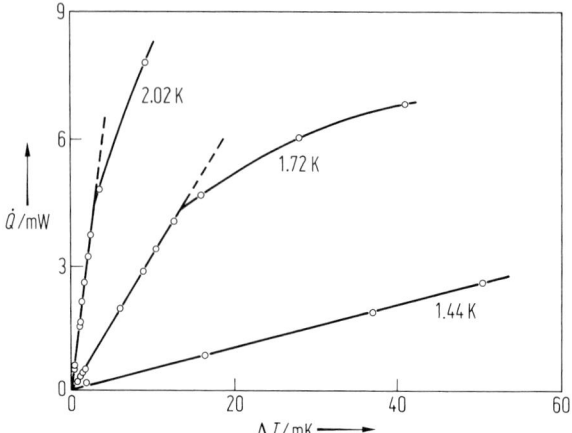

Abb. 5.15 Wärmestrom $\dot{Q}$ in Abhängigkeit von der Temperaturdifferenz ΔT in einem 2.4 μm weiten Spalt. Für höhere Werte ist der Zusammenhang nicht mehr linear (nach Winkel et al. [8]).

Wärmestrom unter Berücksichtigung der London-Gleichung ($\Delta p = \varrho s\,\Delta T$) der Ausdruck

$$\dot{Q} = Z\,\frac{T(\varrho s)^2\,\Delta T}{\eta\,l}.$$

Mithilfe dieser Gleichung kann z. B. in relativ einfacher Weise durch Messung von ΔT und $\dot{Q}$ die Temperaturabhängigkeit der Viskosität η bestimmt werden. Die Ergebnisse stimmen gut mit Werten überein, die sich aus anderen η-Messungen ergeben. Der Gültigkeitsbereich ist allerdings auf kleine Geschwindigkeiten beschränkt. Sobald die gegenseitige Reibung von normal- und superfluider Komponente einsetzt, ist der Zusammenhang von $\dot{Q}$ und ΔT nicht mehr linear. Abb. 5.15 zeigt entsprechende Messergebnisse. Auch die Messkurven in Abb. 5.14 gehören bereits in diesen nichtlinearen Bereich.

5.2.6 Der Kapitza-Widerstand

Durch seine große Wärmeleitfähigkeit ist He II ein sehr effektives Kühlmittel (s. Abschn. 5.2.11). Allerdings gibt es eine oft störende Behinderung des Wärmestromes an der Grenzfläche zwischen dem zu kühlenden Objekt und dem He II-Bad. An dieser Grenzfläche existiert – wie im übrigen bei allen Grenzflächen zwischen zwei verschiedenen Materialien – ein thermischer Übergangswiderstand, der so genannte *Kapitza-Widerstand*:

$$R_K = \frac{A\,\Delta T}{\dot{Q}},$$

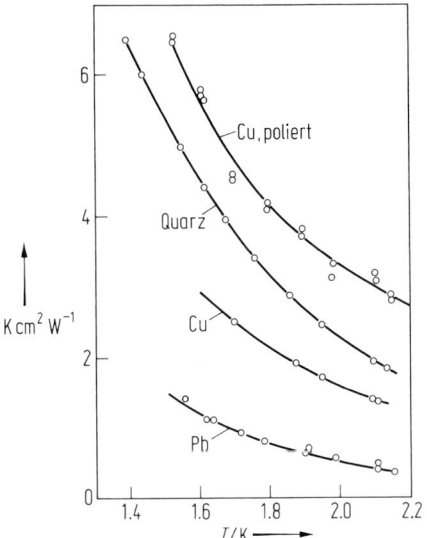

Abb. 5.16 Temperaturabhängigkeit des Kapitza-Widerstandes R_K (thermischer Übergangs-widerstand) zwischen verschiedenen Materialoberflächen und He II (nach Challis et al. [9]).

wobei A die Grenzfläche ist. Er hat je nach Wärmestrom $\dot{Q}$ durch die Grenzfläche einen Temperatursprung ΔT zur Folge. Die Werte von R_K hängen natürlich vom jeweiligen Material und dessen Oberflächenbeschaffenheit ab, sie lassen sich aber nicht auf Null reduzieren. Einige Beispiele enthält Abb. 5.16. Mit abnehmender Temperatur nimmt R_K stark zu. So wird z. B. für Cu–He II bei 0.1 K ein Wert in der Größenordnung von $R_K = 10^5$ K cm²/W erreicht, was für eine Wärmestromdichte von $\dot{q} = 1\,\mu$W/cm² bereits zu einem Temperatursprung von $\Delta T = 0.1$ K führt.

Der Mechanismus des Kapitza-Widerstandes ist bis heute nicht befriedigend geklärt. Sicher handelt es sich um eine akustische Fehlanpassung, bei der die für den Wärmetransport zuständigen Phononen teilweise an der Grenzfläche reflektiert werden. Theoretische Behandlungen dieses Prozesses führen in einigen Fällen zu brauchbarer Übereinstimmung mit den Experimenten, nicht allerdings, wenn He II beteiligt ist. Bei He II sind die theoretischen Werte stets, und zum Teil sogar erheblich größer als die experimentellen. Dies mag ein Indiz dafür sein, dass bei He II weitere, nur hier auftretende Mechanismen eine Rolle spielen.

5.2.7 Kritische Geschwindigkeiten

Die Bestimmung kritischer physikalischer Größen, die den Zustand der Superfluidität von He II eindeutig begrenzen, ist ungleich schwieriger als im Fall der Supraleitung, wo kritische Werte für Stromdichten oder Magnetfelder durch relativ einfache Experimente bestimmbar sind. Bei He II ist neben kritischen Werten für den

Wärmestrom $\dot{Q}_c$ und die Winkelgeschwindigkeit ω_c (s. Abschn. 5.2.10) vor allem nach kritischen Strömungsgeschwindigkeiten zu fragen.

Die maximale Landau-Geschwindigkeit $v_L \cong 60\,\text{m/s}$ wurde bereits in Abschn. 5.2.4 im Zusammenhang mit der Dispersionskurve besprochen. In vielen Experimenten treten aber erheblich kleinere kritische Geschwindigkeiten auf. So hängt offenbar in Abb. 5.15 das Abknicken der $\dot{Q}(\Delta T)$-Kurven vom linearen Verlauf mit dem Überschreiten einer kritischen Geschwindigkeit zusammen. Bei 1.72 K ergibt sich z. B. für v_s der kritische Wert $v_{sc} \cong 15\,\text{cm/s}$.

Eine direkte Bestimmung von v_{sc} ergibt sich aus den Maximalgeschwindigkeiten der Dauerstromexperimente. In Abb. 5.17 sind einige Beispiele angegeben. Man sieht

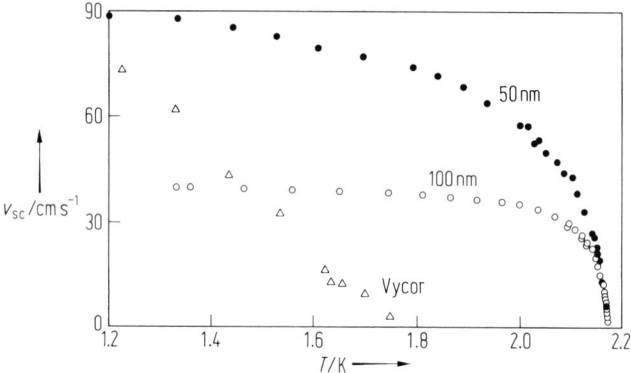

Abb. 5.17   Kritische Geschwindigkeiten v_{sc} in Abhängigkeit von der Temperatur für Filtermaterial mit 50 bzw. 100 nm Porenweite und Vycor-Glas (nach Langer und Reppy [10]).

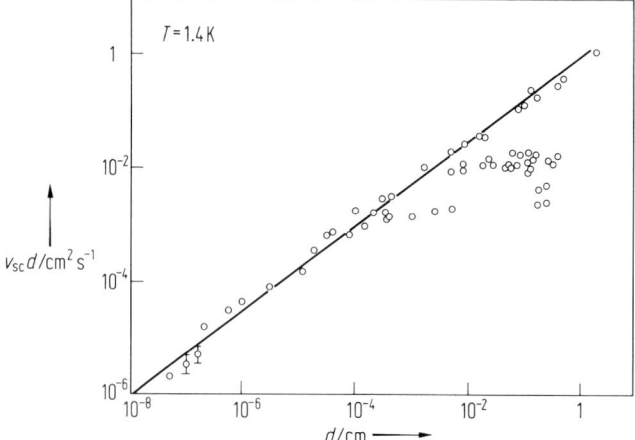

Abb. 5.18   Zusammenhang von kritischer Geschwindigkeit v_{sc} und Durchmesser des Strömungskanals d. Das Produkt $v_{sc} \cdot d$ ist in doppelt logarithmischer Auftragung als Funktion von d angegeben. Die gerade Linie zeigt den Zusammenhang $v_{sc} \sim d^{-1/4}$ (nach de Bruyn Ouboter et al. [11]).

neben der Abhängigkeit von der Temperatur auch den Einfluss der Geometrie. Auch aus einer Reihe weiterer Experimente, wie z. B. aus Filmfluss, Schallanregungen oder Viskositätsmessungen ergeben sich kritische Geschwindigkeiten mit Werten ähnlicher Größenordnung. Generell findet man eine Zunahme von v_{sc} mit abnehmenden geometrischen Abmessungen, v_{sc} variiert dabei von einigen mm/s (für Gefäßabmessungen von ≈ 1 cm) bis ≈ 50 cm/s (in He II-Filmen von ≈ 1 nm Dicke). In Abb. 5.18 sind Ergebnisse verschiedener Messmethoden zusammengetragen. Sie lassen sich über einen weiten Bereich durch den Zusammenhang $v_{\mathrm{sc}} \sim d^{-1/4}$ (d = Durchmesser der jeweiligen Strömungskanäle) beschreiben.

Bei Überschreiten der kritischen Geschwindigkeit setzt die gegenseitige Reibung zwischen normal- und superfluider Komponente ein, wodurch die Strömung dissipativ wird. Nach Gorter und Mellink ist diese Reibungskraft proportional zur dritten Potenz der Geschwindigkeitsdifferenz:

$$F_{\mathrm{ns}} = A \varrho_{\mathrm{n}} \varrho_{\mathrm{s}} (v_{\mathrm{n}} - v_{\mathrm{s}})^3 ,$$

A ist die Gorter-Mellink-Konstante, ein experimentell zu bestimmender Faktor. Der mikroskopische Ursprung dieser Kraft ist eine turbulente Strömung der superfluiden Komponente, die durch ein Gewirr von verschlungenen Wirbellinien gekennzeichnet ist. Die Wirbeldichte L, definiert als die in einem Volumen vorhandene Gesamtwirbellänge bezogen auf dieses Volumen, ist proportional zu $(v_{\mathrm{n}} - v_{\mathrm{s}})^2$. Die Wirbelkerne wechselwirken nun mit der normalfluiden Komponente, wodurch die gegenseitige Reibungskraft zustande kommt. Abb. 5.19 enthält Messergebnisse dieser Wirbeldichte in Abhängigkeit von v_{s}. L wurde dabei aus der durch die Dissipation her-

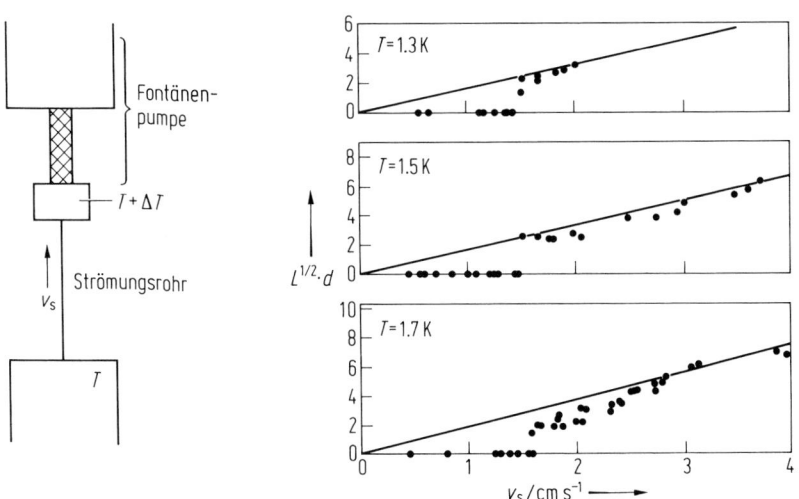

Abb. 5.19 Der Einsatz dissipativer Strömung bei ausschließlicher Bewegung der superfluiden Komponente. Aufgetragen ist die dimensionslose Größe $L^{1/2} \cdot d$ (L = Wirbeldichte, d = Rohrdurchmesser) in Abhängigkeit von der Geschwindigkeit v_{s} der superfluiden Komponente. *Links:* Schema der Messanordnung. Mithilfe einer Fontänenpumpe (d. h. des thermomechanischen Effektes) wird die superfluide Komponente in Strömung versetzt (nach Baehr et al. [12]).

vorgerufenen Temperaturdifferenz an den Enden des Strömungskanals bestimmt. Man sieht deutlich den Einsatzpunkt der dissipativen Strömung. Er zeigt praktisch keine Temperaturabhängigkeit.

5.2.8 Filmfluss

Eine besonders eigentümliche Eigenschaft von He II ist der Filmfluss, der sich über alle vom Heliumbad aus erreichbaren Flächen, insbesondere auch gegen die Gravitationskraft, erstreckt. Voraussetzung ist lediglich, dass die Temperatur kleiner als T_λ ist. Die antreibende Kraft entsteht durch die van-der-Waals-Wechselwirkung der Heliumatome mit dem Wandmaterial. Ein weiterer Antrieb erfolgt durch Temperaturgradienten entsprechend dem thermomechanischen Effekt (s. Abschn. 5.2.3). Diese Kräfte können sich durch die reibungsfreie Bewegungsmöglichkeit der superfluiden Komponente voll auswirken und zu hohen Strömungsgeschwindigkeiten führen.

Die Abb. 5.20 zeigt das Filmprofil in der Nähe der Badoberfläche. Unter stationären Bedingungen ergibt sich die Filmdicke d aus dem Gleichgewicht von van-der-Waals- und Gravitationskraft. Die Höhenabhängigkeit ist danach $d \sim h^{-1/3}$. Ein typischer Wert ist $d \approx 20\,\text{nm}$ für eine Höhe von $\approx 1\,\text{cm}$.

Der Film endet natürlich in der Höhe, bei der die Wandtemperatur den Wert T_λ erreicht. Die Verdampfungsrate steigt am oberen Filmende wegen der höheren Temperatur und des dadurch erhöhten Dampfdrucks gegenüber der Badoberfläche stark an. Dies kann für den Betrieb von He II-Kryostaten sehr nachteilig sein: Erstens wird die Gesamtabdampfrate stark erhöht und zweitens ist die zur Temperaturerniedrigung notwendige Druckabsenkung an der Badoberfläche eingeschränkt. Zur

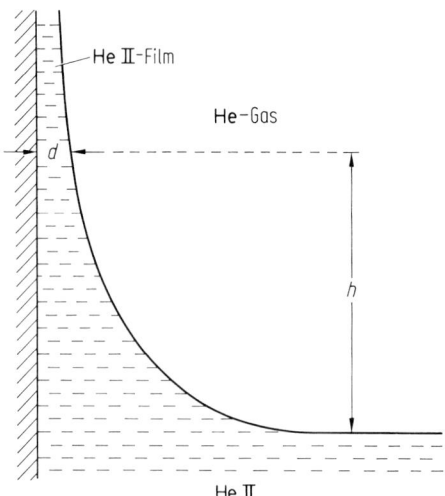

Abb. 5.20 Ausbildung eines He II-Films an einer senkrechten Wand. Gas und Flüssigkeit stehen im thermodynamischen Gleichgewicht (Sättigungsdampfdruck).

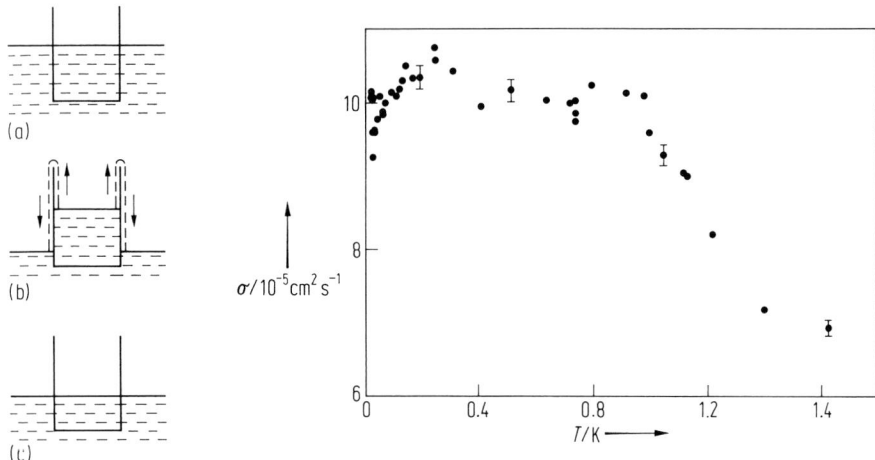

Abb. 5.21 Temperaturabhängigkeit des Filmflusses σ über einen etwa 1 cm hohen Becherrand. *Links:* Schema des Experiments. (a) Ausgangssituation, (b) nach Absenken des äußeren He-Niveaus beginnt der Filmfluss, (c) neues Gleichgewicht (nach Toft und Armitage [13]).

Abhilfe verwendet man daher Lochblenden, die den Filmfluss aufgrund seiner Proportionalität zum kleinsten Umfang entsprechend reduzieren.

Liegt die Temperatur des Behälterrandes unter T_λ, kann der Filmfluss diesen Rand passieren (Abb. 5.21). Das He II fließt immer zu der Seite mit dem niedrigeren Niveau, d. h. mit der kleineren potentiellen Energie. Die Überströmraten solcher „Becherexperimente", die bereits auf Daunt und Mendelssohn (1939) zurückgehen, hängen stark von der Temperatur ab. Abb. 5.21 zeigt neuere Messergebnisse für Temperaturen unter 1.7 K. Darüber nehmen die Werte bis T_λ entsprechend der Temperaturabhängigkeit von ϱ_s/ϱ_n stark ab. Der begrenzende Mechanismus bei tiefen Temperaturen ist unklar.

5.2.9 Schallanregungen

Ein weiteres Charakteristikum von He II ist die Vielzahl von Wellenerscheinungen, die sich darin anregen lassen. Es handelt sich um mehrere Arten von Druck-, Temperatur- und Oberflächenwellen, die unter Einbeziehung gewöhnlicher Schallwellen (1. Schall) fast alle als „Schall" bezeichnet werden (Tab. 5.1). Die Phasengeschwindigkeit c_1 des 1. Schalls ist, wie bei anderen Flüssigkeiten auch, proportional zur Wurzel aus dem Quotienten von Kompressionsmodul K und Dichte ϱ. Abb. 5.22 zeigt die Temperaturabhängigkeit von c_1, der Wert für tiefe Temperaturen beträgt 239 m/s.

Die Abb. 5.22 enthält gleichzeitig zwei weitere Schallanregungen. Beim 2. Schall handelt es sich um Temperaturwellen. Im Bild des Zweiflüssigkeitenmodells führt die Gegenbewegung von superfluider und normalfluider Komponente zu lokalen Oszillationen des Dichteverhältnisses ϱ_s/ϱ_n, was äquivalent zu Temperaturoszillationen ist. Die Phasengeschwindigkeit c_2 wurde bereits von Landau (1941) berechnet.

Tab. 5.1 Übersicht über die verschiedenen Schall- bzw. Wellenerscheinungen in superfluidem Helium. K = Kompressionsmodul, c_p = spezifische Wärmekapazität bei konstantem Druck, d = Filmdicke, Ω = van-der-Waals-Energie, L = Verdampfungswärme, σ = Oberflächenspannung, R = Krümmungsradius, c_D = Schallgeschwindigkeit in He-Dampf.

Name	Wellencharakter	Phasengeschwindigkeit
1. Schall	normaler Schall	$c_1^2 = \dfrac{K}{\varrho}$
2. Schall	Temperaturwellen	$c_2^2 = \dfrac{\varrho_s}{\varrho_n} \cdot \dfrac{s^2\,T}{c_p}$
3. Schall	Oberflächenwellen auf He-Filmen aufgrund der van-der-Waals-Wechselwirkung	$c_3^2 = \dfrac{\varrho_s}{\varrho}\, d\dfrac{\partial\Omega}{\partial d}\left(1 + \dfrac{s\,T}{L}\right)$
4. Schall	1. Schall in Kapillarsystem (vollständig mit He gefüllt)	$c_4^2 = \dfrac{\varrho_s}{\varrho}\, c_1^2$
5. Schall	2. Schall in Kapillarsystem (teilweise mit He gefüllt)	$c_5^2 = \dfrac{\varrho_n}{\varrho}\, c_2^2$
5. Wellentyp	2. Schall in Kapillarsystem (vollständig mit He gefüllt), stark gedämpft	
Oberflächenspannungsschall	Oberflächenwellen auf gekrümmten He-Filmen aufgrund der Oberflächenspannung	$c_\sigma^2 = \dfrac{\varrho_s}{\varrho} \cdot \dfrac{\sigma\,d}{\varrho\,(R+d)^2}$
2. Oberflächenschall	Dichtewellen im Gas der thermischen Elementaranregungen der Oberfläche	
Zweiphasenschall	Kopplung von 2. Schall an Schall in He-Dampf	$c_D > c > c_2$
Nullter Schall	Tieftemperaturschall in einer Fermi-Flüssigkeit, zu beobachten in ^{3}He	

Bei tiefen Temperaturen beträgt der theoretische Wert $c_2 = c_1/\sqrt{3} = 135\,\text{m/s}$. Experimentell lässt sich der 2. Schall einfach durch eine Wechselstromheizung (zum Beispiel 10–10 000 Hz) anregen und durch ein Widerstandsthermometer nachweisen. Auch stehende Wellen lassen sich leicht erzeugen. Messungen von c_2 erlauben eine bequeme Bestimmung von ϱ_n/ϱ (s. Abb. 5.8).

Die Formeln für den 1. und 2. Schall (Tab. 5.1) gelten für den „Idealfall", d. h. c_1 für konstante Temperatur und c_2 für konstante Dichte. Im Experiment gibt es aber beim 1. Schall aufgrund des mehr adiabatischen Verlaufs leichte Änderungen in ϱ_s/ϱ_n und damit kleine Beimischungen von 2. Schall. Andererseits gibt es beim 2. Schall leichte ϱ-Änderungen und damit kleine Beimischungen von 1. Schall.

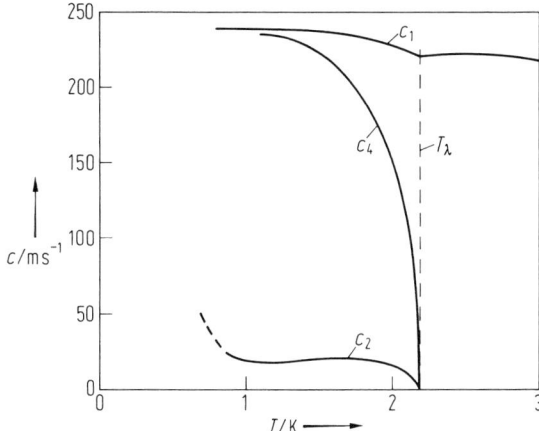

Abb. 5.22   Temperaturabhängigkeiten der Phasengeschwindigkeiten c des 1., 2. und 4. Schalls.

Der 4. Schall (Abb. 5.22) tritt nur in engen, vollständig mit He II gefüllten Kapillaren auf. Es finden wie beim 1. Schall Druck- und Dichteoszillationen statt. Da die normalfluide Komponente aber festgehalten wird, treten gleichzeitig auch Temperaturoszillationen auf. Der 4. Schall setzt sich daher in komplizierter Weise aus 1. und 2. Schall zusammen. Die Formel für c_4 (Tab. 5.1) gilt nur näherungsweise.

Beim 3. Schall liegt ein ganz anderer Mechanismus vor. Es handelt sich hier um Oberflächenwellen auf He II-Filmen. Die Rückstellkräfte entstehen durch die van-der-Waals-Wechselwirkung in Analogie zur Gravitation bei Schwerewellen z. B. auf Wasser. Obwohl die normalfluide Komponente an der Unterlage festhaftet, erfolgt die Schallausbreitung isotherm. Dies ist durch periodische Verdampfungs- und Rekondensationsvorgänge an der Oberfläche möglich. Deshalb ist auch die Verdampfungswärme L im Ausdruck für c_3 enthalten (Tab. 5.1). Werden Verdampfungs- und Rekondensationsprozess durch Verringerung des Gasvolumens über dem He II-Film eingeschränkt, so dass im Film adiabatische Bedingungen vorliegen, erhält man einen weiteren Beitrag, den 5. Schall. Es handelt sich dabei wieder um eine Temperaturwelle, die allerdings nur mit dem 3. Schall zusammen auftritt.

Tab. 5.1 enthält noch weitere Wellenerscheinungen in He II, auf die hier nicht im einzelnen eingegangen werden kann. Der mit aufgeführte nullte Schall tritt in ^{3}He auf (s. Abschn. 5.3.1).

5.2.10 Rotierendes He II und quantisierte Wirbel

Rotationsexperimente zeigen besonders deutlich, dass He II eine Quantenflüssigkeit ist. Geht man zunächst vom Zweiflüssigkeitsmodell aus, handelt es sich bei Bewegungen der idealen superfluiden Komponente um rotationsfreie Potentialströmungen, die durch

$$\text{rot } \boldsymbol{v}_{\text{s}} = 0$$

beschrieben werden. Danach würde man erwarten, dass in einem rotierenden Gefäß die bei normalen Flüssigkeiten auftretende paraboloidförmige Oberfläche bei He II flacher ist, da die superfluide Komponente wegen $\eta = 0$ nicht mitrotieren kann. Dies wird aber im Experiment nicht beobachtet. Die Oberfläche von rotierendem He II zeigt vielmehr genau die gleiche Form wie andere rotierende Flüssigkeiten auch.

Dieses zunächst überraschende Ergebnis hat zu der Annahme geführt, dass rotierendes He II von Wirbellinien durchzogen sein muss, die parallel zur Rotationsachse verlaufen. Es lässt sich nämlich zeigen, dass die Strömungsform eines Wirbels mit der Geschwindigkeitsverteilung $v \sim 1/r$ (in normalen Flüssigkeiten um einen flüssigkeitsfreien Schlauch herum, r ist der Radius) mit der Bedingung rot $\boldsymbol{v}_\mathrm{s} = 0$ im Einklang ist. In der superfluiden Komponente sind solche Wirbel um normalfluide Kerne, für die $\varrho_\mathrm{s} = 0$ ist, möglich.

Es kommt allerdings noch eine Besonderheit hinzu. Nach Onsager (1948) und Feynman (1955) können sich diese Wirbel in He II nämlich nicht beliebig bilden, sondern nur so, dass ihre Zirkulation

$$\Gamma = \oint \boldsymbol{v}_\mathrm{s} \cdot \mathrm{d}\boldsymbol{s} \,,$$

die ein Maß für die Wirbelstärke darstellt, ganz bestimmte Werte annimmt. Diese Quantisierung ergibt sich aus Überlegungen von Feynman (1955), der die superfluide Komponente durch die komplexe Wellenfunktion

$$\Psi = \Psi_0 \mathrm{e}^{\mathrm{i}\phi(r)}$$

beschreibt, wobei $|\Psi_0|^2 = \varrho_\mathrm{s}$ und $\phi(r)$ die Phase ist. Hieraus erhält man über den quantenmechanischen Ausdruck für die Stromdichte die Geschwindigkeit der superfluiden Komponente:

$$\boldsymbol{v}_\mathrm{s} = \frac{\hbar}{m_4} \operatorname{grad} \phi(r)\,,$$

wobei m_4 die Masse des ^{4}He-Atoms ist. Die Bedingung rot $\boldsymbol{v}_\mathrm{s} = 0$ ist für diesen Ausdruck erfüllt, da die Rotation eines Gradientenfeldes immer verschwindet. Setzt man $\boldsymbol{v}_\mathrm{s}$ in den Ausdruck für die Zirkulation ein und integriert über einen vollen Umlauf (von 0 bis 2π), so ergibt sich:

$$\Gamma = \frac{\hbar}{m_4}(\phi_{2\pi} - \phi_0)\,.$$

Damit die Wellenfunktion eindeutig ist, darf die Phasendifferenz $(\phi_{2\pi} - \phi_0)$ nur 2π oder ein ganzzahliges Vielfaches davon betragen. Daraus folgt:

$$\Gamma = n\frac{h}{m_4} \quad (n = 1, 2, \ldots)\,.$$

Die Zirkulation ist in He II also quantisiert. Da eine sehr große Zahl von Atomen an der Wirbelbildung beteiligt ist, spricht man von einem makroskopischen Quantenzustand. Der Wert des Zirkulationsquants beträgt $h/m_4 = 9.96 \cdot 10^{-8}\,\mathrm{m^2/s}$.

Die in einem Wirbel gespeicherte Energie hängt quadratisch von Γ ab. Dies bedeutet, dass es energetisch günstiger ist, wenn sich anstelle weniger Wirbel mit meh-

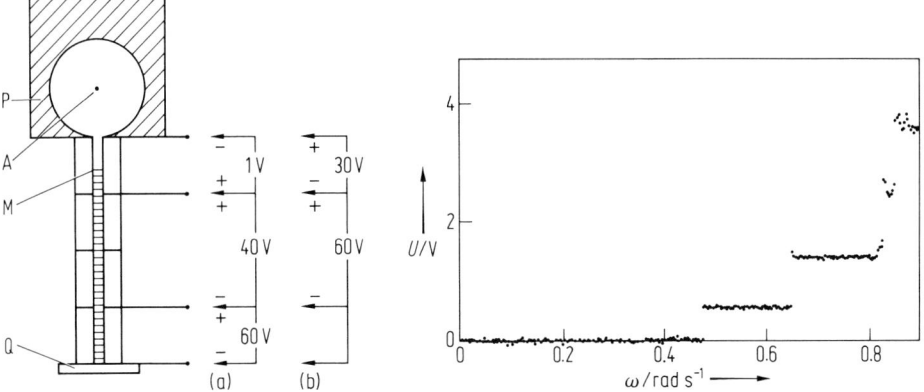

Abb. 5.23 Nachweis quantisierter Wirbel in rotierendem He II. *Links:* Prinzip des Messverfahrens. P = Zählrohr eines Proportionalzählers, A = Anode, M = Meniskus des He II-Bades, Q = β-Strahler. Eine geeignete Beschleunigungsspannung bringt Elektronen ins Helium, die sich an den Wirbellinien ansammeln (a). Anschließend werden sie zum Nachweis in das Zählrohr beschleunigt (b). *Rechts:* Das Signal des Proportionalzählers (Elektrometerspannung U) zeigt in Abhängigkeit von der Winkelgeschwindigkeit ω Stufen, die jeweils das Auftreten eines weiteren Wirbels anzeigen (nach Packard und Sanders [14]).

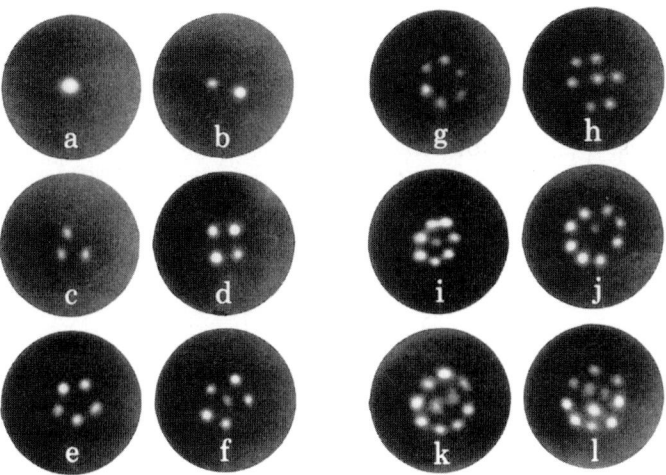

Abb. 5.24 Wirbelanordnungen in einem rotierenden He II-Behälter. Durchmesser 2 mm, Winkelgeschwindigkeit 0.3–1 rad/s, Temperatur 100 mK. Zur Abbildung werden in den Wirbelkernen angesammelte Elektronen parallel zur Rotationsachse beschleunigt und auf einem fluoreszierenden Schirm aufgefangen. Die Signale werden dann über einen Lichtleiter einem Bildverstärkungssystem zugeführt (nach Yarmchuk et al. [15]. Wiedergabe mit freundlicher Genehmigung von Prof. Packard).

reren Zirkulationsquanten möglichst viele mit jeweils gerade nur einem Zirkulations-
quant bilden.

Die Bildung quantisierter Wirbel in rotierendem He II wurde überzeugend experimentell bestätigt. Geeignete Sonden sind Elektronen, die sich aufgrund der Ber-
noulli-Kraft in den Wirbelkernen ansammeln. Die Wirbel lassen sich sozusagen mit
Elektronen füllen und zwar mit etwa 1000 pro cm. Zur Injektion dient z. B. eine
β-Strahlungsquelle. Durch Anlegen eines elektrischen Beschleunigungsfeldes parallel
zur Rotationsachse verlassen die Elektronen das He II-Bad durch die Oberfläche,
wobei ihre Gesamtladung der Wirbelanzahl entspricht. Mithilfe eines Proportionalzählers gelang es Packard und Sanders (1972), diese Ladung zu bestimmen und
dadurch sogar einzelne Wirbel nachzuweisen (Abb. 5.23). Durch Weiterentwicklung
der Apparatur mit einem fluoreszierenden Phosphorschirm anstelle des Proportionalzählers konnten sogar Abbildungen von Wirbelanordnungen erhalten werden
(Abb. 5.24).

5.2.11 He II-Kühlsysteme

Auf den umfangreichen Einsatz von flüssigem Helium für Kühlzwecke wurde bereits
in Abschn. 5.1.2 hingewiesen. Die Anwendung tiefer Temperaturen erfolgt in speziellen vakuumisolierten Gefäßen, den Kryostaten, in die das flüssige Helium von

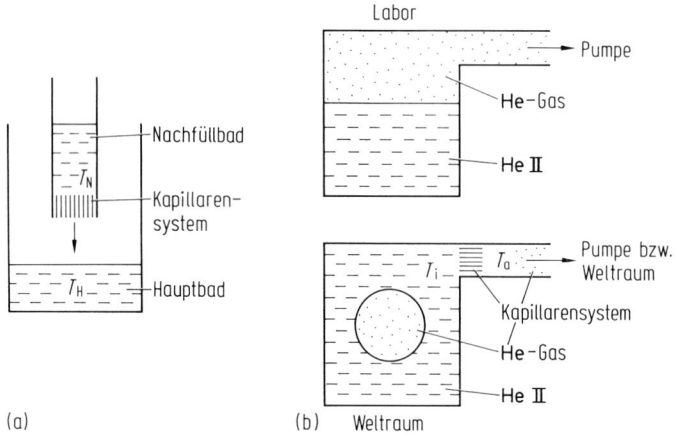

Abb. 5.25 Anwendungen des thermomechanischen Effektes. (a) Nachfüllvorrichtung für
He II. Solange die Temperatur im Nachfüllbad höher als im Hauptbad ist ($T_N > T_H$), kann
wegen des Fontänendrucks keine Flüssigkeit durch das Kapillarsystem fließen. Sobald jedoch durch Abkühlung des Nachfüllbades Temperaturgleichheit erreicht ist, strömt Flüssigkeit
mit genau der richtigen Temperatur nach. (b) Phasentrennung in Weltraumkühlsystemen. Im
Labor mit der gewohnten Schwerkraft erfolgt die Trennung von flüssiger und gasförmiger
Phase aufgrund der unterschiedlichen Dichten von selbst, der Anschluss einer Pumpe bereitet
keine Probleme. Unter Schwerelosigkeit würde dagegen Flüssigkeit unkontrolliert austreten.
He II lässt sich aber durch den Fontänendruck mithilfe eines Kapillarsystems (z. B. poröses
Sintermaterial wie beim infrarotastronomischen Satelliten IRAS) im Tank festhalten bzw.
kontrolliert verdampfen ($T_a < T_i$).

der zuständigen Kältemaschine transferiert wird. Die Experimentiervolumina reichen von einigen cm^3 bis zu vielen m^3. Das einfachste Prinzip ist das des Badkryostaten für Temperaturen von 4.2 K und darunter, wobei die zu kühlenden Objekte, z. B. supraleitende Systeme, lediglich in das Heliumbad eintauchen müssen.

Der Übergang zu He II-Kühlung ändert prinzipiell bis auf die notwendige Druckerniedrigung nichts. Die hohe Wärmeleitfähigkeit und das Fehlen des Blasensiedebereichs ist aber für viele Kühlprobleme von entscheidendem Vorteil. Darüber hinaus lassen sich einige der besonderen Eigenschaften von He II gezielt bei der Konstruktion von Kühlsystemen ausnutzen.

Dazu gehört u. a. der thermomechanische Effekt (s. Abschn. 5.2.3). Abb. 5.25 zeigt zwei Beispiele seiner Anwendung. Im Gegensatz zur Anordnung in Abb. 5.10a, bei der sich auf beiden Seiten des Kapillarensystems Flüssigkeit befindet, ist hier jeweils nur eine Seite mit Flüssigkeit in Kontakt. Dies führt zu einer Ventilfunktion: Ist die Temperatur auf der Gasseite höher, tritt Flüssigkeit aufgrund des Fontänendrucks nach dieser Seite durch, während sie bei umgekehrter Temperaturverteilung festgehalten wird. Insbesondere bei He II-Kühlsystemen im Weltraum ist man auf die Ausnutzung dieses Prinzips angewiesen (Abb. 5.25b). Das erste Beispiel eines solchen Systems war der IRAS-Satellit, ein gekühltes astronomisches Infrarotteleskop, das Ende Januar 1983 mit 700 l He II startete und bis November 1983 sehr erfolgreich im Einsatz war.

Nach dem ebenfalls sehr erfolgreichen Flug des europäischen Infrarotsatelliten ISO (November 1995 bis April 1998) wird jetzt das nach dem Astronomen Herschel benannte Teleskop FIRST (engl.: *far infra red space telescope*) für den im Jahr 2007 geplanten Start vorbereitet. Es soll mit mehr als 2500 l He II eine Experimentierzeit von 3 1/2 Jahren erreichen.

5.3 Superfluides ^{3}He

5.3.1 Fermi-Flüssigkeit

Im Unterschied zum ^{4}He-Atom besitzt das ^{3}He-Atom einen Kernspin und ein magnetisches Moment. ^{3}He-Atome unterliegen daher der Fermi-Dirac-Statistik und zeigen Ähnlichkeiten mit dem Elektronengas in einem Metall. Diese magnetischen und statistischen Unterschiede der beiden Heliumisotope bedingen auch die z.T. sehr unterschiedlichen Eigenschaften der daraus zusammengesetzten Flüssigkeiten. Superfluidität tritt bei ^{3}He erst bei Temperaturen unterhalb von ≈ 3 mK auf. Der Einfluss der Quantenstatistik zeigt sich jedoch bereits deutlich oberhalb dieser Temperatur. Hierauf soll im vorliegenden Abschnitt kurz eingegangen werden, bevor in den folgenden Abschnitten die superfluiden Phasen besprochen werden.

Oberhalb von etwa 1 K verhält sich flüssiges ^{3}He wie eine klassische Flüssigkeit ähnlich He I. Darunter stellen sich Abweichungen ein, die mit abnehmender Temperatur deutlicher werden. So steigt z. B. die Viskosität η stark an, und zwar etwa proportional zu $1/T^2$. Auch die Wärmeleitfähigkeit λ steigt mit abnehmender Temperatur an (ungefähr wie $\lambda \sim 1/T$). Weitere Beispiele sind die Temperaturabhängigkeiten der spezifischen Wärmekapazität $c(T)$ und der magnetischen Suszeptibilität

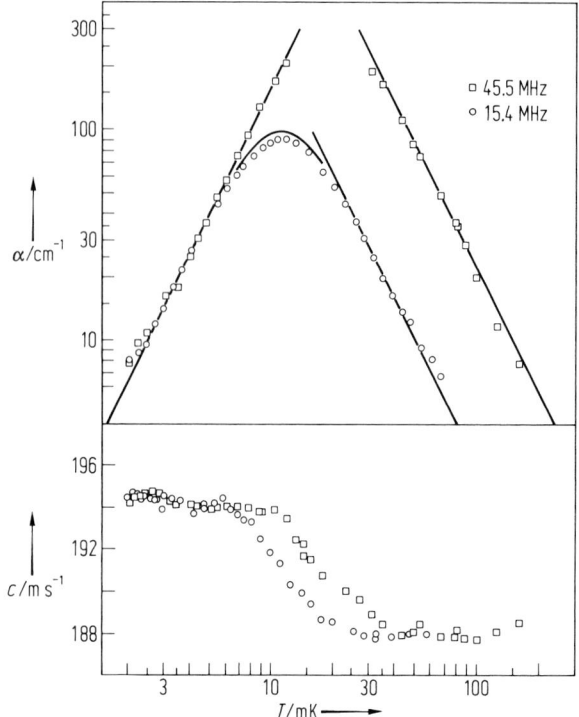

Abb. 5.26 Temperaturabhängigkeit von Dämpfung und Geschwindigkeit von Schall in normalfluidem ^{3}He (Druck: $0.32 \cdot 10^5$ Pa, α = Dämpfungskoeffizient, c = Schallgeschwindigkeit). Unterhalb von etwa 10 mK: nullter Schall (nach Abel et al. [16]).

$\chi(T)$. $c(T)$ tendiert für sehr tiefe Temperaturen zu einer linearen Abhängigkeit ähnlich dem elektronischen Anteil der spezifischen Wärmekapazität in einem Metall. Der Verlauf von $\chi(T)$ entspricht oberhalb von 1 K dem Curie-Gesetz, während sich bei tiefen Temperaturen ein nahezu konstanter Wert einstellt, wiederum analog dem Elektronengas in einem Metall.

Alle diese Beobachtungen entsprechen dem Verhalten eines idealen Fermi-Gases. Allerdings bestehen große quantitative Diskrepanzen, die sich auch durch Einführung einer effektiven Masse für die ^{3}He-Atome nicht beseitigen lassen. Eine bessere Beschreibung stellt dagegen die Theorie der Fermi-Flüssigkeit von Landau dar, die neben der Fermi-Statistik interatomare Wechselwirkungen berücksichtigt.

Eine bemerkenswerte Voraussage dieser Theorie ist ein spezieller Schalltyp, der unter der Bedingung $\omega\tau \gg 1$ (ω ist die Kreisfrequenz, τ die mittlere Zeit zwischen zwei Stößen) existiert. Normaler Schall ist hier nicht mehr möglich, da die Periodendauer größer als τ ist. Landau nannte diesen Schalltyp „Nullten Schall". Die Phasengeschwindigkeit c_0 sollte größer als die des normalen Schalls sein und außerdem sollte im Übergangsbereich vom normalen zum nullten Schall ein Maximum in der Dämpfung auftreten. Beides wurde experimentell in überzeugender Weise bestätigt (Abb. 5.26).

5.3.2 Das Phasendiagramm (³He-A und ³He-B)

Abb. 5.27 zeigt das Phasendiagramm von ³He. Bei Temperaturen, die um mehr als den Faktor 1000 kleiner sind als bei ⁴He, existiert auch bei ³He ein Übergang zu Superfluidität, wobei zwei superfluide Phasen auftreten, ³He-A und ³He-B. Aus Messungen der spezifischen Wärmekapazität folgt, dass es sich beim Übergang N → A (Übergangstemperatur T_c) um einen Phasenübergang zweiter Ordnung handelt, während der Übergang A → B (Übergangstemperatur T_{AB}) von erster Ordnung ist, bei dem auch Unterkühlungseffekte auftreten können. Beim polykritischen Punkt PCP existieren alle drei Phasen gleichzeitig.

Die superfluiden ³He-Phasen sind aufgrund ihrer magnetischen und anisotropen Eigenschaften (s. Abschn. 5.3.4) ungleich komplizierter und vielfältiger als die von ⁴He. Hierin unterscheiden sich insbesondere auch die Eigenschaften der Phasen ³He-A und ³He-B. In Bezug auf die Superfluidität besteht allerdings weitgehende Analogie zu He II. Praktisch alle „klassischen" He II-Experimente wurden auch mit superfluidem ³He durchgeführt und lieferten entsprechende Ergebnisse. Die Abnahme der Viskosität η wurde in ³He-A und ³He-B z. B. durch Dämpfungsmessungen an schwingenden Drähten und durch Strömungsexperimente in Kapillarsystemen nachgewiesen. Mit ³He-B gelangen sogar mehrtägige Dauerstromexperimente, die zeigten, dass η im superfluiden Zustand um mindestens zwölf Zehnerpotenzen abnimmt.

Die Abb. 5.28 zeigt ein Beispiel von Messergebnissen aus Strömungsexperimenten mit ³He-B in Kapillaren. Für verschiedene Temperaturen wurde die Druckdifferenz Δp an den Kapillarenenden in Abhängigkeit von der Massenflussdichte j aufgenommen. Man sieht, dass jeweils bis zu einem kritischen Wert j_c die Druckdifferenz $\Delta p = 0$ bleibt, d. h. reibungsfreie Strömung erfolgt. Theoretische Überlegungen, die von der Landau'schen kritischen Geschwindigkeit ausgehen, führen zu vergleich-

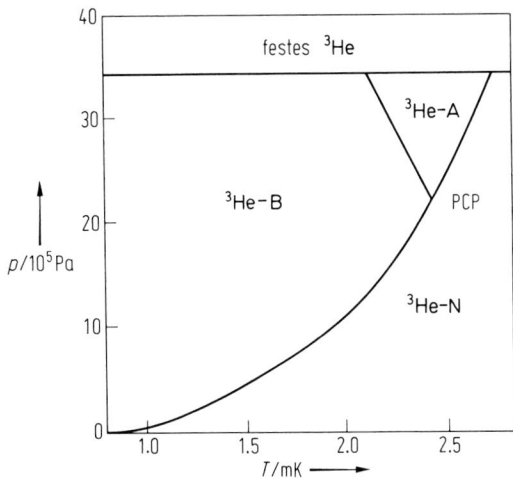

Abb. 5.27 Phasendiagramm von ³He unterhalb von 3 mK. N = normalfluide Phase (Fermi-Flüssigkeit), A und B = superfluide Phasen, PCP = polykritischer Punkt.

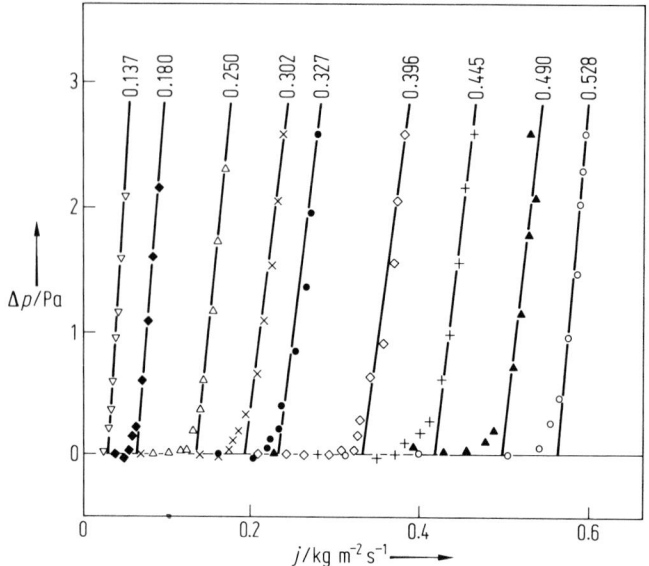

Abb. 5.28 Druckdifferenz Δp an ³He-B-durchflossenen Kapillaren (Durchmesser: 0,8 μm) in Abhängigkeit von der Massenflussdichte j. Aus dem Abknicken der Kurven von der Nulllinie ergibt sich die jeweilige kritische Massenflussdichte. Parameter: $1 - T/T_c$, T_c = Übergangstemperatur zur Superfluidität (nach Manninen und Pekola [17]).

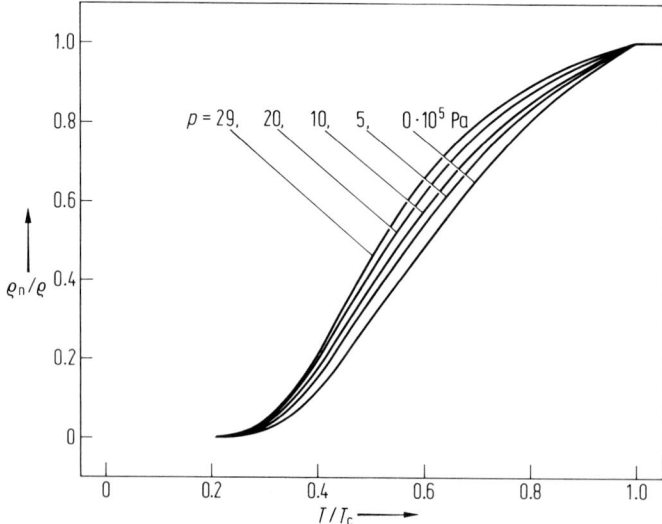

Abb. 5.29 Temperaturabhängigkeit des normalfluiden Dichteanteils ϱ_n/ϱ von ³He-B. Die Kurven wurden nach der Methode von Andronikashvili bei verschiedenen Drücken aufgenommen (nach Parpia et al. [18]).

baren Größenordnungen für kritische Massenflussdichten. Hier zeigt sich übrigens ein Gegensatz zu den Erfahrungen mit He II, wo die aus dem Landau-Kriterium folgende kritische Geschwindigkeit in Strömungsexperimenten nicht erreicht wird (s. Abschn. 5.2.7). Allgemein liegen die experimentell ermittelten kritischen Geschwindigkeiten für superfluides ^{3}He in der Größenordnung einiger mm/s bis cm/s.

Eine Reihe weiterer Experimente wie z. B. Schallanregungen oder Wärmeleitungsmessungen lässt auch für superfluides ^{3}He Interpretationen im Rahmen eines Zweiflüssigkeitenmodells zu. Die Temperaturabhängigkeiten der Dichten ϱ_s bzw. ϱ_n wurden u. a. aus Messungen des 4. Schalls und aus Experimenten nach der Andronikashvili-Methode bestimmt. In Abb. 5.29 sind Temperaturabhängigkeiten von ϱ_n/ϱ für ^{3}He-B dargestellt. Für ^{3}He-A ergeben sich ähnliche Abhängigkeiten.

5.3.3 NMR- und Ultraschallexperimente

Es ist eine Besonderheit von ^{3}He, dass die Erforschung der überaus interessanten superfluiden Phasen experimentell und theoretisch mit vergleichbar großer Intensität und vor allem in engster Wechselwirkung der beiden Arbeitsrichtungen erfolgt. Die Konzentration auf einen Bereich muss daher unvollständig sein. Da aber die Darstellung der umfangreichen und komplizierten ^{3}He-Theorie bis auf kurze Hinweise zum Paarbildungsmechanismus (s. Abschn. 5.3.5) hier nicht möglich ist, können nur einige ausgewählte experimentelle Aspekte als Einführung besprochen werden.

Zu den wichtigsten Untersuchungsmethoden für die superfluiden ^{3}He-Phasen gehörten von Anfang an die magnetische ^{3}He-Kernresonanz und Ultraschallexperimente. Der ^{3}He-Kern besitzt aufgrund seines Kernspins von $I = 1/2$ in einem Magnetfeld B_0 zwei Energieniveaus. Sein magnetisches Moment beträgt 2.127 Kernmagnetonen und das gyromagnetische Verhältnis ist $\gamma = 203.8$ MHz/T. Entsprechend der Resonanzbedingung für Übergänge zwischen den beiden Niveaus, $2\pi f_L = \gamma B_0$, ergibt sich bei einem Magnetfeld von beispielsweise $B_0 = 20$ mT eine Larmor-Frequenz von $f_L \cong 650$ kHz. Diese Übergänge lassen sich in ^{3}He-N und festem ^{3}He

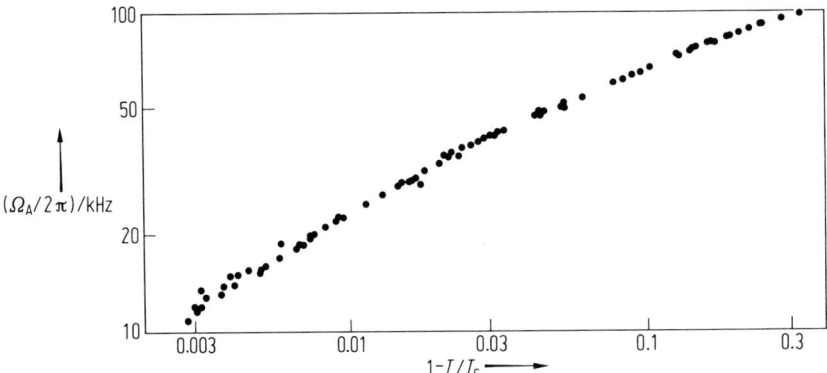

Abb. 5.30 ^{3}He-NMR-Frequenzverschiebung $\Omega_A/2\pi$ in Abhängigkeit von der Temperatur für superfluides ^{3}He-A (nach Gully et al. [19]).

auch beobachten, in den superfluiden Phasen treten dagegen ungewöhnliche Verschiebungen der Resonanzfrequenz auf, die mit den magnetischen Eigenschaften dieser Phasen zusammenhängen. Abb. 5.30 zeigt dies für ^{3}He-A. Die Zusammensetzung der zusätzlich auftretenden charakteristischen Frequenz Ω_A mit der Larmor-Frequenz erfolgt entsprechend

$$(2\pi f)^2 = (\gamma B_0)^2 + \Omega_A^2$$

und führt zu der Gesamtfrequenz $2\pi f$. Zur Erklärung dieser großen Frequenzverschiebung reicht die Dipol-Dipol-Wechselwirkung zwischen den ^{3}He-Atomen nicht aus. Es handelt sich vielmehr, wie Leggett (1973) theoretisch erklärt hat, um einen kollektiven magnetischen Orientierungseffekt in der Gesamtheit der ^{3}He-Atome. Ähnliche Frequenzverschiebungen treten auch in ^{3}He-B auf. Dieser Effekt ist eines von mehreren Beispielen makroskopischer Quantenphänomene in ^{3}He. Die Dipolwechselwirkung wird dabei „verstärkt" und führt zu hohen lokalen Magnetfeldern.

Entsprechend der komplizierten Struktur von superfluidem ^{3}He existiert auch eine Vielzahl von Wellenanregungen (Schallwellen, Spinwellen und weitere kollektive Anregungen). Neben dem schon erwähnten 4. Schall konnte nullter, 1. und 2. Schall in superfluidem ^{3}He nachgewiesen werden. Ein Beispiel sei herausgegriffen: Der nullte Schall zeigt drastische Änderungen beim Übergang von ^{3}He-N nach ^{3}He-B (Abb. 5.31). Ursachen für die starke Erhöhung der Ultraschalldämpfung sind das

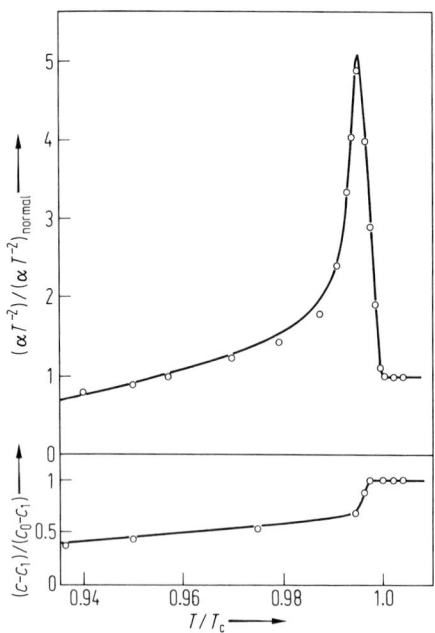

Abb. 5.31 Verhalten von Schalldämpfung α und Schallgeschwindigkeit c (Frequenz: 15.15 MHz) beim Übergang von ^{3}He-N nach ^{3}He-B (Druck: $19.6 \cdot 10^5$ Pa). c_0 und c_1 sind die Geschwindigkeiten des nullten und 1. Schalls im normalfluiden Zustand. Die ausgezogenen Kurven entsprechen der Theorie von Wölfle (nach Wölfle [20]).

Aufbrechen von ^{3}He-Paaren (s. Abschn. 5.3.5) durch absorbierte Phononen und die Anregung anderer kollektiver Wellenerscheinungen. Eine entsprechende Theorie von Wölfle (1975) stimmt hervorragend mit den experimentellen Ergebnissen überein.

5.3.4 Magnetfeld- und Geometrieeinflüsse

Wegen der magnetischen Eigenschaften von ^{3}He ist es nicht verwunderlich, dass das Phasendiagramm durch Magnetfelder stark beeinflusst wird. Schon ein Magnetfeld von weniger als 40 mT führt zu der in Abb. 5.32a eingetragenen Veränderung. Der polykritische Punkt verschwindet und es entsteht eine weitere superfluide Phase ^{3}He-A$_1$ (Abb. 5.32b). Bei etwa 0.6 T ist die Phase ^{3}He-B praktisch verschwunden. Das Auftreten der Phase ^{3}He-A$_1$ führt u. a. zu einem weiteren Sprung in der Temperaturabhängigkeit der spezifischen Wärmekapazität (Abb. 5.33), dem ersten Sprung beim Übergang von ^{3}He-N nach ^{3}He-A$_1$ folgt jetzt ein zweiter beim Übergang von ^{3}He-A$_1$ nach ^{3}He-A.

Die Phase ^{3}He-A$_1$ zeichnet sich durch ungewöhnliche magnetische Eigenschaften aus. NMR-Experimente zeigen, dass alle magnetischen Momente der ^{3}He-Kerne parallel zum äußeren Magnetfeld gerichtet sind. Man hat es hier also mit einer magnetischen Superflüssigkeit zu tun, der einzigen, die bisher gefunden wurde.

Bei Experimenten im Magnetfeld zeigt sich eine weitere Besonderheit von superfluidem ^{3}He, nämlich anisotropes Verhalten. Dies gilt insbesondere für die ^{3}He-A-

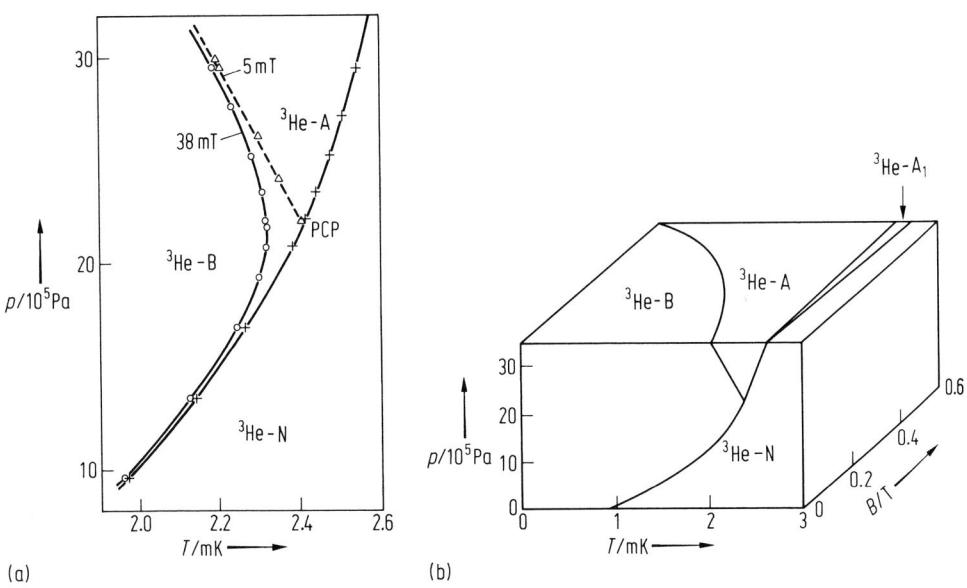

Abb. 5.32 Veränderung des ^{3}He-Phasendiagramms bei Anlegen eines Magnetfeldes B. (a) Ergebnisse von NMR-Messungen bei 5 und 38 mT (nach Paulson et al. [21]). (b) Mit zunehmendem Magnetfeld vergrößert sich die Phase ^{3}He-A auf Kosten der Phase ^{3}He-B. Am Übergang von ^{3}He-N nach ^{3}He-A entsteht die weitere Phase ^{3}He-A$_1$.

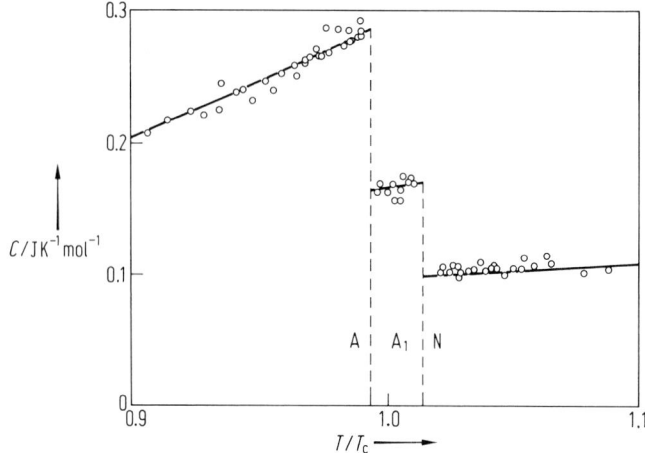

Abb. 5.33 Temperaturabhängigkeit der molaren Wärmekapazität C beim Schmelzdruck in einem Magnetfeld von 0.88 T. Die Sprünge zeigen die Phasenübergänge von ^{3}He-N nach ^{3}He-A$_1$ und von ^{3}He-A$_1$ nach ^{3}He-A an (nach Halperin et al. [22]).

Phase. So ergeben sich z. B. bei Messungen nach der Drehpendelmethode von Andronikashvili (s. Abb. 5.8) in ^{3}He-A verschiedene Werte für die superfluide Dichte ϱ_s, je nach Winkel zwischen Magnetfeld und Drehachse des Oszillators. Ist das Feld parallel zur Drehachse, erreicht ϱ_s bis zu 40% größere Werte als für den Fall, dass beide Richtungen senkrecht zueinander stehen. Auch in anderen Experimenten, z. B. bei Bestimmungen der Wärmeleitfähigkeit oder der Viskosität, zeigen sich anisotrope Eigenschaften. Die Anisotropien hängen damit zusammen, dass bereits die ^{3}He-Paare (s. Abschnitt 5.3.5) durch ihren Drehimpuls eine Orientierung besitzen, was wiederum zur Folge hat, dass sich auch in makroskopischen Bereichen der Flüssigkeit Vorzugsrichtungen bilden. Man spricht von „Texturen" ähnlich wie bei flüssigen Kristallen. Die resultierenden Strukturen sind recht kompliziert, sie hängen u. a. auch von der Strömung und der Gefäßgeometrie ab.

Allgemein existiert eine Vielzahl von Effekten, bei denen die Geometrie eine entscheidende Rolle spielt. Zwei Beispiele seien herausgegriffen. Nach der Entdeckung, dass bei ^{3}He-^{4}He-Mischungen in *Aerogel* der trikritische Punkt (s. Abschn. 5.4.1) verschwindet, sind auch die Eigenschaften von superfluidem ^{3}He in Aerogel ausführlich untersucht worden. Aerogel ist ein hochporöses Netzwerk sehr kleiner SiO$_2$-Partikel mit Porositäten von über 98%. Die Abb. 5.34 zeigt als Beispiel die Absenkung der Übergangstemperatur zur Superfluidität im Phasendiagramm von ^{3}He. Auch die superfluide Dichte nimmt deutlich ab. Die Übergänge bleiben im Gegensatz zu Ergebnissen früherer Messungen in anderen Systemen eingeschränkter Geometrie sehr scharf, was auf eine globale Natur der Übergangstemperatur hinweist und eine lokale T_c-Verteilung als Erklärung ausschließt. Die Verwendung von Aerogel erlaubt sozusagen, das sonst hochreine und keine Fremdstoffe aufnehmende ^{3}He gezielt zu verunreinigen und den Einfluss auf die Superfluidität zu studieren. Der Einfluss von

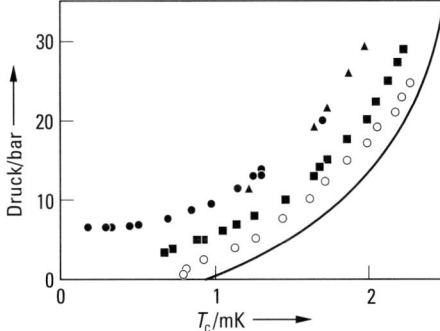

Abb. 5.34 Verschiebung der Druck-Temperatur-Kurven des Übergangs zur Superfluidität von ^{3}He in Aerogel. Offene Punkte: 99.5%-Aerogel, volle Punkte: 98%-Aerogel verschiedener Mikrostruktur, durchgezogene Kurve: reines ^{3}Ile (nach Lawes et al. [23]).

Verunreinigungen ist generell für das theoretische Verständnis vieler Materialeigenschaften wichtig, wie z. B. auch bei der Supraleitung.

Das zweite Beispiel ist der experimentelle Nachweis des *Josephson-Effektes* durch Avenel und Varoquaux (1988) sowohl in superfluidem ^{3}He-B als auch in He II. Dieser Effekt, 1962 von Josephson vorhergesagt, ist in der Supraleitung wohlbekannt und hat zu einer Fülle messtechnischer Anwendungen (z. B. SQUID-Magnetometer) geführt. In genügend dünnen Tunnelkontakten tritt in Abhängigkeit von der Phasendifferenz der quantenmechanischen Wellenfunktionen der Cooper-Paare u. a. ein supraleitender Tunnelstrom und bei Anlegen einer Spannung an den Tunnelkontakt zusätzlich ein hochfrequenter Wechselstrom auf. In den Superflüssigkeiten entsprechen den Cooper-Paaren die ^{3}He-Paare bzw. die ^{4}He-Atome und der Spannung die Druckdifferenz auf beiden Seiten einer als „Tunnelkontakt" dienenden Öffnung (in den Experimenten ein in ein 0.2 µm dickes Nickelblech gebohrtes, rechtwinkliges Loch mit den Abmessungen 0.3×5 µm^2). Der Flüssigkeitsstrom durch diese Öffnung ließ sich mithilfe eines miniaturisierten Helmholtz-Resonators (7 mm^3) indirekt beobachten. Die experimentellen Durchflusskurven zeigen klare Stufenstrukturen und lassen sich tatsächlich durch Gleichungen beschreiben, die denen des Josephson-Effektes im Supraleiter entsprechen.

5.3.5 Paarbildungsmechanismus

Ähnlich wie im Elektronensystem eines Supraleiters findet auch in superfluidem ^{3}He eine Paarbildung statt, allerdings nicht von Elektronen, sondern von ^{3}He-Atomen. Die theoretische Erklärung der Supraleitung lässt sich daher zunächst auch auf ^{3}He übertragen. Aufgrund der sehr verschiedenen sich paarenden Teilchen unterscheiden sich jedoch die Eigenschaften der Gesamtsysteme. Sie sind im Fall von ^{3}He viel komplizierter, was sich beispielsweise schon durch das Auftreten der drei verschiedenen superfluiden Phasen äußert. Gemeinsam ist, dass durch die Paarbildung aus zwei Fermionen mit jeweils halbzahligem Spin ein Teilchen mit ganzzahligem Spin, dem wesentlichen Charakteristikum eines Bosons, entsteht. Damit lässt sich wie bei ^{4}He ein Übergang in den superfluiden Zustand durch Bose-Einstein-Kondensation qualitativ verstehen. Ein gewisser Anteil der Teilchen kondensiert dabei in den gleichen quantenmechanischen Zustand, also in einen makroskopischen Quantenzustand. Man spricht auch von „Quantenkohärenz". In diesem Zustand können aber einzelne Teilchen keine Reibung mehr verspüren, da die damit verbundene Impulsänderung bei allen Teilchen des Kondensats in gleicher Weise stattfinden müsste. Die Flüssigkeit kann sich also reibungsfrei bewegen, sie ist superfluid, was bei Fermionen-Systemen ohne Paarung nicht möglich ist.

Im Supraleiter bestehen die Paare aus zwei Elektronen mit entgegengesetztem Spin und Impuls, so dass der Gesamtspin $S = 0$ und der relative Bahndrehimpuls $L = 0$ ist. In superfluidem ^{3}He bestehen die Paare dagegen aus zwei ^{3}He-Atomen mit gleichgerichtetem Spin (gemeint sind hier die Kernspins). Der Gesamtspin beträgt damit $S = 1$ und der relative Bahndrehimpuls $L = 1$. Die Paarbildung erfolgt unter Energieabsenkung in beiden Fällen aufgrund einer attraktiven Wechselwirkung. Allerdings ist der Mechanismus der Wechselwirkung in beiden Systemen auch wieder sehr verschieden. Im Supraleiter kann eine Anziehung dadurch entstehen, dass, vereinfacht gesagt, ein Elektron das positiv geladene Ionengitter etwas elastisch verformt, was ein zweites Elektron spürt (Elektron-Phonon-Wechselwirkung). Im Gegensatz zu Elektronen sind die ^{3}He-Atome aber elektrisch neutral und befinden sich nicht in einem Ionengitter. Hier muss also ein völlig anderer Mechanismus für die anziehende Wechselwirkung verantwortlich sein. Sie kommt durch die magnetischen Dipole der Kerne zustande, was sich, wiederum stark vereinfacht, durch folgendes Bild plausibel machen lässt: Ein ^{3}He-Atom mit einer bestimmten Kernspinorientierung polarisiert in seiner Umgebung eine Wolke benachbarter Spins, die auf ein zweites ^{3}He-Atom mit der gleichen Orientierung wie der des Ursprungskerns anziehend wirkt.

Wegen der Eigenschaft $S = 1$ handelt es sich bei den ^{3}He-Paaren um Triplett-Systeme mit den drei Komponenten $S_z = +1$, 0 und -1 (z ist die ausgezeichnete Richtung). Dadurch ist die Paarwellenfunktion nicht wie im Fall des Supraleiters durch nur *einen* Zustand beschrieben, sondern durch mehrere. Die Cooper-Paare des ^{3}He besitzen daher im Gegensatz zu denen des Supraleiters eine innere Struktur mit anisotroper Wellenfunktion. Diese Anisotropie lässt sich durch zwei Richtungsangaben charakterisieren, die im Allgemeinen mit *d* und *l* bezeichnet werden. *d* beschreibt die ausgezeichnete Richtung für den Spinanteil und *l* entsprechend für den Bahnanteil. Beide Eigenschaften können nun auch der Quantenkohärenz unterliegen, und zwar in verschiedenen Kombinationen, die jeweils den verschiedenen Phasen des superfluiden ^{3}He entsprechen.

Die einfachste Phase in dieser Hinsicht ist ^{3}He-A$_1$, das nur bei Anwesenheit eines Magnetfeldes stabil existiert. In dieser Phase sind offenbar die durch *d* und *l* bestimmten Richtungen für alle Paare gleich und gelten damit für die gesamte Flüssigkeit. Ihre Orientierung ist so, dass die entsprechenden magnetischen Momente parallel zum äußeren Magnetfeld liegen. Auch in der Phase ^{3}He-A existiert die makroskopische Orientierung für *d* und *l*, allerdings ist hier die Wellenfunktion eine Kombination aus den Zuständen mit $S_z = +1$ und -1. Nach den zugehörigen Theorien von Anderson und Morel (1961) und Anderson und Brinkman (1973) spricht man vom „ABM-Zustand". Die Phase ^{3}He-B schließlich wird als Bestätigung des so genannten „BW-Zustandes" angesehen (Balian und Werthamer, 1963). Hier sind nur noch die relativen *d*- und *l*-Orientierungen für alle Cooper-Paare gleich, so dass sich diese Phase nach außen isotrop verhält.

5.3.6 Rotationsexperimente

Zu den schwierigsten Experimenten mit superfluidem ³He gehören Untersuchungen im rotierenden Zustand, wie sie im Tieftemperaturlaboratorium der Technischen Universität in Helsinki durchgeführt werden. Der rotierende Teil einer solchen Apparatur umfasst neben der eigentlichen ³He-Kammer unter anderem eine ³He-⁴He-Entmischungseinheit (s. Abschn. 5.4.2) und eine Kernmagnetisierungsstufe zur Tieftemperaturerzeugung, einen supraleitenden Hochfeldmagneten, sowie umfangreiche Nachweiselektronik (z. B. für NMR-Messungen).

Wie bei He II (s. Abschn. 5.2.10) konnte in Helsinki 1995 auch für ³He-B die paraboloidförmige Oberfläche bei Rotation optisch nachgewiesen werden. Da aber bei ³He-B die Wirbelbildung erst bei höheren Winkelgeschwindigkeiten einsetzt als bei HeII, ließen sich weitere für Superflüssigkeiten charakteristische Eigenschaften bestimmen, wie z. B. das Oberflächenprofil bei wirbelfreier Rotation, d. h. nicht mitrotierender superfluider Komponente. In Übereinstimmung mit der Theorie von Landau entsteht hierbei ein im Verhältnis ϱ_n/ϱ flacheres Paraboloid. Durch schnelles Anhalten des rotierenden Kryostaten waren sogar entsprechende Messungen an der allein rotierenden superfluiden Komponente möglich, wobei der Meniskus ebenfalls flacher wird. Die Rotation kommt allerdings aufgrund der gegenseitigen Reibung beider Komponenten innerhalb weniger Sekunden wieder zur Ruhe.

Weitere Experimente führten zu einer Fülle neuartiger und theoretisch schwierig zu interpretierender Erscheinungen, u. a. zu mehreren Arten von Wirbelstrukturen.

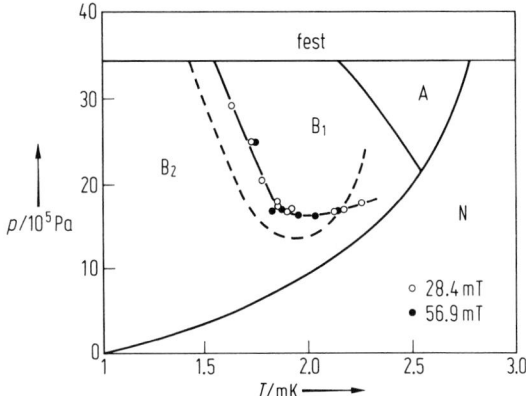

Abb. 5.35 Zusätzlicher Phasenübergang in rotierendem ³He-B. Die Punkte markieren Sprünge in der ³He-NMR-Frequenz. Die gestrichelte Kurve stammt aus gyroskopischen Messungen der kritischen Geschwindigkeit, die hier Diskontinuitäten zeigt. Der Phasenübergang wird mit einer Änderung der Wirbelstruktur in Zusammenhang gebracht (nach Hakonen und Nummila [24]).

Nicht nur von einer superfluiden Phase zu anderen treten Unterschiede auf, sondern auch innerhalb der Phasen. In Abb. 5.35 sind Resultate aus NMR-Experimenten und gyroskopischen Messungen eingetragen, die in ^{3}He-B eine weitere Phasengrenze markieren. Sowohl die ^{3}He-NMR-Frequenz als auch die kritische Geschwindigkeit zeigen hier bei Rotation deutliche Diskontinuitäten, die auf Änderungen in der Wirbelkernstruktur zurückzuführen sind.

In der Phase B$_1$ gibt es Wirbel, die denen in HeII ähneln. Der Wert des Zirkulationsquants beträgt $\Gamma = h/(2\,m_3) = 6.6 \cdot 10^{-8}\,\mathrm{m^2/s}$ (im Nenner steht hier die Masse eines ^{3}He-Paares). Ihr Wirbelkern besteht allerdings nicht aus normalfluidem Helium, sondern aus der superfluiden A-Phase, die zudem noch magnetisch ist. Die Phase B$_2$ ist durch Wirbel mit doppeltem Kern gekennzeichnet (Abstand nicht größer als ungefähr 1 μm). Auch für ^{3}He-A gibt es experimentelle Hinweise auf verschieden geartete Wirbelkerne bzw. Wirbelstrukturen. So kommen z. B. so genannte kontinuierliche, d. h. keine Singularität und damit keinen „harten" Kern aufweisende Wirbel vor. Eine ungewöhnliche Struktur stellen *Wirbelflächen* dar, die in Zylinderform bereits von London (1947) und Onsager (1949) vorgeschlagen wurden. Sie sind aber, wie sich herausstellte, in HeII nicht stabil. Dagegen zeigten NMR-Messungen in Helsinki (1993), dass in ^{3}He-A unter gewissen Bedingungen Wirbelflächen existieren können. Die Abb. 5.36 zeigt makroskopische Anordnungen solcher Flächen. Sie berühren an zwei Kontaktlinien die Behälterwand und falten sich äquidistant (Abstand b), wobei ihre Dichte mit der Rotationsgeschwindigkeit zunimmt. Ihre Mikrostruktur hängt in komplizierter Weise mit den magnetischen Anisotropieeigenschaften der A-Phase zusammen. Die faszinierende Vielfalt der in superfluidem ^{3}He auftretenden Wirbelstrukturen kann hier nur angedeutet werden.

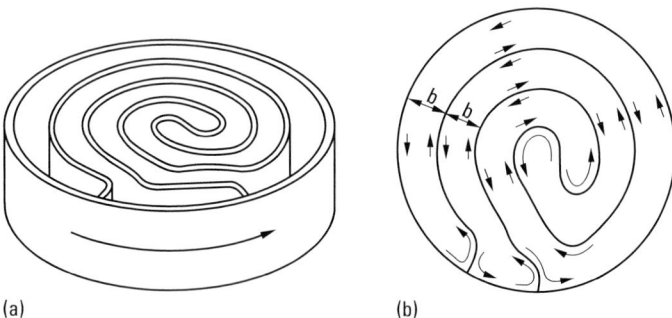

(a)   (b)

Abb. 5.36   (a) Anordnungen von Wirbelflächen in rotierendem ^{3}He-A (Winkelgeschwindigkeit = 0.6 rad/s in einem Behälter von 5 mm Durchmesser). (b) Strömungsrichtungen von oben gesehen (nach Thuneberg [25]).

5.4 ^{3}He-^{4}He-Mischungen

5.4.1 Grundlegende Eigenschaften

Die Abb. 5.37 zeigt das Phasendiagramm für ^{3}He-^{4}He-Mischungen. Im oberen Teil sieht man die Abnahme der λ-Temperatur mit zunehmender ^{3}He-Konzentration x. Für $x = 0.67$ ist T_λ auf $0.87\,\mathrm{K}$ abgesunken (*trikritischer Punkt*). Für tiefere Temperaturen lassen sich die beiden Flüssigkeiten nicht mehr homogen mischen. Die unteren Kurven geben die Grenzkonzentrationen zwischen den einphasigen Bereichen und dem zweiphasigen Bereich an. Auf der ^{3}He-reichen Seite mündet die Kurve für $T \to 0$ bei $x = 1$, während auf der ^{4}He-reichen Seite eine endliche Löslichkeit von $x = 0.06$ bis zu tiefsten Temperaturen bestehen bleibt. Im Zweiphasenbereich entmischen sich die beiden Phasen und trennen sich aufgrund ihrer unterschiedlichen Dichten, die leichtere ^{3}He-reiche Phase sammelt sich über der schwereren ^{4}He-reichen Phase an.

Die Eigenschaften der superfluiden ^{3}He-^{4}He-Mischphase sind ähnlich denen von reinem ^{4}He. Das Zweiflüssigkeitenmodell lässt sich in modifizierter Form anwenden, wobei ^{3}He jetzt Teil der normalfluiden Komponente ist. Experimentelle Bestimmungen der normalfluiden Komponente ϱ_n streben daher bei tiefen Temperaturen nicht gegen Null, sondern ergeben einen konstanten, der ^{3}He-Konzentration entsprechenden Wert. Auch die Wärmeleitfähigkeit ist gegenüber reinem He II deutlich verrin-

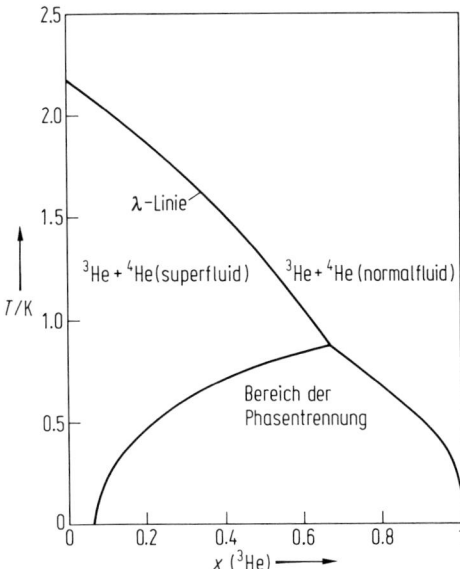

Abb. 5.37 Phasendiagramm für ^{3}He-^{4}He-Mischungen. Oberhalb von $0.87\,\mathrm{K}$ lassen sich die beiden Isotope homogen vermischen, wobei die λ-Temperatur mit wachsender ^{3}He-Konzentration abnimmt. Bei tieferer Temperatur tritt eine Entmischung in zwei Phasen auf mit dem durch die unteren beiden Kurven angegebenen ^{3}He-Stoffmengenanteil $x\,(^3\mathrm{He})$. Die linke Kurve endet bei etwa $x \approx 0.06$.

gert. Für den Gegenstrommechanismus der Wärmeleitung ergibt sich die folgende Konsequenz: das mit der normalfluiden Komponente strömende ³He reichert sich auf der kälteren Seite an. Dies wird experimentell tatsächlich auch beobachtet („heat-flush") und sogar dazu ausgenutzt, isotopenreines ⁴He herzustellen.

Bei genügend tiefer Temperatur ($T \lesssim 0.5$ K) können sich die ³He-Atome praktisch frei im He II bewegen, die freie Weglänge zwischen Streuprozessen an Phononen oder Rotonen wird sehr groß. ³He verhält sich hier wie ein ideales Gas. Die Anwesenheit von ⁴He bewirkt lediglich eine Erhöhung der effektiven trägen Masse: $m_3^* \approx 2.5\, m_3$. Messungen der spezifischen Wärmekapazität stimmen recht gut mit dem Verhalten idealer Gase überein. Im Temperaturbereich von 0.5 bis 0.1 K ist der Wert für die molare Wärmekapazität C konstant und liegt sehr nahe bei $3/2\, R$ (R ist die universelle Gaskonstante). Bei tieferer Temperatur nimmt C dann linear mit T entsprechend dem Verhalten eines idealen Fermi-Gases ab.

5.4.2 Tieftemperaturerzeugung durch Entmischung

Auf den Eigenschaften von ³He-⁴He-Mischungen beruht eine Kühlmethode, mit der man den Temperaturbereich unter 1 K bis zu einigen mK erreichen kann. Sie wurde Ende der 60er Jahre des vorigen Jahrhunderts entwickelt und heute gehören in den meisten Tieftemperaturlaboratorien die entsprechenden Apparate, Verdünnungs- oder Entmischungskryostate genannt, zur Standardausrüstung. Bei der adiabati-

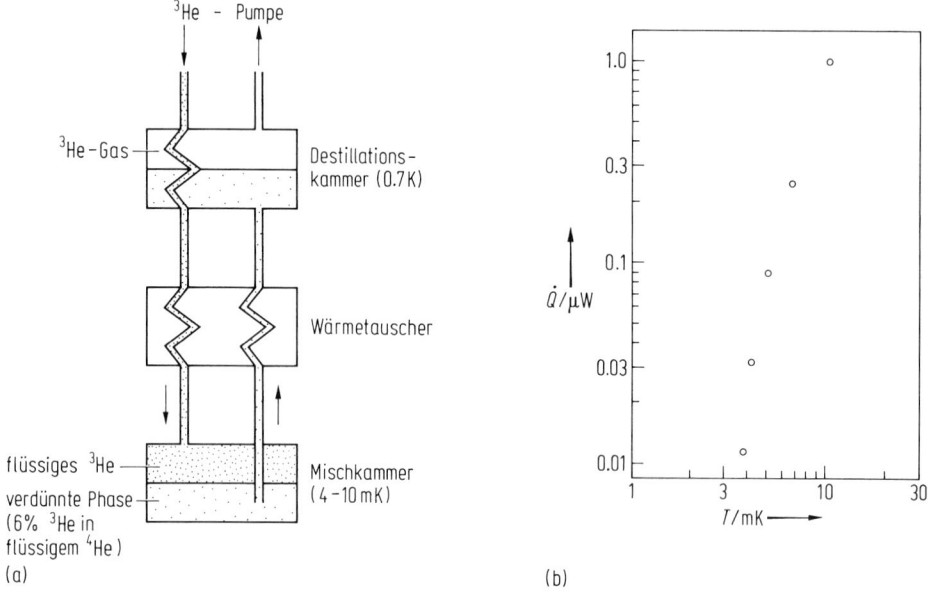

Abb. 5.38 (a) Schema eines ³He-⁴He-Entmischungskryostaten. Die Kühlleistung entsteht durch Verdampfung von ³He in die verdünnte ⁴He-6% ³He-Phase. (b) Beispiel für die Temperaturabhängigkeit der Kühlleistung $\dot{Q}$ (nach Bradley et al. [26]).

schen Entmagnetisierung, der einzigen Methode zur Erreichung von μK-Tempera-
turen, dienen ^{3}He-^{4}He-Entmischungsstufen zur Vorkühlung.

Wie bereits erwähnt, findet bei tiefer Temperatur eine Entmischung in eine konzentrierte ^{3}He-Phase ($x \approx 1$) und eine verdünnte Phase ($x \gtrsim 0.06$) statt (Abb. 5.37).
Der endliche ^{3}He-Gehalt in der verdünnten Phase selbst bei tiefsten Temperaturen
ist eine wesentliche Eigenschaft, die folgenden Prozess ermöglicht: ^{3}He-Atome kön-
nen von der konzentrierten ^{3}He-Phase in das verdünnte ^{3}He-„Gas" der anderen
Phase „verdampfen". Dies entspricht einer normalen Verdampfungskühlung. Die
Effektivität ist aber größer als die der normalen ^{3}He-Verdampfung, mit der nur
Temperaturen bis etwa 0.3 K erreichbar sind.

Im Entmischungskryostat, schematisch in Abb. 5.38a dargestellt, erfolgt dieser
Kühlprozess in der so genannten Mischkammer. Das „verdampfte" ^{3}He gelangt
von dort durch Gegenstromwärmetauscher in die Destillationskammer, deren Temperatur etwa 0.7 K beträgt. Bei der hier stattfindenden Verdampfung entweicht praktisch nur ^{3}IIc aufgrund des sehr viel höheren Dampfdrucks verglichen mit dem von
^{4}He (s. Abb. 5.3). Der gesamte ^{3}He-Kreislauf wird durch eine bei Zimmertemperatur
arbeitende Pumpe in Gang gehalten. Das aus der Destillationskammer abgepumpte
^{3}He gelangt so, durch mehrere Wärmetauscher wieder abgekühlt, in die Mischkammer zurück.

Im Gegensatz zum normalen Verdampfungsprozess hängt die Kühlleistung $\dot{Q}$ bei
dem in der Mischkammer ablaufenden Prozess stark von der Temperatur ab. Es
gilt $\dot{Q} \sim T^2$. Während die Kühlleistung bei 200 mK noch etwa 40 μW beträgt, sinkt
sie zwischen 10 und 3 mK auf Werte unter 0.1 μW (Abb. 5.38b).

5.5 Ausblick

Die Physik der Superflüssigkeiten hat bis heute nichts von ihrer Faszination einge-
büßt und wird auch weiterhin einen wichtigen Forschungszweig der Physik kondensierter Materie darstellen. Nicht nur bei superfluidem ^{3}He und ^{3}He-^{4}He-Mischun-
gen existiert noch eine Vielzahl offener und zum Teil sehr komplizierter Fragestellungen, sondern auch bei He II. So sind z. B. zur Bestimmung kritischer Exponenten
am λ-Übergang Präzisionsmessungen im Abstand einiger nK nötig, die schwerefreie
Umgebung („microgravity") voraussetzen, u. a. auf der internationalen Raumsta-
tion. Das Auftreten von Turbulenz, bisher im Wesentlichen auf den Reibungsme-
chanismus zwischen normalfluider und superfluider Komponente beschränkt, findet
zunehmendes Interesse, da in rein superfluiden Phasen Hinweise auf neue, über die
klassische Turbulenz in normalen Flüssigkeiten hinausgehende Phänomene („Quan-
tenturbulenz") vorliegen. Auch die vielversprechenden Untersuchungen von superfluiden Heliumtröpfchen, die Fragen nach der für die Superfluidität notwendigen
Mindestgröße oder der Reibungsfreiheit von darin eingelagerten Molekülen nach-
gehen (s. Abschn. 1.5.8.6), seien erwähnt.

Die meisten Aktivitäten betreffen allerdings superfluides ^{3}He: das Verhalten in
eingeschränkten Geometrien, insbesondere Aerogel, die mikroskopischen Vorgänge
am A-B-Phasenübergang oder die Bedeutung der *Bose-Einstein-Kondensation* im Zusammenhang mit der Entdeckung dieses Effektes in verdünnten Gasen (1995) und

den hierin bereits gefundenen superfluiden Charakteristika wie die Bildung quantisierter Wirbel. Die Bose-Einstein-Kondensation wird ausführlich in Abschn. 1.5.5 behandelt.

Darüber hinaus existieren vielfältige Beziehungen zu analogen Erscheinungen in anderen Bereichen der Physik, vor allem zur Supraleitung. Eine besonders enge Verwandtschaft scheint zwischen superfluidem ^{3}He und speziellen Supraleitsystemen wie dem Schichtsystem Sr_2RuO_4, den Schwere-Fermionen-Supraleitern (z. B. UPt_3) oder den keramischen Hochtemperatur-Supraleitern zu bestehen. Zu den zentralen Fragen gehört hier, ob ein Beispiel *„unkonventioneller Supraleitung"* vorliegt, d. h. ein Paarbildungsmechanismus ähnlich dem von ^{3}He, oder auch, ob magnetische Flusslinienstrukturen auftreten, die der Vielfalt von Wirbelbildungen in superfluidem ^{3}He entsprechen.

Auch zur Kosmologie bestehen interessante Beziehungen. Erwähnt sei z. B. die Analogie von Wirbellinien und den in der Kosmologie *cosmic strings* genannten linienförmigen Defektstrukturen. Hier wird superfluides Helium als Modellsystem diskutiert. Schließlich sei das superfluide Innere von *Neutronensternen* erwähnt. Es wird vermutet, dass für die Neutronen mit einer Dichte von ca. $10^{17}\,kg\,m^{-3}$ und einer Temperatur von ca. $10^8\,K$ die Fermi-Temperatur bei ca. $10^{11}\,K$ liegt, d. h. der Tieftemperaturgrenzfall vorliegt. Das Innere müsste also superfluid und aufgrund der Rotation wie He II mit quantisierten Wirbeln durchzogen sein.

Literatur

Bücher

Atkins, K. R., Liquid Helium, Cambridge University Press, Cambridge, 1959
Bennemann, K. H., Ketterson, J. B. (Eds.), The Physics of Liquid and Solid Helium, Part I and II, Wiley, New York, 1976
Dobbs, E. R., Helium Three, Oxford University Press, Oxford, 2000
Donnelly, R. J., Quantized Vortices in Helium II, Cambridge University Press, Cambridge, 1991
Keller, W. E., Helium-3 and Helium-4, Plenum Press, New York, 1969
McClintock, P. V. E., Meredith, D. J., Wigmore, J. K., Matter al Low Temperatures, Blackie, Glasgow, 1984
Mendelssohn, K., The Quest for Absolute Zero, 2nd ed., Taylor and Francis, London, 1977
Putterman, S. J., Superfluid Hydrodynamcis, North-Holland, Amsterdam – American Elsevier, New York, 1974
Tilley, D. R., Tilley, J., Superfluidity and Superconductivity, Hilger, Bristol, 1986
Vollhardt, D., Wölfle, P., The Superfluid Phases of Helium 3, Taylor and Francis, London, 1990
Wilks, J., The Properties of Liquid and Solid Helium, Clarendon Press, Oxford, 1967
Wilks, J., Betts, D. S., An Introduction to Liquid Helium, Clarendon Press, Oxford, 1987

Zeitschriftenartikel

Chan, M., Mulders, N., Reppy, J., Helium in Aerogel, Physics Today **49**, No. 8, 1996
Glaberson, W. I., Schwarz, K. W., Quantized Vortices in Superfluid Herlium-4, Physics Today **40**, No. 2, 54, 1987

Leggett, A.J., A theoretical description of the new phases of liquid ³He, Rev. Mod. Phys. **47**, 331, 1975

Lounasmaa, O.V., Thuneberg, E., Vortices in Rotating Superfluid ³He, Proc. Natl. Acad. Sci. USA **96**, 7760, 1999

Lüders, K., Erzeugung tiefer Temperaturen, Phys. unserer Zeit **16**, 89, 1985

Lüders, K., Schälle in Helium II, Phys. unserer Zeit **12**, 43, 1981

Vollhardt, D., Superfluides Helium-3: Die Superflüssigkeit, Teil 1: Phys. Bl. **39**, 41, 1983; Teil 2: Phys. Bl. **39**, 120, 1983; Teil 3: Phys. Bl. **39**, 151, 1983

Wheatley, J.C., Experimental Properties of Superfluid ³He, Rev. Mod. Phys. **47**, 415, 1975

Wölfle, P., Low-temperature Properties of Liquid ³He, Rep. Progr. Phys. **42**, 269, 1979

Fortlaufende Reihen

Progress in Low Temperature Physics, North-Holland, Amsterdam, bis Vol. XIV, 1995

Proc. Int. Conf. Low Temperature Phys., bis LT 23, 2002

Zitierte Publikationen

[1] Woods, A.D.B., Hollis-Hallett, A.C., Can. J. Phys. **41**, 596, 1963

[2] Buckingham, M.J., Fairbank, W.M., in Progr. Low Temp. Phys. (Gorter, C.J., Ed.), Bd. III, 1961

[3] Andronikashvili, E., J. Phys. (USSR) **10**, 201, 1946; Peshkov,V., J. Phys. (USSR) **10**, 389, 1946; Nachdruck in Galasiewics, Z.M., Helium 4, Pergamon, 1971

[4] Svensson, E.C., Sears, V.F., Physica **137 B+C**, 126, 1986

[5] Cowley, R.A., Woods, A.D.B., Can. J. Phys. **49**, 177, 1971

[6] Baird, M.J. et al., Nature **304**, 325, 1983

[7] Keesom, W.H. et al., Physica **7**, 817, 1940

[8] Winkel, P. et al., Physica **21**, 345, 1955

[9] Challis, L.J., et al., Proc. Roy. Soc. **A 260**, 31, 1961

[10] Langer, J.S., Reppy, J.D., in Progr. Low Temp. Phys. (Gorter, C.J., Ed.), Bd. VI, 1970

[11] de Bruyn Ouboter, R. et al., in Progr. Low Temp. Phys. (Gorter, C.J., Ed.), Bd. V, 1967

[12] Baehr, M.L. et al., Phys. Rev. Lett. **51**, 2295, 1983

[13] Toft, M.W., Armitage, J.G.M., J. Low Temp. Phys. **52**, 343, 1983

[14] Packard, R.E., Sanders, T.M., Phys. Rev. **A 6**, 799, 1972

[15] Yarmchuk, E.J. et al., Phys. Rev. Lett. **43**, 214, 1979

[16] Abel, W.R. et al., Phys, Rev. Lett. **17**, 74, 1966

[17] Manninen, M.T., Pekola, J.P., Phys. Rev. Lett. **48**, 812, 1982

[18] Parpia, J.M. et al., J. Low Temp. Phys. **61**, 337, 1985

[19] Gully, W.J. et al., J. Low Temp. Phys. **24**, 563, 1976

[20] Wölfle, P., Phys. Rev. Lett. **34**, 1377, 1975

[21] Paulson, D.N. et al., Phys. Rev. Lett. **32**, 1098, 1974

[22] Halperin, W.P. et al., Phys. Rev. **B 13**, 2124, 1976

[23] Lawes, G. et al., Phys. Rev. Lett. **84**, 4148, 2000

[24] Hakonen, P.J., Nummila, K.K., Jap. J. Appl. Phys. **26**, 1814, 1987

[25] Thuneberg, E.V., Physica B **210**, 287, 1995

[26] Bradley, D.J. et al., Cryogenics **22**, 296, 1982

6 Elektroden, Elektrodenprozesse und Elektrochemie

Hans-Henning Strehblow

6.1 Einleitung

Elektrochemische Systeme besitzen die besondere Möglichkeit, nur durch Anlegen eines Elektrodenpotentials an die Arbeitselektrode die Richtung und Kinetik von chemischen Prozessen zu steuern. Natürlich stehen die sonst üblichen variablen Größen wie die Konzentration und die Temperatur zusätzlich zur Verfügung. Von dieser Möglichkeit macht man bei der Prozesssteuerung in der chemischen Industrie und der Elektroanalytik Gebrauch. Wie bei anderen chemischen Reaktionen diskutiert man bei elektrochemischen Prozessen deren Gleichgewichte und deren Kinetik. Man untersucht homogene Phasen und deren Eigenschaften, insbesondere den Elektrolyten, aber auch die Phasengrenze Elektrode/Elektrolyt und dünne Schichten an Festkörperelektroden. Neben wässrigen Elektrolyten sind Lösungen mit organischen Lösungsmitteln und Salzschmelzen sowie Festkörperelektrolyte interessant. In der Elektrochemie sind verschiedene Elektrodenmaterialien wie Metalle, Halbleiter und Isolatoren bedeutsam. Aber auch Materialien wie Membranen, Polymere und Biopolymere, Beschichtungen von Festkörperoberflächen mit speziellen organischen Molekülen und besonderen Eigenschaften stehen im Mittelpunkt der aktuellen Forschung. Die Elektrochemie stand und steht in intensivem Austausch mit vielen Richtungen der Chemie, Physik, Biologie und der Ingenieurwissenschaften und ist damit eine im hohen Maße interdisziplinäre Wissenschaft, die sowohl in Bereiche der Grundlagenforschung als auch der angewandten Forschung ausstrahlt.

Die historische Einteilung der Elektrochemie in die beiden Kerndisziplinen Elektroanalytik und Elektrodenprozesse verliert heute aufgrund der oben angedeuteten Verschmelzung der verschiedenen Forschungsbereiche immer mehr an Bedeutung. Auch in der modernen Variante der Elektroanalytik, der elektrochemischen Sensorik, setzt man gezielt die Kenntnisse der Kinetik von Elektrodprozessen und der Eigenschaften und Struktur von Elektrodenoberflächen ein. Standen zunächst in der Elektrochemie die Gleichgewichte mit der Nernst'schen Gleichung als einer zentralen Beziehung im Mittelpunkt des Interesses, so entwickelte sich in der ersten Hälfte des vergangenen Jahrhunderts das Gebiet der elektrochemischen Kinetik. In diesem Bereich hat die Schule um K. F. Bonhoeffer mit bekannten Namen wie H. Gerischer und K. J. Vetter einen großen Anteil. Die Elektrodenkinetik war Mitte der 50er Jahre bereits in ihren Grundzügen entwickelt, was in dem Buch von Vetter eindrucksvoll zusammengefasst ist [1]. Die Anwendung der Elektrodenkinetik auf verschiedene Bereiche der Elektrochemie blieb insbesondere der zweiten Hälfte des 20. Jahrhunderts vorbehalten.

Schon recht früh übernahm die Elektrochemie Methoden, die in der Physik zuvor entwickelt wurden. Hier sind zunächst diverse optische Verfahren für aktuelle elektrochemische Bedingungen, d. h. In-situ-Untersuchungen, zu nennen, wie die Elektroreflexion, die Ellipsometrie, die Raman-Spektroskopie und die IR-Spektroskopie. Schon bald wurden auch Verfahren eingesetzt, die im Hochvakuum bzw. im Ultrahochvakuum (UHV) arbeiten. Zunächst führte Ende der 60er Jahre die Rasterelektronenmikroskopie (engl.: *scanning electron microscope*, SEM) zur Untersuchung der Topografie und die Elektronenmikrosonde (engl.: *electron microprobe*, EMP) unter Ausnutzung der elektroneninduzierten Röntgenfluoreszenz zu chemischer Information über Elektrodenoberflächen und dünne Schichten mit hoher lateraler Auflösung. Schon bald wurden aber auch typische UHV-Methoden wie die Röntgen-Photoelektronen-Spektroskopie (XPS) und die Auger-Elektronen-Spektroskopie (AES) auf Elektrodenoberflächen angewandt, mit der für diese Methoden typischen Informationstiefe von nur wenigen Nanometern und einer reichhaltigen chemischen Information. Diese Verfahren wurden verstärkt eingesetzt, als Mitte der 70er Jahre kommerziell Spektrometer mit einem effektiv arbeitenden Schleusensystem zur Verfügung standen, so dass Elektroden aus dem Elektrolyten rasch in das UHV überführt werden konnten. Zusätzlich wurden die Ionenrückstreuung und die Massenspektrometrie (Sekundär-Ionen-Massenspektroskopie, SIMS) erfolgreich eingesetzt. Die niederenergetische Ionenrückstreuung (engl.: *ion scattering spectroscopy*, ISS) und die Rutherford-Rückstreuung (engl.: *Rutherford back scattering*, RBS) geben Auskunft über die Elementzusammensetzung der Oberflächen und dünner Schichten. Elektronenbeugungsverfahren wie LEED und RHEED gestatten Aussage über die Strukturen an Elektrodenoberflächen und von dünnen Deckschichten. Zunächst unterlag die Anwendung dieser Verfahren einer starken Kritik, da hierbei die Elektrode den Kontakt zum Elektrolyten verliert und außerdem ins UHV überführt wird. Trotzdem haben sich diese UHV-Methoden zunehmend durchgesetzt, da systematische Untersuchungen gezeigt haben, dass man die Phasengrenze Elektrode/Elektrolyt erhalten kann und auf andere Weise diese Fülle an chemischer und struktureller Information kaum erhält. Hier war die Entwicklung eines kontaminationsfreien Probentransfers vom Elektrolyten ins UHV entscheidend. Einen besonderen Schub erhielt die Untersuchung der Struktur von Elektrodenoberflächen mit der Entwicklung der Rasterkraft- (engl.: *scanning force microscopy*, SFM, oder *atomic force microscopy*, AFM) und Rastertunnelmikroskopie (engl.: *scanning tunneling microscopy*, STM). Beide Methoden können in situ eingesetzt werden und geben einen visuellen Eindruck über die Struktur von Elektrodenoberflächen mit atomarer Auflösung. Parallel hierzu wurden Verfahren entwickelt, die Synchrotronstrahlung nutzen, um In-situ-Informationen über Oberflächenstrukturen zu erhalten. Hier sind die Röntgendiffraktometrie (engl.: *X-ray diffraction*, XRD) für die Ermittlung der Fernordnung wohlgeordneter Oberflächenstrukturen und die Röntgenabsorptionsspektroskopie (engl.: *X-ray absorption spectroscopy*, XAS) für die Nahordnung stark gestörter bis amorpher Strukturen zu nennen. Beide Methodenbereiche haben die Kenntnisse über die Strukturen von Elektrodenoberflächen erheblich erweitert und werden zunehmend bei der Untersuchung der Phasengrenze fest/flüssig eingesetzt. Diese Möglichkeiten haben gerade auch bei Physikern das Interesse an der Elektrochemie wieder geweckt. Die elektrochemische Oberflächenwissenschaft entwickelt sich z. Zt. bei intensiver Zusammenarbeit

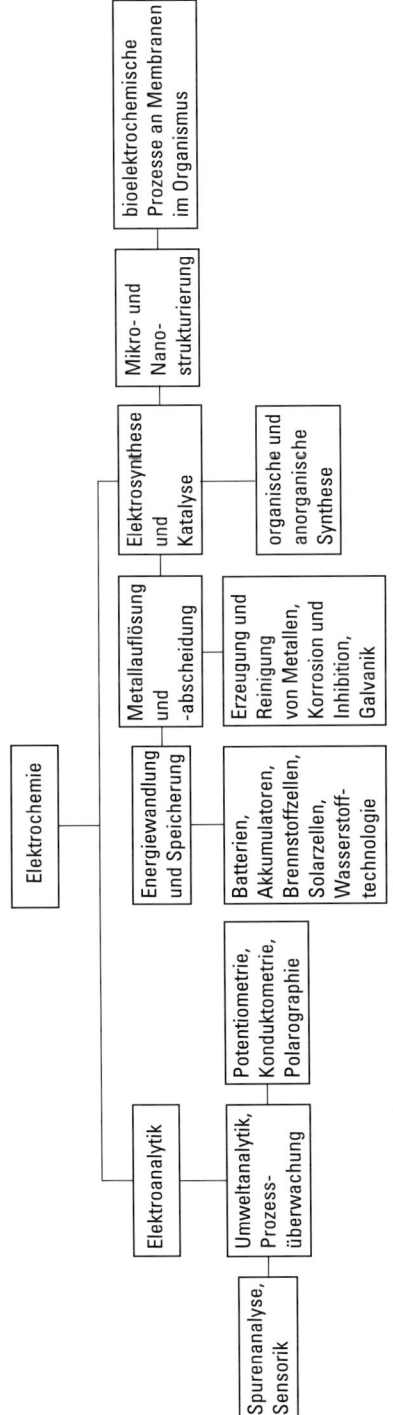

Abb. 6.1 Die Bedeutung der Elektrochemie in Grundlagen und Anwendung.

von Elektrochemikern und Oberflächenwissenschaftlern zu einem prosperierenden Forschungszweig. In der Regel werden beide Bereiche nicht von einer Person bzw. Gruppe abgedeckt, und Untersuchungen an der Beamline einer Synchrotronstrahlungsquelle sind sehr aufwendig, so dass mehrere Personen oder Gruppen zusammenarbeiten müssen.

Die Elektrochemie hat Ausstrahlung in verschiedene Bereiche der Grundlagenwissenschaft, der industriellen Produktion und unserer täglichen Umwelt. Abb. 6.1 gibt eine kurze Übersicht über den Einsatz elektrochemischer Techniken bei technologisch wichtigen Prozessen. Hier sind wichtige Verfahren wie die Erzeugung und Speicherung elektrischer Energie bei Batterien, Akkumulatoren und Brennstoffzellen sowie von Wasserstoff aus der Wasserzersetzung zu nennen. Manche Verfahren der Metallgewinnung und Reinigung wie die Aluminiumherstellung nach dem Kryolitverfahren, die elektrolytische Reinigung und Abscheidung von Edelmetallen und Halbedelmetallen, aber auch die Galvanik und miniaturisierte Metallabscheidung in der Mikro- und Nanotechnologie, besitzen traditionelle Bedeutung oder werden zunehmend wichtiger. Schließlich sind technisch bedeutsame Bereiche wie die Korrosion und deren Inhibition ebenso wie die elektrochemische Synthese organischer und anorganischer Produkte, wie z. B. die Chlor/Alkali-Elektrolyse, zu nennen. Es sei an dieser Stelle ebenfalls erwähnt, dass sich viele Vorgänge in der belebten Natur auf elektrochemische Prozesse zurückführen lassen. Hierzu gehört die Erregungsleitung in Muskel- und Nervenfasern ebenso wie die Wandlung von chemischer Energie oder Licht in nutzbringende Arbeit im Organismus über deren Ankopplung an Membranprozesse zur Erzeugung und Aufrechterhaltung von Konzentrationsgradienten in der biologischen Zelle und die Gewinnung von mechanischer Arbeit.

Das Ziel dieses Kapitels ist es, die verschiedenen traditionell wichtigen, aber auch die aktuellen Entwicklungen darzustellen und die Basis für deren Verständnis zu legen. Hierzu sollen die wichtigsten Prinzipien, Messmethoden und deren Anwendung in der Elektrochemie vermittelt werden. Neben einem kurzen Überblick über die Grundlagen des Faches soll gerade den neueren Entwicklungen in der elektrochemischen Oberflächenwissenschaft Rechnung getragen werden. Für eine ausführliche Darstellung der Grundlagen und Anwendungen der Elektrochemie sei das Buch vom Hamann und Vielstich empfohlen [2].

6.2 Grundlagen und Begriffe

6.2.1 Begriffe und Einheiten

Eine elektrochemische Zelle besteht aus zwei Elektroden, an denen chemische Teilprozesse ablaufen (Abb. 6.2). Chemische Reaktionen werden in Teilprozesse aufgeteilt und räumlich getrennt, so dass ein elektronischer Ausgleich durch Stromfluss im äußeren Leiterkreis erfolgen muss. Dieser Stromfluss kann durch Anlegen von geeigneten Potentialen gesteuert werden, oder er wird als Quelle für Arbeitsleistung bei Batterien, Akkumulatoren oder Brennstoffzellen genutzt. Zwischen den beiden Elektroden einer elektrochemischen Zelle muss ein elektrolytischer Kontakt bestehen, wobei ein Diaphragma ausreicht, das gleichzeitig eine Vermischung der meist

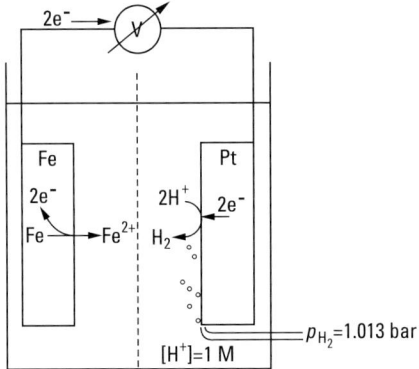

Abb. 6.2 Die Kombination zweier Elektroden zu einer elektrochemischen Zelle: Beispiel Fe/Fe^{2+}-Elektrode und H$_2$/H$^+$-Elektrode; Zerlegung der Fe-Korrosion unter Wasserstoffentwicklung in zwei Teilprozesse.

verschiedenen Elektrolyte verhindert. An Elektroden können anodische Oxidations- und kathodische Reduktionsprozesse ablaufen. Dementsprechend nennt man eine Elektrode Anode oder Kathode. Ein und dieselbe Elektrode kann demnach in Abhängigkeit der Richtung der an ihr ablaufenden Prozesse Anode oder Kathode sein. Ein anodischer Prozess ist mit einem Transfer von Elektronen von einem Redoxsystem des Elektrolyten auf die Festkörperelektrode verbunden oder von positiven Kationen in umgekehrter Richtung, wie z. B. bei der anodischen Metallauflösung. Bei einem kathodischen Prozess sind die Verhältnisse umgekehrt. Abb. 6.2 zeigt als Beispiel die anodische Auflösung einer Fe-Elektrode in der einen Halbzelle und die kathodische Wasserstoffentwicklung als kompensierenden Prozess an der Pt/H$_2$/H$^+$-Elektrode in der zweiten Halbzelle. Man unterscheidet Metall/Metallionen-Elektroden und Redoxelektroden. Im ersten Fall treten Metallionen vom Metall in den Elektrolyten oder in umgekehrter Richtung über. Im anderen Fall sind Elektronen die durchtretende Spezies. Den Ladungsdurchtritt durch die Phasengrenzschicht nennt man Durchtrittsreaktion.

Die Richtung eines elektrochemischen Vorgangs wird durch das Elektrodenpotential gesteuert. Hierfür ist der Potentialabfall an der Phasengrenze Festkörper/ Elektrolyt das entscheidende Regulativ. Der Potentialabfall in dieser so genannten elektrolytischen Doppelschicht ist direkt nicht messbar. Man kann nur die Spannung, d. h. den Potentialunterschied zwischen zwei Elektroden messen, die miteinander zu einer elektrochemischen Zelle geschaltet sind. Das ist schon daran erkennbar, dass der Anschluss an ein Messinstrument unweigerlich einen zweiten elektrolytischen Kontakt zur Folge hat, so dass man zumindest die Summe zweier Potentialabfälle, d. h. die Spannung einer elektrochemischen Zelle, misst. Wie in Abschn. 6.4 noch gezeigt werden wird, ist der Potentialabfall zum ladungsfreien Vakuum dennoch prinzipiell messbar, so dass die Potentialskala von Elektroden in gleicher Weise wie in der Physik üblich angegeben werden kann. In der Elektrochemie wählt man allerdings einen anderen Bezugspunkt, nämlich die Standard- (oder Normal-)Wasserstoffelektrode (SHE). Dabei handelt es sich um eine oberflächenreiche Platin-Metallelektrode, die mit Platinschwamm überzogen ist, in eine Lösung der Wasserstoffionenaktivität von 1 mol/l taucht und von reinem Wasserstoffgas von 1 atm = $1.013 \cdot 10^5$ Pa Druck umspült wird (Abb. 6.2). Auf diese Referenzelektrode werden sämtliche Potentiale bezogen. Das Potential dieser Standardwasserstoffelektrode ist gegenüber dem ladungsfreien Vakuum zu -4.5 bis -4.6 V bestimmt worden [3–7].

An einer Elektrode ist das elektrochemische Gleichgewicht eingestellt, wenn die beiden gegenläufigen Vorgänge des Prozesses, d. h. die Oxidation und Reduktion, gleich schnell ablaufen. Damit ist ein bestimmtes Elektrodenpotential verbunden, das auf den Durchtritt der Ladungsträger durch die elektrolytische Doppelschicht einen steuernden Einfluss hat. Dieses Potential entspricht dem Wert, der sich aus der Anwendung der Nernst'schen Gleichung ergibt (Gl. (6.6)). Bei positivem Abweichen des eingestellten Potentials E vom Gleichgewichtswert E_0 läuft die anodische Reaktion mit einem anodischen Strom ab. Im umgekehrten Falle fließt ein kathodischer Strom. Eine Abweichung des Elektrodenpotentials vom Gleichgewichtswert $\eta = E - E_0$ in positiver Richtung nennt man eine positive Überspannung und entsprechend eine negative Überspannung für den umgekehrten Fall. Sie wird im Wesentlichen durch die kinetischen Hemmungen verursacht, die sich bei jeder chemischen Reaktion und damit auch bei Reaktionen an Elektrodenoberflächen auswirken.

Kompensieren sich zwei *verschiedene* Prozesse, so befindet sich die stromlose Elektrode am Ruhepotential E_R. Weicht das Elektrodenpotential in positiver Richtung ab, so überwiegt der anodische Prozess der einen Reaktion gegenüber dem kathodischen der anderen. Man spricht dann von einer positiven Polarisation $\pi = E - E_R$ und im umgekehrten Fall von einer negativen Polarisation. Ein typisches Beispiel ist die Metallauflösung unter Wasserstoffentwicklung. Am Ruhepotential mit $\pi = 0$ findet demnach eine stromlose Metallauflösung unter Wasserstoffentwicklung und bei $\pi > 0$ zusätzliche Metallauflösung unter Stromfluss statt.

Man unterscheidet potentiostatische und galvanostatische Vorgänge mit zeitlich konstantem Potential oder Strom. Wird das Potential zeitlich linear verändert, so beschreibt der aufgezeichnete Strom eine potentiodynamische Polarisationskurve. Bei potentiostatischen Ein- und Umschaltmessungen wird das Potential sprungartig verändert. Entsprechend gibt es auch galvanostatische Ein- und Umschaltmessungen. Derartige Pulsmessungen werden bei der elektrochemischen Messtechnik zur Untersuchung kinetischer Eigenschaften eines Elektrodenprozesses eingesetzt.

6.2.2 Thermodynamik und Gleichgewicht

Die folgende Abhandlung der Thermodynamik elektrochemischer Gleichgewichte stellt in knapper Form einfache Sachverhalte dar, die man gegebenenfalls ausführlich in Lehrbüchern der Physikalischen Chemie und Thermodynamik nachlesen kann [8, 9]. Ähnlich wie bei der Messung und Angabe des Elektrodenpotentials wird auch bei energetischen Betrachtungen ein Elektrodenprozess mit der Reaktion der Standardwasserstoffelektrode verbunden. Betrachten wir den Prozess an einer Cu-Elektrode in kathodischer Richtung, d. h. die Metallabscheidung, so wird zur elektroni-

schen Kompensation die Wasserstoffoxidation diskutiert, obwohl natürlich prinzipiell auch andere Elektrodenreaktionen hierzu dienen können. Entsprechendes gilt
für die Kombination einer Redoxreaktion wie z. B. die Reduktion von Fe^{3+}- zu
Fe^{2+}-Ionen mit der Standardwasserstoffelektrode. Für einen allgemeinen Elektrodenprozess mit n umgesetzten Elektronen, v_1 und v_2 Molen der Edukte S_1, S_2 etc.
und v_k und v_l Molen der Produkte S_k, S_l etc. der Gl. (6.1) folgt demnach mit der
Wasserstoffoxidation Gl. (6.2) die Reaktionsgleichung (6.3) mit der dazugehörigen
Beziehung für die Freie Reaktionsenthalpie ΔG und mit den chemischen Potentialen
μ_i der Reaktanten Gl. (6.4).

$$v_1 S_1 + v_2 S_2 + n\, e^- + \ldots \rightarrow v_k S_k + v_l S_l + \ldots \tag{6.1}$$

$$\frac{n}{2} H_2 \rightarrow n\, H^+ + n\, e^- \tag{6.2}$$

$$v_1 S_1 + v_2 S_2 + \frac{n}{2} H_2 \rightarrow v_k S_k + v_l S_l + z\, H^+ \tag{6.3}$$

$$\Delta G = v_k \mu_k + v_l \mu_l - v_1 \mu_1 - v_2 \mu_2 - \frac{n}{2} \mu_{H_2} + n \mu_{H^+}. \tag{6.4}$$

Setzt man für das chemische Potential der verschiedenen Spezies die Abhängigkeit
von der Aktivität bzw. vom Druck nach $\mu_i = \mu_i^0 + RT \ln a_i (p_i)$ in Gl. (6.4) ein und
fasst die stöchiometrische Summe (v_1, v_2 positiv, v_k, v_l negativ) der Standardwerte
μ_i^0 für $a = 1$ M und $p = 1.013$ bar zu ΔG^0 zusammen, so erhält man

$$\Delta G = \Delta G^0 + RT \sum_i v_i \ln a_i (p_i) = W_{el} = -E_0 n F. \tag{6.5}$$

Die Freie Reaktionsenthalpie unter aktuellen Bedingungen ΔG ist gleich der reversiblen und damit maximalen elektrischen Arbeit w_{el}. Sie wird mit der Umgebung
ausgetauscht, wenn der Prozess reversibel, d. h. unendlich langsam abläuft, so dass
das elektrochemische Gleichgewicht an beiden Elektrodenoberflächen nicht gestört
wird. Für diese Bedingungen ist die elektrische Arbeit durch das Elektrodenpotential
E_0 und die Faradaykonstante F nach $W_{el} = -E_0 n F$ gegeben (s. Gl. (6.5)). Durch
Auflösen nach E_0 folgt

$$E_0 = E^0 + \frac{RT}{nF} \ln \left[\frac{a_1^{v_1} a_2^{v_2} p_{H_2}^{\frac{n}{2}}}{a_k^{v_k} a_l^{v_l} a_{H^+}^n} \right] = E^0 + \frac{RT\, 2.303}{nF} \lg \left[\frac{a_1^{v_1} a_2^{v_2}}{a_k^{v_k} a_l^{v_l}} \right]$$

$$= \frac{0.059}{n} \lg \left[\frac{a_1^{v_1} a_2^{v_2}}{a_k^{v_k} a_l^{v_l}} \right], \tag{6.6}$$

die Nernst'sche Gleichung mit dem Faktor 0.059 V für $T = 298$ K. Das Standardpotential E^0 lässt sich aus dem Wert für ΔG^0 berechnen:

$$E^0 = -\frac{\Delta G^0}{nF}. \tag{6.7}$$

Unter der Aktivität a_i versteht man die um den Aktivitätskoeffizienten f_i korrigierte
Konzentration c_i, ($a_i = f_i c_i$) wodurch das Realverhalten von Lösungen gegenüber
dem Idealverhalten berücksichtigt wird. Über die Aktivitätskoeffizienten und deren
Bestimmung aus den gemessenen Potentialen oder aus Berechnungen wird im

Abschn. 6.3.6 im Zusammenhang mit der Debye-Hückel-Theorie starker Elektrolyte noch ausführlich gesprochen. Bei Verwendung der Standardwasserstoffelektrode als Bezugselektrode vereinfacht sich Gl. (6.6) im rechten Teil mit $p(\mathrm{H_2}) = 1.013$ bar und $a(\mathrm{H^+}) = 1$ M. Hierbei ist berücksichtigt, dass ΔG und ΔG^0 der maximalen elektrischen Arbeit $W_{el} = -nFE_0$ bzw. $W_{el}^0 = -nFE^0$ bei reversiblem Reaktionsablauf unter aktuellen bzw. Standardbedingungen gleichzusetzen sind. Zur Vermeidung von Vorzeichenfehlern ist anzumerken, dass die Reaktion der diskutierten Elektrode der Reaktion 6.1 und das dazugehörige ΔG in kathodischer Richtung betrachtet werden sollen. Definitionsgemäß wird der Bildung von Wasserstoffionen aus Wasserstoffgas nach Gl. (6.2) unter Standardbedingungen ein $\Delta G^0(\mathrm{H^+}) = 0$ zugeordnet, was einer Festlegung $E^0 = 0$ für die Standardwasserstoffelektrode entspricht.

Die Energie von einem geladenen Teilchen ist entscheidend vom Potential φ an seinem Ort abhängig. Diesen zusätzlichen Einfluss berücksichtigt das elektrochemische Potential $\tilde{\mu}_i$ einer Ionensorte i. Es ist damit eine Funktion seiner Konzentration c_i bzw. der Aktivität a_i und des Potentials φ_i sowie seiner Ladungszahl z_i nach der Beziehung $\tilde{\mu}_i = \mu_i^0 + RT \ln(a_i) + z_i F \varphi_i$. Bei der Behandlung bzw. Beschreibung von Gleichgewichten ist für Ionen das elektrochemische Potential anstelle des chemischen Potentials zu verwenden. Beispiele hierzu finden sich in Abschn. 6.3.8 und 6.6.8. Man beachte, das zwischen der umgesetzten Ladung n einer Reaktionsgleichung und der Ladung z eines Reaktionspartners zu unterscheiden ist. Bei der obigen Herleitung der Nernst'schen Gleichung ist der elektrische Anteil der Energie bereits bei der elektrischen Arbeit W_{el} von Gl. (6.5) insgesamt berücksichtigt worden, so dass hier nur das chemische Potential statt des elektrochemischen Potentials auftritt.

Als Beispiel für die Anwendung der Nernst'schen Gleichung sei die Reduktion von Permanganat $\mathrm{MnO_4^-}$ zu $\mathrm{Mn^{2+}}$ nach Gl. (6.8a) angeführt. Als Freie Standardbildungsenthalpien für die beiden Mn-Ionen in wässriger Lösung findet man in den thermodynamischen Wertetabellen $\Delta G_f^0(\mathrm{MnO_4^-}) = \mu^0(\mathrm{MnO_4^-}) = -424.69$ kJ/mol beziehungsweise $\Delta G_f^0(\mathrm{Mn^{2+}}) = \mu^0(\mathrm{Mn^{2+}}) = -223.21$ kJ/mol und für flüssiges Wasser $\Delta G_f^0(\mathrm{H_2O}) = -228.57$ kJ/mol. Für die Reaktion

$$\mathrm{MnO_4^-} + 8\,\mathrm{H^+} + 5\,\mathrm{e^-} \;\rightarrow\; \mathrm{Mn^{2+}} + 4\,\mathrm{H_2O} \tag{6.8}$$

ergibt sich danach unter Standardbedingungen, das heißt wenn die Aktivitäten aller gelöster Stoffe 1 M beträgt, eine Freie Standardreaktionsenthalpie von $\Delta G^0 = -223.21 - 4 \cdot 228.57 + 424.69 = -712.8$ kJ/mol. Daraus errechnet sich nach Gl. (6.7) das Standardpotential von $E^0 = -\dfrac{\Delta G^0}{5F} = \dfrac{712.8 \cdot 10^3}{5 \cdot 96485} = 1.48$ V. Dieses Ergebnis ist in guter Übereinstimmung mit dem experimentellen Wert der elektrochemischen Messung von $E^0 = 1.49 \pm 0.005$ V, d. h. einer Platinelektrode, die in eine Lösung der Aktivität von 1 M für beide Mn-Ionen und dem pH $= 0$ ($a(\mathrm{H^+}) = 1$ M) taucht und gegen eine Standardwasserstoffelektrode gemessen wird. Die vollständige Nernst'sche Gleichung für dieses Redoxsystem lautet:

$$E_0 = 1.49 + \frac{0.059}{5} \lg \left[\frac{a(\mathrm{MnO_4^-})\, a^8(\mathrm{H^+})}{a(\mathrm{Mn^{2+}})} \right]$$

$$= 1.49 + \frac{0.059}{5} \lg \left[\frac{a(\mathrm{MnO_4^-})}{a(\mathrm{Mn^{2+}})} \right] - \frac{8 \cdot 0.059\,\mathrm{pH}}{5}$$

$$E_0 = 1.49 + 0.012 \lg \left[\frac{a(MnO_4^-)}{a(Mn^{2+})} \right] - 0.094 \, pH \,. \tag{6.9}$$

Hierbei wurde die Definition des pH-Wertes

$$pH = -\lg a(H^+) \tag{6.10}$$

verwendet. Man erkennt, dass das Elektrodenpotential der MnO_4^-/Mn^{2+}-Elektrode nicht nur von der Aktivität der beteiligten Mn-Ionen, sondern auch ganz entscheidend vom pH-Wert abhängt. Das ist eine Folge der ausgeprägten Beteiligung der Wasserstoffionen an der Redoxreaktion Gl. (6.8). Eine stark saure Lösung mit einem kleinen pH hat demnach eine wesentlich stärker oxidierende Wirkung als ein neutraler bzw. alkalischer Elektrolyt sonst gleicher Zusammensetzung.

Die Tab. 6.1a zeigt eine Zusammenstellung von Standardpotentialen von Redoxelektroden und Metall/Metallionen-Elektroden [10]. Stark reaktive Metalle wie Kalium und Natrium haben ein sehr stark negatives Standardelektrodenpotential, starke Oxidationsmittel wie die Halogene haben ein sehr stark positives Standardpotential. In Tab. 6.1b sind einige biologisch relevante Redoxsysteme aufgeführt. Diese Systeme spielen für die Energieerzeugung in biologischen Zellen und bei anderen biochemischen Prozessen eine entscheidende Rolle (Atmungskette, Zitronensäurezyklus). Viele dieser Prozesse laufen an Membranen gerichtet ab und sind mit Transportvorgängen eng verknüpft. Der belebte Organismus kann als eine elektrochemische Zelle aufgefasst werden, bei der die Vorgänge über Ladungen, Potential- und pH-Gradienten miteinander verknüpft sind (s. Abschn. 6.6.8).

Die Anwendung der Gibbs-Helmholtz-Gleichung

$$\Delta H = \Delta G + T \Delta S \tag{6.11}$$

und die Temperaturabhängigkeit der Freien Enthalpie

$$\left(\frac{d\Delta G}{dT} \right) = -\Delta S \tag{6.12}$$

ergeben unter Berücksichtigung von Gl. (6.7) für E_0 und ΔG eine Möglichkeit, Reaktionsenthalpien ΔH aus der Temperaturabhängigkeit des elektrochemischen Gleichgewichts zu bestimmen:

$$\Delta H = \Delta G - T \left(\frac{d\Delta G}{dT} \right) = n F \left[-E_0 + T \left(\frac{dE_0}{dT} \right) \right]. \tag{6.13}$$

Eine entsprechende Beziehung gilt für die Zellspannung zwischen zwei beliebigen Elektroden $\Delta E_0 = E_{0,1} - E_{0,2}$ und dem ΔG der beiden an ihnen ablaufenden Teilprozesse:

$$\Delta H = n F \left[-\Delta E_0 + T \left(\frac{d\Delta E_0}{dT} \right) \right]. \tag{6.14}$$

Man misst demnach nur das Gleichgewichtspotential E_0 und die Temperaturabhängigkeit dE_0/dT einer Elektrode und kann dann die Reaktionsenthalpie ΔH berechnen.

Tab. 6.1 (a) Standardelektrodenpotentiale und zugehörige Redoxreaktion anorganischer Systeme aus [10].

Elektrodenreaktion	Standardpotential E^0/V
$Li^+ + e^- \rightarrow Li$	−3.045
$K^+ + e^- \rightarrow K$	−2.925
$Na^+ + e^- \rightarrow Na$	−2.714
$Al^{3+} + 3\ e^- \rightarrow Al$	−1.66
$Zn^{2+} + e^- \rightarrow Zn$	−0.763
$Cr^{3+} + 3\ e^- \rightarrow Cr$	−0.74
$AsO_4^{3-} + 2\ H_2O + 2\ e^- \rightarrow AsO_2^- + 4\ OH^-$	−0.71
$Cr^{2+} + 2\ e^- \rightarrow Cr$	−0.557
$Fe^{2+} + 2\ e^- \rightarrow Fe$	−0.440
$Cr^{3+} + e^- \rightarrow Cr^{2+}$	−0.41
$Cd^{2+} + 2\ e^{2-} \rightarrow Cd$	−0.403
$Ni^{2+} + 2\ e^- \rightarrow Ni$	−0.23
$Sn^{2+} + 2\ e^- \rightarrow Sn$	−0.136
$Pb^{2+} + 2\ e^- \rightarrow Pb$	−0.126
$Fe^{3+} + 3\ e^- \rightarrow Fe$	−0.036
$SeO_3^{2-} + 3\ H_2O + 4\ e^- \rightarrow Se + 6\ OH^-$	−0.35
$TeO_3^{2-} + 3\ H_2O + 4\ e^- \rightarrow Te + 6\ OH^-$	−0.02
$2\ H^+ + 2\ e^- \rightarrow H_2$	0.000
$Cu^{2+} + e^- \rightarrow Cu^+$	0.158
$AgCl + e^- \rightarrow Ag + Cl$	0.222
$Hg_2Cl_2 + 2\ e^- \rightarrow 2\ Hg + 2\ Cl^-$	0.280
$Cu^{2+} + 2\ e^- \rightarrow Cu$	0.340
$O_2 + 2\ H_2O + 4\ e^- \rightarrow 4\ OH^-$	0.401
$Fe(CN)_6^{3-} + e^- \rightarrow Fe(CN)_6^{4-}$ (0.01 M NaOH)	0.46
$I_2 + 2\ e^- \rightarrow 2\ I^-$	0.536
$Cu^+ + e^- \rightarrow Cu$	0.522
$Fe(CN)_6^{3-} + e^- \rightarrow Fe(CN)_6^{4-}$ (0.5 M H_2SO_4)	0.69
$Fe^{3+} + 3\ e^- \rightarrow Fe^{2+}$	0.770
$Hg_2^{2+} + 2e^- \rightarrow 2\ Hg$	0.796
$Ag^+ + e^- \rightarrow Ag$	0.800
$Hg^{2+} + 2e^- \rightarrow Hg$	0.851
$Hg^{2+} + 2\ e^- \rightarrow 2\ Hg$	0.854
$Br_2 + 2\ e^- \rightarrow 2\ Br^-$	1.065
$SeO_4^{2-} + 4\ H^+ + 2\ e^- \rightarrow H_2SeO_3 + H_2O$	1.15
$O_2 + 4\ H^+ + 4\ e^- \rightarrow 2H_2O$	1.229
$Cr_2O_7^{2-} + 14\ H^+ + 6\ e^- \rightarrow 2\ Cr^{3+} + 7\ H_2O$	1.33
$Cl_2 + 2\ e^- \rightarrow 2\ Cl^-$	1.360
$MnO_4^- + 8\ H^+ + 5\ e^- \rightarrow Mn^{2+} + 4\ H_2O$	1.491
$Ce^{4+} + e^- \rightarrow Ce^{3+}$	1.61
$F_2 + 2\ e^- \rightarrow 2\ F^-$	2.85

Tab. 6.1   (b) Standardpotentiale einiger wichtiger biologischer Redoxreaktionen.

Redoxreaktion	Standardpotential E^0/V
Acetat $+ CO_2 + 2\,H^+ + 2\,e^- \rightarrow$ Pyruvat $+ H_2O$	-0.699
Acetaldehyd $+ H_2O \rightarrow$ Acetat $+ 3\,H^+ + 2\,e^-$	-0.581
Gluconat$^- + 2\,H^+ + 2\,e^- \rightarrow$ Glucose $+ H_2O$	-0.47
Gluconolacton $+ 2\,H^+ + 2\,e^- \rightarrow$ Glucose	-0.364
Pyruvat $+ CO_2 + 2\,H^+ + 2\,e^- \rightarrow$ Malat^{2-}	-0.330
$NAD^+ + H^+ + 2\,e^- \rightarrow NADH$	-0.320
Pyruvat $+ 2\,H^+ + 2\,e^- \rightarrow$ Lactat	-0.185
Acetaldehyd $+ 2\,H^+ + 2\,e^- \rightarrow$ Ethanol	-0.197
Hydroxypyruvat $+ 2\,H^+ + 2\,e^- \rightarrow$ Glycerat	-0.158
Pyruvat$^- + NH_4^+ + 2\,H^+ + 2\,e^- \rightarrow$ Alanin $+ H_2O$	-0.119
Dehydroascorbat $+ 2\,H^+ + 2\,e^- \rightarrow$ Ascorbat	0.166
$NH_2OH + 3\,H^+ + 2\,e^- \rightarrow NH_4^+ + H_2O$	0.562

Ist an dem Elektrodenprozess eine schwer lösliche Substanz beteiligt, deren Löslichkeitsprodukt die Konzentration der gelösten Spezies bestimmt, spricht man von einer Elektrode zweiter Art. Als Beispiel sei die Kalomelelektrode mit schwerlöslichem (dimeren) Quecksilber(1)chlorid (Hg_2Cl_2, Kalomel) erwähnt. Eine solche Elektrode besteht aus einem kleinen Glasgefäß mit einem durchgeschmolzenen Draht (Platin), der einen leitenden Kontakt zu eingefülltem Quecksilber besitzt, das mit schwerlöslichem Kalomel überschichtet ist (Abb. 6.3). Platin hat den gleichen thermischen Ausdehnungskoeffizienten wie Weichglas und kann deshalb durch ein Glasgefäß geschmolzen werden und für eine kontaminationsfreie leitende Durchführung verwendet werden. Darüber befindet sich eine chloridhaltige Lösung, die über einen Elektrolytschlüssel mit dem Elektrolyten der Messanordnung verbunden ist. Aus dem Löslichkeitsprodukt K

$$K = a(Hg_2^{2+})\,a^2(Cl^-) \tag{6.15}$$

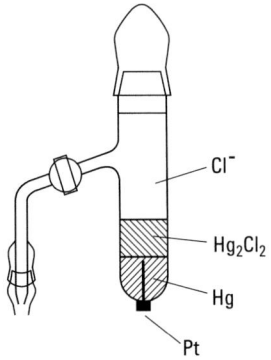

Abb. 6.3   Modell einer Elektrode zweiter Art; die Kalomelelektrode dient als Bezugselektrode.

und der Nernst'schen Gleichung der Hg/Hg_2^{2+}-Elektrode

$$E_0 = E^0 + \frac{RT}{2F} \ln[a(Hg_2^{2+})] = E^0 + \frac{RT}{2F} \ln\left[\frac{K}{a^2(Cl^-)}\right] \tag{6.16}$$

resultiert

$$E_0 = E^0_{Kal} - \frac{RT}{F} \ln a(Cl^-). \tag{6.17}$$

Im Standardpotential der Kalomelelektrode E^0_{Kal}

$$E^0_{Kal} = E^0 + \frac{RT}{2F} \ln K \tag{6.18}$$

ist die Konstante des Löslichkeitsprodukts K von Hg_2Cl_2 enthalten, das mit dieser Beziehung zu $1.78 \cdot 10^{-10}$ bestimmt wurde. Entsprechend bestimmt man das Löslichkeitsprodukt anderer schwerlöslicher Substanzen über Potentialmessungen von Elektroden zweiter Art. Über die Konzentration der an dem Löslichkeitsgleichgewicht beteiligten Anionen kann nach Gl. (6.17) das Elektrodenpotential variiert werden. So verwendet man z. B. die 0.1 M, 1 M und die gesättigte Kalomelelektrode mit gelöstem KCl der entsprechenden Konzentration.

Derartige Elektroden zweiter Art werden oft als Bezugselektroden benutzt, da sie leicht herzustellen sind und genügend stabile Elektrodenpotentiale besitzen, so dass man auf die experimentell aufwendigere Wasserstoffelektrode verzichten kann. Tab. 6.2 enthält eine Auswahl derartiger Elektroden mit auf die Standardwasserstoffelektrode bezogenen Standardpotentialen [10]. Besonders einfach ist eine Ag/AgCl-Elektrode herzustellen, bei der ein Silberdraht durch einen anodischen Strom in einer Salzsäurelösung mit ein wenig schwerlöslichem AgCl überzogen wird. Taucht man eine derartige kleine Elektrode in eine Lösung bekannten Chloridgehalts, so hat man eine besonders einfache miniaturisierte Bezugselektrode, wie man sie in kleinen elektrochemischen Zellen wie z. B. für STM-Untersuchungen benötigt. Miniaturisierte Formen lassen sich von den meisten Elektroden herstellen. Die Phasenabfolge einer elektrochemischen Messkette wird i. A. stilisiert dargestellt, wie z. B. für die Zelle aus einer Kalomelelektrode mit einer AgCl-Elektrode:

$$Ag\,|\,AgCl\,|\,Cl^-\,||\,Cl^-\,|\,Hg_2Cl_2\,|\,Hg\,. \tag{6.19}$$

Der elektrolytische Kontakt der beiden Elektroden wird durch den Doppelstrich symbolisiert.

Tab. 6.2 Einige gebräuchliche Bezugselektroden und ihre Standardpotentiale E^0/V aus [10].

Elektrode	E^0/V	Nernst'sche Gleichung
Kalomelelektrode: $Hg\,|\,Hg_2Cl_2\,|\,Cl^-$	0.268	$E_0 = E^0 - 0.059\,\log[Cl^-]$
Hg_2SO_4-Elektrode: $Hg\,|\,Hg_2SO_4\,|\,SO_4^{2-}$	0.615	$E_0 = E^0 - 0.059\,\log[SO_4^{2-}]$
HgO-Elektrode: $Hg\,|\,HgO\,|\,OH^-$	0.926	$E_0 = E^0 - 0.059\,\log[OH^-]$
AgCl-Elektrode: $Ag\,|\,AgCl\,|\,Cl^-$	0.222	$E_0 = E^0 - 0.059\,\log[Cl^-]$
$PbSO_4$-Elektrode: $Pb\,|\,PbSO_4\,|\,SO_4^{2-}$	-0.276	$E_0 = E^0 - 0.029\,\log[SO_4^{2-}]$

6.2.3 PH-abhängige Gleichgewichte und Potential-pH-Diagramme

Elektrochemische Reaktionen, die mit einem Umsatz von Wasserstoff- oder Hydroxidionen verbunden sind, besitzen pH-abhängige Gleichgewichte. Die MnO_4^-/Mn^{2+}-Elektrode aus Gl. (6.8) und (6.9) ist hierzu bereits ein Beispiel. Ein anderes pH-abhängiges Redoxgleichgewicht liegt bei der Chinon (Q)/Hydrochinon (H_2Q)-Elektrode (Gl. (6.20)) oder bei vielen Oxidbildungsreaktionen wie bei der Kupferoxidbildung (Gl. (6.21–6.22)) vor.

$$H_2Q + 2\,e^- \ \rightarrow \ Q + 2\,H^+,$$

$$E_0 = 0.70 + \frac{RT}{2F} \ln\left[\frac{a(Q)\,a^2(H^+)}{a(H_2Q)}\right] = 0.70. - 0.059\,\text{pH} \tag{6.20}$$

$$Cu_2O + 2\,H^+ + 2\,e^- \ \rightarrow \ Cu + H_2O, \quad E_0 = 0.471 - 0.059\,\text{pH} \tag{6.21}$$

$$CuO + 2\,H^+ + 2\,e^- \ \rightarrow \ Cu + H_2O, \quad E_0 = 0.609 - 0.059\,\text{pH} \tag{6.22}$$

$$2\,CuO + 2\,H^+ + 2\,e^- \ \rightarrow \ Cu_2O + H_2O, \quad E_0 = 0.747 - 0.059\,\text{pH}. \tag{6.23}$$

Bei den Angaben wurde wieder aus Gl. (6.10) die Definition des pH-Wertes pH = $-0.059\lg[a(H^+)]$ benutzt. Bei gleicher Konzentration von Q und H_2Q, so genanntem Chinhydron, vereinfacht sich die Nernst'sche Gleichung wie in Gl. (6.20) angegeben. Das organische Redoxsystem der Gl. (6.20) kann im Kontakt mit einer inerten Edelmetallelektrode (Pt) zur pH-Messung von Lösungen herangezogen werden.

Die Reaktionen der Oxidbildung und der Umoxidation werden für die verschiedenen Metalle, aber auch Nichtmetalle, in Potential-pH-Diagrammen, so genannten Pourbaix-Diagrammen zusammengefasst [11]. Diese Diagramme haben eine erhebliche Bedeutung in der Korrosion, da man hier Bereiche der Metallauflösung, Passivität und Immunität klar unterscheiden kann. Als Beispiel ist das Diagramm von Cu in Abb. 6.4 dargestellt. Die Grenzlinien stellen Gleichgewichte wie in Gl. (6.21)

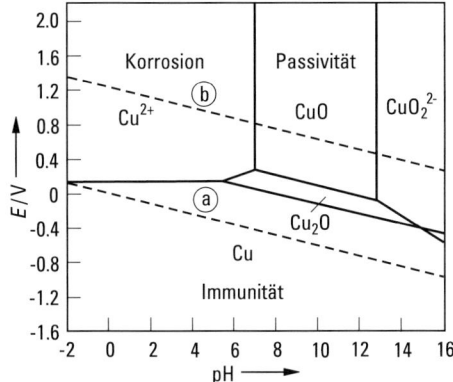

Abb. 6.4 Potential-pH-Diagramm nach Poubaix [11] am Beispiel von Kupfer.

und (6.23) beschrieben dar. Zusätzlich ist das pH-unabhängige Gleichgewicht der Cu/Cu^{2+}-Elektrode eingetragen. Die zugehörige Gerade trennt den Bereich der Immunität und der Korrosion, d. h. der Auflösung des Metalls voneinander. Die Existenzfelder der Stabilität von Cu_2O und CuO werden als Passivbereich bezeichnet. Hier werden zwar Oxide gebildet, sie blockieren aber als dünne Schichten, so genannte Passivschichten, an der Oberfläche die weitere Metallauflösung. Die senkrechten Linien beschreiben die potentialunabhängigen Lösungsgleichgewichte der Oxide. Bei stark alkalischen Lösungen liegen Lösungs- und Bildungsgleichgewichte mit Cupratanionen vor (CuO_2^{2-}, $HCuO_2^{-}$). Infolge eines gewissen amphoteren Verhaltens löst sich Kupfer(II)oxid in begrenztem Umfange auch mit zunehmendem pH. Weitere kurze Geraden mit einem Anstieg von 0.059 pH und -0.059 pH beschreiben das Redoxgleichgewicht zwischen gelösten Cu^{2+}- bzw. CuO_2^{2-}-Ionen. Zusammen mit den Gleichgewichten des Kupfers und seiner Oxide sind auch die pH-abhängigen Gleichgewichte der H_2/H^+-Elektrode und der O_2/H_2O-Elektrode als gestrichelte Linien (a und b) eingetragen. Diese Redoxsysteme sind die wesentlichen Oxidationsmittel bei Korrosionsprozessen, und sie können die betrachteten Reaktionen antreiben, sofern ihr Gleichgewichtspotential positiver als das der Oxidationsgleichgewichte der Metalle ist. Kupfer kann als Halbedelmetall nur von Sauerstoff oxidiert werden, nicht jedoch durch die Reduktion der Wasserstoffionen (Säurekorrosion). Entsprechend liegt die gestrichelte Gleichgewichtsgerade der Sauerstoffelektrode über den Geraden der Oxide bzw. der Bildung gelöster Cu-Ionen, die der Wasserstoffelektrode hingegen darunter. Bei reaktiveren Metallen wie z. B. Eisen und Nickel ist auch gerade die Säurekorrosion möglich. Beim Kupfer entspricht das Korrosionsverhalten im Wesentlichen dem Potential-pH-Diagramm. Für den Ingenieur oder den Prozesstechniker sind demnach die Pourbaix-Diagramme eine wichtige Orientierungshilfe. Das gilt jedoch nicht für alle Systeme, da diese Diagramme nur thermodynamische Daten enthalten und somit keine Aussage über die Kinetik der Prozesse zu treffen gestatten. Es gibt viele Metalle, die sich weit entfernt vom Lösungsgleichgewicht ihrer Oxide in stark sauren Lösungen passiv verhalten, was auf die *kinetische* Hemmung der Auflösung der entsprechenden dünnen Oxidschichten zurückzuführen ist. Beispiele hierzu sind passives Eisen, Chrom, Nickel und Stähle unterschiedlicher Zusammensetzung in stark sauren Lösungen (siehe Abschn. 6.6.2, Abb. 6.57).

6.3 Eigenschaften von Elektrolytlösungen und Transportvorgänge

6.3.1 Elektrolyte und Lösungsmittel

Elektrolyte bestehen aus beweglichen Ionen als Ladungsträger. Hierbei kann es sich um Schmelzen von Ionenkristallen handeln, bei denen im flüssigen Zustand die Ionen nicht mehr ortsfest sind, oder um Lösungen von Ionen in Lösungsmitteln. Festkörperelektrolyte bestehen aus Ionenkristallen mit einer ausreichend hohen Beweglichkeit der Ionen eventuell bei erhöhter Temperatur. Hierbei spielen Kristallbaufehler wie Leerstellen und Zwischengitterplätze für eine ausreichende Beweglichkeit und Wanderung von Ionen in einem angelegten elektrischen Feld eine große Rolle.

Vielfach werden Ionen erst durch Reaktion mit dem Lösungsmittel erzeugt, wie z. B. bei der Lösung von Salzsäuregas oder Ammoniak in Wasser:

$$HCl + H_2O \rightarrow H_3O^+ + Cl^- \tag{6.24}$$

bzw.

$$NH_3 + H_2O \rightarrow NH_4^+ + OH^- . \tag{6.25}$$

Das Wasser wirkt hierbei sowohl als Protonenakzeptor als auch als Protonendonator. Nach Brönsted ist ein Donator für Wasserstoffionen eine Säure und ein Akzeptor eine Base. Danach ist HCl eine Säure und NH$_3$ eine Base. Wasser wirkt demnach sowohl als Base als auch als Säure, wie die Gl. (6.24) bzw. (6.25) zeigen.

Lösungsmittel können aus Ionen bestehen (wie z. B. in Salzschmelzen), oder sie können von molekularer Natur mit starkem Dipolcharakter sein (wie Wasser, reine Flusssäure und flüssiges Ammoniak). Schließlich gibt es auch unpolare Lösungsmittel wie z. B. Benzol. Auch reines Wasser unterliegt einer geringen Eigendissoziation entsprechend dem Gleichgewicht

$$2 H_2O \leftrightarrow H_3O^+ + OH^- . \tag{6.26}$$

Das Ionenprodukt ist mit $K = a(H_3O^+)\, a(OH^-) = 1.008 \cdot 10^{-14}$ bei $T = 25\,°C$ sehr klein mit einer entsprechend geringen spezifischen Leitfähigkeit des reinen Wassers von $\kappa = 6.41 \cdot 10^{-8}\,\Omega^{-1}\text{cm}^{-1}$. Entsprechend dissoziieren andere Flüssigkeiten nur in geringem Maße, wie Methanol,

$$2 CH_3OH \leftrightarrow CH_3OH_2^+ + CH_3O^- , \tag{6.27}$$

oder flüssige reine Essigsäure,

$$2 CH_3COOH \leftrightarrow CH_3COOH_2^+ + CH_3COO^- . \tag{6.28}$$

Reine Flusssäure ist ein Lösungsmittel für diverse biologische Makromoleküle, die sich nicht in Wasser lösen, wie Proteine, Enzyme, Vitamin B12, ohne Verlust der biologischen Wirksamkeit der Substanzen nach deren Rückgewinnung. Auch verflüssigte Gase oder manche Salzschmelzen unterliegen als Lösungsmittel einer nur geringen Dissoziation wie z. B. flüssiges NO$_2$,

$$2 NO_2 \leftrightarrow NO^+ + NO_3^- , \tag{6.29}$$

oder geschmolzenes HgBr$_2$,

$$2 HgBr_2 \leftrightarrow HgBr^+ + HgBr_3^- . \tag{6.30}$$

Die für die elektrolytische Gewinnung von Aluminium aus Bauxit (Al$_2$O$_3$) wichtige Kryolithschmelze (NaAlF$_6$) enthält durch Dissoziation Na$^+$-, AlF$_6^{3-}$-, AlF$_4^-$- und F$^-$-Ionen. NaCl schmilzt erst bei $T > 800\,°C$, andere Salze schmelzen bei recht niedriger Temperatur wie z. B. N(CH$_3$)$_4$ SCN bei $T = -50\,°C$ und das Eutektikum aus 60 mol% AlCl$_3$, 14 % KCl und 26 % NaCl bei $T = 94\,°C$. Klassische wasserfreie Lösungsmittel für organische Substanzen, die häufig für elektrochemische Umsetzungen verwendet werden, sind u. a. Acetonitril (CH$_3$CN), Dimethysulfoxid, Dimethylformamid, Ethanol und Dioxan, Ethylen- und Propylencarbonat. Ihre Dielektrizitätskonstante ist meist deutlich kleiner als die des Wassers. Als Folge davon besitzen die meisten Salze in ihnen eine sehr geringe Löslichkeit. Es gibt aber auch für diese Lösungsmittel hinreichend lösliche Salze wie z. B. die Alkaliperchlorate,

LiAlCl$_4$ oder LiAlH$_4$, und quarternäre Ammoniumsalze ((NR$_4$)X) mit organischen Liganden R und Halogeniden X, die nach guter Dissoziation eine ausreichende Leitfähigkeit des Elektrolyten für elektrochemische Umsetzungen garantieren.

6.3.2 Leitfähigkeit und Überführungszahl

Die Leitfähigkeit eines Elektrolyten wird durch die Konzentration und Ladung der beteiligten Ionen und deren Beweglichkeit bestimmt. Die Beweglichkeit u_i eines Ions i entspricht seiner Wanderungsgeschwindigkeit im elektrischen Einheitsfeld ($E = 1$ V/cm). Die Äquivalentleitfähigkeit Λ_i eines z-fach geladenen Ions i ist durch seine Beweglichkeit u_i und die Faraday-Konstante F mit

$$\Lambda_i = u_i F \tag{6.31}$$

gegeben, seine spezifische Leitfähigkeit κ_i folgt dann aus der Äquivalentkonzentration $c_i z_i$:

$$\kappa_i = \Lambda_i c_i z_i . \tag{6.32}$$

Die entsprechenden Gesamtwerte Λ und κ für Kationen und Anionen folgen durch Summation der Beiträge der einzelnen Ionensorten:

$$\Lambda = \sum_i \Lambda_i = F \sum_i u_i \tag{6.33}$$

bzw.

$$\kappa = \sum_i \Lambda_i c_i z_i = F \sum_i u_i c_i z_i . \tag{6.34}$$

Auch die Äquivalentleitfähigkeit ist infolge der Wechselwirkung der geladenen Ionen im Elektrolyten konzentrationsabhängig. Entsprechende Details werden für starke, d. h. vollständig dissoziierte Elektrolyte quantitativ durch die Debye-Hückel-Theorie beschrieben (Abschn. 6.3.6). Der Stromanteil, der von einer Ionensorte i getragen wird, wird durch ihre Überführungszahl t_i mit

$$t_i = \frac{\kappa_i}{\kappa} = \frac{\Lambda_i}{\Lambda} = \frac{u_i}{\sum_i u_i} \tag{6.35}$$

beschrieben. Die Summe der Überführungszahlen aller Ionen in einem gegebenen Elektrolyten ist entsprechend deren Definition gleich 1 ($\Sigma_i t_i = 1$, Gesamtstrom). Überführungszahlen werden durch so genannte Überführungsversuche bestimmt, bei denen die Änderung der Konzentrationen von Ionen im Anoden- und Kathodenraum nach Stromfluss bestimmt wird. Die Gl. (6.33), (6.34) und (6.35) ergeben die Summe und den Quotienten der Einzelleitfähigkeiten. Die Messung von t_i und κ bzw. Λ gestattet die Berechnung der Einzelwerte κ_i und Λ_i für verschiedene Ionen i.

6.3.3 Struktur von Elektrolyten und Lösungsmitteln

Lösungsmittel besitzen i. A. keine Fernordnung wie kristalline Feststoffe, sind aber dennoch nicht völlig ungeordnet wie Gase. Über ihre Nahordnung lassen sich mit Röntgendiffraktometrie (XRD) und mit Röntgenabsorptionsspektroskopie (XAS)

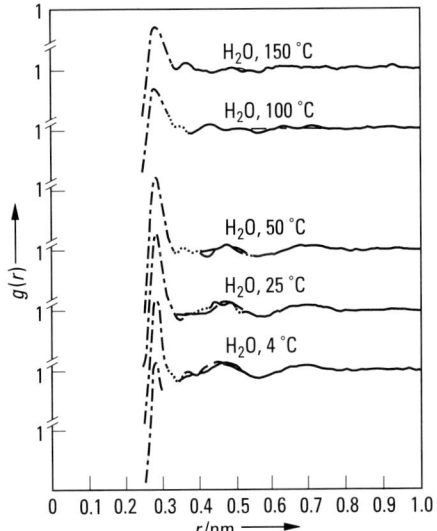

Abb. 6.5   Paarverteilungsfunktion $g(r)$ von Wasser bei verschiedenen Temperaturen [11a].

Aussagen gewinnen. Flüssiges Wasser besitzt bei hinreichend tiefen Temperaturen eine ausgeprägte Restordnung, was zu diffusen Röntgenreflexen führt. Hieraus lassen sich so genannte Paarverteilungen ermitteln, die die Ausbildung von Koordinationsschalen um ein zentrales Molekül beschreiben (Abb. 6.5). Die erste Schale des reinen Wassers bei 0.3 nm ist gut ausgebildet, und es resultiert aus der integrierten Bandenfläche eine Koordinationszahl 4. Die folgenden zwei weiteren Schalen sind wesentlich schlechter ausgebildet. Noch höhere Koordinationsschalen sind nicht zu erkennen. Beim Erwärmen werden diese Nahordnungen zunehmend zerstört und die Paarverteilungen werden diffus bzw. verschwinden völlig bei $T > 50\,°C$. Eine direkte Folge dieser Nahordnung sind die besonderen Eigenschaften des Wassers wie das Dichtemaximum bei $4\,°C$, die hohe Leitfähigkeit von H^+- und OH^--Ionen und die hohe Molwärme, die einem Restschmelzen der vorliegenden Clusterstrukturen entspricht. Hier spielen Wasserstoffbrückenbindungen zwischen den Wassermolekülen eine entscheidende Rolle. Die tetraedrische Koordination eines Wassermoleküls in seiner ersten Schale führt zu einer sperrigen Struktur mit großen Hohlräumen, ähnlich der des Tridymits (SiO_2), die in entsprechender Weise auch im Eiskristall vorliegt (Abb. 6.6a). Hierbei sind das Zentrum und die vier Ecken eines Tetraeders von vier Sauerstoffatomen besetzt, die über Wasserstoffbrückenbindungen mit einem Abstand von 0.276 nm aneinander gebunden sind (Abb. 6.6b). Beim Erwärmen wird diese Struktur zunehmend zerstört, was zu einer dichteren Zusammenlagerung der Moleküle führt (Abb. 6.6c). Die Cluster werden dabei zunehmend zerstört. Vom Dichtemaximum bei $4\,°C$ an nimmt der Abstand wieder zu und damit die Dichte ab wie bei fast allen Substanzen, die erwärmt werden. Aufgelöste Ionen bilden eine Solvat- bzw. eine Hydratstruktur um sich aus. In günstigen Fällen kann ihre Nahordnung mit Röntgenabsorptionsspektroskopie ermittelt werden.

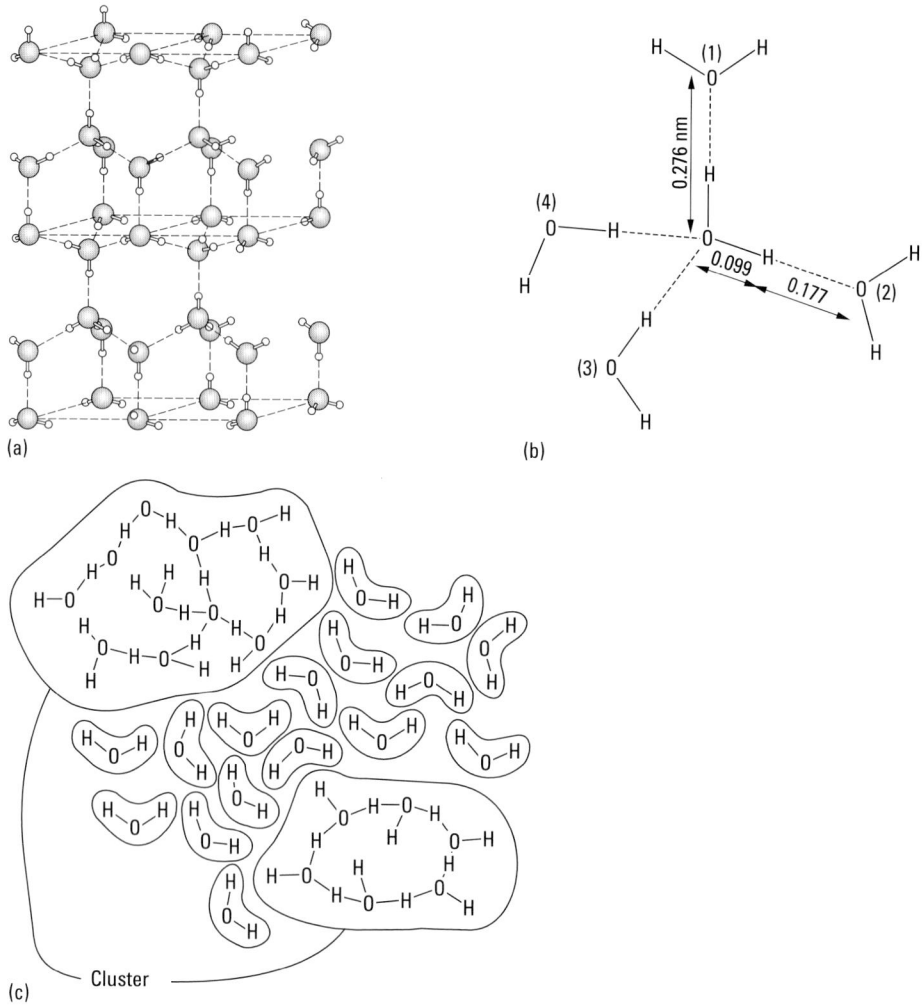

Abb. 6.6 Ordnung und Nahordnung des Wassers. (a) Eiskristall. (b) Tetraederstruktur von Wasser. Zentrales Molekül und Moleküle (1) und (2) liegen in der Zeichenebene, (3) und (4) außerhalb, die Sauerstoffatome spannen ein Tetraeder auf. (c) Clusterstruktur flüssigen Wassers.

6.3.4 Einführung in die Röntgenabsorptionsspektroskopie (XAS)

Die Absorption von Röntgenstrahlen führt zu den bekannten Absorptionskanten, die der Anregung aus kernnahen Orbitalen der Atome entsprechen. Das zentrale Ion sollte eine genügend hohe Ordnungszahl besitzen, damit die Energie seiner Röntgenabsorptionskante genügend groß ist, so dass die Strahlung nicht völlig vom Lösungsmittel absorbiert wird und somit Absorptionsspektren in Transmission noch zugänglich sind. Ihre genaue Aufzeichnung lässt Oszillationen der Absorption nach der Kante bei höheren Energien erkennen, wie für das Beispiel metallischen Nickels in Abb. 6.7a gezeigt wird. Zu ihrer Erklärung nehmen wir an, dass bei der Röntgenabsorption eines zentralen Absorbers Elektronen aus einem kernnahen Orbital entfernt und an den Atomen der umgebenden Koordinationsschalen reflektiert werden (Abb. 6.7b). Berücksichtigen wir nun den Wellenaspekt der Elektronen, so wird die auslaufende Elektronenwelle mit der zugeordneten de-Broglie-Wellenlänge $\lambda_{DB} = h/(m\,v)$ mit der reflektierten Welle interferieren. m und v sind die Masse und die Geschwindigkeit des Elektrons. Je nach Radius R_j der Koordinationsschale, der Phasenverschiebung Φ_j bei der Reflexion und der Wellenlänge λ_{DB} wird die Interferenz konstruktiv oder destruktiv sein. Bei Variation von λ_{DB} und damit der Energie der einfallenden Röntgenstrahlung erhält man demnach Oszillationen des relativen Absorptionskoeffizienten, der so genannten EXAFS-Funktion $\chi(k) = \Delta\mu_a/\mu_{a,0}$

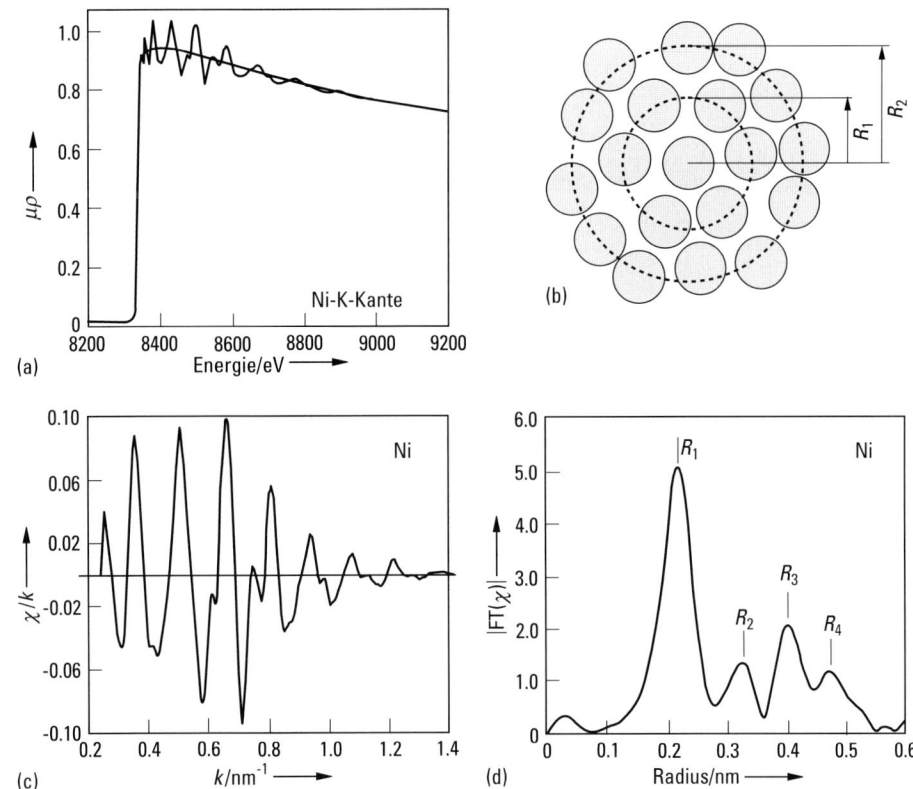

Abb. 6.7 Auswertung von Röntgenabsorptionsspektren am Beispiel kristallinen Nickels. (a) Absorptionskante (Massenabsorptionskoeffizient $\mu\varrho$). (b) Zentraler Absorber mit zwei Koordinationsschalen mit den Radien R_1 und R_2. (c) EXAFS-Funktion $\chi(k)$. (d) Betrag der Fourier-Transformierten $FT(\chi)$ in den Abstandsraum. (EXAFS: extended X-ray absorption fine structure.)

(engl.: *extended X-ray absorption fine structure*, EXAFS) (Abb. 6.7c). Sie enthält
die Strukturparameter, d. h. den Radius der Koordinationsschale R_j, ihre Koordinationszahl N_j und deren mittlere Verschiebung σ_j (Gl. (6.36a)). Hier wurde der
Wellenvektor k für die Energiedifferenz ΔE zur Absorptionskante nach Gl. (6.36c)
eingeführt. $\Delta \mu_a$ ist die Abweichung des Absorptionskoeffizienten μ_a von seinem mittleren Wert $\mu_{a,0}$. Abbildung 6.7c zeigt $\chi(k)$ für das gewählte Beispiel des kristallinen
Nickels. Die Oszillationen von μ_a bzw. $\chi(k)$ setzen sich aus Beträgen der verschiedenen Schalen entsprechend einer Summation über die Laufzahl j gemäß Gl. (6.36a)
zusammen. Die Amplitude A_j jeder Koordinationsschale enthält gemäß Gl. (6.36b)
ihre Koordinationszahl N_j und den Exponentialausdruck des Debye-Waller-Faktors
$\exp(-2\,\sigma_j^2 k^2)$ mit der mittleren quadratischen Verschiebung σ_j^2. Dabei enthält σ_j^2
einen Anteil für die strukturelle Unordnung und einen weiteren für die thermische
Verschiebung der Atome aus der Ruhelage bei Temperaturerhöhung. Des weiteren
findet man in Gl. (6.36b) den Exponentialausdruck für die inelastischen Verluste
der Elektronen mit ihrer mittleren freien Weglänge $\lambda(k)$ in der entsprechenden Matrix, sowie die Abnahme der Amplitude mit dem Quadrat der Entfernung und damit
dem Radius der Koordinationsschale R_j.

$$\chi(k) = \frac{\mu - \mu_{a,0}}{\mu_{a,0}} = \sum_j A_j(k)\sin[2\,k\,R_j + \Phi_j(k)] \tag{6.36a}$$

$$A_j(k) = \frac{1}{k\,R_j^2}\,N_j\,S_j(k)\,F_j(k)\,e^{-2\,\sigma_j^2 k^2}\,e^{-\frac{2\,R_j}{\lambda(k)}} \tag{6.36b}$$

$$k = \sqrt{\left(\frac{2\,m}{\hbar^2}\right)\Delta E}\,. \tag{6.36c}$$

Unterwirft man die EXAFS-Funktion $\chi(k)$ einer Fourier-Transformation in den
Abstandsraum, so erhält man eine Abbildung der Koordinationsschalen mit den
zugehörigen Radien R_j, die für das Beispiel einer Nickelfolie in Abb. 6.7d dargestellt
ist. Hierbei ist noch die Phasenverschiebung Φ_j zu berücksichtigen. In der Regel
werden die Auswertungen der experimentellen Daten mit Berechnungen für die einzelnen Schalen verglichen, um zu der richtigen Phasenkorrektur zu gelangen. Man
trennt hierzu den Peak einer Schale ab und unterwirft ihn einer Fourier-Rücktrans-
formation. Die resultierende Sinuswelle der Rücktransformierten wird dann mit den
berechneten Werten verglichen und die Daten zueinander angepasst, um so die exakten Strukturparameter zu erhalten. Für diese Anpassung dienen in manchen Fällen die EXAFS-Daten einer Standardsubstanz mit bekannter Struktur, in anderen
wird $\chi(E)$ mithilfe eines geeigneten Programms wie FEFF [12] berechnet und diese
Ergebnisse durch Variation der strukturellen Parameter den experimentellen Resultaten angeglichen. Die Fourier-Transformierte der Abb. 6.7d für Nickel zeigt die
für ein kubisch flächenzentriertes Gitter typische Sequenz der vier ersten Koordinationsschalen mit den Radien R_1 bis R_4. Ein Beispiel für gelöste Spezies wird später
in diesem Abschnitt gezeigt.

Die Isolierung der EXAFS-Oszillationen für möglichst große Energiebereiche erfordert intensive und stabile Röntgenquellen, die seit mehr als 20 Jahren mit den
Synchrotronstrahlungsquellen zur Verfügung stehen. Bei diesen Strahlungsquellen
werden Elektronen oder Positronen in evakuierten ringförmigen Röhren auf sehr

hohe Geschwindigkeiten (nahe Lichtgeschwindigkeit) mit Energien im Bereich von
2 bis 8 GeV beschleunigt. Elektromagnetische Strahlung tritt bei Ablenkung von
der linearen gleichförmigen Bewegung auf, d. h. wenn die Elektronen durch magnetische Ablenkung auf eine Kreisbahn gezwungen werden. Neben der einfachen
Ablenkung durch einen Magneten durchlaufen die geladenen Partikel bei modernen
hochintensiven Strahlungsquellen periodische magnetische Strukturen, so genannte
„insertion devices", die sie auf ihrer Flugbahn sinusartigen Oszillationen unterwerfen. Je nach Art der seriell angeordneten magnetischen Strukturen unterscheidet
man Wiggler mit wenigen antiparallelen Magneten hoher Feldstärke oder Undu-
latoren mit vielen alternierend angeordneten Magneten geringerer Feldstärke. Durch
diese magnetischen Strukturen wird die Intensität der entstehenden Röntgenstrahlung um mehr als zwei Größenordnungen gegenüber einer einfachen magnetischen
Ablenkung erhöht. Abb. 6.8 zeigt den prinzipiellen Aufbau einer Messanordnung
(Beamline), an der EXAFS- und Diffraktometriemessungen durchgeführt werden
[13]. Die intensive elektromagnetische Strahlung verlässt über den Hauptstrahl-
verschluss den durch eine Betonabschirmung abgetrennten Bereich und gelangt über
einen Spiegel zum Kristallmonochromator. Hier kann die monochromatische Strahlung bis zu sehr hohen Energien im Bereich von mehreren 10 keV eingestellt werden.
Man verwendet Siliziumeinkristalle geeigneter Orientierung, Si(111) mit einem Gitterabstand von $d = 0.3136$ nm für einen Energiebereich von 2.4 bis 15 keV, Si(311)
mit d = 0.1638 nm für 10 bis 30 keV und Si(511) mit $d = 0.1045$ nm für mehr als
25 keV. Durch Krümmung der Monochromatorkristalle kann eine Fokussierung
auf wenige 10 µm oder eine Divergenz der Röntgenstrahlung erreicht werden. Ein
leichtes Verkanten der Kristalle bzw. die Reflexion an Spiegeln unterdrückt höhere
Beugungsordnungen, die bei den Messungen stören. Durch Schlitzblenden kann ein

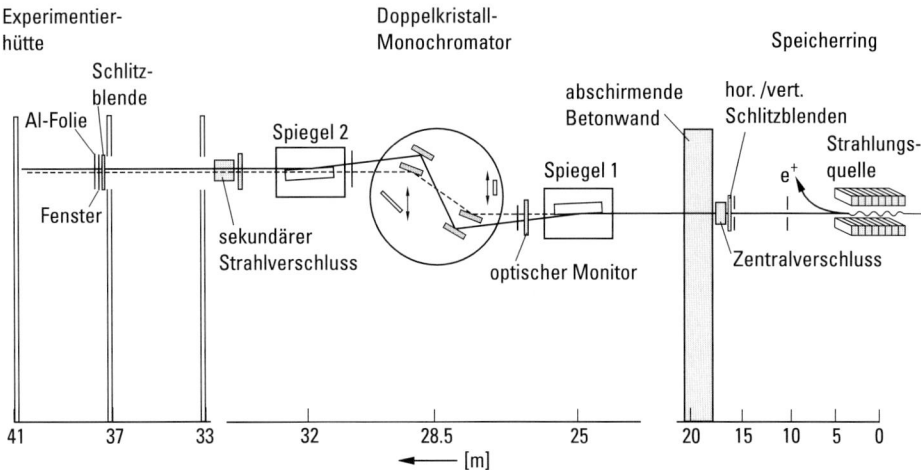

Abb. 6.8 Aufbau einer Beamline an einer Synchrotronstrahlungsquelle, Speicherring mit Positronen und magnetischer Einbaueinheit (Insertion Device: Wiggler oder Undulator) zur Erhöhung der Strahlintensität, Doppelkristallmonochromator, Spiegeln, Strahlverschlüssen und
Schlitzblenden. Der spezielle experimentelle Aufbau folgt im Bereich der Experimentierhütte
(links) [13].

enger schmaler Röntgenstrahl ausgeblendet werden, was für Messungen an räumlich eng begrenzten Probenbereichen in Transmission und insbesondere in Reflexion bei streifendem Einfall gegenüber der Probenoberfläche erforderlich ist. Vor bzw. hinter der Probe befinden sich je ein Detektor, der die Intensitäten I_0 vor Auftreffen und I nach Verlassen der Probe zu messen gestattet. Es können hierzu Ionisationskammern oder Halbleiterdetektoren verwendet werden. Wegen der Gefährlichkeit der Synchrotronstrahlung befinden sich die experimentellen Aufbauten auch nach der Betonabschirmung in hermetisch abgeschirmten Bereichen, so genannten Experimentierhütten, was eine Automatisierung bzw. Fernsteuerung aller Experimente erfordert. Verschiedene Sicherheitseinrichtungen schalten den Strahl automatisch ab, wenn man versehentlich die Experimentierhütte während einer Messung betreten sollte.

6.3.5 Die Nahordnung in Wasser gelöster Ionen

EXAFS-Messungen in Transmission sind experimentell noch relativ einfach. Es sollte allerdings ein Element mit einer Absorptionskante von mehr als 5 keV als Absorber ausgesucht werden, damit die Absorption durch das Lösungsmittel nicht zu hoch wird. Messungen mit Cu-Ionen mit $E > 9$ keV sind noch gut möglich, solche mit Silber mit einer Kante bei 25 keV sind sehr gut zu realisieren. Als Beispiel ist in Abb. 6.9 eine Transmissionsmessung einer sich auflösenden Silberelektrode dargestellt [14]. Ein fein ausgeblendeter Röntgenstrahl passiert den Elektrolyten in einer Entfernung von 200 µm von der Ag-Elektrode und gestattet damit, Ag-Korrosionsprodukte zu analysieren (Abb. 6.9a). Bei einer Polarisation der Ag-Elektrode bei $E = 1.20$ V in 1 M NaOH löst sich Silber anodisch auf und erzeugt vor der Elektrode eine Konzentration von $8.6 \cdot 10^{-3}$ M. Dieser Wert ergibt sich aus dem Hub der Absorptionskante, der der Konzentration proportional ist. Ein Vergleichsspektrum vor der Ag-Auflösung zeigt keine Absorptionskante, was einer Ag-freien Lösung entspricht. Die EXAFS-Funktion kann in diesem Beispiel sinnvoll noch bis $k = 8$ Å^{-1} ausgewertet werden (Einsatz in Abb. 6.9a). Bei höheren k-Werten ist sie zu verrauscht. Die Fourier-Transformierte FT$[\chi(k)\,k^3]$ der EXAFS-Funktion in Abb. 6.9b zeigt deutlich die erste Koordinationsschale bei $R = 0.17$ nm, die dem Ag-O-Abstand von gelöstem Ag(OH)$_2^-$-Ionen entspricht. Die Rücktransformation des Peaks (durch gestrichelte Linien in Abb. 6.9b markiert) und die Anpassung mit einem Einschalenmodell ergibt für die Strukturparameter als phasenkorrigierte Werte $R_1 = 0.23$ nm, $N_1 = 2.15$ und $\sigma_1 = 0.0103$. Während die Koordinationszahl dem Wert aus polykristallinem Ag$_2$O entspricht, ist der Radius gegenüber 0.196 nm und die mittlere Abweichung gegenüber $\sigma = 0.0077$ nm von kristallinem Ag$_2$O deutlich größer. Dieses Ergebnis wird für eine gelöste Spezies erwartet. Nach thermodynamischen Betrachtungen wird die Bildung von Ag(OH)$_2^-$-Ionen erwartet [15], was gut mit der Koordinationszahl 2 übereinstimmt. Die zweite Koordinationsschale würde dem Ag-H-Abstand der H-Atome der OH-Gruppen entsprechen, der aber bei den vorliegenden Daten nicht beobachtet werden kann. Die Simulation mit $R_2 = 0.3$ nm, $N_2 = 2$ und $\sigma_2 = 0.01$ nm ergibt mit den Strukturparametern der diskutierten Auswertung auch nur einen sehr kleinen Peak in der Fourier-Transformierten aufgrund der kleinen Masse und des höheren Abstands der H-Atome.

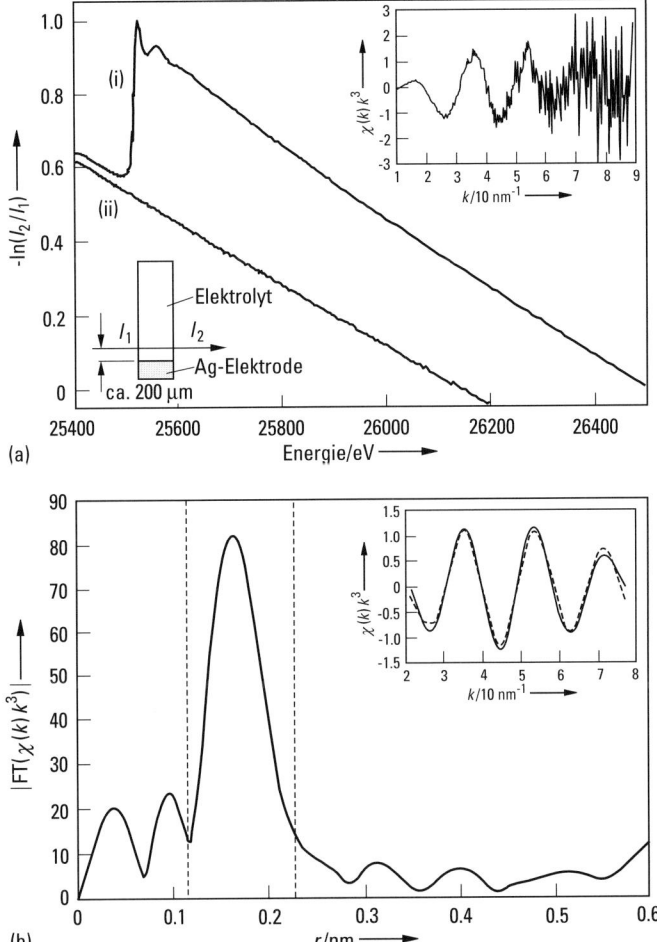

Abb. 6.9 (a) Röntgenabsorptionsspektrum gelöster Ag^+-Ionen im Elektrolyten vor einer Ag-Elektrode a) mit Metallauflösung, b) vor Metallauflösung. Der Einsatz zeigt die k^3-gewichtete EXAFS-Funktion $\chi(k)$ [14]. (b) Fourier-Transformierte $FT(\chi(k)\,k^3)$ aus (a) in den Abstandsraum. Der Einsatz zeigt die Rücktransformierte der abgeschnitten ersten Koordinationsschale; durchgezogen: im Vergleich mit der Simulation; gestrichelt: mit den Strukturparametern $R = 0.23$ nm, $N = 2.15$, $\sigma = 0.0103$ [14]. (EXAFS, extended X-ray absorption fine structure.)

Die strukturelle Ordnung um gelöste Kationen wurde auch für verschiedene andere Ionen bestimmt, die nicht einer Komplexierung mit Anionen unterliegen. Hier seien Paralleluntersuchungen mit XRD und EXAFS sowie Neutronenstreuung an Lösungen der Chloride, Nitrate, und Perchlorate der Übergangsmetalle Fe^{2+}, Co^{2+}, Ni^{2+}, Mn^{2+}, Cr^{3+} und Fe^{3+} genannt. In allen Fällen wird eine gut ausgebildete erste Koordinationsschale mit einem Radius von $R = 0.20$ bis 0.21 nm gefunden. Die Koordinationszahl liegt jeweils bei sechs. Das entspricht der oktaedrischen Koordination der Kationen mit Wassermolekülen [16, 17]. Selbst bei viermolaren Lösungen werden noch keine Abweichungen gefunden. Eine zweite Koordinationsschale wird meist nicht gefunden. Sandstrom interpretiert seine EXAFS-Daten mit einer zweiten Schale bei $R = 0.31$ nm mit drei Chloridionen [17]. Dieser Interpretation wird allerdings von anderen Autoren widersprochen, und es wird bestenfalls eine stark gestörte Wasserschale selbst für konzentrierte $NiCl_2$-Lösungen gefordert. Die Verhältnisse ändern sich offenbar, wenn eine 2 M $NiCl_2$-Lösung zusätzlich mit LiCl versetzt wird. Mit steigendem Cl/Ni-Verhältnis von zwei bis fünf ergeben EXAFS- und XRD-Untersuchungen tatsächlich eine Komplexierung mit einer ersten Koordinationsschale bei $R = 0.206$ nm mit sechs Wassermolekülen und einer zweiten Schale bei 0.238 nm mit $N = 0.7$ bis 1.0 Cl$^-$-Ionen. Hier nähert sich die Ordnung um die Ni^{2+}-Ionen durch Zugabe extrem hoher Cl$^-$-Konzentration der des kristallinen $NiCl_2 \cdot 6 H_2O$.

6.3.6 Debye-Hückel-Onsager-Theorie verdünnter starker Elektrolyte

Gelöste Ionen umgeben sich nicht nur mit einer Solvathülle, sondern in größerer Entfernung auch mit anderen Ionen aufgrund der weit reichenden Wechselwirkungskräfte geladener Teilchen. Danach umgibt sich ein Kation bevorzugt mit Anionen und umgekehrt ein Anion bevorzugt mit Kationen. Aufgrund der Wärmebewegung ist diese ein Ion umgebende Ionenwolke diffus (Abb. 6.10), und sie ist mit den Methoden XRD, EXAFS und Neutronenstreuung nicht nachweisbar. Sie ist verantwortlich für das Realverhalten gelöster Spezies, was in dem Aktivitätskoeffizienten und der Konzentrationsabhängigkeit der Äquivalentleitfähigkeit seinen Ausdruck findet. Die Debye-Hückel-Theorie behandelt derartige Wechselwirkungen bei verdünnten Lösungen starker, d. h. vollständig dissoziierter Elektrolyte. Die Anreicherung entgegengesetzt geladener Ionen bzw. die Abreicherung von Ionen mit gleicher Ladungsart folgt einem einfachen Boltzmann-Ansatz:

$$\frac{N_i}{\langle N_i \rangle} = e^{-\frac{z_i e_0 \varphi(r)}{kT}} \approx 1 - \frac{z_i e_0 \varphi(r)}{kT}. \tag{6.37}$$

Hierbei ist N_i die Dichte der Ionensorte i in der Entfernung r vom zentralen Ion und $\langle N_i \rangle$ ihre durchschnittliche Dichte im vorgegebenen Elektrolyten, d. h. in großer Entfernung vom zentralen Ion. Nach Summation über sämtliche Ionensorten und nach Entwicklung der Euler-Funktion in einer Taylor-Reihe mit Abbruch nach dem linearen Glied folgt die vereinfachte Dichteverteilung $\varrho(r)$ der Überschussladung

$$\varrho(r) = -\frac{2 N_L e_0^2 I}{kT} \varphi(r). \tag{6.38}$$

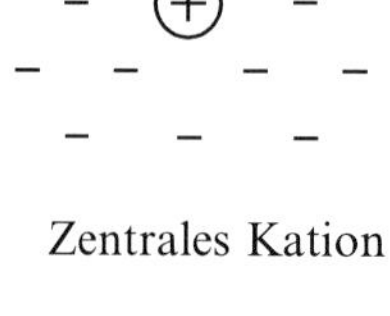

Abb. 6.10   Zentrales Kation in der Ionenwolke seiner negativen Überschussladungen.

Das Einsetzen von $\varrho(r)$ in die Poisson'sche Gleichung ergibt nach Lösung dieser Differentialgleichung den Potentialverlauf $\varphi(r)$ um das zentrale Ion

$$\varphi(r) = \frac{Z_i}{r}\,e^{-\frac{r}{\beta}}. \tag{6.39}$$

$\varphi(r)$ entspricht einem abgeschirmten Coulomb-Potential, d. h. dem Coulomb-Potential Z_j/r des zentralen Ions j und dem abschirmenden exponentiellen Beitrag der Ionenwolke. a ist der Radius des zentralen Ions. Bei der Vernachlässigung seiner Größe, d. h. für $a \ll \beta$ vereinfacht sich Z_i zu dem Ausdruck einer Punktladung entsprechend dem Coulomb'schen Gesetz (Gl. (6.40)). Der Radius β einer Ionenwolke bei einer Ionenstärke I, die eine ladungsgewichtete Konzentration der Ionen darstellt, wird auch Debye-Länge genannt. Sie bezeichnet den Abstand vom Zentralion, bei dem das Maximum der Ladungsverteilung $4\pi r^2 \varrho(r)$ der Ionenwolke liegt.

$$Z_j - \frac{z_j e_0}{4\pi\varepsilon\varepsilon_0}\,\frac{e^{\frac{a}{\beta}}}{1+\frac{a}{\beta}};\quad \beta = \sqrt{\frac{\varepsilon\varepsilon_0 kT}{2 N_L e_0^2 I}};\quad I = \frac{1}{2}\sum_i c_i z_i^2. \tag{6.40}$$

Mit der Dielektrizitätskonstanten des Vakuums $\varepsilon_0 = 8.854 \cdot 10^{-12}$, der Boltzmann-Konstanten $k = 1.381 \cdot 10^{-23}\,\mathrm{J\,K^{-1}}$, der Faraday-Konstanten $F = 9.648 \cdot 10^4\,\mathrm{C\,mol^{-1}}$ und der Elementarladung $e_0 = 1.602 \cdot 10^{-19}\,\mathrm{C}$ folgt

$$\beta = 6.288 \cdot 10^{-11}\,\mathrm{mol^{1/2}\,K^{-1/2}\,m^{-1/2}}\sqrt{\frac{\varepsilon T}{I}}.$$

Mit der Dielektrizitätskonstanten $\varepsilon = 78.3$ von Wasser und $T = 298\,\mathrm{K}$ folgt

$$\beta = 3.04 \cdot 10^{-8}\,\frac{1}{\sqrt{I}}\,\mathrm{cm},$$

wenn die Konzentrationen für die Berechnung der Ionenstärke nach Gl. (6.40c) in mol/l eingesetzt werden. So ergibt sich z. B. für einen 1,1-wertigen Elektrolyten der Konzentration $10^{-3}\,\mathrm{M}$ ein Wert von $\beta = 9.5\,\mathrm{nm}$. Die Tab. 6.3 gibt einige Werte für β für gebräuchliche Elektrolytlösungen unterschiedlicher Konzentration und Wertigkeit an. Der Vergleich zeigt die starke Abnahme mit zunehmender Konzentration und Wertigkeit der Ionen. Bei 0.1 M Lösungen liegt β im Bereich der Eigendimensionen der solvatisierten Ionen, d. h. bei weniger als einem Nanometer.

Tab. 6.3 Debye-Länge/nm bzw. Radius der Ionenwolke und Dicke der diffusen Doppelschicht für verschiedene Konzentrationen einiger z-z-wertiger Elektrolyte.

Konzentration	1-1-wertig	1-2-wertig	2-2-wertig	1-3-wertig
$10^{-4}\,\mathrm{M}$	30.4	17.6	15.2	12.4
$10^{-3}\,\mathrm{M}$	9.62	5.56	4.81	3.92
$10^{-2}\,\mathrm{M}$	3.04	1.76	1.52	1.24
$10^{-1}\,\mathrm{M}$	0.96	0.56	0.48	0.39

Diese Betrachtungen der Debye-Hückel-Theorie gelten auch für andere Bereiche der Elektrochemie, die im Verlauf dieses Kapitels noch zu besprechen sind. So gelten für die diffuse Doppelschicht vor einer Elektrode sehr ähnliche Verhältnisse, allerdings mit einer eindimensionalen Verteilung der Überschussladungen vor der Elektrode. Auch an der Grenzfläche bzw. Oberfläche eines Halbleiters bildet sich eine diffuse Verteilung der Ladungsträger aus, die zu ganz ähnlichen Vorstellungen und gleichen Ergebnissen führt. Hier sind die Ladungsträger Elektronen und positive Löcher. Schließlich finden diese Vorstellungen und Begriffe auch bei Kolloiden und in der Plasmaphysik Anwendung.

Mit den hier nur kurz besprochenen Vorstellungen und Herleitungen können die Aktivitätskoeffizienten f_j einzelner Ionensorten starker verdünnter Elektrolyte berechnet werden. Eine ausführlichere Diskussion wird in geeigneten Lehrbüchern der Physikalischen Chemie gefunden [8, 18]. f_i ist ein Korrekturfaktor, der die Konzentration c_i in $a_i = c_i f_i$ überführt. f_i beschreibt das Realverhalten von Elektrolytlösungen gegenüber der ideal verdünnten, d. h. einer unendlich verdünnten Lösung mit $f_i = 1$ für $c_i \to 0$ für alle gelösten Substanzen. Entsprechend der Definition der Konzentrationsabhängigkeit des chemischen Potentials μ_i einer Ionensorte nach Gl. (6.41) entspricht der Ausdruck $RT \ln f_i$ der Arbeit, ein Mol Ionen aus der unendlich verdünnten Lösung in eine Lösung endlicher Konzentration zu überführen. Dabei wird jedes Ion aus einer Umgebung ohne andere Ionen in eine solche mit einer ausgebildeten Ionenwolke überführt. Diese Arbeit besteht demnach in der Wechselwirkung zwischen dem zentralen Ion und seiner sich aufbauenden Ionenwolke, die durch ihr Potential φ_w auf das Ion wirkt. Das Potential φ_w, das durch die diffuse Ionenwolke an der Oberfläche des zentralen Ions d. h. bei $r = a$ entsteht, erhält man aus Gl. (6.39) durch Abziehen des Potentialanteils, der durch das zentrale Ion hervorgerufen wird. Die Arbeit für die Überführung eines Ions aus der unendlich verdünnten Lösung in einen Elektrolyten endlicher Ionenstärke I besteht nun aus der Wechselwirkung der Ladung $z_i e_0$ des zentralen Ions mit dem Potential φ_w der Ionenwolke. Nach Umrechnen auf ein Mol Ionen der Art i erhält man den Ausdruck für die elektrische Arbeit, die gleich dem Korrekturglied $RT \ln f_i$ für das chemische Potential ist:

$$\mu_i = \mu_i^0 + RT \ln(c_i f_i) = \mu_i^0 + RT \ln c_i + RT \ln f_i \,. \tag{6.41}$$

Danach gilt für den individuellen Aktivitätskoeffizienten f_i der Ionenart i

$$\lg f_i = -\frac{e_0^3 \sqrt{2 N_L I}}{2.303 \, \pi (\varepsilon \varepsilon_0 k T)^{\frac{3}{2}}} z_i^2 \,. \tag{6.42}$$

Für $T = 298$ K und $\varepsilon = 78.56$ für die Dielektrizitätskonstante des Wassers folgt

$$\lg f_i = -0.059 \, z_i^2 \sqrt{I} \,. \tag{6.43}$$

Bei Berücksichtigung der Zusammensetzung eines aufgelösten Salzes mit Ionen der Ladung z_+ und z_- gilt für den mittleren Aktivitätskoeffizienten $f_\pm$

$$\lg f_\pm = 0.509 \, z_+ z_- \sqrt{I} \,. \tag{6.44}$$

Tab. 6.4 Aktivitätskoeffizienten einiger Säuren, Laugen und Salze aus [10].

Substanz	0.1 M	0.3 M	0.5 M	0.8 M	1.0 M
HCl	0.796	0.756	0.757	0.783	0.809
HClO$_4$	0.803	0.768	0.769	0.795	0.823
KOH	0.798	0.742	0.732	0.742	0.756
NaOH	0.766	0.708	0.690	0.679	0.678
AlCl$_3$	0.337	0.302	0.331	0.429	0.539
CuSO$_4$	0.150	0.083	0.062	0.048	0.043
KBr	0.772	0.693	0.657	0.629	0.617
KCl	0.770	0.688	0.649	0.618	0.604
LiClO$_4$	0.812	0.792	0.808	0.852	0.887
NaCl	0.778	0.710	0.681	0.662	0.657
NaI	0.787	0.735	0.723	0.727	0.736
NaAc	0.791	0.744	0.735	0.745	0.757
NiSO$_4$	0.150	0.084	0.063	0.047	0.042

Dieser Aktivitätskoeffizient wird aus der Abweichung der Gesetzmäßigkeiten vom Idealverhalten gemessen, wobei $f_{\pm} = 1$ für die ideal verdünnte Lösung gilt. Für eine 0.001 M K$_2$SO$_4$-Lösung folgt eine Ionenstärke von $I = 0.5\,(1^2 \cdot 0.002 + 2^2 \cdot 0.001)$ M $= 0.003$ mol/l. Damit ergibt sich ein mittlerer Aktivitätskoeffizient von lg$f_{\pm} =$ 0.0558 bzw. $f_{\pm} = 0.879$ in guter Übereinstimmung mit dem experimentellen Wert von $f_{\pm} = 0.889$. Die folgende Tab. 6.4 zeigt einige Beispiele für verschiedene Salze, Laugen und Säuren. Generell werden die Werte mit steigender Konzentration kleiner. Die erwartete starke Änderung bei höherwertigen Elektrolyten (K$_2$SO$_4$, CuSO$_4$) ist ebenfalls zu erkennen. Für nicht wässrige Lösungsmittel wie Methanol, Ethanol und Dioxan-Wasser-Gemische gelten die Beziehungen für den Aktivitätskoeffizienten ebenfalls mit einer guten Übereinstimmung berechneter und gemessener Werte.

Bei Konzentrationen von 0.01 bis 0.1 M müssen für eine genauere Berechnung schon die Eigendimensionen der Ionen (Radius a) berücksichtigt werden, was in den Näherungen von Gl. (6.43) und (6.44) mit $\beta \gg a$ nicht berücksichtigt ist. Bei noch höheren Elektrolytkonzentrationen (> 0.1 M) bilden sich Ionenassoziate aus (Dimere, Trimere etc.), und schließlich gilt hier die Debye-Hückel-Theorie nicht mehr. Ab 1 M steigt f_i wieder und wird schließlich größer als 1. Hier äußern sich eine veränderte Dielektrizitätskonstante des Wassers und die gegenseitige Zerstörung der Hydrathüllen der gelösten Ionen bei ihrer abnehmenden Entfernung. Hierzu ist eine Arbeit erforderlich, was zu einem positiven Beitrag zu $RT\ln f_i$ führt im Gegensatz zu der negativen Arbeit infolge der elektrostatischen Anziehung der Ionen durch ihre Ionenwolke. Schließlich ist die Konzentration der gelösten Ionen größer als erwartet, da ein beachtlicher Teil der Wassermoleküle in ihrer Solvathülle fixiert ist und somit nicht mehr als Lösungsmittel zu zählen ist.

Für ladungsfreie gelöste Substanzen bestehen lediglich die wesentlich schwächeren van-der-Waals- und Dipol-Dipol-Wechselwirkungskräfte. Als Folge davon weichen die Aktivitätskoeffizienten bis zu Konzentrationen von ca. 1 M nicht wesentlich vom

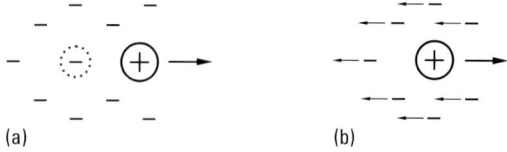

(a)   (b)

Abb. 6.11   (a) Trennung der Ladungsschwerpunkte des Ions und seiner Ionenwolke bei Wanderung im elektrischen Feld: Relaxationseffekt. (b) Erhöhung der Relativgeschwindigkeit eines im Feld wandernden Ions aufgrund der Bewegung der Ionenwolke in umgekehrter Richtung: elektrophoretischer Effekt.

Werte eins ab. Bei hohen Konzentrationen ist ein erheblicher Teil des Wassers wieder in der Hydrathülle gebunden, wodurch es zu stärkeren Wechselwirkungskräften kommt und als Folge der Aktivitätskoeffizient stärker von eins abweicht.

Mithilfe der Vorstellung einer Ionenwolke lässt sich auch die Konzentrationsabhängigkeit der Äquivalentleitfähigkeit Λ_c verstehen. Hier gibt es zwei Effekte, die bei endlicher Ionenstärke I zu einer Erniedrigung der Leitfähigkeit führen. Bewegt sich ein Ion unter Einfluss eines elektrischen Feldes, d. h. bei Anlegen einer Spannung zwischen zwei Elektroden in einer Elektrolytlösung, so muss sich die Ionenwolke permanent in den Bereichen, in die es vordringt, d. h. vor dem Ion neu aufbauen und nach dem Ion zerfallen. Das geschieht durch Diffusion mit endlicher Geschwindigkeit. Dadurch kommt es zu einer Deformation der Ionenwolke, die nun das wandernde Ion nicht mehr symmetrisch umgibt und daher bremst (Abb. 6.11 a). Da die Relaxation der Ionenwolke bestimmend ist, nennt man diesen Beitrag Relaxationseffekt (Λ_{rel}). Als weiteres ist zu berücksichtigen, dass ein Ion bei seiner Bewegung im Elektrolyten bevorzugt von entgegengesetzt geladenen Ionen umgeben ist, die sich in umgekehrter Richtung bewegen (Abb. 6.11 b). Als Folge davon ist die Relativgeschwindigkeit zu seiner Umgebung erhöht und die Reibung damit größer. Da dieser Beitrag mit der Wanderung der Ionen eng verbunden ist, nennt man ihn elektrophoretischen Effekt (Λ_{el}). Die Äquivalentleitfähigkeit bei verschwindender Elektrolytkonzentration Λ_0 ($I \to 0$) wird entsprechend

$$\Lambda_c = \Lambda_0 - \Lambda_{rel} - \Lambda_{el} \qquad (6.45)$$

um diese beiden Beträge verringert. Die Beziehungen für diese die Leitfähigkeit vermindernden Korrekturen sind durch

$$\Lambda_{rel} = \frac{e_0^2}{3\,kT}\,\frac{|z^+ z^-|\,q}{(1+\sqrt{q})}\,\frac{1}{4\,\pi\,\varepsilon\,\varepsilon_0}\,\Lambda_0\,\frac{1}{\beta},$$

$$q = \frac{|z_+ z_-|}{|z_+| + |z_-|}\,\frac{\Lambda_0^+ + \Lambda_0^-}{|z_+|\Lambda_0^- + |z_-|\Lambda_0^+} \qquad (6.46)$$

und

$$\Lambda_{el} = \frac{F\,e_0}{6\,\pi}\,\frac{|z_+| + |z_-|}{\eta_v\,\beta} \qquad (6.47)$$

gegeben.

Eine Näherung von Gl. (6.45) für 1,1-wertige Elektrolyte mit $q = 0.5$ ist das Kohlrausch'sche Gesetz:

$$\Lambda_c = \Lambda_0 - [B_1 \Lambda_0 + B_2]\sqrt{c} = \Lambda_0 - \text{const.}\sqrt{c}. \tag{6.48}$$

Für Wasser mit einer Dielektrizitätskonstanten $\varepsilon = 78.3$ und einer Viskosität von $\eta_V = 0.890\,\text{kg}\,\text{m}^{-1}\text{s}^{-1}$ folgt mit $T = 298\,\text{K}$ für $B_1 = 0.2302$ und $B_2 = 60.68$.

Für eine 10^{-2} M NaCl-Lösung mit $\Lambda_0 = 126.45\,\text{cm}^2\,\Omega^{-1}\,\text{mol}^{-1}$ folgt für $T = 298\,\text{K}$ ein Wert von $\Lambda_c = 119.66\,\text{cm}^2\,\Omega^{-1}\,\text{mol}^{-1}$ gegenüber einem gemessenen Wert von $\Lambda_c = 118.51\,\text{cm}^2\,\Omega^{-1}\,\text{mol}^{-1}$.

6.3.7 Dissoziation und Leitfähigkeit schwacher Elektrolyte

Viele gelöste Säuren und Basen aber auch einige Salze unterliegen einer nur teilweisen Dissoziation. Das Maß der Dissoziation wird durch den Dissoziationsgrad α beschrieben, d. h. den Bruchteil der gelösten Moleküle, die dissoziiert sind. Entsprechend gilt für die Dissoziation einer Säure HAc nach

$$\text{HAc} \leftrightarrow \text{H}^+ + \text{Ac}^- \tag{6.49}$$

das Massenwirkungsgesetz

$$K = \frac{[\text{H}^+][\text{Ac}^-]}{[\text{HAc}]} = \frac{\alpha^2 c}{(1-\alpha)}. \tag{6.50}$$

Bei einem ungeladenen Molekül wie Essigsäure entstehen erst durch Dissoziation leitfähige Ionen. Der Dissoziationsgrad ist deshalb eng mit der Leitfähigkeit verknüpft. Die Konzentrationsabhängigkeit der Äquivalentleitfähigkeit Λ_c nach Gl. (6.48) ist folglich durch einen Faktor α zu modifizieren:

$$\Lambda_c = \alpha\left[\Lambda_0 - (B_1 \Lambda_0 + B_2)\sqrt{\alpha c}\right]. \tag{6.51}$$

Für sehr kleine Werte α, d. h. sehr schwache Elektrolyte wie z. B. die Essigsäure (Dissoziationskonstante von HAc: $K = 1.8 \cdot 10^{-5}$), gilt dann für kleine Konzentrationen c näherungsweise $\Lambda_c = \alpha \Lambda_0$. Setzt man diese Beziehung in Gl. (6.50) ein, so erhält man das Ostwald'sche Verdünnungsgesetz, das die Dissoziationskonstante K über Leitfähigkeitsmessungen zugänglich macht:

$$K = \left(1 - \frac{\Lambda_c}{\Lambda_0}\right)^{-1}\left(\frac{\Lambda_c}{\Lambda_0}\right)^2 c. \tag{6.52}$$

Mit $\Lambda_0 = 0.03901\,\Omega^{-1}\,\text{m}^2\,\text{mol}^{-1}$ für Essigsäure und $\Lambda_c = 0.000\,520\,\Omega^{-1}\,\text{m}^2\,\text{mol}^{-1}$ für $c = 0.1$ M erhält man einen Dissoziationsgrad $\alpha = 0.0133$ und damit eine Dissoziationskonstante $K = 1.80 \cdot 10^{-5}$. Die Werte für Λ_c steigen mit fallender Essigsäurekonzentration c und ergeben im Rahmen der Fehlergenauigkeit die gleiche Dissoziationskonstante K.

6.3.8 Donnan-Potential und Diffusionspotential

Grenzen zwei Lösungen unterschiedlicher Zusammensetzung aneinander, so können an der Kontaktstelle Potentialdifferenzen auftreten, die je nach Randbedingung auf zwei unterschiedliche Mechanismen zurückzuführen sind. Beim Donnan-Potential handelt es sich um ein echtes Gleichgewichtspotential. Das Diffusionspotential ist dagegen auf kinetische Vorgänge zurückzuführen.

Werden zwei Elektrolyte durch eine semipermeable Membran getrennt, die für bewegliche Kationen K^{z+} und Anionen A^{z-} durchlässig ist, nicht jedoch für Polyanionen P^{z-} (oder auch Polykationen P^{z+}), wird zwischen den beiden Lösungen I und II eine Donnan-Potentialdifferenz gemessen. Es stellt sich ein Gleichgewicht für die beweglichen Ionen ein mit einem charakteristischen Konzentrationsverhältnis für beide Elektrolyte (Abb. 6.12). Aus Gründen der Elektroneutralität müssen auf der Seite II des Polyanions mehr Kationen K sein als auf der Seite des anderen Elektrolyten. Für die Anionen A sind die Verhältnisse umgekehrt. Die quantitative Beschreibung der Potentialdifferenz $\Delta\varphi_D$, die sich an der Grenze zwischen beiden Elektrolyten einstellt, und deren Abhängigkeit von den Konzentrationsverhältnissen erhält man durch folgende einfache Ableitung. Sowohl für die Kationen K als auch für die Anionen A lässt sich das elektrochemische Gleichgewicht mit dem elektrochemischen Potential $\tilde{\mu}$ formulieren (s. Abschn. 6.2.2). Für die beweglichen Kationen K^{z+} mit $z_+ = z$ gilt die Beziehung

$$\tilde{\mu}_{K,I} = \mu^0_{K,I} + RT\ln a_{K,I} + zF\varphi_I = \tilde{\mu}_{K,II} = \mu^0_{K,II} + RT\ln a_{K,II} + zF\varphi_{II}, \quad (6.53)$$

die nach einfachem Umformen die Beziehung für die Donnan-Potentialdifferenz

$$\varphi_{II} - \varphi_I = \Delta\varphi_D = \frac{RT}{zF}\ln\left(\frac{a_{K,I}}{a_{K,II}}\right) \quad (6.54)$$

ergibt. Eine entsprechende Beziehung folgt für die Anionen mit $z_- = -z$ entsprechend

$$\varphi_{II} - \varphi_I = \Delta\varphi_D = -\frac{RT}{zF}\ln\left(\frac{a_{A,I}}{a_{A,II}}\right). \quad (6.55)$$

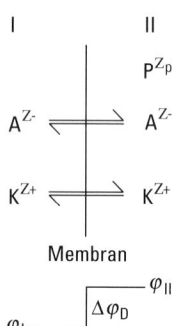

Abb. 6.12 Ausbildung einer Donnan-Potentialdifferenz $\Delta\varphi_D$ an einer semipermeablen Membran mit nichtpermeablen Polyanionen P^{z_p-} in Lösung II.

Bei einem Aktivitätsverhältnis $a_{K,I}/a_{K,II} = 0.1$ folgt für $T = 298\,K$ und $z = 1$ $\Delta\varphi_D = -0.059\,V$.

Derartige Potentialdifferenzen treten auch bei Situationen auf, die dem besprochenen Fall von zwei Lösungen mit einer semipermeablen Membran sehr ähnlich sind. So gelten entsprechende Verhältnisse bei Ionenaustauschern. Bei einem Kationenaustauscher liegt ein Polymergerüst mit fixierten Anionen, wie z. B. $-SO_3^-$ oder Carboxylgruppen ($-COO^-$), und mit beweglichen Kationen, die die Polymerphase verlassen und in die freie Lösungsphase übertreten können, vor. In ähnlicher Weise verfügt ein Anionenaustauscher über ein Polymergerüst mit fixierten Kationen, wie $-NH_3^+$- oder $-NR_3^+$-Gruppen, und beweglichen Anionen. Als Folge entsteht auch an der Phasengrenze eines Austauschers mit angrenzendem Elektrolyten eine Donnan-Potentialdifferenz. Schließlich stellt sich ein entsprechendes Gleichgewicht an der Grenze einer Glasphase zum Elektrolyten ein, die aus einem Silikatgerüst mit ortsfesten negativen Ladungen und beweglichen Kationen besteht. Bei einer pH-sensitiven Glaselektrode stellt sich das Donnan-Gleichgewicht für die Wasserstoffionen mit einer Beziehung entsprechend Gl. (6.54) ein. Das Potential der Glaselektrode spricht deshalb auf den pH-Wert der Außenlösung mit $\Delta\varphi_D =$ const $- 0.059\,pH$ an. Entsprechendes gilt, wenn alkalireiche Gläser Kationen mit dem angrenzenden Elektrolyten austauschen. In diesem Fall der kationenselektiven Glaselektrode ist $\Delta\varphi_D$ proportional zum Logarithmus der jeweiligen Kationenkonzentration.

Im Gegensatz hierzu ist das Diffusionspotential auf die Beweglichkeit von Ionen zurückzuführen und stellt daher ein kinetisches Phänomen dar. Grenzen zwei Lösungen unterschiedlicher Zusammensetzung direkt oder über ein Diaphragma aneinander, so versuchen die Ionen, durch Diffusion Konzentrationsunterschiede auszugleichen. Hierbei wirkt sich die unterschiedliche Beweglichkeit aus und verursacht den Aufbau einer Potentialdifferenz. Dieser Vorgang soll am Beispiel zweier Lösungen diskutiert werden, die sich nur durch die Konzentration unterscheiden, wie z. B. zwei Salzsäurelösungen unterschiedlicher Konzentration (Abb. 6.13). Die Ionen versuchen durch Diffusion die Konzentrationsunterschiede zwischen beiden Lösungen I und II auszugleichen. Besitzen die Kationen eine höhere Beweglichkeit, so

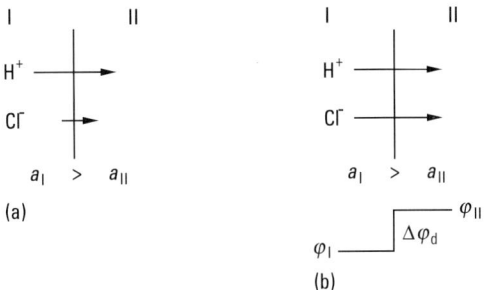

Abb. 6.13 Ausbildung einer Diffusionspotentialdifferenz $\Delta\varphi_d$ bei zwei aneinandergrenzenden Lösungen unterschiedlicher Salzsäureaktivität ($a_I > a_{II}$) aufgrund der Beweglichkeitsunterschiede der H^+- und Cl^--Ionen (a) zu Beginn des Kontaktes und (b) nach Einstellung stationärer Verhältnisse während des Kontaktes.

werden sie den Anionen vorauseilen und damit die Lösung II mit kleinerer Konzentration gegenüber Lösung I positiv aufladen. Die Potentialdifferenz $\Delta\varphi_d = \varphi_{II} - \varphi_I$ ergibt sich durch eine einfache Betrachtung der Arbeitsbeträge, die mit dem Fluss einer Ladung von 1 F von Lösung I nach II verbunden sind. Die elektrische Arbeit ergibt sich nach

$$W_{el} = \Delta\varphi_d F. \tag{6.56}$$

Für den Transfer von einer Lösung in die andere ist eine osmotische Arbeit

$$w_{osm} = w_{osm+} + w_{osm-} = \frac{t_+}{z_+} RT \ln\left(\frac{a_{II}}{a_I}\right) - \frac{t_-}{|z_-|} RT \ln\left(\frac{a_{II}}{a_I}\right) \tag{6.57}$$

zu leisten. Hierbei ist zu berücksichtigen, dass bei einem Stromfluss von 1 F Ladung von I nach II t_+/z_+ Mole Kationen von I nach II und t_-/z_- Mole Anionen in der umgekehrten Richtung transportiert werden. t_+ und t_- sind die Überführungszahlen der Ionen. Mit der Bedingung, dass sich die Arbeitsbeträge zu Null addieren ($W_{el} + W_{osm} = 0$), folgt für einen gleichen Ladungsbetrag der Ionen $z_+ = |z_-| = z$ die einfache Beziehung

$$\Delta\varphi_d = \varphi_{II} - \varphi_I = (1 - 2t_-) \frac{RT}{zF} \ln\left(\frac{a_I}{a_{II}}\right) \tag{6.58}$$

für das Diffusionspotential.

Für den Kontakt zweier Salzsäurelösungen mit $c_I = 0.1$ M und $c_{II} = 0.01$ M erhält man nach Gl. (6.58) mit $t_+ = 0.83$ und $t_- = 0.17$ $\Delta\varphi_d = 0.0389$ V. Dieser erhebliche Wert ist eine Folge der großen Unterschiede der Beweglichkeiten bzw. der Überführungszahlen der H⁺- und Cl⁻-Ionen. Er steigt weiter, wenn sich die Konzentrationen beider Lösungen noch stärker unterscheiden. H⁺-Ionen haben ähnlich wie OH⁻-Ionen eine sehr hohe Beweglichkeit und damit eine große Überführungszahl t_+ aufgrund der Nahordnung des flüssigen Wassers. Bei Stromfluss erfolgt über eine rasche Umlagerung von Wasserstoffbrückenbindungen ein Weiterreichen der Ionenladungen statt einer langsamen durch Reibung behinderten Migration (Wanderung im elektrischen Feld) hydratisierter H⁺-Ionen im Wasser. Bei großen pH-Unterschieden zweier aneinander grenzender Lösungen hat man demnach mit großen Diffusionspotentialen zu rechnen. Außer H⁺- und OH⁻-Ionen haben andere gelöste Ionen diese Möglichkeit eines raschen Transports nicht und besitzen daher kleinere Überführungszahlen mit geringeren Unterschieden ihrer Werte. Entsprechend sinken die Diffusionspotentiale.

Die Gl. (6.58) gilt für einen einfachen Fall von Konzentrationszellen. Oft hat man jedoch kompliziert zusammengesetzte Elektrolyte, die aneinander grenzen. Auch für diesen Fall ist mit einigen Näherungen die Henderson'sche Gleichung als Beziehung für die Berechnung von $\Delta\varphi_d$ hergeleitet worden [1, 18]:

$$\Delta\varphi'_d = -\Delta\varphi_d = \varphi_I - \varphi_{II} = \frac{RT}{F} \frac{\sum_i \frac{1}{z_i}(a_{i,II} - a_{i,I}) u_i |z_i|}{\sum_i (a_{i,II} - a_{i,I}) u_i |z_i|} \ln\frac{\sum_i a_{i,II} u_i |z_i|}{\sum_i a_{i,I} u_i |z_i|}. \tag{6.59}$$

Hier bedeuten a_i, z_i und u_i die Aktivität, die Ladung und die Beweglichkeit von Ionen der Art i.

Das Diffusionspotential hat in verschiedener Hinsicht Bedeutung. Es tritt als störende Potentialdifferenz bei der Messung der Zellspannung von zwei Elektroden gegeneinander in einer elektrochemischen Messkette auf und verfälscht damit deren Wert, wie er sich aus der Nernst'schen Gleichung ergibt. Diese Abweichung kann rechnerisch mit Gl. (6.58) oder mit Gl. (6.59) kompensiert werden. Eine andere Möglichkeit ist seine Unterdrückung durch Verbindung beider Elektroden über einen Elektrolytschlüssel statt eines direkten Kontaktes der Elektrolyte. Der Elektrolytschlüssel ist mit einer gesättigten Lösung von Kaliumchlorid gefüllt, meist durch ein Gel fixiert. K^+- und Cl^--Ionen haben die gleiche Beweglichkeit, und damit entfällt für dieses Salz der Aufbau eines Diffusionspotentials. Da KCl obendrein in einer hohen Konzentration vorgegeben wird, bestimmt dieses Salz das Diffusionspotential, bzw. es baut das größere Diffusionspotential anderer Ionen ab. Zudem sind die zwei kleinen Diffusionspotentiale an beiden Enden des Schlüssels entgegengesetzt gerichtet, so dass sie sich obendrein partiell kompensieren. Mit der Henderson'schen Gleichung berechnen sich beide Werte der Elektrolytkette

$$HCl\ (0.1\ M)\ /\ KCl\ (4.1\ M)\ /\ HCl\ (0.01\ M) \tag{6.60}$$

nach dem Schema von Gl. (6.59) für die 0.1 M und 0.01 M HCl und den Beweglichkeiten $u_K = 7.6 \cdot 10^{-4}\ cm^2\ V^{-1}\ s^{-1}$, $u_{Cl} = 7.91 \cdot 10^{-4}\ cm^2\ V^{-1}\ s^{-1}$ und $u_H = 36.3 \cdot 10^{-4}\ cm^2\ V^{-1}\ s^{-1}$ zu 3.9 mV und -1.6 mV und demnach zu insgesamt 2.3 mV gegenüber den oben angegebenen 40 mV für den direkten Kontakt der Salzsäurelösungen.

Das Diffusionspotential hat weiterhin Bedeutung bei den Potentialdifferenzen an biologischen Membranen, d. h. an Nerven und Muskelzellen aber auch an Mitochondrien, Chloroplasten und anderen Organellen. Diese Zusammenhänge werden in Abschn. 6.6.8 beschrieben.

6.4 Die Doppelschicht an der Phasengrenze Elektrode/Elektrolyt

Für die verschiedenen Gleichgewichte und die Kinetik von elektrochemischen Reaktionen an der Phasengrenze Metall/Elektrolyt und Halbleiter/Elektrolyt ist die Struktur der Doppelschicht wichtig. Das gilt insbesondere für den Potentialabfall an dieser Phasengrenze, der die Kinetik von Elektrodenprozessen steuert. In ähnlicher Weise hat aber auch die chemische Zusammensetzung und die Struktur der Elektrodenoberfläche darauf entscheidenden Einfluss. Die moderne Oberflächenwissenschaft widmet sich sehr intensiv gerade diesem Zusammenhang, um Fragen nach dem Mechanismus von Redoxprozessen, Metallabscheidung und -auflösung, Elektrokatalyse und Inhibition beantworten zu können. Im Folgenden sollen die grundlegenden Vorstellungen zur elektrochemischen Doppelschicht dargestellt werden.

6.4.1 Die Struktur der Doppelschicht

Die Doppelschicht an der Phasengrenze Metall/Elektrolyt besteht aus zwei Anteilen. Je nach der Art und Größe der Aufladung einer Metalloberfläche werden sich auf der Elektrolytseite Überschussladungen entgegengesetzter Art einstellen, was mit einer Anreicherung der einen Ionenart und der Abreicherung der anderen einhergeht. Bei einer positiv aufgeladenen Elektrode entsprechend einem positiven Elektroden-potential werden sich Anionen auf der Elektrolytseite anreichern und Kationen ab-reichern. Die Verhältnisse sind entsprechend entgegengesetzt bei einer negativ auf-geladenen Elektrode. Eine erste Lage von Ionen wird direkt auf der Oberfläche als starre Doppelschicht liegen, deren Dicke sich aus der Ausdehnung der solvatisierten Ionen ergibt. Diese Schicht nennt man auch Helmholtz-Schicht. Ionen, die ihre Sol-vathülle bei der Anlagerung abstreifen und auch unter Entfernung der Wasserdipole von der Elektrodenoberfläche angelagert werden, nennt man spezifisch adsorbiert oder kontaktadsorbiert. Dabei können durchaus chemische Bindungen mit den Ato-men der Elektrodenoberfläche eine entscheidende Rolle spielen. Man unterscheidet folglich die innere und die äußere Helmholtz-Schicht, deren Ausdehnung durch die Größe der kontaktadsorbierten Ionen und der solvatisierten Ionen gegeben ist. Durch die thermische Bewegung wird sich ein Teil der Ionen von der Elektroden-oberfläche fortbewegen und damit zusätzlich eine diffuse Doppelschicht aufbauen, ähnlich der diffusen Ionenwolke um ein zentrales Ion (Abb. 6.14).

Die diffuse Doppelschicht lässt sich nach Gouy [19, 20] und Chapman [21] in starker Anlehnung an die Debye-Hückel-Theorie berechnen. Hierbei ist nur die Orts-koordinate senkrecht zur Elektrodenoberfläche als eine Variable zu berücksichtigen. Die Verteilung der Ionen entspricht wieder einem Boltzmann-Ansatz nach Gl. (6.37), und mit den entsprechenden Näherungen lässt sich die gleiche Beziehung zwischen der Ladungsdichte ϱ und dem Potentialabfall $\Delta\varphi$ herleiten (Gl. (6.38)). Die Pois-

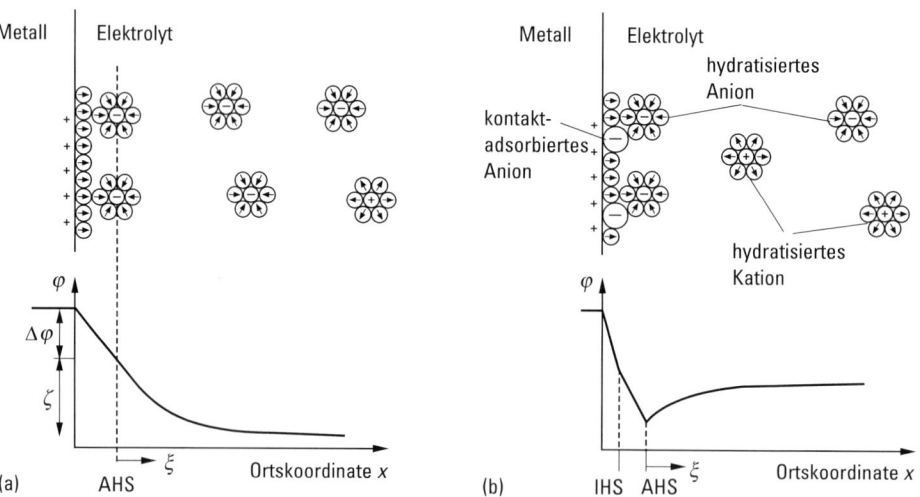

Abb. 6.14 Modell der Phasengrenze Elektrode/Elektrolyt (a) mit Potentialabfall in der star-ren oder Helmholtz Schicht $\Delta\varphi$ und in der diffusen Doppelschicht ζ mit der Ortskoordinate ξ, (b) mit spezifischer oder Kontaktadsorption von Anionen und daraus folgender Unterteil-ung in die innere Helmholtz-Schicht (IHS) und die äußere Helmholtz-Schicht (AHS) und einer möglichen Umkehr des Potentialabfalls in der diffusen Doppelschicht. Die Solvatisierung der Elektrodenoberfläche und der gelösten Ionen mit Wasserdipolen ist dargestellt.

son'sche Gleichung ist nur für die Ortskoordinate ξ senkrecht zur Elektrodenoberfläche anzuwenden. Der Abstand ξ ist um die Dicke der starren Doppelschicht verschoben. Als Lösung folgt nach

$$\Delta\varphi = \varphi(\xi) - \varphi(\xi)|_{\xi \to \infty} = \varsigma\, e^{-\frac{\xi}{\beta}} \tag{6.61}$$

wieder eine exponentielle Änderung der elektrischen Potentialdifferenz $\Delta\varphi$ mit der
Entfernung ξ in ähnlicher Weise wie in Gl. (6.39). Die Dicke der diffusen Doppel-
schicht β entspricht der Entfernung, bis zu der der Potentialsprung auf $1/e$ seines
Gesamtwertes abgefallen ist. Hierfür gilt eine identische Beziehung wie für den Ra-
dius der diffusen Ionenwolke der Debye-Hückel-Theorie starker Elektrolyte
(Gl. (6.40). β wird auch hier Debye-Länge genannt. Der gesamte Potentialabfall ζ
(Zeta-Potential) in der diffusen Doppelschicht spielt eine entscheidende Rolle bei
elektrochemischen Grenzflächenphänomenen, insbesondere bei Kolloiden und deren
Stabilität. Das ζ-Potential ist nach einer einfachen Integration über die Ladungsdichte in der diffusen Doppelschicht mit deren Gesamtladung Q_d verknüpft:

$$\varsigma = -\frac{\beta}{\varepsilon\,\varepsilon_0}\, Q_d = \frac{\beta}{\varepsilon\,\varepsilon_0}\, Q_M \, . \tag{6.62}$$

Zur Wahrung der Elektroneutralität ist diese Ladung der Ladung auf der Elektroden-
bzw. Festkörperseite Q_M entgegengesetzt gleich, wenn man den Ladungsanteil in
der starren Doppelschicht zur Elektrode zählt.

Die differentielle Kapazität C_d der diffusen Doppelschicht ergibt sich durch Dif-
ferentiation der Ladung auf der Elektrodenseite Q_M nach dem ζ-Potential. Mit den
Einschränkungen der Herleitung dieser Beziehungen wie bei der Theorie starker
Elektrolyte ergibt sich der einfache Zusammenhang

$$C_d = -\left(\frac{dQ_d}{d\varsigma}\right) = \frac{\varepsilon\,\varepsilon_0}{\beta} = \sqrt{\frac{\varepsilon\,\varepsilon_0\, 2\, F^2\, I}{R\, T}} \, . \tag{6.63}$$

Vermeidet man die Näherung des Exponentialausdrucks durch eine Taylor-Reihe,
so folgen die allgemein gültigen Beziehungen für C_d und Q_d bzw. Q_M für z,z-wertige
Elektrolyte:

$$C_d = -\left(\frac{dQ_d}{d\varsigma}\right) = z\, F \sqrt{\frac{2\,\varepsilon\,\varepsilon_0\,\bar{c}}{R\, T}} \cosh\left(\frac{z\, F\, \varsigma}{2\, R\, T}\right) \tag{6.64}$$

bzw.

$$Q_M = -Q_d = 2\sqrt{2\,\varepsilon\,\varepsilon_0\, R\, T\, \bar{c}} \sinh\left(\frac{z\, F\, \varsigma}{2\, R\, T}\right) . \tag{6.65}$$

Die Abhängigkeit der Debye-Länge von der Konzentration für z_+, z_--wertige Elekt-
rolyte für $T = 298\,\mathrm{K}$, $\varepsilon_0 = 8.854 \cdot 10^{-12}\,\mathrm{J^{-1}\,C^2\,m^{-1}}$ und $\varepsilon = 78.54$ für Wasser ist in
Tab. 6.3 aufgelistet. Neben der Abhängigkeit von der Konzentration erkennt man
die Veränderung mit der Ladung z der Ionen. Als Einflussgröße ist die Ionenstärke
I als ein ladungsgewichtetes Konzentrationsmaß zu sehen. In einer 1 M Lösung hat
demnach die diffuse Doppelschicht eine Ausdehnung im Bereich der Ionenradien,
und sie fällt deshalb mit der starren Doppelschicht zusammen. Mit abnehmender
Konzentration dehnt sich die diffuse Doppelschicht erheblich in den Elektrolyten

aus. Das hat Konsequenzen für die Kinetik von Elektrodenprozessen. Elektronen-transfer erfolgt nur über eine Distanz von einigen Zehntel Nanometern von der Elektrodenoberfläche. Die bei einem Redoxprozess umzusetzenden Spezies haben sich der Elektrode auf diese Entfernung anzunähern, damit ein Elektronentransfer über Tunnelprozesse stattfinden kann. Da aber ein Teil des Potentials in der sich weit in den Elektrolyten erstreckenden diffusen Doppelschicht abfällt, ist er für die Kinetik der Durchtrittsreaktion nicht wirksam. Neben anderen Gründen setzt man in der Elektrodenkinetik eine große Konzentration Fremdelektrolyt der Lösung zu, um so den gesamten Potentialabfall auf die starre Doppelschicht zusammenzudrängen.

Die Stabilität von Kolloiden ist ebenfalls von der Ausdehnung der diffusen Doppelschicht abhängig. Die Teilchen eines Kolloids werden durch eine ausreichend weit in den Elektrolyten ausgedehnte diffuse Doppelschicht gleicher Aufladung auf Distanz gehalten. Dadurch wird ein Koagulieren des Kolloids verhindert. Bei Zugabe einer großen Menge Fremdelektrolyt wird die diffuse Doppelschicht zusammengedrängt und man salzt das Kolloid auf diese Weise aus.

Nach der Vorstellung von O. Stern [22] besteht die Doppelschicht an der Phasengrenze Elektrode/Elektrolyt aus der starren oder Helmholtz-Schicht gefolgt von der äußeren diffusen Doppelschicht. Die messbare Gesamtkapazität C einer Elektrode setzt sich demnach aus den beiden Anteilen C_H der starren und C_d der diffusen Doppelschicht zusammen. Durch die Serienschaltung der beiden Teilkapazitäten gilt nach Gl. (6.66) die Addition der reziproken Werte. Bei hohen Elektrolytkonzentrationen ist C_d nach Gl. (6.63) und (6.64) groß und damit sein Einfluss auf C_D nach Gl. (6.66) klein. In Näherung kann man daher $C_D \approx C_H$ setzen. Falls das nicht gilt, kann man C_d berechnen und dann als Korrektur zur Berechnung von C_H verwenden. Insbesondere überlagert sich der Kapazitätskurve deutlich der Einfluss der

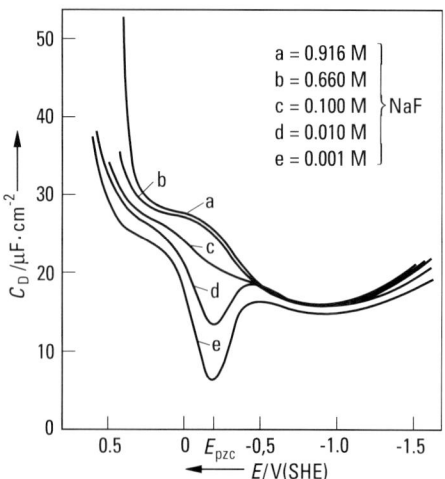

Abb. 6.15 Differentielle Kapazität C_D einer Quecksilberelektrode als Funktion des Elektrodenpotentials E in Abhängigkeit von der Konzentration von NaF (keine spezifische Adsorption des Anions F$^-$), Potential der ladungsfreien Elektrode E_{pzc} beim Minimum von $C_D(E)$ [23].

diffusen Doppelschicht in Form eines ausgeprägten Peaks mit seinem Minimum am Nullladungspotential E_{pzc} (engl.: *potential of zero charge*) (Abb. 6.15) [23]. Bei diesem Potential wird die Ladung auf der Elektrode und damit in der Doppelschicht verschwindend klein. Bei dem Minimum der potentialabhängigen Ladung wird der Differentialquotient von Gl. (6.64) und damit die differentielle Kapazität der diffusen Doppelschicht C_d gleich Null. Die starre Doppelschicht steuert in Näherung wie ein Plattenkondensator einen potentialunabhängigen Beitrag zur Gesamtkapazität bei. Mit steigender Ionenstärke wird der Einfluss der diffusen Doppelschicht und damit C_d zurückgedrängt, wie man aus dem Verschwinden des Minimums der Kurven in Abb. 6.15 entnimmt. Durch Messungen an vielen Systemen hat Graham [24] die Aufteilung der Gesamtkapazität in Teilkapazitäten durchführen können:

$$\frac{1}{C_D} = \frac{1}{C_H} + \frac{1}{C_d}. \tag{6.66}$$

Historisch gesehen wurden die ersten detaillierten Informationen über die Doppelschicht an Quecksilberelektroden gewonnen. Für dieses flüssige Metall kann eine saubere Oberfläche recht einfach durch Austreten eines neuen Tropfens aus einer Kapillaren erzeugt werden. Deshalb wird dieses Metall auch für polarographische Verfahren in der elektrochemischen Analytik gern verwendet. Schließlich spielen unterschiedliche Kristallflächen wie bei Festkörpern keine Rolle. Von besonderem Vorteil ist die Möglichkeit, die Grenzflächenspannung oder Grenzflächenenergie γ zu bestimmen. Eine detaillierte Diskussion der Thermodynamik der Grenzfläche Elektrode/Elektrolyt führt zu der Gibbs'schen Adsorptionsisotherme von Elektrodenoberflächen

$$d\gamma = -Q_M dE - \sum_j \Gamma_j d\mu_j, \tag{6.67}$$

die γ mit der Ladung Q_M auf der Elektrodenoberfläche und mit dem relativen Oberflächenüberschuss Γ_j der verschiedenen Spezies in der Grenzflächenphase verknüpft. Γ_j ist die Abweichung der Molzahl einer Spezies n_j gegenüber der gleichmäßigen

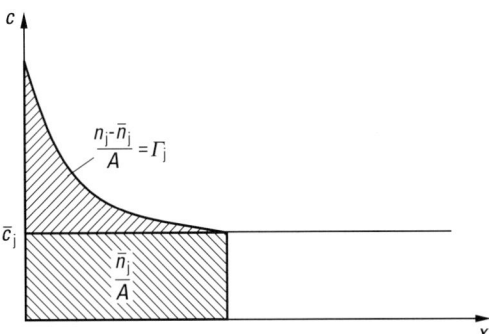

Abb. 6.16 Abweichung der Konzentration eines Ions j von dem Wert $\langle c_j \rangle$ des Grundelektrolyten in der Doppelschicht und darauf bezogener relativer Oberflächenüberschuss Γ_j.

Verteilung $\bar{n}_j$ im vorgegebenen Elektrolyten, auf die Oberfläche A normiert (siehe Abb. 6.16):

$$\Gamma_j = \frac{n_j}{A} - \frac{\bar{n}_j}{A}. \tag{6.68}$$

Diese An- bzw. Abreicherung von Ionen ist die Folge des Aufbaus der Doppelschicht. Bei Variation des Elektrodenpotentials E allein folgt die Lippmann-Gleichung

$$d\gamma = -Q_M \, dE, \tag{6.69}$$

die Q_M in einfacher Weise mit γ verknüpft. Diese Beziehung gestattet aus der Messung der Grenzflächenspannung als Funktion des Potentials auf die Ladung auf der Elektrode zu schließen. Die Abb. 6.17 zeigt einige Beispiele solcher Elektrokapillarkurven für Quecksilber in Lösungen mit verschiedenen Anionen [25]. Diese Kurven haben einen ungefähren parabolischen Verlauf mit einem Maximum. Nach Gl. (6.69) ergibt der Anstieg der Tangenten an diese Kurven Q_M. Am Maximum hat man demnach eine ladungsfreie Elektrode. Dieses Nullladungspotential hängt von der Art der Anionen ab. Der Vergleich der Halogenide zeigt eine Verschiebung zu negativeren Elektrodenpotentialen von Chlorid über Bromid zu Iodid. Hier äußert sich die zunehmende Neigung dieser Anionen zur spezifischen Adsorption. Es muss ein zunehmend negatives Potential eingestellt werden, um die Desorption dieser Anionen und damit eine ladungsfreie Elektrode zu erzielen. Der negative Zweig der Kurve verläuft aus diesem Grunde auch weniger steil, d. h. die Elektrokapillarkurve ist asymmetrisch. Fluorid wird nicht spezifisch adsorbiert. Deshalb hat die Elektrokapillarkurve von NaF-Lösungen die Form einer symmetrischen Parabel mit einem am weitesten positiven Nullladungspotential. Aus diesem Grunde ist eine NaF-Lösung ein häufig verwendeter Elektrolyt für Doppelschichtstudien von Elektroden ohne spezifische Adsorption. Ähnliche Eigenschaften haben Lösungen von $NaClO_4$ und $KClO_4$. Qualitativ lässt sich die Form der Elektrokapillarkurven dadurch ver-

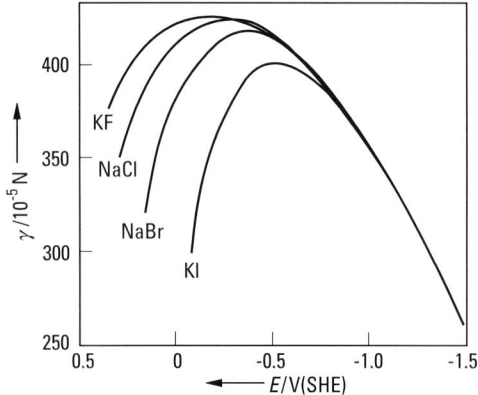

Abb. 6.17 Oberflächenspannung von Quecksilber als Funktion des Elektrodenpotentials (Elektrokapillarkurve) für verschiedene Halogenide ($c = 0.1$ M) im Elektrolyten [25].

stehen, dass positive oder negative Überschussladungen auf der Elektrodenoberfläche sich abstoßen und so die Grenzflächenenergie bzw. Grenzflächenspannung herabsetzen und damit eine Vergrößerung der Oberfläche begünstigen. Dieser Effekt entfällt bei E_{pzc} und führt zu einem Maximum der Oberflächenspannung in der Elektrokapillarkurve bei fehlender Aufladung.

Die zweite Ableitung der Grenzflächenspannung nach dem Elektrodenpotential ergibt die differentielle Kapazität C_D. Sie sollte nach

$$C_D = \frac{dQ_M}{dE} = -\frac{d^2\gamma}{dE^2} \tag{6.70}$$

für Elektrolyte ohne spezifische Adsorption, d. h. bei einem parabelförmigen Verlauf der Elektrokapillarkurve, einen potentialunabhängigen Wert aufweisen. Das ist für Hg in NaF-Lösungen bei negativen Potentialen hinreichend erfüllt (Abb. 6.15). Hier zeigt sich der Einfluss der nicht-spezifisch adsorbierten kleinen Kationen mit einer fest gebundenen Hydrathülle. Der Wert von ca. $20\,\mu F/cm^2$ ist typisch für eine freie Metallelektrode ohne Deckschicht. Bei oxidischen Deckschichten auf einer Metallelektrode sinkt C auf wenige $\mu F/cm^2$ als Folge des dazwischen gelagerten Dielektrikums. Bei großen Kationen, die ihre Hydrathülle leicht abstreifen, werden ähnliche Effekte wie bei der spezifischen Adsorption von Anionen mit einer Verschiebung des elektrokapillaren Maximums zu negativen Potentialen beobachtet. Bei kleinen Elektrolytkonzentrationen (< 0.1 M) beobachtet man den Einfluss der diffusen Doppelschicht am Nullladungspotential in Form eines Peaks mit ausgeprägtem Minimum, der von der Guy-Chapman-Theorie gefordert wird (Abb. 6.15, 6.19).

Aus der Konzentrationsabhängigkeit von γ bei fest eingestelltem Potential E gewinnt man mit Gl. (6.67) den Oberflächenüberschuss Γ_j der Kationen und Anionen. Bei hohen Ionenstärken I schrumpft die diffuse Doppelschicht zusammen, so dass nur noch die starre Doppelschicht vorliegt und den Wert für Γ bestimmt. Diese Situation ist für die Elektrodenkinetik besonders wichtig, da für diese Bedingungen der gesamte Potentialabfall in der starren Helmholtz-Schicht erfolgt und damit für Elektrodenreaktionen kinetisch wirksam ist.

An einem flüssigen Metall wie Quecksilber lässt sich die Grenzflächenspannung γ recht einfach messen. Von den verschiedenen Methoden sei hier nur das Abreißen eines Tropfens von einer Kapillaren erwähnt. Die Kraft, die einen Tropfen infolge der Grenzflächenspannung in die Kapillare zurücktreibt, $2r\pi\gamma\cos\Theta$, wird durch die Kraft der Quecksilbersäule $r^2\pi h\varrho g$ der Höhe h ausgeglichen (dabei sind r der Kapillarenradius, ϱ die Dichte des Metalls, g die Erdbeschleunigung und Θ der Kontaktwinkel). Mit

$$2r\pi\gamma\cos\Theta = r^2\pi h\varrho g, \quad \gamma = \frac{r\varrho g h}{2\cos\Theta} \tag{6.71}$$

gewinnt man einen Ausdruck für γ. Die Quecksilbertropfelektrode ist die Arbeitselektrode eines Schaltkreises mit einer Bezugselektrode und einer Spannungsquelle, über die das Elektrodenpotential aufgeprägt wird (Abb. 6.18).

Derartig einfache Messungen von γ sind bei Festkörperelektroden nicht möglich. Deshalb misst man hier eher die Kapazität und gewinnt aus ihr die Oberflächenladung. Es sei an dieser Stelle auch angemerkt, dass die Grenzflächenspannung gleich

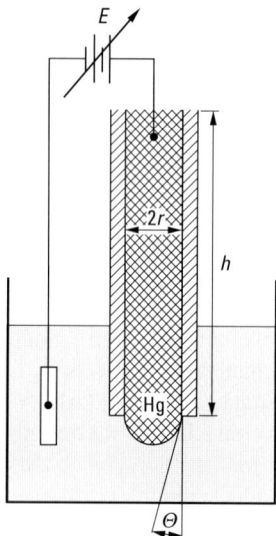

Abb. 6.18 Anordnung zur Messung der Elektrokapillarkurve an Quecksilber nach der Tropfenmethode.

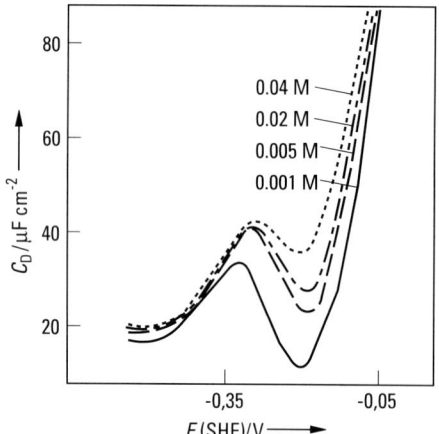

Abb. 6.19 Differentielle Kapazität C_D von Cu(111) als Funktion des Elektrodenpotentials E für eine Frequenz von $f = 15\,\mathrm{s}^{-1}$ in Lösungen von $KClO_4$ [26].

Tab. 6.5 Das Nullladungspotential $E_{pzc}\,N(SHE)$ einiger Einkristallflächen in wässriger NaF-Lösung [26].

Orientierung	Cu	Ag	Au
(111)	−0.200	−0.45	0.643
(100)	−0.540	−0.650	0.350
(210)		−0.790	0.120

der Grenzflächenenergie ist. Ihr Wert ist für ein Metall auch von der Orientierung der Kristallfläche abhängig, was mit der Abhängigkeit der Austrittsarbeit von der Kristallorientierung zusammenhängt. All diese Dinge sind bei Doppelschichtuntersuchungen an Festkörperelektroden zu berücksichtigen. Grundlegende Studien verwenden daher meist Einkristallflächen, die in der Regel aufwändig präpariert werden müssen, um eine glatte, wohlgeordnete und gut orientierte sowie kontaminationsfreie Oberfläche zu erhalten. Derartige Studien benötigen diverse oberflächenanalytische Methoden, über die im Verlauf dieses Kapitels noch gesprochen wird. Die Kapazitätsmessungen an derartigen Einkristallflächen zeigen ebenfalls das ausgeprägte Minimum, das auf den Einfluss der diffusen Doppelschicht zurückzuführen ist und das von der Guy-Chapman-Theorie gefordert wird. Der Lage des Minimums wird das Nullladungspotential zugeordnet. Abb. 6.19 zeigt als Beispiel die differentielle Kapazität einer Cu(111)-Elektrode als Funktion des Elektrodenpotentials in nichtspezifisch adsorbierender $KClO_4$-Lösung bei pH 4 [26]. Tab. 6.5 stellt einige Werte des Nullladungspotentials für Au-, Cu- und Ag-Elektroden zusammen [26]. Hier fällt die starke Variation der Werte mit der Kristallorientierung auf.

6.4.2 XPS-Studien zur Adsorption und Doppelschicht von Elektrodenoberflächen

Es ist reizvoll, die in dem vorherigen Anschnitt erwähnte Anreicherung bzw. Abreicherung von Ionen des Grundelektrolyten in der Doppelschicht von Elektrodenoberflächen sowie die spezifische Adsorption von Ionen mit oberflächenanalytischen Methoden nachzuweisen. Hierzu wäre die Röntgenphotoelektronenspektroskopie (XPS) sehr geeignet, da sie sowohl qualitative Informationen wie Ladungszustand und Bindungsverhältnisse der verschiedenen Spezies an der Oberfläche als auch quantitative Ergebnisse liefert. Der Nachteil dieses Verfahrens ist die Notwendigkeit der Überführung der Elektrode ins Vakuum mit dem Verlust der Potentialeinstellung und des Kontaktes zum Elektrolyten. Weiterhin sollte beim Entfernen der Elektrode aus dem Elektrolyten möglichst kein Grundelektrolyt mitgeschleppt werden, der dann im Ultrahochvakuum (UHV) eintrocknet und eine sinnvolle Messung verhindert. Der Elektrolyt sollte also an der Grenze zur Doppelschicht abreißen. Es hat sich herausgestellt, dass man bei geeigneten Systemen die Doppelschicht beim Herausziehen und dem anschließenden Transfer in das Spektrometer erhalten kann, ohne dass nennbare Mengen Grundelektrolyt mitgeschleppt werden. Das erfordert eine hydrophobe Eigenschaft der Elektrodenoberfläche, die in manchen Fällen realisiert werden kann. Bei Edelmetallen wie Gold oder Platin kann man die Probe durch die Luft transportieren. Bei Halbedelmetallen sollte dieser Transfer unbedingt unter Luftausschluss erfolgen, da man sonst Oxidschichten erzeugt und somit eine völlig veränderte Elektrodenoberfläche erhält. D. M. Kolb und W. Hansen haben durch Messungen mit einer Kelvin-Sonde gezeigt, dass die Doppelschicht und das eingestellte Potential erhalten bleiben, wenn es gelingt, die Elektrode unter hydrophoben Bedingungen aus dem Elektrolyten zu entnehmen. Anschließende Untersuchungen mit XPS ergeben sinnvolle Oberflächenkonzentrationen der Ionen des vorgelegten Elektrolyten, die sich systematisch mit dem Elektrodenpotential ändern [27–29]. Untersuchungen an Halbedelmetallen wie Kupfer oder Silber wurden erfolgreich in einer geschlossenen Anordnung über eine Schutzgasatmosphäre aus nachgereinigtem Argon durchgeführt [30, 31].

Als ein Beispiel derartiger Untersuchungen ist die quantitative Auswertung von XPS-Signalen in Abb. 6.20 für polykristalline Ag-Elektroden dargestellt, die aus einer Lösung von $1\,M\,NaClO_4 + 10^{-3}\,M\,HClO_4$ gezogen wurden [31, 32]. Die quantitative Auswertung der Cl-2p- und Na-1s-Signale ergibt Oberflächenkonzentrationen von einigen $0.1\,nM\,cm^{-2}$. Wie erwartet, nimmt mit steigendem Potential die Konzentration der Anionen zu und die der Kationen ab. Die Bilanzierung der Ionen unter Berücksichtigung ihrer Ladung, d. h. $n_{Na} - n_{Cl}$, ergibt die Überschussladung auf der Elektrolytseite, die durch eine entgegengesetzte Ladung auf der Elektrodenseite kompensiert wird. Wie Abb. 6.20 erkennen lässt, gehen die Werte der Ausgleichsgerade der Messungen bei $E = -0.5\,V$ durch den Nullpunkt. Dort sollte also das Nullladungspotential E_{pzc} vorliegen. Der aus XPS-Messungen an polykristallinem Ag gefundene Wert in saurer Lösung liegt in der Nähe des Literaturwertes für Ag(111) aus Kapazitätsmessung der Tab. 6.5. Eine volle Übereinstimmung kann

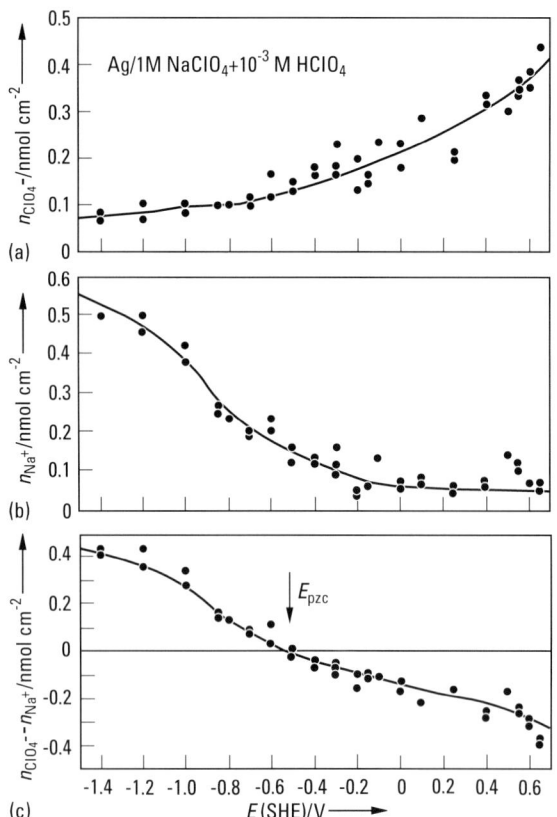

Abb. 6.20 Oberflächenkonzentration an Ag-Elektroden als Funktion des Elektrodenpotentials, die hydrophob aus $1\,M\,NaClO_4 + 0.001\,M\,HClO_4$ gezogen wurden. (a) $n(ClO_4^-)$, (b) $n(Na^+)$, (c) Differenz $n(ClO_4^-) - n(Na^+)$ (proportional zur Ladungsbilanz) [32].

wegen des polykristallinen Materials nicht erwartet werden. Die Werte aus der Tabelle zeigen eine deutliche Änderung mit der Kristallorientierung bei allen untersuchten Metallen. Dieses Verhalten entspricht der Änderung der Austrittsarbeit für diese Kristallflächen. Etwas komplizierter sind die Verhältnisse in alkalischem Elektrolyten [31], da hier die OH$^-$-Ionen zu berücksichtigen sind. Eine entsprechende Auswertung für eine Lösung mit 1 M NaClO$_4$ + 0.1 M NaOH unter Berücksichtigung des O-1s-Signals ergibt $E_{pzc} = -0.6$ V. Hier ist durch eine Peakentfaltung der Anteil der OH$^-$-Ionen vom Wasser zu trennen, was aufgrund einer chemischen Verschiebung von ca. 1 eV durchaus möglich ist, allerdings zu einer etwas größeren Streuung der Werte führt. Die Verschiebung des E_{pzc} um -0.1 V weist auf einen gewissen Anteil spezifischer Adsorption der OH$^-$-Ionen in alkalischer Lösung hin, die auch mit anderen Methoden wie STM und XAS gefunden wurde. Darauf wird weiter unten noch eingegangen (s. Abschn. 6.6.2).

Die Oberflächenkonzentration der Kationen nimmt mit steigendem Potential nicht immer monoton ab. Für den Fall spezifisch adsorbierender Ionen wie z. B. Chlorid nimmt der Kationengehalt auf der Oberfläche für $E > E_{pzc}$ wieder zu, obwohl natürlich insgesamt die Menge der Anionen in der Doppelschicht überwiegt [33, 34]. Hier führt offenbar die spezifische Adsorption zu einem Überschuss an Anionen, der durch koadsorbierte Kationen wieder kompensiert wird. Nach einer Studie mit Rückstreuung von He-Ionen (engl.: *ion scattering spectroscopy*, ISS) und winkelaufgelöstem XPS sitzen die Kationen außen auf den dichter an der Elektrodenoberfläche befindlichen Anionen [33]. Diese Abfolge der Ionen entspricht einem sehr steilen Potentialabfall in der inneren Helmholtz-Schicht und einem teilweisen Wiederanstieg auf den Wert im Grundelektrolyten in weiterer Entfernung (Abb. 6.14b).

Die energetische Lage der XPS-Signale enthält eine weitere wichtige Information über die Ionen in der Doppelschicht. Mit steigendem Elektrodenpotential E sinkt die Bindungsenergie E_B der Ionen in der Doppelschicht linear, die des Elektrodenmaterials dagegen nicht. Die Bindungsenergien werden bei XPS immer gegen das Fermi-Niveau E_F des Substrates, also hier der Silberelektrode, angegeben. Mit positiver werdendem Elektrodenpotential sinkt E_F auf E_F', d. h. die Energie der Elektronen in der Elektrode sinkt relativ zum Elektrolyten (Abb. 6.21 a). Dadurch werden die Energiedifferenzen sämtlicher Niveaus von Ionen in der Lösung d. h. deren Bindungsenergien E_B' linear mit zunehmendem Potential kleiner. Abb. 6.21 b gibt ein Beispiel für polykristallines Silber in 1 M NaClO$_4$ + 0.1 M NaOH wieder [31]. Die Gleichungen

$$E_B(ClO_4^-) = (208.36 \pm 0.02) - (0.90 \pm 0.05) \cdot E \text{ eV} \tag{6.72a}$$

und

$$E_B(Na^+) = (1071.95 \pm 0.02) - (1.02 \pm 0.05) \cdot E \text{ eV} \tag{6.72b}$$

stellen Regressionsgeraden der Ergebnisse von Abb. 6.21 b dar. Offenbar ändert sich für Natrium- und Perchlorat-Ionen E_B linear mit dem Elektrodenpotential E mit einem Anstieg von ca. 1. Diese Ionen erfahren die volle Änderung des Potentialabfalls in der Doppelschicht und sollten sich deshalb an der äußeren Grenze der starren Doppelschicht befinden. Die diffuse Doppelschicht schrumpft bei der relativ hohen Elektrolytkonzentration auf die Dimension der starren Doppelschicht zusammen und übernimmt daher keinen Anteil der Potentialänderung. Neben den zentralen Chloratomen erfahren auch die Sauerstoffatome des ClO$_4^-$-Anions eine Änderung

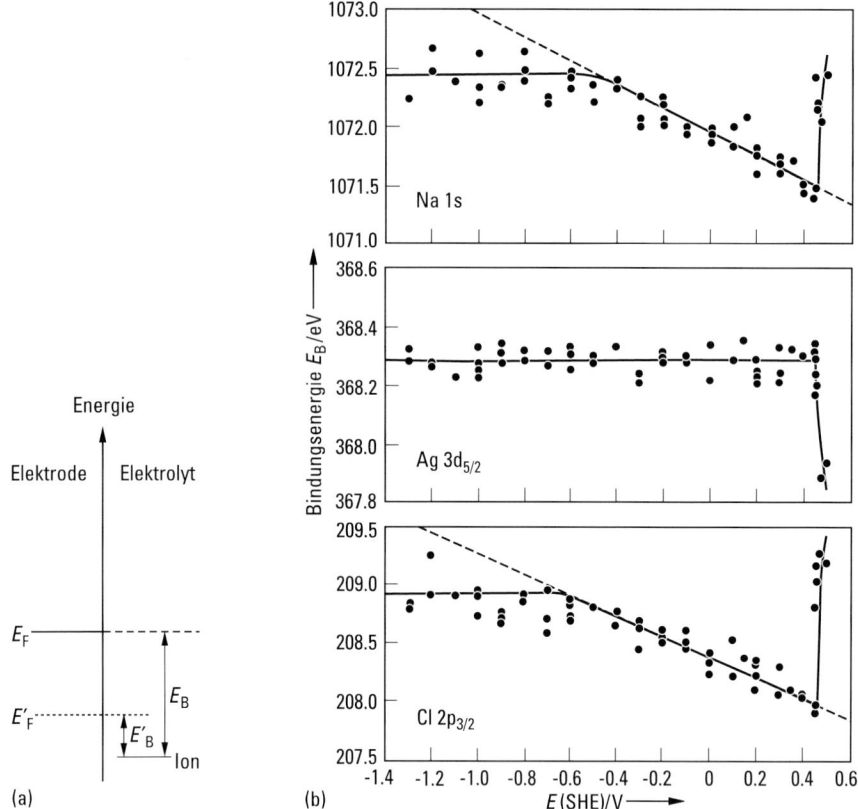

Abb. 6.21   (a) Schema zur Erläuterung der Erniedrigung der Bindungsenergie der Orbitale von Ionen in der Doppelschicht von E_B auf E_B' mit der Erhöhung des Elektrodenpotentials bzw. Erniedrigung des Fermi-Niveaus von E_F auf E_F'. (b) Erniedrigung der Bindungsenergie der Orbitale von Na^+-Ionen und Cl-Atomen der ClO_4^--Ionen in der Doppelschicht von Ag-Elektroden mit dem Elektrodenpotential E in 1 M $NaClO_4$ + 0.1 M NaOH. E_B des Ag-3d-Signals ändert sich nicht, da sich die Ag-Atome in der Metallphase befinden. Bei $E \leq 0.7$ V wird das Potential durch Wasserzersetzung auf einen konstanten Wert eingestellt. Für $E \geq 0.40$ V bildet sich Oxid an der Ag-Oberfläche [31].

der Bindungsenergie, die in Abb. 6.21 b nicht gezeigt wird. Die Silberatome sind dagegen Bestandteil des Elektrodenmaterials. Ihre Niveaus erfahren daher keine Änderung zum Fermi-Niveau und ihre Bindungsenergien E_B ändern sich nicht mit dem Potential (Abb. 6.21 b).

Befinden sich spezifisch adsorbierte Ionen wie Cl^-, Br^-, oder I^- im Elektrolyten, so erfahren sie nur einen Teil der Potentialänderung entsprechend einem Anstieg von 0.7 der Regressionsgeraden [32]. Offenbar befinden sie sich mit ihrem Zentrum dichter an der Elektrodenoberfläche. Auch die Sauerstoffspezies wie das Wasser oder die O-Anteile des ClO_4^--Anions oder die OH^--Ionen verändern ihre Bindungsenergie mit dem Elektrodenpotential. Wassermoleküle befinden sich als eine Dipol-schicht dicht an der Elektrodenoberfläche im Gegensatz zu den relativ großen sol-vatisierten Na^+- und ClO_4^--Ionen (Abb. 6.14). Die Sauerstoffatome des ClO_4^--Anions sitzen wieder dichter an der Elektrodenoberfläche. Sie sind aber von den Wassermolekülen im XPS-Signal nicht zu unterscheiden. Der lineare Verlauf der E_B/E-Beziehung entsprechend Abb. 6.21 b knickt für sämtliche Ionen bei $E \leq 0.8$ V in einen horizontalen Verlauf ab. Das ist sicher auf eine partielle Entladung der Elektrode bei sehr negativen Potentialen zurückzuführen. Es besteht die Möglichkeit der Bildung einer geringen Menge von Wasserstoff aus Wassermolekülen, was für pH 12.9 ab einem Nernst'schen Gleichgewichtspotential von $E = -0.76$ V möglich sein sollte. Der dafür erforderliche Verbrauch von Elektronen lässt das Potential bis auf den beobachteten Wert von ca. $E = -0.7$ V ansteigen. Bei ausreichend po-sitiven Potentialen von $E \geq 0.40$ V ist der Untersuchung der elektrolytischen Dop-pelschicht durch die Metallauflösung bzw. die Oxidbildung eine Grenze gesetzt, was oft mit einer verstärkten Adsorption von Anionen bzw. Kationen an der Oxidober-fläche einhergeht. Die Bindungsenergie zeigt in Abb. 6.21 b an dieser Stelle auch einen Sprung, da die Ionen nun nicht mehr auf einer freien Metalloberfläche, sondern auf einer oxidischen Deckschicht sitzen bzw. wie die Ag^+-Ionen Bestandteil des Oxides geworden sind. Schließlich sei erwähnt, dass man auch mit XPS bereits bei deutlich negativeren Potentialen als dem Gleichgewichtswert der Oxidbildung eine OH-Adsorption bzw. eine erste Oxidbildung beobachtet, was insbesondere bei Kup-fer ausgeprägt und näher untersucht ist. Diese Beobachtungen werden durch STM-Messungen an Cu(111) unterstützt, wie in Abschn. 6.6.2 noch weiter besprochen wird.

Die beschriebenen XPS-Untersuchungen sind auch an anderen Metallen wie z. B. Gold und Kupfer durchgeführt worden und stützen die Vorstellung der Doppel-schicht nach dem Modell von O. Stern. Sie ergeben durch Messungen qualitativ und quantitativ die Ionenzusammensetzung der Doppelschicht und die Abfolge von Ionen auf der Elektrode und ermöglichen, die spezifische Adsorption zu verfolgen. Es bleibt anderen Methoden vorbehalten, die genaue Struktur von Adsorbaten zu ermitteln. Hier sind insbesondere STM und SFM, aber auch Synchrotronmethoden wie EXAFS und XRD in den neueren Zeit erfolgreich eingesetzt worden. Diese Verfahren haben den Vorteil, dass sie in situ im Elektrolyten angewandt werden können und so der Einfluss von Artefakten weitgehend ausgeschlossen werden kann. Allerdings kann man auf die detaillierte chemische Information einer Methode wie XPS nicht verzichten; deshalb sollten die verschiedenen Methoden parallel eingesetzt werden.

6.4.3 Die Struktur der Elektrodenoberfläche mit lateraler Auflösung

Die Elektrochemie verfolgt Elektrodenprozesse traditionell mit integraler Mittelung über die Elektrodenfläche. Es ist allerdings seit langem bekannt, dass eine Elektro-denoberfläche nicht homogen ist und deshalb eine Mittelung der tatsächlichen Si-tuation nicht gerecht wird. So zeigen die verschiedenen Kristallflächen eines poly-kristallinen Materials hinsichtlich ihrer Reaktivität große Unterschiede. Um hier den Einfluss von der Kristallorientierung zu verfolgen, werden diverse Untersuchungen seit einigen Jahrzehnten an Einkristallflächen durchgeführt. Zu einem tieferen Verständnis gelangt man aber erst durch lateral hochauflösende Methoden. Einen gewissen Fortschritt erzielte man bereits mit dem Rasterelektronenmikroskop und der damit eng verbundenen Elektronenmikrosonde, die Informationen über die Topographie und chemische Zusammensetzung im Bereich unter 1 µm verschaffen. Andere Methoden sind die Beugung von Elektronen mit hoher und niedriger Energie in Reflexion (RHEED, LEED), die geordnete Strukturen von Oberflächen und Adsorbaten auflösen können. Allerdings erfordern diese Methoden immer das Entfernen der Elektrode aus dem Elektrolyten und Überführung ins UHV sowie die anschließende Belastung durch einen Probenstrahl. Erzeugen Röntgenstrahlen i. A. noch keine größeren Veränderungen, so führt der Einsatz von Elektronen- und Ionenstrahlen schon eher zu Artefakten. Seit Langem ist es der Wunsch der Elektrochemiker, Elektrodenprozesse mit lateraler Auflösung in situ verfolgen zu können. Diese Möglichkeit ergibt sich seit ca. 20 Jahren durch die Verfügbarkeit intensiver Strahlungsquellen. Die Synchrotronstrahlung mit den sich ständig verbessernden Eigenschaften neuer Messanordnungen, so genannter Beamlines, eröffnet die Möglichkeit, In-situ-Röntgendiffraktometrie und In-situ-Röntgenabsorptionsspektroskopie an Elektrodenoberflächen durchzuführen. Hierzu lässt man die Strahlung streifend auf die Elektrodenoberfläche einfallen, um so eine intensive Wechselwirkung mit der obersten Schicht zu erzielen und den Einfluss des hier nicht interessierenden Grundmaterials (Bulk) möglichst zu unterdrücken (engl.: *surface X-ray scattering*, SXS; *grazing incidence X-ray absorption spectroscopy*, GIXAS). Wie bereits bei der Anwendung dieser Methoden in Transmission zur Ermittlung von Strukturen in Lösungen in Abschn. 6.3 erwähnt wurde, erhält man mit SXS die Fernordnung und mit GIXAS die Nahordnung von Strukturen, wobei bei der letzteren Methode keine Fernordnung vorliegen muss. Andere wichtige Methoden sind die Rastertunnelmikroskopie (engl.: *scanning tunneling microscopy*, STM) und die Rasterkraftmikroskopie (engl.: *scanning force microscopy*, SFM). Sie vermitteln ein Abbild der Topographie der Oberfläche und gestatten, Änderungen auch zeitlich zu verfolgen, insbesondere wenn durch entsprechende Wahl des Elektrodenpotentials der Reaktionsablauf verlangsamt werden kann. Hierzu sollen aber zunächst kurz die Besonderheiten der erwähnten Methoden bei der Anwendung auf Elektrodenoberflächen geschildert werden.

6.4.3.1 In-situ-Röntgenmethoden zur Untersuchung der Struktur von Elektrodenoberflächen

Die Grundlagen von XAS sind bereits in Abschn. 6.3.4 beschrieben worden. Bei Elektroden besteht nun die Notwendigkeit, die Beiträge des inneren Elektrodenmaterials zu unterdrücken und die der Oberfläche zu verstärken. Das erreicht man durch streifenden Einfall der Röntgenstrahlen. Eine typische Zelle, die auch für die Anwendung bei der Diffraktometrie geeignet ist, ist in Abb. 6.22a dargestellt. Sie besitzt eine Verbindung zu einer Bezugselektrode, einen Platinring als Gegenelektrode GE und eine Arbeitselektrode, die in vielen Fällen ein Einkristall gewünschter Orientierung ist. Der Elektrolytraum wird durch eine Kunststofffolie begrenzt, die in der Regel zur Präparation der Oberfläche durch den Elektrolyt etwas aufgebläht

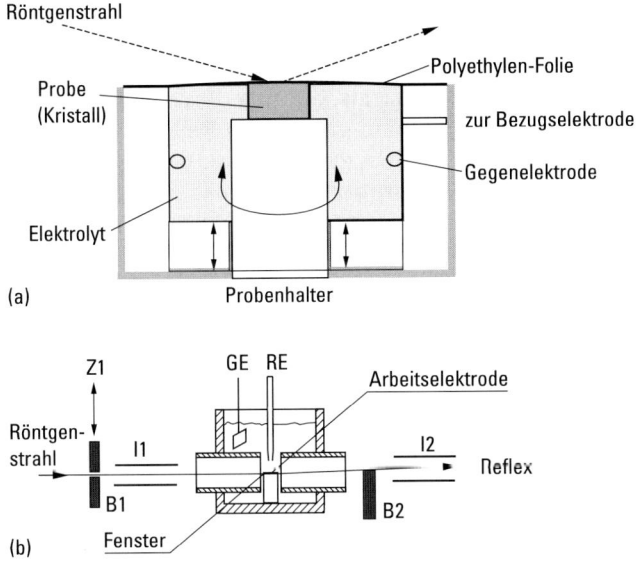

Abb. 6.22 (a) Elektrochemische Zelle für XAS (Röntgenabsorptionsspektroskopie) in Reflexion und XRD-Messungen mit streifendem Einfall an Einkristallelektroden. (b) Elektrochemische Zelle für XAS-Messungen in Transmission und Reflexion mit Ionisationskammern I1 und I2, Blenden B1 zur Strahlbegrenzung und B2 zum Ausblenden des direkten Strahls (Beamstopper), Folienfenster, Arbeitselektrode, Gegenelektrode Ge und Referenzelektrode RE.

wird, wodurch ein ausreichender Elektrolytraum vor der Arbeitselektrode entsteht. Für die Messung wird der Elektrolyt wieder abgezogen, wobei die Folie auf die Arbeitselektrode gepresst wird und ein dünner Elektrolytfilm entsteht, der für den Erhalt stabiler elektrochemischer Bedingungen ausreicht. Eine andere Möglichkeit ist in Abb. 6.22b dargestellt, bei der die Probe senkrecht zu zwei Fenstern und damit nahezu parallel zum einfallenden und ausfallenden Strahl angeordnet ist. Für eine ausreichende Wechselwirkung des Röntgenstrahls mit der Probenoberfläche ist eine möglichst große Probe erforderlich, was aber auch gleichzeitig den Weg des Strahls und damit seine Absorption im Elektrolyten heraufsetzt. Beide gegenläufigen Effekte führen zu einer optimalen Länge, die von der Absorption der Strahlung im Elektrolyten und damit von ihrer Wellenlänge bzw. Energie abhängt. Sie beträgt mit den bekannten linearen Absorptionskoeffizienten für Wasser bei der Absorptionskante für Silber (25.5 keV) 35 mm und für Cu (8.9 keV) nur 1.5 mm. Ein weiteres wichtiges Detail ist der Grenzwinkel der Totalreflexion. Röntgenstrahlen unterliegen bei diesen Wellenlängen an der Grenze zu Festkörpern der Totalreflexion. Die Metalle und ihre Oxide sind also für die Röntgenstrahlen das optisch dünnere Medium. Dieser Grenzwinkel liegt für die Metalle Silber und Kupfer bei 0.13 bzw. 0.45 Grad, für die Oxide Ag_2O und Cu_2O bei 0.1 und 0.23 Grad. Werden diese sehr kleinen Winkel unterschritten, nimmt die Eindringtiefe der Röntgenstrahlen auf ca. 2 nm ab. Auf diese Tiefe greift der elektrische Feldvektor mit einer exponentiellen Abnahme durch.

Das zeigt, dass man Schichten dieser Dicke auf arteigener Unterlage studieren kann, ohne dass die Absorption des Substrates dominierend wird [35]. Allerdings hat man bei Adsorbaten und dünnen Schichten im Nanometer-Bereich eine Überlagerung der Effekte der Oberfläche und des Substrats, die aber durch geeignete Simulationsverfahren und Anpassung berechneter und gemessener Reflektivitäten voneinander getrennt werden können. Hierbei ist auch zu bedenken, dass die Reflektivität der Röntgenstrahlen nicht gleich ihrer Absorption ist und man den Imaginär- und Realteil des komplexen Brechungsindex' auswerten muss. Verfahren hierzu sind ausgearbeitet [37] und Beispiele hierzu werden im Abschnitt über Deckschichten auf Elektroden besprochen. Derartige Untersuchungen setzen extrem glatte und ebene Proben voraus, die man am besten durch Aufdampfen der Metalle auf speziell aus der Schmelze gezogene Gläser so genanntem Floatglas oder auf Silizium-Einkristallscheiben erhält, damit nicht durch die Qualität der Probenoberfläche die Reflektivität durch das Substrat dominiert und die Auswertung von dünnen Deckschichten nicht vereitelt oder extrem erschwert wird.

Wesentlich günstiger ist die Untersuchung von Adsorbaten auf artfremder Unterlage. Da die Absorptionskanten für verschiedene Elemente bei unterschiedlichen Energien liegen, ist hier eine Überlagerung von Adsorbat- und Substratspektrum ausgeschlossen. Zusätzlich besteht die Möglichkeit, sich bei mehreren Atomsorten auf der Oberfläche die Nahordnung um jede Atomart anzusehen und so ergänzende Informationen zu erhalten. Bei Monolagen bzw. Teilmonolagen kann man die Wechselwirkung der Röntgenstrahlung mit der Elektrodenoberfläche als spiegelnde Reflexion an dem Substrat mit einer überlagerten einfachen Absorption durch die Adsorbatatome ansehen. Das erkennt man schon daran, dass die Reflektivitätskurven bei sich änderndem Ein- und Austrittswinkel annähernd gleich aussehen und die EXAFS Oszillationen aufweisen. Als Beispiel sei das in Reflexion gemessene Absorptionsspektrum eines Cu-Adsorbates auf einer gestuften Pt(533)-Kristallfläche angeführt (Abb. 6.23a) [38]. Hier handelt es sich um eine so genannte Unterpotentialabscheidung, das heißt eine Abscheidung bei positiveren Potentialen als dem Nernst'schen Gleichgewichtswert der Cu/Cu^{2+}-Elektrode. Die Adsorption von Cu auf Pt ist begünstigt, so dass sie schon bei höheren Potentialwerten erfolgt als dem Gleichgewichtswert für die arteigene Unterlage. Zudem ist die Adsorption von der lokalen Kristallstruktur abhängig (Stufe, Terrasse). Bei Variation des Winkels von 0.1 bis 0.18 Grad im Bereich der Totalreflexion bleibt die Struktur der aufgeprägten Röntgenabsorptionskante weitgehend unverändert [38]. Entsprechende Untersuchungen mit dünnen arteigenen anodisch erzeugten Oxidschichten im Bereich weniger Nanometer Dicke auf Cu und Ag zeigen eine starke Änderung des Untergrunds im Energiebereich vor und nach der Absorptionskante, so dass sich eine Auswertung entsprechend aufwendiger gestaltet [39, 40]. Abb. 6.23a zeigt die gemessene und mit dem kommerziellen Programm FEFF7 [41] simulierte und adaptierte EXAFS-Funktion für die Adsorption von Cu auf Pt(533) bei $E = 0.55$ V. Diese gestufte Pt-Oberfläche besteht aus einer dichten Folge von drei (111)-orientierten Terrassenpositionen gefolgt von einer (100)-orientierten monoatomaren Stufe (Abb. 6.23b). Bei 0.55 V wird nur die Stufe mit Cu-Atomen belegt, wogegen die Terrassenpositionen frei bleiben. Die daraus folgenden Abstände und Koordinationszahlen der Koordinationsschalen entsprechen genau diesem Bild mit einer zweifachen Cu-Cu-Koordination (Abb. 6.23b). Die zweifache Cu-Pt-Koordination der ersten Schale zeigt, dass

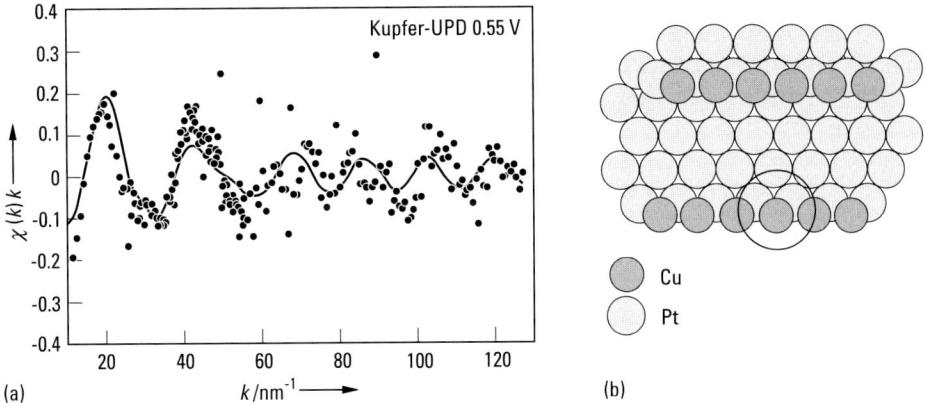

Abb. 6.23   (a) k-gewichtete EXAFS-Funktion $\chi(k)\,k$ für Cu-UPD an den Stufen von Pt(553), In-situ-Messung bei $E = 0.55\,\text{V}$ in $0.5\,\text{M H}_2\text{SO}_4 + 0.001\,\text{M CuSO}_4$ [38]. (b) Modell zur Auswertung der XAS-Messungen von Abb. 6.23a mit einer Koordinationszahl 2 sowohl für die Cu-Cu-Schalen als auch für die erste Cu-Pt-Schale. In den Winkeln der Stufen liegen vermutlich koadsorbierte SO_4^{2-}-Ionen, die mit XPS auf der Oberfläche von Elektroden gefunden wurden, die hydrophob aus dem Elektrolyten gezogen wurden [38]. (UPD, Unterpotentialabscheidung; XAS, Röntgenabsorptionsspektroskopie; EXAFS, extended X-ray absorption fine structure.)

die Cu-Atome auf der Kante und nicht im Winkel der Stufe liegen, da sonst die Koordinationszahl 4 wäre. In dem Winkel der Stufe wird vermutlich Sulfat adsorbiert, dass bei aus dem Elektrolyten gezogenen Pt-Kristallen mit XPS klar als Koadsorbat von Cu nachgewiesen werden kann [38]. Für die dritte Koordinationsschale folgt dann die Einfachkoordination mit Pt. Die für die Simulation angepassten Strukturdaten ergeben demnach ein klares Bild für die Anordnung der Cu-Atome an der Stufenkante. Die höhere Cu-Belegung der Pt-Oberfläche mit abnehmendem Potential zeigt eine zweidimensionale Clusterbildung auf den Terrassenpositionen, da die Abstände der Koordinationsschalen erhalten bleiben und sich nur die Koordinationszahlen erhöhen [38]. Die Alternative wäre eine gleichmäßige Verteilung der Cu-Atome auf der Terrasse mit einer Verringerung der Radien der Koordinationsschalen mit zunehmender Bedeckung. Dieses Beispiel zeigt, wie man durch Wahl des Potentials an speziell strukturierten Oberflächen im Nanometerbereich elektrochemisch spezielle Adsorbatstrukturen erzeugen kann. Hier wurde die atomare Struktur einer Platinoberfläche als Templat benutzt. Zudem kann gezeigt werden, dass man die Atomanordnung mit EXAFS in Reflexion qualitativ und quantitativ vermessen kann.

Entsprechende Untersuchungen der Unterpotentialabscheidung (engl.: *under-potential deposition*, UPD) von Cd auf Pt zeigen ebenfalls Clusterbildung auf den Terrassen. Die alleinige Belegung der Stufen bei ausreichend hohen Potentialen von $E = -0.2\,\text{V}$ zeigt allerdings gegenüber der UPD von Cu Besonderheiten [38]. Die Cd-Cd-Koordination beträgt ebenfalls für alle Koordinationsschalen 2, was einer linearen Anordnung der Cd-Atome an der Stufe entspricht. Allerdings hat die Cd-Pt-

Schale bei 303 pm nur eine Koordinationszahl 1. Das folgt zwanglos aus der Tatsache, dass Cd-Atome mit $r = 152$ pm größer als Pt-Atome mit $r = 139$ pm sind und bei einer dichten Packung erst wieder nach 12 Atomen die gleiche Orientierung zu den Pt-Atomen der Stufe auftritt. Es besteht deshalb nur zu einem Pt-Atom der Unterlage eine feste Koordination, während der Abstand zu anderen Pt-Atomen ständig wechselt.

Die Untersuchung von Elektrodenoberflächen und dünnen Filmen mittels Röntgenbeugung (XRD) erfordert ebenfalls einen streifenden Einfall der Röntgenstrahlen, um ausreichend oberflächensensitiv zu sein. Es werden daher ähnliche Messanordnungen wie beim EXAFS benötigt. Unterhalb des Grenzwinkels der Totalreflexion kann man den Beitrag des Substrats weitgehend unterdrücken. Oft erscheinen aber gänzlich andere Zusatzreflexe einer Deckschichtsubstanz im Vergleich zum Substrat. Eine glatte, ebene und gut orientierte Einkristalloberfläche ist ebenfalls eine Voraussetzung für oberflächensensitives XRD. Man kann aber auch an polykristallinen Substanzen Röntgenbeugung bei streifendem Einfall durchführen. Allerdings ist die Interpretation der Diffraktogramme wesentlich komplizierter als bei einkristallinen Proben. Außerdem muss eine geordnete Struktur mit ausreichender Fernordnung wenigstens parallel zur Substratoberfläche vorliegen. Als Besonderheit kommt gegenüber einer dreidimensionalen kristallinen Probe hinzu, dass die Symmetrie an der Oberfläche durchbrochen ist. Hier hat man eine Schicht mit einer Dicke von nur atomaren Dimensionen. Als Folge davon werden parallel zur Oberfläche Bragg-Reflexe gefunden, die der zweidimensionalen Oberflächenstruktur entsprechen. Sie misst man bei Variation des Winkels mit einer Drehachse parallel zur Oberflächennormalen (Azimutwinkel). Aber auch senkrecht zur Probenoberfläche ändert sich die Intensität der Reflexe (Abb. 6.24). Die Abstände der Maxima hängen hier von dem Gitterparameter in dieser Richtung ab. Selbst bei einer Überstruktur von nur einer Monolage erscheinen so genannte „Truncation Rods", deren Abstände die Dicke der Schicht und die Positionen der Atome senkrecht zur Oberfläche enthalten. Sie sind die Folge einer Faltung der reziproken Gitterparameter senkrecht zur Oberfläche und der Fourier-Transformation einer Stufenfunktion, die den Abbruch des Gitters beschreibt. Als Folge davon ändert sich die Intensität zwischen den Bragg-Punkten kontinuierlich, ohne zwischen ihnen völlig zu verschwinden, im

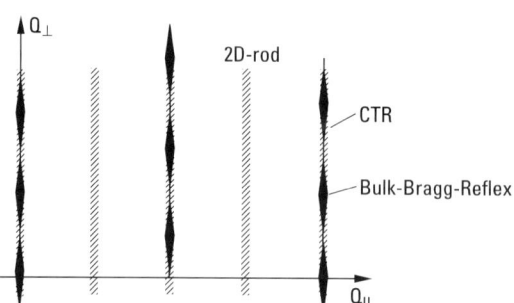

Abb. 6.24 Schematische Darstellung eines zweidimensionalen Gitters im reziproken Raum mit Crystal Truncation Rods (CTR) [13].

Gegensatz zu einer dreidimensionalen Gitteranordnung. Die Anpassung der Parameter berechneter „Truncation Rods" aus Modellen mit den gemessenen Ergebnissen ermöglicht, die Struktur senkrecht zur Oberfläche zu ermitteln.

Mit Diffraktometrie sind verschiedene Elektrodenoberflächen studiert und vermessen und auf diese Weise die Strukturparameter von Adsorbaten, rekonstruierten Oberflächen und dünnen Filmen bestimmt worden. Da man mit dieser Methode nur Strukturen mit Fernordnung studieren kann, ist XRD eine sinnvolle Ergänzung zu XAS. Beide Methoden in Kombination gestatten geordnete und stark gestörte bzw. ungeordnete Strukturen an Elektrodenoberflächen in situ zu vermessen.

6.4.3.2 Anwendung der In-situ-Rastertunnelmikroskopie (STM) auf Elektrodenoberflächen

Rastertunnelmikroskopie ist eine ausgezeichnete Methode, Elektrodenoberflächen mit mesoskopischer ($> 1\,nm$) oder auch atomarer Auflösung ($< 1\,nm$) abzubilden. Diese Methode wurde von Binnig und Rohrer entwickelt und 1982 publiziert [42] (Nobelpreis 1986). Eine äußerst feine Metallspitze wird der Oberfläche genähert, bis der Abstand klein genug ist, so dass ein Tunnelstrom registriert werden kann. In der Regel wird ein einzelnes Metallatom den kleinsten Abstand zur Oberfläche haben, so dass der Tunnelstrom von diesem Atom ausgeht. Es kommt allerdings gelegentlich vor, dass zwei oder mehr Atome einen nahezu gleichen Abstand aufweisen und man deshalb eine doppelte Spitze oder eine Mehrfachspitze hat, so dass abgebildete Strukturen mehrfach erscheinen. Rastert die Spitze die Oberfläche ab, so kann man den Tunnelstrom ortsabhängig registrieren (engl.: *constant height mode*) und bis zu atomarer Auflösung gelangen. In den meisten Fällen wird allerdings der gemessene Tunnelstrom auf eine vorgegebene Größe durch geringfügige Abstandsänderungen eingeregelt (engl.: *constant current mode*). Diese mechanische Nachführung mit dem Tunnelstrom als Regelgröße wird durch Piezokeramiken erreicht und als Höhenänderung registriert. Die Bewegung der Spitze wird auch parallel zur Festkörperoberfläche durch eine Montage auf Piezokeramiken ermöglicht. Durch gezieltes Anlegen von Spannungen kann so die Oberfläche im Bereich von wenigen nm bis zu einigen 10 µm abgerastert werden, wobei eine Höhenauflösung von weniger als 0.1 nm und damit ein Abbild mit mesoskopischer oder atomarer Auflösung erzielt werden kann. Terrassen und Stufen, Defekte auf Einkristalloberflächen oder Korngrenzen, die Struktur von polykristallinen Materialien, aber auch Materialkontraste können sichtbar gemacht werden. Es gelingt insbesondere, periodische Strukturen mit atomarer Auflösung abzubilden, wie z. B. die Anordnung der Atome auf einer Kristalloberfläche oder von Adsorbaten auf einer Terrasse. Hierbei gehen allerdings auch die elektronischen Besonderheiten der Oberflächenatome ein, die sich den topographischen Gegebenheiten überlagern.

Der Tunnelstrom von der Spitze zur Probenoberfläche ist von Breite und Höhe der Energiebarriere abhängig (Abb. 6.25). Der Tunnelstrom entspricht dem Durchdringen von Elektronen der Masse m durch eine Barriere der Breite d und der (Potential-)Höhe V_0 mit einer Energie ΔE, d. h. die Elektronen sehen eine Barriere der Höhe $V_0 - \Delta E$, die sie durchdringen müssen. Ist die Energiebarriere $V_0 - \Delta E$ unendlich groß, so werden die Elektronen an der Barrierewand nur reflektiert. Ist die

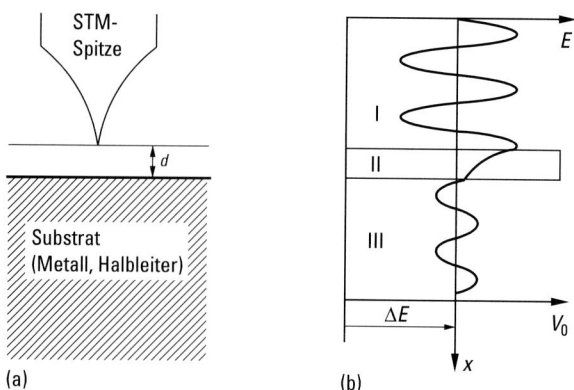

Abb. 6.25 Tunnelstrom einer STM-Spitze zum Substrat durch eine Barriere der Breite d und der Höhe $V_0 - \Delta E$. Abklingen der Amplitude der Wellenfunktion im Spalt d. (STM, Rastertunnelmikroskop.)

Barriere aber endlich, so können die Elektronen mit einer geringen Wahrscheinlichkeit in sie eindringen. In dem Barrierebereich zwischen beiden Leitern, d. h. zwischen Spitze und Probe, nimmt die Amplitude der Wellenfunktion exponentiell ab, erreicht aber das Ende der Barriere mit einem noch endlichen Wert. Ein Elektron erreicht auf diese Weise den erlaubten Bereich niedriger Energie auf der anderen Seite der Barriere (Probe), in dem es nun verbleibt. Die Tunnelwahrscheinlichkeit P ergibt sich durch Lösung der Schrödinger-Gleichung dieses Problems näherungsweise mit

$$P = \frac{15\,E(V_0 - E)}{V_0^2}\, \mathrm{e}^{-\frac{2d\sqrt{2m(V_0 - \Delta E)}}{\hbar}}. \tag{6.73}$$

Für den Tunnelstrom ist außerdem die Zustandsdichte besetzter und freier Energieniveaus in der Spitze bzw. der Probe zu berücksichtigen, zwischen denen der elektronische Austausch stattfindet.

Einen nennenswerten Beitrag zum Tunnelstrom kann ein Elektron nur leisten, wenn der Abstand der Spitze von der Probe im Bereich unter 1 nm liegt. Da i. A. ein Atom etwas herausragt und der Abstand d exponentiell in Gl. (6.73) eingeht, wird bei mechanisch gut vorbereiteter Spitze nur ein Atom den Tunnelstrom auslösen, womit eine Voraussetzung einer atomar auflösenden Abbildung gegeben ist. Spitzen können i. A. durch elektrochemisches Ätzen erzeugt werden. So kann z. B. ein in 4 M NaOH eingetauchter Wolframdraht zu einer feinen Spitze geätzt werden, die für eine Abbildung gut geeignet ist. Da man bei In-situ-Untersuchungen im Elektrolyten elektrochemische Umsetzungen an der Spitze möglichst unterdrücken muss, werden sie mit einem Isolationsmaterial bis auf das äußerste Ende überzogen. Hierzu kann z. B. aufgeschmolzenes Apiezonwachs verwendet werden. In der Regel gelingt eine entsprechende Präparation bei ausreichender Erfahrung ohne große Schwierigkeiten mit genügender Ausbeute. Elektrochemische Leckströme von wenigen 0.01 nA können an derartigen Spitzen erzielt werden. Der zu messende bzw. eingestellte Tunnelstrom liegt im Bereich von 1 nA bis wenigen nA.

Für elektrochemisches STM ist zu berücksichtigen, dass man zwei Regelkreise unabhängig voneinander betreiben muss. Zum einen muss das Potential der Probe gegen eine Bezugselektrode in einer Dreielektrodenanordnung eingestellt werden, zum anderen muss die Spannung zwischen Probe und Spitze frei wählbar sein. Das erreicht man durch einen Bipotentiostaten. Hierbei wird i. A. die Gegenelektrode auf Masse gelegt und das Potential der beiden Arbeitselektroden, d. h. der Probe und der Spitze, durch Verwendung von Differenzverstärkern an der Eingangsstufe jeweils frei gewählt. Abb. 6.26 zeigt das Prinzipbild einer Schaltung, mit der die beiden potentiostatischen Kreise betrieben werden können. Kommerzielle STM-Geräte haben meist eine sehr langsame Elektronik, so dass potentiostatische Pulsuntersuchungen in Kombination mit STM nicht ohne Zusatzvorrichtungen realisierbar sind. Aber auch hierbei gibt es Lösungen. Man kann z. B. den Pulsbetrieb durch eine schnelle elektronische Umschaltung der Probe von der STM-Anordnung auf einen schnellen Potentiostaten und zurück erreichen. Selbstverständlich muss dann nach dem präparierenden potentiostatischen Puls ein Potential für die STM-Analyse gewählt werden, bei dem keine oder nur sehr langsame Umsetzungen und Änderungen auf der Elektrodenoberfläche geschehen. Es sind in den letzten Jahren schnelle STM-Geräte entwickelt worden, bei denen ein Bild in weniger als einer Sekunde erhalten werden kann, um Prozesse wie die Metallauflösung in situ verfolgen zu können. Allerdings müssen hierbei die Vorgänge durch eine Wahl des Elektrodenpotentials in der Nähe des Nernst'schen Gleichgewichtspotentials noch ausreichend verlangsamt werden. Zusätzlich wurde bei Untersuchungen auf Cu(100) die Oberfläche durch Adsorption von Chlorid weitgehend blockiert, so dass Vorgänge an Terrassenstufen zeitaufgelöst verfolgt werden konnten [43, 44]. Schließlich können durch wiederholtes eindimensionales Abtasten in einer Richtung (Linescan) Änderungen an einer Oberflächenstelle wie einer Stufe mit hoher Zeitauflösung verfolgt werden.

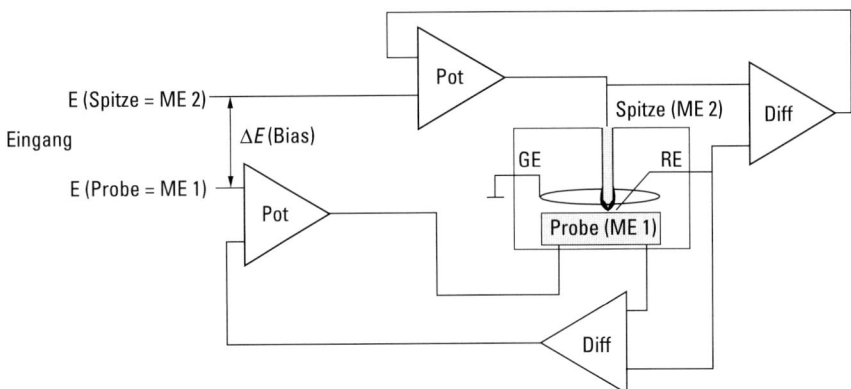

Abb. 6.26 Beschaltung der beiden potentiostatischen Stromkreise eines elektrochemischen Rastertunnelmikroskop mit zwei Potentiostatenverstärkern und zwei Differenzverstärkern an den Eingängen zum massefreien Anschluss der Probe ME1 und Spitze ME2 mit gemeinsamer Referenzelektrode RE und gemeinsamer Gegenelektrode GE auf Masse.

Für elektrochemisches STM sind spezielle miniaturisierte elektrochemische Zellen konstruiert worden, die den schonenden Einsatz von Einkristalloberflächen und ein einfaches Säubern ermöglichen. Neben miniaturisierten Elektroden zweiter Art wird oft ein Platindraht als eine Pseudo-Referenzelektrode verwandt, sofern in der betreffenden Lösung deren Potential hinreichend stabil ist und gut kalibriert werden kann. So wurde z. B. bei STM-Untersuchungen zur OH^--Adsorption und Oxidbildung auf Kupfer eine Pt-Elektrode gegen die Polarisationskurve des Kupfers in alkalischer Lösung mit ausgeprägten Reduktionspeaks der Oberflächenoxide kalibriert. Der Vorteil einer solchen Pseudoreferenzelektrode liegt in der leichten Reinigung aller Teile der elektrochemischen Zelle. Erfolgreiche STM-Untersuchungen im Elektrolyten erfordern ein extrem sauberes Arbeiten. Hierzu müssen die elektrochemischen Zellen besonders sorgfältig gereinigt und die zu verwendenden Lösungen aus hochreinen Materialien und Wasser hergestellt werden.

Selbstverständlich ist eine sehr sorgfältige Präparation der Probenoberfläche eine unverzichtbare Voraussetzung. Nur so hat man eine Chance, die Struktur einer Oberfläche ohne Kontamination mit hoher Auflösung bis in den atomaren Bereich zu beobachten. Zunächst müssen Kristalle auf wenigstens 1 Grad genau orientiert geschnitten werden, damit man die gewünschte Oberfläche erhält. In der Regel werden Metalloberflächen mechanisch poliert und anschließend elektrochemisch oder chemisch poliert, wobei die mechanisch gestörten Schichten entfernt werden. Die Art der verwandten Polierverfahren ist für die verschiedenen Materialien unterschiedlich. Es gibt in der Literatur Zusammenstellungen über die chemische und elektrochemische Behandlung von Metallen [45]. Oftmals verbessert das Tempern der Einkristalle für mehrere Stunden die Qualität der Oberfläche. Kupfereinkristalle werden am besten nach mechanischem Polieren und Elektropolieren in Phosphorsäure über Nacht unter reinem Wasserstoff bei 800 °C getempert. Kobalt wird chemisch in einer Mischung aus Salpetersäure, Salzsäure und Milchsäure poliert und dann über Nacht bei 400 °C getempert, da bei 450 °C eine Phasenumwandlung erfolgt. Man erhält dabei für beide Metalle große Terrassen, die für STM-Untersuchungen sehr gut geeignet sind.

Allerdings hängt eine gute Abbildung mit hoher Auflösung auch von dem System ab. Die Oberflächenatome bzw. -moleküle müssen möglichst ortsfest sein. Eine hohe Beweglichkeit erzeugt verschwommene Abbildungen oder verhindert die atomare Auflösung. Besonders deutlich zeigen STM-Aufnahmen von Ag(111)-Oberflächen in 0.05 M H_2SO_4 mit 5 mM $CuSO_4$ eine potentialabhängige Bewegung an monoatomaren Terrassenstufen, die sich trotz guter atomarer Auflösung der Atomanordnung auf der Terrassenmitte in einer ausgefransten Form dieser Stufen, so genannten „Frizzy Steps", äußert (Abb. 6.27a, c) [46]. Diese Erscheinung ist auf eine hohe Beweglichkeit der Silberatome entlang der Stufen zurückzuführen, die mit einer raschen Verschiebung der Halbkristalllagen (engl.: *kink sites*) um etwa drei Atomdistanzen verbunden ist, wie die statistische Auswertung dieser Bewegung zeigt (Abb. 6.27b, d). Ähnliche Bewegungen werden auch an der Luft und im UHV gefunden [47–49]. Durch Erniedrigen des Elektrodenpotentials um 200 mV wird die Verschiebung der Kinken-Position von 0.61 nm auf 0.16 nm verringert (Abb. 6.27b, d). Bei schnellem, linearem Abtasten der Stufen wurde die Bewegung der Kinken mit 3000 nm/s abgeschätzt [46]. Diese Ergebnisse sind eine Folge der sehr hohen Beweglichkeit der Silberatome auf der Oberfläche, die auch zu einer hohen Austauschstromdichte des

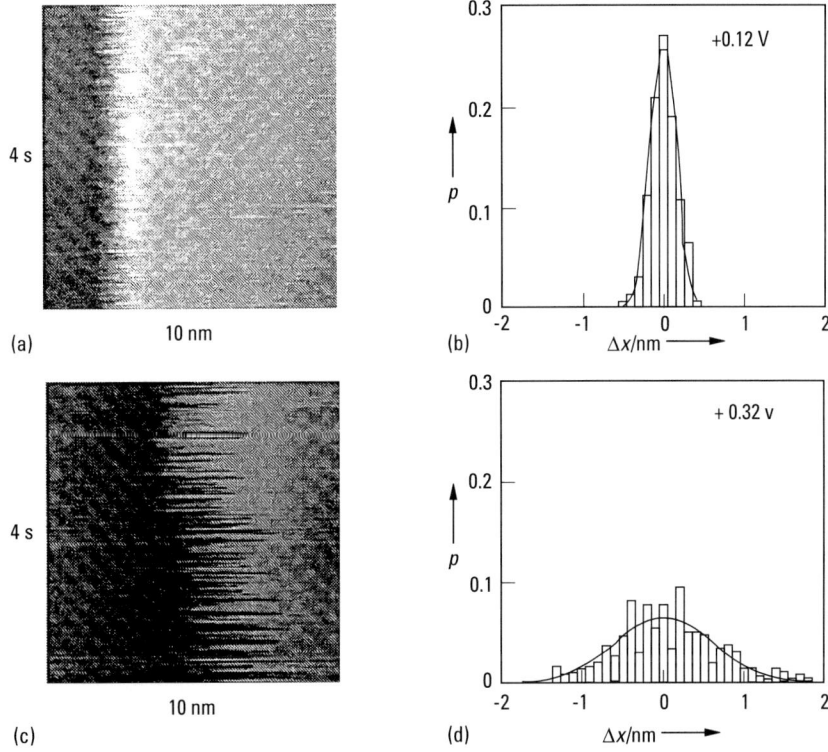

Abb. 6.27 Ausgefranste Stufen auf Ag(111)-Oberflächen (Frizzy Steps) infolge hoher Beweglichkeit der Silberatome in $0.05\,\mathrm{M}\;\mathrm{H_2SO_4} + 10^{-4}\,\mathrm{M}\;\mathrm{CuSO_4}$ bei (a) $E = 0.12\,\mathrm{V}$ und (c) $E = 0.32\,\mathrm{V}$. (b) und (d) zeigen die Verteilung der Position der Stufen und die Zunahme der Bewegung mit steigendem Potential. Das Potential ist negativer als das der $\mathrm{Ag/Ag^+}$-Elektrode [46].

Silbers führt. „Frizzy Steps" an atomaren Stufen werden auf Au(111)- und Au(100)- bzw. Cu(111)-Oberflächen (in Chloridlösungen) nicht beobachtet. Allerdings wird bei diesen Systemen eine Bewegung der Stufen und ein Auflösung von monoatomaren Inseln bei Überschreiten des Nullladungspotentials gefunden, was mit einer Erhöhung der Beweglichkeit der Oberflächenatome durch Anionenadsorbate erklärt wird. Bei Ag(111) werden die „Frizzy Steps" weit oberhalb des Nullladungspotentials in der Nähe des Nernst'schen Gleichgewichtspotentials gefunden, was als ein Beleg für die Deutung der potentialabhängigen Beweglichkeit der Ag-Atome angesehen wird.

6.4.3.3 Rasterkraftmikroskopie (SFM)

Der Einsatz der Rastertunnelmikroskopie erfordert leitende oder wenigstens halbleitende Substrate oder sehr dünne Filme ($d \leq 1\,nm$) auf leitender Unterlage. In vielen Fällen hat man es aber mit Isolatoren zu tun, oder die Lage der Bänder von Halbleitern zum Fermi-Niveau der Spitze erlaubt es nicht, den Tunnelstrom auf der Substratseite abzuleiten, so dass man kein stabiles Bild erhält. Für diese Fälle ist die Rasterkraftmikroskopie eine sehr gute Alternative, die Topographie einer Oberfläche abzubilden. Bei dieser Methode werden die Wechselwirkungskräfte einer Spitze mit der Probenoberfläche als Regelgröße für die Abbildung genutzt. SFM ist eine Fortentwicklung des Profilometers, bei dem mit einer Spitze Oberflächenrauhigkeiten mit begrenzter Auflösung ($\geq 100\,nm$ lateral und $\geq 1\,nm$ senkrecht) gemessen werden. Bei SFM kann mit besonders geschärften Spitzen und erhöhtem Aufwand sogar atomare Auflösung wie bei STM erreicht werden, obwohl man das Verfahren in der Regel mit geringerer Auflösung einsetzt. SFM hat in den letzten Jahren nicht nur in verschiedenen Bereichen der Forschung, sondern auch in der Industrie eine starke Verbreitung erfahren. Sie ist eine geeignete Methode, die Güte von glatten Oberflächen zu vermessen und die Oberflächenrauhigkeit zu studieren, sowie Strukturen von Oberflächenadsorbaten und dünnen Filmen verschiedener Materialien abzubilden. Die Methode ist deshalb in der Material- und Oberflächenforschung weit verbreitet. Es können Festkörperoberflächen wie Metalle, Halbleiter und Isolatoren, aber auch Polymere, biologische Materialien und einzelne Moleküle auf Oberflächen vermessen und abgebildet werden.

Bei SFM wird wie beim STM-Verfahren mit piezoelektrischen Einheiten in der Probenebene abgerastert. Allerdings wird hier die Probe bewegt (Abb. 6.28). Der Abstand der Spitze kann senkrecht zur Probenoberfläche eingestellt werden. Die Spitze ist auf einem Kantilever integriert, der sie mit definierter Kraftkonstante gegen die Probenoberfläche drückt. Erste Konstruktionen benutzten eine Diamantspitze

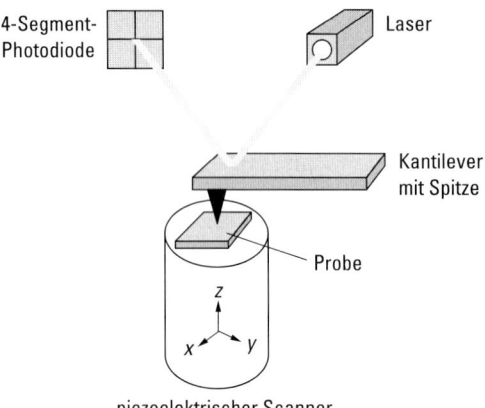

Abb. 6.28 Messprinzip von Rasterkraftmikroskopie (SFM) mittels Laserablenkung von der Rückseite des Kantilevers und mit positionssensitivem Detektor. Die Probe wird durch eine Piezokeramik bewegt.

auf einer Goldfolie, die eine Feder mit definierter Kraftkonstante darstellt. Heutzutage werden Kantilever mit integrierter Spitze aus Silizium oder Siliziumnitrid (Si_3N_4) mit der etablierten Siliziumtechnologie kommerziell gefertigt. Die senkrechte Bewegung des Kantilevers beim Abrastern der Oberfläche wird über einen von seiner Rückseite reflektierten Laserstrahl über einen positionssensitiven Photodetektor gemessen (Abb. 6.28). Die Auslenkung dieses Laserstrahls spiegelt beim Abrastern die Bewegung des Kantilevers und damit die Oberflächentopographie wider. Der Kantilever sollte einerseits eine kleine Kraftkonstante besitzen, um möglichst empfindlich auf kleine Änderungen der Wechselwirkungskräfte der Spitze mit der Oberfläche zu reagieren, andererseits sollte seine Eigenfrequenz möglichst hoch sein, damit sie nicht im Bereich der störenden niederfrequenten Schwingungen der Umgebung liegt. Nach der einfachen Beziehung der Resonanzfrequenz f eines harmonischen Oszillators

$$f = \frac{1}{2\pi} \sqrt{\frac{k}{m}} \qquad (6.74)$$

muss demnach eine kleine Kraftkonstante k durch eine kleine Masse m des Kantilevers kompensiert werden.

Die SFM nutzt die Wechselwirkungskraft der Spitze mit der Oberfläche in Zusammenwirken mit der Rückstellkraft des Kantilevers als Regelgröße. Bei der Wechselwirkung mit der Oberfläche handelt es sich je nach Art der Spitze und Probe um anziehende und abstoßende Kräfte. Dabei sind gerade die van der Waals'schen Anziehungskräfte und die noch stärker mit der Entfernung abnehmenden Abstoßungskräfte von Bedeutung. Die Wechselwirkungsenergien von sich anziehenden Dipolen nehmen mit der sechsten Ordnung der Entfernung ab, die der Abstoßungskräfte sogar mit der zwölften. Allerdings können auch weit reichende elektrostatische oder magnetische Wechselwirkungskräfte eine wichtige Rolle spielen. Die Wechselwirkungskräfte von Ladungen gehorchen dem Coulomb'schen Gesetz mit einer Änderung zweiter Ordnung mit der Entfernung. Verschiedene Abwandlungen von SFM nutzen gerade diese spezifischen Wechselwirkungen aus, um besondere Eigenschaften der Oberfläche abzubilden bzw. quantitativ zu vermessen. Hierzu wird die Spitze auch in besonderer Weise präpariert, d. h. z. B. mit einem magnetischen Überzug versehen, so dass sie Domänen mit unterschiedlicher Magnetisierung aufgrund der unterschiedlichen magnetischen Wechselwirkung erkennen kann [50]. Einen andere Möglichkeit besteht darin, die Spitze mit organischen oder biologischen Molekülen zu präparieren, so dass sie charakteristische Bereiche auf der Oberfläche der Proben zu erkennen gestattet. Auf diese Weise kann die Verteilung von Rezeptoren auf der Oberfläche von biologischen Zellen ermittelt werden. Das kann hochspezifisch geschehen, wie z. B. bei der Erkennung eines Substrats durch sein Enzym nach dem Schlüssel-Schloss-Prinzip. Für derartige Wechselwirkung von Liganden-Rezeptor-Paaren sind spezielle analytische Verfahren entwickelt und erfolgreich angewendet worden [51]. Neben der analytischen Lokalisierung und Abbildung von biologischen Strukturen kann eine SFM-Spitze auch zum Schneiden bzw. Reparieren von biologischen Strukturen eingesetzt werden.

Eine weitere Problemquelle sind unerwünschte Anziehungskräfte aufgrund von Kontaminationen auf der Spitze bzw. der Probe. Hierbei handelt es sich um adsorbierte Gase, kontaminierende organische Moleküle oder insbesondere um einen Wasserfilm. Häufig sind auf der Probenoberfläche mehrere Moleküllagen Wasser vorhanden, die in den Kontaktspalt von Spitze und Probe gezogen werden und dort Kapillarkräfte entwickeln, die die Spitze zusätzlichen Anziehungskräften unterwirft, die die van der Waals'schen Kräfte übersteigen können. Des Weiteren können Ladungen in dieser Schicht die Anziehung verstärken. Diese Kräfte können bei einem Arbeiten im Hochvakuum oder in einer trockenen Schutzgasatmosphäre unterdrückt werden. Ein anderer Weg ist das Arbeiten in wässrigen Elektrolyten oder einem organischen Lösungsmittel wie z. B. Isopropanol. Dabei wird der Meniskus zwischen Spitze und Kontaminations- bzw. Wasserfilm unterbunden, so dass diese zusätzlichen Anziehungskräfte entfallen. Das gilt auch für das In-situ-Arbeiten mit SFM im Elektrolyten. Bei SFM-Untersuchungen von Oberflächen mit Kontaminations- bzw. Wasserfilmen weist die Kraft-Abstands-Kurve eine gewisse Hysterese zwischen der Annäherung und der Entfernung der Spitze von der Probe auf, d. h. beim Annähern wird erst bei größerer Kraft bzw. kleinerem eingestellten Abstand ein Kontakt erreicht, der bei der Entfernung bei einer deutlich geringeren Kraft im Vergleich zur Annäherung unterbrochen wird. Hier äußern sich die besonderen Kapillarkräfte von Wasserfilmen bzw. die besonderen Kräfte von Kontaminationen an der Probenoberfläche.

Die Spitzenform und die topographischen Besonderheiten auf der Probe haben auf die Auflösung von SFM einen entscheidenden Einfluss. Das entstehende Bild ist eine Faltung der Struktur der Oberfläche und der Schärfe und Form der Spitze. So wird die Abbildung herausstehender spitzer Strukturen der Oberfläche abgerundet und die von Vertiefungen nur in dem Maße wiedergegeben, wie die Spitze in sie einzudringen vermag. So sind tiefe enge Spalte und sonstige Strukturen mit einer vergleichbaren Größe wie die der Spitze nur schwer darstellbar. Gute Spitzen haben einen Krümmungsradius von 10 bis 30 nm; man erhält deshalb eine Auflösung von 10 nm und besser. In günstigen Fällen kann sogar atomare Auflösung erhalten werden. Der Grund für die atomare Auflösung von periodischen Strukturen wie z. B. von Kristallgittern im Bereich von wenigen 0.1 nm ist noch Gegenstand von Diskussionen. Vermutlich wird diese Auflösung durch atomare Minispitzen auf der eigentlichen Spitze ermöglicht, die kollektiv eine periodische atomare Struktur abzubilden vermögen. Einzelne atomare Fehlstellen sind mit diesem Verfahren deshalb nicht darstellbar. Diese Eigenschaft von SFM steht im Gegensatz zu der von STM, bei dem die atomare Auflösung eine Folge der exponentiellen Abhängigkeit des Tunnelstroms vom Abstand ist, so dass i. A. ein Atom die Abbildung übernimmt. Bei der weniger empfindlichen Kraft-Abstands-Beziehung sind die Unterschiede exponierter Atome auf der Spitze weniger ausgeprägt. Die Kräfte, mit denen das Verfahren arbeitet, liegen bei einigen bzw. unter einem nN. Infolge der kleinen Auflagefläche sind allerdings die Drücke erheblich (im Bereich GPa), und empfindliche Probenoberflächen können beschädigt werden.

Man verwendet SFM auf drei unterschiedliche Weisen. Bei dem Kontaktverfahren (engl.: *contact mode*) ist die Spitze in ständiger Berührung mit der Probenoberfläche. Das hat zur Folge, dass beim Abrastern die Probenoberfläche belastet wird und damit einer gravierenden Änderung unterliegen kann. Harte, glatte Proben werden weniger gestört, so dass sie gut mit Kontakt-SFM untersucht werden können. Weiche Materialien können aber erheblich beschädigt werden. Strukturen auf Oberflächen können von der Spitze bewegt oder beschädigt und biologische Strukturen oder

Moleküle können zerstört oder so verändert werden, dass falsche Schlussfolgerungen möglich sind.

Um die Belastung der Probenoberfläche zu reduzieren, kann man eine möglichst geringe Kraft einstellen, mit der die Spitze dann die Oberfläche in geringer Entfernung abtastet. Dieses Verfahren ohne Kontakt (engl.: *non-contact mode*) schont die Probe und empfindliche Strukturen auf der Oberfläche, führt aber zu einem Verlust an Auflösung. Die Wechselwirkungen zwischen Spitze und Probe sind im Allgemeinen schwach und von kurzer Reichweite, so dass sie in wenigen Nanometern Entfernung abklingen. Um die Messungen zu stabilisieren, wird die Spitze geringen Oszillationen mit einer Amplitude von weniger als 5 nm unterworfen, und es werden Frequenz, Phase oder Amplitude beim Rastern registriert. Beim Annähern der Spitze an die Oberfläche wird sie durch die sich ändernden Wechselwirkungen einem Kräftegradienten unterworfen, was sich auf die drei Größen der Oszillation auswirkt, die damit zu Messgrößen des Abstandes werden.

Bei dem so genannten „tapping mode" werden die Vorzüge beider Verfahren vereint. Man unterwirft den Kantilever einer oszillierenden Schwingung im Bereich seiner Eigenfrequenz, allerdings im Vergleich zu dem kontaktfreien SFM mit einer deutlich höheren Amplitude von 20 bis 100 nm. Dabei ist die Spitze beim Abrastern nur in dem Moment größter Annäherung an die Probenoberfläche in sehr kurzzeitigem Kontakt mit einer dann wirkenden Kraft von wenigen nN. Die Oszillation wird durch einen piezoelektrischen Kristall erzwungen und liegt bei der Eigenfrequenz des Kantilevers im Bereich von 50 bis 500 kHz. Die Änderung der Schwingungsamplitude bei der Annäherung der Spitze an die Probenoberfläche in dem sich ändernden Kraftfeld wird als Regelgröße genutzt. Der Piezokristall erzwingt die Konstanz der Amplitude durch elektronische Rückkopplung. Wenn sich beim Abrastern die Topographie ändert, wird die Spitze auf gleichen Minimalabstand zur Probe und gleiche Kraft gebracht. Die erforderliche Nachregelung wird als Maß für die Topographie und für deren Abbildung genommen. Das Rastern beschädigt dabei die Strukturen nicht oder nur in unbedeutendem Umfang, da die Scherkräfte auf die Probe beim Abrastern im Gegensatz zum Kontaktverfahren entfallen. Bei dem kurzen Kontakt wirkt die Kraft lediglich senkrecht zur Oberfläche. Man kann so z. B. das Zerreißen von Makromolekülen auf der Oberfläche oder das Zerstören von Domänen beweglicher Spezies oder sonstiger weicher Strukturen unterbinden bzw. vermindern. Neben der Amplitude ist es oft vorteilhaft, die Phasenverschiebung zwischen dem oszillierenden Piezokristall und der erzwungenen Schwingung des Kantilevers zur Abbildung zu nutzen, da sie materialspezifisch ist. So können Bereiche oder Domänen einer Probenoberfläche in der Abbildung klar voneinander abgegrenzt werden.

Die SFM kann auch zur Ermittlung mehrer physikalischer Eigenschaften von Oberflächen herangezogen werden. So kann der Kantilever für das Eindrücken in eine Oberfläche, als so genannter Indenter, zur lokal eng begrenzten Härtebestimmung mit hoher Ortsauflösung benutzt werden. Beim Abrastern im Kontaktverfahren kann die Reibung über Torsionskräfte des Kantilevers gemessen werden. Dabei wird die Probe unter der Spitze bewegt, was je nach Reibungskraft unterschiedliche Scherkräfte beim Kantilever verursacht. Das erzeugt wiederum eine unterschiedliche Ablenkung des Laserstrahls, die über die vier Quadranten des positionssensitiven Detektors vermessen werden kann (Abb. 6.29). Auf diese Weise bekommen

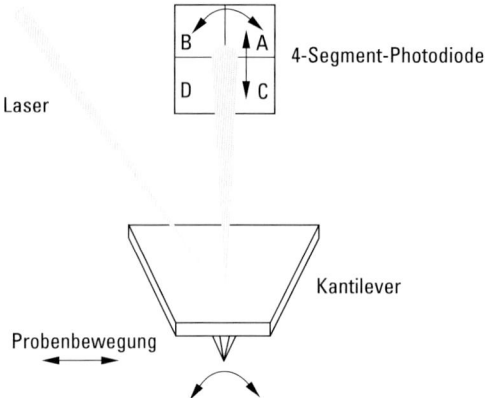

Abb. 6.29   Reibungsmessung über Torsionsspannungen des Kantilevers bei Bewegung mit Ablenkung im Bereich A–B des positionssensitiven Detektors.

Oberflächenbereiche unterschiedlicher Reibung in der Abbildung verschiedene Kontraste.

In vielen Bereichen der Oberflächenmikroskopie hoher Auflösung kann die SFM eingesetzt werden. Dabei ist die Methode zu den anderen hier besprochenen Verfahren komplementär. Insbesondere zu STM stellt sie eine wichtige Ergänzung dar. Gerade bei isolierenden Substraten oder Oberflächenfilmen kann STM meist nicht erfolgreich eingesetzt werden und man verwendet deshalb gern SFM als Alternative. Die Ergebnisse beider Methoden ergänzen beziehungsweise entsprechen einander. Im Abschn. 6.5.10 über anodische Deckschichten und Passivität sind STM- und SFM-Untersuchungen von OH-Adsorbaten und Oxidfilmen auf Kupfer als Beispiel vergleichend gegenübergestellt.

6.4.3.4 Beispiele zur Struktur von Elektrodenoberflächen und Adsorbaten

Viele Einkristalloberflächen zeigen eine potentialabhängige Rekonstruktion, die auch eng mit der Adsorption von Anionen zusammenhängt. So zeigen alle drei niedrig indizierten Goldflächen bei ausreichend negativen Potentialen eine rekonstruierte Oberfläche, deren Belegung mit Atomen erheblich von der Idealstruktur des Kristalls abweicht. Bei positiveren Potentialen wird dann die Aufhebung der Rekonstruktion erzwungen, die i. A. mit der Ausbildung eines Anionenadsorbates einhergeht. Bei Au(100) entspricht die rekonstruierte Fläche einer hexagonal dichtesten Kugelpackung, die bei $E = 0.601$ V (SHE) in die quadratische 1×1 Struktur übergeht (Abb. 6.30) [52]. Die zugehörige Strom-Spannungs-Kurve zeigt bei dem Potential der Umwandlung einen scharfen anodischen Peak. Beim kathodischen Durchlauf wird nur ein sehr flacher und breiter Strompeak bei $E = 0.34$ V (SHE) beobachtet. Hier macht sich die Kinetik dieses Prozesses bemerkbar. Während die Rückbildung der 1×1-Struktur rasch erfolgt, ist die Rekonstruktion ein langsamer

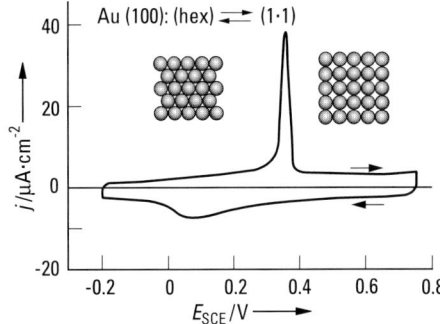

Abb. 6.30 Rekonstruierte hexagonale Struktur einer Au(100)-Fläche in 0.1 M H$_2$SO$_4$ bei $E \leq 0.36$ V (SCE) bzw. 0.60 V (SHE) und Bildung einer 1 × 1-Struktur bei $E \geq 0.36$ V (SCE) verbunden mit einem scharfen Strompeak in der zugehörigen Polarisationskurve. Beschleunigung durch Anionenadsorbate und langsamere Rückbildung der hexagonalen Struktur mit flachem Peak im kathodischen Durchlauf [52]. (SCE: gesättigte Kalomelelektrode; SHE: Standardwasserstoffelektrode.)

Prozess. Das wurde mit dem Einfluss der Ausbildung von Anionenadsorbaten bei hohen Potentialen erklärt, die die Oberflächenbeweglichkeit der Metallatome heraufsetzt und dadurch die Aufhebung der Rekonstruktion beschleunigt. Ähnliche Vorgänge wurden auch bei Au(111)-Flächen in einer Lösung von 0.01 M KBr + 0.1 M KClO$_4$ beobachtet. Hier geht die Aufhebung der Rekonstruktion mit einem scharfen anodischen Peak bei $E = 0.116$ V (Abb. 6.31 a) und mit der Adsorption von Bromid einher. Die Rekonstruktion der Au(111)-Fläche mit einer bereits vorhandenen hexagonal dichteren Packung entspricht einer Verdichtung der Atome um 4.4 % mit 24 Atomen in der äußeren Lage zu 23 Atomen der unrekonstruierten Au(111)-Anordnung (Abb. 6.31 b). Diese Details wurden insbesondere mit In-situ-Oberflächenbeugung (engl.: *surface X-ray scattering*, SXS) bestätigt [53]. Es entstehen dabei zusätzlich zu den Beugungsreflexen je vier Beugungsreflexe, die der neuen Struktur der äußersten Atomlage entsprechen und die bei der Aufhebung der Rekonstruktion auch wieder verschwinden. Die im reziproken Raum eng um die sechs Reflexe der unrekonstruierten Au(111)-Fläche liegenden je vier Zusatzreflexe gehören zu der entsprechend weiten Überstruktur der verdichteten Oberfläche im realen Raum (Abb. 6.31 c).

In einer großen Zahl von Arbeiten wurde die Adsorption von Metallkationen auf artfremden Metalloberflächen studiert [54]. Die struktursensitiven In-situ-Methoden wie SXS, STM und SFM haben geradezu zu einer Renaissance der UPD geführt, die schon in den 70er Jahren intensiv an wohlgeordneten Einkristallflächen mit elektrochemischen Methoden und Verfahren, die im UHV arbeiten, untersucht wurde. Dabei handelt es sich um eine Anlagerung von Kationen aus der Lösung oberhalb des Nernst'schen Gleichgewichtspotentials. Die intensive Wechselwirkung mit dem artfremden Substrat führt zu einer Adsorption bei Potentialen, bei denen die Metallatome sich von der arteigenen Unterlage ablösen und als Kationen in den Elektrolyten übertreten. Als Beispiel sei die UPD von Cu auf Au(111) [55] und

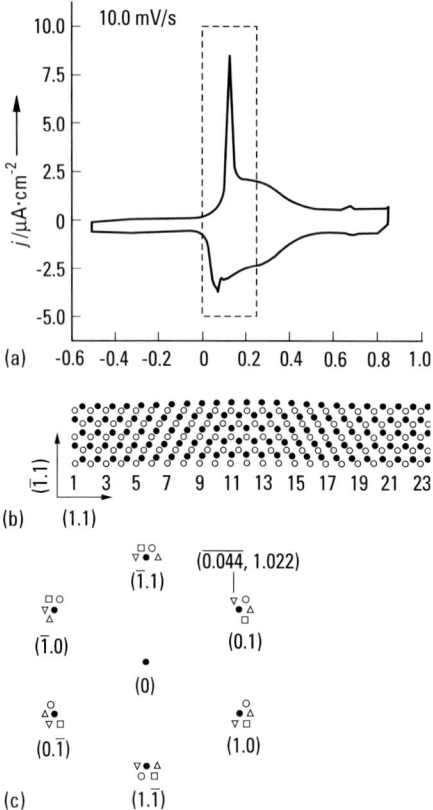

Abb. 6.31 Rekonstruktion einer Au(111)-Fläche in 0.01 M KBr + 0.1 M KClO$_4$ bei $E \leq 0.016$ V mit gestauchter hexagonaler Anordnung. Die mit SXS beobachteten vier Zusatzreflexe (b, c) zu jedem Beugungsreflex gehören zu der Überstruktur der verdichteten Anordnung. Sie verschwinden bei dem scharfem anodischen Peak bei $E = 0.116$ V (a), bei dem sich die unrekonstruierte Oberfläche zurückbildet. Hier wirkt die Adsorption von Br$^-$-Ionen beschleunigend, was im kathodischen Rücklauf nicht der Fall ist (breiter Peak) [53]. (SXS, surface X-ray scattering.)

Pb auf Ag(111) [56] erwähnt. Das Zyklovoltammogramm von Au(111) in 0.05 M H$_2$SO$_4$ + 0.001 M CuSO$_4$ in Abb. 6.32 zeigt zwei scharfe anodische und kathodische Peaks [55]. Bei Potentialen oberhalb des zweiten anodischen Peaks bildet man die unrekonstruierte Au-Oberfläche mit hexagonal dichtester Packung der Atome ab (Abb. 6.32a). Bei Potentialen unterhalb des negativeren kathodischen Peaks bei $E = 0.07$ V gegen die Cu/Cu^{2+}-Elektrode erscheint die hexagonale Packung einer Cu-1×1-Monolage auf Au (Abb. 6.32c). Die Cu-Atome finden auf dem Au-Substrat Platz, da sie kleiner als die Au-Atome sind. Im Bereich zwischen den zwei anodischen Peaks ($E = 0.070$–0.22 V) erscheint eine Au(111)-($\sqrt{3} \times \sqrt{3}$)-R30°-HSO$_4^-$-Struktur mit wesentlich geringerer Packung (Abb. 6.32b). Nähere Untersuchungen mit SXS, GIXAS, STM und SFM haben gezeigt, dass es sich hier um eine Koadsorption

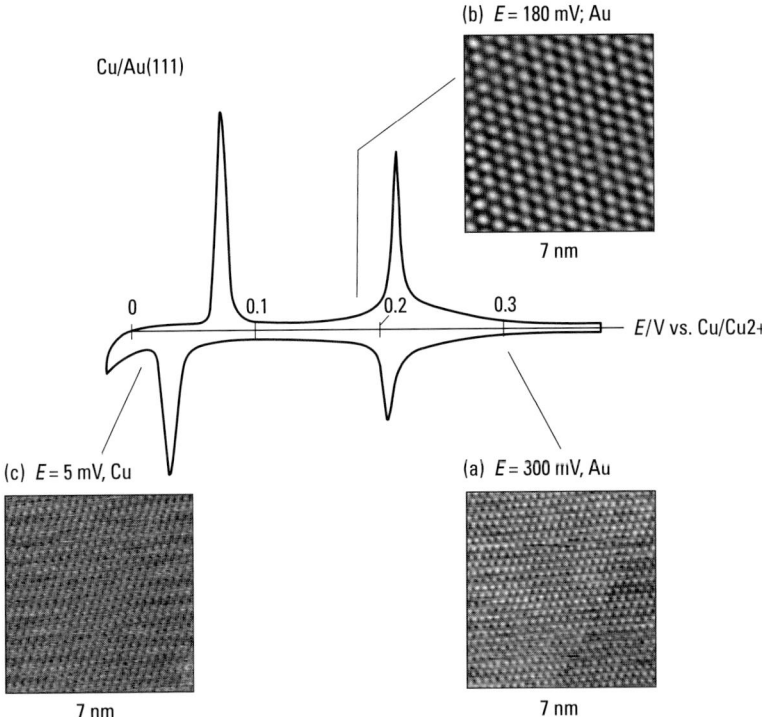

Abb. 6.32 Potentiodynamische Polarisationskurve von Au(111) mit $1\,mV\,s^{-1}$ in $0.05\,M$ $H_2SO_4 + 0.001\,M$ $CuSO_4$ und STM-Aufnahmen der zugeordneten Strukturen. (a) Cu-freie Au(111)-Oberfläche. (b) Cu-Oberfläche mit mittlerer Cu-Bedeckung, mit einer Au(111)-$(\sqrt{3} \times \sqrt{3})\,R30°$-$HSO_4^-$-Überstruktur, HSO_4^- wird abgebildet. (c) komplette Cu-Monolage mit 1×1-Struktur, Potentiale gegen die Cu/Cu^{2+}-Elektrode [55].

von Cu mit HSO_4^- handelt. Cu bildet eine Honigwabenstruktur mit 2/3-Belegung im Vergleich zu einer 1×1-Struktur auf dem Au(111)-Substrat, in deren Zentren HSO_4^--Anionen eingelagert sind. Mit STM werden die HSO_4^--Anionen abgebildet. Diese Struktur erklärt auch die vom Wert 2 abweichende Elektrosorptionswertigkeit, d. h. einen Transfer von einem Elektron pro Cu-Kation für die rekonstruierte Au-Oberfläche und einem Transfer von zwei Elektronen bei der dichten Belegung bei kleiner Abweichung vom Gleichgewichtspotential. Die Koadsorption von Anionen führt zu einer Komplizierung des Elektrosorptionsprozesses und zu einer Abweichung des erwarteten Elektronentransfers bei der Kationenadsorption. In diesem Zusammenhang sei nochmals auf die oben diskutierten mit XPS gefundenen Koadsorptionsphänomene in der elektrochemischen Doppelschicht hingewiesen.

Bei UPD von Pb auf Ag(111) bildet sich eine gestauchte hexagonal dichteste Atomlage aus, die ein Moiré-Muster zeigt (Abb. 6.33) [54, 56, 57]. Der Abstand der Pb-Atome verringert sich nach GIXAFS-Untersuchungen kontinuierlich mit fallendem Potential [58]. Offenbar liegt hier keine durch Anionen stabilisierte Struktur wie

1 nm

Abb. 6.33 Hexagonale komprimierte Struktur einer Pb-UPD-Schicht auf Ag(111) mit einer Moiré-Überstruktur in $5 \cdot 10^{-3}$ M Pb(ClO$_4$)$_2$ + 10^{-2} M HClO$_4$ mit einer Abweichung von $\Delta E = 30$ mV vom Nernst'schen Gleichgewichtspotential der Pb/Pb^{2+}-Elektrode [54]. (UPD, Unterpotentialabscheidung.)

beim System Cu auf Au(111) vor, wie mit GIXRD und STM belegt werden konnte. Die potentialunabhängige Elektrosorptionswertigkeit $\gamma = 2$ ist ein weiterer Hinwies für eine fehlende Stabilisierung des Adsorbates durch Anionen. Die Pb-Adsorbatschicht ist offenbar inkommensurabel mit der Unterlage. Das ist sicher auch durch die unterschiedlichen Atomradien mit $r = 0.175$ nm für Pb und $r = 0.144$ nm für Ag belegt. Eine dichte Belegung des Substrates mit Pb führt deshalb zu wechselnden Abständen zum Substrat und zu einer Koinzidenz erst nach mehreren Atomabständen. Die entstehende Moiré-Überstruktur zeigt einen Abstand von 1.65 nm und ist um 4.5° gegen die Substratorientierung gedreht. In ähnlicher Weise bildet Pb bei kleinen Abweichungen vom Nernst'schen Gleichgewichtspotential eine gestauchte hexagonale Struktur auf Au(111) mit einem ausgeprägten Moiré-Muster infolge der schlechten Anpassung des Adsorbats an die Substratstruktur. Die Pb-UPD-Schicht ist infolge des ebenfalls kleineren Atomradius der Au-Atome ($r = 0.144$ nm) nicht kommensurabel [57, 59].

Diese wenigen Beispiele aus einer umfangreichen Literatur sollen das große Potential einer kombinierten Anwendung der neueren struktursensitiven In-situ-Oberflächenmethoden zeigen. Seit einigen Jahren werden auch die OH-Adsorption und Oxidbildung auf Metallen intensiv untersucht. Man gewinnt hierbei einen guten Einblick in die Struktur der sich ausbildenden Schichten, die für die Kinetik von Elektrodenprozessen und die Metallkorrosion von außerordentlicher Bedeutung sind. Hierüber wird im Abschn. 6.5.10 noch ausführlich berichtet. Diese Methoden sind auch geeignet, organische Beschichtungen und durch organische Adsorbate funktionalisierte Elektrodenoberflächen zu studieren. Ebenso wird intensiv die Metallauflösung und -abscheidung untersucht. Schließlich ist die gezielte Strukturierung von Elektrodenoberflächen ein wichtiges Arbeitsgebiet. Von der Nanostrukturierung im mesoskopischen und atomaren Bereich erhofft man sich wichtige Fortschritte und besondere Eigenschaften der gebildeten Strukturen. Hier liegt ein aktueller Arbeitszweig für die Zukunft der Elektrochemie und der elektrochemischen Oberflächenwissenschaft. Auf diese wichtigen Themen wird im Verlauf dieses Kapitels noch näher eingegangen.

6.5 Elektrodenkinetik

Wie bei allen chemischen Prozessen ist auch in der Elektrochemie neben dem Gleichgewicht die Kinetik von großer Bedeutung. Eine Elektrodenreaktion ist i. A. eine Aufeinanderfolge einzelner Reaktionsschritte, deren mechanistische Details und kinetische Parameter bestimmt werden müssen. Zur üblichen Abfolge einzelner elementarer Reaktionsschritte kommt zudem der Antransport der Edukte an die Elektrodenoberfläche sowie der Abtransport der Produkte. All diese einzelnen Schritte können geschwindigkeitsbestimmend sein und die Beziehung zwischen Stromdichte und Elektrodenpotential dominieren. Die kinetische Hemmung dieser Reaktionsschritte äußert sich in zugeordneten mehr oder weniger großen Überspannungen, die in Tab. 6.6 zusammengestellt sind. Da oft ein Schritt am langsamsten ist, bestimmt er dann mit der größten Überspannung den Ablauf des Gesamtprozesses. Prinzipiell kann jeder dieser Schritte der langsamste sein, wobei die Randbedingungen bestimmen, welcher es ist. Die gemessene Überspannung η ist die Summe aller Teilüberspannungen:

$$\eta = \eta_D + \eta_r + \eta_d. \tag{6.75}$$

Neben den in Tab. 6.6 aufgeführten nacheinander ablaufenden Teilreaktionen 1 bis 7 kann bei der Metallabscheidung oder -auflösung auch der Ein- oder Ausbau von Metallatomen in das Metallgitter geschwindigkeitsbestimmend werden. Man spricht dann von Kristallisationsüberspannung [60]. Der Ein- und Ausbau der Metallatome in das Gitter verläuft nach den Vorstellungen, die in dem Modell von Stranki und Kossel bereits um 1928 vorausgesagt wurden [60, 61]. Diese einzelnen Schritte mit Atomen auf der Terrasse (Adsorptionslage) an den Stufenkanten und in der Halbkristalllage können mit struktursensitiven In-situ-Methoden wie STM und SFM

Tab. 6.6 Aufeinanderfolgende Einzelschritte komplexer elektrochemischer Reaktionen und zugehörige Überspannungen.

1. Antransport der Edukte	Diffusionsüberspannung η_D
2. vorgelagerte Reaktion (homogen, heterogen)	Reaktionsüberspannung η_r
3. Adsorption an Elektrodenoberfläche	
4. Durchtrittsreaktion	Durchtrittsüberspannung η_d
5. Desorption	
6. nachgelagerte Reaktion (homogen, heterogen)	Reaktionsüberspannung η_r
7. Abtransport der Produkte	Diffusionsüberspannung η_D

heute näher untersucht werden. Jeder dieser Schritte kann für den Ein- und Ausbau der Metallatome geschwindigkeitsbestimmend werden.

Ein Beispiel einer Reaktionsfolge mit einer langsamen vorgelagerten Reaktion ist die Wasserstoffentwicklung aus einer Lösung der schwach dissoziierten Essigsäure. Hier folgt auf die langsame Dissoziation der Säure vor der Elektrode die rasche Durchtrittsreaktion zur Reduktion der H^+-Ionen (Gl. (6.76)). Ein möglicher folgender chemischer Reaktionsschritt bei der elektrochemischen Wasserstoffentwicklung ist die so genannte Tafel-Reaktion, bei der sich adsorbierte Wasserstoffatome auf der Oberfläche zu molekularen Wasserstoff vereinen (Gl. (6.77)). Schließlich sei noch die elektrochemische Nitratreduktion erwähnt (Gl. (6.78)), bei der die Nitritkonzentration als Reaktionsprodukt beschleunigend in das Reaktionsgeschwindigkeitsgesetz eingreift. Diese Reaktion verläuft deshalb autokatalytisch. Hier handelt es sich um eine Folge von vier chemischen Reaktionsschritten mit einer zwischengelagerten elektrochemischen Durchtrittsreaktion.

$$HAc \rightarrow H^+ + Ac^- \qquad \text{(langsam)} \qquad (6.76)$$

$$H^+ + e^- \rightarrow H_{ad} \qquad \text{(schnell)}$$

$$H_{ad} + H_{ad} \rightarrow H_{2,ad} \qquad (6.77)$$

$$H^+ + NO_3^- \leftrightarrow HNO_3 \qquad \text{(schnell)} \qquad (6.78)$$

$$HNO_3 + HNO_2 \rightarrow H_2O + N_2O_4 \qquad \text{(langsam)}$$

$$N_2O_4 \leftrightarrow 2\,NO_2 \qquad \text{(schnell)}$$

$$NO_2 + e^- \rightarrow NO_2^- \qquad \text{(langsam, Durchtrittsreaktion)}$$

$$H^+ + NO_2^- \leftrightarrow HNO_2 \qquad \text{(schnell)}$$

6.5.1 Kurze Einführung in die elektrochemische Messtechnik

Elektrochemische Messanordnungen werden in der Regel den Erfordernissen angepasst, insbesondere wenn spektroskopische Methoden zum Einsatz kommen sollen. Beispiele hierzu sind bereits in diesem Kapitel erwähnt. Für einfache elektrochemische Messungen wird eine elektrochemische Zelle aus Glas verwandt, wie sie in Abb. 6.34 dargestellt ist. Sie besteht aus einem Gefäß mit einem Volumen von ca. 50 cm³, das mit einem Temperiermantel zur Einstellung der gewünschten Arbeitstemperatur umgeben sein kann, der dann von Thermostatenflüssigkeit durchspült wird. Die Zuleitungen und Versorgungsvorrichtungen werden über Normschliffe von oben eingeführt. Hierzu gehören die Arbeits- oder Messelektrode (ME), die Gegenelektrode (GE), die Referenz- oder Bezugselektrode (RE) und der Einlass von inertem Spülgas wie Stickstoff oder Argon und dessen Auslass über einen Blasenzähler, um Luftzutritt zu unterbinden. Ein Magnetrührer (MR) sorgt für eine effektive Durchmischung des Elektrolyten. Die Bezugselektrode ist i. A. eine Elektrode zweiter Art, wie bereits besprochen, die über eine Haber-Luggin-Kapillare (HL) mit dem Elektrolyten in Verbindung steht. Um Ohm'sche Spannungsabfälle bei größeren Stromdichten zu vermeiden, endet sie kurz vor der Messelektrode. Hier sind allerdings Grenzen gesetzt, da man den Regelbereich der Messelektrode nicht ab-

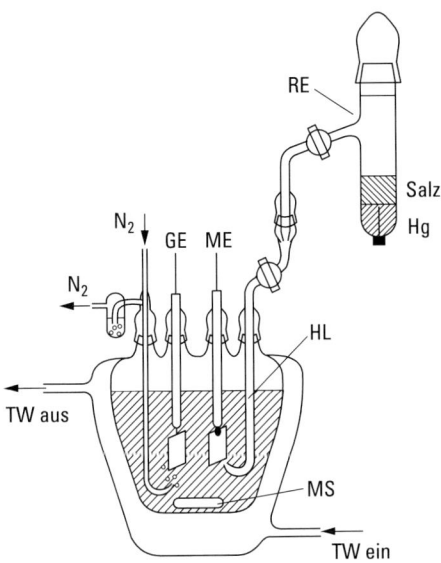

Abb. 6.34 Elektrochemische Zelle mit Referenzelektrode RE mit Haber-Luggin-Kapillare HL, Gegenelektrode GE und Messelektrode ME, Einleitung eines inerten Gases (N_2 oder Ar), Temperiermantel mit thermostatisiertem Wasser TW und Magnetstab MS zum Rühren des Elektrolyten.

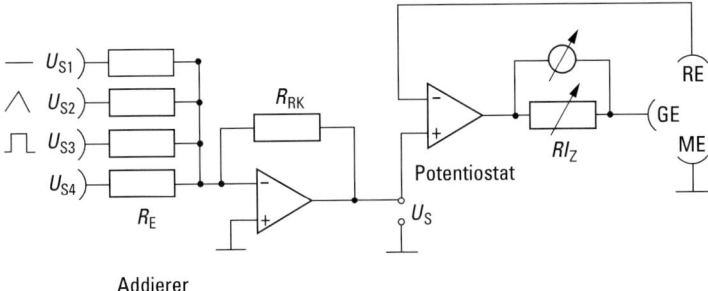

Abb. 6.35 Prinzipschaltbild eines Potentiostaten mit Addierer mit den Anschlüssen für die Messelektrode ME (an Masse), Referenzelektrode RE und Gegenelektrode GE, Messung des Zellstromes I_Z als Spannungsabfall RI_Z. Der Addierer addiert die Spannungszeitfunktionen U_1 bis U_4 an den Eingangswiderständen R_E mit dem Rückkopplungswiderstand $R_{RK} = R_E$.

decken oder keinen engen Spalt erzeugen darf. In der Regel sollte der Abstand etwa dreimal so groß wie der Durchmesser der Kapillaren sein.

Als elektronische Messvorrichtung wird meist ein Potentiostat eingesetzt. Er besteht im Wesentlichen aus einem Operationsverstärker mit entsprechender Beschaltung. Abb. 6.35 zeigt die einfachste Version eines solchen Potentiostaten zusammen mit einem Addierer, über den man ein Potential-Zeit-Programm einwählen kann. Ein Operationsverstärker zeichnet sich durch einen großen Eingangswiderstand von ca. $10^7 \, \Omega$ und einen großen Verstärkungsfaktor von 10^5 aus. Bei $1 \, \text{mV}$ Spannung zwischen dem invertierenden und nicht invertierenden Eingang ergeben sich demnach $100 \, \text{V}$ Ausgangspannung (gegen Masse), was die Versorgung von 15 oder 18 V übersteigt. Weichen also die Potentiale beider Eingänge nur geringfügig voneinander ab, so geht der Verstärker in die Vollaussteuerung. Sein Einsatz hängt stark von der Beschaltung ab. Bei dem Potentiostatenverstärker wird die Bezugselektrode mit dem invertierenden Eingang verbunden und die Sollspannung über den nicht invertierenden Eingang eingespeist. Der Verstärker regelt nun beide Eingänge auf gleiches Potential und gibt den dafür erforderlichen Strom am niederohmigen Ausgang an die Gegenelektrode, von wo aus er über den Elektrolyten zur Messelektrode abfließt. Man erreicht so, dass die Bezugselektrode und die Sollspannungsquelle auf gleichem Potential liegen und damit gegen Masse die eingegebene Sollspannung U_S anliegt. Da die Messelektrode mit Masse verbunden ist, liegt letztlich diese Spannung zwischen Mess- und Bezugselektrode an, unabhängig von der fließenden Stromstärke, wie es eine potentiostatische Messung erfordert. Der durch die Messelektrode fließende Zellstrom I_z kann als Spannungsabfall $R \, I_z$ am Messwiderstand im Stromkreis direkt gemessen oder über Differenzverstärker an Messeinrichtungen wie z. B. an einen Computer weitergegeben werden. Bei guten Potentiostaten sind zwischen dem Operationsverstärker und dem Ausgang weitere Verstärkerstufen und ein Leistungsendverstärker vorgesehen. Mit entsprechenden Zusatzeinrichtungen wie einer elektronischen Rückkopplung zur Kompensation des Ohm'schen Spannungsabfalls im Elektrolyten zwischen ME und BE gestatten sie eine Umladung der Doppelschicht mit großen kurzfristigen Stromstärken von $I > 2 \, \text{A}$ innerhalb weniger µs, so dass schnelle potentiostatische Ein- und Umschaltmessungen ermöglicht werden. Die Geschwindigkeit hängt natürlich auch von der Kombination der Kapazität C und des Widerstands R der Elektrode ab.

Beim Addierer besteht eine Rückkopplung zwischen dem Ausgang und dem invertierenden Eingang über einen Messwiderstand von 10 bis $100 \, \text{k}\Omega$ (Abb. 6.35). Die verschiedenen Spannungsquellen (U_{S1} bis U_{S4}) werden jeweils über einen gleich großen Widerstand angeschlossen. Der Strom einer am Eingang angeschlossenen Spannungsquelle fließt über den zugeordneten Eingangswiderstand R_E und den Rückkopplungswiderstand R_{RK}. Sämtliche Widerstände sind von gleicher Größe. Die Verknüpfung aller Eingangswiderstände führt zu einer vorzeichenrichtigen Addition der spannungsproportionalen Ströme der zugehörigen Eingänge und damit auch der Spannungsabfälle am Rückkopplungswiderstand. Infolge der hochohmigen Eingänge des Operationsverstärkers fließen sämtliche Ströme über R_{RK} ab. Deshalb liegt der Ausgang des Addierers auf einer Spannung, die gleich der Summe der Spannungen der verschiedenen Eingänge unter Beachtung der Polarität ist ($U_S = U_{S1} + U_{S2} + U_{S3} + U_{S4}$). Invertierender und nicht invertierender Eingang liegen auf gleichem Potential und auf Masse. Mit dieser Anordnung kann man eine Messelektrode mit fest vorgewählten Potentialen oder Potential-Zeit-Funktionen verschiedener Art beaufschlagen, wie z. B. einen zeitlich linearen Potentialvorschub für potentiodynamische Polarisationskurven oder rechteckförmige Pulsfolgen aus Pulsgeneratoren für potentiostatische Ein- und Umschaltmessungen.

Verschiedene Zusatzeinrichtungen wie ein Mittkopplungsverstärker zur Kompensation des Ohm'schen Spannungsabfalls oder Impedanzwandler zur stromlosen Messung des Elektrodenpotentials gegen die Bezugselektrode gehören ebenfalls zu

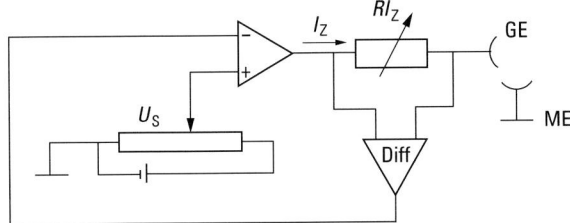

Abb. 6.36 Prinzipschaltbild eines Galvanostaten mit einer Spannungsquelle U_S zur Regelung der Stromstärke über den Vergleich mit dem Spannungsabfall RI_Z am Messwiderstand R über einen Differenzverstärker Diff., Anschlüsse für die Gegenelektrode GE und Messelektrode ME (an Masse).

einem Potentiostaten. Auch sie werden aus Operationsverstärkern mit entsprechender Beschaltung aufgebaut.

Eine galvanostatische Beschaltung einer Messanordnung nutzt einen Operationsverstärker in ähnlicher Weise (Abb. 6.36). Der stromproportionale Spannungsabfall RI_Z der Messanordnung wird über einen Differenzverstärker (Diff) in den invertierenden Eingang des Operationsverstärkers eingespeist. Der nicht invertierende Eingang wird mit einer Sollspannung U_S versorgt. Da beide Eingänge wieder auf gleichem Potential mit $U_S = RI_Z$ liegen, kann über die eingegebene Sollspannung U_S ein proportionaler Strom I_Z eingewählt und geregelt werden. Durch entsprechende Spannungspulse am nicht invertierenden Eingang können auch galvanostatische Ein- und Umschaltvorgänge realisiert werden, am besten durch Zwischenschaltung eines Addierers wie in Abb. 6.35. Moderne elektrochemische Regeleinrichtungen integrieren Potentiostaten und Galvanostaten mit entsprechendem Computeranschluss für die Aufzeichnung der Strom-Spannungs-Kurve aber auch für die Vorgabe von Potential- oder Stromfunktionen.

Bi- oder Mehrfachpotentiostaten schalten eine entsprechende Zahl von Potentiostaten in einer Messanordnung zusammen. Da man eine Messanordnung nur an einer Stelle erden kann, müssen die verschiedenen Messelektroden über Differenzverstärker angeschlossen werden. Man kann dann z. B. die gemeinsame Gegenelektrode auf Masse legen. Derartige Maßnahmen sind für die rotierende Ringscheibenelektrode oder das elektrochemische Rastertunnelmikroskop erforderlich und werden an entsprechender Stelle besprochen (s. Abschn. 6.4.3.2, Abb. 6.26).

6.5.2 Durchtrittsüberspannung und Butler-Volmer-Gleichung

Die Kinetik elektrochemischer Reaktionen wird in gleicher Weise wie die chemischer Reaktionen in der homogenen Phase oder an einer Phasengrenzfläche behandelt, allerdings mit der Besonderheit der Potentialsteuerung der Durchtrittsreaktion. Nach Eyring verläuft ein elementarer Reaktionsschritt zwischen den Edukten A und B über den aktivierten Komplex $AB^\ddagger$ zu den Produkten P und Q:

$$A + B \xrightleftharpoons[\overleftarrow{k_1}]{\overrightarrow{k_1}} AB^\ddagger \xrightarrow{k_2} P + Q. \tag{6.79}$$

Die Bildungsgeschwindigkeit des Produktes P ist nach Reaktionsschritt 2 proportional zur Konzentration des Komplexes $AB^{\ddagger}$, die sich unter der Annahme des chemischen Gleichgewichtes der vorgelagerten Bildungsreaktion 1 durch die Konzentrationen der Edukte A und B ersetzen lässt:

$$v = \frac{d[P]}{dt} = k_2[AB^{\ddagger}] = k_2 K^{\ddagger}[A][B] = \frac{\kappa kT}{h} e^{-\frac{\Delta G_0^{\ddagger}}{RT}}[A][B] = k_R[A][B]. \quad (6.80)$$

Die genauere Diskussion dieses Ansatzes führt zu einem Ausdruck für die Reaktionsgeschwindigkeit und die gemessene Geschwindigkeitskonstante k_R, die die Konstante k_2 des Schrittes 2 und die Massenwirkungskonstante $K^{\ddagger}$ der Reaktion 1 enthält. $K^{\ddagger} = \dfrac{[AB^{\ddagger}]}{[A][B]}$ kann nun anderseits durch den aus der Thermodynamik bekannten Exponentialausdruck $K^{\ddagger} = \exp\left(-\dfrac{\Delta G_0^{\ddagger}}{RT}\right)$ mit der Freien Reaktionsenthalpie der Reaktion 1, d. h. durch die Freie Aktivierungsenthalpie $\Delta G_0^{\ddagger}$ ersetzt werden (Gl. (6.80)). Als Ergebnis erhält man die Geschwindigkeitskonstante k_R als Funktion von $\Delta G_0^{\ddagger}$:

$$k_R = \frac{\kappa kT}{h} e^{-\frac{\Delta G_0^{\ddagger}}{RT}} = k_{max} e^{-\frac{\Delta G_0^{\ddagger}}{RT}}. \quad (6.81)$$

Das entspricht dem klassischen Ausdruck von Arrhenius. Zur Absolutbestimmung der Reaktionsgeschwindigkeit bzw. der Konstanten k_R lässt sich die Gleichgewichtskonstante $K^{\ddagger}$ und damit $\Delta G_0^{\ddagger}$ über die Zustandssummen der an der Reaktion beteiligten Spezies berechnen [8].

Die klassische Beschreibung der Kinetik einer Durchtrittsreaktion geht von Gl. (6.80) aus. Als einfache Durchtrittsreaktionen ohne vor- oder nachgelagerte chemische Schritte werden häufig Redoxreaktionen der Systeme Fe^{3+}/Fe^{2+} oder $Fe(CN)_6^{3-}/Fe(CN)_6^{4-}$ diskutiert. Gl. (6.80) gibt durch Anwendung des Faraday'schen Gesetzes die Teilstromdichten j_+ und j_- in anodischer bzw. kathodischer Richtung wieder, die sich zur Gesamtstromdichte j zusammensetzen. Für eine allgemeine Durchtrittsreaktion in anodischer Richtung zwischen der oxidierten (Ox) und reduzierten (Red) Komponente eines Redoxsystems mit n umgesetzten Elektronen folgt

$$Red \rightarrow Ox + ne^- \quad \text{mit} \quad (6.82)$$

$$j_+ = nF[Red]k_{max,+} e^{-\frac{\Delta G_{0,+}^{\ddagger}}{RT}}. \quad (6.83)$$

In der Regel wird ein Elektron ausgetauscht ($n = 1$). Allerdings gibt es auch Mehrelektronenprozesse ($n > 1$), die meist als eine Folge von Einelektronenprozessen behandelt werden. Der Austausch von Elektronen der Elektrode mit dem Redoxsystem erfolgt durch Tunnelprozesse in der starren Doppelschicht. Deren Potentialabfall $\Delta\varphi_H$ modifiziert $\Delta G_{0,+}^{\ddagger}$ (Abb. 6.37). Hierbei wirkt jedoch nur ein Bruchteil α bis zum Maximum der ΔG/Abstandskurve erniedrigend auf die Freie Aktivierungsenthalpie und ist kinetisch wirksam:

$$\Delta G_+^{\ddagger} = \Delta G_{0,+}^{\ddagger} - \alpha F \Delta\varphi_H. \quad (6.84)$$

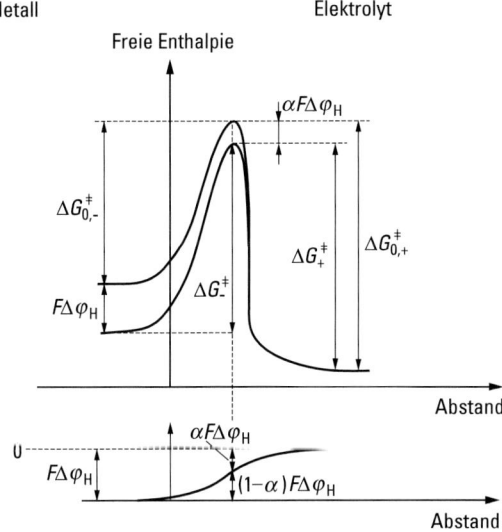

Abb. 6.37 (a) Freie-Enthalpie-Abstands-Koordinate und (b) Potential-Abstands-Kurve für eine Durchtrittsreaktion an der Phasengrenze Elektrode/Elektrolyt.

α wird Durchtrittsfaktor genannt. Bei festem Potentialabfall an der Bezugselektrode, der Standardwasserstoffelektrode, ist die Änderung von $\Delta\varphi_H$ gleich der Änderung des Elektrodenpotentials E. Damit folgt für die Stromdichte in anodischer Richtung

$$j_+ = nFk_{\text{max},+}[\text{Red}]\, e^{-\frac{\Delta G_{0,+}^{\ddagger}}{RT}}\, e^{\frac{\alpha FE}{RT}}. \tag{6.85}$$

$k_{\text{max},+}$ enthält alle potential- und temperaturunabhängigen Größen, u. a. auch den Potentialabfall an der Standardwasserstoffelektrode. Eine entsprechende Beziehung resultiert für die Stromdichte j_- des kathodischen Prozesses,

$$j_- = -nFk_{\text{max},-}[\text{Ox}]\, e^{-\frac{\Delta G_{0,-}^{\ddagger}}{RT}}\, e^{-\frac{(1-\alpha)FE}{RT}}, \tag{6.86}$$

bei der der Anteil des Potentialabfalls $(1-\alpha)\Delta\varphi_H$ kinetisch wirksam ist. Die Summe beider Beziehungen ergibt die messbare Stromdichte j. Am Nernst'schen Gleichgewichtspotential E_0 wird $j = 0$ und damit die anodische Teilstromdichte der kathodischen entgegengesetzt gleich:

$$j_{0,+} = -j_{0,-} = j_0 = nFk_{\text{max},+}[\text{Red}]\, e^{-\frac{\Delta G_{0,+}^{\ddagger}}{RT}}\, e^{\frac{\alpha FE_0}{RT}} = nFk_+[\text{Red}]\, e^{\frac{\alpha FE_0}{RT}} \tag{6.87}$$

bzw.

$$-j_{0,-} = j_{0,+} = j_0 = nFk_{\text{max},-}[\text{Ox}]\, e^{-\frac{\Delta G_{0,-}^{\ddagger}}{RT}}\, e^{-\frac{(1-\alpha)FE_0}{RT}}$$

$$= nFk_-[\text{Ox}]\, e^{-\frac{(1-\alpha)FE_0}{RT}}. \tag{6.88}$$

Diese Stromdichte nennt man die Austauschstromdichte j_0. Neben dem Durchtrittsfaktor α ist j_0 eine wichtige kinetische Kenngröße für einen Elektrodenprozess. Neben dem spezifischen Wert der Freien Aktivierungsenthalpie des Prozesses $\Delta G_0^{\ddagger}$ enthält j_0 auch die Konzentration der umzusetzenden Edukte. Berücksichtigt man die Definition der Überspannung $\eta = E - E_0$, so lässt sich die Stromdichte mit der Austauschstromdichte zur Butler-Volmer-Gleichung zusammenfassen:

$$j_+ = j_0\, e^{\frac{\alpha F \eta}{RT}} \tag{6.89}$$

$$j_- = -j_0\, e^{-\frac{(1-\alpha)F\eta}{RT}} \tag{6.90}$$

Bei großen positiven Überspannungen wird die messbare Gesamtstromdichte j gleich der anodischen Teilstromdichte j_+. Bei großen negativen Überspannungen gilt entsprechendes für die kathodische Teilstromdichte j_-. In der Nähe des Gleichgewichtspotentials ($|\eta| \leq 0.1$ V) sind beide Teilstromdichten zu berücksichtigen ($j = j_+ + j_-$) und die Gesamtstromdichte weicht von dem halblogarithmischen Verlauf ab. Hier ist dann die Stromdichte durch

$$j = j_0\left(e^{\frac{\alpha F \eta}{RT}} - e^{-\frac{(1-\alpha)F\eta}{RT}}\right) \approx \frac{j_0 F \eta}{RT} \quad \text{für } \eta \to 0 \tag{6.91}$$

gegeben. In unmittelbarer Nähe zum Gleichgewichtspotential können die Exponentialterme von Gl. (6.91) durch eine Taylor-Reihe linearisiert werden. Nach dieser Beziehung lässt sich die Austauschstromdiche j_0 in einfacher Weise aus dem Anstieg der Strom-Spannungs-Kurve nach

$$\lim_{\eta \to 0} \frac{dj}{d\eta} = \frac{j_0 F}{RT} \tag{6.92}$$

am Nernst'schen Gleichgewichtspotential ermitteln. Diese Methode erübrigt die Aufnahme einer Strom-Spannungs-Kurve und deren Auswertung durch eine so genannte Tafelauftragung.

Meist werden die Strom-Spannungs-Beziehungen der Gl. (6.89) und (6.90) in halblogarithmischer Form als „Tafelgeraden" dargestellt:

$$\eta = -\frac{RT}{\alpha z F} \ln j_0 + \frac{RT}{\alpha z F} \ln j_+ = a + b \log j_+ \tag{6.93}$$

$$\eta = \frac{RT}{(1-\alpha)z F} \ln j_0 - \frac{RT}{(1-\alpha)z F} \ln |j_-| = a + b \log |j_-|. \tag{6.94}$$

Abbildung 6.38 gibt als ein Beispiel die Tafelgeraden für das Redoxsystem $[\text{Fe(CN)}_6]^{4-}/[\text{Fe(CN)}_6]^{3-}$ wieder. Die Abweichung bei kleinen Überspannungen vom linearen Verlauf ist auf die nicht zu vernachlässigende Gegenreaktion zurückzuführen. Bei hohen Überspannungen stellen sich die anodische und die kathodische Stromdichte auf den diffusionskontrollierten, potentialunabhängigen Diffusionsgrenzstrom ein. Trägt man den Logarithmus der Gesamtstromdichte $\log j$ gegen η auf und extrapoliert die Geraden auf $\eta = 0$, so ergibt sich aus dem Anstieg der Durchtrittsfaktor α und aus dem Ordinatenabschnitt bzw. dem Schnittpunkt beider Geraden die Austauschstromdichte j_0.

Die Tab. 6.7 zeigt den Durchtrittsfaktor und die Austauschstromdichten einiger Reaktionen, die auf einmolare Konzentrationen berechnet sind. Man erkennt deut-

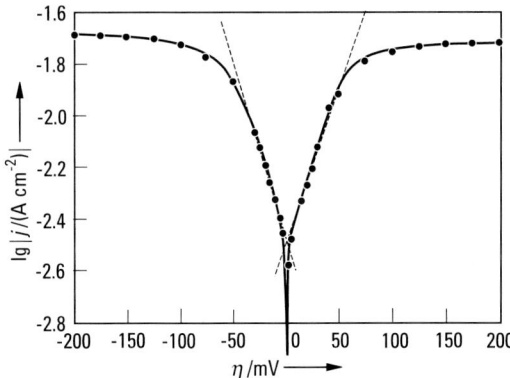

Abb. 6.38 Tafelauftragung der Strom-Spannungs-Kurve des Redoxsystems $[Fe(CN)_6]^{3-,4-}$ an einer Pt-Elektrode mit Einmündung in die Diffusionsbegrenzung bei hohen positiven bzw negativen Überspannungen η.

Tab. 6.7 Kinetische Parameter einiger Elektrodenprozesse aus [2, 73].

Reaktion	Elektrolyt	Elektrode	$T/°C$	$j_0/A\,cm^{-2}$	α
$Ag \rightarrow Ag^+ + e^-$	1 M HClO$_4$	Ag	20	13.4	0.65
$Cd \rightarrow Cd^{2+} + 2\,e^-$	0.4 M K$_2$SO$_4$	Cd	20	0.019	0.55
$Fe^{2+} \rightarrow Fe^{3+} + e^-$	1 M HClO$_4$	Pt	25	0.4	0.58
$[Fe(CN)_6]^{4-} \rightarrow [Fe(CN)_6]^{3-} + e^-$	0.5 M K$_2$SO$_4$	Pt	25	5	0.49
$2\,H_2O \rightarrow H_2 + 2\,OH^-\ 2\,e^-$	1 M KOH	Pt	25	0.001	0.5
$H_2 \rightarrow 2\,H^+ + 2\,e^-$	1 M H$_2$SO$_4$	Pt	25	0.001	0.5
$H_2 \rightarrow 2\,H^+ + 2\,e^-$	1 M H$_2$SO$_4$	Hg	25	10^{-12}	0.5
$2\,H_2O \rightarrow H_2 + 2\,OH^-$	1 M KOH	Pt	25	10^{-6}	0.3
$2\,H_2O \rightarrow O_2 + 4\,H^+ + 4\,e^-$	0.5 M H$_2$SO$_4$	Pt	25	10^{-6}	0.25
$4\,OH^- \rightarrow O_2 + 2\,H_2O + 4\,e^-$	1 M KOH	Pt	25	10^{-6}	0.3

lich den Einfluss des Elektrodenmetalls bei der Wasserstoffentwicklung und die bereits erwähnten hohen Werte für die Ag/Ag$^+$-Elektrode.

6.5.3 Elektronentransfer zwischen Energieniveaus der Festkörperelektrode und eines Redoxsystems

Die detaillierten Vorstellungen einer elementaren Redoxreaktion mit dem Ladungstransfer zwischen Elektrode und Elektrolyt bzw. auch zwischen zwei Redoxspezies in der Lösung wurden von R. A. Marcus entwickelt [62, 63] (Nobelpreis 1992). Diverse andere Autoren haben diese Konzepte mitentwickelt und verfeinert und auf Redoxprozesse an Metall- und Halbleiterelektroden angewendet [64–68]. Die folgende Darstellung bezieht sich auf einen einfachen Redoxprozess bei dem die solvatisierten Reaktionspartner in der starren Helmholtz-Schicht ohne eine adsorbierte Zwischenstufe und ohne vorgelagerte oder folgende chemische Reaktionsschritte und ohne das Öffnen bestehender und das Schließen neuer Bindungen umgesetzt werden.

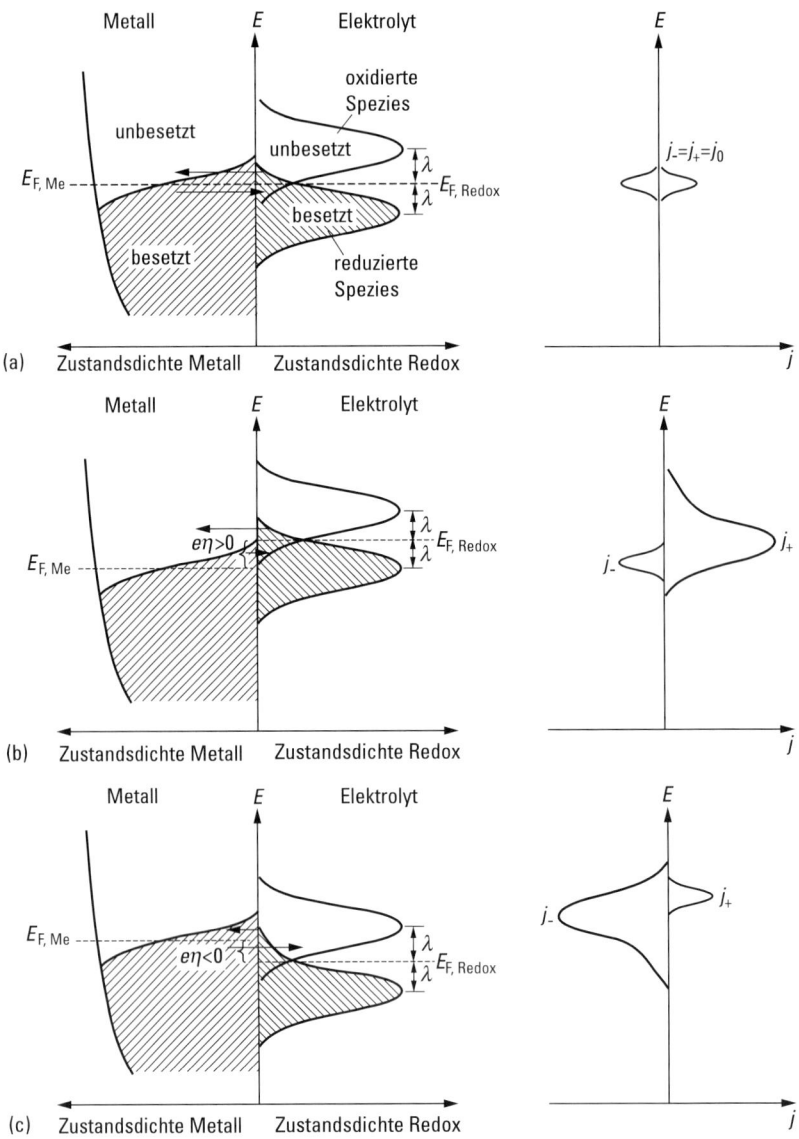

Abb. 6.39 Elektronentransfer zwischen besetzten und freien Niveaus einer Metallelektrode und einem Redoxsystem und zugehörige Teilstromdichten j_+ und j_- für a) das Nernst'sche Gleichgewichtspotential ($\eta = 0$, $j = 0$), (b) positive Überspannung ($\eta > 0$, $j > 0$) und (c) negative Überspannung ($\eta < 0$, $j < 0$). Dabei ist $\lambda = E_\lambda$ die Solvensreorganisationsenergie.

Elektrodenprozesse benötigen eine Durchtrittsreaktion zwischen der Elektrode und einem Redoxsystem im Elektrolyten. Dieser Vorgang erfordert eine unmittelbare Annäherung der umzusetzenden Spezies an die Elektrodenoberfläche, d. h. in die starre Helmholtz-Schicht. Von dort aus geschieht der Elektronenaustausch durch einen Tunnelprozess zwischen Bändern in der Elektrode und in dem Redoxsystem (Abb. 6.39). Bei einem Metall sind die Zustände unterhalb des Fermi-Niveaus E_F besetzt und oberhalb unbesetzt mit einer geringen Verschiebung der Verhältnisse infolge der thermischen Anregung der Elektronen. Ein entsprechendes Bild sieht eine Termdichteverteilung für die oxidierte (Ox) und reduzierte Komponente (Red) des Redoxsystems im Elektrolyten vor. Hierbei ist die energetische Verteilung der Energiebänder durch die Variation der Abstände in der Solvathülle der Redoxspezies gegeben. Das entspricht der thermischen Anregung der Schwingung der Solvatmoleküle gegen das zentrale Ion wie z. B. der Fe^{2+}- und Fe^{3+}-Ionen des Systems $Fe^{2+/3+}$ oder $Fe(CN)_6^{4-/3-}$. Diese Systeme werden für prinzipielle Untersuchungen bzw. Berechnungen bevorzugt, da hier keine komplizierten Folgereaktionen im Spiel sind wie z. B. das Lösen alter und die Ausbildung neuer chemischer Bindungen und vor- bzw. nachgelagerte chemische Reaktionen. Der Prozess der kathodischen Wasserstoffentwicklung ist z. B. wesentlich komplizierter. Die reduzierte Komponente mit einem zentralen Kation weist einen höheren Ligandenabstand auf als die oxidierte Komponente. Der Unterschied entspricht der veränderten Wechselwirkung der Solvensmoleküle mit zentralen Ionen unterschiedlicher Ladung. Der energetische Abstand und die Breite der Verteilung der elektronischen Niveaus entsprechen wenigen eV. Die thermische Bewegung der Solvathülle liegt im Bereich der üblichen Frequenzen von schwach gebundenen Liganden, d. h. bei Schwingungszeiten von ca. 10^{-13} s. Ein Elektronentransfer geschieht jedoch um ca. zwei Größenordnungen rascher. Entsprechend befolgt ein Elektronentransfer das Born-Oppenheimer-Prinzip, bei dem die Orientierung der Liganden zum zentralen Ion als ortsfest angenommen wird. Der Elektronentransfer erfolgt zwischen den Bändern im Redoxsystem und dem Elektrodenmetall gemäß dem Frank-Condon-Prinzip. Ein effektiver Elektronentransfer setzt demnach für eine Reduktion eine hohe Dichte besetzter Niveaus im Metall und unbesetzter Bänder der oxidierten Spezies im Elektrolyten in der Helmholtz-Schicht auf gleichem Energieniveau voraus. Entsprechend umgekehrte Verhältnisse gelten für die Oxidation der reduzierten Spezies. Ein Elektronentransfer erfolgt also horizontal in Abb. 6.39 zwischen Energieniveaus im Metall und denen der Redoxspezies. Die Geschwindigkeit eines solchen Prozesses bzw. die entsprechende Stromdichte hängt demnach von der Zustandsdichte im Metall und bei den Redoxspezies sowie der Tunnelwahrscheinlichkeit der Elektronen ab. Die gemessene Stromdichte enthält also Beiträge, die einer gewissen Energiebreite der Abb. 6.39 entsprechen, bei der sich besetzte und unbesetzte Niveaus gegenüberstehen. Wird eine oxidierte Spezies durch Aufnahme eines Elektrons in eine reduzierte überführt, wird sie sich mit einer nachgelagerten Reorganisation der Solvathülle auf ihren neuen Zustand einstellen.

Eine einfache Behandlung dieses Vorgangs sieht eine Energie-Abstands-Kurve für die solvatisierten Spezies Ox und Red vor, die einem harmonischen Oszillator mit einer Frequenz $f = \omega/(2\pi)$ entspricht (siehe Abb. 6.40). Für beide Spezies soll sich die Energie bei einer Auslenkung der Liganden aus der Ruhelage x_0 mit $1/2\, m\omega^2(x - x_0)^2$ ändern. Die kinetische Energie $p^2/(2m)$ des Anfangs- (i) und End-

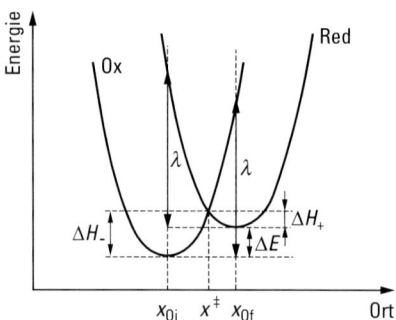

Abb. 6.40 Die Energie in Abhängigkeit der Reaktionskoordinate bei einer Durchtrittsreaktion für die Komponenten Ox und Red eines Redoxsystems und die Aktivierungsenthalpien für den anodischen ΔH_+ und kathodischen Prozess ΔH_- mit einer energetischen Abweichung ΔE_{el} des Elektrodenpotentials vom Gleichgewichtswert. Dabei ist $\lambda = E_\lambda$ die Solvensreorganisationsenergie.

zustandes (f) sei unverändert und die Konzentrationen beider Reaktionspartner seien gleich ([Ox] = [Red]). Die Minima der Kurven beider Spezies unterscheiden sich in der energetischen Lage zueinander infolge des unterschiedlichen elektronischen Energieanteils $\Delta E_{el} = E_{el,f} - E_{el,i}$.

$$E_{ges,j} = \frac{p^2}{2\,m} + \frac{1}{2}\,m\,\omega^2(x - x_{0,j})^2 + E_{B,j} + E_{el,j}, \quad j = i, f \tag{6.95}$$

$E_{B,i}$ und $E_{B,f}$ berücksichtigen die unterschiedliche chemische Bindungsenergie beider Spezies und $E_{ges,i}$ und $E_{ges,f}$ sind ihre jeweiligen Gesamtenergien.

Findet eine Reduktion von Ox statt, so bewegt sich das System vom Minimum $x_{0,i}$ auf der parabelförmigen Energie-Abstands-Kurve bis zum Schnittpunkt $x^\ddagger$ mit der Parabel der reduzierten Spezies Red (Abb. 6.40). Dieser Anregungsvorgang ist mit einer Enthalpiezunahme ΔH_- verbunden, die der Freien Aktivierungsenergie $\Delta G_-^\ddagger$ der üblichen kinetischen Ansätze entspricht. Nach dem Elektronentransfer bei $x = x^\ddagger$ aus der Metallelektrode ändert sich der Abstand auf $x_{0,f}$, der dem Minimum der Kurve für Red zugeordnet ist. Eine Reaktion kann also nur stattfinden, wenn die Aktivierungsenthalpie nach Gl. (6.86) aufgebracht wird. Für sie erhält man mithilfe der Berechnung des Abstandes $x^\ddagger$ nach Gl. (6.96) und (6.97) Gl. (6.98)

$$\frac{1}{2}\,m\,\omega^2(x^\ddagger - x_{0,i})^2 = \Delta E_{el} + \frac{1}{2}\,m\,\omega^2(x^\ddagger - x_{0,f})^2 \tag{6.96}$$

$$x^\ddagger = \frac{\Delta E_{el}}{m\,\omega^2(x_{0,f} - x_{0,i})} + \frac{x_{0,f} + x_{0,i}}{2}. \tag{6.97}$$

$$\Delta H_- = \frac{1}{2}\,m\,\omega^2(x^\ddagger - x_{0,i})^2 = \frac{(\Delta E_{el} + E_\lambda)^2}{4\,E_\lambda} \tag{6.98}$$

Das folgt aus den Angaben der Abb. 6.40. Gl. (6.98) enthält die Solvensreorganisationsenergie E_λ, die nach

$$E_\lambda = \frac{1}{2}\,m\,\omega^2(x_{0,\mathrm{f}} - x_{0,\mathrm{i}})^2 \tag{6.99}$$

den Energieunterschied zwischen den Gleichgewichtsabständen $x_{0,\mathrm{f}}$ und $x_{0,\mathrm{i}}$ auf jeder der Energie-Abstands-Kurven darstellt. ΔE_{el} ist der elektronische Anteil des Energieunterschiedes der Spezies Ox und Red. Er führt zu der Verschiebung der Minima der Energie-Abstands-Kurven und entspricht der gewählten Überspannung der Elektrode. Seine Größe ändert sich demnach proportional mit dem Elektrodenpotential E. Durch Vertauschen der Bezeichnungen i und f erhält man den entsprechenden Ausdruck ΔH_+ für die Oxidation von Red, d. h. die Umkehrung des Reduktionsprozesses:

$$\Delta H_+ = \frac{1}{2}\,m\,\omega^2(x^\ddagger - x_{0,\mathrm{f}})^2 = \frac{(\Delta E_{\mathrm{el}} - E_\lambda)^2}{4\,E_\lambda}. \tag{6.100}$$

Einsetzen der Abweichung des Elektrodenpotentials vom Nernst'schen Gleichgewichtswert für ΔE_{el}, d. h. der Überspannung η, ergibt einen Aktivierungsterm

$$\mathrm{e}^{-\frac{(e_0(E-E_0)+E_\lambda)^2}{4kTE_\lambda}} = \mathrm{e}^{-\frac{(e_0\eta+E_\lambda)^2}{4kTE_\lambda}} \approx \mathrm{e}^{-\frac{E_\lambda}{4kT}}\mathrm{e}^{-\frac{e_0\eta}{2kT}} \tag{6.101}$$

mit entsprechender Näherung für kleine Überspannungen, d. h. für $e\eta \ll E_\lambda$. Die zu messende Stromdichte j_- für die Reduktion der oxidierten Spezies Ox erfordert einen Ansatz, der neben der Umrechnung von Reaktionsraten in Stromdichten nach dem Faraday'schen Gesetz auch die Dichte der besetzten Energieniveaus auf der Metallseite enthält, d. h. die Niveaudichte $\varrho(E)$ im Metall multipliziert mit der Fermi-Funktion $f(E)$, die die Besetzung mit Elektronen angibt:

$$j_- = -k_{\mathrm{max}}[\mathrm{Ox}]\,F \int\limits_{-\infty}^{\infty} \kappa(E)\,\varrho(E)\,f(E)\,\mathrm{e}^{-\frac{E_\lambda}{4kT}}\mathrm{e}^{-\frac{e_0\eta}{2kT}}\,\mathrm{d}E. \tag{6.102}$$

Ferner tritt die Konzentration [Ox] und k_{max} gemäß Gl. (6.86) und (6.88) auf. Die Integration über die Energie berücksichtigt die verschiedenen Niveaus, bei denen ein horizontaler Übergang von besetzten Bändern im Metall zu den freien von Ox möglich ist, und die einen Beitrag zur kathodischen Stromdichte leisten (Gl. (6.102)). Die Gleichung

$$j_0 = k_{\mathrm{max}}[\mathrm{Ox}]\,F\,\kappa\,\varrho\,\mathrm{e}^{-\frac{E_\lambda}{4kT}} \tag{6.103}$$

fasst einen Teil des Ausdrucks zur Austauschstromdichte j_0 zusammen, die somit auch die Solvensreorganisationsenergie E_λ enthält. Die Butler-Volmer-Gleichung

$$j_- = -j_0\,\mathrm{e}^{-\frac{\eta F}{2 RT}} \tag{6.104}$$

enthält den Exponentialausdruck mit der Überspannung η. Für den Durchtrittsfaktor $1-\alpha$ steht der Wert $1/2$, der in vielen Fällen realisiert ist. Bei großen Überspannungen, für die $e_0\eta \ll E_\lambda$ nach Gl. (6.101) nicht mehr gilt, wird $(1-\alpha)$ von η abhängig:

$$j_- = -j_0\,\mathrm{e}^{\frac{\eta F}{RT}\left(\frac{1}{2}-\frac{e_0\eta}{4E_\lambda}\right)}, \quad \alpha = \frac{1}{2} - \frac{e_0\eta}{4E_\lambda}. \tag{6.105}$$

Dieses Ergebnis wurde bislang nicht einwandfrei bestätigt. Dergleichen ist auch schwer festzustellen, da bei großen Überspannungen und entsprechend großen Stromdichten erhebliche Spannungsabfälle im Elektrolyten auftreten, die nicht vollständig kompensiert werden können. Deshalb sind die Messungen nicht genau genug, um diesen Effekt nachzuweisen. Eine entsprechende Beziehung gilt für die Stromdichte j_+ in anodischer Richtung,

$$j_+ = k_{max} F [\text{Red}] \int\limits_{-\infty}^{\infty} \kappa \varrho(E) [1 - f(E)] e^{-\frac{\lambda}{4kT}} e^{\frac{\eta F}{2RT}} dE, \tag{6.106}$$

die ähnlich dem Ansatz von Gl. (6.102) die Konzentration der reduzierten Spezies [Red] und die Dichte der freien Niveaus im Metall $\varrho(E)[1 - f(E)]$ enthält. Die Zusammenfassung eines Teils des Ausdrucks zu j_0 führt zur Butler-Volmer-Gleichung für den anodischen Prozess:

$$j_+ = j_0 e^{\frac{\eta F}{2RT}}. \tag{6.107}$$

Diese Ergebnisse zur Potentialabhängigkeit der Stromdichte können gut in Abb. 6.39a für eingestelltes Gleichgewicht und in Abb. 6.39b und c bei bestehender Überspannung diskutiert werden. Taucht eine Metallelektrode in eine Lösung mit beiden Redoxkomponenten bei geöffneten Stromkreis, so stellt sich elektronisches Gleichgewicht ein, d. h. die Metallelektrode nimmt das Nernst'sche Gleichgewichtspotential E_0 an (Abb. 6.39a). Elektronisches Gleichgewicht bedeutet, dass das Fermi-Niveau des Metalls auf gleicher Höhe liegt wie das des Redoxsystems. Das Fermi-Niveau des Redoxsystems liegt in der Mitte beider Maxima der Niveaudichteverteilungen der Komponenten Ox und Red im Elektrolyten. Diese Situation führt zu gleichen Werten für den anodischen und kathodischen Ladungstransfer und so zu einer verschwindenden Gesamtstromdichte. Bei einer positiven Überspannung, d. h. einem Abweichen des Fermi-Niveaus des Metalls zu kleineren Werten liegt eine bessere Überlappung der besetzten Plätze von Red mit den freien Plätzen im Metall vor. Daraus folgt ein Überwiegen von j_+ mit $j_+ > |j_-|$ und damit eine resultierenden anodische Gesamtstromdichte (Abb. 6.39b). Bei negativer Überspannung liegen die umgekehrten Verhältnisse vor mit einer resultierenden kathodischen Gesamtstromdichte (Abb. 6.39c).

6.5.4 Elektrodenreaktionen mit mehreren elementaren Reaktionsschritten

Wie auch sonst in der Kinetik, bestehen die meisten Elektrodenreaktionen aus einer Folge mehrerer elementarer Reaktionsschritte. Der langsamste dieser Schritte bestimmt die Geschwindigkeit des gesamten Reaktionsablaufs. Als ein Beispiel soll die kathodische Wasserstoffentwicklung besprochen werden, die in der Elektrochemie sehr intensiv untersucht wurde und die auch technologisch große Bedeutung besitzt. Man unterscheidet zwei durch Gl. (6.108), (6.109a) und (6.109b) dargestellte Reaktionswege, den Volmer-Tafel- und den Volmer-Heyrovski-Mechanismus. In jedem Fall beginnt die Wasserstoffentwicklung mit einer Durchtrittsreaktion, der so genannten Volmer-Reaktion, die zu adsorbierten Wasserstoffatomen H_{ad} führt (Gl. (6.108)). Der zweite Schritt kann die Diffusion der adsorbierten Wasserstoffatome auf der Elektrodenoberfläche zu einander und die Bildung von adsorbierten Wasserstoffmolekülen $H_{2,ad}$ sein, die so genannte Tafel-Reaktion (Gl. (6.109a)). Ein zweiter Reaktionsweg verfolgt eine andere zweite Durchtrittsreaktion, die Heyrovski-Reaktion (Gl. (6.109b)), die die zusätzliche Entladung eines Wasserstoffions aus dem Elektrolyten in Nachbarschaft zu einem H_{ad} vorsieht, die ebenfalls zur Bildung eines adsorbierten Wasserstoffmoleküls $H_{2,ad}$ führt.

$$H^+ + e^- \; \rightarrow \; H_{ad} \qquad \text{(Volmer-Reaktion)} \qquad\qquad (6.108)$$

$$H_{ad} + H_{ad} \; \rightarrow \; H_{2,ad} \qquad \text{(Tafel-Reaktion)} \qquad\qquad (6.109\,a)$$

$$H_{ad} + {}^+ + e^- \; \rightarrow \; H_{2,ad} \quad \text{(Heyrovski-Reaktion)} \qquad\qquad (6.109\,b)$$

Schließlich erfolgt die Desorption des molekularen Wasserstoffs, der je nach Reaktionsgeschwindigkeit und damit je nach Größe der kathodischen Überspannung zu im Elektrolyten gelösten oder gasförmigen Wasserstoff führt. Die Annahme, dass die Volmer-Reaktion der geschwindigkeitsbestimmende Schritt sei, führt bei genügend großer kathodischer Überspannung η für diesen Schritt zur Butler-Volmer-Gleichung

$$j_{\mathrm{H}} = -j_{\mathrm{H},0}\,\mathrm{e}^{-\frac{(1-\alpha)F\eta}{RT}}; \quad j_{\mathrm{H},0} = k_-[\mathrm{H}^+]\,\mathrm{e}^{-\frac{(1-\alpha)FE_0}{RT}}. \qquad (6.110)$$

Alle folgenden Reaktionsschritte sind schnelle Folgereaktionen ohne Einfluss auf die Gesamtkinetik. Die Umformung in die Tafel-Gleichung

$$\eta = -\frac{RT\,2.303}{(1-\alpha)F}\log|j_{\mathrm{H}}| + \frac{RT\,2.303}{(1-\alpha)F}\log|j_{\mathrm{H},0}| = b\log|j_{\mathrm{H}}| + a \qquad (6.111)$$

ergibt dann für den b-Faktor mit $\alpha = 0.5$ einen Anstieg $b = -0.120\,\mathrm{V}$. Dieser Wert wird auch für die meisten Kombinationen Elektrode/Elektrolyt gefunden, wie eine Zusammenstellung von Literaturdaten nach Abb. 6.41 zeigt [70].

Die Annahmen, dass die Tafel- oder die Heyrovski-Reaktion geschwindigkeitsbestimmend ist, führen auch jeweils zu exponentiellen η/j-Beziehungen, deren Tafelform aber b-Faktoren von -0.29 bzw. $-0.40\,\mathrm{V}$ aufweisen sollten, die in der Regel nicht gefunden werden. Die Zusammenstellung von Abb. 6.41 zeigt zudem, dass die Kinetik der Wasserstoffentwicklung von der Art und Oberflächenbeschaffung der Elektrode entscheidend abhängt. Das äußert sich in großen Unterschieden der Konstante a der Gl. (6.111) und damit in der Austauschstromdichte $j_{\mathrm{H},0}$. Es ist ein Ziel der Elektrokatalyse, Elektroden mit einer geeigneten Oberflächenbeschaffenheit zu finden bzw. durch Modifizierung zu erreichen, so dass die Austauschstromdichten von Elektrodenprozessen groß und deshalb die erforderlichen Überspannungen für einen gewünschten Reaktionsumsatz möglichst klein werden. Besonders hervorzuheben ist die extrem große Überspannung der Wasserstoffentwicklung am Quecksilber. Was für eine effektive Wasserstoffentwicklung ungünstig ist, kann ein großer Vorteil für andere Reaktionen sein. Quecksilber kann bis zu sehr negativen Potentialen eingesetzt werden, ohne dass eine Wasserstoffentwicklung stört. Man kann so auch stark reaktive Metalle wie Cadmium aus der Lösung an Quecksilber abscheiden, was in der Elektroanalytik für die Polarographie entscheidend ist. Aus diesem Grunde gelingt es, selbst Natrium aus einer wässrigen Natriumchloridlösung in dieses flüssige Metall kathodisch abzuscheiden, ein Umstand, der für die Chlor-

Alkali-Elektrolyse aus wässrigen NaCl-Lösungen besonders wichtig war. Heute nutzt man aus Umweltgründen andere Verfahren, die den Einsatz giftigen Quecksilbers vermeiden.

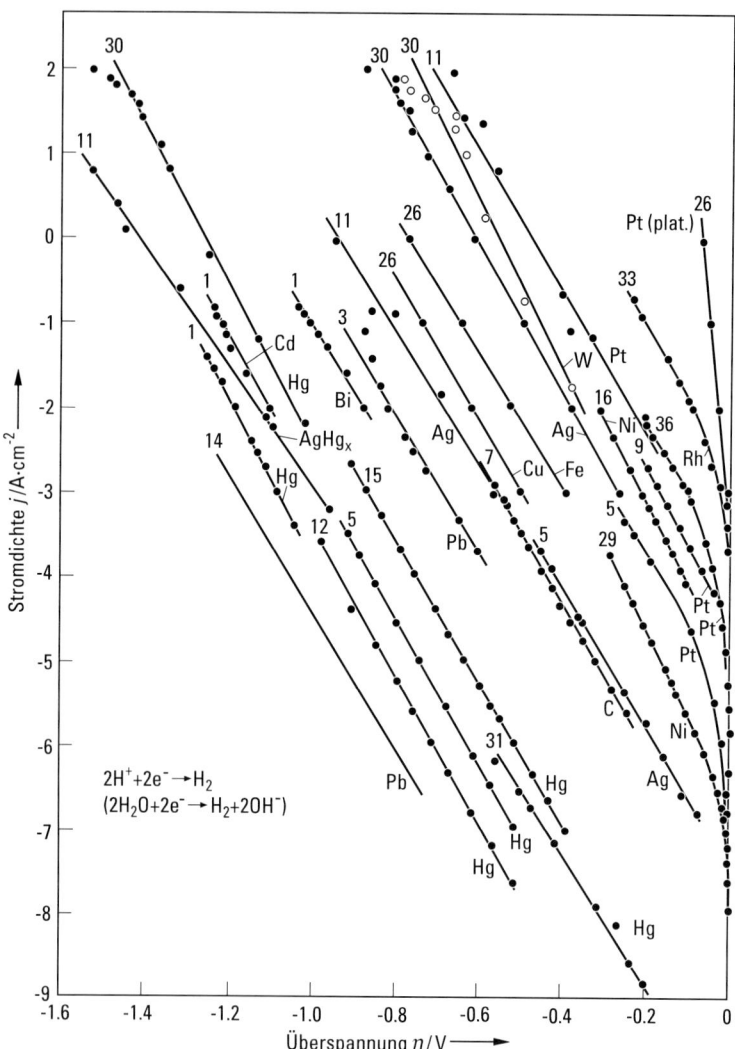

Abb. 6.41 Tafelauftragung der kathodischen Wasserstoffentwicklung an verschiedenen Elektrodenmaterialien und mit teilweise unterschiedlicher Oberflächenbeschaffenheit [70].

6.5.5 Diffusionsüberspannung

Bei rasch ablaufenden Durchtrittsreaktionen gefolgt von langsamen Transport der Reaktanten im Elektrolyten zu der Elektrode hin oder von ihr fort kann Diffusionsüberspannung auftreten. Auch bei durchtrittskontrollierten Reaktionen kann bei großen Überspannungen der Reaktionsumsatz so groß werden, dass die Diffusion der Reaktanten bestimmend wird. Hierbei kann es sich sowohl um eine Hemmung des Antransports der Edukte als auch des Abtransports der Produkte handeln. Wird beispielsweise eine Substanz Red an einer flachen Elektrodenoberfläche zu Ox umgesetzt, so kann bei ausreichend großem anodischen Stromfluss j der Antransport von Red bestimmend werden. Direkt vor der Elektrodenoberfläche verarmt der Elektrolyt an Red, und es kommt zu einem Konzentrationsgefälle in der Nernst'schen Diffusionsschicht der Dicke d_N (Abb. 6.42). Aus dem ersten Diffusionsgesetz mit der Diffusionskonstanten D und einer Elektrodenoberfläche $A = 1\,\mathrm{cm}^2$ und dem Faraday'schen Gesetz mit einem Transfer von n Ladungen folgt

$$j_D = nF \frac{d[\mathrm{Red}]}{dt} = nFD \frac{\overline{[\mathrm{Red}]} - [\mathrm{Red}]}{d} \quad \text{bzw.} \tag{6.112}$$

$$j_{D,\max} = nFD \frac{\overline{[\mathrm{Red}]}}{d} \tag{6.112a}$$

für den Umsatz an Molzahlen d[Red]/dt bzw. die Stromdichte j_D. Für ein maximales Konzentrationsgefälle, d. h. bei verschwindender Konzentration [Red] an der Oberfläche (vgl. gestrichelte Linie in Abb. 6.42), folgt die maximale Stromdichte $j_{D,\max}$ (Gl. (6.110a)). Unter der Annahme, dass die Durchtrittsreaktion viel rascher abläuft als die Transportvorgänge, unterliegt der Gesamtprozess der Diffusionskontrolle. Für diese Bedingungen kann sich für die Durchtrittsreaktion ein Gleichgewicht einstellen, und es kann die Nernst'sche Gleichung angesetzt werden. Die Diffusionsüberspannung η_D ergibt sich aus der Differenz der Elektrodenpotentiale für die vorgegebene Konzentration im Elektrolyten $\overline{[\mathrm{Red}]}$ und die verminderten Konzentration [Red] an der Elektrodenoberfläche:

$$\eta_D = E - E_0 = -\frac{RT}{nF} \ln \frac{[\mathrm{Red}]}{\overline{[\mathrm{Red}]}}. \tag{6.113}$$

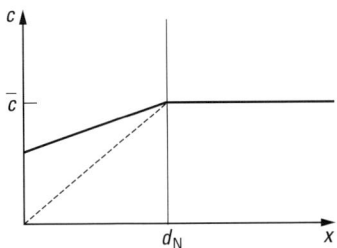

Abb. 6.42 Konzentrationsprofil in der Nernst'schen Diffusionsschicht der Dicke d_N bei Diffusionskontrolle eines Elektrodenprozesses.

Die Kombination von Gl. (6.112) und (6.113) ergibt eine logarithmische Abhängigkeit zwischen η_D und j_D:

$$\eta_D = \frac{RT}{nF} \ln\left[\frac{j_{D,max}}{j_{D,max} - j_D}\right]. \tag{6.114}$$

Entsprechende Beziehungen gelten für den kathodischen Strom, wenn eine oxidierte Substanz in ihre reduzierte Form umgesetzt wird:

$$\eta_D = E - E_0 = \frac{RT}{nF} \ln\frac{[Ox]}{\overline{[Ox]}} \tag{6.115}$$

und

$$\eta_D = -\frac{RT}{nF} \ln\left[\frac{j_{D,max}}{j_{D,max} - j_D}\right]. \tag{6.116}$$

Die Gl. (6.112) und (6.112a) ermöglichen aus $j_{D,max}$ die Konzentration $[\overline{Red}]$ einer elektrochemisch umsetzbaren Substanz des Elektrolyten quantitativ zu bestimmen. Bei der Aufnahme einer Strom-Spannungs-Kurve tritt eine stufenweise Erhöhung des diffusionskontrollierten Stromes mit wachsendem Potential ein. Die Höhe dieser Stromstufe ist der Konzentration $[\overline{Red}]$ direkt proportional. Dieser Sachverhalt wird u. a. in der Polarographie benutzt. Auch hier treten Stromstufen auf, die eine Konzentrationsbestimmung ermöglichen. Dabei treten die Stromstufen verschiedener nachzuweisender Spezies in einer Probe infolge ihres unterschiedlichen Redoxgleichgewichtspotentials an verschiedenen Stellen der Potentialskala auf.

Die Abb. 6.43 gibt ein Beispiel für eine Abfolge derartiger polarographischer Stufen bei der kathodischen Abscheidung von Metallkationen an Quecksilber. Allerdings ist bei einer Quecksilbertropfelektrode ein sich ständig erneuernder Tropfen mit einer sich zeitlich ändernden Elektrodenoberfläche und einer kugelförmigen Geometrie zu berücksichtigen. Auch für die hier gültige so genannte Ilcovic-Glei-

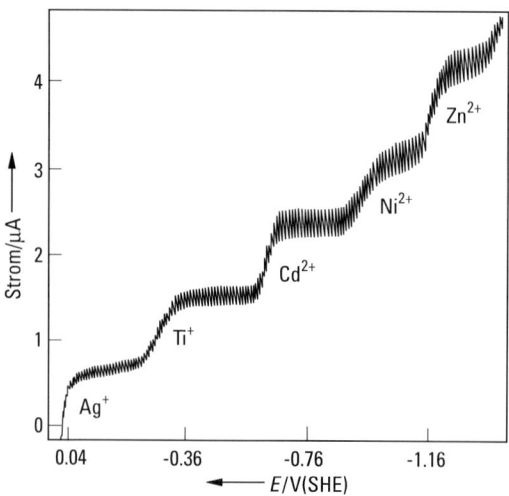

Abb. 6.43 Polarographische Stufen eines Elektrolyten mit verschiedenen Schwermetallionen.

chung [71–74] erhält man eine Proportionalität zwischen $j_{D,max}$ und $[\overline{Ox}]$. Das periodische Wachsen und Abreißen des Quecksilbertropfens führt zu den beobachteten Stromschwankungen um einen Mittelwert (Abb. 6.43). Die ausgefeilten Pulsmethoden der Polarographie, die u. a. zur Empfindlichkeitssteigerung des analytischen Nachweises verwendet werden, können hier nicht besprochen werden, und es sei auf einschlägige Lehrbücher der Elektrochemie und Elektroanalytik verwiesen [71–74]. Bei einer besonders empfindlichen Variante werden Schwermetallkationen in einen Quecksilberfilm für eine definierte Zeit abgeschieden und damit angereichert. In einem folgenden Schritt werden die angereicherten Metallatome mit einer potentiodynamischen anodischen Potentialerhöhung rasch wieder aufgelöst und deren Menge und damit Konzentration aus der Ladungsmenge des anodischen Strompeaks bestimmt (inverse Polarographie, Stripping-Voltammetrie). Nach Kalibrierung des Verfahrens können so Schwermetallkonzentrationen von bis zu 10^{-11} M quantitativ nachgewiesen werden. So wurde z. B. der Bleigehalt im arktischen Schnee bestimmt. Bei einer quantitativen Spurenanalyse von Schwermetallionen ist eine standardisierte Probenahme und -aufarbeitung und hochreines Arbeiten Voraussetzung für verlässliche Ergebnisse.

Die Elektrodenform und die Diffusionsbedingungen bestimmen entscheidend das Strom-Spannungs-Verhalten. Eine besondere Elektrode ist die rotierende Scheibenelektrode (engl.: *rotating disc*, RD). Bei nicht zu hoher Rotationsfrequenz ω herrscht vor ihr ein laminares Strömungsprofil, was man bei anderen Elektrodenformen und Strömungsbedingungen nur schwer erreicht. Der Elektrolyt wird zentral angesaugt und lateral fortgeschleudert (Abb. 6.44). Der senkrecht zur Elektrode strömende frische Elektrolyt und seine Anreicherung mit Produkten bzw. Abreicherung von Edukten beim Vorbeiströmen vom Zentrum zum Rand der Scheibe führen zu einem positionsunabhängigen Konzentrationsprofil. Beide Vorgänge vor der Elektrode kompensieren sich gerade. Man kann also mit einer ortsunabhängigen Nernst'schen Diffusionsschichtdicke d_N vor der rotierenden Scheibe rechnen. Die Lösung des Transportproblems ergibt die Levich-Gleichung

$$d_N = 1.61\,\omega^{-\frac{1}{2}}v^{\frac{1}{6}}D^{\frac{1}{3}}, \tag{6.117}$$

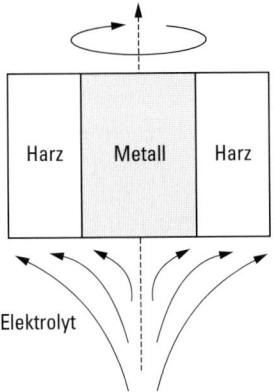

Abb. 6.44 Strömungsprofil vor einer rotierenden Scheibenelektrode (Seitenansicht).

die die Dicke der Diffusionsschicht d_N beschreibt [75]. Mit ihr ergibt sich für die diffusionskontrollierte Grenzstromdichte

$$j_{D,max} = nFD \frac{\bar{c}}{d_N} = 0.62\, nFD^{\frac{2}{3}} v^{-\frac{1}{6}} \omega^{\frac{1}{2}} \bar{c}. \tag{6.118}$$

Hierbei bezeichnen $\omega = 2\pi f$ die Kreisfrequenz, $v = v'/\varrho$ mit v' der Viskosität, ϱ der Dichte der Lösung und D den Diffusionskoeffizienten. Es folgt also eine $\omega^{-1/2}$-Abhängigkeit von d_N und eine $\omega^{1/2}$-Abhängigkeit der Stromdichte $j_{D,max}$. Die Diffusionsgrenzstromdichte $j_{D,max}$ ist auch hier proportional zur Konzentration $\bar{c}$ im Elektrolyten.

Eine Erweiterung der RD-Elektrode stellt die rotierende Ringscheibenelektrode (engl.: *rotating ring disc*, RRD) dar. Hierbei ist die Scheibe von einem konzentrischen Ring umgeben. Die Scheibe ist die Arbeitselektrode, an der die interessierenden Reaktionen stattfinden. Lösliche Produkte der Scheibe können an der Ringelektrode umgesetzt und quantitativ nachgewiesen werden. Es wird hierzu ein Ringpotential eingestellt, bei dem die durch die Konvektion tangential am Ring vorbeibewegten Produkte unter Bedingungen des Diffusionsgrenzstromes umgesetzt, d. h. oxidiert oder reduziert werden. Die Erfassung der Produkte der Scheibe am analytischen Ring liegt bei ca. 30 %. Dieses so genannte Übertragungsverhältnis hängt von den Radien der Scheibe und des Ringes sowie des Abstandes von der Scheibe zum Ring ab. Für diese Messungen wird ein Bipotentiostat benötigt, der die Potentiale des Rings bzw. der Scheibe unabhängig voneinander einzustellen gestattet. Ähnlich wie bei der Messanordnung zum elektrochemischen STM (Abb. 6.26) wird die gemeinsame Gegenelektrode auf Masse gelegt und die beiden Arbeitselektroden jeweils über Differenzverstärker masseunabhängig angeschlossen. Bei einem gespaltenen Ring hat man die Möglichkeit, simultan zwei lösliche Produkte nachzuweisen. In diesem Fall benötigt man einen Tripotentiostaten, der Untersuchungen mit drei voneinander unabhängigen Arbeitselektroden ermöglicht.

Als Beispiel sei der Nachweis löslicher Cu(I)- und Cu(II)-Ionen an zwei analytischen Halbringen bei der potentiodynamischen Oxidation einer Kupferscheibe in 0.1 M KOH erwähnt (Abb. 6.45) [76]. Am Ring 1 werden bei $E_{R1} = 0.60$ V Cu(I)-Ionen zu Cu(II) oxidiert, und am Ring 2 werden bei $E_{R2} = -0.23$ V Cu(II)-Ionen zu Cu(I) reduziert. Durch Vergleich mit der Stromdichte j_D der Polarisationskurve der Cu-Scheibe erkennt man, dass bei den anodischen Stromspitzen A1 und A2 Cu(I)- bzw. Cu(II)-Ionen gebildet werden. Da das bei A1 sich bildende Cu_2O in 0.1 M NaOH nur eine geringe Löslichkeit zeigt, werden auch nur kleine Ströme j_{R1} gefunden. Die deutlich größeren Ströme j_{R2} am Peak A2 zeigen eine höhere Löslichkeit der sich unter diesen Bedingungen bildenden $CuO/Cu(OH)_2$-Schicht als CuO_2^{2-}-Ionen an. Dieses amphotere Verhalten des Cu(II)-Oxids wird auch nach dem Poubaix-Diagramm von Abb. 6.4 erwartet. Da es hierbei zu Übersättigung des Elektrolyten vor der Elektrode kommt, entstehen im Bereich des Peaks A2 mit der Zeit dicke Cu(II)-Oxid/Hydroxid Fällungsschichten. Bei positiveren Potentialen werden dünnere, aber dichtere anodische Schichten beobachtet mit deutlich geringerer Löslichkeit der Oxidationsprodukte. Derartige Messungen mit der RRD können herangezogen werden, um den gemessenen Gesamtstrom der Scheibe in einen Anteil zur Ausbildung einer Deckschicht und einen Anteil zur Bildung löslicher Produkte (Korrosionsanteil) quantitativ aufzutrennen. Es sind auch Pulsmessungen

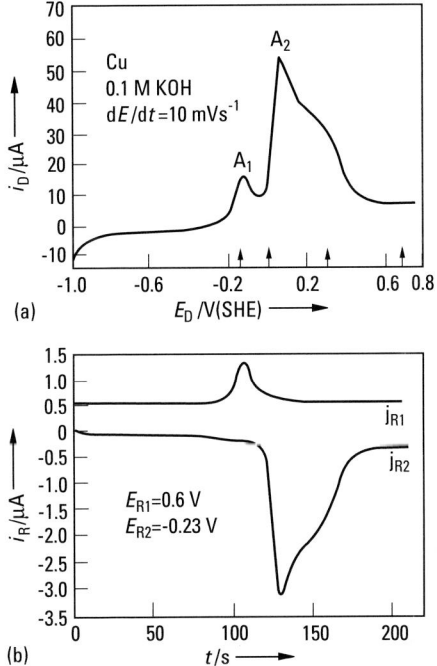

Abb. 6.45 Potentiodynamische Polarisationskurve einer rotierenden Scheibenelektrode mit gespaltenem Pt-Ring. Die Ringsströme weisen lösliche Spezies qualitativ und quantitativ nach. $j_{R,1}$: $Cu^+ \rightarrow Cu^{2+}$, $j_{R,2}$: $Cu^{2+} \rightarrow Cu^+$ [76].

mit einer Zeitauflösung von ca. 0.2 s möglich, die für die Übertragung von der Scheibe zum Ring benötigt werden. Auf diese Weise ist die Effizienz zur Schichtbildung gegenüber der Korrosion auch als Funktion der Zeit mit potentiostatischen Pulsmessungen ermittelt worden [76].

Einen besonders effektiven Transport erhält man bei kugelförmigen bzw. halbkugelförmigen Elektroden mit kleinem Radius r_E (Abb. 6.46). Aufgrund der auseinander strebenden Diffusionslinien liegt der wesentliche Teil des Konzentrationsgefälles in unmittelbarer Nähe der Elektrodenoberfläche. Für diesen Fall ergibt sich für den Diffusionsgrenzstrom $j_{D,max}$ die der Gl. (6.112a) sehr ähnliche Beziehung

$$j_{D,max} = \frac{nFD\bar{c}}{r_E}. \tag{6.119}$$

Bei einem Radius im Bereich von $r_E = 1\,\mu m$ und einem typischen Diffusionskoeffizienten von $D = 5 \cdot 10^{-6}\,cm^2\,s^{-1}$ gelöster Ionen folgt für $\bar{c} = 1\,M = 10^{-3}\,mol\,cm^{-3}$ der Wert $j_{D,max} = 5\,A\,cm^{-2}$. Die Stromdichte kann also auf sehr große Werte anwachsen. Bei dieser Elektrodengeometrie spielt allerdings auch die Verringerung des Spannungsabfalls im Elektrolyten mit abnehmendem Elektrodenradius eine entscheidende Rolle, der proportional zum Radius r_E ansteigt. Es können deshalb auch große Stromdichten in schlecht leitenden Elektrolyten mit geringer spezifischer Leit-

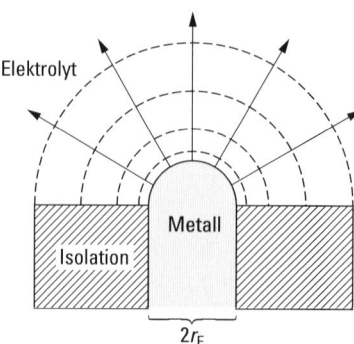

Abb. 6.46 Radialsymmetrischer Strom- bzw. Diffusionsverlauf (durchgezogene Pfeile) und Potential- bzw. Konzentrationsprofil (gestrichelte Kreise) bei einer hemisphärischen konvexen Elektrodenoberfläche vom Radius r_E.

fähigkeit eingestellt werden. Aus diesem Grunde werden Mikroelektroden dieser Dimension im Bereich der Elektroanalyse eingesetzt, insbesondere für den elektrochemischen Nachweis organischer Redoxsysteme in organischen Lösungsmitteln, die oftmals eine geringe Leitfähigkeit aufweisen. Ihre kleinen Ausmaße gestatten es auch, Konzentrationen mit hoher örtlicher Auflösung über deren Umsatz unter Bedingungen mit Diffusionskontrolle zu messen. Es sei an dieser Stelle auch auf das elektrochemische Rastermikroskop hingewiesen, das mit Ultramikroelektroden mit Radien von wenigen nm bis 25 µm arbeitet (Abschn. 6.6.7).

Auch die Anreicherung von Reaktionsprodukten vor der Elektrode kann zu einem diffusionskontrollierten Grenzstrom führen. So bewirkt eine intensive Metallauflösung eine Anreicherung von Metallsalzen vor der Elektrode, die schließlich zur Sättigung bzw. Übersättigung und zu einer Konzentrationsfällung an der Elektrodenoberfläche führt. Derartige Phänomene spielen in der Technik eine große Rolle bei Metallauflösung zur Formgebung von Werkstücken (engl.: *electrochemical machining*), beim Elektropolieren von Metalloberflächen und bei lokaler Korrosion, der so genannten Lochkorrosion. Derartige dünne Salzschichten, eventuell auch stark übersättigte Elektrolytfilme, haben eine regulierende Bedeutung und werden für einen gleichmäßigen Metallabtrag unabhängig von der Struktur der Metalloberfläche verantwortlich gemacht. Sie sind der eigentliche Grund für den Elektropoliereffekt.

6.5.6 Potentialabfall im Elektrolyten

Ein hoher Stromfluss führt im Elektrolyten zu Ohm'schen Potentialabfällen ΔU_Ω, die sich als Spannungsabfall zwischen der Elektrodenoberflächen und der Haber-Luggin-Kapillaren der Bezugselektrode aufprägen (Abb. 6.47). Eine Potentialeinstellung ist daher um den Betrag ΔU_Ω falsch. Durch eine interne Regelung im Potentiostaten kann ΔU_Ω allerdings weitgehend kompensiert werden. Bei sehr großen Stromdichten kann es vorteilhaft sein, den stromproportionalen Spannungsabfall

experimentell zu ermitteln oder zu berechnen. Eine Berechnung ist insbesondere im
Falle lokal stark variierender Stromdichten auf der Elektrodenoberfläche erforderlich, um das aktuelle, lokale Potential zu kennen. Bei einer sich homogen verhal-
tenden, flächenhaften Elektrode in einem Elektrolyten der spezifischen Leitfähigkeit
κ gilt eine einfache Proportionalität zwischen dem Widerstand R_Ω, dem Potentialabfall ΔU_Ω und der Entfernung x von der Oberfläche:

$$R_\Omega = \frac{x}{\kappa}; \quad \Delta U_\Omega = \frac{x\,j}{\kappa}. \tag{6.120}$$

Für eine kugel- oder halbkugelförmige Elektrode mit dem Radius r_E gilt für zunehmende Entfernung r nach einfacher geometrischer Überlegung

$$R_\Omega = \frac{r \cdot r_E}{\kappa(r + r_E)}; \quad \Delta U_\Omega = \frac{r \cdot r_E\,j}{\kappa(r + r_E)}. \tag{6.121}$$

Der größte Potentialabfall erfolgt hier ähnlich wie beim Konzentrationsgefälle bei
diffusionskontrollierten Prozessen in der Nähe der Elektrodenoberfläche (siehe

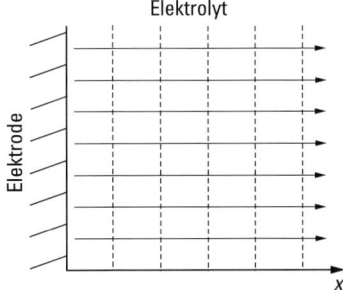

Abb. 6.47 Linearer Strom- und Diffusionsverlauf (durchgezogene Pfeile) bzw. Konzentra-
tions- und Spannungsprofil (gestrichelte Linien) senkrecht zu einer flächenhaften Elektrode.

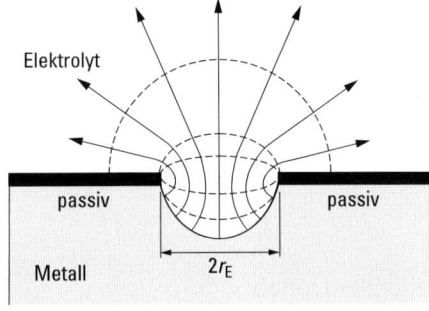

Abb. 6.48 Radialsymmetrischer Strom- und Diffusionsverlauf (durchgezogene Pfeile) bzw.
Konzentrations- und Spannungsprofil (gestrichelte Linien) bei einer konkaven hemisphärischen Elektrodenoberfläche vom Radius r_E (Lochfraß auf passiven Metallen).

Abb. 6.46). Komplizierter werden die Verhältnisse bei konkav gekrümmten Halb-kugeln (Abb. 6.48). Hier gibt es keine einfache analytische Lösung. Numerisch lässt sich zeigen, dass der Potentialabfall in und um ein halbkugelförmiges Loch bis zum Lochboden ca. dreimal so groß ist wie bei einer konvex gekrümmten Elektroden-fläche [77, 78]. Diese Überlegungen spielen bei intensiver lokaler Metallauflösung wie bei der Lochkorrosion eine Rolle (s. a. Abschn. 6.6.3, Abb. 6.63).

6.5.7 Trennung der Überspannungen

Die verschiedenen Überspannungen addieren sich entsprechend Gl. (6.75) zur Ge-samtüberspannung. Eine Auftrennung gelingt experimentell durch Ein- bzw. Um-schaltmessungen, da sich das Elektrodenpotential und die Konzentrationsprofile vor der Elektrode erst in der zeitlichen Abfolge einstellen müssen. Zur Analyse dieser Vorgänge wird ein sprungartiger Wechsel des Potentials bzw. der vorgegebene Strom-dichte in Zeiten von weniger als 1 µs gewählt. Zunächst stellt sich der Ohm'sche Spannungsabfall ein, dann erfolgt die Umladung der Doppelschicht im Bereich von einigen Mikrosekunden bis wenigen 10 µs, und die Elektrode unterliegt der Durch-trittskontrolle. Anschließend stellt sich das Konzentrationsprofil vor der Elektrode mit der zugehörigen Diffusionsüberspannung ein.

Den Ohm'schen Spannungsabfall ΔU_Ω beziehungsweise den zugehörigen Wider-stand R_Ω ermittelt man am besten durch galvanostatische Einschaltmessungen. Dem momentanen Potentialsprung ΔU_Ω folgt die Aufladung der Elektrode entsprechend dem Aufladen eines Kondensators mit einer zugehörigen Zeitkonstante, so dass ΔU_Ω ausreichend genau abgetrennt werden kann. Bei der Serienschaltung einer typischen Elektrodenkapazität von ca. $C_D = 20\,\mu F\,cm^{-2}$ und einem Ohm'schen Widerstand von $R_\Omega = 0.1\,\Omega\,cm^2$ ergibt sich eine Zeitkonstante von $R_\Omega C_D = 2\,\mu s$. Eine genaue Analyse des zeitlichen Übergangs von der Durchtritts- zur Diffusionskontrolle bei ausreichend großer Stromdichte für potentiostatische Transienten zeigt, dass man bei einer Auftragung j gegen $\sqrt{t}$ mit Extrapolation $t \to 0$ die Stromdichte mit reiner Durchtrittskontrolle erhält, während bei einer Auftragung j gegen $1/\sqrt{t}$ mit Extra-polation $1/\sqrt{t} \to 0$ die Stromdichte mit reiner Diffusionskontrolle bestimmt wird. Dieser Analyse liegt die Verringerung der Stromdichte aufgrund des sich einstellen-den Konzentrationsprofils und der damit verbundenen Diffusionsüberspannung nach der Gleichung von Cotrell zugrunde [79]. Die Kombination der sich aufbauen-den Diffusionsüberspannung mit der Durchtrittsüberspannung wurde von verschie-denen Autoren behandelt und ist in dem Buch von Vetter ausführlich erläutert [80]. Die oben angeführten Auswertungen ergeben sich dann als Grenzfälle für kurze bzw. lange Zeiten [81].

6.5.8 Elektronentransfer an Halbleiterelektroden

Die Verhältnisse an Halbleiterelektroden sind deutlich von denen an Metallen ver-schieden. Auch bei ausreichender Dotierung von bis zu 10^{19} Fremdatomen pro cm^3 ist die Zahl beweglicher Ladungsträger im Halbleiter deutlich kleiner als im Elekt-

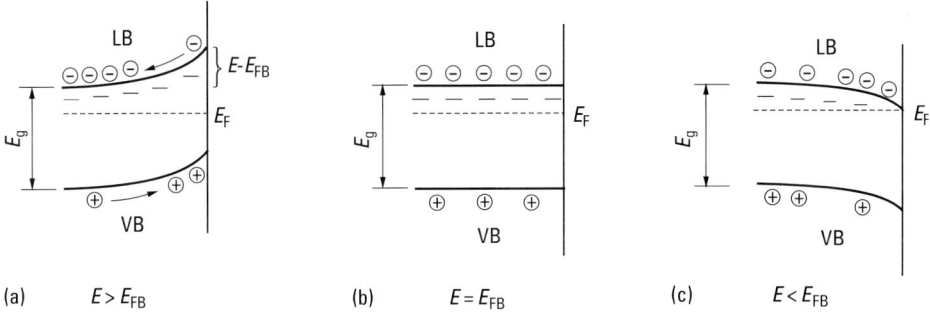

Abb. 6.49 n-Halbleiter mit Valenzband VB, Leitungsband LB, Bandabstand E_g und Fermi-Niveau E_F für (a) $E > E_{Fb}$, (b) $E = E_{Fb}$ (Flachbandfall) und (c) $E < E_{Fb}$.

rolyten, die bei Lösungen mit 1 M $6 \cdot 10^{20}$ cm^{-3} beträgt. Als Folge davon bildet sich eine diffuse Raumladungsschicht im Halbleiter aus, die einen großen Anteil des Potentialabfalls aufnimmt. Bei Metallen sind die Verhältnisse bekanntlich umgekehrt. Der Potentialabfall findet dort im Elektrolyten, d. h. in der starren und diffusen Doppelschicht, statt. Die Ladungsträgerdichte in einem Metall beträgt ca. 10^{23} cm^{-3} und ist damit deutlich größer als die im Elektrolyten, so dass kein Potentialabfall in seinem Inneren auftritt. Bei einem Halbleiter ohne Dotierung mit Donatoren oder Akzeptoren, d. h. bei einem intrinsischen Halbleiter, liegt das Fermi-Niveau in der Mitte des Bandabstandes. Bei hoher Dotierung liegt es in der Nähe der Donator- bzw. Akzeptorterme. Potentialänderungen werden also vornehmlich in der Raumladungsrandschicht des Halbleiters lokalisiert mit einer daraus folgenden potentialabhängigen Bandverbiegung. Abb. 6.49 stellt die Verhältnisse mit dem Leitungs- und Valenzband mit Bandabstand E_g und der Donatorkonzentration n_D für einen n-Halbleiter dar. Die Raumladungsrandschicht d_{HI} erstreckt sich von der Oberfläche in das Innere des Halbleiters. Hier ist wieder die Debye-Länge entscheidend, die mit zunehmender Konzentration der Ladungsträger und damit mit zunehmender Donatorkonzentration abnimmt. In Gl. (6.40b) muss lediglich der für den Elektrolyten spezifische Ausdruck $2 N_L I$ mit der Ionenstärke I durch n_D ersetzt werden:

$$\beta = \sqrt{\frac{\varepsilon \varepsilon_0 kT}{e_0^2 n_D}} \, . \tag{6.122}$$

Die Abhängigkeit von d_{HI} vom Elektrodenpotential E ist durch Gl. (6.123) gegeben:

$$d_{HI} = \beta \sqrt{\frac{2 e_0 (E - E_{Fb})}{kT}} \, . \tag{6.123}$$

Mit positiver werdendem Elektrodenpotential senkt sich die Energie der Elektronen im inneren Halbleiter gegenüber der Grenzfläche zum Elektrolyten ab, was zu einer zunehmenden Aufwölbung der Bänder führt (vgl. Abb. 6.49a). Die Donatoren haben ihr Elektron weitgehend abgegeben und die Majoritätsträger des n-Halbleiters, d. h. die Elektronen in der Raumladungsrandschicht, fließen dem Potentialgefälle folgend in das Innere des Halbleiters ab. Man spricht hier von einer Verarmungsrandschicht. Die Minoritätsträger, d. h. die positiven Löcher, reichern sich an der Halbleiteroberfläche im Valenzband an. Die Abweichung des Elektrodenpotentials vom Flachbandpotential $E - E_{Fb}$ ist die Bandverbiegung. Bei $E = E_{Fb}$ verschwindet die Bandverbiegung, die Bänder verlaufen für diesen Fall horizontal bis zur Oberfläche des Halbleiters (Abb. 6.49b). Bei einem angelegten Potential $E < E_{Fb}$ liegt eine Abwölbung der Bänder vor (Abb. 6.49c), und die Elektronen des Leitungsbandes werden an der Oberfläche angereichert. Man erhält demnach für diese Situation eine Anreicherungsrandschicht. Bei einem p-Halbleiter liegen die Akzeptorniveaus und das Fermi-Niveau in der Nähe der Valenzbandkante und man hat die umgekehrten Verhältnisse, d. h. für $E < E_{Fb}$ eine Abreicherung der Defektelektronen im Valenzband (Majoritätsträger) und ein Anreicherung der Elektronen an der Oberfläche (Minoritätsträger). Für $E > E_{Fb}$ reichern sich umgekehrt die positiven Löcher an der Oberfläche an.

Die Kapazität eines Halbleiters in Kontakt mit einem Elektrolyten kann als eine Serienschaltung einzelner Kapazitäten aufgefasst werden. Bei ausreichend hoher Ionenstärke im Elektrolyten kann die diffuse Doppelschicht vernachlässigt werden und die Gesamtkapazität ergibt sich aus der Addition der reziproken Kapazitäten der starren Helmholtz-Schicht C_H und der Raumladungsrandschicht C_{Hl} des Halbleiters:

$$\frac{1}{C} = \frac{1}{C_H} + \frac{1}{C_{Hl}} \approx \frac{1}{C_{Hl}}. \tag{6.124}$$

C_H beträgt i. A. 10 bis 20 $\mu F\,cm^{-2}$. C_{Hl} ist deutlich kleiner, was einer größeren räumlichen Ausdehnung der Raumladungsrandschicht in den Halbleiter hinein entspricht, so dass $1/C$ annähernd gleich $1/C_{Hl}$ wird. Die Donatorenkonzentration lässt sich aus der Potentialabhängigkeit der Kapazität des Halbleiters mittels der Schottky-Mott-Gleichung

$$\frac{1}{C^2} = \frac{2}{e\,n}\left(E - E_{Fb} - \frac{kT}{e}\right) \tag{6.125}$$

ermitteln. Trägt man $1/C^2$ gegen E auf, ergibt sich der Schnittpunkt mit der Abszisse bei $E = E_{Fb}$. Aus dem Anstieg folgt die Konzentration der Ladungsträger n. Sie entspricht bei einem n-Halbleiter annähernd der Donatorkonzentration n_D bzw. bei einem p-Halbleiter der Akzeptorkonzentration. Abb. 6.50 zeigt ein Beispiel für Zinndioxidschichten unterschiedlicher Dotierung, die durch pyrolytische Zersetzung von $SnCl_4$ und Tetrabutylzinn gebildet wurden, teilweise auch durch Zugabe von $SbCl_5$ [82]. Die Extrapolation ergibt ein Flachbandpotential von 0.4 V gegen die gesättigte Kalomelelektrode entsprechend 0.16 V (SHE). Man erkennt den starken Einfluss der Ladungsträgerkonzentration bzw. Dotierung n_D, die aus dem Anstieg ermittelt wurde. Bei einem p-Halbleiter ergibt eine entsprechende Auftragung eine Gerade mit negativem Anstieg.

Ein Elektronentransfer zwischen den Redoxspezies im Elektrolyten und der Halbleiterelektrode befolgt das gleiche Prinzip, wie es bei den Metallen bereits diskutiert wurde. Als Beispiel soll hier der Elektronentransfer bei einem n-Halbleiter wie z. B. dem SnO_2 diskutiert werden. Bei kathodischer Überspannung ist das Fermi-Niveau des Halbleiters um $e\,\eta$ gegenüber dem des Redoxsystems zu höheren Energien ver-

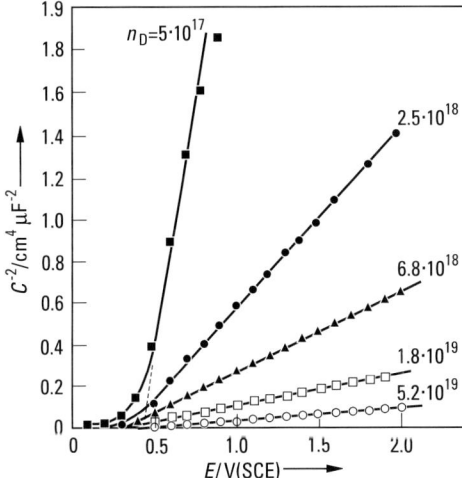

Abb. 6.50 C^{-2}/E-Auftragung nach Schottky und Mott für SnO$_2$-Elektroden mit unterschiedlicher Donatorenkonzentration n_D/Teilchen cm^{-3} in 0.5 M H$_2$SO$_4$ [82].

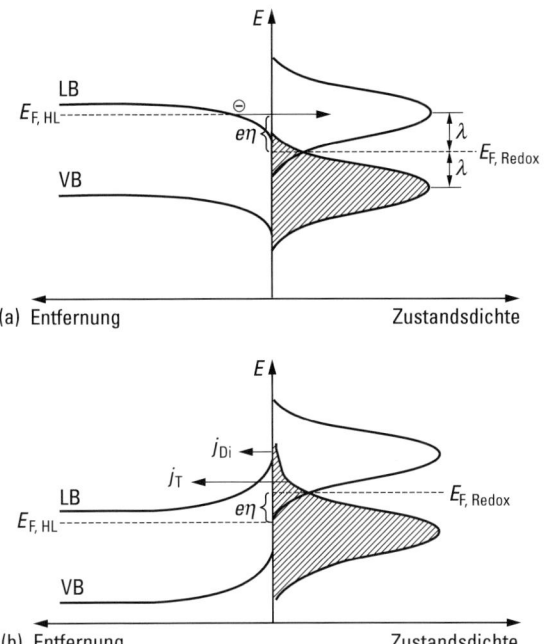

Abb. 6.51 Ladungstransfer zwischen einem n-Halbleiter und Energieniveaus eines Redoxsystems im Elektrolyten mit (a) negativer und (b) positiver Überspannung. η, j_{Di}, direkter Ladungstransfer; j_T, Ladungstransfer mit Durchtunneln der Raumladungsrandschicht. $\lambda = E_\lambda =$ Solvensreorganisationsenergie.

schoben mit einer Abwölbung der Bänder zum Elektrolyten hin (Abb. 6.51 a). Als Folge davon liegen die Niveaus dicht über der Leitungsbandkante denen der oxidierten Komponente gegenüber. Die Elektronen des Leitungsbandes, d. h. die Majoritätsträger des n-Halbleiters liegen daher direkt den freien Niveaus der oxidierten Komponente Ox im Elektrolyten gegenüber. Sie fließen der Bandverbiegung und damit dem Potentialgefälle folgend vom Inneren des Halbleiters an die Halbleiteroberfläche und werden dort angereichert (Anreicherungsrandschicht). Sie gehen mit einem Tunnelschritt auf die Spezies Ox im Elektrolyten über, die damit zu Red wird. Der Strom-Spannungs-Verlauf ähnelt dem eines Metalls. Die halblogarithmische Tafelauftragung für das Redoxsystem Fe^{2+}/Fe^{3+} von Abb. 6.52 zeigt für den kathodischen Teil bei $E < 0.5\,V$ einen entsprechenden steilen Verlauf [82].

Bei anodischer Überspannung sind die Verhältnisse grundlegend anders. Für diesen Fall ist das Fermi-Niveau des Halbleiters um $e\,\eta$ gegenüber dem des Redoxsystems zu niedrigerer Elektronenenergie verschoben (Abb. 6.51 b). Als Folge davon stehen überwiegend besetzte Niveaus der reduzierten Komponente Red den leeren des Leitungsbandes gegenüber. Unter diesen Bedingungen können Elektronen von Red nur begrenzt in das Leitungsband direkt übertreten. Hierfür gilt Gl. (6.105). Der überwiegende Teil der Elektronen muss durch die Raumladungsrandschicht tunneln, die durch die Bandverbiegung entsteht. Hierfür muss der Ausdruck von Gl. (6.105) mit der Tunnelwahrscheinlichkeit der Elektronen durch die Raumladungsrandschicht multipliziert werden, die sich mit dem Potential und der Dotierung des Halbleiters in Form und Größe ändert. Folglich setzt sich der gemessene kathodische Strom aus zwei Anteilen der direkten Stromdichte j_{Di} und der Tunnelstromdichte j_T zusammen. Die Integration über die bei dem Transfer beteiligten Energieniveaus ergibt die entsprechenden Teilströme, die sich zu dem messbaren Gesamtstrom addieren. Mit zunehmender Überspannung und damit größerer Bandverbiegung steigt die Überlappung von Zuständen von Red mit denen des Leitungsbandes und somit insbesondere j_T, nicht jedoch j_{dir}. Je höher die Dotierung des n-Halbleiters ist, umso weniger weit erstreckt sich die Bandverbiegung in den Halbleiter, umso kleiner wird die Tunnelstrecke und umso größer wird der Tunnelstrom.

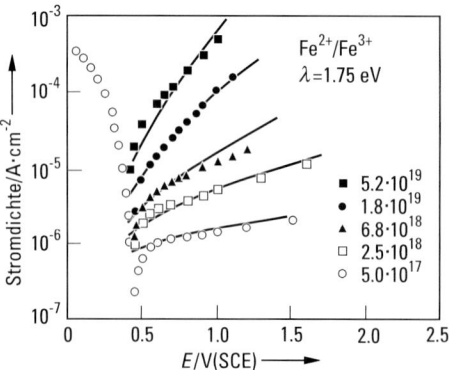

Abb. 6.52 Stromdichte-Potential-Kurve verschiedener n-dotierter SnO_2-Elektroden mit $0.05\,M$ Fe^{2+}/Fe^{3+} in $0.5\,M$ H_2SO_4. Durchgezogene Kurven sind berechnet [82].

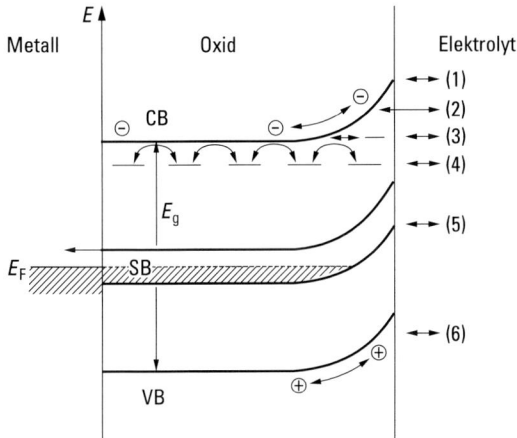

Abb. 6.53 Die verschiedenen Wege des Ladungstransfers an einer oxidbedeckten Metallelektrode. (1) Direktes Tunneln ins Leitungsband, (2) Tunneln durch die Raumladungsrandschicht, (3) Tunneln über Oberflächenzustände, (4) Perkolation über lokalisierte Zustände im verbotenen Zwischenbandbereich, (5) Transfer über ein Subband, (6) Tunneln in den Valenzbandbereich.

Die anodischen Teile der Tafelauftragung von Abb. 6.52 zeigen bei kleiner Dotierung sehr geringe Ströme, die allerdings mit der Dotierung steigen. Bei $n = 5.2 \cdot 10^{19}\,cm^{-3}$ erhält man schon einen recht steilen Verlauf der Tafelgeraden [82].

Die n-Halbleiter/Elektrolyt-Kombination zeigt also Diodenverhalten mit großen kathodischen Strömen in Durchlass- und kleinen anodischen Strömen in Sperrrichtung. Durch eine ausreichend hohe Dotierung nähert sich das Verhalten dem einer Metallelektrode. Die quantitative Auswertung und Berechnungen ergeben gute Übereinstimmung der Strom-Spannungs-Beziehung. Die aus der Auswertung folgende Solvensreorganisationsenergie beträgt in annähernder Übereinstimmung an SnO_2-Elektroden und an einer Platinelektrode für das diskutierte Fe^{2+}/Fe^{3+}-Sytem $E_\lambda = 1.2$ bzw. $1.5\,eV$ [82].

Ähnliche Verhältnisse erhält man bei dünnen Deckschichten auf Metallelektroden (Abb. 6.53). Für einen anodischen Strom sind neben dem direkten Elektronentransfer von Red in das Leitungsband (1) und dem Tunneln durch die Raumladungsrandschicht (2) ein Transfer über Oberflächenzustände (3) und ein Hüpfmechanismus über lokalisierte Zustände im verbotenen Bandbereich (4) zu diskutieren. Schließlich ist noch ein direkter Transfer zu den durch die Bandverbiegung angereicherten Defektelektronen an der Oberfläche des Valenzbandes möglich (6). Oberflächenzustände sind auch bei wohlgeordneten Halbleitern bekannt. Es bleibt allerdings oft deren chemische Bedeutung unklar. Lokalisierte Zustände im Inneren einer dünnen Deckschicht sind charakteristisch für stark gestörte halbleitende anodische Deckschichten. Bei genügend hoher Dichte ist ein Leitungsmechanismus durch Hüpfen über diese Zustände möglich. In manchen Fällen, wie z. B. bei kristallinem Kupfer(I)oxid (Cu_2O), schließt man aus Leitfähigkeitsmessungen sogar auf die Existenz eines Zwischenbandes (Subband, SB), über das eine elektronische Leitung erfolgen kann [84–

86] (Mechanismus (5) in Abb. 6.53). In vielen Fällen hat man es allerdings eher mit lokalisierten Zuständen in der Nähe der Kante des Leitungs- oder des Valenzbandes zu tun. Sie führen zu einem diffusen Verlauf der Photostromspektren, da sie den Bandabstand verringern. Dieses so genannte Urbach-Tailing hat gerade bei den elektronischen Eigenschaften von anodischen Deckschichten Bedeutung und wird im nächsten Abschnitt (6.5.9) nochmals diskutiert (Mechanismus (4) in Abb. 6.53).

6.5.9 Photoelektrochemie

Der Umsatz von Redoxsystemen und die Strom-Spannungs-Kurven haben gezeigt, dass die Grenzfläche Halbleiter/Elektrolyt ähnliche Eigenschaften besitzt, wie der p-n-Übergang einer Halbleiterdiode. Diese Eigenschaft tritt besonders bei Photostrommessungen hervor, was zu der Vorstellung führte, Halbleiterelektroden als elektrochemische Solarzellen zu verwenden. Leider arbeiten die bisher untersuchten Systeme nicht effizient genug bzw. sind nicht ausreichend langzeitstabil.

Fällt auf eine Halbleiterelektrode Licht, so werden Elektronen aus dem Valenz- in das Leitungsband angehoben, sofern die Anregungsenergie die Energie des Bandabstandes E_g erreicht bzw. übersteigt. Der Potentialabfall in der Raumladungsrandschicht eines n-Halbleiters sorgt dafür, dass die Elektronen in das Innere der Elektrode gezogen werden und sich die positiven Löcher an seiner Oberfläche im Valenzband ansammeln. Dort können sie dann mit Redoxsystemen im Elektrolyten abreagieren (Abb. 6.54). Das elektrische Feld in der Raumladungsrandschicht sorgt also dafür, dass die Ladungsträgerpaare effektiv räumlich getrennt werden und so nicht mehr rekombinieren können. Des weiteren können auch Elektronen aus einer nicht zu großen Entfernung im Innern des Halbleiters durch Diffusion in den Bereich

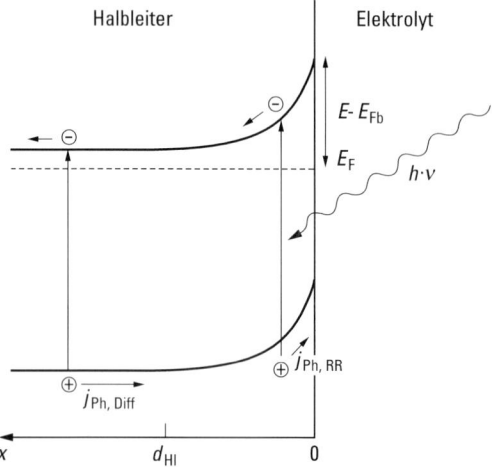

Abb. 6.54 Photostrom an der Phasengrenze eines n-Halbleiters zum Elektrolyten. Trennung der Ladungsträgerpaare in der Raumladungsrandschicht der Dicke d_{Hl} mit Stromanteil $j_{Ph,RR}$ und Beitrag $j_{Ph,Diff}$ durch Diffusion der Defektelektronen.

der Bandverbiegung gelangen und so zum gemessene Photostrom beitragen ($j_{\mathrm{Ph,Diff}}$).
Bei einem Fluss Φ_0 von Photonen der Energie $h\nu$ auf die Halbleiteroberfläche mit
einem Absorptionskoeffizienten α folgt

$$j_{\mathrm{Ph,RR}} = -e_0\,\Phi_0 \int\limits_{x=0}^{d_{\mathrm{HI}}} \alpha\,\mathrm{e}^{-\alpha x}\,\mathrm{d}x = -e_0\,\Phi_0(\mathrm{e}^{-\alpha d_{\mathrm{HI}}} - 1) \tag{6.126}$$

für den in der Raumladungsrandschicht der Dicke d_{HI} generierten Photostrom $j_{\mathrm{Ph,RR}}$.
Unter Verwendung von Gl. (6.122) und (6.123) für d_{HI} und unter der Annahme einer
großen optischen Eindringtiefe gegenüber der Dicke der Raumladungsrandschicht
($1/\alpha \gg d_{\mathrm{HI}}$) folgt schließlich die Photostromdichte mit

$$j_{\mathrm{Ph}} = \alpha\,e_0\,\Phi_0\,\beta\,\sqrt{\frac{2\,e_0(E - E_{\mathrm{Fb}})}{kT}} \tag{6.127}$$

in Abhängigkeit von der Bandverbiegung, d. h. von der Abweichung des potentio-
statisch aufgeprägten Elektrodenpotentials E vom Flachbandpotential E_{Fb}. Hierfür
wurde der Exponentialausdruck in einer Taylor-Reihe entwickelt und beim linearen
Glied abgebrochen.

Diese Beziehung gestattet es, E_{Fb} aus einer Auftragung des Photostroms gegen
die Wurzel des Elektrodenpotential durch Extrapolation auf $j_{\mathrm{Ph}} = 0$ zu bestimmen.
Zu dem in der Raumladungsrandschicht generierten Photostrom kommt i. A. noch
der Anteil durch Diffusion der positiven Löcher im Valenzband zur Raumladungsrandschicht und zur Halbleiteroberfläche $j_{\mathrm{Ph,Diff}}$:

$$J_{\mathrm{Ph,ges}} = j_{\mathrm{Ph}} + j_{\mathrm{Ph,Diff}} = e\,\Phi_0\,\frac{1 - \mathrm{e}^{-\alpha d_{\mathrm{HI}}}}{1 + \alpha\,L_{\mathrm{P}}}. \tag{6.128}$$

Dieser Anteil kann vernachlässigt werden, wenn die optische Länge $1/\alpha$ groß gegen
die Diffusionslänge der Minoritätsladungsträger L_{P} ist ($\alpha\,L_{\mathrm{P}} \ll 1$), und Gl. (6.128)
geht in Gl. (6.126) bzw. (6.127) über.

Eine weitere wichtige Beziehung folgt, wenn in Gl. (6.126) die Abhängigkeit des
Absorptionskoeffizienten α von der Anregungsenergie $h\nu$ in der Nähe des Wertes
des Bandabstandes E_{g} durch

$$\alpha = \mathrm{const.}\,\frac{(h\nu - E_{\mathrm{g}})^{\frac{n}{2}}}{h\nu} \tag{6.129}$$

eingeführt werden kann. Die resultierende Gleichung

$$\frac{h\nu\,j_{\mathrm{Ph}}}{e_0\,\Phi_0} = \eta_{\mathrm{eff}}\,h\nu = \mathrm{const.}\,\sqrt{E - E_{\mathrm{Fb}}}\,d_{\mathrm{HI}}(h\nu - E_{\mathrm{g}})^{\frac{n}{2}} \tag{6.130}$$

ermöglicht es, durch eine Auftragung der Effizienz η_{eff} des Photostroms gegen die
Anregungsenergie $h\nu$ den Bandabstand E_{g} durch Extrapolation zu bestimmen. Der
Exponent n berücksichtigt, ob es sich bei der Photoanregung der Elektronen um
einen direkten oder einen indirekten Übergang, d. h. einen optischen Übergang mit
Erhalt oder Änderung des Impulses der Elektronen, handelt. Häufig zeigen die indirekten Übergänge einen kleineren Bandabstand, da der Energieunterschied der
beteiligten besetzten Zustände im Valenzband und der unbesetzten im Leitungsband

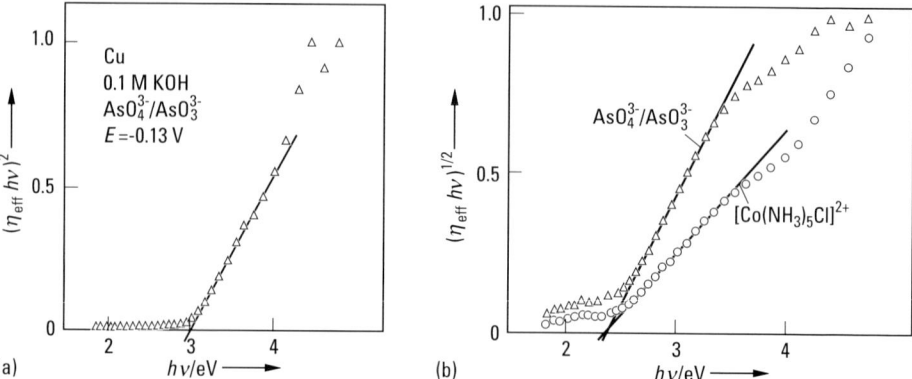

Abb. 6.55 (a) Auftragung von $(\eta_{\mathrm{eff}} h v)^2$ gegen $h v$ für Cu mit Cu_2O-Deckschicht in 0.1 M KOH mit 0.002 M AsO_4^{3-}/0.001 M AsO_3^{2-} als Redoxsystem zur Ermittlung des direkten Bandabstandes [86]. (b) Auftragung von $(\eta_{\mathrm{eff}} h v)^{1/2}$ gegen $h v$ für Cu mit Cu_2O-Deckschicht in 0.1 M KOH mit 0.002 M AsO_4^{3-}/0.001 M AsO_3^{2-} bzw. 0.005 M $Co[NH_3)_5Cl]Cl_2$ als Redoxsysteme zur Ermittlung des indirekten Bandabstandes. Man beobachtet einen Urbach-Tail für $h v < 2.3$ eV [86].

kleiner als der der beteiligten Zustände bei einem direkten Übergang ist. Abb. 6.55a und b geben ein Beispiel für eine anodische Cu_2O-Schicht auf Cu-Metall. Für $n = 1$ ergibt die Auftragung von $(\eta_{\mathrm{eff}} h v)^2$ gegen $h v$ einen direkten Bandabstand von $E_g = 3.0$ eV. Hingegen folgt für $n = 4$, mit $\sqrt{\eta_{\mathrm{eff}} h v}$ gegen $h v$ aufgetragen, ein Bandabstand für einen indirekten Übergang von $E_g = 2.3$ eV.

$$(\eta_{\mathrm{eff}} h v)^2 = \mathrm{const.}(h v - E_g) \quad \text{für } n = 1, \text{ direkter Übergang}$$

$$\sqrt{\eta_{\mathrm{eff}} h v} = \mathrm{const.}(h v - E_g) \quad \text{für } n = 4, \text{ indirekter Übergang}$$

Die Abb. 6.55b zeigt bei kleineren Energien als $E_g = 2.3$ eV das bereits erwähnte Urbach-Tailing über einen Energiebereich von ca. 1 eV. Dies ist ein deutlicher Hinweis auf eine hohe Zustandsdichte im verbotenen Zwischenbandbereich bzw. auf die Existenz eines Zwischenbandes. Diese Zustände werden zur Erklärung der Umsetzung von Redoxsystemen an oxidbedecktem Kupfer ohne Beleuchtung und zur Abbildung von Cu_2O-Schichten auf Cu mit STM benötigt. Beide Prozesse erfordern einen Elektronentransfer über Niveaus im verbotenen Bereich zwischen den Bändern.

6.6 Einige Anwendungen elektrochemischer Methoden und Konzepte

In der Einleitung zu diesem Kapitel wurden bereits wesentliche Stichworte zur Anwendung der Elektrochemie in Forschung und Entwicklung und der Ausstrahlung ihrer Konzepte auf andere Bereiche erwähnt, von der Energieerzeugung und -speicherung über Analytik und Korrosion, bis hin zu den Prozessen in biologischen Zellen. Die Behandlung dieses breiten Spektrums würde den Rahmen eines Buchkapitels bei Weitem sprengen. Deshalb sollen im folgenden Teil nur einige wichtige Bereiche exemplarisch gestreift werden.

6.6.1 Elektrochemische Solarzellen

Der Diodencharakter der Phasengrenzfläche Halbleiter/Elektrolyt hat viele Aktivitäten ausgelöst, Solarzellen mit dem Ziel aufzubauen, die Energie des Lichtes als elektrische Energie direkt zu nutzen oder in Form anderer Energieträger zu speichern, wie z. B. als elektrochemisch erzeugter Wasserstoff. Hiernach gibt es zwei Konzepte, die in Abb. 6.56a und b skizziert sind. Durch Lichtabsorption werden Ladungsträgerpaare im Halbleiter erzeugt, die in dessen Raumladungsrandschicht getrennt werden. Bei dem direkten Verbrauch elektrischer Energie werden die Defektelektronen an der Halbleiteroberfläche akkumuliert und reagieren mit einem

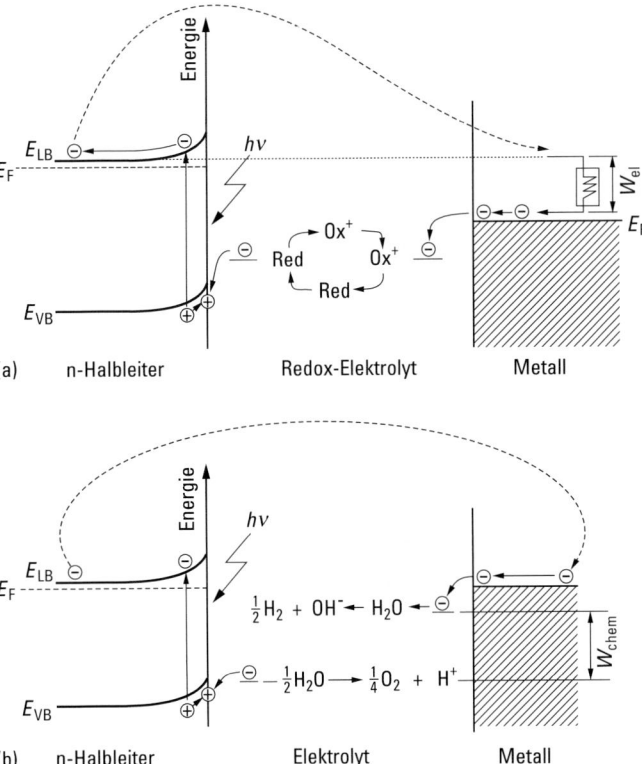

Abb. 6.56 (a) Elektrochemische regenerative Solarzelle mit einem n-Halbleiter zur direkten Erzeugung von elektrischer Arbeit W_{el}. (b) Elektrochemische Solarzelle mit einem n-Halbleiter zur Erzeugung von H_2 als Energieträger durch Wasserzersetzung. Chemische Arbeit W_{chem} wird erzeugt.

vorgelegten Redoxsystem wie z. B. mit $[Fe(CN)_6]^{4-/3-}$. Dabei wird Red durch Abgabe eines Elektrons an das Valenzband in Ox oxidiert (Abb. 6.56a). Die energiereichen Elektronen im Leitungsband gelangen über einen Verbraucher in das Metall der Gegenelektrode und treten von dort auf die Spezies Ox im Elektrolyten über, wodurch Red regeneriert wird. Der Energieunterschied zwischen dem Fermi-Niveau des Halbleiters und dem des Metalls der Gegenelektrode steht als nutzbringende Arbeit w_{el} zur Verfügung. Von der ursprünglich aufgenommenen Gesamtenergie, die dem Bandabstand E_g entspricht, geht der Anteil verloren, der der Bandverbiegung entspricht. Bei der Erzeugung chemischer Energieträger w_{chem} oxidieren die Defektelektronen z. B. Wasser (Red) und erzeugen Sauerstoff (Ox) (Abb. 6.56b). Die Photoelektronen des Leitungsbandes fließen zur Gegenelektrode und erzeugen dort Wasserstoff (Red), der als Energieträger zur weiteren Nutzung zur Verfügung steht.

Geeignete Halbleiter sollten einen Bandabstand haben, der möglichst in der Nähe des Maximums der solaren Abstrahlung liegt. Hier sind GaAs ($E_g = 1.4\,eV$), CdTe ($E_g = 1.5\,eV$) und CdSe ($E_g = 1.7\,eV$) geeignete Materialien bei 1.2 bis 1.5 eV. Zu hohe Bandabstände schneiden einen zu großen Bereich des Solarspektrums zu kleinen Energien hin ab, da nur Energien $\geq E_g$ zur Absorption und damit zu Photostrom führen. Leider sind sie nicht ausreichend stabil gegenüber Photokorrosion. Silicium ist mit $E_g = 1.1\,eV$ zwar kein idealer Halbleiter, da die erreichbare Zellspannung mit E_g sinkt, ist aber aus anderen Gründen ein weit verbreitetes Material für Festkörpersolarzellen bestehend aus einer Diode mit p- und n-dotiertem Material.

Die Zersetzung der Halbleiteroberfläche stellt ein wesentliches Problem bei der Verwendung der meisten Halbleitermaterialien für elektrochemische Solarzellen dar [87]. So unterliegt z. B. CdS einer Photooxidation zu sich lösendem Cd^{2+} und festem Schwefel, der die Oberfläche mit der Zeit abdeckt. Durch Polysulfidlösungen, d. h. gelöstem Na_2S_x, wird erreicht, dass der Schwefel als Na_2S_{x+1} fortgelöst wird, was aber trotzdem nicht zu einer Langzeitstabilität führt. Schließlich sind derartige alkalische Lösungen chemisch aggressiv, beschädigen also die kontaktierenden Materialien und absorbieren zudem Licht. TiO_2 wäre hinsichtlich seiner hohen Korrosionsstabilität ein gutes Material. Es könnte auch gut zur Wasserzersetzung verwendet werden [88]. Sein hoher Bandabstand von $E_g = 3.2\,eV$ gestattet allerdings nur, einen unbedeutenden Bereich des Solarspektrums auszunutzen. Durch sensibilisierende Farbstoffe wurde versucht, hier Abhilfe zu schaffen (Abschn. 6.6.4) [89]. Nach thermodynamischen Gesichtspunkten ist ein Halbleiter gegenüber Photokorrosion dann vollkommen beständig, wenn die Potentiale der kathodischen bzw. der anodischen Zersetzungsreaktion oberhalb der Leitungsbandkante bzw. unterhalb der Valenzbandkante liegen. Dann ist die Reaktion des Halbleiters mit den Photoelektronen oder Löchern energetisch nicht möglich. Diese Situation wird allerdings in der Natur nicht beobachtet. Liegt eines dieser Potentiale oder beide im verbotenen Bereich des Bandabstandes, so kann die entsprechende Zersetzungsreaktion stattfinden, d. h. Elektronen im Leitungsband stehen energetisch für eine Reduktion zur Verfügung und Löcher des Valenzbandes für eine Oxidation. Die um die Löcher oder Photoelektronen konkurrierende Umsetzung von zugegebenen Redoxsystemen kann sich stabilisierend auf das Halbleitermaterial auswirken.

Die Photokorrosion ist ein wesentliches Argument gegen elektrochemische Solarzellen. Verbindungshalbleiter wären andererseits gerade sehr interessant, wenn man durch die elektrochemische Abscheidung aus Lösungen großflächige Dünn-schichthalbleiter erzeugen könnte. Man könnte so die technisch aufwendige und hinsichtlich des Energieeinsatzes kostspielige Herstellung von Halbleiterschichten durch Zersägen großer Siliziumeinkristalle umgehen. Die Abscheidung von so ge-nannten II/VI-Halbleitern wie CdS, CdSe, CdTe, $CuInSe_2$ aus Metallsalzlösungen ist gut möglich und wird von einigen Arbeitsgruppen intensiv genutzt, um Solarzellen in Dünnschichttechnik aufzubauen. Prinzipiell ist jedoch zu sagen, dass die elekt-rochemischen Solarzellen sich nicht durchgesetzt haben und derzeit hauptsächlich p-n-dotierte Siliziumsolarzellen im Gebrauch sind. Der Ersatz durch andere Halb-leitermaterialien wird aber weiter verfolgt. Hierbei spielen gerade elektrochemisch abgeschiedene dünne Schichten eine Rolle. In diesem Bereich der Dünnschichttech-nik könnte ein wichtiger Beitrag der Elektrochemie liegen.

6.6.2 Anodische Deckschichten und Passivität

Bei der Kinetik an Elektrodenoberflächen spielen Deckschichten eine außerordent-lich große Rolle. Fast alle reaktiven Metalle bilden Deckschichten aus, wenn man von stark sauren Lösungen absieht, in denen sie bei einigen Metallen gut löslich sind. Selbst Edelmetalle wie Platin oder Gold bilden dünne Oxidschichten, wenn das Elektrodenpotential ausreichend positiv ist. So findet die Sauerstoffentwicklung selbst an Edelmetallen immer an oxidbedeckten Elektrodenoberflächen statt, aller-dings mit nur wenigen Monolagen Dicke. Meist handelt es sich um oxidische Deck-schichten, die aber auch hydroxidische Anteile haben können. Wie in Abschn. 6.2.3 dargelegt, kann die Schwerlöslichkeit der Oxide in neutralen und alkalischen Lö-sungen das Verhalten der Metalle bestimmen, d. h. die Oberflächen werden durch eine dünne Schicht geschützt und lösen sich nicht oder in nur unbedeutendem Maße auf. Hier besitzen die bereits diskutierten Pourbaix-Diagramme Bedeutung. Aller-dings enthalten sie nur Aussagen über Gleichgewichte, da ihnen lediglich thermo-dynamische Daten zugrunde liegen. Viele Metalle sind aber gerade in stark sauren Lösungen bei ausreichend positiven Potentialen stabil. Hier zeigen sich kinetische Eigenschaften der Systeme, die man nicht außer Acht lassen darf. Abb. 6.57 zeigt Strom-Spannungs-Kurven von Eisen, Chrom und Nickel in 0.5 M Schwefelsäure als typisches Beispiel. Bei dem Ruhepotential des Metalls kompensieren sich die anodische Metallauflösung und die kathodische Wasserstoffentwicklung. In katho-discher Richtung überwiegt der negative Strom der Wasserstoffentwicklung (hier nicht gezeigt), in positiver Richtung der positive Strom der anodischen Metallauf-lösung. Die Stromdichte erreicht bei Eisen einen Plateauwert von ca. $200\,\mathrm{mA\,cm^{-2}}$, bei dem sich durch Anreicherung von Korrosionsprodukten eine Fällungsschicht aus Eisen(II)sulfat bildet und die Stromdichte durch den begrenzenden Abtransport der Fe^{2+}-Ionen diffusionskontrolliert wird. Bei $E = 0.58$ V fällt die Stromdichte um ca. sechs Größenordnungen auf wenige $\mu A\,cm^{-2}$. Dieses Verhalten ist auf die Aus-bildung einer oxidischen Deckschicht zurückzuführen, die sich weit entfernt vom Lösungsgleichgewicht mit dem angrenzenden stark sauren Elektrolyten befindet. Hier ist offenbar der Transfer der elektrolytseitigen Fe^{3+}-Ionen in den Elektrolyten, d. h. die Auflösung des Oxides, gehemmt. Man unterscheidet demnach Metalle, die aufgrund der Schwerlöslichkeit ihrer Deckschichtoxide geschützt sind wie z. B. Al,

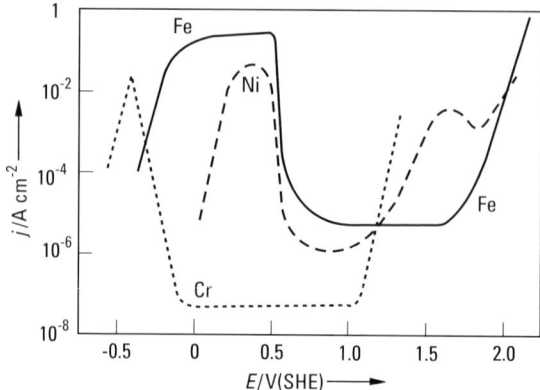

Abb. 6.57 Stromdichte-Potential-Kurven von drei passivierbaren Metallen in 0.5 M H_2SO_4 [86].

Cu und Zn in neutralen bis alkalischen Lösungen, und solche, die trotz guter Löslichkeit der Oxide geschützt sind. Im letzteren Falle wirkt die langsame Lösungskinetik des Oxides passivierend, was z. B. bei Metallen wie Fe, Cr, Ni, Stahl etc. in Säuren der Fall ist. Ab $E = 1.7$ V steigt die Stromdichte bei Eisen wieder an, da nun die Sauerstoffentwicklung möglich wird. Die Passivschicht des Eisens hat ausreichend halbleitende Eigenschaften, so dass die bei der Sauerstoffentwicklung freigesetzten Elektronen an das Metallsubstrat abfließen können. Ähnliche Verhältnisse findet man beim Nickel und Chrom, allerdings mit verschobenen Oxidbildungspotentialen (Abb. 6.57). Der Stromanstieg bei $E > 1.00$ V im so genannten Transpassivbereich bei beiden Metallen wird auf die Bildung von gut löslichen Ionen höherer Wertigkeitsstufe zurückgeführt wie Ni^{3+}- und $Cr_2O_7^{2-}$-Anionen mit $+6$-wertigem Chrom. Ni^{3+} ist allerdings in Lösung sehr unbeständig und konnte nicht nachgewiesen werden. In alkalischer Lösung bildet sich im Transpassivbereich eine schwer lösliche NiOOH-Deckschicht mit dreiwertigem Nickel, was durch XPS-Messungen belegt ist. Die weitere Potentialerhöhung führt dann ebenfalls zu einem zusätzlichen Stromanstieg unter Sauerstoffentwicklung (Abb. 6.57). Bei so genannten Ventilmetallen wie z. B. Aluminium, Hafnium und Tantal wird bis zu vielen 10 V kein Stromanstieg beobachtet. Ihre passivierenden Metalloxide sind Isolatoren und leiten Elektronen nicht ab, weshalb die Sauerstoffentwicklung unterbleibt. Lösliche Ionen höherer Wertigkeitsstufe entstehen ebenfalls nicht.

Die Untersuchung der passivierenden Deckschichtoxide mit oberflächenanalytischen Methoden wie XPS, AES, ISS und RBS zeigt deren genaue Zusammensetzung. Es handelt sich meist um Oxide eventuell mit einem Hydroxidanteil mit einer Dicke von nur wenigen nm. Die Schichtdicke wächst z. B. beim Eisen linear mit dem Potential. Der Potentialzuwachs wird in dem wachsenden Oxid aufgenommen und führt dabei zu einer sehr großen Feldstärke von einigen 10^6 V cm^{-1}. Das sind Werte, wie sie auch in der elektrolytischen Doppelschicht auftreten. Unter diesen Bedingungen wird der Transport von Ionen im Oxidgitter auch bei Zimmertemperatur möglich. Ähnlich wie der Transfer von Metallionen von der Oxidmatrix in den Elekt-

rolyten entspricht auch der Transfer durch die Deckschicht einer Migration in einem
großen elektrischen Feld. Hier gilt ähnlich der Herleitung der Butler-Volmer-Glei-
chung eine exponentielle Strom-Spannungs-Beziehung. Wandert ein Ion durch eine
Oxidmatrix, so geschieht das i. A. über Zwischengitterplätze oder über Fehlstellen
(Abb. 6.58). Um von einer Potentialmulde in die nächste zu gelangen, ist die Freie
Aktivierungsenthalpie $\Delta G_0^{\ddagger}$ erforderlich, die um die elektrische Arbeit auf den Wert

$$\Delta G^{\ddagger} = \Delta G_0^{\ddagger} - \frac{\alpha z F \Delta \varphi \, \delta}{d}$$

verringert wird. α hat als Symmetriefaktor eine ähnliche Bedeutung wie der Durchtrittsfaktor bei der Butler-Volmer-Gleichung, z ist die Ladung des Ions, $\Delta \varphi$ ist der
Potentialabfall im Oxid und d seine Dicke, $\Delta \varphi / d$ ist demnach die Feldstärke und
δ die Sprungdistanz, d. h. die Entfernung zwischen zwei Potentialmulden. Der Teil-
chenfluss bezogen auf die Flächeneinheit $A^{-1} \, \mathrm{d}n/\mathrm{d}t$ in $\mathrm{Mol \, s^{-1} \, cm^{-2}}$ bzw. die zugeordnete Stromdichte j ist durch

$$j = \frac{z F}{A} \frac{\mathrm{d}n}{\mathrm{d}t} = c \, \delta \, v \, e^{-\frac{\Delta G_0^{\ddagger}}{RT}} \, e^{\frac{\alpha z F \delta \Delta \varphi}{RTd}} = j_0 \, e^{\frac{\alpha z F \delta \Delta \varphi}{RTd}} \tag{6.131}$$

gegeben. Hierbei ist nur ein Transport der Kationen zum Elektrolyten und der Anionen in entgegengesetzter Richtung vorgesehen. Eine Wanderung entgegen dem elektrischen Feld findet nicht statt. Untersuchungen zum Oxidwachstum mit markierten
Tracern und Rutherford-Rückstreuung an dicken Oxidschichten auf Metallen wie
Aluminium und Tantal mit implantierten Edelgasmarkern haben gezeigt, dass meist
eine ähnliche Beweglichkeit der Anionen und Kationen vorliegt. Es tragen also prinzipiell beide Ionensorten zum Transport bei. Bei der Konzentration c beweglicher
Ladungsträger handelt es sich um Ionen auf Zwischengitterplätzen und in Gitter-
fehlstellen, die eine kleinere Freie Aktivierungsenthalpie benötigen als Ionen, die
auf den energetisch günstigeren Gitterplätzen sitzen. Sie tragen im Wesentlichen
den Ionenstrom durch die Oxidmatrix.

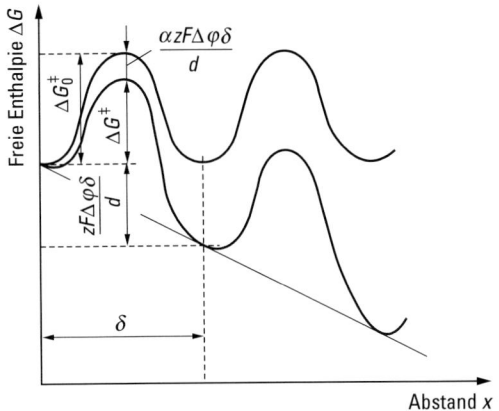

Abb. 6.58 Freie-Enthalpie-Abstands-Kurve in einer oxidischen Deckschicht zur Erläuterung
der Migration von Ionen im elektrischen Feld unter hoher elektrischer Feldstärke (Hochfeld-
Mechanismus).

Die elektronischen Eigenschaften dünner Deckschichten können mit den Methoden studiert werden, die auch auf kompakte Halbleiter angewendet werden. Neben Kapazitätsmessungen und der Kinetik des Umsatzes von Redoxsystemen im Elektrolyten kommen auch die Methoden der Photoelektrochemie zum Einsatz (siehe Abschn. 6.5.8 und 6.5.9). Aus dem Photostromspektrum erhält man bei geeigneter Auswertung nach Gl. (6.130) den Bandabstand. Die Potentialabhängigkeit des Photostroms ergibt mit Gl. (6.127) das Flachbandpotential. Schließlich kann durch UPS-Messungen (UV-Photoelektronen Spektroskopie, UPS) über die Schwellwertenergie die energetische Lage der oberen Kante des Valenzbandes und damit der Bänder in der Potentialskala ermittelt werden. Somit ist also auch deren Lage gegenüber Redoxsystemen im Elektrolyten und gegenüber der Fermi-Energie der Spitze einer STM-Anordnung bekannt. Man gewinnt also eine Vorstellung über die elektronischen Eigenschaften derartiger anodischer Deckschichten und deren Interpretation.

Über XPS-Messungen kennt man auch die genaue chemische Zusammensetzung der Deckschichten. Mit Synchrotronmethoden, d. h. XRD und XAS, und Rastermethoden wie STM und SFM kann man die Struktur derartiger Schichten bestimmen, die für deren passivierende Eigenschaften essentiell ist. Nach diesen Untersuchungen stellt man fest, dass diese Schichten gelegentlich amorph, häufig aber auch kristallin sind. In vielen Fällen sind die Schichten facettiert, womit die Spannungen bei der epitaktischen Anpassung der Schicht an das Substratmetall abgebaut werden. Als Beispiel sei eine In-situ-STM-Untersuchung einer anodischen Cu_2O-Schicht (Cuprit) auf einer Cu(111)-Einkristallfläche in Abb. 6.59a gezeigt [90]. Auf der Oberfläche erscheint bei atomarer Auflösung eine hexagonale Struktur, die mit einem Abstand von 0.3 nm dem Abstand und der Anordnung der Cu-Atome der (111)-Fläche des Cupritgitters entspricht. Mit AFM wird für die Bedingungen eine hexagonale Anordnung mit einem Parameter von 0.6 nm gefunden, die dem Abstand

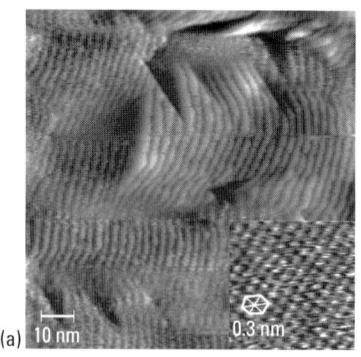 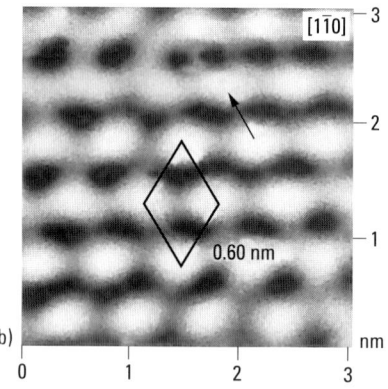

Abb. 6.59 (a) In-situ-STM-Aufnahme einer kristallinen facettierten anodischen Cu_2O-Schicht auf Cu(111) in 0.1 M NaOH mit hexagonaler Anordnung der Cu-Atome auf den schmalen Terrassen im Einsatz (Parameter 0.3 nm). Dies entspricht (111)-orientiertem Cuprit [86, 90]. (b) Aufnahme wie in Abb. 6.59a, jedoch mit SFM in 0.001 M NaOH bei $E = -0.2$ V mit hexagonaler Anordnung der O-Atome (Parameter 0.6 nm) entsprechend (111)-orientiertem Cuprit [91]. (STM: Rastertunnelmikroskopie; SFM: Rasterkraftmikroskopie.)

 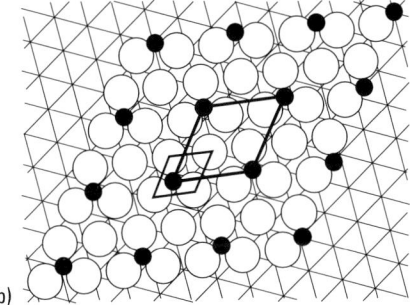

(a) [1 nm]   (b)

Abb. 6.60 (a) In-situ-STM-Aufnahme einer OH-Adsorptionsschicht auf Cu(111) in 0.1 M NaOH mit hexagonaler Anordnung der OH-Ionen (Parameter 0.6 nm) und ebenfalls hexagonaler Anordnung der obersten rekonstruierten Cu-Atome (Parameter 0.3 nm). (b) Modell zur Erläuterung der Details von (a) mit als Netz angedeuteter Struktur des Cu(111)-Substrats (Parameter 0.25 nm) [93]. (STM, Rastertunnelmikroskopie.)

der Sauerstoffatome im (111)-orientierten Cuprit entspricht (Abb. 6.59b) [91]. Die Facetten des Deckschichtoxides sind nur wenige Nanometer breit. Offenbar werden die Spannungen in der oxidischen Deckschicht durch die Facettierung abgebaut, die durch die Fehlanpassung bei dem epitaktischen Aufwachsen des Oxides auf die metallische Unterlage entstehen. Bei höheren Potentialen bildet sich auf dieser Cu_2O-Schicht die CuO-Lage einer Duplexschicht. Sie zeigt eine gänzlich andere Struktur mit großen, ≤ 20 nm breiten Tafeln und einer hexagonalen Anordnung der Cu-Atome mit einem Abstand von 0.28 nm, die der Struktur des Tenorits (CuO) mit (001)-Orientierung entspricht [90].

STM-Untersuchungen im Bereich von $E = -0.75$ V, d. h. weit negativer als das Bildungspotential des Cu_2O in 0.1 M NaOH, zeigen bereits eine Rekonstruktion der Cu(111)-Oberfläche verbunden mit einer OH-Adsorption. Die anodische Oxidbildung erfolgt erst ab $E = -0.25$ V. Die Struktur dieser Adsorbatschicht zeigt die hexagonale Anordnung der O^{2-}-Ionen der (111)-Fläche des Cuprits mit einem charakteristischen Abstand von 0.6 nm. Genauere STM-Aufnahmen zeigen, dass die dunklen Bereiche der Sauerstoffionen von hellen Markierungen der Cu-Atome mit einem Parameter von 0.3 nm umgeben sind (Abb. 6.60a) [92, 93]. Die hexagonale Anordnung der Metallatome auf einer Adsorbat-freien Cu(111)-Fläche hat einen kleinsten Abstand von 0.256 nm. Abb. 6.60b zeigt zur besseren Orientierung die Anordnung der Cu- und OH-Ionen der Adsorbatschicht sowie die ungestörte Substratoberfläche als Netz. Die Struktur der unrekonstruierten Cu(111)-Oberfläche konnte nicht mit STM aber mit SFM [91] aufgelöst werden. Die Cu-Atome werden bei der OH-Adsorption ausgedünnt und wandern zu der Terrassenstufen, was man auch an der Vergrößerung der Terrassen erkennen kann [92]. Offenbar ordnet sich die dicht gepackte Cu(111)-Fläche des kubisch flächenzentrierten Cu-Gitters bereits zur Cupritstruktur um – mit dem Ziel einer möglichst guten Anpassung beider Gitter bei dem epitaktischen Aufwachsen des Oxides. Die Ausbildung derartiger Adsorbate als Vorstufe zur Oxidbildung und die Oxidbildung selbst sind mit STM für mehrere Orientierungen der Cu-Kristalle [90–93] und auch für andere Metalle wie Ni [94],

Cr [95], Fe [96] und Co [97] untersucht worden. Die mit Rasterverfahren beobachteten Vorgänge und Strukturen sind i. A. von der Art und der Orientierung des Substrates stark abhängig. Weitere derartige Untersuchungen lassen auf einen tieferen Einblick in die Bildung und den Abbau, sowie die Eigenschaften derartiger Deckschichten hoffen. Hier besteht erst seit wenigen Jahren eine rege Aktivität einiger Forschergruppen, die durch XRD- und EXAFS-Messungen mit Synchrotronstrahlung ergänzt werden. So wurde die Passivschicht auf Eisen mit XRD eingehend untersucht und als eine stark gestörte Spinellstruktur interpretiert [98]. XRD-Messungen am passiven Nickel [99] und Cu [100] bestätigen die STM-Ergebnisse an diesen Metallen.

Besonders hervorzuheben ist der hervorragende Korrosionsschutz vieler Metalle und Legierungen durch diese dünnen porenfreien Oxidschichten. Sie ermöglichen erst, dass unedle Metalle wie Al, Fe, Cr, Ni etc. als Materialien in oxidierender Umgebung genutzt werden können. Besonders korrosionsresistente Eigenschaften besitzen rostfreie Stähle, die im Allgemeinen Eisenbasislegierungen mit Chromgehalten zwischen 12 und 25 Massenprozent und einem Kohlenstoffgehalt von ca. 1 Massenprozent darstellen. Häufig werden diesen hochlegierten Stählen zusätzliche Legierungselemente wie Nickel (8–10 Massenprozent), Titan, Molybdän und weitere zugesetzt. Allerdings sind die mechanistischen Details der Schutzwirkung vieler Zusätze nicht genau bekannt.

Besonders Chrom ist wegen seiner optimal schützenden Cr_2O_3-Schichten ein wichtiger Legierungsbestandteil. Das gilt auch für andere Metalle wie z. B. Nickelbasislegierungen. Technische Legierungen wie Hastelloy C4 (70 % Ni, 15 % Cr, 15 % Mo) oder Alloy 22 mit sehr ähnlicher Zusammensetzung werden als Materialien für Container für die Endlagerung nuklearer Abfälle vorgeschlagen. Von Alloy 22 erwartet man, dass es auch unter ungünstigen Bedingungen der Korrosion für 10 000 bis 100 000 Jahre standhält. Auch wenn man Endlagerstätten in Wüstenregionen wie den Yukka Mountains in Arizona vorsieht, so kann man über derartig lange Zeiträume nicht ausschließen, dass die Metallteile aggressiven wässrigen Lösungen mit Nitraten, Chloriden und Fluoriden ausgesetzt werden. Gerade diese Metalle sind aber auch gegenüber Lösungen mit höheren Chloridkonzentrationen resistent, was insbesondere auf den hohen Chromgehalt zurückzuführen ist.

6.6.3 Lokale Korrosion

Passive Metalle werden bei Anwesenheit so genannter aggressiver Anionen einer intensiven lokalen Korrosion ausgesetzt. In diesem Sinne wirken die Halogenide wie Chlorid, Bromid, Iodid, und Fluorid, aber auch gelegentlich andere Anionen. Sie zerstören die Passivschicht lokal. Dabei entsteht eine sehr intensive Metallauflösung der ungeschützten Oberfläche entsprechend dem hohen Elektrodenpotential mit der Ausbildung von Korrosionslöchern. Diese Erscheinung wird deshalb auch Lochkorrosion oder Pitting Corrosion genannt. Zusammenfassende Darstellungen finden sich in [101–103]. Wegen der weiten Verbreitung der Chloride wie z. B. in mariner Umgebung oder beim Streuen von Tausalz beobachtet man diese Korrosionsform sehr häufig. Es werden Schiffskörper, Kraftfahrzeuge und Metallkonstruktionen ebenso befallen wie Haushaltsgeräte, Verpackungsmaterialien oder me-

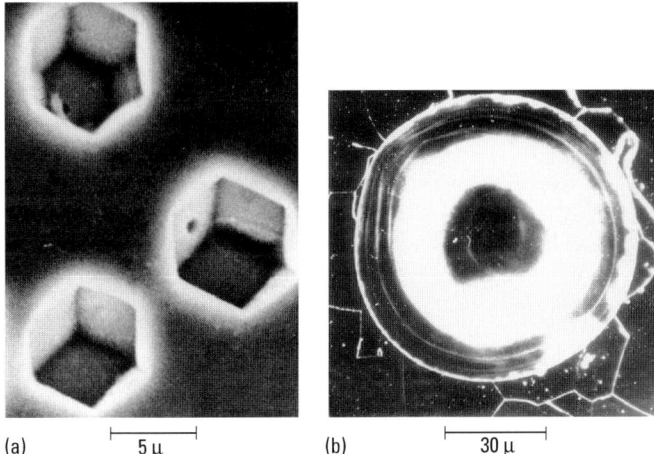

(a) $\vdash$ 5 μ $\dashv$ (b) $\vdash$ 30 μ $\dashv$

Abb. 6.61 (a) Sechseckige Löcher auf (111)-orientiertem Eisen mit (110)-Begrenzungsflächen, gebildet in 3 s bei $E = 1.10$ V im Phthalatpuffer pH 5.0 + 0.01 M Cl$^-$ [104]. (b) Rundes poliertes großes Korrosionsloch auf Eisen, gebildet in 4.25 min bei $E = 0.5$ V im Phthalatpuffer pH 5.0 + 0.01 M Cl$^-$ + 0.5 M SO$_4^{2-}$ [104].

tallische Leiterbahnen auf Mikrochips. Kurzfristig werden lokale Auflösungsstromdichten von mehr als 100 A cm^{-2} beobachtet. Durch Fällung von Korrosionsprodukten wird die Lochoberfläche aber rasch belegt, und die Stromdichte sinkt auf kleinere Werte. Dennoch ist die Metallauflösung intensiv genug, um die Werkstücke rasch zu zerstören; in der Technik treten daher in hohem Maße Korrosionsschäden auf. Abb. 6.61a zeigt SEM Aufnahmen von Korrosionslöchern auf einer passiven Eisenelektrode, wie sie durch potentiostatische Pulsversuche in 0.01 M Chloridlösung in wenigen Millisekunden entstanden sind. In solchen frühen Stadien wachsen Korrosionslöcher mit lokalen Stromdichten von mehreren 10 A cm^{-2}. Durch Fällen von Salzschichten werden die Lochoberflächen infolge der sich einstellenden Diffusionskontrolle der Metallauflösung halbkugelförmig mit elektropolierter Oberfläche (Abb. 6.61 b). Oft bekommen sie aber auch eine raue Oberfläche. Die Löcher können zu Radien von mehreren Millimetern anwachsen, wobei metallische Werkstücke stark beschädigt bzw. sogar perforiert werden. Das Fällen von Korrosionsprodukten als Hydroxide in natürlichen, schwach sauren, ungepufferten Wässern bewirkt meist ein unregelmäßiges Wachsen der Löcher, so dass Korrosionsschäden i. A. recht unansehnlich werden.

STM-Untersuchungen sehr früher Stadien der Lochbildung auf Ni(111) Einkristallflächen in Phthalatpuffer pH 5.0 mit 0.2 M NaCl zeigen kleine, einige Nanometer lange Risse in der Passivschicht (Abb. 6.62a), die nach ausreichend langem Wachsen ab 500 nm Durchmesser dreieckförmig werden (Abb. 6.62b) [102–104]. Die polygonalen Löcher sind von den sich am langsamsten auflösenden Kristallflächen begrenzt. Das sind die am dichtesten mit Metallatomen besetzten Flächen, (110) und (100) beim kubisch innenzentrierten Eisen (Abb. 6.61a) und (111) beim kubisch flächenzentrierten Nickel (Abb. 6.62b). Die Form der Lochränder hängt von der Ori-

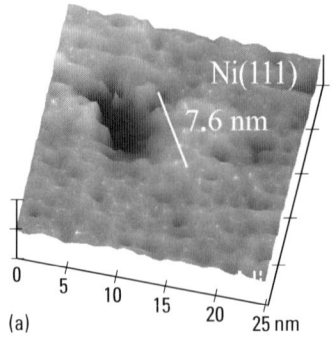

Abb. 6.62   (a) In-situ-STM-Aufnahme eines Defektes in einer Passivschicht auf Ni(111), der sich mit der Zeit zu einem polygonalen Loch auswächst. Die Bildung erfolgte durch einen Puls auf $E = 1.10$ V in Phthalatpuffer pH 5.0 + 0.2 M NaCl nach 3 s Vorpassivierung bei $E = 0.39$ V und Stoppen des Lochwachstums durch einen Puls auf $E = -0.1$ V [102]. (b) SEM-Bild einer Ansammlung von dreieckförmigen Korrosionslöchern auf Ni(111), gebildet in 200 ms bei $E = 1.00$ V nach 3 s Vorpassivierung bei $E = 0.5$ V in Phthalatpuffer pH 5.0 + 0.1 M KCl [102]. (STM, Rastertunnelmikroskopie; SEM, Rasterelektronenmikroskopie.)

entierung der Kristalloberfläche ab und ist z. B. sechseckig oder quadratisch bei Fe(111) oder Fe(100) [104] und dreieckförmig oder quadratisch bei Ni(111) bzw. Ni(100) [102].

Von prinzipiellem Interesse sind die Gründe, warum die selbstheilende Wirkung von Passivschichten beim Lochfraß versagt. Ein stabiles Lochwachstum erfordert die permanente Anwesenheit von aggressiven Anionen im Elektrolyten. Deshalb stabilisiert während der lokalen Metallauflösung primär die Anreicherung von Halogeniden die aktive Oberfläche im Korrosionsloch. Das Bedecken der Lochoberfläche durch eine neue Passivschicht unterbleibt, da durch die Anwesenheit einer *hohen Halogenidkonzentration die Auflösung der oxidischen Deckschicht stark erhöht wird.* Halogenide komplexieren Kationen in der Oberfläche der Passivschicht und beschleunigen so ihren Transfer in den Elektrolyten. Das baut diese schützende Deckschicht ab und verhindert deren Neubildung. Bei weiterem Wachsen der Löcher und insbesondere durch Abdecken ihrer Öffnungen durch feste Korrosionsprodukte kann es auch zu einem größeren Potentialabfall kommen, der das lokale Potential der Lochoberfläche zu negativeren Werten in der Bereich der aktiven Metallauflösung verschiebt, bei denen eine Passivschichtbildung dann auch unterbleibt (siehe Abb. 6.63). Solche Effekte treten aber erst bei tiefen Korrosionslöchern auf und nicht in einem frühen Wachstumsstadium mit einer Größe im µm-Bereich.

Hierzu sei folgende kurze Abschätzung angeführt. Der Potentialabfall bei einer hemisphärischen Elektrode ist durch Gl. (6.121) gegeben. Für den gesamten Elektrolytwiderstand R_Ω und Potentialabfall ΔU_Ω mit großer Entfernung r bei vorgegebenen Radius r_E der Elektrode, d. h. für $r \gg r_E$, folgt

$$R_\Omega = \frac{a\, r_E}{\kappa}; \quad \Delta U_\Omega = \frac{a\, r_E\, j}{\kappa}. \tag{6.121a}$$

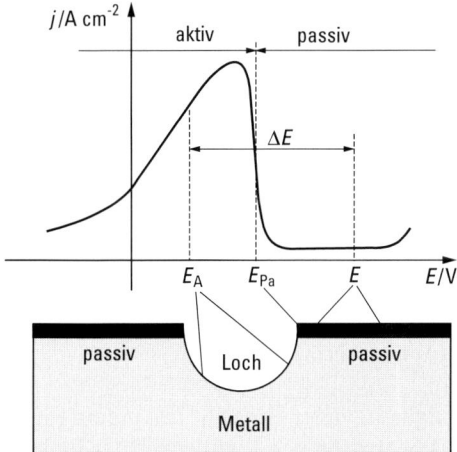

Abb. 6.63 Zuordnung einer korrodierenden Lochoberfläche auf einer passiven Metallelektrode zur Strom-Spannungs-Kurve des Metalls zur Erläuterung der Potentialverschiebung der Lochoberfläche in den aktiven Potentialbereich bei großen Lochradien [102].

Hierbei ist ein Korrekturfaktor a eingeführt worden, der der konkaven Krümmung eines Loches gegenüber einer konvexen Elektrode Rechnung trägt. Dieser Korrekturfaktor wurde durch numerische Simulation zu $a = 3$ für den Lochboden bestimmt, da eine analytische Lösung des Problems nicht existiert [77, 78]. Mit einer typischen Leitfähigkeit $\kappa = 0.22\,\Omega\,cm^{-1}$ für einen guten Elektrolyten wie z. B. 0.5 M Schwefelsäure und einer lokalen Stromdichte von $j = 0.3\,A\,cm^{-2}$ folgt für einen Lochradius $r_E = 1\,\mu m$ ein Spannungsabfall von $\Delta U_\Omega = 0.4\,mV$, bei einem großen Loch mit $r_E = 2.4\,mm$ allerdings $\Delta U_\Omega = 1.0\,V$. Man erkennt unschwer, dass bei den Initialstadien der Lochkorrosion, wie z. B. in Abb. 6.61a, 6.62a und 6.62b, der Ohm'sche Spannungsabfall unbedeutend ist. Bei späteren Stadien wird das Potential des Lochbodens in den Bereich der aktiven Auflösung verschoben, wodurch der aktive Zustand des Loches mit hoher lokaler Korrosionsstromdichte zusätzlich stabilisiert und seine Repassivierung abgesehen von der Wirkung der Halogenidionen unterdrückt wird. Auch bei schmalen tiefen Spalten ist der Potentialabfall im Elektrolyten für die Stabilität der Spaltkorrosion (engl.: *crevice corrosion*) mitverantwortlich. Die Spaltkorrosion ist der Lochkorrosion verwandt, da man einen Spalt als ein tiefes enges Loch auffassen kann.

Eine wichtige Maßnahme zur Unterbindung dieser Lochkorrosion ist die Zugabe einer ausreichenden Menge von Chrom zur Legierung. Cr_2O_3 besitzt eine besonders geringe Auflösungsgeschwindigkeit in Elektrolyten und es reichert sich deshalb in der Passivschicht an. Reines Chrom unterliegt nicht der Lochkorrosion. Das liegt daran, dass seine Passivschicht auch nicht durch hohe Halogenidkonzentrationen angegriffen wird. Ein hoher Cr_2O_3-Gehalt der Passivschicht stellt damit einen wirksamen Schutz dar, und man beobachtet Lochkorrosion in Fe/Cr-Legierungen erst ab sehr hohen Elektrodenpotentialen, die i. A. durch den Luftsauerstoff in Elektrolyten nicht eingestellt werden. Der tiefere Grund für die Stabilität des Chromoxids liegt in der hohen Stabilisierung der Cr^{3+}-Ionen durch Ligandenfeldeffekte. Die oktaedrische Koordination von Cr^{3+}- durch O^{2-}-Ionen bedingt ihre sehr geringe Energie in der Oxidmatrix und damit eine hohe Aktivierungsenergie für ihren Transfer in den Elektrolyten, der einen Abbau der Ligandensphäre bedeutet. Als Folge davon wird eine extrem kleine Auflösungsstromdichte des passiven Chroms in sauren Elektrolyten bis weit unter $1 \mu A \, cm^{-2}$ beobachtet, die auch durch Halogenide nicht heraufgesetzt wird. Neben Chrom verringert auch Molybdän die Anfälligkeit von Stählen gegenüber Lochkorrosion; seine hemmende Wirkung ist aber noch nicht ausreichend geklärt.

6.6.4 Nanostrukturierung und Nanomaterialien

Teilchen mit Nanodimensionen besitzen in vieler Hinsicht besondere Eigenschaften, wie z. B. bei der Lumineszenz- und Absorption von Licht sowie der Elektrokatalyse. Es gibt daher auch in der Elektrochemie zahlreiche Bestrebungen, nanostrukturierte Elektrodenoberflächen durch Abscheidung von Materialien aus dem Elektrolyten oder gezielte Auflösung von Materialien an Elektrodenoberflächen zu erzeugen und deren Eigenschaften zu studieren.

Prinzipiell gibt es mehrere Wege, die verfolgt werden. Zum einen kann man eine Abscheidung an bevorzugten Stellen an einer Oberfläche besonders an niedrigdimensionalen Strukturen erreichen. Beispielsweise können Metallatome bevorzugt an Stufen von Terrassen auf Einkristalloberflächen abgeschieden werden. Hierbei wird die Oberflächenstruktur eines Substratkristalls als Templat benutzt. Die in Abschn. 6.4.3.1 bereits erwähnte Kupferabscheidung an Pt(533) ist eines von vielen Beispielen.

Eine andere Methode ist die gezielte Abscheidung von Metallclustern auf einer Elektrode mit einem Rastertunnelmikroskop. D. M. Kolb et al. erzeugten auf diese

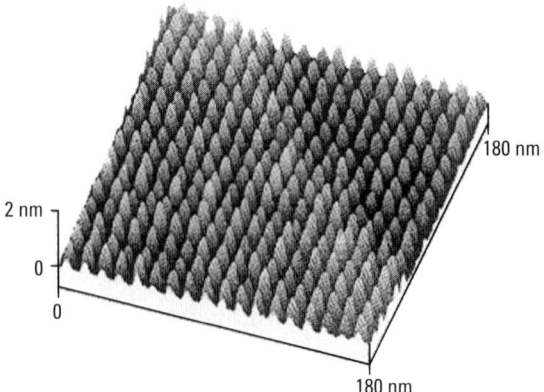

Abb. 6.64 Anordnung von 0.7 nm hohen Cu-Clustern auf Au(111) bei 10 mV positivem Potential gegenüber der Cu/Cu^{2+}-Elektrode, gebildet mit einer STM-Spitze durch das „Jump-to-contact"-Verfahren in 0.05 M H_2SO_4 + 0.001 M $CuSO_4$ [105]. (STM, Rastertunnelmikroskopie.)

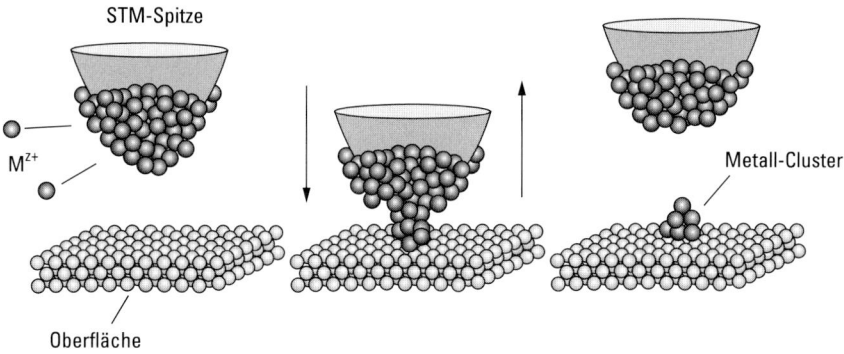

Abb. 6.65 Schematische Darstellung des "Jump-to-contact"-Verfahrens zur Erzeugung von Cu-Clustern auf einem Metallsubstrat [106].

Weise Kupfercluster auf Au(111)-Oberflächen aus einer schwefelsauren Lösung mit 10^{-3} M Cu^{2+} [105, 106]. Durch Annäherung der STM-Spitze an die Au-Oberfläche, die durch einen Spannungspuls von 1 bis 10 ms Dauer auf den piezoelektrischen Scanner ausgelöst wird, werden kleine Cu-Cluster von ca. 4 nm Breite und bis zu 0.8 nm Höhe, vier Monolagen entsprechend, gebildet. Unterschiedliche Positionen parallel zur Substratoberfläche können mit der STM-Spitze im Bereich von nm-Dimensionen angefahren werden, so dass umfangreiche Felder von Metallclustern in kurzer Zeit mit entsprechender Computersteuerung gebildet werden können (Abb. 6.64) [105, 106]. Als ein möglicher Mechanismus wird die Abscheidung von Kupfer auf der Spitze bei einer Überspannung von -30 mV gegen die Cu/Cu^{2+}-Elektrode diskutiert. Der Übergang eines Cu-Clusters von der Spitze auf das Au-Substrat erfolgt bei Annäherung auf nur wenige 0.1 nm, dem so genannten „jump to contact" (Abb. 6.65). Dabei durchdringen sich die Doppelschicht der Spitze und des Substrats. Bei mehr als 0.5 nm Entfernung wird kein Cluster gebildet.

Besonders interessant ist nun, dass derartige Cu-Cluster elektrochemisch stabil sind, obwohl das Potential der Elektrode deutlich oberhalb des Gleichgewichtswertes der Cu/Cu^{2+}-Elektrode liegt ($\eta = +10$ mV, Abb. 6.64). Derartige Bedingungen sind schon deshalb notwendig, damit die Cluster durch Cu-Abscheidung nicht von selbst wachsen. Sie sind aber auch bei einer Überspannung von bis zu $\eta = +40$ mV beständig, bei kleineren Clustern bis zu $\eta = +180$ mV [107], obwohl kleine dreidimensionale Cluster eher eine kathodische Überspannung ($\eta < 0$) für deren Bildung bzw. Stabilität erfordern. Die Diskussion hierzu ist noch nicht abgeschlossen. Zur Erklärung wird die Bildung beständiger Cu/Au-Legierungscluster oder aber auch ein Quantenpunktmodell vorgeschlagen. Cu/Au-Legierungen sind gegen Auflösung geschützt, wie man aus Untersuchungen mit kompakten Materialien weiß [108, 109]. Hierbei ist die Cu-Auflösung durch Blockieren der Halbkristalllagen durch nicht lösliche Au-Atome behindert. Eine Auflösung kann nur in dem Maße stattfinden, in dem die Au-Atome die Halbkristalllage verlassen, so dass Cu-Atome von dieser Stelle erneut abgelöst werden können. Die sich wiederholende Blockade wird erst bei größerer Überspannung behoben, wenn auch eine Cu-Auflösung aus Terrassen-

positionen möglich wird. Dementsprechend beobachtet man sehr kleine Korro-
sionsströme bis zu einem kritischen Potential, ab dem dann ein intensives Heraus-
lösen des Kupfers aus der Legierung erfolgt. Es könnte nun sein, dass auch die
Clusteroberflächen durch Au-Atome vor der Cu-Auflösung geschützt werden, da
sich die Cu-Atome beim Abscheiden von der Spitze mit den Au-Atomen des Substrats legieren. Ein Auflösen reiner Cluster bei höheren Überspannungen sollte keine
Defekte an der Au-Oberfläche zurücklassen. Das wurde einerseits bestätigt [107],
andererseits wurden aber Defekte (Löcher) an der Stelle von aufgelösten Clustern
gefunden [110]. Danach haben die Au-Atome den Weg zu dem Platz nicht mehr
zurückgefunden, von dem sie stammen. Eine Klärung durch die Bestimmung der
chemischen Zusammensetzung der Cluster ist nicht möglich, da hier die üblichen
Oberflächenmethoden versagen. Bei den kleinen Clustern misst man immer das Au-
Substrat mit. Nach dem Quantenmodell besitzt ein kleiner Metallcluster eine diskrete
Folge elektronischer Zustände wie bei dem Modell eines Teilchens in einem Kasten.
Bei ca. $N = 100$ Atomen im Cluster und einer Breite $\Delta E_{VB} = 10\,\mathrm{eV}$ des Bandes einer
ausgedehnten Metallschicht folgt im Cluster ein Bandabstand von $\Delta E = \Delta E_{VB}/N$
$= 0.1\,\mathrm{eV}$ [107]. Liegt nun das Fermi-Niveau des Systems Metall/Metallionen gerade
in der Mitte zweier derartiger Zustände, so kann elektronischer Austausch und damit
Oxidation von Metallatomen nur erfolgen, wenn das Potential des Clusters verschoben wird, so dass der betreffende Zustand im Cluster auf die Höhe des Nernst'schen
Gleichgewichtsniveaus der Metall/Metallionen-Elektrode gelangt. Daher sollte das
zur Auflösung der Cluster erforderliche Potential 50 bis 100\,mV über dem
Nernst'schen Gleichgewichtspotential liegen. Unter diesen Voraussetzungen kann
ein Elektronentransfer stattfinden und das reagierende Metallatom tritt als Kation
in den Elektrolyten über. Es ist allerdings unklar, ob man den Cluster als isoliert
von der metallischen Unterlage ansehen kann. Bildet er mit dem Metallsubstrat
eine Einheit, können sich die Verhältnisse grundlegend ändern, da nun die Elektronen Bestandteil des Elektronengases des größeren Metallsubstrates sind. Die Diskussion über diese kurz angeführten Deutungsversuche ist allerdings noch nicht
abgeschlossen.

Die Größe der Cluster ist bemerkenswert einheitlich und kann in Grenzen durch
die Annäherung der Spitze an das Substrat variiert werden. Durch laterale Bewegung
der Spitze können beliebige Strukturen wie zweidimensionale Anordnungen oder
lineare Strukturen mit Kontakt der Cluster untereinander durch dichtes Aufeinan-
derfolgen erzeugt werden [105]. Neben dem Au(111)-Substrat sind Cluster auch auf
Au(100) gebildet worden, wohingegen keine Cu-Cluster auf pyrolytischem Graphit
erzeugt werden konnten [105], da die Wechselwirkung der Cu-Atome mit diesem
Substrat offenbar zu schwach ist. Andere untersuchte Systeme sind Pd, Ag und Pb
auf Au(111) sowie Pb auf Ag(111) [105]. Auf Wasserstoff terminierten, n-dotierten
Si(111)-Oberflächen nach Ätzen mit Fluorid können bei ausreichend negativen Potentialen ($E < -0.260\,\mathrm{V}$ (SHE)) Pb-Cluster aus einer sauren $PbCl_2$-Lösung gebildet
werden. Hier ist das Potential negativer als das Flachbandpotential E_{Fb}, so dass die
Reduktion durch die Elektronen des Leitungsbandes erfolgen kann. Andererseits ist
das Nernst'sche Gleichgewichtspotential negativer als das eingestellte Potential, was
ein anschließendes Wachsen der durch die Spitze gebildeten Cluster verhindert [105].

Die Abscheidung von Kobalt-Clustern aus der Lösung wurde in einer etwas anderen Weise erzielt [111]. Zunächst wurden aus der vorgelegten Co^{2+}-Lösung Co-

Atome auf der Spitze einer STM-Anordnung abgeschieden. Dann wurden diese Co-Atome durch einen anodischen Puls auf die Spitze in den Spalt zwischen Spitze und Probe aufgelöst. Durch die Erhöhung der Co^{2+}-Konzentration steigt das lokale Nernst'sche Co/Co^{2+}-Gleichgewichtspotential im Spalt. Da das Elektrodenpotential der Probe nur unwesentlich über dem Gleichgewichtspotential des vorgegebenen Elektrolyten eingestellt ist ($+10\,mV$), wird es nun im Vergleich dazu lokal kathodischer. Als Folge davon scheidet sich Co als ein Cluster lokal im Spalt auf dem Substrat ab.

Ein anderer Weg zur Nanostrukturierung ist eine direkte elektrochemische Umsetzung an einer Substratoberfläche mit einer STM-Anordnung. Hierzu wird bei angenäherter Platin/Iridium-Spitze der Regelmechanismus des STM zur Abstandskontrolle ausgeschaltet und das Substrat und die Spitze als Arbeits- und Gegenelektrode einer elektrochemischen Zelle verwendet. Es wird dann für sehr kurze Zeit ($t \leq 100\,ns$) ein hoher anodischer oder kathodischer Puls von einigen Volt aufgeprägt [112]. Bei einem Puls von nur 60 ns wird ein auf einem Glasträger aufgedampfter Goldfilm bei anodischer Belastung in Form kleiner Löcher von wenigen nm Breite und ca. 1–3 Monolagen Tiefe aufgelöst. Bei längeren Pulsen ($t = 100$ bzw. 200 ns) werden kleine Au-Oxidcluster von 15 bzw. 30 nm Durchmesser gebildet. Bei Aufprägung eines Pulses (3 V, 50 ns) mit kathodischer Belastung des Au-Substrats werden lokal begrenzt Cu-Cluster von ca. 8 nm Breite und einer Höhe von zwei Monolagen aus einer Cu^{2+}-Lösung abgesetzt. Diese Cluster lösen sich oberhalb des Nernst'schen Gleichgewichtspotentials ($\eta = +0.40\,V$) langsam wieder auf [112]. Die kurze Pulsdauer gestattet es offenbar, nur bei größter Annäherung der Spitze die Änderungen der elektrolytischen Doppelschicht in dem Spalt zwischen Spitze und Probe einzustellen, durch den auch der Tunnelstrom fließt. Da sich bei den kleinen Distanzen die Doppelschicht der Spitze und des Substrats durchdringen, wird ein Ionentransfer direkt in der gemeinsamen Doppelschicht zwischen beiden Elektroden stattfinden und Ohm'schen Spannungsabfällen nicht unterliegen. Beispielsweise werden sich die auflösenden Au-Atome an der Spitze abscheiden und auf dem Substrat ein kleines Loch hinterlassen. Das Eindiffundieren von Ionen in den Spalt zur lateralen Ausdehnung einer veränderten Doppelschicht erfordert längere Zeiten als der Puls von nur wenigen ns Dauer. Bei längeren Pulsen diffundieren Ionen in den Spalt und die Doppelschicht dehnt sich lateral mit entsprechender Folge für die lokale Begrenzung der elektrochemischen Reaktionen aus. Beispielsweise werden nach $20\,\mu s$ statt eines einzelnen Clusters viele Cu-Cluster in einem Bereich von mehr als 10 nm Ausdehnung beobachtet [113].

Die gezielt lokale Bildung von Strukturen auf einer Elektrodenoberfläche ist für manche spezielle Anwendungen und grundlegende Fragestellungen durchaus interessant. Beispielsweise lassen sich lineare Strukturen erzeugen, die den Charakter eindimensionaler Leiter haben. In vielen Fällen ist jedoch eine große Dichte von homogen verteilten Clustern auf größeren Elektrodenoberflächen gefragt, die zudem noch eine möglichst enge Größenverteilung aufweisen. Eine denkbare Anwendung wäre die Erzeugung von Clusterbelegungen für besondere katalytische bzw. elektrokatalytische Anwendungen oder mit besonderen optischen Eigenschaften. Auch galvanische Überzüge aus Metallpartikeln von wenigen Nanometern Größe sind von aktueller Bedeutung. Derartige Nanokristalle bilden oft eine zusammenhängende porenfreie Schicht bei gleichzeitig sehr geringer Dicke. Man erzeugt diese Schichten durch Galvanisieren mit Wechselstrom, so genanntem Puls-Plating. Hierbei wechseln kurze Zeiten galvanischer Abscheidung mit Zeiten ohne Abscheidung oder gar Auflösung ab. Die Zeitstruktur derartiger elektrischer Pulse bestimmt die Struktur und die Eigenschaften der abgeschiedenen Schichten. Beim Puls-Plating erübrigen sich oft organische Zusätze, so genannte Glanzbildner, da man ähnliche Effekte durch eine geeignete Form und Folge von Pulsen erhält. Andererseits können ganz bewusst verschiedene Zusätze zum Elektrolyten mit abgeschieden werden. So können auch harte Partikel wie Korund in Metallbeläge mit eingebaut werden, die die Härte weicher Überzüge wie z. B. von Goldfilmen erhöhen und damit den Abrieb erheblich vermindern.

Eine geeignete Variante zur Erzeugung von Nanoclustern aus Oxiden und Verbindungshalbleitern auf Elektrodenoberflächen beginnt mit der Abscheidung von Metallclustern aus ca. 10^{-3} M Lösungen auf Graphit durch einen kurzen, stark negativen potentiostatischen Puls. Eine anschließende chemische Umwandlung in der Lösungs- oder auch Gasphase formt diese Metalle in Cluster aus Halbleitermaterialien um, die wegen ihrer Lumineszenzeigenschaften von besonderem Interesse sind. Auf diese Weise hat R. M. Penner Cluster aus Pt, CdS, CuI oder ZnO hergestellt [114]. Durch kurze Pulse von 20 bis 50 ms Dauer mit hohen Überspannungen von $\eta = -0.50$ V bilden sich kleine Cluster mit 2.5 bis 5.0 nm Durchmesser und einer engen Größenverteilung mit einer Standardabweichung von ca. 1 nm. Erst nach längerer Abscheidung bilden sich größere Metallkristallite mit einer stärkeren Breite der Größenverteilung. Diese Cluster werden i. A. erst in die Oxide umgewandelt, die sich an Luft ohnehin bilden würden und anschließend entsprechenden Anionenlösungen ausgesetzt, um das Sulfid oder Iodid zu bilden. Diese Methode hat den Vorzug, dass relativ leicht große Substratoberflächen mit Clustern belegt werden können. Die ausreichend feste Bindung an Graphit verhindert eine Oberflächenbeweglichkeit und damit ein Zusammenwachsen der Cluster. Geplant sind auch Abscheidungen auf Substraten wie Silizium. Eine andere Methode ist die Abscheidung von Verbindungshalbleitern in einem Schritt aus Lösungen von Metallsalzen wie $CdCl_2$ oder $Cd(ClO_4)_2$ und elementarem Schwefel, Selen oder Tellur in Dimethyl-Sulfoxid (DMSO). Hierbei werden auch dickere Schichten von Halbleiterclustern gebildet. Diese Abscheidungsverfahren sind zurzeit in der Erprobung [115]. Ihre technische Herstellung bzw. Anwendung erfordert noch sehr viel Entwicklungsarbeit.

Die Halbleitercluster haben interessante optische Eigenschaften. Zum Beispiel zeigen CdS und CuI eine größenabhängige Photolumineszenz nach Anregung mit Licht eines Ar-Lasers ($\lambda = 351$ nm). Die Cluster zeigen eine mit abnehmendem Durchmesser zunehmende Blauverschiebung der Lumineszenz und der Absorption, die größer als der Bandabstand der entsprechenden Bulkmaterialien ist. Diese Beobachtung wird auf die Vergrößerung des Bandabstandes dieser Halbleiter mit abnehmendem Radius und damit auf ein Verhalten der Cluster als Quantenpunkte zurückgeführt (Teilchen im Kasten mit diskreten Energieniveaus). Abb. 6.66 zeigt ein Beispiel für CdS-Cluster [114].

Cluster im Bereich von wenigen nm haben in verschiedener Hinsicht andere Eigenschaften. So kann sich die an der Phasengrenze zum Elektrolyten befindliche Raumladungsrandschicht des Halbleiters infolge der geringen Dimensionen und der daraus resultierenden geringen Zahl von Dotierungen nicht ausbilden. Bei sehr kleinen Di-

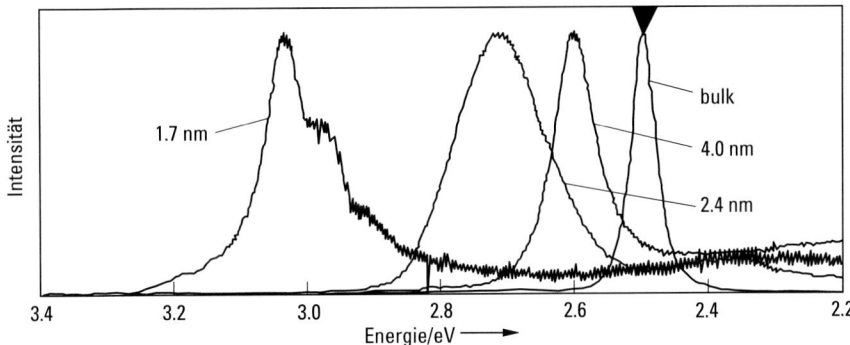

Abb. 6.66 Photolumineszenzspektren von CdS-Nanokristallen mit drei verschiedenen Radien (4.0, 2.4, und 1.7 nm) im Vergleich zum makrokristallinen Material (bulk), Anregung mit Strahlung eines Ar^+-Ionenlasers ($\lambda = 351$ nm) [114].

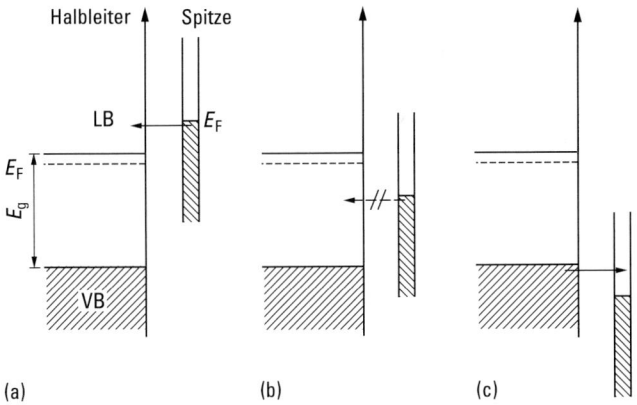

Abb. 6.67 Schema zum potentialabhängigen Elektronentransfer zwischen Tunnelspitze und Halbleiter zur Erläuterung der Ermittlung des Bandabstandes mit Rastertunnelspektrokopie.

mensionen hat man mit einer begrenzten Gültigkeit der Eigenschaften eines Kontinuums zu rechnen. Es sollten bei kleinen Clustern ferner diskrete Niveaus existieren, die mit Elektronen gefüllt werden können. Strom-Spannungs-Spektren mit einer STM- oder SFM-Anordnung ergeben neben den Absorptions-, Lumineszenz- und Photostromspektren eine weitere Möglichkeit der Spektroskopie. Hierbei wird eine mit Metall beschichtete SFM-Spitze in direkten Kontakt zur Probe gebracht oder die STM-Spitze über eine Tunnelstrecke kontaktiert. Durch Änderung der Spannung zwischen Spitze und Probe wird das Fermi-Niveau der Spitze über den verbotenen Bandbereich eines Halbleiters hinweggeführt. Ein Strom tritt dann auf, wenn bei negativer Vorspannung der Spitze deren besetzte Niveaus freien Zuständen des Leitungsbandes des Halbleiters auf gleicher Energie gegenüber liegen, d. h. wenn das Fermi-Niveau der Spitze über der Leitungsbandkante liegt (Abb. 6.67a). Bei positiver Vorspannung der Spitze müssen entsprechend deren freie Niveaus besetzten des Valenzbandes gegenüber liegen, d. h. das Fermi-Niveau der Spitze muss unterhalb der Valenzbandkante liegen (Abb. 6.67 c). Der Spannungsbereich mit verschwindendem Strom entspricht der Breite des Bandabstandes, d. h. der Situation bei der das Fermi-Niveau der Spitze im verbotenen Bandbereich liegt (Abb. 6.67 b).

Die Abb. 6.68 gibt ein Beispiel für CdSe-Cluster auf Gold [115]. Der Abstand von 2.25 eV entspricht einer Clustergröße von 3.4 nm. Das Bulkmaterial besitzt einen Bandabstand von nur 1.75 eV. Die Spektren besitzen an ihren positiven bzw. negativen Enden Stromstufen, die bei den Leitfähigkeitsspektren, d. h. bei einer Auftragung dI/dU_{Tip} gegen U_{Tip}, Maxima aufweisen. Hierbei handelt es sich um Aufladungseffekte der Nanoteilchen. Bei Übergang von einem Elektron lädt sich ein Cluster auf eine Spannung von $U = e_0^-/C$ auf. Bei einer Kapazität von ca. $C = 1\,\mu F\,cm^{-2}$ und einem Clusterdurchmesser von 3.4 nm folgt ein Beitrag für die Auftrennung derartiger Stufen im Strom-Spannungs-Diagramm von ca. 0.4 V. Eine entsprechende Peaktrennung findet man im Leitfähigkeitsspektrum von CdSe-Clustern. Unter der Annahme, dass das s-Niveau an der Leitungsbandkante zuerst gefüllt wird, erwartet man zwei Peaks, findet aber drei bei negativer Probenvorspannung, was auf das Mitwirken eines Oberflächenzustandes zurückgeführt wird. Der Spannungsbereich der Stromlosigkeit von 2.25 V entspricht dem Bandabstand des CdSe. Dieser Spannungsabstand steigt wie erwartet mit abnehmender Clustergröße. Des Weiteren hat man in einem kleinen Cluster mit mehreren diskreten elektronischen Niveaus zu rechnen, die sich an der Strom-Spannungs-Charakteristik beteiligen. Das erkennt man deutlich an Leitfähigkeitsspektren bei tiefen Temperaturen von 4.2 K. Hier wird bei CdSe-Clustern ein Dublett gefolgt von einem Triplett sichtbar, was den s- und p-Niveaus entspricht. Auch hier entspricht der Abstand der Leitfähigkeitspeaks dem Laden der Niveaus mit je einem Elektron. Prinzipiell sollten die p-Niveaus sechsfach aufspalten, was maximal sechs Elektronen für diese Niveaus entspricht. Diese maximale Zahl wird bei InAs-Clustern, einem Halbleiter mit geringem Bandabstand, beobachtet. Bei CdSe wurden nur drei Peaks für das p-Niveau und zwei

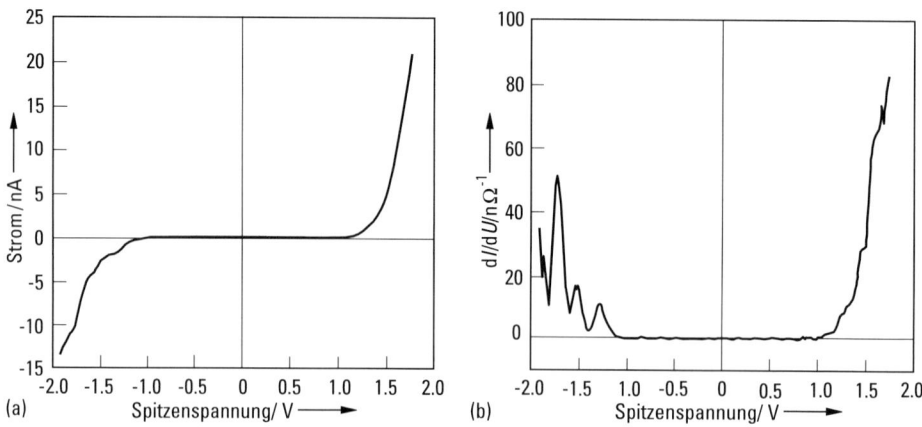

Abb. 6.68   (a) Ermittlung der Potentialabhängigkeit des Tunnelstroms und (b) der Leitfähigkeit (1. Ableitung dI/dU) für CdSe-Cluster [115].

Peaks für das s-Niveau beobachtet. Zusätzlich zu den Zuständen von Quantenpunkten kleiner Halbleitercluster sind auch Oberflächenzustände zu berücksichtigen, die auf die Strom-Spannungs-Charakteristik Einfluss nehmen können. Außerdem liegt oft eine breite Verteilung von Nanoteilchen bis hin zu Größen, die die Eigenschaften eines Quantenpunkts nicht mehr aufweisen, vor. Zusätzlich sind die Cluster oft in amorphes Material eingebettet. Das alles verkompliziert die spektroskopischen und elektronischen Eigenschaften der Nanocluster erheblich und überlagert auch derartige Strom-Spannungs-Spektren.

Nanokristalline Oxide sind besonders für die Verwendung von elektrochemischen Solarzellen interessant. Als essentielles Problem für eine technische Anwendung ist bereits die Photokorrosion erwähnt worden. TiO_2 ist wegen seiner Resistenz gegenüber Korrosionsvorgängen ein sehr stabiles Elektrodenmaterial. Leider ist sein Bandabstand mit 3.2 eV sehr hoch, so dass es für eine Ausnutzung des Solarspektrums nicht in Frage kommt. Man kann allerdings Ladungsträgerpaare mit langwelligerem Licht bei der Verwendung sensibilisierender Farbstoffe erzeugen. Ein geeigneter Farbstoff ist das Thiocyanat des Rutheniumkomplexes mit 2,2′-Bispyridyl-Dicarbonsäure als Ligand L ($RuL_2(NCS)_2$) [116]. Aus zweierlei Gründen werden Nanopartikel des TiO_2 (Anatas) verwendet. Zum einen soll eine größtmögliche Kontaktfläche zu dem Farbstoff bestehen, zum anderen bestehen die Nanokristalle aus einem im Wesentlichen intrinsischen, d. h. wenig dotierten Halbleiter, dessen Fermi-Niveau inmitten des Bandabstandes liegt. Diese Nanokristalle werden als poröse Schicht durch chemisches Ausfällen aus einer Ti(IV)-Salzlösung, anschließende hydrothermale Behandlung, Auftragen als Schicht von $1-20\,\mu m$ auf ein transparentes leitfähiges Glas wie z. B. Indium-dotiertes SnO_2 und anschließendem Zusammensintern erzeugt. Abb. 6.69 zeigt schematisch die Wirkungsweise einer derartigen elektrochemischen Solarzelle. Bei der Beleuchtung werden die Ladungsträger wegen des großen Bandabstandes nicht direkt im Halbleiter TiO_2 erzeugt. Es werden viel-

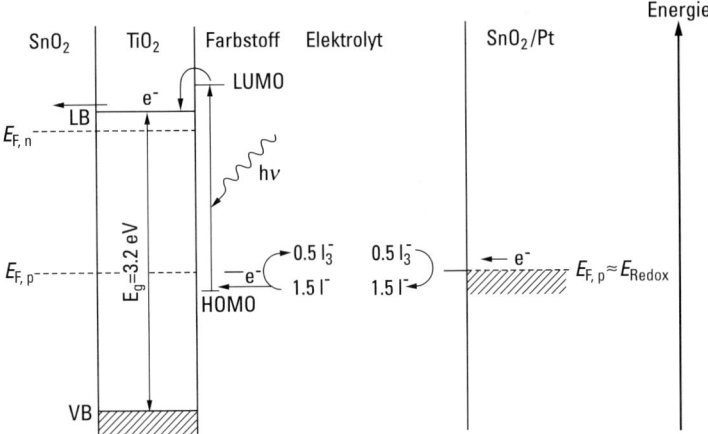

Abb. 6.69 Schema der Funktionsweise einer Farbstoff-sensibilisierten elektrochemischen TiO_2-Solarzelle mit SnO_2-Substrat und SnO_2-Gegenelektrode mit Pt-Katalysator nach Cahen et al. [116].

mehr Elektronen der Farbstoffmoleküle vom höchsten besetzten Orbital (engl.: *highest molecular orbital*, HOMO) in das niedrigste unbesetzte Orbital (engl.: *lowest unoccupied molecular orbital*, LUMO) angeregt. Bei dem erwähnten Farbstoff-Metallion-Komplex wird ein Elektron des Ru(II)-Kations in ein π^*-Orbital des Farbstoffliganden angeregt und von dort auf den TiO_2-Cluster übertragen. Dort befinden sich nun keine Defektelektronen, mit denen es rekombinieren könnte, und es wird deshalb effektiv über die aneinander gesinterten TiO_2-Kristallite in das leitfähige SnO_2-Substrat weitergegeben. Eine Raumladungsrandschicht zur Trennung der Ladungsträgerpaare wie üblicherweise bei Halbleiterelektroden wird demnach gar nicht benötigt. Sie kann sich bei den kleinen Dimensionen der TiO_2-Cluster von nur wenigen Nanometern und der damit verbundenen geringen Dotierung auch gar nicht ausbilden. Der unerwünschte direkte Rücktransfer der Elektronen an der TiO_2-Oberfläche zu dem Redoxsystem I_3^- wird durch dessen negative Ladung behindert. Bei der Diffusion der Elektronen durch die TiO_2-Cluster zum Substrat spielen Fallen in dem Halbleiter eine große Rolle, so dass man ihre Bewegung treffend mit einer Perkolation beschreiben kann. Das fehlende Elektron im HOMO des Farbstoffs wird von einem Redoxsystem des Elektrolyten wie z. B. Iodid geliefert und damit sein ursprünglicher Zustand wiederhergestellt. Schließlich wird das Elektron über den äußeren Stromkreis an die Gegenelektrode weitergeleitet und von dort zur Reduktion der entstandenen I_3^--Ionen verwendet. Dabei durchläuft es wie bei der regenerativen Photozelle von Abb. 6.56a ein Potentialgefälle, das zum Antrieb eines Verbrauchers genutzt werden kann. Als Gegenelektrode wird i. A. auch eine transparente SnO_2-Elektrode verwendet, die zur Katalyse der elektrochemischen Redoxreaktion mit Pt-Clustern belegt ist. Dort wird I_3^- wieder zu $3\,I^-$ reduziert (Abb. 6.69).

Die elektronischen Niveaus des Farbstoffmoleküls sollen eine geeignete Lage gegenüber den Bandkanten des TiO_2 aufweisen. Das LUMO sollte über der Leitungsbandkante (LB) liegen, damit der Elektronentransfer horizontal in die unbesetzten Niveaus erfolgen kann, während das HOMO unter dem Niveau des Redoxsystems liegen muss, damit das freie Niveau wieder mit einem Elektron aufgefüllt werden kann (Abb. 6.69). Diese Energieunterschiede LUMO-LB bzw. Redox-HOMO sollten aber nicht zu groß sein. Sie stellen zwar Triebkräfte für die entsprechenden elektronischen Transferprozesse dar, aber auch einen energetischen Verlust. Für die Energieausbeute ist im Wesentlichen der Unterschied der Quasi-Fermi-Niveaus im TiO_2 verantwortlich. Bei Beleuchtung spaltet das Fermi-Niveau des Halbleiters TiO_2 in das der angeregten Elektronen $E_{F,n}$, das sich dicht an der Leitungsbandkante LB des TiO_2 befindet, und in das der Defektelektronen $E_{F,p}$, das sich in der Nähe des I_3^-/I^--Redoxsystems im Elektrolyten und mitten im verbotenen Bandbereich befindet, auf. Da sich die Konzentration der Minoritätsträger, d. h. der Defektelektronen im n-Halbleiter durch die Beleuchtung prozentual besonders stark erhöht, wird $E_{F,p}$ deutlich gegenüber E_F ohne Beleuchtung erniedrigt. Die TiO_2-Cluster setzen sich einerseits mit dem SnO_2-Substrat ins elektronische Gleichgewicht ($E_{F,n}$), andererseits aber auch an ihrer Oberfläche mit dem Redoxsystem mit entsprechender Anpassung der Quasi-Fermi-Niveaus ($E_{F,p} = E_{Redox}$). Die SnO_2-Gegenelektrode mit den Pt-Clustern setzt sich ebenfalls mit dem Redoxsystem des Elektrolyten ins elektronische Gleichgewicht mit der entsprechenden Anpassung der Fermi-Niveaus. Bis auf weitere kleinere Verluste steht die Differenz der Quasi-Fermi-Niveaus $E_{F,n} - E_{F,p}$ für nutzbringende Arbeit zur Verfügung. Die besprochene elektrochemische Solarzelle zeigt eine Photospannung von 0.7 V bei Stromlosigkeit und einen Kurzschlussstrom von 20.5 mA cm^{-2}. Ihr Wirkungsgrad beträgt derzeit 10.4%. Sie hat diverse Nachteile gegenüber Festkörpersolarzellen. Hierzu gehören u. a. Probleme bei der Langzeitstabilität von Systemen mit Elektrolyten, aber auch der Transport der Redoxsysteme in der Lösung und in den engen Poren der gesinterten Cluster. Sie stellt

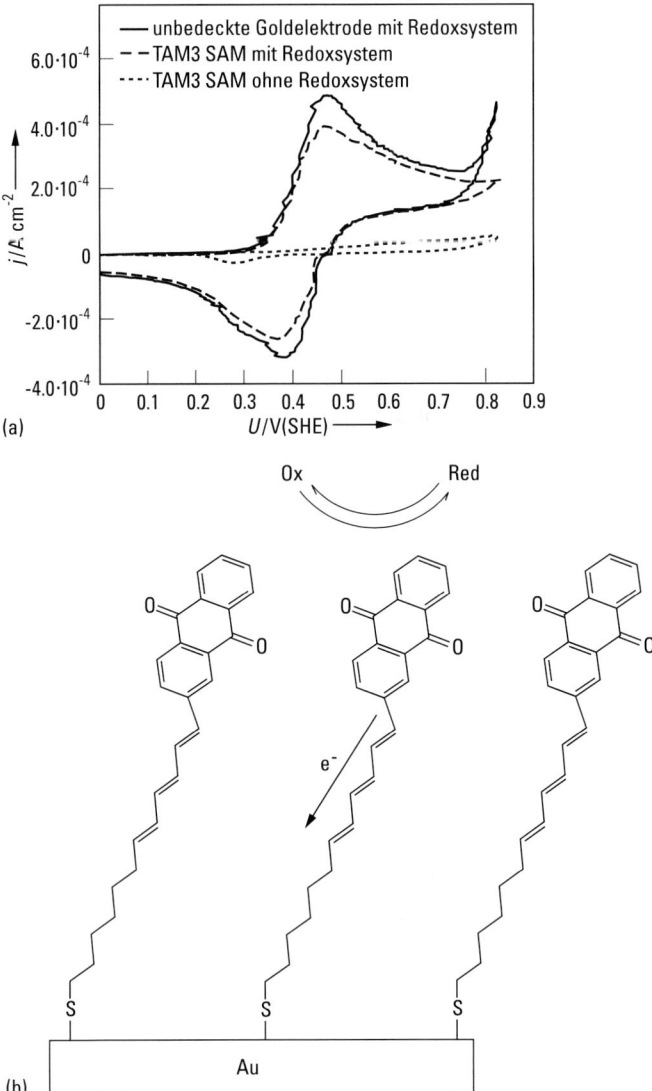

(a)

(b)

Abb. 6.70 (a) Polarisationskurven von Goldelektroden mit und ohne SAM aus TAM (Thiol-Anthrachinon-Molekulardraht) in 0.5 M KOH ohne und mit Zusatz von 0.003 M [Fe(CN)$_6$]$^{3-/4-}$. (b) Schema der elektronischen Leitung über die Moleküle der SAM [117]. (SAM, selbstorganisierende Monolagen.)

aber ein interessantes und verbesserungsfähiges System dar, das die Grundlagen der Photoelektrochemie und der Anwendung von Nanoteilchen in diesem Bereich zu vermitteln vermag.

Ein weiterer Bereich zur Nanostrukturierung sind Elektrodenoberflächen, die mit selbstorganisierten Schichten aus Thiolen modifiziert wurden. Thiole binden mit ihrer SH-Gruppe sehr effektiv an Oberflächen von Edel- und Halbedelmetallen wie Au, Cu oder Ag und bilden selbstorganisierende Monolagen (engl.: *self assembled monolayers*, SAM), die die Elektrodenoberflächen weitgehend vom Elektrolyten isolieren können. Sie unterdrücken deshalb die Ausbildung von Oxidfilmen auf der Metalloberfläche bei entsprechend hohen Potentialen, da das dazu erforderliche Wasser nicht zur Oberfläche gelangen kann. Eine verringerte Oxidbildung erfolgt dennoch von Defekten im SAM ausgehend, wobei sie wenigstens zu positiveren Potentialen verschoben wird. Die Anbindung von speziell synthetisierten Thiolen mit konjugierten Doppelbindungen ermöglicht elektronische Leitung entlang der Molekülachse. An derartig modifizierten Metalloberflächen kann ein Redoxsystem umgesetzt werden, obwohl die Oxidbildung unterdrückt wird, da die elektrochemische Reaktion an der Phasengrenze SAM/Elektrolyt stattfindet. Abb. 6.70 zeigt als Beispiel eine potentiodynamische Polarisationskurve eines Goldfilms, der mit einem SAM aus einem Naphthalinthiol überzogen ist [117]. Im Vergleich zur reinen Au-Oberfläche wird die Au-Oxidbildung bei $E \geq 0.8$ V unterdrückt, die Umsetzung von zum Elektrolyten gegebenem $Fe(CN)_6^{3-/4-}$ erfolgt jedoch mit fast unverminderter Stromdichte. Da offenbar Wassermoleküle durch den hydrophoben Bereich des SAMs nicht zur Au-Oberfläche gelangen können, ist ein Durchdringen des Hexacyanoferrats auch nicht zu erwarten, und dessen Umsetzung muss an der Oberfläche der SAMs stattfinden. Die Einbettung von derartigen Thiolen in eine Matrix aus nicht leitenden Alkanthiolen wie z. B. Dodekanthiol lässt erwarten, dass die Leitfähigkeit auf Pfade an Domänen der leitenden Moleküle begrenzt wird bis hin zu einzelnen isoliert eingelagerten Molekülen. Man kann demnach nanostrukturierte leitende Oberflächen herstellen bis hin zu molekularen Leitern mit einer guten Leitfähigkeit senkrecht zum Metallsubstrat.

Durch Synthese von Thiolen mit speziellen Kopfgruppen können bei den aus ihnen gebildeten SAMs diese Gruppen elektrochemisch umgesetzt werden und damit lokale Eigenschaftsänderungen bewirken. So kann Ferrocenthiol zu Ferroceniumthiol oxidiert werden, wobei sich die Benetzbarkeit der Oberfläche ändert. Es existieren auch viele andere Möglichkeiten, die Eigenschaften von Elektrodenoberflächen durch Anbindung von Molekülen zu modifizieren. Hier besteht ein interessantes Gebiet intensiver Zusammenarbeit zwischen Synthesechemikern und Oberflächenwissenschaftlern, das noch viele interessante Entwicklungen bis hin zu Anwendungen der Modifizierung von Elektrodenoberflächen im Mikro- und Nanobereich erwarten lässt.

6.6.5 Brennstoffzellen

Ein wichtiger Zweig der technologischen Anwendung elektrochemischer Systeme liegt bei den Brennstoffzellen und den Batterien. Der große Mangel der Energieerzeugung durch Verbrennungsprozesse besteht in dem geringen Wirkungsgrad von

Verbrennungsmaschinen. Bei einer Temperaturdifferenz von 100 K gegen 273 K der Umgebungstemperatur beträgt er unter Annahme günstigster Bedingungen, d. h. einer Carnot-Maschine (ohne jegliche Verluste), lediglich 37 %. Bei höheren Temperaturdifferenzen der Arbeitsgase ergeben sich entsprechend größere Wirkungsgrade. Da mannigfaltige Verluste entstehen, wie z. B. durch Reibung, Wärmeverlust und insbesondere durch die irreversible, d. h. nicht unendlich langsame Prozessführung, ist der Wirkungsgrad erheblich kleiner. Die Umweltbelastung und die Verschwendung von Ressourcen durch den enormen Umsatz fossiler Brennstoffe ist ein weiterer wichtiger Punkt. Demgegenüber ist die direkte Erzeugung elektrischer Energie aus chemischen Prozessen in einer elektrochemischen Zelle eine umweltfreundliche Variante, die zumindest nach thermodynamischen Gesichtspunkten einen sehr hohen Wirkungsgrad haben kann. Es ist bei einigen Prozessen sogar eine maximale Arbeit ΔG bei reversibler Prozessführung denkbar, die die Reaktionsenthalpie ΔH des Prozesses übersteigt. Hierbei wird mit einer Reaktionsentropie $\Delta S > 0$ nach der Gibbs-Helmholtz-Gleichung ($\Delta G = \Delta H - T\Delta S$) $\Delta G < \Delta H$. In solchen Fällen wird etwas Wärme $T\Delta S$ aus der Umgebung aufgenommen und zusätzlich in Arbeit umgewandelt. In der Regel sind die Wirkungsgrade jedoch erheblich kleiner als die Ergebnisse thermodynamischer Betrachtungen, da kinetische Hemmungen an Elektrodenoberflächen zu hohen Verlusten führen.

Bei vielen Brennstoffzellen wird ein chemischer Energieträger wie Wasserstoff mit Luftsauerstoff zu Wasser umgesetzt. Die direkte Reaktion von flüssigen oder gelösten Brennstoffen wie Methanol, Ameisensäure (Formiat), Formaldehyd oder gar Kohlenwasserstoffen mit Sauerstoff scheitert oft an kinetischen Hemmungen oder der Vergiftung der Elektrodenoberfläche, z. B. durch Kohlenmonoxid. Es wird aber auch an derartigen Brennstoffzellen gearbeitet.

Wie in einer elektrochemischen Zelle üblich, müssen der anodische und der kathodische Prozess räumlich voneinander getrennt werden. Der elektronische Ausgleich der kombinierten Gesamtreaktion geschieht durch Stromfluss im Außenleiter, der dann die elektrische Arbeit für den Verbraucher verrichtet. Das geschieht i. A. in Dünnschichtzellen, die je nach Art der Zelle unterschiedlich aufgebaut sind. Ein Kernstück ist der Ionenleiter, der ein Festionenleiter sein kann oder eine poröse Membran, die einen Elektrolyten enthält. Im Folgenden sollen einige Grundprinzipien erläutert werden. Ausführlichere Darstellungen dieser technisch sehr wichtigen Entwicklung findet man in der Literatur (z. B. [118, 119]).

Bei Brennstoffzellen mit flüssigen Elektrolyten und gasförmigen und flüssigen Brennstoffen verwendet man poröse Membranen aus perfluorierten Kohlenwasser-

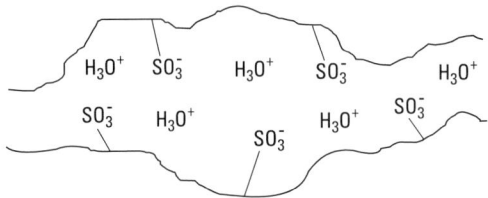

Abb. 6.71 Modell einer Nafionmembran mit ortsfesten SO_3^--Gruppen und beweglichen H_3O^+-Ionen.

stoffen mit fest angebundenen Sulfonsäuregruppen als Matrix für den Elektrolyten (Nafion) (Abb. 6.71). Diese Membranen wirken als Protonaustauscher (engl.: *proton exchange membrane*, PEM). Als Elektrokatalysatoren werden fein verteilte Metalle wie Platin, Palladium oder Ruthenium für die Wasserstoffoxidation an der Anode und Platin, Nickel oder Silber zur Sauerstoffreduktion auf der Kathodenseite aufgebracht. Sie gestatten als poröse Membranen aber auch den Zutritt der Brennstoffgase. Auf der hydrophoben Seite der PEM soll der Sauerstoff bzw. der Wasserstoff in die Poren der Membran eindringen, während sich der Elektrolyt auf der mittleren hydrophilen Seite befindet. Besonders wichtig ist dabei die in den Poren entstehende Dreiphasenzone aus Gas, Elektrolyt und Metall mit Aktivkohle als elektronenleitendem Träger, die besonders groß sein soll, damit große Ströme an diesen großflächigen Elektrodenbereichen entstehen können. Zwischen den zwei äußeren hydrophoben Teilen der Membran befindet sich der Elektrolyt (Abb. 6.72). Durch Präparieren von Nafion mit Tetrafluorethylen können die hydrophoben bzw. hydrophilen Eigenschaften der Membranen variiert werden. Durch geeignete Konstruktion und Anordnung der Membranen mit einer dichten Packung, die aber auch den Brennstoffgasen Wasserstoff oder Sauerstoff guten Zutritt lässt, sind die Wirkungsgrade der Zellen wesentlich verbessert worden. Bei einer Klemmspannung im Ruhezustand von 1.0 V werden in einer mit Luftsauerstoff und Wasserstoff betriebene Brennstoffzelle mit Phosphorsäure als Elektrolyt bei ca. 0.6 V Ströme von 0.2 bis 0.3 A cm^{-2} erzielt.

Die einzelnen PEM Zellen werden in Serie geschaltet, um so durch Addition der Einzelspannungen eine genügend hohe Gesamtspannung zu erzielen. Dazu werden die einzelnen Zellen in geschickter Anordnung aufeinander gestapelt mit einer integrierten Führung der Gase Wasserstoff und Sauerstoff in gleicher, entgegengesetzter oder senkrecht aufeinander stehender Richtung. Anode und Kathode einer Einzelzelle sind miteinander über den Elektrolyt in der Membran verbunden, vonei-

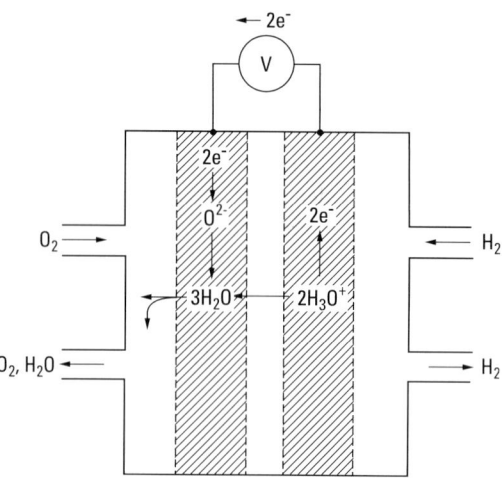

Abb. 6.72 Modell einer PEM-Zelle mit O_2-Reduktion und H_2-Oxidation und protonenleitender Membran. (PEM, Protonaustauschermembran.)

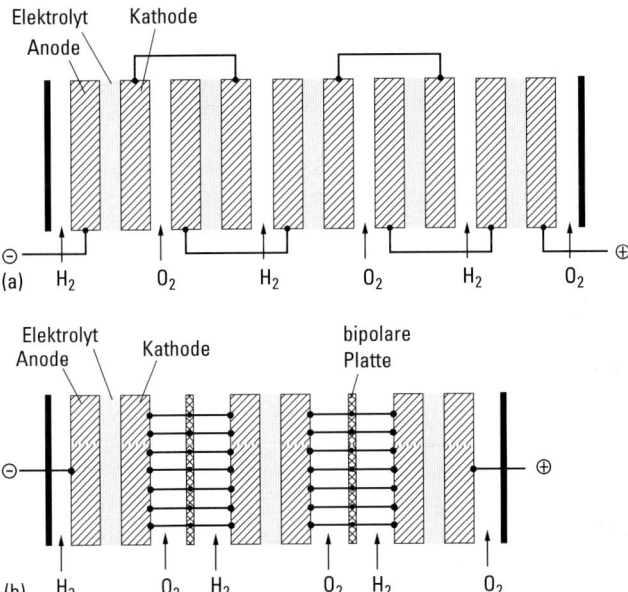

Abb. 6.73 Serienschaltung von PEM-Zellen mit (a) monopolarer und (b) bipolarer Anordnung. (PEM, Protonaustauschermembran.)

nander allerdings elektrisch getrennt. Man unterscheidet eine monopolare und eine bipolare Anordnung (Abb. 6.73 a, b). Bei der ersteren versorgt ein Gaskanal zwei Elektroden mit Sauerstoff oder Wasserstoff. Hierbei ist die Serienschaltung der Einzelzellen durch Außenkontakte realisiert, was aber zu längeren Wegen für die Stromführung mit entsprechenden Ohm'schen Verlusten führt. In der bipolaren Anordnung versorgt jeder Gaskanal nur eine Elektrode. Anoden und Kathoden sind als bipolare Elektroden ausgebaut und werden in einem Stapel direkt im Sinne einer Serienschaltung großflächig kontaktiert. Dadurch wird der Weg für die Stromführung verkürzt, was kleinere Ohm'sche Spannungsabfälle zur Folge hat. Allerdings funktioniert die gesamte Anordnung nicht, wenn eine Einzelzelle ausfällt.

Um andere Brennstoffe wie Methanol oder Kohlenwasserstoffe zu verwenden, werden in einem vorgelagerten Reforming-Prozess diese Verbindungen mit Wasserdampf bei 300 bzw. 800 °C zu Wasserstoff und CO_2 umgesetzt. Wasserstoff dient dabei als Brennstoff. Dieses auch in der Großtechnik bekannte Verfahren ist wesentlich preisgünstiger als die Wasserstofferzeugung durch elektrolytische Wasserzersetzung. Auch an einer direkten Verwendung flüssiger Brennstoffe wie z. B. Methanol wird gearbeitet. Diese Verfahren gestatten die konventionelle Lagerung und Verteilung der Brennstoffe, verursachen allerdings noch Schwierigkeiten bei der Umsetzung in einer geeigneten Brennstoffzelle. Gegenstand der Forschung in diesem Bereich ist neben der Entwicklung geeigneter poröser Elektroden auch die von Katalysatoren und das prinzipielle Verständnis ihrer Wirkungsweise. So wird bei kleinen Edelmetallclustern aus Platin auf einem anderen Edelmetall wie z. B. Gold eine besonders gute katalytische Wirkung bei der Wasserstoffoxidation mit sehr hohen Austauschstromdichten beobachtet. Das kann eine Folge der geometrischen Nachbarschaft von Atomen unterschiedlicher Art oder auch die eines elektronischen Effektes aufgrund von Wechselwirkungen der Metallatome untereinander sein. Diese Details sind Gegenstand intensiver Forschung, von deren Ergebnissen sicher in Zukunft interessante Einsichten zu erwarten sind.

Hochtemperatur Brennstoffzellen benutzen Festionenleiter als Elektrolyten. β-Aluminiumoxid ist ein solcher Festionenleiter der ab ca. 200 °C eine Leitfähigkeit von $\kappa = 0.1\,\Omega^{-1}\,\mathrm{cm}^{-1}$ aufweist, die der wässriger Schwefelsäure bei Zimmertemperatur entspricht. Es handelt sich dabei um ein Schichtgitter aus Al_2O_3 mit eingelagerten Na^+-Ionen der Zusammensetzung $Na_2O \cdot 5\,Al_2O_3$ bis $Na_2O \cdot 11\,Al_2O_3$. Die Ionenleitfähigkeit entsteht durch eingelagerte Na^+-Ionen zwischen den Elementarzellen aus Al^{3+}- und O^{2-}-Ionen. Für die Hochtemperaturbrennstoffzelle ist das Mischoxid $ZrO_2 \cdot Y_2O_3$ von Bedeutung, das bei 1400 °C eine hohe Leitfähigkeit für O^{2-}-Ionen besitzt. An der Grenze zur Gasphase stellen sich Gleichgewichte ein, so z. B. das Bildungsgleichgewicht für O^{2-}-Ionen aus Sauerstoff (Gl. (6.130)) oder das für Wasser aus O^{2-}-Ionen des Oxides und Wasserstoff (Gl. (6.131)). Beide Elektrodenprozesse ergeben zusammen die Bildung von Wasser aus Wasserstoff und Sauerstoff. Lässt man sie nun an zwei gegenüberliegenden Oberflächen einer dünnen Schicht des Mischoxides ablaufen, die zur Ableitung der Elektronen mit Platin bedampft sind, so hat man eine elektrochemische Zelle, wie sie in Gl. (6.132) schematisch beschrieben ist.

$$\frac{1}{2}O_2 + 2\,e^- \;\leftrightarrow\; O^{2-} \tag{6.130}$$

$$H_2 + O^{2-} \;\leftrightarrow\; H_2O + 2\,e^- \tag{6.131}$$

$$Pt/O_2/ZrO_2 \cdot Y_2O_3/H_2/Pt\,. \tag{6.132}$$

Links befindet sich die positive Elektrode, an der die Reduktion des Sauerstoffs zu O^{2-} stattfindet, rechts die negative Elektrode an der Wasserstoff mit O^{2-} Ionen zu Wasser abreagiert. Die Potentiale stellen sich bei geöffnetem Stromkreis entsprechend der Nernst'schen Gleichung an beiden Elektroden ein. Ihr Potentialunterschied ist die Zellspannung bei geöffnetem Stromkreis. Durch geschickte Anordnung der beiden Gasphasen und durch Verwendung einer dünnen $ZrO_2 \cdot Y_2O_3$-Schicht mit kleinem Ohm'schen Widerstand wurden bei 1000 °C gute Ergebnisse erzielt. Bei einer Zellspannung im Ruhezustand von 1.0 V wurden bei einem Ladungsfluss von 1 A cm^{-2} 0.6 V erhalten. Als Katalysatoren wurden Nickel für die Wasserstoffelektrode und Oxide vom Perowskit-Typ mit Zusätzen von Pt oder Pd für die Sauerstoffelektrode verwendet.

6.6.6 Batterien

Ein wichtiges Anwendungsgebiet der Elektrochemie sind Batterien. Es ist eine sehr große Zahl von Stromquellen entwickelt worden von denen nur ein kleiner Ausschnitt dargestellt werden soll. Man unterscheidet Primärzellen, bei denen wenigstens einer der Teilvorgänge nicht umgekehrt werden kann und die dadurch nur einmal zu verwenden sind. Dagegen können Sekundärelemente (Akkumulatoren) wieder aufgeladen werden, d. h. die Elektrodenprozesse sind sämtlich umkehrbar. Als negative aktive Elektrodenmassen verwendet man meist oxidierbare Substanzen wie Metalle, als positive Elektrodenmassen reduzierbare Substanzen wie Metalloxide Nichtmetalloxide, Sauerstoff oder Chlor. Die aktiven Massen einer Batterie sollten schwerlösliche Substanzen sein, damit die Zellspannung möglichst unabhängig vom Ladungszustand der Batterie wird. Im Zuge der elektrochemischen Umsetzung bei dem Ladungs- oder Entladungsvorgang ändern sich die Konzentrationen gelöster Spezies bei den schwerlöslichen Substanzen nur wenig mit einem nur geringen Einfluss auf das jeweilige Elektrodenpotential über die Nernst'sche Gleichung. Außerdem sollten die Elektrodenmaterialien umweltfreundlich sein. Die Verwendung von Quecksilber oder Cadmium wird heutzutage wegen der Toxizität der Metalle weitgehend vermieden. Als Beispiele seien hier nur die Zink-Braunstein-Batterie und der Bleiakkumulator erwähnt sowie die sehr leistungsfähige Lithiumbatterie.

Die Zink-Braunstein-Batterie wurde bereits 1865 von Leclanché erstmals beschrieben. In einem Zinkbecher als negative Masse befindet sich Braunstein als positive Masse mit einem Graphitstab als Ableitelektrode. Als Elektrolyt wird eine mit Zusatz von Stärke bzw. Methylzellulose angedickte NH_4Cl-Lösung verwendet. Gl. (6.133) und (6.134) beschreiben die Elektrodenprozesse. MnO_2 wird zu $MnOOH$ reduziert. Zn wird zu Zn^{2+} oxidiert und die sich lösenden Zn^{2+}-Ionen werden mit NH_4^+-Ionen zu festem $Zn(NH_3)_2Cl_2$ komplexiert.

Kathode:

$$2\,MnO_2 + 2\,H_2O + 2\,e^- \;\rightarrow\; 2\,MnOOH + 2\,OH^- \tag{6.133}$$

Anode:

$$Zn \;\rightarrow\; Zn^{2+} + 2\,e^- \tag{6.134}$$

Komplexierung:

$$Zn^{2+} + 2\,NH_4Cl + 2\,OH^- \;\rightarrow\; Zn(NH_3)_2Cl_2 + 2\,H_2O\,. \tag{6.135}$$

Dadurch wird eine konstante Zn^{2+}-Konzentration eingestellt. Da beide Elektroden im gleichen Sinne von der OH^--Konzentration abhängen, ist die Zellspannung pH-unabhängig. Die technisch erzielte Zellspannung beträgt 1.5 bis 1.6 V. Die Zink-Braunstein-Batterie ist eine Primärzelle. Sie ist mit einigen konstruktiven Änderungen zu einem Sekundärelement entwickelt worden, das für ca. 50 Lade- und Entladezyklen verwendet werden kann.

Beim Bleiakkumulator sind die Elektrodenmaterialien sämtlich schwerlösliche Festkörper (Pb, PbO_2, $PbSO_4$). Die positive Elektrode besteht aus PbO_2, die negative aus Pb-Metall. Beide Materialien werden bei der Entladung zu $PbSO_4$ umgesetzt:

Kathode:

$$PbO_2 + 4\,H^+ + SO_4^{2-} + 2\,e^- \;\rightarrow\; PbSO_4 + 2\,H_2O\,, \tag{6.136}$$

Anode:

$$Pb + 2\,H^+ + SO_4^{2-} \;\rightarrow\; PbSO_4 + 2\,H^+ + 2\,e^-\,. \tag{6.137}$$

Nur die Sulfatkonzentration verringert sich bei der Entladung, was lediglich einen kleinen Einfluss auf die Zellspannung hat. Trotz seines hohen Gewichtes hat sich der Bleiakkumulator wegen seiner hohen Standzeit bis heute behauptet. Die gemessene Zellspannung beträgt 2.06 V. Obwohl die Zersetzungsspannung des Wassers nur 1.23 V beträgt, findet trotzdem keine Entladung unter Wasserzersetzung statt. Das liegt an der sehr hohen Überspannung der Wasserstoffentwicklung am Blei bzw. der Sauerstoffentwicklung am Bleidioxid.

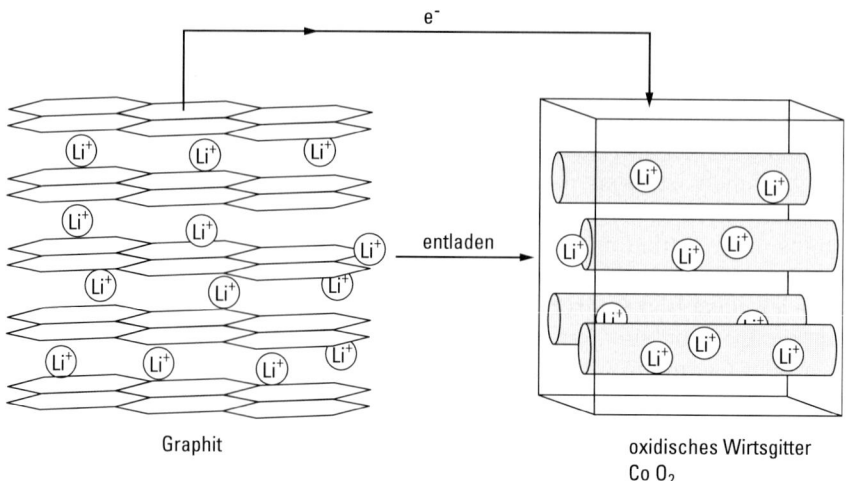

Abb. 6.74 Lithiumionenbatterie mit Interkalation der Li^+-Ionen in Graphit (Kathode) und CoO_2 (Anode).

Ein wichtiges sekundäres Element ist die Lithiumionenbatterie. Als Elektrodenmaterialien dienen hierbei so genannte Interkalationsverbindungen. Als Kathode wird der mit Li^+-Ionen interkalierte Graphit der Zusammensetzung LiC_x verwendet. Je nach Graphit oder Rußsorte variiert x zwischen maximal 6 bis 12. Die Li^+-Ionen werden in das Schichtgitter des Graphits eingelagert, wobei das Wirtsgitter die zur Elektroneutralität erforderlichen negativen Ladungen trägt (Abb. 6.74). Als positives Elektrodenmaterial werden Oxide wie z. B. CoO_2 verwendet, in die Li-Ionen eingelagert werden können, wobei $LiCoO_2$ entsteht. Bei der Entladung verlassen die Li^+-Ionen das Graphitgitter und wandern durch den Elektrolyten zum Co-Oxidgitter:

$$LiC_x + Co(IV)O_2 \rightarrow x\,C + LiCo(III)O_2. \tag{6.138}$$

Dabei entsteht Graphit und das Co-Li-Verbindungsoxid. Im äußeren Stromkreis fließen die Elektronen von der Graphit- zur Metalloxidelektrode. Die Zellspannung beträgt maximal 4.2 V. Aus diesem Grunde müssen nichtwässrige organische Elektrolyte verwendet werden. Wasser zersetzt sich bereits ab einer Zellspannung von 1.23 V. Es kommen diverse Polycarbonate zum Einsatz wie Propylen- und Ethylencarbonat oder Diethyl- und Dimethylcarbamat. Als Leitelektrolyte setzt man $LiPF_6$ oder $LiBF_4$ ein. Die hohe Zellspannung ist für technische Anwendungen im Bereich tragbarer elektronischer Geräte wie z. B. Mobiltelefone sehr günstig. Infolge der leichten Elektrodenmaterialien ist die Energiedichte besonders hoch.

Als ein mögliches Beispiel der Verwendung von Festionenleitern sei der Natrium-Schwefel-Akkumulator erwähnt. Die reaktiven Massen, flüssiges Natriummetall und flüssiger Schwefel, werden durch eine Membran aus ß-Aluminiumoxid getrennt. Dieses Schichtgitter weist eine hohe Leitfähigkeit für Na^+-Ionen auf (Abschn. 5.6.5). Die Natriumionen werden auf der Metallseite gebildet und wandern durch den Festionenleiter zur Phasengrenze β-Aluminiumoxid/Schwefel und reagieren dort zu Sulfid entsprechend $2\,\mathrm{Na} + 3\,\mathrm{S} \rightarrow \mathrm{Na_2S_3}$. Die Elektronen der Na-Oxidation werden im Außenkreis zur Schwefelseite geleitet, wo dessen Reduktion zu Sulfid erfolgt. Die Zellspannung bei Stromlosigkeit beträgt 2.1 V. Die Zelle muss auf einer Betriebstemperatur von ca. 300 °C gehalten werden. Außerdem besitzt sie ein gewisses Betriebsrisiko wegen der reaktiven Materialien und hohen Temperatur, so dass sie sich nicht durchgesetzt hat.

6.6.7 Elektrochemisches Rastermikroskop

Das elektrochemische Rastermikroskop (engl.: *scanning electrochemical microscope*, SECM) bietet eine interessante Möglichkeit, die Reaktion an einer Elektrode mit lateraler Auflösung zu erfassen. Bei der Rastertunnelmikroskopie wird der Tunnelstrom zwischen einer Spitze und der Probe gemessen, wohingegen hier der Stromfluss von einer Ultramikroelektrode (UME) in den Elektrolyten ortsabhängig gemessen wird. Dieses elektroanalytische Verfahren verwendet Ultramikroelektroden mit einem Radius von wenigen nm bis zu 25 µm, die an eine Grenzfläche angenähert werden [120]. Dabei werden sowohl die Topographie als auch die Reaktivität von Grenzflächen mit guter lateraler Auflösung vermessen. Hierzu wird die Spitze mit Piezokeramiken parallel und senkrecht zur Probenoberfläche bewegt, ähnlich wie bei den bereits diskutierten Rastersondenverfahren STM und SFM. Prinzipiell kann jede Grenzfläche Festkörper/Elektrolyt untersucht werden. Dabei kann die Festkörperoberfläche ein Metall, Halbleiter oder Isolator sein. Es können aber auch Polymere, Biomaterialien und Flüssigkeiten, wie z. B. Öltröpfchen, untersucht werden.

Ultramikroelektroden zeichnen sich infolge des hemisphärischen Transports durch eine hohe Diffusionsgeschwindigkeit von Reaktanten zur Oberfläche oder von ihr fort und durch einen kleinen Ohm'schen Spannungsabfall bei hoher Stromdichte aus, wie bereits in Gl. (6.119) und (6.121) und Abb. 6.46 beschrieben wurde. Die Stromdichte einer Ultramikroelektrode besitzt den üblichen Verlauf in Abhängigkeit vom Elektrodenpotential mit Durchtrittskontrolle bei kleiner und Diffusionskontrolle bei großer Überspannung bis hin zum Diffusionsgrenzstrom. Die Diffusionsgrenzstromdichte j_d einer scheibenförmigen Mikroelektrode der Fläche πr_E^2 ist der einer hemisphärischen Elektrode nach Gl. (6.119) sehr ähnlich. Für die Stromstärke I_d folgt

$$I_\mathrm{d} = j_\mathrm{d}\, r_\mathrm{E}^2 \pi = \pi\, n F D\, r_\mathrm{E}\, \bar{c}. \tag{6.139}$$

Nähert sich eine solche Elektrode einer Isolatoroberfläche auf eine Entfernung, die wenigen Elektrodenradien entspricht, so wird der Antransport von den Edukten einer elektrochemischen Reaktion in dem entstehenden Spalt zunehmend behindert und sinkt entsprechend ab (Abb. 6.75a, b). Man spricht hier von einer negativen Rückkopplung (engl.: *negative feedback*). Ist die zu untersuchende Probe aber ein Metall, so kann bei entsprechend eingestelltem Potential an seiner Oberfläche ebenfalls eine Umsetzung stattfinden. Wird z. B. eine oxidierte Spezies Ox an der Ultramikroelektrode zu Red reduziert, so gelangt sie im Spalt an die Probenoberfläche und kann dort wieder zu Ox reoxidiert werden (Abb. 6.76a). Dabei wird bei Annäherung der Ultramikroelektrode eine positive Rückkopplung erzielt (engl.: *positive*

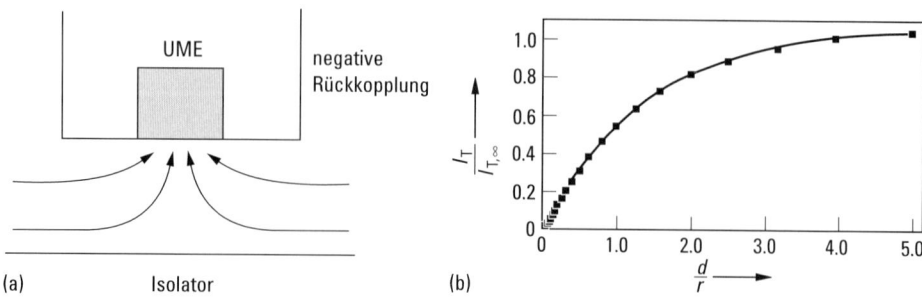

Abb. 6.75   (a) Ultramikroelektrode eines SECM in Kombination mit einem Isolator. (b) das gemessene Stromstärkenverhältnis $I_T/I_{T,\infty}$ in Abhängigkeit vom Abstand d bei negativer Rückkopplung. (SECM, elektrochemisches Rastermikroskop.)

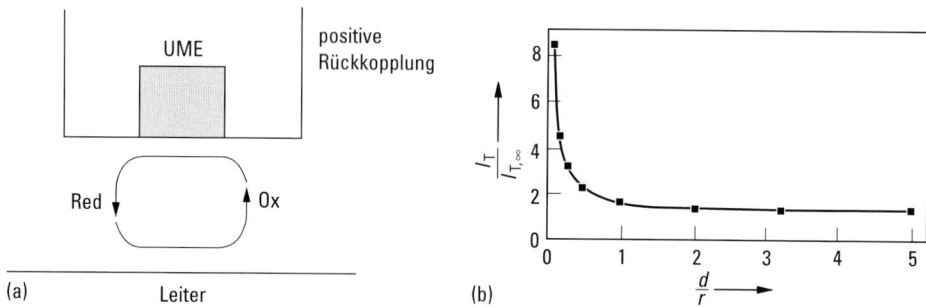

Abb. 6.76   (a) Ultramikroelektrode eines SECM in Kombination mit einem Leiter. (b) Stromstärkenverhältnis $I_T/I_{T,\infty}$ in Abhängigkeit vom Abstand d bei positiver Rückkopplung. (SECM, elektrochemisches Rastermikroskop.)

feedback), das heißt die Stromdichte nimmt mit abnehmender Entfernung zu (Abb. 6.76 b). Der kleine Radius begrenzt diese Abhängigkeit auf kleine Bereiche der Elektrodenoberfläche, d. h. man erzielt eine hohe laterale Auflösung. Man kann in Umkehrung auch die Bildung einer Spezies auf der Probenoberfläche durch die Umsetzung des Produktes an der Ultramikroelektrode nachweisen, d. h. die Reaktivität einer Elektrodenoberfläche mit lateraler Auflösung vermessen. Prinzipiell kann das SECM in dem erwähnten Feedbackmode oder dem Erzeugungs- und Sammelverfahren (engl.: *generation collection*, GC-Mode) betrieben werden. Des Weiteren kann es auch zur Nanostrukturierung von Elektrodenoberflächen im so genannten direkten Verfahren (engl.: *direct mode*) eingesetzt werden. Die unterschiedlichen Anwendungsbereiche sollen im Folgenden ohne Anspruch auf Vollständigkeit kurz umrissen werden.

Im Feedback Mode kann die Topographie einer Oberfläche ähnlich wie bei dem STM-Verfahren vermessen werden. Grundlage ist die Abhängigkeit des Spitzenstroms von der Entfernung d zur Probe nach Abb. 6.75 b und 6.76 b. Hierbei werden entweder ein konstanter Strom vorgegeben und die Spitzendistanz zur Probenoberfläche mit der zugehörigen Piezokeramik nachgefahren oder der Abstand bleibt konstant und der sich ändernde Strom wird gemessen. Entsprechend der obigen Diskussion sind sowohl Isolatoren (Abb. 6.75a) als auch Leiter (Abb. 6.76a) einer Untersuchung zugänglich.

STM und SFM sind zwar hinsichtlich lateraler Auflösung überlegen, allerdings ist bei SECM die Verknüpfung der Topographie mit der Reaktivität einer Oberfläche der interessante Beitrag. Eine sehr wichtige Anwendung ist der qualitative und quantitative Nachweis von Oberflächenbereichen unterschiedlicher Reaktivität. Hierbei können die Produkte von Prozessen an der Probenoberfläche mit der Spitze nachgewiesen werden. Durch Abrastern der Probenoberfläche wird die Reaktionsgeschwindigkeit in Abhängigkeit vom Ort zweidimensional abgebildet. Dadurch kann man die Reaktivität von konventionellen Festkörperelektroden aber auch von Membranen oder biologischen Systemen untersuchen.

Es ist auch die Lebensdauer von Spezies messbar, die an der Spitze gebildet werden und die sich in einer Folgereaktion im Elektrolyten weiter umsetzen. Der Transfer dieser Produkte über den schmalen Spalt der Dicke d zur Probe erfordert eine Zeit von ca. $t = d^2/(2 D)$. Mit $d = 0.1 \, \mu m$ und einem Wert $D = 5 \cdot 10^{-6} \, cm^2 \, s^{-1}$ für den Diffusionskoeffizienten erhält man $t = 10^{-5} \, s$. Die Halbwertzeit für das Abreagieren eines Produktes über eine Folgereaktion in der homogenen Phase sollte in diesem Bereich liegen, um den Folgeprozess über Änderungen des analytischen Stromes messen zu können. Das entspricht einer Reaktionsgeschwindigkeitskonstanten von $k_R = 10^5 \, s^{-1}$ für eine Reaktion erster Ordnung bzw. $k_R = 10^8 \, l \, mol^{-1} \, s^{-1}$ für eine Reaktion zweiter Ordnung. Man kann dieses Abreagieren des Elektrodenproduktes sowohl durch den stationären analytischen Probenstrom als auch über das zeitliche Verfolgen der Konzentration des Produktes, das durch einen Transienten an der Spitze gebildet wurde, messen. Im ersteren Fall kann durch Variation des Abstandes d auch die Geschwindigkeit des Abreagierens bestimmt werden. Der Nachweis eines Produktes kann allerdings auch mit potentiometrischen Methoden bestimmt werden. Hierzu wird eine Spitze verwendet, deren Potential auf die Konzentration eines Reaktionspartners anspricht. So kann man z. B. pH-Änderungen mit einer mit Sb/Sb$_2$O$_3$ belegten Spitze messen. Die Verwendung von ionenselektiven Elektroden als Spitze ermöglicht die Untersuchung von Kationen wie K$^+$, Na$^+$ oder Ca^{2+}. In diesem Zusammenhang ist auch die Untersuchung von Polymerfilmen und biologischen Systemen zu erwähnen, deren Reaktivität ebenso mit dem SECM gemessen werden kann.

Ein weiterer Anwendungsbereich ist die Modifizierung von Elektrodenoberflächen mit dem SECM. Die Spitze und die Probe können dabei eine Zweielektrodenanordnung bilden. Die Reaktion ist bei diesem direkten Verfahren auf den Spalt zwischen den beiden Elektroden und dessen unmittelbare Umgebung begrenzt. So kann man z. B. auf einer Nafionmembran auf einer Silberelektrode mit einer leicht eindringenden UME eine dünne Silberbahn abscheiden. Dabei wirkt die Membran als Ionenleiter. An der Ag Elektrode wird Ag$^+$ abgelöst und mittels der UME Ag als Bahn auf Nafion wieder abgeschieden. Auf der Oberfläche einer Kupferelektrode kann durch die Begrenzung der Reaktion auf den Spalt zur UME eine lokale Auflösung des Metalls und damit eine Strukturierung der Probenoberfläche bewirkt werden. Es kann auch das Erzeugungs- und Sammelverfahren eingesetzt werden. So kann z. B. an der Spitze Brom aus einer Bromidlösung gebildet werden, das dann die gegenüberliegende Cu-Oberfläche lokal ätzt.

6.6.8 Bioelektrochemie

Ein wichtiger expandierender Bereich der Elektrochemie befasst sich mit der Anwendung ihrer Methoden und Konzepte auf Vorgänge im lebenden Organismus. Eine biologische Zelle muss verschiedene in ihr ablaufende Prozesse an den Stoffwechsel ankoppeln, der hierzu die erforderliche Arbeit liefert. Neben der Muskelkontraktion ist es insbesondere die Erzeugung von Konzentrationsunterschieden für verschiedene Stoffe zur Umgebung, die der biologische Organismus benötigt. Diese endergonischen Prozesse mit einer positiven Freien Enthalpieänderung ($\Delta G > 0$) müssen durch den exergonischen Stoffwechsel mit $\Delta G < 0$ angetrieben werden. Die wesentlichen Stoffwechselvorgänge laufen in den Mitochondrien und Chloroplasten an Membranen als gerichtete chemische bzw. elektrochemische Prozesse ab und sind mit der Schaffung von Potentialdifferenzen und Konzentrationsgradienten verbunden. In diesem Sinne ist die Aussage berechtigt, dass wesentliche Funktionen einer biologischen Zelle denen einer elektrochemischen Zelle entsprechen. Im folgenden Teil sollen deshalb einerseits die Ausbildung von Potentialdifferenzen und die Erregungsleitung an Nerven- und Muskelzellen und die Schaffung von Konzentrationsgradienten an Membranen besprochen werden.

Zwischen dem Inneren und der Umgebung von Nerven- oder Muskelzellen werden Potentialdifferenzen gemessen, die sich mit Vorstellungen zum Diffusionspotential gut erklären lassen. So misst man am Riesenaxon der Nervenzelle des Tintenfisches mit zwei Bezugselektroden zwischen dem Inneren und dem umgebenden Elektrolyten ein Membranpotential von $\Delta\varphi_r = \varphi_i - \varphi_a = -0.060$ V. Hierzu muss über die Haber-Luggin-Kapillare eine Bezugselektrode mit dem inneren Bereich der Zelle in Kontakt stehen, eine zweite mit der Außenlösung. Zwei gleiche Bezugselektroden, deren Potentialsprünge zum Elektrolyten sich gegenseitig kompensieren, messen dann direkt den Potentialabfall über die Membran der Zelle. Diese Potentialdifferenz ist von der Permeabilität und Konzentration der Na^+, K^+ und Cl^--Ionen im Inneren der Zelle und in der Umgebung abhängig. Bei Erregung des Nervenzelle wird das Potential auf $\Delta\varphi_a = +0.035$ V vorübergehend erhöht und fällt in wenigen ms auf den Ruhewert $\Delta\varphi_r$ zurück. Die Länge des Aktionspotentials reicht von 1 ms bei Nervenzellen über 5 ms beim Froschmuskel bis zu 200 ms beim Herzmuskel des Frosches. Mit radioaktiv markierten Tracern hat man die Verhältnisse der Permeabilität für den Transport $\dfrac{dn_j}{dt}$ der Ionen j über die Membran und deren Konzentrationen $c_{j,i}$ innen und $c_{j,a}$ außen gemäß

$$\frac{dn_j}{dt} = P_j(c_{j,i} - c_{j,a}) \tag{6.140}$$

sowohl im Ruhezustand als auch im erregten Zustand gemessen. Dabei ergaben sich die folgenden Werte:

$$\text{Ruhezustand:} \quad P_K : P_{Na} : P_{Cl} = 1 : 0.04 : 0.45 \,, \tag{6.141}$$

$$\text{Aktionszustand:} \quad P_K : P_{Na} : P_{Cl} = 1 : 20 : 0.45 \,.$$

Die Konzentrationsverhältnisse der Innen- und Außenlösung sind in Tab. 6.8 (Nervenzelle) aufgeführt. Offenbar ist die Nervenmembran für alle wesentlichen Kationen

Tab. 6.8 Konzentrationen der Innen- und Außenlösung bei Tintenfischaxon und Froschmuskel und eingestelltes Ruhepotential $\Delta\varphi_r$ und Aktionspotential $\Delta\varphi_a$ am Tintenfischaxon, gemessen und berechnet (in Klammern).

Tintenfischaxon		Froschmuskel	
$\Delta\varphi_a = -0.035$ (0.044 V)		$\Delta\varphi_r = -0.090$ V	
$\Delta\varphi_r = -0.060$ (-0.064 V)			
Innenlösung	Außenlösung	Innenlösung	Außenlösung
0.050 M Na$^+$	0.460 M Na$^+$	0.009 M Na$^+$	0.120 M Na$^+$
0.400 M K$^+$	0.010 M K$^+$	0.140 M K$^+$	0.002 M K$^+$
0.040–0.100 M Cl$^-$	0.540 M Cl$^-$	0.003–0.004 M Cl$^-$	0.120 M Cl$^-$

und Anionen durchlässig, allerdings mit unterschiedlicher Permeabilität. Im Aktionszustand wird die Permeabilität für Na$^+$-Ionen stark erhöht, was den Grund für die Potentialumkehr darstellt. Dies geschieht durch Öffnen von Kanälen in der Membran, die die Permeabilität für diese Ionen spezifisch und effektiv erhöhen. Fasst man nun die Potentialdifferenz $\Delta\varphi$ als ein Diffusionspotential für Ionen mit unterschiedlicher Überführungszahl oder der dazu proportionalen Permeabilität auf, so gelangt man unter Berücksichtigung der drei Ionensorten K$^+$, Na$^+$ und Cl$^-$ zur Goldmann-Gleichung:

$$\Delta\varphi_r = 0.059 \lg \frac{[K^+]_a + 0.04\,[Na^+]_a + 0.45\,[Cl^-]_i}{[K^+]_i + 0.04\,[Na^+]_i + 0.45\,[Cl^-]_a} \tag{6.142a}$$

bzw.

$$\Delta\varphi_a = 0.059 \lg \frac{[K^+]_a + 20\,[Na^+]_a + 0.45\,[Cl^-]_i}{[K^+]_i + 20\,[Na^+]_i + 0.45\,[Cl^-]_a}. \tag{6.142b}$$

Danach errechnet sich der Wert des Membranpotentials in Abhängigkeit von den Konzentrationsverhältnissen und den zugehörigen Permeabilitätsverhältnissen zu $\Delta\varphi_r = -0.064$ V bzw. $\Delta\varphi_a = 0.044$ V (Gl. (6.142a)) in guter Übereinstimmung mit den experimentell gefundenen Werten. Fasst man das Membranpotential in den beiden Zuständen als Donnan-Potential für K$^+$ bzw. Na$^+$-Ionen auf, so erhält man eine deutlich schlechtere Übereinstimmung mit den experimentellen Werten. Dagegen sprechen allerdings auch schon die Permeabilitätsverhältnisse. Die oft benutzte Interpretation des Membranpotentials als Donnan-Potential ist deshalb nicht korrekt. Es liegt kein echtes Donnan-Gleichgewicht vor, sondern ein Diffusionspotential mit Ionen, die sich mit unterschiedlicher Beweglichkeit durch die Membran bewegen.

Wie bereits angedeutet, spielen elektrochemische Konzepte bei der Ankopplung des Stoffwechsels an die verschiedenen Arbeiten im Organismus eine große Rolle, so dass man die biologische Zelle oder die Organellen in ihr als elektrochemische Zellen auffassen kann. Eine ihrer wichtigsten Aufgaben ist die Schaffung von Konzentrationsunterschieden, d. h. die An- oder Abreicherung von Ionen bzw. Verbindungen im Inneren der Zelle gegenüber dem umgebenden Elektrolyten. Diese Situation erfordert einen Transport gegen das Konzentrationsgefälle, d. h. einen „Bergauftransport". Diese endergonischen Prozesse müssen von ausreichend exergonischen Vorgängen und damit letztlich vom Stoffwechsel angetrieben werden. Die Prozesse laufen hochspezifisch unter Einsatz enzymatischer Transportsysteme ab. Die Membranen bestehen aus einer Doppelschicht aus Lipidmolekülen, deren hydrophile Enden zu dem inneren bzw. äußeren Elektrolyten weisen, während ihre hydrophoben Teilen parallel zueinander liegen und so eine Membran bilden, die jede Zelle und Organelle in ihr umschließt. Sie sind von den Makromolekülen der Transportsysteme durchsetzt, die hochspezifisch wie ein Enzym ihre Substrate nach dem Schlüssel-Schloss-Prinzip erkennen.

Peter Mitchel hat zur Erklärung des aktiven Transports die so genannte chemiosmotische Hypothese aufgestellt [121]. Beim Abbau der Kohlehydrate zu CO_2 und Wasser oder auch bei der Photosynthese werden Wasserstoffionen in den Zellen bzw. den Organellen von innen nach außen transportiert. Als Folge davon entstehen ein Konzentrationsgradient der Wasserstoffionen und damit ein pH-Gradient sowie zusätzlich eine elektrische Potentialdifferenz. Das elektrochemische Potential $\tilde{\mu}(H^+)$ besteht aus zwei Anteilen, dem chemischen Potential $\mu(H^+)$ und dem elektrischen Anteil $z F \varphi$ der z-fach geladenen Ionen (hier $z = 1$) bei einem Potential φ in einem elektrischen Feld am betrachteten Ort.

$$\tilde{\mu}(H^+) = \mu(H^+) + z F \varphi \qquad (6.142)$$

Beide Anteile führen zu einer Differenz des elektrochemischen Potentials nach Gl. (6.143):

$$\Delta \tilde{\mu}(H^+) = \Delta \mu(H^+) + F \Delta \varphi = R T \cdot 2.303 \cdot \lg \left[\frac{a_{H^+,i}}{a_{H^+,a}} \right] + F \Delta \varphi$$
$$= - R T \cdot 2.303 \cdot \Delta pH + F \Delta \varphi . \qquad (6.143)$$

Dieser primäre Gradient $\Delta \tilde{\mu}(H^+)$ des elektrochemischen Potentials der H^+-Ionen wird vom Stoffwechsel als erstes über die Membran aufgebaut und erzeugt alle weiteren Gradienten, die die Zelle zu ihrer Funktion braucht. So treibt der H^+-Gradient die Bildung von Adenosintriphosphat (ATP) aus anorganischem Phosphat (P) und Adenosindiphosphat (ADP) an. ATP stellt einen chemischen Arbeitsspeicher dar, da die Umkehrung des Bildungsprozesses, d. h. seine Hydrolyse zu ADP und Phosphat, die Arbeit wieder freisetzt, die bei seiner Bildung gespeichert wurde. Diese Arbeit kann dazu genutzt werden, einen Gradienten der Wasserstoffionen über die Zellmembran aufzubauen bzw. wiederherzustellen (Abb. 6.77). Weiterhin kann der Gradient der H^+-Ionen die Bildung von Konzentrationsgradienten anderer Ionen und gelöster Moleküle zwischen dem Zellinneren und der Umgebung mittels hochspezifischer Transportsysteme in der Membran aufbauen. Nach dem Schema von Abb. 6.77 wird osmotische Arbeit geleistet. So wird der Transport von H^+-Ionen in das Zellinnere entsprechend dem Gefälle zu einem Kotransport von K^+-Ionen und Zuckermolekülen genutzt oder aber zu einem Gegentransport von Na^+-Ionen (Abb. 6.78). Auf diese Weise koppelt der Stoffwechsel an die Transportsysteme an, die die Konzentrationsunterschiede zum umgebenden Elektrolyten schaffen, mit einer K^+-Anreicherung und einer Na^+-Abreicherung im Zellinneren. Chemische Verbindungen, die effektiv die Membran durchsetzen und dabei als Träger für die H^+-Ionen wirken, wie das lipophile Paranitrophenol, bauen effektiv das lebensnot-

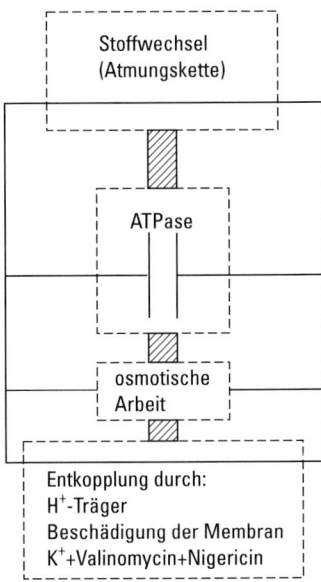

Abb. 6.77   Schema zur chemiosmotischen Hypothese: der biologische Organismus als elektrochemische Zelle mit Energieerzeugung über die Atmungskette, ATP als Arbeitsspeicher (Kapazität), Erzeugung osmotischer Arbeit und Entkopplung durch verschiedene Trägersysteme.

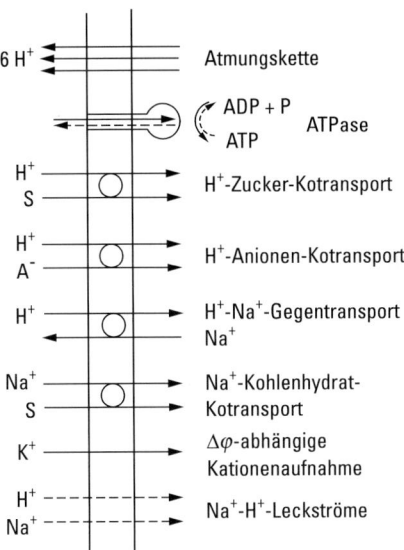

Abb. 6.78   Kopplung verschiedener Transportvorgänge (Bergauftransport) an die Atmungskette und den ATP-ADP-Arbeitsspeicher einer biologischen Zelle.

wendige $\Delta\bar{\mu}(H^+)$ ab und sind daher ein starkes Zellgift. In ähnlicher Weise werden durch zyklische Peptide mit einem inneren hydrophilen Käfig, in den optimal K^+-Ionen passen, und einer äußeren hydrophoben Oberfläche sehr effektiv K^+-Ionen transportiert, die somit dessen Gradienten abbauen (Abb. 6.77). Auch solche Entkoppler sind Zellgifte. Weiterhin inhibieren Cyanid oder Oligomycin die Wirkung der Atmungsfermente des Stoffwechsels, wodurch die notwendige Ergänzung des Gradienten $\Delta\bar{\mu}(H^+)$ unterbleibt. Schließlich wird durch eine Beschädigung der Membran wegen der sehr kleinen Entfernung von wenigen µm ein augenblicklicher Konzentrationsausgleich des Zellinneren mit der Umgebung mit entsprechenden Folgen erfolgen.

Der Aufbau eines pH-Gradienten ist in Aufschlämmungen von Mitochondrien bei ablaufendem Stoffwechsel in der Außenlösung nachgewiesen worden. Ferner konnte durch Ultrabeschallung erreicht werden, dass nach Zerstörung von Organellen sich die Membranteile wieder zu kleineren Vesikeln zusammenlagern. Dabei ist es auch möglich, dass deren Membran genau die inverse Orientierung aufweist, was dann auch die umgekehrte Einstellung der pH-Gradienten zur Folge hatte. Die Außenlösung wurde in diesem Fall bei ablaufendem Stoffwechsel alkalischer statt saurer.

Weitaus schwieriger ist der Nachweis des elektrischen Anteils von $\Delta\bar{\mu}(H^+)$. Mitochondrien sind zu klein, um für Potentialmessungen mit Haber-Luggin-Kapillaren in deren Innenlösung einzudringen. Hier ist die Potentialdifferenz nur auf dem Umweg über die Einstellung eines Donnan-Gleichgewichtes mit einem Nichtmetaboliten nachzuweisen. Das sind Kationen bzw. Anionen, die in der belebten Natur nicht vorkommen und für die die Organismen kein spezifisches Transportsystem entwickelt haben. Die Verteilung derartiger radioaktiv markierter Ionen zwischen Innen- und Außenlösung ist über Aktivitätsmessungen bestimmt worden. Nach Gl. (6.54) und (6.55) ergibt sich aus dem Konzentrationsverhältnis c_i/c_a das Membranpotential:

$$\Delta\varphi = \varphi_i - \varphi_a = \frac{RT}{zF}\ln\left(\frac{a_a}{a_i}\right). \tag{6.144}$$

Einige Ionen für derartige Untersuchungen sind in Abb. 6.79 aufgeführt. In Gl. (6.144) trägt z das Vorzeichen der Ionen.

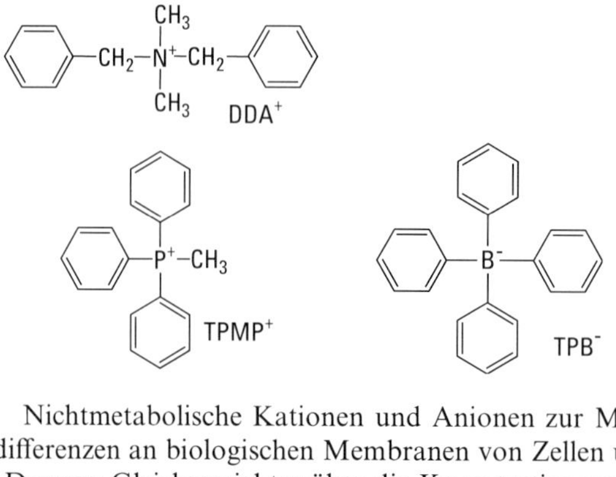

Abb. 6.79 Nichtmetabolische Kationen und Anionen zur Messung von elektrochemischen Potentialdifferenzen an biologischen Membranen von Zellen und Organellen mittels des eingestellten Donnan-Gleichgewichtes über die Kozentrationsverteilung innen/außen.

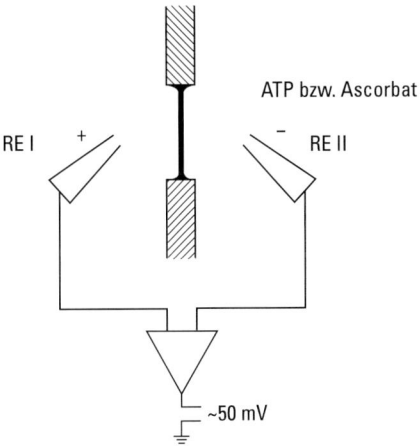

Abb. 6.80 Direkte Messung des elektrischen Teils des Gradienten des elektrochemischen Potentials von Wasserstoffionen mit zwei Referenzelektroden REI und REII durch Einbau von Proteoliposomen der ATPase bzw. der Cytochromoxidase in eine Membran zwischen zwei elektrochemischen Zellen nach Zugabe von ATP bzw. Ascorbinsäure als Metaboliten.

Es konnten aber auch direkt Potentialdifferenzen beim Ablauf des Stoffwechsels gemessen werden. So werden die Proteoliposomen der Cytochromoxidase in eine planare Phospholipidmembran eingebaut, die zwischen zwei elektrochemischen Zellen aufgespannt ist (Abb. 6.80). Mit einer Ag/AgCl-Elektrode in jeder Zelle wurde bei Zugabe von Ascorbinsäure als Metabolit eine Potentialdifferenz von $\Delta\varphi = 0.06$ V aufgebaut, die bei Zugabe des Zellgiftes NaCN wieder verschwand. In ähnlicher Weise konnte bei Einbau der Proteoliposomen des Enzyms ATPase bei Zugabe von ATP eine Potentialdifferenz von $\Delta\varphi = 0.018$ V aufgebaut werden, die durch Zugabe von Oligomycin als Zellgift sofort wieder verschwand. Durch diese Versuche wurde gezeigt, dass beide Anteile von $\Delta\tilde{\mu}(H^+)$, der pH-Gradient und der elektrische Potentialgradient, durch den Stoffwechsel aufgebaut werden. Die über Membranen gerichtet ablaufenden Stoffwechselvorgänge erzeugen als primären Schritt einen Gradienten des elektrochemischen Potentials der Wasserstoffionen, der zum Antreiben anderer Transportprozesse genutzt wird.

6.7 Schlussbetrachtung

Die Darstellung der Elektrochemie selbst in ihren Grundprinzipien in nur einem Buchkapitel muss immer fragmentarisch bleiben. Um den Rahmen nicht zu sprengen, mussten die wesentlichen Grundlagen in komprimierter Form verfasst werden, und auch die modernen Entwicklungen des Faches konnten nur an einigen Beispielen aufgezeigt werden. Dabei rückt gerade die Anwendung neuer spektroskopischer Methoden wie die UHV- und Synchrotronmethoden (XPS AES, ISS, RBS, XAFS, SXRD) und die Rasterverfahren (STM, SFM) in der modernen Elektrochemie stark in den Mittelpunkt. Hierzu gehört auch die Präparation von Elektrodenoberflächen im Sinne der Nanotechnologie mit hoher lateraler Auflösung bis hin zu atomaren und molekularen Strukturen. Gerade diese neuen Methoden sind eine Herausforderung für den Elektrochemiker, Elektrodenprozesse im molekularen Bereich zu studieren und so zu einem besseren Verständnis für viele Fragen zu gelangen, wie z. B. für die Elektrokristallisation, Korrosion, Elektrokatalyse, den Elektronentransfer, besondere chemische und physikalische Eigenschaften von Nanostrukturen bis hin zur Miniaturisierung von Strukturen mit elektrochemischen Methoden. Letzteres spielt gerade für die Herstellung miniaturisierter elektronischer Bauelemente und Sensoren eine bedeutende Rolle.

Trotz eines gewissen Schwerpunktes auf diese neueren Bereiche der Elektrochemie sollte wenigstens ihre technische Anwendung kurz durch einige wenige Beispiele angerissen werden. Auch in diesen Bereichen ist eine konstante und auch zunehmende Aktivität zu verzeichnen, wie z. B. bei der Energieerzeugung und Speicherung (Batterien, Akkumulatoren, Brennstoffzellen), der Synthese anorganischer und organischer Produkte, der Galvanik und Pulsgalvanik und der Materialwissenschaften.

Die Elektrochemie hat eine intensive Auswirkung auf viele Bereiche benachbarter Wissenschaftsdisziplinen wie die Biologie und Medizin. Der Einsatz elektrochemischer Methoden gerade in ihrer miniaturisierten Variante vermag mitzuhelfen, die Vorgänge in komplizierten Strukturen der belebten Natur aufzuklären. Hierin liegt sicher ein großes Potenzial für die Zukunft. Viele Prozesse in biologischen Zellen sind ihrer Natur nach elektrochemisch.

Literatur

[1] Vetter, K. J., Elektrochemische Kinetik, Springer, Berlin, 1961, engl. Version: Electrochemical Kinetics, Academic Press, New York, 1967
[2] Hamann, C. H., Vielstich, W., Elektrochemie, Wiley-VCH, Weinheim, 1998
[3] Trasatti, S., J. Electroanal. Chem. **52**, 313, 1974
[4] Gomer, R., Tryson, S., J. Chem. Phys. **66**, 4413, 1977
[5] Kolb, D. M., Z. Phys. Chem. NF **154**, 179, 1987
[6] Kötz, E. R., Neff, H., Müller, K., J. Electroanal. Chem. **215**, 331, 1986
[7] Lützenkirchen-Hecht, D., Strehblow, H.-H., Electrochim. Acta, **43**, 2957, 1998
[8] Wedler, G., Lehrbuch der Physikalischen Chemie, Wiley-VCH, Weinheim, 1997
[9] Atkins, P. W., Physikalische Chemie, Wiley-VCH, Weinheim, 1996
[10] Weast, R. C., Handbook of Chemistry and Physics, CRC Press Inc., Cleveland, Ohio, D141, 1977
[11] Pourbaix, M., Atlas d'Equilibres Electrochimiques, Guthiers Villars & Cie, Paris, 1963; Atlas of Electrochemical Equilibria in Aqueous Solutions, Pergamon, Oxford, 1966
[11a] Narten, A. H., Disc. Farady Soc. **43**, 97, 1967
[12] Rehr, J. J. et al., Phys. Rev. Lett. **69**, 3397, 1992
[13] Lützenkirchen-Hecht, D., Strehblow, H.-H., Synchrotron Methods for Corrosion Research, in Marcus, P., Mansfeld, F. (Eds.), Methods in Corrosion Science and Engineering, CRCPress LLC, Boca Raton, Florida, 2005
[14] Lützenkirchen-Hecht, D. et al., Corr. Sci. **40**, 1037, 1998
[15] Delahay, P. et al., J. Electrochem. Soc. **98,** 65, 1951

[16] Sandstrom, D.R. et al., Structural Evidence for Solutions from EXAFS Measurements, in EXAFS-Spectroscopy, Techniques and Application, Plenum Press, New York, 1981, p. 139

[17] Sandstrom, D.R., Lytle, F.W., Ann. Rev. Phys. Chem. **30**, 215, 1979

[18] Brdicka, R., Grundlagen der Physikalischen Chemie, VEB Verlag der Wissenschaften, Berlin, 1969, pp. 639–653

[19] Gouy, A., J. Phys. **4**, 457, 1910

[20] Gouy, A., Ann. Phys. **7**, 129, 1917

[21] Chapman, C.L., Phil. Mag. (6), **25**, 475, 1913

[22] Stern, O., Z. Elektrochem. **30**, 508, 1924

[23] Grahame, D.C., J. Am. Soc. **76**, 4819, 1954

[24] Grahme, D.C., J. Am. Soc. **71**, 2975, 1949

[25] Grahame, D.C., Chem. Rev. **41**, 441, 1947

[26] Lecoeur, J., Bellier, J.P., Electrochim. Acta **30**, 1027, 1985

[27] Kolb, D.M. et al., Ber. Bunsen Ges. Phys. Chem. **87**, 1108, 1983

[28] Hansen, W.N., Kolb, D.M, J. Electroanal. Chem. **100**, 493, 1979

[29] Kolb, D.M., Z. Phys. Chem. NF **154**, 179, 1987

[30] Haupt, S. et al., J. Electroanal. Chem. **194**, 179, 1985

[31] Hecht, D., Strehblow, H.-H., Electrochim. Acta, **43**, 19, 1998

[32] Hecht, D., Strehblow, H.-H., unveröffentlicht

[33] Hecht, D., Strehblow, H.-H., J. Electroanal. Chem. **436**, 109, 1997

[34] Hecht, D., Strehblow, H.-H., J. Electroanal. Chem. **440**, 211, 1997

[35] Borthen, P., Strehblow, H.-H., J. Phys. IV, France, **7**, C2, 1997

[36] Hecht, D. et al., J. Phys. IV, France **7**, C2, 1997

[37] Borthen, P., Strehblow, H.-H., Phys. Rev. B, 3rd Series, Vol. **52**, 5, 3017, 1995

[38] Prinz, H., Strehblow, H.-H., Electrochim. Acta, **47**, 3093, 2002

[39] Martens, G., Rabe, P, Phys. Stat. Solidi A **58**, 415, 1980

[40] Martens, G., Rabe, P., J. Phys. C **14**, 1523, 1981

[41] Ravel, B., Atoms Version 2.24b, Department of Physics, University of Washington, 1995

[42] Binnig, G., Rohrer, H., Helv. Phys. Acta **55**, 726, 1982.

[43] Vogt, M.R. et al., Surf. Sience **399**, 49, 1998

[44] Magnussen, O.M., Chem. Reviews, Vol. **102**, No. 3, 679, 2000

[45] Tegart, W.J. McG., The Electrolytic and Chemical Polishing of Metals in Research and Industry, Pergamon Press, London, 1956

[46] Ditterle, M., Will, T., Kolb, D.M., Surf. Sci. **327**, L495, 1995

[47] Wolf, J.F., Vicenci, B., Ibach, H., Surf. Sci. **249**, 233, 1991

[48] Poensgen, M. et al., Surf. Sci. **274**, 430, 1992

[49] Wintterlin, J. et al., J. Vac. Sci. Technol. **B 9**, 902, 1991

[50] Grüttner, P. et al., Magnetic Force Microscopy (MFM), in Wiesendanger, R., Güntherodt, H.-J. (Eds.), Scanning Tunneling Microscopy II, Springer, Berlin, 1995

[51] Florin, E.-L. et al., Science **264**, 415, 1994

[52] Kolb, D.M., Bunsen Ber. Phys. Chem. **98**, 1421, 1994

[53] Ocko, B.M. et al., J., J. Electroanal. Chem. **376**, 35,1994

[54] Budevski, E. et al., Electrochemical Phase Formation and Growth, VCH, Weinheim, 1996

[55] Will, T. et al., The Initial Stages of Electrolytic Copper Deposition: An Atomistic View, in Gewirth, A.A., Siegenthaler, H. (Eds.), Nanoscale Probes of the Solid/Liquid Interface, Kluwer Academic Publishers, Dordrecht, 1995, pp. 137–162

[56] Müller, U. et al., Phys. Rev. B, **46**, 12899, 1992

[57] Staikov, G. et al., Low-Dimensional Metal Phases and Nanostructuring of Solid Surfaces, in Lipkowski, J., Ross, P. (Eds.), Imaging of Surfaces and Interfaces, (Frontiers of Electrochemistry, **Vol. 5**), 1999, pp. 1–56

[58] Toney, M.F. et al., Phys. Rev. B, **49**, 7793, 1994
[59] Staikov, G., Lorenz, W.J., Can. J. Chem. **75**, 1624, 1997
[60] Kossel, W., Nachr. Ges. Wiss. Göttingen, math.-physik. Kl. 135, 1927
[61] Stranski, I.N., Z. Physik. Chem. **136**, 259, 1928
[62] Marcus, R.A., J. Chem. Phys. **43**, 679, 1965
[63] Marcus, R.A., Ann. Rev. Phys. Chem. **15**, 155, 1964
[64] Gurney, R.W., Proc. Roy. Soc. A **134**, 137, 1931
[65] Hush, N.S., J. Chem. Phys. **28**, 962, 1958
[66] Hush, N.S., Trans. Faraday Soc. **57**, 557, 1961
[67] Dogonadze, R.R., Chimadzhev, Yu. A, Doklad. Akad. Nauk. SSSR, **144**, 463, 1962; **145**, 563, 1963
[68] Gerischer, H., Z. Phys. Chem. NF. **26**, 223, 1960; **26**, 326, 1960; **27**, 48, 1961
[69] Vetter, K.J., Elektrochemische Kinetik, Springer, Berlin, 1961, pp. 230–256, engl. Version: Electrochemical Kinetics, Academic Press, New York, 1967, pp. 282–334
[70] Vetter, K.J., Elektrochemische Kinetik, Springer, Berlin, 1961, p. 432, engl. Version: Electrochemical Kinetics, Academic Press, New York, 1967, p. 539
[71] Brdicka, R., Grundlagen der Physikalischen Chemie, VEB Verlag der Wissenschaften, Berlin, 1969, p. 763
[72] Hamann, C.H., Vielstich, W., Elektrochemie, Wiley-VCH, 1998, S. 516–517
[73] Koryta, J. et al., Principles of Electrochemistry, John Wiley & Sons, Chichester, 1993, p. 296
[74] Vetter, K.J., Elektrochemische Kinetik, Springer, Berlin, 1961, pp. 193–198, engl. Version: Electrochemical Kinetics, Academic Press, New York, London, 1967, pp. 219–224
[75] Levich, W.G., Physicochemical Hydrodynamics, Prentice Hall, New York, 1962
[76] Strehblow, H.-H., Speckmann, H.D., Werkst. Korr. **35**, 512, 1984
[77] Newman, J.S. et al., Electrochim. Acta, **22**, 829, 1977
[78] Engelhardt, G., Strehblow, H.-H., J. Electroanal. Chem. **365**, 7, 1994
[79] Cotrell, F.G., Z. Physik. Chem. **42**, 385,1903
[80] Vetter, K.J., Elektrochemische Kinetik, Springer, Berlin, 1961, pp. 284–288, engl. Version: Electrochemical Kinetics, Academic Press, New York, London, 1967, pp. 363–367
[81] Gerischer, H., Vielstich, W., Z. Physik. Chem. NF **3**, 16, 1955
[82] Memming, R., Möllers, F., Ber. Bunsen Ges. Physik. Chem. **76**, 475, 1972
[83] Schultze, J.W., Hassel, A.W., Passivity of Metals, Alloys, and Semiconductors, in Bard, A.J., Stratmann, M. (Eds.), Encyclopedia of Electrochemistry, Vol. 4, Stratmann, M., Frankel, G. (Eds.), Corrosion and Oxide Films, Wiley-VCH, Weinheim, 2003, p. 232
[84] Nouget, C. et al., Phys. Stat, Sol. (a) **24**, 565, 1974
[85] Zielinger, J.P. et al., Phys. Stat. Sol. (a) **33**, 155, 1985
[86] Strehblow, H.-H., Passivity of Metals, in Alkire, R.C., Kolb, D.M. (Eds.), Advances in Electrochemical Science and Engineering, Wiley-VCH, Weinheim, 2003, pp. 336–343
[86a] Collisi, U, Strehblow, H.-H., J. Electroanal. Chem. **210**, 213, 1986
[86b] Collisi, U., Strehblow, H.-H., J. Electroanal. Chem. **284**, 385, 1990
[87] Gerischer, H., The Photoelectrochemical Cell: Principles, Energetics and Electrode Stability, in Heller, A. (Ed.), Semiconductor Liquid-Junction Solar Cells, The Electrochemical Society, Princeton, N.J., Proceedings Volume 77–3, 1977, pp. 1–11
[88] Fujishima, A., Honda, K., Nature **238**, 37, 1972
[89] Cahen, D. et al., Dye-Sensitized Solar Cells: Principles of Operation, in Hodes, G. (Ed.), Electrochemistry of Nanomaterials, Wiley-VCH, Weinheim, 2001, pp. 201–228
[90] Kunze, J. et al., J. Phys. Chem. B **105**, 4263, 2001
[91] Ikemiya, N. et al. Surf. Sci. **323**, 81, 1995
[92] Maurice, V. et al., Surf. Sci. **458**, 185, 2000
[93] Kunze, J. et al., Electrochim. Acta **48**, 1, 2003
[94] Zuili, D. et al., J. Electrochem. Soc. 147, 1393, 2000

[95] Zuili, D. et al., J. Phys. Chem. **B 103**, 7896, 1999

[96] Ryan, M.P. et al., J. Electrochem. Soc. **L 177**, 142, 1995

[97] Foelske, A., Strehblow, H.-H., Surf. Sci. **554**, 10–24, 2003

[98] Toney, M.F. et al., Phys. Rev. Lett. **79**, 4282, 1997

[99] Magnussen, O.M. et al., J. Phys. Chem. B **104**, 1222, 2000

[100] Chu, Y.S. et al., J. Chem. Phys. **110**, 5952, 1999

[101] Böhni, H., in Mansfeld, F. (Ed.), Corrosion Mechanisms, Marcel Dekker, New York, 1987, p. 285

[102] H.-H. Strehblow, in Marcus, P. (Ed.), Corrosion Mechanisms in Theory and Practice, Marcel Dekker, New York, 2002, pp. 243–285

[103] H.-H. Strehblow, Pitting Corrosion, in Bard, A.J., Stratmann, M. (Eds.), Encyclopedia of Electrochemistry, Vol. 4, Stratmann, M., Frankel, G. (Eds.), Corrosion and Oxide Films, Wiley-VCH, Weinheim, 2003, pp. 308–343

[104] Vetter, K.J., Strehblow, H.-H., Ber. Bunsen Ges. Phys. Chem. **74**, 1025, 1970

[105] Ziegler, J.C. et al., Z. Phys. Chem. **208**, 151, 1999

[106] Kolb, D.M. et al., Science **275**, 1097, 1997

[107] Kolb, D.M. et al., Angew. Chem. **112**, 1166, 2000

[108] Pickering, H.W., Byrne, P.J., J. Electrochem. Soc. **118**, 209, 1971

[109] Gerischer, H., in Korrosion **14**, Korrosionsschutz durch Legieren, Verlag Chemie Weinheim, 59, 1962

[110] Maupai, S., Dissertation Technische Universität Erlangen, 2001

[111] Schindler, W. et al., J. Electrochem. Soc. **148**, c124, 2001

[112] Xia, X.H. et al., Electroanal. Chem. **461**, 102, 1999

[113] Schuster, R. et al., Phys. Rev. Letters, **80**, 5599, 1998

[114] Penner, R.M., Hybrid Electrochemical/Chemical Synthesis of Semiconductor Nanocrystals on Graphite, in Hodes, G. (Ed.), Electrochemistry of Nanocrystals, Wiley-VCH, Weinheim, 2001, pp. 1–24

[115] Hodes, G., Rubinstein, I., Electrodeposition of Semiconductor Quantum Dot Films, in Hodes, G. (Ed.), Electrochemistry of Nanocrystals, Wiley-VCH, Weinheim, 2001, pp. 25–65

[116] Cahen, D. et al., Dye-Sensitized Solar Cells: Principles of Operation, in Hodes, G. (Ed.), Electrochemistry of Nanocrystals, Wiley-VCH, Weinheim, 2001, pp. 201–228

[117] Krings, N. et al., Electrochim. Acta, **49**, 167, 2003.

[118] Carrette, L. et al., Fuel Cells **1**, 5, 2001

[119] Carrette, L. et al., Chem. Physchem., Wiley-VCH, Weinheim, **1**, 162, 2000

[120] Bard, A.J., Introduction and Principles, in Bard, A.J., Mirkin, M.V. (Eds.), Scanning Electrochemical Microscopy, Marcel Dekker, New York, 2001, pp. 1–16

[121] Skulachev, V.P., Energy Coupling in Biological Membranes, Current State and Perspectives, in Racker, E. (Ed.), Biochemistry Series One, Vol. 3, Butterworth University Park Press, London, 1975, pp. 31–73

7 Flüssigkristalle

Gerd Hauck, Gerd Heppke

7.1 Einleitung

Die tägliche Erfahrung hat uns anzunehmen gelehrt, dass Materie in drei Aggregatzuständen auftritt: fest, flüssig, gasförmig. Tatsächlich ist dies nur bedingt richtig. So durchlaufen zahlreiche organische Substanzen nach dem Schmelzen mehrere Phasenumwandlungen, bevor bei weiterer Erwärmung die normale flüssige Phase auftritt. Viele der dazwischen liegenden Phasen (*Mesophasen*, griech. $\mu\varepsilon\sigma o\varsigma$, in der Mitte gelegen) besitzen einerseits einen mehr oder weniger großen Grad von Fluidität (sie nehmen in kurzer Zeit die Form des sie beinhaltenden Gefäßes an), andererseits aber richtungsabhängige physikalische Eigenschaften (beispielsweise tritt wie bei Kristallen optische Anisotropie, d. h. Doppelbrechung, auf). Substanzen, die derartige Mesophasen ausbilden, werden als **Flüssigkristalle** bezeichnet. Um die Besonderheit flüssigkristalliner Phasen hervorzuheben, wurde bisweilen auch vom vierten Aggregatzustand der Materie gesprochen.

Zum besseren Verständnis dieses besonderen Zustandes kann es nützlich sein, den Schmelzpunkt eines Kristalls zu betrachten. Im Kristall sind die Molekülschwerpunkte in einem dreidimensionalen Gitter periodisch angeordnet. Ein Röntgenstreubild weist dementsprechend scharfe Bragg-Reflexe auf. In der normalen flüssigen Phase (isotrop-flüssig) ist die Positions-Fernordnung verschwunden, allein eine gewisse Nahordnung der Molekülschwerpunkte kann erhalten bleiben, die nur sehr diffuse Röntgenreflexe bewirkt.

Besitzen die Moleküle eine von der Kugelform abweichende Gestalt, d. h. sind sie *formanisotrop* (beispielsweise stäbchen- oder scheibenförmig), wird im Kristallzustand zusätzlich eine Orientierungs-Fernordnung zu beobachten sein. Bei **thermotropen Flüssigkristallen** bleibt diese Orientierungs-Fernordnung auch nach dem Schmelzen über einen gewissen Temperaturbereich teilweise erhalten, während die dreidimensionale Positions-Fernordnung ganz oder zumindest teilweise verloren geht. Die Orientierungs-Fernordnung zeigt sich an orientierten Proben in einer Anisotropie des Röntgenstreubildes, während sich das Röntgenstreubild einer nicht orientierten Probe kaum von dem einer isotrop-flüssigen Phase unterscheidet.

Auch das gegenteilige Verhalten ist bekannt: Bei den so genannten *plastischen Kristallen*, die von bestimmten kugelförmigen Molekülen wie Neopentan gebildet werden, verschwindet zunächst die Orientierungs-Fernordnung, sodass eine Mesophase mit hoher Rotationsbeweglichkeit der einzelnen Moleküle im Kristallgitter entsteht, und dann erst die Positions-Fernordnung.

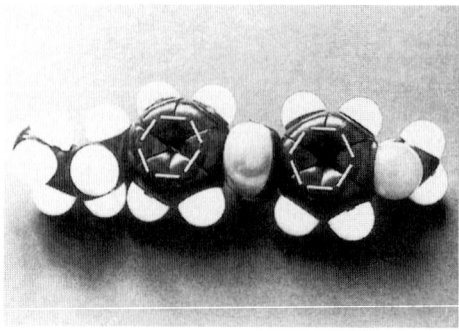

Abb. 7.1 Maßstabgerechtes Molekülmodell des MBBA (4-Methoxybenzyliden-4'-butylanilin).

$$CH_3-O-\!\!\!\left\langle\bigcirc\right\rangle\!\!\!-CH=N-\!\!\!\left\langle\bigcirc\right\rangle\!\!\!-C_4H_9$$

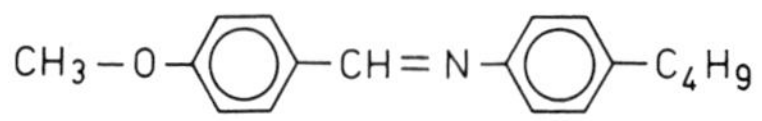

Abb. 7.2 Chemische Strukturformel des MBBA, das zwischen 20 °C und 47 °C eine nematische Phase ausbildet.

Im Gegensatz zu den thermotropen Flüssigkristallen bestehen die **lyotropen Flüssigkristalle** aus Mischsystemen mit einem Lösungsmittel, wobei hinsichtlich der Ausbildung von Mesophasen die Zusammensetzung (anstelle der Temperatur bei thermotropen Flüssigkristallen) die wesentliche Einflussgröße darstellt.

Dieses Kapitel konzentriert sich auf die Beschreibung thermotroper Flüssigkristalle, die von lang gestreckten, stäbchenförmigen Molekülen gebildet werden („kalamitische" Flüssigkristalle). In Abb. 7.1 ist als Beispiel das maßstabsgerechte Kalottenmodell von **MBBA** wiedergegeben. Mit MBBA wird der chemische Name 4-Methoxybenzyliden-4'-butylanilin der in Abb. 7.2 dargestellten Molekülstruktur abgekürzt. Das 1971 entdeckte MBBA war die erste Einzelsubstanz, an der die Ausbildung einer **nematischen Flüssigkristallphase** bei Raumtemperatur beobachtet wurde.

Die Länge des MBBA-Moleküls beträgt 2.5 nm, sein gemittelter Durchmesser 0.5 nm. Viele der etwa 100 000 derzeit bekannten Flüssigkristalle weisen bei ungefähr gleichem Moleküldurchmesser noch weitaus größere Moleküllängen auf. Zur Beschreibung der molekularen Ordnung in den verschiedenen flüssigkristallinen Phasen reicht im Allgemeinen eine Darstellung der Moleküle als Stäbchen aus, wie in Abb. 7.3 gezeigt.

Die nematische Phase (griech. νημα, Faden) unterscheidet sich von der isotrop-flüssigen Phase durch eine bevorzugte *Parallelorientierung* der Moleküllängsachsen. Die Molekülschwerpunkte weisen wie in der isotrop-flüssigen Phase keine Positions-Fernordnung auf. Charakteristisch für die nematische Phase ist die auf Doppelbrechung zurückzuführende Lichtstreuung, die zu einer starken Trübung der nach wie vor gut gießbaren Flüssigkeit führt (Abb. 7.4).

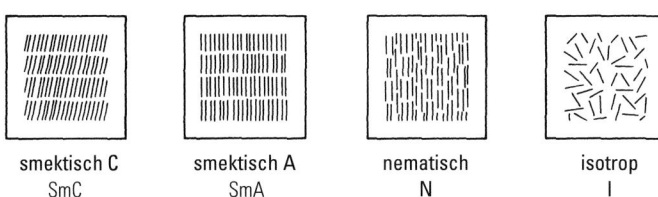

| smektisch C | smektisch A | nematisch | isotrop |
| SmC | SmA | N | I |

Abb. 7.3 Molekulare Ordnung in verschiedenen Flüssigkristallphasen (die Moleküllängsachsen sind durch Striche symbolisiert).

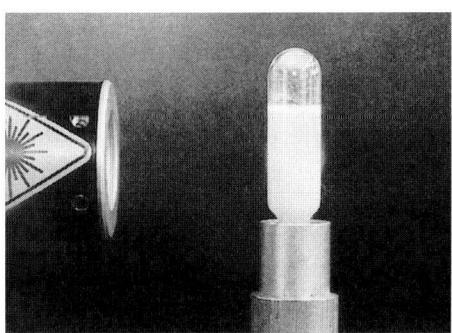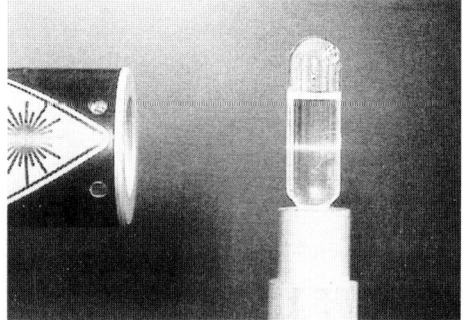

Abb. 7.4 Lichtstreuung in der (a) nematischen Phase (MBBA, 25 °C) im Vergleich zur (b) isotropen Phase (MBBA, 50 °C).

Die Temperatur, bei der sich die nematische (und allgemein auch jede andere flüssigkristalline) Phase sprungartig in die isotrope Phase umwandelt, wird dementsprechend als *Klärpunkt* bezeichnet.

In **smektischen Phasen** (griech. σμηγμα, Seife) tritt zusätzlich eine eingeschränkte Positions-Fernordnung der Molekülschwerpunkte auf. Es entsteht eine Schichtstruktur, beispielsweise nachweisbar durch scharfe Reflexe im Röntgenbeugungsbild. In der smektischen A-Phase (SmA) ist die Vorzugsrichtung der Moleküllängsachsen parallel zur Schichtnormalen, in der smektischen C-Phase (SmC) ist sie geneigt (engl.: *tilted*). Innerhalb der Schichten liegt bei diesen beiden smektischen Phasen keine Positionsordnung vor. Sie können deshalb als zweidimensionale Flüssigkeiten betrachtet werden, deren Schichtdicke ungefähr eine Moleküllänge beträgt. Es sind eine Reihe weiterer smektischer Phasen bekannt, in denen darüber hinaus noch eine gewisse Positionsordnung innerhalb der Schichten auftritt. So können bei einer einzelnen *mesogenen* (d. h. eine flüssigkristalline Phase ausbildenden) Substanz im Temperaturbereich zwischen Schmelz- und Klärpunkt mehr als ein halbes Dutzend verschiedener Phasen beobachtet werden (*Polymorphie*).

Beim Abkühlen eines Flüssigkristalls erfolgt die Kristallisation als kinetisch kontrollierter Prozess häufig erst weit unterhalb des Schmelzpunktes. Die bei Unterkühlung beobachteten metastabilen Phasen werden als *monotrop*, die thermodynamisch gegenüber der festen Phase stabilen als *enantiotrop* bezeichnet.

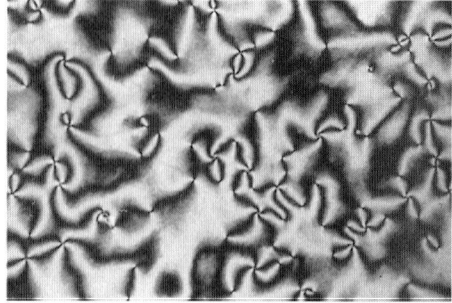

Abb. 7.5 Texturbilder (Heiztisch-Polarisationsmikroskop): (a) smektische A-Phase (fokalkonische Textur), (b) nematische Phase (Schlierentextur).

Flüssigkristalline Phasen zeigen aufgrund der Doppelbrechung charakteristische Texturbilder, die man erhält, wenn man die Substanz zwischen zwei Objektträger bringt und unter dem Mikroskop mit gekreuzten Polarisatoren beobachtet (Abb. 7.5). Auf diese Weise lassen sich die Umwandlungstemperaturen zwischen den einzelnen Phasen einer mesogenen Substanz leicht ermitteln.

Ein weiteres Ordnungsprinzip tritt in der **cholesterischen Phase** auf, die (aus historischen Gründen) als dritte wichtige Phase gleichberechtigt der nematischen und smektischen Phase gegenübergestellt wird. Die cholesterischen Flüssigkristalle weisen eine chirale Molekülstruktur auf. Dies führt zu einer helikalen Anordnung der Moleküllängsachsen, wobei lokal eine der nematischen Phase entsprechende Ordnung erhalten bleibt (Abb. 7.6).

Liegt die Periodizität der Molekülorientierung, die durch diese Helixstruktur bewirkt wird, im Bereich der Wellenlänge von sichtbarem Licht, kommt es infolge Bragg-Reflexion zu spektakulären, für die cholesterische Phase charakteristischen Farberscheinungen.

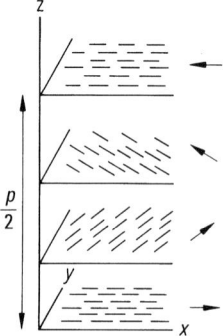

Abb. 7.6 Cholesterische Phase: Die Vorzugsrichtung der Moleküllängsachsen bildet eine Helixstruktur mit der Ganghöhe p. (Die zur Veranschaulichung eingezeichneten Ebenen haben keine physikalische Bedeutung.)

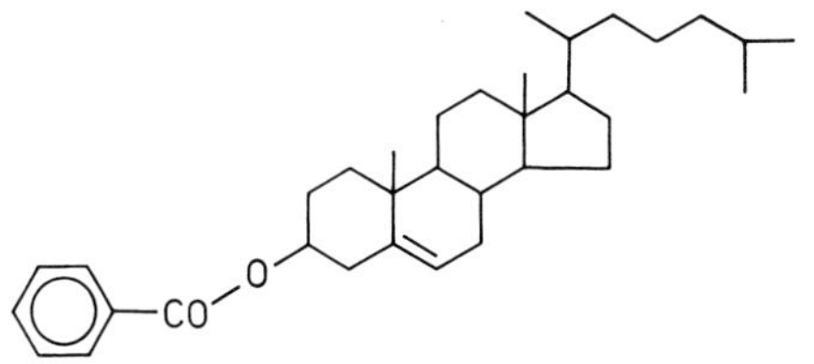

Abb. 7.7 Chemische Strukturformel von Cholesterylbenzoat, das von 145 °C bis 179 °C eine cholesterische Phase ausbildet.

Betrachtet man die historische Entwicklung, so war es eine cholesterische Substanz, nämlich Cholesterylbenzoat (Abb. 7.7), die zur Entdeckung des flüssigkristallinen Zustandes führte. So berichtete 1888 der österreichische Botaniker F. Reinitzer dem Physiker O. Lehmann, der in der Folgezeit dann zahlreiche richtungweisende Arbeiten über Flüssigkristalle veröffentlichte, er habe beobachtet, dass „*die Substanz Cholesterylbenzoat, wenn man sich so ausdrücken darf, zwei Schmelzpunkte zeigt. Bei 145.5 °C schmilzt sie zunächst zu einer trüben, jedoch völlig flüssigen Flüssigkeit. Dieselbe wird erst bei 178.5 °C plötzlich völlig klar.*"

Bereits 1890 wurde von L. Gattermann die nematische Verbindung PAA (p-Azoxyanisol) synthetisiert, die viele Jahrzehnte lang als Modellsubstanz für grundlegende experimentelle und theoretische Untersuchungen diente. Die Forschung wurde über große Zeit vor allem von der Faszination durch die ungewöhnlichen Eigenschaften der Flüssigkristalle getragen, bis man elektrooptische Effekte beobachtete (1968 *dynamische Streuung*, 1971 *Schadt-Helfrich-Effekt*), die aussichtsreiche Anwendungen in flachen Informationsanzeigen versprachen, und zur gleichen Zeit die Beschreibung der vielfältigen Phasenumwandlungen das Interesse der theoretischen Physik fand, etwa beginnend mit der Anwendung der Landau-Theorie auf den Übergang nematisch – isotrop durch P. G. de Gennes (1971). Inzwischen sind Flüssigkristallanzeigen in tragbaren Geräten, wie Mobiltelefonen und Notebooks, sowie als Monitore und videofähige Flachbildschirme einer breiten Öffentlichkeit bekannt.

7.2 Die nematische Phase

7.2.1 Ordnungsgrad

In der nematischen Phase sind die Längsachsen der Moleküle nicht ideal parallel zueinander orientiert, sondern bilden zur Vorzugsrichtung, die als *Direktor* n bezeichnet wird, einen von Molekül zu Molekül verschiedenen Winkel ϑ_i (Abb. 7.8). Die Güte der Parallelorientierung wird durch den *Ordnungsgrad S* beschrieben

$$S = \frac{1}{2} \langle 3\cos^2 \vartheta_i - 1 \rangle, \tag{7.1}$$

wobei $\cos^2 \vartheta_i$ über alle Moleküle gemittelt wird. Der gleiche Mittelwert ergibt sich, wenn zeitlich über alle Orientierungen eines einzelnen Moleküls gemittelt wird

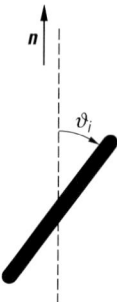

Abb. 7.8   Orientierung der Moleküllängsachse eines Einzelmoleküls zum Direktor **n**.

(Scharmittel = Zeitmittel). Bei idealer, in nematischer Phase nicht zu erreichender Parallelorientierung der Moleküllängsachsen ($\vartheta_i = 0$) nimmt S den Wert 1 an, für eine isotrope Flüssigkeit ergibt sich $S = 0$. Der Ordnungsgrad weist am *Klärpunkt* $T = T_{NI}$ Werte um $S = 0.4$ auf und steigt mit abnehmender Temperatur an. Bei Auftragung über der Temperaturdifferenz zum Klärpunkt ergeben sich für alle nematischen Flüssigkristalle sehr ähnliche Kurven.

Dieses Verhalten wird durch eine von Maier und Saupe [1] angegebene molekularstatistische Theorie beschrieben, die in Abhängigkeit von der reduzierten Temperatur $\tau \approx T/T_{NI}$ (T-absolute Temperatur) eine universelle Funktion voraussagt, wie sie in Abb. 7.9 dargestellt ist.

Beispielsweise beträgt demgemäß bei einer reduzierten Temperatur von 0.8, d. h. je nach Klärpunkt 70–80 K unterhalb desselben, der Ordnungsgrad $S = 0.71$.

Zur Ableitung der Temperaturabhängigkeit des Ordnungsgrades nahmen Maier und Saupe an, dass die Orientierung des einzelnen Moleküls von einem Potential bestimmt wird, das nur von der mittleren Orientierung der Umgebung (d. h. von S) abhängt und dessen Größe sich mit dem Neigungswinkel ϑ_i proportional zu

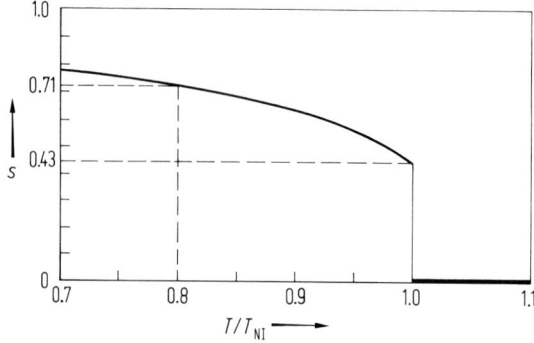

Abb. 7.9   Ordnungsgrad S der nematischen Phase als Funktion der reduzierten Temperatur (berechnet nach Gl. (7.3)).

$\sin^2 \vartheta_i$ erhöht.[1] Im Rahmen einer Theorie des mittleren Feldes ergibt sich folgende Form des mittleren Potentials W_i:

$$W_i(S, \vartheta_i) = -\frac{A}{V^2} S \frac{1}{2}(3\cos\vartheta_i - 1) \tag{7.2}$$

mit dem spezifischen Volumen V und dem Wechselwirkungsparameter A. Damit lässt sich der Ordnungsgrad nach der *Boltzmann-Statistik* ($\vartheta_i \mapsto \vartheta$) berechnen:

$$S = \frac{1}{2}\langle 3\cos^2\vartheta_i - 1 \rangle = \frac{\int_0^1 \frac{1}{2}(3\cos^2\vartheta - 1)\exp\left(-\dfrac{W}{kT}\right)\mathrm{d}\cos\vartheta}{\int_0^1 \exp\left(-\dfrac{W}{kT}\right)\mathrm{d}\cos\vartheta} . \tag{7.3}$$

Durch selbstkonsistente Lösung der Gl. (7.2) und (7.3) kann S für eine vorgegebene Temperatur numerisch bestimmt werden. Als Funktion der reduzierten Temperatur erhält man den in Abb. 7.9 dargestellten Verlauf – bei der genauen Definition der reduzierten Temperatur ist die Dichteabhängigkeit des mittleren Potentials zu berücksichtigen:

$$\tau = \frac{T}{T_{NI}}\left(\frac{V}{V_{NI}}\right)^2 .$$

Eine gute analytische Näherung dieser Temperaturabhängigkeit wird durch

$$S = (1 - 0.98\,\tau)^{0.22} \tag{7.4}$$

gegeben.

Bei den bisherigen Betrachtungen wurde vorausgesetzt, dass der Direktor $\boldsymbol{n}$ in der untersuchten Probe eine einheitliche (beispielsweise zur z-Achse parallele) Orientierung aufweist. Diese muss für die Messung der vom Ordnungsgrad abhängigen Anisotropien der physikalischen Eigenschaften auf geeignete Weise, beispielsweise durch ein äußeres Feld oder durch Randwirkung, gewährleistet werden.

Ohne solche Maßnahmen wird sich die Richtung des Direktors in einer makroskopischen Probe im Allgemeinen von Ort zu Ort ändern. Allerdings ist diese Ortsabhängigkeit nur für Abmessungen, die sehr groß gegenüber der Moleküllänge sind, von Bedeutung. Über kleinere Bereiche kann man in guter Näherung eine einheitliche Richtung des Direktors annehmen, auf die sich dann die Betrachtungen über die Temperaturabhängigkeit des Ordnungsgrades beziehen.

---

[1] Maier und Saupe führten das Potential auf die Wechselwirkung zwischen induzierten Dipolen, d. h. auf Dispersionskräfte, zurück. Heute wird der Wechselwirkungsparameter A eher als empirische Größe betrachtet, die auch abstoßende Kräfte berücksichtigt, wie sie beispielsweise die Onsager-Theorie [2] zugrundelegt.

7.2.2 Anisotrope Eigenschaften

Die Orientierungs-Fernordnung der Moleküle der nematischen Phase bewirkt eine Anisotropie der physikalischen Eigenschaften: Brechungsindex, magnetische Suszeptibilität, Dielektrizitätskonstante, elektrische Leitfähigkeit usw. sind von der Richtung des Direktors in der Messzelle abhängig.

Doppelbrechung. Besondere Bedeutung für die elektrooptische Anwendung hat die Anisotropie des Brechungsindexes, die wie bei festen Einkristallen Doppelbrechung zur Folge hat. Diese lässt sich am einfachsten an einem Keilpräparat nachweisen. Fällt unpolarisiertes Licht (Laserstrahl) auf eine prismenförmige nematische Probe (Leitz-Jelly-Mikrorefraktometer oder keilförmig verklebte Platten), in der die durch den Direktor n gekennzeichnete Vorzugsrichtung der Moleküle parallel zur Prismenkante weist (wie es durch Reiben mit einem Haarpinsel erreicht werden kann), so spaltet der Lichtstrahl in zwei senkrecht zueinander polarisierte Teilstrahlen auf (Abb. 7.10).

Die Ablenkung des Teilstrahles, in dem der elektrische Lichtvektor parallel zum Direktor schwingt, wird durch die Brechzahl (Brechungsindex) $n_\parallel$ bestimmt, für den senkrecht dazu polarisierten Teilstrahl gilt die Brechzahl $n_\perp$. Die nematische Phase (wie auch nicht getiltete smektische Phasen) verhält sich optisch wie ein einachsiger fester Kristall, wobei die Richtung der Achse mit dem Direktor übereinstimmt. Für die Brechungsindizes des ordentlichen und des außerordentlichen Strahls gelten demzufolge $n_\text{o} = n_\perp$ bzw. $n_\text{ao} = n_\parallel$.

Die Größe der Doppelbrechung $\Delta n = n_\text{ao} - n_\text{o} = n_\parallel - n_\perp$ wird durch die Anisotropie der elektronischen Polarisierbarkeit bestimmt ($n_\parallel^2 - 1 \sim \alpha_\parallel$, $n_\perp^2 - 1 \sim \alpha_\perp$). Die höchsten Werte findet man für mesogene Moleküle, die aus konjugierten aromatischen Ringsystemen (meist Benzolringen) aufgebaut sind, die geringsten für gesättigte (z. B. mit Cyclohexanringen aufgebaute) Systeme. Von einzelnen Ausnahmen abgesehen, weisen die von stäbchenförmigen Molekülen gebildeten Flüssigkristalle positive Werte der Doppelbrechung auf ($\Delta n > 0$).

Die mesogenen Moleküle einer nematischen Phase können in erster Näherung als axialsymmetrisch angesehen werden. Dann gilt für die Anisotropie des Brechungsindexes folgender Zusammenhang mit dem Ordnungsgrad S (und der Dichte ϱ):

$$n_\parallel^2 - n_\perp^2 \sim \varrho\, S. \tag{7.5}$$

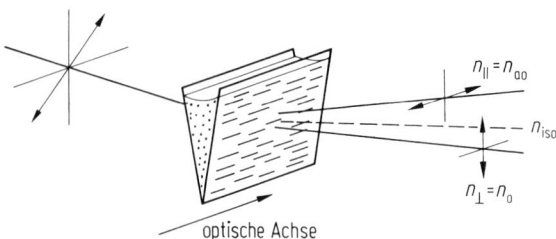

Abb. 7.10 Nachweis der Doppelbrechung eines nematischen Flüssigkristalls in einer keilförmigen Probe. Der Direktor ist parallel zur Prismenkante orientiert.

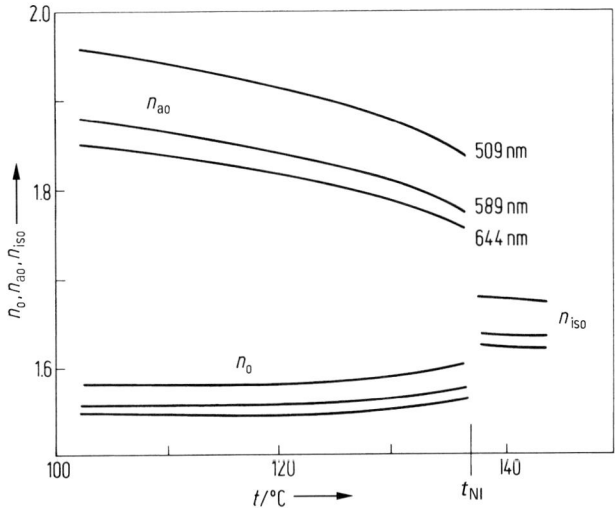

Abb. 7.11 Temperaturabhängigkeit der Brechungsindices von PAA (p-Azoxyanisol) für drei verschiedene Wellenlängen (nach Chatelain und Germain [3]).

Die mittlere Brechzahl $\bar{n}^2 = \frac{1}{3}(n_\parallel^2 + 2n_\perp^2)$ schließt sich nahezu ohne Sprung an die Werte der isotropen Phase (n_{iso}) an und steigt bei abnehmender Temperatur infolge der Dichtezunahme weiter an (Abb. 7.11). Die Werte der Brechungsindizes, und damit auch die Größe der Doppelbrechung in der nematischen Phase, steigen mit abnehmender Wellenlänge des Lichtes an (Dispersion).

Die experimentell vergleichsweise leicht bestimmbare Doppelbrechung wird häufig verwendet, um den Ordnungsgrad eines nematischen Flüssigkristalls zu ermitteln. Der Zusammenhang zwischen Ordnungsgrad und Doppelbrechung wird wesentlich durch die Größe des inneren, auf ein Einzelmolekül wirkenden Feldes bestimmt, das im Allgemeinen nicht ohne einschränkende Annahmen zu berechnen ist. Gut bewährt hat sich eine von der Orientierung des Moleküls unabhängige Feldkorrektur (Vuks), die der Lorenz-Lorentz-Beziehung in der isotropen Phase entspricht. Für den Ordnungsgrad gilt dann folgende Beziehung:

$$S = \frac{n_\parallel^2 - n_\perp^2}{\bar{n}^2 - 1} \cdot \frac{\bar{\alpha}}{\alpha_l - \alpha_t}. \tag{7.6}$$

Darin beschreiben die Größen α_l und α_t die longitudinale bzw. transversale Polarisierbarkeit des Einzelmoleküls und $\bar{\alpha} = \frac{1}{3}(\alpha_l + 2\alpha_t)$ den entsprechenden isotropen Mittelwert. Der zweite Faktor ist temperaturunabhängig und kann gemäß der Näherungsformel Gl. (7.4) bei doppellogarithmischer Darstellung durch Extrapolation auf $T = 0$ (d. h. $S = 1$) gewonnen werden.

Magnetische Suszeptibilität. Flüssigkristalle sind wie die meisten organischen Substanzen diamagnetisch. Die Permeabilitätszahl μ_r ist allerdings nur geringfügig kleiner als Eins: Die magnetische Suszeptibilität[2] $\chi = \mu_r - 1$ liegt in der Größenordnung von 10^{-5}. Die Anisotropie der magnetischen Suszeptibilität $\Delta\chi = \chi_{\parallel} - \chi_{\perp}$ ist in zweierlei Hinsicht eine wichtige Eigenschaft von Flüssigkristallen: Zum Enen bestimmt das Vorzeichen die Richtung der Orientierung durch ein äußeres Magnetfeld und zum Anderen ermöglicht ihre Messung eine Bestimmung des Ordnungsgrades.

Von wenigen Ausnahmen abgesehen besitzt die Suszeptibilitätsanisotropie von nematischen Flüssigkristallen (bei den in diesem Abschnitt behandelten stäbchenförmigen (kalamitischen) Molekülen) einen positiven Wert $\Delta\chi > 0$. Der Direktor der nematischen Phase wird dann parallel zur Richtung des Magnetfeldes ausgerichtet.

Einen wesentlichen molekularen Beitrag zur Anisotropie der magnetischen Suszeptibilität liefern die meist in Flüssigkristallmolekülen als Strukturelement vorhandenen Benzolringe, deren Ringebene näherungsweise parallel zur Moleküllängsachse liegt. Durch ein Magnetfeld senkrecht zur Ringebene wird in dem π-Elektronensystem ein Ringstrom induziert, dessen resultierendes magnetisches Moment dem Feld entgegengesetzt gerichtet ist und somit den Absolutbetrag der diamagnetischen Suszeptibilität $|\chi_{\perp}|$ gegenüber $|\chi_{\parallel}|$ stark erhöht, sodass sich $\chi_{\parallel} > \chi_{\perp}$, d. h. $\Delta\chi > 0$, ergibt.

Wegen der geringen Größe der Suszeptibilität stimmen inneres und äußeres Magnetfeld praktisch überein, sodass sich die makroskopisch beobachtete Anisotropie additiv aus den molekularen Beiträgen zusammensetzt. Somit ist die auf gleiche Probemasse bezogene Anisotropie der Suszeptibilität $\Delta\chi^{(m)} = \Delta\chi/\varrho$ direkt proportional zum Ordnungsgrad S (Abb. 7.12):

$$\Delta\chi^{(m)} = \chi_{\parallel}^{(m)} - \chi_{\perp}^{(m)} = \Delta\chi_{\max}^{(m)} S. \tag{7.7}$$

In dieser Beziehung, die streng nur unter der Voraussetzung axialer Symmetrie gilt, bedeutet $\Delta\chi_{\max}^{(m)}$ den von der Temperatur unabhängigen Wert bei idealer Parallelorientierung $S = 1$. Dieser kann durch geeignete Extrapolation auf $T = 0$ gewonnen (vgl. Doppelbrechung) oder aus magnetischen Messungen an festen Einkristallen abgeschätzt werden.

Zur Bestimmung der magnetischen Suszeptibilität nematischer Flüssigkristalle wird meist eine hochempfindliche magnetische Waage eingesetzt. Ein starkes Magnetfeld wirkt gleichzeitig ausrichtend, sodass bei positiver Anisotropie ($\Delta\chi > 0$) nur $\chi_{\parallel}^{(m)}$ experimentell zugänglich ist. Die Anisotropie erhält man dann aus der Differenz zu dem in der isotropen Phase bestimmten, von der Temperatur unabhängigen Wert $\chi_{iso}^{(m)}$ gemäß:

$$\Delta\chi^{(m)} = \frac{3}{2}(\chi_{\parallel}^{(m)} - \chi_{iso}^{(m)}). \tag{7.7}$$

Dielektrizitätskonstante. Wie bei anderen anisotropen Eigenschaften der nematischen Phase ist es zur Bestimmung der dielektrischen Eigenschaften notwendig, dass der Direktor einheitlich ausgerichtet ist. Dazu eignet sich beispielsweise ein äußeres Magnetfeld. Dieses erlaubt es, in einem ebenen Kondensator mit genügend großem Elektrodenabstand ($> 100\,\mu m$) bei experimentell gut erreichbaren Magnetfeldstär-

---

[2] Im CGS-System, das noch den meisten in der Literatur angegebenen Tabellen zugrunde liegt, sind die Werte dieser dimensionslosen Suszeptibilität um den Faktor 4π kleiner: $4\pi\chi_{CGS} = \mu_r - 1$.

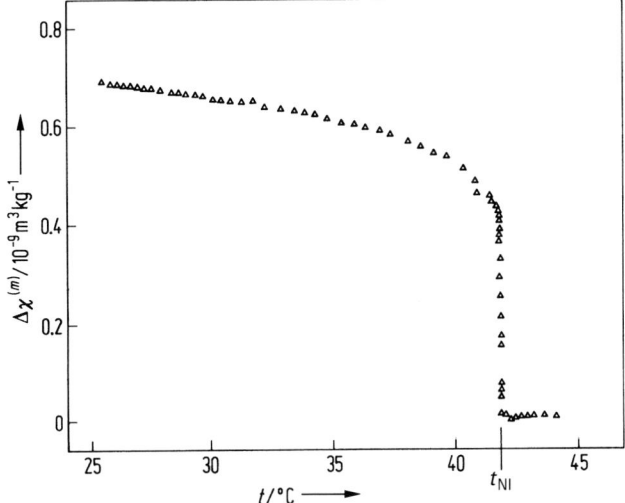

Abb. 7.12 Temperaturabhängigkeit der magnetischen Suszeptibilitätsanisotropie eines nematischen Flüssigkristalls (4-Cyano-4'-heptylbiphenyl) (nach Vertogen und de Jeu [4]).

ken (Flussdichte $B = 1\,\text{T}$) den Direktor praktisch in der gesamten Probe sowohl parallel als auch senkrecht zum elektrischen Messfeld (Abb. 7.13) auszurichten (vgl. Abschn. 7.2.3). Aus den mit einer Messbrücke bei geringer Spannung (0.1–1 V) und bei niedrigen Frequenzen (1–10 kHz) bestimmten Kapazitäten $C_\parallel$ und $C_\perp$ sowie der getrennt bestimmten Leerkapazität C_0 lassen sich so die relativen Dielektrizitätszahlen $\varepsilon_\parallel$ und $\varepsilon_\perp$ ermitteln ($C_\parallel = \varepsilon_\parallel \cdot C_0$ und $C_\perp = \varepsilon_\perp \cdot C_0$).

Wie in isotropen Flüssigkeiten wird die Größe dieser Dielektrizitätskonstanten (DK) von der elektronischen Polarisierbarkeit und von der Orientierungspolarisation gegebenenfalls im Molekül vorhandener permanenter Dipolmomente bestimmt.

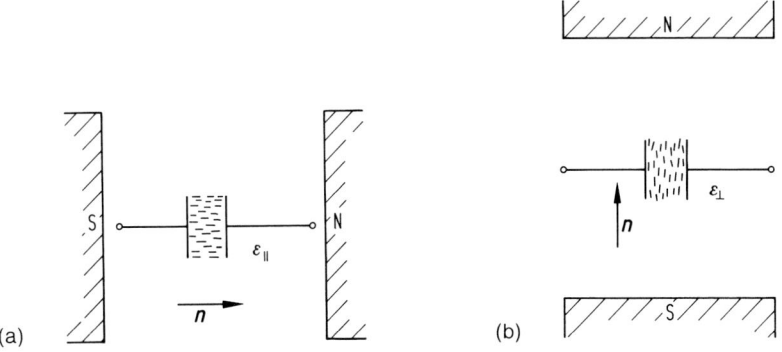

Abb. 7.13 Bestimmung der Anisotropie der Dielektrizitätskonstanten an magnetfeldorientierten Proben. (a) Messfeld parallel zu n, (b) Messfeld senkrecht zu n.

Nematische Flüssigkristalle ohne permanentes Dipolmoment besitzen nur geringe DK-Werte ($\varepsilon \approx n^2$). Weist das Molekül ein Dipolmoment μ auf, entscheidet dessen durch den Winkel β beschriebene Richtung gegenüber der Moleküllängsachse über das Vorzeichen der Anisotropie der nun im Allgemeinen sehr viel größeren DK-Werte (Abb. 7.14). Näherungsweise gilt [5]:

$$\Delta\varepsilon = \varepsilon_\parallel - \varepsilon_\perp = \frac{N}{\varepsilon_0} S c_1 \left[\alpha_\parallel - \alpha_\perp + c_2 \frac{\mu^2}{kT}(3\cos^2\beta - 1) \right]. \tag{7.8}$$

Dabei sind N die Teilchendichte, ε_0 die elektrische Feldkonstante und k die Boltzmann-Konstante. Die beiden dimensionslosen Faktoren c_1 und c_2 beschreiben die Abweichung zwischen innerem und äußerem elektrischen Feld und lassen sich nur unter vereinfachenden Annahmen berechnen.

Die Beziehung (7.8) zeigt, dass die Temperaturabhängigkeit der Anisotropie der DK-Werte nematischer Flüssigkristalle wesentlich durch den Ordnungsgrad $S(T)$ bestimmt wird (vgl. Abb. 7.14). Eine genaue Bestimmung von S aus DK-Werten ist wegen der erwähnten Vereinfachungen in Gl. (7.8) dagegen nicht möglich.

Die Ordnung der Moleküle in der nematischen Phase hat einen bemerkenswerten Einfluss auf die Frequenzabhängigkeit der dielektrischen Eigenschaften. Bei genü-

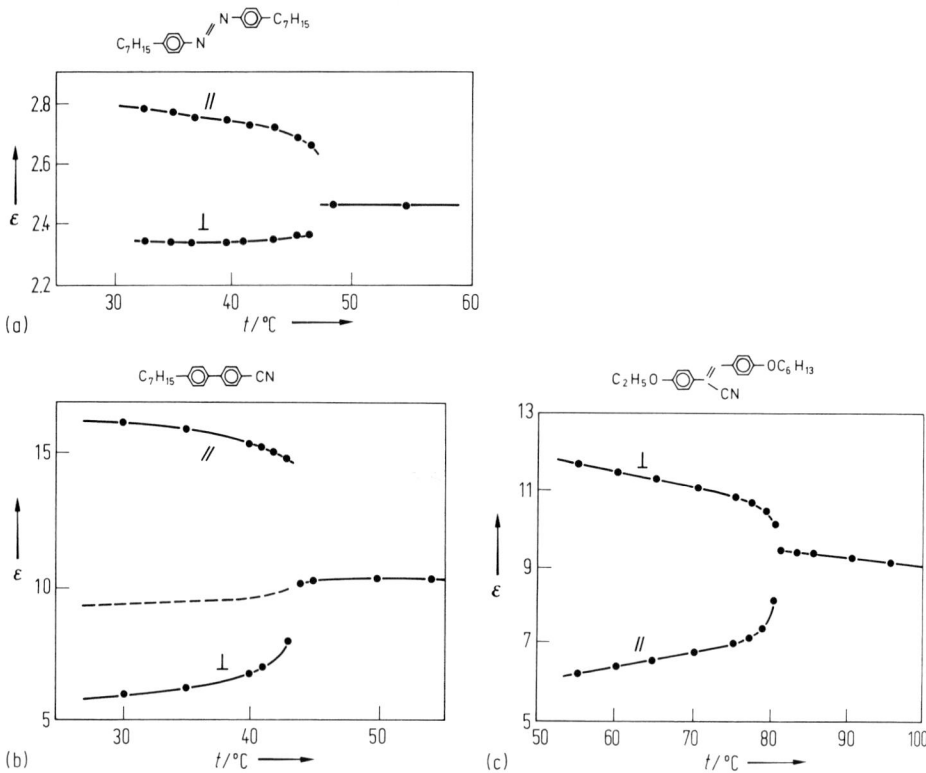

Abb. 7.14 Einfluss eines permanenten Dipolmomentes μ auf die DK-Anisotropie. (a) $\mu \approx 0$; (b) $\mu \neq 0$, $\beta = 0$; (c) $\mu \neq 0$, $\beta > 55°$ (nach Vertogen und de Jeu [4]).

gend hohen Frequenzen kann die Orientierungspolarisation polarer Moleküle der Frequenz des elektrischen Wechselfeldes nicht mehr folgen, und es kommt zu einer Dispersion der DK, wie sie für isotrope Flüssigkeiten durch die klassische Debye-Theorie beschrieben wird. In nematischen Flüssigkristallen ist die Relaxationsfrequenz für $\varepsilon_\parallel$ gegenüber dem bei isotropen Flüssigkeiten beobachteten Verhalten jedoch um mehrere Zehnerpotenzen zu niedrigeren Werten verschoben (für $\varepsilon_\perp$ dagegen erhöht). So kann an nematischen Phasen die Debye'sche DK-Relaxation für $\varepsilon_\parallel$ mit Standardmessbrücken aufgezeigt werden. Bei geeigneter Molekülstruktur tritt sogar ein Vorzeichenwechsel der DK-Anisotropie bei Frequenzen unter 1 kHz auf. Darauf beruht eine spezielle Möglichkeit zur Ansteuerung von Flüssigkristallanzeigen (Zweifrequenzadressierung).

7.2.3 Elastische Eigenschaften

Infolge der thermodynamisch bevorzugten Parallelorientierung der lang gestreckten Moleküle, wie sie durch die Maier-Saupe-Theorie beschrieben wird, strebt der Direktor im gesamten Probenvolumen der nematischen Phase eine einheitliche Ausrichtung an. Eine derartige uniaxiale Ausrichtung, d. h. die Ausbildung eines nematischen Einkristalls, wird durch ein homogenes Direktorfeld $n(r)$ = const. beschrieben. Durch äußere elektrische bzw. magnetische Felder oder die Festlegung der Direktorrichtung an den Wandflächen der Probe kann eine davon abweichende Ausrichtung bewirkt werden. Die Richtung des Direktors ändert sich dann im Allgemeinen kontinuierlich von Ort zu Ort. Eine derartige Deformation des Direktorfeldes, die sich über makroskopische Dimensionen (beispielsweise einige µm) erstreckt, den lokalen Ordnungsgrad aber praktisch ungeändert lässt, erfordert eine gewisse Energie, die der nematischen Phase bezüglich der Orientierung des Direktors elastische Eigenschaften verleiht (*Krümmungselastizität*).

Die Beschreibung des elastischen Verhaltens erfolgt durch die *Kontinuumstheorie* [6]. Danach werden drei Grundtypen von Deformationen des Direktorfeldes unterschieden, die in Abb. 7.15 dargestellt sind: *Spreizung* (engl.: *splay*), *Verdrillung* (engl.: *twist*) und *Biegung* (engl.: *bend*).

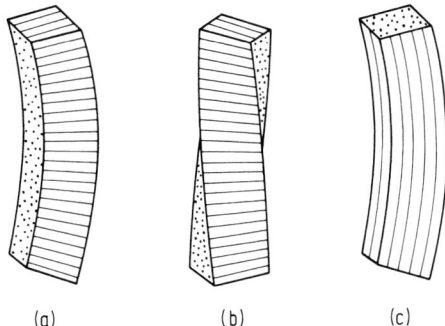

(a)   (b)   (c)

Abb. 7.15   Die drei Grunddeformationen eines nematischen Flüssigkristalls: (a) Spreizung, (b) Verdrillung und (c) Biegung (nach Vertogen und de Jeu [4]).

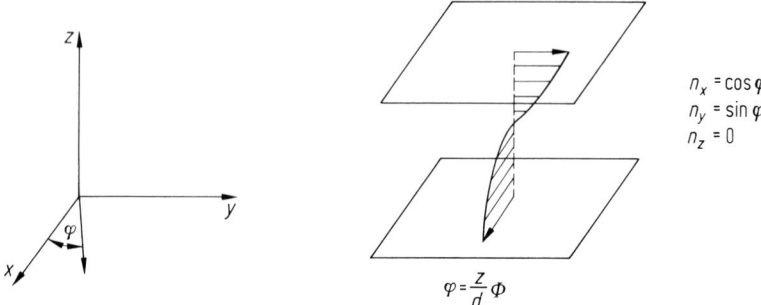

$$n_x = \cos\varphi$$
$$n_y = \sin\varphi$$
$$n_z = 0$$

$$\varphi = \frac{z}{d}\,\Phi$$

Abb. 7.16 Um die z-Achse einheitlich verdrilltes Direktorfeld.

Als Beispiel einer elastischen Deformation sei die einheitliche Verdrillung einer nematischen Phase betrachtet. Dazu wird der Flüssigkristall zwischen zwei planparallele Platten gebracht, die sich in einem Abstand d zueinander befinden (siehe Abb. 7.16). Die Oberflächen der Platten seien so präpariert (im einfachsten Fall durch Reiben mit einem Papier- oder Wolltuch), dass der Direktor dazu einheitlich parallel (homogen planar) orientiert ist. Werden die Orientierungsrichtungen der beiden Platten gegeneinander um den Winkel Φ verdreht, entsteht ein um die z-Achse einheitlich mit $d\varphi/dz = \Phi/d$ verdrilltes Direktorfeld $\boldsymbol{n}(z) = (\cos\varphi,\,\sin\varphi,\,0)$.

Durch die Deformation erhöht sich die freie Energiedichte $F_{\mathrm{D}}^{(\mathrm{V})}$ gemäß der Kontinuumstheorie proportional zum Quadrat der Verdrillung $d\varphi/dz$:

$$F_{\mathrm{D}}^{(\mathrm{V})} = K_2 \left(\frac{d\varphi}{dz}\right)^2. \tag{7.9}$$

Damit wird ein Elastizitätskoeffizient für Verdrillung K_2 definiert, der die Dimension Energie pro Länge besitzt. Für die meisten nematischen Phasen weisen die Elastizitätskoeffizienten Werte um $10^{-11}\,\mathrm{N}$ auf. Setzt man diesen Wert in Gl. (7.9) ein und nimmt man zur Abschätzung $d = 10\,\mu\mathrm{m}$ sowie $\varphi = 1\,\mathrm{rad}$ ($\approx 57°$) an, so ergibt sich ein Betrag von $0.1\,\mathrm{J/m^3}$, um den die Energiedichte durch die Deformation, in diesem Fall durch eine Verdrillung des Direktorfeldes, erhöht wird. Die Krümmungsenergien nematischer Phasen weisen also nur außerordentlich kleine Werte auf. Dies macht verständlich, weshalb sich die Orientierung durch Einwirkung äußerer Felder so leicht verändern lässt.

Der allgemeine Fall einer Deformation des Direktorfeldes $\boldsymbol{n}(\boldsymbol{r})$ wird gemäß der Kontinuumstheorie durch die Summierung der Beiträge der drei Grunddeformationen Spreizung, Verdrillung sowie Biegung beschrieben:

$$F_{\mathrm{D}}^{(\mathrm{V})} = \frac{1}{2}\left[K_1 (\mathrm{div}\,\boldsymbol{n})^2 + K_2 (\boldsymbol{n}\cdot\mathrm{rot}\,\boldsymbol{n})^2 + K_3 (\boldsymbol{n}\times\mathrm{rot}\,\boldsymbol{n})^2\right]. \tag{7.10}$$

Die drei Elastizitätskoeffizienten K_1 (Spreizung), K_2 (Verdrillung) und K_3 (Biegung) sind von ähnlicher Größe. Dies ermöglicht für vereinfachte Berechnungen des Direktorfeldes eine Einkonstantennäherung zu verwenden ($K_1 = K_2 = K_3 = K$).

Die Werte der Elastizitätskoeffizienten nehmen mit zunehmender Temperatur ab (Abb. 7.17), da die Anisotropie der intermolekularen Wechselwirkung vom Ordnungsgrad der nematischen Phase abhängt (näherungsweise $K \sim S^2$).

Um die Wirkung äußerer Felder E bzw. B auf die Orientierung der nematischen Phase zu ermitteln, müssen die Anteile der Feldenergie, die von der Richtung des Direktors abhängen, betrachtet werden:

$$F^{(V)}_{\text{E-Feld}} = -\frac{1}{2}\Delta\varepsilon \cdot \varepsilon_0 (\boldsymbol{n} \cdot \boldsymbol{E})^2, \qquad (7.11)$$

$$F^{(V)}_{\text{B-Feld}} = -\frac{1}{2}\Delta\chi \cdot \frac{1}{\mu_0}(\boldsymbol{n} \cdot \boldsymbol{B})^2. \qquad (7.12)$$

Die Feldenergien variieren mit $\cos^2\Theta$, wobei Θ den zwischen Feldrichtung und Direktor eingeschlossenen Winkel bezeichnet. Auf den Direktor wird demzufolge pro Volumeneinheit ein Drehmoment $\frac{1}{2}\Delta\varepsilon \cdot \varepsilon_0 \cdot E^2 \cdot \sin 2\Theta$ (bzw. $\frac{1}{2}\Delta\chi \cdot \mu_0^{-1} \cdot B^2 \cdot \sin 2\Theta$) ausgeübt, das bei positiver Anisotropie ($\Delta\varepsilon > 0$ bzw. $\Delta\chi > 0$) den Direktor parallel zum Feld ($\Theta = 0$) auszurichten bestrebt ist.

Der ausrichtenden Wirkung des Feldes steht eine im Allgemeinen von der Feldrichtung abweichende Orientierung an den die Probe begrenzenden Wandflächen gegenüber. Das resultierende Direktorfeld lässt sich dann durch die Forderung nach einer minimalen Gesamtenergie F_g bestimmen, die sich bei Integration über das Probenvolumen ergibt:

$$F_g = \int\limits_V (F^{(V)}_{\text{Def}} + F^{(V)}_{\text{Feld}})\,\mathrm{d}V \overset{!}{=} \text{Minimum}. \qquad (7.13)$$

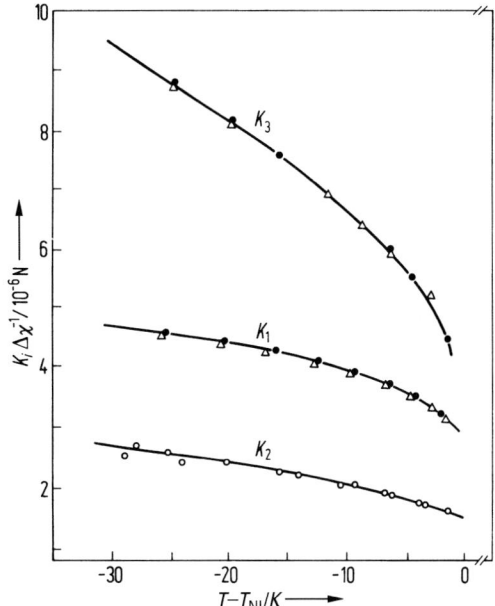

Abb. 7.17 Elastische Koeffizienten eines nematischen Flüssigkristalls (PAA) als Funktion der Temperatur (nach de Jeu et al. [7]).

Die Lösung dieses Variationsproblems gelingt durch Integration der zugehörigen Euler-Lagrange-Differentialgleichungen. Die Integrationskonstanten werden dabei durch die Orientierung an den Probenbegrenzungen festgelegt.

Ein einfaches Beispiel (Abb. 7.18a) ist das Direktorfeld in der Nähe einer Wandfläche (bei $x = 0$), die eine homogen planare Orientierung (in y-Richtung) vorgibt. Ein senkrecht zur Wand gerichtetes Magnetfeld wird bei positiver magnetischer Anisotropie ($\Delta\chi > 0$) in großer Entfernung zur Wand ($x \to \infty$) den Direktor parallel zum Feld (in x-Richtung) orientieren.

Für die weitere Rechnung wird vereinfachend die Einkonstantennäherung verwendet. Aus den Beiträgen von Deformations- und Feldenergie ergibt sich integriert von $x = 0$ bis $x = \infty$ mit A als Größe der betrachteten Wandfläche:

$$F_g = \frac{A}{2} \int_0^\infty \left[K \left(\frac{d\Phi}{dx} \right)^2 - \Delta\chi \frac{1}{\mu_0} B^2 \cos^2\Phi \right] dx, \tag{7.14}$$

wobei die gesuchte Lösung $\Phi(x)$ durch die Forderung nach dem minimalem Wert von F_g bestimmt wird.

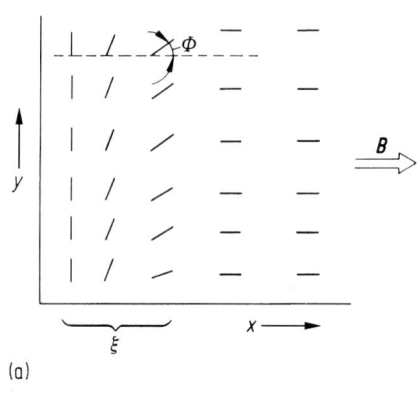

(a)

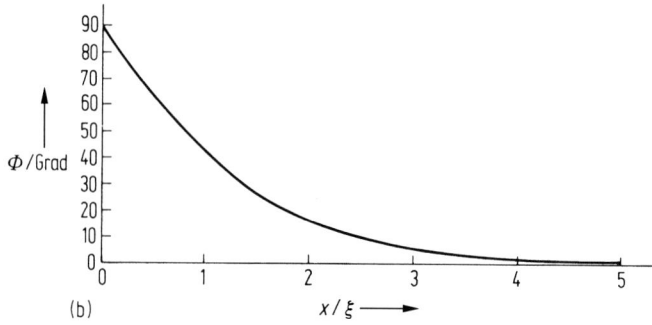

(b)

Abb. 7.18 (a) Direktororientierung in der Nähe einer Wandfläche bei senkrechter Richtung des Magnetfeldes zur Wandorientierung. (b) Winkel Φ zwischen Direktor und Magnetfeld als Funktion des Abstandes von der Wand x (bezogen auf die Kohärenzlänge ξ; s. Gl. (7.20)).

Die Euler-Lagrange-Gleichung lautet:

$$K\frac{\mathrm{d}^2\Phi}{\mathrm{d}x^2} - \Delta\chi \cdot \frac{1}{\mu_0} B^2 \cdot \sin\Phi \cdot \cos\Phi = 0. \tag{7.15}$$

Die Faktoren in Gl. (7.15) lassen sich als Quadrat einer charakteristischen Länge ξ ausdrücken:

$$\xi = \frac{1}{B}\sqrt{\frac{K\mu_0}{\Delta\chi}}. \tag{7.16}$$

Nach Multiplikation von Gl. (7.15) mit $2\,\mathrm{d}\Phi/\mathrm{d}x$ ergibt sich dann die Gleichung:

$$2\frac{\mathrm{d}\Phi}{\mathrm{d}x}\frac{\mathrm{d}^2\Phi}{\mathrm{d}x^2} - \frac{1}{\xi^2}\cdot 2\frac{\mathrm{d}\Phi}{\mathrm{d}x}\sin\Phi\cos\Phi = 0, \tag{7.17}$$

die sich leicht integrieren lässt:

$$\left(\frac{\mathrm{d}\Phi}{\mathrm{d}x}\right)^2 = \left(\frac{\sin\Phi}{\xi}\right)^2 + C. \tag{7.18}$$

Aus den Randbedingungen $\Phi = 0$ und $\mathrm{d}\Phi/\mathrm{d}x = 0$ für $x \to \infty$ folgt für die Integrationskonstante der Wert $C = 0$.

Damit ergeben sich zwei energetisch gleichwertige Lösungen mit zueinander spiegelbildlichem Direktorfeld:

$$\frac{\mathrm{d}\Phi}{\mathrm{d}x} = \pm\frac{\sin\Phi}{\xi}. \tag{7.19}$$

Für das negative Vorzeichen und unter Beachtung der Randbedingung $\Phi(x = 0) = \pi/2$ ergibt eine weitere Integration

$$\ln\left(\tan\frac{\Phi}{2}\right) = -\frac{x}{\xi} \quad \text{bzw.} \quad \Phi(x) = 2\arctan\exp\left(-\frac{x}{\xi}\right), \quad x \geq 0. \tag{7.20}$$

Wie der in Abb. 7.18b dargestellte Verlauf von $\Phi(x)$ zeigt, konzentriert sich die Krümmung des Direktorfeldes im Wesentlichen auf eine Schicht, deren Dicke durch die charakteristische Länge ξ gegeben ist und die sinnfällig als *Kohärenzlänge* bezeichnet wird.

Für eine magnetische Induktion von $B = 1\,\mathrm{T}$ ergibt sich mit $K = 10^{-11}\,\mathrm{N}$ und $\Delta\chi = 4\pi\,10^{-7}$ ein typischer Wert von $\xi = 3\,\mu\mathrm{m}$. Die Größe der Kohärenzlänge bestimmt letztlich die minimale Größe des Probenvolumens, in dem die Orientierung des Direktors durch ein äußeres Feld noch zu ändern ist. Für Messungen anisotroper Eigenschaften, die beispielsweise eine Änderung der Orientierung durch ein Magnetfeld erfordern, müssen entsprechend die Abmessungen der Probe groß gegenüber der Kohärenzlänge sein bzw. muss bei vorgegebenen Abmessungen eine genügend große Feldstärke gewählt werden (vgl. Dielektrizitätskonstante).

Führt man die gleichen Überlegungen für ein elektrisches Feld vom Betrag E durch, so erhält man $\xi = E^{-1}\sqrt{K/(\Delta\varepsilon\,\varepsilon_0)}$. Eine Kohärenzlänge von $3\,\mu\mathrm{m}$ erfordert bei einem typischen Wert der DK-Anisotropie von $\Delta\varepsilon = 10$ und $K = 10^{-11}\,\mathrm{N}$ eine elektrische Feldstärke $E = 10^5\,\mathrm{V\,m^{-1}} = 1\,\mathrm{V}/10\,\mu\mathrm{m}$.

Freedericksz-Effekte. Die elastischen Eigenschaften führen zu einem charakteristischen Verhalten, wenn der nematische Flüssigkristall als dünne Schicht der Dicke d zwischen zwei planparallelen Wänden eingeschlossen ist, deren Randwirkung ein einheitliches Direktorfeld entweder parallel (homogen planar) oder senkrecht (homöotrop) zu den begrenzenden Wänden zur Folge hat (Abb. 7.19).

Wird dann ein Magnetfeld senkrecht zur ursprünglichen Direktorrichtung angelegt, tritt zunächst keine Deformation auf. Bei sehr kleinen Feldstärken ($\xi \gg d$) werden zufällige, etwa auf thermischen Fluktuationen beruhende kleine Deformationen durch die elastischen Kräfte gedämpft. Bei sehr hohen Feldstärken ($\xi \ll d$) dominiert dagegen in der Zelle, abgesehen von Bereichen im Abstand einer Kohärenzlänge zur Wand, die vom Feld erzwungene Ausrichtung ($\Delta\chi > 0$).

Der Übergang zwischen diesen beiden Fällen vollzieht sich bei einer wohl definierten Schwellfeldstärke (zuerst 1933 von Freedericksz beschrieben), die sich näherungsweise aus der Annahme $2\xi \approx d$ abschätzen lässt. Die genaue Rechnung für diesen so genannten *Freedericksz-Übergang* ergibt die Beziehung $\pi\xi = d$. Bei unterschiedlicher Größe der drei elastischen Konstanten ergeben sich unterschiedliche Schwellfelder $B_0^{(i)}$ für die drei in Abb. 7.19 dargestellten Grunddeformationen:

$$B_0^{(i)} = \frac{\pi}{d}\sqrt{\frac{K_i\mu_0}{\Delta\chi}}; \quad i = 1, 2, 3. \tag{7.21}$$

Die Ermittlung der Schwellfeldstärke, welche beispielsweise anhand der Änderung der Doppelbrechung der Zelle erfolgen kann, gestattet abhängig von der gewählten Geometrie (vgl. Abb. 7.19) grundsätzlich eine getrennte Bestimmung der drei Elastizitätskoeffizienten. Die Verdrillung gemäß Abb. 7.19b lässt sich an Hand der Doppelbrechung nur bei schrägem Lichteinfall beobachten.

Das gleiche Verhalten lässt sich im elektrischen Feld beobachten. Meist wird dieses durch zwei auf die begrenzenden Glasplatten aufgebrachte (transparente) Elektro-

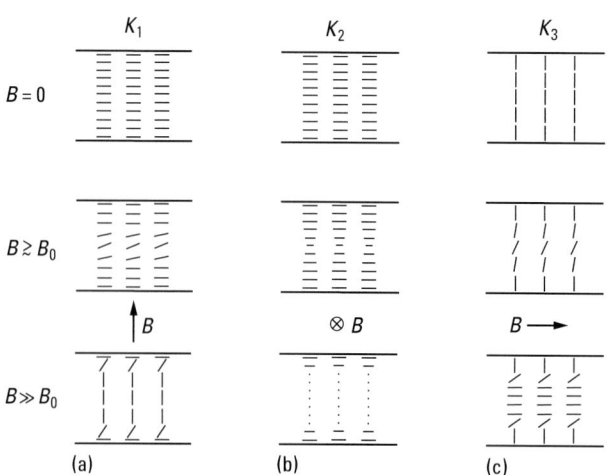

Abb. 7.19 Deformation eines homogenen Direktorfeldes durch ein äußeres Magnetfeld **B** unterschiedlicher Stärke: (a) Spreizung, (b) Verdrillung und (c) Biegung.

den erzeugt, d. h. die Feldrichtung ist senkrecht zu den Platten. Bei positiver DK-Anisotropie ($\Delta\varepsilon > 0$) entspricht dies der in Abb. 7.19a dargestellten Splay-Deformation. Für nematische Flüssigkristalle mit negativer dielektrischer Anisotropie ($\Delta\varepsilon < 0$), und homöotroper Randorientierung (vgl. Abb. 7.19c, aber Feldrichtung parallel zum Direktor) erfolgt eine Bend-Deformation.

Die elektrische Feldstärke ist ebenso wie die Freedericksz-Schwelle proportional zum Kehrwert der Schichtdicke. Im elektrischen Feld wird der Freedericksz-Übergang deshalb durch eine von der Schichtdicke unabhängigen Schwellspannung $U_0^{(i)}$ charakterisiert:

$$U_0^{(i)} = \pi \sqrt{\frac{K_i}{|\Delta\varepsilon|\,\varepsilon_0}}; \quad \Delta\varepsilon > 0: i = 1; \quad \Delta\varepsilon < 0: i = 3. \tag{7.22}$$

Für $|\Delta\varepsilon| = 10$ und $K_i = 10^{-11}$ N erhält man eine Schwellspannung von 1 V. Für die genaue Berechnung des Direktorfeldes bei Spannungen oberhalb der Freedericksz-Schwelle müssen die Unterschiede der elastischen Konstanten berücksichtigt werden. Bei hohen Werten der dielektrischen Anisotropie ist zusätzlich zu beachten, dass das wirksame Feld von der Direktororientierung abhängt. Weiterhin wird bei der Betrachtung der Feldeffekte vorausgesetzt, dass keine elektrische Leitfähigkeit vorliegt. Ist dies nicht erfüllt, können durch das elektrische Feld hydrodynamische Instabilitäten erzeugt werden.

7.2.4 Viskosität

Das Fließverhalten isotroper Flüssigkeiten wird durch die Viskosität η beschrieben. Diese lässt sich über den Kraftaufwand F definieren, der pro Fläche A notwendig ist, um in der Flüssigkeit ein Geschwindigkeitsgefälle dv/dx senkrecht zur Bewegung aufrecht zu erhalten:

$$F = \eta \cdot A \frac{dv}{dx}. \tag{7.23}$$

Für Gase sowie für viele anorganische und niedermolekulare organische Flüssigkeiten ist diese Scherviskosität unabhängig vom Geschwindigkeitsgefälle (Newton'sches Verhalten). Zwischen zwei planparallelen Platten, die sich im Abstand d (in Richtung der x-Achse) mit der Relativgeschwindigkeit v_0 zueinander bewegen, entsteht dann ein konstantes Geschwindigkeitsgefälle $dv/dx = v_0/d$.

Scherviskosität. Es ist leicht einzusehen, dass bei nematischen Phasen die innere Reibung von der Orientierung des Direktors zur Strömung abhängt. Es sind drei unterschiedliche Hauptlagen des Direktors bezüglich der Richtungen von Geschwindigkeit und Geschwindigkeitsgradient möglich. Dadurch werden drei Scherviskositäten η_1, η_2 und η_3 definiert (Abb. 7.20).[3] Die ausgeprägte Formanisotropie der

---

[3] Es gibt mehrere Formulierungen für einen kompletten Satz von sechs Viskositätskoeffizienten (Ericksen [8], Miesowicz [9]). Durch eine Beziehung zwischen diesen (Parodi [10]) ist die Anzahl der unabhängigen Koeffizienten auf fünf beschränkt.

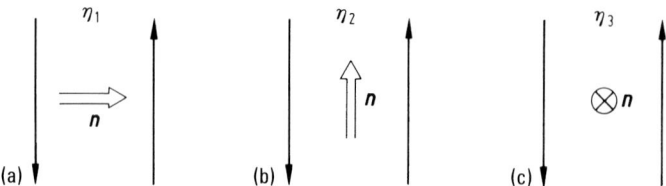

Abb. 7.20 Zur Definition der drei Scherviskositäten η_1, η_2 und η_3.

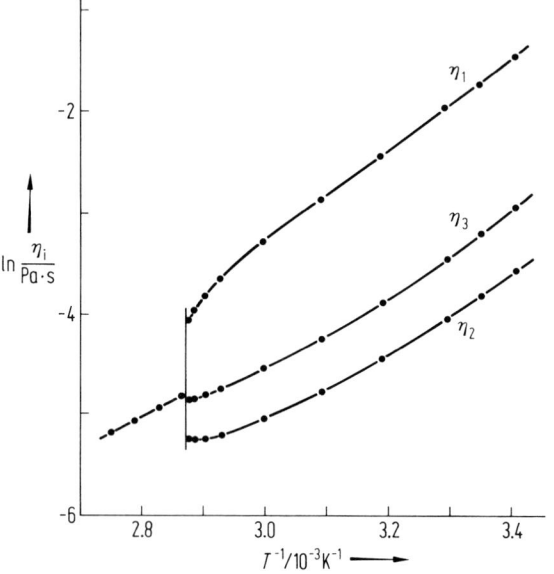

Abb. 7.21 Temperaturabhängigkeit der Scherviskositäten eines nematischen Flüssigkristalls (N4) (nach Kneppe und Schneider [11]).

Tab. 7.1 Viskositätswerte $[10^{-3}\,\mathrm{kg\,m^{-1}\,s^{-1}}]$ für MBBA bei $T = 25\,°C$ (Winkel der Strömungsausrichtung $\theta_0 = 6°$).

η_1	η_2	η_3	η_{12}	γ_1
121	24	42	6	95

hier betrachteten stäbchenförmigen (prolaten) Moleküle spiegelt sich in der Anisotropie der Viskositäten η_1 und η_2 wider; das Verhältnis kann Werte von $\eta_1/\eta_2 > 8$ annehmen. Der Wert von η_3 liegt in einem mittleren Bereich und setzt im Wesentlichen die Viskositätskurve der isotropen Phase fort (Abb. 7.21). Die Anisotropie der Viskosität verringert sich infolge der Abnahme des Ordnungsgrades bei Annä-

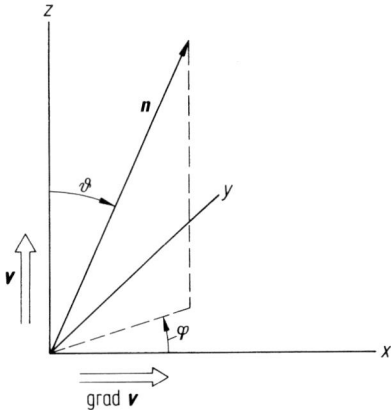

Abb. 7.22   Richtung des Direktors **n** im Geschwindigkeitsfeld.

herung an den Klärpunkt. Davon abgesehen weisen die Viskositätswerte die von isotropen Flüssigkeiten her bekannte exponentielle Temperaturabhängigkeit auf ($\eta \sim \exp(E_a/kT)$). Auch die Absolutwerte (vgl. Tab. 7.1) liegen im Bereich der Viskositäten normaler organischer Flüssigkeiten.

Weicht die Orientierung des Direktors von den drei Hauptlagen ab (Abb. 7.22), so ändert sich die Scherviskosität entsprechend tensoriell, wobei ein Term mit einem weiteren Viskositätskoeffizienten η_{12} zu berücksichtigen ist, dessen (allerdings meist kleiner) Beitrag bei $\varphi = 0°$ und $\vartheta = 45°$ maximal wird:

$$\eta(\vartheta, \varphi) = \eta_1 \sin^2\vartheta \cos^2\varphi + \eta_2 \cos^2\vartheta + \eta_3 \sin^2\vartheta \cos^2\varphi$$
$$+ \eta_{12} \sin^2\vartheta \cos^2\vartheta \cos^2\varphi. \tag{7.24}$$

Hervorzuheben ist, dass bei festgehaltener Orientierung (z. B. durch ein äußeres Magnetfeld) auch nematische Flüssigkristalle Newton'sches Verhalten zeigen.

Rotationsviskosität. Bemerkenswerterweise kann in nematischen Phasen innere Reibung auch bei ruhender Flüssigkeit auftreten, wenn eine synchrone Drehung der Moleküllängsachsen erfolgt. Dieser Vorgang entspricht einer Drehung des Direktors mit der Winkelgeschwindigkeit ω. Bezogen auf das Volumen V muss dafür das Drehmoment M aufgewendet werden:

$$M = \gamma_1 \omega V, \tag{7.25}$$

das durch die Rotationsviskosität γ_1 bestimmt wird.

Eine Messung von γ_1 kann durch die Ermittlung des Drehmomentes erfolgen, das eine gleichförmig in einem homogenen Magnetfeld gedrehte Probe erfährt (Abb. 7.23). Die Molekülschwerpunkte folgen dabei der Bewegung des Probengefäßes, während die Moleküllängsachsen die gleiche Vorzugsrichtung (bei hohen Feldstärken nahezu parallel zur Magnetfeldrichtung) einhalten.

Die Rotationsviskosität γ_1 bestimmt die Geschwindigkeit von Umorientierungsvorgängen und damit die Schaltzeiten elektrooptischer Anzeigen mit nematischen

Flüssigkristallen. Die γ_1-Werte nähern sich bei tiefen Temperaturen der größten Viskosität η_1; bei Annäherung an den Klärpunkt macht sich eine ausgeprägte Abhängigkeit vom Ordnungsgrad bemerkbar (vgl. Abb. 7.24):

$$\gamma_1 \sim S^2 \exp\frac{E_a}{kT}.$$

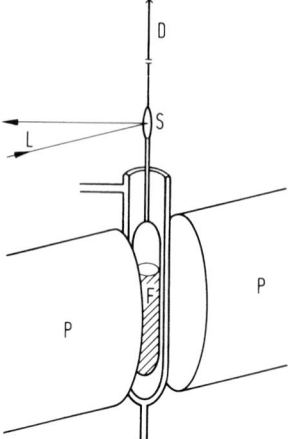

Abb. 7.23   Zur experimentellen Bestimmung der Rotationsviskosität. Durch die Rotation des Magnetfeldes P wird ein Drehmoment auf den Faden D ausgeübt, an dem die nematische Probe F aufgehängt ist. Das Drehmoment wird anhand der Auslenkung des Laserstrahls L (Spiegel S) gemessen (nach Kneppe und Schneider [11]).

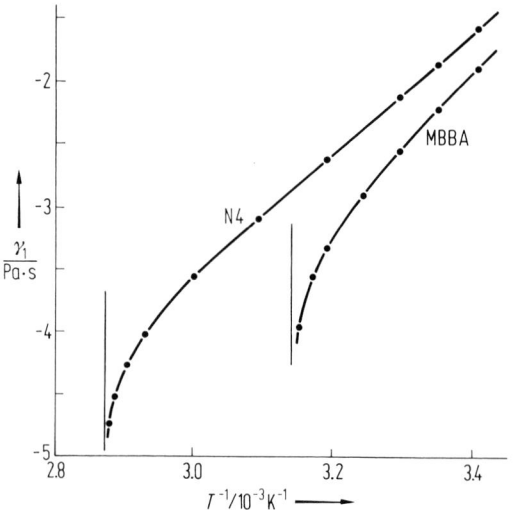

Abb. 7.24   Temperaturabhängigkeit der Rotationsviskosität zweier nematischer Flüssigkristalle (nach Kneppe und Schneider [11]).

Strömungsausrichtung. Ein Schergefälle hat eine orientierende Wirkung auf die Richtung des Direktors. Es ist leicht einzusehen, dass bei lang gestreckten Molekülen eine parallele Orientierung des Direktors zum Geschwindigkeitsgradienten ($\vartheta = \frac{\pi}{2}$, $\varphi = 0$; vgl. Abb. 7.20a) ungünstig ist. Es tritt ein Drehmoment ($\sim (\eta_1 - \eta_2 + \gamma_1)$) auf, das bestrebt ist, den Direktor in die Richtung der Strömung zu drehen. Daraus könnte man vielleicht schließen, dass die langgestreckten Moleküle parallel zur Strömung ausgerichtet werden. Das ist jedoch nicht der Fall. Vielmehr tritt bei dieser Orientierung ein entgegengesetztes Drehmoment ($\sim (\eta_1 - \eta_2 - \gamma_1)$) auf, sodass sich der Direktor im Gleichgewicht unter einem gewissen Winkel Θ_0 (vgl. Tab. 7.1) zur Strömungsrichtung einstellt:

$$\tan^2 \Theta_0 = \frac{\eta_1 - \eta_2 - \gamma_1}{\eta_1 - \eta_2 + \gamma_1}. \tag{7.26}$$

Es kommt zur Strömungsausrichtung, die sich beispielsweise durch eine induzierte Doppelbrechung nachweisen lässt.

Eine stabile Strömungsausrichtung setzt $\eta_1 - \eta_2 > \gamma_1$ voraus. In besonderen Fällen, meist bei Temperaturen in der Nähe einer Phasenumwandlung zur smektischen Phase, kann der Viskositätswert $\eta_1 - \eta_2 - \gamma_1$ das Vorzeichen ändern. Dann weisen die beiden betrachteten Drehmomentanteile das gleiche Vorzeichen auf und es entsteht Turbulenz.

7.3 Die cholesterische Phase

Die cholesterische Phase lässt sich hinsichtlich der Orientierung der Moleküllängsachsen als spontan verdrillte nematische Phase auffassen (Abb. 7.6). Der Direktor $\boldsymbol{n}$ beschreibt eine Schraube mit konstanter Ganghöhe p um die zu ihm senkrechte Helixachse (z. B. die z-Achse):

$$\boldsymbol{n} = (\cos(t_0 z), \sin(t_0 z), 0),$$

mit $t_0 = 2\pi/p$. Die Ganghöhe kann Werte bis herab zu etwa $p = 0.1\,\mu m$ annehmen.

Tab. 7.2 Helixganghöhen in einigen induziert cholesterischen Phasen (10:90)-Mischungen chiraler Dotierstoff: nematische Matrix (Merck ZLI 1132).

Struktur des chiralen Dotierstoffes	Ganghöhe $p/\mu m$
H—OR	26
〈O〉—COOR	4.9
$C_6H_{13}O$—〈O〉—COOR	1.0
$C_6H_{13}O$—〈O〉—COO—〈O〉—COOR	0.8
(R = —CH(CH_3)—C_6H_{13}) *	

Flüssigkristalle müssen eine chirale Molekülstruktur besitzen, um eine cholesterische Phase ausbilden zu können. Diese lässt sich auch durch Zugabe chiraler (optisch aktiver) Verbindungen, die selbst nicht einmal flüssigkristallin sein müssen, zu einer nematischen Phase erzeugen (*induziert cholesterische Phase*; Tab. 7.2). Die *Chiralität der Molekülstruktur* beruht zumeist auf einem asymmetrisch substituierten Kohlenstoffatom (Abb. 7.25); wegen der tetraedrischen Anordnung der vier unterschiedlichen Substituenten lässt sich ein solches Strukturelement nicht mit seinem Spiegelbild zur Deckung bringen.

Chirale Moleküle können unterschiedlichen Drehsinn der cholesterischen Helix bewirken, den man durch das Vorzeichen der Ganghöhe unterscheidet: rechtshändig ($p > 0$) und linkshändig ($p < 0$). Beim Mischen zweier Flüssigkristalle mit gegensätzlichem Helixdrehsinn entsteht bei bestimmter Zusammensetzung eine nematische Phase ($p = \infty$). *Razemate* eines cholesterischen Flüssigkristalls, d. h. (1 : 1)-Mi-

Abb. 7.25   Die beiden enantiomeren Formen einer chiralen Verbindung.

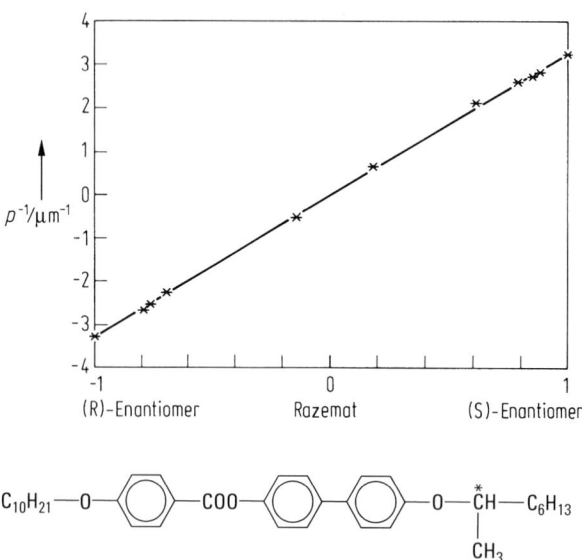

Abb. 7.26   Verhalten der Helixganghöhe p in einem Mischsystem zweier gegensätzlich konfigurierter Enantiomere. Aufgetragen ist die reziproke Ganghöhe über dem Stoffmengenanteil des Enantiomerenüberschusses (die Werte -1 bzw. $+1$ entsprechen den beiden optisch reinen Enantiomeren, der Wert 0 der razemischen 1 : 1-Mischung).

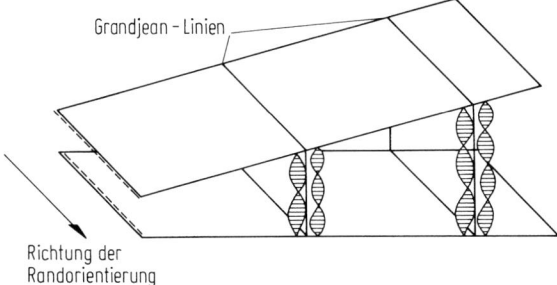

Grandjean - Linien

Richtung der
Randorientierung

Abb. 7.27 Entstehung der Grandjean-Cano-Disklinationslinien in einem Keilpräparat einer cholesterischen Phase mit homogener, planarer Randorientierung des Direktors. Die Disklinationslinien entstehen an den Stellen, an denen die Gesamtverdrillung um 180° springt.

schungen der beiden Enantiomere mit entgegengesetzter absoluter Konfiguration, ergeben daher stets eine nematische Phase (Abb. 7.26).

Die cholesterische Phase (Ch) wird häufig auch als *chiral-nematische Phase* (N*) bezeichnet, um die enge Verwandtschaft beider Phasen zu unterstreichen. Grundsätzlich bildet eine flüssigkristalline Verbindung (bzw. Mischung), abgesehen vom Auftreten einer Helixinversion, nur eine der beiden Phasen (N oder N*) aus.

Die Bestimmung der Ganghöhe cholesterischer Phasen kann mit der *Grandjean-Cano-Methode* erfolgen, die sich vor allem für große Ganghöhen eignet ($p > 1\,\mu$m). In dünner Schicht zwischen Glasplatten mit homogener planarer Orientierung bildet die cholesterische Phase eine planare (so genannte Grandjean-)Textur mit senkrecht zur Wand orientierter Helixachse aus. In einem Keilpräparat, d. h. bei geringer Neigung der Platten zueinander, kann eine ungestörte Helix nur an Stellen auftreten, bei denen der Abstand gerade ein Vielfaches der halben Ganghöhe beträgt.

Davon abweichenden Abständen passt sich die Helix durch Erhöhung bzw. Verminderung bis zu einer kritischen Grenze kontinuierlich an, sodass Bereiche entstehen, die sich in Bezug auf die Gesamtverdrillung jeweils um 180° unterscheiden und die durch scharfe Disklinationslinien voneinander getrennt sind (Abb. 7.27). Aus dem Abstand s dieser Linien, die besonders gut bei gekreuzten Polarisatoren unter dem Mikroskop erkennbar sind, kann bei Kenntnis des Keilwinkels α mit

$$p = 2s\tan\alpha \qquad (7.27)$$

die Ganghöhe p ermittelt werden. Ein größerer Keilwinkelbereich lässt sich realisieren, wenn anstelle der oberen Keilplatte eine Linse verwendet wird. Dann bilden die Disklinationslinien konzentrische Ringe, deren Abstand nach außen abnimmt.

7.3.1 Optische Eigenschaften

Hier soll vereinfachend der Fall betrachtet werden, dass die cholesterische Phase zwischen zwei Glasplatten mit planaren Randbedingungen orientiert ist und dass Licht der Wellenlänge λ senkrecht zur Schicht und somit parallel zur Helixachse auftrifft. Für die Lichtausbreitung durch die cholesterische Phase können dann drei wesentliche Effekte unterschieden werden:

Selektivreflexion. Wenn der Wert der Wellenlänge λ des senkrecht auf die Schicht fallenden Lichtes mit dem Produkt aus Ganghöhe p und mittlerer Brechzahl $\bar{n}$ übereinstimmt,

$$\lambda = \bar{n} p, \qquad (7.28)$$

kommt es zu einer selektiven Reflexion von zirkular polarisiertem Licht. Die mittlere Brechzahl $\bar{n}^2 = \frac{1}{3}(n_\parallel^2 + 2n_\perp^2)$ bezieht sich dabei auf die Werte $n_\parallel$ und $n_\perp$ der nicht verdrillten Phase, wie sie etwa vom Razemat der entsprechenden cholesterischen Verbindung gebildet wird. Im Gegensatz zur Reflexion an einem Metallspiegel, bei der sich der Drehsinn des zirkular polarisierten Lichtes umkehrt, bleibt bei der Selektivreflexion an einer cholesterischen Phase der Drehsinn erhalten; die Händigkeit der cholesterischen Phase und der Drehsinn des reflektierten Lichtes stimmen überein. Fällt unpolarisiertes Licht, das man sich aus zwei entgegengesetzt zirkular polarisierten Anteilen gebildet denken kann, auf die cholesterische Schicht, so wird der entgegengesetzt polarisierte Lichtanteil ungehindert durchgelassen. Im Spektrometer misst man dann eine scheinbare Absorption, die im Maximum der Selektivreflexion 50 % beträgt (Abb. 7.28).

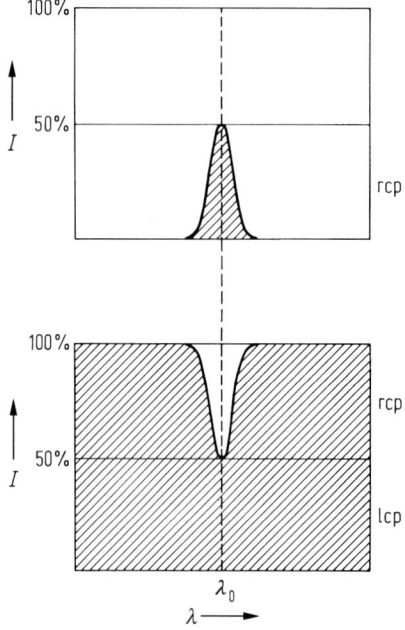

Abb. 7.28 Reflexionsspektrum (oben) und Transmissionsspektrum (unten) eines rechtshändigen cholesterischen Flüssigkristalls (λ, Wellenlänge; I, Intensität; rcp, rechtszirkular polarisiert; lcp, linkszirkular polarisiert).

Die Breite der Reflexionsbande wird (für Schichtdicken $d \gg p$) durch die Größe der Doppelbrechung bestimmt:

$$\Delta\lambda = (n_\parallel - n_\perp)p = \Delta n \cdot p. \tag{7.29}$$

Fällt weißes Licht auf die Schicht eines cholesterischen Flüssigkristalls geringer Doppelbrechung, beispielsweise auf einen Cholesterylester ($\Delta n \approx 0.02$), so wird nahezu monochromatische Strahlung reflektiert, die gegenüber schwarzem Hintergrund eine intensive Farberscheinung ergibt. Bei schrägem Lichteinfall wird die Wellenlänge der Reflexionsbande gemäß dem Bragg-Gesetz zu kürzeren Wellenlängen verschoben. Während bei normaler Einfallsrichtung, anders als bei Röntgenreflexion an Kristallgittern, nur die 1. Ordnung auftritt, können bei schrägem Lichteinfall auch Reflexe höherer Ordnung beobachtet werden.

Optische Aktivität. Im allgemeinen Fall, für Wellenlängen außerhalb der Reflexionsbande, breiten sich zirkular polarisierte Wellen unterschiedlichen Drehsinns mit verschiedener Geschwindigkeit aus. So kommt es unter anderem zu einer Drehung der Ebene linear polarisierten Lichtes, d. h. die cholesterische Phase verhält sich ähnlich wie eine optisch aktive isotrope Flüssigkeit. Dabei werden enorm große Drehwerte ($> 10^3$ Grad/mm) beobachtet, die weit oberhalb der normalen optischen Aktivität liegen (1 Grad/mm). Die optische Drehung cholesterischer Phasen beruht nicht auf der molekularen Chiralität, sondern ist eine Eigenschaft des verdrillten optisch doppelbrechenden Mediums. Die Drehwerte divergieren in ihren Absolutwerten bei Annäherung an die Reflexionsbande und besitzen auf beiden Seiten entgegengesetztes Vorzeichen. An einer cholesterischen Schicht wird dann auch anomale Rotationsdispersion beobachtet.

Waveguiding-Effekt. Bei sehr großen Ganghöhen ($\Delta\lambda \gg \lambda$, *Mauguin-Fall*) folgt die Schwingungsebene des linear polarisierten Lichtes der helikalen Orientierung des Direktors. Im Allgemeinen ist dann das austretende Licht elliptisch polarisiert. Für den Fall, dass das eingestrahlte Licht parallel oder senkrecht zur Randorientierung polarisiert ist, bleibt die lineare Polarisation erhalten. Die Gesamtdrehung der Polarisationsebene stimmt mit der gesamten Winkeldrehung des Direktors um die Helixachse in der cholesterischen Schicht überein (*Waveguiding*).

7.3.2 Temperaturindikatoren

Bei einer Reihe cholesterischer Flüssigkristalle steigt die Wellenlänge der Selektivreflexionsbande bei Abkühlung innerhalb eines Temperaturbereiches von wenigen Kelvin extrem an. Dieser Effekt beruht auf Vorumwandlungserscheinungen, die bei Annäherung an eine smektische Phase, in der keine Verdrillung des Direktors möglich ist, die Ganghöhe divergieren lassen. So kommt es bei Temperaturänderung zu spektakulären Farbänderungen.

Darauf beruht die Anwendung cholesterischer Flüssigkristalle als *Temperaturindikatoren*. So lässt sich durch Auftragen auf eine (geschwärzte) Oberfläche ein Temperaturprofil sichtbar machen (*Thermotopografie*). Damit können beispielsweise Wärmeverteilungen auf einer gedruckten Schaltung oder aber auch auf der menschlichen Haut zum Lokalisieren einer Geschwulst sichtbar gemacht werden. Mikroverkapselt oder als Polymerdispersion in Folien vorliegend, lassen sich mit cholesterischen Flüssigkristallen einfache Digitalthermometer herstellen, wobei jeder angezeigte Wert eine eigene Mischung erfordert, die bei dieser Temperatur gerade eine bestimmte Änderung der Reflexionsfarbe aufweist.

7.3.3 Blaue Phasen

Bei cholesterischen Flüssigkristallen mit geringer Ganghöhe ($p < 1\,\mu$m) kann die Chiralität die Ausbildung eines weiteren Phasentyps bewirken, der so genannten Blauen Phasen (BP), deren Existenz sich allerdings meist nur auf einen weniger als ein Kelvin umfassenden Temperaturbereich unterhalb des Klärpunktes beschränkt. Der Name weist auf entsprechende Farberscheinungen hin, die bereits Reinitzer 1888 bei seinen historischen Experimenten an Cholesterinverbindungen beobachtete. Die Blauen Phasen, von denen drei wesentliche Strukturvariationen bekannt sind (BP I, BP II sowie BP III), weisen außergewöhnliche optische Eigenschaften auf. Sie verhalten sich optisch isotrop, besitzen aber optische Aktivität und zeigen wie die cholesterische Phase das Phänomen der schmalbandigen Selektivreflexion von zirkular polarisiertem Licht.

Dieses Verhalten kann auf eine kubische Struktur der Molekülanordnung zurückgeführt werden, bei der die Helixachsen einer lokal verdrillten Struktur dreidimensional angeordnet sind. Der Aufbau einer derartigen Struktur lässt sich nicht defektfrei durchführen. Die räumliche Anordnung der Defekte definiert die Art des kubischen Gitters und damit den Typ der Blauen Phase. Die Selektivreflexion der Blauen Phasen kann im gesamten sichtbaren Spektralbereich sowie im angrenzenden UV und IR auftreten. Es gibt also auch grüne und rote Blaue Phasen (Abb. 7.29).

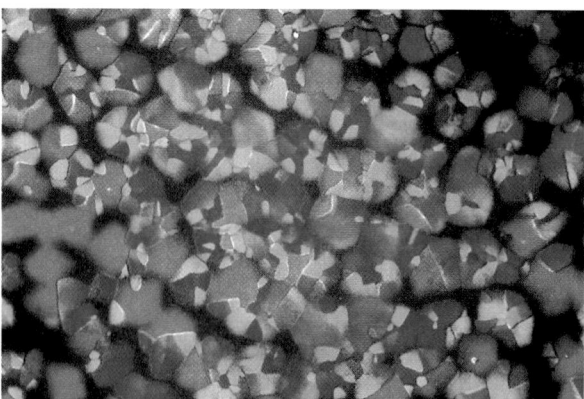

Abb. 7.29 Texturbild der Blauen Phase im Polarisationsmikroskop (Photo von H.S. Kitzerow).

7.4 Die smektischen Phasen

7.4.1 Klassifizierung

Stäbchenförmige Moleküle können als weiteren Strukturtyp von Flüssigkristallen verschiedenartige smektische Phasen ausbilden. In diesen Phasen sind die Moleküle wie in der nematischen (bzw. cholesterischen) Phase im Mittel parallel zu einer Vorzugsrichtung (angegeben durch den Direktor) orientiert. Als zusätzliches Ordnungsprinzip tritt je nach Phasentyp eine unterschiedlich ausgeprägte Fernordnung der Molekülschwerpunkte auf, wobei als gemeinsames Kennzeichen der smektischen Phasen eine schichtartige Anordnung der Moleküle vorliegt (Abb. 7.3). Je nach Ausprägung der Schichtstruktur und der Positionsordnung innerhalb der Schichten sowie je nach Orientierung des Direktors zu den Schichtebenen lassen sich mehr als 20 verschiedene Typen smektischer Phasen unterscheiden.

Die Klassifizierung dieser Vielfalt von smektischen Phasen geht auf Arbeiten von Sackmann und Demus zurück, die umfangreiche Mischbarkeitsuntersuchungen durchführten. Bei diesen Untersuchungen wurde geprüft, ob in einem binären Mischungssystem zweier smektischer Flüssigkristalle ein Phasenübergang zwischen den smektischen Phasen auftrat oder ob die Phasen kontinuierlich (ohne Mischungslücke) miteinander mischbar waren. Im ersten Fall wurden die Phasen als zu verschiedenen Typen gehörig, im zweiten Fall als zum gleichen Typ gehörig betrachtet. Ausgehend von wenigen Referenzsubstanzen konnten so die smektischen Phasen beliebiger Verbindungen in ein Klassifizierungsschema eingeordnet werden, wobei die verschiedenen Phasentypen mit Großbuchstaben (d. h. smektisch A, smektisch B, smektisch C...; die alphabetische Reihenfolge steht für die Abfolge der Entdeckung der Phasen) bezeichnet wurden.

Wie sich später zeigte, ist diese allein auf der Mischbarkeit basierende Klassifizierung weitgehend identisch mit einer Klassifizierung nach strukturellen Merkmalen, basierend auf Röntgenbeugungsuntersuchungen. Nach strukturellen Merkmalen lassen sich die smektischen Phasen in drei Gruppen einteilen:

1. Phasen, in deren Schichten keinerlei Positionsordnung der Moleküle besteht: *smektisch A* und *C*. Jede Schicht stellt gewissermaßen eine zweidimensionale Flüssigkeit dar (s. Abschn. 7.4.2).
2. Phasen, in deren Schichten eine hexagonale Nahordnung der Molekülpositionen und eine Fernordnung der Orientierung der lokal hexagonalen Einheitszellen besteht (engl.: *bond order*); diese Phasen werden auch als *hexatische smektische* Phasen bezeichnet (s. Abschn. 7.4.3).
3. Phasen, in denen eine dreidimensionale Fernordnung der Molekülposition besteht; diese Phasen werden auch als *kristallin-smektische Phasen* bezeichnet; der Unterschied zum normalen festen Kristall liegt vor allem in der beträchtlichen Orientierungsunordnung der Einzelmoleküle (s. Abschn. 7.4.3).

Ein weiteres Unterscheidungsmerkmal innerhalb dieser Gruppen bildet die Neigung des Direktors bezüglich der Schichtnormalen bzw. der hexagonalen Einheitszelle. In den *orthogonalen* Phasen ist der Direktor parallel zur Schichtnormalen (d. h. die Moleküle stehen im Mittel senkrecht zu den Schichtebenen), während in den *getilteten* Phasen der Direktor um einen Winkel θ gegenüber der Schichtnormalen geneigt ist.

7.4.2 Die smektischen Phasen SmA und SmC

In den beiden strukturell einfachsten Phasen „smektisch A" und „smektisch C"
lässt sich die Schichtanordnung der Moleküle als eine eindimensionale Dichtewelle
beschreiben. Die Art der in Richtung senkrecht zur Schichtebene ausgebildeten Dich-
teperiodizität ist in beiden Phasen nahezu sinusförmig, wie aus dem Fehlen von
Beugungsreflexen höherer Ordnung hervorgeht. Theoretischen Überlegungen zufol-
ge kann eine positionelle Fernordnung in nur einer Raumrichtung makroskopisch
nicht existieren und hochauflösende Röntgenbeugungsuntersuchungen zeigen, dass
die Amplitude der entsprechenden Korrelationsfunktion einen algebraischen Abfall
aufweist (ein exponentieller Abfall würde einer flüssigkeitsähnlichen Nahordnung
entsprechen, bei einer echten Fernordnung bleibt die Amplitude der Korrelationsfunktion konstant). Die Schichtstruktur in den smektischen A- und C-Phasen ist
also weitaus weniger deutlich ausgeprägt als in Abb. 7.3 dargestellt, und Abb. 7.30
gibt die tatsächliche Struktur der smektischen A- und C-Phasen besser wieder. In
der smektischen A-Phase ist der Direktor parallel zur Richtung des Wellenvektors
bzw. der Schichtnormalen orientiert, während in der smektischen C-Phase der Direktor um den *Tiltwinkel* θ, der im Allgemeinen noch von der Temperatur abhängt,
gegenüber der Schichtnormalen geneigt ist.

Innerhalb der Schichten dieser beiden smektischen Phasen besteht keine Fernordnung der Molekülpositionen, sondern nur eine Nahordnung wie in normalen
Flüssigkeiten. Die Korrelation erstreckt sich dabei nur über wenige Moleküldurchmesser. Die Schichtdicke in der smektischen A-Phase beträgt meist 90–95 % der
Moleküllänge. In der smektischen C-Phase verringert sich die Schichtdicke um den

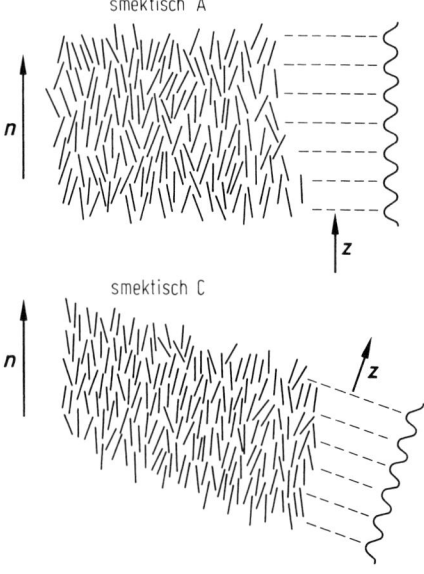

Abb. 7.30 Strukturschemata der smektischen A- und C-Phasen (*n*, Direktor; *z*, Schichtnor-
male) (nach Leadbetter [12]).

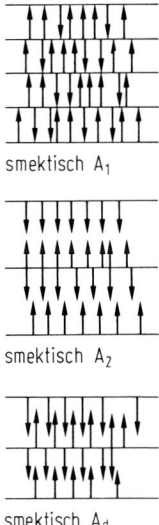

smektisch A_1

smektisch A_2

smektisch A_d

Abb. 7.31 Strukturschemata der smektischen Phasen A_1 (Monoschicht), A_2 (Doppelschicht) und A_d (partielle Doppelschicht). Die Moleküle besitzen ein starkes longitudinales Dipolmoment (Pfeilrichtung) (nach Leadbetter [12]).

Faktor $\cos\theta$. Die smektische A-Phase hat die Punktgruppensymmetrie $D_{\infty h}$ und ist optisch uniaxial, die smektische C-Phase hat C_{2h}-Symmetrie und ist optisch biaxial.

Die von stark polaren Molekülen, die ein großes Dipolmoment in Richtung der Moleküllängsachse aufweisen, gebildeten smektischen A- und C-Phasen können zusätzlich besondere Strukturmerkmale zeigen. Es besteht die Tendenz zu einer antiferroelektrischen Ordnung bzw. Paarbildung der Moleküle, die zu Doppelschichtstrukturen (Schichtdicke ca. 2 Moleküllängen) oder teilweisen Doppelschichtstrukturen (Schichtdicke 1.2–1.7 Moleküllängen) sowie zu Phasen mit zwei inkommensuraten Periodizitäten führen kann (Abb. 7.31). So wurden bei polaren Molekülen noch zusätzlich eine große Zahl von Subphasen zu SmA und SmC beobachtet.

Eine weitere strukturelle Eigenart weist die smektische C-Phase auf, wenn die Flüssigkristallmoleküle – bzw. bei Mischungen ein Teil der Moleküle – chiral sind. Ähnlich wie bei der cholesterischen Phase wird dann eine helikale Überstruktur ausgebildet, in der sich die Tiltrichtung des Direktors von Schicht zu Schicht um jeweils einen kleinen Betrag ändert. Die entsprechende Periodizität bzw. Ganghöhe liegt in der Regel im Bereich 1–10 µm; dies entspricht etwa 10^3 Schichtdicken. In benachbarten Schichten unterscheidet sich also die Tiltrichtung um weniger als ein Grad, sodass die molekulare Nahordnung nahezu die gleiche wie in der nichtverdrillten smektischen C-Phase ist. Hochverdrillte Phasen mit einer Ganghöhe im Bereich der Lichtwellenlänge zeigen wie die cholesterische Phase Selektivreflexion.

Smektischer Ordnungsparameter. Die smektische A-Phase wird in der Regel als Tieftemperaturphase zur nematischen Phase ausgebildet (es sind auch so genannte *Reentrant-Phasenfolgen* nematisch – smektisch A – nematisch bekannt). Im Allgemeinen nimmt die Tendenz zur Bildung der smektischen A-Phase zu, je länger die terminalen Alkylketten der Flüssigkristallmoleküle sind; bei sehr langen Alkylketten (etwa zwölf und mehr Kohlenstoffatome) wird die smektische A-Phase häufig als direkte Tieftemperaturphase zur isotropen Phase ausgebildet. Der Phasenübergang nematisch – smektisch A ist bei Flüssigkristallen mit einem weiten nematischen Phasenbereich (Moleküle mit kurzen Alkylketten) zweiter Ordnung, d. h. der Übergang ist nicht mit dem Austausch einer latenten Wärme verbunden. Bei kleinem nematischen Phasenbereich (Moleküle mit langen Alkylketten) ist er dagegen, wie auch der direkte Übergang isotrop – smektisch A, erster Ordnung mit Enthalpiewerten in der Größenordnung von 0.5–5 kJ/mol.

Diese experimentellen Beobachtungen wurden von McMillan [13] in einer Erweiterung der Maier-Saupe-Theorie auf die smektische A-Phase qualitativ erklärt. Als wesentlichen Zusatz führte McMillan die Annahme ein, dass das System infolge der Dispersionswechselwirkungen den energetisch günstigsten Zustand erreicht, wenn – zusätzlich zur allgemeinen Parallelorientierung – die leicht polarisierbaren aromatischen Molekülmittelteile möglichst nahe beieinander liegen, wodurch bei Molekülen mit langen terminalen Alkylketten die smektische Schichtanordnung begünstigt wird.

Zur Beschreibung der smektischen Ordnung wurde zusätzlich zum nematischen Ordnungsparameter S ein weiterer Ordnungsparameter Σ

$$\Sigma = \left\langle \cos \frac{2\pi z_i}{d} \cdot \frac{1}{2}\left(3\cos^2 \vartheta_i - 1\right) \right\rangle \tag{7.30}$$

eingeführt, der die Amplitude der Dichtewelle (die hier in z-Richtung angenommen wird) wiedergibt; d bedeutet hier die smektische Schichtdicke, also etwa eine Moleküllänge. McMillan benutzte den gleichen Ansatz des Wechselwirkungspotentials wie Maier und Saupe, erweitert um ein sich periodisch änderndes Glied, das die Anordnung der Moleküle in Schichten begünstigt. Das mittlere Potential eines Einzelmoleküls hat dann die Form:

$$W_i(S, \vartheta_i, \Sigma, z_i) = -\frac{W_0}{2}\left(S + \Sigma\alpha\cos\frac{2\pi z_i}{d}\right)\left(3\cos^2 \vartheta_i - 1\right). \tag{7.31}$$

Die je nach Molekülstruktur unterschiedlich starke Tendenz zur Ausbildung der smektischen A-Phase ist im Parameter α berücksichtigt. Aus der Definition

$$\alpha = 2e^{-\left(\frac{\pi r_0}{d}\right)^2}, \tag{7.32}$$

mit r_0 als der Länge des aromatischen Molekülmittelteils, folgt, dass α für Moleküle mit langen Alkylketten ($r_0/d < 1$) gegen 2, für ein Molekül mit kurzen Alkylketten ($r_0/d \approx 1$) gegen 0 geht. Völlig analog zur Maier-Saupe-Theorie lässt sich nun der Ordnungsgrad Σ als universelle Funktion der Temperatur und des Molekülparameters α angeben und ein theoretisches Zustandsdiagramm aufstellen, das die Existenzbereiche der Phasen isotrop, nematisch und smektisch A in einem T-α-Diagramm zeigt (Abb. 7.32).

Die Form des von der Theorie gelieferten Zustandsdiagramms stimmt qualitativ recht gut mit der experimentellen Beobachtung überein, wonach die Tendenz zur Bildung der smektischen A-Phase zunimmt, je länger die Alkylketten der Flüssig-

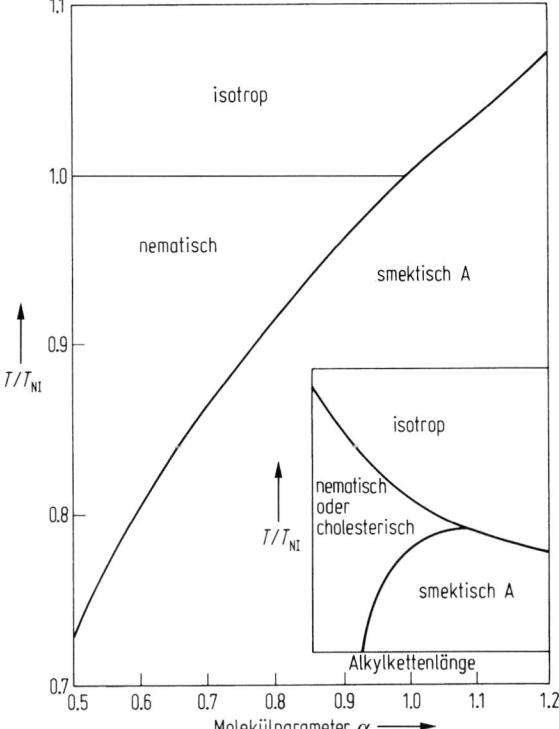

Abb. 7.32 Theoretisches Zustandsdiagramm der Phasen isotrop, nematisch und smektisch A. Die Existenzbereiche der einzelnen Phasen auf der reduzierten Temperaturskala T/T_{NI} sind als Funktion des Molekülparameters α gezeigt. Die Einfügung zeigt ein schematisiertes experimentelles Zustandsdiagramm (nach McMillan [13]).

kristallmoleküle sind. Auch die Beobachtung, dass der Übergang nematisch–smektisch A bei großem nematischen Phasenbereich zweiter Ordnung und bei kleinem Phasenbereich erster Ordnung ist, wird von der Theorie korrekt beschrieben.

Tiltwinkel. Die smektische C-Phase unterscheidet sich von der smektischen A-Phase durch den Tiltwinkel. Werden beide Phasen von der gleichen flüssigkristallinen Verbindung ausgebildet, ist die smektische C-Phase in der Regel die Tieftemperaturphase zur smektischen A-Phase. Auch direkte Phasenübergänge nematisch – smektisch C oder (sehr selten) isotrop – smektisch C können vorkommen. Der Phasenübergang smektisch A – smektisch C ist meist zweiter Ordnung und der Tiltwinkel in der smektischen C-Phase wächst mit sinkender Temperatur kontinuierlich von Null am Übergang auf Werte von $30°$–$40°$ bei Temperaturen 15–$20\,K$ unterhalb der Umwandlung. Die Temperaturabhängigkeit des Tiltwinkels lässt sich durch eine Beziehung der Form

$$\theta = \text{const} \cdot \left(1 - \frac{T}{T_C}\right)^\beta$$

682   7 Flüssigkristalle

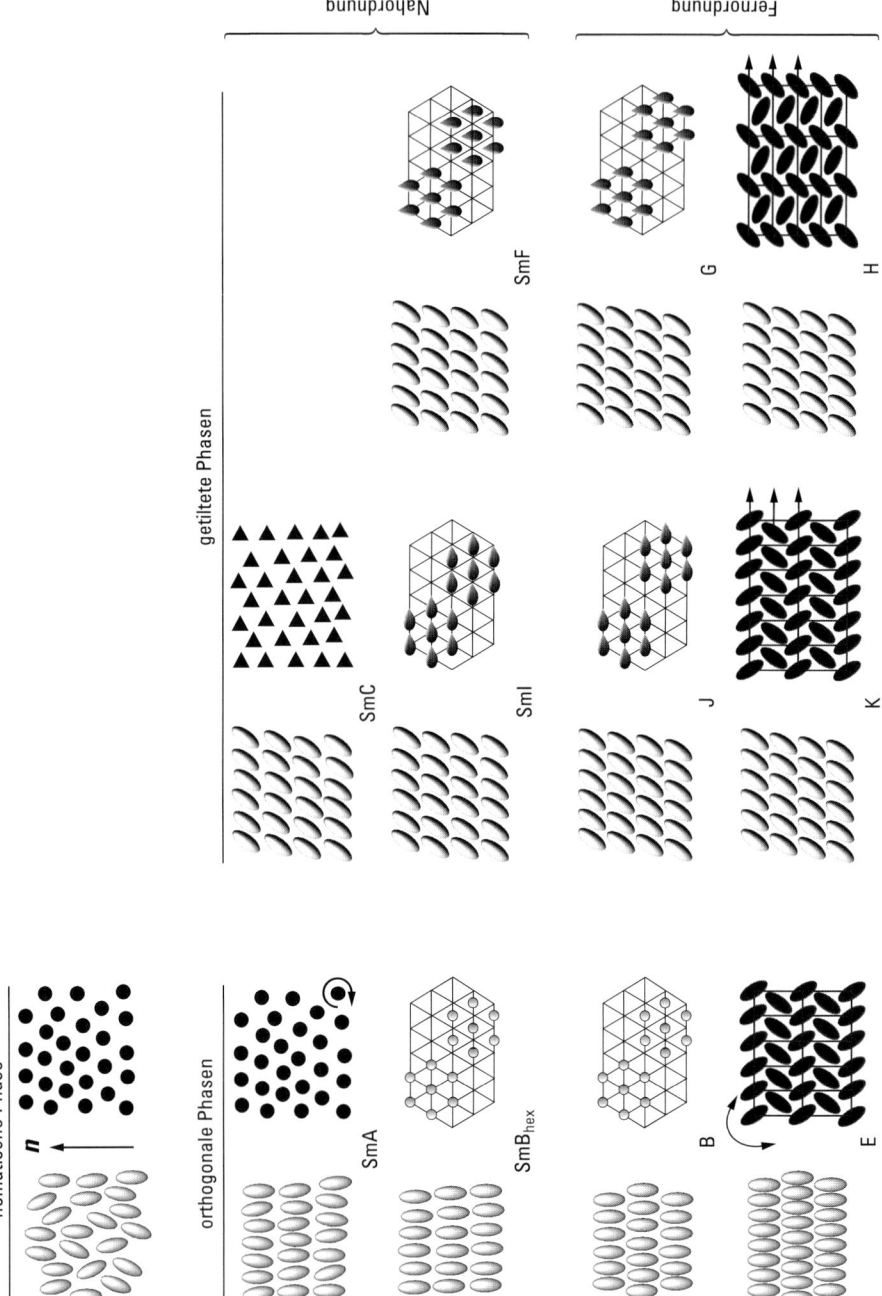

Abb. 7.33 Übersicht zur Struktur der nematischen und smektischen Phasen kalamitischer Flüssigkristalle, Seitenansicht und Draufsicht (nach Goodby [14]).

beschreiben, wobei für den Exponenten β Werte von 0.3 bis 0.5 berichtet wurden. In einigen Fällen ist der Übergang auch erster Ordnung, und θ verhält sich an der Phasenumwandlung diskontinuierlich. Der Übergang smektisch A – smektisch C lässt sich gut mit phänomenologischen Modellen wie der *Landau-Theorie* beschreiben. Tritt die smektische C-Phase als Tieftemperaturphase zur nematischen Phase auf, springt der Tiltwinkel bei der Umwandlungstemperatur auf einen endlichen Wert, der bis zu 45° betragen kann und im Temperaturbereich der smektischen C-Phase weitgehend konstant bleibt.

7.4.3 Weitere smektische Phasen

Wie bei den smektischen A- und C-Phasen ist auch bei den Phasen mit dem höheren Ordnungszustand, smektisch B_{hex}, I und F, die Schichtstruktur durch eine eindimensionale Dichtewelle mit annähernd sinusförmiger Periodizität (Beugungsreflexe höherer Ordnung von sehr geringer Intensität) zu beschreiben. Hinsichtlich der Position der Moleküle innerhalb der Schichten besteht ebenfalls nur eine Nahordnung. Allerdings ist die Korrelationslänge etwa eine Größenordnung größer als in den smektischen A- und C-Phasen, sodass sich lokal eine hexagonale Einheitszelle definieren lässt. Der wichtigste Unterschied zu den A- und C-Phasen besteht darin, dass sich die Nahordnung der Moleküle auch auf die benachbarten Schichten erstreckt. Die Orientierung des Direktors bezüglich der Schichtebene kann wiederum orthogonal oder in unterschiedliche Richtung getiltet sein (Abb. 7.33).

Die hier betrachteten kalamitischen Flüssigkristalle können weitere, noch höher geordnete Phasen mit hexagonaler Einheitszelle (B_{cryst}, J, G) oder orthorombischer Symmetrie (E, K, H) ausbilden, in denen wie in smektischen Phasen eine Schichtstruktur vorliegt. Da trotz beträchtlicher Orientierungsunordnung der Einzelmoleküle schon eine dreidimensionale Positionsfernordnung zu beobachten ist, versieht man diese Phasen neuerdings mit der Bezeichnung *kristallin*. Neben der Symmetrie der Einheitszellen unterscheiden sich die Phasen wiederum in der Orientierung des Direktors (orthogonal oder getiltet).

7.4.4 Ferroelektrische Eigenschaften smektischer Phasen chiraler Moleküle

Ausgehend von den experimentell beobachteten physikalischen Eigenschaften nematischer Phasen galt es lange Zeit als gesichert, dass makroskopisch eine polare Ordnung in Flüssigkristallen grundsätzlich nicht existieren kann. Meyer et al. [15] zeigten 1975 jedoch, dass in getilteten smektischen Phasen, wie smektisch C, eine *spontane elektrische Polarisation* auftritt, wenn die Moleküle (bzw. bei Mischungen ein Teil der Moleküle) chirale Struktur aufweisen. Die Anwesenheit chiraler Moleküle reduziert die C_{2h}-Symmetrie der smektischen C-Phase zur polaren C_2-Symmetrie der SmC*-Phase. Die spontane Polarisation baut sich aus Anteilen der permanenten molekularen Dipolmomente, die in den Flüssigkristallmolekülen vorhanden sind, in Richtung der polaren C_2-Achse auf, d. h. der Polarisationsvektor ist senkrecht zur Ebene, die vom Direktor und der Schichtnormalen aufgespannt wird (Abb. 7.34).

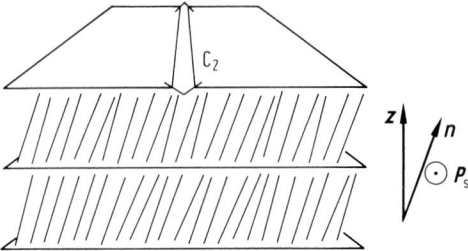

Abb. 7.34 Symmetrie (Punktgruppe C_2) der smektischen C-Phase chiraler Moleküle und Richtung der spontanen Polarisation. Einziges Symmetrieelement ist die C_2-Drehachse, in deren Richtung (d. h. senkrecht sowohl zum Direktor als auch zur Schichtnormalen) sich die spontane Polarisation aufbaut.

Aus der oben skizzierten Symmetrieüberlegung folgt, dass die spontane Polarisation an den Tiltwinkel gekoppelt ist. In erster Näherung sind beide Größen proportional zueinander; die spontane Polarisation zeigt eine ähnliche Temperaturabhängigkeit wie der Tiltwinkel und verschwindet im Allgemeinen am Phasenübergang zur smektischen A-Phase. Die spontane Polarisation beträgt meist $1-100 \, \text{nC/cm}^2$, ist also klein im Vergleich zu ferroelektrischen Ionenkristallen; in Einzelfällen wurden aber auch Werte von $1000 \, \text{nC/cm}^2$ gemessen.

Wegen der beschriebenen helikalen Überstruktur, die als Folge der chiralen Molekülstruktur im Allgemeinen vorhanden ist, ändert sich die Tiltrichtung, und damit auch die daran gekoppelte Polarisationsrichtung, kontinuierlich von Schicht zu Schicht, sodass sich in einer makroskopischen Probe die spontane Polarisation zu Null mittelt, obwohl sie in jeder einzelnen smektischen Schicht vorhanden ist. Ein äußeres elektrisches Feld orientiert die spontane Polarisation und damit auch den Direktor (beide Vektoren sind stets senkrecht zueinander) in der gesamten Probe einheitlich und lässt die Helixstruktur verschwinden.

Bei Umkehr der Feldrichtung wird auch die Richtung der spontanen Polarisation invertiert. Wegen der Polarisations-Tiltwinkel-Kopplung wird dabei der Direktor in einer Ebene senkrecht zum Feld um den doppelten Tiltwinkel gedreht (Abb. 7.35). Zwischen gekreuzten Polarisatoren lässt sich so zwischen hell und dunkel schalten, wobei bei einem Tiltwinkel von 45° maximaler optischer Kontrast erreicht wird. Die entsprechenden Schaltzeiten liegen im µs-Bereich und sind damit um mehrere Größenordnungen kürzer als die der elektrooptischen Effekte in der nematischen Phase.

Die Kopplung zwischen dem Tiltwinkel und der elektrischen Polarisation ist auch in der smektischen A-Phase chiraler Moleküle als so genannter *elektrokliner Effekt* zu beobachten: Ein elektrisches Feld, das senkrecht zur Schichtnormalen der smektischen A-Phase angelegt wird, bewirkt die Induktion eines Tiltwinkels bzw. die Neigung des Direktors aus der Stellung parallel zur Schichtnormalen heraus, wobei der Betrag des induzierten Tiltwinkels zur angelegten Feldstärke proportional ist. Bei dem elektroklinen Effekt handelt es sich also um eine Eigenschaft, die dem inversen piezoelektrischen Effekt in piezoelektrischen Ionenkristallen entspricht. Die

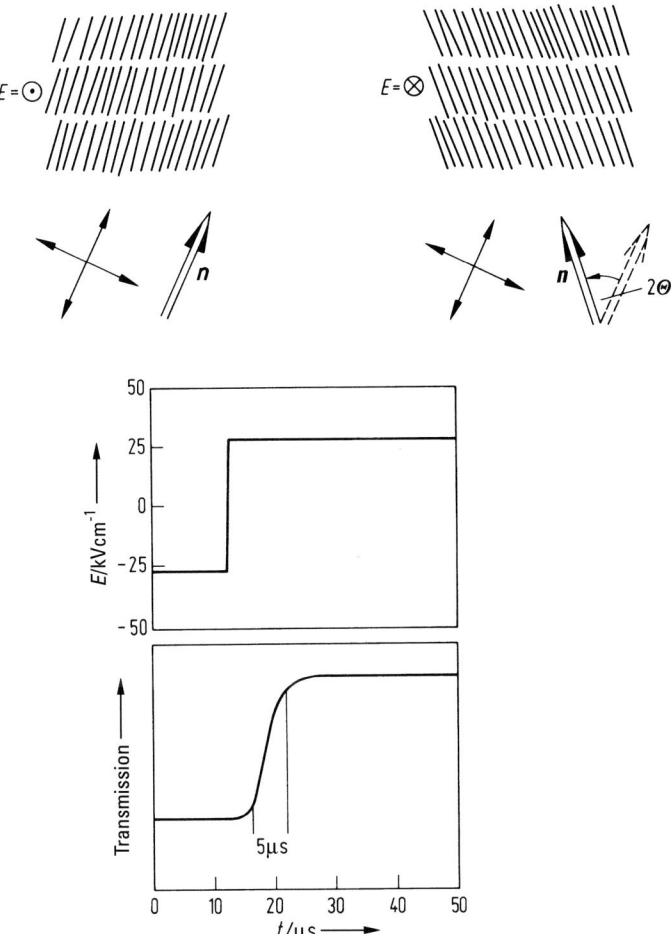

Abb. 7.35 Kopplung zwischen der Polarität eines äußeren elektrischen Feldes E und der Lage des Direktors n in der ferroelektrischen smektischen C*-Phase. Umpolung des Feldes führt zur Invertierung der Tiltrichtung. Die Drehung des Direktors (der optischen Achse) ändert die Transmission T zwischen gekreuzten Polarisatoren. Die optischen Schaltzeiten t liegen dabei im μs-Bereich (nach Bahr und Heppke [16]).

Zeitkonstante für die Drehung des Direktors ist dabei noch um etwa eine Größenordnung kleiner als in der ferroelektrischen smektischen C-Phase.

Die bisherige Beschreibung der getilteten smektischen Phasen ging von einer einheitlichen Neigung des Direktors in den Schichten aus (*synklin*). Es lässt sich jedoch unschwer auch ein Wechsel der Tiltrichtung von Schicht zu Schicht vorstellen (*antiklin*). Die bei chiraler Molekülstruktur auftretende spontane Polarisation wird in benachbarten Schichten infolge alternierender Direktorneigung vollständig kompensiert (Abb. 7.36). Durch Anlegen eines elektrischen Feldes kann eine Phasenum-

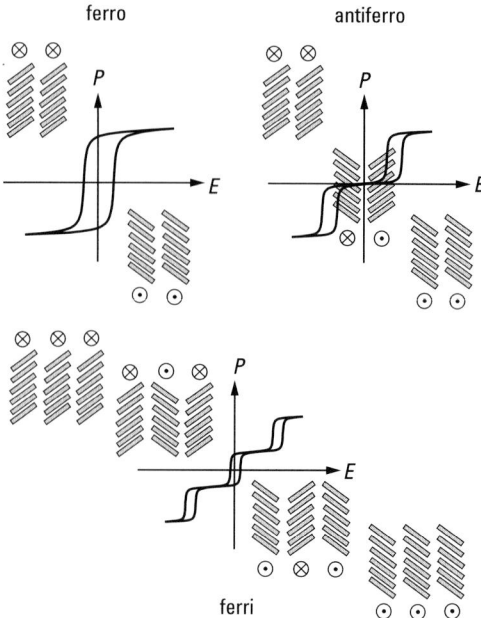

Abb. 7.36   Ferro-, antiferro- und ferrielektrische Phasen: Struktur und spontane Polarisation *P* in Abhängigkeit vom angelegten elektrischen Feld *E*.

wandlung zu synkliner Anordnung induziert werden, was diesen Phasen antiferroelektrische Eigenschaften verleiht (antiferroelektrische Flüssigkristalle).

Bemerkenswerterweise wurden auch weitere smektische Phasen nachgewiesen, bei denen nur eine teilweise Kompensation der Schichtpolarisation vorliegt. Im einfachsten Fall dieser ferrielektrischen Phasen tritt eine 2:1-Folge der Direktorneigung auf (Abb. 7.36).

7.4.5 Smektische Phasen bananenförmiger Moleküle

Gewinkelte (engl.: *bent-shaped*) Moleküle (Abb. 7.37) bilden eine eigenständige Klasse smektischer Flüssigkristalle. Sie werden sinnfällig Bananen-Flüssigkristalle genannt und die gebildeten Phasen mit B_1, B_2, ... gekennzeichnet. (Die vorläufige Bezeichnung „B" steht für „Berlin", wo im Jahr 1997 ein erster Workshop über bananenförmige Flüssigkristalle stattfand.) Diese erst 1996 entdeckte Klasse von Flüssigkristallphasen zeichnet sich durch zwei erstaunliche Eigenschaften aus: Obwohl die Moleküle selbst keine chirale Struktur besitzen, werden makroskopisch helikale Anordnungen und optische Aktivität beobachtet, wobei eine spontane chirale Separation von Bereichen mit unterschiedlicher Händigkeit auftritt. Weiterhin weisen die gebildeten Phasen ferro- bzw. antiferroelektrisches Schaltverhalten auf [17–21].

Diese Eigenschaften lassen sich, wie in Abb. 7.38 schematisch dargestellt, durch die Ausbildung einer chiralen Molekülanordnung in der einzelnen smektischen Schicht erklären. Die Spitzen der Molekülwinkel sind gleichsinnig ausgerichtet. Bei einer Neigung der Moleküllängsachsen gegenüber der Schichtnormalen können sie in der dadurch definierten Ebene in zwei Richtungen orientiert sein und damit zwei chirale Strukturen mit unterschiedlicher Händigkeit ausbilden. Die bevorzugte Ausrichtung der Molekülwinkel beschreibt einen weiteren Ordnungsparameter und führt als Folge des molekularen Querdipolmomentes zum Aufbau einer elektrischen Polarisation, die wie bei den SmC*-Phasen senkrecht zur von Schichtnormalen und Tiltrichtung definierten Ebene orientiert ist.

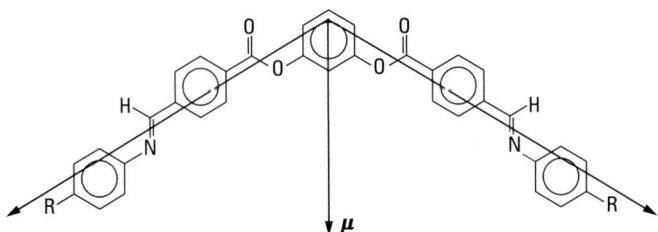

Abb. 7.37 Molekülstruktur eines Bananen-Flüssigkristalls (R, terminale Alkylketten; μ, Dipolmoment); der Winkel zwischen den beiden Molekülhälften beträgt ca. 120°.

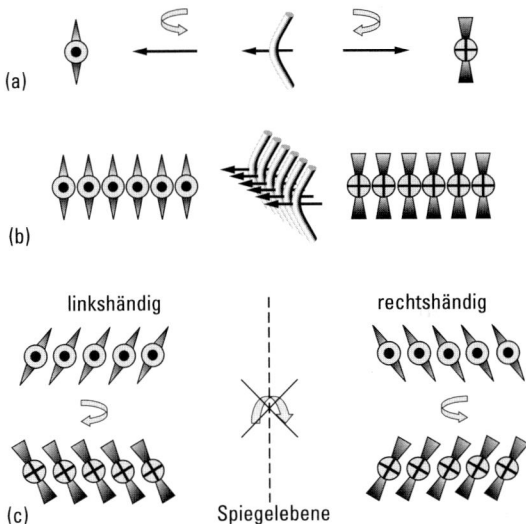

Abb. 7.38 (a) Schematische Darstellung eines Bananen-Moleküls, sowie (b) Anordnung der Moleküle in einzelnen Schichten und (c) aus einzelnen Schichten aufgebaute links- und rechtshändige chirale Struktur. Im Gegensatz zur orthogonalen Molekülorientierung (a, b) lassen sich bei geneigter Anordnung (c) die links und rechts gezeigten Strukturen durch Drehen nicht ineinander überführen (Abbildung von S. Rauch).

Die Volumenphase kann nun (vgl. Abb. 7.39) auf verschiedene Weise aus einzelnen Schichten aufgebaut werden, abhängig davon, ob synkline oder antikline Kipprichtung sowie homochirale oder razemische (d. h. von Schicht zu Schicht wechselnde) Chiralität vorliegt.

Im feldfreien Zustand werden entsprechend zwei unterschiedlich geordnete antiferroelektrische Strukturen beobachtet, die bei Anlegen eines elektrischen Feldes auf verschiedene (optisch unterschiedliche) Weise in ferroelektrische Strukturen überführt werden (vgl. Abb. 7.40). In einer großen Probe treten unter dem Mikroskop unterscheidbare Domänen unterschiedlicher Händigkeit mit gleicher Wahrscheinlichkeit auf.

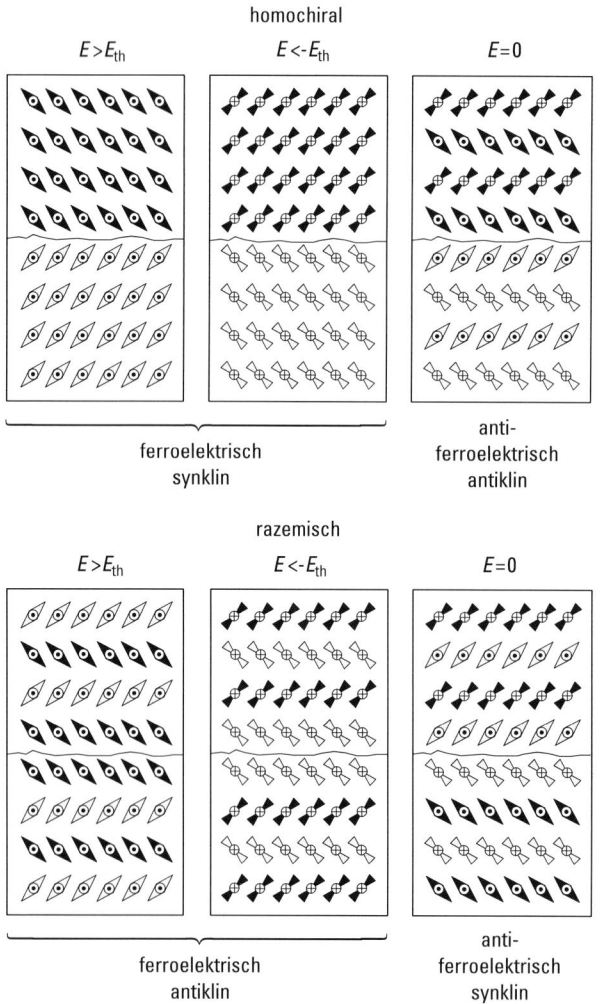

Abb. 7.39 Aufbau der homochiralen und razemischen Volumenphasen in Abhängigkeit vom angelegten elektrischen Feld (schwarz bzw. grau: rechts- bzw. linkshändige Schichtstruktur).

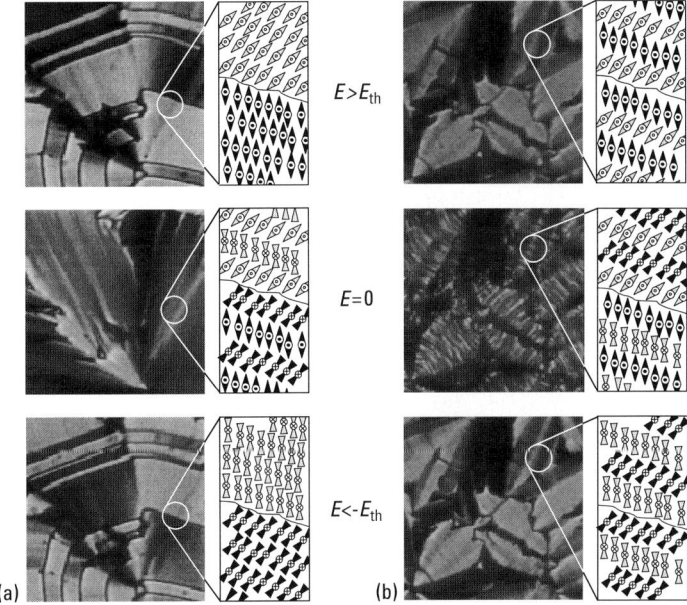

Abb. 7.40 Texturänderungen in der B_2-Phase beim Anlegen eines elektrischen Feldes: (a) homochiral, Rechteckspannung 9 V/μm mit 1 Hz, (b) razemisch, Dreieckspannung 9 V/μm mit 1 Hz (nach Heppke et al. [22]).

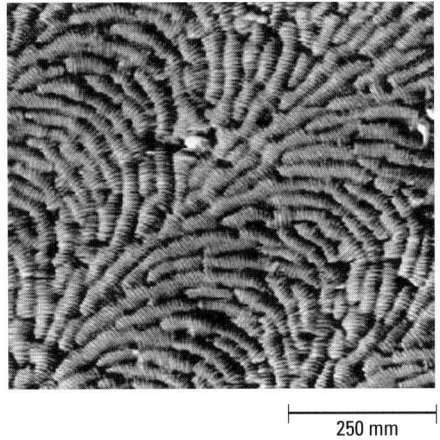

Abb. 7.41 AFM-Aufnahme von der Oberfläche eines Bananen-Flüssigkristalls (s. Abb. 7.37, $R = OC_{12}H_{25}$) in der B_4-Phase (Foto von D. Krüerke [23]).

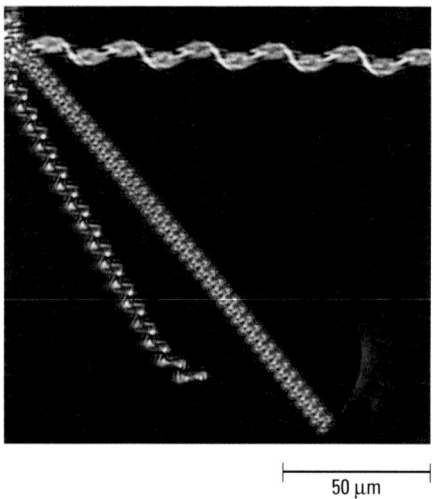

50 µm

Abb. 7.42 Ausbildung von Spiralen beim Übergang von der isotropen Phase in die B$_7$-Phase (Foto von Ch. Selbmann).

Die spontane Polarisation weist große Werte auf (typisch 500 nC/cm^2), und es werden Schaltzeiten unter 10 µs erreicht. Bei dem in Abb. 7.40 dargestellten Schalten bleibt die Chiralität der einzelnen Schicht erhalten. In jüngster Zeit wurde aber auch eine elektrisch induzierte Chiralitätsumkehr beobachtet und über das Auftreten ferroelektrischer Grundzustände berichtet.

Die von den achiralen Bananen-Flüssigkristallen gebildeten chiralen Molekülanordnungen können zu erstaunlichen helikalen Überstrukturen führen, wie sie in Abb. 7.41 und 7.42 an den Beispielen einer AFM-Aufnahme der B$_4$-Phase sowie der optischen Mikroskopaufnahme der Bildung einer Bananenphase aus der isotropen Flüssigkeit wiedergegeben sind.

7.5 Elektrooptische Effekte

Einhergehend mit der raschen Entwicklung der Mikroelektronik haben Flüssigkristalle zunehmend Anwendung im Bereich der Informationsdarstellung gefunden. Einigen Produkten wie Taschenrechnern, Notebooks und Mobiltelefonen verhalfen Flüssigkristallanzeigen, vor allem aufgrund ihres niedrigen Leistungsbedarfs, erst zum Markterfolg, bei anderen wie Monitoren und Farbfernsehern ersetzen sie zunehmend die traditionelle Kathodenstrahlröhre.

TN-Zelle. Es sind eine Vielzahl elektrooptischer Effekte, die sich die besonderen Eigenschaften von Flüssigkristallen zunutze machen, untersucht worden. Das bisher überwiegend eingesetzte Anzeigeprinzip beruht auf der 1971 von Schadt und Helfrich [24] angegebenen *TN-Zelle* (engl.: *twisted nematic*) und davon abgeleiteter Varianten.

Der charakteristische Aufbau und die Wirkungsweise einer solchen Flüssigkristall-anzeige (engl.: *liquid crystal display*, LCD) sind in Abb. 7.43 dargestellt.

Die nematische Flüssigkristallmischung mit positiver dielektrischer Anisotropie befindet sich als eine nur wenige µm dünne Schicht zwischen zwei Glasplatten, die auf ihrer Innenseite mit transparenten Elektroden (meist Zinn-/Indiumoxid) verse-hen sind. Der Schadt-Helfrich-Effekt erfordert eine planare Randorientierung, die beispielsweise durch Reiben eines zusätzlich auf die Displayinnenseiten aufgebrach-ten Polymerfilms erreicht wird. Die Besonderheit des TN-Effektes beruht auf einer Verdrehung der Reibrichtungen (und damit der Orientierungsrichtungen) auf den beiden Displayinnenseiten um 90° zueinander. Dadurch wird der nematischen Phase im nicht angesteuerten Zustand eine gleichförmige elastische Verdrillung aufgezwun-gen. Durch geringe cholesterische Zusätze oder eine geringfügig kleinere Verdrehung der Reibrichtungen, z. B. 87°, wird erreicht, dass die Verdrillung in der Zelle nach dem Ausschalten einheitlich mit gleichem Drehsinn erfolgt.

Die eigentliche Zelle befindet sich zwischen gekreuzten Polarisatoren, die meist als Folien auf die Glasplatten geklebt sind. Die Schwingungsebene des linear po-larisierten Lichtes wird durch den *Waveguiding-Effekt* beim Durchgang durch die Flüssigkristallschicht um 90° gedreht, sodass das austretende Licht den zweiten Po-larisator ungehindert passieren kann. Wird nun eine elektrische Spannung angelegt, die oberhalb einer durch die elastischen Konstanten und die DK-Anisotropie be-stimmten (von der Schichtdicke unabhängigen) Schwellspannung

$$U_0 = \pi \sqrt{\frac{K_1 + \frac{1}{4}(K_3 - 2K_2)}{\Delta \varepsilon \, \varepsilon_0}} \qquad (7.33)$$

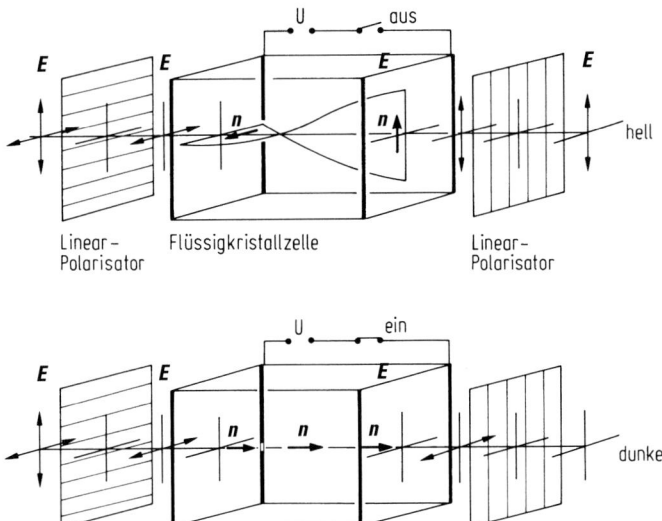

Abb. 7.43 Wirkungsweise der TN-Zelle (Schadt-Helfrich-Effekt) (Abbildung von F. Oestrei-cher).

liegt, erfolgt entsprechend der positiven dielektrischen Anisotropie der nematischen Phase eine elastische Deformation, die den Direktor (bis auf eine dünne Randschicht) parallel zum Feld stellt, d. h. senkrecht zu den Elektrodenflächen orientiert. Das einfallende linear polarisierte Licht breitet sich nun parallel zur Hauptachse des optisch einachsigen Materials aus; die Flüssigkristallschicht erscheint optisch isotrop. Die Lage der Polarisationsebene bleibt dann ungeändert und das Licht wird vom zweiten (gekreuzt zum ersten angeordneten) Polarisator nicht durchgelassen. Bei paralleler Anordnung der Polarisatoren wird der inverse Kontrast erzielt.

Die Einschaltzeit t_{ein} wird im Wesentlichen durch den Wert der Rotationsviskosität γ_1 bestimmt und kann durch Erhöhung der angelegten Spannung U bis auf einige Millisekunden verkürzt werden. Beim Ausschalten der Spannung nimmt die nematische Phase auf Grund der elastischen Eigenschaften die ursprünglich verdrillte Struktur wieder an (t_{aus} typisch 10 ms):

$$\frac{1}{t_{ein}} = \frac{1}{\gamma_{eff}} \frac{\Delta\varepsilon\,\varepsilon_0 (U^2 - U_0^2)}{d^2}, \quad \gamma_{eff} \approx \gamma_1, \tag{7.34}$$

$$\frac{1}{t_{aus}} = \frac{\pi^2}{\gamma_{eff}} \frac{K}{d^2}. \tag{7.35}$$

Mit für den Schadt-Helfrich-Effekt optimierten Flüssigkristall-Mischungen lassen sich außerordentlich geringe Schwellspannungen (bis unter 1 V) erreichen. Bei Wechselspannungen mit Frequenzen kleiner als 100 Hz beträgt der Strombedarf, bezogen auf die angesteuerte Fläche, weniger als 1 μA/cm². Damit ist der Leistungsbedarf der Anzeige von der gleichen Größe wie der des ansteuernden elektronischen Bausteins und erlaubt in tragbaren Geräten mehrjährigen Betrieb ohne Batteriewechsel. Entscheidend für diesen geringen Energieverbrauch ist die nichtleuchtende, so genannte „passive" Informationsdarstellung, wie sie für alle elektrooptischen Flüssigkristalleffekte charakteristisch ist. Die elektrische Spannung dient nur zur Umorientierung des Direktors, nicht aber, wie in „aktiven" Anzeigen, der Lichterzeugung.

Ansteuerung. Eine Informationsdarstellung mit Flüssigkristallen wird im einfachsten Fall durch geeignete Gestaltung der transparenten Elektrodenflächen erreicht. Zur Darstellung der Ziffern von 0 bis 9 genügt die Unterteilung einer „8" in sieben Segmente, die einzeln angesteuert werden (Abb. 7.44), wobei die Zuleitungen für jedes Segment zu Kontaktpunkten am Displayrand führen.

Dieses einfache Ansteuerprinzip lässt sich nicht auf hohe Bildpunktzahlen übertragen, wie sie etwa für einen Monitor erforderlich sind. Hierzu werden zwei Lösungswege beschritten. Die erste Möglichkeit (so genannte passive Adressierung) liegt in der Multiplexansteuerung der Bildpunkte einer Matrix, die von streifenförmigen Elektroden gebildet wird, die an Ober- und Unterseite des Displays senkrecht zueinander verlaufen (Abb. 7.45).

Eine übersprechfreie passive Multiplexansteuerung erfordert eine möglichst hohe Steilheit der Spannung-Transmission-Kennlinie. Dies kann durch Optimierung der nematischen Flüssigkristall-Mischung nur begrenzt erreicht werden. Eine wesentliche Verbesserung bringt hier eine Variante der TN-Zelle (Abb. 7.46). Bei diesen so genannten *STN-Zellen* beträgt die Verdrillung der Flüssigkristallschicht bis zu 270° (anstelle 90°). Die resultierende Multiplexrate ermöglicht dann die Ansteuerung von

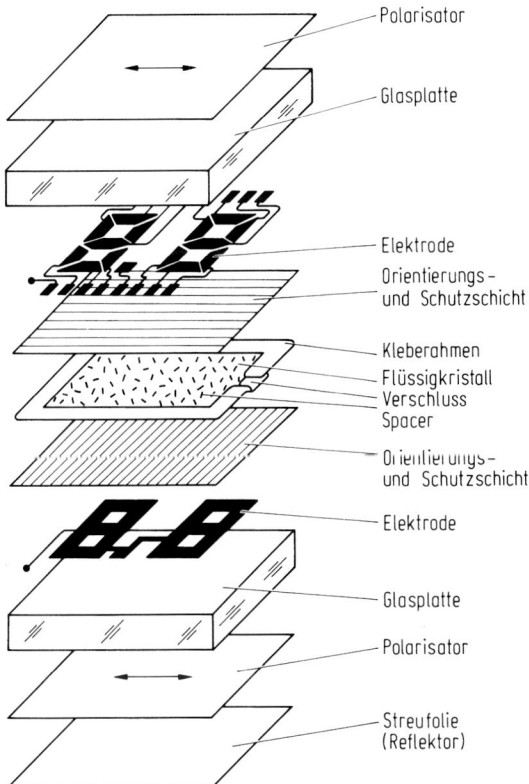

Polarisator

Glasplatte

Elektrode

Orientierungs-
und Schutzschicht

Kleberahmen

Flüssigkristall

Verschluss

Spacer

Orientierungs-
und Schutzschicht

Elektrode

Glasplatte

Polarisator

Streufolie
(Reflektor)

Abb. 7.44   Aufbau einer einfachen Flüssigkristallzelle zur Zifferndarstellung (Abbildung von L. Kiesewetter).

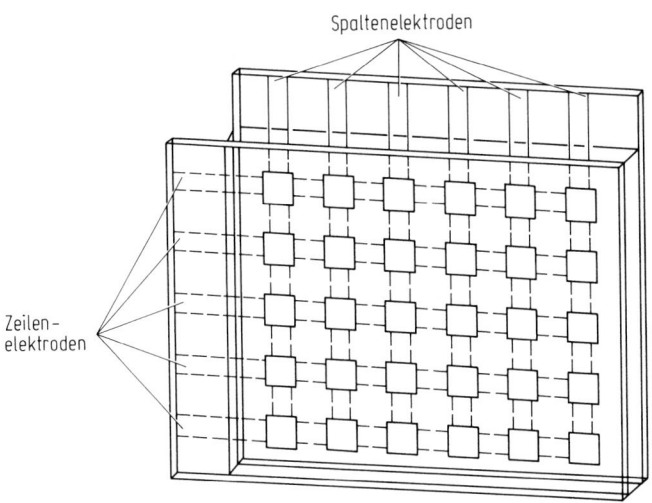

Spaltenelektroden

Zeilen-
elektroden

Abb. 7.45   Elektrodenstruktur einer Flüssigkristallzelle zur Multiplexansteuerung (nach Koswig [25]).

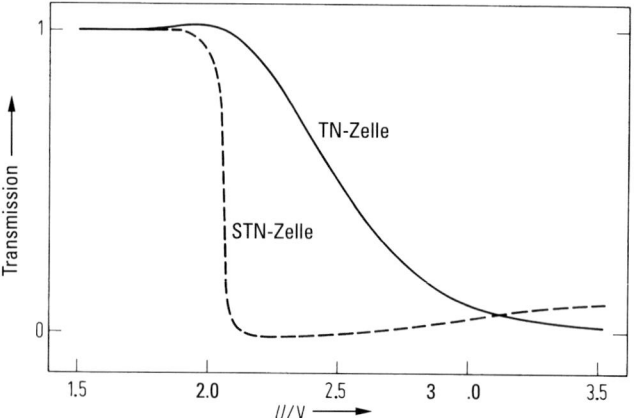

Abb. 7.46 Transmission-Spannung-Kennlinie einer STN-Zelle im Vergleich zum herkömmlichen TN-Display (nach Leenhouts und Schadt [26]).

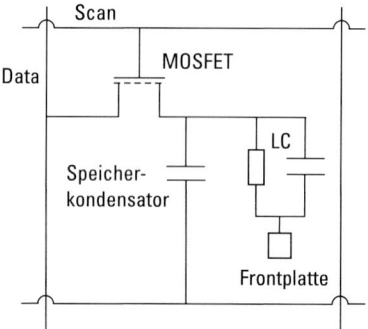

Abb. 7.47 Schaltung in einem Bildpunkt: Der Transistor (MOSFET) wird über streifenförmige, senkrecht zueinander verlaufende Leitungen auf einem Substrat (Scan und Data) adressiert. Der Kondensator hält das am Bildpunkt anliegende Feld bis zum nächsten Bildwechsel aufrecht. Eine durchgehende leitende Schicht auf dem zweiten Substrat bildet die gemeinsame Gegenelektrode für alle Bildpunkte.

etwa $5 \cdot 10^5$ Bildpunkten, allerdings mit Einschränkungen des Sichtwinkels. Derartige Displays fanden zunächst in Notebooks Verwendung und werden derzeit noch in Mobiltelefonen und PDAs (engl.: *personal digital assistant*) eingesetzt.

Bei der zweiten Möglichkeit zur Adressierung, der Aktiv-Matrix-Ansteuerung, wird in jedem Bildpunkt ein aktives elektronisches Bauelement (z. B. Transistor mit Kondensator, Abb. 7.47) angeordnet, das zur Vermeidung von Lichtverlusten eine vergleichsweise geringe Fläche beansprucht (Abb. 7.48). Das wieder über streifenförmige, senkrecht zueinander verlaufende Leitungen adressierte aktive Bauelement

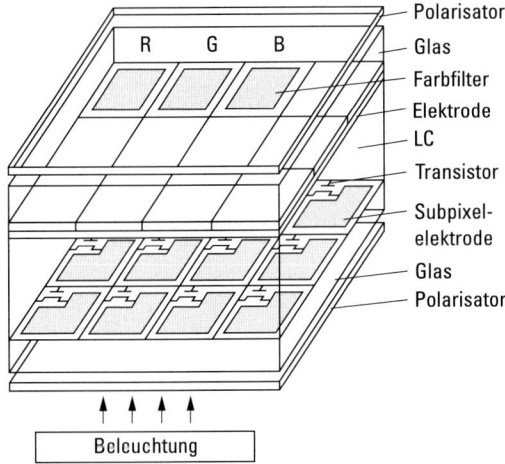

Abb. 7.48   Schematische Darstellung einer Aktiv-Matrix-Anzeige mit Farbfiltern.

hält für eine Bildwechselzeit die Spannung am Bildpunkt aufrecht, wodurch eine gute Graustufenwiedergabe erreicht wird und im Vergleich zur passiven Ansteuerung keine Einschränkung des Blickwinkels verursacht wird. Die Forderung nach einer steilen Kennlinie des Flüssigkristallmaterials fällt weg, die Adressierung kann sehr viel schneller als ein Bildwechsel erfolgen und es gibt praktisch keine Einschränkungen hinsichtlich der Bildpunktzahl.

IPS- und MVA-Zellen. Auch bei aktiver Ansteuerung weist die TN-Zelle einen gegenüber der Kathodenstrahlröhre eingeschränkten Blickwinkelbereich auf, der noch bezüglich der Richtung der Randorientierung unterschiedlich ist. Durch auf das Display aufgebrachte Folien lässt sich nur eine begrenzte Kompensation erreichen.

Erhebliche Verbesserungen konnten hier in jüngster Zeit vor allem durch die Verwendung zweier komplex strukturierter Zellentypen erreicht werden, deren Herstellung einen entsprechend größeren technologischen Aufwand erfordert: IPS (engl.: *in-plane switching*) und MVA (engl.: *multi-domain vertical alignment*) [27]. Im ersten Fall (IPS) wird das elektrisches Feld zwischen jeweils zwei Elektroden auf einer Displayinnenseite erzeugt, sodass der Direktor beim Schalten um bis zu 90° gedreht werden kann, aber dabei parallel zur Oberfläche bleibt. Im zweiten Fall (MVA) sind die Displayinnenseiten mit kleinen Erhebungen versehen. Bei senkrechter (vertikaler) Orientierung des Direktors zu den Oberflächen entstehen dabei mikroskopisch kleine Domänen mit geringer Neigung der Moleküllängsachsen in unterschiedliche Richtungen. Durch Einsatz einer nematischen Flüssigkristallmischung mit negativer DK-Anisotropie ($\Delta\varepsilon < 0$) ergibt sich eine Deformation des Direktorfeldes in alle Richtungen der Displayoberfläche und damit keine Bevorzugung eines Blickwinkels. Es werden auch kürzere Schaltzeiten erreicht, die diesen Effekt für den Einsatz in TV-tauglichen Bildschirmen besonders geeignet erscheinen lassen.

Farbdarstellung. Die TN-Zelle und ebenfalls die meisten anderen elektrooptischen Flüssigkristalleffekte ermöglichen eine Steuerung der Lichtintensität, d. h. eine Darstellung von Graustufen, aber keine befriedigende Wiedergabe von Farben. Zwar sind auch Flüssigkristalleffekte bekannt, die eine Farbdarstellung erlauben (wie die Einlagerung dichroitischer Farbstoffe, das Schalten der Selektivreflexion cholesterischer Phasen oder spannungsgesteuerte Doppelbrechung), jedoch hat sich für die in Durchlicht betriebenen Anzeigen die Verwendung von Farbfiltern durchgesetzt.

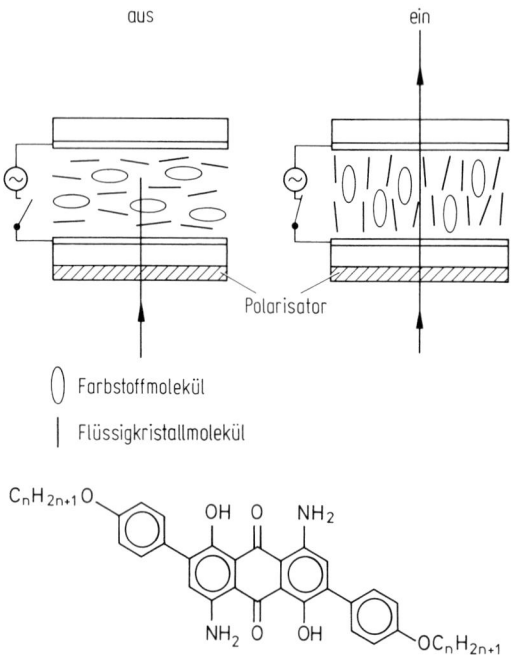

Abb. 7.49   Guest-Host-Effekt und Struktur eines dichroitischen Farbstoffes.

Tab. 7.3   Typische Werte für Aktiv-Matrix-LCDs in unterschiedlichen Anwendungsbereichen (Stand: November 2003).

	Notebook	Monitor	TV-Gerät
Zell-Typ	IPS	MVA	MVA
Größe	$15''$	$20''$	$37''$
Auflösung	1280×1024	1600×1400	1366×768
Subpixel (Anzahl)	$3.9 \cdot 10^6$	$6.7 \cdot 10^6$	$3.1 \cdot 10^6$
Helligkeit	$250\,\mathrm{cd/m^2}$	$220\,\mathrm{cd/m^2}$	$430\,\mathrm{cd/m^2}$
Kontrast	$400:1$	$350:1$	$800:1$
Blickwinkel	$160°/160°$	$170°/170°$	$170°/170°$
Schaltzeit	$25\,\mathrm{ms}$	$25\,\mathrm{ms}$	(TV-Bildwechsel)

Ähnlich wie in Farbbildröhren sind dazu drei nebeneinander angeordnete Bildpunkte in den Farben Rot (R), Grün (G) und Blau (B) erforderlich (Abb. 7.48). Für eine 15″-LCD-Anzeige mit 1280×1024 Bildpunkten (Tab. 7.3) sind dementsprechend ca. 3.9 Millionen Subpixel zu adressieren.

Weitere elektrooptische Effekte. Die lichtsteuernde Wirkung wird bei der TN-Zelle (wie auch bei den IPS- und MVA-Zellen) über die optische Anisotropie des nematischen Flüssigkristalls erreicht. Ebenfalls auf der Doppelbrechung der nematischen Phase beruht die so genannte *dynamische Streuung*, die als erster elektrooptischer Effekt mit Flüssigkristallen 1968 von Heilmeier und Zanoni angegeben wurde (prinzipiell bereits 1918 von Björnstahl beschrieben). Dieser Effekt setzt eine gewisse Leitfähigkeit der nematischen Phase voraus. Bei negativer dielektrischer Anisotropie und positiver Leitfähigkeitsanisotropie kommt es bei angelegter Spannung zur Bildung von Raumladungen in der Zelle, die turbulente Strömung und damit starke Lichtstreuung der im nicht angesteuerten Zustand transparenten Flüssigkristallschicht verursachen. Polarisatoren werden zur Kontrasterzeugung nicht benötigt. Dieser Vorteil, der helle Weißzustände ermöglicht, ist auch aktuell entwickelten *polymer dispersed liquid crystal displays* (PDLCDs) zu eigen. Der Lichtstreueffekt beruht hier auf der Einbettung kleiner nematischer (bzw. chiral nematischer) Tröpfchen in eine flexible Polymermatrix. Bei Ansteuerung erfolgt eine Anpassung des mittleren Brechungsindexes der Tröpfchen an das Polymermaterial und die Folie wird transparent.

Eine weitere, grundsätzlich verschiedene Möglichkeit der Lichtmodulation nutzt der *Guest-Host-Effekt*. Hier wird dem Flüssigkristall ein dichroitischer Farbstoff zugesetzt, der (bei idealer Orientierung) nur Licht absorbiert, das parallel zum Direktor polarisiert ist (vgl. Abb. 7.49). Das Guest-Host-Prinzip lässt sich grundsätzlich auf alle elektrooptischen Effekte übertragen und wird auch zur Kontrastverbesserung von Schadt-Helfrich-Großanzeigen verwendet.

Neben den nematischen Flüssigkristallen besitzen die ferroelektrischen (bzw. antiferroelektrischen) Flüssigkristalle ein hohes Anwendungspotenzial für hochinformative Anzeigen (vgl. ferroelektrische Eigenschaften). Zwei prinzipielle Vorteile der darauf beruhenden elektrooptischen Effekte sind die extrem kurzen Schaltzeiten (im µs-Bereich), sowie das Schalten zwischen parallel zur Zellenfläche orientierten Direktorrichtungen und der damit verbundene große Sichtwinkelbereich. Bei geringen Schichtdicken lässt sich sogar eine durch die Grenzflächenorientierung geprägte, echte Bistabilität (engl.: *surface stabilised ferroelectric liquid crystal*, SSFLC) erzielen, die eine passive Ansteuerung hochinformativer Displays möglich macht. Allerdings haben sich entsprechende großflächige Bildschirme auf dem Markt nicht durchsetzen können, u. a. wegen der technologischen Schwierigkeiten, eine ausreichende mechanische Stabilität der Flüssigkristallorientierung zu gewährleisten. Das Anwendungsinteresse konzentriert sich vor allem auf Mikrodisplays, die beispielsweise in TV-tauglichen Projektoren eingesetzt werden können.

7.6 Weitere Flüssigkristallsysteme

Die Mannigfaltigkeit der Flüssigkristallsysteme ist mit den in den vorangehenden Abschnitten behandelten niedermolekularen stäbchenförmigen (sowie bananenförmigen) Molekülen bei weitem nicht erschöpft. So zeigen scheibenförmige (*diskotische*) Moleküle ebenfalls eine spontane Orientierungsordnung im fluiden Zustand, es lassen sich verschiedenartige Polymere mit flüssigkristallinen Eigenschaften aufbauen und durch Mischen von unterschiedlichen, auch selbst nicht flüssigkristallinen Stoffen mit einem isotropen Lösungsmittel können lyotrope Flüssigkristalle erzeugt werden.

7.6.1 Diskotische Flüssigkristalle

Das Auftreten thermotroper Flüssigkristallphasen beruht wesentlich auf der Formanisotropie der Moleküle. Dies wird besonders eindrucksvoll durch die Bildung nematischer und höher geordneter columnarer Phasen aus scheibenförmigen (diskotischen) Verbindungen unterstrichen.

Nematische Phase. In Abb. 7.50 ist die Struktur zweier typischer Vertreter diskotischer Flüssigkristalle wiedergegeben, die bei geeigneter Wahl der (hier sechsfach symmetrisch angeordneten) Substituenten eine nematische Phase (N_D) zeigen. Die bevorzugte Parallelorientierung der Molekülscheiben (Abb. 7.51) führt zu einer Ordnung der Richtung der kurzen Molekülachsen. Sie lässt sich wie bei der kalamitisch nematischen Phase durch den Ordnungsgrad S beschreiben. Dieser weist eine vergleichbare Größe auf und zeigt ebenfalls näherungsweise die von der Maier-Saupe-Theorie beschriebene Zunahme mit abnehmender Temperatur (Abb. 7.52).

Aufgrund der Molekülstruktur der betrachteten Verbindungen kehren sich die Vorzeichen von optischer und magnetischer Anisotropie um. Daher ($\Delta\chi < 0$) wird auch der Direktor senkrecht zu einem Magnetfeld orientiert. Die Molekülform beeinflusst zwar die Anisotropie der Materialkonstanten, das elastodynamische Verhalten lässt sich aber in der gleichen Weise wie bei der kalamitisch nematischen Phase beschreiben. Die elastischen Konstanten sind von vergleichbarer Größe, während die Viskositätswerte sehr viel höher ausfallen. Die Ähnlichkeiten zu kalamitischen Phasen erstrecken sich auch auf weitere Eigenschaften. So werden bei Anwesenheit chiraler Strukturelemente cholesterische Phasen (N_D^*) induziert. Diese zeigen alle an kalamitisch cholesterischen Phasen beobachteten Phänomene wie Helixinversion und Selektivreflexion. Sogar das Auftreten Blauer Phasen (BP_D) konnte nachgewiesen werden.

Columnare Phasen. Es sind eine Reihe diskotischer Verbindungsklassen bekannt. Als gemeinsames Strukturelement weisen diese ein eher starres, meist aromatisches oder auch gesättigtes Mittelteil auf, das mit sechs, manchmal auch vier eher flexiblen Seitengruppen umgeben ist (vgl. Abb. 7.50). Die oben beschriebene diskotisch nematische Phase N_D wird eher selten beobachtet; meist treten höher geordnete Strukturen auf. Dabei stapeln sich die Molekülscheiben zu Säulen (ähnlich wie Münzen zu Geldrollen), die sich ihrerseits zu zweidimensionalen Gittern anordnen lassen

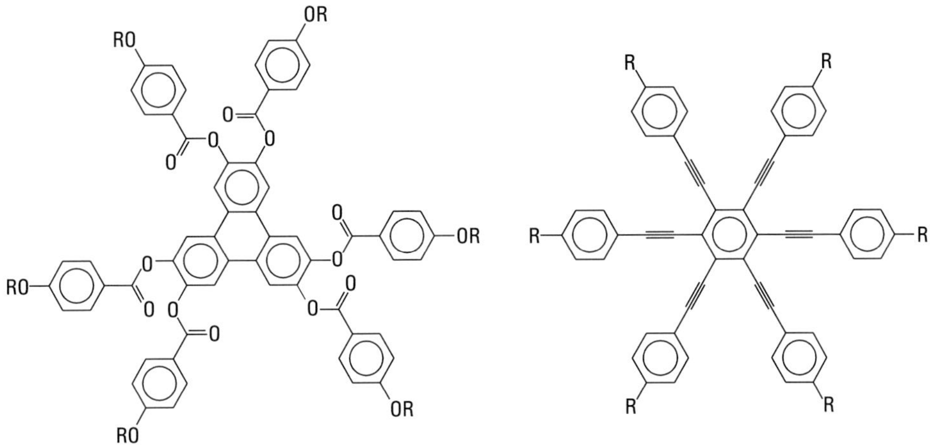

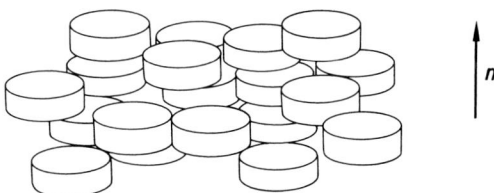

Abb. 7.50   Zwei Beispiele für nematisch diskotische Flüssigkristalle (R, terminale Alkylketten).

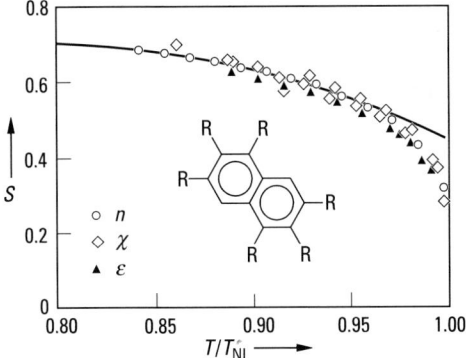

Abb. 7.51   Vereinfachte Darstellung der nematisch diskotischen Phase (N_D) (nach Destrade [28]).

Abb. 7.52   Temperaturabhängigkeit des Ordnungsgrades, aus Messungen der dielektrischen, der magnetischen und der optischen Anisotropie bestimmt, bzw. nach der Maier-Saupe-Theorie berechnet (durchgezogene Linie) (nach Sabaschus [29]).

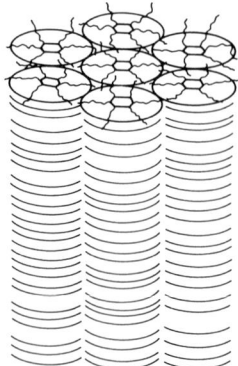

Abb. 7.53   Struktur einer columnaren Phase (Col$_{hd}$) (nach Chandrasekhar [30]).

(Abb. 7.53). Je nach Ordnung innerhalb der Säulen (d, disordered; o, ordered), einer möglichen Neigung der Moleküle zur Säulenachse (t, tilted) sowie der Anordnung der Säulen zueinander (h, hexagonal; r, rectangular) können eine Reihe columnarer Phasen unterschieden werden (Col$_{hd}$, Col$_{ho}$, Col$_{rd}$, Col$_{ro}$, Col$_t$).

Die columnaren Phasen mit Säulengitterstruktur entsprechen den bei stäbchenförmigen Molekülen auftretenden smektischen Phasen mit Schichtstruktur. So können interessanterweise getiltete columnare Phasen, die aus Molekülen mit chiraler Struktur aufgebaut sind, ähnlich wie getiltete smektische Phasen ferroelektrisches Schaltverhalten aufweisen. Aus Symmetrieüberlegungen folgt, dass die spontane Polarisation senkrecht zur Säulenachse und zur Tiltrichtung orientiert ist. Abhängig vom Vorzeichen eines senkrecht zur Säulenachse angelegten Feldes ergeben sich zwei Schaltzustände, bei denen die Kippung der Moleküle und somit die Richtung der optischen Achse sich um den doppelten Tiltwinkel unterscheidet. Schaltzeiten von weniger als 100 µs wurden beobachtet.

Für elektrooptische Anwendungen haben diskotische Flüssigkristalle bisher keine Bedeutung erlangt. Eigenschaften wie Photoleitfähigkeit (Einsatz in Laserdruckern und Kopierern) bzw. Elektrolumineszenz (Einsatz in organischen Leuchtdioden) verleihen ihnen aber ein hohes Potential für andere optoelektronische Anwendungen.

Diskotische Flüssigkristallstrukturen treten auch in ganz anderen Bereichen auf. So werden sie bei der Bildung von Graphit durch Pyrolyse von Steinkohle- oder Petroleumpech beobachtet und sind von Einfluss bei der Herstellung von Kohlefasern.

7.6.2 Flüssigkristalline Polymere

Synthetische Polymere gehören zu den wichtigsten derzeit verwendeten Werkstoffen. Ihre Eigenschaften hängen entscheidend von der molekularen Ordnung der Makromoleküle ab. So ist das große Interesse zu verstehen, das den flüssigkristallinen Polymeren entgegengebracht wird.

Flüssigkristalline Polymere entstehen durch Einbau mesogener Gruppen stäbchen- oder auch scheibenförmiger Struktur als Monomereinheiten in das Makromolekül. Dies kann nach zwei grundsätzlich verschiedenen Bauprinzipien geschehen (Abb. 7.54): Entweder werden die mesogenen Monomereinheiten in die Polymerhauptkette eingebaut (*flüssigkristalline Hauptkettenpolymere*) oder über flexible Spacer getrennt als Seitenkette an die Polymerhauptkette gebunden (*flüssigkristalline Seitenkettenpolymere*).

Flüssigkristalline Hauptkettenpolymere übertreffen in der Kombination der ihnen eigenen physikalischen Eigenschaften die konventionellen Polymere. Sie zeigen sehr hohe Zugfestigkeit, sehr großes Elastizitätsmodul, sehr hohe Kerbschlagfestigkeit und sehr geringen thermischen Ausdehnungskoeffizienten. Bei Verarbeitung im flüssigkristallinen Zustand können die mechanischen Eigenschaften in besonderer Weise beeinflusst werden. Durch Scherausrichtung entstehen orientierte Fibrillen und Fasern, die eine Anisotropie der mechanischen Eigenschaften aufweisen und dem Material holzfaserähnliche Struktur verleihen können (*selbstverstärkende Polymere*). Neben den thermotropen Hauptkettenpolymeren (*Xylar, Ultrax, Vektra*) sind entsprechende lyotrope Polymere bekannt, die erst in Lösung flüssigkristalline Phasen ausbilden. Bekanntestes Beispiel ist ein vollaromatisches Polyamid (*Kevlar*), das eine

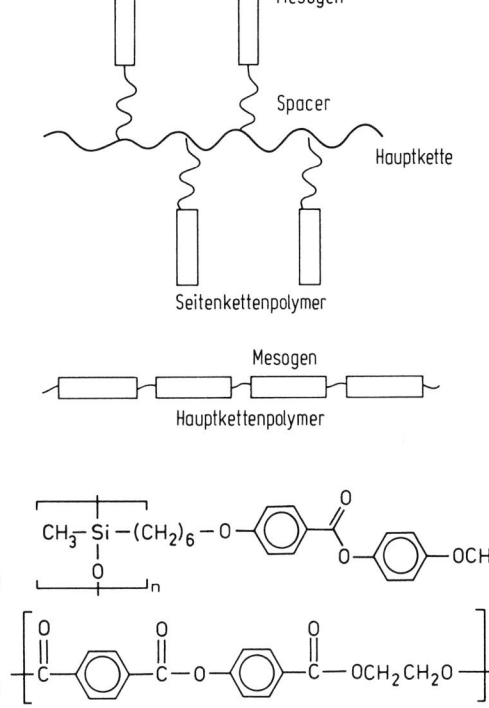

Abb. 7.54 Bauprinzip der flüssigkristallinen Seitenketten- und Hauptkettenpolymere und typische Beispiele für die Molekülstruktur eines (a) Seitenkettenpolymers und (b) eines Hauptkettenpolymers.

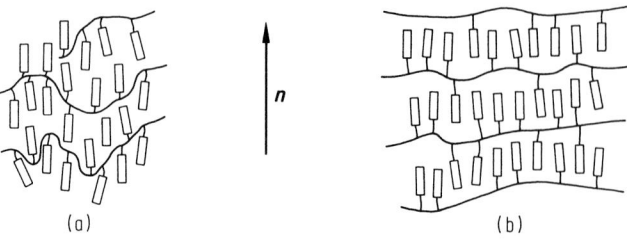

Abb. 7.55 (a) Nematische und (b) smektische Phase eines flüssigkristallinen Seitenkettenpolymers.

nematische Phase in konzentrierter Schwefelsäure bildet. Trotz der nicht einfachen Verarbeitbarkeit haben die hervorragenden Eigenschaften, insbesondere die hohe Festigkeit, die auf die Masse bezogen die von Stahl um ein Vielfaches übertrifft, diesen Aramidfasern breite Anwendung, z. B. im Flugzeugbau, eröffnet.

Eine sehr viel größere Verwandtschaft mit den niedermolekularen Flüssigkristallen weisen die *flüssigkristallinen Seitenkettenpolymere* auf. Bei genügend langem flexiblen Spacer, über den die mesogene Seitengruppe an die Hauptkette gebunden wird, bleibt das flüssigkristalline Verhalten der Monomereinheiten in den Polymeren weitgehend erhalten (Abb. 7.55).

Die Fixierung durch die Hauptkette führt zu einem bevorzugten Auftreten von smektischen Phasen, wobei jedoch auch nematische und chiral nematische Phasen beobachtet wurden. Beim Abkühlen gehen die flüssigkristallinen Phasen im Allgemeinen in den für Polymere charakteristischen Glaszustand über. Eine im flüssigkristallinen Zustand etwa durch elektrische oder magnetische Felder erzeugte Ordnung wird dabei dauerhaft eingefroren und man erhält ein anisotropes Glas. Auf dieser Kombination von Glaszustand und anisotropen physikalischen Eigenschaften beruht das große Anwendungsinteresse an flüssigkristallinen Seitenkettenpolymeren im Bereich der Optoelektronik insbesondere zur hochauflösenden optischen (holographischen) Datenspeicherung.

Die Hauptkette flüssigkristalliner Seitenkettenpolymere kann auch so vernetzt werden, dass Elastomere mit gummielastischem Verhalten entstehen, die formbeständig sind und gleichzeitig flüssigkristalline Phasenstruktur besitzen. In diesen Materialien kann durch mechanische Deformation, d. h. Dehnung des Elastomers, eine einheitliche Ausrichtung und damit eine optische Anisotropie bewirkt und umgekehrt durch thermisch induzierte Änderung des Ordnungsparameters eine Formänderung des Elastomers erzielt werden. Die Orientierung der flüssigkristallinen Seitenketten lässt sich durch äußere elektrische Felder beeinflussen, worauf verschiedene elektromechanische Effekte basieren.

7.6.3 Lyotrope Flüssigkristalle

Charakteristisch für lyotrope Flüssigkristalle ist die Anwesenheit einer isotropen Flüssigkeit, die im Zusammenwirken mit einem gelösten Stoff der gebildeten Mischung anisotrope Eigenschaften verleiht. Schon vor mehreren tausend Jahren wurden wässrige Seifenlösungen beschrieben, die, wie man heute weiß, ebenfalls flüssigkristallines Verhalten aufweisen. Historisch interessant ist eine bereits 1854 von Virchow publizierte Beobachtung optischer Doppelbrechung an Myelinstrukturen in tierischem Gewebe.

Die Entstehung der Vielfalt der lyotropen Flüssigkristalle lässt sich vereinfachend in zwei Grenzfällen beschreiben. Im ersten Fall bewirkt das Lösungsmittel die Trennung bereits im kristallinen Festkörper vorhandener formanisotroper Moleküle, im zweiten Fall bilden sich durch die Zugabe eines Stoffes zu einem Lösungsmittel formanisotrope Aggregate, die dann als Bausteine einer flüssigkristallinen Phase wirken.

Bekanntestes Beispiel für den ersten Fall ist das Tabakmosaikvirus, das Zylindergestalt einheitlicher Größe mit etwa 300 nm Länge und 20 nm Durchmesser besitzt. Ab einer Konzentration von 0.12 g/cm^3 (bei pH 8.5) beginnen sich die Stäbchen in Wasser parallel zueinander anzuordnen. Der Ordnungsgrad steigt (Abb. 7.56), beginnend bei $S = 0.79$, mit zunehmender Konzentration des Virus und erreicht bereits bei 0.2 g/cm^3 Werte von $S = 0.95$ [31].

Der hohe Ordnungsgrad lässt sich durch das extreme Achsenverhältnis (15 : 1) der Teilchen erklären. Lösungen des Tabakmosaikvirus in Wasser stellen ein ideales Modellsystem für statistische Theorien „harter Zylinder“ dar, wie sie erstmals von Onsager (1949) betrachtet wurden [2]. Weitere Beispiele ähnlicher lyotroper Flüssigkristalle sind die schon erwähnten Lösungen von Aramid-Hauptkettenpolymeren in konzentrierter Schwefelsäure, wässrige Lösungen von Nukleinsäuren wie DNA bzw. Polypeptiden wie beispielsweise Poly-γ-benzyl-L-glutamat oder Cellulose in organischen Lösungsmitteln.

Der zweite Grenzfall lässt sich gut durch Mischungen diskotischer Verbindungen mit apolaren Lösungsmitteln, wie Alkanen, veranschaulichen. Bei Zugabe zur isotropen Flüssigkeit stapeln sich die scheibenförmigen Moleküle zunächst zu einzelnen

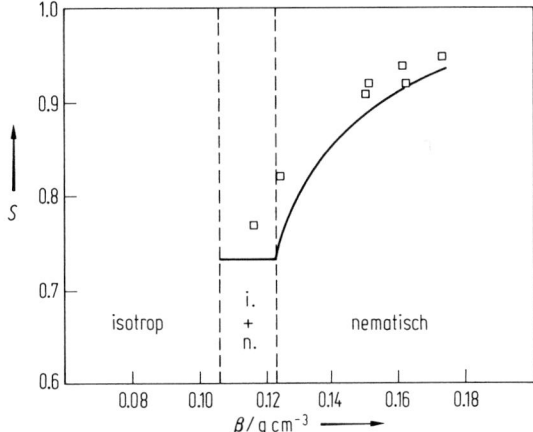

Abb. 7.56 Ordnungsgrad S einer wässrigen Lösung von Tabakmosaikviren (β, Massenkonzentration) (nach Oldenbourg et al. [31]).

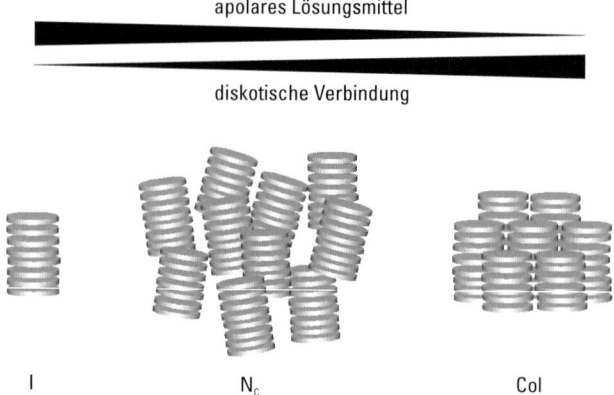

Abb. 7.57 Struktur der in Mischung mit apolaren Lösungsmitteln unterschiedlicher Konzentration aus scheibenförmigen Verbindungen gebildeten isotropen (I), columnar nematischen (N_C) und columnaren (Col) Phasen.

Säulen unterschiedlicher Länge, die dann als stäbchenförmige Aggregate eine columnar nematische Phase N_C ausbilden (Abb. 7.57). Ein vergleichbares Verhalten in Wasser als Lösungsmittel zeigt auch eine große Gruppe strukturell recht unterschiedlicher Moleküle, die unter dem Begriff chromonische Flüssigkristalle (*Chromonics*) zusammengefasst werden.

Bilden die eingesetzten scheibenförmigen Moleküle, wie im ausgewählten Beispiel in Abb. 7.57, selbst flüssigkristalline Phasen (Col) aus, entsteht ein Phasendiagramm, in dem sich ein kontinuierlicher Übergang von lyotropen zu thermotropen Mesophasen vollzieht und das die enge Verwandtschaft beider Flüssigkristallklassen aufzeigt. Bei diskotischen Verbindungen mit chiraler Struktur erfolgt eine Verdrillung der lyotropen N_C^*-Phase, die sich anhand der Selektivreflexion nachweisen lässt; im Fall ferroelektrischer diskotisch columnarer Flüssigkristalle kann sogar ein polares Schaltverhalten in der N_C^*-Phase beobachtet werden.

Amphiphile. Besonders vielfältige Eigenschaften weisen lyotrope Flüssigkristalle auf, die aus amphiphilen Molekülen und Wasser als Lösungsmittel bestehen. Die Struktur der gebildeten Aggregate ist hier im Allgemeinen von der Lösungsmittelkonzentration abhängig. Die Systeme spielen u. a. eine wichtige Rolle als Wasch- und Reinigungsmittel, für kosmetische Produkte und in der Pharmazie. Entsprechend der Vielzahl bekannter Systeme und ihrer anwendungstechnischen Bedeutung ist die Beschreibung dieser Flüssigkristalle Gegenstand eines eigenen Gebietes.

Amphiphile Moleküle sind aus tendenziell löslichen (hydrophilen) und unlöslichen (hydrophoben) Molekülteilen aufgebaut. Beispiele sind Alkalimetallseifen (wie Natriumdodecylsulfat) und Alkylammoniumsalze mit langkettigen Alkylgruppen (Abb. 7.58).

Derartige Stoffe können sich an der Grenzfläche Wasser/Luft (oder beispielsweise Wasser/Öl) anreichern und werden entsprechend auch als *surfactants* (engl.: *surface active agents*) bzw. wegen ihres Einflusses auf die Oberflächenspannung als *Tenside* bezeichnet. Neben anionischen bzw. kationischen Amphiphilen werden auch zwitterionische und nichtionische Tenside eingesetzt. Große Bedeutung haben die aus Block-Copolymeren gebildeten polymeren Amphiphile erlangt.

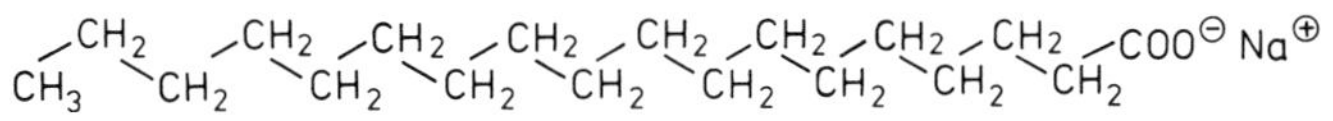

$$CH_3 \underset{CH_2}{\overset{CH_2}{\diagup}} \underset{CH_2}{\overset{CH_2}{\diagup}} \underset{CH_2}{\overset{CH_2}{\diagup}} \underset{CH_2}{\overset{CH_2}{\diagup}} \underset{CH_2}{\overset{CH_2}{\diagup}} COO^{\ominus} Na^{\oplus}$$

Abb. 7.58   Natriumstearat als typisches Beispiel für ein amphiphiles Molekül.

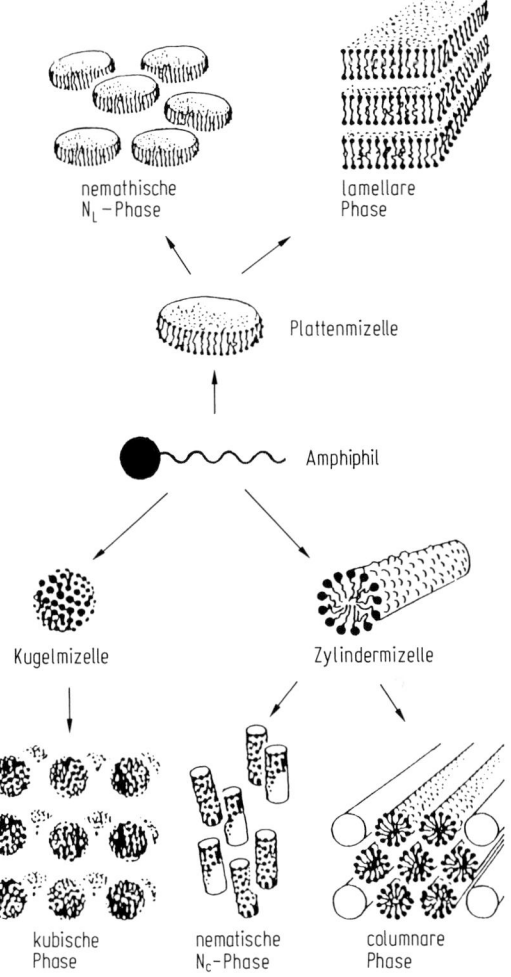

Abb. 7.59   Aggregation von amphiphilen Molekülen zu Mizellen und Bildung von lyotropen Flüssigkristallphasen (nach Ringsdorf et al. [33]).

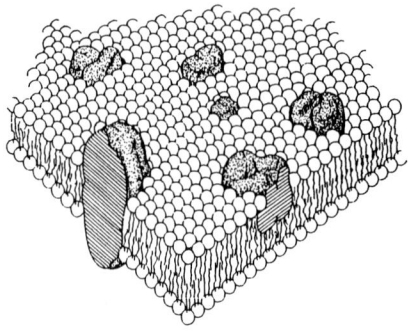

Abb. 7.60   Struktur einer biologischen Membran (nach Singer [34]).

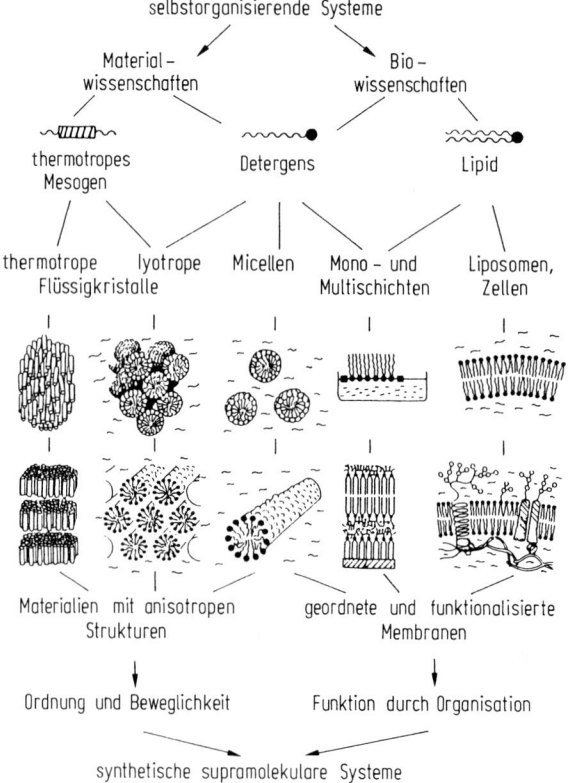

Abb. 7.61   Selbstorganisation verschiedener Flüssigkristallsysteme (nach Ringsdorf et al. [33]).

Im Inneren der wässrigen Phase (oder beispielsweise in Mischungen von Alkoholen mit Wasser) können Amphiphile verschieden geformte Mizellen bilden, wobei die hydrophoben Molekülgruppen dem Wasser abgewandt nach innen gerichtet sind. Die Mizellen treten oberhalb einer wohl definierten kritischen Konzentration auf und ordnen sich bei weiterer Erhöhung der Konzentration (etwa ab 10 Massenprozent) zu unterschiedlichen Flüssigkristallphasen. Es treten kubische Phasen auf, die optisch isotrop sind, sowie hexagonale und lamellare Phasen, die beide optisch anisotrop sind (vgl. Abb. 7.59). Weiterhin können auch stäbchen- oder plattenförmige Mizellen entstehen, die nematische (N_C) oder nematisch diskotische Phasen (N_L) aufbauen. In derartigen lyotropen Systemen wurde auch erstmals eine biaxiale nematische Phase nachgewiesen [32].

Die Vielfalt und Bedeutung lyotroper Flüssigkristallsysteme sind damit bei weitem nicht erschöpfend beschrieben, z. B. werden die Materialeigenschaften von Polymeren wesentlich durch eine Strukturbildung in Lösungen beeinflusst (vgl. Kevlar). Auch die Funktion biologischer Membranen, die letztlich Leben erst möglich macht, ist wesentlich an ihre flüssigkristalline Ordnung geknüpft. Die Biomembranen bestehen aus Lipiden (Phospholipide, Cholesterin), die als doppelkettige Amphiphile sich in der wässrigen Umgebung spontan zu Doppelschichten mit eingebetteten Proteinen organisieren (Abb. 7.60). Lipidschichten einheitlicher Zusammensetzung zeigen bei Temperaturänderung Phasenübergänge, die mit dem Übergang zwischen verschiedenen smektischen Phasen verglichen werden können.

Diese Beispiele lassen erkennen, wie eng im Bereich der Flüssigkristallforschung Materialwissenschaft und Biowissenschaft beieinander liegen. So kann man in einer globalen Sicht die Flüssigkristalle in ein interdisziplinäres Wissenschaftsfeld selbstorganisierender und supramolekularer Systeme (Abb. 7.61) einordnen.

Literatur

Weiterführende Literatur

Bahadur, B. (Ed.), Liquid Crystals – Applications and Uses (Vol. 1–3), World Scientific, Singapore, 1990

Buka, A. (Ed.), Modern Topics in Liquid Crystals, World Scientific, Singapore, 1993

Buka, A., Kramer, L. (Eds.), Pattern Formation in Liquid Crystals, Springer, New York, 1995

Blinov, L.M., Chigrinov, V.G., Electrooptic Effects in Liquid Crystal Materials, Springer, New York, 1994

Chaikin, P.M., Lubensky, T.C., Principles of Condensed Matter Physics, Cambridge University Press, Cambridge, 1995

Chandrasekhar, S., Liquid Crystals, Cambridge University Press, Cambridge, 1992

Collings, P.J., Liquid Crystals – Nature's Delicate Phase of Matter, Princeton University Press, Princeton, 1990

Collings, P.J., Patel, J.S. (Eds.), Handbook of Liquid Crystal Research, Oxford University Press, New York, 1997

Collings, P.J., Hird, M., Introduction to Liquid Crystals – Chemistry and Physics, Taylor & Francis, London, 1997

Crawford, G.P., Žumer, S. (Eds.), Liquid Crystals in Complex Geometries, Taylor & Francis, London, 1996

Demus, D., Zaschke, H., Flüssige Kristalle in Tabellen, Deutscher Verlag für Grundstoffindustrie, Leipzig, 1974

Demus, D., Zaschke, H., Flüssige Kristalle in Tabellen II, Deutscher Verlag für Grundstoffindustrie, Leipzig, 1984

Demus, D., Richter, L., Textures of Liquid Crystals, Deutscher Verlag für Grundstoffindustrie,
Leipzig, 1978

Demus, D., Goodby, J., Gray, G.W., Spiess, H.-W., Vill, V. (Eds.), Handbook of Liquid
Crystals (Vol. 1–3), Wiley-VCH, Weinheim, 1998

Dierking, I., Textures of Liquid Crystals, Wiley-VCH, Weinheim, 2003

Dunmur, D.A., Fukuda, A., Luckhurst, G.R. (Eds.), Physical Properties of Liquid Crystals:
Nematics, INSPEC, London, 2001

Elston, S., Sambles, R. (Eds.), The Optics of Thermotropic Liquid Crystals, Taylor & Francis,
London, 1998

de Gennes, P.G., Prost, J., The Physics of Liquid Crystals, Clarendon Press, Oxford, 1993

Gray, G.W., Winsor, P.A. (Eds.), Liquid Crystals and Plastic Crystals, Ellis Horwood,
Chichester, 1978

Gray, G.W., Goodby, J.W., Smectic Liquid Crystals, Leonard Hill, Glasgow, London, 1984

Gray, G.W. (Ed.), Thermotropic Liquid Crystals (Critical Reports on Applied Chemistry,
Vol. 22), Wiley, Chichester, 1987

Gray, G.W., Vill, V., Spiess, H.-W., Demus, D., Goodby, J.W. (Eds.), Physical Properties of
Liquid Crystals, Wiley-VCH, Weinheim, 1999

Helfrich, W., Heppke, G. (Eds.), Liquid Crystals of One- and Two-Dimensional Order (Springer Series in Chemical Physics 11), Springer, Berlin, 1980

de Jeu, W.H., Physical Properties of Liquid Crystalline Materials, Gordon and Breach, New
York, 1980

Kelker, H., Hatz, R., Handbook of Liquid Crystals, Verlag Chemie, Weinheim, 1980

Khoo, I.-C., Wu., S.-T., Optics and Nonlinear Optics of Liquid Crystals, World Scientific,
Singapore, 1993

Kitzerow, H.-S, Bahr, C. (Eds.), Chirality in Liquid Crystals, Springer, New York, 2001

Koswig, H.D., Flüssige Kristalle: Eine Einführung in ihre Anwendung, Deutscher Verlag der
Wissenschaften, Berlin, 1984

Koswig, H.D. (Ed.), Selected Topics in Liquid Crystal Research, Deutscher Verlag der Wissenschaften, Berlin, 1990

Lam, L., Prost, J. (Eds.), Solitons in Liquid Crystals, Springer, New York, 1991

Lagerwall, S.T., Ferroelectric and Antiferroelectric Liquid Crystals, Wiley-VCH, Weinheim,
1999

Liebert, L. (Ed.), Liquid Crystals (Solid State Physics Suppl. 14), Academic Press, New York,
1978

Luckhurst, G.R., Gray, G.W. (Eds.), The Molecular Physics of Liquid Crystals, Academic
Press, London, 1979

Lueder, E., Liquid Crystal Displays, Wiley, Chichester, 2001

McArdle, C.B. (Ed.), Side Chain Liquid Crystal Polymers, Chapman and Hall, New York, 1989

Muševič, I., Blinc, R., Žekš, B., The Physics of Ferroelectric and Antiferroelectric Liquid
Crystals, World Scientific, Singapore, 2000

O'Mara, W.C., Liquid Crystal Flat Panel Displays, Van Nostrand Reinhold, New York, 1993

Oswald, P., Pieranski, P., Nematic and Cholesteric Liquid Crystals: Concepts and Physical
Properties Illustrated by Experiments, CRC Press, Boca Raton, 2005

Pershan, P.S., Structure of Liquid Crystal Phases, World Scientific, Singapore, 1988

Petrov, A.G., The Lyotropic State of Matter – Molecular Physics and Living Matter Physics,
Gordon and Breach, Amsterdam, 1999

Plate, N.A., Shibaev, V.P., Comb-Shaped Polymers and Liquid Crystals, Plenum Press, New
York, 1987

Priestley, E.B., Wojtowicz, P.J., Sheng, P. (Eds.), Introduction to Liquid Crystals, Plenum Press, New York, 1975

Shibaev, V.P., Lam, L. (Eds.), Liquid Crystalline and Mesomorphic Polymers, Springer, New York, 1993

Simoni, F., Nonlinear Optical Properties of Liquid Crystals, Word Scientific, Singapore, 1997

Sluckin, T.J., Dunmar, D.A., Stegemeyer, H., Crystals That Flow, Taylor & Francis, London, 2004

Sonin, A.A., The Surface Physics of Liquid Crystals, Gordon and Breach, Amsterdam, 1995

Sonin, A.A., Freely Suspended Liquid Crystalline Films, Wiley, Chichester, 1998

Stegemeyer, H. (Ed.), Liquid Crystals, Steinkopff, Darmstadt; Springer, New York, 1994

Stegemeyer, H. (Ed.), Lyotrope Flüssigkristalle, Steinkopff, Darmstadt, 1999

Vertogen, G., de Jeu, W.G., Thermotropic Liquid Crystals, Fundamentals (Springer Series in Chemical Physics 45), Springer, Berlin, 1988

Vill, V., LiqCryst 4.4 – Database of Liquid Crystal Compounds, LCI Publisher, Hamburg, 2003

Vögtle, F., Supramolekulare Chemie, Teubner, Stuttgart, 1989

Yeh, P., Gu, C., Optics of Liquid Crystal Displays, Wiley, New York, 1999

Zitierte Publikationen

[1] Maier, W., Saupe, A., Z. Naturforsch. **14a**, 882, 1959; **15a**, 287, 1960
[2] Onsager, L., Ann. N.Y. Acad. Sci. **51**, 627, 1949
[3] Chatelain, P., Germain, M., CR Hebd. Sean. Acad. Sci. **59**, 127, 1964
[4] Vertogen, G., de Jeu, W.H., Thermotropic Liquid Crystals – Fundamentals, Springer, Berlin, 1988
[5] Maier, W., Meier, G., Z. Naturforsch. **16a**, 262, 1961; **16a**, 470, 1961
[6] Frank, F.C., Discuss. Faraday Soc. **25**, 19, 1958
[7] de Jeu, W.H., et al., Mol. Cryst. Liq. Cryst. **37**, 269, 1976
[8] Ericksen, J.L., Arch. Ration. Mech. Analysis **4**, 231, 1960
[9] Miesowicz, M., Bull. Acad. Polon. Sci. Lett. 1936A, 228, 1936
[10] Parodi, O., J.Phys. (Paris) **31**, 581, 1970
[11] Kneppe, H., Schneider, F., in Kulicke, W.M. (Ed.), Fließverhalten von Stoffen und Stoffgemischen, Hüthig und Wepf, Basel, 1986, p. 341
[12] Leadbetter, A.J., in Gray, G.W. (Ed.), Thermotropic Liquid Crystals, Wiley, Chichester, 1988, pp. 1–27
[13] McMillan, W.L., Phys. Rev. A **4**, 1238, 1971
[14] Goodby, J.W., in Demus, D., Goodby, J., Gray, G.W., Spiess, H.-W., Vill, V. (Eds.), Handbook of Liquid Crystals, Vol. 2A, Wiley-VCH, Weinheim, 1998, pp. 3–21
[15] Meyer, R.B. et al., J. Phys. (Paris) **36**, L-69, 1975
[16] Bahr, Ch., Heppke, G., Ber. Bunsenges. Phys. Chem. **91**, 925, 1987
[17] Niori, T. et al., J. Mater. Chem. **6**, 1231, 1996
[18] Link, D.R. et al., Science **278**, 1924, 1997
[19] Pelzl, G. et al., Adv. Mater. **11**, 707, 1999
[20] Heppke, G., Moro, D., Science **279**, 1872, 1998
[21] Coleman, D.A. et al., Science **301**, 1204, 2003
[22] Heppke, G. et al., Phys. Rev. E **60**, 5575, 1999
[23] Krüerke, D., Thesis, Technische Universität Berlin, 1999
[24] Schadt, M., Helfrich, W., Appl. Phys. Lett. **18**, 127, 1971
[25] Koswig, H.D., Flüssige Kristalle: Eine Einführung in ihre Anwendung, Deutscher Verlag der Wissenschaften, Berlin, 1984
[26] Leenhouts, F., Schadt, M., Proc. 6. Int. Disp. Res. Conf., Japan Display, 1986, p. 388
[27] Heckmeier, M. et al., Bunsen-Magazin **4**, 106, 2002

[28] Destrade, C. et al., Mol. Cryst. Liq. Cryst. **106**, 121, 1984
[29] Sabaschus, B., Thesis, Technische Universität Berlin, 1992
[30] Chandrasekhar, S., Mol. Cryst. Liq. Cryst. **63**, 171, 1981
[31] Oldenbourg, R. et al., Phys. Rev. Lett. **61**, 1851, 1988
[32] Yu, L.J., Saupe, A., Phys. Rev. Lett. **45**, 1000, 1980
[33] Ringsdorf, H. et al., Angew. Chem. **100**, 117, 1988
[34] Singer, S.J., Science **175**, 720, 1972

8 Makromolekulare und supramolekulare Systeme

Thomas Dorfmüller[1]

8.1 Einleitung

8.1.1 Überblick über die Entwicklung der Physik und Chemie der Polymere

Die praktische Nutzung von Polymeren ist alt und geht auf den Gebrauch von Naturprodukten wie Baumwolle, Stärke, Proteine und Wolle zurück. Erst zu Beginn des 20. Jahrhunderts wurden synthetische Polymere wie Bakelit und Nylon industriell hergestellt. Heute unterscheiden wir bezüglich der Anwendung zwischen synthetischem Kautschuk, Kunststoffen, Fasern, Schutzfilmen und Klebstoffen.

Im Jahr 1511 beschreibt der Italiener Pietro Martyre d'Anghiera einen von den Azteken verwendeten Spielball aus Gummi. In der präkolumbianischen Zeit wurde in Süd- und Zentralamerika Latex, ein pflanzliches Produkt aus dem Latexbaum (*Hevea brasiliensis*) gewonnen und in Form von Spielbällen zu sportlichen Zwecken benutzt. 1770 wird das Material von Joseph Priestley „indian rubber" genannt. 1839 entdeckten MacIntosh und Hancock in England und Goodyear in den USA, dass durch Beimischung von Schwefel und Erhitzen des Gemisches eine nicht klebrige, weitgehend unlösliche elastische Masse hergestellt werden kann. Die kommerzielle Verwendung als Imprägnierungsmittel für Regenmäntel und als Bereifung von Pferdewagen folgte sehr bald. Inzwischen weiß man, dass der Schwefel eine Vernetzung der Latex-Makromoleküle bewirkt und dass dieser Prozess durch verschiedene Zusätze verbessert und die Reaktion beschleunigt werden kann. Auch der Zusatz von Kohle führte bald zu einer wesentlichen Verbesserung der mechanischen Eigenschaften des natürlichen Kautschuks.

Zwischen den beiden Weltkriegen wurden besonders in Deutschland im Bestreben nach Autarkie von wichtigen Rohstoffen und in den USA mit dem Ziel, neue Werkstoffe zu entwickeln, so genannter synthetischer Kautschuk entwickelt und dann auch in großem Maßstab hergestellt. In den 30er und 40er Jahren wurden in zunehmendem Maße polymere Kunststoffe entwickelt und großindustriell hergestellt. Immer häufiger, insbesondere seit den 50er Jahren, wurden natürliche Produkte durch Kunststoffe ersetzt. Auf die Entwicklung der letzten 30 Jahre folgt eine Periode, in der in zunehmendem Maße einerseits die Umweltverträglichkeit und andererseits die Rohstoffeinsparung eine wichtige Rolle bei der Entwicklung neuer Produkte und neuer Anwendungsgebiete spielen.

---

[1] An dieser Stelle möchte ich Professor Dr. Karl Kleinermanns, der zur zweiten Auflage dieses Kapitels wesentlich beigetragen hat, meinen herzlichsten Dank zum Ausdruck bringen.

Der theoretische Diskurs des Aufbaus von Polymeren war lange kontrovers. Obwohl die Bausteine der Kautschukmoleküle, wie beispielsweise des Isopren und deren Oligomere, bekannt wurden, dachte man an nichtkovalente Assoziation von kleineren Molekülen zu größeren, locker gebundenen Aggregaten. Als Modell für eine Aggregation dieser Art dienten die Kolloide, von denen man zu wissen meinte, dass sie durch verschiedene nichtkovalente Kräfte zusammengehalten werden. Erst Staudinger gelang es etwa um 1920, die makromolekulare Natur von Substanzen wie Naturkautschuk, Polystyrol, Polyoxyethylen und von Polysacchariden durch genaue Messungen insbesondere der Viskosität nachzuweisen. Folgende Zeittabelle spiegelt einige Höhepunkte der Entwicklung der Polymerphysik und -chemie wider:

1806	England	Gough	erste Experimente zur Elastizität des Naturkautschuks
1838	Frankreich	Regnault	photochemische Polymerisation von Vinylidenchlorid
1860	England	Williams	Pyrolyse des Naturkautschuks zu Isopren
1861	England	Graham	Diffusionsversuche an Kolloiden/Polymerlösungen
1892	England	Tilden	Erzeugung von Kautschuk aus Isopren
1910	Russland	Lebedev	Synthese von Kautschuk aus Butadien
1884–1919	Deutschland	Fischer	Der Aufbau von Zuckern und Proteinen wird geklärt.
1920	Deutschland	Staudinger	Die makromolekulare Hypothese wird formuliert.
1925	USA	Katz	Die ersten Röntgenbeugungsversuche zeigen, dass gestreckter Kautschuk eine fiberartige Struktur hat.
1926	Schweden	Svedberg	Anwendung der Ultrazentrifuge zur Molekülmassenbestimmung von Polymeren
1939	USA	Carothers	Synthese und Charakterisierung der Kondensationspolymere (Nylon 66)
1947	Niederlande	Debye	Die Lichtstreuung wird zur Charakterisierung von Polymeren angewandt (Nobelpreis für Chemie 1936).
1930	USA	Flory	Die Grundlagen der statistischen Mechanik der Polymere werden gelegt.
1953	Deutschland	Staudinger	Nobelpreis für Chemie
1955	Deutschland	Ziegler	Ziegler'sche Koordinationskatalyse zur Herstellung stereospezifischer Polymere
1957	Italien	Natta	Nachweis der sterischen Einheitlichkeit der durch Ziegler-Katalysatoren polymerisierten α-Olefine
1963	Deutschland, Italien	Ziegler, Natta	Nobelpreis für Chemie
1974	USA	Flory	Nobelpreis für Chemie

Neben der Synthese neuartiger Polymere und der Entwicklung von neuen Anwendungsgebieten hat die statistisch mechanische Theorie der Polymere seit dem Anfang des 20. Jahrhunderts besonders interessante und wichtige Beiträge leisten können. Es folgt eine kurze Zeittabelle der Entwicklung der Theorien:

1900–1915	Einstein, Smoluchowski	theoretische Behandlung der Diffusion in kolloiden Lösungen
1910–1920	Staudinger	Interpretation der Viskosität von Polymerlösungen
1926	Svedberg	Molekülmassenverteilung von Polymeren
1942	Flory-Huggins	Gittermodell, Thermodynamik der Polymere
1945–1955	Kirkwood	Grundlagen der statistischen Theorie der Polymere
1946–1950	Debye	Theorie der Lichtstreuung von Polymeren
1945–1950	Kuhn	Polymermodell (Kuhn'sches Ersatzknäuel)
1953	Rouse	Modell der inneren Bewegung von Polymerketten
1956	Zimm	Modell der inneren Bewegung von Polymerketten
1965–1979	Flory	Statistische Mechanik der Polymere
1970–1980	Stockmayer	Polymerdynamik

8.1.2 Supramolekulare Systeme

Im Laufe der letzten zwei Jahrhunderte hat sich in den naturwissenschaftlichen Disziplinen ein äußerst fruchtbarer Begriff herausgeschält und durchgesetzt: der Molekülbegriff. Die rapide Entwicklung der Chemie, Physik und der Molekularbiologie beruht auf der Beschreibung der Bausteine der Materie mithilfe des Begriffs von grundsätzlich unabhängigen Molekülen. Hierbei sollte man sich aber immer der Tatsache gewahr sein, dass die Beschreibung eines materiellen Systems auf mikroskopischer Ebene durch eindeutig definierbare Moleküle zwar eine strukturelle und dynamische Basis hat, jedoch für die überwiegende Mehrzahl der Substanzen, die uns umgeben, kaum ausreichend ist ohne die Einführung von zusätzlichen, in vielen Fällen willkürlichen Kriterien. Diese Probleme fangen bereits bei der Beschreibung der Molekülkristalle an, in denen wir periodisch wiederkehrende Atomgruppen als Moleküle kennzeichnen. Andererseits sprechen wir von einem Molekül bzw. von einem Makromolekül bei einem Polymer, das beispielsweise aus 10^6 identischen Monomereinheiten besteht. Die Logik der Beschreibung des Kristalls würde es eher nahe legen, ein Makromolekül als eindimensionalen Kristall aus 10^6 Molekülen zu beschreiben. Flüssiges Wasser wird als ein System von durch Wasserstoffbrückenbindungen relativ eng verknüpften H_2O-Molekülen beschrieben, lässt sich aber auch als supramolekulares Netzwerk auffassen. Ein Gel kann man als ein System vernetzter Einzelmoleküle in einem Lösungsmittel oder als ein einziges Riesenmolekül, das das Lösungsmittel in sich absorbiert hat, betrachten. Eine mizellare Lösung wird als ein Aggregat von Einzelmolekülen oder als ein System von kolloidalen Partikeln beschrieben. Praktischer Ausgangspunkt der Beschreibung durch wechselwirkende Einzelmoleküle ist die Beobachtung, dass eine Reihe von physikalischen Eigenschaften eines solchen supramolekularen Systems sich nur wenig von denen der postulierten Einzelmoleküle unterscheiden. Allerdings gilt dies lediglich für gewisse, durch intermolekulare Wechselwirkungen nur schwach gestörte Eigenschaften. So sehen die UV-Spektren der Moleküle einer mizellaren Lösung denen der isolierten Moleküle sehr ähnlich. Auf der anderen Seite sind Eigenschaften wie die Viskosität oder die Intensität und das Spektrum des gestreuten Lichts der mizellaren Lösung grundlegend verschieden von denen einer nicht mizellaren Lösung derselben Substanzen. Interessieren wir uns für physikalische Eigenschaften der zweiten Kategorie, d. h. für die so genannten *kollektiven Eigenschaften*, dann ist eine Beschreibung solcher Systeme als supramolekulare Systeme geeigneter. Die Abb. 8.1 veranschaulicht schematisch den Zusammenhang, in dem atomare, molekulare, makromolekulare und supramolekulare Systeme stehen.

Die supramolekulare Aggregation von Einzelmolekülen ist ein in der Natur weit verbreitetes Phänomen. So ist die Entstehung einer großen Vielfalt strukturierter Formen der kondensierten Materie mit spezifischen strukturellen und dynamischen Eigenschaften eine wichtige Voraussetzung für die Entwicklung lebender Systeme. Trotz der erwähnten Vielfalt von supramolekularen Aggregaten lassen sich die beim Zustandekommen solcher Systeme wirkenden Kräfte auf eine relativ kleine Anzahl von grundlegenden intermolekularen Wechselwirkungen zurückführen. Aus phänomenologischer Sicht ist die klassische Thermodynamik die Grundlage der Beschreibung dieser Systeme.

Die Zahl der Beispiele supramolekularer Systeme ist sehr groß. In diesem Kapitel sollen die physikalischen Eigenschaften folgender supramolekularer Systeme beschrieben werden:

− Polymere,
− Gläser,
− Gele,
− Kolloide,
− Mizellen und
− Mikroemulsionen.

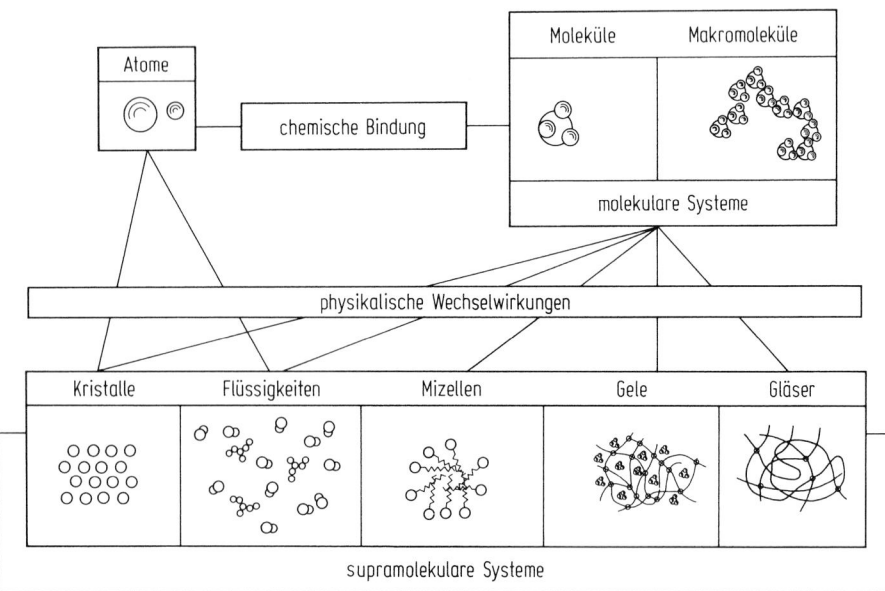

Abb. 8.1 Schematische Darstellung der Beziehungen zwischen molekularen, makromolekularen und supramolekularen Systemen. Die dargestellten supramolekularen Systeme sind nur exemplarisch, da die Vielfalt dieser Systeme groß und ihre Klassifizierung oft nicht eindeutig ist.

Im Sinne der obigen Ausführungen sollen hauptsächlich physikalische Eigenschaften, die für den supramolekularen Zustand typisch sind, besprochen werden. Solche sind vor allem mechanische und rheologische Eigenschaften sowie spektrale Eigenschaften der gestreuten elektromagnetischen Strahlung. Eigenschaften, die überwiegend die Natur der molekularen Bausteine widerspiegeln, werden nur dann erwähnt, wenn sie Hinweise auf die Störungen des Aggregationszustandes erlauben.

8.2 Chemie der Polymere

Die Moleküle der makromolekularen Substanzen, die so genannten **Makromoleküle**, sind aus einer großen Anzahl von Untereinheiten aufgebaut. Diese Untereinheiten, die *Monomere*, sind durch kovalente Bindungen miteinander verknüpft. In einem Makromolekül können die Monomere entweder identisch sein (*Homopolymere*), oder innerhalb eines Makromoleküls kann eine Anzahl verschiedener Monomere vorkommen (*Heteropolymere*). Man kann sich ein lineares Makromolekül am besten als eine Kette veranschaulichen, deren Glieder, die Monomere, kleinere molekulare Gruppen sind (Abb. 8.2).

Makromoleküle entstehen, wenn molekulare Gruppen mit zwei oder mehreren verfügbaren Valenzen miteinander reagieren. In einer solchen Reaktion reagiert beispielsweise ein reaktives *Radikal* M˙ mit einem Monomer M zu einem dimeren Radikal M—M˙, das wiederum in der Lage ist, zu einem trimeren Radikal M—M—M˙ oder M—M˙—M zu reagieren. Die Fortsetzung einer solchen Kettenreaktion führt zur Bildung eines Polymermoleküls.

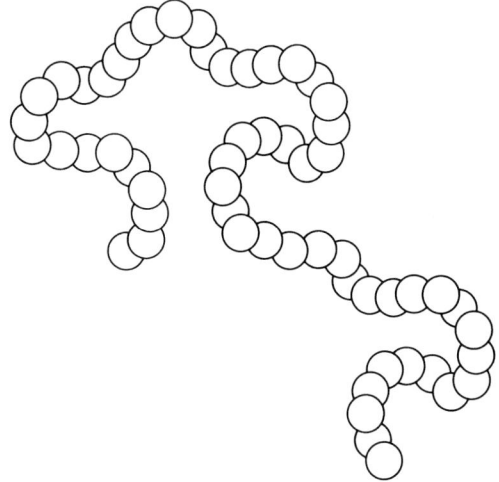

Abb. 8.2   Schema einer Polymerkette. Die Kreise stellen die Monomereinheiten dar.

8.2.1 Polymerisationsreaktionen

Polymerisationsreaktionen beruhen in der Regel auf der Anwesenheit von aktivierten Spezies, die zu größeren, wiederum aktivierten Spezies reagieren können. Man unterscheidet in Bezug auf die aktivierte Spezies zwischen folgenden Reaktionstypen:

– radikalische Polymerisation,
– ionische Polymerisation,
– koordinative Polymerisation,
– Polykondensation,
– Emulsionspolymerisation.

Radikalische Polymerisation. In diesem Fall verläuft die wesentliche Reaktion nach dem Schema:

$$P_n^{\bullet} + M \ \rightarrow \ P_{n+1}^{\bullet}. \tag{8.1}$$

Bei dieser Reaktion handelt es sich um einen Additionsschritt, bei dem aus $P_n^{\bullet}$ ein neues wachstumsfähiges Radikal $P_{n+1}^{\bullet}$ entsteht. Der durch den Punkt angedeutete aktivierte Radikalzustand pflanzt sich nach der Reaktion auf das zuletzt eingebaute Monomer fort. Dieser Teilschritt der Polymerisation stellt eine *Kettenwachstums-reaktion* dar. Stark vereinfacht lässt sich das Gesamtschema durch eine *Initiierungs-reaktion*, bei der die ersten Radikale entstehen, eine *Kettenwachstumsreaktion* und eventuell eine *Kettenabbruchreaktion* beschreiben. Letztere kann beispielsweise nach dem Schema

$$P_n^{\bullet} + P_m^{\bullet} \ \rightarrow \ P_{n+m} \tag{8.2}$$

ablaufen.

Bei der Initiierungsreaktion werden Peroxide, Persulfate und Azoverbindungen als Initiatoren verwendet. Diese dissoziieren in Radikale und können dann mit den entsprechenden Monomeren reagieren.

Die Abb. 8.3 illustriert einen typischen Verlauf einer radikalischen Polymerisation, in der das Monomer Ethylen ($CH_2=CH_2$) zu Polyethylen polymerisiert. Die Öffnung der Doppelbindung des Monomers spielt dabei eine wesentliche Rolle.

Ionische Polymerisation. Die entsprechenden Kettenwachstumsreaktionen bei *katio-nischer* bzw. *anionischer* Polymerisation sind:

$$P_n^{+} + M \ \rightarrow \ P_{n+1}^{+} \tag{8.3a}$$

$$P_n^{-} + M \ \rightarrow \ P_{n+1}^{-}. \tag{8.3b}$$

Als Initiatoren bei der anionischen Polymerisation werden oft Alkylverbindungen der Alkalimetalle wie Butylnatrium ($Bu^{-}Na^{+}$)

$$CH_3{-}CH_2{-}CH_2{-}CH_2^{-} \ Na^{+} \tag{8.4}$$

verwendet. So kann dieses beispielsweise mit einem Acrylsäureester unter Bildung eines Ions reagieren:

$$Bu^{-} + Na^{+} + CH_2{=}CH{-}CO_2R \rightarrow Bu{-}CH_2{-}C(HCO_2R)^{-} + Na^{+}, \tag{8.5}$$

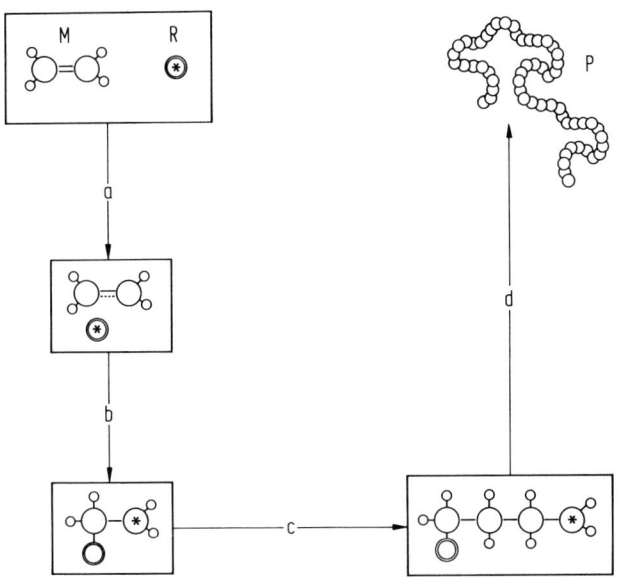

Abb. 8.3   Stufen einer radikalischen Polymerisation eines Vinylmonomers zu einem Polymer.

das anschließend nach dem Kettenwachstumsschema (Abb. 8.3 b) zu höheren Polymeren weiterreagiert.

Koordinative Polymerisation. Die so genannten *Ziegler-Natta-Katalysatoren* sind Mischkatalysatoren, die aus einer Verbindung eines Übergangsmetalls und einer metallorganischen Verbindung bestehen. So wird häufig $TiCl_4$ mit Triethylaluminium Et_3Al^* als Mischkatalysator verwendet. Bei der Reaktion von Ethylen entsteht auf diese Weise ein lineares Produkt im Gegensatz zu dem verzweigten Polyethylen, das nach dem nicht katalysierten Hochdruckverfahren entsteht. Ersteres ist weitgehend kristallin, hat eine höhere Dichte, einen höheren Erweichungsbereich und eine höhere Zugfestigkeit.

Untersuchungen, die zum Ziel hatten, den Mechanismus, nach dem die Ziegler-Natta-Katalysatoren wirken, zu klären, haben gezeigt, dass die Monomere an das Übergangsmetall, z. B. Titan, koordinieren, wobei gleichzeitig die Doppelbindung des Ethylens unter der Einwirkung des Katalysators gelockert wird und außerdem eine spezifische, für die Reaktion günstige Orientierung erreicht wird. Als erster Schritt erfolgt dabei eine Koordination des Ethylens an Titan, die durch optimale Überlappung der d-Orbitale des Titankomplexes mit dem σ- und dem π-Orbital des Ethylens zustande kommt.

Polykondensation. Das Reaktionsschema der Polykondensation ist

$$P_n + Q_m \ \rightarrow \ P'_n Q'_m + \text{Kondensatmolekül}, \tag{8.6}$$

wobei das Produkt weiterreagieren kann, wenn es erneut aktiviert wird.

Emulsionspolymerisation. Bei dieser Methode handelt es sich um eine Polymerisationsreaktion, die in einem heterogenen flüssigen System abläuft. So liegen die reagierenden Monomere in Form einer Emulsion in einem Lösungsmittel dispergiert vor. Wenn das schwer lösliche Monomer sich durch die Zugabe eines Tensids in Mizellen löst (s. Abschn. 8.10), kann die Polymerisation innerhalb dieser Mizellen stattfinden, wobei Monomere ständig verbraucht und durch Diffusion nachgeliefert werden. Die Mizellen schwellen mit zunehmendem Polymerisationsgrad an und gehen allmählich in Polymerkugeln, die so genannten Latexteilchen, über. Diese Art der Polymerisation bietet mehrere Vorteile gegenüber der homogenen Polymerisation. Dies ist insbesondere wegen der guten Trennbarkeit des Produkts, dem besseren Transport der Monomere zum Polymerisationsort und der günstigeren Wärmeübertragung der Fall.

8.2.2 Aufbau der Polymere

Das Produkt einer Polymerisation wird durch den *Polymerisationsgrad n* beschrieben, der die Anzahl der Monomereinheiten im Makromolekül angibt. Das Polymer wird vereinbarungsgemäß durch das Monomer in Klammern und durch Angabe des Polymerisationsgrades *n* dargestellt:

$$-(-CH_2CHCl-)-_n .$$

Aus chemischer Sicht unterscheiden sich Polymere, wie die in Tab. 8.1 aufgelisteten, durch die an ihrem Aufbau beteiligten Monomere. Die Hauptkette, d. h. das Grundgerüst der ersten fünf in der Tabelle dargestellten Makromoleküle, besteht aus einer durch kovalente C—C-Bindungen aufgebauten Kohlenstoffkette. Im Fall des PMPS und des POE besteht das Grundgerüst aus einer (—Si—O—Si—O—)- bzw. aus einer (—C—C—O—)-Kette. PA ist ein Biopolymer, ein so genanntes Polypeptid, das in biologischen Systemen eine wichtige Rolle spielt. Weiter unten werden die spezifischen Eigenschaften dieser wichtigen Klasse von Polymeren ausführlicher beschrieben. Die Hauptkette des PA besteht aus unterschiedlichen Atomen der Form —N—C—C—N—C—C—N—C—C—. Im Falle des PS, des PMMA, des PMPS und des PA sehen wir, dass so genannte *Seitenketten* an das Hauptkettengerüst gebunden sind. Neben der Hauptkette bestimmt die Natur der Seitenketten die Eigenschaften eines Polymers entscheidend. So kann beispielsweise eine Methylseitenkette das Polymergerüst merklich versteifen und dem Polymer besondere statische und dynamische Eigenschaften verleihen.

Wenn an der Polymerisationsreaktion Monomere verschiedener chemischer Zusammensetzung beteiligt werden, so entstehen im Gegensatz zu den oben behandelten Homopolymeren so genannte *Copolymere*, d. h. Polymere, deren Kette zwei oder mehr verschiedene Arten von Monomereinheiten enthält. Copolymere werden gezielt hergestellt, weil ihre Eigenschaften durch die Zusammensetzung des Makromoleküls und durch die räumliche Anordnung der Monomere günstig beeinflusst werden können.

Tab. 8.1 Übersicht über den chemischen Aufbau einiger wichtiger Polymere.

(1) Polyethylen (PE) $+CH_2-CH_2\mathbf{)}_n$

(2) Polyvinylchlorid (PVC) $+CH_2-CH\mathbf{)}_n$
$\qquad\qquad\qquad\qquad\qquad\quad |$
$\qquad\qquad\qquad\qquad\qquad\quad Cl$

(3) Polystyrol (PS) $+CH_2-CH\mathbf{)}_n$
$\qquad\qquad\qquad\qquad\quad |$
$\qquad\qquad\qquad\qquad\quad C_6H_5$

(4) Polybutadien (PB) $+CH_2-CH=CH-CH_2\mathbf{)}_n$

(5) Polymethylmethacrylat (PMMA)
$\qquad\qquad\qquad\qquad\qquad\quad CH_3$
$\qquad\qquad\qquad\qquad\qquad\quad |$
$\qquad\qquad\qquad\qquad +CH_2-C\mathbf{)}_n$
$\qquad\qquad\qquad\qquad\qquad\quad |$
$\qquad\qquad\qquad\qquad\qquad\quad C$
$\qquad\qquad\qquad\qquad\quad O^{\nearrow}\quad{}^{\nwarrow}O-CH_3$

(6) Polyoxyethylen (POE) $+CH_2-CH_2-O\mathbf{)}_n$

(7) Polymethylphenylsiloxan (PMPS)
$\qquad\qquad\qquad\qquad\qquad\quad CH_3$
$\qquad\qquad\qquad\qquad\qquad\quad |$
$\qquad\qquad\qquad\qquad +Si-O\mathbf{)}_n$
$\qquad\qquad\qquad\qquad\qquad\quad |$
$\qquad\qquad\qquad\qquad\qquad\quad C_6H_5$

(8) Polyalanin (PA)
$\qquad\qquad\qquad\quad H\quad H\quad O$
$\qquad\qquad\qquad\quad |\quad\;\; |\quad\;\; ||$
$\qquad\qquad\qquad +N-C-C\mathbf{)}_n$
$\qquad\qquad\qquad\qquad\quad |$
$\qquad\qquad\qquad\qquad\quad CH_3$

8.3 Molare Masse und räumliche Struktur der Polymere

8.3.1 Räumliche Struktur synthetischer Polymere

8.3.1.1 Konfiguration

Die Anordnung der verschiedenen Monomere längs der Kette eines linearen Copolymers kann, je nach Reaktionsführung, statistisch, alternierend oder auch nach einem vorgegebenen Schema sein. Man bezeichnet die betreffende Anordnung als *Konfiguration* des Polymers. Dies lässt sich an einem Polymer veranschaulichen, das aus zwei Arten von Monomeren besteht. Eine solche Kette kann beispielsweise die in Abb. 8.4 gezeigten Konfigurationen aufweisen. Die Abbildung illustriert eine *alternierende Kette*, eine *statistische Kette* und ein *Block-Copolymer*, dessen Hauptkette aus zwei Arten von Blöcken aufgebaut ist.

Besteht die Hauptkette aus der einen Art und die Seitenketten aus Ketten einer zweiten Art, so sprechen wir von *Pfropf-Copolymeren* oder „Graft-Copolymeren"

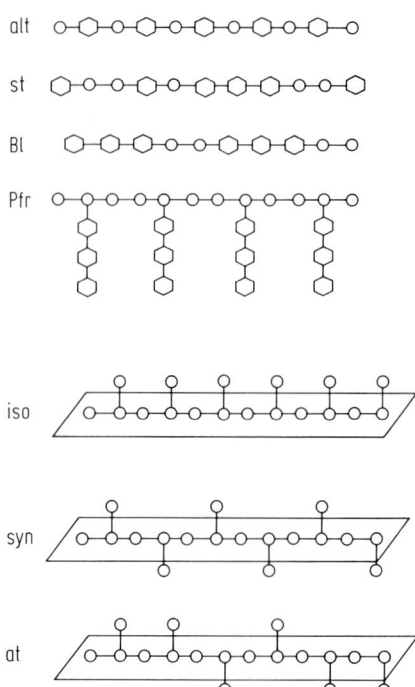

Abb. 8.4 Konfiguration und Stereoisomere von Polymeren. *Polymerkonfigurationen:* alt: alternierend; st: statistisch; Bl: Block-Copolymer; Pfr: Pfropf-Copolymer. *Stereoisomerie:* iso: isotaktisch; syn: syndiotaktisch; at: ataktisch.

(Abb. 8.4). Die gezielte Herstellung von Polymeren gegebener Konfiguration ist im Hinblick auf die Optimierung von polymeren Werkstoffen ein äußerst wichtiges Gebiet der Polymerchemie.

8.3.1.2 Stereoisomerie

Da die Monomereinheiten einer Polymerkette keine axiale Symmetrie besitzen, besteht die Möglichkeit verschiedener Orientierungen der Monomereinheiten zueinander. Hierdurch kommt eine weitere Differenzierung eines Polymers einer gegebenen chemischen Zusammensetzung zustande. So lassen sich aus dem Monomer Vinylchlorid verschiedene Arten von Polyvinylchlorid (Tab. 8.1) herstellen, die sich durch die relative Lage der Chloratome zueinander unterscheiden. Abb. 8.4 demonstriert am Beispiel des *isotaktischen*, des *syndiotaktischen* und des *ataktischen* Polyvinylchlorids dieses Prinzip. Man spricht von der unterschiedlichen sterischen Anordnung, der *Taktizität* eines Makromoleküls. Man kann sich Änderungen der Taktizität einer Kette vorstellen, wenn man die Monomereinheiten durch Drehung um ihre Achse in unterschiedliche Gleichgewichtslagen bringt.

8.3.1.3 Geometrische Isomerie

Bekanntlich liegen die vier Substituenten von Kohlenstoffatomen, die durch eine Doppelbindung miteinander verbunden sind, in einer Ebene. Enthält die Hauptkette die Gruppierung $>C=C<$, so bestehen zwei Möglichkeiten der Kettenstruktur. Entweder sind die Kettenteile R und R' in *cis*-Position oder in *trans*-Position bezüglich der Doppelbindung angeordnet:

(1) *cis*-Form:
$$\begin{array}{c} R \qquad\quad R' \\ >\!C\!=\!C\!< \end{array}$$

(2) *trans*-Form:
$$\begin{array}{c} R \\ >\!C\!=\!C\!< \\ \qquad\quad R' \end{array}$$

So entstehen beispielsweise beim Polybutadien (Tab. 8.1) folgende geometrische Isomere:

(1) *cis*-Polybutadien

$$\begin{array}{ccc} R \qquad CH_2\!-\!CH_2 & CH_2\!-\!CH_2 & R' \\ >\!C\!=\!C\!< \qquad >\!C\!=\!C\!< & >\!C\!=\!C\!< \end{array}$$

(2) *trans*-Polybutadien

$$\begin{array}{ccc} CH_2\!-\!CH_2 & & R' \\ >\!C\!=\!C\!< \qquad >\!C\!=\!C\!< & >\!C\!=\!C\!< \\ R & CH_2\!-\!CH_2 \end{array}$$

8.3.1.4 Rotationsisomerie

Eine weitere Möglichkeit für eine Polymerkette, in verschiedenen Konformationen aufzutreten, lässt sich auch am Beispiel der Bindungsverhältnisse eines Kohlenstoffgerüsts illustrieren. Bekanntlich bilden je zwei der vier Bindungen am vierbindigen Kohlenstoffatom miteinander einen Tetraederwinkel von 109°. Man kann sich, wie in Abb. 8.5 dargestellt, das Kohlenstoffatom im Mittelpunkt eines regelmäßigen Tetraeders und die Bindungen bzw. die Substituenten in Richtung der vier Ecken des Tetraeders vorstellen.

Betrachten wir auf einer aus C-Atomen bestehenden Kette das Kohlenstoffatom i, so besteht für das folgende Kohlenstoffatom $i+1$ die Möglichkeit, in drei Orientierungen zu liegen. Das Kohlenstoffatom $i-2$ hat wiederum drei Möglichkeiten, einen der drei Winkel zu belegen. Auf diese Art ergibt sich eine sehr große Zahl unterschiedlicher Konformationen für eine $-(-C-C-)-$-Kette (Abb. 8.6). Ein Makromolekül, dessen Hauptgerüst aus n Kohlenstoffatomen aufgebaut ist, kann in 3^n Konformationen auftreten. Da bei gängigen Polymeren n von der Größenordnung 10^2-10^6 ist, kommt man zu einer praktisch unendlichen Anzahl von möglichen Konformationen einer solchen Kette. Die Darstellung der Konformation der be-

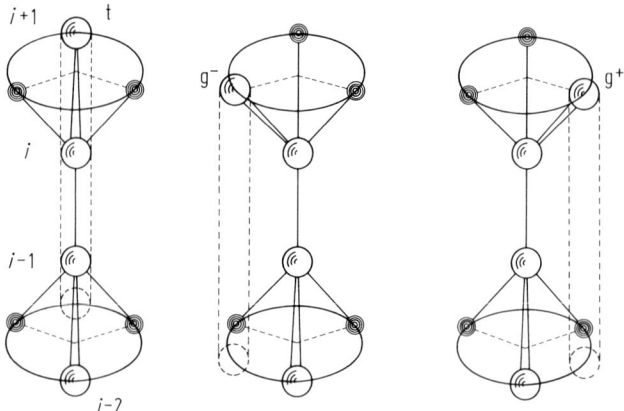

Abb. 8.5 Rotationsisomerie um eine C—C-Bindung zwischen den Hauptkettenatomen i und $i-1$. Von der Hauptkette sind vier Atome (offene größere Kreise) dargestellt.

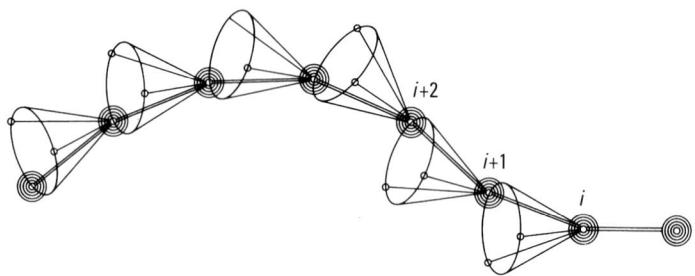

Abb. 8.6 Konformation einer linearen Kette durch Rotationsisomerie. Durch die zufällige Folge der g^+-, g^--, t-Isomere längs der Kette entsteht eine große Vielfalt von Hauptkettenkonformationen.

schriebenen Art für die Substituenten zeigt die drei Konformationen, die mit *trans* (t), *geminal+* (g^+) und *geminal−* (g^-) bezeichnet werden (Abb. 8.5). Die Konfiguration des Kohlenstoffgerüsts einer längeren Kette kann also durch die Folge der Konfiguration der Typen t, g^+, g^- charakterisiert werden.

Diese Überlegungen beruhen auf der Annahme, dass die Drehung um die C—C-Achse nicht ohne weiteres möglich ist. Physikalisch bedeutet dies, dass zwischen den drei Gleichgewichtslagen die potentielle Energie des Moleküls als Funktion des Azimutwinkels φ Minima entsprechend den Gleichgewichtsorientierungen und dazwischen Maxima aufweist. Eine solche, häufig beobachtete Potentialkurve ist in Abb. 8.7 dargestellt. Meist entsprechen die t-Konformation einem absoluten und die beiden g-Konformationen je einem relativen Minimum (Abb. 8.7).

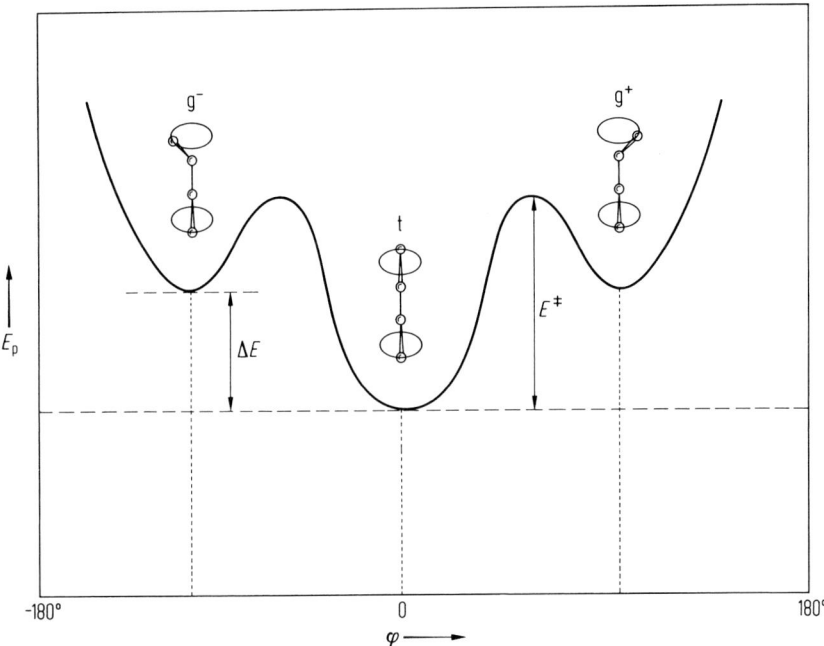

Abb. 8.7   Energiekurve für die Rotationskonformere g^-, t, g^+. Entsprechend der Boltzmann-Verteilung ist, abhängig von der Größe des Quotienten $\Delta E/(kT)$, die relative Besetzung der g- und t-Zustände unterschiedlich. Zusätzlich kann ein hoher Wert der Aktivierungsenergie $E^\ddagger$ zum Einfrieren von Konformationsverteilungen führen, die nicht dem thermodynamischen Gleichgewicht entsprechen.

Nach der formalen Beschreibung der prinzipiell möglichen Konformationen eines Makromoleküls stellt sich die Frage nach der Wahrscheinlichkeit, mit der bestimmte Konformationen unter bestimmten inneren und äußeren physikalischen Bedingungen auftreten.

8.3.2 Aufbau biologischer Makromoleküle (Proteine)

Biopolymere gehören zu den wichtigsten Polymeren überhaupt, da sie ein wesentlicher Bestandteil aller Lebewesen sind. Man kann folgende Klassen unterscheiden:

– Polypeptide und Proteine,
– Polynucleotide,
– Polysaccharide.

Hier sollen nur einige grundlegende Prinzipien des Aufbaus von Proteinen aufgeführt werden.

Proteine bestehen aus α-Aminosäuren, die durch die so genannte *Peptidbindung* miteinander verknüpft sind. Sie können nach folgendem Reaktionsschema als Kondensationsprodukt von Aminosäuren angesehen werden:

$$NH_2-\underset{\underset{R_1}{|}}{CH}-COOH \ + \ NH_2-\underset{\underset{R_2}{|}}{CH}-COOH$$

$$\rightarrow NH_2-\underset{\underset{R_1}{|}}{CH}-CO-NH-\underset{\underset{R_2}{|}}{CH}-COOH \ + \ H_2O\,.$$

R_1 und R_2 stellen verschiedene Alkylreste der Form C_nH_{2n+1} oder andere organische Gruppen dar. Zur Charakterisierung des Aufbaus von Proteinen unterscheidet man zwischen der Primär-, Sekundär-, Tertiär- und Quartärstruktur.

8.3.2.1 Primärstruktur

Als Bausteine der natürlichen Proteine kommen 22 Aminosäuren vor. Dies führt zu einer großen Vielfalt von unterschiedlichen Sequenzen in der Polypeptidkette, die für jedes Protein charakteristisch ist. Im Gegensatz zu den synthetischen Copolymeren sind die Sequenzen der Proteine streng definiert und die molare Masse einheitlich. Dies ist eine Folge der spezifischen enzymatischen Synthese der Proteine in der lebenden Zelle.

8.3.2.2 Sekundärstruktur

Die dreidimensionale Konformation von Proteinen auf der Ebene der sogenannten Sekundärstruktur umfasst zwei Strukturtypen.

α-Helix. Das Grundgerüst hat eine helikale Gestalt mit einer festen Anzahl von Aminosäuren pro Umgang, wie in Abb. 8.8 illustriert. Die Seitenketten weisen von der Helixachse nach außen. Die Struktur wird u. A. durch innere Wasserstoffbrücken zwischen den N- und den O-Atomen der Aminosäuren stabilisiert.

β-Konformation. Die Moleküle weisen eine gestreckte Zickzackkonformation auf, wobei nebeneinander liegende Ketten in ebenen Faltblattstrukturen angeordnet sind (Abb. 8.9). Die einzelnen Ketten sind durch Wasserstoffbrücken verbunden (gestrichelte Verbindungslinien). Die Seitenketten liegen oberhalb und unterhalb der Kettenebene.

8.3.2.3 Tertiärstruktur

Eine große Anzahl von Proteinen (*globuläre Proteine*) haben eine kompakte Form, die dadurch entsteht, dass das fadenförmige Makromolekül im Raum dreidimensional gefaltet ist. Es entsteht hier eine für jedes Protein spezifische Struktur, die

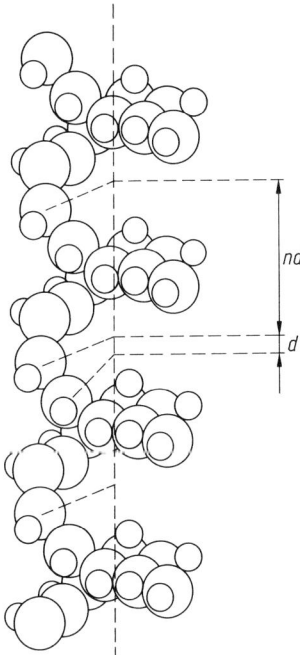

Abb. 8.8   Schematische Darstellung einer α-Helix.

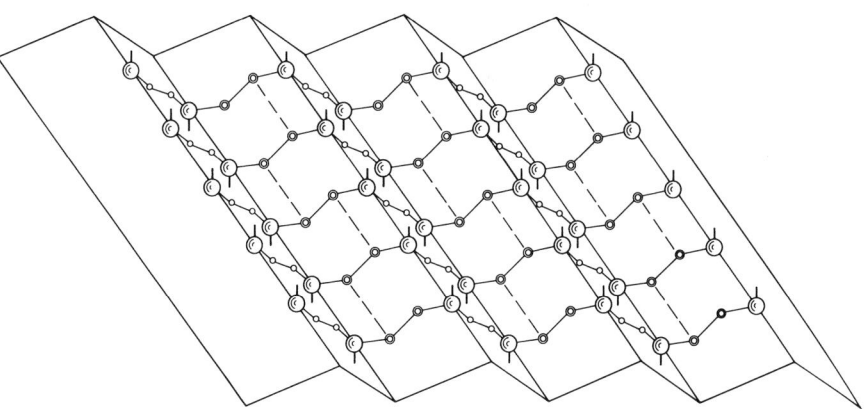

Abb. 8.9   Schematische Darstellung der α-Konformation einer Proteinkette.

durch Quervernetzungen, z. B. durch Wasserstoffbrücken, stabilisiert ist. In einem solchen Protein können Bereiche mit einer α-Helix und einer β-Konformation unterschieden werden. Die dreidimensionale Struktur erfüllt eine Vielfalt von verschiedenen biologischen Funktionen.

8.3.2.4 Quartärstruktur

Globuläre, also räumlich kompakt aufgebaute Proteine sind oft *oligomer*, d. h. sie bestehen aus mehr als einer globulären Proteinkette als Untereinheiten. Die räumliche Anordnung dieser Untereinheiten wird als Quartärstruktur beschrieben. Auch bei der Ausbildung der Quartärstruktur spielen Wasserstoffbrücken eine entscheidende Rolle. Bei der Bestimmung der Quartärstruktur zahlreicher Proteine konnten wichtige biologische Funktionen mit der Struktur und der Beweglichkeit der Untereinheiten gegeneinander in Zusammenhang gebracht werden.

Die Struktur eines Proteins lässt sich thermodynamisch beschreiben, da sie einem Zustand minimaler freier Energie in Bezug auf die molekularen Wechselwirkungen entspricht. In die intramolekulare Wechselwirkungsenergie gehen elektrostatische, van-der-Waals- und sterische Wechselwirkungen ein. Durch das Zusammenwirken all dieser Energiebeiträge entsteht ein Potentialflächendiagramm, das ein dem *nativen Zustand* entsprechendes Minimum aufweist. Dies ist schematisch in Abb. 8.10 illustriert, wobei der denaturierte Zustand höher liegenden relativen Minima entspricht.

Die Struktur der Proteine kann durch Erhöhung der Temperatur oder durch Veränderung des Lösungsmittels modifiziert werden. In diesem Fall spricht man von einer *Denaturierung* des Proteins. Die biologisch aktive Struktur entspricht dem nativen Zustand, der jedoch in einem relativ engen Bereich in Bezug auf die genannten Variablen stabil ist.

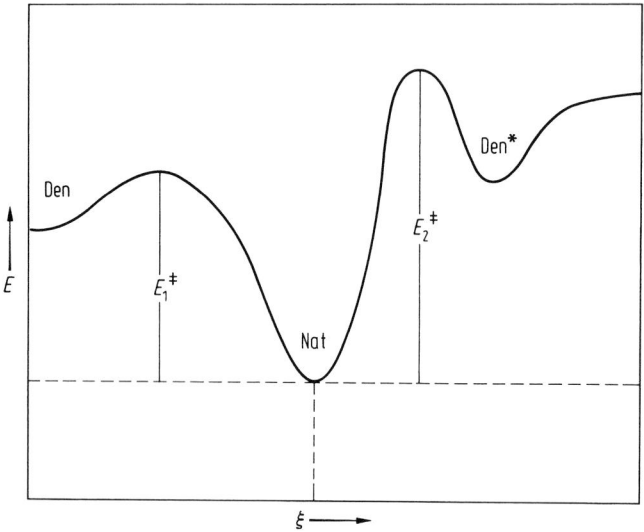

Abb. 8.10 Potentialkurve des nativen (Nat) und des denaturierten Zustands (Den oder Den*) einer Proteinkette. Es sind zwei verschiedene denaturierte Zustände dargestellt, die über verschiedene Wege thermisch oder auch chemisch erreicht werden können. ξ ist die Umsatzvariable, die den Fortschritt der Reaktion zwischen den Zuständen Nat und Den bzw. Nat und Den* beschreibt. Die entsprechenden Aktivierungsenergien $E_1^{\ddagger}$ und $E_2^{\ddagger}$ sind eingezeichnet.

Unsere Kenntnisse über die Struktur der Proteine verdanken wir einer Kombination von synthetischen und analytischen chemischen Methoden sowie Röntgenbeugungsanalysen. Auch die Untersuchung von physikalischen Größen, wie z. B. der Viskosität, und Auswertung spektroskopischer Daten war bei der Klärung dieser Probleme von großer Bedeutung.

8.3.3 Form und Größe von Polymerketten

Die Ausdehnung einer Polymerkette im Raum hängt von dem molekularen Aufbau des Polymers und von den äußeren Bedingungen ab. Generell lässt sich sagen, dass einerseits durch Temperaturerhöhung und andererseits in den weiter unten beschriebenen „guten" Lösungsmitteln eine Vergrößerung des Knäuels zu beobachten ist. Die in diesem Zusammenhang relevanten inneren Bedingungen sind intramolekulare Wechselwirkungen, entsprechend den in Abb. 8.7 dargestellten Potentialen. Die äußeren Bedingungen sind im Wesentlichen auf das umgebende Medium zurückzuführen, wie auf die Wechselwirkungen des Polymers mit dem Lösungsmittel oder mit anderen Polymermolekülen. Eine quantitative Behandlung setzt die Verwendung von geeigneten Kenngrößen voraus, mit deren Hilfe die erforderlichen statistisch mechanischen Gleichungen formuliert werden, und die mit experimentellen Messgrößen verknüpft werden können. Im Folgenden werden die wichtigsten dieser Kenngrößen kurz definiert.

Bindungsvektor *I*. Der Vektor, der zwei aufeinander folgende Kettenelemente in der Hauptkette verbindet bzw. die Differenz der Ortsvektoren r_i und r_j zweier aufeinander folgenden Hauptkettenelemente ist:

$$I_{ij} := r_i - r_j.$$

Ein Kettenelement ist dabei die kleinste starre Untereinheit des Polymers.

Mittlerer quadratischer Endabstand $\langle r^2 \rangle$ (Abb. 8.11). Die Summe der Skalarprodukte aller Paare der Bindungsvektoren ist:

$$N \langle r^2 \rangle := \sum_{i,j=1}^{N} I_i \cdot I_j. \tag{8.7}$$

Trennt man die Summanden mit gleichen Indizes von denen mit verschiedenen, so erhält man:

$$N \langle r^2 \rangle := N \langle l^2 \rangle + 2 \cdot \sum_{i<j} I_i \cdot I_j. \tag{8.8}$$

In dieser Beziehung ist $\langle l^2 \rangle$ die *mittlere quadratische Segmentlänge* und N die Anzahl der Kettenelemente. Der zweite Summand auf der rechten Seite stellt die räumlichen Intersegmentkorrelationen dar und ist gleich Null, wenn die Lage jedes Segments unabhängig von der des vorhergehenden ist (*Zufallsknäuel*).

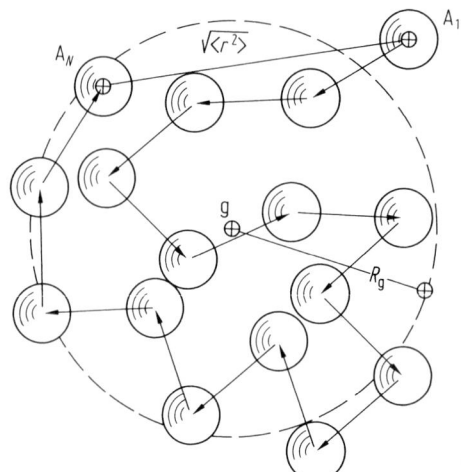

Abb. 8.11   Quadratischer Endabstand einer Polymerkette bei einer gegebenen Konformation, dargestellt durch die Verbindungslinie der Endgruppen A_1 und A_N. Eine Mittelung der Endabstände über ein Ensemble von Konformationen ergibt den mittleren quadratischen Endabstand.

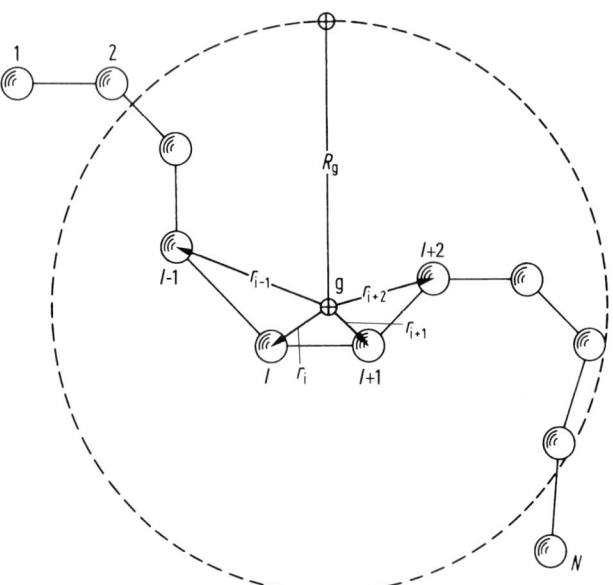

Abb. 8.12   Trägheitsradius R_g, gebildet nach Gl. (8.9) aus den Abständen ..., r_{i-1}, r_i, r_{i+1}, r_{i+2}, ... der Kettenelemente vom Schwerpunkt.

Trägheitsradius R_g (Abb. 8.12). Die mittlere quadratische Entfernung aller Hauptkettenelemente vom gemeinsamen Schwerpunkt ist

$$\langle R_g^2 \rangle := \frac{1}{N} \sum_{i=1}^{N} r_i^2 , \tag{8.9}$$

wobei r_i die Entfernung des i-ten Hauptkettenelementes vom Schwerpunkt ist.

Persistenzlänge a. Die Summe der Skalarprodukte eines Bindungsvektors $\boldsymbol{I}_i$ mit allen $\boldsymbol{I}_j$ für $j \geq i$:

$$:= \sum_{j<i}^{N} \boldsymbol{I}_i \cdot \boldsymbol{I}_j . \tag{8.10}$$

a ist ein Maß für die Persistenz der Richtung der Kette, mit anderen Worten: a ist der mittleren Krümmung der Kette umgekehrt proportional; a ist ebenfalls ein Maß für die Abnahme der räumlichen Korrelation zwischen einem Kettensegment i und den folgenden $i+k$ Segmenten.

Konturlänge L. Die Länge des gestreckten Moleküls unter Wahrung der festen Valenzwinkel beträgt

$$L := l_0 \cdot N . \tag{8.11}$$

l_0 ist eine für ein Kettenelement typische Länge.

In der Abb. 8.13 sind die so definierten Größen anschaulich dargestellt. Zu bemerken ist, dass der Endabstand, der Trägheitsradius und die Persistenzlänge von der jeweiligen molekularen Konformation, d. h. auch von den äußeren Bedingungen abhängen, während die Konturlänge allein von der Natur des Polymers und dem Polymerisationsgrad abhängt.

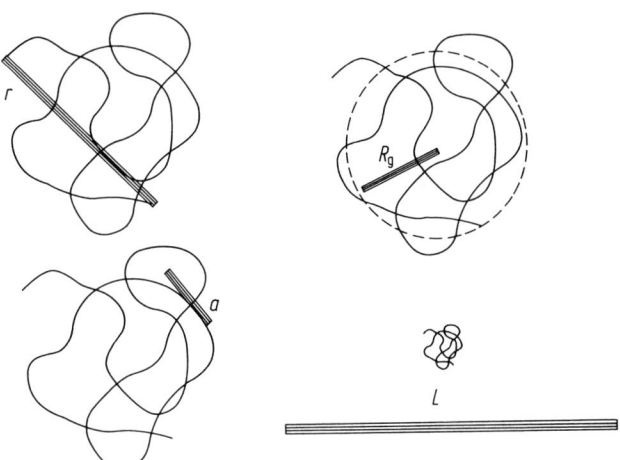

Abb. 8.13 Veranschaulichung des quadratischen Endabstands r, des Trägheitsradius R_g, der Persistenzlänge a und der Konturlänge L eines gegebenen Polymerknäuels. Zur Darstellung der Konturlänge wurde das Knäuel um den Faktor 5 verkleinert.

8.3.4 Polymermodelle

Bei der hohen Variabilität und Komplexität von Makromolekülen ist eine theoretische Behandlung im Rahmen der statistischen Mechanik erforderlich. Dies setzt jedoch die Verwendung von Modellen voraus, die lediglich vereinfachte Darstellungen der wichtigsten Eigenschaften von realen Makromolekülen und für die theoretischen Rechnungen praktikabel sind. Im Folgenden werden einige der gängigen Modelle kurz vorgestellt.

Zufallsknäuel. Die Konformation der Polymerkette wird durch eine Zufallsbahn (Irrflugbahn) im dreidimensionalen Raum dargestellt. Diese kann durch N Schritte gleicher Länge l simuliert werden, wobei die Orientierung des i-ten Schritts relativ zum (i–1)ten Schritt zufällig ist. Während also in einem Zufallsknäuel die Richtung eines jeden Bindungsvektors I_i nicht von I_{i-1} abhängt, kann in einem realen Polymer die Orientierung durch die in Abb. 8.14 veranschaulichten Winkel φ und δ beschrieben werden. Für dieses Modell ist der Wertebereich für $\varphi = 0\text{--}360°$ und für $\delta = 0\text{--}180°$. Ein Zufallsknäuel hat in guter Näherung eine Gauß'sche Wahrscheinlichkeitsverteilung im Raum.

Dies bedeutet, dass die Wahrscheinlichkeit dafür, dass das Ende des Vektors r_{ij}, dessen Ursprung im Koordinatenursprung liegt, innerhalb der durch die Radien $|r_{ij}|$ und $|r_{ij}| + |dr_{ij}|$ definierten Kugelschale um den Ursprung die Gauß'sche Form hat:

$$w(r_{ij}) = \left(\frac{3}{2\,\pi\,Nl^2}\right)^{3/2} \exp\left(\frac{-3\,r_{ij}^2}{2\,Nl^2}\right). \tag{8.12}$$

Die Verteilung ist kugelsymmetrisch; l ist die Länge des Bindungsvektors und N die Anzahl der Kettenelemente. Die gleiche Verteilung gilt für den Endabstand r,

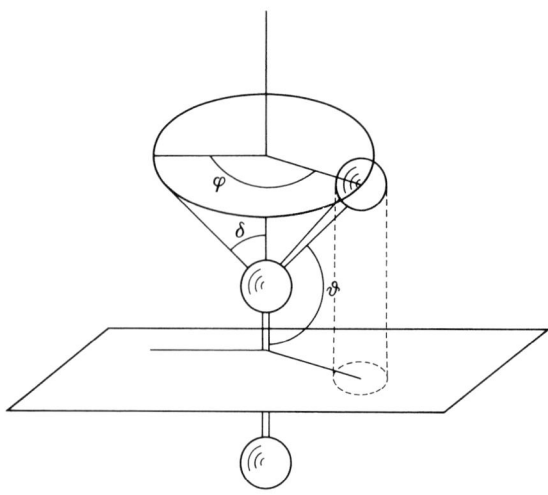

Abb. 8.14 Rotationswinkel zwischen benachbarten Kettengliedern. Die Hauptkette verläuft entlang der durch die drei Kugeln gekennzeichneten Atome.

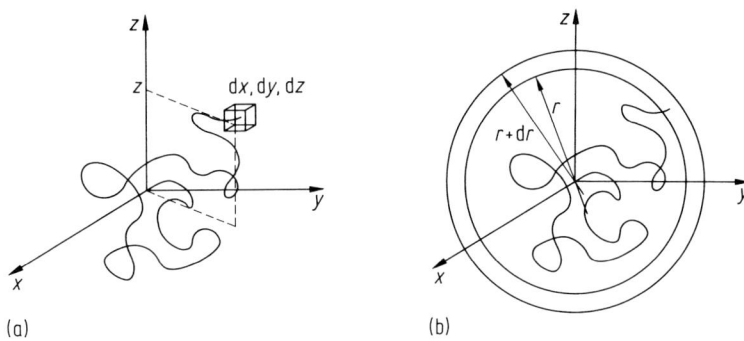

Abb. 8.15 Zur Wahrscheinlichkeitsverteilung der Endabstände. Es werden die Wahrscheinlichkeiten $w(x, y, z)$ und $w(r)$ angegeben, dass, wenn das eine Kettenende im Ursprung liegt, sich das andere (a) im Würfel $dx\,dy\,dz$ bzw. (b) in der Kugelschale zwischen den Radien r und $r + dr$ befindet. Bei isotroper Verteilung der Kettenelemente im Raum gilt $w(r) = 4\pi r^2 w(x, y, z)$.

d. h. für die Wahrscheinlichkeit, dass ein Polymer mit dem Polymerisationsgrad N einen Endabstand hat, dessen Wert zwischen r und $r + dr$ liegt. Die Definition dieser Verteilung ist in Abb. 8.15 illustriert.

Ein Zufallsknäuel kann man sich auch als eine Stichprobe aus einem Ensemble von linearen Ketten vorstellen, in der die Kettenelemente gegeneinander frei drehbar sind, d. h. ohne energetische Einschränkungen alle Richtungen einnehmen können und sich somit überwiegend im statistisch wahrscheinlichsten Zustand befinden. Die grundlegende Gleichung für dieses Modell ist das räumliche Analogon der für den zeitlichen Verlauf der Diffusionsbewegung hergeleiteten Einstein'schen Diffusionsgleichung. Für den Fall der räumlichen Verteilung der Kettenelemente gilt für das Modell des Zufallsknäuels zwischen der mittleren quadratischen Verschiebung und der Anzahl der Kettenelemente N die Gleichung:

$$\langle r^2 \rangle_0 = l^2 \cdot N. \tag{8.13}$$

Analog gilt für das Modell des Zufallsknäuels auch:

$$\langle R_{\mathrm{g}}^2 \rangle_0 = \frac{1}{6}\left(\frac{N+2}{N+1}\right) N l^2. \tag{8.14}$$

Aus den Gl. (8.13) und (8.14) ergibt sich für das Modell des Zufallsknäuels folgende Beziehung zwischen dem mittleren quadratischen Endabstand und dem mittleren Trägheitsradius:

$$\langle R_{\mathrm{g}}^2 \rangle_0 = \frac{1}{6}\langle r^2 \rangle_0. \tag{8.15}$$

Eingeschränktes Knäuel. Die Bindungsvektoren in einer realen Kette sind durch die Valenzwinkel bzw. durch die Potentialminima in den Gleichgewichtslagen eingeschränkt (vgl. Abb. 8.14). Will man dieser Situation Rechnung tragen, so muss das

Zufallsknäuel durch die genannten Einschränkungen ergänzt werden. Für den Fall, dass der Winkel δ in Abb. 8.14 durch die chemische Bindung vorgegeben ist, werden die Beziehungen (8.13) und (8.14) folgendermaßen modifiziert:

$$\langle r^2 \rangle \quad = N l^2 \frac{1 + \cos\delta}{1 - \cos\delta}, \tag{8.16}$$

$$\langle R_g^2 \rangle_0 = N l^2 \frac{1 + \cos\delta}{1 - \cos\delta} \frac{1}{6}. \tag{8.17}$$

Beide Gleichungen gelten für den Grenzfall $N \to \infty$.

Kuhn'sches Ersatzknäuel. Durch Einschränkungen der Konformation von realen Ketten ist die wesentliche Grundannahme einer zufälligen Orientierung der Kettenelemente im Modell des Zufallsknäuels nicht zutreffend. Um jedoch die theoretischen bzw. rechnerischen Vorteile des Zufallsknäuels zu wahren, schlug Kuhn eine Konstruktion vor, die es erlaubt, reale Polymerketten durch Ersatzketten mit einer Gauß-Verteilung der Kettenelemente zu beschreiben. Die reale Kette mit ihren N Elementen wird in m Unterketten mit N/m Elementen pro Unterkette unterteilt. Für jede dieser Unterketten kann ein Mittelpunkt und somit eine äquivalente Kette aus m durch entsprechende Vektoren verbundenen Elementen definiert werden. Die Zahl $m < N$ kann nun so gewählt werden, dass die Lage der sukzessiven m Elemente statistisch unabhängig voneinander ist, wodurch ein statistisches Ersatzknäuel mit m Elementen entsteht, das die gewünschte Eigenschaft besitzt. Die Basis für diese Konstruktion ist, dass nach Kuhn die räumlichen Korrelationen zwischen den Kettensegmenten i und k abnehmen, wenn die Differenz $i - k$ zunimmt. Im Grenzfall großer $i - k$ ist

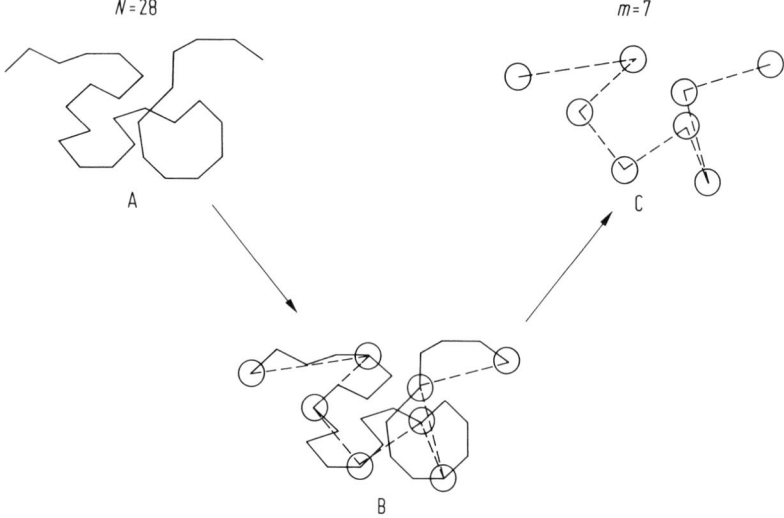

Abb. 8.16 Kuhn'sches Ersatzknäuel aus der Polymerkette mit $N = 28$. In der Abbildung entsteht ein solches Ersatzknäuel durch Bildung von sieben Unterelementen aus je vier Monomeren.

die Korrelation auf Null abgeklungen. Für viele Polymere ist nach $i - k = 20\ldots50$ keine Korrelation der Kettensegmente mehr vorhanden. Das Verfahren ist in Abb. 8.16 dargestellt.

Perlenkettenmodell. Dieses Modell wurde für die Vereinfachung der theoretischen Beschreibung der Polymerdynamik entwickelt. Ähnlich wie im Fall des Kuhn'schen Ersatzknäuels wird die reale Kette durch eine Perlenkette wie in Abb. 8.17 ersetzt. Hierbei geht es darum, die Beschreibung der Wechselwirkungen, die die Polymerbewegung bestimmen, zu vereinfachen. Allgemein wirken auf ein Element der Perlenkette

a) intramolekulare Wechselwirkungen kurzer Reichweite zwischen den benachbarten Kettenelementen, d. h. zwischen i und $i - 1$ einerseits und i und $i + 1$ andererseits,

b) intramolekulare Wechselwirkungen längerer Reichweite zwischen längs der Kette weiter entfernten, aber durch die momentane Kettenkonfiguration räumlich benachbarten Kettenelementen, z. B. p und q, wobei die Differenz $p - q$ eine relativ große Zahl ist, und

c) hydrodynamische Wechselwirkungen langer Reichweite, die entweder durch ein Lösungsmittel oder durch andere Polymerketten vermittelt werden.

Bei der Modellierung von Polymerketten werden zunächst nur die Wechselwirkungen des Typs a) berücksichtigt und die beiden anderen vernachlässigt. Eine Verfeinerung des Modells kann erreicht werden, wenn die Wechselwirkungen des Typs b) mit einbezogen werden. Dadurch werden Konfigurationen der Kette ausgeschlossen, in denen Kettensegmente sich durchdringen können. Dies läuft darauf hinaus, dass ein bestimmtes Volumen für die Kette als ausgeschlossenes Volumen berücksichtigt werden muss und die so berechneten Kettendimensionen sich vergrößern. In der Regel spricht man im Fall der ersten Näherung von der ungestörten Kette und

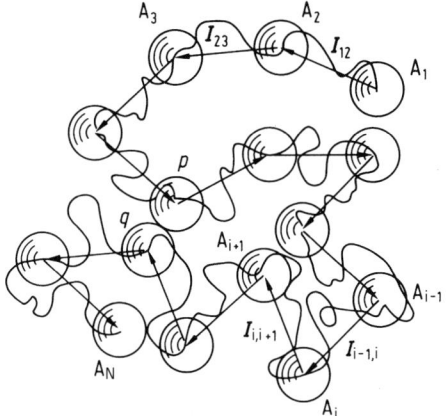

Abb. 8.17 Perlenkettenmodell eines Polymers mit N Perlen A_1 bis A_N. Das eingezeichnete reale verknäuelte Polymer wird durch N Perlen und die Vektoren I_{ij} ersetzt.

kennzeichnet den mittleren Endabstand durch $\langle r^2 \rangle_0$ und den mittleren Trägheits-radius durch $\langle R_g^2 \rangle_0$. In der zweiten Näherung, in der das Ausschlussvolumen be-rücksichtigt wird, gilt

$$\langle r^2 \rangle = \alpha^2 \langle r^2 \rangle_0 \,. \tag{8.18}$$

α ist ein Korrekturparameter, der die Änderung der linearen Dimension der Kette beschreibt.

Hydrodynamische Wechselwirkungen spielen nur bei dynamischen Effekten eine Rolle und müssen dementsprechend bei der Behandlung der Diffusion oder der in-neren Beweglichkeit der Polymerketten einbezogen werden. Im Perlenkettenmodell werden die hydrodynamischen Wechselwirkungen auf die fiktiven Perlen konzen-triert, so dass die Verbindungsvektoren diesen nicht unterliegen. Ähnlich wie im Kuhn'schen Modell erreicht man durch geeignete Wahl der neu definierten Segmente, dass die Verteilung durch eine Gauß-Verteilung angenähert werden kann.

8.3.5 Molekülmassenverteilung

Polymerisationsreaktionen, bei denen monomere Radikale zu Polymerketten rea-gieren, die mit zunehmender Reaktionszeit wachsen, liefern ein polymeres Produkt aus Molekülen unterschiedlichen Polymerisationsgrades. Wir sprechen in diesem Zusammenhang von einem *polydispersen Produkt*. Der Grund für die Polydispersität ist, dass zu keinem Stadium der Polymerisation ein gesättigtes Molekül entsteht. So setzt sich die Reaktion so lange fort, bis entweder die Monomere verbraucht sind, oder die reaktiven Spezies sich wegen der hohen Viskosität nicht mehr treffen können. Man sagt, dass die Reaktion *diffusionskontrolliert* ist, wenn die Kinetik in den Bereich sehr kleiner Diffusionskoeffizienten gelangt. Die den meisten Polyme-risationsreaktionen zugrunde liegende Kinetik ist äußerst komplex und in vielen Fällen noch nicht geklärt. Auf der anderen Seite bestimmt die Kinetik entscheidend die physikalischen Eigenschaften des polymeren Produkts und die Wirtschaftlichkeit des betreffenden Verfahrens.

Die statistischen Verteilungen, die den Massenanteil w_n der N-mere (Polymer der Länge n) beschreiben,

$$w_n = \frac{N_n \cdot M_n}{\sum\limits_i N_i \cdot M_i} \tag{8.19}$$

sind von Fall zu Fall verschieden. In Gl. (8.19) ist N_n die Anzahl und M_n die Masse der N-mere. Eine exakte analytische Form ist nicht bekannt, jedoch werden häufig folgende Formen erfolgreich angewandt:

$$w_n = N \cdot q^{N-1} (1-q)^2 \,; \tag{8.20}$$

N ist die Gesamtzahl der Monomere und q ist der so genannte Umsatz, d. h. der Bruchteil der Monomere, die an der Reaktion teilgenommen haben. Weitere nütz-liche Verteilungsfunktionen sind die Schulz-Flory- und die Poisson-Verteilung.

Schulz-Flory-Verteilung:

$$w_n = \frac{(1-q)^{K+1}}{K!} \cdot N^K \cdot q^N. \tag{8.21}$$

Die Konstante K beschreibt die Natur der Reaktion. Wenn das Polymer sich durch Monomere aufbaut, die an die bereits vorhandenen Ketten anlagern, dann ist $K = 1$. Wenn sich zwei Teilpolymere zu einem Polymer verbinden, dann ist $K = 2$.

Die Gl. (8.20) und (8.21) beschreiben die Verteilung im Bereich von $q = 0$ bis etwa $q = 0.9$ relativ genau.

Poisson-Verteilung:

$$w_n = \frac{\lambda^{N-1}}{(N-1)!} \cdot e^{-\lambda}. \tag{8.22}$$

λ ist die sogenannte *kinetische Kettenlänge*, die den mittleren Polymerisationsgrad darstellt, der auf ein aktives Zentrum entfällt. Die Poisson-Verteilung ist für die Beschreibung von relativ einheitlichen Proben (kleine Polydispersität) besser geeignet als die anderen Verteilungen.

Generell wurden die obigen Verteilungsfunktionen durch empirische Modellierung der gemessenen Verteilungen unter Zuhilfenahme von plausiblen Annahmen über die Polymerisationskinetik gewonnen.

Der Polymerisationsgrad n bzw. die Molekülmasse M kann für polydisperse Proben nur als gewichteter Mittelwert angegeben werden. Je nach Verfahren, mit dem die Molekülmasse bestimmt wird, erhalten wir bei einer gegebenen Molekülmassenverteilung unterschiedlich gewichtete Mittelwerte. Man unterscheidet zwischen folgenden Mittelwerten:

Zahlenmittel (1. Moment):

$$M_n \equiv \frac{\sum\limits_i N_i M_i}{\sum\limits_i N_i} \quad \text{(Osmose, s. Gl. (8.25))} \tag{8.23a}$$

Der Index n bezeichnet „number average".

Massenmittel (2. Moment):

$$M_w \equiv \frac{\sum\limits_i m_i M_i}{\sum\limits_i m_i} = \frac{\sum\limits_i N_i M_i^2}{\sum\limits_i N_i M_i} \quad \text{(Lichtstreuung, s. Gl. (8.50)),} \tag{8.23b}$$

wobei m_i die Gesamtmasse der Makromoleküle mit der Molekülmasse M_i ist. Der Index w bezeichnet „weight average".

Zentrifugen-(z-)Mittel (3. Moment):

$$M_z \equiv \frac{\sum\limits_i z_i M_i}{\sum\limits_i z_i} = \frac{\sum\limits_i N_i M_i^3}{\sum\limits_i N_i M_i^2} \quad \text{(Zentrifuge)} \tag{8.23c}$$

mit $z_i = m_i M_i / \sum m_i$. M_z ist also das erste Moment einer z-gewichteten Molekülmassenverteilung.

Viskositätsmittel:

$$M_\eta = \left(\frac{\sum\limits_i N_i M_i^{a+1}}{\sum\limits_i N_i} \right)^{\frac{1}{a}} \quad \text{(Viskosität)}. \tag{8.23d}$$

Zur Definition von a siehe Gl. (8.35). In diesen Gleichungen ist N_i die Anzahl derjenigen Polymere, die die Molekülmasse M_i haben, und die Summation geht über alle in der Probe vorkommenden Polymerlängen i. Die Abb. 8.18 stellt eine typische Molekülmassenverteilung und die entsprechenden Mittelwerte dar. Anstelle der Molekülmassen werden in diesen Gleichungen oft auch Molmassen verwendet.

Bei einer rein statistischen Molekülmassenverteilung gilt $M_n : M_w : M_z = 1 : 2 : 3$. Die Steuerung der Molekülmassenverteilung bei der Synthese und ihre experimentelle Bestimmung sind wichtige Probleme der Chemie und der Physik der Polymere. Wenn eine schmale Molekülmassenverteilung erzielt werden soll, dann stehen entweder physikalische Trennverfahren der Produkte zur Verfügung, wie die in Abschnitt 8.8 beschriebene Gelchromatographie, mit deren Hilfe ein polydisperses Gemisch in Fraktionen aufgeteilt wird, oder spezielle Polymerisationsreaktionen, wie z. B. die anionische Polymerisation, die direkt zur erwünschten Verteilung führen kann.

Die Molekülmassen können direkt aus den Messgrößen berechnet (Absolutmethoden) oder erst über eine Eichbeziehung bestimmt werden (Relativmethoden). Tab. 8.2 enthält eine Zusammenfassung der wichtigsten Methoden zur Bestimmung von Molekülmassen und Molekülmassenverteilungen.

Im Folgenden werden wir uns mit dem Problem der experimentellen Bestimmung dieser Mittelwerte beschäftigen.

8.3.5.1 Chemische Endgruppenanalyse

Diese Methode ist eine Titration, die dann angewandt werden kann, wenn bei der Synthese des Polymers spezielle titrierbare Endgruppen an den Polymerketten entstehen. Die Methode beschränkt sich auf relativ kleine Molekülmassen.

8.3.5.2 Physikalische Trennverfahren

Hierzu gehören die Gelchromatographie und die Gelelektrophorese. Beide Methoden werden im Abschn. 8.8 über Gele ausführlich beschrieben.

Die analytische *Sedimentation* ist nach wie vor eine wichtige Standardmethode zur physikalischen Bestimmung absoluter Größen von Polymeren wie Molmasse, Molmassenverteilung, Sedimentations- und Diffusionskoeffizient. Die gelösten Makromoleküle werden dabei in einer Ultrazentrifuge einer Zentrifugalkraft

$$F_Z = M \cdot g_{Zf} = M \cdot \omega^2 r_A \tag{8.24}$$

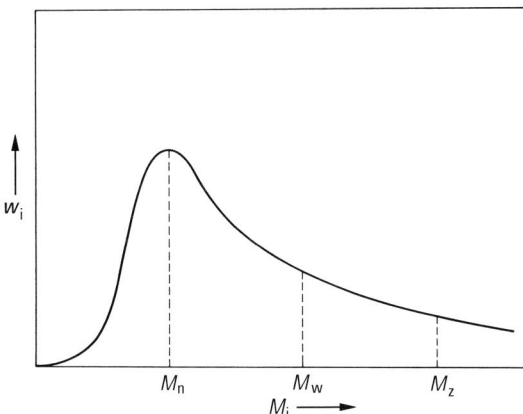

Abb. 8.18 Typische Molekülmassenverteilung eines Polymers. Die Ordinate w_i stellt die Massenanteile der einzelnen Polymere unterschiedlicher Länge und die Abszisse die Molekülmasse M_i der Polymerlänge i dar. M_n, M_w, M_z sind die in den Gl. (8.23a–c) definierten Mittelwerte für eine gegebene Verteilung.

Tab. 8.2 Methoden zur Bestimmung von Molekülmassen und Molekülmassenverteilungen.

Methode	Molekül- oder Molmassenmittelwerte	Bereich in g/mol
Absolutmethoden		
osmotischer Druck (OS)	Mn	$10^4 < M < 10^6$
Kryoskopie	Mn	$M < 5 \cdot 10^4$
Ultrazentrifugation (UZ)	Mn, Mw, Mz	$M > 1 \cdot 10^2$
statische Lichtstreuung (SLS)	Mw	$M > 5 \cdot 10^3$
Röntgenkleinwinkelstreuung (SAXS)	Mw	$M > 5 \cdot 10^3$
Neutronenkleinwinkelstreuung (SANS)	Mw	$M > 5 \cdot 10^3$
dynamische Lichtstreuung (DLS)	Mw	$M > 5 \cdot 10^3$
Massenspektrometrie (MS)	Mn, Mw, Mz	$M > 5 \cdot 10^5$
Endgruppenanalyse	Mn	$M < 5 \cdot 10^4$
Relativmethoden		
Viskosität	Mn	$M > 1 \cdot 10^2$
Größenausschlusschromatographie (GC,SDS-PAGE)	Mn, Mw, Mz	$M < 5 \cdot 10^6$
Feld-Fluss-Fraktionierung (FFF)	Mn, Mw, Mz	$M > 1 \cdot 10^2$

unterworfen, so dass sie abhängig von ihrer Größe und Form verschieden schnell zum Zellboden sedimentieren. Dabei ist M die Molmasse, g_{Zf} die Zentrifugenbeschleunigung, ω die Winkelgeschwindigkeit der Zentrifuge und r_A der Abstand der Teilchen von der Drehachse. Umdrehungszahlen bis 150 000 U/min und Beschleunigungen bis 10^6 des freien Falls wurden realisiert. Das Molekül wird in der Zentrifuge beschleunigt, bis die Zentrifugalkraft von der Reibungskraft F_R und der Auftriebskraft F_A bei einer bestimmten Sedimentationsgeschwindigkeit v kompensiert wird

$$F_Z = F_R + F_A = 6\,\pi\,\eta\,R\,v + M g_{Zf}\varrho\,V_{part}.$$ (8.25)

Dabei ist R der Polymer(knäuel)radius, ϱ die Dichte der Lösung (für verdünnte Lösungen ungefähr Dichte des Lösungsmittels) und $V_{part} = (V_{Lösung} - V_{Lösungsmittel})/m_{gel} = 1/\varrho_{gel}$ das partielle spezifische Volumen des gelösten Moleküls. Das Verhältnis

$$s = \frac{v}{g_{Zf}} = \frac{M\cdot(1 - V_{part}\varrho)}{6\,\pi\,\eta\,R}$$ (8.26)

wird Sedimentationskonstante genannt. Der Diffusionskoeffizient ist nach der Stokes-Einstein-Gleichung $D = kT/(6\,\pi\,\eta\,R)$, so dass

$$s = \frac{MD}{kT}(1 - V_{part}\cdot\varrho)$$ (8.27)

folgt. Die Molmasse M erhält man aus D und s. Der Sedimentationskoeffizient $s = v/g_{Zf} = (dr_A/dt)/g_{Zf}$ wird durch zeitliche Integration des Teilchenachsenabstandes r_A bestimmt. Der Diffusionskoeffizient D wird aus dem Konzentrationsverlauf $c = f(r_A)$ des gelösten Polymers berechnet. Der Konzentrationsverlauf wird absorptionsspektroskopisch mit einem photoelektrischen Scanner gemessen, aus dem Gradienten des Brechungsindexes $n = f(r_A)$ mit einer Schlierenoptik bestimmt oder durch dynamische Lichtstreuung interferenzoptisch ermittelt.

Massenspektrometrische Methoden wie Elektrosprayionisation (ESI) und Matrixunterstützte Laserdesorption/Ionisation (MALDI) haben in den letzten Jahren zunehmende Bedeutung zur direkten (nichtchromatographischen) Bestimmung von Molekülmassenverteilungen erlangt.

Aus elektrisch geladenen Tröpfchen mit gelösten Polymermolekülen können durch Lösungsmittelverdampfung Makroionen in der Gasphase erzeugt werden. Das Verfahren wurde bereits in Abschn. 1.5.3.2 beschrieben und sei hier nur noch einmal für Makromoleküle spezifiziert. Eine Nadel in einer zylindrischen Elektrode wird auf ein hohes Potential mit ca. 3 kV/cm Gradient gebracht und eine verdünnte Lösung der Probe (natürliche oder synthetische Makromoleküle typischerweise in Aceton, Acetonitril, Methanol oder Wasser gelöst) mit Flüssen von Mikro- bis Nanolitern pro Minute injiziert. Das Lösungsmittel wird in einem Gegenstrom von trockenem Gas verdampft, so dass die Ladungsdichte der durch das elektrische Feld geladenen Tröpfchen steigt, bis sie durch Coulomb-Explosion in einen feinen Nebel von Mikrotröpfchen oder kleiner zerplatzen. Bei einer geeigneten Kombination von Flussgeschwindigkeit und Potential wird ein „Regenbogen"-Spray erzeugt (nach seinem Aussehen bei Beleuchtung mit weißem Licht). Unterhalb 2 kV Nadelpotential sind die Tröpfchen zu groß und fallen fast vertikal. Im Bereich von ca. 2–3.5 kV bildet sich ein stabiler Fluss von Mikrotröpfchen, der bei noch höheren Potentialen durch eine Corona-Entladung zerstört wird.

Je nach Polarität des Feldes werden positiv oder negativ geladene Makroionen gebildet. Addukte der Polymere mit Protonen, Alkali- oder Ammoniumionen sind typische Kationen. Anionen entstehen durch Entfernung von Protonen oder Kationen aus dem Makromolekül oder durch Addition von Anionen. Oft treten mehrfach geladene Ionen auf, so dass auch hohe Massen bis 5 Mu bei einem relativ kleinen Masse-Ladungs-Verhältnis nachgewiesen werden können. ESI/MS wurde mit strukturspezifischen Fragmentierungstechniken und mit verschiedenen chromatographischen Techniken wie Kapillarelektrophorese und Gelpermeationschromatographie gekoppelt. Proteine, Glycoproteine, Oligonukleotide, Oligosaccharide, Polyacrylsäuren, Polynitrile, Polystyrole und Polyethylenglykole wurden erfolgreich analysiert.

MALDI wurde 1988 von Karas und Hillenkamp entwickelt. Abb. 8.19 zeigt eine typische Apparatur.

Die Probe wird mit einem hohen Überschuss einer polaren Substanz (von typisch 1 : 2000 Molverhältnis), z. B. Benzoesäure- und Nikotinsäurederivate, gemischt und die entstandene Festkörpermatrix gepulst bestrahlt (Nd-YAG-Laser 355/266 nm, TEA-CO_2 10.6 μm, N_2 337 nm) Bei diesen Wellenlängen absorbiert vorrangig die Matrix. Eine hohe Dichte einfach geladener Addukte des Analytmoleküls mit H^+, Li^+, Na^+ oder K^+ wird von der Oberfläche desorbiert. Die Ionen werden durch ein elektrisches Potential direkt über der Probe auf eine konstante kinetische Energie beschleunigt. Entsprechend ist die Geschwindigkeit jedes Ions und damit seine Ankunftszeit am Detektor nach Flug durch eine feldfreie Driftstrecke seinem Masse-Ladungs-Verhältnis proportional. Zur Erhöhung der Massenauflösung werden die desorbierten Ionen in einem elektrischen Feld zunehmend positiver Spannung reflektiert. Dabei dringen Ionen gleicher Masse, aber etwas höherer Energie in das „Reflektron" tiefer ein und legen dabei einen etwas längeren Weg zurück, so dass

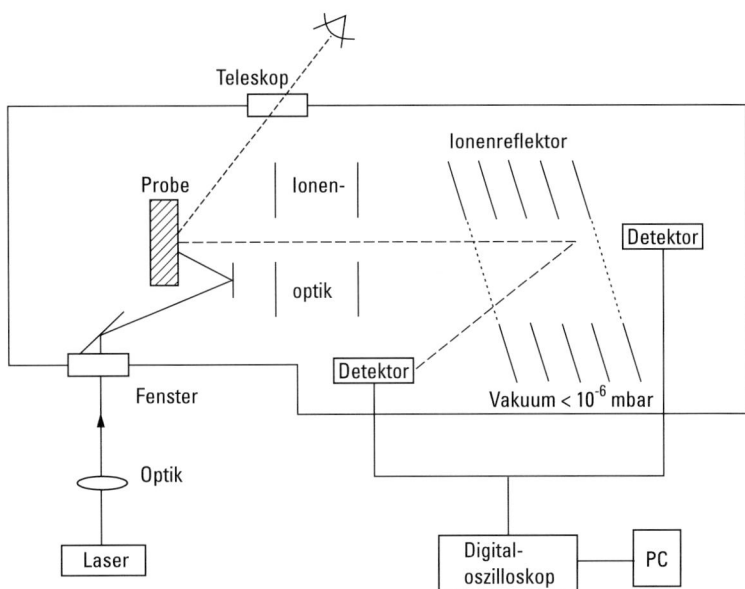

Abb. 8.19   Schema eines MALDI-TOF(MALDI-Time of Flight)-Massenspektrometers.

sie etwa zur gleichen Zeit wie die Ionen geringerer Energie am Detektor ankommen. Durch diese Verringerung der zeitlichen Breite Δt der Ionenpakete werden Massenauflösungen $M/\Delta M = t/(2\,\Delta t)$ von 10 000 und besser erreicht. Nach der Desorption verlassen die Ionen die Oberfläche mit einer Energieverteilung von ungefähr 1 eV Breite, die auch durch ein Reflektron nicht mehr vollständig kompensiert werden kann. Mithilfe eines gepulsten Abzugsfeldes werden nur Ionen eines begrenzten Energie-(Geschwindigkeits-)bereiches abgezogen („verzögerte Extraktion") und dadurch die Massenauflösung bei allerdings geringerer Nachweisempfindlichkeit erhöht.

MALDI erfolgt durch Anlagerung von Fremdionen an das Muttermolekül bei geringer Stoßenergie und ist damit eine sanfte Ionisierungstechnik weitgehend ohne Fragmentierung, die zur Charakterisierung von Polymerverteilungen besonders geeignet ist. Weitere Vorteile sind die hohe Nachweisempfindlichkeit bis Femtomol, der nahezu unbegrenzte Massenbereich von zur Zeit > 1.5 Mu, leichte Probenhandhabung und kurze Analysezeit. Mit MALDI werden allerdings vorzugsweise leichtere Moleküle desorbiert und ionisiert, so dass Molekulargewichtsverteilungen polydisperser Proben größenmäßig unterschätzt werden. Eine mögliche Lösung dieses Problems ist die MALDI-TOF-Analyse von gelchromatographisch aufgetrennten Polymerfraktionen mit enger Gewichtsverteilung (vgl. Abschn. 8.8.4). Durch Verbesserung der MALDI-Empfindlichkeit und durch spezielle Verfahren zur Signalmittelung und Basislinienkorrektur können heute Verteilungen polydisperser Polymere auch direkt aus MALDI-Massenspektren recht verlässlich bestimmt werden.

8.3.5.3 Kolligative Eigenschaften (osmotischer Druck)

Kolligative Eigenschaften von Lösungen, d. h. solche, die nur durch die Anzahl der gelösten Moleküle und nicht durch deren Natur bestimmt werden, sind Dampfdruckerniedrigung, Siedepunkterhöhung, Gefrierpunkterniedrigung und osmotischer Druck. Nur die letzte Eigenschaft hat sich zur Bestimmung der Molekülmasse in der Polymeranalytik praktisch durchgesetzt.

Trennt man eine Lösung L_1 und das reine Lösungsmittel L_2, wie dies in Abb. 8.20 dargestellt ist, durch eine Membran, die nur für die Lösungsmittelmoleküle und nicht für die gelösten Moleküle durchlässig ist, so entsteht zwischen den beiden Medien L_1 und L_2 ein Gefälle des chemischen Potentials μ. Als Folge dieses Gefälles werden Lösungsmittelmoleküle durch die Membran von L_2 in L_1 transportiert, und allmählich ein hydrostatischer Druck aufgebaut. Dieser Druck kompensiert zunehmend das Gefälle in μ, und ein Gleichgewicht wird erreicht, wenn der Gleichgewichtsdruck Π zu einer Kompensation der ursprünglichen Potentialdifferenz $\Delta\mu$ führt. Somit ist im Gleichgewicht $\Delta\mu = 0$ und der osmotische Druck Π wird analog zum idealen Gas:

$$\Pi = \frac{\beta}{M}\cdot RT. \tag{8.28}$$

β ist die Massenkonzentration der Lösung, M die molare Masse der gelösten Substanz, R die universelle Gaskonstante und T die thermodynamische Temperatur. Die-

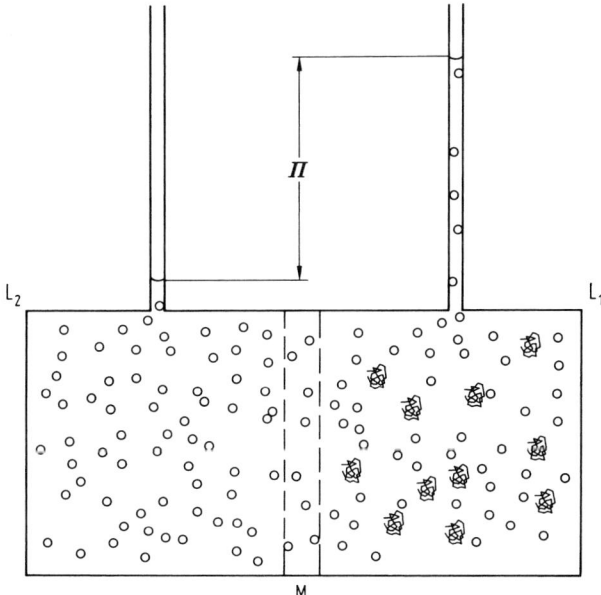

Abb. 8.20 Schematische Darstellung eines Osmometers. Auf der rechten Seite (L_1) befindet sich die Polymerlösung und auf der linken Seite (L_2), getrennt durch die Membran M, das reine Lösungsmittel. Π stellt den durch die Flüssigkeitssäule gegebenen osmotischen Druck dar.

se Beziehung gilt streng nur bei verschwindend kleinen Werten der Massenkonzentration β, und somit verwendet man für eine endliche Konzentration den Grenzwert:

$$\lim_{\beta \to 0} \frac{\Pi}{\beta} = \frac{RT}{M_n}. \tag{8.29}$$

Aus dieser Beziehung ist auch ersichtlich, dass in polydispersen Proben durch die Messung des osmotischen Drucks das Zahlenmittel M_n bestimmt wird. Die Messungen werden in der Regel bei verschiedenen Konzentrationen durchgeführt und an die in Gl. (8.30) gegebene Virialreihe angepasst:

$$\frac{\Pi}{\beta} = RT\left(\frac{1}{M_n} + A_2\beta + A_3\beta^2 + \dots\right). \tag{8.30}$$

Der zweite Virialkoeffizient A_2 rührt von der Wechselwirkung zwischen den gelösten Molekülen und den Lösungsmittelmolekülen, der dritte Virialkoeffizient A_3 von Paarwechselwirkungen zwischen gelösten Molekülen her. Die reziproke Molekülmasse entspricht dem ersten Virialkoeffizienten: $A_1 = 1/M_n$. Die Abb. 8.21 zeigt diese Konzentrationsabhängigkeit des osmotischen Drucks.

Bei verdünnten Polymerlösungen, etwa $\beta < 0.01$ g/ml, kann der dritte Virialterm vernachlässigt werden und die Gleichung ist in guter Näherung linear in β. Da A_2 von der Temperatur und von den beiden Substanzen (Polymer und Lösungsmittel) abhängt, kann für ein gegebenes Paar eine Temperatur erreicht werden, für die $A_2 = 0$

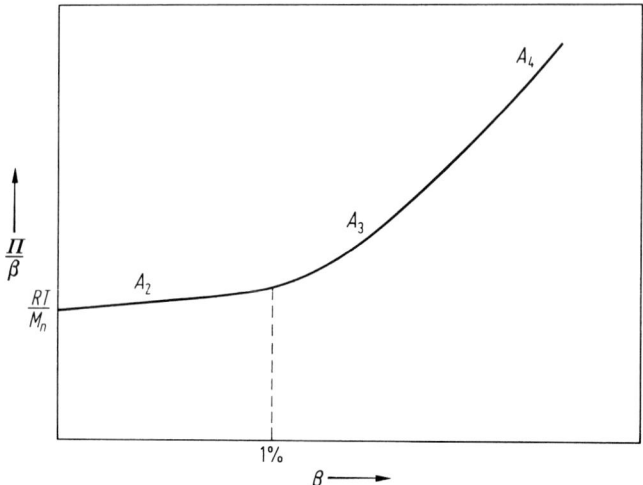

Abb. 8.21 Konzentrationsabhängigkeit des osmotischen Drucks. Der auf die Massenkonzentration $\beta = 0$ extrapolierte Wert ergibt das Molekülmassenmittel M_n. Die nach Gl. (8.30) eingezeichneten Virialkoeffizienten A_2, A_3, A_4 deuten die Bereiche an, in denen die entsprechenden Virialkoeffizienten den Verlauf der Kurve merklich beeinflussen. Bei polydispersen Proben ist A_2 das Massenmittel.

Tab. 8.3 θ-Temperaturen einiger Polymerlösungen.

Polymer	Lösungsmittel	θ-Temperatur/°C
Polystyrol	Cyclohexan	34
	Cyclohexanol	83.5
Polyethylen	Biphenyl	125
cis-Polybutadien	n-Heptan	−1
	Isobutylacetat	20.5
Polymethylmethacrylat	Butylacetat	−20
Polydimethylsiloxan	Cyclohexan	−81
	n-Heptan	−173

gilt. Diese ist die *θ-Temperatur* für dieses Paar. Man sagt auch, dass bei dieser Temperatur das Lösungsmittel ein *θ-Lösungsmittel* für das betreffende Polymer ist. Unter θ-Bedingungen verhält sich das System Polymer-Lösungsmittel ideal, das heißt, es gilt die ideale Gl. (8.29). Die Tab. 8.3 gibt die θ-Temperatur einiger gängiger Polymer-Lösungsmittel-Paare.

Man unterscheidet bei einer gegebenen Temperatur zwischen einem guten *Lösungsmittel* und einem *θ-Lösungsmittel*. Im ersten Fall ist die Tendenz des Polymers, eine innere Solvathülle aus den Lösungsmittelmolekülen zu bilden, sehr stark, d. h. die Löslichkeit bzw. die Lösungsenthalpie ist groß. Beim θ-Lösungsmittel dagegen werden die Polymer-Lösungsmittel-Wechselwirkungen durch die Polymer-Polymer-Wechselwirkungen exakt kompensiert, und somit ist die Lösungsenthalpie gleich Null. Erniedrigt man die Temperatur unterhalb die θ-Temperatur, so wird die Löslichkeit mäßig, und bei weiterer Temperaturerniedrigung neigt das System dazu, sich zu entmischen.

8.3.5.4 Rheologische Methoden

Sowohl bei Polymerschmelzen als auch bei Polymerlösungen sind die Fließeigenschaften eine Funktion der Molekülmasse, der Konformation der Polymerketten und der innermolekularen Wechselwirkungen. Aus diesem Grunde wurden Viskositätsmessungen sehr früh zur Klärung einer Reihe von wichtigen Eigenschaften von Polymeren eingesetzt. In Lösungen sind die Verhältnisse relativ einfach und erlauben Aussagen über die Größe und Form des Knäuels. Rheologische Methoden zur Bestimmung der Fließeigenschaften von Flüssigkeiten sind in Kap. 4 grundlegend dargestellt. Man unterscheidet zwischen folgenden Viskositätsfunktionen:

Die *Scherviskosität* η eines fluiden Mediums ist die grundlegende Transportgröße, die durch die Newton'sche Gleichung (s. Gl. 8.65) definiert ist:

$$\sigma = \eta \frac{d\varepsilon}{dz}. \tag{8.31}$$

σ stellt die Spannung und ε die Deformation dar. Die *relative Viskosität* einer Lösung ist definiert als

$$\eta_{rel} := \frac{\eta}{\eta_0}, \tag{8.32}$$

wobei η_0 die Viskosität des Lösungsmittels und η die Viskosität der Lösung ist. Die *spezifische Viskosität* ist definiert als

$$\eta_{sp} := \frac{\eta - \eta_0}{\eta_0} = \eta_{rel} - 1 \tag{8.33}$$

Die *reduzierte Viskosität* ist definiert als

$$\eta_{red} := \frac{\eta_{sp}}{\beta}, \tag{8.34}$$

wobei β die Massenkonzentration ist. Die *Grenzviskosität* ist

$$[\eta] := \lim_{\beta \to 0} \left[\frac{\eta_{sp}}{\beta} \right]. \tag{8.35}$$

In diese Definition geht auch ein, dass die Messung auf den Grenzfall eines verschwindend kleinen Geschwindigkeitsgradienten extrapoliert wird.

Modelliert man ein Polymerknäuel durch eine äquivalente Kugel mit dem Radius R_K bzw. dem Volumen V_K, so erhält man aus der klassischen Rheologie die Beziehung

$$[\eta] = 2.5 \frac{N V_{\kappa}}{M}. \tag{8.36}$$

Berücksichtigt man, dass das Volumen V_K von M abhängt, erhält man:

$$[\eta] = 2.5 \frac{4\pi}{3} N \left(\frac{R_{\kappa 0}^2}{M} \right) M^{1/2} \alpha^3 . \tag{8.37}$$

In dieser Gleichung ist der Ausdruck in Klammern von M annähernd unabhängig. Der äquivalente Kugelradius R_K ist in einem guten Lösungsmittel durch die Gleichung

$$R_\kappa = R_{\kappa 0} \cdot \alpha \tag{8.38}$$

gegeben. R_{K0} entspricht dem Radius im θ-Lösungsmittel und α dem aufgrund der Qualität des Lösungsmittels erreichten Expansionskoeffizienten.

Die Abhängigkeit der Grenzviskosität von der Molmasse M wurde von Mark und Houwink im Hinblick auf reale, d. h. nicht starre, kompakte Kugeln durch die folgende empirische Beziehung beschrieben:

$$[\eta] = K \cdot (M_\eta)^a . \tag{8.39}$$

In der Mark-Houwink-Gleichung (8.39) sind K und α Konstanten, deren Werte von der Natur des Polymer-Lösungsmittel-Paares abhängen. Bei polydispersen Polymeren ist M_η die viskositätsgemittelte Molmasse (vgl. Gl. (8.23d)). Der Wertebereich von α liegt für reale Polymerknäuel zwischen 0.5 und 0.8 $K/\mathrm{ml}\,\mathrm{g}^{-1}$ und nimmt Werte zwischen $2 \cdot 10^{-3}$ und $2 \cdot 10^{-1}$ an. Die Form des Polymerknäuels und die Wechselwirkung mit dem Lösungsmittel gehen deutlich in den gefundenen Wert für α ein. So haben wir für starre Stäbchen $\alpha = 2$, für eine kompakte Kugel $\alpha = 0$, für ein frei durchspültes Knäuel $\alpha = 1$ und für ein undurchspültes Knäuel $\alpha = 0.5$, entsprechend dem Modell der äquivalenten Kugel (vgl. Gl. (8.37)).

8.3.5.5 Streumethoden

Trifft eine monochromatische elektromagnetische Strahlung auf Materie, dann wird diese durch das periodische elektrische Feld periodisch polarisiert und die Streuzentren (Atome, Moleküle oder Atomgruppen) emittieren als sekundäre Dipolstrahler Streuwellen der gleichen Frequenz. Wenn das auf jedes, durch einen Ortsvektor r_j definierte Streuzentrum auftreffende Feld

$$E_j(r_j) = E_0 \cdot \sin[\omega t + \varphi(r_j)] \tag{8.40}$$

in einer nur von dem Ortsvektor r_j abhängigen Phasenbeziehung zu den von den anderen Streuzentren emittierten Streustrahlung steht, so spricht man von einer kohärenten Anregung. Dies ist dann der Fall, wenn die Strahlungsquelle (z. B. ein Laser) über das so genannte Streuvolumen alle Streuzentren kohärent anregt. Wenn der Streuprozess ebenfalls ohne Phasenverschiebung abläuft, dann ist die emittierte Streustrahlung ebenfalls kohärent. Eine Folge eines kohärenten Streuprozesses ist, dass die von den Streuzentren emittierten Wellen, die einen Detektor erreichen, auf diesem entsprechend ihrer Phasenbeziehungen interferieren. Die Abb. 8.22 illustriert die Differenz des optischen Weges bei der kohärenten Streuung einer ebenen Welle

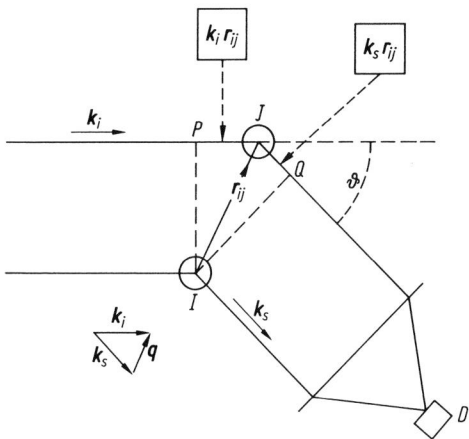

Abb. 8.22 Interferenz der Streuwellen, die von den zwei Streuzentren *i* und *j* ausgestrahlt werden und auf den Detektor D auftreffen. Die Differenz der optischen Wege der beiden Streuwellen hängt von dem Streuvektor *q* und dem Verbindungsvektor $r_{ij} := r_i - r_j$ ab. Diese Beziehung führt zu Gl. (8.42).

mit dem Wellenvektor k_i an den Molekülen *i* und *j* unter dem Winkel ϑ bzw. dem Wellenvektor k_s. Die am Detektor registrierte Intensität *I* lässt sich als phasentreue Superposition der einzelnen emittierten sekundären Streuwellen beschreiben:

$$I = |E|^2 = \left| E_s \cdot \sum_i \sum_j \sin[\omega t + \varphi(r_i - r_i)] \right|^2. \tag{8.41}$$

In komplexer Schreibweise erhält man die entsprechende Beziehung:

$$I = E_s^2 \cdot \left| \sum_{i,j} e^{-i q(r_i - r_j)} \right|^2. \tag{8.42}$$

Der *Streuvektor* *q* ist durch folgende Beziehungen definiert:

$$q := k_i - k_s \tag{8.43}$$

$$|q| := \frac{4\pi n}{\lambda} \sin\frac{\vartheta}{2} \tag{8.44}$$

θ ist der Streuwinkel (Abb. 8.22), λ die Wellenlänge der Strahlung und *n* im Falle des Lichts die Brechzahl des Mediums. Die Gl. (8.43) ergibt sich aus der Geometrie der Konstruktion in Abb. 8.22. Von besonderer Bedeutung im Zusammenhang mit der Anwendung von Streuprozessen sind die Phasenfaktoren $e^{-i q(r_i - r_j)}$, die die unter dem Winkel ϑ beobachtete Streuintensität *I* mit der relativen Lage $r_{ij} = r_i - r_j$ aller wirksamen Streuzentren verknüpfen. In anderen Worten: In einem kohärenten Streuprozess enthält die Intensität *I* des auf einem Detektor empfangenen Streulichts, die unter einem gegebenen Winkel gemessen wird, die Information über die relative Lage aller Streuzentren in dem Streuvolumen.

Die in den Phasenfaktoren enthaltene Information lässt sich im so genannten *Strukturfaktor*

$$S(\boldsymbol{q}) = \sum_i \sum_j |\mathrm{e}^{-\mathrm{i}\boldsymbol{q}\cdot r_{ij})}|^2 \tag{8.45}$$

zusammenfassen. Im Fall der elastischen Streuung kann die Messung von I als Funktion von θ über die Bestimmung des Strukturfaktors zur Aufklärung der Struktur der Probe beitragen. Dies ist allerdings nur dann der Fall, wenn die Abstände r_{ij} und der reziproke Betrag des Streuvektors q^{-1} der auch als räumliche Auflösung des Streuversuchs gekennzeichnet wird, von der gleichen Größenordnung sind. Ist die Bedingung $q^{-1} \sim r_{ij} = |r_{ij}|$ erfüllt, wobei r_{ij} den relativen Abstand von intramolekularen Streuzentren darstellt, dann geht $S(q)$ in den inneren Strukturfaktor des Moleküls, den so genannten *Formfaktor* $P(\vartheta)$ über. Wird durch die verwendete Streugeometrie die Bedingung $q^{-1} \gg R_{\mathrm{g}}$ erfüllt, wobei R_{g} der in Gl. (8.9) definierte Trägheitsradius des Moleküls als Ganzes ist, so spiegelt der Strukturfaktor $S(q)$ die intermolekulare Struktur der Probe wider. In diesem Fall ist auch $q^{-1} \gg r_{ij}$ wegen $R_{\mathrm{g}} > r_{ij}$, und die innere Struktur des Moleküls wird nicht erfasst bzw. der Formfaktor hat den Wert $P(\vartheta) = 1$.

Die Tab. 8.4 gibt die räumliche Auflösung der drei gängigen Streutechniken in dem zugänglichen Streuwinkelbereich wieder. Die angegebenen Werte der räumlichen Auflösung q^{-1} geben nur Größenordnungen an und beruhen auf dem jeweiligen Streuwinkelbereich, der bei der entsprechenden Methode praktisch zugänglich ist.

Tab. 8.4 Gegenüberstellung der räumlichen Auflösung der Streutechniken.

Strahlung	λ/nm	q^{-1}/nm	Streuwinkel
Röntgenstrahlung (RKWS)[1]	0.1	50–0.2	> 0.001°
Neutronenstrahlung (NKWS)[2]	0.2–1.5	20–0.2	> 0.01°
Licht	500	300–30	10°–150°

[1] RKWS, Röntgen-Kleinwinkelstreuung;
[2] NKWS, Neutronen-Kleinwinkelstreuung.

Röntgenstreuung. Da die Trägheitsradien von Makromolekülen im Bereich zwischen 10–1000 nm liegen, kann gefolgert werden, dass die Neutronen- und Röntgenstreuung nur bei sehr kleinen Winkeln Makromoleküle als Ganzes bzw. weiträumige Bereiche wiedergibt, während die räumliche Auflösung der Lichtstreuung bereits bei größeren Werten des Streuwinkels ϑ größere intramolekulare Bereiche erfasst. Aus diesen Gründen verwendet man Röntgen- und Neutronenstreuung bei extrem kleinen Streuwinkeln, wenn die Fragestellung nach dem Aufbau der Kette als Ganzes oder der relativen Position der Makromoleküle zueinander gestellt ist. (Röntgen-Kleinwinkelstreuung (RKWS) und Neutronen-Kleinwinkelstreuung (NKWS)).

Auf der anderen Seite werden mithilfe der Weitwinkelstreuung, z. B. der Röntgen-Weitwinkelstreuung (RWWS), weiträumigere lokale Strukturen erfasst, die Information über die Kettenkonformation geben.

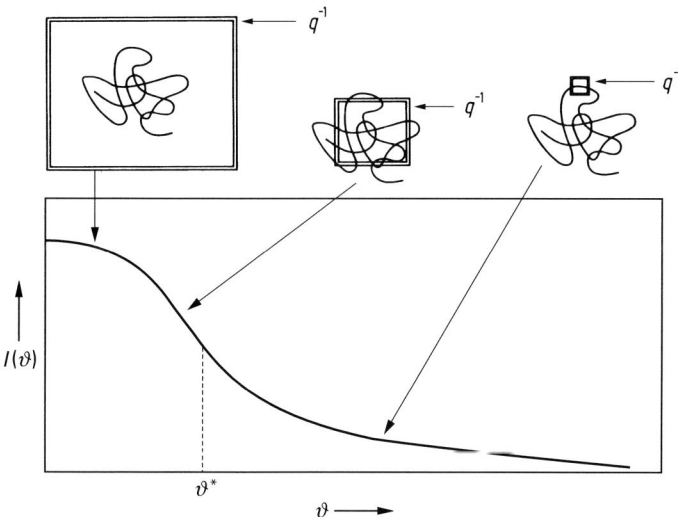

Abb. 8.23 Streuintensität I als Funktion des Streuwinkels. Es werden drei Bereiche in Abhängigkeit von den aktiven Streuzentren unterschieden, die im oberen Teil der Abbildung im Vergleich zu dem q-Fenster (Würfel mit der Kantenlänge q^-) dargestellt sind. Links: Das ganze Molekül trägt zur Streuintensität I bei (Guinier-Bereich). Mitte: Größere Teile des Moleküls tragen zu I bei (Debye-Bereich). Rechts: Kleine stäbchenförmige Molekülteile tragen zu I bei (Stäbchenbereich). Der Zusammenhang zwischen q und ϑ ist durch die Gl. (8.44) gegeben.

So konnte beispielsweise für Polyethylenschmelzen gezeigt werden, dass der Orientierung aufeinanderfolgender Kettenglieder drei isomere Zustände zur Verfügung stehen, die im Winkel von $\pm 120°$ zueinander stehen, wobei im Mittel trans-Konformationen um etwa 3–4 Bindungen voneinander entfernt liegen. In entsprechenden Studien zeigte sich auch, dass die Hauptkette von Polytetrafluoroethylen gestreckter verläuft und mechanisch steifer ist, was offenbar mit den sterischen Einschränkungen durch die Substitution durch F-Atome zusammenhängt. Die Abb. 8.23 illustriert die Information, die durch Röntgenstreuung in verschiedenen Streuwinkelbereichen gewonnen werden kann.

Die räumlichen Streuverhältnisse der Moleküle als Ganzes lassen sich durch den in Gl. (8.9) definierten Trägheitsradius R_g beschreiben. In Abb. 8.23 lassen sich folgende Bereiche unterscheiden:

a) Bei kleinen Winkeln ist die Bedingung $R_g^2 \cdot q^2 \ll 1$ erfüllt und die Makromoleküle bilden als Ganzes die Streuzentren. In diesem Fall wird die Streuintensität durch die Struktur des Systems der verschiedenen Makromoleküle bestimmt. In diesem Bereich gilt

$$I(q) = e^{-K R_g^2 \cdot q^2}. \tag{8.46}$$

b) Im mittleren Bereich nimmt der Logarithmus der Streuintensität linear mit $1/q^2$ ab und wird durch die intermolekularen Streuzentren im Knäuel bestimmt.

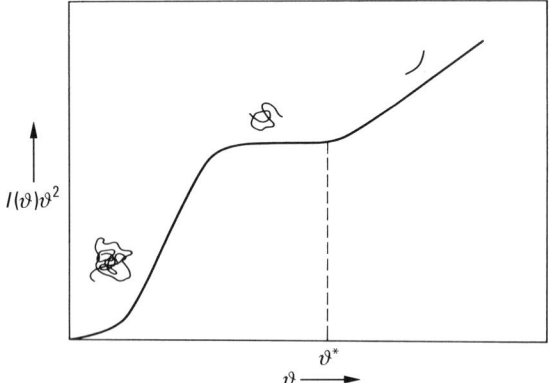

Abb. 8.24   Kratky-Auftragung der Streuintensität. Bei dieser Auftragung treten die drei in Abb. 8.23 dargestellten Bereiche deutlicher hervor. Das Debye-Plateau grenzt den entsprechenden Bereich deutlich ab und der Streuwinkel ϑ^* definiert den Übergang zum Stäbchenbereich, der in dieser Darstellung linear verläuft.

c) Im Bereich noch größerer q-Werte ist die Abnahme des Logarithmus der Streuintensität linear mit $1/q^2$ und die intramolekularen Streuzentren werden gewissermaßen stark vergrößert nur in kleinen Teilbereichen als stabförmige Objekte gesehen.

Die in Abb. 8.24 wiedergegebene Kratky-Auftragung illustriert die Verhältnisse anschaulich.

Neutronenstreuung. Neutronen haben im Vergleich zu Röntgen- oder optischen Photonen einfachere Streueigenschaften, weil das Streuzentrum (der Kern) vernachlässigbar kleine Dimensionen gegenüber der Wellenlänge des streuenden Neutrons hat. Neutronenstreuung zur Aufklärung der Struktur von Flüssigkeiten ist in Kap. 4 ausführlich dargestellt.

Statische Lichtstreuung. Die Streuung von Licht an einer Polymerlösung lässt sich nach dem oben gegebenen allgemeinen Formalismus für Streustrahlung behandeln. Ein experimenteller Aufbau einer Laserstreulichtapparatur zur Bestimmung der winkelabhängigen Streulichtintensität ist in Abb. 8.25 dargestellt.

Aus der Winkelabhängigkeit der Streuintensität erhält man je nach dem Verhältnis zwischen q^{-1} und R_g einen Strukturfaktor $S(q)$ oder einen intramolekularen Formfaktor $P(\vartheta)$. Die Winkelverteilung der Streuintensität wird in der Regel durch das experimentell bestimmbare *Rayleigh-Verhältnis* ausgedrückt:

$$R(\vartheta) = \frac{I_\vartheta}{I_0}\,\frac{w^2}{V_s}; \tag{8.47}$$

I_0 ist die Intensität des einfallenden Strahles und $I(\vartheta)$ die Intensität, die bei einem Streuwinkel von ϑ registriert wird, w der Abstand der Probe vom Detektor und V_s

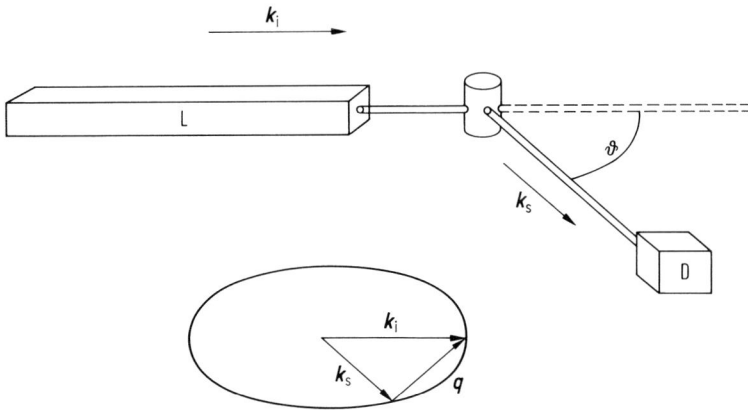

Abb. 8.25 Schematische Anordnung einer statischen Streulichtapparatur. Der Laser L erzeugt einen monochromatischen kohärenten Strahl, der auf die Probe P fällt. Das unter dem Streuwinkel ϑ emittierte Streulicht wird auf dem Detektor D empfangen. k_i und k_s sind die Wellenvektoren des einfallenden und des gestreuten Lichts. Der Streuvektor q ergibt sich als Differenz von k_s und k_i. Die Probe ist auf einem Goniometer montiert, mit dessen Hilfe der Detektor sich auf einem Kreis um die Probe drehen kann.

das Streuvolumen. Um das bereinigte Rayleigh-Verhältnis des Polymers zu erhalten, muss noch eine Lösungsmittelkorrektur vorgenommen werden, indem das Rayleigh-Verhältnis des Lösungsmittels von $R(\vartheta)$ substrahiert wird. Das Rayleigh-Verhältnis des Polymers ist konzentrationsabhängig wegen der intermolekularen Wechselwirkungen und winkelabhängig wegen der Molekülstruktur. Beide Abhängigkeiten lassen sich quantitativ in der Gleichung

$$\frac{H\beta}{R(\vartheta)} = \frac{1}{M_w P(\vartheta)} + 2 A_2 \beta \tag{8.48}$$

zusammenfassen. H ist eine Größe, die im wesentlichen von $dn/d\beta$, der Ableitung der Brechzahl der Lösung nach der Massenkonzentration β, abhängt. Für ein Zufallsknäuel lässt sich $P(\vartheta)$ in eine einfache Reihe entwickeln:

$$P(\vartheta) = 1 - \frac{q^2 R_g^2}{3} + \ldots \tag{8.49}$$

Folgende Grenzwerte lassen sich aus der Winkelabhängigkeit bzw. der Abhängigkeit

$$\lim_{\beta \to 0} \left[\frac{H\beta}{R(\vartheta)} \right] = 1 \, M_w + 2 A_2 \beta + \ldots \tag{8.50}$$

$$\lim_{\vartheta \to 0} \left[\frac{H\beta}{R(\vartheta)} \right] = \frac{1}{M_w} \left[1 + \frac{1}{3} R_g^2 \frac{4\pi n}{\lambda} \sin^2(\vartheta/2) + \ldots \right]. \tag{8.51}$$

Die Gl. (8.50) beschreibt die Konzentrationsabhängigkeit der Winkelverteilung in Form einer Virialentwicklung, und Gl. (8.51) ist für kleine Winkel die Reihenent-

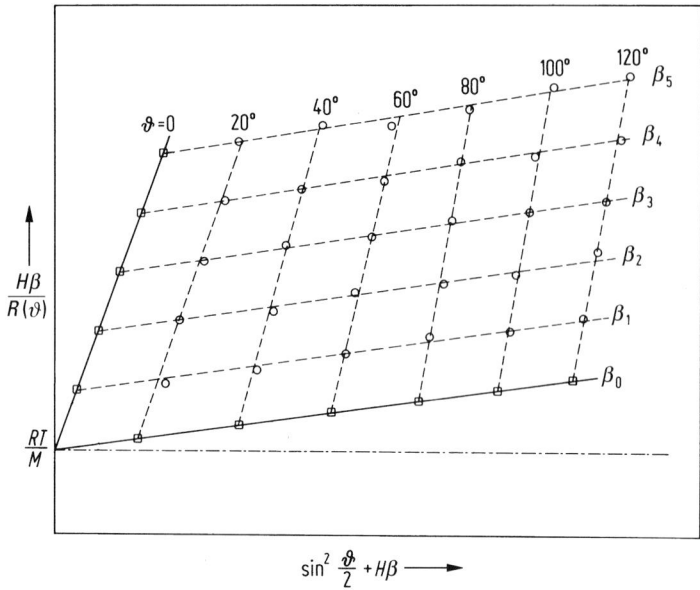

Abb. 8.26 Zimm-Auftragung einer statischen Streulichtmessung. Die gemessene Konzentrationsabhängigkeit unter verschiedenen Winkeln ermöglicht die Konstruktion der extrapolierten Geraden für $\beta = 0$ und derjenigen für $\vartheta = 0$ gemäß Gl. (8.50) und (8.51). Eine Extrapolation beider Geraden auf den gemeinsamen Schnittpunkt ergibt die Molekülmasse M_w. Die Steigung der Geraden β_0 ergibt den Trägheitsradius R_g, während die Steigung der Geraden $\vartheta = 0$ den zweiten Virialkoeffizienten A_2 liefert. Bei polydispersen Proben erhält man die Mittelwerte M_w, $(R_\mathrm{g})_z$ und $(A_2)_z$.

wicklung der Abhängigkeit des Formfaktors vom Streuvektor bzw. dem Streuwinkel. Eine Extrapolation von $H\beta/R(\vartheta)$ sowohl auf den Grenzwert $\beta \to 0$ als auch auf $\vartheta \to 0$ ermöglicht die Bestimmung von M_w, R_g und A_2 aus der Messung des Rayleigh-Verhältnisses als Funktion von β und ϑ. Das von Zimm entwickelte und in Abb. 8.26 dargestellte Extrapolationsverfahren erlaubt eine solche doppelte Extrapolation.

Dynamische Lichtstreuung. Während bei der oben geschilderten statischen Lichtstreuung lediglich die Streuintensität als Funktion des Streuwinkels gemessen wird, hat sich in den letzten Jahren die dynamische Streulichtspektroskopie zu einem wertvollen Instrument zum Studium der Polymerdynamik entwickelt. Grundlage der dynamischen Streulichtspektroskopie ist die Beobachtung, dass das Spektrum des Streulichts deutliche Änderungen gegenüber demjenigen des einfallenden Lichts aufweist. Es handelt sich um Abweichungen vom ideal elastischen Verhalten der Wechselwirkung zwischen Photonen und Materie, die dazu geführt haben, dass man von quasi-elastischer Lichtstreuung spricht. Neben mehreren Ursachen für die Verbreiterung der Streulichtspektren spielt die Verbreiterung aufgrund der Bewegung der Streuzentren die wichtigste Rolle.

Wenn die relative Lage der Streuzentren eine Funktion der Zeit ist, dann lässt sich der Strukturfaktor als Funktion der Zeit schreiben:

$$S(q,t) = \left| \sum_i \sum_j e^{-i\boldsymbol{q}\cdot\boldsymbol{r}_{ij}(t)} \right|^2 \qquad (8.52)$$

Dieser dynamische Strukturfaktor enthält nun auch Informationen bezüglich der Dynamik der Streuzentren. Diese Information lässt sich besonders gut mithilfe der Zeitkorrelationsfunktion beschreiben:

$$G(t) = \langle A(0)\cdot A(t)\rangle. \qquad (8.53)$$

$A(t)$ ist eine sog. dynamische molekulare Variable, wie z. B. der Ortsvektor $\boldsymbol{r}(t)$ eines Moleküls. Im Falle der Lichtstreuung ist das am Detektor registrierte zeitabhängige elektrische Streufeld $\boldsymbol{E}(t)$ die adäquate dynamische Variable. In diesem Fall erhält man die Feldautokorrelationsfunktion

$$G(t) = \langle \boldsymbol{E}(0)\cdot \boldsymbol{E}(t)\rangle.$$

In einem System aus einer großen Anzahl von fluktuierenden wechselwirkenden Streuzentren ist $\boldsymbol{E}(t)$ eine stochastische Funktion der Zeit, die sich durch die Orts-korrelationfunktion beschreiben lässt. Die Produkte der zeitverschobenen Werte $\boldsymbol{E}(0)$ zur Zeit $t = 0$ und $\boldsymbol{E}(t)$ zu einem beliebigen Zeitpunkt t werden über ein statistisches Ensemble gemittelt, wie die spitzen Klammern andeuten. $G(t)$ ist eine Funktion der Zeit, die für eine dynamische Variable bei einer rein diffusiven Bewegung der Streuzentren einen exponentiellen Verlauf hat. Die detaillierte Dynamik eines molekularen Systems spiegelt sich in der Form der Korrelationsfunktion Abweichungen von exponentiellem, d. h. diffusivem Verhalten, wider. Der Wert von Korrelationsfunktionen wie $G(t)$ liegt darin, dass diese mit den experimentell messbaren dynamischen Strukturfaktoren zusammenhängen. Dieser Zusammenhang beruht auf einer grundlegenden statistisch mechanischen Beziehung, dem *Wiener-Khinchine-Theorem*. Diese besagt, dass das zeitliche Verhalten eines stochastischen Prozesses und die spektrale Verteilung ein Fourier-Paar bilden und durch Fourier-Transformation ineinander übergehen:

$$S(q,\omega) = \int e^{-i\omega t} S(q,t)\,\mathrm{d}t. \qquad (8.54)$$

$S(q,\omega)$ entspricht einer q-abhängigen spektralen Verteilung, während $S(q,t)$ einer q-abhängigen Zeitkorrelationsfunktion entspricht. Die Verhältnisse lassen sich durch folgendes Schema darstellen:

$$S(q,\omega) \quad \xrightarrow{\mathscr{F}} \quad S(q,t) \quad \xrightarrow{\mathscr{L}} \quad G(r,t) \qquad (8.55)$$

| Spektrum | $\longrightarrow$ | intermediäre Funktion | $\longrightarrow$ | Ort-Zeit-Korrelationsfunktion |

Die Pfeile deuten eine Fourier-, bzw. eine Laplace-Transformation an, die durch $\mathscr{F}$ und $\mathscr{L}$ symbolisiert werden.

Man unterscheidet zwei experimentelle Techniken in der dynamischen Streulicht-spektroskopie:

a) Die *hochauflösende spektrale Analyse*, die meist mit einem Fabry-Perot-Interferometer durchgeführt wird und die Ermittlung von $S(q,\omega)$ ermöglicht (Abb. 8.27).

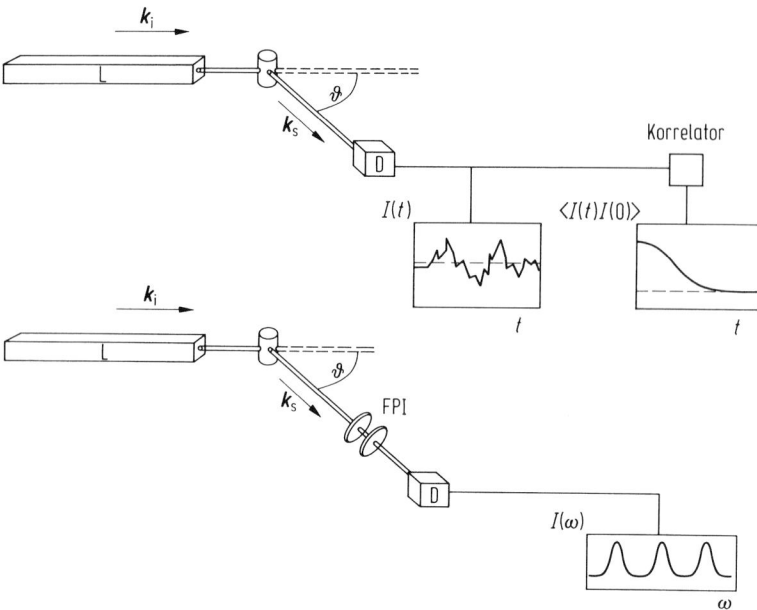

Abb. 8.27 Dynamische Lichtstreuung. Im oberen Teil wird die Photonenkorrelationsspektroskopie schematisch dargestellt und im unteren die Interferometrie. Während der Korrelator hinter dem Detektor liegt, ist das Interferometer FPI zwischen Probe und Detektor angeordnet. Der Korrelator verwandelt das zeitabhängige Rauschsignal $I(t)$ in die in Gl. (8.53) definierte Korrelationsfunktion $G(t)$. Das Interferometer zerlegt das Streulicht in seine spektralen Bestandteile $I(\omega)$. Der Zusammenhang zwischen $G(t)$ und $I(\omega)$ ist in Gl. (8.56) gegeben. Auf dem Spektrum sind drei Ordnungen einer durch die molekulare Bewegung verbreiterten spektralen Linie dargestellt.

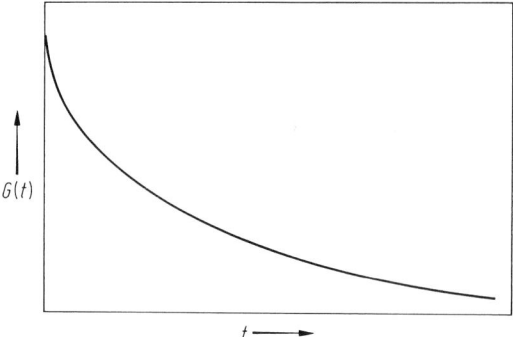

Abb. 8.28 Eine typische Zeitkorrelationsfunktion $G(t)$ des Signals $I(t)$. Diese Funktion gibt die Abnahme der Korrelation zwischen den Werten $I(0)$ und $I(t)$, d. h. zu zwei um die Zeit t verschobenen Zeitpunkten, wieder. Bei kleinen Werten für t sind die Signale stark korreliert und ergeben große Werte für $G(t)$. Bei zunehmendem Zeitintervall t nimmt $G(t)$ ab und schließlich strebt $G(t)$ gegen Null, wenn $I(t)$ vollständig unabhängig von $I(0)$ wird.

b) Die *Photonenkorrelationsspektroskopie* (siehe Abb. 8.27), mit deren Hilfe die in Gl. (8.53) definierte Zeitkorrelationsfunktion $G(t)$ ermittelt wird. Abb. 8.28 stellt eine solche Zeitkorrelationsfunktion dar.

In beiden Fällen werden dynamische Modelle theoretisch entwickelt, mit deren Hilfe $S(q,t)$ modelliert werden kann und die mit den experimentellen Daten verglichen werden. Für ein rein diffusives Modell haben die entsprechenden Funktionen die Form der Gl. (8.55):

$$S(q,\omega) \quad\longrightarrow\quad S(q,t) \quad\longrightarrow\quad G(r,t)$$

$$K \cdot \frac{Dq^2}{\omega^2 + (Dq^2)^2} \quad\longrightarrow\quad K' \cdot e^{-Dq^2 t} \quad\longrightarrow\quad \frac{1}{(4\pi Dt)^{3/2}} \cdot e^{-r^2/(4DT)} \tag{8.56}$$

Lorentz-Spektral- Exponentielle Zeitabhängige
kurve   Zeitkorrela-   räumliche Gauß-Kurve
        tionsfunktion

Durch dynamische Streulichtmethoden lässt sich der Diffusionskoeffizient D bestimmen und aus diesem der Trägheitsradius R_g. Es handelt sich hierbei um eine dynamische Bestimmung von R_g im Gegensatz zur statischen aus dem Zimm-Diagramm. Eine Übereinstimmung oder auch eine Diskrepanz zwischen beiden Werten lässt Aussagen über die benutzten theoretischen Modelle zu.

In die Strukturfaktoren $S(q,\omega)$ und $S(q,t)$ gehen neben den Bewegungen der Moleküle als Ganzes auch innere Bewegungsmoden ein, wenn die bereits im statischen Fall erwähnte Bedingung erfüllt ist, dass die mittlere Entfernung der Streuzentren r_{ij} vergleichbar oder größer als q^{-1} ist. Dies entspricht dem Fall der Debye- oder der Stäbchenstreuung in Abb. 8.23. Aus der Sicht der Dynamik spiegelt das in diesem q-Bereich gestreute Licht die innere Dynamik des Moleküls wider. Mit der beschriebenen dynamischen Streulichtspektroskopie wurden bisher wertvolle Erkenntnisse über die in Polymerschmelzen und Lösungen ablaufenden Relaxationsprozesse gesammelt.

8.3.6 Elektrisch leitende Polymere

Die elektrische Leitfähigkeit verschiedener kondensierter Systeme erstreckt sich über 25 Größenordnungen, von stark leitenden Metallen bis hin zu hochisolierenden Kristallen wie Quarz. Bei Molekülkristallen hängt die Bandenstruktur und somit die Leitfähigkeit von der Stärke der intermolekularen Wechselwirkungen ab. Je schwächer diese Wechselwirkungen sind, desto weniger Überlappung, d. h. Verbreiterung der molekularen Niveaus, findet statt. Als Folge davon ist die Mehrzahl der konventionellen Polymere, die aus relativ schwach wechselwirkenden Makromolekülen besteht, zu den Isolatoren zu zählen. Darüber hinaus trägt der amorphe oder teilamorphe Charakter der Polymere dazu bei, dass in der Regel lokalisierte und nicht räumlich ausgedehnte elektronische Zustände vorkommen. Für organische Moleküle ist die Anwesenheit von konjugierten Doppelbindungen, d. h. von Doppelbindungen, die mit Einfachbindungen alternieren, die Quelle von delokalisierten Elektronen. In der Abb. 8.29 sind einige Moleküle mit solchen delokalisierten Elektro-

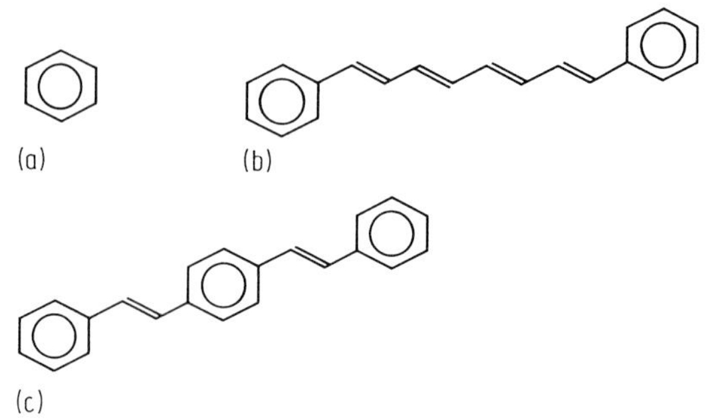

Abb. 8.29 Chemischer Aufbau einiger konjugierter Systeme die durch die Delokalisierung der π-Elektronen gekennzeichnet sind. (a) Benzol, (b) 1,8-Diphenyloctatetraen (DPO), (c) p-Bis(o-Methylstyryl)benzol (Bis-MSB).

nensystemen dargestellt. Hierzu gehören kleinere Moleküle, wie Benzol, und lineare Polyene, aber auch Polymere wie beispielsweise Polyacetylen.

Die spezifische Leitfähigkeit σ, die durch den Transport von Ladungsträgern zustande kommt, ist durch folgende Beziehung gegeben:

$$\sigma = \sum q_i n_i u_i, \tag{8.57}$$

wo q_i die Ladung, n_i die Anzahl und u_i die Beweglichkeit des i-ten Ladungsträgers ist. Bei Polymeren sind die Faktoren n_i und u_i abhängig von der Natur und der Herstellungsweise des Polymers. u_i kann zusätzlich räumlich anisotrop sein. Die wesentlichen Parameter, die n_i und u_i beeinflussen, sind Molekülabstand, Kristallinität, chemische Zusammensetzung, Herstellungsverfahren, Oberflächenbeschaffenheit, die Größe der Grenzflächen zwischen kristallinen und amorphen Bereichen, Beimischungen, Morphologie der betreffenden Phase wie z. B. der Anteil an *cis-trans*-Isomeren.

Allgemein führen schmale Bänder zu kleiner Beweglichkeit u. Dies ist dann der Fall, wenn die Überlappung der elektronischen Wellenfunktionen klein ist und somit die Zustände stärker lokalisiert werden. Innerhalb einer Polymerkette ist dieses Integral groß, jedoch ist wegen der schwachen Wechselwirkung der Polymerketten untereinander das intermolekulare Überlappungsintegral klein und somit werden die Banden schmal. Der Transport zwischen den Ketten ist daher der geschwindigkeitsbestimmende Prozess beim Transport.

Ein relativ häufig beobachteter Leitfähigkeitsmechanismus besteht in dem Transport von Ionen und geladenen Verunreinigungen. Auch ionische Endgruppen können der Ursprung vieler Leitfähigkeitsbeobachtungen sein. Der Mechanismus des Transports solcher extrinsischer Komponenten in einem amorphen Medium ist noch weitgehend ungeklärt.

In letzter Zeit wurden Polymere mit hoher Leitfähigkeit entwickelt, die ein weites Anwendungsgebiet finden werden, da sie in vieler Hinsicht günstigere Eigenschaften als konventionelle metallische Leiter besitzen. Insbesondere kombinieren leitfähige Polymere die elektrischen und optischen Eigenschaften von Metallen oder Halbleitern mit den mechanischen und verfahrenstechnischen Vorteilen von Polymeren.

Trans-Polyacetylen (PA), *trans*-$(CH)_n$, war das erste organische Polymer mit hoher elektrischer Leitfähigkeit. In PA liegen abwechselnd längere und kürzere Kohlenstoff-Kohlenstoff-Bindungen vor, so dass die p_z-Elektronen der Kohlenstoffatome nicht gleichmäßig über das π-System delokalisiert sind. Die lokalisierte Struktur von PA führt zu einer Energielücke zwischen dem vollständig mit p_z-Elektronen besetzten π-Band (Valenzband) und dem unbesetzten π^*-Band (Leitfähigkeitsband), d. h. PA ist ein Halbleiter. Durch Dotierung werden Ladungsträger eingeführt. Da jede Wiederholeinheit n des konjugierten Polymers eine potentielle Redoxstelle ist, kann durch n-Dotierung (Reduktion) und p-Dotierung (Oxidation) eine relativ hohe Dichte an Ladungsträgern erreicht werden. Bei genügend hohem Dotierungsgrad und Wechselwirkung der injizierten Ladungen mit den Elektronen und Kernen der benachbarten Einheiten sowie Ladungstransfer zwischen den Polymerketten kommt es zu einer Delokalisierung und Beweglichkeit der Ladungsträger, die der von Metallen entspricht.

Die ersten erfolgreichen Dotierungsversuche an konjugierten Polymeren wurden *redoxchemisch* erzielt:

a)   p-Dotierung

$$trans\text{-}(CH)_n + 3/2\, n\, y\, (I_2) \;\rightarrow\; [CH^{y+}(I_3^-)_y]_n\,.$$

Die Behandlung mit Jod führte bei einem Dotierungsgrad $y \leq 0.07$ zu einem Anstieg der Leitfähigkeit von ca. $10^{-5}\,\mathrm{S\,cm^{-1}}$ auf ca. $10^3\,\mathrm{S\,cm^{-1}}$ und nach Streckung des PA-Films auf ca. $10^5\,\mathrm{S\,cm^{-1}}$ (ein Siemens ist definiert als $1\,\mathrm{S} = 1\,\Omega^{-1} = 1\,\mathrm{A/V}$). Die Streckung erhöht die uniaxiale Orientierung der Polymerketten und ihre laterale Packung, so dass die Interkettenwechselwirkung und damit die Leitfähigkeit zunimmt.

b)   n-Dotierung

$$trans\text{-}(CH)_n + n\, y\, Na^+(Nphth)^- \;\rightarrow\; [(Na^+)_y\,(CH)^{y-}]_n + (Nphth)^0\,.$$

Die Elektronen des Reduktionsmittels Napthalinnatrium besetzen das antibindende π^*-System des PA, was zu einer Erhöhung der Leitfähigkeit auf ca. $10^3\,\mathrm{S\,cm^{-1}}$ führt.

Der Dotierungsgrad lässt sich *elektrochemisch* durch die angelegte Spannung besonders gut kontrollieren. Hierbei wird dem Polymerhalbleiter die Redoxladung von einer Elektrode aus zugeführt, während zum Ladungsausgleich aus dem umgebenden Elektrolyten Ionen in das Polymer diffundieren. Halboxidiertes Polyanilin lässt sich durch *Protonierung* der Imin-Stickstoffatome mit wässriger Salzsäure ohne Änderung der Elektronenzahl vom Halbleiter zum Metall überführen. Bei der *Photodotierung* halbleitender Polymere werden die Elektronen durch genügend kurzwellige Bestrahlung in das Leitungsband angeregt und Elektronen und Löcher durch Anlegen einer Spannung während der Bestrahlung in „freie" Ladungsträger getrennt. Auch durch intra- oder intermolekulare Kopplung des photoangeregten Polymers an einen guten Elektronenakzeptor wie das C_{60}-Fulleren lässt sich Ladungstrennung erreichen (photoinduzierter Elektronentransfer). Dotierung durch *Ladungsinjektion* wird mit einer Metall-Isolator-Polymerhalbleiter-Elektrodenanordnung durchgeführt, an die eine Spannung angelegt wird.

Mit den beschriebenen Methoden wurden leitfähige Polymere von u. A. Phenylen, Vinylphenylen, Styrol, Anilin, Pyrrol, Thiophen, Furan und verschiedenen anderen Heterozyklen hergestellt. Wegen der starken Elektronentransferwechselwirkung zwischen den Ketten sind leitfähige Polymere normalerweise unlöslich und nicht schmelzbar. Durch Einführung von polaren Seitenketten wie $(CH_2)_n SO_3^- M^+$ läßt sich die Interkettenwechselwirkung abschwächen und einige Polymere in Wasser lösen. Verarbeitungsprobleme bei „metallischem" Polyanilin auf Grund mangelnder Löslichkeit in organischen Lösungsmitteln konnten durch Verwendung von Tensidgegenionen bei der Protonierung gelöst werden. Dabei wenden sich die hydrophoben Seitenketten der Tensidionen dem organischen Lösungsmittel zu, während die negativ geladenen Kopfgruppen zum protonierten Polyanilin hin orientiert werden.

Nach Lösen der Fertigungsprobleme eröffnen sich breite Anwendungsmöglichkeiten in der Elektronik. Hier seien nur elektrochemische Batterien, Elektrochromie mit Einsatz z. B. in selbstregulierenden Fenstern, organische Feldeffekttransistoren, Licht emittierende Dioden, photovoltaische Bauelemente, transparente Elektroden, antistatische Beschichtungen, Abschirmungen und leitfähige Fasern erwähnt. Mit dem Elektrospinnverfahren wurden Fasern mit einem Durchmesser von < 100 nm hergestellt und damit das Tor zur Nanoelektronik aufgestoßen. Hierbei wird eine Lösung des Polymers (z. B. Polystyrol in Tetrahydrofuran) mit einer Injektionsspritze (Metallspitze: Anode) auf eine kathodische Gegenelektrode bei Feldstärken von einigen 1000 V/cm gesprüht. Die positiv geladenen Lösungsmittel- und Polymermoleküle stoßen sich während des Fluges zur Kathode ab und werden voneinander getrennt, wobei das Lösungsmittel verdampft. Auf der Kathodenoberfläche sammeln sich trockene, meterlange Fasern mit Durchmessern im Nano- bis Mikrometerbereich. Für schwefelsäuredotiertes Polyanilin wurden Leitfähigkeiten einer einzelnen Nanofaser von ca. 0.1 S cm^{-1} gemessen. Für die Herstellung billiger elektronischer Plastik- oder Papierbauelemente bietet sich das Tintenstrahldrucken an, wobei das leitfähige oder halbleitende Polymer direkt aufgedruckt werden kann oder auf dem nichtbedruckten Teil einer Projektionsfolie besser haftet. Die (isolierenden) gedruckten Linien werden dann mit Ultraschall in Toluol selektiv entfernt.

8.4 Viskoelastische und dielektrische Eigenschaften

8.4.1 Grundbeziehungen viskoelastischer Systeme

Materielle Systeme reagieren auf äußere Einwirkungen verschiedenartig. So kann durch Einwirken einer Kraft ein Gas komprimiert, eine Feder gestreckt werden. Eine Flüssigkeit kann ebenfalls durch die Einwirkung eines hydrostatischen Drucks auf ein kleineres Volumen komprimiert oder durch nichtisotrope Kräfte verformt werden. Ziel des Studiums der mechanischen Eigenschaften einer Stoffklasse, wie der hier behandelten Polymere, ist es, diese mit einer möglichst kleinen Anzahl von charakteristischen Stoffkonstanten zu beschreiben. Bei einer solchen Beschreibung ist man aber auch bestrebt, diese Größen mit dem molekularen Aufbau des Systems in einen eindeutigen Zusammenhang zu bringen. Eine solche theoretische Beschreibung wird einerseits wegen ihres grundlegenden Erkenntniswerts, andererseits im Hinblick auf die Voraussagefähigkeit adäquater theoretischer Modelle angestrebt. Die Fähigkeit, makroskopische physikalische Eigenschaften aus unabhängigen Daten über den Aufbau einer Substanz herzuleiten, ist ganz offensichtlich von erheblichem praktischen Wert.

Im Folgenden soll auf die Grundlagen der linearen viskoelastischen Theorie eingegangen werden, die für die Beschreibung der dynamischen Eigenschaften von polymeren und supramolekularen Systemen von grundlegender Bedeutung ist.

Deformation/Spannung. Zur Charakterisierung der genannten Prozesse werden die beiden Variablen Deformation und Spannung eingeführt. Unter *Deformation* versteht man allgemein eine Änderung der Form eines Systems. Eine Deformation kann durch eine skalare Größe beschrieben werden, wie eine Verlängerung Δx eines unter Zugspannung stehenden Stabes, eine Volumenveränderung ΔV einer Flüssigkeit unter der Wirkung eines hydrostatischen Drucks oder eine Scherung eines Stabes um den Winkel $\Delta\phi$ unter dem Einfluss einer Torsionskraft. Unter der *Spannung* σ versteht man hingegen die auf die Fläche bezogene Deformationskraft.

Relation Störung/Antwort. Allgemein lassen sich die mechanischen Eigenschaften im Rahmen der Systemtheorie beschreiben, die mit geeigneten Methoden komplizierte physikalische Systeme in Bezug auf ihr dynamisches Systemverhalten analysiert. Hierzu werden auf der phänomenologischen Ebene abstrakte mathematische Modelle aufgestellt, die das Systemverhalten möglichst genau beschreiben. Man richtet das Augenmerk grundlegend auf die Beziehung, die durch das Paar *Eingang/Ausgang* oder durch die äquivalenten Begriffe *Störung/Antwort* beschrieben wird. Bei einer solchen Betrachtung können zunächst die molekularen Verhältnisse des Systems, das einfach als Übertragungssystem aufgefasst wird, vernachlässigt werden. Abb. 8.30a illustriert die Beschreibung der Reaktion eines Systems auf eine äußere Störung durch ein Blockschaltbild. In der Abbildung wird das System durch einen Kasten repräsentiert, der lediglich in Bezug auf die Eingang-Ausgang-Relation definiert werden muss. In Abb. 8.30b wird eine Bilanzgleichung aufgestellt, analog zu einer chemischen Reaktionsgleichung. S stellt das System zur Zeit vor Einwirkung einer Störung dar, σ die Störung selbst und S^* das System nach Einwirkung der Störung. Der Doppelpfeil in Abb. 8.30c deutet eine reversible Störung von S an, während bei der irreversibel ablaufenden Störung in Abb. 8.30b ein einfacher Pfeil

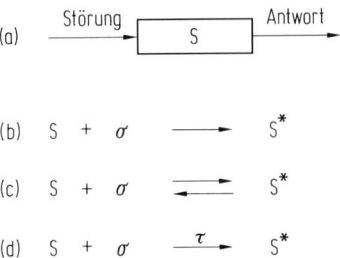

Abb. 8.30 Reaktion eines Systems S auf eine äußere Störung, z. B. eine Spannung σ, die während einer bestimmten Zeit auf das System wirkt. S^* stellt das System nach der Störung dar, und τ ist eine charakteristische Zeit, in der das System vom ungestörten Zustand S in den gestörten Zustand S^* übergeht. Der Doppelpfeil kennzeichnet eine reversible Störung, d. h. eine solche, bei der nach Wegfallen der Spannung das System ohne Energieverlust in den ursprünglichen Zustand zurückkehrt.

verwendet wird. Solche Gleichungen stellen eine Bilanzgleichung von Erhaltungsgrößen dar, wie z. B. Teilchenzahl, Masse, Energie und u. U. Volumen. Die nicht erhaltenen Größen können das Volumen, die Form oder auch eine bestimmte Energieform sein, wenn beispielsweise kinetische in potentielle oder in thermische Energie umgewandelt wird. Eine Erweiterung dieser Darstellung ist in Abb. 8.30d gegeben, wo die Rate der „Reaktion" $S \to S^*$ durch Angabe einer charakteristischen Zeit τ dargestellt ist. Der Begriff „Reaktion" wird hier im erweiterten Sinne verwendet und umfasst Übergänge eines Systems von einem Zustand in einen anderen. Die Reaktionsgleichung ist eine generalisierte Bilanzgleichung, die alle relevanten Größen enthält.

Reaktionszeiten τ. Die Zeit τ, die die Rate, mit der die Reaktion abläuft, kennzeichnet, kann sehr unterschiedliche Werte annehmen. τ kann auch als reziproke Reaktionsrate $k_R = \tau^{-1}$ definiert werden. Man unterscheidet zwischen zwei Klassen von Reaktionen, je nach molekularem Mechanismus und/oder Größenordnung von τ^{-1}:

1. Wenn die Reaktionsrate von der Molekülmasse und/oder von intermolekularen Kräften direkt abhängt, werden in der Regel sehr kleine τ-Werte beobachtet. Es handelt sich in diesem Fall um Reaktionen, deren Rate durch die Trägheit der Moleküle bestimmt ist und bei denen somit τ sehr kleine Werte in der Größenordnung von Pikosekunden annimmt.
2. Eine wichtige Klasse von Antworttypen ist jedoch deutlich langsamer, mit τ im Bereich von einigen Nanosekunden bis hin zu Stunden, Tagen oder Jahren. So haben Gläser eine sehr hohe, innerhalb normaler Messzeiten nicht messbare Viskosität, jedoch lassen sich langfristig Deformationen an Gläsern im Gravitationsfeld der Erde beobachten. Es handelt sich um Reaktionen, bei denen die Prozesse auf molekularer Ebene durch die Wahrscheinlichkeit bestimmt werden, dass Moleküle oder Molekülgruppen durch statistische Fluktuationen die zur Reaktion erforderliche Energie und/oder Konformation erhalten. Man spricht von *Relaxationsprozessen*, und τ stellt die *Relaxationszeit* des Systems in Bezug auf eine gegebene Störung dar.

Wegen des großen Unterschieds der Zeiten beider Klassen von Prozessen sind die Relaxationsprozesse, sofern solche überhaupt stattfinden, geschwindigkeitsbestimmend und bestimmen somit das dynamische Verhalten der Materie.

Das Wort *Rate* bzw. *Reaktionsrate* hat sich aus dem englischen „rate" eingebürgert und kennzeichnet die Geschwindigkeit, mit der ein Prozess oder eine Reaktion abläuft. Das deutsche Wort „Geschwindigkeit" ist in diesem Zusammenhang weniger passend, da es auch die Bewegungsgeschwindigkeit eines Körpers oder Teilchens umfasst und somit belastet ist.

Beispiel: Als Beispiel eines Relaxationsprozesses kann die Orientierung länglicher Moleküle einer Flüssigkeit in einem Magnetfeld betrachtet werden, die in Abb. 8.31 veranschaulicht ist. Gewisse Klassen von Molekülen können so genannte flüssigkristalline Phasen bilden (Kap. 7), die jedoch oberhalb einer Übergangstemperatur in eine makroskopisch isotrope, d. h. ungeordnete Phase übergehen. Stört man eine solche isotrope Phase durch ein sehr schnell eingeschaltetes Magnetfeld, so orientieren sich die Moleküle annähernd parallel, wie in Abb. 8.31 dargestellt. Die Geschwindigkeit dieses Orientierungsprozesses ist deutlich kleiner als die Kreisfrequenz der Rotation eines freien Moleküls, die bei der Temperatur T durch $\omega = \sqrt{kT(2I)}$ gegeben ist, wobei k die Boltzmann-Konstante und I das molekulare Trägheitsmoment sind. Im Falle eines freien molekularen Rotators hängt ω nur vom Trägheitsmoment und von der Temperatur ab. Im Gegensatz dazu ist in der Flüssigkeit die Wechselwirkung der Nachbarmoleküle ausschlaggebend für die Beweglichkeit, und die dynamische Behinderung eines jeden Moleküls durch die ebenfalls rotierenden benachbarten Moleküle wird geschwindigkeitsbestimmend. Dies wird in der Regel als Wirkung einer intermolekularen Reibung beschrieben.

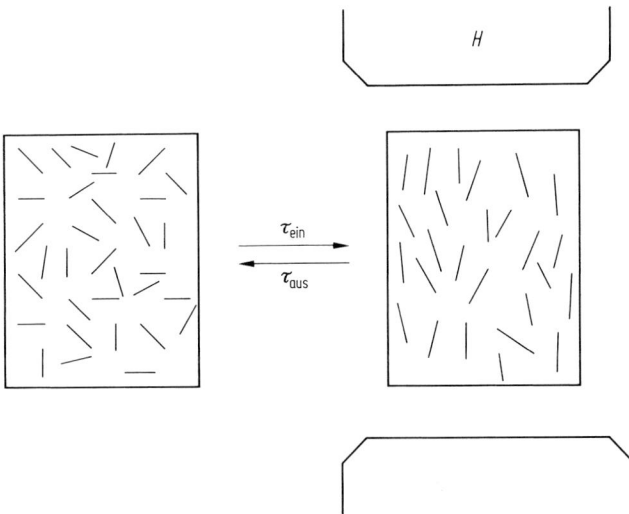

Abb. 8.31 Übergang einer flüssigkristallinen Probe vom isotrop ungeordneten Zustand (links) in den geordneten (rechts) durch Einwirkung des Magnetfelds H. Der Übergang ist reversibel und die Relaxationszeiten τ_{ein} und τ_{aus} stellen die Werte für den Übergang nach Einschalten bzw. nach Ausschalten des Magnetfelds dar.

Energiespeicherung. Die beiden geschilderten Antworttypen lassen sich auch unterscheiden, wenn man die zur Störung des Systems aufgewandte Arbeit betrachtet. Bei Antworten des ersten Typs wird die am System geleistete Arbeit in molekulare potentielle Energie umgewandelt, wird somit vom System gespeichert und kann wiedergewonnen werden. Bei Relaxationsprozessen wird die am System geleistete Arbeit in Wärme umgewandelt und steht nicht mehr als mechanische Energie zur Verfügung. Am Beispiel der flüssigkristallinen Substanz stellt sich zwar nach Abschalten des Magnetfelds der ursprüngliche ungeordnete Zustand nach einiger Zeit wieder ein, jedoch kann aus diesem Prozess keine Arbeit gewonnen werden. Allein die Erwärmung der Substanz bleibt zurück. Findet eine solche Degradierung der Energie statt, spricht man von einem dissipativen bzw. von einem irreversiblen Prozess. Auf die beiden Antworttypen wird weiter unten noch detaillierter eingegangen.

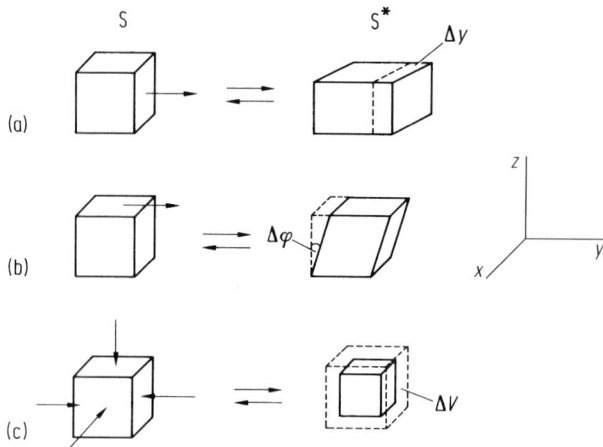

Abb. 8.32 Deformationstypen eines würfelförmigen Körpers.
(a) *Dehnung:* Die Spannung wirkt in y-Richtung senkrecht auf die Fläche, die senkrecht zur y-Achse liegt. Der Würfel wird in y-Richtung um Δy gedehnt. (b) *Scherung:* Die Spannung wirkt in y-Richtung tangential auf eine Fläche, die senkrecht zur z-Achse liegt. Der Würfel wird um den Winkel $\Delta\varphi$ geschert. (c) *Kompression:* Die Spannung ist ein allseitiger hydrostatischer Druck. Dieser wirkt senkrecht auf alle Flächen. Die Antwort des Systems ist eine Volumenänderung um ΔV.

Dehnung, Scherung, Kompression. Die Abb. 8.32 illustriert drei relativ einfach zu beschreibende Formen der Deformation eines festen oder flüssigen Körpers, der ursprünglich die Form eines Würfels, dargestellt durch die gestrichelten Kanten, hatte.

Eine Dehnung eines durch äußere Kräfte beanspruchten Körpers muss generell durch einen Dehnungstensor beschrieben werden. So lassen sich zwar die in Abb. 8.32a und 8.32c dargestellten Dehnungen durch die skalaren Größen Δx und ΔV, Verlängerung und Volumenabnahme, beschreiben, jedoch sind die Verhältnisse bei der in Abb. 8.32b dargestellten Scherung komplizierter. Der Einfluss einer Schwerkraft bewirkt eine Verformung, die zwar in der Abbildung durch den Winkel Δj gekennzeichnet wurde, jedoch nicht vollständig durch eine skalare Größe beschrieben werden kann, da jede Fläche des Würfels sich bezüglich der drei Raumrichtungen unterschiedlich verlagert. Eine solche Größe, im vorliegenden Fall die Scherung, lässt sich durch einen Tensor zweiter Stufe darstellen. Wir wollen das Symbol ε für eine skalare bzw. eine tensorielle Deformation verwenden.

Spannung. Die Spannung ist eine auf den Querschnitt bezogene Deformationskraft, die als Ursache einer Deformation angesehen werden kann.

$$\sigma := \frac{F}{S}. \tag{8.58}$$

F ist die Deformationskraft und S der Querschnitt der Fläche, auf die F wirkt.

Auf einen Körper kann z. B. eine *Zugspannung*, eine *Scherspannung* oder ein *hydrostatischer Druck* wirken. Die Abb. 8.33 veranschaulicht diese Arten von Spannungen in einem kartesischen Koordinatensystem. Bei allseitigem hydrostatischen Druck (Abb. 8.33c) erhält man Spannungen in Form eines Diagonaltensors mit den Komponenten σ_{11}, σ_{22}, σ_{33}. Im allgemeinen Fall ist die Spannung ein Tensor zweiter Stufe, dessen Elemente in Abb. 8.34 dargestellt sind.

Die Deformation eines Körpers lässt sich allgemein als Überlagerung einer linearen Dehnung Δx, einer Scherung $\Delta\varphi$ und einer Kompression/Expansion ΔV be-

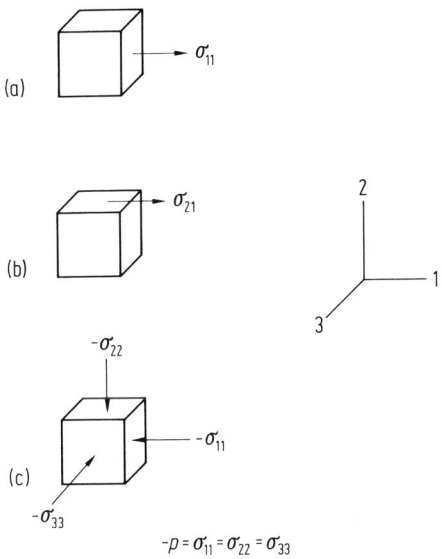

Abb. 8.33 Elemente des Spannungstensors. Die dargestellte Spannung σ setzt sich aus Dehnungs- und Scherkomponenten (a) und (b) zusammen.

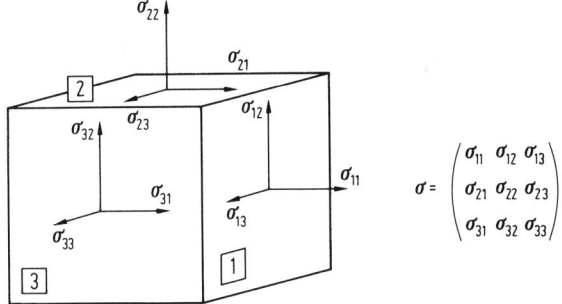

Abb. 8.34 Schematische Darstellung der neun Komponenten des Spannungstensors. Die Komponenten mit gleichen Indizes σ_{ii} wirken senkrecht auf die Flächen und die mit ungleichen σ_{ij} tangential. Der erste Index gibt die Fläche an, auf die die Spannung wirkt, der zweite die Richtung der Spannung. Die Zahlen kennzeichnen die Raumrichtungen: $1 \mapsto y$, $2 \mapsto z$, $3 \mapsto x$.

schreiben. Entsprechend lässt sich die allgemeine Spannung in eine Zug-Schub-Spannung, eine Scherspannung und einen positiven oder negativen hydrostatischen Druck aufteilen.

Antworttypen. Aus phänomenologischer Sicht unterscheiden wir grundlegend zwischen folgenden verschiedenen Antworttypen, die sich in Bezug auf die Relation Spannung/Deformation und auf den zeitlichen Verlauf der Antwort quantitativ beschreiben lassen. Diese Typen wurden bereits unter dem Aspekt der Größenordnung der betreffenden τ-Werte kurz diskutiert.

1. Elastische Antwort. Unter gewissen Näherungen (kleine Deformation) lässt sich die Beziehung zwischen Spannung und Deformation sowohl bei linearer Deformation als auch bei Scherung durch eine lineare Gleichung, das Hooke'sche Gesetz, beschreiben.

$$\text{Lineare Dehnung:} \quad \sigma = E \cdot \varepsilon \tag{8.59}$$

$$\text{Scherung:} \quad \sigma = G \cdot \gamma \tag{8.60}$$

Dabei sind σ die Spannung (Zug- oder Scherspannung), E das Young'sche Elastizitätsmodul, G das Schermodul, ε die Dehnung und γ die Scherdeformation. Die beiden Größen E und G sind für das System charakteristische Stoffkonstanten. In dem Fall der elastischen Antwort, bzw. bei einem ideal elastischen Körper, wird die zur Erreichung der Deformation ε bzw. γ aufgebrachte Arbeit in dem System gespeichert und kann beim Wegfallen der Spannung vollständig wiedergewonnen werden.

Beispiel: Eine metallische Feder kann unter Arbeitsaufwand durch eine äußere Kraft gedehnt werden. Nach Wegfallen der Kraft gelangt die Feder wieder in den alten Gleichgewichtszustand, d. h. die Dehnung geht auf Null zurück. Dabei wird vom System Arbeit geleistet. Falls beide Prozesse verlustfrei abgelaufen sind, was für eine gute Stahlfeder eine sehr gute Näherung ist, wird die bei der Entspannung geleistete Arbeit der bei der Verformung aufgebrachten gleich sein. Diese Verhältnisse sind in Abb. 8.35 anschaulich dargestellt.

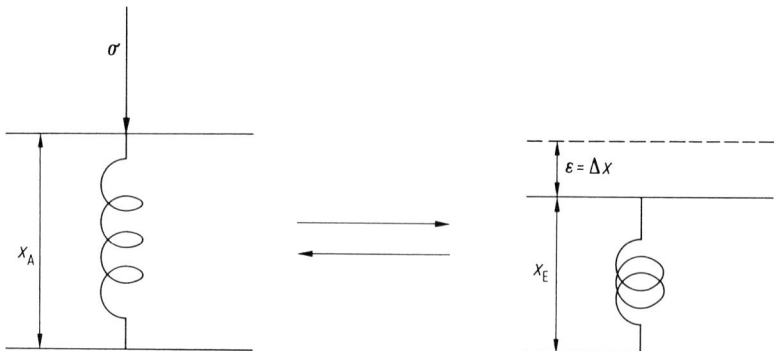

Abb. 8.35 Deformation einer elastischen Feder als Modell eines elastischen Körpers. Die Spannung σ bewirkt die Deformation $\varepsilon = \Delta x$. Die Reaktion ist reversibel, wie durch den Doppelpfeil angedeutet ist.

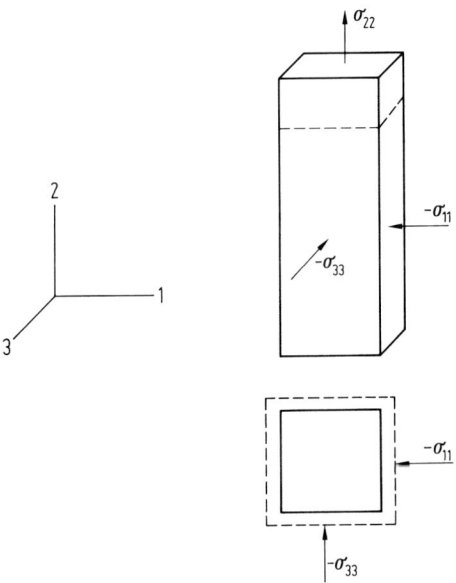

Abb. 8.36 Deformation eines der Spannung σ_{22} unterworfenen Körpers. Die Spannungen σ_{11} und σ_{33} entstehen durch die Deformation und kompensieren z. T. die Volumenänderung. Die gestrichelten Linien stellen den ursprünglichen Zustand vor Anwendung der Spannung dar. Der Körper ist in der Vorderansicht und in der Aufsicht dargestellt.

Volumenänderung bei Dehnung: Bei der Dehnung eines Stabes, z. B. in Richtung der 2-Achse, verändern sich allgemein auch die Dimensionen in den beiden Richtungen 1 und 3. Dies ist in Abb. 8.36 dargestellt. Die angelegte Spannung σ_{22} führt zu den durch σ_{11} und σ_{33} gekennzeichneten Spannungen in die beiden anderen Richtungen. Als Ergebnis erhalten wir in die drei Richtungen die Dehnungen $\mathrm{d}l_2$, $\mathrm{d}l_1$, $\mathrm{d}l_3$ und entsprechend eine Volumenänderung $\mathrm{d}V = \mathrm{d}l_1 \cdot \mathrm{d}l_2 \cdot \mathrm{d}l_3$.

Man definiert das reziproke Verhältnis der angelegten Spannung σ_{22} zu den in den beiden zu 2 senkrechten Richtungen entstehenden Spannungen σ_{11} und σ_{33} als *Poisson-Verhältnis* v:

$$v := -\frac{\sigma_{11}}{\sigma_{22}} = -\frac{\sigma_{33}}{\sigma_{22}} \tag{8.61}$$

Das Poisson-Verhältnis hat den Wert $v = 0.5$ für einen Körper, der sein Volumen unter Spannung nicht verändert. v hat in der Regel Werte bei 0.49 für Elastomere (s. unten) und deutlich kleinere ($v = 0.2 \ldots 0.4$) für elastische Feststoffe, z. B. Metalle. Besteht die Spannung in einem allseitigen hydrostatischen Druck P, so besteht die Antwort des Systems in einer Volumenänderung, die von einer Stoffgröße, der *Kompressibilität* β, bzw. der reziproken Größe, dem *Kompressionsmodul* $B = \beta^{-1}$, abhängt. Für B gilt folgende Definitionsgleichung:

$$B := V\left(\frac{dP}{dV}\right)_T . \tag{8.62}$$

Die vier definierten grundlegenden mechanischen Größen sind durch folgende Gleichungen verknüpft:

$$E = 3B(1 - 2v) = 2G(1 + v).$$ (8.63)

Für den Fall, dass die Spannung keine Volumenänderung hervorruft, d. h. wenn $v = 0.5$ ist, gilt:

$$E \approx 3G.$$ (8.64)

Jedes dieser Module (E, G, B) ist ein Maß für den Widerstand des Systems gegenüber den entsprechenden Spannungen. Häufig verwendet man auch die reziproken Größen

$$J_{\mathrm{d}} := E^{-1}, \quad J_{\mathrm{s}} := G^{-1}, \quad \beta := B^{-1}.$$

Diese Größen sind die den betreffenden Modulen entsprechenden *Nachgiebigkeiten*.

2. Viskose (dissipative) Antwort. Wirkt eine Spannung auf ein so genanntes viskoses System, dann kann dies zu einer Deformation führen, die nicht durch die Hooke'sche, sondern durch die Newton'sche Gleichung beschrieben wird:

$$\sigma = \eta \cdot \frac{\mathrm{d}\varepsilon}{\mathrm{d}t}$$ (8.65)

mit der Viskosität η. Bemerkenswert ist bei dieser Gleichung, dass die Spannung nicht mit der Deformation ε in Zusammenhang gebracht ist, sondern mit deren

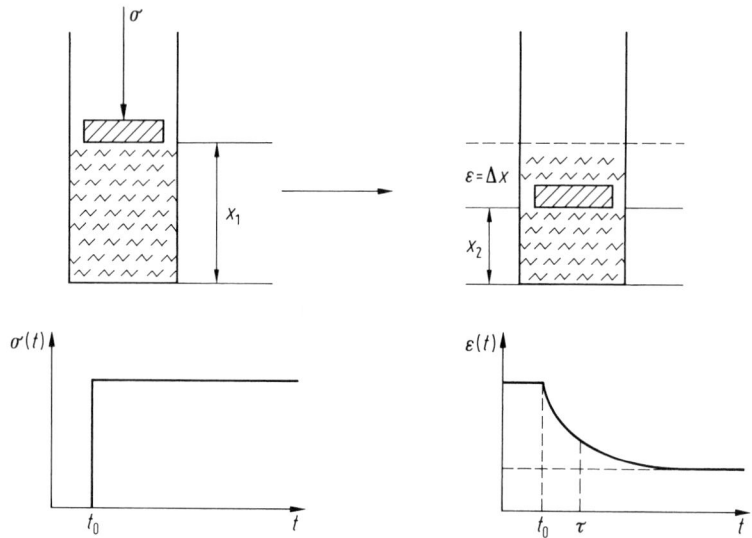

Abb. 8.37 Deformation eines viskosen Körpers, dargestellt durch einen Topf mit Stempel und einer viskosen Flüssigkeit, die durch die ringförmige Öffnung und den Stempel ausweichen kann. Die sprunghaft zunehmende Spannung $\sigma(t)$ bewirkt eine exponentiell abklingende Deformation $\varepsilon(t)$.

Ableitung nach der Zeit. So führt beispielsweise eine konstante, d. h. zeitunabhängige Deformation zu keiner Spannung, sondern nur eine sich verändernde. Die aufgewandte Arbeit bei einem solchen Prozess wird in Form von Wärme an die Umgebung dissipiert und kann nicht, bzw. nur unter den Einschränkungen des 2. Hauptsatzes der Thermodynamik, wiedergewonnen werden. Die Form der Newton'schen Gleichung (8.65) legt nahe, dass die Spannungs-Dehnungs-Beziehung nur unter Einbeziehung der Zeitvariablen t beschrieben werden kann. Die viskose Antwort wird schematisch in Abb. 8.37 dargestellt.

Wie bereits erwähnt, unterscheidet man zwischen Schubspannung und Scherspannung. Dementsprechend wird die jeweilige Dehnung im Fall der Schubspannung eine lineare Deformation ε und im Fall der Scherspannung eine Scherung γ sein. Beide Deformationsarten sind affine Deformationen. Die Proportionalitätskonstanten für den entsprechenden dissipativen Prozess sind jeweils die Volumenviskosität η_V und die Scherviskosität η_s.

Flüssigkeiten, die die Gl. (8.65) erfüllen, nennt man *Newton'sche Flüssigkeiten*. Darüber hinaus kann man auch relativ komplexe Systeme beobachten, bei denen die Anwendung der Newton-Gleichung zu einer spannungsabhängigen Viskosität führt. In solchen Fällen spricht man von nicht-Newton'schem Verhalten bzw. nicht-Newton'schen Flüssigkeiten. Die Ursache für ein solches Verhalten liegt darin, dass die Moleküle sich unter Scherspannung, einem Geschwindigkeitsgradienten, orientieren und als Folge dessen eine kleinere Viskosität als im nicht orientierten Zustand aufweisen.

3. Viskoelastische Antwort. Polymere reagieren auf Spannungen im Allgemeinen sowohl elastisch als auch viskos. Man spricht daher von einem viskoelastischen Verhalten. Insbesondere die Zeitabhängigkeit der Antwort deutet darauf hin, dass eine komplexe Verknüpfung eines elastischen und eines viskosen Antworttyps als Modell für das Verhalten solcher Systeme herangezogen werden muss. In erster Näherung wird versucht, einfache Modelle zu konstruieren, wonach die Antwort eines viskoelastischen Systems sich additiv aus der viskosen und der elastischen Antwort zusammensetzt. So lässt sich das viskoelastische Verhalten durch die Verknüpfung eines viskosen und eines elastischen Elements, wie in Abb. 8.38 dargestellt, veranschaulichen. Die hier dargestellte Reihenschaltung des elastischen und des viskosen Elements, nennt man ein *Maxwell-Element*. Weitere Schaltungen sind möglich und sinnvoll zur Beschreibung realer Systeme. Die folgende Schilderung des Verhaltens des Maxwell-Elements soll nur exemplarisch verstanden werden.

Die Feder stellt ein Polymermolekül und der viskose Stoff mit dem Stempel das umgebende viskose Lösungsmittel dar. Das zeitliche Verhalten eines Maxwell-Elements, das unter Spannung steht, kann einfach berechnet werden. Die Spannungs-Deformations-Beziehung des Maxwell-Elements ergibt sich aus denen des elastischen und des viskosen Elements, laut Gl. (8.59) und (8.65). Aus Gl. (8.59) erhält man die Zeitabhängigkeit der Deformation des elastischen Körpers:

$$\frac{d\varepsilon_{el}}{dt} = \frac{1}{E} \cdot \frac{d\sigma}{dt}. \tag{8.66}$$

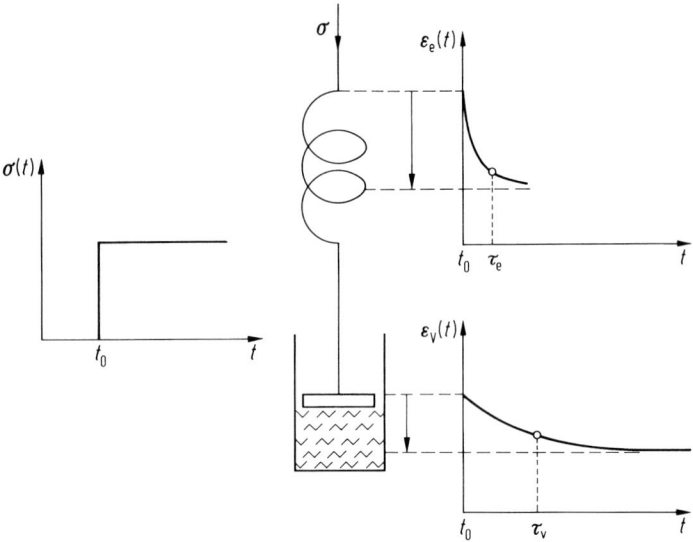

Abb. 8.38 Viskoelastische Antwort des Maxwell-Elements. Bei einem stufenförmigen Zeit-verlauf der Spannung erhält man für jedes der beiden Elemente eine Zeitabhängigkeit der Deformation. Die schnellere elastische Deformation der Feder baut sich mit der Zeitkonstante τ_e auf, und die langsamere viskose Deformation des viskosen Stoffes mit τ_v.

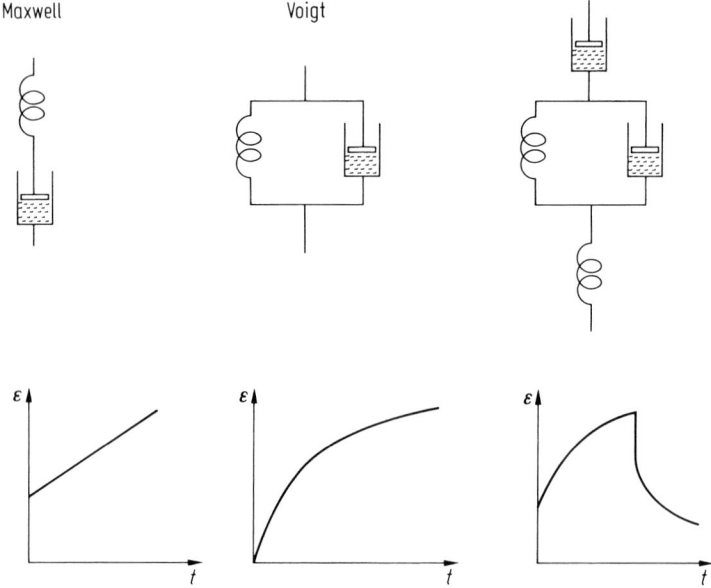

Abb. 8.39 Drei viskoelastische Modelle und ihre zeitabhängige Antwort in einem Kriechre-laxationsexperiment.

Für die viskose Antwort gilt nach Gl. (8.65):

$$\frac{d\varepsilon_{vis}}{dt} = \frac{\sigma}{\eta}. \tag{8.67}$$

Wenn beide Elemente in Reihe geschaltet sind, kann man beide Beiträge zur Deformation addieren und es folgt:

$$\frac{d\varepsilon}{dt} = \frac{d\varepsilon_{el}}{dt} + \frac{d\varepsilon_{vis}}{dt} = \frac{1}{E} \cdot \frac{d\sigma}{dt} + \frac{\sigma}{\eta}. \tag{8.68}$$

Für das Maxwell-Element kann man eine Relaxationszeit definieren:

$$\tau_{max} := \frac{\eta}{E}; \tag{8.69}$$

damit ergibt sich

$$\frac{d\varepsilon}{dt} = \frac{1}{E} \cdot \frac{d\sigma}{dt} + \frac{\sigma}{\tau_{max} \cdot E}. \tag{8.70}$$

Die Lösungen der Gl. (8.70) werden weiter unten im Zusammenhang mit den Randbedingungen der Relaxationsexperimente diskutiert.

Weitere Kombinationen von elastischen und viskosen Elementen wurden quantitativ berechnet und es zeigte sich, dass viele experimentelle Ergebnisse sich mit dem in Abb. 8.39 dargestellten Voigt-Element oder dem etwas komplexeren Vier-Elemente-Modell genauer beschreiben lassen als mit dem einfachen Maxwell-Element.

8.4.2 Experimentelle Methoden

Die unten geschilderten Experimente laufen generell auf ein Studium des zeitlichen Verlaufs der Spannungs-Deformations-Beziehung unter verschiedenen Bedingungen hinaus. Solche Messungen ermöglichen die Prüfung von theoretischen Modellen, die Bestimmung von wichtigen Stoffkonstanten und die modellhafte Verknüpfung der viskoelastischen mit molekularen Daten. Die Experimente lassen sich in zeitabhängige und frequenzabhängige Verfahren klassifizieren. In der ersten Klasse wird eine Störung auf das System ausgeübt und die Antwort als Funktion der Zeit registriert. Je nach Natur der Störung haben wir Spannungsrelaxations- oder Kriechrelaxationsexperimente. In der zweiten Klasse ist die Störung periodisch und die Messgröße wird frequenzabhängig registriert. Obwohl hier explizit nur die Rede von mechanischen Experimenten ist, sollte nicht übersehen werden, dass die gleichen Prinzipien und analoge Verfahren auch für elektrische, magnetische und optische Anregung gelten und entsprechende Informationen auch aus solchen Experimenten gewonnen werden können.

8.4.2.1 Spannungsrelaxationsexperiment

Hierbei wird eine Deformation in Form einer Stufenfunktion der Zeit auf das System ausgeübt. Die Reaktion des Systems besteht aus einer ersten schnellen Zunahme und einer zweiten langsamen Abnahme der Spannung. Die Zunahme erfolgt als elastische Antwort (die Feder wird gespannt) und die Abnahme als verzögerte viskose Antwort (die Spannung wird durch verschiedene molekulare Mechanismen abgebaut). Nach hinreichend langer Zeit geht die Spannung asymptotisch auf Null zurück. Dieses Experiment, welches in der Abbildung 8.40 veranschaulicht wird, läuft unter der Randbedingung $d\varepsilon/dt = 0$ ab. Die entsprechende Integration der Gl. (8.70) für das Maxwell-Element ergibt:

$$\text{Einschalten von } \varepsilon: \ \sigma = \sigma_0 \cdot e^{-t/\tau_{max}} \tag{8.71a}$$

$$\text{Abschalten von } \varepsilon: \ \sigma = \sigma_0 \cdot e^{-\frac{t}{\tau_{max}}}. \tag{8.71b}$$

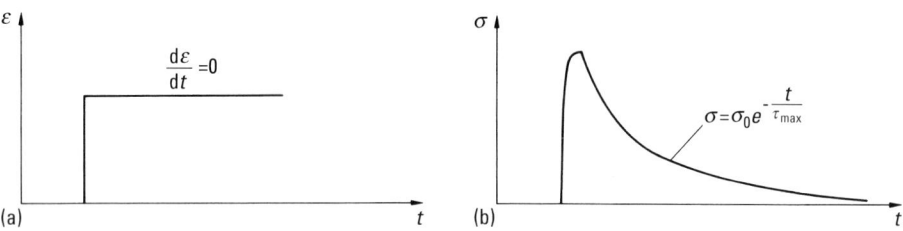

Abb. 8.40 Verlauf eines Spannungsrelaxationsexperiments an einem Maxwell-Element. Die Deformation wird schnell ausgeübt und dann konstant gehalten. Die Spannung nimmt sehr schnell zu. Anschließend baut sich die Spannung mit der Zeitkonstante τ_{max} wieder ab. Zunächst wird die Feder deformiert und anschließend wird das viskose Element zunehmend deformiert und ermöglicht den Abbau der Spannung der Feder. Hierbei wird die in der Feder gespeicherte potentielle Energie im viskosen Element in Wärme dissipiert.
Die Kurve in (b) gibt den durch beide Exponentialfunktionen beschriebenen Verlauf wieder.

8.4.2.2 Kriechrelaxationsexperiment

In diesem Versuch wird eine Spannung in Form einer Rechteckfunktion der Zeit auf das System ausgeübt (Abb. 8.41). Die Reaktion des Systems besteht in einer anfänglichen schnellen und einer anschließenden sich langsam aufbauenden Dehnung. Nach der schnellen Entspannung, geht die elastische Dehnung praktisch momentan zurück, während die viskose Dehnung dissipiert ist und nicht mehr zurückgeht. Man sieht, dass die elastische Dehnung nach einiger Zeit gespeichert wird und die viskose dissipiert ist. Das Experiment läuft unter der Randbedingung $d\sigma/dt = 0$ ab und somit ergibt die Integration von Gl. (8.70):

$$\varepsilon = \frac{\sigma}{\tau_{max} \cdot E} \cdot t. \tag{8.72}$$

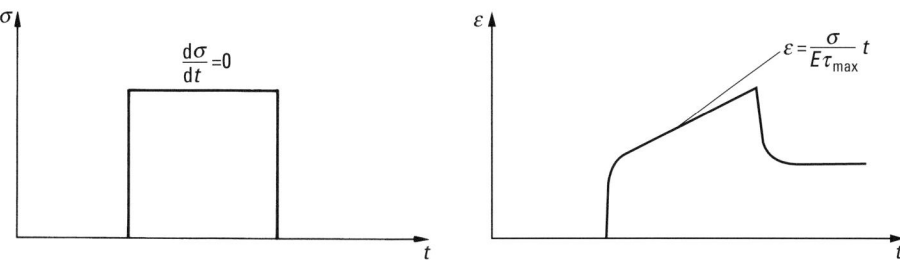

Abb. 8.41 Verlauf eines Kriechrelaxationsexperiments an einem Maxwell-Element. Die Spannung wird schnell aufgebaut, dann konstant gehalten und anschließend schnell abgebaut (Rechteckfunktion der Zeit). In der ersten Phase reagiert das elastische Element sehr schnell, in der zweiten kommt bei konstant gehaltener Spannung die Deformation des viskosen Elements hinzu und in der dritten geht bei momentanem Abbau der Spannung die reversible Deformation der Feder schnell zurück. Die Deformation des viskosen Elements geht jedoch nicht wieder zurück, da diese Antwort irreversibel ist.

Beide Versuche erlauben es, die viskoelastischen Parameter des Systems zu bestimmen, jedoch liefern sie etwas unterschiedliche Informationen; sie sind also nicht äquivalent. Sowohl das Spannungs- als auch das Kriechrelaxationsexperiment sind kinetische Experimente, in denen der eine der beiden Parameter σ und ε bei vorgegebenem Verlauf des jeweils anderen als Funktion der Zeit gemessen wird. So wird im Spannungsrelaxationsexperiment die Deformation vorgegeben und spielt die Rolle der Störung, während die Spannung als Antwort durch das Messverfahren als Antwort verfolgt wird. Im Kriechrelaxationsexperiment liegen die Verhältnisse umgekehrt.

8.4.2.3 Periodische Anregung

In einer weiteren, sehr wichtigen Klasse von Experimenten wird der eine Parameter periodisch verändert und der andere als Funktion der Anregungsfrequenz ω gemessen. Um die Auswertung solcher Experimente zu ermöglichen, diese zu interpretieren, muss zunächst die Differentialgleichung für das Problem entsprechend formuliert werden.

Bewegungsgleichung bei periodischer Anregung. Viskoelastische Eigenschaften lassen sich durch Erzeugung einer ebenen Scherwelle in dem zu untersuchenden Medium bestimmen. Wenn wir einen viskoelastischen Körper einer periodischen Spannung mit der Kreisfrequenz ω unterwerfen, dann reagiert dieser mit einer periodischen Deformation γ der Form:

$$\gamma = \gamma_0 \sin \omega t .$$

Die ebenfalls periodisch variierende Spannung lässt sich folgendermaßen schreiben:

$$\sigma = \gamma_0 (G' \sin \omega t + G'' \cos \omega t) ; \qquad (8.73\mathrm{a})$$

σ ist in eine Komponente $\gamma_0\,G'\sin\omega$, die mit der Deformation phasengleich ist, und eine Komponente $\gamma_0\,G''\cos\omega t$, deren Phase um $\pi/2$ verschoben ist, aufgespalten. Dies lässt sich auch durch den Phasenwinkel δ folgendermaßen ausdrücken:

$$\sigma = \sigma_0\sin(\omega t + \delta). \tag{8.73b}$$

Im Fall eines viskoelastischen Systems ist das Schermodul allgemein eine komplexe Größe:

$$G^* = G' + \mathrm{i}G''. \tag{8.74a}$$

Zwischen beiden Anteilen des Schermoduls gilt:

$$\frac{G''}{G'} = \tan\delta. \tag{8.74b}$$

Analog können die Beziehungen durch Einführung einer komplexen Viskosität

$$\eta^* = \eta' - \mathrm{i}\eta'' \tag{8.74c}$$

ausgedrückt werden. Zwischen den entsprechenden Größen gelten die Beziehungen:

$$\eta' = \frac{G''}{\omega} \tag{8.75a}$$

$$\eta'' = \frac{G'}{\omega}. \tag{8.75b}$$

Im Grenzfall $\omega \to 0$ erhalten wir $\eta \to \eta_s$, wobei η_s die im Grenzfall des stationären Flusses gemessene Scherviskosität ist. Die hier vorgestellten periodischen Messungen sind den oben geschilderten zeitabhängigen Versuchen äquivalent für den Fall, dass die reziproke Messzeit $1/\tau = \omega$ der Messfrequenz entspricht.

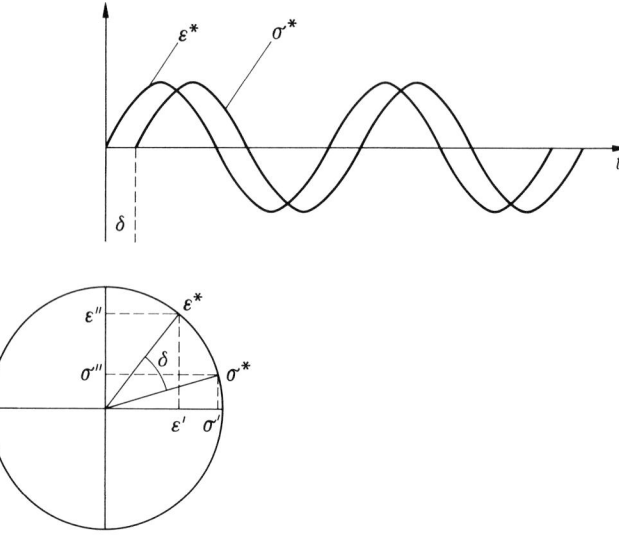

Abb. 8.42 Phasenbeziehungen bei periodischer Anregung eines viskoelastischen Systems.

Für viskoelastische Systeme sind im Allgemeinen die Größen $E(t)$, $G(t)$, $J_{\mathrm{d}}(t)$, $J_{\mathrm{s}}(t)$ zeitabhängig. Im Fall der periodischen Anregung sind die genannten Größen als komplexe frequenzabhängige Größen zu beschreiben: $E^*(\omega)$, $G^*(\omega)$, $J_{\mathrm{s}}^*(\omega)$, $J_{\mathrm{d}}^*(\omega)$. Die Phasenverhältnisse im Fall der komplexen Darstellung sind in Abb. 8.42 veranschaulicht.

Wenn G eine *reelle* Größe ist, so besitzt der Körper elastische Eigenschaften. Die Spannung ist phasengleich mit der Deformation, und die Welle pflanzt sich ungedämpft fort.

Wenn G eine *imaginäre* Größe ist, dann besitzt der Körper rein viskose Eigenschaften, die Verformung ist um $\frac{\pi}{2}$ gegenüber der Spannung verschoben, und die Welle ist gedämpft.

Entsprechend gilt, dass bei elastischen Systemen die reale Komponente der Viskosität η' Null ist und bei rein viskosen Systemen die imaginäre Komponente η'' zu Null wird.

Die Fortpflanzungsgeschwindigkeit und die Dämpfung lassen sich im Falle eines imaginären Schermoduls folgendermaßen berechnen:

In einem viskoelastischen Medium werden durch eine periodische, sinusförmige Anregung mit der Kreisfrequenz ω gedämpfte Wellen erzeugt, wobei sich die lokale Verschiebung ζ eines Massenelements am Ort x nach der Gleichung

$$\xi = \xi_0 \cdot \exp[i\omega(t - x/c)] \tag{8.76}$$

fortpflanzt. c ist die Fortpflanzungsgeschwindigkeit.

$$\sigma = i\omega\eta\gamma, \tag{8.77}$$

$$G = \frac{\sigma}{\gamma} = i\omega\eta, \tag{8.78}$$

$$c = \sqrt{\frac{i\omega\eta}{\varrho}}. \tag{8.79}$$

Bei Verwendung der komplexen Größen erhält man

$$\xi = \xi_0 \cdot \exp\left[-\sqrt{\frac{\omega\varrho}{2\mu}}\, y\right] \cdot \exp[i\omega(t - x/c)]. \tag{8.80}$$

Der erste exponentielle Faktor in Gl. (8.80) hat einen reellen Exponenten und stellt somit einen Dämpfungsfaktor dar, der die Amplitude des periodischen Faktors mit dem Dämpfungskoeffizienten

$$\alpha = \frac{1}{\lambda} = \sqrt{\frac{\omega\varrho}{2\mu}} = \sqrt{\frac{\eta}{\pi f \varrho}} \tag{8.81}$$

auf $1/e$ des Anfangswerts abklingen lässt. f ist die Frequenz und ϱ ist die Dichte.

Mechanische Impedanz. Mehrere experimentelle Methoden erlauben es, die mechanische Impedanz zu messen, die sich als Quotient der negativen Scherspannung und der Teilchengeschwindigkeit darstellt:

$$Z = \frac{-\sigma}{d\xi/dt}. \tag{8.82}$$

Komplexe viskoelastische Parameter. Im Fall der periodischen Anregung lassen sich die Messgrößen von viskoelastischen Substanzen durch komplexe Parameter darstellen:

$$\text{Schermodul:} \quad G^* = G'(\omega) + i \cdot G''(\omega) \tag{8.83}$$

$$\text{Viskosität:} \quad \eta^* = \eta(\omega) - i \cdot \eta''(\omega) \tag{8.84}$$

$$\text{Nachgiebigkeit:} \quad J^* = J'(\omega) - i \cdot J''(\omega) \tag{8.85}$$

$$\text{Impedanz:} \quad Z^* = Z'(\omega) + i \cdot Z''(\omega) \tag{8.86}$$

Zwischen dem Realteil und dem Imaginärteil der Größen wie E^* besteht eine Phasenverschiebung um den Winkel δ:

$$\tan\delta := \frac{E''}{E'}. \tag{8.87}$$

Die Größe $\tan\delta$ ist der so genannte *Verlustwinkel*, der zur Charakterisierung der komplexen Antwort des Systems häufig verwendet wird.

Frequenzabhängigkeit. Beide Anteile, sowohl der Realteil als auch der Imaginärteil der aufgelisteten komplexen Größen, sind generell frequenzabhängig. Dies lässt sich verstehen, wenn man berücksichtigt, dass die elastische Antwort in der Regel sehr schnell erfolgt und die viskose Antwort u. U. um Größenordnungen langsamer ist. Eine quasistatische (niederfrequent durchgeführte) Messung registriert somit den viskositätsbedingten Anteil der Messgröße, während eine Messung mit hochfrequenter Anregung den elastischen Anteil registriert. Somit kommt es zu einer Frequenzabhängigkeit mit Grenzwerten für $\omega \to 0$ und $\omega \to \infty$. Die Tab. 8.4 zeigt die Grenzwerte für $G^*(\omega)$ und $\eta^*(\omega)$.

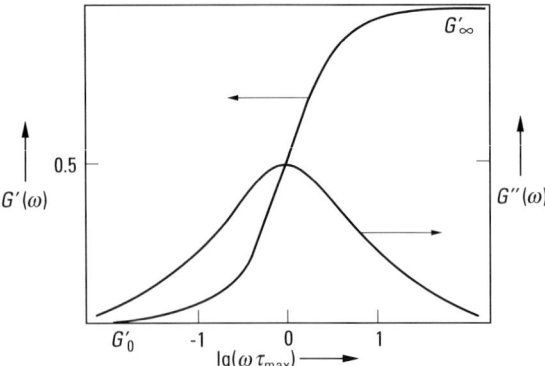

Abb. 8.43 Frequenzabhängigkeit der realen und der imaginären Komponente des komplexen Schermoduls. Die Ordinate ist auf $G'(\omega)|_{\omega \to \infty} = 1$ normiert. Die Abszisse ist logarithmisch und der Punkt 0 entspricht der Frequenz $\omega = \tau_{max}^{-1}$. Die Kurven beider Komponenten entsprechen den Dispersionsgleichungen (8.86) und (8.87) mit monoton zunehmendem Realteil von 0 bis 1 und einem Maximum des Imaginärteils bei $\omega = \tau_{max}^{-1}$.

Für ein Maxwell-Element erhält man bei periodisch sinusförmiger Anregung folgende Ausdrücke für die beiden Komponenten des komplexen G-Moduls:

$$G'(\omega) = G_\infty \cdot \frac{\omega^2 \tau_{max}^2}{1 + \omega^2 \tau_{max}^2}, \tag{8.88}$$

$$G''(\omega) = G_\infty \cdot \frac{\omega \tau_{max}}{1 + \omega^2 \tau_{max}^2}. \tag{8.89}$$

Die Gl. (8.88) und (8.89) sind in Abb. 8.43 graphisch dargestellt.

Relaxationsspektrum. Messungen eines Moduls (E oder G) mithilfe eines Verfahrens, in dem die Anregung periodisch mit variabler Frequenz durchgeführt werden kann, liefern das so genannte *Relaxationsspektrum* eines Prozesses; in diesem Zusammenhang spricht man von der mechanischen Spektroskopie. Für einen einfachen Prozess, der durch die Gl. (8.88) und (8.89) beschrieben werden kann, erhält man eine symmetrische Linie. Bei vielen Systemen sind die entsprechenden Kurven asymmetrisch, deutlich breiter und haben mehrere Maxima. Für den Fall einer diskreten Summe von Relaxationsprozessen oder einer kontinuierlichen Verteilung lassen sich die Spektren durch die Beziehungen (8.90) bzw. (8.91) beschreiben:

$$G''(\omega) = \sum_{i=1}^{N} G_\infty(i) \cdot \frac{\omega \tau_{max(i)}}{1 + \omega^2 \tau_{max(i)}^2}, \tag{8.90}$$

$$G''(\omega) = \int_{\tau_1}^{\tau_2} H(\tau) \cdot \frac{\omega \tau_{max}}{1 + \omega^2 \tau_{max}^2} \, d\tau. \tag{8.91}$$

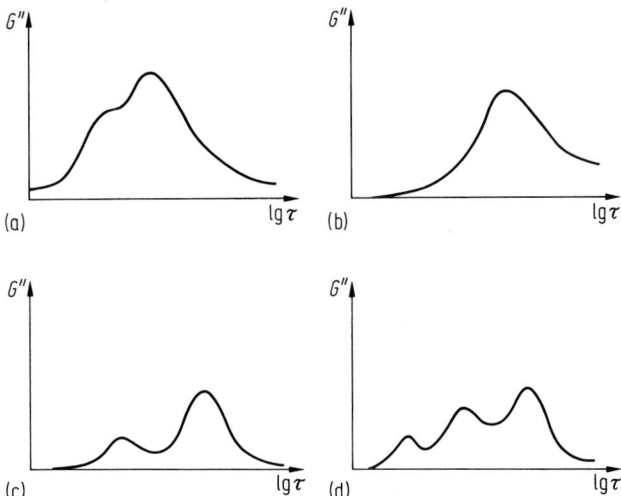

Abb. 8.44 (a) Verbreitetes Spektrum mit Andeutung eines teilweise aufgelösten schnellen Prozesses; (b) verbreitetes Spektrum, dessen langsame Komponente nicht mehr vollständig erfasst werden kann; (c) bimodales Spektrum; (d) trimodales Spektrum.

Die Verteilungsfunktion $H(\tau)$ wird oft als Spektrum der im betreffenden System wirksamen bzw. durch ein bestimmtes Experiment registrierten Relaxationsprozesse beschrieben. Es handelt sich also um ein mechanisches Spektrum der Relaxationsprozesse. Das diskrete Relaxationsspektrum in Gl. (8.90) wird über N Prozesse summiert, wobei jeder Prozess durch die entsprechende Relaxationszeit $\tau_{max,i}$ gekennzeichnet ist. Im Fall der kontinuierlichen Verteilung (8.91) wird das experimentelle Spektrum zwischen der kleinsten und der größten registrierten Relaxationszeit τ_1 und τ_2 integriert. $H(\tau)$ stellt die Verteilungsfunktion der Relaxationszeit dar. Diese Größe hängt von der Anzahl und der Natur der durch das betreffende Experiment registrierten Prozesse ab. Die Spektren in Abb. 8.44 illustrieren einige typische Formen von Relaxationsspektren von Polymeren.

Die Lage und die Form eines solchen Spektrums kann wertvolle Hinweise über die molekulare Natur des registrierten Prozesses liefern. In solchen Fällen kann man u. U. einzelne Relaxationsprozesse identifizieren oder wenn dies nicht möglich ist, kann man versuchen, eine Relaxationszeitverteilung aus den spektralen Daten zu erhalten. Solche Daten sind von großer Bedeutung für die Beschreibung der relativ komplexen Prozesse, die in einem Polymer unter der Einwirkung einer Störung ablaufen können.

Zeitbereich der Messverfahren. Polymere Systeme weisen eine Vielfalt von verschiedenen viskoelastischen Reaktionen auf, je nach Messtemperatur und Zeitskala des Messverfahrens. An dieser Stelle ist es nötig, zu erwähnen, dass jedes dynamische Experiment in einem bestimmten und durch die experimentellen Gegebenheiten beschränkten Zeitbereich durchgeführt werden kann. Dieser Zeitbereich ist durch die typischen dynamischen Eigenschaften der verwendeten Messapparatur festgelegt. Es ist nun nicht möglich, alle Zeitbereiche in einem einzigen Experiment bzw. mithilfe einer einzigen experimentellen Technik zu erfassen. Vielmehr werden verschiedene Zeit- bzw. Temperaturbereiche mit geeigneten Methoden untersucht und anschließend durch eine Reduktion aufeinander angepasst.

Zeit-Temperatur-Skalierung. Das mechanische Verhalten von Polymeren lässt sich durch ihre viskoelastischen Parameter charakterisieren. Die Abb. 8.45 gibt das Elastizitätsmodul eines linearen Polymers als Funktion der Temperatur wieder.

Eine solche Kurve, die sich über einen weiten Temperaturbereich erstreckt, erfordert kinetische Experimente wie z. B. den beschriebenen Spannungsrelaxationsversuch, die etwa einen Zeitbereich von mehreren Stunden bis Nanosekunden umfassen. Ein solcher Versuch ist nicht mit einem einzigen Messverfahren realisierbar und somit müssen mehrere Versuche mit verschiedenen Messverfahren durchgeführt und aneinander angepasst werden. Außerdem sind nach dem heutigen Stand der Technik bestimmte Zeitbereiche schwer zugänglich oder lassen nur sehr ungenaue Messungen zu. Um diese schwer zugänglichen Zeitlücken zu schließen, werden die Versuche bei einer Frequenz und bei verschiedenen Temperaturen durchgeführt. Hierbei geht man von der Annahme aus, dass durch Temperaturänderung lediglich die Kinetik des Prozesses in einen günstigen Bereich verschoben wird. Man nimmt an, dass der Prozess selbst je nach Richtung der Temperaturänderung beschleunigt oder verlangsamt wird, sonst aber unverändert bleibt. Die Ergebnisse der verschiedenen Versuche müssen anschließend durch ein geeignetes Skalierungsverfahren auf

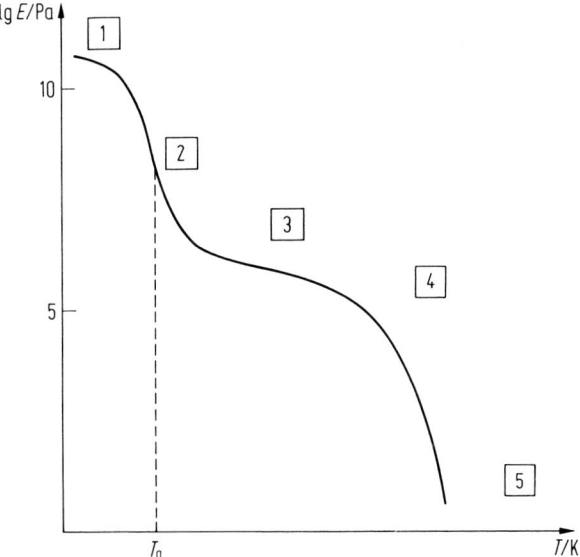

Abb. 8.45 Zustandsdiagramm eines typischen hochmolekularen Polymers als Funktion der Temperatur. Die fünf dargestellten Zustandsbereiche werden durch die Größenordnung des E-Moduls gekennzeichnet. T_g ist die Glastemperatur, bei der die E-T-Kurve die maximale Steilheit hat.

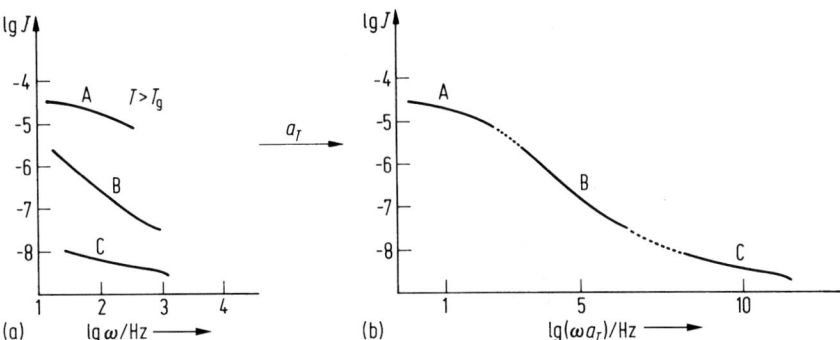

Abb. 8.46 Zeit-Temperatur-Verschiebung. Die in einem engen Frequenzbereich ($1-10^4$ Hz) erhaltenen Werte bei drei verschiedenen Temperaturen werden durch Skalierung der Frequenzskala mit α_T auf eine gemeinsame Frequenzkurve gebracht. Der Skalierungsfaktor α_T ist temperaturabhängig (s. Gl. (8.92) und (8.93)).

eine gemeinsame Temperatur skaliert werden. Die durchgezogene Kurve in Abb. 8.45 wurde über einen breiten Temperaturbereich aufgenommen.

Es war eine bedeutende Erkenntnis, dass es in der Tat ein zuverlässiges Skalierungsverfahren gibt, die so genannte **Williams-Landel-Ferry**-Zeit-Temperatur-Verschiebung (WLF-Verfahren), mit dessen Hilfe das Verhalten von viskoelastischen Systemen über einen weiten Zeitbereich bestimmt werden kann. Die hierzu verwendete empirische Gleichung ist:

$$\lg a_T = -\frac{c_1^0 \cdot (T - T_0)}{c_2^0 + T - T_0}. \tag{8.92}$$

Die Berechnung des WLF-Skalierungsfaktors α_T gemäß Gl. (8.88) – bei der Referenztemperatur T_0 mit den WLF-Konstanten c_1^0, c_2^0 bezogen auf T_0 – ermöglicht die Reduktion der Zeitskala mit der Gleichung

$$\frac{\tau_T}{\tau_{T_0}} = a_T. \tag{8.93}$$

Dabei sind τ_T und τ_{T_0} die Relaxationszeiten bei den Temperaturen T bzw. T_0.

Die Abb. 8.46a stellt eine typische Kurve dieser Art vor, in der die Nachgiebigkeit J eines Polymers als Funktion der Messfrequenz ω bei drei Temperaturen dargestellt ist. Die drei in verschiedenen Experimenten gewonnenen Teilstücke A, B, C, wurden nach Gl. (8.93) skaliert und ergeben die Frequenzkurve (Abb. 8.46b), die das dynamische Verhalten des Systems über zehn Frequenzdekaden wiedergibt.

8.4.3 Dielektrische Spektroskopie

Molekulare Rotation. Polare Moleküle unterliegen im elektrischen Feld einem Drehmoment, unter dessen Einfluss das Molekül rotiert. Die Kreisfrequenz ω der Rotation hängt bei ungestörten Molekülen, z. B. in Gasen, von den molekularen Trägheitsmomenten um die entsprechenden Rotationsachsen ab. In kondensierten Phasen kommt die Wechselwirkung des rotierenden Moleküls mit den Nachbarmolekülen als Reibungswiderstand hinzu. Bei hinreichend hohem Reibungswiderstand bzw. bei hohen Viskositätswerten ist die Rotation lediglich durch diesen Parameter und nicht durch das molekulare Trägheitsmoment bestimmt. Die so genannte *Rotationsrelaxationszeit* τ wird dann für kugelförmige Teilchen durch die *Stokes-Einstein-Debye-Gleichung* gegeben:

$$\tau = \frac{\eta}{kT} \cdot V. \tag{8.94}$$

In dieser Gleichung sind η die Viskosität, V das Volumen des Teilchens, k die Boltzmann-Konstante und T die thermodynamische Temperatur. Die Rotationsrelaxationszeit wird durch Messung der frequenzabhängigen Dielektrizitätskonstante $\varepsilon(\omega)$ bestimmt. Dabei ist die Dielektrizitätskonstante das Verhältnis der Kondensatorkapazität mit und ohne Dielektrikum. Die Kondensatorkapazität wird durch Messung der Ladezeit des Kondensators oder seines Blindwiderstandes bei Anlegen einer Wechselspannung der Frequenz ω bestimmt. Der mathematische Formalismus und die Struktur der erhaltenen Gleichungen für einen dielektrischen Relaxationsversuch ist den entsprechenden Beziehungen für die im vorhergehenden Abschnitt diskutierte mechanische Spektroskopie vollständig analog. Im Falle eines einzelnen Relaxationsprozesses gelten analog zu den Gl. (8.88) und (8.89) folgende Beziehungen:

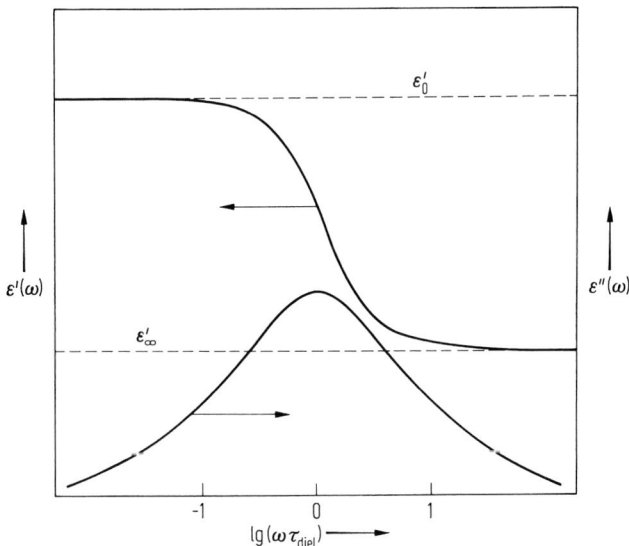

Abb. 8.47 Dielektrisches Relaxationsspektrum. Der Real- und der Imaginärteil der frequenz-abhängigen dielektrischen Permittivität $\varepsilon(\omega)$ sind als Funktion von $\omega\,\tau_{diel}$ dargestellt. Das Auftreten eines solchen Spektrums deutet auf einen Relaxationsprozess in der Probe hin, dessen Relaxationszeit τ_{diel} ist.

$$\varepsilon'(\omega) = \varepsilon_\infty \frac{\omega^2 \tau^2}{1 + \omega^2 \tau^2}, \tag{8.95}$$

$$\varepsilon''(\omega) = \varepsilon_\infty \frac{\omega\tau}{1 + \omega^2 \tau^2}, \tag{8.96}$$

wobei $\varepsilon'(\omega)$ und $\varepsilon''(\omega)$ der Real- und der Imaginärteil der komplexen Dielektrizitätskonstante sind. Analog zur Abb. 8.43 sind in Abb. 8.47 die beiden Komponenten der Dielektrizitätskonstante $\varepsilon(\omega)$ als Funktion der Kreisfrequenz dargestellt. Das Maximum des Imaginärteils bzw. der Wendepunkt des Realteils liegen bei einer Frequenz, für die die Beziehung $\omega \cdot \tau = 1$ gilt. Somit erlaubt uns das Maximum des dielektrischen Spektrums, τ zu bestimmen.

Dielektrische Relaxation in Polymeren. Während bei starren polaren Molekülen das Dipolmoment μ, das aufgrund der elektrischen Ladungsverteilung entsteht, eine feste Orientierung im Molekül hat, ist dies bei flexiblen Makromolekülen nicht mehr der Fall. Da die thermische Bewegung die gegenseitige Lage der atomaren Gruppen im Makromolekül dauernd verändert, ist auch das elektrische Dipolmoment $\mu(t)$ eine Zufallsfunktion der Zeit. Die Zeitabhängigkeit von $\mu(t)$ spiegelt also die komplexe thermische innere Bewegung des Makromoleküls wider. Die Abb. 8.48 gibt beispielsweise ein dielektrisches Relaxationsspektrum von Polytetrafluoroethylen wieder.

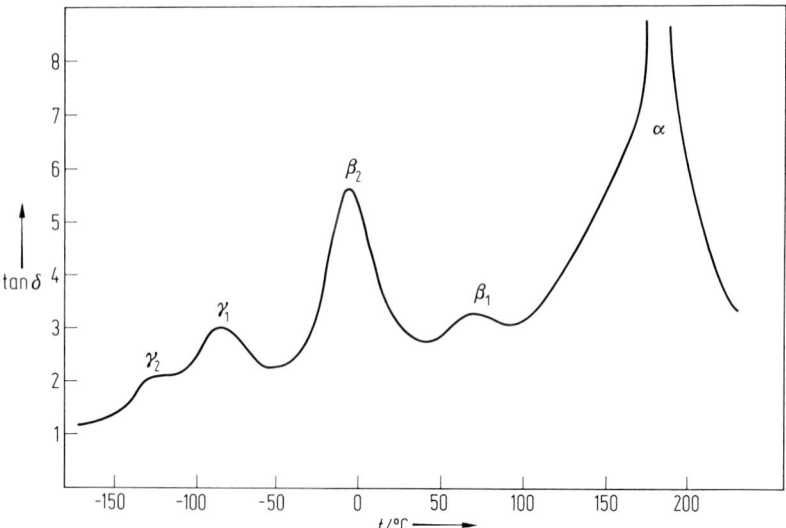

Abb. 8.48 Verlustwinkel $\tan\delta$ bei einer Frequenz von 1 kHz als Funktion der Temperatur einer Probe von Polytetrafluorethylen. Die Maxima entsprechen fünf verschiedenen Prozessen, die im Polymer auftreten und die durch dielektrische Relaxationsmessungen untersucht werden können. Der α-Prozess ist der so genannte Hauptprozess, der die in Abb. 8.45 auftretenden Bereiche bestimmt, während die β_1-, β_2-, γ_1-, und γ_2-Prozesse so genannte Sekundärprozesse sind, die unterschiedlichen lokalen Bewegungsmoden des Polymers entsprechen.

In diesem Spektrum ist der *dielektrische Verlustwinkel*

$$\tan\delta := \frac{\varepsilon''(\omega)}{\varepsilon'(\omega)}$$

analog zum mechanischen Verlustwinkel in Gl. (8.87) als Funktion der Temperatur der Probe aufgetragen. Die Komplexität des Spektrums ist auf das Auftreten mehrerer Relaxationsprozesse zurückzuführen, und somit sind anstelle der Gl. (8.90) und (8.91) die dielektrischen Analoga zu verwenden. Die Auftragung gegen die Temperatur anstelle der Frequenz hat folgenden Hintergrund. Aus experimentellen Gründen lässt sich in einem Versuch kein hinreichend großer Frequenzbereich überstreichen. Um trotzdem alle Relaxationsprozesse, die bei sehr unterschiedlichen Frequenzen ihr Maximum haben, zu erfassen, werden die Messungen bei einer festen Frequenz durchgeführt und die temperaturabhängigen Relaxationszeiten $\tau(T)$ durch Variation der Temperatur erfasst. Wie die Gl. (8.95) und (8.96) zeigen, geht die Frequenz ω nur als Produkt $\omega\tau$ ein, wodurch die Variation von τ bzw. T ein dielektrisches Spektrum liefert. Allerdings ist die Temperaturabhängigkeit der verschiedenen τ nicht die gleiche und auch nicht linear, und somit ist das über Variation von T aufgenommene Relaxationsspektrum gegenüber dem „echten" Frequenzspektrum verzerrt. Die wertvolle Information, die beispielsweise aus dem in Abb. 8.48 wiedergegebenem dielektrischen Relaxationsspektrum abgelesen werden kann, ist die, dass die innere Bewegung des Polymers über fünf unterschiedliche Prozesse verläuft, deren Abhängigkeit von verschiedenen Parametern mit diesem Verfahren untersucht werden kann.

Im Gegensatz zur mechanischen Relaxationsspektroskopie lassen sich mit der dielektrischen Relaxationsspektroskopie die beobachteten Bewegungsmoden auf bestimmte polare Gruppen innerhalb des Moleküls lokalisieren. Diese Spezifität kann noch verbessert werden, indem man ein gegebenes Polymer synthetisch an bestimmten Stellen mit polaren Gruppen markiert.

8.5 Zustandsbereiche von Polymeren

In der Abb. 8.45, die das Young'sche Elastizitätsmodul eines typischen Polymers über einen weiten Temperaturbereich darstellt, lassen sich fünf Relaxationsgebiete, die sehr unterschiedlichen physikalischen Zuständen entsprechen, unterscheiden:

1. *Der Bereich des glasförmigen Zustands:* In diesem Bereich hat das E-Modul des Systems einen hohen, nur schwach temperaturabhängigen Wert. Das Polymer ist hart und spröde. Der elastische Dehnungsbereich ist relativ klein. Morphologisch ist das Polymer amorph oder teilkristallin.
2. *Der Bereich des Glasübergangs:* Erwärmt man ein glasförmiges Polymer, so kommt man in einen Bereich, in dem E erst langsam und dann in zunehmendem Maße sinkt. Die Steilheit der Kurve wird am so genannten *Glasübergangspunkt* maximal. Der Bereich des Glasübergangs ist also durch eine besonders hohe Temperaturabhängigkeit von E charakterisiert.
3. *Der Bereich des gummiartigen Plateaus:* In diesem Bereich hat E deutlich kleinere Werte (etwa um drei Größenordnungen kleiner) als im Glaszustand und ist weitgehend temperaturunabhängig. Der elastische Dehnungsbereich ist sehr groß.
4. *Der Bereich des gummiartigen Flusses:* Mit Zunahme der Temperatur kommt man von dem gummiartigen Plateau in einen Bereich, in dem E absinkt und das Polymer unter dem Einfluss einer Spannung zu fließen beginnt. Dies bedeutet, dass in zunehmendem Maße viskose Prozesse die Spannung abbauen. Dies ist der Bereich, in dem sich die eigentlichen viskoelastischen Eigenschaften bemerkbar machen.
5. *Der Bereich der Schmelze:* Die Polymerschmelze, die sich durch sehr kleine E-Werte (um den Faktor 10^3 kleiner als im Bereich 3) bemerkbar macht, ist eine Flüssigkeit. Die viskosen Fließprozesse sind hier hinreichend schnell, so dass das System leicht verformbar wird und die Form des Behälters annimmt. Das E-Modul und die Viskosität η sind über die Relaxationszeit τ miteinander verbunden:

$$E = \eta \cdot \tau. \tag{8.97}$$

Beziehung zwischen Relaxationszeiten und Messzeit. Im gesamten in Abb. 8.45 dargestellten Bereich kann man feststellen, dass die Beziehung zwischen den charakteristischen Zeiten τ, mit denen das System auf Störungen reagiert, und der Messzeit τ_m das beobachtete Verhalten bestimmt. In diesem Zusammenhang bedeutet Messzeit die Dauer eines zeitabhängigen Experiments bzw. die reziproke Messfrequenz bei

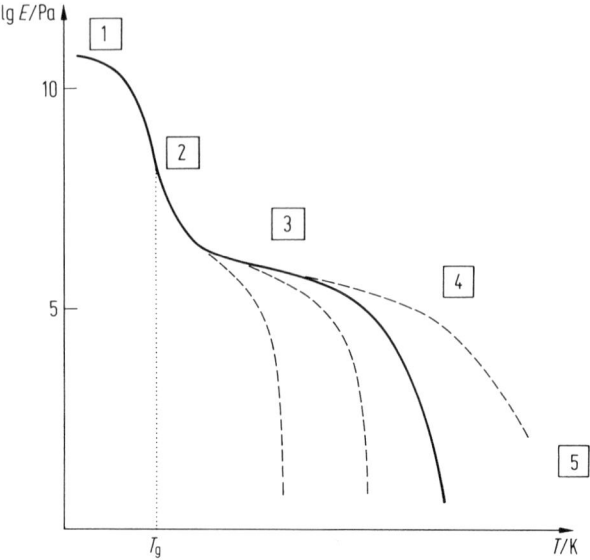

Abb. 8.49 Zustandsdiagramm analog der Abb. 8.45 von vier Polymeren mit unterschiedlicher Molekülmasse und/oder Vernetzungsgrad. Die durchgezogene Kurve ist identisch mit der in Abb. 8.45. Die Abweichungen korrelieren von links nach rechts mit zunehmender Molekülmasse und/oder Vernetzungsgrad. Besonders deutlich macht sich der Effekt auf die Ausdehnung des gummiartigen Plateaus und auf die Lage des Schmelzbereichs bemerkbar.

periodischer Anregung. Die gestrichelte Linie in Abb. 8.45 ist ein anschauliches Beispiel dafür. Betrachtet man das E-Modul bei konstanter Temperatur als Funktion der Messzeit τ_m, so sieht man, dass bei kurzen Messzeiten das System im Wesentlichen elastisch reagiert, d. h. sich wie ein Festkörper verhält. Mit zunehmender Messzeit reagiert das System zunehmend dissipativ. So gesehen, ist die Lage der Übergangstemperaturen zwischen den fünf Bereichen eine Funktion der Messzeit bzw. des Messverfahrens, insofern als z. B. ein Polymer bei einer gegebenen Temperatur sich gegenüber kurzen Impulsen wie ein elastisches Glas verhält, gegenüber längeren Impulsen wie ein Gummi und gegenüber noch längeren wie eine Flüssigkeit. Das Verhalten hängt also von der Beziehung zwischen der Messzeit τ_m, der Relaxationszeit τ_e der elastischen Antwort und der Relaxationszeit τ_n der viskosen Antwort ab. Allgemein kann man davon ausgehen, dass $\tau_e \ll \tau_n$. Im Falle von Polymeren muss man zwischen der elastischen Zeit τ_{e_1} unterscheiden, die den glasförmigen Zustand charakterisiert, und der Zeit, die die elastische Antwort im gummielastischen Bereich bestimmt. Die Dynamik des Polymers in den in Abb. 8.45 und 8.49 dargestellten Bereichen lässt sich somit folgendermaßen beschreiben:

Bereich 1 (Glas): $\tau_{e_1} \approx \tau_m < \tau_{e_2} \ll \tau_v$
Bereich 3 (Elastomer): $\tau_{e_1} < \tau_{e_2} \approx \tau_m \ll \tau_v$
Bereich 5 (Flüssigkeit): $\tau_{e_1} < \tau_{e_1} \approx \tau_v < \tau_m$

Relaxationskurven beschreiben das viskoelastische Verhalten eines Polymers. Veränderungen der Struktur und der Molmasse des Polymers haben Rückwirkungen auf die viskoelastischen Eigenschaften und somit auf den Verlauf der Relaxationskurve. Insbesondere das gummiartige Plateau 3 wird durch Erhöhung der Molekülmasse oder chemischer oder physikalischer Vernetzung zwischen verschiedenen Polymerketten stärker ausgeprägt und in Richtung höherer Temperatur bzw. längerer Zeit verbreitert. Die gestrichelten Kurven in der Abb. 8.49 illustrieren das Ergebnis beider Faktoren auf die Form und Lage des Relaxationsdiagramms.

8.6 Elastomere

Der so genannte Elastomerbereich, d. h. der Bereich 3 in Abb. 8.45 und 8.49 ist je nach molekularem Aufbau des Polymers unterschiedlich ausgeprägt. Bei Polymeren mit relativ kleiner Molekülmasse ist dieser Bereich nur schwach ausgeprägt, während er bei hoher Molekülmasse deutlicher hervortritt. Besonders deutlich ist der Elastomerbereich bei Substanzen, die man gemeinhin als gummiartig beschreibt. Detaillierte Untersuchungen des molekularen Aufbaus solcher Substanzen haben gezeigt, dass die gegenseitige Verschiebbarkeit der Kettenmoleküle gegeneinander bei Elastomeren durch kovalente Quervernetzungen zwischen benachbarten Kettenmolekülen stark eingeschränkt ist (Abb. 8.50). Bei weitgehender Vernetzung kann man die gesamte makroskopische Probe als ein einziges Riesenmolekül ansehen.

Die Vernetzung macht sich bemerkbar, wenn die Probe unter einer äußeren Spannung steht. Die Abb. 8.51 veranschaulicht die Streckung eines Netzwerks im Scherfeld. Bei kleinen Schergradienten tritt eine partielle Entknäuelung der Kettenmoleküle ein. Bei höheren Scherfeldern nimmt die Entknäuelung zu, jedoch erreicht sie eine Grenze, bei der die Quervernetzungen ein Aneinandervorbeigleiten nicht zulassen und die weitgehend gestreckten Ketten einen elastischen Widerstand der

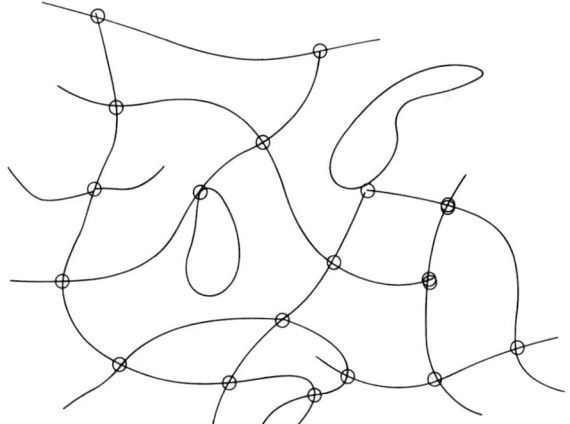

Abb. 8.50 Schematische Darstellung eines vernetzten Polymers.

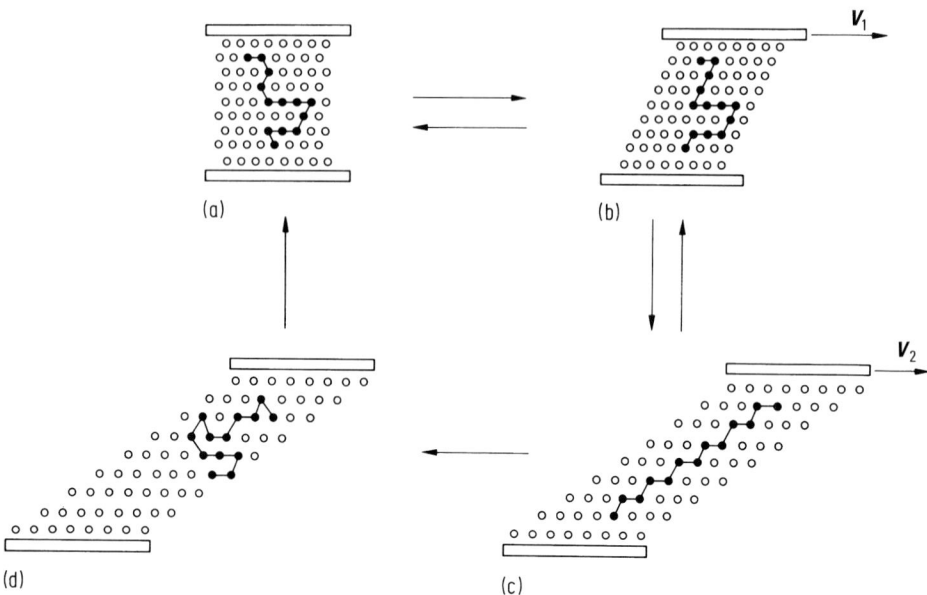

Abb. 8.51 Molekulares Bild der Veränderungen einer Polymerkette unter der Einwirkung einer Scherspannung, z. B. in einem Geschwindigkeitsgradienten. (a) Die ungestörte Polymerkette, hervorgehoben durch die dunklen Punkte, hat die Form eines Zufallsknäuels. Die offenen Punkte sind Teile der anderen, nicht hervorgehobenen Polymermoleküle. (b) Durch die Scherung streckt sich das Molekül und geht in eine Nicht-Gleichgewichtskonformation über, d. h. in eine Konformation, die im Gleichgewicht mit einem kleineren statistischen Gewicht auftritt. (c) Die Scherspannung wächst gegenüber (b), und das Molekül ist nunmehr völlig gestreckt. Diese Konformation hat im Gleichgewicht ein verschwindend kleines statistisches Gewicht. (d) Die Scherspannung fällt weg, und das Polymer relaxiert in das Gleichgewicht. Die ausgezeichnete Kette nimmt wieder eine geknäuelte Konformation mit hohem statistischen Gewicht ein. Da dieser Prozess dissipativ ist, kann er nur in einer Richtung irreversibel ablaufen und wurde daher mit einem einfachen Pfeil dargestellt. Da die Übergänge (a) → (b) und (b) → (c) über elastische und dissipative Mechanismen verlaufen können, wurden sie durch Doppelpfeile gekennzeichnet.

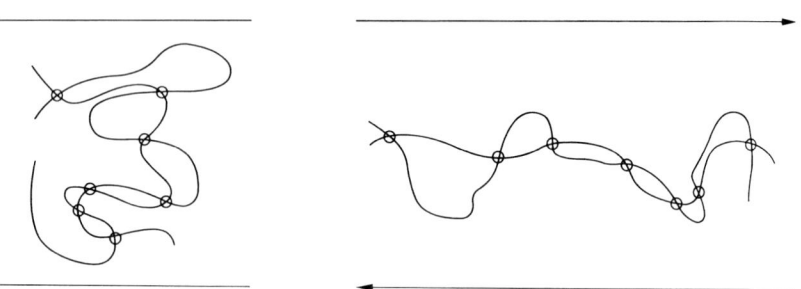

Abb. 8.52 Wirkung einer Scherspannung auf vernetzte Polymerketten. Durch die Vernetzung können die Ketten nicht aneinander vorbeigleiten.

Scherdeformation gegenüber ausüben. Der Entknäuelungsprozess im Scherfeld der Einzelkette ist in Abb. 8.52 veranschaulicht. Unterwirft man ein solches Polymer einer Scherkraft bzw. einem Geschwindigkeitsgradienten, erfolgt eine elastische Reaktion insofern, als die Moleküle eine mehr oder weniger gestreckte Konformation annehmen. Da eine solche Konformation zwar im Hinblick auf die potentielle Energie der geknäuelten äquivalent ist, jedoch einer kleineren Entropie entspricht, werden sich, wenn die Scherdeformation konstant bleibt bzw. der Geschwindigkeitsgradient Null wird (Abb. 8.59d), die Moleküle durch erneute Knäuelbildung in einem viskosen Prozess wieder dem Gleichgewicht nähern, wobei die Spannung allmählich auf Null relaxiert.

Eine solche Knäuelbildung der ursprünglich gestreckten Moleküle kann nur durch einen Mechanismus stattfinden, in dem sich jedes Molekül durch eine diffusive Bewegung seiner Monomere zusammenzieht.

In der Regel haben wir es also mit einer relativ schnellen elastischen Antwort und einer langsameren viskosen Antwort zu tun. Die erste äußert sich in dem Rückgang der Deformation und somit auch der Spannung, während die zweite der Relaxation der Spannung durch diffusive molekulare Prozesse entspricht. Der beschriebene Prozess entspricht dem in Abb. 8.40 beschriebenen Spannungsrelaxationsversuch, wobei nunmehr eine molekulare Interpretation der elastischen und der viskosen Antwort gegeben wurde. Führen wir nun den Spannungsrelaxationsversuch an einem vernetzten Polymer wie in Abb. 8.52 gezeigt durch, so beobachten wir zwar eine elastische Antwort, jedoch bleibt die viskose Spannungsrelaxation aus. Der Grund für dieses Verhalten ist leicht einzusehen. Wir haben zwar auch in diesem Fall eine Streckung der Ketten, allerdings unter der Einschränkung der Vernetzungen. Wegen dieser Vernetzungen kann eine Diffusion des Polymers als Ganzes nicht stattfinden.

Die Spannung wird nicht durch einen dissipativen Mechanismus abgebaut, sondern die für die Streckung/Scherung aufgebrachte Energie wird gespeichert. Erst nach Wegfallen der Spannung wird sich die Probe auf die ursprüngliche Form bzw. die Gleichgewichtskonformation der einzelnen Polymerketten unter Abgabe der gespeicherten Energie zurückbewegen. Nun wird auch klar, dass im gummielastischen Bereich eine andere elastische Relaxationszeit τ_{e_2} beobachtet wird als im glasförmigen Zustand mit τ_{e_1}. In letzterem Fall sind alle Konformationsänderungen eingefroren, und die Deformation erfolgt unter Beibehaltung der Molekülform durch gegenseitige Verschiebung der Moleküle. Diese kann nur unter Zunahme der intermolekularen potentiellen Energie stattfinden, jedoch ohne dass das System Energiebarrieren durchlaufen muss. Diese Verhältnisse sind in Abb. 8.53 schematisch dargestellt. Im elastischen Bereich haben wir es mit einem Potential mit einem einzigen Minimum zu tun. Im Gegensatz dazu führen die beiden Konformationen zu zwei getrennten Potentialminima, die zwar energetisch äquivalent sind, jedoch muss zum Übergang zwischen den beiden Konformationen eine Potentialbarriere überwunden werden. Da ein solcher Prozess durch die thermische Energie vermittelt wird, kann er als ein thermisch aktivierter Prozess mit einer definierten Aktivierungsenergie beschrieben werden und kann somit bei tieferen Temperaturen sehr langsam werden.

Die geschilderten Beobachtungen zeigen, dass ein ideales Elastomer nicht viskoelastische, sondern rein elastische Eigenschaften hat; genauer gesagt, beobachtet man ein auf entropischen Effekten beruhendes elastisches Verhalten. Es konnte ge-

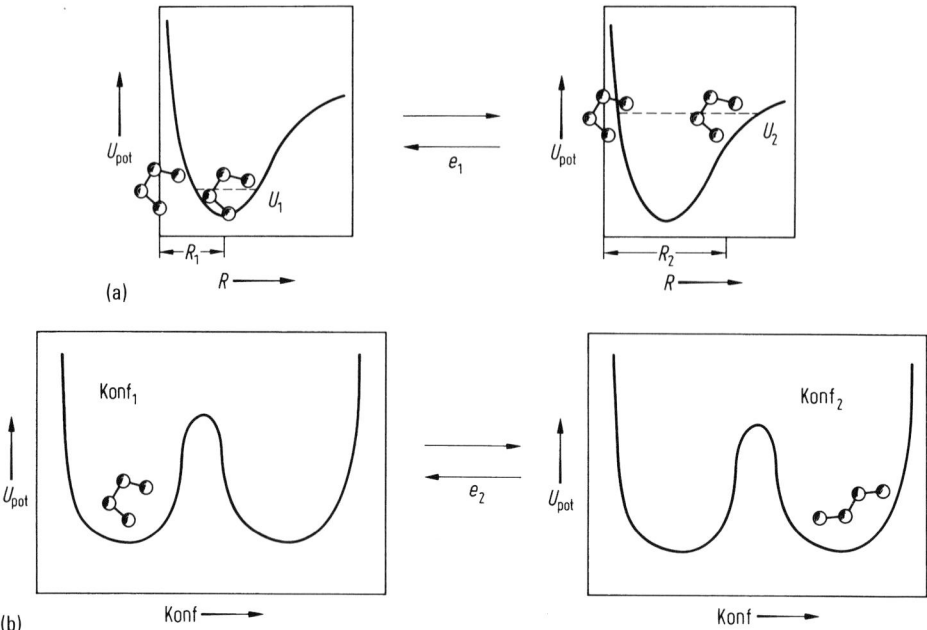

Abb. 8.53 Molekulares Bild der Hooke'schen elastischen Antwort (a) und der Antwort eines Elastomers (b). In (a) verschieben sich die Moleküle unter der Wirkung einer Spannung als Ganzes gegeneinander im intermolekularen Potentialfeld. Dadurch erhöht sich die potentielle Energie des dargestellten Paares. In (b) weicht jedes einzelne Molekül einer auferlegten Spannung durch eine Konformationsänderung aus. Der Zustand Konf_2 hat die gleiche oder annähernd die gleiche potentielle Energie wie der Zustand Konf_1, jedoch eine kleinere Entropie. Zwischen Konf_1 und Konf_2 kann eine Energiebarriere liegen, die die Rate des Übergangs bestimmt (aktivierter Prozess).

zeigt werden, dass die Dehnungs-Spannungs-Kurve nicht dem Hooke'schen Gesetz Gl. (8.59) entspricht, sondern einer Gleichung der Form

$$\sigma = nRT\left(\alpha - \frac{1}{\alpha}\right) \tag{8.98}$$

mit $\alpha = L/L_0$ der relativen Dehnung und $n = \varrho/M_k$ der Anzahl der aktiven Kettensegmente bezogen auf das Volumen. L_0 ist die ursprüngliche und L die durch die Spannung σ erreichte Länge. ϱ ist die Dichte und M_k die mittlere Molekülmasse zwischen zwei aufeinanderfolgenden Vernetzungspunkten. Der Gl. (8.98) liegt eine vereinfachte Modellvorstellung zugrunde, wonach die rücktreibende Kraft auf die thermische Bewegung der Moleküle bzw. der Polymersegmente zurückgeführt wird. Durch diese Bewegung wird der Zustand der maximalen Entropie unter den topologischen Einschränkungen der Vernetzung und der dynamischen Einschränkung der äußeren Spannung erreicht.

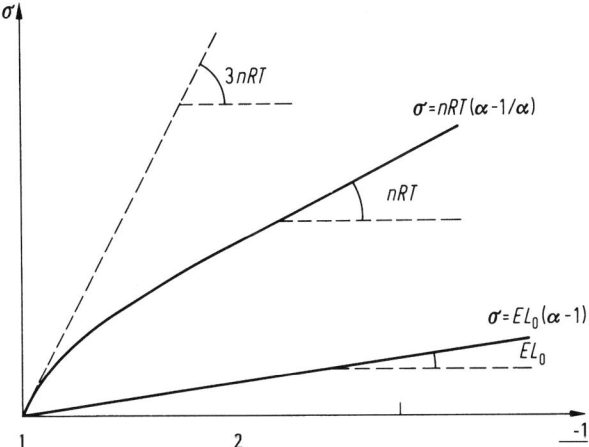

Abb. 8.54 Spannungs-Dehnungs-Kurve eines Hooke'schen Körpers und eines Elastomers. Beim Elastomer ist die Steigung am Ursprung mit $\alpha = 1$ und im linearen Abschnitt für große Werte von α der Temperatur proportional. Beim Hooke'schen Körper ist die Abhängigkeit über den ganzen Bereich linear mit einer Proportionalitätskonstante, die dem E-Modul proportional ist.

Aus Gl. (8.98) kann man ersehen, dass die spezifischen Eigenschaften des Körpers nur über die Stoffkonstante n, die im wesentlichen von dem Vernetzungsgrad abhängt, in die Gleichung eingeht. Bei dem Vergleich zwischen einem idealen Hooke'schen Körper und einem Elastomer ist zu bemerken, dass bei letzterem die elastische relative Dehnung α eine Zahl von der Größenordnung 10 ist, während Hooke'sche Körper sich nur um etwa 1 % ihrer Abmessung dehnen. In Abb. 8.54 sind die Dehnungs-Spannungs-Kurven eines Hooke'schen Körpers und eines Elastomers zum Vergleich dargestellt. Man sieht, dass die linear ansteigende Kurve im Hooke'schen Körper, die auf die Form der intermolekularen Kräfte zurückzuführen ist, bei einem Elastomer durch einen nichtlinearen Anstieg ersetzt wird. Bei kleinen Werten der relativen Dehnung α ist die Steigung der Kurve größer und nimmt mit zunehmender Dehnung ab, bis ein linearer Anstieg bei $\alpha \geq 2$ erreicht wird.

Grundsätzlich ist zu bemerken, dass zwischen der Hooke'schen Elastizität und der Elastomerelastizität folgende Unterschiede bestehen: Die rücktreibende Kraft beim Hooke'schen Körper kommt durch die Erhöhung der intermolekularen potentiellen Energie bei Dehnung zustande. Beim Elastomer resultiert sie aus der thermischen Bewegung der Moleküle, deren Tendenz es ist, die statistisch, d. h. entropisch günstigste Gleichgewichtslage des Knäuels mit dem Endabstand r_0 wiederzuerreichen. Der Faktor RT in Gl. (8.98) deutet diesen thermischen Ursprung der elastischen Kraft an.

Aus praktischer Sicht zeigt sich, dass man, um ein „ideales" Elastomer herzustellen, einen hohen Vernetzungsgrad anstreben muss. Dadurch wird auf der einen Seite ein viskoses Nachfließen ausgeschlossen, aber auf der anderen ein Produkt mit sehr hohem Elastizitätsmodul, was nicht immer erwünscht ist, erhalten. Die

Steuerung beider Eigenschaften zu optimalen Werten ist ein kompliziertes Problem der chemischen Synthese und der thermischen und mechanischen Vorbehandlung, auch im Hinblick darauf, dass weitere Eigenschaften wie Klebrigkeit, Reibfestigkeit, Beständigkeit usw. gleichzeitig optimiert werden sollen.

8.7 Gläser

8.7.1 Glasbildende Substanzen

Einige Verbindungen sind seit langem als glasbildende Substanzen bekannt, während bei anderen das Abkühlen in der Regel zu einem kristallinen Festkörper führt. Phänomenologisch hängt die Tendenz zur Bildung eines Glases mit der Zunahme der Viskosität beim Abkühlen zusammen. Wenn eine Substanz oberhalb des Schmelzpunktes bereits eine sehr hohe Viskosität erreicht, dann ist es sehr wahrscheinlich, dass eine Kristallisation in ein geordnetes Gitter weitgehend kinetisch gehemmt wird und eine amorphe feste Phase, ein Glas, entsteht. Eine allgemeine quantitative molekulare Theorie dieses Phänomens steht noch aus. Partielle Erklärungen führen die Fähigkeit zur Glasbildung auf verschiedene Faktoren zurück, wie z. B. den Mangel an Symmetrie gewisser Moleküle, die sperrige Form, das Vorhandensein mehrerer Konformere, die nicht einfach in einem Gitter unterzubringen sind, oder die Ausbildung intermolekularer Bindungen, deren räumliche Anordnung nicht mit der Symmetrie des Gitters kompatibel ist.

Die Anzahl der so genannten *Glasbildner* hat sich allerdings in den letzten Jahren stark vergrößert, so dass die Annahme plausibel erscheint, dass jede Substanz ein potentieller Glasbildner ist, wenn man ihre Schmelze hinreichend schnell abkühlt. Das Paradebeispiel hierfür ist die Herstellung metallischer Gläser durch schnelles Abkühlen eines verflüssigten Metalls.

8.7.1.1 Polymere Gläser

Der glasförmige Zustand eines Polymers lässt sich anhand der Abb. 8.45 charakterisieren. Wie bereits erwähnt, können Polymere sowie auch eine Reihe von anderen Stoffen beim Abkühlen ihrer Schmelze in einen festen, ungeordneten Zustand, den Glaszustand, übergehen. Dieser Übergang, der durch eine starke Erhöhung des Elastizitätsmoduls und der Viskosität in einem engen Temperaturbereich charakterisiert ist, wird als *Glasübergang* bezeichnet. Häufig spricht man auch vom *Glaspunkt* bzw. von der Temperatur T_g, unterhalb derer das System zu einem Glas erstarrt ist. Obwohl das Elastizitätsmodul $E(T)$ und die Viskosität $\eta(T)$ bei T_g keine Diskontinuität aufweisen, lässt sich dieser Punkt relativ gut definieren, da beide Kurven an dieser Stelle sehr steil werden und somit kleine Temperaturunterschiede extrem große Unterschiede dieser Größen zur Folge haben, wie Abb. 8.55 deutlich zeigt.

Der Glaspunkt als charakteristische Kenngröße eines Polymers ist eine Funktion der Molekülmasse M bzw. des Polymerisationsgrades n. In vielen Versuchen konnte

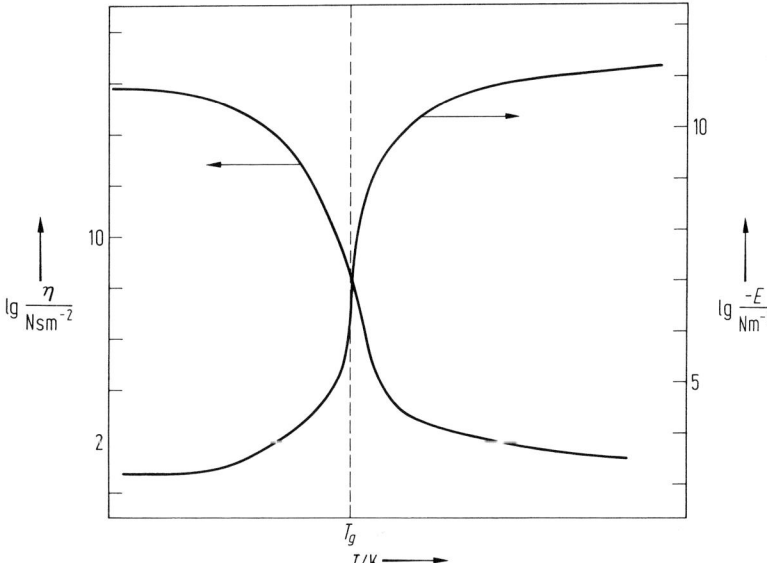

Abb. 8.55 Verlauf des E-Moduls und der Viskosität bei Annäherung an den Glaspunkt. E nimmt im festen Zustand verschwindend kleine Werte an, und η divergiert bei Annäherung an T_g in der festen Phase zu hohen Werten. Die Auftragung ist logarithmisch, weil beide Größen bei kleinen Änderungen in einem relativ engen Temperaturbereich mehrere Größenordnungen durchlaufen.

gezeigt werden, dass dieser Zusammenhang durch eine einfache, von Fox und Flory aufgestellte Gleichung beschrieben werden kann:

$$T_\mathrm{g} = T_{\mathrm{g},\infty} - \frac{K}{M}. \tag{8.99}$$

Die Größe $T_{\mathrm{g},\infty}$ stellt den Grenzwert für T_g bei unendlich hoher Molekülmasse dar. Die Abb. 8.56 zeigt eine entsprechende Auftragung für Polystyrol. Solche Messungen werden in der Regel kalorimetrisch durch DSC (differential scanning calorimetry) durchgeführt. Hierbei wird eine Probe parallel zu einer Referenzprobe einer vorgegebenen Heiz- bzw. Abkühlungsrate unterworfen. Zwischen den beiden Proben stellt sich eine Temperaturdifferenz ΔT ein, die von den spezifischen Wärmekapazitäten und etwa auftretenden latenten Umwandlungswärmen abhängt. Am Glaspunkt wird ein Knick in der Kurve von ΔT als Funktion der Zeit, d. h. der momentanen Temperatur der Probe, beobachtet. Da jedoch die Lage des beobachteten Glaspunkts von der Heizrate $\mathrm{d}T/\mathrm{d}t$ abhängt, muss eine hinreichend langsame Rate gewählt werden, um möglichst nahe am Gleichgewicht zu bleiben.

Eine plausible Erklärung für die Abhängigkeit von T_g von M liefert das weiter unten besprochene Freies-Volumen-Modell. Es ist zu erwarten, dass die Kettenenden des Polymers schwächeren topologischen Einschränkungen unterliegen als der Rest der Kette und somit beweglicher sind. Als Folge davon kommt in der Umgebung

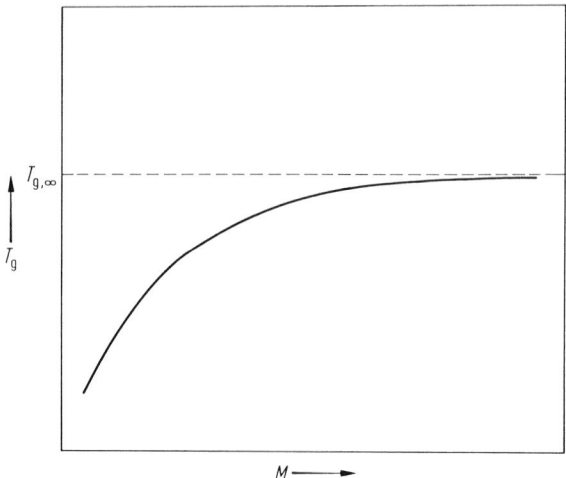

Abb. 8.56 Molekülmassenabhängigkeit des Glaspunkts bei polymeren Gläsern. Bei hohen Werten von M beobachtet man eine Sättigung in Übereinstimmung mit Gl. (8.99).

der Kettenenden ein größeres freies Volumen zustande. Dieses auf die Anzahl der Kettenenden zurückzuführende freie Volumen ist um so größer, je kleiner der Polymerisationsgrad, d. h. je kürzer die Kette ist. Da der Glaspunkt einem Zustand mit vorgegebenem Wert des freien Volumens entspricht, muss das System, dessen inhärentes freies Volumen größer ist, auf eine tiefere Temperatur abgekühlt werden, um T_g zu erreichen. Dieses Modell führt sehr einfach zu der linearen Beziehung zwischen T_g und $1/M$ entsprechend Gl. (8.99).

Mischungen von Polymeren mit niedermolekularen Komponenten, z. B. einem Lösungsmittel, haben einen Glaspunkt, der deutlich unterhalb desjenigen des reinen Polymers liegt. Dieser Effekt, der als *Weichmachereffekt* bekannt ist, wird zur gezielten Modifikation der mechanischen Eigenschaften von polymeren Werkstoffen ausgenutzt. Die Erklärung des Weichmachereffekts ist im Rahmen der thermodynamischen Theorien relativ einfach. In der Mischung von Makromolekülen und kleinen Weichmachermolekülen sind kooperative Umlagerungen leichter, d. h. sie erfordern eine kleinere Aktivierungsenergie. Die beweglichen kleinen Moleküle sorgen für schnellere Dichtefluktuationen und somit für das notwendige freie Volumen, das wiederum die Bewegung der Makromoleküle ohne übermäßigen Energieaufwand ermöglicht.

Der chemische Aufbau einer Polymerkette geht ebenfalls in den Glaspunkt ein (s. Tab. 8.5). Allgemein kann man sagen, dass Polymere mit relativ steifen Ketten höher liegende Glaspunkte haben als solche mit sehr flexiblen Ketten. Dies lässt sich beispielsweise an den Glaspunkten der Polymere Polymethylmethacrylat (PMMA) und Polymethylphenylsiloxan (PMPS), die bei 283 und 187 K liegen, illustrieren. Aus Messungen der Persistenzlänge ist bekannt, dass die Hauptkette des PMMA relativ steif und die des PMPS extrem flexibel ist. Die naheliegende Erklärung für diesen Effekt ist, dass besonders flexible Makromoleküle leichter, d. h. in

Tab. 8.5 Glaspunkte T_g einiger Polymere.

Polymer	T_g/K
Polyethylen	148
Polyvinylchlorid	354
Polystyrol	373
Polybutadien	171
Polymethylmethacrylat	283
Polyoxyethylen	232
Polymethylphenylsiloxan	187

kürzerer Zeit einen energetisch günstigen Weg für eine Umlagerung finden können als relativ steife. Flexible Moleküle unterliegen weniger strengen topologischen Einschränkungen und somit werden energetisch tiefer liegende Trajektorien zugänglich.

Auch die Existenz von Seitengruppen trägt zum Glaspunkt T_g bei. So wirken flexible Seitengruppen als innere Weichmacher, indem sie T_g erniedrigen, während voluminöse, kompakte Seitengruppen auf die molekulare Bewegung behindernd wirken und T_g erhöhen. In beiden Fällen wirken die Seitenketten auf den Energiebedarf der lokalen Rotationen der Hauptkette. Im ersten Fall wird diese energetisch erleichtert und im zweiten erschwert. Aus ähnlichen Gründen wird häufig eine Verschiebung von T_g mit der Taktizität des Polymers beobachtet. So haben isotaktische Polyacrylate ein um etwa 2–5 K tiefer liegendes T_g als syndiotaktische Polyacrylate. Bei Polymethacrylaten ist diese Differenz noch deutlich größer. Die isotaktischen Spezies haben T_g-Werte, die im Mittel um 50 K tiefer liegen als die der syndiotaktischen Polymere.

8.7.1.2 Anorganische Gläser (oxidische Gläser und Chalkogenide)

Eine Reihe von anorganischen Oxiden erstarrt beim Abkühlen zu einer festen, nicht kristallinen Masse. Solche Gläser gehören zu den ältesten synthetischen Materialien, deren Eigenschaften sich der Mensch zunutze gemacht hat und deren Herstellung auf jahrhundertealter Erfahrung beruht.

Die gängigen oxidischen Gläser bestehen aus den Oxiden SiO_2, B_2O_3, GeO_2, P_2O_5. Diese Elemente liegen im Periodensystem nahe beieinander und sind durch eine mittlere Elektronegativität gekennzeichnet. Die Tab. 8.6 veranschaulicht die Lage dieser Elemente im Periodensystem.

Tab. 8.6 Stellung der Elemente, die gute Glasbildner sind, im Periodensystem. Oxidische Gläser (**fett**), Chalkogenidgläser (*kursiv*).

	B	C	N	O
	Al	**Si**	**P**	S
Zn	Ga	**Ge**	As	*Se*
Cd	In	Sn	Sb	*Te*

Die Bindung der Elemente, die oxidische Gläser bilden, an Sauerstoff ist weder rein kovalent noch ionisch. Als Folge dieses intermediären Bindungstyps tendieren diese Oxide im festen Zustand zur Bildung vernetzter Strukturen, die der Ausbildung eines geordneten kristallinen Gitters entgegenwirken.

Neben den genannten anorganischen Gläsern bilden Elemente wie Schwefel, Selen und Tellur glasförmige feste Phasen, die durch Abkühlen der relativ viskosen flüssigen Phasen entstehen (s. Tab. 8.6). Im Gegensatz zu den Oxidgläsern findet bei diesen Substanzen die Ausbildung hochmolekularer polymerer Kettenstrukturen statt. So weist der Schwefel ein komplexes Phasendiagramm mit mehreren kristallinen Phasen auf. Im Gegensatz zu anderen Substanzen lassen sich auch im flüssigen Schwefel mehrere unterschiedliche Phasen nachweisen. So besteht flüssiger Schwefel unterhalb von 114 °C aus S_8-Ringen, bei höheren Temperaturen öffnen sich die S_8-Ringe und es bilden sich längere lineare Polymerketten. Bei Temperaturen zwischen 160 und 180 °C brechen die Polymerketten wieder auf. Diese Prozesse haben zur Folge, dass die Viskosität des Schwefels zwischen 160 und 180 °C zunimmt und bei Temperaturen über 180 °C wieder abnimmt.

8.7.1.3 Metallische Gläser

Metalle kristallisieren meist sehr leicht, weil die metallische Bindung ungerichtet ist und somit die reguläre kristalline Ordnung ohne nennenswerte Hemmungspotentiale erreicht wird. Aus diesem Grunde wurden Metalle lange als typische Beispiele von Systemen angesehen, die keine Gläser bilden können.

Neuerdings hat sich diese Situation durch die Herstellung von glasförmigen metallischen Mischungen geändert. So wurden Gläser aus binären Mischungen hergestellt, die aus einem echten Übergangsmetall wie Fe oder Pd und einem Halbleiterelement wie Si oder P bestehen. Die Glasbildung hängt in der Regel mit der Bildung eines Eutektikums zusammen. Strukturell besteht ein metallisches Glas aus einer ungeordneten, dicht gepackten Anordnung von Kugeln unterschiedlicher Durchmessers. Zahlreiche ternäre und höhere Mischungen eröffnen dem Bereich der metallischen Gläser ein weites, interessantes Gebiet.

Die Herstellung metallischer Gläser beruht auf dem ultraschnellen Abkühlen eines flüssigen Strahls auf einer gekühlten Fläche. Auf diese Art werden meist dünne Filme hergestellt. Die Abkühlungsgeschwindigkeit beträgt etwa 10^6–10^8 K/s.

Die Eigenschaften, die metallische Gläser für verschiedene Anwendungen besonders interessant machen, sind

– hohe Festigkeit bei geringerer Sprödigkeit,
– schwache Neigung zur Korrosion,
– kleines Koerzivitätsfeld beim Magnetisieren.

All diese Eigenschaften hängen im Wesentlichen mit der Abwesenheit von Korngrenzen zusammen, die in polykristallinen Metallen die mechanischen und magnetischen Eigenschaften sowie die Resistenz gegenüber Korrosion negativ beeinflussen. Entsprechend sind interessante Anwendungen bei der Herstellung von faserverstärkten Materialien, bei der Oberflächenbehandlung von Metallen und bei der magnetischen Informationsspeicherung vorauszusehen.

Die Kristallisation eines Glases stellt eine Gefahr für das Material dar, da das Glas dadurch seine mechanischen und optischen Eigenschaften verliert. Silicatgläser können beispielsweise beim Glasblasen leicht auskristallisieren, und um diesen Effekt zu vermeiden, muss die Verarbeitungstemperatur sorgfältig gewählt werden. Eine gezielte Auskristallisierung kann jedoch zu Verbesserung gewisser Gläser führen. Dies wurde bei der Entwicklung der keramischen Gläser ausgenutzt. Keramische Gläser sind Gläser, die durch ein geeignetes Verfahren homogen partiell auskristallisiert wurden und somit aus einer keramischen (der kristallinen) Komponente bestehen, die in die glasförmige Komponente eingebettet ist. Meist besteht das Verfahren in der Beimischung eines Keimbildners (inhomogene Keimbildung) in die Mischung, aus der das Glas hergestellt wird. Anschließend wird zunächst die Keimbildung und dann das Kristallwachstum im Glas durch Behandlung mit einem geeigneten Temperierungsprogramm gefördert.

Folgende Eigenschaften machen keramische Gläser für verschiedene Anwendungen besonders geeignet:

– höhere Festigkeit und größerer Abriebwiderstand als einfache Gläser,
– der thermische Ausdehnungskoeffizient kann durch die Zusammensetzung eingestellt werden. Auch keramische Gläser mit einem verschwindenden Ausdehnungskoeffizienten können hergestellt werden,
– höhere Temperaturbeständigkeit bzw. höhere Erweichungstemperatur als einfache Gläser,
– bessere elektrische Eigenschaften gegenüber einfachen Gläsern,
– im Gegensatz zu keramischen Werkstoffen sind keramische Gläser nicht porös.

Die zahlreichen Anwendungen keramischer Gläser beruhen vor allem auf der hohen mechanischen Festigkeit und der thermischen Widerstandsfähigkeit gegen thermischen Schock.

8.7.2 Theorie des Glaszustands

Unser theoretisches Verständnis des Glaszustands bzw. des Glasübergangs ist noch sehr unvollständig. Generell lassen sich drei Klassen von Theorien anwenden, von denen jede einen anderen Aspekt des Phänomens beleuchtet:

– Freies-Volumen-Theorien,
– kinetische Theorien,
– thermodynamische Theorien.

Die Entwicklung dieser theoretischen Ansätze bzw. deren Anwendung ist insofern sehr unterschiedlich, als in einigen Fällen molekulare Gläser und in anderen polymere Gläser im Vordergrund stehen.

8.7.2.1 Freies-Volumen-Theorien

Diesen Theorien liegt die Vorstellung zugrunde, dass ein Glas eine Flüssigkeit ist, in der die Bewegungen der Moleküle erstarrt bzw. extrem verlangsamt sind. Als

Hauptursache dieser Verlangsamung wird die an der Volumenänderung messbare Tatsache angesehen, dass das Abkühlen unterhalb T_g und die entsprechende thermische Kontraktion eine Abnahme des den Molekülen zur Verfügung stehenden *freien Volumens* zur Folge haben.

Die Volumenverhältnisse, die die Glasbildung kennzeichnen, sind in der Abb. 8.57 veranschaulicht. Geht man von einer kristallinen Probe in der Nähe des absoluten Nullpunkts aus, so dehnt sich diese beim Erwärmen aus (Verlauf AB). Am Schmelzpunkt T_m erleidet die Probe einen Volumensprung (Verlauf BC). Eine weitere Erwärmung der Flüssigkeit führt zu einer Zunahme des Volumens mit einem größeren thermischen Ausdehnungskoeffizienten als im Kristall. Sowohl der Volumensprung als auch die Erwärmung der Flüssigkeit führen zu einer Zunahme des Volumens in der Art, dass größere oder kleinere Leerstellen entstehen, die die Unordnung des Systems erhöhen und eine Translationsbewegung der Moleküle ermöglichen. In der flüssigen Phase ist jede Fernordnung verloren und die Moleküle sind in der Lage, mit einem um etwa zehn Größenordnungen größeren Diffusionskoeffizienten als im Festkörper zu diffundieren. Beides, die Unordnung und die Beweglichkeit, sind eine Folge des erhöhten freien Volumens. Kühlt man die Flüssigkeit wieder ab, so erreicht man den Punkt C, wobei die Substanz entweder auskristallisiert oder unter gewissen Bedingungen auf dem Weg CD unterkühlt. Unterkühlte Flüssigkeiten sind thermodynamisch instabile Phasen, die jedoch wegen des noch immer hohen freien Volumens fluide sind. Allerdings kann sich die Viskosität längs der Kurve CD langsam erhöhen und somit einen etwa einsetzenden Kristallisationsprozess soweit verlangsamen, dass dieser während des Abkühlungsvorgangs nicht mehr stattfinden kann. Somit ist die geordnete kristalline Phase unter diesen Umständen nicht erreichbar. Allerdings ist eine Fortsetzung des Verlaufs CD bis hin zu $T = 0$ auch nicht möglich,

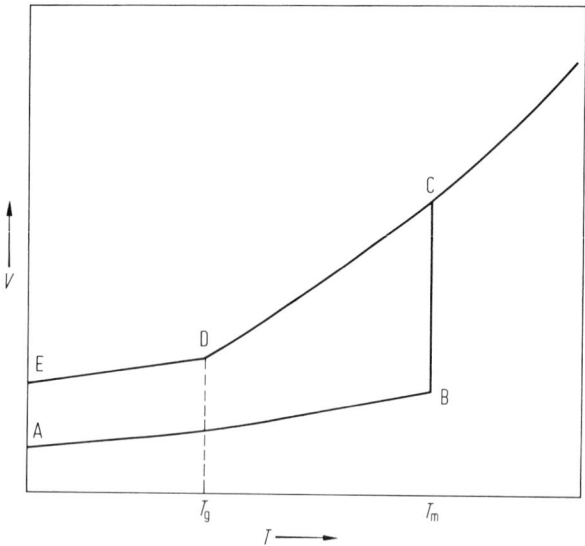

Abb. 8.57 Volumenänderungen bei Temperaturänderungen vom kristallinen Festkörper zur Flüssigkeit in den Glasbereich.

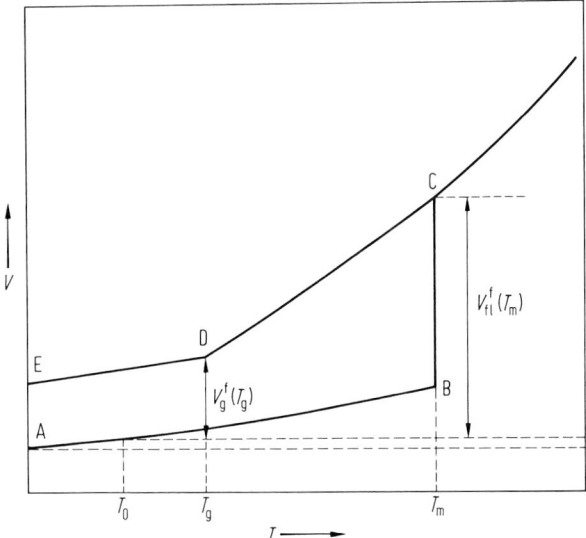

Abb. 8.58   Freie Volumina bezogen auf das Volumen beim idealen Glasübergang.

da hierbei ein Zustand erreicht würde, der eine dichtere Packung als die des Kristalls und, wie aus der Abb. 8.61 hervorgeht, eine negative Entropie haben würde. Allein diese Überlegung zeigt, dass in diesem Bereich eine Änderung stattfinden muss, die zu einem Abknicken der Steigung der V-Kurve (thermische Ausdehnung) und einer Änderung der T-Kurve führt. Dies ist beim Glaspunkt T_g der Fall. T_g ist zwar eine Funktion der Abkühlungsrate, was aufgrund der obigen Überlegungen zu verstehen ist, jedoch lässt sich ein idealer Glaspunkt T_0 definieren (vgl. Abb. 8.61), der mit einer unendlich kleinen Abkühlungsrate erreicht würde. Reale Werte für mit endlichen Abkühlungsraten erzielte Gläser liegen oberhalb von T_0. Die in der Abb. 8.58 eingetragenen Werte für $V_{fl}^f(T_m)$ und $V_g^f(T_g)$ entsprechen dem freien Volumen der Flüssigkeit bei T_m und des Glases bei T_g bezogen auf den kristallinen Zustand. Das freie Volumen wird dann auch in Bezug auf das Volumen des Kristalls bei T_0 definiert, wie dies in Abb. 8.58 veranschaulicht ist.

Generell definiert man also das freie Volumen als das Überschussvolumen gegenüber dem ideal kristallisierten Festkörper. Man definiert auch häufig das *relative freie Volumen f* durch den Quotienten $f = V^f/V$, wobei V das Volumen der betreffenden Phase ist. Mit dieser Definition ergibt sich folgende Beziehung zwischen den relativen freien Volumina bei den Temperaturen T und T_0:

$$f = f_0 + \alpha_f(T - T_0) \tag{8.100}$$

α_f kann als der thermische Ausdehnungskoeffizient des freien Volumens angesehen werden. Für den Übergang flüssig-glasförmig ist α_f die Differenz zwischen den thermischen Ausdehnungskoeffizienten α_{fl}, α_{gl} für diese beiden Zustände:

$$\alpha_f = \alpha_{fl} - \alpha_{gl}. \tag{8.101}$$

Simha und Boyer haben eine Gleichung zwischen dem freien Volumen und den thermischen Ausdehnungskoeffizienten der flüssigen und der glasförmigen Phase angegeben:

$$V_{\mathrm{f}} = (\alpha_{\mathrm{fl}} + \alpha_{\mathrm{gl}}) \cdot T. \tag{8.102}$$

Somit wird der Glaspunkt als der Punkt definiert, an dem die Kontraktion ein Absinken des freien Volumens unterhalb eines kritischen Wertes zur Folge hat. Unterhalb dieses Wertes können aus Raummangel keine Konformationsänderungen der Moleküle stattfinden und die Diffusionsbewegungen frieren ein. Hierdurch entsteht ein rigider Zustand, der Glaszustand. In diese Theorien gehen die alten Vorstellungen von Frenkel und Eyring ein, wonach molekulare Beweglichkeit in Flüssigkeiten durch Leerstellen ermöglicht wird. Die Abb. 8.59 illustriert den Diffusionsmechanismus, in dem die Bewegung durch das freie Volumen vermittelt wird, wobei die Fragen nach der Größe und der räumlichen Verteilung des verfügbaren freien Volumens noch nicht allgemein gelöst sind.

Danach kann in kondensierten Phasen eine diffusionsartige Bewegung nur dann stattfinden, wenn ein wanderndes Molekül in seiner Nachbarschaft eine Leerstelle findet, die ihm eine Verschiebung ermöglicht. Die Summe der Volumina aller so entstehenden und zeitlich fluktuierenden Leerstellen ergeben das freie Volumen.

Genaue volumetrische Messungen an Polymeren lassen sich im Sinne dieser Theorien interpretieren. In der Schmelze können die Moleküle diffundieren und das gemessene Volumen enthält einen relativ hohen Anteil an freiem Volumen. Bei Abkühlung wird dieses freie Volumen eingeschränkt, das gemessene Volumen nimmt ab und die Beweglichkeit wird kleiner. Hierdurch kommen wir auch im Falle unvernetzter Polymere in einen Bereich, in dem Diffusion sehr wenig zur Beweglichkeit beiträgt, aber Konformationsänderungen noch möglich sind (Bereich 3 in Abb. 8.45). Dies äußert sich in den beschriebenen gummielastischen Eigenschaften. Eine weitere

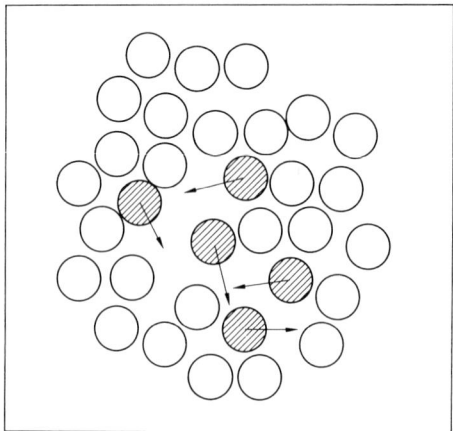

Abb. 8.59 Diffusion über Leerstellen in einer Flüssigkeit. Die Moleküle gehen in benachbarte Leerstellen über, wenn die erforderliche Aktivierungsenergie erreicht ist, um intermolekulare Potentiale zu überwinden.

Abkühlung führt über den Glaspunkt zu einem Glas (Bereich 1). Hier sind auch Konformationsänderungen aus Mangel an freiem Volumen nicht mehr möglich, die Substanz wird hart und spröde. Die einzige Form der Beweglichkeit sind Schwingungen der Atome oder Moleküle gegeneinander, ähnlich wie beim kristallinen Festkörper. Die Struktur ist jedoch im Gegensatz zum Kristall ungeordnet. Allerdings kommt es vor, dass Gläser, je nach den Bedingungen der Abkühlung, auch mikrokristalline Bereiche enthalten, die deren mechanische Eigenschaften maßgeblich bestimmen.

8.7.2.2 Kinetische Theorien

Diese Theorien beruhen auf der Beobachtung, dass beim Abkühlen der Schmelze der beobachtete Glaspunkt eine Funktion der Abkühlgeschwindigkeit ist. Diese Beobachtung lässt sich durch die Annahme interpretieren, dass der Glaspunkt bei derjenigen Temperatur erreicht wird, bei der die molekularen Relaxationsprozesse langsamer sind als die Abkühlrate. Somit kann sich das der jeweiligen Temperatur entsprechende Gleichgewicht nicht mehr einstellen; eine Kristallisation, die am Kristallisationspunkt als Gleichgewichtszustand eintreten würde, ist kinetisch nicht möglich. Der entstehende Zustand hat die amorphe Struktur der Flüssigkeit bei extrem verlangsamten Relaxationsprozessen.

Die quantitative Behandlung des Glasübergangs im Rahmen der kinetischen Theorien beruht auf einem Modell, wonach zur Ausbildung einer kristallinen Phase die Moleküle sich auf die geeigneten Gitterplätze hinbewegen müssen oder, im Falle von Polymerketten, diese sich in die passende Lage falten müssen. In beiden Fällen wird die Rate, mit der solche Prozesse ablaufen, von der Diffusionsgeschwindigkeit bzw. von der Viskosität abhängen. Beide Prozesse, d. h. Moleküldiffusion und Konformationsänderung einer Polymerkette, lassen sich als aktivierte Prozesse beschreiben. Der elementare Schritt einer molekularen Konformationsänderung oder einer Diffusion findet durch Übergang von einem Anfangs- in einen Endzustand statt, wobei diese durch eine Energiebarriere getrennt sind. In beiden Fällen ist die Voraussetzung, dass solche Prozesse überhaupt ablaufen, dass das notwendige freie Volumen zur Verfügung steht. Dieses Modell der Kristallisation durch Diffusion entspricht dem *Modell von Polanyi und Eyring*, das eine quantitative Beschreibung der Reaktionsraten von chemischen Reaktionen liefert. Im vorliegenden Fall erhalten wir für die charakteristische Zeit τ eines aktivierten Prozesses die Beziehung (*Arrhenius-Gleichung*)

$$\tau = A \exp\left(\frac{E^{\ddagger}}{RT}\right). \tag{8.103}$$

A ist ein Faktor, der die sterischen bzw. entropischen Bedingungen, unter denen der aktivierte Zustand erreicht werden kann, widerspiegelt, und $E^{\ddagger}$ ist die Aktivierungsenergie des Prozesses. Die Aktivierungsenergie lässt sich aus der Steigung der Kurve nach Gl. (8.104) berechnen:

$$\ln \tau = \ln A + \frac{E^{\ddagger}}{RT}. \tag{8.104}$$

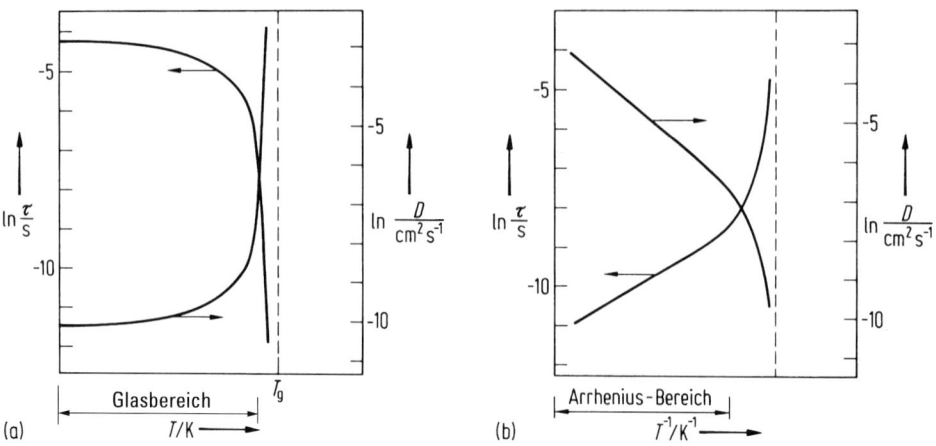

Abb. 8.60 Temperaturabhängigkeit der Relaxationszeit und des Diffusionskoeffizienten in der Nähe von T_g. (a) lineare Auftragung, (b) Arrhenius-Auftragung.

Beim Abkühlen einer Flüssigkeit verlangsamt sich die diffusive Bewegung der Moleküle, wobei die Temperaturabhängigkeit nach Gl. (8.103) exponentiell verläuft. Die Abb. 8.60 zeigt ein solches Diagramm. Die Auftragung von $\ln\tau$ gegen $1/T$ in der Abb. 8.60b ist gemäß Gl. (8.104) linear. Im Fall der glasbildenden Flüssigkeiten jedoch ist der Verlauf von $\ln\tau$ gegen $1/T$ bei tieferen Temperaturen zunehmend steiler und divergiert bei T_g.

Man sieht, dass der Glaspunkt einem Bereich im Arrhenius-Diagramm entspricht, dessen formale Aktivierungsenergie gegen unendlich divergiert. Dies spiegelt die extreme Verlangsamung aller für die Kristallisation verantwortlichen Prozesse wider. Unter diesen Bedingungen kommt es aus kinetischen Gründen innerhalb der Abkühlungszeit nicht zur Kristallisation. Der amorphe Glaszustand friert ein, und es entsteht eine rigide, nichtkristalline feste Phase: das Glas. Danach sind Gläser hochviskose unterkühlte Flüssigkeiten außerhalb des Gleichgewichts.

Eine Beziehung von Batschinski und Doolittle, die in vielen Fällen experimentell gut bestätigt wird, verdeutlicht den Zusammenhang zwischen der kinetischen Beschreibung und der Beschreibung mithilfe des freien Volumens:

$$\tau = Q \cdot \exp\left(\frac{B}{f}\right). \tag{8.105}$$

Hierbei ist die charakteristische Relaxationszeit τ eine exponentiell abnehmende Funktion des relativen freien Volumens f. Geht man davon aus, dass f mit der Temperatur linear zunimmt, so erhält man die Gl. (8.103). Im Zusammenhang mit Gl. (8.105) ist zu bemerken, dass hier f nicht identisch mit der entsprechenden Größe nach Gl. (8.100) ist. Diese unterschiedliche Definition des freien Volumens ist eine der Schwächen der Theorie, die noch nicht in der Lage ist, dynamische und statische Phänomene einheitlich zu beschreiben.

8.7.2.3 Thermodynamische Theorien

In diesen Theorien steht der thermodynamische Aspekt des Glasübergangs im Vordergrund, wobei die Tatsache, dass Gläser offenbar keine Gleichgewichtsphasen sind, als weniger relevant betrachtet wird. So wird der Glasübergang als ein Übergang zweiter Ordnung im Sinne von Ehrenfest betrachtet. Diese Auffassung beruht auf der Beobachtung, dass die Ableitungen des Volumens und der Entropie nach T einen Sprung am Glaspunkt aufweisen, während diese Größen selber im T-Diagramm einen Knick aufweisen.

Obwohl der Glasübergang in der Tat ein kinetisches Phänomen ist, kann man sich fragen, ob diesem Übergang doch ein Gleichgewichtsprozess zugrunde liegt, der allerdings nur im Grenzfall eines unendlich langsam ablaufenden Experiments entsprechend dem weiter oben definierten idealen Glaspunkt T_0 gemessen werden kann. Alle realen Experimente liefern einen kinetisch gehemmten Übergang, der sich mit Beschleunigung der Abkühlung zu tieferen Temperaturen verschiebt. So argumentieren Gibbs und Di Marzio, dass der Verlauf der Konformationsentropie, der in Abb. 8.61 dargestellt ist, mit abnehmender Temperatur durch kinetische Hemmungen bei T_g sozusagen künstlich abgebrochen wird, und eine endliche Konformationsentropie S_g einfriert.

Erst ein durch kinetische Hemmungen ungestörter Verlauf, der durch die gestrichelte Kurve dargestellt ist, führt zu einem „echten Glaspunkt“ T_0. Einen experimentellen Hinweis auf eine solche Temperatur liefert die *Vogel-Fulcher-Tamann-Gleichung*:

$$\eta = A \cdot e^{B/(T - T_0)} . \tag{8.106}$$

Diese Gleichung verknüpft die Zunahme der Viskosität bei Temperaturerniedrigung mit der Temperatur T_0, bei der die Viskosität gegen unendliche Werte divergiert.

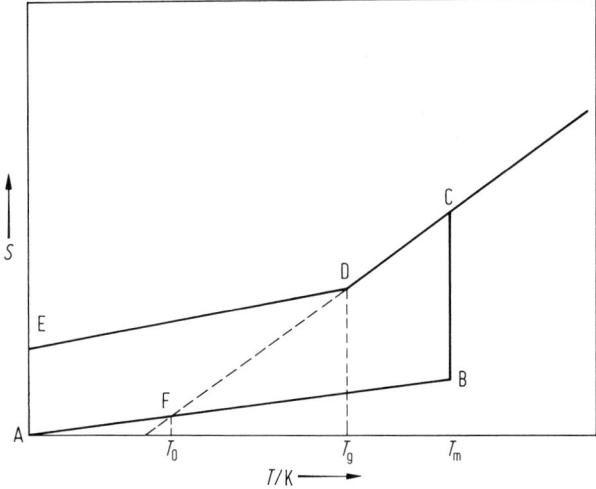

Abb. 8.61 Verlauf der Entropie beim Abkühlen einer Flüssigkeit.

Die in Abb. 8.60 b dargestellte Kurve für η lässt sich bei tiefen Temperaturen in der Tat durch die Gl. (8.106) beschreiben, während die Arrhenius-Gleichung mit konstanter Aktivierungsenergie versagt.

Eine übergreifende Theorie des Glasübergangs wurde von Adam und Gibbs entwickelt, in der der Begriff der *kooperativen Bereiche* eine zentrale Rolle spielt. Es handelt sich um den kleinsten Bereich eines Polymers, der Konformationsänderungen erleiden kann, ohne dass äußere Bereiche an der Bewegung teilnehmen. Während in einfachen Flüssigkeiten solche kooperativen Bereiche nur eine kleine Anzahl von Molekülen umfassen, sind diese bei Polymeren deutlich größer und erstrecken sich je nach Packungsdichte von mehreren Monomereinheiten zu einem ganzen Makromolekül, teils bis zu mehreren Makromolekülen. Bei der Annäherung an den Glaspunkt wachsen die kooperativen Bereiche soweit, dass sie bei tiefen Temperaturen unterhalb des Glaspunkts die gesamte Probe umfassen. Mit anderen Worten können sich Teile des Glases in endlichen Zeiten nicht unabhängig von anderen Teilen bewegen, ähnlich wie dies bei Festkörpern der Fall ist. Die Größe der kooperativen Bereiche wächst mit abnehmender Temperatur beim Durchlaufen des Glaspunkts steil von mikroskopischen auf makroskopische Dimensionen an.

8.8 Gele

Gele sind hochviskose supramolekulare vernetzte Systeme. Die Vernetzungseffekte, die zur Gelbildung führen, sind entweder chemische Bindungen, die durch Reaktionen mit polyfunktionalen reaktiven Molekülen entstehen, oder physikalische Effekte. Eine bedeutende Rolle bei der Gelbildung spielt auch, falls vorhanden, das Lösungsmittel, das die viskoelastischen Eigenschaften des Gels entscheidend mitbestimmt.

8.8.1 Polymere Gele

Polymere Gele sind makromolekulare vernetzte Systeme. Solche Gele können entweder durch Vernetzung kleinerer Moleküle zu einem vernetzten Polymer oder durch nachträgliche Vernetzung von bereits polymerisierten Makromolekülen durch verschiedene Verfahren hergestellt werden:

Kondensation von polyfunktionalen Einheiten. Die Abb. 8.62 gibt schematisch eine Reaktion zwischen einem trifunktionalen (Abb. 8.62 a) oder einem tetrafunktionalen (Abb. 8.62 b) Molekül, dargestellt durch das Dreieck bzw. das Rechteck, wieder, das mit einem bifunktionalen Molekül zu einem ausgedehnten Netzwerk reagieren kann.

Additive Polymerisation. Wie in Abschn. 8.1.1 geschildert, sind Vinylgruppen der Form

$$R{-}CH{=}CH{-}R'$$

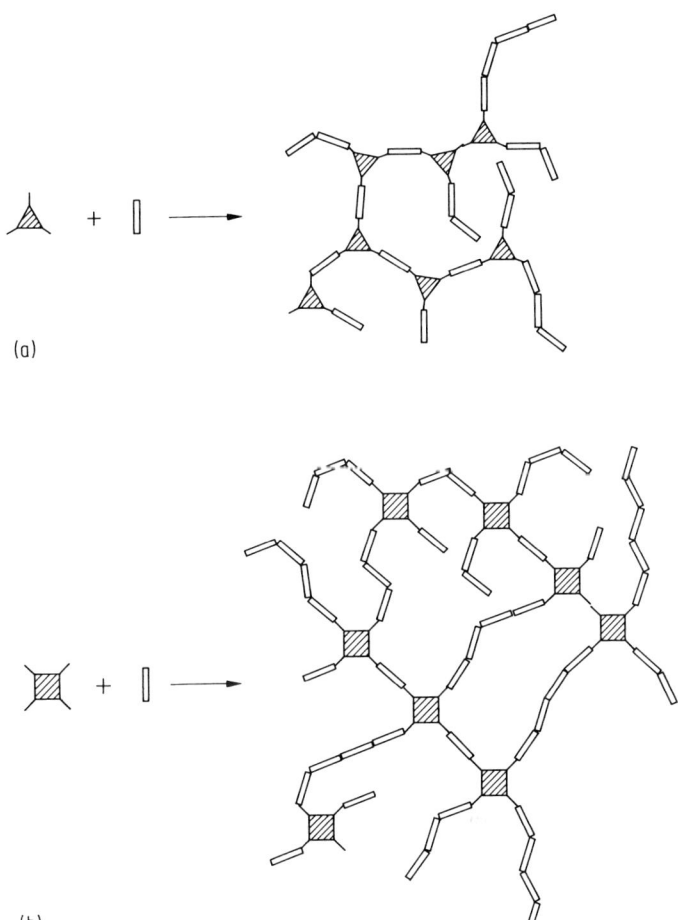

(a)

(b)

Abb. 8.62   Polymerisation in Anwesenheit von (a) trifunktionalen Molekülen, (b) tetrafunktionalen Molekülen.

Ausgangsstoffe für Polymerisationsreaktionen. Hierbei wird die Doppelbindung unter Bildung eines Radikals geöffnet:

$$R-CH=CH-R' \rightarrow \underset{R'}{\overset{R}{>}}CH-CH< \;.$$

In einer weiteren Stufe verbinden sich solche bifunktionalen Radikale zu linearen Ketten. Verwendet man Divinylverbindungen, entstehen tetrafunktionale Radikale der Form

$$CH_2=CH-R-CH=CH_2 \;\rightarrow\; CH_2-\underset{|}{CH}-R-\underset{|}{CH}-CH_2-\;.$$

Vernetzung von Polymerketten. Hierbei werden bereits gebildete Polymerketten, die geeignete funktionelle Gruppen enthalten, untereinander vernetzt.

8.8.2 Physikalisch vernetzte Gele

Unter den Kräften, die zu relativ permanenten Verknüpfungen zwischen Molekülen führen, sind zu erwähnen:

– Verschlaufungen
– Bildung von Mikrokristalliten
– Bildung von parallelen Strukturen, wie z. B. Helices.

Abb. 8.63 illustriert verschiedene Typen der Vernetzung von Makromolekülen.

Die drei Typen von Vernetzungsprinzipien sind nicht immer eindeutig zu unterscheiden bzw. können häufig auch gemischt auftreten. Ob ein Gel gebildet wird und welche viskoelastischen Eigenschaften es hat, hängt im Wesentlichen von der Vernetzungsdichte und von der Permanenz der Vernetzung ab. So ist die Anzahl der eingebauten polyfunktionalen Gruppen nur dann repräsentativ für die effektive Vernetzungsdichte, wenn topologische Strukturen wie die in Abb. 8.62 dargestellten Schlaufen und freien Enden ausgeschlossen werden können. Andererseits weist ein System, dessen Vernetzungen eine mittlere Lebensdauer von mehreren Sekunden haben, im Zeitbereich von etwa einer Sekunde überwiegend elastische Eigenschaften auf, d. h. es verhält sich wie ein Gel, während dasselbe System sich im Zeitbereich von Minuten wie eine hochviskose Flüssigkeit verhält.

Durch die Vernetzung verändern sich die physikalischen Eigenschaften einer Lösung drastisch, und wir sprechen von einem Sol-Gel-Übergang, wenn entweder durch Temperaturveränderung oder durch Änderung der Zusammensetzung Vernetzungen entstehen, deren Dichte eine bestimmte kritische Grenze erreicht. Die Abb. 8.64 gibt schematisch die molekulare Struktur eines Polymergels wieder, das aus einem vernetzten Polymer besteht, in dessen Hohlräumen Lösungsmittelmoleküle eingelagert sind.

Die Vernetzung, durch die die gesamte makroskopische Probe in ein Riesenmolekül verwandelt wird, verleiht dem System Eigenschaften einer verformbaren, nicht fluiden Substanz. Wie bereits erwähnt, spielt hierbei das Lösungsmittel, das sich zwischen den Maschen des Polymers bewegen kann, eine bedeutende Rolle, wobei das Größenverhältnis der Lösungsmittelmoleküle und der mittleren Maschengröße ein wichtiger Parameter ist. Dieser Aufbau verleiht den Gelen die Eigenschaften von elastischen hochviskosen Systemen. In solchen Strukturen übernimmt das Polymernetzwerk die Funktion eines elastischen Untersystems und das freie bewegliche Lösungsmittel die Funktion eines gekoppelten viskosen Untersystems.

Die Entstehung eines Gels kann man gut verfolgen, wenn man eine warme, noch flüssige Gelatinelösung hinreichend hoher Konzentration abkühlt. Die Substanz wird mit abnehmender Temperatur zunehmend viskoser. Die permanente Verformung, die eine äußere Kraft hervorruft, findet mit zunehmender Verzögerung statt, das Fließen unter der Einwirkung der Gravitation wird zunehmend langsamer.

Analog kann auch das Entstehen eines Gels bei einer Polymerisationsreaktion in Lösung verfolgt werden, wenn die entstehenden Makromoleküle in zunehmendem

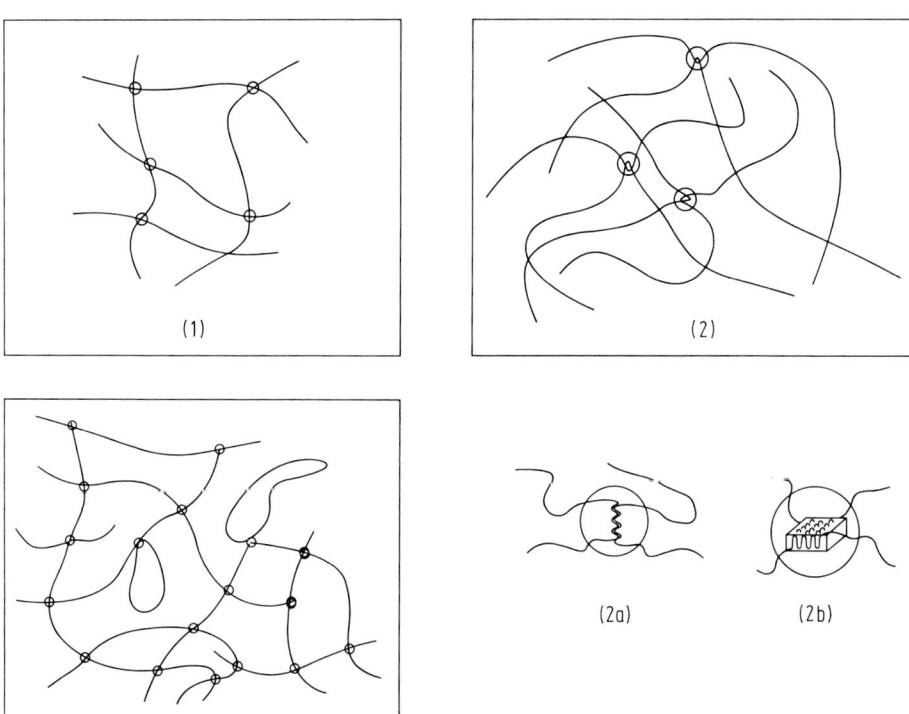

Abb. 8.63   Vernetzte Strukturen. (1) chemische Vernetzung durch tetrafunktionale Moleküle; (2) physikalische Vernetzung durch (2a) Helixbildung und (2b) Kristallisation; (3) unvollständige Vernetzung durch freie Enden und Schlaufenbildung.

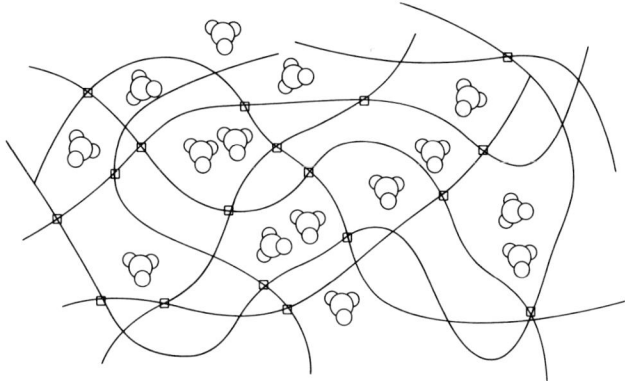

Abb. 8.64   Schematische Darstellung eines chemisch vernetzten Gels mit Lösungsmittelmolekülen, die durch das Netz diffundieren können. Die Diffusionsrate ist durch die Größe der Maschen bestimmt.

Maße vernetzt werden. Der Sol-Gel-Übergang wird in diesem Falle erreicht, wenn im Laufe der Vernetzungsreaktion die Konzentration C der Quervernetzungen den kritischen Wert C^* erreicht hat. In der Regel kann man den Reaktionsablauf sehr einfach durch Messung der Viskosität als Funktion der Reaktionszeit verfolgen. Wenn sich ein Gel bildet, nimmt die Viskosität mit C stark zu, wobei die Viskosität bei der Annäherung an C^* gegen sehr hohe Werte divergiert.

8.8.3 Theorie des Sol-Gel-Übergangs

8.8.3.1 Theorie der Raumstruktur

Das Wachstum eines durch ein Cluster beschriebenen, vernetzten Systems kann in einer ersten Näherung durch das Wachstum einer Baumstruktur, wie in der Abb. 8.65a illustriert, approximiert werden. In diesem Modell werden bei realen Systemen entstehende geschlossene ringförmige Strukturen sowie sterische Behinderungen der wachsenden Strukturen nicht berücksichtigt. Dieses, das Ausschlussvolumen nicht berücksichtigende Modell ist eine Vereinfachung der realen Verhältnisse und gibt die realen Daten eines Gels nur annähernd wieder.

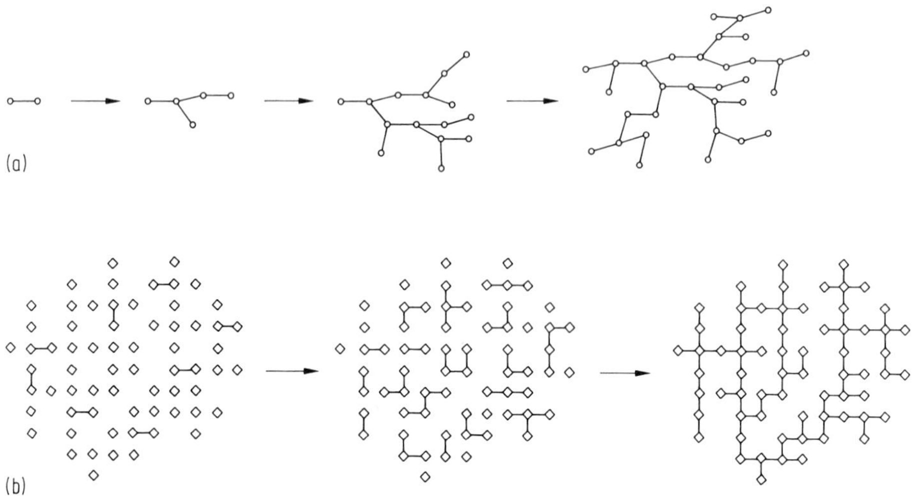

Abb. 8.65 Modelle für den Sol-Gel-Übergang. In beiden Modellen nimmt die Vernetzung durch Bildung von Bindungen von links nach rechts zu. (a) *Baumstrukturmodell:* Das Modell beschreibt das Wachstum eines Clusters durch verzweigte Polymerisation ohne Behinderung durch andere Zweige im Baum. (b) *Perkolationsmodell:* Das Modell zeigt, wie isolierte Bindungen zufällig entstehen und zu isolierten Clustern führen, die mit zunehmender Polymerisation zu immer größeren Clustern aggregieren und schließlich die ganze Probe umfassen.

8.8.3.2 Perkolationstheorie

In diesem Modell wird die Gelierung von Molekülen, die auf einem Gitter verteilt sind, beschrieben. Die Gitterpunkte haben z Nachbarn, wobei z der Anzahl der Bindungen entspricht, die das im realen Fall eingesetzte polyfunktionale Element zur Verfügung hat. Weiterhin wird angenommen, dass nur benachbarte Monomere miteinander reagieren können, wobei die Wahl der reagierenden Nachbarn zufällig ist. Der Verlauf der Vernetzungsreaktion wird durch die zunehmende Anzahl von Bindungen auf dem Gitter beschrieben. Nach dem Perkolationsmodell wird die kritische Gelkonzentration erreicht, wenn das System vom Zustand der wachsenden Molekülcluster in den eines einzigen Moleküls übergeht. Dieser Zustand wird dadurch charakterisiert, dass von jeder Bindungsstelle mindestens ein Weg über Bindungen zu einer anderen Bindungsstelle führt. Dies findet bei der kritischen Vernetzungskonzentration C^* statt, die dem Gelpunkt entspricht. Die Abb. 8.65b illustriert das Perkolationsmodell.

8.8.4 Gelchromatographie und Gelelektrophorese

Die Gelchromatographie (GC) ist ein physikalisches Trennverfahren für die Trennung von Makromolekülen unterschiedlicher Molekülmasse, in dem das Ausschlussvolumen eines Gels ausgenutzt wird. Lässt man eine polydisperse Polymerlösung durch ein Gel fließen, so stehen den Fraktionen mit kleinerer Molekülmasse größere und kleinere Poren zur Verfügung. Fraktionen mit einer größeren Molekülmasse werden wegen des größeren Volumens der Moleküle von den kleineren Poren ausgeschlossen und können nur durch die größeren Poren fließen. Bildlich gesprochen, verzögern sich die größeren Moleküle in den engen Gassen, während die kleineren direkter und somit schneller durch die breiten Alleen zum Ziel kommen. Der so erzielte Trenneffekt lässt sich durch gezielte Herstellung von Gelen unterschiedlicher Größenverteilung der Poren von Fall zu Fall optimieren.

Bei der Gelchromatographie wird die zu trennende Polymermischung in die so genannte *mobile Phase*, das Lösungsmittel, eingespritzt und mit einer konstanten Geschwindigkeit durch die Kolonne geleitet. Letztere ist mit kleinen, porösen Gelpartikeln gefüllt. Die wichtige Größe ist die *Retentionszeit*, die Aufenthaltszeit einer bestimmten Fraktion in der Kolonne. Nach Durchlaufen der Kolonne werden die Fraktionen durch einen Detektor geleitet, der die verschiedenen Fraktionen signalisiert. Messung des Brechungsindex, UV-VIS-Spektrometrie, Lichtstreuung, Viskositätsmessung oder Farbstoffmarkierung werden zum Nachweis eingesetzt. Die Molekülmasse einer jeden Fraktion wird nach Eichung der Säule mit Testsubstanzen enger Molmassenverteilung aus der Retentionszeit bestimmt. Verzweigte und geknäuelte Polymere dringen in kleinere Poren ein als lineare Polymere gleicher Molmasse und verlassen deshalb die Säule später. Der Verzweigungsgrad von Polymeren kann auf diese Weise abgeschätzt werden. Die Gelchromatographie hat ein breites Anwendungsgebiet, weil sie einfach, schnell und billig ist. In wenigen Minuten kann man eine komplizierte Molekülmassenverteilung einer Mischung empfindlich bestimmen. Diese Methode konnte erst zuverlässig eingesetzt werden, als es gelang, Gele mit kontrollierter Porengrößenverteilung herzustellen.

Die am häufigsten verwendeten Gele sind:

a) Vernetzte Polystyrolgele: ein synthetisches, chemisch vernetztes Gel, kommerziell unter der Bezeichnung *Styragel* bekannt (Molekülmassenfraktionierungsbereich: 10^2–10^7).

b) Polysaccharide: ein für wässrige (biologische) Proben geeignetes Gel, das unter dem Namen *Sephadex* bekannt ist (Molekülmassenfraktionierungsbereich: $7 \cdot 10^2$–$8 \cdot 10^5$).

c) Polyacrylamid: ein chemisch vernetztes, synthetisches Polymer (Molekülmassenfraktionierungsbereich: $2 \cdot 10^2$–$4 \cdot 10^5$) mit Acrylamid $H_2C{=}CH{-}CO{-}NH_2$ als Monomer und wenigen Prozent Bis-Acrylamid zur Vernetzung.

Insbesondere die natürlichen Polymere wie Proteine und DNS tragen Ladungen. Es lag daher nahe, als treibende Kraft für ihre Wanderung durch das Gel ein elektrisches Feld anzulegen anstelle eine Lösung wie bei der GC hindurch zu pumpen. Der Trenneffekt bei der *Gelelektrophorese* konnte für gewisse, insbesondere biochemische Gemische gegenüber der Gelchromatographie verbessert werden. Der elektrischen Kraft $z\,e\,E$ (mit $z\,e$ als Ladung des Teilchens und E als elektrischer Feldstärke) wirkt bei dieser Methode die Reibungskraft $6\,\pi\,\eta\,r\,v$ entgegen, wenn das Teilchen kugelförmig mit Radius r ist und sich mit der Geschwindigkeit v durch ein Medium mit Viskositätskoeffizient η bewegt. Im Gleichgewichtszustand sind beide Kräfte gleich groß und es gilt

$$v = \frac{z\,e\,E}{6\,\pi\,\eta\,r}. \tag{8.107}$$

Ein Polyion in Lösung ist immer von einer Wolke niedermolekularer Ionen mit entgegengesetztem Ladungsvorzeichen umgeben. Ionenwolke und Teilchen wandern in entgegengesetzte Richtungen: Das Teilchen wird zusätzlich abgebremst und das äußere elektrische Feld dielektrisch abgeschirmt. Daraus folgt eine Verringerung der Beweglichkeit $u = v/E$ der Polyionen, die von der Konzentration der Gegenionen (Ionenstärke) und ihrer Abschirmfähigkeit (Dielektrizitätskonstante $\varepsilon_0\,\varepsilon$) abhängt. Für nichtkugelförmige Makromoleküle hängt die Beweglichkeit des Teilchens im elektrischen Feld von der räumlichen Verteilung seiner Flächenladungsdichte ab. Das entsprechende Potential wird mit zunehmendem Abstand vom Polyion kleiner und kann an der Oberfläche der Flüssigkeitshülle des Polyions als ζ-Potential aus der gemessenen Beweglichkeit u bestimmt werden

$$u = \varepsilon_0\,\varepsilon\,\frac{\zeta}{\eta}. \tag{8.108}$$

Die Berechnung dieses Wechselwirkungspotentials wird in Abschn. 8.9.2.2 ausführlich beschrieben.

In einem Medium ohne Gel richten sich kettenförmige geladene Makromoleküle, z. B. Polypeptide horizontal aus, um die elektrostatische Energie zu minimieren. Ihr Durchmesser und damit ihre elektrophoretische Beweglichkeit ist nahezu unabhängig von der Molmasse, so dass signifikante Trennung nicht auftritt. Durch ein steifes Gel muss sich dagegen eine Polymerkette hindurchwinden. Dabei treten auch nichthorizontale Orientierungen auf und die Beweglichkeit hängt von Kettenlänge bzw. Molekulargewicht ab.

Gelelektrophorese wird am häufigsten zur Bestimmung des Molekulargewichtes von Proteinen eingesetzt. Um die Beweglichkeit von der Proteinkonformation unabhängig zu machen, wird das Protein zunächst durch Erhitzen mit einem Detergenz wie Natriumdodecylsulfat (SDS) denaturiert und umhüllt. Dadurch wird die Ladung des Proteins abgeschirmt. Länge und Ladung der SDS-Proteinmicellen hängen von der Länge und damit von der Molmasse des Proteins ab: Die Auftrennung erfolgt bei SDS-PAGE (Polyacrylamidgelelektrophorese) entsprechend nur nach Molekulargewicht.

Gele können ein Gemisch von Polyionen zweidimensional nach Molekulargewicht und isoelektrischem Punkt pI auftrennen. Die Nettoladung eines Proteins hängt von dem relativen Anteil von geladenen (sauren und basischen) Aminosäureresten ab: Der pI-Wert ist der pH, bei dem das Molekül Nettoladung Null trägt. Das Polyion hört bei diesem pH-Wert auf zu wandern. Zur Etablierung eines pH-Gradienten im Gel wird eine Mischung von mehreren 100 verschiedener kleiner Oligoamino-, Oligocarbonsäure-Ampholyte elektrophoretisch aufgetrennt. Die anfänglich sauersten, negativ geladenen Ampholyte wandern zur Anode, wo der pH-Wert sinkt. Die steigende Protonenkonzentration führt durch Rekombination zum Verlust an negativer Nettoladung des Ampholyten bis auf Null, seinem isoelektrischen Punkt, an dem er aufhört zu wandern. Ähnliches passiert mit den positiv geladenen

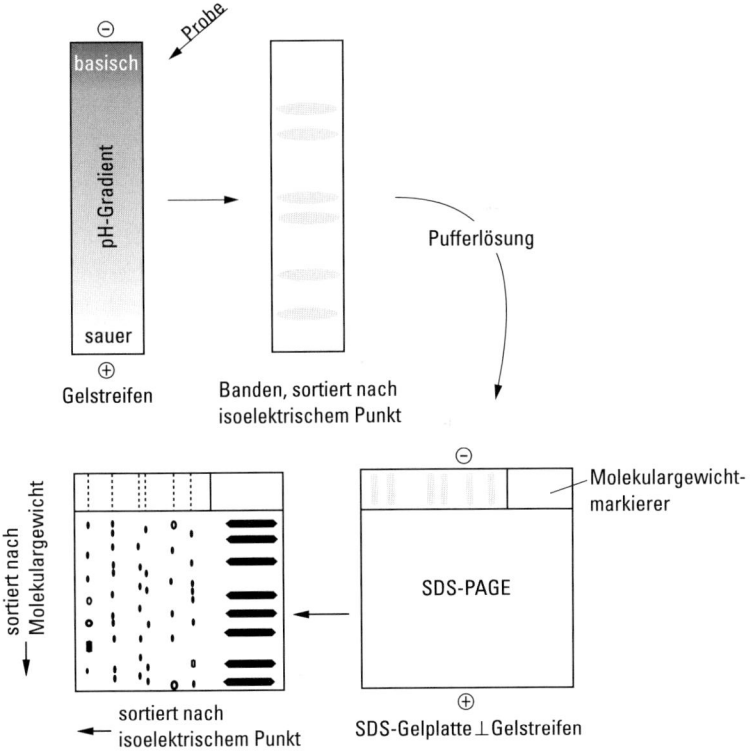

Abb. 8.66 Auftrennung von Proteinen durch SDS-PAGE.

Ampholyten im Kathodenbereich. Entsprechend entwickelt sich längs des Gels schnell ein stabiler pH-Gradient. Die größeren Probemoleküle wandern langsamer als die Ampholyte bis zu der Stelle, wo ihr pI-Wert mit dem lokalen pH-Wert übereinstimmt. Für die Auftrennung nach dem isoelektrischen Punkt wird ein Gel niedriger Konzentration und Vernetzung gewählt, da es nicht nach Molekulargewicht trennen, sondern nur Konvektionsströme begrenzen soll (Abb. 8.66). Anschließend werden die Proteine durch SDS denaturiert und abgeschirmt und senkrecht zur Richtung der isoelektrischen Fokussierung durch SDS-PAGE nach Molekulargewicht aufgetrennt. pI-Unterschiede von 0.01, die genau einer Nettoladung entsprechen, können aufgelöst und mehr als 1000 Proteine in einem 2D-Gel aufgetrennt werden – ungefähr die Anzahl verschiedener Proteine in einer Bakterienzelle. Kultiviert man die Zelle in 20 verschiedenen Nährmedien und markiert jeweils eine der darin natürlich vorkommenden Aminosäuren mit Tritium, so können nach Auftrennung in 20 2D-Gelen durch Messung des Tritiumzerfalls die relativen Anteile der Aminosäuren in jedem der aufgetrennten Proteine gemessen werden.

Eine weitere chromatograpische Trennmethode für Polymere ist die temperaturansteigende Eluierungsfraktionierung (temperature rising elution fractionation, TREF). Hierbei wird eine mit Stahlwolle oder anderen Materialien mit großer Oberfläche wie Chromosorb oder Silicagel gefüllte Säule mit dem auf einem inerten Träger auskristallisierten Polymer beladen und Lösungsmittel durch die Säule bei wachsender Temperatur gepumpt. Das Polymer eluiert in umgekehrter Reihenfolge, in der es kristallisiert wurde, wobei weniger kristallines Material bereits bei niedrigeren Temperaturen eluiert. Die Auftrennung erfolgt also hier mehr nach Kristallisierbarkeit als nach Molekulargewicht. Insbesondere Polyethylen und Polypropylen sowie ihre Copolymere wurden mit dieser Methode charakterisiert.

8.9 Kolloide

Als kolloidales Teilchen kann jedes Teilchen betrachtet werden, dessen lineare Dimension zwischen etwa 10 und 10^3 nm liegen. Kolloidale Teilchen sind entweder Makromoleküle, oder sie bestehen aus stark verteilter kristalliner oder glasförmiger Materie. Erstere sind echte Lösungen, während im zweiten Fall ein metastabiles Zweiphasensystem vorliegt. Dementsprechend spricht man von *lyophilen* und *lyophoben* kolloiden Systemen, je nachdem, ob es sich um eine Lösung im thermodynamischen Sinne oder um eine thermodynamisch nicht stabile Suspension handelt. Die Physik der Kolloide überlappt teilweise mit der der makromolekularen Systeme insofern, als eine bedeutende Klasse von Kolloiden makromolekulare Lösungen sind.

8.9.1 Lyophile Kolloide

Beispiele lyophiler Kolloide sind Polymere in einem guten Lösungsmittel. In der Regel lässt sich die Konzentration der dispersen Phase bei guter Löslichkeit in der dispergierenden Phase soweit erhöhen, dass wir kontinuierlich in den Bereich der Gele kommen. Zur Bildung eines lyophilen Kolloids muss die Bildung der kolloidalen Teilchen in dem dispergierenden Medium zu einer Abnahme der freien Enthalpie G des Systems führen. Wenn dies der Fall ist, haben wir es mit einer echten Lösung zu tun, die im Laufe der Zeit nicht altert. Die Form und Größe der kolloidalen Teilchen hängt nicht von den Bedingungen der Herstellung, sondern nur von der Zusammensetzung der Mischung ab. Zu dieser Klasse gehören synthetische Polymere in einem guten Lösungsmittel, Proteine in Wasser, Seifen und andere Detergenzien in wässriger Lösung, die Mizellen oder Mikroemulsionen bilden. Die Mischentropie ΔS_{mi} lyophiler Kolloide ist wegen der geringen Teilchenzahl relativ klein und kann wenig zur freien Lösungsenthalpie $\Delta G_{mi} = \Delta U_{mi} - T \Delta S_{mi}$ beitragen. Darum kann sehr leicht bei Veränderungen der Parameter, die die Mischenergie ΔU_{mi} herabsetzen, eine recht plötzliche Desolubilisierung einsetzen.

8.9.2 Lyophobe Kolloide

Diese Klasse enthält disperse Systeme, die keine echten Lösungen darstellen. Lyophobe Systeme entstehen, wenn die dispergierte Substanz sich nicht spontan in der dispergierenden löst, sondern durch eine geeignete Methode in Lösung gebracht wird, wie z. B. intensive Verreibung oder Lichtbogenentladung im dispergierenden Medium. Lyophobe Kolloide können erzeugt werden, wenn durch Energiezufuhr die zur Bildung einer großen Oberfläche erforderliche Oberflächenenergie durch einen geeigneten Prozess zugeführt wird. Dies kann mechanisch (Verreibung), chemisch (molekulare Aggregation) oder durch elektrische Energie (Lichtbogen im dispergierenden Medium) geschehen.

Das physikalische Problem der Beständigkeit von kolloidalen Lösungen besteht darin, dass ein solches System eine erhöhte Oberflächenenergie gegenüber dem nichtdispergierten besitzt, also thermodynamisch instabil ist. Dies steht in scheinbarem Widerspruch zu der Beobachtung, dass auch lyophobe kolloidale Systeme eine praktisch unbeschränkte Lebensdauer haben können. Der Schutz lyophober Kolloide gegenüber Fällung wird in einigen Fällen durch an die Oberfläche der kolloidalen Teilchen adsorbierte Moleküle gegeben. Die Wirkung solcher adsorbierter Moleküle beruht im Wesentlichen auf entropischen und strukturellen Effekten. Sie besteht darin, dass die adsorbierten Moleküle bei zu großer Annäherung der Teilchen sterisch eingeschränkt werden, wodurch sich der Konformationsspielraum verringert und die Entropie des Systems abnimmt. So adsorbieren in Milch geeignete Proteine an der Oberfläche der Fettkügelchen und sichern nach dem geschilderten Mechanismus die Beständigkeit der Suspension. Hauptsächlich aber sind die Wechselwirkungen zwischen den kolloidalen Teilchen verantwortlich für die Beständigkeit eines Kolloids. Generell handelt es sich bei diesen Wechselwirkungen um eine Kombination von attraktiven van-der-Waals-Dispersionskräften einerseits und elektrostatischen, repulsiven Kräften andererseits.

8.9.2.1 Dispersionskräfte

Die Dispersionsenergie kann für zwei Atome durch die Beziehung

$$E(r) = -\frac{A}{r^6} \tag{8.109}$$

beschrieben werden. Die Konstante A hängt im Wesentlichen von der Polarisierbarkeit α der beteiligten Atome ab und wird durch die Gleichung

$$A = \frac{3}{4} h v_0 \alpha^2 \qquad (8.110)$$

gegeben. $h v_0$ ist die Ionisierungsenergie des betreffenden Atoms. Bei größeren Teilchen, wie dies bei Kolloiden der Fall ist, kann die Dispersionskraft in guter Näherung
durch eine Addition der atomaren Dispersionskräfte beschrieben werden. Die Wechselwirkung zwischen zwei Kugeln, die relativ groß gegenüber den atomaren Bestandteilen sind, wie in Abb. 8.67 dargestellt, kann durch Integration von Gl. (8.109) über
das Volumen beider Kugeln berechnet werden. Das Ergebnis ist eine einfache Gleichung:

$$E(r)_{\text{Kugel-Kugel}} = -\frac{1}{12} \frac{a H}{R}. \qquad (8.111)$$

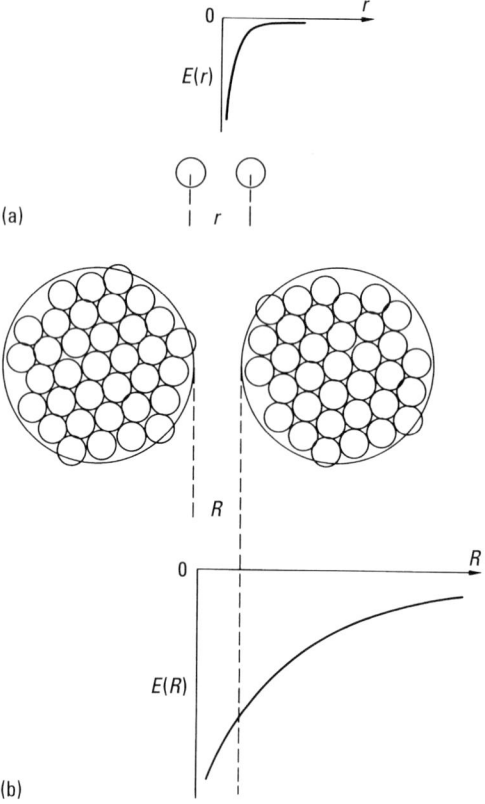

Abb. 8.67 Dispersionswechselwirkung zwischen (a) zwei Atomen/Molekülen und (b) zwei
Kolloidteilchen. Die beiden Kurven illustrieren den attraktiven Teil der potentiellen Energie
$E(r)$ zwischen zwei Atomen/Molekülen und $E(R)$ zwischen zwei Kolloidteilchen.

Die Konstante H, die so genannte *Hamaker-Konstante*, ist über die Atompolarisierbarkeiten stoffabhängig, und a ist der Kugeldurchmesser.

Die Abb. 8.67 veranschaulicht die attraktive Wechselwirkung zwischen zwei Atomen mit dem Mittelpunktabstand r und zwischen zwei kolloidalen Teilchen mit dem minimalen Abstand R zwischen den Oberflächen. Durch die Integration der Energie über die Dimensionen der makroskopischen Kugeln wurde die sechste Potenz im Nenner von Gl. (8.111) durch die erste Potenz ersetzt. Dies bedeutet, dass für makroskopische Teilchen die Dispersionskräfte kurzer Reichweite durch solche langer Reichweite ersetzt werden. Dies ist auch die Ursache für die Beobachtung, dass supramolekulare Systeme stark wechselwirken und somit Eigenschaften wie die Viskosität sehr große Werte annehmen können.

8.9.2.2 Elektrostatische Wechselwirkung

Lyophobe Kolloide sind in der Regel Suspensionen in wässrigem Medium. Die Teilchen weisen häufig gleichartige elektrische Ladungen auf, als Folge derer sie sich abstoßen. Im Folgenden soll das Wechselwirkungspotential $\psi(r)$ als Funktion der Entfernung von der Oberfläche eines Teilchens berechnet werden. σ_0 sei die Oberflächenladung, die hier als positiv angenommen werden soll, und ψ_0 das elektrische Oberflächenpotential. Wegen der notwendigen Neutralität der Lösung enthält das System auch Gegenionen entgegengesetzter Ladung, d. h. im vorliegenden Fall negative Ladung. Wir gehen außerdem davon aus, dass die Lösung einen Elektrolyten mit der Konzentration n_0 enthält. Unter diesen Bedingungen werden die negativen Ionen von den kolloidalen Teilchen angezogen und im Mittel um die Teilchen angereichert. Man beschreibt diese Situation mit einer negativen Ionenwolke, deren Dichte von σ_0 und n_0 abhängt. Die Ionen in der Ionenwolke nennt man die dem kolloidalen Teilchen entsprechenden *Gegenionen*. An einem Punkt, dessen Entfernung von der Oberfläche des Kolloidteilchens r ist, kann die potentielle Energie eines Gegenions durch $z\,e\,\phi(r)$ angegeben werden, wobei z die Wertigkeit des betreffenden Ions ist. Nach der Boltzmann-Gleichung lässt sich die Konzentration beider Ionenarten für $z = 1$ durch die Gleichungen

$$n_- = n_0\, \mathrm{e}^{\frac{e\,\psi(r)}{kT}} \tag{8.112}$$

$$n_+ = n_0\, \mathrm{e}^{-\frac{e\,\psi(r)}{kT}} \tag{8.113}$$

beschreiben. Die Nettoladungsdichte an einem Punkt mit dem Abstand r von der Oberfläche des kolloidalen Teilchens ist

$$\varrho = e\,(n_+ - n_-) = -2\,n_0\,e \sinh \frac{e\,\psi(r)}{kT}. \tag{8.114}$$

Unter Zuhilfenahme der Poisson-Gleichung erhält man für das Potential $\psi(r)$ die Differentialgleichung

$$\frac{\mathrm{d}^2\psi(r)}{\mathrm{d}r^2} = \frac{8\,\pi\,n_0\,e}{\varepsilon} \sinh \frac{e\,\psi(r)}{kT},$$

wobei ε die Dielektrizitätskonstante des Mediums ist. Nimmt man an, dass $e\psi(kT) \ll 1$ ist, so erhält man die einfache Lösung

$$\psi(r) = \psi_0 e^{-\kappa r}. \tag{8.115}$$

In dieser Gleichung ist κ die sogenannte *Debye-Hückel-Konstante*, die aus der Beziehung

$$\kappa^2 = \frac{8\pi n_0 e^2}{\varepsilon kT} \tag{8.116}$$

folgt. Die Gl. (8.116) zeigt, dass das Potential exponentiell mit der Entfernung vom Kolloidteilchen mit der Abklingkonstante κ abnimmt. Typische Entfernungen, bei denen ψ auf $0.1\,\psi_0$ abnimmt, sind etwa 10 nm. Mit zunehmender Entfernung r nimmt die Ladungsdichte der Gegenionen proportional zu $\psi(r)$ ab. Beide Ladungen, die Oberflächenladung und die Gegenionenladung, bilden eine diffuse elektrische Doppelschicht. Die Abb. 8.68 gibt den Verlauf des Potentials und der Ladungen der positiven und der negativen Ionen qualitativ wieder.

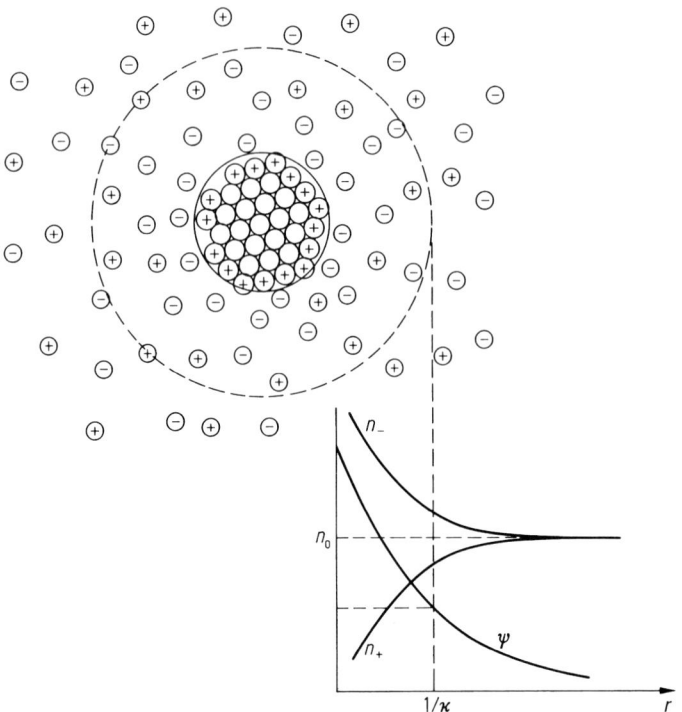

Abb. 8.68 Verteilung des Potentials ψ, der Kationen n_+ und der Anionen n_- als Funktion des Abstands r von der Oberfläche um ein Kolloidteilchen mit einer positiven Oberflächenladung. Der gestrichelte Kreis mit dem Radius $1/\kappa$ stellt den Ladungsschwerpunkt der Gegenionen dar.

8.9.2.3 Gesamtkräfte zwischen kolloidalen Teilchen

Aufgrund der beschriebenen elektrischen Doppelschicht stoßen sich kolloidale Teilchen bei größeren Abständen ab, während bei kleineren Abständen die van-der-Waals-Kräfte überwiegen und die Teilchen sich anziehen. Die Abb. 8.69 gibt die Wechselwirkungsenergien $\psi'(r)$ für ein Kolloid bei verschiedenen Elektrolytkonzentrationen, d. h. entsprechend der Gl. (8.116) bei verschiedenen Werten der Debye-Hückel-Konstante κ wieder.

Die Abbildung illustriert deutlich die Anziehungskräfte bei kleineren und die Abstoßungskräfte bei größeren Abständen. Mit wachsender Elektrolytkonzentration werden letztere zunehmend abgeschirmt und verlieren an Bedeutung und Reichweite.

Fällung von kolloidalen Suspensionen. Aus der Abb. 8.69 geht hervor, dass bei kleinen Elektrolytkonzentrationen die elektrostatische Abstoßung zwischen Kolloidalteilchen eine Annäherung verhindert und somit die Suspension stabilisiert wird. Erst bei sehr hohen Elektrolytkonzentrationen können die Teilchen sich auf kleine Abstände annähern, in den Bereich der gegenseitigen Anziehungskräfte geraten und aggregieren. Dieser Effekt lässt sich bei dem Phänomen der Fällung von Kolloiden beobachten, der durch hohe Salzkonzentrationen hervorgerufen werden kann.

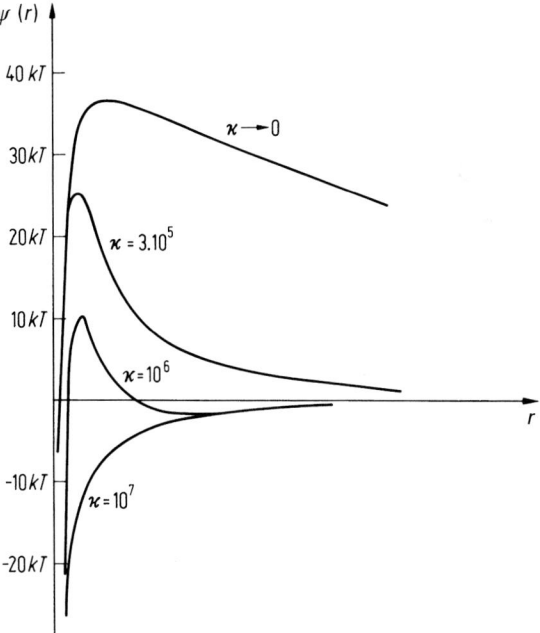

Abb. 8.69 Potentielle Energie der Wechselwirkung zwischen zwei Kolloidteilchen. $\psi'(r)$ enthält van-der-Waals- und elektrostatische Beiträge. Die Kurven entsprechen verschiedenen Werten der Debye-Hückel-Konstante κ, die in Gl. (8.116) definiert ist. Die Bildung eines Komplexes hängt von der Höhe der Potentialbarriere im Vergleich zu der mittleren thermischen Energie kT ab. Bei kleinen κ-Werten, d. h. bei kleinen Gegenionenkonzentrationen, ist die abstoßende Barriere hoch und das Kolloid bleibt stabil.

8.10 Lösungen amphiphiler Moleküle

8.10.1 Thermodynamische Grundlagen der Löslichkeit

Der Gleichgewichtszustand einer Lösung der Molekülart A in einem Lösungsmittel B, d. h. die Gleichgewichtskonzentrationen und die räumliche Verteilung der beiden Spezies A und B, lässt sich mit Hilfe der Thermodynamik bzw. der statistischen Thermodynamik bestimmen.

Die thermodynamische Grundbeziehung für das Mischungsgleichgewicht ist

$$\Delta G_{mi} = 0. \tag{8.117}$$

Diese Beziehung besagt, dass die freie Mischenthalpie im Gleichgewicht bezüglich der äußeren Parameter wie Temperatur und Konzentration ein Minimum hat. Bekanntlich besteht die Funktion G_{mi} aus einem energetischen Term H_{mi} (Mischenthalpie) und einem entropischen Term TS_{mi}. Für die Änderungen dieser Größen beim Mischen gilt:

$$\Delta G_{mi} = \Delta H_{mi} - T\Delta S_{mi}. \tag{8.118}$$

Da die Mischentropie ΔS_{mi} positiv ist, trägt der entropische Term immer zu einer Abnahme von ΔG_{mi} bei, d. h. die Mischung wird thermodynamisch favorisiert. Die Mischbarkeit oder Nichtmischbarkeit ist nunmehr davon abhängig, inwieweit die Mischenthalpie ΔH_{mi} den Entropieterm $T\Delta S_{mi}$ kompensiert, d. h. welches Vorzeichen ΔG_{mi} hat. Ist

$$\Delta G_{mi} < 0, \tag{8.119a}$$

so lässt sich A in B (oder umgekehrt) bis zu dem Punkt, bei dem Gl. (8.117) gilt, mischen. Gilt dagegen

$$\Delta G_{mi} > 0, \tag{8.119b}$$

dann findet keine Mischung, sondern Entmischung statt. Die Natur der Mischpartner bestimmt im Wesentlichen die Wechselwirkungsenthalpie und geht somit in ΔH_{mi} ein. Die Mischung wird energetisch dann favorisiert, wenn der Mischprozess entweder zu einer Abnahme der Mischenthalpie führt, oder wenn eine ungünstige, d. h. positive Mischenthalpie durch den Entropieterm kompensiert wird. In beiden Fällen muss Gl. (8.119a) gelten. Einfach formuliert: Bei vollständig mischbaren Substanzen nimmt die freie Enthalpie beim Mischen ab, bei nicht mischbaren Substanzen nimmt sie zu und bei teilweise mischbaren Substanzen nimmt sie bis zur Sättigung ab und würde beim (fiktiven) Weitermischen wieder zunehmen.

8.10.2 Amphiphile Moleküle

Als *hydrophile Moleküle* bezeichnet man solche, deren Mischenthalpie im Wasser negativ ist und als *hydrophobe Moleküle* solche, deren Mischenthalpie im Wasser positiv ist. Je größer der Betrag der Mischenthalpie ist, desto stärker ist der hydrophile bzw. hydrophobe Charakter der betreffenden Substanz. Aus molekularer Sicht sind hydrophile Moleküle entweder polare oder in Ionen dissoziierende Moleküle,

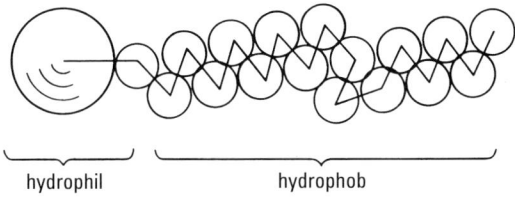

hydrophil   hydrophob

Abb. 8.70   Schematische Darstellung eines amphiphilen Moleküls. An die hydrophile Kopf-gruppe ist eine längere hydrophobe Kette gebunden.

während hydrophobe unpolar sind. Zur ersten Klasse gehören beispielsweise alle Elektrolyte und Alkohole, während Edelgase sowie gesättigte und ungesättigte Kohlenwasserstoffe hydrophob sind.

Neben den rein hydrophilen und hydrophoben Molekülen gibt es eine Reihe von größeren Molekülen, die aus verschiedenen Gruppierungen bestehen, so dass sie in einem Bereich hydrophil und im anderen hydrophob sind. Solche Moleküle können beispielsweise aus einer relativ langen Kohlenwasserstoffkette aufgebaut sein, die mit einer stark polaren Gruppe verknüpft ist. Die Abb. 8.70 gibt das generelle Aufbauprinzip der Moleküle dieser Klasse wieder.

Interessant ist das Lösungsverhalten dieser Moleküle in Wasser. Während die hydrophile *Kopfgruppe* die Tendenz hat, sich in Wasser zu lösen, tendiert die hydrophobe *Schwanzgruppe* dazu, nicht in Lösung zu gehen. Moleküle dieser Art nennen wir *amphiphil*. In Übereinstimmung mit dem Prinzip der Minimierung der freien Enthalpie bilden sich in wässrigen Lösungen amphiphiler Moleküle Aggregate verschiedener Formen und Ausdehnung. Die Bildung solcher Aggregate findet immer derart statt, dass die Kontakte hydrophob-Wasser und hydrophob-hydrophil minimiert werden, während Kontakte hydrophob-hydrophob, hydrophil-hydrophil und hydrophil-Wasser maximiert werden. Dieser so genannte *hydrophobe Effekt*, bei dem energetische und entropische Faktoren eine Rolle spielen, ist ein wesentlicher Faktor, der zur Bildung von *Mizellen, Mikroemulsionen* und biologischen Aggregaten wie z. B. von *Membranen* beiträgt. Bei der thermodynamischen Beschreibung von solchen teilweise geordneten Aggregaten muss berücksichtigt werden, dass deren Bildung eine Abnahme der Entropie erfordert.

In der Praxis spielen amphiphile Moleküle eine bedeutende Rolle im Zusammenhang mit der Solubilisierung von Fetten und Ölen, z. B. in der Waschmittelindustrie, der Ölextraktion usw. In diesem Zusammenhang spricht man von Seifen, Detergenzien oder Tensiden.

8.10.3 Mizellen

Die geschilderte Selbstaggregation amphiphiler Moleküle in wässriger Lösung kann zur Bildung von Mizellen führen (Abb. 8.71). Im Allgemeinen bilden die hydrophoben Schwänze der amphiphilen Moleküle den hydrophoben Kern der Mizelle, während die hydrophilen Kopfgruppen ihren Kontakt mit Wasser maximieren, indem

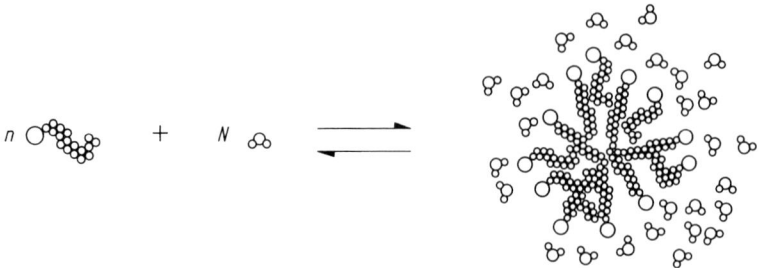

Abb. 8.71 Die Bildung einer Mizelle in wässriger Lösung aus amphiphilen Molekülen. Die Bildung ist in Form einer chemischen Reaktion zwischen den n amphiphilen Molekülen und den N beteiligten Wassermolekülen dargestellt.

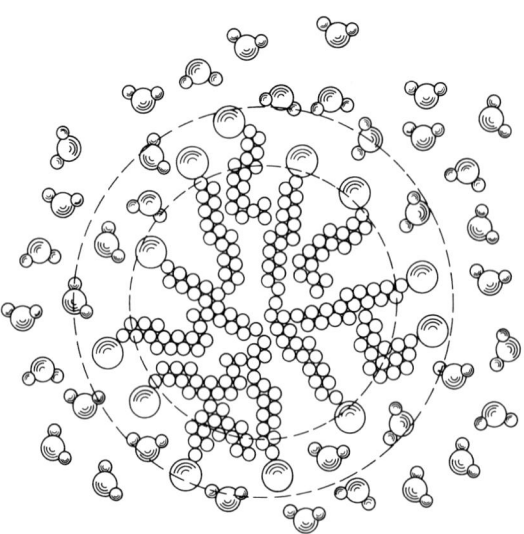

Abb. 8.72 Schema des Aufbaus einer Mizelle in wässriger Lösung. Die hydrophilen Kopfgruppen sind nach außen und die hydrophoben Ketten nach innen gerichtet. Zwischen den beiden gestrichelten Kreisen entsteht ein Bereich, in dem sich sowohl Wassermoleküle und hydrophile Kopfgruppen als auch hydrophobe Ketten befinden.

sie den Kern umgeben und diesen gleichzeitig vom Wasser trennen. Durch diese Aggregationsform werden die Kontakte hydrophob-Wasser minimiert (Abb. 8.72). Mizellen können die Form von Kugeln oder Ellipsoiden annehmen oder auch Doppelschichten ausbilden.

Die genaue Struktur von Mizellen ist Gegenstand der Forschung, da die geschilderten allgemein gültigen Prinzipien mehrere Modelle zulassen. Auch Fragen nach der Beweglichkeit der Moleküle, die eine Mizelle bilden, sind von erheblichem Interesse und warten noch auf eine vollständige Klärung. Wegen der erheblichen praktischen Bedeutung dieser Systeme sind diese Fragen von aktuellem Interesse.

Die amphiphile Assoziation von Tensiden zu Mizellen findet stufenweise statt, durch Addition von Einzelmolekülen zu dem vorhandenen Aggregat nach einer Reaktionsgleichung der Form

$$M_{n-1} + M = M_n. \tag{8.120}$$

Die Assoziation ist stark kooperativ und kann zu Mizellen verschiedener Form und Größe führen. Das Verhalten einer wässrigen Tensidlösung ändert sich mit zunehmender Konzentration in einem engen Bereich unter Bildung von Mizellen. Unterhalb dieser so genannten *kritischen Mizellenkonzentration* besteht die Lösung aus gelösten monomeren Molekülen. Oberhalb der kritischen Mizellenkonzentration liegt eine mizellare Lösung vor, deren Größe über einen weiten Konzentrationsbereich annähernd konstant bleibt. Beim Übergang in den Bereich oberhalb der kritischen Mizellenkonzentration beobachtet man sprunghafte Änderungen einiger physikalischer Eigenschaften der Lösung, wie eine Trübung, d. h. Erhöhung der Intensität des gestreuten Lichts, einen Abfall der Äquivalentleitfähigkeit und des osmotischen Drucks. Typische Mizellen weisen eine nur schwache Polydispersität auf, haben eine sphärische oder annähernd sphärische Form und enthalten etwa 100 monomere Tensidmoleküle. Bei höheren Konzentrationen liegen längliche Mizellen und dann ausgedehnte flüssigkristalline Strukturen vor.

Im Falle von ionischen Amphiphilen ist die Oberflächenladung der Mizellen relativ hoch. Als Folge davon bildet sich eine Gegenionenwolke um die Mizelle, die die Mizellenladung teilweise abschirmt und die intermizellaren abstoßenden Wechselwirkungen abschwächt. Dieses Verhalten, das Mizellen mit anderen lyophoben Kolloiden und mit polymeren Polyelektrolyten teilen, bestimmt Eigenschaften wie Diffusion und Viskosität der mizellaren Lösungen.

Die Organisation des inneren, hydrophoben Kerns der Mizelle ist ein wichtiges Forschungsgebiet. Die bisher bekannten Ergebnisse weisen auf eine weitgehend flüssigkeitsähnliche Struktur und Beweglichkeit hin.

8.10.4 Mikroemulsionen

Mikroemulsionen sind thermodynamisch stabile Drei- oder Mehrkomponentenphasen, in denen eine hydrophobe Substanz mit Hilfe eines Tensids in Wasser emulgiert ist. Veränderungen im Phasendiagramm von zwei beschränkt mischbaren Substanzen sind schon lange bekannt und lassen sich bei einer Vielfalt von verschiedenen Systemen beobachten. Prinzipiell wichtig bei diesem Effekt ist, dass an dem System ein Molekül beteiligt ist, das gegenüber den beiden anderen Komponenten amphiphil ist. Obwohl der molekulare Aufbau von Mikroemulsionen nicht endgültig geklärt ist, wird vermutet, dass die eine Komponente durch eine Schicht amphiphiler Moleküle gegenüber der anderen Komponente in hoch dispergierter Form abgeschirmt ist. Anschaulich stellt man sich eine solche Mikroemulsion als eine Dispersion der hydrophoben Komponente in Form von kleinen, vom Tensid umhüllten Tröpfchen innerhalb des Wassers vor.

Von besonderer Bedeutung sind Mikroemulsionen durch die Rolle, die sie bei der sogenannten *tertiären Erdölförderung* spielen. Durch Spülen der Erdöllagerstätten mit einer Wasser-Tensid-Mischung wird es möglich, sonst schwer zugängliche, in den Gesteinen absorbierte Erdölmengen zu solubilisieren und an die Oberfläche zu befördern.

Literatur

Weiterführende Literatur

Bailey, R.T., North, A.M., Pethrick, R.A., Molecular Motion in High Polymers, Clarendon Press, Oxford, 1981

Cahn, R.W., Metallic Glasses, Contemp. Physics **21**, 43, 1980

Cowie, J.M.G., Polymers: Chemistry and Physics of Modern Materials, Blackie, Academic & Professional, London, 1991

De Gennes, P.-C., Scaling Concepts in Polymer Physics, Cornell University Press, Ithaka, 1979

Doi, M., Edwards, S.F., The Theory of Polymer Dynamics, Clarendon Press, Oxford, 1986

Dorfmüller Th., Pecora, R. (Eds.), Rotational Dynamics of Small and Macromolecules, LectureNotes in Physics **293**, Springer, Heidelberg, 1987

Dorfmüller, Th., Williams, G. (Eds.), Molecular Dynamics and Relaxation Phenomena in Glasses, Lecture Notes in Physics **277**, Springer, Heidelberg, 1987

Ferry, J.D., Viscoelastic Properties of Polymers, Wiley, New York, 1980

Haward, R.N. (Ed.), The Physics of Glassy Polymers, Material Science Series, Applied Science Pub., London, 1973

Henrici-Olive, S., Polymerisation, Verlag Chemie, Weinheim, 1969

Hiemenz, P.C., Principles of Colloid and Surface Chemistry, Dekker, New York, 1986

Hunter, R.J., Foundations of Colloid Science, Vol. I und II, Clarendon Press, London, 1987/89

Kahlweit, M., Grenzflächenerscheinungen, Steinkopff, Darmstadt, 1985

Kuhn, H., Försterling, H.D., Principles of Physical Chemistry, Wiley, New York, 1999

Ledner, M.D., Gehrke, K., Nordmeier, E.H., Makromolekulare Chemie, Birkhäuser, Basel, 2003

Mark, J., Eisenberg, A., Graessley, W., Mandelkern, L., Koenig, J.L., Physical Properties of Polymers, American Chemical Society, Washington, 1984

Mittal, K.L., Fendler, E.J. (Eds.), Solution Behavior of Surfactants, Vol.1–6, Plenum Press, New York, 1982–87

Pethrik, R.A., Dawkins, J.V., Modern Techniques for Polymer Characterisation, Wiley, New York, 1999

O'Reilly, J.M., Goldstein, M., (Eds.), Structure and Mobility in Molecular and Atomic Glasses, Vol. 371, The New York Academy of Sciences, New York, 1981

Rawson, H., Properties and Application of Glass, Glass Science and Technology, Vol. 3, Elsevier, Amsterdam, 1980

Schurz, J., Physikalische Chemie der Hochpolymeren, Heidelberger Taschenbücher Bd.148, Springer, Heidelberg, 1982

Sperling, L.H., Introduction to Physical Polymer Science, Wiley, New York, 1986

Tanford, C., Physical Chemistry of Macromolecules, Wiley, New York, 1961

9 Cluster

Hellmut Haberland, Karl Kleinermanns, Frank Träger

9.1 Einleitung

Der Begriff *Cluster* taucht in den unterschiedlichsten Zusammenhängen auf. So sprechen Astronomen von Sternclustern oder gar von Clustern von Galaxien. Ein musikalischer Cluster ist eine Verallgemeinerung des Dreiklangs. Es werden Strukturen im Atomkern so genannt, aber auch eine Zusammenlagerung von Atomen oder Molekülen. Die Bezeichnung so unterschiedlicher Objekte mit demselben Wort wird verständlich, wenn man weiß, dass das Concise Oxford Dictionary einen Cluster als *a group of similar things* definiert.

Im Wörterbuch der Gebrüder Grimm (ab 1834) steht noch das verwandte Wort *Kluster* für etwas, „was dicht und dick zusammensitzet". Das trifft auf die hier diskutierten Cluster gut zu, da sie oft dichtere Strukturen als der Festkörper haben. In diesem Kapitel soll unter einem Cluster eine Ansammlung von Atomen und Molekülen verstanden werden, deren Anzahl N etwa zwischen 3 und 10^5 liegt. Die Physik der Cluster studiert all die Phänomene, die in diesem Buch für Atome, Moleküle und Festkörper diskutiert werden, als Funktion der Clustergröße. Damit lässt sich der Übergang von der Atom- und Molekülphysik zur Physik und Chemie der kondensierten Phase verstehen. Diese drei Gebiete können auf eine lange Tradition zurückblicken, dagegen hat der eigentliche Aufschwung der Clusterphysik erst etwa um 1980 begonnen.

Andererseits gibt es seit 3500 Jahren eine technologische Anwendung von großen Metallclustern in Gläsern. Man lernte im alten Ägypten, Glas durch Zugabe von Metallverbindungen zu färben [1]. Im flüssigen Glas lösen sich die Metallatome aus ihren chemischen Bindungen, können frei umher diffundieren und sich dabei zu Clustern zusammenlagern. Je länger man das Glas bei hoher Temperatur hält, desto größer werden die Cluster. Mit der Größe ändern sich die elektronischen und damit auch die optischen Eigenschaften. Variiert man z. B. die Größe von Silberclustern in einem Glas von 0.1 bis 1.3 μm, so ändert sich die Farbe des Glases wegen der Größenabhängigkeit der Plasmonenresonanz (s. Abschn. 9.6.2 und 9.7.3) von gelb über rot, purpurrot, violett, blau bis graugrün. Die wunderbar intensive, in Jahrhunderten nicht ausbleichende Farbe von Kirchenfenstern lässt sich so verstehen.

Dieses Beispiel zeigt deutlich, wieso Cluster für eine Anwendung interessant sein können: Man kann ihre Eigenschaften über ihre Größe variieren. Das gilt natürlich nicht nur für optische Eigenschaften, sondern auch für chemische und magnetische Materialgrößen.

In Deutschland wurden in Karlsruhe in den 50er Jahren viele Grundlagen der Clusterphysik erarbeitet. Weltweit ist seit etwa 1980 ein starkes Anwachsen der Forschungsaktivitäten zu beobachten. Das liegt einerseits an dem akademischen Interesse, dieses weithin unbekannte Gebiet zu erforschen, andererseits haben die Physik und die Chemie der Cluster viele Anwendungen, wie Katalyse, Photographie, Aerosole, Bildung großer Moleküle im Weltall, Struktur amorpher Substanzen. Auch deshalb haben sich viele Forschergruppen und auch industrielle Labors diesem Gebiet gewidmet.

Dieses Kapitel ist folgendermaßen aufgebaut: Im restlichen Teil der Einleitung werden einige, auf den ersten Blick überraschende Eigenschaften von Clustern diskutiert, um anschließend auf das Wachsen eines Clusters zum Festkörper einzugehen. Darauf folgt ein Abschnitt über die Erzeugung und den Nachweis von Clustern. Anschließend werden die Temperatur von Clustern und damit zusammenhängende Probleme behandelt. In Abschn. 9.5 wird an ausgewählten Beispielen der Übergang vom Atom über den Cluster zum Festkörper diskutiert und anschließend werden einige der vorher angeschnittenen Probleme vertieft behandelt. In Abschn. 9.7 werden Cluster auf Oberflächen und in Lösung diskutiert. Insbesondere dieser Bereich der Nanoteilchen ist für Anwendungen interessant. Aus Mangel an Platz kann hier vieles gar nicht bzw. nur knapp behandelt werden. Vertiefende Abhandlungen finden sich in [2–6]. Metallcluster werden in [7–12] ausführlich diskutiert.

9.1.1 Wie viele Atome sind an der Oberfläche?

Eine einfache Überlegung zeigt, dass für einen Cluster das Verhältnis von Atomen an der Oberfläche zu Atomen im Volumen sehr groß ist. Bezeichnet man mit N die Anzahl der Atome oder Moleküle in einem Cluster, so befinden sich bis $N = 12$ für Edelgase und andere Cluster mit ungerichteten Bindungen alle Atome an der Oberfläche. Nennt man R den Radius eines kugelförmigen Clusters, so ist sein Volumen $V = \frac{4\pi}{3} R^3$. Vernachlässigt man Packungseffekte, so ergibt sich:

$$V = \frac{4\pi}{3} R^3 = N \frac{4\pi r^3}{3} \quad \text{und damit} \quad N = \left(\frac{R}{r} \right)^3. \tag{9.1}$$

Dabei ist N die Anzahl der Atome im Cluster und $\frac{4\pi}{3} r^3$ das Volumen V pro Atom, also $\frac{V}{N} = \frac{4\pi}{3} r^3$. Man beachte, dass r *nicht* der halbe Abstand zweier Atome, sondern etwas größer ist.

Weiter kann man fragen, wie viele Atome N_S an der Oberfläche S sind. Man erhält analog $S = 4\pi R^2 = N_S \frac{4\pi}{4} r^2$. Der Faktor $\frac{1}{4}$ berücksichtigt die Tatsache, dass nur etwa $\frac{1}{4}$ der Oberfläche eines Atoms an der Oberfläche des Clusters ist. Damit wird $N_S = 4 \left(\frac{R}{r} \right)^2$. Die relative Anzahl der Atome an der Oberfläche ist dann gegeben durch:

$$\frac{N_S}{N} = \frac{4r}{R} = 4N^{-\frac{1}{3}}. \tag{9.2}$$

In Tab. 9.1 sind einige Werte zusammengestellt, die man aus dieser Formel erhält, wenn man $r = 0.2$ nm annimmt – ein Wert, der etwa für Krypton zutrifft. Man beachte das verblüffend große Verhältnis der Anzahl der Atome an der Oberfläche zu der im Volumen. Selbst bei einem ziemlich großen Teilchen mit $N = 108$ Atomen befinden sich davon noch knapp 1 % an der Oberfläche.

Tab. 9.1 Ein kugelförmig angenommener Cluster mit dem Radius R enthält etwa N Atome, von denen N_S an der Oberfläche liegen. Für den Radius eines Atoms wurde $r = 0.2$ nm angenommen. Mit den Gl. (9.1) und (9.2) lassen sich die Werte leicht auf andere Atome oder Moleküle umrechnen.

R/nm	N	N_S/N
1	125	0.8
2	10^3	0.4
10	10^5	0.08
100	10^8	0.008
10^7	10^{23}	10^{-7}

Eine Anwendung des großen N_S/N-Wertes findet man in der chemischen Technologie. Kleine Teilchen werden schon lange in der Katalyse eingesetzt. Die gewünschte Beschleunigung einer chemischen Reaktion resultiert aus Prozessen an der Oberfläche. Für einen effektiven Einsatz sollte der Katalysator also möglichst fein verteilt vorliegen. Man kann z. B. aus einer Kugel mit einem Durchmesser von 1 cm insgesamt 10^{18} Kugeln mit einem Durchmesser von 10 nm machen. Dabei bleibt das Volumen konstant und die Oberfläche vergrößert sich von etwa 3 cm^2 auf 3 km^2. Man hat also durch die feine Verteilung des Katalysators dessen Oberfläche um einen Faktor 10^6 erhöht, was den chemischen Prozess viel schneller ablaufen lässt oder die Kosten für den oft teuren Katalysator reduziert, da geringere Mengen benötigt werden.

9.1.2 Einteilung der Cluster

Eine große Anzahl verschiedener Begriffe ist im Gebrauch, um Cluster verschiedener Größen zu benennen. Eine mögliche Einteilung ist:

1. *Kleine Cluster*, $N = 3$ bis 10 oder 13. Für $N \leq 12$ sind noch alle Atome an der Oberfläche. Konzepte und Methoden der Molekülphysik sind bei tiefen Temperaturen anwendbar.
2. *Mittlere Cluster*, $N = 10$ oder 13 bis etwa $N = 100$. Es existieren viele Isomere, d. h. Cluster mit der gleichen Anzahl von Atomen, aber unterschiedlichen Strukturen und Energien. Molekulare Konzepte verlieren ihre Brauchbarkeit. Viele Eigenschaften ändern sich noch stark mit N.
3. *Große Cluster*, $N = 100$ bis einige 1000. Man beobachtet einen graduellen Übergang zu den Eigenschaften des Festkörpers.
4. *Kleine Teilchen oder Mikrokristalle*, $N > 1000$. Einige, aber lange noch nicht alle Festkörpereigenschaften sind erreicht.

9.1.3 Wachsen eines Clusters zum Festkörper

Die traditionelle Festkörperphysik beschreibt einen Kristall als eine unendlich ausgedehnte periodische Anordnung von Atomen mit Translationsymmetrie. Unter der
Vielzahl von möglichen Kristallstrukturen sind die kubisch raumzentrierte (body
centered cubic, bcc), die kubisch flächenzentrierte (face centered cubic, fcc) und die
hexagonal dichteste (hexagonal close-packed, hcp) Packung in der Natur am weitesten verbreitet. Wie sich diese Symmetrien beim Wachsen eines Clusters ausbilden,

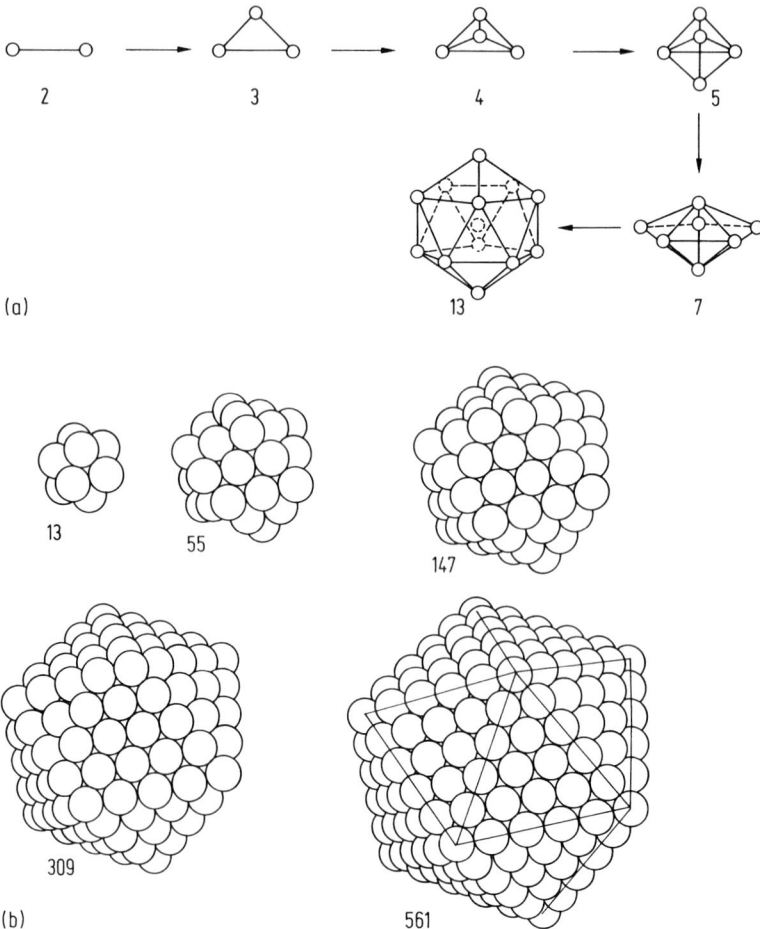

Abb. 9.1 Struktur von (a) kleinen und (b) großen Edelgasclustern. Für $N = 3$ hat man ein
gleichseitiges Dreieck, für $N = 4$ ein Tetraeder, für $N = 5$ eine dreieckige Doppelpyramide.
Für $N = 7$ ergibt sich ein fünfzähliger Ring mit je einem Atom darüber und darunter. Für
$N = 13$ erhält man die berühmte Ikosaederstruktur, bei der ein inneres Atom von zwei fünfzähligen Kappen mit je sechs Atomen umschlossen wird. Die nächsten Ikosaederschalen sind
bei $N = 55$, 147, 309 und 561 gefüllt. Erst für noch größere Cluster ist die fcc-Struktur des
makroskopischen Festkörpers energetisch günstiger [70].

ist noch heute ein Gegenstand vieler experimenteller und theoretischer Untersuchungen. Für eine direkte Beobachtung mit dem Elektronenmikroskop sind die Cluster meist zu klein, man muss daher auf die Elektronenbeugung ausweichen. Im Experiment wird beispielsweise ein 50 keV Elektronenstrahl mit einem Clusterstrahl gekreuzt und das Beugungsbild beobachtet. Daraus erhält man Durchmesser, geometrische Struktur und Temperatur der Cluster. Normalerweise werden solche Experimente aus Intensitätsgründen an nicht nach der Masse selektierten Cluster-Strahlen durchgeführt. Man erhält daher nur gemittelte Informationen. Es ist 1998 zum ersten Mal gelungen, dieses Experiment an Clustern einer einzigen Größe durchzuführen [13].

Numerische Simulationen zum Wachsen von Clustern haben eine Vielzahl von Ergebnissen erbracht. Fast alles, was man über neutrale Cluster aus Edelgasen weiß, stammt aus Simulationen. Die Edelgase haben eine sehr schwache Bindung, die sich näherungsweise durch ein Lennard-Jones-Potential beschreiben lässt. Einige Ergebnisse zeigt Abb. 9.1.

Die verwendeten Methoden zur Computersimulation sind in Kap. 4 und 10 beschrieben. Dabei wurden oft Strukturen berechnet, die im Festkörper nicht vorkommen können, da man damit kein Translationsgitter aufbauen kann. Der Ikosaeder

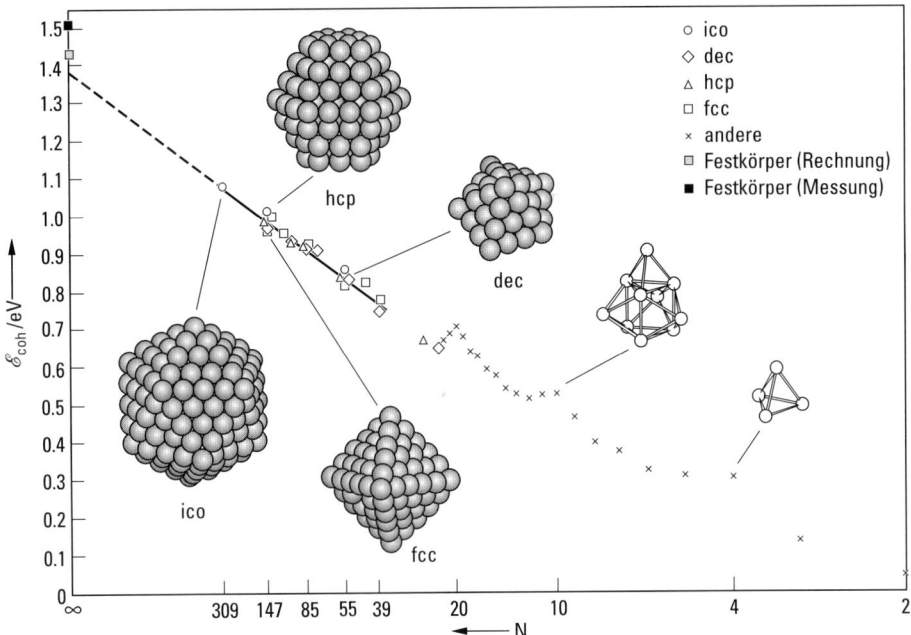

Abb. 9.2 Wachsen von Magnesiumclustern. Die Kohäsionsenergie pro Atom (also die Gesamtbindungsenergie geteilt durch N) ist gegen $N^{-1/3}$ aufgetragen. Nach Gl. (9.1) ist $N^{-1/3}$ etwa proportional zum inversen Radius des Clusters. Das Dimer Mg_2 ist nur ganz schwach gebunden, da das Mg-Atom eine abgeschlossene Elektronenhülle besitzt. Oberhalb von $N = 20$ lässt sich die Bindungsenergie gut linear mit $N^{-1/3}$ zum Festkörperwert extrapolieren. Dieses einfache Gesetz findet man häufig bei Clustern (nach Ahlrichs et al. [36]).

mit seiner fünfzähligen Symmetrie ist dafür ein gutes Beispiel. Er besteht aus einem zentralen Atom, um das sich kugelförmig geometrische Schalen von Atomen legen, wie das in Abb. 9.1 zu sehen ist. Ein Ikosaeder hat eine kompaktere Struktur als mögliche Festkörperstrukturen, was oft zu größeren Bindungsenergien führt. So hat z. B. in einem durch Lennard-Jones-Potentiale gebundenen Cluster aus 13 Atomen die Ikosaederstruktur eine um 8.4 % höhere Bindungsenergie als Ausschnitte aus fcc- oder hcp-Gittern.

Bei einem Ikosaeder sind die Abstände zwischen den Atomen nicht alle gleich. Die Abstände innerhalb einer Schale sind etwa 5 % größer als die zwischen den Schalen. Dadurch kommt es bei den größeren ikosaedrischen Clustern zu einer Erhöhung der potentiellen Energie und damit zu einer Erniedrigung der Bindungsenergie. Ab etwa tausend bis einigen tausend Atomen pro Cluster werden dann die bekannten Gitter der Festkörperphysik energetisch bevorzugt.

Die in Abb. 9.2 gezeigten Strukturen wurden für Magnesiumcluster berechnet. Die chemischen Bindungen für Mg sind ganz anders als die für die Edelgase, und die geänderten Bindungsverhältnisse führen zu anderen Clustergeometrien. Für Cluster mit anderen chemischen Bindungen ergeben sich wieder andere Geometrien. Man kann allgemein sagen, dass für kleine Cluster die Konfiguration mit der geringsten Energie stark vom Material abhängt. Für $N \geq 10$ bis 20 nimmt die Anzahl der geometrischen Strukturen mit annähernd gleicher Energie so stark zu, dass es selbst mit leistungsfähigen Großrechnern unmöglich wird, alle zu finden. Bei endlichen Temperaturen kommt es zu Fluktuationen zwischen diesen Strukturen, was zu einem Einfluss auf die Entropie und damit auf die thermodynamischen Eigenschaften führt.

9.2 Erzeugung und Nachweis von Clustern

In diesem Abschnitt werden kurz die Komponenten einer einfachen Apparatur diskutiert. Dann werden ausführlich Quellen für Cluster diskutiert und Probleme beim Nachweis großer Cluster besprochen. Bei den Quellen werden nur die heute öfter verwendeten diskutiert, andere und ältere Methoden sind in [7] besprochen.

Eine einfache Apparatur besteht (s. Abb. 9.3) typischerweise aus mindestens zwei separat gepumpten Vakuumkammern, die durch eine konische Blende, den so genannten Skimmer, verbunden sind. Der zentrale Teil des in der Quelle erzeugten Clusterstrahls fliegt durch den Skimmer, wird in einer Ionenquelle ionisiert und in einem Massenspektrometer nachgewiesen. Für weniger intensive Clusterstrahlen kann man anstelle des Skimmers auch eine Lochblende nehmen. Bei den im Experiment typisch vorkommenden Intensitäten kann es aber vor der Blende zu einer Druckerhöhung kommen, die den Strahl abschwächt oder zerstört. Ist die Intensität sehr hoch, sollten die Skimmerspitzen sehr scharf sein.

Es gibt sehr viele verschiedene Quellen zur Erzeugung freier Cluster. Fast immer werden Atome oder Moleküle in die Gasphase überführt oder liegen schon als Gas vor. Sie werden dann so stark abgekühlt, dass es zur Kondensation, also Clusterbildung kommt. Verschieden Typen von Clusterquellen werden unten genauer diskutiert. Ihre Eigenschaften sind in Tab. 9.2 zusammengefasst.

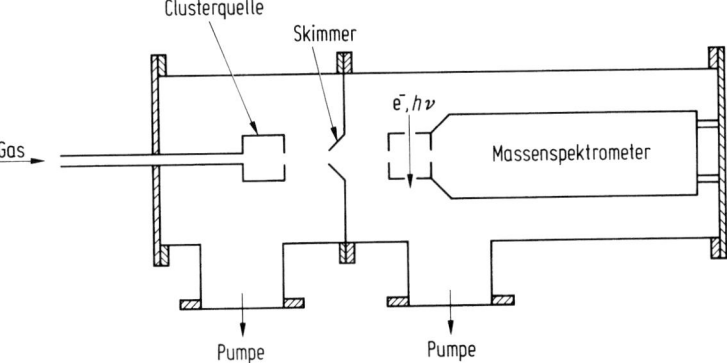

Abb. 9.3 Schematische Darstellung einer einfachen Apparatur zur Erzeugung und zum Nachweis von Clustern. Diese werden in der Clusterquelle erzeugt und gelangen durch eine konische Blende (Skimmer) in eine Nachweiskammer. Dort werden sie durch Bestrahlung mit Photonen oder Elektronen ionisiert, damit sie im Massenspektrometer nachgewiesen werden können. Beim Ionisieren können die Cluster auseinanderbrechen, so dass das gemessene Massenspektrum der Clusterionen fast nie mit der Massenverteilung der neutralen Cluster identisch ist. Eine Apparatur, mit der man Cluster nur einer Größe studieren kann, benutzt daher entweder den in Abb. 9.11 gezeigten Trick zur Massenanalyse neutraler Cluster oder besteht aus zwei hintereinander geschalteten Massenspektrometern.

Tab. 9.2 Charakteristika der drei Grundtypen von Clusterquellen.

Typ	verwendbar bei	Clusterbildung durch	Temperatur der Cluster
Gasaggregation (kontinuierlich)	verdampfbaren und sputterbaren Substanzen	strömendes kaltes Edelgas	Temperatur des Edelgases
Düsenstrahl (gepulst und kontinuierlich)	Gasen, Flüssigkeiten oder Substanzen mit niedrigem Schmelzpunkt wie die Alkalimetalle	adiabatische Expansion	kalt (bei sehr hohem Überschuss an Trägergas)
Laserablation (gepulst)	festen Substanzen	adiabatische Expansion	kalt (bei sehr hohem Überschuss an Trägergas)

9.2.1 Gasaggregation

Die Gasaggregation ist die älteste und einfachste Methode der Clustererzeugung. Sie wird uns in der Natur bei der Bildung von Nebel und Fönwolken oder an der Wolkenfahne eines Kühlturms demonstriert. Zur Herstellung von Clustern wird ein Metall oder ein anderes festes Material in ein ruhendes oder strömendes Edelgas verdampft. Für höher schmelzende Materialien hat es sich bewährt, eine spezielle

Gasentladung (Magnetron-Sputterentladung) zu benutzen, um festes Material in die Gasphase zu überführen. Die Metallatome (Me) werden durch Stöße mit dem Edelgas (z. B. Ar) abgebremst. Wird ihre kinetische Energie kleiner als die Bindungsenergie des Dimers (Me$_2$), so kann es zu dessen Stabilisierung durch einen Dreikörperstoß kommen:

$$Me + Me + Ar \rightarrow Me_2 + Ar. \tag{9.3}$$

Bei diesem ersten Kondensationsschritt müssen drei Atome zusammenstoßen, damit Energie und Impulssatz gleichzeitig erfüllt sind. Wenn erst einmal Dimere vorhanden sind, so bilden diese Kondensationskeime für das weitere Wachstum und wachsen schnell zu größeren Clustern heran. Die Kondensation stoppt, wenn die Metalldampfdichte zu klein wird. Die in der Freiburger Arbeitsgruppe entwickelte Gasaggregationsquelle ist in Abb. 9.4 gezeigt und näher erläutert.

In vielen Clusterquellen brennen elektrische Entladungen, so dass viele Ionen vorhanden sind. Dann ändert sich der Kondensationsprozess nach Gl. (9.3), da die Dimere der Edelgase sehr stabile Ionen (z. B. Ar$_2^+$) bilden. Gasaggregationsquellen werden immer mit einem Überschuss an Edelgas betrieben, so dass sich viel Ar$_2^+$ bildet an das sich andere Metallatome anlagern können:

$$Ar_2^+ Me_N + Me + Ar \rightarrow Ar_2^+ Me_{N+1} + Ar. \tag{9.4}$$

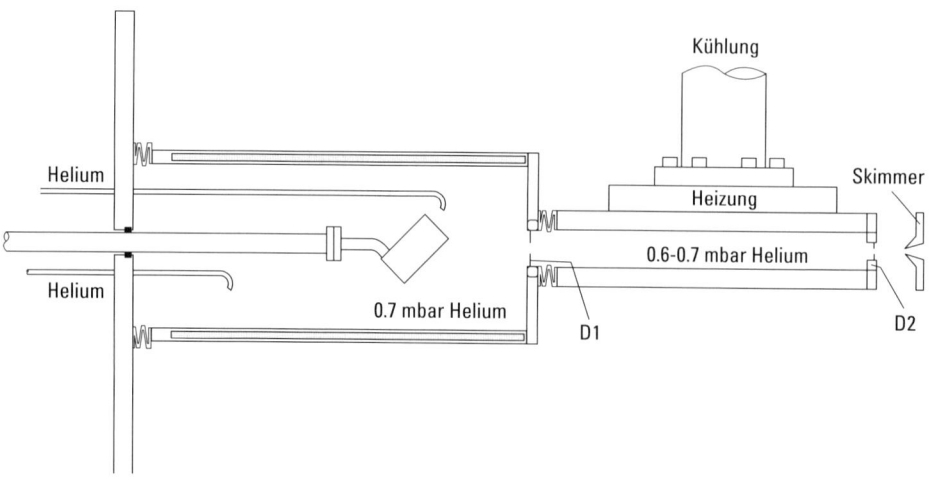

Abb. 9.4 Gasaggregationsquelle zur Erzeugung von Clustern definierter Temperatur. Aus dem schräg gestellten Behälter werden Atome (z. B. Na) in ein langsam strömendes Heliumgas verdampft. Die Quelle läuft stabiler, wenn man die Außenwand des Kondensationsrohres mit flüssigem Stickstoff kühlt. Die Cluster werden durch Gasaggregation auf der Strecke zwischen dem Na-Behälter und der Blende D1 gebildet. Das strömende Edelgas transportiert sie aus der linken Quellkammer durch D1 in die Thermalisierungskammer. Der He-Druck in beiden Kammern ist etwa 70 Pa. Die He-Atome nehmen die Temperatur der heiz- und kühlbaren Kammerwand an und übertragen sie durch viele Stöße auf die Cluster. Diese erhalten dadurch eine *kanonische Verteilung* der Schwingungsenergie. Thermalisierte Clusterionen kann man erzeugen, wenn man oberhalb der Na-Quelle eine elektrische Gasentladung brennen lässt. Für Substanzen mit hohem Schmelzpunkt kann man eine spezielle Gasentladung vom Magnetrontyp verwenden, um die Atome in die Gasphase zu überführen.

Erst wenn sich 5 bis 10 Metallatome angelagert haben, wandert die Ladung zum metallischen Teil und die jetzt schwach gebundenen neutralen Ar-Atome dampfen ab. Der Prozess der Clusterbildung nach Gl. (9.4) ist wesentlich effektiver und lässt sich einfacher steuern.

Gasaggregationsquellen haben den Vorteil, dass sie kontinuierlich laufen und damit die Clustertemperatur leichter einzustellen ist. Außerdem sind sie über lange Zeiten (einige Stunden) oft stabiler als andere Quellen. Bei sehr großen Clustern kann es vorkommen, dass die Cluster nicht in ihrem Grundzustand sind sondern u. U. in einem metastabilen Zustand. Dies Problem wird in Abschn. 9.2.5 genauer diskutiert.

9.2.2 Düsenstrahlexpansion

Lässt man, wie in Abb. 9.5 schematisch dargestellt, ein Gas von hohem Druck durch ein kleines Loch ins Vakuum expandieren, so kommt es zu einer extremen Abkühlung aller Freiheitsgrade und damit zur Clusterbildung. Diese adiabatische Expansion lässt sich vereinfachend durch die Poisson-Gleichung beschreiben:

$$T^\kappa P^{1-\kappa} = T_0^\kappa P_0^{1-\kappa} = const. \tag{9.5}$$

Dabei sind P und T Druck und Temperatur, der Index 0 bezieht sich auf die Bedingungen vor der Expansion und κ ist das Verhältnis der molaren Wärmekapazitäten. Für ein atomares Gas ist $\kappa = \frac{5}{3}$, damit erhält man $T^5 P^{-2} = const.$ Da der Druck bei der Expansion um 4 bis 7 Größenordnungen abnimmt, muss sich die Temperatur, wenn auch weniger stark, ebenfalls verringern. Bei der Expansion wird die ungerichtete Bewegung der Atome in eine gerichtete Strömung umgewandelt. Die *Temperatur in Gl. (9.5) ist die Temperatur der Relativbewegung der expandierenden*

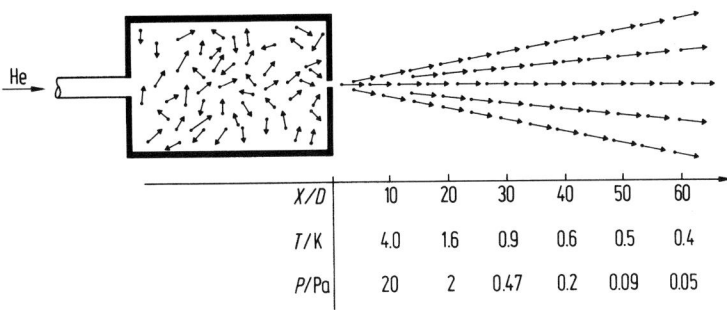

X/D	10	20	30	40	50	60
T/K	4.0	1.6	0.9	0.6	0.5	0.4
P/Pa	20	2	0.47	0.2	0.09	0.05

Abb. 9.5 Schematische Darstellung einer Düsenstrahlexpansion. Die durch die Pfeile dargestellten Geschwindigkeiten der Atome sind vor der Expansion statistisch verteilt. Nach der Expansion sind sie alle etwa gleich lang. Das bedeutet, dass die Relativenergie der Atome und damit die im Strahl herrschende Temperatur sehr klein geworden ist. Temperatur T und Druck p einer Heliumexpansion von 300 K und 106 Pa sind in der Tabelle als Funktion des reduzierten Abstandes X/D von der Düse angegeben. Dabei ist D der Durchmesser des Düsenloches und X der Abstand von der Düse. Bei Helium kommt es wegen der sehr kleinen Bindungsenergie bei einer Expansion von 300 K zu so gut wie keiner Clusterbildung.

Atome, die Temperatur also, die ein mit der mittleren Strahlgeschwindigkeit mitbewegter Beobachter messen würde. Sie kann sehr tiefe Werte erreichen (für He weit unter 1 K). Wird die Temperatur im Laufe der Expansion tiefer als die Bindungsenergie des Dimers, so kann es zu dessen Stabilisierung durch Dreikörperstöße analog Gl. (9.3) kommen: $Ar + Ar + Ar \rightarrow Ar_2 + Ar$. Wenn einmal das Dimer gebildet ist, so kann dieses dann durch Dreikörperstöße schnell weiterwachsen. Erst wenn die Dichte des Strahls so klein geworden ist, dass Dreikörperstöße praktisch nicht mehr vorkommen, wird das Wachsen des Clusters beendet. Ein typisches Beispiel: Bei der Expansion von Argon mit $P = 10^6\,Pa$ durch ein Loch von 0.05 mm ist die mittlere Clustergröße $\bar{N} \approx 150$. Eine Reihe nützlicher Skalierungsgesetze für die mittlere Clustergröße ist von Hagena angegeben und von Buck entwickelt worden [14].

Jedes Mal, wenn ein wachsender Cluster ein neues Atom einfängt, so heizt die dabei freiwerdende Bindungsenergie den Cluster auf. Die Cluster kommen also „kochend heiß" aus der Kondensationszone und kühlen hinter dem Skimmer durch Abdampfen von Atomen ab. Sie entsprechen damit dem in Abschn. 9.3.2 diskutierten *evaporative ensemble*. Diese Überlegung setzt voraus, dass die Cluster so klein sind, dass die Bindungsenergie ausreicht, den Cluster aufzuschmelzen. In Abschn. 9.2.5 wird diese Problematik näher diskutiert.

Eine Düsenstrahlexpansion ohne Clusterbildung kann sehr tiefe Temperaturen erreichen. Kommt es zur Clusterbildung, wird der Strahl dadurch stark aufgeheizt. Durch Düsenstrahlexpansion gebildete metallische Cluster sind flüssig; Cluster aus Edelgasen haben eine Temperatur knapp unterhalb ihres Schmelzpunktes. Tiefere Temperaturen lassen sich erreichen, wenn man die zu expandierende Substanz mit einem Edelgas stark verdünnt (seeded beam) [15]. So sind z. B. bei einer Expansion von 0.1 % Natrium in $10^6\,Pa$ Argon die Na-Ar-Stöße viel häufiger als die Na-Na-Stöße. Die Na-Cluster werden damit auf die Temperatur der Argonexpansion abgekühlt. Man hat so Na_3 mit einer Temperatur von unter 15 K hergestellt [16]. Die Temperaturen können so tief werden, dass man Mischcluster der Art $Na_N Ar_M$ beobachtet. Lässt man M immer größer werden, so packt man den Na_N-Cluster in eine Hülle aus Argon ein und simuliert damit ein Matrixisolationsexperiment im Strahl.

Fällt bei der Expansion viel Gas an, so benötigt man eine große Pumpe, damit der Druck vor der Düse nicht über $10^{-1}\,Pa$ anwächst. Bei einem höheren Druck kann die Expansion und damit die Clusterbildung gestört werden. Das Problem der großen und damit teuren Pumpe kann man umgehen, indem man den Gasstrom periodisch unterbricht, z. B. indem man ein Einspritzventil des Dieselmotors als Düse verwendet. Ein sehr kompakter, einfacher Aufbau dazu ist in [15] beschrieben. Düsenstrahlquellen sind einfach zu bauen, robust und billig (bis auf die Pumpe), aber man braucht für ihren Betrieb einen hohen Dampfdruck, den man für viele hochschmelzende Materialien nicht erreichen kann. In diesem Fall muss man entweder eine elektrische Sputtergasentladung mit einer Gasaggregationsquelle kombinieren oder die im nächsten Abschnitt beschriebene Quelle benutzen.

9.2.3 Laser-Desorptionsquelle

Ein kurzer, intensiver Laserpuls von 10 ns Dauer und einer Energie von etwa 10 mJ wird auf eine Fläche von $\approx 1\,mm^2$ fokussiert. Die hohe Strahlungsintensität ($\approx 100\,MW/cm^2$) reicht aus, um pro Schuss etwa 500 Atomlagen eines beliebigen Materials abzulösen und in die Gasphase zu überführen. Es können Dichten von bis zu 10^{18} Atomen pro cm^3 erreicht werden. Die abgedampften Atome sind wegen der hohen Photonendichte zum Teil ionisiert. Es entsteht ein Plasma mit einer Temperatur von zehn- bis zwanzigtausend Kelvin. Dieses expandiert in eine Heliumatmosphäre von 10^3 bis $10^5\,Pa$, welche durch eine kontinuierliche, meistens aber gepulste Quelle erzeugt wird. Das Plasma wird durch das Edelgas abgekühlt und es bilden sich Cluster. Wie in Gl. (9.4) beschrieben, wird die Keimbildung durch Ladungsträger unterstützt. Abb. 9.6 zeigt drei Varianten der in der Arbeitsgruppe von R. Smalley (Nobelpreis 1996 für die Entdeckung des C_{60}) aus Houston/Texas entwickelten Version. Diese Quelle ist populär geworden, da intensive Strahlen neutraler und geladener Cluster aus praktisch allen hochschmelzenden Materialien hergestellt werden können. Die ursprünglich sehr heißen Cluster kühlen durch Abdampfprozesse und durch Zusammenstöße mit dem Edelgas stark ab. Ersetzt man den teuren Laser durch eine intensive Gasentladung, so kommt man zur PACIS (pulsed arc cluster ion source). Beide Quellen liefern intensive Strahlen fast aller festen Substanzen. Die Schuss-zu-Schuss-Stabilität dieser Quelle ist leider nicht sehr gut, was bei spektroskopischen Experimenten Probleme machen kann.

Puls-zu-Puls-Fluktuationen der Strahlintensität blieben also für spektroskopische Messungen hoher Qualität ein Hindernis. Für die Spektroskopie großer Moleküle wurde dies Problem vor kurzem gelöst [17]. Bei der in Abb. 9.7 gezeigten Quelle wird der Laser in einen Bereich von 2 mm vor der Düse auf etwa 0.5 mm fokussiert. Typisch sind 5–10 bar Argon als Expansionsgas, wobei schwere Gase mit hohem Stoßquerschnitt offenbar günstig sind, um möglichst viele der nach Desorption

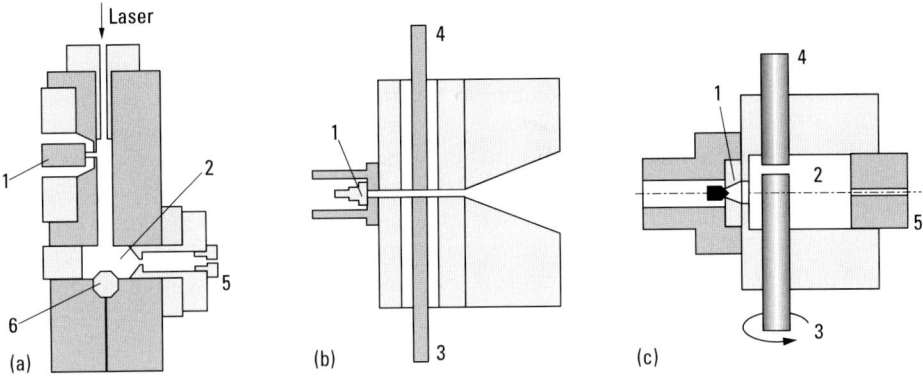

Abb. 9.6 Drei verschieden gepulste Clusterquellen: (a) Laserablationsquelle, (b) Pulsed-Arc-Cluster-Source (PACIS) und (c) Pulsed-Micro-Plasma-Source (PMPS). Durch einen fokussierten Laser oder durch verschieden Gasentladungen wird Material abgetragen, dass durch einen intensiven Heliumgaspuls abgekühlt wird. 1, gepulstes He-Ventil (etwa 10 bar); 2, Expansionskammer; 3 + 4, Elektroden einer Gasentladung; 5, Düse; 6, drehbarer Stab.

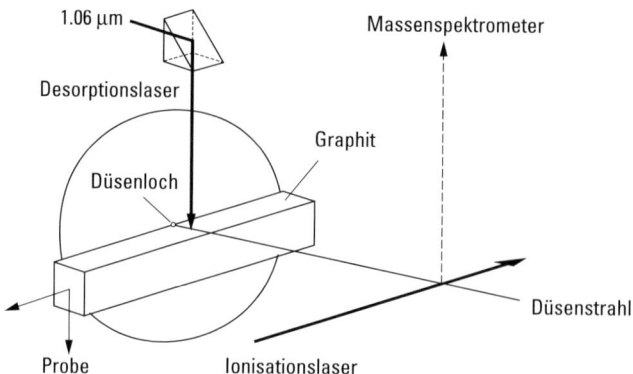

Abb. 9.7   Laserdesorptionsquelle zur Erzeugung von kleinen Clustern großer Moleküle. Die Quelle hat eine gute zeitliche Stabilität und ist daher besonders für spektroskopische Zwecke geeignet. Die zu untersuchende Substanz wird möglichst gleichmäßig auf den Graphitstab aufgetragen. Zur Desorption dient ein intensitätsstabiler Nd:YAG-Laser.

schnellen Moleküle in den Strahl einzufangen. Der Graphitstab ist quer zum Düsenstrahl kontinuierlich verstellbar, um nach einigen Laserpulsen auf eine frische Probenstelle weitergefahren werden zu können. Besonders lange Desorptionszeiten an einer bestimmten Stelle erreicht man, wenn man die Untersuchungssubstanz mit Graphitpulver von typisch 10 μm Partikelgröße innig vermengt und mit einer Hydraulikpresse bei hohem Druck zu einer Pille oder einem Stab verpresst [18]. In einem besonders einfachen modulartigem Aufbau dreht sich ein motorgetriebenes Graphitrad langsam vor der Pulsdüse [19].

Die Fundamentalwellenlänge (1064 nm) eines Nd:YAG-Lasers ist besonders intensitätsstabil und wird von Graphit absorbiert, während der Analyt bei 1.06 μm nicht absorbiert. Wahrscheinlich bildet sich durch schnelles Aufheizen des Graphit eine Stoßwelle aus, die die Substanz herausschleudert. Durch einfaches Hereinreiben des fein pulverisierten Analyten in die Poren des Graphitstabes erreicht man bereits eine genügend homogene Oberflächenbelegung für stabile Puls zu Puls Intensitäten. Wichtig ist ein möglichst intensitätsstabiler Desorptionslaser und stufenlose Optimierung der Laserintensität zum Beispiel mit einem Filterrad. Für die Optimierung der Clusterbedingungen ist der Abstand der Desorptionsstelle von dem Düsenloch und die Intensität des Desorptionslasers entscheidend. Zur Bildung von Dimeren und größeren Clustern muss besonders nahe am Düsenloch und bei höherer Laserintensität desorbiert werden, um große Stoßzahlen bei hohen Monomerkonzentrationen zu erreichen.

Basierend auf dieser Methode konnten Aggregate relativ großer Moleküle, z. B. die DNS-Basenpaare Guanin-Cytosin [20, 21] und Adenin-Thymin [22] sowie Peptide [23, 24, 19] hochaufgelöst laserspektroskopisch untersucht werden.

9.2.4 Einfangquellen

Bei diesem Quellentyp (pick-up source) werden Atome, Moleküle oder Ladungsträger von vorhandenen oder sich bildenden Clustern eingefangen. Das Prinzip ist
in Abb. 9.8 und 9.10 skizziert. Zwei verschiedene Typen sollen hier kurz diskutiert
werden.

9.2.4.1 Mischcluster

Wird zum Beispiel der Düsenstrahl in Abb. 9.8 mit Argon betrieben und an der
Stelle A diffus etwas SF_6 zugegeben, so beobachtet man spektroskopisch, dass SF_6
in den Argoncluster eingebaut wird. Läuft Ar_N dagegen an der Stelle B durch eine
SF_6-Wolke, so setzen sich die Moleküle an die Clusteroberfläche. Man hat für dieses
Experiment SF_6 verwendet, da es mit einem CO_2-Laser spektroskopisch leicht zu
identifizieren ist. An einer kleinen Verschiebung im Spektrum lässt sich ablesen, ob
SF_6 im Innern oder an der Oberfläche des Clusters eingebaut wird. Der experimentelle
Befund ist nach dem oben Gesagten sofort verständlich. An der Stelle A sind die
Cluster heiß und die Atome nicht in eine feste Lage eingefroren. Da die SF_6-Ar-
Wechselwirkung stärker als die von Ar-Ar ist, wird der Cluster bestrebt sein, beim
Abkühlen die Anzahl der Ar-SF_6 Bindungen zu maximieren. Das bedeutet, dass
SF_6 im Inneren des Clusters eingebaut wird. An der Stelle B dagegen ist der Cluster
schon 10^{-4} bis 10^{-3} s geflogen und durch Verdampfungsprozesse stark abgekühlt.
Die Ar-Atome sind im Cluster nicht mehr frei beweglich, das SF_6 wird folglich auf

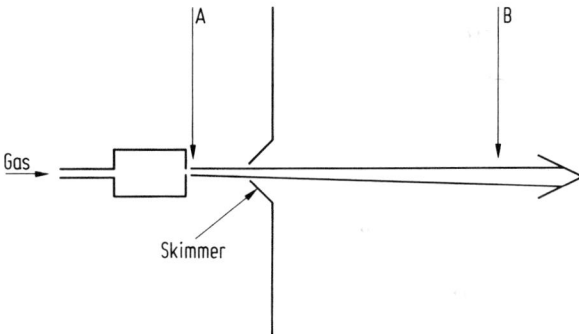

Abb. 9.8 Schema einer Einfangquelle. Ein Gas wird wie in Abb. 9.5 durch ein kleines Loch
ins Vakuum expandiert. Dadurch kommt es zur adiabatischen Abkühlung im Strahl und zur
Clusterbildung. Atome, Moleküle, Elektronen oder Ionen können an zwei verschiedenen Stellen (A, B) mit dem Clusterstrahl wechselwirken. Werden Atome oder Moleküle bei A zugegeben, so können sie in den dort noch heißen Cluster eingebaut werden. Bei Zugabe bei B
werden sie sich auf die Oberfläche des dort schon kalten Clusters setzen. Diese Überlegungen
gelten nicht für metallische Cluster, die bei B noch flüssig sind. Schießt man Elektronen oder
Ionen bei A in den Strahl, so ist die Temperatur der entstehenden Clusterionen wegen der
kalten Umgebung des Düsenstrahles niedrig. Werden die Cluster an der Stelle B ionisiert, so
entstehen oft sehr heiße Cluster, die schnell viele Atome durch Verdampfungsprozesse verlieren.

der Oberfläche bleiben. Mit dieser Methode sind eine ganze Reihe interessanter Mischcluster synthetisiert worden, die sich nicht immer im thermodynamischen Gleichgewicht befinden.

9.2.4.2 Erzeugung von kalten Clusterionen

Schießt man Elektronen oder Ionen in die Kondensationszone (Stelle A in Abb. 9.8), so können die Cluster direkt um die Ladungsträger wachsen. Ionisierte Moleküle bilden effizientere Kondensationskeime als neutrale Moleküle, wie im Zusammenhang mit Gl. (9.4) diskutiert wurde. Daher können ionisierte Cluster unter Bedingungen wachsen, bei denen dies für neutrale noch nicht möglich ist. Beim Abkühlen durch Stöße mit einem zugemischten kalten Edelgas können Clusterionen sehr tiefer Temperatur (unter 20 K) synthetisiert werden. Schießt man dagegen die Ladungsträger an der Stelle B in Abb. 9.8 auf den Strahl, so werden kalte Cluster ionisiert, wodurch sie stark aufgeheizt werden können.

Kationencluster können auch durch eine elektrische Entladung in der Düsenstrahlkammer oder durch Laserphotolyse erzeugt werden. In der Düsenöffnung und kurz dahinter clustern die Kationen mit Neutralmolekülen, kühlen durch Stöße in der adiabatischen Expansion ab, werden in einem Sektormagnet oder Wienfilter massenselektiert und anschließend weiteren Experimenten unterworfen oder nachgewiesen.

Die Untersuchung von Anionen molekularer Cluster ist ein noch weitgehend offenes Forschungsfeld. Ihre Überschusselektronen können fest in Valenzorbitalen gebunden sein, oder auch nur schwach durch Dipol- und/oder Quadrupolkräfte in sehr diffusen Orbitalen.

Eine weitverbreitete Präparationsmethode ist die Anlagerung langsamer (thermischer) Elektronen an Moleküle oder Cluster im Strahl. Hierbei wird i. A. eine breite Größenverteilung von Clusteranionen erzeugt, so dass anschließend noch mit einem Massenfilter selektiert werden muss. Eine selektivere und besonders schonende Darstellung von schwach gebundenen Anionen gelingt durch Stoßübertragung mit Ato-

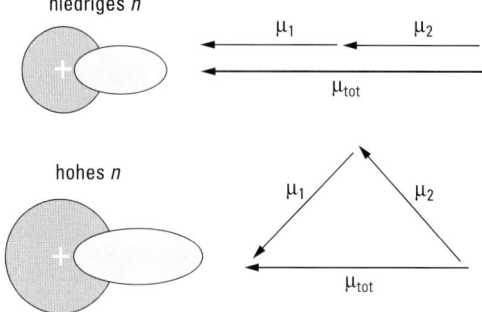

Abb. 9.9 Erzeugung von Clusteranionen durch resonante Elektronenübertragung aus Rydberg-angeregten Atomen. Cluster mit hohem resultierendem Dipolmoment können Elektronen aus niedrigen n-Zuständen transferieren, während z. B. zyklische Cluster mit kleinem Gesamtdipol hohe n benötigen (nach [25]).

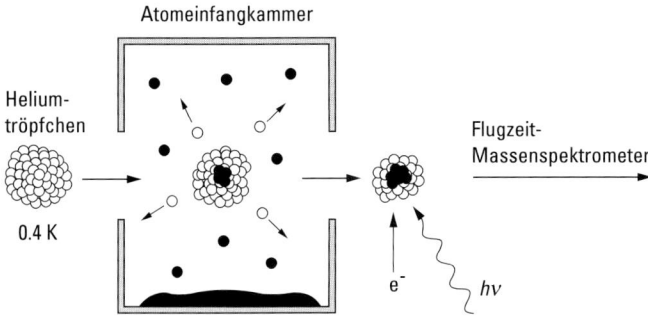

Abb. 9.10 Ein anderer Typ von Einfangquelle. Ein Heliumtröpfchen aus vielen Millionen Atomen sammelt auf seinem Weg durch eine Gaszelle die darin enthaltenen Atome auf. Diese lagern sich in dem Tröpfchen zu einem ultrakalten Cluster zusammen.

men, deren Elektronen in Rydberg-Zustände mit Hauptquantenzahlen n laserangeregt wurden. Wenn der Cluster ein hohes Dipolmoment besitzt und damit das Überschusselektron relativ fest binden kann, werden bereits Elektronen von Atomen mit niedrigem n, also größerer Ablösearbeit, übertragen (Abb. 9.9). Bei kleinem Dipolmoment des Clusters können nur schwach gebundene Elektronen aus Atomzuständen mit großem n übertragen werden. Aus der Anionenausbeute als Funktion von n erhält man also Information zur Elektronenaffinität des Clusters.

Eine Auftragung der n-Abhängigkeit der Anionenausbeute zeigt ein scharfes Maximum, wenn starre Anionencluster gebildet werden. Wenn der Cluster besonders beweglich („floppy“) ist, existiert kein definierter Dipol, die n-Abhängigkeit der Anionenausbeute ist wenig ausgeprägt und das Maximum sehr breit. Die Verteilung ist multimodal, wenn mehrere Clusterisomere mit deutlich verschiedenen Dipolen im Strahl vorliegen.

9.2.4.3 Mit flüssigem Helium gekühlte Cluster

Wird flüssiges Helium durch ein kleines Loch ins Vakuum expandiert, so können sich dabei kleine Heliumtröpfchen mit mehr als 10^6 Atomen bilden. Deren Temperatur stellt sich entsprechend dem *evaporative ensemble* (s. Abschn. 9.3.2) zu etwa 0.4 K ein. Treffen so große He-Cluster auf ein Molekül, so wird dieses eingefangen und auf 0.4 K abgekühlt. Das kann einmal benutzt werden, um gezielt Moleküle einzubauen und zu spektroskopieren, oder wie in Abb. 9.10 im He-Tropfen einen Cluster wachsen zu lassen. Mit diesem Trick erreicht man die tiefsten Temperaturen.

9.2.5 Probleme bei Clusterquellen

Gesundheitliche Risiken. Alle Clusterquellen müssen nach einer gewissen Betriebszeit gereinigt werden. Dabei sollte man vorsichtig vorgehen und Mundschutz und Handschuhe tragen. Es können sehr feine Stäube entstehen, die man besser nicht einatmet.

Das gilt nicht nur für giftige Stäube wie von Kobalt sondern auch für scheinbar harmlose wie Al. Weiter muss man die Quelle u. U. vorsichtig belüften. Durch die große Oberfläche der abgelagerten Cluster können diese schlagartig oxidiert oder nitriert werden. Dabei kann so viel Wärme enstehen, dass es zu einer Verpuffung kommen kann.

Selektion von neutralen Clustern. Alle bekannten Quellen erzeugen eine breite Verteilung von Clustermassen. Obwohl es oft versucht wurde, ist es bis jetzt noch nicht gelungen, eine allgemein anwendbare Methode zu entwickeln, die einen Strahl neutraler Cluster produzieren kann, der nur Cluster einer einzigen Größe enthält. Eine einzige Ausnahme wurde von U. Buck entwickelt [26, 27] (Abb. 9.11).

Der Clusterstrahl wird dabei mit einem Heliumstrahl gekreuzt und die leichteren Cluster auf Grund der Impulserhaltung in größere Winkel elastisch gestreut. Die Cluster werden dadurch räumlich der Größe nach getrennt, dann ionisiert und das Ionensignal bei der Massenspektrometerposition des maximalen Streuwinkels des jeweiligen Clusters registriert. Auch wenn der Cluster nach Ionisation dissoziiert, erhält man auf der Zerfallsmasse dennoch ein für den Muttercluster charakteristisches Signal. Diese Methode kann zum Beispiel mit Infrarotspektroskopie gekoppelt werden [27]. Die Abnahme des Massensignals durch IR-Photodissoziation wird als Funktion der IR-Frequenz aufgenommen und damit das IR-Spektrum einer durch den Streuwinkel charakterisierten Clustergröße aufgenommen.

Bei sehr großen Clustern kann man gasdynamische Effekte zur Massentrennung ausnutzen. Sehr häufig werden Cluster in einem Überschuss von Edelgas gebildet. Lässt man dieses um eine scharfe Kante strömen, so werden die kleinen Cluster mitgenommen, aber die größeren kommen nicht durch die scharfe Kurve [29].

Selektion von Isomeren. Cluster werden nicht immer im thermodynamischen Grundzustand gebildet. Besonders bei Substanzen mit stark winkelabhängigen Potentialen

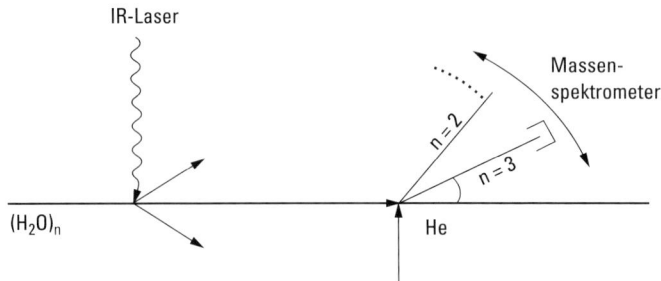

Abb. 9.11 Selektion der Clustergröße durch Streuung. Die kleineren Cluster werden in größere Winkel gestreut. Durch Infrarotanregung mit einem abstimmbaren IR-Laser werden die Cluster schwingungsprädissoziert und die entsprechende Abnahme des Clusterionensignals und/oder Zunahme des Fragmentionensignals bei der Massenspektrometerposition des maximalen Streuwinkels des jeweiligen Clusters registriert. Da eine Änderung des Ionensignals nur bei IR-Resonanz eintritt, kann ein clustergrößenspezifisches Infrarotspektrum aufgenommen werden, siehe auch [28].

(z. B. C, Si) wird häufig die Bildung höher angeregter und sehr langlebiger Zustände (Isomere) beobachtet. Um diese zu trennen, nutzt man aus, dass sie oft eine unterschiedliche geometrische Form haben. Ein Clusterstrahl wird nach der Masse selektiert und in eine Driftzelle eingeschossen. In der Zelle herrscht ein relativ hoher Druck und ein homogenes elektrisches Feld. Die Cluster werden durch das Feld beschleunigt und durch Stöße dauernd wieder abgebremst. Die Anzahl der Stöße ist proportional zu ihrem Stoßquerschnitt, so dass größere Cluster derselben Masse mehr Stöße erleiden und dadurch mehr Zeit zum Durchlaufen der Driftzelle brauchen [30]. Damit ist es gelungen, sehr viele verschiedene Zustände von Kohlenstoffclustern zu identifizieren.

Große Cluster sind nicht relaxiert. In allen hier diskutierten Quellen wachsen die Cluster Atom pro Atom. Ab einer bestimmten Größe ist die dabei frei werdende Energie nicht mehr ausreichend, um den Cluster aufzuschmelzen, so dass er anschließend in seinen Grundzustand übergeht. Bei Na scheint das bei etwa 400 Atomen einzutreten; für Goldcluster wurde gezeigt, dass primär Ikosaeder gebildet werden und diese zur Relaxation ungewöhnlich hohe Temperaturen benötigen [31].

9.2.6 Probleme beim Nachweis der Cluster

Der Nachweis einzelner neutraler Cluster ist schwierig bis unmöglich, so dass man für einen massenselektiven Nachweis die Cluster fast immer ionisiert. Ein atomares Ion lässt sich mit einer Wahrscheinlichkeit nahe Eins nachweisen, indem man es

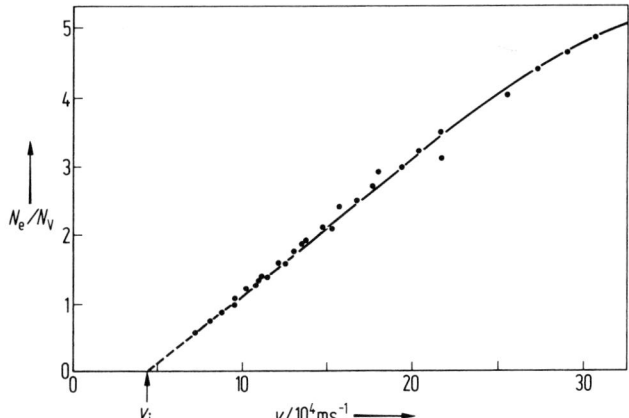

Abb. 9.12 Mittlere Elektronenausbeute pro Atom von Vanadiumclustern unterschiedlicher Größe und Energie, die auf eine Edelstahloberfläche fallen. Die Energie variiert zwischen 12.5 und 25 keV und die Clustergröße zwischen 1 und 9. Die Anzahl der pro Atom im Cluster emittierten Elektronen ändert sich mit der Geschwindigkeit v der Cluster und nicht mit deren Energie oder Masse. Erst oberhalb einer Schwellengeschwindigkeit v_i kann man mit einem effektiven Nachweis rechnen. Für größere Cluster wird diese Schwelle im Experiment so gut wie nie erreicht [32].

mit einer Energie von einigen Kilovolt auf eine Metalloberfläche schießt und die entstehenden Sekundärelektronen detektiert. Will man diese Methode für Clusterionen verwenden, so ergibt sich ein ernsthaftes experimentelles Problem. Abb. 9.12 zeigt, dass die Anzahl der Sekundärelektronen allein eine Funktion der Geschwindigkeit ist, die das Ion beim Auftreffen auf eine Oberfläche hat [32]. Man entnimmt der Abbildung, dass man für den effizienten Nachweis großer Clusterionen sehr hohe Beschleunigungsspannungen benötigt. In Einzelfällen wurden Spannungen bis 250 kV verwendet, was natürlich große experimentelle Probleme aufwirft. In der Mehrzahl der Experimente wird mit Energien von 5 bis 30 kV gearbeitet.

Für die häufig benutzten Flugzeitmassenspektrometer hat sich der Even-Cup als Detektor bewährt [33]. Hier werden die Clusterionen bis auf 30 kV beschleunigt, die erzeugten Sekundärelektronen werden mit derselben Energie in einen Szintillator geschossen. Der Lichtblitz wird über einen Lichtleiter (polierter Plexiglasstab) aus dem Vakuum herausgeführt und in einem Photomultiplier nachgewiesen. Dieser Detektor ist robust, fast wartungsfrei und hat eine hohe Nachweiswahrscheinlichkeit.

9.3 Temperatur

9.3.1 Temperatur eines Clusters

Was ist die Temperatur eines Clusters? Darf man überhaupt bei einem System aus endlich vielen, vielleicht sogar nur wenigen Teilchen, von einer Temperatur sprechen? In der klassischen Thermodynamik zumindest ist Temperatur nur im Limes beliebig großer Teilchenzahlen definiert. Es hat sich aber gezeigt, dass man den Begriff der Temperatur auf endliche, ja kleine Teilchenzahlen verallgemeinern kann. In einer klassischen Näherung kann man die Temperatur als proportional zur mittleren Schwingungsenergie der Atome im Cluster ansetzen:

$$\frac{kT}{2} = \frac{E_{\text{kin}}}{3N-6} = \sum_{\text{alle Atome}} \frac{m}{2} \frac{\langle v^2 \rangle}{3N-6}. \tag{9.6}$$

Dabei sind k die Boltzmann-Konstante und v^2 das Quadrat der Geschwindigkeit der Atome im Cluster. Die spitzen Klammern bedeuten eine Mittelung über lange Zeiten. Wegen der endlich großen Teilchenzahl weist die so definierte Temperatur Fluktuationen der Größenordnung $N^{-1/2}$ auf. Diese Gleichung wird oft bei *Molekulardynamiksimulationen* verwendet.

Die Frage, ob eine Größe wie die Temperatur überhaupt fluktuieren darf, wird unterschiedlich beantwortet. Das Thermodynamiklehrbuch von Kittel verneint sie, während das von Landau-Lifschitz sie bejaht. Um 1980 hat es dazu eine lebhaft und kontrovers geführte Diskussion gegeben, die zu keinem Ergebnis kam [34].

9.3.2 So heiß wie möglich oder das *evaporative Ensemble*

Clusterbildung ist fast immer ein Kondensationsprozess, und die dabei frei werdende Kondensationswärme kann den Cluster so aufheizen, dass er die Kondensationszone „kochend heiß" verlässt (s. Tab. 9.2). Das Wort *kochend* kann man durchaus wörtlich nehmen, denn die Cluster sind so heiß, dass ein Atom nach dem anderen abgedampft wird. Dies ist oft der effizienteste Kühlprozess. Die Abdampfung eines einzelnen Atoms von einem Cluster X_N mit der Energie E_N lässt sich schreiben als

$$X_N(E_N) \rightarrow X_{N-1}(E_{N-1}) + X$$

mit der Energiebilanz

$$E_{N-1} = E_N - D_N - \mathcal{E}_N, \tag{9.7}$$

wobei die kinetische Energie $\mathcal{E}_N$ oft kleiner als die Dissoziationsenergie D_N ist. Abb. 9.13 zeigt eine Abdampfung und die damit verbundene Temperaturabsenkung. Nun hängt die Abdampfrate $k_N(E)$, also die mittlere Anzahl der Zerfälle pro Sekunde, in etwa exponentiell von der Temperatur des Clusters ab (s. Gl. (9.10)). Bei jedem Verdampfungsschritt wird die Rate deutlich kleiner und es dauert immer länger, bis das nächste Atom abgedampft wird. Die Zeit für die letzten wenigen Abdampfprozesse ist fast immer länger als die Zeitskala eines Experiments. Viele Ex-

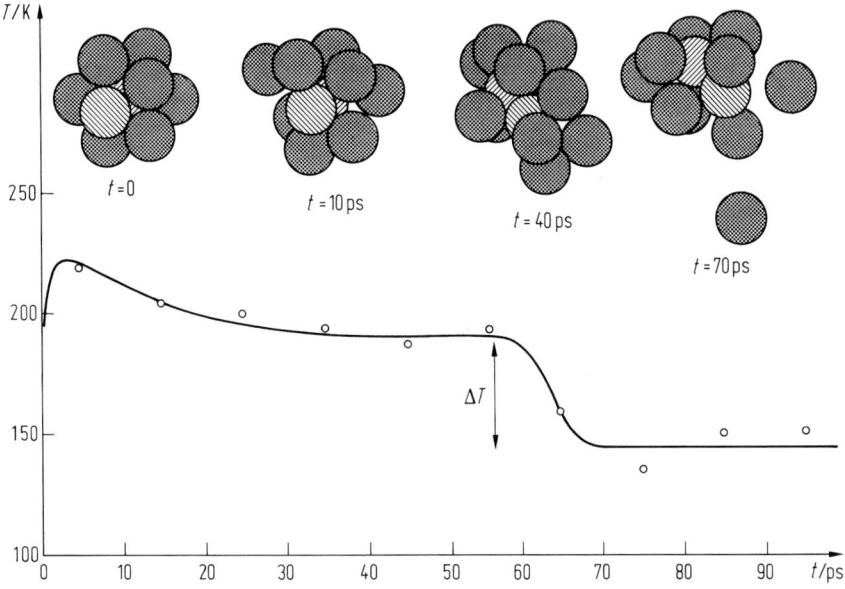

Abb. 9.13 Temperaturverlauf und vier Momentaufnahmen für die Fragmentation eines Xe_{13}-Clusters. Für die Temperatur vor der Ionisation wurde $T = 0\,K$ angenommen. Zur Zeit $t = 0$ wird der Cluster ionisiert, und es kommt zur Bildung eines Dimerions mit einer Schwingungsenergie von etwa einem Elektronvolt. Die Temperatur schnellt auf 220 K hoch und fällt anschließend durch Verdampfen. Nach 60 ps dampft das erste Atom ab, und der Cluster kühlt sich dadurch um ΔT ab.

perimente werden also nicht mit konstanten Clusterverteilungen gemacht, sondern mit einer Population, die beim Durchlaufen der Apparatur dauernd Verdampfungsprozessen unterliegt. Klots hat dafür den Begriff des „*evaporative ensemble*" geprägt.

Die Berechnung der Rate $k_N(E)$ ist schwierig. Für das Verständnis vieler Experimente mit heißen Clustern ist aber eine angenäherte Kenntnis von $k_N(E)$ ausreichend. Betrachtet man den Cluster als ein System von gekoppelten harmonischen Oszillatoren, so gelangt man zur RRK-(Rice-Ramsberger-Kassel-)Gleichung

$$k_N(E) = vg \left(1 - \frac{D_N}{E} \right)^{s-1}. \tag{9.8}$$

Dabei ist $v = 10^{12} - 10^{13}$ Hz ein typischer Wert für die mittlere Schwingungsfrequenz. Der „Entartungsgrad" g wird meist proportional zur Anzahl N_S der Atome an der Oberfläche (s. Gl. (9.2)) gewählt, da nur diese abdampfen können; D_N und E sind schon für Gl. (9.7) definiert worden. Die Anzahl der Schwingungsfreiheitsgrade ist $s = 3N - 6$. Erweiterungen von Gl. (9.8) sind von vielen Autoren angegeben worden, eine Übersicht findet man in [35].

Mit der Gleichung

$$kT = \frac{E}{s}, \tag{9.9}$$

wobei k die Boltzmann-Konstante ist, kann man eine Temperatur als mittlere Energie pro Freiheitsgrad definieren. Man beachte, dass sich die Gl. (9.6) und (9.9) nicht widersprechen, da E die Gesamtenergie ist und in Gl. (9.6) nur die im Mittel halb so große kinetische Energie eingeht. Setzt man diese Definition in Gl. (9.8) ein, so erhält man im Grenzfall vieler Atome die makroskopische Gleichung

$$k_N(E) = vg \exp \left(-\frac{D_N}{kT} \right), \tag{9.10}$$

welche für $N \geq 25$ und nicht zu kleine Temperaturen eine gute Näherung liefert.

Für ursprünglich sehr heiße Cluster lässt sich die Zerfallsrate abschätzen zu $k_N(E) \approx \tau^{-1}$, wobei τ die Zeit zwischen Bildung und Beobachtung ist. Alle Cluster mit größeren $k_N(E)$ sind dann schon zerfallen. Die Zerfallszeit τ wird durch die Flugzeit durch ein Massenspektrometer (oder eine andere charakteristische Zeit des Experimentes) experimentell vorgegeben sein. Typische Werte für diese Zeit sind $10^{-7} - 10^{-3}$ s. Für Ionenfallen kann man viel größere Werte erreichen, die bis viele Sekunden betragen können. Aus der durch das Experiment vorgegebenen, mindestens notwendigen Lebensdauer τ erhält man das Verhältnis von Bindungsenergie und Temperatur:

$$\frac{D_N}{kT} \approx \ln(\tau v g). \tag{9.11}$$

Der Größe $\ln(\tau v g)$ ist auch als Gspann-Parameter G bekannt.

Ein Zahlenbeispiel soll diese Zusammenhänge verdeutlichen: Ein heißer Cluster aus $N = 100$ Atomen fliegt durch ein Massenspektrometer und benötigt dazu 1 μs. Darf während dieser Zeit der Cluster nicht zerfallen, so muss für die Zerfallsrate $k_{100}(E)$ kleiner als 10^6 s^{-1} sein. Ist die Rate schneller, zerfällt der Cluster bevor er am Beobachtungsort ankommt. Nach Gl. (9.2) wird der Entartungsgrad $g \approx N_S$ = 86. Mit $v \approx 10^{12}\,\mathrm{s}^{-1}$ erhält man $D/(kT) = 18.3$; soll der Cluster länger als eine Millisekunde leben, so ergibt sich $G \geq 25.2$. Kennt man die Dissoziationsenergie D, so kann man daraus die Temperatur ausrechnen. Die abgeschätzte Temperatur hängt also stark von D ab, weniger von der Größe und dem Beobachtungszeitraum.

Bei Clustern aus hochschmelzenden Metallen, z. B. Wolfram, ist die Bindungsenergie eines Elektrons kleiner als die eines Atoms. Dann werden bei dem Abkühlprozess nicht Atome sondern Elektronen emittiert [35].

9.3.3 Interpretation von Massenspektren

Die Massenspektren heißer Cluster zeigen oft sehr viel Struktur (Abb. 9.14). Cluster mit einer höheren Intensität werden oft als „magisch" bezeichnet. Dieser Begriff wurde in der Frühzeit der Kernphysik geprägt, als man die unterschiedliche Stabilität der Atomkerne noch nicht verstanden hatte. Heute ist weder in der Kern- noch in der Clusterphysik etwas „magisch" an diesen (oft nur geringfügig) höheren Intensitäten. Aber der Begriff ist geblieben.

Das Wachsen der Cluster geschieht durch sukzessives Hinzufügen von Monomeren (s. Gl. (9.3) und (9.4)). Zuerst hat man ein Dimer, dann einen Cluster von 3, 4, ... Atomen. Selbst wenn die freiwerdende Bindungsenergie immer schnell durch ein Edelgas abgeführt wird, kann es zu Strukturen in den Intensitätsverteilungen kommen, wenn der Schritt von N Atomen zu $(N+1)$ kinetisch benachteiligt ist. Oberhalb von $N = 10 - 20$ kommt das selten vor, wenn man einmal von Sonderfällen wie C_{60} absieht. Die Massenspektren sind dann sehr glatt, wie Abb. 9.15 zeigt.

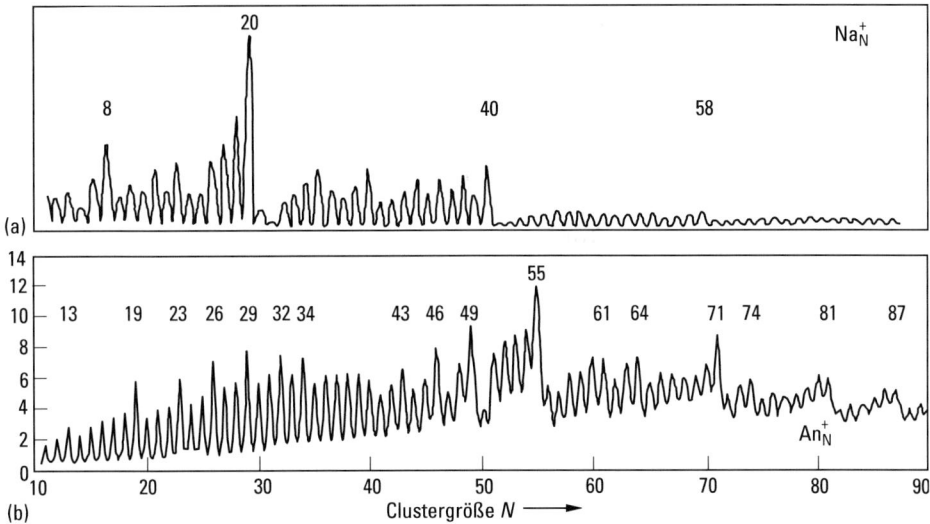

Abb. 9.14 Massenspektren von Natrium- und Argonclustern. Alle Spektren zeigen viel Struktur. Wie im Text erklärt wird, kann man daraus schließen, dass die Clusterionen sehr heiß erzeugt wurden.

Tab. 9.3   Magische Zahlen für einige Clustergeometrien mit $N < 150$ (nach [36]). Man beachte, dass die häufig zu beobachtende Folge 1, 13, 55, 147 bei drei verschiedenen Geometrien vorkommt. Um im Experiment zwischen diesen zu entscheiden, muss man ebenfalls die in der Tabelle nicht mit aufgeführten Unterschalenabschlüsse betrachten [37]. Diese sind in Abb. 9.14 deutlich zu sehen.

Struktur	magische Zahlen
Ikosaeder	1, 13, 55, 147
Dekaeder	1, 7, 23, 54, 105
Abgeschnittener Dekaeder mit quadratischen Seitenflächen	1, 13, 55, 147
Abgeschnittener Dekaeder nach Marks	1, 75, 147
Oktaeder	1, 6, 19, 44, 85, 146
Kubo-Oktaeder, dreieckige (111)-Oberfläche	1, 13, 55, 147
Kubo-Oktaeder, hexagonale (111)-Oberfläche	1, 38, 116
Tetraeder	1, 4, 10, 20, 35, 56, 84, 120
Rhombischer Dodekaeder	1, 15, 65

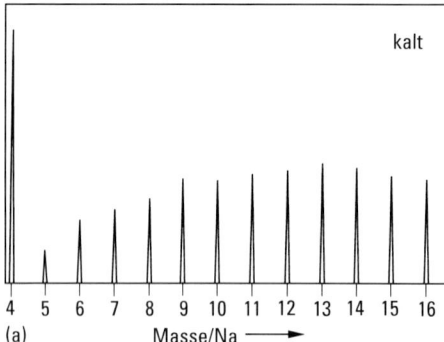 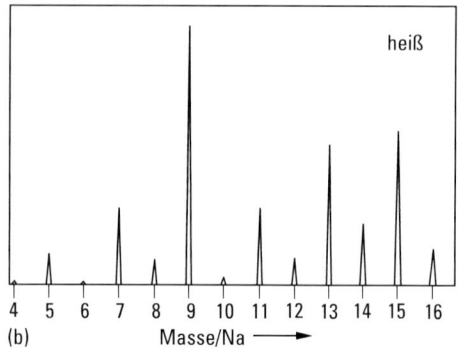

Abb. 9.15   Vergleich der Massenspektren von kalten und heißen Natriumclustern. Die Cluster wurden in einer Quelle nach Abb. 9.4 erzeugt. Bei einer Temperatur, bei der die Cluster (auf der Zeitdauer des Experiments) noch keine Atome abdampfen, erhält man ein unstrukturiertes Spektrum, das primär den Bildungsprozess der Cluster widerspiegelt. Ausgeprägte Strukturen in den Massenspektren gibt es erst, wenn die Cluster so heiß sind, dass sie innerhalb der Zeitdauer des Experiments Atome abdampfen.

Heizt man dagegen einen so gebildeten Clusterstrahl immer mehr auf, so werden die Cluster durch Abdampfen Atome verlieren. Da die Abdampfrate proportional zu $\exp\left(-\frac{D_N}{kT}\right)$ ist (s. Gl. (9.10)), werden kleine Unterschiede in den Bindungsenergien D_N in große Intensitätsunterschiede im Massenspektrum umgesetzt, wie Abb. 9.15 zeigt.

Man kann also aus den gemessenen Massenspektren qualitativ etwas über die relativen Bindungsenergien aussagen. Um das Problem genauer zu fassen, muss man Ratengleichungen aufstellen, wie der Cluster entstanden ist und auch wieder zerfällt. In [38] ist diskutiert, wie man das Problem quantitativer fassen kann, um aus den gemessenen Spektren die Bindungsenergien der Cluster zu extrahieren. Zusammenfassend kann man also sagen: *Zeigt ein Massenspektrum viel Struktur, so sind die Cluster so heiß, dass sie von alleine verdampfen. Die Energieverteilung entspricht der des evaporativen Ensembles.* Man kann einem Massenspektrum also direkt ansehen, ob die Cluster kalt oder heiß sind, genauer genommen, ob sie auf der Zeitskala des Experimentes verdampfen oder nicht.

Die zwei Massenspektren von Abb. 9.14 sind historisch für die Entwicklung der Clusterphysik wichtig gewesen. Aus den Edelgas-Spektren wurde schon früh auf die ikosaedrische Struktur der Edelgase geschlossen (s. Abb. 9.1). Die Interpretation des Massenspektrums der Natriumcluster war der erste Erfolg des Jellium-Modells für die Metallcluster.

Aus den Massenspektren lässt sich ablesen, dass die geometrische Struktur der Cluster sowohl durch elektronische als auch geometrische Schalenabschlüsse bestimmt werden kann. Einige geometrische Strukturen und ihre durch Schalenabschlüsse hervorgerufenen magischen Zahlen sind in Tab. 9.3 zusammengestellt. Die elektronischen Strukturen werden weiter unten diskutiert. Man kann erwarten, dass mit wachsender Anzahl N der Atome im Cluster elektronische Schalenmodelle immer in geometrische übergehen werden, da die elektronische HOMO-LUMO-Aufspaltung wie $N^{-1/3}$ skaliert. Deshalb sieht man bei makroskopischen Objekten nur geometrische Symmetrien.

Ein sehr schönes Beispiel dafür, was man alles aus einem hochaufgelösten Massenspektrum herauslesen kann, zeigt Abb. 9.16 für Ca- und NaI-Cluster. Für Ca sieht man ausgeprägte ikosaedrische Strukturen, allerdings können diese u. U. nicht der Grundzustand sein, wie in Abschn. 9.2.5 diskutiert wurde. Die NaI-Cluster dagegen bevorzugen würfelförmige Geometrien.

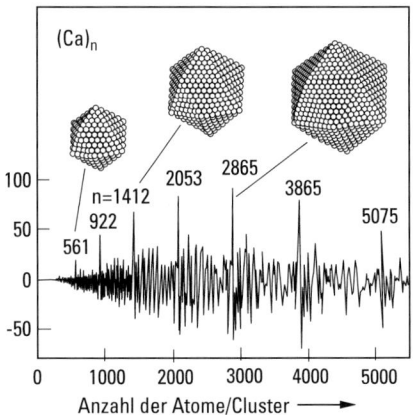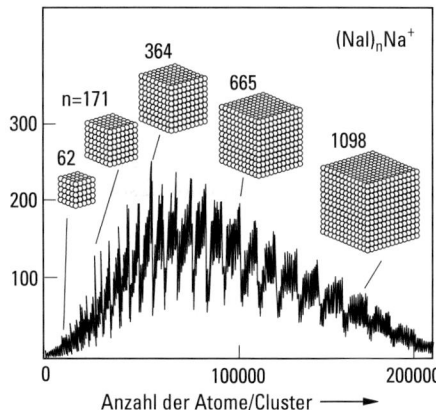

Abb. 9.16 Massenspektren von Kalzium- und Natriumiodidclustern. Alle Maxima dieser sehr hoch aufgelösten Spektren lassen sich entweder ikosaedrischen oder würfelförmigen Strukturen zuordnen. Bei dem Ca-Spektrum wurde der mittlere Verlauf abgezogen, damit die Strukturen besser sichtbar werden (nach [37]).

9.3.4 Erzeugung von Clustern definierter Temperatur

Oben wurde diskutiert, wie man ganz kalte oder möglichst heiße Cluster herstellen kann. Für andere Temperaturen muss man die Cluster zuerst erzeugen und dann auf die gewünschte Temperatur bringen. Abb. 9.4 zeigt die dazu benötigte Apparatur. In einer ersten Kammer werden die Cluster wie in Abschn. 9.2.1 beschrieben erzeugt und durch das strömende Helium durch die Blende D1 in die zweite Kammer transportiert. Dort nimmt das Helium die Temperatur der Kammerwand an und überträgt diese Temperatur durch Stöße auf die Cluster. Die Cluster machen etwa $10^5 - 10^6$ Stöße mit den Heliumatomen, was für eine vollständige Thermalisierung ausreicht. Über eine Heizung bzw. Kühlung der Kammerwand kann man dann die Temperatur der Cluster einstellen.

In der Thermodynamik kennt man das *kanonische Ensemble*, das genau der hier diskutierten experimentellen Bedingung entspricht. Ein kleines System (der Cluster) ist in Kontakt mit einem großen System (Helium plus Kammerwand). Die beiden Systeme tauschen so lange Energie aus, bis sie dieselbe Temperatur T haben. Im thermischen Gleichgewicht ist die Verteilung $P_T(E)$ der inneren Energie des Clusters proportional zur Anzahl der Zustände $\Omega(E)$ mit Energien zwischen E und $E + \mathrm{d}E$ multipliziert mit dem Boltzmann-Faktor:

$$P_T(E) = \frac{\Omega(E)}{Z} \exp\left(-\frac{E}{kT}\right) = \frac{1}{Z} \exp\left(\frac{S - E/T}{k}\right), \tag{9.12}$$

dabei ist $S = k \ln \Omega(E)$ die Entropie des Clusters und die Normierungskonstante $Z(T)$ ist die Zustandssumme. Könnte man die Energieverteilung $P_T(E)$ für verschiedene Temperaturen messen, so könnte man mithilfe von Gl. (9.12) daraus die Entropie bestimmen. Das wird routinemäßig bei numerischen Simulationen von Clustern benutzt (Multiple-Histogram-Methode), ist aber experimentell bis jetzt noch nicht möglich gewesen. In manchen Fällen kann man aber die spezifische Wärme eines Clusters messen (s. Abschn. 9.5.4) und daraus die Entropie und alle anderen thermodynamischen Eigenschaften berechnen.

9.4 Spektroskopische Methoden

Durch hoch auflösende Spektroskopie lassen sich Struktur und Dynamik kleiner atomarer und molekularer Cluster mit höchster Präzision bestimmen. Aber auch bei diesen Methoden bleibt die Größenzuordnung der Cluster ein Problem. Durch Variation der Expansionsbedingungen kann die Größenverteilung nur in Grenzen gesteuert werden. Clusterkonzentration und durchschnittliche Clustergröße steigen mit dem Stagnationsdruck des Inertgases, der Düsenlochfläche und der Verringerung der Stagnationstemperatur an. Bei gepulsten Düsenquellen (s. Abschn. 9.2.2) sind kleine Cluster vorn im Gaspuls konzentriert, da die kinetische Bildung größerer Cluster viele Stöße erfordert. Oft erhält man deshalb gut aufgelöste Spektren von kleinen Clustern in gepulsten Düsenstrahlen nur, wenn man den Gaspuls durch geeignete zeitliche Steuerung („Triggern") des Analyselaserpulses in seiner Frontflanke oder am Anfang des Gaspulsplateaus spektroskopiert. Selbst bei der massenselektiven REMPI-Methode (resonanzverstärkte Mehrphotonenionisation) ist dies notwendig, da die Ionen größerer Cluster oft leicht zerfallen und sich deshalb ihre optischen Spektren überlagert auf kleineren Clustermassen finden. Bei nichtmassenselektiven spektroskopischen Methoden wie laserinduzierte Fluoreszenz (LIF), Mikrowellen- und Infrarotabsorptionsspektroskopie hilft bei der Zuordnung zumindest kleiner Clustergrößen zuweilen eine Auftragung der Bandenintensitäten gegen die Monomerkonzentration. Wenn durch sukzessives Anlagern von Monomeren B an A Mischcluster AB_n gebildet werden, wird ein für Folgereaktionen typischer Kurvenverlauf beobachtet. Die Konzentration von A fällt mit zunehmendem B exponentiell ab, während AB_1 zunächst schnell ansteigt und dann wieder abfällt, da Cluster mit $n > 1$ gebildet werden. Mit ansteigender Clustergröße n wachsen die zugehörigen Bandenintensitäten erst bei zunehmend höherer B-Konzentration. Eine Auftragung der Bandenintensitäten gegen die Konzentration von B erlaubt also in günstigen Fällen die Zuordnung überlappender Spektren zu Clustern verschiedener Größe [39]. Wenn homogene Cluster A_n untersucht werden, kann ein Teil der Monomere selektiv deuteriert (A') und die A'-Bandenintensitäten in den A'-A_n-Spektren als Funktion der Konzentration von A untersucht werden. In diesen Spektren wachsen die Intensitäten von Banden größerer Cluster generell steiler mit der A-Konzentration als jene von Banden kleiner Cluster [40].

Insbesondere massen- und isomerenselektive lasergestützte Doppelresonanzmethoden haben sich in den letzten Jahren stürmisch entwickelt und das Studium kleiner molekularer Cluster revolutioniert. Die wichtigsten dieser spektroskopischen Methoden werden im Folgenden näher beschrieben.

9.4.1 Neutrale Cluster

9.4.1.1 Fourier-Transform-Mikrowellenspektroskopie

Die Mikrowellenspektroskopie ist die genaueste Methode zur Bestimmung der Geometrie molekularer Cluster. Ein kurzer Mikrowellenpuls induziert eine makroskopische Polarisation in den düsenstrahlgekühlten Clustern, die daraufhin die Resonanzfrequenzen der Rotationsübergänge als zeitabhängiges Signal emittieren. Durch Fourier-Transformation erhält man das übliche Frequenzspektrum (Fourier-Transform-Mikrowellenspektrum bzw. FTMW-Spektrum).

Wegen ihrer herausragenden Bedeutung bei der Strukturaufklärung molekularer Cluster wird die Methode an dieser Stelle besonders ausführlich erläutert (Abb. 9.17).

Das mithilfe eines Synthesizers **1** erzeugte Mikrowellensignal der Frequenz v wird über einen PIN-Diodenschalter **2** einem Einseitenbandmischer **3** zugeführt. Dort wird es mit einem Signal von 160 MHz gemischt, das von einer Signalquelle **11** bereitgestellt wird. Einseitenbandmischer besitzen die Eigenschaft, als Mischprodukt nur ein einziges Seitenband zu erzeugen, während der Träger und das zweite Seitenband weitgehend unterdrückt werden. Am Ausgang des Mischers **3** steht somit beispielsweise das obere Seitenband mit der Frequenz $v + 160$ MHz zur Verfügung. Die Leistung wird mit einem Verstärker **4** auf 1 mW bis ca. 200 mW angehoben. Ein weiterer PIN-Diodenschalter **5** wird für eine Dauer von etwa 100 ns bis zu einigen

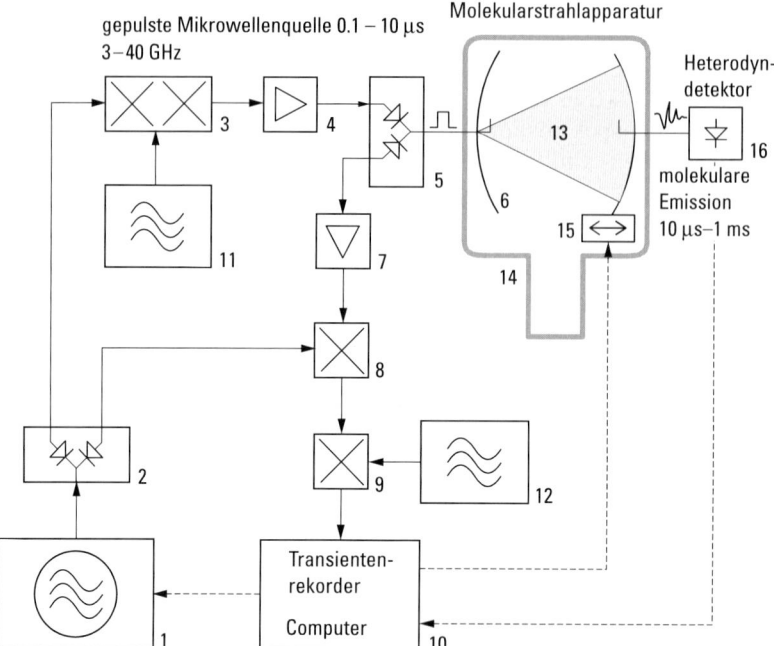

Abb. 9.17   Das Blockschaltbild eines Molekularstrahl-FTMW-Spektrometers. Mikrowellen-quelle und Düsenstrahl sind gepulst. Durch die Einwirkung des Mikrowellenpulses auf die Cluster wird eine Polarisation erzeugt, die als makroskopisches oszillierendes Dipolmoment bei den Frequenzen der Mikrowellenübergänge abstrahlt, die im Bereich der Bandbreite des Mikrowellenpulses liegen. Der abgestrahlte molekulare Emissionspuls wird zur Extraktion des Frequenzspektrums Fourier-transformiert. Der Abstand der Spiegel des Mikrowellenre-sonators **6** wird zur Intensitätsüberhöhung auf die gewünschte Frequenz des Mikrowellen-pulses abgestimmt. Der gesamte Messbereich des hier gezeigten Spektrometers erstreckt sich von ca. 3 bis 40 GHz. Die hohe Frequenzstabilität des weitgehend auf Radiofrequenztechnik beruhenden Aufbaus ermöglicht einen zuverlässigen und standardisierten Betrieb des Gerätes (mit freundlicher Erlaubnis von Wolfgang Stahl, TH Aachen).

s geöffnet, so dass ein Mikrowellen*puls* entsprechender Länge in den auf die ge-wünschte Frequenz abgestimmten Fabry-Pérot-Resonator **6** eingekoppelt wird. Vor-her wurde durch kurzes Öffnen des Magnetventils ein Molekularstrahl **13** erzeugt, der sich innerhalb des Resonators ausbreitet. Durch die Einwirkung des Mikrowel-lenpulses auf die Moleküle oder Cluster wird eine Polarisation erzeugt, die als mak-roskopisches oszillierendes Dipolmoment aufgefasst werden kann. Eine makrosko-pische Polarisation entsteht, da bevorzugt diejenigen Teilchen die Mikrowellen-strahlung absorbieren, deren stationäres Dipolmoment im Moment der Absorption parallel zum elektrischen Vektor des Mikrowellenpulses orientiert ist. Nach dem Ende des Mikrowellenpulses zerfällt diese Polarisation unter Abstrahlung eines Mik-rowellensignals mit der Frequenz $\nu + 160\,\text{MHz} + \nu'$, die dem Abstand zweier Ro-tationsniveaus entspricht. Wurde resonant polarisiert, d. h. entsprach das anregende

Signal von $v + 160$ MHz genau einer molekularen Übergangsfrequenz, so ist $v' = 0$. Üblicherweise wird jedoch eine Frequenzbreite von v im Bereich von 1 MHz gewählt, da die exakte Übergangsfrequenz vor dem Experiment im Allgemeinen nicht bekannt ist. Das *molekulare Signal* wird aus dem Resonator ausgekoppelt und über den PIN-Diodenschalter **5** und einen rauscharmen Vorverstärker **7** auf den Mischer **8** geleitet. Dort wird es mit dem Mikrowellensignal der Frequenz v, das über PIN-Diodenschalter **2** dem Synthesizer **1** entnommen wurde, abgemischt. Man erhält am Ausgang von Mischer **8** eine erste Differenzfrequenz von 160 MHz $+ v'$. Dieses Signal wird gefiltert, verstärkt und in Mischer **9** erneut abgemischt. Hierzu wird eine Frequenz von 157.5 MHz im Signalgenerator **12** erzeugt und ebenfalls dem Mischer **9** zugeführt. Die zweite Differenzfrequenz, die dann mit 2.5 MHz $+ v'$ im besonders empfindlich nachweisbaren Radiofrequenzbereich liegt, wird von einem Transientenrekorder **10** abgetastet und gespeichert. Das Intervall zwischen zwei Datenpunkten beträgt dabei typischerweise zwischen 10 und 100 ns. Insgesamt werden 1024 Datenpunkte für niedrig aufgelöste und bis zu 16 384 Datenpunkte für hochaufgelöste Spektren aufgenommen. Je nach Intensität des molekularen Signals wird das Signal unmittelbar Fourier-transformiert oder aber das Experiment wird bis zu 30 000-mal wiederholt und das Signal in gleicher Phasenlage addiert und Fourier-transformiert. Dadurch wird das Signal-Rausch-Verhältnis verbessert.

Da die spektralen Linienbreiten nur wenige kHz betragen, werden hohe Anforderungen an die Frequenzgenauigkeiten der Signalquellen gestellt. Sämtliche Signale werden phasenstarr an eine Standardfrequenz von 10 MHz angebunden. Diese wiederum wird auf einen Rubidiumstandard bezogen, der einerseits in regelmäßigen Abständen mithilfe eines Signals der GPS-Satelliten korrigiert wird. Die Ansteuerung der PIN-Diodenschalter **2** und **5** erfolgt über einen TTL-Pulsgenerator, der über den Computer **10** programmiert wird.

Aufgrund der hohen Güte (ca. 10^4) des Fabry-Pérot-Resonators kann bei einem Experiment jeweils nur ein kleiner Bereich des Mikrowellenspektrums (etwa 1 MHz bei einer Polarisationsfrequenz von 10 GHz) gemessen werden. Es besteht daher die Notwendigkeit, bei der Untersuchung größerer Frequenzbereiche („Übersichtsspektren") viele Experimente in einem engen Frequenzraster nacheinander auszuführen. Soll ein Bereich von 1 GHz erschlossen werden, so sind bei einem Frequenzabstand von 0.5 MHz 2000 Einzelexperimente erforderlich. Dieser Vorgang wird automatisiert; die hierzu erforderlichen Steuerleitungen sind in Abb. 9.17 gestrichelt gezeichnet. Der Computer **10** übermittelt dem Synthesizer **1** die gewünschten Frequenzen und stimmt den Resonator über die motorbetriebene Mikrometerschraube **15** ab. Über den Detektor **16** wird nur festgestellt, ob der Resonator abgestimmt ist, für das Experiment besitzt er keine weitere Bedeutung.

Die FTMW-Spektroskopie ist vor allem wegen des Problems der Größenzuordnung zur Zeit auf kleine Cluster und grundsätzlich auf Cluster mit permanentem Dipol beschränkt. Die gemessenen Rotationskonstanten ermöglichen eine Größenzuordnung und bei Verwendung von Isotopomeren eine genaue Strukturbestimmung [41]. Wegen der hohen Empfindlichkeit der FTMW-Spektroskopie ist in vielen Fällen die Untersuchung von Isotopomeren in ihren natürlichen Mengenverhältnissen möglich. Durch UV-Mikrowellen-Doppelresonanzspektroskopie können Cluster mit UV-Chromophor nach Größe und Isomeren differenziert werden [42].

9.4.1.2 Ferninfrarotspektroskopie

Die intermolekularen Schwingungen vieler Cluster absorbieren im Bereich von wenigen cm^{-1} bis ca. 200 cm^{-1} (inverse Wellenlänge: in der Spektroskopie übliche Einheit), was Frequenzen von ca. 30 GHz bis 6 THz entspricht. Auch Tunnelaufspaltungen durch große Amplitudenbewegungen flexibler schwachgebundener Cluster liegen oft in diesem fernen Infrarot-(FIR-)Spektralbereich. Die Dynamik dieser Bewegungen kann durch direkte Absorptionsspektroskopie mit einem abstimmbaren FIR-Laser untersucht werden. Dabei wird eine Schlitzdüse zur Erhöhung des Absorptionsweges (u. U. mit Vielfachreflektionszelle) und zur Verbesserung der Abkühlung mit einem Bolometer- oder Photoleitfähigkeitsdetektor zum Nachweis der FIR-Strahlung kombiniert. Das Signal-Rausch-Verhältnis der Spektren wird durch Lock-In-Technik verbessert [43, 44]. Zur Minimierung der Wasserabsorption aus der Laborluft muss der gesamte FIR-Strahlenweg mit trockenem Stickstoff gespült werden.

Abstimmbare FIR-Strahlung erhält man, indem Rotationsübergänge verschiedener Gase wie CH_3OH, CH_2F_2 und $HCOOH$ mit einem kontinuierlichen CO_2-Laser bei einer Leistung von mehr als 100 W gepumpt und die erhaltene festfrequente FIR-Strahlung mit abstimmbarer Mikrowellenstrahlung aus einem Klystron in einer Schottky-Barrierendiode gemischt wird. Die erhaltenen abstimmbaren Summen- und Differenzfrequenzen (Seitenbänder) werden von der viel stärkeren Laserstrahlung durch eine Interferometer-Monochromator-Kombination abgetrennt. Sub-THz-Frequenzen liefern die Obertöne der Klystronstrahlung direkt – der FIR-Laserstrahl muss lediglich ausgeblendet werden.

Die zyklischen Wassercluster H_2O_{3-5} absorbieren wegen ihres kleinen oder nicht vorhandenen Dipols keine Mikrowellenstrahlung. Unser heutiges Wissen zur Struktur und Dynamik dieser Cluster sowie des Wasserhexameren verdanken wir zu weiten Teilen der FIR-Absorptionsspektroskopie (vgl. Abschn. 9.6.7).

9.4.1.3 Fourier-Transform-Infrarotspektroskopie

In einem modernen Infrarot-(IR-)Spektrometer wird ein breitbandiger IR-Strahler durch Fourier-Transformation des IR-Interferometersignals auf seine Wellenlängenzusammensetzung mit und ohne Probe untersucht. Dazu wird das Interferenzmuster eines zweiarmigen Michelson-Interferometers in Abhängigkeit von der optischen Weglängendifferenz gemessen (Abb. 9.18). Die für die Clusterspektroskopie notwendige Empfindlichkeit wird durch eine Reihe von Maßnahmen erreicht. Zunächst muss der ca. 40 ms lange Gaspuls mit dem schnellen FTIR-Scan synchronisiert und eine gleichbleibend hohe Teilchendichte über das gesamte Interferogramm erreicht werden. Die langen und intensiven Gaspulse erfordern ein großes Reservoir zum Auffangen des hohen Stoffdurchsatzes und ein großes Puffervolumen auf der Seite des Rezipienten, wie in Abb. 9.18 gezeigt. Anderenfalls steigt der Druck in der Düsenstrahlkammer zu stark und der Jet wird zerstört. Schlitzdüsen haben im Vergleich zu Lochdüsen den Vorteil einer längeren Absorptionsstrecke und eines langsameren Dichteabfalls. In Abb. 9.18 wird der Stempel zum Öffnen und Schließen der Düse über einen pneumatisch betriebenen Kolben angehoben bzw. abgesenkt. Druckluft wird zur Steuerung des Kolbens durch Magnetventile synchron zum FTIR-Scan

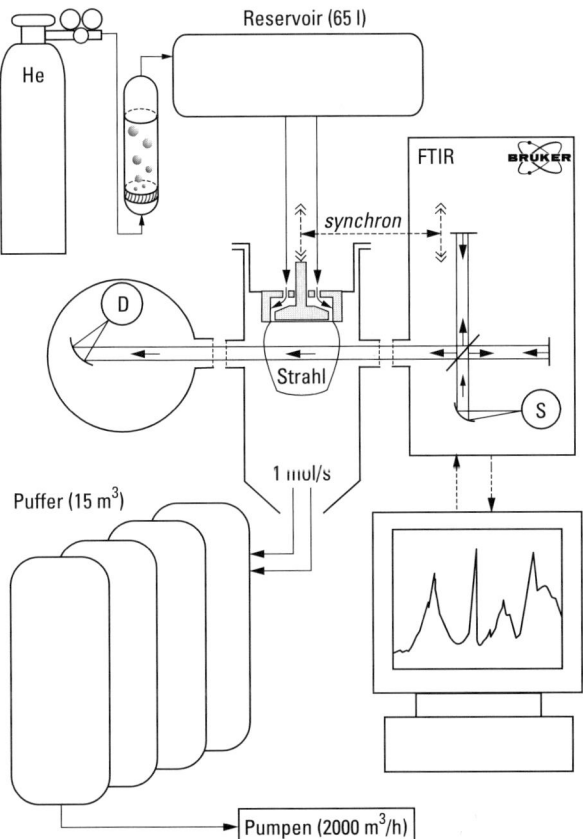

Abb. 9.18 Fourier-Transform-Infrarot-(FTIR-)Spektrometer zur Aufnahme von IR-Spektren düsenstrahlgekühlter Cluster nach der Ragout-Jet-Methode (mit freundlicher Erlaubnis von Martin Suhm, Universität Göttingen).

eingedrückt. Wenn zur Verbesserung der spektralen Auflösung ($\geq 0.1\,\text{cm}^{-1}$ für ein Bruker-IFS-66v/S-Instrument) ein längerer Spiegelweg durchgefahren werden muss, kann der Gaspuls gezielt über das Interferogramm verschoben und die jeweils relevanten Interferogrammabschnitte kombiniert werden.

Vorteil dieser *Ragout*-Jet-FTIR-Spektroskopie (engl.: rapid acquisition giant outlet) ist, dass das gesamte IR-Spektrum und ein weiter Bereich der Absorbanz abgedeckt wird [45]. Nachteil für die Clusterspektroskopie ist die mangelnde Clustergrößenselektion bzw. -analyse (keine Masseninformation). Aus diesem Grunde konnte eine detaillierte spektroskopische Zuordnung bisher nur für kleine Cluster kleiner Moleküle bzw. hochsymmetrische Cluster wie die zyklischen $(HF)_n$-Cluster erreicht werden, deren Spektrum nur wenige, sich mit der Clustergröße gleichmäßig verschiebende IR-Banden aufweist [46].

9.4.1.4 Neutrale Cluster mit Chromophor

Abb. 9.19 zeigt schematisch die wichtigsten experimentellen Methoden zur Untersuchung molekularer Cluster mit Chromophoren, die im ultravioletten und sichtbaren Spektralbereich absorbieren. Diese Methoden werden im Folgenden näher beschrieben.

Resonante Mehrphotonenionisation (REMPI). Elektronische Spektren können mit REMPI empfindlich und massenselektiv und mit genügend schmalbandigem Laser schwingungs- und rotationsaufgelöst nachgewiesen werden (Abb. 9.20). Bei resonanter Zweifarben-Zweiphotonen-Ionisation (R2PI) wird die Wellenlänge des ersten Lasers auf Resonanzen des elektronisch angeregten Zustandes abgestimmt, während ein zweiter, zeitlich und räumlich überlappender Laserpuls die elektronisch angeregten Moleküle gerade oberhalb der vertikalen Ionisationsschwelle der Cluster anregt. Auf diese Weise wird Fragmentierung aufgrund der Ionenüberschussenergie

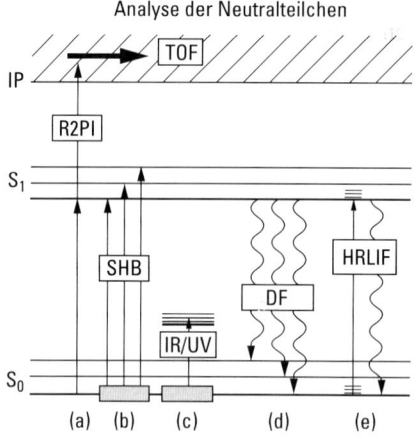

Abb. 9.19 Schema der verschiedenen experimentellen Techniken, die zur Spektroskopie von Clustern mit aromatischen Chromophoren genutzt werden. (a) Bei Zweifarben-R2PI (resonant two photon ionisation) wird die Wellenlänge des Anregungslasers über Resonanzen des elektronisch angeregten Zustandes abgestimmt, während der zweite Laserpuls gerade oberhalb der vertikalen Ionisationsschwelle anregt. Die Ionen werden in einem Flugzeitmassenspektrometer (TOF, time of flight) nachgewiesen. Bei der dispergierten Fluoreszenz (DF) wird die Clusterfluoreszenz nach Anregung verschiedener S_1-Schwingungszustände dispergiert, um die S_0-Schwingungen zu erhalten. SHB (spectral hole burning) ist eine UV-UV-Doppelresonanztechnik, mit der zwischen verschiedenen Clustergrößen, Isomeren und „heißen" Schwingungszuständen unterschieden werden kann. Das Ionensignal des UV-Analyselasers (R2PI) sinkt, wenn der gebrannte (SHB) und der analysierte Übergang ein gemeinsames Grundzustandsniveau teilen. Die IR-Spektren auch des nichtchromophoren Clusterteils können mit IR-UV-Doppelresonanzspektroskie (IR/UV) isomerenselektiv gemessen werden. HRLIF (high resolution laser-induced fluorescence) erfordert einen frequenzverdoppelten Ringfarbstofflaser mit sehr hoher spektraler Auflösung im MHz-Bereich, um rotationsaufgelöste vibronische Spektren auch von Clustern mit kleinen Rotationskonstanten zu erhalten. Die Nachweismethode ist hier die laserinduzierte Fluoreszenz.

vermieden oder reduziert. Eine Zweiphotonenionisation mit einem Laser ist dazu nur in der Lage, wenn der elektronisch angeregte Zustand unterhalb der Hälfte der adiabatischen Ionisationsgrenze plus der Dissoziationsenergie des Clusterions liegt. Die Clusterionen werden im elektrischen Feld beschleunigt und fliegen durch eine feldfreie Driftstrecke, wobei die leichteren Ionen früher an dem Mikrokanalplatten-(MCP-)Ionendetektor ankommen (vgl. Abb. 9.20). Daraus ergibt sich ein Flugzeit-spektrum der Ionen, das durch ein schnelles Oszilloskop (z. B. 1500 MHz) für jedes Laserwellenlängeninkrement digitalisiert wird. Die Intensität von selektierten Massen (Ionen in einem bestimmten Zeitbereich) werden auf einen Rechner übertragen. Auf diese Weise kann man vibronische Spektren von allen im Strahl vorliegenden Clustergrößen nach einem einzigen Durchfahren der Laserwellenlänge erhalten. In der Praxis erhält man allerdings Spektren höchster Qualität meist nur, wenn die Expansionsbedingungen auf Cluster einer bestimmten Größe optimiert und das REMPI-Spektrum gerade für diese Cluster aufgenommen wird. Die typische Massenauflösung mit einem linearen Flugzeitmassenspektrometer liegt bei $\delta m/m > 500$. Eine hohe Massenauflösung von mehreren Tausend kann man in einem Flugzeit-massenspektrometer erreichen, in dem die Ionen in einem elektrischen Feld reflektiert werden („Reflektron"). Bei geeigneten Spannungen der Abzugsoptik und des reflektierenden elektrischen Feldes lassen sich die Eindringtiefen der Ionen so auswählen, dass die schnelleren Ionen gerade so viel tiefer in das elektrische Feld eintauchen und damit einen längeren Weg zum Ionendetektor zurücklegen als die leichteren Ionen, dass sie etwa zur selben Zeit am Detektor ankommen. Auf diese Weise erhält man zeitlich enge Pakete von Ionen einer bestimmten Masse und damit eine bessere Auflösung der Ankunftszeiten und damit der Massen.

Eine sorgfältige Optimierung des Flugzeitmassenspektrometers ist die Voraussetzung für einen empfindlichen Nachweis kleiner Clusterkonzentrationen innerhalb einer breiten Massenverteilung von Clustergrößen. Nicht alle vom elektrischen Feld extrahierten Ionen stammen aus dem Molekularstrahl. Der Laser ionisiert auch Restgasmoleküle, die von den Wänden der Molekularstrahlkammer abdampfen und ein starkes Hintergrundsignal verursachen können. Diese Hintergrundmoleküle lassen sich mit einer Kühlfalle ausfrieren oder als Ionen durch eine lineare Spannungsrampe an den Beschleunigungsplatten unterdrücken („Deflektor" in Abb. 9.20). Dabei werden Startzeit und Anstieg der Rampenspannung so ausgewählt, dass nur Ionen, die mit der Geschwindigkeit der Moleküle im Düsenstrahl fliegen, auf den Detektor fokussiert werden. Eine kleine Öffnung zwischen Ionisation und Driftkammer verbessert die räumliche Diskriminierung der Hintergrundionen weiter. Schließlich kann man die Ionenabzugsoptik so optimieren, dass ein vergleichsweise großes Ionisationsvolumen von zum Beispiel 50 mm^3 ohne Verlust an Massenauflösung nachgewiesen werden kann. Die Ionenoptik ist so konzipiert, dass Ionen an verschiedenen Stellen des Abzugsfeldes annähernd gleich beschleunigt werden. Die Nachweisempfindlichkeit speziell von großen Clusterionen wird durch Nachbeschleunigung der Signalionen vor dem Detektor vergrößert (Abb. 9.20). Die Zunahme der Geschwindigkeit der schweren Ionen erhöht die Sekundärelektronenausbeute des MCP-Detektors beträchtlich.

Dispergierte Fluoreszenz (DF). Die wichtigste Technik, um die intermolekularen Schwingungen von Komplexen mit aromatischen Chromophoren zu messen, ist die

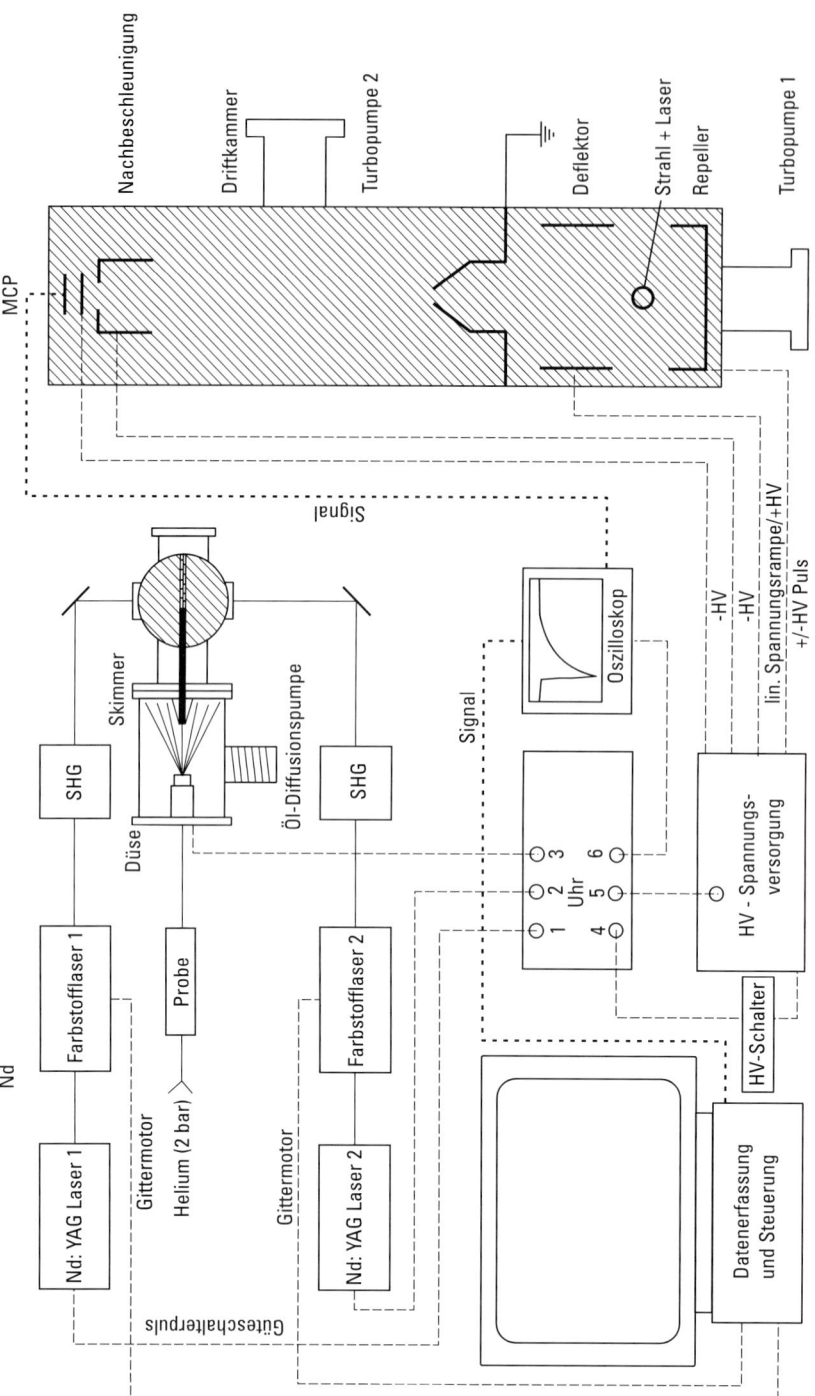

Abb. 9.20 Schema einer REMPI-Apparatur mit Nachweis der Ionen in einem Flugzeitmassenspektrometer [47]. Die UV-Laserstrahlung aus entgegengesetzt laufenden, überlappenden, frequenzverdoppelten (SHG, second harmonic generation) Farbstofflasern kann zur resonanten Zweifarbenionisation oder bei Zeitverzöge-rung zwischen beiden Strahlen zur UV-UV-Doppelresonanz genutzt werden. Mit demselben Aufbau können mit einem abstimmbaren IR-Laser auch IR-UV-Doppelresonanzmessungen durchgeführt werden (Flugzeitmassenspektrometer nach Bergmann Messgeräte, Murnau).

Dispersion der Clusterfluoreszenz, die man nach Anregung von verschiedenen S_1-Schwingungszuständen erhält (Abb. 9.19). Die Schwingungsfrequenzen der Grundtöne, die Anharmonizitäten und das Franck-Condon-Intensitätsmuster von Progressionen und Kombinationsbanden der DF-Spektren enthalten detaillierte Informationen zum intermolekularen Potential im elektronischen Grundzustand S_0 und zur Potentialverschiebung nach elektronischer Anregung. Die S_0-Schwingungsfrequenzen können zudem mit höherer Genauigkeit und weniger Aufwand berechnet werden als die Schwingungen im S_1-Zustand und sind deshalb bestimmten Schwingungsbewegungen sicherer zuzuordnen. Bei geringen Strukturänderungen nach elektronischer Anregung kann auf Grund des Franck-Condon-Prinzips oft die intensivste DF-Bande und ihre Obertöne und Kombinationsbanden mit der angeregten S_1-Schwingungsbande korreliert werden. Auf diese Weise können sukzessive auch die Schwingungsbanden im S_1-Zustand zugeordnet werden. Mit der DF-Spektroskopie ist der Bereich der intermolekularen Schwingungen von wenigen cm^{-1} bis ca. $200\,cm^{-1}$ auch ohne FIR-Laser bequem zugänglich.

Auch DF-Messungen von schwachen Übergängen sind mit einem gut auflösenden Monochromator und Vielkanalnachweis mit einer bildverstärkten CCD-Kamera (engl.: charge coupled device) in guter Qualität möglich. Wenn sich der Bildverstärker durch Anlegen eines gepulsten elektrischen Feldes mit Nanosekundenpräzision zeitverzögert öffnen lässt, kann das Streulicht des gepulsten Anregungslasers effektiv unterdrückt werden. Eine spektrale Auflösung von ca. $1\,cm^{-1}$ wurde mit einem 1-m-Monochromator in Czerny-Turner-Anordnung, einem holographischen Gitter mit 2400 Linien pro mm, optimiertem Blaze-Winkel und einer CCD-Pixelgröße von $23\,\mu m$ erzielt, die letztlich die Auflösung begrenzt [47].

Doppelresonanzspektroskopie. Die Zuordnung von Clustern nach Größe und Isomeren ist die wichtigste Voraussetzung, um in der modernen Clusterforschung zuverlässige Aussagen zu erhalten. Ein massenselektiver Nachweis der Cluster genügt nicht immer zur Aufklärung der Clustergröße. Eine erhebliche Geometrieänderung im Ion kann zu einer vertikalen Ionisationsschwelle führen, die weit oberhalb der adiabatischen Schwelle liegt. In diesem Fall bleibt der Zerfall von Clusterionen sogar für sanfte Ionisation mit zwei abstimmbaren Wellenlängen ein Problem. Gelingt es durch Optimierung der Expansionsbedingungen z. B. auf kleine Cluster wenigstens einen optischen Übergang sicher einem Cluster einer speziellen Größe zuzuordnen, dann können alle anderen beobachteten Übergänge dieses Clusters mithilfe von spektralem Lochbrennen (engl.: spectral hole burning, SHB) korreliert werden (Abb. 9.19) [48]. Ein intensiver „Brennlaser" verringert bei dieser Methode die Zahl der Moleküle in einem bestimmten Zustand. Das Ionensignal eines schwächeren Analyselasers nimmt ab („Loch"), wenn beide Übergänge ein gemeinsames Grundzustandsniveau teilen. Diese Methode kann genutzt werden, um zwischen verschiedenen Clustergrößen, Konformeren, Isomeren und Tautomeren sowie „heißen" Schwingungszuständen zu unterscheiden, deren Anregung kein „Loch" erzeugt. Das SHB-Spektrum ist von heißen Banden, Banden vom Zerfall höherer Cluster oder von Clustern mit dem Expansionsgas gereinigt. Kurze Lebenszeiten im elektronisch angeregten Zustand und geringe Franck-Condon-Faktoren erschweren einen empfindlichen REMPI- oder LIF-Nachweis, während SHB durch die hohe Intensität des Brennlasers hier noch sensitiv ist. Oft können deshalb mit SHB auch bei höheren vibronischen Energien außerhalb des REMPI- oder LIF-Bereiches noch Spektren gemessen werden.

In der Praxis wird meist die Wellenlänge des Brennlasers verändert, während die Frequenz des Analyselasers bei der Wellenlänge eines optischen Clusterübergangs konstant gehalten wird. Danach wird das Analyselasersignal aufgezeichnet und eine Abnahme festgestellt, wenn beide Übergänge von demselben Grundzustandsniveau aus angeregt werden. Durch den intensiven Brennlaser erzeugte Ionen erschweren das Experiment durch Störungen des elektrischen Abzugsfeldes und Sättigung des MCP-Detektors. Beide Effekte führen zu einem Abfall der Nachweisempfindlichkeit der Analyselaserkationen. Die unerwünschten durch den Brennlaser erzeugten Ionen können durch eine gepulste negative Spannung an der im Normalbetrieb abstoßen- den (positiven) Platte der Ionenoptik („Repeller" in Abb. 9.20) entfernt werden. Die Polarität wird etwa 100 ns nach dem Brennlaser mit einem schnellen Hochspan- nungsschalter umgekehrt, so dass die vom Analyselaser erzeugten Ionen den De- tektor wieder erreichen. Der zeitliche Abstand zwischen Brennlaser und Analyselaser beträgt dabei 300–500 ns. Die Lochtiefe lässt sich manchmal noch erhöhen, wenn neben der durch Frequenzverdopplung erzeugten UV-Strahlung zusätzlich auch ihre Fundamentale zum Lochbrennen eingestrahlt wird. Vermutlich wird dabei durch die Fundamentale aus dem S_1-Zustand ein höherer elektronischer Zustand angeregt, der sich effizienter ionisieren lässt [49].

Die Abb. 9.21 zeigt einen Nd:YAG- oder Excimerlasergepumpten Farbstofflaser mit Oszillator, Vorverstärker und Verstärker. Die Farbstoffe in den drei Küvetten werden so schnell umgepumpt, dass sie zwischen den Pulsen des Anregungslasers (meist 10 Hz Wiederholrate) ausgetauscht werden. Der Nd:YAG-Laser pumpt die in den verschiedenen Küvetten gelösten Farbstoffe mit einer Zeitverzögerung, die über die optische Weglänge der Pumpstrahlung genau eingestellt ist. Durch Fre- quenzverdopplung des sichtbaren Laserlichtes in geeigneten nichtlinearen Kristallen wird abstimmbares UV-Licht erzeugt (in Abb. 9.21 nicht gezeigt).

Anstatt mit einem Laser im ultravioletten oder sichtbaren Spektralbereich lässt sich auch mit einem IR-Laser die Clusterpopulation entfernen und damit das Signal eines UV-Analyselasers vermindern [50, 51, 52, 53, 54]. Im Gegensatz zu SHB gibt es bei der IR-UV-Doppelresonanzspektroskopie keine Probleme mit intensiven Io- nensignalen des IR-Brennlasers. Die Technik kann dazu genutzt werden, die IR- Spektren zum Beispiel des Wasserteils in Chromophor-Wasser-Clustern zu messen, insbesondere die wichtigen OH-Streckschwingungen im Spektralbereich um 3 μm. In einem optisch parametrischen Oszillator (OPO) wird die 1.06-μm-Strahlung eines Nd:YAG-Lasers in einem $LiNbO_3$-Kristall in Signal- und Idler-Welle aufgespalten und die Idler-Welle zur Anregung von OH-, NH- und CH-Streckschwingungen in einem Spektralbereich von 2700 bis 4000 cm^{-1} (2.5–3.7 μm) in einem Resonator gitterabgestimmt verstärkt. Typischerweise erzeugt ein IR-OPO eine Pulsenergie von 1–2 mJ bei einer spektraler Auflösung von etwa 1 cm^{-1}. Alternativ kann die IR- Strahlung auch als Differenzfrequenz zwischen einem von 750 bis 830 nm abstimm- baren Farbstofflaser und 1.06 μm Strahlung in einem $LiNbO_3$-Kristall erzeugt wer- den (Abb. 9.21). In einem weiteren $LiNbO_3$-Kristall kann die IR-Strahlung verstärkt werden (engl.: optical parametric amplifier, OPA). Dabei wird der 1.06 μm Pump- strahl in Signal- und Idler-Welle aufgespalten, wobei die Idler-Frequenz bei einem für die Phasenanpassung geeignetem Winkel des Kristalls die Frequenz der einge-

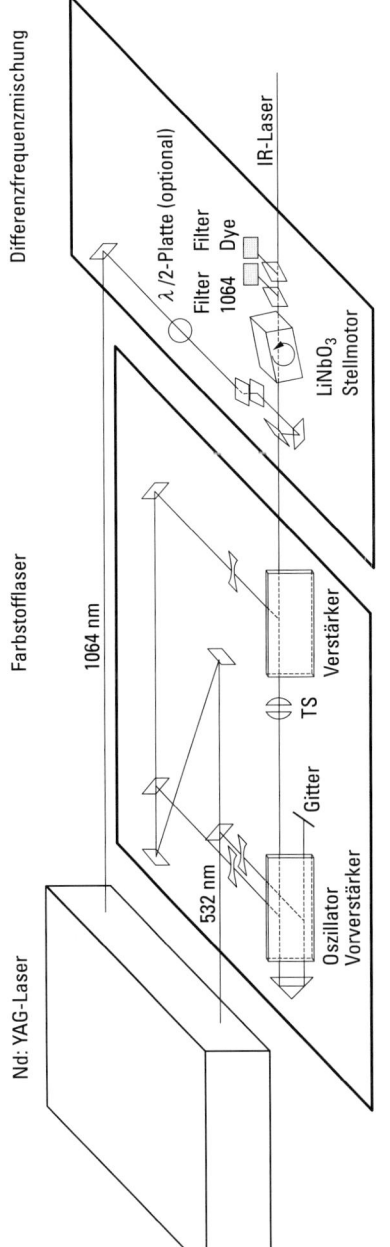

Abb. 9.21 Nd:YAG-Laser-gepumpter Farbstofflaser und Erzeugung von abstimmbarer Infrarotlaserstrahlung durch Differenzfrequenzmischung (mit freundlicher Erlaubnis von Markus Gerhards, Universität Düsseldorf).

henden IR-Strahlung hat und diese verstärkt (die Signalfrequenz liegt dann bei 1.45 bis 1.85 μm). In einer neuen technologischen Entwicklung zur Erzeugung von IR-Licht, zum Beispiel zur Anregung von $C=O$-Streckschwingungen bei $1700\,\text{cm}^{-1}$ wird das IR-Licht (2.5–2.75 μm) mit dem Signal des OPA-Prozesses (1.75 bis 1.85 μm) in einem $AgGaSe_2$-Kristall differenzfrequenzgemischt (4.8–6.9 μm bzw. $1450–2100\,\text{cm}^{-1}$) [55].

Die Schwingungen des elektronisch angeregten Zustands sind zugänglich, wenn man den IR-Laser gleichzeitig mit dem Analyselaserpuls abstrahlt [56]. In diesem Fall lassen sich auch Cluster in einem S_1-Schwingungszustand anregen und damit eine Vergrößerung oder Verkleinerung des Analyselasersignals erzeugen, je nachdem, ob der schwingungsangeregte Zustand oder der Schwingungsgrundzustand des elektronisch angeregten Zustandes durch den Analyselaser empfindlicher ionisiert werden kann. IR-UV-Spektroskopie kann auch mit LIF anstelle REMPI als Nachweissystem durchgeführt werden. Diese Anordnung ist für die Spektroskopie des S_1-Zustandes besonders günstig, da die vibronischen Banden der Streckschwingungen im S_1-Zustand nicht oder wenig fluoreszieren und ihre Anregung deshalb eine besonders starke Absenkung der Fluoreszenzintensität bewirkt.

Rotationsaufgelöste laserinduzierte Fluoreszenz. Bei der rotationsauflösenden Fluoreszenzspektroskopie werden Übergänge in einzelne Rotationsschwingungsniveaus des elektronisch angeregten Zustandes durch Messung der spektral (d. h. über alle Emissionswellenlängen) integrierten Fluoreszenz nachgewiesen [57, 58]. Aus der Simulation des rovibronischen Spektrums können als Informationen unter anderem die Rotationskonstanten und Zentrifugalverzerrungskonstanten von S_0- und S_1-Zustand erhalten werden. Aus den Rotationskonstanten kann die Geometrie der am Übergang beteiligten elektronischen Zustände abgeleitet werden.

Dabei ist ein Satz von drei Rotationskonstanten natürlich nicht ausreichend, um die Geometrie eines größeren Moleküls oder Clusters vollständig zu bestimmen. Meist soll aber nur zwischen zwei oder mehreren Strukturvorschlägen unterschieden werden, wofür die Angabe von drei Rotationskonstanten oft ausreichend ist. Andererseits können isotop substituierte Spezies (Isotopomere) untersucht und somit weitere Sätze von Rotationskonstanten für die Auswertung herangezogen werden. Sind die ro-vibronischen Spektren durch gehinderte Rotationen einzelner Molekül- oder Clusterteile gestört, so kann man aus der Analyse der Störung auch die Achsenlage des internen Rotors im Gesamtsystem bestimmen. Die Rotation von Methylgruppen in Molekülen und von Wassereinheiten in Wasserclustern wurde in diesem Zusammenhang untersucht. Mithilfe der rotationsauflösenden Fluoreszenzspektroskopie lässt sich die Lage des Übergangsdipolmoments relativ zum Trägheitsachsensystem des Clusters bestimmen und somit die Symmetrie der am Übergang beteiligten elektronischen Niveaus. Aus der Linienbreite einzelner ro-vibronischer Übergänge kann darüber hinaus die Lebensdauer des angeregten Zustandes ermittelt werden. Hieraus lassen sich Informationen über nichtstrahlende und strahlende Zerfallsprozesse ableiten.

Die Problematik bei der rotationsauflösenden Spektroskopie großer Moleküle besteht darin, dass bedingt durch die großen Trägheitsmomente der Abstand der Rotationslinien sehr klein ist und so eine sehr gute Auflösung des Spektrometers benötigt wird. Wegen der Heisenberg'schen Energie-Zeit-Unschärfe ist diese hohe

Auflösung am besten mit kontinuierlicher Laserstrahlung erreichbar. Der experimentelle Aufbau unterscheidet sich deutlich von den oben beschriebenen Techniken,
weil kontinuierliche Laserstrahlung zur Erzielung eines sinnvollen Wirkungsgrades
mit kontinuierlichen Molekularstrahlen kombiniert werden muss. Dies erfordert dif-
ferentielles Vakuumpumpen in verschiedenen Kammern, sehr kleine Düsenstrahlöff-
ungen und große Pumpkapazitäten. Da HRLIF nicht nach den Massen auflöst,
sollte die Zugehörigkeit einer bestimmten elektronischen Bande zu einem Cluster
bestimmter Größe und einem Isomer oder Tautomer durch vorangehende Untersuchungen mit REMPI und SHB sichergestellt sein (Abb. 9.19). Im Folgenden werden die Komponenten eines HRLIF-Gesamtsystems beschrieben.

Die Linienbreite des Lasers muss im Bereich der natürlichen Linienbreite der zu
untersuchenden Moleküle liegen, um einen Verlust an spektraler Auflösung zu vermeiden. Außerdem sollte die in der schwingenden Lasermode gespeicherte Leistung
groß genug sein, um eine effiziente Frequenzverdopplung in optisch nichtlinearen
Medien zu ermöglichen, da viele Moleküle im ultravioletten Spektralbereich absorbieren. Beide Anforderungen werden von Ringfarbstofflasern erfüllt (Abb. 9.22).

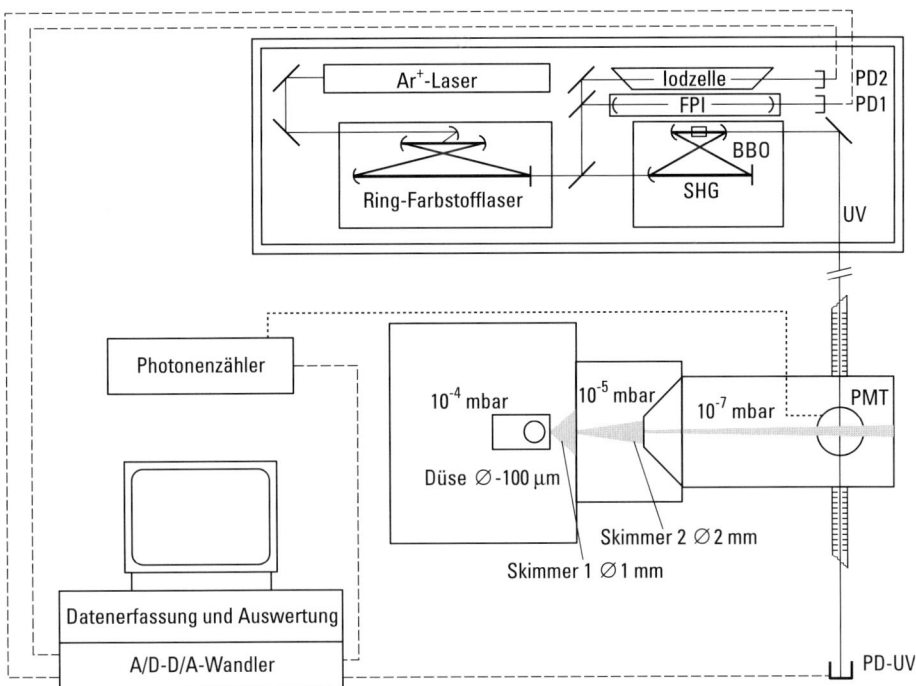

Abb. 9.22 Schematischer Aufbau einer Apparatur zur Messung der rotationsaufgelösten
Fluoreszenz von Clustern. Schmalbandige Laserstrahlung wird durch einen Ar^+-Laser-ge-
pumpten Ringfarbstofflaser erreicht, der mithilfe eines BBO-(Beta-Barium-Borat-)Kristalls
in einem Ringresonator frequenzverdoppelt wird. FPI, Fabry-Pérot-Interferometer; PD, Photodetektor; SHG, Frequenzverdopplung (second harmonic generation); PMT, Photonende-
tektor (photomultiplier tube) (mit freundlicher Erlaubnis von Michael Schmitt, Universität
Düsseldorf).

Als optische Pumpe wird ein Ar^+-Ionenlaser verwendet, bei dem Laserübergänge zwischen hochangeregten Zuständen des Ar^+-Ions stattfinden. Die Anregung erfolgt in schwingungsangeregte Niveaus des S_1-Zustands des verwendeten Farbstoffes. Von hier relaxieren die angeregten Farbstoffmoleküle durch Stöße mit Lösungsmittelmolekülen innerhalb weniger ps in das niedrigste Schwingungsniveau ($v = 0$) des S_1-Zustandes. Bei linearen Farbstofflasern bildet sich im Resonator eine stehende Welle aus, was dazu führen kann, dass der Laser von einer Mode auf eine andere Mode mit leicht unterschiedlicher Frequenz springt, weil die Verstärkung in den Knoten einer stehenden Welle im linearen Resonator nicht gesättigt werden kann. Dieses Problem kann umgangen werden, wenn man einen Ringresonator wählt, in dem die elektromagnetische Welle umläuft. Da nun keine Knoten mehr auftreten, spielt die räumliche Sättigungsmodulation keine Rolle mehr und der Resonator schwingt nur in einer Mode. Die Selektion einer einzigen Mode erfolgt mithilfe dreier wellenlängenselektiver Elemente mit unterschiedlichen Finessen und verschiedenen freien Spektralbereichen. Mit einer Stabilisierung durch Ankoppeln des Ringresonators an ein konfokales Fabry-Pérot-Interferometer (FPI in Abb. 9.22) kann eine Einengung der Linienbreite auf etwa 500 kHz erreicht werden. Um die Doppler-Breite der Übergänge zu reduzieren, muss die Geschwindigkeitskomponente senkrecht zum freien Überschalldüsenstrahl minimiert werden. Dies geschieht durch Kollimation des Molekularstrahls an einer Blende. Hierfür werden so genannte Molekularstrahlskimmer verwendet (Abb. 9.22). Wird der Laserstrahl mit dem divergenten Molekularstrahl im rechten Winkel gekreuzt, gibt es immer auch eine Geschwindigkeitsquerkomponente in Richtung oder entgegen der Richtung des Lasers, die zu einer Verschiebung der Mittenfrequenz der Absorption durch den Doppler-Effekt führt. Die Summierung über alle auftretenden Querkomponenten führt somit zu einer (Doppler-)verbreiterten Bande. Ein Skimmer hat im Vergleich zur einfachen Blende konische Wände mit typischen Winkeln zur Normalen von 30° und eine sehr dünne Kante. Dies reduziert den Anteil an Molekülen, die in den Molekularstrahl zurückreflektiert werden und dort durch Streuung die Strahlintensität verringern.

Rotationskohärenzspektroskopie. Während bei der „klassischen" Spektroskopie die Übergänge zwischen molekularen Energieniveaus in der Frequenzdomäne verfolgt werden, ist es auch möglich, die mit den Zuständen verknüpften Bewegungsvorgänge, zum Beispiel Rotationen, direkt in der Zeitdomäne zu untersuchen. Dafür ist eine hohe Zeitauflösung mit Kontrolle des Drehimpulses nötig. Die Rotationszeit pro Radian, d. h. der Kehrwert der Winkelgeschwindigkeit für Moleküle bei hohen Temperaturen in der starren Rotornäherung, kann mit dem klassischen Ausdruck $\sqrt{I/(kT)}$ abgeschätzt werden, wobei I das Trägheitmoment des Moleküls, T die absolute Temperatur und k die Boltzmann-Konstante sind. So ergibt sich für Benzol z. B. eine Rotationszeit von etwa 0.6 ps bei 300 K und von 3.3 ps bei 10 K. Es sind also ps-Pulse (oder kürzere) notwendig, um die Rotationen in der Zeitdomäne durch *Rotationskohärenzspektroskopie (RCS)*, einem Pump-Probe-Verfahren mit polarisierten Ultrakurzzeitlasern, zu verfolgen (Abb. 9.23) [59].

Das Konzept der *Pump-Probe*-RCS basiert auf der Erzeugung und anschließenden zeitaufgelösten Verfolgung einer transienten Ausrichtung eines Ensembles isolierter Moleküle. Die Lichtabsorption ist maximal, wenn das Übergangsdipolmoment des

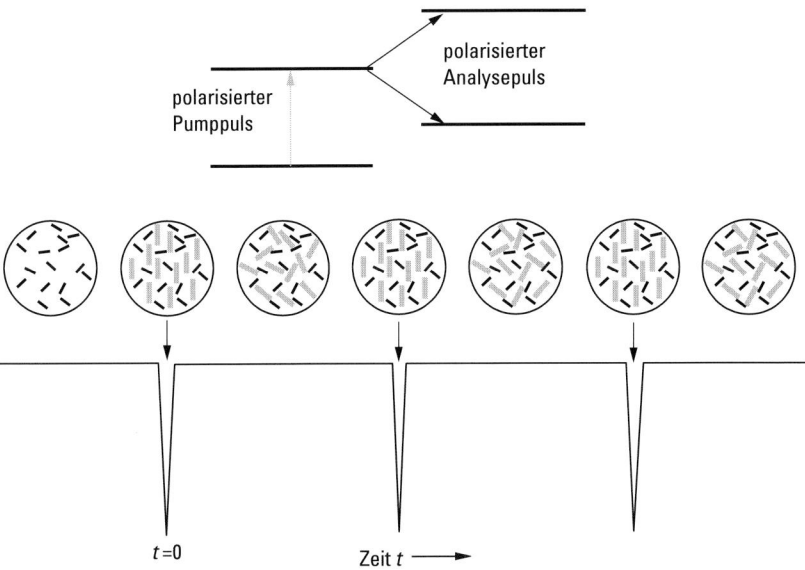

Abb. 9.23 Schema der Rotationskohärenzspektroskopie. Maximale Lichtabsorption erfolgt bei paralleler Orientierung des molekularen Übergangsdipolmomentes zur *E*-Feld-Komponente des linear polarisierten Anregungslichtes. Wenn das Molekül rotiert, kehrt diese günstige Orientierung periodisch wieder und das Analysesignal nimmt zu. Die Rotationsperioden hängen von den Trägheitsmomenten der Moleküle ab, das heißt von ihrer Massenverteilung und damit von ihrer Struktur. Der Nachweis erfolgt durch LIF, R2PI oder stimulierte Emission mit einem polarisierten Analyselaser, dessen Lichtpuls durch eine längere Laufstrecke gegenüber dem Pumppuls zeitverzögert wurde.

Moleküls parallel zum elektrischen Vektor der elektrischen Komponente des linear polarisierten Anregungslichtes orientiert ist. Wenn das Molekül rotiert, kehrt diese günstige Orientierung periodisch wieder (Rotationsrekurrenzen) und das Analysesignal nimmt zu. Die Rotationsperioden hängen von den Trägheitsmomenten der Moleküle ab, das heißt von ihrer Massenverteilung. Aus der Massenverteilung kann man auf die Struktur des Moleküls schließen. Ein Beispiel sind die Rotationsrekurrenzen des Phenoldimeren und die daraus berechnete Struktur mit Wasserstoffbrückenbindung und Wechselwirkung der π-Elektronen [60].

Die RCS-Methode hat vor allem bei sehr großen Molekülen gegenüber der HRLIF den Vorteil, dass die Rekurrenzen mit zunehmenden Trägheitsmomenten zeitlich immer weiter auseinanderliegen (das Molekül rotiert langsamer), während die rovibronischen Übergänge immer näher zusammenrücken, was ihre Auflösung erschwert und schließlich bei sehr großen Molekülen unmöglich macht.

Femtosekunden-Pump-Probe-Spektroskopie. Hier regt ein Femtosekunden-Pumplaser das molekulare System vibronisch an. Dabei werden die Bindungen ausgelenkt. Quantenmechanisch entspricht dies der Bewegung eines Wellenpaketes (in Abb. 9.24 gestrichelt gezeichnet). Werden bei der Oszillation wieder die ursprünglichen Ab-

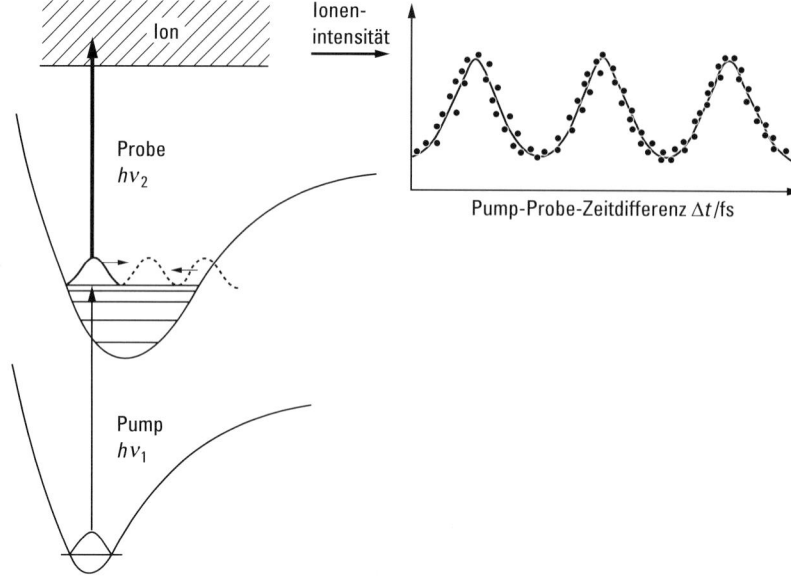

Abb. 9.24 Schema der Pump-Probe-Spektroskopie im Zeitbereich von Femtosekunden. Das molekulare System wird mit einem Femtosekunden-Pumplaser angeregt und ein moleküldynamischer Prozess, z. B. eine chemische Reaktion, ausgelöst. Mit einem wenige fs bis ps zeitverzögerten Probelaser werden die Molekülbewegung bzw. kurzlebige Zwischenstufen einer chemischen Reaktion analysiert.

stände erreicht (Rekurrenz des Wellenpaketes), kann ein Photon des Probelasers absorbiert und das Molekül effizient ionisiert werden, wenn das Ion eine ähnliche Geometrie wie das neutrale Molekül hat (Franck-Condon-Prinzip). Man beobachtet dann einen periodischen Anstieg und Abfall des Ionensignals. Aus der Frequenz dieser Rekurrenzen kann die Schwingungsfrequenz bestimmt werden. Findet nach vibronischer Anregung eine chemische Reaktion statt, wird das Wellenpaket bei den Rekurrenzen zunehmend kleiner. Bei Anregung mehrerer Schwingungen werden komplizierte Rekurrenzen beobachtet, aus denen man detaillierte Informationen zu moleküldynamischen Prozessen gewinnen kann. Durch Femtosekunden-/Pikosekunden-Laser-induzierte Fluoreszenz oder Ionisation können auch kurzlebige Zwischenprodukte und Tunnelprozesse durch Reaktionsbarrieren zeitaufgelöst untersucht werden.

Der experimentelle Aufbau für diese Femtosekunden-Pump-Probe-Spektroskopie ist ähnlich wie in Abb. 9.20 gezeigt. Pump- und Analysestrahl werden aber demselben Lasersystem entnommen und die Femtosekunden-Zeitverzögerung durch eine μm-Wegdifferenz zwischen den beiden Strahlen erreicht.

Ein Beispiel ist die zeitaufgelöste Messung von Doppelprotontransfer und Tautomerisierung in dem Dimeren des 7-Azaindols, das als ein Modellsystem für Basenpaare betrachtet wird (Abb. 9.25).

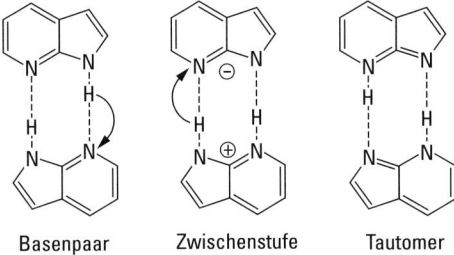

Basenpaar   Zwischenstufe   Tautomer

Abb. 9.25 Wasserstoffübertragung nach elektronischer Anregung von 7-Azaindol (nach [61]).

Zewail und Mitarbeiter beobachteten in einem Femtosekunden-Pump-Probe-Experiment eine mit 650 fs und 3.3 ps doppelt exponentiell abnehmende Lebensdauer des elektronisch angeregten Zustandes, die sie als sukzessiven Transfer der beiden Protonen interpretierten. Wahrscheinlich ist ein zwitterionisches oder Radikalintermediat. Der Anstieg der Lebensdauer nach Deuterierung und die Abnahme der Lebensdauer mit zunehmender vibronischer Anregung ($E = 7.2$ kJ/mol) lässt auf eine Tunnelbarriere schließen [61].

9.4.2 Ionische Cluster

9.4.2.1 ZEKE- und MATI-Spektroskopie

In der konventionellen Photoelektronenspektroskopie (PES) wird im besten Fall eine Auflösung von ca. 1 meV (entspricht 8 cm^{-1}) erreicht, typisch sind einige 10 cm^{-1}. Für rotationsaufgelöste spektroskopische Untersuchungen sowie zum Nachweis niederfrequenter Schwingungen, wie sie zum Beispiel bei van-der-Waals-Clustern auftreten, reicht diese Auflösung nicht aus.

Bei nicht(schwingungs-/rotations-)resonanter Ionisation entstehen Elektronen mit kinetischer Energie, die durch die Ausbildung von Stufenfunktionen im Gesamtionensignal die spektrale Auflösung verschlechtern. Um eine höhere Auflösung zu erreichen, wurde die Idee verfolgt, nur die „Null-Energie"-Elektronen zu messen. Dazu wird ausgenutzt, dass zu jedem Ionenzustand hochangeregte molekulare Rydberg-Zustände des Neutralmoleküls konvergieren, die bei vielen Molekülen wenige cm^{-1} unterhalb des Ionenzustands besonders langlebig sind („magic region"). In einer Variante der ZEKE-Spektroskopie werden die durch Laserionisation erzeugten energetischen Elektronen durch kleine elektrische Felder von den durch Laseranregung entstandenen Rydberg-Neutralen räumlich abgetrennt. Durch einen großen Spannungspuls werden dann auch die Rydberg-Neutralen feldionisiert und deren Elektronen ebenso wie die energetischen Elektronen auf den Detektor beschleunigt, den sie aber wegen ihrer verschiedenen Position im Abzugsfeld (und damit verschiedener Abzugsspannungen) zu verschiedenen Zeiten erreichen. Die Elektronen aus den sehr nahe am Ionenzustand angeregten Rydberg-Neutralen können also separat bestimmt und so ein hochaufgelöstes ZEKE-Ionenspektrum (engl.: zero electron kinetic energy) gemessen werden [62, 63].

ZEKE bietet die Möglichkeit, spektrale Auflösungen im Bereich der Bandbreite der verwendeten Laser (ca. $0.2\,\mathrm{cm}^{-1}$) zu erreichen [63]. Hierzu wird ein langsam ansteigender vielstufiger Niedervoltpuls angelegt, der nacheinander die Rydberg-Zustände mit abnehmender Hauptquantenzahl ionisiert. Die entsprechenden Elektronen werden an verschiedenen räumlichen Positionen erzeugt und sind dadurch wieder separat nachweisbar. Nachteilig ist bei dieser Methode natürlich, dass die Intensität der erhaltenen Signale abnimmt.

Ähnlich wie Elektronen kann man auch Ionen nahe der Ionisierungsschwelle separat nachweisen (engl.: mass analysed threshold ionization, MATI) [64] (siehe Abb. 9.26a). Die Abb. 9.27 zeigt den Aufbau einer MATI-Apparatur nach [65].

Im Gegensatz zur ZEKE-Spektroskopie ist bei MATI durch den Nachweis der Ionen eine Massenselektion möglich, so dass z. B. in einem Gemisch von Clustern größenzugeordnete Ionenschwingungsspektren gemessen werden können. Da Elektronen schon durch sehr kleine elektrische Störfelder abgelenkt werden, müssen diese Störfelder bei der ZEKE-Methode (im Gegensatz zur MATI-Technik) sorgfältig ausgeschlossen werden. Dies kann z. B. durch μ-Metallabschirmung erfolgen.

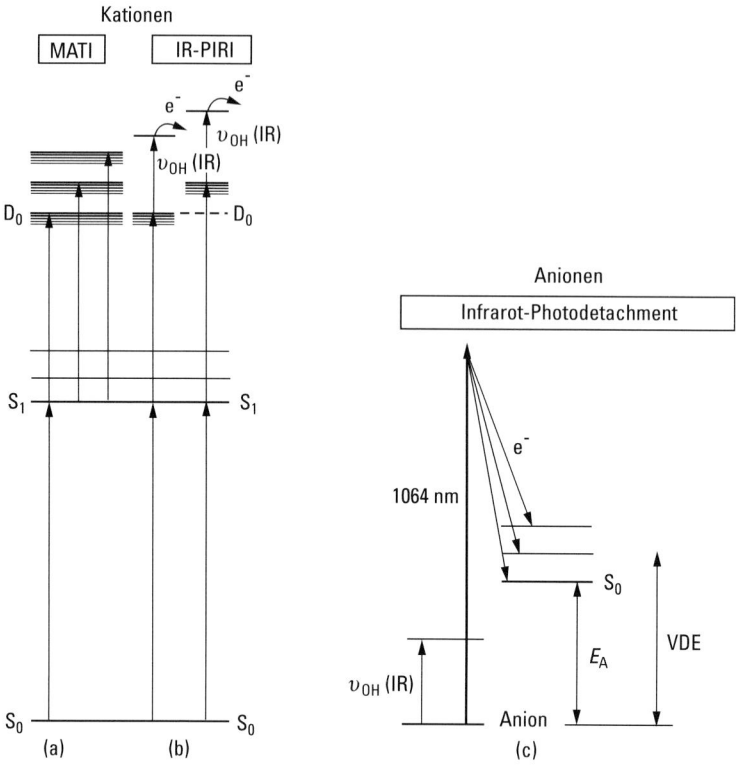

Abb. 9.26 (a) Schema der massenanalysierten Schwellenionisationsspektroskopie MATI, (b) der IR-photoinduzierten Rydberg-Ionisation IR-PIRI und (c) der Elektronenablösung durch IR-Strahlung mit Messung der kinetischen Energie der Elektronen (siehe Text).

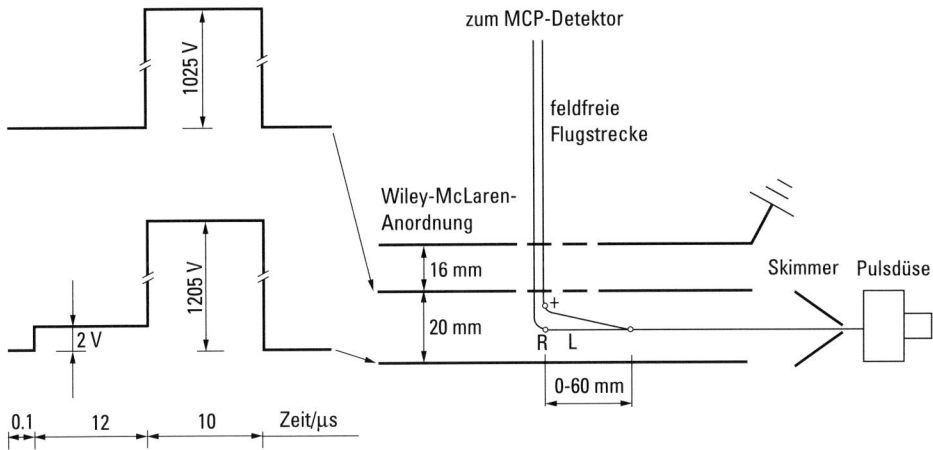

Abb. 9.27   Aufbau einer MATI-(bzw. ZEKE-)Apparatur nach [65]. Am Punkt L werden durch R2PI abhängig von der Wellenlänge des Ionisationslasers Rydberg-Neutrale und direkte Ionen gebildet. Durch ein kleines elektrisches Feld (1 V/cm) werden die direkten Ionen (+) von den Rydberg-Neutralen (R) getrennt. Die Trennspannung muss so klein gewählt werden, dass lediglich Rydberg-Neutrale sehr nahe der Ionisationsschwelle ionisiert werden. Durch einen großen Abzugspuls (ca. 100 V/cm) werden dann die restlichen Rydberg-Neutralen in der „magic region" ionisiert und zusammen mit den direkten Ionen in Richtung des Detektors beschleunigt.

9.4.2.2 IR-Photodissoziation und IR-PIRI

ZEKE und MATI erfordern elektronische Anregung und sind daher auf Ionen-schwingungen beschränkt, die Franck-Condon-aktiv sind. Die gerade für Wasser-stoffbrückenbindungen besonders spezifischen OH-, NH- und CH-Streckschwingun-gen sind nicht zugänglich und müssen mit anderen Techniken untersucht werden. Bei einer Variante der IR-Photodissoziationsspektroskopie werden die Cluster zu-nächst resonant ionisiert. Die XH-Streckschwingungen der Clusterionen werden 20–100 ns *nach* den UV-Lasern mit einem abstimmbaren IR-Laser angeregt und die Cluster dadurch photodissoziiert. Die Abnahme des Mutterionensignals oder die Zunahme des Clusterfragmentsignals wird als Funktion der IR-Laserfrequenz auf-genommen. Wenn ein IR-Photon zur Photodissoziation nicht ausreicht, muss zur IR-Mehrphotonendissoziation der IR-Laser möglicherweise fokussiert werden. Die hohe Empfindlichkeit dieser Technik erlaubt die Untersuchung relativ großer Clus-terionen, z. B. von Phenol mit bis zu acht Wassermolekülen [66]. Bei Einfarben-R2PI entstehen die Ionen im Allgemeinen mit Überschussenergie, so dass man IR-Spekt-ren schwingungsangeregter Ionen erhält, deren Frequenzen gegenüber kalten Clus-terionen etwas verschoben sein können. Oft scheint jedoch nach R2PI die Schwin-gungsüberschussenergie im chromophoren Teil des Clusters konzentriert zu sein, z. B. in Phenol$^+$ in Phenol$(H_2O)_n^+$ [66]. Dadurch zeigen die OH-Spektren des Wasserteils im Clusterion keine signifikanten spektralen Verschiebungen und Verbreiterungen durch heiße Banden.

IR-Spektren kalter Clusterionen sind durch die IR-PIRI (engl.: infrared photon induced Rydberg ionisation) zugänglich [67] (Abb. 9.26b). Hierbei werden durch Zweifarben-Zweiphotonen-Anregung Rydberg-Neutrale erzeugt und durch IR-Anregung resonant ionisiert. In einer MATI-Appaßratur können die Rydberg-Neutrale und ihre Abnahme durch IR-PIRI getrennt von den direkt ionisierten Clustern nachgewiesen werden. Mit IR-PIRI sind auch IR-Spektren von definiert schwingungsangeregten Clusterionen zugänglich (Abb. 9.26b, rechter Teil). Dadurch wird es möglich, im Clusterion Schwingungskopplungen von zwei ausgewählten Moden zu analysieren und schwingungsausgelöste chemische Reaktionen IR-spektroskopisch zu verfolgen.

9.4.2.3 Anionenspektroskopie

Die Abb. 9.26c zeigt das Prinzip der Spektroskopie von Anionen durch Ablösung eines Elektrons mit Licht vom IR- bis in den UV-Spektralbereich sowie die Bestim-

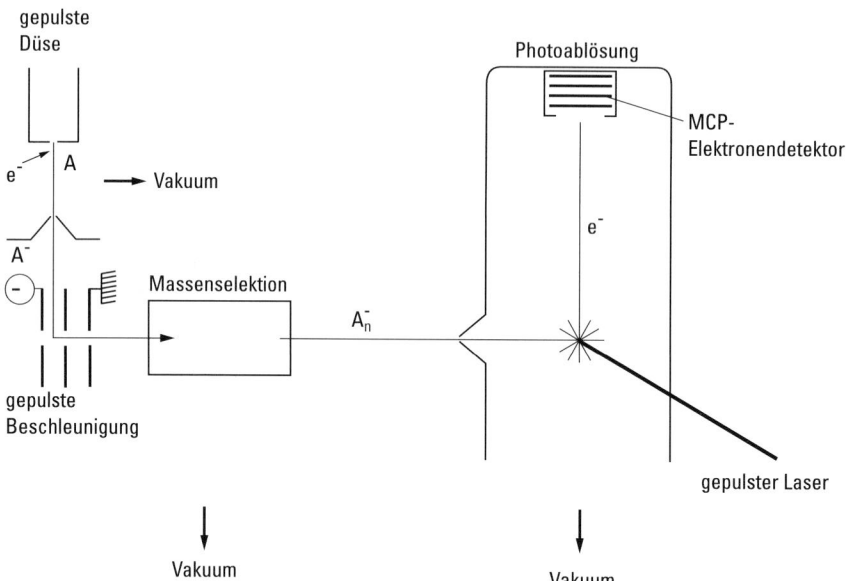

Abb. 9.28 Apparatur zur Photoelektronenspektroskopie von Anionen. Die Anionen werden durch Anlagerung von Elektronen aus einer Glühkathode an Neutralteilchen, durch Rydberg-Elektronentransfer (vgl. Abschn. 9.2.4.2) oder in höherer Intensität durch Elektronen aus der Laserdesorption eines Metalls und Verstärkung des Elektronenstroms in Mikrokanalplatten erzeugt. Die entstandenen Anionen werden beschleunigt und in einem Wien-Filter, Quadrupolfilter oder nach Flugzeit massenselektiert. Das Überschusselektron wird je nach Bindungsstärke (Elektronenaffinität) mit einem Laser im IR-, sichtbaren oder UV-Bereich abgelöst und seine Flugzeit gemessen.

mung der kinetischen Energie des Elektrons, die aus der Flugzeit in einem Photoelektronenspektrometer (PES) erhalten wird. Der Unterschied der elektronischen Energie von Anion und Neutralmolekül bei der Anionengeometrie ist die vertikale Elektronenablöseenergie (engl.: vertical detachment energy, VDE; vgl. Abb. 9.26c), die als Intensitätsmaximum im PES gemessen werden kann. Dagegen entspricht die adiabatische Elektronenaffinität EA dem Energieunterschied zum vollständig relaxierten neutralen Molekül (Abb. 9.26c). EA wird positiv gezählt, wenn das Anion stabiler ist als das Neutrale. Die Elektronenenergieverteilung charakterisiert also das Orbital, aus dem das Elektron abgelöst wurde, sowie die Kernkonfiguration. Zum Beispiel zeigen Anionenisomere mit verschieden stark gebundenem Überschusselektron bzw. verschiedenem Geometrieunterschied zum Neutralen unterschiedliche VDE (Maxima im PES) und können dadurch unterschieden werden.

Bei genügend hoher Auflösung des PES können aus der Energiedifferenz zwischen dem eingestrahlten Photon und der kinetischen Energie der abgelösten Elektronen die vibronischen Spektren der unteren Singulett- und Triplettzustände des neutralen Moleküls oder Clusters bestimmt werden [68]. Bei Anionen mit schwach gebundenen Elektronen, also kleiner VDE, kann das Elektron resonant mit einem Nah-IR-Laser (ν_{OH} in Abb. 9.26c) abgelöst werden [69], so dass die Schwingungen von Clusterionen zugänglich werden. Die Abb. 9.28 zeigt eine typische Apparatur zur Photoelektronenspektroskopie von Anionen.

Eine weitere Methode zur Analyse von Anionenclustern ist die Messung der Fragmentanionen aus Clustern mit Argon als Funktion der IR-Frequenz (IR-Photodissoziationsspektroskopie, [69]).

$$(H_2O)_n^- \cdot Ar_m + h\nu(IR) \rightarrow (H_2O)_n^- \cdot Ar_p + (m-p)Ar$$

Durch Abdampfen der schwach gebundenen Argonatome wird gleichzeitig ein Kühleffekt erreicht („evaporative cooling"), so dass die IR-Spektren der Wasserclusteranionen ohne störende „heiße Banden" mit höherer spektraler Auflösung gemessen werden können.

9.5 Alle Eigenschaften ändern sich mit der Clustergröße

In diesem Abschnitt wird diskutiert, wie sich die Eigenschaften eines Clusters mit seiner Größe ändern. Häufig kann man das vom Atom ($N = 1$) bis zum Festkörper ($N \sim 10^{23}$) verfolgen. Nicht alle Eigenschaften sind bereits für das Atom definiert. So ist z. B. der interatomare Abstand erst ab $N = 2$ Atomen eine sinnvolle Größe. Auch kann ein Atom nicht schmelzen, erst ab $N = 6$ bis 7 Atomen hat man bei Computersimulationen so etwas wie einen Übergang von fest nach flüssig beobachtet.

Das Verhalten einer beliebigen physikalischen oder chemischen Größe χ_N zeigt oft ein Verhalten wie in Abb. 9.29:

$$\chi_N = \chi_\infty + aN^{-\beta} \quad \text{für} \quad N \rightarrow \infty \tag{9.13}$$

Dabei kann die Konstante a sowohl ein positives als auch negatives Vorzeichen haben und β ist eine positive Zahl. Oft findet man $\beta = \frac{1}{3}$ entsprechend dem Verhältnis

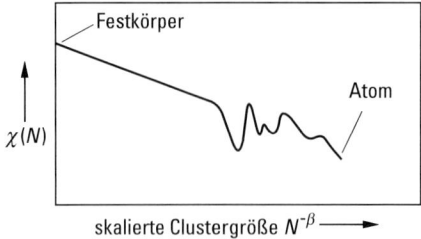

Abb. 9.29 Typisches Verhalten einer beliebigen Größe χ als Funktion der Clustergröße. Für $\beta = 1/3$ ist $N^{-\beta}$ proportional zum inversen Clusterradius. Für kleine N können sich elektronische oder geometrische Struktur und damit die Eigenschaften beim Wachsen des Clusters noch sprunghaft ändern, während für große Cluster immer ein glattes Verhalten beobachtet wird. Wo genau der Übergang liegt, hängt stark von der untersuchten Eigenschaft ab.

von Oberfläche zu Volumen einer Kugel. Für kleinere N ergibt sich ein unregelmäßigeres Verhalten als Gl. (9.13) vorhersagt, hier können sich die Eigenschaften mit jedem N sprunghaft ändern. Eine Diskussion von drei Skalierungsgesetzen bieten die nächsten drei Abschnitte, eine mehr theoretisch motivierte Zusammenfassung findet sich in [70].

9.5.1 Von der Ionisierungsenergie des Atoms zur Austrittsarbeit des Festkörpers

Man benötigt die Ionisierungsenergie E_i um aus einem Atom, Molekül oder Cluster ein Elektron zu entfernen; bei einem Festkörper spricht man dagegen von der Austrittsarbeit W (engl.: work function). Zur Messung von $E_{i,N}$ wird ein Cluster A_N durch Absorption eines Photons ionisiert

$$h\nu + A_N \rightarrow A_N^+ + e^- (\mathscr{E}_K) \tag{9.14}$$

und die minimale Photonenenergie, bei der dieser Prozess möglich ist, bestimmt. Für einen kugelförmigen Cluster erhält man folgende Abhängigkeit [71, 72]:

$$E_{i,N}(Z) = W + (Z + \alpha)\frac{e^2}{R + \delta}. \tag{9.15}$$

Um SI-Einheiten zu erhalten, muss der zweite Term auf der rechten Seite mit $(4\pi\varepsilon_0)^{-1}$ multipliziert werden. Dabei ist Z die Ladung des Clusters *vor* der Ionisation, α ein unten näher diskutierter materialabhängiger Parameter, e die Ladung des Elektrons, und W die Austrittsarbeit einer makroskopischen Oberfläche, R ist der Durchmesser des kugelförmig angenommenen Clusters und δ der „*spill-out*" der Elektronen. Das bedeutet, dass der mittlere Radius der Ladungsdichte der Elektronen $R + \delta$ größer ist als der durch die positiven Ionen gegebene geometrische Radius R. Dies ist auf Grund des Tunneleffekts für die Elektronen verständlich (s. Abb. 9.46). Der Zusammenhang zwischen Clusterradius R und Teilchenzahl N ergibt sich nach Gl. (9.1) genähert zu $R = rN^{-1/3}$, wobei r der aus der Festkörperdichte berechnete Radius eines Atoms ist. Ist der Cluster negativ geladen, so spricht man nicht von Ionisierungsenergie sondern von Elektronenaffinität E_A, also $E_{i,N}(Z = -1) = E_{A,N}$.

Experimentell gibt es zwei Möglichkeiten, $E_{i,N}$ zu messen. Einmal kann man die Photonenenergie hv so lange verringern, bis die Intensität des Ion A_N^+ verschwindet (s. Gl. (9.14)). Dazu braucht man einen durchstimmbaren Laser. Es ist oft günstiger, eine feste Laserfrequenz zu benutzen, deren Energie etwas oberhalb der Ionisationsschwelle liegt. Dann ist allerdings die kinetische Energie $\mathscr{E}_K$ nicht mehr verschwindend klein und muss bestimmt werden. Mit $hv = E_i - \mathscr{E}_K$ kann man leicht auf den gesuchten Wert E_i zurückrechnen.

Zur Messung von $\mathscr{E}_K$ werden hauptsächlich Elektronenspektrometer vom Typ „Magnetische Flasche" benutzt [73] (s. Abb. 9.30). Es wird bevorzugt mit negativ geladenen Clustern gearbeitet, da für diese nach Gl. (9.15) eine geringere Photonenenergie benötigt wird. Die Cluster werden nach der Masse selektiert und durch Absorption eines Photons ein Elektron abgelöst. Die Zeit bis zum Auftreffen dieses Elektrons auf einen Detektor wird gemessen und aus der Laufzeit die kinetische Energie berechnet. Abb. 9.31 und 9.32 zeigen experimentelle Daten für Natrium und Niob [74, 100]. Die untere Kurve ist jeweils die Elektronenaffinität ($Z = -1$), die obere die Ionisierungsenergie ($Z = 0$). Aus diesen Daten findet man für beide Elemente das gleiche $\delta = 0.1$ nm aber sehr verschiedene α-Werte, α(Na) = 0.32 (für $N > 500 - 1000$) und α(Nb) = 0.19. Aus dem Modell des freien Elektronengases [71, 72] ergibt sich 0.398 für Na. Der sehr kleine Wert für Niob lässt sich so nicht erklären, wahrscheinlich spielen die d-Elektronen des Niob hier eine Rolle.

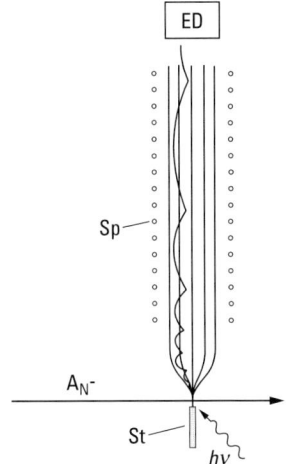

Abb. 9.30 Magnetische Flasche zur Messung der Laufzeit von Photoelektronen. Die nach der Masse selektierten Cluster werden mit einem intensiven, gepulsten UV-Laser bestrahlt. Die abgelösten Elektronen wickeln sich um die Feldlinien des anfangs divergenten Magnetfeldes und werden mit dem Elektronendetektor (ED) nachgewiesen. Die gemessene Flugzeit ist (fast) unabhängig vom Emissionswinkel der Elektronen. Die Kunst bei diesem Experiment ist, die Ionen soweit abzubremsen, dass der Doppler-Effekt der Ionenbewegung keinen Einfluss mehr auf die Energie der Elektronen hat [73]. (Sp, Spule; St, Stabmagnet.)

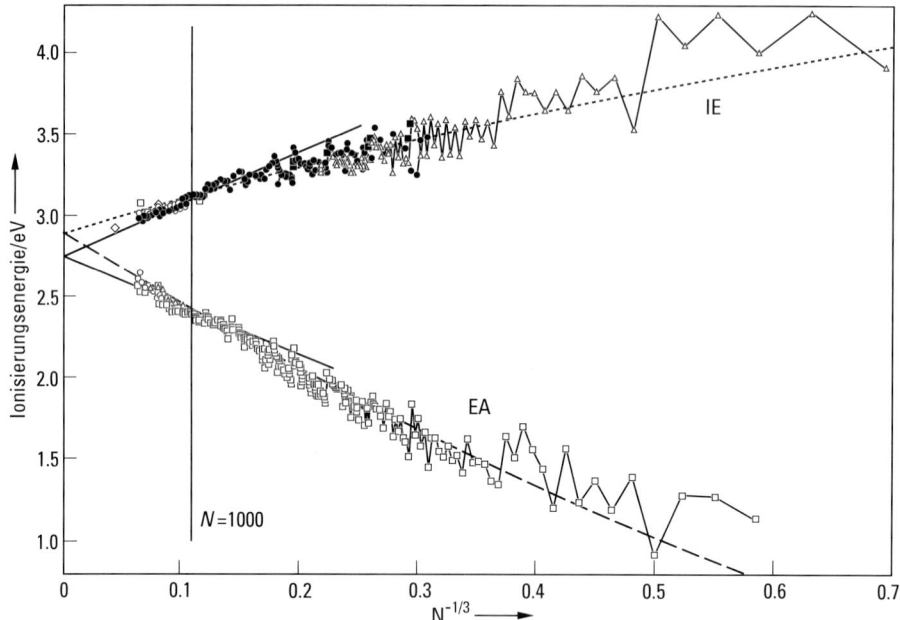

Abb. 9.31 Gemessene Elektronenaffinitäten E_A und Ionisierungsenergien $E_i(Z = 0)$ von Natriumclustern. Es ergibt sich im Mittel eine gute Übereinstimmung mit Gl. (9.15). Allerdings ändert sich die Steigung beider Kurven etwas bei $N \approx 500$–1000. Dabei stimmt der für große N angenommene Grenzwert von 2.75 eV, gut mit dem Wert für eine makroskopische Na-Oberfläche überein. Man kann daher vermuten, dass so große Cluster die bcc-Struktur des Festkörpers annehmen. Die Oszillationen bei kleinen N rühren von elektronischen und geometrischen Schalenabschlüssen her.

Die Abb. 9.31 zeigt noch zwei Besonderheiten. Einmal sieht man eine dem monotonen Verlauf nach Gl. (9.15) überlagerte Feinstruktur, die von elektronischen und geometrischen Schalenabschlüssen herrührt. Dies wird in Abschn. 9.6.2 genauer diskutiert. Zum anderen ändert sich bei etwa $N = 500 - 1000$ die Steigung der experimentellen Kurve etwas. Für $N < 500$ kann man die Daten nach $W = 2.93$ eV extrapolieren. Für größere Cluster tendieren die Daten zu dem experimentell bekannten Wert von 2.75 eV für eine polykristalline Natriumoberfläche. Die Kristallstruktur des Na-Festkörpers ist kubisch raumzentriert (bcc, body centered cubic). Die Daten von Abb. 9.31 legen die Vermutung nahe, dass Cluster mit $N > 1000$ diese Struktur haben. Man weiß (s. u.), dass kleinere Cluster andere Strukturen bevorzugen.

Aus der Kapazität einer klassischen metallischen Kugel ergibt sich $\alpha = 0.5$. Quantenmechanische Rechnungen ergeben eine Abhängigkeit von α von der Elektronendichte [71, 72]. Der Wert $e^2/(2R)$ ist die elektrostatische Feldenergie einer klassischen metallischen Kugel mit Radius R und Ladung e. Damit wird auch verständlich, warum die Ionisierungsenergie mit sinkender Clustergröße zunimmt und die Elektronenaffinität abnimmt. Einmal wird das statische elektrische Potential auf- und das andere mal abgebaut.

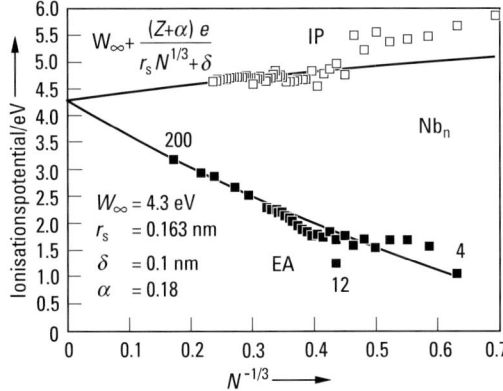

Abb. 9.32 Gemessene Elektronenaffinitäten und Ionisierungsenergien von Niobclustern. Die Ionisierungsenergie zeigt eine viel schwächere N-Abhängigkeit als beim Natrium.

Die Abb. 9.31 und 9.32 zeigen die Ionisierungsenergien neutraler Cluster. Eigentlich würde man erwarten, dass man dafür erst neutrale Cluster nach der Masse selektieren muss. In Abschn. 9.2 wurde aber diskutiert, dass dies für Cluster mit mehr als 12 Atomen nicht möglich ist. Um diese Schwierigkeit zu umgehen, wurde für die Messung ein Trick verwendet. Es wurden negativ geladene Cluster nach der Masse selektiert und ihr Photoelektronenspektrum gemessen, also z. B. $Na_{100}^- + h\nu$ $\rightarrow Na_{100} + e^-$. Der dafür benutzte Laser ist so intensiv, dass die gebildeten neutralen Cluster ein weiteres Photon absorbieren können und damit positiv aufgeladen werden. Man erhält eine Überlagerung der Elektronenspektren des neutralen und des negativ geladenen Clusters, die man aber gut separieren kann.

9.5.2 Die Entwicklung magnetischer Eigenschaften

Alle Elektronen haben einen Spin S und oft auch einen von Null verschiedenen elektronischen Bahndrehimpuls L. Mit beiden Drehimpulsen ist ein magnetisches Moment μ verknüpft, das proportional zur Größe des Drehimpulses ist. Summiert man μ über alle beteiligten Elektronen, kann man alle magnetischen Eigenschaften erklären. Dieses simple Konzept ist allerdings in der Praxis verblüffend komplex und selbst für kristalline Festkörper nicht vollständig gelöst.

Die starken magnetischen Effekte von Eisen (Fe), Kobalt (Co) und Nickel (Ni) sind seit langem bekannt und werden intensiv technologisch genutzt. Weniger bekannt ist, dass das magnetische Moment des freien Atoms etwa dreimal so groß wie das eines im Festkörper gebundenen ist, wobei man natürlich die magnetischen Momente pro Atom nehmen muss. Hier ergibt sich also eine interessante Aufgabe für die Clusterphysik, diesen Übergang zu erklären. Das ist auch technologisch interessant, da winzige Magnete als Bauteile (z. B. in Datenspeichern) eine wichtige Rolle spielen. Eine ausführliche Darstellung findet man in [75, 76].

Der Fall des Atoms ist gut verstanden und relativ einfach. Die Atome von Fe, Co und Ni haben jeweils zwei Elektronen im 4s-Niveau und $n = 6$, 7 und 8 Elektronen im 3d-Niveau. Die elektronische Struktur ist also $3d^n 4s^2$. Der elektronische Gesamtdrehhimpuls J ist die Summe aus S und L. Die Aufspaltung im Magnetfeld ist proportional zu m_J. Bei einem Stern-Gerlach-Experiment spaltet ein Atomstrahl damit in $(2J+1)$ Komponenten auf.

Eine Apparatur zur Messung magnetischer Momente von freien Clustern zeigt Abb. 9.33. Bei den ersten Experimenten damit stellte man mit Erstaunen fest, dass der Clusterstrahl nicht so aufspaltet wie beim Atom, sondern in Richtung des stärkeren Magnetfeldes abgelenkt wird. Der Cluster verhält sich also wie ein kleiner Magnet, den man in ein inhomogenes Magnetfeld wirft. Um diese experimentellen Daten zu verstehen, muss etwas weiter ausgeholt werden.

Die 4s-Elektronen sind im Festkörper fast ganz und die 3d-Elektronen zum Teil delokalisiert und bilden zusammen das Valenzband. Das führt zu einem fast vollständigem „Quenchen" von L und ebenfalls zu einer Reduktion des Spin-Beitrages [75, 76]. Die Spins der Elektronen im nur teilweise gefüllten 3d-Band koppeln über die quantenmechanische Austauschwechselwirkung, so dass sie alle in eine Richtung zeigen. Für diese Wechselwirkung müssen die Wellenfunktionen der Elektronen überlappen, daher ist sie nur von geringer Reichweite. Das magnetische Moment pro Atom ist nur etwa ein Drittel von dem im freien Atom, da fast der gesamte Beitrag des elektronischen Bahndrehimpulses L und ein Teil des Beitrags von S fehlt.

Mit jedem Spin ist ein kleines Magnetfeld verbunden. Dieses ist zwischen zwei gleich ausgerichteten Spins abstoßend und fällt nur langsam mit dem Abstand ab. Um diese langreichweitige Abstoßung zu reduzieren, zerfällt ein makroskopischer Festkörper in mehrere „Domänen". Innerhalb einer Domäne zeigen alle Spins in dieselbe Richtung, außerhalb sind sie so gerichtet, dass die langreichweitige Wech-

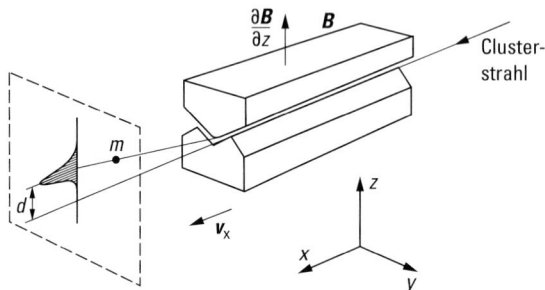

Abb. 9.33 Zum Messen der magnetischen Eigenschaften freier Atome oder Cluster wird ein Stern-Gerlach-Magnet verwendet. Ein neutraler Strahl fliegt durch eine Zone, wo sowohl das Magnetfeld als auch sein Gradient groß sind. Atome mit einem Drehimpuls J erfahren eine Ablenkung proportional m_J, und der Strahl spaltet daher in $(2J+1)$-Komponenten auf. Die Cluster erfahren dagegen eine Ablenkung in nur eine Richtung, da J eine starke Wechselwirkung mit dem Gitter hat. Die Cluster werden nach Verlassen des Magneten mit einem Laserpuls ionisiert und in einem Flugzeitspektrometer nach Massen selektiert und nachgewiesen. Neben einer guten Massenauflösung ist eine genaue Kontrolle der Temperatur der Cluster wichtig. Gl. (9.16) zeigt, dass ohne Kenntnis der Clustertemperatur eine Auswertung der experimentellen Daten nicht sinnvoll möglich ist.

selwirkung zwischen den Domänen möglichst gering wird. Nun ist der Durchmesser einer Domäne (100 − 1000 nm) immer sehr groß gegenüber dem eines Clusters. Das bedeutet, dass im Cluster alle Drehimpulse gekoppelt sind und einen riesigen Gesamtdrehimpuls bilden. Wenn z. B. bei einem Cluster von 1000 Atomen jedes Atom einen Spin von $1\,\hbar$ beiträgt, so ergibt sich ein J von $1000\,\hbar$.

Erhitzt man ein makroskopisches Stück Eisen, so wird sein Magnetfeld immer kleiner, um am Curie-Punkt zu verschwinden. Makroskopisches Fe ist also entweder ferro- oder paramagnetisch. Für kleine Teilchen gibt es dazwischen noch den Superparamagnetismus. Man kann im Cluster also drei Bereiche unterscheiden, in denen sich die magnetischen Eigenschaften qualitativ unterscheiden:

- **ferromagnetisch:** Bei tiefen Temperaturen sind alle elektronischen Spins gekoppelt und der Gesamtdrehimpuls hat eine feste räumliche Richtung im Cluster. Man braucht die so genannte magnetische Kristallenergie oder Anisotropieenergie, um ihn aus dieser Richtung leichterer Magnetisierung herauszudrehen.
- **superparamagnetisch:** Wird die thermische Energie größer als die Anisotropieenergie, aber noch nicht groß genug, um den sehr großen Gesamtdrehimpuls J in seine atomaren Komponenten aufzubrechen, so wird J frei im Raum fluktuieren. Durch ein Magnetfeld kann J im Raum festgehalten werden, was unten genauer diskutiert wird. Sinkt die Temperatur unter die so genannte Blocking-Temperatur, rastet J gegenüber dem Gitter ein und man bekommt ferromagnetisches Verhalten. Steigt die Temperatur über die Curie-Temperatur, wird der Cluster paramagnetisch.
- **paramagnetisch:** Die thermische Energie ist größer als die Spin-Spin-Kopplungsenergie, und die Spins sind damit ungekoppelt. Man bekommt ein Verhalten wie von N ungekoppelten Spins.

In Abbildung 9.34 und 9.35 sieht man, wie das gemessene magnetische Moment von der Clustergröße abhängt [77, 78]. Das große Anfangswert kleiner Cluster fällt ziemlich schnell zum Festkörperwert ab. Die Daten zeigen reproduzierbare Variationen, die in Abb. 9.35 für Ni besser aufgelöst sind. Die Minima treten entweder bei Ikosaederabschlüssen ($N = 13$) oder ganz in der Nähe davon auf. Bei diesen sehr kompakten, symmetrischen Strukturen kompensieren sich die magnetischen Momente gegenseitig [77, 78]. Eine ausführlichere Diskussion der verschiedenen Einflüsse auf die Größenabhängigkeit findet sich in [75, 76, 79]. Für die Anwendungen sind nicht nur die magnetischen Momente, sondern auch die Blocking-Temperatur wichtig, die ebenfalls von der Größe des Clusters abhängt.

Bei den theoretischen Berechnungen wurde zu Anfang nur der Spin berücksichtigt, und die Ergebnisse für die magnetischen Momente waren immer kleiner als die experimentellen. Das Problem klärte sich auf, als kürzlich sowohl theoretisch [79] als auch experimentell [80] gezeigt wurde, dass für Nickel die Beiträge des elektronischen Drehimpulses nicht zu vernachlässigen sind und für $N \leq 10$ bis zu 40 % der gesamten Magnetisierung ausmachen können.

Das zu Anfang überraschende experimentelle Ergebnis, dass ein Clusterstrahl im Stern-Gerlach-Magnet nicht aufspaltet, soll noch einmal genauer diskutiert werden. Am besten verstanden ist der Fall des superparamagnetischen Clusters. Wenn sein Gesamtdrehimpuls J keine Wechselwirkung mit den Rotationen, Vibrationen etc. des Clusters hat, so bleibt J nach Richtung und Größe erhalten und spaltet im

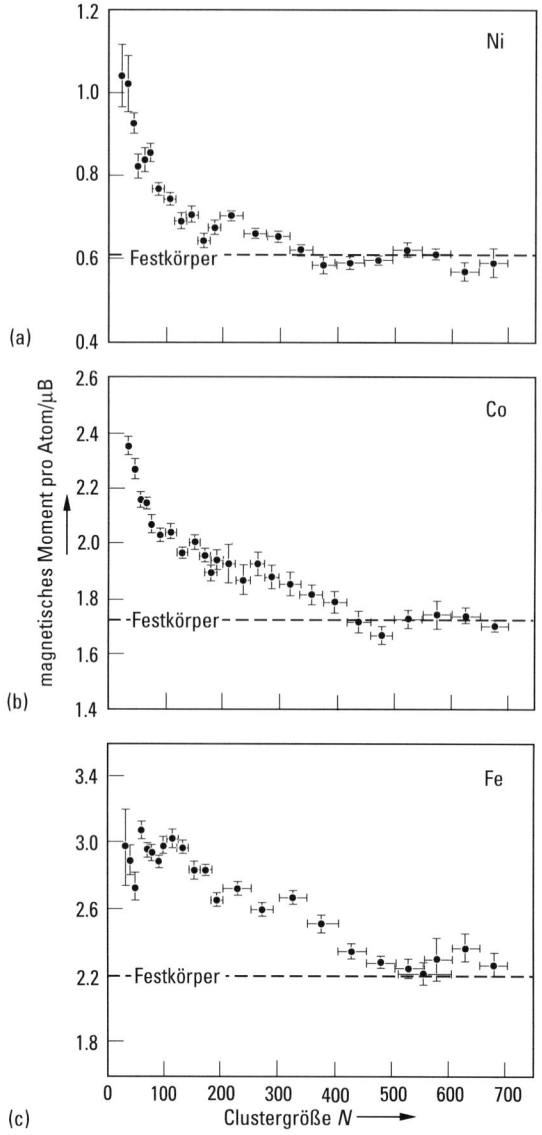

Abb. 9.34 Magnetische Momente von Nickel-, Kobalt- und Eisenclustern [77]. Aufgetragen ist das magnetische Moment pro Atom gegen die Anzahl der Atome im Cluster. Die Werte sinken schnell und erreichen bereits bei $N = 500$ (für Ni noch früher) den Festkörperwert.

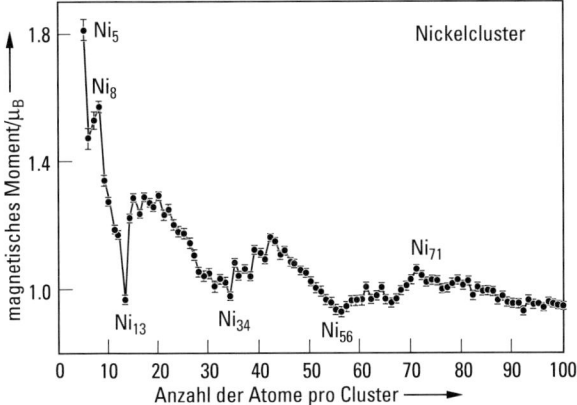

Abb. 9.35 Höher aufgelöste Messung für Nickelcluster [78]. Die Minima gehören zu Clustern mit abgeschlossener geometrischer Schale, bei denen sich die magnetischen Momente kompensieren. Wie bei den Atomen und Atomkernen haben offenschalige Strukturen das größte magnetische Moment. Die Autoren schließen aus ihren Daten für $N \leq 150$ auf eine ikosaedrische Grundstruktur der Ni_N Cluster.

Magnetfeld in $(2J+1)$ (also unter Umständen viele hundert) Komponenten auf. Das Experiment zeigt deutlich, dass die Annahme, dass J erhalten bleibt, falsch sein muss.

Es gibt eine Wechselwirkung des Spins (genauer: der Elektronen, die zum Gesamtspin koppeln) mit den Atomen im Cluster. Die typische Zeit für eine Spin-Gitter-Relaxation kann zu $10^{-9} - 10^{-12}$ s abgeschätzt werden. Die Zeit für den Durchflug durch den Stern-Gerlach-Magneten ist mindestens 10^5-mal größer. Das führt dazu, dass J zwar der Größe nach erhalten bleibt, aber seine Projektion m_J auf das B-Feld keine gute Quantenzahl mehr ist. Vielmehr kommt es zu einer schnellen Relaxation in die energetisch günstigeren m_J-Zustände. Zwischen diesen gibt es weiterhin schnelle Fluktuationen, so dass sich eine thermische Besetzung der m_J-Zustände ausbildet. Wegen dieser schnellen Fluktuationen ist die Ablenkung nicht proportional zum eigentlichen magnetischen Moment $\boldsymbol{\mu}$, sondern proportional seiner mittleren Projektion μ_{eff} in Richtung des B Feldes: $\mu_{\text{eff}} = |\boldsymbol{\mu} \cdot \boldsymbol{B}|/B$. Der sehr große Spin verhält sich also so, als ob er paramagnetisch wäre, daher kommt auch der Name Superparamagnetismus. Im thermischen Gleichgewicht wird das Problem durch die Langevin-Funktion beschrieben, die für $\mu B \ll kT$ zu

$$\mu_{\text{eff}} = \frac{\mu^2 B}{3kT} \tag{9.16}$$

wird. Man misst also ein scheinbar verringertes magnetisches Moment, das empfindlich von der Temperatur abhängt. Das Beispiel zeigt wieder, wie wichtig eine gute Kontrolle der Clustertemperatur ist.

9.5.3 Schmelzen von Clustern

Schmelzen ist ein so alltäglicher und industriell wichtiger Vorgang, dass es verwundern mag, warum er immer noch Gegenstand aktueller Forschung ist [6, 81, 82]. Ein Cluster oder kleines Teilchen hat gegenüber dem Festkörper eine i. A. reduzierte Schmelztemperatur, was sich pauschal so verstehen lässt: Die Oberfläche eines Festkörpers schmilzt bei einer tieferen Temperatur als das Innere und da beim Cluster so viele Atome an der Oberfläche sitzen, liegt seine Schmelztemperatur tiefer als die des Festkörpers.

9.5.3.1 Der makroskopische Festkörper

Um diese knappe Aussage besser zu verstehen, soll zuerst das Schmelzen eines makroskopischen Festkörpers kurz diskutiert werden. Bei tiefen Temperaturen machen Atome nur kleine Schwingungen um ihre Gleichgewichtslage. Erhöht man die Temperatur, so werden die Schwingungsamplituden größer, es kommt zu Platzwechseln, und irgendwann ist die thermisch induzierte Unordnung so groß, dass es zu einem fest/flüssig-Phasenübergang kommt.

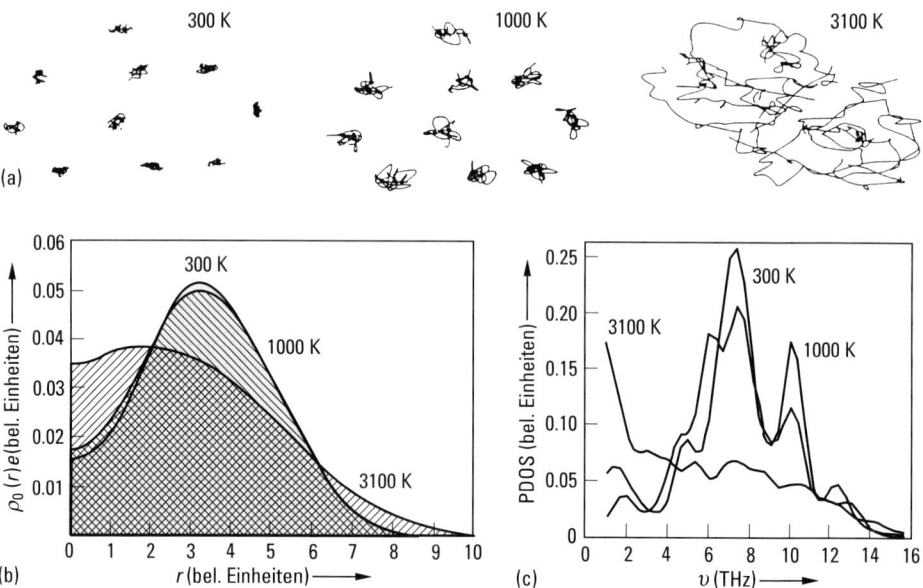

Abb. 9.36 Schmelzen eines Si_{10} Clusters auf dem Computer. Es wurden Molekulardynamiksimulationen [83] bei drei verschiedenen Temperaturen (300, 1000 und 3100 K) durchgeführt. (a) Projektion der atomaren Bahnen in eine Ebene. Bei 300 K schwingen die Atome nur wenig um die Gleichgewichtslage. Bei 1000 K haben die Schwingungen eine größere Amplitude, aber erst bei 3000 K können die Atome ihre Plätze verlassen und der Cluster ist flüssig. (b) Ein sphärisches Mittel der Elektronendichte. Zwischen 300 und 1000 K ändert sie sich fast nicht. (c) Dichte des Vibrationsspektrums. Bei 3100 K kommt es zu einem charakteristischen Anwachsen der langsamen Schwingungen.

Dieses Verhalten ist in Abb. 9.36 für einen Cluster aus 10 Si-Atomen schematisch gezeigt [83]. Das etwa hundert Jahre alte Lindemann-Kriterium [81, 82, 84, 85] besagt, dass ein Kristall schmilzt, wenn die mittlere Schwingungsamplitude $\langle u^2 \rangle^{\frac{1}{2}}$ der Atome 10 bis 15 % der Gitterkonstanten a eines Kristalls wird:

$$\Delta_L = \frac{\langle u^2 \rangle^{\frac{1}{2}}}{a} \approx 0.1 \text{ bis } 0.15, \tag{9.17}$$

wobei die spitzen Klammern eine räumliche und zeitliche Mittelung über den Kristall bedeuten. Diese Bedingung ist experimentell gut erfüllt. Theoretisch kann man sie nicht ableiten [84], aber viele Experimente und Simulationsrechnungen haben sie bestätigt [81, 84].

Die Atome im Innern eines Kristalls haben mehr Nachbarn als die Atome an der Oberfläche. Die letzteren sind daher schwächer gebunden und zusätzlich in ihrer Bewegung senkrecht zur Oberfläche weniger stark behindert. Ihr Δ_L-Wert erreicht daher den kritischen Wert von 10 % schon unterhalb von T_m und die Atome in der ersten oder den ersten beiden Oberflächenschichten eines Kristalls können daher schon bei weniger als etwa 90 % von T_m schmelzen. Mit steigender Temperatur wird die Dicke der aufgeschmolzenen Schicht immer größer, um am Schmelzpunkt selber zu divergieren. Dies ist durch Experimente [85] und Simulationen gut bestätigt [81, 84]. Übersichtsartikel dazu findet man in [82, 86], wo besonders in [86] auf die vielfältigen Konsequenzen des Oberflächenschmelzens von Eis eingegangen wird.

9.5.3.2 Cluster

Für Cluster muss Gl. (9.17) etwas anders interpretiert werden, da eine Gitterkonstante ja nicht definiert ist. Man kann das Lindemann-Kriterium zum Abstands-Fluktuations-Kriterium verallgemeinern und den Berry-Parameter Δ_B einführen [87]. Danach schmilzt ein Cluster wenn folgendes gilt:

$$\Delta_B = \frac{2}{N(N-1)} \sum_{i<j} \frac{\langle \Delta r_{ij}^2 \rangle^{1/2}}{\langle r_{ij} \rangle} \approx 0.03 \text{ bis } 0.05. \tag{9.18}$$

Dabei ist N die Anzahl der Atome, r_{ij} der Abstand zwischen den Atomen i und j und $\langle \Delta r_{ij}^2 \rangle = \langle (r_{ij} - \langle r_{ij} \rangle)^2 \rangle$ die Varianz des Abstandes. Die spitzen Klammern bedeuten wieder ein zeitliches und räumliches Mittel. Der Unterschied zwischen den beiden Kriterien ist, dass in den Lindemann-Parameter die individuellen Fluktuationen der Atome um ihre Ruhelage eingehen, während beim Berry-Parameter Differenzen von Abständen betrachtet werden. Korrelierte atomare Bewegungen machen daher einen Beitrag zu Δ_L aber nicht zu Δ_B. Daher ist es plausibel, dass bei T_m der Wert von Δ_B kleiner ist als der von Δ_L.

Für **sehr große Cluster** mit vielen tausend Atomen sind sich Theorie und Experiment einig: Die Schmelztemperatur muss mit der Teilchengröße zunehmen.

$$T_m(N) = T_m(N \to \infty) \left(1 - \frac{C}{N^{\frac{1}{3}}} \right) \tag{9.19}$$

Dabei ist C konstant für $N > 2000$. Die Ableitung dieser Gleichung setzt voraus, dass der Cluster kugelförmig ist und dass sich die Materialeigenschaften nur wenig mit der Größe ändern, was beides nicht unbedingt erfüllt sein muss. Viele Elemente sind untersucht worden [88–90] und haben Gl. (9.19) in etwa bestätigt. Abb. 9.37 zeigt Ergebnisse für Goldcluster, für die zwei etwas unterschiedliche experimentelle Ergebnisse publiziert wurden. Wieso die experimentellen Werte von Buffat und Borel [91] deutlich unter neueren Werten von Koga et al. [31] liegen, ist nicht bekannt. Eine Vermutung zu dieser Diskrepanz wird weiter unten diskutiert. Die Theorie von Samples [89, 31] nimmt an, dass sich zuerst auf der Oberfläche eine flüssige Schicht bildet, bevor der Cluster ganz aufschmilzt. Die Dicke dieser Schicht wurde zu 0.5 nm bestimmt [89], was etwa zwei Atomlagen entspricht. Man findet also das von der Oberfläche bekannte Aufschmelzen der ersten Atomlagen auch bei den großen Clustern wieder. Die Theorie von Samples interpoliert schön zwischen den Resultaten von drei verschiedenen Simulationen [89, 92, 93], den experimentellen Daten von [31] und dem Festkörperwert. Die beiden kleinsten Cluster aus Abb. 9.37 haben $N = 459$ Atome, und für diese Größe ist die Schmelztemperatur um etwa 30 % reduziert, was gut mit dem Wert für kleinere Cluster korreliert (s. u.).

Die Cluster im Experiment von Koga et al. [31] wurden in einer Gasaggregationsquelle (s. Abschn. 9.2.1) erzeugt. Anschließend konnten sie bis auf Temperaturen von 1400 K aufgeheizt, langsam wieder abgekühlt und dann auf einer dünnen Folie aus amorphem Kohlenstoff deponiert werden. Mit einem hochauflösenden Elektronenmikroskop wurde die geometrische Struktur der Cluster bestimmt. Bei ungetemperten Teilchen dominieren ikosaedrische (Ih) Strukturen, die bei der in Abb. 9.37 eingezeichneten Temperatur von T(Ih zu Dh) in dekaedrische Strukturen übergehen, die beim Abkühlen stabil bleiben. Dieses Ergebnis ist eine deutliche Warnung an

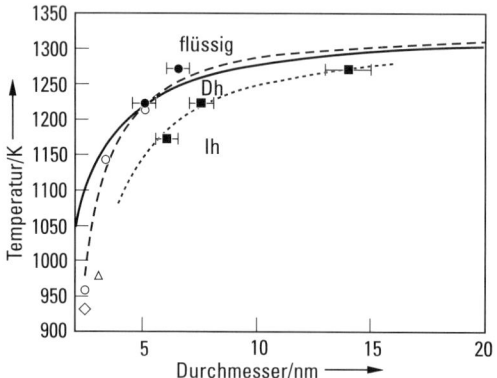

Abb. 9.37 Phasenübergänge für Au-Cluster. Die Theorie von Pawlow [6, 90] (s. Gl. (9.19)) gibt den asymptotischen Verlauf der Schmelztemperatur gut wieder. Für einen Flüssigkeitsfilm von 0.5 nm Dicke um den schmelzenden Cluster stimmt die Theorie von Samples [89, 31] gut mit neueren experimentellen (●) Daten von Koga [31] et al. und drei verschiedenen Simulationen (○ von [89], △ von [92] und ◇ von [93]) überein. Die älteren experimentellen Daten von Buffat [91] liegen dagegen deutlich tiefer. Die gestrichelte Kurve (■) gibt den in Abschn. 9.2.1 diskutierten Übergang von einer ikosaedrischen (Ih) zur dekaedrischen (Dh) Struktur wieder.

die Experimentatoren: Die größeren Cluster aus diesem Typ von Quelle müssen nicht im thermodynamischen Grundzustand sein.

Die oben erwähnte Diskrepanz zwischen den beiden experimentellen Werten von Buffat und Borel [91] und Koga [31] für die Schmelzpunkte von Goldclustern liegt vielleicht an den unterschiedlichen Herstellungsverfahren. Koga [31] et al. benutzten eine Gasaggregationsquelle. Buffat und Borel [91] dagegen haben eine amorphe Kohlenstoffschicht mit Goldatomen bedampft, die bei höherer Temperatur mobil sind und sich zu Clustern zusammenlagern können. Man kann vermuten, dass ein auf der Oberfläche gewachsener Cluster eine andere Form hat als einer, der in einer verdünnten Heliumatmosphäre gewachsen ist.

9.5.3.3 Kleine Cluster

Aus den vielen numerischen Simulationen zum Schmelzen von Clustern [6] ergibt sich für Temperaturen außerhalb des fest/flüssig Übergangs dasselbe Bild wie beim Festkörper: Bei tiefen Temperaturen machen die Atome nur kleine Schwingungen um ihre Gleichgewichtslage, können diese also nicht verlassen und man muss den Cluster daher als „fest" bezeichnen. Bei hohen Temperaturen ist die Schwingungsamplitude groß und die Atome können ihre Plätze austauschen. Es gibt keinen Widerstand gegenüber Verschiebungen [81], d. h. der Cluster ist flüssig [6]. Abb. 9.36 zeigt ein instruktives Beispiel.

Wegen der endlichen Teilchenzahl schmilzt der Cluster nicht an einem *Punkt* der Temperaturskala, sondern über einen endlichen Bereich. Die Temperatur des fest/flüssig-Übergangs ist fast immer geringer als die des Festkörpers. Bei einer kanonischen Simulation (das entspricht einem Wärmebad, also Temperatur fest und Energie fluktuiert) springt der Cluster zeitlich zwischen den Zuständen fest und flüssig hin und her. Man nennt das „dynamische Koexistenz" in Analogie zur dauernden Koexistenz von Eis und Wasser bei Null Grad Celsius. Bei einer mikrokanonischen Simulation (Energie fest, kinetische Temperatur fluktuiert) wird je nach Energie der eine oder der andere Zustand angenommen. In diesem Fall kann es sogar vorkommen, dass bei Energiezufuhr die Temperatur sinkt, der Cluster also eine negative Wärmekapazität zeigt [94]. Dies widerspricht nicht der Energieerhaltung, sondern zeigt nur, dass sich kleine Teilchen eben anders verhalten als große.

Es gibt eine Vielzahl von Versuchen, aus der Temperaturabhängigkeit einer experimentell zugänglichen Größe (optische Eigenschaften, Massenspektrum, Elektronenbeugung, Diffusionsquerschnitt) auf einen Schmelzprozess zu schließen. Die Ergebnisse dieser indirekten Messungen geben oft wertvolle Erkenntnisse, sie sind aber nicht immer eindeutig zu interpretieren, wie man an den oben diskutierten Daten von Buffat und Borel zum Schmelzen von Au-Clustern gesehen hat. Besser ist es, sowohl die Energie E als auch die Temperatur T eines Clusters zu messen und daraus die kalorische Kurve $E = E(T)$ zu konstruieren.

Der Grundgedanke der Messung von kalorischen Kurven soll kurz diskutiert werden. Wie im Abschnitt 9.3.4 diskutiert wurde, kann man Cluster definierter Temperatur T in einem Wärmebad herstellen. Damit ist T bekannt. Als kleine Teilchen in einem großen Reservoir erhalten sie eine kanonische Verteilung der inneren Energie, $P_T(E)$ (s. Gl. (9.12)). Zur Messung der Energie E beschießt man die massen-

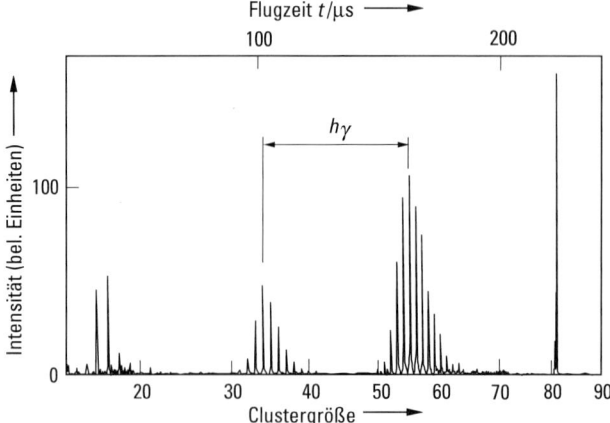

Abb. 9.38 Kalorimeter für Cluster. Ein Cluster definierter Temperatur wird massenselektiert und seine Energie wird gemessen. Die Abbildung zeigt die Verhältnisse bei Ar_{81}^+. Ohne Wechselwirkung mit dem Laser erhält man im Massenspektrum nur ein Maximum bei $N = 81$. Nach Absorption eines Photons werden 20 bis 30 Atome abgedampft und man misst zusätzlich das Massenspektrum der geladenen Fragmente. Werden zwei oder drei Photonen absorbiert, so führt dies zu den Fragmentverteilungen mit Maxima bei $N = 34$ und $N = 17$. Der Abstand zwischen den Maxima entspricht der Energie $h\nu$ eines Photons; damit lässt sich die Massenskala in eine Energieskala umrechnen. Erhöht man die Temperatur T des Ar_{81}^+ um ΔT, so verschieben sich alle drei Fragmentverteilungen nach links, da mehr Energie für die Fragmentation zur Verfügung steht. Daraus lässt sich dann die Energieerhöhung ΔE ablesen. Aus T, ΔT und ΔE kann man die kalorische Kurve $E = E(T)$ konstruieren.

selektierten Cluster mit Photonen der Energie $h\nu$. Werden n Photonen absorbiert und relaxiert deren Energie vollständig in innere Energie, so bekommt man eine in der Energie verschobene Verteilung $P_T(E + n\,h\nu)$. Ist die Energie $E + n\,h\nu$ groß genug, kommt es zum Abdampfen von Atomen. Das Massenspektrum der Photofragmente wird gemessen. Abb. 9.38 zeigt ein typisches Beispiel für einen Cluster aus 81 Argonatomen. Man sieht drei gut getrennte Fragmentverteilungen mit Maxima bei $N = 55$, 34 und 17, die durch die Absorption von 1, 2 bzw. 3 Photonen hervorgerufen wurden. Die energetischen Abstände zwischen den Maxima entsprechen genau der Energie eines Photons; damit lässt sich die Massenskala in eine Energieskala umeichen. Erniedrigt man nun die Temperatur des Wärmebads und damit die des Clusters, so verschieben sich die Maxima der Photofragmentverteilungen zu größeren Massen, da ja weniger Energie für die Fragmentation zur Verfügung steht. Man erhält also für jede Temperaturänderung ΔT eine Energieänderung ΔE und kann daraus die kalorische Kurve $E = E(T)$ konstruieren. Abb. 9.39 zeigt ein Resultat für Na_{139}^+.

Drei Punkte sind in diesem Zusammenhang noch zu betonen:

1. die Energie E ist die Energie, die der Cluster hat, wenn er aus dem Wärmebad kommt, also *bevor* er ein Photon absorbiert hat,

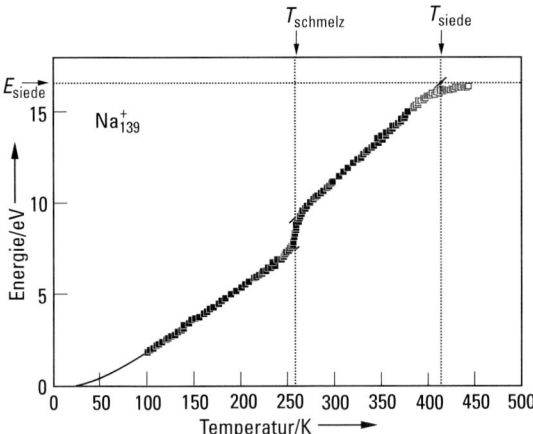

Abb. 9.39   Gemessene kalorische Kurve für Na_{139}^+. Aufgetragen ist die innere Energie des Clusters gegen seine Temperatur. Man kann die Kurve in drei Bereiche einteilen. Die Änderung der Steigung bei tiefen Temperaturen beruht auf dem Einfrieren der Schwingungsfreiheitsgrade. Die etwas ausgewaschene Stufe bei mittleren Temperaturen zeigt den Schmelzvorgang an. Die Höhe der Stufe ist die latente Wärme. Bei hohen Temperaturen sind die Cluster so heiß, dass sie schon in der Quelle und auf dem Weg durch das Massenspektrometer Atome abdampfen. Dies entspricht dem in Abschn. 9.3.2 diskutierten evaporativen Ensemble.

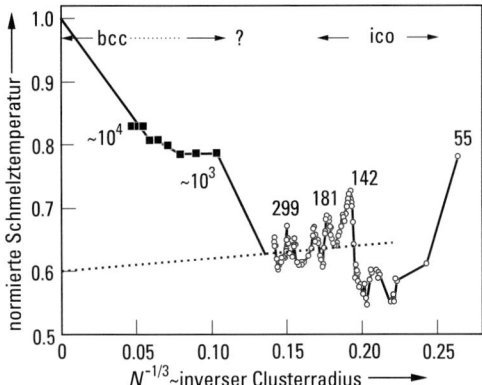

Abb. 9.40   Schmelztemperaturen von Na-Clustern. Für den Bereich $N < 360$ wurden die kalorischen Kurven gemessen. Die Daten zwischen 10^3 und 10^4 wurden gewonnen, indem die Temperaturabhängigkeit von Massenspektren untersucht wurde. Zwischen den einzelnen Daten wurde linear interpoliert. Natrium hat als Festkörper (bei nicht zu tiefen Temperaturen) eine kubisch raumzentrierte (bcc) Struktur. Es ist noch nicht bekannt, wo der Übergang zu den bei kleineren N bevorzugten ikosaedrischen Strukturen liegt. Aus Abb. 9.31 kann man u. U. schließen, dass der Übergang bei $N = 500 - 1000$ liegt.

2. man erhält – wie bei jedem kalorimetrischen Experiment – nur Energiedifferenzen (d. h. man kennt den Nullpunkt der Energieskala nicht, wenn man nicht fast bis zu Null Kelvin gemessen hat) und
3. die Methode ist leider nicht universell einsetzbar, da pro Photon mindestens vier Atome abgedampft werden müssen, um im Massenspektrum noch eine auswertbare Struktur (s. Abb. 9.38) zu erhalten.

Die aus den kalorischen Kurven extrahierten Schmelztemperaturen von Na-Clustern zeigt Abb. 9.40. Im Bereich $55 \leq N \leq 355$ ergeben sich ausgeprägte Strukturen, die weiter unten diskutiert werden. Bemerkenswert ist der hohe Wert für $N = 55$ (ungefähr genauso groß wie der für $N = 1000$), der steile Anstieg zu $N = 142$ (die dritte Schale des Ikosaeders wird aufgefüllt) und der mittlere Abfall der Schmelztemperaturen zwischen $N = 55 - 355$, der zu etwa 60 % des Festkörperwerts extrapoliert.

Die Daten für $N > 1000$ wurden gewonnen, indem Na-Cluster definierter Temperatur mit einer Gasaggregationsquelle produziert wurden (s. Abschnitt 9.2.1). Aus dem Auftreten und Verschwinden von Strukturen im Massenspektrum wurde auf einen fest/flüssig-Übergang geschlossen – ein Verfahren, welches physikalisch plausibel erscheint.

Die Maxima der Schmelzpunkten in Abb. 9.40 liegen bei Clustergrößen wie $N = 142$ und 183, denen man *keine* geometrischen ($N = 147 + 178$) oder elektronischen (138 Elektronen) Schalenabschlüsse zuordnen kann. Um den physikalischen Grund für diese „magischen Schmelzzahlen" zu verstehen, muss etwas weiter ausgeholt werden. Ein kleiner oder großer Körper schmilzt, wenn die freien Energien ($E - TS$) im festen (1) und flüssigen (2) Zustands gleich sind, dabei sind E, T und S jeweils die Energie, Temperatur und Entropie. Das ergibt:

$$E_1 - T_m S_1 = E_2 - T_m S_2$$

und

$$T_m = \frac{E_2 - E_1}{S_2 - S_1} = \frac{\Delta E}{\Delta S} = \frac{q}{\Delta s}, \tag{9.20}$$

wobei $q = \Delta E/N$ und $\Delta s = \Delta S/N$ die Energie- und Entropiedifferenzen pro Atom am Schmelzpunkt sind. Aus der kalorischen Kurve kann man sowohl die Schmelztemperatur T_m als auch die latente Wärme ΔE entnehmen. Daraus lässt sich dann mit Gl. (9.20) die Entropieänderung ΔS berechnen. Abb. 9.41 zeigt alle drei Datensätze. Es fällt auf, dass q und Δs Maxima bei $N = 147$ und 178 haben, was wohlbekannten Schalenabschlüssen eines Ikosaeders entspricht (s. Abb. 9.1). Durch die Asymmetrie der Linienformen von q und Δs werden die Maxima der Schmelzpunktkurve zu kleineren (142) oder größeren (183) Werten verschoben [95].

Es erscheint physikalisch plausibel, dass q und Δs Maxima bei geometrischen Schalenabschlüssen haben. Beides sind Differenzen zwischen Eigenschaften der festen und flüssigen Phase. In der flüssigen Phase sollte $\Delta E/N$ und $\Delta S/N$ nur schwach von N abhängen. Ein Ikosaeder dagegen hat eine wohlgeordnete und stark gebundene Struktur. Es ist daher zu erwarten, dass Energie- und Entropiedifferenzen besonders groß werden. Detaillierte Untersuchungen hierzu gibt es nicht.

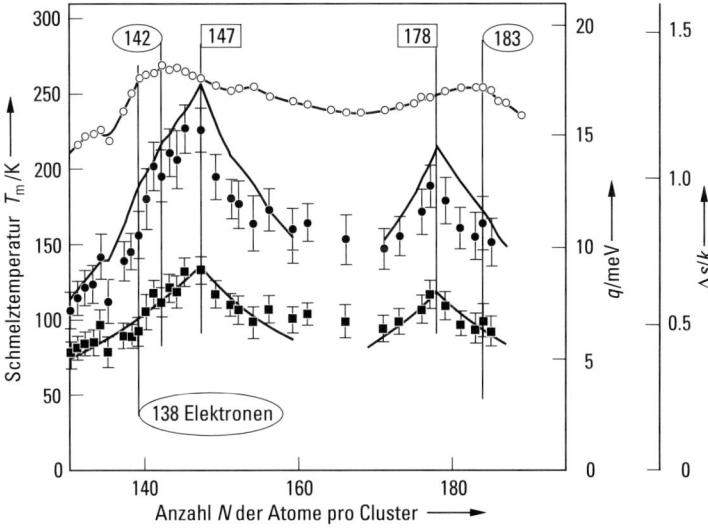

Abb. 9.41 Thermodynamische Parameter am Schmelzpunkt von Na-Clustern. Die linke Skala gilt für die Schmelztemperatur T_m (obere Kurve). Die beiden rechten Skalen geben einmal
die relative latente Wärme q (in meV, mittlere Kurve) und zum anderen die relative Entropieänderung Δs (in Einheiten der Boltzmann-Konstante k, untere Kurve) an. Sowohl q als
auch Δs zeigen ausgeprägte Maxima bei $N = 147$ und 178 Atomen. $N = 147$ entspricht einer
abgeschlossenen dritten Ikosaederschale (s. Abb. 9.1) und $N = 178 = 147 + 35$ einem Ikosaeder mit einer zusätzlichen Kappe von 35 Atomen. Es ist bekannt, dass dies beides stabile
Strukturen sind. Durch die Asymmetrie der Linienprofile von q werden die Maxima der
Schmelztemperatur zu anderen Clustergrößen (142 und 183) verschoben, was keinen bekannten Schalenabschlüssen entspricht. Die Daten für T_m und q wurden mit Splines interpoliert.
Die durchgezogene Kurve für Δs wurde aus einem einfachen Modell harter Kugeln berechnet
[95]. Die Fehlerbalken für T_m haben etwa die Größe der verwendeten Symbole.

9.5.4 Andere Eigenschaften

Aus Platzgründen kann hier nur eine subjektive Auswahl von Experimenten und
Ergebnissen diskutiert werden. Das Forschungsgebiet der Physik und Chemie der
Cluster ist sehr reich und vielfältig. Die Größenabhängigkeiten der katalytischen,
magnetischen, chemischen, optischen, supraleitenden etc. Eigenschaften von Clustern sind heute ein wichtiges Forschungsgebiet. Mehrfach geladene Cluster sowie
die Wechselwirkung mit intensiven Laserfeldern werden im Detail studiert. Eine
gute Ein- und Weiterführung findet man in [1–4, 8–12].

9.6 Einmal quer durch das Periodensystem

In den vorigen Abschnitten wurden Skalengesetze diskutiert, die oft unabhängig vom Typ der chemischen Bindung eines Clusters waren. Hier wird dagegen das physikalische Verhalten ausgewählter Cluster genauer studiert. Für das physikalische und chemische Verhalten eines Clusters ist die Art seiner chemischen Bindung von ausschlaggebender Bedeutung. Tab. 9.4 gibt eine Übersicht über die verschiedenen chemischen Bindungen. In den nächsten Abschnitten werden die Bindungsverhältnisse immer nur kurz angerissen, für eine genauere Diskussion wird auf andere Kapitel dieses Buches sowie auf Lehrbücher der physikalischen Chemie und der Molekül- und Festkörperphysik verwiesen.

Die verschiedenen Typen der chemischen Bindung sind alle gut verstanden, weniger gut erforscht ist, wie sie sich auf das Verhalten der Cluster auswirken. Das beste Verständnis gibt es bei den Clustern aus Alkalimetallen und aus geschlossenschaligen Atomen und Molekülen. Der Schwerpunkt hier liegt daher bei Clustern mit diesen gegensätzlichen Bindungstypen.

9.6.1 Entwicklung der Bandstruktur

Der Ursprung der Bindung zwischen den Atomen im Molekül, Cluster oder Festkörper ist ein quantenmechanischer Effekt, der auf der Anziehung zwischen den negativen Elektronen und den positiven Atomkernen beruht. Die wichtigsten Bindungstypen sind in Abb. 9.42 schematisch skizziert. Der Beitrag magnetischer Kräfte ist verschwindend gering. Das gilt selbst dort, wo man naiv glauben könnte, dass magnetische Kräfte wichtig sein könnten, wie bei den Ferromagneten. Allein die verschiedenen Anordnungen der Elektronen um die Kerne führen zu dem unterschiedlichen Verhalten der Stoffe.

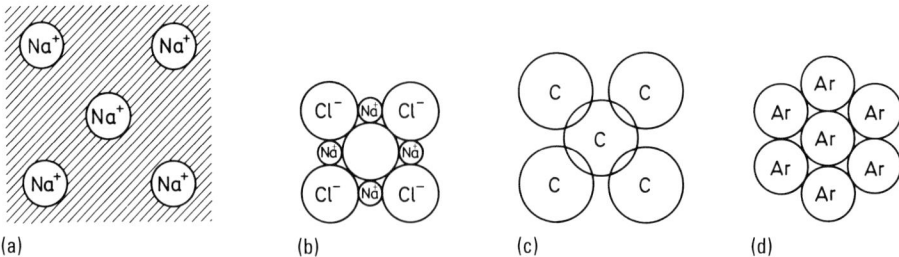

(a)   (b)   (c)   (d)

Abb. 9.42 Schematische Darstellung von vier verschiedenen Bindungstypen. Bei der metallischen Bindung (a) können sich die Elektronen quasifrei zwischen den Ionen bewegen. Die starke Abschirmung des langreichweitigen Coulomb-Potentials der Ionen durch die Leitungselektronen lässt den Bereich großer Potentialvariationen auf die weiß gezeichneten Bereiche schrumpfen. Bei der Ionenbindung (b) beruht der Hauptteil der Bindung auf der elektrostatischen Anziehung der Ionen. Bei der kovalenten Bindung (c), z. B. im Diamant, ist die Überlappung der Elektronenwellenfunktionen groß, während sie bei der van-der-Waals-Bindung in den Edelgasen (d) klein ist.

Tab. 9.4 Klassifikation von Clustern nach dem Typ ihrer chemischen Bindung.

Art des Clusters	Beispiele	mittlere Bindungs- energie in eV	elektroni- sche Bin- dung ändert sich bei der Ioni- sation	Vorkommen im Perioden- system
metallische Cluster halbvolles Band delokalisierter Elektronen	(Alkali- metall)$_N$, Al$_N$, Cu$_N$, Fe$_N$, Pt$_N$, W$_N$, Hg$_N$, N > 200	0.5−3	kaum	Elemente der linken unteren Ecke des Periodensystems
kovalente Cluster durch sp-Hybridisierung ausgerichtete Bindung durch Elektronenpaare	C$_n$, Si$_N$, Hg$_N$, 80 ≥ N ≥ 30	1−4 (Hg ≈ 0.5)	etwas	B, C, Si, Ge
ionische Cluster Bindung durch Coulomb-Kräfte zwischen Ionen	(KF)$_N$, (CaI$_2$)$_N$	2−4	etwas	Metalle von der linken Sei- te des Periodensystems mit elektronegativen Elemen- ten von der rechten Seite des Periodensystems
Cluster mit Wasserstoff- bindung starke Dipol-Dipol- Anziehung	(HF)$_N$, (H$_2$O)$_N$,	0.15−0.5	stark	Moleküle mit abgeschlos- sener Elektronenschale, die H und stark elektronega- tive Elemente (F, O, N) enthalten
Molekulare Cluster wie Van-der-Waals- Cluster, plus schwache kovalente Anteile	(I$_2$)$_N$, (As$_4$)$_N$, (S$_8$)$_N$ (Orga- nisches Molekül)$_N$	0.3−1	stark	organische Moleküle, einige geschlossenschalige Moleküle
van-der-Waals-Cluster induzierte Dipol-Wech- selwirkung zwischen Atomen und Molekülen mit abgeschlossener elektronischer Schale	(Edelgas)$_N$, (H$_2$)$_N$, (CO$_2$), Hg$_N$, N < 10	0.001−0.3	stark	Edelgase, geschlossen- schalige Atome und Mole- küle

In diesem Abschnitt wird auf einem möglichst einfachen Niveau die Entwicklung der elektronischen Zustände vom Atom, über den Cluster zum Festkörper diskutiert. Die verwendete Näherung hat zwei verschiedene Namen. Die Molekülphysiker sprechen von der Hückel-Näherung zur LCAO-Methode (Linear Combination of Atomic Orbitals), während in der Festkörperphysik von der Methode der „stark gebundenen Elektronen" (tight-binding approximation) die Rede ist. Die Näherung wird nur in ihrer einfachsten Form verwendet; qualitativ lassen sich sowohl die Cluster aus Edelgasen als auch aus Metallen damit verstehen. Es sei aber betont, dass die diskutierten Konzepte unabhängig von der Näherungsmethode sind.

9.6.1.1 Das Dimer

Viele Konzepte können schon auf $N = 2$ Atome angewendet werden. Für das Dimer sind sie oft einfacher zu verstehen, und die Übertragung auf größere Strukturen ist leicht möglich.

Die einfachste Wellenfunktion ψ für ein aus zwei identischen Atomen (Atom 1 und Atom 2) bestehendes Molekül kann man als Linearkombination der atomaren Wellenfunktionen ϕ_1 und ϕ_2 schreiben.

$$\psi = c_1\phi_1 + c_2\phi_2 \tag{9.21}$$

Mit den atomaren Eigenfunktionen ϕ_j werden hier nur die äußeren Valenzelektronen beschrieben. Für ein H_2-Molekül würden ϕ_1 und ϕ_2 zwei weit voneinander entfernte H-Atome im Grundzustand beschreiben. Es wird weiter angenommen, das die Elektronen keinen Bahndrehimpuls l haben. Eine Erweiterung auf $l > 0$ ist leicht möglich, macht die Gleichungen aber unübersichtlicher. Elektronen auf inneren Schalen müssen in einer genaueren Rechnung natürlich mitgenommen werden, sollen aber hier vernachlässigt werden. Die Schrödinger-Gleichung: $H\psi = E\psi$ wird mit dem Ansatz von Gl. (9.21) gelöst und man erhält nach einfacher Rechnung für die neuen Energien:

$$E_1 = \alpha + \beta, \quad E_2 = \alpha - \beta. \tag{9.22}$$

Dabei ist das Coulomb-Integral $\alpha = \langle\phi_1|H|\phi_1\rangle = \langle\phi_2|H|\phi_2\rangle$ und das Resonanz- oder Transferintegral $\beta = \langle\phi_1|H|\phi_2\rangle$. Das ursprünglich entartete Niveau mit der Energie α wird also um $E_1 - E_2 = 2\beta$ aufgespalten, wie das schematisch in Abb. 9.43 und 9.44 zu sehen ist. Diese Aufspaltung ist der erste Schritt zur Entwicklung der Bandstruktur des Festkörpers.

Die Zustände ψ_1 und ψ_2 werden entsprechend dem Pauli-Prinzip besetzt. Für die Metalle mit einem Valenzelektron pro Atom (Alkali, Edelmetalle) ist ψ_1 mit zwei Elektronen entgegengesetzten Spins besetzt; für die Edelgase sind ψ_1 und ψ_2 beide voll besetzt. Nach Gl. (9.22) wäre ein Edelgasdimer nicht gebunden. Allerdings bleibt nur in der hier verwendeten einfachsten Näherung der „Schwerpunkt" der Aufspaltung $\frac{1}{2}(E_1 + E_2)$ bei der Molekülbildung unverändert. Bei einer genaueren Rechnung wird er immer abgesenkt, und die Dimere der Edelgase sind damit ebenfalls – wenn auch schwach – gebunden. Die zugehörigen Eigenfunktionen werden

$$\psi_1 = \frac{\phi_1 + \phi_2}{\sqrt{2}} \quad \text{und} \quad \psi_2 = \frac{\phi_1 - \phi_2}{\sqrt{2}}. \tag{9.23}$$

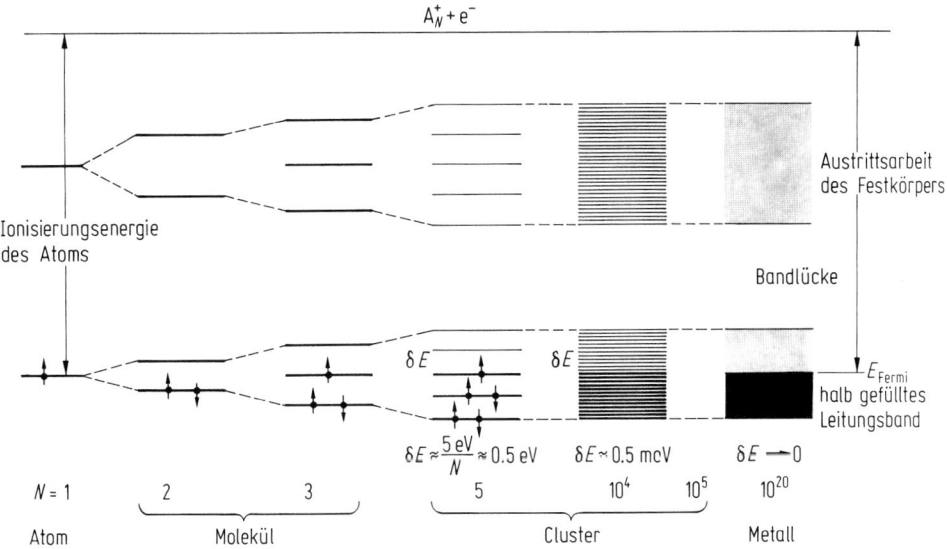

Abb. 9.43 Entwicklung der elektronischen Struktur vom Atom über Molekül und Cluster zum makroskopischen Festkörper. Das Bild zeigt den Fall für ein Element mit einem Elektron in der Valenzschale, einem unbesetzten Zustand und einem Ionisationskontinuum. Das Bild ist sehr schematisch gezeichnet und soll nur die allgemeine Entwicklung veranschaulichen. Die Zustände sind für eine endliche lineare Kette berechnet worden. Die in Abschn. 9.5.1 besprochene Abhängigkeit der Ionisierungsenergie von der Clustergröße ist vernachlässigt worden. Bei kleinen N ist die Besetzung der elektronischen Zustände mit Elektronen durch Pfeile markiert. Für größere N und für das Metall sind die besetzten Zustände dicker bzw. dunkler eingezeichnet. Ein analoges Bild lässt sich für die Schwingungsfreiheitsgrade zeichnen. Aus den diskreten Vibrationen des Moleküls entwickelt sich das kontinuierliche Phononenspektrum des Festkörpers.

Die Elektronen in den neuen Eigenzuständen $\psi_{1,2}$ sind offensichtlich in dieser zeitunabhängigen Beschreibung delokalisiert. Nach Gl. (9.23) hat ein Elektron an jedem Atom eine gleich große Aufenthaltswahrscheinlichkeit. Dies gilt sowohl für Na_2 als auch für Ne_2.

9.6.1.2 Cluster mit mehr als zwei Atomen

Für eine endliche lineare Kette aus N gleichen Atomen lassen sich die Ergebnisse leicht verallgemeinern. In den Gl. (9.21) und (9.23) hat man nicht zwei sondern N Eigenfunktionen. Nimmt man an, dass alle Transferintegrale β außer denen zwischen nächsten Nachbarn verschwinden, und dass die Atome am Ende der Kette dasselbe α und β haben wie die Atome im Innern, so erhält man als analytische Lösung [96, 97]:

$$E_j = \alpha + 2\beta \cos\left(\frac{j\pi}{N+1}\right), \quad j = 1, 2, 3, \ldots, N. \tag{9.24}$$

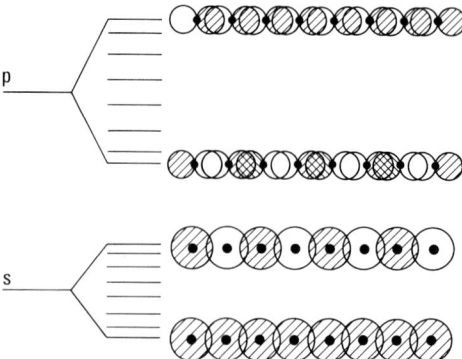

Abb. 9.44 Aufspaltung einer linearen Kette von 8 Atomen mit einem s- und einem p-Orbital. Für die untersten und obersten Zustände der s- und p-Bänder ist jeweils die Symmetrie der elektronischen Wellenfunktionen angegeben. Schraffur bedeutet positives, keine Schraffur negatives Vorzeichen der Wellenfunktion. Eine Absenkung gegenüber den atomaren Eigenwerten s und p und damit eine Bindung erhält man bei positiver Überlappung. Bei den am stärksten antibindenden Orbitalen haben die Wellenfunktionen alternativ wechselnde Vorzeichen.

Eine genauere Rechnung ergibt wieder eine Verschiebung des Schwerpunktes der Energieeigenwerte E_j. Abb. 9.43 zeigt anhand von Gl. (9.24) schematisch den Übergang vom Atom über Moleküle und Cluster zum Festkörper. Eine Verallgemeinerung auf dreidimensionale periodische Strukturen bringt nichts wesentlich Neues, außer dass in Gl. (9.24) der zweite Term auf der rechten Seite mit der Anzahl der nächsten Nachbarn multipliziert wird [96]. Die Aufspaltung eines Energieniveaus (seine Bandbreite) ist also innerhalb dieser Näherung proportional zur Anzahl der nächsten Nachbarn. Trotzdem nimmt mit wachsender Teilchengröße die Bandbreite nicht immer weiter zu, da die Anzahl der nächsten Nachbarn immer endlich bleibt, auch für einen makroskopischen Kristall. In [97] wurde diese einfache Methode benutzt, um viele Eigenschaften für Alkalicluster zu berechnen. Die hier besprochenen Modelle und Rechnungen liefern natürlich nur qualitative Ergebnisse, sie zeigen aber den Übergang vom Atom zum Festkörper.

9.6.2 Alkalimetalle

Die Alkalimetalle (Li, Na, K, Rb und Cs) werden oft als „einfache Metalle" bezeichnet, da sie theoretisch leichter zu berechnen sind als andere Metalle. Sie haben nur ein s-Elektron pro Atom und die abgeschlossenen Elektronenschalen liegen energetisch viel tiefer, was eine Berechnung deutlich vereinfacht. Die meisten Experimente und Rechnungen gibt es für Natrium, das als das einfachste Metall gilt. Eigentlich sollte man erwarten, dass Lithium noch einfacher wäre, aber hier gibt es eine theoretische Schwierigkeit: ein nichtlokales Pseudopotential. Aus diesen Gründen sollen in diesem Abschnitt primär Natriumcluster besprochen werden.

Bindungsenergien für Atome und Elektronen. Die für den Zerfall

$$Na_N^+ \rightarrow Na_{N+1}^+ + Na \tag{9.26}$$

benötigten Energien zeigt Abb. 9.47. Entsprechend den abgeschlossenen elektronischen Schalen mit 2, 8 und 20 Elektronen misst man für $N = 3, 9, 21$ höhere Bindungsenergien für die Ionen. Auch die vielen Strukturen in Abb. 9.31 sind auf elektronische Schalenabschlüsse zurückzuführen. Nach Abb. 9.47 haben Cluster mit einer geraden Anzahl von Atomen eine etwas höhere Bindungsenergie, was für Li besonders ausgeprägt ist. Dies ist als *gerade/ungerade*-Effekt (engl.: odd/even) bekannt und beruht auf dem Auffüllen von Unterschalen. Wie man aus einem Vergleich von Abb. 9.47 und 9.15 entnimmt, führen schon relativ kleine Änderungen in der Bindungsenergie zu großen Änderungen im Massenspektrum. Das ist nicht verwunderlich, da die Bindungsenergie in etwa exponentiell in die Verdampfungsrate eingeht.

Die Abb. 9.48 zeigt in einem *Born-Haber*-Diagramm einen sehr nützlichen Zusammenhang zwischen Bindungs- und Ionisierungsenergien. Von dem ursprüngli-

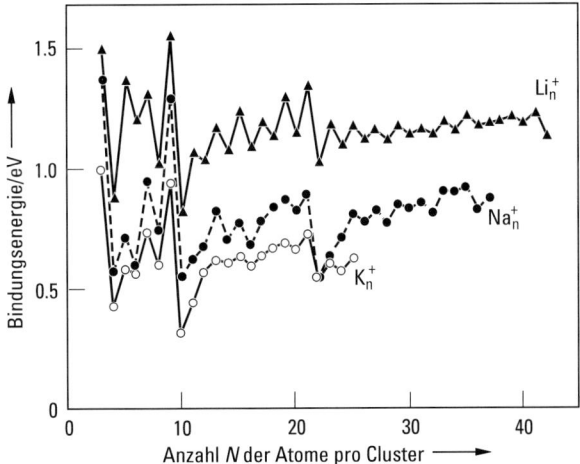

Abb. 9.47 Dissoziationsenergien von positiv geladenen Lithium-, Natrium- und Kaliumclustern [38]. Die Maxima in den Bindungsenergien erhält man bei 3, 9 und 21 Atomen pro Cluster, was gerade den Schalenabschlüssen von 2, 8 und 20 Elektronen nach Abb. 9.46 entspricht.

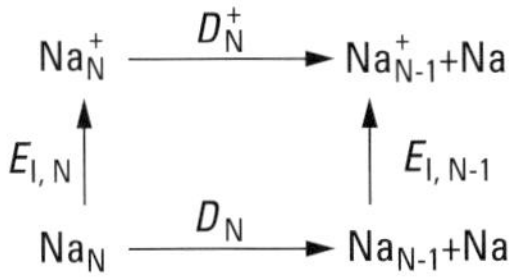

$$Na_N^+ \xrightarrow{\ D_N^+\ } Na_{N-1}^+ + Na$$
$$E_{I,N} \uparrow \qquad\qquad \uparrow E_{I,N-1}$$
$$Na_N \xrightarrow{\ D_N\ } Na_{N-1} + Na$$

Abb. 9.48 Born-Haber-Zyklus zum Zusammenhang von Dissoziations- und Ionisierungsenergie. Nach Gl. (9.27) lässt sich bei drei bekannten Größen die vierte berechnen.

chen Cluster Na_N kann man auf zwei verschiedenen Wegen zu $Na_{N-1}^+ + Na$ kommen. Daraus ergibt sich sofort

$$E_{i,N} + D_N^+ = E_{i,N-1} + D_N^+ \tag{9.27}$$

Mithilfe dieser Gleichung lassen sich aus den Daten von Abb. 9.31 und 9.47 die Bindungsenergien der neutralen Cluster (D_N) berechnen.

Photoelektronenspektren. Ein direkter Nachweis der Schalenstruktur gelingt mit der Photoelektronenspektroskopie (PES, engl.: photo electron spectroscopy). Wenn man z. B. einen Cluster nach Abb. 9.46 mit Photonen der Energie $hv = 5\,eV$ bestrahlt, so können alle Valenzelektronen ionisiert werden. Aus dem Energiesatz folgt für die kinetische Energie $\mathscr{E}(e^-)$ der auslaufenden Elektronen $hv = \mathscr{E}(e^-) - E_B$, wobei E_B die Bindungsenergie eines Elektrons ist. Misst man die kinetische Energie der Elektronen (z. B. mit einem Spektrometer nach Abb. 9.30), so erhält man ein Abbild der Energieniveaus auf das Elektronenspektrum.

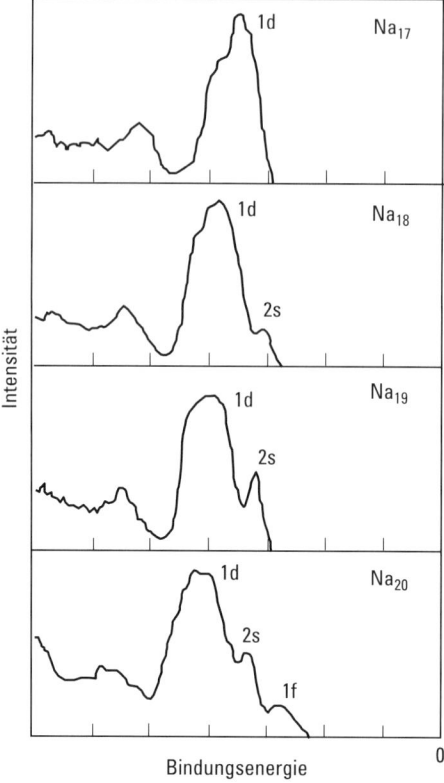

Abb. 9.49 Photoelektronenspektren negativ geladener Cluster. Man beobachtet eine hervorragende Übereinstimmung mit dem Jellium-Modell. Nach Abb. 9.46 hat man für 18 und 20 Elektronen eine abgeschlossene Schale. Die nächsten Elektronen müssen in die 2s- oder 1f-Schale gehen.

Nach Abb. 9.46 hat ein Jellium-Cluster mit 18 Elektronen eine $1s^2 1p^6 1d^{10}$ elektronische Struktur, exakt so wie es für Na_{17}^- gemessen wurde [100]. Die experimentellen Daten in Abb. 9.49 zeigen weiter, dass für ein und zwei Elektronen mehr die 2s-Schale aufgefüllt wird. Bei einundzwanzig Elektronen muss eines in die 1f-Schale gehen. Man erhält also eine hervorragende Bestätigung des Jellium-Modells.

Für abgeschlossene Ikosaederschalen (55, 147, 309 Atome, s. Abb. 9.1) beobachtet man allerdings etwas anderes. Für Na_{55}^- sind sich Theorie und Experiment einig, dass diese geometrische Struktur dominiert. Auch Na_{309}^- hat bei tiefen Temperaturen eine Ikosaederstruktur.

Plasmonenresonanz. Bei der Plasmaschwingung führen die Elektronen eine kollektive Schwingung aus. Die Plasmafrequenz ω_P eines ausgedehnten homogenen Mediums ist

$$\omega_P = \sqrt{\frac{n\,e^2}{\varepsilon_0 m}}, \tag{9.28}$$

wobei n die Dichte der Elektronen, m und e ihre (effektive) Masse und Ladung sind; ε_0 ist die elektrische Feldkonstante. Setzt man in diese klassische Gleichung die Elektronendichte des Natriums ($n = 2.65 \cdot 10^{23}\,cm^{-3}$) ein, erhält man $\hbar\omega_P = 5.95\,eV$, gemessen werden 5.58 eV. Die Abweichung kommt daher, dass Natrium eben doch nicht vollständig mit dem Jellium-Modell beschrieben werden kann. Aber viele Eigenschaften wie das gute Reflexionsvermögen der Metalle im sichtbaren Bereich und ihre geringe Absorption im nahen UV lassen sich mit dem Jellium-Modell gut erklären. Auch die schon in der Einleitung zitierte intensive Farbe von alten Kirchenfenstern rührt von der Plasmonen-Resonanz von im Glas fein verteilten Metallclustern her.

Im makroskopischen Festkörper ist die Plasmaschwingung eine *longitudinale* Dichteschwingung des Elektronengases. Sie kann daher durch eine *transversale* elektromagnetische Welle nicht angeregt werden. Beim Cluster ist das anders.

Das oszillierende Dipolmoment der Ladungsverteilung (Elektronen schwingen gegen Ionen) kann an den elektrischen Feldvektor ankoppeln. Die Plasmafrequenz einer metallischen Kugel ist gegenüber der nach Gl. (9.28) um einen Faktor $1/\sqrt{3}$ zu kleineren Frequenzen verschoben. (Für eine ebene Oberfläche ergibt sich analog ein Faktor $1/\sqrt{2}$). In Abb. 9.50 ist die für Na_{92} nach dem Jellium-Modell berechnete Plasmonenabsorption eingezeichnet. Das Maximum der klassisch berechneten strichpunktierten Kurve ist nach Gl. (9.28) und dem oben gesagten durch $\omega_P/\sqrt{3}$ gegeben. In einer quantenmechanischen Rechnung erhält man ein kollektives Verhalten aller Elektronen, welches zu der breiten Struktur in Abb. 9.50 führt. Diese ist bei tiefen Frequenzen überlagert von den Absorptionslinien für die Anregung einzelner Elektronen zwischen den Einelektronenniveaus der Abb. 9.46.

Plasmonenresonanzen sind inzwischen von vielen experimentellen Arbeitsgruppen beobachtet worden. Abb. 9.51 zeigt die Entwicklung der dabei benutzten Apparaturen. Mit einer Apparatur wie in Abb. 9.51a gezeigt, haben W. Knight et al. als erste die Plasmonenresonanzen der Na-Cluster systematisch untersucht. Die neutralen Cluster konnten nicht nach der Masse selektiert werden, was ein (wie man heute weiß) weiter unten diskutiertes Problem verursacht. Die Plasmonenresonanz

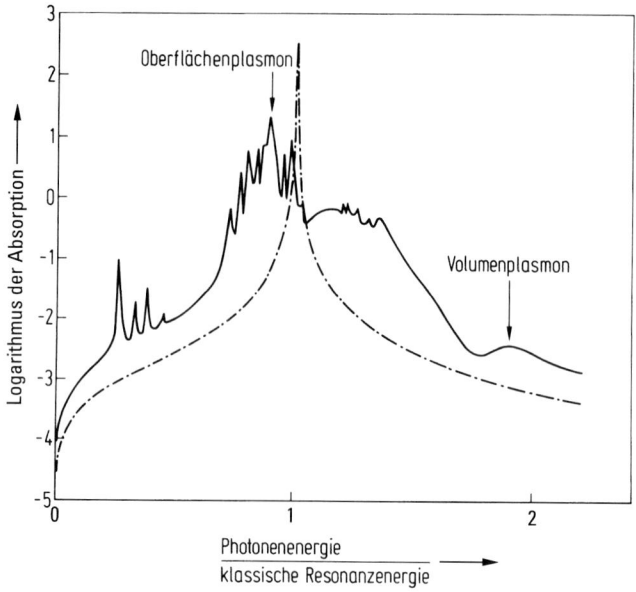

Abb. 9.50 Berechnete Photoabsorption einer kleinen Natriumkugel mit 92 Elektronen. Die Frequenz ist in Einheiten der klassischen Resonanzfrequenz aufgetragen. Man beachte den logarithmischen Maßstab der Absorptionswahrscheinlichkeit. Die strichpunktierte Kurve gibt das klassische, die durchgezogene Kurve das quantenmechanische Resultat nach dem Jellium-Modell wieder.

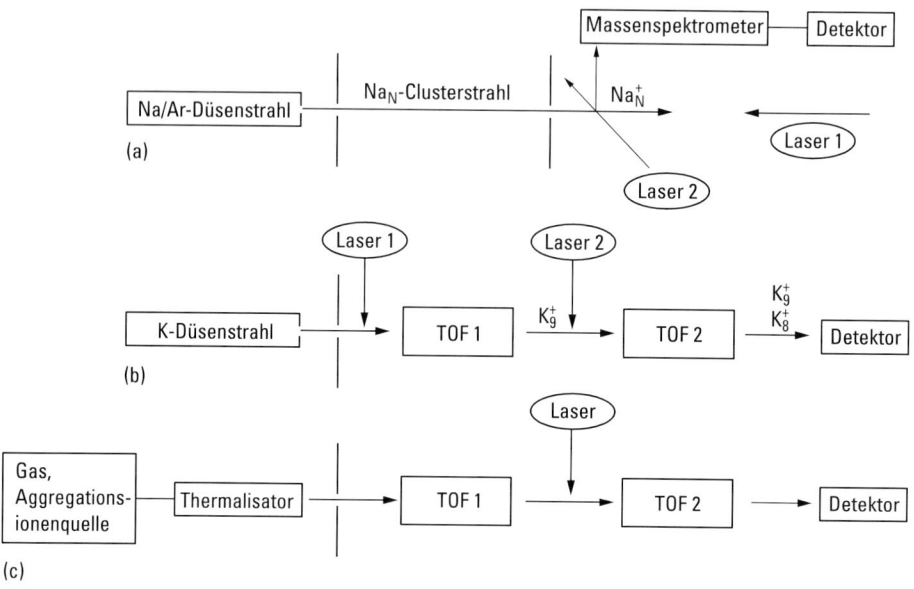

Abb. 9.51 Apparaturen zur Messung der optischen Absorption an (a) neutralen Cluster, (b) ionisierten, heißen Clustern und (c) ionisierten Clustern einstellbarer Temperatur (TOF, time of flight mass spectrometer).

wurde durch Photonen aus Laser 1 angeregt. Die elektronische Anregung wird schnell in Schwingungsenergie umgewandelt (Zeitkonstante etwa 1 ps [101]). Falls der Cluster klein genug ist, reicht die Energie eines Photons aus, um ein Atom abzudampfen: $Na_N + h\nu_1 \rightarrow Na^* \rightarrow Na_{N-1} + Na$. Der Stern (*) steht dabei für die Plasmonenanregung. Der Rückstoß beim Zerfall reicht aus, um den Na_{N-1}-Cluster aus dem eng kollimierten Strahl zu entfernen. Die Cluster werden durch Photonen aus Laser 2 ionisiert und massenselektiv nachgewiesen. Zur Messung wird der kontinuierlich arbeitende Laser 1 periodisch unterbrochen und die Differenz der Signale am Detektor gemessen. Man hatte ursprünglich angenommen, dass die Cluster bei der Ionisation nicht fragmentieren. Das hat sich leider oft als falsch herausgestellt, so dass dieser Aufbau nur noch von historischem Interesse ist.

Wenn die Cluster so leicht fragmentieren, liegt es nahe, gleich mit Ionen zu arbeiten. In der Apparatur nach Abb. 9.51b werden Cluster mit Laser 1 ionisiert, im ersten Flugzeitmassenspektrometer (TOF 1) nach der Masse selektiert und durch Photonen von Laser 2 angeregt. Der Signalverlust auf der ursprünglich selektierten Masse wird gemessen. Die Apparatur nach Abb. 9.51c zeigt dagegen zwei Verbesserungen auf. Einmal werden durch eine Gasentladung in einer Quelle nach Abb. 9.4 gleich Ionen erzeugt, so dass man den teuren Laser 1 nicht benötigt. Zweitens werden die Cluster, wie in Abschn. 9.3.4 besprochen, auf eine definierte Temperatur gebracht. Die dramatischen Temperatureffekte (s. Abb. 9.54) konnten damit entdeckt werden.

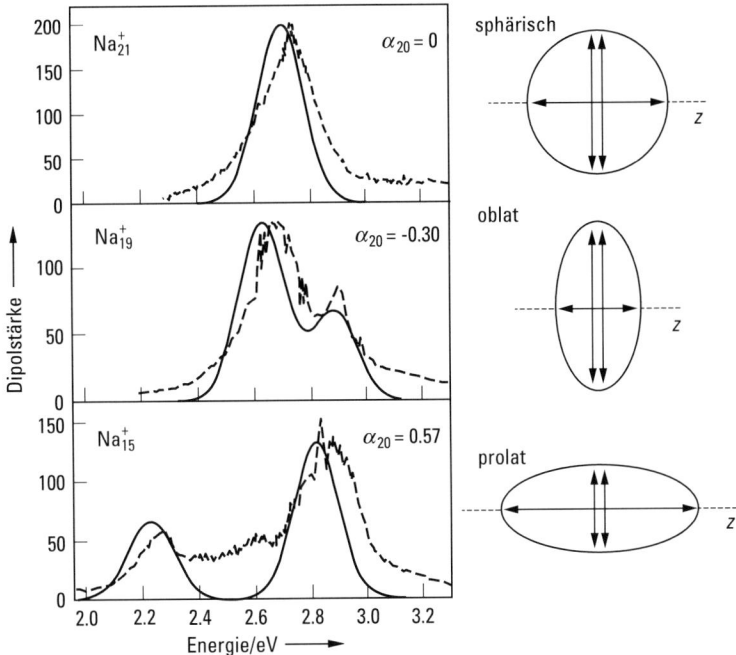

Abb. 9.52 Plasmonenresonanz dreier heißer Cluster. Diese sind flüssig und ihre Geometrie wird daher alleine durch die Elektronen bestimmt. Man kann aus dem Spektrum direkt die Geometrie eines heißen Clusters ablesen.

Experimentelle Ergebnisse zeigen Abb. 9.52 und 9.54. Ein flüssiger Cluster nimmt Kugelgestalt an, wenn er eine abgeschlossene Elektronenschale besitzt. Das ist nach Abb. 9.46 z. B. für 20 Elektronen, also für Na$_{21}^+$, der Fall. Das Spektrum von Na$_{21}^+$ zeigt ein breites Maximum, das den drei entarteten Schwingungen einer Kugel entspricht. Für nicht abgeschlossene Schalen kommt es entweder zu diskusförmigen (oblaten) oder zu zigarrenförmigen (prolaten) Verzerrungen. Die Schwingungen entlang der unterschiedlichen Achsen haben unterschiedliche Energien, was zu einer Aufspaltung im Spektrum führt [8, 9, 10]. Bei diesen Experimenten zur optischen Anregung gibt es ein Problem: Die Energie des absorbierten Photons muss ausreichen, um mindestens ein Atom abzudampfen. Es gibt also eine experimentelle Grenze, die umso niedriger liegt, je größer, kälter oder stärker gebunden der Cluster ist.

Neben diesen Untersuchungen an freien Clustern gibt es eine große Anzahl von Experimenten, bei denen Cluster in einem Überschuss verschiedener Gase (Ar, N$_2$, CO) eingefroren oder in Gläser eingebaut wurden. Man findet eine Verschiebung der Plasmonenresonanz und ihrer Breite in Abhängigkeit von der chemischen Natur ihrer Umgebung. Die Resultate sind in [1] ausführlich beschrieben.

Bei der Riesenresonanz der Kernphysik schwingen Protonen und Neutronen gegeneinander, ohne dass sich die Form des Kerns ändert. Die Physik und der Energiebereich sind natürlich sehr verschieden, die Schwingungsform ist aber verwandt mit der Plasmonenresonanz. Es handelt sich in beiden Fällen um eine kollektive Schwingung entweder der Nukleonen im Kern oder der Elektronen im Cluster. In

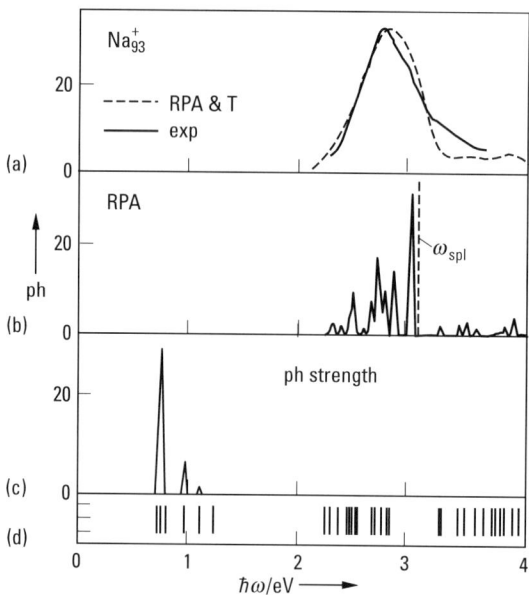

Abb. 9.53 Kollektive Resonanz. Die Einelektronenzustände (c) sieht man nicht im optischen Spektrum. Die Zustände sind alle miteinander gekoppelt, was zu einer starken Verschiebung des berechneten Spektrums führt (b). Eine thermische Mittelung ergibt eine befriedigende Übereinstimmung von Experiment und Theorie (RPA, random phase approximation; T, Temperaturmittelung).

beiden Fällen findet man bei nicht kugelsymmetrischen Teilchen eine Aufspaltung der Resonanzkurve.

Es bleibt noch, einen scheinbaren Widerspruch zu diskutieren. Wieso sieht man die Einelektronenzustände nach Abb. 9.46 nicht im optischen Spektrum? Sie tauchen nur mit einer winzigen Intensität auf der linken Seite des berechneten Spektrums von Abb. 9.50 auf. Für Na_{93}^+ ist das in Abb. 9.53 skizziert. In Abb. 9.53d ist das Einteilchenspektrum (ph, particle hole spectrum) und darüber die zugehörige Oszillatorstärke gezeigt. Aus der Theorie folgt, dass nicht ein einzelner Zustand, sondern alle Einteilchenzustände mit dem elektromagnetischen Feld wechselwirken. Daher muss man die Zustände alle miteinander koppeln, was meist mit der *„random phase approximation"* (RPA) geschieht. Dabei ändert sich das Spektrum dramatisch, die usprünglichen Linien verlieren alle ihre Intensität und diese wird auf neue Linien bei höheren Energien übertragen. Mittelt man die theoretische Kurve über eine experimentelle Breite, so ergibt sich eine ungefähre Übereinstimmung von Experiment und Theorie. Diese Überlegungen gelten auch für die Riesenresonanz der Kernphysik.

9.6.2.4 Über das Jellium-Modell hinaus

Das Jellium-Modell macht so stark vereinfachende Annahmen, dass es nicht verwunderlich ist, dass viele Daten – selbst für Natrium – damit nicht erklärt werden können. Dies klang oben schon mehrfach an: Da es in diesem Modell keine Atome gibt, kann man eigentlich auch keine Dissoziationsenergie definieren (Abb. 9.47). Die Photoelektronenspektren zeigen für abgeschlossene Ikosaederschalen eine Dominanz des geometrischen über den elektronischen Einfluss. Ein weiteres schönes Beispiel zeigt Abb. 9.54 für Na_7^+. Bei hohen Temperaturen ist der Cluster flüssig und das Jellium-Modell liefert eine gute Beschreibung. Bei tiefen Temperaturen können die Atome nur noch kleine Schwingungen um ihre Gleichgewichtslage machen. Der Cluster ist also fest und kann eher als großes Molekül aufgefasst werden.

9.6.2.5 Zusammenfassung Alkalicluster:

Viele Experimente mit Alkali-, aber auch anderen Metallclustern, lassen sich mit dem Modell des freien Elektronengases (Jellium) verstehen, wenn man die Abweichung der Cluster von der Kugelgestalt bei offenen elektronischen Schalen berücksichtigt. Das Jellium-Modell ist auf neutrale, positiv oder negativ geladene Cluster gleichermaßen anwendbar. Das Modell ist natürlich nur eine erste, wenn auch gute Näherung. Bei tiefen Temperaturen und in der Nähe von ikosaedrischen Schalenabschlüssen muss die geometrische Anordnung der Kerne berücksichtigt werden.

9.6.3 Gold und andere Metalle

Die vielfältigen Ergebnisse für die vielen anderen Metalle können hier nicht einmal kurz gestreift werden. Gute Zusammenfassungen findet man in den Übersichtsar-

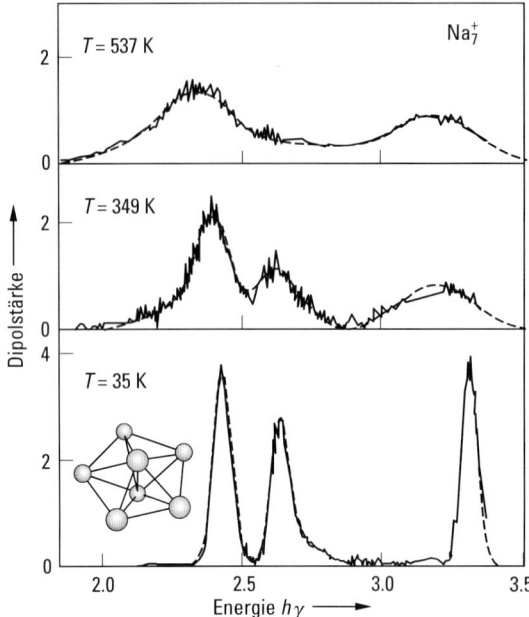

Abb. 9.54 Temperaturabhängigkeit der Plasmonenresonanz von Na_7^+. Bei hohen Temperaturen ist der Cluster flüssig und das Jellium-Modell liefert eine gute Beschreibung. Bei tiefen Temperaturen können die Atome nur noch kleine Schwingungen um ihre Gleichgewichtslage machen. Der Cluster ist also fest und kann eher als großes Molekül aufgefasst werden.

tikeln [2–12]. Die magnetischen Eigenschaften der Übergangsmetalle Fe, Co und Ni sind schon in Abschn. 9.5.2 besprochen worden und Abschn. 9.8.6 beschäftigt sich mit Quecksilber.

Hier soll nur kurz auf die ungewöhnlichen Eigenschaften von Goldclustern eingegangen werden. Gold ist eines der „edelsten" Elemente, d. h. es neigt so gut wie gar nicht dazu, chemische Verbindungen einzugehen. Ein kleiner „Goldrausch" begann in der Clusterphysik, als Haruta in Japan beobachtete, dass kleine Goldteilchen auf Oberflächen chemisch aktiv sind und sogar als gute Katalysatoren wirken [102].

Die von Haruta verwendeten Teilchen waren viel zu groß für eine genaue experimentelle und theoretische Analyse. Dann gelang es Heiz et al., kleine Au-Cluster mit $N \leq 20$ unter sehr sauberen und kontrollierten Bedingungen auf einer Metalloxidoberfläche (MgO) zu deponieren. Für eine glatte, perfekte Oberfläche beobachtet man keine besondere Aktivität. Dies ändert sich, wenn man einige der Sauerstoffatome an der Oberfläche entfernt. Normalerweise werden zwei Elektronen vom Magnesium auf den Sauerstoff übertragen. Landet nun per Zufall ein Goldcluster in so einer Fehlstelle, so werden die Elektronen teilweise auf ihn übertragen und ändern seine chemischen Eigenschaften [103]. Katalytischen Eigenschaften von Clustern auf Oberflächen ist ein ganzes Heft von *Science* gewidmet [102].

Freie Cluster in der Gasphase zeigen auch unerwartete Eigenschaften. Von Kappes et al. wurde experimentell und theoretisch gezeigt, dass kleine Goldcluster ebene

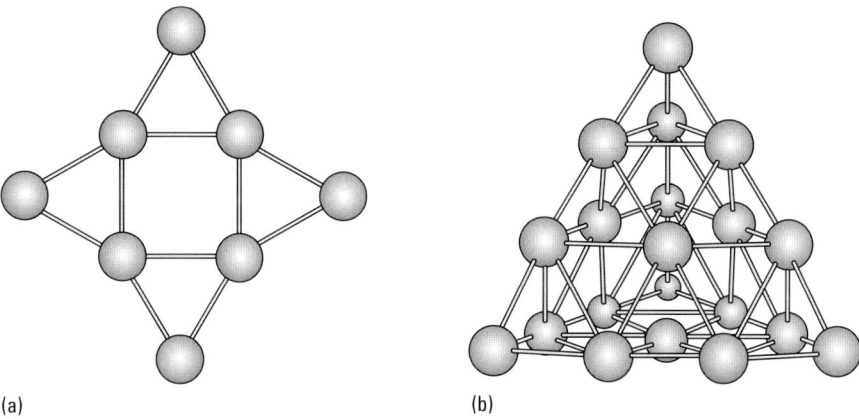

(a)   (b)

Abb. 9.55   (a) Der Grundzustand von Au_8 ist ein symmetrischer Stern. Kleine Goldcluster bilden ebene Strukturen die zuerst experimentell gefunden wurden. (b) Der Grundzustand von Au_{20} ist ein Tetraeder mit hoher geometrischer und elektronischer Stabilität.

Strukturen annehmen [104] und ungewöhnliche katalytische Eigenschaften haben [105]. Abb. 9.55a zeigt ein Beispiel. Weiter wurde gefunden, dass Au_{20} eine Tetraederstruktur nach Abb. 9.55b besitzt [106] und Au_{55} keine Ikosaederstruktur aufweist [107], ganz im Gegensatz zu dem, was für die Alkalielemente, Kupfer und Silber beobachtet wurde.

Woher kommt die Sonderstellung von Gold? Gold ist ein sehr schweres Element und die Coulomb-Anziehung von Elektronen und Kernen ist für kleine Abstände so groß, dass man die Bewegung der Elektronen relativistisch behandeln muss [108]. Dasselbe Problem tritt bei Quecksilberclustern auf und ist in Abschn. 9.6.6 diskutiert.

9.6.4 Kohlenstoff und Silizium

Bei den Kristallen aus Elementen der vierten Hauptgruppe (C, Si, Ge, Sn und Pb) ist Kohlenstoff ein reiner Nichtleiter (Diamant), Silizium und Germanium sind Halbleiter, während Blei metallischen Charakter hat. Die atomare Elektronenstruktur ist ns^2np^2 mit $n = 2$ für C, $n = 3$ für Si, usw. Behalten die Elemente diese Struktur bei, so sind sie chemisch zweiwertig. Es kommt aber fast immer zur Hybridisierung: ein s-Elektron besetzt ein p-Orbital. Dafür ist bei Kohlenstoff eine Anregungsenergie von etwa 4 eV nötig. In der neuen Konfiguration sp^3 können die Atome vier Bindungen eingehen. Der dadurch entstehende Gewinn an Bindungsenergie (3.6 eV pro Bindung bei C) kompensiert bei weitem den Energieaufwand, um das Elektron aus dem s- in das p-Orbital zu setzen. Wegen des Beitrags der p-Elektronen zeigt das sp^3-Orbital eine tetraedrische Symmetrie. Nur wenn sich zwei Atome in einer bestimmten Richtung befinden, können sie eine Bindung eingehen. Für Kohlenstoff erhält man bei vier nächsten Nachbarn die dreidimensionale Diamantstruktur, bei nur drei nächsten Nachbarn ergibt sich die ebene Schichtstruktur des Graphits.

Bei Clustern aus Metallen oder Edelgasen kann man manche Strukturen erraten, indem man Kugeln aufeinander stapelt. Dies ist für C, Si und Ge nicht möglich. Der durch die tetraedrische Bindung gegebene Zwang zur räumlichen Ausrichtung ist oft stärker als das Bestreben, kompakte Strukturen aufzubauen.

9.6.4.1 Kohlenstoff

Kohlenstoffcluster zeigen eine große Anzahl von verschiedenen Isomeren [109]. Abb. 9.56 zeigt beispielsweise die bekannten stabilen Isomere für zwanzig C-Atome [110]. Die Kette, unterschiedliche Ringe sowie verschiedene Formen der „Kaulquappe" (engl.: tadpole) lassen sich mit der Laserverdampfungsquelle herstellen. Da die Isomere alle dieselbe Masse haben, kann man sie im Massenspektrometer nicht trennen. Zu ihrer Trennung nutzt man aus, dass sie wegen ihrer unterschiedlichen Geometrie auch unterschiedliche Stoßquerschnitte haben. Die ionisierten Cluster werden gepulst in eine Kammer geschossen, wo sie von einem konstanten elektrischen Feld langsam durch ein Heliumgas gezogen werden. Bei jedem Stoß mit einem Heliumatom verliert der Cluster etwas kinetische Energie. Ist der Cluster relativ groß, macht er viele Stöße, seine Beweglichkeit ist klein und er braucht damit länger als einer mit kleinem Durchmesser. Misst man die Flugzeiten, so kann man damit die verschiedenen Isotope gut trennen [111, 109].

Die Schalen- und Fullerenstruktur von C_{20} kann man nicht mit einer Laserverdampfungsquelle erzeugen. Man benötigt dazu einen chemischen Vorläufer: Mit den Methoden der organischen Chemie wird die gewünschte C_{20}-Struktur hergestellt und außen mit Brom und Wasserstoffatomen bedeckt. Diese werden mit einer Gasentladung dann wieder vorsichtig entfernt und das Photoelektronenspektrum gemessen. Aus einem Vergleich von theoretischen und experimentellen Daten kann man dann auf die Strukturen zurückschließen [112, 110]. Es gibt sehr viele experi-

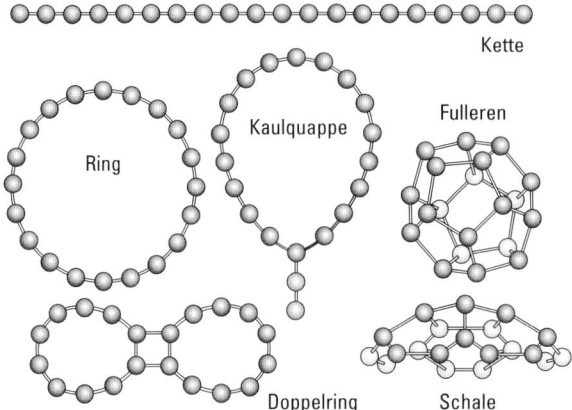

Abb. 9.56 Isomere von C_{20}. Ring, Kette und verschiedene Formen der „Kaulquappe" können leicht mit Laserverdampfungsquellen hergestellt werden [109]. Für die kompakteren Strukturen von Fulleren und Schale muss ein chemischer Vorläufer benutzt werden [112].

mentelle und theoretische Untersuchungen zu C-Clustern. Ein Übersichtsartikel fasst die Ergebnisse bis 1998 zusammen [109].

9.6.4.2 Fullerene, vor allem C_{60}

Für einen Kohlenstoffcluster mit 60 C-Atomen ist von der Arbeitsgruppe von R.E. Smalley an der Rice University in Texas die in Abb. 9.57 gezeigte kompakte Form gefunden worden [113]. Die Geometrie aus 12 Fünfecken und 20 Sechsecken erhält man, wenn man von einem Ikosaeder alle Spitzen abschneidet und an jede der 60 Ecken je ein C-Atom setzt. Die Geometrie ist ähnlich der eines normalen Fußballs, des aus 12 schwarzen Fünfecken und 20 weißen Sechsecken zusammengenäht ist. Die innere und äußere Fläche der C_{60}-Kugel ist mit delokalisierten π-Elektronen bedeckt. Der Durchmesser des eingeschlossenen Hohlraums ist mit 0.7 nm groß genug, um darin ein Atom einzusperren.

Eine ebene Lage Graphit besteht nur aus Sechsecken. Ersetzt man eines davon durch ein Fünfeck so krümmt sich die Ebene an der Stelle etwas. Eine Kombination von zwölf Fünfecken erzeugt gerade genügend Krümmung für eine Kugel. Sind die Fünfecke alle durch Sechsecke getrennt, kann man damit ein stabiles C_{60} aufbauen. Das C_{20}-Fulleren in Abb. 9.56 dagegen besteht nur aus Fünfecken. Seine Oberfläche ist stärker gekrümmt, daher weniger stabil und lässt sich daher nicht so einfach erzeugen [112, 110]. Da man zwölf Fünfecke für eine Kugel braucht, ist C_{20} damit das kleinste Fulleren überhaupt.

Die in Abb. 9.57 gezeigte Geometrie des C_{60} wurde aus den Massenspektren aus Abb. 9.58 geschlossen. Die Interpretation war anfangs heftig umstritten, ist aber inzwischen eindrucksvoll bestätigt worden. Die Kohlenstoffcluster wurden mit einer Laserverdampfungsquelle (s. Abb. 9.6) produziert. Durch Variation der Expansionsbedingungen (He-Druck, Länge des Expansionskanals) kann man die Art der gebildeten Cluster so beeinflussen, dass bei extremen Bedingungen (hoher He-Druck, langer Expansionskanal) fast nur noch C_{60} und etwas C_{70} im Massenspektrum beobachtet wird.

C_{60} wurde „Buckminsterfulleren" getauft; im Laborjargon wird häufig „Buckyball" verwendet. Buckminster Fuller war ein amerikanischer Architekt, dessen leich-

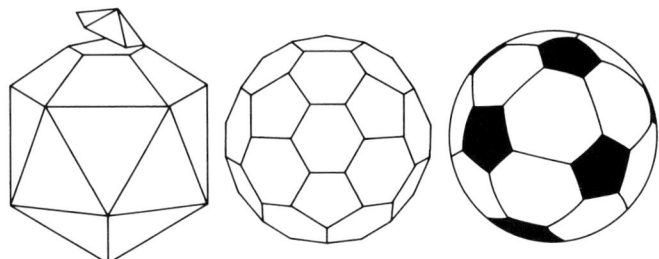

Abb. 9.57 Schneidet man alle Spitzen eines 20-seitigen Ikosaeders (links) ab, so erhält man eine kugelförmige Struktur (Mitte), die wie ein Fußball aus zwölf Fünfecken und zwanzig Sechsecken zusammengesetzt ist (rechts). Der beschnittene Ikosaeder hat 60 Ecken. Setzt man in jede ein C-Atom, so erhält man die Struktur des Clusters C_{60}.

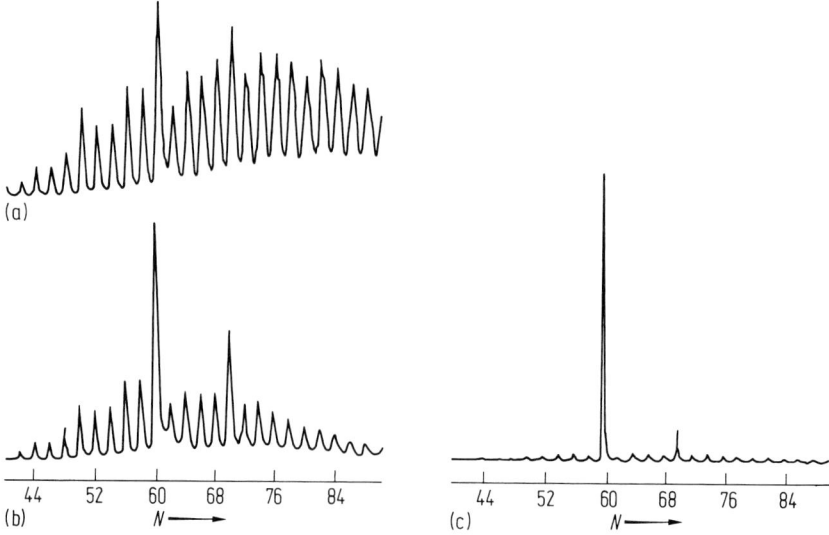

Abb. 9.58 Massenspektren von C_N^+-Clustern. Unter speziellen experimentellen Bedingungen erhält man eine hohe Intensität von C_{60} und C_{70}. Allein aus diesem Spektrum ist auf die außerordentliche Stabilität des C_{60} geschlossen worden.

te, aber stabile Kuppelbauten den beiden Autoren den Weg zur geometrischen Struktur des C_{60} zeigten [114].

Ein richtiger C_{60}-Forschungsboom setzte ein, nachdem es gelang, makroskopische Mengen von C_{60} herzustellen [115]. Dazu wird der Ruß von einer in einer He-Atmosphäre brennenden Graphitelektrode in Toluol aufgelöst. Nach einigen chemischen Reinigungsschritten, kann man fast reines C_{60} gewinnen.

Einige weitere Ergebnisse sind: Die delokalisierten π-Elektronen des C_{60} zeigen eine ähnliche Riesenresonanz wie die Alkalicluster (s. Abb. 9.49 und 9.50) [116, 117]. Mischungen von Alkalimetallen oder Thallium mit C_{60} werden supraleitend [118, 119]. Ergebnisse von aus C_{60} aufgebauten Clustern sind in [6] zusammengetragen.

9.6.4.3 Silizium

Siliziumcluster haben zwei mögliche Anwendungen. Einmal ist bei ihnen, im Gegensatz zum makroskopischen Silizium, Lichtemission möglich, was potentielle Anwendungen in der Halbleiterindustrie eröffnet. Zum anderen können sie vielleicht einige astronomische Rätsel lösen.

Von Bachels und Schäfer wurden Bindungsenergien für *neutrale* Si-Cluster mit einer mittleren Größe $65 \leq \bar{N} \leq 890$ gemessen [6, 120]. Durch Auswerten und Zusammentragen von Daten anderer Autoren konnten sie die Bindungsenergie über den gesamten Größenbereich bestimmen, wie Abb. 9.59 zeigt. Bemerkenswert ist der frühe Beginn der linearen (in $N^{-1/3}$) Extrapolation zum Festkörperwert, obwohl

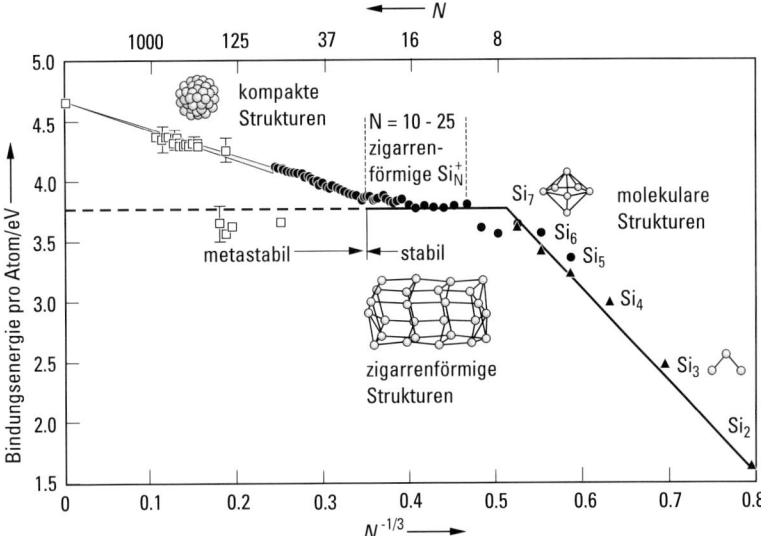

Abb. 9.59 Bindungsenergien neutraler Si-Cluster als Funktion von $N^{-1/3}$. Es ergeben sich drei, gut getrennte Bereiche. Für $N \leq 10$ erhält man kompakte, molekülartige Strukturen. In einem Zwischenbereich werden prolate säulenartige Strukturen beobachtet, die für $N \geq 25$ metastabil werden. Schon ab $N \approx 25$ beobachtet man eine lineare Extrapolation zum Festkörperwert.

man die Kristallstruktur des Festkörpers erst ab etwa $N = 300$ bis 500 Atomen erwartet [121].

Bestrahlt man sehr große Si-Cluster ($2 - 8$ nm Durchmesser) mit UV-Licht bei $\lambda = 254$ nm, so leuchten sie intensiv [122, 123]. Je nach Größe variiert die Farbe von orange bis ins nahe Infrarot, dabei wird die Emission immer röter je größer der Cluster ist. Makroskopisches Silizium zeigt diese Fluoreszenz nicht, was zu der Hoffnung führt, basierend auf diesem Effekt vielleicht eine Optoelektronik mit dem von der Halbleiterindustrie bevorzugtem Silizium aufzubauen. Zu einer wirklichen Anwendung kann es aber erst kommen, wenn die Lumineszenz auch durch Elektronen auf einem Chip angeregt werden kann.

Woher kommt die Farbvariation der Photolumineszenz als Funktion der Teilchengröße? Das ist anhand der Abb. 9.43 und 9.44 sofort verständlich. Durch das Photon wird ein Elektron aus dem Valenzband in das leere Leitungsband gehoben. Seine Energie relaxiert sehr schnell an die untere Kante des Leitungsbands. Die Bandlücke kann nur durch Emission eines Photons übersprungen werden. Da diese mit steigender Teilchengröße immer kleiner wird, verschiebt sich die Lumineszenz immer weiter ins Rote.

Die diffusen Absorptionsbanden mancher astronomische Objekte zeigen nicht identifizierte Absorptionslinien im Infraroten. Man vermutet, dass Kohlenstoff- oder Siliziumcluster dafür verantwortlich sind [123–125].

9.6.5 Edelgase

Für die Edelgase ist eine separate Behandlung der neutralen und ionisierten Cluster erforderlich, da sich bei ihnen, ganz anders als bei den Metallen, die Bindungsverhältnisse bei der Ionisation dramatisch ändern. Viele der entwickelten Ideen sind nicht nur auf Edelgase, sondern auch auf andere Atome und Moleküle mit abgeschlossener elektronischer Schale anwendbar. Heliumcluster sind ein Sonderfall, da sie suprafluissig werden können; sie werden in Abschn. 9.6.5.3 behandelt.

9.6.5.1 Neutrale Edelgascluster

Die einfachsten überhaupt vorkommenden Bindungsverhältnisse findet man bei den Molekülen, Clustern und Kristallen aus Edelgasen im elektronischen Grundzustand. Bei kleinen Kernabständen R ist die Wechselwirkung wegen der abgeschlossenen elektronischen Schale rein abstoßend. Bei größeren R existiert wegen der induzierten Dipol-Dipol-Wechselwirkung eine schwache Anziehung. Das Potential wird oft durch ein Lennard-Jones-Potential $V_{\mathrm{LJ}}(R)$ genähert:

$$V_{\mathrm{LJ}}(R) = \mathscr{E}\left[\left(\frac{\sigma}{R}\right)^{12} - \left(\frac{\sigma}{R}\right)^{6}\right]. \tag{9.29}$$

Dabei ist $\mathscr{E}$ die Tiefe des Potentialminimums, und bei $R = \sigma$ wird $V_{\mathrm{LJ}}(R) = 0$. Mit diesem Potential sind sehr viele Rechnungen zu Struktur [126] und dynamischen Prozessen [6, 127, 128] in Clustern durchgeführt worden. Allerdings ist das bei den Theoretikern beliebte Lennard-Jones-Potential keine gute Darstellung des richtigen Potentials. Zwar gibt der langreichweitige R^{-6}-Term den asymptotischen Verlauf einigermaßen richtig wieder, aber der repulsive R^{-12}-Term in Gl. (9.29) bedingt einen viel zu steilen Anstieg des Potentials bei kleinen R. Das hat verschiedene, nicht immer klar ersichtliche Auswirkungen auf Struktur und Thermodynamik der berechneten Cluster. So hat z. B. ein Ar_{13} knapp tausend lokale Potentialminima, falls man ein Lennard-Jones-Potential voraussetzt [126, 127]. Das tiefste lokale Minimum entspricht dem Ikosaeder (s. Abb. 9.1). Das wirkliche Ar-Potential ist viel weicher. Damit verringert sich diese Anzahl um etwa einen Faktor 10. Es ist daher bei der Wertung von Rechnungen, die Lennard-Jones-Potentiale benutzen, nicht evident, ob sie auf im Experiment realisierbare Cluster anwendbar sind oder aber ob es sich nur um theoretisch interessante „Lennard-Jonesium"-Cluster handelt.

Die Abb. 9.1 zeigt das berechnete Wachsen kleiner und großer Cluster. Es werden regelmäßige, kompakte Strukturen aus Ikosaedern bevorzugt. Untersuchungen an massenselektierten, neutralen Edelgasclustern sind schwierig, und es gibt nur sehr wenig Experimente dazu. Der Grund dafür liegt daran, dass ein Edelgascluster bei der Ionisation immer fragmentieren wird. Der physikalische Grund dafür ist die weiter unten diskutierte Ladungslokalisierung. Nur mit der in Abb. 9.11 gezeigten Apparatur gelingt eine Massenanalyse neutraler Cluster (vergleiche auch Abb. 9.65).

Schwingungsanregung. Von Buck et al. wurde mit der Apparatur nach Abb. 9.11 die inelastische Streuung von Heliumatomen an Argonclustern gemessen [129]. Der

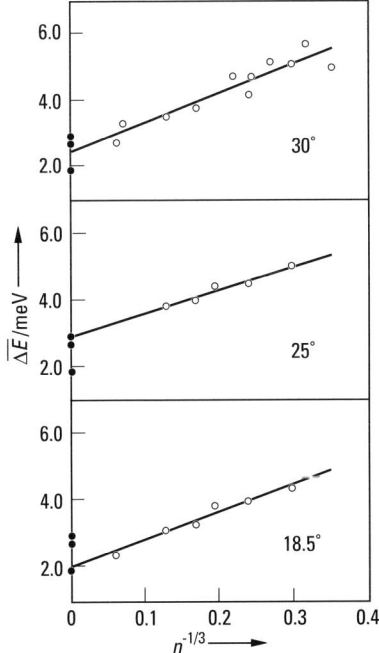

Abb. 9.60 Größenabhängigkeit des mittleren Energieübertrags von thermischen He-Atomen auf feste Argoncluster bei drei verschiedenen Streuwinkeln. Die berechnete Gerade entspricht der Atmungsschwingung einer elastischen, kleinen Kugel und stimmt gut mit den experimentellen Daten überein. Die Werte extrapolieren zu den bekannten Rayleigh-Moden des festen Argons. Die schwarzen Punkte entsprechen den Schwingungen von (111)-, (110)- und (100)-Ar-Oberflächen (von oben nach unten.)

Clusterstrahl konnte aus Intensitätsgründen nicht selektiert werden, aber aus den Skalierungsgesetzen konnte man eine mittlere Anzahl von Atomen pro Cluster gut abschätzen. Durch Energieübertrag regen die stoßenden He-Atome in den Clustern Schwingungen (Phononen) an. Der Energieverlust der He-Atome wird per Laufzeit nachgewiesen. Die Messungen lassen sich interpretieren als Atmungsschwingung des Clusters (s. Abb. 9.60). Man findet also für jeden einzelnen Streuwinkel ein Skalierungsgesetz nach Gl. (9.13). Die Frequenz dieser so genannten Rayleigh-Mode hängt von der Kompressibilität des Clusters ab. Die anderen mögliche Eigenschwingungen einer elastischen Kugel (Quadrupoldeformation und Torsionsschwingung) wurden nicht beobachtet.

Elektronenbeugung. Bei Elektronenbeugungsexperimenten kreuzt ein Elektronenstrahl (Energie etwa 50 keV) den unselektierten Clusterstrahl. Das Elektron braucht dabei etwa 10^{-16} s, um einen Cluster von 5 nm Durchmesser zu durchqueren. Innerhalb dieser Zeit bewegen sich die Kerne nahezu nicht und man erhält Informationen über den ungestörten, neutralen Cluster. Man kann aus dem gemessenen Beugungsbild nicht direkt auf die Geometrie des Clusters zurückschließen. Man muss vielmehr verschiedene Geometrien annehmen und für diese das Beugungsbild berechnen und dann mit dem Experiment vergleichen [130]. Ein Problem ist dabei auch, dass man viele verschiedene Clustergrößen mit wahrscheinlich unterschiedlichen Geometrien im Strahl hat. Diese Problem wird bei einer modernen Variante vermieden. Dabei werden Cluster einer Größe in einer Ionenfalle gespeichert und an diesen werden die Elektronen gestreut [13].

Optische Spektroskopie. Alle Edelgase sind im optischen Bereich durchsichtig. Ihre niedrigsten Anregungen liegen weit im Vakuum-UV. Als Beispiel zeigt Abb. 9.61 einige von Th. Möller et al. gemessene Spektren von Kryptonclustern. Die Clustergröße musste wieder über Skalierungsgesetze bestimmt werden [131]. Zur Interpretation der Daten soll etwas vorgegriffen werden. Abb. 9.63 zeigt die Potentialverhältnisse beim Argondimer. Das Argonion hat die Konfiguration $3p^5$. Energetisch tiefer liegt eine ganze Serie von so genannten Excimerzuständen des neutrale Ar_2 mit den atomaren Konfigurationen $3p^5 ns$, mit $n = 3, 4, \ldots$. Diese Vielfalt der neutralen, angeregten Zustände wurde nicht eingezeichnet. Abb. 9.63 zeigt Spektren in der Nähe des $4p^5 3s$ Niveaus des Kryptons.

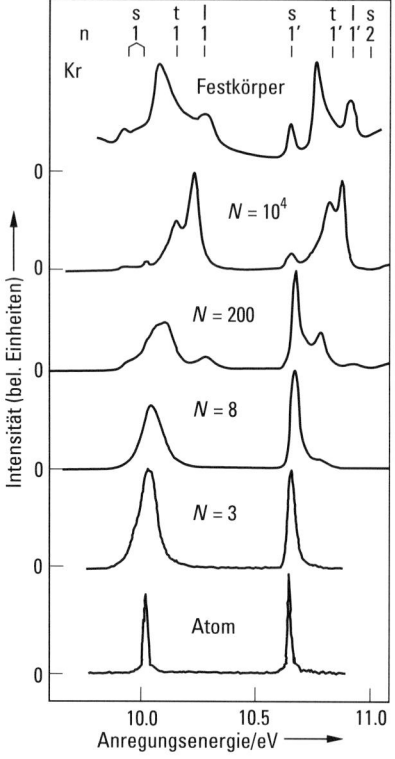

Abb. 9.61 Absorptionsspektrum von Kryptonclustern. Das Spektrum ändert sich nur wenig beim Übergang vom Atom zum Festkörper. Die beobachtete Aufspaltung rührt von der Spinbahnaufspaltung des Übergangs $4p^6 \rightarrow 4p^5 5s$ her.

9.6.5.2 Ionisierte Edelgascluster

Absorbiert ein Metallcluster ein Photon mit einer Energie knapp oberhalb seiner Ionisationsschwelle, so wird ein Elektron emittiert, aber der Cluster bricht nicht auseinander. Fragmentation findet erst bei höheren Photonenenergien statt. Versucht man dasselbe mit Clustern aus Edelgasen (oder anderen Atomen und Molekülen mit abgeschlossenen elektronischen Schalen), so ändert sich das Massenspektrum in der Nähe der Ionisierungsschwelle kaum. Das wurde ursprünglich so gedeutet, dass auch bei Edelgasclustern die Fragmentation an der Schwelle sehr klein ist. Heute weiß man, dass die Fragmentation fast unabhängig von der Energie des Photons groß ist. Dieser Abschnitt soll dazu dienen, dieses Phänomen zu verstehen und Experimente dazu zu diskutieren. Viele der hier verwandten Konzepte findet man bei der Beschreibung der kondensierten Edelgase wieder, über die es einen schönen Übersichtsartikel gibt [132].

Von Buck et al. ist mit der in Abb. 9.11 skizzierten Apparatur die Fragmentation von Clustern aus Edelgasen und anderen Atomen und Molekülen untersucht worden [26]. Diese Apparatur stellt das einzige Massenspektrometer für *neutrale* Cluster da. Streut man z. B. einen neutralen Ar_N-Clusterstrahl an einem He-Atomstrahl, so kann man nach einer Analyse der Transformation vom Schwerpunkt- ins Laborsystem beispielsweise ausrechnen, dass in einem bestimmten Streuwinkel Θ nur Ar_6 mit einer bestimmten Geschwindigkeit v gestreut wird. Die Geschwindigkeit des gestreuten Strahls wird mit einem Laufzeitverfahren bestimmt. Ein schwenkbares Massenspektrometer wird auf den Winkel Θ gefahren, und der Ar_6-Cluster durch Elektronenstoß ionisiert. Aus den gemessenen Daten folgt eindeutig, dass die Cluster bei der Ionisation auseinanderbrechen. Auf der Masse Ar_6^+ erhält man fast keine Intensität, fast die gesamte Intensität erhält man auf dem ionisierten Monomer und Dimer. Der physikalische Grund für das starke Auseinanderbrechen ist die große Änderung der Bindungsverhältnisse im Cluster durch die Ionisation, die jetzt diskutiert werden soll.

Potentiale und Prozesse. In Abb. 9.62 ist das Verhalten der elektronischen Energien für zwei Heliumatome skizziert. Die Betrachtung des He-Dimers reicht aus, um die Grundgedanken dieses Abschnitts zu verstehen.

Die gerade/ungerade-Aufspaltung der Wechselwirkung zwischen zwei gleichen Atomen wurde schon in Abschn. 9.6.1 diskutiert. Sie sieht beim Helium wegen seiner abgeschlossenen Elektronenschale (Spin = 0) etwas anders aus als für die offenschaligen Metalle. Für den Grundzustand des He_2 gibt es wegen des Pauli-Prinzips keine Aufspaltung. Wenn man versucht, die antisymmetrische Wellenfunktion nach den Gleichungen von Abschn. 9.6.2.1 hinzuschreiben, stellt man fest, dass diese identisch verschwindet. Die Absenkung des Grundzustands in Abb. 9.62 ist stark übertrieben, sie beträgt beim Helium nur etwa 1 meV.

Für die elektronisch angeregten oder ionisierten Zustände liegen die Verhältnisse völlig anders. Vernachlässigt man die Symmetrisierung, so erhält man eine kleine Absenkung der Energie (50 − 100 meV). Eine im Vergleich dazu große Aufspaltung ($\approx 5\,eV$) erhält man, wenn man die gerade/ungerade-Symmetrisierung der Wellenfunktionen berücksichtigt.

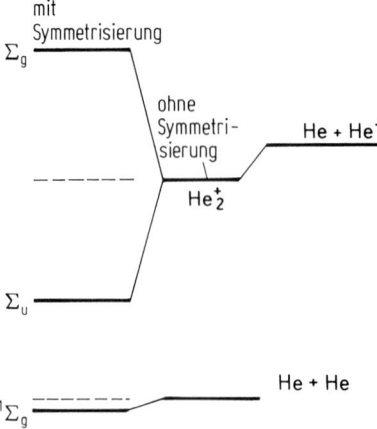

Abb. 9.62 Elektronische Energieniveaus des neutralen und ionisierten Heliumdimers. Durch die gerade/ungerade-Aufspaltung kommt es zu einer sehr großen Energieaufspaltung des Ions ($\approx 5\,\text{eV}$). Die Absenkung des neutralen Energienieaus ist mit $\approx 0.001\,\text{eV}$ dagegen sehr klein und in der Zeichnung übertrieben dargestellt.

Die Abb. 9.63 zeigt die etwas komplizierteren Potentialverhältnisse bei Ar_2 und Ar_2^+, die typisch für alle schwereren Edelgase sind. Der Grundzustand ist wiederum nicht gerade/ungerade-aufgespalten und hat daher ein ganz flaches Minimum ($\mathcal{E} = 12\,\text{meV}$). Die Zustände des atomaren Ions Ar^+ ($2p^5$) sind wegen der Spin-Bahn-Wechselwirkung der Elektronen in $P_{1/2}$ und $P_{3/2}$ aufgespalten. Ohne Symmetrisierung würde man drei flache Potentialkurven bekommen, die für kleine R einmal Σ- und zweimal Π-Charakter haben. (Die Bedeutung der Σ- und Π-Klassifikation wird in den Lehrbüchern der Molekülphysik behandelt.) Mit Symmetrisierung der elektronischen Wellenfunktion spaltet jedes Potential noch einmal in eine gerade und eine ungerade Komponente auf. Man erhält also insgesamt sechs Potentialkurven, eine davon hat ein tiefes Minimum mit einer Dissoziationsenergie von etwa 1 eV. Die gerade/ungerade-Aufspaltung ist also verantwortlich für die starke Absenkung des untersten elektronischen Zustandes und damit auch für die unten beschriebene Lokalisierung der Ladung auf diesem Zustand.

Die Verhältnisse ändern sich nicht wesentlich, wenn man zum makroskopischen Festkörper (fcc) übergeht. Die Aufspaltung der Ar_2^+-Potentiale geht über in die Bandbreite des p-Bandes. Dieses ist nach der Diskussion in Abschn. 9.6.1 gegenüber der Aufspaltung des Dimerpotentials um einen Faktor 12 (Anzahl der nächsten Nachbarn) verbreitert, aber nicht wesentlich verschoben, da der Gleichgewichtsabstand des Dimers ungefähr gleich dem interatomaren Abstand im Cluster oder Festkörper ist [132].

Ionisation und Franck-Condon-Prinzip. Die Ionisation ist ein elektronischer Prozess und als solcher schnell gegen die Bewegung der Kerne. Dies ist die Grundlage des Franck-Condon-Prinzips, welches besagt, dass sich die Kerne während des Ionisationsprozesses überhaupt nicht bewegen. Die Aufenthaltswahrscheinlichkeit für ein

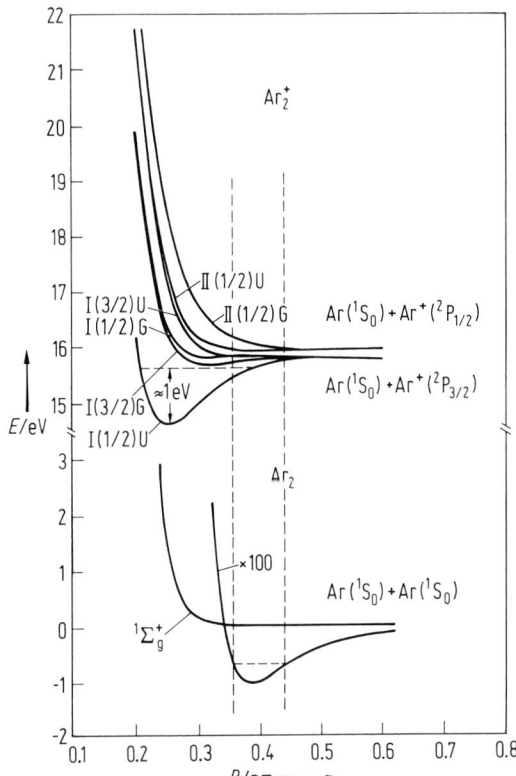

Abb. 9.63 Wechselwirkungsenergie E von Ar_2 in Abhängigkeit vom Kernabstand R. Die gerade/ungerade-Aufspaltung führt zu dem tiefen Energieminimum des Ions. Das Gebiet um $R = 0.4$ nm zwischen den beiden gestrichelten Senkrechten ist der Franck-Condon-Bereich, der wegen des Tunneleffekts an den Rändern nicht so genau definiert ist, wie hier gezeichnet. Bei der Ionisation wird wegen der unterschiedlichen Gleichgewichtsabstände von Ar_2 und Ar_2^+ das Dimerion mit einer hohen Schwingungsenergie gebildet.

neutrales Ar-Dimer im Schwingungsgrundzustand ist nur in dem in Abb. 9.63 eingezeichneten Franck-Condon-Bereich groß. Direkt nach der Ionisation ist der Kernabstand des Ions Ar_2^+ ebenfalls auf diesen Bereich beschränkt. Man spricht auch von einem „vertikalen" Übergang, da ein festgehaltener Kernabstand einem senkrechten Übergang in Abb. 9.63 von der Ar_2- auf die Ar_2^+-Potentialkurve entspricht. Wird das Ion im obersten elektronischen Zustand gebildet, so laufen ein Ar und ein Ar^+ auseinander, da die zugehörige Potentialkurve rein abstoßend ist. Wird Ar_2^+ im untersten elektronischen Zustand gebildet, so ist seine Schwingung, wie in Abb. 9.63 angedeutet, mit etwa 1 eV angeregt.

Der Kernabstand am Potentialminimum liegt für Ar_2^+ bei wesentlich kleineren Abständen als für Ar_2. Dieses Verhalten beobachtet man bei den Dimeren aller Edelgase und auch aller geschlossenschaligen Atome und Moleküle, die durch van-

der-Waals- Kräfte zusammengehalten werden. Die Wahrscheinlichkeit, durch Photoionisation aus dem Grundzustand des neutralen Moleküls in den ionisierten
Grundzustand überzugehen, ist wegen des Franck-Condon-Prinzips sehr klein und
wird experimentell nicht beobachtet. Aus diesem Grund kann man bei Edelgasen
die niedrigsten Ionisationsschwellen nicht durch Photoionisation oder Elektronenstoß erreichen, und umgekehrt führt die bei der Ionisation auftretende Überschussenergie immer zur Fragmentation eines Clusters.

Struktur positiv geladener Edelgascluster. Es gibt ein qualitatives Modell für die
Prozesse, die nach der Ionisation eines Edelgasclusters ablaufen, aber keine Rechnung für den ganzen Prozess [133]. Allgemein anerkannt ist aber, dass die positive
Ladung sich auf nur drei bis vier Atome verteilt, und zwar unabhängig davon wie
groß der Cluster ist. Nach der Diskussion oben würde man eigentlich erwarten,
dass sie sich auf dem Dimer lokalisiert, aber die Energie kann weiter abgesenkt
werden, wenn die Ladung auf drei bis vier Atome verteilt wird. Die elektronische
Struktur eines positiv geladenen Ar_N^+-Clusters lässt sich also besser als $(Ar_i^+)Ar_{N-i}$,
$i = 3, 4$ beschreiben.

Die Abb. 9.12 zeigt den Temperaturverlauf und vier Momentaufnahmen für die
Fragmentation eines Xe_{13}-Clusters. Für die Temperatur vor der Ionisation wurde
$T = 0$ K angenommen. Zur Zeit $t = 0$ wird die Bildung eines Dimerions mit einer
Schwingungsenergie von etwa einem Elektronvolt angenommen. Die Temperatur
schnellt auf 220 K hoch und fällt anschließend durch Verdampfen. Nach 60 Pico-
sekunden dampft das erste Atom ab, und der Cluster kühlt sich dadurch um ΔT
ab. Nach 10 Nanosekunden sind die allermeisten Verdampfungsprozesse abgeschlossen. Die sich anschließenden metastabilen Zerfälle sind von Märk [134] und Stace
[135] untersucht worden.

Die Abb. 9.13 zeigt ein Ar_N^+-Flugzeit-Massenspektrum. Es zeigt eine Vielzahl von
Strukturen. Die starken Intensitätseinbrüche korrelieren teilweise mit Größen, die
man für ikosaedrische Strukturen erwartet. Man vergleiche dazu die Zahlen aus
der Unterschrift von Abb. 9.1. Für die erste und zweite Schale um die Ladung herum
wird diese eine zuerst große und dann abnehmende Rolle für die Bindungsenergie
spielen. Das Maximum mit dem anschließenden Einbruch der Intensität bei $N = 309$
korreliert direkt mit der dritten abgeschlossenen ikosaedrischen Schale.

Aus energetischen Gründen sitzt die Ladung im Inneren des Clusters und wird
daher bei noch größeren N eine immer geringere Rolle spielen. Ein sehr großer
($N > 1000$) Ar_N^+-Cluster kann dann als ein im Wesentlichen neutraler Argoncluster
mit einer „ionisierten Fehlstelle" betrachtet werden. Innerhalb der Physik der Fehlstellen eines Festkörpers würde man ein Ar_2^+ als antimorph eines V_K-Zentrums bezeichnen. Die vielen Oszillationen der Intensität in Abb. 9.13 und vergleichbare
Strukturen bei Kr und Xe sind von Echt et al. [136] und Northby [137] diskutiert
worden.

Photofragmentation und Photoabsorption. Die Abb. 9.38 zeigt ein Photofragment-
spektrum von Ar_{81}^+. Wird ein Photon von etwa 2 eV absorbiert ergibt sich eine breite
Massenverteilung um $N = 55$. Das Photon wird von dem geladenen Teil des Clusters
absorbiert. Daher liegt die Absorption auch im sichtbaren Bereich und nicht im
VUV wie in Abb. 9.61.

Zur Messung der Photoabsorption von Ar_N^+ und Xe_N^+ wurde eine Apparatur wie in Abb. 9.51b verwendet, nur wurde der Laser 1 durch eine billigere Elektronen-stoßquelle ersetzt. Die Cluster werden also durch einen Düsenstrahl erzeugt, und durch Elektronenstoß ionisiert und bilden daher ein evaporatives Ensemble (siehe Abschn. 9.3.2). Eine Abschätzung ihrer inneren Energie zeigt, dass sie nicht mehr richtig flüssig, aber auch noch nicht richtig fest sind. Platzwechsel sind noch häufig während der 10 ns Pulsdauer von Laser 2 in Abb. 9.51b. Der Verlust des selektierten Ions durch Laser 2 wird gemessen und daraus der Absorptionsquerschnitt berechnet. Abb. 9.64 zeigt ein Beispiel. Ein Vergleich von Rechnung und Experiment [138, 139] belegt die lineare Struktur von Xe_3^+. Das Spektrum von Xe_{19}^+ deutet auf eine Über-lagerung von Trimer und Tetramerabsorption hin.

Wenn man die Beschreibungen des Fragmentierungsverhaltens der verschiedenen Cluster vergleicht, so stellt man fest, dass immer wieder dasselbe statistische Modell verwendet wird. Ein Cluster wird elektronisch angeregt, die Energie relaxiert schnell in Schwingungsenergie, was zum Abdampfen einzelner Atome führt [140]. Sehr ähn-liche Vorstellungen findet man in der Weisskopf-Theorie der Kernphysik für den Zerfall angeregter Atomkerne.

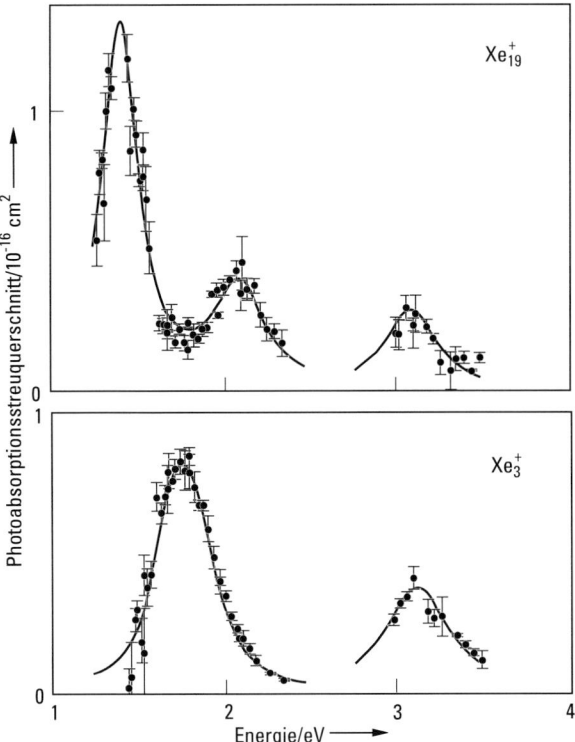

Abb. 9.64 Photoabsorptionsquerschnitt von ionisierten Xe-Clustern. Aus einem Vergleich von Theorie und Experiment ergibt sich eine gute Bestätigung der Vorstellung, dass die positive Ladung auf einem linearen Trimer oder Tetramer lokalisiert ist. Eine delokalisierte positive Ladung würde in diesem Energiebereich gar nicht absorbieren.

Zusammenfassung schwerere Edelgase. Kompakte geometrische Strukturen, die durch den Raumbedarf der Atome bedingt sind, werden bevorzugt. Bei ionisierten Clustern ist die Ladung auf einer kleinen Anzahl von Atomen (3 oder 4) lokalisiert, was theoretisch zu erwarten ist und experimentell durch Photoabsorption nachgewiesen wurde. Experimente an Edelgasclustern definierter Temperatur gibt es nicht.

Negativ geladene Edelgascluster. Sprüht man Elektronen auf eine Heliumoberfläche, so bleiben sie auf dieser sitzen und gehen nicht in die He-Flüssigkeit hinein. Die abstoßende Wechselwirkung (für He etwa 2.5 eV) wird schwächer für die schwereren Edelgase, aber erst bei festem Xenon liegt die Unterkante des leeren Leitungsbands tiefer als das Vakuumniveau[1]. D. h. die Elektronen gewinnen Energie, wenn sie in das flüssige Xe eintauchen. Daher sind bisher nur für Xe negativ geladene Cluster experimentell nachgewiesen worden [141]. Die Bindungsenergie der Elektronen ist nicht bekannt aber sehr klein. Die Ladung ist wahrscheinlich delokalisiert. Die kleinste sicher beobachtete Größe ist Xe_6^-, aber es könnten noch kleinere negativ geladene Cluster existieren [141].

9.6.5.3 Heliumcluster

Helium hat die geringste van-der-Waals-Anziehung aller Edelgase und wegen seiner kleinen Masse die größte Nullpunktschwingung. Das führt dazu, dass es bei Normaldruck selbst bis zu $T = 0$ flüssig bleibt. Erst bei mehr als 25 bar wird es fest. Unterhalb des Siedepunktes (4.22 K) sind beide Heliumisotope normale, viskose Flüssigkeiten. Das ^{4}He-Isotop hat keinen Kern- oder Elektronenspin, es ist daher ein Boson, das unterhalb von 2.18 K als Bose-Einstein-Kondensat in den suprafüssigen Zustand übergeht. Für das ^{3}He (Kernspin $= \frac{1}{2}$) müssen die Kernspins erst miteinander koppeln (so ähnlich wie die Elektronen bei der Supraleitung). Da die Wechselwirkung der Kernspins so klein ist, wird ^{3}He erst bei 0.003 K suprafüssig. Im supraflüssigen Zustand verschwindet die Viskosität, d. h. jeder Strömungswiderstand wird gleich Null [142].

Magische Zahlen bei Helium? Es war lange Zeit unklar, ob das Dimer (He$_2$) überhaupt gebunden ist. Die Topftiefe ist $\mathscr{E} = 0.9$ meV, aber wegen der großen Nullpunktsenergie ist die Bindungsenergie nur 0.01 meV. Wegen der noch größeren Nullpunktenergie bei ^{3}He$_2$ und ^{3}He^{4}He haben diese Dimere zwar dasselbe $\mathscr{E} = 0.9$ meV, aber gar keine gebundenen Zustände mehr. Alle größeren Cluster sind stabil, ihre Bindungsenergie sollte nur wenig variieren, so dass im Experiment keine magischen Zahlen erwartet wurden.

Mit einem Düsenstrahl (Temperatur $5 - 30$ K, Düsendurchmesser $5 - 30\,\mu$m, Druck $1 - 100$ bar) lassen sich kleine, große und sehr große Heliumcluster (N bis zu 10^7) herstellen. Sie kühlen durch Verdampfen ab, und zwar beim ^{4}He-Tröpfchen auf 0.38 K und beim ^{3}He auf 0.15 K. Daraus könnte man schließen, dass große Cluster des Isotops 4 suprafüssig sind, während das 3er-Isotop normal viskos blei-

---

[1] Der Begriff Vakuumniveau kommt aus der Oberflächenphysik. Es bezeichnet die Energie eines Elektrons in sehr großem Abstand von einer Oberfläche.

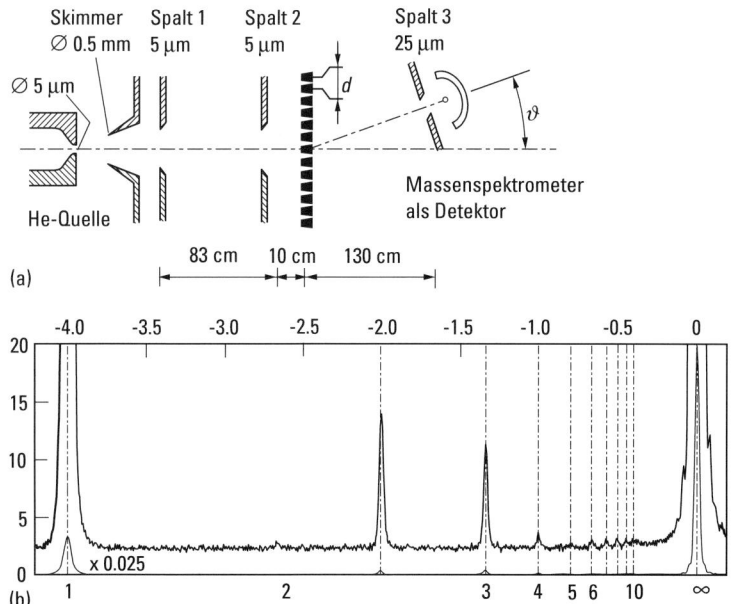

Abb. 9.65 Düsenstrahlexperiment zum Nachweis von magischen Zahlen bei Heliumclustern. Es wird flüssiges Helium bei 1.25 bar durch eine 5 µm Düse ins Vakuum expandiert und durch einen Skimmer zum Strahl geformt. Anschließend wird ein sehr feiner Strahl durch zwei 5 µm-Schlitze in 83 cm Abstand definiert. Dieser Strahl wird an einem Gitter mit einer Gitterkonstanten von 100 nm gebeugt und nach einer weiteren Flugstrecke von über einem Meter durch Elektronenstoß ionisiert und massenspektroskopisch nachgewiesen. Auf dem unteren Beugungsbild sind die He_N-Cluster bis $N \approx 10$ getrennt erkennbar. Die Apparatur ist also ein Massenspektrometer für *neutrale* Heliumcluster.

ben sollte. Das wird durch das unten besprochene Experiment (Abb. 9.66) in der Tat bestätigt.

Cluster in einem Düsenstrahl habe alle etwa die gleiche Geschwindigkeit v und daher eine unterschiedliche de-Broglie-Wellenlänge $\lambda_N = h(Nm_{He}v)^{-1}$. Nach der Bragg'schen Theorie ist ihr Ablenkwinkel an einem Gitter $\theta \approx \lambda_N/d$, wobei $d = 100$ nm der Gitterabstand ist. Das Monomer wird um 4 mrad (oder 0.23°) abgelenkt. Das Dimer und Trimer erscheinen dann bei $\frac{1}{2}$ bzw. $\frac{1}{3}$ dieses Winkels. Man kann Strukturen bis etwa $N = 100$ nachweisen [143]. Das so gewonnene Massenspektrum zeigt Maxima bei $N = 10 - 11, 13, 22, 26 - 27$ und 44. Da aus der Theorie ganz eindeutig folgt, dass die Bindungsenergie des Grundzustands keine Strukturen aufweist, müssen die magischen Zahlen beim Helium also eine andere Ursache haben. Toennies et al. konnten zeigen, dass die Maxima durch die quantisierten Eigenschwingungen der He-Cluster hervorgerufen werden. Die Cluster kommen relativ warm aus der Kondensationszone und kühlen durch Abdampfen von Atomen ab. Die Anregungsenergien sind quantisiert, und ist diese Energie größer als die Bindungsenergie eines Atoms, so wird dieses abgedampft. So lassen sich alle Maxima (außer $N = 22$) erklären.

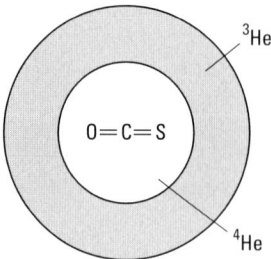

Abb. 9.66 Ein lineares OCS-Molekül kann sich frei in einer supraflüssigen Schale von Heliumatomen des Isotops 4 bewegen. Daher misst man extrem schmale Rotationslinien. Der äußere Mantel besteht aus dem normalflüssigen Dreierisotop.

Dotierte Heliumcluster. Es ist relativ leicht, He-Cluster zu dotieren. Das wurde schon im Zusammenhang mit Abb. 9.10 diskutiert. Dabei wird u. U. viel Bindungsenergie frei und der Cluster wird aufgeheizt. Aber falls er groß genug ist, kühlt er durch Abdampfen von Atomen wieder auf seine alte Temperatur ab. Man kann auf die Weise also extrem kalte Cluster herstellen.

Offenschalige Atome und Moleküle (Na, O_2) bleiben wegen der stark abstoßenden Elektron-Helium-Wechselwirkung an der Oberfläche, die Erdalkalimetalle dringen etwas ein. Viele andere Atome und Moleküle sitzen im Zentrum des Clusters. Die so dotierten Cluster kann man spektroskopisch untersuchen. Die Dichte ist viel zu klein für ein direktes Absorptionsexperiment, aber Photofragmentation ist eine sehr empfindliche Technik. Ein Photon wird absorbiert, die Energie relaxiert in das Helium und führt zum Abdampfen von Atomen. Das lässt sich für das Molekül OCS so schreiben:

$$\mathrm{He_N OCS} + h\nu \rightarrow \mathrm{He_N OCS}^* \rightarrow \mathrm{He_N^* OCS} \rightarrow \mathrm{He_{N-m} OCS} + m\,\mathrm{He} \qquad (9.30)$$

Man beobachtet gut aufgelöste Rotationslinien für NH_3, OCS und andere Moleküle. Die Linienbreite von nur $\approx 100\,\mathrm{MHz}$ deutet darauf hin, dass das Molekül frei rotieren kann, der He-Cluster also vermutlich supraflüssig ist. Allerdings werden vergrößerte Rotationskonstanten gefunden, die darauf hindeuten, dass das OCS-Molekül bei der Rotation immer ein paar Heliumatome mitnimmt, und mit diesen zusammen dann reibungsfrei rotiert.

Wiederholt man das Experiment mit ^{3}He, so findet man viel breitere Spektren, obwohl die Dichte kleiner und die Temperatur niedriger ist. Aus den Spektren kann man schließen, dass das Molekül im ^{3}He nicht frei rotieren kann. Das ist nicht erstaunlich, da der ^{3}He-Cluster bei 0.15 K nicht supraflüssig ist. Dotiert man nun OCS(^{3}He$_N$) mit mindestens 60 ^{4}He-Atomen (was etwa zwei Lagen Helium entspricht), so werden die Linien wieder scharf. Wegen der Differenz der Nullpunktschwingung (und damit der Dichte) werden die ^{4}He-Atome nach innen wandern und sich um das OCS legen. Die vermutete Struktur zeigt Abb. 9.66. Das lineare OCS-Molekül ist von einer supraflüssigen Schale von ^{4}He umgeben, die wiederum von einer normal flüssigen Schale von ^{3}He umhüllt ist [144].

9.6.6 Quecksilber: Transformation einer chemischen Bindung

Quecksilbercluster sind für kleine Clustergrößen van-der-Waals-artig gebunden, für größere kovalent und anschließend metallisch. Diese interessante Transformation einer chemischen Bindung als Funktion der Clustergröße soll hier kurz besprochen werden.

Das Hg-Atom hat die elektronische Struktur $[Xe]4f^{14}5d^{10}6s^2$, wobei [Xe] für die elektronische Struktur des Xenon-Atoms steht. D. h. beim Hg-Atom sind alle Schalen voll mit Elektronen besetzt, oder anders ausgedrückt, die Schalen sind abgeschlossen. Wie bei allen Atomen mit abgeschlossenen Schalen sind die Dimere nur schwach gebunden. Die Topftiefe beträgt nur 43 meV. Das Dimerion Hg_2^+ hat dagegen wegen der gerade/ungerade-Aufspaltung eine wesentlich größere Bindungsenergie von 1.4 eV. Es verhält sich also wie die Edelgasdimere bei der Ionisation.

Man vergleiche dazu die Diskussion zu Abb. 9.62 und 9.63. Die elementare Bändertheorie der Festkörperphysik lehrt, dass ein voll besetztes Atomorbital ein voll besetztes Band im Festkörper ergibt, und ein volles Band bedeutet immer einen Nichtleiter. Man würde daher naiv erwarten, dass makroskopische Mengen von Hg nichtmetallisch sind. Den physikalischen Grund für den metallischen Charakter von Quecksilber zeigt Abb. 9.67. Das Atom hat ein mit zwei Elektronen vollbesetztes

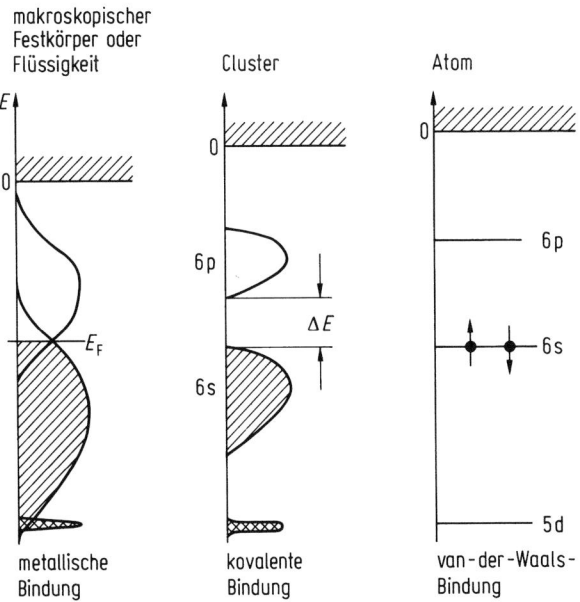

Abb. 9.67 Änderung der elektronischen Struktur beim Wachsen von Hg_N-Clustern. Das Atom hat eine abgeschlossene elektronische Schale ($6s^2$) und das Dimer und die kleinen Cluster sind van-der-Waals-artig gebunden. Die scharfen atomaren Linien verbreitern sich beim Cluster zu Bändern, die hier kontinuierlich gezeichnet sind. Die chemische Bindung hat kovalenten Charakter wie beim Halbleiter. Im Metall überlappen das 6s- und das 6p-Band und man hat metallische Bindung. Beim Cluster verschwindet die Bandlücke bei $N = 400 \pm 30$.

6s-Niveau und ein leeres 6p-Niveau. Die Niveaus verbreitern sich mit wachsender Clustergröße. Für endlich große Cluster ist die Aufspaltung natürlich nicht kontinuierlich, wie in der Abbildung gezeigt, sondern setzt sich aus diskreten Linien zusammen, was aber hier vernachlässigt werden soll. Sobald sich die Bandlücke ΔE schließt, kommt es zu einer Überlappung von s- und p-Band. Dadurch existieren direkt oberhalb des höchsten besetzten Elektronenzustandes unbesetzte Zustände, und der Festkörper kann metallisch auf ein angelegtes elektrisches Feld reagieren. Es kommt also als Funktion der Clustergröße zu einem Nichtmetall-Metall-Übergang. Ein ähnliches Verhalten zeigen die Erdalkalimetallatome (Be, Mg, Ca, Sr, Ba), die ebenfalls eine s^2-Elektronenstruktur haben. Allerdings ist bei ihnen der s-p-Abstand viel kleiner, so dass es nicht zu so dramatischen Änderungen kommt. Eine Übersichtsdarstellung findet man in [145].

Bei welcher Clustergröße sich die Bandlücke ΔE schließt, ist experimentell mit unterschiedlichen Ergebnissen beantwortet worden. Eine knappe Übersicht der Daten ist in der jüngsten (1998) Arbeit zu finden [146]. Dort wird die Photoelektronenspektroskopie (PES) an negativ geladenen Quecksilberclustern (Hg_N^-) untersucht. Das zusätzliche Elektron sitzt im 6p-Niveau und man sieht im Spektrum deutlich, wie sich der 6s-6p-Bandabstand mit der Clustergröße verringert. Eine Extrapolation gibt $\Delta N = 400 \pm 30$.

Rechnungen zu Hg_N sind besonders schwierig [147]. Einmal müssen die drei verschiedenen Bindungstypen richtig behandelt und zum anderen relativistische Effekte berücksichtigt werden. Es mag auf den ersten Blick widersinnig erscheinen, dass man bei den äußeren, nur schwach gebundenen und damit langsamen Elektronen (und nur diese sind ja an der chemischen Bindung beteiligt) relativistische Effekte berücksichtigen muss. Die innersten s-Elektronen des Hg-Atoms bewegen sich so schnell, dass es zu einer relativistischen Massenzunahme kommt. Schon aus der einfachen Theorie des H-Atoms weiß man, dass eine größere Elektronenmasse einen kleineren Durchmesser der Elektronenbahn bedingt. Da alle s-Orbitale orthogonal zu einander sind, wird für alle der mittlere Radius etwas kleiner. Es gibt noch einen zweiten Effekt: Die p-Orbitale haben keine endliche Aufenthaltswahrscheinlichkeit am Kernort und werden daher durch diesen Effekt nicht beeinflusst. Ihre Bindung wird aber etwas geschwächt, da die kompakteren s-Orbitale die p-Elektronen besser abschirmen. Beide Effekte zusammenführen zu der großen Bandlücke beim Quecksilber.

Schlussbetrachtung. Die Diskussion der Clustereigenschaften wurde in diesem Abschnitt mit den metallischen Clustern begonnen. Anschließend wurden die Verhältnisse bei kovalent und van-der-Waals-gebundenen Clustern diskutiert. Bei Hg-Clustern liegen alle diese Bindungstypen je nach Clustergröße vor.

9.6.7 Wassercluster und Hydratcluster

Als Beispiel molekularer Cluster werden im Folgenden Wassercluster und Hydratcluster diskutiert.

9.6.7.1 Wassercluster

Das Wassermolekül hat zwei Wasserstoffatome als Bindungsdonoren (D) und zwei einsame Elektronenpaare als Bindungsakzeptoren (A). Ähnlich wie das Kohlenstoffatom vier äquivalente Hybridorbitale zur Ausbildung von vier kovalenten Bindungen hat, kann das Wassermolekül vier Wasserstoffbrücken in fast tetraedischer Koordination ausbilden, die allerdings etwa zehnmal schwächer als kovalente Bindungen sind. Inelastische Röntgenstreumessungen an Eis [148] und NMR-Messungen an Nukleotidaggregaten [149] zeigen aber, dass H-Brücken als schwache kovalente Bindungen aufgefasst werden können [150]. Entsprechend können viele der reichhaltigen Strukturmotive organischer Moleküle in Aggregaten von Wasser wieder gefunden werden. Gewöhnliches hexagonales Eis I_h zum Beispiel ist aus Wasserhexameren in Boot- und Sesselkonformation zusammengesetzt wie Cyclohexan. Metastabiles kubisches Eis I_c ist isomorph zur Diamantstruktur.

Isolierte Wassercluster in der Gasphase sind die Basis für eine Beschreibung der Eigenschaften von kondensiertem Wasser auf molekularem Niveau. Durch die Untersuchung zunehmend größerer Cluster wird es möglich, die verschiedenen Mehrkörperterme in dem entsprechenden intermolekularen Potential systematisch zu untersuchen. Wassercluster $(H_2O)_n$ können durch Expansion eines Gemisches von mehreren hPa H_2O mit mehreren 10^5 Pa eines Inertgases wie Helium oder Argon durch eine Öffnung von typisch 0.1 mm in ein Hochvakuum (vergleiche Düsenstrahl in Abschn. 9.2.2) erzeugt und als isolierte Aggregate größenspezifisch spektroskopisch untersucht werden. Im Folgenden werden die Strukturen und IR-Photodissoziationsfrequenzen kleiner Wassercluster diskutiert, die durch Streuung größenselektiert wurden (vgl. Abschn. 9.2.5). Aus den Frequenzen der OH-Streckschwingungen lassen sich die Verknüpfungen der Wassereinheiten und damit qualitative Strukturen ableiten. Erst rotationsaufgelöste Messungen verschiedener Clusterisotopomere führen dann aber zu detaillierten Bindungsabständen und -winkeln.

Im Folgenden werden Struktur und Dynamik kleiner Wassercluster näher beschrieben. Das Wasserdimer $n = 2$ hat eine nahezu lineare Wasserstoffbrücke und trans-Anordnung der nicht H-Brücken-gebundenen(„freien")H-Atome („trans-lineare" Anordnung), wie Mikrowellenuntersuchungen zeigten [151]. Die freie (gebundene) OH-Streckschwingung der H-Donoreinheit absorbiert bei 3735 (3601) cm^{-1}, während die H-Akzeptoreinheit eine zum Wassermonomer weitgehend ungestörte antisymmetrische (a) Streckschwingung bei 3745 cm^{-1} aufweist. Die symmetrische (s) Streckschwingung ist im IR-Spektrum zu intensitätsschwach, um beobachtet zu werden. **Tunnelbewegungen** der Wassereinheiten führen zu komplizierten spektralen Aufspaltungen und zeigen die hohe interne Beweglichkeit („floppy structure") einiger Cluster. Das Wasserdimer zum Beispiel ist ein nahezu symmetrischer Rotor, in dem vier Bewegungen großer Amplitude zu Mehrfachpotentialen mit identischen Minima und Aufspaltung der Rotationsniveaus in insgesamt sechs Unterniveaus führen. Die Tunnelbewegung mit niedrigster Barriere und größter Aufspaltung entspricht einer 180°-Rotation des Akzeptormonomers um seine C_2-Achse, die zu einem Austausch seiner beiden H-Atome führt. Weitere Bewegungen sind die konzertierte (gleichsinnige und entgegengesetzte) Rotation der beiden Wassereinheiten, so dass das H-Donorwasser zum H-Akzeptor wird und umgekehrt. Eine weitere Tunnelbewegung führt zu einem Austausch der Wasserstoffatome der Donoreinheit. Die

Analyse dieser (Schwingungs-Rotations-)Tunnelzustände ist also nicht nur Schlüssel zu den Strukturen, sondern auch zur komplizierten Dynamik dieser Cluster, d. h. zu den Barrieren und zur Geschwindigkeit ihrer Bewegungen mit großer Amplitude [152].

Die in Abb. 9.68 gezeigten quasiplanaren Ringstrukturen der Cluster $n = 3-5$ führen zu einem für Mikrowellenuntersuchungen zu geringen schwingungsgemittelten Permanentdipol. Die Strukturen wurden stattdessen durch rotationsaufgelöste Absorptionsmessungen von intermolekularen Schwingungen der Cluster im fernen Infraroten bestimmt [152] (s. Abschn. 9.4.1.2).

Die gebundenen OH-Streckschwingungen der Cluster mit $n = 3, 4, 5$ liegen bei $3533 \, cm^{-1}$, $3416 \, cm^{-1}$ und $3360 \, cm^{-1}$. Die Ringschwingungen sind symmetrieentartet. Die Ringe sind zunehmend weniger gespannt, da die H-Brücken mit zunehmender Ringgröße linearer werden. Dadurch nimmt die H-Brückenbindungsstärke und der OH-Abstand der „gebundenen" (Ring-)OH-Gruppe zu und ihre Schwingungsfrequenz ab. Durch Dipol-Dipol-Wechselwirkung der orientierten Wassermoleküle werden die H-Brücken weiter verstärkt (kooperativer Effekt). Die Streckschwingungen der nicht H-Brücken-gebundenen OH-Gruppen („freie" OH-Streckschwingungen im Bereich $3710-3730 \, cm^{-1}$) absorbieren höherfrequenter, da die OH-Bindung nicht durch eine H-Brücke geschwächt ist.

Das Hexamer $(H_2O)_6$ hat eine Käfigstruktur mit zwei Wassermolekülen, die als Doppel-H-Donor/Einfach-H-Akzeptor (ADD) fungieren [40]. Die Rotationskonstanten aus FIR-Absorptionsmessungen an der intermolekularen „Flip"-Schwingung der freien OH-Bindungen der beiden Einfachdonor-Einfachakzeptor-(DA-)Monomere bei $83 \, cm^{-1}$ geben einen eindeutigen Strukturbeweis. Mit der Diffusionsquanten-Monte-Carlo-Methode (DQMC: Lösung der Schrödinger-Gleichung für die Atomkerne durch Berechnung einer isomorphen modifizierten Diffusionsgleichung) können intermolekulare Schwingungsbewegungen großer Amplitude exakt berechnet werden. DQMC-Rechnungen zeigten, dass die Käfigstruktur erst nach Korrektur der Gleichgewichtsdissoziationsenergie um die relativ kleine Schwingungsnullpunktsenergie das stabilste Hexamer wird [40]. Der durchschnittliche O-O-Bindungsabstand der Käfigstruktur von $0.285 \, nm$ liegt sehr nahe bei dem Wert von flüssigem Wasser von $0.285 \, nm$. In Eis I_h ist ein zyklisches Isomer von $(H_2O)_6$ mit einem O-O-Abstand von $0.2759 \, nm$ die Basiseinheit (Abb. 9.70). Ein zyklisches, vermutlich ebenfalls quasiplanares Hexamer wurde in flüssigen Heliumtröpfchen im Molekularstrahl (vgl. Abschn. 1.5 und 9.2.4.3) durch resonante IR-Verdampfung des Heliums nachgewiesen [153]. Die Frequenz der gebundenen OH-Gruppe bei $3330 \, cm^{-1}$ ist exakt dort, wo sie bei einer Extrapolation der Frequenzen der kleineren Ringe erwartet wird (Abb. 9.68). Vermutlich wird Wasser zunächst in die kleineren zyklischen Komplexe sukzessive eingebaut und die Umwandlung des Hexamers in die stabilere Käfigstruktur durch die ultraschnelle Stoßabkühlung im flüssigen Helium verhindert. Die Überwindung der Energiebarriere zwischen Käfig- und Ringstruktur ist in den kalten Heliumtröpfchen, nicht aber in dem am Anfang der Expansion noch relativ warmen Düsenstrahl, kinetisch gehemmt. DQMC-Rechnungen zeigten für das zyklische Hexamer einen O-O-Bindungsabstand von $0.276 \, nm$ ähnlich wie im „gewöhnlichen" hexagonalen Eis I_h [150].

$(H_2O)_8$ hat Würfelform mit vier DDA- und vier DAA-Wassermolekülen (Abb. 9.68). Die gekoppelten Oszillationen der gebundenen DAA-OH-Gruppen ab-

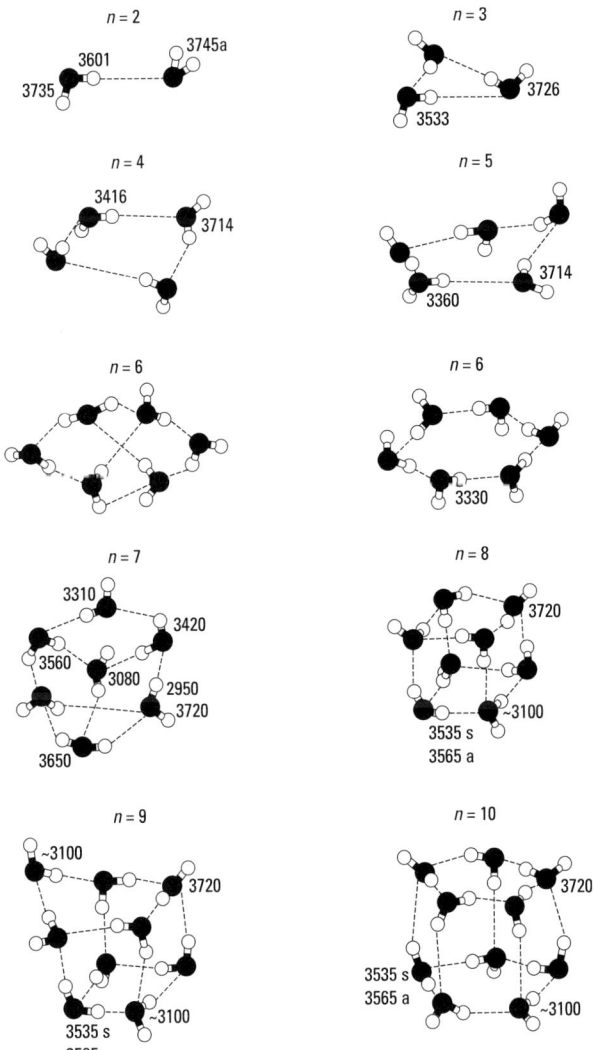

Abb. 9.68 Strukturen und OH-Streckschwingungsfrequenzen (in cm^{-1}) kleiner Wassercluster. Antisymmetrische Streckschwingungen werden mit a, symmetrische Streckschwingungen mit s bezeichnet. Die „freien" (nicht H-Brücken gebundenen) OH-Streckschwingungen liegen im Bereich 3714–3726 cm^{-1} für $n > 2$ (vgl. mit dem Mittelwert von 3706 cm^{-1} der s- und a-Streckschwingungen des Wassermonomers bei 3657 und 3756 cm^{-1}).

Die „gebundenen" Streckschwingungen absorbieren im Bereich 3420–3650 cm^{-1} für Doppel-donor-/Einfach-H-Akzeptor-(ADD-)H$_2$O, 3100–3530 cm^{-1} für Akzeptor-Donor-(AD-)H$_2$O und 2950–3100 cm^{-1} für AAD-H$_2$O. Mit zunehmender Clustergröße werden die AD-H$_2$O-Streckschwingungen systematisch niederfrequenter. Die zyklischen Wassernetzwerke haben eine spektrale Lücke im Bereich von ungefähr 3500–3650 cm^{-1}. Erst dreidimensionale Strukturen haben ADD-,,Doppeldonor"-OH-Streckschwingungen in diesem Bereich und können dadurch von den zyklischen Strukturen unterschieden werden (nach [295, 296]).

sorbieren bei ungefähr $3100\,\text{cm}^{-1}$. Die DDA-OH-Streckschwingungen absorbieren wegen der geringeren Stärke ihrer H-Brücken höherfrequenter bei 3535 und $3565\,\text{cm}^{-1}$, also zwischen den Frequenzen der freien und der einfach gebundenen OH-Gruppen der ringförmigen Cluster. Gleiche Orientierung der OH-Bindungen in den beiden Viererringen führt zu einem Isomer mit S_4-Symmetrie, entgegengesetzte Orientierung wie in Abb. 9.68 zu D_{2d}-Symmetrie. Diese beiden Isomere wurden in Benzol$(H_2O)_8$ [154] und Phenol$(H_2O)_8$ [155] durch IR-UV-Spektroskopie identifiziert. Die geringe Zahl der beobachteten Schwingungen ist auf Schwingungsentartung durch die hohe Symmetrie des Oktamerenwürfels zurückzuführen.

In $(H_2O)_7$ ist eine Kante des Würfels um ein H_2O verringert (4-Ring + 3-Ring). Auf Grund der geringeren Symmetrie sind weniger Schwingungen entartet. DDA-Frequenzen bei 3420, 3560 und $3650\,\text{cm}^{-1}$, DAA-Frequenzen bei 2950, 3080 und $3310\,\text{cm}^{-1}$ und die freien OH-Schwingungen bei $3720\,\text{cm}^{-1}$ wurden beobachtet. In $(H_2O)_9$ ist eine Kante des Würfels um ein H_2O erweitert (4-Ring + 5-Ring). In $(H_2O)_{10}$ sind zwei Kanten des Würfels um jeweils ein H_2O erweitert (5-Ring + 5-Ring). Die Frequenzen einer isomeren Struktur (D_{2d}-Oktamer mit zwei an entgegengesetzten Kanten eingefügten DA Monomeren) stimmen mit dem gemessenen IR-Spektrum besser überein [296]. Zu den Strukturen größerer Wassercluster existieren bisher nur Rechnungen. Sie bauen auf den $(H_2O)_8$-Würfeln auf und haben erst in $(H_2O)_{12}$ mit zwei fusionierten $(H_2O)_8$-Würfeln tetraederförmig koordinierte Wassermoleküle (DDAA-H_2O) wie Eis.

Im Folgenden wird der kooperative Effekt in Wasser und Wasserclustern näher beschrieben. Das durchschnittliche Dipolmoment eines Wassermoleküls in der kondensierten Phase von 2.4–2.6 D ist um ungefähr 40 % höher als das eines isolierten Monomers von 1.855 D. Dies ist auf die große Polarisation zurückzuführen, die das elektrische Feld der Umgebungsmoleküle verursacht. Abb. 9.69 zeigt den Anstieg

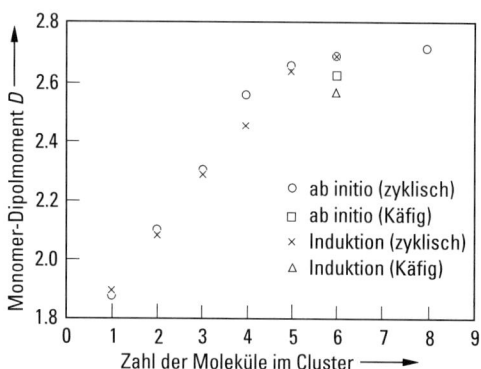

Abb. 9.69 Durchschnittliches Dipolmoment eines Wassermonomers in einem zyklischen Wassercluster als Funktion der Anzahl der Wassermoleküle in dem Cluster. Gezeigt sind die Ergebnisse aus ab-initio-Rechnungen und aus einem Induktionsmodell, bei dem das induzierte elektrische Feld mithilfe der bekannten anisotropen Polarisierbarkeit und den Quadrupolmomenten des Wassermonomers iterativ und selbstkonsistent berechnet wird. Für das Hexamer ist zusätzlich der Dipol der Käfigstruktur angegeben. Der Oktamerwert bezieht sich auf die kubische (D_{2h}-) Struktur (nach [297]).

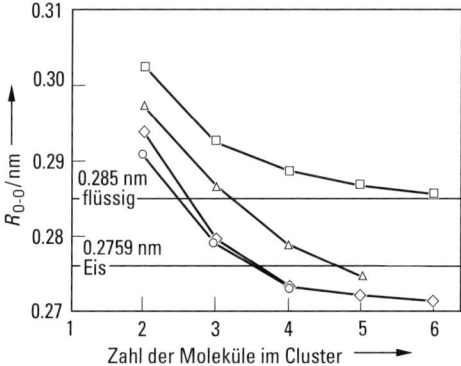

Abb. 9.70 Abhängigkeit der R_{O-O}-Abstände in $(H_2O)_n$ von der Clustergröße n nach Daten aus der Fern-IR-Spektroskopie ($\triangle$) und verschiedenen Niveaus der Theorie: Hartree-Fock ($\square$), Möller-Plesset-Störungsrechnung 2. Ordnung ($\circ$) und Dichtefunktionaltheorie mit B3LYP-Funktional ($\diamond$). Die experimentellen R_{O-O} Abstände in flüssigem Wasser bei 298 K und in hexagonalem Eis bei 185 K sind als horizontale Linien zum Vergleich gezeigt (nach [150]).

des durchschnittlichen Monomerdipols für zyklische Wassercluster mit der Clustergröße.

Der Anstieg des Monomerdipols und die Zunahme der stabilisierenden Dipol-Dipol-Wechselwirkung bei günstiger Orientierung der Monomere sind wesentliche Faktoren für eine mehr als additive, kooperative Stabilisierung größerer Wassercluster. Abb. 9.70 zeigt, dass dieser kooperative Effekt zu einer exponentiellen Kontraktion des O–O-Abstandes mit zunehmender Clustergröße führt, die zu dem O–O-Abstand des hexagonalen Eises von 0.2759 nm konvergiert.

Die Ergebnisse der Clustermessungen können mit Messungen von Wasser in der kondensierten Phase, insbesondere an Grenzschichten mit unvollständig koordinierten Wassermolekülen, verglichen werden. Die Erzeugung der Summenfrequenz (SFG) von sichtbarem und IR-Licht ist in einem zentralsymmetrischen Medium wie dem Volumenwasser verboten, aber an der Wasseroberfläche in der ersten Monoschicht erlaubt, weil dort die Inversionssymmetrie gebrochen ist [156]. Die SFG-Spektren an der Wasser-Luft-Grenzfläche zeigen freie OH-Streckschwingungen bei ungefähr $3700\,cm^{-1}$ („dangling H" aus DA- und DAA-H_2O) sowie breite Banden bei ungefähr 3150 bzw. $3400\,cm^{-1}$, die den in Phase schwingenden, gekoppelten, symmetrischen Streckschwingungen der gebundenen tetraedrisch koordinierten OH-Gruppen (DDAA-H_2O) bzw. „bindungsungeordnetem H_2O" zugeordnet wurde [156]. IR-Absorption im Bereich von etwa $3500–3650\,cm^{-1}$ (DDA-H_2O) wurde nicht beobachtet, so dass von Würfeln abgeleitete Strukturen mit DDA-Monomeren wohl an der Oberfläche von *flüssigem* Wasser keine Rolle spielen. Allerdings konnten wichtige thermodynamische Größen wie die hohe Wärmekapazität von flüssigem Wasser und ihre Temperaturabhängigkeit durch ein einfaches Gleichgewichtsmodell zwischen zyklischem $(H_2O)_4$ und kubischem $(H_2O)_8$ beschrieben werden [157].

Raman- und IR-Spektren von D_2O-dotierten Eisnanokristallen zeigen relativ scharfe Banden, die auf „dangling-D"-Schwingungen von DA- und DAA-D_2O(HOD)-Molekülen auf der Kristalloberfläche zurückgeführt wurden sowie niederfrequentere Banden, die DAA- und DDA-H_2O zugeordnet wurden [158]. An der Oberfläche von Eisnanokristallen könnten also würfelähnliche Strukturen wie die Cluster $n = 7-10$ oder größere Würfel als Untereinheiten eine Rolle spielen. Auch amorphes Eis mit einem hohen Anteil an Mikroporen hat einen signifikanten Anteil an unterkoordinierten Wassermolekülen [159]. Würfelförmige und zyklische $(H_2O)_8$-Cluster konnten fixiert in supramolekularen Komplexen nachgewiesen werden [160].

Die Schwingungsspektren von hexagonalen und kubischen Eisnanokristallen und dünnen Filmen wurden mit einem Modell von vier oszillierenden Dipolen zugeordnet, die tetraedrisch um ein O-Atom angeordnet sind [161]. Dabei werden die OH-Bindungen als lokale Morseoszillatoren dargestellt, die durch intramolekulare und intermolekulare (Dipol-Dipol) Wechselwirkung gekoppelt sind. Während in diesem Modell die O-Atome im Eisvolumen ein perfektes tetraedrisches Netzwerk bilden, sind die H-Atome im Rahmen der „Eisregel" (2 chemisch und zwei H-Brücken gebundene H-Atome um jedes O-Atom) zufällig orientiert [161]. Cluster mit tetraedrisch koordiniertem H_2O, deren Eigenschaften zu denen von flüssigem Wasser oder Eis konvergieren sollten, wurden bisher noch nicht spektroskopisch identifiziert, so dass dieses zur Beschreibung von Nanokristallen sehr erfolgreiche Modell noch nicht detailliert überprüft werden konnte. Die bisher untersuchten Wasserassoziate sind vielmehr den kleinen Clustern mit spezifischen, stark größenabhängigen Strukturen zuzuordnen. Dies gilt ähnlich auch für die bisher durchgeführten spektroskopischen Untersuchungen von Wasserclusterkationen, die spontan zu protonierten Wasserclustern dissoziieren [177] (s. Abschn. 9.6.8).

9.6.7.2 Hydratcluster

Die Solvatation organischer und anorganischer Moleküle insbesondere in Wasser spielt eine zentrale Rolle in Chemie und Biologie. In Flüssigkeiten ist eine detaillierte Untersuchung der Struktur und Dynamik von Hydrathüllen schwierig. Durch die Untersuchung von Solvatclustern definierter Größe können die Veränderungen der Eigenschaften des solvatisierten Moleküls als Funktion der Anzahl der Solvatmoleküle und ihrer Anordnung systematisch erforscht werden. Man spricht von einer „kontrollierten Solvatation" oder „Mikrosolvatation".

Die am besten untersuchten Hydratcluster sind die Benzol-Wasser- [154] und Phenol-Wasser-Systeme PW_n [155]. Moleküle mit einem Chromophor im sichtbaren oder UV-Spektralbereich und ihre Cluster können isomerenselektiv durch UV-UV- und IR-UV-Doppelresonanzspektroskopie untersucht werden (siehe Abschn. 9.4.1), während die neutralen Wassercluster und ihre Ionen lediglich größenselektiert werden können. Tatsächlich wurde das würfelförmige Wasseroktamer zuerst in Clustern mit Benzol gefunden, an das eine freie OH-Gruppe von $(H_2O)_8$ mit einer π-Wasserstoffbrücke gebunden ist [154]. Auch für die kleineren Benzol-Wasser-Cluster gilt, dass die Hydrathülle ähnlich wie die der reinen Wassercluster aufgebaut ist. Dagegen ist in den Phenol-Wasser-Clustern die Hydroxylgruppe des Phenols in das Wasser-

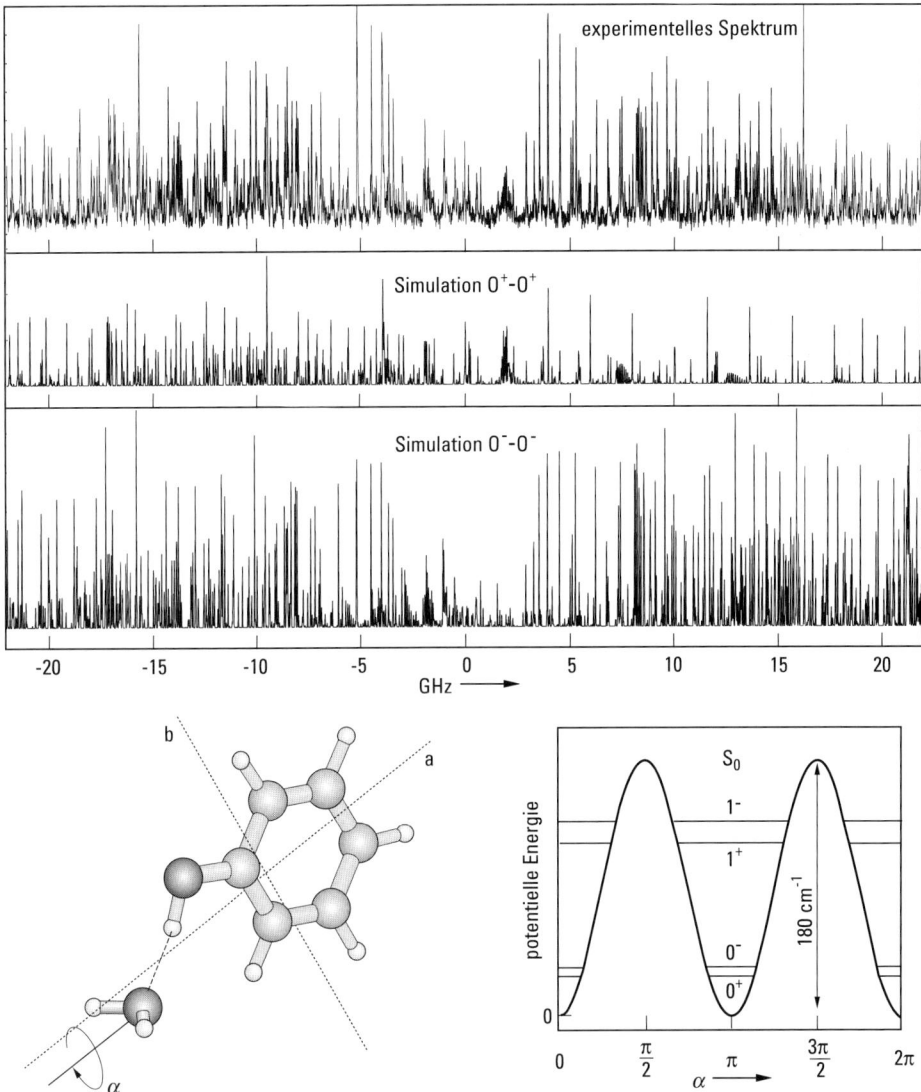

Abb. 9.71 (a) Teil des rotationsaufgelösten Laserfluoreszenzspektrums von PW_1 bei Anregung des $S_0 \rightarrow S_1$-Überganges. Das Spektrum besteht aus zwei Banden, die von verschiedenen Subtorsionsniveaus 0^+ und 0^- im S_0-Zustand ausgehen. Insgesamt konnten 300 vollständig aufgelöste Linien gemessen werden, deren Breite auf eine Strahlungslebensdauer von 15 ns und Doppler-Verbreiterung zurückzuführen ist. (b) Entfaltung des Gesamtspektrums, um die beiden Subbanden getrennt zu zeigen. (c) Strukturparameter von PW_1 und ihre Definition. Angegeben sind die Rotationsachsen a und b (Achse c senkrecht zu a, b ist nicht gezeigt) und der Torsionswinkel α. Die rechte Abbildung zeigt das Doppelminimum-S_0-Potential für die gehinderte interne Rotation um die C_2-Achse des Wassers als Modell für die tatsächlich vorliegende zweidimensionale Torsionswedelbewegung (τ-β_2-Kopplung, vgl. Abb. 9.72).

netzwerk eingebunden, so dass Schwingungs- und Tunnelbewegungen der Hydrat-hülle im elektronischen Spektrum des Chromophors sichtbar werden und dieser als Sensor wirkt. Insbesondere sind die intermolekularen Schwingungen im Frequenz-bereich zwischen ca. 10 und 300 cm^{-1} durch Anregungs- und dispergierte Fluores-zenzspektroskopie relativ einfach zugänglich. Die intermolekularen Schwingungen und ihre Aufspaltung durch Tunnelbewegungen charakterisieren das Wasserstoff-brückenpotential und die Bewegungsdynamik des Clusters besonders genau. In den reinen Wasserclustern sind sie nur für einige spektral günstig gelegene Banden durch Fern-IR-Absorptionsspektroskopie zugänglich (vgl. Abschn. 9.4.1.2 und 9.6.7.1).

Der PW$_1$-Cluster zeigt im IR-UV-Spektrum eine hochfrequente Bande bei 3746 cm^{-1}, die im Bereich der antisymmetrischen Streckschwingung des Wassermo-nomers liegt, und eine Bande bei 3524 cm^{-1}, die der H-Brücken-gebundenen phe-nolischen Hydroxylgruppe zugeordnet werden kann [162]. Offenbar ist Phenol H-Donor an das Sauerstoffatom des Wassers. Mit zunehmender Protonenaffinität des Akzeptormoleküls H$_2$O < CH$_3$OH < NH$_3$ < N(CH$_3$)$_3$ absorbiert die Donor-OH-Schwingung auf Grund der Verringerung ihrer Kraftkonstante niederfrequenter [163]. Der elektronische Ursprung des Clusterspektrums ist zunehmend rotverscho-ben, da der angeregte S$_1$-Zustand, der azider ist als der Grundzustand des Phenols, mit zunehmender Protonenaffinität stärker stabilisiert wird.

Messungen der Rotationskonstanten mit FTMW-Spektroskopie [164] und hoch-auflösender Laserfluoreszenz [165] bestätigen diesen Befund quantitativ. Die gemes-senen Rotationskonstanten lassen auf eine lineare H-Brücke mit kleinerem O–O-

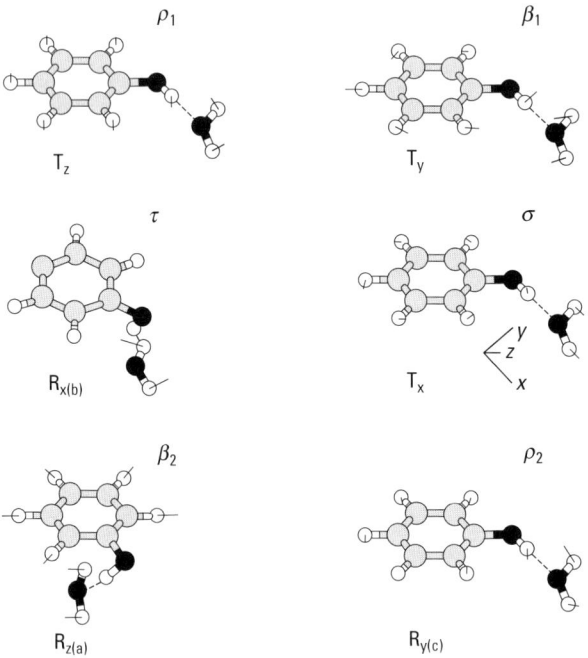

Abb. 9.72 Schema der intermolekularen Schwingungen von PW$_1$.

Abstand im S_1-Zustand des Phenols im Vergleich zum Grundzustand [165] und einer trans-Stellung der H-Atome des Wassers relativ zum Phenolring schließen (siehe Abb. 9.71). Die Tunnelbewegung des Wassers um seine C_2-Achse führt zu einem Doppelminimumpotential und zu einer Aufspaltung der Torsionsniveaus durch Tunneln. Entsprechend besteht der elektronische Ursprung des Phenol-Wasser-Spektrums aus zwei Banden, die von verschiedenen Subtorsionsniveaus 0^+ und 0^- im S_0-Zustand ausgehen. Aus der Größe der Aufspaltung lässt sich eine Tunnelbarriere von etwa $180/130\,\mathrm{cm}^{-1}$ im S_0-/S_1-Zustand abschätzen.

Der PW_1-Cluster hat sechs intermolekulare Schwingungen, die sich auf den Verlust von drei Rotations- und drei Translationsbewegungen nach Komplexbildung zurückführen lassen [166]. In Abb. 9.72 sind die Knickschwingungen ϱ_1 und β_1 abgebildet, die jeweils aus der Aromatenebene herausführen (ϱ_1; A''-Symmetrie) bzw. in der Ebene liegen (β_1; A'-Symmetrie) und sich auf den Verlust der Translationsbewegungen der Monomere in z- und y-Richtung (T_z, T_y) zurückführen lassen. Weiterhin sind die Torsions- und Streckschwingungen τ und σ abgebildet, die mit einer Rotation um die x-Achse (R_x; A''-Symmetrie) und einer Translation entlang x (T_x; A'-Symmetrie) korrelieren sowie die Wedelbewegungen („wag") β_2 und ϱ_2 mit Rotation der Monomere um die z-Achse (R_z; A'-Symmetrie) und y-Achse (R_y; A''-Symmetrie) als Ursprünge. Die β_2- und τ-Bewegungen sind gekoppelt und führen die Wassereinheit nach einer $180°$-Torsion durch die Wedelbewegung von der cis-Form zurück in die translineare Anordnung [166]. Durch diese Kopplung sind die β_2-Frequenzen stark anharmonisch verringert und die β_2-τ-Schwingungszustände durch Tunneln aufgespalten (vgl. Tab. 9.5). Die Frequenzen im Ionenkomplex sind generell höher, da hier die H-Brückenbindungsstärke etwa viermal größer und der H–O-Abstand um 30 pm kleiner ist als in dem neutralen Komplex [167]. In einer sechsdimensionalen Rechnung konnte dieses komplexe Muster intermolekularer Schwingungen mit zum Teil großer Amplitude für den S_0-Zustand vollständig geklärt werden [168].

Die Struktur von Phenol-Methanol wird außer durch die H-Brücke durch attraktive „Dispersions"-Wechselwirkung zwischen der Methylgruppe des Methanols und dem π-System des aromatischen Ringes bestimmt. Diese Interaktion ist auf die gegenseitige Induktion von Dipolen zurückzuführen. Die sich daraus ergebende An-

Tab. 9.5 Die intermolekularen Schwingungen des Phenol(H_2O)$_1$-Clusters im elektronischen Grund- (S_0), angeregten (S_1) und Ionenzustand (D_0) in cm^{-1}. Durch Kopplung mit der gehinderten Rotation der Wassereinheit sind die Zustände im S_0- und S_1-Zustand aufgespalten. Nur Übergänge in den Oberton der Torsion (2τ) sind erlaubt. Die mit – indizierten Schwingungen wurden nicht beobachtet (nach [292]).

	ϱ_1	β_1	2τ	σ	β_2	ϱ_2
S_0	–	–	121.1 +	151.9 –	139.1 –	–
			158.6 –	156.1 +	141.8 +	
S_1	29.2 –	67.1 +	94.3 +	155.6 +	120.5 –	–
	30.9 +	66.7 –	–	155.6 –	125.9 +	
D_0	67	84	257	240	328	–

ziehung zwischen Methylgruppe und π-System des aromatischen Ringes führt zu einer fast rechtwinkligen Anordnung zwischen Phenol und Methanol und zu einer Verkürzung der H-Brücke im Vergleich zum translinearen PW_1, wie Messungen mit HRLIF zeigten [169].

Die größeren Phenol-Wasser-Cluster haben, ähnlich wie die neutralen Wassercluster, zyklische Strukturen mit dem Übergang zu dreidimensionalen Strukturen bei PW_5 [170], vgl. den analogen Übergang bei W_6 in Abb. 9.68. Besonders hohe Intensitäten wurden für $PW_{7,8,12}$ gefunden [171]. $PW_{7,8}$ bilden ein würfelförmiges Wassernetzwerk mit jeweils einer in das Netzwerk eingebauten und einer nur als H-Donor an ein O-Atom des Netzwerks fungierenden phenolischen Hydroxylgruppe. In PW_{12} ist Phenol wahrscheinlich H-Donor an einen fusionierten Wasserdoppelwürfel. In diesem Wassernetzwerk treten zum ersten Mal tetraedrisch koordinierte Wassermoleküle ($AADD-H_2O$) auf. Bei größeren Clustern ist der Übergang zu einem makroskopischen Wassernetzwerk zu erwarten. Generell gilt, dass besonders stabile W_n-Strukturen wie Ringe oder Würfel auch in den Hydrathüllen gebildet werden. Wenn das Wassernetzwerk weniger stabil ist, wie zum Beispiel in $W_{6,7,9}$ (s. Abb. 9.68), können sich jedoch auch andere Strukturen als in den reinen Wasserclustern ausbilden, die insbesondere durch π-Wasserstoffbrücken mit dem solvatisierten Molekül stabilisiert werden [172].

Auch die intermolekularen Schwingungen der größeren Hydratcluster charakterisieren das Wassernetzwerk. Allerdings sind die OH-Streckschwingungen aufgrund ihrer mit zunehmender H-Brückenbindungsstärke stark zunehmenden Rotverschiebung die empfindlicheren Sensoren für die Netzwerkstrukturen. Generell liegen bei H-Brücken-gebundenen Clustern $6n-6$ intermolekulare Schwingungen für n Monomere vor (hier $n-1$ Wassermoleküle, ein Phenolmolekül), die auf die Umwandlung von drei Rotations- und drei Translationsfreiheitsgraden pro Monomer in eine entsprechende intermolekulare Schwingung zurückzuführen sind [170].

Die intermolekularen Schwingungen der zyklischen PW_{2-5} Cluster können in charakteristische Gruppen eingeteilt werden. $3n-3$ Schwingungen lassen sich auf Translationen der Wassermonomere zurückführen: drei Schwingungsbewegungen der Ringe gegeneinander, $2n-6$ Deformationsschwingungen des Sauerstoffrings, n Streckschwingungen der Sauerstoffatome gegeneinander.

$3n-3$ Schwingungen lassen sich auf gehinderte Rotationen der Wassermonomere zurückführen: $n-1$ Torsionen der freien, d. h. ungebundenen H-Atome der Wassermoleküle, $n-1$ Rotationen der H-Brücken-gebundenen H-Atome um die c-Achse des Wassermoleküls, $n-1$ Rotationen der H-Brücken-gebundenen H-Atome um die a-Achse des Wassermoleküls. Die dreidimensionalen Wassernetzwerke mit Doppeldonorwassermolekülen zeigen ähnliche intermolekulare Schwingungen [170].

Die Abb. 9.73 zeigt diejenigen intermolekularen Schwingungen von PW_3, die im elektronischen Spektrum des Chromophors besonders hohe Intensität aufweisen. Die Schwingungen mit geringster Frequenz sind, wie auch in anderen molekularen Doppelringsystemen, die Schwingungsbewegungen der Ringe gegeneinander. Die „Schmetterlingsschwingung" v_1, die „Verdrillungsschwingung" v_2 und die „Getriebeschwingung" v_3 der zyklischen PW_n liegen im Frequenzbereich von wenigen cm^{-1} bis mehr als $60\,cm^{-1}$. Etwas höhere Frequenzen weisen die Deformationsschwingungen des Sauerstoffringsystems v_4 und v_5 auf. Die höchstfrequenten im elektronischen Spektrum sichtbaren intermolekularen Schwingungen sind die intermole-

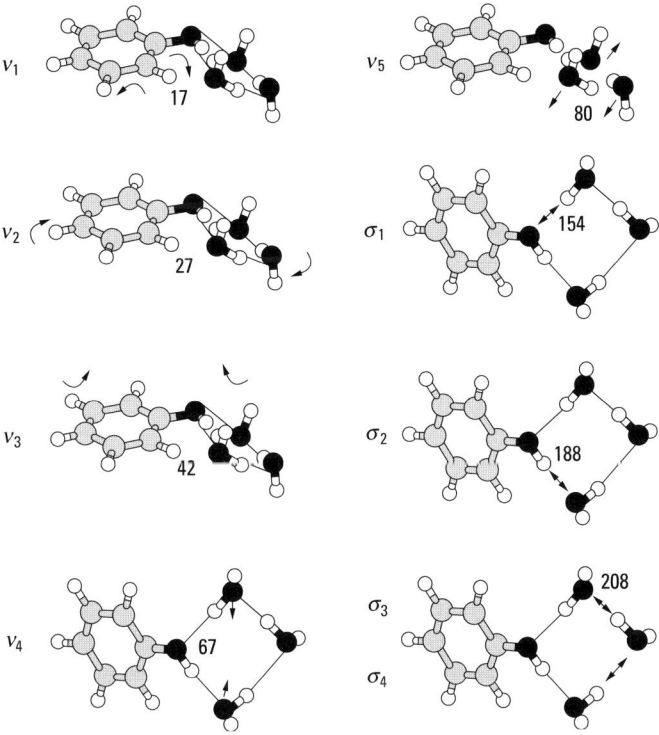

Abb. 9.73 Schema der intermolekularen Streckschwingungen von PW_3 (nach [170]). Die Zahlen geben die experimentellen Schwingungsfrequenzen im S_0-Zustand in cm^{-1} an.

kularen O–O-Streckschwingungen σ_1 bis σ_4 im Bereich von $100-250\,cm^{-1}$. Die sich aus Rotationsbewegungen ableitenden intermolekularen Schwingungen haben im Allgemeinen keine Intensität im elektronischen Spektrum. Hier sind stark anharmonische Frequenzen zu erwarten, da die Schwingungen im Wesentlichen aus Bewegungen der leichten Wasserstoffatome mit großer Amplitude bestehen. Die harmonisch berechneten Frequenzen liegen im Bereich von $180-1000\,cm^{-1}$. Die starke vibronische Aktivität der intermolekularen Schwingungen mit Translationsursprung lässt auf eine beträchtliche Geometrieänderung der zyklischen Cluster entlang dieser Koordinaten nach elektronischer Anregung schließen [170].

Eine interessante Fragestellung bei Hydratclustern ist die elektrolytische Dissoziation einfacher Säuren wie HCl in Wasser. Bei welcher Clustergröße n wird die zwitterionische Struktur $H^+(H_2O)_n Cl^-$ stabiler als die molekulare Struktur $HCl(H_2O)_n$? Mikrowellenuntersuchungen zeigen, dass für $n = 1, 2$ kovalent gebundene Strukturen mit einer flexiblen, linearen Cl–H—OHH und einer gewinkelten Cl–H—OHH—OHH Anordnung vorliegen [173]. Quantenchemische ab-initio-Rechnungen zeigen, dass größere Cluster wie $HCl(H_2O)_{3,4}$ Zyklen mit —OHH—Cl–H—OHH—Brücken bilden. Ab $n = 4, 5$ wird dann die zwitterionische Form stabiler [174]. Das Proton wandert dabei zu einer Position peripher zum Cl^--Anion, das nun von neutralen Wassermolekülen mit „Pinzettengriff" stabilisiert wird (vgl. die analoge Struktur von $J^-(H_2O)_4$ in Abb. 9.76). FTIR-Untersuchungen zeigen allerdings, dass die HCl-Streckschwingung im Cluster wesentlich weniger rotverschoben ist, als die Rechnungen vorhersagen [175]. Das deutet darauf hin, dass die Schwächung der kovalenten HCl-Bindung durch die Bildung von H-Brücken geringer als berechnet ist und ionische Dissoziation wohl erst bei größeren Clustern $n > 4, 5$ auftritt.

Aminosäuren liegen in wässriger Lösung als Zwitterionen vor. IR-UV-Untersuchungen an Tryptophan$(H_2O)_{1-4}$ zeigten kovalente Strukturen mit typischen OH- und NH-Streckschwingungen der Carboxyl- und Aminogruppe [176]. Zwitterionische Aminosäurecluster konnten bisher noch nicht identifiziert werden. Die Hydratisierung von Aminosäuren und ihren Derivaten kann zu einer Konformerenselektion führen. Während zum Beispiel für Tryptamin in der Gasphase sechs Konformere nachgewiesen werden konnten, selektiert bereits die Hydratisierung mit einem Wassermolekül ein spezielles Konformer [298].

9.6.8 Exzessprotonen in Clustern

Protonierte Wassercluster $(H_3O)^+(H_2O)_n$ zählen zu den bestuntersuchten Clusterionen in der Gasphase, insbesondere auch, weil sie in der Massenspektrometrie bei der Elektronenstoßionisation von Wasser entstehen. Sie sind Teil von Modellsystemen zum besseren Verständnis der heterogenen Chloraktivierung in polaren stratosphärischen Wolken, der Protonenwanderung in flüssigem Wasser, der Protonenübertragung durch Proteine in Membranen und von säurekatalysierten Reaktionen.

In einem typischen Experiment werden protonierte Wasserkationen durch elektrische Entladung in mit wenig Wasserdampf versetztem H_2 bei etwa 200 mbar erzeugt und durch ein Düsenloch in ein Hochvakuum entspannt [177, 178]. In der Düsenöffnung und kurz dahinter „clustern" die Kationen mit neutralem H_2O, kühlen durch die adiabatische Expansion ab, werden in einem Sektormagnet oder Wien-Filter massenselektiert und schließlich in eine Oktopolionenfalle injiziert und dort gespeichert. Mithilfe eines abstimmbaren gepulsten IR-Lasers (siehe z. B. Abb. 9.21) werden die gespeicherten protonierten Wassercluster durch Absorption eines oder mehrerer IR-Photonen in der Ionenfalle schwingungsprädissoziiert:

$$H^+(H_2O)_n + n\,h\,\nu(IR) \rightarrow H^+(H_2O)_{n-1} + H_2O.$$

Die Ionen werden dann mit einer gepulsten Linse am Ausgang der Falle in ein nachgeschaltetes Radiofrequenz-Quadrupolmassenspektrometer injiziert und nach Massen getrennt nachgewiesen. Die $H^+(H_2O)_{n-1}$-Fragmentintensität wird als Funktion der IR-Frequenz hintergrundfrei aufgezeichnet (Schwingungsprädissoziationsspektrum). Abb. 9.74 zeigt typische Strukturen kleiner protonierter Wassercluster, die aus dem Vergleich ihrer IR-Spektren mit ab initio berechneten IR-Spektren abgeleitet werden konnten [177, 178].

Protonierte Wassercluster $(H_3O)^+(H_2O)_n$ bestehen aus einem zentralen pyramidalen H_3O^+-Ion, an das H_2O über H-Brücken koordiniert ist („Eigen"-Struktur [179]) oder aus dem protonierten Dimer $H_5O_2^+$ mit assoziierten Wassermolekülen („Zundel"-Kation [180]). Ihre mögliche (dynamische) Koexistenz ist Schlüssel zum

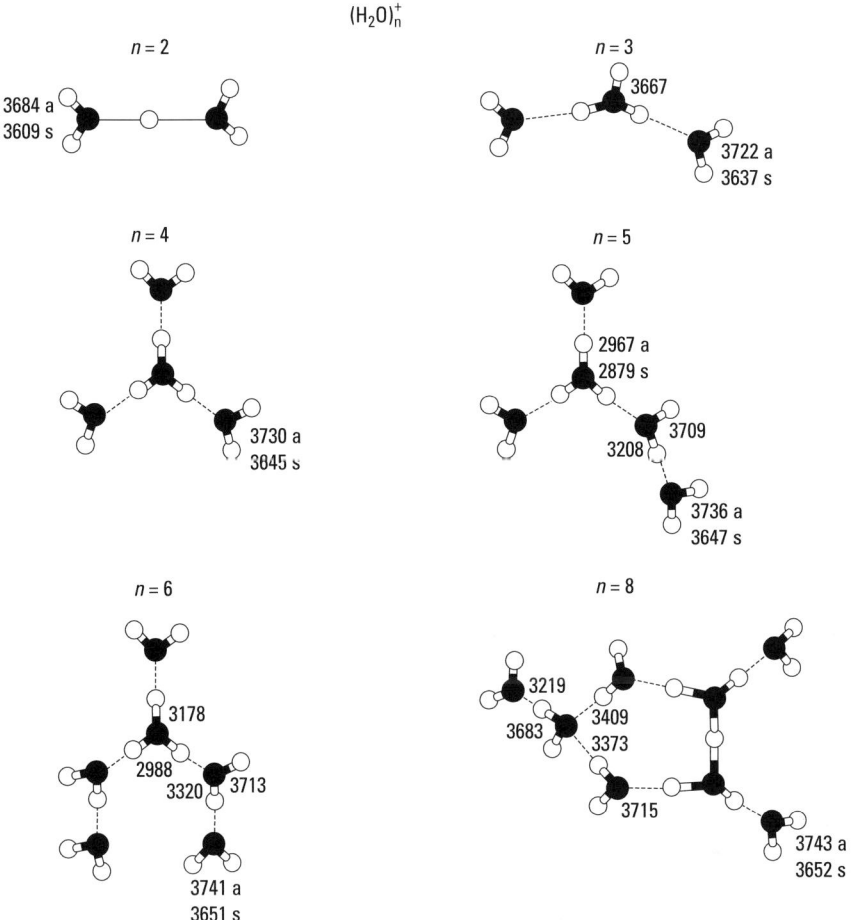

Abb. 9.74 Strukturen kleiner protonierter Wassercluster und IR-Frequenzen einiger ihrer Schwingungen. Für Cluster mit $n > 6$ liegen bereits eine Vielzahl von Isomeren vor. Die Zuordnung des $n = 8$-Clusters zu einem 5-Ring mit einer symmetrischen $H_2O_5^+$-Einheit und drei äußeren Wassermolekülen ist noch nicht vollständig gesichert [178]. s (a) sind die symmetrischen (antisymmetrischen) Streckschwingungen der Wassereinheiten. Zum Vergleich mit den Strukturen der neutralen Wassercluster siehe Abb. 9.68.

Verständnis des Strukturdiffusionsmechanismus, der die anormal hohe Protonenbeweglichkeit in wässriger Lösung erklärt [181].

Im Clusterdimer liegt das Proton symmetrisch zwischen den beiden H_2O-Einheiten („Zundel"-Kation mit C_2-Symmetrie) und führt große Amplitudenbewegungen aus. Die OH-Streckschwingungen entlang dieser Koordinate sind entsprechend sehr niederfrequent und anharmonisch. Kürzlich wurde das IR-Spektrum der O–H$^+$–O-Streck- und -Knickschwingungen von $H_5O_2^+$ im Bereich von $920–1320\,cm^{-1}$ gemessen [182]. Im höherfrequenten Bereich wurden die mit entgegengesetzter Phase gekoppelten symmetrischen (s-) und die beiden entarteten antisymmetrischen (a-) Streckschwingungen der H_2O-Einheiten bei 3609 und 3684 cm^{-1} gefunden [177]. Im $n = 3$-Cluster ist dagegen das Proton in der H_3O^+-Einheit lokalisiert. Die freie H_3O^+-Streckschwingung absorbiert bei 3667 cm^{-1}, während die s- und a-Streckschwingungen der beiden äußeren Wassereinheiten bei 3637 und 3722 cm^{-1} gefunden wurden. Die gebundene a-Streckschwingung des H_3O^+ wurde in einem Cluster mit H_2 bei ungefähr 2300 cm^{-1} beobachtet. Nach Dreifachkoordinierung des H_3O^+ im $n = 4$-Cluster ist die erste Solvenzschale abgeschlossen. Die Dreifachsymmetrie führt zu einer hohen Entartung im IR-Spektrum, so dass lediglich zwei Grundschwingungsfrequenzen beobachtet wurden (Abb. 9.74). In $H_9O_4^+ \cdot H_2$ sind diese beiden Banden aufgespalten.

Ein weiteres Wassermolekül im $n = 5$-Cluster lagert sich in der zweiten Solvensschale an. Dies beweisen die beobachteten gebundenen und freien OH-Schwingungen aus der ersten Solvenzschale bei 3208 und 3709 cm^{-1} (DA-H_2O). Im $n = 6$-Cluster wurden das in Abb. 9.74 gezeigte Isomer von „Eigen"-Typ und ein weiteres Isomer mit „Zundel"-Struktur ($H_5O_2^+$ mit vier symmetrisch als H-Akzeptoren angelagerten H_2O) beobachtet. Weitere Wassermoleküle lagern sich außen an die „Eigen"-Struktur an, bis bei $(H_3O)^+(H_2O)_9$ die zweite Solvenzschale abgeschlossen ist. Die beobachteten IR-Frequenzen deuten darauf hin, dass bei den größeren Clustern auch Ring- und Käfigstrukturen als Isomere vorliegen (vergleiche die gebundenen und freien OH-Streckschwingungen des $n = 8$-AAD-H_2O bei 3219 und 3683 cm^{-1} in Abb. 9.74). Wenn man das äußere H_2O links am Ring des $n = 8$-Clusters in Abb. 9.74 entfernt, erhält man eines der $n = 7$-Isomere mit einem Doppelakzeptor-AA-H_2O (anstatt AAD-H_2O). Zwei AD-H_2O des Rings binden symmetrisch an dieses AA-H_2O und absorbieren dann bei 3544 und 3555 cm^{-1}, also relativ hochfrequent für gebundene OH-Streckschwingungen. Offenbar können Doppelakzeptor-H_2O nur relativ schwache H-Brücken ausbilden, die zu wenig rotverschobenen und wenig verbreiterten OH-Banden ihrer Donor-H_2O führen.

Das Vorliegen von verzweigten oder zyklischen Strukturen wird von einem komplexen Wechselspiel von Enthalpie und Entropie gesteuert, wobei die höhere Entropie der verzweigten Cluster bei den relativ hohen Temperaturen der Experimente im Bereich um 170 K die geringere Energie der kompakteren zyklischen Cluster kompensieren kann. Generell sind kompaktere Cluster mit einer größeren Zahl von H-Brücken elektronisch stabiler, haben jedoch eine höhere Schwingungsnullpunktsenergie und eine geringere Entropie. $H_5O_2^+$-Strukturen enthaltende Cluster können nur in einer symmetrischen Umgebung überleben und werden erst in Clustern mit $n \geq 6$ stabiler als ihre H_3O^+-Analoga [177]. Die niederfrequenten OH-Streckschwingungen sind ein spektroskopischer Fingerabdruck der Symmetrie in der Umgebung des Überschussprotons und verschieben sich von der $H_5O_2^+$- zur H_3O^+-Grenze systematisch von ≤ 1000 cm^{-1} zu ≈ 2800 cm^{-1} (Übergang von „Protontransfer"-Schwingung zur lokalisierten H_3O^+-Streckschwingung [177]).

Die Massenspektren größerer protonierter Wassercluster zeigen besonders hohe Ionenintensitäten auf den Massen $H^+(H_2O)_{20}$ und $H^+(H_2O)_{21}$. Für diese Cluster wurden dodekaedrische Strukturen vorgeschlagen, die aus fusionierten 5-Ringen bestehen [183]. Auf der Oberfläche des Dodekaeders sitzt entweder ein bewegliches Proton ($H^+(H_2O)_{20}$), oder H_3O^+ ist im Inneren von $H^+(H_2O)_{21}$ eingeschlossen. Dieser Strukturvorschlag wurde durch ein Experiment untermauert, in dem Trimethylamin (TMA) die zehn freien (nicht H-Brückengebundenen) H-Atome des Dodekaeders absättigen sollte. Tatsächlich wurden im Massenspektrum besonders hohe Intensitäten auf den Massen $H^+(H_2O)_{21}(TMA)_{10}$ und $H^+(H_2O)_{20}(TMA)_{11}$ gefunden. Offenbar liegen zehn freie H-Brückenvalenzen sowie ein eingeschlossenes, für TMA nicht zugängliches H_3O^+ im $n = 21$-Cluster und ein für TMA zugängliches H^+ auf der Oberfläche des Dodekaeders im $n = 20$-Cluster vor [183].

Das Proton in den größeren Wassernetzwerken ist wahrscheinlich sehr leicht beweglich, da die Tunnelbarriere für seine Bewegung zwischen den neutralen Wassermolekülen nach quantenmechanischen Rechnungen unterhalb der Schwingungsnullpunktsenergie der Cluster liegt [181]. Hier macht eine Unterscheidung zwischen „Eigen"- und „Zundel"-Strukturen also keinen Sinn mehr.

9.6.9 Exzesselektronen auf und in Clustern

Man kann jedem Atom, Molekül oder Cluster ein Elektron entreißen und damit ein positives Ion erzeugen. Schwieriger ist es, ein negatives Ion zu bilden, da viele Atome oder Moleküle mit abgeschlossenen Elektronenschalen keinen stabilen negativen Ionenzustand haben. Ist dennoch in einem Cluster, einer Flüssigkeit oder einem Festkörper ein solcher Zustand stabil, so bezeichnet man das zusätzliche Elektron oft als Exzesselektron, da es zusätzlich zu den anderen Elektronen dazugekommen ist, in einem anderen Zustand ist und eine völlig andere Energie und Wellenfunktion hat. Die Untersuchung von Exzesselektronen in dielektrischen Flüssigkeiten hat eine lange Tradition. Es soll daher eine kurze Einführung in dieses Gebiet gegeben werden, bevor die Cluster mit Exzesselektronen behandelt werden.

9.6.9.1 Exzesselektronen in Flüssigkeiten, solvatisierte Elektronen

Löst man Kochsalz in Wasser auf, so wird der NaCl-Kristallverband durch die Wechselwirkung mit den Wassermolekülen aufgebrochen. Um die in der Lösung ionisierten Atome legt sich eine Hülle von H_2O-Molekülen. Man spricht von einer *Hydrathülle*, bei anderen Lösungsmitteln als Wasser allgemeiner von einer *Solvathülle*. Die Dipolmomente der Wassermoleküle richten sich dabei so aus, dass sie bei negativen Ionen auf die Ladung zeigen. Bei positiven Ionen zeigen sie von ihr weg. Weiter von der Ladung entfernt sind die Dipole statistisch angeordnet. Es bildet sich also um die Ionen eine geometrisch anders zusammengesetzte Unterstruktur als in der ungestörten Flüssigkeit aus, die sich als Cluster

$$Na^+(H_2O)_N \quad \text{bzw.} \quad Cl^-(H_2O)_N$$

auffassen lässt. Diese Cluster sind nicht frei, wie bisher fast ausschließlich angenommen, sondern in eine Flüssigkeit eingebettet. Die elektronische und geometrische Struktur der H_2O-Moleküle ändert sich beim Solvatationsvorgang kaum.

Man hat bei der Wechselwirkung ionisierender Strahlung mit Wasser das analoge *hydratisierte* Elektron

$$(H_2O)_N^-$$

nachgewiesen, also ein im Wasser „gelöstes" Elektron. Bei der Wechselwirkung energiereicher Strahlung mit Wasser werden unter anderem Elektronen freigesetzt, die sich schnell mit einer Solvathülle umgeben. Sie sind chemisch sehr reaktiv und wichtig bei der Strahlenschädigung biologischer Materie, welche zum größten Teil aus Wasser besteht. Bei jeder Röntgenaufnahme oder anderer Strahlenbelastung werden sie in unserem Körper gebildet. Der UV-Anteil des Sonnenlichts reicht aus, im Oberflächenwasser der Ozeane durch Photoionisation bis zu 10^9 hydratisierte Elektronen pro Liter freizusetzen. Wegen ihrer großen Reaktivität haben die hydratisierten Elektronen in der Lösung eine Lebensdauer von maximal 10^{-3} s. Ersetzt man H_2O durch NH_3, so können die entsprechenden $(NH_3)_N^-$-Cluster im flüssigen Ammoniak jahrelang stabil sein.

Flüssiger Ammoniak ist ein gutes Lösungsmittel für metallisches Natrium. Bei kleinen Natrium-Konzentrationen erhält man eine tiefblaue, dielektrische Flüssigkeit, die 1863 zuerst beschrieben wurde.

9.6.9.2 Freie Cluster mit Exzesselektronen

Ein interessantes Problem ergibt sich beim Studium der freien Cluster vom Typ $(H_2O)_N^-$, $(NH_3)_N^-$ etc., da ein einzelnes Wasser- oder Ammoniakmolekül keinen gebundenen negativen Ionenzustand hat. Die Wechselwirkung eines langsamen Elektrons mit einem H_2O-Molekül führt zu einer kurzlebigen Resonanz in der Elektronenstreuung. Eine Bildung von H_2O^-, bei der das Wassermolekül seine elektronische Struktur in etwa behält, ist nie beobachtet worden. Wenn das Monomer kein Elektron binden kann, in der Flüssigkeit oder im Festkörper aber ein stabiler Clusterzustand bekannt ist, so muss es einen Übergang von Zuständen positiver zu solchen mit negativer Bindungsenergie für das zusätzliche Elektron geben. Es muss eine minimale Clustergröße $N*$ geben, ab der die Cluster erst stabil sind. Tab. 9.6 gibt

Tab. 9.6 Mindestens $N*$ Atome oder Moleküle sind notwendig, um einen stabilen, negativ geladenen Cluster zu bilden. Man beachte die Sonderrolle von NH_3. Hg und Mg sind für kleine Cluster van-der-Waals-gebunden. Xe ist das einzige Edelgas, für das negativ geladene Cluster gefunden wurden. Es ist experimentell nicht auszuschließen, dass sich die Cluster für $N \leq 6$ in elektronisch angeregten Zuständen befinden.

Atom oder Molekül	$N*$
HCl	2
H_2O	2
D_2O	2
$C_2H_4(OH)_2$	2
Xe	6, vielleicht 1
Mg	3
Hg	3
NH_3	35
ND_3	41

Tab. 9.7 Typen negativer Cluster und ihre Bindungsverhältnisse.

Bindungstyp des Clusters	Charakter des Exzesselektronenzustandes	typisches Beispiel	Ursache der Bindung des zusätzlichen Elektrons	experimentell beobachtet?	theoretisch berechnet?
metallische Bindung	delokalisiert	Na_N^- Cu_N^-	metallische Bindung	ja ja	ja nein
Ionenbindung	lokalisiert an Cl	$(NaCl)_N Cl^-$	große Elektronenaffinität des Cl	ja	ja
	Oberflächenzustand	$e^-(Na_{14}Cl_{13})^+$	Coulomb-Potential	nein	ja
Wasserstoffbindung	sehr diffuser Zustand	$(H_2O)_2^-$	Elektron – polares Molekül	ja	ja
	Oberflächenzustand	$(H_2O)_N^-$, $12 \leq N \leq 64$	Elektron – polares Molekül	ja	ja
	lokalisiert im Innern des Clusters	$(H_2O)_N^-$, $N \geq 64$ $(NH_3)_N^-$, $N \geq 35$	Elektron – polares Molekül	ja	ja
van-der-Waals-Bindung	solvatisiertes negatives Dimer-Ion	$(CO_2)_N^-$	positive Elektronenaffinität von $(CO_2)_2^-$; Stabilisierung durch Solvatation	ja	ja
	stabiles negatives Monomer-Ion	$(SF)_6^-$	große Elektronenaffinität des Monomers	ja	ja
	delokalisiert ?	Hg_N^- $N \geq 3$	große Polarisierbarkeit des Atoms	ja	nein
	delokalisiert	Xe_N^-	große Polarisierbarkeit des Atoms	ja	ja
	Oberflächenzustand, lokalisiert (?)	He_N^-, $N > 10^3$–10^4 Ne_N^- Ar_N^-	kleine Polarisierbarkeit des Atoms	nein	ja

eine Übersicht über einige Werte von N^*. Tab. 9.7 vergleicht die hier besprochenen mit der Vielfalt anderer negativ geladenen Cluster. Abb. 9.75 zeigt die zunehmende Stabilität des solvatisierten Elektrons mit zunehmender Größe der Wassercluster.

Die Strukturen kleiner $(H_2O)_n^-$-Cluster konnten durch IR-Photodissoziation und IR-Photodetachment weitgehend geklärt werden [69]. Die IR-Spektren dieser Wasserclusteranionen unterscheiden sich von den Spektren neutraler und protonierter Wassercluster deutlich (zur Messmethode siehe Abb. 9.26c und Abb. 9.28). Strukturierte IR-Spektren wurden für $(H_2O)_{n \geq 5}^-$ gefunden und zeigen für $n = 5-11$ weitgehend ähnliche Muster mit zwei intensiven gekoppelten Donorstreckschwingungen von AD-H_2O um $3300\,cm^{-1}$ sowie „freien" OH-Streckschwingungen bei $3650\,cm^{-1}$. Diese Spektren stimmen mit berechneten Schwingungen von Kettenstrukturen wie in Abb. 9.76 gezeigt gut überein [69]. Mit zunehmendem n verschieben sich die Donorstreckschwingungen systematisch zu kleineren Frequenzen – ein Indikator für zunehmende H-Brückenbindungsstärke. Dies ist in einer homologen Reihe von Strukturen mit zunehmendem Dipol zu erwarten.

Offenbar ist der große Gesamtdipol einer Wasserkette dazu in der Lage, das Überschusselektron zu binden. Messungen der kinetischen Energie der abgelösten Elektronen zeigen eine geringe Bindungsenergie von $< 1\,eV$, wie sie typisch für ein Dipol- (nicht Valenz-)gebundenes Elektron ist [69]. Dipolbindung ist auch theoretisch zu erwarten, denn Wassermoleküle haben abgeschlossene Elektronenschalen und keine

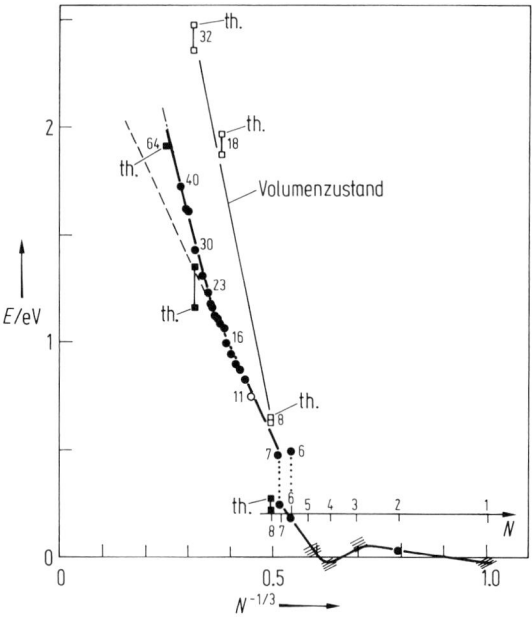

Abb. 9.75 Photodetachment von $(D_2O)_N^-$. Die zur Elektronablösung benötigte Energie E ist gegen $N^{-1/3}$ aufgetragen. Für $N = 1$ und 4 ist das negative Ion nicht stabil. Für $N = 3$ und 5 ist die Intensität zu klein für die Messung. Für $N \geq 7$ lassen sich die Daten durch zwei Geradenstücke wiedergeben, die kompatibel mit den Rechnungen für Oberflächenzustände (●) sind (th., theoretische Berechnung).

unbesetzten bindenden Valenzorbitale, um ein Überschusselektron aufzunehmen. Typischerweise müssen Dipole $\geq 2.5\,\mathrm{D}$ oder Quadrupole $\geq 4.5\,\mathrm{D}\,\mathrm{nm}$ vorliegen, damit ein Elektron dipolgebunden werden kann (Abschn. 9.2.4.2). Dipolgebundene Anionen haben ähnliche Geometrien wie das entsprechende Neutralmolekül. Das Elektron ist sehr diffus verteilt und genügend weit von den Atomkernen entfernt, um sie nur wenig zu stören.

Besonders schwach gebundene Elektronen mit vertikalen Ablöseschwellen $< 0.2\,\mathrm{eV}$ (VDE in Abb. 9.26c) wurden für $(H_2O)_{2,3}^-$ gefunden [69]. Das Überschusselektron ist hier sehr diffus mit einem Radius von ca. $2\,\mathrm{nm}$ [184] für $(H_2O)_2^-$ gebunden, während es in größeren Clustern mit einem Grenzwert von $0.22\,\mathrm{nm}$ im „solvatisierten Elektron" stärker lokalisiert ist. Die bei $3000\text{–}4000\,\mathrm{cm}^{-1}$ angeregten Schwingungen der kleinen Clusteranionen $n = 2, 3$ liegen weit über ihrer Elektronenablöseschwelle. Das Elektron autoionisiert nach IR-Anregung schnell und die kurze Anionenlebenszeit führt zu breiten bis nicht mehr nachweisbaren Resonanzen. Es entstehen schwingungsangeregte Neutralcluster. Schmalbandige Elektronenablöse-IR-Spektren werden erhalten, wenn die IR-Energie nur wenig oberhalb der adiabatischen Elektronenablöseenergie EA (Abb. 9.26c) liegt. Andernfalls entstehen nur frequenzunscharfe Hintergrundelektronen, und die IR-Photodissoziation von Argonclustern ist entsprechend der direkten Dissoziation bis $n = 4$ als Analyseverfahren vorzuziehen. Für den $n = 5$-Cluster liegen die VDE bei $0.41\,\mathrm{eV}$ ($3300\,\mathrm{cm}^{-1}$), so dass die Schwingungen und das Kontinuum der direkten Elektronenablösung mit ähnlichen Querschnitten angeregt werden und interferieren. Entsprechend wurden gestörte IR-Linienprofile vom „Fano"-Typ beobachtet [69]. Das Photoelektronenspektrum von $(H_2O)_6^-$ hat Intensitätsmaxima bei VDE von ungefähr $0.2\,\mathrm{eV}$ und $0.5\,\mathrm{eV}$, die Isomeren mit einem besonders locker gebundenen und einem fester gebundenen Elektron entsprechen. Da Schwingungsanregung bei 3268 und $3378\,\mathrm{cm}^{-1}$ (Abb. 9.76) vorzugsweise zu einer Abnahme der durch nachfolgende IR-Anregung bei $1064\,\mathrm{nm}$ erzeugten Photoelektronen mit einer Energie von ca. $0.5\,\mathrm{eV}$ führt, korrelieren diese Frequenzen mit dem stabileren Anion [185]. Die IR-Frequenzen dieses Anions belegen eine Kettenanordnung der Wassermoleküle, an deren hohen Dipol das Überschusselektron am Ende der Kette diffus gebunden ist (Abb. 9.76 oben).

Die IR-Spektren von „Pinzettenstrukturen" ähnlich der $J^-(H_2O)_4$-Struktur in Abb. 9.76 stimmen mit dem experimentellen Spektrum von $(H_2O)_6^-$ nicht überein. Einfache Ringstrukturen wie $(H_2O)_{4,5,6}$ in Abb. 9.68 haben zwar auch Donorschwingungen im Bereich von $3300\text{–}3400\,\mathrm{cm}^{-1}$, aber zu wenig Dipolmoment, um ein Elektron zu binden. Das weniger stabile $(H_2O)_6^-$-Isomer zeigte kein strukturiertes Elektronenablöse-IR-Spektrum, da sich sein Elektron nach Schwingungsanregung zu schnell ablöst (siehe Diskussion oben und [186]). Bei $(H_2O)_8^-$ überwiegt das locker gebundene Isomer [69].

Die Solvatation von Halogenionen in Wasser ist eines der grundlegenden Probleme der Wasserchemie. IR-spektroskopische Untersuchungen der entsprechenden Cluster $X^- = Cl^-$, Br^-, J^- mit $W_{1\text{–}6}$ erlauben einen mikroskopischen Einblick in die Hydrathüllen. In X^-W_1 bildet eine OH-Gruppe des Wassermoleküls eine ionische OH-Bindung aus, während die andere OH-Bindung „frei" bleibt: $X^- \cdots HOH$. In Prädissoziationsspektren mit Argonclustern wurde die typische „freie" OH-Streckschwingung bei $3690\,\mathrm{cm}^{-1}$ und die ionische H-gebundene OH-Schwingung bei 3385, 3270 und $3130\,\mathrm{cm}^{-1}$ für J^-, Br^- und Cl^- gefunden [187]. Offenbar nimmt

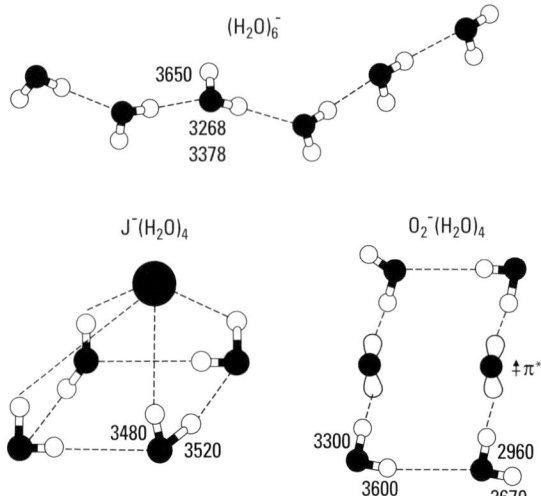

Abb. 9.76 Strukturen und Schwingungsfrequenzen ausgewählter Wasserclusteranionen. Die IR-Frequenzen von $(H_2O)_{5,7,9}^-$ (hier nicht gezeigt) sind ähnlich denen von $(H_2O)_6^-$ und deuten auf eine homologe Reihe, wahrscheinlich eine Kettenanordnung der Wassermoleküle, hin. Die mit vier Wassermolekülen solvatisierten Anionen J^- und O_2^- im unteren Teil der Abbildung zeigen ein für ihre Symmetrie und ihre DD/DA-Struktur typisches IR-Spektrum.

die ionische Bindungsstärke in dieser Richtung zu. In X^-W_2 bildet ein Wasserdimer (s. Abb. 9.68) mit seinen endständigen freien OH-Bindungen zwei ionische H-Brücken zu X^- aus, die wiederum von J^- nach Cl^- stärker werden: $HOH\cdots OHH\cdots X^-$ [188]. Ähnliche $OH\cdots X^-$-„Pinzettenbindungen" wurden in $X^-W_{3,4}$ beobachtet (Abb. 9.76). Aufgrund der drei- und vierzähligen Symmetrie dieser Cluster wurden weniger OH-Streckschwingungsbanden als OH-Gruppen gefunden [188]. Die Entartung von Schwingungen bzw. ihre Kopplung zu kollektiven IR-aktiven oder nichtaktiven Schwingungen ist typisch für hohe Clustersymmetrie. Die gebundenen OH-Streckschwingungen der Wasserringe sind in den Anionen deutlich höherfrequenter als in den Neutralringen (s. Abb. 9.68), da die Ausbildung der ionischen H-Brücken die Bindungen zwischen den Wassermolekülen schwächt ($ADD-H_2O$). In F^-W_2 ist die ionische Bindung so stark, dass keine H-Brücke mehr zwischen den Wassermolekülen vorliegt: $HOH\cdots F^-\cdots HOH$ [188].

Die Dynamik des solvatisierten Elektrons wurde in photoangeregten Anionenclustern von J^-W_{4-6} mit fs-Photoelektronenspektroskopie (FPES) untersucht [189]. Die massenselektierten Anionencluster wurden dabei mit ca. 100 fs langen Pulsen in eine Ladungsübertragungs-(charge-transfer-to-solvent-, CTTS-)Bande bei 263 nm angeregt, das Elektron durch Anregung bei 790 nm mit fs-Zeitverzögerung photoabgelöst und seine kinetische Energie aus der Flugzeit bestimmt (Abb. 9.77). Für $n = 4$ wurde lediglich eine etwa 2 ps schnelle Abnahme der Intensität der abgelösten Elektronen bei zeitlich ungefähr konstanter kinetischer Energie beobachtet, die auf die Verminderung der mit dem Probe-Laser anregbaren Anionenzahl durch schwin-

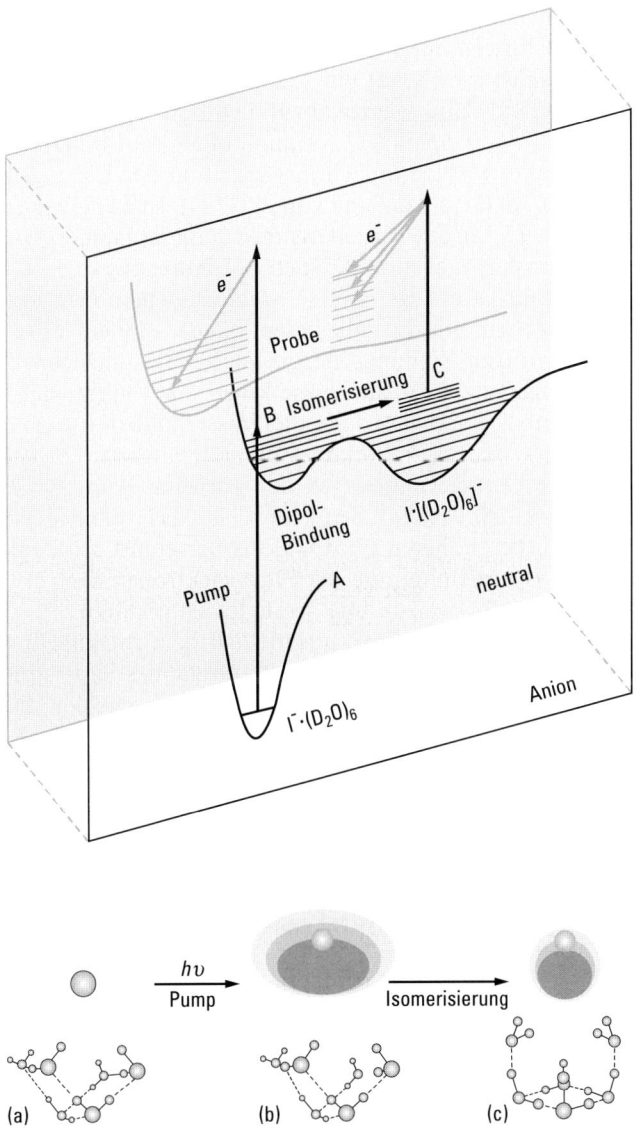

Abb. 9.77 Anregungsschema für resonante Zweiphotonenablösung über dipolgebundene Zustände. (a) Valenzgebundener Grundzustand von $J^-(D_2O)_6$. (b) fs-Anregung („Pump") bei 263 nm in einen dipolgebundenen Zustand und Ablösung des hier schwach gebundenen diffusen Elektrons mit einem fs-Laser bei 790 nm („Probe"). (c) Isomerisierung der Wasserhülle und Bildung eines stärker gebunden Clusteranions. Die vertikale Elektronenablöseenergie von Isomer C ist ca. 0.3 eV größer als die von Isomer B, so dass die kinetische Energie der Photoelektronen im Lauf der Isomerisierung um diesen Betrag sinkt [189].

gungsinduzierte Selbstablösung des Überschusselektrons nach Pump-Anregung zurückzuführen ist. In den Clustern mit $n = 5, 6$ dagegen steigt die anfänglich geringe
Elektronenintensität zunächst an bis auf ein Maximum bei ca. 1 ps für $J^-(H_2O)_5$
und ca. 2 ps für $J^-(D_2O)_5$, um dann wieder abzufallen. Die kinetische Energie der
abgelösten Elektronen sinkt von einem am Anfang hohen Wert innerhalb von 2 ps
um etwa 20%. Diese Effekte wurden auf Umorganisation der Lösungsmittelhülle
zurückgeführt (Abb. 9.77). Im Grundzustand von $J^-(D_2O)_5$ ist das Überschusselektron valenzgebunden (Abb. 9.77a). Die Pinzettenstruktur dieses Isomers wurde durch
IR-Prädissoziationsspektroskopie bestimmt. Nach UV-Anregung in die CTTS-Ban-
de ist die Elektronenwolke diffus und nur noch schwach dipolgebunden (Abb. 9.77b).
Der Querschnitt für Elektronenablösung aus diesem Isomer ist klein, aber die Elektronen sind wegen ihrer geringen Bindungsenergie nach Ablösung schnell. Dies erklärt die anfänglich geringe Intensität und hohe kinetische Energie des Elektrons
im FPES-Spektrum. Offenbar lagert sich dann die Wasserhülle um, das Anion wird
stärker gebunden und das Überschusselektron mehr lokalisiert. Im deuterierten
Clusteranion dauert diese Umlagerung wegen der größeren Atommassen länger.
Die in Abb. 9.77c gezeigte „Halbkäfig"-Struktur C ist das stabilste Isomer von
$(H_2O)_6^-$ und hat einen deutlich höheren Photoablösequerschnitt als Isomer B. Das
Intensitätsmaximum und Energieminimum der Photoelektronen nach etwa 2 ps für
$J^-(D_2O)_6$ ist also durch diese Isomerisierung zwanglos zu erklären.

Das Superoxidanion O_2^- hat eine „strukturierte", d. h. nicht kugelförmige Ladungsverteilung, da das Überschusselektron ein π^*-Orbital des Sauerstoffs besetzt.
Seine Wasserhülle sollte sich also von derjenigen von J^- unterscheiden. Das Argon-
Prädissoziations-IR-Spektrum von $O_2^-W_1$ [190] zeigt eine „freie" und eine „ionisch"
gebundene OH-Streckschwingung jeweils bei ca. 3670 und 2600 cm^{-1}, so dass H_2O
mit nur einer H-Brücke asymmetrisch an den Sauerstoff gebunden ist. $O_2^-W_2$ zeigt
eine zusätzliche H-Donorbande bei ~ 3600 cm^{-1} bei einer ähnlichen Frequenz wie
das neutrale Wasserdimer in Abb. 9.68. Offenbar überbrückt hier die Dimerenun-
tereinheit die beiden Sauerstoffatome des Superoxids (untere Hälfte der Struktur
von $O_2^-W_4$ in Abb. 9.76 unten). Im Trihydrat lagert sich das dritte H_2O mit einer
Ionenbindung an die gegenüberliegende Seite des O_2^- an. Hier unterscheiden sich
erstmalig die Strukturen der hydratisierten Halogen- und Superoxidanionen. In
$O_2^-W_4$ binden die vier H_2O symmetrisch mit zwei Dimerenuntereinheiten an O_2^-,
während $J^-(H_2O)_4$ einen geschlossenen Wasserring ausbildet (Abb. 9.76 unten). Das
IR-Spektrum zeigt die typischen „freien" OH-Streckschwingungen sowie DD-H_2O-
und AD-H_2O-OH-Schwingungen in Einklang mit dieser Struktur [190]. Aufgrund
der hohen Symmetrie dieses Clusters sind jeweils die DD- und DA-OH-Schwingun-
gen der beiden Dimerenuntereinheiten gekoppelt, wobei nur die Hälfte IR-aktiv ist.
Intensive   Kombinationsbanden   mit   intermolekularen   Schwingungen   von
< 300 cm^{-1} deuten darauf hin, dass die kollektive Schwingungsanregung der ge-
genüberliegenden Wassereinheiten auch die O_2^--Einheit in Schwingungen versetzt.
ESR-Spektren von O_2^- in Eis zeigen, dass auch in der kondensierten Phase das
ungepaarte Elektron mit nur vier Protonen der umgebenden Wassermoleküle wechselwirkt [191].

Neuere theoretische und spektroskopische Untersuchungen an elektronisch angeregten Wasser- und Hydratclustern haben zu einem tieferen Verständnis von Ent-
stehungsmechanismen und Struktur des am Anfang des Kapitels diskutierten „sol-

vatisierten Elektrons" geführt [192]. Bisherige Erklärungsansätze gehen von einer photoinduzierten direkten Ionisation bzw. Autoionisation des Wassers oder einer Donor-Akzeptor-Elektronenübertragung aus. Unerklärt blieb, dass hydratisierte Elektronen bereits nahe der ersten Absorptionskante von Wasser bei ungefähr 6 eV (207 nm) Photolyseenergie erzeugt werden, während das Ionisationspotential von flüssigem Wasser bei etwa 9 eV erwartet wird [193]. Kürzlich wurde nun gefunden, dass in Clustern von Pyrrol, Indol und Phenol mit Wasser nach UV-Anregung des Chromophors Wasserstoff auf das Wassernetzwerk übertragen wird [194]. Das entstandene Hydroniumradikal $H_3O(H_2O)_n$ ist mit dem Chromophorradikal über H-Brücken verbunden. Ab-initio-Rechnungen zu diesen Systemen zeigten, dass der durch UV-Strahlung angeregte $\pi\pi^*$-Zustand dieser Hydratcluster mit einem optisch dunklen $\pi\sigma^*$-Zustand ähnlicher Energie koppelt, der in der NH- oder OH-Koordinate abstoßend ist. Analoge Rechnungen an reinen Wasserclustern [192] zeigen nun, dass auch das Wasserdimer einen energetisch niedrig liegenden $\pi\sigma^*$-Zustand hat, der entlang der OH-Koordinate ohne Barriere abstoßend ist. Dadurch entsteht nach UV-Photolyse von $(H_2O)_2$ ein Hydronium-(H_3O-)Radikal, das sich in Clustern mit Wasser durch Übertragung seines 3s-Rydberg-Elektrons auf das Wassernetzwerk stabilisiert. Es entsteht also ein ladungsseparierter Komplex aus einem Hydroniumkation H_3O^+ und einer lokalisierten Elektronenwolke e^- außerhalb des H-Brückennetzwerkes. Kation und Elektron sind hydratisiert, aber über H-Brücken verbunden (siehe auch „Pinzettenstruktur" von $J^-(H_2O)_4$ in Abb. 9.76). Das für dieses Modellsystem berechnete elektronische Spektrum stimmt mit dem experimentellen Spektrum des „solvatisierten Elektrons" mit maximaler Absorption bei ca. 720 nm gut überein [192]. Massenselektierte $(H_2O)_n^-$-Cluster (ohne Kation) zeigen allerdings ebenfalls breite elektronische Spektren bei ca. 1 eV, die sich systematisch mit zunehmender Clustergröße zum Absorptionsmaximum des „solvatisierten" Elektrons bei ca. 720 nm (1.7 eV) blauverschieben [195]. Offenbar beeinflusst das „Gegenkation" das elektronische Spektrum von $(H_2O)_n^-$ bei größeren n kaum. Die Dynamik der Bildung der „solvatisierten" Elektronen wird aber durch das Modell des H-Atomtransfers zumindest für den langwelligen Wasserabsorptionsbereich plausibel erklärt.

9.7 Cluster auf Oberflächen

9.7.1 Allgemeine Bemerkungen

In den letzten Jahren wurden neben „freien" Teilchen im Strahl zunehmend die Präparation und Analyse von Nanoteilchen auf Oberflächen erforscht [196–199]. Für nahezu alle Anwendungen, insbesondere von Metall- und Halbleiternanoteilchen, ist deren räumliche Fixierung unerlässlich, so dass fortgeschrittenen Herstellungsverfahren von Clustern auf Substraten große Bedeutung zukommt. Als Unterlage werden meist dielektrische Materialien, wie zum Beispiel Quarz oder Saphir, aber auch mit dünnen Oxidschichten versehene Metall- oder Halbleiteroberflächen verwendet. Auf solchen Substraten ist die Bindungsenergie aufgebrachter Atome relativ gering: Sie können untereinander stärker binden als an die Unterlage, so

dass keine zusammenhängenden Schichten, sondern voneinander getrennte Nanoteilchen entstehen. Die räumliche Fixierung von Clustern auf Oberflächen ist aber
nicht nur für deren Anwendungen erforderlich, sondern ermöglicht – wiederum im
Gegensatz zu Teilchen im Strahl – lange Beobachtungszeiten und so zum Beispiel
die wiederholte Wechselwirkung mit einem Lichtfeld. Die folgenden Abschnitte beschäftigen sich mit der Erzeugung, Charakterisierung und Anwendung von Metall-
und Halbleiterclustern auf dielektrischen Oberflächen.

Zunächst lohnt ein Vergleich von Nanoteilchen auf Oberflächen mit „freien" Clustern im Strahl. Der Kontakt mit der Oberfläche hat vielfältige Auswirkungen, er
beeinflusst insbesondere die Form der Nanoteilchen. Sie sind in der Regel nicht
kugelförmig, sondern abgeplattet und können in vielen Fällen als oblate Rotations-
ellipsoide beschrieben werden. Sie werden durch zwei Parameter charakterisiert:
durch den Äquivalentradius $R_{äq}$, d. h. den Radius einer Kugel mit dem gleichen
Volumen wie die tatsächlichen Teilchen, und durch das Achsenverhältnis a/b
(Abb. 9.78). Anzumerken ist auch, dass nichtkugelförmige Cluster auf Oberflächen
– wiederum im Unterschied zum freien Strahl – gleiche Orientierung aufweisen: Die
große Halbachse ist parallel zur Substratoberfläche, die kleine senkrecht dazu in
Richtung der Oberflächennormalen orientiert. Außerdem sind gerade bei Teilchen
mit Abmessungen unterhalb weniger Nanometer die elektronischen Eigenschaften
deutlich von denen „freier" Cluster verschieden. Zum Beispiel spiegelt sich die abgeplattete Form von auf Oberflächen gebundenen Clustern auch in deren optischen
Spektren wider: Die Oberflächenplasmaresonanz spaltet in zwei Moden auf, was
im Folgenden ausführlich erläutert wird. Allerdings kann der Einfluss des Substrats
auf die geometrische Form und die elektronische Struktur der Cluster – gerade bei
sehr kleinen Teilchen – leicht die intrinsische Größen- und Formabhängigkeit dieser
Parameter überlagern.

Die Rolle des Substrats geht aber über die Beeinflussung der Form der Nanoteilchen und deren elektronischer Eigenschaften hinaus. Die Unterlage kann nämlich
als riesiges Wärmebad fungieren, das Energie aufnimmt, die in den Nanoteilchen
deponiert wird, beispielsweise durch Absorption von Licht. Dadurch kommt es bei
Zuführen von Energie – anders als häufig bei freien Teilchen im Strahl – nicht not-
wendigerweise zur Dissoziation bzw. Verdampfung, sondern meist nur zu einer moderaten Erwärmung der Nanoteilchen und des Substrats in deren Umgebung. Hinzu
kommt, dass sich die Temperatur von Clustern auf Oberflächen leichter kontrollieren
lässt als im freien Strahl.

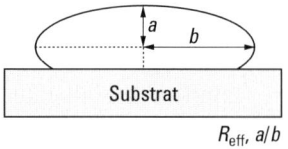

Abb. 9.78 Schematische Darstellung eines Metall- oder Halbleiterclusters auf einer dielektrischen Oberfläche. Die Teilchen werden durch den Äquivalentradius $R_{äq}$, d. h. den Radius
einer Kugel gleichen Volumens wie die tatsächlichen, deformierten Cluster, sowie durch das
Achsenverhältnis a/b charakterisiert.

Wie oben schon kurz erwähnt, bilden nur solche Atome oder Moleküle Cluster bzw. Nanoteilchen auf Oberflächen, die – vereinfacht gesprochen – untereinander stärker binden als an das Substrat. Dies gilt insbesondere für Metall- und Halbleiteratome auf den Oberflächen von Dielektrika wie Quarz, Saphir, Titandioxid, Kalziumfluorid oder Magnesiumoxid. Andere Atome oder Moleküle, insbesondere solche, die durch van-der-Waals-Kräfte wechselwirken, adsorbieren je nach Temperatur entweder gar nicht oder bilden zusammenhängende Filme. Wir werden uns im Folgenden mit Clustern von Metall- und Halbleiteratomen beschäftigen.

9.7.2 Erzeugung von Clustern auf Oberflächen

9.7.2.1 Volmer-Weber-Wachstum

Treffen Metall- oder Halbleiteratome eines thermischen Strahls auf ein dielektrisches Substrat, sind sie zunächst nur schwach gebunden und diffundieren über die Oberfläche (Abb. 9.79). Meist kehren sie nach einer mittleren Verweilzeit τ, die durch die Frenkel-Gleichung [200]

$$\tau = \tau_0 \exp \frac{E}{kT}$$

gegeben ist, wieder in die Gasphase zurück. Dabei wird τ durch die Oberflächentemperatur T, die Bindungsenergie E der Atome und durch deren Schwingungspe-

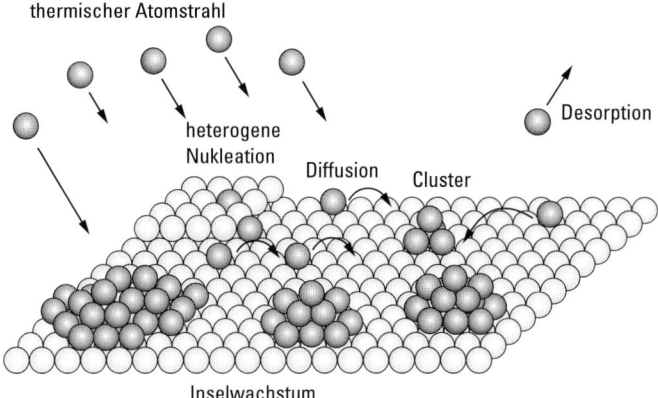

Abb. 9.79 Schematische Darstellung der Prozesse auf einer dielektrischen Oberfläche nach Auftreffen thermischer Atome oder Moleküle aus der Gasphase. Durch Diffusion und Nukleation können sich Cluster bilden, wobei die Defekte der Oberfläche als Nukleationskeime dienen. Dies wird als Volmer-Weber-Wachstum bezeichnet. Als konkurrierender Prozess tritt auch Desorption auf, d. h. Ablösen von Atomen nach einer mittleren Verweilzeit, die von deren Bindungsenergie und der Substrattemperatur abhängt. Nicht eingezeichnet ist der ebenfalls mögliche Austausch von Atomen zwischen Adsorbat und Substrat, der in dem einfachen Modell der Keimbildung nicht berücksichtigt wird.

riode τ_0 um die Gleichgewichtslage senkrecht zur Oberfläche bestimmt. Trifft ein diffundierendes Atom aber während seiner Verweilzeit auf einen Defekt der Oberfläche, zum Beispiel eine Fehlstelle, wird die Bindungsenergie erhöht, es bleibt gebunden und wirkt als „Keim" für das Anlagern weiterer Atome: Es kommt zum Wachstum von Clustern. Da die Teilchenzahldichte durch die Defektdichte der Cluster vorgegeben ist und sich während des Wachstums nicht ändert, existiert ein wohldefinierter Zusammenhang zwischen der Zahl der aufgebrachten Atome und der mittleren Größe der Nanoteilchen gemäß

$$\langle R \rangle = \left(\frac{3}{4\pi} \langle V \rangle \right)^{\frac{1}{3}} \quad \text{mit} \quad \langle V \rangle = \frac{m_{\text{molar}}}{N_A \varrho} \cdot n = \frac{m_{\text{molar}}}{N_A \varrho} \cdot \frac{\text{Atome pro Fläche}}{\text{Defektdichte}}.$$

Dabei bezeichnen $\langle R \rangle$ die mittlere Größe der Teilchen, $\langle V \rangle$ deren mittleres Volumen, ϱ die Dichte des Materials, m_{molar} die Molmasse, n die Zahl der Atome pro Cluster und N_A die Avogadro-Konstante.

Bei fortgesetztem Deponieren von Atomen werden die Nanoteilchen schließlich so groß, dass Koaleszenz einsetzt und sich ein zusammenhängender Film bildet. Der gesamte Prozess ist in der Dünnfilmepitaxie als Volmer-Weber-Wachstumsmodus bekannt [201, 202] und wird auch als heterogene Nukleation bezeichnet, da die Anlagerung von Atomen an Defekten der Oberfläche beginnt. Außer der heterogenen ist auch homogene Keimbildung möglich, und zwar dann, wenn sich auf der Oberfläche eine Art zweidimensionales Gas aus Einzelatomen ausbildet. Die Wahrscheinlichkeit, dass zwei diffundierende Atome aufeinander treffen und ein Dimer bilden, nimmt mit der Adsorbatkonzentration zu. Ein einmal gebildetes Dimer kann wieder zerfallen oder auch ein weiteres Atom binden. Ab einer bestimmten Größe ist die Wahrscheinlichkeit des Zerfalls geringer als die Fortsetzung des Wachstums durch Anlagern zusätzlicher Atome. Die Größe des kritischen Keims hängt von der Substrattemperatur und der Aufdampfrate sowie der Bindungsenergie innerhalb des Keims ab. Die Beschreibung der Keimbildung als homogenen Prozess setzt eine ideale, defektfreie Oberfläche voraus. Tatsächlich sind aber Defekte vorhanden, so dass man es in der Praxis häufig mit einer Mischung aus homogener und heterogener Keimbildung zu tun hat.

Die Erzeugung von Clustern durch Volmer-Weber-Wachstum ist experimentell einfach zu realisieren. Man bringt ein geeignetes Substrat, zum Beispiel eine Quarzplatte, in einen Hoch- oder Ultrahochvakuumrezipienten und erzeugt einen thermischen Strahl von Metall- oder Halbleiteratomen. Zum Beispiel lassen sich die Atome durch eine Knudsen-Zelle oder einen Elektronenstrahlverdampfer in die Gasphase bringen. Wichtig ist ein konstanter Fluss des Strahls, damit am Ende der Deponierung die Zahl der aufgebrachten Atome genau bekannt ist. Dazu lässt sich der Atomfluss mit einer Schwingquarzmikrowaage [203, 204] messen und überwachen.

Leider hat die einfache Methode des Volmer-Weber-Wachstums aber einen Nachteil [199, 205, 206]: Man erzeugt Cluster mit breiten Größen- und Formverteilungen. Sie wurden schon vor einigen Jahrzehnten mit Elektronenmikroskopie detailliert untersucht [207, 208]. Heute wird vielfach die Rasterkraftmikroskopie angewendet (Abb. 9.80). Dabei zeigt sich, dass die Breite der Verteilung bei typisch 40 % der mittleren Clustergröße liegt. Das Auftreten einer Verteilung lässt sich physikalisch

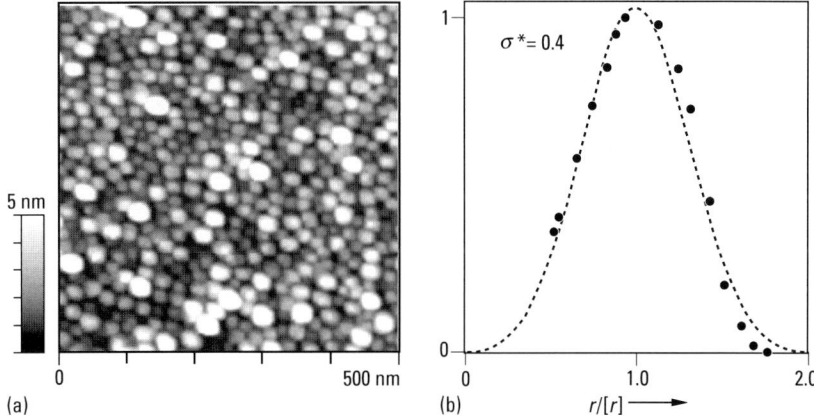

Abb. 9.80 (a) Rastermikroskopische Aufnahme von Silbernanoteilchen auf einem Quarz-substrat. Die Cluster wurden mit Volmer-Weber-Wachstum, d. h. Deponieren von Atomen aus der Gasphase sowie anschließender Diffusion und Nukleation, erzeugt und besitzen einen mittleren Radius von 6 nm. (b) Größenverteilung der Nanoteilchen. Die Breite der Verteilung liegt bei ca. 40 % der mittleren Größe.

folgendermaßen verstehen: Die Defekte der Oberfläche, die als Nukleationszentren wirken, sind statistisch verteilt. Jeder von ihnen liegt im Mittelpunkt eines „Ein-fangkreises" unterschiedlich großer Fläche (bestimmt durch den Abstand zum nächsten Nukleationszentrum) und damit verschieden vieler Atome, die darin aus dem Strahl auftreffen und an den jeweiligen Defekt bzw. an den sich dort bildenden Cluster diffundieren. Nukleation kann außer an Punktdefekten auch an Stufen oder Versetzungen auftreten. Historisch gesehen wurde das Aufbringen von Metallato-men – beispielsweise auf Alkalihalogenidoberflächen – nicht etwa zur Untersuchung von Clustern, sondern zum „Dekorieren" verschiedener Fehlstellen verwendet, um sie bei der Elektronenmikroskopie sichtbar zu machen [208].

Volmer-Weber-Wachstum führt außer zu einer breiten Größen- auch zu einer Formverteilung. Mit anderen Worten, man beobachtet eine Korrelation zwischen Äquivalentradius $R_{äq}$ und Achsenverhältnis a/b [209]. Wie man insbesondere durch Messung und Auswertung der optischen Spektren, z. B. von Metallclustern, weiß, sind sehr kleine Teilchen mit bis zu ca. 100 Atomen annähernd kugelförmig, platten aber bei weiterem Wachstum mit zunehmender Größe immer mehr ab. Dabei sinkt das Achsenverhältnis auf Werte von typischerweise 0.2 bis 0.3 für Äquivalentradien von ca. 10 nm ab.

Die Äquivalentradien lassen sich mithilfe der Elektronenmikroskopie experimen-tell bestimmen oder aus der Zahl der deponierten Atome und der mit Rasterkraft-mikroskopie bestimmten Teilchenzahldichte berechnen (s. u.). Wir merken außerdem an, dass die energetisch günstigste Form der Nanoteilchen die Kugelgestalt ist. In-sofern stellen abgeplattete Cluster einen metastabilen Zustand dar. Er kommt da-durch zustande, dass die deponierten und über die Substratoberfläche diffundieren-den Atome zunächst an den Rand der bereits gebildeten Nanoteilchen gelangen und zu deren Anwachsen innerhalb der Substratebene führen. Da die Diffusion der Atome auf der Oberfläche der bereits vorhandenen Cluster („Selbstdiffusion") aber mit deutlich niedrigerer Rate erfolgt, nimmt die Länge der kurzen Achse in Richtung der Oberflächennormalen nur langsam zu: Die Teilchen sind abgeplattet, werden aber kugelähnlicher, sobald man die Substrattemperatur erhöht.

9.7.2.2 Stranski-Krastanow-Wachstum: Halbleiter-Quantenpunkte

Mit der modernen Molekularstrahlepitaxie oder durch metallorganische chemische Abscheidung lassen sich auf geeignet präparierten glatten Oberflächen Atome so gezielt aufbringen, dass Lagenwachstum realisiert wird, d. h. erst dann, wenn sich eine Monoschicht gebildet hat, beginnt die jeweils folgende zu wachsen [210] (Abb. 9.81). Wenn Substrat und Film eine Gitterfehlanpassung aufweisen, was meist der Fall ist, entsteht im Film eine Spannung, die mit zunehmender Zahl der Lagen wächst und schließlich so groß wird, dass der Film bei Erreichen einer kritischen Dicke – sie liegt meist bei einigen Gitterkonstanten – aufreißt. Da das Wachstum der Filme sehr gleichmäßig erfolgt, ist die Spannung in guter Näherung homogen verteilt, so dass sich beim Aufreißen spontan Cluster oder Quantenpunkte gleicher Größe und gleichen Abstands bilden (Abb. 9.82). Die auf diese Weise entstehenden Inseln erlauben die Relaxation der elastischen Energie verglichen mit den ursprünglich zweidimensionalen Atomlagen. Die Dichte, Größe und Form der Cluster hängt von den Wachstumsbedingungen ab. Ein System, dessen epitaktisches Wachstum besonders gut beherrscht wird, ist die Kombination InGaAs/GaAs [211]. Die kritische Dicke für das Aufreißen des Films und die Bildung dreidimensionaler Inseln liegt bei ca. zwei Monolagen. Die Teilchengrößen variieren von ca. 7 bis 20 nm bei einer Höhe von einigen nm. Die Teilchenzahldichte erreicht Werte von einigen 10^{11} pro cm^2 [212]. Offenbar werden Größe, Form und Abstand der Teilchen in einem zweidimensionalen Gitter durch eine Hierarchie von Ordnungsphänomenen bestimmt. Das komplizierte Zusammenspiel von Spannungsverteilung, Materialtransport und chemischer Zusammensetzung erlaubt es sogar, Nanoteilchen zu erzeugen, deren Zusammensetzung im Inneren und in einer umgebenden Hülle unterschiedlich ist. Zum Beispiel lassen sich auf diese Weise eingebettete, scheibenförmige (InGa)As-Nanosysteme herstellen. Durch geschicktes Ausnutzen der Hierar-

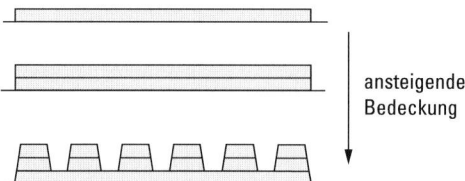

ansteigende Bedeckung

Abb. 9.81 Schematische Darstellung von Stranski-Krastanov-, d. h. Lage-für-Lage-Wachstums eines halbleitenden Adsorbats auf einer Oberfläche. Durch Gitterfehlanpassung reißt die aufgebrachte Schicht bei einer bestimmten Dicke auf, was zur Bildung von Quantenpunkten sehr einheitlicher Größe und einheitlichen Abstands führt.

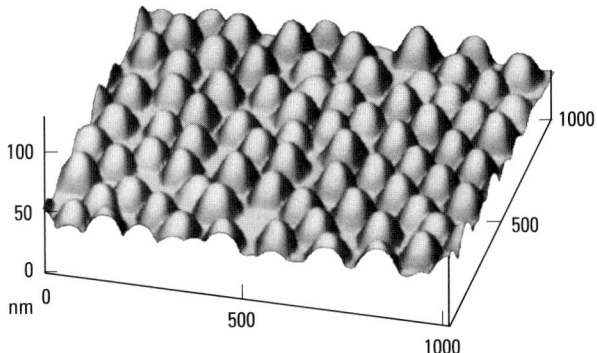

Abb. 9.82 Rasterkraftmikroskopische Aufnahme von $Al_{0.5}Ga_{0.5}As$-Nanokristallen, die durch selbstorganisierendes Wachstum aus einer 3.5 nm dicken Schicht von $In_{0.4}Ga_{0.6}As$ bei 720 °C auf einem GaAs(311)-Substrat gebildet wurden. Die Nanokristalle umschließen spontan gebildete, scheibenförmige (InGa)As-Teilchen mit ca. 20–30 nm Größe [211].

chie von Ordnungsphänomenen ist es außerdem gelungen, viele Schichten halbleitender Teilchen aufzubringen und die Cluster jeweils vertikal übereinander anzuordnen [211]. Allgemein lässt sich feststellen, dass das Entstehen selbstorganisierter Nanoteilchen einen generellen Mechanismus der Verspannungsrelaxation in Systemen mit großer Gitterfehlanpassung darstellt. Er wird bei vielen Materialkombinationen beobachtet, zum Beispiel bei InAs/InP, InP/InGaP oder Ge/Si.

9.7.2.3 Deponieren größenselektierter Cluster aus der Gasphase auf Oberflächen

Ein sehr allgemeiner Ansatz zur Herstellung monodisperser Cluster auf Oberflächen, z. B. für Anwendungen in der Katalyse [213], ist die Verwendung größenselektierter Molekularstrahlen [198, 214, 215]. Mit dieser Methode können monodisperse Clusterensembles im Prinzip aus allen Materialien und für alle Clustergrößen hergestellt werden. Dementsprechend sind in den letzten Jahren in zahlreichen Labors große Anstrengungen unternommen worden, um Cluster einheitlicher Größe auf Oberflächen durch Deponieren massenselektierter Teilchen aus der Gasphase zu erzeugen. Dabei wird zunächst ein Molekularstrahl hergestellt, der in den meisten Fällen einen hohen Anteil an Clusterionen unterschiedlicher Größe enthält. Die Ionen durchlaufen anschließend einen Massenfilter, der Cluster einer Größe, d. h. einer bestimmten Zahl von Atomen herausfiltert. Der auf diese Weise erzeugte massenselektierte Strahl wird auf ein Substrat gerichtet, dessen Oberfläche mit Nanoteilchen vorgegebener Größe bedeckt werden soll.

Das Verfahren bringt eine Reihe grundsätzlicher wie auch experimenteller Herausforderungen mit sich. Zunächst wird eine Clusterquelle benötigt, die einen so hohen Fluss liefert, dass innerhalb von beispielsweise einer Stunde so viele Teilchen deponiert werden können, dass das Gesamtensemble anschließend mit Methoden wie Photoemission bei gutem Signal-Rausch-Verhältnis untersucht und charakterisiert werden kann. Auch für Abbildungen der Probenoberfläche mit Rastertunnel- und Rasterkraftmikroskopie ist eine so hohe Dichte der Cluster auf der Oberfläche nötig, dass mindestens einige 10 Teilchen im Gesichtsfeld des Mikroskops zu finden sind und nicht durch Verschieben der abgebildeten Fläche mühsam gesucht werden müssen. Hinzu kommt, dass die Sauberkeit der Oberfläche sowie deren Morphologie und Temperatur präzise sichergestellt bzw. kontrolliert werden müssen. Bei Deponieren massenselektierter Cluster über einen längeren Zeitraum sind daher Ultrahochvakuumbedingungen nötig, um unerwünschte Adsorption von Restgasmolekülen zu minimieren, insbesondere, wenn das Substrat abgekühlt wird, um Diffusion und Aggregation der Cluster entgegenzuwirken.

Des Weiteren muss sichergestellt werden, dass die Teilchen beim Auftreffen auf die Oberfläche nicht auseinander brechen: Die dazu notwendige „weiche" Landung stellt eine beträchtliche Herausforderung dar. An Hand einer einfachen Abschätzung lässt sich das Problem illustrieren: Geht man davon aus, dass die auftreffenden Ionen sich auf ähnliche Geschwindigkeiten abbremsen lassen wie sie Teilchen in einem Überschallstrahl mit typischerweise 10^3 m/s besitzen, so entspricht dies für Silbercluster einer kinetischen Energie von ca. 0.5 eV pro Atom. Es müssen also bereits bei einer Clustergröße von Ag_{20} ca. 10 eV an kinetischer Energie abgeführt werden. Erreichen die Silbercluster einen Durchmesser von 5 nm, was etwa 4000 Atomen entspricht, so liegen die kinetischen Energien bereits im Bereich von 2 keV.

Zur Realisierung einer „weichen" Landung müssen die vielfältigen Phänomene, die beim Auftreffen eines Clusters auf eine Festkörperoberfläche auftreten können, zumindest im Prinzip verstanden sein. Dazu haben molekulardynamische Rechnungen einen wesentlichen Beitrag geleistet. Im Allgemeinen hängt die Auswirkung eines Stoßes zwischen Cluster und Oberfläche von zahlreichen Parametern ab, insbesondere von der Clustergröße, den Bindungsenergien der Atome innerhalb des Clusters sowie mit der Oberfläche, der kinetischen Energie der Cluster und deren Auftreffwinkel, vom Ladungszustand der Teilchen sowie von der Temperatur von Oberfläche und Clustern. In Anbetracht der zahlreichen involvierten Parameter kann man eine „weiche" Landung zunächst dadurch definieren, dass die Teilchen am Auftreffpunkt fixiert bleiben und ihre Identität bewahren, d. h. dass keine Fragmentation auftritt. Auftretende Deformationen sind elastisch.

Am Erfolg versprechendsten lässt sich eine weiche Landung dann realisieren, wenn die kinetische Energie der auftreffenden massenselektierten Ionen durch Abbremsen in einem elektrischen Gegenfeld sehr klein gemacht wird: Die gesamte, pro Stoß deponierte Energie sollte unterhalb von etwa 10 eV liegen. Leider ist dies bei einer Reihe von Quellen – zumindest wenn der volle Fluss des Strahls genutzt werden soll – nur eingeschränkt möglich, da die entstehenden Cluster eine gewisse Energieverteilung besitzen. Für Sputterquellen beispielsweise liegt deren Breite bei ca. 10 eV. In einigen Experimenten werden die Clusterionen durch Stöße in Helium innerhalb eines Quadrupolfeldes thermalisiert [216]. Eine weitere Möglichkeit, eine „weiche" Landung zu unterstützen, besteht darin, auf der Substratoberfläche vor Deponieren der Cluster eine dünne Edelgasschicht bei niedriger Temperatur zu adsorbieren. Sie wirkt – vereinfachend gesprochen – wie ein weiches Kissen, und erweist sich gerade bei Aufbringen von Clustern, die nur aus wenigen Atomen bestehen, als besonders nützlich [217].

Bei Deponierungsexperimenten verwendet man in den meisten Fällen eine Sputter-
oder eine Laserverdampfungsquelle (siehe oben) zur Erzeugung von Clusterionen.
Dabei wird ein Primärionenstrahl mit einer Energie zwischen 10^2 und 10^5 eV und
einem typischen Strom von 5–20 mA auf ein Target fokussiert. Er besteht aus dem
Material, das in Cluster konvertiert werden soll. Die emittierten Sekundärionen
werden von einer Ionenoptik abgesaugt und massenselektiert, wozu in vielen Fällen
ein Quadrupol- oder Wien-Filter eingesetzt wird. Für Metalle wie Gold, Silber oder
Palladium liegt der Strom massenselektierter kleiner Cluster bei typischerweise eini-
gen 10 nA. Mit einer Sputterquelle lassen sich beispielsweise Ag_{21}-Cluster mit einer
Breite der Verteilung der kinetischen E_{kin} von 3.7 eV herstellen, während für kleinere
Cluster wie Ag_4 die Breite bei nur ca. 1 eV liegt. Inzwischen werden Quellen für
Clusterionen auch kommerziell angeboten [218].

Beim Auftreffen auf die Oberfläche setzt sich die totale Energie des Depositions-
prozesses aus der kinetischen Energie der Cluster, $E_{kin} \leq 0.2$ eV pro Atom, der chemischen Bindungsenergie zwischen Cluster und Oberfläche und einem sehr geringen
Anteil von Coulomb-Wechselwirkung zwischen einem auftreffenden Clusterion und
dessen Bildladung zusammen. Als Folge davon lässt sich eine weiche Landung mit
typischen Energien von $E_{kin} \leq 1$ eV pro Atom realisieren. Dieser Wert liegt wenigstens einen Faktor 2 unter der Bindungsenergie der Cluster, die zwischen 2.0 und
5 eV liegt, so dass Fragmentation vermieden werden kann. In vielen Fällen werden
als dielektrische Oberflächen MgO-Filme verwendet, die durch epitaktisches Wachstum von Oxidschichten auf einer Mg(100)-Oberfläche hergestellt wurden.

Abschließend sei noch angemerkt, dass in zahlreichen Experimenten auch nicht-
massenselektierte neutrale oder ionische Cluster unterschiedlicher Größe und Energie deponiert wurden, um auf Oberflächen Filme mit speziellen Eigenschaften herzustellen [219, 220].

9.7.2.4 Lasergestützte Manipulation der Größe metallischer Nanoteilchen

Einen erheblichen Fortschritt bei der Erzeugung von Metallteilchen äußerst schmaler
Größenverteilung bietet ein erst kürzlich entwickeltes Verfahren [199, 221, 222]. Dabei werden zunächst Metallatome auf einem dielektrischen Substrat deponiert. Die
Atome bilden durch Volmer-Weber-Wachstum dreidimensionale Inseln unterschiedlicher Größe. Die Breite der Verteilung wird in einem zweiten Schritt durch Einstrahlen von Laserlicht eingeengt. Die Wirkungsweise der Methode ist in Abb. 9.83
schematisch dargestellt. Man macht sich dabei die inhomogene Verbreiterung der
Oberflächenplasmaresonanz zunutze [221]. Auf Grund dieser Verbreiterung kann
man zunächst eine erste Laserwellenlänge λ_1 wählen, die nur von den größten Teilchen der Verteilung *selektiv* absorbiert wird. Die deponierte Energie wird durch
Elektron-Phonon-Kopplung schnell und nahezu vollständig in Wärme umgewandelt, so dass die Temperatur steigt und einerseits Atome von der Clusteroberfläche
abdampfen, andererseits über die Oberfläche diffundieren. Die mit dem eingestrahlten Laserlicht wechselwirkenden Teilchen schrumpfen und zwar solange, bis sie nicht
mehr resonant absorbieren, sie werden gleichzeitig kugelähnlicher. Ihre Ausdehnung
hat sich schließlich der mittleren Größe der ursprünglich erzeugten Verteilung weitgehend angenähert. Nun wählt man eine zweite Wellenlänge λ_2, die nur von den

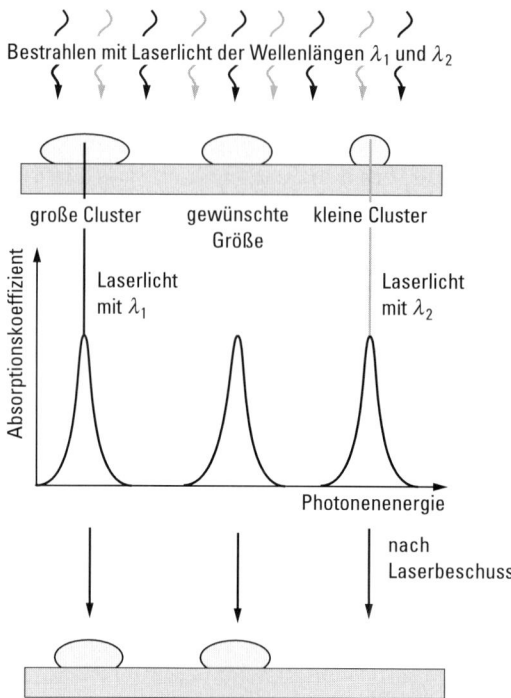

Abb. 9.83 Illustration eines Verfahrens zur Manipulation der Größe von Nanoteilchen und zur Einengung der Größenverteilung. Durch Einstrahlen einer ersten Wellenlänge des Lichts wird die Oberflächenplasmaoszillation in den größten Teilchen der Verteilung angeregt. Sie werden dadurch selektiv erhitzt, wodurch Diffusion von Atomen auf der Oberfläche und Abdampfen stimuliert wird. Dadurch nehmen die Teilchen schließlich die gewünschte Größe an. Anschließend werden die zu kleinen Teilchen der Verteilung mit einer zweiten Wellenlänge angeregt und selektiv verdampft.

kleineren Clustern der Verteilung absorbiert wird. Sie verdampfen ebenfalls und werden vollständig entfernt, da der Dampfdruck p gemäß $p \sim e^{1/R}$ mit kleiner werdendem Radius R schnell zunimmt. Schließlich erhält man eine äußerst schmale Größenverteilung, deren verbleibende Breite hauptsächlich von der Wellenlängendifferenz zwischen λ_1 und λ_2 abhängt.

Um Manipulation und Einengung der Clustergrößenverteilung experimentell zu demonstrieren, wurden kleine Silbercluster durch Deponieren von Ag-Atomen auf einer Quarzoberfläche im Ultrahochvakuum hergestellt und in situ mit RKM und optischer Transmissionsspektroskopie charakterisiert. Der mittlere Durchmesser $\langle d \rangle$ ließ sich aus der bekannten Zahl der aufgebrachten Atome und der den RKM-Bildern zu entnehmenden Flächendichte der Cluster von $2.0 \cdot 10^{11}\,\mathrm{cm}^{-2}$ zu $\langle d \rangle = 12\,\mathrm{nm}$ bestimmen. Die Silbercluster wurden nun in situ mit zwei Wellenlängen, nämlich dem frequenzverdoppelten bzw. -verdreifachten Licht eines Nd:YAG-Lasers beleuchtet, wobei die Pulsdauer ca. 7 ns und die Wiederholrate 10 Hz betrugen. Die zweite Harmonische mit $\lambda = 532\,\mathrm{nm}$ wird dabei lediglich von den größten

vor Laserbestrahlung   nach Laserbestrahlung

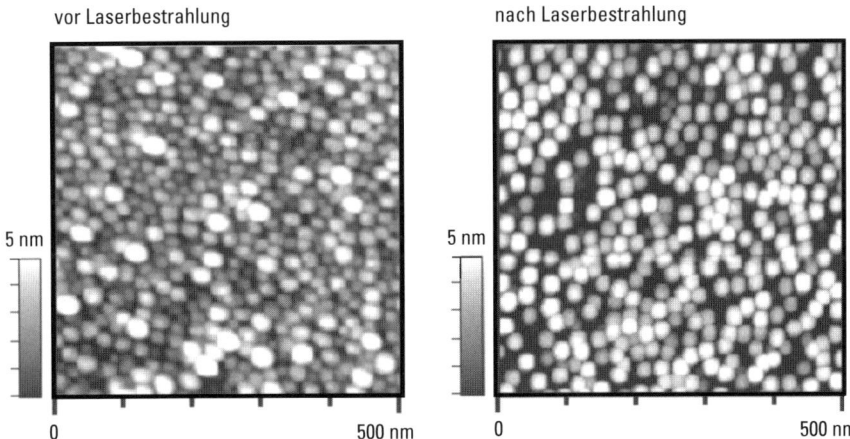

Abb. 9.84 Rasterkraftmikroskopische Aufnahme von Silberclustern wie präpariert und nach Größenmanipulation mit Laserlicht. Die Silbercluster wurden in situ mit dem frequenzverdoppelten bzw. -verdreifachten Licht eines Nd:YAG-Lasers beleuchtet, wobei die Pulsdauer ca. 7 ns und die Wiederholrate 10 Hz betrugen. Die Abbildung illustriert den Einfluss von jeweils 6000 Laserpulsen der nacheinander eingestrahlten Wellenlängen $\lambda = 355$ und 532 nm mit Flüssen von 150 bzw. 300 mJ/cm². Die Breite der Verteilung hat sich um ca. 70 % verringert, sie beträgt nur noch ca. 10 %. Dies geht mit einer Verkleinerung der mittleren Größe von 12 auf 10 nm einher.

Clustern der Verteilung absorbiert und sorgt für deren Schrumpfen, die dritte Harmonische mit $\lambda = 355$ nm wechselwirkt nur mit den kleineren Teilchen, die verdampfen. Anschließend wurden die Cluster ein zweites Mal mit Rasterkraftmikroskopie abgebildet, um die laserinduzierten Änderungen von Größe und Größenverteilung zu erfassen. Die Abb. 9.84 illustriert den Einfluss von jeweils 6000 Laserpulsen der beiden nacheinander eingestrahlten Wellenlängen $\lambda = 355$ und 532 nm mit Flüssen von 150 bzw. 300 mJ/cm²: Die Ag-Cluster besitzen nun in der Tat nahezu identische Größe. Die Breite der Verteilung hat sich um ca. 70 % verringert, sie beträgt nur noch ca. 10 %. Dies geht einher mit einer Verkleinerung der mittleren Größe von 12 auf 10 nm. Die Einengung der Größenverteilung ist innerhalb weniger Minuten abgeschlossen. Die Verschmälerung spiegelt sich auch in den optischen Spektren deutlich wider: Wie erwartet, sinkt die Halbwertsbreite der Resonanzen drastisch. Sie konvergiert gegen die homogene Linienbreite, die durch die Lebensdauer der Oberflächenplasmaschwingung gegeben ist (s. Abschn. 9.7.3).

Erwähnt sei noch, dass die Einengung der Größenverteilung zur Optimierung der Methode auch theoretisch modelliert [223] und dass die Experimente in jüngster Zeit auf Goldcluster ausgedehnt wurden. Außerdem konnte ein Verfahren entwickelt werden, mit dessen Hilfe sich das Achsenverhältnis der Nanoteilchen unabhängig von deren Größe auf einen festen, gewünschten Wert einstellen lässt [224]. Dazu wird Laserlicht während des Wachstums der Cluster eingestrahlt.

9.7.3 Analyse und Spektroskopie einzelner Cluster und Clusterensembles auf Oberflächen

9.7.3.1 Optische Spektroskopie von Clustern auf Oberflächen

In metallischen Nanoteilchen lässt sich mit Licht eine besondere elektronische Anregung stimulieren: die Oberflächenplasmaschwingung, präziser ausgedrückt: das Plasmon-Polariton [1, 222, 225]. Dabei handelt es sich um eine kollektive Oszillation der Leitungselektronen, die durch das einfallende Lichtfeld im Gleichtakt, d. h. mit fester Phase, um ihre Gleichgewichtslage schwingen (s. a. Abb. 9.96a). Dabei werden die Elektronen über das Gerüst der positiv geladenen Ionenrümpfe hinaus ausgelenkt, wobei eine Rückstellkraft durch die Coulomb-Wechselwirkung entsteht. Im Gegensatz zum Plasmon im Festkörper bzw. an dessen Oberflächen, bei dem es sich um eine longitudinale Eigenschwingung des freien Elektronengases handelt, ist das Oberflächenplasmon-Polariton als eine zum einfallenden Lichtfeld transversale Schwingung der freien Elektronen zu verstehen. Eine solche Anregung tritt nur bei Strukturen auf, deren Dimensionen in der Größenordnung der Eindringtiefe des elektromagnetischen Feldes in den metallischen Festkörper liegen, die wiederum im Bereich von einigen 10 nm liegt.

Sind die Teilchen sehr klein gegenüber der Wellenlänge des einfallenden Lichts, kann dessen Feld als konstant über die Teilchengröße angesehen werden. Dies wird als quasistatische Näherung bezeichnet: Man beobachtet eine Dipoloszillation (Abb. 9.85b). Wachsen die Teilchen an, treten im allgemeinen Fall auch höhere Moden, wie zum Beispiel eine Quadrupoloszillation, auf (Abb. 9.85a). Als Faustregel gilt, dass die Dipolnäherung eine gute Approximation darstellt, solange der Teilchenradius ca. 1 % der eingestrahlten Wellenlänge nicht übersteigt [1]. Die Resonanzfrequenz des Plasmons hängt vom Material, aus dem die Nanoteilchen bestehen, von deren Größe sowie ggf. von den dielektrischen Eigenschaften der Matrix, in die sie eingebettet, oder der Oberfläche, auf der sie räumlich fixiert sind, ab. Insbesondere lassen sich durch Verwendung verschiedener Metalle sowie durch Variation der Teilchengröße die Absorptionsfrequenzen und damit die „Farben" von Nanoteilchen gezielt einstellen und in einem weiten Bereich variieren (s. Abschn. 9.1).

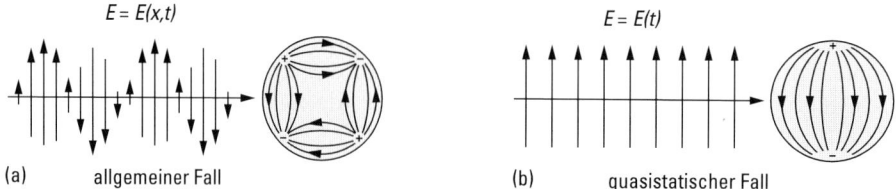

Abb. 9.85 Anregung von Oberflächenplasmonen in metallischen Nanoteilchen. Innerhalb der Cluster ist der Verlauf der elektrischen Feldlinien, wie ihn schon 1908 Gustav Mie zur Illustration verwendet hatte, eingezeichnet [226]. (a) Allgemeiner Fall am Beispiel der Quadrupolschwingung, angeregt mit Licht einer Wellenlänge, die dem Durchmesser der Teilchen vergleichbar ist, also $\lambda \approx 2R$. (b) Quasistatischer Fall mit $\lambda \gg 2R$, der zu einer reinen Dipolanregung führt.

Die erste theoretische Behandlung der optischen Eigenschaften von Nanoteilchen geht auf Gustav Mie zurück und wurde bereits 1908 publiziert [226]. Mie berechnete die Lage der häufig nach ihm benannten Resonanzen als Funktion der Größe kugelförmiger Teilchen und der dielektrischen Eigenschaften ihrer Umgebung mithilfe der klassischen Elektrodynamik. Dazu verwendete er die Maxwell'schen Gleichungen in sphärischen Koordinaten und erhielt die Wirkungsquerschnitte für Extinktion, Absorption und Streuung der Metallkugeln durch Multipolentwicklung des elektromagnetischen Feldes. Dabei zeigte sich, dass bei zunehmender Teilchengröße außer der Dipolanregung auch die höheren, oben schon erwähnten und in Abb. 9.85a am Beispiel eines Quadrupols skizzierten Multipoloszillationen auftreten. Für viele Fälle reicht es aus, Näherungslösungen heranzuziehen, wie den Fall einer reinen Dipolanregung, der bei Clustern mit Radien unterhalb von ca. 10 bis 20 nm realisiert ist. In diesem Fall kann das Lichtfeld innerhalb eines Nanoteilchens zu jedem Zeitpunkt als räumlich konstant angesehen werden. Das elektrische Feld der Lichtwelle $\boldsymbol{E}(t)$ induziert in den Nanoteilchen ein zeitabhängiges Dipolmoment

$$\boldsymbol{p}(t) = \alpha \, \varepsilon_0 \, \varepsilon_{\mathrm{m}} \, \boldsymbol{E}(t),$$

wobei ε_0 die elektrische Feldkonstante, α die komplexe Polarisierbarkeit der Nanoteilchen und ε_{m} die Dielektrizitätskonstante des Mediums, in das die Teilchen eingebettet sind und das wir zunächst als homogen betrachten wollen, beschreiben. Für kugelförmige Cluster wird die Polarisierbarkeit durch die Clausius-Mosotti-Gleichung

$$\alpha = 3V \frac{\varepsilon/\varepsilon_{\mathrm{m}} - 1}{\varepsilon/\varepsilon_{\mathrm{m}} + 2} = 3V \frac{\varepsilon - \varepsilon_{\mathrm{m}}}{\varepsilon + 2\varepsilon_{\mathrm{m}}}$$

bestimmt, wobei $\varepsilon = \varepsilon_1 + i\varepsilon_2$ die dielektrische Funktion der Nanoteilchen und V deren Volumen bezeichnen. Die Wirkungsquerschnitte für Absorption σ_{abs}, Streuung σ_{streu} und Extinktion σ_{ext} der Nanoteilchen ergeben sich dann direkt aus der komplexen Polarisierbarkeit $\alpha(\omega)$:

$$\sigma_{\mathrm{abs}} = k \cdot \mathrm{Im}\{\alpha\}$$

$$\sigma_{\mathrm{str}} = \frac{k^4}{6\pi} |\alpha|$$

$$\sigma_{\mathrm{ext}} = \sigma_{\mathrm{abs}} + \sigma_{\mathrm{str}},$$

wobei $k = \frac{2\pi}{\lambda}$ die Wellenzahl des eingestrahlten Lichts bezeichnet.

Setzt man die Clausius-Mosotti-Gleichung in die Ausdrücke für die Wirkungsquerschnitte von Streuung und Absorption ein, ergeben sich Resonanzen der Oberflächenplasmaoszillation genau dann, wenn die Realteile der dielektrischen Funktionen die Bedingung $\mathrm{Re}\{\varepsilon\} = -2\,\mathrm{Re}\{\varepsilon_{\mathrm{m}}\}$ erfüllen. Gleichzeitig sollte $\mathrm{Im}\{\varepsilon\}$ klein sein.

Sind die Cluster nicht kugelförmig, kann mit Licht eine kollektive Oszillation der Leitungselektronen in Richtung der Oberfläche wie auch senkrecht dazu angeregt werden (Abb. 9.86). Dies führt bei Rotationssymmetrie bezüglich der Oberflächennormalen – dann sind die langen Achsen identisch – zu zwei Resonanzen, nämlich einer niederenergetischen (1,1)-Mode (Oszillation entlang der großen Achse) und einer höherenergetischen (1,0)-Mode (Oszillation entlang der kurzen Achse).

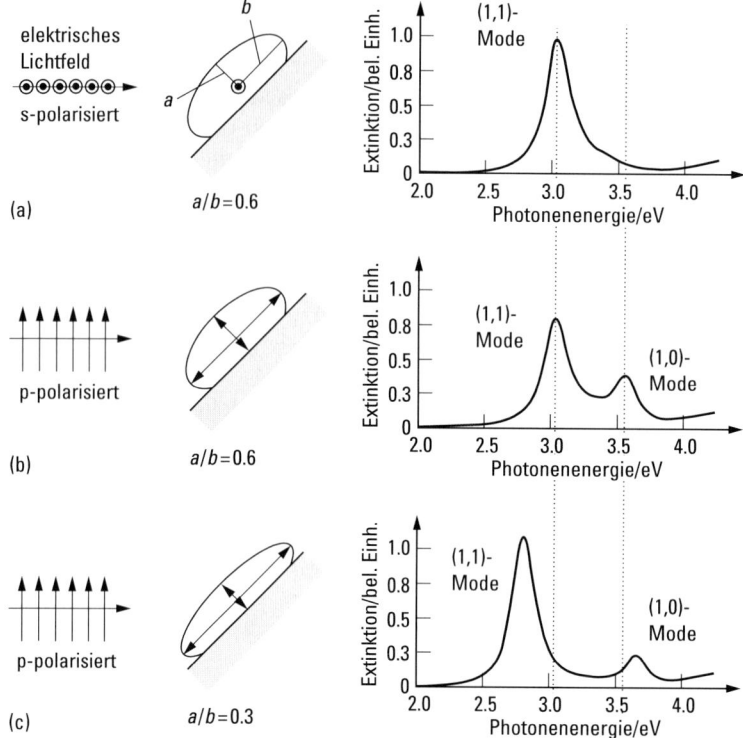

Abb. 9.86 Schematische Darstellung der Oberflächenplasmaanregungen in oblaten metallischen Nanoteilchen auf einem transparenten Substrat. Durch p-polarisiertes Licht kann sowohl eine kollektive Elektronenoszillation in Richtung der Oberfläche, als auch eine solche senkrecht dazu angeregt werden. Die damit verknüpften Resonanzen bezeichnet man als (1,0)-Mode (entlang der kleinen Achse) und als (1,1)-Mode (entlang der großen Achse).

Ist das eingestrahlte Licht p-polarisiert und der Einfallswinkel von null Grad verschieden, existiert jeweils eine Feldkomponente in Richtung der Oberfläche sowie deren Normalen: Man beobachtet im optischen Spektrum beide Moden. Ihre Amplituden hängen vom Einfallwinkel ab. Bei s-polarisierter Strahlung bzw. senkrechtem Einfall tritt dagegen lediglich die (1,1)-Mode auf. Um die quasistatische Näherung von kugelförmigen Clustern auf rotationssymmetrische Ellipsoide zu erweitern, wird die Polarisierbarkeit α mit einem Geometriefaktor versehen, in den insbesondere die Exzentrizität des Ellipsoids eingeht [1, 227]. Es zeigt sich für den Größenbereich von 1 bis ca. 20 nm, dass die Mittenfrequenzen der Plasmaresonanzen lediglich vom Achsenverhältnis a/b der Nanoteilchen und nicht von deren Radius abhängen. Die (1,1)-Mode wandert mit sinkendem Achsenverhältnis ins Rote, die (1,0)-Mode verschiebt sich ins Blaue, also zu höheren Photonenenergien. Dieser Zusammenhang ermöglicht es, die Form der Nanoteilchen aus den optischen Spektren zu extrahieren. Dazu passt man experimentelle an theoretische Spektren an, die für unterschiedliche a/b-Werte berechnet wurden.

Um eine komplette theoretische Beschreibung der optischen Spektren von Nanoteilchen auf Oberflächen zu erreichen, muss als weiterer Schritt die inhomogene Umgebung der Cluster berücksichtigt werden: Nanoteilchen auf Oberflächen sind zum einen mit dem Substrat (dielektrische Konstante ε_s) in Kontakt, zum anderen mit der restlichen Umgebung (dielektrische Konstante ε_u), meist Luft oder Vakuum. Dieser anisotropen dielektrischen Umgebung wird dadurch Rechnung getragen, dass man eine effektive dielektrische Funktion ε_{eff} bildet. Sie ergibt sich im einfachsten Fall aus den einzelnen dielektrischen Funktionen gemäß

$$\varepsilon_{eff}(m) = \varepsilon_s\, m + (1-m)\,\varepsilon_u.$$

Dabei bezeichnet m den Mischungsfaktor. Er kann Werte zwischen 0 und 1 annehmen und gibt denjenigen Anteil der gesamten Oberfläche der Cluster an, der in Kontakt mit dem Substrat ist. Es sei noch angemerkt, dass der Mischfaktor von der Form der Teilchen, d. h. von deren Achsenverhältnis a/b abhängt. Eine andere Beschreibungsweise der Wechselwirkung zwischen Substrat und Nanoteilchen sowie der Cluster untereinander wurde von Yamaguchi [228] eingeführt. Dabei wird die Wechselwirkung der durch das Lichtfeld in den Teilchen induzierten Dipolmomente mit Bilddipolen in Nachbarteilchen geringen Abstands bzw. im Substrat berücksichtigt. Inzwischen können auch die Spektren von Nanoteilchen mit komplizierter geometrischer Form berechnet werden [229].

Die optischen Spektren von Nanoteilchen auf dielektrischen Oberflächen lassen sich durch einen einfachen Aufbau messen. Ein dafür geeignetes Spektrometer (Abb. 9.87) besteht zunächst aus einer hellen Lampe, die Licht im gesamten für die Untersuchung benötigten Spektralbereich emittiert, zum Beispiel eine Xenon-Hochdruckbogenlampe. Das Licht wird mithilfe eines Monochromators spektral zerlegt und durch ein System von Linsen auf die Probe geführt. Die transmittierte Intensität wird schließlich mithilfe eines Photodetektors gemessen. Wird der Monochromator nun über den gesamten Wellenbereich durchgestimmt, erhält man die Extinktion als Funktion der Wellenlänge. Um daraus die Spektren der Nanoteilchen extrahieren zu können, wird das Transmissionssignal auf die Intensität des Lichtes normiert, die spektral variiert und mit einem weiteren Photodetektor gemessen wird. Daraus ergibt sich schließlich das Extinktionsspektrum der Nanoteilchen. Ein Beispiel für Silber-Nanoteilchen auf einem Quarzsubstrat für Photonenenergien zwischen ca.

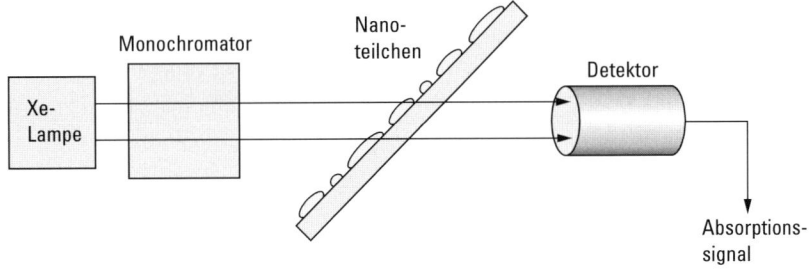

Abb. 9.87 Schematische Darstellung eines Spektrometers zur Messung der Extinktionsspektren metallischer Nanoteilchen auf einem transparenten Substrat.

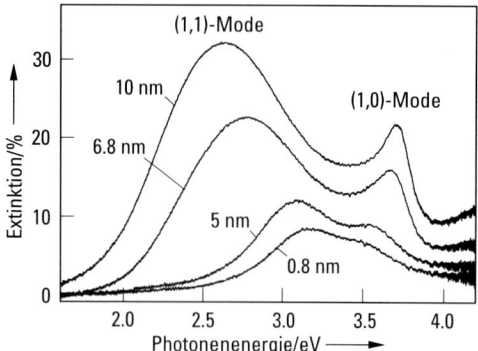

Abb. 9.88 Optische Spektren von Silbernanoteilchen auf einem Quarzsubstrat gemessen bei einer Photonenenergie im Bereich von ca. 1.5 bis 4 eV. Bei sehr kleinen Teilchen wird eine Resonanz beobachtet: Sie sind annähernd kugelförmig. Bei Anwachsen der Cluster von 0.8 bis auf 10 nm Äquivalentradius spaltet die Resonanz in die (1,0)- und die (1,1)-Mode auf. Diese Resonanzen verschieben sich in entgegengesetzte Richtungen. Die Ursache liegt in der fortschreitenden Abplattung der Teilchen als Funktion ihrer Größe, d. h. das Achsenverhältnis nimmt ab.

1.5 und 4 eV ist in Abb. 9.88 gezeigt. Bei sehr kleinen Teilchen wird eine Resonanz beobachtet: Sie sind annähernd kugelförmig. Bei Anwachsen der Cluster von 0.8 nm auf bis zu 10 nm Äquivalentradius spaltet die Resonanz in die (1,0)- und die (1,1)-Mode auf. Diese Resonanzen verschieben sich in entgegengesetzte Richtungen. Die Ursache liegt in der fortschreitenden Abplattung der Teilchen als Funktion ihrer Größe, d. h. das Achsenverhältnis nimmt während des Wachstums ab. Diese Korrelation zwischen Äquivalentradius und Achsenverhältnis der Teilchen führt dazu, dass die oben erwähnte Größenverteilung mit einer Formverteilung der Nanoteilchen verknüpft ist.

Für kleine Cluster mit Radien bis zu ca. 20 nm sind die Extinktionsspektren mit den Transmissionsspektren identisch, da Streuung des Lichts aus der ursprünglichen Strahlrichtung vernachlässigt werden kann. Der Wirkungsquerschnitt für Streuung steigt aber mit der sechsten Potenz des Äquivalentradius an, während der Absorptionswirkungsquerschnitt proportional zum Volumen der Teilchen, also zu R^3 ist. Aus diesem Grund beginnt bei weiter anwachsenden Teilchenradien die Streuung von Licht schließlich die Absorption zu überwiegen. Angemerkt sei noch, dass die optischen Spektren von Clustern auf Oberflächen auch in Reflexion gemessen werden können, falls das Reflexionsvermögen der Unterlage groß genug ist.

9.7.3.2 Abbildende Verfahren

Schon seit vielen Jahren werden Cluster auf Oberflächen mit Elektronenmikroskopie untersucht. Wie schon angesprochen, stand dabei zunächst die „Dekoration" und Visualisierung von Defekten der Oberfläche, insbesondere bei Salzkristallen, im Vordergrund, später die Untersuchung der Cluster selbst sowie deren Größenverteilung,

Wachstumskinetik und katalytische Eigenschaften. Für höchste Auflösung verwendet man Transmissionselektronenmikroskopie bei Energien von typischerweise 100 keV bis zu einigen MeV [210]. Damit die Elektronen die Nanoteilchen abbilden können, müssen sie das Substrat, das eine Dicke von lediglich einigen 10 nm haben darf, durchdringen. Dies stellt erhebliche Anforderungen an die Präparation der Proben, insbesondere dann, wenn die Nanoteilchen ursprünglich auf dielelektrischen Materialien mit typischen Dicken von mehreren Millimetern hergestellt wurden. Eine häufig verwendete Alternative ist die Verwendung sehr dünner Graphit- oder Glimmersubstrate, auf denen die Teilchen durch Aufbringen von Atomen auch direkt innerhalb des Elektronenmikroskops hergestellt werden können. Wenn dort Ultrahochvakuumbedingungen herrschen, sind die Cluster auch weiterführenden Experimenten, zum Beispiel zu ihrer chemischen Reaktivität, zugänglich. Die Abb. 9.89 zeigt eine Elektronenmikroskopaufnahme kristalliner Goldcluster auf Saphir. Der mittlere Durchmesser in der Substratebene beträgt (9 ± 2) nm.

Für viele Zwecke ist es ausreichend und wesentlich weniger aufwändig, Cluster auf Oberflächen im Ultrahochvakuum oder unter Laborbedingungen mit Rasterkraft- oder Rastertunnelmikroskopie abzubilden. Rastertunnelmikroskopie kann aber naturgemäß nur dann eingesetzt werden, wenn das verwendete Substrat leitfähig ist, beispielsweise, wenn die Cluster auf einer dünnen Oxidschicht einer Halbleiter- oder Metalloberfläche präpariert wurden. Häufig stellt man sie, siehe oben, aber auf Dielektrika wie Quarz, Glimmer, Saphir oder Salzkristallen her. In solchen Fällen kommt die RKM (s. Abschn. 6.4.3.3) als bildgebendes Verfahren zum Einsatz. Dabei sind allerdings einige Besonderheiten zu beachten. Insbesondere ist in vielen Fällen der Krümmungsradius der Sondenspitze vergleichbar oder sogar größer als die Ausdehnung der Nanoteilchen auf der Substratoberfläche. Wie Abb. 9.90 schematisch zeigt, werden dann die lateralen Abmessungen der Cluster zu groß wiedergegeben. Den Bildern kann lediglich die Höhe der Teilchen bezüglich der Substratoberfläche entnommen werden. Dennoch lässt sich die Ausdehnung der Cluster in

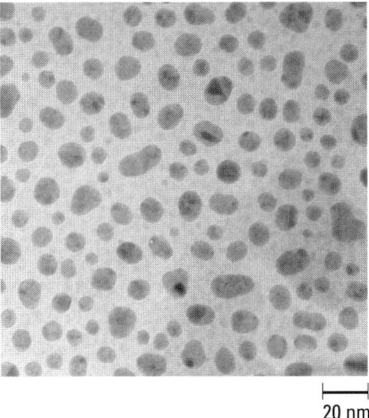

20 nm

Abb. 9.89   Elektronenmikroskopieaufnahme kristalliner Goldcluster auf Saphir. Der mittlere Durchmesser in der Substratebene beträgt (9 ± 2) nm.

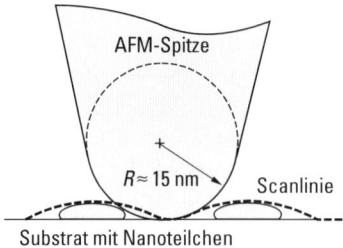

Abb. 9.90 Schematische Darstellung der Abbildung von Nanoteilchen mit Rasterkraft-mikroskopie. Wegen des endlichen Krümmumgsradius der Sondenspitze von typisch 15 nm werden die lateralen Abmessungen der Cluster, siehe gestrichelte Linie, zu groß wiedergegeben. Wenn die Teilchen nicht zu dicht beieinander liegen, wird deren Abmessung in Richtung der Oberflächennormalen korrekt reproduziert.

der Substratebene bestimmen: Zum einen liefern die RKM-Bilder die Teilchenzahl-dichte, aus der sich der Äquivalentradius der Cluster mithilfe der bekannten Zahl (s. o.) deponierter Atome berechnen lässt. Zum anderen erhält man durch Vergleich der gemessenen optischen Spektren mit den für unterschiedliche Clusterform the-oretisch berechneten Spektren das Achsenverhältnis, also den Wert für a/b, und damit auch die laterale Ausdehnung der Nanocluster.

9.7.4 Ausgewählte Beispiele von Experimenten an Clustern auf Oberflächen

Durch zahlreiche Untersuchungen sind heute die Resonanzfrequenzen von Ober-flächenplasmonen gut verstanden. Offen geblieben ist aber eine Reihe grundlegender Fragen:

- Welche Mechanismen sind je nach Teilchengröße und -form für die Dämpfung der kollektiven elektronischen Anregung verantwortlich?
- Welche Rolle spielen dabei Zerfallskanäle wie direkte Emission von Elektronen, Bildung von Elektron-Loch-Zuständen oder Oberflächenstreuung?
- Wie beeinflussen diese Prozesse bei Änderung von Größe und Form der Teilchen die Dephasierungszeit T_2 der kollektiven Anregung?

Im Unterschied zu Einzelelektronenanregungen in Atomen oder Molekülen, wo die natürlichen (strahlungsbedingten) Zerfallszeiten im Bereich von typischerweise 10 ns liegen, klingt die kollektive Anregung auf einer viel kürzeren Zeitskala ab: Die an-fangs im Gleichtakt oszillierenden Elektronen geraten in nur wenigen Femtosekun-den außer Phase [230, 231, 232]. Die Untersuchung der Zerfallsmechanismen und Abklingzeiten ist nicht nur ein höchst interessantes Problem der Grundlagenfor-schung, sondern auch aus Sicht technischer Anwendungen bedeutsam. Mit der An-regung von Oberflächenplasmonen geht nämlich eine Verstärkung des elektrischen Feldes in der direkten Umgebung der Nanoteilchen einher, wobei der Verstärkungs-faktor f proportional zu T_2 ist. Die lokale Feldverstärkung ist beispielsweise beim oberflächenverstärkten Raman-Effekt, wie ihn auf metallischen Nanoteilchen adsorbierte Moleküle zeigen, von großer Bedeutung. Diese Verstärkung spielt ferner eine wichtige Rolle bei der Verwendung kleinster Teilchen zum ultraschnellen Schalten von Licht in neuartigen Bauelementen der integrierten Optik, bei biologischen Sensoren, optischen Pinzetten, allgemein gesprochen: in der modernen Nanooptik. Messung und Kenntnis der Dephasierungszeit eröffnen dabei die Möglichkeit, die Verstärkung durch Wahl von Größe und Form der verwendeten Nanoteilchen für Anwendungen zu optimieren.

Da die Dephasierungszeit T_2 und die homogene Breite des Übergangs Γ_{hom} durch die Unschärferelation gemäß $T_2 \Gamma_{\text{hom}} \approx \hbar$ verknüpft sind, lassen sich im Prinzip zwei Wege einschlagen, um T_2 zu bestimmen. Man kann zum einen versuchen, die Dephasierungszeit mit Pump-Probe-Experimenten unter Verwendung von Femtosekundenlaserpulsen zu messen. Zum anderen ergibt sie sich aus der homogenen Breite der Oberflächenplasmonresonanz. Auf den ersten Blick könnte man daher meinen, Γ_{hom} bzw. T_2 seien am einfachsten durch Messung des spektralen Verlaufs der Plasmonresonanzen, d. h. durch optische Absorptionsspektroskopie, zu bestimmen. Wie oben schon diskutiert, besitzen aber praktisch alle Ensembles von Nanoteilchen eine gewisse Größen- und Formverteilung, was eine inhomogene Linienverbreiterung – ähnlich der Doppler-Breite – hervorruft, da die Resonanzfrequenz der Plasmonen im Allgemeinen von beiden Parametern – Größe und Form – abhängt. Da der inhomogene Anteil nicht a priori bekannt ist, lässt sich T_2 leider nicht auf diese einfache Weise ermitteln. Auf ähnliche, durch die inhomogene Verbreiterung her-

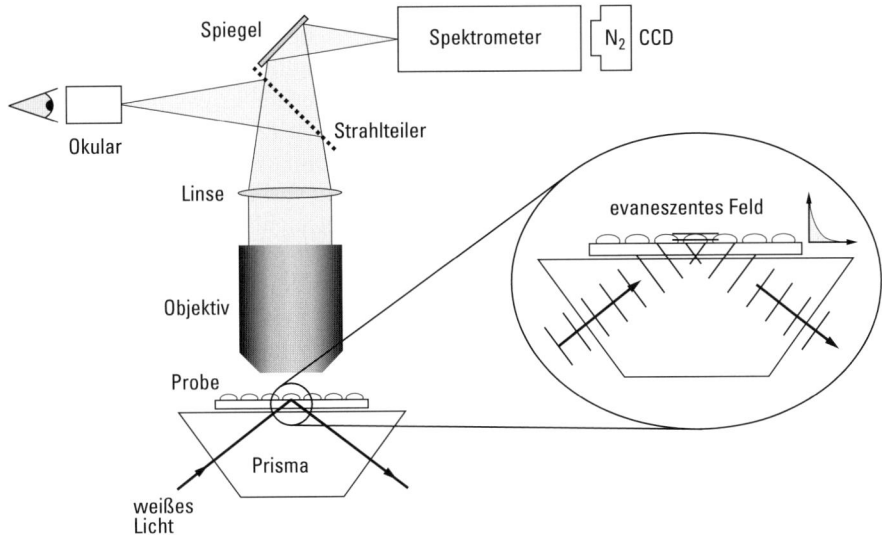

Abb. 9.91 Experimenteller Aufbau zur Vermessung der optischen Spektren einzelner Nanoteilchen auf einer transparenten Oberfläche. Sie werden durch das evaneszente, innerhalb einer Entfernung von ca. 100 nm von der Oberfläche abklingende elektrische Feld bei Totalreflexion weißen Lichts angeregt [235]. Das von einzelnen Nanoteilchen gestreute Licht wird mithilfe eines Spektrometers und einer empfindlichen CCD-Kamera nachgewiesen. Die Breitbandigkeit des eingestrahlten Lichts ermöglicht die Untersuchung unterschiedlich großer Cluster.

vorgerufene Schwierigkeiten stößt man auch bei zeitaufgelösten Messungen unter
Verwendung von Femtosekundenlaserpulsen [233].

Ein Ausweg ist, mittels optischer Nahfeldmikroskopie die Plasmonresonanzen
einzelner Nanopartikel zu spektroskopieren [234–236]. Dabei tritt naturgemäß keine
inhomogene Verbreiterung auf. Die Abb. 9.91 zeigt den experimentellen Aufbau,
wie er in der Arbeitsgruppe von J. Feldmann verwendet wurde. Die Teilchen werden
in einen dünnen Film eingebettet, der wiederum auf der Hypothenusenfläche eines
Prismas aufgebracht ist. Das Licht zur Messung des optischen Spektrums der Nanoteilchen wird von der Rückseite des Films eingestrahlt (Abb. 9.91). Es wird an
der Hypothenusenfläche des Prismas totalreflektiert, die Nanoteilchen können also
mit dem evaneszierenden Feld wechselwirken. Da es sehr rasch als Funktion des
Abstandes von der Prismenfläche abklingt, besteht eine hohe Wahrscheinlichkeit,
dass nur ein Nanoteilchen mit dem Feld wechselwirkt und Licht emittiert. Mithilfe
eines Mikroskops wird es einem Spektrometer zugeführt und bezüglich seiner spektralen Zusammensetzung analysiert. Die Abb. 9.92 zeigt das Spektrum eines einzelnen Nanoteilchens. Daraus extrahierte Abklingzeiten der Oberflächenplasmaresonanz liegen typischerweise bei 10 fs. Die Methode scheint aber zur Zeit auf recht
große Teilchen mit Durchmessern oberhalb von etwa 20 nm begrenzt zu sein, da
hohe Streuquerschnitte notwendig sind (s. Abschn. 9.7.3.1). Es ist auch gelungen,
einzelne Teilchen im Fernfeld zu spektroskopieren.

Einen erheblichen Fortschritt bei der Messung von Zerfallszeiten kollektiver elektronischer Anregungen in metallischen Nanoteilchen bietet nun ein neu entwickeltes
Verfahren [237–240], das in Abb. 9.93 illustriert ist. Zunächst werden Metallcluster
mit breiter Größen- und Formverteilung auf dielektrischen Oberflächen durch Deponieren von Metallatomen aus der Gasphase mit anschließender Oberflächendiffusion und Nukleation hergestellt und ihr inhomogen verbreitertes optisches Spektrum gemessen. Anschließend wird ein spektrales Loch in die Verteilung gebrannt.
Dazu beleuchtet man die Partikel mit Laserpulsen von einigen Nanosekunden Dauer, wobei die Photonenenergie innerhalb des inhomogen verbreiterten Absorptionsprofils liegt. Da die spektrale Breite des Laserlichts vernachlässigbar klein im Vergleich zur homogenen und inhomogenen Breite der kollektiven Anregung ist, können
nur Nanoteilchen, deren Plasmonen in Resonanz mit der Photonenenergie des Lasers
sind, Licht absorbieren. Die absorbierte Energie wird rasch in Wärme umgewandelt.
Man wählt nun den Energiefluss des Lichts so, dass der laserinduzierte Temperaturanstieg groß genug wird, damit Atome von der Teilchenoberfläche abdampfen

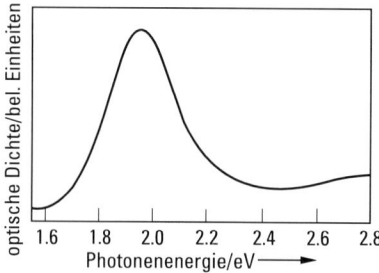

Abb. 9.92   Optisches Spektrum eines einzelnen Au-Nanoteilchens [235].

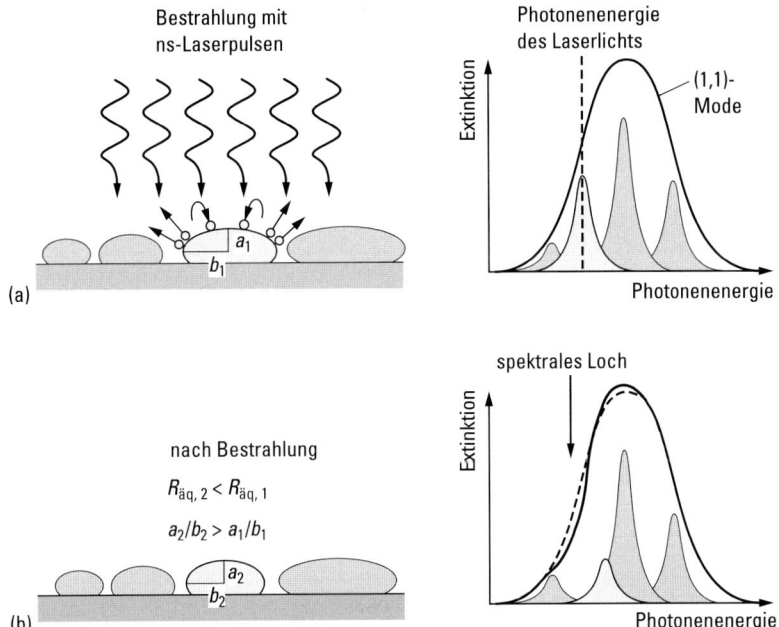

Abb. 9.93 Illustration der Methode des spektralen Lochbrennens zur Bestimmung der homogenen Linienbreite der Oberflächenplasmaresonanz bzw. der Dephasierungszeit dieser kollektiven elektronischen Anregung. Man beleuchtet die Partikel mit Laserpulsen von einigen Nanosekunden Dauer, wobei die Photonenenergie innerhalb des inhomogen verbreiterten Absorptionsprofils liegt. Die absorbierte Energie wird rasch in Wärme umgewandelt. Man wählt nun den Energiefluss des Lichts so, dass der laserinduzierte Temperaturanstieg groß genug wird, damit Atome von der Teilchenoberfläche abdampfen können. Da das Heizen selektiv erfolgt, führt dies zu einer Veränderung der Verteilung, in die auf diese Weise ein Loch gebrannt wird, dessen Lage durch die Frequenz des eingestrahlten Laserlichts vorgegeben ist. Schließlich wird das optische Spektrum ein zweites Mal gemessen und von dem ursprünglich aufgezeichneten subtrahiert, um Form und Breite des erzeugten Loches zu bestimmen und daraus die homogene Breite Γ_{hom} zu extrahieren.

können. Da das Heizen selektiv erfolgt, führt dies zu einer Veränderung der Verteilung, in die auf diese Weise ein Loch gebrannt wird, dessen Lage durch die Frequenz des eingestrahlten Laserlichts vorgegeben ist. Schließlich wird das optische Spektrum ein zweites Mal gemessen und von dem ursprünglich aufgezeichneten subtrahiert, um Form und Breite des erzeugten Loches zu bestimmen und daraus die homogene Breite Γ_{hom} zu extrahieren.

Die Abb. 9.94a zeigt optische Absorptionsspektren von Ag-Clustern. Für spektrales Lochbrennen wurde die (1,1)-Mode verwendet. Man beobachtet eine Vertiefung im Absorptionsprofil bei der Photonenenergie des Lasers und eine Zunahme der optischen Absorption bei größeren Energien. Wie erwartet, ist das entstandene Loch umso ausgeprägter, je größer der Laserenergiefluss gewählt wird. Die Abb. 9.94b zeigt die Differenz von Spektren, die vor und nach Laserbeschuss der

Nanoteilchen gemessen wurden. Das resultierende Loch hat eine asymmetrische Form. Die Abweichung von einer Lorentz-Kurve, wie man sie für die homogene Breite eigentlich erwarten würde, hat zwei Gründe: Zum Einen tritt eine Erhöhung der Absorption direkt neben dem Loch auf (s. o.), wodurch dessen Form asymmetrisch wird. Dies liegt daran, dass die Teilchen nicht verschwinden, sondern lediglich schrumpfen und dabei kugelähnlicher werden. Zum Anderen wird die Breite des

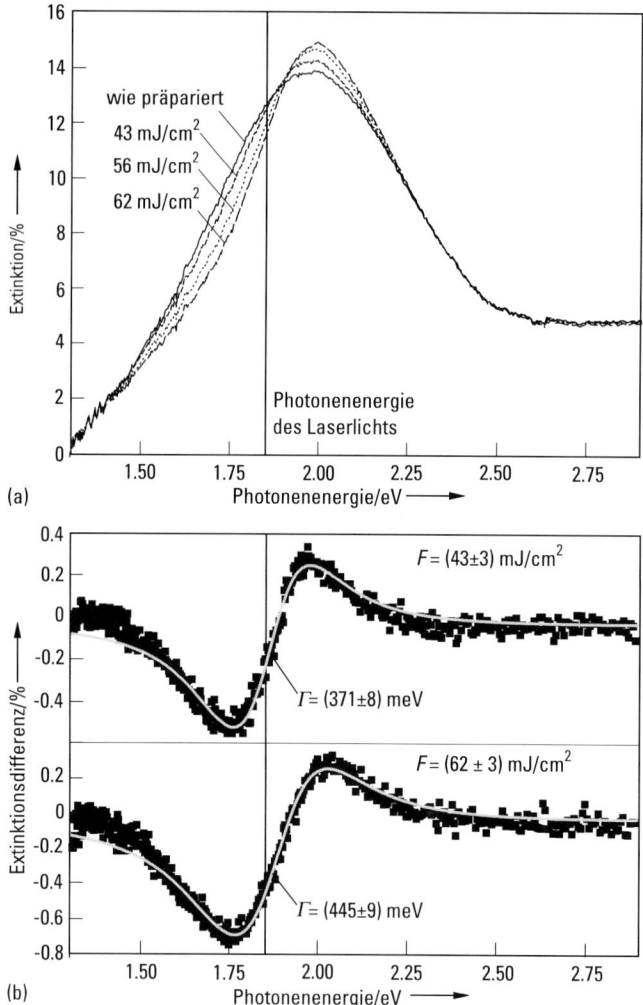

Abb. 9.94 Spektrales Lochbrennen in das Extinktionsspektrum der (1,1)-Mode von Gold-nanoteilchen auf Saphir mit Laserlicht der Photonenenergie 1.85 eV. (a) Extinktionsspektren vor und nach Bestrahlen der Teilchen mit Laserlicht der angegebenen Fluenzen. (b) Differenz jeweils zwei aufeinander folgender Extinktionsspektren aus (a). Die durchgezogene Linie ist eine an die Messdaten angepasste theoretische Kurve, mit deren Hilfe die *homogenen Linienbreiten* Γ ermittelt wurden [223].

erzeugten Loches als Funktion der Laserenergieflusses größer. Dieser Effekt beruht darauf, dass bei steigendem Fluss allmählich auch die Absorption in den Ausläufern der Plasmonprofile von Teilchen mit benachbarten Achsenverhältnissen ausreicht, um eine Veränderung von Größe und Form hervorzurufen.

Um aus den Differenzspektren die homogene Linienbreite und daraus die Dephasierungszeit der Plasmonen zu extrahieren, wurden einerseits spektrale Löcher bei verschiedenen Flüssen des Laserlichts generiert, andererseits das spektrale Profil der Löcher theoretisch modelliert und an die experimentellen Daten angepasst [223]. Die theoretische Kurve gibt die experimentellen Ergebnisse nahezu perfekt wieder, wenn man für die Lochbreite $\gamma = 371\,\mathrm{meV}$ wählt. Die theoretische Beschreibung sagt weiter voraus, dass γ auf Grund der oben qualitativ beschriebenen flussinduzierten Verbreiterung *linear* vom Energiefluss des eingestrahlten Lichts abhängt. Diese lineare Abhängigkeit wird in der Tat im Experiment beobachtet, was nicht nur die Gültigkeit der Modellierung bestätigt, sondern auch erlaubt, die homogene Linienbreite bzw. T_2 durch lineare Extrapolation auf verschwindend kleinen Laserenergiefluss zu bestimmen. Je nach Dimension der Teilchen konnten Werte bis hinunter zu 2.5 fs bestimmt werden.

Die hier für Ag- und Au-Nanoteilchen extrahierten Zerfallszeiten sind bis zu einem Faktor von etwa zwei kleiner als dies aus der dielektrischen Funktion des Festkörpermaterials (horizontale Linie in Abb. 9.95) zu erwarten wäre. Offenbar kommen zusätzliche Dämpfungsmechanismen wie der Einfluss der reduzierten Dimension der Nanoteilchen auf die Dephasierung der kollektiven elektronischen Anregung ins Spiel. Diese Schlussfolgerung wird durch zwei Argumente gestützt. Die Cluster liegen in einem Größenbereich, in dem ein ausgeprägter Einfluss von Oberflächenstreuung der Elektronen auf die Dephasierungszeit erwartet wird, und zwar entsprechend dem Verhältnis von Oberfläche zu Volumen. Es sollte sich also eine $1/r$-Abhängigkeit ergeben – genau dies wird im Experiment beobachtet (Abb. 9.95). Zudem treten durch die Gegenwart des Substrats Grenzschichteffekte auf, die gerade bei recht kleinen Teilchen die Dämpfung der Plasmonen zusätzlich verstärken können [241].

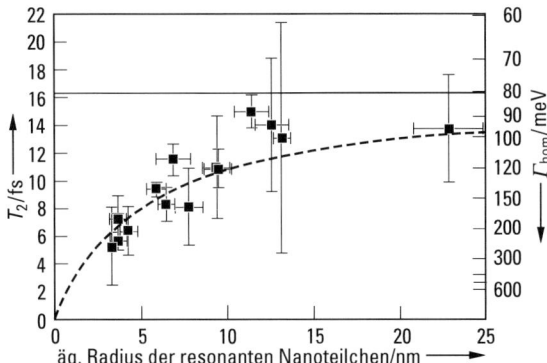

Abb. 9.95 Abhängigkeit der Dephasierungszeit von der Größe der Au-Nanoteilchen. Man erkennt, dass die experimentellen Werte der theoretisch erwarteten $1/r$-Abhängigkeit folgen.

Die hier beschriebenen und viele weitere Experimente legen die Grundlage für künftige neuartige Anwendungen von Metallclustern, unter Anderem in einer avancierten Nanooptik (siehe z. B. [242–244]).

9.8 Cluster in Flüssigkeiten

Die Synthese und Charakterisierung von Clustern aus wenigen Atomen bis zu Teilchen von einigen 100 nm Durchmesser in Flüssigkeiten hat in den letzten Jahren ein starkes Interesse erfahren. Insbesondere Nanoteilchen aus Gold, Silber und Platin sowie Halbleiterverbindungen wie CdSe, CdTe und InAs wurden untersucht. Neuartige physikalische und chemische Eigenschaften, die sich von denen des Festkörpers bzw. des isolierten Atoms oder Moleküls grundlegend unterscheiden, wurden entdeckt. Durch geschickte Synthesestrategien gelang auch in Flüssigkeiten eine weitgehende Kontrolle der Größenverteilung und Formen (Kugeln, Stäbchen, Prismen, Würfel, Ikosaeder usw.). Anwendungen finden Cluster in Flüssigkeiten u. a. als Fluorophore und Sensoren, in der Katalyse, Nanophotonik und nichtlinearen Optik. In diesem Kapitel werden das in Flüssigkeiten wohl am besten charakterisierte System Gold (Goldnanopartikel: AuNP) und zum Teil Silber (AgNP) beschrieben.

9.8.1 Synthese: Chemische Reduktion

Konventionell werden AuNP durch Reduktion von Gold(III)-Derivaten mit Citrationen in Wasser unter Kochen bei starkem Rühren hergestellt [245]:

$$n\,AuCl_4^-\,(aq) + 3\,n\,COO^- - CH_2 - C(OH)(COO^-) - CH_2 - COO^-$$
$$\rightarrow (Au)_n \cdots Citrathülle^-\,(aq).$$

Die Größe der kugelförmigen AuNP lässt sich bei dieser Methode durch das Citrat-Gold-Verhältnis zwischen ca. 10 und 150 nm grob einstellen [246]. Rezepte zur Darstellung von AuNP bis ca. 1 nm Durchmesser sind in [247] angegeben. Die gebildeten Nanoteilchen sind von einer negativ geladenen elektrischen Doppelschicht aus sperrigen Citrationen sowie Chloridionen und den zugehörigen Kationen bedeckt. Die elektrostatische Abstoßung der gleichsinnig geladenen AuNP bewirkt ihre Stabilisierung in wässriger Lösung und verhindert ihre Ausfällung. Alkanthiole reagieren mit $(Au)_n$ unter Verdrängung der Citrat- oder anderer nichtkovalent gebundener Liganden und Ausbildung kovalenter Au-S-Bindungen [248]. Mithilfe von Phasentransferreagenzien z. B. auf Tetraalkylammoniumbasis wie $N(C_8H_{17})_4^+$ kann $AuCl_4^-$ in eine organische Phase wie Toluol $(C_6H_5-CH_3)$ überführt und dort in Gegenwart von Dodecanthiol $(C_{12}H_{25}SH)$ durch $NaBH_4$ reduziert werden [249].

Transmissionselektronenmikroskopische (TEM-)Aufnahmen zeigen Durchmesser dieser mit einer Monoschicht von Thiolen stabilisierten AuNP von 1–3 nm. Eine beschränkte Größenkontrolle ist durch Veränderung des Thiol-AuCl$_4$-Verhältnisses möglich. Die thiolgeschützten Cluster sind besonders stabil und können durch fraktionierte Kristallisation sehr monodispers gewonnen werden [250]. Die Thiole lassen sich durch geladene Endgruppen, Chromophore oder Elektronenübertragungsreagenzien funktionalisieren (s. Abschn. 9.8.3). Längeres Kochen der AuNP in einer Lösung von Dodekanthiol in Octylether bei 300 °C unter Rückfluss führt zu einer Zersetzung in atomare Goldcluster, insbesondere zu $(Au)_3(SC_{12}H_{25})_3$ mit vermutlich einer Dreiecksstruktur von Au_3 [251]. Reduktion von $HAuCl_4$ in engen Dendrimerennetzwerken in Wasser und Entfernung der dabei entstandenen größeren AuNP durch Zentrifugation führt ebenfalls zu kleinen Clustern (5–31 Au-Atome [252]). Cluster dieser Größe haben noch molekulare Absorptionscharakteristika und fluoreszieren stark (s. Abschn. 9.8.2). Goldnanostäbchen konnten durch schrittweise Anlagerung von Goldionen unter Reduktionsbedingungen an kleine AuNP-Keime synthetisiert werden [253].

Goldnanowürfel entstehen durch Kristallisation einer Au_3 enthaltenden Lösung auf Oberflächen [251]. Silbernanoprismen konnten photosynthetisch aus Silberkugeln gewonnen werden [254]. Bestrahlung mit längeren Anregungswellenlängen führt dabei zu größeren Prismen. Offenbar wachsen diejenigen Prismen bevorzugt, die das Anregungslicht absorbieren – möglicherweise durch Ligandendissoziation an den Teilchenecken, wo das lokale Feld am größten ist (s. [254] und Abschn. 9.8.2).

Synthese in den Hohlräumen von Mikroemulsionen aus Öl in Wasser und Wasser in Öl [255], Micellen z. B. aus Na-Dodecylsulfat $C_{12}H_{25}SO_4^{2-}$ (SDS) in Wasser [256], umgekehrten Micellen (SDS in organischem Lösungsmittel mit Wasserspuren zur Einstellung der Hohlraumgröße der Micelle) [255], Membranen [257] und Cyclodextrinen [258] erlauben ebenfalls eine größen- und zum Teil formkontrollierte Synthese von AuNP.

AuNP können auch durch Laserablation von einer Goldmetallplatte in Gegenwart eines stabilisierenden Liganden wie SDS in Wasser oder einem anderen Lösungsmittel hergestellt werden. Dabei wird ein gepulster Nd:YAG-Laserstrahl bei 1064 oder 532 nm auf die Goldplatte fokussiert. Aus der dichten Wolke abgetragener Goldatome im Kernbereich des Laserfokus entstehen durch schnelle Aggregation kleine Goldcluster, die durch langsamere Diffusion von Goldatomen und AuNP aus der Umgebung wachsen [259]. Das langsame Wachstum kann durch Bedeckung der Teilchen mit Ligandenmolekülen kontrolliert abgebrochen werden. Ohne Ligandenstabilisierung wachsen die Teilchen weiter [260] und fallen schließlich als Niederschlag aus. Die Größe des anfänglichen Clusters hängt von den interatomaren Anziehungskräften ab, die für Silber größer sind als für Gold [261].

Bimetallische Kern-Schale-Nanopartikel wurden durch Reduktion von z. B. $AgNO_3$ in Gegenwart von AuNP oder von $HAuCl_4$ in Gegenwart von AgNP in Anwesenheit eines Ligandenstabilisators synthetisiert [262]. Die NP wirken hier als Keim.

Nanoteilchen mit Polymerhülle lassen sich durch Polymerisation um die Nanoteilchen herum gewinnen [263]. Besonders einfach ist die Synthese von Au-Polyanilin-Nanoteilchen durch direkte Reduktion von $HAuCl_4$ mit Anilin in wässriger Säure in Gegenwart von SDS [264]. Sie sind als leitfähige Polymere von Interesse. Aggregate der AuNP können gezielt durch Protonierung von $R-COO^-$-geschützten Teilchen synthetisiert und anhand der starken Rotverschiebung ihrer optischen Absorption (s. Abschn. 9.8.2) und durch TEM identifiziert werden [265].

9.8.2 Physikalische Eigenschaften und Charakterisierung

Goldcluster einer Größe von weniger als ca. 1 nm zeigen molekulare Eigenschaften und diskrete, quantisierte elektronische Übergänge [8]. Ihre optischen Absorption- und Emissionsspektren erfahren mit zunehmender Clustergröße eine Rotverschiebung (s. Tab. 9.8). In Übereinstimmung mit dem Jellium-Modell für Metallteilchen mit frei beweglichen Elektronen skalieren die Emissionsenergien mit dem Cluster-radius nach $E_{Fermi}/N^{1/3}$, wobei N die Zahl der Atome im Cluster und E_{Fermi} die Fermi-Energie von makroskopischem Gold sind [252, 1]. Die Fluoreszenzquantenausbeu-

Tab. 9.8 Optische Absorption von Clustern verschiedener Größe und Gestalt in Flüssigkeiten.

Cluster	Absorptionsmaxima/nm	Kommentar
Au_3, Au_5, Au_8, Au_{13}, Au_{23}, Au_{31}	305 (250), 329, 385, 434, 670, 765	diskrete elektronische Übergänge; intensive Fluoreszenz bei 340, 385, 456, 510, 760, 866 nm mit Quantenausbeuten von ?, 70, 42, 25, 15, 10 % in wässriger Lösung, nach [251, 252].
$(Au)_n$-Kugeln	ca. 530 nm	Kugeln von ca. 3–20 nm Durchmesser; SPB in wässriger Lösung mit Clusterdurchmessern (Absorptionsmaxima) in nm: 99 (517), 15 (520), 22 (521), 48 (533), 99 (575), nach [271].
$(Au)_n$-Stäbchen	ca. 530, 800 nm	Nanostäbchen mit 17–20 nm Durchmesser (transversale SPB ca. 520 nm) und 40–200 nm Länge (longitudinale SPB ca. 800 nm, abhängig von der Länge), nach [293].
$(Au)_n$-Prismen	ca. 450, 490, 520, 550, 650, 750, 1065 nm (in plane dipole resonance) 340 nm (out of plane quadrupole resonance) 470 nm (in plane quadrupole resonance)	ca. 38, 50, 62, 72, 95, 120, 150 nm Eckenlänge ≈ 70 nm Eckenlänge, nach [254].
$(Au)_n \ldots (Au)_n$-Aggregate	relativ zur Verbindungsachse der Kugeln: ‖-polar / ⊥-polar: 780/780, 780/765, 790/760, 800/755, 870/750 nm	150-nm-Kugeln mit Abstand: 450 nm, 300 nm, 250 nm, 200 nm, 150 nm nach [294]; vgl. Abb. 9.96b.

ten kleiner Goldcluster können 50 % und mehr erreichen und nehmen mit zunehmender Clustergröße ab (s. Tab. 9.8). Für Au_{147} wurden mit differentieller Pulsvol-
tametrie 15 Redoxzustände gefunden [266]. Im Gegensatz zum makroskopischen
Metall lassen sich also kleine Goldcluster nicht kontinuierlich kapazitiv aufladen,
da sie diskrete elektronische Zustände haben. Oberhalb von ca. 1 nm Teilchengröße
wird die elektronische Absorption zunehmend von Oberflächenplasmonenbanden
(engl.: surface plasmon bands, SPB) dominiert, die auf Ladungsdichteoszillationen
der freien Elektronen der AuNP zurückzuführen sind [267] (s. Abschn. 9.7.3.1). Diese
kollektive Bewegung der Leitungselektronen im Takt des äußeren Lichtfeldes führt
zu einer extremen Erhöhung des lokalen elektromagnetischen Feldes (s. Abb. 9.96a),
die zum Beispiel für SERS-Untersuchungen (engl.: surface enhanced Raman spectroscopy) von Molekülen auf der Oberfläche von Au- und Ag-Nanopartikeln (oder
entsprechend aufgerauten Metalloberflächen) genutzt wird [268]. Weitere Anwendungen sind Variationen der Nahfeldmikroskopie [269, 270], Sensorik [271] und
Fluoreszenzmarkierung von Biomolekülen [272]. Die Abhängigkeit der Lage der
SPB von Größe, Form und Aggregation der AuNP ist in Tab. 9.8 beschrieben.

9.8.3 Anwendungen

Das umfangreiche Gebiet der Anwendungen von Nanoteilchen in Flüssigkeiten kann
hier nur an einigen ausgewählten Beispielen vorgestellt werden (empfehlenswerte
Bücher und Übersichtsartikel sind [271, 273, 274]).

9.8.3.1 Sensoren

Thiolatliganden von AuNP können mit funktionellen Endgruppen wie Säuren, Basen, Chromophoren, Biomolekülen und Fullerenen versehen werden. Bei geeigneter
Wahl der Liganden kann der Analyt über nichtkovalente Bindung durch H-Brücken-
[275], π-π- [276], Wirt-Gast- [277], van-der-Waals- [278], elektrostatische [279], La-
dungsübertragungs- [280] und Antigen-Antikörper-Wechselwirkungen an die Liganden gebunden und zum Beispiel durch die Änderung des Oberflächenplasmonen-
spektrums oder elektrochemisch nachgewiesen werden. Fehlpaarungen einer einzelnen DNA-Base konnten dabei durch Messung der Erniedrigung der Schmelztemperatur des DNA-Doppelstranges an Hand der Änderung des SPB-Spektrums beobachtet werden [281].

9.8.3.2 Katalyse

Nanoteilchen haben wegen ihres hohen Oberflächen-Volumen-Verhältnisses mit vielen Oberflächendefekten und zum Teil poröser Struktur Anwendungspotential als
Katalysatoren. Metallisches Gold ist als chemisch inert bekannt, aber kleine Goldcluster auf Oxidträgern wie Co_3O_4, Fe_2O_3 oder TiO_2 sind hochaktive Katalysatoren
für u. a. CO- und H_2-Oxidation [283], NO-Reduktion [282, 284], CO_2-Hydrierung
[285] und katalytische Verbrennung von Methanol [286].

9.8.3.3 Nanophotonik

Die Anregung von Plasmonenbanden führt zu einer hohen Verstärkung des elektrischen Feldes um und zwischen den metallischen Nanoteilchen bzw. entsprechend aufgerauten metallischen Filmen (Abb. 9.96). Die Ausdehnung der elektromagnetischen Felder von Oberflächenplasmonen ist nicht auf $\geq \lambda/2$ beugungsbegrenzt, so dass optische Elemente wie Spiegel, Linsen, Schalter, Blenden und Wellenleiter von Subnanometerausdehnung verwendet werden können [271].

Die Feldintensität der entlang der metallischen Nanoelemente propagierenden Plasmonen ist nach einigen Mikrometern weitgehend abgeklungen. Die Fortpflanzungslänge steigt mit zunehmender Wellenlänge an und ist z. B. für Silber (Gold) 150 μm (30 μm) bei 700 nm Anregungswellenlänge [287, 288]. Die nanooptische Anordnung ist auf entsprechende räumliche Bereiche beschränkt. Die Rückwandlung der Oberflächenplasmonen in Licht ist gelungen [289]. Die Synthese der entsprechenden Nanosysteme in Flüssigkeiten konkurriert vor allem mit Elektronenstrahllithographischen Methoden, mit denen räumlich besonderes präzise Strukturen von Au(Ag)NP synthetisiert werden können, die für die Nanophotonik erforderlich sind.

AuNP zeigen eine hohe nichtlineare Suszeptibilität 3. Ordnung und nichtlineare Signalverarbeitung in der Nähe der Plasmonenresonanzen [290], so dass sie attraktive Kandidaten für Frequenzmischoptiken sind. Ein Beispiel ist die Frequenzverdopplung nach Anregung der Oberflächenplasmonenresonanzen [291].

Die nächsten Jahre werden zeigen, ob und welche Anwendungen von Nanoteilchen sich in der Praxis durchsetzen können.

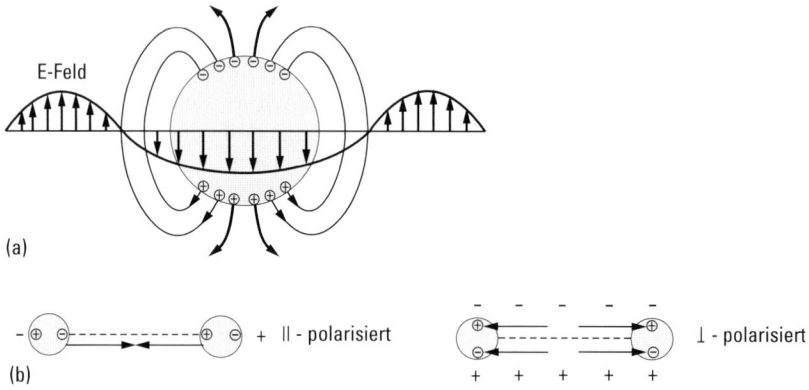

Abb. 9.96 (a) Das lokale elektrische Feld wird nach optischer Anregung der Oberflächenplasmonenbande eines metallischen Nanoteilchens verstärkt. (b) Die Anregung von Nanopartikelaggregaten mit polarisiertem Licht führt zu einer Absenkung (Anhebung) der Energie der elektronisch angeregten Zustände und damit zu einer Rotverschiebung (Blauverschiebung) der Absorption, wenn die Lichtwelle parallel ∥ (senkrecht ⊥) zur Aggregatachse (---) polarisiert ist (siehe auch Abb. 9.85 und 9.52).

Literatur

[1] Kreibig, U., Vollmer, M., Optical Properties of Metal Clusters, Springer, Berlin, 1995

[2] Kappes, M., Leutwyler, S., Molecular Beams of Clusters, in: Scoles, G. (Ed.), Atomic and Molecular Beam Methods, Vol. 1, Oxford University Press, 1988

[3] Haberland, H, Clusters of Atoms and Molecules I und II, Springer Series in Chemical Physics, Vol. **52** und **56**, Springer, Berlin, 1994 und 1995

[4] Die Tagungsbände des „International Symposium on Small Particles and Inorganic Clusters, ISSPIC" Eur. Phys. J. bieten ein Fülle von Informationen. ISSPIC 9: Eur. Phys. J. D**9** 1999; ISSPIC 10: Eur. Phys. J. D**16** 2001; ISSPIC 11: Eur. Phys. J. D**24** 2003; ISSPIC 12: Eur. Phys. J. D, in Vorbereitung, 2005

[5] Johnston, R.L., Atomic and Molecular Clusters, Taylor & Francis, London, 2002

[6] Baletto, F., Ferrando, R., Structural Properties of Nanoclusters: Energetic, Thermodynamic, and Kinetic Effects. Rev. Mod. Phys. **77**, 371, 2005

[7] Halperin, W.P., Quantum Size Effects in Metal Clusters, Rev. Mod. Phys. **58**, 533, 1986

[8] de Heer, W.A., The Physics of Simple Metal Clusters – Experimental Aspects and Simple Models, Rev. Mod. Phys. **65**, 611, 1993

[9] Brack, M., The Physics of Simple Metal Clusters – Self Consistent Jellium Model and Semiclasssical Approaches, Rev. Mod. Phys. **65**, 677, 1993

[10] Ekardt, W., Metal Clusters, Wiley, New York, 1999

[11] Reinhard, P.-G., Surauld, E., Introduction to Cluster Dynamics, Wiley, New York, 2004

[12] Hansen, K., Schweikhard, L., Metal Clusters, in: Armentrout, P.B. (Ed.), The Encyclopedia of Mass Spectrometry, Vol. 1: Theory and Ion Chemistry, Elsevier, Amsterdam, 2003, pp. 770–782

[13] Krückeberg, S., Schooss, D., Maier-Borst, M., Parks, J.H., Diffraction of Trapped $(CsI)nCs^+$: The Appearance of Bulk Structure, Phys. Rev. Lett. **85**, 4494, 2000.

[14] Bobbert, C., Schütte, S., Steinbach, C., Buck, U., Fragmentation and Reliable Size Distributions of Large Ammonia and Water Clusters, Eur. Phys. J. **D**, 183, 2002

[15] Hillenkamp, M., Keinan, S., Even, U., Condensation Limited Cooling in Supersonic Expansions, J. Chem. Phys., **118**, 8699, 2003

[16] Broyer, M., Delacretaz, G., Labastie, P., Wolf, J.P., Wöste, L., Spectroscopy of Vibrational Ground State Levels of Na_3, J. Phys. Chem. **91**, 2626, 1987

[17] Nir, E., Grace, L., Brauer, B., de Vries, M.S., REMPI Spectroscopy of Jet-Cooled Guanine, J. Am. Chem. Soc., **121**, 4896, 1999

[18] Piuzzi, F., Mons, M., Dimicoli, I., Tardivel, B., Zhao, Q., Ultraviolet Spectroscopy and Taumerism of the DNA Base Guanine and its Hydrate Formed in a Supersonic Jet, Chem. Phys. **270**, 205, 2001

[19] Hünig, I., Seefeld, K.A., Kleinermanns, K., REMPI and UV-UV Double Resonance Spectroscopy of Tryptophan Ethylester and the Dipeptides Tryptophan-Serine, Glycine-Tryptophan and Proline-Tryptophan, Chem. Phys. Lett. **369**, 173, 2003

[20] Nir, E., Kleinermanns, K., de Vries, M.S., Pairing of Isolated Nucleic-Acid Bases in the Absence of the DNA Backbone, Nature, **408**, 949, 2000

[21] Nir, E., Janzen, C., Imhof, P., Kleinermanns, K., de Vries, M.S., Pairing of the Nucleobases Guanine and Cytosine in the Gas Phase Studied by IR-UV Double-Resonance Spectroscopy and *ab initio* Calculations, Phys. Chem. Chem. Phys. **4**, 732, 2002

[22] Plützer, C., Hünig, I., Kleinermanns, K. et al., Cornerstone to Pairing of Isolated Nucleobases: Double Resonance Laser Spectroscopy of Adenine-Thymine, Chem. Phys. Chem. **4**, 838, 2003

[23] Cohen, R., Brauer, B., Nir, E., Grace, L., de Vries, M.S., Resonance-Enhanced Multiphoton Ionization Spectroscopy of Dipeptides, J. Phys. Chem. A, **104**, 6351, 2000

[24] Robertson, E.G., Simons, J.P., Getting into Shape: Conformational and Supramolecular Landscapes in Small Biomolecules and their Hydrated Clusters, Phys. Chem. Chem. Phys. **3**, 1, 2001

[25] Desfrancois, C., Carles, S., Schermann, J.P., Weakly Bound Clusters of Biological Interest, Chem. Rev. **100**, 3943, 2000

[26] Buck, U., Meyer, H., Electron Bombardment Fragmentation of Ar van der Waals Clusters by Scattering Analysis, J. Chem. Phys. **84**, 4854, 1986

[27] Buck, U., Structure and Dynamics of Size Selected Neutral Molecular Clusters, J. Phys. Chem. **98**, 5190, 1994

[28] Huisken, F., Kalondis, M., Kulcke, A., Infrared Spectroscopy of Small Size-Selected Water Clusters, J. Phys. Chem. **104**, 17, 1996

[29] Piseri, P., Podestà, A., Barborini, E., Milani, P., Production and Characterization of Highly Intense and Collimated Cluster Beams by Inertial Focusing in Supersonic Expansions. Rev. Sci. Instrum. **72**, 2261, 2001

[30] Shvartsburg, A.A., Hudgins, R.R., Dugourd, P., Jarrold, M., Structural Information from Ion Mobility Measurements: Applications to Semiconductor Clusters, Chem. Soc. Rev. **30**, 26, 2001

[31] Koga, K., Ikeshoji, T., Sugawara, K., Size- and Temperature-Dependent Structural Transitions in Gold Nanoparticles, Phys. Rev. Lett. **92**, 115507, 2004

[32] Thum, F., Hofer, W., No Enhanced Electron-Emission From High-Density Atomic Collision Cascades in Metals, Surf. Sci. **90** 331, 1979

[33] Bahat, D., Chesnovsky, O., Even, U.C., Lavie, N., Magen, Y., J. Phys. Chem. **91**, 2469, 1987, s. auch Abschn. 3.2, Vol. I von [3].

[34] Feshbach, H., Small Systems: When Does Thermodynamics Apply?, Physics Today, November 1987, p. 9 (Dieser Artikel hat viele kontroverse Stellungsnahmen hervorgerufen, u. a. Kittel, C., ibid., Mai 1988, p. 93; Mandelbrot, B.M., ibid., Januar 1989, p. 71 und mehrere kleinere Beiträge.)

[35] Hansen, K., Statistical Emission Processes in Clusters, Philos. Mag. **B79**, 1413, 1999; Andersen, J.U., Bonderup, E., Hansen, K., Thermionic Emission from Clusters, J. Phys. **B35**, R1, 2002

[36] Köhn, A., Weigend, F., Ahlrichs, R., Theoretical Study of Clusters of Magnesium, Phys. Chem. Chem. Phys. **3**, 711, 2001

[37] Martin, T.P., Shells of Atoms, Phys. Rep. **273**, 199, 1996

[38] Bréchignac, C., Busch, H., Cahuzac, P., Leygnier, J., Dissociation Pathways and Binding Energies of Lithium Clusters from Evaporation Experiments, J. Chem. Phys. **101**, 6992, 1994

[39] Wolf, K., Kuge, H.-H., Schmitt, M. et al., Kinetics of Formation and Vibronic Spectroscopy of H-Bonded Clusters in Supersonic Jets, Ber. Bunsenges. Phys. Chem. **96**, 309, 1992

[40] Liu, K., Brown, M.G., Carter, C. et al., Characterization of a Cage Form of the Water Hexamer, Nature **381**, 501, 1996

[41] Andresen, U., Dreizler, H., Grabow, J.-U. et al., An Automatic Molecular Beam Microwave Fourier Transform Spectrometer, Rev. Sci. Instrum. **61**, 3694, 1990

[42] Berden, G., Meerts, W.L., Kreiner, W., High-Resolution Laser-Induced Fluorescence and Microwave-Ultraviolet Double Resonance Spectroscopy on 1-Cyanonapthalene, Chem. Phys. **174**, 247, 1993

[43] Pugliano, N., Saykally, R.J., Measurement of the v_8 Intermolecular Vibration of $(D_2O)_2$ by Tunable Far Infrared Laser Spectroscopy, J. Chem. Phys. **96**, 1832, 1992

[44] Zwart, E., ter Meulen, J.J., Meerts, W.L., The Submillimeter Rotation Tunneling Spectrum of the Water Dimer, J. Mol. Spec. **147**, 27, 1991

[45] Häber, T., Schmitt, U., Suhm, M.A., FTIR-Spectroscopy of Molecular Clusters in Pulsed Supersonic Slit-Jet Expansions, Phys. Chem. Chem. Phys. **1**, 5573, 1999

[46] Quack, M., Suhm, M.A., Sectroscopy and Quantum Dynamics of Hydrogen Fluoride Clusters, in: Bowman, J.M., Bacic, Z. (Eds.), Molecular Clusters, Advances in Molecular Vibrations and Collision Dynamics, JAI Press, London, **3**, 205, 1998

[47] Schmitt, M., Henrichs, U.,Müller, H. et al., Intermolecular Vibrations of the Phenol Dimer Revealed by Spectral Hole Burning and Dispersed Fluorescence Spectroscopy, J. Chem. Phys. **103**, 9918, 1995

[48] Lipert, R.J., Colson, S.D., Persistent Spectral Hole Burning of Molecular Clusters in a Supersonic Jet, J. Phys. Chem. **93**, 3894, 1989

[49] Plützer, C., Hünig, I., Kleinermanns, K., Pairing of the Nucleobase Adenine Studied by IR-UV Double-Resonance Spectroscopy and ab initio Calculations, Phys. Chem. Chem. Phys. **5**, 1158, 2003

[50] Page, R.H., Shen, Y.R., Lee, Y.T., Local Modes of Benzene and Benzene Dimer, Studied by Infrared-Ultraviolet Double Resonance in a Supersonic Beam, J. Chem. Phys. **88**, 4621, 1988

[51] Riehn, C., Lahmann, C., Wassermann, B. et al., IR Depletion Spectroscopy: a Method for Characterizing a Microsolvation Environment, Chem. Phys. Lett. **197**, 3197, 1992

[52] Tanabe, S., Ebata, T., Fujii, M. et al., OH Stretching Vibrations of Phenol-$(H_2O)_n$ ($n = 1$– 3) Complexes Observed by IR-UV Double-Resonance Spectroscopy, Chem. Phys. Lett. **215**, 347, 1993

[53] Zwier, T.S., The Spectroscopy of Solvation in Hydrogen-Bonded Aromatic Clusters; Annu. Rev. Phys. Chem. **47**, 205, 1996

[54] Gerhards, M., Unterberg, C., Kleinermanns, K., Structures of Catechol$(H_2O)_{1,3}$ Clusters in the S_0 and D–0 States, Phys. Chem. Chem. Phys. **2**, 5538, 2000

[55] Gerhards, M., Unterberg, C., Gerlach A., Structure of a β-Sheet Model System in the Gas Phase: Analysis of the C=O Stretching Vibrations, Phys. Chem. Chem. Phys. **4**, 5563, 2002 Gerhards, M., High Energy and Narrow Band Width midIR Nanosecond Laser System, Opt. Commun. **241**, 493, 2004

[56] Ebata, T., Mizuochi, N., Watanabe, T. et al., OH Stretching Vibrations of Phenol-$(H_2O)_1$ and Phenol-$(H_2O)_3$ in the S_1 State, J. Phys. Chem. **100**, 546, 1996

[57] Vandermeer, B.J., Jonkman, H.T., Kommandeur, J. et al., Spectrum of the Molecular Eigenstates of Pyrazine, Chem. Phys. Lett. **92**, 565, 1982

[58] Plusquellic, D.V., Tan, X.-Q. Pratt, D.W., Acid-Base Chemistry in the Gas Phase. The cis- and trans-2-Naphthol-NH_3 Complexes in their S_0 and S_1 States, J. Chem. Phys. **96**, 8026, 1992

[59] Felker, P.M., Rotational Coherence Spectroscopy: Studies of the Geometries of Large Gas-Phase Species by Picosecond Time-Domain Methods, J. Phys. Chem. **96**, 7844, 1992

[60] Hobza, P., Riehn, C., Weichert, A. et al., Structure and Binding Energy of the Phenol Dimer: Correlated ab initio Calculations Compared with Results from Rotational Coherence Spectroscopy, Chem. Phys. **283**, 331, 2002

[61] Zewail, A.H., Femtochemistry: Recent Progress in Studies of Dynamics and Control of Reactions and Their Transition States, J. Phys. Chem. **100**, 12701, 1996

[62] Müller-Dethlefs, K., Sander M., Schlag E.W., Two-Colour Photoionization Resonance Spectroscopy of NO: Complete Separation of Rotational Levels of NO^+ at the Ionization Threshold, Chem. Phys. Lett. **112**, 291, 1984

[63] Müller-Dethlefs, K., Schlag, E.W., Chemical Applications of Zero Kinetic Energy (ZE-KE) Photoelectron Spectroscopy, Angew. Chem. Int. Ed. Engl. **37**, 1347, 1998

[64] Zhu, L., Johnson, P.M., Mass Analyzed Threshold Ionization Spectroscopy, J. Chem. Phys. **94**, 5769, 1991

[65] Gerhards, M., Schumm S., Unterberg, C. et al., Structure and Vibrations of Catechol in the S_1 State and Ionic Ground State, Chem. Phys. Lett. **294**, 65, 1998

[66] Kleinermanns, K., Janzen, C., Spangenberg, D. et al., Infrared Spectroscopy of Resonantly Ionized (Phenol)$(H_2O)_n^+$, J. Phys. Chem. A **103**, 5232, 1999

[67] Gerhards, M., Schiwek, M., Unterberg, C. et al., OH Stretching Vibrations in Aromatic Cations: IR/PIRI Spectroscopy, Chem. Phys. Lett. **297**, 515, 1998

[68] Schiedt, J., Weinkauf, R., Photodetachment Photoelectron Spectroscopy of Mass Selected Anion-Anthracene und the Anthracene-H_2O Cluster, Chem. Phys. Lett. **266**, 201, 1997

[69] Ayotte, P., Weddle, G.H., Bayley, C.G. et al., Infrared Spectroscopy of Negatively Charged Water Clusters: Evidence for a Linear Network, J. Chem. Phys. **110**, 6268, 1999

[70] Jortner, J., Dimensionality Scaling of Cluster Size Effects, J. Phys. Chem. **184**, 283, 1994

[71] Seidl, M., Meiwes-Broer, K.-H., Brack, M., Finite-Size Effects in Ionization Potentials and Electron Affinities of Simple Metall Clusters, J. Chem. Phys. **95**, 1295, 1991

[72] Seidl, M., Perdew, J.P., Brajczewska, M., Fiolhais, C., Ionization Energy and Electron Affinity of a Metal Cluster in the Stabilized Jellium Model: Size Effect and Charging Limit, J. Chem. Phys. **108**, 8182, 1998

[73] Giniger, R., Hippler, T., Ronen, S., Cheshnovsky, O., Resolution Enhancement in the Magnetic Bottle Photoelectron Spectrometer by Impulse Electron Deceleration, Rev. Sci. Instrum. **72**, 2543, 2001

[74] Wrigge, G., Astruc Hoffmann, M., von Issendorff, B., Haberland, H., Ultraviolet Photoelectron Spectroscopy of Nb_4^- to Nb_{200}^- Eur. Phys. J. D **24**, 23, 2003

[75] Pastor, G.M., in: Guet, C. et al. (Eds.), Atomic Clusters and Nanoparticles, Les Houches Session 73, Springer, Berlin, 2001

[76] Bucher, J.P., in: Khanna, S.N., Castleman, A.W. (Eds.), Quantum Phenomena in Clusters and Nanostructures, Springer, Berlin, 2003, p. 83

[77] Billas, I.M.L., Châtelain, A., deHeer, W.A., Science, **265**, 1682, 1994

[78] Apsel, S.E., Emmert, J.W., Deng, J., Bloomfield, L.A., Surface-Enhanced Magnetism in Nickel Clusters, Phys. Rev. Lett. **76**, 1441, 1996

[79] Guirado-López, R.A., Dorantes-Dávila, J., Pastor, G.M., Orbital Magnetism in Transition-Metal Clusters: From Hund's Rules to Bulk Quenching, Phys. Rev. Lett. **90**, 226402, 2003

[80] Lau, J.T., Föhlisch, A., Nietubyč, R., Reif, M., Wurth, W., Phys. Rev. Lett. **89**, 057201, 2002

[81] Jin, Z.H., Gumbsch, P., Lu, K., Ma, E., Melting Mechanism in the Limit of Superheating, Phys. Rev. Lett. **87**, 055703, 2001

[82] Dash, J.G., History of the Search for Continuous Melting, Rev. Mod. Phys. **71**, 1737, 1995

[83] Andreoni, W., Echt, O., The Physics of Small Clusters. Recent Advances in the Theoretical and Experimental Approach, Europhysics News **20**, 151, 1989

[84] Curtin, W.A., Ashcroft, N.W., Density-Functional Theory and Freezing of Simple Liquids, Phys. Rev. Lett. **56**, 2775, 1986

[85] Frenken, J.W.M., van Pinxteren, H.M., Surface Melting: an Experimental Overview, in: King, D.A., Woodruff, D.P. (Eds.), The Chemical Physics of Solid Surfaces, Vol. 7, Elsevier, Amsterdam, 1994, p. 259

[86] Dash, J.G., HaiyingFu, Wettlaufer, J.S., The Premelting of Ice and its Environmental Consequences, Rep. Prog. Phys. **58**, 115, 1995

[87] Zhou, Y., Karplus, M., Ball, K.D., Berry, R.S., The Distance Fluctuation Criterion for Melting: Comparison of Square-Well and Morse Potential Models for Clusters and Homopolymers, J. Chem. Phys. **115**, 2323, 2002

[88] Lai, S.L., Guo, J.Y., Petrova, V., Ramanath, G., Allen, L.H., Size-Dependent Melting Properties of Small Tin Particles: Nanocaloric Measurements, Phys. Rev. Lett. **77**, 99, 1996

[89] Chushak, Y.G., Bartell, L.S., Melting und Freezing of Gold Nanoclusters, J. Phys. Chem. B **105**, 11605, 2001

[90] Peters, K.F., Cohen, J.B., Chung, Y.-W., Melting of Pb Nanocrystals, Phys. Rev. B **57**, 13430, 1998

[91] Buffat, P., Borel, J.-E., Size Effect on the Melting Temperature of Gold Clusters, Phys. Rev. A **13**, 2287, 1976 (Die Daten unterhalb von 800 K sind wegen einer falschen Annahme bei der Auswertung nicht richtig (P. Buffat, private Mitteilung).)

[92] Ercolessi, F., Andreoni, W., Tosatti, E., Melting of Small Gold Particles: Mechanism and Size Effects, Phys. Rev. Lett. **66**, 911, 1991

[93] Cleveland, C. L., Luedtke, W. D., Landman, U., Melting of Gold Clusters, Phys. Rev. B **60**, 5065, 1999

[94] Schmidt, M., Kusche, R., Hippler, T., Donges, J., Kronmüller, W., von Issendorff, B., Haberland, H., Negative Heat Capacity for a Cluster of 147 Sodium Atoms, Phys. Rev. Lett. **86**, 1191, 2001

[95] Haberland, H., Hippler, T., Donges, J., Kostko, O., Schmidt, M., von Issendorff, B., Melting of Sodium Clusters: Where Do the Magic Numbers Come from? Phys. Rev. Lett. **94**, 035701, 2005

[96] Messmer, P., From Finite Clusters of Atoms to their Infinite Solid. I. Solution of the Eigenvalue Problem of a Simple Tight Binding Model of Arbitrary Size, Phys. Rev. B **15**, 1811, 1977

[97] Lindsay, D. M., Wang, Y., George, T. F., The Hückel Model for Small Metal Clusters, J. Chem. Phys. **86**, 3500, 1987

[98] Meyer, W., Keil, M., Kudell, A., Baig, M. A., Zhu, J., Demtröder, W., The Hyperfine Structure in the Electronic $A^2E'' - X^2E'$ System of the Pseudorotating Lithium Trimer, J. Chem. Phys. **115**, 2590, 2001

[99] Boustani, I., Pewestorf, W., Fantucci, P., Bonačic-Koutecký, V., Koutecký, J., Systematic ab initio Configuration-Interaction Study of Alkali-Metal Clusters: Relation between Electronic Structure and Geometry of Small Li Clusters, Phys. Rev. B **35**, 9437, 1987

[100] Wrigge, G., Astruc Hoffmann, M., von Issendorff, B., Photoelectron Spectroscopy of Sodium Clusters: Direct Observation of the Electronic Shell Structure, Phys. Rev. A **65**, 063201, 2002

[101] Maier, M., Astruc Hoffmann, M., von Issendorff, B., Thermal Electron Emission from Highly Excited Na_{16}^+ to Na_{250}^+, New J. Phys. **5**, 3, 2003

[102] Die Zeitschrift *Science* hat den katalytischen Eigenschaften kleiner Teilchen ein ganzes Heft gewidmet: Science **299**, 1683, 2003

[103] Yoon, B., Häkkinen, H., Landman, U., Wörz, A. S., Antonietti, J.-M., Abbet, S., Judai, K., Heiz, U., Charging Effects on Bonding and Catalyzed Oxidation of CO on Au_8 Clusters on MgO, Science **307**, 403, 2005

[104] Gilb, S., Weis, P., Furche, F., Ahlrichs, R., Kappes, M. M., Structure of Small Gold Cluster Cations (Au_N, $N \le 14$): Ion Mobility Measurements versus Density Functional Calculations, J. Chem. Phys. **116**, 4094, 2002

[105] Neumaier, M., Weigend, F., Hampe, O., Kappes, M., Binding Energies of CO on Gold Cluster Cations Au_N^+, $N = 1-65$: a Radiative Association Kinetics Study, J. Chem. Phys. **122**, 104702, 2005

[106] Li, J., Li, X., Zhai, H.-J., Wang, L.-S., Au_{20}: A Tetrahedral Cluster, Science **299**, 864, 2003

[107] Häkkinen, H., Moseler, M., Kostko, O., Morgner, N., Astruc Hoffmann, M., von Issendorff, B., Symmetry and Electronic Structure of Noble-Metal Nanoparticles and the Role of Relativity, Phys. Rev. Lett. **93**, 093401, 2003

[108] Schwerdtfeger, P., Gold Goes Nano–From Small Clusters to Low-Dimensional Assemblies, Angewandte Chemie, Int. Ed. **42**, 1892, 2003

[109] Orden, A. V., Saykally, R. J., Small Carbon Clusters: Spectroscopy, Structue, and Energetics, Chem. Rev. **98**, 2313, 1998

[110] Jarrold, M. F., The Smallest Fullerene, Nature **407**, 26, 2000

[111] Dugourd, P., Hudgins, R. R., Clemmer, D. E., Jarrold, M. F., High-Resolution Ion Mobility Measurements, Rev. Sci. Instrum. **68**, 1122, 1997

[112] Prinzbach, H., Weiler, A., Landenberger, P., Wahl, F., Wörth, J., Scott, L.T., Gelmont, M., Olevano, D., von Issendorff, B., Gas-Phase Production and Photoelectron Spectroscopy of the Smallest Fullerene, C_{20}, Nature **407**, 60, 2000

[113] Kroto, H.W., Heath, J.R., Brien, S.C., Curl, R.F., Smalley, R.E.W., C_{60}: Buckminsterfullerene, Nature **318**, 162, 1985

[114] Curl, R.E., Smalley, R.E., Fullerenes, Scientific American, Oktober 1991, p. 32

[115] Krätschmer, W., Lamb, L.D., Fostiropoulos, K., Solid C_{60}: A New Form of Carbon, Nature **347**, 354, 1990

[116] Bertsch, G.F., Bulgac, A., Tomanek, D., Wang, Y., Collective Plasmon Excitations in C_{60} Clusters, Phys. Rev. Lett. **67**, 2690, 1991

[117] Hertel, I.V., Steger, H., de Vries, J., Weisser, B., Menzel, C., Kamke, B., Kamke, W., Giant Plasmon Excitation in Free C_{60} and C_{70} Molecules Studied by Photoionization, Phys. Rev. Lett. **68**, 784, 1992

[118] Hebard, A.F., Rosseinsky, M.J., Haddon, R.C., Murphy, D.W., Glarum, S.H., Palstra, T.M., Ramirez, A.P., Kortan, A.R., Superconductivity at 18 K in Potassium-Doped C_{60}, Nature **350**, 600, 1991

[119] Tanigaki, K., Ebbesen, T.W., Saito, S., Mizuki, J., Tsai, J.S., Kubo, Y., Kuroshima, S., Superconductivity at 33 K in $C_x Rb_y C_{60}$, Nature **352**, 222, 1991

[120] Bachels, T., Schäfer, R., Binding Energies of Neutral Silicon Clusters, Chem. Phys. Lett. **324**, 365, 2000

[121] Yu, D.K., Zhang, R.Q., Lee, S.T., Structural Transition in Nanosized Silicon Clusters, Phys. Rev. B **65**, 245417, 2002

[122] Ledoux, G., Gong, J., Huisken, F., Guillois, O., Reynaud, C., Photoluminescence of Size-Separated Silicon Nanocrystals: Confirmation of Quantum Confinement, Appl. Phys. Lett. **80**, 4834, 2002

[123] Projekt 3 von http://www.physik.uni-jena.de/~exphys/astrolab, 09. Juli 2003

[124] Maier, J.P., Electronic Spectroscopy of Carbon Chains and Their Relevance to Astrophysics, in: Pfalzner, S., Kramer, C., Staubmeier, C., Heithausen, A. (Eds.), The Dense Interstellar Medium in Galaxies, Springer Proceedings in Physics, 91, 55–60, Springer, Berlin, 2004

[125] Li, A., Draine, B.T., Are Silicon Nanoparticles an Interstellar Dust Component?, Astrophys. J. **564**, 803, 2002

[126] Auf der WEB Seite (http://brian.ch.cam.ac.uk/CCD.html) gibt es eine große Datenbank mit allen bekannten Strukturen von Lennard-Jones- und auch anderen Clustern. Auf dieser Seite ist auch eine Rechnung mit dem so genannten Aziz-Potenzial aufgeführt, welches als sehr genau gilt, da es an viele Ar-Daten angepasst wurde (Januar 2005).

[127] Frantz, D.D., Magic Number Behavior for Heat Capacities of Medium-Sized Classical Lennard-Jones Clusters, J. Chem. Phys. **115**, 6136, 2001

[128] Solov'yov, I.A., Solov'yov, A.V., Greiner, W., Koshelev, A., Shutovich, A., Cluster Growing Process and a Sequence of Magic Numbers, Phys. Rev. Lett. **90**, 053401, 2003

[129] Buck, U., Krohne, R., Lohbrandt, P., Surface Vibrations of Argon Clusters by Helium Atom Scattering, J. Chem. Phys. **106**, 3205, 1997; 9067, 1997

[130] Farges, J., de Feraudy, M.F., Raoult, B., Torchet, G., Noncrystalline Structure of Argon Clusters. Multilayer Icosahedral Structure of Ar_N Clusters $50 < N < 750$, J. Chem. Phys. **84**, 3491, 1986

[131] Möller, T., Optical Properties and Electronic Exitation of Rare Gas Clusters, Z. Phys. D **20**, 1, 1991

[132] Schwentner, N., Koch, E.E., Jortner, J., Electronic Exicitations in Condensed Rare Gases, Springer, Berlin, 1985

[133] Haberland, H., A Model for the Processes Happening in a Rare-Gas Cluster after Ionization, Surf. Sci. **156**, 305, 1985

[134] Scheier, P.,Märk, T.D., Observation of Sequential Decay in Metastable Ar Clusters, Phys. Rev. Lett. **59**, 1813, 1987

[135] Lethbridge, P.G., Stace, A.J., Reactivity-Structure Correlations in Ion Clusters: A Study of the Unimolecular Fragmentation Patterns of Argon Ion Clusters, Ar, for N in the Range 30–200, J. Chem. Phys. **89**, 4062, 1988

[136] Miehle, W., Kandler, O., Leisner, T., Echt, O., Mass Spectrometric Avidence for Icosahedral Structure in Large Rare Gas Clusters: Ar, Kr, Xe, J. Chem. Phys. **91**, 5940, 1989

[137] Northby, J.A., Structure and Binding of Lennard-Jones Clusters $13 \leq N \leq 147$, J. Chem. Phys. **87**, 6166, 1987

[138] Haberland, H., von Issendorf, B., Kolar, T., Kornmeier, H., Ludewigt, C., Risch, A., Electronic and Geometric Structure of Ar_N^+ and Xe_N^+ Clusters, The Solvation of Rare Gas Ions in their Parent Atoms, Phys. Rev. Lett. **67**, 3290, 1991 und Photofragmentation and Photoabsorption Cross Sections for Mass Selected Argon Cluster Ions, Z. Phys. D **20**, 33, 1991

[139] Gascon, J.A., Hall, R.W., Ludewigt, C., Haberland, H., Structure of Xe_N^+ Clusters ($N = 3–30$), Simulation and Experiment, J. Chem. Phys. **117**, 8391, 2002

[140] Hansen, K., Näher, U., Evaporation and Cluster Abundance Spectra, Phus. Rev. B **60**, 1240, 1999 und Vogel, M., Hansen, K., Schweikhard, L., Wie stabil sind Moleküle? Physik in unserer Zeit **33**, 254, 2002

[141] Haberland, H., Kolar, T., Reiners, T., Negatively Charged Xenon Atoms and Clusters, Phys. Rev. Lett. **63**, 1219, 1989

[142] Toennies, J.P., Vilesov, A.F., Spectroscopy of Atoms and Molecules in Liquid Helium, Ann. Rev. Phys. Chem. **49**, 1, 1998

[143] Brühl, R., Guardiola, R., Kalinin, A., Kornilov, O., Navarro, J., Savas, T., Toennies, J.P., Diffraction of Neutral Helium Clusters: Evidence for Magic Numbers, Phys. Rev. Lett. **92**, 185301, 2004

[144] Grebenev, S., Toennies, J.P., Vilesov, A.F., Superfluidity Within a Small Helium-4 Cluster: The Microscopic Andronikashvili Experiment, Science **279**, 2083, 1998

[145] von Issendorff, B., Cheshnovsky, O., Metal to Insulator Transitions in Clusters, Ann. Rev. Phys. Chem. **56**, 549, 2005

[146] Busani, R., Folkers, M., Cheshnovsky, O., Direct Observation of Band-Gap Closure in Mercury Clusters, Phys. Rev. Lett. **81**, 3836, 1998

[147] Moyano, G.E., Wesendrup, R., Söhnel, T., Schwerdtfeger, P., Properties of Small- to Medium-Sized Mercury Clusters from a Combined ab initio, Density-Functional, and Simulated-Annealing Study, Phys. Rev. Lett. **89**, 103401, 2002

[148] Isaacs, E.D., Shukla, A., Platzman, P.M. et al., Covalency of the Hydrogen Bond in Ice: A Direct X-Ray Measurement, Phys. Rev. Lett. **82**, 600, 1999

[149] Dingley, A.L., Grzesiek, A.L., RNA Acid Base Pairs $^{h2}J_{NN} = 7\,Hz$, J. Am. Chem. Soc. **120**, 8293, 1998

[150] Ludwig, R., Hexamers: From Covalently Bound Organic Structures to Hydrogen Bonded Water Clusters, Chem. Phys. Chem. **1**, 53, 2000, und Referenzen dort

[151] Odutola, J.A., Dyke, T.R., Partially Deuterated Water Dimers: Microwave Spectra and Structure, J. Chem. Phys. **72**, 5062, 1977, und Referenzen dort

[152] Busarow, K.L., Cohen, R.C., Blake, G.A. et al., Measurement of the Perpendicular Rotation-Tunneling Spectrum of the Water Dimer by Tunable Far Infrared Laser Spectroscopy in a Planar Supersonic Jet, J. Chem. Phys. **90**, 3937, 1989

[153] Nauta, K., Miller, R.E., Formation of Cyclic Water Hexamer in Liquid Helium: The Smallest Piece of Ice, Science **287**, 293, 2000

[154] Gruenloh, C.J., Carney, J.R., Arrington, C.A. et al, Infrared Spectrum of a Molecular Ice Cube: The S_4 and D_2d Water Octamers in Benzene-(water)$_8$, Science, **276**, 1678, 1997

[155] Janzen, C., Spangenberg, D., Roth, W. et al., Structure and Vibrations of Phenol(H₂O)₇,₈ Studied by Infrared-Ultraviolet and Ultraviolet-Ultraviolet Double Resonance Spectroscopy and *ab initio* Theory, J. Chem. Phys. **110**, 9898, 1999

[156] Du, Q., Freysz, E., Shen, Y. R., Surface Vibrational Spectroscopic Studies of Hydrogen Bonding and Hydrophobicity, Science **264**, 826, 1994

[157] Benson, S. W., Siebert, E. D., A Simple Two-Structure Model for Liquid Water, J. Am. Chem. Soc. **114**, 4269, 1992

[158] Buch, V., Devlin, J. P., Spectra of Dangling OH Bonds in Amorphous Ice: Assignment to 2- and 3-Coordinated Surface Molecules, J. Chem. Phys. **94**, 4091, 1991

[159] Rowland, B., Kadagathur, N. S., Devlin, J. P. et al., Infrared Spectra of Ice Surfaces and Assignment of Surface-Localized Modes from Simulated Spectra of Cubic Ice, J. Chem. Phys. **102**, 8328, 1995

[160] Atwood, J. L., Barbour, L. J., Ness, T. J. et al., A Well-Resolved Ice-Like (H₂O)₈ Cluster in an Organic Supramolecular Complex, J. Am. Chem. Soc. **123**, 7192, 2001

[161] Buch, V., Devlin, J. P., A New Interpretation of the OH-Stretch Spectrum of Ice, J. Chem. Phys. **110**, 3437, 1999

[162] Ebata, T., Fujii, A., Mikami, N., Structures of Size-Selected Hydrogen-Bonded Phenol-(H₂O)ₙ Clusters in S₀, S₁ and Ion, Int. J. of Mass Spectrometry and Ion Processes **159**, 111, 1996

[163] Iwasaki, A., Fujii, A., Watanabe, T. et al., Infrared Spectroscopy of Hydrogen-Bonded Phenol-Amine Clusters in Supersonic Jets, J. Phys. Chem. **100**, 16053, 1996

[164] Gerhards, M., Schmitt, M., Kleinermanns, K. et al., The Structure of Phenol(H₂O) Obtained by Microwave Spectroscopy, J. Chem. Phys. **104**, 967, 1996

[165] Berden, G., Meerts, W. L., Schmitt, M. et al., High Resolution UV Spectroscopy of Phenol and the Hydrogen Bonded Phenol-Water Cluster, J. Chem. Phys. **104**, 972, 1996

[166] Schütz, M., Bürgi, T., Leutwyler, S. et al., Intermolecular Bonding and Vibrations of Phenol · H₂O(D₂O), J. Chem. Phys. **98**, 3763, 1993

[167] Dopfer, O., Müller-Dethlefs, K., S₁ Excitation and Zero Kinetic Energy Spectra of Partly Deuterated 1:1 Phenol-Water Complexes, J. Chem. Phys. **101**, 8508, 1994

[168] Jansen, A., Roth, W. Gerhards, M., Kleinermanns, K., Intermolecular Vibrations of Phenol (H₂O)₁ Isotopomers: Dispersed Fluorescence Spectroscopy and Multi-Dimensional Analysis of Vibrational Couplings, wird veröffentlicht (2006)

[169] Küpper, J., Westphal, A., Schmitt, M., The Structure of the Binary Phenol-Methanol Cluster: A Comparison of Experiment and ab initio Theory, Chem. Phys. **263**, 41, 2001

[170] Jacoby, C., Roth, W., Schmitt, M. et al., Intermolecular Vibrations of Phenol(H₂O)₂₋₅ and Phenol(D₂O)₂₋₅-d₁ Studied by UV Double Resonance Spectroscopy and ab initio Theory, J. Phys. Chem. A **102**, 4471, 1998

[171] Roth, W., Schmitt, M., Jacoby, C. et al., Double Resonance Spectroscopy of Phenol(H₂O)₁₋₁₂: Evidence for Ice-Like Structures in Aromate-Water Clusters? Chem. Phys. **239**, 1, 1998

[172] Lüchow, A., Spangenberg, D., Janzen, C., et al., Structure and Energetics of Phenol(H₂O)ₙ, n < 7: Quantum Monte Carlo Calculations and Double Resonance Experiments, Phys. Chem. Chem. Phys. **3**, 2771, 2001

[173] Legon, A. C., Willoughby, L. C., Identification and Molecular Geometry of a Weakly Bound Dimer (H₂O,HCl) in the Gas Phase by Rotational Spectroscopy, Chem. Phys. Lett. **95**, 449, 1983

[174] Milet, A., Struniewicz, C., Moszynski, R. et al., Theoretical Study of the Protolytic Dissociation of HCl in Water Clusters, J. Chem. Phys. **115**, 349, 2001

[175] Weimann, M., Fárník, M., Suhm, M. A., A First Glimpse at the Acidic Proton Vibrations in HCl-Water Clusters via Supersonic Jet FTIR Spectroscopy, Phys. Chem. Chem. Phys. **4**, 3933, 2002

[176] Snoek, L.C., Kroemer, R.T., Hockridge, M.R. et al., Conformational Landscapes of Aromatic Amino Acids in the Gas Phase: Infrared and Ultraviolet Ion Dip Spectroscopy of Tryptophan, Phys. Chem. Chem. Phys. **3**, 1819, 2001

[177] Yeh, L.I., Okumura, M., Myers, J.D. et al., Vibrational Spectroscopy of the Hydrated Hydronium Cluster Ions $H_3O^+(H_2O)_n$, J. Chem. Phys. **91**, 7319, 1989

[178] Jiang, J.-C., Wang, Y.-S., Chang, H.-C. et al., Infrared Spectra of $H^+(H_2O)_{5-8}$ Clusters: Evidence for Symmetric Proton Hydration, J. Am. Chem. Soc. **122**, 1398, 2000

[179] Eigen, M., Proton Transfer, Acid-Base Catalysis, and Enzymatic Hydrolysis. Part I: Elementary Processes, Angew. Chem. **3**, 1, 1964

[180] Danninger, W., Zundel, G., Intense Depolarized Rayleigh Scattering in Raman Spectra of Acids Caused by Large Proton Polarizabilities of Hydrogen Bonds, Chem. Phys. **74**, 2769, 1981

[181] Marx, D., Tuckermann, M.E., Hutter, J.G. et al. The Nature of the Hydrated Excess Proton in Water, Nature **397**, 601, 1999

[182] Asmis, K.R., Pivonka, N.L., Santambrogio, G. et al., Gas-Phase Infrared Spectrum of the Protonated Water Dimer, Science **299**, 1375, 2003

[183] Wei, S., Shi, Z., Castleman, A.W. Jr., Mixed Cluster Ions as a Structure Probe: Exerimental Evidence for Clathrate Structure of $(H_2O)_{20}H^+$ and $(H_2O)_{21}H^+$, J. Chem. Phys. **94**, 3268, 1991

[184] Armbruster, M., Haberland, H., Schindler, H.G., Negatively Charged Water Clusters, or the First Observation of Free Hydrated Electron, Phys. Rev. Lett. **47**, 323, 1981

[185] Kelley, J.A., Weddle, G.H., Robertson, W.H. et al., Linking the Photoelectron and Infrared Spectroscopies of the $(H_2O)_6^-$ Isomers, J. Chem. Phys. **116**, 1201, 2002

[186] Bailey, C.G., Kim, J., Johnson, M.A., Infrared Spectroscopy of the Hydrated Electron Clusters $(H_2O)_n^-$ $n = 6,7$: Evidence for Hydrogen Bonding to the Excess Electron, J. Phys. Chem. **100**, 16782, 1996

[187] Ayotte, P., Weddle, G.H., Kim, J. et al., Vibrational Spectroscopy of the Ionic Hydrogen Bond: Fermi Resonances and Ion-Molecule Stretching Frequencies in the Binary X^-H_2O (X = Cl, Br, I) Complexes via Argon Predissociation Spectroscopy, J. Am. Chem. Soc. **120**, 12361, 1998

[188] Ayotte, P., Nielsen, S.B., Weddle, G.H. et al., Spectroscopic Observation of Ion-Induced Water Dimer Dissociation in the $X^- \cdot (H_2O)_2$ (X = F, Cl, Br, I) Clusters, J. Phys. Chem. A **103**, 10665, 1999

[189] Lehr, L., Zanni, M.T., Frischkorn, C. et al., Electron Solvation in Finite Systems: Femtosecond Dynamics of Iodide $\cdot$ (Water)$_n$ Anion Clusters, Science **284**, 635, 1999, und Referenzen dort

[190] Weber, J.M., Kelley, J.A., Robertson, W.H. et al., Hydration of a Structured Excess Charge Distribution: Infrared Spectroscopy of the $O_2^- \cdot (H_2O)_n$, $(1 < n < 5)$ Clusters, J. Chem. Phys. **114**, 2698, 2001

[191] Symons, M.C.R., Eastland, G.W., Denny, L.R., Effect of Solvation on the Electron Spin Resonance Spectrum of the Superoxide Ion, J. Chem. Soc., Faraday Trans. 1 **76**, 1868, 1980

[192] Sobolewski, A.L., Domcke, W., Hydrated Hydronium: a Cluster Model of the Solvated Electron?, Phys. Chem. Chem. Phys. **4**, 4, 2002

[193] Sander, M.U., Luther, K., Troe, J., On the Photoionization Mechanism of Liquid Water, Ber. Bunsenges. Phys. Chem. **97**, 953, 1993

[194] Sobolewski, A.L., Domcke, W., Ab initio Reactions Paths and Potential-Energy Functions for Excited-State Intra- and Intermolecular Hydrogen-Transfer Processes, Chapter 5 in: Elsaesser, T., Bakker, H.B. (Eds.), Ultrafast Hydrogen Bonding Dynamics and Proton Transfer Processes in the Condensed Phase, Understanding Chemical Reactivity, Vol. **23**, 1993

[195] Ayotte, P., Johnson, M.A., Electronic Absorption Spectra of Size-Selected Hydrated Electron Clusters: $(H_2O)_n^-$, $n = 6-50$, J. Chem. Phys. **106**, 811, 1997

[196] Meiwes-Broer, K.H., Metallcluster auf Oberflächen, Phys. Bl. **55**, 21, 1999
[197] Santra, A.K., Goodman, D.W., Oxide-Supported Metal Clusters: Models for Heterogeneous Catalysts, J. Phys. Cond. Matter **14**, R31, 2002
[198] Binns, C., Nanoclusters Deposited on Surfaces, Surf. Sci. Reports **44**, 1, 2001
[199] Stietz, F., Laser Manipulation of the Size and Shape of Supported Nanoparticles, Appl. Phys. A **72**, 381, 2001
[200] Frenkel, J., Theorie der Adsorption und verwandter Erscheinungen, Z. Phys. **26**, 117, 1924
[201] Volmer, M., Weber, A., Keimbildung in übersättigten Gebilden, Z. Phys. Chem. **119**, 277, 1925
[202] Venables, J.A., Atomic Processes in Crystal Growth, Surf. Sci. **299/300**, 798, 1994
[203] Operating Manual, XTM/2 Deposition Monitor, INFICON® Inc., 2001
[204] Sauerbrey, G., Use of Vibrating Quartz for Thin Film Weighing and Microweighing, Z. Phys. **155**, 206, 1959
[205] Henry, C.R., Surface Studies of Supported Model Catalysts, Surf. Sci. Rep. **31**, 231, 1998
[206] Brune, H., Microscopic View of Epitaxial Metal Growth: Nucleation and Aggregation, Surf. Sci. Rep. **31**, 121, 1998
[207] Poppa, H., Nucleation, Growth, and TEM Analysis of Metal Particles and Clusters Deposited in UHV, Catal. Rev. Sci. Eng. **35**, 359, 1993
[208] Bethge, H., Heydenreich, J., Elektronenmikroskopie in der Festkörperphysik, Springer, Berlin, 1982
[209] Wenzel, T., Bosbach, J., Stietz, F. et al., In situ Determination of the Shape of Supported Metal Clusters during Growth, Surf. Sci. **432**, 257, 1999
[210] Stranski, I.N., Krastanow, L., Zur Theorie der orientierten Ausscheidung von Ionenkristallen aufeinander, Sitzungsber. Akad. Wien, Math.-Naturwiss. Kl. IIb **146**, 797, 1938
[211] Nötzel, R., Self-Organized Growth of Quantum-Dot Structures, Semicond. Sci. Technol. **11**, 1365, 1996
[212] Grundmann, M., Heinrichsdorff, F., Ledentsov, N.N. et al., Neuartige Halbleiterlaser auf der Basis von Quantenpunkten, Laser und Optoelektronik **30**, 70, 1998
[213] Heiz, U., Schneider, W.D., Nanoassembled Model Catalysts, J. Phys. D: Appl. Phys. **33**, R85, 2000
[214] Klipp, B., Grass, M., Müller, J. et al., Deposition of Mass-Selected Cluster Ions Using a Pulsed Arc Cluster-Ion-Source, Appl. Phys. A **73**, 547, 2001
[215] Abbet, S., Judai, K., Klinger, L. et al., Synthesis of Monodispersed Model Catalysts Using Softlanding Cluster Despostion, Pure Appl. Chem. **74**, 1527, 2002
[216] Busolt, U., Cottancin, E., Röhr, H. et al., Cluster-Surface Interaction Studied by Time-Resolved Two-Photon Photoemission, Appl. Phys. B **68**, 453, 1999
[217] Fedrigo, S., Harbich, W., Buttet, J., Soft Landing and Fragmentation of Small Clusters Deposited in Noble-Gas Films, Phys. Rev. B **58**, 7428, 1998
[218] siehe z.B. Oxford Applied Research, Nanocluster Source (2003)
[219] Qiang, Y., Thurner, Y., Reiners, T. et al., Hard Coatings Deposited at Room Temperature by Energetic Cluster Impact, Surf. Coat. Technol. **100–101**, 27, 1998
[220] Hilger, A., Tenfelde, M., Kreibig, U., Silver Nanoparticles Deposited on Dielectric Surfaces, Appl. Phys. B **73**, 361, 2001
[221] Bosbach, J., Martin, D., Stietz, F. et al., Laser-based method for Fabricating Monodisperse Metallic Nanoparticles, Appl. Phys. Lett. **74**, 2605, 1999
[222] Stietz, F., Träger, F., Erzeugung monodisperser Metallcluster auf Oberflächen mit Laserlicht, Physikalische Blätter **55(9)**, 57, 1999
[223] Vartanyan, T., Bosbach, J., Hendrich, C. et al., Theory of Spectral Holeburning for the Study of Ultrafast Electron Dynamics in Metal Nanoparticles, Appl. Phys. B **73**, 291, 2001

[224] Wenzel, T., Bosbach, J., Goldmann, A. et al., Shaping Nanoparticles and their Optical Spectra with Photons, Appl. Phys. B **69**, 513, 1999

[225] Raether, H., Surface Plasmons, Springer Tracts in Modern Physics 111, Springer, Berlin, 1998

[226] Mie, G., Beiträge zur Optik trüber Medien speziell kolloidaler Metallösungen, Ann. Phys. **25**, 377, 1908

[227] Bohren, C. F., Huffmann, D. F., Absorption and Scattering of Light by Small Particles, Wiley, New York, 1983

[228] Yamaguchi, T., Yoshida, S., Kinabara, A., Optical Effect of the Substrate on the Anomalous Absorption of Aggregated Silver Films, Thin Solid Films **21**, 173, 1974

[229] Kottmann, J. P., Martin, O. J. F., Influence of the Cross Section and the Permittivity on the Plasmon-Resonance Spectrum of Silver Nanowires, Appl. Phys. B **73**, 299, 2001

[230] Lamprecht, B., Krenn, J. R., Leitner, A. et al., Resonant and Off-Resonant Light-Driven Plasmons in Metal Nanoparticles Studied by Femtosecond-Resolution Third-Harmonic Generation, Phys. Rev. Lett. **83**, 4421, 1999

[231] Sönnichsen, C., Franzl, T., Wilk, T. et al., Plasmon Resonances in Large Noble-Metal Clusters, New J. Phys. **4**, 93.1, 2002

[232] Lamprecht, B., Leitner, A., Aussenegg, F. R., Femtosecond Decay-Time Measurement of Electron-Plasma Oscillation in Nanolithographically Designed Silver Particles, Appl. Phys. B **64**, 269, 1997

[233] Simon, M., Träger, F., Assion, A. et al., Femtosecond Time-Resolved Second Harmonic Generation at the Surface of Alkali Metal Clusters, Chem. Phys. Lett. **296**, 579, 1998

[234] von Plessen, G., Feldmann, J., Nahfeldleuchten einzelner metallischer Nanopartikel, Phys. Bl. **54**, 923, 1998

[235] Klar, T., Perner, M., Grosse, S. et al., Surface-Plasmon Resonances in Single Metallic Nanoparticles, Phys. Rev. Lett. **80**, 4249, 1998

[236] Sönnichsen, C., Geier, S., Hecker, N. E. et al., Spectroscopy of Single Metallic Nanoparticles Using Total Internal Reflection Microscopy, Appl. Phys. Lett. **77**, 2949, 2000

[237] Bosbach, J., Stietz, F., Träger, F., Ultraschnelle Elektronendynamik in Nanoteilchen, Wie schnell werden Oberflächenplasmaschwingungen gedämpft?, Physi. Bl. **57**, 59, 2000

[238] Stietz, F., Bosbach, J., Wenzel, T. et al., Decay Times of Surface Plasmon Excitation in Metal Nanoparticles Determined by Persistent Spectral Hole Burning, Phys. Rev. Lett. **84**, 5644, 2000

[239] Bosbach, J., Hendrich, C., Stietz, F. et al., Ultrafast Dephasing of Surface Plasmon Excitation in Silver Nanoparticles: Influence of Particle Size, Shape and Chemical Surrounding, Phys. Rev. Lett. **89**, 257404, 2002

[240] Ziegler, T., Hendrich, C., Hubenthal, F. et al., Dephasing Times of Surface Plasmon Excitation in Au Nanoparticles Determined by Persistent Spectral Hole Burning, Chem. Phys. Lett. **386**, 319, 2004

[241] Persson, B., Polarizability of Small Spherical Metal Particles: Influence of the Matrix Environment, Surf. Sci. **281**, 153, 1993

[242] Krenn, J. R., Leitner, A., Aussenegg, F. R., Metal Nano-Optics, in: Nalwa, H. S. (Ed.), Encyclopedia of Nanoscience and Nanotechnology, Vol. 5, American Scientific Publishers, Valencia, USA, 2004, p. 411.

[243] Stietz, F., Träger, F., Surface Plasmons in Nanoclusters: Elementary Electronic Excitations and their Applications, Philosophical Magazine B **79**, 1281, 1999

[244] Krenn, J. R., Aussenegg, F. R., Nanooptik mit metallischen Strukturen, Über den Umgang mit Licht jenseits des Abbe-Limits, Physik-Journal **1**, 39, 2002

[245] Turkevitch, J., Steveson, P. C., Hillier, J., Nucleation and Growth Process in the Synthesis of Colloidal Gold. Discuss. Faraday Soc. **11**, 55, 1951

[246] Frens, G., Controlled Nucleation for the Regulation of the Particle Size in Monodisperse Gold Suspensions, Nature Phys. Sci. **241**, 20, 1973

[247] Handley, D.A., in: Hayat, M.A. (Ed.), Colloidal Gold: Principles, Methods, and Applications, Vol. 1., Academic Press, San Diego, 1989, p. 13

[248] Giersig, M., Mulvaney, P., Preparation of Ordered Colloid Monolayers by Electrophoretic Deposition, Langmuir **9**, 3408, 1993

[249] Brust, M., Walker, M., Bethell, D. et al., Synthesis of Thiol-Derivatized Gold Nanoparticles in a Two-Phase Liquid-Liquid System, J. Chem. Soc., Chem. Commun., 801, 1994

[250] Alvarez, M.M., Khoury, J.T., Schaaff, T.G. et al., Optical Absorption Spectra of Nanocrystal Gold Molecules, J. Phys. Chem. B **101**, 3706, 1997

[251] Jin, R., Egusa, S, Scherer, N.F., Thermally-Induced Formation of Atomic Au Clusters and Conversion into Nanocubes, Am. Chem. Soc. **126**, 9900, 2004

[252] Zheng, J., Zhang, C., Dickson, R.M., Highly Fluorescent, Water-Soluble, Size-Tunable Gold Quantum Dots, Phys. Rev. Lett. **93**, 077402, 2004

[253] Busbee, B.D., Obare, S.O., Murphy, C.J., An Improved Synthesis of High Aspect Ratio Gold Nanorods, Adv. Mater. **15**, 414, 2003

[254] Jin, R., Cao, Y.C., Hao, E. et al., Controlling Anisotropic Nanoparticle Growth Through Plasmon Excitation, Nature **425**, 487, 2003

[255] Lattes, A., Rico, I., de Savignac, A., Formamide, a Water Substitute in Micelles and Micromemulsions: Structural Analysis Using a Diels-Alder Reaction as a Chemical Probe, Tetrahedron **43**, 1725, 1987
Taleb, A., Petit, C., Pileni, M.P.J., Optical Properties of Self-Assembled 2D and 3D Superlattices of Silver Nanoparticles, Phys. Chem. B **102**, 2214, 1998
Chen, F., Xu, G.-Q., Hor, T.S.A., Preparation and Assembly of Colloidal Gold Nanoparticles in CTAB-Stabilized Reserve Microemulsion, Mater. Lett. **57**, 3282, 2003

[256] Sohn, B.-H., Choi, J.-M., Yoo, S., et al., Directed Self Assembly of Two Kinds of Nanoparticles Utilizing Monolayer Films of Diblock Copolymer Micelles, J. Am. Chem. Soc. **125**, 6368, 2003

[257] Belloni, J., Metal Nanocolloids, Curr. Opin. Colloid Interface Sci. **1**, 184, 1996

[258] Sylvestre, J.-P., Kabashin, A.V., Sacher, E. et al., Stabilization and Size Control of Gold Nanoparticles during Laser Ablation in Aqueous Cyclodextrins, J. Am. Chem. Soc. **126**, 9900, 2004

[259] Mafuné, F., Kohno, J.-y., Takeda, Y. et al., Formation of Gold Nanoparticles by Laser Ablation in Aqueous Solution of Surfactant, J. Phys. Chem. B **105**, 5114, 2001

[260] Mafuné, F., Kohno, J.-y., Takeda, Y. et al., Dissociation and Aggregation of Gold Nanoparticles under Laser Irradiation, J. Phys. Chem. B **105**, 9050, 2001

[261] Mafuné, F., Kohno, J.-y., Takeda, Y. et al., Structure and Stability of Silver Nanoparticles in Aqueous Solution Produced by Laser Ablation, J. Phys. Chem. B **104**, 8333, 2000

[262] Schmid, G., Lehnert, A., Malm, J.-O. et al., Ligand-Stabilized Bimetallic Colloids Identified by HRTEM and EDX, Angew. Chem. Int. Ed. Engl. **30**, 874, 1991

[263] Lee, J., Sundar, V.C., Heine, J.R. et al., Full Color Emission from II-VI Semiconductor Quantum Dot-Polymer Composites, Adv. Mater. **12**, 1102, 2000

[264] Peng, Z., Kleinermanns, K., Gold-Polyaniline Core-Shell Nanoparticles Produced from Direct Oxidation of Aniline by $HAuCl_4$, 2005, unveröffentlicht

[265] Peng, Z., Walther, T., Kleinermanns, K., Influence of Intense Pulsed Laser Irradiation on Optical and Morphological Properties of Gold Nanoparticle Aggregates Produced by Surface Acid-Base Reactions, Langmuir **21**, 4249, 2005

[266] Quinn, B.M., Liljeroth, P., Ruiz, V. et al., Electrochemical Resolution of 15 Oxidation States for Monolayer Protected Gold Nanoparticles, J. Am. Chem. Soc. **125**, 6644, 2003

[267] Hutter, E., Fendler J.H., Exploitation of Localized Surface Plasmon Resonance, Adv. Mater. **16**, 1685, 2004

[268] Campion, A., Kambhampati, P., Surface-Enhanced Raman Scattering, Chem. Soc. Rev. **27**, 241, 1998

[269] Hecht, B., Sick, B., Wild, U.P. et al., Scanning Near Field Optical Microscopy with Aperture Probes: Fundamentals and Applications, J. Chem. Phys. **112**, 7761, 2000

[270] Wurtz, G.A., Hranisavljevic, J., Wiederrecht, G.P., Electromagnetic Scattering Pathways for Metallic Nanoparticles: A Near-Field Optical Study, Nano Lett. **3**, 1511, 2003

[271] Daniel, M.-C., Struc, D., Gold Nanoparticles: Assembly, Supramolecular Chemistry, Quantum-Size-Related Properties, and Applications toward Biology, Catalysis, and Nanotechnology, Chem. Rev. **104**, 293, 2004

[272] Schultz, S., Smith, D.R., Mock, J.J. et al., Single-Target Molecule Detection with Nonbleaching Multicolor Optical Immunolabels, Proc. Natl. Acad. Sci. USA **97**, 996, 2000

[273] Schmid, G. (Ed.), Clusters and Colloids, VCH, Weinheim, 1994

[274] Schmid, G., in: Klabunde, K.J. (Ed.), Nanoscale Materials in Chemistry, Wiley, New York, 2001

[275] Boal, A., Ilhan, F., Derouchey, J.E. et al., Self-Assembly of Nanoparticles into Structured Spherical and Network Aggregates, Nature **404**, 746, 2000

[276] Jin, J., Iyoda, T., Cao, C. et al., Self Assembly of Uniform Spherical Aggregates of Magnetic Nanoparticles through π-π Interactions, Angew. Chem. Int. Ed. **40**, 2135, 2001

[277] Liu, J., Mendoza, S., Roman, E. et al., Cyclodextrin-Modified Gold Nanospheres. Host-Guest Interactions at Work to Control Colloidal Properties, J. Am. Chem. Soc. **121**, 4304, 1999

[278] Patil, V., Mayya, K.S., Pradhan, S.D. et al., Evidence for Novel Interdigitated Bilayer Formation of Fatty Acids during Three-Dimensional Self-Assembly on Silver Colloidal Particles, J. Am. Chem. Soc. **119**, 9281, 1997

[279] Caruso, F., Caruso, R.A., Mohwald, H., Nanoengineering of Inorganic and Hybrid Hollow Spheres by Colloidal Templating, Science **282**, 1111, 1998

[280] Naka, K., Itoh, H., Chujo, Y., Temperature-Dependent Reversible Self-Assembly of Gold Nanoparticles into Spherical Aggregates by Molecular Recognition between Pyrenyl and Dinitrophenyl Units, Langmuir **19**, 5496, 2003

[281] Taton, A., Mirkin, C.A. Letsinger, R.L., Scanometric DNA Array Detection with Nanoparticle Probes, Science **289**, 1757, 2000

[282] Galvagno, S., Parravano, G., Chemical Reactivity of Supported Gold. IV. Reduction of Nitric Oxide by Hydrogen, J. Catal. **55**, 178, 1978

[283] Haruta, M., Kobayashi,T., Sano, H. et al., Novel Gold Catalysts for the Oxidation of Carbon Monoxide at a Temperature far below 0°C. Chem. Lett. **2**, 405, 1987
Haruta, M., Yamada, N., Kobayashi, T. et al., Gold Catalysts Prepared by Coprecipitation for Low-Temperature Oxidation of Hydrogen and of Carbon Monoxide, J. Catal. **115**, 301, 1989

[284] Haruta, M., Size- and Support-Dependency in the Catalysis of Gold, Catal. Today **36**, 153, 1997

[285] Andreeva, D., Tabakova, T., Idakiev, V. et al., Au-Fe_2O_3 Catalyst for Water-Gas Shift Reaction Prepared by Deposition-Precipitation, Appl. Catal. A **169**, 9, 1998

[286] Sakurai, H., Haruta, M., Synergism in Methanol Synthesis from Carbon Dioxide Over Gold Catalysts Supported on Metal Oxides, Catal. Today **29**, 361, 1996

[287] Dickson, M.R., Lyoun, L.A., Unidirectional Plasmon Propagation in Metallic Nanowires, J. Phys. Chem. B, **104**, 6095, 2000

[288] Ghaemi, H.F., Thio, T., Grupp, D.E., Ebbesen, T.W., Lezec, H.J., Surface Plasmons Enhance Optical Transmission Through Subwavelength Holes, Phys. Rev. B, **58**, 6779, 1998

[289] Devaux, E., Ebbesen, T.W., Weeber, J.C., Dereux, A., Launching and Decoupling Surface Plasmons via Micro-Gratings, Appl. Phys. Lett. **83**, 4936, 2003

[290] Shen, Y.R., The Principles of Nonlinear Optics, Wiley, New York, 1984

[291] Antoine, R., Brevet, P.F., Girault, H.H. et al., Surface Plasmon Enhanced Non-Linear Optical Response of Gold Nanoparticles at the Air/Toluene Interface, Chem. Commun., 1901, 1997

[292] Schmitt, M., Jacoby, C., Kleinermanns, K., Torsional Splitting of the Intermolecular Vibrations of Phenol (H$_2$O)$_1$ and its Deuterated Isotopomers, J. Chem. Phys. **108**, 4486, 1998

[293] El-Sayed, M.A., Some Interesting Properties of Metals Confined in Time and Nanometer Space of Different Shapes, Acc. Chem. Res. **34**, 257, 2001

[294] Rechberger, W., Hohenau, A., Leitner, A. et al., Optical Properties of Two Interacting Gold Nanoparticles, Opt. Commun. **220**, 137, 2003

[295] Huisken, F., Kaloudis, M., Kulcke, A., IR Spectroscopy of Small Size-selected Water Clusters, J. Chem. Phys. **104,** 17, 1996

[296] Buck, U., Ettischer, I., Melzer, M. et al., Structure and Spectra of Three Dimensional (H$_2$O)$_n$ Clusters, $n = 8,9,10$, Phys. Rev. Lett. **80**, 2578, 1998

[297] Gregory, J.K., Clary, D.C., Liu, K. et al., The Water Dipole Moment in Water Clusters, Science, **275,** 814, 1997

[298] Sipior, J., Sulkes, M., Spectroscopy of Tryptophan Derivatives in Supersonic Expansions: Addition of Solvent Molecules, J. Chem. Phys. **88**, 6146, 1988;
Schmitt, M., Böhm, M., Ratzer, C., Vu, C., Kalkman, I., Meerts, W.L., Structural Selection by Microsolvation: Conformational Locking of Tryptamine, J. Am. Chem. Soc. **127**, 10356, 2005

10 Aufbau, Funktion und Diagnostik biogener Moleküle

Helmut Grubmüller, Stefan Seeger, Harald Tschesche

10.1 Arten der Makromoleküle

Biologische Makromoleküle sind unverzichtbare, wichtige Bauelemente aller Lebewesen. Sie existieren seit Beginn der Evolution auch in den niedersten Formen des Lebens und werden als Gerüstsubstanzen, Informations- und Energiespeicher, Katalysatoren, Zellorganellen u. a. aus kleinen Molekülen als Bausteinen, ähnlich wie Polymere aus Monomeren in der Technik, synthetisiert. Viele wichtige biogene Bausteine (monomere Untereinheiten wie Aminosäuren, Basen von Nukleinsäuren und Hexosen) sowie auch Polymere von Nukleotiden (Nukleinsäuren) und Aminosäuren (Polypeptide und proteinogene Kondensate) lassen sich in Gasgemischen, ähnlich der präbiotischen Uratmosphäre, durch Energiezufuhr (elektrische Funken, Wärme, sichtbares und UV-Licht, Röntgenstrahlen, α- und β-Strahlen, Druckwellen u. a.) abiotisch synthetisieren. Diese Experimente von Miller und Urey deuten daraufhin, dass ein breites Spektrum dieser einfachen organischen Verbindungen als Ausgangsmaterialen auf der Erde vorhanden war, als das Leben begann. Die Einteilung der Makromoleküle erfolgt nach der Art der verwendeten monomeren Bausteine, die durch Wasserabspaltung über zwei Verknüpfungsstellen zu langen Kettenmolekülen vereinigt werden (*Polykondensation*):

$$
\begin{array}{l}
\text{R B H} \\
\text{A X C B L D} \rightarrow \text{R–G–X–C–B–L–M–D–B–F–H–A} + 11\ H_2O \qquad (10.1) \\
\text{F G M}
\end{array}
$$

1. Nukleinsäuren (Desoxyribonukleinsäuren, DNA, und Ribonukleinsäuren, RNA) bestehen aus je vier verschiedenen Nukleotiden bzw. Ribonukleotiden. Diese phosphat- und zuckerhaltigen Stickstoffverbindungen dienen als Energiespeicher bzw. Überträger von Erbinformation in Zelle und Zellkern.
2. Polypeptide und Proteine setzen sich aus 20 verschiedenen Aminosäuren zusammen, die zu einer praktisch unbegrenzten Vielfalt von Sequenzen verknüpft werden können, ähnlich den Buchstaben des Alphabets, die eine unbegrenzte Zahl von Worten, Sätzen und Büchern zu bilden vermögen. Zu den Proteinen gehören die biologischen Katalysatoren (Enzyme), die Gerüstsubstanzen höherer Lebewesen (Kollagen, Elastin, Keratin, Seide), die Transport- und Bewegungsproteine (Hämoglobin, Muskelmyosin und -actin, Flagellin, Tubulin) u. a.
3. Polysaccharide aus Zuckern. Glucose als Endprodukt der Photosynthese dient sowohl zum Aufbau energiereicher Reservestoffe (Glycogen, Stärke, Amylopek-

tin) wie auch als Baustein pflanzlicher (Cellulose) oder tierischer Gerüstsubstanzen (Chitin).

Alle Lebewesen bedienen sich der gleichen Bausteine für den Aufbau ihrer Makromoleküle, so dass als Grundprinzipien für alle Lebewesen folgende Axiome gelten:

1. Alle Lebewesen benutzen die gleiche Art von monomeren Bausteinen.
2. Die Abfolge (Sequenz) und Art der monomeren Bausteine bestimmt die biologische Funktion.
3. Spezies und Gattung werden durch die Abfolge der Bausteine bestimmt.

Neben den aus einheitlichen Bausteinen synthetisierten Makromolekülen finden sich in der Natur auch „Verbundstrukturen" (*Quartärstrukturen*), in denen mehrere Makromoleküle zu noch größeren funktionsfähigen Komplexen zusammengestellt werden, wie in Zellorganellen (Ribosomen, Mitochondrien, Chromosomen).

10.1.1 Allgemeine Prinzipien des Aufbaus

Der Aufbau der Makromoleküle unter Wasserabspaltung (*Polykondensation*, siehe Gl. (10.1)) erfolgt hierbei stets unter exakter Einhaltung des durch die beteiligten Enzyme bestimmten Aufbauprinzips. Es ist allerdings zu unterscheiden, ob

1. die Makromoleküle mit variabler Größe aus gleichartigen Monomeren in statistischer Weise aufgebaut werden (Beispiele: Amylose, Cellulose in unverzweigter Anordnung bzw. Glycogen, Mucin in verzweigter Anordnung) oder ob
2. die Makromoleküle mit definierter Bausteinzahl und -abfolge aus verschiedenen monomeren Bausteinen nach Plan synthetisiert werden (Beispiele: Nukleinsäuren und Proteine).

Die zweite Gruppe biogener Makromoleküle enthält aufgrund des inhärenten Bauplanes, der für alle Moleküle dieser Art der gleiche ist, zusätzliche Informationen. Die in der Bausteinart und -reihenfolge (*Primärstruktur*) niedergelegte Information bestimmt bei Proteinen die immunologisch relevanten spezifischen Merkmale einer Spezies (Charakter der Art, Gattung, Familie eines Organismus), darüber hinaus aber auch die räumliche Faltung des Kettenmoleküls in wässriger Umgebung (Sekundär- und Tertiärstruktur).

10.1.2 Die neue Dimension der Funktion

Die besondere biologische Funktion jedes Makromoleküls ist ein Ergebnis der individuellen, räumlichen Faltung (Beispiele: tRNA und rRNA für Proteinbiosynthese im Ribosom, Globinfaltung um das Häm für den Sauerstofftransport, Actomyosin für die Muskelkontraktion u. a.). Die Funktion biogener Makromoleküle ist damit eine neue Eigenschaft, die anorganischen und organischen Molekülen der unbelebten Natur nicht zukommt. Die Funktion ist dabei eindeutig abhängig und bestimmt von der Ausbildung der einzigartigen und richtigen räumlichen Anordnung der Kette (*Sekundär-* und *Tertiärstruktur*) in ihrer physiologischen, wässrigen Umgebung (pH 6.5–7.25, 25–40 °C, schwache Ionenkonzentration, 760 hPa etc.). Das Lösungsmittel Wasser ist für die räumliche Faltung von Protein- und Nukleinsäureketten ein wesentlicher Faktor. Zum Einen werden Wassermoleküle als integraler Bestandteil z. B. fest und stabilisierend in das Proteingerüst eingebaut, zum Anderen bestimmen die hydrophilen, über Wasserstoffbrücken miteinander in Wechselwirkung stehenden Wassermoleküle die Assoziation von hydrophoben Seitenketten im Inneren des Proteins bzw. der Nukleinsäure. Die Faltung von Proteinketten und Nukleinsäuren ist also ein Energieminimierungsproblem, bei dem die in Wasser stabilste und energieärmste Struktur ausgebildet wird. Die Information für diese Struktur ergibt sich aus den Eigenschaften der monomeren, zur Kette zusammengefügten Bausteine (kovalente Struktur, s. Abschn. 10.2 und 10.3, und ihre gegenseitigen, schwachen Wechselwirkungen in wässriger Umgebung, die wesentlich die räumliche Anordnung der Kette bestimmen).

10.1.3 Schwache Wechselwirkungen

Zu den wichtigen schwachen chemischen Bindungen gehören erstens die Wasserstoffbrückenbindungen, zweitens die ionischen Bindungen (s. Abschn. 10.2.3), drittens die van-der-Waals-Bindungen und viertens die „hydrophobe Wechselwirkung".

Die **Wasserstoffbrücken** bilden sich zwischen einem kovalent gebundenen, dissozierbaren H-Atom, das in der Regel an O oder N gebunden ist, und einem elektronegativen Akzeptoratom, das wie O oder N freie Elektronenpaare aufweist. Sie beruhen auf der elektrostatischen Anziehung zwischen dem positiv polarisierten H-Atom und dem negativ geladenen Akzeptoratom und sind stets richtungsorientiert. Die Anziehung zwischen den elektrischen Partialladungen ist am stärksten, wenn die beteiligten drei Atome (O, H und O) auf einer geraden Linie liegen. Ihre Bindungsenergien liegen im Bereich $10-30$ kJ/mol. Sie sind der Grund für den höheren Schmelz- und Siedepunkt sowie für eine größere Verdampfungsenthalphie von Wasser als bei den meisten anderen üblichen Lösungsmitteln, auch wenn die mittlere Lebensdauer jeder einzelnen Wasserstoffbrücke nur etwa 10^{-9} s beträgt.

Ionische Bindungen (z. B. $-NH_3^+\ ^-OOC-$) ergeben sich aus elektrostatischen Kräften, die zwischen zwei entgegengesetzt geladenen Gruppen auftreten. Ihre Bindungsenergie liegt in wässriger Umgebung (hohe Dielektrizitätskonstante) ebenfalls bei $10-30$ kJ/mol, kann aber in hydrophober Umgebung (kleine Dielektrizitätskonstante, z. B. im Kohlenwasserstoffmilieu) wesentlich größere Werte annehmen. Die Dielektrizitätskonstante spiegelt die Fähigkeit eines Lösungsmittels zur Ladungsabschirmung wider. Die Kraft ionischer Wechselwirkungen F in einer Lösung hängt von der Größe der Ladungen Q, dem Abstand zwischen den geladenen Gruppen r und der Dielektrizitätskonstanten ε des Lösungsmittels ab:

$$F = \frac{1}{4\pi\varepsilon\varepsilon_0}\,\frac{Q_1 Q_2}{r^2}.$$

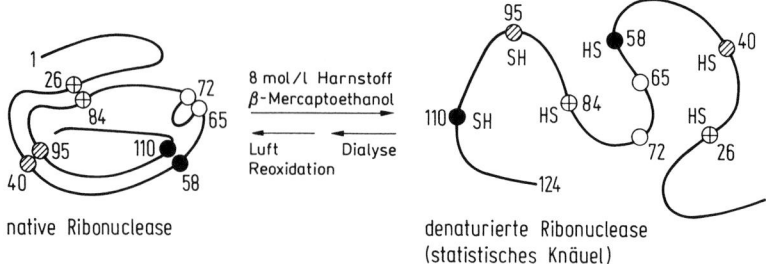

Abb. 10.1 Die Entfaltung der Ribonuklease durch Reduktion mit β-Mercaptoethanol und Denaturierung durch 8 mol/l Harnstoff kann durch Dialyse und (Luft-)Oxidation rückgängig gemacht werden.

ε hat als dimensionslose Größe in Wasser den Wert von 78.5 bei 25 °C, während Benzol als unpolares Lösungsmittel ein ε von nur 4.6 aufweist. Lösungsmittelmoleküle mit starkem Dipol sind besonders gut in der Lage, Ladungen voneinander abzuschirmen.

Van-der-Waals-Bindungen beruhen auf den Wechselwirkungen zwischen permanent vorhandenen, induzierten und momentanen Dipolen der Moleküle. Die Wechselwirkungsenergien sind mit 0.2–0.5 kJ/mol relativ schwach.

Hydrophobe Wechselwirkungen sind irreführend bezeichnet. Ihr Energiebeitrag entsteht bei der Zusammenlagerung von unpolaren (hydrophoben) Molekülgruppen (Öltröpfchenphänomen) durch die Freisetzung von Wassermolekülen, die an den unpolaren Seitenketten in wässriger Umgebung in einer geordneten (Clathrat-) Struktur fixiert sind. Die Freisetzung der Wassermoleküle ergibt einen Entropiegewinn und durch Minimierung der Zahl der geordneten Wassermoleküle erreicht das System die größte thermodynamische Stabilität.

Die Summation aller schwachen Wechselwirkungen liefert die Stabilisierungsenergie für die geordneten Substrukturelemente, die Sekundärstruktur (s. Abschn. 10.2.2 und 10.3.3) und den gesamten räumlichen Aufbau, die Tertiärstruktur (s. Abschn. 10.2.3 und 10.3.4) des Makromoleküls. Das Energieminimum bildet sich in wässrigem Milieu selbsttätig aus und ist somit durch die Bausteinabfolge (Primärstruktur) inhärent vorbestimmt. Der experimentelle Nachweis für diese Hypothese wurde von 1956–1958 durch Anfinsen (Nobelpreis für Chemie 1972) und White erbracht, die Ribonuklease in Harnstoff denaturierten und durch Entfernen des Harnstoffs die biologisch aktive Struktur zurückgewinnen konnten (Abb. 10.1).

10.2 Nukleinsäuren

10.2.1 Primärstruktur – Nukleinsäuren aus Nukleotiden

Als *Nukleotide* bezeichnet man die Vertreter einer Bausteingruppe, die sich aus einer heterozyklischen Kohlenstoff-Stickstoff-Verbindung (Base), einem Zucker (Ribose oder Desoxyribose) und einem Phosphatrest nach dem folgenden Schema aufbauen:

$$
\begin{array}{cc}
\text{Base} & \text{Base} \\
| & | \\
\underbrace{\text{Zucker}} & \underbrace{\text{Zucker–Phosphat}} \\
\text{Nukleosid} & \text{Nukleotid}
\end{array}
$$

Die *Desoxyribonukleinsäuren* (DNA, engl.: *desoxyribonucleic acid*) enthalten als Zucker stets nur Desoxyribose. Sie sind das eigentliche Material, aus dem die Gene aufgebaut sind. Man findet sie z. B. im Zellkern.

Die *Ribonukleinsäuren* (RNA, engl.: *ribonucleic acid*) weisen nur Ribose als Zuckerkomponente auf. Sie werden z. B. im Zellkern nach dem Bauplan der Desoxyribonukleinsäure synthetisiert, wobei anstelle von Thymin die Base Uracil eingebaut wird. Sie dienen u. a. als sogenannte einsträngige mRNA (Messenger-RNA) als Synthesematrize, an welcher der Aufbau der kettenartigen Primärstruktur der Eiweißmoleküle (Proteine) entsprechend der festgelegten Basenabfolge durch den speziellen Proteinbiosyntheseapparat der Zelle, das Ribosom, erfolgt. Als Basen kommen im Prinzip vor:

1. für die DNA Adenin (A) und Guanin (G) als Purinbasen und Thymin (T) und Cytosin (C) als Pyrimidinbasen;
2. für die RNA ebenfalls Adenin (A) und Guanin (G) als Purinbasen und Uracil (U) und Cytosin (C) als Pyrimidinbasen.

Die Verknüpfung der Nukleotidbausteine erfolgt über die Phosphatgruppe, so dass eine monotone Zucker-Phosphatester-Kette entsteht, die an den Zuckern jeweils eine der vier möglichen Basen trägt (Primärstruktur):

$$
\begin{array}{ccc}
\text{Base} & \text{Base} & \text{Base} \\
| & | & | \\
\end{array}
$$
5′–Zucker–Phosphat–Zucker–Phosphat–Zucker–Phosphat–3′

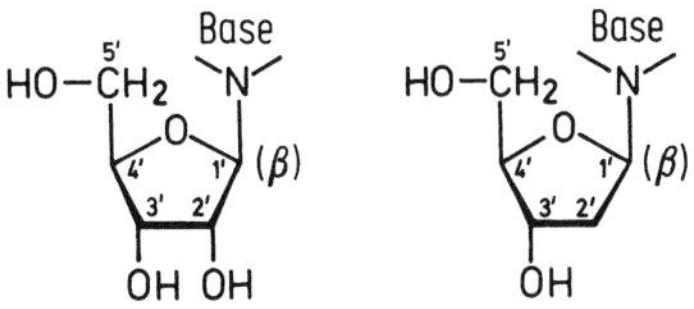

Abb. 10.2 Ein Nukleotid entsteht durch Phosphorylierung einen Nukleosids. Der Unterschied zwischen den Bausteinen der RNA und der DNA liegt im Wesentlichen in den Zuckerbausteinen: RNA enthält Riboside, DNA enthält Desoxyriboside.

Da die Zucker (Ribose bzw. Desoxyribose) asymmetrische Moleküle sind, sind die beiden Verknüpfungsstellen zum Phosphat nicht äquivalent. Man unterscheidet ein 3′- und ein 5′-Ende an jedem Zucker und somit auch am gesamten Kettenmolekül, das damit ebenfalls asymmetrisch ist (Abb. 10.2).

10.2.2 Sekundärstruktur der Nukleinsäuren

In der Zelle liegen die Desoxyribonukleinsäuren (DNA) in der Regel als komplementäre Doppelstränge vor, wobei jeweils zwei Basen der benachbarten, antiparallel angeordneten Stränge über Wasserstoffbrücken assoziiert sind. Je eine Purinbase paart mit einer Pyrimidinbase, und zwar Adenin mit Thymin (zwei H-Brücken) und Guanin mit Cytosin (drei H-Brücken) (Abb. 10.3).

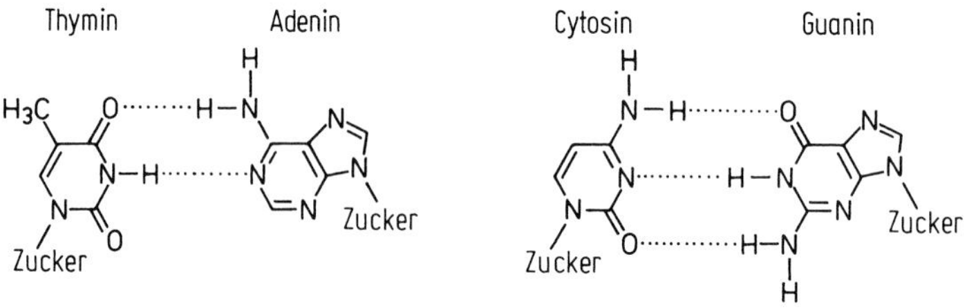

Abb. 10.3 Formelbilder der über Wasserstoffbrücken gebundenen heterozyklischen Stickstoffbasen der DNA. Zwischen Thymin und Adenin liegen zwei, zwischen Cytosin und Guanin drei Wasserstoffbrücken (nach Pauling [1]).

So bildet sich eine **DNA-Doppelhelixstruktur** (Typ B) aus, die in grundlegenden Arbeiten von Watson und Crick (Nobelpreis für Medizin 1962) entwickelt wurde und bei der die beiden komplementären Stränge gegenläufig um eine gemeinsame Achse gewunden sind und durch Wasserstoffbrücken und eine Stapelwechselwirkung (Dipol-Dipol-Wechselwirkungen) der elektronenreichen, heterozyklischen Basen zusammengehalten werden. Das hydrophile Zucker-Phosphat-Skelett liegt außen in einer wässrigen Umgebung, die hydrophoberen, aromatischen Kerne der heterozyklischen Basen liegen innen (Sekundärstruktur), wie Abb. 10.4 zeigt.

Aus der exakten Basenpaarung in der DNA folgt, dass die Basenfolge in einem Strang die Sequenz im komplementären Strang bestimmt. Die Strangtrennung unter Öffnen der Wasserstoffbrücken zwischen den Basenpaaren der beiden Polynukleotidketten liefert also zwei hälftige Matrizen, deren Komplettierung durch biosynthetischen Anbau je eines neuen, komplementären DNA-Stranges an jedem alten Einzelstrang zu einer exakten Verdopplung (*Reduplikation*) des genetischen Materials führt. Dies ist eine wichtige Voraussetzung für die Replikation sämtlicher Organismen. Es ist einleuchtend, dass Fehler in der Kombination der Basenpaare, d. h. eine „Ableseungenauigkeit", zu Veränderungen der genetischen Information (Mutationen) führen, die dann in die nächste Generation weitergegeben werden.

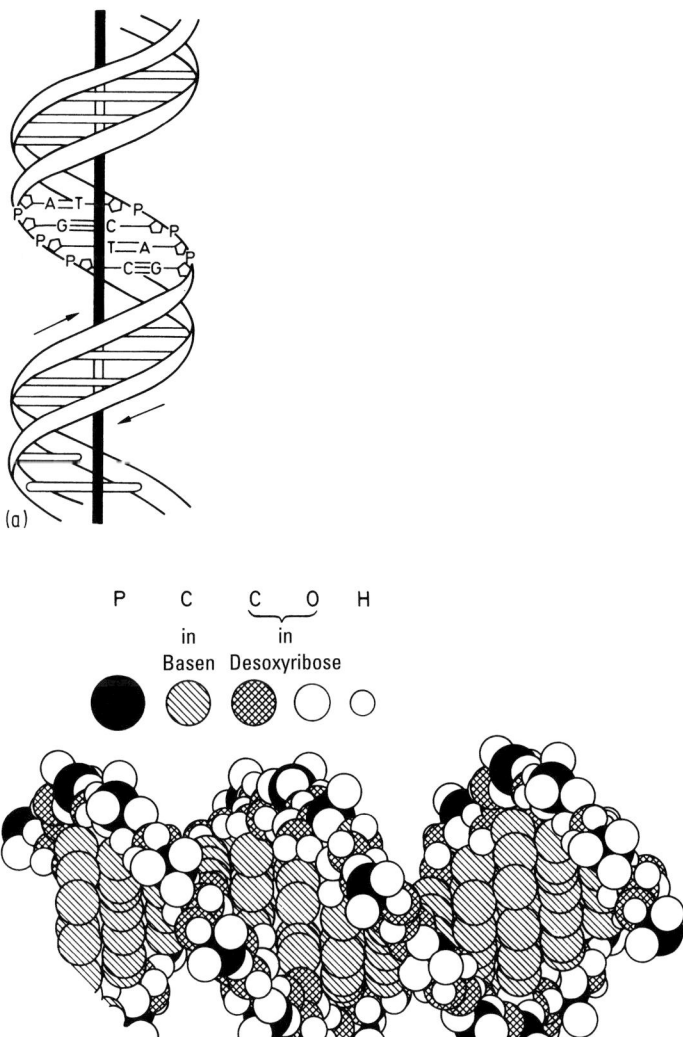

Abb. 10.4 (a) Schematische Darstellung der DNA-Doppelhelixstruktur (Typ B) mit antiparallelem Verlauf der komplementären 3′-P- und 5′-P-Phosphodiesterbindungen enthaltenden Polynukleotidstränge. (b) Kalottenmodell der DNA-Struktur (Typ B) (nach Fenghelmann [2]).

Die Struktur der Doppelhelix erscheint heute, insbesondere durch Auswertungen von Röntgenfaserdiagrammen der DNA-Natrium- oder Lithiumsalze, gut gesichert. Allerdings sollte man bei diesen statischen Betrachtungen nicht vergessen, dass alle Atome der komplexen, makromolekularen Struktur ihre normalen Wärmeschwingungen ausführen. Es handelt sich also nicht um starre Anordnungen. Die gesamte Struktur ist außerdem offen, und der intramolekulare Wassergehalt ist relativ hoch.

Bei geringem Wassergehalt ließe sich sogar erwarten, dass die Basen leicht winklig angeordnet werden, so dass eine kompaktere Struktur resultiert.

Da die Wasserstoffbrücken und die Stapelwechselwirkungen innerhalb der Nukleinsäuren nur schwache Wechselwirkungen darstellen, können sie bei Temperaturerhöhung infolge erhöhter Wärmeschwingungen der Atome relativ leicht aufgebrochen werden. Temperaturerhöhung führt damit zur thermischen *Denaturierung* der Nukleinsäuren. Bei Erreichen eines so genannten T_m-Wertes (engl.: *temperature of melting*) kommt es zunächst zu einer partiellen, schließlich zu einer vollständigen Trennung der beiden assoziierten Einzelstränge, die als *Schmelzen* bezeichnet wird (Abb. 10.5).

Hierbei hängt die Größe des T_m-Wertes sehr wesentlich von der Anzahl der Guanin-Cytosin-Paare in der Nukleinsäure ab, da zwischen Adenin und Thymin (bzw. Uracil) nur zwei, aber zwischen Guanin und Cytosin jeweils drei Wasserstoffbindungen vorhanden sind. Guanin-Cytosin-reiche Nukleinsäuren schmelzen daher bei höherer T_m-Temperatur (s. Abb. 10.3).

Langsame Abkühlung kann zu weitgehender *Renaturierung* führen, während rasche Abkühlung zu bleibender Denaturierung führt, d. h. die Helix wandelt sich in eine statistisch geknäuelte Kette um (*Helix-Knäuel-Übergang*). Diese Strukturumwandlung ist mit einer drastischen Viskositätsminderung, einer Dichteerhöhung und einer Änderung der optischen Drehung verbunden. Ferner kommt es zu einem Anstieg der UV-Absorption (*Hyperchromie*), da die Stapelung der Basen in der DNA-(bzw.) Doppelhelix aufgrund der gegenseitigen Abschattung oder Abdeckung der absorbierenden Elektronen eine Absorptionssenkung (*Hypochromie*) zur Folge hat.

Die reversible, etwa 30fach wiederholte thermische Denaturierung (Einzelstrangerzeugung) mit nachfolgender enzymatischer Synthese eines Teilstückes des Komplementärstranges bei erniedrigter Temperatur mit ausgewählten Oligonukleotiden wird in der **Polymerase-Kettenreaktion** (engl.: *polymerase chain reaction*, **PCR**) zur effektiven Laborsynthese von Genstücken (engl.: *copy DNA*, cDNA) heute vielfältig genutzt.

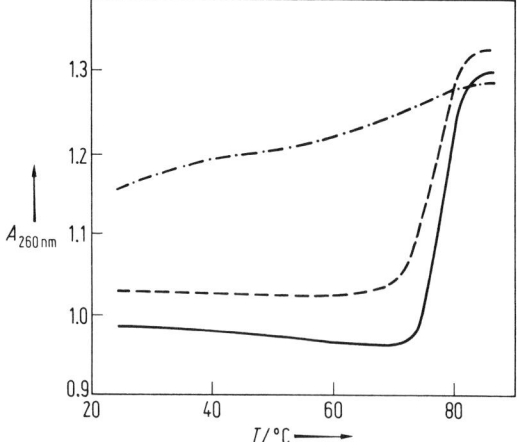

Abb. 10.5 UV-Absorption $A_{260\,nm}$ von T_2-Bakteriophagen-DNA bei thermischer Denaturierung: ——— native DNA, –·–·–·– rasche Abkühlung, – – – – langsame Abkühlung (nach Marmur und Doty [3]).

10.2.3 Tertiärstruktur der Nukleinsäuren

Im Gegensatz zur DNA liegen die Ribonukleinsäuren[1] in der Regel als Einzelstränge vor. Daher finden sich die der DNA-Doppelhelix entsprechenden Sekundärstrukturelemente in der einsträngig vorkommenden RNA nur in Bereichen, wo komplementäre Basenanordnungen eine interne Doppelstrangbildung durch Ausbildung von Wasserstoffbrücken zwischen entsprechenden Purin- und Pyrimidinbasen erlauben. Erste Raumstrukturdaten, z. B. von tRNA-Molekülen, wurden aus Röntgenstrukturdaten ermittelt (Abb. 10.6).

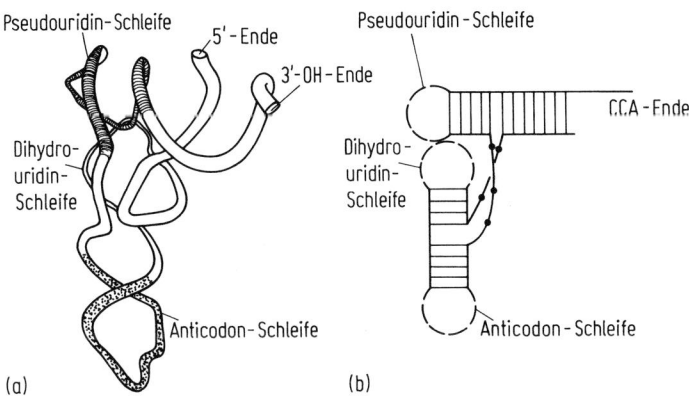

Abb. 10.6   Schematische Zeichnung (a) der Kettenkonformation der Phenylalanin-tRNA aus Hefe und (b) der intramolekularen Anordnung der Wasserstoffbrücken (aus Kim et al. [4]).

Auch die DNA liegt in der Bakterienzelle und im Zellkern in kompakter Form vor. Sie weist also über die Doppelhelix-Struktur hinaus eine weitere „Überstruktur" auf. Vom Bakterienchromosom aus *Escherichia coli* weiß man, dass die DNA (4 Millionen Nukleotide) einen einzigen großen Ring bildet. Experimentelle Befunde deuten darauf hin, dass die chromosomale DNA in 50 oder mehr Schleifen vorliegt, die in sich noch eine etwa 200-fach verdrillte *Superhelix* bilden (Abb. 10.7)

Auch für die Eukaryonten-DNA des Zellkerns nimmt man die Verdrillung zu partiellen Superhelizes an. Für die Stabilisierung der Superhelix werden stark basische Proteine, die Histone, verantwortlich gemacht, die in nahezu äquimolarer Menge im Chromatinfaden von somatischen Zellen (griech.: *soma*, das Stroma betreffend, körperlich) vorkommen. Die Vorstellungen gehen dahin, dass sich die Histone in der großen Rille der DNA derart anlagern, dass die positiven Ladungen der basischen Aminosäureseitenketten der Histone die negativen Ladungen der

---

[1] Man unterscheidet die Ribonukleinsäuren nach ihrer biologischen Funktion, die durch ein Präfix m, r oder t als Messenger-RNA (mRNA), ribosomale RNA (rRNA) oder Transfer-RNA (tRNA) bezeichnet wird.

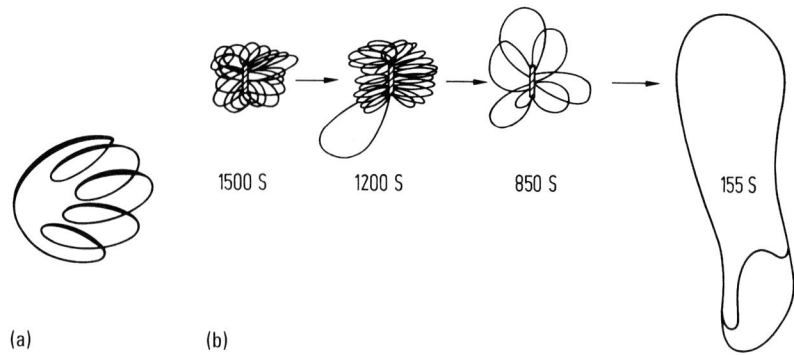

Abb. 10.7 Schematische Darstellung (a) der Superstruktur der ringförmigen *E.-coli*-DNA, (b) Auflösung der kompakten Anordnung des *E.-coli*-Chromosoms nach vorsichtiger Behandlung mit Desoxyribonuklease, die zu Einzelstrangbrüchen führt (S ist das Symbol für die Einheit Svedberg bei Auftrennung durch Sedimentation in der Ultrazentrifuge) (nach Worcel und Burgi [5]).

Phosphatreste der DNA durch elektrostatische Wechselwirkung (Salzbrücken) kompensieren und dadurch erst eine enge Verknäuelung des langen Kettenmoleküls ermöglichen.

10.2.4 Die genetische Information

Die DNA enthält als genetisches Material die Information für den kolinearen Aufbau der Ketten (Primärstruktur) von Eiweißmolekülen, die auch aus kleinen, monomeren Bausteinen, den Aminosäuren, synthetisiert werden. Für jede Aminosäure gibt es in der DNA eine definierte Abfolge von drei heterozyklischen Stickstoffbasen (*Basentriplett*), die für eine Aminosäure codieren (**genetischer Code**). Der Basenabfolge entspricht damit eine definierte Reihenfolge der Aminosäuren (Aminosäuresequenz), die der Proteinbiosyntheseapparat der Zelle (Ribosom) aufbaut. Es ist also die spezifische Sequenz (Primärstruktur) der Aminosäuren in einem Protein, die durch die DNA gespeichert und bestimmt wird. Die Synthese (*Translation*) erfolgt hierbei an der mRNA als Matrize, die nach der Information in der DNA synthetisiert worden ist (*Transkription*). Der Fluss der Information (über den Aufbau der Eiweißstoffe) geht also von der DNA im Transkriptionsprozess zur RNA und schließlich im Translationsprozess am Ribosom zum Protein.

10.3 Proteine

10.3.1 Proteine aus Aminosäuren

Proteine sind im Gegensatz zu den aus nur vier verschiedenen Bausteinen zusammengesetzten Nukleinsäuren aus zwanzig verschiedenen Bausteinen, den α-L-Aminosäuren aufgebaut. Zwar finden sich in der Natur über 150 verschiedene Aminosäuren, aber nur 20, die sog. *proteinogenen Aminosäuren* finden sich im Allgemeinen in Eiweißstoffen und sind durch den genetischen Code bestimmt. Alle übrigen aus Proteinen durch enzymatische saure oder alkalische Hydrolyse freigesetzten Aminosäuren werden durch nachträgliche enzymatische Umsetzung aus diesen aufgebaut. Als gemeinsames Strukturmerkmal tragen alle α-Aminosäuren am C_α-Atom eine Carboxyl- und eine Aminogruppe sowie, bis auf die α-Iminosäure Prolin, ein H-Atom. Die Unterschiede der einzelnen Aminosäuren liegen in der Art der charakteristischen Seitenkette R, die aliphatisch-hydrophober, aliphatisch-saurer oder aliphatisch-basischer, aromatischer oder heterozyklischer Natur sein kann und die vierte Valenz am C_α-Atom absättigt.

Der einfachste Vertreter der Reihe, Glycin, trägt anstelle der Seitenkette R ein H-Atom. Zur Bezeichnung der natürlichen L-Aminosäuren werden in der Regel nur die ersten drei Buchstaben des Trivialnamens verwendet, der sich historisch oft von der ersten Isolierung (griech.: *tyros*, Käse) oder besonderen Eigenschaften (griech.: *leucos*, weiß oder *glycos*, süß) ableitet. Zur Abkürzung werden auch Einbuchstabensymbole verwendet (Tab. 10.1).

Aminosäuren sind chiral aufgebaut und kommen damit in zwei Stereoisomeren vor, den optischen Antipoden der L- und D-Reihe. Die Präfixe L und D bezeichnen hierbei die absolute räumliche Konfiguration. Bei L-Aminosäuren steht die Seitenkette nach links und das H-Atom nach oben rechts in der Papierebene, wenn die Carboxylgruppe nach vorne unten und die Aminogruppe nach hinten unten angeordnet sind (Abb. 10.8). Die Drehung linear polarisierten Lichtes wird durch die Präfixe (+) für die Rechts- und (−) für Linksdrehung angegeben.

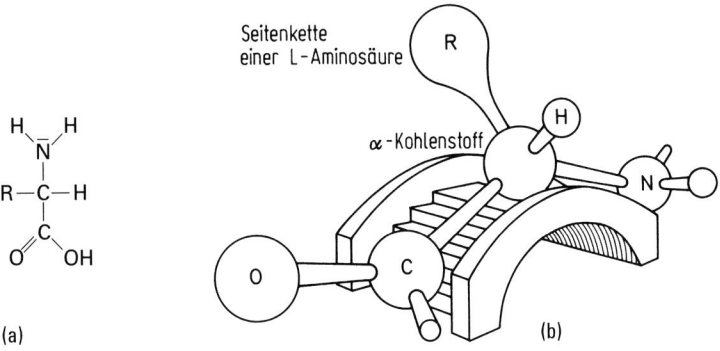

Abb. 10.8 (a) Strukturformel einer α-Aminosäure. (b) Stereokonfiguration: Wenn die Brücke (ON-wärts) überschritten wird, liegt bei L-Aminosäuren die Seitenkette (Rest R) links am tetraedrischen Kohlenstoff der C_α-Gruppe (nach Dickerson und Geis).

Tab. 10.1 Die 20 proteinogenen Aminosäuren.

Aminosäure	Abkürzung		M_r	pk$_a$-Werte pk$_1$(COO⁻)	pk$_2$(NH$_3^+$)	pk$_R$	Seitenkette −R	pI	Hydropathie-Index
unpolar, aliphatisch									
Glycin	Gly	G	75	2.34	9.60		−H	5.97	−0.4
Alanin	Ala	A	89	2.34	9.69		−CH$_3$	6.01	1.8
Valin	Val	V	117	2.32	9.62		−CH(CH$_3$)CH$_3$	5.97	4.2
Leucin	Leu	L	131	2.36	9.60		−CH$_2$−CH(CH$_3$)CH$_3$	5.98	3.8
Isoleucin	Ile	I	131	2.36	9.69		−CH(CH$_3$)−CH$_2$−CH$_3$	6.02	4.5
Methionin	Met	M	149	2.28	9.21		−CH$_2$−CH$_2$−S−CH$_3$	5.74	1.9
aromatisch									
Phenylalanin	Phe	F	165	1.83	9.13		−CH$_2$−C$_6$H$_5$	5.48	2.8
Tyrosin	Tyr	Y	181	2.20	9.11	10.07	−CH$_2$−C$_6$H$_4$−OH	5.66	−1.3
Tryptophan	Trp	W	204	2.38	9.39		−CH$_2$−(Indol)	5.89	−0.9

			M	pK₁	pK₂	pK_R	Rest	pI	
polar, ungeladen									
Serin	Ser	S	105	2.21	9.15		$-CH_2-OH$	5.68	-0.8
Threonin	Thr	T	119	2.11	9.62		$-CH(OH)-CH_3$	5.87	-0.7
Prolin	Pro	P	115	1.99	10.96		cyclo $H_2C-CH_2-CH_2-C(-OH)$	6.48	1.6
Cystein	Cys	C	121	1.96	10.28	8.18	$-CH_2-SH$	5.07	2.5
Asparagin	Asn	N	132	2.02	8.80		$-CH_2-C(=O)-NH_2$	5.41	-3.5
Glutamin	Gln	Q	146	2.17	9.13		$-CH_2-CH_2-C(=O)-NH_2$	5.65	-3.5
positiv geladen									
Lysin	Lys	K	146	2.18	8.95	10.53	$-CH_2-CH_2-CH_2-CH_2-NH_3^+$	9.74	-3.9
Histidin	His	H	155	2.17	9.17	6.00	$-CH_2-$(imidazol, NH^+/N–H)	7.59	-3.2
Arginin	Arg	R	174	2.17	9.04	12.48	$-CH_2-CH_2-CH_2-NH-C(=NH_2^+)-NH_2$	10.76	-4.5

Tab. 10.1 (Fortsetzung)

Aminosäure	Abkürzung		M_r	pk$_a$-Werte			Seitenkette	pI	Hydropathie-Index
				pk$_1$(COO$^-$)	pk$_2$(NH$_3^+$)	pk$_R$	$-$R		
negativ geladen									
Asparaginsäure	Asp	D	133	1.88	9.60	3.65	$-CH_2-C(=O)-O^-$	2.77	-3.5
Glutaminsäure	Glu	E	147	2.19	9.67	4.25	$-CH_2-CH_2-C(=O)-O^-$	3.22	-3.5

Die pK-Werte errechnen sich aus dem negativen Logarithmus der jeweiligen Dissoziationskonstanten der Säure bzw. der Assoziationskonstante des Anions mit Protonen. pI gibt den isoelektrischen Punkt an. Der Hydropathie-Index wird experimentell beim Übergang der jeweiligen Aminosäureseitenkette aus einem hydrophoben Lösungsmittel in Wasser als freie Enthalpie des Transfers gemessen und kann sehr exergon für geladene oder polare Reste bis zu sehr endergon für Aminosäuren mit aromatischen oder aliphatischen Resten sein.

Alle aus Proteinen freigesetzten Aminosäuren weisen, unabhängig von ihrem Drehungssinn für linear polarisiertes Licht, die natürliche L-Konfiguration auf.[2]

$$H_2N-\overset{\displaystyle H}{\underset{\displaystyle R}{C}}-COOH$$

D-Aminosäuren finden sich hauptsächlich in Bakterienzellwänden und Antibiotika und werden durch Racemisierung der L-Form zur D-Form gebildet. Wie und ob es zur einseitigen, präbiotischen Auswahl der L-Aminosäuren gekommen ist, ist auch heute noch unklar. Sterische Modellbetrachtungen an Nukleinsäuren zeigen, dass zur D-Ribose nur L-Aminosäuren passen und dass die geometrischen Anordnungen die Verknüpfung von L-Aminosäuren durch Peptidbindungen begünstigen. Manfred Eigen [6] hält es für möglich, dass sich das Leben auf der Erde ohne Bevorzugung einer Stereokonfiguration entwickelte und dass anfangs L- und D-Leben gleich verteilt war. Statistische Fluktuation und autokatalytische Verstärkung könnten dann das D-Leben ausgerottet haben.

10.3.2 Primärstruktur – die Verknüpfung durch Peptidbindungen

Proteine werden durch Verknüpfung einzelner L-Aminosäurebausteine zu langen, unverzweigten Molekülketten aufgebaut, wobei die Art und Gesamtzahl und die Abfolge der Bausteine (Primärstruktur) charakteristisch für jede Art von Proteinen ist. Die Molekülgröße kann dabei zwischen 50 und 10 000 Bausteinen betragen und ist für ein bestimmtes Protein eine definierte Größe. Gäbe es nur eine Art von proteinogenen Aminosäuren, so gäbe es für jede Zahl von Bausteinen jeweils nur ein einziges Protein. Da jedoch 20 von weit über 150 verschiedenen in der Natur vorkommenden Aminosäuren zum Aufbau von Proteinen biologisch genutzt werden, ergibt sich schon für ein relativ kleines Protein von z. B. 61 Aminosäuren eine unvorstellbare große Zahl von verschiedenen Alternativen, diese zu Primärstrukturen anzuordnen, nämlich 20^{61}. Diese Zahl von 20^{61} ($\approx 2.3 \cdot 10^{79}$) entspricht ungefähr dem Sechsfachen der Gesamtzahl aller Atome im Universum! Aus dieser riesigen Anzahl möglicher Sequenzisomeren wird eine einzige Alternative durch die codierte Information verwirklicht. Damit wird ein sehr kontrolliert und präzise arbeitender Biosynthese-„Apparat" in der Zelle benötigt: das Ribosom und die mit ihm kooperierenden tRNA-Moleküle als Adapter zur korrekten Einpassung der Aminosäuren (siehe weiterführende Literatur).

Die Aminosäuren werden durch eine Säureamidbindung, die **Peptidbindung** verbunden, die zwischen der Carboxylgruppe der ersten Aminosäure und der α-Ami-

---

[2] Der Drehsinn wird durch die Struktur der Seitenkette bestimmt. Von den 20 proteinogenen Aminosäuren zeigen Ser, Met, Cys schwache, Tyr, Phe, His, Trp stärkere und Pro sehr starke Linksdrehung, alle übrigen Rechtsdrehung.

nogruppe der zweiten Aminosäure durch Abspaltung eines Moleküls Wasser gebildet wird.

$$H_3N^+-CH-COO^- + H_3N^+-CH-COO^-$$
$$\quad\quad\quad | \quad\quad\quad\quad\quad\quad\quad\quad |$$
$$\quad\quad\quad R_1 \quad\quad\quad\quad\quad\quad\quad\quad R_2$$

$$H_3N^+-CH-\boxed{CO-NH}-CH-COO^- + H_2O$$
$$\quad\quad\quad | \quad\quad\quad\quad\quad\quad\quad\quad |$$
$$\quad\quad\quad R_1 \quad\quad\quad\quad\quad\quad\quad R_2$$

Dadurch können lange Peptidketten aus Peptidbindungen entstehen, jeweils getrennt durch ein α-C-Atom, das eine Seitenkette einer proteinogenen Aminosäure trägt.

Proteine bestehen also aus langen Peptidketten, die ihre biologische Funktion einer bestimmten räumlichen Faltung verdanken. Funktionell einander entsprechende Proteine verschiedener Organismen weisen hierbei vergleichbare, räumliche Faltungen auf. Obwohl die Faltung von der Aminosäuresequenz bestimmt wird, sind viele einzelne (nicht alle) Aminosäurereste innerhalb der Sequenz durch andere Reste ersetzbar. Je weiter die Organismen in der Evolution voneinander entfernt sind, umso unterschiedlicher sind die Aminosäuresequenzen. Es lassen sich also phylogenetische Zusammenhänge aus Sequenzvergleichen ableiten und Entwicklungsstammbäume sehr genau festlegen. Die Unterschiede in den Aminosäuresequenzen von Eiweißstoffen sind ein wesentliches artspezifisches Merkmal der verschiedenen Organismen (Abb. 10.9).

Mensch	H-Gly-Ile-Val-Glu-Gln-Cys-Cys-Thr-Ser-Ile-Cys-Ser-Leu-Tyr-Gln-Leu-Glu-Asn-Tyr-Cys-Asn-OH
Pferd	H-Gly-Ile-Val-Glu-Gln-Cys-Cys-Thr-*Gly*-Ile-Cys-Ser-Leu-Tyr-Gln-Leu-Glu-Asn-Tyr-Cys-Asn-OH
Rind	H-Gly-Ile-Val-Glu-Gln-Cys-Cys-*Ala*-Ser-*Val*-Cys-Ser-Leu-Tyr-Gln-Leu-Glu-Asn-Tyr-Cys-Asn-OH
Elefant	H-Gly-Ile-Val-Glu-Gln-Cys-Cys-Thr-*Gly*-*Val*-Cys-Ser-Leu-Tyr-Gln-Leu-Glu-Asn-Tyr-Cys-Asn-OH
Ratte 1 und 2	H-Gly-Ile-Val-*Asp*-Gln-Cys-Cys-Thr-Ser-Ile-Cys-Ser-Leu-Tyr-Gln-Leu-Glu-Asn-Tyr-Cys-Asn-OH
Meerschweinchen	H-Gly-Ile-Val-*Asp*-Gln-Cys-Cys-Thr-*Gly*-*Thr*-Cys-*Thr*-*Arg*-*His*-Gln-Leu-Glu-*Ser*-Tyr-Cys-Asn-OH
Huhn, Truthahn	H-Gly-Ile-Val-Glu-Gln-Cys-Cys-*His*-*Asp*-*Thr*-Cys-Ser-Leu-Tyr-Gln-Leu-Glu-Asn-Tyr-Cys-Asn-OH
Kabeljau	H-Gly-Ile-Val-*Asp*-Gln-Cys-Cys-*His*-*Arg*-*Pro*-Cys-*Asp*-*Ile*-*Phe*-*Asp*-Leu-*Gln*-Asn-Tyr-Cys-Asn-OH
Angler-Fisch	H-Gly-Ile-Val-Glu-Gln-Cys-Cys-*His*-*Arg*-*Pro*-Cys-*Asn*-*Ile*-*Phe*-*Asp*-Leu-*Gln*-Asn-Tyr-Cys-Asn-OH
Krötenfisch I	H-Gly-Ile-Val-Glu-Gln-Cys-Cys-*His*-*Arg*-*Pro*-Cys-*Asp*-*Ile*-*Phe*-*Asp*-Leu-Glu-*Ser*-Tyr-Cys-Asn-OH

Abb. 10.9 Homologie und Sequenzunterschiede der Aminosäuresequenzen der Insulin-A-Kette. Die gegenüber dem Menschen unterschiedlichen Aminosäuren sind kursiv gesetzt.

Aminosäuresequenzen lassen sich heute mit Hilfe von Sequenzierautomaten durch Anwendung eines wiederholten chemischen Abbaues von wenigen Picogramm Protein nach Edman vollautomatisch bestimmen (30–70 Reste pro Lauf).

10.3.3 Sekundärstruktur – Strukturelemente durch Wasserstoffbrücken

Die räumliche Anordnung einer Peptidkette wird durch das Streben nach Energieminimierung bestimmt. Es gibt also eine Reihe energetisch günstiger (und stabilisierter) und weniger günstiger Anordnungen. Die Art der Seitenketten R, hydrophob oder hydrophil, spielt dabei in der wässrigen Umgebung eine wichtige Rolle (s. Abschn. 10.3.4). Darüber hinaus ist die Peptidbindung ein zur Resonanz fähiges System, das zwei Grenzstrukturen aufweist. Diese bilden eine Hybridstruktur, die etwa 60 % der Struktur I mit freier Rotation um die CO—N-Achse und 40 % der Struktur II mit Doppelbindungscharakter aufweist (Abb. 10.10).

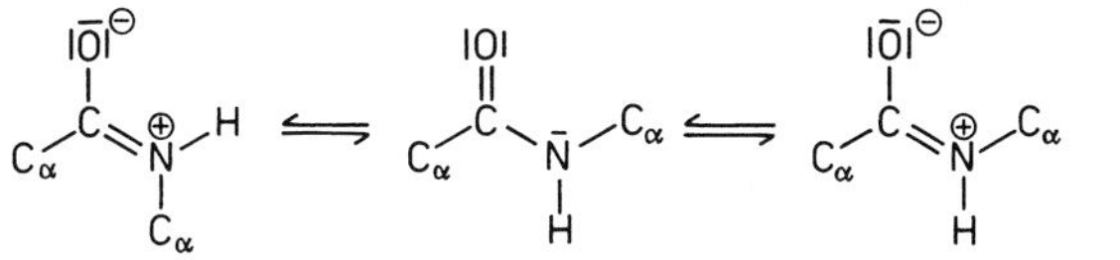

IIa (planar, cis)   I   IIb (planar, trans)

Abb. 10.10 Die Peptidbindung (I) weist partiellen Doppelbindungscharakter auf, der die freie Drehbarkeit um die OC—NH-Bindung einschränkt. Dieser Doppelbindungscharakter kommt durch die Anordnungsmöglichkeiten der beteiligten, freien Elektronenpaare in den mesomeren Grenzformen (IIa und IIb) zustande. Aus sterisch-energetischen Gründen wird die trans-Stellung der C_α-Atome bevorzugt. Die Mesomerie bewirkt eine Anordnung der beteiligten sechs Atome C_α, CO, NH und C_α in einer Ebene, der Peptidbindungsebene.

Dadurch entsteht eine resonanzstabilisierte Struktur (die Resonanzenergie beträgt ca. 88 kJ/mol), in der alle sechs Atome in einer Ebene angeordnet sind. Die bevorzugte Anordnung ist die mit trans-Stellung der C_α-Atome in der Peptidbindungsebene. Die cis-Anordnung ist aus sterischen Gründen weniger günstig und wird nur gelegentlich bei Prolinresten gefunden. Sie ist die energiereichere Form und weist das größere Dipolmoment auf. Eine spontane Isomerisierung während des Faltungsprozesses der Peptidkette ist unwahrscheinlich, da die Energiebarriere zwischen trans und cis sehr hoch ist (ca. 54 kJ/mol), sie liegt nur bei Prolinbindungen um etwa die Hälfte niedriger. Eine Isomerisierung kann aber durch Enzyme (Dipeptidyl-Prolyl-Isomerasen) katalysiert werden.

Aus der Starrheit der Peptidbindung ergeben sich für die Faltung der Peptidkette nur jeweils zwei Freiheitsgrade der Rotation für zwei Aminosäurereste, die eine Peptidbindung bilden. Freie Drehung ist nur jeweils an den Einfachbindungen N—C_α und C_α—CO, über die die Peptidbindungsebenen an den C_α-Atomen miteinander verknüpft sind, möglich. Die dihedralen Winkel werden mit $\varphi\,(N—C_\alpha)$ und $\psi\,(C_\alpha—CO)$ bezeichnet (Abb. 10.11).

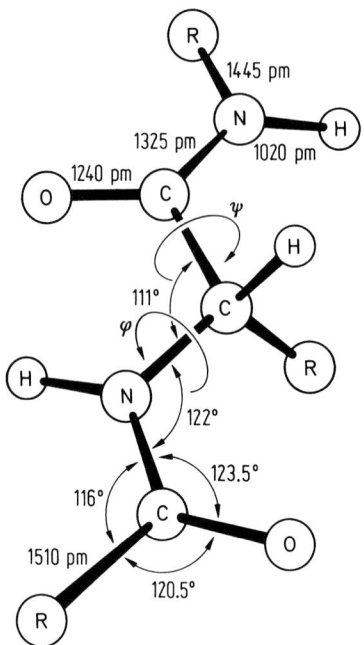

Abb. 10.11 Dimensionen der Peptidbindung. Die sechs Atome C_α—CO—NH—C_α liegen in einer Ebene. Die Kette besitzt „freie" Drehbarkeit nur an den C_α-Atomen um die Winkel φ (N—C_α) und ψ (C_α—C').

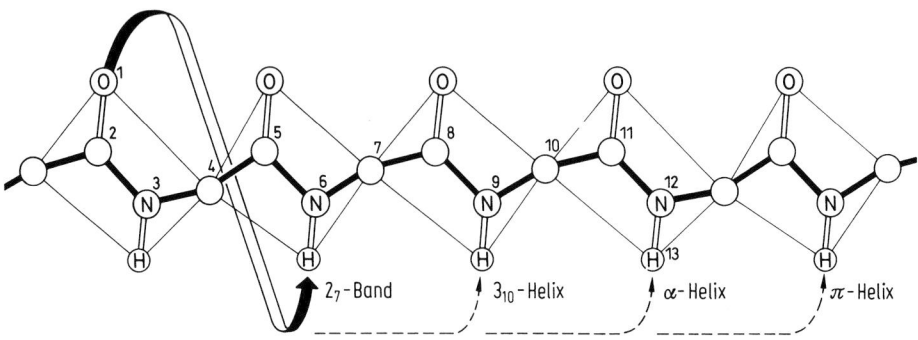

Abb. 10.12 Anordnung der Wasserstoffbrücken von einer Helixwindung zur nächsten innerhalb des 2_7-Bandes, der 3.0_{10}-, der α- und der 4.4_{16}-(bzw. π-)Helix. Die tiefgestellte Zahl gibt die Anzahl der Atome pro Helixwindung an (nach Dickerson und Geis).

Die Konformation einer Peptidkette lässt sich damit durch Angabe aller Winkel φ und ψ, die eine zu große gegenseitige Annäherung der O-Atome der Carbonylgruppe bzw. der H-Atome der N-H-Gruppen vermeiden, vollständig beschreiben.

Winkel um 120° sind hier am günstigsten und führen bei immer gleicher Einstellung zu einer Reihe von schraubenförmigen Anordnungen, Helices, die durch maximale intramolekulare Wasserstoffbindungen optimal stabilisiert werden können, wie die α-Helix (Abb. 10.12).

Je nach der Zahl der Aminosäurereste pro Windung ergeben sich die Anordnungen der 3_{10}-, der α- und der π-Helix (Abb. 10.13). Die der α-Helix ist die stabilste und das in Proteinen am häufigsten vorkommende helikale Strukturelement.

Es gibt globuläre Proteine wie das Myoglobin und Hämoglobin, die 75% Helixstruktur aufweisen, oder Faserproteine wie Wolle, die fast ausschließlich aus α-Helices aufgebaut sind. Es gibt aber auch helikale Strukturen wie die aus drei Peptidketten gebildete Kollagenhelix (Abb. 10.14), bei der die Winkel $\varphi = 103°$ und

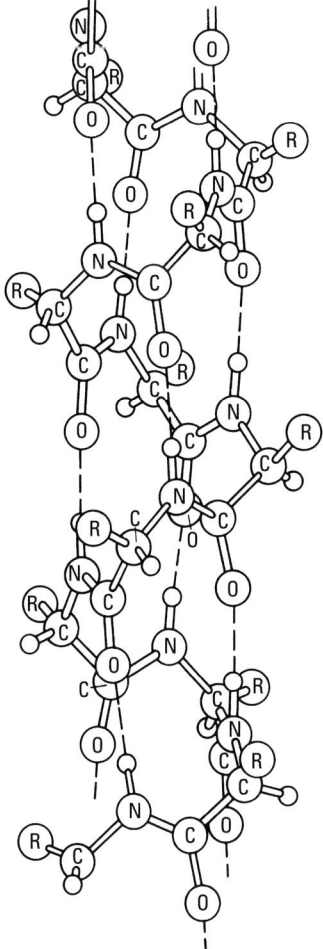

Abb. 10.13 Modell einer α-Helix mit der Anordnung der intramolekularen Wasserstoffbrücken parallel zur Helixachse.

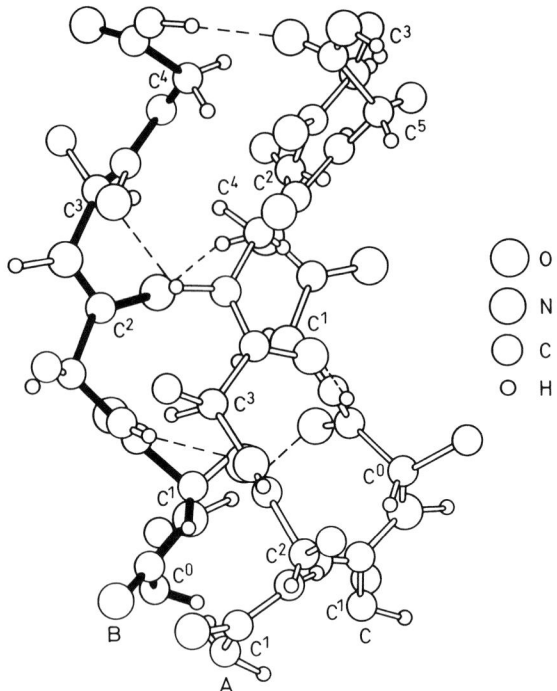

Abb. 10.14 Modell der Kollagen-Tripel-Helix mit der Anordnung der intermolekularen Wasserstoffbrücken. Drei linksgängige Einzelstränge winden sich rechtsgängig umeinander. Jeder dritte Rest muss aus räumlichen Gründen die Aminosäure Glycin (ohne Seitenkette R) sein.

$\psi = 326°$ gefunden werden und die durch Wasserstoffbrücken zwischen den Peptidketten stabilisiert wird (Abb. 10.14).

Welche Art von Sekundärstruktur gebildet wird, wird weitgehend von den Seitenketten der beteiligten Aminosäuren bestimmt:

	stark	schwach
Helixbildner	Glu, Ala, Leu, Met	Ile, Lys, Gln, Trp, Val, Phe
Helixbrecher	Gly, Pro	Asn, Tyr
Faltblattbildner	Tyr, Val, Ile	Cys, Met, Phe, Gln, Leu, Thr, Trp
Faltblattbrecher	Glu, Pro, Asp	Ser, Gly, Lys

Neben den Helixstrukturen findet man als weitere Sekundärstrukturelemente das β-Faltblatt, bei dem zwei parallel oder antiparallel verlaufende Peptidketten sich gegenseitig durch Wasserstoffbrücken maximal stabilisieren. (Abb. 10.15).

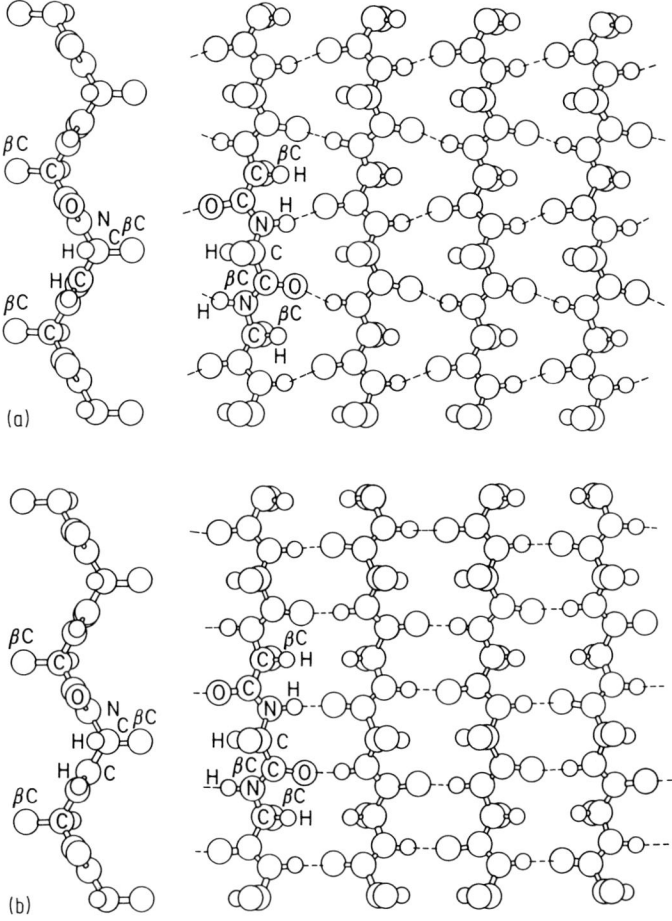

Abb. 10.15 Darstellung der (a) parallelen und (b) antiparallelen Faltblattstruktur (nach Pauling und Corey [7]).

10.3.4 Tertiärstruktur – die räumliche Anordnung

Für die gesamte räumliche Anordnung einer Peptidkette ist das wässrige Milieu, in dem sich Proteine normalerweise befinden, ein entscheidender Faktor. Wenn auch der Faltungsvorgang einer Peptidkette heute noch nicht im Detail verstanden wird, so wissen wir doch, dass die Aminosäuresequenz (Abfolge der Seitenketten R) die dreidimensionale Struktur in wässriger Umgebung bestimmt (s. Abschn. 10.4). So haben hydrophobe Seitenketten die Tendenz, sich zusammenzulagern, um die käfigartig um diese Seitenketten fixierten Wassermoleküle (*Clathratstrukturen*) freizusetzen und dadurch für einen Gewinn an Entropie zu sorgen. Die Überführung jeder unpolaren, hydrophoben Seitenkette aus wässriger Umgebung in eine nichtpolare Umgebung liefert für das Protein nach Rechnungen einen Gewinn an freier Stabilisierungsenergie von etwa 65 kJ/mol. Daraus resultiert für Proteine das Bauprinzip: hydrophobe Reste innen, hydrophile Reste außen (*Öltröpfchenprinzip*). Ausnahmen von dieser Regel dienen meist dem Zweck, die Anlagerung hydrophober Oberflächen von anderen Molekülen zu ermöglichen, wie z. B. die Fixierung von Coenzymen (niedermolekularen, organischen Molekülen, die als Akzeptormoleküle an der katalytischen Umsetzung an Enzymen beteiligt sind), die Zusammenlagerung von mehreren Proteinuntereinheiten zur sog. Quartärstruktur, die Anlagerung von Lipiden beim Aufbau von Membranen oder die Bindung von Substraten an Enzyme. Gerade für die von Enzymen zu bewirkenden katalytischen Umsetzungen ist die Ausbildung einer hydrophoben Umgebung im Bereich des aktiven Enzymzentrums wichtig, um die chemische Umsetzung im Bereich niedriger Dielektrizitätskonstanten durchführen zu können. Damit können wie im organischen Lösungsmittel starke elektrische Kräfte lokal auf das Substrat einwirken.

Zusätzlich zu diesem Ordnungsprinzip gibt es eine Reihe von weiteren Wechselwirkungen zwischen den Seitenketten der Aminosäuren, die zur Stabilisierung der dreidimensionalen Struktur beitragen (Abb. 10.16).

1. *Wasserstoffbrückenbindungen* dienen nicht nur zur Stabilisierung von Sekundärstrukturelementen (Helices, Faltblätter), sondern können sich auch zwischen den Seitenketten oder zwischen der Peptidkette und polaren Gruppen der Seitenketten ($-OH$, $-NH_2$, $-CONH_2$ u. a.) ausbilden.
2. *Ionenbindungen* können zwischen positiv geladenen (Lysin, Arginin und z. T. Histidin) und negativen Seitenketten (Glutamat, Aspartat) gebildet werden.
3. *Charge-Transfer-Wechselwirkungen* (auf Ladungsverschiebung beruhend) entstehen durch die Wechselwirkung vorhandener und induzierter Dipole in parallel angeordneten aromatischen Systemen (Phenylalanin, Tyrosin, Tryptophan) ähnlich wie bei der Stapelwechselwirkung der heterozyklischen Basen in der DNA-Doppelhelix.
4. *Kovalente Bindungen* können sich bei Dehydrierung zweier benachbarter Cystein-SH-Gruppen ausbilden, die eine Disulfidbrücke bilden, wodurch es zu sehr stabilen Querverbindungen kommt.

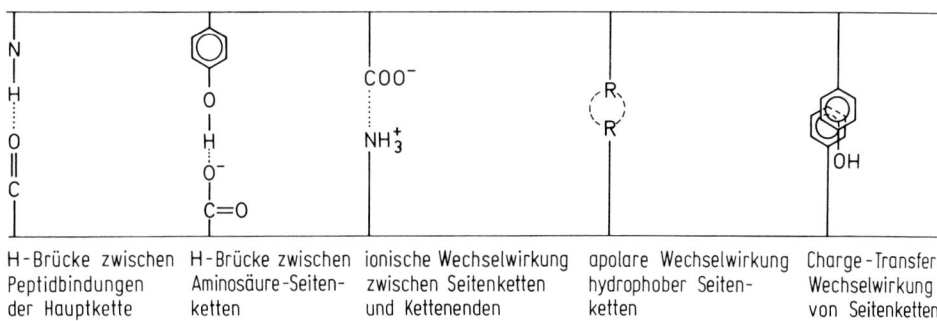

| H-Brücke zwischen Peptidbindungen der Hauptkette | H-Brücke zwischen Aminosäure-Seitenketten | ionische Wechselwirkung zwischen Seitenketten und Kettenenden | apolare Wechselwirkung hydrophober Seitenketten | Charge-Transfer-Wechselwirkung von Seitenketten |

Abb. 10.16 Verschiedene Arten von Wechselwirkungen zwischen den Aminosäuren in Peptidketten.

Die besondere räumliche Anordnung einer Peptidkette, die die Tertiärstruktur ausmacht, ergibt sich also aus Energieminimierungsproblemen aller möglichen Wechselwirkungen der Haupt- und Seitenketten und der in sich stabilisierten Sekundärstrukturelemente (Helices, Faltblätter). Die Faltung direkt aus der Kenntnis der Aminosäuresequenz abzuleiten, wäre äußerst wünschenswert, ist aber zurzeit noch nicht möglich. Eine solche Ableitung müsste dem natürlichen Faltungsprozess folgen, da es aussichtslos erscheint, bei einer gegebenen Peptidkette alle möglichen Endstrukturen auf der Basis ihrer freien Energie auszusortieren. Allerdings gelingt es heute schon, weitgehende Voraussagen von Helix- und Faltblattstrukturen, d. h. den Sekundärstrukturanteilen eines Proteins, aus der Art der beteiligten Aminosäurereste abzuleiten. Für Proteinidentifizierungen durch Sequenzvergleiche, für Informationen und Vorhersagen von Sekundär- und Tertiärstrukturen von Proteinen gibt es eine Reihe von Datenbanken, z. B. PIR-International Protein Sequence Database, Structural Classification of Proteins (SCOP) und Prosite. Zugang lässt sich über das Internet unter http://www.embl-heidelberg.de, http://www.cxpasy.ch oder http://www.ncbi.nlm.nih.gov finden.

Fehlgefaltete Proteine scheinen ursächlich für degenerative Erkrankungen des Gehirns bei Säugetieren zu sein. Die spongioformen Enzephalopathien (BSE, engl.: *bovine spongioform encephalopathy*), bekannt als Kuru- bzw. Creutzfeld-Jacob-Erkrankung beim Menschen sowie als Scrapie bei Schafen, wird auf ein fehlgefaltetes Protein (Molekulargewicht 28 000 u), ein sog. Prion-Protein, zurückgeführt, das weitere Fehlfaltungen bei normalen, zellulären Prionen induzieren kann. Wie bei einem Dominoeffekt wird eine steigende Menge einer krankheitsauslösenden Form gebildet, die die Hirnfunktionen durch vacuoläre (spongioforme) Degeneration beeinträchtigt. Für seine bahnbrechenden Untersuchungen an Prionen erhielt St. B. Prusiner 1997 den Nobelpreis für Medizin.

10.3.5 Raumstrukturermittlung

Die biologische Funktion eines Proteins ist immer das Ergebnis der dreidimensionalen Struktur der Peptidkette. Durch die Faltung werden die Seitenketten in räumliche Nachbarschaft gebracht, die im Zusammenwirken neue Funktionen ausüben, wie z. B. die eines katalytisch aktiven Enzymzentrums, einer Coenzymbindungsstelle, eines Hormonrezeptors u. a.

Sämtliche Schwerpunktslagen aller Atome eines komplexen Eiweißmoleküls können mit Hilfe der Röntgenkristallstrukturanalyse ermittelt werden. Voraussetzung für dieses heute schon klassische Verfahren ist die Kristallisation des gereinigten Proteins, von dem dann Röntgenbeugungsbilder angefertigt werden (Abb. 10.17).

Die Röntgenstrahlen werden von den Elektronen der Atome gebeugt, wobei die Amplitude der gebeugten Strahlung proportional zur Elektronendichte ist. Ein Kohlenstoffatom beugt also sechsmal stärker als ein Wasserstoffatom. Die gebeugten Strahlen rekombinieren und werden verstärkt bzw. gelöscht (Ausbildung von Interferenzen), wodurch Beugungsbilder entstehen. Von diesen Röntgenbeugungsbildern müssen viele Reflexe mit ihren Intensitäten ausgewertet werden. Die Rekonstruktion des streuenden Körpers mit Hilfe der computerberechneten Fourier-Synthese erfolgt dann, indem von dem Kristall Schicht für Schicht Elektronendichte-

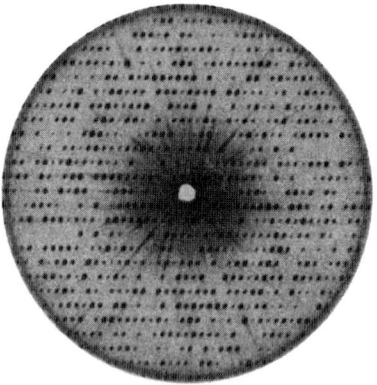

Abb. 10.17 Kristalle von Spermwal-Myoglobin (links) und Röntgenbeugungsbild eines Myoglobinkristalles (rechts) (aus Stryer [8]).

karten angefertigt werden. Allerdings gelingt die Rekonstruktion nur, wenn man von den Streustrahlen auch die Phasen ermitteln kann (vgl. Kap. 8), wozu geeignete isomorphe Schweratomderivate des Eiweißmoleküles (z. B. Quecksilberderivate) hergestellt werden müssen. Je mehr Reflexe ausgewertet werden können, umso besser ist die Auflösung, d. h. der Detailreichtum der Elektronendichtekarten. Für ein kleines Protein von $M_v = 17\,600$ (Myoglobin) liefern

$$400 \text{ Reflexe eine Auflösung von } 0.6\,nm,$$
$$10\,000 \text{ Reflexe eine Auflösung von } 0.2\,nm,$$
$$25\,000 \text{ Reflexe eine Auflösung von } 0.14\,nm.$$

Die ersten Proteine, deren Struktur mit Hilfe dieser Technik aufgeklärt wurde, waren das Sauerstoffspeicherprotein Myglobin und das Sauerstofftransportprotein Hämoglobin. Für diese Arbeiten wurde 1962 der Nobelpreis für Chemie an Kendrew und Perutz verliehen. Das Verfahren erlaubt auch die Aufklärung der Raumstruktur sehr komplexer Moleküle wie des „photosynthetischen Reaktionszentrums", für das im Jahre 1988 der Nobelpreis für Chemie an Huber, Deisenhofer und Michels vergeben wurde.

Diese drei Systeme weisen neben dem Proteinanteil alle noch eine sog. *prosthetische Gruppe* auf, ein nichtproteinogenes, organisches Molekül, das entscheidend die Funktion vermittelt.

Abb. 10.18 (a) Häm als prosthetische Gruppe des Myoglobins und Hämoglobins. (b) Proteinumgebung des Häms. (c) Projektion der Raumstruktur mit Anordnung der acht Helices des Myoglobins nach der Röntgenstrukturanalyse mit 20 nm Auflösung. Gezeigt ist der Verlauf der (Polypeptid-)Hauptkette. An der mit W gekennzeichneten Stelle kann ein Wasser bzw. das Sauerstoffmolekül zwischen Eisenatom und distalem Histidin der D-Helix eingelagert werden.

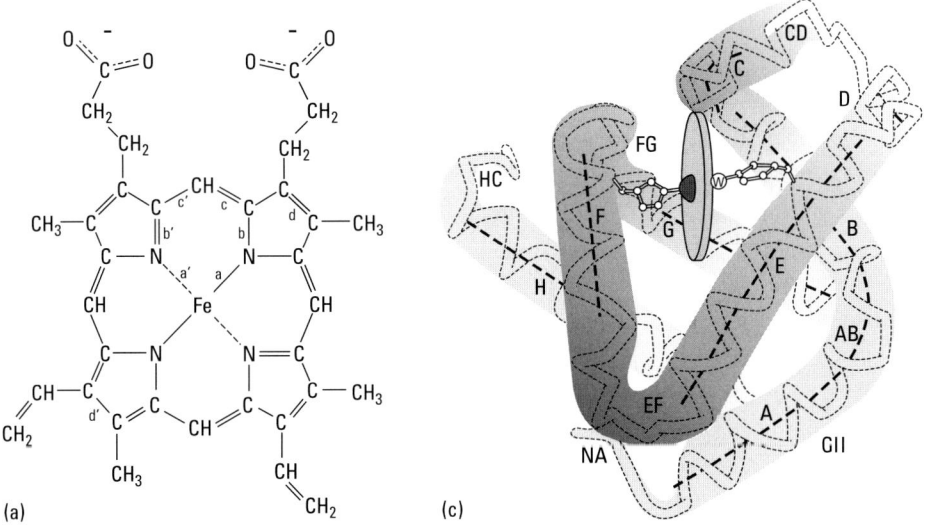

(a)

(c)

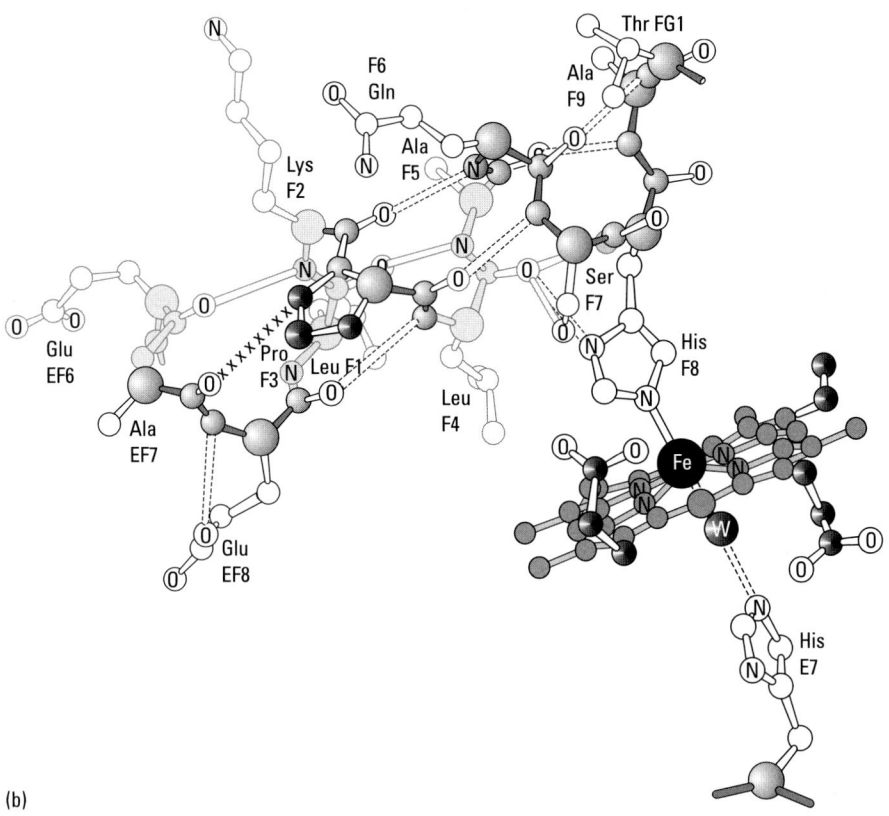

(b)

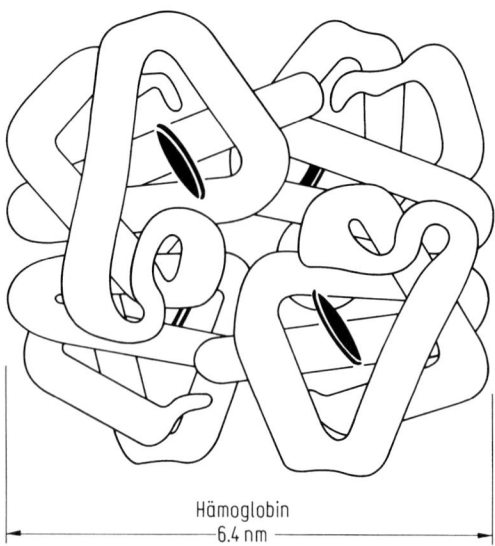

Hämoglobin
6.4 nm

Abb. 10.19   Anordnung der vier myoglobinähnlichen Untereinheiten des Hämoglobins (nach Perutz, s. a. [9]).

Im Falle des *Myoglobins* (Abb. 10.18) und *Hämoglobins* (Abb. 10.19) sind die pros- thetischen Gruppen Eisenporphyrine, an denen die reversible Sauerstoffbindung am zentralen zweiwertigen Eisenatom erfolgt. Das Proteingerüst, in das die Porphyrin- ringsysteme (Hämgruppen, s. Abb. 10.18) eingelagert sind, hat die wesentliche Auf- gabe, unter Bereitstellung zusätzlicher Koordinationsstellen für das komplex gebun- dene zweiwertige Eisenatom die reversible Bindung des molekularen Sauerstoffs oh- ne Oxidation des Eisens zur dreiwertigen Stufe zu ermöglichen. Metmyoglobin und Methämoglobin mit Eisen in der dreiwertigen Form sind nicht mehr in der Lage, Sauerstoff zu fixieren, und müssen im Organismus wieder reduziert werden.

Das *photosynthetische Reaktionszentrum* ist ein integraler Bestandteil von Mem- branen (Membranproteine, s. Abschn. 10.4). Es besteht aus einem Verbund an Ei- weiß- und darin eingebauten Farbstoffmolekülen wie dem Chlorophyll. Die Aufgabe des Eiweißgerüstes ist es, die Farbpigmente so präzise auszurichten, dass die Energie des auftreffenden Lichtes vom äußeren zum inneren Pigment, dem Reaktionszent- rum, weitergeleitet wird, wo dann der entscheidende Umwandlungsschritt von Licht in Elektrizität (Freisetzung eines Elektrons) auf einem Paar von Chlorophyllmole- külen stattfindet.

Eine Voraussetzung für die Anwendung der Röntgendiffraktionsmethode ist na- turgemäß die Gewinnung von für Röntgenstudien geeigneten Einkristallen der mak- romolekularen Verbindungen. Die Ermittlung der dreidimensionalen Struktur bio- logischer Makromoleküle in Lösung ist neuerdings durch die Kombination von mag- netischen Kernresonanzmessungen (NMR; Abb. 10.20) mit speziellen mathemati- schen Verfahren zur strukturellen Auswertung der NMR-Daten für Moleküle mit relativen Molekülmassen bis zu ca. 25 000 möglich geworden (siehe auch Abschn. 10.9.1).

Das Prinzip beruht darauf, dass sog. COSY-Spektren aufgenommen werden. Durch eine spezielle Folge von Radiofrequenzimpulsen und anschließende Fourier-Transformation der Spinechos gelingt es, die Spinkopplungen in einer Dimension und die zugehörigen chemischen Verschiebungen in einer zweiten Dimension aufzutragen. Dadurch werden komplizierte, überlappende NMR-Spektren grundlegend vereinfacht und es gelingt, Netzwerke von skalaren und Dipol-Dipol-Kopplungen

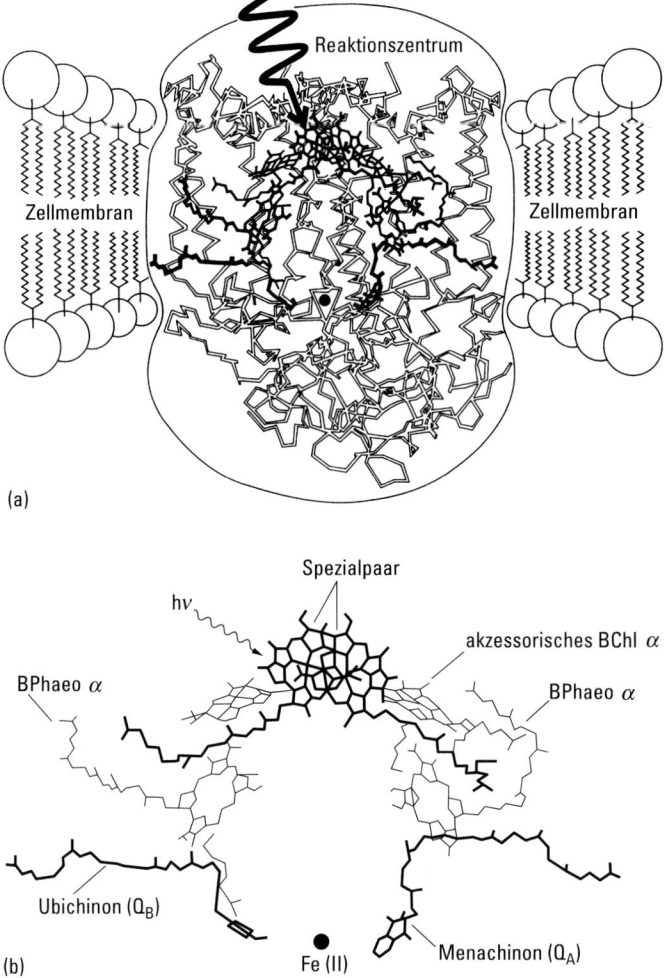

Abb. 10.20 Schematische Darstellung des membranständigen, photosynthetischen Reaktionszentrums: (a) Einbettung des Proteins in die Membran; (b) Anordnung der prosthetischen Gruppen im photochemischen Reaktionszentrum von *R. virides*. Photonenabsorption führt rasch zur Oxidation (Elektronenabgabe) des Spezialpaares [10, 11].

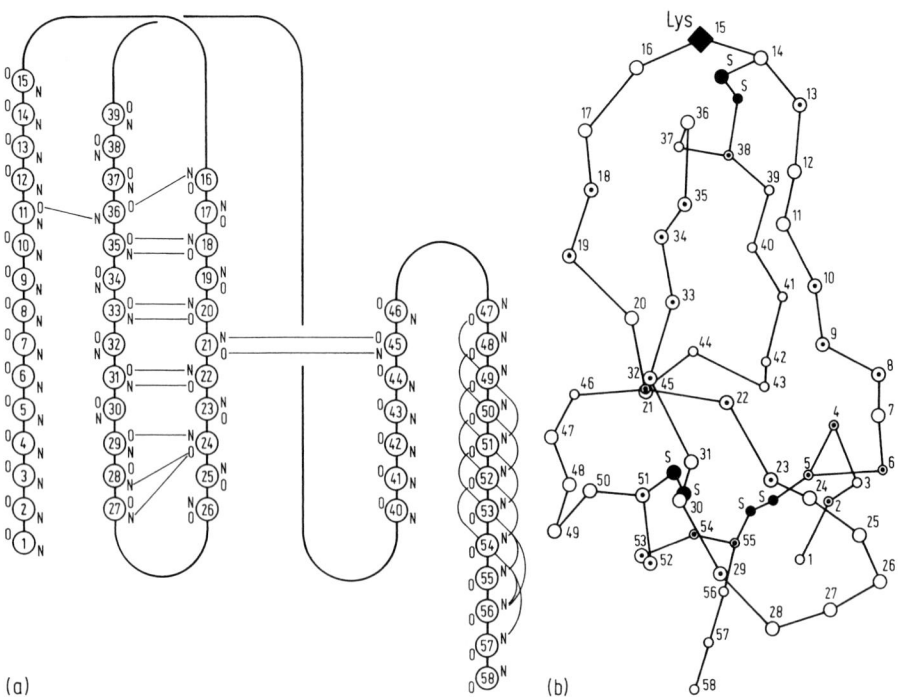

(a)   (b)

Abb. 10.21 Diagramm der Wasserstoffbrücken im Trypsin-Inhibitor (Kunitz) aus Rinderorganen: Reste 26 bis 36 bilden ein β-Faltblatt, Reste 47 bis 57 eine Helix; drei Disulfidbrücken machen das Protein äußerst stabil und hitzeresistent. Nach vollständiger Reduktion und Denaturierung lässt sich das Miniprotein durch Luftoxidation wieder in die aktive Struktur zurückverwandeln (vgl. Abb. 10.31).

der verschiedensten Atome eines Moleküls zu bestimmen. Dadurch können Distanzgeometrien über das ganze Makromolekül bestimmt werden, die sich unmittelbar aus der Raumstruktur ableiten lassen und diese widerspiegeln. Mit Hilfe rechnergesteuerter Programme wird diejenige Faltung der Proteinkette herausgefunden, die den NMR-Distanzen gerecht wird. Interessanterweise weichen die Röntgen- und die NMR-spektroskopisch von Molekülen in Lösung gewonnenen dreidimensionalen Strukturen kaum voneinander ab. Für grundlegende Arbeiten zur Entwicklung der Methodik der Strukturaufklärung von Proteinen in Lösung durch NMR-Techniken erhielt Kurt Wüthrich 2002 den Nobelpreis für Chemie.

Eines der ersten Proteine, für das sowohl die Röntgenkristall- wie auch die NMR-Struktur ermittelt und verglichen wurde, ist das Miniprotein Aprotinin, ein Trypsininhibitor aus Rinderorganen, bei dem sich Helix- und β-Faltblattstrukturen finden (Abb. 10.21 und 10.22), vgl. dazu Abschn. 10.5, Abb. 10.29 und 10.31 [12].

Das Swiss Institute of Bioinformatics (SIB) und das European Bioinformatics Institute (EBI) haben im Herbst 2003 eine Sequenzdatenbank herausgebracht, die unter http://www.uniprot.org abrufbar ist.

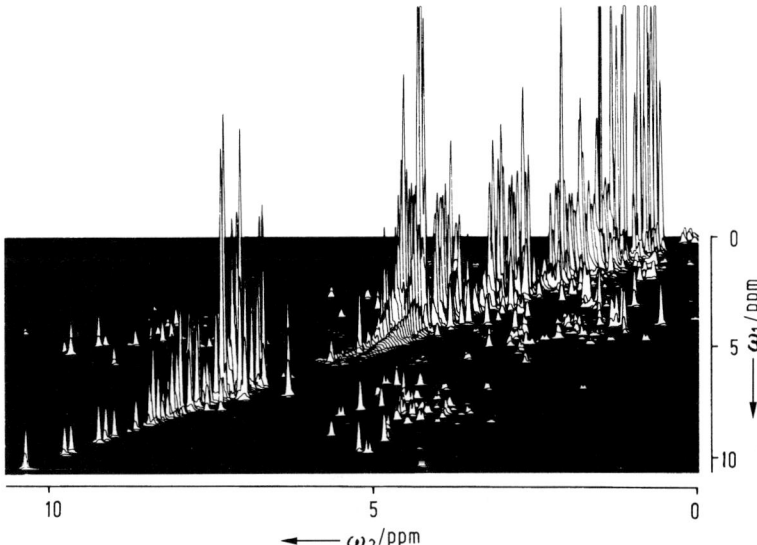

Abb. 10.22 Dreidimensionale Ansicht eines ¹H-COSY-Spektrums des Trypsin-Inhibitors (Kunitz) Aprotinin (COSY, engl.: *two-dimensional correlated spectroscopy*). Die Aufnahme wurde in H_2O-Lösung bei einer Lamor-Frequenz von 500 Hz gemacht. Die zwei Frequenzen ω_1 und ω_2 sind mit Differenzfrequenzen in ppm (engl.: *parts per million*) der Lamor-Frequenz geeicht (chemische Verschiebung) [13].

10.3.6 Die Quartärstruktur – Allosterie

Viele biologisch wichtige Strukturen werden durch Zusammenlagerung kleinerer Untereinheiten aufgebaut (Quartärstruktur). Die Assoziation ist dabei in der Regel eine Selbstassoziation im wässrigen Zellmilieu, d. h. die Komponenten enthalten bereits die für den richtigen Zusammenbau vorgesehenen Kontaktstellen und es ist die Summation der gleichen, bereits erwähnten „schwachen Wechselwirkungen", die für den Zusammenhalt der strukturell komplexen Gebilde verantwortlich ist. Die Assoziation von Untereinheiten bringt viele biologische Vorteile:

1. unabhängige Biosynthese kleinerer Polykondensate,
2. Verringerung der Teilchenzahl und damit des osmotischen Druckes in der Zelle,
3. Möglichkeit zu kooperativer Wechselwirkung der Untereinheiten und damit der allosterischen[3] Regulation der Funktion,
4. wiederholte Verwendung von Untereinheiten (z. B. beim Zusammenbau des Ribosoms),

---

[3] Allosterie: aus griech.: *allos* (anders) und *steros* (Raum). Bezeichnet Änderungen in der räumlichen Anordnung.

5. erhöhte funktionelle Sicherheit,
6. Vergrößerung des Evolutionsspielraumes.

Beispiel Hämoglobin. Eine der am besten untersuchten Quartärstrukturen ist die des tetrameren Hämoglobins ($\alpha_2 \beta_2$), das aus jeweils zwei α- und zwei β-Ketten von nahezu identischer Faltung aufgebaut ist (Abb. 10.19). Die vier in ihrer Kettenkonformation dem Myoglobin (Abb. 10.18) entsprechenden Untereinheiten werden nur durch hydrophobe Wechselwirkungen, Wasserstoffbrücken und Salzbrücken zusammengehalten, die sich zu Energiebeträgen von 10–20 kJ/mol addieren. Die Tendenz zur Dissoziation in αβ-Dimere liegt bei

$$K = \frac{c^2(\alpha\beta)}{c(\alpha_2\beta_2)} = 1.2 \cdot 10^{-6}\, \text{mol/l}.$$

Jede der vier Untereinheiten kann je ein Sauerstoffmolekül aufnehmen, so dass jedes Hämoglobinmolekül maximal vier Sauerstoffmoleküle fixieren kann. Die *Sauerstoffsättigungskurve* zeigt einen sigmoidalen Verlauf, der auf eine Kooperativität (Wechselwirkung) der einzelnen Untereinheiten zurückgeht (Abb. 10.23). Die Leichtigkeit, mit der Sauerstoff gebunden wird, hängt vom Sauerstoffbeladungszustand (Oxygenierungsgrad) ab. Dies ist das Ergebnis der Wechselwirkung der Untereinheiten miteinander, die im oxygenierten Zustand eine etwas andere räumliche Konformation als im nicht beladenen Zustand aufweisen. Über die Untereinheitenkontakte kann damit der Sauerstoffbeladungszustand den benachbarten Untereinheiten mitgeteilt und die noch nicht beladenen Untereinheiten quasi in den räumlichen Zustand der oxygenierten Untereinheit präformiert werden (Senkung der Aktivierungsenergie der weiteren Oxygenierung). Das monomere Myoglobin ist dagegen nicht zur intramolekularen Kooperativität in der Lage, da es nicht aus Untereinheiten aufgebaut ist. Seine Sauerstoffsättigungskurve zeigt daher einen hyperbolischen Verlauf (Abb. 10.23).

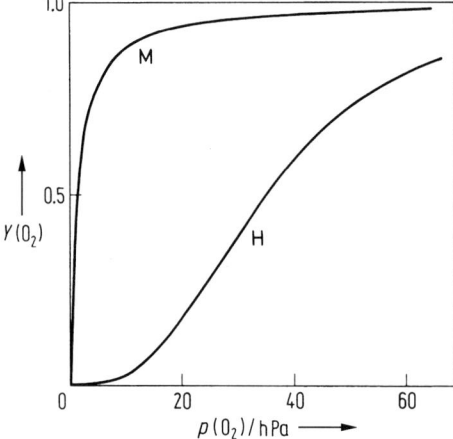

Abb. 10.23 Sauerstoffsättigungskurven (Abhängigkeit des Sättigungsgrades $Y(O_2)$ vom Sauerstoffpartialdruck $p(O_2)$) von Myoglobin (M) und Hämoglobin (H).

Die Veränderung der Bindungsaffinität eines Proteins zu kleinen Molekülen, wie z. B. dem Sauerstoffmolekül oder bei Enzymen zu Substratmolekülen, erfolgt also durch Veränderung der Raumstruktur, d. h. durch *allosterische Regulation* oder kurz *Allosterie*. Hierbei kann das Substratmolekül selbst, wie im Falle des Hämoglobins, oder ein weiteres kleines Molekül als allosterischer Effektor dienen. Letzteres ist beim Hämoglobin ebenfalls verwirklicht, wo 2,3-Diphosphoglycerat (kurz 2,3-DPG) eine wichtige physiologische Funktion als Regulator der Sauerstoffaffinität besitzt. Die desoxygenierte Form des Hämoglobins vermag in der zentralen Höhle des tetrameren Moleküls das stark negativ geladene Molekül des 2,3-DPG über positive Lysin- und Histidingruppen zu binden, wodurch diese Form, verglichen mit der oxygenierten Form, die diese Höhle nicht aufweist, stabilisiert wird. Das Ergebnis ist eine Abhängigkeit der Sauerstoffkonzentration von der Konzentration an 2,3-DPG. Bei normalen physiologischen Konzentrationen von 4.5 mmol/l an 2,3-DPG in den roten Blutzellen (Erythrozyten) liegt die Halbsättigung des Hämoglobins bei einem Sauerstoffpartialdruck von $p(O_2) = 2.6 \cdot 10^3$ Pa, während sie ohne 2,3-DPG bei $p(O_2) = 10^2$ Pa liegen würde. Über die Konzentration an 2,3-DPG als allosterischer Effektor kann also die Sauerstoffaffinität dem Bedarf angepasst werden. So erfolgt die Höhenanpassung der Sauerstoffaffinität bei den atmenden Lebewesen über die Regulation der 2,3-DPG-Konzentration im Erythrozyten. In großen Höhen wird DPG freigesetzt und verringert die Sauerstoffaffinität von Hämoglobin, so dass leichter Sauerstoff in die Gewebe abgegeben wird.

Beispiel Fettsäure-Synthetase. Auch größere Gebilde wie Multienzymkomplexe, z. B. der Fettsäure-Synthese-Komplex (aus Hefe: $M_r = 2\,300\,000$), dürften durch Assoziation einzelner Enzymuntereinheiten aufgebaut werden. An diesem Komplex werden z. B. sieben enzymkatalysierte Einzelreaktionen koordiniert nacheinander ausgeführt. Das Endergebnis aller Einzelreaktionen ist die Biosynthese von Fettsäuren aus aktivierten Essigsäureestern (Acetylcoenzym A). In jeder Runde von je sieben Teilreaktionen werden Fettsäuren (bzw. Essigsäure) um je eine C_2-Einheit verlängert.

Hieraus resultiert die Tatsache, dass die meisten Fettsäuren eine gerade Anzahl von C-Atomen aufweisen. Nach heutigen Vorstellungen sind die sieben Enzyme für die Teilreaktionen der Biosynthese um ein zentrales Acylträgerprotein gruppiert (Abb. 10.24), welches die Zwischenstufen von einer Enzymuntereinheit zur nächsten weiterreicht, so dass ein effektiver und koordinierter Reaktionsablauf ohne Diffusionswege und -zeiten möglich wird. Die Assoziation von Enzymen zu Multienzymkomplexen bringt daher erhebliche Vorteile hinsichtlich der Effektivität des Substratumsatzes.

Beispiel Viren. Viren sind hochmolekulare Gebilde aus viraler Nukleinsäure (RNA oder DNA als Einzel- oder Doppelstrang), die in eine regelmäßig aufgebaute Proteinkapsel verpackt ist. Viren vermögen auf verschiedene Organismen infektiös zu wirken. Sie gehören zu den effizienten, selbstreproduzierenden, intrazellulären Parasiten, die jedoch keine metabolische Energie umsetzen oder Proteine selbst synthetisieren können, sondern hierzu die Enzymsysteme ihrer Wirtszelle benutzen müssen. Die einfachsten Viren besitzen drei, die komplexen bis zu 250 Gene. Der die Nukleinsäure schützende und verpackende Proteinmantel wird aus einer großen Anzahl identischer oder wenig verschiedener Proteinuntereinheiten aufgebaut, da

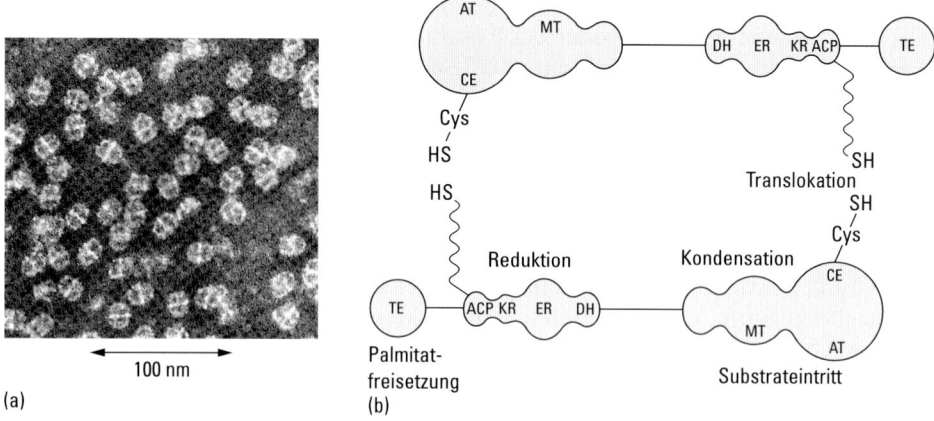

(a)   100 nm

(b)

Abb. 10.24   (a) Elektronenmikroskopische Aufnahme des Fettsäure-Synthase-Komplexes aus Hefe (von Dr. Felix Wieland & Dr. Elmar A. Siess aus L. Stryer, Biochemie, Spektrum Verlag, Heidelberg). (b) Schematische Darstellung des Fettsäure-Synthase-Multienzymkomplexes. Die beiden identischen Ketten enthalten je drei Domänen. Beide Untereinheiten sind in Kopf-Schwanz-Anordnung (Untereinheitenteilung) dargestellt, so dass zwei Stellen für die Palmitatsynthese gebildet werden (funktionelle Teilung). Die Abkürzungen für die Domänen, die für die einzelnen, konsekutiven, enzymatischen Partialreaktionen verantwortlich sind, lauten: AT, Acetyltransacylase; MT, Malonyltransacylase; KS, β-Ketoacylsynthetase; KR, β-Ketoacylreductase; DM, Dehydratase; ER, Enoylreductase; TE, Thioesterase; ACP, Acylcarrierprotein. Die Schlangenlinie repräsentiert den 4'-Phosphopantetheinrest, der die wachsende Fettsäurekette von einem katalytischen Zentrum zum anderen bringt. Hierbei wächst die Kette pro Durchgang um zwei Kohlenstoffatome (stammend von Malonyl-CoA primär gebunden an die periphere SH-Gruppe des Cysteins) (nach [14]).

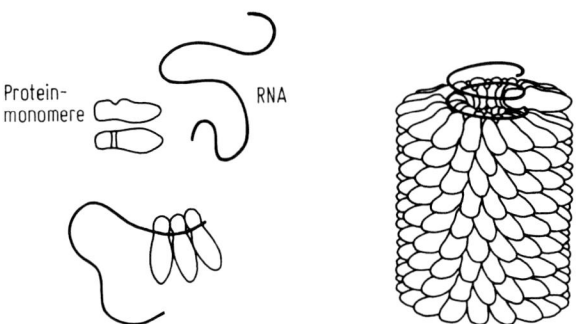

Abb. 10.25   Schematische Darstellung der Selbstassoziation der Proteinuntereinheiten aus je 158 Aminosäuren und der Tabakmosaikvirus-RNA (6500 Nukleotide) zum vollständigen Viruspartikel ($M_r = 40\,000\,000$, Länge 300 nm) bestehend aus 2130 identischen Proteinen angeordnet auf 130 RNA-Helixwindungen (nach Fraenkel-Conrat [15]).

der genetische Informationsgehalt der Viren für Proteine sehr begrenzt ist. Die Hülle des Tabakmosaikvirus (TMV) wird aus 2130 identischen Untereinheiten aufgebaut, die sich auf einem spiralförmig angeordneten Einzelstrang-RNA-Molekül in zylindrischer Anordnung gruppieren (Abb. 10.25).

Die TMV-RNA und die einzelnen Proteinuntereinheiten des Mantels treten unter geeigneten Bedingungen spontan zum intakten Viruspartikel zusammen, das hinsichtlich Struktur und Infektiosität nicht vom Originalvirus zu unterscheiden ist. Auch hier ergibt sich der Aufbau der vollständigen, biologischen Gesamtstruktur aus dem Prinzip der Selbstassoziation.

Beispiel Ribosomen. Eine wesentlich komplexere Struktur liegt dem Bakterienribosom vom Molekulargewicht $M_r = 2.7 \cdot 10^6$ zugrunde, die sich in $M_r = 1.8 \cdot 10^6$ für die 50-S-Untereinheit und $0.9 \cdot 10^6$ für die 30-S-Untereinheit aufteilt [16]. (Dabei ist $1\,\mathrm{S} = 10^{-13}\,\mathrm{s}$ ein *Svedberg*, nicht zu verwechseln mit der SI-Einheit *Siemens* mit $1\,\mathrm{S} = 1\,\mathrm{A/V}$.) Beide Untereinheiten sind Ribonukleoproteine und lassen sich in weitere Komponenten zerlegen. Die 50-S-Untereinheit besteht aus je einer 23-S- (3200 Nukleotide) und einer 5-S- (120 Nukleotide) Ribonukleinsäure (rRNA) und 36 Proteinen, die 30-S-Untereinheit setzt sich aus einer 16-S-rRNA (1540 Nukleotide) und 21 Proteinen zusammen (Abb. 10.26).

Zwei Drittel der Masse beider Untereinheiten (30-S- und 50-S-Untereinheiten) macht also die rRNA aus. Beide Untereinheiten, die das komplette Ribosom bei Anlagerung an die mRNA ausmachen, konnten bei erhöhten Temperaturen (40–50 °C) aus den Komponenten in vitro rekonstituiert werden, was auch hier das Vermögen zu vollständiger Selbstassoziation dokumentiert. Die Ribosomen aller Zellen sind nach dem gleichen Bauplan konstruiert, wobei die Ribosomen eukaryontischer Zellen größere rRNA-Moleküle und mehr Proteine aufweisen als die prokaryontischer Zellen. Das Eukaryontenribosom von $M_r = 4.2 \cdot 10^6$ baut sich aus einer 60-S- und einer 40-S-Untereinheit auf.

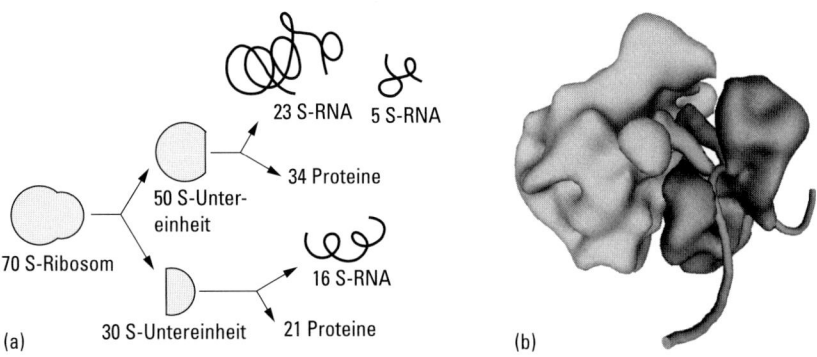

Abb. 10.26 (a) Die Komponenten des 70-S-Bakterienribosoms. (b) Die Struktur eines Bakterienribosoms in fast molekularer Auflösung von etwa 1.5 nm. Das Modell zeigt in der linken Hälfte die große und rechts die kleine Untereinheit, dazwischen ist der Faden der mRNA mit zwei gebundenen tRNAs gezeichnet (mit freundlicher Genehmigung des Springer-Verlages entnommen aus Lehninger, Biochemie; s. a. unter weiterführende Literatur).

10.4 Membranen

Weitere wichtige selbstassoziierende Systeme sind Membranen, die sich aus 50–60 % Proteinen und 40–50 % Lipiden zusammensetzen. Der Lipidanteil besteht hierbei aus Cholesterol, Phospholipiden und Glycolipiden. Im Prinzip sind Lipide aus jeweils zwei langen, unpolaren, hydrophoben Ketten (Fettsäureresten) und einer polaren Kopfgruppe aufgebaut. Dadurch entstehen sog. *amphipatische* Moleküle, die sich in wässriger Lösung zu *Mizellen* (polare Gruppen außen zur wässrigen Umgebung – hydrophobe Reste innen) oder zu monomolekularen Schichten und Doppelschichten zusammenlegen können (Abb. 10.27).

Membranen entstehen aus den Komponenten als fluide Systeme, indem sich die verschiedensten globulären Membranproteine in die Doppelschicht von Lipiden einlagern und im Lipidsee schwimmen (Abb. 10.28).

Die Kontaktflächen der Proteine zu den Lipiden bilden unpolare, hydrophobe Aminosäureseitenketten. Wie weit die Proteine in die Lipidschicht eindringen bzw. diese ganz durchdringen, wird also letztlich von der Aminosäuresequenz und Faltung

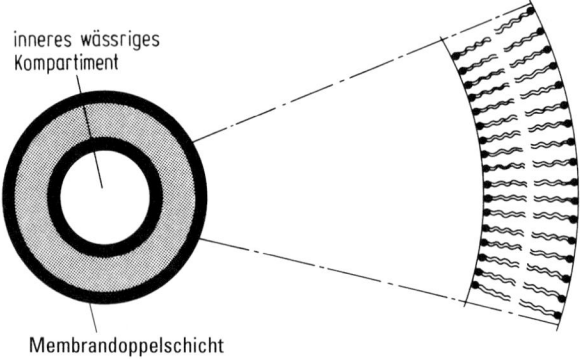

Abb. 10.27   Schema eines Liposoms.

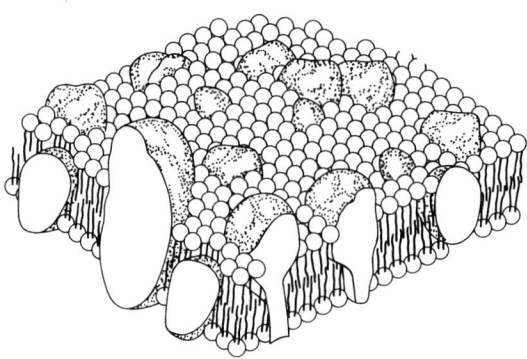

Abb. 10.28   Modell einer Zellmembran aus Protein und Phospholipid-Doppelschicht.

bestimmt. Das ganze Membrangefüge wird als kooperatives und fluides Mosaiksystem also nur durch nichtkovalente, schwache Wechselwirkungen zusammengehalten. Die Membranproteine sind integrale Bestandteile, die an den Kontaktstellen stark mit den Lipiden wechselwirken, so dass andererseits auch die biologisch aktive Konformation der Membranproteine durch die Lipide stabilisiert wird. Eine Extraktion der Membranproteine unter Einsatz von Detergenzien führt daher meist zu einer Denaturierung der Proteine, die in neutralem, wässrigem Lösungsmittel meist unlöslich sind. Eine Renaturierung ist unter Umständen durch Zufügen von Lipiden möglich. Die Kristallisation proteinchemisch intakter photosynthetischer Reaktionszentren aus den Membranen von Bakterien war daher eine besonders anerkennenswerte Leistung (Nobelpreis 1989). Membranproteine (Rezeptoren, Ionenpumpen, Membrantransportsysteme) sind innerhalb der Lipidschicht frei beweglich und zu rascher lateraler Diffusion fähig, so dass Wanderungen über mehrere Mikrometer pro Minute erfolgen können. Gleiches gilt in verstärktem Maße für die Lipide kleinerer Molekülgröße, die in lateraler Richtung Diffusionskonstanten von $D \approx 10^{-8}\,\text{cm}^2\,\text{s}^{-1}$ aufweisen. Dagegen ist die transversale Diffusion von Lipiden auf die andere Seite der ca. 50 nm dicken Doppelschicht sehr erschwert; sie ist wenigstens 10^5-mal seltener als die laterale Diffusion. Für Proteine ist die transversale Diffusion praktisch nicht möglich, was erklärt, warum der asymmetrische Charakter von Membranen (außen anders als innen) aufrechterhalten bleibt.

10.5 Das Prinzip der biologischen Erkennung

Biologische Erkennungsprozesse erfolgen immer über die Komplementarität von assoziierenden Oberflächen. Das gilt in gleicher Weise für die Antigen-Antikörper-Reaktion der immunologischen Erkennung, die Hormon-Rezeptor-Bindung, die spezifische Enzym-Substrat-Erkennung und viele andere biologische Prozesse. Ebenso wie die molekularen Details der Untereinheitenassoziation oder die 2,3-DPG-Effektorbindung am Hämoglobin aufgeklärt wurden, wurde z. B. die spezifische Erkennung und hydrolytische Spaltung von Proteinsubstanzen durch eiweißspaltende Enzyme (Proteinasen) ermittelt. Die Spezifität solcher Enzyme, die Peptidketten selektiv nur an bestimmten Aminosäuren – und dort zum Teil wiederum nur bei Vorliegen bestimmter Sequenzen – hydrolysieren, ist eine Voraussetzung für die Steuerung vieler biologischer Vorgänge. So spaltet das Verdauungsenzym Trypsin nur an Lysin- und Arginin-, Plasmin bevorzugt an Lysin-, Thrombin an Argininbindungen usw. Hierbei wird die Enzymspezifität durch Art, Raumerfüllung und stereochemische Anordnung der Aminosäureseitenketten bestimmt, die am Aufbau der Substratbindungsstelle und insbesondere der sog. *Spezifitätstasche* beteiligt sind. Die Spezifitätstasche ist hierbei die Vertiefung an der Enzymoberfläche, in die die Aminosäureseitenkette des Substrates eingelagert wird, die dort räumlich und bezüglich der Ladung hineinpasst, d. h. für die das Enzym „Spezifität" aufweist (Abb. 10.29) [17].

Der Austausch einzelner, die Tasche auskleidender Aminosäurereste gegen andere, also eine Mutation des Proteins, kann damit die Spezifität des Enzyms verändern. Derartige Mutationen haben im Verlauf einer divergenten Evolution zur Entwick-

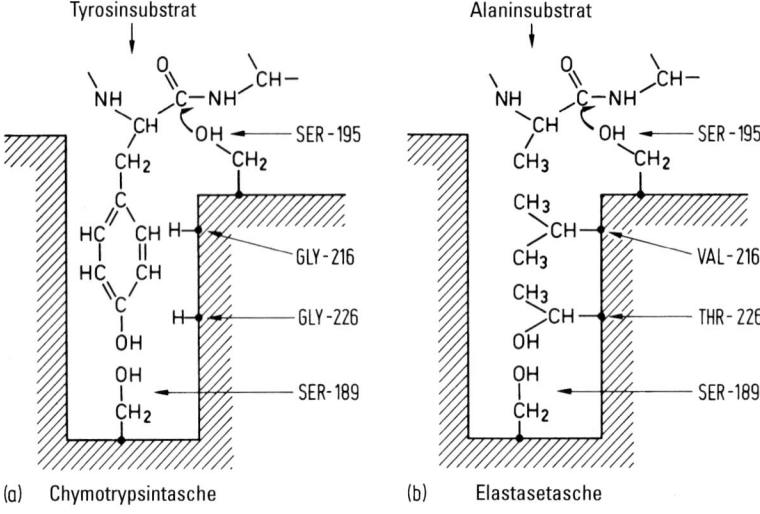

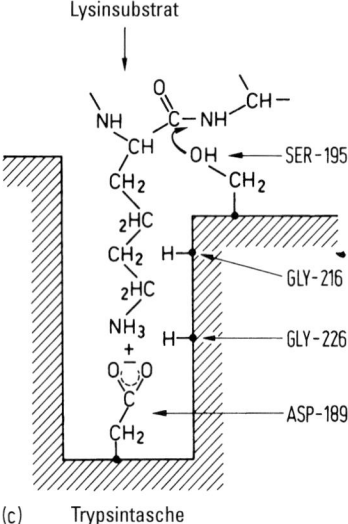

Abb. 10.29   Schematische Darstellung der Substratbindungstasche verschiedener proteolytischer Enzyme: (a) Chymotrypsin, (b) Elastase (aus Pankreas) und (c) Trypsin mit gebundenen Peptid-Substraten. Es sind die Aminosäure-Seitenketten gezeigt, die für die Dimensionen der Tasche bestimmend sind (nach Shotton [17]).

lung der in ihrer Spezifität unterschiedlichen Proteinasen (Serin-Peptidpeptidyl-Hydrolasen) von einem Urenzym geführt. In ähnlicher Weise wie hervorragende Substrate binden auch die Antagonisten der Proteinasen, die Proteinaseinhibitoren, an ihre Enzyme und hemmen diese kompetitiv, indem sie das aktive Enzymzentrum

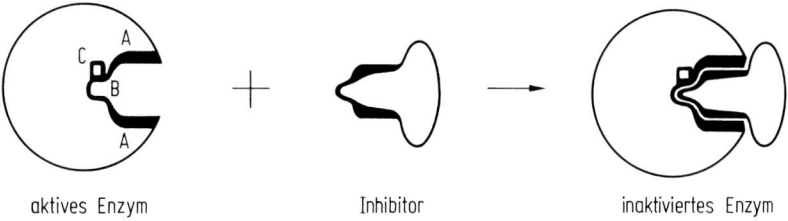

Abb. 10.30 Schema der kompetitiven Proteinase-Inhibierung durch Enzym-Inhibitoren.

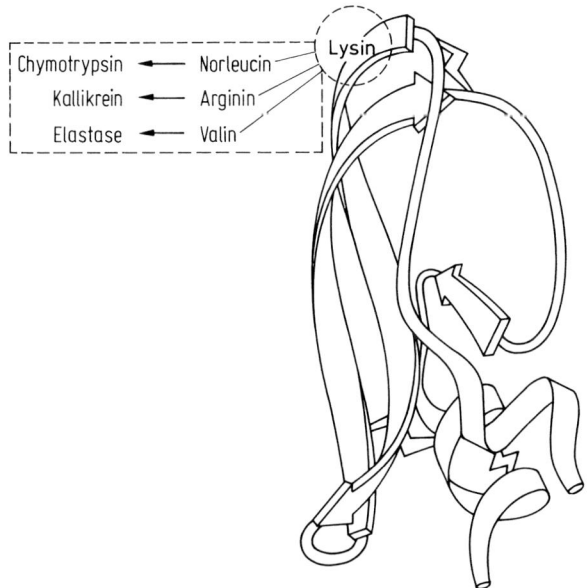

Abb. 10.31 Schematisches Modell des Trypsin-Inhibitors (Kunitz) aus Rinderorganen, vgl. Abb. 10.21, mit Darstellung der antiparallelen Faltblattstruktur (antiparallele Pfeile) und der Helixanteile (schraubenförmige Bänder). Der exponierte Lysinrest im reaktiven Zentrum wird in die Spezifitätstasche (vgl. Abb. 10.29c) des Trypsins bei Hemmung (Assoziation zum Komplex, vgl. Abb. 10.30) eingelagert. Semisynthetischer [19] oder gentechnologischer Austausch gegen andere Aminosäurereste (Norleucin bzw. Arginin oder Valin) [20] macht den Trypsin-Inhibitor zum Hemmstoff für die genannten anderen Proteinasen.

blockieren. Für jede Proteinase existiert im Organismus ein entsprechender Inhibitor, der die proteolytische (eiweißspaltende) Wirkung des Enzyms zeitlich und örtlich zu begrenzen vermag (Abb. 10.30; [18]).

Entsprechend den Substraten weisen auch die kompetitiv wirkenden Inhibitoren an ihrem reaktiven Zentrum einen substratanalogen Aminosäurerest auf, dessen Seitenkette in die Spezifitätstasche des Enzyms eingelagert wird. Dieser Rest muss passen, damit der Inhibitor das entsprechende Enzym zu hemmen vermag. Der Austausch dieses Restes im reaktiven Zentrum eines Inhibitors gegen einen anderen ändert dementsprechend auch die Hemmspezifität, wenn das neue Enzym diesen Seitenkettenrest einlagern kann. So konnte im Labor aus dem Trypsin-Kallikrein-Inhibitor aus Rinderorganen (Aprotinin) durch Austausch des Lysins im reaktiven Zentrum gegen Valin erstmals ein Hemmstoff für Elastase, eine Elastin-spaltende Proteinase aus menschlichen Leukozyten, hergestellt werden (Abb. 10.31; [19]).

Dieses Ergebnis zeigt eindeutig die dominierende Rolle der Stereochemie der Seitenkette des reaktiven Restes eines Inhibitormoleküls für die Erkennung und Assoziation an eine bestimmte Proteinase mit entsprechender Substratspezifität. Damit wurden Wege aufgezeigt, durch sog. *Proteindesign* Hemmstoffe für spezifische Proteinasen neu zu entwickeln. Diese könnten dann als mögliche Therapeutika bei pathologischen Entgleisungen der biologisch wichtigen Balance zwischen Proteinasen und ihren Inhibitoren zur Wiederherstellung des Gleichgewichtes eingesetzt werden. Eine Reihe von Erkrankungen mit schweren gesundheitlichen Folgen beruht auf einer Zerstörung körpereigenen Gewebes durch überschießende proteolytische Aktivität, wie z. B. beim Lungenemphysem, bei der rheumatoiden Arthritis und vielen anderen entzündlichen Erkrankungen.

10.6 Proteine durch Gentechnik

Die chemische Synthese von Proteinen ist so aufwändig, dass ihre Herstellung auf diesem Wege viel zu schwierig und zu teuer würde. Seit jedoch das biologische Prinzip der Proteinbiosynthese aufgeklärt und die Methoden zur Umsetzung von eingeschleuster genetischer Information zum Protein in Zellkultur entwickelt wurden (Gentechnik), wurde es möglich, auch größere Mengen eines beliebigen Proteins zu synthetisieren. Das Prinzip dieses Verfahrens beruht darauf, das Gen für ein gewünschtes Protein entweder zu synthetisieren oder aus der Summe aller Gene einer Zellart (Donorzelle, z. B. aus einer menschlichen Gewebezelle) zu isolieren und in eine andere Zellart (Empfänger- bzw. Wirtszelle, z. B. Bakterien-, Hefe- oder Säugetierzellen) einzubringen. Die Empfängerzelle kann dann das dem eingebrachten Gen entsprechende Protein ebenso wie ihre eigenen Proteine synthetisieren. Die Gentechnik beruht also auf der Einschleusung eines neuen, genetischen Programms (Gens), das für die Erstellung eines neuen Produktes (Proteins) verantwortlich ist. Hierbei kann das einzubringende Gen heute vollsynthetisch in DNA-Syntheseautomaten (DNA-Synthesizer) weitgehend aufgebaut werden. Da die DNA-Sprache der Proteine bekannt ist, kann die Programmvorlage bei der Synthese auch abgeändert werden, so dass für einige Aminosäuren nach Wunsch auch andere eingebaut werden können. Dieses Verfahren liefert dann völlig neue, künstlich mutierte Proteine, die bisher noch nicht existierten. Unter Zuhilfenahme der modernen Computertechnologie können heute Proteinstrukturen auf dem Bildschirm dargestellt, gedreht, im Ausschnitt betrachtet und vergrößert und ihr Zusammenpassen (s. biologische Erkennung) mit anderen Proteinen oder Substraten studiert werden. Hierbei können Vorschläge zur Abänderung der Proteinstruktur erarbeitet werden. Diese durch „Design" neu entwickelten Proteine können ganz neue biologische Eigenschaften aufweisen, wie z. B. erhöhte Temperaturstabilität (durch Einführung von Disulfidbrücken) oder neue Hemmeigenschaften gegenüber bisher nicht inhibierten

Proteinasen (durch Einführung anderer Reste im reaktiven Zentrum). So wurden schon Hemmstoffe mit neuen reaktiven Resten und neuen biologischen Eigenschaften, wie in Abschn. 10.5 beschrieben, in Mikroorganismen produziert. Hierbei hat die Gentechnik auch Möglichkeiten, z. B. durch Vervielfältigung des Gens pro Zelle, die Ausbeute an dem gewünschten Protein in der Wirtszelle erheblich zu steigern.

Diese neuen Möglichkeiten der Biochemie eröffnen erstmals die Aussicht, viele wichtige, z. B. menschliche, Eiweißstoffe in ausreichenden Mengen für therapeutische Zwecke großtechnisch herzustellen. So wird beispielsweise heute der Faktor VIII, ein für die Blutgerinnung wichtiges Protein des menschlichen Blutplasmas, gentechnisch hergestellt. Das Gen für die Biosynthese des Gerinnungsfaktors VIII ist auf dem geschlechtsbestimmenden X-Chromosom des Menschen zu finden. Sein Fehlen kann beim Mann, der nur ein X-Chromosom in seinem doppelten Chromosomensatz aufweist (normal ist ein XY-Paar von Geschlechtschromosomen), zur Ausprägung der Bluterkrankheit (Hämophilie A) führen. Diese Erkrankung konnte bisher nur durch Gaben von Faktor VIII, isoliert aus menschlichem Blutplasma, therapiert werden. Der heute als Präparat verfügbare, gentechnisch hergestellte Faktor VIII kann für rund 225 000 Bluter in der Welt ein Leben ohne Furcht und Infektionsrisiko ermöglichen.

10.7 Fluoreszenzanalytik von Biomolekülen

Die Analyse komplexer biologischer Systeme gehört zu den großen Herausforderungen der instrumentellen Analytik. Immer neue physikalische und physikalisch-chemische Methoden sind erforderlich, um komplexe biologische Flüssigkeiten und molekulare Strukturen zu analysieren. Besonders große Bedeutung hat der Nachweis bestimmter Biomoleküle in einer wässrigen Mischung von Biomolekülen. Der direkte spektroskopische Zugang bleibt in der Regel verwehrt, da es sich meist um den Nachweis von Biopolymeren wie Proteinen und Nukleinsäuren handelt. Proteine bestehen aus einer großen Zahl kovalent verknüpfter Monomere, die aus einer vergleichsweise geringen Vielfalt von Monomeren selektiert werden. Im Fall eines Antikörpermoleküls mit einem Molekulargewicht von ca. 150 000 Da sind die Proteinketten aus ca. 1000 Aminosäuren, ausgewählt aus den 20 natürlichen Aminosäuren, aufgebaut. Die spezifische biologische Wirksamkeit ist durch die dreidimensionale Struktur der Aminosäureketten determiniert, die wiederum auf der *Sequenz* der Aminosäuren beruht [21]. Dabei können die biologischen Wirkungen bei gleicher oder ähnlicher Aminosäurezusammensetzung, aber unterschiedlicher Sequenz, sehr stark voneinander abweichen. Ähnliches gilt für die Nukleinsäuren, die aus vier verschiedenen Monomertypen aufgebaut sind. Es ist offensichtlich, dass die spektroskopischen Eigenschaften dieser Polymere jeweils sehr ähnlich sein müssen, da eine Vielzahl identischer Aminosäuren bzw. Nukleotide in einer Sequenz vorkommt.

Deshalb geht man im Allgemeinen indirekte Wege zum Nachweis solcher Biopolymere. Dies kann einerseits die Auftrennung eines Gemisches, also die Isolation der Analytmoleküle sein, andererseits besteht die Möglichkeit, die Analytmoleküle spezifisch zu markieren und schließlich kann eine Kombination aus beiden Methoden genutzt werden.

10.7.1 Der spezifische Nachweis biologischer Moleküle in einer Mischung

Aufgrund der sehr ähnlichen chemischen Strukturen, aber sehr unterschiedlicher biologischer Wirkungen bietet es sich an, diese Wirkungen im biologischen Nachweisverfahren zu nutzen, um die Spezifität des Tests zu gewährleisten. Das Prinzip der molekularen Erkennung ist dann die Basis für die Spezifität eines Tests. Die Markierung ermöglicht hierbei die Identifikation des Analytmoleküls.

Zunächst gelang es, ein Verfahren zu entwickeln, das einerseits als „Erkennungsparameter" Antikörper, anderseits Radionuklide, z. B. ^{125}I, zur Markierung nutzt [22]. Dieser Radioimmunoassay (RIA, Abb. 10.32) brachte den Durchbruch bei der Diagnostik vieler Krankheiten.

Eine erste Abwandlung des Verfahrens führt zum enzymkonjugierten Immuntest (engl.: *enzyme-linked immunosorbent assay*, ELISA), der prinzipiell gleich verläuft, jedoch statt eines Radionuklids ein Enzym als Marker verwendet (z. B. Meerrettichperoxidase oder alkalische Phosphatase). In Anwesenheit eines farblosen organischen Substratmoleküls färbt sich die Lösung während der Enzym-Substrat-Reaktion, sofern das Antigen in der Analytlösung vorhanden ist. Andernfalls tritt keine Antikörper-Antigen-Reaktion ein, also auch keine Bindung des enzymmarkierten Antikörpers und somit auch keine Enzym-Substrat-Reaktion, die zur Bildung eines farbigen Produktmoleküls führt (Abb. 10.33). Der Vorteil gegenüber dem Radioimmuntest ist die Vermeidung radioaktiver Substanzen in den Labors. Nachteilig

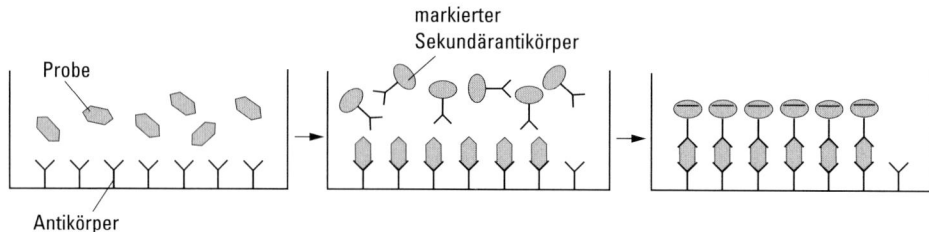

Abb. 10.32 Prinzip des Radioimmuntests (engl.: *radioimmunoassay*, RIA).

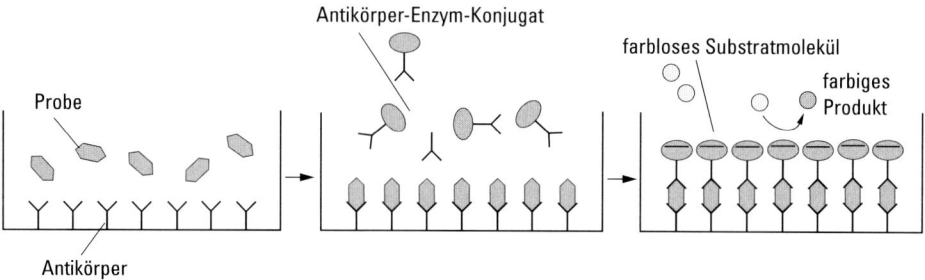

Abb. 10.33 Prinzip des enzymkonjugierten Immuntests (engl.: *enzyme-linked immunosorbent assay*, ELISA).

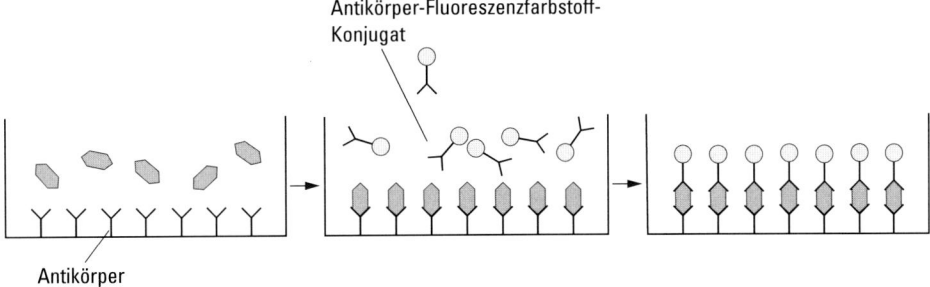

Antikörper-Fluoreszenzfarbstoff-
Konjugat

Antikörper

Abb. 10.34 Prinzip des fluoreszenzbasierten Immuntests.

sind jedoch der zusätzliche Reaktionsschritt und die geringere Empfindlichkeit des Tests. Die Verwendung von Fluoreszenzfarbstoffen zur Markierung hingegen vermeidet auch diese Nachteile (Abb. 10.34).

Die Verstärkung des Signals durch die Enzymproduktion vieler tausend Farbstoffmoleküle wird durch die sehr viel schnellere „Produktion" einer großen Zahl von Fluoreszenzphotonen ersetzt. Die Empfindlichkeit kann um ein Vielfaches gesteigert werden.

10.7.2 Fluoreszenzspektroskopische Methoden in der Bioanalytik

In den letzten 15 Jahren hat die Fluoreszenzspektroskopie eine weite Verbreitung bei biologischen und biochemischen Anwendungen erfahren. Moderne Anwendungsgebiete der Fluoreszenzspektroskopie sind z. B.:

– DNA-Sequenzierung
– FISH (engl.: *fluorescence in situ hybridization*)
– Antigen-Antikörper-Reaktionen (Immunoassays)
– klinisch-chemische Nachweisverfahren
– Zellbiologie (z. B. Cytometrie)

Die Fluoreszenzspektroskopie profitiert gegenüber vergleichbaren Techniken wie Radioimmunoassays oder ELISA-Tests vor allem durch hohe Sensitivität, geringere Kosten und im Vergleich zu den Radioimmunoassays vor allem von der fehlenden Entsorgungsproblematik, die mit radioaktiven Markern verbunden ist.

10.7.3 Grundlagen der Fluoreszenzspektroskopie

Unter Fluoreszenz versteht man die spontane Emission von Licht bei der Rückkehr eines Moleküls aus einem elektronisch angeregten Singulettzustand, in den es durch Lichtabsorption angeregt wurde, in den elektronischen Grundzustand [23]. Dabei bleibt der Elektronenspin erhalten. Die Lebensdauer τ des angeregten Zustandes beträgt typisch 1–10 ns, was einer Photonenemissionsrate von etwa $10^8 \, \text{s}^{-1}$ entspricht. Daraus folgt, dass die Lichterscheinung nach dem Ausschalten der Anregungsquelle sofort erlischt.

Ein Fluoreszenz(emissions-)spektrum ist die Darstellung der Fluoreszenzintensität als Funktion der Wellenlänge des Fluoreszenzlichtes bei Anregung mit einer konstanten Wellenlänge.

Die Effizienz eines Fluoreszenzfarbstoffes hängt u. a. davon ab, wie wahrscheinlich die Energieabgabe nach Anregung über Fluoreszenz erfolgt oder ob andere Deaktivierungsprozesse gewählt werden. Das Energietermschema in Abb. 10.35 beschreibt die Deaktivierungsprozesse.

Nach der Absorption eines Photons befindet sich das Molekül in verschiedenen Schwingungszuständen z. B. des ersten elektronisch angeregten Zustandes S_1. Durch Energieabgabe bei Stößen mit Lösungsmittelmolekülen gelangen die Moleküle in den Schwingungsgrundzustand des S_1-Zustands (*Internal Conversion, IC*). Danach gelangt das Molekül durch Emission eines Photons in den elektronischen Grundzustand. Dieses Fluoreszenzphoton ist im Vergleich zum absorbierten Photon energieärmer, also rotverschoben (Stokes-Shift). Konkurrenzprozesse zur Fluoreszenzemission sind z. B. Stöße mit Nachbarmolekülen. Beim *Intersystem-Crossing (ISC)* gelangt das angeregte Molekül durch Spinumkehr strahlungslos in Triplettzustände. Dieser an sich quantenmechanisch verbotene Prozess tritt mit merklicher Wahrscheinlichkeit auf, wenn die S_1-T_1-Energiedifferenz nicht zu groß ist. Die erneute Spinumkehr in den elektronischen Grundzustand ist ebenso verboten und verläuft deshalb langsam. Dieser Prozess wird Phosphoreszenz genannt.

Ein wesentliches Charakteristikum elektronischer Übergänge ist, dass sie vertikal sind, d. h. ohne Änderung der Kernpositionen. Da Atomkerne sehr viel schwerer sind als Elektronen ($m_p = 1.672 \cdot 10^{-27}$ kg, $m_e = 9.109 \cdot 10^{-31}$ kg), sind Änderungen der Elektronendichte bei Anregung durch Lichtabsorption (typische Absorptionsraten von 10^{-15} s) und durch interne Umwandlung (IC-Raten von 10^{-12} s) sehr viel schneller als die Kerne sich an die neue elektronische Umgebung anpassen können. Dieses Merkmal der Elektronenübergänge entspricht dem Born-Oppenheimer-Prinzip.

Bei Raumtemperatur sind die meisten Moleküle in ihrem Schwingungsgrundzustand, d. h. die Absorption von Licht geeigneter Wellenlänge wird zu einer vertikalen

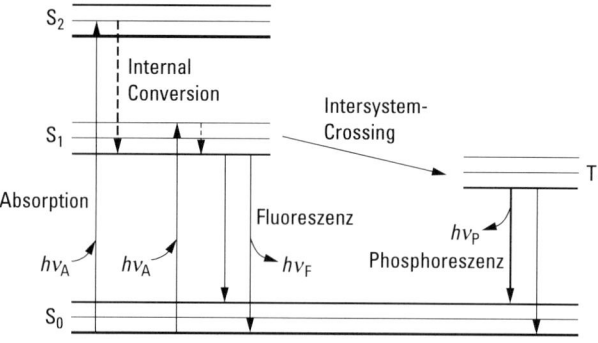

Abb. 10.35 Energietermschema (Jablonski-Diagramm) für Absorption und Emission von Licht.

Anregung aus diesem Schwingungsniveau führen. Es sind jedoch (vertikale) Übergänge in verschiedene Schwingungszustände des angeregten elektronischen Zustands möglich, was eine Feinstruktur im Absorptionsspektrum bewirken kann.

Die Wahrscheinlichkeit der jeweiligen Übergänge (und damit die Intensität des Absorptionssignals) wird durch die Schwingungswellenfunktionen des angeregten elektronischen Zustands bestimmt. Der Übergang erfolgt von der Kernlage der maximalen Amplitude der Wellenfunktion des Schwingungsgrundzustandes mit größter Wahrscheinlichkeit in ein Schwingungsniveau des angeregten elektronischen Zustandes, wo eine maximale Amplitude der Wellenfunktion bei derselben Kernlage auftritt (Franck-Condon-Prinzip). Derjenige Übergang, bei dem im angeregten Zustand die Amplitude der Schwingungswellenfunktion maximal ist, hat die größte Intensität. In welches Schwingungsniveau angeregt wird, hängt damit von der relativen Verschiebung der betreffenden Potentialkurven für den Grund- und angeregten Zustand ab. Da aber auch signifikante Aufenthaltswahrscheinlichkeiten in anderen Schwingungsniveaus bestehen können, finden auch diese Übergänge statt, wenn auch mit geringerer Wahrscheinlichkeit und damit geringerer Intensität.

10.7.3.1 Spiegelbildregel

Aus diesen Betrachtungen für die Absorption und Emission eines Fluorophoren folgt, dass das Absorptionsspektrum des Moleküls die Schwingungsniveaus des elektronisch angeregten Zustandes widerspiegelt und das Emissionsspektrum die des elektronischen Grundzustandes. Hieraus ergibt sich, dass ein Fluoreszenzemissionsspektrum oftmals ein Spiegelbild des entsprechenden Absorptionsspektrums $(S_0 \to S_1)$ zu sein scheint. Dies liegt darin begründet, dass die Schwingungszustände eines elektronisch angeregten Zustandes sich oft nicht sehr von denen des Grundzustandes unterscheiden, so dass der wahrscheinlichste Absorptionsprozess auch der wahrscheinlichste Emissionsübergang ist. Dabei ist der Absorptionsübergang

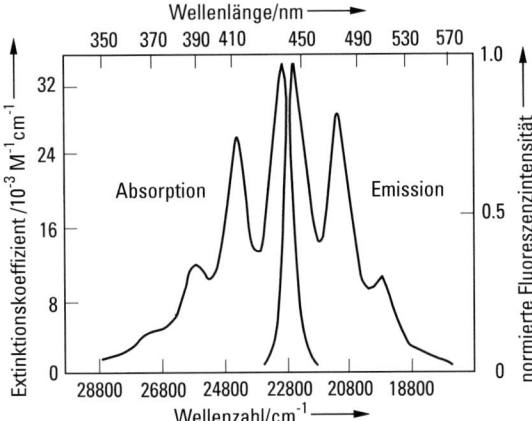

Abb. 10.36 Absorptions- und Emissionsspektrum von Perylen.

im Spektrum relativ höherenergetisch, während der Emissionsübergang im Emissionsspektrum relativ niederenergetisch ist (siehe z. B. das Absorptions- und Emissionsspektrum von Perylen, Abb. 10.36).

10.7.3.2 Stokes-Verschiebung

Ein wesentliches Merkmal der Fluoreszenzemission ist, dass die Wellenlänge des emittierten Lichtes relativ zum absorbierten Licht nach längeren Wellenlängen verschoben ist. Dies liegt an Energieverlusten, die durch strahlungslose Übergänge bedingt werden. Diesen Effekt, der bei Atomen oder Molekülen in der Gasphase, bei niedrigen Drücken ohne Stöße meist nicht auftritt, nennt man Stokes-Verschiebung. Eine Stokes-Verschiebung kann außer durch strahlungslose Übergänge auch durch spezielle Lösungsmitteleinflüsse oder Reaktionen aus dem angeregten Zustand erfolgen, deren Reaktionsenergie in Wärme umgewandelt wird.

Ein weiteres Merkmal der Fluoreszenzspektroskopie ist, dass man oft unabhängig von der Anregungswellenlänge immer dasselbe Emissionsspektrum erhält. Dies liegt daran, dass überschüssig aufgenommene Energie, die zur Anregung in höhere elektronische Zustände und Schwingungsniveaus führt, schnell durch interne Umwandlung unter Stößen mit Lösungsmittelmolekülen abgegeben werden kann.

10.7.3.3 Fluorophore

Voraussetzung für Fluoreszenz ist, dass das eingestrahlte Licht von Molekülen absorbiert werden kann und dadurch Elektronenübergänge induziert werden. Derartige Moleküle besitzen im Allgemeinen ein delokalisiertes Elektronensystem. Viele Biomoleküle enthalten natürliche Fluorophore, manche sind jedoch fluoreszenzinaktiv und müssen mit Fluoreszenzfarbstoffen markiert werden, um nachgewiesen werden zu können. Abb. 10.37 zeigt einige typische Moleküle, die intensiv fluoreszieren.

10.7.3.4 Quantenausbeute und Fluoreszenzlebensdauer

Die Fluoreszenzquantenausbeute Q ist das Verhältnis der Anzahl emittierter Photonen zur Anzahl der absorbierten Photonen. Es gilt:

$$Q = \frac{k_F}{k_F + k_{IC}},$$

wobei k_F die Geschwindigkeitskonstante der Photonenemission des Fluorophors ist und k_{IC} die Rate der strahlungslosen Übergänge von S_1 nach S_0 (ISC, chemische Reaktionen etc. sind dabei vernachlässigt).

Dann ergibt sich für die Lebensdauer des Fluorophors (die Zeit, innerhalb derer die Anzahl der Moleküle im angeregten Zustand auf 1/e abgefallen ist):

$$\tau = \frac{1}{k_F + k_{IC}}.$$

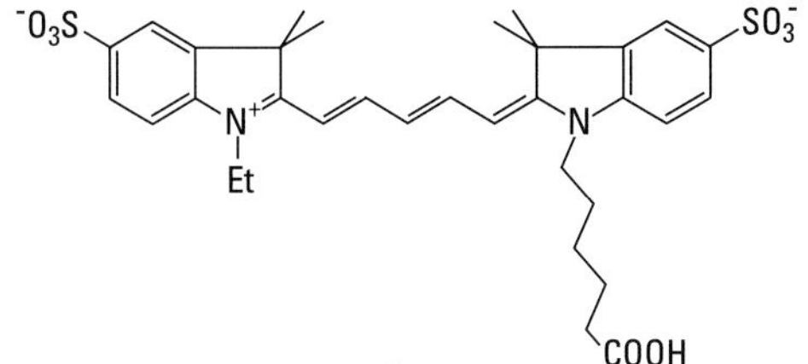

Cy5

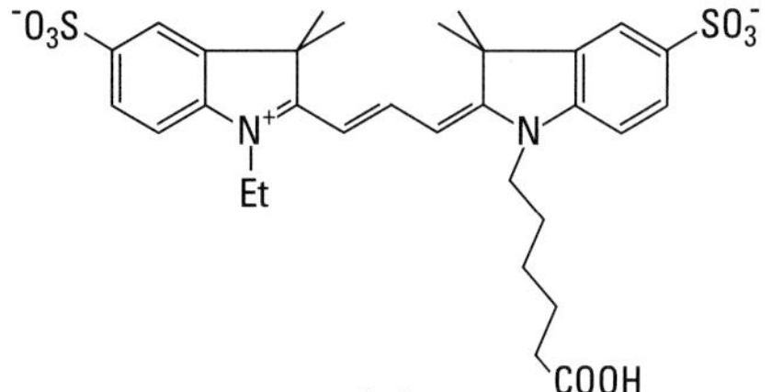

Cy3

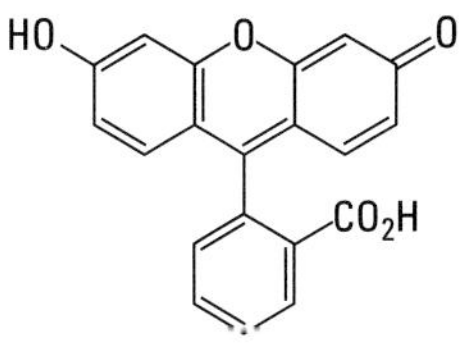

Fluorescein

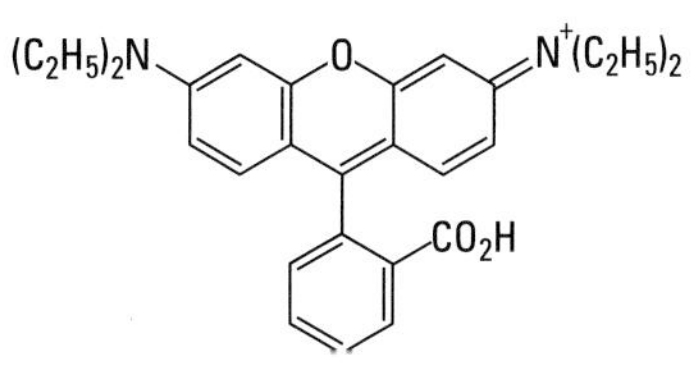

Rhodamin B

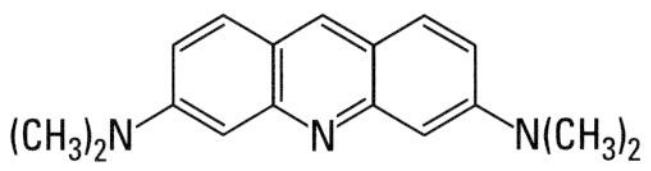

Acridin-Orange

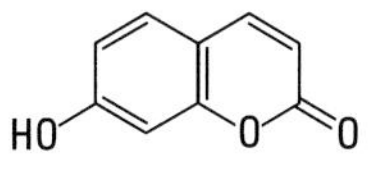

7-Hydroxy-coumarin

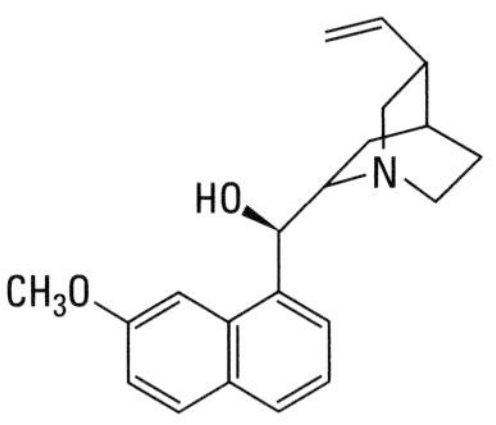

Quinin

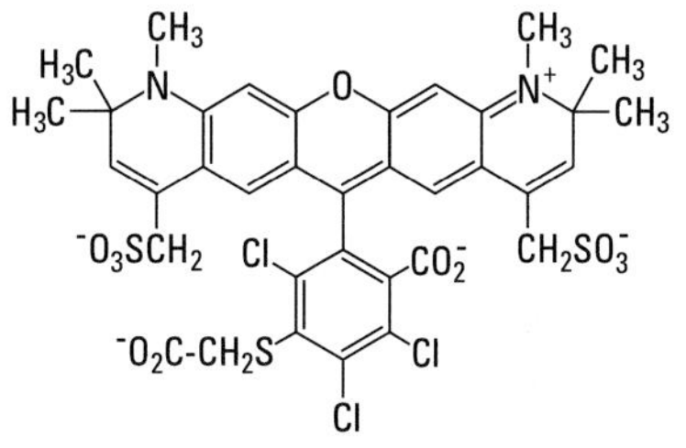

Alexa Fluor 610

Abb. 10.37 Typische fluoreszierende Moleküle.

10.7.3.5 Fluoreszenzlöschung (Quenching)

Unter Fluoreszenzlöschung versteht man die strahlungslose Deaktivierung des angeregten Zustandes des Fluorophors. Löschprozesse setzen die Fluoreszenzquantenausbeute und die Fluoreszenzintensität herab und können z. B. durch Energietransfer, Elektronen- bzw. Protonentransfer und chemische Reaktionen im angeregten Zustand erfolgen. Man unterscheidet zwei Arten von Löschprozessen: die dynamische Fluoreszenzlöschung durch Stöße des Fluorophors mit den Löschmolekülen (Quenchern), und die statische Fluoreszenzlöschung, die auf Komplexbildung des Fluorophors mit den Quenchern beruht. Die Effektivität beider Prozesse ist von der Konzentration der Löschmoleküle abhängig. In beiden Prozessen ist der direkte molekulare Kontakt zwischen Fluorophor und Quencher erforderlich. Eine Vielzahl von Verbindungen eignet sich als Fluoreszenzlöscher. Typische häufig verwendete Quencher sind Iodid, O_2, Acrylamid und Amine.

Dynamische Fluoreszenzlöschung (Stoßlöschung). Bei der dynamischen Löschung muss ein Löschmolekül zu einem Fluorophor im angeregten Zustand diffundieren und mit ihm über einen Stoß wechselwirken. Dadurch kehrt der Fluorophor in seinen Grundzustand zurück, ohne Photonen zu emittieren. Die Anregungsenergie wird i. A. als Wärme freigesetzt. Die Stoßlöschung lässt sich mit der Stern-Volmer-Gleichung beschreiben:

$$\frac{F_0}{F} = 1 + k_q \tau_0 [Q] = 1 + K_{SV} [Q].$$

Hierbei sind F_0 und F die Fluoreszenzintensitäten bei Abwesenheit und bei Anwesenheit des Löschmoleküls, k_q die bimolekulare Löschkonstante, τ_0 die Lebensdauer des Fluorophors in Abwesenheit des Quenchers, $[Q]$ die Konzentration des Quenchers und K_{SV} die Stern-Volmer-Konstante (Abb. 10.38).

Löschdaten werden häufig als Stern-Volmer-Diagramm dargestellt. Dabei wird F_0/F über $[Q]$ als Gerade aufgetragen. Aus der Steigung ergibt sich K_{SV} bzw. $k_q \tau_0$.

Ein wichtiges Kennzeichen der dynamischen Fluoreszenzlöschung ist die mit abnehmender Lebensdauer abnehmende Fluoreszenzintensität. Die Wahrscheinlichkeit für einen Stoß zwischen Fluorophor und Quencher ist umso größer, je langlebiger der angeregte Zustand ist:

$$\frac{F}{F_0} = \frac{\tau_0}{\tau}.$$

Die bimolekulare Löschkonstante kann durch die Smoluchowski-Gleichung berechnet werden:

$$k_q = \gamma \frac{4 \pi N_A}{1000} (R_F + R_Q)(D_F + D_Q).$$

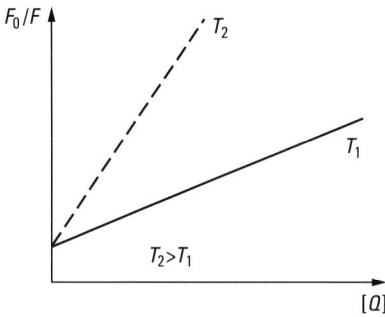

Abb. 10.38   Stern-Volmer-Diagramm.

Dabei sind R_F und R_Q die Stoßradien von Fluorophor und Löschmolekül, D_F und D_Q die entsprechenden Diffusionskoeffizienten und γ die Löscheffizienz. Die Diffusionskoeffizienten sind von der Temperatur und der Viskosität η der Lösung abhängig und werden durch die Einstein-Stokes-Gleichung beschrieben:

$$D = \frac{kT}{6\pi\eta R}.$$

Insgesamt ist die Stern-Volmer-Konstante also temperatur- und viskositätsabhängig. Bei höherer Temperatur ist auch K_{SV} größer (vgl. Abb. 10.38).

Statische Fluoreszenzlöschung. Im statischen Löschprozess bildet sich zwischen Fluorophor F und Quencher Q ein nichtfluoreszierender Grundzustandskomplex FQ. Wenn dieser Komplex Licht absorbiert, kehrt er sofort wieder in den Grundzustand zurück, ohne Photonen zu emittieren. Für die Komplexbildungskonstante K_S gilt

$$K_S = \frac{[FQ]}{[F][Q]}.$$

Auch statisches Löschen lässt sich durch die Stern-Volmer-Gleichung beschreiben. In diesem Fall ist K_S aber die Komplexbildungskonstante und nicht die diffusionskontrollierte Stern-Volmer-Konstante K_{SV}.

Im Unterschied zum dynamischen Löschen wird K_S bei Temperaturerhöhung meist kleiner, da dadurch die Stabilität des Komplexes sinkt. Dagegen bleibt die Fluoreszenzlebensdauer konstant ($\tau_0/\tau = 1$), weil die Komplexbildung lediglich die Konzentration an freiem Fluorophor reduziert und die Lebensdauer der nicht komplexierten angeregten Moleküle nicht beeinflusst wird.

In vielen Fällen kann der Fluorophor durch Kombination von dynamischer und statischer Fluoreszenzlöschung gequencht werden. Dann ergibt sich kein linearer, sondern ein gekrümmter Verlauf im Stern-Volmer-Diagramm, da die kombinierte Stern-Volmer-Gleichung von zweiter Ordnung ist und von der Konzentration des Löschers und des Fluorophors abhängt.

10.7.4 Fluoreszenzmessungen in Lösung

Während die meisten Fluoreszenztechniken zum Nachweis an Oberflächen eingesetzt werden, kann der Nachweis einer molekularen Erkennungsreaktion auch direkt in Lösung durchgeführt werden. Der Vorteil ist, dass keine Oberflächenpräparationen erforderlich sind. Nachteilig ist allerdings eine Reduktion der Empfindlichkeit und Einschränkung der Anwendungsbreite. Zwei Verfahren wurden in diesem Zusammenhang entwickelt: die Fluoreszenzpolarisiationsspektroskopie und die Fluoreszenzkorrelationsspektroskopie. Bei Anisotropiemessungen wird die Probe mit polarisiertem Licht angeregt. Die Anregung ist abhängig von der relativen Orientierung des molekularen Übergangsdipolmomentes und des elektrischen Feldstärkevektors des Anregungslichtes. Das Übergangsmoment eines Moleküls hat eine bestimmte Orientierung zu den molekularen Trägheitsachsen, d. h. in einer Lösung der fluoreszierenden Moleküle findet man aufgrund der Diffusion alle möglichen Orientierungen der Moleküle und somit der Übergangsmomente. Die Einstrahlung von polarisiertem Licht führt dann vorzugsweise zu einer Anregung von Übergangsdipolen mit einer parallelen Orientierung zum Feldstärkevektor. Diese selektive Anregung führt zu einer partiell räumlich ausgerichteten Population von angeregten Fluorophoren und entsprechend einer teilweise räumlich ausgerichteten Emission von Fluoreszenzphotonen, da auch die Emission in einer zur Molekülachse fixierten Richtung erfolgt.

Die Fluoreszenzanisotropie r und die Fluoreszenzpolarisation P sind als

$$r = \frac{I_\parallel - I_\perp}{I_\parallel + 2I_\parallel} \quad \text{und} \quad P = \frac{I_\parallel - I_\perp}{I_\parallel + I_\parallel}$$

definiert. Dabei sind $I_\parallel$ und $I_\perp$ die vertikale bzw. horizontal polarisierte Emission, wenn die Probe mit vertikal polarisiertem Licht bestrahlt wird. Die Polarisation der Fluoreszenzemission kann durch verschiedene Faktoren beeinflusst werden. Der wichtigste Einfluss ist die Rotation des Moleküls. Ist die Rotationsdiffusion des Moleküls schnell, so wird es sich zwischen Anregung und Emission soweit aus seiner ursprünglichen Orientierung herausgedreht haben, dass es im Moment der Emission bereits in einer anderen Orientierung vorliegt. Da die typische Rotationszeit eines Fluoreszenzmoleküls in wässriger Lösung zwischen 50 und 100 ps beträgt, die Fluoreszenzlebensdauer eines angeregten Zustands eines Fluorophors jedoch im Bereich von 1–10 ns liegt, kann es sich in dieser Zeit einige Male drehen; d. h. Fluorophore in wässriger, nicht viskoser Lösung zeigen eine vollständig isotrope Abstrahlungscharakteristik.

Die Rotationsdiffusion kann reduziert sein, wenn das Molekül größer ist, z. B. wenn der Fluorophor an ein Makromolekül gebunden ist. Wird ein Fluoreszenzfarbstoffmolekül an ein Protein gebunden, verlangsamt sich die Rotationsdiffusion sehr stark. Die Fluoreszenzkorrelationszeit für humanes Serumalbumin (HSA) ist z. B. 50 ns, d. h. das Farbstoffmolekül wird seine anisotrope Abstrahlungscharakteristik in der kurzen Zeit zwischen Absorption und Emission (1–10 ns) nicht verlieren. Die Anisotropie ist durch die Perrin-Gleichung gegeben,

$$r = \frac{r_0}{1 + \dfrac{\tau}{\Theta}},$$

wobei r_0 die Anisotropie ohne Rotationsdiffusion und Θ die Rotationskorrelationszeit für den Diffusionsprozess ist.

Ein Anwendungsbeispiel ist erneut der immunologische Nachweis von Molekülen, z. B. von Cortisol. Man verwendet Cortisol-spezifische Antikörper, deren Bindungs-

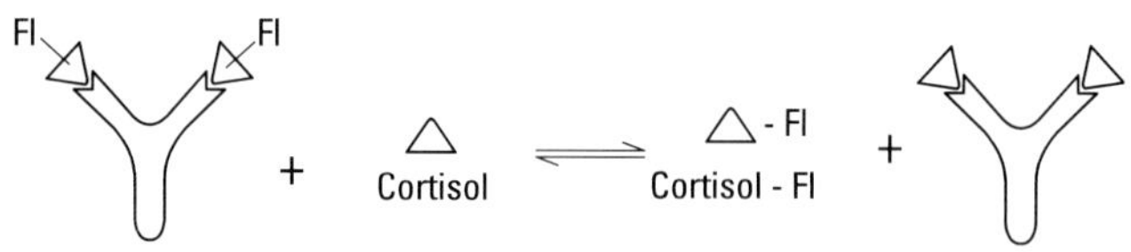

Abb. 10.39 Prinzip des homogenen immunologischen Cortisolnachweises.

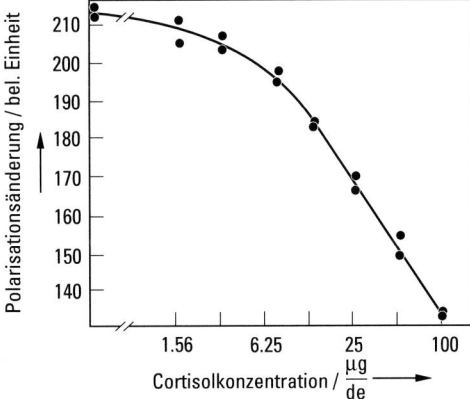

Abb. 10.40 Änderung der Polarisation als Funktion der Cortisolkonzentration (nach [4]).

stellen mit fluoreszenzmarkierten Cortisolmolekülen blockiert sind. Befinden sich in der zugegebenen Analytlösung Cortisolmoleküle, konkurrieren diese mit den fluoreszenzmarkierten Molekülen um die Bindungsplätze an den Antikörpermolekülen [23]. Ein Teil der fluoreszenzmarkierten Moleküle wird verdrängt (Abb. 10.39).

Die Rotationsdiffusion der markierten Moleküle wird nach Freisetzung schneller. Entsprechend sinkt die Fluoreszenzpolarisation nach Zugabe von Cortisol-haltiger Lösung (Abb. 10.40).

10.7.4.1 Fluoreszenzkorrelationsspektroskopie

In den Teilvolumina eines Gefäßes, in denen eine Lösung fluoreszierender Moleküle enthalten ist, ändert sich die Konzentration so lange nicht, wie die Zahl der austretenden und eintretenden Teilchen gleich ist. Dies ist mit hinreichender Genauigkeit gegeben, wenn die Teilchenzahl groß genug ist. Ist die Zahl der Moleküle jedoch klein, mitteln sich die Fluktuationen in der Konzentration nicht mehr heraus, sondern lassen sich zur Charakterisierung kinetischer Prozesse nutzen, die zur Einstellung des Gleichgewichts beitragen. In der Fluoreszenzkorrelationsspektroskopie (engl.: *fluorescence correlation spectroscopy*, FCS) nutzt man dieses „Rauschen" des Fluoreszenzsignals aus [25] (s. Abb. 10.36).

Mathematisch werden die gemessenen Signalfluktuationen über die Autokorrelationsfunktion ausgewertet. Die Zeitskala, auf der die Beobachtungen stattfinden, ist typischerweise im Mikrosekunden- bis Sekundenbereich; sie ist nach unten durch die Geschwindigkeit von Detektion und Auswertetechnik und nach oben durch die mittlere Aufenthaltsdauer der Moleküle im Messvolumen begrenzt.

Beobachtet man ein Volumenelement, ergeben sich bei zeitlich konstanter Bestrahlungsintensität Fluktuationen $\delta F(t) = F(t) - \langle F(t) \rangle$ mit

$$\langle F(t) \rangle = \frac{1}{t} \int_0^t F(t') \, dt',$$

dem Mittelwert des Fluoreszenzsignals $F(t)$ eines sehr kleinen Molekülensembles, vor allem durch die Fluktuation der Teilchenzahl $\delta N(t)$, d. h. der Konzentration $\delta C(t)$ innerhalb eines effektiven Beobachtungsvolumens. Ursache hierfür ist die thermische Diffusion (Brown'sche Molekularbewegung).

Die zeitliche Signalfluktuation lässt sich durch die Autokorrelationsfunktion $G(\tau)$ charakterisieren:

$$G(\tau) = \frac{\langle \delta F(t)\, \delta F(t+\tau) \rangle}{\langle F(t) \rangle^2}.$$

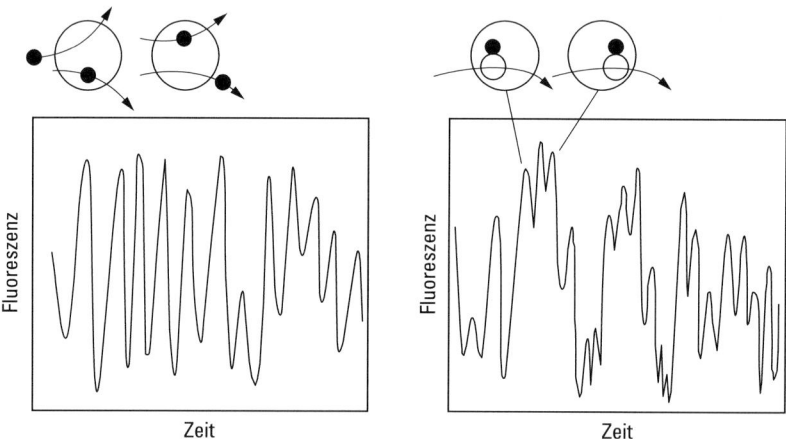

Abb. 10.41 FCS-Signal von freien (kleinen) Molekülen und von (größeren) Komplexen nach Bindung der Moleküle (FCS, Fluoreszenzkorrelationsspektroskopie).

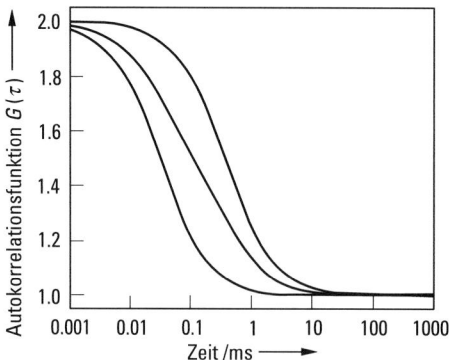

Abb. 10.42 FCS-Autokorrelationsfunktionen eines Liganden mit niedrigem Molekulargewicht (linke Kurve), des an ein Makromolekül gebundenen Liganden (rechte Kurve) und einer 1:1-Mischung aus freiem und gebundenem Liganden (mittlere Kurve) (FCS, Fluoreszenzkorrelationsspektroskopie).

Die Funktion $G(\tau)$ beschreibt also die „Selbstähnlichkeit" des Signals zu unterschiedlichen Zeitpunkten t und $t + \tau$ und bildet den zeitlichen Mittelwert. Die Autokorrelationsfunktion $G(\tau)$ beschreibt die Wahrscheinlichkeit, ein zum Zeitpunkt t detektierbares Molekül zum Zeitpunkt $t + \tau$ ebenfalls noch detektieren zu können, d. h. $G(\tau)$ beschreibt eine Verteilung von Aufenthaltsdauern einzelner Moleküle in einem definierten Volumenelement. Aus FCS-Daten können z. B. Diffusionskonstanten erhalten und Bindungsereignisse nachgewiesen werden (Abb. 10.41, 10.42).

10.7.4.2 Einzelmolekülnachweis

Der Nachweis einzelner Moleküle ist sozusagen die ultima ratio der Analysetechnik. Die große Empfindlichkeit verschiedener neuer Techniken ermöglicht einerseits den Nachweis geringster Spuren von Analytmolekülen, andererseits führt die Beobachtung einzelner Moleküle zu einem weit höheren Informationsgehalt der Messungen, da das Signal nicht nur ein Mittelwert aus einem Ensemble ist. Rastersondentechniken (s. Abschn. 10.8) sind durchaus in der Lage, selbst einzelne Atome sichtbar zu machen. Allerdings ist hierfür im Allgemeinen ein extrem reines Substrat erforderlich, die Probenvorbereitung ist aufwändig und die experimentellen Rahmenbedingungen müssen in einer Weise gewählt werden, die oft weit entfernt von den natürlichen Bedingungen in biologischen Systemen sind. Ein Ansatz, der weitaus geringere Anforderungen stellt, ist die Fluoreszenzspektroskopie. Gleichzeitig lässt sich eine Vielzahl an Parametern untersuchen. Allerdings muss das Signal einzelner Farbstoffmoleküle deutlich vom Untergrund unterscheidbar sein. Mit einem konfokalen Ansatz lässt sich Streulicht weitgehend unterdrücken. Hier wird durch Fokussierung und den Einsatz einer Lochblende im Strahlengang nur Licht aus einem kleinen Volumenelement von der Größe weniger Femtoliter auf den Detektor abgebildet. Photonen, die z. B. durch Streuung in Ebenen oberhalb oder unterhalb der Objektebene entstehen, werden durch die Lochblende ausgeblendet. Hierdurch wird das Signal-Rausch-Verhältnis entscheidend verbessert und selbst einzelne Moleküle sind beobachtbar [26].

Beim Einzelmolekülnachweis werden Detektoren (z. B. Photomultiplier oder Halbleiter-Lawinendioden) eingesetzt, die einzelne Photonen nachweisen können. Der konfokale Aufbau ist in Abb. 10.43 beschrieben.

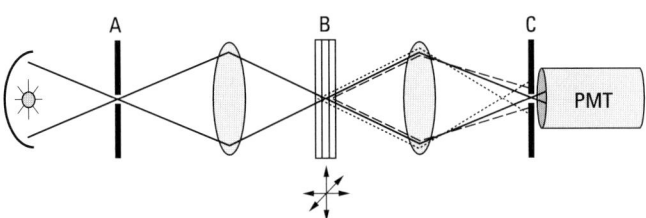

Abb. 10.43 Strahlengang einer konfokalen Abbildung der Probe B. Nur Licht aus der Bildebene (durchgezogene Linie) kann die Lochblende C passieren. Licht aus den darüber und darunter liegenden Ebenen (gestrichelte und punktierte Linie) wird blockiert.

Die Kombination von Einzelmoleküldetektion und Multiparameter-Fluoreszenzspektroskopie bietet Zugang zu einer Vielzahl von molekularen Parametern und zur räumlichen Struktur und Dynamik einzelner Moleküle. Die wichtigsten Messgrößen sind die spektralen Eigenschaften der Absorption und Emission, die Quantenausbeute, die Fluoreszenzabklingdauer und die Anisotropie. Hierfür wird die Fluoreszenzkorrelationsspektroskopie mit der Technik des zeitaufgelösten Einzelphotonennachweises kombiniert. Dies ist ein Verfahren, in dem nach der Anregung einer Probe mit einem kurzen Laserpuls die Zeitdauer gemessen wird, bis das erste Fluoreszenzphoton auf den Detektor trifft. Wiederholt man dieses Experiment, erhält man aufgrund des statistischen Verhaltens des Emissionsprozesses eine exponentielle Verteilung der Ankunftszeiten der Photonen, die für eine Molekülspezies charakteristisch ist. Die Zeit bis zum Abfall der Fluoreszenzintensität auf den $1/e$-Wert der Signalhöhe bei $t = 0$ (ohne Streulicht etc.) nennt man die „Fluoreszenzlebensdauer" oder „Fluoreszenzabklingdauer" τ des jeweiligen Farbstoffes. Die Kombination aus Fluoreszenzkorrelationsspektroskopie und zeitkorrelierter Einzelphotonenzählung erlaubt die simultane Messung sehr schneller Vorgänge, wie z. B. das Abklingen der Fluoreszenz, und langsamerer Prozesse wie Diffusionsprozesse oder chemische Reaktionen. Ein typischer experimenteller Aufbau ist in Abb. 10.45 gezeigt [27].

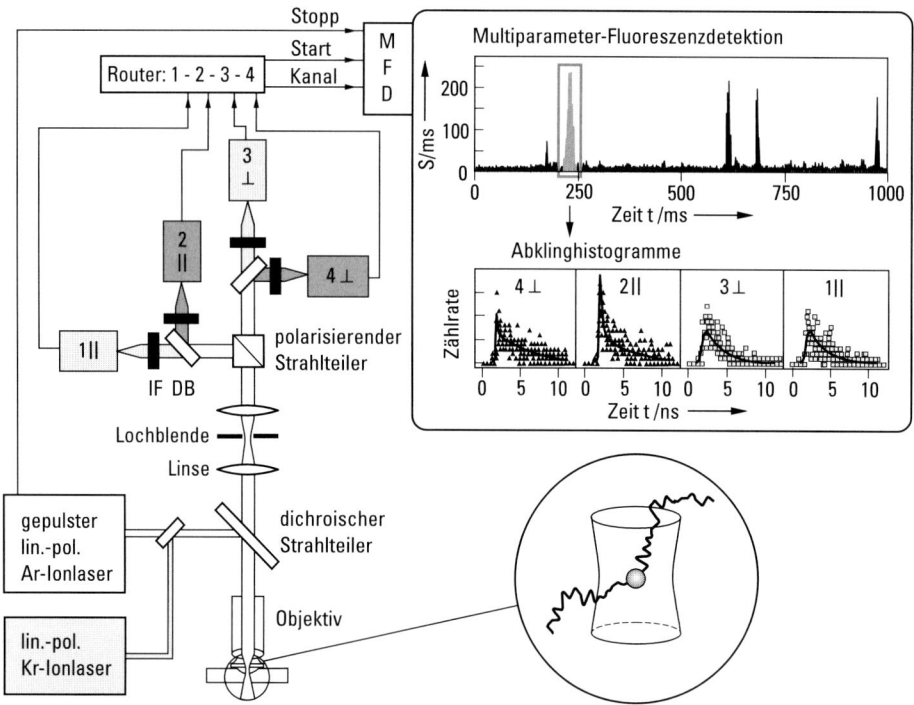

Abb. 10.44 Die Multiparameter-Fluoreszentdetektion (gemessen in Signalereignissen pro ms) mit zwei Laserwellenlängen und jeweils senkrechter und linearer Polarisation wird in vier verschiedene Kanäle aufgetrennt, die das Signal zeitaufgelöst detektieren (nach [27]).

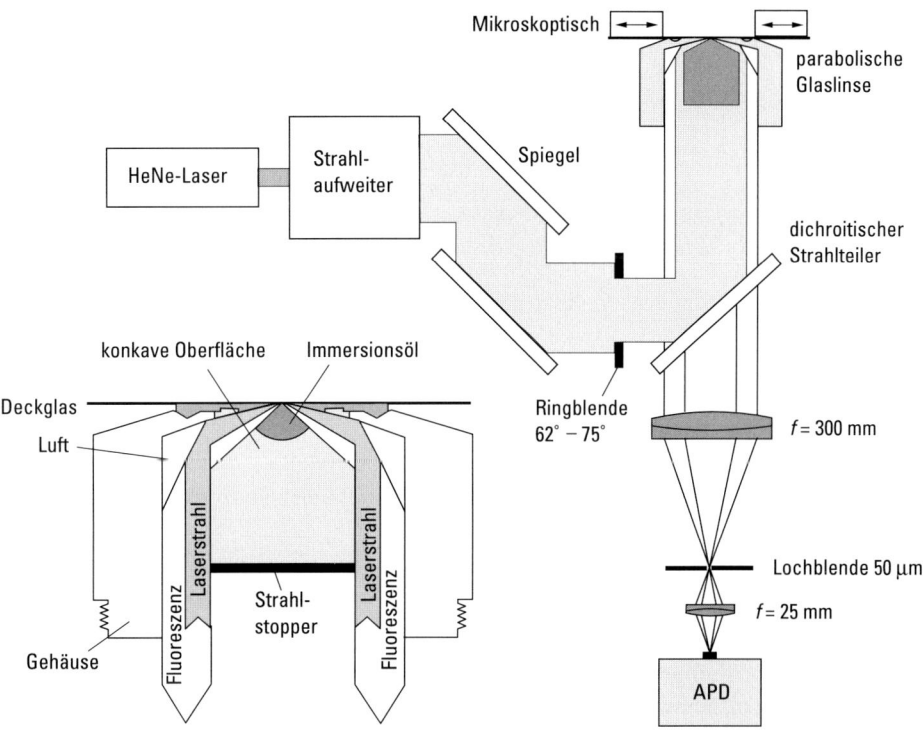

Abb. 10.45 Paraboloide Optik zum Nachweis einzelner Moleküle auf Oberflächen.

Die zeitaufgelöste Messung ermöglicht darüber hinaus das Erkennen von Farb-stoffen nicht nur aufgrund der Wellenlänge bzw. Farbe der emittierten Fluoreszenz, sondern auch aufgrund der Fluoreszenzlebensdauer, die für viele Farbstoffe unter-schiedlich ist [28]. Auch die Kombination aus Farbinformation und Lebensdauer-information ist möglich. Man hat schließlich verschiedene Farbklassen, innerhalb derer sich die Farbstoffe durch ihre Fluoreszenzlebensdauern unterscheiden. Somit eröffnen sich Möglichkeiten, mehrere Spezies simultan in einer Probe nachzuweisen.

Die Einzelmolekülspektroskopie an Oberflächen hat eine besondere praktische Bedeutung: Da das Detektionsvolumen möglichst klein sein muss, können in Lö-sung, wie z. B. beim FCS-Ansatz, keine wirklich geringen Konzentrationen nach-gewiesen werden. Die Zeit, bis ein Molekül in das Detektionsvolumen hineinwan-dert, d. h. messbar wird, ist nämlich bei Konzentrationen $< 10^{-12}$ mol/l für praktische Anwendungen zu groß. Die Immobilisierung von Rezeptormolekülen auf Oberflä-chen und die durch die Rezeptor-Ligand-Bindung spezifische Anreicherung des Ana-lyten bietet die Möglichkeit, auch sehr geringe Konzentrationen des Analyten durch Abrastern der Oberfläche nachzuweisen [29]. Darüber hinaus lassen sich auch bei niedrigen Konzentrationen Echtzeitmessungen durchführen. Eine wichtige Weiter-entwicklung dieses Verfahrens ist die Verringerung des Nachweisvolumens bis in den Bereich weniger Attoliter (10^{-18}l) [30]. Hierfür wird die totale interne Refle-

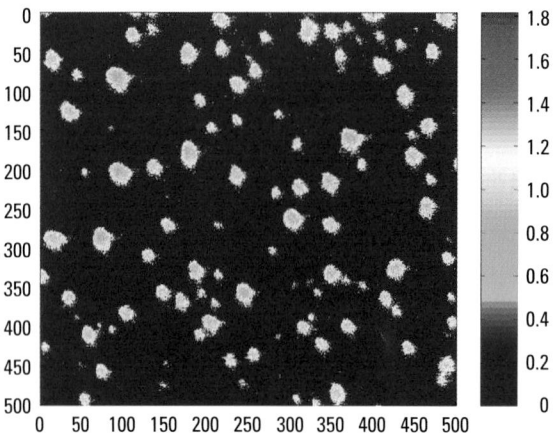

Abb. 10.46 Zeitaufgelöster Nachweis einzelner Farbstoffmoleküle (BMQ) nach Anregung mit Licht der Wellenlänge 266 nm.

xionsspektroskopie in Kombination mit einem Paraboloid zur Sammlung sog. evaneszenter Strahlung eingesetzt [31]. Durch das extrem kleine Detektionsvolumen können nun Echtzeitmessungen biochemischer Reaktionen auch in Gegenwart vergleichsweise hoher Konzentrationen an fluoreszenzmarkierten Molekülen beobachtet werden.

Die Erweiterung des Einzelmolekülnachweises im UV-Bereich des elektromagnetischen Spektrums gestaltet sich schwierig, da die Rayleigh-Streuung mit kürzerer Wellenlänge stark zunimmt (mit λ^{-4}). Dennoch gelingt es, einzelne Moleküle auf Oberflächen nachzuweisen, wobei mit kurzen Lichtpulsen (40 ps) bei 266 nm angeregt, aber erst zu einem Zeitpunkt beobachtet wird, wenn das Streulicht weitgehend abgeklungen ist [32]. Mit dieser Methode ist es möglich, auch die Autofluoreszenz biologischer Moleküle sehr sensitiv nachzuweisen (Abb. 10.46).

10.7.4.3 Fluoreszenzresonanz-Energietransfer

Fluoreszenzmessungen sind nicht nur geeignet, die Anwesenheit von Fluorophoren nachzuweisen, sondern lassen sich auch nutzen, um aufgrund der Analyse von Wechselwirkungen von Fluorophoren sehr präzise Abstandsmessungen durchzuführen.

Als Fluoreszenzresonanz-Energietransfer (FRET) bezeichnet man den strahlungslosen Energietransfer von einem fluoreszierenden Donormolekül auf ein Akzeptormolekül. Dabei nimmt die Fluoreszenzintensität des Donormoleküls direkt proportional zu der auf den Akzeptor übertragenen Energie ab. Die übertragene Energie hängt dabei empfindlich vom Abstand der beiden Moleküle ab. Umgekehrt lässt sich aufgrund der FRET-Effizienz auf den Abstand der Moleküle schließen. Die Entwicklung dieses „spektroskopischen Lineals" geht auf Förster und Weber zurück. Deshalb spricht man auch von einem „Förster-Resonanz-Energietransfer" [23].

Die Anregung des Donors mit Licht geeigneter Wellenlänge erzeugt Dipoloszillationen des Donors, die mit einem in der Nähe befindlichen Akzeptordipol in Resonanz treten können. Diese Wechselwirkung führt zu einem Energietransfer vom Donor zum Akzeptor. Kann der Akzeptor die Energie nicht in Form von Fluoreszenzlicht abgeben, beobachtet man, wie die Fluoreszenz des Donormoleküls gelöscht wird. Ist der Akzeptor selbst fluoreszierend, beobachtet man neben der Abnahme der Fluoreszenz des Donors eine Zunahme der Fluoreszenz des Akzeptors.

Die Effizienz des Energietransfers E ist der prozentuale Anteil der aufgenommenen Gesamtenergie des Donors, die auf den Akzeptor übertragen wird. Sie wird typischerweise bestimmt, indem man die Fluoreszenzintensitäten des Donors in Abwesenheit (F_D) und Anwesenheit (F_{DA}) des Akzeptors misst:

$$E = 1 - \frac{F_{DA}}{F_D}.$$

Die Effizienz ist sehr stark abstandsabhängig:

$$E = \left[1 + \left(\frac{r}{r_0} \right)^6 \right]^{-1}.$$

Dabei ist r_0 der Förster-Radius. Dies ist der Abstand der Moleküle, bei dem die Fluoreszenzintensität des Donors auf die Hälfte des Wertes ohne Akzeptor abgesunken ist, also $E = 0.5$. Bei bekanntem Förster-Radius eines Donor-Akzeptor-Paares lässt sich also der Abstand zwischen einem Donor und einem Akzeptor experimentell durch die Löschung der Donoremission bestimmen. r_0 lässt sich mit Hilfe der Förster-Gleichung durch

$$r_0 = \left(8.79 \cdot 10^{23} \, \frac{\kappa^2 \, \Phi_D \, J(\lambda)}{n^4} \right)^{\frac{1}{6}}$$

berechnen. Hierbei ist κ^2 der Orientierungsfaktor der Dipol-Dipol-Wechselwirkung, n der Brechungsindex des Mediums zwischen Donor und Akzeptor, Φ_D die Fluoreszenzquantenausbeute des Donors und $J(\lambda)$ das spektrale Überlappungsintegral zwischen Donoremission und Akzeptorabsorption (Abb. 10.47).

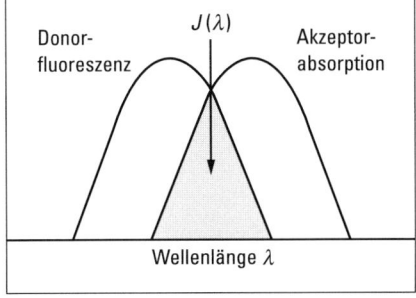

Abb. 10.47 Graphische Darstellung des Überlappungsintegrals $J(\lambda)$.

Das Überlappungsintegral $J(\lambda)$ berechnet sich aus dem molaren Extinktionskoeffizienten ε_A des Akzeptors bei der Wellenlänge λ und der Fluoreszenzintensität $F_D(\lambda)$ des Donors:

$$J(\lambda) = \frac{\int\limits_0^\infty \lambda^2 \varepsilon_A(\lambda) F(\lambda)\, d\lambda}{\int\limits_0^\infty F(\lambda)\, d\lambda}.$$

Dabei ist die Fläche der Fluoreszenzintensität auf Eins normiert.

Für die FRET-Methode der Abstandsmessung auf einer molekularen Größenskala gibt es eine Reihe wichtiger Anwendungen, die im Folgenden beschrieben werden.

Intramolekulare Abstandsmessungen. Man ist heute in der Lage, Fluoreszenzfarbstoffmoleküle in Proteinen an bestimmten Positionen kovalent zu binden. Dadurch kann ein Donormolekül und ein Akzeptormolekül an bestimmte Aminosäuren in einem Protein gebunden und deren Abstand zueinander bestimmt werden. Auf diese Weise erhält man wertvolle Informationen nicht nur zur dreidimensionalen Struktur des Proteins (bei Markierung durch drei und mehr Fluorophore), sondern bei zeitaufgelösten Messungen z. B. auch zur Dynamik der Proteinfaltung.

Membranfusionstest. Zur Untersuchung der biophysikalischen Eigenschaften von Biomembranen werden häufig Membranfusionstests herangezogen. Der Nachweis der Fusion kann auf einfache Weise mit einem FRET-Experiment geführt werden.

Hierbei werden Membranen mit einer Mischung aus Donor- und Azeptormolekülen markiert und mit unmarkierten Membranen gemischt. Der FRET nimmt ab, wenn der mittlere Abstand der Proben aufgrund einer Fusion der Membranen zunimmt (Abb. 10.48).

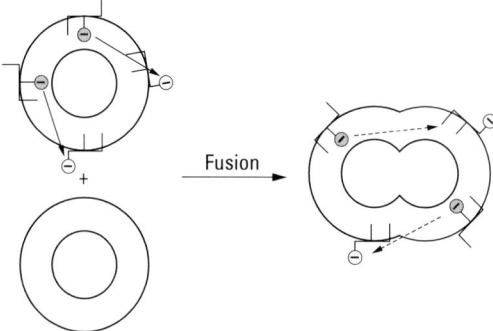

Abb. 10.48 Schema eines Lipidmischungstests auf der Basis von FRET (Fluoreszenzresonanz-Energietransfer).

10.7.5 DNA-Hybridisierungstests

Die Hybridisierung von komplementären DNA-Strängen gehört heute zu den wichtigsten Diagnosetechniken. Der Nachweis der Bindung und die Lokalisation kurzer DNA-Stränge auf längeren Strängen kann mit Hilfe von FRET sehr einfach geführt werden: Man setzt so genannte Molecular Beacons ein, die einen Donor und einen Akzeptor tragen. Diese Haarnadelschleifenstruktur (engl.: *hairpin loop*) ist aufgrund der Nähe von Donor und Akzeptor nicht fluoreszierend. Bei der Hybridisierung öffnet sich die Struktur, Donor und Akzeptor liegen weiter auseinander und es kann Fluoreszenz beobachtet werden (Abb. 10.49).

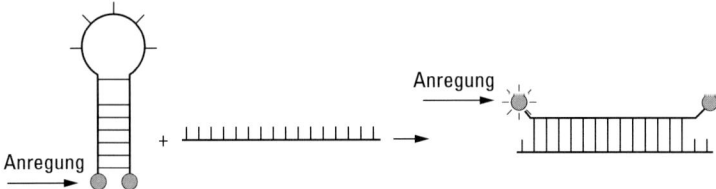

Abb. 10.49   Ein Haarnadelschleifen-(engl.: *hairpin loop*-)Hybridisierungstest.

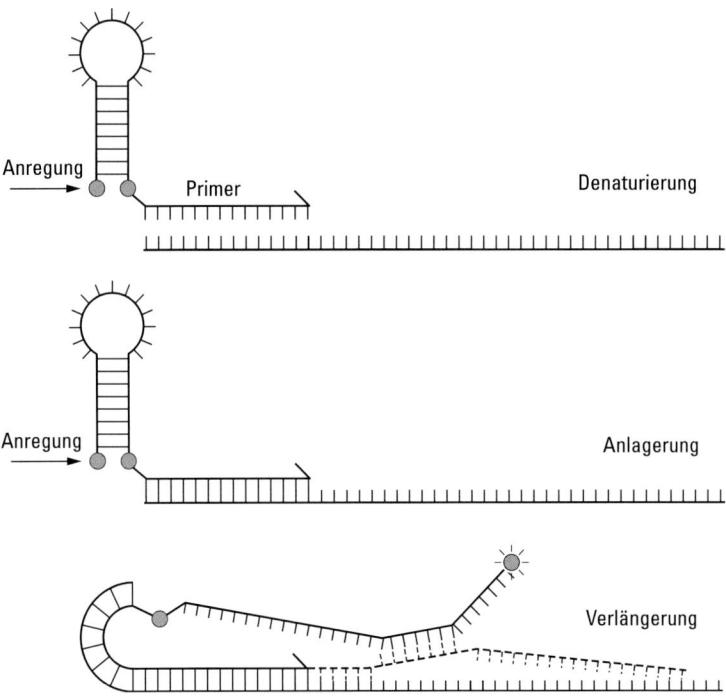

Abb. 10.50   Prinzip des Primer-Verlängerungs-(Extensions-)Tests zum Nachweis spezifischer Sequenzen.

10.7.5.1 Primer-Extensions-Test

In der Haarnadelschleifenstruktur bildet der Akzeptor einen nichtfluoreszierenden Komplex mit dem Donor. Nach der enzymatischen Verlängerung des Stranges hybridisiert die sog. „Skorpion"-Probe mit dem neu gebildeten DNA-Stück. Donor und Akzeptor werden dabei getrennt und Fluoreszenz wird beobachtet (Abb. 10.50).

10.7.5.2 Echtzeit-Polymerasekettenreaktion

Die Polymerasekettenreaktion (engl.: *polymerase chain reaction*, PCR) gehört heute zu den wichtigsten molekularbiologischen Techniken zur Identifizierung von Genen. Bei der Echtzeit-PCR (RT-PCR) findet in der intakten Probe ein Energietransfer vom Donor zum Akzeptor statt, wobei die kurzwellige Donorfluoreszenz gelöscht wird. Nach der Hybridisierung ist die Probe empfindlich gegenüber der Endonukleaseaktivität der Polymerase (hier wird die *Taq*-Polymerase, isoliert aus dem thermostabilen Bakterium *Thermus aquaticus*, verwendet), d. h. die Probe wird abgebaut. Da dabei der Donor in Lösung geht, vergrößert sich der Abstand zum Akzeptor, d. h. FRET ist unterbrochen und Fluoreszenz wird beobachtet (Abb. 10.51).

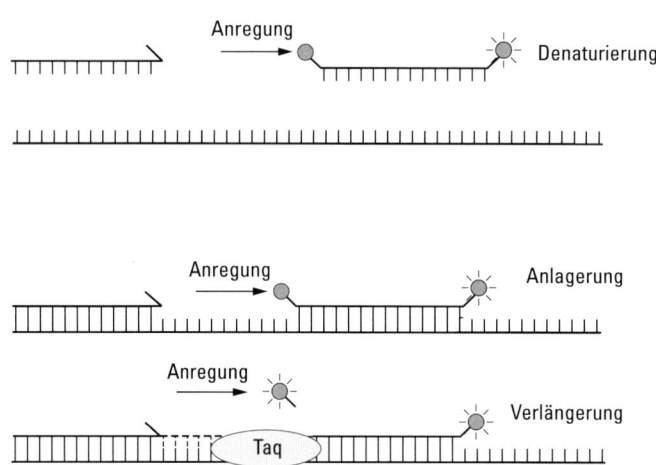

Abb. 10.51   Prinzip der Echtzeit-Polymerasekettenreaktion.

10.7.6 Die Sequenzierung von DNA

Besonders interessant ist die Sequenzierung von DNA, bei der der fluoreszenzspektroskopische Nachweis mit der elektrophoretischen Auftrennung kombiniert ist. Die Sequenzierung von DNA kann nicht direkt erfolgen, da DNA-Moleküle aus Nukleotidmonomeren bestehen, von denen es genau vier verschiedene Arten gibt. Al-

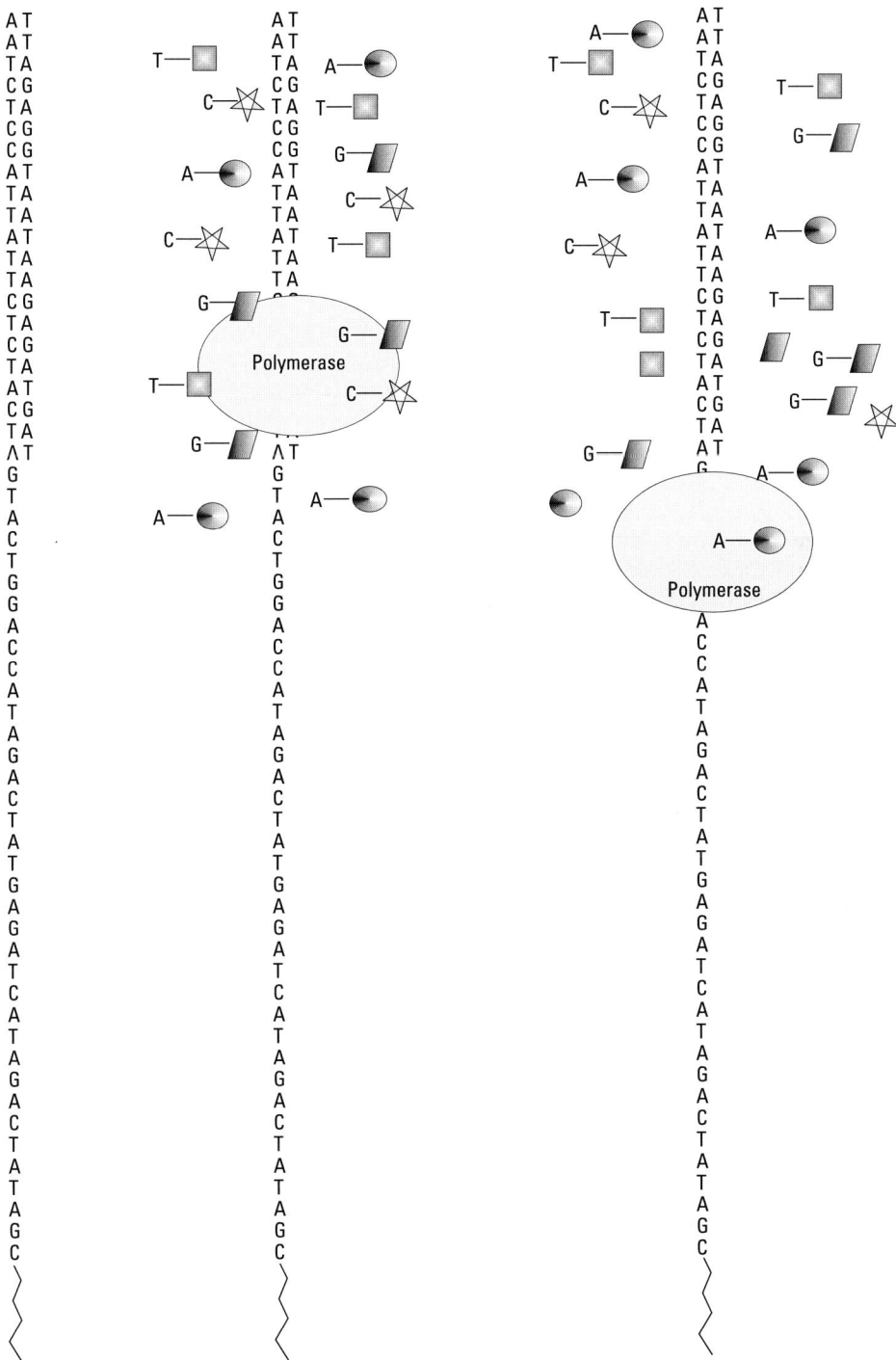

Abb. 10.52   Konzept zur Sequenzierung einzelner DNA-Stränge.

lerdings besteht die Möglichkeit, DNA-Fragmente nach ihrer Größe elektrophoretisch aufzutrennen. Man geht dabei folgendermaßen vor: An das DNA-Molekül unbekannter Sequenz wird ein kurzes DNA-Molekül (Primer) komplementärer Struktur gebunden (hybridisiert), das als Angriffspunkt für ein Enzym dient. Dieses Enzym vom Typ der Polymerasen ist in der Lage, das Primermolekül entsprechend der Sequenz des Muster-DNA-Stücks zu verlängern, wenn die Mononukleotide der vier Basen Adenosin, Cytosin, Thymin und Guanosin zur Verfügung stehen. Die Markierung der synthetisierten DNA-Stränge erfolgt über den Einbau fluoreszenzmarkierter Nukleotide, die als Didesoxynukleotide (ddNTPs) die Polymerisation beenden, da an der entscheidenden Stelle am Riboasering keine OH-Gruppe, sondern ein H-Atom sitzt. Werden dem Enzym nun unmarkierte Desoxynukleotide und eine kleinere Zahl fluoreszenzmarkierter Didesoxynukleotide angeboten, erhält man alle möglichen Kettenlängen, da die ddNTPs statistisch eingebaut werden und die Polymerisation terminieren; jedes Fragment ist am Ende (durch den Einbau der markierten ddNTPs) fluoreszenzmarkiert. Ist die Markierung nukleotidspezifisch, also z. B. blaue, rote, gelbe, grüne Fluoreszenz für A, T, G, C, so lässt sich für jede Fragmentlänge die letzte Base bestimmen. Werden die Fragmente elektrophoretisch aufgetrennt, kann man mit der fluoreszenzspektroskopischen Analyse die gesamte Sequenz im Elektropherogramm ablesen [33].

Neuere Ansätze versuchen, den relativ zeitaufwändigen Trennschritt über Elektrophorese entweder zu verkürzen oder ganz überflüssig zu machen. Hierfür ist allerdings die Sequenzierung auf Einzelmolekülniveau erforderlich. Ein Konzept, das den Trennschritt nach der Synthese der DNA völlig überflüssig macht, basiert auf dem folgenden, in Abb. 10.52 schematisch dargestellten Prinzip [34]: Wenn man ein sehr kleines Detektionsvolumen zur Verfügung hat, wie z. B. durch Verwendung des Paraboloidaufbaus im Attoliterbereich (s. Abb. 10.45), dann lassen sich auch einzelne fluoreszenzmarkierte Nukleotide während des Einbaus beim Aufbau eines komplementären DNA-Stranges beobachten. Sind die vier Nukleotide unterschiedlich markiert, kann das jeweils eingebaute auch aufgrund der Fluoreszenzeigenschaften (Farbe oder Abklingdauer) identifiziert werden. Nach Einbau könnte die Fluoreszenz gelöscht oder der Farbstoff abgespalten und der nächste Einbau nachgewiesen werden. Mit dieser Methode wäre eine um mehrere Größenordnungen schnellere Sequenzierung möglich.

10.8 Kraftmikroskopische Experimente an einzelnen Biomolekülen

Biomoleküle, wie die Desoxyribonukleinsäure (DNA) oder Proteine, sind Makromoleküle. Während die DNA der Speicherung und Weitergabe der Erbinformation dient, sind Proteine die biochemischen Funktionsträger der Zelle (s. Abschn. 10.3). Sie erfüllen dort eine Vielzahl von Aufgaben wie Aufbau und Stabilisierung von Strukturen, Katalyse biochemischer Reaktionen durch Enzyme, chemische Signalübertragung, etwa durch Immunglobuline oder Hormone, Transkription oder Verdopplung der DNA, Umwandlung chemischer Energie in mechanische Arbeit, etwa in den Motorproteinen der Muskelzellen, oder auch den gezielten Abbau nicht benötigter oder schädlicher Proteine. Weitere Funktionen, die überwiegend von Membranproteinen wahrgenommen werden, sind der Transport und die Filterung kleiner Moleküle, die molekulare Erkennung, etwa durch Antikörper oder Geschmacksrezeptoren, ferner Energieumwandlung, z. B. in der Photosynthese, die Detektion von Lichtquanten, z. B. im Rhodopsin der Sehzellen, die Steuerung der Fusion von Membranen oder auch der gezielte Abbau nicht benötigter oder schädlicher Proteine [35]. Die meisten dieser Funktionen sind sehr komplex und werden in vielen Fällen durch Änderung der räumlichen Struktur der beteiligten Proteine realisiert oder gesteuert [36]. Neben der physiko-chemisch motivierten Betrachtung von Änderungen der Gibbs'schen freien Energie spielen dabei auch die mit den Strukturänderungen verbundenen Kräfte eine wesentliche Rolle [37]. Wie lassen sich unter diesem Gesichtspunkt die Eigenschaften und die Funktionsmechanismen dieser Biomoleküle aufklären?

10.8.1 Kraftmessungen an einzelnen Biomolekülen: Prinzip

In den letzten Jahren wurde dazu ein neuer experimenteller Zugang entwickelt, der die gezielte mechanische Manipulation einzelner Moleküle ermöglicht und in diesem Abschnitt näher beschrieben werden soll. Mit der Erfindung des Rastertunnelmikroskops durch Binnig und Rohrer im Jahre 1982 und später des Rasterkraftmikroskops durch Binnig, Gerber und Quate wurden die dazu geeigneten Werkzeuge bereitgestellt. Obwohl diese Techniken anfänglich zum Abbilden von Oberflächen mit atomarer Auflösung entwickelt worden waren (vgl. Abschn. 10.7), wurden sie auch bald als Instrumente zur Manipulation von Atomen und Molekülen verwendet. So kann man die mikroskopisch kleine Blattfeder eines Kraftmikroskops (den Cantilever) als Pikonewton-Kraftmessgerät verwenden (Abb. 10.53b). Über piezoelektrische Stellelemente kann die Feder auf Bruchteile von Nanometern genau positioniert und deren Auslenkung – als Maß für die wirkende Kraft – über einen einfachen Lichtzeiger mit ebenso hoher Präzision gemessen werden.

Die Spitze einer Kraftmikroskopnadel hat einen Krümmungsradius von ungefähr 10 nm, was gerade der charakteristischen Größe von Biopolymeren entspricht. Damit ist sichergestellt, dass selbst aus einer dicht belegten Oberfläche genau eines oder einige wenige Moleküle ausgewählt werden können, um an ihnen gezielt mechanische Experimente durchzuführen. Dieses Messprinzip soll zunächst am Beispiel der molekularen Erkennung verdeutlicht werden. Für ein eingehenderes Studium der Methode sei der Leser auf das Lehrbuch von Morris [39] sowie zwei jüngere Überblicksartikel [40, 41] und die darin enthaltenen Referenzen verwiesen.

10.8.2 Erzwungene Trennung nichtkovalenter Bindungen

Eine direkte Messung von Bindungskräften einzelner Moleküle ist erstmals 1994 gelungen [42]. Die Abb. 10.53a zeigt die Vorgehensweise am Beispiel der erzwungenen Bindungstrennung eines Ligandenmoleküls (Biotin, hell) von einem Rezeptorprotein (Streptavidin, dunkel), das diesen Liganden spezifisch und hochaffin bindet. Wegen dieser Eigenschaften wird es in der Biotechnologie als molekularer Kopp-

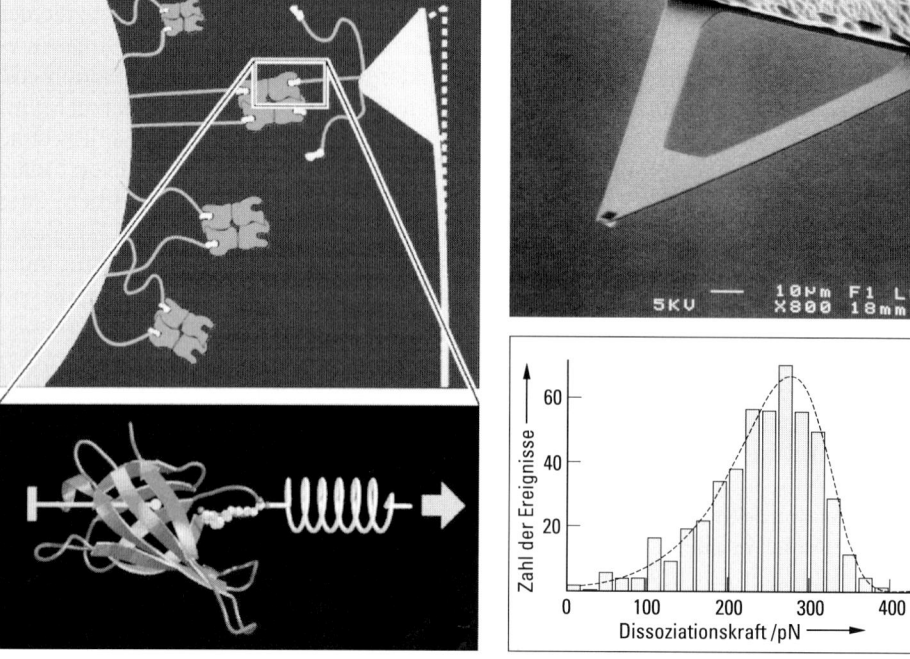

Abb. 10.53 (a) Vorgehensweise in kraftmikroskopischen Einzelmolekülexperimenten (siehe Text); (b) elektronenmikroskopisches Bild des Hebelarms („Cantilever") eines Kraftmikroskops (Abdruck mit freundlicher Genehmigung der Firma Digital Instruments, Santa Barbara, CA, USA; (c) Vorgehensweise zur Simulation kraftmikroskopischer Einzelmolekülexperimente (s. Abschn. 10.9.3); (d) typisches Ergebnis einer Serie einzelner Abreißexperimente (Histogramm) und Vorhersage aus Gl. (10.10) (gestrichelt) (nach Rief et al. [38]).

ler verwendet. Über ein Polymermolekül („Linker") sind Proteine mit freien Bindungsstellen auf einer Unterlage (links) gebunden; die Spitze des Cantilevers (rechts) des Kraftmikroskops ist, ebenfalls über ein Polymer, mit einigen wenigen Biotinmolekülen bestückt. Wird der Cantilever auf die Unterlage zubewegt, bilden sich einige Streptavidin-Biotin-Komplexe, die während des anschließenden Zurückziehens des Cantilevers nach und nach wieder getrennt werden. In einigen Fällen verbleibt schließlich *genau ein* intakter Komplex, dessen Abreißkraft (Dissoziationskraft) dann gemessen werden kann. Wird dieses Experiment viele hundert Male wiederholt, ergibt sich eine Verteilung der Bindungskräfte (Abb. 10.53d). Das Maximum im Krafthistogramm markiert die wahrscheinlichste Kraft, die benötigt wird, um ein Bindungspaar voneinander zu trennen. Im vorliegenden Fall beträgt diese Abreißkraft ca. 270 pN pro Bindungspaar; sie ist die Maximalkraft, der die (nichtkovalente) Ligand-Rezeptor-Bindung auf der in diesem Experiment vorgegebenen Zeitskala zu widerstehen in der Lage ist und damit ein Maß für die Bindungsstärke.

Drei Aspekte zeichnen derartige Messungen besonders aus. Im Gegensatz zu (Gibbs'schen) freien Energien sind Kräfte keine thermodynamischen Zustandsgrößen und hängen damit vom jeweils eingeschlagenen Reaktionsweg ab. Umgekehrt erlauben Messungen von Kräften deshalb Rückschlüsse auf den Reaktionsweg und damit insbesondere auf den Mechanismus des untersuchten Prozesses. Ein zweiter Aspekt ist, dass Kräfte entlang von Reaktionskoordinaten auch dann wohldefiniert und messbar sind, wenn der Prozess fernab vom Gleichgewicht geführt wird, im Gegensatz zu den Zustandsgrößen, die nur für den Gleichgewichtsfall definiert sind, z. B. als Wegintegral über die Kraft. Für den Nichtgleichgewichtsfall wird man daher erwarten, dass die gemessene Kraft davon abhängt, wie schnell die Trennung des Komplexes erzwungen wird. Schließlich werden Messungen an *individuellen* Molekülen durchgeführt. Im Gegensatz zu herkömmlichen Ensemblemessungen erhält man dabei nicht nur Mittelwerte, sondern zusätzlich die dazugehörigen Verteilungen. Soll darüber hinaus der zeitliche Verlauf eines intramolekularen Vorgangs untersucht werden – etwa die Auffaltung eines Proteins –, so muss man bei Ensemblemessungen diesen Vorgang in einem Großteil der Moleküle synchronisiert ablaufen lassen; bei Einzelmolekülmessungen entfällt diese Notwendigkeit.

So können seit kurzem Größe und zeitlicher Verlauf der Kräfte gemessen werden, welche Motorproteine wie Myosin auf Aktinfilamente ausüben, um an ihnen innerhalb von Zellen entlangzuwandern und Vesikel hin- und herzutransportieren [43]. Auch konnte die Kraft gemessen werden, welche die RNA-Polymerase während der Transkription entlang eines DNA-Strangs schiebt [44] oder welche ein Flagellenmotor zu generieren in der Lage ist, um Bakterien voranzutreiben [45]. Darüber hinaus wurde kürzlich an zahlreichen Systemen untersucht, welche Kräfte erforderlich sind, um Proteine oder DNA-Stränge zu entfalten [46, 47] oder Zucker- und andere Polymere zu dehnen [48].

10.8.3 Elastizität von Polymeren

Während wir im vorangegangenen Abschnitt überwiegend Bindungskräfte *zwischen* einzelnen Molekülen betrachtet haben, so wollen wir jetzt zeigen, dass die Einzelmolekülkraftspektroskopie auch Informationen über *intra*molekulare Kräfte liefern kann, z. B. in Polymeren: Welche molekularen Kräfte beeinflussen die mechanischen Eigenschaften einzelner Polymermoleküle? Wodurch ist die Stabilität von Proteinen bestimmt? Im Unterschied zu den im vorigen Abschnitt beschriebenen Dissoziationsexperimenten ist hier die Messgröße nicht eine Dissoziationskraft, sondern eine Kraft-Ausdehnungs-Kurve $F(x)$, also der Verlauf der ausgeübten Zugkraft F als Funktion der Länge x des Polymers. Diese Experimente zielen darauf ab, Materialeigenschaften auf molekularer Grundlage besser zu verstehen. Insbesondere erlaubt die Einzelmolekülmessung, Materialeigenschaften, die auf *inter*molekulare Wechselwirkungen zurückzuführen sind, von solchen zu trennen, die allein auf *intra*molekularen Eigenschaften beruhen. Als Beispiel sollen Messungen der Elastizität einzelner Zuckerpolymere (Polysaccharide) dienen.

Polysaccharide spielen als Strukturelemente in Pflanzen (z. B. Holz) eine wichtige Rolle; ein großer Teil der Biomasse der Erde besteht aus Polysacchariden. Polysaccharide sind aus vielen Zuckeruntereinheiten aufgebaut, die miteinander verkettet sind (vgl. Abb. 10.54b). Sie unterscheiden sich durch die Art der Verkettung: Bei Dextran (oben) ist jedes Glukosemonomer mit seinem seitlich am Glukosering ge-

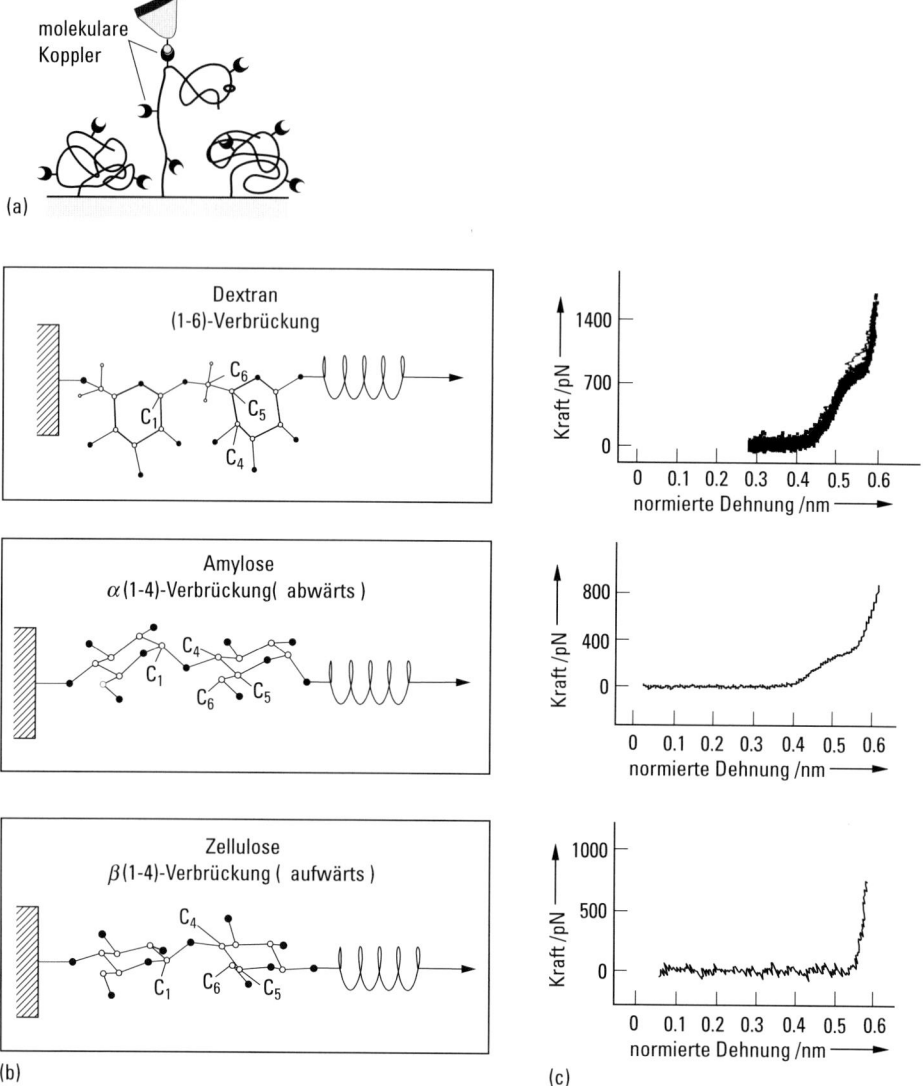

Abb. 10.54 (a) Prinzipielle Vorgehensweise bei Einzelmolekül-Dehnexperimenten mit dem Kraftmikroskop. Über molekulare Koppler wird das untersuchte Polymer an der Spitze des Kraftmikroskops (grau) befestigt, welche dann zurückgezogen wird. (b) Strukturen der untersuchten Zuckerpolymere Dextran, Amylose und Cellulose (hier sind lediglich zwei der üblicherweise einigen hundert Monomere gezeigt). Auch hier lässt sich das Experiment durch eine am Ende des Polymers befestigte Feder beschreiben, welche in Zugrichtung bewegt wird (Pfeil). Das andere Ende des Polymers ist auf der Unterlage fixiert. (c) Gemessene Kraft-Ausdehnungs-Kurven [14] der drei untersuchten Polysaccharide; als Dehnung angegeben ist die Ausdehnung pro Monomer (nach Rief et al. [38]).

bundenen C_1-Kohlenstoffatom über ein Sauerstoffatom mit dem C_6-Atom des jeweils benachbarten Monomers verbunden; bei Amylose (Mitte) und Cellulose (unten) führt die Verknüpfung stattdessen über das C_4-Atom.

Im Experiment sind die Dextranstränge auf einer Goldunterlage verankert und mit Rezeptormolekülen versehen, die spezifisch an die Liganden binden, mit denen die Spitze belegt ist (Abb. 10.54a). Die Abb. 10.54c zeigt drei gemessene Kraft-Ausdehnungs-Kurven für die betrachteten Polysaccharide. Alle Kraft-Ausdehnungs-Kurven von Dextran und Amylose zeigen ein ähnliches Muster.

Im niedrigen Kraftbereich ist die Elastizität von entropischen Kräften bestimmt: Allein die Einschränkung der Zahl der möglichen Konformationen des Polymer-rückgrats aufgrund der Streckung führt zu einer Rückstellkraft, selbst wenn die Elemente der Kette selbst nicht elastisch sind. Solche entropischen Kräfte sind in der Polymerphysik wohlbekannt (vgl. Abschn. 8.3.4.; eine sehr gute Einführung gibt auch Kuhn [49]) und sind beispielsweise für die Gummielastizität verantwortlich. Für die betrachteten Zuckerpolymere lassen sich die Kräfte sehr gut mit dem „Worm-like-chain"-Modell [50] beschreiben (auch als Porod-Kratky-Kette bezeichnet). Ähnlich dem bekannteren Diffusionsmodell („Random-walk"-Modell) wird dabei das Polymer als homogene und beliebig dünne Kurve aufgefasst, deren Richtung an jedem Punkt der Kurve zufällig ist. Im Gegensatz zum Diffusionsmodell wird einschränkend angenommen, dass die Richtung für nahe beieinanderliegende Kurvenpunkte korreliert ist. Die charakteristische Länge dieser Korrelation wird als Persistenzlänge L_p bezeichnet; sie ist ein Maß für die Biegesteifigkeit des Polymers. Eine gute Näherung für die Kraft-Ausdehnungs-Kurven des Worm-like-chain-Modells ist [51]

$$ F(x) = \frac{kT}{L_p} \left[\frac{1}{4(1 - x/L)^2} - \frac{1}{4} + \frac{x}{L} \right], \tag{10.2} $$

mit dem der End-zu-End-Abstand x des Polymers mit Konturlänge L und der thermischen Energie kT.

Bei höheren Kräften weist die Kraft-Ausdehnungs-Kurve des Dextrans und der Amylose eine charakteristische Schulter auf: Das Polymer dehnt sich aus, ohne dass die Kraft wesentlich zunimmt. Der Grund hierfür ist, dass diese kritische Kraft eine intramolekulare Strukturänderung der einzelnen Monomere („Konformations-übergang") auslöst, welche deren effektive Länge vergrößert. Trotz des recht geringen Unterschieds in der Verbrückung unterscheiden sich die kritischen Kräfte von Dextran und Amylose (700 pN vs. 280 pN) deutlich. Noch verblüffender ist der Unterschied der elastischen Eigenschaften zur Cellulose: Obwohl sie mit Amylose chemisch identisch ist und sich nur durch die Stereospezifität des asymmetrischen C_1-Atoms unterscheidet, zeigt Cellulose überhaupt keine Schulter; bedingt durch die veränderte Struktur der Verbrückung findet hier offensichtlich kein Konformationsübergang statt.

10.8.4 Erzwungene Entfaltung von Proteinen: Beispiel Titin

Ein weiteres Beispiel kraftmikroskopischer Einzelmolekülexperimente ist die mechanische Entfaltung sog. Immunglobulindomänen des Muskelproteins Titin [52]. Dieses Protein schützt als „molekularer Stoßfänger" die Muskelzelle vor Überdehnung, indem es die überschüssige mechanische Energie dissipiert. Wie dies auf molekularer Ebene geschieht, war lange unbekannt. Ein Titinmolekül besteht aus über zweihundert Immunglobulindomänen (Abb. 10.55a; es sind hier lediglich drei Domänen gezeigt), die eine kompakte β-Faltblattstruktur einnehmen. Diese Domänen sind durch relativ unstrukturierte Aminosäurekettenabschnitte verbunden.

Unterwirft man einen Teil des Proteins (im gezeigten Fall aus sechs Domänen bestehend) im Kraftmikroskop einer anwachsenden Zugkraft, so beobachtet man ein sägezahnförmiges Zackenmuster (Abb. 10.55b). Der ansteigende Teil der ersten Zacke (links) rührt überwiegend von der Dehnung der ungeordneten Zwischenstücke des Proteins und lässt sich, ähnlich den Polysacchariden, sehr gut durch das Worm-like-chain-Modell beschreiben (graue Linie, s. Gl. (10.2) in Abschn. 10.8.3), in diesem Fall mit einer Konturlänge von $L = 58$ nm. Die Struktur der einzelnen Domänen bleibt dabei zunächst weitgehend unverändert.

Ab einer kritischen Kraft von etwa 180 pN jedoch (in Abb. 10.55a mit Pfeil 1 gekennzeichnet) können die nichtkovalenten intramolekularen Wechselwirkungen innerhalb einer Domäne der Zugkraft nicht länger widerstehen, so dass diese entfaltet und nun ebenfalls eine ungeordnete Struktur einnimmt. Dadurch gewinnt das Polymer an Länge (Pfeil 2), die Feder des Cantilevers (rechts) kehrt wieder in ihre Ruhestellung zurück, und die gemessene Kraft fällt auf Null. Der gemessene Längenzuwachs entspricht genau demjenigen, den man für die Entfaltung einer einzelnen Domäne erwartet. Im weiteren Verlauf des Experiments wird das Protein wiederum gedehnt, nun mit einer größeren Konturlänge von 87 nm. Ist die Zugkraft erneut auf den kritischen Wert angestiegen (Pfeil 3), entfaltet eine zweite Domäne, und die Kraft fällt erneut. Dieser Prozess setzt sich solange fort, bis alle sechs Domänen entfaltet sind und damit die volle Länge des Polymers ($L = 227$ nm) wirksam wird, was sich in einem deutlich flacheren Kurvenverlauf widerspiegelt.

Bemerkenswerterweise ist dieses Verhalten nicht reversibel: Nähert man nach der vollständigen Entfaltung den Cantilever wieder der Unterlage an, wird *kein* Sägezahnmuster durchlaufen (untere schwarze Kurve in Abb. 10.55b). Vielmehr verhält sich das Protein bis hin zu sehr niedrigen Kräften wie ein unstrukturiertes Polymer mit der vollen Konturlänge von $L = 227$ nm; erst bei Kräften unterhalb von etwa 2 pN falten sich die Immunglobulindomänen wieder in ihre native Struktur. Diese sehr unterschiedlichen Kraftverläufe zeigen, dass wenigstens ein Teil des Zyklus fern vom thermodynamischen Gleichgewicht durchlaufen wird.

Dieser Befund erklärt die verblüffend hohe (und im Muskel natürlich gewünschte) Widerstandsfähigkeit gegenüber Zugkräften. Liefe die Entfaltung nämlich im Gleichgewicht ab, so würde man aus der kalorimetrisch bestimmten freien Enthalpie ΔG der Entfaltung einer Domäne von ca. 25 kJ/mol (entsprechend etwa $10\,kT$) und der gemessenen Längenänderung ΔL von ca. $\Delta L = 28$ nm eine um zwei Größenordnungen kleinere mittlere Kraft erwarten ($\Delta G/\Delta L = 1.5$ pN) und nicht die gemessenen ca. 200 pN. (Interessanterweise liegt die Kraft von etwa 2 pN, ab der die Domänen wieder zurückfalten, genau in diesem Bereich.) Diese starke Irreversibilität ermög-

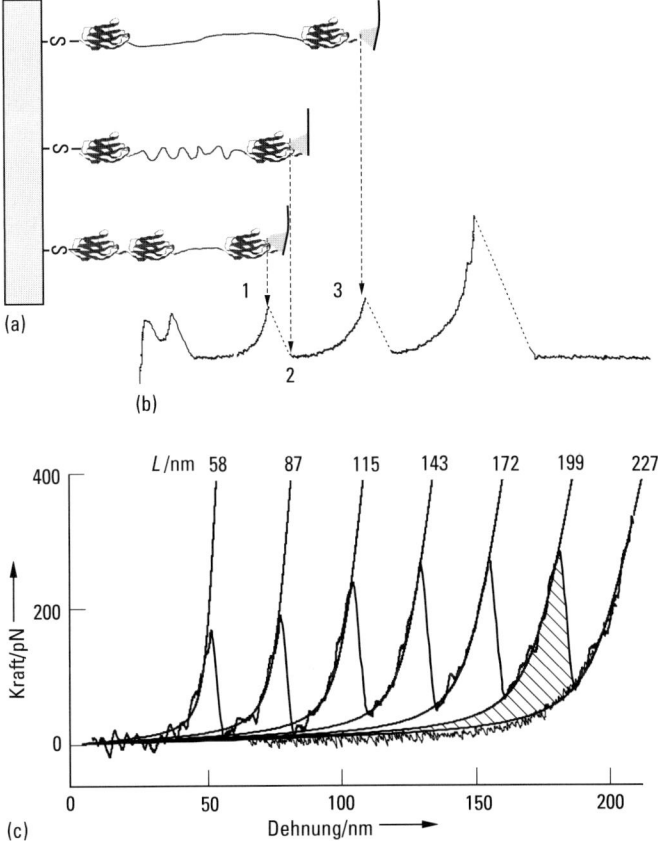

Abb. 10.55 Kraftmikroskopische Entfaltungsexperimente an einzelnen Titinmolekülen. (a) Ein aus sechs Immunglobulindomänen bestehender Abschnitt aus dem Titin des Herzmuskels wird an einem Ende über eine Schwefelbindung an einer Oberfläche fixiert und am anderen Ende an der Spitze des Cantilevers eines Kraftmikroskops befestigt. Bei anwachsender Zugkraft entfaltet sich eine Domäne nach der anderen (Pfeile). (b) Jeder einzelne Entfaltungsprozess führt zu einem „Zacken" in der Kraft-Ausdehnungs-Kurve (schwarz) und zu einer Zunahme der Konturlänge L. Die einzelnen Dehnungsabschnitte lassen sich gut mit dem „Worm-like-chain"-Modell beschreiben (graue Kurven). Die Reihenfolge der „Zacken" richtet sich nach der zunehmenden Entfaltungskraft und ist unabhängig von der Anordnung der Domänen im Polymer. Wird die Zugkraft nach der vollständigen Entfaltung aller Domänen wieder reduziert, folgt die Kraft-Ausdehnungs-Kurve der unteren schwarzen Kurve (nach Rief et al. [38]).

licht es dem Protein, fast die gesamte mechanische Energie einer Überdehnung des Muskels zu dissipieren (der schraffierte Bereich in Abb. 10.55b markiert die von einer einzelnen Domäne dissipierte Energie).

10.8.5 Statistische Mechanik der erzwungenen Bindungstrennung/Entfaltung

Im Gegensatz zum Verhalten relativ einfach aufgebauter Moleküle sind die zur Ligand-Rezeptor-Trennungen oder bei der Entfaltung von Proteinen erforderlichen und gemessenen Kräfte häufig zeitskalenabhängig; sie werden umso größer, je schneller die angelegte Zugkraft zunimmt. Eine solche Zeitskalenabhängigkeit würde man im thermodynamischen Gleichgewicht nicht erwarten, was nahelegt, dass Dissoziationsprozesse solch komplexer Systeme fern vom thermodynamischen Gleichgewicht ablaufen.

Dieser Befund, sowie die Aussicht, aus Messungen der Zeitskalenabhängigkeit der Abreißkräfte Informationen über den Reaktionsweg zu gewinnen, motivierte die Entwicklung von entsprechenden Nicht-Gleichgewichts-Ratentheorien. Sie gründen auf der Annahme eines effektiven Potentials $G(x)$ entlang einer eindimensionalen Reaktionskoordinate x (Abb. 10.56, durchgezogene dicke Kurve), das den jeweiligen Prozess beschreibt, also in unserem Fall die Wechselwirkung zwischen Ligand und Rezeptor im Verlauf der Trennung bzw. diejenigen Kräfte, welche der Entfaltung eines Proteins entgegenwirken. Eine mögliche Wahl der Reaktionskoordinate x ist etwa der Abstand des Schwerpunkts des Ligandenmoleküls von dem des Rezeptormoleküls oder der Abstand der beiden Enden des eingespannten Proteins.

Wie in den beiden Bildern skizziert, trennt eine mehr oder weniger komplexe Barriere (globales Maximum) den gebundenen bzw. gefalteten Zustand (linkes Minimum) vom ungebundenen bzw. entfalteten Zustand (jeweils rechts). Über den Boltzmann-Faktor bestimmt die Höhe $\Delta G^{\ddagger}$ der Barriere die Geschwindigkeitskon-

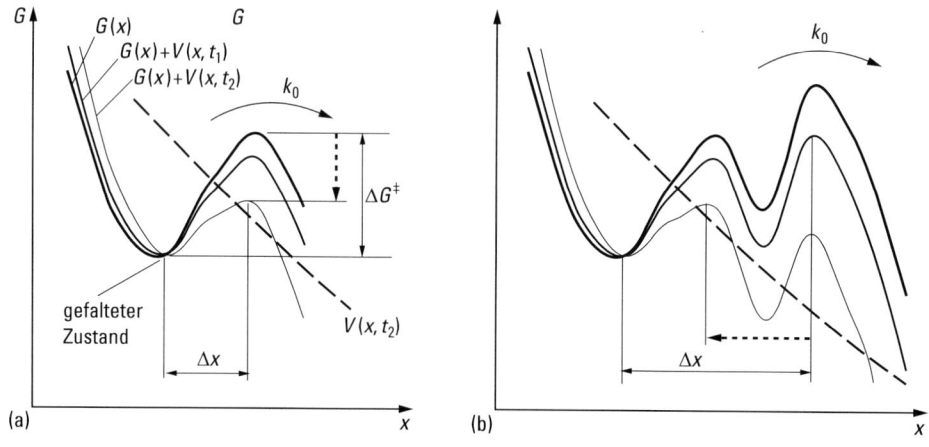

Abb. 10.56 Zeitliche Änderung des Verlaufs der Gibbs'schen freien Energie in kraftmikroskopischen Abreißexperimenten. Die durch den Cantilever auf das System wirkende Kraft wird durch ein zeitabhängiges Potential $V(x,t)$ beschrieben, das den ungestörten Verlauf der freien Energie $G(x)$ verändert. (a) Dadurch wird die Barriere, welche die Geschwindigkeitskonstante für die spontane Dissoziation k_0 (schwarzer Pfeil) bestimmt, erniedrigt (gestrichelter, senkrechter Pfeil). (b) Im Fall einer komplexer strukturierten Barriere kann sich zusätzlich die Dissoziationslänge Δx verkürzen, also der Abstand zwischen Minimum und Maximum der freien Energie (gestrichelter, waagerechter Pfeil).

stante k_0 für die spontane (d. h. thermisch aktivierte) Dissoziation, und damit die Zeit, die das System im Mittel benötigt, um allein durch thermische Fluktuationen getrieben und ohne äußere Einwirkung die Barriere zu überwinden,

$$k_0 = \omega_0 e^{-\beta \Delta G^{\ddagger}}. \tag{10.3}$$

Dabei ist $\beta = 1/(kT)$ die reziproke thermische Energie und ω_0 eine systemabhängige Proportionalitätskonstante, welche die charakteristische Frequenz des Systems im Minimum des gebundenen Zustands beschreibt und auch als „Kramers'scher Vorfaktor" bezeichnet wird [53–55]. Anschaulich beschreibt ω_0 die Zahl der „Versuche" pro Sekunde, die Barriere zu überqueren (engl.: *attempt frequency*).

Für Titin etwa beträgt die reziproke Geschwindigkeitskonstante für die Entfaltung ca. eine Stunde, während die spontane Trennung des Streptavidin-Biotin-Komplexes mehrere Monate benötigt. Für leichter gebundene Antikörper-Antigen-Komplexe dagegen liegt die Geschwindigkeitskonstante für die spontane Dissoziation im Millisekundenbereich. Führte man das Ziehexperiment langsamer aus als diese Zeitspanne, so würde man überhaupt keine Dissoziationskraft messen, da das System sich schon spontan über die nahezu ungestörte Barriere bewegt hätte, noch bevor eine nennenswerte Zugkraft aufgewendet worden wäre.

Da der Cantilever eine Hooke'sche Blattfeder ist, beschreiben wir die einwirkende Zugkraft durch ein zeitabhängiges harmonisches Potential,

$$V(x,t) = \tfrac{1}{2} k_F (x - vt)^2, \tag{10.4}$$

(abfallende, gestrichelte Kurve in Abb. 10.56), wobei k_F die effektive Federkonstante des Cantilevers des Kraftmikroskops ist. Gleich dem piezogesteuerten Substratträger wird das Minimum von $V(x,t)$ mit der Geschwindigkeit v bewegt. Wir bezeichnen k_F als *effektive* Federkonstante, weil ggf. auch die Elastizität der Linkerpolymere zur maßgeblichen Federkonstanten beiträgt. In der Darstellung wurde eine im Vergleich zur Krümmung des effektiven Potentials (auch als Energielandschaft bezeichnet) am gebundenen oder gefalteten Zustand[4] kleine Federkonstante gewählt, wie es auch in der überwiegenden Zahl kraftmikroskopischer Experimente der Fall ist. Aus diesem Grund erscheint $V(x,t)$ nahezu als Gerade, deren Steigung linear mit der Zeit zunimmt. Unter der Wirkung des Gesamtpotentials $G(x) + V(x,t)$ wird die Barrierenhöhe $\Delta G^{\ddagger}$ – und damit auch die Geschwindigkeitskonstante für die Dissoziation k_0 – zeitabhängig. Ist die Feder, wie skizziert, weich, also deren thermische Fluktuation $\sqrt{kT/k_F}$ groß gegenüber der Dissoziationslänge Δx, dann ist das Zugpotential im Bereich der Barriere annähernd eine Gerade, und es wirkt dort eine räumlich nahezu konstante Kraft $F(t) = k_F v t$, die mit der Rate $k_F v$ linear in der Zeit zunimmt.

Auf diese Weise verformt die Wirkung der angelegten Kraft die Energielandschaft (durchgezogene, dünne Kurven) dergestalt, dass die Höhe der zu überwindenden Barrieren etwa mit der Rate $k_F v \Delta x$ abnimmt, wobei wir die ebenfalls auftretende leichte Verschiebung des Minimums des Gesamtpotentials zunächst vernachlässigen wollen (linkes Bild). Der Komplex reißt ab, wenn das Zugpotential die Barriere

---

[4] Im Folgenden wird lediglich die Bindungstrennung explizit erwähnt; alle Betrachtungen gelten selbstverständlich analog auch für die erzwungene Entfaltung und ähnliche aktivierte Prozesse.

soweit abgesenkt hat, dass die verbleibende Barriere thermisch aktiviert überquert werden kann. Zu welchem Zeitpunkt dies geschieht, hängt von der durch die Rate $k_F v$ der Kraftzunahme festgesetzten Zeitskala $\tau = \Delta G^{\ddagger}/(k_F v \Delta x)$ ab; die zu diesem Zeitpunkt wirkende Zugkraft wird dann als Dissoziationskraft gemessen. Erfolgt die Kraftzunahme $k_F v$ langsamer als die Geschwindigkeitskonstante für die spontane Dissoziation k_0, also $\tau > 1/k_0$, so verschwindet die gemessene Dissoziationskraft.

10.8.5.1 Zwei-Zustands-Modell

Der häufig im Experiment vorliegende und in der Abb. 10.56 skizzierte Fall einer sehr weichen Feder soll näher betrachtet werden. Ist darüber hinaus die Barriere, welche den gebundenen vom ungebundenen Zustand trennt, schmal und unstrukturiert, so lässt sich ein einfaches Zwei-Zustands-Modell anwenden, das zuerst von Bell [56] vorgeschlagen wurde. Darin werden die Details der (ungestörten) Energielandschaft $G(x)$ vernachlässigt und lediglich die unter dieser Annahme linear mit der Zeit abnehmende Barrierenhöhe betrachtet,

$$\Delta G^{\ddagger}(t) = \Delta G^{\ddagger} - k_F v \, t \, \Delta x, \tag{10.5}$$

wobei Δx der Abstand zwischen Maximum und Minimum von $G(x)$ entlang der Reaktionskoordinate x ist. Die Geschwindigkeitskonstante für die Überquerung der Barriere Gl. (10.3) wird dann zeitabhängig:

$$k_0(t) = \omega_0 e^{-\beta(\Delta G^{\ddagger} - k_F v \, t \, \Delta x)}. \tag{10.6}$$

Diese Kramers'sche Geschwindigkeitskonstante gilt, solange $\Delta G^{\ddagger} - k_F v \, t \, \Delta x$ größer als einige kT ist und Rückbindungsreaktionen vernachlässigt werden können. Ähnlich dem radioaktiven Zerfall führt dies zu einer stetigen Abnahme der Wahrscheinlichkeit P, im gebundenen Zustand zu verbleiben,

$$\frac{\mathrm{d}P(t)}{\mathrm{d}t} = -P(t) \, k_0(t) = -P(t) \, \omega_0 e^{-\beta(\Delta G^{\ddagger} - k_F v \, t \, \Delta x)}, \tag{10.7}$$

mit $P(0) = 1$, wobei im Unterschied zum radioaktiven Zerfall die Geschwindigkeitskonstante $k_0(t)$ zeitabhängig ist. Lösung von (10.7) ist

$$P(t) = \exp\left[\frac{\omega_0}{\beta \, k_F v \, \Delta x} e^{-\beta \Delta G^{\ddagger}} (1 - e^{\beta k_F v \, t \, \Delta x})\right]. \tag{10.8}$$

Daraus folgt eine Verteilung $p(t_D) \, \mathrm{d}t_D = -\left.\dfrac{\mathrm{d}P(t)}{\mathrm{d}t}\right|_{t_D} \mathrm{d}t_D$ der Dissoziationszeitpunkte t_D,

$$p(t_D) \, \mathrm{d}t_D = \omega_0 e^{-\beta(\Delta G^{\ddagger} - k_F v \, t_D \, \Delta x)} \exp\left[\frac{\omega_0}{\beta \, k_F v \, \Delta x} e^{-\beta \Delta G^{\ddagger}} (1 - e^{\beta k_F v \, t_D \, \Delta x})\right] \mathrm{d}t_D, \tag{10.9}$$

bzw. der Dissoziationskräfte $F_D = k_F v \, t_D$,

$$p(F_D) \, \mathrm{d}F_D = \omega_0 e^{-\beta(\Delta G^{\ddagger} - F_D \, \Delta x)} \exp\left[\frac{\omega_0}{\beta \, k_F v \, \Delta x} e^{-\beta \Delta G^{\ddagger}} (1 - e^{\beta F_D \, \Delta x})\right] \mathrm{d}F_D, \tag{10.10}$$

mit dem Maximum, also der wahrscheinlichsten Dissoziationskraft $(\mathrm{d}P(F_\mathrm{D})/\mathrm{d}F_\mathrm{D} = 0)$

$$F_{\max}(v) = \frac{\Delta G^{\ddagger}}{\Delta x} + \frac{1}{\beta\,\Delta x}\ln\frac{\beta\,k_\mathrm{F}\,v\,\Delta x}{\omega_0} = \frac{1}{\beta\,\Delta x}\ln\frac{\beta\,k_\mathrm{F}\,v\,\Delta x}{k_0}, \qquad (10.11)$$

wobei für den zweiten Schritt Gl. (10.3) verwendet wurde. Man erkennt, wie Bell [56] gezeigt hat, dass die *wahrscheinlichste für die erzwungene Trennung erforderliche Kraft logarithmisch mit der Rate $k_\mathrm{F}\,v$ der Kraftzunahme anwächst.*

Dieser Befund erlaubt es, aus geschwindigkeitsabhängigen Messungen der Dissoziationskraft die Dissoziationslänge Δx aus der Steigung zu bestimmen (Abb. 10.57a) und damit Informationen über den Verlauf der Energielandschaft $G(x)$ zu erhalten: Je größer nämlich Δx ist, desto schneller wird das Energieminimum des gebundenen Zustands „angehoben" (vgl. Abb. 10.56), und desto stärker ändert sich somit die Dissoziationszeit t_D und die Dissoziationskraft F_D mit der Steigerungsrate $k_\mathrm{F}\,v$ der ausgeübten Zugkraft.

Darüber hinaus, und mit Kenntnis von Δx, lässt sich solchen Messungen die Geschwindigkeitskonstante für die spontane Dissoziation k_0, für die $F_{\max}(v) = 0$ ist, aus dem Schnittpunkt mit der Abszisse entnehmen. Er bestimmt diejenige Rate $k_\mathrm{F}\,v = k_0/(\beta\,\Delta x)$ der Kraftzunahme, bei der die Absenkung der Energiebarriere um kT ebenso lange dauert wie die spontane Dissoziation, $1/k_0$.

Für Raten der Kraftzunahme, die im Bereich dieses kritischen Werts $k_0/(\beta\,\Delta x)$ oder sogar kleiner sind (gestrichelte Linien in Abb. 10.57), bricht die beschriebene einfache Behandlung zusammen, da negative Dissoziationskräfte für den diskutierten erzwungenen Dissoziationsprozess physikalisch nicht sinnvoll sind. Dies liegt daran, dass in diesem Bereich Rückbindungsreaktionen wichtig werden, die aber in Gl. (10.7) vernachlässigt wurden. Fügen wir diese Rückbindungsreaktionen hin-

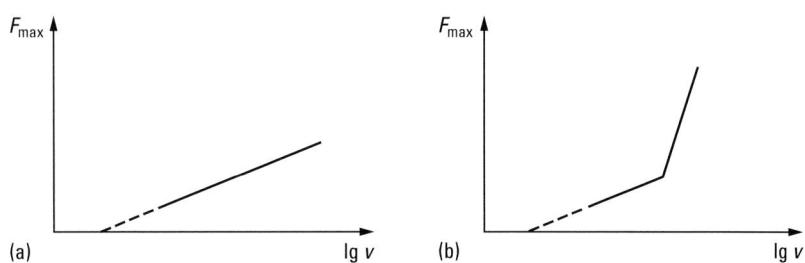

Abb. 10.57 Kraftspektren zeigen die Änderung der Dissoziationskraft $F_{\max}$ mit der Zuggeschwindigkeit v des Hebelarms des Cantilevers. (a) Weist die Energielandschaft $G(x)$ lediglich eine gut lokalisierte Barriere auf, so lässt sich das Kraftspektrum durch ein einfaches Zwei-Zustands-Modell beschreiben, wonach sich die Dissoziationskraft logarithmisch mit der Ziehgeschwindigkeit erhöht. (b) Im Fall zweier Barrieren (Abb. 10.56) dominiert für kleine Geschwindigkeiten v die ursprünglich höhere Barriere mit großer Dissoziationslänge Δx, entsprechend einem flachen Verlauf des Kraftspektrums. Für größere v dominiert zum Dissoziationszeitpunkt t_D bereits die ursprünglich niedrigere Barriere, was zu einem steileren Verlauf des Kraftspektrums führt.

zu, dann gilt für den Anteil $P(t)$ der Systeme, die sich im gebundenen Zustand befinden,

$$\frac{\mathrm{d}P(t)}{\mathrm{d}t} = -P(t)\,k_0(t) + (1-P(t))\,k_0'(t)$$

$$= -P(t)\,\omega_0\,\mathrm{e}^{-\beta(\Delta G^\ddagger - k_\mathrm{F}\,v\,t\,\Delta x)} + (1-P(t))\,\omega_0'\,\mathrm{e}^{-\beta(\Delta G^\ddagger - \Delta G - k_\mathrm{F}\,v\,t\,\Delta x)}, \quad (10.12)$$

wobei $k_0'(t)$ die Geschwindigkeitskonstante für die Rückbindung ist, ω_0' der Kramers'sche Vorfaktor im ungebundenen Zustand, $\Delta x'$ die Rückbindungslänge und ΔG die Differenz der freien Energien zwischen dem ungebundenen und dem gebundenen Zustand, also $\Delta G^\ddagger - \Delta G + k_\mathrm{F}\,v\,t\,\Delta x'$ die Rückbindungsbarriere. Die zeitabhängige Lösung von Gl. (10.12) soll hier nicht diskutiert werden. Für sehr kleine Raten der Kraftzunahme, $k_\mathrm{F}\,v \ll k_0/(\beta\,\Delta x)$, ist das System jedoch zu jedem Zeitpunkt nahezu im Gleichgewicht, so dass die linke Seite von Gl. (10.12) verschwindet. In diesem quasistationären Grenzfall folgt aus Gl. (10.12)

$$P(F) = \frac{1}{1 + K\exp[\beta\,F(\Delta x + \Delta x') - \beta\,\Delta G]} \quad (10.13)$$

mit der Gleichgewichtskonstanten $K = \omega_0/\omega_0'$, d. h. das Gleichgewicht wird durch Anheben des gebundenen Zustands relativ zum ungebundenen Zustand langsam zum ungebundenen Zustand hin verschoben; wie im Gleichgewichtsfall zu erwarten, spielen die Barrierenhöhe $\Delta G^\ddagger$ und die Zugkraft $F = k_\mathrm{F}\,v\,t$ keine Rolle mehr; der Prozess wird zeitskalenunabhängig. Der aufmerksame Leser wird bemerken, dass wegen der Rückbindungsreaktionen von keiner endgültige Dissoziation im ursprüngliche Sinne mehr gesprochen werden kann, weshalb im Unterschied zu Gl. (10.10), in Gl. (10.13) die Zugkraft F als unabhängige Variable auftritt und nicht die Dissoziationskraft F_D.

10.8.5.2 Allgemeine Theorie

In obiger Diskussion wurde vereinfachend angenommen, dass die durch das Zugpotential $V(x,t)$ bedingte Verformung der Energielandschaft $G(x)$ die Position ihres Minimums und Maximums und damit Δx unverändert lässt. Bereits für den in Abb. 10.56b dargestellten Fall *zweier* Barrieren wird obige Annahme jedoch grob verletzt: Ab einer kritischen Zugkraft nämlich wird (zwischen den Zeitpunkten t_1 und t_2) die linke Barriere zum globalen Maximum (untere dünne Kurve) und damit bestimmend für den Boltzmann-Faktor. Ab diesem Zeitpunkt (der zwischen t_1 und t_2 liegt) verkürzt sich die effektive Dissoziationslänge Δx sprunghaft, und nach Gl. (10.11) erhöht sich die logarithmische Steigung der Dissoziationskraft entsprechend (Abb. 10.57b).

Dieser Effekt wurde in Einzelmolekülmessungen an Avidin-Biotin-Komplexen tatsächlich beobachtet [57]. Eine Analyse mit Hilfe des beschriebenen einfachen Zwei-Zustands-Modells ermöglichte es, daraus die Existenz mindestens *zweier* Energiebarrieren abzuleiten und deren Lage und Höhe abzuschätzen.

Hinzu kommt, dass sich die Lage des Maximums auch schon vor einem solchen Sprung kontinuierlich nach links verschiebt. Aus diesem Grund sollte sich der *ge-*

samte Verlauf von $G(x)$ in der Abhängigkeit $F(v)$ der Dissoziationskraft von der Zuggeschwindigkeit v bzw. der Rate der Kraftzunahme $k_F v$ widerspiegeln; Messungen von $F(v)$ sollten daher Rückschlüsse auf $G(x)$ erlauben.

Diese Erkenntnis motivierte die Entwicklung einer allgemeinen Nicht-Gleichgewichtstheorie der dynamischen Kraftspektroskopie[5] [58–62]. Wie schon im vorhergehenden Abschn. 10.8.5.1 diskutierten Zwei-Zustands-Modell und auch weiterhin unter Vernachlässigung von Rückbindungsreaktionen, ist auch für ein beliebig vorgegebenes effektives Potential $G(x)$ der Ausgangspunkt der (zeitabhängige) Fluss dP/dt über die Barriere (vgl. Gl. (10.7)) in der ebenfalls zeitabhängigen Übergangsratentheorie [53, 54].

$$\frac{dP(t)}{dt} = -P(t)\,\omega_0\,e^{-\beta \Delta G^{\ddagger}(t)}. \tag{10.14}$$

Allerdings muss nun die (mit der Zeit abnehmende) Barrierenhöhe $\Delta G^{\ddagger}(t)$ über geeignete Zustandssummen berechnet werden,

$$\Delta G^{\ddagger}(t) = -\frac{1}{\beta}\ln\frac{Z^{\ddagger}}{Z_{\text{Edukt}}}, \tag{10.15}$$

wobei Z_{Edukt} die Zustandssumme über den Eduktbereich des Phasenraums und $Z^{\ddagger}$ die Zustandssumme des Übergangszustands am Maximum der Energiebarriere ist. Für den in Abb. 10.56 dargestellten eindimensionalen Fall einer *effektiven*, d. h. über alle molekularen Freiheitsgrade außer der Reaktionskoordinate x gemittelten Energielandschaft $G(x)$, ist

$$Z^{\ddagger} \sim e^{-\beta G(x^{\ddagger})} \tag{10.16}$$

und

$$Z_{\text{Edukt}} \sim \int_{-\infty}^{x^{\ddagger}} e^{-\beta(G(x)+V(x))}\,dx, \tag{10.17}$$

wobei $x^{\ddagger}$ die Reaktionskoordinate am Übergangszustand ist. Dabei wurde angenommen, dass die kinetischen Anteile zur Zustandssumme zeitlich unveränderlich sind und somit in den hier nicht näher interessierenden Proportionalitätsfaktor absorbiert werden können, was dem Regime starker Reibung entspricht (einen sehr guten Überblick zur Übergangsratentheorie gibt Hänggi [55]).

Aus der zeit- und geschwindigkeitsabhängigen mittleren Zugkraft,

$$F(v,t) = \frac{1}{Z_{\text{Edukt}}}\int_{-\infty}^{x^{\ddagger}}\left(\frac{d}{dx}V(x,t)\right)e^{-\beta \Delta G^{\ddagger}}\,dx, \tag{10.18}$$

lassen sich zu gegebener Energielandschaft durch numerische Integration der Zustandssumme Z_{Edukt} und von Gl. (10.14) dynamische Kraftspektren berechnen. Für die Grenzfälle harter bzw. weicher Cantilever gelingt dies für nahezu beliebige Energielandschaften sogar in sehr guter Näherung analytisch [61]. Dazu wird die Dissoziationskraft als die Zugkraft zu demjenigen Zeitpunkt $t_D(v)$ definiert, zu dem

---

[5] Der etwas unglücklich gewählte, aber etablierte Begriff der *dynamischen* Kraftspektroskopie bezeichnet die Messung von Abreiß- oder Dissoziationskräften in Abhängigkeit von der Geschwindigkeit, mit welcher der Prozess erzwungen wird.

die Hälfte des Eduktensembles die Barriere überquert hat, $P(t_D) = \frac{1}{2}$, damit wird
der Dissoziationszeitpunkt ebenfalls eine Funktion der Zuggeschwindigkeit v und
der zugrundegelegten Energielandschaft $G(x)$. Durch Übergang zu t_D als unabhängiger Variable ist es möglich, auch die Eduktzustandssumme zur Zeit t_D – und damit
die Geschwindigkeitskonstante für den Übergang – als Funktion von v auszudrü-
cken. Für das Regime weicher Cantilever erhält man nach einiger Rechnung einen
analytischen Ausdruck für die Ortskoordinate Δx als Funktional des Kraftspektrums,

$$\Delta x(v) = \left[\beta v \eta \int\limits_v^\infty dv' \frac{1}{v'} \frac{dF(v')}{dv'} \right]^{-1}. \tag{10.19}$$

Für das Regime harter Cantilever folgt in ähnlicher Weise

$$\frac{d\xi}{dv} = \frac{1}{\beta v F(v)} \left[1 + \frac{v}{F(v)} \frac{dF(v)}{dv} \right], \tag{10.20}$$

wobei ξ in guter Näherung mit Δx übereinstimmt und η ein Geometriefaktor ist.

Diese beiden Gleichungen transformieren ein vorgegebenes (typischerweise gemes-
senes) Kraftspektrum $F(v)$ aus dem Geschwindigkeitsraum in den Ortsraum und
verbinden es so mit der zugrundeliegenden (typischerweise unbekannten) Energielandschaft $G(x)$. Auf diese Weise kann aus hinreichend genau vermessenen dynamischen Kraftspektren die zugrundeliegende ungestörte Energielandschaft etwa der
Ligandenbindung auf Bruchteile eines Nanometers genau charakterisiert werden,
ohne dass das Kraftmikroskop selbst über eine solch hohe Ortsauflösung verfügen
muss.

Freilich ermöglichen auch hochaufgelöste kraftspektroskopische Messungen keinen direkten, d. h. strukturell interpretierbaren Zugang zu den in Biomolekülen ablaufenden Funktionsprozessen auf atomarer Ebene. Hier kommt die Computersimulation solcher Experimente zu Hilfe, woraus sich Modelle der dabei ablaufenden,
äußerst komplexen molekularen Vorgänge gewinnen lassen. Durch Vergleich mit
kraftspektroskopischen oder anderen Messungen können solche Simulationen direkt
überprüft werden. Ziel ist es, die beobachteten Funktionsprozesse in biologischen
Makromolekülen mikroskopisch, ausgehend von den grundlegenden physikalischen
Gesetzen, zu beschreiben und zu verstehen.

10.9 Computersimulation der Dynamik von Biomolekülen

Um zu verstehen, wie Computersimulationen biomolekularer Dynamik durchgeführt und ausgewertet werden, soll zunächst stellvertretend für die übrigen biologischen Makromoleküle der Aufbau und die Dynamik von Proteinen genauer beschrieben werden [35, 36, 63].

10.9.1 Proteinstruktur und -dynamik

Im Unterschied zu den meisten anderen Polymeren nimmt ein Protein unter nativen Bedingungen (typischerweise eine wässrige Lösung bei 20–40 °C und etwa neutralem *pH*-Wert) eine weitgehend eindeutige räumliche Struktur ein [64] (vgl. auch Abschn. 10.2.3). In dieser Struktur ist die mittlere Position eines jeden einzelnen Atoms eines Proteinmoleküls genau definiert. Diese bemerkenswerte Tatsache gestattet es, diese Atompositionen etwa durch Röntgenbeugung an Proteinkristallen (engl.: *X-ray crystallography*) oder durch Kernspinresonanzspektroskopie (engl.: *nuclear magnetic resonance*, NMR) zu vermessen. Gegenwärtig (2005) sind in der größten öffentlich zugänglichen Proteinstruktur-Datenbank, der Protein Data Bank [65], über 30 000 solcher atomar aufgelöster Proteinstrukturen archiviert.

Schon sehr frühe Befunde hatten auf periodisch wiederholte Strukturelemente in Proteinen hingedeutet, etwa die von W. T. Astbury, einem Schüler von W. L. Bragg, in den dreißiger Jahren beobachteten charakteristischen Muster bei Röntgenstreuexperimenten an Haaren. Bemerkenswerterweise änderte sich dieses Muster, wenn das Haar gedehnt wurde; Astbury bezeichnete die beiden Formen mit „α" und „β". Es war dies die erste direkte Beobachtung einer Strukturänderung eines Proteins. Auch die von Watson und Crick zwanzig Jahre später aufgeklärte reguläre Helixstruktur der DNA ließ erwarten, dass biologische Makromoleküle generell einfach und regulär aufgebaut sind.

Als es im Jahre 1958 J. Kendrew gelang, die räumliche Struktur von Myoglobin, eines kleinen Sauerstofftransportproteins im Muskel, zu bestimmen [66], war deren außerordentliche Komplexität (s. Abschn. 10.3.5) für viele eine große Überraschung. Kendrew selbst bemerkte: „Perhaps the most remarkable features of the molecule are its complexity and lack of symmetry. The arrangement seems to be almost totally lacking in the kind of regularities which one instinctively anticipates."[6]

Tatsächlich ist, vom physikalisch-chemischen Standpunkt aus betrachtet, eine solch irreguläre, aber hochgeordnete Proteinstruktur alles andere als selbstverständlich: Praktisch alle anderen größeren Polymere nehmen in Lösung eine große Zahl unterschiedlicher Strukturen an (engl.: *random coil*) und wechseln diese häufig auch sehr schnell. Sogar Polypeptide mit zufällig gewählter (statt durch die Evolution selektierter) Aminosäuresequenz bilden in der Regel keine definierten Strukturen. Insbesondere die Frage, nach welchen physikalischen Prinzipien sich Proteine unter geeigneten Bedingungen selbständig in ihre native dreidimensionale Struktur „falten", muss nach wie vor als weitgehend ungelöst betrachtet werden. Dies zeigt sich z. B. darin, dass es in den meisten Fällen nicht möglich ist, diese dreidimensionale Proteinstruktur allein aus der Kenntnis der (genetisch festgelegten und für jedes Protein eindeutigen) Aminosäuresequenz („Primärsequenz", vgl. Abschn. 10.3.2) vorherzusagen, obwohl diese Sequenz die Proteinstruktur eindeutig bestimmt. Dieser Problemkomplex ist unter der Bezeichnung „Faltungsproblem" bekannt und ein aktueller Forschungsgegenstand der molekularen Biophysik.

---

[6] „Die vielleicht bemerkenswertesten Eigenschaften des Moleküls sind seine Komplexität und das Fehlen von Symmetrien. Sein räumlicher Aufbau scheint so gut wie keine Regelmäßigkeiten aufzuweisen, wie man sie instinktiv erwarten würde."

Von einem evolutionsbiologischen Standpunkt aus betrachtet, ist eine solch eindeutige Proteinstruktur allerdings geradezu zwingend: Wenn es richtig ist, dass zur Verrichtung der eingangs genannten komplexen Funktionen grundsätzlich vergleichbar komplex aufgebaute „Apparate" nötig sind, wenn also die Analogie einer „Nanomaschine" nicht völlig abwegig ist, dann muss man auch erwarten, dass solche „Maschinen" nicht lediglich aus zufällig arrangierten Einzelkomponenten bestehen, sondern dass vielmehr die Anordnung und die Bewegungen der Komponenten mit großer Präzision aufeinander abgestimmt sind. *Offensichtlich ist es also ein entscheidendes Selektionskriterium für Proteine, unter gleichen (physiologischen) Bedingungen selbständig eine zuverlässig reproduzierbare räumliche Struktur einzunehmen.* (Wie so oft in der Biologie, gibt es auch hierzu Ausnahmen: Einige Proteine scheinen ihre Funktion in einem Zustand nicht eindeutig definierter Struktur zu erfüllen.)

Insbesondere sollte man erwarten, dass schon geringste Störungen der Proteinstruktur, der physikalisch-chemischen Eigenschaften der einzelnen Aminosäuren oder der intramolekularen Wechselwirkungen die Funktion eines Proteins beeinträchtigen oder gar zerstören können. Dass dies in der Tat der Fall ist, zeigen zahlreiche Erbkrankheiten und bestimmte Formen von Krebs, die in der Veränderung eines einzelnen Basenpaares im Genom, und entsprechend im Austausch einer einzigen Aminosäure in einem Protein, ihre molekulare Ursache haben. Auch die Tatsache, dass schon geringfügige Änderungen der Temperatur, des pH-Werts oder der Salzkonzentration einer Proteinlösung die Struktur und die Funktion der gelösten Proteine zerstören können, stützt das Bild einer fein justierten „molekularen Maschine".

Diese Beispiele verdeutlichen die zentrale Rolle, die kollektive strukturelle Änderungen, so genannte „Konformationsübergänge" [67], für die Proteinfunktion spielen. Im Gegensatz zu den hochfrequenten thermischen Vibrationen, die im sub-Pikosekundenbereich liegen, finden Konformationsübergänge im Bereich von Nanosekunden bis Sekunden statt. Im Folgenden bezeichnet „Konfiguration eines Proteins" eine genau festgelegte räumliche Struktur, also einen Punkt im Konfigurationsraum; „Konformation eines Proteins" bezeichnet ein Struktur*ensemble* um eine mittlere Struktur.

Ebenfalls ein funktioneller Konformationsübergang ist das Öffnen und Schließen von Ionenkanalproteinen in Nervenzellen, das auf der Zeitskala von Millisekunden stattfindet und über den Stromfluss durch den Kanal mit Hilfe der Patch-Clamp-Technik [68–70] an einzelnen Proteinen sichtbar gemacht werden kann. Weitere Beispiele sind durch Konformationsübergänge vermittelte kooperative („allosterische") Effekte, wie etwa im Hämoglobin (s. Abschn. 10.3.6), oder die durch Ligandenbindung induzierte konformationelle Anpassung (engl.: *induced fit*) etwa eines Antikörpers an die Form und Bindungseigenschaften eines Antigenmoleküls. Auch die Elementarschritte von Motorproteinen, welche die Muskelkontraktion bewirken, sind Konformationsänderungen.

Neben Patch-Clamp- und Fluoreszenztechniken (s. auch Abschn. 10.7) verdanken wir die Kenntnis vieler Aspekte von Proteindynamik und -funktion dem kombinierten Einsatz zahlreicher weiterer experimenteller Techniken wie z. B. optischer Kurzzeitspektroskopie, (Fourier-Transform-)Infrarotspektroskopie (FTIR), Resonanz-Raman-Spektroskopie, Fluoreszenzkorrelationsspektroskopie (FCS), zeitaufgelöster Röntgenstreuung, inelastischer Neutronenstreuung, Mößbauer-Spektroskopie, NMR-(Kernspinresonanz-) und ESR-(Elektronenspinresonanz-)Spektroskopie, Kleinwinkelstreuung, Wasserstoffaustausch, kinetischem „Lochbrennen", Kalorimetrie sowie biochemischer, molekularbiologischer und gentechnischer Methoden.

Funktionelle Prozesse in Proteinen laufen auf unterschiedlichsten Zeitskalen ab, und entsprechend umfasst die Proteindynamik eine Hierarchie dynamischer Prozesse, welche ebenfalls einen großen Zeitbereich überdecken: Hochfrequente, thermische Schwingungen einzelner Atome um ihre Ruhelage sind durch Perioden zwischen einigen zehn und einigen hundert Femtosekunden gekennzeichnet; kollektive Bewegungen kleiner Atomgruppen benötigen einige zehn Pikosekunden. Größere strukturelle Umlagerungen sind durch eine Hierarchie von Zeitkonstanten oberhalb des Nanosekundenbereichs gekennzeichnet. So weisen experimentelle und theoretische Befunde mit zunehmender Sicherheit die Existenz „hierarchischer Subzustände" [67] der Proteinstruktur nach. Zwischen diesen so genannten „Konformationssubzuständen" finden auf unterschiedlichsten Zeitskalen Konformationsübergänge statt [71], welche offensichtlich ein spezifisches Merkmal der Dynamik von Proteinen und ähnlich komplexer Systeme darstellen [72].

Der hochgradig geordnete, aber heterogene Aufbau von Proteinen in Verbindung mit der großen Zahl schwer trennbarer Zeitskalen der Proteindynamik erschwert die Anwendung etablierter Konzepte der Vielteilchenphysik außerordentlich; deren Fortentwicklung ist daher ein spannendes und weites Arbeitsfeld der theoretischen Physik. Gegenwärtig verfolgte Ansätze zielen jedoch überwiegend auf die Beschreibung und Vorhersage *allgemeiner* Eigenschaften der Proteindynamik oder der Proteinfaltung. Funktionsrelevante Eigenschaften konkret ausgewählter Proteine und deren spezifische Funktionsmechanismen lassen sich damit in der Regel nicht studieren.

Entsprechend muss auch heute noch die explizite, atomar aufgelöste Simulation der molekularen Dynamik eines Biomoleküls als die einzige verlässliche Methode zu deren theoretischer Beschreibung bezeichnet werden. Das Fehlen eleganterer Beschreibungen hat einen hohen Preis: Solche Molekulardynamiksimulationen sind mit einem sehr hohen Rechenaufwand verbunden und daher beim gegenwärtigen Stand der Computertechnik auf relativ kleine Simulationssysteme (einige 100 000 Atome) und vor allem auf sehr kurze Zeitskalen (Nanosekundenbereich) beschränkt. Dennoch hat die Methode inzwischen außerordentlich große Verbreitung gefunden und eine große Zahl nützlicher Vorhersagen und vor allem Einsichten in atomare Funktionsabläufe ermöglicht [73]. Sie soll daher im folgenden Abschnitt genauer beschrieben werden.

10.9.2 Die Methode der Molekulardynamiksimulation

Mit Hilfe von Molekulardynamiksimulationen kann die Bewegung eines jeden einzelnen Atoms, etwa eines in Wasser gelösten Proteins (Abb. 10.58 links), im Computermodell verfolgt werden. Ziel ist die Berechnung einer so genannten Trajektorie $\{x_i(t_j)\}_{i=1\ldots n; j=0\ldots N}$, welche die Position x_i eines jeden einzelnen der n Atome des Simulationssystems während einer diskretisierten Zeitspanne $t_0 = 0$, $t_1 = \Delta t$, $t_2 = 2\Delta t, \ldots, t_N = N\Delta t$ in N so genannten Integrationsschritten definiert. Aus einer solchen Trajektorie können anschließend die interessierenden Beobachtungsgrößen – häufig durch Mittelwertbildung – berechnet werden.

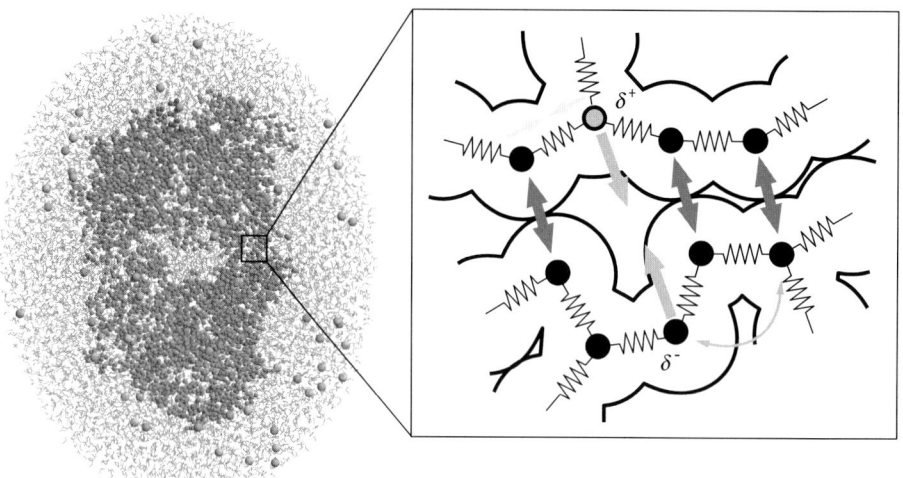

Abb. 10.58 Links: Ein typisches Simulationssystem besteht aus einem Protein (dunkle Atome), umgeben von Wassermolekülen (hell, nur die O—H-Bindungen sind gezeigt) und darin gelösten Salzionen (vereinzelte helle Atome). Vergrößerter Ausschnitt rechts: Interatomare Kräfte unterschiedlichen Typs bestimmen Struktur und Dynamik eines Proteins.

Schon 1955 haben Fermi und Mitarbeiter [74] die Bewegung einer eindimensionalen Kette gekoppelter harmonischer Oszillatoren numerisch berechnet. Bereits diese erste Molekulardynamiksimulation zeigt einen entscheidenden Aspekt dieser Vorgehensweise: Die Simulation legte eine unerwartete Periodizität der Lösung nahe; und erst diese Einsicht ermöglichte den Autoren die Ableitung einer bemerkenswerten nichtlinearen partiellen Differentialgleichung (der Kortweg-de-Vries-Gleichung) für den Kontinuumsgrenzfall. Auch heute ist der Zweck einer Molekulardynamiksimulation meist ein zweifacher: Zum Einen dient sie dazu, Observablen zu berechnen und vorherzusagen; zum Anderen aber oft auch, eine Anschauung zu vermitteln, die weitere Untersuchungen erst motiviert.

Zwei Jahre später untersuchten Alder und Wainwright Systeme harter, zweidimensionaler Scheiben [75]. Rahman und Verlet verwendeten erstmals ein realistisches Wechselwirkungspotential zum Studium korrelierter Bewegungen und von Gedächtniseffekten in flüssigem Argon [76, 77] und später auch in Wasser [78]. Die Länge dieser Simulationen betrug jeweils etwa 10 ps. Auch reaktive Stoßreaktionen in Molekularstrahlen, wie etwa die $H + H_2$-Reaktion, wurden in klassischer Näherung behandelt [79]. Diese Rechnungen erlaubten den Vergleich von Trajektorienrechnungen mit Ergebnissen der Übergangsratentheorie.

Um die Anpassung von Proteinstrukturmodellen an Röntgenstreudaten zu erleichtern, und gestützt auf frühere Arbeiten zu n-Alkanen, Cykloalkanen und Polypeptiden [80], schlug Shneior Lifson 1969 vor [81], ein solches Wechselwirkungspotential auch für Proteine zu konstruieren. Durch Verwendung von Infrarot-Schwingungsspektren, von aus Amidkristallen gewonnenen Informationen und von quantenmechanischen Rechnungen wurden in den darauffolgenden Jahren eine Reihe selbstkonsistenter Verfahren zur Konstruktion und Verbesserung von Polypeptidkraftfeldern entwickelt und angewandt.

Die Verfügbarkeit dieser ersten Kraftfelder ermöglichte schließlich die ersten Simulationen von Proteinen (allerdings lediglich in der Gasphase, d. h. ohne umgebendes Lösungsmittel) über einen Zeitraum von 10 ps [82, 83]. Für Hämoglobin etwa ließ die (statische) Struktur des Proteins nicht erkennen, auf welchem Wege Sauerstoffmoleküle an die im Protein eingebettete Bindungsstelle gelangen könnten. Die genannten Simulationen legten jedoch nahe, dass und auf welchem Weg thermische Fluktuationen des Proteins dem Sauerstoff einen transienten Zugang zur Bindungstasche erlauben. Dies war der erste Beleg dafür, dass in vielen Fällen das Verständnis der Proteinfunktion eine sorgfältige Analyse seiner Dynamik auf atomarer Ebene erfordert [84].

Zunehmende verfügbare Rechenleistung und verbesserte Algorithmen ermöglichten es, immer größere Systeme über längere Zeiten zu simulieren. So konnte 1998 die Konformationsdynamik eines kleinen Proteins eine Mikrosekunde lang simuliert werden [85]; die dafür erforderliche Rechenzeit betrug ein halbes Jahr auf einem Cray-Supercomputer mit 512 Prozessoren. Durch die Mitbenutzung von über 100 000 auf der ganzen Welt verteilten Rechnern konnten kürzlich sogar eine große Zahl von Trajektorien mit einer Gesamtlänge einiger Hundert Mikrosekunden angesammelt werden [86].

Für mittelgroße Simulationssysteme von etwa 100 000 Atomen können gegenwärtig mit vertretbarem Aufwand Zeitspannen von einigen zehn Nanosekunden simuliert werden [87, 88]. Daraus lässt sich abschätzen, dass es einer weiteren Steigerung verfügbarer Rechenleistung um einen Faktor von etwa 10^4 bedarf, um die meisten biochemischen Elementarprozesse, wie die enzymatische Katalyse oder den Transport eines Ions über eine Membran, zu simulieren; für die Simulation der Proteinfaltung wäre eine 10^6- bis 10^8-fache Steigerung der Rechenleistung erforderlich. Hält die in den letzten 35 Jahren beobachtete jährliche Steigerung der verfügbaren Rechenleistung um etwa den Faktor 1.6 weiterhin an, so wären diese beiden Ziele in 20 bis 40 Jahren erreicht. Heute, 25 Jahre nach der ersten Molekulardynamiksimulation eines Proteins, sind trotz einer gegenüber damals ca. 10^5-fachen verfügbaren Rechenleistung die begrenzte Systemgröße und vor allem die begrenzte Länge der Simulationen noch immer das Haupthindernis beim Versuch, die biochemische Funktion von Proteinen auf die bekannten physikalischen Gesetze zurückzuführen.

10.9.2.1 Intramolekulare und intermolekulare Kräfte

In einem gelösten Makromolekül (Abb. 10.58 links, dunkelgrau, bzw. Ausschnitt) wirken interatomare Kräfte unterschiedlichen Typs. Chemische Bindungskräfte, dargestellt durch Federn, zwingen etwa gebundene Atome in ihren Gleichgewichtsabstand oder Gleichgewichtswinkel (kleine Pfeile). Die Pauli-Abstoßung (dunkle Pfeile) verhindert, dass sich Atome durchdringen. Langreichweitige Kräfte schließlich, insbesondere Coulomb-Kräfte (helle Pfeile) zwischen den (meist) partiell geladenen Atomen (δ^+, δ^-) tragen wesentlich zur Stabilität einer Proteinstruktur bei. Besonders hervorzuheben sind hier Wasserstoffbrücken, die überwiegend elektrostatischen (und zum geringen Teil quantenmechanischen) Ursprungs sind. Wie schon sehr früh von

Pauling und Corey [89] aufgrund theoretischer Überlegungen vorhergesagt, tragen Wasserstoffbrücken wesentlich zur Stabilisierung von α-Helizes und β-Faltblättern bei (vgl. Abschn. 10.2.2).

All diese Kräfte (und noch einige weitere) bestimmen die räumliche Struktur des Proteins wie auch die Bewegung jedes einzelnen Atoms und müssen daher in einer Molekulardynamiksimulation entsprechend berücksichtigt werden. Diese Dynamik wird durch die zeitabhängige Schrödinger-Gleichungbeschrieben,

$$i\hbar\partial_t\,\Psi(\boldsymbol{R}_1,\dots,\boldsymbol{R}_n,\boldsymbol{r}_1,\dots,\boldsymbol{r}_m) = \hat{H}\,\Psi(\boldsymbol{R}_1,\dots,\boldsymbol{R}_n,\boldsymbol{r}_1,\dots,\boldsymbol{r}_m),\qquad(10.21)$$

wobei $\boldsymbol{R}_1,\dots,\boldsymbol{R}_n$ die Orte aller n Kerne des Moleküls und seiner Umgebung bezeichnen und $\boldsymbol{r}_1,\dots,\boldsymbol{r}_m$ diejenigen aller m Elektronen. Der Übersichtlichkeit halber verwenden wir im Folgenden die Abkürzungen $\boldsymbol{R} \equiv (\boldsymbol{R}_1,\dots,\boldsymbol{R}_n)$ und $\boldsymbol{r} \equiv (\boldsymbol{r}_1,\dots,\boldsymbol{r}_m)$. Der Hamilton-Operator

$$\hat{H} = \hat{T}_K(\boldsymbol{R}) + \hat{T}_e(\boldsymbol{r}) + \hat{V}_{KK}(\boldsymbol{R}) + \hat{V}_{ee}(\boldsymbol{r}) + \hat{V}_{Ke}(\boldsymbol{R},\boldsymbol{r})\qquad(10.22)$$

setzt sich aus den kinetischen Energien $\hat{T}$ der Kerne (K) und der Elektronen (e) und der elektrostatischen Wechselwirkung $\hat{V}$ der Kerne untereinander (KK), der Elektronen untereinander (ee) sowie zwischen Kernen und Elektronen (Ke) zusammen. Spin-Orbit-Effekte sind hierbei nicht berücksichtigt.

Drei Näherungsschritte ermöglichen die Lösung dieser Gleichung auch für Systeme, die, wie das in Abb. 10.58 gezeigte, aus bis zu mehreren hunderttausend Atomen bestehen.

10.9.2.2 Born-Oppenheimer-Näherung

Wegen der im Vergleich zur Kernmasse sehr kleinen Elektronenmasse ist der Born-Oppenheimer-Ansatz [90]

$$\Psi(\boldsymbol{R},\boldsymbol{r}) = \Psi_K(\boldsymbol{R})\,\Psi_e(\boldsymbol{r})\qquad(10.23)$$

eine sehr gute Näherung. Dabei werden alle nichtadiabatischen Kopplungsterme vernachlässigt, und das Problem reduziert sich auf (a) die (adiabatische) Lösung der zeitunabhängigen Schrödinger-Gleichung zu gegebenen Kernorten,

$$\hat{H}_e(\boldsymbol{r};\boldsymbol{R})\,\Psi_e(\boldsymbol{r};\boldsymbol{R}) = E_e(\boldsymbol{R})\,\Psi_e(\boldsymbol{r};\boldsymbol{R}),\qquad(10.24)$$

wobei

$$\hat{H}_e = \hat{T}_e + \hat{V}_{KK} + \hat{V}_{Ke} + \hat{V}_{ee},\qquad(10.25)$$

und (b) auf die Lösung der zeitabhängigen Schrödinger-Gleichung der Kerne,

$$i\hbar\partial_t\,\Psi_K(\boldsymbol{R}) = [\hat{T}_K(\boldsymbol{R}) + E_e(\boldsymbol{R})]\,\Psi_K(\boldsymbol{R}),\qquad(10.26)$$

im effektiven Potential $E_e(\boldsymbol{R})$ der elektronischen Dynamik.

10.9.2.3 Klassische Behandlung der Kernbewegung

In einem zweiten Näherungsschritt wird die zeitabhängige Schrödinger-Gleichung für die n Kerne durch Newton'sche Bewegungsgleichungen ersetzt,

$$m_i \frac{\mathrm{d}^2}{\mathrm{d}t^2} \boldsymbol{R}_i = F_i(\boldsymbol{R}_1, \ldots, \boldsymbol{R}_n) = -\nabla_i E_e(\boldsymbol{R}_1, \ldots, \boldsymbol{R}_n), \quad i = 1, \ldots, n, \quad (10.27)$$

welche numerisch integriert werden. Dazu hat sich wegen seiner Effizienz und numerischen Stabilität der Verlet-Algorithmus [77], eine Nyström-Methode zweiter Ordnung [91], bewährt. Diese Methode approximiert die Lösung von Gl. (10.27) durch die Iteration

$$R_i(t + \Delta t) = 2R_i(t) - R_i(t - \Delta t) + \frac{\boldsymbol{F}_i(t)}{m_i}(\Delta t)^2, \quad (10.28)$$

wobei Δt die Integrationsschrittweite bezeichnet. Entsprechend den schnellsten Schwingungen in Biomolekülen, den O—H- und C—H-Streckschwingungen mit Perioden von etwa 10 bzw. 11 fs, darf die Integrationsschrittweite nicht größer als 1 fs gewählt werden, um die erforderliche Genauigkeit zu erreichen.

Im Gegensatz zur Born-Oppenheimer-Näherung ist diese klassische Näherung nicht unproblematisch. Ihr großer Erfolg bei der Beschreibung der Dynamik biologischer Makromoleküle ist auf den ersten Blick überraschend und letztlich nur *a posteriori* durch die große Zahl zuverlässig berechneter experimenteller Größen zu begründen. So beträgt etwa die Anregungsenergie $\hbar\omega$ von Streckschwingungen chemischer Bindungen bei physiologischen Temperaturen (300 K) etwa das Drei- bis Vierfache der thermischen Energie kT; für Streckschwingungen, welche Wasserstoffatome beinhalten, sogar mehr als das Zehnfache. Das bedeutet, dass viele dieser Schwingungen im Grundzustand bleiben, so dass der Energieaustausch mit der Umgebung durch die klassische Näherung sicher überschätzt wird.

Die sehr viel langsameren – und für das Verständnis biomolekularer Funktion hauptsächlich interessierenden – konformativen Bewegungen dagegen lassen sich in klassischer Näherung generell sehr gut beschreiben. Zum einen koppeln sie nur wenig an die problematischen hochfrequenten Schwingungen, ferner liegt ihre (formale) Anregungsenergie unterhalb von $10^{-3}kT$, und schließlich bewirken Stöße mit dem umgebenden Lösungsmittel eine schnelle Dekohärenz.

Mit diesen beiden Näherungen lassen sich gegenwärtig bereits Systeme von einigen hundert Atomen über den Zeitbereich von etwa 10 Pikosekunden beschreiben. Die zunächst in der Festkörperphysik und nun zunehmend auch in der Molekül- und molekularen Biophysik eingesetzte dichtefunktionalbasierte [92] Car-Parrinello-Methode [93] ermöglicht es etwa, eine Reihe von Flüssigkeiten und Lösungen sowie die Solvatation und Dynamik von Protonen in Wasser und Eis zu untersuchen. Einen wesentlichen Fortschritt stellte hierbei die Einführung gradientenkorrigierter Austauschterme dar, welche eine für die Molekülphysik in den meisten Fällen hinreichende Genauigkeit erreichen [94]. Für ein eingehenderes Studium quantenchemischer Methoden sei das Buch von Cramer [95] empfohlen.

10.9.2.4 Näherung der Energiefunktion durch ein „Kraftfeld"

Für große Systeme mit einigen 100 000 Atomen, wie sie Proteine in nativer Umgebung (Lösungsmittel oder Lipidmembran) erfordern, ist jedoch auch diese Stufe zu aufwändig. Es liegt nahe, das effektive Potential $E_e(\boldsymbol{R})$, welches den Einfluss der elektronischen Dynamik auf die Kernbewegung beschreibt, durch eine geeignete (analytische) Potentialfunktion $V_e(R)$ zu approximieren, die aus empirisch motivierten Wechselwirkungstermen zusammengesetzt ist. Diese Potentialfunktion wird üblicherweise mit dem – wenngleich recht irreführenden – Begriff „Kraftfeld" bezeichnet. Die Konstruktion hinreichend genauer Kraftfelder ist ein mühsames und aufwändiges Unterfangen, das bei Weitem noch nicht abgeschlossen ist.

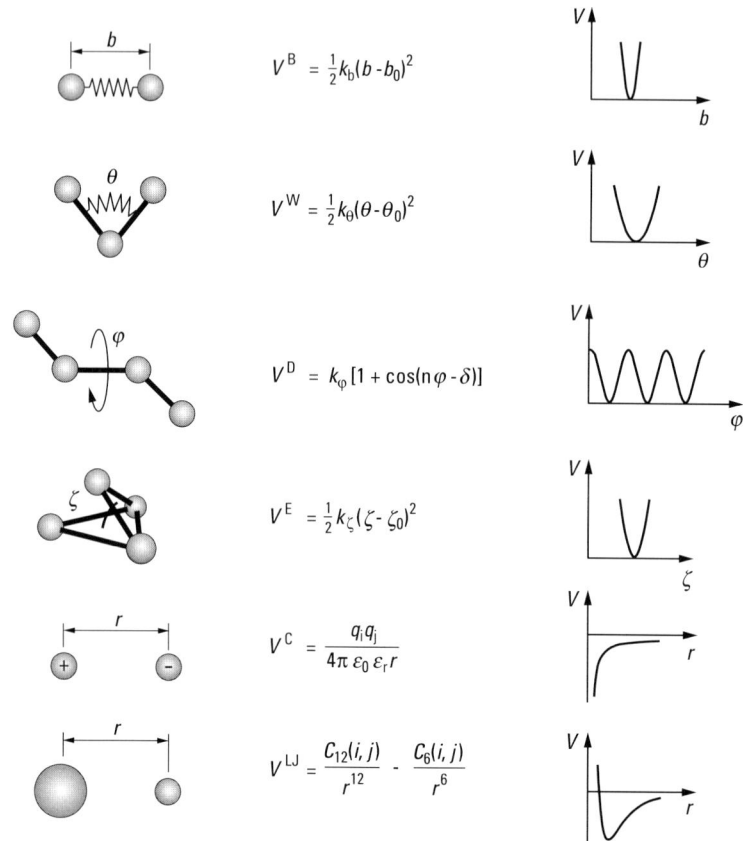

Abb. 10.59 Wechselwirkungsbeiträge eines typischen Kraftfelds (nach Schröder [96]). Bindungsstreckschwingungen werden durch ein harmonisches Potential V_B beschrieben, dessen Minimum dem Gleichgewichtsabstand b_0 zwischen zwei über die Bindung i kovalent gebundenen Atomen entspricht (vgl. Gl. (10.29); auf die Indizes i, j usw. wurde in der Abbildung der Übersichtlichkeit halber verzichtet). Ebenfalls durch harmonische Potentiale, V_W und V_E, werden Bindungs- und Extraplanarwinkel dargestellt, wobei θ_0 und ζ_0 die jeweiligen Gleichgewichtswinkel repräsentieren. Drehungen um Dihedralwinkel werden einem periodischen Potential V_D unterworfen. Die zugehörigen Kraftkonstanten sind mit geeignet indiziertem k bezeichnet. Die so genannten *nichtbindenden* Kräfte werden durch Coulomb-Wechselwirkungen V_C und Lennard-Jones-Potentiale $V_{LJ} = V_P + V_{vdW}$ beschrieben; letztere beinhalten die Pauli-Abstoßung $V_P \sim r^{12}$ und die van-der-Waals-Anziehung $V_{vdW} \sim -r^6$.

Seit den siebziger Jahren wurden zahlreiche Kraftfelder für Biomoleküle entwickelt. Weit verbreitete und speziell für die Simulation von Biomolekülen optimierte Kraftfelder sind etwa CHARMM, GROMOS96, AMBER und OPLS. Abbildung 10.59 zeigt typische Wechselwirkungsterme, aus denen diese Kraftfelder zusammengesetzt werden. Sie beschreiben sowohl Wechselwirkungen, die durch kovalente chemische Bindungen vermittelt werden, als auch nichtkovalente Wechselwirkungen,

$$V_e = \sum_{\substack{\text{Bindungen} \\ i}} V_{B,i} + \sum_{\substack{\text{Bindungs-} \\ \text{winkel } j}} V_{W,j} + \sum_{\substack{\text{Dihedral-} \\ \text{winkel } k}} V_{D,k} + \sum_{\substack{\text{Extraplanar-} \\ \text{winkel } l}} V_{E,l}$$

$$+ \sum_{\substack{\text{Atompaare} \\ r,s}} (V_{C,r,s} + V_{P,r,s} + V_{vdW,r,s}). \tag{10.29}$$

Als kovalente Kräfte werden solche berücksichtigt, die von der Änderung der Länge chemischer Bindungen (B), des Winkels zwischen zwei Bindungen (W), der Verdrehung chemischer Bindungen (D) oder der Auslenkung aromatischer Kohlenstoffe aus ihrer Ringebene (E) herrühren. In dem genannten Kraftfeld beschriebene nichtkovalente Wechselwirkungen sind die Coulomb-Wechselwirkung zwischen partiell geladenen Atomen (C), die Pauli-Abstoßung (P) und die van-der-Waals-Anziehung (vdW); die letzten beiden werden durch ein Lennard-Jones-Potential beschrieben.

Nicht alle Aspekte der Methode der Molekulardynamiksimulation können hier diskutiert werden; das ist für das prinzipielle Verständnis der Methode auch nicht erforderlich. Dazu gehören die Behandlung der Simulationssystemgrenzen bzw. die periodische Fortsetzung des Simulationssystems und die daraus resultierenden möglichen Artefakte, das „Einfrieren" schneller Bindungsschwingungen, um deren quantenmechanischen Charakter besser zu beschreiben, die geeignete Platzierung von Ionen in der wässrigen Umgebung des Proteins, die Beschreibung protonierbarer Gruppen, die Simulation im kanonischen Ensemble durch geeignete Kopplung des Systems an ein Wärme- und/oder „Druck"-Bad, die Beschreibung nichtpolarer Wasserstoffatome durch „Compound"-Atome, die Abwägung zwischen expliziter und impliziter Beschreibung der Wasserstoffbrückenwechselwirkung, die Vorbereitung des Simulationssystems auf der Grundlage eines aus Röntgenstreuexperimenten gewonnenen Strukturmodells und das damit zusammenhängende Problem einer hinreichend langen Equilibrierung des Systems, die implizite Beschreibung elektronischer Polarisationseffekte, die effiziente Berechnung der langreichweitigen Coulomb-Kräfte und die Parallelisierung der entsprechenden Algorithmen für den Einsatz von Parallelrechnern sowie die Wahl geeigneter Integrationsverfahren zur numerischen Lösung der Newton'schen Bewegungsgleichungen. Zu diesen Themen wurden ausgezeichnete Überblicksartikel publiziert [97–99]. Eine weitergehende Einführung gibt auch die von van Gunsteren, Weiner und Wilkinson herausgegebene Reihe [100].

10.9.3 Molekulardynamiksimulation kraftmikroskopischer Einzelmolekülexperimente

Die Abb. 10.53c zeigt die prinzipielle Vorgehensweise, um kraftmikroskopische Einzelmolekülexperimente gleichsam Atom für Atom im Computer nachzubilden. Zur Beschreibung der Wirkung des Cantilevers wird dasjenige Atom i des Ligandenmoleküls, welches im Experiment kovalent an den Polymerlinker gebunden ist und auf diese Weise direkt der Zugkraft ausgesetzt ist, in der Simulation dem gleichen (harmonischen) Zugpotential

$$V(\boldsymbol{R}_i, t) = \tfrac{1}{2} k_F [(\boldsymbol{R}_i - \boldsymbol{R}_{i,0}) \cdot \hat{\boldsymbol{n}} - v\, t]^2 \qquad (10.30)$$

unterworfen (im Bild symbolisiert durch eine Feder), das schon in analoger Weise im Abschn. 10.7.5 verwendet wurde (vgl. Gl. (10.4)). Der normierte Vektor $\hat{\boldsymbol{n}}$ bezeichnet hier die Zugrichtung und $\boldsymbol{R}_{i,0}$ den Ort des Atoms i zu Beginn der Simulation, so dass das Minimum (und damit die Gleichgewichtslage des betrachteten Atoms i) mit konstanter Geschwindigkeit v von der Bindungstasche fortbewegt wird (Pfeil). Zugleich wird der Schwerpunkt des Proteins (bestehend aus n_p Atomen mit den Positionen R_i, $i = 1 \ldots n_p$) ebenfalls mit einem (nun stationären) harmonischen Potential,

$$V_{\text{fix}}(R_1, \ldots, R_{n_p}) = \tfrac{1}{2} k_{\text{fix}} \left[R_{\text{fix}} - \frac{1}{n_p} \sum_{i=1}^{n_p} R_i \right]^2, \qquad (10.31)$$

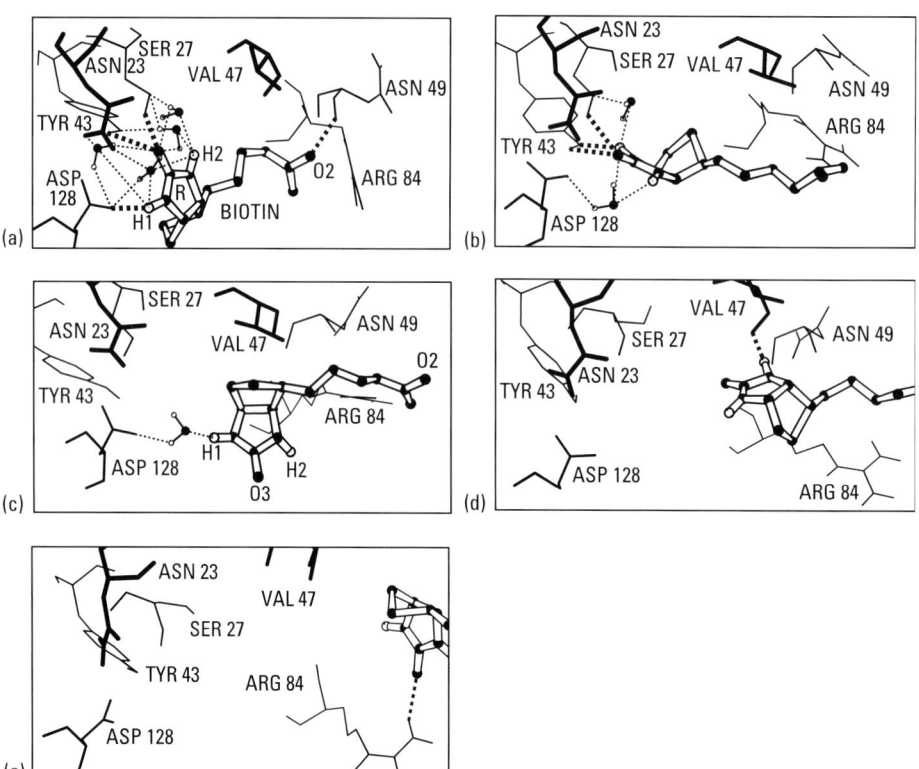

Abb. 10.60 „Schnappschüsse" der erzwungenen Bindungstrennung eines Biotinmoleküls (weiß, dicker hervorgehoben) aus der Bindungstasche des Streptavidins, von der lediglich diejenigen Aminosäuren in Strichdarstellung (schwarz) gezeigt sind, welche am stärksten mit dem Biotin wechselwirken. Wasserstoffbrückenbindungen sind fett gestrichelt gezeichnet, Wasserbrücken (von denen nur wenige der tatsächlich vorhandenen gezeigt sind) dünn gepunktet. Die gesamte Simulationsdauer beträgt etwa eine Nanosekunde; das Biotinmolekül legt während dieser Zeit eine Strecke von etwa einem Nanometer zurück (nach [101]).

mit geeigneter Federkonstante k_{fix} am Ort R_{fix} fixiert, so dass das Protein zwar interne Konformationsbewegungen – etwa induced-fit-Bewegungen der Bindungstasche als Reaktion auf die Bewegung des Liganden – ausführen und sich auch durch Drehung auf die Zugrichtung ausrichten kann, jedoch größere Translationsbewegungen unterbunden wurden, dies ebenfalls in enger Anlehnung an die experimentelle Situation.

Mit diesen Molekulardynamiksimulationen der erzwungenen Bindungstrennung konnten Dissoziationskräfte innerhalb der experimentellen Genauigkeit berechnet werden. Dies sind *ab-initio*-Rechnungen in dem Sinne, dass keine Parameter an die aus den kraftmikroskopischen Messungen gewonnenen Daten angepasst werden müssen. Einschränkend muss angemerkt werden, dass aufgrund der begrenzten verfügbaren Computerleistung die experimentelle Zeitskala (Millisekunden) und die Simulationszeitskala (Nanosekunden) nicht übereinstimmen, so dass zum Vergleich von Simulation und Experiment auf Gl. (10.11) zurückgegriffen werden muss.

Aus derartigen Simulationen etwa der in Abschn. 10.8.2 beschriebenen erzwungenen Streptavidin-Biotin-Trennung konnte ein detailliertes Modell des Weges des Ligandenmoleküls aus der Bindungstasche und der Art und Reihenfolge der Dehnung und Trennung einzelner, spezifischer Wechselwirkungen zwischen Ligand und Bindungstasche, wie zum Beispiel Wasserstoffbrücken, abgeleitet werden [101, 59] (Abb. 10.60).

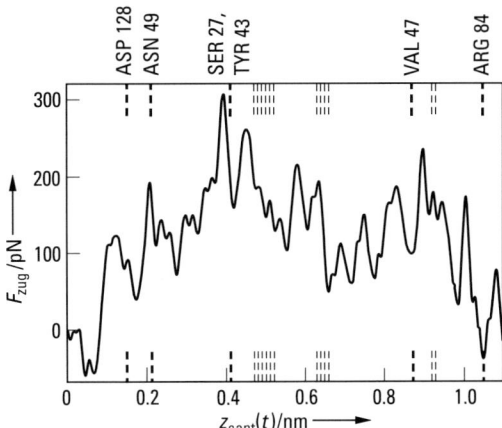

Abb. 10.61 Im Verlauf der Molekulardynamiksimulation auf den Liganden (Biotin) ausgeübte Zugkraft („Kraftprofil"). Es ist eine große Zahl lokaler Maxima zu erkennen; jedes dieser Maxima rührt vom Brechen einzelner, intermolekularer nichtkovalenter Bindungen wie etwa Wasserstoffbrücken her. Die fett gestrichelten Markierungen bezeichnen die betroffenen Aminosäuren des Proteins. Es handelt sich um die in Abb. 10.60 gezeigten Aminosäuren, welche die Bindungstasche für das Biotinmolekül bilden. Die dünn gestrichelten Markierungen bezeichnen das Abreißen so genannter Wasserbrücken, welche durch Wassermoleküle gebildet werden, die gleichzeitig Wasserstoffbrücken sowohl zum Liganden als auch zum Protein ausbilden (nach [101]).

Die über der Reaktionskoordinate aufgetragene Zugkraft („Kraftprofil", siehe Abb. 10.61),

$$F_{zug} = \hat{n} \cdot \nabla V(\boldsymbol{R}_i, t) = k\,\hat{n} \cdot [(\boldsymbol{R}_i - \boldsymbol{R}_{i,0}) \cdot \hat{n} - v\,t]\,, \tag{10.32}$$

zeigt neben dem experimentell charakterisierten Hauptmaximum eine unerwartete Fülle von Nebenmaxima (welche experimentell nicht aufgelöst werden können), die der Trennung der zahlreichen interatomaren Wechselwirkungen in der Bindungstasche zugeordnet werden konnten. Dieser Befund verdeutlicht die Komplexität der Energielandschaft, welche die Ligandenbindung beschreibt.

Molekulardynamiksimulationen kraftmikroskopischer Experimente der gezeigten Art werden in zunehmendem Maße eingesetzt, etwa auch, um die mit der Dehnung von Polymeren [48, 102, 103] (s. Abschn. 10.8.3) oder mit der mechanischen Entfaltung von Proteinen [104, 105] (s. Abschn. 10.8.4) einhergehenden molekularen Strukturänderungen zu charakterisieren und die beobachteten Kräfte auf der Ebene interatomarer Wechselwirkungen zu erklären. Der an den vielen weiteren Anwendungen der Methode interessierte Leser sei auf zwei Überblicksartikel verwiesen [38, 106].

Literatur

Weiterführende Literatur

Anfinsen, C.B., Principles that Govern the Folding of Protein Chains, Science **181**, 223, 1973

Babbit, P.C., Gerlt, J.A., Understanding Enzyme Superfamilies: Chemistry as a Fundamental Determinant in the Evolution of New Catalytic Activities. J. Biol. Chem. **27**, 30591, 1997

Bernstein, M.P., Sandfort, S.A., Allamandola, L.J., Kamen die Zutaten der Ursuppe aus dem All?, Spektrum der Wissenschaft **10**, 26, 2000

Brown, K., Das Wettrennen um die Gene, Spektrum der Wissenschaft, Spektrum Akademischer Verlag, Heidelberg, p. 31, September 2000.

Deisenhofer, J., Michel, H., Das photosynthetische Reaktionszentrum des Purpurbakteriums virides (Nobelvortrag), Angew. Chem. **101**, 872, 1989

Dickerson, R.E., Geis, I., Struktur und Funktion der Proteine, VCH Weinheim, 1971

Dickerson, R.E., Geis, I., Hemoglobin: Structure, Function, Evolution, and Pathology. The Benjamin/Cummings Publishing Comp., Redwood City, Ca., 1982

Drenth, J., Principles of Protein X-Ray Crystallography. Springer Verlag, Berlin, 1999

Eigen, M., Selforganisation of Matter and the Evolution of Biological Macromolecules, Naturwissenschaften **58**, 465, 1971

Frieden, E., Non-Covalent Interactions: Key to Biological Flexibility and Specificity. J. Chem. Edu. **52**, 754, 1975

Gassen, H.G., Gentechnik, Fischer, Stuttgart, 1987

Gassen, H.G., Kaiser, A.D., Gentechnische Methoden, Spektrum Akademischer Verlag, Heidelberg, 2001

Hansen, D.E., Raines, R.T., Binding Energy and Enzymatic Catalysis. J. Chem. Edu. **67**, 483, 1990

Hausner, Th. P., Nierhaus, K.N., Proteinbiosynthese und ihre Hemmung durch Antibiotika, Biol. unserer Zeit **5**, 129, 1988

Huber, R., Die strukturelle Grundlage für die Übertragung von Lichtenergie und Elektronen in der Biologie (Nobelvortrag), Angew. Chem. **101**, 872, 1989

Lehninger, A.L., Nelson, D., Cox, M. (Hrsg.), Lehninger Biochemie, Springer Verlag, Berlin, 2001

Miller, S.L., Which Organic Compound Could Have Occurred on the Prebiotic Earth? Cold Spring Harb. Symp. Quant. Biol. **52**, 17, 1987 und andere Artikel ebenda

Müller, H., PCR-Polymerase-Kettenreaktion. Spektrum Akademischer Verlag, Heidelberg, 2001

Perutz, M.F., Wilkinson, A.J., Paoli, M., Dodson, G.G., The Stereochemical Mechanism of the Cooperative Effect in Hemoglobin Revisited, Annu. Rev. Biophys. Biochem. Struct. **27**, 1, 1998

Prusiner, St. B., Scott, M.R., DeArmond, S.J., Cohen, F.E., Prion Protein Biology, Cell **93**, 337, 1998

Smith, S., The Animal Fatty Acid Synthase: One Gene, One Polypeptide, Seven Enzymes. FASEB J. **8**, 1248, 1994

Wagner, G., An Account of NMR in Structural Biology, Nature Struct. Biol., NMR Suppl. (Oktober), 841, 1997

Winnacker, E.L., Gene und Klone, VCH Weinheim, Deerfield Beach, 1984

Zitierte Publikationen

[1] Pauling, L., Corey, R.B., Specific Hydrogen-Bond Formation Between Pyramidines and Purines in Deoxyribonucleic Acids, Arch. Biochem. Biophys. **65** 164, 1956

[2] Fenghelman, M. et al., Molecular Structure of Deoxyribose Nucleic Acid and Nucleo-protein, Nature London **175**, 834, 1955

[3] Marmur, J., Doty, P., Heterogeneity in Deoxyribonucleic Acids. I. Dependence on Composition of the Configurational Stability of Deoxyribonucleic Acids, Nature London **183**, 1427, 1959

[4] Kim, S.H. et al., Three-Dimensional Structure of Yeast Phenylalanine Transfer RNA: Folding of the Polynucleotide Chain, Science **179**, 285, 1973

[5] Worcel, A., Burgi, E., On the Structure of the Folded Chromosome of *Escherichia coli*, J. Mol. Biol. **71**, 127, 1972

[6] Eigen, M., Selforganisation of Matter and the Evolution of Biological Macromolecules, Naturwissenschaften **58**, 465, 1971

[7] Pauling, L., Corey, R.B., Two Hydrogen-Bonded Helical Configurations of the Poly-peptide Chain, Proc. Nat. Acad. Sci. USA **37**, 729, 1951

[8] Stryer, L., Biochemie, Spektrum Akademischer Verlag, Heidelberg, 1995

[9] Perutz, M.F., New X-Ray Evidence on the Configuration of Polypeptide Chains, Nature London **167**, 1053, 1951

[10] Huber, R., Eine strukturelle Grundlage für die Übertragung von Lichtenergie und Elektronen in der Biologie (Nobel-Vortrag), Angew. Chem. **101**, 849, 1989

[11] Deisenhofer, J., Michel, H., Das photosynthetische Reaktionszentrum des Purpurbakteriums *Rhodopseudomonas viridis* (Nobel-Vortrag), Angew. Chem. **101**, 872, 1989

[12] Huber, R. et al., The Atomic Structure of the Basic Trypsin Inhibitor of Bovine Organs (Kallikrein Inaktivator), in: Proc. Internat. Res. Conf. Proteinase Inhibitors (Fritz, H., Tschesche, H., Eds.) de Gruyter, Berlin, 56–64, 1971

[13] Wagner, G., Wüthrich, K., Sequential Resonance Assignments in Protein 1H Nuclear Magnetic Resonance Spectra. Basic Pancreatic Trypsin Inhibitor, J. Mol. Biol. **155**, 347, 1982

[14] Tsukamoto, Y. et al., The Architecture of the Animal Fatty Acid Synthetase Complex. IV. Mapping of Active Centers and Model for the Mechanism of Action, J. Biol. Chem. **258**, 15312, 1983

[15] Fraenkel-Conrat, H., Design and Function at the Threshold of Life: The Viruses. The Self-Assembly of Tobacco Mosaic Virus, Academic Press, New York, 1962

[16] Stöffler, G., Stöffler-Meilicke, M., in: Structure, Function and Genetics of Ribosomes, Springer Verlag, Berlin, p. 28, 1986

[17] Shotton, D., The Moleuclar Architecture of the Serine Proteinases, in: Proc. Int. Res. Conf. Proteinase Inhibitors, de Gruyter, Berlin, 47–55, 1971

[18] Tschesche, H., Biochemie natürlicher Proteinase-Inhibitoren, Angew. Chem. **86**, 21, 1974; Angew. Chem. Internat. Ed. **13**, 10, 1974

[19] Tschesche, H., Beckmann, J., Mehlich, A., Schnabel, E., Truscheit, E., Wenzel, H.R., Semisynthetic Engineering of Proteinase Inhibitor Homologues, Biochim. Biophys. Acta **913**, 97, 1987

[20] Brinkmann,T., Schnierer, S., Tschesche, H., Recombinant Aprotinin Homologue with New Inhibitory Specificity for Cathepsin G, Eur. J. Biochem. **202**, 95, 1991

[21] Stryer, L., Biochemie, Spektrum Akademischer Verlag, Heidelberg, 1995

[22] Lottspeich, F., Zorbas, H. (Eds.), Bioanalytik, Spektrum Akademischer Verlag, Heidelberg, 1998

[23] Lakowicz, J.R., Principles of Fluorescence Spectroscopy, Kluwer Academic Plenum Publishers, New York, 1998

[24] Kobayashi, Y. et al., Fluorescence Polarization Assay for Cortisol, Clin. Chim. Acta **92**, 241, 1979

[25] Rigler, R., Elson, E.S. (Eds.), Fluorescence Correlation Spectroscopy, Springer, Berlin, 2000

[26] Koppel, D.E. et al., Biophys. J. **16**, 1315, 1976

[27] Kühnemuth, R., Seidel, C.A.M., Principles of Single Molecule Multiparameter Fluorescence Spectroscopy, Single Molecules **2**, 251, 2001

[28] Seeger, S. et al., Biodiagnostics and Polymeridentification with Multiplex Dyes, Ber. Bunsenges. Phys. Chem. **97**, 1542, 1993

[29] Löscher, F. et al., The Counting of Single Protein Molecules at Interfaces and the Application in Early Stage Diagnosis, Anal. Chem. **70**, 3202, 1998

[30] Ruckstuhl, T., Seeger, S., Confocal Total-Internal Reflection Fluorescence Microscopy with a High-Aperture Parabolic Mirror Lens, Appl. Optics **42** (16), 3277, 2003

[31] Raith, W. (Ed.), Bergmann/Schaefer, Lehrbuch der Experimentalphysik, Vol. 3: Optik, de Gruyter, Berlin, 2004

[32] Li, Q. et al., Deep-UV Laser-based Fluorescence Lifetime Imaging Microscopy of Single Molecules, J. Phys. Chem. B **108**, 8324, 2004–10–24

[33] Klug, W.S., Cummings, M.R., Concepts of Genetics, Prentice Hall International, New Jersey, 1997

[34] Seeger, S., Verfahren zur DNS- und RNS-Sequenzierung, Deutsches Patentamt, DE 198 44 931, 1998; Krieg, A. et al., Real-Time Detection of Nucleotide Incorporation During Complementary DNA Strand Synthesis, Chem. Biochem. **4**, 589, 2003

[35] Berg, J.M., Tymoczko, J.L., Stryer, L., Biochemistry, W.H. Freeman, New York, 2002

[36] Creighton, T.E., Proteins, W.H. Freeman, New York, 1993

[37] Dill, K.A., Bromberg, S., Molecular Driving Forces: Statistical Thermodynamics in Chemistry and Biology, Garland Publishing, London, 2003

[38] Rief, M., Grubmüller, H., Kraftspektroskopie von einzelnen Biomolekülen, Physikalische Blätter, **55**, Feb. 2001

[39] Morris, V.J., Kirby, A.R., Gunning, A.P., Atomic Force Microscopy for Biologis, Imperial College Press, London, 1999

[40] Clausen-Schaumann, H., Seitz, M., Krautbauer, R., Gaub, H.E., Force Spectroscopy with Single Bio-Molecules, Curr. Opin. Chem. Biol. **4**, 524, 2000

[41] Zhuang, X., Rief, M., Single-Molecule Folding, Curr. Opin. Struct. Biol. **13**, 88, 2003

[42] Florin, E.-L., Moy, V.T., Gaub, H.E., Adhesion Forces between Individual Ligand-Receptor Pairs, Science **264**, 415, 1994

[43] Finer, J.T., Simmons, R.M., Spudich, J.A., Single Myosin Molecule Mechanics: Piconewton Forces and Nanometer Steps, Nature **368**, 113, 1994

[44] Yin, H., Wang, M.D., Svoboda, K., Landick, R., Block, S.M., Gelles, J., Transcription against an Applied Force, Science **270**, 1653, 1995

[45] Schuster, S.C., Khan, S., The Bacterial Flagellar Motor, Ann. Rev. Biophys. Biomol. Struct. **23**, 509, 1994

[46] Erickson, H.P., Stretching Single Protein Molecules: Titin Is a Weird Spring, Science **276**, 1090, 1997

[47] Cluzel, P., Lebrun, A., Heller, C., Lavery, R., Viovy, J.L., Chatenay, D., Caron, F., DNA: an Extensible Molecule, Science **271**, 792, 1996

[48] Rief, M., Oesterhelt, F., Heymann, B., Gaub, H.E., Single Molecule Force Spectroscopy Reveals Conformational Change in Polysaccharides, Science **275**, 1295, 1997

[49] Kuhn, H., Försterling, H.-D., Principles of Physical Chemistry, John Wiley & Sons, New York, 1999

[50] Fixman, M., Kovac, J., Polymer Conformational Statistics III: Modified Gaussian Models of the Stiff Chains, J. Chem. Phys. **58**, 1564, 1973

[51] Bustamante, C., Marko, J.F., Siggia, E.D., Smith, S., Entropic Elasticity of Lambda-Phage DNA, Science **265**, 1599, 1994

[52] Rief, M., Gautel, M., Oesterhelt, F., Fernandez, J.M., Gaub, H.E., Reversible Unfolding of Individual Titin Immunoglobulin Domains by AFM, Science **276**, 1109, 1997

[53] Eyring, H., The Activated Complex in Chemical Reactions, J. Chem. Phys. **3**, 107, 1935

[54] Kramers, H.A., Brownian Motion in a Field of Force and the Diffusion Model of Chemical Reactions, Physica (Utrecht) **VII**, 284, 1940

[55] Hänggi, P., Talkner, P., Borkovec, M., Reaction-Rate Theory: Fifty Years after Kramers, Rev. Mod. Phys. **62**, 251, 1990

[56] Bell, G.I., Models for Specific Adhesion of Cells to Cells, Science **200**, 618, 1978

[57] Merkel, R., Nassoy, P., Leung, A., Ritchie, K., Evans, E., Energy Landscapes of Receptor-Ligand Bonds Explored with Dynamic Force Spectroscopy, Nature **397**, 50, 1999

[58] Evans, E., Ritchie, K., Dynamic Strength of Molecular Adhesion Bonds, Biophys. J. **72**, 1541, 1997

[59] Izrailev, S., Stepaniants, S., Balsera, M., Oono, Y., Schulten, K., Molecular Dynamics Study of Unbinding of the Avidin-Biotin Complex, Biophys. J. **72**, 1568, 1997

[60] Seifert, U., Rupture of Multiple Parallel Molecular Bonds under Dynamic Loading, Phys. Rev. Lett. **84**, 2750, 2000

[61] Heymann, B., Grubmüller, H., Dynamic Force Spectroscopy of Molecular Adhesion Bonds, Phys. Rev. Lett. **84**, 6126, 2000

[62] Hummer, G., Szabo, A., Kinetics from Nonequilibrium Single-Molecule Pulling Experiments, Biophys. J. **85**, 5, 2003

[63] Branden, C., Tooze, J., Introduction to Protein Structure, Garland Publishing, New York, 1991

[64] Creighton, T.E., Protein Folding, Biochem. J. **270**, 1, 1990

[65] Bernstein, F.C., Koetzle, T.F., Williams, G.J.B., Meyer, E.F., Brice, M.D., Rodgers, J.R., Kennard, O., Shimanouchi, T., Tasumi, M.J., The Protein Data Bank: A Computer-Based Archival File for Molecular Structures, J. Molec. Biol. **112**, 535, 1977

[66] Kendrew, J.C., Bodo, G., Dintzis, H.N., Parrish, R.G., Wyckoff, H., Phillips, D.C., 3-Dimensional Model of the Myoglobin Molecule Obtained by X-Ray Analysis, Nature **181**, 662, 1958

[67] Ansari, A., Berendzen, J., Browne, S.F., Frauenfelder, H., Iben, I.E.T., Sauke, T.B., Shyamsunder, E., Young, R.D., Protein States and Protein Quakes, Proc. Natl. Acad. Sci. USA **82**, 5000, 1985

[68] Neher, E., Sakmann, B., Single-Channel Currents Recorded from Membrane of Denervated Frog Muscle Fibres, Nature **260**, 799, 1976

[69] Sakmann, B., Neher, E. (Eds.), Single-Channel Recording, 2. Auflage, Plenum Press, 1995

[70] Yellen, G., The Voltage-Gated Potassium Channels and Their Relatives, Nature **419**, 35, 2002

[71] Ansari, A., Berendzen, J., Braunstein, D., Cowen, B.R., Frauenfelder, H., Hong, M.K. et al., Rebinding and Relaxation in the Myoglobin Pocket, Biophys. Chem. **26**, 337, 1987

[72] Elber, R., Karplus, M., Multiple Conformational States of Proteins: a Molecular Dynamics Analysis of Myoglobin, Science **235**, 318, 1987

[73] Berendsen, H.J.C., Bio-Molecular Dynamics Comes of Age, Science **271**, 954, 1996

[74] Fermi, E., Pasta, J., Ulam, S., Studies in Nonlinear Problems, I., Los Alamos Report LA 1940, Los Alamos, 1955

[75] Alder, B.J., Wainwright, T.E., Phase Transition for a Hard Sphere System, J. Chem. Phys. **27**, 1208, 1957

[76] Rahman, A., Correlations in the Motion of Atoms in Liquid Argon, Phys. Rev. **136**, A405, 1964

[77] Verlet, L., Computer „Experiments" on Classical Fluids. I. Thermodynamic Properties of Lennard-Jones Molecules, Phys. Rev. **159**, 98, 1967

[78] Rahman, A., Stillinger, F.H., Molecular Dynamics Study of Liquid Water, J. Chem. Phys. **55**, 3336, 1971

[79] Karplus, M., Porter, R.N., Sharme, R.D., Exchange Reactions with Activation Energy. I. Simple Barrier Potential for (H, H$_2$), J. Chem. Phys. **43**, 3259, 1965

[80] Scheraga, H.A., Scott, R.A., Gibson, K.D., Calculations of Stable Polypeptide Conformations, Fed. Proc. **25**, 345, 1966

[81] Levitt, M., Lifson, S., Refinement of Protein Conformation Using a Macromolecular Energy Minimization Procedure, J. Molec. Biol. **46**, 269, 1969

[82] McCammon, J.A., Gelin, B.R., Karplus, M., Dynamics of Folded Proteins, Nature **267**, 585, 1977

[83] van Gunsteren, W.F., Berendsen, H.J.C., Algorithms for Macromolecular Dynamics and Constraint Dynamics, Molec. Phys. **34**, 1311, 1977

[84] Karplus, M., McCammon, J.A., The Dynamics of Proteins, Scientific American **4**, 30, 1986

[85] Duan, Y., Kollman, P.A., Pathways to a Protein Folding Intermediate Observed in a 1-Microsecond Simulation in Aqueous Solution, Science **282**, 740, 1998

[86] Snow, C.D., Nguyen, H., Pande, V.S., Gruebele, M., Absolute Comparison of Simulated and Experimental Protein-Folding Dynamics, Nature **420**, 102, 2002

[87] de Groot, B.L., Grubmüller, H., Water Permeation Across Biological Membranes: Mechanism and Dynamics of Aquaporin-1 and GlpF, Science **294**, 2353, 2001

[88] Böckmann, R., Grubmüller, H., Nanoseconds Molecular Dynamics Simulation of Primary Mechanical Energy Transfer Steps in F$_1$-ATP Synthase, Nature Struct. Biol. **9**, 198, 2002

[89] Pauling, L., Corey, R.B., Branson, H.R., The Structure of Proteins: Two Hydrogen-Bonded Helical Configurations of Polypeptide Chain, Proc. Natl. Acad. Sci. USA **37**, 205, 1951

[90] Born, M., Oppenheimer, R., Zur Quantentheorie der Molekeln, Ann. Phys. (Leipzig) **84**, 457, 1927

[91] Nyström, E.J., Über die numerische Integration von Differentialgleichungen, Acta Soc. Sci. Fenn. **50**, 1, 1925

[92] Hohenberg, P., Kohn, W., Inhomogeneous Electron Gas, Phys. Rev. **136**, B864, 1964

[93] Car, R., Parrinello, M., Unified Approach for Molecular Dynamics and Density-Functional Theory, Phys. Rev. Lett. **55**, 2471, 1985

[94] Nieminen, R.M., Developments in the Density-Functional Theory of Electronic Structure, Curr. Opin. Solid. St. & Mat. Sci. **4**, 493, 1999

[95] Cramer, C.J., Essentials of Computational Chemistry, John Wiley & Sons, New York, 2002

[96] Schröder, G., Molekulardynamiksimulation der Flexibilität und Fluoreszenzanisotropie eines an ein Protein gebundenen Farbstoffs, Diplomarbeit, Universität Göttingen, 2000

[97] van Gunsteren, W. F., Berendsen, H. J. C., Computer Simulation of Molecular Dynamics: Methodology, Applications, and Perspectives in Chemistry, Angew. Chem. Int. Ed. **29**, 992, 1990

[98] Parrinello, M., Simulating Complex Systems without Adjustable Parameters, IEEE Computational Science & Engineering **2**, 22, 2000

[99] Tuckerman, M. E., Martyna, G. J., Understanding Modern Molecular Dynamics: Techniques and Applications, J. Phys. Chem. B **104**, 159, 2000

[100] Gunsteren, W. F., Weiner, P. K., Wilkinson, A. J. (Eds.), Computer Simulation of Biomolecular Systems: Theoretical and Experimiental Applications, Vol. 1–3, Escom, Leiden, The Netherlands, 1989–1997

[101] Grubmüller, H., Heymann, B., Tavan, P., Ligand Binding: Molecular Mechanics Calculation of the Streptavidin-Biotin Rupture Force, Science **271**, 997, 1996

[102] MacKerell, A. D., Lee, G. U., Structure, Force, and Energy of a Double-Stranded DNA Oligonucleotide under Tensile Loads, Europ. Biophys. J. **28**, 415, 1999

[103] Heymann, B., Grubmüller, H., Elastic Properties of Poly(Ethylene-Glycol) Studied by Molecular Dynamics Stretching Simulations, Chem. Phys. Lett. **307**, 425, 1999

[104] Lu, H., Isralewitz, B., Krammer, A., Vogel, V., Schulten, K., Unfolding of Titin Immunoglobulin Domains by Steered Molecular Dynamics Simulation, Biophys. J. **75**, 662, 1998

[105] Marszalek, P., Lu, H., Li, H., Carrion-Vazquez, M., Oberhauser, A. F., Schulten, K., Fernandez, J. M., Mechanical Unfolding Intermediates in Titin Modules, Nature **402**, 100, 1999

[106] Isralewitz, B., Gao, M., Schulten, K., Steered Molecular Dynamics and Mechanical Functions of Proteins, Curr. Opin. Struct. Biol. **11**, 224, 2001

Register

Periodensystem

Hauptgruppen

Legende (Beispiel):

Protonenzahl (Ordnungszahl)	25
Relative Atommasse[1]	54,94
Elektronegativität (nach Allred u. Rochow)	1,6
Siedetemperatur in °C	2032
Schmelztemperatur in °C	1244
Symbol[2]	Mn
Name	Mangan
Elektronenkonfiguration	[Ar]3d⁵4s²

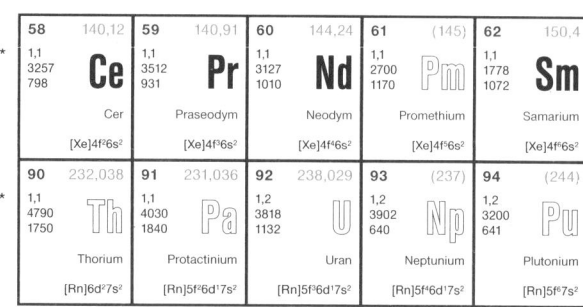

Hauptgruppen 1 und 2:

1	2
1 1,008 — 2,2 / −252,9 / −259,1 — **H** — Wasserstoff — 1s¹	
3 6,941 — 1,0 / 1347 / 180,5 — **Li** — Lithium — [He]2s¹	**4** 9,012 — 1,5 / 2970 / 1278 — **Be** — Beryllium — [He]2s²
11 22,990 — 1,0 / 883 / 97,8 — **Na** — Natrium — [Ne]3s¹	**12** 24,305 — 1,2 / 1107 / 651 — **Mg** — Magnesium — [Ne]3s²

Nebengruppen (Gruppen 3–9):

3	4	5	6	7	8	9
21 44,96 — 1,3 / 2832 / 1539 — **Sc** — Scandium — [Ar]3d¹4s²	**22** 47,88 — 1,5 / 3260 / 1675 — **Ti** — Titan — [Ar]3d²4s²	**23** 50,94 — 1,5 / 3380 / 1890 — **V** — Vanadium — [Ar]3d³4s²	**24** 52,00 — 1,6 / 2672 / 1857 — **Cr** — Chrom — [Ar]3d⁵4s¹	**25** 54,94 — 1,6 / 2032 / 1244 — **Mn** — Mangan — [Ar]3d⁵4s²	**26** 55,85 — 1,6 / 2750 / 1535 — **Fe** — Eisen — [Ar]3d⁶4s²	**27** 58,93 — 1,7 / 2870 / 1495 — **Co** — Cobalt — [Ar]3d⁷4s²
39 88,91 — 1,1 / 3337 / 1523 — **Y** — Yttrium — [Kr]4d¹5s²	**40** 91,22 — 1,2 / 4377 / 1852 — **Zr** — Zirconium — [Kr]4d²5s²	**41** 92,91 — 1,2 / 4927 / 2468 — **Nb** — Niob — [Kr]4d⁴5s¹	**42** 95,94 — 1,3 / 4825 / 2610 — **Mo** — Molybdän — [Kr]4d⁵5s¹	**43** (98) — 1,4 / 4880 / 2200 — **Tc** — Technetium — [Kr]4d⁵5s²	**44** 101,07 — 1,4 / 3900 / 2310 — **Ru** — Ruthenium — [Kr]4d⁷5s¹	**45** 102,91 — 1,5 / ≈3730 / 1966 — **Rh** — Rhodium — [Kr]4d⁸5s¹
57 138,91 — 1,1 / 3454 / 920 — **La** * — Lanthanum — [Xe]5d¹6s²	**72** 178,49 — 1,2 / 5200 / 2230 — **Hf** — Hafnium — [Xe]4f¹⁴5d²6s²	**73** 180,95 — 1,3 / ≈5430 / 2996 — **Ta** — Tantal — [Xe]4f¹⁴5d³6s²	**74** 183,84 — 1,4 / 5657 / 3410 — **W** — Wolfram — [Xe]4f¹⁴5d⁴6s²	**75** 186,2 — 1,5 / ≈5630 / 3180 — **Re** — Rhenium — [Xe]4f¹⁴5d⁵6s²	**76** 190,2 — 1,5 / ≈5030 / 3045 — **Os** — Osmium — [Xe]4f¹⁴5d⁶6s²	**77** 192,2 — 1,6 / 4130 / 2410 — **Ir** — Iridium — [Xe]4f¹⁴5d⁹
89 (227) — 1,0 / 3200 / 1050 — **Ac** ** — Actinium — [Rn]6d¹7s²	**104** (261) — **Rf** — Rutherfordium	**105** (262) — **Db** — Dubnium	**106** (263) — **Sg** — Seaborgium	**107** (262) — **Bh** — Bohrium	**108** (265) — **Hs** — Hassium	**109** (266) — **Mt** — Meitnerium

Gruppe 1 (Fortsetzung): **19** 39,10 — 0,9 / 774 / 63,7 — **K** — Kalium — [Ar]4s¹; **37** 85,47 — 0,9 / 688 / 38,9 — **Rb** — Rubidium — [Kr]5s¹; **55** 132,91 — 0,9 / 678 / 28,5 — **Cs** — Caesium — [Xe]6s¹; **87** (223) — 0,9 / 677 / 26,8 — **Fr** — Francium — [Rn]7s¹

Gruppe 2 (Fortsetzung): **20** 40,08 — 1,0 / 1487 / ≈845 — **Ca** — Calcium — [Ar]4s²; **38** 87,62 — 1,0 / 1384 / 769 — **Sr** — Strontium — [Kr]5s²; **56** 137,33 — 1,0 / 1640 / 725 — **Ba** — Barium — [Xe]6s²; **88** (226) — 1,0 / 1140 / 700 — **Ra** — Radium — [Rn]7s²

Lanthanoide *

58	59	60	61	62
58 140,12 — 1,1 / 3257 / 798 — **Ce** — Cer — [Xe]4f²6s²	**59** 140,91 — 1,1 / 3512 / 931 — **Pr** — Praseodym — [Xe]4f³6s²	**60** 144,24 — 1,1 / 3127 / 1010 — **Nd** — Neodym — [Xe]4f⁴6s²	**61** (145) — 1,1 / 2700 / 1170 — **Pm** — Promethium — [Xe]4f⁵6s²	**62** 150,4 — 1,1 / 1778 / 1072 — **Sm** — Samarium — [Xe]4f⁶6s²

Actinoide **

90	91	92	93	94
90 232,038 — 1,1 / 4790 / 1750 — **Th** — Thorium — [Rn]6d²7s²	**91** 231,036 — 1,1 / 4030 / 1840 — **Pa** — Protactinium — [Rn]5f²6d¹7s²	**92** 238,029 — 1,2 / 3818 / 1132 — **U** — Uran — [Rn]5f³6d¹7s²	**93** (237) — 1,2 / 3902 / 640 — **Np** — Neptunium — [Rn]5f⁴6d¹7s²	**94** (244) — 1,2 / 3200 / 641 — **Pu** — Plutonium — [Rn]5f⁶7s²

Walter de Gruyter GmbH & Co. KG, Genthiner Straße 13, D-10785 Berlin, Tel.: 030 / 2 60 05 - 0,